Quantitative Finance

Gerhard Larcher

Quantitative Finance

Strategien, Investments, Analysen

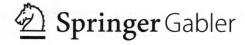

Gerhard Larcher
Institut für Finanzmathematik
Universität Linz
Linz, Österreich

ISBN 978-3-658-29157-0   ISBN 978-3-658-29158-7   (eBook)
https://doi.org/10.1007/978-3-658-29158-7

Die Deutsche Nationalbibliothek verzeichnet diese Publikation in der Deutschen Nationalbibliografie;
detaillierte bibliografische Daten sind im Internet über http://dnb.d-nb.de abrufbar.

Springer Gabler

Springer Gabler ist ein Imprint der eingetragenen Gesellschaft Springer Fachmedien Wiesbaden GmbH und
ist ein Teil von Springer Nature.
Die Anschrift der Gesellschaft ist: Abraham-Lincoln-Str. 46, 65189 Wiesbaden, Germany

Vorwort

„Quantitative Finance" ist ein weiter Begriff!

Wie auch immer wir aber diesen Begriff im Folgenden für unseren Gebrauch definieren werden, eines gilt immer: Die eingehende Beschäftigung mit den vielfältigen faszinierenden theoretischen Konzepten der Quantitative Finance und mit deren Umsetzung in die Praxis, in die Generierung, Analyse und Durchführung intelligenter Handelsstrategien, in die Bewertung von komplexen Finanzprodukten, ist eine höchst anspruchsvolle und packende Tätigkeit, die sehr schnell zur Leidenschaft werden und oft sogar zur Sucht im positiven Sinne führen kann.

Der umsichtige und höchst (!) kreative Umgang mit und Einsatz von mathematischem Denken im Bereich alternativer anspruchsvoller Handelsstrategien und die Weiterentwicklung der entsprechenden Methoden bedarf zuweilen eines spielerischen, ja vielleicht „künstlerischen" Zugangs. Oft fügen sich die angewandten Problemstellungen und die daraus erwachsenden Theorien zu perfekten und kompakten Komplexen von großer Schönheit (Sie werden mir Recht geben, wenn Sie im Lauf der Lektüre zum Beispiel die Prinzipien der Black-Scholes-Theorie oder der Markowitz'schen Portfolio-Selektionstheorie, die Abhängigkeitsstrukturen zwischen Kursverläufen von Aktienindices und den zugehörigen impliziten Volatilitäten oder die Lösung des Optimal-Hedging-Problems in Fallbeispiel 10.11 kennenlernen werden).

Kaum irgendwo sonst durchdringen sich Theorie und Anwendung so intensiv wie im Bereich der Quantitative Finance. Und trotzdem wird immer wieder noch der immense Einfluss zum Teil tiefliegender mathematischer Methoden und Algorithmen für die Bewertung von Risiken und Finanzprodukten, für die Analyse von Handelsstrategien oder für den Entwurf optimaler Investmentportfolios unterschätzt und zum Teil nicht genügend in Entscheidungsprozesse einbezogen.

Vielleicht ist mit ein Grund (unter mehreren) für diese Diagnose der folgende: Es gibt ohne jeden Zweifel sehr viel und ganz ausgezeichnete Literatur zur modernen Finanzmathematik, die – häufig auf sehr hohem Niveau – die Konzepte und Techniken für mathematisch (sehr gut) vorgebildete Leser vermittelt. Häufig bleibt diese Literatur, wenn sie sich konkreten Anwendungen zuwendet, etwas an der Oberfläche oder widmet sich nur ganz speziellen Anwendungsdetails.

Auf der anderen Seite gibt es ausgezeichnete Literatur, die sich vor allem auf Anwendungsaspekte konzentriert. Hier bleibt dann oft die mathematische Relevanz und Qualität etwas auf der Strecke. Mathematische Methoden werden dort dann gelegentlich ausgespart oder aber werden vorausgesetzt.

Mir scheint, dass es nicht allzu viel sehr guter Literatur gibt, in der beides in einem geboten wird: Eine gut verständliche Einführung in die grundlegenden relevanten finanzmathematischen Methoden mit deren unmittelbarer Umsetzung in konkrete (!) Praxis-Anwendungen.

Und umgekehrt: Die Formulierung direkt aus der Praxis kommender Problemstellungen und die daraus entstehende Entwicklung entsprechender finanzmathematischer Methoden.

Sowohl im Rahmen meiner Arbeit an der Universität als auch in meiner praktischen Tätigkeit in der Finanzwirtschaft, insbesondere im Fonds-Management, bin ich immer wieder einerseits Anwendern begegnet, die begierig waren, mehr profunde, aber eben doch gut zugängliche Information über quantitative Methoden und mehr Sicherheit in der Verwendung und in der Einschätzung der Relevanz dieser Methoden zu gewinnen und andererseits Finanzmathematikern (sehr häufig höchst interessierte und talentierte Studentinnen und Studenten), die wiederum begierig darauf waren, kompetente Informationen über die Realitäten der Finanzmärkte zu erhalten, und darüber, was sie *wirklich* mit dem erworbenen finanzmathematischen Wissen in der Realität bewirken können.

Der Anspruch, den ich versuche mit diesem Buch zu erfüllen, ist, genau dies zu leisten: Eine sowohl für Anwender mit finanzmathematischem Interesse als auch für Mathematiker mit Interesse an den Finanzmärkten und deren Dynamiken sehr gut und im besten Fall spannend zu lesende und höchst lohnende Lektüre bereitzustellen.

Also: Ziel dieses Buches ist es, eine sehr gut und allgemein zugängliche und verständliche Einführung in die Grundbegriffe und die grundlegenden Techniken der Quantitative Finance, also – und hier meine Definition bzw. Eingrenzung dieses Begriffs – in die Grundkonzepte der Finanzmathematik und des Financial Engineerings zu geben.

Wir sind davon überzeugt, dass trotz dieses einführenden Charakters des Buchs auch professionelle Händler oder Finanzmathematiker immer wieder für sie neue und überraschende Details im Text auffinden werden.

Ein ganz wesentlicher Bestandteil zur Erreichung der gesetzten Ziele sind die ganz

konkreten Fallbeispiele, die immer wieder verstreut im Buch, und auch kompri-
miert in Kapitel 10 des Buchs formuliert und bearbeitet werden. Es sind dies –
gelegentlich vereinfacht dargestellte – in der konkreten Projektarbeit des Autors
angefallene Problemstellungen, deren – ebenfalls gelegentlich vereinfacht dargestellte – Lösung im Buch auf Basis der erarbeiteten Methoden ausgearbeitet wird.
Dabei geht es sowohl um die Bewertung von Finanzprodukten, die Erstellung von
Finanzsoftware als auch um den Entwurf und die Analyse derivativer Handelsstrategien.

Darüber hinaus, soll der Leser durch die Lektüre und Erarbeitung des Textes auch
für den konkreten Umgang, den konkreten Handel mit Finanzprodukten und insbesondere von Derivaten gewappnet werden.

Ich bin aus jahrelanger eigener Praxis davon überzeugt, dass kompetentes diszipli-
niertes Arbeiten mit Derivaten zu deutlichen und nachhaltigen Investitionsgewin-
nen führen kann. Davon, und von der Tatsache, dass der Umgang, der Handel mit
Derivaten kein reines Glücksspiel ist, sondern beträchtliche Geschicklichkeitsanteile aufweist, soll der Leser ebenfalls überzeugt werden.

Es werden, abgesehen von mathematischen Basistechniken auf Abiturniveau und
grundlegendem Allgemeinwissen über Finanzmärkte und Finanzprodukte, keine
einschlägigen Kenntnisse beim Leser vorausgesetzt. Die Leser sollen durch die
Lektüre des Buches und die Erarbeitung der vorgestellten Techniken in die Lage gebracht werden, Analysen und Bewertungen komplexer Finanzprodukte und
Handelsstrategien nachvollziehen und – zumindest auf Basis von grundlegenden
Modellen – selbständig durchführen zu können. Weiters sollen sie nach der Lektüre des Buches in der Lage sein, sich in vertiefende, weiterführende Literatur über
finanzmathematische Techniken und fortgeschrittenere Modellierungs- und Bewer-
tungsmethoden einzuarbeiten.

Das Buch richtet sich somit vor allem an folgende Leserschichten: an Praktiker aus
dem Banken-, Versicherungs- oder Vermögensverwaltungs- und anspruchsvollen
Vermögensberatungs-Bereich mit Interesse an quantitativen Methoden, an Gutachter im Bereich derivativer Finanzprodukte und derivativer Handelsstrategien, an
Juristen, die mit Verfahren im Bereich Finanzmärkte und Vermögensverwaltung
befasst sind, an Studierende der Finanzmathematik als einführende Lektüre, an
Studierende im Bereich Wirtschafts- und Finanzwissenschaften sowie an interessierte private und institutionelle Investoren die sich finanzmathematische Techniken aneignen wollen.

Das Buch ist bewusst als möglichst gut verständliche Einführung, beziehungsweise
als – auch für Nicht-Mathematiker – möglichst effizient zu erarbeitender Studien-
text angelegt. Viele Konzepte werden daher nicht im Detail mathematisch exakt,
sondern mehr heuristisch und intuitiv eingeführt und umgesetzt.

Die Stärkung der Intuition ist uns ein wesentliches Anliegen. Dazu – zu dieser Stärkung – soll auch die Vielzahl von Illustrationen und Abbildungen im Text beitragen.

Weiters geht es im Buch um eine *Einführung* in Grundtechniken des Financial Engineerings, es wird daher auch im Wesentlichen mit eher grundlegenden mathematischen Modellen gearbeitet, und für subtilere Finanzmodelle auf geeignete weiterführende Literatur verwiesen. Das Buch ist somit im Hinblick auf die enthaltene Mathematik weniger für fortgeschrittene Finanzmathematiker und für im Bereich der Finanzmathematik Forschende geeignet.

Ziel des Buches ist nicht Streben nach Vollständigkeit, sondern die Vermittlung eines grundlegenden technischen Verständnisses von Finanzprodukten, ihrer Analyse und ihres Einsatzes und der Rolle der Mathematik auf den Finanzmärkten.

Der Schwerpunkt des Buches liegt auf dem Einsatz derivativer Finanzprodukte und Handelsstrategien sowie auf der Verwendung exakter quantitativer, finanzmathematischer Methoden. Im algorithmischen und numerischen Bereich forcieren und verwenden wir im Buch sehr stark die Monte Carlo-Simulations-Methode. Die Leser werden in diesem Buch vergeblich nach Inhalten im Bereich der charttechnischen Analyse oder der Fundamentalanalyse suchen.

Ich wiederhole mich: Eines der Hauptziele ist bei aller gelegentlichen hohen Komplexität der Inhalte eine gute Lesbarkeit des Buches! Es war mir beim Schreiben manchmal wichtiger – vielleicht da und dort unnötig – viel Erklärung zu geben, Dinge eventuell etwas zu einfach, zu vereinfachend darzustellen, für das Verständnis unnötige Details vorerst auszulassen, anstatt auf Kosten der Verständlichkeit zu knapp, zu elegant, zu überbordend, zu kompliziert, zu exakt zu argumentieren.

Im besten Fall kann man – dem roten Faden folgend, den ich versucht habe dem Buch zu geben – das Buch mit Lust und Spannung lesen.

Die Inhalte des Buches basieren einerseits auf einer Reihe von Vorlesungen und Seminaren (in den Bereichen Finanzmathematik, stochastische Finanzmathematik, mathematische Modelle in den Wirtschaftswissenschaften, mathematische Simulation und Finanzmarktstatistik) des Autors als Vorstand des Instituts für Finanzmathematik und Angewandte Zahlentheorie an der Universität Linz und auf einer Vielzahl von Seminaren und Vorträgen, die vom Autor in verschiedenen Funktionen für Praktiker und Investoren durchgeführt wurden, sowie andererseits auf jahrelanger Tätigkeit des Autors als Gutachter im Bereich derivativer Handelsprodukte und Handelsstrategien und vor allem auch auf der langjährigen Tätigkeit des Autors als Entwickler und Umsetzer derivativer Handelsstrategien im eigenen Vermögensverwaltungsunternehmen.

Eine Reihe konkreter Fallbeispiele wird im Buch ausgearbeitet und der Einsatz der entwickelten Theorie wird auf diese Weise unmittelbar illustriert.

Abgerundet und stellenweise dadurch vielleicht aufgelockert wird der Text durch gelegentliche Einwürfe aus verschiedensten anderen – vor allem mathematischen – Thematiken, speziell aus den Bereichen der Wahrscheinlichkeitstheorie, der Spieltheorie und der Angewandten Zahlentheorie, aber auch aus der praktischen Arbeit des Autors. In allem bemühen wir uns um Verständlichkeit der Inhalte auch für mathematisch weniger vorgebildete Leser.

Der vorliegende Band beschränkt sich auf grundlegende Basismodelle, es ist ein einführender Text. Geplant ist eine Fortsetzung, in der dann wesentlich subtilere und anspruchsvollere Modelle, Theorien und Techniken exakter entwickelt werden und zum Einsatz kommen sollen. In welcher Form genau dies geschehen wird, ob in herkömmlicher kompakter Form als ein zweiter Band zu diesem Buch, oder peu a peu durch periodische Erweiterungen und Ergänzungen online ist noch offen. In jedem Fall weisen wir im Text immer wieder auf eine voraussichtliche Fortführung (in welcher Form auch immer) hin und referieren darauf als „Band II".

Zu diesem Buch wurde von meinem Team der LSQF (= Linz School of Quantitative Finance) **umfangreiche und flexible Open Source Finanz-Software** erstellt, die nicht abgeschlossen ist, sondern ständig weiterentwickelt und erweitert wird, und die unter der **Adresse** `http://www.lsqf.org/` unmittelbar von den Lesern online genutzt werden kann. Mit Hilfe dieser Software ist es möglich, neben grundlegenden Bewertungs- und Analyseaufgaben etwa auch selbständig Simulationen und Tests verschiedener Handels- oder Hedging-Strategien durchzuführen. Im Text wird immer wieder an Ort und Stelle auf die Software hingewiesen und deren Anwendung erläutert. Weiters sind unter dieser Adresse immer wieder aktuelle Informationen und Ergänzungen und Neuentwicklungen angeführt und wir ermuntern die Leser sehr, die Software und die Informationsangebote zu nutzen.

Noch ein paar **technische Details**:

Ich möchte in diesem Text nicht durchgängig sowohl die Leserin als auch den Leser ansprechen. Wenn ich im Folgenden zumeist *den* Leser, *den* Investor, *den* ... anspreche ... und nicht *die* Leserin, *die* Investorin, *die* ... dann soll das in keiner Weise die wichtigen Bemühungen um eine gendergerechte Sprache ignorieren, sondern der Lesbarkeit dienen. Symbolisch werde ich daher sporadisch im Text die weibliche Form verwenden.

Für kürzere Passagen des Buchs hatte ich Mit-Autoren aus meinem Team an der Linz School of Quantitative Finance bzw. wurden einige Passagen unmittelbar von einem dieser Kollegen verfasst. Wo immer dies der Fall war, weise ich darauf natürlich explizit hin.

Im folgenden Text werden manchmal Passagen in hellem Grau hinterlegt. Das ist dann der Fall, wenn darin (manchmal etwas anspruchsvollere) mathematische Herleitungen vorgenommen werden. Diese können von einem etwas weniger an mathematischen Details interessierten Leser übersprungen werden, ohne dass dadurch das Verständnis der nachfolgenden Abschnitte erschwert würde.

Gelegentliche Einschübe aus anderen Fachbereichen oder Einschübe historischer oder anektotischer Form werden grün hinterlegt.

In allem Folgenden wird der „Euro = €" als die „Heimatwährung" definiert. Für Leser in anderen Währungsbereichen, also mit anderer Heimatwährung, ist der Euro immer durch die tatsächliche Heimatwährung zu ersetzen.

Ich will Sie im Text nicht mit einer überbordenden Fülle von Literaturangaben (seien es Referenzen auf Bücher und Artikel oder auf Internet-Adressen) – denen man niemals allen nachgehen kann – „erschlagen". Es werden daher eher – vielleicht überraschend – wenige Literaturangaben im Text zu finden sein. Ich werde mich auf die wirklich jeweils konkret relevanten Hinweise beschränken. In der zitierten Literatur sind dann ohnehin zumeist ausreichende Weiterverweise zu finden.

Dank:

Die umfassend fordernde Arbeit an diesem Buch wurde maßgeblich von den folgenden Organisationen unterstützt, denen mein Dank gilt:

- Johannes Kepler Universität Linz (insbesondere auch durch die Gewährung einer einjährigen Freistellung während der Zeit des Verfassens des Buchs)
- FWF-Wissenschaftsfonds
- Land Oberösterreich
- LSQF Linz School of Quantitative Finance

Neben all denen, die unmittelbar an der Entstehung des Buchs mit großem Einsatz und Motivation mitgearbeitet haben, vor allem sind das meine Assistentin Melanie Traxler, die mit größter Umsicht den gesamten Text inklusive einer Vielzahl von Bildern in LaTex übersetzt hat, sowie meine Kolleginnen und Kollegen von der Linz School of Quantitative Finance, Lucia Del Chicca, Alexander Brunhuemer, Bernhard Heinzelreiter, Lukas Larcher und Lukas Wögerer, gilt mein Dank vor allem denjenigen mir nächsten Menschen, die in ganz besonderer Weise auf persönlicher Ebene den Entstehungsprozess dieses Buches mit begleitet haben!

Inhaltsverzeichnis

1	**Basisprodukte und Verzinsung**	**1**
1.1	Grundlegende Eigenschaften von Anleihen	3
1.2	Ein konkretes Beispiel einer Anleihe	4
1.3	Emission einer Anleihe und Erstausgabekurs	8
1.4	Chart der Anleihe und Einflussgrößen für Kursentwicklungen . . .	9
1.5	Diskrete und stetige Verzinsung	12
1.6	Stetige Verzinsung bei zeitvariablem Zinssatz	20
1.7	Euribor, Libor und Swap-Zinssätze, Leitzinssätze	24
1.8	Zwei Bemerkungen zu Krediten: Ratenberechnung bei kontinuierlicher Tilgung sowie Fremdwährungskredite und die Zinsparitäten-Theorie	31
1.9	Rendite von Anleihen	37
1.10	Forward-Zinssätze	43
1.11	Der „faire Wert" einer zukünftigen Zahlung, Diskontierung	47
1.12	Der faire Wert einer Anleihe	49
1.13	Einige Beispiele von Junk-Bonds	53
1.14	Aktien (Grundbegriffe)	55
1.15	Börsendynamik des Aktienhandels	59
1.16	Aktien-Indices	63
1.17	Handel von Indices mit Index-Zertifikaten	68
1.18	Der ShortDAX und Index-Zertifikate auf den ShortDAX	70
1.19	Der S&P500 Index	73
1.20	Der S&P500 am schwarzen Montag 19. Oktober 1987	78
1.21	Der 11. September 2001	81
1.22	Der S&P500 Index um den 10. Oktober 2008, Overnight-Gaps . .	82
1.23	Der „Flash-Crash" am 6. Mai 2010	84
1.24	Kursprognosen, Run-Analyse von Aktien- und Indexkursen	85
1.25	Bemerkung zu einer einfachen Handelsstrategie nach Signalen durch exponentiell gleitende Durchschnitte	91
2	**Derivate und Handel mit Derivaten, Grundbegriffe und Grundstrategien**	**97**
2.1	Was ist ein Derivat?	98

2.2   Europäische plain-vanilla-Optionen, Definition und grundlegende
       Eigenschaften   99
2.3   Amerikanische Optionen   109
2.4   Eine Strategie ist besser als keine Strategie und das „Sekretärs-
       Problem"   113
2.5   Wie handelt man Optionen? Handel über das Brokerage einer Bank 121
2.6   Wie handelt man Optionen? Handel über eine elektronische Han-
       delsplattform   126
2.7   Wer handelt mit Optionen? Long-Positionen in Call-Optionen, die
       Hebelwirkung   137
2.8   Wer handelt mit Optionen? Long-Positionen in Put-Optionen, Pro-
       tective Put   143
2.9   Wer handelt mit Optionen? Short-Positionen in Put-Optionen, Ver-
       kauf von Versicherungen, Put-Spreads   151
2.10   Wer handelt mit Optionen? Short-Positionen in Call-Optionen, Co-
       vered Call-Strategien   154
2.11   Discount-Zertifikate   156
2.12   Wer handelt mit Optionen? Long Straddle, Short Straddle   160
2.13   Zusammenhang der Payoffs von Puts, Calls und underlying   170
2.14   Weitere Options-Kombinationen   173
2.15   Margin-Regelungen für Short-Positionen von (CBOE S&P500-)
       Optionen   178
2.16   CBOE-gehandelte Optionen auf den S&P500 Index, Market-Maker-
       System, Settlement von SPX-Optionen   184
2.17   Futures, grundlegende Eigenschaften, Handel, Margin   187
2.18   Long und Short Handel von underlyings mit Futures   194
2.19   Der Bund-Future   199
2.20   Weitere Bemerkungen zu Futures (Rollen, Future-Optionen, For-
       wards)   204

3   **Grundlagen der Bewertung von Derivaten**   **213**
3.1   Friktionslose Märkte und das No-Arbitrage-Prinzip   214
3.2   Erste Anwendung des NA-Prinzips, die Put-Call-Parity-Equation .   221
3.3   Einfache Folgerungen aus der Put-Call-Parity Equation   229
3.4   Eine weitere Anwendung des NA-Prinzips: Der „faire" Strikepreis
       eines Futures (auf ein dividenden-/kosten-freies underlying) . . .   237
3.5   Future-Bewertung für underlyings mit Auszahlungen oder Kosten   241
3.6   Die Put-Call-Parity-Equation für underlyings mit Auszahlungen
       oder Kosten   245
3.7   Versuch von realer Arbitrage auf Basis einer Abweichung von der
       Put-Call-Parity-Equation   248
3.8   Grundsätzliches zur Bewertung von Derivaten und zur Modellie-
       rung von Finanzkursen   251

3.9   Das binomische Ein-Schritt-Modell und die Bewertung von Derivaten im binomischen Ein-Schritt-Modell, Teil I 254

3.10 Das binomische Ein-Schritt-Modell und die Bewertung von Derivaten im binomischen Ein-Schritt-Modell, Teil II 260

3.11 Die Bewertung von Derivaten im binomischen Ein-Schritt-Modell, Diskussion der Ergebnisse 266

3.12 Kurzer Einschub: Über Glücks- und Geschicklichkeitsanteile in Spielen 280

3.13 Fairer Preis von Derivaten im binomischen Modell auf underlyings mit Auszahlungen/Kosten 286

3.14 Das binomische Zwei-Schritt-Modell 287

3.15 Die Bewertung von Derivaten im binomischen Zwei-Schritt-Modell, Diskussion des Ergebnisses 291

3.16 Hedging und Arbitrage im binomischen Zwei-Schritt-Modell . . . 294

3.17 Konkretes Zahlenbeispiel zur Bewertung und zum Hedgen eines Derivats und zur Durchführung von Arbitrage in einem binomischen Zwei-Schritt-Modell 295

3.18 Bewertung von Derivaten im binomischen N-Schritt-Modell . . . 299

3.19 Bemerkungen zur Bewertung von Derivaten im binomischen N-Schritt-Modell und ein Beispiel 306

3.20 Bewertung von Derivaten im binomischen N-Schritt-Modell auf underlyings mit Auszahlungen oder Kosten 307

4   Das Wiener'sche Aktienkursmodell und die Grundzüge der Black-Scholes-Theorie   311

4.1   Basis-Werkzeuge zur Analyse realer Aktienkurse: Trend, Volatilität, Verteilung der Renditen, Schiefe, Wölbung 311

4.2   Basis-Werkzeuge zur Analyse realer Aktienkurse: Kovarianzen, Korrelationen 330

4.3   Basis-Werkzeuge zur Analyse realer Aktienkurse: Autokorrelationen der Renditen von Aktien 342

4.4   Was bedeutet mathematische Modellierung? Was ist ein Aktienkurs-Modell? 345

4.5   Das Wiener'sche Aktienkurs-Modell 352

4.6   Simulation von Aktienkursen im Wiener Modell 355

4.7   Simulation zweier korrelierter Aktienkurse 359

4.8   Simulation mehrerer korrelierter Aktienkurse 365

4.9   Simulation eines Wiener'schen Modells zu vorgegebenem Anfangs- und Endwert, die Brown'sche Brücke 371

4.10 Erwartungswerte, Varianzen und Wahrscheinlichkeitsverteilungen von Aktienkursen im Wiener'schen Modell 373

4.11 Approximation des Wiener Modells durch Binomialmodelle, Vorbemerkungen 379

4.12 Approximation des Wiener Modells durch Binomialmodelle, Vorbereitung 380

4.13 Der zentrale Grenzwertsatz 382

4.14 Approximation des Wiener Modells durch Binomialmodelle, der Beweis (die Beweisskizze) 388

4.15 Die Brown'sche Bewegung, Motivation und Definition 389

4.16 Die Brown'sche Bewegung, Grundlegende Eigenschaften 406

4.17 Das Wiener Modell als Geometrische Brown'sche Bewegung und die Brown'sche Bewegung mit Drift 414

4.18 Die Black-Scholes Formel im Wiener Modell 415

4.19 Der faire Preis einer europäischen Call-Option und einer europäischen Put-Option im Wiener Modell 424

4.20 Eine (ganz) kurze Geschichte der Black-Scholes-Formel 426

4.21 Perfektes Hedging im Black-Scholes-Modell 428

4.22 Ein weiteres Beispiel zur Anwendung der Black-Scholes Formel und des perfekten Hedgens sowie dessen Umsetzung in konkretem diskretem Hedging 432

4.23 Diskret angenähertes perfektes Hedging für beliebige europäische Derivate, insbesondere für europäische Call- und Put-Optionen . . 439

4.24 Detaillierte Diskussion der Black-Scholes Formel für europäische Call-Optionen I (Abhängigkeit von S und von t, innerer Wert, Zeitwert) 443

4.25 Detaillierte Diskussion der Black-Scholes Formel für europäische Call-Optionen II (Abhängigkeit von der Volatilität) 453

4.26 Detaillierte Diskussion der Black-Scholes Formel für europäische Call-Optionen III (Abhängigkeit vom risikolosen Zinssatz) 456

4.27 Kurze Zwischenbemerkungen zur Nutzung der Black-Scholes-Formel und zu den darin auftretenden Parametern r und σ 459

4.28 Programm und Test: Bewertung von Derivaten durch Approximation mit einem binomischen N-Schritt-Modell mit zum Kurs des underlyings korrelierender Volatilität 463

4.29 Break-Even für reine Call-Strategien 466

4.30 Analyse des Black-Scholes Preises von Put-Optionen 473

4.31 Break-Even für reine Put-Strategien 481

4.32 Analyse des Preisverlaufs einiger weiterer Options-Basis-Strategien: Short Iron Butterfly 487

4.33 Analyse des Preisverlaufs einiger weiterer Options-Basis-Strategien: Naked Short Butterfly 493

4.34 Einschub: Kurze Bemerkung zur „Asymmetrie von Call- und Put-Preisen" 497

4.35 Analyse des Preisverlaufs einiger weiterer Options-Basis-Strategien: Einfache Basis-Time Spreads 504

4.36 Die Greeks 509

4.37 Die Greeks für Call-Optionen und Put-Optionen 512

4.38 Grafische Veranschaulichung der Greeks von Call-Optionen . . . 513
4.39 Grafische Veranschaulichung der Greeks von Put-Optionen 525
4.40 Delta und Gamma – Analyse eines Put Bull Spreads 530
4.41 Test-Simulationen für Exit-Strategien für Put Bull Spread Kombi-
      nationen 547
4.42 Delta-/Gamma-Hedging 554
4.43 Delta-/Gamma-Hedging: Ein konkretes Beispiel 557

5 Volatilitäten   573
5.1   Volatilität I: Historische Volatilität 573
5.2   Volatilität II: ARCH-Modelle 582
5.3   Volatilität III : Einsatz und Prognose von Volatilität 589
5.4   Volatilität IV: Größenordnung der historischen Volatilität des
      S&P500 596
5.5   Volatilität V: Volatilität in der Derivate-Bewertung 598
5.6   Derivat-Bewertung bei zeit- (und kurs-) abhängiger Volatilität, das
      Dupire-Modell 600
5.7   Die implizite Volatilität 605
5.8   Implizite Vola von Call-Optionen und Put-Optionen mit gleicher
      Laufzeit und gleichem Strike 612
5.9   Volatility-Skews, Volatility-Smiles und Volatilitätsflächen 614
5.10 Rückschlüsse aus impliziten Volatilitäten auf die durch den Markt
      antizipierte Verteilung des Kurses des underlyings 618
5.11 Volatilitäts-Indices 626
5.12 Grundlegende Eigenschaften des VIX 631
5.13 Verhältnis und Korrelationen von VIX zum SPX 635
5.14 Einfluss kurs- bzw. zeit-abhängiger Volatilität auf Delta, Gamma
      und Theta 644
5.15 Kombinierter Handel von SPX und VIX zu Absicherungszwecken 648
5.16 Verhältnis und Korrelationen von VIX zur historischen und zur rea-
      lisierten Volatilität 656
5.17 Der CBOE S&P500 Put Write Index 662
5.18 Die Berechnungs-Methodik des VIX 666
5.19 Der Volatilitäts-Wochenend-Effekt 673
5.20 Derivate auf den VIX, VIX-Futures 675
5.21 VIX-Optionen 685
5.22 Payoff- und Gewinn-Funktionen einer Handels-Strategie aus Kom-
      binationen von SPX- und VIX-Optionen 689

**6 Erweiterungen der Black-Scholes-Theorie auf weitere Typen von
    Optionen (Futures-Optionen, Währungs-Optionen, amerikanische
    Optionen, pfadabhängige Optionen, multi-asset-Optionen)   701**
6.1   Einleitung und Wiederholung 701
6.2   Währungs-Optionen 704

6.3   Futures-Optionen   709
6.4   Bewertung von amerikanischen Optionen und von Bermudan Op-
      tions durch Backwardation (der Algorithmus)   714
6.5   Bewertungsbeispiele für amerikanische Optionen im binomischen
      und im Wiener Modell   722
6.6   Hedging von amerikanischen Optionen   726
6.7   Pfadabhängige (exotische) Derivate, Definition und Beispiele . . .   728
6.8   Bewertung pfadabhängiger Optionen, die Black-Scholes-Formel für
      pfadabhängige Optionen   736
6.9   Konkretes Bewertungsbeispiel einer pfadabhängigen Option in ei-
      nem binomischen 3-Schritt-Modell (europäisch und amerikanisch)   740
6.10 Die Komplexität der Bewertung pfadabhängiger Optionen in ei-
      nem binomischen N-Schritt-Modell im Allgemeinen und z.B. für
      Lookback-Optionen   742
6.11 Bewertung einer amerikanischen Lookback-Option in einem bino-
      mischen 4-Schritt-Modell (konkretes Beispiel)   749
6.12 Explizite Formeln für europäische pfadabhängige Optionen, z.B.:
      Barrier Optionen   753
6.13 Explizite Formeln für europäische pfadabhängige Optionen, z.B.:
      geometrische asiatische Optionen   757
6.14 Kurze Bemerkung zum Hedging von pfadabhängigen Derivaten .   764
6.15 Bewertung von Derivaten mit Monte Carlo-Methoden, das grund-
      legende Prinzip   764
6.16 Bewertung von europäischen pfadabhängigen Derivaten mit Monte
      Carlo-Methoden   769
6.17 Monte Carlo-Bewertung von asiatischen Optionen   771
6.18 Monte Carlo-Bewertung von Barrier-Optionen   773
6.19 Barrier-Optionen in Turbo- und in Bonus-Zertifikaten   777
6.20 Schätzen der Greeks (insbesondere Delta und Gamma) von Deri-
      vaten mit Monte Carlo   780
6.21 Schätzen von Delta und Delta-Hedging für pfadabhängige Derivate
      (z.B. geometrisch asiatische Option)   787
6.22 Einige grundsätzliche Bemerkungen zu Monte Carlo-Methoden und
      zur Konvergenz von Monte Carlo-Methoden   795
6.23 Einige Bemerkungen zu Zufallszahlen   801
6.24 Eine Bemerkung über Quasi-Monte Carlo-Methoden   808
6.25 Ein konkretes Beispiel niedrig-diskrepanter QMC-Punkt-
      mengen: Die Hammersley Punktmengen   816
6.26 Varianz-Reduktions-Methoden für die Monte Carlo-Methode . . .   821
6.27 Monte Carlo mit Control Variates für die Bewertung einer arithme-
      tisch asiatischen Option   825
6.28 Multi-Asset Optionen   828
6.29 Modellierung korrelierter Finanzprodukte im Wiener Modell,
      Cholesky-Zerlegung   830

6.30 Bewertung von Multi-Asset-Optionen 834

6.31 Konkretes Beispiel für die Bewertung einer Multi-Asset-Option mit MC und mit QMC 838

7 Basiswissen: Stochastische Analysis und Anwendungen, Zins-entwicklungen und Grundzüge der Bewertung von Zins-Derivaten   845

7.1 Modellierung von Zins-Entwicklungen 846

7.2 Differential-Darstellung stochastischer Prozesse: Heuristische Ein-führung 849

7.3 Simulation von Ito-Prozessen, grundlegende Modelle 861

7.4 Einschub: Die Ito-Formel und die Differential-Schreibweise der GBB 872

7.5 Modellierung von Zinsentwicklungen mit mean-reverting Orenstein-Uhlenbeck 876

7.6 Beispiele von Zins-Derivaten und eine prinzipielle Methodik der Bewertung solcher Derivate 882

7.7 Grundbegriffe friktionsloser Zinsmärkte: Zero-Coupon-Bonds und Zinssätze 884

7.8 Fix- und Floating-Rate-Coupon Bonds 890

7.9 Zinsswaps 893

7.10 Bewertung von Bondpreisen und Zins-Derivaten in einem Short-Rate-Ansatz 894

7.11 Das mean-reverting Vasicek-Modell und das Hull-White-Modell für die Short-Rate 902

7.12 Affine Modell-Strukturen von Bond-Preisen 904

7.13 Bondpreise im Vasicek-Modell und die Kalibrierung im Vasicek-Modell 905

7.14 Bondpreise im Hull-White-Modell und die Kalibrierung im Hull-White-Modell 907

7.15 Bewertung und Put-Call-Parity von Call- und Put-Optionen auf Bondpreise 911

7.16 Bewertung von Caplets und Floorlets (sowie von Zins-Caps und Zins-Floors) 912

7.17 Die Black-Scholes Differentialgleichung 915

7.18 Das stochastische Ito-Integral: Heuristische Erläuterung und grund-legende Eigenschaften 920

7.19 Bedingte Erwartungswerte und Martingale 931

7.20 Die Feynman-Kac-Formel 935

7.21 Die Black-Scholes-Formel 938

7.22 Das Black-Scholes Modell als vollständiger Markt und Hedging von Derivaten 939

7.23 Das mehrdimensionale Black-Scholes-Modell und seine Vollstän-digkeit 943

7.24 Unvollständige Märkte (z.B. das trinomische Modell) 945

7.25 Unvollständige Märkte (z.B. nicht handelbares underlying) 953

8 Risiko-Messung und Kreditrisiko-Management   **961**

8.1   Einfache Risikomaße und Grundzüge des Kreditrisiko-
      Managements 961

8.2   Der Value at Risk 962

8.3   Die Berechnung des VAR an Hand einfacher Portfolio-Beispiele:
      Beispiel 1 (ein Index) 964

8.4   Einschub: Verteilung des Minimums einer Brown'schen Bewegung
      und Berechnung des adaptierten VAR 972

8.5   Die Berechnung des VAR an Hand einfacher Portfolio-Beispiele:
      Beispiel 2 (Ein Aktienindex in Fremdwährung) und Stress-Testing 977

8.6   Beispiel 3: Der VAR eines Portfolios aus zwei Aktien in Abhän-
      gigkeit von deren Korrelation 982

8.7   Beispiel 4: VAR-Schätzung für eine einfache Options-Strategie . . 984

8.8   Conditional VAR 991

8.9   CVAR-Schätzung an Hand einiger Beispiele 994

8.10 Grundsätzliches zum Thema Kreditrisiko-Management 997

8.11 Credit Metrics, Teil I: Prinzipieller Ansatz 1002

8.12 Credit Metrics, Teil II: Ratings und fairer Wert ausfallsgefährdeter
      Anleihen 1003

8.13 Credit Metrics, Teil III: Rating-Übergangs-Wahrscheinlichkeiten
      und Erwartungswert des Kredit-Portfolios in einem Jahr 1008

8.14 Credit Metrics, Teil IV: Varianz des Werts eines Kredits in einem
      Jahr 1011

8.15 Credit Metrics, Teil V: Varianz des Werts des Kredit-Portfolios in
      einem Jahr 1012

8.16 Credit Metrics, Teil VI: Das Asset Value Modell zur Bestimmung
      gemeinsamer Rating-Übergangs-Wahrscheinlichkeiten von
      Krediten 1014

8.17 Credit Metrics, Teil VII: Bestimmung des Perzentils von A_1 mittels
      Monte Carlo-Simulation 1019

8.18 Credit Metrics, Teil VIII: Detailliertes Beispiel mit Varianten . . . 1024

8.19 Einschub: Erzeugung positiv definiter Zufalls-Korrelations-
      Matrizen 1037

8.20 Credit Risk+, Teil I: Das Grundkonzept und die erwartete Anzahl
      von Kreditausfällen bei Annahme unabhängiger Kredite 1042

8.21 Credit Risk+, Teil II: Die erwartete Ausfallshöhe bei Annahme un-
      abhängiger Kredite 1048

8.22 Credit Risk+, Teil III: Zuteilung der Kredite zu voneinander unab-
      hängigen Sektoren 1051

8.23 Credit Risk+, Teil IV: Prozentuelle Zuteilung der Kredite zu von-
      einander unabhängigen Sektoren und Bestimmung des Eigenmit-
      telanteils 1055

8.24   Credit Risk+, Teil V: Ein konkretes Beispiel 1057

9   Optimal-Investment-Probleme   1065

9.1   Klassische Portfolio-Optimierung nach Markowitz, Teil 1: Grundlegendes 1066

9.2   Klassische Portfolio-Optimierung nach Markowitz, Teil 2: Zwei Basisprodukte 1070

9.3   Klassische Portfolio-Optimierung nach Markowitz, Teil 3: Zwei Basisprodukte, Efficient Border 1077

9.4   Klassische Portfolio-Optimierung nach Markowitz, Teil 4: Zwei Basisprodukte, mit Short-Selling 1082

9.5   Klassische Portfolio-Optimierung nach Markowitz, Teil 5: Zwei risikobehaftete Basisprodukte und ein risikoloses Produkt. Portfolios mit maximaler Sharpe-Ratio 1083

9.6   Klassische Portfolio-Optimierung nach Markowitz, Teil 6: Zwei risikobehaftete Basisprodukte und ein risikoloses Produkt: Ein konkretes Beispiel 1090

9.7   Klassische Portfolio-Optimierung nach Markowitz, Teil 7: Skizze eines Sensitivitätstests 1092

9.8   Klassische Portfolio-Optimierung nach Markowitz, Teil 8: Beliebig viele Basisprodukte, prinzipielle Form der Opportunity-Sets . 1094

9.9   Klassische Portfolio-Optimierung nach Markowitz, Teil 9: Beliebig viele Basisprodukte, explizite Berechnung der Efficient Border und des Portfolios mit maximaler Sharpe-Ratio, Planung des Vorgehens 1098

9.10   Klassische Portfolio-Optimierung nach Markowitz, Teil 10: Beliebig viele Basisprodukte, explizite Berechnung der Efficient Border und des Portfolios mit maximaler Sharpe-Ratio 1098

9.11   Klassische Portfolio-Optimierung nach Markowitz, Teil 11: Beliebig viele Basisprodukte, explizite Efficient Border und das Portfolio mit maximaler Sharpe-Ratio, konkretes Beispiel 1108

9.12   Das „Market-Portfolio" = das Portfolio mit maximaler Sharpe-Ratio 1111

9.13   Portfolio-Selektion auf Basis eines Single-Index-Modells 1113

9.14   Das Optimal-Investment and Consumption-Problem: Einführung und Formulierung des Problems 1120

9.15   Grundzüge der stochastischen Kontrolltheorie, die HJB-Gleichungen 1126

9.16   Ein Anwendungsbeispiel für die HJB-Gleichung: Der lineare Regulator 1132

9.17   Lösung des optimal-consumption-investment- Problems 1137

10   Fallbeispiele   1145

10.1   Fall-Beispiel I: Die fynup-ratio 1147

10.1.1   Aufgabenstellung 1147
10.1.2   Begriffsklärung und prinzipielle Anmerkungen 1149
10.1.3   Technische Vorbereitungen 1152
10.1.4   Eine mögliche intuitive Herangehensweise 1154
10.1.5   Das Prinzip des fynup-ratio Ansatzes: Bestimmung der Gewichte, schematisch 1156
10.1.6   Das Prinzip des fynup-ratio Ansatzes: Bestimmung der Gewichte, technische Details 1158
10.1.7   Die Durchführung der Optimierung mit Hilfe einer Monte Carlo-Methode 1160
10.1.8   Adaptierung der Gewichtsauswahl 1162
10.1.9   Indikation für Fonds mit einer Laufzeit von mindestens 10 Jahren 1164
10.1.10 Informelle Indikation für Fonds mit einer Laufzeit von weniger als 10 Jahren 1165
10.1.11 Das konkrete Ergebnis und die Perzentil-Darstellung . . . 1166
10.1.12 Aussagekraft der Indikations-Ergebnisse, abschließende Diskussion 1167
10.2 Fall-Beispiel II: Churning-Gutachten 1168
10.2.1   Erläuterung des Falles 1169
10.2.2   Präzisierung der Fragestellung 1173
10.2.3   Modellierung der underlyings 1174
10.2.4   Gewinnwahrscheinlichkeiten für die Einzel-Positionen bei Halten bis zur Fälligkeit 1176
10.2.5   Gewinnwahrscheinlichkeiten für die Einzel-Positionen bei eventueller vorzeitiger Gewinnmitnahme 1179
10.2.6   Gewinnwahrscheinlichkeiten für das Options-Portfolio . . 1181
10.3 Fall-Beispiel III: Bewertung eines Zins-Swaps und Analyse seiner Tauglichkeit zur Optimierung eines Kredit-Portfolios 1184
10.3.1   Darstellung des Falles, der Produkte und die Fragestellungen 1184
10.3.2   Der faire Wert des Swaps bei Abschluss: Teil 1, Zinstausch-Komponente 1188
10.3.3   Der faire Wert des Swaps bei Abschluss: Teil 2, Optionskomponente 1190
10.3.4   Zur Frage nach der „Portfolio-Optimierung" durch den Einsatz des Swaps 1195
10.4 Fall-Beispiel IV: Bewertung von kündbaren Range Accrual Swaps im Rahmen eines Gutachtens 1203
10.4.1   Ausgestaltung des Produkts 1203
10.4.2   Motivation für den Abschluss des Swaps und weitere Hintergründe 1205
10.4.3   Modellierung und Kalibrierung der notwendigen Zinssätze im Vasicek-Modell 1208

10.4.4 Bewertung des RAS auf Basis des Vasicek-Modells ohne
        Berücksichtigung des Kündigungsrechts 1215
10.4.5 Bewertung des RAS auf Basis des Vasicek-Modells MIT
        Kündigungsrecht 1218
10.4.6 Test der Güte der Kalibrierung des risikolosen Modells und
        Sensitivitäts-Analyse der Resultate 1220
10.5 Fall-Beispiel V: Analyse der Perfomance von Put-Write-Strategien 1222
10.5.1 Das Setup der getesteten Put-Write-Strategien 1225
10.5.2 Diskussion und Beispiele für die Wahl einiger Parameter . 1227
10.5.3 Die verschiedenen Parameter-Wahlen und Auswahl einiger
        Analyse-Ergebnisse 1232
10.5.4 Variante: 2-M-Strategie 1236
10.5.5 Gebrauchsanweisung des Analyse-Programms auf der Ho-
        mepage 1237
10.5.6 Abschließende Bemerkungen zu operationellen Risiken und
        Strategievarianten 1239
10.6 Fall-Beispiel VI: Bewertung einer asiatischen Option auf Basis ei-
     nes Fremdwährungskredits im Rahmen eines Gutachtensauftrag . 1243
10.6.1 Die Ausgestaltung des Gesamt-Produkts 1244
10.6.2 Der faire Preis der Garantieanleihe in asiatischer und in
        europäischer Ausgestaltung 1246
10.6.3 Erstellung einer Ex-ante Risikobeurteilung unter dem Aspekt
        realistischer Ertragsaussichten bei Fremdfinanzierung . . . 1250
10.6.4 Die tatsächliche Entwicklung des Produkt-Pakets 1259
10.7 Fall-Beispiel VII: Gutachten zum EUR CHF-Stop Loss Order-Fiasko
     im Januar 2015 1261
10.7.1 Analyse vergleichbarer Ereignisse: GBP DEM September
        1992 1263
10.7.2 Fall GBP DEM: Vergleich Stop-Loss versus Absicherung
        mit Put-Optionen im Zeitbereich Oktober 1990 bis Okto-
        ber 1992 1267
10.7.3 Fall GBP DEM: Absicherung mit Put-Optionen für 10-
        jährige Kredite ab Oktober 1990 1270
10.7.4 Alternative Absicherungsmethode für den EUR CHF Wech-
        selkurs mit Hilfe von Put-Optionen 1271
10.7.5 Absicherung mit Put-Optionen für 10-jährige bzw.
        20-jährige Kredite ab Jänner 2012 1274
10.7.6 Vergleich mit dem Stop-Loss-Ansatz 1277
10.8 Fall-Beispiel VIII: Analysen des Risikos von Einzelanleihen höhe-
     rer Qualität versus Portfolios von Anleihen niedrigerer Qualität . . 1279
10.8.1 Zwei einfache konstruierte Illustrationsbeispiele 1279
10.8.2 Analysen an Hand realistischer Daten 1283
10.9 Fall-Beispiel IX: Portfolio-Selektion unter Berücksichtigung von
     Nachhaltigkeitsparametern 1288

10.9.1 Problemstellung 1288

10.9.2 Monte Carlo-Ermittlung von Efficient Borders und Market Portfolios unter Nachhaltigkeitsbedingungen und optimaler Nachhaltigkeits-Sharpe-Parameter im Fall OHNE Short Selling 1294

10.9.3 Ermittlung von Efficient Borders und Market Portfolios unter Nachhaltigkeitsbedingungen und optimaler Nachhaltigkeits-Sharpe-Parameter im Fall MIT Short Selling . 1297

10.9.4 Ausblick 1302

10.10 Fall-Beispiel X: Vergleich zweier Basket-Derivate 1303

10.10.1 Genaue Darstellung der beiden Produkte 1304

10.10.2 Erster Kurz-Vergleich der beiden Produkte 1307

10.10.3 Bewertungsvergleich der beiden Produkte am 1. Juni 2008 1309

10.11 Fall-Beispiel XI: Optimales Hedging mit Futures-Kontrakten im Zusammenhang mit Liquiditäts-Risiken und dem „Metallgesellschaft"-Fall 1314

10.11.1 Darstellung der Hedgingstrategie und Formulierung der Problemstellung 1315

10.11.2 Übersetzung der Fragestellung in den kontinuierlichen Fall und die Strategien von Glasserman 1321

10.11.3 Die Lösung des Optimal-Hedging-Problems 1324

10.11.4 Die Beweis-Skizze 1327

10.12 Quotenberechnung für ein Finanzmarktspiel 1332

10.12.1 Beschreibung des Spiels 1332

10.12.2 Die Berechnung der Quote 1334

10.12.3 Die Berechnung der Wahrscheinlichkeit P_1 1336

10.12.4 Die Berechnung der Wahrscheinlichkeiten P_2 und P_3 . . . 1336

10.12.5 Test der Ergebnisse mittels Monte Carlo-Simulation und abschließende Bemerkungen 1339

10.13 Handelsstrategien auf Basis von Hedging 1340

10.13.1 Ausgangslage 1340

10.13.2 Eine erste Idee einer Handelsstrategie 1341

10.13.2.1 Die Strategie 1341

10.13.2.2 Umsetzung in der Realität 1342

10.13.2.3 Schätzung der realisierten Volatilität 1343

10.13.2.4 Ausführung der Strategie an einem Beispiel . . 1343

10.13.2.5 Analyse der Strategie durch Backtesting 1344

10.13.2.6 Erweiterung der Strategie 1346

10.13.3 Eine zweite Variante der Strategie 1349

10.13.3.1 Analyse der Strategie durch Backtesting 1349

10.14 Analyse der derivativen Handels-Strategie „Lambda +" 1352

10.14.1 Einleitung 1352

10.14.2 Definition der Strategie und ihrer Varianten 1353

10.14.3 Die Aufgabenstellung und die Analysen 1359

Kapitel 1

Basisprodukte und Verzinsung

Wir gehen ja eigentlich davon aus, dass Sie als Leserin dieses Buches ein Interesse an den Finanzmärkten, an Finanzprodukten und deren Eigenschaften, Einsatz und Handel mitbringen. Folglich wird für die meisten von Ihnen die folgende Einführung in die grundlegenden Eigenschaften der Basis-Finanzprodukte überflüssig sein. Der Vollständigkeit halber gebe ich im Folgenden aber doch, als Erstes, einen Überblick über die für alles Folgende nötigen Begriffe. Außerdem wird es notwendig sein, kurz über ein paar grundlegende Fakten zum Thema Verzinsung zu sprechen.

Prinzipiell unterscheiden wir zwischen risikolosen und risikobehafteten Finanzprodukten. Dabei ist es gar nicht so einfach wie, es im ersten Moment scheint, hier wirklich eine klare Trennlinie zu ziehen.

Auf die Frage nach risikolosen Finanzprodukten werden wahrscheinlich zuerst einmal Produkte wie:

- ein ungebundenes Sparbuch
- ein gebundenes fix verzinstes Sparbuch
- eine Staatsanleihe
- Bargeld in der Heimatwährung
- ein fix verzinster Kredit
- ein variabel verzinster Kredit
- eventuell auch eine Unternehmensanleihe
- . . .

aufgezählt werden. Als Standardbeispiele risikobehafteter Finanzprodukte gelten etwa:

- Aktien
- Junk-Anleihen
- Gold

G. Larcher, *Quantitative Finance*, https://doi.org/10.1007/978-3-658-29158-7_1

- Bargeld in Fremdwährung
- Wandelanleihen
- Futures
- Optionen
- Swaps
- Kredit-Derivate
- ...

Die letzten fünf der oben genannten Produkte sind Beispiele von Derivaten. Das sind Produkte, die sich auf ein anderes Finanzprodukt beziehen (in welchem Sinn das zu verstehen ist, werden wir später ausführlich erläutern). Wir klassifizieren sie daher nicht als Basisprodukte.

Inwieweit sind die in der ersten Gruppe angeführten Finanzprodukte nun tatsächlich als risikolos anzusehen? Ist nicht jedes dieser Produkte sehr wohl mit Risiken verbunden? Bei einem ungebundenen Sparbuch ist ja die zukünftige Entwicklung der Verzinsung ungewiss. Die Sicherheit eines gebundenen, fixverzinsten Sparbuchs ist vom Weiterbestehen und der Rückzahlungsfähigkeit der jeweiligen Bank abhängig. Staatsanleihen sind längst kein sicherer Hafen mehr und sind überdies Kursschwankungen unterworfen, die relevant sind, falls man die Staatsanleihe vorzeitig verkaufen möchte. Bargeld kann entwendet werden und ist einer Wertminderung durch Inflation ausgesetzt.

In diesem strengen Sinn ist tatsächlich kein Finanzprodukt risikolos. Wir wollen daher Risikolosigkeit eines Finanzproduktes im folgenden – weiteren, rein technischen – Sinn verstehen (dabei ist uns aber durchaus bewusst, dass auch diese Definition in manchen Fällen keine eindeutige Zuordnung ermöglicht):
Ein Finanzprodukt wollen wir dann als risikolos ansehen, falls es so definiert ist, dass für einen bestimmten Zeitraum eindeutig definierte Zahlungsströme in der Heimatwährung durch das Finanzprodukt zu erwarten sind.

Wie schon in der Einleitung angemerkt, wollen wir – zur einfacheren Formulierung – in allem Folgenden den „Euro = €" als „Heimatwährung" definieren. Für Leser in anderen Währungsbereichen, also mit anderer Heimatwährung, ist der Euro immer durch die tatsächliche Heimatwährung zu ersetzen.

Diese Definition der Risikolosigkeit ist also unabhängig davon, ob die Zahlungsströme dann tatsächlich so erfolgen, oder etwa durch widrige Umstände (Zahlungsunfähigkeit des Anleihe-Emittenten, Raub, Konkurs der Bank, ...) verhindert werden.

Der oben genannte „bestimmte Zeitraum" ist dabei nicht notwendigerweise ein fix vorab quantifizierter Zeitraum, sondern kann durchaus auch ein qualitativ gegebener Zeitraum sein. Etwa: Ein ungebundenes Sparbuch mit fixierten Zinsen bis zur nächsten Zinsänderung durch die ausstellende Bank (wobei wir davon ausgehen, dass die Bank den Kunden vor der Zinsänderung informiert und ihm so die Möglichkeit gibt, vor einer Änderung der Bedingungen, eventuelle Maßnahmen zu treffen) ist in diesem Sinn ein risikoloses Finanzprodukt. Ebenso ist – nach dieser Definition – jede Anleihe ein risikoloses Finanzprodukt, da sie (wie im nächsten Abschnitt erläutert wird) unter idealen Bedingungen für den Zeitraum ihrer Laufzeit fix definierte Coupon-Zahlungen und Rückzahlung einer fix definierten Nominale zu bestimmten Zeitpunkten bietet. Mögliche Kursänderungen während der Laufzeit sind in dieser Hinsicht irrelevant.

1.1 Grundlegende Eigenschaften von Anleihen

Die wesentlichsten *definierenden Parameter* einer Anleihe sind:

Der **Emittent** der Anleihe (z.B.: ein Staat, eine Kommune, ein Unternehmen, ...)
die **Laufzeit** (z.B.: 1. März 2015 bis 1. März 2030, ...)
die **Nominale** (z.B.: 100 Millionen Euro, ...)
der **Coupon** (z.B.: 3% per anno, ...)
die **Couponzahlungstermine** (z.B.: an jedem 1. März der Jahre 2016 – 2030, ...)
die **Währung** in der die Anleihe notiert (z.B.: Euro, Dollar, ...)
die **Stückelung** (z.B.: 1.000, 50.000, ...)

ein *variabler* Parameter ist

der **Kurs** der Anleihe (z.B.: 103.50, ...)

Durch den Kauf eines Stückes einer Anleihe zum jeweiligen Kurs gewährt eine Investorin dem Emittenten einen Kredit in Höhe der Stückelung für den Zeitraum bis zum Ende der Laufzeit der Anleihe. Im Gegenzug erhält die Käuferin vom Emittenten zu jedem Couponzahlungstermin eine Couponzahlung in Höhe des als Coupon definierten per anno Zinssatzes von der Stückelung und am Ende der Laufzeit eine Rückzahlung in Höhe der Stückelung.

Dies ist allerdings nur eine informelle, sehr grobe und zu ungenaue Beschreibung. Etwas genauer ist die folgende Darstellung, die wir dann anschließend in einem konkreten Beispiel illustrieren werden:

Durch den Kauf eines Stückes einer Anleihe zum **Erstausgabekurs** (der in Prozent der Stückelung angegeben ist) gewährt eine Investorin dem Emittenten einen Kredit in Höhe des Kaufpreises für den Zeitraum bis zum Ende der Laufzeit der Anleihe.

Im Gegenzug erhält die Käuferin – solange das Anleihenstück in ihrem Besitz ist – vom Emittenten zu jedem Couponzahlungstermin eine Couponzahlung in Höhe des als Coupon definierten per anno Zinssatzes von der Stückelung und am Ende der Laufzeit eine Rückzahlung in Höhe der Stückelung.

Die Gesamtanzahl der Anleihenstücke ist gegeben durch:
Gesamtanzahl = Nominale / Stückelung

Während der Laufzeit kann die Anleihe zwischen Investoren und Anleihenbesitzern über eine Anleihenbörse oder eine Bank gehandelt werden. Der Kaufpreis ist in diesem Fall gegeben durch den jeweiligen momentanen Kurs an der Börse (der in Prozent der Stückelung angegeben ist) plus dem jeweiligen anteiligen Coupon.

1.2 Ein konkretes Beispiel einer Anleihe

Wir wollen diese Beschreibung an Hand eines konkreten Beispiels illustrieren. Dazu suchen wir uns ein Beispiel einer Anleihe, die an der Börse Stuttgart gehandelt wird. Die an dieser Börse im Moment (hier im Beispiel: am 12. Mai 2016) gehandelten Anleihen findet man unter folgender Adresse und den weiterführenden Links:

www.boerse-stuttgart.de
→ Wertpapiere & Märkte → Anleihen → Anleihen-Finder

Auf dieser Seite kann man nun nach verschiedensten Kriterien nach den an der Börse Stuttgart gehandelten Anleihen suchen.
Als Illustrationsbeispiel betrachten wir die Volkswagenanleihe die auf der Seite

https://www.boerse-stuttgart.de/de/Volkswagen-
International-Finance-NV-Anleihe-XS1167667283

zusammen mit allen relevanten Daten und der Kursentwicklung seit Ausgabe der Anleihe zu finden ist.

VOLKSWAGEN INTL FINANCE N.V. EO-MEDIUM-TERM NOTES 2015.
WKN A1ZUTM I ISIN XS1167667283

WKN A1ZUTM
ISIN XS1167667283
Wertpapierart Unternehmensanleihe
Sub-Typ Technologie

Emittent Volkswagen International Finance N.V.

S&P-Rating BBB+

Handelszeit 8 - 18 Uhr

Zinssatz 1.625%
Zinslauf ab 16.01.2015
Nächste Zinszahlung 16.01.

Emissionsvolumen 1.000 Mio.
Kleinste handelbare Einheit 1.000,00
Fälligkeit 16.01.2030

Kursdaten
Börsenplatz Stuttgart

	Geld	Brief
Taxe	93.48	94.66
Stückzahl	200.000 nom.	200.000 nom.

Taxierungszeitpunkt 12.05.2016 11:15:05 Uhr

Tageshoch/-tief (Geld) 94.18 / 93.48
Veränderung Vortag (Geld) -0.32 / -0.34%

Last/Rendite 93.78 / 2.16
Kurszeit 12.05.2016 10:01:47 Uhr

Tagesvolumen (nominal) 30.000
Kassakurs 93.78
Tageshoch/-tief 94.13 93.78
Vortageskurs (11.05.) 93.78
Veränd. Vortag +0.00 +0.00%
Jahreshoch/-tief 95.74 (09.05.) 83.99 (21.01.)
52 Wochenhoch/-tief 98.50 (20.05.) 78.10 (29.09.)

Stückzinsen vom Nominalbetrag 0.519%
Währung/Notiz Euro/Prozent

Anleihe vom Emittenten kündbar Nein
Anleihe ist nachrangig Nein

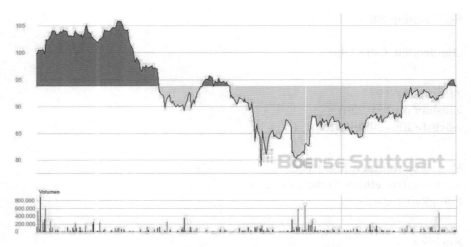

Abbildung 1.1: Kursverlauf VW-Anleihe, (Quelle: Börse Frankfurt)

Verschaffen wir uns als erstes einen kurzen Überblick über die wichtigsten – nicht selbsterklärenden – der angegebenen Daten der Anleihe:

„WKN" steht für **„Wertpapierkennnummer"** und ist die in Deutschland verwendete nationale Kennnummer der Anleihe.

„ISIN" steht für **„International Securities Identification Number"**, ist eine zwölfstellige Buchstaben-Ziffern-Kombination und stellt eine internationale Identifikation für das jeweilige Wertpapier dar.

Der **„Zinssatz"** ist der **„Coupon"** der Anleihe, angegeben in Prozent per anno (p.a.).

„Zinslauf ab" gibt an, dass die Laufzeit der Anleihe zum angegebenen Datum begonnen hat.

„Nächste Zinszahlung": Bei Anleihen im Euro-Raum ist eine jährliche Couponzahlung üblich, und es kann von einer jährlichen Couponzahlung ausgegangen werden, wenn – so wie in diesem Beispiel – keine anderen Angaben gemacht werden. Im US-amerikanischen Raum sind halbjährliche Zinszahlungen üblich. Bei einem Coupon von zum Beispiel 3% p.a. würde dann eine halbjährliche Auszahlung in Höhe von jeweils 1.5% vom Emittenten geleistet werden.

Das „**Emissionsvolumen**" steht für die **„Nominale"** der Anleihe.

Die **„kleinste handelbare Einheit"** steht für die **„Stückelung"**.

Die **„Fälligkeit"** bezeichnet das „Ende der **Laufzeit"** der Anleihe.

Die Angaben **„Taxe"** und **„Stückzahl"** für **„Geld"** und **„Brief"** stellen dar, dass zum **„Taxierungszeitpunkt"** eine Nachfrage („Geld") zum Kauf der Anleihe in Höhe von nominal 200.000 Euro (also von 200 Stück) zum Kurs von 93.48 vorhanden war, und dass gleichzeitig zum „Taxierungszeitpunkt" ein Angebot („Brief") zum Verkauf der Anleihe in Höhe von nominal 200.000 Euro (also von 200 Stück) zum Kurs von 94.66 vorhanden war.

„Last" zusammen mit **„Kurszeit"** liefert die Information, dass der letzte Handel dieser Anleihe zur angegebenen Kurszeit bei einem **Kurs** von 93.78 durchgeführt wurde.

Den Eintrag **„Rendite"** werden wir in einem der nächsten Abschnitte ausführlich diskutieren. Hier nur rein informell: Die Rendite gibt an, mit welchem Zinssatz ein fix verzinstes Sparbuch verzinst sein müsste, so dass man mit diesem Sparbuch dieselben Zinsflüsse generieren kann wie mit der Anleihe.

Die **„Stückzinsen vom Nominalbetrag"** geben die Höhe des seit der letzten Couponzahlung aufgelaufenen Anteils am Coupon an.
In unserem Beispiel hat die letzte Couponzahlung am 16.01.2016 stattgefunden. Die vorliegenden Daten wurden am 12.05.2016, also 117 Tage später, erfasst. Der Anteil am Coupon, auf den die Besitzerin der Anleihe durch das Halten der Anleihe seit der letzten Couponzahlung Anspruch hat, beträgt also (2016 war ein Schaltjahr!)

$$\text{anteiliger Coupon} = \tfrac{117}{366} \times \text{Coupon} = \tfrac{117}{366} \times 1.625\% = 0.519\%.$$

Wird die Anleihe während der Laufzeit zwischen Investoren gehandelt, so ist der **tatsächliche Kaufpreis** (in Prozent der Stückelung) durch den **momentanen Kurs der Anleihe plus dem momentanen anteiligen Coupon** gegeben!

Der letzte Handel dieser Anleihe hat also zum tatsächlichen Preis $93.78 + 0.519 = 94.299\%$ stattgefunden. Für ein Stück der Anleihe wurden somit 942.99 Euro bezahlt.

Eine gelegentlich verwendete Terminologie spricht vom Kurs als dem **„clean price"** und dem tatsächlichen Kaufpreis als **„dirty price"**.

Die **„Anleihe ist nachrangig** Nein": Ob eine Anleihe nachrangig ist oder nicht, spielt im Fall einer (teilweisen) Zahlungsunfähigkeit des Emittenten eine Rolle. Tritt eine solche ein, dann erhalten aus den restlichen vorhandenen Mitteln des Emittenten zuerst die Inhaber von nicht-nachrangigen Anleihen Zahlungen und erst danach – falls dann noch Mittel vorhanden sind – die Inhaber von nachrangigen Anleihen.

Im **Chart** wird die Kursentwicklung der Anleihe – also die Entwicklung der Preise zu denen die Anleihe gehandelt wurde – seit Beginn der Laufzeit am 16.01.2015 dargestellt. Zu sehen ist hier die reine Kursentwicklung (also der „clean price" nicht der „dirty price")!

Charakteristika und Eigenschaften der Kursentwicklung werden im übernächsten Paragraphen detaillierter diskutiert.

1.3   Emission einer Anleihe und Erstausgabekurs

Ein weiterer wichtiger Parameter, der in der Statistik der Börse Stuttgart übrigens nicht angeführt ist, ist der **Erstausgabepreis** der Anleihe. Zur Erläuterung holen wir hier etwas aus und skizzieren den typischen Prozess einer Anleihen-Emission.

Ein Unternehmen möchte für bestimmte Zwecke und für eine bestimmte Zeit einen Euro-Kredit in Form einer Anleihe aufnehmen. Die gewünschte Kredithöhe (die Nominale) betrage etwa eine Milliarde Euro. Die gewünschte Laufzeit des Kredits betrage zum Beispiel 15 Jahre.

Das Unternehmen beauftragt eine Bank, die entsprechende Anleihen-Emission vorzubereiten. Die Bank schlägt daraufhin eine geeignete Ausgestaltung der Anleihe vor (zum Beispiel einen jährlichen Coupon von 4% und eine Stückelung von 1.000 Euro) und kündigt die Emission für einen bestimmten Zeitpunkt an. Verschiedenste Interessenten an dem Produkt haben dann bereits die Möglichkeit, dieses Interesse kundzutun. Auf Basis dieser Rückmeldungen erstellt die Bank einen **Erstausgabepreis**, der so angesetzt ist, dass der Preis einerseits – im Sinn des Emittenten – möglichst hoch ist, aber doch so, dass möglichst alle Stücke der Anleihe bei der Emission zu diesem Preis verkauft werden können. Dieser Erstausgabepreis (der ebenfalls in Prozent der Nominale angegeben wird) kann – bei hoher Nachfrage oder sehr interessanter Ausgestaltung der Anleihe – höher als 100 sein oder – bei geringer Nachfrage oder eher ungünstiger Ausgestaltung – niedriger als 100 sein.

Nehmen wir für unser Beispiel an, der Erstausgabepreis wäre 98. Dann wird am Emissionstag ein Stück der Anleihe um 98% der Nominale, in unserem Beispiel also um 980 Euro, an die Investoren verkauft. Die tatsächliche Kreditsumme, die damit an das Unternehmen vergeben wird, beträgt somit 980 Millionen Euro. Unabhängig davon sind aber die Höhe der jährlichen Couponzahlungen und die Höhe der Rückzahlung der Kreditsumme durch den Emittenten am Ende der Laufzeit. Die Basis dafür ist immer die Nominale! Die Höhe der jährlichen Couponzahlungen pro Stück der Anleihe beträgt 40 Euro und die am Ende der Laufzeit zurück zu zahlende Nominale 1 Milliarde Euro (und nicht 980 Millionen Euro).

Im Beispiel des vorigen Paragraphen dürfte laut Chart der Erstausgabepreis übrigens bei circa 100 gelegen sein.

1.4 Chart der Anleihe und Einflussgrößen für Kursentwicklungen

Im Handel während der Laufzeit der Anleihe entwickelt sich der Kurs einer Anleihe durch die Dynamik von Angebot und Nachfrage.

Typischer Weise bewegt sich – unter normalen Umständen – der Kurs einer Anleihe in der Nähe von 100. Diese Aussage ist vor allem dann richtig, wenn die Ausgestaltung der Couponhöhe in etwa dem momentanen Zinsniveau von risikolosen Anlagen entspricht und wenn es ziemlich sicher gestellt erscheint, dass der Emittent während der Restlaufzeit der Anleihe allen Zahlungsverpflichtungen nachkommen kann.

Insbesondere gilt: Der **Kurs einer Anleihe tendiert** – vorausgesetzt Zahlungsfähigkeit des Emittenten ist gegeben – **gegen Laufzeitende gegen 100**. Dies ergibt sich daraus, dass ein Käufer einer Anleihe knapp vor Fälligkeit der Anleihe in Kürze mit einer Zahlung in Höhe der Nominale und des letzten Coupons rechnen kann. Der Wert dieser Anleihe beträgt daher jetzt, einige Tage vor Fälligkeit, 100 + anteiliger Coupon. Der anteilige Coupon ist aber bei Kauf (als Teil des „dirty prices") ohnehin extra zum Kurswert vom Käufer zu bezahlen. Der Kurswert beträgt also ziemlich genau 100.
Wie oben bereits erwähnt, entwickelt sich der Kurs einer Anleihe durch die Dynamik von Angebot und Nachfrage. **Durch welche Einflussgrößen werden jedoch Angebot und Nachfrage während der Laufzeit der Anleihe positiv oder negativ beeinflusst?**

Änderung in der Kreditwürdigkeit oder im Rating des Emittenten: Eine Verringerung in der Kreditwürdigkeit lässt natürlich Zweifel in Hinblick auf die zukünftige (Rück-) Zahlungsfähigkeit des Emittenten aufkommen und verringert somit die Attraktivität der Anleihe. Die Nachfrage nach der Anleihe geht zurück, der Kurs wird fallen. Durch die fallenden Kurse nimmt die Attraktivität der Anleihe wieder zu und wird – vor allem für spekulativ orientierte Investoren – wieder für einen Kauf von Interesse. (Zum Thema „Rating" verweisen wir auf Kapitel 8.)

Änderung im allgemeinen Zinsumfeld: Wenn sich die Zinssätze für risikofreie Anlageinstrumente in Euro am Finanzmarkt erhöhen, nimmt die Attraktivität der Anleihe, bei der die Höhe der Auszahlungen (der Coupons) vorab bis zum Laufzeitende fixiert ist, ab. Die Nachfrage nach der Anleihe geht zurück, der Kurs wird fallen. Umgekehrt steigern fallende Zinssätze für risikofreie Anlageinstrumente die

Attraktivität der Anleihe als Anlageprodukt und erhöhen die Nachfrage und damit die Kurse.

Kursschwankungen bei Anleihen spielen lediglich für solche Investoren eine Rolle, die nicht vorhaben die Anleihe bis zur Fälligkeit zu behalten, sondern die auch aus dem Handel mit der Anleihe und damit aus Kursveränderungen Profit schlagen wollen. Die Kursschwankungen bei Anleihen sind – Zahlungsfähigkeit des Emittenten vorausgesetzt – ja von vorübergehender Natur. Gegen Laufzeitende konvergiert der Kurs gegen 100.

Der Kurs einer Anleihe ist nach unten hin durch 0 begrenzt, und der Kurs kann tatsächlich bis auf 0 fallen (z.B. für nachrangige Anleihen eines endgültig zahlungsunfähig gewordenen Emittenten).

Es kann aber durchaus vorkommen, dass Anleihen von zahlungsunfähigen Emittenten einen positiven – wenn auch sehr niedrigen – Kurswert haben und auch noch weiter gehandelt werden. In diesen Fällen hoffen die Investoren darauf, dass die Emittenten nur vorübergehend zahlungsunfähig sind, oder dass zumindest teilweise Zahlungen durch den Emittenten noch zu erwarten sein werden.

Als Beispiel dafür sehen Sie hier den Chart vom 31.5.2017 einer Anleihe des Emittenten „Portugal Telecom Intl", WKN A0E52Z, ISIN XS0221854200 mit Laufzeit bis 16.6.2025, Stückelung 50.000 Euro und Coupon 4.5%. Das Rating dieser Anleihe nach Standard & Poors lautete zu diesem Zeitpunkt „D" (für „Default" = Ausfall). Trotzdem wurde diese Anleihe nach wie vor zum Handel angeboten und hatte folgende Taxierung und folgenden Kurschart (seit 2007):

Geld // Brief　　29.15 // 31.00

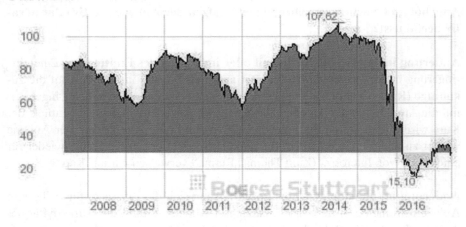

Abbildung 1.2: Kursverlauf Portugal Telekom-Anleihe, (Quelle: Börse Stuttgart)

Ein Käufer von 2 Stück dieser Anleihe (Gesamtnominale 100.000 Euro) bezahlt dafür also maximal 31.000 Euro mit der Hoffnung, bis zum Laufzeitende 2025 doch noch einige Male in den Genuss von Couponzahlungen in Höhe von jeweils 4.000 Euro und bei Laufzeitende der Rückzahlung (zumindest eines Teiles) der Nominale in Höhe von 100.000 Euro zu kommen. Oder aber der Kauf erfolgt in der Hoffnung, dass das Unternehmen Portugal Telekom die offenbar bestehenden Schwierigkeiten meistern kann, und die Kurse der Anleihe daraufhin wieder markant ansteigen, so dass ein gewinnbringender Verkauf der Anleihe möglich ist.

Noch vor einigen Jahren hätte man folgende natürliche obere Schranke für den Kurs einer Anleihe als verbindlich angesehen:
Die Zahlungen die ein Anleiheninhaber maximal aus der Anleihe erwarten kann sind (in Prozent der Nominale) die Nominale, also 100%, sowie die Summe aller Coupons. Bezeichnen wir die Couponhöhe mit C, gehen wir von jährlicher Couponzahlung aus und betrage die auf Jahre aufgerundete Restlaufzeit T Jahre. Dann beträgt die maximal zu erwartende Zahlungshöhe $100 + T \cdot C$. Der Kurs, also der Wert der Anleihe, kann höchstens so groß sein, wie die zukünftigen maximal möglichen Zahlungen, also höchstens $100 + T \cdot C$.

Im Beispiel der weiter oben betrachteten VW-Anleihe mit Coupon 1.625 und Restlaufzeit von circa 13 Jahren und 8 Monaten würden wir damit eine obere Schranke für den Kurs von $100 + 14 \times 1.625 = 122.75$ erhalten.

Aus welchem Grund formulieren wir diese Aussage im Konjunktiv? Bis vor wenigen Jahren noch war der Begriff der „Negativ-Zinsen" ein rein abstraktes Konstrukt, und es war nicht vorstellbar, dass Negativ-Zinsen jemals in der Realität des Finanzmarktes Fuß fassen könnten. Heute – im Moment des Verfassens dieses Textes – haben wir, die Finanz-Institutionen zumindest des Euro- und des CHF-Raumes und die Finanzanalysten und Financial Engineers, – entgegen allen Erwartungen – mit tatsächlichen Negativ-Zinsen zu tun und zu kämpfen.

Unter Negativ-Zinsen haben zukünftige Zahlungen einen höheren Wert als jetzt im Moment erfolgende Zahlungen gleicher Höhe. Zukünftig zu erwartende Zahlungen in Höhe von 122.75 können somit jetzt einen höheren Wert als 122.75 besitzen. Folglich könnte der Kurs der obigen VW-Anleihe unter dem momentanen Zinsumfeld prinzipiell durchaus einen Kurs von mehr als 122.75 haben. Wir werden uns mit solchen Fragen der Diskontierung von Zahlungsflüssen in kommenden Paragraphen noch genauer beschäftigen.

Trotz dieses Einwandes kann der beschriebene Wert $100 + T \cdot C$ als ungefährer Richtwert für eine obere Schranke eines Anleihenkurses herangezogen werden (zumindest solange sich die Negativ-Zinsen noch in einem Bereich knapp unter Null bewegen).

Bevor wir uns dem wichtigen Begriff der „Rendite" widmen können, müssen wir

einige grundlegende Fakten zu den Themen „Verzinsung" und „Typen von Zinssätzen" bereitstellen. Das soll in den folgenden drei Paragraphen geschehen.

1.5 Diskrete und stetige Verzinsung

Im Folgenden sei „R" irgendein gegebener fixer Zinssatz. Mit „$R(t)$" bezeichnen
wir irgendeinen variablen Zinssatz, der für beliebige Zeitpunkte „t" jeweils den
Wert „$R(t)$" besitzt.

Hier, in allem Folgenden, und ganz allgemein in der finanzmathematischen Literatur ist „R" bzw. „$R(t)$" **immer** ein **Zinssatz „pro Jahr"** (per anno, abgekürzt p.a.),
völlig unabhängig davon welche Art der Verzinsung und mit welcher periodischen
Häufigkeit die Verzinsung durchgeführt wird.

Wir werden **Zinssätze R** – wenn nicht anders vermerkt – immer **in Prozent** angeben. Für das konkrete Rechnen mit Zinssätzen wird allerdings praktisch immer der
Wert $\frac{R}{100}$ benötigt.

Eine **jährliche Verzinsung** eines **Kapitals K** zum **Zinssatz R** bedeutet, dass aus
dem Kapital K innerhalb eines Jahres das Kapital

$$K \cdot \left(1 + \frac{R}{100}\right)$$

wird.

Das bedeutet, dass bei **jährlicher Verzinsung** eines **Kapitals K** zum **Zinssatz R**
für die Dauer von n **Jahren** aus dem anfänglichen Kapital K im Lauf von n
Jahren das Kapital

$$K \cdot \left(1 + \frac{R}{100}\right)^{n}$$

wird.

Hier und im Folgenden ist eine nicht näher spezifizierte **Zeitdauer immer in Jahren** zu verstehen!

Zur besseren Übersichtlichkeit verwenden wir ab jetzt die **Abkürzung r $= \frac{R}{100}$**
bzw. r(t) $= \frac{R(t)}{100}$.

*Achtung: Hier besteht eine häufige Fehlerquelle in konkreten Berechnungen oder
auch in umfangreicheren Programmieraufgaben! Häufig wird, zumeist aus Unacht-
samkeit, mit dem Zinssatz R anstelle von r gerechnet (oder umgekehrt). In konkreten Rechnungen ist fast immer mit $r = \frac{R}{100}$ zu rechnen. Auf jeden Fall ist immer
genau darauf zu achten, ob der jeweilige Verzinsungssatz in der Form R oder in*

der Form r gegeben ist.

Ist in der letzten Formel der Wert n keine ganze Zahl (z.B.: $n = 1.5$ für eineinhalb Jahre, oder $n = \frac{1}{3}$ für ein Dritteljahr), dann gilt dieselbe Formel:
bei **jährlicher Verzinsung** eines **Kapitals K** zum **Zinssatz R für die Dauer von n Jahren** wird aus dem anfänglichen Kapital K im Lauf von n Jahren das Kapital

$$K \cdot (1 + r)^n$$

wobei $\mathbf{r} = \frac{\mathbf{R}}{\mathbf{100}}$.

Diese Darstellung stimmt in manchen Fällen für nicht ganzzahlige n nicht völlig mit den von Banken in der Realität durchgeführten Usancen bei Zinsabrechnungen überein. Die dabei auftretenden Abweichungen sind aber geringfügig und sollen nicht Thema dieser Darstellung sein. Für finanzmathematische Zwecke ist die von uns verwendete Konvention die günstigste.

Neben der jährlichen Verzinsung gibt es auch Verzinsungen in anderen Perioden-Einheiten, zum Beispiel halbjährliche Verzinsung, monatliche Verzinsung, tägliche Verzinsung.

Wichtig: Die Angabe des Zinssatzes R ist unabhängig vom Typ (von der Periodizität) der Verzinsung immer per anno angegeben!

Und wir erinnern daran: Die Angabe einer Zeitdauer geschieht immer in Jahren! Dabei einigen wir uns auf die folgenden Konventionen:

- ein Monat wird mit der Zeitangabe $\frac{1}{12}$,
- eine Woche mit der Zeitangabe $\frac{1}{52}$,
- und ein Tag wird mit der Zeitangabe $\frac{1}{365}$, oder aber $\frac{1}{255}$, je nachdem ob jeder einzelne Tag eines Jahres oder nur die Handelstage eines Jahres von Relevanz sind,

quantifiziert. (In konkreten Anwendungen oder Produktspezifikationen können davon leicht abweichende Konventionen vereinbart sein!)

Bei **halbjährlicher Verzinsung** eines **Kapitals K** zum **Zinssatz R für die Dauer von n Jahren** wird aus dem anfänglichen Kapital K im Lauf von n Jahren das Kapital

$$K \cdot \left(1 + \frac{r}{2}\right)^{2n}$$

wobei $\mathbf{r} = \frac{\mathbf{R}}{\mathbf{100}}$. Der verwendete per anno Zinssatz wird für die Berechnung also halbiert und die Anzahl der Verzinsungsperioden verdoppelt.

Bei **monatlicher Verzinsung** eines **Kapitals K** zum **Zinssatz R für die Dauer von n Jahren** wird aus dem anfänglichen Kapital K im Lauf von n Jahren das Kapital

$$K \cdot \left(1 + \frac{r}{12}\right)^{12n}$$

wobei $\mathbf{r} = \frac{\mathbf{R}}{100}$. Der verwendete per anno Zinssatz wird für die Berechnung also durch 12 dividiert und die Anzahl der Verzinsungsperioden verzwölffacht.

Bei **wöchentlicher Verzinsung** eines **Kapitals K** zum **Zinssatz R für die Dauer von n Jahren** wird aus dem anfänglichen Kapital K im Lauf von n Jahren das Kapital

$$K \cdot \left(1 + \frac{r}{52}\right)^{52n}$$

wobei $\mathbf{r} = \frac{\mathbf{R}}{100}$.

Bei **(kalender-)täglicher Verzinsung** eines **Kapitals K** zum **Zinssatz R für die Dauer von n Jahren** wird aus dem anfänglichen Kapital K im Lauf von n Jahren das Kapital

$$K \cdot \left(1 + \frac{r}{365}\right)^{365n}$$

wobei $\mathbf{r} = \frac{\mathbf{R}}{100}$.

Allgemein gilt:
Sei H eine positive Zahl. Bei einer **Verzinsung mit jährlicher Verzinsungs-Häufigkeit H** (z.B.: $H = 12$ bei monatlicher Verzinsung, z.B.: $H = 365$ bei täglicher Verzinsung, ...) eines **Kapitals K** zum **Zinssatz R für die Dauer von n Jahren** wird aus dem anfänglichen Kapital K im Lauf von n Jahren das Kapital

$$K \cdot \left(1 + \frac{r}{H}\right)^{Hn}$$

wobei $\mathbf{r} = \frac{\mathbf{R}}{100}$.

Lässt man H immer größer werden, also gegen unendlich gehen, so spricht man von **stetiger Verzinsung**. Dabei wird praktisch ununterbrochen, in beliebig kleinen Zeitintervallen, verzinst.

Daher gilt:
Bei **stetiger Verzinsung** eines **Kapitals K** zum **Zinssatz R für die Dauer von n Jahren** wird aus dem anfänglichen Kapital K im Lauf von n Jahren das Kapital

$$\lim_{H \to \infty} K \cdot \left(1 + \frac{r}{H}\right)^{Hn} = K \cdot \left(\lim_{H \to \infty} \left(1 + \frac{r}{H}\right)^{H}\right)^{n}$$

wobei $\mathbf{r} = \frac{\mathbf{R}}{\mathbf{100}}$.

Aus der mathematischen Analysis ist bekannt, dass $\lim\limits_{H \to \infty} \left(1 + \frac{r}{H}\right)^H = e^r$, wobei e die Eulersche Zahl $e = 2.718\ldots$ bezeichnet. (Siehe Grafik 1.3)

Speziell gilt, wenn man $r = 1$ setzt:

$$\lim_{H \to \infty} \left(1 + \frac{1}{H}\right)^H = e^1 = e = 2.718\ldots$$

Diese Tatsache wird in der folgenden Grafik illustriert:

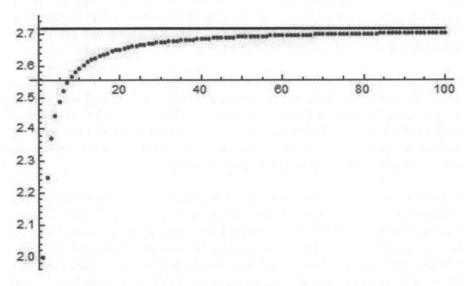

Abbildung 1.3: Konvergenz von $\left(1 + \frac{1}{H}\right)^H$ gegen e

Die roten Punkte veranschaulichen für jedes H von 1 bis 100 (waagrechte Achse) den Wert $\left(1 + \frac{1}{H}\right)^H$. Diese Werte nähern sich immer mehr dem Wert $e = 2.718\ldots$ (blaue Linie) an.

Also:

Bei **stetiger Verzinsung** eines **Kapitals K** zum **Zinssatz R für die Dauer von n Jahren** wird aus dem anfänglichen Kapital K im Lauf von n Jahren das Kapital

$$K \cdot e^{r \cdot n}$$

Der Autor erinnert sich mit Vergnügen an seine Ausbildung zum Market-Maker für den Derivate-Markt an der Wiener Börse im Jahr 2001. Der abschließenden Prüfung war ein sechswöchiges Seminar an der Börseakademie zu verschiedensten Finanzmarktthemen vorausgegangen. In einem der Vorträge stellte einer der dort Lehrenden auch die stetige Verzinsung vor und die Formel zur Berechnung der stetigen Verzinsung. Seine Ausführungen dazu schloss er dann allerdings mit einem bedauernden „Das ist die Formel für die stetige Verzinsung, e ist wie gesagt die Eulersche Zahl, aber warum die hier in dieser Formel vorkommt, kann ich Ihnen leider – beim besten Willen – nicht sagen . . .".

Stetige Verzinsung wird in der Finanzmathematik fast durchwegs angewendet, da diese Version für mathematische Analysen am vorteilhaftesten ist. Wir werden weiter unten sehen, dass dies keine Einschränkung ist, da jede andere Verzinsungsart mittels geeigneter Anpassung des Verzinsungssatzes durch die stetige Verzinsung dargestellt werden kann. Überdies ist der Ergebnis-Unterschied bei Verwendung verschiedener Verzinsungsarten bei nicht zu großen Zinssätzen und bei nicht zu langen Zeiträumen meist vernachlässigbar klein.

Bei Verzinsung eines Kapitals K über einen gewissen Zeitraum n zum fixen Zinssatz r erhält man bei häufigerer Verzinsungsfrequenz ein höheres Endkapital als bei geringerer Verzinsungsfrequenz. Also, stetige Verzinsung führt zu größerem Endkapital als tägliche Verzinsung, diese wiederum zu höherem Endkapital als monatliche Verzinsung, usw. Diese Tatsache wird im Folgenden an einem Beispiel grafisch illustriert und danach mathematisch bewiesen.

In der ersten der beiden anschließenden Abbildungen wird die Entwicklung eines Anfangskapitals in Höhe von 100 Euro bei einem Zinssatz von 1% über die Laufzeit von 3 Jahren dargestellt. Die schwarze Linie repräsentiert die Entwicklung bei einer stetigen Verzinsung. Die rote Linie – leicht unterhalb – repräsentiert die Entwicklung bei einer jährlichen Verzinsung. Weiters wären in der Grafik noch eine grüne Linie für monatliche Verzinsung, eine blaue Linie für wöchentliche Verzinsung und eine rosa Linie für tägliche Verzinsung (jeweils zwischen der schwarzen und der roten Linie) verzeichnet. Allerdings sind alle diese Linien nicht mehr sichtbar, da sie zu nahe an der schwarzen Linie positioniert sind.

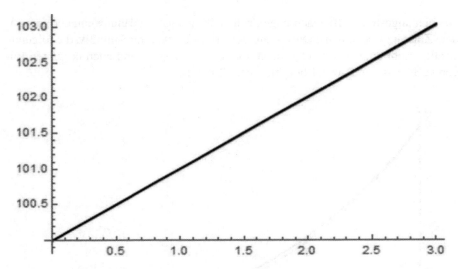

Abbildung 1.4: Entwicklung 100 € bei 1% über 3 Jahre stetig (schwarz) und jährlich (rot)

In der zweiten Abbildung wird die Entwicklung eines Anfangskapitals in Höhe von 100 Euro bei einem Zinssatz von 10% über die Laufzeit von 20 Jahren dargestellt. Die schwarze Linie repräsentiert wieder die Entwicklung bei einer stetigen Verzinsung. Die rote Linie repräsentiert die Entwicklung bei einer jährlichen Verzinsung. Die grüne Linie repräsentiert die Entwicklung bei einer monatlichen Verzinsung. Weiters wären in der Grafik noch eine blaue Linie für wöchentliche Verzinsung und eine rosa Linie für tägliche Verzinsung verzeichnet. Allerdings sind alle diese Linien nicht mehr sichtbar, da sie zu nahe an der schwarzen Linie positioniert sind.

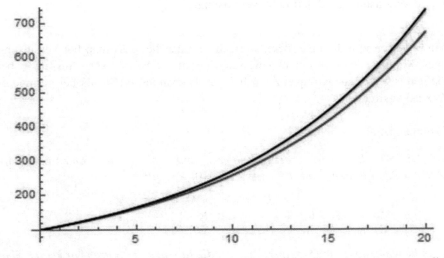

Abbildung 1.5: Entwicklung 100 € bei 10% über 20 Jahre stetig (schwarz), monatlich (grün) und jährlich (rot)

Die hier angestellten Beobachtungen gelten übrigens auch dann, wenn der verwendete Zinssatz r negativ ist. Dies ist auf den ersten Blick kontra-intuitiv, die folgende Grafik (Abbildung 1.6) unterstreicht aber diese Aussage, und auch der unten folgende Beweis von Satz 1.1 bestätigt diese Tatsache.

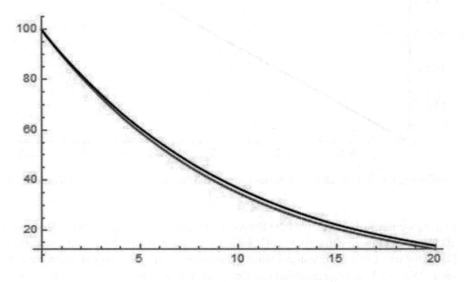

Abbildung 1.6: Entwicklung 100 € bei -10% über 20 Jahre

Die Abbildung 1.6 zeigt die Entwicklung eines Anfangskapitals in Höhe von 100 Euro bei einem Zinssatz von **minus** 10% über die Laufzeit von 20 Jahren: „schwarz" stetige Verzinsung, „rot" jährliche Verzinsung.

Wir beweisen nun die oben bereits erwähnte Tatsache, dass man bei Verzinsung eines Kapitals K über einen gewissen Zeitraum n zum fixen Zinssatz r bei häufigerer Verzinsungsfrequenz ein höheres Endkapital erhält als bei geringerer Verzinsungsfrequenz.

Zu zeigen ist also:

Satz 1.1. *Für alle positiven reellen Zahlen K und n, alle reellen Zahlen r und alle reellen Zahlen H und L mit $L > H > \max(0, -r)$ gilt*

$$K \cdot \left(1 + \frac{r}{H}\right)^{Hn} < K \cdot \left(1 + \frac{r}{L}\right)^{Ln}$$

(Man beachte, dass für $H < \max(0, -r)$, die Aussage des Satzes gar keinen Sinn haben würde.)

Beweis. Es reicht zu zeigen, dass unter obigen Voraussetzungen stets $\left(1 + \frac{r}{H}\right)^{H} <$ $\left(1 + \frac{r}{L}\right)^{L}$ gilt. Betrachten wir die Funktion $f(x) := \left(1 + \frac{r}{x}\right)^{x}$, dann haben wir also zu zeigen, dass $f(x)$ monoton steigend ist in x für $x > \max{(0, -r)}$.

Da $f(x) = e^{x \cdot \log\left(1 + \frac{r}{x}\right)}$ ist und die Exponentialfunktion e^{y} monoton wachsend ist in y, ist das gleichbedeutend damit, dass $x \cdot \log\left(1 + \frac{r}{x}\right)$ monoton wachsend ist. Ableiten nach x liefert die Bedingung $\log\left(1 + \frac{r}{x}\right) + \frac{\frac{r}{x}}{1 + \frac{r}{x}} - 1 \geq 0$.

Wir setzen jetzt $z = 1 + \frac{r}{x}$ und beachten, dass (auf Grund der Bedingungen für x) dieses z stets größer als 0 ist. Damit gelangen wir zur Bedingung $g(z) := \log z - 1 + \frac{1}{z} \geq 0$ für $z > 0$. Es ist $g(1) = 0$, und $g'(z) = \frac{1}{z} - \frac{1}{z^{2}}$ ist kleiner 0 für $z < 1$ und größer 0 für $z > 1$. Das Resultat folgt daraus. □

Weiter oben wurde bereits darauf hingewiesen, dass die Beschränkung auf die stetige Verzinsung in den meisten komplexeren finanzmathematischen Anwendungen tatsächlich keine Einschränkung ist, da jede andere Verzinsungsart mittels geeigneter Anpassung des Verzinsungssatzes durch die stetige Verzinsung dargestellt werden kann.

Bei einer **Verzinsung mit jährlicher Verzinsungs-Häufigkeit H** eines **Kapitals K** zum **Zinssatz R_H für die Dauer von n Jahren** wird aus dem anfänglichen Kapital K im Lauf von n Jahren das Kapital

$$K \cdot \left(1 + \frac{r_H}{H}\right)^{Hn}$$

Bei **stetiger Verzinsung** eines **Kapitals K** zum **Zinssatz R für die Dauer von n Jahren** wird aus dem anfänglichen Kapital K im Lauf von n Jahren das Kapital

$$K \cdot e^{r \cdot n}$$

Möchte man nun erreichen, dass die beiden Verzinsungsarten dieselben Kapitalentwicklungen hervorrufen, dann erhält man durch Gleichsetzen der beiden Entwicklungsformeln

$$K \cdot \left(1 + \frac{r_H}{H}\right)^{Hn} = K \cdot e^{r \cdot n}$$

Dividieren durch K und Ziehen der n-ten Wurzel führt zu der Gleichung

$$\left(1 + \frac{r_H}{H}\right)^{H} = e^{r}$$

aus der sich r_H durch r (bei gegebenem stetigen Zinssatz R) bzw. r durch r_H (bei gegebenem Zinssatz r_H) leicht ausdrücken lassen:

$$r = H \cdot \log\left(1 + \frac{r_H}{H}\right)$$

bzw.

$$r_H = H \cdot \left(e^{\frac{r}{H}} - 1\right)$$

Beispiel 1.2. *In Abbildung 1.5 wurde die Entwicklung eines Kapitals von 100 Euro im Lauf von 20 Jahren bei stetiger bzw. bei jährlicher Verzinsung zum Zinssatz von 10% illustriert.*

Bei gegebener jährlicher Verzinsung R_H von 10% müsste der stetige Zinssatz r nach der ersten der beiden Formeln (wir setzen $H = 1$ für die jährliche Verzinsung) als

$$r = \log\left(1 + \frac{10}{100}\right) = \log(1.1) = 0.0953$$

gesetzt werden, damit sich die gleiche Kapitalentwicklung ergibt. Also eine jährliche Verzinsung von 10% entspricht einer stetigen Verzinsung von 9.53%.

Umgekehrt gilt:
Bei gegebener stetiger Verzinsung R von 10% müsste der jahresperiodische Zinssatz r_H nach der zweiten der beiden Formeln (wir setzen $H = 1$ für die jahresperiodische Verzinsung) als

$$r_H = \left(e^{\frac{10}{100}} - 1\right) = 0.1052$$

gesetzt werden, damit sich die gleiche Kapitalentwicklung ergibt. Also eine stetige Verzinsung von 10% entspricht einer jahresperiodischen Verzinsung von 10.52%.

Bereits weiter oben haben wir angemerkt, dass in der Finanzmathematik fast durchwegs die stetige Verzinsung angewendet wird, da diese Version für mathematische Analysen am vorteilhaftesten ist. Wir geben hier ein Beispiel für diese Aussage, indem wir versuchen, die Entwicklung eines Kapitals bei stetiger Verzinsung mittels eines mit der Zeit variablen Zinssatzes zu berechnen.

1.6 Stetige Verzinsung bei zeitvariablem Zinssatz

Es sei jetzt $R(t)$ ein Zinssatz, der sich mit der Zeit t variabel ändert.

Ein Beispiel für solche Zinssätze wäre etwa ein stückweise stetiger Zinssatz.
z.B.: Ein Zinssatz $R_1(t)$ beginnt zur Zeit 0 bei einem Wert von 1% und er erhöht sich halbjährlich um einen Wert von 0.2% bis zum Jahr 10 (siehe Abbildung 1.7, rote Zinsentwicklung)

Andere Beispiele können aber durchaus auch mittels einer expliziten geschlossenen Formel angegeben werden.
z.B.: Ein Zinssatz $R_2(t)$ beginnt zur Zeit 0 bei einem Wert von 1% und entwickelt sich ab da bis zum Jahr 10 gemäß der Formel $R(t) = 1 + \frac{t^2}{20}$ (siehe Abbildung 1.7, blaue Zinsentwicklung)

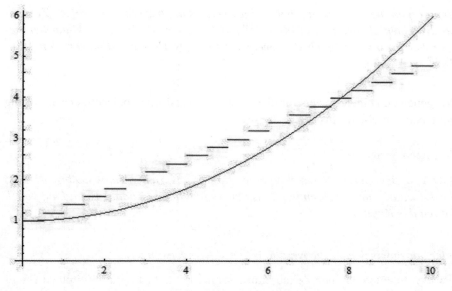

Abbildung 1.7: zeitvariable Zinssätze

Die Entwicklung eines Kapitals K bei stetiger Verzinsung zum variablen Zinssatz $R(t)$ im Lauf eines Zeitbereichs von 0 bis T lässt sich mit folgender Formel berechnen (zum Beweis siehe Satz 1.4 unten):

Bei stetiger Verzinsung eines Kapitals K zum variablen Zinssatz $R(t)$ für die Dauer von T Jahren wird aus dem anfänglichen Kapital K im Lauf von T Jahren das Kapital

$$K \cdot e^{\int_0^T r(t)dt}$$

(hier haben wir wieder die Notation $r(t) = \frac{R(t)}{100}$ verwendet).

Beispiel 1.3. *Wir berechnen die Entwicklung eines Kapitals von 100 Euro im Lauf von 10 Jahren bei Verwendung der obigen beiden Beispiels-Zinssätze R_1 und R_2.*

Zur Berechnung benötigen wir jeweils den Wert von $\int_0^T r_1(t)dt$ bzw. von $\int_0^T r_2(t)dt$.

Der erste Wert errechnet sich leicht als die Fläche unter dem Graphen der Treppenfunktion, die die Zinsentwicklung darstellt, (also $1 \times 0.5 + 1.2 \times 0.5 + \ldots + 4.8 \times 0.5$) dividiert durch 100, und das ergibt 0.29.

Der zweite Wert errechnet sich leicht durch einfaches Integrieren:

$$\int_0^T r_2(t)dt = \int_0^{10} \frac{1 + \frac{t^2}{20}}{100}dt = \int_0^{10} \frac{1}{100} + \frac{t^2}{2000}dt = \frac{t}{100} + \frac{t^3}{6000} \Big|_0^{10} =$$

$$= \frac{1}{10} + \frac{1000}{6000} = 0.267.$$

Somit ergibt die Entwicklung bei stetiger Verzinsung bezüglich des ersten Zinssatzes R_1 einen Endwert von $100 \cdot e^{0.29} = 133.64$, und die Entwicklung bei stetiger Verzinsung bezüglich des zweiten Zinssatzes R_2 einen Endwert von $100 \cdot e^{0.267} = 130.56$.

Wir geben nun einen Beweis für diese Entwicklungsformel bei stetiger Verzinsung mit einem variablen Zinssatz.

Zu zeigen ist also

Satz 1.4. *Bei stetiger Verzinsung eines Kapitals K zum variablen Zinssatz $R(t)$ für die Dauer von T Jahren wird aus dem anfänglichen Kapital K im Lauf von T Jahren das Kapital*

$$K \cdot e^{\int_0^T r(t)dt}$$

(hier haben wir wieder die Notation $r(t) = \frac{R(t)}{100}$ verwendet).

Beweis. In einem kleinen Zeitabschnitt vom Zeitpunkt t bis zum Zeitpunkt $t + dt$ (also dt wird als ein sehr kleines Zeit-Inkrement angenommen) entwickelt sich das Kapital $K(t)$ zur Zeit t zum Kapital $K(t + dt)$ zur Zeit $t + dt$ durch die stetige Verzinsung ungefähr wie

$$K(t + dt) \approx K(t) \cdot e^{r(t)dt}.$$

Da dt beliebig klein wird, lässt sich $e^{r(t)dt}$ näherungsweise durch $1 + r(t)dt$ annähern. Wir erhalten somit

$$K(t + dt) \approx K(t) \cdot e^{r(t)dt} \approx K(t) \cdot (1 + r(t)dt).$$

Durch Umformen erhält man

$$\frac{K(t + dt) - K(t)}{dt} \approx K(t)r(t),$$

und bei Grenzübergang für dt gegen 0 ergibt sich

$$K'(t) = K(t)r(t)$$

$$\Leftrightarrow \frac{K'(t)}{K(t)} = r(t)$$

$$\Leftrightarrow (\log(K(t)))' = r(t)$$

$$\Leftrightarrow \log(K(T)) = \int_0^T r(t)dt + C$$

$$\Leftrightarrow K(T) = e^{\int_0^T r(t)dt} \cdot e^C$$

und da $K = K(0) = e^C$ sein muss, folgt das Resultat. $\square$

Beispiel 1.5. *Die Entwicklung des Kapitals, etwa im Beispiel 1.3 bei beiden variablen Zinssätzen, lässt sich übrigens auch dynamisch über die Zeit gut veranschaulichen. Es ist dazu für beide Zinssätze r_1 und r_2 für beliebiges variables t zwischen 0 und T jeweils $G(t) = K \cdot e^{\int_0^t r(u)du}$ zu berechnen. $G(t)$ gibt dann das angelaufene Gesamtkapital zum Zeitpunkt t an und lässt sich in einem Zeit- /Kapital-Diagramm darstellen. Wenn wir das konkret für die variablen Zinssätze von Beispiel 1.3 durchführen, dann können wir das Integral für den zweiten Zinssatz analog zu oben leicht explizit angeben:*

$$\int_0^t r_2(u)du = \int_0^t \frac{1 + \frac{u^2}{20}}{100} du = \int_0^t \frac{1}{100} + \frac{u^2}{2000} du = \frac{u}{100} + \frac{u^3}{6000} \Big|_0^t =$$

$$= \frac{t}{100} + \frac{t^3}{6000}$$

Die Berechnung des Integrals über den ersten Zinssatz ist etwas mühsamer, wenn man eine explizite Darstellung des Integrals geben will. Wir überlassen diese Aufgabe einem engagierten Leser und geben hier lediglich das Resultat wieder:

$$\int_0^t r_1(u)du = \frac{1}{100} \left(t \left(\frac{[2t]}{5} + 1 \right) - \frac{[2t] + [2t]^2}{20} \right)$$

Hier bezeichnet der Ausdruck $[x]$ die größte ganze Zahl kleiner oder gleich x. Die Dynamik der Entwicklung bei den beiden Zinssätzen ist mit Hilfe dieser Integralwerte dann in der Grafik von Abbildung 1.8 dargestellt. Die rote Linie stellt dabei die Entwicklung bezüglich des ersten Zinssatzes und die blaue Linie die Entwicklung bezüglich des zweiten Zinssatzes dar.

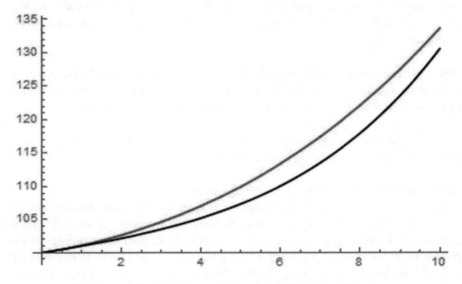

Abbildung 1.8: Kapitalentwicklung bei zeitvariablen Zinssätzen

1.7   Euribor, Libor und Swap-Zinssätze, Leitzinssätze

Viele Finanzprodukte sind über bestimmte „Referenz-Zinssätze" wie zum Beispiel einen der Euribor-Zinssätze, einen der Libor-Zinssätze oder eine ICE-Swaprate (früher: ISDAFIX-Swaprate) definiert. Weiters werden wir später solche „idealen Zinssätze" zu Vergleichszwecken und zur Bestimmung fairer Werte von Finanz-produkten benötigen.

Vereinfacht und rein informell lässt sich unter einem momentanen Euribor-Zinssatz, einem Libor-Zinssatz oder einer Swaprate für eine bestimmte Währung W und eine bestimmte Laufzeit T ein „idealer Zinssatz" verstehen, der im Moment zwischen „idealen Finanzpartnern" (z.B. zwischen Top-Großbanken) für die Aufnahme von Krediten oder für die Anlage von Geldern in der Währung W und ab dem jetzigen Zeitpunkt für eine Laufzeit T verlangt bzw. geboten werden.

Die Euribor- und die Libor-Zinssätze beziehen sich hierbei eher auf kurzfristige Zinsen bis zu einem Jahr Laufzeit. Die Swaprates beziehen sich auf länger-fristige Zinsen ab einem Jahr Laufzeit. Euribor-Zinssätze und Libor-Zinssätze unterscheiden sich im Wesentlichen nur durch die Art der Berechnung bzw. Fest-stellung am Finanzmarkt. Euribor-Zinssätze beziehen sich allerdings nur auf Zin-sen in Euro, während die Libor-Zinssätze auch für andere Währungen berechnet werden.

Für nicht-professionelle Investoren sind diese Vergleichs- oder Referenz-Zinssätze auch insofern von Bedeutung, als sie häufig in Kredit-Angeboten oder Anlage-Angeboten von Banken eine Rolle spielen, beziehungsweise eine Verhandlungs-basis darstellen. Zum Beispiel werden Euro-Kredite manchmal mit variabler Ver-zinsung, zum Beispiel in der Form *„6-Monats-Euribor + 2% bei halbjährlicher Anpassung"*, angeboten.

Etwas genauer werden Euribor- und Libor-Zinssätze, sowie die ICE-Swaprates im Folgenden beschrieben (alle Details können auf den Homepages der Institutionen, die diese Referenz-Zinssätze berechnen, nachgelesen werden. Siehe:

`emmi-benchmarks.eu` oder `de.euribor-rates.eu`,
bzw. `reuters.combzw.theice.com`):

„Euribor" steht für „European Interbank Offered Rate".
Euribor-Zinssätze werden für Laufzeiten von einer Woche, zwei Wochen und für 1, 2, 3, 6, 9 und 12 Monate angegeben. Weiters gibt es einen Euribor-Overnight-Zinssatz für kurzfristigste Anlagen. Dieser Overnight-Euribor heißt „Eonia" (= Eu-ro Overnight Index Average). Der Euribor gilt als der wichtigste Referenz-Zinssatz bei auf Euro lautenden Krediten. Euribor-Zinssätze werden seit 1. Januar 1999 be-rechnet und veröffentlicht. Täglich melden die vom Beratungsausschuss der Euro-

päischen Bankenvereinigung ausgewählten sogenannten Panel-Banken die von ihnen im Moment (täglich 11:00 Brüsseler Zeit) im Interbankenhandel angebotenen Zinsen für kurzfristige Euro-Kredite an einen Informationsanbieter. Der Informationsanbieter berechnet daraus nach bestimmten Regeln einen mittleren Wert, den Euribor für die jeweilige Laufzeit.

Der „Libor" wird in analoger Weise wie der Euribor ermittelt und beruht auf den täglichen (11:00 Uhr Londoner Zeit) Meldungen der wichtigsten in London tätigen internationalen Banken. Zur Zeit wird der Libor für die Währungen Euro (EUR), Britischer Pfund (GBP), US-Dollar (USD), Schweizer Franken (CHF) und Japanischen Yen (JPY) für die Laufzeiten 1 Woche, 1, 2, 3, 6, 12 Monate berechnet und veröffentlicht. Weiters wird ein Libor Overnight Zinssatz bestimmt.

Als Referenz-Zinssatz für Euro-Kredite ist der Euribor von größerer Bedeutung als der Libor. Der Libor bietet aber allerdings eben auch Referenz-Zinssätze für andere wichtige Währungen.

Wann immer wir im Folgenden einen „idealen Referenz-Zinssatz" ohne weitere Spezifizierung annehmen, dann verstehen wir informell einen dieser Referenz-Zinssätze, und wir bezeichnen solche Referenz-Zinssätze für eine Laufzeit von jetzt (Zeitpunkt 0) bis zum Zeitpunkt T mit $f_{0,T}$. Auch wenn die offiziellen Referenz-Zinssätze nur für bestimmte Zeitbereiche gegeben sind, gehen wir vom Vorhandensein von Referenz-Zinssätzen $f_{0,T}$ für beliebige Zeitbereiche T aus. Häufig werden hierfür lineare Interpolationen aus benachbarten offiziellen Referenz-Zinssätzen verwendet.

Beispiel 1.6. *Die Euribor Zinssätze hatten am 26.10.2017 folgende Werte (siehe zum Beispiel Bloomberg Kürzel: EONIA, EUR001W Index, EUR002W Index, EUR001M Index, EUR002M Index, EUR003M Index, EUR006M Index, EUR009M Index, EUR0012M Index):*

Eonia	...	*-0.362%*
Euribor 1 Woche	...	*-0.379%*
Euribor 2 Wochen	...	*-0.376%*
Euribor 1 Monat	...	*-0.371%*
Euribor 2 Monate	...	*-0.341%*
Euribor 3 Monate	...	*-0.331%*
Euribor 6 Monate	...	*-0.274%*
Euribor 9 Monate	...	*-0.223%*
Euribor 12 Monate	...	*-0.183%*

In Abbildung 1.9 sind diese Werte in einen Chart eingetragen (die Beschriftung der x-Achse erfolgt dabei in Monaten) und linear verbunden.

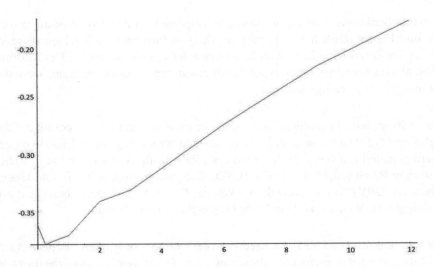

Abbildung 1.9: Euribor-Zinssätze linear interpoliert vom 26.10.2017

Die interpolierten Werte von $f_{0,T}$ für ein T (hier geben wir ausnahmsweise, nur in diesem Beispiel, zur besseren Veranschaulichung den Wert T in Monaten an) zwischen – zum Beispiel – 9 Monaten und 12 Monaten lassen sich daraus folgendermaßen berechnen:

$$\mathbf{f_{0,T}} = \textit{Euribor 9 Monate} + \left(\frac{(T-9)}{(12-9)}\right) \times (\textit{Euribor 12 Monate}-$$

$$- \textit{Euribor 9 Monate}) = \mathbf{-0.223} + \left(\frac{(T-9)}{3}\right) \times \mathbf{0.04}$$

Zum Beispiel:

$$f_{0,10\,Monate} = -0.223 + \left(\frac{(10-9)}{3}\right) \times 0.04 = -0.210\%$$

Programme zur Bestimmung der interpolierten Referenz-Zinssätze sind auf der Homepage des Buches zu finden (siehe
`https://app.lsqf.org/book/interest-rate-interpolation`).

Die allgemeine Formel für die Berechnung der interpolierten Referenz-Zinssätze $f_{0,T}$ aus den bekannten tatsächlichen Referenz-Zinssätzen $f_{0,A}$ und $f_{0,B}$, wobei A den nächstkürzeren Zeitpunkt und B den nächstlängeren Zeitpunkt zu denen tatsächliche Referenz-Zinssätze bekannt sind bezeichnen, sieht wie folgt aus:

$$f_{0,T} = f_{0,A} + \left(\frac{(T-A)}{(B-A)}\right) \times (f_{0,B} - f_{0,A}) \tag{1.1}$$

Zum Überblick über die Entwicklung der Referenz-Zinssätze der wichtigsten Währungen sind im Folgenden die 6-Monats Libor Werte in der historischen Entwicklung der Währungen Euro, US-Dollar und Japanischer Yen seit Januar 1990 dargestellt. Da der 6-Monats Libor in Euro nur bis 28.11.2014 ermittelt wurde, haben wir ab 1.12.2014 den 6-Monats-Euribor angeführt.

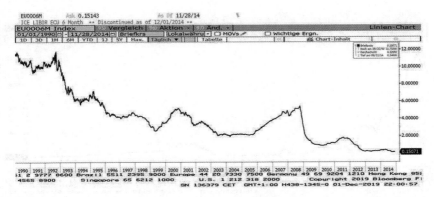

Abbildung 1.10: Historische Entwicklung 6-Monats-Libor Euro bis November 2014, (Quelle: Bloomberg)

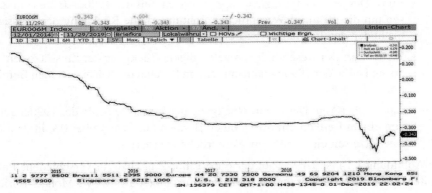

Abbildung 1.11: Historische Entwicklung 6-Monats-Libor Euro ab Dezember 2014, (Quelle: Bloomberg)

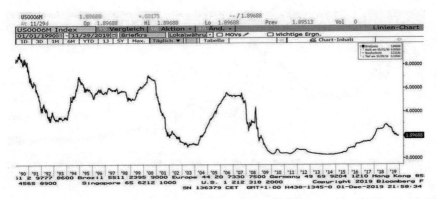

Abbildung 1.12: Historische Entwicklung 6-Monats-Libor US-Dollar, (Quelle: Bloomberg)

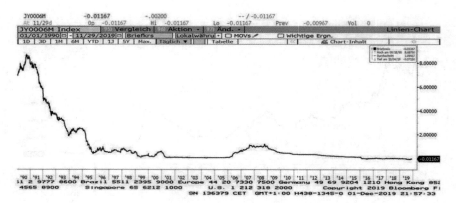

Abbildung 1.13: Historische Entwicklung 6-Monats-Libor Japanischer Yen

Auf den ersten Blick auffällige Besonderheiten sind:

- Euro: Der seit der Hochzinsphase im ersten Teil der 1990er-Jahre (mit Zinsen um die 10%) im Wesentlichen kontinuierliche Rückgang der Zinssätze bis in den deutlich negativen Bereich

- US-Dollar: Der wesentlich unregelmäßigere Rückgang der Zinssätze seit der ersten Hälfte der 1990er-Jahre aus einem Bereich um 8% bis in einen Bereich um $1\% - 1.5\%$

- Japanischer Yen: Der rasche Rückgang der Zinssätze Mitte der 1990er-Jahre von einem Bereich um 8% in einen Bereich nur knapp über 0% in dem die Zinssätze seit circa 1996 im Wesentlichen verharren.

In Abbildung 1.14 ist der Verlauf der Euro-Libor-Zinssätze für verschiedene Laufzeiten (1-Wochen-Euribor (gelb), 6-Monats-Euribor (schwarz), 12-Monats-Euribor (grün)) dargestellt. Typisch ist hier ein sehr ähnlicher Verlauf von 6-Monats-Libor und 12-Monats-Libor, während der 1-Wochen-Euribor zumeist doch deutlich unter den beiden anderen Werten liegt.

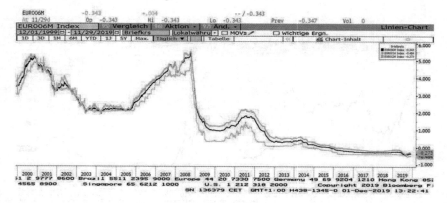

Abbildung 1.14: Vergleich EUR Referenz-Zinssätze für verschiedene Laufzeiten, 6-Monats-Euribor (schwarz), 1-Wochen-Euribor (gelb), 12-Monats-Euribor (grün)

Libor- und Euribor-Manipulationsskandal

Die Libor- und die Euribor-Referenz-Zinssätze werden aus täglichen Meldungen international tätiger Großbanken bestimmt. Mit diesen Meldungen waren in den einzelnen Banken meist nur einige wenige verantwortliche Personen befasst. Diese Tatsache machten sich im Zeitraum von etwa 2005 – 2013 verschiedene Beteiligte von verschiedenen Banken zu Nutze. Es wurden Absprachen zwischen diesen Beteiligten getroffen mit der Absicht, leicht gefälschte Daten in Umlauf zu bringen und damit die Werte der Referenz-Zinssätze zu manipulieren. Gleichzeitig, bzw. knapp davor hatten dieselben Personen über Mittelsmänner Finanzwetten auf die kurzfristige Entwicklung der Referenz-Zinssätze getätigt und dadurch immense Gewinne erzielen können. Wie wir später sehen werden, kann auf Grund der Hebelwirkung von Finanz-Derivaten bereits eine Bewegung eines Zinssatzes um ein Promille zu großen Gewinnen – bzw. Verlusten für die Gegenpartei – in dem Derivatgeschäft führen. Die Aufdeckung dieser Manipulationen führte zu mehreren Verurteilungen und hohen Strafzahlungen betroffener Banken. Weiters wurden in Folge die Regelungen zur Bestimmung und Berechnung der Referenz-Zinssätze wesentlich verschärft und teilweise in neue Hände gelegt.

Die **„ICE-Swaprates"** (früher: „ISDAFIX-Swaprates") spielen dieselbe Rolle als Referenz-Zinssätze wie die Euribor- bzw. die Libor-Zinssätze allerdings für längere Laufzeiten. Diese Swaprates werden ebenfalls auf Basis der Meldungen von Banken berechnet und veröffentlicht. Die ICE-Swaprates werden für die Währungen EUR, CHF, GBP und USD ein- bis zwei-mal täglich publiziert (alle Währungen um 11:00 Uhr, und zusätzlich EUR 12:00 Uhr und USD 15:00 Uhr, Greenwich Mean Time).

Die Laufzeiten für die Swaprates publiziert werden sind 1 – 10 Jahre für alle Währungen, sowie 12, 15, 20, 25 und 30 Jahre für den Euro, GBP und CHF, bzw. 15, 20 und 30 Jahre für den USD. Historische Daten (mit einen Tag Verzögerung) können zum Beispiel unter `https://www.theice.com/marketdata/reports/180` gefunden werden.

Um auch hier einen Überblick über die typische Entwicklung der ICE-Swaprates im Euroraum im Verlauf der letzten Jahre zu geben, illustrieren wir im folgenden in Abbildung 1.15 die Euro ICE-Swaprates für 1 Jahr (gelb) und für 10 Jahre (schwarz) für den Zeitbereich von 1999 bis 2014.

Abbildung 1.15: Vergleich Euro Swap-Rates für verschiedene Laufzeiten, 1-Jahres-Swap-Rate (gelb), 10-Jahres-Swap-Rate (schwarz)

Auffallend ist hier der fast durchwegs deutlich höhere Wert für die langfristigen Anlage- bzw. Kreditzinsen im Vergleich mit den kürzerfristigen Zinsen. Nur im Zeitbereich von circa März 2007 bis Februar 2009 ist eine ziemlich gleichlaufende Entwicklung der beiden Referenz-Zinssätze festzustellen. Am Höhepunkt der Finanzkrise lag die 1-Jahres-Swaprate teilweise sogar höher als die 10-Jahres-Swaprate.

Leitzinssätze

Leitzinssätze werden von den Zentralbanken der jeweiligen Währungsräume festgelegt (EZB = europäische Zentralbank für den Euroraum, Federal Reserve = Zentralbank-System der Vereinigten Staaten). Der Leitzinssatz ist derjenige Zinssatz zu dem Großbanken Geld in der jeweiligen Währung bei den Zentralbanken – unter Hinterlegung von Sicherheiten (!) – aufnehmen können.

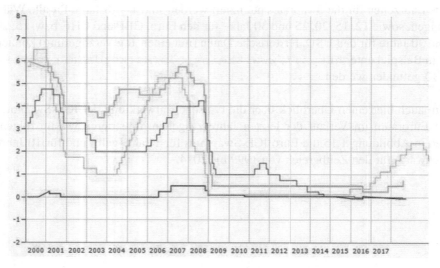

Abbildung 1.16: Vergleich historische Entwicklung Leitzinsen

Leitzins Euroland (blau)   Leitzins USA (gelb)   Leitzins Japan (rot)
Leitzins GB (grün)

Quelle: `http://www.finanzen.net/leitzins/`

1.8 Zwei Bemerkungen zu Krediten: Ratenberechnung bei kontinuierlicher Tilgung sowie Fremdwährungskredite und die Zinsparitätentheorie

Ratenberechnung bei kontinuierlicher Tilgung eines Kredits

Der Kauf einer Anleihe bedeutet also die Vergabe eines Kredits an einen Kreditnehmer. Die Rückzahlung der Kreditsumme durch den Kreditnehmer geht so vor sich, dass in regelmäßigen Abständen ein fixer Coupon (der Kreditzins) und am Ende der Laufzeit die gesamte Kreditsumme (genauer: die Nominale) zu erstatten sind. Bei herkömmlichen Krediten besteht häufig die Möglichkeit (oder aber ist es die Forderung des Kreditgebers), dass in den regelmäßigen (konstanten) Zahlungen bereits teilweise Kreditrückzahlungen enthalten sind, so dass bei Fälligkeit des Kredits nur mehr ein vorher vereinbarter Restbetrag zu erstatten ist oder aber sogar gar keine Rückzahlung mehr nötig ist.

Wir wollen als kurzen Einschub im Folgenden die Höhe solcher fixer Ratenzahlungen berechnen. Dazu gehen wir von den folgenden gegebenen Parametern aus:

- Höhe der Kreditsumme K .... z.B.: $K = 1.000.000$ Euro
- Laufzeit des Kredits T .... z.B.: $T = 30$ Jahre
- Kreditzins r .... z.B.: Kreditzins 5% p.a. also $r = 0.05$
- Periodizität der Ratenzahlung h .... z.B.: h = $\frac{1}{12}$, das heißt: monatliche Ratenzahlung
  (Wir gehen dabei davon aus, dass T ein ganzzahliges Vielfaches von h ist.)
- Restbetrag Z .... z.B.: $Z = 200.000$

Die Frage, die wir beantworten wollen, lautet:

- Wie hoch ist die in diesem Setting erforderliche konstante regelmäßige Tilgungszahlung X?

Wir gehen im Folgenden von Kreditzinsen bezüglich jährlicher Verzinsung aus (bei anderen Verzinsungsarten wird entsprechend ganz analog vorgegangen).

Die anfängliche Kredithöhe beträgt K.
Bis zur ersten Ratenzahlung im Zeitpunkt h steigt durch die Verzinsung die offene Kredithöhe an auf $K \cdot (1 + r)^h$. Die Größe $(1 + r)^h$ bezeichnen wir im Folgenden mit y. Im Zeitpunkt h wird die offene Kredithöhe durch die erste Ratenzahlung X

auf $K \cdot y - X$ verringert. Bis zur zweiten Ratenzahlung im Zeitpunkt $2h$ steigt durch die Verzinsung die offene Kredithöhe an auf $(K \cdot y - X) \cdot y$, wird aber durch die zweite Ratenzahlung verringert auf $(K \cdot y - X) \cdot y - X$. Dies setzt sich so fort bis zur letzten Ratenzahlung im Zeitpunkt T, also insgesamt $\frac{T}{h}$ mal (so viele Ratenzahlungen finden statt). Zum Zeitpunkt T beträgt die offene Kreditsumme also

$$(((\ldots((K \cdot y - X) \cdot y - X) \cdot y - X) \cdot y - X) \cdot y - \ldots - X) \cdot y - X$$

(Hier wird der Summand X insgesamt $\frac{T}{h}$ mal abgezogen.) Diese zur Zeit T noch offene Kreditsumme soll nun der Restzahlung Z entsprechen. Wir erhalten somit die Gleichung

$$(((\ldots((K \cdot y - X) \cdot y - X) \cdot y - X) \cdot y - X) \cdot y - \ldots - X) \cdot y - X = Z$$

aus der wir durch einige Umformungen und mittels der geometrischen Summenformel $1 + y + y^2 + y^3 + \ldots + y^{n-1} = \frac{y^n - 1}{y - 1}$ auf folgende Weise die Rate X berechnen können:

$$(((\ldots((K \cdot y - X) \cdot y - X) \cdot y - X) \cdot y - X) \cdot y - \ldots - X) \cdot y - X = Z \Leftrightarrow$$
$$K \cdot y^{\frac{T}{h}} - X \cdot y^{\frac{T}{h}-1} - X \cdot y^{\frac{T}{h}-3} - \ldots - X \cdot y - X = Z \Leftrightarrow$$
$$X \cdot \left(y^{\frac{T}{h}-1} + y^{\frac{T}{h}-2} + y^{\frac{T}{h}-3} + \ldots + y + 1 \right) = K \cdot y^{\frac{T}{h}} - Z \Leftrightarrow$$
$$X \cdot \frac{y^{\frac{T}{h}} - 1}{y - 1} = K \cdot y^{\frac{T}{h}} - Z \Leftrightarrow$$
$$X = \frac{y - 1}{y^{\frac{T}{h}} - 1} \cdot \left(K \cdot y^{\frac{T}{h}} - Z \right)$$

Durch Einsetzen der Definition für y haben wir somit erhalten:

Die **konstante Tilgungsrate X** beträgt

$$\boldsymbol{X = \frac{(1 + r)^h - 1}{(1 + r)^T - 1} \cdot \left(K \cdot (1 + r)^T - Z \right)}$$

Für unser konkretes Zahlenbeispiel ergibt das eine monatliche Rückzahlungsrate von 5.055 Euro. Die insgesamt 360-malige Zahlung dieser Rate plus der Restsumme von 200.000 Euro ergibt eine insgesamt zu zahlende Summe von 2.019.900 Euro. Die Entwicklung der offenen Kreditsumme im Lauf der 30 Jahre ist in Abbildung 1.17 zu sehen.

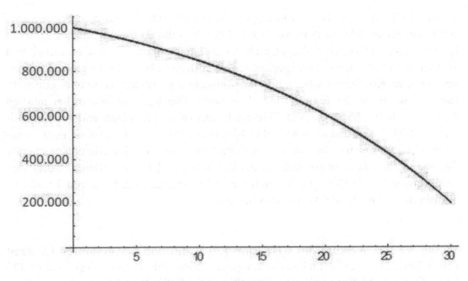

Abbildung 1.17: Entwicklung der offenen Kreditsumme

Bei gleichen Parametern aber Restbetrag 0, also bei vollständiger Tilgung durch die Ratenzahlungen, ist ein monatlicher Betrag von 5.301 Euro zu bezahlen. Dies bedeutet eine Gesamt-Rückzahlungssumme von circa 1.908.200 Euro.

Bei gleichen Parametern wie im Ausgangsbeispiel aber jährlicher Zahlung ist ein jährlicher Betrag von 62.041 Euro zu bezahlen. Dies bedeutet eine Gesamt-Rückzahlungssumme von circa 2.061.230 Euro.

Fremdwährungskredite und die Zinsparitätentheorie
Die Aufnahme eines Kredits in einer Fremdwährung ist dann überlegenswert, wenn die Kreditzinsen in dieser anderen Währung deutlich niedriger sind als die Kreditzinsen in der Heimatwährung (Euro).

Dies war etwa der Fall Anfang/Mitte der 2000-er Jahre für den japanischen Yen (JPY) oder auch für den Schweizer Franken (CHF) im Vergleich mit dem Euro. Dies führte damals dazu, dass die Nachfrage nach JPY-Krediten bzw. nach CHF-Krediten boomte.

So lagen die 10-Jahres-Swap-Rates des Euro am 31.7.2008 bei 4.917% und die 10-Jahres-Swap-Rates des Schweizer Frankens bei 3.555%. Der Wechselkurs lag bei 1.6337 Schweizer Franken für einen Euro.

Das Procedere bei der Aufnahme eines (z.B.) CHF-Kredits war dabei prinzipiell das folgende: Eine deutsche Kreditnehmerin, die (z.B.) im Jahr 2008 für den Bau eines Hauses einen Kredit in Höhe von 300.000 Euro benötigte, hat dazu damals (bleiben wir beim Beispieldatum 31.7.2008) – mit Unterstützung ihrer Hausbank

– einen CHF-Kredit in Höhe von umgerechnet circa 300.000 Euro aufgenommen. Beim damaligen Wechselkurs von 1.6337 hat das eine Aufnahme eines Kredits in Höhe von 490.110 CHF bedeutet. Gehen wir (beispielhaft) von einer Laufzeit von 10 Jahren und von den oben angegebenen Swap-Rates als fix für die ganze Laufzeit vereinbarten Kreditzinsen bei jährlicher Zinszahlung, sowie von einer Kreditrückzahlung am Ende der Laufzeit aus. Das heißt: Die Kreditnehmerin hat jährlich $490.110 \times 0,03555 = 17.423$ CHF an Kreditzinsen zu zahlen und bei Laufzeitende am 31.7.2018 hat sie 490.110 CHF rückzuzahlen. Dazu muss sie zum jeweiligen Zinszahlungstermin sowie zum Fälligkeitstermin die jeweils entsprechende Summe in Euro aufbringen und vor der Zahlung in CHF konvertieren. Durch den variierenden Wechselkurs ändert sich dieser Eurobetrag allerdings von Termin zu Termin und ist nicht von Vornherein bekannt.

Würde der **Wechselkurs des CHF zum Euro während der gesamten Laufzeit unverändert** bleiben, dann hätte jede einzelne Zinszahlung einen Wert von 17.423 / 1.6337 = 10.655 Euro und die Rückzahlung bei Fälligkeit hätte wieder den Wert von 300.000 Euro. Die – hier nur einfach aufaddierten – Kosten des Kredits würden also $10 \times 10.655 = 106.550$ Euro betragen. Für einen reinen Euro-Kredit wären dagegen jährlich Kreditzinsen von $300.000 \times 1,04917 = 14.751$ Euro zu zahlen gewesen. Die Kosten für einen reinen Euro-Kredit (einfach aufaddiert) wären somit bei 147.510 Euro gelegen. **Der CHF-Kredit hätte also in diesem Fall eine Ersparnis von 40.860 Euro bedeutet.**

Tatsächlich bleiben Wechselkurse im Allgemeinen aber nicht unverändert, und tatsächlich hat sich auch der Wechselkurs des Euro zum Schweizer Franken im Lauf der 10 Jahre von 31.7.2008 bis 31.7.2018 massiv verändert. Eine solche Wechselkursänderung kann natürlich für die Kreditnehmerin sowohl positive als auch negative Auswirkungen haben. Die Auswirkungen sind positiv für den Kreditnehmer wenn die Fremdwährung während der Laufzeit schwächer gegenüber dem Euro wird, sie sind negativ wenn die Fremdwährung stärker gegenüber dem Euro wird.

Die tatsächliche Entwicklung im Zeitbereich 31.7.2008 bis 31.7.2018 hatte dann schlussendlich den in Abbildung 1.18 gezeigten Verlauf

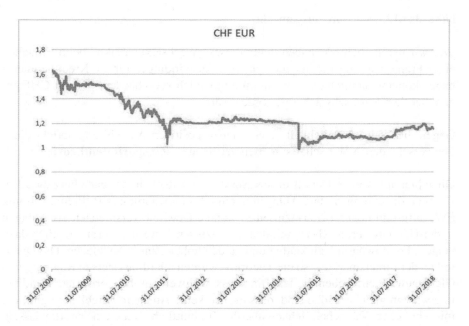

Abbildung 1.18: Kursentwicklung CHF EUR im Zeitbereich 31.7.2008 bis 31.7.2018

Zu den Fälligkeiten der Zinszahlungen, bzw. zur Fälligkeit des Kredits bestanden die folgenden Wechselkurse und damit die folgenden Euro-Werte der zu zahlenden Zinsraten.

Datum	CHF EUR	Zinsrate
31.07.2008	1.6341	10.662
31.07.2009	1.5233	11.438
30.07.2010	1.3582	12.828
29.07.2011	1.1311	15.404
31.07.2012	1.2012	14.505
31.07.2013	1.2317	14.145
31.07.2014	1.2168	14.319
31.07.2015	1.0608	16.424
31.07.2016	1.0833	16.083
28.07.2017	1.1382	15.308
31.07.2018	1.1569	15.060

Es wäre also somit in der Realität zu einer Zinsbelastung von insgesamt 156.175 Euro gekommen, also zu einer insgesamt knapp höheren Zinsbelastung als bei einem reinen Euro-Kredit. Wirklich negativ ins Gewicht gefallen wäre dann aber die Rückzahlung der Kreditsumme am 31.7.2018 bei einem Wechselkurs von 1.1569. Die Höhe der Rückzahlung hätte da nämlich $490.110/1.1569 = 423.641$ Euro betragen. Der Verlust gegenüber der anfänglichen Kreditsumme von 300.000 Euro hätte also 123.641 Euro ausgemacht.

Wie wir bereits bemerkt haben, hätte dieses „Wechselkursrisiko" beim Eingehen eines Fremdwährungskredits auch positive Auswirkungen für die Kreditnehmerin haben können, nämlich dann, wenn im Zeitbereich 2008 bis der 2018 der CHF gegenüber dem Euro schwächer geworden wäre.

Gegen die Wahrscheinlichkeit einer solchen positiven Auswirkung spricht die – von verschiedenen Wirtschaftstheorien vertretene – **Zinsparitätentheorie**.

Ohne hier auf weitere Details dieses Ansatzes einzugehen, nur ganz kurz die Idee: Anleger, die erkennen, dass Anlagen in einer Fremdwährung (z.B. Fremdwährung FW) aufgrund höherer Marktzinsen r_f höhere Gewinne versprechen als Anlagen in der Heimatwährung (HW) mit den Marktzinsen r, werden voraussichtlich dazu neigen, Fremdwährung zu kaufen und zu den hohen Zinsen anzulegen. Die Dynamiken der Finanzmärkte – so die Theorie – würden allerdings stets in Richtung von Gleichgewichten streben, in dem Sinn dass, weltweit gesehen, erwartete Renditen in etwa von gleicher Höhe sind, dass es also keine Anlagemöglichkeiten gibt, die mit sehr hoher Wahrscheinlichkeit überdurchschnittliche Renditen erwarten lassen.

Für das obige Beispiel des Vergleichs einer Anlage in Höhe von K in einer Heimatwährung HW zu einem niedrigeren Zinssatz r (für eine bestimmte fixierte Laufzeit T) mit einer Anlage der (umgerechnet) selben Summe in einer Fremdwährung FW zu einem höheren Zinssatz r_f würde das dann aber Folgendes bedeuten: Es müsste das Kapital in HW nach der Anlage in HW den gleichen erwarteten (!) Wert haben wie das Kapital in HW nach der Anlage in FW, also

$$K \cdot (1 + r)^T \approx K \cdot w_0 \cdot \frac{(1 + r_f)^T}{w_T}.$$

(Dabei bezeichnet w_0 den Preis von 1 HW in FW zur Zeit 0 und w_T den erwarteten (!) Preis von 1 HW in FW zur Zeit T).
Also

$$w_T \approx w_0 \cdot \frac{(1 + r_f)^T}{(1 + r)^T}.$$

Wir erhalten – so die Zinsparitätentheorie – somit im Zeitpunkt 0 eine Schätzung für den erwarteten Wert des Wechselkurses w_T zur Zeit T.

Für unser Beispiel des 10-jährigen CHF-Kredits von 2008 bis 2018 hätten die Zinsverhältnisse Ende Juli 2008 damit die folgende Schätzung für die Entwicklung des CHF EUR Wechselkurses bis 2018 (w_T bezeichnet jetzt den Preis eines Euro in Schweizer Franken am 31.7.2018) ergeben:

$$w_T \approx \frac{1.6341 \cdot 1.03555^{10}}{1.04917^{10}} = 1.4339$$

Aufgrund der Zinsparitätentheorie wäre also aus Sicht des 31.7.2008 nicht von einer gewinnbringenden Transaktion durch einen Fremdwährungskredit auszugehen gewesen, da die Erwartung des Wechselkurses für den 31.7.2018 bei 1.4339 gelegen war. Fakt ist, dass sich die tatsächliche Entwicklung des Wechselkurses aus Sicht der Kreditnehmerin sogar noch wesentlich negativer gestaltet hatte.

1.9 Rendite von Anleihen

Die **Rendite einer Anleihe** ist eine Maßzahl, die Aufschluss über die Verzinsungsrate gibt, mit der das Investment durch den Kauf einer Anleihe de facto verzinst wird.

Wir widmen uns als konkretes Beispiel für das Folgende wieder der VW-Anleihe von Kapitel 1.2 und wiederholen dazu die für das Folgende relevanten Parameter dieser Anleihe:

Emittent Volkswagen International Finance N.V.
Zinssatz 1.625%
Zinslauf ab 16.01.2015
Nächste Zinszahlung 16.01.2017
Fälligkeit 16.01.2030
Kassakurs 93.78
Kurszeit 12.05.2016 10:01:47 Uhr

Aus Sicht des 12.5.2016, von dem die Daten der Anleihe stammen, stellt diese Anleihe ein Investment bis zur Fälligkeit am 16.1.2030, also für einen Zeitraum von noch circa 13 Jahren und 8 Monaten, also von 13.66 Jahren, dar.

Diese Anleihe kreiert (unter der Voraussetzung dass der Emittent während der gesamten Laufzeit zahlungsfähig bleibt) eine Reihe von Cashflows = Zahlungsflüssen (in Prozent) während der restlichen Laufzeit.

Der erste Cashflow besteht in der Bezahlung des gesamten Kaufpreises der Anleihe in Höhe von Kurs plus anteiligem Coupon (das ist aus Sicht des Investors ein negativer Cashflow).

Es folgen positive Cashflows in Höhe der Coupons zu den Couponzahlungsterminen 16.1.2017, 16.1.2018, ..., 16.1.2030.

Und abschließend erfolgt noch ein positiver Cashflow in Höhe der Nominale (= 100%).

Für das konkrete Beispiel der VW-Anleihe bedeutet das:

- negativer Cashflow jetzt (zum Notierungszeitpunkt) in Höhe von 93.78 + $\frac{1}{3}$ · 1.625 = 94.32

- positive Cashflows in Höhe von 1.625 in 0.66 Jahren, 1.66 Jahren, 2.66 Jahren, ..., 13.66 Jahren

- ein abschließender Cashflow in Höhe von 100 in 13.66 Jahren

Wir wollen nun diese Anleihe mit einem fix verzinsten Sparbuch mit gleicher Laufzeit vergleichen, und wir stellen uns dazu folgende Frage:
Mit welchem Zinssatz x (jährliche Verzinsung) müsste dieses Sparbuch verzinst werden, so dass man mit dem Sparbuch die identen Zahlungsflüsse wie mit der Anleihe kreieren kann?

Wenn es uns gelingt diesen Zinssatz x zu berechnen, dann wollen wir mit x die Rendite der Anleihe bezeichnen. Das Investment in die Anleihe entspricht dann somit einem Investment in ein Sparbuch mit Verzinsung x.

Also zusammengefasst:
Die Rendite einer Anleihe ist derjenige Zinssatz, mit dem ein Sparbuch verzinst werden müsste (jährliche Verzinsung), so dass es dieselben Zahlungsflüsse wie die Anleihe liefern kann.

Wir bestimmen diesen Zinssatz x, also die Rendite einer Anleihe im Folgenden für einen ganz allgemeinen Fall einer Anleihe, leiten also eine ganz allgemeine Formel zur Berechnung von Renditen her und wenden diese Formel dann auf unser konkretes Beispiel der VW Anleihe an.

Dazu bezeichnen wir mit

A ...	den momentanen (im Zeitpunkt 0) Gesamtpreis der Anleihe (= Kurs + anteiliger Coupon) in Prozent
$t_1, t_2, t_3, \ldots, t_{n-1}, t_n$	die Zeitpunkte zu denen Couponzahlungen stattfinden (Angabe in Jahren ab jetzt), dabei bezeichnet $t_n = T$ die Restlaufzeit der Anleihe
N angegeben in %	die Nominale die zum Zeitpunkt T rückbezahlt wird (im Allgemeinen $N = 100$)

Der Einlagenstand eines Sparbuchs mit Verzinsung x (Angabe in absoluten Zahlen nicht in Prozent), das jetzt – zum Zeitpunkt 0 – eröffnet wird, und im Zeitbereich $[0, T]$ dieselben Zahlungsflüsse wie die Anleihe aufweist, müsste sich dann wie folgt verhalten:

Man legt jetzt – zum Zeitpunkt 0 – die Summe A aufs Sparbuch.

Diese Summe wird bis zum Zeitpunkt t_1 verzinst, der Einlagenstand entwickelt sich bis zum Zeitpunkt t_1 daher auf $A \cdot (1 + x)^{t_1}$. Weiters wird zum Zeitpunkt t_1

eine Summe in Höhe des ersten Coupons C_1 entnommen. Der Einlagenstand auf dem Sparbuch beträgt dann $A \cdot (1 + x)^{t_1} - C_1$.

Diese Summe wird nun bis zum Zeitpunkt t_2 (also für die Zeitdauer $t_2 - t_1$) verzinst, der Einlagenstand entwickelt sich bis zum Zeitpunkt t_2 daher auf
$$\left(A \cdot (1 + x)^{t_1} - C_1\right) \cdot (1 + x)^{t_2 - t_1}.$$
Weiters wird zum Zeitpunkt t_2 eine Summe in Höhe des zweiten Coupons C_2 entnommen. Der Einlagenstand auf dem Sparbuch beträgt dann
$$\left(A \cdot (1 + x)^{t_1} - C_1\right) \cdot (1 + x)^{t_2 - t_1} - C_2.$$

Das setzt sich nun so fort: Diese Summe wird bis zum Zeitpunkt t_3 (also für die Zeitdauer $t_3 - t_2$) verzinst, der Einlagenstand entwickelt sich bis zum Zeitpunkt t_3 daher auf
$$\left(\left(A \cdot (1 + x)^{t_1} - C_1\right) \cdot (1 + x)^{t_2 - t_1} - C_2\right) \cdot (1 + x)^{t_3 - t_2}.$$
Weiters wird zum Zeitpunkt t_3 eine Summe in Höhe des dritten Coupons C_3 entnommen. Der Einlagenstand auf dem Sparbuch beträgt dann
$$\left(\left(A \cdot (1 + x)^{t_1} - C_1\right) \cdot (1 + x)^{t_2 - t_1} - C_2\right) \cdot (1 + x)^{t_3 - t_2} - C_3.$$

$\ldots$

Schließlich erhält man: Die bis zum Zeitpunkt t_{n-1} auf diese Weise aufgelaufene Einlagesumme von
$$(((\ \ldots ((A \cdot (1 + x)^{t_1} - C_1) \cdot (1 + x)^{t_2 - t_1} - C_2) \cdot (1 + x)^{t_3 - t_2} - C_3) \cdot \ldots$$
$$\ldots - C_{n-2}) \cdot (1 + x)^{t_{n-1} - t_{n-2}} - C_{n-1}$$
wird bis nun zum Zeitpunkt t_n (also für die Zeitdauer $t_n - t_{n-1}$) verzinst, der Einlagenstand entwickelt sich bis zum Zeitpunkt t_n daher auf
$$((((\ \ldots ((A \cdot (1 + x)^{t_1} - C_1) \cdot (1 + x)^{t_2 - t_1} - C_2) \cdot (1 + x)^{t_3 - t_2} - C_3) \cdot \ldots$$
$$\ldots - C_{n-2}) \cdot (1 + x)^{t_{n-1} - t_{n-2}} - C_{n-1}) \cdot (1 + x)^{t_n - t_{n-1}}.$$

Weiters werden zum Zeitpunkt t_n eine Summe in Höhe des letzten Coupons C_n sowie die Nominale N entnommen. Der Einlagenstand auf dem Sparbuch beträgt dann (zum Zeitpunkt $t_n = T$) daher
$$((((\ \ldots ((A \cdot (1 + x)^{t_1} - C_1) \cdot (1 + x)^{t_2 - t_1} - C_2) \cdot (1 + x)^{t_3 - t_2} - C_3) \cdot \ldots$$
$$\ldots - C_{n-2}) \cdot (1 + x)^{t_{n-1} - t_{n-2}} - C_{n-1}) \cdot (1 + x)^{t_n - t_{n-1}} - C_n - N.$$

Zum Zeitpunkt T sind aber alle Zahlungsflüsse der Anleihe erledigt, daher sollte auch die auf dem Sparbuch verbliebene Summe gleich 0 sein. Wir erhalten somit die Gleichung
$$((((\ \ldots ((A \cdot (1 + x)^{t_1} - C_1) \cdot (1 + x)^{t_2 - t_1} - C_2) \cdot (1 + x)^{t_3 - t_2} - C_3) \cdot \ldots$$
$$\ldots - C_{n-2}) \cdot (1 + x)^{t_{n-1} - t_{n-2}} - C_{n-1}) \cdot (1 + x)^{t_n - t_{n-1}} - C_n - N = 0$$
mit der Unbekannten x. Aus dieser Gleichung kann die Rendite x nun berechnet werden.

Bevor wir an die Berechnung von x aus dieser Gleichung gehen, vereinfachen wir die Gleichung allerdings noch etwas:

Zuerst ersetzen wir den Ausdruck $(1 + x)$ durch y und wir multiplizieren die Terme der Gleichung aus und erhalten dann die wesentlich angenehmer aussehende Gleichung

$$A \cdot y^T - C_1 \cdot y^{T-t_1} - C_2 \cdot y^{T-t_2} - C_3 \cdot y^{T-t_3} - \ldots - C_{n-1} \cdot y^{T-t_{n-1}} - C_n - N = 0$$

in der Unbekannten y. Diese Gleichung ist dann nach y zu lösen. Der Zinssatz x ergibt sich schließlich durch $x = y - 1$.

Wir fassen zusammen:

Die **Rendite x einer Anleihe** mit folgenden Parametern:

A	momentaner Gesamtpreis der Anleihe in Prozent
$t_1, t_2, t_3, \ldots, t_{n-1}, t_n$	Zeitpunkte der Couponzahlungen
$C_1, C_2, C_3, \ldots, C_{n-1}, C_n$	Coupons, die zu den oben angegebenen Zeitpunkten ausbezahlt werden
N	die Nominale, die zum Zeitpunkt $T = t_n$ rückbezahlt wird in Prozent

berechnet sich durch Lösen der Gleichung

$$A \cdot y^T - C_1 \cdot y^{T-t_1} - C_2 \cdot y^{T-t_2} - C_3 \cdot y^{T-t_3} - \ldots - C_{n-1} \cdot y^{T-t_{n-1}} - C_n - N = 0$$

nach der Variablen y und durch $x = y - 1$.

Im Normalfall lässt sich eine solche Gleichung nicht explizit lösen, sondern sie muss mit Hilfe eines Computers näherungsweise gelöst werden (z.B.: Mathematica, Maple, ...).

Kurze Nebenbemerkung zur Lösung von Gleichungen und über Niels Henrik Abel:

Auf den ersten Blick sieht es so aus, als hätten wir es bei obiger Gleichung zur Berechnung der Rendite mit einer Polynomgleichung etwa der Form $3x^2 - 5x - 4 = 0$, oder $7x - 2 = 0$, oder $x^6 - 3x^5 - x^3 - 2x^2 - 7x - 15 = 0$ zu tun. Das ist im Allgemeinen nicht der Fall, da die Exponenten T oder $T - t_i$ in der Gleichung nicht unbedingt natürliche Zahlen sein müssen. Die Gleichung zur Berechnung der Rendite kann also etwa auch von der Form $2x^{3.176} - 5x^{1.749} - x^{0.351} - 7 = 0$ sein. Solche Gleichungen sind noch wesentlich unangenehmer als Polynomgleichungen mit ganzzahligen positiven Exponenten zu behandeln und sind praktisch nie explizit lösbar.

Dies stellt jedoch keinerlei Problem dar, da man mit numerischen Methoden (etwa dem Newton'schen Näherungsverfahren) und mit Hilfe des Computers sofort beliebig genaue Näherungs-Lösungen solcher Gleichungen erhält.

Aber selbst im Fall der Polynomgleichungen kann man nicht immer auf explizite Lösungen y der Gleichung hoffen. Lineare Gleichungen, also Polynomgleichungen $ax + b = 0$ ersten Grades, sind natürlich eindeutig lösbar durch $x = -\frac{b}{a}$.

Die Lösungsformel $x = \frac{-b \pm \sqrt{b^2 - 4ac}}{2a}$ für quadratische Gleichungen $ax^2 + bx + c = 0$ sollte jedem Mittelschüler bekannt sein.

Für die Lösung von Polynomgleichungen dritten und vierten Grades $\left(ax^3 + bx^2 + cx + d = 0 \text{ und } ax^4 + bx^3 + cx^2 + dx + e = 0\right)$ existieren ebenfalls Lösungsformeln, die aber bereits von sehr komplexer Form sind. Die Lösungsformel für allgemeine Polynomgleichungen dritten Grades wurde erstmals von Gerolamo Cardano im 1545 veröffentlicht. Cardano's Formel beruhte auf wichtigen Vorarbeiten des venezianischen Mathematikers Niccolo Tartaglia. Im selben Jahr veröffentlichte Cardano auch eine allgemeine Lösungsformel für Gleichungen vierten Grades, die allerdings, wie Cardano selbst anführt, von seinem Schüler Lodovico Ferrari entwickelt worden war. Die Lösungsformeln für Polynomgleichungen bis zum Grad 4 liefern uns die expliziten Lösungen dieser Gleichungen in Form von Radikalen. Das heißt: Die Lösungen x der Gleichungen können als Kombinationen ganzer Zahlen, der Koeffizienten $a, b, c, \ldots$, endlich vieler Additionen, Multiplikationen, Divisionen und n-ter Wurzeln (mit ganzzahligem n) geschrieben werden.

So ist zum Beispiel $x = \frac{-b + \sqrt{b^2 - 4ac}}{2a}$ eine Radikale, aber ebenso etwa auch $\sqrt[5]{1 + \sqrt[3]{a - \sqrt[6]{\frac{b^5 - 1}{\sqrt{c+1}}}}}$.

Für Gleichungen fünften oder höheren Grades wurde in der Folge von verschiedensten Mathematikern – unter anderem auch vom großen Leonhard Euler – vergeblich versucht, Lösungsformeln durch Radikale zu finden. Im Jahr 1824 gelang es dann dem damals 22-jährigen norwegischen Mathematiker Niels Henrik Abel, einen Beweis dafür zu geben, dass es für Polynomgleichungen vom Grad größer oder gleich 5 keine solche allgemeine Lösungsformel mehr geben kann. Natürlich sind manche Polynomgleichungen vom Grad größer oder gleich 5 durch Radikale lösbar, im Allgemeinen ist das jedoch nicht der Fall. Zum Beispiel: Die Lösungen der Gleichung $x^5 - x + 1 = 0$ sind keine Radikale.

Man beachte welch qualitativer Unterschied zwischen den beiden mathematischen Resultaten von Cardano und von Abel besteht: Cardano beweist großartiges mathematisch handwerkliches Können indem er eine Lösungsformel für Grad kleiner gleich 4 konstruiert. Abel zeigt: Wie sehr und mit welchem Genie und technischem Geschick auch immer man sich bemühen würde, man kann gar keine Lösungsformel für Gleichungen höheren Grades finden. Mit Aussagen und Beweisen dieser Form beginnt die hohe Kunst der reinen Mathematik, die weit über das Verständnis der Mathematik als technisches Handwerk hinausgeht. Im 27. Lebensjahr starb der mittellose und stellenlose Nils Henrik Abel an Tuberkulose.

Wie gesagt: Die Tatsache, dass wir die Gleichungen zur Bestimmung der Rendite einer Anleihe näherungsweise lösen müssen, stellt natürlich keinerlei Problem dar und ist mit Mathematik-Software leicht zu bewerkstelligen.

Als Beispiel berechnen wir die Rendite unseres Anschauungsbeispiels, der VW-Anleihe aus Kapitel 1.2:

Beispiel 1.7. *Die Daten der VW-Anleihe waren vom 12.5.2016.*
Zukünftige Zinszahlungen in Höhe von 1.625% waren jeweils für den 16.1. eines Jahres, beginnend mit 16.1.2017 bis 16.1.2030, vorgesehen. Setzen wir den Zeitraum vom 12.5. eines Jahres bis zum 16.1. des Folgejahres grob mit 8 Monaten, also mit $\frac{2}{3}$ Jahren an, dann sind die Zeitabstände bis zu den zukünftigen Zinszahlungen mit $t_1, t_2, t_3, \ldots, t_{13}, t_{14}$ gegeben durch $0.66, 1.66, 2.66, \ldots, 13.66$.

Die Couponzahlungen $C_1, C_2, C_3, \ldots, C_{13}, C_{14}$ haben jeweils den Wert 1.625.

Der (Gesamt-)Kaufpreis für die Anleihe (dirty price) lag bei 94.299.

Zur Berechnung der Rendite x der Anleihe ist somit die folgende Gleichung in y zu lösen und dann $x = y - 1$ zu setzen.

$$94.299 \cdot y^{13.66} - 1.625 \cdot y^{12.66} - 1.625 \cdot y^{11.66} - 1.625 \cdot y^{10.66} -$$

$$- \ldots - 1.625 \cdot y^{0.66} - 101.625 = 0$$

Mathematica liefert (mit Hilfe des Befehls „FindRoot") dafür die Näherungslösung $y = 1.02146$.

Für die Rendite x erhalten wir somit $x = 0.02146$, also 2.146%.

Vergleichen wir dieses Ergebnis mit der im Factsheet der Anleihe in Kapitel 1.2 angegebenen Rendite von 2.16%, so finden wir eine geringfügige Abweichung zu unserem Ergebnis, die sich daraus ergibt, dass wir die Zeiträume bis zu den zukünftigen Zinszahlungen nicht ganz exakt, sondern auf jeweils $\frac{2}{3}$ gerundet, gerechnet haben.

1.10 Forward-Zinssätze

In Kapitel 1.7 haben wir Referenz-Zinssätzen $f_{0,T}$ für beliebige Zeitbereiche T, gesehen ab jetzt (Zeitpunkt 0), definiert. Diese Referenz-Zinssätze werden auch „Kassa-Zinssätze" oder „Spotrates" genannt.

In diesem Kapitel werden wir uns mit „Forward-Zinssätzen" der Form $f_{k,k+T}$ beschäftigen.

Stellen Sie sich dazu folgende – zugegebenermaßen konstruierte – Situation vor: Sie wissen, dass Sie genau heute in einem Jahr eine Summe von 1 Million Euro erhalten werden, die Sie dann für zwei Jahre aufbewahren und danach, nach den zwei Jahren – also in drei Jahren ab heute – wieder zurückgeben müssen.

Wir gehen für das Beispiel wieder von der Gültigkeit idealer Referenzzinsen $f_{0,T}$ für Geldanlage und für Kreditaufnahme aus. Weiters gehen wir davon aus, dass wir die 1 Million Euro nicht zu Hause bunkern werden, sondern dass wir sie risikolos bei einer Bank anlegen werden. Da wir weiter sinkende Zinsen befürchten (das heißt in der momentanen Situation: Wir befürchten Zinsen die sich noch weiter ins Negative auswachsen), würden wir gerne jetzt schon mit der Bank einen Zinssatz für die Investition der Million Euro für den Zeitraum $[1, 3]$, also von Jahr 1 ab jetzt bis Jahr 3 ab jetzt, vereinbaren. Dazu vereinbaren wir einen Termin mit unserem Bankberater und starten mit ihm die entsprechenden Verhandlungen. Eine wesentliche Benchmark für die Verhandlungen werden sicherlich die im Moment am Markt herrschenden Referenz-Zinssätze für die nächsten 3 Jahre, also $f_{0,1}, f_{0,2}, f_{0,3}$ sein.

Wir ziehen dafür die aktuellen (9.11.2017) ICE-Swaprates (siehe `https://www.theice.com/marketdata/reports/180`) heran:

$$f_{0,1} = -0.325\%$$
$$f_{0,2} = -0.206\%$$
$$f_{0,3} = -0.093\%$$

Auch Ihr Bankberater geht von weiter fallenden Zinsen aus. Insbesondere glaubt er daher daran, dass in einem Jahr der Zinssatz für dann 2-jährige Anlagen noch tiefer als im Moment, also tiefer als -0.206%, liegen wird. Dennoch bietet er Ihnen, da Sie ein Stammkunde sind, mit besonderem Entgegenkommen einen sogar leicht besseren Zinssatz von -0.2% für die Veranlagung Ihrer Million Euro für den Zeitraum $[1, 3]$ an.
Eigentlich sollten Sie – glücklich über Ihr Verhandlungsgeschick – dieses Angebot umgehend annehmen ...
Sollten Sie das?

Die Annahme des gebotenen Zinssatzes würde bedeuten:
Ihre Million Euro entwickelt sich im Zeitraum $[1, 3]$ von 1 Million Euro auf
$1 \cdot (1 - 0.002)^2 = 996.004$ Euro. Wir werden also einen **Verlust von 3.996 Euro**
zu tragen haben.

Stellen wir dem gegenüber jetzt folgende Vorgangsweise (oder „Strategie") zur
Diskussion (wie gesagt: immer unter Annahme idealer Referenz-Zinssätze für Anlage und Kreditaufnahme):
Wir nehmen jetzt (zur Zeit 0) bei einer Bank einen Kredit in Höhe von $\frac{1.000.000}{(1-0.00325)} =$
1.003.260 Euro für ein Jahr zum Zinssatz $f_{0,1} = -0.325\%$ auf, und wir legen diesen Betrag sofort zum Referenz-Zinssatz $f_{0,3} = -0.093\%$ für drei Jahre an.

Unseren Kredit können wir nach einem Jahr exakt mit der 1 Million Euro, die wir
zur Verfügung gestellt bekommen, tilgen (die Höhe der Rückzahlung beträgt ja gerade $1.003.260 \cdot (1 - 0.00325) = 1.000.000$ Euro.

Im Lauf der drei Jahre entwickelt sich das zum Zinssatz $f_{0,3} = -0.093\%$ angelegte Geld auf den Betrag von $1.003.260 \cdot (1 - 0.00093)^3 = 1.000.460$ Euro. Geben
wir jetzt, nach 3 Jahren, den Betrag von einer Million Euro, wie vereinbart, zurück,
dann bleibt uns sogar ein kleiner **Gewinn von 460 Euro**.

Berechnen wir noch, welchen Zinssatz x wir uns durch diese alternative Strategie
für den Zeitbereich $[1, 3]$ konstruiert haben. Dann liefert uns die Gleichung

$$1.000.000 \cdot (1 + x)^2 = 1.000.460 \tag{1.2}$$

den Wert $x = 0.00023$, also $x = +0.023\%$

Wir haben uns durch die Strategie also einen positiven Zinssatz $x = +0.023\%$
anstelle des uns von der Bank angebotenen Zinssatzes von -0.2% sichern können.

Verfolgen wir jetzt noch einmal zurück, wie der Betrag von 1.000.460 weiter oben
zu Stande gekommen ist:

$$
\begin{aligned}
1.000.460 \;&=\; 1.003.260 \cdot (1 - 0.00093)^3 = \\
&=\; \left(\frac{1.000.000}{(1 - 0.00325)} \right) \cdot (1 - 0.00093)^3 = \\
&=\; \left(\frac{1.000.000}{(1 + f_{0,1})} \right) \cdot (1 + f_{0,3})^3 .
\end{aligned}
$$

Setzen wir in Gleichung (1.2) jetzt diesen Ausdruck $\left(\frac{1.000.000}{(1+f_{0,1})} \right) \cdot (1 + f_{0,3})^3$ anstelle von 1.000.460 ein und lösen die Gleichung nach x auf, so erhalten wir für x
den Ausdruck:

$$x = \left(\frac{(1 + f_{0,3})^3}{(1 + f_{0,1})} \right)^{\frac{1}{2}} \tag{1.3}$$

Wir können uns also durch die beschriebene Strategie für den Zeitbereich $[1, 3]$ den Zinssatz $x = \left(\frac{(1+f_{0,3})^3}{(1+f_{0,1})} \right)^{\frac{1}{2}}$ sichern.

Es ist ganz klar, dass wir dieselbe Vorgangsweise für jeden beliebigen Zeitraum $[k, k + T]$ in der Zukunft durchführen können, und wir uns auf diese Weise jeweils einen Zinssatz der Form $x = \left(\frac{\left(1+f_{0,k+T}\right)^{k+T}}{\left(1+f_{0,k}\right)^k} \right)^{\frac{1}{T}}$ sichern können.

Diesen Zinssatz bezeichnen wir mit $f_{k,k+T}$ und bezeichnen ihn als **Forward-Zinssatz für den Zeitbereich $[k, k + T]$**.

$$f_{k,k+T} = \left(\frac{(1 + f_{0,k+T})^{k+T}}{(1 + f_{0,k})^k} \right)^{\frac{1}{T}} \tag{1.4}$$

Wichtig ist dabei: $f_{k,k+T}$ ist **nicht** der Zinssatz, der im Jahr k für Anlagen für die Dauer von T Jahren gelten wird (den kennen wir noch nicht!), sondern: $f_{k,k+T}$ ist der Zinssatz, den ich mir **jetzt** für den Zeitbereich $[k, k + T]$ durch obige Vorgangsweise sichern kann!

Das ist die bestmögliche Strategie!

Die oben vorgeschlagene Strategie hat sich also – zumindest in unserem Beispiel – als vorteilhaft gegenüber dem in der Verhandlung mit der Bank erzielten Zinsresultat erwiesen. Es stellt sich da aber sofort die Frage, ob es vielleicht noch eine andere, noch größeren Erfolg versprechende Strategie geben könnte!?

Das ist tatsächlich nicht der Fall! Wir zeigen im Folgenden, dass es nicht möglich sein kann, durch welche Strategie auch immer, jetzt einen sicheren Zinssatz für den Zeitbereich $[k, k + T]$ zu kreieren, der höher ist als $f_{k,k+T}$.

Nehmen wir dazu einmal das Gegenteil an, also, dass wir eine Strategie finden können, mit der wir uns einen Zinssatz z für den Zeitbereich $[k, k + T]$ sichern können, der höher ist als $f_{k,k+T}$. Also $z > f_{k,k+T}$.

In diesem Fall würde ich sofort Folgendes tun (zur besseren Veranschaulichung schauen wir uns zuerst wieder das Ausgangsbeispiel im Zeitbereich $[1, 3]$ an und argumentieren danach erst im allgemeinen Fall):

Ich würde einen Kredit in möglichst großer Höhe (sagen wir der Einfachheit halber: in Höhe von 1 Million Euro) für 3 Jahre zum Zinssatz $f_{0,3} = -0.093\%$ aufnehmen und zunächst für ein Jahr zum Zinssatz $f_{0,1} = -0.325\%$ anlegen. In diesem ersten Jahr entwickelt sich das angelegte Geld auf $1.000.000 \cdot (1 + f_{0,1}) = 1.000.000 \cdot (1 - 0.00325) = 996.750$ Euro. Diesen Betrag würde ich nun zum

Zinssatz $z > f_{1,3}$ für das zweite und dritte Jahr anlegen. Dadurch entwickelt sich der Anfangsbetrag auf insgesamt:

Endbetrag $= 1.000.000 \cdot (1 + f_{0,1}) \cdot (1 + z)^2$ Euro.

Am Ende diesen dritten Jahres ist der Kredit zu tilgen. Die zu bezahlende Tilgungssumme beträgt:

Tilgungssumme $= 1.000.000 \cdot (1 + f_{0,3})^3$

Aus der Formel (1.3) oben, bzw. aus der allgemeinen Formel (1.4) für Forward-Zinssätze erhält man die Gleichung $(1 + f_{0,3})^3 = (1 + f_{0,1}) \cdot (1 + f_{1,3})^2$.

Ersetzen wir $(1 + f_{0,3})^3$ durch $(1 + f_{0,1}) \cdot (1 + f_{1,3})^2$ in der Formel für die Tilgungssumme, so erhalten wir:

Tilgungssumme $= 1.000.000 \cdot (1 + f_{0,1}) \cdot (1 + f_{1,3})^2$.

Da wir angenommen haben, der Zinssatz z sei größer als $f_{1,3}$ folgt, dass der Endbetrag unseres Investment-Prozesses größer ist als die Tilgungssumme die wir zu bezahlen haben.

Es bleibt uns daher nach Tilgung des Kredits ein sicherer risikoloser Gewinn in Höhe der Differenz zwischen Endbetrag und Tilgungssumme, ohne dass wir dafür Eigenkapital zur Durchführung der gesamten Strategie benötigt hätten (wir erinnern uns: wir haben den Prozess damit begonnen, dass wir einen Kredit aufgenommen haben ...)!

An dieser Stelle unserer Argumentation verwenden wir zum ersten Mal – hier allerdings erst nur in mehr informeller, nicht streng mathematischer Form – DAS „Axiom der Finanzmathematik", das sogenannte **„NO ARBITRAGE PRINZIP"**.

Dieses Axiom werden wir im Kapitel über „Friktionslose Märkte" streng definieren und dort auch diskutieren.

Hier wollen wir es – wie gesagt – informell wiedergeben und vorerst einmal als gegeben hinnehmen:

Das **No-Arbitrage-Prinzip** besagt: *„Es ist an den Finanzmärkten nicht möglich, durch irgendeine Strategie, ohne Einsatz von Kapital, sicher und völlig risikolos, in einem bestimmten Zeitraum einen positiven Gewinn zu kreieren."*

Wäre das nämlich möglich, dann würde eine Vielzahl von Marktteilnehmern massiv eine solche Strategie durchführen. Durch die intensive Nachfrage nach bzw. das massive Angebot von bestimmten Finanzprodukten, auf denen die Strategie beruht, würden sich die Preise dieser Produkte in kürzester Zeit so verändern, dass eine solche Strategie (= Arbitrage-Möglichkeit) innerhalb kürzester Zeit nicht mehr durchführbar wäre.

Gerne wird das No-Arbitrage-Prinzip auch unter dem flapsigen Slogan *„No free lunch without risk"* zitiert.

Wir haben oben gesehen: Könnten wir uns also für den Zeitraum $[1, 3]$ in der Zukunft höhere Zinsen z als den Forward-Zinssatz $f_{1,3}$ sichern, dann würden wir über eine Arbitrage-Möglichkeit verfügen, was – nach dem No-Arbitrage-Prinzip – nicht möglich ist. Der Forward-Zinssatz $f_{1,3}$ ist also tatsächlich – wie behauptet – der bestmögliche Zinssatz, den wir uns jetzt bereits für den Zeitbereich $[1, 3]$ sichern können.

Dieselben Überlegungen lassen sich natürlich ganz analog für beliebige zukünftige Zeitbereiche durchführen und wir erhalten daher den folgenden

Satz 1.8. *Der Forward-Zinssatz* $f_{k,k+T} = \left(\frac{\left(1+f_{0,k+T}\right)^{k+T}}{\left(1+f_{0,k}\right)^{k}} \right)^{\frac{1}{T}}$ *ist der maximale Zinssatz für Anlagen, bzw. der minimale Zinssatz für Kreditaufnahme, der sich im Zeitpunkt 0 für den zukünftigen Zeitraum* $[k, k+T]$ *auf Basis der idealen Referenz-Zinssätze* $f_{0,t}$ *sichern lässt.*

Ein einfaches Programm zur Berechnung des Forward-Zinssatzes findet man auf der Homepage des Buches.

Siehe: `https://app.lsqf.org/book/forward-rates`

1.11 Der „faire Wert" einer zukünftigen Zahlung, Diskontierung

Wir werden in diesem kurzen Paragraphen noch einmal das No-Arbitrage-Prinzip in seiner informellen Version bemühen, um eine häufig überhaupt nicht hinterfragte, scheinbare Selbstverständlichkeit, nämlich den Vorgang der Diskontierung zukünftiger Zahlungen streng zu rechtfertigen und zu begründen.

Was ist der jetzige Wert (zur Zeit 0) einer Zahlung von – sagen wir – 1 Million Euro, die wir – zum Beispiel – in 3 Jahren ausbezahlt bekommen?

Jede Leserin, die grundlegende Kenntnisse über den Umgang mit Zahlungsflüssen hat, wird antworten:
„Die Million Euro, die wir in 3 Jahren – also in der Zukunft – bekommen, hat jetzt – im Moment – einen anderen Wert, nämlich: Den Wert den wir erhalten, wenn wir die Zahlung auf jetzt ‚diskontieren' ".

Unter dem **diskontierten Wert einer Zahlung von K Euro in T Jahren** verstehen wir den Wert

$$\textbf{diskontierter Wert} \; = \; \frac{K}{(1 + f_{0,T})^T} \; .$$

In unserem konkreten Beispiel wäre der diskontierte Wert somit

$$\text{diskontierter Wert} \; = \; \frac{1.000.000}{(1 + f_{0,3})^3} = \frac{1.000.000}{(1 - 0.00093)^3} = 1.002.795 \; \text{Euro}.$$

Wieder müssen wir uns in Zeiten negativer kurzfristiger Zinsen daran gewöhnen, dass diskontierte Werte auch größer sein können als der nicht diskontierte Wert!

Wie gesagt: Häufig wird die Notwendigkeit des Diskontierens unhinterfragt hingenommen. Aber wie lässt sich die Aussage, der tatsächliche Wert einer zukünftigen Zahlung sei der diskontierte Wert, streng begründen? Auch hinter dieser scheinbaren Selbstverständlichkeit steckt das No-Arbitrage-Prinzip (im Folgenden abgekürzt häufig: NA-Prinzip).

Argumentation dafür, dass der tatsächliche jetzige Wert einer Zahlung in Höhe von K Euro zu einem zukünftigen Zeitpunkt T gerade der diskontierte Wert $\frac{K}{\left(1+f_{0,T}\right)^T}$ ist:

Wäre der momentane Wert einer Zahlung in Höhe von K Euro zu einem zukünftigen Zeitpunkt T größer als $\frac{K}{\left(1+f_{0,T}\right)^T}$. Das heißt: Wäre jemand bereit, für das Versprechen einer Zahlung in Höhe von K Euro zum Zeitpunkt T jetzt einen Preis M zu bezahlen der größer ist als $\frac{K}{\left(1+f_{0,T}\right)^T}$. Dann würde ich dieses Versprechen zum Preis M verkaufen und den erhaltenen Kaufpreis bis zum Zeitpunkt T zum Zinssatz $f_{0,T}$ anlegen. Bis zum Zeitpunkt T entwickelt sich das angelegte Geld auf die Summe von $M \cdot (1 + f_{0,T})^T$ Euro. Dieser Wert ist größer als K $\left(\text{denn } M > \frac{K}{\left(1+f_{0,T}\right)^T} \Rightarrow M \cdot (1 + f_{0,T})^T > K \right)$. Ich kann daher die versprochene Summe in Höhe von K ausbezahlen und mir bleibt als sicherer positiver Gewinn die Differenz $M \cdot (1 + f_{0,T})^T - K$. Wir hätten also eine Arbitrage-Möglichkeit, was dem No-Arbitrage-Prinzip widerspricht.

Wäre der momentane Wert einer Zahlung in Höhe von K Euro zu einem zukünftigen Zeitpunkt T kleiner als $\frac{K}{\left(1+f_{0,T}\right)^T}$. Das heißt: Wäre jemand bereit, das Versprechen einer Zahlung in Höhe von K Euro zum Zeitpunkt T jetzt um einen Preis von M Euro abzugeben der kleiner ist als $\frac{K}{\left(1+f_{0,T}\right)^T}$. Dann würde ich einen Kredit in Höhe von M Euro für T Jahre zum Zinssatz $f_{0,T}$ aufnehmen und mir damit dieses Versprechen erkaufen. Zum Zeitpunkt T erhalte ich K Euro und kann damit meinen Kredit tilgen: Die Tilgungssumme ist ja $M \cdot (1 + f_{0,T})^T$ und das ist kleiner als K $\left(\text{denn } M < \frac{K}{\left(1+f_{0,T}\right)^T} \Rightarrow M \cdot \left(1 + f_{0,T}\right)^T < K\right)$. Mir bleibt als sicherer positiver Gewinn die Differenz $K - M \cdot \left(1 + f_{0,T}\right)^T$. Wir hätten also wiederum eine Arbitrage-Möglichkeit, was dem No-Arbitrage-Prinzip widerspricht.

Damit ist die Argumentation positiv abgeschlossen!

Wir fassen zusammen:

Eine Zahlung in Höhe von K Euro zur Zeit T in der Zukunft hat jetzt – zum Zeitpunkt 0 – den Wert $\frac{K}{\left(1+f_{0,T}\right)^T}$ Euro.
Bei jedem anderen Wert gäbe es eine Arbitrage-Möglichkeit.

Wir bezeichnen den Betrag von $\frac{K}{\left(1+f_{0,T}\right)^T}$ Euro, also den **diskontierten Wert** der Zahlung, als den **„fairen Wert"** der Zahlung.

Alle obigen Überlegungen sind allerdings nur dann stichhaltig, wenn ich mit 100%-iger Sicherheit davon ausgehen kann, dass die zukünftigen Zahlungen auch tatsächlich stattfinden werden, die jeweiligen Versprechungen also definitiv eingehalten werden!

1.12 Der faire Wert einer Anleihe

Die wesentlichsten fixen technischen Parameter einer Anleihe sind der Fälligkeits-Zeitpunkt T, der Coupon C und die zukünftigen Zahlungstermine $t_1, t_2, t_3, \ldots,$ t_{n-1}, t_n.

Der Kurs einer Anleihe ist ein variabler Parameter der sich – durch Angebot und Nachfrage – während der Laufzeit der Anleihe ändert.

Wir stellen nun die Frage nach dem „fairen Kurs", bzw. dem fairen Wert einer Anleihe. Ist zum Beispiel der momentane (12. Mai 2016) Kurs von 93.78 für unsere Beispiels-Anleihe, die VW-Anleihe, ein fairer Kurs?

Die Frage nach der Berechnung des fairen Kurses einer Anleihe lässt sich **prinzipiell** auf Basis der Überlegungen des vorigen Kapitels leicht beantworten:

Die Anleihe bringt mir ja eine Reihe von Zahlungen in der Zukunft. **Der faire Wert der Anleihe ist daher nichts anderes als die Summe der fairen Werte dieser Zahlungen, also die Summe der diskontierten Zahlungen.** Wir geben weiter unten dann gleich die Formel für diese Summe von diskontierten Zahlungen.

Vorher möchte ich allerdings klären, weshalb ich im vorletzten Absatz das Wort „prinzipiell" eingefügt habe:

Weil – wie bereits im letzten Satz des vorigen Paragraphen betont – dieser Ansatz nur dann richtig ist, wenn ich mit absoluter Sicherheit davon ausgehen kann, dass die durch den Besitz der Anleihe zu erwartenden Zahlungen auch tatsächlich in vollem Umfang geleistet werden. Dies ist aber nur bei Anleihen höchster Bonität weitgehend garantiert.

Für Anleihen höchster Qualität mit folgenden fixen Parametern:

$t_1, t_2, t_3, \ldots, t_{n-1}, t_n = T$ *Zeitpunkte der Couponzahlungen,*

$C_1, C_2, C_3, \ldots, C_{n-1}, C_n$ *Coupons, die zu den angegebenen Zeitpunkten*
                                        ausbezahlt werden,

ist somit der faire Wert FV (= fair value) der Anleihe gegeben durch

$$
FV = \frac{C_1}{(1 + f_{0,t_1})^{t_1}} + \frac{C_2}{(1 + f_{0,t_2})^{t_2}} + \frac{C_3}{(1 + f_{0,t_3})^{t_3}} + \ldots +
$$
$$
+ \frac{C_{n-1}}{\left(1 + f_{0,t_{n-1}}\right)^{t_{n-1}}} + \frac{C_n + 100}{(1 + f_{0,t_n})^{t_n}}.
$$

(1.5)

Dieser Wert ist tatsächlich dann ein Vergleichswert für den tatsächlich zu bezahlenden Preis der Anleihe, also für den dirty price (Kurs + anteiliger Coupon) der Anleihe!

Beziehungsweise ist der „faire Kurs" der Anleihe dann gegeben durch den „fairen Wert FV" der Anleihe minus dem anteiligen Coupon.

Wollen wir unsere neue Erkenntnis nun auf die VW-Anleihe anwenden, dann scheitern wir sogleich einmal, denn: Wie wir aus den Daten der VW-Anleihe sehen, hat die Anleihe ein Standard & Poors Rating von BBB+, sie wird also bei weitem nicht mit der höchsten Bonitätsstufe bewertet.

Mit der „Bewertung", also der Bestimmung eines fairen Preises für Anleihen niedrigerer Bonität werden wir uns ausführlicher in Kapitel 8 beschäftigen. Dafür ist ein etwas anderer Ansatz nötig.

Beispiel 1.9. *Nichtsdestotrotz wollen wir hier für die VW-Anleihe den fairen Wert und den fairen Kurs – unter Annahme höchster Bonität – nach obiger Formel berechnen:*

Die Daten der VW-Anleihe waren vom 12.5.2016.

Zukünftige Zinszahlungen in Höhe von 1.625% waren jeweils für den 16.1. eines Jahres, beginnend mit 16.1.2017, bis 16.1.2030 vorgesehen.

Setzen wir den Zeitraum vom 12.5. eines Jahres bis zum 16.1. des Folgejahres grob mit 8 Monaten, also mit $\frac{2}{3}$ Jahren, an, dann sind die Zeitabstände bis zu den zukünftigen Zinszahlungen mit $t_1, t_2, t_3, \ldots, t_{13}, t_{14}$ gegeben durch $0.66, 1.66, 2.66, \ldots,$

13.66. *Zur Bestimmung des fairen Wertes benötigen wir dann weiters die Zinssätze* f_{0,t_i} *für* $i = 1, 2, \ldots, 14$ *vom 12.5.2016. Diese Werte werden wir aus dem 6-Monats-Euribor* ($f_{0,0.5}$), *dem 9-Monats-Euribor* ($f_{0,0.75}$) *und den ICE-Swapsätzen für 1 – 12 Jahre, sowie dem Satz für 15 Jahre extrapolieren. Dazu suchen wir in Bloomberg historische Daten für die Euribor-Sätze und die ICE-Swapsätze. Wir erhalten dadurch für den 12.5.2016 die Daten (siehe auch Abbildung 1.19)*

$f_{0,0.5} = -0.144\%$

$f_{0,0.75} = -0.147\%$

$f_{0,1} = -0.155\%$

$f_{0,2} = -0.156\%$

$f_{0,3} = -0.128\%$

$f_{0,4} = -0.071\%$

$f_{0,5} = 0.0097\%$

$f_{0,6} = 0.1096\%$

$f_{0,7} = 0.2211\%$

$f_{0,8} = 0.3356\%$

$f_{0,9} = 0.4495\%$

$f_{0,10} = 0.551\%$

$f_{0,11} = 0.651\%$

$f_{0,12} = 0.729\%$

$f_{0,15} = 0.9212\%$

Abbildung 1.19: Euro Swaps Curve vom 12.5.2016, (Quelle: Bloomberg)

Durch Interpolation mit Hilfe der Formel (1.1) aus Paragraph 1.7 (siehe auch Abbildung 1.19 zur Veranschaulichung der Zinsstruktur vom 12.5.2016 und der Interpolation) erhalten wir

$f_{0,0.66} = -0.146\%$

$f_{0,1.66} = -0.156\%$

$f_{0,2.66} = -0.137\%$

$f_{0,3.66} = -0.09\%$

$f_{0,4.66} = -0.017\%$

$f_{0,5.66} = 0.076\%$

$f_{0,6.66} = 0.184\%$

$f_{0,7.66} = 0.297\%$

$f_{0,8.66} = 0.411\%$

$f_{0,9.66} = 0.517\%$

$f_{0,10.66} = 0.618\%$

$f_{0,11.66} = 0.703\%$

$f_{0,12.66} = 0.772\%$

$f_{0,13.66} = 0.836\%$

Mit Formel 1.5 erhalten wir dann den fairen Wert (unter Annahme höchster Bonität):

$$FV = \frac{1.625}{(1 + f_{0,0.66})^{0.66}} + \frac{1.625}{(1 + f_{0,1.66})^{1.66}} + \frac{1.625}{(1 + f_{0,2.66})^{2.66}} + \ldots +$$

$$+ \frac{1.625}{(1 + f_{0,12.66})^{12.66}} + \frac{1.625 + 100}{(1 + f_{0,13.66})^{13.66}} = 110.912$$

Der „faire Kurs" ergibt sich dann durch
FV – anteiliger Coupon = 110.912 – 0.519 = 110.393

Der tatsächliche Kurs 93.78 der Anleihe ist also wesentlich niedriger als der berechnete faire Kurs 110.393. Das erklärt sich aber eben daraus, dass der faire Wert dann der angemessene Preis der Anleihe wäre, wenn sie von höchster Bonität wäre. Da sie aber nur ein Rating von BBB+ aufweist, ist der tatsächliche Preis merklich niedriger, die Anleihe also signifikant weniger wert als der faire Wert angibt.

Beispiel 1.10. *Rechnen wir daher noch ein weiteres Beispiel, jetzt tatsächlich für eine AAA-geratete Anleihe:*
Betrachten wir dazu etwa die Anleihe
WKN 104095
Emittent: Baden-Württemberg
Daten vom 14.11.2017
Laufzeit bis 27.11.2020
Coupon 1.5%.
Zinszahlungen jeweils zum 27.11. eines Jahres
der anteilige Coupon am 14.11. beträgt also annähernd den Gesamt-Coupon von 1.5%
Der tatsächliche Kurs ist am 14.11.2017 bei 104.99 gelegen.

Die künftigen Zinszahlungen stehen somit unmittelbar bevor, bzw. finden ziemlich exakt in 1, 2 und 3 Jahren statt. Wir verwenden somit für die erste anstehende Zahlung keine Diskontierung und für die weiteren Zahlungen Diskontierungen zu den ICE-Swaprates:

$f_{0,1} = -0.324\%$
$f_{0,2} = -0.195\%$
$f_{0,3} = -0.071\%$

Diese (zum Zeitpunkt der Verfassung dieses Beispiels aktuellen) Werte haben wir uns wieder von der Homepage https://www.theice.com/marketdata/reports/180 *besorgt.*

Die Berechnung des fairen Wertes FV ergibt damit:

$$
\begin{aligned}
FV &= 1.5 + \frac{1.5}{(1 + f_{0,1})} + \frac{1.5}{(1 + f_{0,2})^2} + \frac{1.5 + 100}{(1 + f_{0,3})^3} = \\
&= 1.5 + \frac{1.5}{(1 - 0.00324)} + \frac{1.5}{(1 - 0.00195)^2} + \frac{1.5 + 100}{(1 - 0.00071)^3} = \\
&= 106.227
\end{aligned}
$$

Der faire Kurs berechnet sich mittels:

FV - anteiliger Coupon $= 106.227 - 1.5 = 104.727$

Der tatsächliche Kurs von 104.99 liegt also nur geringfügig höher als der theoretische faire Kurs.

Mit Hilfe unserer Software auf der Homepage zum Buch können verschiedenste Maßzahlen von Anleihen berechnet und veranschaulicht werden. Siehe: https://app.lsqf.org/anleihen

1.13 Einige Beispiele von Junk-Bonds

Im Allgemeinen werden Anleihen – speziell mit erstklassiger Bonität – vor allem als relativ sicherer Hafen für die Anlage von Geldern und wegen der dabei zu lukrierenden Coupons erworben. Spekulationen mit Kursschwankungen von Anleihen spielen (im Gegensatz zum Aktienmarkt) eine eher untergeordnete Rolle.

Einen durchaus interessanten Kick können Kursspekulationen allerdings bei sogenannten Junk-Bonds bekommen. Darunter verstehen wir Anleihen von Emittenten, die durch massive Down-Ratings während der Laufzeit empfindliche, weit über das übliche Maß hinausgehende, Kursverluste haben hinnehmen müssen. Hier greifen dann gerne Schnäppchenjäger am Anleihenmarkt zu, die auf eine Wieder-Erholung des Unternehmens, des Emittenten, setzen und darauf hoffen, die in der Krise äußerst günstig erworbenen Anleihen dann später zu Kursen in der Nähe von 100 wieder verkaufen zu können. Wir geben hier nur zwei Beispiele solcher Anleihen aus den letzten Jahren.

Das erste Beispiel zeigt eine Argentinien-Anleihe, die im Jahr 1996 mit einem Coupon von 11.75% aufgelegt wurde und eine Laufzeit bis 13.11.2026 aufweist. Die Kursentwicklung der Anleihe im Lauf der letzten 10 Jahre ist in Abbildung 1.20 zu sehen.

Abbildung 1.20: Entwicklung einer Argentinien-Anleihe, (Quelle: Börse Stuttgart)

Der tiefste Kurs lag Anfang 2009 bei 2.00. Hätte man damals, im Vertrauen darauf, dass Argentinien nicht insolvent wird, diese Anleihe gekauft, so könnte man sie zur Zeit zum Geld-Kurs von 125.00 verkaufen.

Viele Anleger, die allerdings Ende der 1990er Jahre verschiedene Argentinien-Anleihen erworben hatten, waren nach dem Staatsbankrott Argentiniens im Jahr 2001 leer ausgegangen.

Das zweite Beispiel ist eine Griechenland-Anleihe.
Die wesentlichen Daten der Anleihe sind:
Coupon 3%
Laufzeit bis 24.2.2029
Die Kursentwicklung seit 2012 ist in Abbildung 1.21 zu sehen.

Abbildung 1.21: Entwicklung einer Griechenland-Anleihe, (Quelle: Börse Stuttgart)

Auch bei dieser Anleihe hätte ein Erwerb Anfang des Jahres 2012 zu Preisen im Bereich zwischen 11 und 20 bei Verkauf zum momentanen Geld-Preis von 83.40 zu beträchtlichen Gewinnen geführt.

1.14 Aktien (Grundbegriffe)

Wir werden uns hier nur sehr kurz und eher oberflächlich mit den grundlegenden Eigenschaften und Bestimmungsstücken von Aktien beschäftigen. Zu anderen Themen im Zusammenhang mit Aktien, wie etwa der Modellierung von Aktienkursen, werden wir später immer wieder zurückkommen.

Mit dem Kauf einer Aktie eines Unternehmens (einer Aktiengesellschaft) erwerbe ich einen Teil des Unternehmens.

(Wir erinnern uns: Im Unterschied dazu vergibt man mit dem Kauf einer Anleihe eines Unternehmens lediglich einen Kredit an das Unternehmen.)

Die wesentlichsten *definierenden Parameter* einer Aktie sind:

der *Emittent* der Aktie: ein Unternehmen das die Struktur einer Aktiengesellschaft hat (Coca Cola, Deutsche Bank, ...)
die *Währung* in der die Aktie notiert (z.B.: Euro, Dollar, ...)
aufgelegtes *Volumen* (Stück) der Aktie (z.B. 150 Mio. Stück)

variable Parameter sind

der *Kurs* der Aktie (z.B.: 87.59, ...)
Marktkapitalisierung in Euro (z.B. 2.257 Mrd. Euro, ...)

Höhe der jeweiligen (jährlichen) *Dividendenausschüttung* der Aktie (z.B. 5.1 € pro Stück, ...)

Wir schauen uns wieder ein konkretes Beispiel einer Aktie an und wählen dazu die Allianz-Aktie, die an der Börse Frankfurt gehandelt wird. Alle relevanten Daten dieser Aktie finden wir unter:
http://www.boerse-frankfurt.de/aktie/Allianz-Aktie
(siehe dort auch den link „Kennzahlen")

Emittent: Allianz
WKN: 840400
Währung: Euro
Volumen: 446.100.000 Stück
Schlusskurs am 15.11.2017: 197.78 Euro
Markt-Kapitalisierung (= Stück × Kurs): 88.229.700.000 Euro

Dividendenausschüttungen:
    2012:   4.50 Euro
    2013:   5.30 Euro
    2014:   6.85 Euro
    2015:   7.30 Euro
    2016:   7.60 Euro

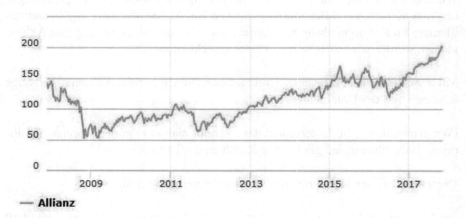

Abbildung 1.22: Kursentwicklung Allianz-Aktie, letzte 10-Jahre, (Quelle: Homepage Frankfurter Börse)

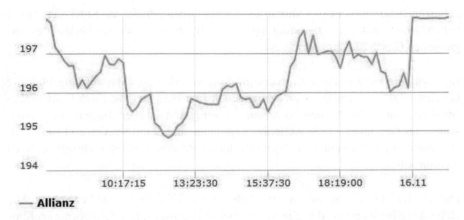

Abbildung 1.23: Kursentwicklung Allianz-Aktie, Intraday, 15.11.2017, (Quelle: Homepage Frankfurter Börse)

Wie schon oben angeführt, erwirbt man durch den Kauf einer Aktie eines Unternehmens einen bestimmten Anteil am Unternehmen. Dieser Anteil ist durch die aufgelegte Stückzahl der Aktie gegeben.

Etwa erwirbt man durch den Kauf einer Allianz-Aktie $\frac{1}{446.100.000}$ Teil des Unternehmens. Mit dem Besitz von 223.050.000 Allianz-Aktien würde man die Hälfte des Unternehmens besitzen.

Erstmals, bei der Emission der Aktie, werden die Aktien (ähnlich wie bei den Anleihen-Emissionen) zu einem **Erstausgabepreis** erworben. Dieser Erstausgabepreis wird durch die, die Emission begleitende, Bank auf Basis der Nachfrage durch interessierte Investoren – im Rahmen eines IPO (= Initial Price Offering) festgelegt. Unmittelbar nach der Erstausgabe beginnt der Handel der Aktie an der (den) Börse(n), an der (denen) die Aktie notiert ist (zum Handel zugelassen ist). Und schon unmittelbar nach Eröffnung des Börsenhandels kann es bereits zu größeren Kursschwankungen kommen.

Aktien werden zum jeweiligen Kurs gehandelt. Der Kurs ist der tatsächliche Kaufpreis (im Unterschied zum Anleihenhandel, bei dem auch ein anteiliger Coupon zu zahlen ist).

Der Kurs einer Aktie ist im Allgemeinen wesentlich größeren kurzfristigen und langfristigen Schwankungen unterworfen. Er ist in keiner Weise an irgendeine fixe Vergleichsgröße gekoppelt. (Anleihenkurse sind ja dagegen meist in der Nähe des Wertes 100 zu finden, zumindest praktisch nie wesentlich höher als 100.)

Auf der – in der Regel jährlich stattfindenden – Hauptversammlung der Aktiengesellschaft, zu der alle Aktieninhaberinnen geladen sind, und auf der alle Aktienin-

haberinnen Stimmrecht (im Verhältnis der von ihnen gehaltenen Stück der Aktie)
haben, wird von der Geschäftsführung des Unternehmens über den Verlauf des vergangenen Geschäftsjahrs berichtet.

Insbesondere wird in der Hauptversammlung von der Geschäftsführung über die
Gewinne des Unternehmens im vergangenen Jahr berichtet. Von den Firmeninha-
berninnen – also den Aktienbesitzerinnen – wird dann darüber abgestimmt welcher
Anteil des Gewinnes an die Aktienbesitzerinnen ausbezahlt werden soll (und welcher Anteil etwa für neue Investitionen oder als Reserve im Unternehmen belassen
werden soll).

Die jährliche Gewinnauszahlung wird als die jährliche Dividende bezeichnet. Die
Höhe der **Dividende** wird in Euro pro Stück Aktie angegeben. Die oben angeführte Dividendenausschüttung von 7.30 Euro für das Jahr 2016 bedeutet also, dass in
diesem Jahr ein Gewinnanteil von insgesamt $446.100.000 \times 7.30 = 3.256.530.000$
Euro an die Aktieninhaber ausgeschüttet wurde.

Die Dividendenausschüttung für das Jahr 2015 fand am 5.5.2016 statt (siehe
`http://www.boerse-frankfurt.de/aktie/`
`unternehmensangaben/Allianz-Aktie/FSE#`
`Unternehmensangaben`)
Der Aktienkurs vor Ausschüttung der Dividende (Schlusskurs 4.5.2016) lag bei
149.85 (siehe Abbildung 1.24 mit den historischen Aktienkursen der Allianz-Aktie
um den 5.5.2016). Der Schlusskurs des 5.5.2016 – also nach Auszahlung der Dividende – lag mit 139.92 wesentlich tiefer. Dies spiegelt ein typischer Weise auftre-
tendes und sehr verständliches Phänomen wider: Im Augenblick der Ausschüttung
der Dividende fällt der Aktienkurs zumeist sofort in etwa um den Betrag der Dividende. Dies ist insofern verständlich, als ja die Aktie nach der Auszahlung der
Dividende einen um die ausbezahlte Summe niedrigeren Wert hat.

Dieses Phänomen tritt bei der Kursentwicklung von Anleihen rund um den Zeitpunkt der Auszahlung eines Coupons **nicht** auf! Der Grund dafür ist, dass beim
Erwerb von Anleihen zusätzlich zum Kurs auch der anteilige Coupon zu bezahlen
ist. Es verringert sich daher der **Kaufpreis** der Anleihe durch die Couponauszah-
lung um die Höhe des Coupons (vorher anteiliger Coupon = Couponhöhe, nachher
anteiliger Coupon = 0), **nicht aber der Kurs** der Anleihe.

Das Konzept des „dirty prices" zur Verhinderung von Kursschwankungen rund um
einen Dividendenzahlungstermins lässt sich für Aktien natürlich nicht umsetzen,
da ja die Höhe der auszuzahlenden Dividende im Vorhinein nicht bekannt ist (im
Gegensatz zum fix festgesetzten Coupon einer Anleihe).

Historische Kurse Allianz

▼ Datum	▼ Eröffnung	▼ Schluss	▼ Tageshoch	▼ Tagestief	▼ Umsatz in €	▼ Umsatz in Stück
13.05.2016	137,00	137,58	138,35	134,38	1.500.300	11.067
12.05.2016	138,80	137,21	140,01	136,70	1.388.857	10.077
11.05.2016	141,50	139,19	141,69	138,50	1.255.819	8.965
10.05.2016	141,29	142,03	143,15	140,99	895.942	6.319
09.05.2016	140,30	140,72	141,85	139,10	1.056.540	7.500
06.05.2016	139,95	139,74	140,05	137,08	3.148.881	22.720
05.05.2016	143,05	139,92	143,72	139,50	1.259.734	8.890
04.05.2016	151,90	149,85	152,14	148,71	2.402.497	15.983
03.05.2016	153,20	152,53	153,39	150,49	2.714.582	17.851
02.05.2016	149,55	153,54	153,92	149,50	4.315.302	28.523
29.04.2016	151,00	149,43	151,57	148,00	2.800.880	18.743
28.04.2016	151,90	152,06	152,31	149,22	2.784.860	18.494

Abbildung 1.24: Historische Daten Aktienkursentwicklung Allianz Aktie, (Quelle: Homepage Frankfurter Börse)

Setzen wir die Höhe der Dividende – etwa für das Jahr 2015 – in Beziehung zum Kaufpreis der Aktie, ein Jahr vor der Dividendenauszahlung, also im Mai 2015: Der Schluss-Kurs der Aktie hatte etwa am 5.Mai 2015 einen Wert von 151.86. Die Dividende am 5. Mai 2016 betrug 7.30. Für den Kauf einer Aktie um 151.86 Euro und das Halten dieser Aktie für ein Jahr wurde man also mit der Zahlung von 7.60 Euro belohnt. Diese Zahlung lässt sich daher als eine „variable Verzinsung" des investierten Kapitals in Höhe von $100 \times \frac{7.30}{151.86} = 4.81\%$ interpretieren.

1.15 Börsendynamik des Aktienhandels

Neben den Einnahmen durch ausbezahlte Dividenden steht – auf Grund möglicher stärkerer Kursbewegungen – für viele Investoren auch der aktive Handel von Aktien zur Erzielung von Kursgewinnen im Mittelpunkt des Interesses. Wir beleuchten daher im Folgenden kurz die Dynamik des Börsenhandels von Aktien.

Bleiben wir dazu weiter bei der Allianzaktie und beim Handel dieser Aktie an der Frankfurter Börse. Wir sehen in den Abbildungen 1.25 und 1.26 zwei Screenshots von der Handelsplattform der Frankfurter Börse für den Handel der Allianz-Aktie. Die beiden Screenshots wurden im Abstand von circa 20 Minuten aufgenommen.

Abbildung 1.25: Screenshot Handel der Allianzaktie an der Frankfurter Börse am 16.11.2017 um 10:42:30 Uhr, (Quelle: Homepage Frankfurter Börse)

Abbildung 1.26: Screenshot Handel der Allianzaktie an der Frankfurter Börse am 16.11.2017 um 11:01:40 Uhr, (Quelle: Homepage Frankfurter Börse)

Der momentane Kurs einer Aktie ist der Preis, zu dem die Aktie beim letzten Handel gehandelt wurde. Wir sehen etwa die Kurse der Allianz-Aktie zu den beiden oben genannten Zeitpunkten jeweils in der Zeile links unten (also 198.25 zum Zeitpunkt 10:42:30 Uhr und 198.06 zum Zeitpunkt 11:01:40 Uhr). Wenn der Kurs einer Aktie der Preis ist, zu dem die Aktie beim letzten Handel gehandelt wurde, dann lässt dies scheinbar alle Möglichkeiten zur Manipulation von Aktienkursen zu: Sie bräuchten dazu ja nur ein Angebot zum Kauf einer Allianz-Aktie zum Preis von – sagen wir – 300 Euro abgeben. Es würde sofort jede Menge von Aktienbesitzern mit Freude eine Aktie zu diesem Preis (der weit über dem momentanen Kurs von 198.06 liegt) anbieten. Der Handel kommt zum Preis von 300 Euro sofort zustande und der neue Kurs liegt nun bei 300 Euro. Daraufhin bietet ein Aktienbesitzer – auch rein zum Zwecke der Kursmanipulation – eine seiner Aktien zum Preis von 1 Euro zum Verkauf an. Sofort werden sich Interessenten an der Aktie melden, es kommt zu einem Handel um 1 Euro und der Kurs (= letzter Preis zu dem ein Handel getätigt wurde) fällt sofort auf 1 Euro.

Tatsächlich verhindert die Dynamik des Handelsablaufes an einer Börse aber ein solches Geschehen:
In Abbildung 1.25, dem Screenshot der Börse Frankfurt für den Handel der Allianz-

Aktie, sehen Sie rechts oben die Spitze des momentanen **Orderbuchs** für den Handel der Allianz-Aktie, die momentanen **Geld- und Brief-Preise** (**Bid- und Ask-Preise**, Nachfrage- und Angebots-Preise) (198.227 // 198.263) für die Allianz-Aktie zusammen mit jeweils einem bestimmten Volumen (500 Stück / 500 Stück).

Diese Werte besagen Folgendes:

Im Moment ist ein (oder mehrere) Marktteilnehmer bereit, bis zu (insgesamt) 500 Stück der Allianz-Aktie zum Preis von 198.227 Euro (Geld-Preis // Bid-Preis) pro Stück zu kaufen.
Und:
Im Moment ist ein (oder mehrere) Marktteilnehmer bereit bis zu (insgesamt) 500 Stück der Allianz-Aktie zum Preis von 198.263 Euro (Geld-Preis // Bid-Preis) pro Stück zu verkaufen.

Das sind die besten im Moment an der Börse angebotenen Preise für Kauf bzw. Verkauf der Allianz-Aktie. Das Orderbuch hat aber auf beiden Seiten im Normalfall eine wesentlich größere **Tiefe**. Das heißt: Es gibt auf der „linken Seite", der Größe nach geordnet und mit bestimmten Volumina ausgestattet, eine Reihe weiterer Kaufangebote (die aber niedrigerer als 198.227 liegen). Und: Es gibt auf der „rechten Seite", der Größe nach geordnet und mit bestimmten Volumina ausgestattet, eine ganze Reihe weiterer Verkaufsangebote (die aber höher als 198.263 liegen).

Betrachten wir dazu ein konstruiertes Beispiel eines Orderbuches bis zur Tiefe 4 und mit angenehmeren und übersichtlicheren Zahlen als bei der Allianz-Aktie zur Veranschaulichung des Orderbuch-Prozesses und des Handels-Prozesses:

Geld-Preis // Bid-Price				**Kurs**	**Brief-Preis // Ask-Price**			
28.60	29.00	29.10	29.50	30.00 €	30.20	30.40	30.50	30.70
2.000 Stk.	50 Stk.	1.300 Stk.	150 Stk.		20 Stk.	550 Stk.	1.000 Stk.	120 Stk.

Der Kurs, also der letzte Preis zu dem diese Aktie A gehandelt wurde, lag bei 30.00 Euro.

Im Moment gibt es Interessenten für den Kauf von insgesamt
150 Stück der Aktie A um 29.50 Euro
1.300 Stück der Aktie A um 29.10 Euro
50 Stück der Aktie A um 29.00 Euro
2.000 Stück der Aktie A um 28.60 Euro
(usw., da das Orderbuch möglicher Weise noch eine wesentlich größere Tiefe aufweist).

Und:

Im Moment gibt es Anbieter für den Verkauf von insgesamt

20 Stück der Aktie A um 30.20 Euro

550 Stück der Aktie A um 30.40 Euro

1.000 Stück der Aktie A um 30.50 Euro

120 Stück der Aktie A um 30.70 Euro

(usw., da das Orderbuch möglicher Weise noch eine wesentlich größere Tiefe aufweist).

Solange diese Situation so bleibt, kommt kein Handel zu Stande.

Angenommen eine neue Order eines potentiellen Aktienverkäufers B kommt jetzt auf den Markt und zwar eine Limit-Order für den Verkauf von 100 Stück der Aktie A zum Preis von mindestens 29.90 Euro. Das Orderbuch ändert sich dadurch auf die folgende Form:

Geld-Preis // Bid-Price				Kurs	Brief-Preis // Ask-Price			
28.60	29.00	29.10	29.50	30.00 €	30.20	30.40	30.50	30.70
2.000 Stk.	50 Stk.	1.300 Stk.	150 Stk.		20 Stk.	550 Stk.	1.000 Stk.	120 Stk.
28.60	29.00	29.10	29.50	**30.00 €**	29.90	30.20	30.40	30.50
2.000 Stk.	50 Stk.	1.300 Stk.	150 Stk.		100 Stk.	20 Stk.	550 Stk.	1.000 Stk.

Zu einem Handel kommt es aber nach wie vor nicht.

Die Brief-Preisänderung könnte aber vielleicht einen Investor C, der bisher, sagen wir mit 70 Stück auf der Geld-Preis Seite bei 29.50, im Orderbuch eingeloggt war, dazu bewegen, sein Limit auf 29.90 zu erhöhen. Dadurch kommt jetzt sofort ein Handel zu Stande: C erwirbt von B 70 Aktien zum Preis von 29.90. Der neue Kurs liegt bei 29.90. B bleibt mit 30 angebotenen Stück seiner Aktie auf der Brief-Preis-Seite des Orderbuchs notiert.

Geld-Preis // Bid-Price				Kurs	Brief-Preis // Ask-Price			
28.60	29.00	29.10	29.50	30.00 €	30.20	30.40	30.50	30.70
2.000 Stk.	50 Stk.	1.300 Stk.	150 Stk.		20 Stk.	550 Stk.	1.000 Stk.	120 Stk.
28.60	29.00	29.10	29.50	30.00 €	29.90	30.20	30.40	30.50
2.000 Stk.	50 Stk.	1.300 Stk.	150 Stk.		100 Stk.	20 Stk.	550 Stk.	1.000 Stk.
28.60	29.00	29.10	29.50	**29.90 €**	29.90	30.20	30.40	30.50
2.000 Stk.	50 Stk.	1.300 Stk.	80 Stk.		30 Stk.	20 Stk.	550 Stk.	1.000 Stk.

Lassen wir nun einen weiteren Investor D auf den Plan treten, der 500 Stück der Aktie A kaufen möchte und bereit ist, dafür maximal 30.50 Euro pro Stück zu bezahlen. Entscheidend ist nun: Die Briefpreis-Seite wird entsprechend den Angeboten auf der Briefpreis-Seite abgearbeitet. D bekommt nicht 500 Aktien zum Preis von 30.50, sondern: Er bekommt automatisch 30 Stück zu 29.90, 20 Stück zu 30.20 und 450 Stück zu 30.40 Euro. Die neue Orderbuch-Situation ist dann (die zwei neuen Einträge ganz rechts waren vorher Tiefe 5 und Tiefe 6 des alten Orderbuchs):

Geld-Preis // Bid-Price				Kurs	Brief-Preis // Ask-Price			
28.60 2.000 Stk.	29.00 50 Stk.	29.10 1.300 Stk.	29.50 150 Stk.	30.00 €	30.20 20 Stk.	30.40 550 Stk.	30.50 1.000 Stk.	30.70 120 Stk.
28.60 2.000 Stk.	29.00 50 Stk.	29.10 1.300 Stk.	29.50 150 Stk.	30.00 €	29.90 100 Stk.	30.20 20 Stk.	30.40 550 Stk.	30.50 1.000 Stk.
28.60 2.000 Stk.	29.00 50 Stk.	29.10 1.300 Stk.	29.50 80 Stk.	29.90 €	29.90 30 Stk.	30.20 20 Stk.	30.40 550 Stk.	30.50 1.000 Stk.
28.60 2.000 Stk.	29.00 50 Stk.	29.10 1.300 Stk.	29.50 150 Stk.	30.40 €	30.40 100 Stk.	30.50 1.000 Stk.	30.70 120 Stk.	30.80 3.500 Stk.

Der neue Kurs beträgt nun 30.40. Das wäre auch dann der Fall gewesen, wenn Investor D bereit gewesen wäre, 100 Euro pro Stück der Aktie zu bezahlen, oder bereit gewesen wäre jeden Preis zu bezahlen (in diesem Fall hätte er eine sogenannte „Bestens-Order" gegeben). Eine massive Manipulation des Kurses wäre also nur bei vollständiger Abarbeitung einer gesamten Seite des Orderbuchs möglich.

1.16 Aktien-Indices

Ein Aktienindex gibt die durchschnittliche Entwicklung einer bestimmten Menge von Aktien wieder, die auf Grund regionaler Merkmale, oder auf Grund gemeinsamer Branchenzugehörigkeit, oder auf Grund anderer gemeinsamer Merkmale ausgewählt wurden.

Die Auswahl der Aktien geschieht auf Basis unterschiedlicher Kriterien und kann von Index zu Index variieren.

Die Durchschnittsbildung geschieht meist in gewichteter Art und Weise („größere" Aktien werden im Index stärker gewichtet als „kleinere" Aktien. In welcher Weise hier die „Größe" einer Aktie definiert wird (Kapitalisierung, Umsatz, . . .) ist wiederum vom jeweiligen Index abhängig.

Manche Indices berücksichtigen die reine Kursentwicklung (**Kursindex oder Preisindex**), andere Indices wiederum berücksichtigen die durch die im Index enthaltenen Aktien ausbezahlten Dividenden (**Performanceindex**). Die Frage, ob ein bestimmter Index ein Kurs- oder ein Performance-Index ist, ist später auch bei der Bewertung von Derivaten auf diesen Index von Relevanz.

Wie genau der jeweilige Index gebildet wird, muss – falls das für die jeweiligen Absichten eines Investors relevant ist – in den Spezifikationen des jeweiligen Index (auf der Homepage des Index) nachgelesen werden.

Die Definition und Berechnung und regelmäßige Veröffentlichung eines Aktienindex geschieht meist durch eine Börse (wenn alle Aktien des Index an dieser Börse gehandelt werden) oder durch einen Informationsanbieter (z.B.: Reuters, Standard & Poors, . . .).

Prinzipiell können Indices indirekt gehandelt werden, indem man die zum Index gehörenden Aktien entsprechend ihrer Gewichtung im Index handelt. Diese Vorgangsweise ist aber mit sehr großem Aufwand verbunden und zumeist auch nur in großem Stil, also mit hohem Geldeinsatz möglich. In den meisten Fällen ist es für Investoren aber auch möglich, Indices im Wesentlichen direkt in kleineren Einheiten zu handeln und zwar entweder mit Hilfe von **Futures auf die Indices** (siehe Paragraph 2.17) oder mittels **Index-Zertifikaten**, die von Banken und Investmenthäusern aufgelegt und auf deren Handels-Plattformen zum Kauf und Verkauf angeboten werden, und den jeweiligen Index Eins-zu-Eins nachbilden. Wir sehen uns dazu im folgenden Paragraphen zwei Beispiele für Index-Zertifikate an.

Im Folgenden führen wir beispielhaft – und nur mit Stichworten beschrieben – nur eine kleine Auswahl der wichtigsten großen internationalen Aktien-Indices an. Etwas genauer werden wir uns nur mit dem US-amerikanischen S&P500 – Index beschäftigen, der die Basis der meisten unserer Überlegungen in Hinblick auf derivative Handelsstrategien bilden wird.

Einen ausgezeichneten Überblick über die internationalen Indices, deren Bildung, Historie und Komponenten findet man unter `http://www.finanzen.net/indizes/`.

Europa:

Euro Stoxx 50　durchschnittliche Entwicklung der 50 größten börsennotierten Unternehmen des Euro-Raumes, Kursindex (es gibt allerdings auch eine Version des Euro Stoxx 50 als Performanceindex, diese Version wird aber explizit als Performanceindex gekennzeichnet).

Abbildung 1.27: EuroStoxx, Entwicklung November 2007 – November 2017

Stoxx Europe 50   durchschnittliche Entwicklung der 50 größten börsennotier-
                      ten Unternehmen in Europa, Kursindex (eine extra gekenn-
                      zeichnete Performanceversion existiert).

DAX   durchschnittliche Entwicklung der 30 größten börsennotier-
                      ten Unternehmen in Deutschland, Performanceindex (eine
                      extra gekennzeichnete Kursversion existiert).

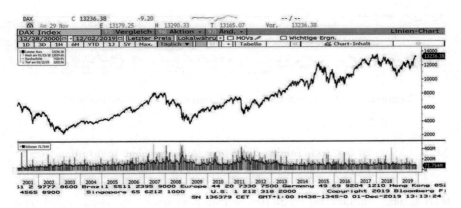

Abbildung 1.28: DAX Entwicklung November 2007 – November 2017

FTSE 100   steht für Financial Times Stock Exchange und gibt die durch-
               schnittliche Entwicklung der 100 größten britischen, an der Lon-
               don Stock Exchange gelisteten Aktien wieder, Kursindex

CAC 40   durchschnittliche Entwicklung der 40 umsatzstärksten französi-
               schen Unternehmen die an der Pariser Börse notiert sind, Kurs-
               index

SMI   durchschnittliche Entwicklung der 20 liquidesten und größten Un-
               ternehmen die an der SIX Swiss Exchange notiert sind, Kursindex

IBEX 35   durchschnittliche Entwicklung der 35 umsatzstärksten spanischen
               Unternehmen die an der Madrider Börse notiert sind, Kursindex

ATX   der Austrian Traded Index spiegelt die durchschnittliche Kursent-
               wicklung der 20 größten österreichischen Unternehmen mit Bör-
               sennotierung wieder, Kursindex

Abbildung 1.29: ATX Entwicklung November 2007 – November 2017

AEX   ist der Aktienindex der Börse in Amsterdam und umfasst bis zu 25 niederländische Aktiengesellschaften, Kursindex

RTS-Index   umfasst bis zu 50 der größten börsennotierten russischen Unternehmen an der Moskauer Börse und gilt als der Indikator für den russischen Wertpapierhandel, Kursindex

USA:

Dow Jones   der Dow Jones Industrial Average umfasst die 30 größten US-amerikanischen Unternehmen, die an der New Yorker Stock Exchange notiert sind. Der Index wurde erstmals in den 1880er Jahren durch das amerikanische Verlagshaus Dow Jones zusammengestellt und veröffentlicht, Performanceindex

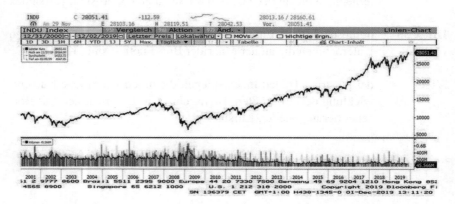

Abbildung 1.30: Entwicklung Dow Jones November 2007 – November 2017

NASDAQ Comp. dieser Index ist der größte Aktienindex an der NASDAQ (der größten elektronischen Börse in der USA). Er enthält bis zu 3.000 Aktien von vor allem im Technologiebereich tätigen Unternehmen, Kursindex

S&P500 dieser Index – dem wir in unseren weiteren Untersuchungen die größte Beachtung zuteil werden lassen – umfasst die 500 umsatzstärksten börsennotierten US-amerikanischen Unternehmen und wird von Standard & Poor's berechnet und veröffentlicht. Mit diesem Index werden wir uns schon im nächsten Paragraphen etwas ausführlicher beschäftigen, Kursindex

Asien:

Nikkei 225 durchschnittliche Entwicklung der 225 größten japanischen Unternehmen die an der Tokioter Börse gehandelt werden, Kursindex

Abbildung 1.31: Nikkei Entwicklung November 2007 – November 2017

Hang Seng der Hang Seng Index umfasst die 45 größten an der Hongkonger Börse gelisteten Unternehmen (es sind dies vorwiegend aber nicht ausschließlich rein chinesische Unternehmen)

Kospi der KOSPI Aktienindex spiegelt die durchschnittliche Entwicklung aller an der Korea Exchange in Seoul notierten südkoreanischen Aktien wieder, Kursindex

SSE Composite Der Shanghai Stock Exchange Composite Index gilt als der wichtigste Aktienindex auf dem chinesischen Festland und umfasst alle an der Shanghai Stock Exchange gelisteten Unternehmen, Kursindex.

Weitere Beispiele:

Bovespa   Der Bovespa-Index umfasst alle Unternehmen mit Sitz in Brasilien die an der Börse Sao Paulo gelistet sind, Performanceindex

Australia All Ordinaries   Der Index – der wichtigste Aktienindex Australiens – enthält fast alle an der Börse in Sydney gelisteten Aktien, Kursindex

MSCI World   Der MSCI World Index ist ein weltweiter Aktienindex, der von Morgan Stanley Capital International auf Basis der Entwicklung von mehr als 1500 Aktien aus mehr als 20 Industrieländern zusammengestellt wird, und damit als einer der wichtigsten internationalen Aktienindices gilt, Kursindex (es gibt allerdings auch Performance-Varianten)

Abbildung 1.32: Entwicklung MSCI World November 2007 – November 2017

1.17   Handel von Indices mit Index-Zertifikaten

Wie schon weiter oben bemerkt, bieten verschiedenste Finanzdienstleister die Möglichkeit an, Indices direkt in Form von Index-Zertifikaten zu handeln. Wir geben im Folgenden dazu 2 Beispiele.

Auf
```
https://www.zertifikate.commerzbank.de/produkte/
anlageprodukte/unlimited-index-zertifikate
```
bietet zum Beispiel die Commerzbank eine Vielzahl von Index-Zertifikaten zum Handel an.

Leider haben wir von der Commerzbank keine Genehmigung zum Abdruck von Screenshots über Commerzbank-Produkte erhalten. Daher müssen wir hier (und wann immer wir im Folgenden Commerzbank-Produkte anführen) mit einer selbst erstellten Zusammenfassung der wichtigsten Daten und Eigenschaften dieser Produkte vorlieb nehmen.

Kursinformationen	
Geld	54.12
Brief	54.16
% tägliche Veränderung	0.32
Hoch	54.13 Euro
Tief	53.84 Euro
Letzte Aktualisierung	13:08:17
Indikation Basiswert	541.38 Pkt
Stammdaten	
ISIN	DE0007036782
WKN	703678
Produktart	Unlimited Index-Zertifikate
Basiswert	AEX
Bezugsverhältnis	10 : 1
Emittent	Commerzbank AG
Ausgabetag	30.01.2001
Quanto	Nein
Basispreis	0.00 Pkt

Abbildung 1.33: Commerzbank, AEX Index-Zertifikat

Auf Abbildung 1.33 sehen wir zum Beispiel die Daten eines Index-Zertifikats, das über die Commerzbank erworben bzw. verkauft werden kann, für den niederländischen AEX Index. Die aktuellen Daten stammen vom 21.11.2017 um 13:08:17 Uhr. Die Stammdaten geben die bestimmenden Parameter des Zertifikats wieder. Insbesondere besagt das „Bezugsverhältnis 10:1", dass man mit dem Kauf eines Index-Zertifikates ein Zehntel des Index erwirbt (bzw. dass man 10 Stück Index-Zertifikate erwerben muss, um im Besitz eines Stückes des Index zu sein).

Der „Basispreis 0.00 Punkte" zeigt hier nur an, dass es sich bei dem gegenständlichen Produkt um ein Index-Zertifikat im eigentlichen Sinn (Kauf und Verkauf des Index im Wesentlichen zum Wert des Index) und nicht um eine Variante davon handelt.

In den Kursinformationen lesen wir in der letzten Zeile „Indikation Basiswert 541.3800 Punkte" ab, dass der Basiswert, also der AEX, zum momentanen Zeitpunkt einen Wert von 541.38 Punkten hatte.

Aus den ersten beiden Zeilen sind die momentanen Geld-/Brief-Kurse des Zertifikats 54.12 Euro bzw. 54.16 Euro abzulesen. Das heißt:

Ein Stück des Zertifikats (also ein Zehntel des Index) kann im Moment von der Commerzbank zum Preis von 54.16 Euro gekauft werden, und die Commerzbank bietet für ein Stück des Zertifikats im Moment 54.12 Euro.

Diese Preise sollte man mit dem – zwischen Bid- und Ask-Preis liegenden – momentanen Wert eines Zehntels des Index, nämlich mit 54.138, vergleichen.

1.18   Der ShortDAX und Index-Zertifikate auf den Short-DAX

Vielfach ist es – wieder über geeignete Index-Zertifikate – auch möglich, Indices short zu handeln, das heißt, Indices so zu handeln, dass man bei einem Anstieg des Index um $y\%$ einen Verlust von $y\%$ macht und umgekehrt. Dies ist eine Methode um auf fallende Kurse zu setzen. Überdies ist es ein wesentlicher Baustein verschiedenster Handelsstrategien, „Short-Positionen" in verschiedene Produkte eingehen zu können. Unter einer Short-Position in einem Produkt A versteht man ein Finanzprodukt D mit der Eigenschaft, dass der Wert des Produkts D um $y\%$ fällt, wenn der Wert des Produkts A um $y\%$ steigt.

Wir werden in unseren Handelsstrategien vor allem verschiedenste Derivate verwenden um Short-Positionen einzugehen. Dies ist, wenn die dafür benötigten Derivate (genaueres folgt in den späteren Kapiteln) an bestimmten Börsen gehandelt werden, in den meisten Fällen die effizienteste Methode.

Hier betrachten wir ein konkretes Beispiel, wie man über geeignete Index-Zertifikate eine Short-Position in einem Index eingehen kann.

Konkret wollen wir uns hier für eine Short-Position auf den DAX interessieren.

Um eine Short-Position auf den DAX mit Hilfe eines Index-Zertifikats einzugehen, machen wir uns den sogenannten ShortDAX – Index zu Nutze:

Der ShortDAX – Index ist ein von der Deutschen Börse berechneter und veröffentlichter Index, der die Entwicklung des DAX im Wesentlichen indirekt proportional wiedergibt. Steigt der DAX im Laufe eines Handelstages um $y\%$, so fällt der ShortDAX im Laufe dieses Tages um $y\%$ und umgekehrt. Die Entwicklungen beziehen sich dabei immer auf den Schlusskurs des Vortages.

In Abbildung 1.34 sehen wir den Chart des ShortDAX im Zeitraum November 2007 bis November 2017 (blau) im Vergleich mit der Entwicklung des DAX (grün) im selben Zeitraum in Prozentangaben.

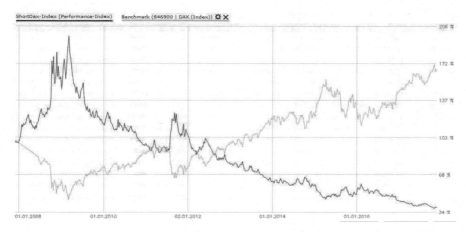

Abbildung 1.34: Entwicklung ShortDAX – Index versus DAX im Bereich November 2007 bis November 2017

Auf Grund der Berechnungsdetails des ShortDAX gibt dieser Index den DAX zwar im Wesentlichen, aber nicht völlig exakt, indirekt proportional wieder. Insbesondere über längere Zeiträume kommt es – vor allem auf Grund der täglichen Anpassung der Berechnung jeweils auf den Schlusskurs des Vortages – zu merklichen Abweichungen bei der indirekten Proportionalität. (Das schuldet sich ganz einfach der Tatsache, dass ein Anstieg um $x\%$ an einem Tag, gefolgt von einem Rückgang um $y\%$ am folgenden Tag, im Allgemeinen nicht dasselbe Resultat zeigt wie ein Rückgang um $y\%$ am einen Tag, gefolgt von einem Anstieg um $x\%$ am nächsten Tag.)

Auf den Tabellen mit historischen Tagesdaten der Entwicklung des DAX (Abbildung 1.35) bzw. des ShortDAX (Abbildung 1.36) von 1.11.2017 bis 21.11.2017 erkennt man an der Performance-Spalte zwar Tag für Tag im Wesentlichen Übereinstimmung mit einer indirekten Proportionalität. Berechnet man dann aber im Vergleich die Entwicklung des DAX und des ShortDAX vom 1.11.2017 bis zum 21.11.2017, dann erhält man:

Entwicklung ShortDAX:
$\frac{(2254.51-2206.68)}{2206.68} = 0.0216751$ entsprechend 2.17%

Entwicklung DAX:
$\frac{(13167.54-13465.51)}{13465.51} = -0.221284$ entsprechend - 2.21%

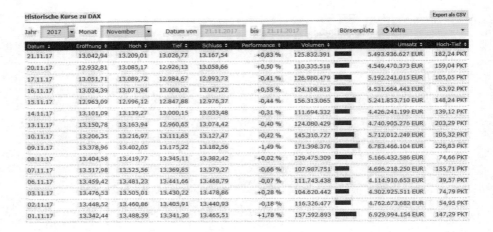

Historische Kurse zu DAX   Export als CSV

Jahr 2017 ▾ | Monat November ▾ | Datum von 21.11.2017 bis 21.11.2017 | Börsenplatz ◔ Xetra ▾

Datum ◆	Eröffnung ◆	Hoch ◆	Tief ◆	Schluss ◆	Performance ◆	Volumen ◆	Umsatz ◆	Hoch-Tief ◆
21.11.17	13.042,94	13.209,01	13.026,77	13.167,54	+0,83 %	125.832.391	5.493.936.627 EUR	182,24 PKT
20.11.17	12.932,81	13.085,17	12.926,13	13.058,66	+0,50 %	110.335.518	4.549.470.373 EUR	159,04 PKT
17.11.17	13.051,71	13.089,72	12.984,67	12.993,73	-0,41 %	126.980.479	5.192.241.015 EUR	105,05 PKT
16.11.17	13.024,39	13.071,94	13.008,02	13.047,22	+0,55 %	124.108.813	4.531.664.443 EUR	63,92 PKT
15.11.17	12.963,09	12.996,12	12.847,88	12.976,37	-0,44 %	156.313.065	5.241.853.710 EUR	148,24 PKT
14.11.17	13.101,09	13.139,27	13.000,15	13.033,48	-0,31 %	111.694.332	4.426.241.199 EUR	139,12 PKT
13.11.17	13.150,78	13.163,94	12.960,65	13.074,42	-0,40 %	124.080.429	4.740.905.276 EUR	203,29 PKT
10.11.17	13.206,35	13.216,97	13.111,65	13.127,47	-0,42 %	145.310.727	5.712.012.249 EUR	105,32 PKT
09.11.17	13.378,96	13.402,05	13.175,22	13.182,56	-1,49 %	171.398.376	6.783.466.104 EUR	226,83 PKT
08.11.17	13.404,58	13.419,77	13.345,11	13.382,42	+0,02 %	129.475.309	5.166.432.586 EUR	74,66 PKT
07.11.17	13.517,98	13.525,56	13.369,85	13.379,27	-0,66 %	107.987.751	4.696.218.250 EUR	155,71 PKT
06.11.17	13.459,42	13.481,23	13.441,66	13.468,79	-0,07 %	111.743.438	4.114.910.653 EUR	39,57 PKT
03.11.17	13.476,53	13.505,01	13.430,22	13.478,86	+0,28 %	104.620.442	4.302.925.511 EUR	74,79 PKT
02.11.17	13.448,52	13.460,86	13.405,91	13.440,93	-0,18 %	116.326.477	4.762.673.682 EUR	54,95 PKT
01.11.17	13.342,44	13.488,59	13.341,30	13.465,51	+1,78 %	157.592.893	6.929.994.154 EUR	147,29 PKT

Abbildung 1.35: Historische Kurse DAX

Historische Kurse zu ShortDax-Index (Performance-Index)   Export als CSV

Jahr 2017 ▾ | Monat November ▾ | Datum von 21.11.2017 bis 21.11.2017 | Börsenplatz ◔ Xetra ▾

Datum ◆	Eröffnung ◆	Hoch ◆	Tief ◆	Schluss ◆	Performance ◆	Volumen ◆	Umsatz ◆	Hoch-Tief ◆
21.11.17	2.276,21	2.279,02	2.247,29	2.254,51	-0,84 %	0	0 EUR	31,73 PKT
20.11.17	2.295,65	2.296,82	2.268,85	2.273,52	-0,51 %	0	0 EUR	27,97 PKT
17.11.17	2.274,98	2.286,67	2.268,35	2.285,09	+0,41 %	0	0 EUR	18,32 PKT
16.11.17	2.279,84	2.282,73	2.271,46	2.275,81	-0,55 %	0	0 EUR	11,27 PKT
15.11.17	2.290,68	2.310,82	2.284,91	2.288,36	+0,44 %	0	0 EUR	25,91 PKT
14.11.17	2.266,69	2.284,22	2.260,05	2.278,43	+0,31 %	0	0 EUR	24,17 PKT
13.11.17	2.258,21	2.290,98	2.255,94	2.271,37	+0,40 %	0	0 EUR	35,04 PKT
10.11.17	2.248,89	2.265,08	2.247,08	2.262,38	+0,42 %	0	0 EUR	18,00 PKT
09.11.17	2.220,43	2.254,23	2.216,60	2.253,01	+1,49 %	0	0 EUR	37,63 PKT
08.11.17	2.216,23	2.226,10	2.213,71	2.219,91	-0,03 %	0	0 EUR	12,39 PKT
07.11.17	2.197,76	2.222,03	2.196,52	2.220,48	+0,66 %	0	0 EUR	25,51 PKT
06.11.17	2.207,40	2.210,31	2.203,84	2.205,87	+0,07 %	0	0 EUR	6,47 PKT
03.11.17	2.204,76	2.212,37	2.200,07	2.204,37	-0,28 %	0	0 EUR	12,30 PKT
02.11.17	2.209,42	2.216,40	2.207,39	2.210,66	+0,18 %	0	0 EUR	9,01 PKT
01.11.17	2.227,58	2.227,78	2.202,76	2.206,68	-1,79 %	0	0 EUR	25,02 PKT

Abbildung 1.36: Historische Kurse ShortDAX

Im Folgenden betrachten wir ein von BNP Paribas angebotenes Index-Zertifikat auf den ShortDAX (siehe

```
https://www.derivate.bnpparibas.com/zertifikat/
details/shortdax-index-open-end-zertifikat/
de000aa1sdx3).
```

Die wesentlichsten Details des Index-Zertifikats lassen sich aus Abbildung 1.37 ablesen.

```
SHORTDAX    Index Open End Zertifikat    WKN: AA1SDX    ISIN: DE000AA1SDX3

GELD   BRIEF                                      LAUFZEIT     WÄHRUNGSGESICHERT
€ 22,14   € 22,17                                 Open End     Nein
2.500 St.   2.500 St.


Anlageidee:   BNP Paribas Open End Zertifikat bezogen auf den SHORTDAX

Stammdaten:
WKN                          AA1SDX
ISIN                         DE000AA1SDX3
TYP                          Open End Zertifikat
Bezugsverhältnis             0.00976943
Währungsgesichert            Nein
Managementgebühr p.a.        0.25%
Emissionstag                 04.10.2013
```

Abbildung 1.37: BNP Paribas, Short DAX Index-Zertifikat

Der Indexstand des ShortDAX bei Extrahierung dieses Datenblattes lag bei 2268.10 Punkten.

Das Bezugsverhältnis des Zertifikats ist mit 0.00976943 angegeben. Mit Erwerb des Zertifikats kauft man somit 0.976943% eines Stücks des ShortDAX – Index. Der Preis des Zertifikats sollte somit bei $2268.10 \times 0.00976943 = 22.158$ liegen.

Die Geld-/Brief-Kurse lagen tatsächlich bei 22.14 Euro und 22.17 Euro.

Zu beachten ist, dass die Bank hier zusätzlich eine Managementgebühr von 0.25% p.a. für das Zertifikat verlangt!

1.19 Der S&P500 Index

Der S&P500 Index ist einer der wichtigsten Aktienindices der Welt und gilt als aussagekräftiger Wirtschaftsindikator der US-amerikanischen Wirtschaft. Für unsere weiteren Ausführungen ist der S&P500 von besonderem Interesse, da er die Basis für die meisten unserer Untersuchungen zu Derivaten und zu derivativen Handelsstrategien darstellen wird. Für die meisten unserer Optionsbewertungs-Beispiele werden wir Optionen auf den S&P500 heranziehen.

Der wesentlichste Grund dafür ist, dass der Optionsmarkt auf den S&P500 (diese Optionen werden auf der CBOE = Chicago Board Options Exchange gehandelt) der weltweit wohl umfangreichste und liquideste Markt börsengehandelter Optionen ist. Es lassen sich hier auch große Mengen von Optionen in kürzester Zeit zu meist geringen Bid-/Ask-Spreads handeln. Doch dazu später wesentlich mehr.

Der S&P500 ist auch als Basis für die Berechnung des VIX, des Volatilitätsindex des S&P500, der eine wesentliche Rolle für verschiedenste Handels- und Hedging-Strategien spielt, von besonderer Bedeutung. Auch dazu später wesentlich mehr.

Wie für den DAX gibt es auch zum S&P500 eine Short-Version, den S&P500 Short Index.

Der S&P500 – Index wird von der Rating Agentur Standard and Poor's berechnet und veröffentlicht. Er gibt die durchschnittliche Entwicklung der 500 umsatzstärksten US-amerikanischen Aktien wieder. Der Index wird seit dem 4. März 1957 veröffentlicht. Es existieren allerdings auch bis ins Jahr 1789 zurückgerechnete Daten für den S&P500.

Der S&P500 Index ist ein reiner Kursindex, also Dividendenzahlungen werden nicht berücksichtigt und nicht in die Indexentwicklung mit eingerechnet.

Herkömmliche statistische Daten, wie höchste und niedrigste Tages- oder Monatsrenditen, Allzeithöchststände, etc., sowie die Gewichtung der wichtigsten Aktien im Index können auf verschiedensten Internetseiten (so auch auf der zugehörigen Wikipediaseite) nachgeschlagen werden.

Wir wollen uns hier einen kurzen Überblick über die Entwicklung des S&P500 Index verschaffen, und dann ein paar weiterführende, aber nach wie vor grundlegende statistische Überlegungen anstellen.

In der ersten der folgenden Grafiken sehen wir die Entwicklung des S&P500 seit Beginn seiner Berechnung im Jahr 1957. Dann, in der nächsten Grafik, sehen wir die Entwicklung in der Periode 1990 bis heute. Diese Zeitspanne wird im Folgenden öfter speziell analysiert werden, da wir mit circa 1990 den Beginn eines wirklich liquiden und modernen Optionsmarktes sehen. In Grafik 1.40 illustrieren wir die dramatischen Kursverläufe während der Finanzkrise im Bereich Sommer 2008 bis Frühjahr 2009.

In den nächsten vier Paragraphen werden wir dann einen näheren Blick auf vier ganz spezielle Handelstage in der Geschichte des S&P500, auf den „schwarzen Montag" am 17. Oktober 1987, auf den 11. September 2001 (Anschläge auf das World Trade Center), auf den Montag, den 10. Oktober 2008 – auf dem „Höhepunkt der Finanzkrise" – und auf den 6. Mai 2010, an dem ein durch eine Fehlorder ausgelöster „Flash-Crash" den S&P500 kurzzeitig erschüttert hat, werfen.

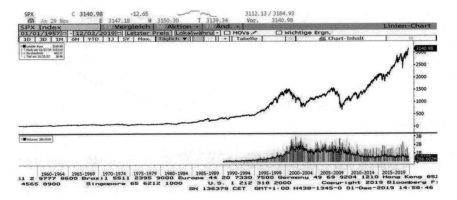

Abbildung 1.38: Der S&P500 Index, 1957 – 2017

Der erste veröffentlichte Wert des S&P500 am 4. März 1957 lag bei 44.06 Punkten. Das „All-Time-High" des S&P500 (Tagesschlusskurse) bis zum 23.11.2017 lag bei 2599.03 Punkten am 21.11.2017. Umgerechnet auf Prozentwerte verzeichnete der S&P500 von März 1957 bis November 2017 (also im Lauf von knapp 61 Jahren) somit einen Anstieg von 100% auf 5898.84%. Ein im Jahr 1957 in den S&P500 investiertes Kapital hätte sich also bis ins Jahr 2017 beinahe auf das 59-fache vermehrt. In Prozent per anno entspricht das in etwa 6.95% jährlich. Eine Investition über diesen Zeitraum auf ein mit 6.95% fix verzinstes Sparbuch hätte also dieselbe Entwicklung gezeigt.

Einschub: Bestimmung des per anno Zinssatzes einer Kapitalentwicklung

Dieser Einschub ist zwar für die meisten der Leser wahrscheinlich überflüssig, soll der Vollständigkeit halber aber hier doch eingefügt werden:
Ist eine Kapitalentwicklung von einem Ausgangskapital A bis zu einem Endkapital E in einem Zeitraum von T Jahren gegeben, und soll die jährliche Rendite x, der jährliche Zinssatz x der dieser Entwicklung zu Grunde liegt, berechnet werden, so ergibt sich der Zinssatz x aus der Gleichung

$$E = A \cdot (1 + x)^T \quad \text{als} \quad x = \left(\frac{E}{A}\right)^{\frac{1}{T}} - 1$$

In unserem Beispiel haben wir $E = 2599.03, A = 44.06$, und $T = 60.66 \left(60\frac{2}{3} \text{ Jahre}\right)$ gewählt.

Abbildung 1.39: Der S&P500 Index, 1990 – 2017

Im Zeitraum 1. Januar 1990 bis November 2017 entwickelte sich der Index von
359.69 Punkten auf 2599.03 Punkte. Das entspricht einer Entwicklung von 100%
auf 722.57% und das wiederum ergibt eine jährliche Verzinsung von Anfang 1990
bis November 2017 von 7.34% p.a.. Die durchschnittliche Entwicklung des S&P500
im Zeitbereich 1957 bis 2017 ist also ungefähr gleich positiv wie im Zeitbereich
1990 bis 2017.

Auffällig in der Entwicklung des S&P500 sind natürlich die zwei wesentlichen
Einbrüche – in der sonst ziemlich stetig positiven Entwicklung des Index – im Bereich 2000/2002 („Platzen der Internet-Blase") sowie im Bereich 2007/2009 („Finanzkrise").

Der maximale Rückgang („drawdown") des S&P500 – Kurses in der Periode 2000/
2002 erfolgte vom bis dahin gültigen „all-time-high" von 1520.77 Punkten am 1.
September 2000 bis zum Tiefstwert vor der Wiedererholung von 776.76 Punkten
am 9. Oktober 2002. (Das entspricht einem Rückgang von 48.92%, und das bedeutet – bezogen auf den Zeitraum von etwas mehr als 2 Jahren des Rückganges –
einen jährlichen Kursverlust von 27.38% p.a.)

Noch dramatischer verlief die Entwicklung im Verlauf der Finanzkrise der Jahre
2008/2009 (siehe dazu auch Abbildungen 1.40 und 1.41): Der maximale Rückgang („drawdown") des S&P500 – Kurses in der Periode 2007/2009 erfolgte vom
bis dahin gültigen „all-time-high" von 1563.15 Punkten am 9. Oktober 2007 bis
zum Tiefstwert vor der Wiedererholung von 676.53 Punkten am 9. März 2009.
(Das entspricht einem Rückgang von 56.72%, und das bedeutet – bezogen auf den
Zeitraum von knapp eineinhalb Jahren des Rückganges – einen jährlichen Kursverlust von 44.63% p.a.)

Entsprechend auffällig ist dagegen natürlich auch die rasante und weit über alle bisherigen Höchststände hinausführende Erholung des Kurswertes von 676.53

Punkten am 9. März 2009 bis zum bisherigen „all-time-high" von 2599.03 Punkten am 21.11.2017. Es ist dies ein Anstieg von 100% auf 384.17% und entspricht damit einer durchschnittlichen jährlichen Steigerung von 16.71% p.a.

Sehen wir uns noch die beste und die schlechteste 10-Jahre-Periode in der Entwicklung des S&P500 an:
Am besten hat man es mit einem 10-Jahres-Investment in den S&P500 getroffen, wenn man am 24.9.1990 bei einem Kurs von 304.59 Punkten eingestiegen ist. Bis zum 22.9.2000 hat sich der S&P500 dann auf 1448.72 Punkte entwickelt. Das ist ein Anstieg von 100% auf 475.63% und entspricht einer per anno Rendite von 16.88%. Pech hatte man bei einem 10-Jahre-Investment mit Beginn am 10.3.1999 bei 1286.84 Punkten und Ende am – uns schon bekannten – 9.3.2009 bei 676.53 Punkten. Das ist eine Performance von 100% auf 52.57%, und damit ein jährlicher Verlust von 6.22%.

Es ließen sich hier natürlich eine ganze Reihe weiterer Statistiken einfacher Natur anführen wie zum Beispiel das jeweils schlechteste und das jeweils beste Ergebnis im Lauf eines Handelstages oder eines Monats. Solche Ergebnisse können aber an verschiedensten Stellen im Internet nachgelesen werden. Werden solche Daten im Lauf der folgenden Untersuchungen von Relevanz sein, dann werden wir diese aber natürlich an Ort und Stelle nachliefern.

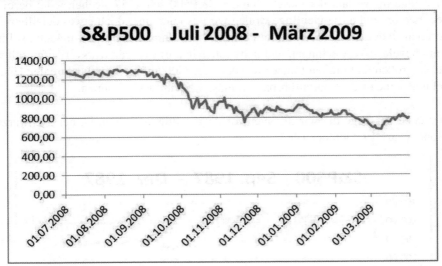

Abbildung 1.40: Der S&P500 Index, zur Zeit der Finanzkrise 2008/2009

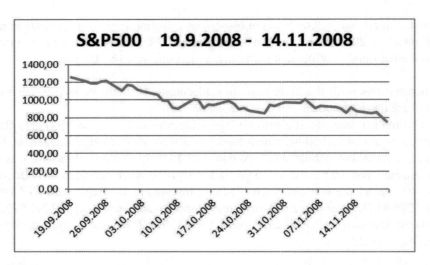

Abbildung 1.41: Der S&P500 Index, am Höhepunkt der Finanzkrise im Herbst 2008

1.20   Der S&P500 am schwarzen Montag 19. Oktober 1987

Vier Tage im Verlauf der Geschichte des S&P500 seit 1957 stechen wohl besonders hervor, und diese vier Tage wollen wir uns kurz, aber doch etwas detaillierter
ansehen. Jeder der aktiv, vor allem im Derviate-Handel, tätig sein möchte, sollte
wissen welche Verwerfungen und Irritationen in kurzfristigen Kursverläufen selbst
bei so großen und breiten Indices wie dem S&P500 auftreten und den realen Handel und seine exakte Durchführbarkeit massiv beeinflussen können.

Der erste der Tage die wir uns hier vor Augen führen wollen, ist der „schwarze
Montag" am 19. Oktober 1987.

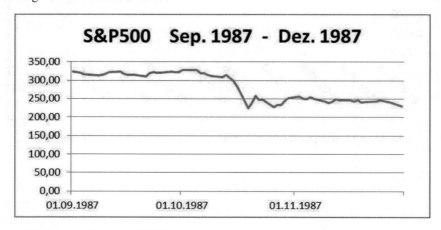

Abbildung 1.42: Der S&P500 Index um den schwarzen Montag im Herbst 1987

Der Kursrückgang des S&P500 Index am 19.10.1987 um 20.47% kam fast aus heiterem Himmel. Wie die Grafik des Kursverlaufs von Anfang September 1987 bis Ende November 1987 und die nachfolgende Tabelle der Tagesbewegungen des Index in den Wochen vor und nach dem 19.10.1987 zeigen, war die Entwicklung vor und nach dem „schwarzen Montag" relativ stabil und ruhig. Lediglich am Handelstag unmittelbar zuvor, also am Freitag, dem 16.10.1987, war es bereits zu einem größeren Rückgang in Höhe von 5.16% gekommen. Nach dem Erdrutsch am 19.10. waren in Folge der Ereignisse und der ausgelösten Irritationen natürlich einige Tage noch größere Tagesschwankungen zu verzeichnen. Doch bereits ab dem 27.10.1987 verliefen die Kursbewegungen wieder in durchaus normalen Bahnen.

Handelstag	Kurs S&P500	Veränderung am Handelstag in %
01.10.1987	327.33	1.71
02.10.1987	328.07	0.23
05.10.1987	328.08	0.00
06.10.1987	319.22	-2.70
07.10.1987	318.54	-0.21
08.10.1987	314.16	-1.38
09.10.1987	311.07	-0.98
12.10.1987	309.39	-0.54
13.10.1987	314.52	1.66
14.10.1987	305.23	-2.95
15.10.1987	298.08	-2.34
16.10.1987	282.70	-5.16
19.10.1987	**224.84**	**-20.47**
20.10.1987	236.83	5.33
21.10.1987	258.38	9.10
22.10.1987	248.25	-3.92
23.10.1987	248.22	-0.01
26.10.1987	227.67	-8.28
27.10.1987	233.19	2.42
28.10.1987	233.28	0.04
29.10.1987	244.77	4.93
30.10.1987	251.79	2.87
02.11.1987	255.75	1.57
03.11.1987	250.82	-1.93
04.11.1987	248.96	-0.74
05.11.1987	254.48	2.22
06.11.1987	250.41	-1.60
09.11.1987	243.17	-2.89
10.11.1987	239.00	-1.71
11.11.1987	241.90	1.21

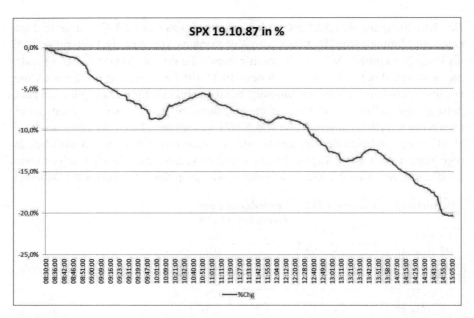

Abbildung 1.43: Der S&P500 Index am schwarzen Montag 1987, Verluste in Prozent, Tickdaten

Wie an den Tickdaten des 19.10.1987 zu sehen ist, erfolgte der Kursrückgang ohne wirklich signifikante zwischenzeitliche Kurserholung gleichmäßig über den Handelstag verteilt.

Für den Crash am 19.10.1987 ist kein wirklich offensichtlicher fundamental wirtschaftlicher Grund auszumachen. Ein Zusammentreffen mehrerer Umstände (unter anderem Spekulationen auf höhere US-Zinsen) dürfte zu einer ersten Verkaufswelle geführt haben, die dann damals gerade in Mode stehende computergesteuerte Sicherungssysteme großer Fondsgesellschaften und in Folge Verkaufssignale ausgelöst haben, und dadurch kaskadenhaft zu einer ganzen Welle von Verkäufen und schließlich zur Verkaufspanik geführt haben.

Eine ganz wesentliche Konsequenz der Geschehnisse am 19.10.1987 ist die Einführung sogenannter „circuit breakers" vor allem an den wichtigsten US-amerikanischen Börsen. Den Börsen wird damit vorgeschrieben, bei extremen Kursbewegungen den Handel zu unterbrechen, um so Ruhe in den Markt zu bringen und Verkaufspaniken möglichst zu unterbinden.

An den US-Börsen wird zum Beispiel der Handel für eine Viertelstunde unterbrochen, wenn der S&P500 Aktienindex vor 15:25 Uhr (Börsenöffnung der NYSE 9:30 Uhr bis 16:00 Uhr Ortszeit, das entspricht 15:30 Uhr bis 22:00 Uhr MEZ), um 7% oder mehr fällt. Sollte nach der Unterbrechung der Kurs weiter massiv fallen und vor 15:25 Uhr ein Verlust von 13% oder mehr erreicht werden, dann wird abermals der Handel um eine Viertelstunde unterbrochen. Bei Erreichen eines Tagesverlusts von 20% oder mehr im S&P500 wird die Börse für den Rest des Handelstages geschlossen.

An den Börsen in Frankfurt, Zürich und Wien kommt es ebenfalls zu Handelsunterbrechungen, aber bezogen auf große Einzelaktien und nicht auf den gesamten Markt. Bei großen Kursschwankungen im Handel einzelner Aktien in bestimmter Größenordnung wird der Handel für diese jeweilige Aktie für eine gewisse Zeit unterbrochen.

1.21 Der 11. September 2001

Prinzipiell verfügt der Vorstand der meisten Börsen (insbesondere der US-Börsen) über das Recht zur Aussetzung des gesamten Handels, falls der Handel nicht mehr „fair und ordnungsgemäß" durchgeführt werden könnte. Die mehrtägige Schließung der New York Stock Exchange (NYSE) nach den Anschlägen vom 11. September 2001 war ein solcher Fall.

Die NYSE war am Dienstag, dem 11.9.2001 geschlossen geblieben und wurde erst am Montag, dem 17.9.2001 wieder eröffnet.
Am 10.9.2001 hatte der Index bei 1092.54 Punkten geschlossen gehabt.
Am 17.9.2001 fiel der Index rasch in einen Bereich von circa 1040 Punkten und schloss bei 1038.77 Punkten (nahe dem Tiefstwert an diesem Tag). Das entspricht einem Tagesverlust von 5.18%.

Der Index fiel dann im Lauf der nächsten drei Handelstage noch bis auf 965.8 Punkte am 21. September 2001 (Tagestiefstwert 944.75 Punkte). Vom 10.9.2001 bis zum 21.9.2001 war es also zu einem Kursrückgang von 11.6% (13.53% bei Berücksichtigung des Tagestiefststandes) gekommen.

In den Tagen darauf folgte eine schnelle Kurserholung, bereits am 11.Oktober 2001 waren wieder Kurse über der Marke von 1092 Punkten am 10.9.2001 erreicht.

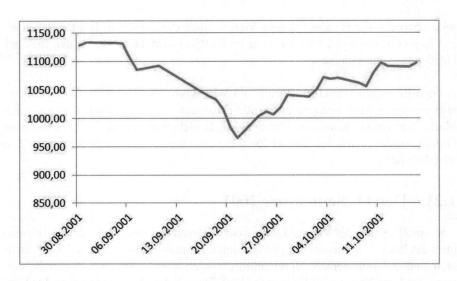

Abbildung 1.44: Entwicklung des S&P500 um den 11. September 2001

Bei den Indices EuroStoxx, DAX, SMI und ATX – hier kam es zu keinen Handelsunterbrechungen – zeigt sich ein prinzipiell ähnliches Bild: Starke Kursrückgänge
am 11.9.2001, weitere Rückgänge bis zum 21.9.2001 und ab dann wieder Kurserholung. Bei weitem weniger deutlich fielen die Irritationen übrigens beim ATX
aus, wie aus der folgenden Tabelle ersichtlich ist.

Index	Kursrückgang am 11.9.2001	Kursrückgang bis 21.9.2001
EuroStoxx	-6.40%	-16.36%
DAX	-8.49%	-18.90%
ATX	-1.12%	-9.18%
SMI	-7.07%	-16.61%

1.22   Der S&P500 Index um den 10. Oktober 2008, Overnight-Gaps

Im Verlauf der Finanzkrise der Jahre 2007 bis 2009 fiel der S&P500 vom 9.10.2007
bis zum 9.3.2009 um 56.72%. Noch massiver als dieser Kurseinbruch wirkte sich
für viele Händler, vor allem für Derivatehändler, die extreme Schwankungsstärke
des Index innerhalb eines einzelnen Handelstages, in kürzesten Zeitintervallen und
häufig auch über Nacht, in manchen Perioden dieses Zeitraums aus.

Als ein Beispiel eines extremen Handelstages wollen wir hier kurz einen Blick auf
den Freitag, den 10. Oktober 2008 werfen. Jedem am Derivatemarkt Tätigen sollte
bewusst sein, dass solche Verhältnisse wie an diesem Tag am Finanzmarkt auftreten
können. In Abbildung 1.45 sehen wir einen Chart mit Tickdaten des S&P500 von

der Zeit kurz vor Handelsschluss am Donnerstag, dem 9.10.2008, bis kurz nach Handelseröffnung am Montag, dem 13.10.2008.

Abbildung 1.45: Der S&P500 Index um den 10. Oktober 2008, Tickdaten, (Quelle: Bloomberg)

Am 9.10.2008 hatte der S&P500 bei 909.92 Punkten geschlossen. Unmittelbar nach der Eröffnung der Börse am 10.10.2008 war der Index dann innerhalb einiger Minuten unaufhaltsam bis auf 839.80 Punkte gefallen. Das bedeutete einen Rückgang von 7.7% in kürzester Zeit.

Später am Tag erreichte der Index noch einen Tageshöchststand von 936.36 Punkten, bewegte sich also vom Tiefst- bis zum Höchststand um 11.50%. Er schloss dann an diesem Tag bei 899.22 Punkten. Am darauffolgenden Tag eröffnete der Index mit einem „Overnight-Gap" von +1.50% bei 912.75 Punkten.

Solche massive Schwankungen innerhalb eines Handelstages, über Nacht, bzw. unmittelbar nach Handelseröffnung können die korrekte Durchführung von Handelsstrategien immens erschweren.

Größte negative Overnight Gaps	
Datum	**Gap-Größe**
vor 1990	
von 17.4.1961 auf 18.4.1961	-3.61%
ab 1990	
von 23.10.2008 auf 24.10.2008	-1.42%
von 13.2.2009 auf 14.2.2009	-1.00%
von 18.1.2008 auf 19.1.2008	-0.92%
Größte positive Overnight Gaps	
Datum	**Gap-Größe**
vor 1990	
von 22.10.1957 auf 23.10.1957	+4.49%
ab 1990	
von 10.10.2008 auf 11.10.2008	+1.50%
von 7.5.2010 auf 8.5.2010	+1.03%
von 29.10.2008 auf 30.10.2008	+1.00%

Alle drei größten negativen Overnight-Gaps und zwei der drei größten positiven Overnight-Gaps nach 1990 sind im Zeitraum der Finanzkrise 2008/2009 zu finden. Der zweitgrößte positive Overnight-Gap ereignete sich von 7. Mai 2010 auf den 8. Mai 2010, einen Tag nach einem weiteren Extremereignis in der Geschichte des S&P500.

1.23   Der „Flash-Crash" am 6. Mai 2010

Abbildung 1.46: Der S&P500 Index am 6. Mai 2010, Tickdaten

An diesem Tag war nach eher unauffälligem Handel in den ersten 5 Stunden der S&P500 innerhalb weniger Minuten von circa 1140 Punkten im Sturzflug auf den

Tagestiefststand von 1065.79, also um ungefähr 6.5%, abgesackt. Es dauerte allerdings nur etwa 15 Minuten bis sich der Index wieder in den Bereich von 1130 Punkten erholt hatte. Der Schlusskurs lag dann am 6. Mai 2010 bei 1128.15 Punkten.

Über den Auslöser für diesen blitzartigen Crash („Flash-Crash") gab es widersprüchliche Vermutungen. Es dürfte sich wohl um eine Verquickung von Fehlorders („mistrades") und bewusster Kurs-Manipulation gehandelt haben.

1.24 Kursprognosen, Run-Analyse von Aktien- und Indexkursen

In meinen Präsentationen von Handelsstrategien und in meinen Seminaren, aber auch in persönlichen Gesprächen oder Interviews, werde ich immer wieder gefragt, wie ich die zukünftige Entwicklung irgendwelcher Indices oder Rohstoffpreise, Wechselkurse oder Zinssätze einschätze. Meine inzwischen schon automatisierte Antwort darauf ist, dass ich das nicht wisse und ich überhaupt nichts dazu zu sagen hätte. Ich sei kein Marktanalyst, kein Finanzwirtschaftler sondern einfach nur Mathematiker. Wir – tatsächlich, nicht nur vorgeblich – rein mathematisch orientierten Händler und Analysten interessieren uns vielmehr für den momentanen Ist-Zustand und für die momentanen Verhältnisse der Preise von Produkten zueinander, und nicht um einen vermuteten zukünftigen Zustand der Märkte. Wie wir dabei vorgehen, werden wir im Verlauf dieses Buches noch ausführlich darlegen.

Viele andere Händler versuchen ihr Glück auf verschiedensten Methoden von Kursprognosen aufzubauen. Es ist in keiner Weise unsere Absicht in diesem Buch diese Ansätze geringzuschätzen oder abzutun, sie sind einfach nicht Thema unserer Abhandlung. Nichtsdestotrotz können wir uns nicht immer ganz diesen Thematiken entziehen.

Die meisten dieser Kursprognose-Ansätze beruhen auf verschiedensten Indikatoren (Schnittpunkte mit gleitenden Durchschnitten, Besonderheiten von Chartbildern, ...), auf bestimmten Trendfolge- oder Mean-Reversion-Hypothesen oder auf dem Erkennen und Ausnützen verschiedener tatsächlicher oder vermeintlicher Marktanomalien („sell-in-may-Effekt", „Jahresendrallye", „Wochenendeffekt", „Winner-Loser-Effekt", ...).

Natürlich werde ich oft mit der Ansicht konfrontiert, das Agieren auf den Börsen sei ja schlussendlich nichts anderes als ein Glücksspiel. (Oder wie mir ein Mathematiker-Kollege einmal in bitterem Ernst attestierte: Das mit dem ich mich da beschäftige sei nichts anderes als „Teufelswerk".) Habe ich dann etwas mehr Zeit und habe ich es mit einem wirklich an der Sache Interessierten zu tun, dann erläutere ich kurz die Ansätze des Versuchs mit Hilfe geschickten Einsatzes von

Derivaten eine sogenannte „statistische Arbitrage" zu verfolgen. Dadurch kann es gelingen für mich aus einem tatsächlich **reinen** Glücksspiel (wenn man sich den Märkten völlig unbedarft nähert) ein (nach wie vor zwar) Glücksspiel aber **mit einem signifikanten Geschicklichkeitsanteil** zu kreieren. Sobald sich ein Spiel mehr oder weniger geschickt spielen lässt, ist es kein reines Glücksspiel mehr!

Die Frage welche (tatsächlichen) Spiele reine Glücksspiele sind und welche Spiele neben dem Glücksspielanteil einen (wie hohen?) Geschicklichkeitsanteil haben, ist ebenfalls eine höchst spannende und herausfordernde und durchaus relevante mathematische Problemstellung. Vielleicht bleibt uns in einem späteren Kapitel – zur Auflockerung – Zeit, einiges mehr darüber aus der umfangreichen Erfahrung des Autors mit diesen Fragestellungen auszuführen.

Aber zurück zur häufig geäußerten Ansicht, das Agieren auf den Börsen sei nichts anderes als reines Glücksspiel. Drängt die Zeit, dann gebe ich zumeist – auch den nur peripher Interessierten – mit folgender Information zu denken und ihre apodiktischen Ansichten zu überdenken:

Werfen Sie eine – nachgewiesenermaßen – gerechte Münze und notieren Sie, ob sie nach dem Wurf „Zahl" oder „Bild" zeigt. „Die Münze ist gerecht" bedeutet: In durchschnittlich 50% der Fälle zeigt sie Zahl und in durchschnittlich 50% der Fälle zeigt sie Bild. Nehmen Sie an, Sie hätten jetzt 5 Mal hintereinander Zahl geworfen und stehen jetzt vor dem sechsten Wurf. Können wir erwarten, dass – im Sinne des Ausgleichs, es geht ja um eine gerechte Münze – beim sechsten Wurf mit höherer Wahrscheinlichkeit Bild kommt als nochmals Zahl? Natürlich ist das nicht der Fall. Die Münze ist völlig unbeeinflusst von der Vergangenheit, die Wahrscheinlichkeit für Zahl oder Bild liegt auch nach noch so vielen aufeinanderfolgenden „Zahl-Ergebnissen" wieder jeweils bei 50%!
(Natürlich gibt es trotzdem schon an dieser Stelle gelegentlich Zeitgenossen mit denen man diese Tatsache diskutieren muss. Und – Hand aufs Herz – können wir „Wissende" uns selber ganz solchem Denken entziehen? Wenn beim Roulette etwa sieben Mal hintereinander Rot gefallen ist, tendieren wir dann nicht ebenfalls zur Idee „jetzt sollte doch endlich einmal wieder Schwarz kommen" und wir setzen auf Schwarz ... ?) Die meisten Gesprächspartner sehen die Tatsache aber sehr wohl ein: Die Zahl-Bild-Folge, die durch das mehrfache Werfen einer gerechten Münze entsteht, ist eine reine Zufallsfolge.

Betrachten wir jetzt aber – fahre ich dann fort – etwa den S&P500-Aktienindex. Was denken Sie? Ist dieser Index eine reine Zufallsfolge?

Formulieren wir diese Frage etwas konkreter:
Schauen wir uns die Tages-Schlusskurse des Index über einen gewissen Zeitraum an und markieren wir die Tage an denen der S&P500 gestiegen ist mit „1" und die Tage an denen er gefallen ist mit „0". So erhalten wir eine „0-1-Folge" , analog zur

„Zahl-Bild-Folge" beim Münzwurf.

Zum Beispiel:

Datum	Tages-Schlusskurs	Änderung zum Vortag
24.03.2017	2343.98	
27.03.2017	2341.59	0
28.03.2017	2358.57	1
29.03.2017	2361.13	1
30.03.2017	2368.06	1
31.03.2017	2362.72	0
03.04.2017	2358.84	0
04.04.2017	2360.16	1
05.04.2017	2352.95	0
06.04.2017	2357.49	1
07.04.2017	2355.54	0
10.04.2017	2357.16	1
11.04.2017	2353.78	0
12.04.2017	2344.93	0
13.04.2017	2328.95	0

Dann suchen wir unter allen S&P500-Daten die wir analysieren möchten – zum Beispiel – nach allen Paketen von 4 aufeinanderfolgenden Handelstagen mit einem Anstieg (also einer 1 in der dritten Spalte) und interessieren uns dann für den darauffolgenden fünften Handelstag. Zum Beispiel:

Datum	Tages-Schlusskurs	Änderung zum Vortag
01.11.2017	2579.36	1
02.11.2017	2579.85	1
03.11.2017	2587.84	1
06.11.2017	2591.13	1
07.11.2017	2590.64	**0**

Ebenso suchen wir dann unter allen S&P500-Daten die wir analysieren möchten nach allen Paketen von 4 aufeinanderfolgenden Handelstagen mit einem Kursrückgang (also einer 0 in der dritten Spalte) und interessieren uns wieder für den darauffolgenden fünften Handelstag. Zum Beispiel:

Datum	Tages-Schlusskurs	Änderung zum Vortag
16.03.2017	2381.38	0
17.03.2017	2378.25	0
20.03.2017	2373.47	0
21.03.2017	2344.02	0
22.03.2017	2348.45	**1**

Und wir fragen uns dann:
„Ist es wahrscheinlicher, dass nach dem Auftreten von 4 Mal der 1 am fünften Tag
eine 0 eintritt oder eine 1 eintritt oder ist hier keine Abhängigkeit erkennbar?" Und
natürlich analog:
„Ist es wahrscheinlicher, dass nach dem Auftreten von 4 Mal der 0 am fünften Tag
eine 0 eintritt oder eine 1 eintritt oder ist hier keine Abhängigkeit erkennbar?"

Die Frage wollen wir dadurch „beantworten", dass wir die historischen Häufigkeiten für das bedingte Auftreten der „Nullen und Einsen an den fünften Tagen"
einfach abzählen und daraus empirische Wahrscheinlichkeiten ableiten.

Natürlich dürfen wir dann die relativen Häufigkeiten des bedingten Auftretens (also nach einem Viererblock gleicher Ziffern) von 0 oder 1 im jeweils untersuchten
Zeitbereich nicht mit 50% vergleichen wie bei der fairen Münze. Der Index ist
im jeweiligen Zeitbereich nicht unbedingt „gerecht". Vielmehr müssen wir den
Vergleich mit der Gesamtanzahl der im Zeitbereich aufgetretenen Einser bzw. Nul-
ler anstellen. Statt dass wir Pakete mit 4 aufeinanderfolgenden Tagen mit gleicher
Tendenz (0 oder 1) aufsuchen und dann nach dem Folgetag fragen, könnten wir
natürlich genauso gut 2er-Pakete, 3er-Pakete oder 5er-Pakete aufsuchen und nach
dem jeweils darauffolgenden Handelstag fragen.

Führen wir das einmal mit dem S&P500-Index für verschiedene Zeitbereiche und
verschiedene „Paketlängen" durch und notieren wir die Ergebnisse in den folgenden Tabellen, die wir im Anschluss dann diskutieren werden.

Zeitraum	Paketlänge s	Anzahl 1er Pakete mit Länge s	Häufigkeit 1er insgesamt	Häufigkeit 1er nach s Mal 1
2010 – 2017	2	572	0.546	0.517
	3	296	0.546	0.480
	4	142	0.546	0.465
	5	66	0.546	0.424

Zeitraum	Paketlänge s	Anzahl 0er Pakete mit Länge s	Häufigkeit 1er insgesamt	Häufigkeit 1er nach s Mal 0
2010 – 2017	2	389	0.546	0.576
	3	165	0.546	0.562
	4	69	0.546	0.551
	5	31	0.546	0.613

Zeitraum	Paketlänge s	Anzahl 1er Pakete mit Länge s	Häufigkeit 1er insgesamt	Häufigkeit 1er nach s Mal 1
2000 – 2009	2	633	0.523	0.472
	3	298	0.523	0.470
	4	139	0.523	0.453
	5	63	0.523	0.460

Zeitraum	Paketlänge s	Anzahl 0er Pakete mit Länge s	Häufigkeit 1er insgesamt	Häufigkeit 1er nach s Mal 0
2000 – 2009	2	519	0.523	**0.584**
	3	216	0.523	**0.639**
	4	78	0.523	**0.666**
	5	26	0.523	**0.769**

Zeitraum	Paketlänge s	Anzahl 1er Pakete mit Länge s	Häufigkeit 1er insgesamt	Häufigkeit 1er nach s Mal 1
1990 – 1999	2	741	0.536	**0.533**
	3	394	0.536	**0.485**
	4	191	0.536	**0.497**
	5	95	0.536	**0.474**

Zeitraum	Paketlänge s	Anzahl 0er Pakete mit Länge s	Häufigkeit 1er insgesamt	Häufigkeit 1er nach s Mal 0
1990 – 1999	2	562	0.536	**0.543**
	3	257	0.536	**0.603**
	4	102	0.536	**0.608**
	5	40	0.536	**0.650**

Zeitraum	Paketlänge s	Anzahl 1er Pakete mit Länge s	Häufigkeit 1er insgesamt	Häufigkeit 1er nach s Mal 1
1957 – 1989	2	2517	0.524	0.564
	3	1419	0.524	0.567
	4	803	0.524	0.567
	5	455	0.524	0.587

Zeitraum	Paketlänge s	Anzahl 0er Pakete mit Länge s	Häufigkeit 1er insgesamt	Häufigkeit 1er nach s Mal 0
1957 – 1989	2	2124	0.524	0.477
	3	1112	0.524	0.477
	4	582	0.524	0.486
	5	299	0.524	0.482

Wenn unsere Hypothese die ist, dass nach einem Auftreten mehrerer Einser hintereinander das Auftreten einer Null wahrscheinlicher wird und:

dass nach einem Auftreten mehrerer Nullen hintereinander das Auftreten einer Eins wahrscheinlicher wird, dann sehen wir diese Hypothese in den Zeiträumen 1990 – 1999, 2000 – 2009 und 2010 – 2017 immer bestätigt (fett gedruckte blaue Ergebnisse in der letzten Spalte).

Und zumeist gilt: Je länger der vorhergehende Block von Einsen bzw. von Nullen ist, umso deutlicher ist die Hypothese bestätigt.

Greifen wir zur Illustration ein recht deutliches Beispiel heraus:

Im Handelszeitraum 2000 – 2009 (= 1.1.2000 – 31.12.2009) lag der Anteil der Tage mit einer Kurssteigerung bei 52.3%. Der Anteil der Tage mit einer *Kurssteigerung* nach *4 Tagen mit Kurssteigerung* lag nur bei 45.3%. (Ein solcher Block von

4 Kurssteigerungen hintereinander traf 139 Mal ein.)
Der Anteil der Tage mit einer *Kurssteigerung* nach *4 Tagen mit Kursrückgang* lag
dagegen bei 66.6%. (Ein solcher Block von 4 Kursrückgängen hintereinander traf
78 Mal ein.)

Dieses Phänomen tritt in den Zeiträumen 2000 – 2009 und 2010 – 2017 wesentlich
deutlicher auf als im Zeitraum 1990 – 1999.

Gerade umgekehrt stellt sich die Situation im Handelszeitraum 1957 – 1989 dar:
In allen Fällen ist hier gerade die umgekehrte – unserer Hypothese widersprechen-
de – Tendenz zu erkennen. Die der Hypothese widersprechenden Resultate sind rot
markiert.

Es sieht also danach aus, dass in der Entwicklung des S&P500 vor 1990 (also
vor der Entwicklung hocheffizienter und liquider Derivatemärkte) eher Trendfolge-
Tendenzen auszumachen sind, die dann in verstärkte mean-reversion-Tendenzen
gekippt sind.

Ähnliche Ergebnisse zeigen sich auch für DAX und EuroStoxx (allerdings haben
wir hier nur Daten ab 1988 bzw. ab 1992), wie aus den folgenden Tabellen (exemplarisch für den Wert $s = 4$) zu ersehen ist.

DAX:

Zeitraum	Paketlänge s	Häufigkeit 1er insgesamt	Häufigkeit 1er nach s Mal 1	Häufigkeit 1er nach s Mal 0
1988 – 1999	4	0.537	0.512	0.563
2000 – 2009	4	0.524	0.509	0.619
2010 – 2017	4	0.541	0.529	0.566

EuroStoxx:

Zeitraum	Paketlänge s	Häufigkeit 1er insgesamt	Häufigkeit 1er nach s Mal 1	Häufigkeit 1er nach s Mal 0
1988 – 1999	4	0.559	0.545	0.525
2000 – 2009	4	0.501	0.444	0.508
2010 – 2017	4	0.510	0.469	0.575

Die Ergebnisse für die Hypothese sind allerdings weniger stark ausgeprägt als beim
S&P500.

Wiederum sind die Ergebnisse für die Hypothese überzeugender in den Zeitbereichen nach dem Jahr 2000 als in der Zeit vor dem Jahr 2000.

Auf unserer Homepage haben Sie die Möglichkeit mit unserer Software sehr einfach solche run-Tests für beliebige Kursdaten und beliebige Zeitbereiche selbst
durchzuführen. Siehe: https://app.lsqf.org/book/run-analysis

Natürlich lässt sich auf solchen Beobachtungen keine nachhaltig erfolgreiche Handelsstrategie begründen! Aber sie lassen sich doch als Begründungen dafür anführen, dass in der Entwicklung von Aktienindices oder in den Kursen von Einzelaktien zumindest über gewisse Zeitperioden bestimmte Tendenzen zu erkennen sind, die diese Entwicklungen von reinen Zufallsentwicklungen unterscheiden.

1.25 Bemerkung zu einer einfachen Handelsstrategie nach Signalen durch exponentiell gleitende Durchschnitte

Dieses Kapitel und die zugehörige Software auf der Homepage wurde im Wesentlichen von meinem Mitarbeiter Alexander Brunhumer erstellt.

Eine grundsätzlich naheliegende Strategie um am Aktienmarkt erfolgreich zu sein, wäre es, eine Aktie immer dann zu kaufen, wenn ihr Preis aktuell niedrig ist und wieder zu verkaufen (und unter Umständen zusätzlich eine Short-Position zu öffnen), wenn der Preis wieder hoch ist. Beschäftigt man sich jedoch mit der Frage, wann der Preis einer Aktie als „niedrig" oder als „hoch" anzusehen ist, beginnen natürlich die Schwierigkeiten. Ideal wäre ein Fall, wie er in Abbildung 1.47 veranschaulicht ist.

Abbildung 1.47: Idealform einer Market-Timing-Strategie veranschaulicht an täglichen S&P500 Kursen. Wir würden gerne an den Zeitpunkten mit grünen Pfeilen kaufen, bei roten Pfeilen verkaufen

Natürlich weiß man zu einem beliebigen Zeitpunkt nicht, wie sich der Kurs eines Underlyings in Zukunft entwickeln wird, weshalb obiges Szenario reine Utopie

bleibt. Es wurden jedoch Strategien entwickelt, die sich zum Ziel setzen, ebenjenes Szenario anzunähern. Eine mögliche Strategie, die öfters Anwendung findet, wäre. die Handelszeitpunkte abhängig von exponentiell gleitenden Durchschnitten zu wählen. Dabei wendet man zur Berechnung solcher exponentiell gleitender Durchschnitte folgende Berechnungsvorschrift auf eine beliebige Zeitreihe S_t (z.B. tägliche Aktienkurse) an:
Wir definieren einen beliebigen Startzeitpunkt 0 in der Vergangenheit und setzen

$$E_0 = S_0$$
$$E_{t+1}(\alpha) = \alpha S_{t+1} + (1 - \alpha)E_t, \quad t \geq 0$$

Das führt zu einer geglätteten Zeitreihe E_t, wobei die Stärke der Glättung mit dem Parameter α gesteuert werden kann.

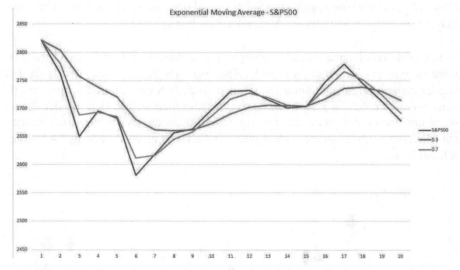

Abbildung 1.48: Veranschaulichung des exponentiell gleitenden Durchschnittes mit $\alpha = 0.3$ (orange) bzw. $\alpha = 0.7$ (grau)

Betrachten wir nun die Schnittpunkte zwischen der zugrunde liegenden Zeitreihe sowie dem zugehörigen exponentiell gleitenden Durchschnitt genauer. In Abbildung 1.49 haben wir die Schnittpunkte in zwei Kategorien unterteilt. Die roten Punkte sind jene, bei denen der exponentiell gleitende Durchschnitt die Zeitreihe von unten kommend schneidet, bei den grünen Punkte schneidet der exponentiell gleitende Durchschnitt die Zeitreihe von oben kommend. Dabei lässt sich rasch der Eindruck gewinnen, dass die roten Punkte jeweils über dem nachfolgenden grünen Punkt und die grünen Punkte jeweils unter dem nachfolgenden roten Punkt liegen. Sollte das wirklich so sein, würde das bezogen auf Aktienkurse bedeuten, dass man sicheren Gewinn machen würde, wenn man bei den roten Schnittpunkten verkauft und bei den grünen Schnittpunkten kauft.

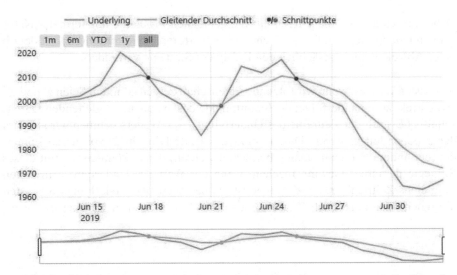

Abbildung 1.49: Schnittpunkte des Underlyings und dessen exponentiell gleitenden Durchschnitts

Jedoch vernachlässigt man bei dieser Betrachtung essentielle Einschränkungen dieser Strategie. Zuerst einmal ist die Vermutung, dass die roten Punkte immer über den grünen Punkten liegen, nicht unbedingt richtig. Es kann durchaus Fälle geben, wo dies nicht der Fall ist. Zusätzlich kann nicht unbedingt direkt zu den Zeitpunkten, in denen der Schnitt zwischen Kurs und Durchschnitt erfolgt, gehandelt werden, sondern erst zu jenem Zeitpunkt, an dem die Kurse überprüft werden (zum täglichen Handelsschluss, siehe Abbildung 1.51) zuzüglich einer gewissen Reaktionszeit, bis der Handel tatsächlich ausgeführt wird.

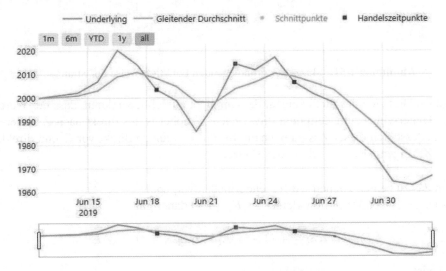

Abbildung 1.50: Abweichungen zwischen Handelszeitpunkten und Schnittpunkten führt zu möglichen Verlusten

Daher gilt es nun zu analysieren, ob die genannten Probleme nur formaler Natur sind und die Strategie auf lange Sicht dennoch erfolgreich durchführbar ist oder ob diese Abweichungen tatsächlich den Erfolg der Strategie verhindern.

Am besten wäre es, wenn wir folgende Eigenschaft zeigen könnten: Seien Z und Z' zwei direkt aufeinanderfolgende Schnittpunkte des exponentiell gleitenden Durchschnitts (E_i) mit der Zeitreihe des Underlyings (S_i). Weiters nehmen wir an, dass der exponentiell gleitende Durchschnitt das Underlying in Z von unten schneidet (der andere Fall kann analog betrachtet werden). Dann könnten wir mit dieser Strategie garantiert Gewinn machen, wenn der Wert des Underlyings im ersten Vergleichs-Zeitpunkt nach Z größer ist als der Wert des Underlyings im ersten Vergleichs-Zeitpunkt nach Z'. (Das entspricht $S_{l+1} > S_{k+1}$ in der Skizze).

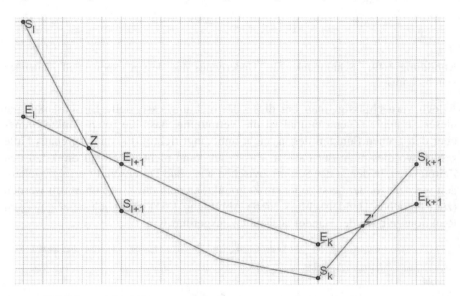

Abbildung 1.51: Skizze zur grundlegenden Funktionsweise der Strategie

Jedoch lässt sich das nicht zeigen, da man nicht ausschließen kann, dass der Wert des Underlyings zum Zeitpunkt direkt nach Z' höher ist als direkt nach Z. Allerdings lässt sich dieser Zusammenhang für die Zeitpunkte direkt vor Z und direkt vor Z' zeigen, also $S_l > S_k$ in der Skizze.

Um das zu zeigen können wir folgendermaßen vorgehen:
Es ist S_{l+1} nach Definition kleiner als E_{l+1} und daher gilt

$$E_{l+1} \doteq \alpha S_{l+1} + (1 - \alpha)E_l < \alpha E_{l+1} + (1 - \alpha)E_l.$$

Also ist

$$E_{l+1} < \alpha E_{l+1} + (1 - \alpha)E_l,$$

und daraus folgt nach Umformen

$$E_{l+1} < E_l.$$

Wenn auch noch S_{l+2} kleiner als E_{l+2} ist, dann zeigen wir ganz analog, dass $E_{l+2} < E_{l+1} < E_l$ gilt. Das können wir solange fortführen, solange der Kurswert kleiner als der zugehörige Durchschnittswert ist, also bis zu S_k und E_k. Wir erhalten dadurch also

$$E_k < \ldots < E_{l+2} < E_{l+1} < E_l$$

und folglich

$$S_k < E_k < E_l < S_l,$$

was zu zeigen war.

Also: Im letzten Beobachtungspunkt bevor der Kurs den exponentiellen gleitenden Durchschnitt von oben schneidet liegt dieser Kurs in jedem Fall höher als im nachfolgenden letzten Beobachtungspunkt bevor der Kurs den exponentiellen gleitenden Durchschnitt von unten schneidet.

Aber wie gesagt: Diese Aussage ist nicht mehr gültig, wenn wir oben jeweils den Ausdruck „*... im letzten Beobachtungspunkt bevor ...* " ersetzen durch „*... im ersten Beobachtungspunkt nachdem ...* ".

Dieser Umstand führt jedoch zu einem Verlustrisiko, da wir zu den Zeitpunkten S_l und S_k noch nicht wissen, dass die beiden Zeitreihen sich demnächst „*schneiden*". Man kann also erst danach handeln, was zu besagten Verlusten führen kann. Die Frage ist nun, ob die möglichen Gewinne diese Verluste aufwiegen oder man hier auf langfristige Sicht keine aussichtsreiche Chance auf Erfolge hat?

Um das näher zu beleuchten, hat das Team rund um den Autor ein Programm entwickelt, welches es ermöglicht, zu gegebenen Kursdaten und gegebenem Glättungsparameter α diese Strategie automatisch zu überprüfen. Das Programm ist unter
`https://app.lsqf.org/book/exponential-moving-average`
zur freien Verwendung bereitgestellt. Mit diesem Programm überprüfen wir anhand der Kursdaten von 30 unterschiedlichen Aktien aus dem Dow Jones Index die Performance der Handelsstrategie in zwei unterschiedlichen Zeiträumen, 1999 – 2008 sowie 2009 – 2018. Dabei errechnete man im Durchschnitt folgendes desaströse Ergebnis bei unterschiedlichen Parameterwahlen (von 0.1 bis 0.5 in Zehntelschritten) für α, noch **OHNE** Berücksichtigung der Transaktionskosten:

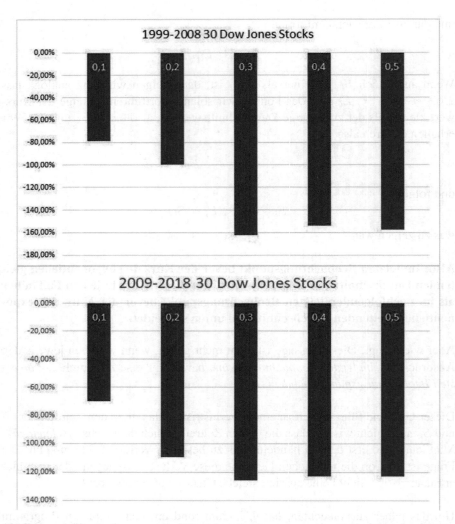

Abbildung 1.52: Performance der Handelsstrategie nach exponentiell gleitenden Durchschnitten überprüft an 30 Aktien des Dow Jones Index für verschiedene Werte von α zwischen 0.1 und 0.5. Dabei wurde der Preis der Aktie, den man beim ersten Handel bezahlte als Basis für den relativ ermittelten Gewinn bzw. Verlust genommen.

Auch Betrachtungen theoretischer Natur zeigen die durchschnittlich negative Rendite dieser Strategie. Bei der Anwendung der Strategie auf simulierte Aktienkurse nach dem Wiener'schen Modell erkennt man nach Durchführung von Monte-Carlo Simulation eine durchschnittlich deutlich negative Rendite (erneut bereits ohne Berücksichtigung von Transaktionskosten). Auch diese Analyse kann man auf der Website mithilfe eines Programmes selber nachvollziehen:
https://app.lsqf.org/book/exponential-moving-average-simulation

Kapitel 2

Derivate und Handel mit Derivaten, Grundbegriffe und Grundstrategien

Im Mittelpunkt unseres Interesses in diesem Buch stehen Finanz-Derivate und der Handel mit solchen Derivaten.

Optionen, Futures, Swaps, Caps, Floors, ... alles das sind Derivate. Derivate bilden die Grundbausteine verschiedenster komplexer strukturierter Finanzprodukte.

Oft treten Derivate auch in versteckter, nicht sofort erkennbarer Form in anderen Strukturen auf, zum Beispiel in Kündigungsrechten.

Auch wenn vielen nur peripher mit dem Finanzmarkt Tätigen, der Umgang mit Derivaten wenig vertraut, ja oft sogar suspekt ist, sind Derivate aus den modernen Finanzmärkten nicht wegzudenken und für ein reibungslosen Funktionieren der Märkte und anderer Wirtschaftsabläufe unabdingbar.

Ein Großteil des heutigen Handels basiert vielmehr direkt auf Derivaten und nicht auf den Basisprodukten selbst.

Und für den Mathematiker, den mathematisch an den Finanzmärkten Agierenden, ist der Derivatemarkt das eigentliche Betätigungsfeld. Nur hier lässt sich essentiell Mathematik einsetzen. Nur hier ist es möglich, nachweisbar mit mathematischen Methoden in gewissen Situationen Vorteile am Finanzmarkt herausarbeiten zu können.

Und: Die Mathematik die hier eingesetzt wird, ist zuweilen höchst anspruchsvoll.

In diesem – sehr elementaren – Kapitel werden wir die grundlegenden Derivate-

G. Larcher, *Quantitative Finance*, https://doi.org/10.1007/978-3-658-29158-7_2

Typen und ihre Basis-Eigenschaften vorstellen. Wir werden uns fragen, wer, wie, aus welchen Gründen diese Derivate einsetzt und dabei ganz grundlegende erste Derivat-Strategien kennenlernen.

Und schließlich werden wir – nach der Definition „friktionsloser Märkte" und der Diskussion des „No-Arbitrage-Prinzips" – erste grundlegende Beziehungen zwischen verschiedenen Derivaten kennenlernen und erste einfachste Arbitrage-Möglichkeiten zu nutzen versuchen.

2.1   Was ist ein Derivat?

Ein Derivat, ein derivatives Finanzprodukt, ist ein Finanzprodukt das sich auf ein anderes Finanzprodukt bezieht. Wir werden – wenn wir uns exakt ausdrücken – im Folgenden stets von einer „Option auf die Allianz-Aktie", „einer Option auf den Euro/Dollar-Wechselkurs", einem „Future auf eine Deutsche Bundes-Anleihe", einer „Option auf den Volatilitätsindex VIX", einem „Swap zwischen 6-Monats-Euribor und 10-Jahres-Euro-Swaprate", ... usw., usf. sprechen. Und wir werden sogar auf Derivate zweiter Ebene stoßen, zum Beispiel auf „Optionen auf den Future auf den S&P500-Index".

Das Finanzprodukt A, auf das sich ein bestimmtes Derivat D bezieht, heißt das „underlying" oder das „Basisprodukt" von D.

Das Derivat D ist stets dadurch gegeben, indem definiert wird, welche Cashflows in der Zukunft durch das Derivat erzeugt werden, wenn das underlying eine bestimmte Kursentwicklung nimmt.

Ein Derivat kann sich auch auf mehrere underlyings (Basisprodukte) beziehen, also Cashflows erzeugen, die von der Kursentwicklung mehrerer anderer Finanzprodukte abhängen.

Viele Derivate werden an Derivatebörsen gehandelt (zum Beispiel an zwei der wichtigsten internationalen Derivatebörsen, an der CBOE und an der CME, die beide in Chicago beheimatet sind). Viele Derivate werden aber auch außerbörslich gehandelt, zwischen Investoren und Banken oder anderen Finanzunternehmen. Man spricht dann von OTC-Handel („over-the-counter").

Derivate können von äußerst komplexer Form sein. Wir beginnen unsere Untersuchungen, indem wir die einfachste Form von Derivaten, sogenannte „plain-vanilla-Optionen" und einfache „Futures", einführen.

2.2 Europäische plain-vanilla-Optionen, Definition und grundlegende Eigenschaften

Der ungewöhnliche Name „plain-vanilla" soll Sie nicht irritieren, es ist einfach eine Umschreibung für . . . „gewöhnlich". Der Ursprungsort des Begriffs „plain-vanilla" für „gewöhnlich" sollen die amerikanischen Südstaaten sein. Die Standardsorte für Eiscreme ist dort Vanille, bestellt man dort also ein ganz gewöhnliches Eis, dann bestellt man eben „plain vanilla".

Es handelt sich bei „plain-vanilla-Optionen" also um den grundlegendsten und einfachsten Typ von Optionen.

Konkret werden wir uns im Folgenden beschäftigen mit:

Call-Optionen und **Put-Optionen**

Diese Optionsarten können jeweils von **amerikanischem** oder **europäischem** Typ sein (diese Typenarten haben allerdings in keiner Weise irgendetwas mit geografischer Einteilung zu tun!)

Für jede dieser Optionsarten von jedem der beiden Typen kann man eine **Long-Position** oder eine **Short-Position** eingehen.

Wir haben es also mit 8 verschiedenen möglichen Varianten zu tun:
Von **„amerikanische Call Long"** bis **„europäische Put Short"**.

Statt: *„Ich gehe eine **Long-Position** in eine europäische Call-Option ein"*, sagt man häufig auch *„Ich **kaufe** eine europäische Call-Option"*.

Und statt: *„Ich gehe eine **Short-Position** in eine europäische Call-Option ein"*, sagt man häufig auch *„Ich **verkaufe** eine europäische Call-Option"*.

Der Grund für die Sprachregelung ist folgender:
Beim Eingehen einer **Long-Position** hat man stets im Moment des Eingehens **eine Prämie zu bezahlen** (den Preis der Option, also „man kauft die Option").
Beim Eingehen einer **Short-Position erhält** man stets im Moment des Eingehens **eine Prämie bezahlt** (den Preis der Option, also „man verkauft die Option").

Diese Sprachregelung ist praktisch und weit verbreitet, kann aber zu Beginn der Beschäftigung mit Optionen – vor allem im Fall der Short-Position – irreführend sein:
Man kann nämlich **jederzeit Short-Positionen in einer Option eingehen (unabhängig davon ob man bereits Positionen Long oder Short hält oder nicht).**
Das übliche „Verkaufen" eines Produkts setzt aber normaler Weise den Besitz des Produkts voraus.

Wir werden dennoch diese Sprachregelung im Lauf der Zeit häufig übernehmen. Wichtig ist aber zu wissen: Ich kann jederzeit eine Short-Position in einer Option einnehmen („eine Option verkaufen"), nicht nur dann wenn ich schon eine Option „besitze"!

Jede der oben aufgezählten Optionen von jedem Typ und in jeder Position hat die folgenden bestimmenden Parameter:

Options-Parameter:

das **underlying** *(das Basisprodukt)* A *(eine Aktie, ein Index, ein Wechselkurs, ein Zinssatz, . . .)*

das **Fälligkeitsdatum** T *(ein konkreter genau definierter Zeitpunkt in der Zukunft)*

der **Strike** *(oder Strikepreis)* K

Jede der oben aufgezählten Optionen von jedem Typ und in jeder Position hat den folgenden variablen Parameter:

variabler Parameter:

der **Preis der Option** *(den wir im Folgenden mit* C *im Fall der Call-Optionen und mit* P *im Fall der Put-Optionen bezeichnen)*

Jede Option bezieht sich auf das underlying A, und jede Option „lebt" bis zum Zeitpunkt T und ist danach verfallen.

Unter der **„Restlaufzeit"** einer Option verstehen wir den Zeitraum (bzw. die Zeitdauer) **von jetzt bis zum Fälligkeitszeitpunkt** T. Häufig (wenn keine Verwechslungen möglich sind) bezeichnen wir auch die Restlaufzeit mit dem Buchstaben T und wir bezeichnen in diesem Fall das **Zeitintervall von jetzt (= Zeitpunkt 0) bis zum Fälligkeitsdatum mit** $[0, T]$.

Wir gehen davon aus, dass die Optionen die wir betrachten während der Laufzeit stets handelbar sind. Entweder an der Börse an der sie gehandelt werden (bei börsengehandelten Optionen) oder direkt mit dem Finanzunternehmen mit dem die Options-Position abgeschlossen wurde (bei OTC-Optionen).

Für einen beliebigen Zeitpunkt t aus $[0, T]$ bezeichnen wir den **Preis einer Call-Option zum Zeitpunkt** t **mit** $C(t)$ und den **Preis einer Put-Option zum Zeitpunkt** t **mit** $P(t)$. (Für $C(0)$ bzw. $P(0)$ schreiben wir häufig kurz C bzw. P.)

Bin ich zu einem gewissen Zeitpunkt t_1 aus $[0, T]$ eine Long-Position in eine Option eingegangen, und bin ich zu einem gewissen anderen Zeitpunkt t_2 aus $[0, T]$ eine Short-Position in genau dieselbe Option eingegangen, dann neutralisieren sich die beiden Positionen. Man sagt auch: **Die Option ist glattgestellt.** Man hat dann keine Position mehr in dieser Option.

Zur Zeit t_1 hat man dabei den Preis der Option ($C(t_1)$ oder $P(t_1)$) bezahlt, und zur Zeit t_2 hat man den Preis der Option ($C(t_2)$ oder $P(t_2)$) erhalten.

Wir beschäftigen uns vorerst nur mit **EUROPÄISCHEN** Optionen:

CALL-Optionen:

a) Bin ich zur Zeit t eine **Long-Position** in einer **europäischen Call-Option** auf das underlying **A** mit **Fälligkeit T** und mit **Strike K** eingegangen:

Dann habe ich **zur Zeit t den Preis $C(t)$ der Option bezahlt.**
Und ich habe mir damit das **Recht** *erworben,* **zum Zeitpunkt T** *ein Stück von* **A** *zum Strikepreis* **K** *zu kaufen (unabhängig davon welchen Preis das underlying A zur Zeit T hat).*

Wichtig ist: Man hat das **Recht, nicht die Pflicht** diesen Kauf zu tätigen! Wann wird man dieses Recht ausüben? Genau dann, wenn der tatsächliche Preis des underlyings A zur Zeit T größer ist als der Strikepreis K. Denn dann kann man sofort das underlying A zum höheren tatsächlichen Preis wieder verkaufen und hat damit einen positiven Payoff zur Zeit T kreiert.

Wir bezeichnen im Folgenden mit **S(t) den tatsächlichen Preis des underlyings A zur Zeit t.**

- Wenn dann also zur Zeit T gilt, dass $S(T) > K$, dann übe ich das Recht aus, A um den Preis K zu kaufen und ich verkaufe das Stück A sofort wieder um den tatsächlichen Preis $S(T)$. Der Payoff, den ich zur Zeit T damit kreiert habe, ist dann die Differenz $S(T) - K$.
- Wenn zur Zeit T allerdings gilt, dass $S(T) \leq K$, dann werde ich dieses Recht natürlich nicht ausüben. Zur Zeit T habe ich dann einen Cashflow von 0. Man sagt: „Die Option verfällt wertlos."

Der **Payoff, der sich durch eine Long-Position in einer Call-Option zur Zeit T** somit ergibt ist

$$\max(S(T) - K, 0)$$

(also der größere der beiden Werte $S(T) - K$ bzw. 0). Tatsächlich wird aber (bis auf wenige Ausnahmefälle mit denen wir uns nicht beschäftigen werden) dieser **Vorgang des Kaufens und Verkaufens des underlyings nicht**

ausgeführt!

Sondern: Es wird zum Zeitpunkt T dieser Payoff $\max\left(S\left(T\right)-K,0\right)$ automatisch an den Halter der Long-Position ausbezahlt.

> Also zusammengefasst:
> Der Halter einer **Long-Position in einer europäischen Call-Option** auf das underlying A mit Fälligkeit T und Strike K erhält zur Zeit T einen **Payoff** in Höhe von $\max\left(S\left(T\right)-K,0\right)$ **ausbezahlt**. Da er die Option anfangs zum Preis $C(t)$ erworben hat, beträgt sein **Gewinn (Verlust) aus der Options-Position** $\max\left(S\left(T\right)-K,0\right)-C\left(t\right)$.

Bemerkungen dazu:

- Die naheliegende Frage, wer den Payoff ausbezahlt, wird sofort weiter unten beantwortet.

- Man darf nicht vergessen: Darüberhinaus kann die Long-Position jederzeit durch Eingehen einer Short-Position noch vor der Fälligkeit T glattgestellt werden (zum dann gerade geltenden Preis der Option)!

Hilfreich und wichtig ist, sich die Payoff-Funktion und die Gewinn-Funktion einer Long-Position in einer Call-Option anhand der folgenden Graphen zu veranschaulichen und einzuprägen.

Payoff/Gewinn – Funktion einer Call-Option Long

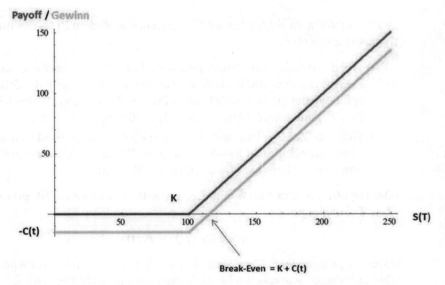

Abbildung 2.1: Payoff- und Gewinn-Funktion Call-Option Long

Auf der waagrechten x-Achse sind die möglichen Werte für den Kurs $S(T)$ des underlyings zum Zeitpunkt T aufgetragen. Die **rote Kurve** zeigt den **Payoff einer Call-Option** mit Strike K (hier $K = 100$). Der Payoff ist 0 wenn $S(T)$ kleiner als K ist und er wächst linear (mit Steigung 1) an, wenn $S(T)$ größer als K ist.

Die **grüne Kurve** zeigt den **Gewinn/Verlust**, der mit einer Call-Option mit Strike K (hier $K = 100$) realisiert wird. Die grüne Kurve entspricht natürlich genau der um $C(t)$ nach unten verschobenen Payoff-Kurve. Man erkennt den fix durch $C(t)$ nach unten begrenzten Verlustbereich und den prinzipiell nach oben hin unbegrenzten Gewinnbereich. Solange $S(T)$ kleiner als der sogenannte „**Break-Even-Wert**" $K + C(t)$ ist, beschert die Long-Position in der Call-Option einen Verlust. Erst wenn $S(T)$ größer als $K + C(t)$ ist, erzielt die Call-Option einen – linear mit $S(T)$ wachsenden – Gewinn.

Im Moment in dem eine Investorin W eine Long-Position in einer bestimmten Call-Option einnimmt, sie also den Optionspreis $C(t)$ bezahlt und sich damit ein Recht erkauft, genau in diesem Moment muss eine andere Investorin M bereit sein, genau dieses Recht an W zu verkaufen, also eine Verpflichtung W gegenüber einzugehen. Sie erhält dafür die Prämie $C(t)$ vorab von W. Sie begibt sich in die Short-Position. Andernfalls kommt der Handel dieser Option nicht zu Stande. Also:

b) Bin ich zur Zeit t eine **Short-Position** in einer **europäischen Call-Option** auf das underlying **A** mit **Fälligkeit T** und mit **Strike K** eingegangen:

*Dann habe ich **zur Zeit** t **den Preis** C(t) **der Option bekommen**.*

*Dafür bin ich aber die **Verpflichtung** eingegangen, **zum Zeitpunkt** T **ein Stück von** A **zum Strikepreis** K **zu verkaufen** falls dies von mir (durch den Halter der Long-Position) gefordert wird.*

Wichtig ist: Man hat **die Pflicht** diesen Verkauf zu tätigen falls er von mir gefordert wird!

Wann wird man dieser Pflicht nachkommen müssen? Genau dann, wenn der tatsächliche Preis des underlyings A zur Zeit T größer ist als der Strikepreis K. Denn dann wird der Halter der Long-Position seine Option ausüben wollen. Theoretisch müsste ich dann die Aktie am Markt um $S(T)$ erwerben und sie um K an den Halter Long-Position verkaufen. Dies würde mich insgesamt $S(T) - K$ kosten. Im anderen Fall verfällt die Option wertlos. Ich hätte keine Zahlung zu leisten. Wie schon in Punkt a) erläutert, wird dieser

Vorgang so aber nicht durchgeführt, sondern ich habe stattdessen eine Zahlung in Höhe von

$\max\left(S\left(T\right) - K, 0\right)$ an den Halter der Long-Position zu leisten.

> Also zusammengefasst:
> Der Halter einer **Short-Position in einer europäischen Call-Option** auf das underlying A mit Fälligkeit T und Strike K muss zur Zeit T einen **Payoff** in Höhe von $\max\left(S\left(T\right) - K, 0\right)$ **bezahlen**.
> Da er für das Eingehen der Short-Position anfangs den Optionspreis $C(t)$ erhalten hat, beträgt sein **Gewinn (Verlust) aus der Options-Position** $-\max\left(S(T) - K, 0\right) + C(t)$.

Bemerkung dazu:

- Man darf nicht vergessen: Darüberhinaus kann die Short-Position jederzeit durch Eingehen einer Long-Position noch vor der Fälligkeit T glattgestellt werden (zum dann gerade geltenden Preis der Option)! Man hat damit dann die Verpflichtung an einen anderen Investor weitergegeben.

Die **Aufgabe der Optionsbörse** besteht nun in Folgendem:

- Vermittlung von Interessenten an Long- und Short-Positionen in den Optionen bzw. geeignete Preisbildung.

- Abwicklung des Eingehens der Positionen (von „Kauf" und „Verkauf" der Option)

- Vorab Sicherstellung dass der Inhaber der Short-Position auch sicher in der Lage ist, seiner Verpflichtung zur Zeit T nachzukommen (die etwaige Zahlung leisten zu können). **Jeder Investor, der eine Short-Position in einer Option eingeht, muss dazu Sicherheiten (Margin) hinterlegen!** Über die Höhe dieser Margin unterhalten wir uns etwas später.

- Abwicklung der Auszahlung des Payoffs zwischen den Haltern der Long- und der Short-Position zur Zeit T.

Die Form von Payoff-Kurve und von Gewinn-/Verlust-Kurve einer Short-Position ist damit klarer Weise gerade das Negative der entsprechenden Kurven der Long-Position.

Payoff/Gewinn – Funktion einer Call-Option Short

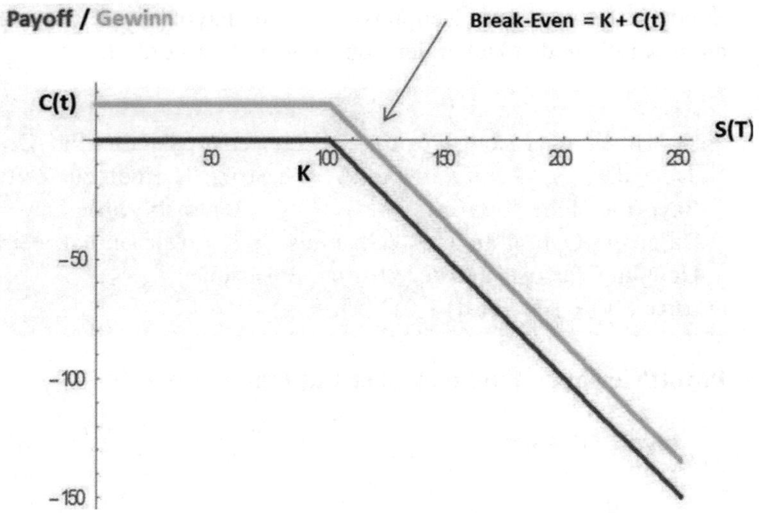

Abbildung 2.2: Payoff- und Gewinn-Funktion Call-Option Short

Man erkennt den fix durch $C(t)$ nach oben begrenzten Gewinnbereich und den prinzipiell nach unten hin unbegrenzten Verlustbereich. Solange $S(T)$ kleiner als der „**Break-Even-Wert**" $K + C(t)$ ist, erzielt die Short-Position in der Call-Option einen Gewinn. Wenn $S(T)$ größer als $K + C(t)$ ist, beschert die Short-Position in der Call-Option einen Verlust, der linear mit wachsendem $S(T)$ ansteigt.

Put-Optionen werden nach genau demselben Konzept definiert. Lediglich an die Stelle des Rechts (für die Long-Position) zu kaufen tritt nun das Recht zu **ver**kaufen. Daher:

PUT-Optionen:

c) Bin ich zur Zeit t eine **Long-Position** in einer **europäischen Put-Option** auf das underlying **A** mit **Fälligkeit T** und mit **Strike K** eingegangen:

*Dann habe ich **zur Zeit t den Preis** P(t) **der Option bezahlt.***
*Und ich habe mir damit das **Recht** erworben, **zum Zeitpunkt T ein Stück von A zum Strikepreis K zu verkaufen** (unabhängig davon welchen Preis das underlying A zur Zeit T hat).*

Der **Payoff, der sich durch eine Long-Position in einer Put-Option zur Zeit T** somit ergibt, ist $\max\left(K - S\left(T\right), 0\right)$ (also der größere der beiden

Werte $K - S(T)$ bzw. 0). Tatsächlich wird aber dieser **Vorgang des Ver-kaufens und Kaufens des underlyings nicht ausgeführt!**
Sondern: Es wird zum Zeitpunkt T dieser Payoff $\max(K - S(T), 0)$ automatisch an den Halter der Long-Position ausbezahlt.

> Also zusammengefasst:
> Der Halter einer **Long-Position in einer europäischen Put-Option** auf das underlying A mit Fälligkeit T und Strike K erhält zur Zeit T einen **Payoff** in Höhe von $\max(K - S(T), 0)$ **ausbezahlt**.
> Da er die Option anfangs zum Preis $P(t)$ erworben hat, beträgt sein **Gewinn (Verlust) aus der Options-Position**
> $\max(S(T) - K, 0) - P(t)$.

Payoff/Gewinn – Funktion einer Put-Option Long

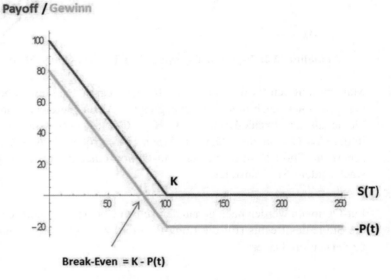

Abbildung 2.3: Payoff- und Gewinn-Funktion Put-Option Long

Die **rote Kurve** zeigt den **Payoff einer Put-Option** mit Strike K (hier wieder $K = 100$). Der Payoff ist 0, wenn $S(T)$ größer als K ist und er wächst linear (mit Steigung 1) mit fallendem $S(T)$ an, wenn $S(T)$ kleiner als K ist.

Die **grüne Kurve** zeigt den **Gewinn/Verlust** der mit einer Put-Option mit Strike K (hier $K = 100$) realisiert wird. Die grüne Kurve entspricht natürlich genau der um $P(t)$ nach unten verschobenen Payoff-Kurve. Man erkennt den fix durch $P(t)$ nach unten begrenzten Verlustbereich und den nach oben hin zwar begrenzten aber potentiell großen Gewinnbereich. Solange $S(T)$ größer als der **„Break-Even-Wert"** $K - P(t)$ ist, beschert die Long-Position in der Put-Option einen Verlust. Erst wenn $S\,(T)$ kleiner als $K - P\,(t)$ ist, erzielt die Put-Option einen – linear mit fallendem $S\,(T)$ wachsenden – Gewinn.

d) Bin ich zur Zeit t eine **Short-Position** in einer **europäischen Put-Option** auf das underlying **A** mit **Fälligkeit T** und mit **Strike K** eingegangen:

*Dann habe ich **zur Zeit t den Preis P (t) der Option bekommen**. Dafür bin ich aber die **Verpflichtung** eingegangen, **zum Zeitpunkt T ein Stück von A zum Strikepreis K zu kaufen**, falls dies von mir (durch den Halter der Long-Position) gefordert wird.*

Dieser Vorgang wird so aber wiederum nicht durchgeführt, sondern ich habe stattdessen eine Zahlung in Höhe von $\max\,(K - S\,(T)\,,0)$ an den Halter der Long-Position zu leisten.

> Also zusammengefasst:
> Der Halter einer **Short-Position in einer europäischen Put-Option** auf das underlying A mit Fälligkeit T und Strike K muss zur Zeit T einen **Payoff** in Höhe von $\max\,(K - S\,(T)\,,0)$ **bezahlen**.
> Da er für das Eingehen der Short-Position anfangs den Optionspreis $P\,(t)$ erhalten hat, beträgt sein **Gewinn (Verlust) aus der Options-Position** $-\max\,(K - S\,(T)\,,0) + P\,(t)$.

Payoff/Gewinn – Funktion einer Put-Option Short

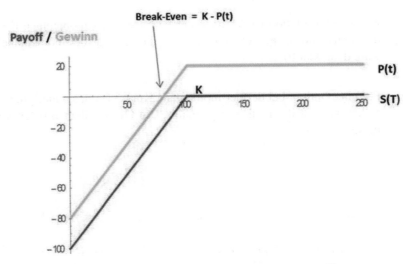

Abbildung 2.4: Payoff- und Gewinn-Funktion Put-Option Short

Man erkennt den fix durch $P(t)$ nach oben begrenzten Gewinnbereich und den nach unten hin zwar begrenzten aber potentiell hohen Verlustbereich.

Solange $S(T)$ größer als der **„Break-Even-Wert" $K - P(t)$** ist, erzielt die Short-Position in der Put-Option einen Gewinn. Wenn $S(T)$ kleiner als $K - P(t)$ ist, beschert die Short-Position in der Put-Option einen Verlust, der linear mit fallendem $S(T)$ ansteigt.

Eine Bemerkung zum Sprachgebrauch: Für eine Option, die im Moment, bei sofortiger Ausübung einen „deutlichen" Payoff erzielen würde, sagt man: **„Die Option liegt im Geld (in the money, ITM)".**

Für eine Call-Option ist das dann der Fall, wenn der momentane Kurs $S(t)$ des underlyings „deutlich" über dem Strike K liegt (der momentane Payoff wäre dann $S(t) - K$, also deutlich positiv).

Für eine Put-Option ist das dann der Fall, wenn der momentane Kurs $S(t)$ des underlyings „deutlich" unter dem Strike K liegt (der momentane Payoff wäre dann $K - S(t)$, also deutlich positiv).

Für eine Option, die im Moment, bei sofortiger Ausübung „deutlich" keinen Payoff erzielen würde, sagt man: **„Die Option liegt aus dem Geld (out of the money, OTM)"**

Für eine Call-Option ist das dann der Fall, wenn der momentane Kurs $S(t)$ des underlyings „deutlich" unter dem Strike K liegt (der momentane Payoff wäre dann klar 0).

Für eine Put-Option ist das dann der Fall, wenn der momentane Kurs $S(t)$ des underlyings „deutlich" über dem Strike K liegt (der momentane Payoff wäre dann klar 0).

Für eine Option, bei der der momentane Kurs $S(t)$ des underlyings „in der Nähe" vom Strike K liegt sagt man: **„Die Option liegt am Geld (at the money, ATM)".**

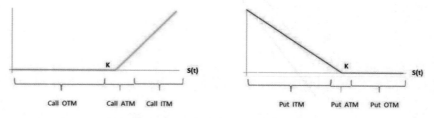

Abbildung 2.5: OTM, ATM und ITM Optionen

2.3 Amerikanische Optionen

Wir erinnern uns:

> Der Halter einer **Long-Position in einer europäischen Call-Option** auf das underlying A mit Fälligkeit T und Strike K erhält zur Zeit T einen **Payoff** in Höhe von $\max\left(S\left(T\right) - K, 0\right)$ **ausbezahlt**.

Wir haben in den beiden nachfolgenden Bildern die Situation einer Long-Position in einer Call-Option mit möglichen Entwicklungen des underlyings (blau) während der Laufzeit der Option (x-Achse) dargestellt. In Abbildung 2.6 endet die Entwicklung des Kurses des underlyings deutlich über dem Strike K. Die Differenz $S\left(T\right) - K$ wird daher an den Halter der Long-Position ausbezahlt.

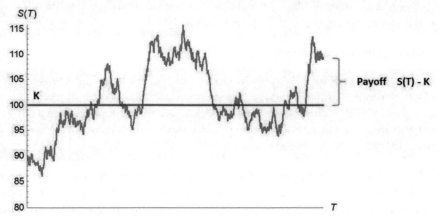

Abbildung 2.6: Beispiel Payoff Call Long

In Abbildung 2.7 endet die Entwicklung des Kurses des underlyings unter dem Strike K. Es kommt zu keiner Auszahlung, die Option verfällt wertlos.

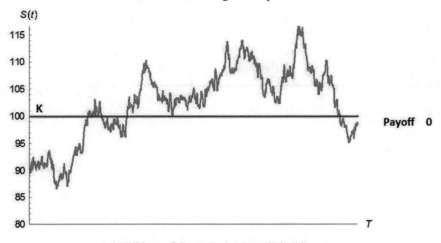

Abbildung 2.7: Beispiel Payoff Call Long

Im Fall einer **amerikanischen** Call-Option hat der Halter der Call-Option dagegen eine zusätzliche Wahlmöglichkeit:

Bei einer **amerikanischen** Call-Option hat er **zu einem beliebigen Zeitpunkt seiner Wahl bis zur Zeit T die Möglichkeit die Option auszuüben**, das heißt, er hat (einmalig !) zu einem beliebigen Zeitpunkt t bis zur Zeit T die Möglichkeit, eine Auszahlung in der Höhe $S(t) - K$ einzufordern.

Also:

> Der Halter einer **Long-Position in einer amerikanischen Call-Option** auf das underlying A mit Fälligkeit T und Strike K erhält zu einem **beliebigen Zeitpunkt t seiner Wahl** während der Laufzeit der Option einen **Payoff** in Höhe von $\max(S(t) - K, 0)$ **ausbezahlt**.

Natürlich ergibt sich damit umgekehrt:

> Der Halter einer **Short-Position in einer amerikanischen Call-Option** auf das underlying A mit Fälligkeit T und Strike K muss – sobald dies zu einem bestimmten Zeitpunkt t während der Laufzeit der Option vom Halter der entsprechenden Long-Position gefordert wird – einen **Payoff** in Höhe von $\max(S(t) - K, 0)$ **bezahlen**.

Der Halter der Call-Option im amerikanischen Fall hätte bei der Entwicklung wie in Abbildung 2.7 bereits durchaus schon früher (etwa zu den Zeitpunkten t_1, t_2 oder t_3 (siehe Abbildung 2.8) an ein Ausüben der Option denken können. Dabei hätte er jeweils einen der dick grün markierten Payoffs ausbezahlt erhalten.

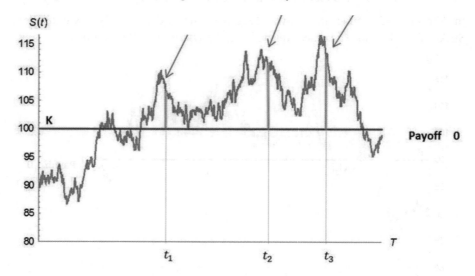

Abbildung 2.8: Beispiel Payoff Call Long, amerikanisch

Ganz analog ist die Situation nun natürlich bei der amerikanischen Put-Option:

> Der Halter einer **Long-Position in einer amerikanischen Put-Option** auf das underlying A mit Fälligkeit T und Strike K erhält zu einem **beliebigen Zeitpunkt t seiner Wahl** während der Laufzeit der Option einen **Payoff** in Höhe von $\max\left(K - S\left(t\right), 0\right)$ **ausbezahlt**.

Natürlich ergibt sich damit umgekehrt:

> Der Halter einer **Short-Position in einer amerikanischen Put-Option** auf das underlying A mit Fälligkeit T und Strike K muss – sobald dies zu einem bestimmten Zeitpunkt t während der Laufzeit der Option vom Halter der entsprechenden Long-Position gefordert wird – einen **Payoff** in Höhe von $\max\left(K - S\left(t\right), 0\right)$ **bezahlen**.

Der Halter einer amerikanischen Option hat also die zusätzliche vorzeitige Ausübe-Möglichkeit und damit aber auch die Qual der Wahl einer möglichst optimalen Entscheidung! Wie sollen wir uns in der Situation von Abbildung 2.9 entscheiden? Ausüben oder nicht? Wenn wir abwarten, wie entscheiden wir uns dann etwas später (Abbildung 2.10)?

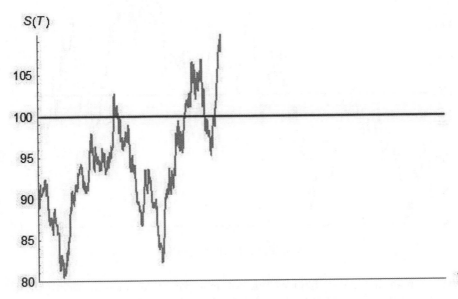

Abbildung 2.9: amerikanische Call, wie entscheiden?

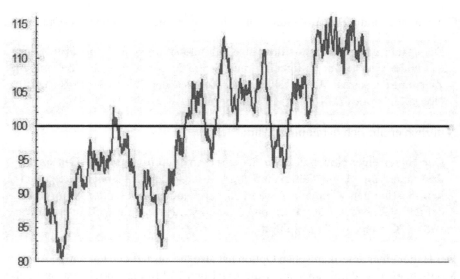

Abbildung 2.10: amerikanische Call, und jetzt?

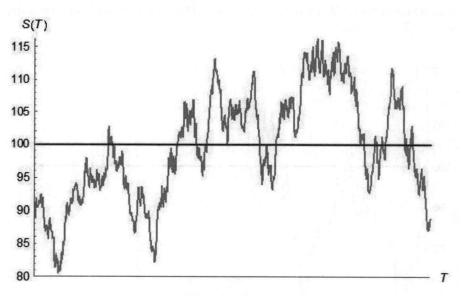

Abbildung 2.11: zu spät!

Wie soll man richtig entscheiden? Wie soll man wissen, ob man die richtige Entscheidung trifft oder nicht? Im Beispiel der Abbildungen 2.9 – 2.11 war das Zuwarten die falsche Entscheidung. Aber der Kurs des underlyings hätte nach Abbildung 2.10 auch genauso gut noch massiv nach oben gehen können und ein vorzeitiges Ausüben hätte dann einen möglichen viel höheren Gewinn vereitelt.

Kann es überhaupt eine Strategie geben, die zu einem optimalen Ergebnis führt? Wir werden uns später ausführlich mit dieser Frage beschäftigen. Hier vorerst nur so viel: Es gibt natürlich kein Rezept mit dessen Hilfe man garantiert den optimalen Ausübungszeitpunkt (also in unserem Beispiel den Höchststand des Kurses des underlyings während der Laufzeit) für die Ausübung erwischt. Aber wir werden doch in gewisser Weise „beste Strategien" kennen lernen!

Nur als kleinen Vorgeschmack schiebe ich das folgende Kapitel zum Thema Strategien ein. Es kann bei der Lektüre gerne – ohne Schaden für das Spätere – übersprungen werden.

2.4 Eine Strategie ist besser als keine Strategie und das „Sekretärs-Problem"

Wir widmen uns jetzt kurz einem **sehr** einfachen Spiel und wenden uns dann noch einer ganz konkreten Situation aus dem „Alltagsleben" – die in gewissem Sinn eine Erweiterung des Spiels ist – zu.

Beginnen wir mit dem **Spiel (Anfänger-Variante)**:

Das Spiel wird von einem Spieler A mit bzw. gegen einen Spieler B gespielt.

A schreibt – heimlich – auf zwei Zettel je eine ganz beliebige Zahl. Jede Zahl ist erlaubt, kleine, riesengroße, unermesslich negative, irrationale, rationale, ganze Zahlen, $-5, \pi, 2812.745, -10.000^{1.000.000^{10.000.000^{10.000.000.000}}}$ oder was auch immer sonst. Die zwei Zahlen müssen nur verschieden sein.

Die zwei Zettel werden gut gemischt und einer (nennen wir ihn Zettel 1) wird – für alle sichtbar – aufgedeckt.

Nun ist B an der Reihe: Er muss sich entscheiden, ob er diesen Zettel 1 haben möchte, oder den zweiten (Zettel 2), den er noch nicht zu Gesicht bekommen hat. Wählt B Zettel 1, dann bekommt A Zettel 2 und umgekehrt.

Gewonnen hat, wer die größere Zahl auf seinem Zettel hat.

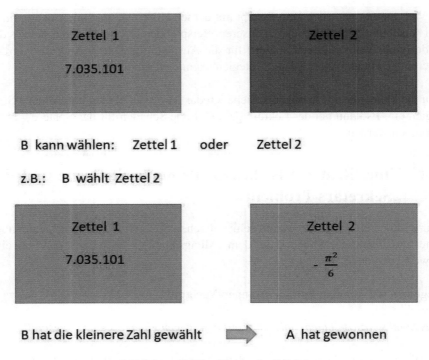

Abbildung 2.12: „Illustration" Spiel

Und jetzt fragen wir uns: **Ist dieses Spiel ein reines Glücksspiel oder gibt es für B eine Strategie mit der er seine Gewinnchancen von 50:50 zu seinen Gunsten erhöhen kann?**

Eine Gewinnchance von mindestens 50% kann B natürlich immer erreichen.
Zum Beispiel:
Die Strategie für Spieler B „Wähle immer den ersten Zettel" führt natürlich genauso zu einer genau 50%-igen Gewinnchance für beide Spieler wie zum Beispiel die Strategie „Wähle abwechselnd den ersten und dann den zweiten Zettel".

Eine andere, etwas vage formulierte, „Strategie" für Spieler B wäre: „Wenn dir die Zahl auf Zettel 1 eher groß erscheint, dann wähle Zettel 1, sonst Zettel 2." Da stellen sich zwei Fragen:

Erstens: *Was heißt: „Eher groß" genau?*
Ist 1.000.000 groß , oder schon 100, oder erst $10.000^{1.000.000^{10.000.000^{10.000.000.000}}}$?
Aber Sie wissen schon?: Unter allen reellen Zahlen ist „rechts" von $10.000^{1.000.000^{10.000.000^{10.000.000.000}}}$ genauso viel Platz wie „links" davon! Also „groß" ist in der Unermesslichkeit des Zahlen-Universums sehr relativ!
Auf jeden Fall muss sich Spieler B vorab entscheiden, wann er eine Zahl als groß

bezeichnen würde und wann nicht. Sagen wir, er entscheidet sich für eine bestimmte Schranke X. Wenn eine Zahl größer ist als X, dann ist sie für Spieler B groß, wenn sie kleiner ist als X, dann ist sie für Spieler B klein.

Zweitens: *Bringt diese Strategie eine Verbesserung der Gewinnwahrscheinlichkeit für B bzw. für welche Schranken X bringt sie eine Verbesserung?*

Was meinen Sie?

Die – vielleicht – überraschende Antwort ist: **Ganz gleich wie Sie die Schranke X wählen, die Gewinnwahrscheinlichkeit für Spieler B erhöht sich dadurch auf jeden Fall!** Sozusagen: *„Irgendeine Strategie ist besser als keine … "*

Und warum ist das so?

Bezeichnen wir die Zahl auf Zettel 1 mit $Z1$ und die Zahl auf Zettel 2 mit $Z2$. Dann gibt es sechs verschiedene Fälle:

Fall 1: $Z1 < Z2 \leq X$
Fall 2: $Z2 < Z1 \leq X$
Fall 3: $X < Z1 < Z2$
Fall 4: $X < Z2 < Z1$
Fall 5: $Z1 \leq X < Z2$
Fall 6: $Z2 \leq X < Z1$

Wir erwähnen gleich einmal:
Fall 1 tritt gleich wahrscheinlich auf wie Fall 2 (wenn beide Zahlen kleiner X sind, dann ist es gleich wahrscheinlich, dass die erste Zahl die Größere ist, wie dass die zweite Zahl die Größere der beiden ist.) Genauso ist Fall 3 gleich wahrscheinlich wie Fall 4.

Wenn wir unsere Strategie anwenden, dann:

- gewinnen wir in Fall 1 (wir wählen ja $Z1$ nicht, da es kleiner ist als X, nehmen also $Z2$, die ist größer als $Z1$, wir haben gewonnen)
- verlieren wir in Fall 2
- verlieren wir in Fall 3
- gewinnen wir in Fall 4

Da Fall 1 gleich wahrscheinlich ist wie Fall 2 gleichen sich hier Gewinn- und Verlust-Wahrscheinlichkeit aus. Das gleiche gilt für Fall 3 und Fall 4. Gewinn- und Verlust-Wahrscheinlichkeit gleichen sich aus. Wir haben also bisher noch nichts gewonnen und nichts verloren. Die Gewinnwahrscheinlichkeit bleibt bisher noch bei 50:50.

Es bleiben noch die Fälle 5 und 6. Wenn wir unsere Strategie anwenden, dann:

- gewinnen wir immer wenn Fall 5 eintritt
- gewinnen wir immer wenn Fall 6 eintritt

Das heißt: Wenn Fälle 5 und 6 eintreten dann gewinnen wir zu 100%. Und somit haben wir unsere gesamte Gewinnwahrscheinlichkeit auf über 50% erhöht!

Wie hoch unsere Gewinnwahrscheinlichkeit jetzt konkret ist, darüber können wir allerdings nichts aussagen. Das hängt davon ab, wie wahrscheinlich es ist, dass die Fälle 5 und 6 eintreten, darüber haben wir aber keine Information.

Interessant ist aber auf jeden Fall: Gleich wie wir die Entscheidungsgrenze X wählen, die Gewinnwahrscheinlichkeit für B wird größer als 50%!

So, und jetzt geht's zur **„Fortgeschrittenen-Variante"** des Spiels (die „Profivariante" gibt es dann auch noch):
Spieler A schreibt jetzt auf drei Zettel jeweils eine Zahl. Diese Zahlen $Z1$, $Z2$, $Z3$ sind beliebig, aber jede ist verschieden von den anderen.
Die Zettel werden gemischt.
Zettel 1 wird aufgedeckt. Spieler B entscheidet ob er Zettel 1 nimmt, oder nicht.
Wenn er Zettel 1 nicht nimmt, dann wird Zettel 2 aufgedeckt. B entscheidet ob er Zettel 2 nimmt, oder nicht.
Wenn er Zettel 2 auch nicht nimmt, dann erhält er Zettel 3.
Spieler A erhält jeweils die beiden Zettel die B nicht gewählt hat.
*Spieler B kann nur **einen** Zettel wählen!*

Gewonnen hat, wer den Zettel mit der größten Zahl in seinem Besitz hat.

Auf den ersten Blick sieht die Sache nicht sehr gut aus für Spieler B. Er hat ja am Ende nur einen Zettel, während A zwei Zettel besitzt. A's Chance scheint damit doppelt so groß zu sein wie B's Chance. Und es ist ja auch so: Wenn die „Strategie" von B darin bestehen würde, zum Beispiel immer den ersten Zettel zu nehmen, oder, immer den dritten Zettel zu nehmen, dann würde er mit Wahrscheinlichkeit $\frac{1}{3}$ die größte Zahl erwischen. Seine Gewinnchance würde also bei 33.33% liegen.

War es Zufall oder Absicht, dass ich im Absatz vorher nur vom zufälligen Wählen des **ersten** oder des **dritten** Zettels gesprochen habe? Wie sieht es mit der Wahl des zweiten Zettels aus?

Hier ist die Situation ein wenig anders:
Ich habe den ersten Zettel mit der Zahl $Z1$ nicht gewählt. Jetzt betrachte ich den zweiten Zettel mit der Zahl $Z2$. Ist $Z2$ kleiner als $Z1$, dann werde ich $Z2$ ganz sicher nicht wählen, da dann $Z2$ sicher nicht die größte der drei Zahlen sein kann.

Dann werde ich sicher $Z2$ verwerfen, also $Z3$ wählen.

Das wäre also eine mögliche **Strategie für B**:
Verwerfe $Z1$.
Wenn $Z2 > Z1$ dann wähle $Z2$.
Wenn $Z2 < Z1$ dann wähle $Z3$.

Wie sieht es bei dieser Strategie mit der Gewinn-Wahrscheinlichkeit aus?

Wenn $Z1$ die größte Zahl ist, dann verliere ich sicher (das passiert mit Wahrscheinlichkeit $\frac{1}{3}$).

Wenn $Z2$ die größte Zahl ist, dann gewinne ich sicher (das passiert ebenfalls mit Wahrscheinlichkeit $\frac{1}{3}$).

Wenn $Z3$ die größte Zahl ist (Wahrscheinlichkeit $\frac{1}{3}$), dann ist in der Hälfte dieser Fälle $Z1 > Z2$ (und ich gewinne) und in der Hälfte dieser Fälle ist $Z2 > Z1$ und ich verliere).

Zusammen ergibt das:
Bei Verwendung dieser Strategie gewinnt B genau mit Wahrscheinlichkeit $\frac{1}{2}$!

Also die auf den ersten Blick scheinbar aussichtslose Situation von Spieler B wandelt sich zumindest zu einem 50:50 Spiel für B. Und vielleicht gibt es ja sogar eine noch bessere Strategie!?

Nein, die gibt es nicht: Wenn keine weiteren Informationen vorhanden sind, dann ist dies die beste mögliche Strategie für B.

Natürlich ist jetzt klar, wie die **„Profi-Variante"** des Spiels aussieht:
Spieler A schreibt jetzt auf n Zettel jeweils eine Zahl.
Diese Zahlen $Z1, Z2, Z3, \ldots, Zn$ sind beliebig, aber jede ist verschieden von den anderen.
Die Zettel werden gemischt.
Zettel 1 wird aufgedeckt. Spieler B entscheidet ob er Zettel 1 nimmt oder nicht.
Wenn er Zettel 1 nicht nimmt, dann wird Zettel 2 aufgedeckt. B entscheidet ob er Zettel 2 nimmt oder nicht.
Wenn er Zettel 2 auch nicht nimmt, dann wird Zettel 3 aufgedeckt. B entscheidet ob er Zettel 3 nimmt oder nicht.
usw. ...
Wenn er Zettel $n - 2$ auch nicht nimmt, dann wird Zettel $n - 1$ aufgedeckt. B entscheidet ob er Zettel $n - 1$ nimmt oder nicht.
Wenn er Zettel $n - 1$ auch nicht nimmt, dann erhält er Zettel n.
*Spieler B kann nur **einen** Zettel wählen!*

Spieler A erhält jeweils alle anderen Zettel die B nicht gewählt hat.

Gewonnen hat, wer den Zettel mit der größten Zahl in seinem Besitz hat.

Für großes n (zum Beispiel $n = 1.000$) sieht die Situation für Spieler B jetzt natürlich verheerend aus! Wie soll es für ihn möglich sein mit einem (!) gegen $n - 1$ (z.B. 999) Zettel hier auf der Suche nach der größten Zahl reüssieren zu können?

Diese Spielsituation wird häufig in das folgende „Anwendungsbeispiel" verkleidet: Eine Büroleiterin ist dringend auf der Suche nach **einem** neuen Sekretär. Im Vorraum warten n Bewerber für diesen Job. Die Büroleiterin hat es so eilig, dass sie eigentlich nicht vorhat, mit allen n Bewerbern ein Gespräch zu führen. Also beginnt sie mit einem Bewerber nach dem anderen (in zufälliger Reihenfolge) ein kurzes Bewerbungsgespräch zu führen und sich danach jeweils sofort für oder gegen den Bewerber zu entscheiden. Natürlich hätte sie trotzdem gern den besten Bewerber .... Gibt es eine geeignete Strategie mit der sie mit möglichst großer Wahrscheinlichkeit trotz des Zeitdrucks den besten Bewerber auswählt? Dieses – zugegebenermaßen ein bisschen konstruierte – Beispiel heißt in der Literatur „Sekretärinnen-Problem" und stellt natürlich dieselbe Situation dar wie die Profiversion unseres Spiels. Die Büroleiterin hat dabei die Rolle von Spieler B.

Also: Zurück zur Profiversion, Lösung der Fragestellung und Anwendung aufs Sekretärs-Problem!

Nach einiger Analyse erweist es sich, dass man auch im allgemeinen Fall prinzipiell so vorgehen sollte, wie wir das im Fall mit 3 Zetteln schon gemacht haben:

Wir beginnen mit einer gewissen **Beobachtungsphase**, sagen wir der Länge m. Das heißt: Wir sehen uns die ersten m Zahlen $Z1, Z2, \ldots, Zm$ zwar an, verwerfen sie aber.

Ab dann aber, nach der Beobachtungsphase, also ab $Z(m + 1)$ wählen wir die erste auftretende Zahl die größer ist als alle vorangegangenen Zahlen (wenn keine solche mehr auftreten sollte, dann bleibt uns Zn und wir haben ohnehin verloren).

Die Fragen die sich stellen, sind:

- Wie ist m, also die Länge der Beobachtungsphase optimal zu wählen?

- Wie groß ist unter der Verwendung dieser Strategie (und bei optimalem m) die Wahrscheinlichkeit, dass Spieler B das Spiel gewinnt?

Wir leiten für den tiefergehend mathematisch interessierten Leser die Antworten auf beide Fragen im Folgenden her. Man kann diese Herleitung aber ohne weiteres überspringen, denn wir fassen am Schluss die Antworten dann noch einmal zusammen.

Wenn wir wie beschrieben vorgehen, dann gewinnen wir ein Spiel genau dann – das lässt sich leicht überlegen, tun Sie das! – wenn **beide** folgende Bedingungen erfüllt sind:

a) Die größte Zahl, nennen wir sie Z, ist nicht unter den ersten m Zahlen gelegen (sondern zum Beispiel an der Stelle k die größer ist als m (also $k = m + 1$ oder $m + 2$ oder $m + 3$ oder ... oder n)).

b) Die größte Zahl die bis zur Stelle $k - 1$ aufgetreten ist, ist unter den ersten m Zahlen aufgetreten (und nicht unter den Zahlen $Z(m+1), Z(m+2), \ldots, Z(k-1)$).

Die Wahrscheinlichkeit dass Z genau an der Stelle k liegt ist natürlich $\frac{1}{n}$.
Die Wahrscheinlichkeit, dass für gegebenes k die Bedingung b) gilt ist offensichtlich $\frac{m}{(k-1)}$
(m „gute" Plätze für die bisher größte Zahl unter $k - 1$ möglichen Plätzen).

Die Wahrscheinlichkeit dass Z an der Stelle k liegt und die Bedingung b) gilt, ist (da die beiden Ereignisse voneinander unabhängig sind) gleich dem Produkt der Wahrscheinlichkeiten, also gleich $\frac{1}{n} \cdot \frac{m}{(k-1)}$.

Da k die möglichen Werte $m + 1, m + 2, \ldots, n$ annehmen kann, ist daher die Wahrscheinlichkeit dass Bedingungen a) und b) eintreten gleich

$$\sum_{k=m+1}^{n} \frac{1}{n} \cdot \frac{m}{k-1} = \frac{m}{n} \cdot \sum_{k=m+1}^{n} \frac{1}{k-1}$$

Jetzt ist also noch m so zu wählen, dass diese Wahrscheinlichkeit möglichst groß ist. Das lässt sich für gegebenes n natürlich exakt jeweils durchführen.

Zum Beispiel erhalten wir im Fall $n = 4$:

m	Gewinnwahrscheinlichkeit $= \frac{m}{4} \cdot \sum_{k=m+1}^{4} \frac{1}{k-1}$
1	$\frac{11}{24}$
2	$\frac{5}{12}$
3	$\frac{1}{4}$

Die größte dieser Wahrscheinlichkeiten ergibt sich für **m = 1** mit $\frac{11}{24} = 0.458333\ldots$
Also beste Strategie bei 4 Zahlen: Die erste Zahl abwarten, dann die erste wählen

die größer ist als alle vorigen. Mit Wahrscheinlichkeit von fast 46% wählt man mit dieser Methode die größte Zahl.

Für den Fall von 5 Zahlen, also $n = 5$ erhalten wir:

m	Gewinnwahrscheinlichkeit $= \frac{m}{5} \cdot \sum_{k=m+1}^{5} \frac{1}{k-1}$
1	$\frac{5}{12}$
2	$\frac{13}{30}$
3	$\frac{7}{20}$
4	$\frac{1}{5}$

Die größte dieser Wahrscheinlichkeiten ergibt sich für $m = 2$ mit $\frac{13}{30} = 0.43333\ldots$ Also beste Strategie bei 5 Zahlen: Die erste Zahl und die zweite Zahl abwarten, dann die erste wählen die größer ist als alle vorigen. Mit Wahrscheinlichkeit von über 43% wählt man mit dieser Methode die größte Zahl.

Es sieht fast so aus, als würde die Gewinnwahrscheinlichkeit für Spieler B mit wachsendem n immer kleiner werden und gegen Null gehen. Ist das so der Fall?

Dazu analysieren wir für großes n (und damit auch immer größer werdendes m) die Summe $\sum_{k=m+1}^{n} \frac{1}{k-1}$ etwas genauer. Sie ist dann ziemlich genau $\log{(n/m)}$ wobei $\log$ den natürlichen Logarithmus bezeichnet. Wollen wir also (für großes n) die Wahrscheinlichkeit $\frac{m}{n} \cdot \sum_{k=m+1}^{n} \frac{1}{k-1}$ maximieren, dann müssen wir die Größe $\frac{m}{n} \cdot \log{\left(\frac{n}{m}\right)}$ maximieren.
Bezeichnen wir dazu $\frac{n}{m} = x$.
Dann bleibt uns also die Aufgabe, die Funktion $f(x) := \frac{\log(x)}{x}$ zu maximieren.
Dies geschieht durch Ableiten und gleich Null setzen:
$f'(x) := \frac{1-\log x}{x^2} = 0$ also $1 - \log x = 0$ und somit $x = e = 2.71828$.
Dadurch erhalten wir weiters
$$\frac{n}{m} = x = e$$
und daher $m = \frac{n}{e} = 0.3679 \cdot n$.
Die Wahrscheinlichkeit das Spiel zu gewinnen liegt dann nahe bei $f(e) = \frac{\log(e)}{e} = \frac{1}{e} = 0.3679\ldots$.

Wir fassen zusammen:
Im Spiel mit n Zahlen (im Sekretärs-Problem mit n Bewerbern), wobei n eine große Zahl ist, wähle den Beobachtungszeitraum als die ganze Zahl m die möglichst nahe bei $0.3679 \cdot n$ liegt. Verwerfe die ersten m Zahlen und wähle dann diejenige Zahl die als erste größer ist als alle vorhergehenden. Dann gewinnt man das

Spiel (wählt den besten Bewerber) mit einer Wahrscheinlichkeit von circa 36.7%.

Das gilt auch für beliebig großes n! Die Gewinnwahrscheinlichkeit bei dieser Strategie ist also überraschend hoch!

Natürlich lassen sich die Fragestellungen in diesem Zusammenhang unendlich weiter ausbauen: Wie groß ist zum Beispiel die Wahrscheinlichkeit mit einer optimalen Strategie eine der zwei größten Zahlen zu erhalten? Usw., usf.

Was hat das mit unserer Problematik zu tun? Lässt sich diese Art von Strategie auf unser Problem der optimalen Ausübung von amerikanischen Optionen anwenden? Die Antwort ist „Nein", das ist so unmittelbar nicht möglich. Der Grund dafür ist, dass im Fall der amerikanischen Optionen die auftretenden aufeinanderfolgenden Aktienkurse nicht unabhängig voneinander sind. Auf einen hohen Aktienkurs folgt mit hoher Wahrscheinlichkeit ein Aktienkurs der in der Nähe des vorhergegangenen Kurses liegt und üblicher Weise nicht ganz plötzlich ein viel tieferer Kurs.

Trotzdem war dieser Paragraph wichtig, um ein Gefühl dafür und ein gewisses Vertrauen darin zu bekommen, was Strategien prinzipiell sind und was sie – auch in scheinbar hoffnungslosen Situationen – leisten können.

2.5 Wie handelt man Optionen? Handel über das Brokerage einer Bank

Optionen werden an Börsen (Optionsbörsen) gehandelt oder direkt mit Finanzunternehmen, die Optionen (wir sprechen in dem Fall dann meist von „Optionsscheinen") emittieren (OTC-Handel).

Wir interessieren uns in allem Folgenden – wenn wir selbst handeln – praktisch ausschließlich für börsengehandelte Optionen. Der Grund dafür ist folgender:
In unseren Strategien versuchen wir stets Preise von Optionen zu entdecken, die für uns vorteilhaft sind und diese dann optimal für unsere Zwecke auszunutzen.
Preise von Optionen die von Finanzunternehmen emittiert werden, werden von den Finanzunternehmen selbst bestimmt und sind daher von Vornherein so ausgestaltet dass sie für die Finanzinstitute vorteilhaft und damit für uns – den Kontrahenten im Handel – unvorteilhaft sind.

Preise von Optionen an Börsen (in denen wir stets beide Positionen Long oder Short einnehmen können) entstehen rein durch Angebot und Nachfrage an der Börse. Dadurch können immer wieder Preisbildungen von Optionen auftreten, die für uns vorteilhaft sind.

Weiters beschäftigen wir uns im Folgenden in Bezug auf konkreten Handel auch

fast ausschließlich mit Optionen auf den S&P500 Index. Die Gründe dafür sind:
Der Optionsmarkt auf den S&P500-Index ist der weltweit wohl liquideste Markt
börsengehandelter Optionen. Der Autor selbst handelt seit Jahrzehnten intensiv in
diesem Markt und kann am kompetentesten über den Handel an diesem Markt
Auskunft geben. Es existieren wichtige hochliquide weitere Derivate-Märkte, die
mit dem S&P500-Optionsmarkt in engem Zusammenhang stehen und daher in die
Bildung von Handelsstragien mit einbezogen werden können (S&P500-Futures,
S&P500-Futures-Optionen, VIX-Futures, VIX-Optionen, . . .).

Ziel ist es nicht eine Vielfalt verschiedener Märkte kennenzulernen, sondern an einem ausgewählten Markt wirklich sicher und umfassend agieren, analysieren und
handeln zu lernen.

Es gibt zwei a priori unterschiedliche Formen des konkreten (börslichen) Options-
handels. In jedem Fall benötigt man ein Handelskonto bei einer Bank auf dem der
Handel mit Derivaten zugelassen ist.

Der Handel kann dann entweder mittels telefonisch (oder per Fax oder e-mail)
durchgegebener Orders an einen Broker ausgeführt werden oder aber kann direkt
selbst über eine elektronische Handels-Plattform an der jeweiligen Optionsbörse
platziert werden.

Der Autor dieses Buches handelt selbst für sich, als auch im Rahmen seines Vermögensverwaltungsunternehmens für Kunden unter anderem über die deutsche Baaderbank in München und über die Zürcher UBS mittels Broker, sowie über die
elektronische Handelsplattform Interactivebrokers.

Im Fall des **Handels über die Brokerage** der Baaderbank, UBS oder einer anderen Bank:
Der Investor hat bei einer dieser Banken ein Handelsdepot eröffnet und eine Investitionssumme auf dieses Depot überwiesen. Bei der Eröffnung des Depots hat
er angegeben, dass er (oder der Vermögensverwalter der eine Handelsberechtigung
auf diesem Konto erhält) Erfahrung mit dem Handel mit Derivaten hat. Sobald die
Bank für die Freigabe des Handels grünes Licht gegeben hat, kann man (während
der Öffnungszeiten der Brokerage der jeweiligen Bank) die Orders für den Optionshandel erteilen.

Gerade wenn man Optionen auf dem US-amerikanischen Optionsmarkt handelt,
der nach MEZ von 15:30 – 22:00 geöffnet hat, sollte man darauf achten, mit einer
Bank zu arbeiten deren Brokerage auch tatsächlich bis 22:00 besetzt ist. Dies ist
in keiner Weise selbstverständlich (ist bei der Baaderbank und der UBS aber zum
Beispiel gegeben).

Ein Problem vor das viele Investoren – vor allem Investoren die privat im Eigenhan-

del tätig sind – gestellt sind, ist das Problem an geeignete **real-time-Marktdaten**
zu kommen. Während real-time (bid-/ask-) Daten von Basisprodukten wie Aktien,
Indices, Anleihen, ... von vielen Anbietern im Internet gratis bereitgestellt werden, sind real-time-Preisdaten (inklusive bid-/ask-Preisen) für Derivate nur selten
in zuverlässiger Weise kostengünstig zugänglich.

Von großem Vorteil aber sehr kostenintensiv ist der Zugang zu professionellen
Finanz-Daten-Informationssystemen wie zum Beispiel Bloomberg oder Reuters.
Der Autor hat Zugang zu Bloomberg (Kosten im Moment circa 1.700 Euro pro
Monat), deshalb werden im Folgenden öfters Screenshots von Bloomberg-Seiten
zu sehen sein. Selbstverständlich gibt auch das jeweilige Brokerage auf konkrete
Nachfrage Informationen über bestimmte real-time-Preise von nachgefragten Deri-
vaten. Eine kostenlose Seite mit – nicht immer ganz vollständigen – Optionspreisen
für den S&P500 ist zum Beispiel
`http://bigcharts.marketwatch.com/quickchart/options.`
`asp?sid=3377&symb=SPX`

Sehen wir uns Screenshots mit Optionen aus Bloomberg vom 10.9.2019 an:

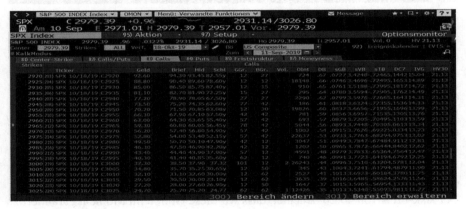

Abbildung 2.13: Screenshot Bloomberg Call-Optionen vom 10.9.2019, (Quelle: Bloomberg)

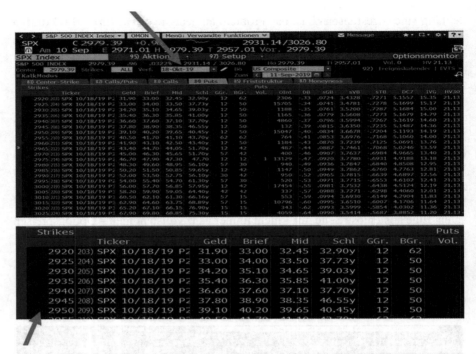

Abbildung 2.14: Screenshot Bloomberg Put-Optionen vom 10.9.2019, (Quelle: Bloomberg)

Greifen wir uns eine dieser Optionen heraus, die wir gerne handeln möchten, zum Beispiel die Put-Option auf den S&P500 mit Laufzeit bis 18.10.2019, Strike 2950 und Geld-/Brief-Preisen = Bid-/Ask-Preisen von 39.10 // 40.20 Dollar.

Der Bid-Preis von 39.10 bedeutet, dass wir diese Option im Moment garantiert zu einem Preis von 39.10 short-gehen (also eine Short-Position eingehen) könnten.
Der Ask-Preis von 40.20 bedeutet, dass wir diese Option im Moment garantiert zu einem Preis von 40.20 long-gehen (also eine Long-Position eingehen) könnten.

Jahrzehntelange Erfahrung des Autors mit dem Handel von S&P500-Optionen hat gezeigt, dass tatsächlich zumeist ein Handel nahe der Mitte zwischen Bid- und Ask-Preis möglich ist. In unserem Fall bedeutet das, dass mit hoher Wahrscheinlichkeit der Handel auch dann erfolgt, wenn wir eine Order zum Verkauf (Eingehen einer Short-Position) zum Preis von etwa 39.50 platzieren oder wenn wir eine Order zum Kauf (Eingehen einer Long-Position) zum Preis von etwa 39.80 platzieren.

S&P500-Optionen lassen sich nicht in Stücken, sondern nur in Kontrakten kaufen oder verkaufen. Ein Kontrakt von S&P500-Optionen enthält 100 Stück der Option.

Die konkrete Limit-Order die wir für den Handel eines Kontraktes der obigen

S&P500-Option in diesen beiden Fällen geben würden, würde so lauten (das Kürzel für den S&P500-Index lautet „SPX"):

„Verkauf im Opening einen Kontrakt Put auf den SPX, Fälligkeit Oktober 2019, mit Strike 2950 und Limit 39.50 Dollar."
bzw.
„Kauf im Opening einen Kontrakt Put auf den SPX, Fälligkeit Oktober 2019 mit Strike 2950 und Limit 39.80 Dollar."

Der Broker platziert diese Order, die daraufhin entweder unmittelbar zu den gewünschten Preisen durchgeführt wird oder – wenn der Handel nicht sofort erfolgt – als neue Bid- bzw. Ask-Preise in den real-time-Informationssystemen (z.B. Bloomberg) aufscheinen. Sollte für längere Zeit doch kein Handel zu diesen Preisen erfolgen, dann kann man das Preislimit anpassen, zum Beispiel auf 39.40 für den Verkauf oder auf 39.90 für den Kauf. Preisangaben sind jeweils auf 5 oder 10 Cent gerundet möglich.

Sobald der Handel durchgeführt ist wird mir die Verkaufssumme von z.B. 3950 Dollar auf mein Handelskonto gutgeschrieben bzw. die Kaufsumme von z.B. 3980 Dollar von meinem Konto abgebucht. Zusätzlich wird von der Brokerage im Fall eines Verkaufs (einer neuen Short-Position) die nötige Margin berechnet und auf meinem Handelskonto blockiert.
Mit der Höhe der nötigen Margin bei Short-Positionen in Optionen beschäftigen wir uns später.

Besitzt man bereits eine Long-Position in einer Option und geht man eine Short-Position in der selben Option ein, dann neutralisieren sich die beiden Positionen und beide Positionen erlöschen. Man sagt: „Man hat die Long-Position **glattgestellt (geclost).**" Die selbe Sprachregelung gilt, wenn man umgekehrt eine bereits bestehende Short-Position in einer Option durch Eingehen einer gleich ausgestalteten Long-Position clost (glattstellt).

Der in diesem Fall zutreffende Order-Wortlaut ist:

„Verkauf im Closing einen Kontrakt . . . auf den SPX, . . . mit Strike . . . und Limit . . . Dollar."
bzw.
„Kauf im Closing einen Kontrakt . . . auf den SPX, . . . mit Strike . . . und Limit . . . Dollar."

Der Handel über eine elektronische Handelsplattform hat – wie wir sehen werden – in vielerlei Hinsicht Vorteile. Ein in manchen Fällen großer Vorzug des Handels über das Brokerage einer Bank ist allerdings der Folgende: Als Sicherheiten hat man bei der Optionsbörse Margin in Cash zu hinterlegen. Handelt eine Investorin

A über ein Bank B dann legt im Normalfall die Bank B nicht von Fall zu Fall das Geld von A auf das Marginkonto der Optionsbörse. Vielmehr hat die Bank B ein ständiges, stets ausreichend befülltes Marginkonto bei der Optionsbörse bei der sie Mitglied ist. Ein möglicher Weise durch den Optionshandel der Investorin A entstehender Verlust passiert also auf dem Marginkonto der Bank B. Die Bank B hält sich dafür auf dem Marginkonto der Investorin bei der Bank schadlos. Die Frage der ausreichenden Marginhinterlegung von A ist somit nur eine Angelegenheit zwischen Investorin A und Bank B. Bei vielen Banken ist es daher für die Investorin auch möglich, Wertpapiere bzw. Wertpapier-Portfolios (oder auch Bankgarantien) als Sicherheiten zu hinterlegen. Es muss für den Optionshandel von der Investorin A also nicht unbedingt liquides *Cash* zur Verfügung gestellt werden. Im Fall eines Verlustes durch den Optionshandel muss die Investorin dann allerdings gegebenenfalls einen Teil des Wertpapierportfolios realisieren und damit die Verluste gegenüber der Bank begleichen. Dieses Vorgehen wird vor allem dann oft von Investorinnen geschätzt, wenn die durchgeführten Optionsstrategien vor allem aus Short-Positionen bestehen, die a priori positive Prämien (die Preise der verkauften Optionen) für die Investorin kreieren. Dadurch ist es möglich, ein bestehendes Wertpapierportfolio sozusagen doppelt arbeiten zu lassen. Einerseits als Erträge erzielendes Portfolio und zusätzlich als Sicherheit für einen Optionshandel.

Dabei wird allerdings von der Bank nicht der gesamte momentane Wert des Portfolios als Marginsumme akzeptiert. Der Grund dafür ist natürlich der, dass der Wert eines Wertpapierportfolios nicht fixiert ist sondern schwanken kann. Manche Banken bewerten Anleihen höchster Bonität mit 90% Marginwert, Anleihen niedrigerer Bonität im Bereich von $50\% - 70\%$ sowie stabile in großen Indices gelistete Aktien mit 50% Marginwert.

2.6   Wie handelt man Optionen? Handel über eine elektronische Handelsplattform

Um die großen Vorzüge des Handels über eine elektronische Handelsplattform gleich einmal vorwegzunehmen:
Man ist wesentlich flexibler in seinem Handeln, man bekommt zumeist relativ günstig die real-time-Daten zur Verfügung gestellt, die man benötigt, man ist nicht von der Erreichbarkeit eines Brokers abhängig, die Transaktionsspesen sind meist wesentlich geringer als beim Handel über das Brokerage einer Bank.

Beispielhaft wird im Folgenden der Handel über eine elektronische Handelsplattform am Beispiel der Handelsplattform von Interactivebrokers.com vorgestellt.
Dieser Anbieter bietet eine hervorragende Möglichkeit des Derivate-Handels. Es gibt eine Reihe weiterer Handelsplattformen über die sich Derivate sicher ebenso komfortabel und professionell handeln lassen. Der Grund dafür, dass für die folgenden Darstellungen Interactivebrokers.com gewählt wird, ist der, dass der Autor

die größte Erfahrung im Handel über diese Plattform mitbringt.

Die Eröffnung eines Handelskontos bei Interactivebrokers.com (im Folgenden IB) kann man mittels einiger Formalitäten einfach über die Homepage www.interactivebrokers.com durchführen. Nach Überweisung einer Investment-Summe (natürlich ist hier nur Cash möglich und nicht wie oben beschrieben die Übertragung eines Wertpapier-Portfolios) auf die Citibank (Deutschland, Schweiz, oder USA) wird der Handel freigeschalten und es kann gehandelt werden.

Beim Handel über IB hat man nach dem Einloggen erst einmal die Portfolio-Seite der Trader Workstation vor sich. Hier sind alle offenen Positionen die man im Moment in seinem Portfolio hält zu sehen.

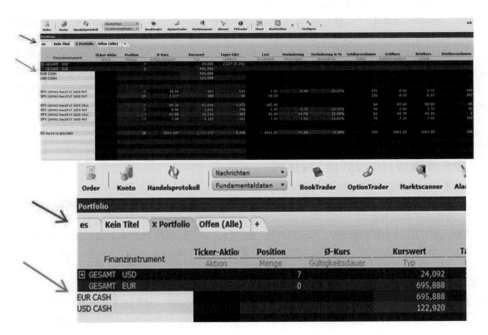

Abbildung 2.15: Portfolio-Seite der IB Trader Workstation

Im Portfolio das in Abbildung 2.15 abgebildet ist, beginnen wir unsere Erläuterungen bei der mit dem blauen Pfeil markierten Zeile:
EUR Cash
Auf dem Portfolio befindet sich im Moment ein Betrag von 695.888 Euro
USD Cash
Auf dem Portfolio befindet sich im Moment ein Betrag von 122.920 US-Dollar

Es folgen dann 7 Zeilen mit den Produkten die im Moment in dem Portfolio gehalten werden:

SPX (SPXW) Dec 15' 17   2605 Put
Es handelt sich hier um eine Put-Option auf den S&P500 Index mit Fälligkeit am 15. Dezember 2017 und mit Strike 2605.
Gehen wir in der Zeile weiter nach rechts:
−**7** (rot markiert) bedeutet, dass 7 Kontrakte **Short**-Positionen dieser Option eingegangen wurden.
Wir bleiben in dieser Zeile, gehen aber zu den letzten vier Spalten:
Geldkursvolumen 475 und **Geldkurs 0.60** sowie **Briefkurs 0.70** und **Briefkursvolumen 580**.
Im Moment steht also das beste Kaufangebot bei 0.60 Dollar **pro Stück** (also 60 Dollar pro Kontrakt) für insgesamt 475 Kontrakte dieser Option und das beste Verkaufsangebot bei 0.70 Dollar pro Stück (also 70 Dollar pro Kontrakt) für insgesamt 580 Kontrakte dieser Option.
Dies sind die für den Handel dieser Option wichtigsten Daten.
Die Spalte „**Last**" zeigt uns an, dass der letzte Handel in dieser Option zu einem Preis von 1.00 Dollar erfolgt ist.
In der Spalte „Kurswert" ist die Anzahl der Positionen (Mal 100 Kontraktgröße) im Wesentlichen mit dem momentanen Mittelwert zwischen Geld- und Brief-Kurs multipliziert. Der Wert −**463** gibt also in etwa den **tatsächlichen momentanen Wert** dieser 7 Optionskontrakte Short in Dollar wieder.
Die anderen Spalten geben zusätzliche (tages-)statistische Informationen an.

Gehen wir zur nächsten Zeile:
SPX (SPXW) Dec 15' 17   2425 Put
Hier sind nur zwei Unterschiede zur vorherigen Zeile anzumerken:
14 (grün markiert) bedeutet, dass 14 Kontrakte **Long**-Positionen dieser Option eingegangen wurden.
Das „c0.20" in der Spalte „Last" zeigt an, dass an diesem Handelstag diese Option noch nicht gehandelt wurde. Der letzte Kurs („c" für „Closing") vom Vortrag betrug 0.20 Dollar.

Die weiteren vier Zeilen enthalten weitere Short-Positionen in Call- und Put-Optionen mit Laufzeiten bis 29. Dezember 2017, die im Portfolio gehalten werden.

Die letzte Zeile
ES Mar 16' 18 @ GLOBEX
zeigt **28 Long-Positionen** von (Mini-)**Futures auf den S&P500 Index** mit Fälligkeit 16. März 2018 an. Mit den Details dieser Zeile werden wir uns später im Zusammenhang mit Futures beschäftigen. Hier dazu nur so viel: Der Wert von 3.725.970 in der Spalte „Kurswert" hat nichts mit dem tatsächlichen Wert dieser 28 Positionen zu tun. Der Wert (auch das wird später erläutert) von Futures ist immer gleich 0.

Gehen wir nun zu den ersten beiden Zeilen der Übersicht:

Gesamt USD

Der angegebene Wert von 24.092 Dollar setzt sich zusammen aus den 122.920 Dollar Cash und der Gesamtsumme der Kassawerte der verschiedenen in Dollar notierenden Optionskontrakte.

Gesamt EUR

Der angegebene Wert von 695.888 Euro würde sich zusammensetzen aus den 695.888 Euro Cash und der Gesamtsumme der Kassawerte der im Portfolio in Euro notierenden Finanzprodukte (solche sind jedoch in diesem Portfolio nicht vorhanden).

Neben der „Portfolio-Seite", die wir hier geöffnet haben, gibt es die Möglichkeit auf der Trader-Workstation beliebig viele weitere Seiten einzurichten. Der rote Pfeil in Abbildung 2.15 zeigt an, dass es in unserem Fall neben der „Portfolio"-Seite, die gerade geöffnet ist, noch drei weitere Seiten gibt „es", „Kein Titel" und „Offen (Alle)". Auf diesen Seiten können wir die Produkte, die wir beobachten und gegebenenfalls handeln wollen, speichern und die Kursentwicklungen verfolgen.

In unserem Beispiel sind auf der mit „es" bezeichneten Seite Futures auf den S&P500 mit zwei verschiedenen Laufzeiten gelistet (siehe Abbildung 2.16).

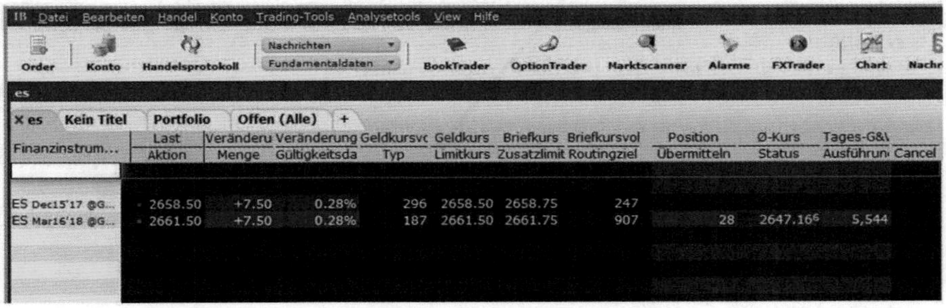

Abbildung 2.16: es-Unterseite auf der IB Trader Workstation

Für die Übersicht über die (meist Vielzahl von) angebotenen Optionen und deren real-time-Daten auf ein bestimmtes underlying ist ein eigenes Tool vorhanden, nämlich der „Option-Trader", zu dem man über den mit „Option Trader" bezeichneten Link in der Kopfzeile der IB Trader Workstation gelangt.

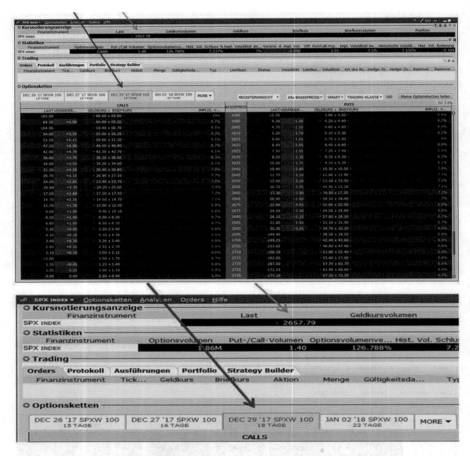

Abbildung 2.17: IB Option Trader, Auswahl an S&P500 Optionen

In Abbildung 2.17 sehen wir eine kleine Auswahl der auf den S&P500 an der
CBOE gehandelten Optionen. Es handelt sich hier um Optionen mit Fälligkeit am
29. Dezember 2017 (siehe roter Pfeil in Abbildung 2.17). Jede Menge weiterer
Fälligkeitsdaten kann auf derselben Leiste ausgewählt werden. Die blaue Spalte
in der Mitte der Tafel gibt die Strikes der hier sichtbaren Optionen an. Auf diesem
Bild reichen sie von 2.595 bis 2.730. Durch Scrollen werden aber alle vorhandenen
Strikes (im konkreten Fall von 800 bis 3.100) sichtbar. Links von der Strikes-Spalte
sind die Call-Optionen, rechts davon die Put-Optionen aufgelistet. Von jeder dieser
Seiten aus lassen sich die auf diesen Seiten gelisteten Produkte unmittelbar han-
deln.

Wollen wir Produkte handeln, die bereits in unserem Portfolio vorhanden sind,
dann können wir dies direkt von der Portfolio-Seite der IB Trader Workstation tun.

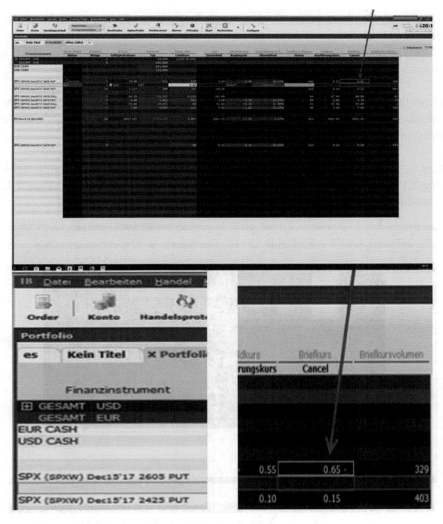

Abbildung 2.18: IB Trader Workstation, Handelsvorgang I

Wenn wir etwa die erste Option in unserem Portfolio handeln möchten: Wollen wir eine Long-Position eingehen, also kaufen, dann führen wir den Curser zum Briefkurs der Option (0.65, roter Pfeil in Abbildung 2.18) und drücken die linke Maustaste. (Wollen wir eine Short-Position eingehen, also verkaufen, dann gehen wir auf den Geldkurs (0.55) der Option.) Es öffnet sich sofort unmittelbar unter der Options-Zeile eine Handelszeile, in der automatisch Folgendes vorgeschlagen wird:

„Kauf (BUY) 1 Kontrakt, tagesgültig (DAY), mit Limit 0.65 Dollar."

Wird nun noch der *„Übermitteln"* Button aktiviert, dann ist diese Order platziert (und würde auch sofort zum Preis von 0.65$ ausgeführt).

„Tagesgültig" bedeutet, dass die Order erlischt, falls sie bis zum Handelsende des laufenden Handelstages nicht ausgeführt werden sollte. Durch Aktivieren des Button *„DAY"* lässt sich diese Einstellung auf *„GTC"* (= good til cancelled) ändern. Dadurch bleibt die Order so lange aktiv bis sie durchgeführt oder gelöscht wird.

Wir wollen im Folgenden aber nicht **einen** Optionskontrakt sondern **zwei** Optionskontrakte kaufen und wir sind nicht bereit 0.65$ zu bezahlen, sondern wir wollen höchstens 0.60$ bezahlen.

Dazu aktivieren wir die momentane Mengenanzahl „1" (siehe roter Pfeil in Abbildung 2.19) und es öffnet sich ein Fenster, in dem man die gewünschte Anzahl der zu handelnden Kontrakte frei wählen kann.

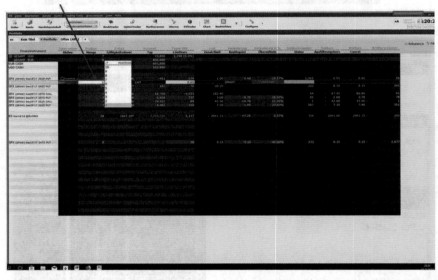

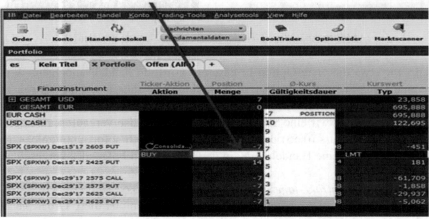

Abbildung 2.19: IB Trader Workstation, Handelsvorgang II

Wir wählen die Anzahl „2".

Weiters aktivieren wir – zur Änderung des Limits – den vorgeschlagenen Preis „0.65". Wieder öffnet sich ein Fenster in dem man das gewünschte Limit auswählen kann.

Dann wird durch Aktivieren des „Übermitteln" – Buttons die Order platziert.
Die platzierte Order ist jetzt in der Order-Zeile auf Abbildung 2.20 zu sehen.

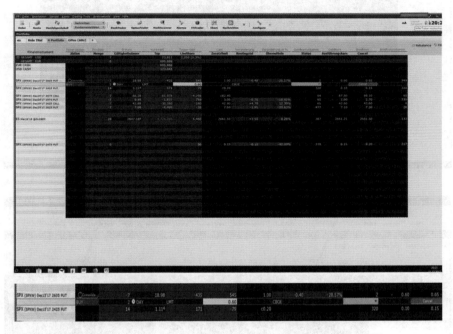

Abbildung 2.20: IB Trader Workstation, Handelsvorgang III

Zusätzlich sehen wir in der Optionszeile rechts die durch die platzierte Order geänderten Geldkursvolumen (jetzt 2) und Geldkurs (jetzt 0.60).

Schon kurze Zeit später ist – trotz des Limits genau in der Mitte zwischen Geldund Brief-Preis – die Order durchgeführt (siehe Abbildung 2.21). Die Anzahl der Positionen (roter Pfeil in Abbildung 2.21) in dieser Option hat sich von 7 Short-Positionen auf 5 Short-Positionen geändert (wir haben ja zwei Kontrakte der Short-Positionen durch das Eingehen von Long-Positionen geschlossen) und der Last Price hat sich von 1.00$ auf 0.60$ geändert.

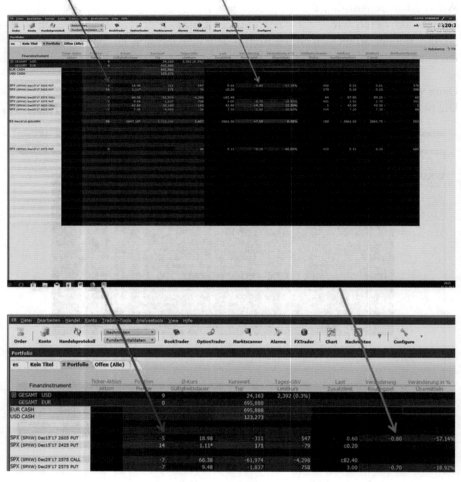

Abbildung 2.21: IB Trader Workstation, Handelsvorgang IV

Über den Link „Handelsprotokoll" in der Kopfzeile der IB Trader Workstation kommt man zu allen Details des Handels (und – falls man möchte – der früheren Handelsvorgänge). Für unseren gerade durchgeführten Handel sieht das so aus (Abbildung 2.22):

Abbildung 2.22: Handelsbestätigung I

Der Eintrag ganz rechts in dieser Zeile gibt Auskunft über die Transaktionskosten. Diese betrugen in diesem Fall 2.48$, also 1.24$ pro Kontrakt.

Wenn man bedenkt, dass man mit einem Optionskontrakt im Wesentlichen 100 Stück des S&P500 handelt, der momentan einen Wert von 2.662 Punkten hatte, dass man also de facto einen Wert von 266.200$ mit Transaktionskosten in Höhe von 1.24$ handeln kann, unterstreicht dies noch einmal die Effizienz des Handels mit Optionen auch in Hinblick auf die Höhe von Transaktionskosten.

Freilich ist der Handel über das Brokerage einer Bank im Allgemeinen doch spürbar teurer. Dazu zwei Beispiele von Transaktionskosten pro Handel von Banken über deren Brokerage auch der Autor handelt:

Bank A: Kosten 6.42$ pro Optionskontrakt

Bank B: 3$ pro Optionskontrakt +

$\quad$ + Max(25, Anzahl Kontrakte $\times 0.875 \times$ Preis pro Option)

Gerade die zweite Spesenregelung kann beim Handel von teureren Optionen zu hohen Transaktionskosten führen.

> Wenig später haben wir die zu Demonstrationszwecken geschlossenen 2 Optionskontrakte wieder eröffnet und sie, wie man in der entsprechenden Handelsbestätigung (zweite Zeile in Abbildung 2.23) sieht, bei praktisch unveränderten Handelsbedingungen zum selben Preis von 0.60 wieder handeln können. Auch das ist ein Hinweis auf die hohe Liquidität des S&P500-Optionsmarktes an der CBOE.

| BOT | 2 | SPX | DEC 15 '17 ... | 0.60 | USD | CBOE | 20:24:08 | 2.48 |
| SLD | 2 | SPX | DEC 15 '17 ... | 0.60 | USD | CBOE | 20:27:32 | 2.48 |

Abbildung 2.23: Handelsbestätigung II

Wie wir bereits weiter oben erwähnt haben, hat jahrzehntelange Erfahrung des Autors mit dem Handel von S&P500-Optionen gezeigt, dass tatsächlich zumeist ein Handel nahe der Mitte zwischen Bid- und Ask-Preis möglich ist. Das wurde durch den eben beschriebenen Handel wieder bestätigt. Dazu noch ein paar weitere Hinweise: Bestehen die aktuellen Geld-/Brief-Preise auf Grund von Market-Maker Quotes, so ist häufig ein Kaufpreis im Bereich von „Mittelkurs +0.05" oder „Mittelkurs +0.10" und ein Verkaufspreis im Bereich von „Mittelkurs -0.05" oder „Mittelkurs -0.10" erzielbar. Gelegentlich ist der Preis auf einer der beiden Seiten, Geld- oder Brief-Preis, durch eine Limit-Order eines Investors gegeben. In diesem Fall ist dann gelegentlich sogar ein Preis „auf der für mich besseren Seite des Mittelkurses" möglich.

Zum Beispiel:
Die Market-Maker-Quotes liegen für eine Option bei 1.00 // 2.00. Es sollte also realistischer Weise sogar ein Verkauf zum Preis von 1.45 und ein Kauf zum Preis von 1.55 möglich sein. Wird nun eine Verkaufs-Order mit einem Verkaufslimit von 1.80 durch einen Investor platziert, wird diese Order im Normalfall nicht (sofort) in einen Trade münden. Die neuen Quotes betragen daher 1.00 // 1.80. Gibt man nun eine Verkaufs-Order mit einem Limit 1.45, dann ist es durchaus möglich, dass

diese Order durchgeführt wird, obwohl das Limit „rechts" von der momentanen Mitte 1.40 liegt.

Ebenso: Wird eine Kauf-Order mit einem Kauflimit von 1.20 durch einen Investor platziert, wird diese Order im Normalfall nicht (sofort) in einen Trade münden. Die neuen Quotes betragen daher 1.20 // 2.00. Gibt man nun eine Kaufs-Order mit einem Limit 1.55, dann ist es durchaus möglich, dass diese Order durchgeführt wird, obwohl das Limit „links" von der momentanen Mitte 1.60 liegt.

Ganz analog geht der Handel vor sich, wenn eine neue Option von der Option-Trader Seite oder ein anderes Produkt, das auf einer der weiteren Seiten der IB Trader Workstation gelistet ist, gehandelt werden soll.

Zum Beispiel:
Ausgehend von der Option-Trader Seite geben wir eine Verkaufsorder für die Put, 29. Dezember 2017, Strike 2.650 durch Aktivierung des entsprechenden Geldprei-ses von 13.10$ (siehe Abbildung 2.24, blauer Pfeil). Es öffnet sich die Handelszeile (siehe Abbildung 2.24, roter Pfeil, bzw. Abbildung 2.25).

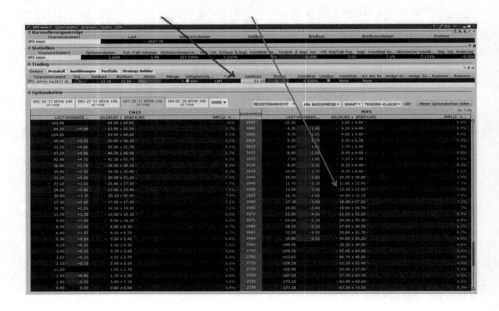

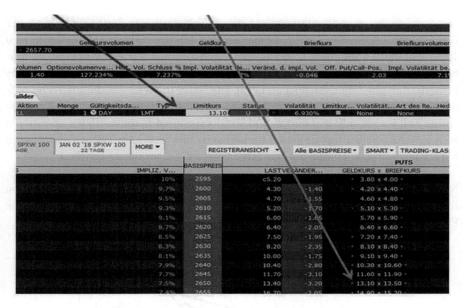

Abbildung 2.24: Handel vom Option Trader aus

In dieser Handelszeile können wieder die Anzahl der zu handelnden Kontrakte (blauer Pfeil in Abbildung 2.25), Gültigkeitsdauer (DAY oder GTC, roter Pfeil), Limit (grüner Pfeil) geändert werden. Die Order wird dann durch Aktivieren des Buttons „Ü" (violetter Pfeil) – und nach einer weiteren Bestätigungsabfrage – platziert.

Abbildung 2.25: Orderzeile Option-Trader

2.7 Wer handelt mit Optionen? Long-Positionen in Call-Optionen, die Hebelwirkung

Die folgenden Paragraphen sollen nur einen allerersten Einblick geben, welche Gründe es prinzipiell geben kann, um Grundpositionen in Optionen einzugehen (anstatt direkt in Basisprodukte zu investieren).

Es sei vorab schon festgestellt: Optionen stellen feinste Werkzeuge am Finanzmarkt dar, mit deren Hilfe und mit deren geeigneter Kombination, oft in Zusammenspiel mit anderen Produkten (Futures, dem underlying selbst, ...), man die verschiedensten Investment-Ziel anstreben kann. Hier geht es dagegen erst einmal nur um ein paar Basis-Positionen und um ein erstes Agieren mit Optionen.

Nehmen wir an, es sei heute (wie es beim Schreiben dieser Zeilen tatsächlich der Fall ist) der 4. Dezember 2017. Wenn wir uns den Chart des S&P500 der letzten 12 Monate auf Abbildung 2.26 ansehen, dann könnten wir eventuell die Vermutung hegen, dass es einen ganz klaren Trend des Index nach oben gibt. Und da es keinerlei fundamentale Anzeichen dafür gibt, dass irgendetwas diesen Trend aufhalten könnte, könnten wir auf die Idee kommen, dass dieser Trend durchaus noch einige Zeit weiter anhalten dürfte, und wir doch einmal in diesen Index investieren sollten. (Die Stichhaltigkeit dieser Annahme ist hier jetzt kein Thema, akzeptieren wir sie einfach jetzt einmal als eine Arbeitshypothese für das Folgende.)

Nehmen wir weiter an, wir hätten eine Summe von 10.000 Dollar zur Investition frei. (Wir gehen hier von Cash in Dollar aus, da die Preise des S&P500 und die Preise der Optionen auf den S&P500 in Dollar notieren.)

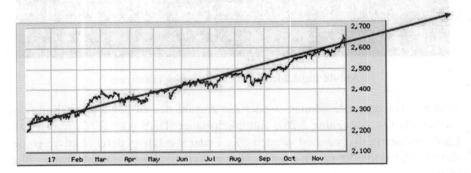

Abbildung 2.26: Entwicklung S&P500: Dezember 2016 bis Dezember 2017 (mit „Trendlinie")

Wenn wir – so wie in Abbildung 2.26 – noch eine ungefähre „Trendlinie" einzeichnen, dann glauben wir, einen durchschnittlichen Anstieg von circa 100 Punkten im Verlauf von jeweils 3 Monaten zu erkennen. Da am 4. Dezember 2017 bei Eröffnung der Börse der Stand des S&P500 bei circa 2.660 Punkten lag, könnte man also mit einem Anstieg des S&P500 bis Mitte März 2018 in den Bereich von circa 2.770 Punkten rechnen.

Ein **naheliegender Ansatz**, um aus einem Eintreten dieser Prognose Profit zu ziehen, wäre natürlich, den S&P500 in Form eines Index-Zertifikats zu kaufen. Mit der Investitionssumme von 10.000$ ließen sich 3 Stück Index zum Preis von $3 \times 2.660 = 7.980\$$ kaufen. Wir berücksichtigen hier keine Transaktionskosten und keine Bid-/Ask-Spreads (es geht vorerst nur um das grundlegende Prinzip). Es bleiben 2.020$ von den 10.000$ übrig. Sollte nun der S&P500 Index bis zum 15. März tatsächlich bis auf circa 2.770 Punkte steigen, dann können wir am 15. März 2018 die drei Stück Index-Zertifikat zum Preis von jeweils 2.770 Dollar verkaufen. Der Verkaufserlös beträgt $3 \times 2.770 = 8.310\$$. Zusammen mit den 2.020$ Restgeld verfügen wir dann über insgesamt 10.330$, wir haben also einen Gewinn von

3.3% erwirtschaftet.

Eine **alternative Vorgangsweise** wäre die folgende:
Wir öffnen den Option-Trader Bildschirm mit Optionen auf den SPX mit Fälligkeit
15. März 2018. Siehe Abbildung 2.27.

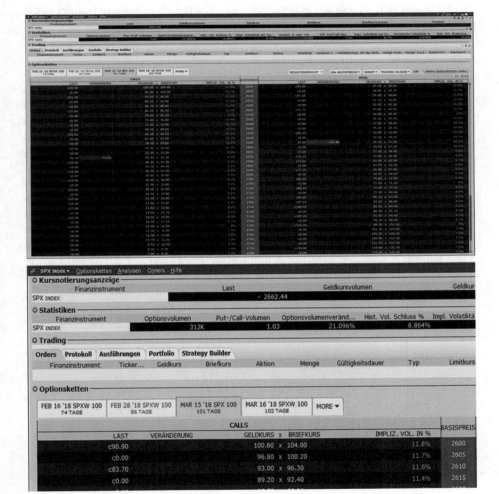

Abbildung 2.27: IB-Option Trader vom 4.12.2017, Optionen SPX 15. März 2018

Greifen wir uns (zum Beispiel !) die **Call-Option mit Strike 2605 und Fälligkeit
15. März 2018** heraus. Die Bid-/Ask-Quotes liegen für diese Option bei 96.80 //
100.20. Wir gehen einen Kontrakt (100 Stück) von dieser Option Long. Ein Handel
(Kauf) sollte durchaus um den Preis von 98.80$ pro Stück, also um 9.880 Dollar
pro Kontrakt möglich sein. Uns bleiben 120$ übrig. Steigt der SPX wie angenom-
men bis zum 15.März auf 2.770 Punkte, dann erhalten wir pro Option eine Auszahlung von $2.770 - 2.605 = 165\$$. Für unseren Kontrakt erhalten wir somit eine

Auszahlung von 16.500$. Inklusive des Restgelds besitzen wir dann also 16.620$, wir haben also einen Gewinn von 66.2% erzielt (im Vergleich dazu 3.3% mit der herkömmlichen Strategie.)

Wir sprechen hier von der „Hebelwirkung" einer Option: Mit dem gleichen Geld-einsatz lassen sich wesentlich höhere Gewinne erzielen als mit einem Handel direkt mit dem underlying.

Bemerkungen:

a) Natürlich hat die zweite Vorgangsweise auch einen entscheidenden Nachteil: Die Hebelwirkung wirkt auch nach unten. Zum Beispiel würde ein Fallen des SPX auf zum Beispiel 2.600 Punkte, also um 2.25%, bewirken, dass man aus den Optionen keine Auszahlungen erhält. Nach Fälligkeit der Optionen bleibt somit nur das Restgeld von 120$, wir haben also einen Verlust von praktisch 100% unseres Einsatzes zu beklagen.

b) Bin ich bei der zweiten Vorgangsweise, also beim Einsatz von Optionen, punktgenau vom Verhalten des SPX am 15. März 2018 abhängig? Muss ich bei einer Situation wie sie in der Grafik in Abbildung 2.28 skizziert ist (Anstieg des SPX bis Mitte Februar auf 2.850 Punkte, dann Stagnation und innerhalb weniger Tage bis Anfang März Rückgang auf 2.770 Punkte mit weiter fallender Tendenz) tatenlos zusehen?

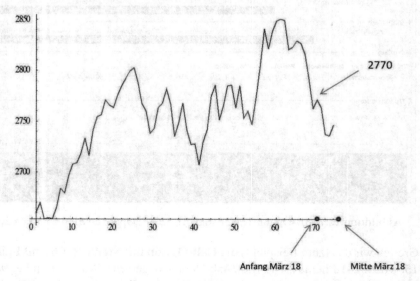

Abbildung 2.28: möglicher Verlauf S&P500 bis Mitte März 2018 aus Sicht Anfang Dezember 2017

Hätten wir es hier mit amerikanischen Optionen zu tun, dann könnten wir natürlich jederzeit vor Fälligkeit der Option, wenn es uns günstig erscheint, die Option ausüben und den Payoff lukrieren. Wie schon oben erwähnt, sind die SPX-Optionen der CBOE aber von europäischem Typ. Aber wir können die Optionen auch jederzeit an der Börse verkaufen (glattstellen).

Die Frage ist nur: Zu welchem Preis?

Mit dieser Frage – wie sich der Preis einer Option während der Laufzeit entwickelt – werden wir uns im Lauf dieses Buches noch ausführlich beschäftigen. Wir nehmen hier vorweg: Der Verkaufspreis der Call-Option liegt während der gesamten Laufzeit über – oder höchstens sehr geringfügig unter – dem Payoff, den man bei sofortiger Ausübung der Option erzielen würde.

Also, wenn in unserem Beispiel Mitte Februar der SPX bei 2.850 Punkten liegt und ich zu diesem Zeitpunkt die Option verkaufen (also glattstellen) würde, würde ich eine Verkaufsprämie von mindestens $2.850 - 2.605 = 245\$$ pro Kontrakt erhalten (oder ganz geringfügig darunter).

Man ist, durch die Möglichkeit jederzeitigen Handels, nicht vom Verhalten des Index ausschließlich am 15. März 2018 abhängig!

c) Natürlich könnte man ganz ähnliche Resultate auch bei Verwendung von Call-Optionen mit gleicher Laufzeit und anderen Strikes erzielen. Zum Beispiel könnten wir genauso die Call mit Strike 2.675 in Betracht ziehen. Diesen Strike habe ich (unter vielen anderen möglichen) deshalb gewählt, da die Bid-/Ask-Quotes die Preise 49.30 // 50.30 zeigen und wir daher ziemlich genau 2 Kontrakte für unsere 10.000\$ handeln können. Steigt der Index bis zum 15. März 2018 auf 2.770 Punkte, dann erhalten wir $2 \times 100 \times (2.770 - 2.675) = 19.000\$$ ausbezahlt, wir haben also sogar einen Gewinn von 90% erzielt. Worin liegt dann der Nachteil bei der Wahl des Strikes 2.675 anstelle des Strikes 2.605? Richtig: Jetzt haben wir bereits dann einen Totalverlust zu verzeichnen, wenn der Index unter 2.675 Punkten bleibt (genau dann kommt es zu keiner Auszahlung). Bei Verwendung des Strikes 2.605 und Indexstand von 2.675 am 15. März 2018 würden wir immerhin noch eine Auszahlung von 7.000\$ erhalten, also nur einen Verlust von 30% einfahren.

d) Es ist ganz wichtig, für den Handel mit Optionen eine sehr gute Intuition zu entwickeln. Wir spielen daher, rein zu Übungszwecken und um mit dem Umgang mit Optionen vertraut zu werden, zwei weitere Extremfälle durch: Wir sind also überzeugt davon, dass der Index bis zum 15. März 2018 bis auf 2.770 Punkte steigen wird und nehmen wir wieder an, dass das tatsächlich so geschieht. Mit welcher Call-Option, mit welchem Strike würden wir dann – bei vollem Einsatz des Investments von 10.000\$ den größten Gewinn erzielen? Natürlich brauchen wir keine Optionen mit Strike größer oder gleich 2.770 in Betracht ziehen, da diese Optionen bei Anstieg des Index auf 2.770 Punkte keinen Payoff liefern würden. Weiters brauchen wir keine Optionen mit Strike kleiner oder gleich 2.605 in Betracht ziehen, da deren Preis höher als 10.000\$ ist (und überdies würden sie, wie wir uns im obigen Beispiel plausibel gemacht haben, ohnehin keinen erhöhten Gewinn einbringen). Erstellen wir uns daher eine Tabelle mit Ergebnissen für die Strikes zwischen 2.610 und 2.760 in Zehnerschritten (sowie aus guten Gründen für die Strikes 2.675 und 2.705). Die Preise der entsprechenden Optionen können wir wieder aus dem Screenshot in Abbildung 2.28 ablesen.

Strike	Quotes	ca. Kaufpreis	Stück	Restgeld	Payoff	Gesamt
2.610	93 // 96.3	94.8	1	52	16.000	16.520
2.620	85.7 // 88.9	87.5	1	1.250	15.000	16.250
2.630	79 // 80.1	79.7	1	2.030	14.000	16.030
2.640	71.9 // 73	72.6	1	2.740	13.000	15.740
2.650	65.1 // 66.2	65.8	1	3.420	12.000	15.420
2.660	58.5 // 59.6	59.2	1	4.080	11.000	15.080
2.670	52.3 // 53.3	53	1	4.700	10.000	14.700
2.675	49.3 // 50.3	49.9	2	20	19.000	19.020
2.680	46.3 // 47.3	46.9	2	620	18.000	18.620
2.690	40.7 // 41.7	41.1	2	1.780	16.000	17.780
2.700	35.4 // 36.4	36	2	2.800	14.000	16.800
2.705	32.9 // 33.8	33.3	3	10	19.500	19.510
2.710	30.5 // 31.4	31	3	700	18.000	18.700
2.720	25.9 // 26.8	26.4	3	2.080	15.000	17.080
2.730	21.8 // 22.6	22.3	4	1.080	16.000	17.080
2.740	18.1 // 18.8	18.5	5	750	15.000	15.750
2.750	14.8 // 15.5	15.2	6	880	12.000	12.880
2.760	11.9 // 12.6	12.3	8	160	8.000	8.160

Am Besten würde man also bei der Wahl des Strikes 2.705 mit einem Gewinn von 95% abschneiden. (Der sehr aufmerksame Leser wird erkannt haben, dass wir in der vierten Zeile der obigen Tabelle ein bisschen geschwindelt haben, indem wir einen erzielbaren Kaufpreis von 33.3 angenommen haben. Realistisch wäre wahrscheinlich nur ein Preis von 33.4 ...). Das Ergebnis ist natürlich dadurch „verfälscht", dass nur ganzzahlige Kontraktzahlen gehandelt werden können und gibt damit nicht die reine „Hebelkraft" der einzelnen Optionen wider. Wir sehen uns die im Prinzip gleiche Tabelle noch einmal mit gebrochenen Kontraktanzahlen an, um die reine Hebelwirkung besser zu illustrieren.

Strike	Quotes	ca. Kaufpreis	Stück	Payoff
2.610	93 // 96.3	94.8	1.05	16.877
2.620	85.7 // 88.9	87.5	1.14	17.143
2.630	79 // 80.1	79.7	1.25	17.566
2.640	71.9 // 73	72.6	1.38	17.906
2.650	65.1 // 66.2	65.8	1.52	18.237
2.660	58.5 // 59.6	59.2	1.69	18.581
2.670	52.3 // 53.3	53	1.89	18.868
2.675	49.3 // 50.3	49.9	2.00	19.038
2.680	46.3 // 47.3	46.9	2.13	19.190
2.690	40.7 // 41.7	41.1	2.43	19.465
2.700	35.4 // 36.4	36	2.78	19.444
2.705	32.9 // 33.8	33.3	3.00	19.520
2.710	30.5 // 31.4	31	3.22	19.355
2.720	25.9 // 26.8	26.4	3.79	18.939
2.730	21.8 // 22.6	22.3	4.48	17.937
2.740	18.1 // 18.8	18.5	5.40	16.216
2.750	14.8 // 15.5	15.2	6.58	13.158
2.760	11.9 // 12.6	12.3	8.13	8.130

Das Maximum liegt nach wie vor bei einem Strike von 2.705, also 45 Punkte über dem momentanen Stand des S&P500 von 2.660 und 65 unter dem antizipierten S&P500 Stand Mitte März 2018.

Also ein wesentliches Einsatzgebiet von Long-Positionen in Call-Optionen liegt offensichtlich in der Nutzung der Hebelwirkung für spekulatives Setzen auf steigende Kurse des underlyings.

2.8 Wer handelt mit Optionen? Long-Positionen in Put-Optionen, Protective Put

Natürlich lassen sich Long-Positionen in Put-Optionen in analoger Weise wie Long-Positionen in Call-Optionen nutzen, um mit gehebelter Wirkung auf fallende Kurse zu setzen.

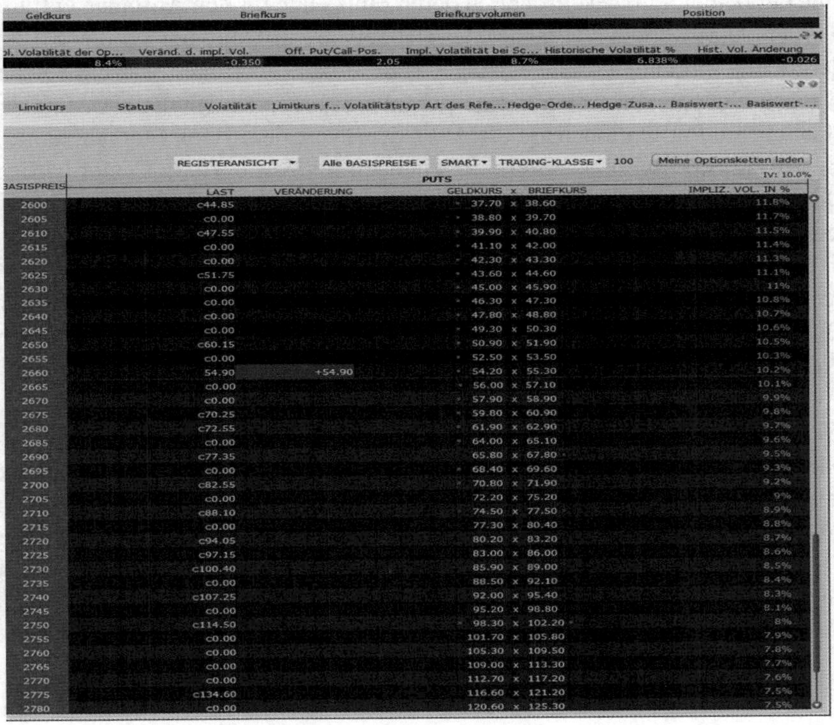

BASISPREIS	LAST	VERÄNDERUNG	GELDKURS	x	BRIEFKURS	IMPLIZ. VOL. IN %
2600	c44.85		37.70	x	38.60	11.8%
2605	c0.00		38.80	x	39.70	11.7%
2610	c47.55		39.90	x	40.80	11.5%
2615	c0.00		41.10	x	42.00	11.4%
2620	c0.00		42.30	x	43.30	11.3%
2625	c51.75		43.60	x	44.60	11.1%
2630	c0.00		45.00	x	45.90	11%
2635	c0.00		46.30	x	47.30	10.8%
2640	c0.00		47.80	x	48.80	10.7%
2645	c0.00		49.30	x	50.30	10.6%
2650	c60.15		50.90	x	51.90	10.5%
2655	c0.00		52.50	x	53.50	10.3%
2660	54.90	+54.90	54.20	x	55.30	10.2%
2665	c0.00		56.00	x	57.10	10.1%
2670	c0.00		57.90	x	58.90	9.9%
2675	c70.25		59.80	x	60.90	9.8%
2680	c72.55		61.90	x	62.90	9.7%
2685	c0.00		64.00	x	65.10	9.6%
2690	c77.35		65.80	x	67.80	9.5%
2695	c0.00		68.40	x	69.60	9.3%
2700	c82.55		70.80	x	71.90	9.2%
2705	c0.00		72.20	x	75.20	9%
2710	c88.10		74.50	x	77.50	8.9%
2715	c0.00		77.30	x	80.40	8.8%
2720	c94.05		80.20	x	83.20	8.7%
2725	c97.15		83.00	x	86.00	8.6%
2730	c100.40		85.90	x	89.00	8.5%
2735	c0.00		88.50	x	92.10	8.4%
2740	c107.25		92.00	x	95.40	8.3%
2745	c0.00		95.20	x	98.80	8.1%
2750	c114.50		98.30	x	102.20	8%
2755	c0.00		101.70	x	105.80	7.9%
2760	c0.00		105.30	x	109.50	7.8%
2765	c0.00		109.00	x	113.30	7.7%
2770	c0.00		112.70	x	117.20	7.6%
2775	c134.60		116.60	x	121.20	7.5%
2780	c0.00		120.60	x	125.30	7.5%

Abbildung 2.29:

Dazu hier nur ein ganz schnelles Beispiel ohne weitere Analyse: Wenn wir am 4.12.2017 bei Stand des S&P500 von 2.660 einen Kontrakt der Put-Option mit Fälligkeit März 2018 und Strike 2.660 (mit Quotes laut Abbildung 2.27 bzw. laut Abbildung 2.29 von 54.20 // 55.30) zum Preis von 5.480$ gekauft hätten und der

Kurs des S&P500 wäre bis zum 15. März 2018 auf 2.500 Punkte (also um 6%) gefallen, dann hätten wir am 15. März 2018 einen Payoff von $100 \cdot (2.660 - 2.500) = 16.000\$$ erhalten. Ausgehend von einem Investment von 5.480\$ hätten wir also einen Gewinn von 192% erzielt (anstelle von 6% bei einem direkten Short-Investment, etwa über ein Short-Index-Zertifikat).

Das Antizipieren fallender Kurse bestimmter Indices, Aktienkurse oder Rohstoffkurse und das Setzen auf solche Kursbewegungen ist prinzipiell in keiner Weise verwerflich, sondern Teil eines funktionierenden und hochliquiden Finanzmarktes. Aber der Einsatz solcher Produkte auf Basis von Insiderwissen bringt vielfach den Einsatz solcher Put-Options-Strategien auch zu Recht in Verruf. So geschehen etwa im Vorfeld und um den Zeitpunkt der Anschläge auf das World-Trade-Center in New York am 11. September 2001:

Am 6. und am 7. September 2001 verzeichneten die Händler an der CBOE den Kauf von 4.744 Put-Optionskontrakten auf Aktien der United Airlines (UAL), eine der beiden Fluggesellschaften deren Flugzeuge für den Anschlag entführt wurden. Dies war ein Vielfaches des Handels in Put-Optionen auf diese Aktie verglichen mit anderen Handelstagen. Für andere Fluglinien war ein solcher Anstieg nicht zu verzeichnen. Ebenso gab es einen sprunghaften Anstieg des Handels mit Put-Optionen auf die Aktie der Investment-Bank Morgan Stanley, die auf 22 Stockwerken Büroräumlichkeiten im World Trade Center betrieb. Der Umsatz stieg auf das 20-fache des üblichen Handels-Volumens. Auch weitere Banken, Versicherungen und Fluglinien waren von stark erhöhtem Handel in Put-Optionen betroffen.

Am 10. September 2001 wurden konkret 1.535 Kontrakte (à 100 Stück) Put-Optionen auf UAL mit Fälligkeit im Oktober 2001 und Strike 30 zu einem Preis von 2.15\$ pro Stück gekauft.

Wenn wir uns die Entwicklung der UAL Aktie im Bereich September 2001 (siehe Abbildung 2.30 und die nachfolgende Tabelle) ansehen, dann stellen wir fest, dass die Aktie vor dem 11.9.2001 im Bereich von knapp über 30 Punkten notiert hatte. Bei der Wiedereröffnung der Börse nach der Schließung um den 11.9. lag der Kurs bei 18.25 Punkten. Es war also zu einem Kursrückgang von circa 40% gekommen.

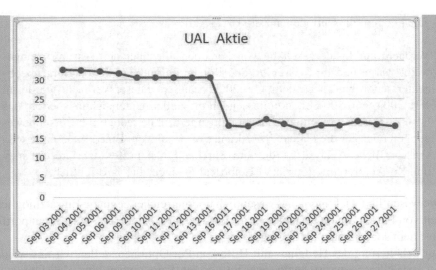

Abbildung 2.30: Entwicklung UAL Aktie im September 2001

Datum	UAL
Sep 03 2001	32.69
Sep 04 2001	32.60
Sep 05 2001	32.25
Sep 06 2001	31.70
Sep 09 2001	30.64
Sep 10 2001	30.64
Sep 11 2001	30.64
Sep 12 2001	30.64
Sep 13 2001	30.64
Sep 16 2001	18.25
Sep 17 2001	18.00
Sep 18 2001	19.89
Sep 19 2001	18.72
Sep 20 2001	17.10
Sep 23 2001	18.25
Sep 24 2001	18.30
Sep 25 2001	19.25
Sep 26 2001	18.48
Sep 27 2001	17.98

Am 17.September 2001, nach Wiedereröffnung der Börse, wurden diese Put-Optionen zum Preis von 18 Dollar pro Stück glattgestellt. Der Gewinn pro Stück der Option betrug somit 15.85$, das entspricht (bezogen auf den Einsatz von 2.15$) einem Gewinn von 637%! In absoluten Zahlen bedeutet das $1.535 \times 100 \times 15.85 = 2.432.975$$ Gewinn allein aus den am 10. September

gehandelten Put-Optionen auf die UAL-Aktie.

Verdacht auf Insidergeschäfte von Personen, die über den Anschlag einge-
weiht waren und ihr Wissen an den Börsen ausnutzten, hatten Börsenbeob-
achter schon bald nach dem 11.9.2001 geäußert. Dieser Verdacht wurde im
Jahr 2004 vom 500 Seiten umfassenden offiziellen Untersuchungsbericht des
US-Kongresses in wenigen Sätzen dementiert, ohne jedoch die Börsenbewe-
gungen oder gar die Namen der Akteure offenzulegen. Eine umfassende wis-
senschaftliche Analyse wurde vom Zürcher Finanzprofessor Marc Chesney
und Ko-Autoren im „Journal of Empirical Finance" [1] veröffentlicht.

Die wesentlich wichtigere und wesentlich umfangreicher genutzte Einsatzmöglichkeit von Put-Optionen besteht aber im Einsatz zur Absicherung von Aktienportfo-
lios, dem sogenannten **„Hedging"**!

Zur Erläuterung des Hedgings mit Hilfe von Put-Optionen stellen wir uns wieder
ein spezielles Szenario, analog wie im vorigen Paragraphen über Call-Optionen,
als Aufgabe. Wir befinden uns nach wie vor am 4. Dezember 2017.

Für das Folgende führen wir uns wieder den S&P500 vor Augen, jetzt aber über
einen längeren Zeitbereich in die Vergangenheit erstreckt, siehe Abbildung 2.31.

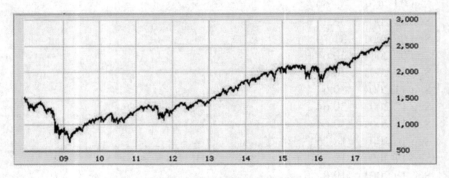

Abbildung 2.31: Entwicklung S&P500 Ende 2007 bis Ende 2017

Investorin A hatte das nötige Fingerspitzengefühl, um Ende 2009 insgesamt 100
Stück Index-Zertifikat des S&P500 zum Preis von jeweils 1.000$ zu kaufen. Die
Gesamt-Investition betrug also 100.000$. Heute, am 4. Dezember 2017, bei einem
Stand des S&P500 von 2.660 Punkten hat das Zertifikat-Portfolio einen Wert von
266.000$. Frau A beabsichtigt, das Portfolio im März 2018 für den Kauf einer
Wohnung aufzulösen. Der Kaufpreis der Wohnung – das ist jetzt schon vereinbart
– beträgt 260.000$. Würde Frau A das Portfolio jetzt auflösen, dann könnte sie die
Wohnung mit dem Erlös finanzieren.

Andererseits deuten Analysen – wie wir sie schon im vorigen Paragraphen angestellt haben – darauf hin, dass der momentan starke Kursanstieg des Index bis in
den Bereich von circa 2.770 bis Mitte März 2018 anhalten dürfte.

Wenn diese Prognose zutrifft, dann wäre es schade gewesen, das Index-Portfolio schon im Dezember 2017 aufgelöst zu haben, obwohl das Geld erst im März 2018 tatsächlich gebraucht wurde.

Andererseits ist man auch nie vor einem plötzlichen Kurseinbruch an den Aktien-märkten gefeit. Ein Einbruch des Index etwa um 10% im Lauf der nächsten drei Monate, also in den Bereich von circa 2.400 Punkten, ist nicht auszuschließen. Das Index-Portfolio hätte dann nur noch einen Wert von 240.000$ und der Wohnungs-kauf könnte gefährdet sein.

Eine mögliche Vorgangsweise in einer solchen oder einer vergleichbaren Situation wäre die folgende: Wir holen uns wieder aus dem Screenshot von Abbildung 2.27 die Quotes für die Put-Option auf den S&P500 mit Fälligkeit 15. März 2018 und Strike 2.655.
Die Quotes sind 52.50 // 53.50. Wir gehen daraufhin einen Kontrakt dieser Option Long und bezahlen dafür 5.310$.

Die nachfolgende Tabelle illustriert ein paar mögliche Szenarien die sich jetzt bis zum 15. März 2018 ergeben können. Anschließend analysieren wir den allgemei-nen Fall.

SPX am 15.03.2018	Kosten Put-Option	Wert Indices	Payoff Option	Wert Gesamt
2.900	5.310	290.000	0	284.690
2.800	5.310	280.000	0	274.690
2.770	5.310	277.000	0	271.690
2.720	5.310	272.000	0	266.690
2.700	5.310	270.000	0	264.690
2.660	5.310	266.000	0	260.690
2.655	5.310	265.500	0	260.190
2.650	5.310	265.000	500	260.190
2.600	5.310	260.000	5.500	260.190
2.500	5.310	250.000	15.500	260.190
2.000	5.310	200.000	65.500	260.190
1.000	5.310	100.000	165.500	260.190

Stellen wir die Ergebnisse der Tabelle noch grafisch dar:

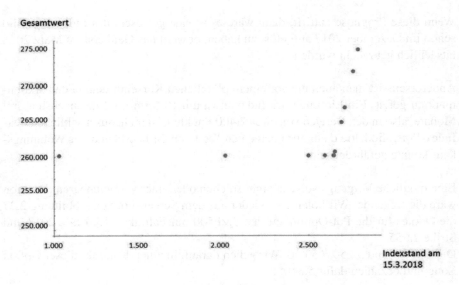

Abbildung 2.32

Es lässt sich erkennen:
Solange der Index über dem Wert vom Strike des Put, also über 2.655 bleibt, solange partizipieren wir voll am Anstieg des S&P500 mit. Lediglich die anfangs
bezahlte Optionsprämie von 5.310$ ist in Abzug zu bringen. Wenn der S&P500
allerdings unter den Wert des Strikes fällt, dann bleibt der Wert des Portfolios
konstant bei 260.190$, ganz gleich wie weit der S&P500 fallen sollte. Selbst im
katastrophalen Crashfall bleibt der Wert des Gesamt-Portfolios unverändert! Die
Verluste in den Index-Zertifikaten werden durch die Payoffs durch die Put-Option
ausgeglichen. Das Gesamt-Portfolio ist also bei einem Wert von 260.190$ perfekt
abgesichert, perfekt *gehedgt*!

Der Käufer der Put-Option hat sich durch den Kauf der Put-Option, eines sogenannten „**Protective Put**", also eine Versicherung für sein Index-Zertifikat-Portfolio
erworben.

Sein Gegenüber im Optionsgeschäft, derjenige, der die Short-Position in der Put-
Option eingegangen ist, hat also eine Versicherung verkauft, er spielt die Rolle
einer Versicherung auf dem Finanzmarkt. Der anfangs eingenommene Verkaufspreis der Put-Option ist die Versicherungsprämie.

Diese Einsatzmöglichkeit von Put-Optionen erzeugt eine große Nachfrage nach
solchen Optionen. So tendieren etwa große Pensionsfonds dazu, kurzfristige Absicherungen ihrer Portfolios durch den Kauf von Put-Optionen durchzuführen. Solche Pensionsfonds sind dazu verpflichtet, Absicherungen nachzuweisen, damit sie
sich überhaupt als „Pensionsfonds" bezeichnen dürfen.

Was wir oben anhand einiger tabellierter Beispiele und deren Illustration erkannt haben, lässt sich natürlich allgemein nachweisen. Am anschaulichsten geschieht dies grafisch durch Überlagerung der beiden Gewinnfunktionen der beiden Portfolioanteile, also durch Überlagerung der Gewinnfunktion der Put-Option (die wir schon kennen und die in Abbildung 2.33 rot eingezeichnet ist und deren Formel durch $\max(0, K - x) - P(0)$ gegeben ist) und der Gewinnfunktion des Index.

Die Form der Gewinnfunktion des Index, im Allgemeinen des underlyings eines Derivats, ist sehr einfach und ist in Abbildung 2.33 blau eingezeichnet. Die Linie spiegelt genau die Tatsache wider, dass es zu keinem Gewinn durch das Index-Zertifikat kommt wenn der Index bei 2.660 verweilt. Steigt der Index um x Punkte an, dann steigt auch der Gewinn durch das Zertifikat um x Dollar, und umgekehrt. Die Gewinnfunktion des underlyings – die werden wir im Folgenden noch oft benötigen – besteht also stets aus einer Geraden die die x-Achse im momentanen Kurs des underlyings schneidet und Anstieg 1 hat. Die Formel der Gewinnfunktion ist somit einfach $f(x) = x - 2.660$, und allgemein: $f(x) = x - S(0)$, wobei $S(0)$ den momentanen Kurs des underlyings bezeichnet.

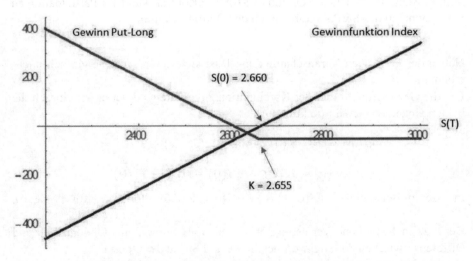

Abbildung 2.33: Gewinn-Funktion Put (rot) und underlying (blau)

Die – in Abbildung 2.34 grüne – Gewinnfunktion der Kombination aus Index-Zertifikat und Put-Option erhalten wir durch Addition der beiden Gewinnfunktionen. Wie man sich leicht überzeugt erhält man dabei das Resultat von Abbildung 2.34:

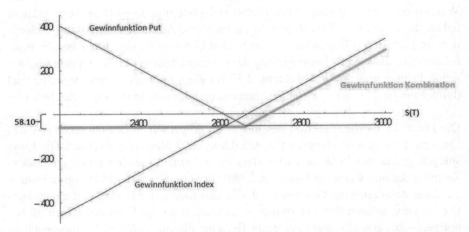

Abbildung 2.34: Gewinn-Funktion Put (rot), underlying (blau) und Kombination (grün)

Die Gewinnfunktion zeigt genau das, was wir vermutet haben: Einen Verlust von schlimmstenfalls 58.10$ pro Option (5.810$ pro Kontrakt) und 1:1 Partizipation an Kursgewinnen des S&P500 (abzüglich der Optionsprämie).

Neben der grafischen Veranschaulichung lässt sich diese Tatsache einfach nachrechnen:

Um die Gewinnfunktion G der Kombination zu erhalten, addieren wir einfach die beiden einzelnen Gewinnfunktionen:

$$G(x) = x - S(0) + \max(0, K - x) - P(0) =$$

$$\max(x - K, 0) - (S(0) - K) - P(0)$$

In unserem Beispiel ist $-(S(0) - K) - P(0) = 2.655 - 2.660 - 53.10 = -58.10$.

Der maximal mögliche Verlust ergibt sich also als Summe aus Optionspreis und Differenz zwischen Anfangswert des Index und Strike der Option.

Selbstverständlich lässt sich das Hedgen auch mit Put-Optionen mit gleicher Laufzeit aber anderen Strikes durchführen.

Wie man leicht anhand der Quotes der Put-Optionen in Abbildung 2.27 bzw. in Abbildung 2.29 sieht, wird das Hedgen bei Verwendung eines niedrigeren Strikes billiger, die Absicherung greift dafür aber erst bei einem niedrigeren Indexwert und umgekehrt. In Abbildung 2.35 sehen wir die Gewinnfunktionen des GesamtPortfolios bei Absicherung mit Put-Optionen mit Strikes 2.655 (grün), 2.600 (blau) und 2.700 (rot).

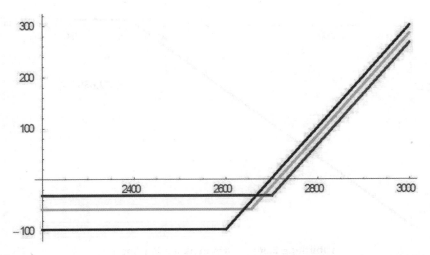

Abbildung 2.35: Absicherung mit Put-Optionen mit Strikes 2.600 (blau), 2.655 (grün) und 2.700 (rot)

2.9 Wer handelt mit Optionen? Short-Positionen in Put-Optionen, Verkauf von Versicherungen, Put-Spreads

Long-Positionen in Put-Optionen können also zur Absicherung von Portfolios ein-gesetzt werden. Jede Long-Position bedarf aber einer Short-Position als Widerpart. Wer könnte warum interessiert daran sein, Short-Positionen in Put-Optionen ein-zugehen? Mit dem Eingehen einer Short-Position in einer Put-Option geht man ja schließlich ein beträchtliches Risiko ein: Bei einem plötzlichen extremen Kursein-bruch des SPX könnte es zu massiven Verlusten in einer Put-Short-Position kom-men. Der maximale Gewinn den wir erwarten können, liegt dagegen nur bei der anfangs eingenommenen Options-Prämie. Wir sehen uns das wieder am entspre-chenden Gewinndiagramm unseres obigen Beispiels, nun aus der Sicht des Inha-bers der Put-Short-Position, an (Abbildung 2.36).

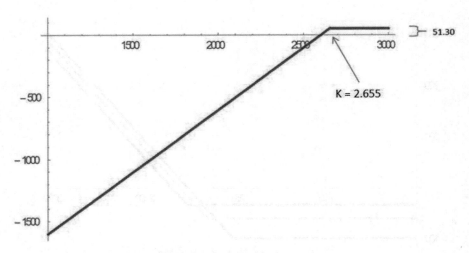

Abbildung 2.36: Gewinnfunktion Put-Short

Wirklich vielversprechend sieht das ja nun nicht aus. Der Verkauf eines Kontrakts der Put-Option bringt 5.310 Dollar ein. Aber ein Verfall des Kurses zum Beispiel auf 1.000 Punkte würde zu einem Verlust von $100 \cdot (2.655 - 1.000) = 165.500\$$ führen. Man könnte hier eventuell einwenden: „Wir können die Option ja jederzeit wenn der Kursrückgang des Index sich verstärkt, oder sonst wie eine größere Gefahr zu drohen scheint, glattstellen . . .!" Hier ist jedoch aus zumindest zwei Gründen Vorsicht geboten:

Erstens: Wir wissen vorerst noch viel zu wenig (genau genommen nichts) über die Entwicklung der Preise von Put-Optionen bei fortschreitender Laufzeit und sich – möglicher Weise massiv – ändernder Marktbedingungen.

Zweitens: Prinzipiell ist es natürlich richtig, dass man die Option während der Laufzeit jederzeit handeln kann. Man sollte jedoch nicht davon ausgehen, dass man stets – vor allem in Extremsituationen an den Finanzmärkten – punktgenau dann auch tatsächlich handeln kann, wenn man dies möchte. Wir erinnern dazu an zwei bereits weiter oben besprochene Situationen:

Zum einen an die Tage um den 11. September 2001, als nach dem Terroranschlag die NYSE geschlossen blieb und kein Handel möglich war. Und zum anderen an den 10. Oktober 2008 (siehe Abbildung 1.45), an dem unmittelbar nach Handelseröffnung an keinen präzisen Handel mit Optionen zu denken war.

Tatsächlich würden sich auch nur die wenigsten Verkäufer von Put-Optionen in diese Situation einer sogenannten „naked short position" begeben. Wesentlich angeratener wäre die folgende Vorgangsweise:

Verkauf einer Put-Option auf den S&P500 mit Laufzeit bis 15. März 2018 und Strike 2.655 zum Preis von 53.10\$ und gleichzeitig Kauf einer Put-Option auf den S&P500 mit Laufzeit bis 15. März 2018 und – zum Beispiel – Strike 2.600 zum Preis von 38.20\$ (siehe Quotes in Abbildung 2.27 bzw. Abbildung 2.29). Die sich dabei ergebende Prämieneinnahme beträgt 14.90$.

Den Effekt dieses kombinierten Handels einer Put long und einer Put short mit verschiedenen Strikes veranschaulichen wir uns wieder anhand der Gewinnfunktionen der beiden einzelnen Positionen und der Addition der beiden einzelnen Gewinnfunktionen, wodurch wir die Gewinnfunktion (grün) der Kombination erhalten (siehe Abbildung 2.37).

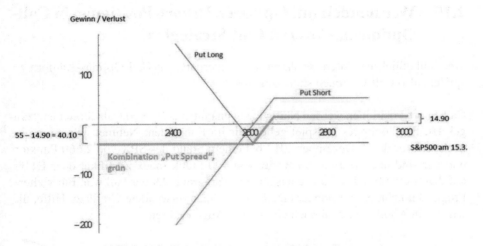

Abbildung 2.37: Gewinnfunktion „Put-Spread" (grün)

Wir erkennen einen mit 14.90$ nach oben beschränkten Gewinnbereich (im Fall dass der S&P500 oberhalb des Wertes 2.655 bleibt), einen mit 40.10$ nach unten beschränkten Verlustbereich (im Fall dass der S&P500 unter 2.600 fällt) und einen linear ansteigenden Verlust/Gewinn-Level falls sich der S&P500 Mitte März im Bereich zwischen 2.600 und 2.655 Punkten bewegt. Dadurch ergibt sich auch der Wert der maximalen Verlusthöhe als 14.90 Prämieneinnahme minus 55, der Differenz zwischen den beiden Strikes. Wir sprechen bei dieser einfachen Options-Kombination von einem **„Put-Spread"**.

Der Investor in der Short-Position hat also eine „Versicherung verkauft" und sich gleichzeitig durch den Kauf einer weiteren Put-Option rückversichert. (Dies ist auch in der herkömmlichen Versicherungswirtschaft ein übliches und notwendiges Vorgehen um zu große Verluste einzuschränken.) Da in beiden Fällen, sowohl bei der naked-Position als auch beim Spread eine Short-Position eingegangen wird, ist die Bereitstellung von Margin erforderlich. Ein weiterer großer Vorteil der kombinierten Spread-Strategie im Vergleich mit einer naked-Short-Position ist dabei der, dass die notwendige Margin beim Spread im Allgemeinen wesentlich geringer ist als bei der naked-Position und dass die Höhe der Margin-Erfordernis bei der Kombination von vornherein fixiert ist, während bei der naked-Position die Höhe während der Laufzeit ansteigen kann und gegebenenfalls angepasst werden muss. Doch dazu mehr im Paragraphen über Margin-Regelungen.

Manche Investoren, vor allem institutioneller Provenienz, führen diese Art von Strategien systematisch durch und versuchen durch – in gewissen Situationen und Bereichen – leicht überhöhte Preise von Put-Optionen langfristige Gewinne zu erzielen. Doch auch dazu später wesentlich mehr (z.B. im Fallbeispiel 10.4).

2.10   Wer handelt mit Optionen? Short-Positionen in Call-Optionen, Covered Call-Strategien

Wer schließlich hat Interesse daran den Widerpart von Call-Options-Käufern zu spielen, also Call-Optionen short zu gehen?

Call-Short-Positionen werden häufig in sogenannten „Covered Call-Strategien" eingesetzt. Ein konkretes Beispiel geben wir im Folgenden: Nehmen wir an, es ist nach wie vor der 4. Dezember 2017 bei einem Stand des SPX von 2.660 Punkten und wir sind nach wie vor im Besitz von 100 Stück Index-Zertifikat oder ETF's auf den S&P500 Index, so wie das auch in Paragraph 2.9 der Fall war. Für weitere Prognosen nehmen wir wieder eine bereits früher verwendete Grafik zu Hilfe, die wir uns in Abbildung 2.38 noch einmal vor Augen führen.

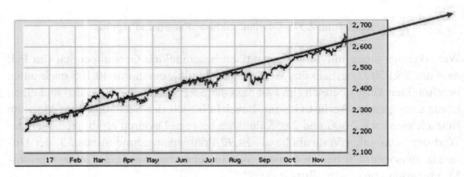

Abbildung 2.38: Entwicklung S&P500 Dezember 2016 bis Dezember 2017 (mit „Trendlinie")

Nach dem Studium des Charts gehen wir davon aus (das ist wieder nur eine Hypothese die wir hier nicht weiter auf ihre Stichhaltigkeit hin diskutieren wollen), dass wir bis März 2018 mit einem weiteren Anstieg des S&P500 rechnen, dass dieser aber kaum über einen Wert von 2.770 Punkten steigen dürfte. Als Maßnahme zur zusätzlichen Steigerung unserer Erträge (und leichten Abfederung etwaiger unerwartet doch vielleicht eintretender Stagnation oder Kursrückgänge) könnte man in dieser Situation versucht sein einen Kontrakt Call-Optionen auf den S&P500 mit Laufzeit bis 15. März 2018 und – zum Beispiel – Strike 2.770 short zu gehen.

Abbildung 2.27 gibt uns Aufschluss über die Quotes dieser Option. Diese zeigten am 4. Dezember 2018 folgende Werte: 9.50 // 10.20. Wir können also davon ausgehen, beim Short-Gehen dieser Call eine Prämie von 9.80 (also 980$ für den Kontrakt) einzunehmen.

Wir sehen uns die resultierende Gewinnfunktion für die Kombination aus S&P500 und Call-Short per 15. März 2018 im Folgenden grafisch (Abbildung 2.39) und rechnerisch an.

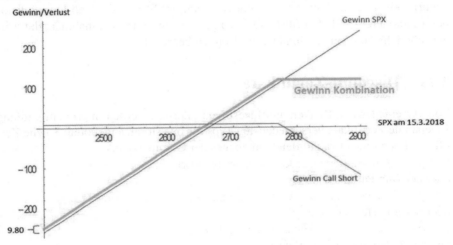

Abbildung 2.39: Gewinnfunktion Covered-Call-Strategie

Neben der grafischen Veranschaulichung lässt sich diese Tatsache auch wieder einfach nachrechnen:

Um die Gewinnfunktion G der Kombination zu erhalten addieren wir einfach die beiden einzelnen Gewinnfunktionen:

$$
\begin{aligned}
G(x) &= x - S(0) - \max(0, x - K) + C(0) = \\
&= -(\max(0, x - K) - x) - S(0) + C(0) = \\
&= -(\max(-x, -K)) - S(0) + C(0) = \\
&= \min(x, K) - S(0) + C(0)
\end{aligned}
$$

Verglichen mit der Gewinnfunktion $x - S(0)$ des Index-Zertifikats alleine, wird also x ersetzt durch $\min(x, K)$ und als Ausgleich für diese „Verschlechterung" wird $C(0)$ addiert. In unserem Fall erhalten wir die Gewinnfunktion $G(x) = \min(x, 2.770) - 2.650.2$

Der maximal mögliche Gewinn in dieser Strategie ergibt sich als Summe aus Optionspreis und Differenz zwischen Strike der Option und Anfangswert des Index, in unserem Fall also als 119.8 pro Option (also 11.980 pro Options-Kontrakt).

Die Covered Call Strategie wirft also in jedem Fall in dem der Index fällt, stagniert oder nicht zu stark steigt, die eingenommene Optionsprämie von 980$ zusätzlich zum Ergebnis des Index ab. Dafür ist der mögliche Gewinn bei sehr starkem Anstieg des S&P500 bis März 2018 nach oben durch den Strike der Option (plus Optionsprämie) beschränkt. Die Covered Call Strategie liefert also in jedem Fall ein Zusatzeinkommen, außer im Fall dass der S&P500 stark steigt (in diesem Fall haben wir aber ohnehin starke Zugewinne durch die Indexsteigerung lukriert).

Natürlich ist man auch hier wieder bei der Wahl des Strikes der Call-Option flexibel. Ein höherer gewählter Strike führt zu geringeren Prämieneinnahmen, dafür ist der mögliche Gewinn erst in höherem Bereich begrenzt.

2.11 Discount-Zertifikate

Von verschiedensten Banken und Investment-Häusern werden in großem Umfang sogenannte Zertifikate verschiedensten Typs für Investoren angeboten. Solche Zertifikate finden Sie etwa auf den Homepages der Commerzbank
```
https://www.zertifikate.commerzbank.de/
```
oder der Bnp Paribas
```
https://www.derivate.bnpparibas.com/startseite
```
oder der Societe Generale
```
https://www.sg-zertifikate.de/
```
und bei vielen anderen Anbietern.

Wir wollen in diesem Kapitel beispielhaft ein konkretes solches Zertifikat, ein Discount-Zertifikat der Commerzbank, herausgreifen und zeigen, dass ein solches Zertifikat leicht mit Hilfe von Basisprodukten und Derivaten darauf nachgebildet werden kann. Das konkrete Produkt wird im folgenden Auszug aus der „Basis-Information" der Commerzbank zum Produkt beschrieben:

Produkt

Produktname: Discount-Zertifikate Classic bezogen auf den S&P500 Index (Non-Quanto)
WKN: CJ7M5A
ISIN: DE000CJ7M5A9
Hersteller des Produkts: Commerzbank AG (Emittentin)

Ziele

Das Produkt hat eine feste Laufzeit und wird am Fälligkeitstag fällig.
Für die Einlösung des Produkts gibt es die folgenden Möglichkeiten:
a) Liegt der Referenzpreis des Basiswerts am Bewertungstag auf oder über dem Cap, erhalten Sie den Höchstbetrag umgerechnet in Euro.
b) Liegt der Referenzpreis des Basiswerts am Bewertungstag unter dem Cap, erhalten Sie 1 Unlimited-Zertifikat. In diesem Fall erleiden Sie einen Verlust, wenn der Wert des Unlimited-Zertifikats am Fälligkeitstag unter dem Erwerbspreis des Produktes liegt.

Die Umrechnung in die Währung des Produkts erfolgt auf Basis des maßgeblichen Wechselkurses.

Stammdaten

Basiswert: S&P500 Index	**Referenzkurs:** Schlusskurs des Index am jeweiligen Geschäftstag
Währung des Basiswerts: USD	**Ausgabetag:** 26. November 2018
Währung des Produkts: EUR	**Bewertungstag:** 20. Dezember 2019
Cap: 3050 Punkte	**Fälligkeitstag:** 31. Dezember 2019
Höchstbetrag: USD 30.50	**Bezugsverhältnis:** 0.01 (Verhältnis Produkt zu Basiswert)
Abwicklungsart: Barausgleich oder physische Lieferung	

Abbildung 2.40: Auszug aus der Basis-Information zum Commerzbank-Discount-Zertifikat

Die Quotes für das Produkt lagen am 17.10.2019 um 12:51 Uhr bei 26.59 // 26.60. Die Indikation des Basiswerts lag zum Zeitpunkt bei 3002.67 Punkten.

Kurz gefasst hat das Zertifikat also die folgenden Eigenschaften:

Der Kauf des Discount-Zertifikats am 17.10.2019 um 12:51 Uhr war zum Preis von 26.60 Euro möglich.

Für das Verständnis des Produkts ist es vorteilhaft, diesen Preis in Dollar anzugeben (da der S&P500 in Dollar notiert). Der Dollarkurs stand zum angegebenen Zeitpunkt bei 1.111 (also der Preis eines Euros betrug 1.111 Dollar). Der Kauf des Discount-Zertifikats am 17.10.2019 um 12:51 Uhr war daher umgerechnet zum Preis von 29.55 Dollar möglich.

Steht der S&P500 am Bewertungstag, dem 20. Dezember 2019, auf oder über 3.050 Punkten, so erhält man 30.50 Dollar ausbezahlt. Steht der S&P500 am Bewertungstag, dem 20. Dezember 2019 unter 3.050 Punkten, so erhält man ein Stück eines „Unlimited Index-Zertifikats bezogen auf den S&P500". Was ist nun dieses „Unlimited Index-Zertifikat"?

Es bildet „im Wesentlichen" die Entwicklung des S&P500-Index (in einem Verhältnis von 100:1) umgerechnet in Euro nach. (Wir wollen hier und im Folgenden nicht näher darauf eingehen, inwiefern dieses Index-Zertifikat den S&P500 nicht exakt sondern nur „im Wesentlichen" nachbildet.)
Die Kursentwicklung des „Unlimited Index-Zertifikats" (mit den „wichtigsten Stammdaten") sehen Sie in Abbildung 2.41.

Unlimited Index-Zertifikate bezogen auf S&P500
Quotierung vom: 17.10.2019   12:51:41 Uhr
Geld   27.01 EUR
Brief   27.03 EUR
Indikation Basiswert   3002.67 Pkt

Stammdaten
ISIN   DE000CU0F010
WKN   CU0F01
Produktart   Unlimited Index-Zertifikate
Basiswert   S&P500
Bezugsverhältnis   100 : 1
Emittent   Commerzbank AG
Ausgabetag   24.01.2019
Quanto   Nein
Basispreis   0,00 Pkt

Abbildung 2.41: Auszug aus Stammdaten und Kursinformationen „Unlimited Index-Zertifikat S&P500"

Das „Unlimited Index-Zertifikat" ließ sich im Moment unserer Analyse um den Preis von 27.03 Euro, das entspricht 30.03 Dollar kaufen. Diese 30.03 Dollar entsprechen fast genau einem Hundertstel (Bezugsverhältnis!) des im Moment indizierten Kurses des S&P500 von 3002.65. Da das „Unlimited Index-Zertifikat" also den S&P500 nachbildet und ein Bezugsverhältnis von 100:1 hat, heißt das: Durch den Kauf von 100 Stück des Discount-Zertifikats erwerbe ich den S&P500 zu einem Preis von 2.955 Dollar bis zum 20. Dezember 2019. Ich erhalte damit den S&P500 also zu einem Preis von 2.955 Dollar, obwohl er im Moment einen Kurs von 3002.65 Dollar hat. Sollte aber der S&P500 bis zum 20. Dezember 2019 stark steigen, und zwar über 3.050 Punkte, dann erhalte ich nicht den gesamten Wert des S&P500, sondern nur 3.050 Dollar, ganz gleich wie hoch der S&P500 dann über 3.050 liegt.

In Abbildung 2.42 illustrieren wir die Gewinnfunktion (in Dollar) von 100 Stück des Discount-Zertifikats im Vergleich mit einer direkten Investition in den S&P500 (bzw. einer direkten Investition in 100 Stück des „Unlimited Index-Zertifikats S&P500").

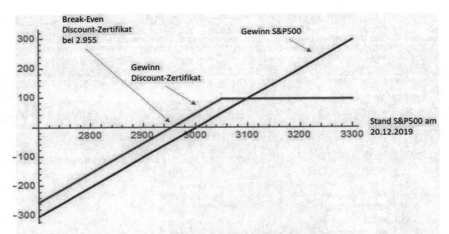

Abbildung 2.42: Gewinnfunktion 100 Stück Discount-Zertifikat im Vergleich mit Gewinnfunktion S&P500

Der Gewinn mit dem Discount-Zertifikat liegt also stets ein Stück höher als der Gewinn mit einer direkten Investition in den S&P500, außer, wenn der S&P500 stark ansteigt, und zwar bis über $3050 + 47.65 = 3097.65$ Punkte.

In der folgenden Tabelle sehen wir noch die Performance des Discount-Zertifikats in Prozent im Vergleich zur Performance des S&P500 für einige potentielle Werte des S&P500 am 20.12.2019, bezogen auf das jeweilige Anfangs-Investment.

S&P500 am 20.12.2016	Gewinn S&P500	Gewinn Discount-Zertifikat
2900	-3.42%	-1.86%
2930	-2.42%	-0.85%
2955	-1.59%	0%
2980	-0.75%	0.85%
3002.65	0%	1.61%
3030	0.91%	2.54%
3050	1.58%	3.21%
3100	3.24%	3.21%
3200	6.57%	3.21%

Wir erkennen eine gewisse Ähnlichkeit mit einer „Covered-Call-Strategie".
Und tatsächlich können wir das Discount-Zertifikat nachbilden durch eine Investition direkt in den S&P500 (etwa durch eine Investition in das „Unlimited Index-Zertifikat S&P500") und durch eine Short-Position in eine Call-Option auf den S&P500 mit Fälligkeit am 20.12.2019 und Strike 3.050.
Um dies zu bewerkstelligen, sehen wir uns die Quotes der Call-Optionen auf den S&P500 vom 17.10.2019 um 12:51 an (siehe Abbildung 2.43).

CALLS			BESCHREIBUNG
GELDKURS X BRIEFKURS	IMPLIZ. VOL. IN %		BASISPREIS
66.20 X 67.20	13%		3010
63.20 X 64.10	12.8%		3015
60.20 X 61.10	12.7%		3020
57.20 X 58.10	12.6%		3025
54.40 X 55.30	12.4%		3030
51.60 X 52.50	12.3%		3035
48.90 X 49.70	12.2%		3040
46.30 X 47.10	12.1%		3045
43.70 X 44.50	11.9%		3050
41.30 X 42.00	11.8%		3055
38.90 X 39.60	11.7%		3060
36.60 X 37.30	11.6%		3065
34.40 X 35.10	11.4%		3070
32.30 X 32.90	11.3%		3075
30.30 X 30.90	11.2%		3080
28.30 X 28.90	11.1%		3085
26.50 X 27.00	11%		3090
24.70 X 25.30	11%		3095

Abbildung 2.43: Quotes Call-Optionen auf den S&P500 vom 17.10.2019 mit Fälligkeit am 20.12.2019

Die Call-Option mit Strike 3.050 hat Quotes von 43.70 // 44.50 und kann daher zu einem Preis von cirka 44.00 Dollar short gegangen werden. Das Gesamtpaket aus Investition in den S&P500 und dieser Call-Option, das nun die genau selbe Payoff-Funktion wie das Discount-Zertifikat besitzt, hat daher den Gesamtpreis von $3002.65 - 44 = 2958.65$ Dollar. Dieser liegt somit geringfügig höher als der momentane Preis von 100 Stück des Discount-Zertifikats von 2.955 Dollar. Tatsächlich wäre also die direkte Investition in das Discount-Zertifikat in diesem Fall vorteilhafter als eine Nachbildung mit Hilfe einer börsengehandelten Call-Option.

2.12   Wer handelt mit Optionen?
Long Straddle, Short Straddle

Es lassen sich durch Kombinationen verschiedenster Optionen mit verschiedensten Strikes und Fälligkeiten jede Menge möglicher Gewinnfunktionen kreieren und realisieren. Für viele Grund-Kombinationen haben sich auch eigene Bezeichnungen eingebürgert. Diese können an verschiedenen Stellen nachgeschlagen werden. Eine ausufernde Diskussion dieser Kombinationen halten wir aber nicht wirklich für fruchtbringend. Beispielhaft wollen wir aber hier jetzt noch eine weitere Basis - Anwendungsmöglichkeit von Optionskombinationen vorstellen. Auch dafür stellen wir uns wieder eine konstruierte Aufgabe: Wir betrachten die Entwicklung einer US-Aktie, die wir hier nur mit XXX bezeichnen wollen.

Den Verlauf des Aktienkurses der XXX – Aktie in den zwei Wochen vor dem 6. Dezember 2017 sehen wir in Abbildung 2.44

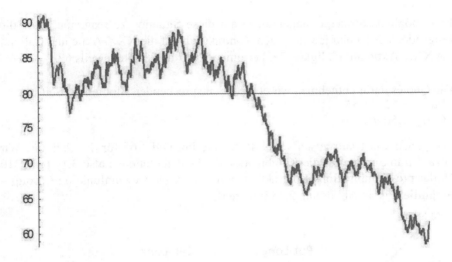

Abbildung 2.44: Kursverlauf XXX – Aktie von 22.11.2017 bis 6.12.2017

Wir sehen hier in der Entwicklung der Aktie einen jähen Einbruch vom Bereich über 80 Punkten (in dem sich die XXX-Aktie im letzten Jahren ziemlich stabil gehalten hatte) bis auf den Wert von 62.19 am 6. Dezember 2017. Dieser Kurseinbruch war durch kurzfristig bekannt gewordene heftige Turbulenzen im Unternehmen XXX ausgelöst worden, die durchaus zu massiven Befürchtungen betreffend des Überlebens des Unternehmens XXX geführt hatten. Der Kursverfall war in den letzten 3 Tagen vor dem 6.12. etwas dadurch eingebremst worden, dass ein anderes Unternehmen YYY Interesse an einer möglichen Übernahme und Weiterführung des Unternehmens XXX bekundet und diesbezügliche Verhandlungen aufgenommen hatte. Weiters wurde von den Unternehmensführungen der beiden Firmen verkündet, dass noch vor Weihnachten ein Beschluss bezüglich der Übernahme (und damit mehr oder weniger des Weiterbestehens des Unternehmens XXX) getroffen werde.

Für einen Beobachter und Analysten des Aktienkurses der Aktie XXX legt das die folgenden Überlegungen nahe: „Die Stagnation der letzten 3 Tage zeigt, dass der Markt abwartet, ob diese Verhandlungen erfolgreich verlaufen werden oder nicht.

Sobald sich ein klar positiver Verlauf der Verhandlungen zeigt, werden die Investoren auf wieder stark steigende Kurse setzen und kaufen und somit selbst wieder die Kurse in die Höhe treiben. Sobald sich aber ein endgültiges Scheitern der Verhandlungen ankündigt, werden die Investoren die letzten Restbestände in den XXX-Aktien abzustoßen versuchen, massiv verkaufen und damit die Preise weiter in den Keller treiben." Man kann – auf Basis dieser Überlegungen – also in den nächsten Tagen mit großer Wahrscheinlichkeit entweder mit einem starken Anstieg oder aber mit einem heftigen Kursverfall des Kurses der XXX-Aktie rechnen. In welche Richtung es gehen wird, das scheint völlig offen zu sein.

Eine mögliche Strategie, angemessen auf diese Situation zu reagieren, wäre die Folgende: Wir kaufen jeweils einen Kontrakt Put auf die XXX-Aktie und Call auf die XXX-Aktie mit Fälligkeit 22. Dezember 2017 und Strike jeweils 62.

Die Quotes dafür entnehmen wir etwa der entsprechenden Bloomberg-Seite:
Put   1.32 // 1.55
Call   1.50 // 1.74

Wir gehen von Kaufpreisen von 1.45 für die Put und 1.65 für die Call aus. Wir bezahlen in Summe für die Kombination der beiden Optionen also 3.10 (d.h. 310 Dollar pro Kombinations-Kontrakt). Die resultierende Gewinnfunktion („**Long – Straddle**") ist in Abbildung 2.45 illustriert.

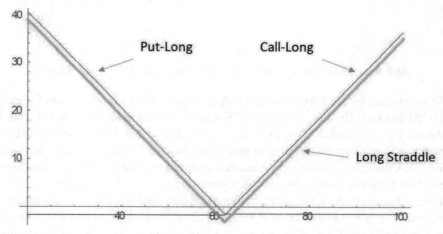

Abbildung 2.45: Gewinnfunktion „Long Straddle"

Sowohl ein starker Kursverfall als auch ein starker Kursanstieg innerhalb der nächsten zwei Wochen würde also zu beträchtlichen Gewinnen mittels dieser Strategie führen.

Zum Beispiel:
Eine Erholung des XXX-Aktienkurses auf das frühere Niveau von 80 Punkten (also um 29%) würde zu einem Payoff durch die Call-Option von $80 - 62 = 18$ Dollar

pro Option führen. Abzüglich der bezahlten Prämie von 3.10 Dollar wäre das also ein Endergebnis von 14.90$ pro Option, somit 1.490$ pro Kontrakt. Bezogen auf den Einsatz von 310$ bedeutet das einen resultierenden Gewinn von 380.6%. Dieselbe Gewinnhöhe würden wir erzielen wenn der Index um 18 Punkte auf 44 Punkte fallen würde. Die Gewinnfunktion ist um den Kurswert 62 symmetrisch.

Einen Verlust würden wir dann erleiden wenn der Kurs bis zum 22.12. zwischen den beiden Break-Even Punkten 62 − 3.10 = 58.90 und 62 + 3.10 = 65.10 verweilen würde.

Natürlich können auch hier wieder durch vorzeitiges Glattstellen der beiden Optionen stärkere Kursbewegungen auch vor dem 22.12. schon ausgenützt werden. Um diese Möglichkeiten genauer analysieren zu können, benötigen wir wieder Wissen über Preisentwicklungen von Optionen während der Laufzeit, das wir uns in kommenden Kapiteln aneignen werden. (Wir müssen gestehen, dass wir für dieses Beispiel ein wenig die Historie manipuliert haben: Die Aktie, deren Optionspreise wir hier verwendet haben, hatte tatsächlich keinen so heftigen Kursrückgang wie in Abbildung 2.44 dargestellt, zu verzeichnen gehabt. Wäre das der Fall gewesen, dann wären die tatsächlichen Optionspreise signifikant höher gewesen.)

Die dazu diametrale Strategie bestünde in jeweils einer Short-Position in der oben verwendeten Call und Put-Option („Short Straddle"). Als Preise für das Eingehen der beiden Short-Positionen müssen wir natürlich von leicht abgeänderten tatsächlichen Verkaufspreisen (z.B. 1.41 Verkaufs- statt 1.45 Kaufpreis für die Call und 1.61 statt 1.65 für die Put) ausgehen. Schon ein kurzer Blick auf die entsprechende Gewinn-/Verlust-Kurve (Abbildung 2.46) legt eindrücklich nahe, die beiden Short-Positionen durch Long-Positionen abzusichern.

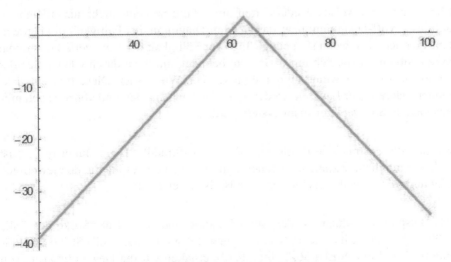

Abbildung 2.46: Gewinnfunktion Short Straddle

Wir führen diese Absicherung mit Hilfe einer Put-Long mit Strike 58 (Quotes 0.23 // 0.38, Preis ca. 0.32) und einer Call-Long mit Strike 66 (Quotes 0.26 // 0.39, Preis ca. 0.33) durch und erhalten damit die Gewinnfunktion von Abbildung 2.47 (**„Long Butterfly Spread"**).

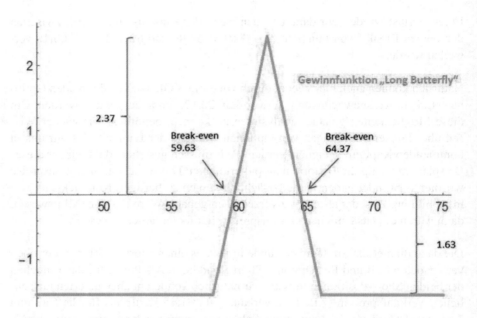

Abbildung 2.47: Gewinnfunktion Long Butterfly-Spread

Man sollte – wir weisen wieder darauf hin – diese Strategie nicht nur in Hinblick auf das Payoff-Diagramm bzw. das Gewinn-Diagramm bei Fälligkeit hin betrachten! Es reicht aus, wenn sich einige Tage vor Fälligkeit der Kurs der Aktie einmal kurz deutlich im Bereich um 62 Punkte befindet, um dann durch Glattstellen der Optionen bereits Gewinne lukrieren zu können. Wie gesagt: Diese Preisentwicklungen während der Laufzeit werden später genau behandelt und können auch mittels unserer Software genau analysiert werden.

Für alle diese Strategien (Long-Straddle, Short-Straddle, Long Butterfly, ...) ist es leicht möglich, Varianten zu generieren, in denen der „Spitz" in den jeweiligen Gewinnfunktionen durch eine „breitere Basis" ersetzt wird.

Als Beispiel betrachten wir den Short-Straddle: Indem dort der Strike des Calls größer und der Strike des Puts kleiner gewählt wird (z.B.: Call, Strike 66, Prämie 0.32 und Put, Strike 56, Prämie 0.22), erhalten wir die Gewinnfunktion von Abbildung 2.48, einen **„Short Strangle"**.

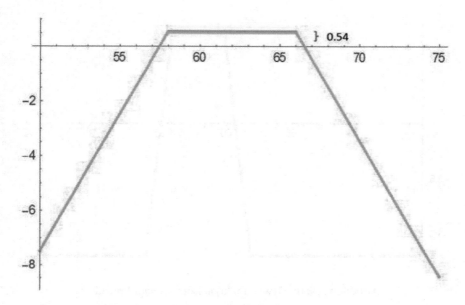

Abbildung 2.48: Gewinnfunktion „Short-Strangle“

Ganz analog erhalten wir einen „Long Strangle“ (Abbildung 2.49) oder einen „Long Condor Spread“ (Abbildung 2.50).

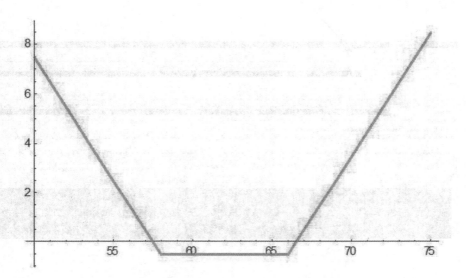

Abbildung 2.49: Gewinnfunktion Long Strangle

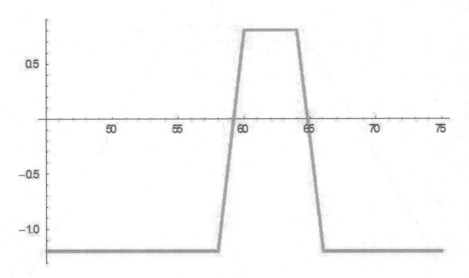

Abbildung 2.50: Gewinnfunktion Long Condor Spread

Auf der Handels-Plattform von Interactivebrokers lassen sich über den „Option-Trader" Bildschirm viele Standard-Kombinationen direkt handeln. Wie man dabei vorgeht, schildern wir im Folgenden wieder an Hand der S&P500-Optionen.

Wir öffnen dazu den Options-Trader Bildschirm und aktivieren in der obersten Zeile den Button „Optionsketten" (blauer Pfeil in Abbildung 2.51) und dann den Button „Option Spreads" (roter Pfeil in Abbildung 2.51)

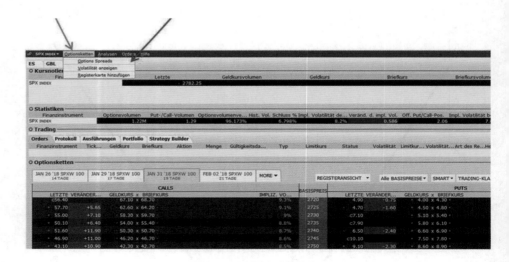

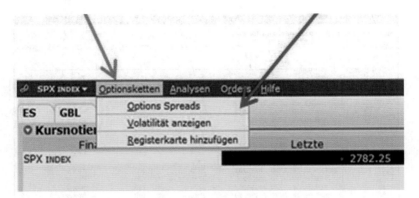

Abbildung 2.51: Handel von Options-Kombinationen über IB

Es öffnet sich dann das Menü „Combo-Auswahl" (siehe Abbildung 2.52), in dem jede Menge möglicher Options-Kombinationen aufgelistet ist.

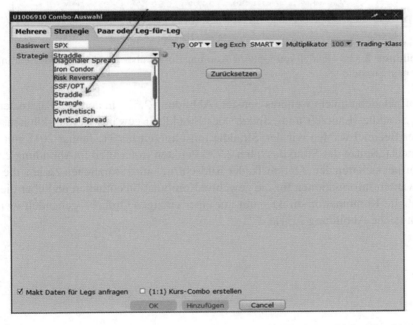

Abbildung 2.52: Handel von Options-Kombinationen über IB, Auswahl der Kombination

Wir wählen nun zum Beispiel die Kombination „Straddle" aus (roter Pfeil in Abbildung 2.52).

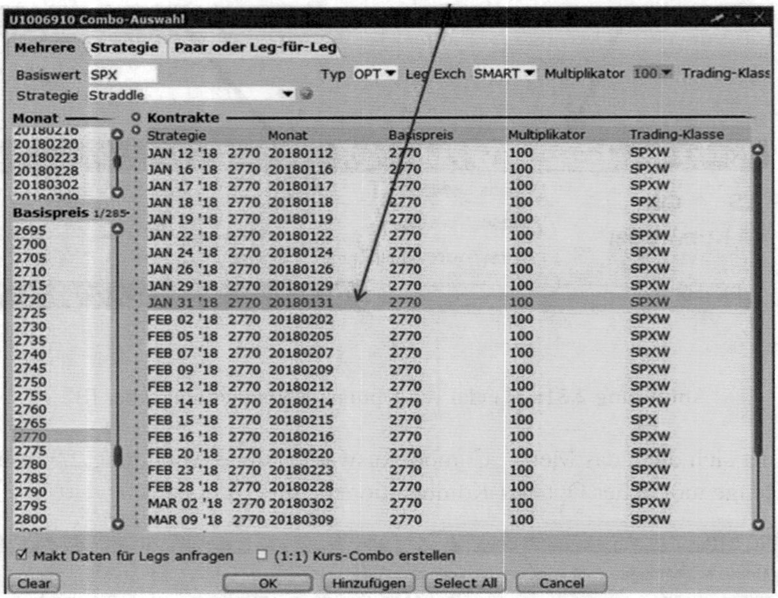

U1006910 Combo-Auswahl

Mehrere | **Strategie** | **Paar oder Leg-für-Leg**

Basiswert SPX   Typ OPT ▼ Leg Exch SMART ▼ Multiplikator 100 ▼ Trading-Klass
Strategie Straddle ▼

Monat	Kontrakte				
20180216	Strategie	Monat	Basispreis	Multiplikator	Trading-Klasse
20180220					
20180223	JAN 12 '18 2770	20180112	2770	100	SPXW
20180228	JAN 16 '18 2770	20180116	2770	100	SPXW
20180302	JAN 17 '18 2770	20180117	2770	100	SPXW
20180309	JAN 18 '18 2770	20180118	2770	100	SPX
Basispreis 1/285	JAN 19 '18 2770	20180119	2770	100	SPXW
2695	JAN 22 '18 2770	20180122	2770	100	SPXW
2700	JAN 24 '18 2770	20180124	2770	100	SPXW
2705	JAN 26 '18 2770	20180126	2770	100	SPXW
2710	JAN 29 '18 2770	20180129	2770	100	SPXW
2715	JAN 31 '18 2770	20180131	2770	100	SPXW
2720	FEB 02 '18 2770	20180202	2770	100	SPXW
2725	FEB 05 '18 2770	20180205	2770	100	SPXW
2730	FEB 07 '18 2770	20180207	2770	100	SPXW
2735	FEB 09 '18 2770	20180209	2770	100	SPXW
2740	FEB 12 '18 2770	20180212	2770	100	SPXW
2745	FEB 14 '18 2770	20180214	2770	100	SPXW
2750	FEB 15 '18 2770	20180215	2770	100	SPX
2755	FEB 16 '18 2770	20180216	2770	100	SPXW
2760	FEB 20 '18 2770	20180220	2770	100	SPXW
2765	FEB 23 '18 2770	20180223	2770	100	SPXW
2770	FEB 28 '18 2770	20180228	2770	100	SPXW
2775	MAR 02 '18 2770	20180302	2770	100	SPXW
2780	MAR 09 '18 2770	20180309	2770	100	SPXW
2785					
2790					
2795					
2800					

☑ Makt Daten für Legs anfragen   ☐ (1:1) Kurs-Combo erstellen

Clear   OK   Hinzufügen   Select All   Cancel

Abbildung 2.53: Handel von Options-Kombinationen über IB, Auswahl der Parameter für einen Straddle

Es öffnet sich nun ein weiteres Fenster (Abbildung 2.53), in dem die Parameter für den Straddle (Laufzeit und „Spitze" des Straddles) gewählt werden können. Für unser Beispiel wählen wir den Straddle mit Laufzeit bis 31. Januar 2018 mit Basispreis („Spitze des Straddles") bei 2.770 Punkten (roter Pfeil in Abbildung 2.53). Es öffnet sich nun der „Option Trader Bildschirm" mit zusätzlichen Zeilen, die alle relevanten Informationen für die gewählte Kombination enthalten und über die die gewählte Kombination direkt – mit nur einer einzigen Order! – gehandelt werden kann (siehe Abbildung 2.54).

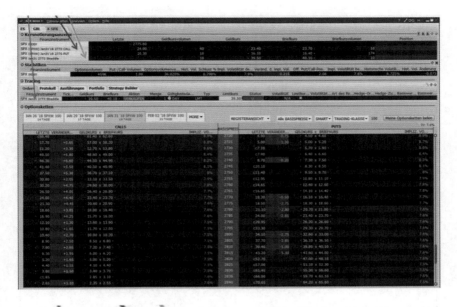

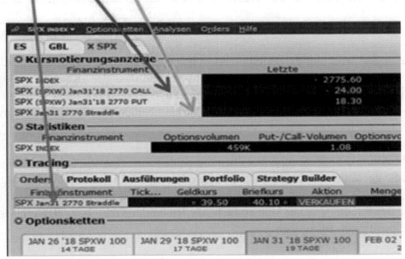

Abbildung 2.54: Handel eines Straddle über IB

Bevor wir jetzt den konkreten Handel des Straddles durchführen, aktivieren wir noch mit einem Mausklick die Bezeichnung des Straddles (blauer Pfeil in Abbildung 2.54) und wählen die Auswahlmöglichkeit „Kontraktinfos → Beschreibung" und erhalten die Informationen zur gewählten Kombination, wie in Abbildung 2.55 dargestellt.

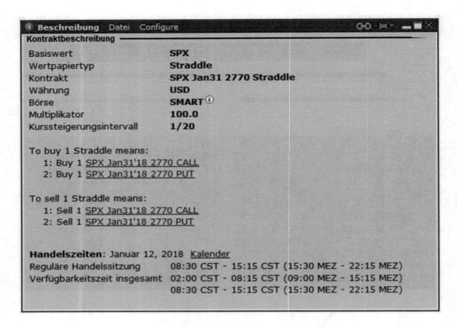

Abbildung 2.55: Beschreibung des gewählten Straddles

Insbesonders wird hier dargestellt, dass sich der Straddle aus jeweils einer Call und einer Put mit demselben Strike zusammensetzt und dass der „Kauf eines Stradd-les" den Kauf der beiden Einzelpositionen (Payoff-Funktion: nach oben offenes „V") und der „Verkauf des Straddles" den Verkauf beider Einzelpositionen (Payoff-Funktion: nach unten offenes „V") bedeutet.

In Abbildung 2.54 sieht man nun eben die beiden Einzelpositionen, aus denen der Straddle gebaut wird, mit ihren Quotes gelistet (roter Pfeil in Abbildung 2.54) und die Quotes des Straddles (grüner Pfeil in Abbildung 2.54). Die Geld- bzw. Bid-preise des Straddles setzen sich einfach aus den beiden Geld- bzw. Bid-preisen der Einzelpositionen zusammen.

In der weiter unten liegenden Orderzeile (blauer Pfeil in Abbildung 2.54) kann nun der Straddle wie üblich (unter Anpassung der gewünschten Ordergröße, Orderart und des Limits) mit nur einer Order gehandelt werden.

2.13 Zusammenhang der Payoffs von Puts, Calls und underlying

Wir erwähnen hier nur sehr kurz einen ziemlich offensichtlichen Zusammenhang zwischen den Payoff-Funktionen von Put- und Call-Optionen auf das gleiche un-derlying mit der gleichen Laufzeit und dem gleichen Strike und dem Payoff des zugehörigen underlyings. Dieser Zusammenhang wird uns später – vor allem dann in Bezug auf die Gewinnfunktion – noch ausführlicher beschäftigen und wird uns unter anderem zur sogenannten Put-Call-Parity-Equation führen.

Wir erinnern zuerst an die Payoff- und die Gewinn-Funktion eines underlyings S zur Zeit T, die ja offensichtlich so wie in Abbildung 2.56 dargestellt aussehen. Hierbei bezeichnet $S(0)$ den momentanen Preis des underlyings und $S(T)$ den Preis des underlyings zur Zeit T.

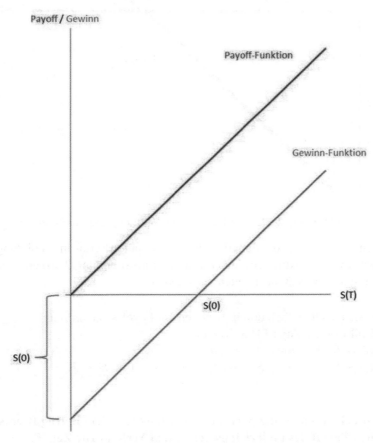

Abbildung 2.56: Payoff- und Gewinn-Funktion underlying

Kombinieren wir nun (grüne Linie in Abbildung 2.57) eine Call Long (blau) und eine Put Short (rot) mit gleichem Strike K.

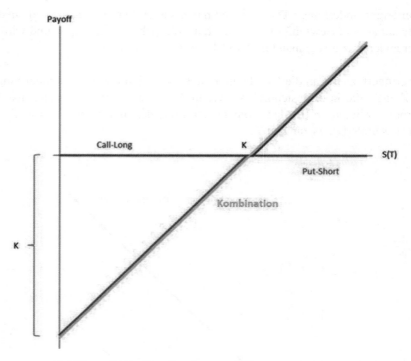

Abbildung 2.57: Kombination aus Call Long und Put Short

Wir sehen, dass die Payoff-Funktion der Kombination (grün in Abbildung 2.57)
genau der Payoff-Funktion des underlyings (rot in Abbildung 2.56) entspricht, allerdings um den Wert K nach unten verschoben.

Das lässt sich auch einfach durch Addieren der Payoffs nachprüfen:
Payoff Call Long + Payoff Put Short =
$$= \max(S - K, 0) - \max(K - S, 0)$$
$$= \max(S - K, 0) + \min(S - K, 0) = S - K + 0 = \boldsymbol{S - K}$$

Also:
**Der Payoff einer Call Long plus einer Put Short plus dem Betrag K entspricht
genau dem Payoff des underlyings bei seinem Verkauf zur Zeit T.**
Schematisch schreiben wir diesen Zusammenhang in dieser Form:

$$S = C - P + K$$

Und diese Darstellung lässt sich jetzt in beliebiger Weise umformen, etwa auf

$$C = S + P - K$$

(der Payoff einer Call-Long lässt sich durch den Payoff des underlyings, einer Put
Long und einer fixen Auszahlungssumme $-K$ generieren)

oder

$$P = C - S + K$$

(der Payoff einer Put-Long lässt sich durch den Payoff einer Short-Position im underlying, einer Call Long und einer fixen Auszahlungssumme K generieren)

oder

$$-S = P - C - K$$

(der Payoff eines underlyings Short lässt sich durch den Payoff einer Put Long, einer Call-Short und einer fixen Auszahlungssumme $-K$ generieren)

Analog lassen sich natürlich auch Short-Positionen von Call- und Put-Optionen durch den jeweils anderen Optionstyp und das underlying plus einer fixen Auszahlungssumme darstellen.

2.14 Weitere Options-Kombinationen

Wie wir schon zu Beginn des vorletzten Paragraphen erwähnt haben, lassen sich die Kombinationen von Optionen (und in weiterer Folge von Optionen, underlying, Futures, . . .) unbegrenzt fortsetzen. Insbesondere haben wir bisher auch nur Kombinationen von Optionen mit gleicher Restlaufzeit vorgenommen, deren Payoff- bzw. Gewinn-funktion sich in einer Grafik darstellen lassen.

Von großem praktischem Interesse sind natürlich auch Kombinationen von Optionen mit verschiedenen Laufzeiten. Es soll hier nicht die Aufgabe sein, Vorzüge und Risiken all dieser Kombinationen im Detail zu diskutieren. Solche Analysen können zum Beispiel in [2] oder in [3] nachgelesen werden.

Natürlich werden uns im Lauf dieses Buches noch mehrere konkrete Kombinationen, mit deren Hilfe bestimmte Investmentziele erreicht werden sollen, beschäftigen und wir werden diese dann ausführlich diskutieren.

Auf der Homepage zu diesem Buch finden Sie weiters in unserer Software ein Programm mit dessen Hilfe Sie beliebige Kombinationen von Payoff- bzw. Gewinnfunktionen von beliebig vielen Optionen (Futures und underlying) illustrieren können. Siehe: https://app.lsqf.org/book/option-payoffs

Im Folgenden nur ein Kombinations-Beispiel, das mit Hilfe dieses Programms erstellt wurde und die Idee vermitteln soll, dass wirklich die absurdesten Auszahlungsfunktionen mit Hilfe von Optionen konstruiert werden können.

Beispiel 2.1. *Wir kombinieren mit Hilfe des Programms auf unserer Homepage in Abbildung 2.56 die folgenden Optionen in Kombination mit dem zugehörigen underlying und erstellen die zugehörige Payoff-Funktion:*

50 Calls Short, Strike 50
10 Calls Long, Strike 30
20 Calls Short, Strike 60
70 Calls Long, Strike 55
12 Calls Short, Strike 100
30 Puts Short, Strike 45
80 Puts Long, Strike 47
50 Puts Short, Strike 40
1 underlying short
-200 Cash

Die resultierende Kombination ist in Abbildung 2.58 dargestellt.

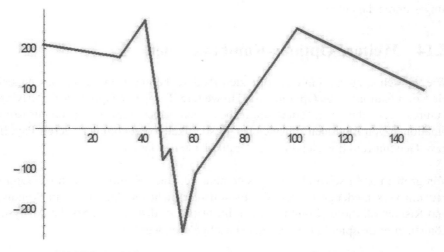

Abbildung 2.58: Beispiel einer Kombination, Payoff-Funktion

Es stellt sich hier die Frage **welche** vorgegebenen Payoff-Funktionen durch eine endliche Kombination von Optionen dargestellt werden können? Von Vorherein klar ist, dass jede solche Kombination prinzipiell folgende Form hat: Sie muss ein stetiger Streckenzug endlich vieler linearer Streckenstücke sein (so wie eben in Abbildung 2.58 beispielhaft dargestellt). Das äußerst rechte Streckenstück setzt sich dabei bis ins Unendliche fort.

Ist jede vorgegebene Payoff-Funktion von dieser prinzipiellen Form dann aber auch als Options-Kombination darstellbar? **Die Antwort darauf ist „Ja"**, allerdings nur unter den Voraussetzungen, dass wir nicht nur **ganze Anzahlen** von Optionen (oder Optionskontrakten) einsetzen dürfen, sondern beliebige reell-wertige Anzahlen von Optionen und dass zu jedem vorgegebenen Wert K die Optionen mit Strike K existieren. Das wollen wir im Folgenden zeigen und sogar einen entsprechenden Algorithmus für das Auffinden der gesuchten Options-Kombination angeben:

Es sei jetzt eine gewünschte Payoff-Funktion aus n Streckenstücken dadurch gegeben, dass die n „Knick-Punkte" $K_0, K_1, \ldots, K_n$ des Streckenzugs (inklusive des „Startpunktes auf der y-Achse") gegeben sind und der Anstieg des letzten Geradenstücks, das bis ins Unendliche weiterläuft. Wir begleiten die folgenden Ausführungen mit einem konkreten Beispiel. Die in Abbildung 2.59 wiedergegebene Payoff-Funktion ist – im obigen Sinn – gegeben durch die Punkte $K_0 = \{0, 10\}, K_1 = \{70, 50\}, K_2 = \{90, 110\}$ und $K_3 = \{100, 40\}$ sowie dem Anstieg 2 für das am weitesten rechts liegende Streckenstück.

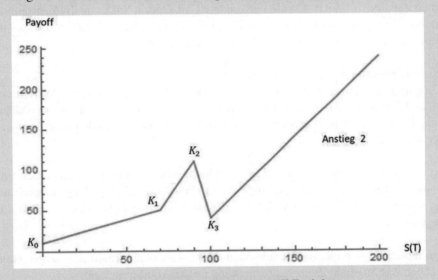

Abbildung 2.59: gewünschte Payoff-Funktion

Den Anstieg des Geradenstücks zwischen K_i und K_{i+1} bezeichnen wir mit a_i (den Anstieg erhalten wir einfach durch Division der Differenz der y-Koordinaten von K_i und K_{i+1} durch die Differenz der x-Koordinaten von K_i und K_{i+1}).

In unserem Beispiel sind $a_0 = \frac{4}{7}, a_1 = 3, a_2 = -7$, und $a_3 = 2$ (wie vorgegeben).

Bei der Konstruktion der Payoff-Funktion durch Optionen gehen wir nun folgendermaßen Schritt für Schritt vor. Wir starten mit dem ersten Streckenstück von links und konstruieren die Payoff-Funktion von links nach rechts Strecken-Stück für Strecken-Stück weiter. Wenn wir auf diese Weise bis zum Punkt K_i konstruiert haben, dann haben wir eine vorläufige Payoff-Funktion, die wir mit PF_i bezeichnen.

Diese Funktion PF_i hat vom Punkt K_0 bis zum Punkt K_i prinzipiell die Form der vorgegebenen Payoff-Funktion PF, kann aber höher oder tiefer liegen als die gegebenen Payoff-Funktion PF. Die vorläufige Funktion PF_i hat links von K_i

an den x-Werten von $K_{i-1}, \ldots, K_0$ Knickpunkte. Die y-Werte der Knickpunkte
von PF_i werden abweichen von den y-Werten der $K_{i-1}, \ldots, K_0$. Wenn wir
mittels unserer Konstruktionsmethode die Payoff-Funktion bereits bis zum Punkt
K_i (also PF_i) konstruiert haben, dann konstruieren wir das nächste Stück K_i bis
K_{i+1} auf folgende Weise: Wir addieren eine gewisse Anzahl A_i von Call-Long,
oder eine gewisse Anzahl A_i von Call-Short mit Strike in K_i so zu PF_i dass die
sich dadurch ergebende neue vorläufige Payoff-Funktion PF_{i+1} zwischen den
x-Werten von K_i und von K_{i+1} und damit automatisch rechts darüber hinaus
einen Anstieg a_i besitzt. Da die verwendete Call-Option links von K_i konstant ist,
ändert sie die prinzipielle Form von PF_i links von K_i nicht. Daher hat PF_{i+1} bis
zum x-Wert des Punktes K_i die prinzipielle Form von PF.

Wie ist dabei die Anzahl A_i zu wählen?
Aufgrund der Konstruktion ist der Anstieg von PF_i zwischen den x-Werten von
K_i und von K_{i+1} gleich a_{i-1}. Es sind daher $a_i - a_{i-1}$ Stück Call-Long zu wählen,
falls $a_i - a_{i-1}$ positiv ist bzw. $a_{i-1} - a_i$ Stück Call-Short zu wählen, falls $a_i - a_{i-1}$
negativ ist.

So fahren wir bis zum letzten (ins Unendliche verlaufenden) Geradenstück fort.
Dadurch erhalten wir eine vorläufige Payoff-Funktion PF_{n+1}, die prinzipiell mit
der vorgegebenen Payoff-Funktion PF übereinstimmt, aber etwas höher oder tiefer
liegen kann.

Um dann schlussendlich diesen konstanten Niveau-Unterschied d auszugleichen,
machen wir folgende Zwischenbemerkung (siehe Abbildung 2.60):

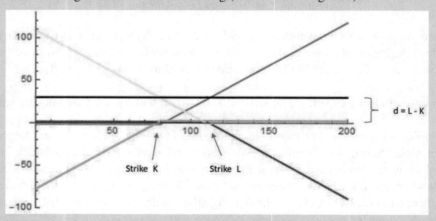

Abbildung 2.60: Kombination von Call Long/Put Short mit Strikes K und Call Short/Put
Long mit Strikes L

Die Kombination von einer Call Long und einer Put Short mit gemeinsamem
Strike K sowie von einer Call Short und einer Put Long mit gemeinsamem Strike

L ergibt offensichtlich einen konstanten Payoff von $L - K$.

Zum schlussendlichen Ausgleich des Niveau-Unterschieds wählen wir also zwei Strikes K und L, die einen Abstand von d haben und addieren oder subtrahieren die beschriebene Vierer-Kombination von Optionen zu PF_{n+1} und erhalten so die gegebene Payoff-Funktion PF.

Wir führen das jetzt Schritt für Schritt an unserem konkreten Beispiel durch:

Wir starten mit $a_0 = \frac{4}{7}$ Stück Call Long, Strike 0, das ist unser PF_0 (siehe Abbildung 2.61, rote Funktion).
Dann setzen wir fort mit $a_1 - a_0 = 3 - \frac{4}{7} = \frac{17}{7}$ Stück Call Long, Strike 70, die wir zu PF_0 addieren. Das ergibt PF_1 (siehe Abbildung 2.61, grüne Funktion).

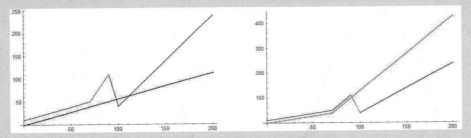

Abbildung 2.61: Beispiel PF_0 (rot) und PF_1 (grün)

Der Anstieg am rechten Rand von PF_1 beträgt $a_1 = 3$. Es sind daher $a_1 - a_2 = 10$ Stück Call Short mit Strike 90 zu addieren um PF_2 zu erhalten (siehe Abbildung 2.62, rote Funktion).
Schließlich sind noch $a_3 - a_2 = 9$ Stück Call Long mit Strike 100 zu addieren um PF_3 zu erhalten (siehe Abbildung 2.62, grüne Funktion).

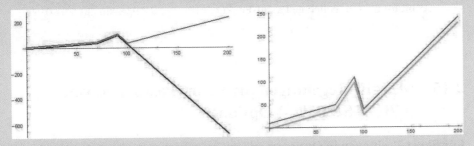

Abbildung 2.62: Beispiel PF_2 (rot) und PF_3 (grün)

Der Wert der Funktion PF_4 für $x = 0$ ist gegeben durch $PF_4(0) = 0$ (da PF_4 die Summe von Call-Optionen Long/Short mit nicht-negativem Strike ist). Die Differenz zwischen der vorgegebenen Payoff-Funktion und PF_4 beträgt daher

$d = 10$ und wir gleichen diese Differenz wie oben beschrieben aus.

Natürlich lassen sich auf diese Weise für **beliebige** vorgegebene stetige Funktionen $f : \mathbb{R} \to \mathbb{R}$ auf vorgegebenen endlichen Intervallen (!) durch die geeignete Kombination von Optionen Payoff-Funktionen erzielen, die auf dem vorgegebenen endlichen Intervall die Funktion f beliebig nahe approximieren.

Dazu wird einfach nur zuerst die gegebene Funktion (z.B.: blaue Funktion $f(x) = \sin \frac{x}{30}$ in Abbildung 2.63) auf dem gegebenen Intervall (z.B. [0,200] in Abbildung 2.63) beliebig gut durch einen Streckenzug angenähert (z.B. rote Funktion in Abbildung 2.63) und diese Näherung dann, wie oben beschrieben, durch Optionen dargestellt.

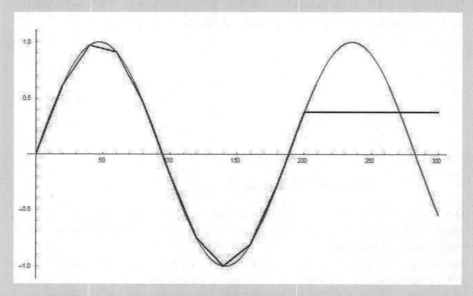

Abbildung 2.63: beliebige Payoff-Funktion (blau) und Approximation (rot)

2.15   Margin-Regelungen für Short-Positionen von (CBOE S&P500-) Optionen

Für Short-Positionen in Optionen müssen beim Broker (und vom Broker bei der jeweiligen Derivate-Börse) Sicherheiten, sogenannte **Margin, hinterlegt** werden. Mit dieser Margin wird von der Börse sichergestellt, dass man seinen Zahlungsverpflichtungen, die man mit der Short-Position eingegangen ist, auch nachkommen kann. Die Höhe der geforderten Margin kann sich während der Laufzeit der Option ändern. Übersteigt – durch Kursbewegungen des underlyings – die geforderte Margin die tatsächlich hinterlegte Margin dann kommt es zu einem **„Margin-Call"** des Brokers an den Investor, mittels dessen eine Erhöhung der Margin gefordert wird. Der Investor muss innerhalb einer gewissen Frist die geforderte Erhöhung der Margin (durch Nachschuss auf dem Handelskonto) einzahlen oder Positionen schließen. Geschieht dies nicht, so stellt der Broker Short-Positionen des Investors glatt, so dass die vorhandene Margin wieder ausreichend ist.

Wie schon weiter oben ausgeführt, muss in manchen Fällen die Margin nicht unbedingt in Cash hinterlegt werden, sondern kann auch aus Sicherheiten anderer Art wie Aktien- oder Anleihen-Portfolios bestehen (deren Wert allerdings dann nicht zu 100% als Margin akzeptiert wird, sondern nur mit einem gewissen prozentuellen Abschlag).

Der geforderte Margin-Betrag besteht immer aus zwei Komponenten:

geforderter Margin-Betrag = Momentaner Schließungspreis der Option +
zusätzlicher Sicherheitspuffer

Die Höhe des Sicherheitspuffers variiert von Börse zu Börse und von Produkt zu Produkt. In manchen Fällen ist die Höhe der geforderten Margin auch nicht einfach die Summe der geforderten Margins der einzelnen Produkte, sondern hängt von der jeweiligen Options-Kombination ab. So ist zum Beispiel für den „Long Butterfly Spread" (siehe Abbildung 2.47) im Allgemeinen weniger Margin zu hinterlegen, als für die beiden im Spread enthaltenen einzelnen Short-Positionen in Summe an Margin zu zahlen wäre.

Darüber hinaus fordern häufig Broker über die der Handel durchgeführt wird, in manchen Fällen eine höhere Margin vom Investor als die Regelungen der Börse vorschreiben würden. Wir geben daher im Folgenden nur ein paar grundlegende Informationen über die Margin-Regelungen für CBOE-gehandelte Optionen auf den S&P500 Index. (Mit diesen Optionen werden wir in konkreten Beispielen im Folgenden zumeist beschäftigt sein und diese speziellen Margin-Regelungen können als ungefähre Richtlinie für Margin-Regelungen im Allgemeinen dienen.)

Alle Details der Margin-Regelungen für CBOE-gehandelte Optionen und Beispiele dazu können im „Margin Manual" der CBOE
(siehe `https://www.cboe.com/learncenter/pdf/margin2-00.pdf`)
nachgelesen werden.

Die für uns wichtigsten **Margin-Regelungen für Short-Positionen von CBOE-gehandelten S&P500 Optionen** sind die folgenden:

1. Erforderliche **Margin für eine einzelne Put Short-Position** (wir sprechen dann von einer „ungedeckten Position" oder „naked position"):

Der jeweils **aktuelle Marktpreis der Put-Option plus das Maximum der folgenden beiden Werte**:

   a) 10% des Strikes K

   b) 15% des momentanen Kurses S des S&P500 minus $\max\,(0, S - K)$

2. Erforderliche **Margin für eine einzelne Call Short-Position** („ungedeckte Position" oder „naked position"):

Der jeweils **aktuelle Marktpreis der Call-Option plus das Maximum der folgenden beiden Werte**:

   a) 10% des Strikes K

   b) 15% des momentanen Kurses S des S&P500 minus $\max\,(0, K - S)$

Für an der CBOE gehandelte Aktien-Optionen (z.B. die Option die auf die XXX-Aktie in Paragraph 2.12 betrachtet wurde) gelten dieselben Margin-Regelungen, mit dem einzigen Unterschied, dass jeweils in Punkt b) die 15% durch 20% ersetzt werden.

Dazu ein Beispiel:

Beispiel 2.2. *Der momentane Stand S des S&P500 liegt bei* 2.662 *Punkten.*

- *Die Put-Option auf den S&P500 mit Fälligkeit März 2018 und Strike $K = 2.600$ (Quotes siehe Abbildung 2.27).*
    - *Der momentane Schließungspreis der Option beträgt 38.60$*
    - *10% des Strikes betragen 260*
    - *15% des momentanen Kurses betragen 399.30*
    - $S - K = 62$ *und daher* $\max\,(0, S - K) = 62$
    - *Da* $399.30 - 62 = 337.30 > 260$ *tritt Regel b) in Kraft*
    - *Daher: Margin* $= 38.60 + 337.30 = 376.10$$ *pro Stück, also 37.610$ pro Kontrakt*

- *Die Call-Option auf den S&P500 mit Fälligkeit März 2018 und Strike $K = 3.000$*
    - *Der momentane Schließungspreis der Option beträgt 0.40$*
    - *10% des Strikes betragen 300*
    - *15% des momentanen Kurses betragen 399.30*
    - $K - S = 338$ *und daher* $\max\,(0, K - S) = 338$
    - *Da* $399.30 - 338 = 61.30 < 300$ *tritt Regel a) in Kraft*
    - *Daher: Margin* $= 0.40 + 300 = 300.40$$ *pro Stück, also 30.040$ pro Kontrakt*

3. Erforderliche **Margin für eine einzelne Call Short-Position und eine einzelne Put Short-Position** auf den S&P500 (beide „ungedeckte Positionen" oder „naked positions"):

   Es werden für beide Short-Positionen einzeln nach den Regeln von Punkt 1) und Punkt 2) die sich jeweils aus Regeln a) und b) ergebenden Zusatzbeträge Z(1) und Z(2) berechnet und das Maximum Z der beiden Beträge genommen. Die **Gesamt-Margin** beträgt dann:

   aktueller Marktpreis der Call-Option plus aktueller Marktpreis der Put-Option plus Z

   Beispiel 2.3. *Wenn wir die beiden Short-Positionen aus Beispiel 2.2 halten, dann beträgt die Margin pro Stück der Kombination:*
   $Margin = 38.60 + 0.40 + \max{(337.30, 300)} = 38.60 + 0.40 + 337.30 = 377.20\$$, *also 37.720\$ pro Kontrakt der Kombination.*

   Die Margin-Erfordernisse lassen sich zum Teil drastisch verringern wenn ungedeckte Short-Positionen durch geeignete Long-Positionen abgesichert werden:

4. Erforderliche **Margin für eine einzelne Call Short-Position und eine einzelne Call Long-Position** auf den S&P500, wobei der **Strike der Long-Position K_L** höher als der **Strike der Short-Position K_S** ist und die Restlaufzeit der Long-Position mindestens so lang ist wie die Restlaufzeit der Short-Position. Die Payoff-Funktion dieser Kombination hat die Form wie in Abbildung 2.64 (grüne Linie). Die maximale Höhe des Payoffs, der vom Inhaber der Kombination zu leisten ist, beträgt $K_L - K_S$.

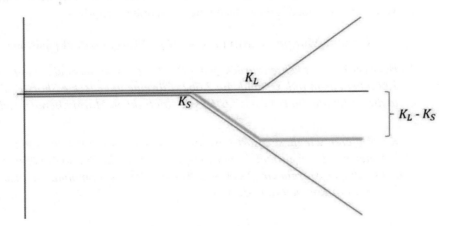

Abbildung 2.64: Call-Spread

Entsprechend ist die Margin-Anforderung durch diese höchste möglicher Weise zu leistende Zahlung nach unten beschränkt. Es gilt:

Gesamt-Margin $= \min \left(K_L - K_S, \text{ Margin naked position} \right)$

5. Erforderliche **Margin für eine einzelne Put Short-Position und eine einzelne Put Long-Position** auf den S&P500, wobei der **Strike der Long-Position** K_L tiefer als der **Strike der Short-Position** K_S ist und die Restlaufzeit der Long-Position mindestens so lang ist wie die Restlaufzeit der Short-Position. Die Payoff-Funktion dieser Kombination hat die Form wie in Abbildung 2.65 (grüne Linie). Die maximale Höhe des Payoffs, der vom Inhaber der Kombination zu leisten ist, beträgt $K_S - K_L$.

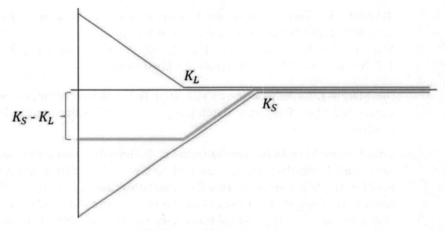

Abbildung 2.65: Put-Spread

Entsprechend ist die Margin-Anforderung durch diese höchste möglicher Weise zu leistende Zahlung nach unten beschränkt. Es gilt:

Gesamt-Margin $= \min \left(K_S - K_L, \text{ Margin naked position} \right)$

Beispiel 2.4. *Wir kehren zurück zu der Put-Option von Beispiel 2.2 mit Strike 2.600 bei einem Index-Stand von 2.662. Für eine ungedeckte Short-Position in dieser Option hatten wir 37.610\$ pro Kontrakt an Margin bereitzustellen.*

Kombinieren wir diese Short-Position mit einer Long-Position in einer Put mit gleicher Laufzeit und – zum Beispiel – Strike 2.400, so benötigen wir lediglich eine Margin von $2.600 - 2.400 = 200$\$ pro Kombination, also von 20.000\$ pro Kombinations-Kontrakt.

Für diese Absicherung der naked short-position ist natürlich der Preis für die Long-Position zu bezahlen, der zum Abschlusszeitpunkt circa bei 12\$ gelegen war.

Der Nachteil der Kombination liegt also in der geringeren Prämieneinnahme von circa 37.70 (siehe Abbildung 2.27) $-12.00 = 25.70\$$ *anstelle von 37.70\$, sie hat aber den Vorteil der geringeren zu hinterlegenden Margin (20.000\$ statt 37.610\$) und der Begrenzung möglicher Verluste auch bei einem extremen Kursverfall des S&P500.*

Viele Broker gestatten ihren Kunden kein Eingehen von ungedeckten Short-Positionen. Eine Short-Position kann dann immer nur in Kombination mit einer absichernden Long-Position geordert und eingegangen werden. Die absichernde Long-Position kann nur dann geschlossen werden, wenn zuvor oder gleichzeitig die offene Short-Position geschlossen wurde.

Bei schnellen extremen Kursänderungen können ungedeckte Short-Positionen sogar zu Nachschussforderungen an den Investor führen.

Beispiel 2.5. *Angenommen wir befinden uns in einer ungedeckten Short-Position in der Put-Option mit Strike 2.600 des vorigen Beispiels. Die hinterlegte Margin beträgt 37.610\$. Diese sei durch 40.000\$ auf dem Handelskonto des Investors abgedeckt. Fällt nun der Index auf Grund außergewöhnlicher Ereignisse in kürzester Zeit auf – zum Beispiel – 2.000 Punkte, und zwar so, dass keine Möglichkeit besteht, rechtzeitig die Short-Position zu schließen und erholt sich der Index bis zur Fälligkeit nicht mehr über 2.000 Punkte, dann hat der Investor den Verlust von mindestens 60.000\$ auf jeden Fall zu tragen, obwohl er nur 40.000\$ auf dem Handelskonto zur Verfügung hat. Mit dem Eingehen ungedeckter Short-Positionen geht man somit auch eine etwaige Nachschussverpflichtung ein.*

Über die Handels-Plattform Interactivebrokers ist das Eingehen von naked positions möglich.

Bei Aktivieren des „Konto"-Buttons in der Kopfzeile der IB Trader Workstation öffnet sich ein Fenster mit den Konto-Informationen für das jeweilige Handelskonto (siehe Abbildung 2.66).

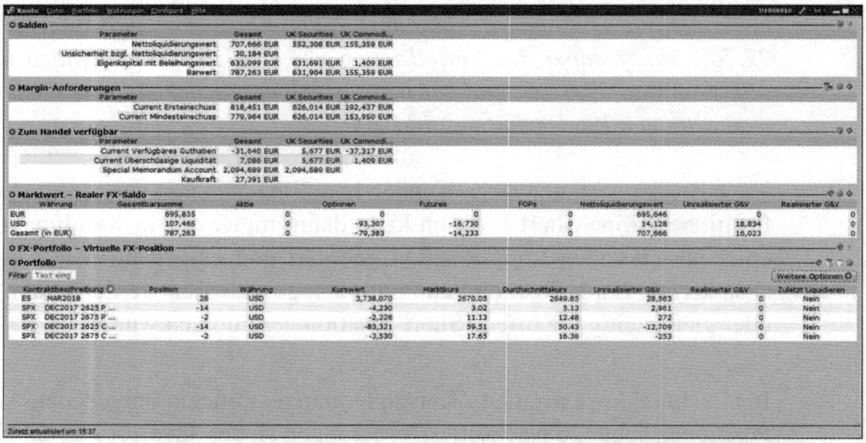

Abbildung 2.66: Konto-Informationen auf der IB-Trader Workstation

Wir sehen hier im zweiten Abschnitt „Margin-Anforderungen", in der zweiten Zeile die im Moment geforderte Margin für dieses Konto in Höhe von 779.964 Euro.

2.16 CBOE-gehandelte Optionen auf den S&P500 Index, Market-Maker-System, Settlement von SPX-Optionen

Wir haben uns bisher in unseren konkreten Options-Beispielen fast ausschließlich mit Optionen auf den S&P500 Index (SPX), die an der CBOE (Chicago Board Options Exchange) gehandelt werden (im Folgenden kurz: SPX-Optionen), befasst. Das werden wir auch im Großteil der folgenden Ausführungen so beibehalten. Der Markt von Optionen auf den SPX ist einer der weltweit größten und liquidesten Märkte börsengehandelter Optionen.

Es ist nicht das Ziel und die Aufgabe dieses Buches eine Vielzahl weiterer Options-märkte vorzustellen. Wir wollen vielmehr die Abläufe und Grundlagen des Opti-onshandels exemplarisch an einem wichtigen Beispiel vermitteln und beschränken und dazu – zumeist – auf die Optionen auf den SPX. Der Handel mit anderen Index- oder Aktien-Optionen läuft prinzipiell analog ab. Natürlich muss man sich vor dem Beginn des Handels eines bestimmten Produkttyps mit den für die jeweilige Option spezifischen Handelsregelungen (die praktisch ausnahmslos über die Homepages der Produkte zugänglich sind) auseinandersetzen.

Im Folgenden geben wir noch ein paar wichtige Informationen speziell für SPX-Optionen.

- SPX-Optionen sind von europäischem Typ
- Handelszeiten nach MEZ sind Montag bis Freitag jeweils von 15:30 Uhr bis 22:15 Uhr
- Über manche Broker (u.a. über interactivebrokers.com) lassen sich die Op-tionen bereits ab 9:00 Uhr MEZ handeln!
- Es gibt im Wesentlichen 3 verschiedene Typen von SPX-Optionen:
  - die klassischen SPX-Index-Optionen mit Fälligkeit jeweils am 3. Frei-tag eines Monats
  - die SPX-EOM (End of Month) Optionen mit Fälligkeit jeweils am letz-ten Handelstag eines Monats
  - die SPXW (SPX-Weekly) Optionen mit Fälligkeiten jeweils am Mon-tag, Mittwoch und Freitag einer Woche
- Ein straffes Market-Maker System garantiert für jeden Optionskontrakt Bid- und Ask-Preise für ein gewisses Mindestkontingent an Kontrakten bei einem vorgegebenen Maximalabstand zwischen Bid- und Ask-Preisen. Alle Infor-mationen dazu sind wiederum auf der Homepage der CBOE zu finden:

  ```
  https://www.cboe.org/general-info/liquidity-
  provider-info/market-maker-mm-program-information
  ```

Eine Sache ist unbedingt zu klären bzw. zu präzisieren: Bisher wurde stets rela-tiv vage von Fälligkeitsdaten gesprochen, indem ein bestimmter Tag, ohne weitere Präzisierung, als Fälligkeitstag genannt wurde. Aber natürlich ist es höchst rele-vant, exakt zu definieren, zu welchem Zeitpunkt genau welcher Kurs des underly-ings zur Bestimmung des Payoffs am Fälligkeitstag herangezogen wird. Auch hier gibt es wieder von Optionstyp zu Optionstyp, von Börse zu Börse die verschieden-sten Regelungen und man muss sich hier, sobald man den Handel eines bestimmten Produkts anstrebt, in den jeweiligen Produkt-Spezifikationen genau informieren. Wir beschränken uns hier daher wieder auf die Erläuterung der Regelungen für CBOE-gehandelte Optionen auf den S&P500-Index. Wir werden sehen, dass auch hier bereits verschiedene Regelungen auftreten.

Für die **SPX Index Optionen** gilt:

Zumeist werden diese Optionen mit Laufzeiten bis zum dritten Freitag der nächsten 4 bis 6 Monate, sowie für die Monate März, Juni, September, Dezember bis zu einer Laufzeit von circa 2 Jahren angeboten. Die Optionen können immer bis zum Handelsschluss des dritten Donnerstag gehandelt werden. Der Settlement-Kurs wird gebildet als der (gewichtete) Durchschnitt der Preise des ersten Handels für jede einzelne Aktie im S&P500 am dritten Freitag. Dieser Settlement-Kurs kann zuweilen beträchtlich vom Eröffnungskurs des S&P500 am dritten Freitag abweichen! Üblicherweise steht der Settlement-Kurs auch nicht sofort bei Börseneröffnung fest, da er erst berechnet werden kann, wenn jede der 500 S&P500 – Aktien mindestens einmal gehandelt worden ist.

Der jeweilige Settlement-Kurs wird zum Beispiel auf
```
http://www.cboe.com/data/historical-options-data/
index-settlement-values
```
veröffentlicht.

In Bloomberg ist der Settlement-Kurs unter
```
SPXSETindex
```
abrufbar.

Für die **SPX-EOM Optionen** gilt:

Diese Optionen werden meist mit Laufzeiten bis zum letzten Handelstag der nächsten bis zu 12 Monate angeboten. Die Optionen haben stets Fälligkeit bei Handelsschluss des letzten Handelstages im Monat. Der Settlement-Kurs wird gebildet als der (gewichtete) Durchschnitt der Preise des letzten Handels für jede einzelne Aktie im S&P500 am letzten Handelstag des Monats.

Der jeweilige Settlement-Kurs wird zum Beispiel auf
```
http://www.cboe.com/data/historical-options-data/
index-settlement-values/end-of-month-settlement-values
```
veröffentlicht.

Für die **SPXW Optionen** gilt:

Diese Optionen werden meist mit Laufzeiten bis zum Montag, Mittwoch und Freitag der nächsten bis zu 6 Wochen angeboten. Die Optionen haben stets Fälligkeit bei Handelsschluss am Verfallstag. Der Settlement-Kurs wird gebildet als der (gewichtete) Durchschnitt der Preise des letzten Handels für jede einzelne Aktie im S&P500 am Fälligkeitstag.

Der jeweilige Settlement-Kurs wird zum Beispiel auf

```
http://www.cboe.com/data/historical-options-data/
index-settlement-values/weeklys-settlement-values
```
veröffentlicht.

Weitere Details und Spezifikationen der S&P500 Optionen findet man unter folgenden Seiten:
```
http://www.cboe.com/products/stock-index-options-spx-
rut-msci-ftse/s-p-500-index-options/s-p-500-options-
with-a-m-settlement-spx/spx-options-specs
```

```
http://www.cboe.com/products/stock-index-options-spx-
rut-msci-ftse/s-p-500-index-options/end-of-month-spx-
options
```

```
http://www.cboe.com/products/stock-index-options-
spx-rut-msci-ftse/s-p-500-index-options/spx-weeklys-
options-spxw
```

2.17 Futures, grundlegende Eigenschaften, Handel, Margin

Nachdem wir uns jetzt ausgiebig mit Optionen beschäftigt haben, können wir uns – in einer „ersten Runde" – bei der Einführung und der Beschreibung der grundlegenden Eigenschaften von Futures eher kurz fassen.

Futures sind wiederum – zumeist börsengehandelte – Derivate und beziehen sich somit wieder auf ein anderes Produkt, ein underlying, und haben, so wie auch Optionen, ein bestimmtes Fälligkeitsdatum in der Zukunft.

Ein wesentlicher Unterschied in der Ausgestaltung der Parameter im Vergleich mit Optionen ist, dass der **Kaufpreis eines Futures stets gleich Null** ist!

Ebenso ein wesentlicher Unterschied in der Ausgestaltung der Parameter im Vergleich mit Optionen ist, dass der **Strike des Futures** ein – im Lauf der Zeit – **variabler Parameter** ist.

Die **fixen Parameter eines Futures** sind:

- das underlying (ein Index, eine Aktie, ein Rohstoff, eine Anleihe, . . .)
- das Fälligkeitsdatum T (häufig bezeichnen wir auch die Restlaufzeit von jetzt bis zum Fälligkeitsdatum mit T)
- der Preis $= 0$ des Futures

Der **variable Parameter** eines Futures ist:

- der Strike (Strikepreis) des Futures (dieser ist nicht fix gegeben sondern ändert sich während der Laufzeit des Futures ständig in Abhängigkeit von Angebot und Nachfrage an der Börse)

Es lassen sich wieder entweder **Long-Positionen** oder **Short-Positionen** in einen Future eingehen. Verkürzt wird ebenfalls wieder vom „Kauf eines Futures" oder vom „Verkauf eines Futures" gesprochen.

Durch das Eingehen einer **Long-Position** in einen Future auf ein underlying A mit Fälligkeit T und Strike K („Kauf eines Futures") vereinbart man mit dem Gegenpart („Verkäufer des Futures") **zur Zeit T in jedem Fall ein Stück A zum Preis von K zu kaufen**.

Durch das Eingehen einer **Short-Position** in einen Future auf ein underlying A mit Fälligkeit T und Strike K („Verkauf eines Futures") vereinbart man mit dem Gegenpart („Käufer des Futures") **zur Zeit T in jedem Fall ein Stück A zum Preis von K zu verkaufen**.

Beide Seiten der Vereinbarung gehen eine Verpflichtung ein. Beide Seiten müssen daher eine Margin – zum Nachweis der Fähigkeit dieser Verpflichtung nachkommen zu können – hinterlegen.

Die Vereinbarung geschieht zum Preis 0. Im Moment der Vereinbarung fließt also keine Prämie von einer Position zur anderen.

Im überwiegenden Normalfall wird das Prozedere des Kaufes bzw. des Verkaufes des underlyings nicht durchgeführt, sondern es wird ein Barausgleich des Gewinnes durchgeführt.

Der **Gewinn (= Payoff) der Long-Position** bei Fälligkeit beträgt dabei $S(T) - K$. Der **Gewinn (= Payoff) der Short-Position** bei Fälligkeit beträgt dabei $K - S(T)$. Hier bezeichnen wir mit $S(T)$ wiederum den Kurs des underlyings zum Zeitpunkt T.

Wichtig dabei ist allerdings die folgende Tatsache:
Der Gewinn bzw. Verlust durch die jeweilige Futuresposition wird kontinuierlich (tatsächlich zum jeweiligen täglichen Settlement-Price zu Handelsschluss) auf dem Marginkonto abgerechnet (siehe nachfolgendes Beispiel 2.6).

Futures können während der Laufzeit jederzeit an der Börse wieder zum Preis 0, allerdings aber zum neuen Strikepreis K gehandelt werden. Bestehende Positionen können also jederzeit während der Laufzeit wieder glattgestellt werden. Dies ist durch die oben angedeutete kontinuierliche Abrechnung auf dem Marginkonto möglich (siehe nachfolgendes Beispiel 2.6).

Im folgenden Beispiel beschreiben wir den Handel eines Futures auf den S&P500 Index über Interactivebrokers und die zugehörige kontinuierliche Abrechnung auf dem Marginkonto.

Genauer gesagt werden wir im Folgenden mit S&P500 Mini-Futures anstatt mit S&P500-Futures handeln. Beide Produkte werden an der CME (Chicago Mercantile Exchange) gehandelt. Beide Produkte haben dieselbe Ausgestaltung mit dem einzigen wesentlichen Unterschied, dass sich ein Kontrakt Mini-Future auf 50 Stück S&P500 bezieht, während sich ein Future-Kontrakt auf 250 Stück S&P500 bezieht. Die detaillierten Spezifikationen des S&P500 Mini-Futures findet man auf der folgenden Seite:

```
http://www.cmegroup.com/trading/equity-index/us-
index/e-mini-sandp500_contract_specifications.html
```

Die CME-group bestehend aus den Einzelbörsen CME (Chicago Mercantile Exchange), CBOT (Chicago Board of Trade) und NYMEX (New York Mercantile Exchange) ist der weltgrößte Handelsplatz für Futures.

Einen Überblick über die Vielzahl von Futures auf verschiedenste underlyings (bis hin zu Futures auf die Kursentwicklung der Kryptowährung Bitcoin oder bis hin zu Wetterderivaten, die als underlying die Entwicklung der Temperatur oder die Regenmenge an einem bestimmten Ort haben) kann man sich unter der Adresse

```
http://www.cmegroup.com/trading/products/
```

verschaffen.

Beispiel 2.6. *Wollen wir über Interactivebrokers Mini-Futures auf den S&P500 handeln, haben dieses Produkt allerdings noch nicht auf unserer Trader Workstation aufscheinen, dann öffnen wir zum Beispiel die bereits oben erwähnte Adresse*

```
http://www.cmegroup.com/trading/products/
```

suchen im Menü „Product Group" nach „US Indices" und finden sogleich (erste Zeile) den S&P500 Mini-Futures (offiziell „E-mini S&P500 Futures").

Geben wir nun das entsprechende Kürzel „ES" in die linke Spalte einer Zeile auf einer Seite der IB-Trader-Workstation ein (siehe blauer Pfeil in Abbildung 2.67) so öffnet sich eine Palette mit Finanzprodukten, die in Zusammenhang mit dem Kürzel ES stehen, aus denen dann der Mini-Future mit der gewünschten Fälligkeit ausgewählt werden kann. Vorhandene Fälligkeiten für S&P500 Mini-Futures sind zumeist der dritte Freitag im nächsten März, Juni, September und Dezember. In Abbildung 2.67 wurden die beiden Mini-Futures mit Fälligkeiten am 15. Dezember 2017 und am 16. März 2018 ausgewählt.

Abbildung 2.67: IB es-Unterseite (S&P500 Mini-Futures)

Der endgültige „Settlement-Price" $S(T)$ aus dem der Payoff bei Fälligkeit bestimmt wird, wird auf dieselbe Art berechnet wie der Settlement-Price für die SPX-Optionen, nämlich als der durchschnittliche Preis des jeweils ersten Handels in jeder einzelnen Komponente des S&P500 am Fälligkeitstag.

Wie wir bereits erwähnt haben, werden bei Futures allerdings Gewinne und Verluste täglich (zum täglichen Settlement-Preis) abgerechnet.

Wie diese täglichen Settlement-Preise genau bestimmt werden (vereinfacht: der Durchschnitt der Strikepreise zu denen **der Future** *in der Endphase des jeweiligen Handelstages gehandelt wurde), kann zum Beispiel auf der folgenden Seite der CME nachgelesen werden:*
`https://www.cmegroup.com/confluence/display/`
`EPICSANDBOX/Standard+and+Poors+500+Futures#`
`StandardandPoors500Futures-FinalSettlement.1`
(Hier findet man auch die Regelungen in gewissen Spezialfällen bei der Berechnung der endgültigen und der täglichen Settlement-Preise, etwa wenn der dritte Freitag auf einen Feiertag fällt oder wenn eine Komponente des S&P500 am Fälligkeitstag nicht gehandelt wurde, etc.)

Wir konzentrieren uns jetzt auf einen Handel im E-Mini Future mit Fälligkeit 16. März 2018. Drücken wir mit der rechten Maustaste auf das Kürzel des Produktes (blauer Pfeil in Abbildung 2.68) und wählen wir im sich öffnenden Menü die Option „Kontraktbeschreibung", so erhalten wir die Informationen wie in Abbildung 2.69 dargestellt.

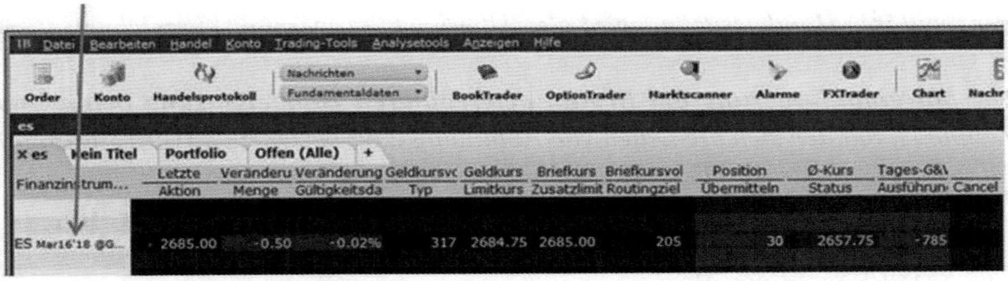

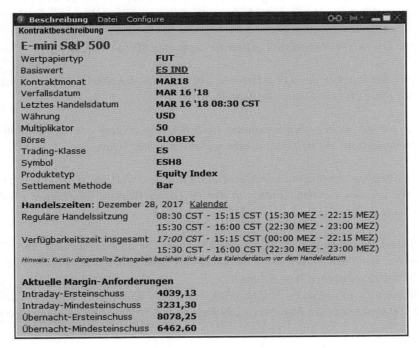

Abbildung 2.68: IB es-Unterseite (S&P500 Mini-Futures, März 2018)

Abbildung 2.69: Kontraktbeschreibung E-mini S&P500 Future

Insbesondere gibt die Kontraktbeschreibung Aufschluss über die Margin-Anforder-ungen. In den letzten vier Zeilen sind die Margin-Anforderungen des Brokers (hier: IB) gegenüber dem Investor angeführt (die ersten beiden Werte stimmen dabei mit den Anforderungen der Börse (CME) überein, die letzten beiden Anforderungen sind Anforderungen die der Broker in verschärfter Form dem Investor gegenüber stellt).

„Intraday" bedeutet hier die Öffnungszeit der Börse für die Aktien des S&P500 Index (siehe Zeile „reguläre Handelssitzung"). Der Future kann wesentlich länger (mit Ausnahme von einer Stunde und 15 Minuten rund um die Uhr) gehandelt wer-den (siehe Zeile „Verfügbarkeitszeit insgesamt"). Die Verfügbarkeitszeit außerhalb

der regulären Handelssitzung wird als „Übernacht" (overnight) bezeichnet.

*Die **Marginanforderung am Beginn der regulären Handelssitzung** betrug zum Zeitpunkt, auf den sich die Daten von Abbildung 2.69 beziehen, 4.039.13 Euro pro Mini-Future-Kontrakt. Dieser Wert berechnet sich aus*
(momentaner Strike-Preis des Futures × Kontraktgröße ×3.5%) Dollar umgerechnet in Euro =
$$\frac{2.685 \times 50 \times 0.035}{1.1633} = 4.039\ Euro.$$
Während der regulären Handelssitzung darf (bei kontinuierlicher Bewertung (siehe dazu weiter unten)) die Margin diesen Wert um nicht mehr als 20% unterschreiten (unter 3.231 Euro), sonst werden vom Broker automatisch Futures glattgestellt.

Für die Overnight-Handelszeit gelten die doppelten Marginsätze.

Sowohl der Inhaber der Long-Position als auch der Inhaber der Short-Position müssen diese Margin-Summe bereitstellen.

Was es mit der weiter oben erwähnten täglichen Abrechnung bzw. der kontinuierlichen Bewertung auf sich hat, werden wir etwas später sehen.

Nun wollen wir einen Kontrakt Mini-Future auf den S&P500 short-gehen. Dazu drücken wir den Geldkurs-Button in der IB-Trader-Workstation (blauer Pfeil in Abbildung 2.70).

Geld- und Briefkurs (2.684,00 // 2.684,25) sowie die nebenstehenden Werte 322 („Geldkursvolumen",links vom Geldkurs) bzw. 239 („Briefkursvolumen",rechts vom Briefkurs) besagen hier Folgendes:
Im Moment ist es auf jeden Fall möglich, bis zu 322 Kontrakte Futures mit Strike 2.684.00 short zu gehen bzw. bis zu 239 Futures mit Strike 2.684.25 long zu gehen.

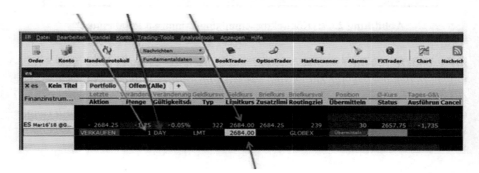

Abbildung 2.70: Handel ES-Mini Future S&P500

Es öffnet sich die darunterliegende Orderzeile auf der wieder die Anzahl der Kontrakte (grüner Pfeil), die Gültigkeit der Order (roter Pfeil), sowie das Limit (oran-

ger Pfeil) gewählt werden können. Drücken des „Übermitteln"-Buttons aktiviert die Order.

Gehen wir also davon aus, dass wir eine Short-Position in einem Kontrakt des S&P500 Mini-Future mit Strike 2.684.00 und Fälligkeit 16. März 2018 eingegangen sind. Der Preis dafür war – wie stets bei einem Future – 0$!

Nehmen wir weiters an, dass auf unserem Handelskonto 10.000 Dollar an Investmentsumme frei vorhanden sind. Von diesen 10.000 Dollar sind nun $2.684 \times 50 \times 0.035 = 4.697$ Dollar intraday (bzw. 9.394 Dollar overnight) als Margin gebunden.

Tägliche Abrechnung:
*Nehmen wir nun an, der Strike des Futures ändert sich bis zum Ende des Handelstages auf 2.680.00. Dann wird die Futures-Position wie folgt **abgerechnet**:*
Durch die eingegangene Future-Short-Position habe ich mir das Recht und die Pflicht auf den Verkauf des S&P500 zum Preis von 2.684.00 erworben.
Das Produkt, das ich jetzt in Händen halte, garantiert mir aber nur noch den Verkauf zum Preis von 2.680.00. Daher muss ich entschädigt werden und zwar um genau 4 Dollar pro Stück Future. Pro Kontrakt werde ich daher um $50 \times 4 = 200$ Dollar entschädigt. Mir werden also 200 Dollar gutgeschrieben, auf meinem Konto befinden sich ab jetzt 10.200 Dollar.

*Nehmen wir nun an, der Strike des Futures ändert sich bis zum Ende des **nächsten** Handelstages auf 2.690.00. Dann wird die Futures-Position am Ende des nächsten Handelstages wie folgt abgerechnet:*
Durch die eingegangene Future-Short-Position hatte ich mir bis gestern Abend das Recht und die Pflicht auf den Verkauf des S&P500 zum Preis von 2.680.00 erworben. Das Produkt, das ich jetzt in Händen halte, garantiert mir aber jetzt sogar den Verkauf zum Preis von 2.690.00. Daher muss ich einen Preis zahlen und zwar genau 10 Dollar pro Stück Future. Pro Kontrakt muss ich daher $50 \times 10 = 500$ Dollar zahlen. Mir werden also 500 Dollar abgebucht, auf meinem Konto befinden sich ab jetzt 9.700 Dollar.

Glattstellung:
*Bis zu einem bestimmten Zeitpunkt am wiederum nächsten Tag während der Handelszeit hat sich der Strike des Futures etwa wieder auf 2.660.00 geändert. Wir beschließen jetzt den Future **glattzustellen**. Dann wird zuerst auf unserem Handelskonto – analog zur täglichen Schlussabrechnung – abgerechnet:*
Das Produkt, das ich jetzt in Händen halte, garantiert mir nur noch den Verkauf zum Preis von 2.660.00. Daher muss ich entschädigt werden und zwar um genau 30 Dollar pro Stück Future. Pro Kontrakt werde ich daher mit $50 \times 30 = 1.500$ Dollar entschädigt. Mir werden also 1.500 Dollar gutgeschrieben, auf meinem Konto befinden sich ab jetzt 11.200 Dollar. Dann wird der Future – natürlich wieder zum

Preis 0 – glattgestellt.

Das Resultat ist ein Gewinn von $1.200 = 50 \times (2.684 - 2.660)$ *Dollar, der mir durch die kontinuierliche Abrechnung automatisch auf mein Konto gutgeschrieben wurde.*

Diesen Ablauf der kontinuierlichen Abrechnung muss man sich beim Handel mit Futures stets vor Augen halten, da sonst die Tatsache, dass man Futures – auch bei sich änderndem Strikepreis – stets zum Preis 0 handeln kann, Verwirrung stiften könnte!

Diese Vorgangsweise ist auch konsistent mit der Abrechnung des Payoff, wenn die Futures-Position nicht vorzeitig geschlossen wird, sondern bis zur Fälligkeit laufen gelassen wird:
Nehmen wir dazu an, dass der Strikepreis des Futures zu Handelsschluss am 15. März 2018 auf 2.640 gefallen ist. Nach Abrechnung des Tages befinden sich dann auf dem Konto $10.000 + 50 \times (2.684 - 2.640) = 12.200$ *Dollar.*
Der Future-Settlement-Kurs $S(T)$ *liege dann bei Handelseröffnung am 16. März 2018 auf 2.645. In der Endabrechnung werden daher noch einmal* $50 \times 5 = 250$ *Dollar abgezogen und es ergibt sich der End-Kontostand* $11.950 = 10.000 + 50 \times (2.684 - 2.645) = 10.000 + 50 \times (K - S(T))$.

2.18 Long und Short Handel von underlyings mit Futures

Wie bereits bemerkt und wie etwa auf der Produkt-Übersicht der CME-Group ersichtlich sind Futures auf eine Vielzahl von underlyings (die in manchen Fällen (z.B. Wetterderivate) nicht einmal handelbare Finanzprodukte oder Rohstoffe sein müssen) verfügbar.

Wir nehmen es schon hier vorweg und wir werden diese Aussage später auch ausführlich begründen:
Der Strikepreis eines Futures liegt fast immer ziemlich in der Nähe des momentanen Kurses des underlyings, also $K \approx S(0)$.
Dies gilt umso mehr, je kürzer die Restlaufzeit des Futures ist.
Das bedeutet zugleich:
Mit Hilfe von Futures lassen sich die underlyings sowohl long als auch short näherungsweise handeln.
Der Gewinn, der mit einer Futures-**Long**-Position auf ein underlying A erzielt wird $(S(T) - K)$, **entspricht** daher – in absoluten Zahlen – ziemlich genau dem **Gewinn** den man – in absoluten Zahlen – mit einem Handel im underlying A erzielt hätte $(S(T) - S(0))$.
(Die Investitionssumme, die man für den Handel eines Futures aufbringen muss

(im Wesentlichen die Marginhöhe), ist aber wesentlich niedriger als die Summe $S(0)$ die für den direkten Handel des underlyings A vonnöten wäre.)
Der Gewinn, der mit einer Futures-**Short**-Position auf ein underlying A erzielt wird, **entspricht** – in absoluten Zahlen – ziemlich genau dem **Verlust** den man – in absoluten Zahlen – mit einem Handel im underlying A erzielt hätte.

Mit Hilfe von Futures ist somit eine Vielzahl von Finanzprodukten, Rohstoffen, Metallen, . . . sowohl long als auch short näherungsweise und mit wenig Investitionseinsatz handelbar!

Wir sehen uns noch ein Beispiel für einen Handel mit einem weiteren interessanten underlying über die Handelsplattform von Interactivebrokers an:

Beispiel 2.7. *Wir wollen etwa das underlying „Gold" mit Hilfe von Futures handeln. Dazu öffnen wir die Übersicht über die Produktpalette der CME Group auf* `http://www.cmegroup.com/trading/products/` *und starten die Suche in der Produktgruppe „Metals". Bereits in der zweiten Zeile werden uns die gesuchten Gold-Futures angezeigt. Das entsprechende Kürzel lautet „GC".*

Anklicken des Produktnamens „Gold Futures" liefert uns die detaillierte Produkt-Spezifikation des Gold-Futures. Ein Auszug davon ist in Abbildung 2.71 zu sehen.

Contract Unit	100 troy ounces
Price Quotation	U.S. Dollars and Cents per ounce
Minimum Price Fluctuation	$ 0.10 per troy ounce
Product Code	CME Globex: GC
Listed Contracts	Trading is conducted for delivery during the current calendar month, the next two calendar months; any February, April, August, and October falling within a 23-month period; and any June and December falling within a 72-month period beginning with the current month.
Settlement Method	Deliverable

Abbildung 2.71: Specification CME Gold Futures (Auszug)

Insbesondere sehen wir hier (1. Zeile), dass die Kontraktgröße eines Futures-Kontrakts mit 100 Feinunzen gegeben ist. Der Kurswert des Goldpreises wird international üblicherweise in Dollar pro Feinunze angegeben (eine Feinunze entspricht 31.1034768 Gramm).

Zu beachten ist auch (siehe letzte Zeile in Abbildung 2.71, „Deliverable"), dass bei Fälligkeit Gewinne nicht in Bar abgerechnet werden, sondern dass der Kauf bzw. Verkauf tatsächlich durchgeführt werden muss („geliefert werden muss"). In den seltensten Fällen wird dieser Vorgang aber tatsächlich so durchgeführt.

*Vielmehr werden in der Regel praktisch alle Futures-Kontrakte vorzeitig glattge-
stellt. Wie im Fall des Falles die Durchführung des Handels im Detail auszusehen
hat, das wird in weiteren Spezifikationen ausgeführt.*

*Um den Gold-Futures nun über IB handeln zu können, öffnen wir die IB Trader
Workstation und tragen entweder auf der „Portfolio-Seite" oder auf einer anderen
Unterseite in eine Zeile der ersten Spalte (blauer Pfeil in Abbildung 2.72) das
Kürzel „GC" des Gold-Futures ein und bestätigen die Eingabe. Es öffnet sich dann
ein Fenster in dem man (roter Pfeil in Abbildung 2.72) „Futures" auswählen kann.*

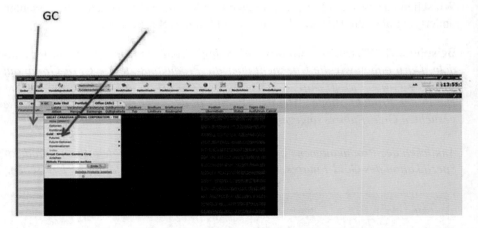

Abbildung 2.72: Gold-Futures in der IB Trader Workstation

*Daraufhin öffnet sich ein weiteres Fenster (Abbildung 2.73), in dem man die Fäl-
ligkeit des Futures auswählen kann.*

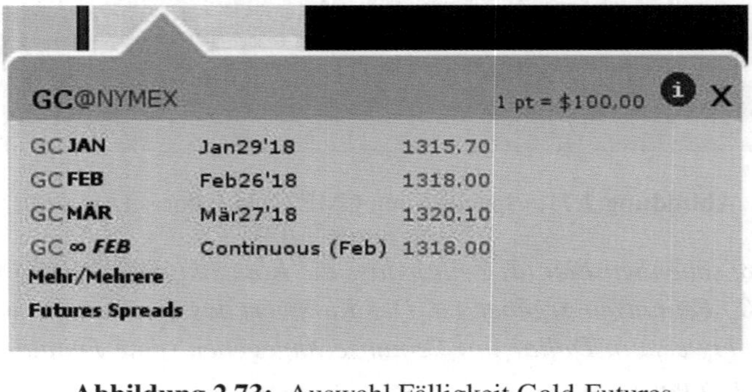

Abbildung 2.73: Auswahl Fälligkeit Gold-Futures

*Wir wählen den Future mit der Fälligkeit 27. März 2018. Es öffnet sich die ent-
sprechende Zeile in der IB Trader Workstation (Abbildung 2.74), von der aus, wie
schon gewohnt, der Gold-Future problemlos gehandelt werden kann. Die Quotes
liegen bei 1.320.30 // 1.320.50.*

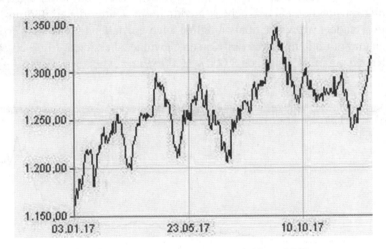

Abbildung 2.74: Handel Gold Futures auf IB

Ein Blick auf die „Kontraktinfos" (rechter Mausklick auf die Produktbezeichnung „GC Mar27'18 @ NYMEX" und Auswahl „Kontraktinfos") liefert unter anderem die Information über die benötigte Margin, die ungefähr 4% des Strikepreises intraday (bzw. circa 6% des Strikepreises overnight) beträgt.

In Abbildung 2.75 schließlich sehen wir die Goldpreisentwicklung im Jahr 2017. Im Moment der Auswahl der obigen Bilder und der zugehörigen Futures-Daten lag der Goldpreis bei 1.314 Dollar. Das bestätigt unsere Aussage, dass der Strikepreis des Futures tatsächlich in der Nähe des momentanen Kurses des underlyings angesiedelt ist.

Abbildung 2.75: Goldpreisentwicklung 2017

Nehmen wir etwa eine Investition in eine Short-Position in einem Kontrakt Gold-Future mit Fälligkeit März 2018 an (in Erwartung einer Fortsetzung der „wellenförmigen" Entwicklung des Goldpreises im Lauf des vergangenen Jahres, das heißt eines Rückganges des Goldkurses in den Bereich von 1.250 Dollar im Verlauf der nächsten zwei Monate). Bei einer Kontraktgröße von 100 Feinunzen, einem Strike von 1.320.30 und einer Margin (overnight) von 6% benötigt man für diese Investition somit Margin in Höhe von $6 \times 1.320.30 = 7.921.80$ Dollar. Sollte der Goldkurs

im Lauf der nächsten 2 Monate, wie erhofft, tatsächlich von 1.314 auf 1.250 fallen, so ist auch mit einem Rückgang des Strikes des Futures um circa 64 Punkte zu rechnen.
Das Resultat wäre dann ein Gewinn von circa 6.400 Dollar bei einem Margin-Einsatz von 7.920 Dollar, also ein Gewinn von circa 80.8%.

Weitere interessante Beispiele von Futures die über IB an der CME-group gehandelt werden können und die zugehörigen Handels-Kürzel sind zum Beispiel:

SI   Futures auf Silber

CL   Futures Crude Oil (Long- und Short-Handel des Ölpreises)

EC   Euro FX Futures (Long- und Short-Handel des
        Euro/Dollar-Wechselkurses)

RY   Euro/Japanische Yen Futures (Long- und Short-Handel des
        Euro/Yen-Wechselkurses)

BTC   Bitcoin Futures (Long- und Short-Handel der Krypto-Währung Bitcoin)

Recht interessant erscheint die Auswirkung des Starts des Handels von Futures auf die Kryptowährung Bitcoin am 10. Dezember 2017. Während der Bitcoin-Kurs von Beginn des Jahres 2017 an bis Anfang Dezember scheinbar unaufhaltsam gestiegen war (bis in den Bereich von circa 15.000 Euro, siehe Abbildung 2.76), bremste sich dieser Anstieg mit Eröffnung des Futures-Marktes (zumindest für die ersten Wochen) merklich ein. Durch die Einführung des Future-Handels war es erstmals möglich auch auf fallende Bitcoin-Kurse zu setzen und mit fallenden Bitcoin-Kursen Gewinne zu erzielen. Mitte 2019 lag der Kurs dann im Bereich von 8.000 – 10.000 Euro.

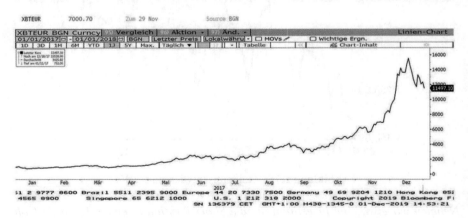

Abbildung 2.76: Entwicklung des Bitcoin-Kurses 2017

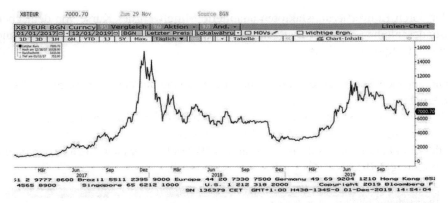

Abbildung 2.77: Entwicklung des Bitcoin-Kurses 2017 bis Dezember 2019

2.19 Der Bund-Future

Ein besonderes Beispiel eines Futures ist der **Bund-Future**, den wir im Folgenden etwas genauer beschreiben wollen, da er ein sehr geeignetes Werkzeug zum effizienten Handel von Euro-Zinssätzen darstellt.

Vereinfacht gesagt ist der Bundfuture ein Future auf die Entwicklung des risikolosen 10-Jahres-Euro-Zinssatz.

Der Bund-Future kann an der EUREX über IB mittels des Kürzels GBL gehandelt werden (siehe Abbildung 2.78).

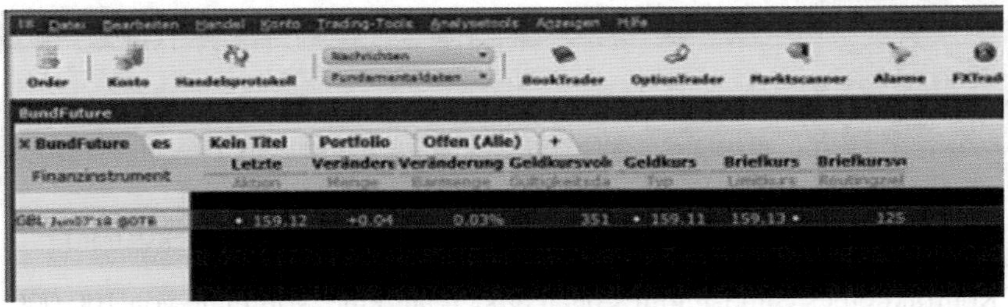

Abbildung 2.78: Handel des Bund-Future mit Fälligkeit 7. Juni 2018 über IB

Eine etwas genauere (aber immer noch nicht exakte) Beschreibung des Bund-Futures ist die folgende:
Der Bund-Future ist ein Future auf den Kurs einer 10-jährigen deutschen Bundes-anleihe mit einem Coupon von 6%.
Diese Beschreibung kann insofern nicht exakt sein, als es natürlich nicht in jedem Moment eine genau solche deutsche Bundesanleihe mit genau diesem Coupon und einer Laufzeit von genau 10 Jahren am Markt gibt. Das tatsächliche underlying dieses Futures ist daher eine künstliche solche Anleihe, deren Kurs in gewisser Weise

der durch Konvertierungsfaktoren adaptierte Mittelwert der Kurse von deutschen Bundesanleihen mit einer Laufzeit von ungefähr 10 Jahren (8.5 bis 10.5 Jahre) und einem Coupon von 6% ist.

Die genauen Spezifikationen des Bund-Futures sind auf der Homepage der EUR-EX unter

`http://www.eurexchange.com/exchange-de/produkte/int/`
`fix/staatsanleihen/14774/#tabs-2`

oder direkt unter den Kontraktinfos auf der IB Trader Workstation zu finden (siehe Abbildung 2.79).

		Underlying Information
Description/Name	Euro Bund (10 Year Bond) (GBL®)	
		Contract Information
Description/Name	Euro Bund (10 Year Bond)	
Symbol	GBL	
Exchange	DTB	
Contract Type	Futures	
Country/Region	▬ Germany	
Closing Price	159.08	
Currency	Euro (EUR)	
PRIIPS KID	PRIIPS KID link	
		Contract Identifiers
Conid	288536093	
		Futures Features
Futures Type?	Fixed Income	
First Notice Date?	07/06/2018	
First Position Date?	07/06/2018	
Last Trading Date	07/06/2018	
Expiration Date	07/06/2018	
Multiplier	1000	
		Margin Requirements
Intraday Initial Margin	1,419	
Intraday Maintenance Margin	1,135	
Overnight Initial Margin	2,838	
Overnight Maintenance Margin	2,270	
		Eurex Germany (DTB) Top
Local Name	FGBL JUN 18	
Local Class	FGBL	
Settlement Method	Delivery	
Exchange Website	http://www.eurexchange.com	
Trading Hours		Sun / Mon / Tue / W

	Sun	Mon	Tue	W
	00:00-00:00	08:00-22:05	08:00-22:05	08:00

Abbildung 2.79: Spezifikationen Bund-Future (IB Trader Workstation)

Ein Kontrakt eines Bund-Futures bezieht sich auf eine Nominale von 100.000 Euro. Eine Long-Position im Bund-Future mit Fälligkeit 7. Juni 2018 ist im Moment (siehe Abbildung 2.78) zum Strikepreis 159.13 Euro zu haben.

Mit einem Future-Kontrakt erwirbt man sich somit das Recht und die Pflicht am 7. Juni 2018 eine (künstliche) deutsche Bundesanleihe im Nominalwert 100.000 Euro, mit Laufzeit 10 Jahre und Coupon 6% zum Preis von 159.130 Euro zu erwerben.

Die zu hinterlegende Margin für dieses Investment beträgt lediglich 2838 Euro (siehe Abbildung 2.79).

Sollte man tatsächlich den Futures-Kontrakt bis zur Fälligkeit behalten, dann hat man – da ja die idealtypische Anleihe im Normalfall nicht existiert – aus einer bestimmten Auswahl von deutschen Bundesanleihen (die von der EUREX gelistet werden) eine dieser Anleihen, versehen mit einem bestimmten – ebenfalls von der EUREX festgelegten Konvertierungsfaktor, zu kaufen.

Steigen nun im Lauf der nächsten Monate die idealen Markt-Zinssätze für 10-jährige Anlagen, dann fällt der Kurs einer 10-jährigen Bundesanleihe und damit der Strikepreis des Bund-Futures (zum Beispiel auf 158.00).
Durch die Futures-Position Long entstehen dadurch Verluste (im Beispiel: Verlust $= 159.130 - 158.000 = 1.130$ Euro. Bezogen auf die Margin von 2.838 Euro bedeutet dies einen Verlust in Höhe von 39.8%.)

Umgekehrt gilt natürlich:
Fallen im Lauf der nächsten Monate die idealen Markt-Zinssätze für 10-jährige Anlagen, dann steigt der Kurs einer 10-jährigen Bundesanleihe und damit der Strikepreis des Bund-Futures (zum Beispiel auf 160.00). Durch die Futures-Position Long entstehen dadurch Gewinne (im Beispiel: Gewinn $= 160.000 - 159.130 = 870$ Euro. Bezogen auf die Margin von 2.838 Euro bedeutet dies einen Gewinn in Höhe von 30.6%.)

Wir beleuchten im Folgenden den ungefähren (!) Zusammenhang zwischen der Änderung der 10-jährigen Markt-Zinssätze und den Gewinnen bzw. den Verlusten in einem Bund-Future-Kontrakt etwas detaillierter:

Dabei gehen wir erstens davon aus, dass die Rendite der 10-jährigen idealtypischen deutschen Bundesanleihe mit Coupon 6% den 10-jährigen Euro-Markt-Zinssatz Eins-zu-Eins widerspiegelt. Eine Erhöhung des 10-jährigen Euro-Markt-Zinssatzes um einen Basispunkt ($= 0.01\%$) bewirkt also eine Erhöhung der Rendite der Bundesanleihe um einen Basispunkt und umgekehrt. Und zweitens gehen wir davon aus, dass eine Änderung des Kurses der Bundesanleihe eine gleich große Änderung des Strikepreises des Bund-Futures impliziert.

Aus der Formel zur Berechnung der Rendite r einer Anleihe (siehe Kapitel 1.9) ergibt sich der folgende Zusammenhang zwischen der Rendite r der idealtypischen Bundesanleihe und dem Kurs A der Anleihe (wir fassen dabei jetzt $A = A(r)$ als Funktion der Rendite r (Angabe in Prozent im Folgenden) auf).

$$A(r) = \frac{100 + 6}{\left(1 + \frac{r}{100}\right)^{10}} + \frac{6}{\left(1 + \frac{r}{100}\right)^{9}} + \ldots + \frac{6}{\left(1 + \frac{r}{100}\right)}$$

Die Ableitung von A nach r ist dann gegeben durch

$$A'(r) = \frac{1}{100}\left(-10 \cdot \frac{106}{\left(1 + \frac{r}{100}\right)^{11}} - 9 \cdot \frac{6}{\left(1 + \frac{r}{100}\right)^{10}} - \ldots - 1 \cdot \frac{6}{\left(1 + \frac{r}{100}\right)^{2}}\right)$$

Eine Änderung der Rendite von r um einen Basispunkt, also von r% auf $(r + 0.01)$% bewirkt, somit eine Änderung des Kurses der Bundesanleihe ungefähr von $A(r)$ auf $A(r + 0.01) \approx A(r) + A'(r) \cdot 0.01$.

In Abbildung 2.80 sehen wir den Graphen der Funktion $A(r)$ (für r im Bereich von - 2% bis 10%), also die Abhängigkeit des Kurses der idealtypischen Bundesanleihe von der Rendite. Eine Rendite von 0% impliziert zum Beispiel einen Kurs von 160, eine Rendite von 10% zum Beispiel einen Kurs von circa 75.

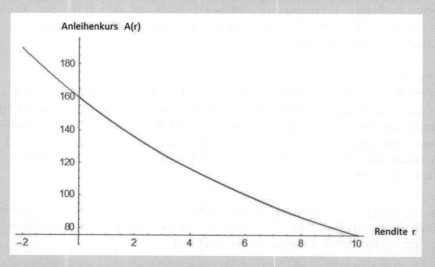

Abbildung 2.80: Abhängigkeit des Kurses A einer idealtypischen Bundesanleihe von der Rendite r

In Abbildung 2.81 haben wir die Funktion $A'(r) \cdot 0.01$ dargestellt. Die Funktionswerte geben bei gegebener Rendite r an, wie weit sich der Kurs der Bundesanleihe (und damit der Strikepreis des Bund-Futures) ungefähr ändert, wenn sich die Rendite um 0.01% erhöht.

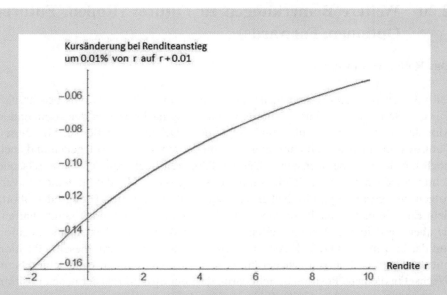

Abbildung 2.81: Änderung des Anleihenkurses bei gegebener Rendite und Renditesteigerung um einen Basispunkt

Zum Beispiel: Bei einer Änderung der Rendite von 0% auf 0.01% sinkt der Kurs der Bundesanleihe (und damit der Strikepreis des Bund-Futures) um circa 0.135.

Eine Long-Position in einem Kontrakt Bund-Future bringt somit – unter den obigen vereinfachenden Annahmen – bei einem Anstieg des 10-Jahres Marktzinses von 0% auf 0.01% ungefähr einen Verlust von 0.135% von der Nominale 100.000, also einen Verlust von circa 135 Euro (entspricht 4.76% bezogen auf die Margin von 2.838 Euro).

Bei einer Änderung der Rendite von 10% auf 9.99% steigt der Kurs der Bundesanleihe (und damit der Strikepreis des Bund-Futures) um circa 0.05. Eine Long-Position in einem Kontrakt Bund-Future bringt somit – unter den obigen vereinfachenden Annahmen – bei einem Rückgang des 10-Jahres Marktzinses von 10% auf 9.99% ungefähr einen Gewinn von 0.05% von der Nominale 100.000, also einen Gewinn von circa 50 Euro (entspricht 1.76% bezogen auf die Margin von 2.838 Euro).

2.20 Weitere Bemerkungen zu Futures (Rollen, Future-Optionen, Forwards)

Das Rollen von Futures

Fälligkeiten für Futures sind meist auf maximal ein Jahr im Voraus beschränkt. Für den S&P500 Mini Future sind etwa meist die nächsten drei der kommenden Monate aus der Gruppe März, Juni, September, Dezember verfügbar. Von diesen Futures sind zumeist auch nur diejenigen mit der am nächsten gelegenen und auch noch mit der am übernächsten gelegenen Fälligkeit hoch liquide. Diese Tatsache schränkt jedoch die Möglichkeit, mit Futures langfristige Handelsstrategien zu verfolgen, nur geringfügig ein. Nähert sich eine Futures-Position (Long oder Short) dem Ende ihrer Fälligkeit, so kann man **die Position** in eine noch länger laufende aber sonst idente Position **rollen**. Man schließt dazu die bestehende Position mit der kürzeren Laufzeit (Kosten = 0) und eröffnet gleichzeitig dieselbe Position mit der längeren Laufzeit (wiederum Kosten = 0). Der einzige Unterschied beim Wechsel in die neue Position besteht darin, dass der Strike-Preis der neuen Position meist (geringfügig) vom Strike-Preis der alten Position abweicht. Schauen wir uns dazu ein „Roll-Beispiel" für den S&P500 Mini-Future an:

Beispiel 2.8. *In Abbildung 2.82 sehen wir die Quotes vom 12.1.2018 für die S&P500 Mini-Futures mit Fälligkeiten März, Juni und September 2018 (jeweils der 3. Freitag des Monats).*
Der Stand des S&P500 Index betrug zum Zeitpunkt der Quotierung 2.776.51 Punkte.

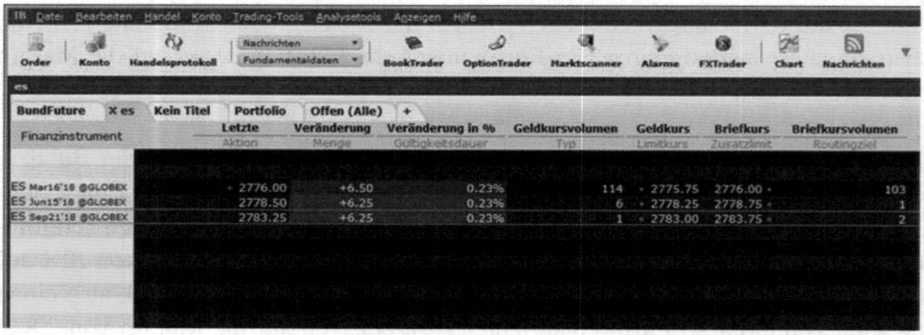

Abbildung 2.82: Quotes S&P500 Mini-Futures vom 12.1.2018

An Hand der Angaben für das Geldkursvolumen und das Briefkursvolumen (für die angegebenen Quotierungen) und an Hand der Bid-/Ask-Spreads (0.25 beim März-Kontrakt, 0.50 beim Juni-Kontrakt, 0.75 beim September-Kontrakt) ist klar ersichtlich, dass der März-Future der deutlich liquideste unter den drei Futures ist. Der Strike des März-Futures liegt am nächsten am Spotkurs des underlyings (am momentanen Kurs des S&P500) von 2.776.51. Der Strike des Juni-Kontraktes liegt circa 2 Punkte und der des September-Kontraktes circa 7 Punkte über dem Kurs des S&P500. Dies stellt natürlich einen gewissen Unterschied der neuen Position zur alten Position dar (wenn wir etwa vom Rollen eines März-Kontraktes Long auf einen Juni-Kontrakt Long ausgehen). Dieser Unterschied spielt jedoch für kürzere Handels-Horizonte praktisch keine, für längere Handels-Horizonte eine nur geringfügige Rolle.

Kurzer Handels-Horizont:
So ist zum Beispiel in den Spalten „Veränderung" und „Veränderung in %" in Abbildung 2.82 die Änderung der Strikes der drei Futures-Kontrakte im Lauf des Handels-Tages 12.1.2018 zu sehen. Für alle drei Laufzeiten ist diese Veränderung sowohl in absoluten Zahlen (6.25 bis 6.50) als auch in Prozent (0.23%) praktisch gleich und entspricht im Wesentlichen der Änderung des Kurses des S&P500 an diesem Tag von 2.770.12 auf 2.776.51.

Langer Handels-Horizont:
Welcher Unterschied ergibt sich für einen Handel bis in den Juni 2018 durch den Wechsel vom März- auf den Juni-Kontrakt? Dazu gehen wir hypothetisch davon aus, wir hätten auch mit dem März-Kontrakt bis in den Juni handeln können. Nehmen wir dazu vorerst einmal an, der S&P500 entwickelt sich bis zum dritten Freitag im Juni 2018 auf 2.900 Punkte. Der März- und der Juni-Future bilden dann beide bis zum dritten Freitag im Juni ebenfalls die Entwicklung des Strike-Preises auf 2.900 Punkte nach. Durch den März-Future würden wir daher einen Gewinn von $2.900 - 2.776 = 124\$$ pro Future (also $50 \times 124 = 6.200\$$ pro Kontrakt) realisieren und durch den Juni-Future würden wir einen Gewinn von $2.900 - 2.778.75 = 121.25\ \$$ pro Future (also $50 \times 121.25 = 6.062.50\$$ pro Kontrakt) realisieren. Beziehen wir diese hypothetischen Gewinne auf die nötige Margin von (vereinfacht) circa 10.000$ (siehe Abbildung 2.69), dann bedeutet das einen Gewinn von 62% mit dem März-Future und ein Gewinn von 60.62% mit dem Juni-Future.

Ein analoges Bild zeigt sich bei einem Rückgang des S&P500 bis zum dritten Freitag im Juni auf zum Beispiel 2.700 Punkte. Der Verlust pro Kontrakt im März-Future beträgt dann circa $50 \times (2.776 - 2.700) = 3.800\$$ (d.h. ca. 38% bezogen auf die Margin) und der Verlust im Juni-Kontrakt beträgt circa $50 \times (2.778.75 - 2.700) = 3.937.50\$$ (d.h. ca. 39.37% bezogen auf die Margin).

Futures-Optionen
Viele Futures (unter anderem auch die Futures auf den S&P500 oder der Bund-Future) dienen selbst wieder als underlying für Optionen.

In Abbildung 2.83 sehen Sie zum Beispiel die Spezifikationen der Optionen auf den S&P500 Mini-Future (linke Spalte) sowie der Optionen auf den S&P500 Future. Sehr interessant ist dabei die Handelszeit für die S&P500 Mini-Future-Optionen, die exakt mit der Handelszeit für den Mini-Future übereinstimmt. Mit diesen Optionen lässt sich also (im Gegensatz zu den Optionen direkt auf den S&P500 Index) praktisch rund um die Uhr handeln.

Über manche ausgewählte Broker (unter anderem über Interactivebrokers) lassen sich auch die herkömmlichen SPX-Optionen über einen längeren Zeitraum als die Aktien des SPX selbst handeln. Die Handelszeit ist dann 9:00 – 22:15 MEZ.

Die Liquidität ist im außerbörslichen Zeitbereich, also von 9:00 - 15:30 allerdings deutlich geringer.

Standard and E-mini S&P 500 Index Options on Futures Contract Specifications

	E-mini S&P 500 Index options	S&P 500 Index options
Ticker Symbols	QTLY: ES EOM: EW WEEKLY: EW1, EW2, EW3, EW4 WED: E1C, E2C, E3C, E4C, E5C	QTLY: SP EOM: EV WEEKLY: EV1, EV2, EV3, EV4 WED: S1C, S2C, S3C, S4C, S5C
Contract Size	One E-mini S&P 500 futures contract	One S&P 500 futures contract
Underlying Index	SPX	SPX
Minimum Price Fluctuation (Tick Size)	Full: 0.25 index points = $12.50 for premium > 5.00 Cab: 0.05 = $2.50 Reduced Tick: 0.05 = $2.50 for premium < or = 5.00	Full: 0.10 index points = $25.00 for premium > 5.00 Cab: 0.05 index points = $12.50¹ Reduced Tick: 0.05 = $12.50 for premium < of = 5.00
Trading Hours	GLBX: Monday - Friday 5:00 p.m. previous day - 4:00 p.m.; trading halt from 3:15 p.m. - 3:30 p.m.	OO: Monday - Friday 8:30 a.m. - 3:15 p.m. GLBX: Monday - Friday 5:00 p.m. previous day - 8:15 a.m.; trading halt, reopen 3:30 p.m. - 4:00 p.m.
Contract Months	QTLY: Four months in the March Quarterly Cycle (Mar, Jun, Sep, Dec) EOM: Six consecutive calendar months WEEKLY: Week 3 options on three nearest non-quarterly months, and four nearest weeks of Week 1, 2 and 4 WED: Two nearest Wednesdays	QTLY, OO: Eight months in the March Quarterly Cycle QTLY, GLBX: One month in the March Quarterly Cycle EOM: Six consecutive calendar months WEEKLY: Week 3 options on three nearest non-quarterly months, and four nearest weeks of Week 1, 2 and 4 WED: Two nearest Wednesdays
Last Trading Day	QTLY: 8:30 a.m. on the third Friday of the contract month EOM: 3:00 p.m. on the last business day of the month WEEKLY: 3:00 p.m. on the last business day of the week (usually Friday; 12:00 noon on shortened trading day) WED: 3:00 p.m. on the expiration Wednesday of the week.	QTLY, OO: 3:15 p.m. on the Thursday prior to the third Friday of the contract month QTLY, GLBX: 8:15 a.m. on the third Friday of the contract month EOM, OO: 3:00 p.m. on the last business day of the month EOM, GLBX: 8:15 a.m. on the last business day of the month WEEKLY: 3:00 p.m. on the last business day of the week (usually Friday; 12:00 noon on shortened trading day) WED: 3:00 p.m. on the expiration Wednesday of the week.
Price Limits	Halted when futures is locked limit overnight or experiencing circuit breaker event	
Strike Listing	25-point intervals within +/- 50% previous day's settlement price of the underlying futures 10-point intervals within +/- 20% previous day's settlement price of the underlying futures Once the contract becomes the second nearest contract, 5-point intervals within ffl 10% previous day's settlement price of the underlying futures will be available	
Exercise Procedure	At Expiration: All in-the-money (ITM) options on the last day of trading are exercised automatically as follows: ITM QTRLY: In the absence of contrary instructions delivered to Clearing by 7:00 p.m. on the expiration day, exercised into expiring cash-settled futures. ITM EOM/WEEKLY: A 3:00 p.m. fixing price based on the weighted average trading price of E-mini S&P 500 futures in the last 30 seconds of trading on expiration day (2:59:30 p.m.-3:00:00 p.m.) will be used to determine which options are ITM options auto-exercised and contrarian instructions not accepted.	
Block Trade Eligibility	No	Yes, minimum 250 contracts.

All times are listed in Central Time.
1 For Quarterly S&P 500 Index options only.

Abbildung 2.83: Spezifikationen Optionen auf den S&P500 Mini-Future und auf den S&P500-Future

In Abbildung 2.84 sehen Sie einen Auszug aus dem IB Option-Trader mit Quotes für die Optionen mit Fälligkeit März 2018 auf den S&P Mini-Future mit Fälligkeit März 2018.

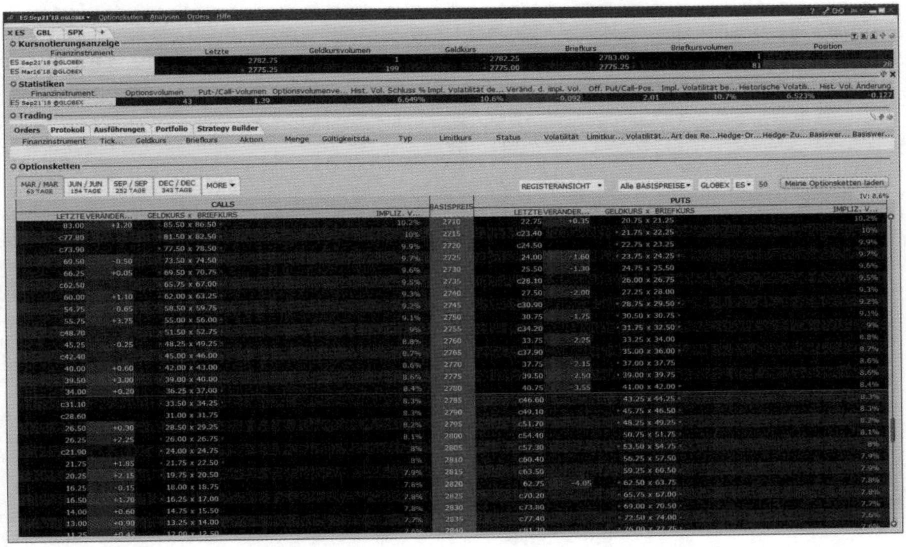

Abbildung 2.84: Auszug, IB Option Trader, E-Mini S&P500-Future-Optionen

Die Produkt-Spezifikationen und einen Auszug aus dem IB-Option-Trader mit Quotes für Bund-Future-Optionen mit Laufzeit bis Januar 2018 auf den Bund-Future mit Laufzeit März 2018 sehen Sie in den Abbildungen 2.85 und 2.86.

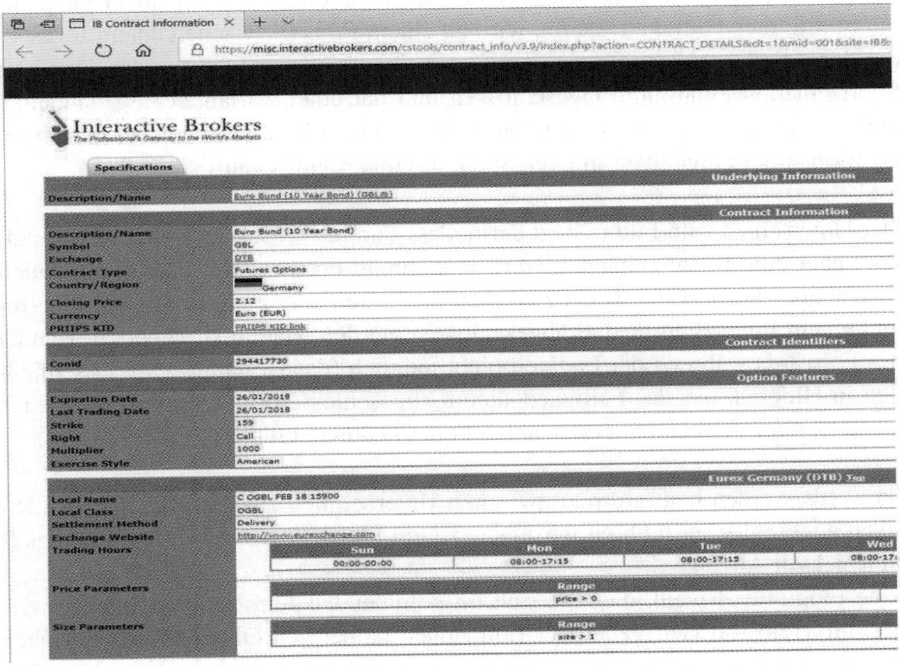

Abbildung 2.85: Spezifikationen Bund Future-Optionen

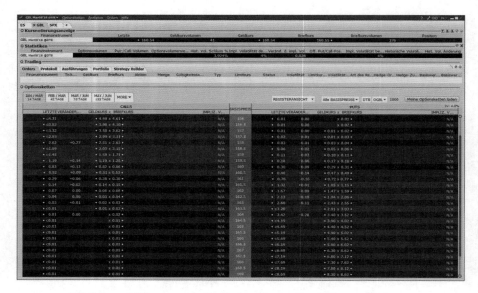

Abbildung 2.86: Auszug, IB Option Trader, Bund-Future-Optionen

Forwards

Ein Forward bietet die genau selben Parameter und Eigenschaften wie ein Future. Ein Forward bezieht sich (genau wie ein Futures) auf ein underlying, hat ein bestimmtes Fälligkeitsdatum, wird zu einem Preis 0 zwischen einem Investor, der dann die Long-Position einnimmt, und einem anderen Investor, der dann eine Short-Position einnimmt, abgeschlossen und hat einen variablen („verhandelbaren") Strikepreis, zum dem der Inhaber der Long-Position vom Inhaber der Short-Position zum Fälligkeitstermin ein Stück des underlyings kauft.

Der Unterschied zum Future liegt darin, dass Futures in klar geregelter Ausgestaltung über eine Börse gehandelt werden, während Forwards (in häufig individuell vereinbarter Form) OTC direkt zwischen Investoren oder zwischen einem Investor und einem Finanzintermediär abgeschlossen werden. Häufig ist dabei ein Handel des Forwards während der Laufzeit nicht möglich (das Geschäft wird ausschließlich in Hinblick auf das Fälligkeitsdatum abgeschlossen) und zumeist wird auch keine tägliche Abrechnung (so wie bei Futures) durchgeführt.

Forwards werden häufig direkt zwischen Unternehmen zur Absicherung von Risiken abgeschlossen. Führen wir uns dazu ein fiktives (und stark vereinfachtes !) Beispiel vor Augen:
Eine Fluglinie *A* weiß, dass sie sich im kommenden Juni (jetzt ist Januar) wieder mit Treibstoff (wir gehen der Einfachheit halber von Öl aus) wird eindecken müssen. Ein Blick auf die (fiktive !) Ölpreisentwicklung im vergangenen Jahr (250 Handelstage, siehe Abbildung 2.87) lässt Schlimmes (aus Sicht der Fluglinie) in

Hinblick auf den Juni befürchten (siehe Prognose, Abbildung 2.88).

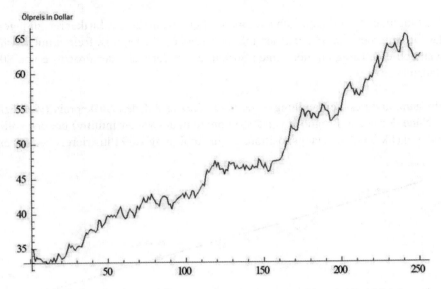

Abbildung 2.87: Fiktive Ölpreisentwicklung im vergangenen Handelsjahr

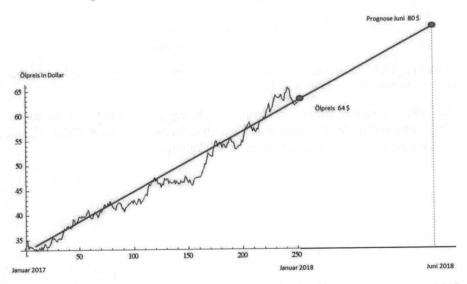

Abbildung 2.88: Fiktive Ölpreisentwicklung im vergangenen Handelsjahr Januar 2017 bis Januar 2018 und Prognose bis Juni 2018

Die Fluglinie A wendet sich daher an ein Öl-Unternehmen B mit dem Anliegen einen Forward über die benötigte Menge an Öl für Juni 2018 abzuschließen. (Natürlich: Long-Position für die Fluglinie A und Short-Position für das Öl-Unternehmen B.) Der Abschluss des Forwards soll zum Preis 0 durchgeführt werden. Für die beiden Unternehmen gilt es daher, den Strike-Preis zur gegenseitigen

Zufriedenheit zu verhandeln.

Die Fluglinie A wird natürlich auf einen möglichst niedrigen Strikepreis drängen, das Öl-Unternehmen B auf einen möglichst hohen Strikepreis. Rein intuitiv wäre eventuell eine Einigung über einen Strikepreis in der Nähe der Prognose von 80$ plausibel.

Ein ganz anderes Verhandlungsergebnis in Bezug auf den Strikepreis (vielleicht in Nähe der neuen Prognose von 28$) könnte man (wieder intuitiv) bei der völlig anderen (fiktiven) Ausgangsposition, die in Abbildung 2.89 illustriert ist, erwarten.

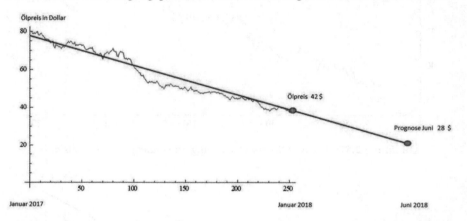

Abbildung 2.89: Weitere fiktive Ölpreisentwicklung im vergangenen Handelsjahr Januar 2017 bis Januar 2018 und Prognose bis Juni 2018

Die Frage, inwieweit diese rein intuitiven Überlegungen (aus finanzmathematischer Sicht und in der Realität) zutreffend sind, werden wir im nächsten Kapitel (neben vielen anderen Themen) eingehend diskutieren.

Literaturverzeichnis

[1] Marc Chesney, Remo Crameri, and Loriano Mancini. Detecting abnormal trading activities in option markets. *Journal of Empirical Finance*, 33:263–275, 2015.

[2] Michael Khouw and Mark Guthner. *The Options Edge - An Intuitive Approach to Generating Consistent Profits for the Novice to the Experienced Practitioner*. Wiley Trading Series, New York, 2016.

[3] Michael Mullaney. *The Complete Guide to Option Strategies - Advanced and Basic Strategies on Stocks, ETFs, Indexes, and Stock Index Futures*. Wiley Trading, New York, 2009.

Kapitel 3

Grundlagen der Bewertung von Derivaten

Eines der zentralen Themen der modernen Finanzmathematik ist das Thema der Bewertung von derivativen Finanzprodukten im weitesten Sinn. Die Frage, die dabei im Mittelpunkt steht, lautet: Hat ein bestimmtes Finanzprodukt einen – in einem (näher zu definierenden) strengen Sinn – „fairen Preis"? Und, wenn diese Frage mit „Ja" beantwortet wird: Wie berechnet man diesen Preis und welche Konsequenzen hat es, wenn das Produkt am Markt einen anderen als den theoretisch fairen Preis hat?

Die Frage wird weitgehend auch im Mittelpunkt dieses Buches stehen.

In diesem Kapitel werden wir erste Schritte in Richtung einer Klärung und in Richtung erster Antworten auf diese Frage tun. Dazu werden wir nur grundlegende – elementare – mathematische Werkzeuge einsetzen. Das **Ziel**, das wir in diesem Kapitel erreichen wollen, ist eine **möglichst anschauliche und allgemein verständliche Herleitung der klassischen Black-Scholes Formel** für die Bewertung von Optionen in einem Wiener'schen Aktienkursmodell mit Hilfe elementarer mathematischer Methoden sowie der Erwerb eines grundlegenden Verständnisses dieser berühmten grundlegenden Formel.

Auf dem Weg dorthin werden wir unsere Arbeitsvoraussetzungen klären müssen. Die wesentlichste Voraussetzung dabei wird sein, dass wir uns in friktionslosen Märkten bewegen in denen das „No-Arbitrage-Prinzip" gilt. Da wir uns dabei allerdings in einer idealen, rein theoretisch existierenden Umgebung aufhalten, werden wir uns immer wieder auf die Realität zurückbesinnen und die **theoretische Umgebung** mit den **Realitäten des konkreten Finanzmarktes** in Beziehung setzen und testen, inwieweit unsere theoretisch erzielten Resultate konkret in die Realität umsetzbar sind.

G. Larcher, *Quantitative Finance*, https://doi.org/10.1007/978-3-658-29158-7_3

Auf dem Weg durch dieses Kapitel werden wir bereits einige grundlegende Basis-Techniken der Analyse von Zeitreihen und der Wahrscheinlichkeitstheorie benötigen und diese bereitstellen. Wir werden das grundlegende klassische Modell zur Modellierung von Aktienkursen – das Wiener'sche Aktienkursmodell – kennen und simulieren lernen und wir werden erste Überlegungen zu möglichen Arbitrage-Handels-Strategien anstellen, mit deren Hilfe man versuchen kann, etwaige Preis-Inkonsistenzen an den Derivate-Märkten auszunutzen. Dabei werden wir uns im Wesentlichen wieder auf den S&P500-Optionsmarkt und auf den konkreten Handel in diesem Markt über Interactivebrokers konzentrieren.

Wir kommen in diesem Kapitel noch völlig ohne die wesentlich anspruchsvolleren mathematischen Techniken der stochastischen Analysis aus. Diese Hilfsmittel werden wir erst wesentlich später in diesem Buch crashkurs-artig und heuristisch bereitstellen. Mittels dieser tiefliegenden mathematischen Methoden ist dann erst ein wesentlich tieferes Eindringen in die Theorie der Bewertung von derivativen Finanzprodukten möglich.

3.1   Friktionslose Märkte und das No-Arbitrage-Prinzip

Wir werden uns im Folgenden auf zwei verschiedenen Ebenen bewegen:

Einerseits werden wir „**Friktionslose Märkte**" definieren. Das sind **Finanzmärkte unter idealen Bedingungen**. In solchen Märkten werden wir Mathematik betreiben und theoretische Resultate herleiten. Dabei wird uns immer bewusst sein, dass die erhaltenen Resultate in exakter Form nur in diesen idealen – nicht existenten – Märkten Gültigkeit haben.

Wir werden daher immer wieder in die Realität konkreter Finanzmärkte zurückkehren und uns die Frage stellen, inwieweit die theoretischen Resultate auch in der Realität des Handels an den Finanzmärkten Gültigkeit und damit Relevanz haben.

Wenn wir also im Folgenden die (zu weiten Teilen unrealistischen) Bedingungen eines „Friktionslosen Marktes" definieren, dann soll der Leser die Kritik an diesen Annahmen zurückhalten: Es ist uns mindestens genauso intensiv wie ihm bewusst, dass diese Annahmen von der Realität abweichen. Wir benötigen sie aber um effiziente Mathematik betreiben zu können. Der Leser kann sich aber sicher sein, dass die theoretischen Ergebnisse immer wieder äußerst kritisch der Realität gegenübergestellt werden und dass sie – mit gewissen Adaptierungen – sich als hochrelevant für die reale Anwendung erweisen werden.

Lassen Sie uns also die Voraussetzungen, die für uns einen friktionslosen Markt ausmachen, definieren:

a) **Annahme idealer risikoloser Zinssätze in gleicher Höhe für Anlagen und**

für Kreditaufnahme

Wir haben uns mit dem Thema idealer Zinssätze bereits in einem früheren Kapitel auseinandergesetzt. Wir gehen also davon aus, dass für Anleger und Kreditnehmer dieselben Zinssätze Gültigkeit haben und allgemein bekannt und zugänglich sind. Diese Zinssätze sind auch keinem Kreditrisiko ausgesetzt, das heißt, wir gehen von sicherer Erfüllung der jeweiligen Zinsvereinbarungen und der jeweiligen Rückzahlungen aus.
Insbesondere sind Anleihen keinem Ausfallsrisiko ausgesetzt.

(In späteren Kapiteln zum Thema Kreditrisiko-Management werden wir dann sehr wohl auch mit der Problematik des möglichen Ausfalles von Anleihen zu tun haben.)

Weiters gehen wir davon aus, dass freie Gelder im Lauf einer Handelsstrategie stets zum risikolosen Spot-Zinssatz (kurzfristigster Zinssatz) angelegt sind, wenn die Dauer der Anlage nicht von Vornherein eindeutig definiert ist bzw. zum Zinssatz $f_{0,T}$, wenn von Vornherein eine Anlage (eine Kreditaufnahme) für die Dauer von jetzt bis zum Zeitpunkt T vorgesehen ist.

b) Annahme beliebig feiner Unterteilungen von Finanzprodukten

Natürlich ist in der Realität der Finanzmärkte nur der Handel ganzzahliger Anteile eines Produkts bzw. eines Produkt-Kontraktes möglich. In einem friktionslosen Markt nehmen wir dagegen die beliebige Teilbarkeit von Produkten an. Es lassen sich hier also beliebig kleine Bruchteile von Finanzprodukten handeln. Also wir akzeptieren es widerspruchslos, wenn im Lauf einer Rechnung etwa vom Handel von zum Beispiel 3.57 Stück Optionen auf den S&P500 Index ausgegangen wird (auch wenn dieser Handel in Wirklichkeit nur in Vielfachen von 100 Stück möglich ist). Natürlich werden wir dann bei konkreten Anwendungsversuchen in einem realen Handel die Einschränkung auf ganze Kontraktzahlen berücksichtigen.

c) Annahme der unbegrenzten Möglichkeit von Short-Selling

Unter „Short-Selling" („Leer-Verkauf") versteht man den Verkauf eines Produkts ohne dieses Produkt zu besitzen. De facto bedeutet dies: Dieses Produkt auf direktem oder indirektem Weg so zu handeln, dass man Eins-zu-Eins von fallenden Kursen des Produkts profitiert und Eins-zu-Eins mit steigenden Kursen des Produkts Verluste einfährt.

Short-Selling ist in manchen Fällen auf direktem Weg (so wie im Folgenden beschrieben) möglich, in vielen Fällen kann Short-Selling (zumindest näherungsweise) auf indirektem Weg, etwa über Zertifikate (zum Beispiel das SP500-Short-Zertifikat aus Kapitel 1.18), durch eine Short-Position in einem Future auf das Produkt als underlying oder durch die geeignete Kombination einer Call-und einer

Put-Option (siehe Kapitel 2.13) mit dem Produkt als underlying durchgeführt werden.

„Short-Selling" im eigentlichen, direkten Sinn bedarf einer Finanz-Institution, die die Möglichkeit des Short-Selling eines bestimmten Finanzprodukts interessierten Investoren anbietet. Schematisch (siehe Abbildungen 3.1 und 3.2) sieht der Vorgang des Short-Sellings eines Finanzprodukts folgendermaßen aus:

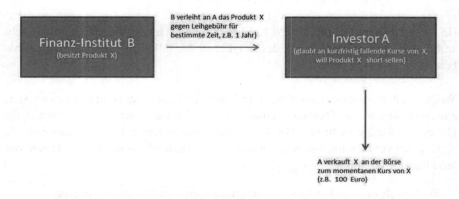

Abbildung 3.1: Short-Selling, Beginn des Vorgangs

Nach Ende der Leihfrist

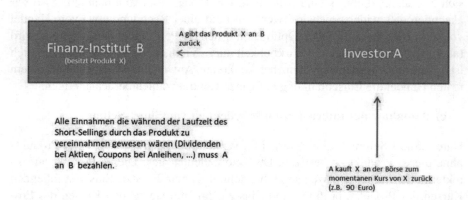

Abbildung 3.2: Short-Selling, Ende des Vorgangs

Ein Investor A möchte ein Produkt – das er selbst nicht besitzt – short-sellen (leerverkaufen). Ein möglicher Grund für diese Absicht von Investor A ist, dass A von (zumindest kurzfristig) fallenden Kursen für das Produkt X überzeugt ist. A wendet sich an ein Finanz-Institut B das die Möglichkeit zum Short-Sellen des Produkts X anbietet.

Eine solche Möglichkeit wird von Institutionen gelegentlich angeboten, die ein größeres Kontingent des Produkts X definitiv für längere Zeit halten wollen (vielleicht weil von langfristig steigenden Kursen des Produkts ausgegangen wird). Als Zusatzeinkommen bietet die Institution nun gegen eine Verleihgebühr den Verleih des Produkts X an. Ein solcher Verleih wird für einen bestimmten Zeitbereich (z.B. 1 Jahr) zu einer bestimmten Gebühr (z.B. 1 Euro pro Stück) zwischen A und B vereinbart. Voraussetzung für B ist allerdings, dass A alle Einkünfte, die durch das Produkt A während der Laufzeit entstehen würden, aus eigener Tasche an B weiterbezahlt. Dies betrifft also Dividenden bei Aktien oder Coupons bei Anleihen. B will natürlich durch den Verleihvorgang nicht auf die möglichen Einkünfte durch das Produkt X verzichten.

Der Investor A kann nun das Produkt X an der Börse um den momentanen Preis von X (z.B. 100 Euro) an einen Käufer C verkaufen. Nach dem Ende der Leihfrist muss A das Produkt X an der Börse (von einem Verkäufer D) zum dann aktuellen Preis (z.B. 90 Euro) zurückkaufen und an B zurückgeben. Natürlich kann A diesen Rückkauf auch schon früher tätigen, wenn es ihm günstig erscheint.

Während der Laufzeit des Short-Sellings erhält der Käufer C (und nicht A) alle Einkünfte aus dem Produkt X, dennoch muss A an B Zahlungen in Höhe dieser potentiellen Einkünfte ausbezahlen (z.B. 2 Euro).

Weiters muss A bei B Sicherheiten hinterlegen, mit denen er garantiert, dass er zu Ende der Leihfrist das Produkt X auch wieder an B retournieren kann.

Alles zusammengerechnet hätte der Investor A dann durch diese Short-Selling-Aktion einen Gewinn von $100 - 90 - 2 - 1 = 7$ Euro pro Stück X realisiert.

In einem friktionslosen Markt nehmen wir also die Möglichkeit unbeschränkten Short-Sellings für jedes Produkt an. Natürlich muss bei konkreten Anwendungen (der theoretisch erzielten Resultate) im Detail geprüft werden, auf welche Weise eventuell nötige Short-Sellings tatsächlich durchgeführt werden können.

d) Keine Berücksichtigung von Transaktionskosten, Gebühren, Margins und von Bid-/Ask-Spreads

Wir gehen in einem friktionslosen Markt davon aus, dass keine Transaktionskosten anfallen. Weiters gehen wir davon aus, dass keine weiteren Gebühren anfallen (z.B. keine Gebühren für Short-Selling). Wir berücksichtigen auch keine Margin-Anforderungen. Und schließlich treffen wir die Annahme, dass Kauf und Verkauf eines Produkts stets zum selben Preis möglich ist, dass also keine zusätzlichen Handelsverluste durch Bid-/Ask-Spreads auftreten. Konkret werden wir – in einem friktionslosen Markt – von der Möglichkeit eines Handels zum Mittelkurs zwischen Bid- und Ask-Preis ausgehen.

Unnötig zu bemerken: Bei konkreten Anwendungen werden wir selbstverständlich dann mit Transaktionskosten und realistischen Kauf- und Verkaufskursen arbeiten.

e) In einem friktionslosen Markt gilt das No-Arbitrage-Prinzip

Das „No-Arbitrage-Prinzip (NA-Prinzip)" ist so etwas wie das Grundaxiom der Finanzmathematik.

Vereinfacht formuliert besagt das **NA-Prinzip** folgendes:
Es ist auf den Finanzmärkten nicht möglich, ohne Einsatz von Kapital in einem bestimmten Zeitbereich ohne Risiko sicheren Gewinn zu erzielen.

Gerne wird das NA-Prinzip auch mit dem griffigen Slogan von
„No free lunch without risk"
umschrieben.

Wir werden das NA-Prinzip vor allem in der folgenden Form bzw. mit Hilfe der folgenden Folgerung aus dem NA-Prinzip nutzen.

Satz 3.1. *In einem friktionslosen Markt gilt folgendes:*
Sei $[0, T]$ ein Zeitbereich und seien P_1 und P_2 zwei beliebige Portfolios aus Finanzprodukten. Für ein $t \in [0, T]$ bezeichnen wir mit $P_1(t)$ bzw. $P_2(t)$ den Wert der beiden Portfolios zur Zeit t. **Wenn zu einem Zeitpunkt $t \in [0, T]$ bekannt ist, dass zum Zeitpunkt T sicher $P_1(T) = P_2(T)$ gelten wird, dann muss auch $P_1(t) = P_2(t)$ gelten.**

Beweis. Wäre zu einem Zeitpunkt $t \in [0, T]$ tatsächlich $P_1(t) \neq P_2(t)$. Zum Beispiel wäre $P_1(t) > P_2(t)$. Dann könnten wir (in einem friktionslosen Markt !) zur Zeit t das Portfolio P_1 zum Preis $P_1(t)$ verkaufen (short-sellen) und gleichzeitig (mit dem eingenommenen Geld) das Portfolio P_2 zum Preis $P_2(t)$ kaufen. Mir bleibt die positive Differenz $P_1(t) - P_2(t)$ an Cash, das mit dem risikolosen Zinssatz $r = f_{t,T}$ bis zum Zeitpunkt T zu $(P_1(t) - P_2(t)) \cdot e^{r(T-t)}$ verzinst wird. Zum Zeitpunkt T kann ich dann das Portfolio P_2 zum Preis $P_2(T) = P_1(T)$ verkaufen und mit dem Erlös das Portfolio P_1 kaufen und das Short-Selling damit glattstellen. Es bleiben $(P_1(t) - P_2(t)) \cdot e^{r(T-t)}$ an positivem risikolosem Gewinn ohne eigenen Kapitaleinsatz, was einen Widerspruch zum No-Arbitrage-Prinzip bedeutet. $\square$

Bemerkungen:

- Wir werden das No-Arbitrage-Prinzip im Kapitel über stochastische Finanzmathematik noch einmal in einer mathematisch noch präziseren Version kennen und nutzen lernen.

- In einer informellen Version haben wir das NA-Prinzip bereits einmal angewendet, nämlich dort wo wir die Diskontierung von zukünftigen Zahlungen und in Folge den fairen Preis einer Anleihe diskutiert haben.

- Wir werden die Folgerung aus dem NA-Prinzip manchmal auch in der folgenden Variante nutzen:
  Wenn zu einem Zeitpunkt $t \in [0, T]$ bekannt ist, dass zum Zeitpunkt T sicher $P_1(T) < P_2(T)$ gelten wird, dann muss $P_1(t) < P_2(t)$ gelten.
  Der Beweis dieser Version läuft ganz analog ab wie der Beweis von Satz 3.1. Und natürlich ist das Resultat auch dann richtig wenn die beiden „$<$" durch ein „$\leq$" ersetzt werden.

- Jemand der den Beweis von Satz 3.1 kritisch betrachtet und den Abschnitt über das Short-Selling aufmerksam gelesen hat, könnte Folgendes einwenden:
  „Wenn man das Portfolio P_1 short geht, dann können ja eventuell Zahlungen (Coupons, Dividenden, ...), deren Höhe vorab nicht bekannt ist, an den Verleiher der leerverkauften Produkte nötig sein. Wo wurde das im Beweis berücksichtigt?"
  Dieser Einwand ist sehr gut, sensibilisiert er uns doch dahingehend, dass die Bedingung „*Man weiß zur Zeit t, dass $P_1(T) = P_2(T)$ gelten wird*" wirklich im strengen Sinn zu gelten hat. Also, nur wenn wir wirklich wissen, dass „$P_1(T) = P_2(T)$" unter Berücksichtigung aller bis dahin anfallenden Zahlungen (Coupons, Dividenden, ...) gelten wird, nur dann ist der Schluss auf „$P_1(t) = P_2(t)$" zulässig. Diese Tatsache wird uns im Folgenden bei der Analyse von Derivaten daher auch öfter einmal dazu zwingen, Unterscheidungen bei unseren Überlegungen dahingehend zu treffen, ob während der Laufzeit des Derivats Zahlungen (oder Kosten) durch das underlying anfallen werden oder nicht.

- Ein häufig auftretender – gravierender! – Fehler in der Formulierung des Resultats von Satz 3.1, der oft auch Studierenden in der Finanzmathematik-Klausur unterläuft, ist der Folgende: Die Formulierung
  „Wenn zum Zeitpunkt T die Gleichung $P_1(T) = P_2(T)$ gilt, dann muss $P_1(t) = P_2(t)$ sogar für jeden Zeitpunkt $t \in [0, T]$ gelten."
  ist so natürlich im Allgemeinen falsch!
  Wichtig für die Gültigkeit dieses Resultats ist:
  Es muss zur Zeit t bereits bekannt sein, dass $P_1(T) = P_2(T)$ gelten wird, nur dann kann man den Schluss auf $P_1(t) = P_2(t)$ ziehen!

Wir verlangen also in einem friktionslosen Markt die Gültigkeit des No-Arbitrage-Prinzips. Wie sieht die Realität der Finanzmärkte in Hinblick auf Arbitrage-Möglichkeiten aus? Dazu müssen wir vorab wieder unterscheiden:
Es treten praktisch ununterbrochen Situationen auf, in denen die Folgerung von Satz 3.1 nicht zutrifft, in denen also bekannt ist, dass zu einem bestimmten späteren Zeitpunkt T die Gleichheit $P_1(T) = P_2(T)$ bestehen wird, in denen aber durchaus nicht für jeden früheren Zeitpunkt $t \in [0, T]$ die Gleichheit $P_1(t) = P_2(t)$ zutrifft. Gleich in den nächsten Kapiteln werden wir solche Beispiele kennenlernen und diskutieren. Die entscheidende Frage ist dann in einem zweiten Schritt jedoch die:

Sind diese – immer wieder auftretenden – „Preis-Inkonsistenzen" groß genug, um sie in realen Märkten (unter Berücksichtigung von Transaktionskosten, Bid-/Ask-Spreads, Short-Selling-Möglichkeiten, unterschiedlichen Kredit- und Anlage-Zinsen, Bereitstellung von Margin, ...) auch tatsächlich in eine reale, risikolose Gewinnstrategie ohne Einsatz von Eigenkapital umsetzen zu können?

Also:
Arbitrage-Möglichkeiten im idealen, strengen Sinn treten praktisch unablässig auf. Relativ selten treten die Abweichungen der Preise von den idealen, arbitragefreien Preisen allerdings so massiv auf, dass die Abweichungen tatsächlich für konkrete, reine Arbitrage-Strategien genutzt werden können. Voraussetzungen für die Nutzung solcher Arbitrage-Möglichkeiten sind der Zugang zu günstigen Handelsbedingungen (z.B. niedrige bis keine Transaktionskosten) und sehr schnelle Reaktion auf die meist nur kurzzeitig auftretenden Preis-Inkonsistenzen. Es ist die Gilde der sogenannten Arbitrageure an den Finanzmärkten, die (meist im Auftrag großer Finanz-Institutionen) darauf angesetzt ist, Arbitrage-Möglichkeiten zu erkennen und sofort umzusetzen. Durch die sofortige Reaktion dieser Arbitrageure auf Preis-Inkonsistenzen, die zumeist im Handel zweier in Relation zueinander zu teuren (P_1) bzw. zu billigen (P_2) Portfolios besteht, nämlich im Verkauf von P_1 und im gleichzeitigen Kauf von P_2, steigt (durch die steigende Nachfrage) der Preis von P_2 und fällt (durch das wachsende Angebot) der Preis von P_1. Und damit ist die Preis-Inkonsistenz zumeist innerhalb kürzester Zeit wieder bereinigt.

Die Suche nach und die Nutzung von Arbitrage-Möglichkeiten besteht somit aus zwei Stufen: Im ersten Schritt suchen wir nach Preis-Inkonsistenzen in einem friktionslosen Markt. Sobald eine solche Preis-Inkonsistenz entdeckt ist, muss sie dahin gehend analysiert werden, ob die Inkonsistenz signifikant genug ist, um sie auch tatsächlich in der Realität ausnutzen zu können.

In der Realität ist es häufig dann so, dass zuweilen Gelegenheiten aufgefunden werden können, in denen zwar nicht Arbitrage im strengen Sinn möglich ist, in denen aber entweder mit einer sehr hohen Wahrscheinlichkeit ein Gewinn realisiert werden kann oder wo unter Aufwendung eines bestimmten Eigenkapitals sichere Gewinne möglich sind.

Die Suche nach und das Auffinden von realen Arbitrage-Möglichkeiten ist eine sehr subtile Aufgabe und hat nur in den allerseltensten Fällen mit dem banalen Standardbeispiel von Arbitrage, das in Lehrbüchern zur Erläuterung immer wieder angeführt wird, zu tun (nämlich: *„Short-Selling einer Aktie A an einer Börse X an der die Aktie zu einem höheren Preis als an der Börse Y gehandelt wird, und Kauf der Aktie A an der Börse Y zu einem niedrigeren Preis"*)!

3.2 Erste Anwendung des NA-Prinzips, die Put-Call-Parity-Equation

Wir werden in diesem Kapitel eine erste (nicht-triviale) Anwendung des NA-Prinzips geben.

Widmen wir uns dazu zum Beispiel den heutigen (12. Januar 2018) Quotes für die CBOE S&P500 Optionen mit Laufzeit bis zum 16. März 2018 und tun wir das an Hand der Tabelle in Abbildung 3.3. Dort haben wir Strikes von 2.710 bis 2.840 zur Verfügung. Im Zeitpunkt der Quotierung stand der S&P500 bei 2.785.96 Punkten und der ES-Mini Future auf den S&P500 mit Fälligkeit 16. März 2018 bei 2.787.50 Punkten.

MAR 09 '18 SPXW 100 53 TAGE	MAR 15 '18 SPX 100 59 TAGE	MAR 16 '18 SPXW 100 60 TAGE		
				CALLS
LETZTE VERÄNDER...		GELDKURS x BRIEFKURS		
• c81.95		• 97.10 x 98.40 •		
• 91.30	+13.35	• 92.90 x 94.30 •		
• c74.05		• 88.80 x 90.20 •		
• 82.20	+12.00	• 84.80 x 86.10 •		
• 80.70	+14.25	• 80.80 x 82.10 •		
• 65.40	+2.60	• 76.90 x 78.20 •		
• 69.60	+10.45	• 73.10 x 74.40 •		
• 66.90	+11.30	• 69.30 x 70.60 •		
• 63.00	+10.80	• 65.60 x 66.90 •		
• 51.40	+2.50	• 62.00 x 63.20 •		
• c45.65		• 58.50 x 59.70 •		
• 53.90	+11.35	• 55.10 x 56.20 •		
• 50.90	+11.35	• 51.80 x 52.90 •		
• 46.70	+10.00	• 48.50 x 49.60 •		
• 44.00	+10.00	• 45.40 x 46.50 •		
• 33.50	+2.10	• 42.40 x 43.40 •		
• 37.90	+9.00	• 39.50 x 40.50 •		
• 35.30	+8.75	• 36.70 x 37.70 •		
• 33.10	+8.80	• 34.10 x 35.00 •		
• 30.30	+8.10	• 31.50 x 32.40 •		
• c20.25		• 29.10 x 30.00 •		
• 25.40	+6.95	• 26.80 x 27.60 •		
• 22.60	+5.85	• 24.60 x 25.40 •		
• 21.30	+6.15	• 22.60 x 23.30 •		
• 20.20	+6.50	• 20.70 x 21.40 •		
• 17.50	+5.20	• 18.90 x 19.50 •		
• 16.40	+5.40	• 17.20 x 17.80 •		

BASISPREIS			PUTS	
	LETZTE VERÄNDER...		GELDKURS x BRIEFKURS	
2710	19.90	-2.70	19.20 x 19.80
2715	21.90	-1.70	20.10 x 20.60
2720	21.30	-3.35	21.00 x 21.50
2725	c25.80		21.90 x 22.50
2730	24.70	-2.35	22.90 x 23.50
2735	25.00	-3.35	24.00 x 24.60
2740	25.50	-4.20	25.10 x 25.70
2745	26.40	-4.75	26.30 x 27.00
2750	c32.70		27.60 x 28.30
2755	c34.40		28.90 x 29.60
2760	34.30	-1.85	30.40 x 31.10
2765	33.90	-4.10	31.90 x 32.70
2770	35.80	-4.25	33.50 x 34.30
2775	36.60	-5.60	35.30 x 36.00
2780	39.30	-5.10	37.10 x 37.90
2785	41.20	-5.60	39.00 x 39.90
2790	42.30	-7.00	41.10 x 42.00
2795	47.10	-4.85	43.20 x 44.20
2800	47.90	-6.80	45.50 x 46.50
2805	c57.60		47.90 x 49.00
2810	52.80	-7.80	50.40 x 51.50
2815	55.90	-7.85	53.10 x 54.20
2820	63.30	-3.75	55.90 x 57.00
2825	61.30	-9.15	58.80 x 60.00
2830	64.40	-9.60	61.80 x 63.00
2835	c77.55		64.90 x 66.20
2840	72.40	-8.85	68.20 x 69.50

Abbildung 3.3: Quotes S&P500 Optionen vom 12. Januar 2018

Was uns natürlich schon früher aufgefallen ist, was uns an Hand von Abbildung 3.3 wieder auffällt und was uns als sehr logisch erscheint, ist, dass die Quotes für Call-Optionen mit steigendem Strike fallen, während die Quotes für Put-Optionen mit steigendem Strike ansteigen.

Das ist selbstverständlich aus folgendem Grund „logisch":
Sei $K_1 < K_2$.
Das Recht, ein underlying zur Zeit T zu einem Preis K_1 zu erwerben, hat dann natürlich einen größeren Wert, als das Recht ein underlying zu einem höheren Preis K_2 zu erwerben.
Und:
Das Recht, ein underlying zur Zeit T zu einem Preis K_1 zu verkaufen, hat natürlich einen geringeren Wert, als das Recht ein underlying zu einem höheren Preis K_2 zu verkaufen.

Wir werden später sehen, dass es in manchen Fällen „gefährlich" ist, sich bei finanzmathematischen Bewertungsfragen rein auf logische Argumente zu stützen und dass scheinbar logische Argumente hier gelegentlich zu falschen Resultaten führen können. Wir sollten uns daher angewöhnen – auch in solch einfachen Fällen wie diesem hier – streng mit NA-Argumenten zu arbeiten. Wir tun das im Folgenden nur zur Übung, es ist das noch eine triviale Anwendung des NA-Prinzips:

Betrachten wir dazu jetzt (Zeit 0) ein Portfolio P_1 bestehend aus einer Call-Option mit Strike K_1 und ein Portfolio P_2 bestehend aus einer Call-Option auf dasselbe underlying mit der gleichen Fälligkeit T und mit Strike K_2, der größer ist als K_1.

Zur Zeit T besteht der Wert der Call-Optionen und damit der Wert des jeweiligen Portfolios gerade aus dem Payoff den wir aus diesen Call-Optionen erhalten.

Also:

$P_1(T) = \max(0, S(T) - K_1)$ *und* $P_2(T) = \max(0, S(T) - K_2)$.

Hier bezeichnet $S(T)$ den Wert des underlyings zur Zeit T.

Da K_2 größer ist als K_1, ist $P_2(T) \leq P_1(T)$.

Aufgrund des No-Arbitrage-Prinzips muss daher für jeden Zeitpunkt $t \in [t, T]$ die Beziehung $P_2(t) \leq P_1(t)$ und damit der Preis der Option mit Strike K_2 kleiner oder gleich dem Preis der Option mit Strike K_1 sein.

Im Fall der Put-Optionen argumentieren wir völlig analog.

Dies war eine – wie gesagt – recht logische Beziehung die zwischen Optionspreisen bestehen muss.

Jetzt stellen wir uns aber eine wesentlich subtilere Frage:
Greifen wir dazu eine Zeile, also einen Strike, aus der Tabelle in Abbildung 3.3 heraus, etwa den Strike 2.750 (Abbildung 3.4).

Abbildung 3.4: S&P500 Optionen mit Strike 2750

Die Quotes dieser Call-Option lauten 65.60 // 66.90, die Quotes der Put-Option 27.60 // 28.30.

Und wir fragen uns nun: Kommen diese Werte eher „zufällig", rein durch Angebot und Nachfrage, zu Stande oder ist hier eine gewisse notwendige Abhängigkeit zwischen den Quotes einer Call und einer Put mit gleichem underlying, gleicher Fälligkeit und gleichem Strike gegeben?

Also, in allgemeiner Form lautet unsere Problemstellung:
Wir haben einen Zeitbereich $[0, T]$ und ein underlying S, dessen Kurswert zur Zeit t mit $S(t)$ bezeichnet wird. Weiters betrachten wir eine Call-Option und eine Put-Option auf das underlying S mit Fälligkeit T und Strike K. Mit $C(t)$ bezeichnen wir den Preis der Call-Option und mit $P(t)$ den Preis der Put-Option zur Zeit t. Besteht ein Zusammenhang zwischen den beiden Optionspreisen $C(t)$ und $P(t)$ oder können diese beiden Preise unabhängig voneinander bestimmte Werte annehmen?

Wir beginnen unsere Untersuchungen mit einer wichtigen **Vorbemerkung**:
Als underlyings kommen für Derivate prinzipiell (direkt oder indirekt) handelbare Produkte (z.B.: Aktien, Indices, Rohstoffe, Fremdwährungen, Anleihen, ...) aber auch nicht handelbare „Produkte" (z.B.: Wetterereignisse, ...) in Frage. Wir setzen für das Folgende handelbare underlyings voraus.

Die underlyings von Derivaten können weiters während der Laufzeit in irgendeiner Art und Form (positive oder negative) Erträge bringen oder auch nicht. Die Höhe dieser Erträge kann im Vorhinein explizit bekannt sein oder auch nicht. Wenn die Höhe der Erträge im Vorhinein nicht bekannt ist, dann kann es sein, dass man zumindest eine halbwegs verlässliche Schätzung über die Höhe der Erträge hat oder eben auch das nicht.

Sehen wir uns ein paar Beispiele von möglichen underlyings in Hinblick darauf an.

Anleihen:
Eine Anleihe liefert einen vorab bekannten Ertrag während der Laufzeit, nämlich die anfallenden Coupons.

Fremd-Währungen:
Eine Fremd-Währung liefert einen vorab bekannten Ertrag während der Laufzeit, nämlich die Verzinsung zum Fremdwährungs-Zinssatz für die beobachtete Zeitperiode.

Aktien:
Eine Aktie liefert einen vorab nicht bekannten Ertrag während der Laufzeit, nämlich die Dividende falls es zu einer Dividendenauszahlung während der Zeitperiode kommt. Die Höhe der Dividende ist aus historischen Daten nicht genau, aber doch in einem ungefähren Bereich abschätzbar. Wenn wir es bei der Analyse eines Derivats auf eine Aktie mit einem kürzeren Zeitbereich kurz nach einer gerade erfolgten Dividendenzahlung zu tun haben, dann kann für diesen Zeitbereich davon ausgegangen werden, dass keine Dividende für das underlying anfallen wird.

Aktienindex:
Bei einem Aktienindex spielt eine wesentliche Rolle, ob der Index ein Kurs- oder ein Performance-Index ist und in welcher Form der Index konkret gehandelt werden kann. Kann man den Index nur über einen entsprechend gewichteten Handel mit den im Index enthaltenen Aktien handeln, dann fallen durch die gehaltenen Aktien Dividenden an. Ist der Index ein Performance-Index, so sind die anfallenden Dividenden im Kurs des underlyings (auf den sich das Derivat bezieht) schon enthalten. Darüber hinaus fallen keine weiteren Zahlungen an.
Ist der Index allerdings ein Kursindex (das Derivat bezieht sich dann nur auf die Veränderungen des Kurses ohne Dividenden), dann fallen zusätzlich Dividenden an. Bei der Bewertung eines Derivats ist die voraussichtliche Höhe der anfallenden

Dividenden zu schätzen und zu berücksichtigen. Die Schätzung der Dividendenausschüttung eines breiten Index ist im allgemeinen zuverlässiger als für eine Einzelaktie, da es sich hierbei um einen Durchschnittswert handelt, der im Normalfall
stabiler ist als ein Einzelwert. In Bild 3.5 sehen wir die Dividendenrenditen des
S&P500 Index seit 1871 illustriert.

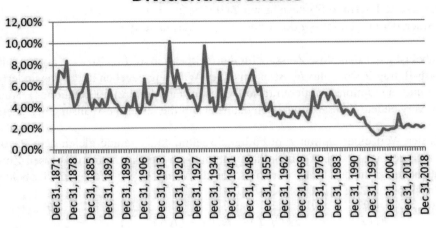

Abbildung 3.5: Durchschnittliche Dividendenrenditen der S&P500 Aktien, 1871 bis 2018

Rohstoffe:
Der Kauf und dadurch Besitz von Rohstoffen kann zu Lagerungskosten führen, die
zumeist recht genau abschätzbar oder sogar exakt vereinbar sind.

Im Folgenden behandeln wir zuerst den Fall, dass wir es mit einem underlying zu
tun haben, das während der Laufzeit des Derivats keine Zahlungen liefert und auch
keine Kosten verursacht.

Unser konkretes Zahlenbeispiel bezieht sich auf den S&P500 Index, der ein Kursindex ist. Also wären Dividenden zu berücksichtigen, wenn wir eine Investition in
den S&P500 direkt über Investition in die Aktien des S&P500 durchführen würden.
Wir nehmen aber vorerst einmal an, dass wir direkt in den Kursindex (etwa mittels eines Zertifikats) investieren können, also keine Dividenden berücksichtigen
müssen. Inwiefern etwaige Preis-Inkonsistenzen bei Derivaten auf den S&P500
konkret nutzbar sein können, wird in einem späteren Kapitel ohnehin extra ausführlich behandelt.

Zur Beantwortung der Frage nach einem möglichen Zusammenhang zwischen den
Preisen von Call- und Put-Optionen mit gleichem Strike betrachten wir wiederum

zwei verschiedene Portfolios. Um keine Verwechslung zwischen dem Preis P der Put-Option und den Werten der beiden Portfolios zu riskieren, bezeichnen wir die beiden Portfolios jetzt nicht wie gewohnt mit P_1 und P_2 sondern ausnahmsweise mit F_1 und F_2.

Das erste **Portfolio F_1** bestehe zur **Zeit 0** aus:
1 Stück der obigen Call-Option Long, Cash in Höhe von $K \cdot e^{-r \cdot T}$

Das zweite **Portfolio F_2** bestehe zur **Zeit 0** aus:
1 Stück der obigen Put-Option Long, 1 Stück des underlyings

Dabei ist r der risikolose Zinssatz für den Zeitbereich $[0, T]$, also $r = f_{0,T}$ und der Cash-Betrag in Portfolio F_1 ist in derselben Währung gegeben in der das underlying und die Optionen notieren (also Dollar im Fall der S&P500 Optionen). Auch der verwendete Zinssatz muss sich natürlich auf die jeweilige Währung beziehen.

Da der Wert einer Option zum Fälligkeitszeitpunkt T gerade gleich dem Payoff der Option ist, und da Cash-Beträge automatisch stets als zum risikolosen Zinssatz angelegt angenommen werden, sehen die Werte $F_1(T)$ und $F_2(T)$ der beiden Portfolios zur Zeit T wie folgt aus:

$$
\begin{aligned}
\boldsymbol{F_1(T)} &= \max\left(S(T) - K, 0\right) + \left(K \cdot e^{-r \cdot T}\right) \cdot e^{r \cdot T} = \\
&= \max\left(S(T) - K, 0\right) + K = \mathbf{max\left(S(T), K\right)} \\
\boldsymbol{F_2(T)} &= \max\left(K - S(T), 0\right) + S(T) = \\
&= \mathbf{max\left(K, S(T)\right)}
\end{aligned}
$$

Wir sehen: Wie auch immer sich das underlying S entwickeln wird, der Wert der beiden Portfolios F_1 und F_2 wird der Gleiche sein, nämlich $\max\left(S(T), K\right)$! Wir wissen zur Zeit 0 zwar noch nicht welchen Wert die beiden Portfolios haben werden (da $S(T)$ noch nicht bekannt ist), wir wissen aber, dass die Werte der beiden Portfolios sicher gleich sein werden. Mit dem NA-Prinzip folgern wir daraus $F_1(0) = F_2(0)$.

Nun ist $F_1(0) = C(0) + K \cdot e^{-r \cdot T}$ und $F_2(0) = P(0) + S(0)$, also folgt die Beziehung $C(0) + K \cdot e^{-r \cdot T} = P(0) + S(0)$.
Diese Gleichung zwischen dem Preis einer Put-Option, einer Call-Option und dem Kurs des underlyings heißt „Put-Call-Parity-Equation". Die obigen Argumente gelten natürlich für einen beliebigen Zeitpunkt $t \in [0, T]$ und nicht nur für den Zeitpunkt 0. Unsere Erkenntnisse fassen wir noch einmal im folgenden Satz 3.2 zusammen:

Satz 3.2. *(Put-Call-Parity-Equation, dividendenfreies underlying)*
Sei $[0, T]$ ein Zeitintervall und für $t \in [0, T]$ sei $C(t)$ der Preis einer Call-Option mit underlying S (das so gehandelt werden kann, dass während des Zeitintervalls

[0, T] *keine Zahlungen und keine Kosten durch das underlying anfallen) mit Fälligkeit T und Strike K, und P(t) der Preis einer Put-Option mit underlying S, Fälligkeit T und Strike K. Dann gilt:*

$$C(t) + K \cdot e^{-r \cdot (T-t)} = P(t) + S(t)$$

Dabei bezeichnet S(t) den Kurs des underlyings zur Zeit t und r ist der risikolose Zinssatz $r = f_{t,T}$.

Wichtig ist, dabei auch Folgendes festzustellen: Das Resultat ist völlig unabhängig von irgendwelchen Annahmen über die Entwicklung des underlyings.
Wir sagen: die **Put-Call-Parity-Equation ist ein modellunabhängiges Resultat**.

Dieses Resultat haben wir für den Zeitpunkt T übrigens bereits früher in etwas anderer Weise erhalten, und zwar in Kapitel 2.13, und wir haben es dort, in Abbildung 2.57, auch grafisch veranschaulicht. Wir wiederholen die Grafik hier noch einmal in Abbildung 3.6.

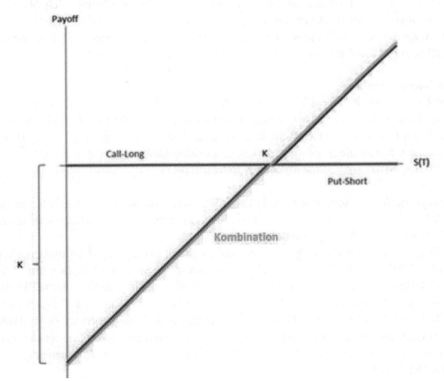

Abbildung 3.6: Kombination von Call-Long mit Put-Short ergibt underlying minus K cash

In Abbildung 3.6 ist der Payoff (zur Zeit T) aus einer Call-Long (blau) mit einer Put-Short (Rot) veranschaulicht, der genau den Payoff des underlyings (grün) minus K ergibt. Zur Zeit T gilt also $C(T) - P(T) = S(T) - K$ was gerade der

Put-Call-Parity zur Zeit T entspricht.

Dieser Satz, diese Put-Call-Parity-Gleichung gilt in einem strengen Sinn. Wenn diese Gleichung nicht erfüllt ist, dann ist Arbitrage möglich (in einem friktionslosen Markt!)! Wie aber kann im Fall einer Verletzung der Put-Call-Parity **Arbitrage** (in einem friktionslosen Markt!) **durchgeführt** werden?

Wenn etwa die linke Seite der Gleichung größer wäre als die rechte Seite (wir können uns im Folgenden auf $t = 0$ beschränken), also wenn $C(0) + K \cdot e^{-r \cdot T} > P(0) + S(0)$ wäre, dann könnte man auf folgende Weise einen Arbitrage-Gewinn realisieren:
Wir gehen ein Stück der Call short und nehmen einen Kredit in Höhe von $K \cdot e^{-r \cdot T}$ bis zum Zeitpunkt T zum Zinssatz r auf. Wir verfügen somit über einen Cashbetrag von $C(0) + K \cdot e^{-r \cdot T}$ und kaufen damit ein Stück Put und ein Stück underlying S zum Preis von insgesamt $P(0)+S(0)$. Die positive Differenz $\big(C(0) + K \cdot e^{-r \cdot T}\big) - (P(0) + S(0))$ bleibt uns in Cash. Dieser positive Betrag verzinst sich bis zum Zeitpunkt T zum positiven Betrag $\big(C(0) + K \cdot e^{-r \cdot T}\big) - (P(0) + S(0)) \cdot e^{r \cdot T}$. Zum Zeitpunkt T verkaufen wir das Stück underlying zum Preis $S(T)$ und wir erhalten durch die Put-Option einen Payoff von $\max\left(K - S(T), 0\right)$.

In Summe ergibt das
$$S(T) + \max\left(K - S(T), 0\right) = \max\left(K, S(T)\right) = K + \max\left(S(T) - K, 0\right).$$
Mit diesem Geld können wir unsere Kreditschulden in Höhe von K zurückzahlen und den Payoff unserer Call-Short-Position in Höhe von $\max\left(S(T) - K, 0\right)$ begleichen. Somit bleibt uns der risikolose positive Gewinn $\big(C(0) + K \cdot e^{-r \cdot T}\big) - (P(0) + S(0)) \cdot e^{r \cdot T}$ ohne eigenen Kapiteleinsatz.

Wenn die rechte Seite der Gleichung größer wäre als die linke Seite also wenn $C(0) + K \cdot e^{-r \cdot T} < P(0) + S(0)$ wäre, dann geht man – wie man sich sehr leicht überlegt – einfach spiegelverkehrt vor:
Wir gehen ein Stück der Put-Option und ein Stück underlying short und erhalten dafür $P(0) + S(0)$. Von diesem Geld kaufen wir ein Stück Call-Option um $C(0)$ und legen den Betrag von $K \cdot e^{-r \cdot T}$ zum risikolosen Zinssatz an. Uns bleibt die positive Differenz $(P(0) + S(0)) - \big(C(0) + K \cdot e^{-r \cdot T}\big)$. Zur Zeit T lassen sich alle Verbindlichkeiten (aus Put-Option short und underlying short) wieder mit den Erträgen aus Anlage und Call-Option befriedigen, und mir bleibt wieder der risikolose positive Gewinn $((P(0) + S(0)) - \big(C(0) + K \cdot e^{-r \cdot T}\big) \cdot e^{r \cdot T}$ ohne eigenen Kapiteleinsatz.

Prüfen wir nun nach, inwieweit in unserem Beispiel von Abbildung 3.3 die Put-Call-Parity tatsächlich erfüllt ist. Wir leben vorerst in einem friktionslosen Markt, das heißt, an Stelle der Bid-/Ask-Quotes betrachten wir als Kurse der Optionen die Mittelwerte zwischen den Quotes. (Achtung: Die tatsächlichen Kurse der Optionen, also die letzten Handelspreise (63.00 für die Call und 32.70 für die Put, siehe

Abbildung 3.3) sind hier nicht geeignet, da die beiden Handelsvorgänge höchstwahrscheinlich zu unterschiedlichen Zeitpunkten und bei unterschiedlichen Kursen des underlyings stattgefunden haben!) Die Mittelwerte zwischen den Quotes 65.60 // 66.90 und 27.60 // 28.30 sind 66.25 ($= C(0)$) bzw. 27.95 ($= P(0)$).

Vom 12.1.2018 (ein Freitag!) bis zur Fälligkeit der Optionen am 16.3.2018 sind praktisch genau 2 Monate Restlaufzeit zu betrachten, also $\frac{1}{6}$ eines Jahres. Der risikolose Zinssatz für 2-monatige US-Dollar-Anlagen betrug am 12.1.2018 ungefähr + 1.69%. Der Kurs des S&P500 lag bei 2.785,96.

Die Put-Call-Parity-Gleichung hat in unserem Beispiel also die Form

$$C(0) + K \cdot e^{-rT} = P(0) + S(0) \Leftrightarrow 66.25 + 2.750 \cdot e^{-0.0169 \cdot \frac{1}{6}} =$$
$$= 27.95 + 2.785,96 \Leftrightarrow 2.808,52 = 2.813,91$$

Wir erkennen eine nicht wirklich massive aber doch merkliche Abweichung in Höhe von 5.39 Dollar der Werte auf beiden Seiten der Gleichung voneinander.
Das ist aber die Situation unter Annahme eines friktionslosen Marktes!
Jetzt beginnt der zweite Schritt der Analyse: Ist diese Abweichung der realen Werte von der Put-Call-Parity groß genug, so dass sie für eine tatsächliche Arbitrage-Strategie in der Realität ausgenutzt werden kann? Das wollen wir uns im Kapitel 3.7 im Detail überlegen.

Bevor wir das dort tun, wollen wir im nächsten Kapitel allerdings noch ein paar weitere einfache Folgerungen aus der Put-Call-Parity Equation ziehen und im übernächsten Kapitel mit Hilfe einer weiteren Anwendung des NA-Prinzips Schlüsse über den Strike-Preis von Futures ziehen. Beides wird für unsere Untersuchungen im Kapitel 3.7 über reale Arbitrage-Möglichkeiten hilfreich sein.

3.3 Einfache Folgerungen aus der Put-Call-Parity Equation

Wir haben uns schon im letzten Kapitel überlegt, dass der **Preis von Call-Optionen** (bei gleichem underlying und gleicher Fälligkeit) **mit wachsendem Strike fällt** und dass der **Preis von Put-Optionen mit wachsendem Strike steigt**.

Eine Option hat stets einen Preis der größer oder gleich Null ist. Mit einer Option erkauft man sich stets ein Recht, das man nach eigener Wahl ausüben kann oder nicht. Der Wert eines solchen Rechts kann nicht negativ sein.
Insbesonders: Der Payoff einer Call-Option ist $\max\left(0, S(T) - K\right)$, also stets größer oder gleich Null, der Payoff einer Put-Option ist $\max\left(0, K - S(T)\right)$, also stets größer oder gleich Null, der Wert einer solchen Option, die einen solchen Payoff liefert ist also stets größer oder gleich Null.

Der Wert einer Put-Option mit Strike 0 auf ein underlying, das stets einen Kurs größer oder gleich Null hat, ist gleich Null. Das Recht, das underlying um den Preis $K = 0$ verkaufen zu dürfen, hat keinen Wert. Also: $K = 0 \Rightarrow P(t) = 0$ **für alle t.**

Der Wert einer Call-Option mit Strike unendlich $(K = \infty)$ ist gleich Null. Das Recht das underlying um den Preis $K = \infty$ kaufen zu dürfen hat keinen Wert. Also: $K = \infty \Rightarrow C(t) = 0$ **für alle t.**

Wir können also schließen:
Wenn der Strike K gegen 0 geht, dann fallen die Preise $P(t)$ einer Put-Option mit Strike K monoton gegen 0.
(Für kleine Strikes K, also Strikes weit aus dem Geld im Fall einer Put-Option, sind die Preise einer Put-Option sehr klein, nahe Null.)
Wenn der Strike K gegen ∞ geht, dann fallen die Preise $C(t)$ einer Call-Option mit Strike K monoton gegen 0.
(Für große Strikes K, also Strikes weit aus dem Geld im Fall einer Call-Option, sind die Preise einer Call-Option sehr klein, nahe Null.)

Kehren wir nun zurück zur Put-Call-Parity-Equation in einem beliebigen Zeitpunkt $t \in [0, T]$:

$$C(t) + K \cdot e^{-r \cdot (T-t)} = P(t) + S(t)$$

Betrachten wir zunächst den Fall eines sehr kleinen Strikes K. In diesem Fall ist – nach obigen Vorüberlegungen – $P(t)$ sehr klein, also sehr nahe dem Wert 0. Folglich – auf Grund der Put-Call-Parity – liegt der Preis der Call-Option sehr nahe an $S(t) - K \cdot e^{-r \cdot (T-t)}$. Im Extremfall $K = 0$, also $P(t) = 0$, ist sogar genau $C(t) = S(t)$ für alle t.

Ist die betrachtete Restlaufzeit $(T - t)$ klein, oder – wie im augenblicklichen Umfeld – der Zinssatz r nahe Null, dann liegt $e^{-r \cdot (T-t)}$ sehr nahe an 1. In unserem Beispiel am Ende von Kapitel 3.2 hatten wir etwa mit dem Wert $e^{-0.0169 \cdot \frac{1}{6}} = 0.9972$ zu tun. In diesem Fall liegt also der Preis der Call-Option $C(t)$ sehr nahe an $S(t) - K$, also am Preis des underlyings abzüglich der fixierten Konstante K.

Für kleinen Strike K, kurze Restlaufzeit, oder Zinssatz nahe 0 entwickelt sich der Kurs einer Call-Option also sehr ähnlich wie der Kurs des underlyings (abzüglich eines fixen Wertes). Das bedeutet, dass man – zumindest approximativ – das underlying sowohl long als auch short mittels einer Long- bzw. einer Short-Position in einer Call mit sehr kleinem Strike und nicht zu langer Restlaufzeit handeln kann. Ganz analog kann man argumentieren, dass für eine Put-Option mit großem Strike K und kurzer Restlaufzeit der Wert $P(t)$ der Put-Option in der Nähe von $K - S(t)$ liegen wird.

Sehen wir uns die entsprechende Situation an den konkreten Options-Quotes des
S&P500 vom 16.1.2018 (siehe Abbildung 3.7 und Abbildung 3.9) an und überprüfen wir die obigen Überlegungen.

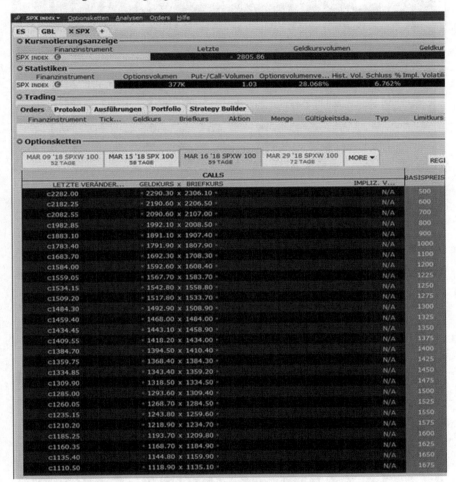

c1110.50	1125.30 x 1133.40	N/A	1675
c1085.55	1100.40 x 1108.50	N/A	1700
c1060.65	1075.50 x 1083.60	N/A	1725
c1035.70	1045.20 x 1060.30	N/A	1750
c1010.80	1020.30 x 1035.40	N/A	1775
c985.85	1000.80 x 1008.90	N/A	1800
c961.00	975.90 x 984.00	N/A	1825
c936.10	951.00 x 959.10	N/A	1850
c911.20	926.10 x 934.20	N/A	1875
c886.30	901.20 x 909.30	N/A	1900
c861.45	876.40 x 884.50	N/A	1925
c836.55	851.50 x 859.60	N/A	1950
c811.70	826.60 x 834.70	N/A	1975
c786.85	801.70 x 809.80	N/A	2000
c761.95	776.90 x 785.00	N/A	2025
c737.10	752.00 x 760.10	N/A	2050
c712.25	727.10 x 735.20	N/A	2075
c687.40	702.30 x 710.40	N/A	2100
c662.55	677.40 x 685.50	N/A	2125
c637.70	652.60 x 660.70	N/A	2150
c632.75	647.60 x 655.70	N/A	2155
c627.80	642.60 x 650.70	N/A	2160
c622.85	637.70 x 645.80	N/A	2165
c617.85	632.70 x 640.80	N/A	2170
c612.90	627.70 x 635.80	N/A	2175
c607.95	622.80 x 630.90	N/A	2180
c602.95	617.80 x 625.90	N/A	2185

Abbildung 3.7: S&P500 Options-Quotes vom 16.1.2018, niedrige Strikes, Calls

Geldkurs		Briefkurs		Briefkursvolumen		Position	

Impl. Volatilität de...	Veränd. d. impl. Vol.	Off. Put/Call-Pos.	Impl. Volatilität be...	Historische Volatili...	Hist. Vol. Änderun
9%	1.061	2.06	8%	6.699%	-0.06

Limitkurs	Status	Volatilität	Limitkur...	Volatilität...	Art des Re...	Hedge-Or...	Hedge-Zu...	Basiswer...	Basiswer.

REGISTERANSICHT ▼   Alle BASISPREISE ▼   SMART ▼   TRADING-KLASSE ▼   100   Meine Optionsketten laden

		PUTS	IV: 9.4%
BASISPREIS	LETZTE VERÄNDER...	GELDKURS x BRIEFKURS	IMPLIZ. V...
500	c0.00	x 0.05	125.5%
600	c0.00	x 0.05	112.4%
700	c0.00	x 0.05	101.3%
800	c0.00	x 0.05	91.8%
900	c0.00	x 0.10	87.8%
1000	c0.00	x 0.10	79.9%
1100	c0.00	x 0.10	72.8%
1200	c0.00	x 0.10	66.3%
1225	c0.00	x 0.10	64.8%
1250	c0.00	x 0.10	63.3%
1275	c0.05	x 0.10	61.8%
1300	c0.05	x 0.10	60.3%
1325	c0.05	x 0.10	58.9%
1350	c0.10	x 0.10	57.5%
1375	c0.10	x 0.10	56.1%
1400	c0.15	x 0.10	54.8%
1425	c0.15	x 0.10	53.5%
1450	c0.15	x 0.15	54%
1475	c0.15	x 0.15	52.6%
1500	c0.15	x 0.15	51.3%
1525	c0.15	x 0.15	50.1%
1550	c0.15	x 0.15	48.8%
1575	c0.20	x 0.20	48.8%
1600	c0.20	x 0.20	47.5%
1625	c0.20	x 0.20	46.3%
1650	c0.20	x 0.20	45.1%
1675	c0.20	0.05 x 0.25	42.8%
1700	c0.20	0.05 x 0.25	41.7%
1725	c0.20	0.10 x 0.25	41.1%
1750	c0.20	0.10 x 0.25	39.9%

1775	c0.20		0.15 x 0.30	39.7%
1800	c0.20		0.15 x 0.30	38.6%
1825	c0.25		0.20 x 0.35	38.2%
1850	c0.30		0.20 x 0.35	37.1%
1875	c0.35		0.25 x 0.40	36.6%
1900	c0.40		0.30 x 0.45	36%
1925	c0.40		0.30 x 0.45	34.9%
1950	c0.45		0.35 x 0.50	34.2%
1975	c0.55		0.40 x 0.55	33.5%
2000	c0.60		0.45 x 0.65	33%
2025	c0.70		0.50 x 0.70	32.2%
2050	c0.75		0.60 x 0.75	31.5%
2075	0.80	0.00	0.65 x 0.80	30.7%
2100	c0.90		0.70 x 0.85	29.8%
2125	c1.00		0.75 x 0.95	29.1%
2150	c1.05		0.85 x 1.05	28.4%
2155	c1.10		0.90 x 1.05	28.2%
2160	c1.10		0.90 x 1.05	28%
2165	c1.15		0.90 x 1.10	27.9%
2170	c1.15		0.95 x 1.10	27.8%
2175	c1.20		0.95 x 1.15	27.5%
2180	c1.20		0.95 x 1.15	27.4%
2185	c1.25		1.00 x 1.15	27.3%

Abbildung 3.8: S&P500 Options-Quotes vom 16.1.2018, niedrige Strikes, Puts

SPX INDEX ▼   Optionsketten   Analysen   Orders   Hilfe

ES   GBL   x SPX   +

Kursnotierungsanzeige

Finanzinstrument	Letzte	Geldkursvolumen	Geldkurs
SPX INDEX	2806.27		

Statistiken

Finanzinstrument	Optionsvolumen	Put-/Call-Volumen	Optionsvolumenve...	Hist. Vol. Schluss %	Impl. Volatilit
SPX INDEX	425K	0.95	31.666%	6.762%	

Trading

Orders   Protokoll   Ausführungen   Portfolio   Strategy Builder

Finanzinstrument	Tick...	Geldkurs	Briefkurs	Aktion	Menge	Gültigkeitsda...	Typ	Limitkurs

Optionsketten

MAR 09 '18 SPXW 100 52 TAGE	MAR 15 '18 SPX 100 58 TAGE	MAR 16 '18 SPXW 100 59 TAGE	MAR 29 '18 SPXW 100 72 TAGE	MORE ▼	REGIS

CALLS				BASISPREIS
LETZTE VERÄNDER...		GELDKURS x BRIEFKURS	IMPLIZ. V...	
11.60	+3.95	12.70 x 13.00	8.5%	2880
10.70	+3.85	11.40 x 11.80	8.4%	2885
c6.15		10.40 x 10.60	8.4%	2890
8.70	+3.15	9.30 x 9.60	8.4%	2895
7.90	+2.95	8.40 x 8.70	8.3%	2900
c4.45		7.60 x 7.80	8.3%	2905
c4.05		6.80 x 7.10	8.3%	2910
c3.65		6.20 x 6.40	8.3%	2915
c3.25		5.50 x 5.80	8.3%	2920
c2.95		5.00 x 5.20	8.3%	2925
3.80	+1.15	4.50 x 4.70	8.3%	2930
c2.40		4.00 x 4.20	8.3%	2935
c2.15		3.60 x 3.90	8.3%	2940
c1.95		3.30 x 3.50	8.3%	2945
c1.80		3.00 x 3.20	8.4%	2950
c1.65		2.70 x 2.90	8.4%	2955
c1.40		2.20 x 2.40	8.5%	2965
c0.00		1.85 x 2.05	8.6%	2975
c0.00		1.55 x 1.75	8.7%	2985
c0.00		1.40 x 1.65	8.8%	2990
1.20	+0.30	1.20 x 1.40	8.9%	3000
c0.80		1.05 x 1.25	9.1%	3010
c0.70		0.90 x 1.10	9.2%	3020
c0.70		0.85 x 1.05	9.3%	3025
c0.65		0.80 x 1.00	9.4%	3030
c0.30		0.35 x 0.55	10.6%	3100
c0.15		0.10 x 0.30	12.5%	3200

	Geldkurs		Briefkurs		Briefkursvolumen		Position	
	mpl. Volatilität de...	Veränd. d. impl. Vol.	Off. Put/Call-Pos.	Impl. Volatilität be...	Historische Volatili...	Hist. Vol. Änderung		
	9.1%	1.080	2.06	8%	6.694%	-0.068		

| Limitkurs | Status | Volatilität | Limitkur... Volatilität... Art des Re... Hedge-Or... Hedge-Zu... Basiswer... Basiswer... |

REGISTERANSICHT ▾   Alle BASISPREISE ▾   SMART ▾   TRADING-KLASSE ▾   100   Meine Optionsketten laden

IV: 9.5%

BASISPREIS	PUTS			IMPLIZ. V...
	LETZTE VERÄNDER...	GELDKURS x BRIEFKURS		
2880	88.80	-10.15	85.20 x 85.80	8.5%
2885	c103.10		89.00 x 89.60	8.4%
2890	c107.40		92.80 x 93.50	8.4%
2895	c111.80		96.20 x 98.00	8.4%
2900	c116.20		100.30 x 102.10	8.3%
2905	c120.65		104.50 x 106.40	8.3%
2910	c125.25		108.60 x 110.50	8.3%
2915	c129.85		113.00 x 115.00	8.3%
2920	c134.45		117.40 x 119.40	8.3%
2925	c139.10		121.80 x 123.80	8.3%
2930	c143.80		126.30 x 128.30	8.3%
2935	c148.50		130.80 x 132.90	8.3%
2940	c153.25		135.40 x 137.40	8.4%
2945	c158.05		137.40 x 145.50	8%
2950	c162.90		142.10 x 150.20	7.6%
2955	c167.75		146.80 x 154.90	8.2%
2965	c177.45		154.90 x 163.00	8.2%
2975	c0.00		164.60 x 172.70	8.2%
2985	c0.00		174.20 x 182.30	8.5%
2990	c0.00		179.10 x 187.20	8.2%
3000	c211.85		189.00 x 197.10	7.9%
3010	c221.70		198.80 x 206.90	8.6%
3020	c231.60		208.70 x 216.80	8.9%
3025	c236.55		213.60 x 221.70	9.2%
3030	c241.50		218.60 x 226.70	9.2%
3100	c310.95		287.90 x 296.00	10.4%
3200	c410.50		387.30 x 395.40	N/A

Abbildung 3.9: S&P500 Options-Quotes vom 16.1.2018, Fälligkeit März 2018, hohe Strikes

Im Moment der in Abbildung 3.7 und Abbildung 3.9 dargestellten Quotes lag der S&P500 im Bereich von circa 2.806 Punkten und der März-Future im Bereich von 2.807 Punkten.

Die Quotes der Call-Optionen liegen ab einem Strike von 3.030 aufwärts unter einem Dollar. Die Quotes der Put-Optionen liegen ab einem Strike von 2.125 abwärts unter einem Dollar.

Nehmen wir uns nun die Call-Option mit dem kleinsten vorhandenen Strike $K = 500$ vor. Die Quotes liegen bei 2.290.30 // 2.306.10. Wir haben es hier also mit einem sehr hohen Bid-/Ask-Spread zu tun. Gehen wir entsprechend den Vorgaben eines friktionslosen Marktes wieder vom Mittelwert 2.298.20 aus. Der Näherungswert für den Preis dieser Call-Option wäre $S(t) - K = 2.806 - 500 = 2.306$. Die Abweichung vom Näherungswert beträgt also circa 8 Dollar (das sind circa 0.29%

vom Wert des underlying). Zur Fälligkeit wird der Kurs aller Wahrscheinlichkeit nach genau bei $S(T) - 500$ liegen. Nur im äußerst unwahrscheinlichen Fall dass der S&P500 bis zum 16. März 2018 auf unter 500 Punkte fallen sollte, wäre das nicht der Fall (dann wäre $C(T) = 0$).

Die Abweichung zwischen dem Preis $C(t)$ der Call-Option und $S(t) - K$ nimmt im Lauf der Zeit tendenziell ab. Die momentane Abweichung von 8 Dollar wird also aller Voraussicht nach nicht (wesentlich) während der Restlaufzeit überschritten. Verwendet man daher diese Call-Option zur Simulation des Long- oder Short-Handels des underlyings, so bleibt der dabei begangene Fehler mit maximal circa 0.3% beschränkt.

Betrachten wir schließlich noch die Put-Option mit dem höchsten vorhandenen Strike $K = 3.200$. Die Quotes liegen bei 387.30 // 395.40. Wir haben es hier wieder mit einem ziemlich hohen Bid-/Ask-Spread zu tun. Gehen wir entsprechend den Vorgaben eines friktionslosen Marktes wieder vom Mittelwert 391.35 aus. Der Näherungswert für den Preis dieser Put-Option wäre $K - S(t) = 3.200 - 2.806 = 394$. Die Abweichung vom Näherungswert beträgt also circa 3 Dollar (das sind circa 0.12% vom Wert des underlying).

Wir kehren jetzt noch einmal zur (dividendenfreien Version der) Put-Call-Parity zurück:

$$C(t) + K \cdot e^{-r \cdot (T-t)} = P(t) + S(t)$$

Wenn der Zinssatz $r > 0$ ist:
Dann ist $e^{-r \cdot (T-t)} < 1$ und daher $C(t) + K > C(t) + K \cdot e^{-r \cdot (T-t)} = P(t) + S(t)$, also $C(t) > P(t) + S(t) - K > S(t) - K$, und somit $C(t) > S(t) - K$.
Da außerdem $C(t)$ stets größer 0 ist, **gilt** also immer $\boldsymbol{C(t) > \max(0, S(t) - K)}$.

Wenn der Zinssatz $r < 0$ ist:
Dann ist $e^{-r \cdot (T-t)} > 1$ und daher $P(t) + S(t) = C(t) + K \cdot e^{-r \cdot (T-t)} > C(t) + K$, also $P(t) > C(t) + K - S(t) > K - S(t)$, und somit $P(t) > K - S(t)$.
Da außerdem $P(t)$ stets größer 0 ist, **gilt** also immer $\boldsymbol{P(t) > \max(0, K - S(t))}$.

Wir werden uns erst später im Detail mit dem Preisverlauf von Call- und Put-Optionen beschäftigen. Rein aus den obigen Überlegungen ist aber bereits ein ungefährer Verlauf der Preise von Call- und Put-Optionen (auf dividendenlose underlyings), wie in Abbildung 3.10 und Abbildung 3.11 dargestellt, plausibel. In diesen Bildern ist für einen fixen Zeitpunkt t und einen fixen Strike K der plausible ungefähre Preisverlauf der Call- bzw. der Put-Option in Abhängigkeit vom momentanen Preis $S(t)$ des underlyings dargestellt. Die blaue Kurve zeigt dabei stets den Fall wenn $r > 0$ und die rote Linie den Fall wenn $r < 0$.

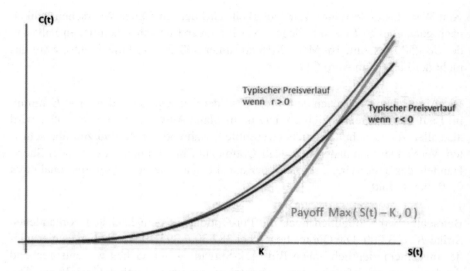

Abbildung 3.10: Ungefährer Preisverlauf $C(t)$ einer Call bei gegebenem t und K in Abhängigkeit von $S(t)$

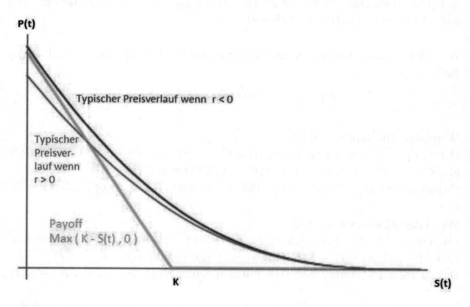

Abbildung 3.11: Ungefährer Preisverlauf $P(t)$ einer Put bei gegebenem t und K in Abhängigkeit von $S(t)$

3.4 Eine weitere Anwendung des NA-Prinzips: Der „faire" Strikepreis eines Futures (auf ein dividenden-/kostenfreies underlying)

In Abbildung 3.12 sehen wir die Quotes für die Futures auf den S&P500-Index vom 16. Januar 2018 für die drei angebotenen Laufzeiten 16. März 2018, 15. Juni 2018 und 21. September 2018. Der Kurs des S&P500 im Moment dieser Quotierungen betrug 2.795.48 Punkte.

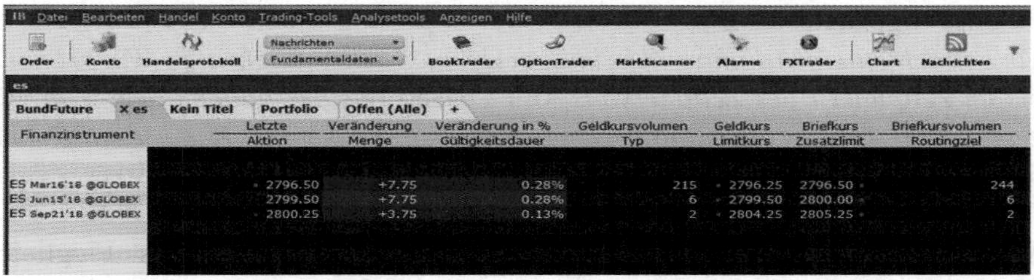

Abbildung 3.12: Futures auf den S&P500, 16. Januar 2018

In Abbildung 3.13 sehen wir die Quotes für die Futures auf den DAX vom 29. Januar 2018 ebenfalls für die drei angebotenen Laufzeiten 16. März 2018, 15. Juni 2018 und 21. September 2018. Der Kurs des DAX im Moment dieser Quotierungen betrug 13.346 Punkte.

Mar 2018

Opening price	High	Low	Bid price	Bid vol	Ask price	Ask vol	Diff. to prev. day last	Last price
13,365.50	13,370.50	13,333.00	13,338.00	3	13,339.00	1	-0.34%	13,339.00

Jun 2018

Opening price	High	Low	Bid price	Bid vol	Ask price	Ask vol	Diff. to prev. day last	Last price
13,380.50	13,383.50	13,363.50	13,349.50	2	13,351.50	3	+0.07%	13,370.00

Sep 2018

Opening price	High	Low	Bid price	Bid vol	Ask price	Ask vol	Diff. to prev. day last	Last price
13,367.00	13,367.50	13,367.00	13,338.00	1	13,348.50	1	+0.18%	13,367.00

Abbildung 3.13: Futures auf den DAX, 29. Januar 2018

Die Put-Call-Parity-Equation hat uns eine faire Preis**relation** zwischen zwei Derivaten geliefert, aber keinen expliziten fairen Preis eines Einzelproduktes. Im Folgenden wollen wir nun den **expliziten fairen Strike-Preis eines Futures** herleiten.

Dieser faire Strike-Preis wird (so wie die Put-Call-Parity) modellunabhängig sein, aber wir werden vorerst wieder **voraussetzen, dass das jeweilige underlying während der Laufzeit des Futures keine Zahlungen, aber auch keine Kosten impliziert**.

Unsere **Frage** lautet also:
Wir betrachten einen Future auf ein underlying S mit Fälligkeit T. Wir befinden uns im Zeitpunkt t des Zeitintervalls $[0, T]$. Der Preis des Futures liegt – so wie stets – bei 0. Gibt es einen fairen (arbitragefreien) Strikepreis K des Futures und wenn „Ja", wie sieht dieser aus?

Wir erinnern uns, dass wir uns diese Frage bereits einmal anhand des „Fluglinie-/Öl-Unternehmen" – Beispiels am Ende von Kapitel 2.20 gestellt und dort „vermutet" oder zumindest suggeriert hatten, dass der Strikepreis eines Futures bzw. eines Forwards wohl von der Einschätzung beider Parteien bezüglich der zukünftigen Entwicklung des Kurses des underlyings abhängen würde (siehe Bilder 2.89 und 2.88). Überraschender Weise ist dies – wie wir gleich sehen werden – nicht der Fall:

Dazu betrachten wir wieder zwei Portfolios P_1 und P_2.

Das erste **Portfolio P₁** bestehe zur **Zeit 0** aus:
1 Stück Future Long, Cash in Höhe von $K \cdot e^{-r \cdot t}$

Das zweite **Portfolio P₂** bestehe zur **Zeit 0** aus:
1 Stück des underlyings

Dabei ist r der risikolose Zinssatz für den Zeitbereich $[0, T]$, also $r = f_{0,T}$, und der Cash-Betrag in Portfolio P_1 ist in derselben Währung gegeben, in der das underlying und der Future notieren (also Dollar im Fall des S&P500 Futures).

Da der Wert eines Futures zum Fälligkeitszeitpunkt T gerade gleich dem Payoff des Futures ist und da Cash-Beträge automatisch stets als zum risikolosen Zinssatz angelegt angenommen werden, sehen die Werte $P_1(T)$ und $P_2(T)$ der beiden Portfolios zur Zeit T wie folgt aus:

$$P_1(T) = S(T) - K + \left(K \cdot e^{-rT} \right) \cdot e^{r \cdot T} = S(T)$$

$$P_2(T) = S(T)$$

Wir sehen: Wie auch immer sich das underlying S entwickeln wird, der Wert der beiden Portfolios P_1 und P_2 wird der Gleiche sein, nämlich $S(T)$! Wir wissen zur

Zeit 0 zwar noch nicht, welchen Wert die beiden Portfolios haben werden (da $S(T)$ noch nicht bekannt ist), wir wissen aber, dass die Werte der beiden Portfolios sicher gleich sein werden.

Mit dem NA-Prinzip folgern wir daraus $P_1(0) = P_2(0)$.

Wir erinnern uns, dass der Preis des Futures immer gleich 0 ist. Daher gilt:

$$0 + K \cdot e^{-rT} = P_1(0) = P_2(0) = S(0)$$

und aus dieser Gleichung $K \cdot e^{-rT} = S(0)$ erhalten wir für den **fairen Strikepreis K eines Futures**

$$K = S(0) \cdot e^{r \cdot T}.$$

Natürlich gilt die entsprechende Relation wieder für jeden Zeitpunkt t während der Laufzeit des Futures. Wir fassen das in einem Satz zusammen:

Satz 3.3. *Sei F ein Future mit Fälligkeit T auf ein underlying S ohne Zahlungen und Kosten während der Laufzeit des Futures. Dann gilt für den fairen Strikepreis K des Futures zur Zeit $t \in [0, T]$*

$$K = S(t) \cdot e^{r \cdot (T-t)}.$$

r bezeichnet dabei den risikolosen Zinssatz für den Zeitbereich $[t, T]$.

Der faire Strikepreis ist also, entgegen unseren Spekulationen am Ende von Kapitel 2.20 (zumindest theoretisch), völlig unabhängig von Einschätzungen über die zukünftige Entwicklung des Kurses des underlyings!

Beispiel 3.4. *Wir haben in Abbildung 3.12 und 3.13 die Futures-Quotes für den S&P500 und für den DAX an zwei konkreten Daten dargestellt. Unser Ergebnis über den fairen Strike eines Futures lässt sich unmittelbar aber nur auf den DAX-Future anwenden, da der DAX (im Gegensatz zum S&P500) bereits ein Performance-Index ist. Wir berechnen nun auf Basis von Satz 3.3 die theoretisch fairen Strike-Preise für die DAX-Futures von Abbildung 3.13 und vergleichen diese mit den tatsächlichen Bid-/Ask-Preisen, wie sie in Abbildung 3.13 angegeben sind.*

Die Laufzeiten der drei verschiedenen Futures-Kontrakte aus der Sicht von Ende Januar 2018 betrugen circa 1.5, 4.5 bzw. 7.5 Monate. Die zur Berechnung relevanten und verfügbaren Euribor-Zinssätze sind der 1-Monats-Euribor (-0.369%), der 3-Monats-Euribor (-0.328%), der 6-Monats-Euribor (-0.278%), sowie der 9-Monats-Euribor (-0.222%). Wir interpolieren daraus linear die Zinssätze für die Zeiträume die wir benötigen mit:

$r_1 = -0.359\%$ *zur Berechnung von K_1 für 1.5 Monate*
$r_2 = -0.303\%$ *zur Berechnung von K_2 für 4.5 Monate*
$r_3 = -0.250\%$ *zur Berechnung von K_3 für 7.5 Monate*

Mittels der Formel $K = S(0) \cdot e^{r \cdot T}$ und dem damaligen Wert des DAX von $S(0) =$
13.346 Punkten erhalten wir die theoretisch fairen Strikepreise:

$$K_1 = 13.340$$
$$K_2 = 13.331$$
$$K_3 = 13.325$$

Diese theoretischen Werte zeigen doch – außer bei K_1 – eine beträchtliche Abwei-
chung von den tatsächlichen Mittelwerten der Bid-/Ask-Preise, nämlich

13.338.50   für K_1
13.350.50   für K_2
13.343.25   für K_3

Insbesonders ist die Abweichung bei K_2 augenscheinlich. Theoretisch, in einem
friktionslosen Markt, müsste also Arbitrage möglich sein und würde konkret so
aussehen:

- *Short-Gehen des Juni-Futures mit Strike 13.350.50*

- *Aufnehmen eines Kredits in Höhe von $S(0) = 13.346$ Euro bis Juni 2018*

- *Kauf eines Stücks DAX zum Preis von $S(0)$*

Diese Transaktionen wären ohne Kosten durchführbar.

Bei Fälligkeit T im Juni wird das Stück DAX (wie durch den Futures-Kontrakt
vereinbart) um 13.350.50 verkauft. Die Summe für die Tilgung des Kredits be-
trägt $S(0) \cdot e^{r \cdot T}$ und entspricht damit gerade dem oben berechneten theoretischen
Strike-Preis von 13.331 Euro. Somit bleibt ein Arbitrage-Gewinn von $13.350, 50 -$
$13.331 = 19.50$ Euro.

Analysieren wir jetzt – auf Basis des Resultats des obigen Beispiels – inwieweit der
dort berechnete theoretische Arbitrage-Gewinn auch unter realen Handelsbedingungen erzielbar wäre. Augenscheinlich sind dabei vor allem drei Komponenten
der oben beschriebenen Strategie genauer zu diskutieren:

- Aufnahme von Krediten zu negativen Kreditzinsen

- Art der konkreten Durchführung des Kaufs des DAX

- Berücksichtigung von Margin

Die Aufnahme eines Kredits mit negativen Kreditzinsen ist zur Zeit (Februar 2018)
nach wie vor nicht möglich. Wie hoch dürften positive Kreditzinsen maximal sein,
damit unter theoretischen Bedingungen noch Arbitrage möglich wäre? Wie wir aus
den Rechnungen in Beispiel 3.4 sehen, ist Arbitrage so lange möglich, als die rück-
zuzahlende Kreditsumme $S(0) \cdot e^{r \cdot T} = 13.346 \cdot e^{r \cdot \left(\frac{4.5}{12}\right)}$ kleiner ist als der Strike-
Preis $K_2 = 13.350, 50$. Dies ist der Fall, solange die Kreditzinsen $r < 0.09\%$ be-
tragen. Auch das ist unrealistisch. Gehen wir daher davon aus, dass der Arbitrageur

bereits im Besitz der erforderlichen Summe von 13.346 Euro (für den Kauf des Stücks DAX) ist, und machen wir uns vorerst einmal keine Gedanken über die konkrete Durchführung des DAX-Kaufs. Das Stück DAX, in dessen Besitz der Arbitrageur nun ist, kann als Margin hinterlegt werden und ist dafür auch in jedem Fall ausreichend, da der Arbitrageur damit nachweisen kann, dass er der Verkaufsvereinbarung durch den Future jederzeit nachkommen kann. Der durch die Einnahme von 13.350.50 Euro bei Fälligkeit erzielte Gewinn von $13.350, 50 - 13.346 = 4.50$ Euro ist allerdings so gering, dass er sicher durch Transaktionskosten noch vernichtet wird, und: Wir haben die Futures in diesem Beispiel zum Mittelkurs gehandelt, was in der Realität keinesfalls gesichert ist.

Zusätzlich wäre dann eben auch noch die direkte Möglichkeit des Kaufs des underlyings, des DAX, zu diskutieren. Der Kauf etwa über Index-Zertifikate ist zwar prinzipiell möglich, doch stimmen die Kursbewegungen der Zertifikate häufig nicht ganz exakt mit den Kursbewegungen des Index überein, so dass auch durch diese Abweichungen der Betrag von 4.50 Euro keinen ausreichenden Puffer für eine sichere Arbitrage-Möglichkeit bietet.

Eine andere Herangehensweise zur Erzielung eines Arbitrage-Gewinns wäre die Folgende: Wir haben festgestellt, dass der März-Future im Wesentlichen fair (geringfügig unter-) gepreist ist während der Juni-Future deutlich überpreist erscheint. Wir gehen daher den „zu teuren" Juni-Future short und den „etwas zu billigen" März-Future Long. Nehmen wir vorerst wieder an, dass wir die Futures zu den Mittelkursen handeln können, dass wir nötige Geldmittel zur Verfügung haben und machen wir uns keine Gedanken über Margin-Regelungen. Wir kaufen dann im März ein Stück DAX zum vereinbarten Preis von $K_1 = 13.338, 50$ Euro und verkaufen dieses Stück im Juni zum vereinbarten Preis $K_2 = 13.350, 50$. Uns bleibt aus den Transaktionen ein Gewinn von 12 Euro im Zeitraum von März 2018 bis Juni 2018 (erst im März haben wir ja Geldmittel einsetzen müssen). Selbst wenn keine Transaktionskosten zu berücksichtigen wären, würden diese 12 Euro, bezogen auf den (vorhandenen oder geliehenen) Geldeinsatz von 13.338.50, einen Gewinn von lediglich von 0.09% für das Vierteljahr bedeuten, also von circa 0.4% per anno.

3.5 Future-Bewertung für underlyings mit Auszahlungen oder Kosten

Wir haben in den vorigen Kapiteln die Put-Call-Parity-Equation und den fairen Preis von Futures für Optionen und Futures auf ein underlying ohne Zahlungen bzw. Kosten während der Laufzeit bestimmt. Im Folgenden versuchen wir ähnliche Resultate im Fall von – wir sagen im folgenden vereinfacht – „dividendenzahlenden" underlyings herzuleiten. (Die hier mit dem Sammelbegriff „Dividenden" bezeichneten Zahlungen bzw. Kosten während der Laufzeit des underlyings können positiv oder negativ sein.) Um zu einem Resultat kommen zu können, müssen wir annehmen, dass wir bereits bei Abschluss des Derivats (zum Zeitpunkt 0) die Höhe der auf den Zeitpunkt 0 diskontierten Zahlungen oder Kosten durch das underlying während der Laufzeit des Derivats kennen oder zumindest eine sehr genaue Schätzung dafür geben können.

Die Höhe dieser diskontierten Zahlungen kann entweder in absolutem Wert Z gegeben (bzw. geschätzt) sein (z.B.: Coupons einer Anleihe, Lagerungskosten pro Einheit eines Rohstoffes, ...) oder sie kann als stetige „Rendite" in Prozent d vom Kurs des underlyings angegeben sein (z.B.: durchschnittliche Dividendenrendite eines Index von 2% p.a. bezogen auf den jeweiligen Kurs des Index). Diese Angabe kann dann so aufgefasst werden: Von einem beliebigen Zeitpunkt t bis zu einem beliebigen späteren Zeitpunkt u entwickelt sich der Kurs des underlyings nicht mehr von $S(t)$ auf $S(u)$, sondern von $S(t)$ auf $e^{d \cdot (u-t)} \cdot S(u)$. Ein negatives Z bzw. ein negatives d bedeuten dabei Kosten durch das underlying. Und wir weisen noch einmal darauf hin, dass die Zahlungen Z bereits auf den Zeitpunkt 0 diskontiert sein müssen!

Wir ermutigen den Leser zu versuchen, den fairen Strikepreis des Futures in beiden Settings ganz analog zu unserer Vorgangsweise im vorigen Kapitel selbständig zu ermitteln, bevor er die im Nachfolgenden gegebene Auflösung liest!

Herleitung des fairen Strikepreises für underlyings mit diskontierten Auszahlungen oder Kosten in Höhe von Z Euro:
Wir bilden wieder zwei Portfolios:

Das erste **Portfolio P_1** bestehe zur **Zeit 0** aus:
1 Stück Future Long, Cash in Höhe von $K \cdot e^{-r \cdot t} + Z$

Das zweite **Portfolio P_2** bestehe zur **Zeit 0** aus:
1 Stück des underlyings

Dabei ist r der risikolose Zinssatz für den Zeitbereich $[0, T]$, also $r = f_{0,T}$ und der Cash-Betrag in Portfolio P_1 ist in derselben Währung gegeben, in der das underlying und der Future notieren (also Dollar im Fall des S&P500 Futures).

Da der Wert eines Futures zum Fälligkeitszeitpunkt T gerade gleich dem Payoff des Futures ist und da Cash-Beträge automatisch stets als zum risikolosen Zinssatz angelegt angenommen werden und da die während der Laufzeit des Futures erfolgenden Zahlungen zum Zeitpunkt 0 einen Wert von Z haben (also zum Zeitpunkt T einen Wert von $Z \cdot e^{r \cdot T}$ haben), sehen die Werte $P_1(T)$ und $P_2(T)$ der beiden Portfolios zur Zeit T wie folgt aus:

$$\boldsymbol{P_1(T)} = S(T) - K + \left(K \cdot e^{-rT} + Z \right) \cdot e^{r \cdot T} = \boldsymbol{S(T)} + \boldsymbol{Z} \cdot \boldsymbol{e^{r \cdot T}}$$

$$P_2(T) = S(T) + Z \cdot e^{r \cdot T}$$

Wir sehen: Wie auch immer sich das underlying S entwickeln wird, der Wert der beiden Portfolios P_1 und P_2 wird der Gleiche sein, nämlich $S(T) + Z \cdot e^{rT}$!
Wir wissen zur Zeit 0 zwar noch nicht welchen Wert die beiden Portfolios haben werden (da $S(T)$ noch nicht bekannt ist), wir wissen aber, dass die Werte der beiden Portfolios sicher gleich sein werden.

Mit dem NA-Prinzip folgern wir daraus $P_1(0) = P_2(0)$.

Wir erinnern uns, dass der Preis des Futures immer gleich 0 ist. Daher gilt:

$$0 + K \cdot e^{-rT} + Z = P_1(0) = P_2(0) = S(0)$$

und aus dieser Gleichung $K \cdot e^{-rT} + Z = S(0)$ erhalten wir für den **fairen Strikepreis K eines Futures mit diskontierten Zahlungen/Kosten in Höhe von Z Euro**

$$K = (S(0) - Z) \cdot e^{r \cdot T}.$$

Wird die Höhe der diskontierten Zahlungen als durchschnittliche Rendite in Höhe d angegeben, dann sehen unsere beiden Vergleichs-Portfolios folgendermaßen aus:

Das erste **Portfolio P$_1$** bestehe zur **Zeit 0** aus:
$e^{d \cdot T}$ Stück Future Long, Cash in Höhe von $K \cdot e^{(d-r) \cdot T}$

Das zweite **Portfolio P$_2$** bestehe zur **Zeit 0** aus:
1 Stück des underlyings

Damit beträgt der Wert der beiden Portfolios zur Zeit T:

$$P_1(T) = e^{d \cdot T} \cdot (S(T) - K) + K \cdot e^{(d-r) \cdot T} \cdot e^{r \cdot T} = e^{d \cdot T} \cdot S(T)$$

$$P_2(T) = e^{d \cdot T} \cdot S(T)$$

Und wir folgern daraus mit dem NA-Prinzip wiederum $P_1(0) = P_2(0)$, also

$$K \cdot e^{(d-r) \cdot T} = S(0)$$

und somit

$$K = e^{(r-d) \cdot T} \cdot S(0)$$

Natürlich gilt die entsprechende Relation wieder für jeden Zeitpunkt t während der Laufzeit des Futures. Wir fassen beide Resultate jeweils in einem Satz zusammen:

Satz 3.5. *Sei F ein Future mit Fälligkeit T auf ein underlying S mit diskontierten Zahlungen oder Kosten in Höhe von Z Euro während des Zeitbereichs $[t, T]$. Dann gilt für den fairen Strikepreis K des Futures zur Zeit $t \in [0, T]$*

$$K = (S(t) - Z) \cdot e^{r \cdot (T-t)}.$$

r bezeichnet dabei den risikolosen Zinssatz für den Zeitbereich $[t, T]$.

bzw.

Satz 3.6. *Sei F ein Future mit Fälligkeit T auf ein underlying S mit einer durchschnittlichen stetigen Rendite von d während der Laufzeit des Futures. Dann gilt für den fairen Strikepreis K des Futures zur Zeit $t \in [0, T]$*

$$K = S(t) \cdot e^{(r-d) \cdot (T-t)}.$$

r bezeichnet dabei den risikolosen Zinssatz für den Zeitbereich $[t, T]$.

Beispiel 3.7. *Als konkretes Beispiel werden wir die fairen Preise der in Abbildung 3.12 gelisteten Futures auf den S&P500 – Index vom 16. Januar 2018 bestimmen. Wir erinnern uns, dass der S&P500 ein Kursindex ist. Ein Investor der den S&P500 in Form der entsprechenden Aktien hält, ist daher mit der Kursentwicklung der Aktien konfrontiert, die exakt durch den S&P500 widergespiegelt wird, zusätzlich erhält er durch das Halten der Aktien die jeweiligen Aktien-Dividenden ausbezahlt.*

Im Unterschied zur Bewertung der DAX-Futures müssen wir jetzt allerdings mit risikolosen US-Zinssätzen arbeiten. Wir verwenden die relevanten verfügbaren US-Dollar-Libor-Rates von Januar 2018:

1-Monats LIBOR	*1.58%*
2-Monats LIBOR	*1.69%*
3-Monats LIBOR	*1.82%*
6-Monats LIBOR	*2.04%*
12-Monats LIBOR	*2.31%*

Die Laufzeiten der betrachteten Futures betragen 2, 5 und 8 Monate. Die Zinswerte für 5 und für 8 Monate interpolieren wir wieder linear aus den 3-, 6- und 12-Monats LIBORs und erhalten die Werte, mit denen wir arbeiten werden:
$f_{0,\frac{2}{12}} = 1.69\%$
$f_{0,\frac{5}{12}} = 1.97\%$
$f_{0,\frac{8}{12}} = 2.13\%$

Als durchschnittliche Dividendenrendite der S&P500 Aktien aus Sicht Januar 2018 können wir $d = 1.8\%$ annehmen (siehe auch Abbildung 3.5).

Mit der Formel $K = S(0) \cdot e^{(r-d) \cdot T}$ erhalten wir dann (der Stand des S&P500 lag am 16.1.2018 bei 2.795 Punkten):

$$K_1 = 2.795 \cdot e^{(0.0169-0.018) \cdot \left(\frac{2}{12}\right)} = 2.794.50$$
$$K_2 = 2.795 \cdot e^{(0.0197-0.018) \cdot \left(\frac{5}{12}\right)} = 2.797$$
$$K_3 = 2.795 \cdot e^{(0.0213-0.018) \cdot \left(\frac{8}{12}\right)} = 2.801$$

Die tatsächlichen Futures-Quotes lagen am 16.1.2018 bei:

Quote für März-Future: *2.796.25 // 2.796.50*
Quote für Juni-Future: *2.799.50 // 2.800*
Quote für September-Future: *2.804.25 // 2.805.25*

Abschließend noch eine **Bemerkung** zur Bewertung (das heißt: zur Bestimmung des fairen Strikepreises) von Forwards:
Dadurch dass Futures täglich abgerechnet werden und die Gewinne bzw. Verluste täglich dem Konto des Investors gutgeschrieben werden, während beim Forward üblicher Weise erst bei Fälligkeit endgültig Gewinne/Verluste abgerechnet werden, ergibt sich eine (im Allgemeinen) geringfügige Differenz bei der Bewertung. Auf dieses Detail wollen wir hier aber nicht näher eingehen.

3.6 Die Put-Call-Parity-Equation für underlyings mit Auszahlungen oder Kosten

Wir wollen im Folgenden die Version der Put-Call-Parity-Equation für den Fall eines underlyings mit stetiger Rendite d finden. (Die Version für den Fall von diskontierten Zahlungen in Höhe von Z werden wir ebenfalls anführen, den Beweis aber dem Leser überlassen).

Wir erinnern uns dazu an die Herleitung der Put-Call-Parity in Kapitel 3.2 und nehmen darin einfach die nötigen Änderungen vor:

Das erste **Portfolio F$_1$** bestehe zur **Zeit 0** aus:
1 Stück der obigen Call-Option Long, Cash in Höhe von $K \cdot e^{-r \cdot T}$

Das zweite **Portfolio F$_2$** bestehe zur **Zeit 0** aus:
1 Stück der obigen Put-Option Long, $e^{-d \cdot T}$ Stück des underlyings

Es folgt:

$$
\begin{aligned}
F_1(T) &= \max\left(S(T) - K, 0\right) + \left(K \cdot e^{-rT}\right) \cdot e^{r \cdot T} = \\
&= \max\left(S(T) - K, 0\right) + K = \\
&= \max\left(S(T), K\right) \\
F_2(T) &= \max\left(K - S(T), 0\right) + \left(e^{-d \cdot T} \cdot S(T)\right) \cdot e^{d \cdot T} = \\
&= \max\left(K, S(T)\right)
\end{aligned}
$$

Mit dem NA-Prinzip folgern wir daraus $F_1(0) = F_2(0)$, also:

$$
C(0) + K \cdot e^{-r \cdot T} = P(0) + e^{-d \cdot T} \cdot S(0).
$$

Die obigen Argumente gelten natürlich auch wieder für einen beliebigen Zeitpunkt $t \in [0, T]$ und nicht nur für den Zeitpunkt 0. Wir fassen zusammen:

Satz 3.8. *(Put-Call-Parity-Equation, underlying mit Rendite)*
Sei $[0, T]$ ein Zeitintervall und für $t \in [0, T]$ sei $C(t)$ der Preis einer Call-Option mit underlying S, das eine Rendite in Höhe von d aufweist, mit Fälligkeit T und Strike K und $P(t)$ der Preis einer Put-Option mit underlying S, Fälligkeit T und Strike K. Dann gilt:

$$C(t) + K \cdot e^{-r(T-t)} = P(t) + e^{-d \cdot (T-t)} \cdot S(t)$$

Dabei bezeichnet $S(t)$ den Kurs des underlyings zur Zeit t und r ist der risikolose Zinssatz $r = f_{t,T}$.

Ganz ähnlich lässt sich auch das Ergebnis im Fall eines underlyings mit fixen diskontierten Zahlungen Z gewinnen:

Satz 3.9. *(Put-Call-Parity-Equation, underlying mit Zahlungen/Kosten)*
Sei $[0, T]$ ein Zeitintervall und für $t \in [0, T]$ sei $C(t)$ der Preis einer Call-Option mit underlying S, das im Zeitintervall diskontierte Zahlungen in Höhe von Z abwirft, mit Fälligkeit T und Strike K, und $P(t)$ der Preis einer Put-Option mit underlying S, Fälligkeit T und Strike K. Dann gilt:

$$C(t) + K \cdot e^{-r \cdot (T-t)} = P(t) + S(t) - Z$$

Dabei bezeichnet $S(t)$ den Kurs des underlyings zur Zeit t und r ist der risikolose Zinssatz $r = f_{t,T}$.

Im Kapitel 3.2 hatten wir die zwei Optionen auf den S&P500 in Hinblick auf die Put-Call-Parity geprüft. Dabei hatten wir aber nicht berücksichtigt, dass der S&P500 ein Kursindex ist und daher Dividenden zu berücksichtigen wären.
Wir führen die Überprüfung daher jetzt in korrekter Weise durch:

Wir hatten (mit Datum 12.1.2018) zu tun mit der Call und dem Put mit Strike 2.750 und Fälligkeit 16.3.2018. Die Mittelwerte zwischen den Quotes für den Call 65.60 // 66.90 und den Put 27.60 // 28.30 sind 66.25 ($= C(0)$) bzw 27.95 ($= P(0)$). Vom 12.1.2018 (ein Freitag!) bis zur Fälligkeit der Optionen am 16.3.2018 sind praktisch genau 2 Monate Restlaufzeit zu betrachten, also $\frac{1}{6}$ eines Jahres. Der risikolose Zinssatz für 2-monatige US-Dollar-Anlagen betrug am 12.1.2018 ungefähr +1.69%. Der Kurs des S&P500 lag bei 2.785.96.

Als **Dividendenrendite** des S&P500 nehmen wir (wie schon bei der Bewertung des Futures im vorigen Kapitel) den Wert $d = 1.80\%$ an.

Die Put-Call-Parity-Gleichung hat dann also die korrekte Form

$$
\begin{aligned}
C(0) + K \cdot e^{-rT} &= P(0) + e^{-d \cdot T} \cdot S(0) \Leftrightarrow 66.25 + 2.750 \cdot e^{-0.0169 \cdot \frac{1}{6}} = \\
&= 27.95 + e^{-0.018 \cdot \frac{1}{6}} \cdot 2.785.96 \Leftrightarrow 2.808.52 = 2.805.56
\end{aligned}
$$

In der früheren (dividendenfreien) Version hatten wir auf der rechten Seite 2.813.91 stehen, der Unterschied hat sich nun also etwas verringert.

In Kapitel 3.3 hatten wir einige Folgerungen aus der Put-Call-Parity hergeleitet. Diese Folgerungen sind natürlich auch für den Fall von underlyings mit Auszahlungen bzw. Renditen anzupassen. Wir sehen uns eine dieser Folgerungen etwas genauer an:

Für underlyings mit Rendite d folgt unmittelbar aus der Put-Call-Parity:

$$C(0) > e^{-d \cdot T} \cdot S(0) - K \cdot e^{-rT}$$

und

$$P(0) > K \cdot e^{-rT} - e^{-d \cdot T} \cdot S(0)$$

und somit:

Wenn der Zinssatz $r > 0$ ist:
Dann ist $C(0) > e^{-d \cdot T} \cdot S(0) - K$. Da außerdem $C(0)$ stets größer 0 ist, **gilt** also immer $C(0) > \max\left(0, e^{-d \cdot T} \cdot S(0) - K\right)$. Wenn d **negativ** ist, also wenn das underlying Kosten verursacht, dann lässt sich daraus folgern:
$C(0) > \max\left(0, S(0) - K\right)$.

Wenn der Zinssatz $r < 0$ ist:
Dann ist $P(0) > K - e^{-d \cdot T} \cdot S(0)$.
Da außerdem $P(0)$ stets größer 0 ist, **gilt** also immer $P(0) > \max\left(0, K - -e^{-d \cdot T} \cdot S(0)\right)$. Wenn d **positiv** ist, also wenn das underlying positive Rendite aufweist, dann lässt sich daraus folgern:
$P(0) > \max\left(0, K - S(0)\right)$.

„Überprüfen" wir jetzt diese Ergebnisse an Hand zweier Optionen auf den S&P500, die wir schon in Kapitel 3.3 kurz unter die Lupe genommen hatten (siehe auch die Kurstafeln in Abbildung 3.7 und 3.9):

Stand S&P500, 16.1.2018: $S = 2.806$ Punkte

Call auf den S&P500, Fälligkeit 16.3.2018, Strike $K = 500$
Quotes vom 16.1.2018: 2.290,30 // 2.306,10 (Mittelwert 2.298.20)
grober Näherungswert (Call mit niedrigem Strike): $S - K = 2.306$

Put auf den S&P500, Fälligkeit 16.3.2018, Strike $K = 3.200$
Quotes vom 16.1.2018: 387.30 // 395.40 (Mittelwert 391.35)
grober Näherungswert (Put mit hohem Strike): $K - S = 394$

Angenommene Dividenden-Rendite $d = 1.8\%$

2-Monats US-Dollar-LIBOR $r = 1.69\%$

Einen genaueren Näherungswert für die Call-Option erhalten wir durch die Ungleichung

$$C(0) > e^{-d \cdot T} \cdot S(0) - K \cdot e^{-r \cdot T} = e^{-0.018 \cdot \frac{1}{6}} \cdot 2.806 - 500 \cdot e^{-0.0169 \cdot \frac{1}{6}} = 2.299.00$$

Einen genaueren Näherungswert für die Put-Option erhalten wir durch die Ungleichung

$$P(0) > K \cdot e^{-r \cdot T} - e^{-d \cdot T} \cdot S(0) = 3.200 \cdot e^{-0.0169 \cdot \frac{1}{6}} - e^{-0.018 \cdot \frac{1}{6}} \cdot 2.806 = 393.41$$

Beide Näherungen liegen relativ nahe an den Mittelwerten der Quotes.

3.7 Versuch von realer Arbitrage auf Basis einer Abweichung von der Put-Call-Parity-Equation

Wir haben im Kapitel 3.2 ein Beispiel eines Options-Paares gefunden in dem eine merkliche Abweichung von der Put-Call-Parity-Equation zu konstatieren war. Allerdings hatten wir dort die Version der Put-Call-Parity verwendet, die auf dividendenlose underlyings anwendbar ist. In Kapitel 3.6 haben wir dann die korrekte Version verwendet und eine deutlich geringere Abweichung festgestellt.

In diesem Kapitel werden wir dieses Beispiel noch einmal aufnehmen und unter realen Bedingungen analysieren.

Beispiel 3.10. *Wir wiederholen alle für die Analyse benötigten Daten und Kurse sowie die früheren Ergebnisse:*

Daten vom 12.1.2018
Stand S&P500   2.785.96
Quotes Future März 2018   2.787.25 // 2.787.50

Quotes Call, 16. März 2018, Strike 2.750   65.60 // 66.90 (Mittelpunkt 66.25)
Quotes Put, 16. März 2018, Strike 2.750   27.60 // 28.30 (Mittelpunkt 27.95)

Laufzeit der Optionen und Futures circa $\frac{2}{12}$ Jahre
risikoloser US-Dollar Zinssatz $f_{0,\frac{2}{12}} = 1.69\%$
durchschnittliche Dividende des S&P500 $d = 1.8\%$

Put-Call-Parity ohne Dividenden
$$C(t) + K \cdot e^{-r \cdot (T-t)} = P(t) + S(t)$$
Im konkreten Fall würde das heißen: $2.808.52 = 2.813.91$

Put-Call-Parity mit Dividendenrendite d

$$C(t) + K \cdot e^{-r \cdot (T-t)} = P(t) + e^{-d \cdot T} \cdot S(t)$$

Im konkreten Fall würde das heißen: $2.808.52 = 2.805.56$

In der „falschen" Variante ist die rechte Seite der Put-Call-Parity deutlich größer als die linke Seite. In der „richtigen" Variante ist die linke Seite geringfügig größer als die rechte Seite.

Wir versuchen im Folgenden – unbeeinflusst von diesen beiden Ergebnissen – zu prüfen, ob auf irgendeine Art und Weise ein Arbitrage-Gewinn erzielt werden könnte. Das heißt: Wir werden versuchen das Portfolio auf einer Seite der Put-Call-Parity möglichst teuer short zu gehen und gleichzeitig das Portfolio auf der anderen Seite der Put-Call-Parity möglichst billig long zu gehen. Bleiben uns bei dieser Prozedur – und nach Transaktionskosten – positive Einnahmen, dann verbleiben uns diese im Wesentlichen als Gewinn, da sich bei Fälligkeit die beiden Portfolios neutralisieren.

Beginnen wir etwa damit, die Produkte der linken Seite short- und die der rechten Seite long- zu gehen.

Shortgehen eines Kontraktes Call ist voraussichtlich zu 6.610 Dollar möglich, Transaktionskosten (z.B. über Interactivebrokers) 1.23 Dollar.

Nun stellt sich die Frage des Longgehens des S&P500. Das können wir aber – ohne Kosten! – mit Hilfe einer Long-Position im März-Future zumindest näherungsweise bewerkstelligen. Wir erinnern uns, dass der endgültige „Settlement-Price" $S(T)$ des ES-S&P500-Mini-Futures aus dem der Payoff bei Fälligkeit bestimmt wird, auf dieselbe Art berechnet wird wie der Settlement-Price für die SPX-Optionen, nämlich als der durchschnittliche Preis des jeweils ersten Handels in jeder einzelnen Komponente des S&P500 am Fälligkeitstag. Das garantiert uns, dass sich die beiden Portfolios bei Fälligkeit tatsächlich neutralisieren!

Wir gehen also 2 Kontrakte (Kontraktgröße $= 50$!) ES-S&P500-Mini-Futures März 2018 long. Auf Basis der oben angegebenen Quotes für den Future erhalten wir einen Strikepreis von 2.787.50, Transaktionskosten (z.B. über Interactivebrokers) 4.10 Dollar.

Wir kaufen einen Kontrakt Put, das ist voraussichtlich um 2.800 Dollar möglich, Transaktionskosten 1.23 Dollar.

Natürlich sollten alle diese Transaktionen möglichst zum selben Zeitpunkt durchgeführt werden, da sonst die Gefahr besteht, dass sich Kurse und Quotes während der Durchführung ändern.

Dann machen wir uns über die für die gesamte Transaktion benötigte Investitions-summe Gedanken:
Wir erhalten als erstes einmal $6.610-2.800-1.23-4.10-1.23 = 3.803.44$ *Dollar.*

Weiters benötigen wir aber Mittel für die Margin für die Short-Position in der Call sowie für die Futures-Position. Zur Bestimmung der Margin erinnern wir uns an die Margin-Regelungen für SPX-Optionen und für die ES-S&P500 Mini-Futures:

> *Margin für SPX-Optionen:*
> *Momentaner Marktpreis der Option +*
> *Maximum aus (10% vom Strike bzw. 15% vom SPX* $-\max{(0, K - SPX)})$
>
> *Margin für SPX-Futures (overnight):*
> *7% vom momentanen Future-Strike*

Ein (überwiegender) Teil der Margin ist also variabel. Der Marginbedarf bei Ein-gehen der Positionen beträgt:

Für den Kontrakt Short-Call
$100 \cdot 66.90 + 100 \cdot \frac{15}{100} \cdot 2.750 = 47.940$ *Dollar.*
Für die zwei Kontrakte Future
$100 \cdot \frac{7}{100} \cdot 2.787.50 = 19.512$ *Dollar.*

In Summe benötigen wir eine Anfangs-Investitionssumme von 67.452 Dollar Mar-gin abzüglich 3.803 Dollar eingenommener Prämie, also circa 63.650 Dollar. Wie gesagt: Dieser Betrag kann sich während der Laufzeit der Strategie ändern, aber lassen wir das vorerst einmal außen vor.
Weiters lassen wir vorerst einmal außen vor, ob wir diesen Betrag zur Verfügung haben, oder ob wir ihn als Kredit aufnehmen können.

Wie auch immer sich der S&P500 Index bis zum 16. März 2018 entwickelt, es wird am 16. März 2018 für den Investor ein Payoff in Höhe von 3.750 Dollar zu zahlen sein (das lässt sich vom Leser leicht nachprüfen). Es bleibt dem Investor also ein geringfügiges Plus von $3.803 - 3.750 = 53$ *Dollar. Bezogen auf die 63.650 Dollar Anfangs-Investment bedeutet das eine Einnahme von circa 0.5% per anno. Da der risikolose Zinssatz auf Dollar-Einlagen bzw. Dollar-Kredite aber klar über 0.5% liegt, ist die hier versuchte Handelsstrategie also keinesfalls eine Gewinnstrategie. Wir können uns somit eine weitere Analyse möglicher Margin-Veränderungen spa-ren.*

Analog lässt sich ebenfalls leicht überlegen, dass auch die entgegengesetzte Vor-gangsweise in diesem Beispiel keinen zählbaren Erfolg bringen würde. In unserer Software stellen wir ein Programm zur Verfügung, mit dessen Hilfe wir sowohl theoretische als auch reale Arbitrage-Möglichkeiten auf Basis der Put-Call-Parity an Hand realer Daten aufspüren können. Siehe: `https://app.lsqf.org/ book/put-call-parity`

3.8 Grundsätzliches zur Bewertung von Derivaten und zur Modellierung von Finanzkursen

Eine der wesentlichsten Aufgaben der modernen Finanzmathematik besteht in der Bewertung derivativer Finanzprodukte. Derivative Finanzprodukte kommen in einer Vielzahl von Formen in verschiedensten Zusammenhängen an den Finanzmärkten vor und die Frage nach dem „fairen Preis" eines oft sehr komplexen Produktes spielt in verschiedensten Zusammenhängen eine grundlegende Rolle. Derivative Finanzprodukte treten oft auch in versteckter, nicht sofort erkennbarer Form auf. So sind zum Beispiel so alltägliche Regelungen wie ein Kündigungsrecht oder eine Zinsobergrenze eines Kredits ein Derivat.

In Kapitel 10 dieses Buchs wird eine Reihe konkreter Fall-Beispiele aus dem Bereich der Gutachtens-Tätigkeit und Projektarbeit abgehandelt, die in den meisten Fällen auf die Bewertung von Derivaten hinauslaufen.

Wir erinnern uns:
Bei der Frage nach „dem fairen Preis" eines Derivats, oder – wie wir sehen werden – besser, nach „einem fairen Preis" eines Derivats geht es nicht darum, einen schätzungsweise angemessenen Preis für ein Finanzprodukt zu finden, sondern klar die folgende Frage zu beantworten: *„Bei welcher Preisgestaltung des Finanzproduktes gibt es – zumindest unter idealen Bedingungen – eine Arbitrage-Möglichkeit und bei welcher Preisgestaltung gibt es keine Arbitrage-Möglichkeit".*

Preisgestaltungen bei denen es zu Arbitrage-Möglichkeiten kommen kann, stellen Preis-Inkonsistenzen dar. Nur Preise bei denen es zu keinen Arbitrage-Möglichkeiten kommen kann, werden wir als faire Preise eines Derivats bezeichnen.

Wir haben bisher zwei konkrete Anwendungen des No-Arbitrage-Prinzips zur Bestimmung fairer Preise bzw. fairer Preisbeziehungen kennengelernt, nämlich die Herleitung der Put-Call-Parity-Equation und die Bestimmung des fairen Strike-Preises von Futures. In beiden Fällen haben wir eine eindeutige faire Beziehung zwischen den Preisen von Call- bzw. Put-Optionen mit gleichem Strike und gleicher Laufzeit bzw. einen eindeutigen fairen Strike-Preis eines Futures herleiten können.

Die jeweiligen Ergebnisse waren völlig unabhängig von irgendwelchen Annahmen über die Entwicklung des underlyings. Die einzige Voraussetzung bestand darin, dass die Höhe zukünftiger anfallender Zahlungen oder Kosten durch das underlying bekannt sind.

Diese Situation ist allerdings die Ausnahme!
Um faire Preise eines Derivats zu bestimmen ist es im Regelfall nötig, Annahmen über ein Modell zu treffen, nach dem sich das underlying entwickelt und darüber hinaus über verlässliche Abschätzungen von im Modell auftretenden Parametern zu verfügen.

In den meisten Fällen wird das Resultat unserer Analysen dann nicht „der faire Preis eines Derivats" sein, sondern vielmehr „der faire Preis des Derivats unter der Annahme, dass sich das underlying nach einem bestimmten Modell entwickelt".
Es kann dabei der Fall eintreten, dass es zu einem Derivat in einem Modell einen fairen Preis oder eine ganze Bandbreite von fairen Preisen gibt und dass in einem anderen Modell dasselbe Derivat einen anderen oder eine ganze Bandbreite anderer fairer Preise besitzt.

Die „Annahme eines Modells nach dem sich ein underlying entwickelt" hat nichts zu tun mit einer konkreten „Vorhersage" oder „Prognose" zukünftiger Kurse eines Finanzprodukts. Alle Modelle mit denen wir zu tun haben, sind stochastische Modelle, also Modelle mit Wahrscheinlichkeitsparametern.

Wir wollen diesen Vorgang der Wahl eines stochastischen Modells für eine Kursentwicklung an einem wohlbekannten Beispiel illustrieren:
Sie sehen eine Folge von ganzen Zahlen zwischen 1 und 6 vor sich. Also zum Beispiel:

5, 2, 1, 6, 6, 3, 5, 3, 6, 2, 4, 1, 5, 2, 2, 1, 4, 1, 6, 2, 4, 5, 3, 5, 4, 3, 1, 4, 1, 3, 6, 5, 4, 4, 5, 1, 6, 1, 1, 2, 4, 3, 2, 6, 5, 1, 5, 3, 4, 3, 1, 4, 2, 6, 6, 5, 6, 2, 6, 1, 4, 2, 3, 1, 5, 2, 1, 6, 4, 3, 3, ...

Sie stellen fest, dass jede der sechs Zahlen annähernd gleich häufig auftritt, und dass eine – zumindest auf den ersten Blick – offenbar zufällige Reihenfolge der Zahlen gegeben ist. Ein **mögliches Modell** dem diese Entwicklung von Zahlen folgt, könnte also ein Wurf mit einem gerechten Würfel sein, das heißt, mit einem Würfel, bei dem jede Zahl mit Wahrscheinlichkeit $\frac{1}{6}$ auftritt und bei dem das Ergebnis eines Wurfes unabhängig von den Ergebnissen der vorhergegangenen Würfe ist. Man hätte damit ein **stochastisches Modell** gewählt. Durch die Wahl des Modells habe ich aber keinerlei Handhabe für eine Prognose in Hinblick auf das konkrete Ergebnis des nächsten Wurfes, ich kann lediglich eine Wahrscheinlichkeit für das Ergebnis des nächsten Kurses angeben.

Eine etwas genauere Analyse der Zahlenfolge zeigt eine Häufung von Paaren 1, 6 zweier aufeinanderfolgender Zahlen

5, 2, **1, 6**, 6, 3, 5, 3, 6, 2, 4, 1, 5, 2, 2, 1, 4, **1, 6**, 2, 4, 5, 3, 5, 4, 3, 1, 4, 1, 3, 6, 5, 4, 4, 5, **1, 6**, 1, 1, 2, 4, 3, 2, 6, 5, 1, 5, 3, 4, 3, 1, 4, 2, 6, 6, 5, 6, 2, 6, 1, 4, 2, 3, 1, 5, 2, **1, 6**, 4, 3, 3, . . .

während dagegen das Paar 4, 6 nie auftritt.

Ein mögliches anderes, vielleicht die Realität besser widerspiegelndes stochastisches Modell für die vorliegende Zahlenfolgenentwicklung wäre daher vielleicht das folgende:

„Jede Zahl tritt mit der gleichen Wahrscheinlichkeit $\frac{1}{6}$ auf. Es besteht aber folgende (einzige!) Abhängigkeit zwischen aufeinanderfolgenden Zahlen:
Nach einer 1 tritt eine 6 mit Wahrscheinlichkeit $\frac{1}{3}$ (statt $\frac{1}{6}$) und alle anderen Zahlen treten mit gleicher Wahrscheinlichkeit ($\frac{2}{15}$) auf. Und:
Nach einer 4 tritt eine 6 mit Wahrscheinlichkeit 0 (statt $\frac{1}{6}$), und alle anderen Zahlen treten mit gleicher Wahrscheinlichkeit ($\frac{1}{5}$) auf."

Natürlich ist das, was wir hier durchgeführt haben eine viel zu oberflächliche Analyse einer viel zu kurzen Stichprobe unserer zufälligen Folge ganzer Zahlen um zu einer halbwegs konsistenten und vertrauenswürdigen Modellbildung kommen zu können. Die Analyse und Behandlung und „Erzeugung" von Zufall ist ein sehr komplexes und spannendes Thema und wir werden dann und wann im Lauf dieses Buches noch darauf zurückkommen (insbesondere in den Abschnitten über Monte Carlo- und Quasi-Monte Carlo-Methoden). Ein klassisches und auch für Nicht-Spezialisten gut lesbares Werk über die Analyse von (Pseudo-) Zufallsfolgen ist übrigens Kapitel III im zweiten Band von „The Art of Computer Programming" von Donald Knuth [1].
Für unsere finanzmathematischen Anwendungen wird es darüber hinaus essentiell sein, dass wir ein Kursmodell für das underlying wählen, das so beschaffen ist, dass nicht schon in diesem Modell Arbitrage möglich ist. Was wir damit meinen werden wir gleich im nächsten Abschnitt an Hand des sogenannten „binomischen Einschritt-Modells" illustrieren.

Wir werden uns in den nächsten Abschnitten in mehreren Schritten, ausgehend von dem einfachst möglichen Modell (eben dem schon angesprochenen binomischen Einschritt-Modell), dem gebräuchlichsten und die Realität schon relativ gut widerspiegelnden Aktienkursmodell, dem so genannten „Wiener Modell" annähern und in den jeweiligen Modellen die Bewertung von beliebigen Derivaten durchführen. Unser erstes größeres Ziel wird die Herleitung der Formeln für die fairen Preise von Call- und Put-Optionen in einem Wiener'schen Modell, also die Herleitung der klassischen Black-Scholes-Formeln, sein.
Wie unsere früheren Überlegungen zur Put-Call-Parity-Equation und zum fairen Futures-Strikepreis nahelegen, wird der faire Preis eines Derivats wieder auch davon abhängen, ob das underlying während der Laufzeit des Derivats Zahlungen

abwirft (bzw. Kosten verursacht) oder nicht. Wir gehen im Folgenden so vor:
Wir leiten vorerst einmal alle unsere Resultate für dividendenlose underlyings her.
In einem abschließenden Kapitel beschäftigen wir uns dann (für alle Modelle gemeinsam) mit dem Fall von underlyings mit Zahlungen/Kosten.

3.9 Das binomische Ein-Schritt-Modell und die Bewertung von Derivaten im binomischen Ein-Schritt-Modell, Teil I

Wir beginnen dieses Kapitel mit einem sehr einfachen Spiel, wir nennen es das **Spiel A**

Das Spiel A wird von einem Spielleiter, Herrn W., organisiert.
Frau S. ist die Gegenspielerin von Herrn W.
*Herr W. bietet Frau S. ein **Los D** zum Kauf an.*
Frau S. kauft das Los zu einem bestimmten Preis.

Daraufhin nimmt Herr W. einen gerechten (!) Würfel zur Hand und würfelt. Wird eine 6 gewürfelt (das passiert mit Wahrscheinlichkeit $\frac{1}{6}$), dann erhält Frau S. als Gewinn 100 Euro. Wird eine der niedrigeren fünf Zahlen gewürfelt (das passiert mit Wahrscheinlichkeit $\frac{5}{6}$), dann verfällt das Los wertlos. Wir illustrieren das Spiel schematisch in Abbildung 3.14:

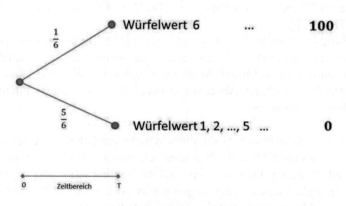

Abbildung 3.14: Würfelspiel

Das Spiel ist tatsächlich äußerst simpel.
*Wir stellen uns daher hier lediglich eine **Frage:** „Was ist ein angemessener Preis für das Los?" Welchen Preis wird Frau S. bereit sein zu zahlen? Welchen Preis wird Herr W. auf jeden Fall für das Los verlangen?*

Naja, naheliegend ist sicher folgender Ansatz:
Der angemessene Preis des Loses ist sicherlich gleich dem durchschnittlich zu er-
wartenden Gewinn E, der mit dem Los zu erzielen ist (also gleich dem Erwartungs-
wert des Gewinns).

Den erwarteten Gewinn berechnet man auf folgende Weise:

$$\mathbf{E} = \frac{1}{6} \cdot 100 + \frac{5}{6} \cdot 0 = \mathbf{16.66}\,Euro$$

(Durchschnittlich in einem Sechstel der Fälle erhält man 100 Euro Gewinn, in
durchschnittlich fünf Sechstel der Fälle erhält man nichts.)

Der angemessene Preis des Loses liegt also bei 16.66 Euro.

Dieser angemessene Preis ist aber kein fairer Preis in unserem obigen finanzma-
thematisch strengen Sinn. Sollte Frau S. das Los zum Beispiel zum Preis von 10
Euro erhalten, dann wäre das sicher ein sehr vorteilhafter Deal für sie, aber sie
kann dadurch trotzdem keinen garantierten sicheren Gewinn erzielen, sie kann kei-
ne Arbitrage damit durchführen!

Und noch was müssen wir anmerken: Es ist nicht ganz korrekt, den angemessenen
Preis mit 16.66 Euro anzugeben: Während Frau S. den Preis für das Los jetzt (zum
Zeitpunkt 0) zahlen muss, erhält sie einen etwaigen Gewinn (100 Euro) erst zu ei-
nem späteren Zeitpunkt (nennen wir ihn T), nachdem Herr W. den Würfel geworfen
hat. Wenn im Zeitbereich $[0, T]$ ein risikoloser (stetiger) Zinssatz r gilt, dann hat
der in Aussicht stehende Gewinn von 100 Euro zum jetzigen Zeitpunkt nur den dis-
kontierten Wert $100 \cdot e^{-rT}$.
Der angemessene Preis des Loses beträgt daher korrekter Weise

$$\textit{angemessener Preis} = \frac{1}{6} \cdot 100 \cdot e^{-r \cdot T} + \frac{5}{6} \cdot 0 = \mathbf{16.66} \cdot e^{-rT}\,Euro.$$

Der Unterschied zwischen E und dem angemessenen Preis spielt natürlich nur
dann eine Rolle wenn der Zeitbereich $[0, T]$ nicht zu kurz ist.

Das **binomische Ein-Schritt-Modell** hat, wie Sie im Folgenden gleich sehen werden, nichts mit der Entwicklung realer Kurse von Finanzprodukten zu tun. Nichtsdestotrotz ist dieses Modell sehr wichtig und wir werden es sehr genau behandeln,
und zwar aus zwei Gründen:
Erstens illustriert dieses Beispiel bereits sehr genau und anschaulich die grundlegenden Ideen und die grundlegende Komplexität bei der Bewertung von Derivaten,
und zweitens bilden die Resultate, die wir in diesem Kapitel erzielen werden den
ersten wesentlichen Schritt auf dem Weg zur klassischen Black-Scholes-Formel.

Das Modell könnte einem einfachen Finanz-Strategie-Brettspiel entspringen (etwa einer Art Börsenspiel-Monopoly). Der Einfachheit halber sprechen wir im Folgenden immer von der Entwicklung eines Aktienkurses den wir modellieren wollen (es könnte das genauso gut aber irgendein anderes Finanzprodukt, ein Index, eine Währung, ein Rohstoff, ... sein):

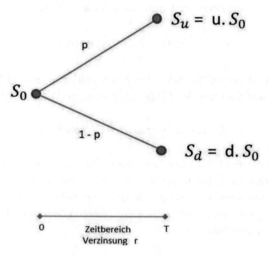

Abbildung 3.15: Binomisches Ein-Schritt-Modell

- Unser Zeitbereich besteht nur aus einem Zeitschritt vom Zeitpunkt 0 (jetzt) bis zum Zeitpunkt T. Nur im Zeitpunkt 0 und im Zeitpunkt T können wir die Aktie (das underlying) handeln.

- Der Kurs der Aktie beträgt jetzt S_0 Euro.

- Der Aktienkurs kann sich bis zum Zeitpunkt T nur auf zwei mögliche Werte entwickeln und zwar auf $S_u = u.S_0$ (das geschieht mit Wahrscheinlichkeit p), oder auf $S_d = d.S_0$ (das geschieht mit Wahrscheinlichkeit $1 - p$). Hier sind $S_0 > 0$, $d < u$ und $0 < p < 1$ ansonsten beliebige reelle Zahlen.

- Im Zeitbereich $[0, T]$ wird zum Zinssatz r stetig verzinst.

Ein ganz konkretes Zahlenbeispiel ist in Abbildung 3.16 zu sehen:

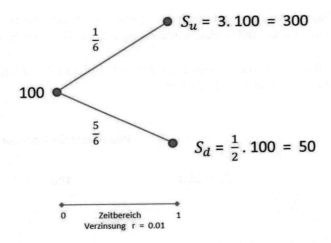

Abbildung 3.16: Binomisches Ein-Schritt-Modell, Zahlenbeispiel

Als nächsten Schritt sehen wir uns jetzt ein beliebiges Derivat auf dieses underlying im binomischen Ein-Schritt-Modell an. Das Derivat ist eindeutig definiert durch das underlying auf das es sich bezieht (unsere Aktie), durch das Fälligkeitsdatum T und durch den Payoff, der durch das Derivat vom Halter der Short-Position zur Zeit T an den Halter der Long-Position in Abhängigkeit von der Entwicklung des underlyings zu bezahlen ist. Wir illustrieren das underlying-/Derivat-Modell in Abbildung 3.17:

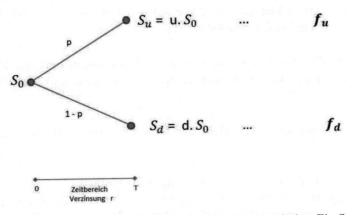

Abbildung 3.17: Derivat auf ein underlying im binomischen Ein-Schritt-Modell

Die **Payoffs des Derivats** haben wir hier mit f_u und f_d bezeichnet.
f_u ist der Payoff den der Inhaber der Short-Position an den Inhaber der Long-Position bezahlen muss, falls sich das underlying auf den Wert von S_u entwickelt.

f_d ist der Payoff den der Inhaber der Short-Position an den Inhaber der Long-Position bezahlen muss, falls sich das underlying auf den Wert von S_d entwickelt.

Und wieder illustrieren wir ein konkretes Zahlenbeispiel in Abbildung 3.18, wir haben dort $f_u = 100$ und $f_d = 0$ gewählt:

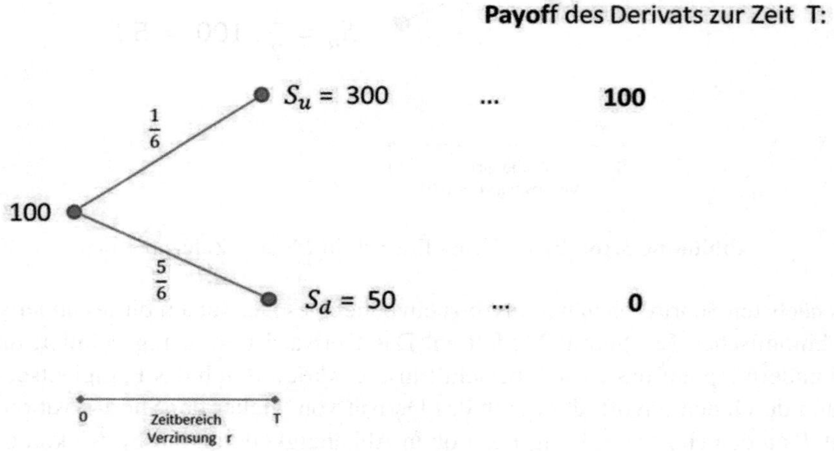

Abbildung 3.18: Derivat auf ein underlying im binomischen Ein-Schritt-Modell, Zahlenbeispiel

Wenn sich also die Aktie auf den Wert von $S_u(= 300)$ entwickelt, dann erhält der Besitzer der Long-Position des Derivats 100 Euro vom Halter der Short-Position des Derivats ausbezahlt. Wenn sich die Aktie auf den Wert von $S_d(= 50)$ entwickelt, dann verfällt das Derivat wertlos.

Bei etwas näherem Hinsehen bemerkt man, dass es sich bei diesem konkreten Zahlenbeispiel tatsächlich um eine Call-Option auf das underlying mit Strike $K = 200$ handelt.

Unsere **Frage** lautet natürlich: **Wie sieht der faire Preis dieses Derivats zum Zeitpunkt 0 aus?**

Es scheint so, als wäre die Antwort auf diese Frage **sehr einfach**:
Wir haben hier ja genau dieselbe Situation vorliegen wie bei unserem Würfelspiel in der Vorbemerkung zu diesem Kapitel. Sowohl durch den Kauf des Loses beim Würfelspiel als auch durch den Kauf des Derivats beim „Aktienspiel" gewinnen wir mit Wahrscheinlichkeit $\frac{1}{6}$ einen Betrag von 100 Euro und mit Wahrscheinlichkeit $\frac{5}{6}$ verfallen sowohl das Los als auch das Derivat wertlos.

Also – so denken wir – können wir dieselben Schlussfolgerungen die wir über den Preis des Loses im Würfelspiel gezogen haben, auch über den Preis des Derivats im „Aktienspiel" ziehen: Es gibt also – so denken wir vorerst noch – für das Derivat nicht „den fairen Preis" im strengen Sinn der Finanzmathematik (der „No-Arbitrage-Theorie"), sondern nur einen „angemessenen Preis" im informellen Sinn und der sollte – so wie beim Würfelspiel – dem diskontierten erwarteten Gewinn entsprechen.

Das **würde** heißen:
Der angemessene Preis für das in Abbildung 3.17 dargestellte Derivat – wir bezeichnen ihn mit f_0 – beträgt

$$f_0 = e^{-r \cdot T} \cdot (p \cdot f_u + (1 - p) \cdot f_d) \tag{3.1}$$

Und für unser konkretes Zahlenbeispiel, das in Abbildung 3.18 dargestellt ist (wir vernachlässigen dabei wieder den Zinssatz r indem wir davon ausgehen, dass dieser ohnehin sehr nahe bei Null liegt und dass die Zeit T als sehr kurz angenommen wird), würde das heißen: Der angemessene Preis des konkreten Derivats ist gleich dem angemessenen Preis des Loses beim Würfelspiel, also:

$$f_0 = \frac{1}{6} \cdot 100 + \frac{5}{6} \cdot 0 = 16.66 \text{ Euro}$$

So, nehmen wir einmal an, die Teilnehmer am Finanzmarkt würden dieser Argumentation folgen, dann würden die Quotes an einer Börse an der dieses Derivat gehandelt wird meist im Bereich dieser 16.66 Euro liegen, vielleicht also wären Bid-/Ask-Quotes der Form 16.50 // 17.00 durchaus üblich. Seien wir pessimistisch und nehmen wir einen sogar noch größeren Spread an, also zum Beispiel 16.00 // 18.00.

Wären Sie bereit, dieses Derivat zu einer dieser Quotes zu handeln, also entweder um 16 Euro zu verkaufen oder um 18 Euro zu kaufen?
Ich gehe davon aus, dass die meisten von Ihnen sagen werden: Nein!

Und so werden Sie vielleicht überrascht sein, dass ich dagegen behaupte, ich würde das Derivat sehr wohl um 18 Euro kaufen. Ich würde sogar versuchen so viele Stücke des Derivats wie nur möglich zum Preis von 18 Euro zu erhalten.

Also, ich kaufe zum Beispiel 5 Stück des Derivats zum Preis von 18 Euro, ich bezahle also dafür 90 Euro.

Gleichzeitig mache ich aber Folgendes: Ich gehe 2 Stück des underlyings short! Der momentane Preis des underlyings liegt bei 100 Euro. Für das Eingehen der Short-Position im underlying erhalte ich also 200 Euro. Das bedeutet zugleich, dass ich für den Kauf des Derivats kein Eigenkapital benötige, vielmehr halte ich nach diesen Transaktionen 110 Euro.

Wir fassen zusammen:
Mein Portfolio besteht aus 5 Stück Derivat long, 2 Stück underlying short, 110 Euro Cash.

Nun warten wir ab, was bis zum Zeitpunkt T geschieht.

Zwei verschiedene Situationen können eintreten:

Situation 1: Die Aktie entwickelt sich auf den Wert von 300 Euro.

Wir erhalten durch die Long-Positionen im Derivat $5 \times 100 = 500$ Euro. Gleichzeitig kaufen wir 2 Stück des underlyings um $2 \times 300 = 600$ Euro und schließen damit unsere Short-Position im underlying. Uns bleiben $110 + 500 - 600 = 10$ Euro an Gewinn.

Situation 2: Die Aktie entwickelt sich auf den Wert von 50 Euro.

Wir erhalten durch die Long-Positionen im Derivat $5 \times 0 = 0$ Euro. Gleichzeitig kaufen wir 2 Stück des underlyings um $2 \times 50 = 100$ Euro und schließen damit unsere Short-Position im underlying. Uns bleiben $110 + 0 - 100 = 10$ Euro an Gewinn.

Das heißt: Obwohl wir das Derivat scheinbar überteuert (18 Euro statt des angemessenen Preises von 16.66 Euro) gekauft haben, haben wir ohne eigenen Kapitaleinsatz einen sicheren risikolosen Gewinn – also einen **Arbitrage-Gewinn** – in Höhe von 10 Euro gemacht. Der Preis von 18 Euro (und umso mehr jeder Preis unter 18 Euro und insbesondere 16.66 Euro) kann kein fairer Preis für das Derivat sein!

Was ist hier passiert?

3.10   Das binomische Ein-Schritt-Modell und die Bewertung von Derivaten im binomischen Ein-Schritt-Modell, Teil II

Das **Schöne an der Finanzmathematik** ist: Die Situation in der Finanzmathematik, das wird schon hier an diesem allereinfachsten Beispiel einer Derivat-Bewertung offensichtlich, stellt sich so sehr viel komplexer und damit schöner und herausfordernder dar als eine banale Gewinnerwartungsrechnung! Die Finanzmärkte – schon ihre einfachsten Modelle – bilden mit ihrer Verflechtung von Basis-Produkten und derivativen Produkten komplexe dynamische Systeme, in denen verschiedenste „Spieler" mit Hilfe verschiedenster voneinander abhängiger Produkte kontinuierlich aufeinander reagieren. Und genau deshalb spielen in der modernen Finanzmathematik anspruchsvollste mathematische Techniken eine herausragende Rolle.

Was also ist in unserem Beispiel im vorigen Paragraphen passiert?

Durch die Möglichkeit der Kombination des Derivats mit Positionen im underlying liegt der angemessene Preis des Derivats offenbar deutlich über dem bloßen durchschnittlichen Gewinn, der mit dem Derivat alleine möglich ist.

Und wir haben noch eine weitere Beobachtung machen können: Es ist möglich, das Derivat-/underlying-Spiel mehr oder weniger geschickt zu spielen. Unsere Strategie, durch geeignete Kombination von Derivat und underlying ohne Geldeinsatz zu einem sicheren Gewinn zu kommen, ist der naiven (mit Geldeinsatz verbundenen) Strategie bei der das Derivat alleine gekauft wird und ein möglicher Gewinn oder Verlust abgewartet wird, sicher vorzuziehen.

Dem hier nur kurz angedeuteten Thema „Geschicklichkeitsanteil und Zufallsanteil eines Spiels" werden wir nach dem nächsten Kapitels einen ausführlicheren Einschub widmen.

Zuerst wollen wir uns jetzt die Frage nach dem fairen Preis unseres konkreten Derivats bzw. allgemein eines beliebigen Derivats im binomischen Ein-Schritt-Modell noch einmal stellen: Gibt es einen solchen fairen Preis überhaupt und wie müsste er aussehen wenn er existiert?

Wir beantworten zuerst die zweite Frage: Wie müsste der faire Preis aussehen, falls er existiert? Wir behandeln sofort den allgemeinen Fall.

Dazu betrachten wir wieder einmal zwei Portfolios P_1 und P_2:

Das **Portfolio P_1** besteht aus:
1 Stück Derivat

Das **Portfolio P_2** besteht aus:
x Stück underlying, y Euro

Jetzt gehen wir so vor: Wir bestimmen die beiden Unbekannten x und y so, dass die Werte $P_1(T)$ und $P_2(T)$ der beiden Portfolios zum Fälligkeits-Zeitpunkt auf jeden Fall (also in beiden möglichen Situationen) denselben Wert haben.

Situation 1: Die Aktie entwickelt sich auf den Wert von $S_u = u.S_0$.
Dann gilt $P_1(T) = f_u$ und $P_2(T) = x.u.S_0 + e^{r.T} \cdot y$

Situation 2: Die Aktie entwickelt sich auf den Wert von $S_d = d.S_0$.
Dann gilt $P_1(T) = f_d$ und $P_2(T) = x.d.S_0 + e^{r \cdot T} \cdot y$

Und wir haben somit die folgenden beiden Gleichungen zu erfüllen:

$$f_u = x.u.S_0 + e^{r \cdot T} \cdot y$$
$$f_d = x.d.S_0 + e^{r \cdot T} \cdot y \tag{3.2}$$

Wir berechnen aus diesen beiden Gleichungen die beiden Unbekannten x und y (das ist genau dann eindeutig möglich, wenn $u.S_0 \neq d.S_0$ ist (und das hatten wir ja durch die Bedingungen $S_0 > 0$ und $d < u$ vorausgesetzt)).
Die einfache Rechnung ergibt die beiden Lösungen:

$$x = \frac{f_u - f_d}{S_0 \cdot (u - d)}$$
$$y = e^{-rT} \cdot \frac{u.f_d - d.f_u}{u - d} \tag{3.3}$$

Wenn wir das Portfolio P_2 also mit diesem x und diesem y erzeugen, dann gilt auf jeden Fall $P_1(T) = P_2(T)$, und aus dem No-Arbitrage-Prinzip folgt: $P_1(0) = P_2(0)$.

Wir erhalten:

$$f_0 = P_1(0) = P_2(0) = x.S_0 + y = \frac{f_u - f_d}{S_0 \cdot (u - d)} \cdot S_0 + e^{-rT} \cdot \frac{u.f_d - d.f_u}{u - d}$$

Die rechte Seite in dieser Gleichung formen wir etwas um (Herausheben von $e^{-r \cdot T}$ und Ordnen der Glieder nach f_u und nach f_d) und erhalten dadurch – wie sich leicht nachprüfen lässt – die folgende Form:

$$f_0 = e^{-rT} \cdot \left(\frac{e^{r \cdot T} - d}{u - d} \cdot f_u + \left(1 - \frac{e^{r \cdot T} - d}{u - d} \right) \cdot f_d \right) \tag{3.4}$$

Diese Formel ist äußerst wichtig und wird uns im Folgenden eine Zeitlang sehr intensiv begleiten. Deshalb schreiben wir diese Formel noch einmal in der folgenden sehr intuitiven Form auf:

$$f_0 = e^{-rT} \cdot (p' \cdot f_u + (1 - p') \cdot f_d)$$

$$\text{wobei } p' = \frac{e^{r \cdot T} - d}{u - d} \tag{3.5}$$

Und diese Formel, in dieser Form, sollte sich der Leser einprägen, denn sie enthält einige sehr überraschende Einsichten (aber auch noch zu behandelnde Fragen)! Die Formel besagt jedenfalls: **Wenn es einen fairen Preis für das Derivat gibt, dann ist er eindeutig bestimmt und er berechnet sich so wie in Formel** (3.5) **angegeben.**

Bevor wir diese Einsichten und Fragen ausführlich diskutieren, wenden wir die Formel schnell noch auf unser konkretes Zahlenbeispiel an:

Beispiel 3.11. *Die Parameter die wir zur Berechnung des Wertes f_0 für unser konkretes Zahlenbeispiel von Abbildung 3.18 benötigen, sind:*
$S_0 = 100$
$u = 3$
$d = \frac{1}{2}$
$f_u = 100$
$f_d = 0$
$r = 0$ *(wir vernachlässigen in diesem Beispiel ja – wie gesagt – die Verzinsung)*

Und ich denke, hier fällt spätestens nachdrücklich auf, dass wir einen – doch äußerst wesentlichen – Parameter NICHT für die Berechnung von f_0 benötigen, nämlich die Wahrscheinlichkeit p mit der sich die Aktie nach oben entwickelt!

Wir erhalten (beachte $e^0 = 1$) $p' = \frac{1-\frac{1}{2}}{3-\frac{1}{2}} = \frac{1}{5}$ *und damit $f_0 = \frac{1}{5} \cdot 100 + \frac{4}{5} \cdot 0 = 20$.*

Also können wir schließen: Wenn es in unserem Beispiel einen fairen Preis für das Derivat gibt, dann ist dieser Preis eindeutig und hat den Wert 20.

Vollständig wäre unser Ergebnis jetzt aber, wenn wir nachweisen könnten, dass das wie in Formel (3.5) berechnete f_0 tatsächlich ein Preis des Derivats ist, zu dem es auf keine Weise eine Arbitrage-Möglichkeit gibt (bisher haben wir ja nur gezeigt: „Wenn es einen fairen Preis gibt, dann muss er so aussehen wie in Formel (3.5) …“)

Das können wir auf folgende Weise erledigen: Wir zeigen, wenn das Derivat den Preis f_0 hat, dann gibt es keine Arbitrage-Möglichkeit. Dazu erinnern wir uns, was eine Arbitrage-Möglichkeit ist. Das ist ein Handel mit den vorhandenen Produkten **Derivat, underlying** und **Cash**, der im Moment 0 nichts kostet und der im Zeitpunkt T zu einem sicheren Gewinn führt. Wenn wir dabei mit a die Anzahl der Stücke von Derivat in diesem Handel, mit b die Anzahl der Stücke underlying und mit c die Summe Cash in diesem Arbitrage-Handel bezeichnen, dann heißt das:

$$a \cdot f_0 + b \cdot S_0 + c = 0 \quad \text{und}$$
$$a \cdot f_u + b \cdot u \cdot S_0 + c \cdot e^{r \cdot T} > 0 \quad \text{und}$$
$$a \cdot f_d + b \cdot d \cdot S_0 + c \cdot e^{r \cdot T} > 0 \qquad (3.6)$$

Eine einfache Rechnung, die wir im folgenden Kasten für den interessierten Leser durchführen werden, zeigt aber, dass es solche Werte a, b und c nicht geben kann.

Und somit ist der in Formel (3.5) gegebene Wert f_0 tatsächlich der eindeutig bestimmte faire Preis des Derivats. Und in unserem konkreten Zahlenbeispiel ist tatsächlich 20 Euro der eindeutig bestimmte faire Preis des Derivats (und nicht die anfangs vermuteten 16.66 Euro).

Wir fassen das in einem Satz zusammen:

Satz 3.12. *Für ein underlying S in einem binomischen Einschritt-Modell im Zeitbereich $[0, T]$ (ohne Zahlungen oder Kosten) mit Parametern S_0, u, d, p und r (mit $S_0 > 0$ und $d < u$) hat jedes Derivat mit payoffs f_u und f_d einen eindeutig bestimmten fairen Wert f_0 und der ist gegeben durch*

$$f_0 = e^{-rT} \cdot \left(p' \cdot f_u + \left(1 - p' \right) \cdot f_d \right)$$

wobei

$$p' = \frac{e^{r \cdot T} - d}{u - d}.$$

Es bleibt hier noch der Beweis nachzutragen, dass das Gleichungs-/Ungleichungs-System in Formel 3.6 keine Lösung a, b, c haben kann. Nehmen wir umgekehrt an, dass das System

$$a \cdot f_0 + b \cdot S_0 + c = 0$$
$$a \cdot f_u + b \cdot u \cdot S_0 + c \cdot e^{r \cdot T} > 0$$
$$a \cdot f_d + b \cdot d \cdot S_0 + c \cdot e^{r \cdot T} > 0$$

doch eine Lösung a, b, c hätte. Dann muss $a \neq 0$ sein, da sonst bereits das binomische Modell ohne Derivat nicht arbitragefrei wäre.
Betrachten wir zuerst den Fall $a > 0$ (der Fall $a < 0$ wird ganz analog behandelt) und nehmen wir an $d > 0$ (der Fall $d < 0$ wird ebenfalls mit offensichtlichen Anpassungen analog behandelt und wird dem Leser als Übung überlassen).
Wir können ohne Beschränkung der Allgemeinheit annehmen, dass $a = 1$ ist (andernfalls dividieren wir die drei (Un-)Gleichungen durch a und benennen die Parameter $\frac{b}{a}$ bzw. $\frac{c}{a}$ um.
Das System sieht dann also so aus:

$$f_0 + b \cdot S_0 + c = 0$$
$$f_u + b \cdot u \cdot S_0 + c \cdot e^{r \cdot T} > 0$$
$$f_d + b \cdot d \cdot S_0 + c \cdot e^{r \cdot T} > 0$$

Wenn die beiden Gleichungen
$$f_u + b' \cdot u \cdot S_0 + c' \cdot e^{r \cdot T} = 0$$

$$f_d + b' \cdot d \cdot S_0 + c' \cdot e^{r \cdot T} = 0$$

erfüllt sind, dann entsprechen das b' dem $-x$ und das c' dem $-y$ aus der obigen Herleitung der Form von f_0. Und daraus folgt dann automatisch die Gleichung
$$f_0 + b' \cdot S_0 + c' = 0$$

(Es ist ja f_0 gerade $x \cdot S_0 + y$.)

Sind b'' und c'' jetzt andere Werte so dass gilt

$$f_u + b'' \cdot u \cdot S_0 + c'' \cdot e^{r \cdot T} > 0$$
$$f_d + b'' \cdot d \cdot S_0 + c'' \cdot e^{r \cdot T} > 0$$

dann ist insbesondere

$$f_d + b'' \cdot d \cdot S_0 + c'' \cdot e^{r \cdot T} > f_d + b' \cdot d \cdot S_0 + c' \cdot e^{r \cdot T}$$
und daher
$$(b'' - b') \cdot S_0 > (c' - c'') \cdot \frac{e^{r \cdot T}}{d}.$$

Weiters ist
$$f_u + b'' \cdot u \cdot S_0 + c'' \cdot e^{r \cdot T} > f_d + b' \cdot S_0 + c' \cdot e^{r \cdot T}$$
und daher
$$(b'' - b') \cdot S_0 > (c' - c'') \cdot \frac{e^{r \cdot T}}{u}.$$

Wir werden gleich im nächsten Kapitel sehen, dass $e^{r \cdot T}$ stets größer oder gleich d und kleiner oder gleich u sein muss, da sonst das binomische Modell nicht arbitragefrei sein kann. Daraus schließen wir, dass

$$(b'' - b') \cdot S_0 > (c' - c'') \text{ also } b'' \cdot S_0 > b' \cdot S_0 + c' - c''$$

und daher

$$f_0 + b'' \cdot S_0 + c'' > f_0 + b' \cdot S_0 + c' - c'' + c'' = f_0 + b' \cdot S_0 + c' = 0.$$

Also:
Wenn
$$f_u + b'' \cdot u \cdot S_0 + c'' \cdot e^{r \cdot T} > 0 \text{ und}$$
$$f_d + b'' \cdot d \cdot S_0 + c'' \cdot e^{r \cdot T} > 0$$
gilt, dann muss auch
$$f_0 + b'' \cdot S_0 + c'' > 0$$
gelten, das ist ein Widerspruch zur anfangs gemachten Annahme und somit ist keine Arbitrage möglich.

3.11   Die Bewertung von Derivaten im binomischen Ein-Schritt-Modell, Diskussion der Ergebnisse

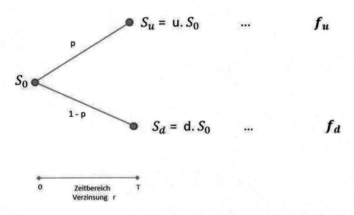

Abbildung 3.19: Derivat auf ein underlying im binomischen Ein-Schritt-Modell

Wir haben im vorigen Kapitel gelernt:
Für ein ganz beliebiges Derivat D auf ein underlying, das sich nach dem binomischen Ein-Schritt-Modell (siehe Abbildung 3.19) entwickelt, gibt es einen eindeutigen fairen Preis f_0, der so berechnet wird:

$$f_0 = e^{-rT} \cdot (p' \cdot f_u + (1 - p') \cdot f_d)$$

$$\text{wobei } p' = \frac{e^{r \cdot T} - d}{u - d}.$$

Diese Tatsache werden wir im Folgenden in verschiedenen Aspekten diskutieren.

Unabhängigkeit vom Parameter p
Erstaunlich erscheint vor allem, dass der Parameter p, also die Wahrscheinlichkeit mit der sich das underlying nach oben oder nach unten entwickelt, nicht in die Formel für die Berechnung von f_0 eingeht. Der faire Preis des Derivats ist unabhängig davon mit welcher Wahrscheinlichkeit sich das underlying wohin entwickelt.
Gerade etwa im Fall einer Call-Option erscheint dies verwunderlich: Rein heuristisch würde man sofort annehmen, dass ein stark nach oben tendierender Kurs des underlyings die Gewinnchancen einer Call-Option stark erhöht und das müsste sich doch auch in einem stark steigenden fairen Preis der Option widerspiegeln.
Hierbei denkt man aber zu kurz, da man nur die Option allein dabei in seine Analyse einbezieht und nicht die mögliche Kombinierbarkeit von Option und underlying!
Man kann sich diese Unabhängigkeit des Options-Preises von der Wahrscheinlichkeit der Entwicklung des underlyings – unabhängig von der formalen mathemati-

schen Berechnung – auch so plausibilisieren: Eine stark wachsende Wahrscheinlichkeit eines starken Kursanstiegs des underlyings erhöht die Gewinnwahrscheinlichkeit der Call-Option. Durch die stark wachsende Wahrscheinlichkeit erhöhen
sich aber auch die Chancen auf Gewinne durch direkte Investition ins underlying
(zum momentanen Preis) ganz wesentlich. Die Call-Option ist für die Realisierung
dieser Gewinne nicht unbedingt nötig. Also erhöht sich der Wert der Call-Option
im Vergleich zum momentanen Preis des underlyings auch nicht (wesentlich). Ein
Derivat sollte nie losgekoppelt von seinem underlying analysiert werden, sondern
stets in Bezug auf dieses. (Vorausgesetzt wird dabei natürlich, dass das underlying
auch tatsächlich handelbar ist. Aber das ist ein Thema auf das wir später zu sprechen kommen.)

Ist es auch in der Realität der Finanzmärkte tatsächlich der Fall, dass die Preise der
Derivate unabhängig von der Einschätzung der Marktlage durch die Finanzteilneh-
mer sind? Auch mit dieser Frage werden wir uns später (und anhand realistischerer
Aktienkursmodelle) eingehend beschäftigen.

Die Rolle der Parameter u und d
Die Parameter u und d geben im Wesentlichen an wie weit das underlying schwanken kann. Die Parameter u und d sind also ein Maß für die prinzipiell mögliche
Schwankungsstärke („Volatilität") des underlyings. Je größer u, bzw. je kleiner d
ist, umso größer ist die mögliche Schwankung der Werte des underlyings bis zum
Zeitpunkt T. Der faire Preis des Derivats hängt wesentlich von den Werten u und
d ab, die beide in der Definition des neuen Parameters p' stecken.

Art der Abhängigkeit des fairen Preises f_0 von den Parametern u und d
Wie reagiert der faire Preis f_0 eines Derivats auf Änderungen der Parameter u bzw.
d? Wir veranschaulichen diese Fragestellung an Hand unseres konkreten Zahlen-
beispiels (Abbildung 3.18). Und zwar betrachten wir zwei Varianten:

Variante 1:
Setzen wir im Beispiel zuerst den Parameter u variabel. u muss nach Voraussetzung
nur größer als d, also größer als $\frac{1}{2}$, sein. Alle anderen Parameter – auch f_u – lassen
wir unverändert. Für den fairen Preis f_0 erhalten wir dann die von u abhängige
Formel

$$f_0(u) = 100 \cdot p' = 100 \cdot \frac{\frac{1}{2}}{u - \frac{1}{2}} = \frac{50}{u - \frac{1}{2}}$$

und dieser Wert wird mit wachsendem u offensichtlich immer kleiner (siehe auch
Abbildung 3.20). Der faire Preis fällt also in diesem Beispiel mit wachsendem u
und nähert sich immer mehr gegen 0.

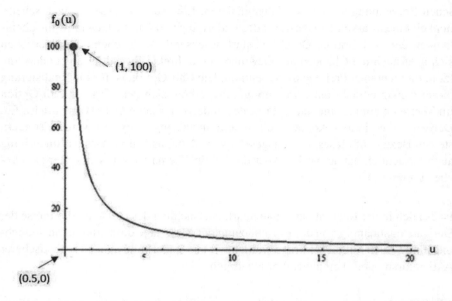

Abbildung 3.20: Abhängigkeit des fairen Preises eines Derivats vom Parameter u, Zahlenbeispiel Variante 1

Auffällig ist auch, dass der faire Preis $f_0(u)$ unbegrenzt wächst, wenn sich u dem Wert 0.5 nähert (der Ursprung in Abbildung 3.20 liegt bei $(0.5, 0)$). Wie lässt es sich erklären, dass der faire Preis des Derivats für u gegen 0.5 gegen unendlich wächst? Wie lässt es sich zum Beispiel erklären, dass der Preis des Derivats im binomischen Modell mit $S_u = 51$ (also $u = \frac{51}{100}$), den Wert $f_0 = \frac{50}{\left(u - \frac{1}{2}\right)} = 5000$ hat (obwohl mit dem Derivat höchstens ein Gewinn von 100 erzielt werden kann)? Das Modell ist in Abbildung 3.21 dargestellt.

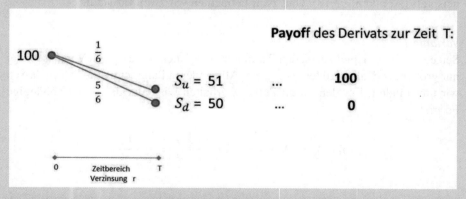

Abbildung 3.21: Wie kann ein Produkt mit dem man höchstens 100 Euro gewinnen kann einen fairen Preis von 5.000 Euro haben?

Das lässt sich tatsächlich nicht erklären, denn das ist in der Tat falsch: Wir werden gleich ein Stück weiter unten sehen, dass in einem binomischen Modell stets $d < e^{r \cdot T} < u$ gelten muss, da sonst das binomische Modell selbst schon nicht arbitragefrei ist. In unserem konkreten Beispiel ist $e^{r \cdot T} = 1$, also sind nur Werte für u möglich die größer als 1 sind (also $u \cdot S_0 > 100$). Für $u = 1$ würden wir den fairen Preis $f_0 = \frac{50}{u - \frac{1}{2}} = 100$ erhalten. Der faire Preis des Derivats ist also tatsächlich stets kleiner als 100. Zumindest hier täuscht uns unsere Intuition nicht.

Dann setzen wir den Parameter d variabel. d muss nach Voraussetzung prinzipiell nur kleiner als u, also kleiner als 3, sein. Wir haben oben aber schon angemerkt, dass d auch kleiner als $e^{r \cdot T}$ sein muss, das in unserem Beispiel den Wert 1 hat. Alle anderen Parameter – auch f_u – lassen wir unverändert. Für den fairen Preis f_0 erhalten wir dann die von d abhängige Formel

$$f_0(d) = 100 \cdot p' = 100 \cdot \frac{1 - d}{3 - d}$$

Ableitung von $f_0(d)$ nach d ergibt $f_0'(d) = -100 \cdot \frac{2}{(3-d)^2}$.

f_0' ist daher immer negativ (die Quadratzahl im Nenner ist – als Quadratzahl – immer positiv!). f_0 ist daher streng fallend bei wachsendem d (siehe auch Abbildung 3.22) bzw. streng wachsend bei fallendem d. Dabei kann d Werte kleiner als 1 annehmen (und kann auch durchaus negativ sein). Für $d = 1$ hätte das Derivat den fairen Preis 0.

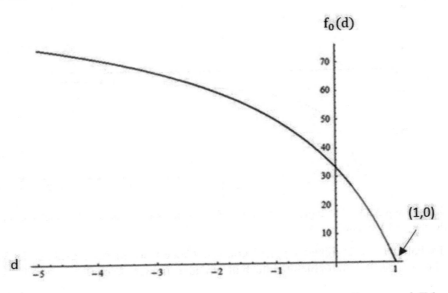

Abbildung 3.22: Abhängigkeit des fairen Preises eines Derivats vom Parameter d, Zahlenbeispiel Variante 1

Variante 2:

Setzen wir im Beispiel zuerst wieder den Parameter u variabel.

Für den konkreten Wert $u = 3$ wie er im ursprünglichen Zahlenbeispiel fixiert worden war, und für den Wert $f_u = 100$, stellt das konkrete Derivat gerade eine Call-Option mit Strike $K = 200$ dar. Wenn wir jetzt u variieren und dabei $f_u = 100$ fix lassen (wie in Variante 1), dann haben wir es nach wie vor mit einer Call-Option zu tun, der Strike K ändert sich aber mit variierendem u. In Variante 2 möchten wir den Fall betrachten, dass wir es mit einer Call-Option mit fixem Strike $K = 200$ zu tun haben. Dazu betrachten wir nur $u > 2$ (damit $u \cdot S_0 > K$ erfüllt ist) und setzen $f_u = u \cdot 100 - 200 \, (= u \cdot S_0 - K)$. Es variiert also jetzt auch f_u. Dadurch haben wir es aber für jede Wahl von u mit einer Call-Option mit Strike $K = 200$ zu tun.

Für den fairen Preis f_0 des Derivats in Abhängigkeit von u erhalten wir dann

$$f_0(u) = (u \cdot 100 - 200) \cdot p' = (u \cdot 100 - 200) \cdot \frac{\frac{1}{2}}{u - \frac{1}{2}} = 100 \cdot \frac{u - 2}{2u - 1}.$$

Ableiten von $f_0(u)$ nach u ergibt $f_0'(u) = \frac{3}{(2u-1)^2} \cdot f_0'(u)$ ist also immer positiv, und $f_0(u)$ ist damit streng wachsend in u (siehe auch Abbildung 3.23). Für immer weiter wachsendes u nähert sich f_0 immer mehr dem Wert 50.

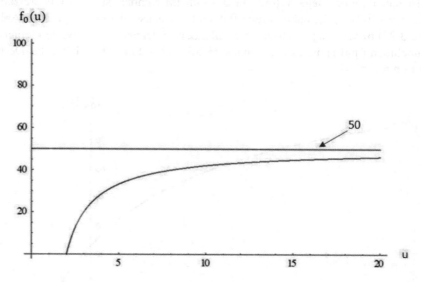

Abbildung 3.23: Abhängigkeit des fairen Preises eines Derivats vom Parameter u, Zahlenbeispiel Variante 2

Im Fall der Abhängigkeit von der Variablen d ändert sich nichts gegenüber der Variante 1, der Payoff f_d bleibt einfach unverändert immer gleich 0.

Bezüglich der Variante 2, als im Fall einer Call-Option mit fixem Strike $K = 200$ können wir also festhalten: Bei wachsendem u und bei fallendem d wächst der faire Preis f_0 der Call-Option. Das heißt: *Bei wachsender Schwankungsstärke des underlyings wächst der Preis der Call-Option.*

Variante 1 zeigt, dass es im Allgemeinen nicht immer der Fall ist, dass der Derivat-Preis mit wachsender Volatilität ansteigt.

Die obigen Überlegungen zur Abhängigkeit des fairen Preises f_0 von den Parametern u und d an Hand des konkreten Zahlenbeispiels könnten wir natürlich auch allgemein durchführen und im Detail diskutieren. Diese Arbeit heben wir uns aber für den Fall von Derivat-Preisen in realistischeren Modellen als dem binomischen Ein-Schritt-Modell auf.

Interpretation des fairen Preis eines Derivats als diskontierter erwarteter Gewinn bezüglich einer „künstlichen Wahrscheinlichkeit p' "

Sicher ist Ihnen schon längst die Parallele zwischen der korrekten Formel für den fairen Preis f_0 eines Derivats wie er in Satz 3.12 gegeben wurde

$$f_0 = e^{-rT} \cdot \left(p' \cdot f_u + \left(1 - p'\right) \cdot f_d \right)$$

und dem anfangs (siehe Formel (3.1)) fälschlich vermuteten Preis (dem diskontierten erwarteten Gewinn)

$$e^{-rT} \cdot \left(p \cdot f_u + (1 - p) \cdot f_d \right)$$

aufgefallen!
Es lässt sich der korrekte faire Preis f_0 also ebenfalls als diskontierter erwarteter Gewinn auffassen. Er ist der erwartete diskontierte Gewinn, allerdings NICHT bezüglich der REALEN Wahrscheinlichkeit p im binomischen Modell, sondern bezüglich ein Art KÜNSTLICHER Wahrscheinlichkeit p'.

Das ist eine ganz zentrale Erkenntnis die uns – in verschiedensten Varianten und Ausformungen – durch das ganze Buch hindurch begleiten wird!

Diese „künstliche Wahrscheinlichkeit" p' spielt also eine ganz wesentliche, fast irgendwie geheimnisvolle Rolle, indem sie an die Stelle der realen Wahrscheinlichkeit tritt und dieser sogar völlig die Relevanz für den fairen Preis eines Derivats nimmt.

Was hat es also mit dieser künstlichen Wahrscheinlichkeit p' auf sich?

Die künstliche Wahrscheinlichkeit p' und die Arbitragefreiheit des binomischen Ein-Schritt-Modells

Wir erinnern uns, dass p' die Form $p' = \frac{e^{r \cdot T} - d}{u - d}$ hat. Wir haben oben so ohne Weiteres von p' als einer (künstlichen) Wahrscheinlichkeit gesprochen. Eine Wahrscheinlichkeitsangabe hat aber nur Sinn, wenn sie einen Wert zwischen 0 und 1 hat. Ist das für den Wert p' überhaupt erfüllt? Können wir von p' überhaupt als von einer Wahrscheinlichkeit sprechen? Dazu überprüfen wir jetzt unter welchen Voraussetzungen p' größer als 0 und kleiner als 1 ist:

$$0 < p' \;\Leftrightarrow\; 0 < \frac{e^{r \cdot T} - d}{u - d} \;\Leftrightarrow\; 0 < e^{r \cdot T} - d \;\Leftrightarrow\; d < e^{r \cdot T}$$

und

$$p' < 1 \;\Leftrightarrow\; \frac{e^{r \cdot T} - d}{u - d} < 1 \;\Leftrightarrow\; e^{r \cdot T} - d < u - d \;\Leftrightarrow\; e^{r \cdot T} < u$$

p' kann also genau dann als eine Wahrscheinlichkeit aufgefasst werden, wenn $d < e^{r \cdot T} < u$ gilt.

Wir werden jetzt aber gleich sehen:
Diese Ungleichungskette MUSS tatsächlich IMMER erfüllt sein, da sonst das binomische Ein-Schritt-Modell selbst schon nicht arbitragefrei wäre!

Denn wäre $e^{r \cdot T} < d$, dann hätten wir die Situation wie in Abbildung 3.24 vorliegen:

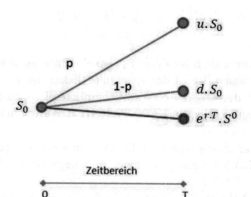

Abbildung 3.24: Situation wenn $e^{r \cdot T} < d$

In diesem Fall könnte ich zur Zeit 0 einen Kredit in Höhe von S_0 bis zur Zeit T aufnehmen und damit ein Stück der Aktie um S_0 kaufen. Bis zur Zeit T entwickelt sich der Wert der Aktie mindestens bis auf den Wert $d \cdot S_0$. Ich verkaufe dann die Aktie mindestens um $d \cdot S_0$ und tilge den Kredit. Die Tilgungskosten betragen $e^{r \cdot T} \cdot S_0$. Da $d \cdot S_0 > e^{r \cdot T} \cdot S_0$ gilt, bleibt mir ein risikoloser Arbitrage-Gewinn in Höhe von mindestens $d \cdot S_0 - e^{r \cdot T} \cdot S_0$ Euro. Das Modell ist also nicht arbitragefrei.

Ganz analog zeigt man – wir überlassen den Beweis dem Leser – dass es auch im Fall $e^{r \cdot T} > u$ eine Arbitrage-Möglichkeit gibt.

Und – auch das ist eine einfache Übung – es lässt sich zeigen: Wenn $d \leq e^{r \cdot T} \leq u$, dann ist das binomische Ein-Schritt-Modell auch tatsächlich arbitragefrei (und zwar im Sinne der Definition die wir oben für Arbitrage-Freiheit gegeben haben).

Also gilt der Satz:

Satz 3.13. *Das binomische Ein-Schritt-Modell ist genau dann arbitragefrei wenn die Bedingung $d \leq e^{r \cdot T} \leq u$ erfüllt ist.*

Welche Bedeutung hat die künstliche Wahrscheinlichkeit p'?

Wenn also das binomische Ein-Schritt-Modell arbitragefrei ist, also wenn $d \leq e^{r \cdot T} \leq u$ erfüllt ist, dann kann man p' tatsächlich als Wahrscheinlichkeit auffassen und der faire Preis eines beliebigen Derivats in diesem Modell ist gerade der diskontierte erwartete Payoff des Derivats unter der künstlichen Wahrscheinlichkeit p'.

Hat der Wert p' irgendeine intuitive Bedeutung oder ist er wirklich völlig bedeutungslos artifiziell?

Um diese Frage zu beantworten, sehen wir uns noch einmal das binomische Ein-Schritt-Modell für sich alleine an (Abbildung 3.25).

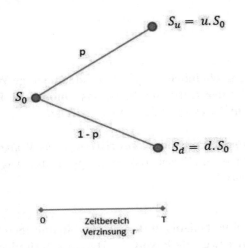

Abbildung 3.25: Noch einmal das binomische Ein-Schritt-Modell

Und wir stellen uns dazu die folgende Frage:
Wie müsste die Wahrscheinlichkeit p beschaffen sein, so dass die durch das Modell

dargestellte Aktie ein „faires Spiel" darstellen würde?

Was soll das bedeuten?
Ich kaufe die Aktie um S_0 Euro. Der Gewinn, den ich durchschnittlich mit der Aktie erwarten kann, ist $p \cdot S_u + (1 - p) \cdot S_d$. Damit mein „Spieleinsatz" S_0 gerechtfertigt (nicht zu hoch und – aus Sicht des Gegenspielers – nicht zu niedrig) ist, sollte der erwartete Gewinn meinem Einsatz entsprechen. Genauer:
Der diskontierte Gewinn sollte meinem Einsatz entsprechen, da ich ja meinen Einsatz heute leiste, den Gewinn aber erst zur Zeit T lukriere. Also sollte

$$S_0 = e^{-rT} \cdot (p \cdot S_u + (1 - p) \cdot S_d) = e^{-rT} \cdot (p \cdot S_0 \cdot u + (1 - p) \cdot S_0 \cdot d)$$

sein.
Ein Spiel bei dem zu **jedem Zeitpunkt der nötige Spieleinsatz dem diskontierten erwarteten Gewinn zu jedem späteren Zeitpunkt entspricht**, heißt „**faires Spiel**" oder auch „**Martingal**".

Also zurück zur Frage: *Wie müsste die Wahrscheinlichkeit p beschaffen sein, so dass die durch das Modell dargestellte Aktie ein „faires Spiel" darstellen würde?*

Um die Antwort zu finden, müssen wir lediglich aus der Gleichung

$$S_0 = e^{-rT} \cdot (p \cdot S_0 \cdot u + (1 - p) \cdot S_0 \cdot d)$$

den Wert p ausrechnen und erhalten nach kurzem Umformen – vielleicht wenig überraschend – folgendes Ergebnis:

$$p = \frac{e^{r \cdot T} - d}{u - d}$$

Wir sehen somit:
Die künstliche Wahrscheinlichkeit p' ist gerade diejenige Wahrscheinlichkeit, bei der der Handel der Aktie die durch das binomische Ein-Schritt-Modell modelliert wird, ein faires Spiel (ein Martingal) ist!

p' heißt „*das Martingal-maß*" oder „*das risikoneutrale Wahrscheinlichkeitsmaß*" des Modells. („Mit meinem Einsatz riskiere ich genau das, was ich (diskontiert) als Gewinn erwarten darf.")

Und:
Der faire Preis f_0 eines beliebigen Derivats im binomischen Ein-Schritt-Modell ist der diskontierte erwartete Payoff des Derivats bezüglich des risikoneutralen Wahrscheinlichkeitsmaßes in diesem Modell.

Das replizierende Portfolio eines Derivats

Eine ganz wesentliche Information liegt auch in der Methode verpackt, mit der wir den fairen Preis eines Derivats im binomischen Ein-Schritt-Modell hergeleitet haben. Wir erinnern uns: Wir haben da ein Portfolio (P_2) aus underlying und Cash konstruiert (x Stück underlying, y Cash), das genau dieselben Eigenschaften hatte wie das Derivat. Ein Handeln dieses Portfolios zeigt genau dieselben Effekte wie ein Handel des Derivats. So gesehen war das Derivat als Produkt eigentlich überflüssig. Der Handel des Derivats konnte durch geeigneten Handel des underlyings und Einsatz von Cash eins-zu-eins nachgebildet werden. Die Werte x und y waren dabei eindeutig durch zwei Gleichungen (siehe Formel (3.2)) bestimmt.

Dieses eindeutig bestimmte Portfolio aus x Stück underlying und y Cash heißt „**das replizierende Portfolio**" des Derivats D (im Folgenden kurz „$RP(D)$"). Der Preis von $RP(D)$ ist genau der faire Preis f_0 des Derivats D.

Wenn das replizierende Portfolio $RP(D)$ des Derivats bekannt ist, dann ist auch klar, wie Arbitrage konkret durchzuführen ist, wenn der tatsächliche Preis des Derivats von f_0 abweicht:

Wenn der Preis des Derivats größer als f_0 ist, dann wird das Derivat verkauft und $RP(D)$ gekauft, wenn der Preis des Derivats kleiner als f_0 ist, dann wird $RP(D)$ verkauft und das Derivat gekauft. In beiden Fällen entspricht dann der Arbitrage-Gewinn der absoluten Differenz zwischen tatsächlichem Preis des Derivats und seinem fairen Preis.

Im konkreten Zahlenbeispiel in Kapitel 3.9 hatten wir vorerst vermutet, dass der angemessene Preis des Derivats bei 16.66 Euro, dem erwarteten Gewinn durch das Derivat, liegen sollte. (Erst später haben wir festgestellt, dass der tatsächliche faire Preis dieses Derivats bei 20 Euro liegt.) Dann hatten wir Arbitrage betrieben, indem wir die folgende – scheinbar aus dem Zauberhut gezogene – Strategie durchgeführt hatten: „Kauf von fünf Stück des Derivats und Verkauf von zwei Stück des underlyings". Äquivalent dazu wäre gewesen: „Kauf von einem Stück des Derivats und Verkauf von zwei Fünftel Stück des underlyings".

Wenn wir das replizierende Portfolio dieses Derivats berechnen, dann können wir das mit Hilfe der Formel 3.3 tun und wir erhalten

$$x = \frac{100 - 0}{100 \cdot \left(3 - \frac{1}{2}\right)} = \frac{2}{5} \quad \text{und} \quad y = \frac{3 \cdot 0 - \frac{1}{2} \cdot 100}{3 - \frac{1}{2}} = -20$$

Wir haben also im Arbitrage-Beispiel von Kapitel 3.9 tatsächlich mit Methode, mit dem replizierenden Portfolio von D, und nicht mit dem Zauberhut gearbeitet. Die gekaufte Anzahl von underlyings entsprach genau der Anzahl von underlyings im replizierenden Portfolio. (Die Höhe des Cash-Betrags war in diesem Beispiel übrigens irrelevant, da der Zinssatz $r = 0$ angenommen worden war.)

Hedging eines Derivats mit Hilfe des replizierenden Portfolios

Das replizierende Portfolio eines Derivats (später, in realistischeren Modellen, werden wir dann von „replizierenden Handelsstrategien" sprechen) spielt aber in einem anderen Zusammenhang noch eine wesentlich wichtigere Rolle als hier im Zusammenhang mit der Realisierung von Arbitrage-Gewinnen.

Mit Hilfe replizierender Portfolios können durch Derivate entstehende Risiken eliminiert werden, wir sprechen bei diesem Vorgang von **„Hedging"**. Wir illustrieren im Folgenden das grundlegende Schema des Hedgings (im binomischen Ein-Schritt-Modell) an Hand eines OTC-Derivate-Handels zwischen einem Investor A und einer Bank B:

Eine Bank B kreiert ein Derivat D auf ein underlying S mit verschiedenen Eigenschaften und bietet dieses Derivat interessierten Investoren A zum Kauf an.
Es stellen sich dabei für die Bank zwei Fragen:

- Zu welchem Preis wird das Derivat am Markt angeboten?
- Wie soll die Bank mit den Risiken umgehen, die sie durch den Verkauf des Derivats auf sich nimmt?

Die Vorgangsweise der Bank sieht natürlich so aus (siehe auch die Illustration der Vorgangsweise in Abbildung 3.26):

Die Bank ist nicht gewillt, sich mit dem Verkauf von D einem Risiko auszusetzen. Daher kauft die Bank (gleichzeitig mit dem Verkauf von D) am Markt das replizierende Portfolio $RP(D)$. Die Bank verkauft das Derivat D daher zu einem Preis $f_0 + \varepsilon$.

Der Preis von $RP(D)$ beträgt f_0. Der Bank bleibt die Marge von ε Euro.

Da sich zum Zeitpunkt T das Derivat (short aus Sicht der Bank) und das replizierende Portfolio (long aus Sicht der Bank) vollständig neutralisieren, hat die Bank jegliches Risiko eliminiert und hat die Marge ε als sicheren, risikolosen Gewinn fixiert.

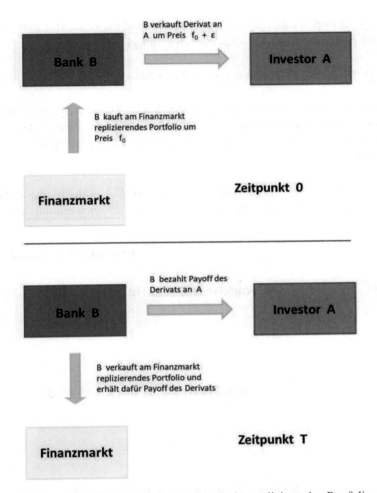

Abbildung 3.26: Perfektes Hedging mittels des replizierenden Portfolios

Die Bank hat in diesem Beispiel ein **„statisches, perfektes Hedging"** durchgeführt. „Statisch" bedeutet hier: Durch einen *einmaligen* Handelsvorgang und „perfekt" bedeutet *vollständiges* Eliminieren jeglichen Risikos. Ein solches statisches, perfektes Hedging ist in der Realität nur in den seltensten Fällen möglich. In unserem (weit von der Realität entfernten) binomischen Ein-Schritt-Modell und unter Annahme eines friktionslosen Marktes ist statisches, perfektes Hedging aber – wie wir gesehen haben – möglich.

Inwieweit lässt sich mit Derivaten im binomischen Ein-Schritt-Modell mehr oder weniger „geschickt" handeln?

Wir haben da sofort einmal eine „schnelle Antwort" zur Hand: „Wir können insofern geschickt vorgehen, dass wir versuchen, Abweichungen des Marktpreises eines Derivats vom fairen Preis abzuwarten (entstehend durch Ungleichgewichte in Angebot und Nachfrage) und aufzudecken und dann sofort durch geeignete Strategien risikolose Arbitrage-Gewinne zu erzielen."

Das ist grundsätzlich einmal eine erste richtige Antwort.

Wie sieht es aber im Fall der Arbitrage-Freiheit des gesamten Systems aus? Wenn das binomische Ein-Schritt-Modell arbitragefrei ist und das Derivat den eindeutigen fairen Preis hat, gibt es auch dann geschicktere und weniger geschickte Vorgehensweisen?

Gehen wir vorerst noch einmal zum allerersten Spiel A in der Vorbemerkung zu Kapitel 3.9 zurück. Wir haben es hier in Abbildung 3.27 noch einmal dargestellt.

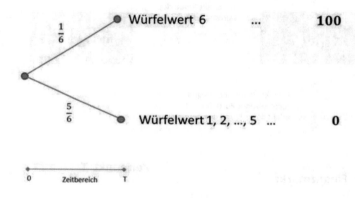

Abbildung 3.27: Noch einmal das Würfelspiel

Wir gehen wieder von Zinssatz $r = 0$ bzw. von sehr kurzem Zeitabstand T zwischen Einsatz und Gewinnauszahlung aus.
Die Gewinne werden mit einem fairen Würfel ausgespielt. Das Los hat den angemessenen Preis 16.66 Euro.

Sie können sich drehen und wenden wie Sie wollen, Sie können Zahlenkolonnen aufschreiben, analysieren und versuchen, Muster zu erkennen und darauf aufbauend Ihre Einsätze tätigen ... im langen Durchschnitt wird Ihr Gewinn in diesem Spiel bei +/- 0 Euro liegen.

Der beste Mathematiker, der vifste Hedge-Fonds-Manager, der amtierende Schachweltmeister wird sich in diesem Spiel einem zufällig die Einsätze tätigenden Kleinkind gegenüber im langen Durchschnitt nicht relevant durchsetzen können.

Das Spiel ist ein reines Glücksspiel ohne jeden Geschicklichkeitsanteil!

Kommen wir jetzt zu unserem fair gepreisten Derivat im binomischen Ein-Schritt-Modell. Und erwarten Sie sich jetzt hier im Folgenden noch nicht zu viel Gewinn an Einsicht, sondern lediglich einen Hinweis:

Nehmen wir an, Sie und das zufällig spielende Kleinkind sind gezwungen jeweils 100 Euro in einen Handel in diesem System zu investieren. Und zwar stehen drei mögliche Handels-Varianten zur Auswahl:

Handelsvariante 1:
1 Aktie long

Handelsvariante 2:
2 Aktien long, 5 Derivate short

Handelsvariante 3:
5 Derivate long

Jede dieser Varianten kostet 100 Euro. Das Kleinkind würde immer wieder zufällig eine der Varianten wählen. Sie würden dagegen die erwarteten Gewinne der einzelnen Varianten berechnen, feststellen dass der erwartete Gewinn bei den Varianten 1 und 3 negativ und bei Variante 2 gleich Null ist, und daher stets Variante 2 wählen. Auf lange Sicht würden Sie daher bei diesem Spiel zweifelsfrei besser abschneiden als das zufällig spielende Kind.

Es ist also möglich, das Handelsspiel (auch wenn nie Arbitrage auftreten sollte) mehr oder weniger geschickt zu spielen. Bei dieser Aussage geht es nicht darum, ob es schwierig ist oder einfach, gut bzw. schlecht zu spielen, ob meine Gewinnchancen positiv oder negativ sind, sondern nur darum, festzustellen, dass es bessere und schlechtere Strategien gibt. Und sobald es bessere und schlechtere Strategien gibt, ist ein Spiel kein reines Glücksspiel mehr.

Wie groß der Geschicklichkeitsanteil eines Spieles ist, das ist eine sehr interessante, für Anbieter von Spielen sehr relevante, in vielen konkreten Fällen aber nur sehr schwer zu beantwortende und mathematisch anspruchsvolle Frage. Sie ist jedenfalls einen kurzen Exkurs wert.

3.12   Kurzer Einschub: Über Glücks- und Geschicklichkeitsanteile in Spielen

Die Frage nach dem Grad des Geschicklichkeitsanteil von Spielen ist nicht nur eine akademische Frage, sondern hat durchaus Anwendungsrelevanz und das nicht nur für Spieler die auf der Suche nach überlegenen Spielstrategien sind, sondern durchaus für Spieleanbieter.

So dürfen in vielen Fällen Spiele zum Beispiel auf Online-Spielportalen oder in Privat-Casinos, in denen Nutzer gegen den Spieleanbieter oder Nutzer gegeneinander spielen, nur dann angeboten werden, wenn diese Spiele einen gewissen Mindest-Geschicklichkeitsanteil haben. Im österreichischen Glücksspielgesetz heißt es zum Beispiel etwas kryptisch, die Spiele müssten einen „überwiegenden Geschicklichkeitsanteil" aufweisen.

Und natürlich ist auch jeder der professionell an den Finanzmärkten tätig ist, immer wieder der Frage ausgesetzt: „Ist Eure Arbeit da nicht ein reines Glücksspiel?" Und man ist gut beraten, dann eine griffige Antwort parat zu haben, mit der man sein Gegenüber vom vorhandenen Geschicklichkeitsanteil (vor allem dann wenn auch Derivate im Spiel sind) rasch überzeugen kann.

Der Autor dieses Buches hat eine Reihe von gerichtlich verwendeten Gutachten zu der Thematik „Geschicklichkeitsanteil in Spielen" verfasst, so etwa über die Spiele „Black Jack", „Two Aces" (eine Variante von Black Jack), „Eurolet 24" (eine Variante des Roulette), Bejewled, Hangman, Spider Solitär, Schnapsen, ja sogar über das wohlbekannte „Mensch ärgere Dich nicht".

Die bei diesen Arbeiten aufgetretenen spieltheoretischen und mathematischen Herausforderungen, aber auch die im Zusammenhang damit gemachten Bekanntschaften und Erfahrungen in einem oft etwas gewöhnungsbedürftigen Milieu aber auch in einschlägigen Gerichtsverhandlungen waren höchst spannend und herausfordernd und oft vergnüglich und würden ein eigenes Buch füllen. Vielleicht bleibt am Ende dieses Kapitels noch Zeit für eine diesbezügliche Anekdote.

Wie soll man nun aber an die Aufgabe überhaupt herangehen, den Geschicklichkeitsanteil eines Spieles zu bestimmen? Wie ist ein solcher „Geschicklichkeitsanteil" überhaupt definiert. Die Antwort auf diese prinzipielle Frage ist nicht absolut gültig zu beantworten, sondern kann je nach theoretischem Ansatz verschieden ausfallen. Ich habe für meine Gutachten einen – wie ich denke – gut nachvollziehbaren und recht gut argumentierbaren Ansatz entwickelt, den ich hier im Folgenden kurz darstellen möchte:

Wie bereits angeführt, gibt es – meines Wissens – zur Zeit kein verbindliches, allgemein akzeptiertes Modell oder Kriterium zur Klassifikation von Spielen nach ihrem Geschicklichkeitsniveau. Verschiedenenorts vorgeschlagene diagnostische Kriterien oder Geschicklichkeitskoeffizienten geben meiner Meinung nach keine ausreichenden oder klar nachvollziehbaren Aufschlüsse.

Ich habe daher meine Untersuchungen auf ein sehr einleuchtendes, allgemein nachvollziehbares Modell begründet, das zumindest eine **gute untere Schranke für den Geschicklichkeitsanteil** eines Spiels liefern kann.

Zur Darstellung und Begründung dieses Modells betrachten wir vorerst zwei Spiele, die wohl als Extremfälle im Geschicklichkeits-/Zufalls-Niveau angesehen werden können. Es sind dies das Schachspiel auf der einen und der Münzwurf mit einer fairen Münze auf der anderen Seite.

Abbildung 3.28: reines Geschicklichkeitsspiel, reines Glücksspiel und Kombination aus beidem

Des Weiteren werden wir zwei verschiedene Typen von Spielern in Hinblick auf diese beiden Spiele und weitere zu analysierende Spiele betrachten:
Der erste Typus von Spieler ist der „Zufallsspieler". Darunter wollen wir im Folgenden einen Spieler verstehen, der die Regeln des jeweiligen Spiels beherrscht, das Spiel also spielen kann, dabei aber das Spiel ohne bestimmte Strategie und ohne weitere Strategieüberlegungen durchführt. Der zweite Typus von Spieler ist der „gute Spieler". Darunter wollen wir im Folgenden einen geübten Spieler verstehen, der eine gewisse, nicht näher zu spezifizierende, gute, mit einigem Aufwand allgemein erlernbare Spielstrategie verfolgt.
(In Hinsicht auf verschiedene bereits erfolgte Rechtssprüche ist bei der Analyse von Spielen nicht von optimalen professionellen Spielern, sondern von guten, mäßig geübten Spielern auszugehen.)

Das Schachspiel ist zweifelsfrei ein Spiel das keinerlei Zufallskomponenten aufzuweisen hat, das also als reines Geschicklichkeitsspiel anzusehen ist. Der oben definierte „Zufallsspieler" wird gegen den ebenfalls oben definierten „guten Spieler" kein einziges Schach-Spiel gewinnen. Und wenn solch ein Gewinn doch einmal eintreten sollte, so ist dieser Sieg nur auf äußerst unwahrscheinliches Glück des Zufallsspielers (er hat zufällig den jeweils richtigen Zug getätigt) zurückzuführen. Die Wahrscheinlichkeit für das Eintreten eines solchen Zufallsereignisses ist aber vernachlässigbar klein. Der Zufallsspieler wird also 0% seiner Spiele gewinnen. Der Geschicklichkeitsanteil des Schachspiels liegt bei 100%.

Beim Münzwurf (jeder Spieler setzt einen – gleich hohen – Einsatz und wettet auf jeweils eine Seite der Münze) liegen die Gewinnchancen für den „Zufallsspieler" genauso wie für den „guten Spieler" bei 50%. Der Geschicklichkeitsanteil des Münzwurf-Spiels liegt bei 0%.

Wir betrachten nun im Folgenden ein Spiel (wir nennen es Kombi(p)) das eine Kombination aus Schachspiel und Münzwurf ist:

Das Spiel Kombi(p) besteht aus einem Zufallszahlengenerator, der mit Wahrscheinlichkeit p% (p ist eine gegebene Zahl zwischen 0 und 100) die Zahl 1 auswirft und mit Wahrscheinlichkeit 100% – p% die Zahl 0.

Wenn 1 ausgeworfen wird, dann müssen die beiden Spieler ein Schachspiel gegeneinander spielen. Wenn die 0 ausgeworfen wird, dann müssen die Spieler im Münzwurf gegeneinander antreten. Dieses Spiel Kombi(p) wird mehrfach durchgeführt.

Es ist unmittelbar plausibel, dass der Geschicklichkeitsanteil des Spiels Kombi(p) bei p% liegt. (Das Spiel Kombi(0) ist natürlich der reine Münzwurf und Kombi(100) ist das reine Schachspiel.)

Betrachten wir nun die durchschnittliche Gewinnwahrscheinlichkeit des „guten Spielers" gegenüber der durchschnittlichen Gewinnwahrscheinlichkeit des „Zufallsspielers im Spiel Kombi(p)":

Der „gute Spieler" wird jedes Schachspiel und die Hälfte der Münzwürfe gewinnen, also
$p\% + 0.5 \cdot (100\% - p\%) = 50\% + 0.5 \cdot p\%$ der Spiele.
Der „Zufallsspieler" wird kein Schachspiel aber die Hälfte der Münzwürfe gewinnen, also
$0.5 \cdot (100\% - p\%) = 50\% - 0.5 \cdot p\%$ der Spiele.

Die Differenz der durchschnittlichen Gewinnwahrscheinlichkeiten des „guten Spielers" und des „Zufallsspielers" beträgt also gerade p%, das ist

gerade der Geschicklichkeitsanteil des Spiels.

Auf dieser Beobachtung basieren die Analysen des Autors für beliebige Spiele:
Es wird jeweils eine untere Abschätzung für die Differenz zwischen der durchschnittlichen Gewinnwahrscheinlichkeit eines „guten Spielers" und der durchschnittlichen Gewinnwahrscheinlichkeit eines „Zufallsspielers" gegeben (Angabe in Prozent) und – motiviert durch obige Überlegungen zum Spiel Kombi(p) – diese resultierende Prozentangabe als untere Schranke für den Geschicklichkeitsanteil des analysierten Spiels verwendet.

Die Kunst liegt nun jeweils darin, für jedes Spiel eine akzeptable „gute Spielstrategie" anzugeben und dann die Wahrscheinlichkeit zu berechnen, mit der ein Spieler, der diese „gute Strategie" verwendet, gegen einen Spieler mit einer „Zufallsstrategie" gewinnt. Natürlich hängen die Ergebnisse von der Wahl der jeweiligen „guten Strategie" ab, liefern aber in jedem Fall sehr brauchbare und seriöse untere Schätzungen für den Geschicklichkeitsanteil der Spiele.

Zum Abschluss noch ein paar – vielleicht ganz interessante und teilweise vielleicht auch überraschende – Ergebnisse die auf dieser Methode beruhen. (Wir gehen dabei in keiner Weise auf die Spiele ein, die Ergebnisse sind also nur für diejenigen nachvollziehbar die die jeweiligen Spiele bereits kennen.):

Das Spiel **Spider Solitär**:

Abbildung 3.29: Spider Solitär

Beim Spiel mit nur einer Farbe: Geschicklichkeitsanteil mindestens **71%**
Beim Spiel mit zwei verschiedenen Farben: Geschicklichkeitsanteil mindestens **78%**
Beim Spiel mit vier verschiedenen Farben: Geschicklichkeitsanteil mindestens **82%**

Das Spiel **2-er-Schnapsen**:

Abbildung 3.30: 2-er-Schnapsen

Geschicklichkeitsanteil mindestens **60 %**

Das Spiel **Mensch-ärgere-Dich-nicht**:

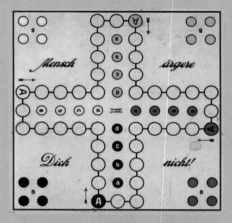

Abbildung 3.31: Mensch-ärgere-Dich-nicht

Beim Spiel Mensch-ärgere-Dich-nicht (diejenigen unter Ihnen, die Kinder haben oder sich noch an die eigene Kinderzeit erinnern, wissen es) kann man seine Kinder noch gewinnen lassen, ohne dabei schwindeln zu müssen. Also muss ein Geschicklichkeitsanteil vorhanden sein.

Beim Spiel **zweier Spieler** gegeneinander liegt dieser Anteil ganz knapp über **50 %**.

Das Spiel wird jedoch mehr und mehr zum Glücksspiel je mehr Spieler daran teilnehmen. Bei **4 Spielern** liegt der Geschicklichkeitsanteil nur noch im Bereich von circa **20 %**.

Eine besondere Erfahrung (und das soll jetzt doch noch die anfangs angedeutete Anekdote enthalten) hat der Autor bei der Erstellung eines Gutachtens zum Spiel **„Observation Roulette"** gemacht.

Abbildung 3.32: Observation-Roulette

Abbildung 3.33: Herkömmliches Roulette

Der Unterschied zwischen herkömmlichem Roulette und dem Observation Roulette (von dem verschiedene Varianten existieren) liegt vor allem in der Beschaffenheit des Zahlenkessels:

a) Während beim herkömmlichen Roulette (siehe Abbildung 3.33) der Zahlenkranz vom Croupier in Drehung versetzt wird, sobald die Kugel geworfen wird, ist der Zahlenkranz beim Observation Roulette unbeweglich und bleibt fix.

b) Der Rand des Zahlenkessels beim herkömmlichen Roulette ist relativ schmal und von rautenförmigen Hindernissen durchsetzt, während der Rand beim Observation Roulette wesentlich breiter und ebenmäßig glatt ist. Am Rand sind drei konzentrische weiße Kreise eingezeichnet, die aber kein Hindernis darstellen, sondern glatt in den Rand eingelassen sind (siehe Abbildung 3.32).

c) Die Zahlen und Farben sind beim herkömmlichen Roulette durcheinander angeordnet, beim Observation Roulette dagegen geordnet.

Beim Observation Roulette muss nun der Croupier die Kugel so in Bewegung setzen, dass sie mindestens drei Runden unter dem übergewölbten Rand des Kessels zieht, bevor sie sich vom Rand löst und in weiteren Runden bis in den Zahlenkranz fällt. Die Laufbahn der Kugel entwickelt sich während der Laufzeit mehr und mehr in eine immer deutlicher ausgeprägte Ellipse.
Die Hauptachsen dieser Ellipsen verschieben sich in relativ gleichmäßigem Abstand. Der Spieler darf solange Einsätze tätigen bis die Kugel den innersten der drei konzentrischen weißen Ringe erreicht hat.
Es erweist sich nach einiger Beobachtung, dass die Kugel fast ausnahmslos dann in eines der Zahlenfelder fällt, wenn sie sich auf der kürzeren Hauptachse der Ellipse befindet und dann auch in einem Feld ziemlich in der Nähe zu liegen kommt.

Durch verschiedene Versuche konnte klar nachgewiesen werden, dass – unter idealen Bedingungen (z.B. keine Erschütterungen des Kessels) ein Spieler durch längere Beobachtung der Bewegungscharakteristika und durch Setzen auf Hälften des Zahlenkranzes seine Gewinnwahrscheinlichkeiten auf bis zu 70% steigern kann. Unter anderem wurde auch ein Croupier eines niederländischen Privat-Casinos mit langjähriger Erfahrung mit dem Observation Roulette aufgefordert, über einen längeren Beobachtungszeitraum das Spiel zu spielen und auch bei diesem Spieler war eine Gewinnwahrscheinlichkeit von knapp 70% zu konstatieren.

Darauf hingewiesen, dass natürlich auch ein geübter und konzentrierter Spieler als Gast des Casinos ja dann hohe Gewinne einfahren und das Casino in Bedrängnis bringen könne und wie er mit dieser Tatsache umgehe, meinte der Croupier gutmütig lächelnd und mit einem herrlichen, unnachahmlichen holländischen Akzent sinngemäß:
„Wenn ich bemerke, dass einer regelmäßig zu gewinnen beginnt, dann hab ich immer ein paar Kugeln mit anderen Gewichten in Reserve, die ich dann unbemerkt auswechsle und dann schaut die Sache schon bald wieder ganz anders aus."

3.13   Fairer Preis von Derivaten im binomischen Modell auf underlyings mit Auszahlungen/Kosten

Wie wir bereits weiter oben angekündigt haben, leiten wir hier jetzt (ohne viele weitere Kommentare) den fairen Preis des Derivats D (auf ein underlying S im binomischen Ein-Schritt-Modell) mit dem wir uns in den letzten Paragraphen beschäftigt haben, her, unter der Voraussetzung dass durch das underlying Zahlungen oder Kosten während der Laufzeit des Derivats anfallen.

Wie schon in den Kapiteln 3.5 und 3.6 gehen wir davon aus, dass die Höhe der Zahlungen als absoluter auf den Zeitpunkt 0 diskontierter Wert Z gegeben ist oder als stetige Rendite δ.

Wir behandeln nur den Fall einer stetigen Rendite δ für das underlying (den Fall einer absolut gegebenen diskontierten Zahlung Z überlassen wir dem Leser).
Es wird dabei davon ausgegangen, dass die Dividenden (Zahlungen, Kosten) immer sofort in das underlying investiert werden. Das bedeutet: Das underlying kann sich vom Zeitpunkt 0 bis zum Zeitpunkt T von S_0 entweder auf $u \cdot e^{\delta \cdot T} \cdot S_0$ oder auf $d \cdot e^{\delta \cdot T} \cdot S_0$ entwickeln. Das bedeutet aber auch, dass wir zur Bewertung des Derivats genau dieselbe Methode verwenden können wie im dividendenlosen Fall, wenn wir einfach das u von früher durch $u \cdot e^{\delta \cdot T}$ und das d von früher durch $d \cdot e^{\delta \cdot T}$ ersetzen. Wir erhalten also dann genau die gleiche Formel für den fairen Preis f_0 des Derivats, nämlich

$$f_0 = e^{-rT} \cdot \left(p' \cdot f_u + \left(1 - p' \right) \cdot f_d \right)$$

wobei jetzt aber (durch die Ersetzung von u und d durch $u \cdot e^{\delta \cdot T}$ und $d \cdot e^{\delta \cdot T}$)

$$p' = \frac{e^{r \cdot T} - d \cdot e^{\delta \cdot T}}{u \cdot e^{\delta \cdot T} - d \cdot e^{\delta \cdot T}} \ \text{gilt},$$

und das ist vereinfacht

$$p' = \frac{e^{(r-\delta) \cdot T} - d}{u - d}$$

anstelle der früheren künstlichen Wahrscheinlichkeit $p' = \frac{e^{r \cdot T} - d}{u - d}$.

Wir fassen zusammen:

Satz 3.14. *In einem binomischen Einschritt-Modell im Zeitbereich $[0, T]$ mit stetiger Auszahlungs-/Kosten-Rendite δ, und mit Parametern S_0, u, d, p und r (mit $S_0 > 0$ und $d < u$) hat jedes Derivat mit payoffs f_u und f_d einen eindeutig bestimmten fairen Wert f_0 und der ist gegeben durch*

$$f_0 = e^{-rT} \cdot \left(p' \cdot f_u + \left(1 - p' \right) \cdot f_d \right)$$

wobei

$$p' = \frac{e^{(r-\delta) \cdot T} - d}{u - d}.$$

3.14 Das binomische Zwei-Schritt-Modell

Das binomische Ein-Schritt-Modell ist in den vergangenen Kapiteln ausführlich analysiert und abgearbeitet worden. Unser Hauptkritikpunkt an dem Modell war natürlich, dass das Modell nichts mit realen Aktienkursentwicklungen zu tun hat.

Daher verkomplizieren wir das Modell ein wenig mit der Absicht, es der Realität zumindest ein wenig weiter anzunähern: Wir gehen über zum binomischen
Zwei-Schritt-Modell. (Sie brauchen allerdings nicht befürchten, dass wir uns dann
das Drei-Schritt-Modell und das Vier-Schritt-Modell, usw. vornehmen! Es ist aber
sehr hilfreich, das Zwei-Schritt-Modell doch noch im Detail zu untersuchen, da uns
dadurch einige weitere Grundprinzipien sehr anschaulich an Hand dieses Modells
klar werden dürften.)

Das binomische Zwei-Schritt-Modell ist die logische Fortführung des Ein-Schritt-
Modells, eben jetzt auf **zwei aufeinanderfolgende voneinander unabhängige**
Schritte. Wir stellen das Modell schematisch in Abbildung 3.34 dar:

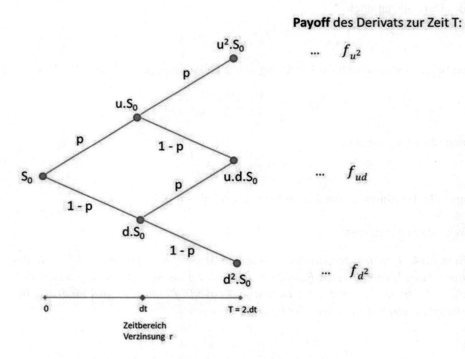

Abbildung 3.34: Binomisches Zwei-Schritt-Modell

Ein (europäisches) Derivat D auf das underlying S ist wieder durch die Payoffs
$(f_{u^2}, f_{ud}, f_{d^2})$ des Derivats zum Zeitpunkt T gegeben.

Wir bezeichnen wieder mit f_0 den fairen Preis des Derivats zum Zeitpunkt 0 und
wir bezeichnen jetzt mit f_u den fairen Preis des Derivats zum Zeitpunkt $dt \left(= \frac{T}{2} \right)$,
falls die Aktie zur Zeit dt den Wert $u \cdot S_0$ hat und mit f_d den fairen Preis des
Derivats zum Zeitpunkt $dt \left(= \frac{T}{2} \right)$, falls die Aktie zur Zeit dt den Wert $d \cdot S_0$ hat.

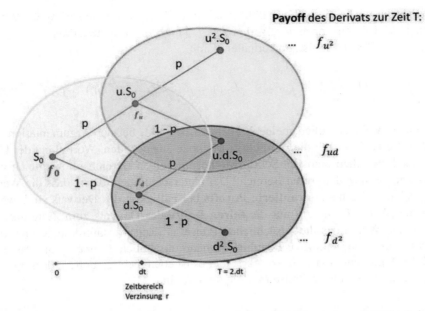

Abbildung 3.35: Binomisches Zwei-Schritt-Modell als Kombination von drei Ein-Schritt-Modellen

Ganz offensichtlich können wir die Werte f_u und f_d bereits berechnen. Sie ergeben sich ja gerade als die fairen Preise in den beiden binomischen Ein-Schritt-Modellen am rechten Rand des Zwei-Schritt-Modells (grüne Ellipse für f_u und rote Ellipse für f_d in Abbildung 3.35). Indem wir die Methode des Ein-Schritt-Modells anwenden erhalten wir (zu beachten ist dabei auch, dass die Schrittweite im Ein-Schrittmodell jetzt nicht T sondern dt ist):

$$f_u = e^{-rdt} \cdot \left(p' \cdot f_{u^2} + \left(1 - p' \right) \cdot f_{ud} \right)$$

bzw.

$$f_d = e^{-rdt} \cdot \left(p' \cdot f_{ud} + \left(1 - p' \right) \cdot f_{d^2} \right) \tag{3.7}$$

wobei

$$p' = \frac{e^{r \cdot dt} - d}{u - d}.$$

Wir interessieren uns allerdings vor allem für f_0, also den fairen Wert des Derivats zum Zeitpunkt 0. Naheliegend wäre nun, im gelb hinterlegten Ein-Schritt-Modell an der linken Seite des Zwei-Schritt-Modells zu arbeiten:

Wenn sich im ersten Schritt das underlying auf $u \cdot S_0$ entwickelt, dann hat mein Derivat den (vorher berechneten) Wert (payoff ?) f_u, wenn sich im ersten Schritt das underlying auf $d \cdot S_0$ entwickelt, dann hat mein Derivat den (vorher berechneten) Wert (payoff ?) f_d. Daraus lässt sich dann also – mit der Ein-Schritt-Methode – wieder der faire Wert f_0 zum Zeitpunkt 0 berechnen:

$$f_0 = e^{-rdt} \cdot \left(p' \cdot f_u + \left(1 - p' \right) \cdot f_d \right) \tag{3.8}$$

Jetzt setzen wir in dieser Formel 3.8 die Werte für f_u und f_d aus Formel 3.7 ein, ordnen das Ergebnis nach den Werten f_{u^2}, f_{ud} und f_{d^2}, beachten, dass $e^{-r \cdot dt} \cdot e^{-r \cdot dt} = e^{-r \cdot T}$ ist, und erhalten damit

$$f_0 = e^{-rT} \cdot \left(\left(p' \right)^2 \cdot f_{u^2} + 2 \cdot p' \cdot \left(1 - p' \right) \cdot f_{ud} + \left(1 - p' \right)^2 \cdot f_{d^2} \right) \qquad (3.9)$$

Sie haben wahrscheinlich meine Vorbehalte bemerkt, bei der Argumentation im gelben Bereich, wieder die Ein-Schritt-Methode anzuwenden. Worin liegt der Unterschied zwischen dem Ein-Schritt-Modell im gelben Bereich im Vergleich mit dem grünen bzw. dem roten Bereich? Der Unterschied liegt darin, dass die Werte f_{u^2}, f_{ud} und f_{d^2} fixe, **garantierte Payoffs** bei Fälligkeit des Derivats sind, während die Werte f_u und f_d nur die **fairen Preise** des Derivats zum Zeitpunkt dt darstellen. Wären das die tatsächlichen Preise zur Zeit dt, dann könnte man das Derivat zum Zeitpunkt dt verkaufen und hätte tatsächlich f_u und f_d als Payoffs, und die Argumentation wäre korrekt. Aber es ist eben nicht garantiert, dass f_u und f_d tatsächlich die realen Preise im Zeitpunkt dt sind.

Frage: Kann trotzdem im gelben Bereich mit dem Ein-Schritt-Modell argumentiert werden?

Antwort: Ja, man kann es und zwar auf Grund der folgenden Zusatz-Argumentation:

Sollte der Preis des Derivats zum Zeitpunkt dt von f_u (bzw. f_d) abweichen, dann gehe ich im Zeitpunkt dt das replizierende Portfolio für die Payoffs f_{u^2} und f_{ud} (bzw. f_{ud} und f_{d^2}) short. Der Preis des replizierenden Portfolios ist genau f_u (bzw. f_d), so ist ja f_u (f_d) gerade definiert. Ich erhalte damit im Zeitpunkt dt tatsächlich einen Payoff von f_u bzw. f_d.

Im Zeitpunkt T neutralisiert sich der Payoff, den ich durch das Derivat bekomme, mit dem Preis des replizierenden Portfolios, das ich damit wieder glattstellen kann. Auf diese Weise habe ich mir f_u bzw. f_d als tatsächliche Payoffs zur Zeit dt ohne weitere Kosten gesichert und ich kann tatsächlich mit dem Ein-Schritt-Modell im gelben Bereich argumentieren.

Wir können also vorerst wieder feststellen: Wenn es einen arbitragefreien Preis f_0 gibt, dann muss er von der Form wie in Formel 3.9 sein.
Dass f_0 tatsächlich ein arbitragefreier Preis ist, lässt sich wieder leicht mit Hilfe des Ein-Schritt-Modells argumentieren. Es ist leicht einzusehen, dass, wenn eine Arbitrage-Möglichkeit im Zwei-Schritt-Modell existieren sollte, dann bereits in einem der drei oben eingefärbten Ein-Schritt-Modelle eine Arbitrage-Möglichkeit existieren müsste. Wir haben aber bereits in der Analyse des Ein-Schritt-Modells gezeigt, dass das nicht der Fall ist.

Für diejenigen die das letzte Argument ganz genau haben möchten:

Angenommen der Preis des Derivats wäre f_0 und es gäbe eine Arbitrage-Möglichkeit, das heißt, eine Strategie, die im Zeitpunkt 0 den Preis 0 hat und die zum Zeitpunkt T auf jeden Fall einen Wert größer oder gleich 0 und mit positiver Wahrscheinlichkeit einen Wert größer als 0 hat. Wir wissen vom Ein-Schritt-Modell, dass eine Strategie die im Moment 0 den Wert 0 hat, im Zeitpunkt dt entweder in beiden möglichen Fällen ebenfalls den Wert 0 hat oder aber in einem der beiden Fälle einen negativen Wert hat. Im ersten dieser beiden Fälle, das wissen wir wieder aus dem Ein-Schritt-Modell, muss die Strategie zum Zeitpunkt T entweder in jedem der drei möglichen Fälle den Wert 0 haben, oder in mindestens einem Fall einen negativen Wert haben. Im zweiten der beiden Fälle gehen wir von dieser Situation aus, bei der der Wert der Strategie zum Zeitpunkt dt negativ (etwa Wert $= -\varepsilon$) ist. Vom Ein-Schritt-Modell wissen wir, dass von hier ausgehend in mindestens einer Situation ein negativer Endwert resultieren muss. (Denn: Wären beide Endwerte größer oder gleich Null. Dann betrachten wir dieselbe Strategie im Zeitpunkt dt inklusive ε in Cash.

Diese neue Strategie hat im Zeitpunkt dt den Wert 0 und im Zeitpunkt T sicher einen positiven Wert. Das ist aber in einem Ein-Schritt-Modell nicht möglich, wie wir wissen.) Somit ist in keinem Fall Arbitrage möglich.

Somit können wir zusammenfassen:

Satz 3.15. *In einem binomischen Zwei-Schritt-Modell im Zeitbereich $[0, T]$ (ohne Zahlungen oder Kosten) mit Parametern S_0, u, d, p und r (mit $S_0 > 0$ und $d < u$) hat jedes Derivat mit payoffs f_u und f_d einen eindeutig bestimmten fairen Wert f_0 und der ist gegeben durch*

$$f_0 = e^{-rT} \cdot \left(\left(p'\right)^2 \cdot f_{u^2} + 2 \cdot p' \cdot \left(1 - p'\right) \cdot f_{ud} + \left(1 - p'\right)^2 \cdot f_{d^2} \right)$$

wobei

$$p' = \frac{e^{r \cdot dt} - d}{u - d}.$$

3.15 Die Bewertung von Derivaten im binomischen Zwei-Schritt-Modell, Diskussion des Ergebnisses

Arbitrage-Freiheit des Zwei-Schritt-Modells

Wie im Ein-Schritt-Modell ist wieder zu argumentieren, dass das Zwei-Schritt-Modell (für sich allein genommen) genau dann arbitragefrei ist, wenn $d \leq e^{r \cdot dt} \leq u$. Und genau dann ist p' auch wieder ein Wert zwischen 0 und 1.

Das Zwei-Schritt-Modell ist übrigens in den Abbildungen 3.34 und 3.35 geometrisch nicht korrekt gezeichnet, da die Wertentwicklung zum Beispiel von S_0 über $u \cdot S_0$ zu $u^2 \cdot S_0$ nicht linear verläuft – wie durch die schematische Darstellung suggeriert – sondern exponentiell. In Abbildung 3.36 ist etwa die Erweiterung des konkreten Zahlenbeispiels der früheren Kapitel über das Ein-Schritt-Modell auf das Zwei-Schritt-Modell geometrisch exakt dargestellt.

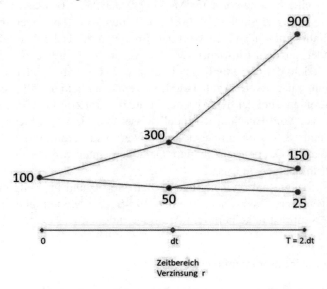

Abbildung 3.36: Zwei-Schritt-Modell, konkretes Zahlenbeispiel, geometrisch korrekte Darstellung

Wir werden im Folgenden dennoch meist bei der anschaulichen schematischen linearen Darstellung bleiben.

Interpretation der Bewertungsformel als diskontierter erwarteter Gewinn

Könnte in Analogie zum Ein-Schritt-Modell die Bewertungsformel im Zwei-Schritt-Modell (von Satz 3.15) möglicher Weise wieder als diskontierter erwarteter Payoff bezüglich der Wahrscheinlichkeit p' aufgefasst werden?

Ja, das ist tatsächlich der Fall:

- Es gibt **einen** möglichen Entwicklungsweg des underlyings (über $u \cdot S_0$ zu $u^2 \cdot S_0$), der zu einem Derivat-Payoff von f_{u^2} führt. Die (künstliche) Wahrscheinlichkeit, dass dieser Weg vom underlying eingeschlagen wird, ist $p' \cdot p' = (p')^2$.
  (Hier haben wir die Unabhängigkeit der zwei aufeinanderfolgenden Schritte verwendet. Nur dann ergibt sich die Wahrscheinlichkeit des Weges als Produkt der beiden Einzel-Wahrscheinlichkeiten.)

- Es gibt **zwei** mögliche Entwicklungswege des underlyings (einen über $u \cdot S_0$ zu $u \cdot d \cdot S_0$ und einen über $d \cdot S_0$ zu $u \cdot d \cdot S_0$), die zu einem Derivat-Payoff von f_{ud}. Die (künstliche) Wahrscheinlichkeit dass der erste dieser Wege vom underlying eingeschlagen wird, ist $p' \cdot (1 - p')$ und die (künstliche) Wahrscheinlichkeit, dass der zweite dieser Wege vom underlying eingeschlagen wird, ist $(1 - p') \cdot p'$. In Summe ist also die (künstliche) Wahrscheinlichkeit, dass der Payoff f_{ud} eintritt, gegeben durch $\mathbf{2 \cdot p' \cdot (1 - p')}$.

- Es gibt **einen** möglichen Entwicklungsweg des underlyings (über $d \cdot S_0$ zu $d^2 \cdot S_0$), der zu einem Derivat-Payoff von f_{d^2} führt. Die (künstliche) Wahrscheinlichkeit, dass dieser Weg vom underlying eingeschlagen wird, ist $(1 - p') \cdot (1 - p') = \mathbf{(1 - p')^2}$.

Und damit ist der diskontierte erwartete Payoff bezüglich der künstlichen Wahrscheinlichkeit tatsächlich gleich der Bewertungsformel

$$e^{-rT} \cdot \left((p')^2 \cdot f_{u^2} + 2 \cdot p' \cdot (1 - p') \cdot f_{ud} + (1 - p')^2 \cdot f_{d^2} \right) .$$

p' als risikoneutrales Maß im binomischen Zwei-Schritt-Modell

Auch das binomische Zwei-Schritt-Modell wird unter der Wahrscheinlichkeit p' zu einem fairen Spiel. Dazu ist zu überprüfen, ob der auf den Zeitpunkt 0 diskontierte erwartete Gewinn durch das underlying zum Zeitpunkt $2 \cdot dt$ gleich dem momentanen Wert S_0 des underlyings ist. (Eigentlich müsste das für jeden Zeitpunkt bezogen auf jeden späteren Zeitpunkt durchgeführt werden, aber für die Einzelschritte wurde das ja schon beim Ein-Schritt-Modell durchgeführt.)

Und tatsächlich gilt (unter Verwendung der binomischen Formel $a^2 + 2 \cdot a \cdot b + b^2 = (a + b)^2$ für $a = u \cdot p'$ und $b = d \cdot (1 - p')$ und unter Verwendung der obigen Überlegungen über die einzelnen Wege im Zwei-Schritt-Modell und deren Wahrscheinlichkeiten):

diskontierter erwarteter Payoff =
$$e^{-rT} \cdot \left((p')^2 \cdot u^2 \cdot S_0 + 2 \cdot p' \cdot (1 - p') u \cdot d \cdot S_0 + (1 - p')^2 \cdot d^2 \cdot S_0 \right) =$$
$$e^{-rT} \cdot S_0 \cdot (p' \cdot u + (1 - p') \cdot d)^2 ,$$
und wegen
$$(p' \cdot u + (1 - p') \cdot d)^2 = \left(\frac{e^{r \cdot dt} - d}{u - d} \cdot u + \left(1 - \frac{e^{r \cdot dt} - d}{u - d} \right) \cdot d \right)^2 = \left(e^{r \cdot dt} \right)^2 = e^{rT}$$
ergibt sich für den diskontierten erwarteten Payoff tatsächlich
$$e^{-rT} \cdot S_0 \cdot e^{rT} = S_0 \text{ was zu zeigen war.}$$

3.16   Hedging und Arbitrage im binomischen Zwei-Schritt-Modell

Wir erinnern uns an die in Abbildung 3.37 nochmals dargestellte Situation eines OTC-Handels eines Derivats zwischen einer Bank B und einem Investor A und des Hedgings dieses Geschäfts durch die Bank im Fall eines binomischen Ein-Schritt-Modells.

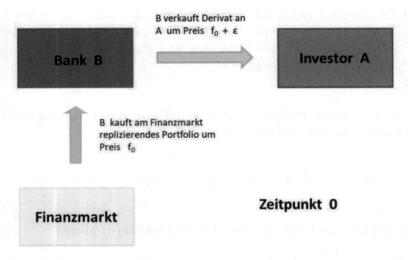

Abbildung 3.37: Hedging mittels replizierenden Portfolios im Ein-Schritt-Modell

Jetzt gehen wir von der selben Situation aus, das underlying des Derivats entwickelt sich aber nach einem binomischen Zwei-Schritt-Modell. Im binomischen Zwei-Schritt-Modell existiert nun im Allgemeinen aber kein replizierendes Portfolio mehr, also ein Portfolio aus x Stück underlying und aus y Cash, das im Zeitpunkt 0 gekauft wird und das in jedem Fall zum Zeitpunkt T denselben Wert hat wie der Payoff des Derivats. Der Grund dafür: Es gibt im Zwei-Schritt-Modell 3 verschiedene Ausgänge ($u^2 \cdot S_0$, $ud \cdot S_0$ und $d^2 \cdot S_0$) und damit im Allgemeinen 3 verschiedene Payoffs f_{u^2}, f_{ud} und f_{d^2}. Damit müssen 3 Gleichungen zur Zeit T erfüllt werden. Wir haben aber nur 2 Variable x und y zur Verfügung. 3 Gleichungen in 2 Variablen haben im Allgemeinen keine Lösung.

Es gibt also **kein (statisches) replizierendes Portfolio**, aber es gibt sehr wohl eine **replizierende Handelsstrategie** und zwar die folgende:

Wir erstellen im Zeitpunkt 0 das replizierende Portfolio für die Werte f_u und f_d zur Zeit dt. Die Kosten für dieses Portfolio betragen gerade f_0. Dieses Portfolio wird zum Zeitpunkt dt verkauft. Für den Verkaufserlös f_u (falls S_0 sich auf $u \cdot S_0$ entwickelt) bzw. f_d (falls S_0 sich auf $d \cdot S_0$ entwickelt) erwerben wir das replizierende Portfolio für die Werte f_{u^2}, f_{ud} bzw. für f_{ud} und f_{d^2} zur Zeit T. Die Kosten für diese Portfolios sind ja gerade f_u bzw. f_d.

Diese dynamische und nicht mehr statische Handels-Strategie sichert das durch das Derivat entstehende Risiko wieder perfekt ab. Die Bank wird also mittels dieser dynamischen replizierenden Handelsstrategie ihr Risiko eliminieren. Es ist also auch im Zwei-Schritt-Modell perfektes Hedging möglich, allerdings ist der Hedging-Vorgang mit mehr Aufwand (und mehr erforderlichem Know-How) verbunden.

Abbildung 3.38: Hedging mittels replizierender Handels-Strategie im Zwei-Schritt-Modell

3.17 Konkretes Zahlenbeispiel zur Bewertung und zum Hedgen eines Derivats und zur Durchführung von Arbitrage in einem binomischen Zwei-Schritt-Modell

Wir rechnen jetzt ein konkretes Zahlenbeispiel und betrachten dazu eine Call-Option D mit Strike $K = 200$ auf das underlying das sich im Zwei-Schritt-Modell entwickelt, das wir in Abbildung 3.36 und jetzt noch einmal in Abbildung 3.39 mit den Payoffs der Option dargestellt haben. Als Zinssatz wählen wir wieder $r = 0$.

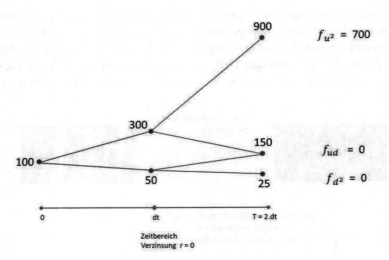

Abbildung 3.39: Konkretes Zahlenbeispiel, Call mit Strike 200 im Zwei-Schritt-Modell

u und d haben dieselben Werte 3 bzw. $\frac{1}{2}$ wie im Zahlenbeispiel des Ein-Schritt-Modells und r ist wieder gleich 0 (somit $e^{r\cdot dt} = e^{r\cdot T} = 1$) und daher hat p' denselben Wert wie früher, nämlich $p' = \frac{1}{5}$.

Daher ist

$$
\begin{aligned}
\boldsymbol{f_0} &= e^{-rT} \cdot \left(\left(p'\right)^2 \cdot f_{u^2} + 2 \cdot p' \cdot \left(1 - p'\right) \cdot f_{ud} + \left(1 - p'\right)^2 \cdot f_{d^2} \right) = \\
&= \left(\frac{1}{5}\right)^2 \cdot 700 + 2 \cdot \frac{1}{5} \cdot \frac{4}{5} \cdot 0 + \left(\frac{4}{5}\right)^2 \cdot 0 = \boldsymbol{28}
\end{aligned}
$$

Um die Hedging-Strategie und gegebenenfalls eine Arbitrage-Strategie durchführen zu können, benötigen wir aber wesentlich mehr Information. Wir benötigen die Werte f_u und f_d sowie die Form der replizierenden Portfolios in den einzelnen Ein-Schritt-Modellen.

Wir haben (Formel 3.7)

$$
\boldsymbol{f_u} = e^{-rdt} \cdot \left(p' \cdot f_{u^2} + \left(1 - p'\right) \cdot f_{ud} \right) = \frac{1}{5} \cdot 700 = \boldsymbol{140}
$$

bzw.

$$
\boldsymbol{f_d} = e^{-rdt} \cdot \left(p' \cdot f_{ud} + \left(1 - p'\right) \cdot f_{d^2} \right) = \boldsymbol{0}
$$

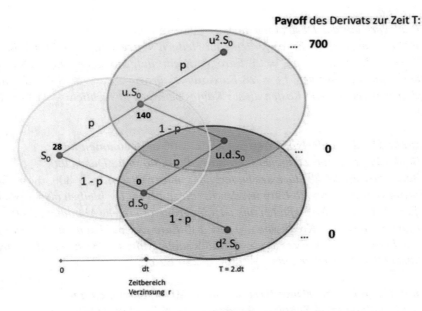

Abbildung 3.40: Replizieren im Zwei-Schritt-Modell

Im **roten Bereich** (Abbildung 3.40) replizieren wir natürlich einfach mit dem leeren Portfolio (also $x_{ro} = 0, y_{ro} = 0$). Seine Kosten betragen $f_d = 0$.

Das replizierende Portfolio für den **grünen Bereich** berechnen wir aus den Formeln 3.3, natürlich angepasst in der Bezeichnung der Parameter auf den jetzt betrachteten grünen Bereich. Also

$$x_{gr} = \frac{f_{u^2} - f_{ud}}{u \cdot S_0 \cdot (u - d)} = \frac{700 - 0}{300 \cdot \left(3 - \frac{1}{2}\right)} = \frac{14}{15}$$

$$y_{gr} = e^{-rdt} \cdot \frac{u \cdot f_{ud} - d \cdot f_{u^2}}{u - d} = \frac{0 - \frac{1}{2} \cdot 700}{\left(3 - \frac{1}{2}\right)} = -140$$

Das replizierende Portfolio für den **gelben Bereich** berechnen wir direkt aus den Formeln 3.3 unter der Verwendung der vorhin berechneten Werte für $f_u = 140$ und $f_d = 0$:

$$x_{ge} = \frac{f_u - f_d}{S_0 \cdot (u - d)} = \frac{140 - 0}{100 \cdot \left(3 - \frac{1}{2}\right)} = \frac{14}{25}$$

$$y_{ge} = e^{-rT} \cdot \frac{u \cdot f_d - d \cdot f_u}{u - d} = \frac{0 - \frac{1}{2} \cdot 140}{\left(3 - \frac{1}{2}\right)} = -28$$

Damit haben wir alle Informationen, die wir für die replizierende Strategie benötigen. Das **Hedgen** geht nun so vor sich:

Zeitpunkt 0:

Die Bank verkauft das Derivat um $f_0 + \varepsilon = 28 + \varepsilon$ Euro.

Die eingenommenen 28 Euro werden zum Hedgen verwendet. ε bleibt der Bank als Gewinn. Es werden $-y_{ge} = 28$ Euro als Kredit aufgenommen. Diese 28 Euro werden zusammen mit den $f_0 = 28$ Euro zum Kauf von $x_{ge} = \frac{14}{25}$ Stück des underlyings verwendet. Die Kosten dieses Kaufes betragen tatsächlich $\frac{14}{25} \cdot 100 = 56$ Euro.

Zeitpunkt dt falls underlying Wert $u \cdot S_0 = 300$ angenommen hat:

Die Bank stellt das zum Zeitpunkt 0 eröffnete Portfolio glatt. Das heißt: Die Bank verkauft die $\frac{14}{25}$ Stück des underlyings und erhält dafür $\frac{14}{25} \cdot 300 = 168$ Euro. Davon verwendet sie 28 Euro um den Kredit zu tilgen. Ihr bleiben also tatsächlich $f_u = 140$ Euro. Wir befinden uns jetzt im grünen Bereich (Abbildung 3.40). Die Bank nimmt einen Kredit von $-y_{gr} = 140$ Euro auf und kauft mit diesen 140 Euro und den $f_u = 140$ Euro $x_{gr} = \frac{14}{15}$ Stück underlying. Die Kosten dafür betragen tatsächlich die vorhandenen $\frac{14}{15} \cdot 300 = 280$ Euro.

Zeitpunkt dt falls underlying Wert $d \cdot S_0 = 50$ angenommen hat:

Die Bank stellt das zum Zeitpunkt 0 eröffnete Portfolio glatt. Das heißt: Die Bank verkauft die $\frac{14}{25}$ Stück des underlyings und erhält dafür $\frac{14}{25} \cdot 50 = 28$ Euro. Diese 28 Euro verwendet die Bank um den Kredit zu tilgen. Ihr bleiben also tatsächlich $f_d = 0$ Euro. Wir befinden uns jetzt im roten Bereich. Da $x_{ro} = y_{ro} = 0$ ist, werden keine weiteren Maßnahmen gesetzt. Da von hier ausgehend im Zeitpunkt T das Derivat sicher einen Payoff von 0 hat, sind auch keine Maßnahmen nötig, im Zeitpunkt T fließen weder durch das Derivat noch durch die Hedging-Strategie irgendwelche Zahlungen.

Zeitpunkt T falls in dt das underlying den Wert $u \cdot S_0 = 50$ angenommen hatte:

Die Bank besitzt in diesem Fall $\frac{14}{15}$ Stück des underlying und hat einen Kredit in Höhe von 140 Euro offen. Die Bank verkauft die $\frac{14}{15}$ Stück underlying um $\frac{14}{15} \cdot 900 = 840$ Euro (falls sich das underlying auf 900 entwickelt) bzw. um $\frac{14}{15} \cdot 150 = 140$ Euro (falls sich das underlying auf 150 entwickelt). Der Kredit wird glattgestellt, der Bank bleiben somit 700 bzw. 0 Euro, mit denen sie die jeweils erforderlichen Payoffs des Derivats bezahlen kann.

Das Derivat ist durch diese Strategie perfekt gehedgt!

Nun ist aber auch klar, wie **Arbitrage** durchgeführt wird, im Fall dass der tatsächliche Preis D_0 des Derivats vom fairen Preis f_0 des Derivats abweicht.

Falls $D_0 > f_0$:

Verkaufe das Derivat um D_0 und führe die replizierende Strategie zum Preis von f_0 durch. Es bleiben $D_0 - f_0 > 0$ als risikoloser Gewinn ohne Kapitaleinsatz.

Falls $D_0 < f_0$:
Führe die entgegengesetzte Version zur replizierenden Strategie zum Preis von $-f_0$ durch und kaufe das Derivat zum Preis von D_0. Es bleiben $f_0 - D_0 > 0$ als risikoloser Gewinn ohne Kapitaleinsatz.

3.18 Bewertung von Derivaten im binomischen N-Schritt-Modell

Das binomische N-Schritt-Modell ist die logische Fortführung des Ein-Schritt-Modells und des Zwei-Schritt-Modells auf **N aufeinanderfolgende voneinander unabhängige** Schritte. Wir stellen das Modell schematisch (in geometrisch nicht korrekter Form) in Abbildung 3.41 (zusammen mit dem allgemeinen Payoff eines Derivats) dar und zur Veranschaulichung einmal in geometrisch korrekter Form für ein konkretes Zahlenbeispiel in Abbildung 3.42. In allen diesen Bildern passiert in jedem Punkt eine Aufwärtsbewegung mit Wahrscheinlichkeit p und eine Abwärtsbewegung mit Wahrscheinlichkeit $1 - p$.

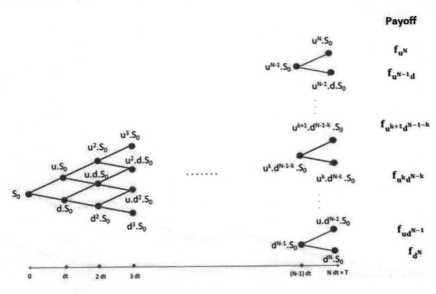

Abbildung 3.41: Binomisches N-Schritt-Modell, schematisch

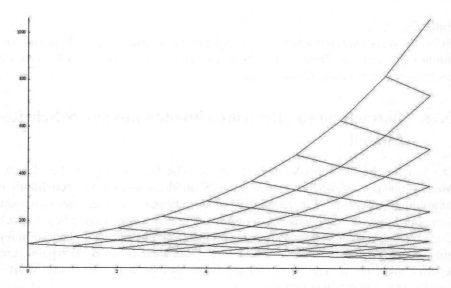

Abbildung 3.42: Binomisches 9-Schritt-Modell, konkretes Zahlenbeispiel, geometrisch korrekte Darstellung

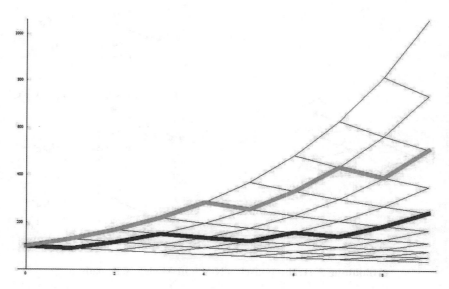

Abbildung 3.43: Binomisches 9-Schritt-Modell, konkretes Zahlenbeispiel, mit zwei möglichen Entwicklungspfaden

Im binomischen N-Schritt-Modell sind 2^N mögliche Entwicklungen des underlying (Entwicklungspfade) möglich. Konkret im in den Abbildungen 3.42 und 3.43 dargestellten 9-Schritt-Modell gibt es 512 mögliche Entwicklungspfade. 2 dieser Pfade sind beispielhaft in Abbildung 3.43 grün und rot hervorgehoben.

Nach unseren Vorarbeiten für die Bewertung von Derivaten im Ein- und im Zwei-Schritt-Modell haben wir bereits eine Vermutung zum fairen Preis f_0 des in Abbildung 3.41 dargestellten Derivats im binomischen N-Schritt-Modell.

Unsere **Vermutung** lautet:
Der faire Preis f_0 des Derivats ist der diskontierte erwartete Payoff durch das Derivat, berechnet bezüglich der risikoneutralen Wahrscheinlichkeit, das heißt bezüglich der Wahrscheinlichkeit für die das binomische N-Schritt-Modell ein faires Spiel wird. Die risikoneutrale Wahrscheinlichkeit ist (wie im Ein- und Zwei-Schritt-Modell) gegeben durch die Wahrscheinlichkeit $p' = \frac{e^{r \cdot dt} - d}{u - d}$ für einen Schritt nach oben in jedem Knoten des Modells.

Überlegen wir uns zunächst wie die Formel zur Bewertung aussehen würde, falls unsere Vermutung richtig wäre. Es wäre dann natürlich:

$$f_0 = e^{-rT} \cdot \sum_{k=0}^{N} \left(f_{u^k d^{N-k}} \cdot W \left(\text{Payoff } f_{u^k d^{N-k}} \right) \right).$$

Hier bezeichnet $W \left(\text{Payoff } f_{u^k d^{N-k}} \right)$ die Wahrscheinlichkeit, dass der Payoff $f_{u^k d^{N-k}}$ eintritt.

Wie groß ist die Wahrscheinlichkeit für das Eintreten von Payoff $f_{u^k d^{N-k}}$?
Der Payoff $f_{u^k d^{N-k}}$ tritt dann ein wenn sich das underlying auf den Wert $u^k \cdot d^{N-k} \cdot S_0$ entwickelt. Dies tritt wiederum genau dann ein, wenn sich der Aktienkurs während der N Zeitschritte genau k Mal nach oben und genau $N - k$ Mal nach unten bewegt. Nun gibt es aber jede Menge von Wegen mit genau k Schritten nach oben und genau $N - k$ Schritten nach unten (siehe zum Beispiel Abbildung 3.44 mit drei Beispielpfaden zum selben Endpunkt, jeweils 6 up-Bewegungen und 3 down -Bewegungen).

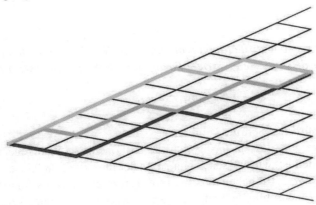

Abbildung 3.44: Drei Entwicklungspfade mit gleichem Endpunkt im 9-Schritt-Modell

Ein fix vorgegebener dieser Wege die zum Endpunkt $u^k \cdot d^{N-k} \cdot S_0$ führen, muss an k fix vorgegebenen Zeitpunkten eine Bewegung nach oben machen und an den restlichen $N-k$ Zeitpunkten eine Bewegung nach unten vollführen. Da die einzelnen Bewegungen voneinander unabhängig sind, passiert dies mit Wahrscheinlichkeit $(p')^k \cdot (1-p')^{N-k}$.

Jetzt ist nur noch zu berechnen wie viele Wege es von S_0 bis $u^k \cdot d^{N-k} \cdot S_0$ gibt. Jeder dieser Wege ist eindeutig dadurch bestimmt, an **welchen** k Zeitpunkten von den insgesamt N Zeitpunkten eine Bewegung nach oben erfolgen soll. Die Anzahl der Möglichkeiten, k Zeitpunkte aus insgesamt N Zeitpunkten auszuwählen, ist gegeben durch den Binomialkoeffizienten $\binom{N}{k} = \frac{N!}{k! \cdot (N-k)!}$.
Somit ist die Wahrscheinlichkeit für das Eintreten von Payoff $f_{u^k d^{N-k}}$ gegeben durch $\binom{N}{k} \cdot (p')^k \cdot (1-p')^{N-k}$ und die Vermutung für die Form der Formel für f_0 sieht damit so aus:

$$f_0 = e^{-rT} \cdot \sum_{k=0}^{N} \left(f_{u^k d^{N-k}} \cdot \binom{N}{k} \cdot (p')^k \cdot (1-p')^{N-k} \right)$$

Die Vermutung ist tatsächlich richtig. Wir formulieren sie daher jetzt als Satz und werden sie nachfolgend beweisen.

Satz 3.16. *In einem binomischen N-Schritt-Modell im Zeitbereich $[0, T]$ (ohne Zahlungen oder Kosten) mit Parametern S_0, u, d, p und r (mit $S_0 > 0$ und $d < u$) hat jedes Derivat mit payoffs $f_{u^k d^{N-k}}$ für $k = 0, 1, \ldots, N$ ein dynamisches replizierendes Portfolio und einen eindeutig bestimmten fairen Wert f_0 und der ist gegeben durch*

$$f_0 = e^{-rT} \cdot \sum_{k=0}^{N} \left(f_{u^k d^{N-k}} \cdot \binom{N}{k} \cdot (p')^k \cdot (1-p')^{N-k} \right) \tag{3.10}$$

wobei

$$p' = \frac{e^{r \cdot dt} - d}{u - d}$$

ist und p' das risikoneutrale Maß im binomischen N-Schritt-Modell darstellt.
f_0 ist also der diskontierte erwartete Payoff bezüglich des risikoneutralen Maßes.

Beweis.
Der Beweis muss vier Schritte beinhalten:
Wir müssen zeigen, dass p' tatsächlich die risikoneutrale Wahrscheinlichkeit im N-Schritt-Modell ist, wir müssen zeigen, dass der faire Preis f_0 falls er existiert die Form von Formel (3.10) haben muss, wir müssen zeigen, dass es ein replizierendes Portfolio gibt und schließlich müssen wir beweisen, dass der Wert für f_0 aus Formel (3.10) tatsächlich keine Arbitrage zulässt.

Wir verwenden zum Beweis Vollständige Induktion nach der Schritt-Anzahl N.

Induktionsanfang: Alle vier Beweisschritte wurden bereits für die Fälle $N = 1$ und $N = 2$ gezeigt.

Induktionsannahme: Wir nehmen an, alle vier Beweisschritte wären bereits im Fall der $1-, 2-, 3-, \ldots (N-1)$-Schritt-Modelle gezeigt worden.

Induktionsschritt: Wir beweisen nun, dass unter der Induktionsannahme (IA) dann alle Behauptungen auch im N-Schritt-Modell richtig sind.
Im Weiteren verwenden wir die folgende Bezeichnung:
S_T = Wert des underlyings zum Zeitpunkt T,
D_T = Payoff (= Wert) des Derivats zum Zeitpunkt T,
$E'(\ldots)$ = Erwarteter Wert des Arguments unter der risikoneutralen Wahrscheinlichkeit (p').
$E'(\ldots \mid u \cdot S_0)$ = Erwarteter Wert des Arguments unter der risikoneutralen Wahrscheinlichkeit (p') und unter der Voraussetzung, dass das underlying zur Zeit dt den Wert $u \cdot S_0$ hat.
$E'(\ldots \mid d \cdot S_0)$ = Erwarteter Wert des Arguments unter der risikoneutralen Wahrscheinlichkeit (p') und unter der Voraussetzung, dass das underlying zur Zeit dt den Wert $d \cdot S_0$ hat. Und wir beziehen uns im Weiteren auf Abbildung 3.45.

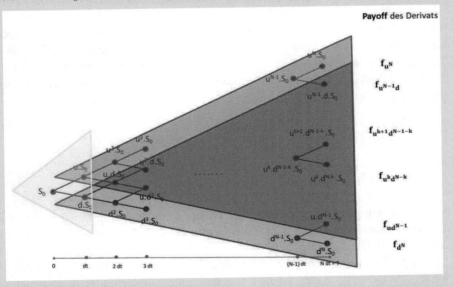

Abbildung 3.45: Das N-Schritt-Modell zerlegt in zwei N-1-Schritt-Modelle und ein Ein-Schritt-Modell

Wir starten damit, zu zeigen, dass p' tatsächlich die risikoneutrale Wahrscheinlichkeit im N-Schritt-Modell ist, also dass gilt: $e^{-r \cdot T} \cdot E'(S_T) = S_0$.

Es ist für die folgenden Rechnungen angenehmer, wenn wir die dazu äquivalente Gleichung $E'(S_T) = S_0 \cdot e^{r \cdot T}$ im Folgenden verwenden. Aus der (IA) wissen wir, dass die entsprechende Beziehung in allen N-1-Schritt-Modellen und in jedem Ein-Schritt-Modell gilt, also auch im blau, im rot und im gelb unterlegten Modell in Abbildung 3.46.

Das heißt:
$$E'(S_T \mid u \cdot S_0) = u \cdot S_0 \cdot e^{r \cdot dt \cdot (N-1)},$$
$$E'(S_T \mid d \cdot S_0) = d \cdot S_0 \cdot e^{r \cdot dt \cdot (N-1)}$$
und
$$p' \cdot u \cdot S_0 + (1 - p') \cdot d \cdot S_0 = S_0 \cdot e^{r \cdot dt}$$

Es ist, unter Verwendung der obigen drei Gleichungen,

$$
\begin{aligned}
\boldsymbol{E'(S_T)} &= p' \cdot E'(S_T \mid u \cdot S_0) + (1 - p') \cdot E'(S_T \mid d \cdot S_0) = \\
&= p' \cdot u \cdot S_0 \cdot e^{r \cdot dt \cdot (N-1)} + (1 - p') \cdot d \cdot S_0 \cdot e^{r \cdot dt \cdot (N-1)} = \\
&= (p' \cdot u \cdot S_0 + (1 - p') \cdot d \cdot S_0) \cdot e^{r \cdot dt \cdot (N-1)} = \\
&= S_0 \cdot e^{r \cdot dt} \cdot e^{r \cdot dt \cdot (N-1)} = \boldsymbol{S_0 \cdot e^{r \cdot T}}
\end{aligned}
$$

was zu zeigen war.

Als nächstes beweisen wir die Formel für f_0, also wir zeigen $f_0 = e^{-r \cdot T} \cdot E'(D_T)$.

Nach (IA) gilt diese Formel analog wieder im blauen, im roten und im gelben Modell. Bezeichnen wir mit f_u wieder den fairen Wert des Derivats im Zeitpunkt dt, falls sich das underlying dann im Knoten $u \cdot S_0$ befindet und bezeichnet f_d den fairen Wert des Derivats im Zeitpunkt dt, falls sich das underlying dann im Knoten $d \cdot S_0$ befindet, dann gilt also:

$$f_u = e^{-rdt \cdot (N-1)} \cdot E'(D_T \mid u \cdot S_0) \text{ und}$$
$$f_d = e^{-rdt \cdot (N-1)} \cdot E'(D_T \mid d \cdot S_0),$$
sowie
$$f_0 = e^{-rdt} \cdot (p' \cdot f_u + (1 - p') \cdot f_d)$$

Bei der letzten Gleichung müssen wir wieder (so wie schon bei der gleichen Argumentation beim Beweis im Zwei-Schritt-Modell, Sie erinnern sich?) eine kurze Zusatzbemerkung machen:
f_u und f_d sind keine von Vornherein garantierte Payoffs, sondern nur die fairen Werte des Derivats, daher können wir die dritte Gleichung nicht unmittelbar voraussetzen. Nun wissen wir aber nach (IA), dass im blauen und im roten Modell replizierende Portfolios für das Derivat zu den Preisen f_u und f_d existieren. Daher können wir uns, wenn wir uns im Besitz des Derivats besitzen, mit Hilfe dieser replizierenden Portfolios im Zeitpunkt dt tatsächlich die Beträge f_u und

f_d sichern, wenn wir möchten (durch Verkauf des jeweiligen replizierenden Portfolios im Zeitpunkt dt).

Nun ist unter Verwendung der obigen drei Gleichungen:

$$
\begin{aligned}
E'\left(D_T\right) &= p' \cdot E'\left(D_T \mid u \cdot S_0\right) + \left(1 - p'\right) \cdot E'\left(D_T \mid d \cdot S_0\right) = \\
&= e^{r \cdot dt \cdot (N-1)} \cdot \left(p' \cdot f_u + \left(1 - p'\right) \cdot f_d\right) = \\
&= e^{r \cdot dt \cdot (N-1)} \cdot e^{r \cdot dt} \cdot f_0 = e^{r \cdot T} \cdot f_0,
\end{aligned}
$$

also tatsächlich

$$
f_0 = e^{-rT} \cdot E'\left(D_T\right).
$$

Die Existenz eines replizierenden Portfolios folgt sofort aus der Existenz der replizierenden Portfolios zu den Preisen f_u bzw. f_d im blauen bzw. roten Modell (nach (IA)) und aus der Existenz des replizierenden Portfolios für f_u und f_d zum Preis f_0 im gelben Modell (Ein-Schritt-Modell). Es bleibt also nur noch zu zeigen, dass der Preis f_0 tatsächlich ein arbitragefreier Preis ist. Um das zu zeigen, argumentieren wir ebenfalls wieder ganz analog wie im Fall des Zwei-Schritt-Modells:

Angenommen der Preis des Derivats wäre f_0 und es gäbe eine Arbitrage-Möglichkeit, das heißt, eine Strategie, die im Zeitpunkt 0 den Preis 0 hat und die zum Zeitpunkt T auf jeden Fall einen Wert größer oder gleich 0 und mit positiver Wahrscheinlichkeit einen Wert größer als 0 hat.

Wir wissen vom Ein-Schritt-Modell, dass eine Strategie die im Moment 0 den Wert 0 hat, im Zeitpunkt dt entweder in beiden möglichen Fällen ebenfalls den Wert 0 hat oder aber in einem der beiden Fälle einen negativen Wert hat.

Im ersten dieser beiden Fälle, das wissen wir nach (IA) aus dem N-1-Schritt-Modell, muss die Strategie zum Zeitpunkt T entweder in jedem der N-1 möglichen Fälle den Wert 0 haben oder in mindestens einem Fall einen negativen Wert haben.

Im zweiten der beiden Fälle gehen wir von dieser Situation aus, bei der der Wert der Strategie zum Zeitpunkt dt negativ (etwa Wert $= -\varepsilon$) ist. Vom N-1-Schritt-Modell wissen wir nach (IA), dass von hier ausgehend in mindestens einer Situation ein negativer Endwert resultieren muss. (Denn: Wären alle Endwerte größer oder gleich Null, dann betrachten wir dieselbe Strategie im Zeitpunkt dt inklusive ε in Cash. Diese neue Strategie hat im Zeitpunkt dt den Wert 0 und im Zeitpunkt T sicher einen positiven Wert. Das ist aber in einem N-1-Schritt-Modell nicht möglich, wie wir wissen.) Somit ist in keinem Fall Arbitrage möglich.

Der Beweis unseres Satzes ist damit erfolgreich beendet.   □

3.19   Bemerkungen zur Bewertung von Derivaten im binomischen N-Schritt-Modell und ein Beispiel

Im Abbildung 3.46 ist das Wegenetz eines binomischen 40-Schritt-Modells mit 4 zufällig ausgewählten möglichen Entwicklungen des underlyings dargestellt. Es ist durchaus schon eine gewisse Ähnlichkeit der Entwicklungen mit dem gewohnten Bild von realen Aktienkursentwicklungen zu erkennen. Wir können also von einer gewissen größeren Realitätsnähe eines N-Schritt-Modells mit großem N als bei einem Ein- und Zwei-Schritt-Modell ausgehen.

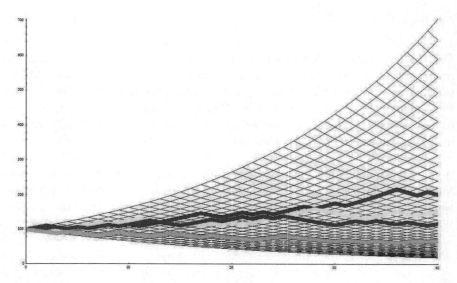

Abbildung 3.46: Binomisches 40-Schritt-Modell mit 4 möglichen Entwicklungspfaden

Ziel der nächsten Paragraphen wird es sein, ein tatsächlich realistisches Aktienkurs-Modell zu entwickeln, das sogenannte Wiener'sche Aktienkurs-Modell.

Wie Hedging im binomischen N-Schritt-Modell vor sich geht bzw. (gleichbedeutend damit) wie die replizierende Handelsstrategie im binomischen N-Schritt-Modell aussieht, ist sowohl aus dem Beweis von Satz 3.16 als auch schon aus den Überlegungen zum binomischen Zwei-Schritt-Modell klar: Zum Zeitpunkt 0 wird das replizierende Ein-Schritt-Portfolio für die Werte f_u und f_d für den Zeitpunkt dt gekauft. In einem beliebigen Zeitpunkt $k \cdot dt$ und Wert des underlyings $S_0 \cdot u^l \cdot d^{k-l}$ wird das im Zeitpunkt $(k-1) \cdot dt$ eingegangene Ein-Schritt-Portfolio zum Preis $f_{u^l d^{k-l}}$ glattgestellt und um diesen Preis das replizierende Ein-Schritt-Portfolio für die Werte $f_{u^{l+1} d^{k-l}}$ und $f_{u^l d^{k+1-l}}$ gekauft.

Beispiel 3.17. *Wir wenden jetzt zum Abschluss die allgemeine Bewertungsformel im N-Schritt-Modell auf die Bewertung einer Call-Option mit Strike K im binomischen N-Schritt-Modell an. Dazu müssen wir lediglich die Payoff-Werte $f_{u^l d^{N-l}}$*

bestimmen und in die allgemeine Formel für

$$f_0 = e^{-rT} \cdot \sum_{l=0}^{N} \left(f_{u^l d^{N-l}} \cdot \binom{N}{l} \cdot (p')^l \cdot (1-p')^{N-l} \right)$$

von Satz 3.16 einsetzen. (Wir haben in der Formel jetzt den Summationsindex mit „l" statt mit „k" bezeichnet, damit es zu keiner Verwechslung zwischen dem Summationsindex „k" und dem Strike „K" kommt.)

Es gilt nun

$$f_{u^l d^{N-l}} = 0 \qquad falls \; S_0 \cdot u^l \cdot d^{N-l} < K$$

und

$$f_{u^l d^{N-l}} = S_0 \cdot u^l \cdot d^{N-l} - K \qquad falls \; S_0 \cdot u^l \cdot d^{N-l} > K.$$

In der Formel für f_0 sind also nur diejenigen Indices l zu berücksichtigen, für die $S_0 \cdot u^l \cdot d^{N-l} > K$ erfüllt ist. Nun ist

$$S_0 \cdot u^l \cdot d^{N-l} > K \Leftrightarrow$$

$$\left(\frac{u}{d} \right)^l > \frac{K}{S_0 \cdot d^N} \Leftrightarrow$$

$$l > \frac{\log \left(\frac{K}{S_0 \cdot d^N} \right)}{\log \frac{u}{d}}$$

Im letzten Ausdruck bezeichnen wir (so wie auch stets in allem Folgenden) mit „log" den natürlichen Logarithmus, also den Logarithmus zur Basis e.

Jetzt verwenden wir die Abkürzung „L" für die nächstgrößere ganze Zahl an $\frac{\log \left(\frac{K}{S_0 \cdot d^N} \right)}{\log \frac{u}{d}}$.

Dann haben wir für den fairen Preis der Call mit Strike K im binomischen N-Schritt-Modell den Wert:

$$f_0 = e^{-rT} \cdot \sum_{l=L}^{N} \left(S_0 \cdot u^l \cdot d^{N-l} - K \right) \cdot \binom{N}{l} \cdot (p')^l \cdot (1-p')^{N-l}.$$

3.20 Bewertung von Derivaten im binomischen N-Schritt-Modell auf underlyings mit Auszahlungen oder Kosten

Wie schon beim binomischen Einschritt-Modell behandeln wir wieder nur den Fall einer stetigen Rendite δ für das underlying (den Fall einer absolut gegebenen diskontierten Zahlung Z überlassen wir wieder dem Leser).

Es wird dabei davon ausgegangen, dass die Dividenden (Zahlungen, Kosten) immer sofort in das underlying investiert werden. Das bedeutet: Das underlying kann sich von einem beliebigen Zeitpunkt $k \cdot dt$ bis zum Zeitpunkt $(k+1) \cdot dt$ von $S_{k \cdot dt}$ entweder auf $u \cdot e^{\delta \cdot dt} \cdot S_{k \cdot dt}$ oder auf $d \cdot e^{\delta \cdot dt} \cdot S_{k \cdot dt}$ entwickeln. Das bedeutet aber auch, dass wir zur Bewertung des Derivats genau dieselbe Methode verwenden können wie im dividendenlosen Fall, wenn wir einfach das u von früher durch $u \cdot e^{\delta \cdot dt}$ und das d von früher durch $d \cdot e^{\delta \cdot dt}$ ersetzen. Wir erhalten also dann genau die gleiche Formel für den fairen Preis f_0 des Derivats, nämlich

$$f_0 = e^{-rT} \cdot \sum_{k=0}^{N} \left(f_{u^k d^{N-k}} \cdot \binom{N}{k} \cdot \left(p'\right)^k \cdot \left(1 - p'\right)^{N-k} \right)$$

wobei jetzt aber (durch die Ersetzung von u und d durch $u \cdot e^{\delta \cdot dt}$ und $d \cdot e^{\delta \cdot dt}$)

$$p' = \frac{e^{r \cdot dt} - d \cdot e^{\delta \cdot dt}}{u \cdot e^{\delta \cdot dt} - d \cdot e^{\delta \cdot dt}} \quad \text{gilt}$$

und das ist vereinfacht

$$p' = \frac{e^{(r-\delta) \cdot dt} - d}{u - d}$$

anstelle der früheren künstlichen Wahrscheinlichkeit $p' = \frac{e^{r \cdot dt} - d}{u - d}$.

Wir fassen zusammen:

Satz 3.18. *In einem binomischen N-Schritt-Modell im Zeitbereich $[0, T]$ mit stetiger Auszahlungs-/Kosten-Rendite δ und mit Parametern S_0, u, d, p und r (mit $S_0 > 0$ und $d < u$) hat jedes Derivat mit payoffs $f_{u^k d^{N-k}}$ für $k = 0, 1, \ldots, N$ ein replizierendes Portfolio und einen eindeutig bestimmten fairen Wert f_0 und der ist gegeben durch*

$$f_0 = e^{-rT} \cdot \sum_{k=0}^{N} \left(f_{u^k d^{N-k}} \cdot \binom{N}{k} \cdot \left(p'\right)^k \cdot \left(1 - p'\right)^{N-k} \right)$$

wobei

$$p' = \frac{e^{(r-\delta) \cdot dt} - d}{u - d}$$

ist.

Literaturverzeichnis

[1] Donald Knuth. *The Art of Computer Programming*. Addison-Wesley Professional, 2011.

Kapitel 4

Das Wiener'sche Aktienkursmodell und die Grundzüge der Black-Scholes-Theorie

Die Geburtsstunde der modernen Finanzmathematik ist wohl mit der Entwicklung und Veröffentlichung der berühmten Black-Scholes-Formeln für die Bewertung von Aktien-Optionen Anfang der 1970er Jahre durch Fisher Black und Myron Scholes festzusetzen. Diesen Formeln in ihrer grundlegenden Basis-Version werden wir uns in diesem Kapitel widmen. Bevor wir dies tun können, benötigen wir allerdings ein realistisches Aktienkursmodell, in dem wir uns bewegen wollen und in dem wir Derivate bewerten wollen. Bisher haben wir Derivat-Bewertung in binomischen Modellen durchgeführt, deren Realitätsbezug sehr fraglich ist.

Im Folgenden wollen wir das sogenannte Wiener'sche Aktienkurs-Modell herleiten und auf seine Realitätstauglichkeit überprüfen. Danach werden wir Optionsbewertung in diesem Modell durchführen und dabei die grundlegenden Black-Scholes-Formeln auf elementarem Weg herleiten. Als erstes benötigen wir allerdings ein bisschen wahrscheinlichkeitstheoretisches Handwerkszeug und einiges an statistischer Begriffsbildung.

4.1 Basis-Werkzeuge zur Analyse realer Aktienkurse: Trend, Volatilität, Verteilung der Renditen, Schiefe, Wölbung

Die folgenden Ausführungen dienen wirklich **nur zur einführenden Bereitstellung von Basis-Werkzeugen**, die wir im Folgenden benötigen und haben nichts mit „professioneller Zeitreihenanalyse" zu tun! Wer sich eingehender mit der Ana-

© Der/die Herausgeber bzw. der/die Autor(en), exklusiv lizenziert durch Springer Fachmedien Wiesbaden GmbH, ein Teil von Springer Nature 2020
G. Larcher, *Quantitative Finance*, https://doi.org/10.1007/978-3-658-29158-7_4

lyse von Finanzdaten beschäftigen möchte, kann etwa zu der Einführung in die Finanzmarktstatistik [4] von Schmid und Trede greifen. Wir starten dazu mit der Beobachtung einer Kursfolge der Entwicklung einer Aktie (oder eines Aktienindex) über einen bestimmten Zeitraum hinweg. Die beobachteten Aktienkurse $A_0, A_1, \ldots, A_N$ werden dabei in (halbwegs) regelmäßig aufeinanderfolgenden Zeitabständen gemessen. Es können das etwa die Schlusskurse der Aktie an $N + 1$ aufeinanderfolgenden Handelstagen sein oder die Eröffnungskurse der Aktie am ersten Handelstag jedes Monats über einen Zeitraum von $N + 1$ Monaten oder $N + 1$ Kursdaten jeweils im 10-Sekunden-Abstand, wie auch immer. (Das Wort „halbwegs" bezieht sich dabei auf die Tatsache, dass zum Beispiel die Einheit „Monat" keinen konstanten Umfang hat, durch den Begriff aber doch ein klar definierter eben „halbwegs" konstanter Zeitumfang gegeben ist.) Die „halbwegs" regelmäßig aufeinanderfolgenden Zeitabstände nennen wir im Folgenden die **„Zeiteinheit"**. (Handelstag, Monat, 10 Sekunden, . . .) Den Zeitabschnitt von der ersten Kursfeststellung A_0 bis zur letzten Kursfeststellung A_N bezeichnen wir mit $[0, T]$ und wir bezeichnen diesen Zeitabschnitt als **„Zeitbereich"**.

Zur Veranschaulichung der folgenden Ausführungen und für begleitende konkrete Beispielrechnungen verwenden wir die Tagesschlusskurse der DAX-Aktien „Deutsche Lufthansa" und „SAP" von 28.2.2017 bis 28.2.2018.

Date	LHA	SAP	LHA Renditen diskret	SAP Renditen diskret	LHA Renditen stetig	SAP Renditen stetig
28.02.2017	13.83	87.95				
01.03.2017	14.06	89.37	0.01663051	0.01614561	0.016493741	0.016016584
02.03.2017	13.93	89.44	-0.00924609	0.00078325	-0.009289099	0.000782954
03.03.2017	13.9	89.28	-0.00251256	-0.00178894	-0.002155948	-0.001790511
06.03.2017	13.89	88.94	-0.00071968	-0.00380821	-0.000719683	-0.003815514
07.03.2017	13.73	89.16	-0.01152323	0.0024736	-0.011585937	0.002470523
08.03.2017	14.12	89.53	0.0287796	0.00414979	0.028009012	0.004141256
09.03.2017	14.49	89.5	0.02620397	-0.00033507	0.025866524	-0.000335139
10.03.2017	14.34	89.03	-0.01035197	-0.00525141	-0.010405921	-0.005265234
13.03.2017	14.32	89.16	-0.00174338	0.00146024	-0.001395674	0.001459117

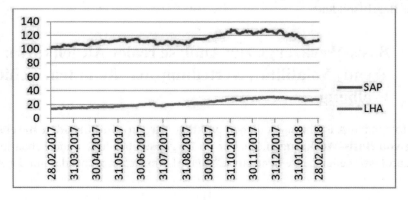

Abbildung 4.1: Auszug Daten/Renditen und Charts Deutsche Lufthansa und SAP 28.2.2017 bis 28.2.2018

Die Kurse der LHA-Aktie bezeichnen wir im Folgenden mit $A_0, A_1, \ldots, A_N$ und die Kurse der SAP-Aktie mit $B_0, B_1, \ldots, B_N$. N ist bei uns 256.

Wir berechnen als erstes die Tagesrenditen der beiden Kursentwicklungen. Es gibt zwei Typen von Renditen, nämlich diskrete Renditen und stetige Renditen.

Die **diskrete Rendite** a_i der Kursentwicklung von Tag i auf Tag $i + 1$ (oder im allgemeinen Fall „vom i-ten Zeitpunkt auf den $i + 1$-ten Zeitpunkt") berechnet man durch

$$a_i = \frac{A_{i+1} - A_i}{A_i} \qquad \text{(diskrete Rendite)}$$

a_i ist also der relative Kursanstieg von Zeitpunkt i auf Zeitpunkt $i + 1$.
a_i entspricht der „diskreten Verzinsung" von Wert A_i auf Wert A_{i+1} (also $A_{i+1} = A_i \cdot (1 + a_i)$).

z.B.: Für die Handelsperiode vom 28.2.2017 Schlusskurs auf den 1.3.2017 Schlusskurs ergibt sich für die LHA-Aktie die diskrete Rendite

$$a_0 = \frac{(14.06 - 13.83)}{13.83} = 0.01663\ldots$$

Die **stetige Rendite** a_i der Kursentwicklung von Tag i auf Tag $i + 1$ (oder im allgemeinen Fall „vom i-ten Zeitpunkt auf den $i + 1$-ten Zeitpunkt") berechnet man durch

$$a_i = \log\left(\frac{A_{i+1}}{A_i}\right) \qquad \text{(stetige Rendite)}$$

„log" bezeichnet wieder den natürlichen Logarithmus.
a_i entspricht dann der „stetigen Verzinsung" von Wert A_i auf Wert A_{i+1} (also $A_{i+1} = A_i \cdot e^{a_i}$).

Für kurze Zeitperioden unterscheiden sich die Werte von diskreten und stetigen Renditen meist nur geringfügig.

z.B.: Für die Handelsperiode vom 28.2.2017 Schlusskurs auf den 1.3.2017 Schlusskurs ergibt sich für die LHA-Aktie die stetige Rendite

$$a_0 = \log\left(\frac{14.06}{13.83}\right) = 0.01649\ldots$$

Im Folgenden werden wir mit den stetigen Renditen a_i der LHA-Aktie bzw. b_i der SAP-Aktie weiterarbeiten. i läuft dabei von 0 bis $N - 1 = 254$.

Wir bilden den Mittelwert über die Renditen a_i im beobachteten Zeitbereich und erhalten dadurch für die LHA-Aktie den Wert

$$\mu'_A = \frac{1}{N} \sum_{i=0}^{N-1} a_i = 0.002713\ldots.$$

μ'_A ist der Trend der Aktie LHA im Zeitbereich 28.2.2017 bis 28.2.2018 pro Tag.

Im Allgemeinen sprechen wir von μ'_A als vom (historischen) „Trend der Aktie A im Zeitbereich $[0, T]$ pro Zeiteinheit".

Für die SAP-Aktie erhalten wir den Trend

$$\mu'_B = \frac{1}{N} \sum_{i=0}^{N-1} b_i = -0.000079\ldots.$$

Als nächste Maßzahl wenden wir uns der Standardabweichung der Renditen zu. Die Standardabweichung misst – vereinfacht, aber intuitiv anschaulich gesagt – die **ungefähre (!) durchschnittliche Abweichung der einzelnen Renditen vom Mittelwert der Renditen**, also vom Trend. Genauer gesagt: Die Standardabweichung σ'_A misst die Wurzel der durchschnittlichen quadratischen Abweichung der Renditen vom Trend, also

$$\sigma'_A = \sqrt{\frac{1}{N} \sum_{i=0}^{N-1} \left(a_i - \mu'_A \right)^2}$$

Die Standardabweichung σ'_A bezeichnen wir als (historische) **„Volatilität der Aktie A im Zeitbereich $[0, T]$ pro Zeiteinheit"**. Die Volatilität ist eines der gebräuchlichsten Maße für die Stärke der Schwankung einer Aktie.

In unserem Beispiel erhalten wir für die Volatilität der LHA-Aktie pro Tag im Zeitbereich 28.2.2017 bis 28.2.2018 den Wert

$$\sigma'_A = 0.016548\ldots,$$

und für die Volatilität der SAP-Aktie pro Tag im Zeitbereich 28.2.2017 bis 28.2.2018 den Wert

$$\sigma'_B = 0.009207\ldots.$$

Für Nicht-Mathematiker ist es oft nicht ganz einsichtig, warum für das Schwankungsmaß „Volatilität" nicht wirklich der intuitiv anschauliche durchschnittliche Abstand der Renditen vom Trend berechnet und verwendet wird.
Für einen Mathematiker ist jedoch tatsächlich die korrekte Definition der Volatilität der „anschaulichere" Begriff: Es ist diese so definierte Volatilität nämlich der (lediglich mit $\frac{1}{\sqrt{N}}$ normierte) geometrisch anschauliche, herkömmliche **euklidische Abstand** zwischen zwei Vektoren und zwar zwischen dem Vektor der tatsächlichen Renditen und dem konstanten Vektor bei dem alle Renditen konstant gleich dem Trend sind. Der Begriff „anschaulich" ist hier freilich etwas relativ, da wir uns dabei in einem N-dimensionalen Raum befinden. In einem N-dimensionalen Raum wird aber der Abstand zwischen zwei

Vektoren einfach genauso berechnet wie etwa in einem – der Vorstellung zugänglichen – 3-dimensionalen Raum:

Der euklidische Abstand zwischen zwei drei-dimensionalen Vektoren $\begin{pmatrix} a_1 \\ a_2 \\ a_3 \end{pmatrix}$

und $\begin{pmatrix} \mu \\ \mu \\ \mu \end{pmatrix}$ ist ja gegeben durch die Länge des Differenz-Vektors $\begin{pmatrix} a_1 - \mu \\ a_2 - \mu \\ a_3 - \mu \end{pmatrix}$,

also durch $\sqrt{(a_1 - \mu)^2 + (a_2 - \mu)^2 + (a_3 - \mu)^2}$.

Normieren wir diesen mit $\frac{1}{\sqrt{3}}$ dann sind wir gerade bei der Definition für σ'_A im speziellen Fall $N = 3$.

Diese Art des Abstands ist auch mathematisch wesentlich besser handhabbar, da dieser Abstandsbegriff von einem „inneren Produkt" herrührt und man sich dadurch in einem sogenannten „Hilbertraum" befindet, in dem wesentlich ausgefeiltere mathematische Techniken möglich sind.

Wir haben nun den „Trend μ'_A der Aktie A im Zeitbereich $[0, T]$ pro Zeiteinheit" und die „Volatilität σ'_A der Aktie A im Zeitbereich $[0, T]$ pro Zeiteinheit" definiert.

Zur besseren Vergleichbarkeit werden diese Größen nun aber fast ausschließlich immer noch „normiert" und zwar werden **die Größen Trend und Volatilität praktisch immer auf „per anno" normiert und auch stets in dieser Form angeführt** (es sei denn, es wird explizit anders angemerkt).

Diese Normierung geht so vor sich:

Wenn im Ausdruck „Trend μ'_A der Aktie A im Zeitbereich $[0, T]$ pro Zeiteinheit" die Zeiteinheit in Jahren angegeben ist, also wenn **„Zeiteinheit = x Jahre"**, dann ergibt sich der **„Trend μ_A im Zeitbereich $[0, T]$ per anno"** durch die Normierung

$$\mu_A = \frac{1}{x} \cdot \mu'_A.$$

(Später werden wir gelegentlich die Zeiteinheit x mit dt bezeichnen und $T = N \cdot dt$ setzen. Es ist dann also $\frac{1}{x} = \frac{1}{dt} = \frac{N}{T}$ und die Normierung des Trends lautet in diesem Fall $\mu_A = \frac{N}{T} \cdot \mu'_A$ bzw. gilt in diesem Fall $T \cdot \mu_A = N \cdot \mu'_A$.)

Also **zum Beispiel**:

Ein Jahr hat 12 Monate. Wenn der Trend μ'_A im Zeitbereich $[0, T]$ aus monatlichen Daten berechnet wurde, die Zeiteinheit also „Monat" ist, dann ist die „Zeiteinheit $= \frac{1}{12}$ Jahre " und man erhält den „Trend μ_A per anno im Zeitbereich $[0, T]$" durch

$$\mu_A = 12 \cdot \mu'_A.$$

Oder **zum Beispiel**:

Ein Jahr hat circa 255 Handelstage. Wenn der Trend μ'_A im Zeitbereich $[0, T]$ – so wie in unserem konkreten Zahlenbeispiel – aus (handels-) täglichen Daten berechnet wurde, die Zeiteinheit also „Handelstag" ist, dann ist die „Zeiteinheit = $\frac{1}{255}$ Jahre" und man erhält den Trend „μ_A per anno im Zeitbereich $[0, T]$" durch

$$\mu_A = 255 \cdot \mu'_A.$$

In unserem Beispiel bedeutet das konkret:

Für die LHA-Aktie

$$\mu_A = 255 \cdot \mu'_A = 255 \cdot 0.002713\ldots = 0.6917\ldots.$$

Für die SAP-Aktie

$$\mu_B = 255 \cdot \mu'_B = 255 \cdot (-0.000079\ldots) = -0.0201\ldots.$$

Die per anno Werte für den Trend werden häufig in Prozent angeführt, also $\mu_A = 69.17\%$ und $\mu_B = -2.01\%$.

Die **mathematische Begründung** für diese Art der Normierung des Trends ist die Folgende:

Der Zeitbereich den wir analysieren ist $[0, T]$, wobei T in Jahren gegeben ist. Die Periode ist x Jahre. Es muss somit der Zusammenhang $T = N \cdot x$ gelten. Die Renditen pro x im Zeitbereich sind $a_0, a_1, \ldots, a_{N-1}$ (und haben durchschnittlich einen Wert von μ'_A).

Für jedes i gilt $A_{i+1} = A_i \cdot e^{a_i}$ und daher ist

$$A_N = A_0 \cdot e^{a_0 + a_1 + \ldots + a_{N-1}} = A_0 \cdot e^{N \cdot \mu'_A} = A_0 \cdot e^{\frac{T}{x} \cdot \mu'_A}.$$

Wenn speziell $T = 1$ Jahr ist oder wenn wir das Intervall $[0, T]$ auf ein Jahr erstrecken (unter der Annahme dass sich die Renditen weiterhin in etwa so verhalten wie im Intervall $[0, T]$, dann wäre $A_N \approx A_0 \cdot e^{\frac{1}{x} \cdot \mu'_A}$.

Die stetige Einjahres-Rendite μ_A, also der Wert für den $A_N = A_0 \cdot e^{\mu_A}$ gilt, würde somit $\mu_A \approx \frac{1}{x} \cdot \mu'_A$ erfüllen.

Die **Normierung der Standardabweichung** geht so vor sich:
Wenn im Ausdruck „Volatilität σ'_A der Aktie A im Zeitbereich $[0, T]$ pro Zeiteinheit" die Zeiteinheit in Jahren angegeben ist, also wenn **„Zeiteinheit = x Jahre"**,

dann ergibt sich die „**Volatilität** σ'_A **im Zeitbereich** $[0, T]$ **per anno**" durch die Normierung

$$\sigma_A = \frac{1}{\sqrt{x}} \cdot \sigma'_A.$$

(Wie schon oben bei der Normierung des Trends erwähnt, werden wir gelegentlich die Zeiteinheit x mit dt bezeichnen und $T = N \cdot dt$ setzen. Es ist dann also $\frac{1}{x} = \frac{1}{dt} = \frac{N}{T}$ und die Normierung der Volatilität lautet in diesem Fall $\sigma_A = \frac{\sqrt{N}}{\sqrt{T}} \cdot \sigma'_A$ bzw. gilt in diesem Fall $\sqrt{T} \cdot \sigma_A = \sqrt{N} \cdot \sigma'_A$.)

Also **zum Beispiel**:

Ein Jahr hat 12 Monate. Wenn die Volatilität σ'_A im Zeitbereich $[0, T]$ aus monatlichen Daten berechnet wurde, die Zeiteinheit also „Monat" ist, dann ist die „Zeiteinheit = $\frac{1}{12}$ Jahre" und man erhält die „Volatilität σ_A per anno im Zeitbereich $[0, T]$ " durch

$$\sigma_A = \sqrt{12} \cdot \sigma'_A.$$

Oder **zum Beispiel**:

Ein Jahr hat circa 255 Handelstage. Wenn die Volatilität σ'_A im Zeitbereich $[0, T]$ – so wie in unserem konkreten Zahlenbeispiel – aus (handels-) täglichen Daten berechnet wurde, die Zeiteinheit also „Handelstag" ist, dann ist die „Zeiteinheit = $\frac{1}{255}$ Jahre" und man erhält die „Volatilität σ_A per anno im Zeitbereich $[0, T]$ " durch

$$\sigma_A = \sqrt{255} \cdot \sigma'_A \approx 16 \cdot \sigma'_A.$$

In unserem Beispiel bedeutet das konkret:

Für die LHA-Aktie

$$\sigma_A = \sqrt{255} \cdot \sigma'_A = 255 \cdot 0.016589\ldots = 0.2649\ldots.$$

Für die SAP-Aktie

$$\sigma_B = \sqrt{255} \cdot \sigma'_B = 255 \cdot 0.00923\ldots = 0.14747\ldots.$$

Die per anno Werte für die Volatilität werden ebenfalls häufig in Prozent angeführt, also $\sigma_A = 26.49\%$ und $\sigma_B = 14.75\%$.

Die **mathematische Begründung** für diese Art der Normierung der Volatilität ist die Folgende:
Wie wir bereits bei der Normierung des Trends festgestellt haben, gilt die Beziehung $A_N = A_0 \cdot e^{a_0 + a_1 + \ldots + a_{N-1}}$. Wenn speziell $T = 1$, also $N = \frac{1}{x}$ ist, dann ergibt sich die Rendite per anno durch den Ausdruck $Y := a_0 + a_1 + \ldots + a_{N-1}$.

Die einzelnen a_i sind dabei Zufallsvariable mit Mittelwert μ'_A und Standardabweichung σ'_A, also Varianz $\left(\sigma'_A\right)^2$. Wenn man annimmt, dass die a_i voneinander unabhängig sind, dann ergibt sich die Varianz der Zufallsvariable Y (Rendite per anno) als Summe der Varianzen der a_i, also als $N \cdot \left(\sigma'_A\right)^2$.

Die Standardabweichung σ_A der Zufallsvariable Y (Rendite per anno) ist somit also

$$\sigma_A = \sqrt{N \cdot \left(\sigma'_A\right)^2} = \sqrt{N} \cdot \sigma'_A = \frac{1}{\sqrt{x}} \cdot \sigma'_A \ .$$

Wir haben nun mit Trend μ'_A und Volatilität σ'_A also Werte für die durchschnittliche Größe und die durchschnittliche Schwankungsbreite der (stetigen) Renditen a_i einer Aktie im Zeitintervall $[0, T]$ pro Zeiteinheit. Erstellt man ein Histogramm über die Größen der Renditen, dann erhält man im Allgemeinen ein sehr typisches Aussehen des Histogramms, so wie es im konkreten Beispiel der Aktien LHA und SAP in den Abbildungen 4.2 und 4.3 zu sehen ist.

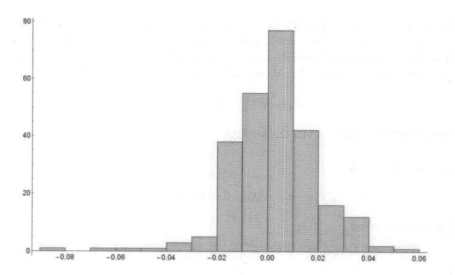

Abbildung 4.2: Histogramm der Verteilung der Tages-Renditen der LHA-Aktie im Zeitbereich 28.2.2017 bis 28.2.2018

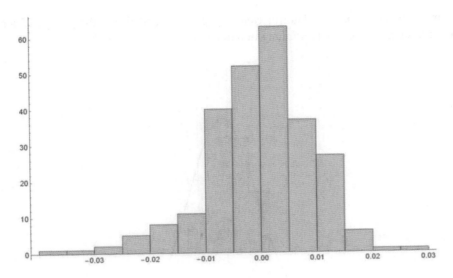

Abbildung 4.3: Histogramm der Verteilung der Tages-Renditen der SAP-Aktie im Zeitbereich 28.2.2017 bis 28.2.2018

Unter „typisch" wollen wir hier ein „an eine Normalverteilung erinnerndes Bild" verstehen. Die Bilder könnten also die Vermutung nahe legen, dass sich die Renditen der Aktien wie normalverteilte Zufallsvariable mit dem jeweils geschätzten Trend μ'_A und Volatilität σ'_A verhalten, das heißt, dass die Dichtefunktion der Renditen die Form

$$f_A(x) = \frac{1}{\sqrt{2\pi \left(\sigma'_A\right)^2}} \cdot e^{\frac{-(x-\mu'_A)^2}{2 \cdot \left(\sigma'_A\right)^2}}$$

hat.

Um die Histogramme in Abbildung 4.2 und 4.3 mit der Dichtefunktion der Normalverteilung vergleichen zu können, müssen die Histogramme erst noch normiert werden und zwar so, dass die Fläche des Histogramms den Wert 1 hat (so wie das für die Fläche zwischen der Dichte-Funktion f_A und der x-Achse der Fall ist). Momentan beträgt die Fläche F der Türmchen, die das jeweilige Histogramm bilden offensichtlich

$F =$ Breite der Histogramm-Intervalle $\times$ Anzahl der betrachteten Renditen

Dividiert man dann die Höhe des Histogramms durch diesen Wert F, dann hat die Fläche des Histogramms den Wert 1.

Im Beispiel der LHA-Aktie (Abb. 4.2) hat F den Wert $F = 0.01 \times 256 = 2.56$, im Beispiel der SAP-Aktie (Abb. 4.3) hat F den Wert $F = 0.005 \times 256 = 1.28$.

Wir sehen die entsprechend normierten Histogramme und die darübergelegten Dichtefunktionen der Normalverteilung in den Abbildungen 4.4 und 4.5.

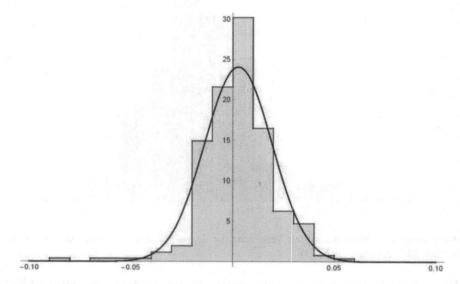

Abbildung 4.4: Vergleich empirische Dichtefunktion der Tagesrenditen der LHA-Aktie mit der Dichte der Normalverteilung

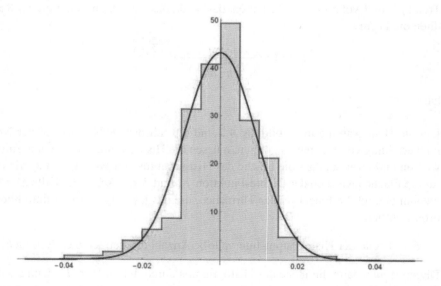

Abbildung 4.5: Vergleich empirische Dichtefunktion der Tagesrenditen der SAP-Aktie mit der Dichte der Normalverteilung

Prinzipiell fällt der Vergleich in beiden Bildern halbwegs zufriedenstellend aus. Die Hypothese, dass die Renditen der Aktienkurse ein „in etwa normalverteiltes

Verhalten zeigen", ist durchaus vertretbar.

Sehen wir uns dazu noch einige weitere Bilder an (eine Vielzahl weiterer Beispiele zum Vergleich empirischer Verteilungsfunktionen mit den zugehörigen Normalverteilungsdichten finden Sie auf der Homepage des Buchs, bzw. können Sie dort selbst erstellen, siehe

```
https://app.lsqf.org/book/normal-distributed-profits):
```

In Abbildung 4.6 sehen Sie die historische Verteilung der Tages-Renditen des S&P500-Index seit 1970, verglichen mit der Dichte der Normalverteilungsfunktion zu den entsprechenden Parametern Trend und Volatilität.

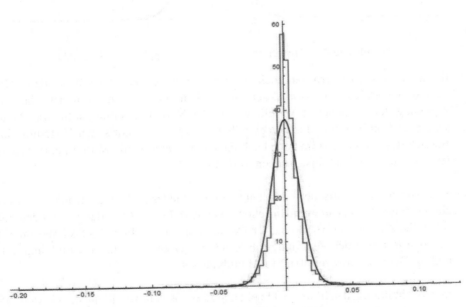

Abbildung 4.6: Historische Tagesrenditen S&P500 seit 1970

In Abbildung 4.7 sehen Sie die historische Verteilung der Tages-Renditen der Apple-Aktie seit 1980, verglichen mit der Dichte der Normalverteilungsfunktion zu den entsprechenden Parametern Trend und Volatilität.

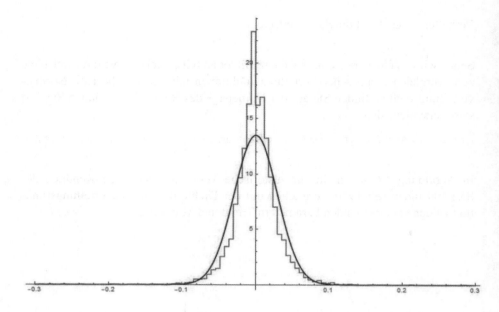

Abbildung 4.7: Historische Tagesrenditen Apple-Aktie seit 1970

Bei allen diesen Bildern und auch bei der überwiegenden Mehrzahl weiterer Histogramme der Renditen von Aktien und Aktienindices ist eine systematische Abweichung der historischen Verteilung von der Normalverteilung sofort ins Auge stechend: Nämlich eine durchwegs höhere Spitze der historischen Verteilung im Bereich des Trends und im Ausgleich dazu etwas niedrigere Werte in einem mittleren Wertebereich der historischen Verteilung.

Eine zweite systematische – das heißt: immer wieder zu beobachtende – Abweichung ist erst bei genauerem Hinsehen erkennbar. In den Abbildungen 4.8 und 4.9 sehen Sie Zooms von Abbildung 4.6 (Verteilung der Renditen des S&P500-Index) von den Rändern der Verteilung (ab Renditenwerten von 0.03 in Abbildung 4.8, und bis Renditewerte von -0.03 in Abbildung 4.9).

In den Abbildungen 4.10 und 4.11 sehen Sie Zooms von Abbildung 4.7 (Verteilung der Renditen der Apple-Aktie) von den Rändern der Verteilung (ab Renditenwerten von 0.05 in Abbildung 4.10 und bis Renditewerte von -0.05 in Abbildung 4.11).

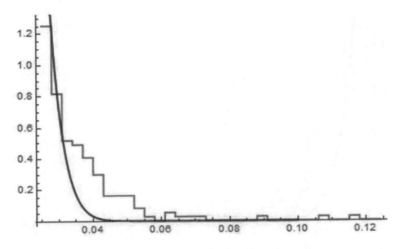

Abbildung 4.8: Renditeverteilung SPX, rechter Rand

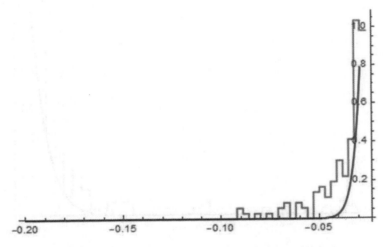

Abbildung 4.9: Renditeverteilung SPX, linker Rand

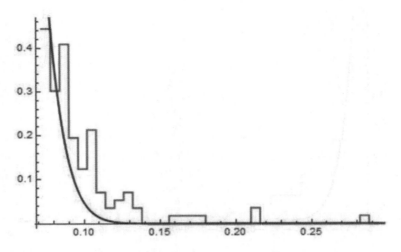

Abbildung 4.10: Renditeverteilung Apple, rechter Rand

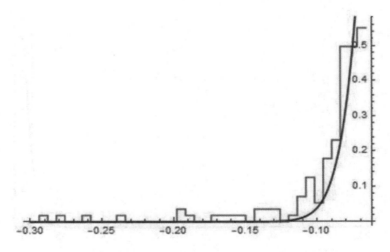

Abbildung 4.11: Renditeverteilung Apple, linker Rand

Hier, so wie in der erdrückenden Überzahl weiterer Beispiele, fällt eine erhöhte Wahrscheinlichkeit des Auftretens überdurchschnittlich hoher sowie überdurchschnittlich niedriger Renditen im Vergleich mit der Normalverteilung auf. Man spricht hierbei vom **fat-tail oder heavy-tail Phänomen**. Extreme Rendite-Veränderungen treten wesentlich öfter auf, als dies durch die Annahme einer Normalverteilung der Renditen prognostiziert würde.

Das fat-tail-Phänomen lässt sich noch besser veranschaulichen, indem man anstelle der empirischen und der theoretischen Dichtefunktion die empirische und die theoretische Verteilungsfunktion einander gegenüberstellt.

Eine Verteilungsfunktion F einer Zufallsvariablen Z gibt für jedes x die Wahrscheinlichkeit $F(x)$ dafür an, dass der Wert der Zufallsvariablen Z kleiner als x ist. In den folgenden Bildern zeigen wir die empirischen Verteilungsfunktionen des S&P500-Index bzw. der Apple-Aktie jeweils im Vergleich mit den theoretischen Verteilungsfunktionen der entsprechenden Normalverteilungen, jeweils mit einem Ausschnitt der linken und rechten Ränder der Bilder.

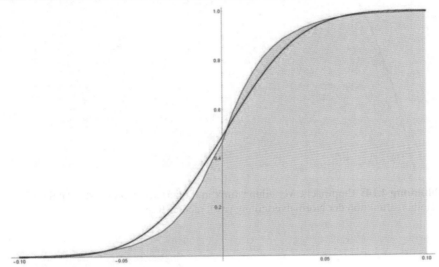

Abbildung 4.12: Empirische Verteilungsfunktion (blau) der Renditen der Apple-Aktie vs. Verteilungsfunktion der Normalverteilung (rot)

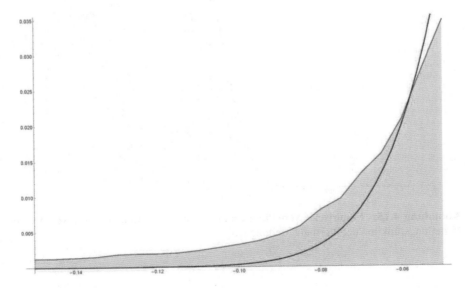

Abbildung 4.13: Empirische Verteilungsfunktion (blau) der Renditen der Apple-Aktie vs. Verteilungsfunktion der Normalverteilung (rot), linker Rand

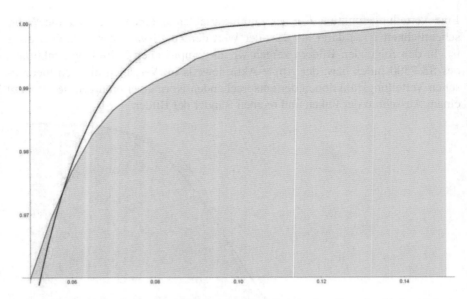

Abbildung 4.14: Empirische Verteilungsfunktion (blau) der Renditen der Apple-Aktie vs. Verteilungsfunktion der Normalverteilung (rot), rechter Rand

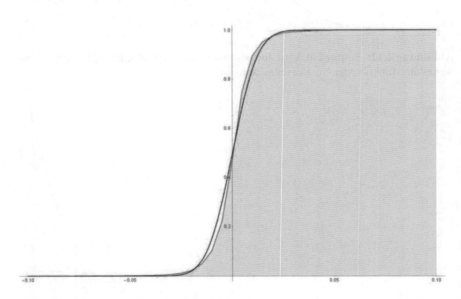

Abbildung 4.15: Empirische Verteilungsfunktion (blau) der Renditen des S&P500 vs. Verteilungsfunktion der Normalverteilung (rot)

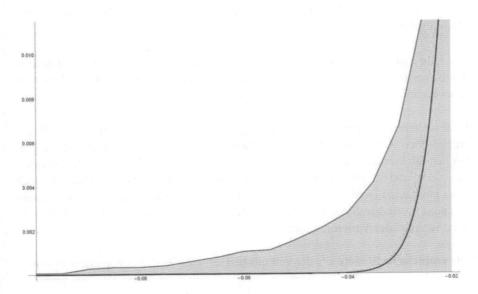

Abbildung 4.16: Empirische Verteilungsfunktion (blau) der Renditen des S&P500 vs. Verteilungsfunktion der Normalverteilung (rot), linker Rand

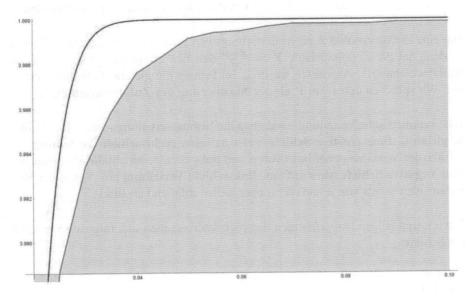

Abbildung 4.17: Empirische Verteilungsfunktion (blau) der Renditen des S&P500 vs. Verteilungsfunktion der Normalverteilung (rot), rechter Rand

Hier ist überall deutlich zu sehen, dass die empirische Verteilungsfunktion am linken Rand stets oberhalb der Normalverteilung liegt und am rechten Rand stets unterhalb der Normalverteilung liegt. Das bedeutet, dass sehr kleine Renditen und sehr große Renditen mit höherer Wahrscheinlichkeit auftreten, als dies durch eine Normalverteilung nahegelegt würde.

Wir haben also bisher die systematischen Abweichungen „schmalere und höhere Mitte" sowie „fat-tails" der meisten Renditeverteilungen von Aktien und Aktienindices identifiziert.

Eine weitere systematische Abweichung ist eine schwache „Links-Schiefe" der empirischen Renditeverteilungen. Das heißt anschaulich: Die „Spitze" der empirischen Dichtefunktion liegt meist geringfügig rechts von der Spitze der Normalverteilung und die empirische Dichtefunktion fällt nach rechts hin steiler und nach links hin flacher (schiefer) ab. Diese Art der Abweichung ist häufig mit freiem Auge kaum erkennbar. Sie lässt sich aber mittels einer weiteren statistischen Maßzahl, der „Schiefe" der Verteilung indizieren.

Die **empirische Schiefe** v'_A der von uns betrachteten Renditen berechnet man mittels

$$v'_A = \frac{1}{N} \sum_{i=0}^{N-1} \left(\frac{a_i - \mu'_A}{\sigma'_A} \right)^3.$$

Es ist das also der **Mittelwert der dritten Potenzen der normierten Renditen**.

Hat eine Zufallsvariable Z einen Erwartungswert μ und eine Standardabweichung σ, dann hat die Zufallsvariable $Y = \frac{Z-\mu}{\sigma}$ den Erwartungswert 0 und die Standardabweichung 1. Ansonsten weist sie im Prinzip die gleiche Verteilung wie Z auf. Wir sprechen dabei von Y als der **Normierung der Zufallsvariablen** Z.

Eine symmetrische Verteilung – wie etwa die Normalverteilung – hat immer Schiefe gleich 0. Eine **positive Schiefe** weist auf eine **rechtsschiefe Verteilung** hin (Spitze der Verteilung eher links von μ und links eher steiler abfallend als rechts). Eine **negative Schiefe** weist auf eine **linksschiefe Verteilung** hin (Spitze der Verteilung eher rechts von μ und rechts eher steiler abfallend als links).

Bei unseren obigen längerfristigen Beispielsdaten ergeben sich folgende Werte für die Schiefe:

Apple   -1.784 ...
S&P500   -1.018 ...

Die behauptete leichte Linksschiefe der Verteilung bestätigt sich also bei diesen beiden Beispielen.

Wir wollen noch eine weitere Maßzahl in Hinblick auf Verteilungen hier anführen, nämlich die **Kurtosis (= Wölbung)** einer Verteilung, bzw. den **Exzess** einer

Verteilung. Die Kurtosis oder Wölbung ω_A berechnet man ganz analog zur Berechnung der Schiefe, nur dass die Kurtosis der **Mittelwert der vierten Potenzen der normierten Renditen ist**, also:

$$\omega_A = \frac{1}{N} \sum_{i=0}^{N-1} \left(\frac{a_i - \mu'_A}{\sigma'_A} \right)^4.$$

Die Wölbung der Normalverteilung hat den Wert 3.

Der **Exzess γ vergleicht die Wölbung einer Zufallsvariable mit der Wölbung der Normalverteilung** und ist daher definiert als

$$\gamma = \omega_A - 3.$$

Die empirischen Verteilungen von Aktienkursrenditen zeigen zumeist einen deutlich positiven Exzess. Das deutet auf den systematisch auftretenden schmaleren, steileren und höheren Mittelbereich der empirischen Verteilung der Aktienkursrenditen im Vergleich mit der Normalverteilung hin (so wie das etwa in den Abbildungen 4.4 und 4.5, vor allem aber 4.6 und 4.7 ganz deutlich zu sehen ist).

Bei unseren obigen längerfristigen Beispielsdaten ergeben sich folgende Werte für den Exzess:

Apple   43.836 ...
S&P500   24.599 ...

Wir fassen nun kurz einmal die bisherigen Ergebnisse in Hinblick auf eine etwaige Normalverteilung von Aktienkursrenditen zusammen:

Aktienkursrenditen zeigen im Allgemeinen eine empirische Verteilung die durchaus einer Normalverteilung ähnelt. Typischer Weise zeigen sich aber in den empirischen Verteilungen immer wieder schmalere, höhere Mittelbereiche und stärkere Endbereiche (fat-tails, heavy tails) als bei der Normalverteilung, insbesondere zeigt sich immer wieder eine negative Schiefe der Verteilung und ein deutlich positiver Exzess.

Trotz dieser Beobachtung wird in Standardmodellen für Aktienkursentwicklungen an der Annahme einer Normalverteilung festgehalten. Diese Annahme ist für viele Anwendungen vertretbar und ist für die mathematische Behandlung vieler sehr komplexer finanzmathematischer Analysen von großem Vorteil. Natürlich gibt es mathematische Modelle, die die tatsächliche empirische Verteilung von Aktienkursrenditen wesentlich besser darstellen können, diese Modelle haben aber in der mathematischen Behandlung oft andere gravierende Nachteile. Doch darauf werden wir in späteren Kapiteln dieses Buches noch ausführlich zu sprechen kommen.

In diesem Kapitel ist es jedenfalls das Ziel, **das** Basis-Modell für die Simulation von Aktienkursentwicklungen herzuleiten, nämlich das Wiener'sche Aktienkurs-modell. Und die erste Annahme, die diesem Modell zugrunde liegt, ist gerade die Annahme normalverteilter Renditen.

4.2　Basis-Werkzeuge zur Analyse realer Aktienkurse: Kovarianzen, Korrelationen

Die zweite Annahme die dem Wiener'schen Modell, dem wir uns jetzt nähern möchten, zugrunde liegt ist die folgende:
„Renditen von Aktienkursentwicklungen sind unabhängig von früheren Renditen derselben Aktie."
Anschaulich bedeutet das: Aus der Beobachtung und Analyse früherer Renditen einer Aktie (etwa des Vortages, des Vorvortages, . . .) lässt sich keinerlei relevante Information über die konkrete Entwicklung kommender Renditen derselben Aktie (etwa von heute auf morgen) ziehen.

Dass auch bei dieser Annahme eine gewisse Skepsis angebracht ist, ist allein schon aus unseren Resultaten zur Run-Analyse des S&P500 Index in Abschnitt 1.24 ersichtlich. Dort hatten wir ja festgestellt, dass etwa auf 4 aufeinanderfolgende positive Handelstage mit höherer (empirischer) Wahrscheinlichkeit ein negativer Handelstag (eine negative Rendite) folgt als auf 4 aufeinanderfolgende negative Handelstage. Das deutet also sehr wohl auf eine gewisse Abhängigkeit aufeinanderfolgender Renditen hin.

Um die Stärke dieser Abhängigkeit genauer analysieren und quantifizieren zu können, benötigen wir die Begriffe der **Kovarianz** und der **Korrelation** (und in weiterer Folge dann der **Autokorrelation**).

Kovarianz und Korrelation dienen zur Quantifizierung von Abhängigkeiten zwischen zwei Zeitreihen.

Wir nehmen uns exemplarisch dazu wieder die Renditen $a_0, a_1, \ldots, a_{N-1}$ der Lufthansa-Aktie (A) und die Renditen $b_0, b_1, \ldots, b_{N-1}$ der SAP-Aktie (B) (mit $N = 255$ in unserem konkreten Beispiel) vor. Als Mittelwerte der Renditen (Trends der Aktien A und B) hatten wir die Werte μ'_A und μ'_B bestimmt und als Standardabweichungen die Werte σ'_A und σ'_B.

Die empirische Kovarianz im Zeitbereich $[0, T]$ pro Zeiteinheit dieser beiden Renditenfolgen ist definiert als

$$cov_{A,B} = \frac{1}{N} \sum_{k=0}^{N-1} \left(a_k - \mu'_A \right) \cdot \left(b_k - \mu'_B \right)$$

Für die konkreten Tages-Kursdaten von SAP und LHA von 28.2.2017 bis 28.2.2017 ergibt sich der Wert $cov_{A,B} = 0.000054$.

Der Kovarianzwert ist im Allgemeinen nicht sehr aufschlussreich, da seine Größe nicht nur von der Abhängigkeit der zwei Zeitreihen abhängt, sondern auch von der Größe der einzelnen Werte und insbesondere auch wieder von der Zeiteinheit.

Werden etwa anstelle der Renditen a_k die 10-fachen Werte $d_k = 10 \cdot a_k$ herangezogen, dann ist die Abhängigkeitsstruktur zwischen den d_k und den b_k offensichtlich genau dieselbe wie zwischen den a_k und den b_k. Die Kovarianz zwischen den d_k und den b_k hat aber den 10-fachen Wert wie die Kovarianz zwischen den a_k und den b_k.

Um ein aussagekräftiges Maß für die Abhängigkeit zu erhalten muss die Kovarianz erst noch geeignet (und zwar durch die jeweiligen Standardabweichungen) normiert werden. So erhält man die **Korrelation $\rho_{A,B}$ zwischen den Renditen der Aktien A und B** mittels

$$\rho_{A,B} = \frac{cov_{A,B}}{\sigma'_A \cdot \sigma'_B}.$$

Die Korrelation hat stets einen Wert zwischen -1 und 1. Warum das so ist, lässt sich mit Hilfe eines geometrischen Arguments leicht zeigen (siehe Kasten weiter unten). Für die konkreten Tages-Kursdaten von SAP und LHA von 28.2.2017 bis 28.2.2017 ergibt sich der Wert $\rho_{A,B} = 0.35416\dots$.
Die Korrelation ist jetzt nicht mehr direkt von der Größe der Zeitreihenwerte abhängig. So hat zum Beispiel die Korrelation zwischen den d_k und den b_k (siehe Beispiel oben) genau den gleichen Wert wie die Korrelation zwischen den a_k und den b_k, also ebenfalls $0.35416\dots$.

Eine **deutlich positive Korrelation weist auf eine positive Abhängigkeit** zwischen den Entwicklungen der beiden Zeitreihen hin. Diese positive Abhängigkeit ist umso stärker indiziert, je näher der Wert der Korrelation bei 1 liegt.
Eine **deutlich negative Korrelation weist auf eine negative Abhängigkeit** zwischen den Entwicklungen der beiden Zeitreihen hin. Diese negative Abhängigkeit ist umso stärker indiziert, je näher der Wert der Korrelation bei -1 liegt.

Eine Korrelation nahe beim Wert 0 weist eher auf eine Unabhängigkeit zwischen den Entwicklungen der beiden Zeitreihen hin.

Dazu sind jetzt einige Erläuterungen und Begriffsklärungen notwendig, auch um einigen immer wieder in diesem Zusammenhang auftretenden Irrtümern vorzubeugen:

- **Vorsicht:** Wir haben hier die Werte für die Mittelwerte (Trends), Standardabweichungen (Volatilitäten), Kovarianzen, Korrelationen immer mit den

Symbolen für die jeweiligen Aktien (Aktienkursen, A, B, . . .) indiziert. Es sind dies aber **nie die Mittelwerte, Standardabweichungen, Kovarianzen, Korrelationen für die Aktienkurse**, sondern **stets für die (stetigen) Renditen** der Aktienkurse!

- Unter der Angabe „deutlich positiv" oder „deutlich negativ" versteht man üblicherweise einen Wert größer als 0.2 bzw. kleiner als -0.2.

- Ein Wert nahe bei 0 (also in etwa im Bereich -0.2 bis 0.2) **deutet** eher auf eine Unabhängigkeit zwischen den beiden Entwicklungen hin, aber es **impliziert nicht unbedingt** eine Unabhängigkeit der beiden Entwicklungen!

Das folgende einfache Beispiel zeigt, dass die Korrelation sehr nahe bei Null liegen kann, obwohl eine starke Abhängigkeit zwischen den beiden Entwicklungen gegeben ist:

Für die Folge $X = x_1, x_2, \ldots$ wählen wir eine beliebige Folge aus 0 und 1, also zum Beispiel:
X : 0 1 0 1 1 1 0 1 0 0 0 1 1 1 0

Die Folge $Y = y_1, y_2, \ldots$ sei dann so definiert:

- Sie startet ebenfalls mit 0.

- Wenn x_{k+1} den gleichen Wert hat wie x_k, dann hat auch y_{k+1} den gleichen Wert wie y_k.

- Wenn x_{k+1} einen anderen Wert hat als x_k, dann steigt y_{k+1} um 1 gegenüber y_k an.

Also in unserem Beispiel:
Y : 0 1 2 3 3 3 4 5 6 6 6 7 7 7 8

Die Folge Y ist also vollständig durch die Folge X definiert, ist also vollständig von X abhängig. Dennoch besteht nur eine sehr geringe Korrelation von -0.01508 zwischen den beiden Zahlenfolgen.

- Häufig hört man die folgende Fehlmeinung in Bezug auf Korrelationen:
  „Eine starke Korrelation (nahe 1) zwischen den Renditen zweier Aktienkurse A und B bedeutet, dass die eine Aktie A meistens dann steigt, wenn auch die andere Aktie B steigt."

Diese Interpretation ist so im Allgemeinen nicht richtig. Dazu sehen wir uns wieder ein einfaches Beispiel an:

Aktienkursentwicklung von A:
100, 101, 102, 106, 107, 111, 113, 117, 122, 127, 128, 129, 134, 140, 141

Aktienkursentwicklung von B:
100, 94, 88, 87, 81, 80, 75, 73, 69, 68, 64, 60, 59, 57, 54

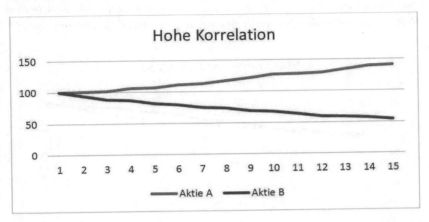

Abbildung 4.18: Beispiel zweier (überraschender Weise) stark positiv korrelierter Aktienkursentwicklungen

Die Korrelation zwischen den Renditen dieser beiden Aktien beträgt 0.866... liegt also tatsächlich nahe an 1, es ist also eine starke Abhängigkeit gegeben, obwohl beide Aktien augenscheinlich eine sehr unterschiedliche Entwicklung nehmen.

Das zeigt, dass die (wirklich häufig gehörte) Aussage:

„Eine stark positive Korrelation (nahe 1) zwischen den Renditen zweier Aktienkurse A und B bedeutet, dass die eine Aktie A meistens dann steigt, wenn auch die andere Aktie B steigt und umgekehrt."

nicht richtig ist.
Wesentlich näher an der Wahrheit liegt die folgende modifizierte, wesentlich komplexere Deutung einer hohen Korrelation:

„Eine starke positive Korrelation (nahe 1) zwischen den Renditen zweier Aktienkurse und B, bedeutet, dass die eine Aktie A meistens dann in Relation zu ihrem durchschnittlichen Anstieg (Trend) steigt, wenn auch die andere Aktie B in Relation zu ihrem durchschnittlichen Anstieg (Trend) steigt, und umgekehrt."

Tatsächlich ist es in unserem Beispiel so: A hat offensichtlich einen positiven Trend. B hat offensichtlich einen negativen Trend. Beide Zeitreihen sind streng monoton (A steigend, B fallend). Aber immer wenn A stark steigt (z.B.: von 102 auf 106) dann fällt B moderat (von 88 auf 87) und immer wenn A moderat steigt (z.B.: von 100 auf 101) dann fällt B stark (von 100 auf 94).

Natürlich gilt umgekehrt anschaulich:

„Eine stark negative Korrelation (nahe -1) zwischen den Renditen zweier Aktienkurse A und B bedeutet, dass die eine Aktie A meistens dann in Relation zu ihrem durchschnittlichen Anstieg (Trend) steigt, wenn die andere Aktie B in Relation zu ihrem durchschnittlichen Anstieg (Trend) fällt und umgekehrt. "

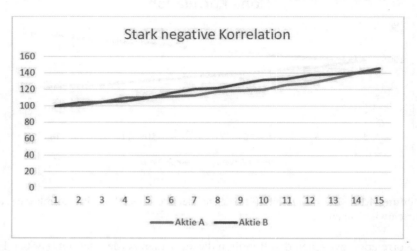

Abbildung 4.19: Beispiel zweier (überraschender Weise) stark negativ korrelierter Aktienkursentwicklungen

Auch ein Blick auf die Formel zur Berechnung der Kovarianz, bzw. der Korrelation bestätigt die Richtigkeit dieser anschaulichen Deutung der Korrelation: Wir haben ja

$$\rho_{A,B} = \frac{cov_{A,B}}{\sigma_A \cdot \sigma_B}$$

und

$$cov_{A,B} = \frac{1}{N} \sum_{k=0}^{N-1} (a_k - \mu_A) \cdot (b_k - \mu_B)$$

Die beiden Standardabweichungen σ_A und σ_B im Nenner der Korrelation hängen jeweils nur von einer einzelnen Aktie ab. Um eine hohe (positive) Korrelation zu erhalten, muss also die Kovarianz möglichst hoch positiv gehalten werden. Dafür benötigt man in obiger Summe möglichst viele positive Summanden. Ein beliebiger Summand in dieser Summe, also ein Ausdruck $(a_k - \mu_A) \cdot (b_k - \mu_B)$, ist dann positiv, wenn entweder beide Faktoren $(a_k - \mu_A)$ und $(b_k - \mu_B)$ positiv sind oder wenn beide Faktoren negativ sind. Das heißt: Es sollte (um eine hohe positive Korrelation zu erhalten) möglichst oft (für möglichst viele k) sowohl $a_k > \mu_A$ als auch $b_k > \mu_B$ oder aber sowohl $a_k < \mu_A$ als auch $b_k < \mu_B$ sein. Es geht also nicht um die absolute Größe von a_k und b_k, sondern immer um die Relation zu μ_A bzw. zu μ_B.

Die Tatsache, dass die Korrelation

$$
\rho_{A,B} = \frac{cov_{A,B}}{\sigma_A \cdot \sigma_B} = \frac{\frac{1}{N}\sum_{k=0}^{N-1}(a_k - \mu_A) \cdot (b_k - \mu_B)}{\sigma_A \cdot \sigma_B} =
$$

$$
= \frac{\frac{1}{N}\sum_{k=0}^{N-1}(a_k - \mu_A) \cdot (b_k - \mu_B)}{\sqrt{\frac{1}{N}\sum_{i=0}^{N-1}(a_i - \mu_A)^2} \cdot \sqrt{\frac{1}{N}\sum_{i=0}^{N-1}(b_i - \mu_B)^2}} =
$$

$$
= \frac{\sum_{k=0}^{N-1}(a_k - \mu_A) \cdot (b_k - \mu_B)}{\sqrt{\sum_{i=0}^{N-1}(a_i - \mu_A)^2} \cdot \sqrt{\sum_{i=0}^{N-1}(b_i - \mu_B)^2}} \qquad (4.1)
$$

stets zwischen -1 und 1 liegt, folgt für den Mathematiker sofort aus der Cauchy-Schwarz-Ungleichung. Geometrisch anschaulich folgt die Tatsache, wenn man die beiden N-dimensionalen Vektoren

$$
\begin{pmatrix} a_0 - \mu_A \\ a_1 - \mu_A \\ \vdots \\ a_{N-1} - \mu_A \end{pmatrix} \quad \text{und} \quad \begin{pmatrix} b_0 - \mu_B \\ b_1 - \mu_B \\ \vdots \\ b_{N-1} - \mu_B \end{pmatrix}
$$

betrachtet.

Im Zähler im letzten Ausdruck von Formel (4.1) steht das innere Produkt dieser beiden Vektoren. Der Betrag des inneren Produkts zweier Vektoren ist bekanntlich die euklidische Länge des einen Vektors multipliziert mit der euklidischen Länge der Projektion des zweiten Vektors auf den ersten Vektor. Diese Projektion ist natürlich kürzer (oder höchstens gleich lang) als die Länge des zweiten Vektors.

Im Nenner im letzten Ausdruck von Formel (4.1) steht gerade das Produkt der euklidischen Längen der beiden Vektoren.

Der Betrag der Korrelation muss somit immer kleiner oder gleich 1 sein, das heißt: Die Korrelation muss immer zwischen -1 und 1 liegen.

Hohe positive bzw. stark negative Korrelationen zwischen zwei Zeitreihen lassen sich meist sehr gut durch zwei-dimensionale Plots der beiden Zeitreihen veranschaulichen. Schauen wir uns einen solchen Plot etwa für die Renditen der von uns analysierten Aktien LHA und SAP an:

Dazu bündeln wir die Renditen $a_0, a_1, \ldots, a_{N-1}$ der LHA-Aktie und die Renditen $b_0, b_1, \ldots, b_{N-1}$ der SAP-Aktie zu Paaren der Form $(a_0, b_0), (a_1, b_1), \ldots,$ (a_{N-1}, b_{N-1}) und zeichnen diese in ein a, b-Koordinatensystem ein (Siehe Abbildung 4.20).

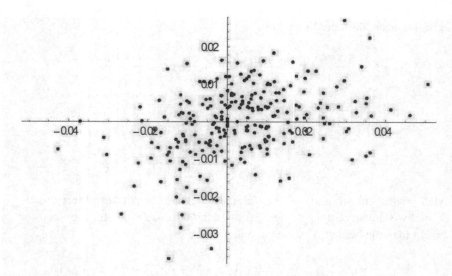

Abbildung 4.20: Paare aus Renditen der LHA-Aktie und der SAP-Aktie

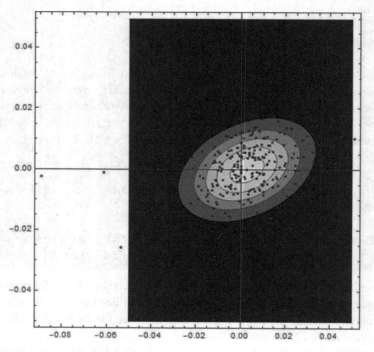

Abbildung 4.21: Paare aus Renditen der LHA-Aktie und der SAP-Aktie mit „Contour Plot" einer Bi-Normalverteilung

Es ist eine gewisse Ausrichtung der Punktpaare entlang einer Gerade von „links-unten" nach „rechts-oben" zu erkennen.

Verstärkt wird dieser Eindruck, wenn man eine Bi-Normalverteilung (bzw. einen Contour Plot der Bi-Normalverteilung) mit den entsprechenden Parametern der beiden Zahlenfolgen, also mit Trends $\mu_A = 0.002713, \mu_B = -0.000079$, Volatilitäten $\sigma_A = 0.016548, \sigma_B = 0.009207$ und mit Korrelation $\rho_{A,B} = 0.35416$ über das Bild der Punktepaare legt.

Diese „Ausrichtung der Punktpaare entlang einer Geraden von links-unten nach rechts-oben" spiegelt die deutlich positive Korrelation der beiden Zahlenfolgen wider. Diese Ausrichtung längs einer Geraden von links-unten nach rechts-oben wird im Allgemeinen umso deutlicher, je näher die Korrelation bei +1 liegt.

Je näher die Korrelation bei -1 liegt umso deutlicher kommt es im Allgemeinen zu einer Gruppierung der Punktepaare von rechts unten nach links-oben.

Die Bi-Normalverteilung stellt eine Verallgemeinerung der Normalverteilung für zweidimensionale Zufallsvariable dar. In unserem Beispiel oben bilden ja die Paare (a_k, b_k) zwei-dimensionale Zufallsvariable (zwei-dimensionale Zufallsvektoren). Die Dichtefunktion der zwei-dimensionalen Bi-Normalverteilung für eine Folge $(a_0, b_0), (a_1, b_1), \ldots, (a_{N-1}, b_{N-1})$ mit Trends μ_A, μ_B und Volatilitäten σ_A, σ_B für die einzelnen Koordinatenfolgen und mit Korrelation ρ ist gegeben durch

$$f_{A,B}(x,y) =$$
$$= \frac{1}{2\pi\sigma_A\sigma_B\sqrt{1-\rho^2}} \exp\left(-\frac{1}{2(1-\rho^2)}\left[\frac{(x-\mu_A)^2}{\sigma_A{}^2} + \frac{(y-\mu_B)^2}{\sigma_B{}^2} - \frac{2\rho(x-\mu_A)(y-\mu_B)}{\sigma_A\sigma_B}\right]\right)$$

Hier bezeichnen wir mit $\exp(z) := e^z$ die Exponentialfunktion.

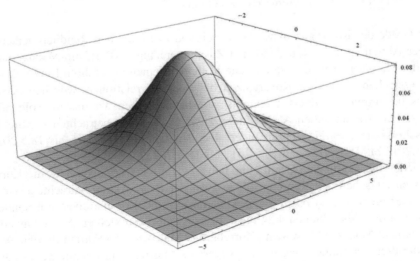

Abbildung 4.22: Dichtefunktion der Bi-Normalverteilung, Korrelation 0

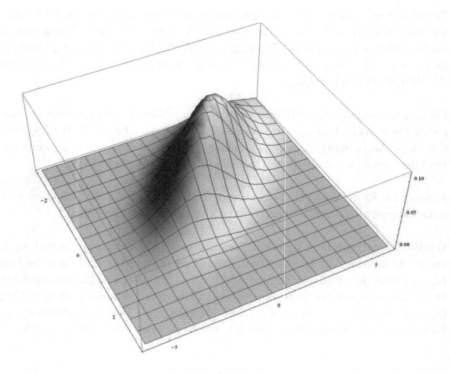

Abbildung 4.23: Dichtefunktion der Bi-Normalverteilung, Korrelation -0.7

Die Dichtefunktion der Bi-Normalverteilung hat, grafisch als zwei-dimensionale Fläche im dreidimensionalen Raum dargestellt, die Form einer mehr (bei Korrelation nahe 0, Abbildung 4.22) oder weniger (bei Korrelation deutlich verschieden von 0, Abbildung 4.23) symmetrischen Glocke.

Die Größe der Kovarianz bzw. der Korrelation zwischen den Renditen verschiedener Aktien spielt in verschiedenen Zusammenhängen (Portfolio-Management, Risiko-Management) eine wesentliche Rolle. Um einen ungefähren Eindruck von der typischen Größe der Kovarianzen bzw. der Korrelationen zwischen Aktien eines bestimmten Aktien-Universums zu erhalten, sehen wir uns im Folgenden die Aktien des deutschen Aktien-Index DAX an. Konkret betrachten wir die Tagesschlusskurse von drei aufeinanderfolgenden Jahren (18.5.2015 bis 18.5.2016, 18.5.2016 bis 18.5.2017 und 18.5.2017 bis 18.5.2018).

Für jeden dieser Ein-Jahreszeiträume haben wir die Kovarianzen bzw. die Korrelationen zwischen den Renditen für je zwei der DAX-Aktien betrachtet. Wir listen hier nicht alle so bestimmten Kovarianzen und Korrelationen auf, sondern zeigen in den Abbildungen 4.24 bis 4.29 lediglich einen kleinen Auszug aus den „Kovarianz-Matrizen" bzw. den „Korrelations-Matrizen" der Aktien für den DAX für die drei Zeiträume. (Die in den Kovarianz-Matrizen auftretende Schreibweise „E-05" nach einer Zahl, bedeutet „Division dieser Zahl durch 100.000". Zum

Beispiel: $8,8538E - 05 = 0.000088538$)

	BMW	FME	LHA	CON	PSM	BEI	EOAN	HEI	DAI
BMW	8,8538E-05	4,688E-05	4,1029E-05	6,3051E-05	4,3674E-05	2,9406E-05	2,8941E-05	2,9586E-05	6,2213E-05
FME	4,688E-05	0,00014242	5,9975E-05	7,1818E-05	5,3435E-05	5,8461E-05	4,964E-05	5,1802E-05	5,2376E-05
LHA	4,1029E-05	5,9975E-05	0,00029755	6,0686E-05	4,0866E-05	1,6295E-05	2,6821E-05	3,8172E-05	4,1324E-05
CON	6,3051E-05	7,1818E-05	6,0686E-05	0,00013468	5,3944E-05	4,6909E-05	2,8628E-05	4,6909E-05	5,9849E-05
PSM	4,3674E-05	5,3435E-05	4,0866E-05	5,3944E-05	0,00034571	3,9224E-05	2,1769E-05	3,1751E-05	3,6455E-05
BEI	2,9406E-05	5,8461E-05	1,6295E-05	4,6909E-05	3,9224E-05	0,00010413	5,6043E-05	3,5162E-05	3,4189E-05
EOAN	2,8941E-05	4,964E-05	2,6821E-05	2,8628E-05	2,1769E-05	5,6043E-05	0,00021762	3,7716E-05	2,9392E-05
HEI	2,9586E-05	5,1802E-05	3,8172E-05	4,6909E-05	3,1751E-05	3,5162E-05	3,7716E-05	0,00012794	3,4206E-05
DAI	6,2213E-05	5,2376E-05	4,1324E-05	5,9849E-05	3,6455E-05	3,4189E-05	2,9392E-05	3,4206E-05	9,0192E-05

Abbildung 4.24: Auszug aus der Kovarianz-Matrix der DAX-Aktien im Zeitraum 18.5.2017 bis 18.5.2018

	BMW	FME	LHA	CON	PSM	BEI	EOAN	HEI	DAI
BMW	1	0,41747216	0,25278108	0,57739417	0,24963274	0,30624834	0,20849472	0,27798357	0,69619354
FME	0,41747216	1	0,29134288	0,51854241	0,2408123	0,48004079	0,28196059	0,38375316	0,46212116
LHA	0,25278108	0,29134288	1	0,30314803	0,12741647	0,0925726	0,10540192	0,19564335	0,25225672
CON	0,57739417	0,51854241	0,30314803	1	0,24999131	0,39609125	0,16721738	0,35735453	0,54301807
PSM	0,24963274	0,2408123	0,12741647	0,24999131	1	0,20672734	0,07936704	0,15097407	0,20644724
BEI	0,30624834	0,48004079	0,0925726	0,39609125	0,20672734	1	0,37228328	0,30462756	0,35277495
EOAN	0,20849472	0,28196059	0,10540192	0,16721738	0,07936704	0,37228328	1	0,22603608	0,20979382
HEI	0,27798357	0,38375316	0,19564335	0,35735453	0,15097407	0,30462756	0,22603608	1	0,31843558
DAI	0,69619354	0,46212116	0,25225672	0,54301807	0,20644724	0,35277495	0,20979382	0,31843558	1

Abbildung 4.25: Auszug aus der Korrelations-Matrix der DAX-Aktien im Zeitraum 18.5.2017 bis 18.5.2018

	BMW	FME	LHA	CON	PSM	BEI	EOAN	HEI	DAI
BMW	0,00021782	5,9427E-05	0,00016529	0,00016344	0,0001108	3,9659E-05	0,00011963	0,00012292	0,00017433
FME	5,9427E-05	0,00015664	8,9948E-05	7,4828E-05	6,8705E-05	5,3763E-05	0,00010173	7,6403E-05	6,3468E-05
LHA	0,00016529	8,9948E-05	0,00045844	0,00014009	0,00011828	6,1499E-05	0,00014894	0,00014199	0,00014577
CON	0,00016344	7,4828E-05	0,00014009	0,00022338	0,0001117	4,8693E-05	0,00010508	0,00012034	0,00014375
PSM	0,0001108	6,8705E-05	0,00011828	0,0001117	0,00024461	4,9257E-05	0,00011257	0,00010461	0,00010232
BEI	3,9659E-05	5,3763E-05	6,1499E-05	4,8693E-05	4,9257E-05	9,5712E-05	7,3661E-05	4,7098E-05	3,8021E-05
EOAN	0,00011963	0,00010173	0,00014894	0,00010508	0,00011257	7,3661E-05	0,00034627	0,00010164	0,00011813
HEI	0,00012292	7,6403E-05	0,00014199	0,00012034	0,00010461	4,7098E-05	0,00010164	0,0002245	0,00011252
DAI	0,00017433	6,3468E-05	0,00014577	0,00014375	0,00010232	3,8021E-05	0,00011813	0,00011252	0,00018422

Abbildung 4.26: Auszug aus der Kovarianz-Matrix der DAX-Aktien im Zeitraum 18.5.2016 bis 18.5.2017

	BMW	FME	LHA	CON	PSM	BEI	EOAN	HEI	DAI
BMW	1	0,3217247	0,5230808	0,74094191	0,48002306	0,274669	0,43560348	0,55587795	0,87026848
FME	0,3217247	1	0,3356621	0,40002761	0,35099786	0,43908863	0,43681189	0,40743593	0,37362772
LHA	0,5230808	0,3356621	1	0,43775165	0,35319978	0,29359196	0,37382293	0,44259862	0,50161383
CON	0,74094191	0,40002761	0,43775165	1	0,47784791	0,33300878	0,37782763	0,53737736	0,70860537
PSM	0,48002306	0,35099786	0,35319978	0,47784791	1	0,32192292	0,38678448	0,44639266	0,48201261
BEI	0,274669	0,43908863	0,29359196	0,33300878	0,32192292	1	0,40461861	0,32130331	0,28633189
EOAN	0,43560348	0,43681189	0,37382293	0,37782763	0,38678448	0,40461861	1	0,36453605	0,46774004
HEI	0,55587795	0,40743593	0,44259862	0,53737736	0,44639266	0,32130331	0,36453605	1	0,55330432
DAI	0,87026848	0,37362772	0,50161383	0,70860537	0,48201261	0,28633189	0,46774004	0,55330432	1

Abbildung 4.27: Auszug aus der Korrelations-Matrix der DAX-Aktien im Zeitraum 18.5.2016 bis 18.5.2017

	BMW	FME	LHA	CON	PSM	BEI	EOAN	HEI	DAI
BMW	0,00044817	0,00024624	0,00022834	0,00034545	0,00021201	0,00021014	0,00034448	0,00030725	0,00040368
FME	0,00024624	0,00032595	0,00019634	0,00021321	0,00020697	0,00020426	0,00024282	0,00022141	0,00024589
LHA	0,00022834	0,00019634	0,00041492	0,00018067	0,0001533	0,00014366	0,00023556	0,00018203	0,00020839
CON	0,00034545	0,00021321	0,00018067	0,00038651	0,0001933	0,00019424	0,00027898	0,00027289	0,00034297
PSM	0,00021201	0,00020697	0,0001533	0,0001933	0,00029464	0,00017879	0,00019056	0,00020892	0,00021301
BEI	0,00021014	0,00020426	0,00014366	0,00019424	0,00017879	0,00024236	0,0002136	0,00018919	0,000216
EOAN	0,00034448	0,00024282	0,00023556	0,00027898	0,00019056	0,0002136	0,00072606	0,00027993	0,00032473
HEI	0,00030725	0,00022141	0,00018203	0,00027289	0,00020892	0,00018919	0,00027993	0,00036066	0,00029147
DAI	0,00040368	0,00024589	0,00020839	0,00034297	0,00021301	0,000216	0,00032473	0,00029147	0,00042959

Abbildung 4.28: Auszug aus der Kovarianz-Matrix der DAX-Aktien im Zeitraum 18.5.2015 bis 18.5.2016

	BMW	FME	LHA	CON	PSM	BEI	EOAN	HEI	DAI
BMW	1	0,64426591	0,5295111	0,83001013	0,58341801	0,63760095	0,60388512	0,76423096	0,91999228
FME	0,64426591	1	0,53388452	0,6006812	0,66785643	0,72672531	0,49913943	0,64577787	0,65711881
LHA	0,5295111	0,53388452	1	0,45115001	0,438437	0,45302525	0,42917086	0,47056219	0,49358449
CON	0,83001013	0,6006812	0,45115001	1	0,57279295	0,63465293	0,52662349	0,73090496	0,84166757
PSM	0,58341801	0,66785643	0,438437	0,57279295	1	0,66904476	0,41199375	0,64088966	0,59871998
BEI	0,63760095	0,72672531	0,45302525	0,63465293	0,66904476	1	0,50920238	0,63992577	0,66940822
EOAN	0,60388512	0,49913943	0,42917086	0,52662349	0,41199375	0,50920238	1	0,54703455	0,58144905
HEI	0,76423096	0,64577787	0,47056219	0,73090496	0,64088966	0,63992577	0,54703455	1	0,7404983
DAI	0,91999228	0,65711881	0,49358449	0,84166757	0,59871998	0,66940822	0,58144905	0,7404983	1

Abbildung 4.29: Auszug aus der Korrelations-Matrix der DAX-Aktien im Zeitraum 18.5.2015 bis 18.5.2016

	BMW	FME	LHA	CON	PSM	BEI	EOAN	HEI	DAI
BMW	1	0,51384003	0,46363853	0,76321229	0,44720907	0,483381	0,50040226	0,62686061	0,87879474
FME	0,51384003	1	0,40358904	0,5265647	0,44279579	0,60150621	0,43869772	0,52117542	0,54520509
LHA	0,46363853	0,40358904	1	0,4084341	0,30615936	0,30732577	0,33583286	0,39481976	0,43643112
CON	0,76321229	0,5265647	0,4084341	1	0,44187749	0,50446864	0,42109374	0,60305437	0,75467739
PSM	0,44720907	0,44279579	0,30615936	0,44187749	1	0,42669497	0,30306167	0,43527616	0,44440334
BEI	0,483381	0,60150621	0,30732577	0,50446864	0,42669497	1	0,45394133	0,48245941	0,5163194
EOAN	0,50040226	0,43869772	0,33583286	0,42109374	0,30306167	0,45394133	1	0,43574807	0,49594813
HEI	0,62686061	0,52117542	0,39481976	0,60305437	0,43527616	0,48245941	0,43574807	1	0,61796434
DAI	0,87879474	0,54520509	0,43643112	0,75467739	0,44440334	0,5163194	0,49594813	0,61796434	1

Abbildung 4.30: Auszug aus der Korrelations-Matrix der DAX-Aktien im Zeitraum 18.5.2015 bis 18.5.2018

Wir können dabei folgendes feststellen:

- Fast alle der auftretenden Korrelationen sind deutlich positiv

- In allen vier Korrelations-Matrizen treten lediglich zwei (ganz geringfügig) negative Werte auf. Es sind dies die Korrelationen zwischen Vonovia und der Commerzbank im Testzeitraum 2016/17 (Korrelation -0.049) und der Vonovia und der Deutschen Bank im Testzeitraum 2016/17 (Korrelation -0.064). (Vonovia ist ein deutsches Wohnungsunternehmen, nach eigenen Angaben der „größte private Vermieter Deutschlands".)

- Über die gesamte Testlaufzeit 2015/18 gesehen bestand die größte Korrelation zwischen DAX-Werten zwischen BMW und Daimler (Korrelation 0.879, siehe Abbildung 4.30, Eintrag links unten). Die geringste Korrelation bestand zwischen Vonovia und der Commerzbank (Korrelation 0.200).

- Die durchschnittliche Korrelation zwischen den Einzelaktien im DAX betrug

2015/16:	0.582
2016/17:	0.491
2017/18:	0.349
insgesamt 2015/18:	0.486

  Es ist also im Lauf dieser drei Jahre ein leichter Rückgang der durchschnittlichen Korrelationen zu verzeichnen gewesen.

Interessant ist auch noch die Korrelation der im DAX enthaltenen Aktien zum DAX selbst. Einen Auszug dieser Korrelationswerte haben wir in der Tabelle von Abbildung 4.31 für die vier Zeiträume aufgelistet.

	BMW	FME	LHA	CON	PSM	BEI	EOAN	HEI	DAI
DAX 15/16	0,88481038	0,78958574	0,58326456	0,81518974	0,69390309	0,77927174	0,68150525	0,810777	0,89676622
DAX 16/17	0,81142398	0,55019275	0,5793705	0,74630903	0,61679286	0,44529617	0,59387136	0,73399149	0,84410733
DAX 17/18	0,65592636	0,70996878	0,42076452	0,66538436	0,38330604	0,56274781	0,44044616	0,55100937	0,69876346
DAX 15/18	0,83532764	0,70856763	0,53149461	0,77276698	0,56917563	0,66180435	0,6219354	0,74776687	0,85787526

Abbildung 4.31: Auszug aus der Korrelationsmatrix zwischen DAX und DAX-Einzelwerten in den vier Zeitbereichen

Hier erkennen wir (natürlich) nochmals deutlich höhere Korrelationswerte zwischen den Einzelaktien und dem DAX.

- Die durchschnittlichen Korrelationen zwischen dem DAX und den Einzelwerten betrugen:

2015/16:	0.766
2016/17:	0.662
2017/18:	0.601
insgesamt 2015/18:	0.703

  Also auch hier ist eine leicht rückläufige Tendenz bei den Korrelationen erkennbar.

- Die größte Korrelation über den gesamten Testbereich gesehen bestand zwischen DAX und dem Chemiekonzern BASF (Korrelation: 0.874), die niedrigste Korrelation zwischen DAX und dem Energieunternehmen RWE (Korrelation: 0.489).

Eine abschließende Bemerkung zur Kovarianz noch, auf die wir im Abschnitt über Portfolio-Selektion wieder zurückkommen werden:
Die durchschnittliche Kovarianz zwischen den verschiedenen Aktien des DAX im Testzeitraum Mai 2015 bis Mai 2018 lag bei einem Wert von 0.000128. Die durchschnittliche Varianz der einzelnen Aktien des DAX lag bei 0.000288 (also circa beim 2.3-fachen Wert).

4.3   Basis-Werkzeuge zur Analyse realer Aktienkurse: Autokorrelationen der Renditen von Aktien

Wie wir weiter oben schon deponiert haben:
In diesem Kapitel ist es **das** Ziel, das Basis-Modell für die Simulation von Aktienkursentwicklungen herzuleiten, nämlich das Wiener'sche Aktienkursmodell.

Die zweite Annahme, die dem Wiener'schen Modell, dem wir uns jetzt nähern möchten, zugrunde liegt, ist:
„Renditen von Aktienkursentwicklungen sind unabhängig von früheren Renditen derselben Aktie."

Eine Möglichkeit, uns dieser Annahme zu widmen, ist es, **Autokorrelationen** der Renditen von Aktienkursen zu berechnen und zu diskutieren.

Zur Illustration des Konzepts der Autokorrelation nutzen wir wieder die stetigen Renditen der LHA-Aktie $a_0, a_1, \ldots, a_{N-1}$ aus dem Zeitbereich 28.2.2017 bis 28.2.2018. Um einen **Hinweis** darauf zu bekommen, ob ein Zusammenhang zwischen a_0 und a_1 bzw. zwischen a_1 und a_2 bzw. zwischen a_2 und a_3 usw. besteht, wäre es naheliegend, erst einmal Paare (a_0, a_1), (a_1, a_2), (a_2, a_3) usw. zu bilden und diese wieder in einer zwei-dimensionalen Ebene einzuzeichnen und, in einem weiteren Schritt, die Korrelationen zwischen den beiden Komponenten-Folgen, also zwischen $a_0, a_1, \ldots, a_{N-2}$ und $a_1, a_1, \ldots, a_{N-1}$ zu berechnen. Wir wollen das im Folgenden durchführen.

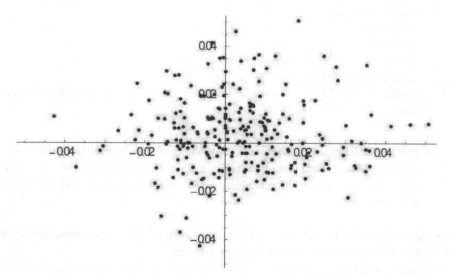

Abbildung 4.32: Renditepaare (a_i, a_{i+1}) der LHA-Aktie

An Hand des Bildes der Rendite-Paare lässt sich auf den ersten Blick keine offensichtliche Abhängigkeit erkennen. Für die Korrelation zwischen den beiden Komponenten-Folgen, also zwischen $a_0, a_1, \ldots, a_{N-2}$ und $a_1, a_2, \ldots, a_{N-1}$, ergibt sich ein Wert – den wir mit $\gamma(i, i+1)$ bezeichnen wollen – von $\gamma(i, i+1) = 0.0580\ldots$. Wir sprechen dabei dann von der Autokorrelation erster Ordnung. Der Wert liegt also sehr nahe an 0 und weist somit auf keine Abhängigkeit zwischen aufeinanderfolgenden Renditen hin.

Analog können wir mögliche Abhängigkeiten zwischen der Rendite eines Tages und derjenigen des Vor-Vor-Tages ins Visier nehmen, indem wir die Korrelation $\gamma(i, i+2)$, die Autokorrelation zweiter Ordnung, das ist die Korrelation zwischen $a_0, a_1, \ldots, a_{N-3}$ und $a_2, a_3, \ldots, a_{N-1}$, berechnen. In unserem Fall ergibt sich $\gamma(i, i+2) = -0.0950\ldots$. Auch hier ist also aus der Autokorrelation keine offensichtliche Abhängigkeit erkennbar.

Allgemein können wir **Autokorrelationen $\gamma(i, i+p)$ von p-ter Ordnung**, also **Korrelationen zwischen $a_0, a_1, \ldots, a_{N-1-p}$ und $a_p, a_{p+1}, \ldots, a_{N-1}$** berechnen. Erwartungsgemäß ergeben sich für unser Beispiel ebenfalls jeweils Werte nahe 0.

Wir führen die Berechnungen der Autokorrelationen erster bis dritter Ordnung zu Testzwecken auch noch für die Aktien des DAX im Zeitbereich 16.5.2015 bis 16.5.2018 durch und stellen die Ergebnisse in der Tabelle von Abbildung 4.33 dar.

	BMW	FME	LHA	CON	PSM	BEI	EOAN	HEI	DAI
1-Tages Autokorrelation	0,10097207	-0,09426896	-0,01451135	-0,0108228	0,03840946	-0,07673136	-0,00301454	-0,00099889	0,07915681
2-Tages Autokorrelation	0,07089343	-0,00914676	0,01421942	0,00139356	-0,0368657	-0,04597091	0,00550794	-0,0908187	0,06182592
3-Tages Autokorrelation	0,06074273	0,04322176	-0,00581098	0,00138111	0,0095716	0,02798914	0,01984325	0,06336834	0,05048154
4-Tages Autokorrelation	-0,11516735	-0,06712318	-0,04501662	-0,1035177	-0,00831764	-0,03212081	-0,01326222	-0,10539383	-0,1125652

Abbildung 4.33: Auszug aus: Autokorrelationen der DAX-Aktien im Zeitbereich 16.5.2015 bis 16.5.2018

Wir erkennen, dass die Berechnung der Autokorrelationen zumindest in unseren Beispielen keinen Anhaltspunkt auf stärkere Abhängigkeiten zwischen aufeinanderfolgenden Renditen gibt. (Die durchschnittliche 1-Tages-Autokorrelation der DAX-Aktien lag im Testzeitraum bei 0.0134. Die stärksten 1-Tages-Autokorrelationen im Testzeitraum verzeichneten VW mit einem Wert von 0.180 und BMW mit einem Wert von 0.101.)

Diese Erkenntnis (nicht signifikante Autokorrelation) wird auch unterstützt, wenn wir analoge Berechnungen auf die Zeitreihen der Apple-Aktie im Zeitbereich 12.12.1980 bis 6.3.2018 und für den S&P500-Index im Zeitbereich 22.11.1957 bis 22.11.2017 durchführen.

Wir erhalten nämlich für die Apple-Aktie:
$\gamma(i, i+1) = 0.02456\ldots$

$\gamma(i, i+2) = -0.02278\ldots$
$\gamma(i, i+3) = -0.03097\ldots$

und für den S&P500-Index:
$\gamma(i, i+1) = 0.02183\ldots$
$\gamma(i, i+2) = -0.03772\ldots$
$\gamma(i, i+3) = -0.00102\ldots$

Diese Betrachtungen und einzelnen Beispiele zur Autokorrelation von Aktienrenditen geben selbstverständlich nur einen ersten Eindruck in Hinblick auf die Fragestellung zu Abhängigkeiten zwischen den aufeinanderfolgenden Renditen von Aktien. Eine Vielzahl von Arbeiten zur Finanzmarktstatistik beschäftigt sich eingehend auf Basis statistischer Methoden mit dieser Frage. Aber im Moment wollen wir gar nicht mehr als einen ersten Eindruck geben.

Und natürlich ist die Autokorrelation wieder nur ein schlussendlich unzulängliches Maß für das Vorhandensein von Abhängigkeiten. Eine deutlich von 0 abweichende Autokorrelation deutet auf bestehende Abhängigkeiten hin, eine Autokorrelation nahe 0 beweist aber noch lange keine Unabhängigkeit.

Zum Abschluss zeigen wir noch eine systematisch immer wieder auftretende Abhängigkeit an Hand der S&P500 Tagesdaten auf (die offensichtlich durch das Maß Autokorrelation nicht diagnostiziert wird).

Die Abhängigkeit die wir hier meinen, ist die folgende:
„Auf Renditen mit einem in Relation großen Absolutbetrag folgt mit erhöhter Wahrscheinlichkeit wieder eine Rendite mit einem in Relation hohen Absolutbetrag."

Was wir damit genau meinen, wollen wir am konkreten Beispiel illustrieren. Wir betrachten die insgesamt 15.104 Renditen des S&P500 von 22.11.1957 bis 22.11.2017. Von diesen Renditen haben 686 einen Absolutbetrag größer als 0.02 und 14.418 der Renditen haben einen Absolutbetrag kleiner oder gleich 0.02. Die empirische Wahrscheinlichkeit für ein Auftreten einer „großen Rendite" (Betrag größer als 0.02) beträgt in diesem Zeitbereich daher $\frac{686}{15104} = 0.0454\ldots$, also 4.54%.

Nehmen wir uns jetzt aber nur diejenigen 686 Tage vor, an denen wir eine große Tagesrendite zu verzeichnen hatten und sehen wir uns die Renditen an den jeweils darauffolgenden Tagen an:
Dann stellen wir fest, dass von diesen 686 Folgetags-Renditen 114 große Renditen waren und 572 waren kleine Renditen. Das heißt:
Die empirische Wahrscheinlichkeit, dass auf eine (im Absolutbetrag) große Rendite wieder eine (im Absolutbetrag) große Rendite folgt, lag bei $\frac{114}{686} = 0.1707\ldots$, also 17.07%.

Die relative Häufigkeit des Auftretens einer (im Absolutbetrag) großen Rendite ist nach einer großen Rendite wesentlich höher (mehr als 4-Mal so hoch), als das sonst der Fall wäre.

4.4 Was bedeutet mathematische Modellierung? Was ist ein Aktienkurs-Modell?

Dieser Paragraph soll unter anderem dazu dienen, einem Missverständnis vorzubeugen, dem man sehr häufig begegnet: Spricht man als Finanzmathematiker davon, dass man ein bestimmtes Aktienkurs-Modell zur Modellierung und zur Simulation von Aktienkursen (oder von Kursen anderer Finanzprodukte) entwickelt, programmiert oder verwendet, so wird vom Gegenüber oft angenommen, man hätte damit ein Mittel zur Prognose zukünftiger Aktienkurse zur Hand. Das ist natürlich falsch!
Und: Die Prognose zukünftiger Aktienkurse mittels rein mathematischer Modelle kann gar nicht die Absicht eines Finanzmathematikers sein.

Wir möchten den tatsächlichen Zusammenhang zwischen „realer Welt" und mathematischem Modell an einem sehr einfachen Beispiel erläutern:
Wir nehmen einen beliebigen Würfel, werfen ihn 20 Mal und addieren die Ergebnisse sukzessive auf. Die Ergebnisse der einzelnen Würfe könnten dabei so aussehen:

$$5, 2, 6, 6, 4, 3, 1, 3, 3, 4, 3, 6, 1, 4, 4, 6, 6, 2, 5, 1$$

Die sukzessiv aufaddierten Werte wären dann:

$$5, 7, 13, 19, 23, 26, 27, 30, 33, 37, 40, 46, 47, 51, 55, 61, 67, 69, 74, 75$$

Die Einzelwürfe und die im Lauf der Zeit aufaddierten Werte können wir dann auch noch grafisch darstellen:

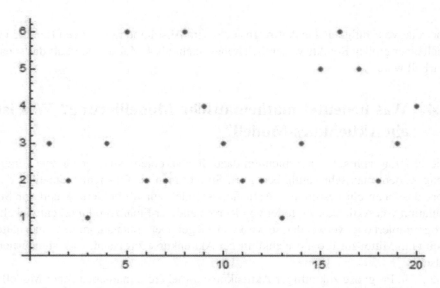

Abbildung 4.34: Werte von 20 aufeinanderfolgenden Würfen eines Würfels

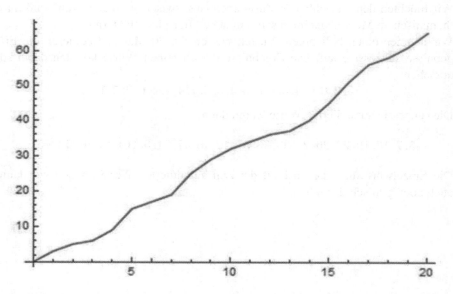

Abbildung 4.35: Werte von 20 aufeinanderfolgenden Würfen eines Würfels sukzessive aufaddiert

Wiederholt man diese Prozedur des 20-maligen Würfelns mehrmals, dann wird natürlich jeweils eine etwas andere Entwicklung entstehen. Zum Beispiel sieht man in Abbildung 4.36 die 10 Entwicklungen die bei 10-maliger Wiederholung der jeweils 20 Würfelwürfe entstanden sind.

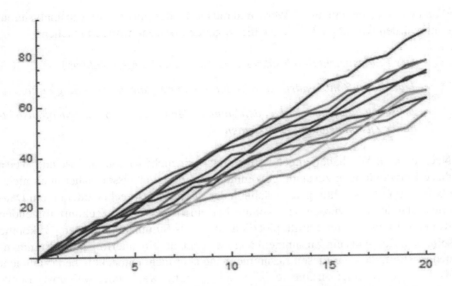

Abbildung 4.36: 10 Beispielspfade der aufaddierten Werte von 20 aufeinanderfolgenden Würfen eines Würfels

Alle diese Entwicklungen sind voneinander verschieden, zeigen aber doch alle eine etwas ähnliche „typische" Form.

Nehmen wir uns noch einmal die eine spezielle Entwicklung von oben, die in Abbildung 4.35 illustriert wurde, vor. Stellen wir uns weiters vor, wir wüssten nicht, dass diese Grafik durch das Aufaddieren von Würfelwerten zu Stande gekommen ist.

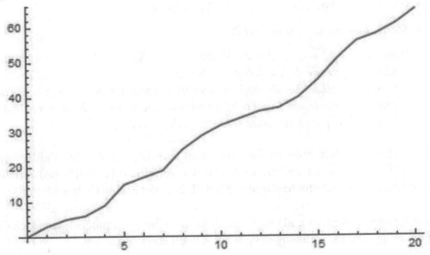

Abbildung 4.37: Werte von 20 aufeinanderfolgenden Würfen eines Würfels sukzessive aufaddiert

Wenn wir dann beginnen, die Werte und die Grafik der Entwicklung zu analysieren, dann würden wir möglicher Weise die folgenden **Beobachtungen** machen:

- *Der Pfad entsteht durch sukzessives Addieren einer der Zahlen $1, 2, \ldots, 6$*
- *Jede dieser Zahlen dürfte durchschnittlich ungefähr gleich häufig auftreten*
- *Zwischen aufeinanderfolgenden Summanden $(1, 2, \ldots, 6)$ ist kein offensichtlicher Zusammenhang zu erkennen*

Noch einmal: Wir haben angenommen, dass wir nicht wissen, auf welche Weise diese Entwicklungen zustande gekommen sind und wir wissen daher auch nicht, ob diese drei Beobachtungen tatsächlich der Realität entsprechen oder einem Dauertest standhalten würden. (Es könnte bei einem der in der Zukunft folgenden weiteren Entwicklungsschritte plötzlich eine 7 als Summand auftreten. Es könnte sein, dass durchaus ein Zusammenhang zwischen aufeinanderfolgenden Summanden existiert, dass wir diesen Zusammenhang aber nicht entdeckt haben (vielleicht weil unsere Analyseinstrumente dafür nicht geeignet waren oder weil unser Beobachtungszeitraum zu kurz war). Oder es könnte sein, dass es sich „in the long run" erweist, dass der Summand 3 geringfügig, aber doch signifikant öfter auftritt als der Summand 4, ...)

Aber auf Basis der von uns gemachten Beobachtungen könnten wir geneigt sein, ein **mathematisches Modell** für die vorliegenden Entwicklungen **anzunehmen**. Das mathematische Modell könnte so aussehen:
Mathematisches Modell:

- *Wir wollen Werte $X_1, X_2, X_3, \ldots, X_{20}$ erzeugen*
- *Starte dazu mit dem Startwert $X_0 = 0$*
- *Wenn für ein $i = 1, \ldots, 20$ die Werte $X_1, X_2, X_3, \ldots, X_{i-1}$ schon erzeugt sind, dann erzeuge X_i auf folgende Weise:*
  Erzeuge mit einem unabhängigen Zufallszahlengenerator eine ganze Zahl S_i, wobei S_i zwischen 1 und 6 liegt und wobei jede dieser Zahlen mit Wahrscheinlichkeit $\frac{1}{6}$ auftritt. Setze schließlich $X_i := X_{i-1} + S_i$.

Dieses Modell liefert eine exakte Vorschrift zur Erzeugung der Zahlenfolge $X_1, X_2, X_3, \ldots, X_{20}$. Es enthält aber nach wie vor eine (klar definierte) Zufallskomponente, es ist ein **stochastisches Modell**, kein deterministisches Modell!

Mit Hilfe dieses Modells und unter Zuhilfenahme eines Computers lassen sich damit beliebig viele Entwicklungen beliebig schnell erzeugen.

In Abbildung 4.38 sehen Sie 30 solcher **„Realisationen"** durch das mathematische Modell.

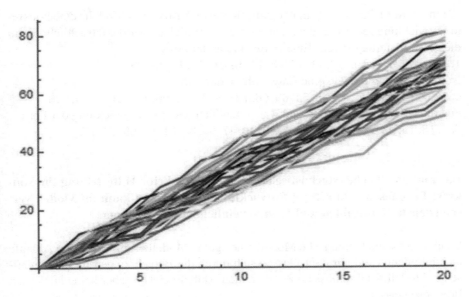

Abbildung 4.38: 30 Realisationen von Entwicklungspfaden mit Hilfe des mathematischen Modells

Wir sehen eine ganz ähnliche Struktur dieser durch das mathematische Modell erzeugten Entwicklungspfade wie bei den durch den Würfelwurf erzeugten Entwicklungspfaden von Abbildung 4.36. Das exakt definierte mathematische (stochastische) Modell scheint also die durch einen Vorgang der realen Welt erzeugten Entwicklungspfade augenscheinlich recht gut zu modellieren.

Der große Vorteil eines mathematischen Modells ist:
Es ist exakt definiert, und:
Ich kann in diesem Modell **rechnen**! Zum Beispiel kann ich berechnen:
Wie groß ist der erwartete Wert $E(X_{20})$ für X_{20} in diesem mathematischen Modell?
oder:
Wie groß ist die Abweichung der (durch das mathematische Modell realisierten) Werte X_{20} vom erwarteten Wert $E(X_{20})$ durchschnittlich?
oder:
Wie groß ist die Wahrscheinlichkeit, dass die (durch das mathematische Modell realisierten) Werte X_{20} in einem Bereich $[U, V]$ zu liegen kommen?
oder:
. . .

Wohlgemerkt: Ich kann diese Werte und Wahrscheinlichkeiten im Modell **exakt berechnen**, nicht nur **schätzen**!
Aber: Auch im exakten mathematischen (stochastischen) Modell kann ich (genauso wie beim Würfelwurf) **keinen** konkreten zukünftigen Verlauf **prognostizieren**!

Wenn ich mit Hilfe meines mathematischen (stochastischen) Modells eine konkrete Entwicklung realisiere, dann kann ich a priori nichts über die tatsächliche Form dieser Realisierung sagen! Eine Entwicklung der Form

$1, 2, 3, 4, 5, 6, 7, 8, 9, 10, 11, 12, 13, 14, 15, 16, 17, 18, 19, 20$

ist genauso möglich wie eine Entwicklung der Form

$6, 12, 18, 24, 30, 36, 42, 48, 54, 60, 66, 72, 78, 84, 90, 96, 102, 108, 114, 120$

und die ist genauso möglich und wahrscheinlich wie eine Entwicklung der Form

$5, 7, 13, 19, 23, 26, 27, 30, 33, 37, 40, 46, 47, 51, 55, 61, 67, 69, 74, 75$.

Also:
Das mathematische (stochastische) Modell bietet keine Hilfestellung für konkrete Prognosen zukünftiger Entwicklungen, aber man kann im Modell verschiedenste Kennzahlen und Wahrscheinlichkeiten berechnen.

Wenn nun das mathematische Modell eine „gute" Modellierung der realen Abläufe darstellt, dann (und nur dann) lassen sich durch die Berechnungen im mathematischen Modell Rückschlüsse über die realen Abläufe ziehen (aber keine konkreten Prognosen erzielen).

Ist unser (konkretes) mathematisches Modell (aus dem obigen Beispiel) nun eine „gute" Modellierung? Diese Frage ist nicht ganz leicht zu entscheiden und hängt vom Wissen ab, das wir über die relevanten Vorgänge der „realen Welt" haben.

Konkret in unserem Beispiel:
Nehmen wir an, eine **Person A** weiß, dass die von uns in der realen Welt beobachteten Entwicklungen vom Werfen eines Würfels und sukzessivem Aufaddieren resultieren. Und nehmen wir weiters an, dass eine **Person B** nur die reinen Zahlenfolgen vorliegen hatte (ohne weitere Information wie diese zu Stande gekommen waren) und dass diese Person B einfach durch Analyse der Zahlenfolge zu den oben formulierten drei „Beobachtungen" gelangt ist.

Sowohl Person A als auch Person B haben dasselbe mathematische Modell entwickelt, um die jeweiligen Zahlenfolgen der realen Welt mathematisch zu modellieren. Während Person A auf Basis ihres Hintergrundwissens ziemlich sicher sein kann, dass ihr Modell die Realität gut abbilden wird (vorausgesetzt der Würfel ist tatsächlich ein fairer Würfel), kann sich Person B wesentlich weniger sicher sein. Ihre Gründe, dieses mathematische Modell zu wählen, beruhen nur auf einigen wenigen mehr oder weniger solide begründeten Beobachtungen (die möglichen Vorbehalte wurden schon weiter oben aufgezählt).

Wenn nun eine dritte Person M im mathematischen Modell Berechnungen anstellt und zu mathematischen Ergebnissen gelangt (z.B.: „die Wahrscheinlichkeit, dass der im mathematischen Modell erzeugte Wert X_{20} im Intervall $[U, V]$ liegt, ist gleich P"), dann können sowohl A als auch B daraus schließen, dass die von ihnen in der realen Welt in Zukunft beobachteten Zahlenreihen der obigen Form „ungefähr mit Wahrscheinlichkeit P im Bereich $[U, V]$" liegen werden. Person A wird sich der Richtigkeit dieses Schlusses allerdings gewisser sein, als die Person B.

Für die dritte Person M („M" steht hier vielleicht für „Mathematikerin"), die im mathematischen Modell rechnet, kann die Möglichkeit eines Schließens von ihren Berechnungen auf die Realität eventuell völlig irrelevant sein. Es kann sein, dass sie rein am Rechnen im Modell interessiert ist und in keiner Weise daran, ob das Modell die Realität in irgendeiner Weise mehr oder weniger gut abbildet.

Das „Schließen auf die Realität" und damit die „Qualität der Widerspiegelung der realen Welt durch das mathematische Modell" ist aber natürlich für die „Anwender" A und B von entscheidender Wichtigkeit. Oft ist es dann auch der Fall, dass die Anwender A und B **nur** an der Qualität der Modellierung und an den Rückschlüssen auf die Realität interessiert sind und selbst keinerlei Berechnungen im mathematischen Modell durchführen, sondern diese einer „reinen Mathematikerin" überlassen.

Also: Wichtig ist es, sich folgender Begriffe und Abgrenzungen bewusst zu sein:

- Bestimmte beobachtete Vorgänge der realen Welt (in Physik, Finanzwissenschaften, Biologie, Medizin, . . .) $\to$ Anwender A und B

- Versuch, diese Vorgänge durch ein rein mathematisches (stochastisches) Modell zu modellieren. $\to$ Kooperation Anwender A und B und Mathematikerin M

- Der Versuch der Modellierung ist kein mathematisch exakter, beweisbarer Vorgang, sondern eben ein Versuch, der sich verschiedener (mehr oder weniger exakt beobachteter, aber nicht beweisbarer) Annahmen über mögliche Gesetzmäßigkeiten der Vorgänge in der realen Welt bedient!

- Die Qualität und Genauigkeit und Geeignetheit des mathematischen Modells für die Darstellung der realen Welt müssen getestet werden und sehr hoch sein $\to$ Kooperation Anwender A und B und Mathematikerin M

- exaktes Rechnen im mathematischen Modell $\to$ Mathematikerin M

- Ziehen von Rückschlüssen der Resultate des Rechnens im exakten mathematischen Modell auf die Vorgänge der realen Welt $\to$ Anwender A und B

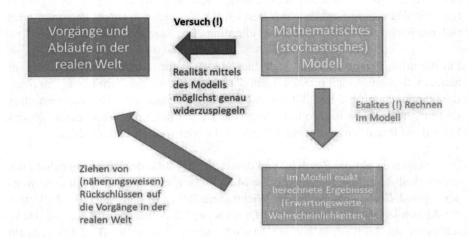

Abbildung 4.39: Mathematische Modellierung

Zuweilen ist es auch sinnvoll (oder macht es auf Grund der intellektuellen Herausforderung einfach nur Spaß), sich mathematischen Modellen zu widmen und in ihnen zu rechnen, obwohl sie die Vorgänge der realen Welt durch die sie motiviert sind nur sehr unvollständig, sehr rudimentär widerspiegeln.
Zwei Beispiele dafür:

Beispiel 4.1. *In manchen Fällen sind die zu modellierenden Systeme der realen Welt (noch) bei Weitem zu komplex um auch nur annähernd „exakt" durch ein mathematisches Modell nachgebildet werden zu können. Dennoch kann es sinnvoll sein, (stark) vereinfachte mathematische Modelle zu entwickeln, die einige wenige Facetten des realen Systems nachzubilden versuchen, um zumindest grundlegende Charakteristiken und grundlegende Entwicklungen in Ansätzen erklären zu können.*

Beispiel 4.2. *Das Schachspiel hat wohl seine ursprünglichen Wurzeln und seine Vorbilder in der Realität in realen kriegerischen Schlachten. Es ist aber natürlich ein äußerst unzureichendes Modell für die tatsächlichen Vorgänge auf gleich welchem realen Schlachtfeld. Die Beschäftigung mit dem Spiel resultiert (daher) in keiner Weise aus dem Bestreben, aus den Erkenntnissen über Strategien, Stellungen, Eröffnungen des Schachspiels Rückschlüsse und Erkenntnisse über reale Kriegsführung zu ziehen, sondern völlig von der Realität entkoppelt, rein aus intellektuellem, spielerischem Interesse.*

4.5 Das Wiener'sche Aktienkurs-Modell

Vorbereitet durch die Überlegungen des vorigen Paragraphen zur mathematischen Modellierung gehen wir nun an unseren ersten Versuch, die Entwicklung von Aktienkursen durch ein mathematisches Modell zu beschreiben.

Die Annahmen, die wir in diesem ersten Versuch treffen wollen (und die wir durch empirische Beobachtungen als „annähernd zutreffend" klassifiziert haben), sind die folgenden:

Grundannahmen im Wiener'schen Aktienkurs-Modell

- Die stetigen Renditen a_i eines Aktienkurses (bezüglich gleicher Zeitperioden dt) sind $N\left(\mu', \sigma'^2\right)$-verteilt, also normalverteilt mit einem gewissen Erwartungswert μ' (= geschätzter Trend der Aktie pro Zeitperiode dt) und einer gewissen Standardabweichung σ' (= geschätzte Volatilität der Aktie pro Zeitperiode dt).

- Die stetigen Renditen eines Aktienkurses in zwei disjunkten (nicht-überlappenden) Zeitintervallen sind voneinander unabhängig.

Auf Basis dieser Grundannahmen entwickeln wir das Wiener-Modell nun wie folgt: Wir möchten die Aktienkursentwicklung in einem Zeitintervall $[0, T]$ modellieren, wobei T ein beliebiger Zeitpunkt in der Zukunft ist. Dazu teilen („diskretisieren") wir das Zeitintervall in N gleiche Teile der Länge dt (also $T = N \cdot dt$). Wir erinnern daran, dass alle Zeitangaben in Jahren zu verstehen sind.

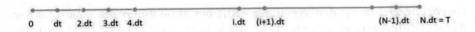

Abbildung 4.40: „Diskretisierung" der Zeitachse

Für einen beliebigen Zeitpunkt t im Intervall $[0, T]$ bezeichnen wir mit $S(t)$ den Aktienkurs zur Zeit t. Insbesondere ist $S(0)$ der Aktienkurs im Zeitpunkt 0.

Mit a_i bezeichnen wir die stetige Rendite des Aktienkurses vom Zeitpunkt $i \cdot dt$ bis zum Zeitpunkt $(i + 1) \cdot dt$. Nach Definition der stetigen Rendite gilt dann $S\left((i + 1) \cdot dt\right) = S\left(i \cdot dt\right) \cdot e^{a_i}$, und das dann so weiter fortführend

$$
\begin{aligned}
S\left((i + 1) \cdot dt\right) &= S\left(i \cdot dt\right) \cdot e^{a_i} = S\left((i - 1) \cdot dt\right) \cdot e^{a_{i-1}+a_i} = \\
&= \ldots = S(0) \cdot e^{a_0+a_1+\ldots+a_{i-2}+a_{i-1}+a_i}
\end{aligned}
$$

Da a_i nach Voraussetzung $N\left(\mu', \sigma'^2\right)$-verteilt ist, können wir a_i in folgender Form darstellen:
$a_i = \mu' + \sigma' \cdot w_i$, wobei w_i eine $\mathcal{N}(0, 1)$-verteilte Zufallsvariable ist, und die $w_0, w_1, \ldots, w_{N-1}$ voneinander unabhängig sind.
Setzen wir diese Darstellung in obige Gleichung ein, dann erhalten wir:

$$
S\left((i + 1) \cdot dt\right) = S(0) \cdot e^{(i+1) \cdot \mu' + \sigma' \cdot (w_0+w_1+\ldots+w_{i-2}+w_{i-1}+w_i)}
$$

Insbesondere, wenn speziell $(i + 1) = N$ ist, also $(i + 1) \cdot dt = N \cdot dt = T$, dann gilt:

$$
S(T) = S(0) \cdot e^{N\mu' + \sigma' \cdot (w_0+w_1+\ldots+w_{N-3}+w_{N-2}+w_{N-1})}.
$$

Die Summe $w_0 + w_1 + \ldots + w_{N-3} + w_{N-2} + w_{N-1}$ von N unabhängigen (!) $\mathcal{N}(0,1)$-verteilten Zufallsvariablen ist eine $\mathcal{N}(0,N)$-verteilte Zufallsvariable w'. w' lässt sich wieder in der Form $w' = \sqrt{N} \cdot w$ mit einer $\mathcal{N}(0,1)$-verteilten Zufallsvariablen w schreiben. Wir erhalten dann also:

$$S(T) = S(0) \cdot e^{N\mu' + \sqrt{N}\sigma' \cdot w}$$

Jetzt fehlt uns nur noch ein letzter Schritt. Dazu kehren wir zurück zu Abschnitt 4.1 und erinnern uns an die dort hergeleiteten Beziehungen $T \cdot \mu = N \cdot \mu'$ bzw. $\sqrt{T} \cdot \sigma = \sqrt{N} \cdot \sigma'$, wobei μ den Trend per anno und σ die Volatilität per anno bezeichnen. Einsetzen dieser Beziehungen liefert uns das Wiener'sche Aktienkurs-Modell $S(T) = S(0) \cdot e^{T\mu + \sqrt{T}\sigma \cdot w}$ wobei w eine $\mathcal{N}(0,1)$-verteilte Zufallsvariable bezeichnet.

Wir fassen zusammen:
Eine Aktie (oder ein beliebiges anderes Finanzprodukt) entwickelt sich nach dem Wiener'schen Aktienkursmodell, falls für zwei beliebige Zeitpunkte 0 und T für die Aktienkurse $S(0)$ und $S(T)$ zu den Zeitpunkten 0 und T gilt:

$$S(T) = S(0) \cdot e^{T\mu + \sqrt{T}\sigma \cdot w}$$

Hierbei bezeichnen μ den Trend der Aktie per anno und σ die Volatilität der Aktie per anno im Zeitbereich $[0, T]$ und w bezeichnet eine $\mathcal{N}(0,1)$-verteilte Zufallsvariable.

Bemerkung: Natürlich lassen sich damit auch Aktienkurse in beliebigen anderen Zeitintervallen $[T_1, T_2]$ erzeugen. Die Formel sieht dann so aus:

$$S(T_2) = S(T_1) \cdot e^{(T_2 - T_1)\mu + \sqrt{T_2 - T_1}\sigma \cdot w}.$$

Speziell werden wir diese Version dann weiter unten für Zeitintervalle der Form $[i \cdot dt, (i+1) \cdot dt]$ anwenden. Wegen $T_2 - T_1 = dt$ gilt dann also

$$S((i+1) \cdot dt) = S(i \cdot dt) \cdot e^{dt \cdot \mu + \sqrt{dt}\sigma \cdot w}.$$

Diese letzte Gleichung können wir (für spätere Zwecke) auch in folgender Form schreiben:
$S((i+1) \cdot dt) = S(i \cdot dt) \cdot e^{dt\mu + \sigma w_i}$ mit einer nun $\mathcal{N}(0, dt)$-verteilten Zufallsvariablen w_i.

Das weiterführend erhalten wir wieder für jedes beliebige n die Darstellung $S(n \cdot dt) = S(0) \cdot e^{n \cdot dt \cdot \mu + \sigma \cdot (w_0 + w_1 + \ldots + w_{n-1})}$ mit voneinander unabhängigen $\mathcal{N}(0, dt)$-verteilten Zufallsvariablen w_i.

Wozu kann uns dieses Modell dienen? Es kann uns **nicht** dazu dienen, zukünftige Aktienkurse zu prognostizieren. Im Modell ist die normalverteilte Zufallsvariable

w enthalten, die jeden beliebigen Wert annehmen kann! Aber es kann uns dazu dienen, mögliche (typische) Kursentwicklungen zu simulieren (das ist eine wesentliche Grundvoraussetzung um später sogenannte Monte Carlo-Simulationen durchführen zu können) und es ist uns möglich, im Modell Berechnungen anstellen zu können, die dann gewisse Rückschlüsse auf die reale Aktienkursentwicklung zulassen. Wir werden uns daher in den nächsten beiden Abschnitten der Simulation von Aktienkursen mit Hilfe des Wiener Modells und einigen grundlegenden Berechnungen im Wiener Modell und einigen grundlegenden Eigenschaften des Wiener Modells widmen.

4.6 Simulation von Aktienkursen im Wiener Modell

Wir haben einen Zeitbereich $[0, T]$ vorgegeben, in dem wir mit Hilfe des Wiener Modells Aktienkurse simulieren wollen. Die Vorgangsweise bei der Simulation die im Folgenden beschrieben wird, kann mit dem entsprechenden Programm auf unserer Homepage in verschiedensten Variationen durchgeführt werden. Siehe:
`https://app.lsqf.org/book/wiener-model-from-prices`

Algorithmus (Simulation eines Aktienkurses mit dem Wiener Modell):

- Wir entscheiden uns als erstes für eine Diskretisierungs-Länge (Periode) dt des Zeitbereichs. Für jedes neue dt wird ein neuer Kurswert berechnet. (Wir setzen voraus, dass $T = N \cdot dt$ ist, die Länge des Zeitbereichs also ein ganzzahliges Vielfaches der Periode ist.)

- Wir wählen einen Startwert $S(0)$ für den Aktienkurs.

- Wir wählen einen Trend per anno μ und eine Volatilität per anno σ.

- Wir erzeugen mit Hilfe eines Zufallszahlen-Generators N voneinander unabhängige standardnormalverteilte Zufallszahlen $w_0, w_1, \ldots, w_{N-1}$.

- Dann werden sukzessive die simulierten Aktienkurse $S(0), S(1 \cdot dt), S(2 \cdot dt), \ldots, S(N \cdot dt)$ mit Hilfe der Formel

$$S((i+1) \cdot dt) = S(i \cdot dt) \cdot e^{dt \cdot \mu + \sqrt{dt}\sigma \cdot w_i}$$

(siehe Ende des vorigen Abschnitts) berechnet.

- Diese Kurse können dann in einem Zeit-/Kurs-Diagramm eingetragen, verbunden und damit durch einen „Kurspfad" veranschaulicht werden.

Klar ist: Auch bei gleichen gewählten Parametern $T, dt, S(0), \mu$ und σ liefert jede neue Durchführung der oben beschriebenen Simulation einen anderen Pfad, eine andere „Realisation des Models". Jede konkrete Realisation liefert eine mögliche (typische) Entwicklung eines Aktienkurses bei diesen vorgegebenen Parametern $T, dt, S(0), \mu$ und σ.

Beispiel 4.3. *Im Zeitraum 18. Mai 2017 bis 18. Mai 2018 wies der DAX einen aus Tagesschlusskursen berechneten Trend $\mu = 0.021$ und eine Volatilität von $\sigma = 0.1275$ auf.*

Der Kurs $S(0)$ des DAX am 18. Mai 2017 lag bei 12804 Punkten.

Wir wollen nun mit denselben Parametern mittels des Wiener'schen Modells mehrere Simulationen durchführen und diese Realisationen mit der tatsächlichen Entwicklung des DAX in diesem Zeitraum vergleichen. Wir setzen also weiters noch $T = 1$ und $dt = \frac{1}{255}$ und führen die entsprechende Simulation 20 Mal durch.

In Abbildung 4.41 sehen Sie 20 Simulationen im Vergleich mit der Entwicklung des DAX (stärkerer, schwarzer Graph). Rein visuell scheinen die Simulationen eine „vom Typ her ähnliche" Entwicklung wie der DAX zu nehmen.

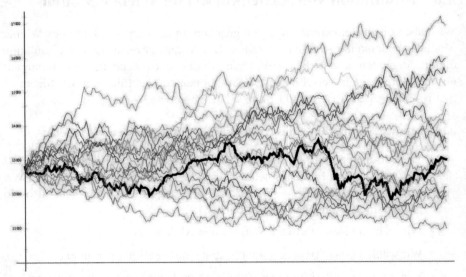

Abbildung 4.41:   20 Simulationen mit den Parametern des DAX von 18.5.2017 bis 18.5.2018 im Vergleich zum DAX (schwarz) im selben Zeitraum

Die Art der Auswirkung von Änderungen der beiden Schätz-Parameter μ und σ auf die Simulationen ist ziemlich offensichtlich:

Die Erhöhung von μ führt im Durchschnitt (nicht zwingend bei jeder einzelnen Simulation!) zu stärker wachsenden Kursen, die Erhöhung von σ führt im Durchschnitt (nicht zwingend bei jeder einzelnen Simulation!) zu stärker schwankenden Kursen. Diese beiden Tatsachen illustrieren wir noch in den Abbildungen 4.42 bis 4.46:

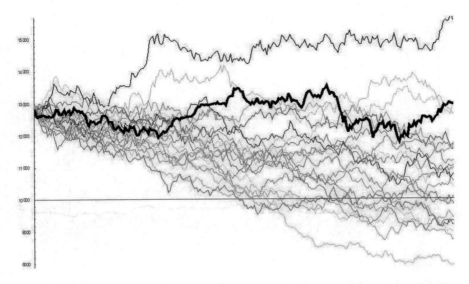

Abbildung 4.42: 20 Simulationen mit den Parametern des DAX von 18.5.2017 bis 18.5.2018 mit geändertem Trend von -0.2 im Vergleich zum DAX (schwarz) im selben Zeitraum

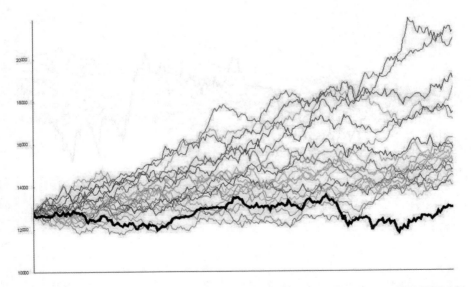

Abbildung 4.43: 20 Simulationen mit den Parametern des DAX von 18.5.2017 bis 18.5.2018 mit geändertem Trend von +0.2 im Vergleich zum DAX (schwarz) im selben Zeitraum

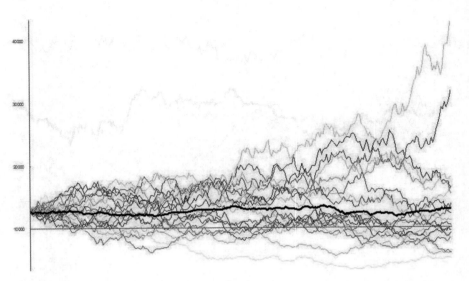

Abbildung 4.44: 20 Simulationen mit den Parametern des DAX von 18.5.2017 bis 18.5.2018 mit geänderter Volatilität von 0.5 im Vergleich zum DAX (schwarz) im selben Zeitraum

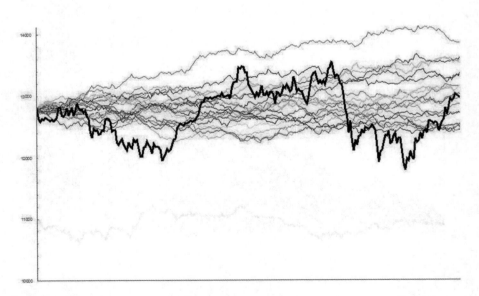

Abbildung 4.45: 20 Simulationen mit den Parametern des DAX von 18.5.2017 bis 18.5.2018 mit geänderter Volatilität von 0.03 im Vergleich zum DAX (schwarz) im selben Zeitraum

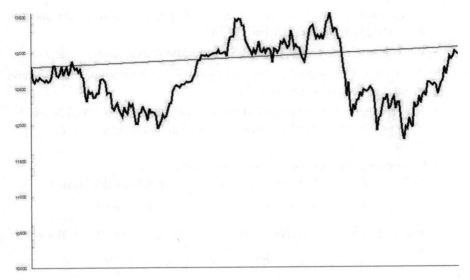

Abbildung 4.46: 20 „Simulationen" mit den Parametern des DAX von 18.5.2017 bis 18.5.2018 mit geänderter Volatilität von 0.00 im Vergleich zum DAX (schwarz) im selben Zeitraum

Im letzten Bild wurde die Volatilität auf 0 gesetzt. Das Wiener'sche Modell verliert dadurch seinen Zufallsanteil:

$$S(T) = S(0) \cdot e^{T\mu + \sqrt{T}\sigma \cdot w} = S(0) \cdot e^{T\mu}$$

und entspricht einer (deterministischen) stetigen Verzinsung des Kapitals $S(0)$ zum Zinssatz μ für den Zeitraum T. Jede Simulation ergibt damit denselben (in Abbildung 4.46 braun eingezeichneten) Pfad, der übrigens kein Geradenstück sondern eine (in unserem Beispiel, bei kleinem Zinssatz von 2.1% und kurzer Laufzeit von einem Jahr) schwach exponentiell ansteigende Kurve ist.

4.7 Simulation zweier korrelierter Aktienkurse

In manchen Anwendungen sind zwei oder mehrere Aktien (Finanzprodukte) gleichzeitig, für den gleichen Zeitraum, zu simulieren. Natürlich kann man dazu genau gleich vorgehen wie im oben beschriebenen Algorithmus, indem man zwei Aktien unabhängig voneinander mit den jeweiligen Parametern simuliert und zur Illustration in einem gemeinsamen Koordinatensystem einzeichnet:

Algorithmus (Simulation zweier unabhängiger Aktienkurse mit dem Wiener Modell):

- Wir entscheiden uns als erstes für eine Diskretisierungs-Länge (Periode) dt des Zeitbereichs. Für jedes neue dt wird ein neuer Kurswert berechnet. (Wir setzen voraus, dass $T = N \cdot dt$ ist, die Länge des Zeitbereichs also ein ganzzahliges Vielfaches der Periode ist.)

- Wir wählen Startwerte $S_1(0)$ und $S_2(0)$ für die Aktienkurse S_1 und S_2.

- Wir wählen Trends per anno μ_1 und μ_2 sowie Volatilitäten per anno σ_1 und σ_2 für die Aktienkurse S_1 und S_2.

- Wir erzeugen mit Hilfe eines Zufallszahlen-Generators zwei Mal N voneinander unabhängige standardnormalverteilte Zufallszahlen $w_0, w_1, \ldots, w_{N-1}$ sowie $z_0, z_1, \ldots, z_{N-1}$

- Dann werden sukzessive die simulierten Aktienkurse
  $S_1(0), S_1(1 \cdot dt), S_1(2 \cdot dt), \ldots, S_1(N \cdot dt)$ mit Hilfe der Formel

$$S_1((i+1) \cdot dt) = S_1(i \cdot dt) \cdot e^{dt \cdot \mu_1 + \sqrt{dt}\sigma_1 \cdot w_i}$$

  und $S_2(0), S_2(1 \cdot dt), S_2(2 \cdot dt), \ldots, S_2(N \cdot dt)$ mit Hilfe der Formel

$$S_2((i+1) \cdot dt) = S_2(i \cdot dt) \cdot e^{dt \cdot \mu_2 + \sqrt{dt}\sigma_2 \cdot z_i}$$

  berechnet.

- Diese Kurse können dann in einem Zeit-/Kurs-Diagramm eingetragen, verbunden und damit durch zwei „Kurspfade" veranschaulicht werden.

Wenn man so vorgeht, dann erhält man allerdings tatsächlich Pfade voneinander unabhängiger Aktien, insbesondere Pfade mit einer Korrelation der Renditen sehr nahe an 0. Wie wir wissen, entspricht die Annahme voneinander unabhängiger Aktienkurse häufig nicht der Realität. Die Korrelation zwischen verschiedenen Aktienkursen (genauer: zwischen den Renditen von Aktienkursen!) ist häufig signifikant verschieden von 0.

Wie ist daher vorzugehen, wenn man die Kurse zweier (oder mehrerer) Aktien simulieren will, die (zumindest näherungsweise) eine vorgegebene Korrelation haben sollen?

Wir erinnern uns dazu: Die vorgegebene Korrelation zweier Aktien ist tatsächlich die Korrelation zwischen den stetigen Renditen der beiden Aktien (und nicht die Korrelation zwischen den Aktienkursen selbst)!

Wir beschreiben den geeigneten Algorithmus zuerst speziell für den Fall zweier Aktien und dann allgemein für den Fall beliebig vieler Aktien (dafür benötigen wir das Konzept der Cholesky-Zerlegung). Auf der Homepage des Buches ist das Programm zur Simulation beliebig vieler Aktien, die eine vorgegebene Korrelationsstruktur erfüllen, natürlich bereitgestellt. Siehe: https://app.lsqf.org/book/correlated-wiener-model

Algorithmus (Simulation zweier Aktienkurse mit vorgegebener (Renditen-) Korrelation ρ mit dem Wiener Modell):

- Wir entscheiden uns als erstes für eine Diskretisierungs-Länge (Periode) dt des Zeitbereichs. Für jedes neue dt wird ein neuer Kurswert berechnet. (Wir setzen voraus, dass $T = N \cdot dt$ ist, die Länge des Zeitbereichs also ein ganzzahliges Vielfaches der Periode ist.)

- Wir wählen Startwerte $S_1(0)$ und $S_2(0)$ für die Aktienkurse S_1 und S_2.

- Wir wählen Trends per anno μ_1 und μ_2 sowie Volatilitäten per anno σ_1 und σ_2 für die Aktienkurse S_1 und S_2 und die (Renditen-)Korrelation ρ der beiden Aktien.

- Wir erzeugen mit Hilfe eines Zufallszahlen-Generators zwei Mal N voneinander unabhängige standardnormalverteilte Zufallszahlen $w_0, w_1, \ldots, w_{N-1}$ sowie $z_0', z_1', \ldots, z_{N-1}'$.

- Setze $z_i = \rho \cdot w_i + \sqrt{1 - \rho^2} \cdot z_i'$ für alle $i = 0, 1, \ldots, N - 1$

- Dann werden sukzessive die simulierten Aktienkurse $S_1(0), S_1(1 \cdot dt), S_1(2 \cdot dt), \ldots, S_1(N \cdot dt)$ mit Hilfe der Formel

$$S_1((i+1) \cdot dt) = S_1(i \cdot dt) \cdot e^{dt \cdot \mu_1 + \sqrt{dt}\sigma_1 \cdot w_i}$$

und $S_2(0), S_2(1 \cdot dt), S_2(2 \cdot dt), \ldots, S_2(N \cdot dt)$ mit Hilfe der Formel

$$S_2((i+1) \cdot dt) = S_2(i \cdot dt) \cdot e^{dt \cdot \mu_2 + \sqrt{dt}\sigma_2 \cdot z_i}$$

berechnet.

- Diese Kurse können dann in einem Zeit-/Kurs-Diagramm eingetragen, verbunden und damit durch zwei „Kurspfade" veranschaulicht werden.

Dieser Algorithmus für zwei abhängige Aktien stellt nur einen Spezialfall des weiter unten beschriebenen Algorithmus für mehrere Aktien dar. Der einzige Unterschied zur Simulation zweier unabhängiger Aktien besteht darin, dass die zweite Folge von Zufallszahlen zuerst geeignet (von z_i' auf z_i) umgerechnet werden muss, bevor sie zur Simulation verwendet werden kann).

Der Algorithmus kann auch dazu verwendet werden, zu einem bereits gegebenen Aktienkurs S_1 (für den ein Wiener Modell angenommen wird) einen neuen Aktienkurs S_2 mit anderen – gegebenen – Parametern μ_2 und σ_2 zu simulieren, so dass S_1 und S_2 die (Renditen-)Korrelation ρ zueinander haben:

- Dazu sind die für die Erzeugung von S_2 benötigten Zufallszahlen $z_0, z_1, \ldots,$ z_{N-1}, genau wie im Algorithmus beschrieben, aus den zuvor erzeugten $z_0', z_1',$ $\ldots, z_{N-1}'$ mittels der Formel $z_i = \rho \cdot w_i + \sqrt{1 - \rho^2} \cdot z_i'$ für alle $i = 0, 1, \ldots, N - 1$ zu berechnen.

- Dafür benötigt man allerdings zuvor noch die Werte $w_0, w_1, \ldots, w_{N-1}$, die man aus den gegebenen Aktienkursen $S_1(0), S_1(1 \cdot dt), S_1(2 \cdot dt), \ldots,$

$S_1 (N \cdot dt)$ berechnen muss. Dies geschieht auf Grund des Zusammenhangs $S((i+1) \cdot dt) = S(i \cdot dt) \cdot e^{dt \cdot \mu + \sqrt{dt}\sigma \cdot w_i}$ mittels der Formel

$$w_i = \frac{\log \frac{S((i+1)\cdot dt)}{S(i\cdot dt)} - \mu \cdot dt}{\sigma \cdot \sqrt{dt}}.$$

Setzt man dies in die Berechnungsformel für die z_i ein, dann erhält man also

$$z_i = \rho \cdot \frac{\log \frac{S((i+1)\cdot dt)}{S(i\cdot dt)} - \mu \cdot dt}{\sigma \cdot \sqrt{dt}} + \sqrt{1-\rho^2} \cdot z_i', \quad \text{für } i = 0, 1, \ldots, N-1$$

- Mit Hilfe dieser z_i erzeugt man dann wie üblich den Aktienkurs S_2.

Auch dieser Ansatz ist auf beliebig viele Aktien erweiterbar (k Aktien sind bereits vorgegeben, und es sollen weitere l Aktien konstruiert werden, sodass eine vorgegebene Korrelationsstruktur zwischen allen Aktien erreicht wird) und ist als Programm auf der Homepage abrufbar.

Beispiel 4.4. *Simuliere zwei Aktien-Kursverläufe S_1, S_2 zu den vorgegebenen Parametern*

$T = 1$

$dt = \frac{1}{52}$

$\mu_1 = 0.2$
$\sigma_1 = 0.3$
$S_1(0) = 100$

$\mu_2 = -0.2$
$\sigma_2 = 0.3$
$S_2(0) = 100$

und mit hoher Korrelation $\rho = 0.8$

 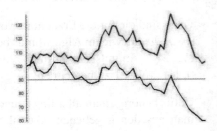

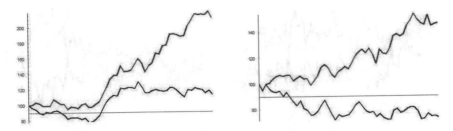

Abbildung 4.47: Simulationsbeispiele von zwei Kursen mit Korrelation 0.8

In 4.47 sehen wir vier Beispielssimulationen, die für obige Parameter mit Hilfe des angegebenen Algorithmus und mit Hilfe des zugehörigen Programms von unserer Homepage durchgeführt wurden.

Beispiel 4.5. *Simuliere mögliche Kursverläufe (Tageskurse) einer Aktie über die Laufzeit eines Jahres, die denselben Startwert, denselben Trend und die dieselbe Volatilität wie die Tageskurse des DAX im Zeitraum 18.5.2017 bis 18.5.2018 besitzen, aber zum DAX eine stark negative Korrelation von -0.8 aufweisen.*

Zur Durchführung dieser Simulation können wir auf die bereits früher verwendeten DAX-Daten in diesem Zeitraum zurückgreifen. Insbesondere hatten wir die Parameter

$$T = 1$$
$$dt = \frac{1}{252}$$

$$\mu_1 = 0.021$$
$$\sigma_1 = 0.1275$$
$$S_1(0) = 12.804$$

Daher haben wir auch
$$\mu_2 = 0.021$$
$$\sigma_2 = 0.1275$$
$$S_2(0) = 12.804$$

und Korrelation $\rho = -0.8$
zu wählen.

Das entsprechende Programm auf unserer Homepage führt nun analog zum oben angegebenen Algorithmus und auf Basis der einzelnen Tageskurse des DAX die gewünschten Simulationen durch. In Abbildung 4.48 zeigen wir wieder vier Beispiele für Realisationen der Simulation (im Vergleich mit dem DAX (schwarz)).

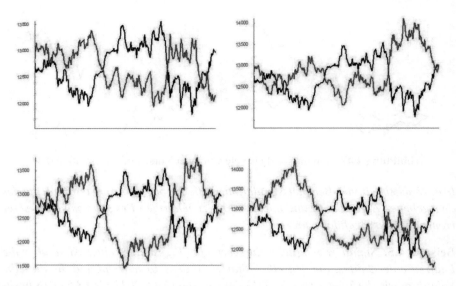

Abbildung 4.48: Simulationsbeispiele von Kursen (rot) mit Korrelation -0.8 zum DAX (schwarz) und sonst gleichen Parametern

Wir wollen im Folgenden **beweisen**, dass der in den obigen beiden Algorithmen beschriebene Ansatz $z_i = \rho \cdot w_i + \sqrt{1 - \rho^2} \cdot z_i'$ tatsächlich zu zwei Aktienkursen führt, die Renditen-Korrelation ρ aufweisen:

Die stetigen Renditen der ersten Aktie sind ja gegeben durch $dt \cdot \mu_1 + \sqrt{dt}\sigma_1 \cdot w_i$ und die der zweiten Aktie durch $dt \cdot \mu_2 + \sqrt{dt}\sigma_2 \cdot z_i$.

Diese beiden Renditen sind genau dann zueinander mit Korrelation ρ korreliert, wenn w_i und z_i zueinander mit Korrelation ρ korreliert sind. Das ist im Folgenden zu beweisen, und außerdem ist noch zu beweisen, dass z_i tatsächlich eine standardnormalverteilte Zufallsvariable ist. Für beide Beweisschritte benutzen wir die Tatsache, dass die w_i und die z_i' voneinander unabhängige standardnormalverteilte Zufallsvariable sind. Daher gilt für den Erwartungswert $E(z_i)$ und (wegen der Unabhängigkeit zwischen w_i und z_i') für die Varianz $V(z_i)$ von z_i:

$$E(z_i) = E\left(\rho \cdot w_i + \sqrt{1 - \rho^2} \cdot z_i'\right) = \rho \cdot E(w_i) + \sqrt{1 - \rho^2} \cdot E(z_i') = 0.$$

$$V(z_i) = V\left(\rho \cdot w_i + \sqrt{1 - \rho^2} \cdot z_i'\right) = \rho^2 \cdot V(w_i) + \left(1 - \rho^2\right) \cdot V(z_i') =$$
$$= \rho^2 \cdot 1 + \left(1 - \rho^2\right) \cdot 1 = 1.$$

Als Linearkombination zweier unabhängiger normalverteilter Zufallsvariabler ist

z_i auch normalverteilt. Für die Korrelation $\rho(w_i, z_i)$ zwischen w_i und z_i gilt:

$$
\begin{aligned}
\rho(w_i, z_i) &= E((w_i - E(w_i)) \cdot (z_i - E(z_i))) = E(w_i \cdot z_i) = \\
&= E\left(w_i \cdot \left(\rho \cdot w_i + \sqrt{1 - \rho^2} \cdot z_i'\right)\right) = \\
&= E\left(\rho \cdot w_i^2\right) + E\left(\sqrt{1 - \rho^2} \cdot w_i \cdot z_i'\right) = \\
&= \rho \cdot E\left(w_i^2\right) + \sqrt{1 - \rho^2} \cdot E\left(w_i \cdot z_i'\right) = \\
&= \rho \cdot 1 + \sqrt{1 - \rho^2} \cdot 0 = \rho.
\end{aligned}
$$

Was zu zeigen war.

4.8 Simulation mehrerer korrelierter Aktienkurse

Wir geben jetzt noch den Algorithmus für die Simulation der Kurse mehrerer Aktien zu einer vorgegebenen Korrelationsmatrix für die Renditen. Wir wollen also m Aktienkurse $S_1, S_2, \ldots, S_m$ so generieren, dass die Korrelationen zwischen den Renditen von je zwei der Aktien S_i und S_j einen vorgegebenen Wert $\rho_{i,j}$ hat.

Dass diese Aufgabe nicht für jede beliebige Wahl von $\rho_{i,j}$ erfüllbar ist, liegt auf der Hand: So ist es zum Beispiel klarer Weise nicht möglich, S_1, S_2, S_3 so zu erzeugen, dass $\rho_{1,2} = \rho_{1,3} = 1$ und $\rho_{2,3} = -1$ gilt.

Als Vorarbeit fassen wir die Korrelationen zu einer $m \times m$-Korrelations-Matrix $M = \left(\rho_{i,j}\right)_{i,j=1,2,\ldots,m}$ zusammen. Dabei wird $\rho_{i,i} = 1$ gesetzt für alle i.

Vorausgesetzt, dass die Matrix M positiv definit ist, lässt sich für die Matrix M mit Hilfe einer Mathematik-Software eine Cholesky-Zerlegung der Matrix M durchführen. (Eine weitere Voraussetzung für die Möglichkeit der Cholesky-Zerlegung ist dass die Matrix M symmetrisch ist. Dies ist aber wegen $\rho_{i,j} = \rho_{j,i}$ auf jeden Fall erfüllt.) Das heißt, es lässt sich eine untere $m \times m$-Dreiecksmatrix-Matrix C finden, so dass $C \cdot C^T = M$ ist. Dann können wir den Algorithmus starten:

Algorithmus (Simulation von m Aktienkursen mit vorgegebener (Renditen-) Korrelations-Matrix M mit dem Wiener Modell):

- Wir entscheiden uns als erstes für eine Diskretisierungs-Länge (Periode) dt des Zeitbereichs. Für jedes neue dt wird ein neuer Kurswert berechnet. (Wir setzen voraus, dass $T = N \cdot dt$ ist, die Länge des Zeitbereichs also ein ganzzahliges Vielfaches der Periode ist.)

- Wir wählen Startwerte $S_1(0), S_2(0), \ldots, S_m(0)$ für die Aktienkurse $S_1, S_2, \ldots, S_m$.

- Wir wählen Trends per anno $\mu_1, \mu_2, \ldots, \mu_m$ sowie Volatilitäten per anno $\sigma_1, \sigma_2, \ldots, \sigma_m$ für die Aktienkurse $S_1, S_2, \ldots, S_m$.

- Wir erzeugen mit Hilfe eines Zufallszahlen-Generators m Mal N voneinander unabhängige standardnormalverteilte Zufallszahlen $w^{(j)}{}_0, w^{(j)}{}_1, \ldots,$ $w^{(j)}{}_{N-1}$ für $j = 1, 2, \ldots, m$.

- Aus den $w^{(j)}{}_0, w^{(j)}{}_1, \ldots, w^{(j)}{}_{N-1}$ für $j = 1, 2, \ldots, m$ berechnen wir reelle Zahlen $z^{(j)}{}_0, z^{(j)}{}_1, \ldots, z^{(j)}{}_{N-1}$ für $j = 1, 2, \ldots, m$ auf die folgende Weise:

$$\text{Für jedes } i \text{ ist } \begin{pmatrix} z_i^{(1)} \\ z_i^{(2)} \\ \vdots \\ z_i^{(m)} \end{pmatrix} = C \cdot \begin{pmatrix} w_i^{(1)} \\ w_i^{(2)} \\ \vdots \\ w_i^{(m)} \end{pmatrix}.$$

Dabei ist C die Cholesky-Zerlegungs-Matrix von M.

- Dann werden sukzessive die simulierten Aktienkurse $S_j(0), S_j(1 \cdot dt), S_j(2 \cdot dt), \ldots, S_j(N \cdot dt)$ für $j = 1, 2, \ldots, m$ mit Hilfe der Formel

$$S_j\left((i+1) \cdot dt\right) = S_j\left(i \cdot dt\right) \cdot e^{dt \cdot \mu_j + \sqrt{dt}\sigma_j \cdot z^{(j)}{}_i}$$

berechnet.

- Diese Kurse können dann in einem Zeit-/Kurs-Diagramm eingetragen, verbunden und damit durch m „Kurspfade" veranschaulicht werden.

Wir führen dazu, mit Hilfe der entsprechenden Software auf unserer Homepage, wieder ein Beispiel durch.

Beispiel 4.6. *Simuliere Beispielspfade für drei Aktien S_1, S_2, S_3 für folgende Parameter:*
$T = 1$
$dt = \frac{1}{52}$

$\mu_1 = 0.2$
$\sigma_1 = 0.3$
$S_1(0) = 100$

$\mu_2 = -0.2$
$\sigma_2 = 0.3$
$S_2(0) = 120$

$\mu_3 = 0$
$\sigma_3 = 0.5$
$S_3(0) = 150$

und für die Korrelationsmatrix $M = \begin{pmatrix} 1 & 0.5 & -0.7 \\ 0.5 & 1 & 0.2 \\ -0.7 & 0.2 & 1 \end{pmatrix}.$

Cholesky-Zerlegung von M *ergibt die Cholesky-Matrix*

$$C = \begin{pmatrix} 1 & 0 & 0 \\ 0.5 & 0.866 & 0 \\ -0.7 & 0.635 & 0.327 \end{pmatrix}.$$

In Abbildung 4.49 sehen wir vier Realisationen, die wir mit unserer Software von der Homepage erstellt haben.

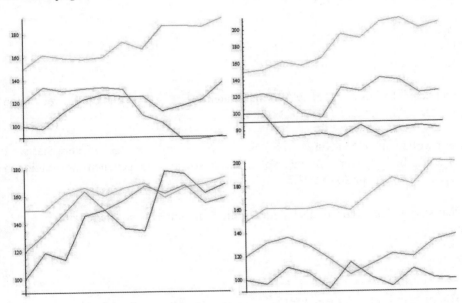

Abbildung 4.49: Simulationsbeispiele von drei Kursen mit vorgegebener Korrelations-Matrix

Schließlich geben wir noch ein Verfahren an, mit dessen Hilfe wir zu k gegebenen Aktienkursen einen weiteren Aktienkurs konstruieren können, so dass der neue Aktienkurs vorgegebene Korrelationen zu den vorgegebenen k Aktienkursen besitzt. Das entsprechende Programm ist wieder auf unserer Homepage nutzbar!

Es ist dies somit eine Verallgemeinerung des am Schluss des vorigen Abschnitts angegebenen Algorithmus, der zu *einem* gegebenen Aktienkurs einen neuen Kurs mit gegebener Korrelation erzeugt.

Wir gehen dazu folgendermaßen vor:

Wir haben also die Kurswerte von k korrelierten Aktien $S^{(1)}, \ldots, S^{(k)}$ zu Zeitpunkten $i \cdot dt$ für $i = 0, 1, \ldots, n$ gegeben und bezeichnen diese mit

$$S_0^{(1)}, \ldots, S_n^{(1)}$$
$$\ldots$$
$$S_0^{(k)}, \ldots, S_n^{(k)}$$

Daraus berechnen wir die stetigen Renditen

$$r_0^{(1)}, \ldots, r_{n-1}^{(1)}$$
$$\ldots$$
$$r_0^{(k)}, \ldots, r_{n-1}^{(k)}$$

und deren Trends $\mu^{(1)}, \ldots, \mu^{(k)}$, Volatilitäten $\sigma^{(1)}, \ldots, \sigma^{(k)}$ und die Korrelationen ρ_{ij} für $i, j = 1, \ldots, k$ $(\rho_{ii} := 1)$.

Wir wollen nun einen Kurspfad $S_0, S_1, \ldots, S_n$ erzeugen mit gegebenem Startwert S_0, gegebenem Trend μ und Volatilität σ sowie vorgegebenen Korrelationen $\rho_{jk+1} = \rho_{k+1j}$ zur Aktie $S^{(j)}$.

Wir starten den Algorithmus indem wir die Renditen $r_i^{(j)}$ normieren durch

$$\tilde{r}_i^{(j)} := \frac{r_i^{(j)} - \mu^{(j)} dt}{\sigma^{(j)} \sqrt{dt}}.$$

Die $\tilde{r}_i^{(j)}$ sind somit (korrelierte) $\mathcal{N}(0, 1)$-verteilte Zufallsvariable.

Mit $\widetilde{Y}_0, \widetilde{Y}_1, \ldots, \widetilde{Y}_{n-1}$ bezeichnen wir die geeignet zu den $r_i^{(j)}$ korrelierten, $\mathcal{N}(0, 1)$-verteilten Zufallsvariablen die wir für die Simulation des neuen Kurses benötigen werden.
Das heißt: Wenn wir diese $\widetilde{Y}_0, \widetilde{Y}_1, \ldots, \widetilde{Y}_{n-1}$ erzeugt haben, dann werden wir den Pfad $S_0, S_1, \ldots, S_n$ mittels

$$S_{i+1} = S_i \cdot e^{\mu \cdot dt + \sigma \sqrt{dt} \cdot \widetilde{Y}_i}$$

simulieren.

Zur Konstruktion der $\widetilde{Y}_0, \widetilde{Y}_1, \ldots, \widetilde{Y}_{n-1}$ bezeichnen wir mit M die Korrelationsmatrix

$$M = \begin{pmatrix} \rho_{11} & \cdots & \rho_{1\ k+1} \\ \vdots & & \vdots \\ \rho_{k+1\ 1} & \cdots & \rho_{k+1\ k+1} \end{pmatrix},$$

mit C die links untere Dreiecksmatrix, die durch die Cholesky-Zerlegung $M = C \cdot C^T$ gegeben ist und $\widetilde{C}$ sei die linke obere $k \times k$ Teilmatrix von C. $\widetilde{C}$ ist natürlich ebenfalls eine linke untere Dreiecksmatrix.

Wenn wir für ein fixes i annehmen, dass der korrelierte Renditenvektor

$$\begin{pmatrix} \tilde{r}_i^{(1)} \\ \vdots \\ \tilde{r}_i^{(k)} \\ \widetilde{Y}_i \end{pmatrix} \text{ mittels eines Vektors } \begin{pmatrix} z^{(1)} \\ \vdots \\ z^{(k)} \\ x \end{pmatrix}$$

unkorrelierter $\mathcal{N}(0,1)$-verteilter Zufallsvariable und mittels der Cholesky-Matrix durch

$$\begin{pmatrix} \tilde{r}_i^{(1)} \\ \vdots \\ \tilde{r}_i^{(k)} \\ \widetilde{Y}_i \end{pmatrix} = C \cdot \begin{pmatrix} z^{(1)} \\ \vdots \\ z^{(k)} \\ x \end{pmatrix} \tag{4.2}$$

erzeugt worden wäre, dann lässt sich x völlig unabhängig als eine unabhängige $\mathcal{N}(0,1)$-verteilte Zufallsvariable erzeugen. $\widetilde{Y}_i$ ergibt sich dann durch die letzte Gleichung im obigen Gleichungssystem (4.2):

$$\widetilde{Y}_i = c_{k+1\ 1}z^{(1)} + c_{k+1\ 2}z^{(2)} + \ldots + c_{k+1\ k}z^{(k)} + c_{k+1\ k+1}x$$

(wenn $C = (c_{ij})_{i,j=1,\ldots,k+1}$)

Dafür benötigen wir aber noch die $z^{(1)}, z^{(2)}, \ldots, z^{(k)}$.

Diese erhalten wir aber aus den ersten k Gleichungen des Systems (4.2):

$$\begin{pmatrix} z^{(1)} \\ \vdots \\ z^{(k)} \end{pmatrix} = \left(\widetilde{C} \right)^{-1} \cdot \begin{pmatrix} \tilde{r}_i^{(1)} \\ \vdots \\ \tilde{r}_i^{(k)} \end{pmatrix}$$

Hier haben wir benützt, dass C und $\widetilde{C}$ linke untere Dreiecksmatrizen sind.

Beispiel 4.7. *Im Folgenden sehen wir drei Kurse (Wochenkurse über ein Jahr) von drei verschiedenen Aktien.*

100,112,115,117,117,124,121,116,111,120,119,116,113,114,121,128,133,139,155,156,165, 159,172,177,169,177,189,198,191,198,211,209,209,222,228,208,209,214,222,228, 240,263, 245,221,245,235, 244,226,235,208,193,175,192

100,96,91,88,84,83,80,78,80,77,76,69,69,69,73,66,65,65,67,70,74,74,72,71,73,77,72,77,
81,75,75,81,85,83,86,77,80,78,74,80,78,77,74,74,76,73,71,72,76,75,74,76,76

100,94,92,88,88,87,88,88,89,88,85,83,82,81,80,76,77,75,74,76,76,77,74,76,76,77,73,77,
78,75,74,77,77,75,76,75,77,76,75,77,78,77,79,80,77,79,77,81,82,84,87,91,89

*Die Berechnung der per anno Trends dieser drei Aktien ergibt die Werte 0.65,
-0.27, und -0.11, für die per anno Volatilitäten erhalten wir Werte 0.42, 0.31 und
0.19. Die Korrelationen haben die Werte $\rho_{1,2} = 0.04, \rho_{1,3} = -0.58$ und $\rho_{2,3} =
0.56$.*

*Aufgabe sei es nun, Aktienkurse der gleichen Länge, mit dem gleichen Startwert
100 und mit Trend $\mu = 0.4$, Volatilität $\sigma = 0.5$ und Korrelationen $\rho_{1,4} = 0.1, \rho_{2,4} =
0.1$ und $\rho_{3,4} = 0.1$ zu simulieren.*

*Wir wollen mit Hilfe des Simulations-Programms auf unserer Homepage gleich
40 solcher Realisationen erzeugen und erhalten dabei die nachfolgende Abbildung 4.50. Die drei gegebenen Aktienkurse sind in Blautönen eingezeichnet (der
erste Kurs am dunkelsten, der dritte Kurs am hellsten). Die 40 simulierten Kurse
sind in Gelb-/Rot-Tönen eingezeichnet. Natürlich hat nicht jeder der simulierten
Kurse genau die vorgegebenen Trend-, Vola- und Korrelations-Werte, es handelt
sich ja um zufällig entstandene Kurse. Erst im Mittel über mehrere Realisationen
erhält man näherungsweise diese vorgegebenen Werte!)*

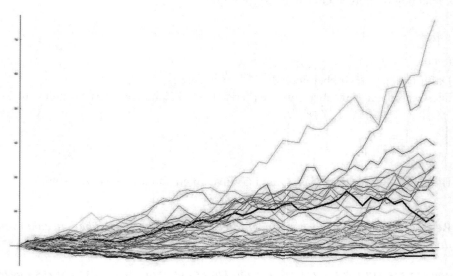

Abbildung 4.50: 40 simulierte Kurse zu vorgegebenen Trend- und Vola-Werten und vorgegebenen Korrelationen zu den drei gegebenen (blau eingezeichneten) Aktienkursen

4.9 Simulation eines Wiener'schen Modells zu vorgegebenem Anfangs- und Endwert, die Brown'sche Brücke

Für verschiedene Simulationsaufgaben ist es nötig oder zumindest wünschenswert, auf einem bestimmten Zeitbereich $[0, T]$, ausgehend von einem Anfangswert $S(0)$ und zu vorgegebenem Trend μ und vorgegebener Volatilität σ Aktienkurse mittels eines zugehörigen Wiener Modells zu simulieren, aber so, dass mit jeder Simulation zum Zeitpunkt T ein fix vorgegebener Endwert $S(T)$ angenommen wird.

Man denke zum Beispiel an eine Simulation des Kursverlaufs einer Anleihe (wir diskutieren hier nicht ob das Wiener Modell ein geeignetes Modell zur Simulation von Anleihenkursen ist) vom gegebenen Erstausgabepreis $S(0)$ bis zum Endkurs, der stets fix bei 100 liegt.

Wir stellen hier nur eine dafür geeignete Methodik vor, ohne diese Methodik weiter zu analysieren oder ihre Funktionalität nachzuweisen. Auch werden wir auf ihren Namen „Brown'sche Brücke" hier noch nicht näher eingehen. All das wird in einem späteren Kapitel nachgeholt.

Wir stellen dazu $S(t)$ in der Form $S(t) = S(0) \cdot e^{\mu \cdot t + \sigma \cdot X(t)}$ dar, und wir simulieren $X(t)$ so, dass folgende Bedingungen erfüllt sind:

- $X(0) = 0$
- $X(T) = \frac{\left(\log\left(\frac{S_T}{S_0} \right) - \mu \cdot T \right)}{\sigma}$ und damit $S(T) = S(0) \cdot e^{\mu T + \sigma X(T)}$
- Für jedes $t \in [0, T]$ (für das ein Simulationspunkt erzeugt wird) und alle $0 \leq A < B$ ist die Wahrscheinlichkeit dass $A < S(0) \cdot e^{\mu \cdot t + \sigma \cdot X(t)} < B$ gilt, gleich der Wahrscheinlichkeit, dass für ein beliebiges Wiener Modell $\hat{S}$ mit Parametern μ und σ zur Zeit t gilt $A < \hat{S}(t) < B$ unter der Voraussetzung dass $\hat{S}(0) = S(0)$ und $\hat{S}(T) = S(T)$ ist.

Wir geben nun zwei mögliche Konstruktionsarten. Die erste ist wesentlich einfacher als die zweite Version. Die zweite Version hat allerdings einige Vorteile bei aufwändigen Simulationen:

Variante 1:
Das Intervall $[0, T]$ wird in N gleiche Teile geteilt. Die Unterteilungspunkte des Intervalls bezeichnen wir mit $t_0 = 0, t_1 < t_2 < \ldots < t_{N-1} < t_N = T$.

Wir setzen $Y(0) = 0$ und für $k = 1, 2, \ldots, N$ sei $Y(t_k) = Y(t_{k-1}) + \sqrt{\frac{T}{N}} \cdot w_k$ wobei $w_1, w_2, \ldots, w_N$ N voneinander unabhängige standard-normalverteilte Zufallszahlen sind.
Schließlich setzen wir $X(t_k) = Y(t_k) - \frac{t_k}{T} \cdot (Y(T) - X(T))$.

In Abbildung 4.51 sehen Sie jeweils 10 Simulationspfade eines Wiener Modells auf $[0, 1]$ mit vorgegebenen Werten $S(0) = 100$ und $S(1) = 110$, einmal mit den Parametern $\mu = 0.1$ und $\sigma = 0.1$ und einmal mit den Parametern $\mu = 0.9$ und $\sigma = 0.9$. Für die Unterteilung des Zeitintervalls haben wir $N = 100$ gewählt.

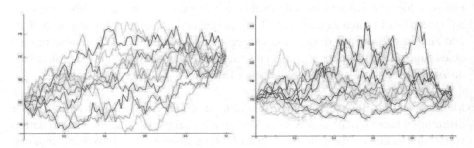

Abbildung 4.51: jeweils 10 Simulationen des Wiener Modells von 100 bis 110 ($\mu = 0.1$ und $\sigma = 0.1$ oben, $\mu = 0.9$ und $\sigma = 0.9$ unten)

Variante 2:

Das Intervall $[0, T]$ wird wiederum in N gleiche Teile geteilt, wobei jetzt N eine Zweier-Potenz sein muss, also $N = 2^n$. Die Unterteilungspunkte des Intervalls bezeichnen wir mit $t_0 = 0, t_1 < t_2 < \ldots < t_{2^n-1} < t_{2^n} = T$.

Die Werte $X(0) = X(t_0)$ und $X(T) = X(t_{2^n})$ sind bereits, wie oben beschrieben, vorgegeben. Wir simulieren jetzt in n Schritten zuerst

$X(t_{2^{n-1}})$
dann
$X(t_{2^{n-2}})$ und $X(t_{3 \cdot 2^{n-2}})$
dann
$X(t_{2^{n-3}})$ und $X(t_{3 \cdot 2^{n-3}})$ und $X(t_{5 \cdot 2^{n-3}})$ und $X(t_{7 \cdot 2^{n-3}})$

usw.

und schließlich
$X(t_1)$ und $X(t_3)$ und $X(t_5)$ und $X(t_7)$ und $\ldots$ und $X(t_{2^n-3})$ und $X(t_{2^n-1})$

Dabei wird im i-ten Schritt ein Wert $X(t_{k \cdot 2^{n-i}})$ aus den bereits in früheren Schritten konstruierten Punkten $X(t_{(k-1) \cdot 2^{n-i}})$ und $X(t_{(k+1) \cdot 2^{n-i}})$ konstruiert.

Zum Beispiel $n = 4$:

$X(t_0)$ und $X(t_{16})$ sind gegeben

Erster Schritt:
Konstruktion von $X(t_8)$ aus $X(t_0)$ und $X(t_{16})$

Zweiter Schritt:
Konstruktion von $X(t_4)$ aus $X(t_0)$ und $X(t_8)$ und
Konstruktion von $X(t_{12})$ aus $X(t_8)$ und $X(t_{16})$

Dritter Schritt:
Konstruktion von $X(t_2)$ aus $X(t_0)$ und $X(t_4)$
Konstruktion von $X(t_6)$ aus $X(t_4)$ und $X(t_8)$
Konstruktion von $X(t_{10})$ aus $X(t_8)$ und $X(t_{12})$
Konstruktion von $X(t_{14})$ aus $X(t_{12})$ und $X(t_{16})$

Vierter Schritt:
Konstruktion von $X(t_1)$ aus $X(t_0)$ und $X(t_2)$
Konstruktion von $X(t_3)$ aus $X(t_2)$ und $X(t_4)$
Konstruktion von $X(t_5)$ aus $X(t_4)$ und $X(t_6)$
Konstruktion von $X(t_7)$ aus $X(t_6)$ und $X(t_8)$
Konstruktion von $X(t_9)$ aus $X(t_8)$ und $X(t_{10})$
Konstruktion von $X(t_{11})$ aus $X(t_{10})$ und $X(t_{12})$
Konstruktion von $X(t_{13})$ aus $X(t_{12})$ und $X(t_{14})$
Konstruktion von $X(t_{15})$ aus $X(t_{14})$ und $X(t_{16})$

Die Konstruktionsvorschrift für die Konstruktion des Werts $X\left(t_{k \cdot 2^{n-i}}\right)$ aus den bereits in früheren Schritten konstruierten Punkten $X\left(t_{(k-1) \cdot 2^{n-i}}\right)$ und $X\left(t_{(k+1) \cdot 2^{n-i}}\right)$ lautet:

$$X\left(t_{k \cdot 2^{n-i}}\right) = \frac{X\left(t_{(k-1) \cdot 2^{n-i}}\right) + X\left(t_{(k+1) \cdot 2^{n-i}}\right)}{2} + \sqrt{\frac{1}{2^{i+1}}} \cdot Z$$

mit einer (von allen bisher konstruierten X-Werten unabhängigen) standardnormalverteilten Zufallsvariablen Z.

4.10 Erwartungswerte, Varianzen und Wahrscheinlichkeitsverteilungen von Aktienkursen im Wiener'schen Modell

Am Ende von Abschnitt 4.4 haben wir angekündigt:
„Es (das Wiener Modell) kann uns dazu dienen, mögliche (typische) Kursentwicklungen zu simulieren (das ist eine wesentliche Grundvoraussetzung um später sogenannte Monte Carlo-Simulationen durchführen zu können) und es ist uns möglich, im Modell Berechnungen anstellen zu können, die dann gewisse Rückschlüsse auf die reale Aktienkursentwicklung zulassen."

In den vorangegangenen drei Abschnitten haben wir uns der Simulation im Wiener Modell gewidmet. Nun werden wir einige grundlegende Eigenschaften des Modells herleiten.

Die Modellierung des Kurses einer Aktie durch ein Wiener Modell, stellt den Kurs $S(T)$ der Aktie zu einem zukünftigen Zeitpunkt T als Zufallsvariable dar:

$$S(T) = S(0) \cdot e^{T\mu + \sqrt{T}\sigma \cdot w}$$

Diese Darstellung erlaubt uns – wie schon oft betont – keine Prognosen über den zukünftigen Verlauf des Kurses, sie erlaubt uns aber, einige stochastische Parameter und die Wahrscheinlichkeitsverteilung des so modellierten Aktienkurses zu berechnen.

Der Erwartungswert von $S(T)$:

Wir fragen also danach, wie groß der Wert $S(T)$ durchschnittlich sein wird.
Eine verführerisch naheliegende, aber falsche Argumentation wäre es zu sagen: „Der durchschnittliche Wert ($E(w)$ der Zufallsvariable w) ist gleich 0, daher ist der durchschnittliche Wert (Erwartungswert $E(S(T))$) von $S(T)$ gegeben durch

$$E(S(T)) = S(0) \cdot e^{T\mu + \sqrt{T}\sigma \cdot E(w)} = S(0) \cdot e^{T\mu + \sqrt{T}\sigma \cdot 0} = S(0) \cdot e^{T\mu}.\text{“}$$

Tatsächlich ist es nicht möglich, den Erwartungswert einfach in den Exponenten hochzuziehen.

Was ist der Grund dafür, und was werden wir tatsächlich als Erwartungswert von $S(T)$ erwarten können? Die $\mathcal{N}(0, 1)$-verteilte Zufallsvariable w nimmt mit durchschnittlich gleicher Häufigkeit und Schwankungsbreite positive und negative Werte an. Eine Abweichung von w ins Positive (z.B. $w = 1$) hat aber auf den Wert von $e^{T\mu + \sqrt{T}\sigma \cdot w}$ einen wesentlich stärkeren Einfluss als eine gleich große Abweichung von w ins Negative (z.B. $w = -1$).

Sei zum Beispiel $T = \mu = \sigma = 1$. Dann hat $e^{T\mu + \sqrt{T}\sigma \cdot w}$ für $w = 0, w = -1$ und $w = 1$ die folgenden Werte:
$e^1 = 2.718\ldots, e^0 = 1$, bzw. $e^2 = 7.389\ldots$
Der Abstand von e^1 zu e^0 ist wesentlich kleiner als der Abstand von e^1 zu e^2. Der Durchschnittswert der drei Werte ist 3.702, also größer als e^1.

Vermutlich haben wir also mit einem Erwartungswert $E(S(T))$ zu rechnen, der größer ist als der oben naiver Weise angenommen Wert $S(0) \cdot e^{T\mu}$.

Die Berechnung des Erwartungswerts ergibt tatsächlich:

$$E\left(S\left(T\right)\right) = \frac{1}{\sqrt{2\pi}} \int_{-\infty}^{\infty} S(0) \cdot e^{T\mu + \sigma \cdot \sqrt{T}w} \cdot e^{-\frac{w^2}{2}} \, dw =$$

$$= S(0) \cdot \frac{1}{\sqrt{2\pi}} \int_{-\infty}^{\infty} e^{-\frac{(w - \sigma\sqrt{T})^2}{2} + T\mu + \frac{\sigma^2 T}{2}} \, dw =$$

$$= S(0) \cdot e^{T\left(\mu + \frac{\sigma^2}{2}\right)} \cdot \frac{1}{\sqrt{2\pi}} \int_{-\infty}^{\infty} e^{-\frac{(w - \sigma\sqrt{T})^2}{2}} \, dw =$$

$$= S(0) \cdot e^{T\left(\mu + \frac{\sigma^2}{2}\right)} \cdot \frac{1}{\sqrt{2\pi}} \int_{-\infty}^{\infty} e^{-\frac{y^2}{2}} \, dy =$$

$$= S(0) \cdot e^{T\left(\mu + \frac{\sigma^2}{2}\right)}$$

Also, tatsächlich, wie antizipiert, erhalten wir mit

$E\left(S(T)\right) = S(0) \cdot e^{T\left(\mu + \frac{\sigma^2}{2}\right)}$ einen größeren Erwartungswert als $S(0) \cdot e^{T\mu}$.
Dieser Erwartungswert ist, bei fixem T und μ umso größer, je größer die Volatilität σ der Aktie ist! Das sollte als eine ganz wesentliche Erkenntnis gesehen werden!
Je größer die Volatilität der Aktie (bei unverändertem Trend) ist, mit einem umso größeren Wert der Aktie in der Zukunft können wir durchschnittlich rechnen!
Und nur dadurch ist eine mit Risiko behaftete Investition in eine Aktie gegenüber einer Investition in ein risikoloses Produkt überhaupt zu rechtfertigen! Wir illustrieren diese Tatsache noch in den Abbildungen 4.52 und 4.53:

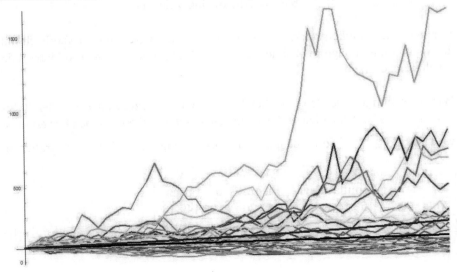

Abbildung 4.52: 30 simulierte Pfade des Wiener Modells mit Trend 0.4 und Volatilität 1.0

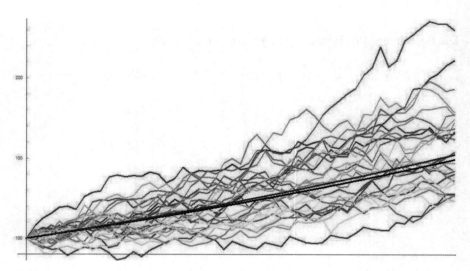

Abbildung 4.53: 30 simulierte Pfade des Wiener Modells mit Trend 0.4 und Volatilität 0.2

In beiden Abbildungen haben wir jeweils 30 Pfade des Wiener-Modells mit Startwert 100 und Trend $\mu = 0.4$ simuliert. In Abbildung 4.52 haben wir Volatilität $\sigma = 1.0$ und in Abbildung 4.53 Volatilität $\sigma = 0.2$ gewählt.

In beiden Abbildungen haben wir die Entwicklung $S(0) \cdot e^{t\mu}$ eines risikolosen Produkts (Sparguthaben) im Lauf der Zeit $t \in [0, T]$ mit gleichem Trend eingezeichnet (schwarz) und wir haben die Entwicklung des Erwartungswertes $S(0) \cdot e^{t\left(\mu + \frac{\sigma^2}{2}\right)}$ im Lauf der Zeit $t \in [0, T]$ (blau, oberhalb) eingezeichnet.

Wir sehen den deutlich stärkeren Anstieg des Erwartungswertes im Vergleich mit der risikolosen Anlage in Abbildung 4.52 (höhere Vola) als in Abbildung 4.53 (niedrigere Vola).

Wir haben übrigens den tatsächlichen Durchschnittswert zur Zeit $T = 1$ der 30 Simulationen in beiden Fällen nachgerechnet und mit dem theoretischen Erwartungswert $S(0) \cdot e^{T\left(\mu + \frac{\sigma^2}{2}\right)}$ sowie dem „falschen Erwartungswert" $S(0) \cdot e^{T\mu}$ verglichen:

	EW Simulationen	EW theoretisch	EW falsch
Vola = 0.2	153.16	152.20	149.18
Vola = 1.0	256.87	245.96	149.18

Die Varianz und Standardabweichung von $S(T)$:

Wir fragen jetzt also nach der Varianz $V(S(T))$, der durchschnittlichen quadratischen Abweichung des Wertes $S(T)$ im Wiener-Modell von seinem Erwartungswert $S(0) \cdot e^{T\left(\mu + \frac{\sigma^2}{2}\right)}$. Es gilt stets, für jede Zufallsvariable X, die Beziehung $V(X) = E\left(X^2\right) - (E(X))^2$. Daher ist:

$$
\begin{aligned}
V(S(T)) &= E\left((S(T))^2\right) - (E(S(T)))^2 = \\
&= E\left(S^2(0) \cdot e^{2\mu T + 2\sigma\sqrt{T}w}\right) - \left(S(0) \cdot e^{T\left(\mu + \frac{\sigma^2}{2}\right)}\right)^2 = \\
&= S^2(0) \cdot e^{T\left(2\mu + \frac{(2\sigma)^2}{2}\right)} - S^2(0) \cdot e^{T\left(2\mu + \sigma^2\right)} = \\
&= S^2(0) \cdot \left(e^{T\left(2\mu + 2\sigma^2\right)} - e^{T\left(2\mu + \sigma^2\right)}\right) = \\
&= S^2(0) \cdot e^{T(2\mu + \sigma^2)} \cdot \left(e^{T\sigma^2} - 1\right)
\end{aligned}
$$

und für die Standardabweichung $\sigma(S(T))$ im Wiener Modell gilt damit

$$
\sigma(S(T)) = S(0) \cdot \sigma(S(T)) = S(0) \cdot e^{T\left(\mu + \frac{\sigma^2}{2}\right)} \cdot \sqrt{e^{T\sigma^2} - 1}
$$

Wir ergänzen die obige Tabelle, die wir dort für unsere Simulationen und den Erwartungswert erstellt hatten, nun um die Standardabweichung:

	EW Simulationen	EW theoretisch	EW falsch	Standardabweichung Simulationen	Standardabweichung theoretisch
Vola = 0.2	153.16	152.20	149.18	25.94	30.75
Vola = 1.0	256.87	245.96	149.18	312.66	322.41

Die Wahrscheinlichkeitsverteilung von $S(T)$:

Die Zufallsvariable $S(T)$ hat eine *„Log-Normal-Verteilung"*. Der Logarithmus von $S(T)$ ist normalverteilt.

$S(T)$ **hat stets positive Werte** (vorausgesetzt natürlich, dass $S(0)$ ein positiver Startwert ist)!

Für ein positives gegebenes x können wir die Verteilungsfunktion $F(x)$, das ist die Wahrscheinlichkeit $F(x) := W(S(T) < x)$, also die Wahrscheinlichkeit, dass $S(T)$ einen Wert kleiner als x annimmt, wie folgt berechnen:

$$F(x) \quad := \quad W\left(S(T) < x\right) = W\left(S(0) \cdot e^{\mu T + \sigma\sqrt{T}w} < x\right) =$$

$$= \quad W\left(w < \frac{\log\frac{x}{S(0)} - \mu T}{\sigma\sqrt{T}}\right) = \frac{1}{\sqrt{2\pi}} \int_{-\infty}^{L(x)} e^{-\frac{u^2}{2}}\, du.$$

Hier verwenden wir die Abkürzung $L(x) := \dfrac{\log\frac{x}{S(0)} - \mu T}{\sigma\sqrt{T}}$ und natürlich wieder die Tatsache dass w standard-normalverteilt ist.

Beispiel 4.8. *Wir berechnen die Wahrscheinlichkeit, dass $S(T)$ einen Wert an-nimmt, der kleiner ist als sein Erwartungswert $x = S(0) \cdot e^{\left(\mu + \frac{\sigma^2}{2}\right)T}$.*
Für dieses x erhalten wir $L(x) = \frac{\sigma\sqrt{T}}{2}$ und somit

$$W\left(S(T)\right) < E\left(S(T)\right) = \int_{-\infty}^{\frac{\sigma\sqrt{T}}{2}} e^{-\frac{u^2}{2}}\, du.$$

Dieser Wert ist größer als $\frac{1}{2}$ und umso größer, je größer die Volatilität σ ist.

Die Dichte $f(x)$ der Verteilung von $S(T)$ erhält man durch Ableitung der Vertei-lungsfunktion $F(x)$ nach x:

$$f(x) = F'(x) = \frac{1}{\sqrt{2\pi}} \cdot e^{-\frac{\left(L^2(x)\right)}{2}} \cdot L'(x) = \frac{1}{\sqrt{2\pi T} \cdot \sigma x} \cdot e^{-\frac{\left(L^2(x)\right)}{2}}$$

Für zwei beliebige positive Werte A und B mit $A < B$ gilt für die Wahrscheinlich-keit, dass $S(T)$ einen Wert zwischen A und B annimmt:

$W\left(A < S(T) < B\right) = \int_{L(A)}^{L(B)} e^{-\frac{u^2}{2}}\, du$, wobei für beliebiges positives x gilt $L(x) := \frac{\log\frac{x}{S(0)} - \mu T}{\sigma\sqrt{T}}$.

Wir schließen das Kapitel mit einem illustrierenden Simulationsbeispiel ab.

Beispiel 4.9. *Wir verwenden wie in den vorangegangenen Beispielen einen Start-wert 100, einen Zeitbereich von $T = 1$, den Trend $\mu = 0.4$ und die Volatili-tät $\sigma = 1$. Wir fragen nach der Wahrscheinlichkeit, dass $S(T)$ einen Wert zwi-schen $A = 200$ und $B = 400$ annimmt. Wir erhalten durch Einsetzen $L(B) = \log 4 - 0.4$ und $L(A) = \log 2 - 0.4$. Man erhält mit Hilfe etwa von Mathematica $W\left(A < S(T) < B\right) = \int_{L(A)}^{L(B)} e^{-\frac{u^2}{2}}\, du = 0.22271$.*
Wir testen das Resultat indem wir 1000 Realisationen der Simulation von $S(T)$ durchführen und zählen, in wie vielen Fällen wir Werte für $S(T)$ zwischen 200 und 400 erhalten (siehe Abbildung 4.54).

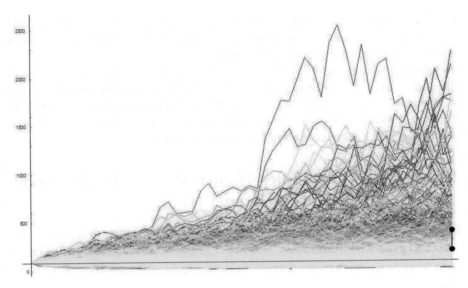

Abbildung 4.54: 1000 simulierte Pfade des Wiener Modells mit Trend 0.4 und Volatilität 1

Bei diesem konkreten Simulationsvorgang erhielten wir 231 Werte im Bereich zwischen 200 und 400 (schwarz markierter Bereich). Das würde in dieser konkreten Simulation einer empirischen Wahrscheinlichkeit von 0.231 (verglichen mit der theoretischen Wahrscheinlichkeit von gerundet 0.223) entsprechen.

Wir sind nun mit dem Wiener'schen Modell einigermaßen vertraut geworden. Wir wissen aber auch um die Vorbehalte, die man gegenüber diesem Modell und seinen Voraussetzungen bei der Modellierung von Aktien hegen muss.
Wir werden im Lauf dieses Buchs noch viele andere Modelle und ihre Eigenschaften kennenlernen, die manche Aspekte der Realität besser abdecken als das Wiener Modell oder die für andere Produkte (z.B. Zinsentwicklungen) besser geeignet sind. Es wird sich häufig aber auch erweisen, dass diese Modelle dann auch Nachteile gegenüber dem Wiener Modell besitzen. Das Wiener Modell hat also (mit Vorbehalten) eine gewisse Realitätstauglichkeit und ist daher nach wie vor ein häufig in der Realität verwendetes Modell zur Simulierung verschiedener Kursentwicklungen. Wir fahren daher im Folgenden vorerst einmal damit fort, die Grundzüge der klassischen Black-Scholes-Theorie zur Bewertung von Derivaten für das Wiener'sche Aktienkurs-Modell herzuleiten.

4.11   Approximation des Wiener Modells durch Binomialmodelle, Vorbemerkungen

Bisher haben wir (in Kapitel 3) Derivat-Bewertung in binomischen Modellen durchgeführt, deren Realitätsbezug sehr fraglich ist. Wir werden jetzt zeigen, dass man aber, indem man in binomischen Modellen die Parameter geeignet wählt und die Anzahl der Schritte genügend groß macht, ein Wiener'sches Modell beliebig genau durch ein binomisches Modell annähern kann.

Und dadurch wird es uns dann, in einem zweiten Schritt, möglich sein, die Ergebnisse der Derivate-Bewertung in binomischen Modellen auf die Derivate-Bewertung im Wiener Modell „hochzuziehen", zu übertragen. Auf diesem Weg werden wir die Resultate der klassischen Black-Scholes-Theorie herleiten und dann natürlich auch gleich wieder in konkreten Anwendungen nutzen und illustrieren.

4.12   Approximation des Wiener Modells durch Binomialmodelle, Vorbereitung

Wir erinnern noch einmal an das binomische N-Schritt-Modell mittels der schematischen Darstellung in Abbildung 4.55 und durch die Darstellung von 4 Beispielspfaden in einem binomischen 40-Schritt-Modell in Abbildung 4.56.

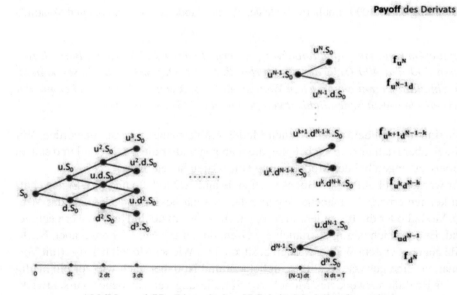

Abbildung 4.55: Binomisches N-Schritt-Modell, schematisch

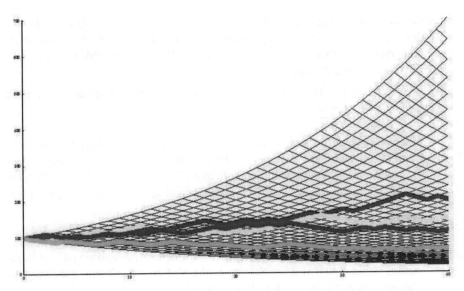

Abbildung 4.56: Binomisches 40-Schritt-Modell mit 4 möglichen Entwicklungspfaden

Die Beispielspfade zeigen bereits eine gewisse Ähnlichkeit mit den Realisationen in einem Wiener-Modell, so dass rein anschaulich die These, dass man ein Wiener Modell durch ein binomisches Modell beliebig gut annähern kann, nicht so abwegig erscheint. Zuerst müssen wir aber klären, was wir unter der „beliebig genauen Annäherung eines Modells durch ein anderes" exakt verstehen wollen.

- In beiden Fällen (Wiener Modell und binomisches N-Schritt-Modell) haben wir es mit dem Zeitbereich $[0, T]$ zu tun. „Wir befinden" uns im Zeitpunkt 0.

- In beiden Fällen „starten" wir mit einem Anfangswert $S(0)$.

- Das „Ergebnis" des Wiener Modells zur Zeit T ist ein Wert $S(T) = S(0) \cdot e^{T\mu + \sqrt{T}\sigma \cdot w}$.

- Das „Ergebnis" des binomischen N-Schritt-Modells zur Zeit T ist ein Wert (wir bezeichnen ihn mit $BM(T)$) der Form $BM(T) = S(0) \cdot u^k \cdot d^{N-k}$.

- Die Parameter des Wiener Modells sind der Trend μ und die Volatilität σ.

- Die Parameter des N-Schritt-Modells sind die Schrittanzahl N (und damit die Schrittweite $dt = \frac{T}{N}$), der „Aufwärtsfaktor" u, der „Abwärtsfaktor" d sowie die Wahrscheinlichkeit p, mit der ein Aufwärtsschritt eintritt.

- Sowohl $S(T)$ als auch $BM(T)$ sind Zufallsvariable (keine deterministischen Werte). Ihre konkreten Werte in einer Realisation hängen davon ab, welchen Wert die $\mathcal{N}(0, 1)$-verteilte Zufallsvariable w annimmt (im Wiener Modell) bzw. davon, welchen Wert die Zufallsvariable k (die im binomischen Modell die Anzahl der Aufwärtsbewegungen darstellt) annimmt.

- Eine Zufallsvariable ist durch ihre Wahrscheinlichkeitsverteilung eindeutig bestimmt.

- Wir kennen die Wahrscheinlichkeitsverteilung der Zufallsvariable $S(T)$ aus dem vorigen Abschnitt: $S(T)$ nimmt immer positive Werte an und für beliebige Werte A, B mit $0 < A < B$ gilt für die Wahrscheinlichkeit, dass $S(T)$ zwischen A und B liegt:

  $W\left(A < S(T) < B\right) = \int_{L(A)}^{L(B)} e^{-\frac{u^2}{2}} du$, wobei für beliebiges positives x gilt $L(x) := \frac{\log \frac{x}{S(0)} - \mu T}{\sigma \sqrt{T}}$.

- Wir wollen daher zeigen: Seien A und B beliebige Werte mit $0 < A < B$. Dann können wir für beliebiges N die Parameter $u, d,$ und p so wählen, dass für wachsendes N die Wahrscheinlichkeit $W(A < BM(T) < B)$, also die Wahrscheinlichkeit dass $BM(T)$ zwischen A und B liegt, immer näher gegen $W\left(A < S(T) < B\right) = \frac{1}{\sqrt{2\pi}} \int_{L(A)}^{L(B)} e^{-\frac{u^2}{2}} du$ strebt.
  „Im Grenzwert" hat dann $BM(T)$ dieselbe Verteilung wie $S(T)$.

- Natürlich muss die geeignete Wahl der Parameter $u, d,$ und p von den Parametern μ und σ und von der Schrittanzahl N (bzw., was damit gleichbedeutend ist: von der Schrittweite dt) abhängen!

Das ist das Programm und die Klärung unserer Fragestellung.

Wir könnten nun auf folgende Weise weiter vorgehen: *Ich verrate vorab, wie wir u, d und p zu wählen haben, so dass bei dieser Wahl und bei wachsendem N tatsächlich $W(A < BM(T) < B)$ gegen $W(A < S(T) < B)$ konvergiert.*

Das werden wir aber nicht tun, sondern wir versuchen zu vermitteln, wie man von selbst auf die geeignete Wahl der Parameter stoßen könnte. Bevor wir aber an diese Aufgabe gehen, werden wir ein technisches Hilfsmittel bereitstellen, das wir im Folgenden benötigen werden: Es ist dies eine Basisversion des „Zentralen Grenzwertsatzes" aus der Wahrscheinlichkeitstheorie.

4.13   Der zentrale Grenzwertsatz

Diese Basisversion des Zentralen Grenzwertsatzes, die wir benötigen werden, besagt folgendes:
„*Sei $X^{(N)}$ eine $(1, -1)$-binomialverteilte Zufallsvariable mit Parametern N und p. Dann konvergiert die Verteilung der (normierten) Zufallsvariable $Y^{(N)} :=$ $\frac{X^{(N)} - N \cdot (2p-1)}{2\sqrt{N \cdot p \cdot (1-p)}}$ für $N \to \infty$ gegen die Standard-Normalverteilung $\mathcal{N}(0, 1)$*".

Speziell werden wir im nächsten Abschnitt dieses Resultat für den Fall $p = \frac{1}{2}$ verwenden. Wir können das Resultat für diesen Fall so formulieren:

Sei $X^{(N)}$ eine $(1, -1)$-binomialverteilte Zufallsvariable mit Parametern N und $p = \frac{1}{2}$. Dann ist $X^{(N)} = Y^{(N)} \cdot \sqrt{N}$, wobei $Y^{(N)}$ eine Zufallsvaria-

ble ist, deren Verteilung für $N \to \infty$ gegen die Standard-Normalverteilung $\mathcal{N}(0, 1)$ konvergiert."

Wir erläutern und veranschaulichen die Aussage des zentralen Grenzwertsatzes:

Die $(1, -1)$-binomialverteilte Zufallsvariable $X^{(N)}$ mit Parametern N und p repräsentiert die Summe $a_1 + a_2 + \ldots + a_{N-1} + a_N$ von N Summanden $a_1, a_2, \ldots, a_{N-1}, a_N$ die unabhängig voneinander die Werte 1 (mit Wahrscheinlichkeit p) oder -1 (mit Wahrscheinlichkeit $1 - p$) annehmen können.

$X^{(N)}$ ist also die Summe der N voneinander unabhängigen Zufallsvariablen $a_1, a_2, \ldots, a_{N-1}, a_N$.

Jede dieser Zufallsvariablen a_i hat den Erwartungswert
$E(a_i) = p \cdot 1 + (1 - p) \cdot (-1) = 2p - 1$.
Und jede dieser Zufallsvariablen a_i hat daher die Varianz
$V(a_i) = p \cdot (1 - (2p - 1))^2 + (1 - p) \cdot (-1 - (2p - 1))^2 = 4p(1 - p)$.

Der Erwartungswert $E\left(X^{(N)}\right)$ von $X^{(N)}$ ist daher gleich $N \cdot (2p - 1)$ und die Varianz $V\left(X^{(N)}\right)$ (da die a_i voneinander unabhängig sind) ist gleich $4Np(1 - p)$. Für die Standardabweichung $\sum\left(X^{(N)}\right)$ von $X^{(N)}$ folgt daraus natürlich $\sum\left(X^{(N)}\right) = 2\sqrt{Np(1 - p)}$.

Somit ist $Y^{(N)}$ für jedes N genau die normierte Version von $X^{(N)}$, hat also Erwartungswert 0 und Varianz 1.

$X^{(N)}$ kann Werte zwischen $-N$ und $+N$ annehmen. Folglich kann $Y^{(N)}$ Werte zwischen $-\sqrt{N} \cdot \sqrt{\frac{p}{1-p}}$ und $\sqrt{N} \cdot \sqrt{\frac{1-p}{p}}$ annehmen (das sieht man leicht durch Einsetzen von $-N$ bzw. N für $X^{(N)}$ in die Definition von $Y^{(N)}$). Der Wertebereich von $Y^{(N)}$ wird also immer breiter.

Wenn jetzt x irgendein Wert zwischen $-\sqrt{N}\sqrt{\frac{p}{1-p}}$ und $\sqrt{N} \cdot \sqrt{\frac{1-p}{p}}$ ist, dann lässt sich die Wahrscheinlichkeit $W\left(Y^{(N)} < x\right)$, also die Wahrscheinlichkeit dass $Y^{(N)} < x$ ist (die Verteilungsfunktion $F^{(N)}(x)$ von $Y^{(N)}$), leicht berechnen:

Damit $Y^{(N)} = \frac{X^{(N)} - N \cdot (2p-1)}{2\sqrt{N \cdot p \cdot (1-p)}}$ kleiner als x ist, muss also
$X^{(N)} < x \cdot 2\sqrt{N \cdot p \cdot (1 - p)} + N \cdot (2p - 1)$ sein.

Wenn sich $X^{(N)}$ gerade aus der Summe von k Einsen und von $N - k$ Minus-Einsen zusammensetzt, dann ist also $X^{(N)} = k - (N - k) = 2k - N$.

Damit $Y^{(N)} = \frac{X^{(N)} - N \cdot (2p-1)}{2\sqrt{N \cdot p \cdot (1-p)}}$ kleiner als x ist, muss also

$X^{(N)} = 2k - N < x \cdot 2\sqrt{N \cdot p \cdot (1-p)} + N \cdot (2p-1)$ sein, also $k < x \cdot \sqrt{N \cdot p \cdot (1-p)} + N \cdot p$.

Die Wahrscheinlichkeit, dass sich $x^{(N)}$ aus genau k Einsen und $N-k$ Minus-Einsen zusammensetzt ist gerade $p^k \cdot (1-p)^{N-k} \cdot \binom{N}{k}$. Daher ist die Wahrscheinlichkeit

$$W\left(Y^{(N)} < x\right) = \sum_{k=0}^{u(x)} p^k \cdot (1-p)^{N-k} \cdot \binom{N}{k},$$

wobei $u(x)$ die größte ganze Zahl ist, die kleiner als $x \cdot \sqrt{Np(1-p)} + Np$ ist.

Diese Verteilungsfunktion $F^{(N)}(x)$ von $Y^{(N)}$ lässt sich nun für verschiedene wachsende N veranschaulichen und mit der Verteilungsfunktion $F(x) = \frac{1}{\sqrt{2\pi}} \int_{-\infty}^{x} e^{-\frac{u^2}{2}} \, du$ der $\mathcal{N}(0,1)$-Verteilung vergleichen.

Für die Vergleichsbilder wählen wir $p = \frac{1}{3}$ und für N die Werte $N = 10, 20, 40$, und 200.

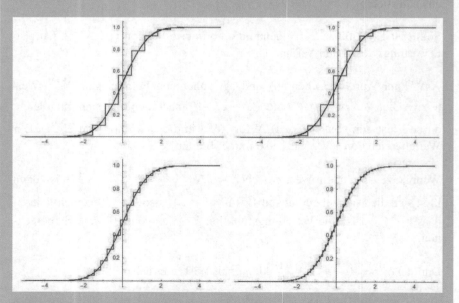

Abbildung 4.57: Vergleich Verteilungsfunktion der normierten binomischen Verteilung für $p = \frac{1}{3}$, $N = 10, 20, 40$ und 200 mit der Standard-Normalverteilung

Wir sehen deutlich, dass sich bei steigendem N die Verteilungsfunktion der normierten Binomialverteilung immer weiter der Verteilungsfunktion der Standard-Normalverteilung annähert.

Diese Annäherung geht übrigens umso schneller vonstatten, je näher der Wert p am Wert $\frac{1}{2}$ liegt. Das ist zum Beispiel an Abbildung 4.58 ersichtlich: Hier sehen wir den Vergleich der Verteilungsfunktionen für $N = 200$, also wie im vierten Teil von Abbildung 4.57, aber nun nicht für $p = \frac{1}{3}$, wie in Abbildung 4.57, sondern für $p = 0.001$ bzw. für $p = 0.99$. Die Annäherung der normierten Binomialverteilung an die Standard-Normalverteilung geht hier offensichtlich wesentlich langsamer vor sich als im Fall $p = \frac{1}{3}$.

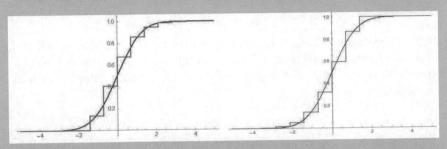

Abbildung 4.58: Vergleich Verteilungsfunktion der normierten binomischen Verteilung für $p = 0.01, p = 0.99$ und $N = 200$ mit der Standard-Normalverteilung

Auch wenn wir das im Folgenden nicht benötigen werden: Es sei hier trotzdem erwähnt, dass der **Zentrale Grenzwertsatz**, der ein ganz grundlegendes (eben „zentrales") Resultat der Wahrscheinlichkeitstheorie ist, unter noch wesentlich allgemeineren Voraussetzungen gültig ist:

Wann immer wir **irgendwelche** voneinander unabhängige Zufallsvariable $A_1, A_2, A_3, \ldots$ haben, die alle die gleiche, aber ganz beliebige Verteilung (mit endlichem Erwartungswert E und endlicher Varianz V) haben, und wenn wir dann die neuen Zufallsvariablen $X^{(N)} = A_1 + A_2 + \ldots + A_N$ bzw. $Y^{(N)} = \frac{X^{(N)} - N \cdot E}{\sqrt{N \cdot V}}$ bilden, dann konvergiert die Verteilung von $Y^{(N)}$ (im Sinn wie oben erläutert) für N gegen unendlich gegen die Standard-Normalverteilung.

Diese Aussage gilt auch dann noch, wenn gewisse schwache Abhängigkeiten zwischen den A_i vorhanden sind. Und die Aussage gilt auch dann, wenn die Verteilungen der A_i nicht unbedingt identisch sind, aber doch so beschaffen, dass nicht einzelne der A_i die anderen Zufallsvariablen zu sehr dominieren.

Dieses zentrale Resultat der Wahrscheinlichkeitstheorie macht auch plausibel warum die Normalverteilung in so vielen Bereichen der Naturwissenschaften, der Technik, der Wirtschaftswissenschaften eine derart wichtige Rolle spielt: Viele stochastische Entwicklungen lassen sich durch das Zusammenwirken vieler kleinerer im Wesentlichen voneinander unabhängiger Zufallseinflüsse als Summe vieler verschiedener Zufallsvariabler erklären. Und mittels des zentralen Grenzwertsatzes kommt hier dann eben die Normalverteilung ins Spiel.

Ein Simulations-Experiment
Wenn die Dominanz der Normalverteilung nun angeblich so erdrückend ist, wie kann es dann sein, dass im Bereich der Aktienkursrenditen doch systematische Abweichungen von der Normalverteilung auftreten? Wir erinnern uns: Merkliche „fat tails" und schlankere Mitte bei der Verteilung der Aktienkursrenditen!

Führen wir dazu ein kleines Experiment durch. Dieses Experiment soll kein ernsthafter Erklärungsversuch für systematische Abweichungen von Aktienkursrenditen sein, aber es liefert doch – wie Sie sehen werden – ein recht interessantes Ergebnis:

Eine stetige Monatsrendite einer Aktie A setzt sich als Summe von circa 20 Tagesrenditen zusammen, eine Jahresrendite als Summe von 52 Wochenrenditen, eine Tagesrendite als Summe von circa 500 Minutenrenditen usw.

Schauen wir uns daher im Folgenden eine stetige Aktienrendite R auf einem Zeitintervall $[0, 1]$ an, die sich als Summe von 100 stetigen Aktienrenditen $r_1, r_2, \ldots, r_{100}$ auf einem jeweils kleineren Zeitintervall dt ergibt. Also

$$R = r_1 + r_2 + \ldots + r_{100}.$$

Wenn die r_i alle voneinander unabhängig und $N(0, dt)$-verteilt wären, dann wäre R standard-normalverteilt.

Im Folgenden ändern wir dieses Modell ein wenig ab:
Wir bringen jetzt gewisse Abhängigkeiten ins System. Die Idee dahinter ist die folgende: Tritt einmal eine außergewöhnlich stark positive oder außergewöhnlich stark negative Rendite r_i auf, dann reagiert der Markt (die Börsehändler) auf diese Tatsache häufig sehr nervös. Diese auftretende Nervosität kann sich etwa in kurzzeitig erhöhter Volatilität ausdrücken. Tritt im Gegenteil einmal eine sehr ruhige Phase ein, mit Renditen nahe an 0, dann warten die Börsehändler häufig mit neuen Käufen und Verkäufen ab, bis ein wieder aktiverer Markt neue Bewegung und damit Gewinnchancen verspricht. Die Volatilität fällt dann häufig.

Diese „Beobachtung" wollen wir nun in unser System integrieren:

- Wir modellieren wieder R durch $R = r_1 + r_2 + \ldots + r_{100}$.

- Die r_i bleiben dabei normalverteilt mit Mittelwert $\mu = 0$.

- Wenn $r_i > \sqrt{dt}$ oder $r_i < -\sqrt{dt}$ ist, dann erhöht sich die Volatilität für r_{i+1} aber von dt auf $5dt$.

- Wenn dagegen $-\sqrt{dt} < r_i < \sqrt{dt}$ ist, dann fällt die Volatilität für r_{i+1} von dt auf $\frac{1}{2}dt$.

Diesen Algorithmus zur Berechnung von R haben wir 10.000 Mal durchgeführt. Der Mittelwert der so entstehenden Werte $R^{(j)}$ ist natürlich wieder 0. Die Standardabweichung kann von 1 abweichen, daher normieren wir die $R^{(j)}$ abschließend noch zu Werten $R'^{(j)}$, indem jedes $R^{(j)}$ durch die Standardabweichung der $R^{(j)}$ dividiert wird. Die $R'^{(j)}$ haben dann also Mittelwert 0 und Standardabweichung 1.

Zeichnet man nun die empirische Verteilung der $R'^{(j)}$ (rot in Abbildung 4.59) und vergleicht mit der Verteilung der Standard-Normalverteilung (blau in Abbildung 4.59) dann ergibt sich typischer Weise ein Resultat wie in Abbildung 4.59.

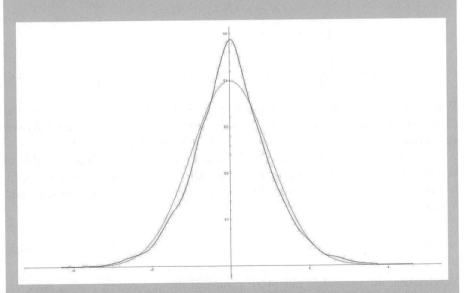

Abbildung 4.59: Vergleich empirische Verteilungsfunktion des Simulations-Experiments (rot) mit der Standard-Normalverteilung

Das Schöne ist: Es ergibt sich ein Bild, das wir wiederzuerkennen glauben: Dickere Enden und schmale Mitte ...

4.14   Approximation des Wiener Modells durch Binomialmodelle, der Beweis (die Beweisskizze)

Jetzt wollen wir also die Konvergenz des binomischen N-Schritt-Modells gegen das Wiener Modell beweisen. Wir haben also zu zeigen, dass für $N \to \infty$ und bei geeigneter Wahl der Parameter u, d, und p die Wahrscheinlichkeit $W(A < BM(T) < B)$ gegen $W(A < S(T) < B)$ konvergiert.
(Wir geben im Folgenden keinen formal strengen Beweis, aber die klare Beweisidee, so dass ein formal mathematisch geschulter Leser den exakten Beweis auf Basis der Beweisidee leicht korrekt aufschreiben kann.)
Weiters wollen wir – wie schon gesagt – nicht die korrekten Werte u, d und p vorab verraten, sondern wir wollen versuchen, diese selbst aufzufinden.
Es ist

$$W(A < S(T) < B) =$$

$$W\left(A < S(0) \cdot e^{\mu T + \sigma \sqrt{T} \cdot w} < B\right) =$$

$$W\left(\log \frac{A}{S(o)} < \mu T + \sigma \sqrt{T} w < \log \frac{B}{S(0)}\right). \tag{4.3}$$

Andererseits ist

$$W(A < BM(T) < B) =$$

$$W\left(A < S(0) \cdot u^K \cdot d^{N-K} < B\right) =$$

$$W\left(\log \frac{A}{S(0)} < K \cdot \log u + (N - K) \cdot \log d < \log \frac{B}{S(0)}\right) \tag{4.4}$$

Wir sehen bereits eine gewisse Ähnlichkeit zwischen den Ausdrücken (4.3) und (4.4). Durch geeignete Wahl von u, d, p (hier sind wir ja ganz frei) und im Wissen des vorigen Abschnittes, dass nämlich eine Zufallsvariable der Form $K \cdot 1 + (N - K) \cdot (-1)$ näherungsweise durch eine standard-normalverteilte Zufallsvariable w beschreibbar ist, wollen wir versuchen, diese Ähnlichkeit weiter zu verstärken:
Setzen wir dazu $\log u = a + b$ und $\log d = a - b$ mit irgendwelchen Werten a und b. Dann wird (4.4) zu

$$W\left(\log \frac{A}{S(0)} < N \cdot a + b\left(K \cdot 1 + (N - K) \cdot (-1)\right) < \log \frac{B}{S(0)}\right) \tag{4.5}$$

Vergleichen wir jetzt (4.5) mit (4.3), dann legt dieser Vergleich nahe, dass wir $\mu T = N \cdot a$ setzen, also $a = \mu \cdot \frac{T}{N} = \mu \cdot dt$ wählen.
Und: Da w eine symmetrische Zufallsvariable ist ($w \sim \mathcal{N}(0, 1)$), sollte wohl auch die Zufallsvariable $K \cdot 1 + (N - K) \cdot (-1)$ symmetrisch sein. Wir wählen also $p = \frac{1}{2}$. Wenn wir $p = \frac{1}{2}$ wählen, dann können wir aber die Formulierung des Zentralen Grenzwertsatzes vom Anfang von Abschnitt 4.13 für $p = \frac{1}{2}$ verwenden. Nämlich:

$$K \cdot 1 + (N - K) \cdot (-1) = X^{(N)} = Y^{(N)} \cdot \sqrt{N}.$$

Damit wird (4.5) zu

$$W \left(\log \frac{A}{S(0)} < \mu T + b \sqrt{N} \cdot Y^{(N)} < \log \frac{B}{S(0)} \right).$$

Nun brauchen wir (zur Übereinstimmung mit (4.3)) nur noch $b\sqrt{N} = \sigma\sqrt{T}$, also $b = \sigma\sqrt{\frac{T}{N}} = \sigma\sqrt{dt}$, zu setzen und $N \to \infty$ gehen zu lassen und wir erhalten

$$\lim_{N \to \infty} W \left(A < BM(T) < B \right) =$$

$$\lim_{N \to \infty} W \left(\log \frac{A}{S(0)} < \mu T + \sigma \sqrt{T} \cdot Y^{(N)} < \log \frac{B}{S(0)} \right) =$$

$$W \left(\log \frac{A}{S(0)} < \mu T + \sigma \sqrt{T} w < \log \frac{B}{S(0)} \right) =$$

$$= W \left(A < S(T) < B \right).$$

Die konkrete Wahl der u, d und p, die uns diese Konvergenz geliefert haben, hat also gelautet:

$$p = \frac{1}{2}, u = e^{a+b} = e^{\mu dt + \sigma \sqrt{dt}} \text{ und } d = e^{a-b} = e^{\mu dt - \sigma \sqrt{dt}}.$$

4.15 Die Brown'sche Bewegung, Motivation und Definition

Wir werden im Folgenden eine alternative Darstellungsform des Wiener Modells geben. Dafür werden wir die sogenannte Brown'sche Bewegung nutzen. Diese Brown'sche Bewegung ist ein stochastischer Prozess. Mit dem Begriff des stochastischen Prozesses werden wir uns erst später – in Kapitel 7 – ausführlicher beschäftigen. Im Folgenden werden wir diesen Begriff nur informell verwenden und an Hand von Beispielen veranschaulichen. Unter dem Begriff eines stochastischen Prozesses verstehen wir intuitiv eine zufällige Entwicklung im Lauf der Zeit.

Beginnen wir mit einem ganz einfachen Beispiel eines stochastischen Prozesses: Zwei Spieler – A und B – spielen ein Spiel gegeneinander. Die beiden Spieler beherrschen das Spiel gleich gut, und das Spiel ist ein faires Spiel, das beiden Spielern die gleichen Gewinnchancen bietet. Daher gewinnt jeder Spieler ein solches Spiel mit Wahrscheinlichkeit 50%. Die Wahrscheinlichkeit mit der ein Spieler gewinnt, liegt immer unabhängig von früheren Spielausgängen bei 50%. Die beiden Spieler spielen das Spiel mehrmals gegeneinander. Für jedes gewonnene Spiel erhält der Sieger vom Verlierer einen Euro.

Natürlich interessiert sich jeder der beiden Spieler für seinen „Gewinn-Prozess". Er interessiert sich also dafür, wie sich die Höhe seines Spielgewinns im Lauf der Zeit entwickelt. Natürlich ist diese Entwicklung nicht vorhersehbar. Diese Entwicklung kann verschiedenste mögliche Formen annehmen. Dieser Gewinn-Prozess ist somit ein stochastischer Prozess.

Jede mögliche solche Entwicklung (jede konkrete Realisation) dieses stochastischen Prozesses nennen wir einen „Pfad" dieses Prozesses. In den folgenden Grafiken wollen wir uns mögliche Pfade dieses Gewinnprozesses veranschaulichen. Dazu lassen wir die beiden Spieler A und B das Spiel 10 Mal (100 Mal, 1.000 Mal) gegeneinander spielen. Jedes Spiel bedeutet einen Zeitschritt. Zum Beispiel kann die Dauer eines Spiels eine Minute betragen. In den folgenden Grafiken tragen wir die Zeitschritte auf der x-Achse ein und auf der y-Achse tragen wir die momentane Gewinnhöhe des Spielers A ein.

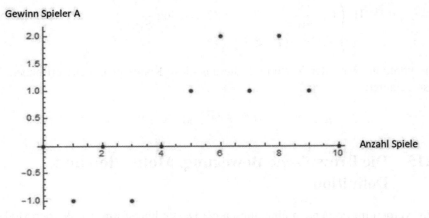

Abbildung 4.60: Eine mögliche Realisierung des Gewinnprozesses für Spieler A bei 10 Spielen

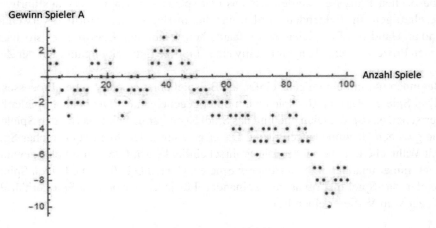

Abbildung 4.61: Eine mögliche Realisierung des Gewinnprozesses für Spieler A bei 100 Spielen

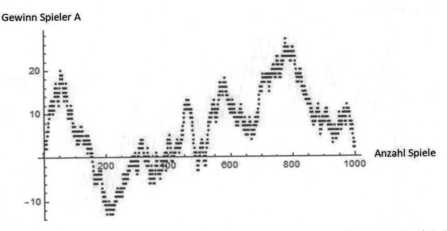

Abbildung 4.62: Eine mögliche Realisierung des Gewinnprozesses für Spieler A bei 1.000 Spielen

Zur besseren Veranschaulichung verbinden wir nun aufeinanderfolgende Punkte dieser Pfade und wir zeigen die drei Bilder noch einmal nach dieser „ästhetischen" Maßnahme.

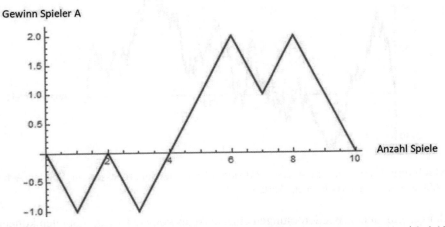

Abbildung 4.63: Eine mögliche Realisierung des Gewinnprozesses für Spieler A bei 10 Spielen mit verbundenen Werten

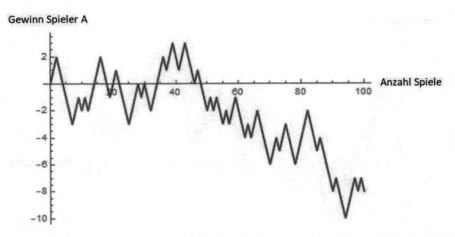

Abbildung 4.64: Eine mögliche Realisierung des Gewinnprozesses für Spieler A bei 100 Spielen mit verbundenen Werten

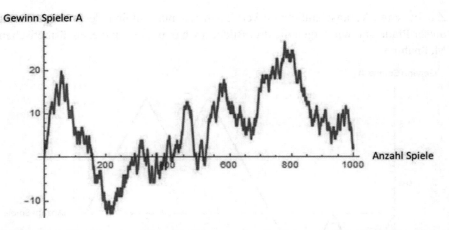

Abbildung 4.65: Eine mögliche Realisierung des Gewinnprozesses für Spieler A bei 1.000 Spielen mit verbundenen Werten

Bei verschiedenen Wiederholungen eines Paketes von (z.B.) 1.000 Spielen können sich aber natürlich völlig verschiedene Gewinnprozesse (völlig verschiedene Realisationen des zu Grunde liegenden stochastischen Prozesses) ergeben.

In Abbildung 4.66 sind fünf solcher möglicher Realisationen übereinandergelegt.

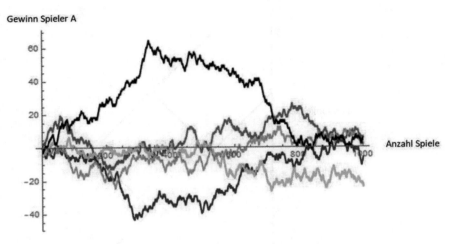

Gewinn Spieler A

Abbildung 4.66: Fünf mögliche Realisierungen des Gewinnprozesses für Spieler A bei 1.000 Spielen mit verbundenen Werten

Es handelt sich bei diesem stochastischen Prozess um eine „**einfache eindimensionale diskrete Irrfahrt**".

Wenn wir mit X_n den Wert des stochastischen Prozesses (des Gewinn-Prozesses, der Gewinnhöhe) zum Zeitpunkt n (nach n gespielten Spielen) bezeichnen, dann gilt:

$X_0 = 0$ und X_{n+1} ist gleich $X_n + 1$ oder $X_n - 1$ jeweils mit Wahrscheinlichkeit $\frac{1}{2}$.

Der stochastische Prozess ist dann gegeben durch $(X_n)_{n \in \{0,1,2,...,N\}}$.

Durch die lineare Verbindung zwischen je zwei Werten X_n und X_{n+1} haben wir jedem beliebigem reellen „Zeitpunkt" t zwischen 0 und N einen Wert X_t zugeordnet. Wir haben damit einen stochastischen Prozess der Form $(X_t)_{t \in [0,N]}$.

Eine interessante Entwicklung erhalten wir auch dann, wenn wir nach dem obigen Schema zwei verschiedene Pfade $(X_n)_{n \in \{0,1,2,...,N\}}$ und $(Y_n)_{n \in \{0,1,2,...,N\}}$ erzeugen und diese Punkte zu zwei-dimensionalen Punktepaaren $(X_n, Y_n)_{n \in \{0,1,2,...,N\}}$ zusammenfassen. Diese zweidimensionalen Punkte lassen sich wieder in einem zwei-dimensionalen Koordinatensystem darstellen und chronologisch verbinden. Führen wir das für einen Beispielspfad mit 10 Punkten durch, dann erhalten wir typischer Weise ein Bild wie in Abbildung 4.67, eine „**einfache zweidimensionale diskrete Irrfahrt**".

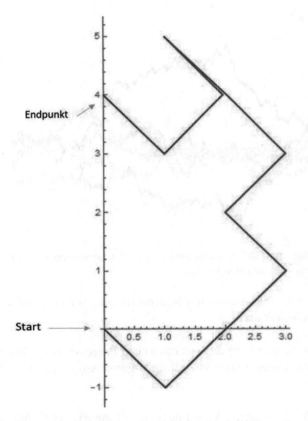

Abbildung 4.67: Typischer Pfad einer zwei-dimensionalen diskreten Irrfahrt mit 10 Zeitschritten

Hier haben wir den sechsten und den achten Punkt (beide mit Koordinaten $\{2, 4\}$) zur besseren Sichtbarkeit bewusst leicht versetzt zueinander eingezeichnet.

Lassen wir 1.000 bzw. 10.000 Punkte eines Pfades erzeugen, so erhalten wir typischer Weise Bilder wie die beiden folgenden in Abbildung 4.68 und in Abbildung 4.69.

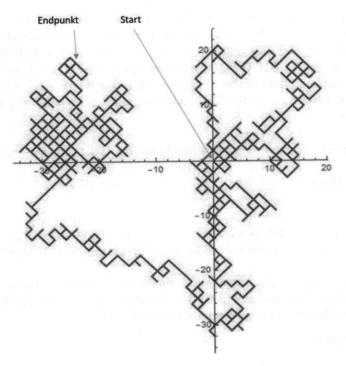

Abbildung 4.68: Typischer Pfad einer zwei-dimensionalen diskreten Irrfahrt mit 1.000 Zeitschritten

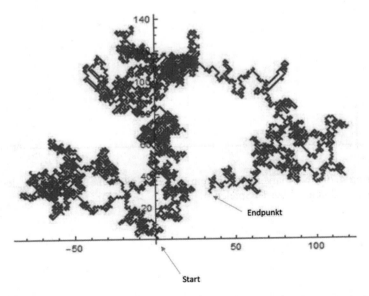

Abbildung 4.69: Typischer Pfad einer zwei-dimensionalen diskreten Irrfahrt mit 10.000 Zeitschritten

Im Folgenden betrachten wir den Gewinnprozess eines etwas komplexeren aber nach wie vor fairen Spiels: In diesem Spiel gewinnen wiederum beide Spieler mit derselben Wahrscheinlichkeit. Der Gewinn pro Spiel beträgt allerdings nicht jeweils einen Euro. Der Gewinn im n-ten Spiel ist jetzt durch eine standardnormalverteilte Zufallsvariable w_n gegeben. Ein positives w_n bedeutet dabei einen Gewinn der Höhe w_n für Spieler A, und ein negatives w_n bedeutet einen Gewinn der Höhe $-w_n$ für Spieler B.

Die Höhe des Gewinns w_n ist unabhängig von der Höhe früherer Gewinne.

Für den Gewinnprozess $(Z_n)_{n \in \{0,1,2,\ldots,N\}}$ gilt jetzt also jeweils $Z_{n+1} = Z_n + w_{n+1}$.

Wir sehen uns für den Gewinnprozess $(Z_n)_{n \in \{0,1,2,\ldots,N\}}$ bzw. $(Z_n)_{t \in [0,T]}$ dieses etwas komplexeren Spiels die Pendants für Abbildungen 4.60 bis 4.69 an.

Es handelt sich hier jetzt um eine **„eindimensionale diskrete Irrfahrt mit normalverteilten Inkrementen"** bzw. dann wieder um eine **„zweidimensionale diskrete Irrfahrt mit normalverteilten Inkrementen"**.

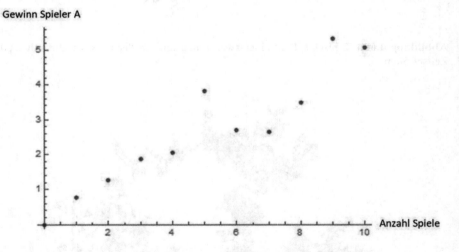

Abbildung 4.70: Normalverteilte Inkremente: eine mögliche Realisierung des Gewinnprozesses für Spieler A bei 10 Spielen

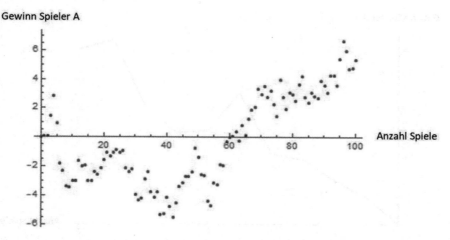

Abbildung 4.71: Normalverteilte Inkremente: eine mögliche Realisierung des Gewinn-prozesses für Spieler A bei 100 Spielen

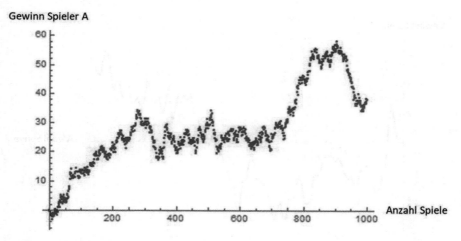

Abbildung 4.72: Normalverteilte Inkremente: eine mögliche Realisierung des Gewinn-prozesses für Spieler A bei 1.000 Spielen

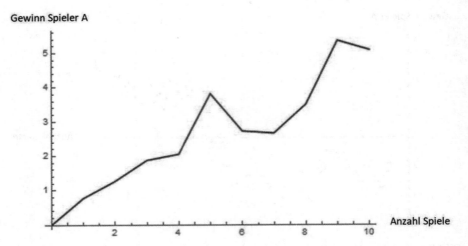

Abbildung 4.73: Normalverteilte Inkremente: eine mögliche Realisierung des Gewinnprozesses für Spieler A bei 10 Spielen mit verbundenen Werten

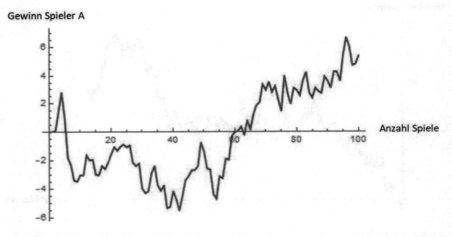

Abbildung 4.74: Normalverteilte Inkremente: eine mögliche Realisierung des Gewinnprozesses für Spieler A bei 100 Spielen mit verbundenen Werten

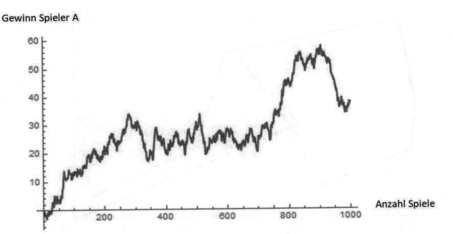

Abbildung 4.75: Normalverteilte Inkremente: eine mögliche Realisierung des Gewinn-prozesses für Spieler A bei 1.000 Spielen mit verbundenen Werten

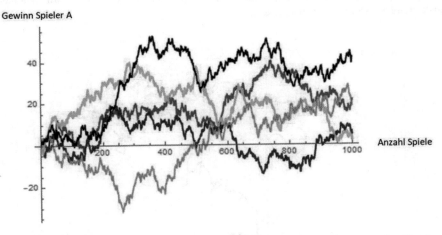

Abbildung 4.76: Normalverteilte Inkremente: fünf mögliche Realisierungen des Gewinn-prozesses für Spieler A bei 1.000 Spielen mit verbundenen Werten

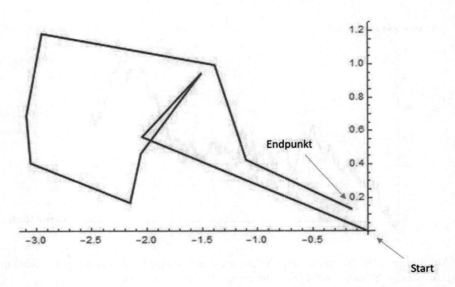

Abbildung 4.77: Normalverteilte Inkremente: Typischer Pfad einer zwei-dimensionalen diskreten Irrfahrt mit 10 Zeitschritten

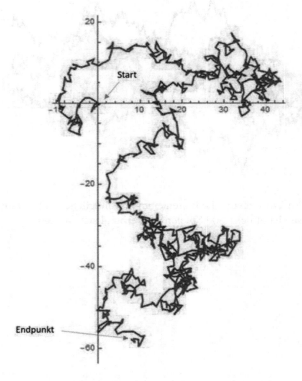

Abbildung 4.78: Normalverteilte Inkremente: Typischer Pfad einer zwei-dimensionalen diskreten Irrfahrt mit 1.000 Zeitschritten

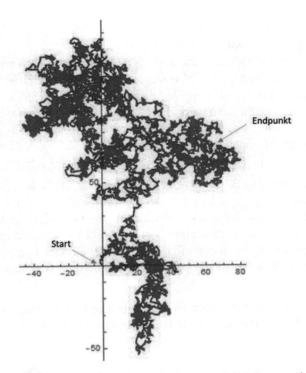

Abbildung 4.79: Normalverteilte Inkremente: Typischer Pfad einer zwei-dimensionalen diskreten Irrfahrt mit 10.000 Zeitschritten

Für den Gewinnprozess $(Z_n)_{n \in \{0,1,2,\ldots,N\}}$ gilt jetzt also für jedes $n \in \{0, 1, 2, \ldots, N\}$ der Zusammenhang $Z_n = Z_{n-1} + w_n = Z_{n-2} + w_{n-1} + w_n = \ldots = w_0 + w_1 + \ldots + w_{n-1} + w_n$, wobei die w_k voneinander unabhängige standard-normalverteilte Zufallsvariable sind.

Anstelle der Zeitpunkte $1, 2, 3, \ldots, N$ wollen wir nun wieder N verschiedene Zeitpunkte, aber mit kürzerem Abstand Δt voneinander betrachten. Es soll also nun (unserem Motivationsbeispiel folgend) zu jedem Zeitpunkt $n \cdot \Delta t$ mit $n = 1, 2, 3, \ldots, N$ ein Spiel stattfinden. Dabei denken wir uns Δt typischer Weise als sehr kleinen Zeitabstand (wesentlich kleiner als 1). Den letzten Zeitpunkt $N \cdot \Delta t$ bezeichnen wir mit T.

Der Gewinn, der pro Spiel erreichbar sein soll, wird aber nun angepasst. Anstelle eines Gewinns in Höhe einer standard-normalverteilten (also $\mathcal{N}(0, 1)$-verteilten) Zufallsvariablen w_n ist nun pro Spiel ein Gewinn in Höhe einer $\mathcal{N}(0, \Delta t)$-verteilten Zufallsvariablen w_n möglich.

Warum wählen wir hier gerade eine $\mathcal{N}(0, \Delta t)$-verteilte Zufallsvariable, also warum wählen wir eine Varianz von Δt für die Gewinnhöhe?

Der Grund dafür ist der Folgende:

Nehmen wir an, die Varianz der unabhängigen Zufallsvariablen wäre gleich einem von Δt abhängigen Wert $f(\Delta t)$. Wir werden später Δt gegen 0 gehen lassen. In einem Zeitbereich der Länge 1 werden dann daher circa $\frac{1}{\Delta t}$ Spiele durchgeführt. (Wir gehen dabei einmal davon aus, dass $M = \frac{1}{\Delta t}$ eine ganze Zahl ist.) Der Gewinn im Zeitbereich $[0, 1]$ beträgt dann daher $w_0 + w_1 + \ldots + w_{M-1} + w_M$ und das ist als Summe von M voneinander unabhängigen $\mathcal{N}(0, \Delta t)$-verteilten Zufallsvariablen eine $\mathcal{N}(0, M \cdot f(\Delta t))$-verteilte, also eine $\mathcal{N}\left(0, \frac{f(\Delta t)}{\Delta t}\right)$ Zufallsvariable. Damit beim Grenzübergang für Δt gegen Null die Varianz des Gewinnprozesses nicht gegen 0 und auch nicht gegen unendlich strebt, **muss** $f(\Delta t)$ von der Größenordnung her gleich Δt sein. Wählen wir konkret die Varianz gleich Δt dann strebt der Gewinnprozess speziell im Zeitbereich $[0, 1]$ gegen eine standard-normalverteilte Zufallsvariable und stimmt damit mit der Verteilung des Gewinnprozesses für das ursprüngliche Spiel mit standard-normalverteilten Inkrementen überein.

Wir sehen uns jetzt im Folgenden ein paar typische Entwicklung dieses Gewinnprozesses auf dem Zeitbereich $[0, 10]$ bei sukzessive kleiner werdendem Δt an.

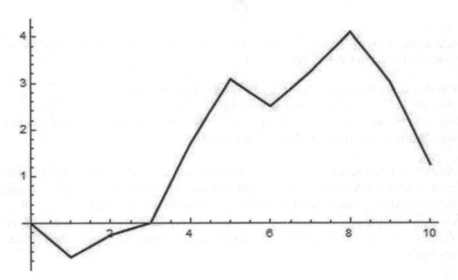

Abbildung 4.80: Normalverteilte Inkremente: eine mögliche Realisierung des Gewinnprozesses für Spieler A bei 10 Spielen mit verbundenen Werten im Zeitbereich $[0, 10]$, $\Delta t = 1$

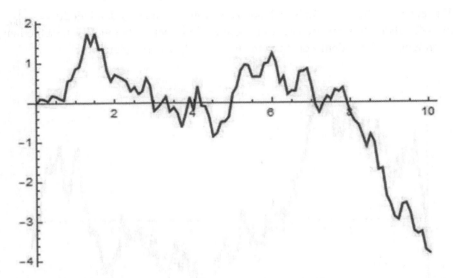

Abbildung 4.81: Normalverteilte Inkremente: eine mögliche Realisierung des Gewinnprozesses für Spieler A bei 100 Spielen mit verbundenen Werten im Zeitbereich $[0, 10], \Delta t = \frac{1}{10}$

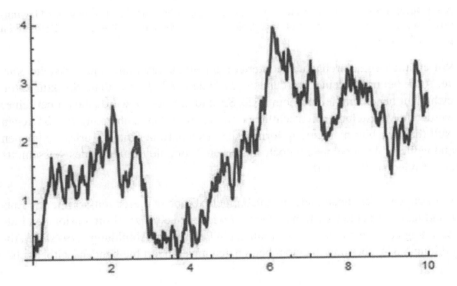

Abbildung 4.82: Normalverteilte Inkremente: eine mögliche Realisierung des Gewinnprozesses für Spieler A bei 1.000 Spielen mit verbundenen Werten im Zeitbereich $[0, 10], \Delta t = \frac{1}{100}$

Wir sehen ganz ähnliche Entwicklungen wie in den Abbildungen 4.73, 4.74 und 4.75, nur dass jetzt der Zeitbereich mit $[0, 10]$ (bzw. allgemein mit $[0, T]$) fixiert ist.

Wir zeigen in Abbildung 4.83 auch noch eine Entwicklung für den Fall $\Delta t = \frac{1}{10.000}$ und wir sehen, dass mit freiem Auge bereits nicht mehr allzu viel Unterschied zu Abbildung 4.82 mit dem Zeit-Inkrement $\Delta t = \frac{1}{100}$ zu erkennen ist.

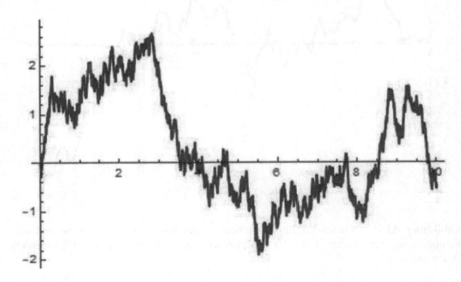

Abbildung 4.83: Normalverteilte Inkremente: eine mögliche Realisierung des Gewinn-prozesses für Spieler A bei 100.000 Spielen mit verbundenen Werten im Zeitbereich $[0, 10], \Delta t = \frac{1}{10.000}$

Wir erhalten eine durchgehende (stetige), ungemein ziselierte und verästelte Kur-ve. Auch bei noch kleiner werdendem Δt ändert sich die sichtbare Struktur kaum mehr. Nur bei einem tiefen Zoom in die Struktur der Kurve würde die immer feiner werdende Verästelung offensichtlich werden. Beim Grenzübergang für Δt gegen Null (den wir hier nicht streng formalisieren sondern nur intuitiv erfassen können und wollen) bleibt bei jedem noch so starken Zoom die Struktur jedes Ausschnitts unverändert stark ziseliert.

Wir können zwei voneinander unabhängige Exemplare dieser zeit-normierten Ent-wicklungen mit einem extrem kleinen Δt wieder zu einer zwei-dimensionalen Ent-wicklung zusammenfassen und erhalten ein Pendant zu Abbildung 4.79 (siehe Ab-bildung 4.84), aber nun in einem begrenzten unverändert bleibenden Zeitbereich.

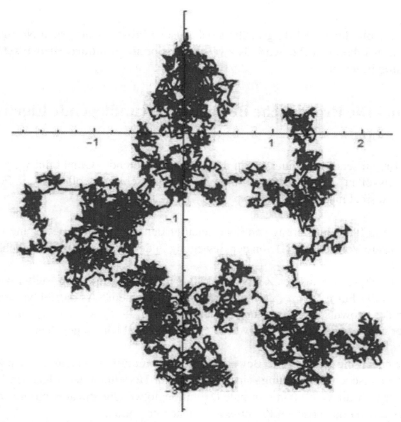

Abbildung 4.84: Normalverteilte Inkremente: Typischer Pfad einer zwei-dimensionalen diskreten Irrfahrt mit 10.000 Zeitschritten, zeit-normiert

Solche typischen Bewegungs-Bilder (wie in Abbildung 4.84) beobachtete der schottische Botaniker Robert Brown im Jahr 1827 als er die Wärmebewegung kleinster Teilchen in Flüssigkeiten und Gasen unter dem Mikroskop verfolgte.

Das Zustandekommen dieser Bewegungsmuster wurde unter anderem von Albert Einstein im Jahr 1905 beschrieben und erklärt. In den 1920er-Jahren wurden die Bewegungsmuster dann (unter anderem von dem amerikanischen Mathematiker Norbert Wiener, der vor allem auch als Begründer der Kybernetik bekannt ist) mathematisch modelliert und zwar gerade mit Hilfe des oben beschriebenen stochastischen Prozesses mit gegen Null gehendem Zeit-Inkrement Δt.

Zu Ehren Robert Brown's, der die Bewegungsmuster zum ersten Mal beschrieb, wird der in Abbildung 4.83 dargestellte stochastische Prozess (mit gegen Null gehendem Zeit-Inkrement Δt) **ein-dimensionale Standard-Brown'sche Bewegung** genannt und wir bezeichnen diese mit $(B(t))_{t \in [0,T]}$ (oder späterhin dann manchmal mit $(W(t))_{t \in [0,T]}$).

Der in Abbildung 4.84 dargestellte stochastische Prozess (mit gegen Null gehendem Zeit-Inkrement Δt) wird als **zwei-dimensionale Standard-Brown'sche Bewegung** bezeichnet.

4.16 Die Brown'sche Bewegung, Grundlegende Eigenschaften

Die Brown'sche Bewegung ist ein durchaus faszinierendes Objekt mit vielen „geheimnisvollen" Eigenschaften. Einige dieser Eigenschaften wollen wir im Folgenden plausibel machen.

Bei dieser Plausibilisierung von Eigenschaften der Brown'schen Bewegung wollen wir unsere **Vorstellung (!)** von der Bewegung in der folgenden Form beibehalten:

Jeden Zeitpunkt t unseres Zeitbereichs $[0, T]$, den wir betrachten, stellen wir uns als von der Form $t = n \cdot \Delta t$ mit „infinitesimal kleinem" Δt darstellbar vor. Der Wert der Brown'schen Bewegung ist dann durch $w_1 + w_2 + \ldots + w_n$ mit voneinander unabhängigen $\mathcal{N}(0, \Delta t)$-verteilten Zufallsvariablen w_k gegeben.

(Wir haben die Brown'sche Bewegung hier nur intuitiv hergeleitet. Zur präzisen mathematischen Behandlung – insbesondere zur Herleitung der folgenden Eigenschaften – wäre eine exakte formale Definition notwendig, die aber unsere vorausgesetzten mathematischen Kenntnisse übersteigen würde.)

Wir schließen – mit dieser Vorstellung im Sinn – auf die folgenden grundlegenden Eigenschaften der Brown'schen Bewegung:

Eigenschaft i)
Schon aus der Definition folgt: $B(0) = 0$.
Die Standard-Brown'sche Bewegung startet also immer im Nullpunkt.

Eigenschaft ii)
Für jedes t ist $B(t) = w_1 + w_2 + \ldots + w_n$ mit voneinander unabhängigen $\mathcal{N}(0, \Delta t)$-verteilten Zufallsvariablen w_k, wobei $t = n \cdot \Delta t$ gilt. Somit ist $B(t)$ **für jedes** t jeweils eine $\mathcal{N}(0, n \cdot \Delta t)$-verteilte, also **eine $\mathcal{N}(0, t)$-verteilte Zufallsvariable**.

Insbesondere ist also der Erwartungswert von $B(t)$ stets gleich 0 und die Varianz von $B(t)$ stets gleich t!

Eigenschaft iii)
Schauen wir uns zwei verschiedene Zeitpunkte s und t mit $s < t$ an. Es sei wieder $t = n \cdot \Delta t$ und es sei $s = m \cdot \Delta t$ (siehe Abbildung 4.85).

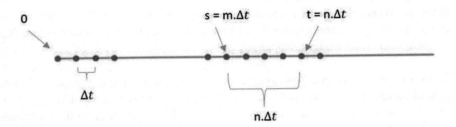

Abbildung 4.85: Zeitbereich für Brown'sche Bewegung

Es ist dann

$$B(t) = w_1 + w_2 + \ldots + w_n \text{ und } B(s) = w_1 + w_2 + \ldots + w_m$$

und daher

$$B(t) - B(s) = w_{m+1} + w_{m+2} + \ldots + w_n,$$

also die Summe von $n - m$ voneinander unabhängigen $\mathcal{N}(0, \Delta t)$-verteilten Zufallsvariablen w_k.

Daher ist aber $B(t) - B(s)$ nun $\mathcal{N}(0, (n-m) \cdot \Delta t)$-verteilt, also **stets $\mathcal{N}(0, t - s)$ verteilt**.

Eigenschaft iv)
Schauen wir uns jetzt aufeinanderfolgende Zeitpunkte $s < t \leq u < v$ an. Es sei wieder $t = n \cdot \Delta t$ und $s = m \cdot \Delta t$ und es sei $u = j \cdot \Delta t$ und $v = k \cdot \Delta t$ (siehe Abbildung 4.86). Es ist dann also $m < n \leq j < k$.

Somit ist $B(t) - B(s) = w_{m+1} + w_{m+2} + \ldots + w_n$ und $B(v) - B(u) = w_{j+1} + w_{m+2} + \ldots + w_k$.

Alle hier in den vorigen beiden Zeilen auftretenden Zufallsvariablen w_i sind voneinander verschieden und daher voneinander unabhängig. Daher sind aber auch **die Werte $B(t) - B(s)$ und $B(v) - B(u)$ voneinander unabhängig.**

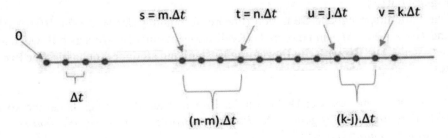

Abbildung 4.86: Zeitbereich für Brown'sche Bewegung

Wichtig ist dabei, zu unterscheiden:
Nicht die **Werte der Brown'schen Bewegung**, etwa $B(t)$ und $B(v)$ sind voneinander unabhängig, **sondern die Zuwächse (Inkremente) der Brown'schen Bewegung** sind voneinander unabhängig.

Wie stark die Brown'sche Bewegung vom Zeitpunkt u bis zum Zeitpunkt v wächst, ist unabhängig davon, wie stark sie vom Zeitpunklt s bis zum Zeitpunkt t gewachsen ist! Wichtig ist dabei natürlich, dass $[s,t]$ und $[u,v]$ zwei nicht überlappende Zeitintervalle sind.

Sehr wohl ist aber der Wert $B(v)$ davon abhängig wie groß der Wert $B(t)$ war.
Ein sehr großer Wert $B(t)$ lässt einen höheren Wert für $B(v)$ wahrscheinlicher sein als ein sehr tiefer Wert von $B(t)$. Wie stark diese Abhängigkeit ist, wollen wir ein kleines Stück weiter unten mittels der Berechnung der Korrelation zwischen $B(t)$ und $B(v)$ erforschen.

Übrigens ist **insbesondere $B(v) - B(u)$ unabhängig von** $B(t) - B(0) = B(t)$ (siehe Abbildung 4.87).

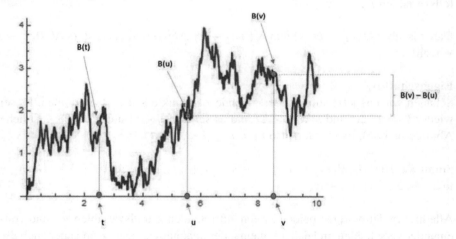

Abbildung 4.87: Unabhängigkeit zwischen $B(t)$ und $B(v) - B(u)$

Eigenschaft v)
Durch die ursprüngliche Definition (lineare Verbindung der Werte für $B(n \cdot \Delta t)$ und $B((n+1) \cdot \Delta t)$ sind die Pfade (Realisationen) einer Brown'schen Bewegung stets stetig. Die **Brown'sche Bewegung** ist somit ein **stetiger stochastischer Prozess**.

(Exakt, bei formal exakter Definition der Brown'schen Bewegung, lautet die korrekte Formulierung übrigens: *„Die Pfade der Brown'schen Bewegung sind stetig mit Wahrscheinlichkeit 1."*)

Die Pfade der Brown'schen Bewegung sind andererseits aber **nirgendwo differen-zierbar**, also nirgends glatt. Auch das ist anschaulich plausibel: in jedem Zeitpunkt t der Form $t = n \cdot \Delta t$ ist ja durch die lineare Verbindung eine Spitze im Graphen vorhanden.

Im ersten Moment wesentlich überraschender ist die folgende Eigenschaft der Pfa-de der Brown'schen Bewegung: **In jedem noch so kleinen Zeitbereich $[t, t + \varepsilon]$ haben die Pfade der Brown'schen Bewegung eine unendliche Länge.**

Also das in Abbildung 4.88 mit einem blauen Oval unterlegte winzige Teilstück des Pfades der Brown'schen Bewegung soll unendliche Länge aufweisen!?

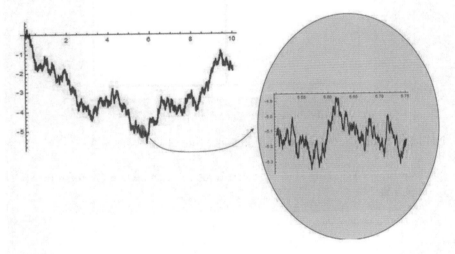

Abbildung 4.88: Unendliche Länge der Pfade der Brown'schen Bewegung

Wie soll das zu Stande kommen und vorstellbar sein?

Dazu nur ein kleines **Beispiel** dafür, dass die Vorstellung in solchen Dingen oft ein nicht wirklich zuverlässiger Ratgeber ist: Wir betrachten ein Quadrat mit Seitenlänge 1.

Frage: Wie lang ist die in diesem Quadrat in Abbildung 4.89 in Rot einge-zeichnete Linie?

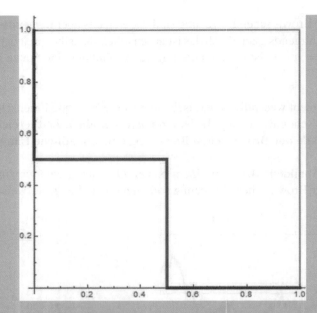

Abbildung 4.89: Länge der roten Linie?

Natürlich lautet die Antwort: die Länge der roten Linie beträgt 2.

Nächste Frage: Wie lang sind die roten Linien in den beiden Grafiken in Abbildung 4.90?

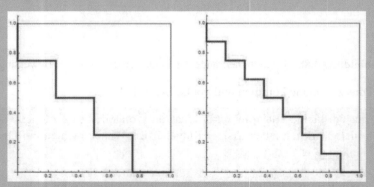

Abbildung 4.90: Länge der roten Linien?

Die Antwort lautet wieder: Die Längen der roten Linien betragen jeweils 2. Warum ist das so? Nun, die senkrechten roten Kurvenstücke zusammen haben offensichtlich Länge 1 und die waagrechten roten Kurvenstücke zusammen haben offensichtlich Länge 1.

Das bleibt aber genauso der Fall, wenn wir die rote Linie weiter und weiter unterteilen: Die senkrechten roten Kurvenstücke zusammen haben offensichtlich stets Länge 1 und die waagrechten roten Kurvenstücke zusammen haben offensichtlich stets Länge 1. Die Gesamtlänge der roten Linien bleibt daher jeweils genau bei 2. Das ist also genauso bei den folgenden Bildern der Fall: Die Länge der roten Linie beträgt in jedem der Bilder 2.

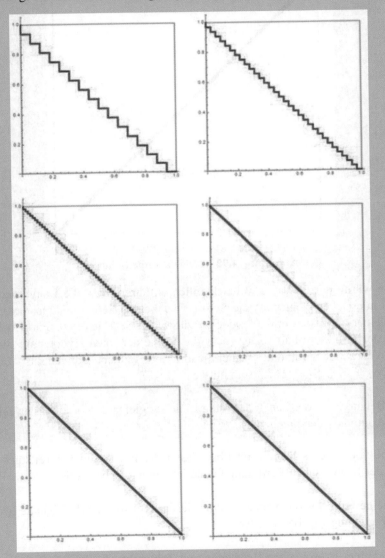

Abbildung 4.91: Länge der roten Linien = 2

Würde man nun aber einem Uneingeweihten – ohne die obige Vorgeschichte

– nur das letzte dieser Bilder vorlegen und fragen:

Wie lang ist die rote Linie in diesem Bild?

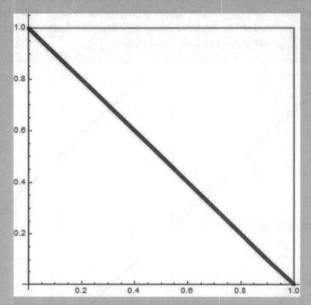

Abbildung 4.92: Länge der roten Linie?

Dann würde der Gefragte wahrscheinlich anführen, dass die Länge der roten Linie sicher kleiner als die Summe der beiden Seiten des Quadrats, also kleiner als 2 sein müsse. Oder er würde den Satz des Pythagoras bemühen, der in diesem Fall besagt, dass die Länge der roten Hypotenuse gleich der Wurzel der Summe der beiden quadrierten Katheten-Längen, also gleich $\sqrt{1^2 + 1^2} = \sqrt{2} = 1.41\ldots$ sein müsse.

Die Behauptung, die Länge der roten Linie sei gleich 2, würde massiv seiner Anschauung widersprechen.

Tatsächlich ist auch schwer vorstellbar, dass jedes noch so kleine Teilstück eines Pfades der Brown'schen Bewegung unendliche Länge haben solle.

Eine kleine Hilfe für die Vorstellung in diesem Fall soll durch folgende heuristische Überlegung gegeben werden:

Der Pfad einer Brown'schen Bewegung von Zeitpunkt s bis zum Zeitpunkt t (mit $s = m \cdot \Delta t$ und $t = n \cdot \Delta t$) ist gegeben durch die Verbindung der Punkte $\{s, B(s)\}, \{s + \Delta t, B(s) + w_{m+1}\}, \{s + 2 \cdot \Delta t, B(s) + w_{m+1} + w_{m+2}\}, \ldots,$ $\{s + (n - m) \cdot \Delta t, B(s) + w_{m+1} + w_{m+2} + \ldots + w_n\}.$

Der Pfad ist also länger als die Summe der Länge der Veränderungen der y-Koordinaten dieser Punkte. Die Länge der Veränderungen beträgt aber vom ersten Punkt zum zweiten gerade $|w_{m+1}|$, vom zweiten zum dritten $|w_{m+2}|, \ldots$, vom vorletzten zum letzten Punkt $|w_n|$.

Der Pfad vom Zeitpunkt s zum Zeitpunkt t hat also mindestens Länge $|w_{m+1}| + |w_{m+2}| + \ldots + |w_n|$. Es ist dies die Summe von $(n - m) = \frac{t-s}{\Delta t}$ Längen.

Der durchschnittliche Betrag einer $\mathcal{N}(0, \Delta t)$-verteilten Zufallsvariable w_i ist grob gesagt in etwa gleich der Standardabweichung dieser Zufallsvariablen, also in etwa gleich $\sqrt{\Delta t}$.

Durchschnittlich ist daher mit einer Länge des Pfades von etwa $\frac{t-s}{\Delta t} \cdot \sqrt{\Delta t}$ zu rechnen.

Dieser letzte Ausdruck ist aber gleich $\frac{t-s}{\sqrt{\Delta t}}$, und das geht gegen unendlich, wenn Δt gegen Null geht.

Als letztes wollen wir noch die Korrelation zwischen $B(s)$ und $B(t)$, also zwischen den Werten der Brown'schen Bewegung an zwei verschiedenen Zeitpunkten s und t (mit $s < t$) bestimmen. Es ist offensichtlich dass diese Werte voneinander abhängig sind und zwar in positiver Weise: Je höher $B(s)$ ist, einen umso höheren Wert können wir für $B(t)$ erwarten und umgekehrt.

Wir starten mit der Berechnung der Kovarianz $cov(B(s), B(t))$. Es ist:

$$cov(B(s), B(t)) =$$

$$= E((B(t) - E(B(t))) \cdot (B(s) - E(B(s)))) = E(B(t) \cdot B(s)) = E((B(t) - B(s)) \cdot B(s)) + E((B(s))^2).$$

Diese Umformung haben wir aus folgendem Grund vorgenommen: Der Erwartungswert $E(B(t) \cdot B(s))$ lässt sich nicht in zwei Faktoren $E(B(t)) \cdot E(B(s))$ aufspalten, da ja $B(t)$ und $B(s)$ nicht voneinander unabhängig sind. Nun sind aber $(B(t) - B(s))$ und $B(s)$ auf Grund von Eigenschaft iv) der Brown'schen Bewegung voneinander unabhängig. Hier können wir also eine Faktorisierung des Erwartungswertes vornehmen. Außerdem ist $E((B(s))^2)$ nichts anderes als die Varianz von $B(s)$, und wegen Eigenschaft ii) der Brown'schen Bewegung ist diese Varianz gerade gleich s. Wir können somit weiterrechnen (wir bedenken dabei dass $E(B(s)) = 0$ ist):

$$cov(B(s), B(t)) =$$

$$= E((B(t) - B(s)) \cdot B(s)) + E((B(s))^2) = E(B(t) - B(s)) \cdot E(B(s)) + s = s$$

Die **Korrelation** $\rho(B(s), B(t))$ **zwischen** $B(s)$ **und** $B(t)$ ergibt sich schließlich durch Division der Kovarianz durch die Standardabweichungen von $B(s)$ und von $B(t)$, also durch

$$\rho(B(s), B(t)) = \frac{cov(B(s), B(t))}{\sqrt{s}\sqrt{t}} = \frac{s}{\sqrt{s}\sqrt{t}} = \frac{\sqrt{s}}{\sqrt{t}}.$$

Die Korrelation ist also, wie zu erwarten, stets positiv, und natürlich (da $s < t$) stets kleiner 1. Je näher der Zeitpunkt s aber am Zeitpunkt t liegt, umso mehr nähert sich die Korrelation dem Wert 1, umso höher ist (natürlich) die Abhängigkeit zwischen $B(s)$ und $B(t)$.

Eine **Schlussbemerkung** für mathematisch versiertere Leserinnen:

Die tatsächliche mathematisch fundierte Definition der Standard-Brown'schen Bewegung erfolgt sozusagen von „hintenherum":

Es kann gezeigt werden, dass es genau einen stochastischen Prozess (auf genau einem zugehörigen Wahrscheinlichkeitsraum) gibt, der die oben formulierten Eigenschaften i) bis v) aufweist. Es folgt dies im Wesentlichen aus einem allgemeinen Satz des russischen Mathematikers Andrei Kolmogorow, der unter anderem bekannt ist für seine axiomatische Begründung der Wahrscheinlichkeitstheorie.

Dieser eindeutig bestimmte stochastische Prozess wird dann Standard-Brown'schen Bewegung genannt. Es ist dabei dann gar nicht nötig, diese „explizite Form" dieses Prozesses zu kennen, da alle seine Eigenschaften aus den fünf ihn charakterisierenden Grundeigenschaften herleitbar sind.

4.17 Das Wiener Modell als Geometrische Brown'sche Bewegung und die Brown'sche Bewegung mit Drift

Wir hatten diesen Ausflug in die Welt der Brown'schen Bewegung unternommen mit dem Ziel, dem Wiener Modell eine analoge Darstellung zu geben. Dazu kehren wir noch einmal zur Definition (bzw. zur heuristischen Herleitung) des Wiener Modells zurück:

Wir erinnern uns dazu an die folgende am Ende von Kapitel 4.4 gemachte Feststellung:

Wir betrachten das Wiener Modell für eine Aktienkursentwicklung $S(t)$ in einem Zeitintervall $[0, T]$. Dieses Zeitintervall unterteilen wir in N Teilbereiche von (infinitesimal) kleiner Länge dt. Es ist also $T = N \cdot dt$.

Es gibt dann N voneinander unabhängige $\mathcal{N}(0, dt)$-verteilte Zufallsvariable w_k für $k = 0, 1, \ldots, N - 1$, so dass für jedes $t \in [0, T]$ mit $t = n \cdot dt$ gilt:

$$
\begin{aligned}
S(t) &= S(n \cdot dt) = S(0) \cdot e^{n \cdot dt \cdot \mu + \sigma \cdot (w_0 + w_1 + \ldots + w_{n-1})} = \\
&= S(0) \cdot e^{t \cdot \mu + \sigma \cdot (w_0 + w_1 + \ldots + w_{n-1})}
\end{aligned}
$$

mit voneinander unabhängigen $\mathcal{N}(0, dt)$-verteilten Zufallsvariablen w_i.

Die Summen $w_0 + w_1 + \ldots + w_{n-1}$ geben aber gerade die Entwicklung einer Standard-Brown'schen Bewegung (B_t) wieder. Also $w_0 + w_1 + \ldots + w_{n-1} = B(n \cdot dt) = B(t)$.

Somit ist eine **alternative Darstellungsweise des Wiener Modells auf $[0, T]$** gegeben durch:

$$
S(t) = S(0) \cdot e^{t \cdot \mu + \sigma \cdot B_t}
$$

mit einer Standard-Brown'schen Bewegung $(B_t)_{t \in [0,T]}$

Dieser Prozess wird auch „**geometrische Brown'sche Bewegung**" genannt, da hier die Brown'sche Bewegung im Exponenten auftritt.

Der gesamte Ausdruck $t \cdot \mu + \sigma \cdot B_t$ im Exponenten wird auch als Brown'sche Bewegung mit Drift bezeichnet und wird später noch (siehe Kapitel 8.3) eine gewisse Rolle spielen.

4.18 Die Black-Scholes Formel im Wiener Modell

Ziel dieses Kapitels ist es nun, die klassische Black-Scholes-Formel für die Bewertung von Derivaten auf ein underlying, das sich nach dem Wiener'schen Modell entwickelt, herzuleiten.

Die Problemstellung ist also die Folgende:
Wir haben ein underlying (eine Aktie, einen Aktienindex, einen Wechselkurs, ...) dessen Kurs $S(t)$ sich im Zeitintervall $[0, T]$ nach einem Wiener Modell mit Parametern μ und σ bewegt. Also $S(T) = S(0) \cdot e^{\mu T + \sigma \sqrt{T} w}$. Das underlying produziert während der Laufzeit $[0, T]$ keine (relevanten) Zahlungen und keine (relevanten) Kosten. (Der Fall von underlyings mit Zahlungen wird später behandelt.) Weiters haben wir ein beliebiges (europäisches) Derivat D auf S mit Fälligkeit im Zeitpunkt T, das durch seine Payoff-Funktion $\Phi : \mathbb{R} \to \mathbb{R}$ gegeben ist. Der Payoff durch das Derivat D zur Zeit T ist also gegeben durch $\Phi(S(T))$.

Wir fragen jetzt nach dem fairen (arbitragefreien) Preis $F(0)$ dieses Derivats.

Die Herleitung dieses fairen Preises wird nun so erfolgen:

Wir nähern das Wiener Modell durch das binomische N-Schritt-Modell und durch Grenzübergang für $N \to \infty$ an, so wie wir das im vorigen Abschnitt durchgeführt haben. Im binomischen N-Schritt-Modell kennen wir aus Kapitel 3 bereits die Formel $F(N)$ für den fairen Preis des Derivats D. Wenn wir in dieser Formel $F^{(N)}$ nun ebenfalls $N \to \infty$ (bzw. $dt \to 0$) gehen lassen, dann erhalten wir dadurch den fairen Preis F des Derivats D im Wiener Modell.

Die Formel $F^{(N)}$ für den fairen Preis im binomischen N-Schritt-Modell hatten wir in Satz 4.10 angegeben. Für unsere Zwecke benötigen wir allerdings gar nicht die dort angeführte Formel, sondern nur den letzten dort angeführten Satz:

„ f_0 *(d.h., der faire Preis $F^{(N)}$) ist der diskontierte erwartete Payoff bezüglich des risikoneutralen Maßes.* "

Jetzt müssen wir uns noch daran erinnern, was wir unter dem „risikoneutralen Maß" in einem binomischen N-Schritt-Modell verstanden hatten. Es war dies eine abgeänderte, künstliche Wahrscheinlichkeit p' (konkret $p' = \frac{e^{r \cdot dt} - d}{u - d}$), die die folgende Eigenschaft hat:

Unter der Wahrscheinlichkeit p' gilt $E\left(e^{-rT} \cdot BM(T)\right) = BM(0)$.

(Hier bezeichnet r den risikolosen Zinssatz für den Zeitraum $[0, T]$.)

Diese Eigenschaft (Risiko-Neutralität des Maßes) bleibt beim Grenzübergang vom binomischen Modell ins Wiener Modell, also von $BM(T)$ auf $S(T)$, erhalten. Im Grenzübergang zum Wiener Modell erhalten wir daher für den fairen Preis $F(0)$ des Derivats D:

„ $F(0)$ *ist der diskontierte erwartete Payoff bezüglich des risikoneutralen Maßes im Wiener Modell.* "

Was ist nun das risikoneutrale Maß im Wiener Modell? Das risikoneutrale Maß erhält man (so wie beim binomischen Modell) durch eine Abänderung der Parameter des Modells (also μ und/oder σ), so dass in dem Modell mit den neuen Parametern gilt $E\left(e^{-rT} \cdot S(T)\right) = S(0)$.

Welche Form müssen nun μ und/oder σ haben, damit die Beziehung $E\left(e^{-rT} \cdot S(T)\right) = S(0)$ erfüllt ist? Dazu berechnen wir den Erwartungswert $E\left(e^{-rT} \cdot S(T)\right)$:

$$
\begin{aligned}
E\left(e^{-rT} \cdot S(T)\right) &= \frac{1}{\sqrt{2\pi}} \cdot e^{-rT} \cdot S(0) \cdot \int_{-\infty}^{\infty} e^{\mu T + \sigma\sqrt{T}w} \cdot e^{-\frac{w^2}{2}}\, dw = \\
&= \frac{1}{\sqrt{2\pi}} \cdot e^{-rT} \cdot S(0) \cdot \int_{-\infty}^{\infty} e^{-\frac{(w-\sigma\sqrt{T})^2}{2} + \frac{\sigma^2 T}{2} + \mu T}\, dw = \\
&= e^{-rT} \cdot S(0) \cdot e^{T\left(\frac{\sigma^2}{2} + \mu\right)} \cdot \frac{1}{\sqrt{2\pi}} \int_{-\infty}^{\infty} e^{-\frac{w^2}{2}}\, dw = \\
&= S(0) \cdot e^{T\left(\frac{\sigma^2}{2} + \mu - r\right)}.
\end{aligned}
$$

Damit dieser Erwartungswert gleich $S(0)$ ist, muss also nur $\mu = r - \frac{\sigma^2}{2}$ erfüllt sein.

Damit erhalten wir **eines der zentralen Resultate der Finanzmathematik, die klassische Black-Scholes-Formel** im Wiener Modell.

Satz 4.10. *(Black-Scholes Formel)*:
Sei D ein europäisches Derivat mit Fälligkeit T und Payoff-Funktion Φ auf ein underlying mit Kurs $S(t)$, der sich im Zeitbereich $[0, T]$ nach einem Wiener Modell mit Parametern μ und σ entwickelt. (Es wird vorausgesetzt, dass durch das underlying keine weiteren Zahlungen oder Kosten anfallen.) Dann gilt für den fairen Preis $F(0)$ von D im Zeitpunkt 0:

$$
\boldsymbol{F(0) = e^{-rT} \cdot E\left(\Phi\left(\widetilde{S}(T)\right)\right)}
$$

wobei $\widetilde{S}$ die Entwicklung

$$
\boldsymbol{\widetilde{S}(T) = S(0) \cdot e^{\left(r - \frac{\sigma^2}{2}\right)T + \sigma\sqrt{T}w}}
$$

mit einer standard-normalverteilten Zufallsvariablen w besitzt. „E" bezeichnet dabei den Erwartungswert und r ist der risikolose Zinssatz $f_{0,T}$.

Bemerkung 1:
Eine erste Bemerkung zu diesem Satz: Man erhält mit der Formel natürlich auch den Preis $F(t)$ des Derivats für jeden anderen Zeitpunkt t im Zeitintervall $[0, T]$. Es ist einfach in der Formel für $F(0)$ die 0 jeweils durch t zu ersetzen, die Laufzeit T bis zur Fälligkeit ist durch $T - t$ zu ersetzen und r bezeichnet den risikolosen Zinssatz für den Zeitbereich $[t, T]$. Also $F(t) = e^{-r(T-t)} \cdot E\left(\Phi(\widetilde{S}(T))\right)$ mit $\widetilde{S}(T) = S(t) \cdot e^{\left(r - \frac{\sigma^2}{2}\right)(T-t) + \sigma\sqrt{T-t}\cdot w}$.

Bemerkung 2:
Der Erwartungswert $E\left(\Phi(\widetilde{S}(T))\right)$ lässt sich, da w eine standardnormalverteilte

Zufallsvariable ist, stets so berechnen:

$$E\left(\Phi\left(\widetilde{S}(T)\right)\right) \;=\; E\left(\Phi\left(S(t)\cdot e^{\left(r-\frac{\sigma^2}{2}\right)(T-t)+\sigma\sqrt{T-t}\cdot w}\right)\right) =$$

$$=\; \frac{1}{\sqrt{2\pi}}\int_{-\infty}^{\infty}\Phi\left(S(t)\cdot e^{\left(r-\frac{\sigma^2}{2}\right)(T-t)+\sigma\sqrt{T-t}\cdot w}\right)\cdot e^{-\frac{w^2}{2}}\,dw$$

Dieses Integral lässt sich nur in den seltensten Fällen explizit berechnen. Man muss sich in diesen Fällen auf Näherungswerte für das Integral beschränken. Solche Näherungswerte lassen sich durch numerische Integrationsmethoden, aber auch durch einfache Monte Carlo-Simulation erhalten. Wir werden dazu später eine Reihe von konkreten Beispielen rechnen.

Bemerkung 3:
Wir haben oben den fairen Preis eines Derivats zur Zeit t mit $F(t)$ bezeichnet. Natürlich ist F aber vielmehr eine Funktion $F(t,s,r,\sigma)$ der Variablen t,s,r und σ. Dabei bezeichne s den momentanen Wert $s = S(t)$ des underlyings. (Die Parameter K und T sind fixierte Werte und es ist daher nicht nötig sie als weitere Variable zu werten.) Zumeist bleiben wir dennoch bei der verkürzten Darstellung $F(t)$, oder aber $F(t,s)$.

Aus der Integraldarstellung von $E\left(\Phi(\widetilde{S}(T)\right)$ in Bemerkung 2 folgt aus grundlegenden analytischen Überlegungen, dass $F(t,s,r,\sigma)$ für die meisten (üblichen) Payoff-Funktionen Φ bezüglich jeder der Variablen eine im Definitionsbereich zumindest zwei Mal stetig differenzierbare Funktion ist. Auf die genauen Voraussetzungen für Φ sodass diese Eigenschaft erfüllt ist, wollen wir an dieser Stelle nicht weiter eingehen. Die im Folgenden öfter angenommene Differenzierbarkeit von F stellt aber jedenfalls keine wirklich relevante Einschränkung der Payoff-Funktionen dar.

Bemerkung 4:
Und schließlich eine vierte, ganz zentrale, und später noch ausführlich zu diskutierende Bemerkung: **Die Formel für den fairen Preis eines Derivats ist unabhängig vom Trend-Parameter μ des underlyings!**

Die Formel hat prinzipiell (!) wieder genau die Form, die man erwarten würde, nämlich: Der Wert des Derivats ist der diskontierte erwartete Payoff des Derivats. Aber: Der Erwartungswert wird nicht auf Basis des Modells $S(T) = S(0)\cdot e^{\mu T+\sigma\sqrt{T}w}$, mit einem (individuell) geschätzten Trend μ, sondern auf Basis des modifizierten Modells $\widetilde{S}(T) = S(0)\cdot e^{\left(r-\frac{\sigma^2}{2}\right)T+\sigma\sqrt{T}w}$ berechnet. Zur Bewertung eines Derivats im Black-Scholes Modell ist also die Schätzung eines zukünftigen Trends μ nicht nötig! Der einzige zu schätzende Parameter ist die Volatilität σ des underlyings S. Diese Tatsache scheint auf einen ersten Blick kontra-intuitiv: Der Wert einer Call-Option zum Beispiel sollte also unabhängig davon sein, ob wir das Potential der Aktie als sehr positiv (großer Trend μ) oder als sehr negativ (niedriger Trend μ) einschätzen? Das scheint schwer nachvollziehbar zu sein!

Auf den zweiten Blick wird die Formel aber sehr wohl verständlich: Wir sind uns einig, dass der Preis des Derivats der diskontierte erwartete Payoff des Derivats sein sollte. Offen ist nur, bezüglich welchen Trends μ. (Dass wir das Wiener Modell verwenden, darauf haben wir uns ja vorab geeinigt, das steht jetzt nicht zur Diskussion.) Es ist klar, dass der „richtige" Trend μ nicht ein individuell geschätzter sein kann, denn der gesuchte faire Preis des Derivats soll ja ein eindeutig gegebener, für alle Marktteilnehmer gültiger Preis sein. Der „richtige" Trend μ muss also ein Trend sein, auf den sich die Marktteilnehmer implizit (und stillschweigend) „geeinigt" haben.

Jetzt erinnern wir uns, dass das modifizierte Modell $\widetilde{S}(T) = S(0) \cdot e^{\left(r - \frac{\sigma^2}{2}\right)T + \sigma\sqrt{T}w}$ gerade so gewählt war, dass der erwartete diskontierte Wert von $\widetilde{S}(T)$ der momentane Wert $S(0)$ ist. Der Trend des Modells $\widetilde{S}(T)$ ist gegeben durch $r - \frac{\sigma^2}{2}$. Kann der „richtige" gemeinsam akzeptierte Trend μ nun größer als $r - \frac{\sigma^2}{2}$ sein? Wäre das der Fall dann wäre in der allgemeinen durchschnittlichen Meinung der Marktteilnehmer

$$
\begin{aligned}
E\left(e^{-rT}S(T)\right) &= E\left(e^{-rT} \cdot S(0) \cdot e^{\mu T + \sigma\sqrt{T}w}\right) \\
&> E\left(e^{-rT} \cdot S(0) \cdot e^{\left(r - \frac{\sigma^2}{2}\right)T + \sigma\sqrt{T}w}\right) \\
&= S(0).
\end{aligned}
$$

Die allgemeine durchschnittliche Meinung der Marktteilnehmer sieht also so aus, dass der diskontierte zukünftige Wert des underlyings höher ist als der momentane Wert $S(0)$! Das widerspräche allerdings der freien Dynamik der Märkte: Würden tatsächlich die Marktteilnehmer durchschnittlich der Meinung sein, dass der diskontierte zukünftige Wert des underlyings höher ist als der momentane Wert $S(0)$, dann würde das underlying verstärkt zum – im allgemeinen Konsens – „zu günstigen" Preis nachgefragt werden und der Preis würde sich in kürzester Zeit bei $E\left(e^{-rT}S(T)\right) = E\left(e^{-rT} \cdot S(0) \cdot e^{\mu T + \sigma\sqrt{T}w}\right)$, also einem Wert größer als $S(0)$, einpendeln bzw. hätte er sich bereits bei diesem Wert eingependelt und würde nicht bei $S(0)$ liegen.

Genauso, auf Grund des analogen Arguments, kann der „richtige" gemeinsam akzeptierte Trend μ nicht kleiner als $r - \frac{\sigma^2}{2}$ sein, **der „richtige" durchschnittliche gemeinsam akzeptierte Trend μ muss also gleich $r - \frac{\sigma^2}{2}$ sein.**

Nun ist die Black-Scholes-Formel plausibel:
Der Preis eines Derivats ist der diskontierte Erwartungswert des Payoffs, berechnet

bezüglich des allgemein durchschnittlich akzeptierten Trends $\mu = r - \frac{\sigma^2}{2}$.

Natürlich ist es dem einzelnen Investor unbenommen eine individuelle Schätzung des Trends μ vorzunehmen und von dieser Schätzung überzeugt zu sein, auch wenn sie von der allgemein akzeptierten durchschnittlichen Schätzung $r - \frac{\sigma^2}{2}$ abweicht. Liegt diese individuelle Schätzung μ etwa über $r - \frac{\sigma^2}{2}$. Dann ist auch der diskontierte erwartete Payoff etwa einer Call-Option aus Sicht dieses Investors höher als ihr fairer Preis (da die Payoff-Funktion einer Call-Option in $S(T)$ monoton wachsend ist). Für den individuellen Investor scheint dann der Kauf dieser Call-Option – die aus seiner Sicht „zu billig" ist – sinnvoll und (mit höherer Wahrscheinlichkeit) gewinnbringend zu sein. Genauso ist für diesen Investor aber auch der Kauf des underlyings sinnvoll und (mit höherer Wahrscheinlichkeit) gewinnbringend, da auf Basis seiner Trendschätzung der diskontierte erwartete Wert des underlyings in der Zukunft höher ist als sein momentaner Wert $S(0)$.

Bemerkung 5:
Es bleibt als zu schätzender Parameter für die Anwendung der Black-Scholes-Formel also die Volatilität σ. Mit Methoden zur geeigneten Schätzung der Volatilität und mit dem genauen Einfluss der Volatilität auf den Derivate-Preis werden wir uns ausführlich in späteren Kapiteln auseinandersetzen. Wir müssen aber hier auf eine Annahme hinweisen, die wir in allem vorhergehenden gemacht haben, ohne explizit darauf hinzuweisen:
Wir haben beim Beweis der Black-Scholes-Formel eine während des gesamten Zeitbereichs $[0, T]$ konstant bleibende Volatilität vorausgesetzt. Also: die im Zeitpunkt $t = 0$ für die Optionsbewertung geschätzte momentane (!) Volatilität σ wird als die Volatilität des underlyings in jedem Zeitpunkt $t \in [0, T]$ angenommen. Wo fließt diese Annahme in den Beweis der Black-Scholes-Formel ein? Dort, wo wir im binomischen N-Schritt-Modell, mit dem wir das Wiener Modell approximiert haben, in jedem der Zeitpunkt $i \cdot dt$ die Werte für $u = e^{\mu dt + \sigma \sqrt{dt}}$ und $d = e^{\mu dt - \sigma \sqrt{dt}}$ immer mit dem selben konstanten Wert σ gewählt haben. (Wir haben auch das immer selbe konstante μ verwendet, das hat sich aber im Endergebnis als irrelevant erwiesen.)

Bemerkung 6:
Wir erinnern uns, dass wir den fairen Preis eines Derivats über einem underlying S, mit einer durchschnittlichen stetigen Rendite von δ während der Laufzeit der Option, im binomischen Modell bereits hergeleitet hatten. Das Ergebnis war:

$$f_0 = e^{-rT} \cdot \sum_{k=0}^{N} \left(f_{u^k d^{N-k}} \cdot \binom{N}{k} \cdot \left(p'\right)^k \cdot \left(1 - p'\right)^{N-k} \right)$$

wobei

$$p' = \frac{e^{(r-\delta)dt} - d}{u - d} \text{ anstelle von } p' = \frac{e^{rdt} - d}{u - d}$$

zu setzen (also r durch $r - \delta$ zu ersetzen) war.

Wollen wir also die Black-Scholes Formel für underlyings S mit einer durchschnittlichen stetigen Rendite von δ während der Laufzeit der Option herleiten, so haben wir einfach den Beweis Schritt für Schritt zu wiederholen, wobei allerdings das neue p' anstelle des früheren p' zu verwenden ist.

(Achtung: Im Diskontierungsfaktor e^{-rT} bleibt der Parameter r unverändert und wird nicht durch $r - \delta$ ersetzt!) Und als Resultat erhalten wir dann offensichtlich

Satz 4.11 (Black-Scholes Formel für underlyings mit stetiger Rendite/Kosten).
Sei D ein europäisches Derivat mit Fälligkeit T und Payoff-Funktion Φ auf ein underlying mit Kurs $S(t)$, der sich im Zeitbereich $[0, T]$ nach einem Wiener Modell mit Parametern μ und σ entwickelt. Angenommen, das underlying S hat eine durchschnittliche stetige Rendite von δ während der Laufzeit der Option. Dann gilt für den fairen Preis $F(0)$ von D im Zeitpunkt 0:

$$F(0) = e^{-rT} \cdot E\left(\Phi\left(\widetilde{S}(T)\right)\right)$$

wobei $\widetilde{S}$ die Entwicklung

$$\widetilde{S}(T) = S(0) \cdot e^{\left(r - \delta - \frac{\sigma^2}{2}\right)T + \sigma\sqrt{T}w}$$

mit einer standard-normalverteilten Zufallsvariablen w besitzt. „E" bezeichnet dabei den Erwartungswert und r ist der risikolose Zinssatz $f_{0,T}$.

Bemerkung 7:
Und abschließend erinnern wir noch einmal daran, dass wir in der Black-Scholes-Formel das Wiener Modell für die Entwicklung des Kurses des underlyings zugrunde gelegt haben. Ein Modell, das die Unabhängigkeit aufeinanderfolgender stetiger Renditen und deren Unabhängigkeit voraussetzt. (Und das – wie oben erläutert – von einer über den Zeitbereich $[0, T]$ unverändert bleibenden Volatilität ausgeht.) Wir werden natürlich später ausführlich andere alternative Modelle vorstellen und diskutieren.

In der der Formulierung vorausgehenden Begründung des Satzes sind einige Heuristiken enthalten, sie kann in dieser Form nicht ganz als Beweis des Satzes akzeptiert werden. Daher geben wir im Folgenden den exakten Beweis des Satzes (dann erst werden wir das Resultat diskutieren, in den historischen Kontext stellen und dann ausgiebig anwenden).

Beweis von Satz 4.10.
Wir bezeichnen jetzt mit $\widetilde{BM}$ das binomische N-Schritt-Modell mit Parametern $u = e^{\mu dt + \sigma\sqrt{dt}}$ und $d = e^{\mu dt - \sigma\sqrt{dt}}$ wie oben und mit dem risikoneutralen Maß

$p' = \frac{e^{rdt}-d}{u-d}$ anstelle von $p = \frac{1}{2}$.

Mit $\widetilde{S}$ bezeichnen wir wieder das risikoneutrale Wiener Modell, also $\widetilde{S}(T) = S(0) \cdot e^{\left(r-\frac{\sigma^2}{2}\right)T+\sigma\sqrt{T}w}$.

Wir zeigen im Folgenden, dass $\widetilde{BM}$ für $N \to \infty$ gegen $\widetilde{S}$ konvergiert.

Da der faire Preis des Derivats im binomischen Modell BM gleich dem diskontierten Erwartungswert der Payoff-Funktion im Modell $\widetilde{BM}$ ist, muss dann auch der faire Preis des Derivats D im Wiener Modell S gleich dem diskontierten Erwartungswert der Payoff-Funktion im Modell $\widetilde{S}$ sein und der Satz ist bewiesen. Um die Konvergenz von $\widetilde{BM}$ für $N \to \infty$ gegen $\widetilde{S}$ zu zeigen, gehen wir genauso vor wie beim Beweis der Konvergenz von BM gegen S weiter oben. Wir werden lediglich ein bisschen mehr zu rechnen haben. Insbesondere benötigen wir das folgende einfache Hilfsresultat:

Lemma 1.

   a) Für $dt \to 0$ konvergiert p' gegen $\frac{1}{2}$.

   b) Für $dt \to 0$ konvergiert $\sigma N\sqrt{dt}\,(2p'-1)$ gegen $T\left(r - \mu - \frac{\sigma^2}{2}\right)$.

Beweis. Für Teil a) nutzen wir die Tatsache, dass $e^{xdt+y\sqrt{dt}} = 1 + y\sqrt{dt} + \mathcal{O}(dt)$ für alle fixen $x, y \in \mathbb{R}$ und alle dt mit $|dt| \leq 1$ gilt.
(Hier und im Folgenden bezeichnet $\mathcal{O}(Z)$ eine Größe mit $|\mathcal{O}(Z)| \leq c \cdot |Z|$ für eine Konstante $c > 0$ und für alle angegebenen Z.)
Und für Teil b) nutzen wir die Tatsache, dass $e^{xdt+y\sqrt{dt}} = 1 + xdt + y\sqrt{dt} + \frac{y^2}{2}dt + \mathcal{O}\left(dt^{\frac{3}{2}}\right)$ für alle fixen $x, y \in \mathbb{R}$ und alle dt mit $|dt| \leq 1$ gilt.
Beide Darstellungen folgen direkt aus der Reihendarstellung $e^x = 1 + x + \frac{x^2}{2!} + \frac{x^3}{3!} + \dots$ der Exponentialfunktion.

Ad a):

$$p' = \frac{e^{rdt}-d}{u-d} = \frac{e^{rdt} - e^{\mu dt - \sigma\sqrt{dt}}}{e^{\mu dt + \sigma\sqrt{dt}} - e^{\mu dt - \sigma\sqrt{dt}}} =$$

$$= \frac{\sigma\sqrt{dt} + \mathcal{O}(dt)}{2\sigma\sqrt{dt} + \mathcal{O}(dt)} = \frac{1 + \mathcal{O}\left(\sqrt{dt}\right)}{2 + \mathcal{O}\left(\sqrt{dt}\right)} \xrightarrow{dt \to 0} \frac{1}{2}.$$

Ad b):

$$\sigma N\sqrt{dt} \cdot (2p'-1) =$$

$$= \sigma N\sqrt{dt}\left(2\frac{(1+rdt) - \left(1 + \mu dt - \sigma\sqrt{dt} + \frac{\sigma^2}{2}dt\right) + \mathcal{O}\left(dt^{\frac{3}{2}}\right)}{\left(1 + \mu dt + \sigma\sqrt{dt} + \frac{\sigma^2}{2}dt\right) - \left(1 + \mu dt - \sigma\sqrt{dt} + \frac{\sigma^2}{2}dt\right) + \mathcal{O}\left(dt^{\frac{3}{2}}\right)} - 1\right) =$$

$$= \sigma N \sqrt{dt} \left(2 \frac{rdt - \mu dt + \sigma \sqrt{dt} - \frac{\sigma^2}{2} dt + \mathcal{O}\left(dt^{\frac{3}{2}}\right)}{2\sigma\sqrt{dt} + \mathcal{O}\left(dt^{\frac{3}{2}}\right)} - 1 \right) =$$

$$= \sigma N \sqrt{dt} \frac{rdt - \mu dt - \frac{\sigma^2}{2} dt + \mathcal{O}\left(dt^{\frac{3}{2}}\right)}{\sigma\sqrt{dt}} =$$

$$= Ndt \left(r - \mu - \frac{\sigma^2}{2} + \mathcal{O}\left(\sqrt{dt}\right) \right)$$

$$\overset{dt \to 0}{\longrightarrow} T \left(r - \mu - \frac{\sigma^2}{2} \right).$$

$\square$

Der restliche Beweis des Satzes ist jetzt schnell erledigt. In der folgenden Behandlung der Wahrscheinlichkeit $W\left(A < \widetilde{BM}(T) < B\right)$ gehen wir ganz genauso vor wie bei der Berechnung von $W(A < BM(T) < B)$ des Resultats in 4.14. Mit $\widetilde{K}$ anstelle von K deuten wir an, dass nun aber mit der Wahrscheinlichkeit p' anstelle von $p = \frac{1}{2}$ gearbeitet wird, und aus diesem Grund müssen wir auch die allgemeinere Form des Zentralen Grenzwertsatzes verwenden. Also:

$$W\left(A < \widetilde{BM}(T) < B\right) =$$

$$= W\left(A < T\mu + \sigma\sqrt{dt}\left(\widetilde{K} \cdot 1 + \left(N - \widetilde{K}\right) \cdot (-1)\right) < B\right) =$$

$$= W\left(A < T\mu + \sigma\sqrt{dt}\left(N\left(2p' - 1\right) + 2\sqrt{Np'\left(1 - p'\right)} \cdot y^{(N)}\right) < B\right).$$

Für $dt \to 0$ können wir im letzten Ausdruck nun Lemma 1 anwenden und erhalten damit

$$W\left(A < \widetilde{BM}(T) < B\right) \overset{dt \to 0}{\longrightarrow} W\left(A < T\left(r - \frac{\sigma^2}{2}\right) + \sigma\sqrt{T}w < B\right)$$

mit einer $\mathcal{N}(0,1)$-verteilten Zufallsvariablen w.

Somit haben wir gezeigt, dass $\widetilde{BM}$ für $N \to \infty$ tatsächlich gegen $\widetilde{S}$ konvergiert und der Beweis der allgemeinen Black-Scholes-Formel im Wiener Modell ist abgeschlossen. $\square$

Vor allen weiteren Diskussionen über und vor historischen Bemerkungen zu dieser Formel führen wir als erstes eine konkrete Anwendung vor, die zeigt, wie diese, auf den ersten Blick eher abstrakte Formel praktisch anzuwenden ist.

4.19   Der faire Preis einer europäischen Call-Option und einer europäischen Put-Option im Wiener Modell

Wir betrachten als erstes Beispiel für die Anwendung der Black-Scholes-Formel den fairen Preis einer europäischen Call-Option.

Das heißt, wir berechnen $C(t) = e^{-r(T-t)} \cdot E\left(\Phi\left(\widetilde{S}(T)\right)\right)$, wobei $\widetilde{S}$ die Entwicklung $\widetilde{S}(T) = S(t) \cdot e^{\left(r-\frac{\sigma^2}{2}\right)(T-t)+\sigma\sqrt{T-t}\cdot w}$ hat, für den speziellen Fall der Payoff-Funktion der Call-Option, also für $\Phi(x) = \max(x - K, 0)$. Hier ist K der Strike der Call-Option. Wir erhalten

$$E\left(\Phi\left(\widetilde{S}(T)\right)\right) =$$

$$= E\left(\Phi\left(S(t) \cdot e^{\left(r-\frac{\sigma^2}{2}\right)(T-t)+\sigma\sqrt{T-t}w}\right)\right) =$$

$$= E\left(\max\left(S(t) \cdot e^{\left(r-\frac{\sigma^2}{2}\right)(T-t)+\sigma\sqrt{T-t}w} - K, 0\right)\right) =$$

$$= \frac{1}{\sqrt{2\pi}}\int_{-\infty}^{\infty} \max\left(S(t) \cdot e^{\left(r-\frac{\sigma^2}{2}\right)(T-t)+\sigma\sqrt{T-t}w} - K, 0\right) \cdot e^{-\frac{w^2}{2}}\, dw =$$

$$= \frac{1}{\sqrt{2\pi}}\int_{L}^{\infty} \left(S(t) \cdot e^{\left(r-\frac{\sigma^2}{2}\right)(T-t)+\sigma\sqrt{T-t}w} - K\right) \cdot e^{-\frac{w^2}{2}}\, dw =$$

$$\left(\text{hier ist } L := \frac{\log\frac{K}{S(t)} - \left(r - \frac{\sigma^2}{2}\right)(T-t)}{\sigma\sqrt{T-t}}\right)$$

$$= \frac{1}{\sqrt{2\pi}}\int_{L}^{\infty} S(t) \cdot e^{\left(r-\frac{\sigma^2}{2}\right)(T-t)+\sigma\sqrt{T-t}w-\frac{w^2}{2}}\, dw - \frac{1}{\sqrt{2\pi}}\int_{L}^{\infty} K \cdot e^{-\frac{w^2}{2}}\, dw =$$

$$= S(t) \cdot \frac{1}{\sqrt{2\pi}}\int_{-\infty}^{-L} e^{-\frac{(w-\sigma\sqrt{T-t})^2}{2}} \cdot e^{r(T-t)}\, dw - K \cdot \frac{1}{\sqrt{2\pi}}\int_{-\infty}^{-L} e^{-\frac{w^2}{2}}\, dw =$$

$$= S(t) \cdot e^{r(T-t)} \cdot \mathcal{N}\left(\sigma\sqrt{T-t} - L\right) - K \cdot \mathcal{N}(-L),$$

wobei wir mit $\mathcal{N}(x) := \frac{1}{\sqrt{2\pi}}\int_{-\infty}^{x} e^{-\frac{w^2}{2}}\, dw$ die Verteilungsfunktion der Standard-Normalverteilung bezeichnen.

Berücksichtigen wir noch, dass $-L = \frac{\log\frac{S(t)}{K} + \left(r - \frac{\sigma^2}{2}\right)(T-t)}{\sigma\sqrt{T-t}}$ gilt, dann erhalten wir

Satz 4.12. *Für den fairen Preis $C(t)$ einer Call-Option zur Zeit $t \in [0, T]$ auf ein underlying S, das sich nach einem Wiener Modell mit Parametern μ und σ*

entwickelt (und das in $[0, T]$ keine Zahlungen oder Kosten verursacht), gilt:

$$C(t) = S(t) \cdot \mathcal{N}(d_1) - e^{-r(T-t)} \cdot K \cdot \mathcal{N}(d_2)$$

wobei $d_1 = \dfrac{\log \frac{S(t)}{K} + \left(r + \frac{\sigma^2}{2}\right)(T-t)}{\sigma\sqrt{T-t}}$ *und* $d_2 = \dfrac{\log \frac{S(t)}{K} + \left(r - \frac{\sigma^2}{2}\right)(T-t)}{\sigma\sqrt{T-t}}$ *und* $\mathcal{N}$ *die Verteilungsfunktion der Standard-Normalverteilung bezeichnet.*

Der faire Preis einer Put-Option ergibt sich jetzt ganz einfach aus der Put-Call-Parity-Equation aus Kapitel 3.2. Wir hatten dort ja gezeigt, dass für die fairen Preise $C(t)$ und $P(t)$ einer Call- bzw. einer Put-Option auf dasselbe underlying S mit gleicher Fälligkeit T und gleichem Strike K gilt:
$C(t) + K \cdot e^{-r(T-t)} = S(t) + P(t)$. Also ist $P(t) = C(t) + K \cdot e^{-r(T-t)} - S(t)$.
Wenn wir hier die oben hergeleitete Formel für $C(t)$ einsetzen, dann erhalten wir

$$
\begin{aligned}
P(t) &= S(t) \cdot \mathcal{N}(d_1) - e^{-r(T-t)} \cdot K \cdot \mathcal{N}(d_2) + K \cdot e^{-r(T-t)} - S(t) = \\
&= S(t) \cdot (\mathcal{N}(d_1) - 1) + e^{-r(T-t)} \cdot K \left(1 - \mathcal{N}(d_2)\right) = \\
&= e^{-r(T-t)} \cdot K \cdot \mathcal{N}(-d_2) - S(t) \cdot \mathcal{N}(-d_1)
\end{aligned}
$$

Also gilt:

Satz 4.13. *Für den fairen Preis $P(t)$ einer Put-Option mit Fälligkeit T und Strike K zur Zeit $t \in [0, T]$, auf ein underlying mit Kurs $S(t)$, (das in $[0, T]$ keine Zahlungen oder Kosten verursacht), das sich nach einem Wiener Modell mit Parametern μ und σ entwickelt, gilt:*

$$P(t) = e^{-r(T-t)} \cdot K \cdot \mathcal{N}(-d_2) - S(t) \cdot \mathcal{N}(-d_1)$$

mit d_1 und d_2 wie in Satz 4.12 und $\mathcal{N}$ der Verteilungsfunktion der Standard-Normalverteilung.

Bemerkung: Die fairen Preise $C = C(t, s, r, \sigma)$ bzw. $P = P(t, s, r, \sigma)$ von Calls bzw. Puts sind, wie man sich leicht überzeugt, bezüglich jeder Variablen beliebig oft differenzierbar.

Das genaue (analytische) Verhalten der beiden Preisformeln werden wir in den Abschnitten 4.24 - 4.26 sehr detailliert studieren.

Geht man bei der Herleitung der expliziten Formeln für den fairen Preis der Call- und der Put-Optionen von der allgemeinen Black-Scholes-Formel für Derivate auf underlyings **mit einer stetigen Zahlungs- bzw. Kosten-Rate** q aus, dann erhält man auf genau demselben Weg die expliziten Call- und Put-Preis-Formeln auch für diesen Fall. Sie lauten:

Satz 4.14. *Für den fairen Preis $C(t)$ einer Call-Option mit Fälligkeit T und Strike K zur Zeit $t \in [0, T]$ auf ein underlying mit Kurs $S(t)$, das in $[0, T]$ Zahlungen* *oder Kosten in Höhe einer stetigen Rendite q p.a. verursacht und das sich nach einem Wiener Modell mit Parametern µ und σ entwickelt, gilt:*

$$C(t) = e^{-q(T-t)} \cdot S(t) \cdot \mathcal{N}\left(\tilde{d}_1\right) - e^{-r(T-t)} \cdot K \cdot \mathcal{N}\left(-\tilde{d}_2\right)$$

mit

$$\tilde{d}_1 = \frac{\log\left(\frac{S(t)}{K}\right) + \left(r - q + \frac{\sigma^2}{2}\right)(T-t)}{\sigma\sqrt{T-t}}$$

und

$$\tilde{d}_2 = \frac{\log\left(\frac{S(t)}{K}\right) + \left(r - q - \frac{\sigma^2}{2}\right)(T-t)}{\sigma\sqrt{T-t}}$$

und $\mathcal{N}$ der Verteilungsfunktion der Standard-Normalverteilung.

Satz 4.15. *Für den fairen Preis $P(t)$ einer Put-Option mit Fälligkeit T und Strike K zur Zeit $t \in [0, T]$, auf ein underlying mit Kurs $S(t)$ das in $[0, T]$ Zahlungen oder Kosten in Höhe einer stetigen Rendite q p.a. verursacht und das sich nach einem Wiener Modell mit Parametern µ und σ entwickelt, gilt:*

$$P(t) = e^{-r(T-t)} \cdot K \cdot \mathcal{N}\left(-\tilde{d}_2\right) - e^{-q \cdot (T-t)} S(t) \cdot \mathcal{N}\left(-\tilde{d}_1\right),$$

mit $\tilde{d}_1$ und $\tilde{d}_2$ wie im Satz zuvor und N der Verteilungsfunktion der Standard-Normalverteilung.

4.20   Eine (ganz) kurze Geschichte der Black-Scholes-Formel

Zur Geschichte der Black-Scholes-Formel möchten wir hier nur ein paar wenige Anmerkungen machen und statt einer längeren Ausführung zum Beispiel auf die Artikel von Fisher Black „How we came up with the option formula" [2] und von Darrell Duffie „Black, Merton, and Scholes – Their Central Contributions to Economics" [3] verweisen. Darüber hinaus seien auch die Lecture Notes von Walter Schachermayer „Introduction to the Mathematics of Financial Markets", die etwa unter der Adresse

https://www.mat.univie.ac.at/~schachermayer/preprnts/prpr0104.pdf

zu finden sind, nachdrücklich zur Lektüre empfohlen. In Kapitel 1 dieser Lecture Notes legt der Autor dar, dass eine in gewisser Hinsicht korrekte Version einer Optionspreisformel (unter Verwendung eines Äquivalents zu einem „risikoneutralen Maß") bereits im Jahr 1900 von Louis Bachelier in seiner Dissertation gegeben worden war. Der wesentliche Unterschied zwischen den Resultaten von Bachelier und den modernen Optionspreistheorien liegt allerdings darin, dass Bachelier den Preisprozess $S(t)$ des underlyings nicht als geometrische Brown'sche Bewegung (also nicht mittels eines Wiener Modells), sondern in der Form $S(t) = c + \sigma \cdot B(t)$ mit einer Standard-Brown'schen Bewegung B modelliert. Wie wir bereits wissen, hat die Brown'sche Bewegung die Eigenschaft, dass sie beliebig stark negative Werte annehmen kann, dass also auch ein so modelliertes $S(t)$ mit positiver Wahrscheinlichkeit negative Werte annehmen kann.

Die ganz erstaunliche Leistung Bachelier's liegt aber wohl darin, dass er auf Basis seiner Argumentationen erkannte, dass es für die Bewertung von Optionen tatsächlich irrelevant ist, ob das underlying in der oben angegebenen Form $S(t) = c + \sigma \cdot B(t)$ modelliert wird oder in der allgemeineren Form einer Brown'schen Bewegung mit Drift, also in der Form $S(t) = c + \mu \cdot t + \sigma \cdot B(t)$. Genauer gesagt argumentiert Bachelier auf Basis bestimmter „Equilibriums-Argumente", dass eine Modellierung der Form $S(t) = c + \mu \cdot t + \sigma \cdot B(t)$ unbedingt $\mu = 0$ impliziert. Diese Entdeckung Bachelier's entspricht im Wesentlichen der siebzig Jahre später erfolgten Erkenntnis in den Formeln von Black, Scholes und Merton, dass für die Optionsbewertung der Trendparameter μ nicht von Relevanz ist. Die Arbeit von Bachelier und die darin enthaltenen Erkenntnisse dürften Fischer Black nicht bekannt gewesen sein, als er Ende der 1960er Jahre versuchte, Preisformeln für Wandelanleihen zu erarbeiten. Zu dieser Zeit war der Markt für Wandelanleihen (die Optionsanteile enthalten) wesentlich liquder und für Anwender interessanter als der Optionsmarkt. Black hatte nun underlyings im Sinn, die sich nach einer geometrischen Brown'schen Bewegung entwickeln. Es gelang ihm tatsächlich auch, eine Differentialgleichung für den Preis von Wandelanleihen herzuleiten, die bereits alle Insignien der späteren Black-Scholes-Differentialgleichung trug. Es gelang ihm allerdings nicht, eine explizite Lösung dieser Differentialgleichung anzugeben und die Arbeit über Wandelanleihen geriet kurzzeitig in Vergessenheit. Erst um das Jahr 1970 begann Black, nun gemeinsam mit Myron Scholes und in regem Diskurs mit Robert Merton, sich wieder mit der Bewertung von Optionen zu beschäftigen. Wieder wurde zuerst die entsprechende Differentialgleichung für den fairen Preis einer Call-Option hergeleitet und wieder war es den beiden Forschern vorerst nicht möglich, die Gleichung explizit zu lösen. Es war aber auf Grund der Tatsache, dass die Differentialgleichung den Trend-Parameter μ nicht enthielt, klar, dass dieser Parameter im Modell beliebig gewählt werden konnte. Mit diesem Wissen im Hintergrund konnte nun von Black und Scholes auf einem alternativen Weg eine explizite Lösungsformel gefunden werden. Es erwies sich, dass diese Formel tatsächlich auch eine Lösung für die vorher gefundene Differentialgleichung lieferte und damit war der Siegeszug der Black-Scholes-Theorie, die den Handel mit Derivaten revolutionieren sollte, gestartet. Obwohl zuerst doch noch eine Hürde zu nehmen war: Zwei Mal wurde die entsprechende Arbeit von Black und Scholes von Journalen, bei denen sie zur Publikation eingereicht worden war, abgelehnt, bevor sie dann bei der dritten Einreichung angenommen wurde und im Jahr 1973 unter dem Titel „The Pricing of Options and Corporate Liabilities" im Journal of Political Economy [1] erscheinen konnte.

Bereits in Fußnoten in dieser Arbeit wurde von den beiden Autoren der wesentliche Beitrag von Robert Merton in Form intensiver Diskussionen und mehrerer hilfreicher Hinweise durch Merton an die Autoren anerkannt und gewürdigt und Merton hat auch wesentlich zur Weiterentwicklung der Black-Scholes-Theorie in den folgenden Jahren beigetragen. So war es eine logische Folge, dass auch Robert Merton neben Myron Scholes im Jahr 1997 den Wirtschafts-Nobelpreis erhalten hat. Fischer Black war bereits im Jahr 1995 im Alter von nur 58 Jahren verstorben.

4.21 Perfektes Hedging im Black-Scholes-Modell

Wir erinnern uns an die Technik des Hedgings eines Derivats D, die wir im binomischen N-Schritt-Modell entwickelt hatten. Das Prinzip des perfekten Hedgings eines (europäischen) Derivats D auf ein underlying S lautet:

Finde eine selbstfinanzierende Handelsstrategie, die nur auf dem Handel mit dem underlying S und auf Anlagen von Cash zum risikolosen Zinssatz beruht und die so beschaffen ist, dass sie bei Auflösung zum Fälligkeitszeitpunkt T in jedem Fall einen Erlös genau in Höhe des Payoffs des Derivats D liefert. „Selbstfinanzierend" bedeutet hier, dass wir nur zum Anfangszeitpunkt 0 eine Investition tätigen. Alle anderen Handelsvorgänge sind durch Umschichtungen des Hedging-Portfolios zu finanzieren. Also während der Laufzeit der Strategie wird zu keinem anderen Zeitpunkt mehr neues Geld zugeschossen. Die Höhe der zu Beginn der Strategie – der „replizierenden Handelsstrategie" – benötigten Geldmittel entspricht dann gerade dem fairen Preis des Derivats D. Ein Investmenthaus, das ein Derivat D verkauft und sich vollständig gegen etwaige Verluste absichern will, benutzt das durch den Verkauf des Derivats eingenommene Geld, um die replizierende Handelsstrategie durchzuführen. Das durch diese Handelsstrategie eingenommene Geld kann bei Fälligkeit dann benutzt werden, um den fällig gewordenen Payoff des Derivats auszubezahlen. Wie die replizierende Handelsstrategie für Derivate im binomischen N-Schritt-Modell aussieht, haben wir in den Kapiteln 3.11, 3.15 und 3.19 hergeleitet.

Jetzt fragen wir uns: Ist dieses Prinzip des Hedgens eines Derivats auch für underlyings im Wiener Modell möglich? Und wenn „Ja", wie haben wir dabei vorzugehen?

Die Antwort wird sein: „**Perfektes** Hedging im Wiener Modell ist zwar **theoretisch**, aber **nicht praktisch** möglich."

Im binomischen 1-Schritt-Modell war ja noch ein statisches Hedging ausreichend um völlige Absicherung zu erreichen. Es war nur Folgendes zu tun:

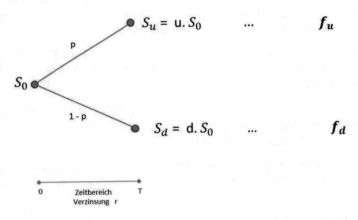

Payoff des Derivats zur Zeit T:

Abbildung 4.93: Das binomische 1-Schritt-Modell, revisited

Es wurde der faire Preis f_0 des Derivats zum Zeitpunkt 0 berechnet und dann wurden f_0 Euro für den Handel des replizierenden Portfolios eingesetzt.

Damit wurden $x = \frac{f_u - f_d}{S_0(u-d)} = \frac{f_u - f_d}{S_0 u - S_0 d}$ Stück des underlyings gekauft (siehe Formelnummer (3.3) in Kapitel 3.10) und der Rest des Geldes zum risikolosen Zinssatz angelegt. Diese Prozedur lieferte exakt das replizierende Portfolio.

Im binomischen N-Schritt-Modell musste dann dynamisch in jedem Zeitpinkt $i \cdot dt$ geeignet gehandelt werden. Dazu wurde in Kapitel 3.19 genau angegeben, wieviel Stück $x = x_{i \cdot dt}$ des underlyings in jedem der Zeitintervalle $i \cdot dt$ bis $(i+1) \cdot dt$ im Besitz des Hedgers zu sein hatten. Wir sehen uns das auch weiter unten noch einmal genau an.

Im Grenzübergang bedeutet das, dass für ein perfektes dynamisches Hedging im Wiener Modell **kontinuierlich**, also in jedem Augenblick, **zu handeln** ist.
Wir müssen jetzt also eine Funktion $x(t)$ finden, die angibt, wie viel Stück des underlyings in jedem *beliebigen* Zeitpunkt t zu halten sind, so dass perfektes Replizieren dadurch stattfindet. *Perfektes* Hedging ist realistischer Weise im Wiener Modell daher nicht möglich, wir können in der Realität nur an endlich vielen diskreten Zeitpunkten handeln. Wir werden uns also mit näherungsweisem Hedging zufrieden geben müssen. Dennoch ist es wesentlich (auch für die Näherungsmethoden des Hedgings) zu wissen, wie $x(t)$ theoretisch aussehen müsste. Diese Information erhalten wir sicherlich wieder durch die Information über die $x_{i \cdot dt}$ im binomischen N-Schritt-Modell und den Grenzübergang für N gegen unendlich.

Wir sehen uns dazu noch einmal an, wie das Hedging im binomischen N-Schritt-Modell vor sich gegangen war (siehe Kapitel 3.16 und 3.19):

- Wenn wir uns im Zeitpunkt $i \cdot dt$ befinden und das underlying einen bestimmten momentanen Wert $S(i \cdot dt)$ hat, dann hat das underlying bis zum Zeitpunkt $(i+1) \cdot dt$ die Möglichkeit, sich auf $S((i+1) \cdot dt) = u \cdot S(i \cdot dt)$ oder auf $S((i+1) \cdot dt) = d \cdot S(i \cdot dt)$ zu entwickeln.

- Wir betrachten nun genau dieses, aus den Zeitpunkten $i \cdot dt$ und $(i+1) \cdot dt$ und den Werten $S(i \cdot dt), u \cdot S(i \cdot dt)$ und $d \cdot S(i \cdot dt)$ gebildete, binomische Ein-Schritt-Modell.

- Bezeichnen wir mit $F((i+1) \cdot dt, u \cdot S(i \cdot dt))$ bzw. $F((i+1) \cdot dt, d \cdot S(i \cdot dt))$ den fairen Preis des Derivats zur Zeit $(i+1) \cdot dt$ falls S zur Zeit $(i+1) \cdot dt$ den Wert $u \cdot S(i \cdot dt)$ bzw. $d \cdot S(i \cdot dt)$ hat.

- Wir bemerken zu dieser Schreibweise: Wir betrachten hier den fairen Preis F eines Derivats als Funktion der Zeit und des momentanen Werts des underlyings!

- Von Formelnummer (3.3) in Kapitel 3.10 wissen wir nun, wie $x_{i \cdot dt}$ zu wählen ist, nämlich

$$x_{i \cdot dt} = \frac{F((i+1) \cdot dt, u \cdot S(i \cdot dt)) - F((i+1) \cdot dt, d \cdot S(i \cdot dt))}{S(i \cdot dt) \cdot u - S(i \cdot dt) \cdot d}$$

- Wie wir aus Bemerkung 3 in Kapitel 4.18 wissen, können wir die Stetigkeit von F in der Zeit t und die stetige Differenzierbarkeit von F zumindest nach dem Wert s des underlyings annehmen.

- Setzen wir jetzt einmal heuristisch $t := (i+1) \cdot dt$ und $s = S(t) := S(i \cdot dt) \cdot d$, sowie $S(i \cdot dt) \cdot u = S(i \cdot dt) \cdot d + h$. Dann ist $x_{i \cdot dt} = \frac{F(t,s+h) - F((t,s))}{h}$.
  Für $dt \to 0$ geht h gegen 0 und $i \cdot dt$ geht gegen t und somit ist $x(t) = \lim_{h \to 0} \frac{F(t,s+h) - F((t,s))}{h}$ und das ist nichts anderes als die Ableitung $\frac{\partial F}{\partial s}(t,s)$ des fairen Preises F nach dem Preis s des underlyings zur Zeit t.
  Diese Größe $\frac{\partial F}{\partial s}(t,s)$ werden wir später als das *Delta von F zur Zeit t* bezeichnen.

- Das was wir hier heuristisch hergeleitet haben, lässt sich auch exakt durch genaue Grenzübergangsüberlegungen beweisen.

Wir fassen zusammen:

Satz 4.16. *Sei $F(t,s)$ der faire (in t stetige und nach s stetig differenzierbare) Preis eines Derivats D auf ein underlying, das einem Wiener Modell folgt. Die folgende kontinuierliche selbstfinanzierende Handelsstrategie liefert ein replizierendes Portfolio für D:*

- *Starte mit einem Startkapital in Höhe von $F(0, S(0))$.*

- *Zu jedem Zeitpunkt $t \in [0, T]$ halte $x(t) := \frac{\partial F}{\partial s}(t,s)$ Stück des underlyings und das restliche Kapital investiere zum risikolosen Zinssatz.*

Beispiel 4.17. *Wir berechnen das perfekte Hedging-Portfolio in einem Zeitpunkt* $t \in [0, T]$ *für eine Call-Option und für eine Put-Option, wenn das underlying in* t *den Wert* s *hat. Wir haben dafür nach Satz 4.16 einfach das Delta des Call-Preises* C *(bzw. des Put-Preises* P*), also die Ableitung von* C *(bzw. von* P*) nach* s *zu bestimmen.*

Wir leiten also $C(t,s) = s \cdot \mathcal{N}(d_1) - e^{-r(T-t)} \cdot K \cdot \mathcal{N}(d_2)$ *nach* s *ab. Dabei sind wir uns bewusst, dass* d_1 *und* d_2 *ebenfalls von* s *abhängen. Im Folgenden bezeichne* h' *stets die Ableitung einer Funktion* h *nach* s*. Wir erhalten*

- *mittels Produkt- und Kettenregel für Ableitungen,*
- *da* $\frac{\partial \mathcal{N}(d)}{\partial d} = \frac{1}{\sqrt{2\pi}} \cdot e^{-\frac{d^2}{2}}$ *ist,*
- *da* $d_2 = d_1 - \sigma\sqrt{T-t}$ *und somit* $d_2' = d_1'$ *gilt,*
- *und durch Einsetzen in* $C'(t,s) = \mathcal{N}(d_1) + s\frac{\partial \mathcal{N}(d_1)}{\partial d_1} \cdot d_1' - e^{-r(T-t)} \cdot K \cdot \frac{\partial \mathcal{N}(d_2)}{\partial d_2} \cdot d_2'$,

dass sich die letzten beiden Summanden aufheben, und dass somit $C'(t,s) = \mathcal{N}(d_1)$ *gilt.*

Also haben wir erhalten: **Das perfekte Hedging-Portfolio für eine Call-Option in einem Wiener Modell besteht aus dem Halten von** $x(t) = \mathcal{N}(d_1)$ **Stück des underlying zum Zeitpunkt** t**.**

Zur Bestimmung des „Deltas" einer Put-Option greifen wir wieder einmal auf die Put-Call-Parity-Equation zurück. Wir erinnern uns, diese Gleichung besagte – in unserer aktuellen Terminologie –: $P(t,s) + s = C(t,s) + K \cdot e^{-r(T-t)}$*, also* $P(t,s) = C(t,s) + K \cdot e^{-r(T-t)} - s$ *und somit* $P'(t,s) = C'(t,s) - 1 = \mathcal{N}(d_1) - 1$

Also haben wir erhalten: **Das perfekte Hedging-Portfolio für eine Put-Option in einem Wiener Modell besteht aus dem Halten von** $x(t) = \mathcal{N}(d_1) - 1$ **Stück des underlying zum Zeitpunkt** t**.**

Achtung: *$x(t)$ ist natürlich auch eine Funktion des jeweils aktuellen Kurses* s *des underlyings im Zeitpunkt* t*!*

Bemerkung:
$\mathcal{N}$ ist eine Verteilungsfunktion, die stets Werte zwischen 0 und 1 annimmt. Das Delta $\mathcal{N}(d_1)$ einer Call-Option liegt daher stets zwischen 0 und 1 und das Delta $\mathcal{N}(d_1) - 1$ einer Put-Option liegt daher immer zwischen -1 und 0.

Beim perfekten Hedgen einer Call-Option sind wir das underlying daher stets long, beim perfekten Hedgen einer Put-Option sind wir das underlying stets short.

Diese doch relativ engen Grenzen für die Größe des jeweils zu haltenden underlyings sind auch insofern relevant, als zu große erforderliche Stückzahlen für das underlying die tatsächliche Durchführung unrealistisch machen würden.

Die Funktion d_1 ist in Abhängigkeit von s wachsend mit wachsendem s. Das Delta $\mathcal{N}(d_1)$ einer Call-Option ist daher genauso wie das Delta $\mathcal{N}(d_1) - 1$ einer Put-Option wachsend mit wachsendem s.

4.22　Ein weiteres Beispiel zur Anwendung der Black-Scholes Formel und des perfekten Hedgens sowie dessen Umsetzung in konkretem diskretem Hedging

Wir wollen jetzt an Hand eines konkreten Beispiels das oben beschriebene perfekte Hedging illustrieren und dann die konkrete näherungsweise Umsetzung durch diskretes Handeln durchführen und testen. Insbesonders wollen wir dabei ein Gefühl dafür bekommen, welche Abweichungen vom perfekten Hedgen durch die konkrete Umsetzung auftreten können.

Dazu wählen wir vorerst ein im Endergebnis eher einfaches Beispiel eines Derivats, nämlich das Derivat D mit der Payoff-Funktion $\Phi(x) = x^2$. Im nächsten Abschnitt werden wir diskretes Hedgen dann für den der Realität näherliegenden Fall einer Call-Option durchführen.

Berechnen wir als erstes den fairen Wert $F(0)$ dieses Derivats. Wir können dabei gleich allgemeiner den Payoff $\Phi(x) = x^a$ für einen beliebigen Exponenten a betrachten.

Das Derivat D zahlt also zum Zeitpunkt T eine Zahlung in Höhe von $(S(T))^a$ aus. Ein erster Impetus wäre, auf die Frage nach dem fairen Preis $F(0)$ dieses Derivats zum Zeitpunkt 0 mit „$F(0) = (S(0))^a$" zu antworten. Diese Antwort ist im Fall $a = 1$ sicher richtig, denn ein Stück des Derivats hat dann auf jeden Fall im Zeitpunkt T den gleichen Payoff wie ein Stück der Aktie, nämlich $S(T)$. Ein Stück der Aktie repliziert das Derivat perfekt, also müssen Derivat und Aktie zu jedem Zeitpunkt t denselben Wert, also $S(t)$ haben.

Aber schon im Fall $a = 0$ ist diese „erste Antwort" sicher nicht richtig. In diesem Fall liefert das Derivat nämlich auf jeden Fall einen Payoff von $(S(T))^0 = 1$. Der Wert des Derivats zu einem früheren Zeitpunkt t beträgt daher $e^{-r(T-t)}$ und das ist verschieden von $(S(t))^0$.

Die Black-Scholes Formel ergibt nun

$$
\begin{aligned}
F(t, s) &= e^{-r(T-t)} \cdot E\left(\Phi\left(\widetilde{S}(T)\right)\right) = \\
&= e^{-r(T-t)} \cdot \frac{1}{\sqrt{2\pi}} \int_{-\infty}^{\infty} \Phi\left(s \cdot e^{\left(r-\frac{\sigma^2}{2}\right)(T-t)+\sigma\sqrt{T-t}w}\right) \cdot e^{-\frac{w^2}{2}} \, dw = \\
&= e^{-r(T-t)} \cdot \frac{1}{\sqrt{2\pi}} \int_{-\infty}^{\infty} s^a \cdot e^{a\left(r-\frac{\sigma^2}{2}\right)(T-t)+a\sigma\sqrt{T-t}w} \cdot e^{-\frac{w^2}{2}} \, dw = \\
&= e^{-r(T-t)} \cdot s^a \cdot \frac{1}{\sqrt{2\pi}} \int_{-\infty}^{\infty} e^{-\frac{(w-a\sigma\sqrt{T-t})^2}{2}+\frac{a^2\sigma^2(T-t)}{2}+a\left(r-\frac{\sigma^2}{2}\right)(T-t)} \, dw = \\
&= e^{-r(T-t)} \cdot s^a \cdot e^{\frac{a^2\sigma^2(T-t)}{2}+a\left(r-\frac{\sigma^2}{2}\right)(T-t)} = \\
&= s^a \cdot e^{(a-1)r(T-t)+\frac{a(a-1)\sigma^2(T-t)}{2}}
\end{aligned}
$$

Für $a = 0$ und für $a = 1$ stimmt das Resultat mit den Ergebnissen unserer obigen Überlegungen überein.

Für $a = 2$ erhalten wir $F(t, s) = s^2 \cdot e^{(r+\sigma^2)(T-t)}$ und für das Delta von F erhalten wir somit $\frac{\partial F}{ds}(t, s) = 2s \cdot e^{(r+\sigma^2)(T-t)}$.

In Zeiten negativer Zinsen sei es uns – um den Ausdruck zu vereinfachen und damit die Übersichtlichkeit zu erhöhen und die Schreibarbeit zu verkürzen (wir verwenden dieses Beispiel ja vor allem zur Illustration) – gestattet anzunehmen, dass $r = -\sigma^2$ gelte. Dann ist $F(t, s) = s^2$ und $\frac{\partial F}{ds}(t, s) = 2s$.

Perfektes Hedgen in unserem Beispiel bedeutet also in jedem Moment t der Laufzeit das Halten von $2 \cdot S(t)$ Stück des underlyings. Genauer: Wir starten mit einem Geldbetrag in Höhe des fairen Preises des Derivats, also in Höhe von $(S(0))^2$. Dann bilden wir – mit kontinuierlichem Handel – ein Aktienportfolio, das in jedem Zeitpunkt t genau $2 \cdot S(t)$ Stück des underlyings enthält. Gelder, die im Lauf dieses Handels frei bleiben oder aber als Kredit aufgenommen werden müssen um den Handel finanzieren zu können, werden stetig mit einem risikolosen Zinssatz r verzinst. Nach unseren obigen Überlegungen müssten wir dann mittels dieser Prozedur zum Zeitpunkt T über ein Gesamt-Vermögen von genau $(S(T))^2$ Euro verfügen.

Wir führen diesen Hedging-Vorgang nun in realistischer Weise durch, indem wir den Zeitbereich $[0, T]$ in N gleiche Teile der Länge dt unterteilen und die geforderte Umschichtung des Portfolios nur zu den Zeitpunkten $i \cdot dt$ für $i = 0, 1, 2, \ldots, N$ durchführen. Genauer:

0   a)   Wir starten im Zeitpunkt 0 mit einer Geldmenge („momentanes Vermögen im Zeitpunkt **0**") von $F(0, S(0)) = (S(0))^2$.

0   b)   Im Zeitpunkt 0 sollten wir $2 \cdot S(0)$ Stück des underlyings halten. Die Kosten dafür betragen aber $2 \cdot (S(0))^2$. Wir müssen daher (virtuell) einen Kredit

aufnehmen und uns $2 \cdot S(0) \cdot S(0) - F(0, S(0)) = (S(0))^2$ Euro leihen.

0 c) Im Zeitpunkt dt hat sich der Kurs des underlyings auf $S(dt)$ verändert. Der Wert unseres Aktienpakets beträgt nun $2 \cdot S(0) \cdot S(dt)$. Unsere Kreditschulden haben sich durch die Verzinsung auf $e^{rdt} \cdot (S(0))^2$ geändert.

1 a) Das „momentane Vermögen im Zeitpunkt dt" beträgt daher $2 \cdot S(0) \cdot S(dt) - e^{rdt} \cdot (S(0))^2$.

1 b) Im Zeitpunkt dt sollten wir $2 \cdot S(dt)$ Stück des underlyings halten. Wir müssen daher das Aktienportfolio umschichten. Die Umschichtung kostet uns $2(S(dt) - S(0)) \cdot S(dt)$ Euro. Das **„momentane Vermögen im Zeitpunkt dt"** nach der Umschichtung beträgt daher

$$2 \cdot S(dt) \cdot S(dt) - \left(e^{rdt} \cdot (S(0))^2 + 2(S(dt) - S(0)) \cdot S(dt) \right)$$

1 c) Im Zeitpunkt $2 \cdot dt$ hat sich der Kurs des underlyings auf $S(2 \cdot dt)$ verändert. Der Wert unseres Aktienpakets beträgt nun $2 \cdot S(dt) \cdot S(2 \cdot dt)$. Unsere Kreditschulden haben sich durch die Verzinsung auf $e^{r2dt} \cdot (S(0))^2 + e^{rdt} \cdot 2(S(dt) - S(0)) \cdot S(dt)$ geändert.

2 a) Das „momentane Vermögen im Zeitpunkt $2 \cdot dt$" beträgt daher $2 \cdot S(dt) \cdot S(2 \cdot dt) - (e^{r2dt} \cdot (S(0))^2 + e^{rdt} \cdot 2(S(dt) - S(0)) \cdot S(dt))$.

2 b) Im Zeitpunkt $2 \cdot dt$ sollten wir $2 \cdot S(2 \cdot dt)$ Stück des underlyings halten. Wir müssen daher das Aktienportfolio wiederum umschichten. Die Umschichtung kostet uns $2(S(2 \cdot dt) - S(dt)) \cdot S(2 \cdot dt)$ Euro. Das **„momentane Vermögen im Zeitpunkt $2 \cdot dt$"** nach der Umschichtung beträgt daher $\mathbf{2 \cdot S(2 \cdot dt) \cdot S(2 \cdot dt) - (e^{r2dt} \cdot (S(0))^2 + e^{rdt} \cdot}$ $\mathbf{\cdot 2(S(dt) - S(0)) \cdot S(dt) + 2(S(2 \cdot dt) - S(dt)) \cdot S(2 \cdot dt))}$.

Setzen wir dieses Hedging-Procedere bis zum Zeitpunkt $N \cdot dt = T$ fort, so erhalten wir auf diesem Weg offensichtlich ein **„momentanes Vermögen in der diskreten Hedging-Strategie zum Zeitpunkt $T = N \cdot dt$"** in Höhe von

$$2 \cdot S(N \cdot dt) \cdot S(N \cdot dt) - \left(e^{rNdt} \cdot (S(0))^2 + e^{r(N-1)dt} \cdot 2(S(dt) - S(0)) \cdot S(dt) + \right.$$

$$+ e^{r(N-2)dt} \cdot 2(S(2 \cdot dt) - S(dt)) \cdot S(2 \cdot dt) \Big) + \ldots + e^{rdt} \cdot 2(S((N-1)dt) -$$

$$- S((N-2)dt)) \cdot S((N-1)dt) + 2(S(N \cdot dt) - S((N-1)dt)) \cdot S(N \cdot dt) =$$

$$= \mathbf{2 \cdot S(T) \cdot S(T) - e^{rT} \cdot (S(0))^2 - e^{rT} \cdot \sum_{i=1}^{N} ((2 \cdot S(i \cdot dt) -}$$

$$\mathbf{- 2 \cdot S((i-1)dt)) \cdot S(i \cdot dt))}\, .$$

(Für spätere Zwecke (nächster Paragraph) merken wir in der vorangegangenen Formel zwei Dinge an: Der zweite Faktor des zweiten Summanden in der Formel ist in Punkt 0 b) des obigen Algorithmus durch Vereinfachung des Terms

$\Delta_0 \cdot S(0) - F(0, S(0)) = 2 \cdot S(0) \cdot S(0) - F(0, S(0)) = (S(0))^2$ entstanden und die in der Formel auftretenden Ausdrücke $2 \cdot S(T)$ bzw. $2 \cdot S(i \cdot dt)$ bzw. $2 \cdot S((i-1) \cdot dt)$ sind gerade die Delta-Werte des Derivats in den entsprechenden Zeitpunkten, also Δ_T bzw. $\Delta_{i \cdot dt}$ bzw. $\Delta_{(i-1)dt}$. Unsere Formel lässt sich daher auch in der Form

momentanes Vermögen in der diskreten Hedging-Strategie zum Zeitpunkt $T =$

$$= \Delta_T \cdot S(T) - e^{rT} \cdot (\Delta_0 \cdot S(0) - F(0, S(0))) - e^{rT} \cdot$$
$$\cdot \sum_{i=1}^{N} \left(\Delta_{i.dt} - \Delta_{(i-1)dt} \right) \cdot S(i \cdot dt)$$

schreiben.)

Dieser Wert sollte möglichst nahe am Payoff des Derivats von $(S(T))^2$ liegen. Wie groß der Unterschied der Resultate bei diesem realistischen Hedging-Vorgang vom Resultat von $(S(T))^2$ beim perfekten Hedgen ist, hängt natürlich von verschiedenen Faktoren ab. Die offensichtlichsten Faktoren sind die Länge der Zeitintervalle (die Feinheit der Zeit-Diskretisierung) und die Schwankungsstärke (Volatilität) des underlyings.

Ein weiterer in der Realität wesentlicher Faktor sind natürlich eventuell auftretende Transaktionskosten.

Eine (im Allgemeinen – vor allem wenn größere Volumina gehedgt werden – geringere) Rolle kann auch die Tatsache spielen, dass nur ganze Stückzahlen des underlyings gehandelt werden können, die Werte Δ_t im Allgemeinen aber nicht ganzzahlig sind.

Von Vorteil ist bei diesem Beispiel, dass das Delta des Derivats stets positiv ist ($\Delta_t = 2 \cdot S(t)$), wir brauchen uns also keine Gedanken darüber machen, wie das Shortgehen des underlyings am besten zu bewerkstelligen sei.

Wir führen im Folgenden ein paar konkrete Simulationen für unser Hedging-Beispiel durch. Die zugehörigen Test-Programme finden Sie auf unserer Homepage und Sie können damit unbegrenzt viele weitere Tests durchführen. Siehe:
`https://app.lsqf.org/book/call-put-hedging`

Dabei schränken wir den Wert unserer Ergebnisse gleich vorab ein: Bei den nun folgenden Simulationen gehen wir von **simulierten Kursen für das underlying** aus und zwar von Simulationen bezüglich des Wiener Modells **mit einer konstant bleibenden Volatilität**. Das entspricht im Allgemeinen natürlich nicht der Realität der Entwicklung der Kurse von Finanzprodukten. Aber wir erhalten ein erstes Gefühl für den Vorgang des Hedgens und die Entwicklung von Hedging-Strategien.

Wie wir beim Vorliegen realer Kursdaten vorgehen können, werden wir in einem späteren Kapitel (siehe Kapitel 10.13) untersuchen, wir müssen uns dazu erst näher mit der Analyse der Volatilität von Kursen beschäftigen.

Testbeispiele:
Wir simulieren nun 3 typische Beispielspfade von geometrischen Brown'schen Bewegungen. Dabei arbeiten wir mit den folgenden – in diesem Illustrationsbeispiel gleich bleibenden – Parametern:

- Laufzeit $T = 1$ Jahr
- Trend 10%
- Volatilität 20%
- Startwert der Aktie 100
- $r = -\sigma^2 = -4\%$
- angenommene Transaktionskosten 0.25% vom Kaufpreis (keine Mindestspesen)

Für jeden Beispielspfad führen wir einmal statisches Hedging durch, dann Hedging mit ein-maliger Anpassung, mit 12-maliger (circa monatlicher) Anpassung und mit 50-maliger (ca. wöchentlicher) Anpassung des Hedges. In den vier Bildern zum Simulationspfad 1 (Abbildung 4.94) sehen Sie die Entwicklung des aktuellen Payoffs des Derivats (blau) und den jeweiligen Wert der (näherungsweise) replizierenden Handelsstrategie zu Beginn des Handels, zu Ende des Handels und zu den Anpassungszeitpunkten (rot).

Am Schluss des Handelszeitraums sollte der Wert der Hedging-Strategie möglichst nahe am Payoff des Derivats liegen. Natürlich können Abweichungen der Hedging-Strategie gegenüber dem Derivat sowohl positiven als auch negativen Wert haben. Wir erinnern noch einmal: Am Beginn haben Derivat und Hedging-Strategie genau den gleichen Wert $F(0)$.

Wenn wir annehmen, dass wir das Derivat am Markt um $F(0)$ verkaufen und die Hedging-Strategie zum Preis $F(0)$ starten, dann bedeutet eine positive Abweichung einen Gewinn für uns als Hedger. Eine negative Abweichung bedeutet einen Verlust für den Hedger.

Wir geben die Abweichungen in den auf die Grafiken folgenden Tabellen einmal ohne Transaktionskosten an, dann mit gesamten Transaktionskosten (das heißt: inklusive der Kosten für den ersten Handel beim Start der Hedging-Strategie als auch für den letzten Handel bei dem das gesamte Hedging-Portfolio liquidiert wird) und schließlich geben wir auch noch den Wert der Abweichung inklusive Transaktionskosten nur für die Anpassungen des Hedgings an. (Das kann dann von Relevanz sein, wenn der Hedger – vielleicht eine Großbank – ohnehin ein großes Volumen im underlying hält und auch über die Laufzeit des Derivats hinaus halten will. Dann sind für das Hedgen des Derivats lediglich Anpassungen im ohnehin vorhandenen Aktienpaket der Bank aber kein Anfangshandel und keine Liquidation notwendig.)

Zusätzlich geben wir eine Grafik (Abbildung 4.95), in der die für die Anpassungen im Simulationsbeispiel 1 zu handelnden Stückzahlen des underlyings im Fall der wöchentlichen Anpassung eingetragen sind (positiver Wert: Kauf, negativer Wert: Verkauf).

Auf der Homepage sind Hedging-Programme zu finden, mit deren Hilfe beliebig viele weitere Simulationsbeispiele mit beliebig zu wählenden Payoffs durchgeführt und getestet werden können! Die Berechnung des Deltas, also der Anzahl der jeweils für perfektes Hedging zu haltenden Stück des underlyings, wird in diesen Programmen automatisch durchgeführt.

Ergebnisse Simulationsbeispiel 1:

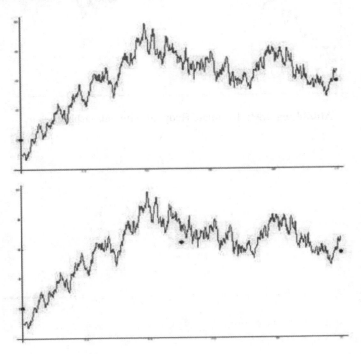

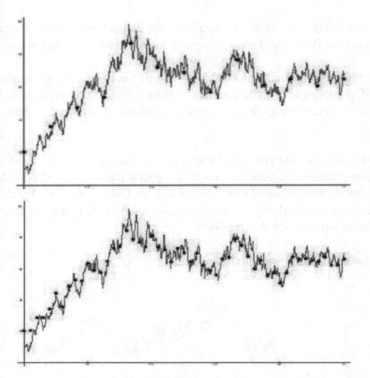

Abbildung 4.94: Resultate Hedging, Simulationsbeispiel 1

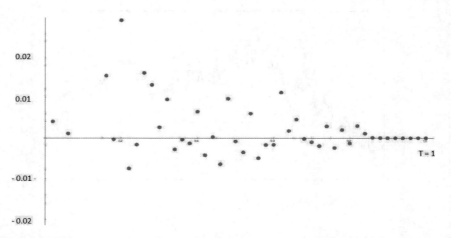

Abbildung 4.95: Bei Anpassungen zu handelnde Volumina in Simulationsbeispiel 1 bei wöchentlicher Anpassung

Einträge jeweils: Simulation 1 Simulation 2 Simulation 3	Endwert Strategie	Payoff Derivat	Endwert Strategie minus Derivat, ohne Transaktionskosten, absolut und in Prozent des Derivat-Preises	Endwert Strategie minus Derivat, mit gesamten Transaktionskosten, absolut und in Prozent des Derivat-Preises	Endwert Strategie minus Derivat, mit reinen Anpassungskosten absolut und in Prozent des Derivat-Preises
Statisch	16.275	16.748	-473 // -4.73%	-606 // -6.06%	-473 // -4.73%
	10.837	10.450	+387 // +3.87%	+284 // +2.84%	+387 // +3.87%
	8.681	8.362	+319 // +3.19%	+227 // +2.27%	+319 // +3.19%
1 Anpassung	16.182	16.748	-565 // -5.65%	-700 // +7.00%	-566 // -5.66%
	10.417	10.450	-33 // -0.33%	-145 // -1.45%	-43 // -0.43%
	8.440	8.362	+78 // +0.78%	-18 // -0.18%	+74 // +0.74%
12 Anpassungen	16.556	16.748	-191 // -1.91%	-361 // -3.61%	-227 // -2.27%
	10.744	10.450	+295 // +2.95%	+173 // +1.73%	+275 // +2.75%
	8.499	8.362	+137 // +1.37%	+22 // +0.22%	+114 // +1.14%
50 Anpassungen	16.594	16.748	-154 // -1.54%	-362 // -3.62%	-228 // -2.28%
	10.514	10.450	+64 // +0.64%	-98 // -0.98%	+4 // +0.04%
	8.334	8.362	-28 // -0.28%	-181 // -1.81%	-89 // -0.89%

Tabelle, Hedging-Resultate für die drei Simulationsbeispiele

4.23 Diskret angenähertes perfektes Hedging für beliebige europäische Derivate, insbesondere für europäische Call- und Put-Optionen

Im vorangegangenen Paragraphen haben wir näherungsweises perfektes Hedging anhand eines künstlichen aber anschaulichen und übersichtlichen Beispiels illustriert. Diese Vorgangsweise lässt sich natürlich ganz allgemein durchführen, für **beliebige europäische Derivate**, insbesondere eben auch für europäische Calls und Puts. Das wollen wir in diesem Paragraphen tun und diskutieren (aber wieder vorerst nur für den Fall künstlich simulierter Aktienkurse und konstant bleibender Volatilität). Die Vorgangsweise kann aus dem vorigen Paragraphen kopiert werden, bei entsprechendem Ersetzen der relevanten Größen:

Wir haben es nun mit einem beliebigen europäischen Derivat D zu tun, dessen fairer Preis zum Zeitpunkt 0 bei vorliegendem Aktien (= underlying) – Kurs S_0 den Wert $F(0, S_0)$ hat. Zu einem beliebigen Zeitpunkt t im Laufzeitintervall $[0, T]$ und bei dann bestehendem Aktienkurs S_t beträgt der faire Wert $F(t, S_t)$.

Das Delta Δ_t des Derivats D zur Zeit t ist dann gegeben durch $\Delta_t = \Delta(t, S_t) = \frac{\partial F}{\partial s}(t, s)|_{s=S_t}$.

Wir erinnern uns: Bei perfektem Hedging haben wir in jedem Zeitpunkt t genau Δ_t Stück des underlyings zu halten. Jetzt werden wir wieder (so wie im vorigen Paragrafen) jeweils zur Zeit $i \cdot dt$ (für $i = 0, 1, 2, \ldots, N$) das Portfolio so umschichten, dass wir im Zeitintervall $(i \cdot dt, (i+1) \cdot dt)$ genau $\Delta_{i \cdot dt}$ Stück des underlying halten. Im Beispiel des vorigen Paragraphen hatte sich für Δ_t gerade der Wert $\Delta_t = 2 \cdot S(t)$ ergeben. Für $F(0, S_0)$ hatte sich im Beispiel des vorigen Paragraphen der Wert

$F(0, S_0) = (S(0))^2$ ergeben. Ersetzen wir im Algorithmus des vorigen Paragraphen, die Werte $2 \cdot S(0), 2 \cdot S(dt), 2 \cdot S(2.dt), \ldots, 2 \cdot S(N \cdot dt)$ jeweils durch $\Delta_0, \Delta_{dt}, \Delta_{2 \cdot dt}, \ldots, \Delta_{N \cdot dt}$ und ersetzen wir im Algorithmus des vorigen Paragraphen (bereits in Schritt 0 a)) den Wert $(S(0))^2$ durch $F(0, S_0)$, dann erhalten wir gerade die im vorigen Paragraphen bereits in der Zusatzbemerkung angeführte Formel in allgemeiner Form:

Bei Durchführung der oben angeführten Hedging-Strategie zu den fixen Zeitpunkten $i \cdot dt$ (für $i = 0, 1, 2, \ldots, N$) bei einem Anfangs-Investment von $F(0, S_0)$ beträgt der Wert des Gesamt-Investments zur Zeit T genau

$$\Delta_T \cdot S(T) \quad - \quad e^{rT} \cdot (\Delta_0 \cdot S(0) - F(0, S(0)))$$
$$- \quad e^{rT} \cdot \sum_{i=1}^{N} \left(\Delta_{i \cdot dt} - \Delta_{(i-1) \cdot dt} \right) \cdot S(i \cdot dt)$$

Dieser Wert sollte möglichst nahe am Payoff des Derivats liegen um ein effizientes Hedging zu erreichen. Wir testen diesen Hedging-Vorgang (ganz analog zu unseren Untersuchungen im vorigen Paragraphen für das Derivat mit dem Payoff $(S(T))^2$) nun für eine plain vanilla Call-Option im Fall mittels des Wiener-Modells künstlich erzeugter Kurse bei konstanter Volatilität. Put-Optionen können natürlich ganz analog behandelt werden. Das Simulationsprogramm dazu kann wieder über die Homepage genutzt werden und zur Durchführung beliebiger weiterer Tests verwendet werden. Siehe: https://app.lsqf.org/book/call-put-hedging
Wir verwenden für unsere Illustrationsbeispiele die selben Parameter wie im vorigen Paragraphen mit den beiden Unterschieden, dass wir nun den realistischeren Wert $r = 0$ für den risikolosen Zinssatz annehmen und wir eine höhere Volatilität von 40% für das underlying wählen. Wir führen 3 Simulationen für eine Call-Option mit Strike $K = 90$ durch. Grafisch wird wiederum nur eines der Simulationsbeispiele dargestellt.

Illustrationsbeispiel: Simulation des Hedgings einer Call-Option

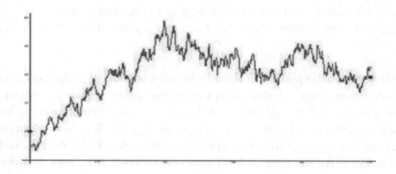

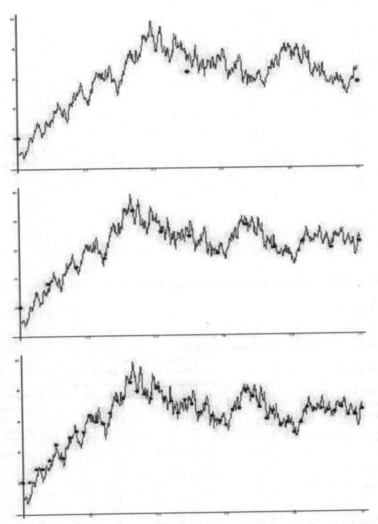

Abbildung 4.96: Resultate Hedging, Call-Option, Simulationsbeispiel 1

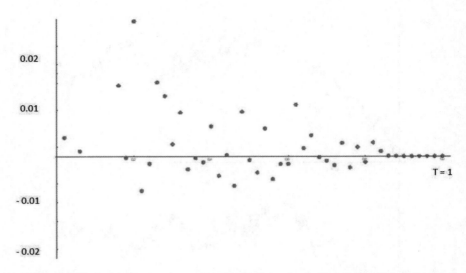

Abbildung 4.97: Bei Anpassungen zu handelnde Volumina in Simulationsbeispiel 1, *Call-Option*

CALL-OPTION Einträge jeweils: Simulation 1 Simulation 2 Simulation 3	Endwert Strategie	Payoff Derivat	Endwert Strategie minus Derivat, ohne Trans- aktionskosten, absolut und in Prozent des Derivat- Preises	Endwert Strategie minus Derivat, mit gesamten Transaktionskosten, absolut und in Prozent des Derivat- Preises	Endwert Strategie minus Derivat, mit reinen Anpassungskosten absolut und in Prozent des Derivat- Preises
Statisch	59 128 2.10	67 169 0	-7.72 // -38% -40.59 // -197% +2.10 // +10.2%	-8.28 // -40% -41.4 // -201% +1.93 // +9.38%	-7.72 // -38% -40.59 // -197% +2.10 // +10.2%
1 Anpassung	58 139 3.67	67 169 0	-8.99 // -44% -30.29 // -147% +3.67 // +17.8%	-9.68 // -47% -31.29 // -152% +3.43 // +16.7%	-9.12 // -44% -30.47 // -148% +3.60 // +17.5%
12 Anpassungen	65 166.28 1.89	67 169.11 0	-1.82 // -9% -2.83 // -13.75% +1.89 // +9.18%	-2.50 // -12% -3.76 // -18.27% +1.51 // +7.36%	-1.94 // -9% -2.94 // -14.30% +1.68 // +8.19%
50 Anpassungen	66.36 168.49 0.39	66.89 169.11 0	-0.53 // -3% -0.62 // -2.99% +0.39 // +1.92%	-1.26 // -6% -1.58 // -7.67% -0.24 // -1.17%	-0.70 // -3% -0.76 // -3.69% -0.07 // -0.24%

Tabelle, Hedging-Resultate für die drei Simulationsbeispiele, *Call-Option*

Bemerkungen:

1. Der faire Preis dieser Call-Option liegt bei 20.57. Die bei den Umschichtungen zu handelnden Volumina sind sehr gering (im Bereich von zumeist 0 bis 0.02 Stück pro Option, siehe Abbildung 4.97). Die Ergebnisse legen nahe, dass in diesem Fall eine zumindest wöchentliche Anpassung der Hedging-Strategie angebracht ist.

2. Im dritten Simulationsbeispiel ergibt sich ein Payoff von 0. In Abbildung 4.98 sehen wir die Entwicklung des zugehörigen Hedging-Portfolios.

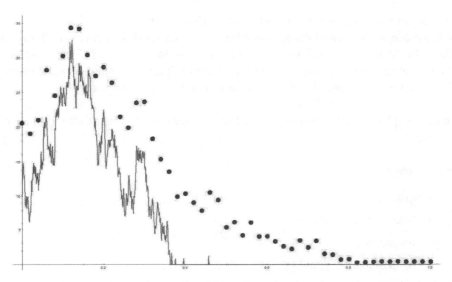

Abbildung 4.98: Simulationsbeispiel: Entwicklung eines Hedging-Portfolios für eine Call-Option mit Payoff 0, wöchentliche Anpassung

Der Vorgang und die Analyse des Hedgings einer Put-Option kann direkt aus obigen Analysen für das Hedging einer Call-Option und aus der Put-Call-Parity-Equation hergeleitet werden. Die Put-Call-Parity-Equation lautet $P(t) = C(t) + K \cdot e^{-r(T-t)} - S(t)$. Das bedeutet, dass für die Replizierung einer Put-Option die in jedem Moment zu haltende Anzahl von Stück des underlyings gleich ist der Anzahl von Stück des underlyings, die für die Replizierung der Call-Option vonnöten ist, minus 1.

4.24 Detaillierte Diskussion der Black-Scholes Formel für europäische Call-Optionen I (Abhängigkeit von S und von t, innerer Wert, Zeitwert)

Für einen professionellen Optionshandel ist es unerlässlich ein sehr genaues Gefühl für die Entwicklung der Preise von Optionen bzw. der Preise von Optionsstrategien zu bekommen. Dieses Gefühl lässt sich nur schwer auf theoretischem Weg vermitteln (auch wenn wir bereits alles theoretische Rüstzeug – die Black-Scholes-Formeln – dafür zur Verfügung haben), es kann vor allem durch aktives Handeln und ständiges Analysieren der Abläufe an den Optionsmärkten erworben werden. Die in diesem und den folgenden beiden Paragraphen (sowie späteren Anwendungs-Kapiteln) anhand vereinzelter Beispiele durchgeführten Analysen der Optionspreis-formeln und ihrer Entwicklungen können daher nur einen ersten – gleichwohl notwendigen (!) – Schritt in Richtung eines „Verstehens" von Optionspreis-Entwicklungen darstellen.

Weiters ist wichtig, wieder einmal auf Folgendes hinzuweisen:
Wir werden in diesen drei Paragraphen Preisanalysen auf Basis der (No-Arbitrage-)Formeln für Optionspreise und Optionsstrategien durchführen. In der konkreten Arbeit mit realen Optionsdaten ist immer wieder mit substantiellen Abweichungen der realen Entwicklungen von den theoretischen Entwicklungen zu rechnen.

In Paragraph 4.19 haben wir die Formel für den fairen Preis einer Call-Option hergeleitet.

Für gegebene

- Strike K
- risikolosen Zinssatz r
- Restlaufzeit T
- momentanen Zeitpunkt t
- Volatilität des underlyings σ während der Laufzeit
- und Kurs S des underlyings zur Zeit t

gilt für den fairen Preis $C(t)$ einer Call-Option mit den angeführten Parametern

$$C(t) = S \cdot \mathcal{N}(d_1) - K \cdot e^{-r(T-t)} \cdot \mathcal{N}(d_2)$$

mit

$$d_1 = \frac{\log\left(\frac{S}{K}\right) + \left(r + \frac{\sigma^2}{2}\right)(T-t)}{\sigma\sqrt{T-t}} \text{ und } d_2 = \frac{\log\left(\frac{S}{K}\right) + \left(r - \frac{\sigma^2}{2}\right)(T-t)}{\sigma\sqrt{T-t}},$$

(also $d_2 = d_1 - \sigma\sqrt{T-t}$) sowie mit $\mathcal{N}(x) := \frac{1}{\sqrt{2\pi}}\int_{-\infty}^{x} e^{-y^2} dy$ (also $\mathcal{N}$ ist die Verteilungsfunktion der Standard-Normalverteilung).

Für $t = T$ ist $C(t)$ natürlich identisch mit dem Payoff der Option. Dies lässt sich aus obiger Formel nicht unmittelbar ablesen, da die Werte d_1 und d_2 für $t = T$ nicht definiert sind (Nenner = 0).

In folgender Grafik (Abbildung 4.99) ist die Konvergenz der Preisformel für t gegen T aber sehr gut zu erkennen. In dieser Grafik haben wir vorerst für eine fixe Wahl von $K = 100, r = 0.01, T = 1$ und $\sigma = 0.5$ den Verlauf von $C(t)$ für die vier Zeitpunkte $t_1 = 0, t_2 = 0.3, t_3 = 0.6$ und $t_4 = 0.9$ in Abhängigkeit von verschiedenen Werten $S = S(t)$ des underlyings zur Zeit t dargestellt (Graphen in Rottönen). Zum Vergleich wurde auch die Payoff-Funktion in Abhängigkeit von

$S = S(T)$ dargestellt (in blau). Die oberste der Preislinien entspricht der Preisentwicklung für t_1, die zweite Linie von oben der Preisentwicklung für t_2, die dritte Linie von oben der Preisentwicklung für t_3 und die unterste rote Linie der Preisentwicklung für t_4.

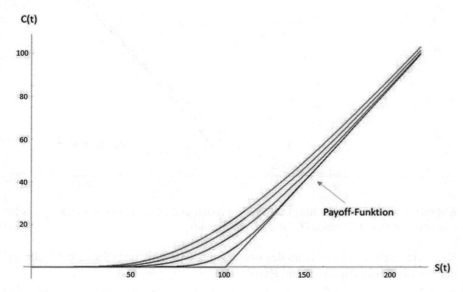

Abbildung 4.99: Entwicklung Call-Preis in Abhängigkeit vom Preis des underlyings für vier verschiedene Zeitpunkte (bei positivem Zinssatz)

Wir erkennen die Annäherung der Preisformel an die Payoff-Funktion für fortschreitende Zeit t (d.h. für sich verringernde Restlaufzeit $T - t$).

Wir sehen in dieser Grafik wieder die schon früher erwähnte Tatsache, dass sich die Preise der Call-Option stets oberhalb der Payoff-Funktion befinden. Wie wir auch früher schon bemerkt haben, ist das nur deshalb sicher der Fall, weil wir in diesem Beispiel von einem positiven risikolosen Zinssatz ausgegangen sind. Wenn wir dasselbe Beispiel aber mit einem negativen Zinssatz von $r = -0.1$ durchführen (das ist natürlich ein unrealistisch stark negativer Zinssatz, die Grafik zeigt aber bei dieser Parameterwahl die Situation eindrücklicher), dann erhalten wir folgendes Bild:

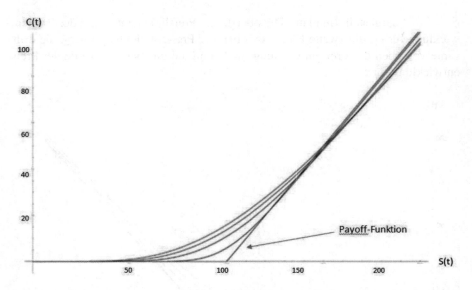

Abbildung 4.100: Entwicklung Call-Preis in Abhängigkeit vom Preis des underlyings für vier verschiedene Zeitpunkte (bei negativem Zinssatz)

Hier zeigt sich bei einem Kurs des underlyings weit über dem Strike ein Callpreis der vor der Fälligkeit unter dem Payoff liegt.

Die **Differenz** $Z(t)$ **zwischen dem momentanen Preis einer Option zu einem Zeitpunkt** t **vor Fälligkeit und der Payoff-Funktion** in diesem Moment (also bei dem momentanen Kurs des underlyings) heißt **„Zeitwert der Option"**.

Der Wert der Payoff-Funktion in diesem Moment (also bei dem momentanen Kurs des underlyings) heißt **„innerer Wert der Option"**. Der innere Wert einer Call-Option im Zeitpunkt t ist also $\max(S(t) - K, 0)$
und $C(t) = \max(S(t) - K, 0) + Z(t)$.

Der Zeitwert einer Option strebt für t gegen T gegen 0.

In einem Zinsumfeld mit nicht-negativen Zinsen ist der Zeitwert $Z(t)$ einer Call-Option immer größer als Null. Abbildung 4.101 zeigt den Zeitwert für das Beispiel von Abbildung 4.99.

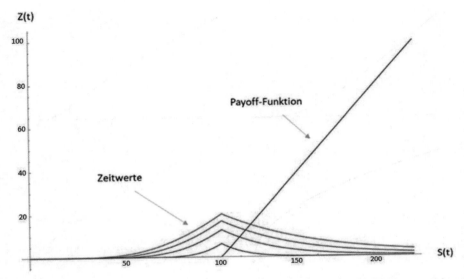

Abbildung 4.101: Entwicklung des Zeitwerts einer Call-Option in Abhängigkeit vom Preis des underlyings für vier verschiedene Zeitpunkte (bei positivem Zinssatz)

Wir bemerken natürlich einen (positiven) umso höheren Zeitwert je geringer t (also umso länger die Restlaufzeit $T - t$) ist.

Für gegebenes t ist der Zeitwert am höchsten, wenn $S(t)$ in der Nähe von K liegt.

Die wesentlichen Eigenschaften einer Option in ihrem Einsatz in dynamischen (also nicht nur statisch auf die Fälligkeit hin konzentrierten) Options-Handelsstrategien liegen im Zusammenspiel zwischen innerem Wert und Zeitwert der Option.

Der Preis einer Call-Option und auch der Zeitwert einer Call-Option fällt also (vorausgesetzt wieder nicht-negative Zinssätze) mit der Zeit t (bzw. mit kürzer werdender Restlaufzeit $T - t$). Wir stützen diese Beobachtung durch weitere Grafiken, in denen wir $C(t)$ jetzt in Abhängigkeit von der Zeit t (für verschiedene aber fixe Wahlen von $S = S(t)$ und die obigen sonstigen Parameterwahlen) darstellen.

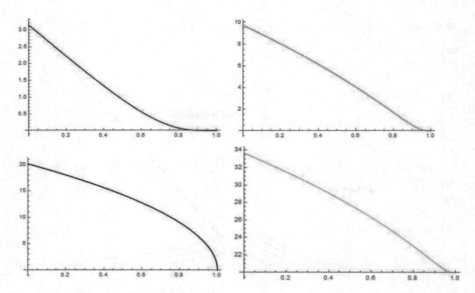

Abbildung 4.102: Entwicklung des Callpreises mit der Zeit für $K = 100$ und für Werte $S(t)$ von 60 (rot), 80 (grün), 100 (blau) und 120 (türkis), $r = 0.01$

Im Fall eines negativen Zinssatzes r kann die Situation allerdings ganz anders aussehen. Für die Abbildung 4.103 haben wir nun $r = -0.05$ gewählt und wieder die Entwicklung des Callpreises mit der Zeit für $K = 100$ und die Werte $S(t) = 80, 120, 160, 200$ dargestellt.

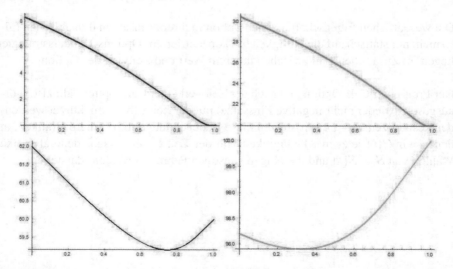

Abbildung 4.103: Entwicklung des Callpreises mit der Zeit für $K = 100$ und für Werte $S(t)$ von 80 (rot), 120 (grün), 160 (blau) und 200 (türkis), $r = -0.05$

Hier zeigt sich jetzt – zumindest bei höheren Werten von $S(t)$ – gegen Ende der Laufzeit ein mit der Zeit steigender Preis der Call-Option.

Die Tatsache, dass $C(t)$ (für nicht-negatives r (!)) monoton fallend in t ist, lässt sich auch rechnerisch leicht nachprüfen. Dazu werden wir die Black-Scholes-Formel für den Callpreis $C(t)$ nach der Zeit t ableiten.

Dabei bezeichnen wir im Folgenden mit ϕ die Dichtefunktion der Standard-Normalverteilung, also $\phi(x) := \frac{1}{\sqrt{2\pi}}e^{-\frac{x^2}{2}}$ und mit C' bzw. $d_i{}'$ bezeichnen wir die Ableitung von C bzw. von d_i nach t. Weiters erinnern wir, dass $d_2 = d_1 - \sigma\sqrt{T-t}$ ist und somit $d_2{}' = d_1{}' + \sigma\frac{1}{2\sqrt{T-t}}$ gilt.
Und es gilt damit auch:

$$
\phi(d_2) := \frac{1}{\sqrt{2\pi}}e^{-\frac{d_2^2}{2}} = \frac{1}{\sqrt{2\pi}}e^{-\frac{(d_1-\sigma\sqrt{T-t})^2}{2}} = \phi(d_1)\cdot e^{d_1\sigma\sqrt{T-t}-\frac{\sigma^2(T-t)}{2}} =
$$

$$
= \phi(d_1)e^{\log(\frac{S}{K})+\left(r+\frac{\sigma^2}{2}\right)(T-t)-\frac{\sigma^2(T-t)}{2}} = \phi(d_1)\frac{S}{K}e^{r(T-t)}.
$$

Somit erhalten wir:

$$
\begin{aligned}
C'(t) &= \frac{d}{dt}\left(S\cdot\mathcal{N}(d_1) - K\cdot e^{-r(T-t)}\cdot\mathcal{N}(d_2)\right) = \\
&= S\phi(d_1)\cdot d_1{}' - K\cdot e^{-r(T-t)}\cdot\phi(d_2)\cdot d_2{}' - K\cdot r\cdot e^{-r(T-t)}\cdot\mathcal{N}(d_2) = \\
&= S\phi(d_1)\cdot d_1{}' - K\cdot e^{-r(T-t)}\cdot\phi(d_1)\cdot\frac{S}{K}\cdot e^{r(T-t)}\cdot d_2{}' - \\
&\quad -K\cdot r\cdot e^{-r(T-t)}\cdot\mathcal{N}(d_2) = \\
&= S\phi(d_1)\cdot d_1{}' - S\phi(d_1)\cdot d_2{}' - K\cdot r\cdot e^{-r(T-t)}\cdot\mathcal{N}(d_2) = \\
&= -S\phi(d_1)\cdot\frac{\sigma}{2\sqrt{T-t}} - K\cdot r\cdot e^{-r(T-t)}\cdot\mathcal{N}(d_2)
\end{aligned}
$$

Also $C'(t) = -\left(S\cdot\phi(d_1)\cdot\frac{\sigma}{2\sqrt{T-t}} + K\cdot r\cdot e^{-r(T-t)}\cdot\mathcal{N}(d_2)\right)$.
Alle innerhalb der Klammer auftretenden Werte sind größer als 0 (vorausgesetzt r ist positiv), somit ist $C'(t)$ negativ und die Funktion $C(t)$ daher streng monoton fallend. Also mit fortschreitender Zeit fällt, bei sonst gleichbleibenden Parametern, der Preis einer Call-Option.

Dass dieses Ergebnis („der Preis eines Calls ist monoton fallend in t") anschaulich einleuchtend ist, wird häufig folgendermaßen argumentiert:

- Der faire Preis eines Calls ist ja, wie wir wissen, der diskontierte erwartete Payoff bezüglich eines bestimmten Wahrscheinlichkeitsmaßes.

- Der Payoff eines Calls bei Fälligkeit hat (typischer Weise) die folgende Form:

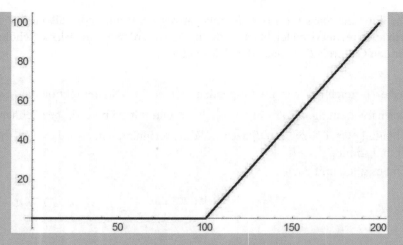

Abbildung 4.104: Payoff-Funktion Call

- Befindet sich der Kurs $S(t)$ des underlyings zur Zeit t an einem bestimmten Punkt, z.B. circa bei 70 („Fall 1") oder circa bei 130 („Fall 2") wie in Abbildung 4.105 und ändert sich der Kurs des underlyings bis zur Zeit T um x Punkte nach unten oder nach oben, dann passiert folgendes:

In Fall 1 bleibt der Payoff bei 0, es besteht aber die Chance, dass (falls genügend Restlaufzeit bleibt) $S(T)$ auf bis über $K = 100$ (in unserem Beispiel) ansteigt und es dann sogar zu einem positiven Payoff kommen kann. Der erwartete Payoff ist damit also größer als der Payoff (= 0) der sich bei sofortiger Ausübung ergeben würde. Die Chance dafür ist umso größer je länger die verbleibende Restlaufzeit ist.

In Fall 2 kann der Payoff in gleichem Maße linear um den Wert x zunehmen wie auch um den Wert x abnehmen. Die lineare Zunahme nach oben ist aber unbegrenzt, während die lineare Abnahme durch den Mindest-Payoff 0 nach unten beschränkt ist. Im Mittel ist also mit einem höheren Payoff zu rechnen als der, der sich bei sofortiger Ausübung ergeben würde. Eine längere Restlaufzeit lässt tendenziell weitere Ausschläge erwarten, der obige Effekt kommt bei längerer Restlaufzeit daher stärker zu tragen.

Fazit:

Eine längere Restlaufzeit lässt einen durchschnittlich höheren Payoff erwarten, daher impliziert eine längere Restlaufzeit einen höheren Call-Preis.

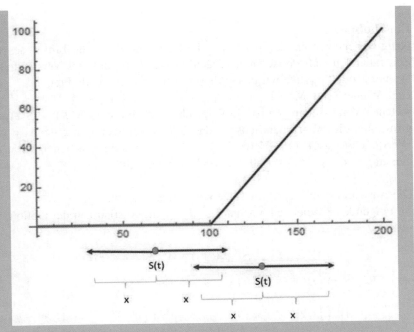

Abbildung 4.105: Payoff Call und Bewegungen des Kurswerts

Diese Argumentation unterstützt zwar die Intuition hat allerdings zwei wesentliche **logische Lücken**:

Erstens:

Es ist hier die Diskontierung des Payoffs nicht berücksichtigt. Eine längere Restlaufzeit verringert durch die Diskontierung (bei positivem Zinssatz r) den Wert des zukünftigen Payoffs. Dieser Effekt wäre bei obiger Argumentation also noch gegenzurechnen.

Zweitens:

Im Argument zu Fall 2 wurde stillschweigend so getan, als wäre ein Anstieg des Kurswerts um mindestens x Punkte (und damit ein Anstieg des Payoffs um mindestens x Punkte) gleich wahrscheinlich wie ein Fallen des Kurswerts um mindestens x Punkte (und damit ein Fallen des Payoffs um mindestens x Punkte bzw. schlimmsten Falls auf 0). Nur dann wenn der Anstieg um mindestens x Punkte stets gleich wahrscheinlich oder sogar wahrscheinlicher als ein Fallen um mindestens x Punkte ist, nur dann kann man so anschaulich einfach auf einen durchschnittlich höheren zu erwartenden Payoff schließen.

Einschub:

Neugierig geworden durch obige Überlegungen zur Plausibilität des mit der Zeit fallenden Call-Preises und zusätzlich zur Vertiefung des Verständnisses des Wiener Modells stellen wir uns in diesem Einschub folgende Frage:

Das Wiener'sche Modell erfüllt ja $S(T) = S(t) \cdot e^{\mu(T-t)+\sigma\sqrt{T-t}w}$. Unter welchen Voraussetzungen ist die Wahrscheinlichkeit, dass $S(T) > S(t) + x$ gilt, größer als die Wahrscheinlichkeit, dass $S(T) < S(t) - x$ gilt? Also wann ist $W(S(T) > S(t) + x) > W(S(T) < S(t) - x)$ und unter welchen Voraussetzungen an μ und σ ist dies für alle x, t und $S(t)$ der Fall?

Die Antwort darauf liefert die folgende einfache Rechnung:

Im Folgenden bezeichnen wir mit $\tau = T - t$ die Restlaufzeit der Option, und wir setzen $y = \frac{x}{S(t)}$.

$$W\left(S(T) > S(t) + x\right) \geq W\left(S(T) < S(t) - x\right)$$

$$\Leftrightarrow W\left(S(t)\left(e^{\mu\tau+\sigma\sqrt{\tau}w} - 1\right) > x\right) \geq W\left(S(t)\left(e^{\mu\tau+\sigma\sqrt{\tau}w} - 1\right) < -x\right)$$

$$\Leftrightarrow W\left(\left(e^{\mu\tau+\sigma\sqrt{\tau}w} - 1\right) > y\right) \geq W\left(\left(e^{\mu\tau+\sigma\sqrt{\tau}w} - 1\right) < -y\right)$$

$$\Leftrightarrow W\left(e^{\sigma\sqrt{\tau}w} > \frac{1+y}{e^{\mu\tau}}\right) \geq W\left(e^{\sigma\sqrt{\tau}w} < \frac{1-y}{e^{\mu\tau}}\right)$$

$$\Leftrightarrow W\left(w > \frac{1}{\sigma\sqrt{\tau}} \cdot \log\frac{1+y}{e^{\mu\tau}}\right) \geq W\left(w < \frac{1}{\sigma\sqrt{\tau}}\log\frac{1-y}{e^{\mu\tau}}\right).$$

Aufgrund der Symmetrie der standard-normalverteilten Zufallsvariablen w ist die letzte Ungleichung genau dann erfüllt, wenn

$$\frac{1}{\sigma\sqrt{\tau}} \cdot \log\frac{1+y}{e^{\mu\tau}} + \frac{1}{\sigma\sqrt{\tau}}\log\frac{1-y}{e^{\mu\tau}} \leq 0,$$

ist, also genau dann wenn

$$\frac{1-y^2}{e^{2\mu\tau}} \leq 1$$

$$\Leftrightarrow y^2 \geq 1 - e^{\mu\tau}$$

Falls nun $\mu\tau \geq 0$, also falls $\mu \geq 0$ ist, dann ist die rechte Seite der letzten Ungleichung somit für alle y erfüllt.

Wenn $\mu < 0$ ist, dann ist die Ungleichung genau für die y erfüllt, für die $y \geq \sqrt{1 - e^{2\mu\tau}}$ ist, also für diejenigen x für die $x \geq S(t)\sqrt{1 - e^{2\mu\tau}}$ gilt.

Für das risikoneutrale Modell, also für den Fall $\mu = r - \frac{\sigma^2}{2}$, heißt das:

Nur wenn $r \geq \frac{\sigma^2}{2}$ ist, nur dann ist die obige Argumentation zur Plausibilität der Monotonie des Callpreises (abgesehen von der Diskontierung) in jedem Fall korrekt.

4.25 Detaillierte Diskussion der Black-Scholes Formel für europäische Call-Optionen II (Abhängigkeit von der Volatilität)

Wir beschäftigen uns nun mit der Abhängigkeit des fairen Preis C einer Call-Option von der Volatilität. Wenn wir noch die intuitive, aber nicht vollständig konsistente Argumentation aus dem vorigen Paragraphen dafür, dass der Call-Preis monoton fallend mit der Zeit ist, im Ohr haben, dann ist auch die folgende heuristische Überlegung naheliegend:

Höhere Schwankung des Kurses des underlyings erhöht die Chance auf einen durchschnittlich höheren Payoff. Naheliegend ist daher ein Call-Preis der streng monoton wachsend mit der Volatilität σ ist.

Für den Extremfall $\sigma = 0$:
Der Optionspreis ist in diesem Fall ($\sigma = 0$) gegeben durch

$$
\begin{aligned}
C(t) &= e^{-r(T-t)} \cdot E\left(\max\left(S(t) \cdot e^{\left(r-\frac{\sigma^2}{2}\right)(T-t)+\sigma\sqrt{T-t}w} - K, 0\right)\right) = \\
&= e^{-r(T-t)} \cdot E\left(\max\left(S(t) \cdot e^{r(T-t)} - K, 0\right)\right) = \\
&= \max\left(S(t) - K \cdot e^{-r(T-t)}, 0\right)
\end{aligned}
$$

$C(t)$ hat also (in Abhängigkeit von $S(t)$) bei Volatilität gleich 0 die Form der Payoff-Kurve, allerdings leicht nach links verschoben (bei positivem r) bzw. leicht nach rechts verschoben (bei negativem r). Im Fall $r = 0$ fällt die Kurve für C in Abhängigkeit von $S(t)$ mit der Payoff-Funktion zusammen.

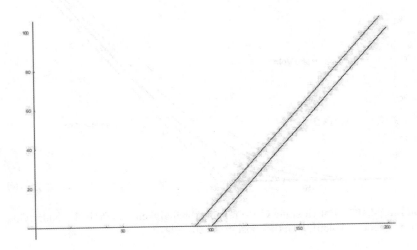

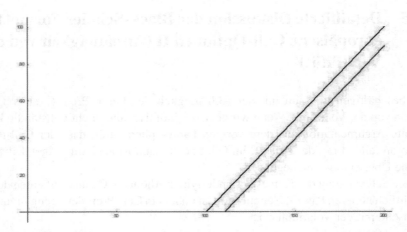

Abbildung 4.106: Preis der Call-Option in Abhängigkeit von $S(t)$ bei Volatilität gleich 0 (rot) im Vergleich mit der Payoff-Funktion (blau), oben für $r > 0$, unten für $r < 0$

In folgender Grafik (Abbildung 4.107) haben wir für eine fixe Wahl von $K = 100, r = 0.05, T = 1$ und $t = 0$ den Verlauf von C für die vier verschiedenen Volatilitäten $\sigma_1 = 0, \sigma_2 = 0.3, \sigma_3 = 0.6$ und $\sigma_4 = 0.9$ in Abhängigkeit von verschiedenen Werten $S = S(0)$ des underlyings zur Zeit 0 dargestellt (Graphen in Rottönen). Zum Vergleich wurde auch die Payoff-Funktion in Abhängigkeit von $S = S(T)$ dargestellt (in blau). Die unterste der Preislinien entspricht der Preisentwicklung für σ_1, die zweite Linie von unten der Preisentwicklung für σ_2, die dritte Linie von unten der Preisentwicklung für σ_3 und die oberste rote Linie der Preisentwicklung für σ_4.

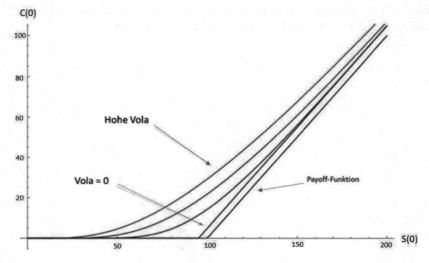

Abbildung 4.107: Entwicklung Call-Preis in Abhängigkeit von Preis des underlyings für vier verschiedene Volatilitäten (bei positivem Zinssatz)

Für negatives r $(r = -0.05)$ sieht die entsprechende Grafik folgendermaßen aus (Abbildung 4.108):

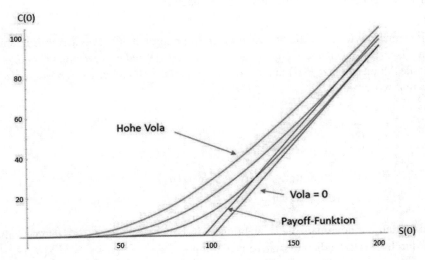

Abbildung 4.108: Entwicklung Call-Preis in Abhängigkeit von Preis des underlyings für vier verschiedene Volatilitäten (bei negativem Zinssatz)

Der Preis einer Call-Option steigt also augenscheinlich mit der Volatilität σ. Wir stützen diese Beobachtung durch weitere Grafiken, in denen wir C jetzt in Abhängigkeit von der Volatilität σ (für verschiedene aber fixe Wahlen von $S = S(0)$ und die obigen sonstigen Parameterwahlen) darstellen.

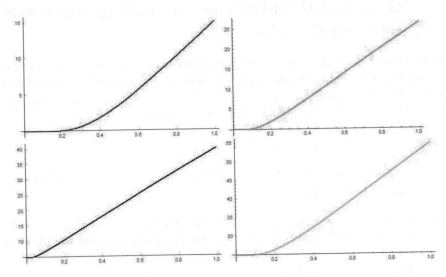

Abbildung 4.109: Entwicklung des Callpreises mit der Volatilität für $K = 100$ und für Werte $S(t)$ von 60 (rot), 80 (grün), 100 (blau) und 120 (türkis), $r = 0.05$

Wir wollen nun die Preisformel für Call-Optionen in Abhängigkeit von der Volatilität σ diskutieren und die Monotonie analytisch nachweisen. Unter $C'(\sigma)$ verstehen wir im Folgenden die Ableitung von $C(\sigma)$ nach σ.

Wir erinnern wieder an die bereits im letzten Paragraphen verwendeten Beziehungen $d_2 = d_1 - \sigma\sqrt{\tau}$ und $\phi(d_2) = \phi(d_1) \cdot \frac{S}{K} \cdot e^{r\tau}$. (Wieder bezeichnet $\tau = T - t$.) Für die Ableitungen $d_1'(\sigma)$ und $d_2'(\sigma)$ gilt daher die Beziehung $d_2'(\sigma) = d_1'(\sigma) - \sqrt{\tau}$ und wir erhalten

$$
\begin{aligned}
C'(\sigma) &= \frac{d}{d\sigma}\left(S \cdot \mathcal{N}(d_1) - K \cdot e^{-r\tau} \cdot \mathcal{N}(d_2)\right) = \\
&= S \cdot \phi(d_1) \cdot d_1'(\sigma) - K \cdot e^{-r\tau} \cdot \phi(d_2) \cdot d_2'(\sigma) = \\
&= S \cdot \phi(d_1) \cdot d_1'(\sigma) - K \cdot e^{-r\tau} \cdot \phi(d_1) \cdot \frac{S}{K} \cdot e^{r\tau} \cdot \left(d_1'(\sigma) - \sqrt{\tau}\right) = \\
&= \sqrt{\tau} \cdot S \cdot \phi(d_1).
\end{aligned}
$$

Verwenden wir nochmals die Beziehung zwischen $\phi(d_2)$ und $\phi(d_1)$, dann erhalten wir durch Einsetzen die alternative Darstellung $C'(\sigma) = K \cdot e^{-r\tau}\sqrt{\tau}\phi(d_2)$.

Es ist also $C'(\sigma) = \sqrt{T-t} \cdot S \cdot \phi(d_1) = K \cdot e^{-r(T-t)} \cdot \sqrt{T-t} \cdot \phi(d_2)$.
Alle auftretenden Faktoren (in beiden Darstellungen) sind positiv. Der Preis einer Call-Option ist also unter allen Umständen monoton wachsend mit der Volatilität.

4.26 Detaillierte Diskussion der Black-Scholes Formel für europäische Call-Optionen III (Abhängigkeit vom risikolosen Zinssatz)

Die Diskussion der Call-Preis-Formel bezüglich des risikolosen Zinssatzes r starten wir jetzt von Vorherein analytisch und leiten $C(r)$ nach r ab. Das ist ganz einfach, wenn wir wieder $\phi(d_2) = \phi(d_1) \cdot \frac{S}{K} \cdot e^{r(T-t)}$ und $d_2 = d_1 - \sigma\sqrt{T-t}$ und somit $d_2'(r) = d_1'(r)$ beachten. Wir erhalten nämlich

$$
\begin{aligned}
C'(r) &= \frac{d}{dr}\left(S \cdot \mathcal{N}(d_1) - e^{-r\tau} \cdot K \cdot \mathcal{N}(d_2)\right) = \\
&= S \cdot \phi(d_1) \cdot d_1' - e^{-r\tau} \cdot K \cdot \phi(d_2) \cdot d_2' + \tau \cdot e^{-r\tau} \cdot K \cdot \mathcal{N}(d_2) = \\
&= \tau \cdot e^{-r\tau} \cdot K \cdot \mathcal{N}(d_2).
\end{aligned}
$$

Die Ableitung von C nach r ist also gegeben durch $C'(r) = \tau \cdot e^{-r\tau} \cdot K \cdot \mathcal{N}(d_2)$ und ist also offensichtlich stets positiv. **C ist somit streng monoton wachsend in r.**

Wir ergänzen dieses Ergebnis durch die entsprechenden Illustrationen in Analogie zu den vorigen beiden Paragraphen.

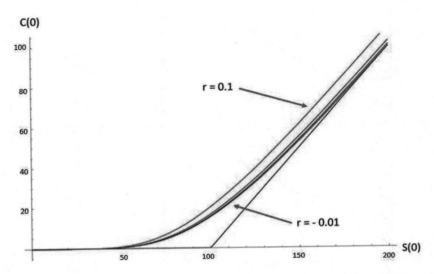

Abbildung 4.110: Entwicklung Call-Preis in Abhängigkeit von Preis des underlyings für vier verschiedene risikolose Zinssätze $r = -0.01, r = 0, r = 0.02$ und $r = 0.1$

In Abbildung 4.110 sind wiederum die Callpreis-Entwicklungen für 4 verschiedene Zinssätze (und die Parameter $K = 100, T = 1, t = 0, \sigma = 0.4$ dargestellt. Der unterste Kursverlauf entspricht dem kleinsten Zinssatz, der oberste Kursverlauf dem höchsten Zinssatz.

Ersichtlich ist auch: Die Callpreis-Entwicklungen sind relativ stabil in Bezug auf Änderungen des risikolosen Zinssatzes r. Änderungen des Zinssatzes um 1% haben nur sehr geringfügige Auswirkungen auf die Callpreise. Darüber hinaus ist während üblicher – nicht allzu langer – Laufzeiten im Allgemeinen nicht mit allzu großen Zinsänderungen zu rechnen. Der Einfluss von Zinsänderungen auf die Call-Options-Preise (das Zinsänderungsrisiko) ist also im Allgemeinen relativ gering.

Wir fügen auch noch die weiteren Grafiken an, in denen wir C jetzt in Abhängigkeit vom risikolosen Zinssatz r (für verschiedene aber fixe Wahlen von $S = S(0)$ und die obigen sonstigen Parameterwahlen) darstellen.

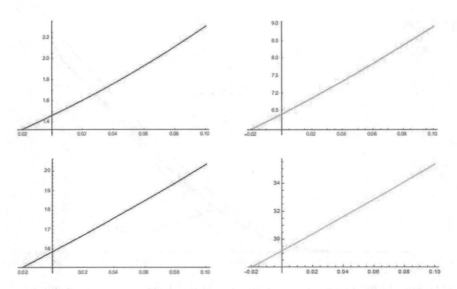

Abbildung 4.111: Entwicklung des Callpreises mit dem risikolosen Zinssatz r für $K = 100$ und für Werte $S(t)$ von 60 (rot), 80 (grün), 100 (blau) und 120 (türkis), $\sigma = 0.4$, r von - 2% bis + 10%

Auch hier wäre es wieder schön, eine intuitive Einsicht zu bekommen, eine heuristische Erklärung dafür zu finden, warum Call-Optionspreise monoton wachsend in r sind. Unter Zuhilfenahme der Black-Scholes-Formel für den Call-Preis kann diese Erklärung sofort gefunden werden (auch ohne Rückgriff auf die Ableitung von C nach r):
Es ist ja nach Black-Scholes

$$C(t) = e^{-r(T-t)} \cdot E\left(\max\left(S(t) \cdot e^{\left(r - \frac{\sigma^2}{2}\right)(T-t) + \sigma\sqrt{T-t}w} - K, 0\right)\right) =$$

$$= E\left(\max\left(S(t) \cdot e^{-\frac{\sigma^2}{2}(T-t) + \sigma\sqrt{T-t}w} - K \cdot e^{-r(T-t)}, 0\right)\right)$$

Der Parameter r kommt in dieser Darstellung der Formel nur noch im Term $-K \cdot e^{-r(T-t)}$ vor, und der ist monoton wachsend in r und somit ist C monoton wachsend in r. Dies ist aber keine unmittelbar intuitive Erklärung, wir verwenden hierfür ja bereits das Wissen um die Black-Scholes-Formel.

Ein anderer – wirklich heuristischer – Ansatz wäre der folgende:
Eine Call-Option bietet ja die Möglichkeit auf relativ **günstige** Art und Weise **auf steigende** Kurse eines underlyings zu setzen. Dies lässt sich durch eine Replikation sicher nur so bewerkstelligen, dass man **eine nicht zu geringe Menge des underlyings kauft** (und später ständig anpasst). Da die Call-Option eben eine günstige Variante ist, wird der berechnete Optionspreis allein

nicht ausreichen um die entsprechende Menge des underlyings zu kaufen. **Es wird daher nötig sein, für die Replizierung einen Kredit aufzunehmen.** Die Kreditaufnahme ist umso teurer je höher der risikolose Zinssatz ist. Und damit ist das Replizieren und ergo der Preis der Call-Option umso höher je höher der risikolose Zinssatz r ist. Der Preis einer Call-Option ist somit logischer Weise monoton steigend in r.

Diese Argumentation wird auch unterstützt, wenn wir noch einmal einen Blick zurück auf die Bewertung einer Option im binomischen Ein-Schritt-Modell werfen:

In Paragraph 3.10 hatten wir das replizierende Portfolio für ein Derivat mit zwei möglichen Payoffs f_u und f_d in einem binomischen Ein-Schritt-Modell hergeleitet. Der Cash-Betrag im replizierenden Portfolio belief sich dabei auf $y = \frac{u \cdot f_d - d \cdot f_u}{u-d}$. Wenn wir es nun mit einer Call-Option zu tun haben, dann ist $f_d = 0$ und $f_u > 0$, also $y = -\frac{d \cdot f_u}{u-d} < 0$. Das heißt: Für die Bildung eines replizierenden Portfolios ist tatsächlich die Aufnahme eines Kredits notwendig und unsere obige heuristische Argumentation ist damit unterstützt.

4.27 Kurze Zwischenbemerkungen zur Nutzung der Black-Scholes-Formel und zu den darin auftretenden Parametern r und σ

Ein paar Zwischenbemerkungen sind angebracht:

1. In allen Analysen der Optionspreisformel für Call-Optionen, die wir oben durchgeführt haben, – dessen müssen wir uns bewusst sein! – sind wir von der **Formel** für den fairen Preis dieser Optionen (und der Annahme eines Wiener'schen Modells für das underlying) ausgegangen. **Alle hergeleiteten Folgerungen (z.B. Monotonie) beziehen sich auf die Optionspreisformel, müssen aber nicht unbedingt für die real beobachtbaren Optionspreise immer Gültigkeit haben.** Es ist zum Beispiel nicht ausgeschlossen, dass sich – trotz (angenommen) positiven Zinssatzes r – der Preis einer ganz konkreten Call-Option bei sonst unveränderten Bedingungen (unverändertes r, unverändertes σ) im Lauf einer kurzen Zeitspanne erhöht, obwohl er – theoretisch – eigentlich mit der Zeit fallen müsste. (Dabei wird später übrigens durchaus noch intensiv zu diskutieren sein, was wir unter „unverändertem σ" verstehen wollen.) Was bedeutet es aber, wenn sich die realen Optionspreise nicht so verhalten, wie es von den theoretischen Folgerungen aus der Black-Scholes-Formel induziert wäre? Was bedeutet es zum Beispiel, wenn der Preis einer Call-Option trotz positiven Zinssatzes r im Lauf eines bestimmten Zeitabschnitts $[t_1, t_2]$, bei sonst unveränderten Parametern ansteigt? Es bedeutet, dass der Preis der Option entweder im Zeitpunkt t_1 oder im

Zeitpunkt t_2 vom fairen Preis abweichen muss und dass daher (vorausgesetzt die Abweichung ist signifikant genug) entweder ab dem Zeitpunkt t_1 oder ab dem Zeitpunkt t_2 Arbitrage möglich wäre (wiederum vorausgesetzt, das underlying entwickelt sich tatsächlich nach einem Wiener Modell mit den angenommenen Parametern).

2. Zwei der in der Black-Scholes-Formel auftretenden Parameter sind variabel, nämlich der Zinssatz r und die Volatilität σ. Es ist durchaus möglich und im Fall der Volatilität sogar wahrscheinlich, dass sich diese Parameter während der Restlaufzeit der Option ändern. **Im bisherigen Ansatz**, in der Form in der wir die Black Scholes Formel bisher hergeleitet und zur Verfügung haben, **wurde vorausgesetzt, dass sich der Zinssatz r und die Volatilität σ während der Laufzeit des Derivats nicht verändern!** Welche Konsequenzen haben diese Annahmen und welchen Einfluss haben sie auf die Relevanz der Black-Scholes-Formel? Welche alternativen Ansätze wären möglich um diese einschränkenden Voraussetzungen zu umgehen? Wir werden diese Fragen in den nächsten beiden Punkten vorläufig (!) behandeln.

3. Zum verwendeten Zinssatz r:
   In Hinblick auf den in der Black-Scholes-Formel verwendeten Zinssatz r stellt sich – neben der Frage nach der Zulässigkeit der Annahme eines sich nicht verändernden Zinssatzes – eine weitere Frage. Nämlich die Frage, **welcher Zinssatz konkret in der Black-Scholes-Formel** zu verwenden ist. Ist es der Zinssatz für den Zeitbereich $[0, T]$ oder ist es der kürzestfristige (overnight-) Zinssatz? Um diese Frage zu klären, erinnern wir uns noch einmal an die Herleitung der Black-Scholes-Formel (über das binomische N-Schritt-Modell). Die Herleitung erfolgte durch die Konstruktion einer perfekten Hedging-Strategie für das Derivat. Das für diese Hedging-Strategie benötigte Anfangs-Investment war dann der faire Preis des Derivats. In der Hedging-Strategie war es nötig, kontinuierlich ein Portfolio umzuschichten und dabei, unter anderem, **kontinuierlich** Cash (in vorab nicht a priori bekanntem Umfang und nicht a priori bekannter Dauer) anzulegen oder als Kredit aufzunehmen. Der dabei ins Spiel kommende Zinssatz kann daher nur der **kürzestfristige (overnight-) Zinssatz** sein. Dieser Zinssatz ist aus Sicht des Zeitpunkts 0 (also am Bewertungsstichtag) nur für den Zeitpunkt 0, nicht aber für spätere Zeitpunkte bekannt. Wäre er bekannt, also würde man den kürzestfristigen Zinssatz schon zur Zeit 0 als deterministische Funktion $r(t)$ für den ganzen Zeitbereich $[0, T]$ kennen, so müsste bei der Herleitung der Black-Scholes-Formel oder aber bei der Näherungsformel, die man durch ein sehr feinmaschiges (das Wiener Modell annäherndes) binomisches N-Schritt-Modell erhält, in jedem Schritt der momentan gültige Zinssatz $r(t)$ verwendet werden. Bei der Bewertung in einem binomischen 2-Schritt-Modell würde das dann wie folgt aussehen:

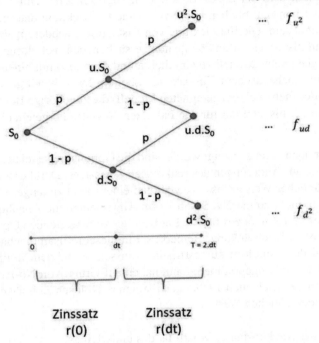
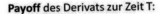

Abbildung 4.112: binomisches 2-Schritt-Modell mit variablem Zinssatz

Für die möglichen fairen Werte f_u bzw. f_d des Derivats im Zeitpunkt d_t erhält man nun unter Verwendung des Zinssatzes $r(dt)$:

$$f_u = e^{-r(dt)dt} \cdot \left(p'(dt) \cdot f_{u^2} + \left(1 - p'(dt)\right) \cdot f_{ud}\right) \text{ bzw.}$$

$$f_d = e^{-r(dt)dt} \cdot \left(p'(dt) \cdot f_{ud} + \left(1 - p'(dt)\right) \cdot f_{d^2}\right)$$

mit $p'(dt) = \frac{e^{r(dt)dt} - d}{u - d}$

und in weiterer Folge damit dann für den fairen Wert f_0 des Derivats im Zeitpunkt 0:

$$
\begin{aligned}
f_0 &= e^{-r(0)dt} \cdot \left(p'(0) \cdot f_u + \left(1 - p'(0)\right) \cdot f_d\right) = \\
&= e^{-(r(0)+r(dt))dt} \cdot \left(p'(0) \cdot p'(dt) \cdot f_{u^2} + p'(0) \cdot \left(1 - p'(dt)\right) + \right. \\
&\quad \left. + \left(1 - p'(0)\right) \cdot p'(dt)\right) \cdot f_{ud} + \left(1 - p'(0)\right) \cdot \left(1 - p'(dt)\right) \cdot f_{d^2}
\end{aligned}
$$

mit $p'(0) = \frac{e^{r(0)dt} - d}{u - d}$.

Diese Vorgangsweise lässt sich dann natürlich weiter algorithmisch für beliebige N-Schritt-Modelle ausweiten.

In der Realität wird der risikolose kürzestfristige Zinssatz r im Zeitbereich $[0, T]$ weder konstant bleiben noch wird seine Entwicklung deterministisch vorab bekannt sein. Die Entwicklung von r ist a priori wiederum ein stochastischer Zufallsprozess. Man könnte nun versuchen, den risikolosen Zinssatz durch ein geeignetes Modell zu simulieren und dann also mit einem Wiener Modell mit stochastischem Zinssatz zu arbeiten. Dazu benötigt man aber zuerst wieder (neben einem geeigneten Modell) die zugehörige Bewertungstheorie, die wir bis jetzt nur für den Fall fixer Zinssätze hergeleitet haben.

Wie weiter oben bereits gezeigt wurde, sind die Optionspreise relativ insensibel in Bezug auf Änderungen des risikolosen Zinssatzes. Darüber hinaus ändern sich üblicher Weise Zinssätze während einer (nicht zu langen) Laufzeit einer Option nicht zu massiv. Somit ist im Allgemeinen die Annahme eines fixen risikolosen Zinssatzes für die Laufzeit der zu bewertenden Option keine allzu große Einschränkung. Bemerkt sei in diesem Zusammenhang auch noch: Wird der risikolose kürzestfristige Zinssatz r auf dem Zeitintervall $[0, T]$ als konstant angenommen, dann haben auf Grund von No-Arbitrage-Argumenten natürlich auch alle längerfristigen risikolosen Zinssätze $f_{0,t}$ für $0 < t \leq T$ den gleichen Wert r.

4. Zur Annahme von konstanter Volatilität des underlyings:
   Die Volatilität des underlyings als Parameter bei der Bewertung von Derivaten über dem Wiener Modell ist der wesentliche variable Parameter. Die fairen Preise von Derivaten hängen wesentlich von dieser Volatilität ab. Wir sind in unserem bisherigen Modell von während der Laufzeit konstant bleibender Volatilität σ ausgegangen. Das ist im Allgemeinen eine unrealistische Annahme. Ebenso ist es unrealistisch, eine bestimmte a priori bekannte deterministische Entwicklung der Volatilität in $[0, T]$ anzunehmen.

Und überhaupt: Ganz recht bedacht, was ist eigentlich unter der „momentanen Volatilität des underlyings" (der momentanen Schwankungsstärke des underlyings) zu verstehen? Wie ist diese zu messen? Mit dieser Frage werden wir uns in Kapitel 5 eingehend beschäftigen. Nehmen wir daher vorerst einmal an, wir hätten diese grundlegende Frage halbwegs befriedigend gelöst und hätten uns auf eine Methodik zur Schätzung der momentanen Volatilität σ des underlyings verständigt. Diese Methodik wird einen momentan gültigen Wert σ liefern, der aber über die Laufzeit des Derivats im Allgemeinen weder konstant bleiben wird noch wird seine Entwicklung deterministisch vorab bekannt sein. Die Entwicklung von σ ist a priori wiederum ein stochastischer Zufallsprozess. Man könnte nun versuchen, die Volatilität des underlyings durch ein geeignetes Modell zu simulieren und dann also mit einem Wiener Modell mit stochastischer Volatilität zu arbeiten. Dazu benötigt man aber zuerst wieder (neben einem geeigneten Modell) die zugehörige

Bewertungstheorie, die wir bis jetzt nur für den Fall konstanter Volatilität hergeleitet haben. Mit einer solchen Bewertungstheorie unter der Annahme stochastischer Volatilität werden wir uns aber später durchaus beschäftigen.

Eine mögliche Adaption der Annahme konstanter Volatilität in Richtung eines etwas realistischeren Modells beruht auf der **Beobachtung steigender Volatilitäten bei fallenden Kursen des underlyings und fallender Volatilität bei steigenden Kursen des underlyings** (diese Tatsache wird auch später eingehender behandelt, wenn wir uns der Diskussion der Volatilität intensiver zuwenden werden). Denken wir nun wieder an die Bewertung eines Derivats über einem Wiener Modell durch die Bewertung über einem approximierenden binomischen N-Schritt-Modells. Dann wäre es im Licht der oben erwähnten Abhängigkeit zwischen Volatilität und Kurs des underlyings sinnvoll, den Knoten im binomischen Modell verschiedene Volatilitäten zuzuschreiben (je niedriger der Kurs des underlyings umso höher die Volatilität an diesem Knotenpunkt). Dies hat dann wiederum Auswirkungen auf die in diesem Knotenpunkt gültigen Parameter u und d und damit auf die in diesem Punkt zu verwendende künstliche Wahrscheinlichkeit p'.

Einen solchen Ansatz wollen wir im folgenden Kapitel durchführen, das dazu auf unserer Homepage verfügbare Bewertungsprogramm erläutern und einige Tests durchführen. Siehe:

```
https://app.lsqf.org/book/pricing-binomial
```

4.28 Programm und Test: Bewertung von Derivaten durch Approximation mit einem binomischen N-Schritt-Modell mit zum Kurs des underlyings korrelierender Volatilität

Die Problematik bei diesem Ansatz liegt nun allerdings darin, dass durch sich ändernde Volatilität und sich dadurch ändernde u- und d-Werte die Werte des underlyings in den einzelnen Knoten nicht nur von der **Anzahl** der up- bzw. down-Bewegungen im binomischen Modell abhängen (also vom jeweiligen Knoten) sondern auch von dem konkreten Weg der zu diesem Knoten geführt hat. Der Ansatz kann trotzdem durchgeführt werden, wird aber numerisch wesentlich aufwändiger. Wir erläutern hier das Prinzip zur besseren Veranschaulichung nur anhand eines binomischen Zwei-Schritt-Modells. Die Ausweitung auf beliebige N-Schritt-Modelle sollte dann prinzipiell klar sein.

Als mögliche Abhängigkeit zwischen Kurs des underlyings und Volatilität des underlyings wäre folgender Ansatz durchaus plausibel:

Eine Änderung eines Aktienkurses von S_0 auf $S_t = S_0 \cdot (1+x)$, also um x Prozent, impliziert eine Änderung der Volatilität von σ auf $\sigma_t = \frac{\sigma}{(1+x)^a}$, für einen geeignet zu wählenden Parameter a. Das ist gleichbedeutend mit dem Zusammenhang $\sigma_t = \sigma \cdot \left(\frac{S_0}{S_t} \right)^a$.

Also, zum Beispiel, bei verschiedenen Wahlen des Parameters a würden (kurzfristige) Veränderungen (während der Laufzeit eines Derivats) des S&P500 Index ausgehend von 2900 Punkten und einer anfänglichen Volatilität von 15% zu den in der folgenden Tabelle angegebenen Veränderungen der Volatilität führen:

Änderung des SPX von 2900 auf	a = 4 Änderung Vola von 15% auf	a = 5 Änderung Vola von 15% auf	a = 6 Änderung Vola von 15% auf
2800	17.26	17.88	18.52
2700	19.96	21.44	23.03
2600	23.22	25.89	28.88
2500	27.16	31.51	36.55
3000	13.10	12.66	12.24
3100	11.49	10.75	10.05
3200	10.12	9.17	8.31

Historische Daten zeigen, dass solche Volatilitäts-Reaktionen auf (kurzfristige) Kursänderungen durchaus in einem realistischen Bereich liegen. Weitere Analysen dazu finden wir in Kapitel 5. Ein Wert von $a = 0$ führt übrigens zu konstanter Volatilität.

Zur vereinfachten Darstellung wählen wir im Folgenden einen risikolosen Zinssatz von $r = 0$. Wir widmen uns nun also im Detail einem binomischen 2-Schritt-Modell das ein vorgegebenes Wiener Modell (notdürftig) approximieren soll.
Der Aktienkurs S_0 kann sich im ersten Schritt auf $u \cdot S_0$ oder auf $d \cdot S_0$ verändern. Die Volatilität steht im Zeitpunkt 0 bei σ. Durch die Änderung des Aktienkurses ändert sich die Volatilität auf $\sigma_u = \frac{\sigma}{u^a}$ oder auf $\sigma_d = \frac{\sigma}{d^a}$.

Um das Wiener Modell durch das binomische Modell zu approximieren, müssen wir (das wissen wir aus Kapitel 4.14) $u = e^{\mu dt + \sigma \sqrt{dt}}$ und $d = e^{\mu dt - \sigma \sqrt{dt}}$ wählen. Da wir das Wiener Modell (zur Bewertung von Derivaten) für das risikoneutrale Maß approximieren wollen, ist $\mu = r - \frac{\sigma^2}{2} = -\frac{\sigma^2}{2}$ zu wählen und somit ist

$$u = e^{-\frac{\sigma^2}{2} dt + \sigma \sqrt{dt}} \text{ und } d = e^{-\frac{\sigma^2}{2} dt - \sigma \sqrt{dt}}.$$

Damit wird $\sigma_u = \frac{\sigma}{u^a} = \sigma \cdot e^{a \frac{\sigma^2}{2} dt - a\sigma \sqrt{dt}}$ und $\sigma_d = \frac{\sigma}{d^a} = \sigma \cdot e^{a \frac{\sigma^2}{2} dt + a\sigma \sqrt{dt}}$.

Durch die im Zeitpunkt dt veränderten Volatilitäten ändern sich auch die u- bzw d-Werte zum Zeitpunkt dt. Wir bezeichnen die neuen u- bzw. d-Werte als u_u bzw. d_u (wenn sie vom Knoten $u \cdot S_0$ ausgehen) und als u_d bzw. d_d (wenn sie vom Knoten $d \cdot S_0$ ausgehen).

Befinden wir uns im Zeitpunkt dt im Knoten $u \cdot S_0$:
Dann können von hier ausgehend im Zeitpunkt $T = 2 \cdot dt$ vom Kurs des underlyings also die Werte $u_u \cdot u \cdot S_0$ oder $d_u \cdot u \cdot S_0$ angenommen werden.

Befinden wir uns im Zeitpunkt dt im Knoten $d \cdot S_0$:
Dann können von hier ausgehend im Zeitpunkt $T = 2 \cdot dt$ vom Kurs des underlyings also die Werte $u_d \cdot d \cdot S_0$ oder $d_d \cdot d \cdot S_0$ angenommen werden.

Insgesamt sind daher auch vier verschiedene Payoffs möglich.
Die Werte u_u, d_u, u_d und d_d werden wie die Werte u bzw. d berechnet, aber unter Verwendung der Volatilitäten σ_u und σ_d anstelle von σ, also:

$$u_u = e^{-\frac{\sigma_u^2}{2}dt + \sigma_u \sqrt{dt}}, d_u = e^{-\frac{\sigma_u^2}{2}dt - \sigma_u \sqrt{dt}}, u_d = e^{-\frac{\sigma_d^2}{2}dt + \sigma_d \sqrt{dt}},$$

$$d_d = e^{-\frac{\sigma_d^2}{2}dt - \sigma_d \sqrt{dt}}.$$

Zur Optionsbewertung in diesem 2-Schritt-Modell benötigen wir jetzt nur noch die künstlichen Wahrscheinlichkeiten p' bzw. p_u' und p_d' (in den Knoten $u \cdot S_0$ und $d \cdot S_0$), die sich natürlich wie folgt bestimmen lassen (wir erinnern uns, dass wir $r = 0$ gesetzt hatten):

$$p' = \frac{1-d}{u-d}, \; p_u' = \frac{1-d_u}{u_u-d_u} \; \text{ und } \; p_d' = \frac{1-d_d}{u_d-d_d}.$$

Sei f die Payoff-Funktion des Derivats das wir bewerten wollen, dann erhalten wir für den fairen Wert f_0 des Derivats das folgende Ergebnis:

$$f_0 = p' \cdot (p_u' \cdot f(u_u \cdot u \cdot S_0) + (1 - p_u') \cdot f(d_u \cdot u \cdot S_0)) + (1 - p') \cdot$$
$$\cdot (p_d' \cdot f(u_d \cdot d \cdot S_0) + (1 - p_d') \cdot f(d_d \cdot d \cdot S_0))$$

Diese Vorgangsweise lässt sich nun natürlich auf beliebige N-Schritt-Modelle erweitern, das bedarf allerdings einiges Aufwands.

Dass dieses f_0 tatsächlich den fairen Preis des Derivats in diesem Modell darstellt, folgt unmittelbar daraus, dass zum Preis f_0 im Zeitpunkt 0 auf die naheliegende Weise eine perfekte Hedging-Strategie für das Derivat in diesem Modell gestartet werden kann.

Wir wenden dieses Modell nun auf ein konkretes Beispiel an, um ein ungefähres Gefühl für die Auswirkung einer mit dem Aktienkurs (negativ) korrelierenden Volatilität auf den Preis von Derivaten zu gewinnen. Dieses Beispiel basieren wir auf den oben angenommenen Daten des S&P500 Index, die ungefähr der Realität im August 2018 entsprochen haben. Dividenden berücksichtigen wir hier und im Folgenden der Übersichtlichkeit halber nicht.

$S_0 = 2900$

$r = 0$

$\sigma = 15\% \ldots 0.15$

Für die Laufzeit T wählen wir einen Monat, also $T = \frac{1}{12}$ und damit $dt = \frac{1}{24}$. Für die drei Werte von $a = 4, 5, 6$ und zum Vergleich für den Wert $a = 0$ (also konstante Volatilität) berechnen wir nun die zur Derivat-Bewertung benötigten Parameter und geben sie in der folgenden Tabelle wieder:

	a = 0	a = 4	a = 5	a = 6
σ	0.15	0.15	0.15	0.15
u	1.03	1.03	1.03	1.03
d	0.97	0.97	0.97	0.97
σ_u	0.15	0.133	0.129	0.125
σ_d	0.15	0.17	0.175	0.181
u_u	1.03	1.027	1.026	1.026
d_u	0.97	0.973	0.974	0.974
u_d	1.03	1.035	1.036	1.037
d_d	0.97	0.965	0.964	0.963
p'	0.5	0.5	0.5	0.5
p'_u	0.5	0.5	0.5	0.5
p'_d	0.5	0.5	0.5	0.5
$u_u \cdot u \cdot S_0$	3080.25	3069.86	3067.45	3065.12
$d_u \cdot u \cdot S_0$	2897.28	2907.67	2910.08	2912.41
$u_d \cdot d \cdot S_0$	2897.28	2908.67	2911.74	2914.91
$d_d \cdot d \cdot S_0$	2725.18	2713.80	2710.72	2707.55

Wir bestimmen nun mit Hilfe dieser Werte die Preise einer Call-Option mit Strike 2900 und einer Put-Option mit Strike 2875 in diesem 2-Schritt-Modell mit korrelierter Volatilität und wir vergleichen die Ergebnisse auch mit den mittels der Black-Scholes-Formel ermittelten Preisen im Wiener Modell (mit konstanter Volatilität). Die Preise die sich für die einzelnen a-Werte für die beiden Optionen ergeben sind in der folgenden Tabelle ersichtlich.

	a = 0	a = 4	a = 5	a = 6	Black Scholes
Call-Option	45.06	46.55	47.32	48.11	50.09
Put-Option	37.45	40.30	41.07	41.86	38.37

Also tendenziell scheint eine höhere negative Korrelation zwischen Kurs des underlyings und Volatilität zu leicht höheren Preisen sowohl im Fall der Call-Option als auch im Fall der Put-Option zu führen. Die im binomischen 2-Schritt-Modell erzielten Preise liegen nicht allzu weit von den Black-Scholes-Preisen entfernt.

4.29 Break-Even für reine Call-Strategien

Für den Options-Händler ist es unerlässlich, sich ein untrügliches Gefühl für die Dynamik der Entwicklung der Preise von Options-Kombinationen anzueignen. Wir werden im Folgenden immer wieder einmal Überlegungen anstellen, um dem Leser ein solches Gefühl für grundlegende Strategien zu vermitteln. In diesem Kapitel betrachten wir eine reine Call-Strategie. Der Kauf einer Call-Long mit Laufzeit T, Strike K und Preis $C(0)$ auf ein underlying mit Startwert S_0 generiert für den Zeitpunkt T eine Payoff-Funktion $\max(S(T) - K, 0)$ bzw. eine Gewinn-Funktion $\max(S(T) - K, 0) - C(0)$.

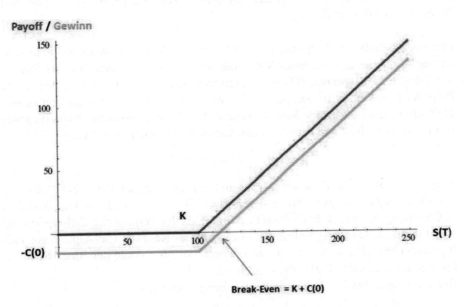

Abbildung 4.113: Payoff, Gewinn und Break-Even-Point einer Call-Option

Der Break-Even Punkt für den Zeitpunkt T liegt daher bei $K + C(0)$. Also nur dann, wenn der Kurs des underlyings zum Zeitpunkt T über dem Wert von $K + C(0)$ liegt, bringt die Long-Position in der Call-Option einen Gewinn.

Wir haben als Halter einer Long-Position allerdings auch die Möglichkeit, schon während der Laufzeit der Option die Call-Option zu verkaufen und durch diesen vorzeitigen Verkauf eventuell, bei geeignetem Stand des underlyings, einen Gewinn zu lukrieren. Die Frage, die wir uns daher zu stellen haben, lautet: Wo liegt zu einem beliebigen Zeitpunkt $t \in [0, T]$ der Break-Even der Call-Option?
Also: Wie hoch muss der Kurs des underlyings zur Zeit $t \in [0, T]$ mindestens liegen, damit der Verkauf der Call-Option zur Zeit t insgesamt einen Gewinn bringt? Wir wollen diesen Break-Even Punkt zur Zeit t mit $BE(t)$ bezeichnen. Um die Frage beantworten zu können, gehen wir davon aus, dass die Call-Option stets zum fairen Black-Scholes-Preis $C(t)$ gehandelt werden kann.

Zum Zeitpunkt 0 liegt der Break-Even-Punkt natürlich direkt bei S_0: Würde ich nach dem Kauf der Call-Option diese sofort wieder verkaufen, dann erhalte ich bei unverändertem Stand (S_0) des underlyings sofort wieder den Preis $C(0)$ zurück, ich hätte keinen Gewinn und keinen Verlust. Wäre unmittelbar nach dem Kauf der Call-Option der Kurs des underlyings sofort auf einen Wert größer als S_0 (etwa auf S_{0+}) angestiegen, dann wäre damit (bei gleichgebliebener Volatilät) auch der Preis der Call-Option (etwa auf $C\,(0+)$) angestiegen und sofortiger Wiederverkauf der Option hätte zu einem Gewinn geführt. Bei während der Laufzeit der Option unveränderter Volatilität bewegt sich der Break-Even Punkt also von S_0 (zur Zeit 0) bis $S_0 + C(0)$ (zur Zeit T).

Für einen beliebigen Zeitpunkt $t \in [0, T]$ lässt sich der Break-Even-Punkt (unter der Annahme unveränderter Volatilität während der Laufzeit) aus der folgenden Gleichung berechnen (Hierbei bezeichnen wir mit $BSCall(t, s)$ den fairen Preis der Call-Option im Zeitpunkt t bei einem Wert des underlyings von s, also $BSCall(t, s)$ ist die Black-Scholes-Formel für Call-Optionen bei fix vorgegebenen Parametern K, r und σ und bei den variablen Parametern t und s.):

$$C(0) = BSCall(t, s)$$

Also: Für jedes $t \in [0, T]$ ist $s = s(t)$ so zu bestimmen, dass $C(0) = BSCall(t, s)$ gilt. Dieses $s(t)$ ist dann der Break-Even-Punkt $BE(t) = s(t)$. Es ist klar, dass diese Gleichung den Break-Even-Punkt bestimmt, da der Verkauf der Call-Option zur Zeit t mindestens so viel einbringen muss, wie der Kauf der Call-Option zur Zeit 0 gekostet hat. (Für $s > s(t)$ ist dann, wegen der Monotonie der Black-Scholes-Formel in s, auf jeden Fall $C(0) < BSCall(t, s)$.)

Explizit hingeschrieben lautet die Bestimmungsgleichung:

$$C(t) = s \cdot \mathcal{N} \left(\frac{\log\left(\frac{s}{K}\right) + \left(r + \frac{\sigma^2}{2}\right)(T-t)}{\sigma\sqrt{T-t}} \right) - \tag{4.6}$$

$$-K \cdot e^{-r(T-t)} \cdot \mathcal{N} \left(\frac{\log\left(\frac{s}{K}\right) + \left(r - \frac{\sigma^2}{2}\right)(T-t)}{\sigma\sqrt{T-t}} \right)$$

Aus dieser Gleichung ist für jedes $t \in [0, T]$ der Wert s, der diese Gleichung löst zu bestimmen. Dieses $s = s(t)$ ist dann der Break-Even-Punkt $BE(t)$ zur Zeit t. Es ist ziemlich offensichtlich, dass s aus dieser Gleichung nicht explizit ausgedrückt werden kann. Die Gleichung muss daher für jedes t durch ein Näherungsverfahren bestimmt werden.

Im folgenden konkreten Beispiel führen wir das durch und stellen das Ergebnis, die Entwicklung des Break-Even-Punktes mit der Zeit, für dieses Beispiel grafisch dar.

Beispiel:
underlying S&P500
$S_0 = 2900$

$r = 0$
$\sigma = 0.15$
$K = 2900$
$T = \frac{1}{12}$

Um die Bestimmungsgleichung (4.6) für den Break-Even-Punkt explizit hinschreiben zu können, benötigen wir noch den Preis $C(0)$ der Option zur Zeit 0. Dieser
ergibt sich mittels der Black-Scholes-Formel als $C(0) = 50.09$. Der Break-Even-
Punkt zur Zeit T liegt also bei 2950.09. Näherungsweise Lösung der Gleichung
(4.6) für jedes $t \in [0, T]$ mit Hilfe von Mathematica liefert die in Abbildung 4.114
dargestellte Entwicklung des Break-Even-Punktes (im Fall während der Laufzeit
unveränderter Volatilität).

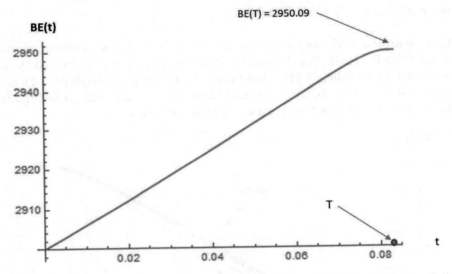

Abbildung 4.114: Entwicklung Break-Even-Punkt während der Laufzeit einer Call-
Option

Wir erkennen eine annähernd lineare Entwicklung während der Laufzeit, die sich
nur gegen Ende der Laufzeit hin merklich abflacht. Nach einer Woche Laufzeit
liegt der Break-Even-Punkt zum Beispiel bei circa 2912 Punkten. Also bereits bei
einem Anstieg des S&P500 während der ersten Woche der Laufzeit auf über 2912
kann durch den Verkauf der Call-Option (in diesem Setting) ein Gewinn erzielt
werden.
Nun ist es allerdings so, dass bei steigenden Kursen des underlyings in der Realität
zumeist mit einer sinkenden Volatilität des underlyings zu rechnen ist. Sinkende
Volatilität impliziert aber niedrigere Call-Preise. Der vorzeitige Verkauf der Call-
Option während der Laufzeit bringt also weniger ein als bei unveränderter Volatilität. Folglich wird der Break-Even-Punkt höher liegen als im Fall unveränderter
Volatilität.

Wenn wir, wie schon im vorigen Kapitel, die Volatilität als (deterministische) Funktion des Kurses des underlyings modellieren, also zum Beispiel wieder wie in Kapitel 4.28 durch $\sigma_t = \sigma \cdot \left(\frac{S_0}{S_t}\right)^a$ für einen geeigneten Wert von a (z.B. $a = 4, 5, 6$), so adaptiert sich die Gleichung (4.6) zu

$$C(t) = s \cdot \mathcal{N} \left(\frac{\log\left(\frac{s}{K}\right) + \left(r + \frac{\sigma(s)^2}{2}\right)(T-t)}{\sigma(s)\sqrt{T-t}} \right) - \qquad (4.7)$$

$$-K \cdot e^{-r(T-t)} \cdot \mathcal{N} \left(\frac{\log\left(\frac{s}{K}\right) + \left(r - \frac{\sigma(s)^2}{2}\right)(T-t)}{\sigma(s)\sqrt{T-t}} \right)$$

wobei $\sigma(s) = \sigma \cdot \left(\frac{S_0}{s}\right)^a$ gesetzt wird.

Lösen wir diese Gleichung wieder für jedes t nach s auf, dann erhalten wir die Break-Even-Punkte im Fall der sich mit dem Kurs des underlyings verändernden Volatilität. In Abbildung 4.115 sehen Sie die Entwicklung der Break-Even-Punkte für $a = 0$ (konstante Vola, blau, unterste Linie), $a = 4$ (rote Linie), $a = 5$ (grüne Linie), $a = 6$ (schwarze Linie) und $a = 10$ (türkise Linie).

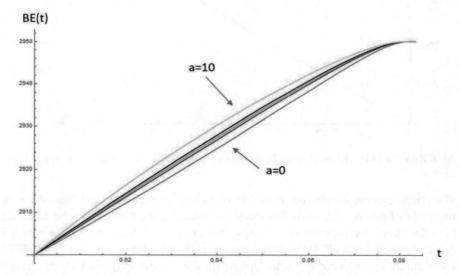

Abbildung 4.115: Entwicklung Break-Even-Punkte bei veränderlicher Volatilität

Im Fall $a = 10$ liegt nach einer Woche der Break-Even-Punkt nun circa bei 2917 Punkten, bei einer Volatilität von 0.14 (anstatt bei 2912 im Fall konstanter Volatilität von 0.15).

Auf der Homepage zum Buch finden Sie die Software zur Durchführung beliebiger weiterer Tests in diese Richtung. Siehe:

`https://app.lsqf.org/book/pricing-with-black-scholes`

Ganz interessant (wenngleich mit naheliegendem Ergebnis) ist auch der folgende Vergleich: Kaufen wir nun bei den gleichen Grundvoraussetzungen wie in obigem Beispiel Call-Optionen mit gleicher Laufzeit von einem Monat aber mit unterschiedlichen Strikes K = 2850, 2875 und 2900. Wie sehen im Vergleich für diese drei Optionen die Entwicklungen der Break-Even-Punkte aus (bei konstant bleibender Volatilität)? Das Resultat sehen wir in Abbildung 4.116. Die grüne Linie bezieht sich auf den 2900er Call, die rote Linie auf den 2875er Call und die blaue Linie auf den 2850er Call.

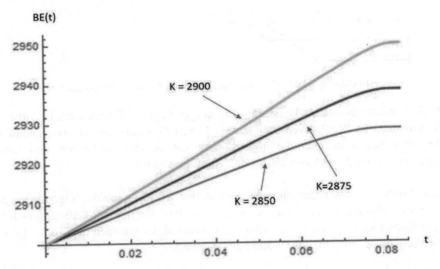

Abbildung 4.116: Entwicklung Break-Even-Punkte, konstante Vola, verschiedene Strikes

Je höher der Strike der Call-Option desto höher liegt zu jedem Zeitpunkt der Break-Even-Punkt. (Zum Beispiel beim Kauf einer Call-Option mit Strike K = 2850 liegt der Break-Even-Punkt nach einer Woche circa bei 2908 Punkten.) Das ist insofern klar, als ja der Break-Even-Punkt im Zeitpunkt T gerade $K + C(0) = K +$ (innerer Wert der Option) + (Zeitwert der Option zur Zeit 0) = $S_0 +$ (Zeitwert der Option zur Zeit 0) ist.

Wie wir schon festgestellt haben, ist aber der Zeitwert der Call-Option umso kleiner je weiter Strike und S_0 voneinander entfernt sind. Es ist daher durchaus nachvollziehbar, dass auch zu früheren Zeitpunkten schon die Break-Even-Punkte für Optionen mit kleinerem Strike kleiner sind als die Break-Even-Punkte für Optionen mit höherem Strike.

Es ist vielleicht ganz hilfreich, an dieser Stelle noch einmal die Gewinn-Funktionen der drei Call-Optionen miteinander zu vergleichen (Abbildung 4.117).

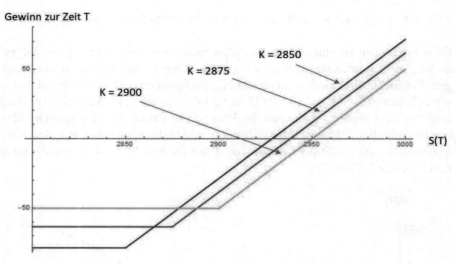

Abbildung 4.117: Gewinn-Funktionen der drei Call-Optionen

Also: Je niedriger der Strike ist, desto niedriger liegt (in T aber auch in früheren Zeitpunkten) der Break-Even-Punkt, umso höhere Gewinne können erzielt werden, aber umso höher sind auch die möglichen Verluste durch diese Option (und: umso höher ist der nötige Geldeinsatz für den Kauf der Option).

Zum Abschluss dieser einfachen Analyse stellen wir uns noch die folgende Frage: Kann es vorkommen, dass man mit einer Long-Position in einer Call-Option auch dann einen Gewinn erzielt, wenn der Kurs während der Laufzeit der Option fällt? Die Antwort lautet: „Ja, das ist durchaus möglich."

Wir wollen diese Aussage nur an einem Beispiel veranschaulichen. Gehen wir dazu wieder von der Situation unseres Beispiels aus:
Stand des S&P500 zur Zeit 0 sei wieder $S_0 = 2900$
Strike der Call-Option $K = 2900$
Laufzeit der Option 1 Monat, $T = \frac{1}{12}$
$r = 0$
Volatilität zur Zeit $t = 0$ sei $\sigma = 0.15$.

Für den Preis der Option zur Zeit 0 gilt dann wieder $C(0) = 50.09$

Wir nehmen nun an, die Volatilität des S&P500 sei nach einer Woche (etwa durch gefallene Kurse) angestiegen (von 0.15 zum Beispiel auf 0.175, oder 0.2, oder 0.225, oder 0.25). In Abbildung 4.118 sehen Sie dann die Differenz zwischen dem dann nach einer Woche geltenden Call-Optionspreis $C(t)$ und dem anfänglichen Optionspreis $C(0)$ im Abhängigkeit vom zur Zeit t (eine Woche nach Start) dann geltenden Kurs des S&P500. Wenn diese Differenz positiv ist, dann erzielt man durch den Verkauf der Call-Option nach einer Woche einen Gewinn, obwohl der

Kurs des underlyings zurückgegangen ist.

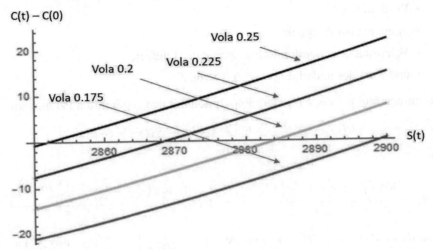

Abbildung 4.118: Differenz Callpreis nach einer Woche und ursprünglichem Callpreis bei angestiegener Vola in Abhängigkeit vom Preis des underlyings

Das heißt zum Beispiel: Ist die Vola im Lauf einer Woche auf 0.2 angestiegen (grüne Linie) und liegt der Kurs des S&P500 über 2884 Punkten, so führt der Verkauf der Call-Option (trotz gefallenen Kurses des underlyings) zu einem Gewinn.

4.30 Analyse des Black-Scholes Preises von Put-Optionen

Wir haben uns in den Kapiteln 4.26 bis 4.29 ausführlich mit der Analyse des Black-Scholes-Preises von Call-Optionen beschäftigt. In diesem und im nächsten Kapitel werden wir in Analogie dazu die **wesentlichsten Eigenschaften des fairen Preises von Put-Optionen** herleiten. Wir halten uns dabei bewusst kurz, da wir in den meisten Fällen ganz ähnliche Argumente wie im Fall der Call-Optionen anwenden können bzw. ganz analog wie bei der Analyse der Call-Preise vorgehen können. Manche der folgenden Resultate sind auch ganz einfach direkt aus den Resultaten über die Call-Preise und die Put-Call-Parity-Equation $P(t) = C(t) + K \cdot e^{-r(T-t)} - S(t)$ herzuleiten.

Insbesondere gelten die Anmerkungen aus 4.27 ganz analog für Put-Optionen. Das konkrete Beispiel zur Preisentwicklung von Derivaten in einem binomischen Zwei-Schritt-Modell bei mit dem Kurs des underlyings korrelierender Volatilität wurde in Kapitel 4.27 bereits sowohl für Call- als auch für Put-Optionen durchgeführt.

Für gegebene

- Strike K

- risikolosen Zinssatz r
- Restlaufzeit T
- momentanen Zeitpunkt t
- Volatilität des underlyings σ während der Laufzeit
- und Kurs des underlyings zur Zeit t von S

gilt für den fairen Preis $P(t)$ einer Put-Option mit den angeführten Parametern

$$P(t) = e^{-r(T-t)} \cdot K \cdot \mathcal{N}\left(-d_2\right) - S(t) \cdot \mathcal{N}\left(-d_1\right)$$

mit

$$d_1 = \frac{\log\left(\frac{s}{K}\right) + \left(r + \frac{\sigma^2}{2}\right)(T-t)}{\sigma\sqrt{T-t}} \text{ und } d_2 = \frac{\log\left(\frac{s}{K}\right) + \left(r - \frac{\sigma^2}{2}\right)(T-t)}{\sigma\sqrt{T-t}}$$

(also $d_2 = d_1 - \sigma \cdot \sqrt{T-t}$) sowie $\mathcal{N}(x) := \frac{1}{\sqrt{2\pi}} \int_{-\infty}^{x} e^{-y^2} dy$ (also $\mathcal{N}$ ist die Verteilungsfunktion der Standard-Normalverteilung).

In Abbildung 4.119 haben wir vorerst für eine fixe Wahl von $K = 100, r = 0.01, T = 1$, und $\sigma = 0.5$ den Verlauf von $P(t)$ für die vier Zeitpunkte $t_1 = 0, t_2 = 0.3, t_3 = 0.6$ und $t_4 = 0.9$ in Abhängigkeit von verschiedenen Werten $S = S(t)$ des underlyings zur Zeit t dargestellt (Graphen in Rottönen). Zum Vergleich wurde auch die Payoff-Funktion in Abhängigkeit von $S = S(T)$ dargestellt (in blau). Die oberste der Preislinien entspricht der Preisentwicklung für t_1, die zweite Linie von oben der Preisentwicklung für t_2, die dritte Linie von oben der Preisentwicklung für t_3 und die unterste rote Linie der Preisentwicklung für t_4.

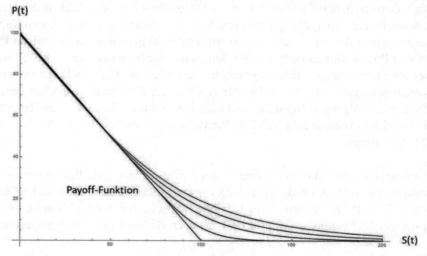

Abbildung 4.119: Entwicklung Put-Preis in Abhängigkeit von Preis des underlyings für vier verschiedene Zeitpunkte (bei positivem Zinssatz)

Wenn wir dasselbe Beispiel aber mit einem negativen Zinssatz von $r = -0.1$ durchführen (das ist natürlich ein unrealistisch stark negativer Zinssatz, die Grafik zeigt aber bei dieser Parameterwahl die Situation eindrücklicher), dann erhalten wir folgendes Bild:

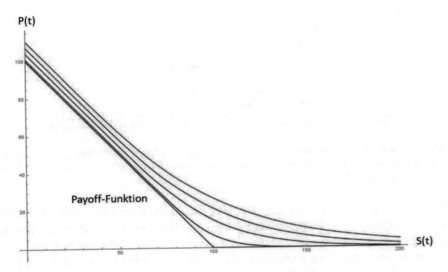

Abbildung 4.120: Entwicklung Put-Preis in Abhängigkeit von Preis des underlyings für vier verschiedene Zeitpunkte (bei negativem Zinssatz)

Nur bei negativem Zinssatz liegt – wie schon früher bemerkt – der Preis der Put-Option stets oberhalb der Payoff-Funktion.

Der innere Wert einer Put-Option im Zeitpunkt t ist $\max(K - S(t), 0)$ und der Zeitwert $Z(t)$ ist gegeben durch die Gleichung $P(t) = \max(K - S(t), 0) + Z(t)$. Der Zeitwert einer Option strebt für t gegen T gegen 0.

Abbildung 4.121 zeigt den Zeitwert für das Beispiel von Abbildung 4.119 (oben) und für das Beispiel von Abbildung 4.120 (unten):

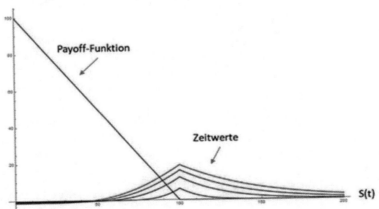

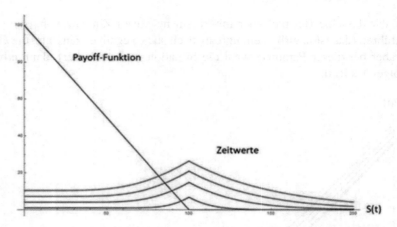

Abbildung 4.121: Entwicklung des Zeitwerts einer Put-Option in Abhängigkeit vom Preis des underlyings für vier verschiedene Zeitpunkte (bei positivem Zinssatz oben, bei negativem Zinssatz unten)

Deutlich zu sehen ist wieder der stets positive Zeitwert im Fall negativer Zinsen, sowie ein knapp negativer Zeitwert für kleine $S(t)$ bei positivem Zinssatz. Für gegebenes t ist der Zeitwert am höchsten, wenn $S(t)$ in der Nähe von K liegt.

Der Preis einer Put-Option und auch der Zeitwert einer Put-Option fällt also (vorausgesetzt wieder negative Zinssätze) mit der Zeit t (bzw. mit kürzer werdender Restlaufzeit $T - t$). Bei positiven Zinssätzen ist dies allerdings nicht unbedingt der Fall.

Wir stützen diese Beobachtung durch weitere Grafiken in denen wir $P(t)$ jetzt in Abhängigkeit von der Zeit t (für verschiedene aber fixe Wahlen von $S = S(t)$ und die obigen sonstigen Parameterwahlen) darstellen. In der ersten Abbildung 4.122 betrachten wir den Fall eines positiven Zinssatzes $r = 0.01$ und in der zweiten Abbildung 4.123 den Fall eines negativen Zinssatzes $r = -0.05$.

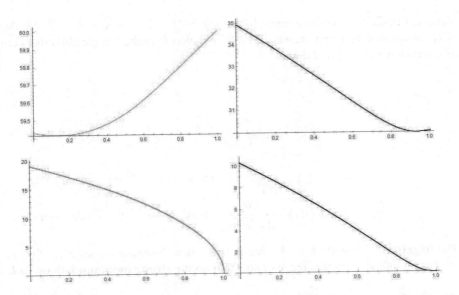

Abbildung 4.122: Entwicklung des Putpreises mit der Zeit für $K = 100$ und für Werte $S(t)$ von 40 (türkis), 70 (rot), 100 (grün) und 130 (blau), $r = 0.01$

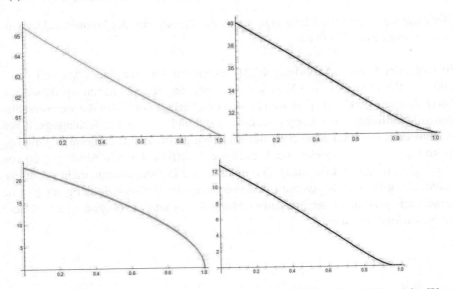

Abbildung 4.123: Entwicklung des Putpreises mit der Zeit für $K = 100$ und für Werte $S(t)$ von 40 (türkis), 70 (rot), 100 (grün) und 130 (blau), $r = -0.05$

Wir berechnen nun die Ableitung von $P(t)$ nach der Zeit t also $P'(t)$.

Wir wissen bereits, dass $C'(t) = -\left(S \cdot \phi(d_1) \cdot \frac{\sigma}{2\sqrt{T-t}} + K \cdot r \cdot e^{-r(T-t)} \cdot \mathcal{N}(d_2)\right)$ gilt.

Aus der Put-Call-Parity-Equation erhalten wir $P(t) = C(t) + K \cdot e^{-r(T-t)} - S$ (der Wert von S ist hier fixiert, da wir die Ableitung von P nach t bei gleichbleibendem S errechnen wollen!) und damit

$$
\begin{aligned}
P'(t) &= C'(t) + K \cdot r \cdot e^{-r(T-t)} = \\
&= -\left(S \cdot \phi(d_1) \cdot \frac{\sigma}{2\sqrt{T-t}} + K \cdot r \cdot e^{-r(T-t)} \cdot \mathcal{N}(d_2) \right) + \\
&\quad + K \cdot r \cdot e^{-r(T-t)} = \\
&= -S \cdot \phi(d_1) \cdot \frac{\sigma}{2\sqrt{T-t}} + K \cdot r \cdot e^{-r(T-t)} \cdot (1 - \mathcal{N}(d_2)) = \\
&= -S \cdot \phi(d_1) \cdot \frac{\sigma}{2\sqrt{T-t}} + K \cdot r \cdot e^{-r(T-t)} \cdot \mathcal{N}(-d_2)
\end{aligned}
$$

Bei negativem Zinssatz r sind beide auftretenden Summanden negativ, $P'(t)$ ist in diesem Fall also immer negativ und $P(t)$ **daher streng monoton fallend in t.**

Also mit fortschreitender Zeit fällt, bei sonst gleichbleibenden Parametern und bei negativem r, der Preis einer Put-Option.

Wir analysieren nun die Abhängigkeit des Put-Preises von der Volatilität. Dazu als erstes wieder zwei Grafiken.

In folgender Grafik (Abbildung 4.124) haben wir für eine fixe Wahl von $K = 100, r = 0.05$ (zur besseren Veranschaulichung des Verlaufs haben wir diesen höheren Zinssatz gewählt), $T = 1$ und $t = 0$ den Verlauf von P für die vier verschiedenen Volatilitäten $\sigma_1 = 0, \sigma_2 = 0.3, \sigma_3 = 0.6$ und $\sigma_4 = 0.9$ in Abhängigkeit von verschiedenen Werten $S = S(0)$ des underlyings zur Zeit 0 dargestellt (Graphen in Rottönen). Zum Vergleich wurde auch die Payoff-Funktion in Abhängigkeit von $S = S(T)$ dargestellt (in blau). Die unterste der Preislinien entspricht der Preisentwicklung für σ_1, die zweite Linie von unten der Preisentwicklung für σ_2, die dritte Linie von unten der Preisentwicklung für σ_3 und die oberste rote Linie der Preisentwicklung für σ_4.

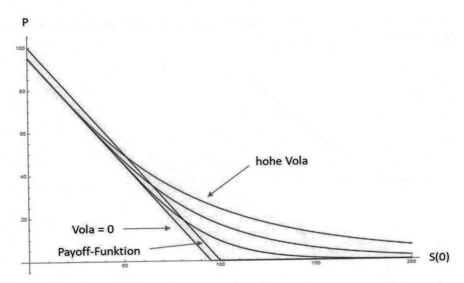

Abbildung 4.124: Entwicklung Put-Preis in Abhängigkeit vom Preis des underlyings für vier verschiedene Volatilitäten (bei positivem Zinssatz)

Für negatives r ($r = -0.05$) sieht die entsprechende Grafik folgendermaßen aus (Abbildung 4.125):

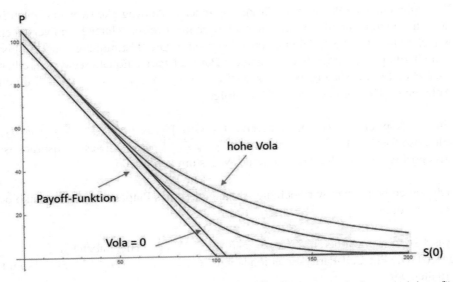

Abbildung 4.125: Entwicklung Put-Preis in Abhängigkeit vom Preis des underlyings für vier verschiedene Volatilitäten (bei negativem Zinssatz)

Der Preis einer Put-Option steigt also augenscheinlich mit der Volatilität σ. Wir stützen diese Beobachtung durch weitere Grafiken, in denen wir P jetzt in Abhängigkeit von der Volatilität σ (für verschiedene aber fixe Wahlen von $S = S(0)$ und die obigen sonstigen Parameterwahlen) darstellen. (Wir beschränken uns hier auf den Fall eines positiven Zinssatzes.)

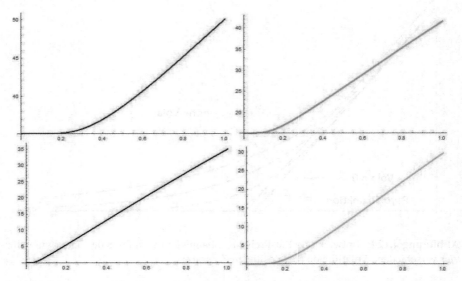

Abbildung 4.126: Entwicklung des Putpreises mit der Volatilität für $K = 100$ und für Werte $S(t)$ von 60 (rot), 80 (grün), 100 (blau) und 120 (türkis), $r = 0.05$

Wir wollen nun die Preisformel für Put-Optionen in Abhängigkeit von der Volatilität σ diskutieren und die Monotonie analytisch nachweisen. Unter $P'(\sigma)$ verstehen wir im Folgenden die Ableitung von $P(\sigma)$ nach σ. Die Bestimmung von $P'(\sigma)$ ist nun allerdings sehr einfach, da wegen der Put-Call-Parity-Equation (wir schreiben jetzt P und C in Abhängigkeit von σ) $P(\sigma) = C(\sigma) + K \cdot e^{-r(T-t)} - S$ durch Ableiten nach σ sofort $P'(\sigma) = C'(\sigma)$ folgt.

Und aus Kapitel 4.26 wissen wir bereits, dass $C'(\sigma) = K \cdot e^{-r(T-t)} \cdot \sqrt{T-t} \cdot \phi(d_2)$ gilt. Also folgt auch $P'(\sigma) = K \cdot e^{-r(T-t)} \cdot \sqrt{T-t} \cdot \phi(d_2)$. Dieser Ausdruck ist stets positiv und es folgt das monotone Wachstum von P in σ.

Schließlich betrachten wir noch die Abhängigkeit des Putpreises P vom risikolosen Zinssatz r.

Aus 4.26 wissen wir bereits $C'(r) = \tau \cdot K \cdot e^{-r\tau} \cdot \mathcal{N}(d_2)$. Hier haben wir $T-t = \tau$ gesetzt. Die Put-Call-Parity-Equation lautet $P(r) = C(r) + K \cdot e^{-r\cdot\tau} - S$ und somit erhalten wir

$$
\begin{aligned}
\boldsymbol{P'(r)} &= C'(r) - \tau \cdot K \cdot e^{-r\tau} = \tau \cdot K \cdot e^{-r\tau} \cdot \mathcal{N}(d_2) - \tau \cdot K \cdot e^{-r\tau} = \\
&= \tau \cdot K \cdot e^{-r\tau} \cdot (\mathcal{N}(d_2) - 1) = \boldsymbol{-\tau \cdot K \cdot e^{-r\tau} \cdot (\mathcal{N}(-d_2))}
\end{aligned}
$$

$P'(r)$ ist also stets negativ und **der Preis einer Put-Option** daher stets **streng monoton fallend in r**.

Wir schließen diese Kurz-Analyse des fairen Preises von Put-Optionen ab mit der entsprechenden Grafik zur Abhängigkeit des Putpreises von r.

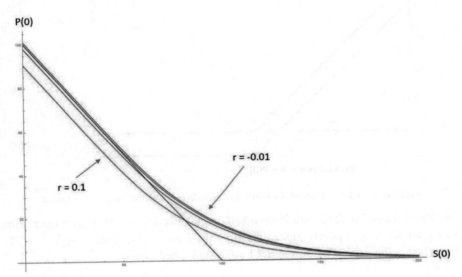

Abbildung 4.127: Entwicklung Put-Preis in Abhängigkeit vom Preis des underlyings für vier verschiedene risikolose Zinssätze $r = -0.01, r = 0, r = 0.02$ und $r = 0.1$

Auch hier ist wieder eine nur moderate Abhängigkeit vom Zinssatz r erkennbar. Erst ein massiv höherer Zinssatz ($r = 0.1$ in Abbildung 4.127) führt zu merklich veränderten Put-Preisen.

4.31 Break-Even für reine Put-Strategien

Wir gehen für die Analyse der Entwicklung des Break-Even-Punktes einer Put-Option ganz analog vor, wie wir das in Kapitel 4.29 für Call-Optionen getan haben. Dabei können wir uns jetzt kurz halten, da die Details der Vorgangsweise im Prinzip in 4.29 beschrieben sind.

Der Kauf einer Put-Long mit Laufzeit T, Strike K und Preis $P(0)$ auf ein underlying mit Startwert S_0 generiert für den Zeitpunkt T eine Payoff-Funktion $\max(K - S(T), 0)$ bzw. eine Gewinn-Funktion $\max(K - S(T), 0) - P(0)$.

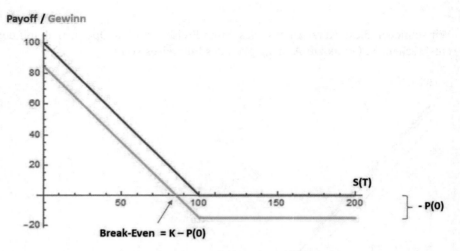

Abbildung 4.128: Payoff, Gewinn und Break-Even-Point einer Put-Option

Der Break-Even Punkt für den Zeitpunkt T liegt daher bei $K - P(0)$. Also nur dann wenn der Kurs des underlyings zum Zeitpunkt T unter dem Wert von $K - P(0)$ liegt, bringt die Long-Position in der Put-Option einen Gewinn.

Für einen beliebigen Zeitpunkt $t \in [0, T]$ lässt sich der Break-Even-Punkt (unter der Annahme unveränderter Volatilität während der Laufzeit) aus der folgenden Gleichung berechnen (Hierbei bezeichnen wir mit $BSPut(t, s)$ den fairen Preis der Put-Option im Zeitpunkt t bei einem Wert des underlyings von s, also $BSPut(t, s)$ ist die Black-Scholes-Formel für Put-Optionen bei fix vorgegebenen Parametern K, r und σ und bei den variablen Parametern t und s.)

$$P(0) = BSPut(t, s)$$

Also: Für jedes $t \in [0, T]$ ist $s = s(t)$ so zu bestimmen, dass $P(0) = BSPut(t, s)$ gilt. Dieses $s(t)$ ist dann der Break-Even-Punkt $BE(t) = s(t)$.
Es ist klar, dass diese Gleichung den Break-Even-Punkt bestimmt, da der Verkauf der Put-Option zur Zeit t mindestens so viel einbringen muss wie der Kauf der Put-Option zur Zeit 0 gekostet hat. (Für $s < s(t)$ ist dann, wegen der Monotonie des Put-Preises in s, auf jeden Fall $P(0) < BSPut(t, s)$.)
Explizit hingeschrieben lautet die Bestimmungsgleichung:

$$P(0) = s \cdot \mathcal{N} \left(\frac{\log \left(\frac{s}{K} \right) + \left(r + \frac{\sigma^2}{2} \right) (T - t)}{\sigma \sqrt{T - t}} \right) - K \cdot e^{-r(T-t)} \cdot \quad (4.8)$$

$$\cdot \mathcal{N} \left(\frac{\log \left(\frac{s}{K} \right) + \left(r - \frac{\sigma^2}{2} \right) (T - t)}{\sigma \sqrt{T - t}} \right) + K \cdot e^{-r(T-t)} - s$$

Aus dieser Gleichung ist für jedes $t \in [0, T]$ der Wert s, der diese Gleichung löst, zu bestimmen. Dieses $s = s(t)$ ist dann der Break-Even-Punkt $BE(t)$ zur Zeit t. Es ist ziemlich offensichtlich, dass s aus dieser Gleichung nicht explizit ausgedrückt werden kann. Die Gleichung muss daher für jedes t durch ein Näherungsverfahren bestimmt werden. Im folgenden konkreten Beispiel führen wir das mit Hilfe von Mathematica durch und stellen das Ergebnis, die Entwicklung des Break-Even-Punktes mit der Zeit, für dieses Beispiel grafisch dar.

Beispiel:

underlying S&P500

$S_0 = 2900$

$r = 0$

$\sigma = 0.15$

$K = 2900$

$T = \frac{1}{12}$

Um die Bestimmungsgleichung (4.8) für den Break-Even-Punkt explizit hinschreiben zu können, benötigen wir noch den Preis $P(0)$ der Option zur Zeit 0. Dieser ergibt sich mittels der Black-Scholes-Formel als $P(0) = 50.09$. (Der Preis der Put-Option ist in diesem Fall gleich dem Preis der Call-Option. Dies folgt auch aus der Put-Call-Parity, da $r = 0$ gewählt wurde.) Der Break-Even-Punkt zur Zeit T liegt also bei 2849.91.

Näherungsweise Lösung der Gleichung (4.8) für jedes $t \in [0, T]$ liefert die in Abbildung 4.129 dargestellte Entwicklung des Break-Even-Punktes (im Fall während der Laufzeit unveränderter Volatilität).

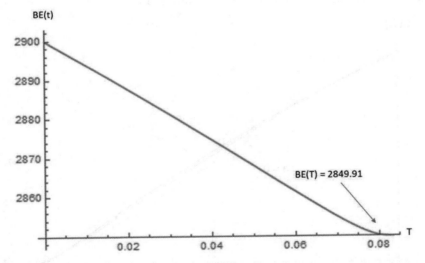

Abbildung 4.129: Entwicklung Break-Even-Punkt während der Laufzeit einer Put-Option

Wir erkennen eine annähernd lineare Entwicklung während der Laufzeit, die sich nur gegen Ende der Laufzeit hin merklich abflacht. Nach einer Woche Laufzeit liegt der Break-Even-Punkt zum Beispiel bei circa 2885 Punkten. Also bereits bei einem Fallen des S&P500 während der ersten Woche der Laufzeit auf unter 2885 kann durch den Verkauf der Put-Option (in diesem Setting) ein Gewinn erzielt werden.

Wenn wir die Volatilität als (deterministische) Funktion des Kurses des underlyings modellieren, also zum Beispiel wieder wie in Kapitel 4.28 durch $\sigma_t = \sigma \cdot \left(\frac{S_0}{S_t}\right)^a$ für einen geeigneten Wert von a (z.B. $a = 4, 5, 6$), so adaptiert sich die Gleichung (4.8) zu

$$P(0) \;=\; s \cdot \mathcal{N}\left(\frac{\log\left(\frac{s}{K}\right) + \left(r + \frac{\sigma(s)^2}{2}\right)(T-t)}{\sigma(s)\sqrt{T-t}}\right) - K \cdot e^{-r(T-t)} \cdot \quad (4.9)$$

$$\cdot\mathcal{N}\left(\frac{\log\left(\frac{s}{K}\right) + \left(r - \frac{\sigma(s)^2}{2}\right)(T-t)}{\sigma(s)\sqrt{T-t}}\right) + K \cdot e^{-r(T-t)} - s$$

wobei $\sigma(s) = \sigma \cdot \left(\frac{S_0}{s}\right)^a$ gesetzt wird.

Lösen wir diese Gleichung wieder für jedes t nach s auf, dann erhalten wir die Break-Even-Punkte im Fall der sich mit dem Kurs des underlyings verändernden Volatilität. In Abbildung 4.130 sehen Sie die Entwicklung der Break-Even-Punkte für $a = 0$ (konstante Vola, blau, unterste Linie), $a = 4$ (rote Linie), $a = 5$ (grüne Linie), $a = 6$ (schwarze Linie) und $a = 10$ (türkise Linie).

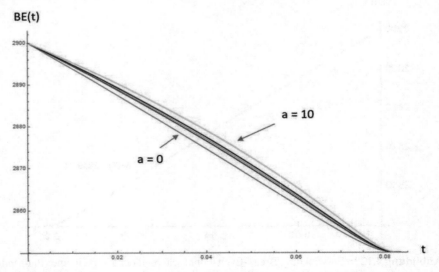

Abbildung 4.130: Entwicklung Break-Even-Punkte bei veränderlicher Volatilität

Im Fall $a = 10$ liegt nach einer Woche der Break-Even-Punkt nun circa bei 2890 Punkten bei einer Volatilität von 0.156 (anstatt bei 2885 im Fall konstanter Volatilität von 0.15).

Auf der Homepage zum Buch finden Sie die Software zur Durchführung beliebiger weiterer Tests in diese Richtung.

Kaufen wir bei den gleichen Grundvoraussetzungen wie im obigem Beispiel Put-Optionen mit gleicher Laufzeit von einem Monat aber mit unterschiedlichen Strikes $K = 2900, 2925$ und 2950. Wie sehen im Vergleich für diese drei Optionen die Entwicklungen der Break-Even-Punkte aus (bei konstant bleibender Volatilität)?

Das Resultat sehen wir in Abbildung 4.131. Die blaue Linie bezieht sich auf den 2900er Put, die rote Linie auf den 2925er Put und die grüne Linie auf den 2950er Put.

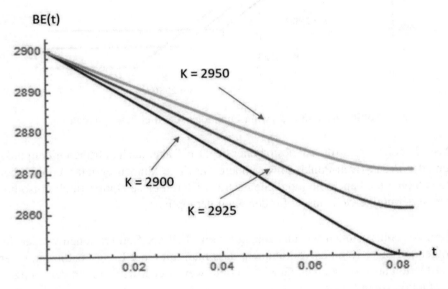

Abbildung 4.131: Entwicklung Break-Even-Punkte, konstante Vola, verschiedene Strikes

Je höher der Strike der Put-Option, desto höher liegt zu jedem Zeitpunkt der Break-Even-Punkt. (Zum Beispiel beim Kauf einer Put-Option mit Strike $K = 2950$ liegt der Break-Even-Punkt nach einer Woche circa bei 2892 Punkten.) Das ist insofern klar, als ja der Break-Even-Punkt im Zeitpunkt T gerade $K - P(0) = K -$ (innerer Wert der Option) $-$ (Zeitwert der Option zur Zeit 0) $= S_0-$ (Zeitwert der Option zur Zeit 0) ist. Wie wir schon festgestellt haben, ist aber der Zeitwert der Put-Option umso kleiner je weiter Strike und S_0 voneinander entfernt sind.
Es ist daher durchaus nachvollziehbar dass auch zu früheren Zeitpunkten schon die Break-Even-Punkte für Optionen mit kleinerem Strike kleiner sind als die Break-Even-Punkte für Optionen mit höherem Strike.

Es ist vielleicht ganz hilfreich, an dieser Stelle noch einmal die Gewinn-Funktionen der drei Put-Optionen miteinander zu vergleichen (Abbildung 4.132).

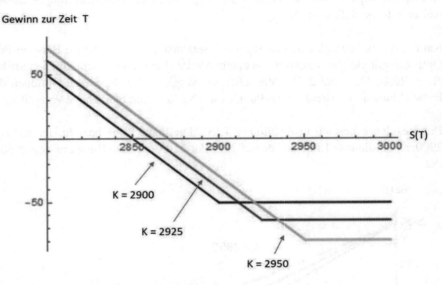

Abbildung 4.132: Gewinn-Funktionen der drei Put-Optionen

Also: Je höher der Strike ist, desto höher liegt (in T aber auch in früheren Zeitpunkten) der Break-Even-Punkt, umso höhere Gewinne können erzielt werden, aber umso höher sind auch die möglichen Verluste durch diese Option (und: umso höher ist der nötige Geldeinsatz für den Kauf der Option).

Zum Abschluss stellen wir uns analog wie im Fall der Call-Optionen wieder die folgende Frage: Kann es vorkommen, dass man mit einer Long-Position in einer Put-Option auch dann einen Gewinn erzielt, wenn der Kurs während der Laufzeit der Option steigt?
Die Antwort lautet: „Unter halbwegs normalen Umständen ist das nicht möglich". Der Preis einer Put-Option fällt bei steigendem Kurs des underlyings. Durch den steigenden Kurs des underlyings fällt im Allgemeinen die Volatilität des underlyings und somit wiederum der Preis der Put-Option. Damit ein Gewinn erzielt wird, müsste der Preis der Put aber steigen.

Mit der Analyse-Software auf unserer Homepage ist es dem Leser, der Leserin möglich, beliebig weitere Options-Kombinationen in Hinblick auf ihren Preisverlauf und ihre Break-Even Punkte zu analysieren. Wir wollen in den folgenden Kapiteln nur für ein paar wenige weitere Grund-Strategien eine Kurz-Analyse vornehmen. In späteren Abschnitten werden komplexere Handelsstrategien auf Basis möglichst realistischer Annahmen und zum Teil auf Basis historischer Optionsdaten im Detail analysiert und diskutiert.

4.32 Analyse des Preisverlaufs einiger weiterer Options-Basis-Strategien: Short Iron Butterfly

Ein Short Iron Butterfly wird gebildet aus einer Call-Short und einer Put-Short mit gleichem Strike K_S möglichst nahe am Geld sowie einer Call-Long mit einem Strike $K_{LC} > K_S$ und einer Put-Long mit Strike $K_{LP} < K$. Alle Optionen haben dieselbe Restlaufzeit. Der Abstand der Strikes der beiden Long-Positionen vom Strike der Short-Position kann, aber muss nicht gleich groß sein.

Die Gewinn-Funktion sieht typischerweise wie folgt aus:

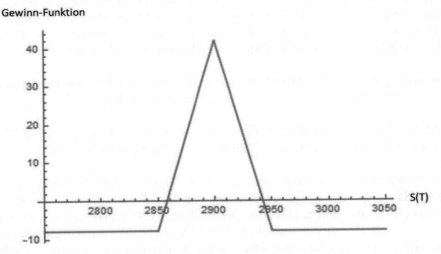

Abbildung 4.133: Gewinnfunktion Short Iron Butterfly

In dieser Grafik und im Folgenden bedienen wir uns für das konkrete Beispiel der schon weiter oben verwendeten Parameter:
underlying S&P500
$S_0 = 2900$
$r = 0$
$\sigma = 0.15$
$T = \frac{1}{12}$,
wir betrachten konkret die Strikes $K_S = 2900, K_{LC} = 2950$ und $K_{LP} = 2850$ und wir gehen von Optionen mit einer Preisentwicklung aus, die der Black-Scholes-Formel folgen.

Vordergründige Motivation für das Eingehen einer solchen Strategie ist es, in der Hoffnung auf während der Laufzeit der Optionen nur geringe Bewegung des underlyings (Kurs des underlyings bei Fälligkeit nahe dem Short-Strike K_S) einen Teil der anfangs eingenommenen Optionsprämien behalten zu können. Die insgesamt am Anfang eingenommene Prämie beträgt

$$\text{Prämie}(0) = P_S(0) + C_S(0) - P_L(0) - C_L(0).$$

Mit P_S, C_S, P_L und C_L bezeichnen wir die Preise der Put-Short-, der Call-Short-, der Put-Long- bzw. der Call-Long-Positionen.

Der maximal mögliche Gewinn mit dieser Strategie ist genau diese Prämie (im Fall dass der Kurs des underlyings bei Fälligkeit wieder genau bei K_S liegt). Im vorliegenden konkreten Beispiel wären das $50.09 + 50.09 - 29.41 - 26.61 = 42.16$ Dollar

Der mögliche Verlust durch die Strategie ist klar beschränkt. Im Fall, dass das underlying zum Zeitpunkt T unter K_{LP} liegt, kommt es zu einem Verlust von „Prämie$(0) - (K_S - K_{LP})$". Im Fall, dass das underlying zum Zeitpunkt T über K_{LC} liegt kommt es zu einem Verlust von „Prämie$(0) - (K_S - K_{LC})$".

Im vorliegenden konkreten Beispiel würde das in beiden Fällen einen maximal möglichen Verlust von $42.16 - 50 = -7.84$ Dollar bedeuten.

Die Break-Even-Punkte der Strategie liegen bei $K_S +$ Prämie(0) ($= 2942.16$ in unserem Beispiel) bzw. bei $K_S -$ Prämie(0) ($= 2857.84$ in unserem Beispiel).

Wir haben oben davon gesprochen, dass es die vordergründige Motivation ist, auf einen Stand des underlyings bei Fälligkeit T in der Nähe des Short-Strikes K_S zu hoffen. Es ist aber durchaus so, dass bereits dann, wenn *irgendwann einmal* (später als $t = 0$, aber nicht unbedingt in $t = T$) während der Laufzeit der Kurs des underlyings bei K_S oder in der Nähe von K_S zu liegen kommt, mit einem Gewinn gerechnet werden kann.

Also in unserem konkreten Beispiel:
Wenn während der Laufzeit der Optionen von einem Monat zu einem (merkbar) späteren Zeitpunkt als $t = 0$ der S&P500 in der Nähe von 2900 zu liegen kommt, dann kann durch Auflösen der Positionen mit einem Gewinn gerechnet werden.

Das ist aus der folgenden Grafik ersichtlich:

Die blaue Kurve stellt offensichtlich die Gewinn-Funktion der Strategie (Options-Kombination) bei Fälligkeit dar.
Die purpurrote – etwas darunter liegende – Kurve stellt die Preis-Funktion der Strategie drei Tage vor Fälligkeit dar.
Die türkise Kurve stellt die Preis-Funktion der Strategie eine Woche vor Fälligkeit dar.
Die oliv-grüne Kurve stellt die Preis-Funktion der Strategie zwei Wochen vor Fälligkeit dar.

Die hell-grüne Kurve stellt die Preis-Funktion der Strategie drei Wochen vor Fälligkeit dar.
Die rote Kurve stellt die Preis-Funktion der Strategie zum Zeitpunkt $t = 0$ dar.

Dabei haben wir eine während der Laufzeit konstant bleibende Volatilität angenommen.

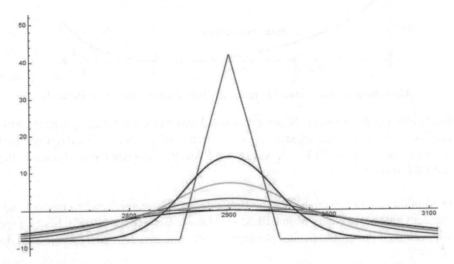

Abbildung 4.134: Preisentwicklung einer Short Iron Butterfly-Strategie, konstante Vola

Greifen wir zur Erläuterung vorerst die türkise Kurve heraus. Die Schnittpunkte dieser Kurve mit der x-Achse (Break-Even-Punkte) liegen circa bei 2826 bzw. bei 2977. Liegt der S&P500 also eine Woche vor Fälligkeit im Bereich zwischen 2826 und 2977 kann durch Auflösen der Positionen ein Gewinn erzielt werden. Dieser Gewinn beträgt allerdings im Optimalfall nur knapp mehr als 7 Dollar.

Wir sehen an allen (außer natürlich der roten) Kurven, dass (ab dem Zeitbereich circa eine Woche nach Eingehen der Positionen) der Gewinn-Bereich dieser Preiskurven den Gewinn-Bereich der Gewinn-Funktion bei Fälligkeit umfasst.
Das heißt: Verweilt der S&P500 auch nur einmal nach der ersten Woche nach Eingehen der Positionen im Bereich zwischen circa 2858 und 2942, dann können die Positionen mit einem Gewinn aufgelöst werden.

Die Entwicklung der Break-Even-Punkte im Lauf der Zeit zeigt übrigens eine sehr interessante Form. Die Entwicklung ist in Abbildung 4.135 dargestellt.

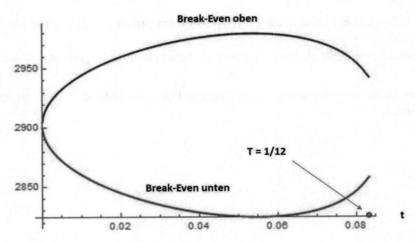

Abbildung 4.135: Entwicklung Break-Even-Punkte, Short Iron Butterfly

Bei Eröffnung der Strategie liegen die Break-Even-Punkte natürlich genau am Strike. Die Gewinnzone weitet sich dann bis circa zwei Drittel der Laufzeit aus und verengt sich dann wieder bis zu den Break-Even-Punkten der Payoff-Funktion bei 2857.84 bzw. 2942.16.

In Abbildung 4.136 ist auch noch die Breite des Gewinnbereichs während der Laufzeit der Option von einem Monat illustriert. Dieser Bereich hat circa 10 bis 11 Tage vor Fälligkeit die größte Breite, nämlich 154.46, und erstreckt sich da von 2824.45 bis 2979.

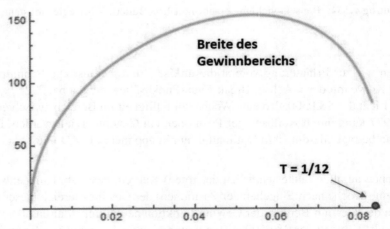

Abbildung 4.136: Breite des Gewinnbereichs in Abhängigkeit von der Laufzeit, Short Iron Butterfly

Gehen wir nun wieder von der realistischeren Annahme aus, dass die Volatilität des underlyings negativ mit dem Kurs des underlyings korreliert, dann erhalten wir ein leicht verändertes, aber vom Prinzip her ähnliches Bild. In Abbildung 4.137

sehen wir wieder die Situation abgebildet, wenn ein Zusammenhang zwischen Volatilität und Kurs des underlyings der Form $\sigma(s) = \sigma \cdot \left(\frac{S_0}{s}\right)^a$ (hier mit $a = 10$) angenommen wird.

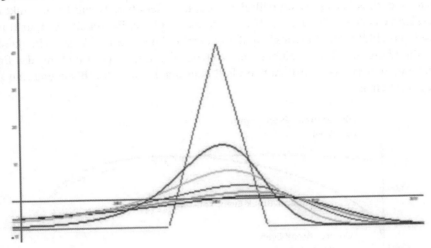

Abbildung 4.137: Preisentwicklung einer Short Iron Butterfly-Strategie, bei negativ korrelierter Vola

Interessant ist hier jetzt, dass bereits im Zeitpunkt $t = 0$ ein Gewinnbereich positiver Breite existiert. Wir stellen zur Veranschaulichung die rote Preisentwicklungslinie für $t = 0$ aus Abbildung 4.137 noch einmal extra in Abbildung 4.138 dar.

Preis Short Iron Butterfly für t=0

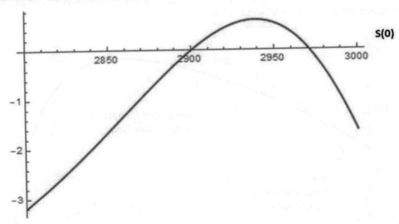

Abbildung 4.138: Preisentwicklung Short Iron Butterfly für $t = 0$ bei negativ korrelierender Vola

Die Grafik ist so zu verstehen: Sollte unmittelbar nach Eingehen der Strategie ein jäher Anstieg des S&P500 auf zum Beispiel 2940 Punkte bei entsprechendem gleichzeitigem Rückgang der Volatilität stattfinden, dann würde ein sofortiges Auflösen der Optionskontrakte einen Gewinn von circa 0.80 Dollar abwerfen. Der untere Break-Even-Punkt befindet sich natürlich in 2900. In Abbildung 4.137 sieht man auch, dass bis nahe zum Fälligkeitszeitpunkt der obere Break-Even-Punkt im Bereich zwischen 2970 und 2980 verharrt und erst beim Fälligkeits-Zeitpunkt auf 2942 zurückfällt. Die Entwicklung der oberen und unteren Break-Even-Punkte ist in Abbildung 4.138 noch einmal nachvollzogen (grüne Linien) und mit der Entwicklung der Break-Even-Punkte im Fall konstanter Volatilität (blaue und rote Linie) verglichen.

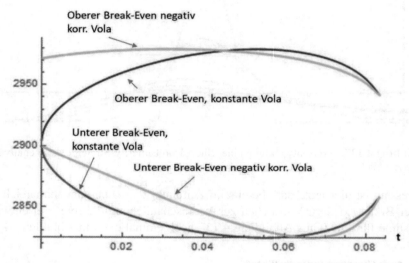

Abbildung 4.139: Entwicklung Break-Even-Punkte, Short Iron Butterfly (konstante Vola: blau/rot, negativ korrelierende Vola: grün)

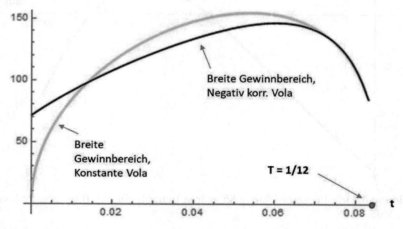

Abbildung 4.140: Vergleich Breite Gewinnbereich Short Iron Butterfly, konstante Vola vs. negativ korrelierende Vola

Wir haben zur Analyse dieses Beispiels eine fix vorgegebene Wahl der Strikes der beiden Long-Positionen, der Volatilität und der Laufzeit T gewählt. Um ein tiefergehendes Gefühl für das Verhalten und die Einsatzmöglichkeiten eines Short Iron Butterfly und die Auswirkungen längerer Laufzeiten, anderer Volas und anderer (nicht unbedingt symmetrischer) Long-Levels zu bekommen, sollte man diese Analysen auch für eine Vielzahl anderer Parameterwahlen durchführen und durchdenken. Die Möglichkeit dazu wird mittels der Programme auf unserer Homepage geboten. Siehe: `https://app.lsqf.org/optionskombinationen`

4.33 Analyse des Preisverlaufs einiger weiterer Options-Basis-Strategien: Naked Short Butterfly

Ein Naked Short Butterfly wird gebildet aus einer Call-Short und einer Put-Short mit gleichem Strike K_S möglichst nahe am Geld und gleicher Restlaufzeit. Die Gewinn-Funktion sieht typischerweise wie folgt aus:

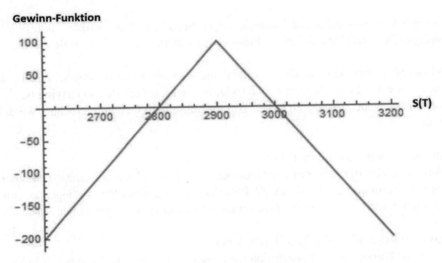

Abbildung 4.141: Gewinnfunktion Naked Short Butterfly

In dieser Grafik und im Folgenden bedienen wir uns für das konkrete Beispiel wieder der schon bei der Analyse des Short Iron Butterfly verwendeten Parameter:
underlying S&P500
$S_0 = 2900$
$r = 0$
$\sigma = 0.15$
$T = \frac{1}{12}$,
wir betrachten konkret den Strike $K_S = 2900$,
und wir gehen von Optionen mit einer Preisentwicklung aus, die der Black-Scholes-

Formel folgen.

Vordergründige Motivation für das Eingehen einer solchen Strategie ist es natürlich wieder, in der Hoffnung auf während der Laufzeit der Optionen nur geringe Bewegung des underlyings (Kurs des underlyings bei Fälligkeit nahe dem Short-Strike K_S) einen Teil der anfangs eingenommenen Optionsprämien behalten zu können. Die insgesamt am Anfang eingenommene Prämie beträgt nun

$$\text{Prämie}(0) = P_S(0) + C_S(0)$$

und ist damit wesentlich höher als beim Short Iron Butterfly.

Der maximal mögliche Gewinn mit dieser Strategie ist genau diese Prämie (im Fall dass der Kurs des underlyings bei Fälligkeit wieder genau bei K_S liegt). Im vorliegenden konkreten Beispiel wären das $50.09 + 50.09 = 100.18$ Dollar (im Vergleich zu 42.16 Dollar beim Short Iron Butterfly).

Allerdings: Der mögliche Verlust durch die Strategie ist nun unbeschränkt!

Die Break-Even-Punkte der Strategie liegen bei K_S+ Prämie(0) ($= 3000.18$ in unserem Beispiel) bzw. bei K_S- Prämie(0) ($= 2799.82$ in unserem Beispiel).

Wieder ist es durchaus so, dass bereits dann, wenn *irgendwann einmal* (später als $t = 0$, aber nicht unbedingt in $t = T$) während der Laufzeit das underlying bei K_S oder in der Nähe von K_S zu liegen kommt, mit einem Gewinn gerechnet werden kann.

Also in unserem konkreten Beispiel:
Wenn während der Laufzeit der Optionen von einem Monat zu einem (merkbar) späteren Zeitpunkt als $t = 0$ der S&P500 in der Nähe von 2900 zu liegen kommt, dann kann durch Auflösen der Positionen mit einem Gewinn gerechnet werden.

Das ist aus der folgenden Grafik ersichtlich:
Die blaue Kurve stellt offensichtlich die Gewinn-Funktion der Strategie (Options-Kombination) bei Fälligkeit dar.
Die purpurrote – etwas darunter liegende – Kurve stellt die Preis-Funktion der Strategie drei Tage vor Fälligkeit dar.
Die türkise Kurve stellt die Preis-Funktion der Strategie eine Woche vor Fälligkeit dar.
Die oliv-grüne Kurve stellt die Preis-Funktion der Strategie zwei Wochen vor Fälligkeit dar.
Die hell-grüne Kurve stellt die Preis-Funktion der Strategie drei Wochen vor Fälligkeit dar.
Die rote Kurve stellt die Preis-Funktion der Strategie zum Zeitpunkt $t = 0$ dar.

Dabei haben wir für Abbildung 4.142 eine während der Laufzeit konstant bleibende Volatilität und für Abbildung 4.143 eine während der Laufzeit mit Parameter $a = 10$ negativ mit dem Kurs des underlyings korrelierende Volatilität angenommen.

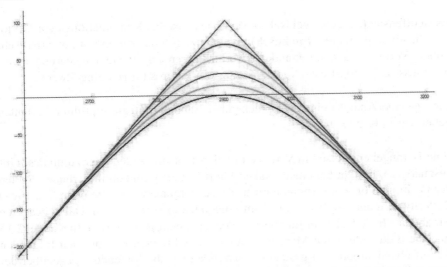

Abbildung 4.142: Preisentwicklung einer Naked Short Butterfly-Strategie, konstante Vola

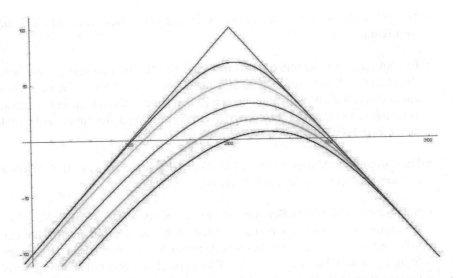

Abbildung 4.143: Preisentwicklung einer Naked Short Butterfly-Strategie, negativ mit dem Kurs des underlyings korrelierte Vola

Die beiden Grafiken zeigen wenig Überraschendes. Die Entwicklung der Break-Even-Punkte ist in der Form naheliegend. Die Gewinnbreite und die mögliche Gewinnhöhe sind (auf Grund der wesentlich höheren anfangs eingenommenen Prämie) bei der „Naked"-Version im Allgemeinen deutlich größer als bei der „Iron"-Version. Die Verluste können aber ebenfalls bei der Naked-Version wesentlich größere Dimensionen annehmen als bei der Iron-Version.

Es ist offensichtlich, dass bei Naked-Versionen, also bei Kombinationen von Optionen die einen prinzipiell (praktisch) unbegrenzten (oder zumindest potentiell sehr hohen) Verlust zulassen, mit anderen Verlustbegrenzungsstrategien gearbeitet werden muss (z.B. Stop-Loss-Orders, Einsatz von Futures für Hedging-Zwecke).

Eine genaue Analyse einer entsprechenden Handelsstrategie und ihrer Varianten geben wir in Kapitel 10.14.

Eine Herangehensweise um Verluste möglichst zu vermeiden oder zumindest hinauszuzögern, besteht bei einem Naked Short Butterfly im kontinuierlichen Rollen der Positionen bis ein Gewinn eintritt. Diese Vorgangsweise, die beim Short Iron Butterfly so nicht möglich ist, soll im Folgenden erörtert werden. Dabei beachten wir aber auch die Höhe der für dieses Procedere benötigten Margin. In Kapitel 2.15 sind die dafür relevanten Marginregelungen beschrieben. Nur um den folgenden Ablauf übersichtlicher zu gestalten, verwenden wir die folgende – gegenüber der tatsächlichen Regelung leicht vereinfachte – Version:
Margin = momentaner Preis der beiden Optionen +10% des Strikes

- Wir gehen davon aus, dass einem Investor ein Investment von 100.000$ zur Verfügung steht.

- Er geht nun einen Kontrakt der Naked Short Butterfly Strategie – also einen Kontrakt Call Short, Strike 2900 und einen Kontrakt Put Short, Strike 2900 – ein und erhält dafür den momentanen Zeitwert der beiden Optionskontrakte von insgesamt circa 10.000 Dollar. Das Cash-Vermögen des Investors beträgt daher jetzt 110.000$.

- Die dafür nötige Margin beträgt 29.000$ (= 10% vom Strike) + 10.000 Dollar (= momentaner Preis der beiden Optionen) = 39.000$.

- Solange der S&P500 im Bereich von circa 2100 bis 3700 (= Strike +/- 27.5%) bleibt, reicht das Investment des Investors sicher als Margin aus. (Sollte der Index zum Beispiel auf 2100 fallen, dann beträgt der Preis des Call geringfügig mehr als 0$ und der Preis des Puts geringfügig mehr als 800$ (jeweils innerer Wert der Option, der Zeitwert ist in beiden Fällen praktisch gleich 0). Die Margin beträgt dann also 29.000$ + 80.000$ = 109.000$.)

- Liegt bei Fälligkeit der S&P500 im Bereich circa 2800 bis 3000, dann wird durch den Butterfly ein Gewinn erzielt.

- Liegt bei Fälligkeit (Zeitpunkt T) der S&P500 im Bereich 2100 bis 2800 oder 3000 bis 3700, dann würde prinzipiell ein Verlust entstehen. Die Realisierung dieses Verlusts kann aber durch Rollen derselben Optionskontrakte vom Zeitpunkt T bis zum Zeitpunkt $2 \cdot T$ hinausgezögert werden.

- Zum Beispiel: Wenn der S&P500 zum Zeitpunkt T den Stand 2700 aufweist, dann verfällt der Call wertlos. Für den Put muss ein Payoff von 20.000\$ gezahlt werden. Gleichzeitig werden aber zur Zeit T wieder ein Call und ein Put jeweils mit Strike 2900 und Laufzeit T (alle Fälligkeit zur Zeit $2 \cdot T$) eingegangen. Man erhält dafür den Zeitwert der beiden Optionskontrakte plus den inneren Wert der Put-Option, nämlich 20.000\$. Insgesamt steigt also das Cashvermögen des Investors geringfügig über 110.000\$ an. Der Marginbedarf ist im Wesentlichen unverändert und reicht nach wie vor mindestens so lang aus, so lang der S&P500 in einem Bereich von circa 2100 bis 3700 verbleibt.

- Diese Vorgangsweise lässt sich beliebig lange fortsetzen. Bei jeder weiteren Verlängerung steigt das Cashvermögen des Investors geringfügig um die Zeitwerte der beiden Optionskontrakte an.

- Kommt irgendwann einmal der S&P500 wieder in den Bereich um 2900 Punkte, dann kann die Strategie beendet werden und es bleibt nach dem Auflösen der Optionskontrakte ein positiver Gewinn aus der Strategie. Der Gewinn kam jetzt dadurch zu Stande, dass *irgendwann einmal in der Zukunft* (nicht unbedingt im Zeitbereich $[0, T]$) der S&P500 wieder in den Bereich des Ausgangspunkts zurückkehrt.

Diese Vorgangsweise ist deshalb **im Fall des Short Iron Butterfly nicht möglich**, da durch den bei jedem Rollvorgang nötigen Kauf der Long-Positionen Zeitwert für diese Long-Positionen zu zahlen ist, der (da der S&P500 beim Rollen weit vom Short-Strike entfernt ist) wesentlich höher sein kann als der gleichzeitig eingenommene Zeitwert der Short-Positionen.

4.34 Einschub: Kurze Bemerkung zur „Asymmetrie von Call- und Put-Preisen"

Oft besteht die Fehleinschätzung, dass die Preise von Call-Optionen auf Aktien oder Aktien-Indices mit einem Strike von $S_0 + Y$ im Wesentlichen dieselben Preise hätten wie Put-Optionen mit einem Strike von $S_0 - Y$. Hier bezeichne S_0 den momentanen Kurs des underlyings und Y eine beliebige positive oder negative Abweichung von S_0. Diese Fehleinschätzung führt dann auch zu daraus resultierenden Fehleinschätzungen bezüglich einer Symmetrie bestimmter Handelsstrategien.

Diese Fehleinschätzung wird schon durch einen ersten Blick auf die Optionspreise des S&P500 mit Fälligkeiten circa 1 Monat (siehe Abbildung 4.144) oder mit Fälligkeiten circa 1 Jahr (siehe Abbildung 4.145) vom 24.9.2018 zurechtgerückt. Der Stand des S&P500 betrug zum Zeitpunkt dieser Quotierungen circa 2925 Punkte.

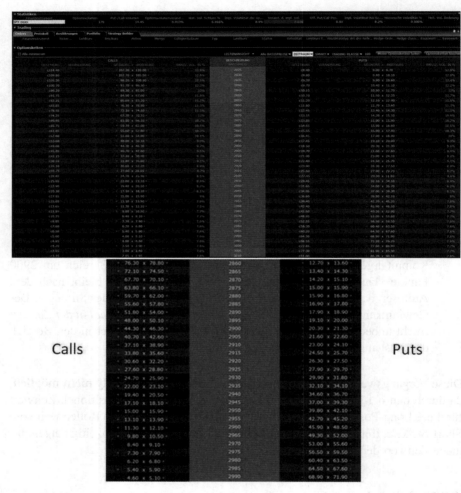

Abbildung 4.144:   Quotierung S&P500 Optionen vom 24.9.2018 mit Fälligkeit 22.10.2018

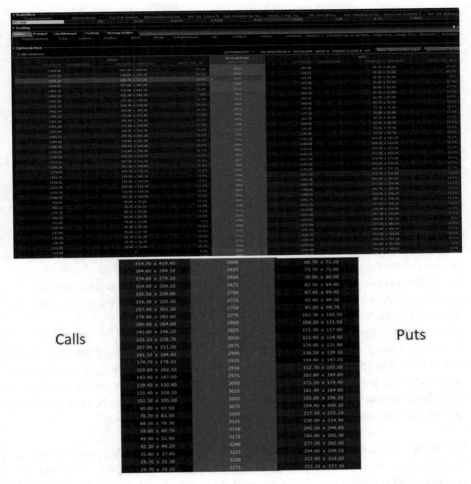

Abbildung 4.145: Quotierung S&P500 Optionen vom 24.9.2018 mit Fälligkeit 19.9.2019

Man sieht hier deutlich, dass (bei den Einmonats-Optionen) Puts mit einem Strike $S_0 - Y$ durchwegs deutlich teurer sind als Calls mit einem Strike $S_0 + Y$. Wir wollen solche Puts und Calls im Folgenden als zueinander symmetrisch bezeichnen. Zum Beispiel hat der

Put, Oktober 2018, Strike 2875 (also $2925 - 50$) eine Quotierung von $15.00 // 15.90$ und der

Call, Oktober 2018, Strike 2975 (also $2925 + 50$) eine Quotierung von $7.30 // 7.90$.

Bei den Einjahres-Optionen sind die Calls für Werte von Y bis circa 100 teurer als die dazu symmetrischen Puts. Für Werte von Y größer als 100 sind dann aber die Puts teurer als die dazu symmetrischen Calls.

Zum Beispiel hat der

Put, September 2019, Strike 2725 (also $2925 - 200$) eine Quotierung von $92.40 //$

94.50 und der
Call, September 2019, Strike 3125 (also 2925 + 200) eine Quotierung von 68.10 //
70.30.

So zeigt auch eine Strategie die regelmäßig Puts verkauft, mit einem Strike der
einen bestimmten Prozentsatz unter S_0 liegt, eine deutlich andere Dynamik als eine Strategie die regelmäßig Calls verkauft, mit einem Strike der einen bestimmten
Prozentsatz über S_0 liegt. Und zwar schon einmal allein deshalb weil eben die Einnahmen durch den Verkauf der Puts wesentlich höher sind als durch den Verkauf
der Calls.

Gelegentlich hört man in diesem Zusammenhang die folgende Aussage:
*„Der Preis eines Puts mit einem Strike K unter S_0 hat deshalb einen signifikant
höheren Preis als die dazu symmetrische Call, weil man sich durch das Short-
Gehen eines solchen Puts der Gefahr hoher Verluste durch einen Crash im Kurs
des underlyings aussetzt und man für das Eingehen dieser Gefahr durch eine höhere Prämie entschädigt werden will. Eine solche ,Crashgefahr nach oben' besteht
im Allgemeinen nicht, daher ist eine symmetrische Call-Short-Position bei Weitem
nicht so riskant."*
Oder, mit etwas anderen Worten:
Es besteht eine große Nachfrage nach Put-Optionen mit einem Strike in einem
bestimmten Bereich aus dem Geld (Strike unter S_0) zur Absicherung von Aktien-
beständen. Auf jeden Fall ist diese Nachfrage wesentlich größer als die Nachfrage
nach dazu symmetrischen Call-Optionen. Durch diese erhöhte Nachfrage bildet
sich an den Optionsbörsen ein höherer Preis für die Put-Optionen.

Wir wollen die teilweise Richtigkeit und Plausibilität dieser Argumentation hier
im Folgenden nicht ausschließen und auch gar nicht analysieren, inwieweit sie
schlüssig und zutreffend ist. In den folgenden Untersuchungen wollen wir lediglich
nachprüfen, inwieweit die Asymmetrien dieser Optionspreise bereits in der Black-
Scholes-Formel enthalten sind. Dazu vergleichen wir im Folgenden die Black-
Scholes-Formel für den fairen Preis von zueinander symmetrischen Put- und Call-
Optionen.

Wir beginnen mit Strikes direkt am Geld, also $K = S_0$. Wie verhalten sich die Prei-
se einer Put-Option und einer Call-Option mit Strike direkt am Geld zueinander?
Um die Antwort auf diese erste Frage zu finden, benötigen wir noch gar nicht die
Black-Scholes-Formel, sondern es genügt, die Put-Call-Parity-Equation zu prüfen.

Wir verwenden dabei die allgemeinere Form der Put-Call-Parity-Equation, die auch
für underlyings mit Kosten bzw. Renditen zu einem Zinssatz d anwendbar ist. Die
Put-Call-Parity lautet dann (siehe Kapitel 3.6) im Fall $K = S_0$:

$$C(0) + S_0 \cdot e^{-rT} = P(0) + e^{-dT} \cdot S_0$$

Diese Version besitzt natürlich auch im Fall ohne Zahlungen Gültigkeit, es ist dann einfach $d = 0$ zu setzen. Es gilt somit also

$$C(0) = S_0 \left(e^{-rT} - e^{-dT} \right) = P(0)$$

und daher:

$$C(0) = P(0) \quad \text{falls } r = d$$
$$C(0) > P(0) \quad \text{falls } r > d$$
$$C(0) < P(0) \quad \text{falls } r < d$$

Betrachten wir zum Beispiel die am Geld liegenden Optionen (also Strike 2925) auf den SPX mit Laufzeit circa 1 Jahr aus Abbildung 4.145.
Call, 19. September 2019, Strike 2925: Quotes 174.40 // 177.30, Mitte = 176 Dollar
Put, 19. September 2019, Strike 2925, Quotes 144.50 // 147.30, Mitte = 145.90 Dollar

Auf Basis der obigen Überlegungen müsste somit (annähernd)

$$2925 \cdot (e^{-r} - e^{-d}) = P(0) - C(0) = -30.10$$

gelten.
Für den risikolosen Zinssatz $r = f_{0,1}$ in US-Dollar galt zum Zeitpunkt der Quotierung am 24.9.2018 circa $r = 0.029$. Setzen wir diesen Wert in obige Gleichung ein und lösen sie nach d auf, so erhalten wir

$$d = -\log \left(e^{-0.029} + \frac{30.10}{2925} \right) = 0.0185,$$

was auf eine antizipierte Dividendenrendite von 1.85% im SPX schließen lässt. Dies ist auch mit den Werten von Abbildung 3.5 konsistent.

Für $Y > 0$, führen wir zunächst einige Tests mit Hilfe der Black-Scholes-Formeln durch und erhalten die in den folgenden Grafiken dargestellten Ergebnisse.

In allen drei folgenden Beispielen sind wir von dem underlying S&P500, einem Stand des S&P500 bei 2925 Punkten, einer Laufzeit der Optionen von einem Monat $\left(T = \frac{1}{12} \right)$ und einer Volatilität von 0.12 ausgegangen. Das sind im Wesentlichen genau die Parameter wie sie am 24.9.2018 bestanden haben, als die obigen Optionspreistabellen erstellt worden sind. In ersten Beispiel haben wir für den risikolosen Zinssatz $r = 2.2\%$ (= ungefährer 1 Monats- Libor Dollar am 24.9.2018) gewählt.

Im ersten Bild wurde fix $Y = 100$ gewählt und der Preisverlauf der Call-Option mit Strike 3025 (blau) und der Preisverlauf der Put-Option mit Strike 2825 (rot) während der Restlaufzeit der Optionen veranschaulicht. Im zweiten Bild (links) wurden der Zeitpunkt $t = 0$ festgehalten und die Preise der Call-Optionen (mit Strikes $2925 + Y$, in blau) sowie der Put-Optionen (mit Strikes $2925 - Y$, in rot) veranschaulicht. Im rechten Bild wurde die Preisdifferenz (Grün) zwischen Call und Put dargestellt.

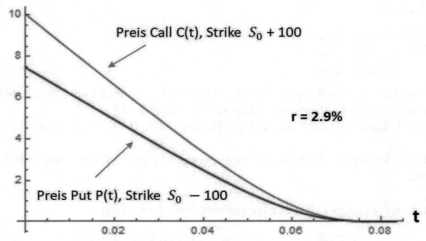

Abbildung 4.146: Preisverlauf symmetrischer Call (Blau) und Put (rot) im Zeitverlauf, $r = 2.9\%$

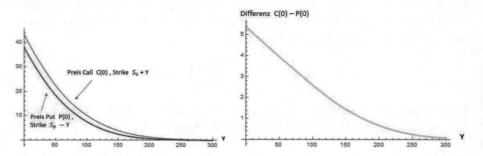

Abbildung 4.147: Preise Call (blau) und symmetrischer Put (rot) für variierende Strikes $S_0 + Y$ und Differenz der beiden Preise (rechts, grün), $r = 2.9\%$

Es zeigt sich – entgegen der durch die realen Preise geschürten Erwartung – ein leicht höherer Preis der Call-Optionen gegenüber den symmetrischen Put-Optionen. Natürlich hätten wir aber auch hier wieder mit der Black-Scholes-Formel für underlyings mit Zahlungen arbeiten müssen. Wir überlassen diese Korrektur aber den Leserinnen zur Übung.

Im zweiten Beispiel wurde der Zinssatz $r = 0$ und im dritten Beispiel ein stark negativer Zinssatz $r = -0.1$ gewählt. Hier zeigt sich dann ein ($r = 0$) nur noch geringfügig höherer Call-Preis gegenüber dem Put-Preis bzw. ein (im Fall $r = -0.1$) deutlich höherer Put-Preis gegenüber dem Call-Preis.

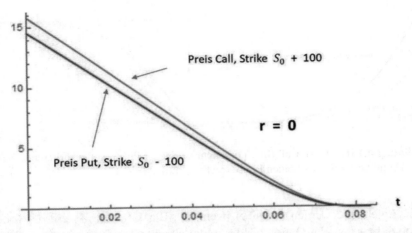

Abbildung 4.148: Preisverlauf symmetrischer Call (Blau) und Put (rot) im Zeitverlauf, $r = 0$

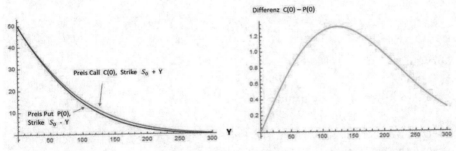

Abbildung 4.149: Preise Call (blau) und symmetrischer Put (rot) für variierende Strikes $S_0 + Y$ und Differenz der beiden Preise (rechts, grün), $r = 0$

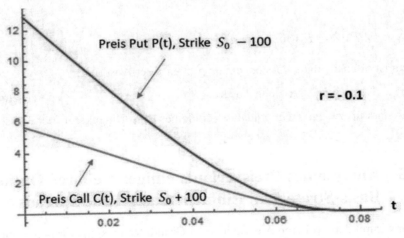

Abbildung 4.150: Preisverlauf symmetrischer Call (Blau) und Put (rot) im Zeitverlauf, $r = -0.1$

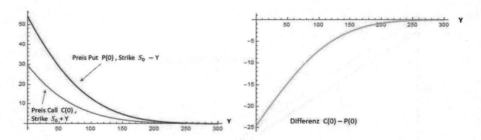

Abbildung 4.151: Preise Call (blau) und symmetrischer Put (rot) für variierende Strikes $S_0 + Y$ und Differenz der beiden Preise (rechts, grün), $r = -0.1$

Die Ergebnisse werden plausibel, wenn die Black-Scholes-Preise der Call-Option bzw. der Put-Option wieder in der allgemeinen Form als diskontierte erwartete Payoffs bezüglich des künstlichen (risikoneutralen) Wiener Modells aufgefasst werden, also als

$$C(0) = e^{-rT} \cdot E\left(\max\left(S(0) \cdot e^{\left(r - \frac{\sigma^2}{2}\right)T + \sigma\sqrt{T}w} - K, 0 \right) \right)$$

bzw. als

$$P(0) = e^{-rT} \cdot E\left(\max\left(K - S(0) \cdot e^{\left(r - \frac{\sigma^2}{2}\right)T + \sigma\sqrt{T}w}, 0 \right) \right).$$

Setzen wir hier für $K = S(0) - Y$ beim Put bzw. $K = S(0) + Y$ beim Call, dann erhalten wir

$$e^{rT} \cdot C(0) = E\left(\max\left(S(0) \cdot \left(e^{\left(r - \frac{\sigma^2}{2}\right)T + \sigma\sqrt{T}w} - 1 \right) - Y, 0 \right) \right)$$

$$e^{rT} \cdot P(0) = E\left(\max\left(S(0) \cdot \left(1 - e^{\left(r - \frac{\sigma^2}{2}\right)T + \sigma\sqrt{T}w} \right) - Y, 0 \right) \right).$$

Nun ist offensichtlich, dass bei einem großen r der Ausdruck $\left(e^{\left(r - \frac{\sigma^2}{2}\right)T + \sigma\sqrt{T}w} - 1 \right)$ den Ausdruck $\left(1 - e^{\left(r - \frac{\sigma^2}{2}\right)T + \sigma\sqrt{T}w} \right)$ durchschnittlich stark überwiegen wird und dass für kleines r das Umgekehrte der Fall sein wird.

4.35 Analyse des Preisverlaufs einiger weiterer Options-Basis-Strategien: Einfache Basis-Time Spreads

Bevor wir mit dem weiteren Ausbau unseres Grundlagenwissens fortfahren, führen wir noch einmal eine Kurzanalyse einer Options-Strategie und ihres Preisverlaufs aus und zwar betrachten wir diesmal einen Time Spread. Als konkretes Beispiel widmen wir uns exemplarisch einem Bear Time Spread. (Jede beliebige andere Version kann – ganz analog – wieder mit Hilfe unserer Software auf der Homepage selbständig durchgeführt werden).

Das schnelle Erfassen von Preisentwicklungen und damit von Auswirkungen von Time Spreads bedarf (insbesondere bei komplexeren Typen) einiger Erfahrung im Umgang mit Optionen. Die Schwierigkeit beginnt schon damit, dass es keine endgültige Payoff-Funktion (bzw. Gewinnfunktion) für Time Spreads gibt, da die Bestandteile eines Time Spreads kein gemeinsames Fälligkeitsdatum aufweisen. Ein bestimmter Time-Spread ist allerdings offensichtlich dann zu Ende, sobald die Fälligkeit der Option im Spread mit der kürzesten Laufzeit T_1 erreicht ist, dann verliert der Time Spread ja seinen ursprünglichen Charakter. Wenn man davon ausgeht, dass zu diesem Zeitpunkt auch alle anderen Bestandteile des Spreads geschlossen werden (oder zumindest bewertet werden), dann kann man für den Zeitpunkt T_1 mit Hilfe der Black Scholes Formel eine ungefähre Payoff/Gewinn-Funktion errechnen.

Betrachten wir einmal das einfachste Grundbeispiel eines **Bear Time Spreads aus Call-Optionen**. In einem solchen Bear Time Spread wird eine Call-Option C_1 Long mit kürzerer Laufzeit T_1 mit einer Call-Option C_2 Short mit längerer Laufzeit T_2 (aber gleichem Strike K) kombiniert. Da der Zeitwert von C_2 höher ist als der Zeitwert C_1, wird zur Zeit 0 eine positive Prämie eingenommen.

In Abbildung 4.152 sehen Sie die typische Preisentwicklung eines Bear Time Spreads für die folgenden Parameter:

$S_0 = 2900$

$K = 2900$

$T_1 = \frac{1}{12}$

$T_2 = \frac{2}{12}$

$r = 0$

$\sigma = 0.15$

Die schwarze Kurve gibt den Preis der Kombination, zur Zeit T_1 wieder, also im obigen Sinn die Gewinn-Funktion der Strategie. Die anderen Kurven stellen die Preisverläufe der Strategie zu früheren Zeiten t (rot: $t = 0$, magenta: $t = 1$ Woche, türkis: $t = 2$ Wochen, grün: $t = 3$ Wochen, blau: 3 Tage vor Fälligkeit) in Abhängigkeit vom Kurs $S(t)$ des underlyings dar.

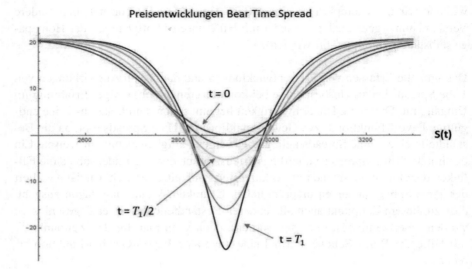

Abbildung 4.152: Preisentwicklungen Bear Time Spread für verschiedene Zeitpunkte bis T_1

Die beim Eingehen der Strategie eingenommene Prämie beträgt 20.74 Dollar. Die Prämie ergibt sich als Differenz des Preises von circa 71$ von C_2 und 50$ von C_1. Diese Prämie stellt auch den größtmöglichen Gewinn in dieser Strategie dar. Wie kommt es zu dieser Form der Gewinn-Funktion?

- Bleibt das underlying bis zur Zeit T_1 im Wesentlichen unverändert, dann verfällt C_1 im Wesentlichen wertlos. Ich bin weiterhin C_2 short. Den Zeitwert von C_2 müsste ich bei einer sofortigen Auflösung von C_2 zahlen. Der Preis von C_2 zur Zeit T_1 entspricht bei unveränderten Bedingungen in etwa dem Preis von C_1 zur Zeit 0, also cirka 50$. Das bedeutet daher einen Verlust der Strategie.

- Fällt das underlying bis zur Zeit T_1 stark, dann verfällt C_1 wertlos. Ich bin weiterhin C_2 short. C_2 hat momentan dann keinen inneren Wert und nur einen geringen Zeitwert. Das Auflösen von C_2 ist somit günstig und es bleibt mir ein Großteil der anfangs eingenommenen Prämie als Gewinn.

- Steigt das underlying bis zur Zeit T_1 stark an, dann erhalte ich durch C_1 den inneren Wert der Option ausbezahlt. Die Option C_2 hat dann in diesem Moment denselben inneren Wert wie C_1 plus einen geringen Zeitwert. Für das Auflösen von C_2 benötige ich daher den gerade durch C_1 eingenommenen inneren Wert und den geringen Zeitwert. Es bleibt mir somit ein Großteil der anfangs eingenommenen Prämie als Gewinn.

Die Preisverläufe erinnern stark an die abgerundeten Preisverläufe eines herkömmlichen (also nicht durch Time Spreads entstandenen) Short Butterfly Spreads. Und zwar eines Short Butterflys mit Fälligkeit in T_1, Spitze in 2900 und Ecken in circa 2700 und 3100. Ein solcher Short Butterfly wird gebildet aus einem Put und einem Call Long mit Strike 2900, einem Call Short mit Strike 3100 und einem Put Short mit Strike 2700. Allerdings zeigt sich, dass eine solche Kombination zwar ungefähr die gleiche Form wie ein Bear Time Spread hat, dass sie aber eine circa 5 Mal so starke Ausdehnung entlang der y-Achse aufweist. Wollen wir also mittels eines Short Butterflys ein wirklich ähnliches Gewinnprofil wie mittels eines Bear Time Spreads generieren, so müssen wir den Bear Time Spread mit circa einem Fünftel eines Short Butterflys vergleichen (oder 5 Bear Time Spreads mit einem Short Butterfly). In Abbildung 4.153 sieht man den Vergleich der beiden Gewinnfunktionen. In Abbildung 4.154 sind die Gewinnverläufe von Bear Time Spread (links) und $\frac{1}{5}$ Short Butterfly noch einmal einander gegenübergestellt.

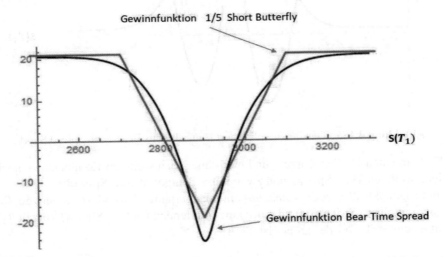

Abbildung 4.153: Vergleich Gewinnfunktionen in T_1 von Bear Time Spread (schwarz) und $\frac{1}{5}$ Short Butterfly (rot)

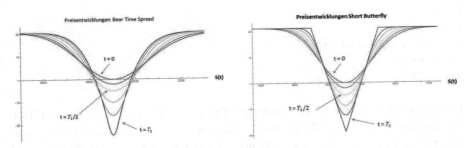

Abbildung 4.154: Vergleich Preisentwicklungen Bear Time Spread (links) und $\frac{1}{5}$ Short Butterfly (rechts) zu verschiedenen Zeitpunkten

Wie man schon aus Abbildung 4.153, dem Vergleich der beiden Gewinnkurven eines $\frac{1}{5}$ Short Butterfly und eines Bear Time Spreads ablesen kann, ergibt die Differenz der beiden Strategien, also: $\frac{1}{5}$ *Short Butterfly und Shorten eines Bear Time Spreads* eine durchaus interessante Gewinnkurve für den Zeitpunkt T_1 (siehe Abbildung 4.155).

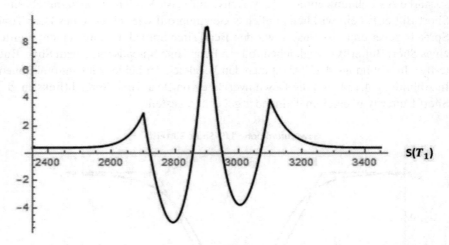

Abbildung 4.155: Gewinnkurve $\frac{1}{5}$ Short Butterfly plus Bear Time Spread Short

Wir betrachten in aller Kürze – und hier ohne jeden weiteren Kommentar – noch einen weiteren Time Spread, und zwar einen **„Diagonal Bull Spread"**.
Ein Diagonal Bull Spread besteht aus einer längerlaufenden Call (C_2, Laufzeit T_2) Long mit einem Strike K_2 und einer kürzerlaufenden Call C_1 Short (Laufzeit T_1) mit einem Strike K_1 der größer ist als K_2 ($K_1 > K_2$).

Für das folgende konkrete Illustrationsbeispiel gehen wir wieder von den schon gewohnten folgenden Parametern aus:
$S_0 = 2900$
$T_1 = \frac{1}{12}$
$T_2 = \frac{2}{12}$
$r = 0$
$\sigma = 0.15$
Als Strikes wählen wir nun
$K_1 = 2950$
$K_2 = 2900$

Im folgenden Bild stellen wir wieder die Preisentwicklung dieses Diagonal Bull Spreads für verschiedene Zeitpunkte während der Laufzeit der Kombination, also bis zum Zeitpunkt T_1, dar. Die schwarze Kurve gibt den Preis der Kombination zur Zeit T_1 wieder, also im obigen Sinn die Gewinn-Funktion der Strategie. Die anderen Kurven stellen die Preisverläufe der Strategie zu früheren Zeiten t (rot:

$t = 0$, magenta: $t = 1$ Woche, türkis: $t = 2$ Wochen, grün: $t = 3$ Wochen, blau: 3 Tage vor Fälligkeit) in Abhängigkeit vom Kurs $S(t)$ des underlyings dar.

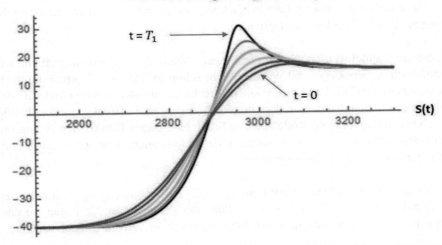

Abbildung 4.156: Preisentwicklungen Diagonal Bull Spread für verschiedene Zeitpunkte bis T_1

Wir ermutigen die Leserinnen noch einmal, mittels unserer Software die zeitlichen Preisverläufe von verschiedensten (auch Time-Spread-) Options-Kombinationen zu veranschaulichen und zu verinnerlichen. Siehe: https://app.lsqf.org/optionskombinationen

4.36 Die Greeks

Bereits in früheren Kapiteln, insbesondere in 4.24 bis 4.26 sowie in 4.30, haben wir uns damit beschäftigt, wie und in welcher Weise die fairen Preise von Call- bzw. Put-Optionen von den in den Formeln für diese Preise auftretenden Parametern abhängen bzw. wie sensibel diese Preise auf Änderungen dieser Parameter reagieren.

Das Wissen über die Abhängigkeiten der fairen Preise von Derivaten (und von derivativen Handelsstrategien) ist essentiell für ein tieferes Verständnis von Optionshandelsstrategien, deren Chancen und Risiken und somit für deren Entwurf und deren Management. Grundlegendes Werkzeug für die Analyse dieser Abhängigkeiten sind dann natürlich die ersten (und in manchen Fällen auch die höheren) Ableitungen der Preisformeln (bzw. der Preise der zu analysierenden Handelsstrategien) nach den relevanten Parametern. Diese Ableitungen spielen aber nicht nur für die grundlegende Analyse der Preisformeln und Strategien eine entscheidende Rolle, sondern treten auch in verschiedensten anderen Zusammenhängen immer wieder an entscheidender Stelle auf (zum Beispiel beim perfekten Hedgen von Derivaten, siehe Kapitel 4.21).

Auf Grund der Relevanz dieser Ableitungen hat sich ein bestimmtes Bezeichnungssystem dafür verfestigt. Die Ableitungen werden im Wesentlichen mit konkret fixierten griechischen Buchstaben bezeichnet, und firmieren nach diesen Bezeichnungen als „Die Greeks" von Derivaten.

In diesem Kapitel werden wir nur die wesentlichsten (!) Greeks definieren und wir werden diese Greeks (soweit wir dies nicht schon in früheren Kapiteln durchgeführt haben) für Call- und Put-Optionen berechnen, zusammenstellen und kurz deren Eigenschaften diskutieren. Es gibt jede Menge weitere Greeks, die aber häufig eine eher untergeordnete Rolle spielen. Sollte eine dieser Kennzahlen in unseren zukünftigen Analysen dennoch einmal eine Rolle spielen, dann wird diese Kennzahl dort an Ort und Stelle eingeführt.

Sei D ein beliebiges Derivat mit Laufzeit $[0, T]$ auf ein underlying S. S habe den Kurs $S(t)$ zur Zeit t. D kann auch ein Portfolio aus mehreren Derivaten auf dasselbe underlying sein. Wir sprechen dann von einer derivativen Handelsstrategie.

Wir nehmen an, für D sei eine Formel für den fairen Preis bekannt. Wir bezeichnen den fairen Preis des Derivats zur Zeit t mit $F(t)$. Wir gehen davon aus, dass $F(t)$ natürlich vom Parameter t (viel mehr aber noch von der Restlaufzeit $\tau = T - t$), weiters vom Kurs des underlyings $s = S(t)$ zur Zeit t, von der Volatilität σ des underlyings zur Zeit t und vom risikolosen Zinssatz r zur Zeit t abhängt. Wenn wir auf diese Abhängigkeit explizit hinweisen wollen, dann schreiben wir im Folgenden $F(\tau, s, \sigma, r)$ anstelle von $F(t)$.

Es bezeichnet dann

1. $\Delta_D(t) = \Delta_D(\tau, s, \sigma, r) := \frac{dF(\tau, s, \sigma, r)}{ds}$, also die **Ableitung von F nach dem Kurs** des underlyings, **das Delta von D**.
   Der momentane Wert von $\Delta_D(t)$ liefert eine erste ungefähre Antwort auf folgende Frage:
   „Um wieviel ändert sich der Wert des Derivats, wenn der Kurs des underlyings um einen Punkt steigt (bei sonst unveränderten Parametern)?"
   Die Antwort lautet: *„Der Wert ändert sich ungefähr um $\Delta_D(t)$ Währungseinheiten."*
   Die besondere Bedeutung von $\Delta_D(t)$ liegt zum einen daher im Bereich des Risiko-Managements, in dem es wesentlich ist, den Einfluss von Kursänderungen des underlyings auf gerade durchgeführte derivative Handelsstrategien genau abschätzen zu können und zum anderen im Bereich des Hedgings (wir wissen bereits, dass das Delta gerade die Anzahl Stück des underlyings beschreibt, die für perfektes Hedging in jedem Moment zu halten sind (siehe 4.21)).

2. $\theta_D(t) = \theta_D(\tau, s, \sigma, r) := \frac{dF(\tau,s,\sigma,r)}{d\tau}$, also die **Ableitung von F nach der Restlaufzeit τ, das Theta von D.**

Der momentane Wert von $\theta_D(t)$ liefert eine erste ungefähre Antwort auf folgende Frage:

„Um wieviel ändert sich der Wert des Derivats, wenn sich die Restlaufzeit um einen kleinen Zeitbereich dt (Jahre) verringert (bei sonst unveränderten Parametern)?"

Die Antwort lautet: *„Der Wert ändert sich circa um $-dt \cdot \theta_D(t)$ Währungseinheiten."*

Der Theta-Wert eines Derivats einer Handelsstrategie spielt unter anderem dann eine ganz wesentliche Rolle, wenn es darum geht, wann (während der Laufzeit eines Derivats/einer Strategie) die jeweilige(n) Derivat-Position(en) eingegangen oder geschlossen werden soll(en). Der Theta-Wert zeigt häufig gerade gegen Ende der Laufzeit eines Derivats ein signifikant anderes Verhalten als früher während der Laufzeit (bei sonst unveränderten Parametern).

3. $\Upsilon_D(t) = \Upsilon_D(\tau, s, \sigma, r) := \frac{dF(\tau,s,\sigma,r)}{d\sigma}$, also die **Ableitung von F nach der Volatilität σ, das Vega von D.**

Der momentane Wert von $\Upsilon_D(t)$ liefert eine erste ungefähre Antwort auf folgende Frage:

„Um wieviel ändert sich der Wert des Derivats, wenn sich die Volatilität um 0.01, also um 1% erhöht (bei sonst unveränderten Parametern)?"

Die Antwort lautet: *„Der Wert ändert sich circa um $0.01 \cdot \Upsilon_D(t)$ Währungseinheiten."*

Vega ist übrigens kein griechischer Buchstabe. Änderungen der Volatilität haben häufig eine starke Auswirkung auf den Preis von Derivaten, die oft in konkreten Anwendungen, bei der Analyse von Handelsstrategien, unterschätzt werden.

4. $\rho_D(t) = \rho_D(\tau, s, \sigma, r) := \frac{dF(\tau,s,\sigma,r)}{dr}$, also die **Ableitung von F nach dem risikolosen Zinssatz r, das Rho von D.**

Der momentane Wert von $\rho_D(t)$ liefert eine erste ungefähre Antwort auf folgende Frage:

„Um wieviel ändert sich der Wert des Derivats, wenn sich der risikolose Zinssatz um 0.01, also um 1% erhöht (bei sonst unveränderten Parametern)?"

Die Antwort lautet: *„Der Wert ändert sich circa um $0.01 \cdot \rho_D(t)$ Währungseinheiten."*

5. $\Gamma_D(t) = \Gamma_D(\tau, s, \sigma, r) := \frac{d^2F(\tau,s,\sigma,r)}{ds^2}$, also die **zweifache Ableitung von F nach dem Kurs** des underlyings, **das Gamma von D.**

Das Gamma ist also eine zweite Ableitung, es ist die erste Ableitung des wohl wichtigsten „Greeks", des Delta des Derivats. Das Gamma gibt zum Beispiel darüber Aufschluss, wie stark sich der Anteil des underlyings an einem perfekten Hedging-Portfolio für ein Derivat (das Delta) ändert.

Der momentane Wert von $\Gamma_D(t)$ liefert eine erste ungefähre Antwort auf folgende Frage:

„Um wieviel ändert sich das Delta des Derivats (= um wieviel Stück ändert sich der Anteil des underlyings im perfekten Hedging-Portfolio für das Derivat), wenn sich der Kurs des underlyings um einen Punkt erhöht (bei sonst unveränderten Parametern)?"

Die Antwort lautet: *„Der Wert ändert sich circa um $\Gamma_D(t)$ Stück."*

4.37   Die Greeks für Call-Optionen und Put-Optionen

Die Formeln für die Greeks $\Delta, \theta, \Upsilon, \rho$ von Call-Optionen und von Put-Optionen wurden bereits in den Kapiteln 4.21, 4.24 bis 4.26, sowie in 4.30 hergeleitet. (In 4.24 haben wir nicht unmittelbar das Theta der Optionen, also die Ableitung des Optionspreises nach τ berechnet, sondern die Ableitung nach t. Da $\tau = T - t$ ist, folgt aber aus der Kettenregel für Ableitungen sofort, dass die Ableitung nach τ nichts anderes ist als das Negative der Ableitung nach t.) Wir berechnen nun nur noch das Gamma von Call- und von Put-Optionen und fassen alle Formeln für diese Greeks in der nachfolgenden Tabelle zusammen.

Das Delta einer Call-Option ist (siehe 4.21) gegeben durch $\mathcal{N}(d_1)$ mit

$$d_1 = \frac{\log\left(\frac{s}{K}\right) + \left(r + \frac{\sigma^2}{2}\right)(T - t)}{\sigma\sqrt{T - t}}.$$

Das Gamma ist die Ableitung des Delta nach s und daher (mit Hilfe der Kettenregel):

$$\Gamma_C(t) = \frac{d\Delta_C}{ds} = \frac{d\mathcal{N}(d_1)}{ds} = \mathcal{N}'(d_1) \cdot d_1{}'(s) = \phi(d_1) \cdot \frac{1}{s\sigma\sqrt{\tau}}.$$

Das Delta einer Put-Option ist (siehe 4.21) gegeben durch $\mathcal{N}(d_1) - 1$. Durch Ableiten dieses Deltas nach s erhält man natürlich denselben Gamma-Wert wie für die Call-Option.

Insgesamt haben wir damit

	Call-Option
fairer Preis	$s \cdot \mathcal{N}(d_1) - K \cdot e^{-r(T-t)} \cdot \mathcal{N}(d_2)$
Delta	$\mathcal{N}(d_1)$
Theta	$S \cdot \phi(d_1) \cdot \frac{\sigma}{2\sqrt{T-t}} +$ $+ K \cdot r \cdot e^{-r(T-t)} \cdot \mathcal{N}(d_2)$
Vega	$K \cdot e^{-r(T-t)} \cdot \sqrt{T-t} \cdot \phi(d_2)$
Rho	$(T - t) \cdot e^{-r(T-t)} \cdot K \cdot \mathcal{N}(d_2)$
Gamma	$\phi(d_1) \cdot \frac{1}{s\sigma\sqrt{T-t}}$

	Put-Option
fairer Preis	$e^{-r(T-t)} \cdot K \cdot \mathcal{N}(-d_2) - S(t) \cdot \mathcal{N}(-d_1)$
Delta	$\mathcal{N}(d_1) - 1$
Theta	$S \cdot \phi(d_1) \cdot \frac{\sigma}{2\sqrt{T-t}} -$ $-K \cdot r \cdot e^{-r(T-t)} \cdot \mathcal{N}(-d_2)$
Vega	$K \cdot e^{-r(T-t)} \cdot \sqrt{T-t} \cdot \phi(d_2)$
Rho	$-(T-t) \cdot e^{-r(T-t)} \cdot K \cdot \mathcal{N}(-d_2)$
Gamma	$\phi(d_1) \cdot \frac{1}{s\sigma\sqrt{T-t}}$

wobei

$$\mathcal{N}(x) := \frac{1}{\sqrt{2\pi}} \int_{-\infty}^{x} e^{-y^2}\,dy \quad \text{und} \quad \phi(x) := \frac{1}{\sqrt{2\pi}} e^{-\frac{x^2}{2}}$$

sowie

$$d_1 = \frac{\log\left(\frac{s}{K}\right) + \left(r + \frac{\sigma^2}{2}\right)(T-t)}{\sigma\sqrt{T-t}} \quad \text{und} \quad d_2 = \frac{\log\left(\frac{s}{K}\right) + \left(r - \frac{\sigma^2}{2}\right)(T-t)}{\sigma\sqrt{T-t}}.$$

4.38 Grafische Veranschaulichung der Greeks von Call-Optionen

In den folgenden Grafiken illustrieren wir den typischen Verlauf dieser Greeks (in diesem Kapitel für Call-Optionen, im nächsten Kapitel für Put-Optionen. Für jede der Grafiken wählen wir für die Parameter, die jeweils fixiert und nicht variabel sind (!), die Standardwerte:

$K = 100$,
$S(t)$ im Bereich von 0 bis 200,
$T = 1$,
$r = 0.02$,
$\sigma = 0.5$
$t = 0, \frac{T}{4}, \frac{T}{2}, \frac{3T}{4}, 0.9T$ und $t = T$

Delta:

In Abbildung 4.157 sehen Sie für die sechs verschiedenen Werte von t links die Entwicklung des Callpreises in Abhängigkeit von $S(t)$ und rechts (jeweils in der gleichen Farbe) die Entwicklung des zugehörigen Delta-Wertes. Wenn wir uns die Definition des Deltas als Ableitung von $C(t)$ nach dem Parameter s vor Augen halten, dann ist die dargestellte Form der Delta augenscheinlich:

- Delta ist immer positiv (oder 0), da $C(t)$ immer monoton wachsend ist.

- Delta ist monoton wachsend, da der Anstieg von $C(t)$ immer mehr zunimmt. ($C(t)$ ist eine konvexe Funktion (linksgekrümmt))

- Das Delta hat immer Werte kleiner oder gleich 1, da der Anstieg von $C(t)$ immer höchstens gleich 1 ist.

- Im Fall $t = T$, also wenn $C(t)$ gerade die Payoff-Funktion darstellt, ist das Delta gleich 0 unterhalb von K und gleich 1 oberhalb von K (in K ist $C(t)$ nicht differenzierbar, das Delta existiert dort also nicht).

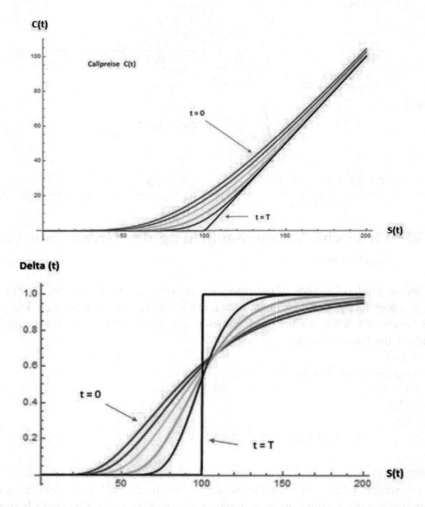

Abbildung 4.157: Entwicklung Callpreis und zugehöriges Delta in Abhängigkeit vom Kurs des underlyings für verschiedene Zeitpunkte t (rot: $t = 0$, magenta: $t = \frac{T}{4}$, türkis: $t = \frac{T}{2}$, grün: $t = \frac{3T}{4}$, blau: $t = 0.9T$, schwarz: $t = T$)

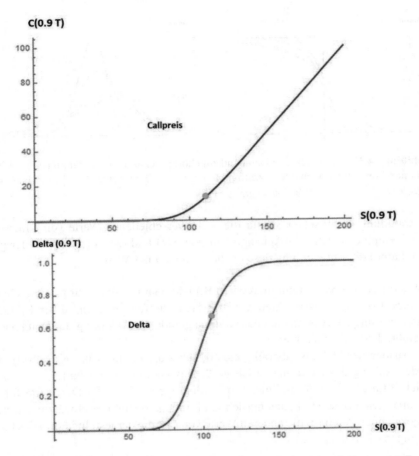

Abbildung 4.158: Callpreis (oben) und zugehöriges Delta (unten) für $t = 0.9T$

Zur besseren Übersichtlichkeit haben wir in Abbildung 4.158 noch einmal $C(t)$ und das zugehörige Delta für einen speziellen Zeitpunkt $t = 0.9T$ explizit darge-stellt. Man sieht hier noch einmal die typische Form der Entwicklung des Delta. Der grüne Punkt bezeichnet die Werte für $C(t) \approx 15$ und für $\Delta(t) \approx 0.7$ für $S(t) = 110$. Eine Änderung des Kurses des underlyings um circa einen Punkt im-pliziert an dieser Stelle also eine Änderung des Callpreises um circa 0.7.

Gamma:
Wir ziehen nun das Gamma (als Ableitung des Delta) vor und stellen als nächstes den Gamma-Wert einer Call-Option dar.

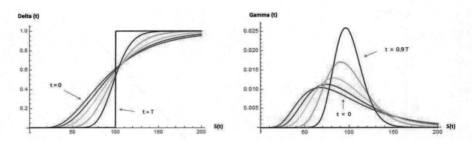

Abbildung 4.159: Entwicklung Delta und zugehöriges Gamma in Abhängigkeit vom Kurs des underlyings für verschiedene Zeitpunkte t (rot: $t = 0$, magenta: $t = \frac{T}{4}$, türkis: $t = \frac{T}{2}$, grün: $t = \frac{3T}{4}$, blau: $t = 0.9T$, schwarz: $t = T$)

In Abbildung 4.159 sehen Sie für die sechs verschiedenen Werte von t links die Entwicklung des Deltas in Abhängigkeit von $S(t)$ und rechts (jeweils in der gleichen Farbe) die Entwicklung des zugehörigen Gamma-Wertes.

Auf den ersten Blick scheint im rechten Bild der Gamma-Wert für $t = T$ (schwarze Kurve) zu fehlen. Betrachten wir aber das Delta für $t = T$ im linken Bild, und führen wir uns vor Augen, dass das Gamma gerade die Ableitung des Delta nach s darstellt, dann erkennen wir:
Der Anstieg des Delta ist überall gleich 0, außer direkt am Strike $K(= 100)$, dort ist der Anstieg des Delta unendlich groß. Das Gamma ist im Fall $t = T$ daher gleich 0 für $S(T) \neq K$ und gleich unendlich für $S(T) = K$. Die Werte für die Gamma gleich 0 ist, sind auch tatsächlich im rechten Bild (geschwärzte x-Achse) eingezeichnet. Auch für die anderen Werte von t ist die dargestellte Form des Gamma augenscheinlich:

- Gamma ist immer positiv, da Delta immer monoton wachsend ist

- Gamma hat immer dort ein Maximum, wo Delta einen Wendepunkt hat (einen Übergang von einer Linkskrümmung in eine Rechtskrümmung). Diese Wendepunkte des Delta verschieben sich immer weiter nach rechts in Richtung $S(t) = K$, somit verschieben sich die Maxima des Gamma ebenfalls immer weiter nach rechts in Richtung $S(t) = K$.

- Die Maxima des Gamma werden immer höher, da das Delta im Bereich von $S(t) = K$ für wachsendes t immer stärker ansteigt.

Die Aussage eines Gammawertes illustrieren wir wieder an einem konkreten Beispiel in unserem Setting:
Ist zum Beispiel $t = 0.9T$ und liegt zum Beispiel $S(t)$ bei $K = 100$, so impliziert eine Änderung des Kurses des underlyings um einen Punkt eine Änderung des Delta um circa 0.025. (Also bei perfektem Hedging müsste in dieser Situation das Hedging-Portfolio um 0.025 Stück des underlyings umgeschichtet werden.)

Theta:

Die Form des Theta ist einiges subtiler. Wir ziehen es vor in den folgenden Grafiken die Ableitung des Callpreises nach der Laufzeit t und nicht die Ableitung des Callpreises nach der Restlaufzeit τ darzustellen. Das heißt: In den folgenden Grafiken sehen Sie anstelle des Theta (θ) jeweils den Wert $-\theta$.

In Abbildung 4.160 haben wir nochmals die Entwicklung der Call-Preise in Abhängigkeit von $S(t)$ für verschiedene Werte von t dargestellt. Wir werden jetzt verschiedene konkrete Werte von $S(t)$ herausgreifen (und zwar $S(t) = 40, 70, 100,$ 130, 160) und für diese Werte von $S(t)$ in jeweils einer eigenen Grafik die Entwicklung von $C(t)$ im Lauf der Zeit betrachten. In jede dieser Grafiken ist zusätzlich in orange jeweils die Ableitung dieser Entwicklung für $C(t)$ nach der Zeit t (also $-\theta$) eingezeichnet.

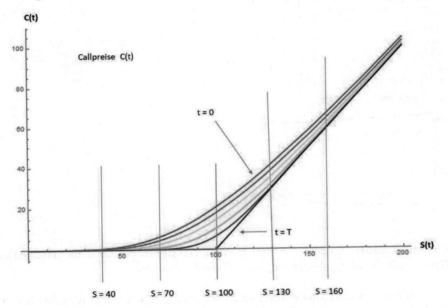

Abbildung 4.160: Entwicklung Callpreis in Abhängigkeit vom Kurs des underlyings für verschiedene Zeitpunkte t (rot: $t = 0$, magenta: $t = \frac{T}{4}$, türkis: $t = \frac{T}{2}$, grün: $t = \frac{3T}{4}$, blau: $t = 0.9T$, schwarz: $t = T$)

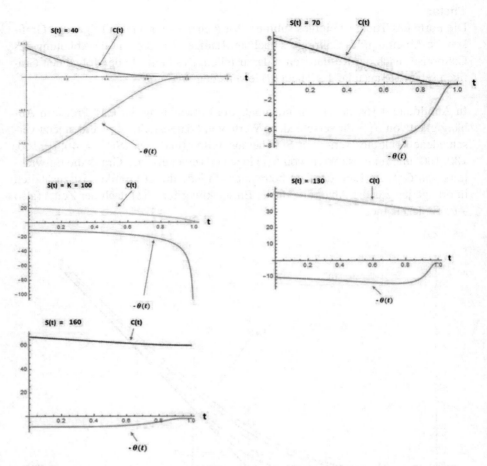

Abbildung 4.161: Verläufe von $C(t)$ in Abhängigkeit von der Zeit t für verschiedene Werte von $S(t)$ und zugehörige (negative) Theta-Werte (orange)

- Die (negativen) Theta-Werte sind überall (wie schon früher festgestellt wurde) negativ. $C(t)$ ist also bei nicht-negativem r (!) monoton fallend mit der Zeit.

- Die absoluten Werte des Theta sind umso größer, je näher sich $S(t)$ am Strike K befindet.

Eine sehr interessante Form zeigt $-\theta(t)$ für $S(t) = K$ oder ganz in der Nähe von K. Hier zeigt sich ganz zu Schluss der Laufzeit ein starker Verfall der Call-Preise, also ein sehr hoher Wert von $\theta(t)$ (sehr negativer Wert von $-\theta(t)$). Eine Call-Option hat also, im Fall dass $S(t)$ ganz in der Nähe von K liegt, praktisch bis zum Schluss der Laufzeit einen deutlich positiven Wert, der erst unmittelbar bei Fälligkeit auf 0 fällt. Wir veranschaulichen diesen Verlauf noch detaillierter, indem wir aus dem Teil in Abbildung 4.161, der sich auf $S(t) = K = 100$ bezieht, einen

Zoom für t von 0.95 bis 1 erstellen (siehe Abbildung 4.162, $C(t)$ und $-\theta(t)$ sind hier in zwei eigenen Grafiken dargestellt).

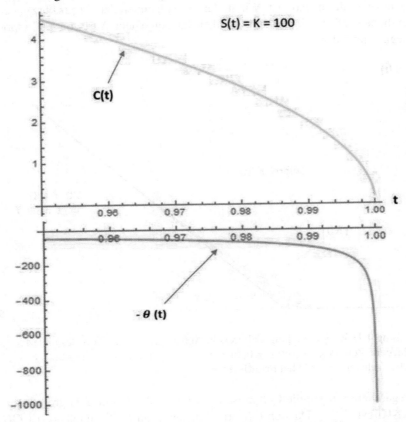

Abbildung 4.162: Verlauf von $C(t)$ (oben, türkis) in Abhängigkeit von der Zeit t für $S(t) = K = 100$ und zugehörige (negative) Theta-Werte (unten, orange)

Betrachten wir wieder einen ganz konkreten Wert: Im Fall $S(t) = K = 100$ hat zur Zeit $t = 0.99$ das Theta einen ungefähren Wert von $-\theta(t) \approx -100$. Wir erinnern an die weiter oben gegebene Interpretation von Theta:

„Um wieviel ändert sich der Wert des Derivats, wenn sich die Restlaufzeit um einen kleinen Zeitbereich dt (Jahre) verringert (bei sonst unveränderten Parametern)?"
Die Antwort lautet: *„Der Wert ändert sich circa um $-dt \cdot \theta$."*

$t = 0.99$ bedeutet, dass wir uns circa 3-4 Tage vor Fälligkeit der Option befinden. Betrachten wir den kleinen Zeitbereich $dt = \frac{1}{360}$ (≈ 1 Tag). Es ist dann $-dt \cdot \theta(t) \approx -\frac{100}{360} \approx 0.28$. Somit folgern wir:
Der Wert einer Call-Option verringert sich (bei obiger Vola, Zinssatz und $S(t) \approx K = 100$) 3 bis 4 Tage vor Fälligkeit der Option innerhalb eines Tages circa um 0.28 Währungseinheiten.

Das Theta einer Call-Option ist das einzige unter den Greeks, die wir betrachten, bei dem es eine wesentliche Rolle für die Form der Entwicklung spielt, ob der Zinssatz r positiv oder negativ ist. Wir stellen im Folgenden daher (nur kurz) noch die wesentlichen Informationen und Grafiken für den Theta-Wert von Call-Optionen bei negativem r dar:

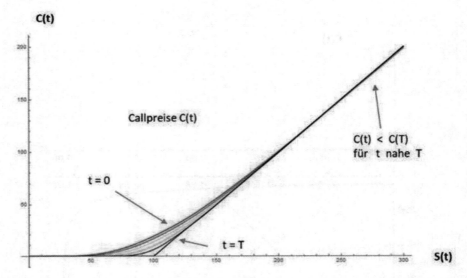

Abbildung 4.163: Entwicklung Callpreis in Abhängigkeit vom Kurs des underlyings für verschiedene Zeitpunkte t (rot: $t = 0$, magenta: $t = \frac{T}{4}$, türkis: $t = \frac{T}{2}$, grün: $t = \frac{3T}{4}$, blau: $t = 0.9T$, schwarz: $t = T$) bei **negativem r**

Bei negativem r liegen die Callpreise $C(t)$ für t nahe T und $S(t)$ groß **unter der Payoff-Kurve** $C(T)$. Da sich $C(t)$ für t gegen T an $C(T)$ annähert, ist $C(t)$ in diesen Bereichen (t nahe an T und $S(t)$ groß genug) monoton wachsend in t.

Diese Tatsache ist auch aus den folgenden Grafiken (den Pendants zu den Grafiken aus Abbildung 4.161) ersichtlich: In den letzten 2 Grafiken ($S(t)$ groß genug) ist für t nahe an T das (negative) Theta positiv!

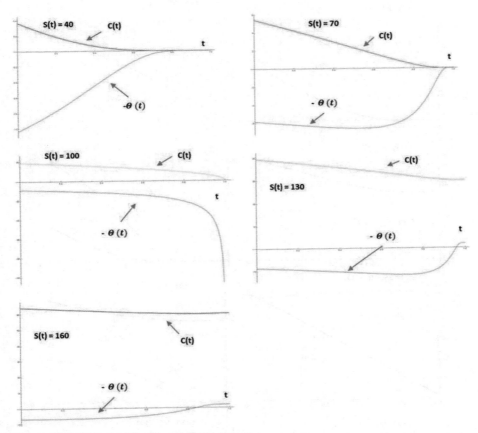

Abbildung 4.164: Verläufe von $C(t)$ in Abhängigkeit von der Zeit t für verschiedene Werte von $S(t)$ und zugehörige (negative) Theta-Werte (orange) bei negativem r

Vega:

Zur grafischen Darstellung des Vega gehen wir folgendermaßen vor:

Wir werden jetzt jeweils drei verschiedene konkrete Werte von $S(t)$ herausgreifen (und zwar $S(t) = 50, 100, 150$) und wir werden drei verschiedene konkrete Werte von t herausgreifen (und zwar $t = 0, \frac{T}{2}, 0.9T$) und für alle Kombinationen dieser Werte von $S(t)$ und von t in jeweils einer eigenen Grafik die Entwicklung von $C(\sigma)$ in Abhängigkeit von der Volatilität σ betrachten. In jede dieser Grafiken ist zusätzlich in orange jeweils die Ableitung von $C(\sigma)$ nach der Volatilität σ, also das Vega, eingezeichnet. Für die Darstellungen wählen wir jeweils einen Bereich für σ von 0 bis 1 (0% bis 100%).

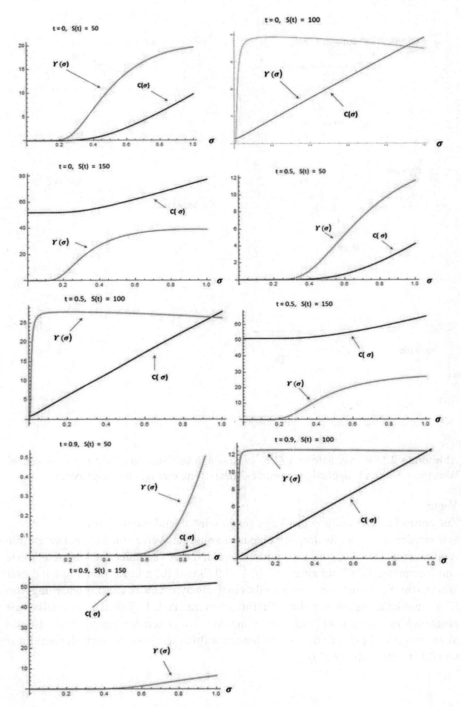

Abbildung 4.165: Entwicklungen von Call-Preis $C(\sigma)$ (blau) und Vega $\Upsilon(\sigma)$ (orange) für verschiedene Werte von t und $S(t)$ in Abhängigkeit von der Volatilität σ

Wir sehen grafisch noch einmal bestätigt:

- Das Vega einer Call-Option ist stets positiv, also $C(\sigma)$ ist stets monoton wachsend in σ.

- Auffallend ist ein fast linearer Anstieg von $C(\sigma)$ (für σ in realistischen Größenbereichen) im Fall $S(t) = K$.

- Das $\Upsilon(\sigma)$ hat die deutlich größten Werte für $S(t)$ in der Nähe von K und es wächst mit der Restlaufzeit (fällt mit t). Am intensivsten reagieren auf Änderungen der Volatilität diejenigen Call-Optionen mit längerer Laufzeit und $S(t)$ in der Nähe von K.

Zur Interpretation der Größenordnungen wieder ein Beispiel:
Zum Beispiel liegt (siehe Grafik in der Mitte links in Abbildung 4.165) für die Parameter $t = 0.5$ und $S(t) = 100$ der Wert des Vega für $\sigma = 0.4$ circa bei $\Upsilon(\sigma) = 27$. Wir erinnern uns wieder an die weiter oben gegebene Interpretation: *„Um wieviel ändert sich der Wert des Derivats, wenn sich die Volatilität um 0.01, also um 1% erhöht (bei sonst unveränderten Parametern)?"*
Die Antwort lautet: *„Der Wert ändert sich circa um $0.01 \cdot \Upsilon$ Währungseinheiten."*

Umgemünzt auf unser Beispiel heißt das, dass sich bei einem Kurs des underlyings in der Nähe von $K = 100$, einer Restlaufzeit der Option von einem halben Jahr und einer Vola von circa 40%, bei einer Änderung der Volatilität um 1% der Preis der Call-Option um circa $0.01 \cdot \Upsilon(t) \approx 0.27$ Währungseinheiten ändert.

Rho:
Zur grafischen Darstellung des Rho gehen wir ganz analog wie bei der Darstellung von Vega vor: Wir werden wieder drei verschiedene konkrete Werte von $S(t)$ herausgreifen (und zwar $S(t) = 50, 100, 150$) und wir werden drei verschiedene konkrete Werte von t herausgreifen (und zwar $t = 0, \frac{T}{2}, 0.9T$) und für alle Kombinationen dieser Werte von $S(t)$ und von t in jeweils einer eigenen Grafik die Entwicklung von $C(r)$ in Abhängigkeit vom risikolosen Zinssatz r betrachten. In jede dieser Grafiken ist zusätzlich in orange jeweils die Ableitung von $C(r)$ nach dem Zinssatz r, also das Rho, eingezeichnet. Für die Darstellungen wählen wir jeweils einen Bereich für r von -0.02 bis 0.1 (- 2% bis 10%).

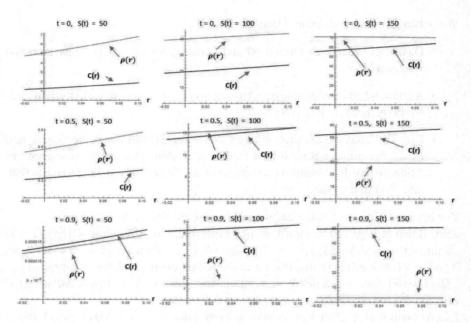

Abbildung 4.166: Entwicklungen von Call-Preis $C(r)$ (blau) und Rho $\rho(r)$ (orange) für verschiedene Werte von t und $S(t)$ in Abhängigkeit vom risikolosen Zinssatz r

Wir sehen:

- Das Rho $\rho(r)$ ist stets positiv, also $C(r)$ ist stets wachsend in r.

- Die Änderung von $C(r)$ in Abhängigkeit von r geht weitgehend annähernd linear vor sich.

Zur Interpretation der Größenordnungen wieder ein Beispiel:
Zum Beispiel liegt (siehe Grafik in der Mitte in Abbildung 4.166) für die Parameter $t = 0.5$ und $S(t) = 100$ der Wert des Rho für $r = 0$ circa bei $\rho(r) = 15$. Wir erinnern uns wieder an die weiter oben gegebene Interpretation:
„Um wieviel ändert sich der Wert des Derivats, wenn sich der risikolose Zinssatz um 0.01, also um 1%, erhöht (bei sonst unveränderten Parametern)?"
Die Antwort lautet: *„Der Wert ändert sich circa um* $0.01 \cdot \rho$ *Währungseinheiten."*

Für unser Beispiel heißt das, dass sich bei einem Kurs des underlyings in der Nähe von $K = 100$, einer Restlaufzeit der Option von einem halben Jahr und einem risikolosen Zinssatz von 0%, bei einer Änderung des Zinssatzes um 1% der Preis der Call-Option um circa $0.01 \cdot \rho \approx 0.15$ Währungseinheiten ändert.

4.39 Grafische Veranschaulichung der Greeks von Put-Optionen

Wir fassen uns hier sehr kurz, geben im Prinzip nur die Grafiken und gehen insgesamt genauso vor, wie wir das bei der Veranschaulichung der Greeks von Call-Optionen getan haben.

Für jede der Grafiken wählen wir für die Parameter, die jeweils fixiert und nicht variabel sind (!), wieder die Standardwerte:

$K = 100$,

$S(t)$ im Bereich von 0 bis 200,

$T = 1$,

$r = 0.02$,

$\sigma = 0.5$

$t = 0, \frac{T}{4}, \frac{T}{2}, \frac{3T}{4}, 0.9T$ und $t = T$

Delta:

- Delta ist immer negativ (oder 0), da $P(t)$ immer monoton fallend ist.

- Delta ist monoton wachsend, da die Abstiegsgeschwindigkeit von $P(t)$ immer geringer wird ($P(t)$ ist linksgekrümmt).

- Das Delta hat immer Werte größer oder gleich -1, da die Abstiegsgeschwindigkeit von $P(t)$ maximal gleich 1 ist.

- Im Fall $t = T$, also wenn $P(t)$ gerade die Payoff-Funktion darstellt, ist das Delta gleich 0 oberhalb von K und gleich -1 unterhalb von K (in K ist $P(t)$ nicht differenzierbar, das Delta existiert dort also nicht).

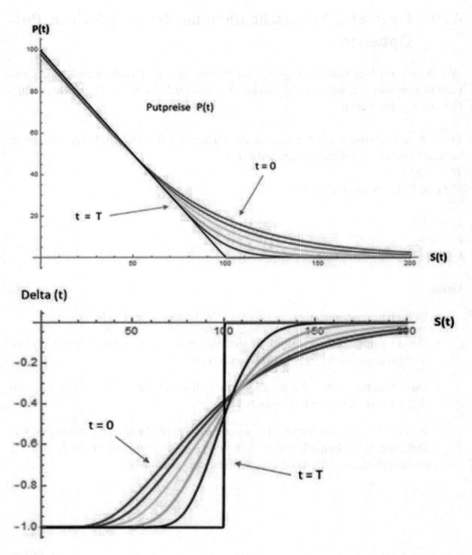

Abbildung 4.167: Entwicklung Putpreis und zugehöriges Delta in Abhängigkeit vom Kurs des underlyings für verschiedene Zeitpunkte t (rot: $t = 0$, magenta: $t = \frac{T}{4}$, türkis: $t = \frac{T}{2}$, grün: t = $\frac{3T}{4}$, blau: $t = 0.9T$, schwarz: $t = T$)

Gamma:

Das Gamma der Put-Option hat die gleiche Formel wie das Gamma der Call-Option.

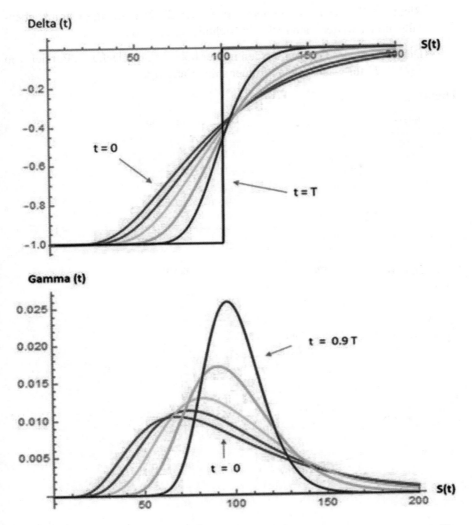

Abbildung 4.168: Entwicklung Delta und zugehöriges Gamma in Abhängigkeit vom Kurs des underlyings für verschiedene Zeitpunkte t (rot: $t = 0$, magenta: $t = \frac{T}{4}$, türkis: $t = \frac{T}{2}$, grün: $t = \frac{3T}{4}$, blau: $t = 0.9T$, schwarz: $t = T$)

- Das Gamma ist im Fall $t = T$ gleich 0 für $S(T) \neq K$ und gleich unendlich für $S(T) = K$. Die Werte, für die Gamma gleich 0 ist, sind auch tatsächlich im rechten Bild (geschwärzte x-Achse) eingezeichnet.

- Gamma ist immer positiv, da Delta immer monoton wachsend ist.

- Gamma hat immer dort ein Maximum, wo Delta einen Wendepunkt hat (einen Übergang von einer Linkskrümmung in eine Rechtskrümmung). Diese Wendepunkte des Delta verschieben sich immer weiter nach rechts in

Richtung $S(t) = K$, somit verschieben sich die Maxima des Gamma ebenfalls immer weiter nach rechts in Richtung $S(t) = K$.

- Die Maxima des Gamma werden immer höher, da das Delta im Bereich von
  $S(t) = K$ für wachsendes t immer stärker ansteigt.

Theta:

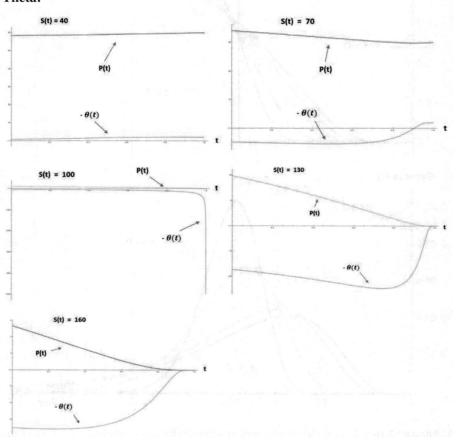

Abbildung 4.169: Verläufe von $P(t)$ in Abhängigkeit von der Zeit t für verschiedene
Werte von $S(t)$ und zugehörige (negative) Theta-Werte (orange)

- Die (negativen) Theta-Werte sind bei der Put-Option nun nicht überall negativ. $P(t)$ ist bei nicht-negativem r (!) gelegentlich auch monoton wachsend
  mit der Zeit. Das ist dann der Fall, wenn $S(t)$ wesentlich kleiner ist als K.
  Interessant ist im obigen Bild vor allem der Fall $S(t) = 70$. Hier wechselt
  knapp vor Fälligkeit der Option der (negative) Theta-Wert von negativ auf
  positiv.

- Die absoluten Werte des Theta sind umso größer je näher sich $S(t)$ am Strike
  K befindet.

Wie schon im Fall der Call-Option ändert sich die prinzipielle Form des Theta auch im Fall der Put-Option, sobald der **risikolose Zinssatz r negativ** ist. Die (negativen) Theta-Werte sind dann tatsächlich immer negativ und $P(t)$ **ist bei negativem r immer monoton fallend mit der Zeit!**

Vega:
Zur Darstellung des Vega einer Put-Option und seiner Eigenschaften können wir einfach auf Abbildung 4.165 verweisen. Das Vega einer Put-Option hat denselben Wert wie das Vega einer Call-Option. Der offensichtliche Grund dafür liegt zum Beispiel in der Put-Call-Parity-Equation begründet. Es gilt ja auf Grund dieser Gleichung: $P(t) = C(t) + K \cdot e^{-r(T-t)} - S(t)$.

Bei fixierten Werten für $t, T, r, S(t) = s$, unterscheiden sich die Preise P von Put-Option und C von Call-Option für jeden beliebigen Wert von σ um die fixe (von σ unabhängige) Konstante $K \cdot e^{-r(T-t)} - S(t)$. Es ist daher die Ableitung von P nach σ gleich der Ableitung von C nach σ.

Rho:
Zur Darstellung des Rho von Put-Optionen gehen wir wieder ganz analog wie bei den Call-Optionen vor und wir erstellen dazu einfach ein Pendent zu Abbildung 4.166.

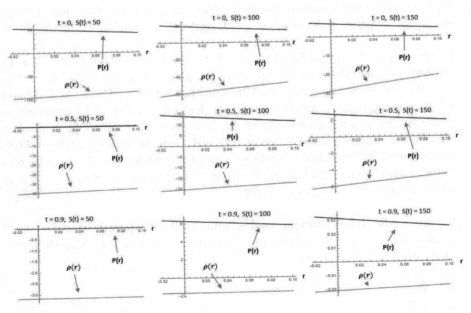

Abbildung 4.170: Entwicklungen von Put-Preis $P(r)$ (blau) und Rho $\rho(r)$ (orange) für verschiedene Werte von t und $S(t)$ in Abhängigkeit vom risikolosen Zinssatz r

- Das Rho $\rho(r)$ einer Put-Option ist stets negativ, also $P(r)$ stets monoton fallend in r.

- Die Änderung von $P(r)$ in Abhängigkeit von r geht weitgehend annähernd linear vor sich.

4.40   Delta und Gamma – Analyse eines Put Bull Spreads

Das Delta spielt neben seiner Funktion als allgemeines Risikomaß einer Handels-strategie bzw. seiner Bedeutung für das Hedging von Derivat-Positionen auch eine wesentliche Rolle bei Reglementierungen des Fonds-Managements durch offiziel-le Kontrollorgane bzw. durch die Kontrollorgane einer Kapitalanlage-Gesellschaft (KAG). Bestimmte Typen von Fonds dürfen etwa während der Laufzeit stets ein gewisses Delta-Exposure nicht überschreiten. Wird ein solches überschritten, dann müssen (meist nach einer gewissen Schonfrist) Positionen geschlossen werden oder aber neue Positionen eröffnet werden, so dass auf jeden Fall das momenta-ne Delta der Strategie wieder unter die vorgegebene Schranke fällt.

Mit den Programmen auf unserer Homepage ist es dem Leser möglich, für belie-bige Kombinationen von Optionen und Futures auf ein underlying das momentane Delta und Gamma zu bestimmen und grafisch zu veranschaulichen sowie potenti-elle weitere Entwicklungen von Delta und Gamma zu antizipieren.

Im Folgenden unterziehen wir beispielhaft nur drei ganz grundlegende Options-kombinationen einer Delta-Analyse auf Basis der Black-Scholes-Formel.

Die erste zu analysierende Kombination wird ein **Bull Put Spread** (= Put Short P_1 mit Strike K_1 und Put Long P_2 mit Strike K_2, gleiche Laufzeit T und $K_1 > K_2$) sein, die zweite Strategie ein **Short Iron Butterfly** (= Call-Short und Put-Short mit gleichem Strike K_S möglichst nahe am Geld sowie eine Call-Long mit einem Strike $K_{LC} > K_S$ und eine Put-Long mit Strike $K_{LP} < K$, alle Optionen haben dieselbe Restlaufzeit) wie er schon in 4.32 analysiert wurde sowie ein **Bear Time Spread aus Call-Optionen** (= Call-Option C_1 Long mit kürzerer Laufzeit T_1 plus Call-Option C_2 Short mit längerer Laufzeit T_2 (aber gleichem Strike K)) wie er schon in Kapitel 4.35 analysiert wurde.

Wir führen die **Delta-/Gamma-Analyse eines Bull Put Spreads** wieder an Hand eines konkreten Zahlenbeispiels durch. Dazu nehmen wir die folgenden Parameter im Zeitpunkt $t = 0$ als fixiert an:

$S_0 = 2900$

$T = \frac{1}{12}$

$r = 0.02$

$\sigma = 0.15$

$K_1 = 2800$

$K_2 = 2750$

Weiters gehen wir von einem vorhandenen Investment von 100.000 Dollar aus, das wir vollständig ausnutzen möchten.

Die Black-Scholes-Formel gibt uns für diese Parameter einen fairen Preis der Short-Position P_1 von 13.58\$ pro Stück (also 1358\$ pro Kontrakt à 100 Stück) und einen fairen Preis der Long-Position P_2 von 5.98\$ pro Stück (also 598\$ pro Kontrakt). Die eingenommene Prämie pro Kombinations-Kontrakt beträgt 760\$.

Die benötigte Margin pro Kombinations-Kontrakt beträgt 5000\$, da mit einer solchen Short-/Long-Kombination im schlimmsten Fall (Fallen des underlyings unter 2750 Punkte) ein Verlust von 50\$ pro Stück ($= K_1 - K_2$) also von maximal 5000\$ pro Kontrakt realisiert werden kann. Da pro Kombinations-Kontrakt 760\$ Prämie eingenommen wird, beträgt die zusätzlich benötigte Margin 5000 - 760 = 4240\$. Da 100.000\$ an Margin von Vornherein vorhanden sind, können daher $\left\lfloor \frac{100.000}{4240} \right\rfloor =$ 23 Kombinations-Kontrakte abgeschlossen werden. Damit ist garantiert, dass während der gesamten Laufzeit der Optionen stets ausreichend Margin vorhanden ist. ($\lfloor x \rfloor$ bezeichnet dabei die Floor-Funktion einer beliebigen Zahl x, also $\lfloor x \rfloor$ bezeichnet die größte ganze Zahl, die kleiner oder gleich x ist. Zum Beispiel eben: $\left\lfloor \frac{100.000}{4240} \right\rfloor = \lfloor 23.5859\ldots \rfloor = 23$).

Vorsicht ist allerdings dann geboten, wenn die Margin in einer Fremdwährung im Gegenwert von 100.000\$ hinterlegt wird (z.B. in Euro). Fällt der Euro-Kurs während der Laufzeit der Optionen gegenüber dem Dollar, so fällt dadurch die hinterlegte Margin im Wert unter 100.000 Dollar und es kann zu einem Margin-Call bzw. der erzwungenen Auflösung von Kontrakten kommen. Die Prämieneinnahme beträgt somit $23 \times 760 = 17.480$\$. Die Payoff- bzw. die Gewinn-Funktion der 23 Kombinations-Kontrakte haben die folgende Form:

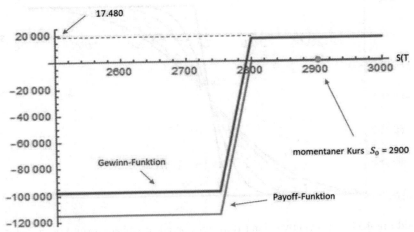

Abbildung 4.171: Gewinn- und Payoff-Funktion Bull Put Spread

Bleibt bei Fälligkeit das underlying über dem Strike K_1 der Short-Position, dann verfallen beide Optionstypen wertlos und dem Investor verbleiben 17.480\$ an Gewinn (= 17.48% bezogen auf das eingesetzte Investment). Fällt der S&P500 bis zur Fälligkeit unter 2750 Punkte und wurden nicht vorher rechtzeitig Kontrakte zur Verlustbegrenzung geschlossen (!), dann wird pro Kombinations-Kontrakt eine Zahlung von 5000\$ (= $100 \times (K_1 - K_2)$) fällig, also insgesamt eine Zahlung von 115.000\$, das ist beinahe die gesamte Summe aus Investment 100.000\$ und eingenommener Prämie von 17.480\$. Es tritt also praktisch ein Totalverlust ein.

Veranschaulichen wir uns vorerst eine ungefähre Preisentwicklung dieser Strategie während der Laufzeit auf Basis der Black-Scholes-Formeln für den fairen Preis der beiden Optionen, aus denen die Kombination gebildet wird. Wir führen dies wieder (analog zu den Untersuchungen in den Kapiteln 4.32, 4.33 und 4.35) für die Zeitpunkte $t = 0$ (rot), $t = \frac{T}{4} \approx 1$ Woche (magenta), $t = \frac{T}{2} \approx 2$ Wochen (türkis), $t = 3\frac{T}{4} \approx 3$ Wochen (grün), $t = 0.9T \approx 3$ Tage vor Fälligkeit (blau), $t = T =$ Fälligkeit (Gewinnfunktion) (schwarz) durch und zeichnen die entsprechenden Preisentwicklungen in einem Bild ein.

In Abbildung 4.172 tun wir dies unter der Annahme konstanter Volatilität $\sigma = 0.15$, in Abbildung 4.173 unter der Annahme negativ mit dem Kurs des underlyings korrelierender Volatilität. Dabei gehen wir wieder von einem Zusammenhang der Form $\sigma_t = \sigma \cdot \left(\frac{S_0}{S_t} \right)^a$ mit $a = 6$ zwischen der Volatilität zur Zeit t und dem Kurs des underlyings zur Zeit t aus. (σ_t bezeichnet die Volatilität des underlyings zur Zeit t. σ_t wächst daher mit fallendem Kurs S_t des underlyings zur Zeit t.)

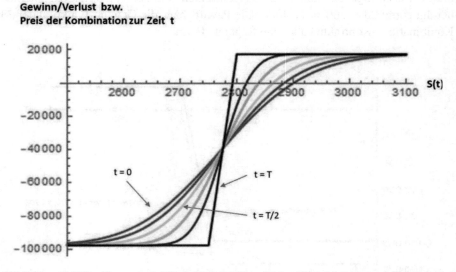

Abbildung 4.172: Kursentwicklung Bull Put Spread in Abhängigkeit von $S(t)$ für verschiedene Zeitpunkte t, bei Annahme konstanter Volatilität während der Laufzeit

Gewinn/Verlust bzw.
Preis der Kombination zur Zeit t

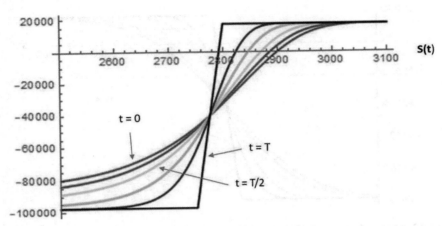

Abbildung 4.173: Kursentwicklung Bull Put Spread in Abhängigkeit von $S(t)$ für verschiedene Zeitpunkte t, bei Annahme negativ mit dem Kurs des underlyings korrelierender Volatilität

Natürlich nähern sich die Preisentwicklungen mit gegen T hin steigendem t immer mehr der Gewinnfunktion der Strategie an. Man ersieht an diesen Preisentwicklungen aber auch ein Dilemma, mit dem jeder, der diese Strategie durchführt, konfrontiert wird: Es wird auf jeden Fall sinnvoll und vernünftig sein, sich zusätzlich zu der Grundstrategie, dem Bull Put Spread, eine Gewinn-Mitnahme-Strategie bzw. eine Verlust-Begrenzungs-Strategie durch Schließen der Strategie bei Überschreiten eines gewissen Mindestgewinns bzw. eines gewissen Maximalverlusts zu überlegen und diese dann konsequent zu verfolgen.

In unserem Beispiel wäre ein möglicher Ansatz: Konsequente Gewinnmitnahme (d.h. Schließen der Strategie) sobald ein Gewinn von 10.000$ realisiert werden kann und konsequente Verlustbegrenzung (durch Schließen der Strategie) sobald ein Verlust von 20.000$ entstehen würde. In Abbildung 4.174 sind die beiden entsprechenden Barrieren in orange eingezeichnet und zur besseren Übersichtlichkeit ist der kritische Bereich, in dem das Schließen der Strategie nötig wird, in Abbildung 4.175 hervorgehoben.

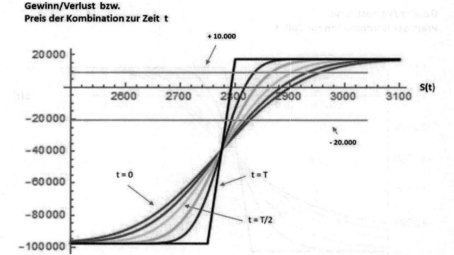

Abbildung 4.174: Kursentwicklung Bull Put Spread in Abhängigkeit von $S(t)$ für verschiedene Zeitpunkte t, bei Annahme konstanter Volatilität während der Laufzeit und Barrieren für Gewinnmitnahme bei 10.000\$ bzw. Verlustbegrenzung bei -20.000\$

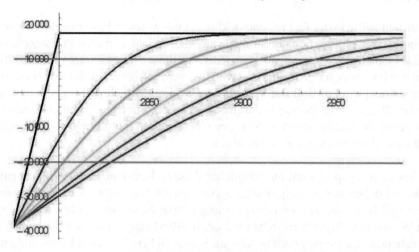

Abbildung 4.175: Kursentwicklung Bull Put Spread in Abhängigkeit von $S(t)$ für verschiedene Zeitpunkte t, bei Annahme konstanter Volatilität während der Laufzeit und Barrieren für Gewinnmitnahme bei 10.000\$ bzw. Verlustbegrenzung bei -20.000\$, kritischer Bereich gezoomt

Es ist in Abbildung 4.175 klar zu erkennen, wie zu früheren Zeitpunkten erst bei relativ hohem Kurs des S&P500 eine Gewinnmitnahme möglich ist, dass aber andererseits bereits relativ früh bei Kursverlusten die Reißleine zur Begrenzung der Verluste zu ziehen ist. So ist etwa nach circa einer Woche Laufzeit (magenta-farbene Kurve) bei einem S&P500-Stand von circa 2940 Punkten eine Gewinnmitnahme von circa 10.000 Euro möglich und bei einem Stand des S&P500 von circa 2820

Punkten muss die Strategie zur Verlustbegrenzung bei - 20.000$ geschlossen werden. Eine Woche vor Fälligkeit (grüne Linie) liegen diese Schranken circa bei 2870 Punkten (Gewinnmitnahme) und bei circa 2805 Punkten (Verlustbegrenzung). Natürlich besteht bei dieser Vorgangsweise die „Gefahr", dass bei einem kurzfristigen vorübergehenden Rückgang des S&P500 bereits nach einer Woche ein Verlust von 20.000$ eingefahren wird, obwohl beim gleichen Stand des S&P500 bei Fälligkeit der Maximalgewinn resultieren würde, dass man also wesentlich zu voreilig geschlossen hat. Dafür sind aber die angestrebten Gewinn-/Verlust-Schranken klar definiert.

In den Abbildungen 4.176 und 4.177 ist dieselbe Situation für den (realistischeren) Fall einer negativ mit dem Kurs des underlyings korrelierenden Volatilität illustriert (Korrelations-Parameter $a = 6$).

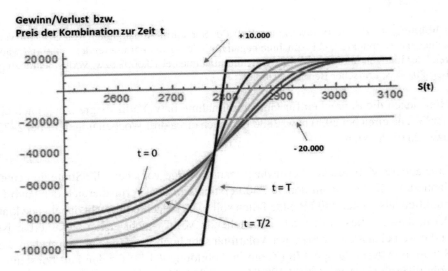

Abbildung 4.176: Kursentwicklung Bull Put Spread in Abhängigkeit von $S(t)$ für verschiedene Zeitpunkte t, bei Annahme negativ mit dem Kurs korrelierender Volatilität während der Laufzeit und Barrieren für Gewinnmitnahme bei 10.000$ bzw. Verlustbegrenzung bei -20.000$

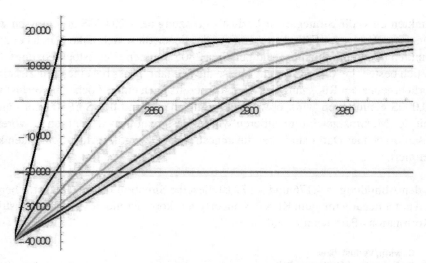

Abbildung 4.177: Kursentwicklung Bull Put Spread in Abhängigkeit von $S(t)$ für verschiedene Zeitpunkte t, bei Annahme negativ mit dem Kurs korrelierender Volatilität während der Laufzeit und Barrieren für Gewinnmitnahme bei 10.000$ bzw. Verlustbegrenzung bei -20.000$, kritischer Bereich gezoomt

Hier liegen die Schranken für Gewinnmitnahme bzw. Verlustbegrenzung nach einer Woche circa bei 2930 bzw. 2830 und nach circa drei Wochen ungefähr bei 2875 bzw. 2810 Punkten.

Eine andere Methode der Verlustbegrenzung würde vorsehen, die Strategie genau dann zu schließen, wenn der S&P500 erstmals in den Verlustbereich der Payoff-Funktion, also unter 2800 Punkte fallen sollte. Der Nachteil besteht dabei ganz klar darin, dass der tatsächlich dabei entstehende Verlust nicht genau kalkulierbar ist und etwa bei stark angestiegener Volatilität sehr hoch werden kann. Wir sehen die Situation in Abbildung 4.178 (Zoom in Abbildung 4.179) für den Fall konstanter Volatilität und in Abbildung 4.180 (Zoom in Abbildung 4.181) für den Fall negativ mit dem Kurs korrelierender Volatilität.

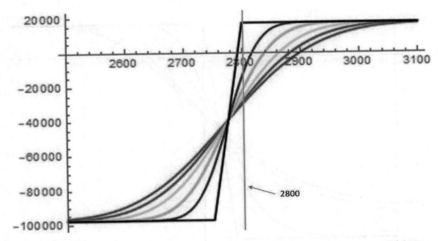

Abbildung 4.178: Kursentwicklung Bull Put Spread in Abhängigkeit von $S(t)$ für verschiedene Zeitpunkte t, bei Annahme konstanter Volatilität während der Laufzeit und Verlusthöhen bei Schließen der Positionen bei Kurs 2800

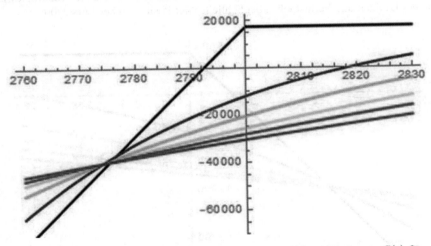

Abbildung 4.179: Kursentwicklung Bull Put Spread in Abhängigkeit von $S(t)$ für verschiedene Zeitpunkte t, bei Annahme konstanter Volatilität während der Laufzeit und Verlusthöhen bei Schließen der Positionen bei Kurs 2800, kritischer Bereich gezoomt

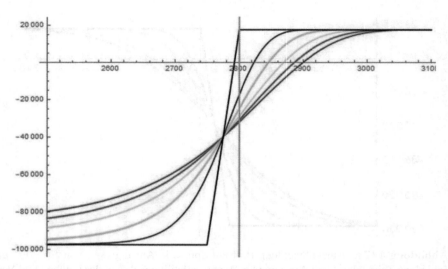

Abbildung 4.180: Kursentwicklung Bull Put Spread in Abhängigkeit von $S(t)$ für verschiedene Zeitpunkte t, bei Annahme negativ mit dem Kurs korrelierender Volatilität während der Laufzeit und Verlusthöhen bei Schließen der Positionen bei Kurs 2800

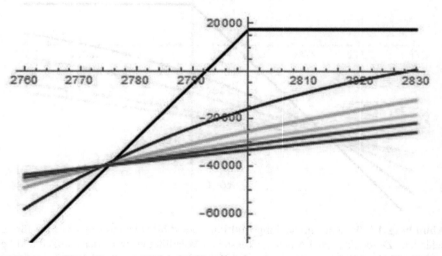

Abbildung 4.181: Kursentwicklung Bull Put Spread in Abhängigkeit von $S(t)$ für verschiedene Zeitpunkte t, bei Annahme negativ mit dem Kurs korrelierender Volatilität während der Laufzeit und Verlusthöhen bei Schließen der Positionen bei Kurs 2800, kritischer Bereich gezoomt

Im Fall konstanter Volatilität würde diese Vorgangsweise in unserem Setting zu folgenden Verlusten führen:

nach einer Woche circa -28.000$

nach zwei Wochen circa -26.000$

nach drei Wochen circa -22.000$

circa drei Tage vor Fälligkeit -14.000$

bei Fälligkeit Gewinn von circa 17.400$

Im Fall korrelierender Volatilität würde diese Vorgangsweise in unserem Setting zu folgenden Verlusten führen:
nach einer Woche circa -32.000$
nach zwei Wochen circa -31.000$
nach drei Wochen circa -29.000$
circa drei Tage vor Fälligkeit -18.000$
bei Fälligkeit Gewinn von circa 17.400$

Im Fallbeispiel 10.5 werden solche Strategien noch einmal im Detail an Hand realer Daten und realer Handelsbedingungen getestet!

Klare Vorgaben sind im Risiko-Management von derivativen Handelsstrategien unabdingbar und essentiell. Es sollte aber jedem Händler stets bewusst sein, dass Regelungen zur Verlustbegrenzung die auf Stopp Loss Orders beruhen, also auf Vorschriften zum Schließen von Positionen (oder Eröffnen von Hedging-Positionen) beim Eintritt bestimmter Kurs-Ereignisse, nicht immer garantiert in der geplanten Form durchführbar sind. Das musste in sehr schmerzlicher Weise auch der Autor dieses Buchs als Strategie-Manager am Freitag, dem 10. Oktober 2008, auf dem Höhepunkt der Finanzkrise zur Kenntnis nehmen. Er hatte seit Anfang Oktober in den von ihm betreuten Strategien und in eigenen Handelsstrategien eine große Zahl (circa 20.000 Kontrakte) von Bull Put Spreads auf den S&P500 mit Laufzeit bis 17.Oktober 2008 und mit Strike der Put-Short-Position bei $K_1 = 900$ und Strike der Put-Long-Position bei $K_2 = 825$ offen. Die „Exit-Strategie" lautete auf „Schließen aller Kontrakte sobald der S&P500 die Schranke von 900 Punkten unterschreitet." Wir haben schon in Kapitel 1.22 die tatsächliche Entwicklung des S&P500 Index in den Tagen um den 10.Oktober 2008 dargestellt und wir sehen den entsprechenden Chart mit den Tickdaten des S&P500 von der Zeit kurz vor Handelsschluss am Donnerstag, dem 9.10.2008, bis kurz nach Handelseröffnung am Montag, dem 13.10.2008, noch einmal in Abbildung 4.182.

Abbildung 4.182: Der S&P500 Index um den 10. Oktober 2008, Tickdaten, (Quelle: Bloomberg)

Am 9.10.2008 hatte der S&P500 bei 909.92 Punkten geschlossen. Es war daher am 9.10.2008 noch zu keinem Schließen von Kontrakten aufgrund der Exit-Strategie gekommen Unmittelbar nach der Eröffnung der Börse am 10.10.2008 war der Index dann innerhalb einiger Minuten unter 900 Punkte und unaufhaltsam bis auf 839.80 Punkte gefallen. Die Order zum Closing aller Kontrakte war gleich zu Handelsbeginn gegeben worden. Bis die Closings dann aber tatsächlich durchgeführt werden konnten, war der Kurs des S&P500 bereits bis unter 850 Punkte gefallen. In Abbildung 4.183 sehen wir die Entwicklung des Preises der Put-Short-Position mit Strike 900. Bei Börsenschluss am 9.10.2008 (Stand S&P500 bei 909) lag der Options-Preis noch circa bei 40$ (unterer roter Punkt in Abbildung 4.183). Unmittelbar nach Börseneröffnung am 10.10.2008 (Stand S&P500 im Bereich 850 bis 840 Punkte) schnellte der Options-Preis hoch in den Bereich von 70–80 Dollar. Tatsächlich wurden diese Put-Optionen dann bei einem durchschnittlichen Preis von circa 78 Dollar geschlossen. Wäre ein sofortiges Schließen der Optionen direkt bei einem Kurs des S&P500 von 900 Punkten möglich gewesen, dann wäre mit einem Schließungskurs von circa 45 Dollar zu rechnen gewesen. Und mit einem Schließungspreis in dieser Größenordnung war auch von Vornherein in etwa gerechnet worden. Auch wenn diese äußerst unglückliche Konstellation in einer Phase größter Irritation an den Finanzmärkten zu Stande gekommen war, muss sie eine Warnung davor sein, zu uneingeschränkt auf die Wirkungsweise von Stop-Loss-Orders zu vertrauen.

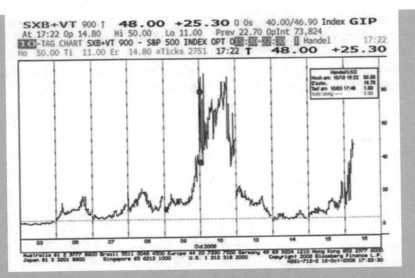

Abbildung 4.183: Entwicklung Preis Put, Strike 900, Fälligkeit 21.10.2008, von 3.10.2008 bis 16.10.2008, (Quelle: Bloomberg)

Ein weiteres Beispiel einer missglückten Wirkung von Stop-Loss-Orders (im Bereich von Währungen) werden wir ausführlich in einem unserer Showcases in einem der späteren Anwendungskapitel studieren (siehe Kapitel 10.7).

Welche Exit-Strategie die beste Wirkung zeigt (und wir gehen jetzt im Folgenden wieder von exaktem Funktionieren der Exit-Strategien, also von der Möglichkeit Positionen direkt am vordefinierten Punkt schließen zu können, aus), ist sehr schwer zu entscheiden und hängt natürlich von der ganz konkreten Strategie und von der tatsächlichen Entwicklung des Kurses des underlyings aus. Als Beispiel, wie man sich dem Studium dieser Frage durch Simulationen nähern kann und um dadurch eine erste Orientierung über die Qualität der verschiedenen Exit-Strategien gewinnen zu können, werden wir uns im nächsten Kapitel noch einmal dieser Frage für den Fall einer Bull Put Spread Strategie (in obigem Setting und mit den obigen Parameterwahlen) etwas eingehender widmen.

Jetzt wollen wir uns aber noch unserer eigentlichen Ausgangsfrage in diesem Kapitel zuwenden, nämlich: Wie entwickeln sich Delta und Gamma dieser Strategie während der Laufzeit in Abhängigkeit vom Kurs des underlyings?

Delta und Gamma der Bull Put Spread Strategie ergeben sich einfach als Summe der Deltas bzw. Gammas der einzelnen Optionspositionen. Die betrachtete Strategie – wir erinnern uns – bestand aus 23 Kontrakten (also 2300 Stück) Put Short (P_1) und aus 23 Kontrakten (also 2300 Stück) Put Long (P_2). Bezeichnen wir mit Δ das Delta der Gesamtstrategie und mit Γ das Gamma der Gesamtstrategie, sowie mit Δ_1, Δ_2 bzw. mit Γ_1, Γ_2 Delta und Gamma der Optionen P_1 und P_2, dann gilt also $\Delta = 2300 \times (\Delta_2 - \Delta_1)$ und $\Gamma = 2300 \times (\Gamma_2 - \Gamma_1)$. Einsetzen in die Formeln zur Berechnung von Δ_1, Δ_2 bzw. Γ_1, Γ_2 wieder für die Zeitpunkte $t = 0, \frac{T}{4}, \frac{T}{2}, 3\frac{T}{4}$ und $0.9T$ liefert dann die folgenden Grafiken für die Entwicklung von Δ bzw. Γ (Abbildung 4.184, im Fall konstanter Volatilität jeweils oben, im Fall von negativ mit dem Kurs des underlyings korrelierender Volatilität jeweils unten).

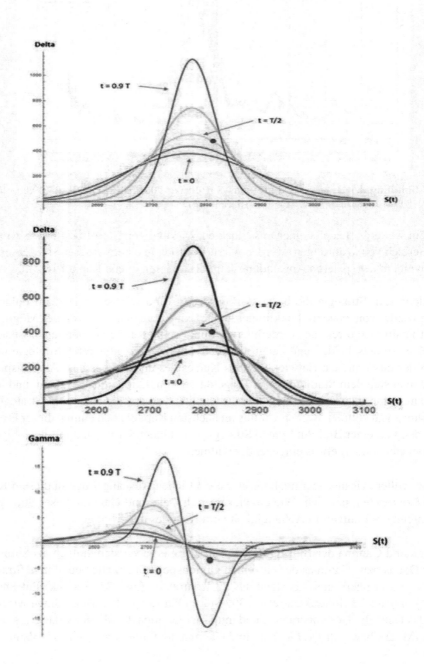

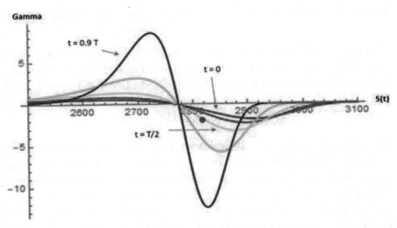

Abbildung 4.184: Delta (oben) und Gamma (unten) des Bull Put Spreads für Zeitpunkte $t = 0, \frac{T}{4}, \frac{T}{2}, 3\frac{T}{4}$ und $0.9T$ in Abhängigkeit von $S(t)$ unter Annahme konstanter Volatilität (erstes und drittes Bild) und unter Annahme negativ mit dem Kurs des underlyings korrelierender Volatilität (zweites und viertes Bild)

Einige Bemerkungen zu den Delta- und Gamma-Werten des Bull Put Spreads

- Der Unterschied zwischen den Ergebnissen für konstante bzw. für korrelierende Volatilität ist nicht gravierend und besteht vor allem in einer gewissen „Linksschiefe" der Delta-Entwicklung im Fall korrelierender Volatilität.

- Die Delta-Werte sind durchwegs positiv. Diese Tatsache ist aber klar in Hinblick auf die Form der untersuchten Strategie: Zunehmender Kurs des underlyings wirkt sich immer positiv auf den Preis dieser Options-Strategie aus.

- Betrachten wir ein konkretes Beispiel: Die roten Punkte in Abbildung 4.184 bezeichnen Delta- und Gamma-Werte nach der Hälfte der Laufzeit der Strategie $\left(t = \frac{T}{2}\right)$ bei einem Stand des S&P500 von 2820 Punkten (also 20 Punkte über dem Strike der Short-Position, in einem Bereich also, in dem noch nicht unmittelbar mit einem Verlust bei Fälligkeit gerechnet werden muss, wo die Strategie allerdings beginnt, in eine kritische Phase einzutreten.)
Bei konstanter Vola:
Der Deltawert liegt in diesem Punkt bei 454.77 und der Gammawert liegt in diesem Punkt bei -2.91.
Bei negativ korrelierender Vola:
Der Deltawert liegt in diesem Punkt bei 402.43 und der Gammawert liegt in diesem Punkt bei -1.88.
Liegt also nach der Hälfte der Laufzeit der Options-Strategie der Kurs des S&P500 bei circa 2820 Punkten und wächst der Kurs des S&P500 um einen Punkt, so nimmt der Wert der Options-Strategie um circa 455 Dollar (bei konstanter Vola) zu. (Bzw.: Fällt der S&P500 um einen weiteren Punkt, so wachsen die (Kurs-)

Verluste in der Options-Strategie um weitere circa 455 Dollar an.)

Ist nun (zur Hälfte der Laufzeit) der S&P500 um einen Punkt angestiegen (auf 2821) und steigt er um einen weiteren Punkt an, so ist dann mit einer Zunahme des Werts der Options-Strategie um circa 452 Dollar zu rechnen. Denn: Durch die Zunahme des S&P500 hat sich das Delta um circa -2.91 (= Gamma-Wert) von circa 455 auf circa 452 geändert.

- Der Delta-Wert $\Delta(t, s)$ gibt an, wie viele Stück des underlying bei einer perfekten Hedging-Strategie zur Zeit t und bei einem Stand des underlying von s zu halten sind. Zu zwei verschiedenen knapp aufeinanderfolgenden Zeitpunkten t und $t + dt$ (dt steht für eine sehr kleine Zeitspanne) sind also zuerst $\Delta(t, S(t))$ und dann $\Delta(t + dt, S(t + dt))$ Stück des underlying zu halten. Wird zwischen den Zeitpunkten sonst nicht weiter umgeschichtet, so sind im Zeitpunkt $t + dt$ also $|\Delta(t + dt, S(t + dt)) - \Delta(t, S(t))|$ Stück des underlying umzuschichten (zu kaufen, oder zu verkaufen). Unterteilt man nun das Zeitintervall $[0, T]$ in N Teile der Länge jeweils dt und wird nur zu den Zeitpunkten $i \cdot dt$ umgeschichtet, so müssen insgesamt bei dieser Vorgangsweise

$$\sum_{i=0}^{N-2} |\Delta((i + 1) \cdot dt, S((i + 1) \cdot dt)) - \Delta(i \cdot dt, S(i \cdot dt))|$$

Stück des underlyings während der Laufzeit umgeschichtet werden. (Im Zeitpunkt 0 und im Zeitpunkt $N \cdot dt$ wird nicht mehr umgeschichtet.) Um eine ungefähre Vorstellung davon zu bekommen, wie viele Umschichtungen in der von uns hier betrachteten Strategie bei (nahezu) perfektem Hedging notwendig wären, simulieren und illustrieren wir im Folgenden mittels des Wiener Modells (zum Trend $\mu = 0$) beispielhaft 5 mögliche Kursverläufe des S&P500. Zu jedem dieser Kursverläufe bestimmen und illustrieren wir für unsere Strategie (23 Kontrakte Bull Put Spread) für jeden Zeitpunkt und jeden zugehörigen Stand des S&P500 die zugehörigen Deltawerte. Schließlich berechnen wir noch

$$\sum_{i=0}^{N-2} |\Delta((i + 1) \cdot dt, S((i + 1) \cdot dt)) - \Delta(i \cdot dt, S(i \cdot dt))|$$

als Näherung für die Anzahl der umzuschichtenden Stück des underlyings. Dabei gehen wir von zweimaliger Umschichtung pro Tag aus.

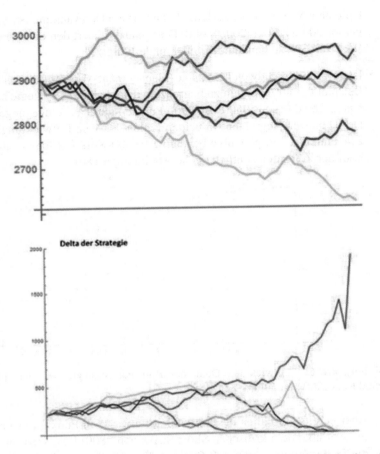

Abbildung 4.185: Fünf simulierte Kursentwicklungen für den S&P500 (oben) und zugehörige Entwicklung des Deltas $\Delta(t, S(t))$ (unten) der (23 Kontrakte) Bull Put Spread Strategie

Für die Zahl der Umschichtungen ergeben sich die folgenden Werte:
roter Kurs: 597 Stück
grüner Kurs: 1828 Stück
blauer Kurs: 1688 Stück
magenta Kurs: 2093 Stück
türkiser Kurs: 489 Stück

Der Wert $\sum_{i=0}^{N-2} |\Delta((i+1) \cdot dt, S((i+1) \cdot dt)) - \Delta(i \cdot dt, S(i \cdot dt))|$ ist näherungsweise die sogenannte Variation der Funktion $\Delta(t, S(t))$, das ist die Gesamtschwankung dieser Funktion auf dem Zeitintervall $[0, T]$. (Sehen wir uns etwa die grüne Kurve im unteren Bild an: Diese Kurve startet mit einem Wert von circa 200, verzeichnet dann einen Rückgang fast bis auf 0, gefolgt von einem Anstieg wieder in den Bereich von circa 200 und schließt dann bei einem Wert von circa wieder 0. Die Gesamtschwankung beträgt also ungefähr $200 + 200 + 200 = 600$. Dies plausibilisiert den oben angegebenen Wert von 597 zu handelnden Stück underlying.)

- Ist aufgrund irgendwelcher Risiko-Management-Vorschriften das Delta zum Beispiel mit 400 Punkten zu begrenzen, dann kann die Strategie anfangs bei einem Stand des S&P500 von 2900 Punkten durchaus eingegangen werden. Der Deltawert liegt dann (in beiden Fällen der Vola-Entwicklung) bei circa 214 Punkten. Bei gleichbleibendem S&P500-Kurs fällt das Delta dann im Lauf der Zeit offensichtlich (siehe Abbildung 4.186).

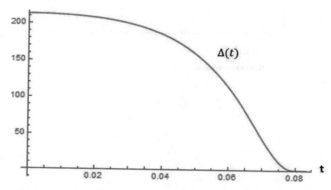

Abbildung 4.186: Entwicklung Delta der Bull Put Strategie bei gleichbleibendem S&P500 Kurs 2900 im Lauf der Zeit t

Aber bereits ein Fallen des S&P500 auf etwa 2840 Punkte (also noch relativ weit über dem kritischen Short-Strike von 2800) kann dazu führen, dass die Delta-Schranke von 400 Punkten überschritten wird. Die Formel (siehe entsprechendes Programm auf der Software-Homepage für das Buch) für das Delta der Options-Strategie bei einem S&P500-Kurs von 2840 Punkten im Lauf der Zeit liefert folgende Abbildung 4.187, links für konstante Vola, rechts für korrelierende Vola):

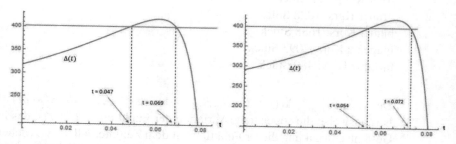

Abbildung 4.187: Entwicklung des Delta einer Bull Put Spread Kombination im Lauf der Zeit bei gleichbleibendem S&P500 Kurs von 2840 Punkten (konstante Vola links, korrelierende Vola rechts)

Im Bereich für t zwischen 0.047 und 0.069 (das entspricht dem Zeitbereich circa zwischen Tag 17 und 25) liegt – vorausgesetzt einen S&P500 Kurs von 2840 – das Delta über dem Grenzwert von 400 (bei konstanter Vola). (Bei negativ korrelierender Vola wird der Grenzwert im Zeitbereich circa Tag 19 bis Tag 26 überschritten.)

- Der maximale Delta-Wert liegt (bei beiden Versionen) offensichtlich (siehe Abbildung 4.184) knapp links des Short-Strikes K_1. Also: Den stärksten Kursrückgang der Options-Strategie muss man dann erwarten, wenn das underlying bei einem Kurs knapp unter 2800 Punkten weiter im Kurs fällt.

- Dieser jeweils maximale Delta-Wert wächst mit fortschreitender Laufzeit massiv an (von circa 400 bei Start der Strategie bis über 1000 drei Tage vor Fälligkeit).

- Der kritische Wert von $S(t)$, für den das maximale Delta angenommen wird, bleibt im Fall konstanter Volatilität relativ konstant, während er sich im Fall negativ mit dem Kurs korrelierender Volatilität im Lauf der Zeit mehr und mehr nach links verschiebt. (Siehe Abbildung 4.184 oben.)

- In unserem konkreten Beispiel sind die Werte $S(t)$, für die maximales Delta besteht, in folgender Tabelle ersichtlich:

	max. Delta **konst.** Vola	bei Stand des S&P500 von	max. Delta **korrel.** Vola	bei Stand des S&P500 von
$t = 0$	379	2767	301	2809
$t = \frac{T}{4}$	437	2769	344	2802
$t = \frac{T}{2}$	532	2771	418	2794
$t = 3\frac{T}{4}$	742	2773	581	2785
$t = 0.9T$	1125	2774	892	2779

4.41 Test-Simulationen für Exit-Strategien für Put Bull Spread Kombinationen

Wie weiter oben bereits angekündigt, nehmen wir nun noch einige theoretische (!) Tests verschiedener möglicher Exit-Strategien für Bull Put Spread Kombinationen durch. Dies sind insofern nur **theoretische Tests**, da wir dabei

1. von simulierten und nicht real erfolgten Entwicklungen des S&P500 ausgehen und

2. da wir von einem exakten Funktionieren der Exit-Strategien ausgehen, also von der Möglichkeit, tatsächlich bei den vorgegebenen Grenzen handeln zu können und schließlich

3. da wir von fairen, mit der Black-Scholes-Formel berechneten Optionspreisen ausgehen.

Wir gehen dabei wie folgt vor:
Für die zu untersuchende Strategie starten wir wieder mit den Basis-Parametern
$S_0 = 2900$
$r = 0.02$
$K_1 = 2800$ (Strike der Short-Put-Position)
$K_2 = 2750$ (Strike der Long-Put-Position)
$T = \frac{1}{12}$ (ein Monat Laufzeit für die Strategie)

Für die Volatilität σ sowie für den Trend μ (den wir zwar nicht für die Optionsbewertung, wohl aber für die Simulation benötigen) wählen wir verschiedene Werte und zwar kombinieren wir alle Möglichkeiten für $\sigma = 0.1, 0.2$ und 0.3 sowie
$\mu = -0.1, 0, 0.1$. Das sind nur exemplarische Wahlmöglichkeiten. Auf der Homepage stellen wir wieder das Experimentierumfeld für verschiedenste Parameterwahlen und verschiedenste Handelsstrategien sowie Exit-Strategien vor. Für jedes
dieser 9 Parameterpaare führen wir 5000 Simulationen durch, in denen wir mögliche Kursentwicklungen im Wiener Modell mit den jeweiligen Parametern simulieren. Für jede dieser Simulationen wird der Gewinn bzw. der Verlust durch die
Bull Put Spread Strategie berechnet. Das heißt: Es wird die Gewinnfunktion zum
Zeitpunkt T ausgewertet, es sei denn, es wurde die Strategie vorzeitig auf Grund
der Vorschriften einer bestimmten Exit-Strategie bereits geschlossen. Dann werden
die durch das Schließen sich ergebenden Verluste zur Auswertung herangezogen.
Hier testen wir – wieder beispielhaft – lediglich folgende Varianten:

Variante 1: keine Exit-Strategie

Variante 2: Schließen aller Kontrakte, sobald der S&P500 den Wert 2800 unterschreitet. (Es werden dann mit Hilfe der Black-Scholes-Formel
die Kosten für das Auflösen der Options-Kontrakte berechnet. Der
Verlust besteht dann aus diesen Kosten abzüglich der anfangs eingenommenen Options-Prämien.)

Variante 3: Schließen aller Kontrakte sobald der S&P500 so weit gefallen ist,
dass ein Verlust aus der Strategie (Schließungskosten minus eingenommener Options-Prämie) entsteht, der 10% übersteigen würde.
(In diesem Fall wird der Verlust mit 10% kalkuliert.)

Variante 4: Wie Variante 3 mit 20% anstelle von 10%

Für jede Parameterwahl und für jede Exit-Strategie bestimmen wir das durchschnittliche Ergebnis bei 5000 Simulationen und geben in der folgenden Tabelle
den Überblick über die Ergebnisse.

	keine Exit	Exit Variante 1	Exit Variante 2	Exit Variante 3
$\sigma = 0.1/\mu = -0.1$	+4.170	**+6.192**	+4.426	+5.765
$\sigma = 0.1/\mu = 0$	+9.707	**+9.898**	+7.280	+9.404
$\sigma = 0.1/\mu = 0.1$	**+12.818**	+12.010	+9.011	+11.396
$\sigma = 0.2/\mu = -0.1$	-13.922	-5.833	**-2.055**	-4.844
$\sigma = 0.2/\mu = 0$	-7.806	-3.373	**-1.022**	-2.823
$\sigma = 0.2/\mu = 0.1$	-3.376	-1.225	**20**	-1.007
$\sigma = 0.3/\mu = -0.1$	-21.972	-11.779	**-4.367**	-8.953
$\sigma = 0.3/\mu = 0$	-16.851	-9.951	**-3.670**	-7.659
$\sigma = 0.3/\mu = 0.1$	-15.616	-9.349	**-3.100**	-6.965

Ein Ergebnis von zum Beispiel +4.170$ bedeutet bezogen auf den Grundeinsatz von 100.000$ einen Gewinn von durchschnittlich 4.17% pro Monat (bei 5000 durchgeführten Experimenten). Die Ergebnisse wirken nicht berauschend. Lediglich bei einer Volatilität von 10% ist – laut dieser rein theoretischen (!) Analyse – mit eindeutig positiven Ergebnissen zu rechnen. Diese Ergebnisse sind alle unter der Annahme konstanter Volatilität entstanden. Bei negativ mit dem Kurs des underlyings korrelierender Volatilität ist (bei dieser Art der Analyse) eher noch mit schlechteren Ergebnissen zu rechnen. Die Strategie sollte wohl offensichtlich eher nur in einer niedrigen Volatilitätsphase eingesetzt werden.

Für jede Parameterwahl haben wir die beste Exit-Strategie fett gekennzeichnet. In sechs der neun Fälle hat sich dabei die Variante 2, Ausstieg sobald eine Verlusthöhe von 10% erreicht wird, als am Besten erwiesen. Dies ist vor allem dann der Fall, wenn mit Verlusten in der Strategie zu rechnen war. Berechnen wir das durchschnittliche Ergebnis bei einer fixen Exit-Strategie, wobei wir den Durchschnitt über alle unserer Parameterwahlen bilden, dann erhalten wir lediglich bei der Exit-Strategie 2 ein positives Durchschnittsergebnis von circa 6.5%.

Greifen wir speziell die Parameterwahl $\sigma = 0.1$ und $\mu = 0$ heraus und sehen wir uns für diesen Fall die Ergebnisse und den Simulationsvorgang noch einmal wesentlich detaillierter an. Zuerst sehen Sie in Abbildung 4.188 die Konvergenz unserer Simulationsergebnisse gegen den geschätzten Gewinn/Verlust in der Strategie.

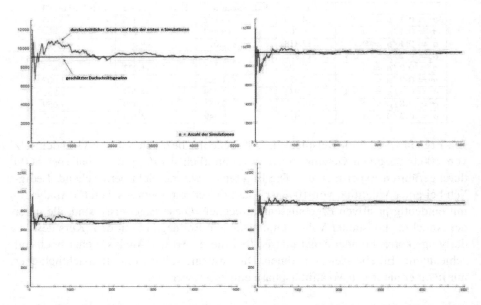

Abbildung 4.188: Konvergenzgeschwindigkeit der Simulationen (keine Exit (links oben), Exit-Variante 1 (rechts oben), Exit-Variante 2 (links unten), Exit-Variante 3 (rechts unten))

Die Bilder zeigen den durchschnittlichen Gewinn der Strategie berechnet auf Basis der ersten n simulierten Kurse für n von 1 bis 5000. Man erkennt eine ziemlich schnelle Konvergenz geben einen relativ stabilen (rot markierten) Durchschnittswert. Das bedeutet rein informell, dass die durch die Simulationen erhaltenen Schätzungen durchaus vertrauenswürdig sind. Mit solchen Grafiken, die die Konvergenzgeschwindigkeit veranschaulichen sollen, werden wir in Zukunft, bei häufiger Anwendung solcher sogenannter Monte Carlo-Methoden, noch oft zu tun haben.

Betrachten wir nun aber einmal nicht den Durchschnitt über die erzielten Einzel-Ergebnisse, sondern betrachten wir diese Einzel-Ergebnisse im Detail, und zwar vorerst dargestellt durch geeignete Histogramme (siehe Abbildung 4.189).

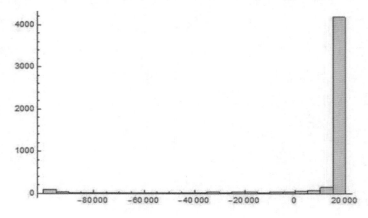

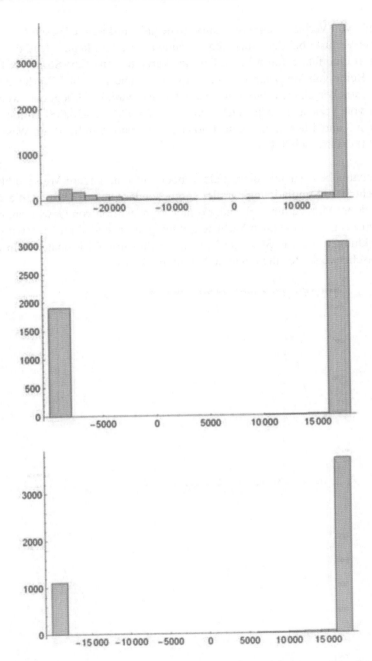

Abbildung 4.189: Histogramme der einzelnen Strategieergebnisse pro Simulation (kein Exit (oben), Exit-Variante 1 (zweites von oben), Exit-Variante 2 (zweites von unten), Exit-Variante 3 (unten))

Die prinzipielle Form der Histogramme ist ähnlich: Relativ viele Einzelergebnisse im Bereich des möglichen Höchstgewinns von knapp 20.000$ und eine signifikante Anzahl von Verlustergebnissen stark im negativen Bereich. Wesentlich ist dabei, **wo** diese Verluste bei den einzelnen Varianten vor allem liegen. Und da erkennen wir sofort eine fatale Tatsache im Fall der Variante ohne Exit-Strategie: Hier gibt es eine Reihe von Verlusten im Bereich von beinahe 100.000$, Verluste also, die im Wesentlichen einen Totalverlust bedeuten. Bei Variante 2 liegt eine wesentliche Anzahl von Verlusten im Bereich von circa -25.000 bis -20.000 Dollar, bei den Varianten 3 und 4 liegen die Verlustmonate, wenig überraschend, im Wesentlichen bei 10.000$ bzw. bei 20.000$.

Veranschaulichen wir uns diese Fakten noch auf eine andere Weise: Führen wir jetzt nicht 5000 Simulationen parallel durch, sondern nehmen wir an, diese Strategie würde 60 Monate hintereinander (unter Reinvestition von Gewinnen, bzw. mit geringerer Basissumme nach Verlusten) durchgeführt und simulieren wir die Kursentwicklungen und die Strategie-Ergebnisse für diese 60 Monate, dann erhalten wir typischerweise Resultate wie in Abbildung 4.190.

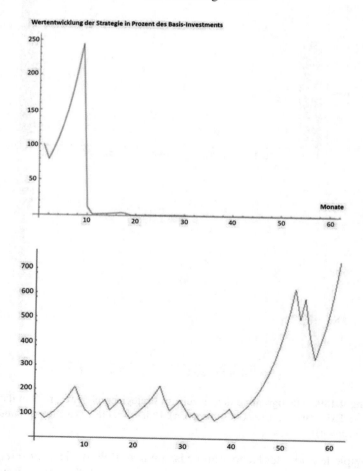

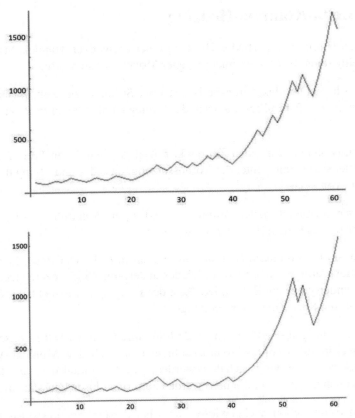

Abbildung 4.190: Simulation der Entwicklung der Bull Put Spread Strategie über 60 Monate in Prozent des Basis-Investments (keine Exit (oben), Exit-Variante 1 (zweites von oben), Exit-Variante 2 (zweites von unten), Exit-Variante 3 (unten))

Während alle drei Strategien mit strikten Exit-Varianten deutlich (exponentiell) positive Entwicklung zeigen, hat ein (Beinahe-) Totalverlust die Strategie ohne Exit völlig zerstört. Da durch ein (Beinahe-) Totalverlust-Ereignis praktisch das gesamte Investment hinweggerafft wird, ist keine realistische Chance auf Erholung mehr möglich. Auf diese Weise wird noch wesentlich deutlicher als bei der reinen Berechnung des Durchschnitts von Renditen, dass eine Durchführung der Bull Put Spread Strategie in dem von uns gewählten Setting (mit voller Ausnutzung des Investments) ohne strikte Exit-Strategie fatal ist.

Später werden wir analoge Untersuchungen an Hand realer S&P500 Daten und realer Optionsdaten in Form von Backtests noch einmal ausführlich vornehmen. Diese Ergebnisse sind dann in Hinblick auf Schlussfolgerungen für realen Optionshandel wesentlich aufschlussreicher. In vielen Fällen, etwa wenn nicht genügend verlässliche Real-Daten für eine Analyse vorhanden sind, ist man für eine erste Grundanalyse aber auf theoretische Analysen auf Basis von Simulationen angewiesen.

4.42   Delta-/Gamma-Hedging

Wir wissen bereits wie perfektes Hedging einer derivativen Handels-Strategie in einem Zeitbereich $[0, T]$ über einem Wiener Modell vor sich geht:

- Man berechnet den fairen Preis $F(0)$ der Strategie zur Zeit 0. (Das ist die Summe der fairen Preise aller in der Strategie enthaltenen Produkte zur Zeit 0.)

- Man berechnet für jeden Zeitpunkt $t \in [0, T]$ den fairen Preis $F(t, s)$ der Strategie zur Zeit t unter der Voraussetzung, dass das underlying dann einen Kurs von s hat.

- Man berechnet für jeden Zeitpunkt $t \in [0, T]$ die Ableitung von $F(t, s)$ nach s, also das Delta $\Delta(t, s)$ der Strategie.

- Man startet mit einem Hedging-Investment in Höhe von $F(0)$ Euro und investiert damit in $\Delta(0, S(0))$ Stück des underlying ($S(t)$ bezeichnet den Kurs des underlyings zur Zeit t). Der Rest des Hedging-Investments wird zum risikolosen Spot-Zinssatz r veranlagt.

- Dieses Hedging-Portfolio aus underlying und Cash wird (theoretisch) in jedem Zeitpunkt $t \in [0, T]$ so umgeschichtet, dass in jedem Moment $\Delta(t, S(t))$ Stück des underlyings gehalten werden. Alle Restmittel in Cash (die natürlich auch negativ sein können) werden zum risikolosen Zinssatz angelegt.

Wir haben früher schon nachgewiesen, dass bei dieser Vorgangsweise der Wert dieser Hedging-Strategie zum Zeitpunkt T genau dem Payoff der Derivat-Strategie entspricht. Wir haben auch bereits darauf hingewiesen, dass die Hedging-Strategie natürlich nur in diskreter Form, also mittels Umschichtung in endlich vielen verschiedenen Zeitpunkten, näherungsweise durchgeführt werden kann und wir haben einige Experimente dazu vorgestellt.

Wir nähern uns der Thematik „Hedgen einer Derivat-Strategie" nun noch einmal auf eine – von der Herangehensweise her – simplere, aber allgemeinere Art und Weise:

Wir gehen wieder davon aus, dass wir es mit einer derivativen Handelsstrategie – wir geben der Strategie hier den Namen D (für vereinfacht „Derivat") – auf ein underlying S mit Kursentwicklung $S(t)$ im Zeitbereich $[0, T]$ zu tun haben und dass wir den fairen Preis $F(t, s)$ der Strategie D in jedem Zeitpunkt t und zu jedem Kurswert s kennen. Gelegentlich führen wir – der Einfachheit halber – diesen fairen Preis nur als Funktion der Zeit t, also in der Form $F(t)$, an.

In einem **ersten Schritt** ziehen wir nun **irgendein** weiteres derivatives Produkt A mit demselben underlying S heran. Übrigens kann A auch wieder einfach das underlying S selbst sein! Das underlying S selbst kann ja einfach als ein Derivat auf S mit der Payoff-Funktion $\phi(S(T)) = S(T)$ aufgefasst werden. Der faire Preis des Derivats A zur Zeit t ist dann in diesem Fall natürlich einfach $S(t)$. Andernfalls könnte mit Hilfe des underlyings und des Derivats A sofort Arbitrage durchgeführt werden. Wir gehen jedenfalls aber davon aus, dass A ein sehr liquides Derivat auf S ist, das uneingeschränkt gehandelt werden kann. Weiters gehen wir davon aus, dass wir die faire Preisentwicklung $A(t, s)$ von A in jedem Zeitpunkt t und zu jedem Kurswert s kennen. Gelegentlich führen wir – der Einfachheit halber – diesen fairen Preis nur als Funktion der Zeit t, also in der Form $A(t)$, an.

Wir gehen nun davon aus, dass wir das Derivat (die Strategie) D zum Preis $F(0)$ erworben haben und dass wir das mit dem Besitz des Derivats D verbundene Risiko, dass durch Kursänderungen des underlyings starke Änderungen des Derivat-Preises ausgelöst werden, wesentlich verringern möchten. Diese Risikoverringerung wollen wir dadurch erreichen, dass wir das Derivat A zum Derivat D beimischen. Genauer:
Wir wollen zu jedem Zeitpunkt $t \in [0, T]$ genau $x(t, s)$ Stück des underlyings A halten, falls s gerade den Kurs $S(t)$ des underlyings zur Zeit t bezeichnet. Das heißt:
In jedem Zeitpunkt $t \in [0, T]$ besteht unser Portfolio dann aus 1 Stück D und $x = x(t, s)$ Stück A. Der Gesamt-Preis G dieses Portfolios zum Zeitpunkt t und Kurs des underlyings s ist daher:

$$G(t, s) = F(t, s) + x \cdot A(t, s) \tag{4.10}$$

Die Idee besteht nun darin, $x = x(t, s)$ so zu wählen, dass dieses Gesamt-Portfolio möglichst wenig auf Kursänderungen des underlyings reagiert, also möglichst wenig einem Kursänderungsrisiko ausgesetzt ist. Dieses Ziel ist sicher am ehesten dann erreicht, wenn die Ableitung von G nach s, also das Delta von G, möglichst immer (möglichst oft) gleich 0 ist. Also leiten wir (4.10) auf beiden Seiten ab und erhalten:

$$0 = \Delta_G(t, s) = \Delta_F(t, s) + x \cdot \Delta_A(t, s), \text{ also } x = x(t, s) = -\frac{\Delta_F(t, s)}{\Delta_A(t, s)}$$

Das Hedgen der Strategie D durch das Halten von $x(t, s) = -\frac{\Delta_F(t,s)}{\Delta_A(t,s)}$ Stück des Derivats A zu jedem Zeitpunkt t nennt man **„Delta-Hedging"** der Strategie D durch A.

Im Spezialfall, dass $A = S$ ist, ist $\Delta_A(t, s) = \frac{dA(t,s)}{ds} = \frac{ds}{ds} = 1$.
Somit ist $x = -\Delta_F(t, s)$ und wir führen also das uns bereits bekannte perfekte Hedging durch.

Welchen Vorteil sollte es haben, wenn wir mit Hilfe eines anderen Derivats als mit Hilfe des underlyings S selbst hedgen? Zwei häufig relevante Gründe sind:

1. Oft ist es während des Hedging-Vorgangs nötig, das Hedging-Derivat A auch short zu gehen. Dieses Short-Gehen ist oft wesentlich einfacher durch ein Derivat zu bewerkstelligen als mit dem underlying.

2. Während des Hedging-Vorgangs sind kontinuierlich Umschichtungen des Hedging-Portfolios vorzunehmen, also es ist kontinuierlich mit dem Derivat A zu handeln. Da die Preise der Derivate auf ein underlying S und in Relation (!) auch die Transaktionskosten für den Handel mit Derivaten wesentlich geringer sind als für den Handel mit dem underlying selbst, ist dies ein weiteres mögliches Argument für den Einsatz von Derivaten für das Hedgen.

Natürlich ist auch bei dieser Vorgangsweise wieder nur diskretes Hedgen, also Umschichten an endlich vielen verschiedenen Zeitpunkten, möglich. Die oben erzeugte kontinuierliche **Delta-Neutralität** des Gesamt-Portfolios ist dann aber natürlich nur mehr an den jeweiligen Handelszeitpunkten lokal gegeben. Wird eine kurze Zeit lang nicht geeignet umgeschichtet, so ändert sich das Delta des Portfolios in dieser Zeit vom Optimalwert 0 weg. Die Hoffnung ist natürlich die, dass sich das Delta während des Aussetzens der Umschichtungen nicht zu weit von 0 weg bewegt. Wir möchten also zusätzlich das Änderungsverhalten von Delta lokal möglichst minimieren.

Das kann dadurch bewerkstelligt werden, dass wir ein weiteres liquides Derivat B (mit dem fairen Preis $B(t, s)$) auf das underlying S zu Hilfe nehmen. In jedem Zeitpunkt t und bei jedem Kurswert s des underlyings halten wir dann zusätzlich $y = y(t, s)$ Stück von B. Das Gesamtportfolio hat dann den Preis

$$G(t, s) = F(t, s) + x \cdot A(t, s) + y \cdot B(t, s) \tag{4.11}$$

Unsere Forderungen an dieses Gesamt-Portfolios lauten nun: Für alle t und s sollen sowohl das Delta als auch das Gamma des Gesamt-Portfolios gleich 0 sein. Da das Gamma die Ableitung des Delta nach s ist, bedeutet das (zumindest lokal) geringe Änderung des Deltas, also eher geringeren Umschichtungsbedarf im Hedging-Portfolio. Durch ein- beziehungsweise zwei-maliges Ableiten von (4.11) erhalten wir dann die Bedingungen

$$0 = \Delta_G(t, s) = \Delta_F(t, s) + x \cdot \Delta_A(t, s) + y \cdot \Delta_B(t, s)$$

$$0 = \Gamma_G(t, s) = \Gamma_F(t, s) + x \cdot \Gamma_A(t, s) + y \cdot \Gamma_B(t, s)$$

und Lösen dieses Gleichungssystems liefert

$$x = x(t, s) = \frac{\Gamma_F \Delta_B - \Delta_F \Gamma_B}{\Gamma_B \Delta_A - \Gamma_A \Delta_B} \text{ und } y = y(t, s) = \frac{\Gamma_F \Delta_A - \Delta_F \Gamma_A}{\Gamma_A \Delta_B - \Gamma_B \Delta_A}.$$

Damit diese Werte x und y existieren, dürfen natürlich die Nenner der beiden obigen Ausdrücke nicht gleich 0 sein. Es muss also stets $\Gamma_B \Delta_A - \Gamma_A \Delta_B \neq 0$ sein.

Ohne zu sehr ins Detail der Diskussion dieses Nenners zu gehen, nur heuristisch so viel zu dieser Forderung:

$\Gamma_B \Delta_A - \Gamma_A \Delta_B = 0$ bedeutet nichts anderes, als dass die beiden Vektoren $\binom{\Delta_A}{\Gamma_A}$ und $\binom{\Delta_B}{\Gamma_B}$ parallel zueinander sind. Intuitiv bedeutet das, dass die beiden für das Hedging herangezogenen Derivate eine sehr ähnliche Abhängigkeitsstruktur von der Kursentwicklung des underlyings S besitzen. Es sollten für den Hedging-Vorgang also von Vornherein zwei Derivate gewählt werden, die „sehr unterschiedlich" auf Kursänderungen des underlyings reagieren.

Ist speziell A wieder das underlying S selbst, dann ist natürlich wieder $\Delta_A = 1$ und daher $\Gamma_A = 0$ und wir erhalten in diesem Spezialfall

$$ x(t,s) = \Gamma_F \cdot \frac{\Delta_B}{\Gamma_B} - \Delta_F \text{ und } y(t,s) = -\frac{\Gamma_F}{\Gamma_B}. $$

Die Bedingung für die Existenz dieses Hedging-Portfolios lautet dann einfach $\Gamma_B \neq 0$. Diese Art des Hedgens bezeichnen wir als **„Delta-Gamma-Hedging"**.

Bei Umschichtung des Hedging-Portfolios zu endlich vielen Zeitpunkten wird das Gesamt-Portfolio lokal jeweils **Delta- und Gamma-neutral**. Es ist also auf eine etwas längerfristige Deltaneutralität des Gesamt-Portfolios als bei reinem Delta-Hedging zu hoffen. Wir veranschaulichen die Vorgangsweise und die Wirkungsweise von Delta-Hedging bzw. von Delta-/Gamma-Hedging an einem konkreten Beispiel im nächsten Kapitel.

4.43 Delta-/Gamma-Hedging: Ein konkretes Beispiel

Ausgangspunkt seien wieder der S&P500 Index und die folgenden Parameter:
$S_0 = 2900$
$r = 0.02$
$\sigma = 0.15$
$\mu = 0.10$

Und wir betrachten – als konkretes Beispiel – ein Derivat D auf den S&P500 Index mit Laufzeit $T = 1$ Jahr

und folgender Payoff-Funktion $\Psi(s) := \begin{cases} 100 & \text{falls } 2900 < s < 3100 \\ 0 & \text{sonst} \end{cases}$.

Die Option zahlt also genau dann einen Gewinn von 100 Dollar aus, falls der Kurs $S(T)$ des underlyings zur Zeit T (in einem Jahr) zwischen 2900 und 3100 Punkten liegt. Andernfalls verfällt das Derivat wertlos.

Wir starten damit, dass wir den fairen Preis $F(t, s)$ und dessen Ableitung nach s, also $\Delta_F(t, s)$, bestimmen. Die allgemeine Black-Scholes-Formel liefert (mit $a = 2900$ und $b = 3100$):

$$F(t, s) = 100 \cdot e^{-r(T-t)} \cdot \mathbb{E}\left(\mathbb{1}_{[a,b]}\left(s \cdot e^{\left(r - \frac{\sigma^2}{2}\right)(T-t) + \sigma\sqrt{T-t}w}\right)\right) =$$

(Hier bezeichnet $\mathbb{E}$ den Erwartungswert, $\mathbb{1}_{[a,b]}$ die charakteristische Funktion des Intervalls $[a, b]$, also $\mathbb{1}_{[a,b]}(x) := \begin{cases} 1 & \text{falls } x \in [a, b] \\ 0 & \text{sonst} \end{cases}$

und w, wie üblich, eine standard-normalverteilte Zufallsvariable.)

$$= 100 \cdot e^{-r(T-t)} \cdot W\left(a < s \cdot e^{\left(r - \frac{\sigma^2}{2}\right)(T-t) + \sigma\sqrt{T-t}w} < b\right) =$$

(Hier bezeichnet W die Wahrscheinlichkeit des nachfolgenden Ereignisses.)

$$= 100 \cdot e^{-r(T-t)} \cdot W\left(\frac{\log\frac{a}{s} - \left(r - \frac{\sigma^2}{2}\right)(T-t)}{\sigma\sqrt{T-t}} < w < \frac{\log\frac{b}{s} - \left(r - \frac{\sigma^2}{2}\right)(T-t)}{\sigma\sqrt{T-t}}\right) =$$

$$= 100 \cdot e^{-r(T-t)} \cdot (\mathcal{N}(L_2) - \mathcal{N}(L_1)),$$

wobei $\mathcal{N}$ wieder die Verteilungsfunktion der Standard-Normalverteilung bezeichnet und

$$L_2 := \frac{\log\frac{b}{s} - \left(r - \frac{\sigma^2}{2}\right)(T-t)}{\sigma\sqrt{T-t}},$$

sowie

$$L_1 := \frac{\log\frac{a}{s} - \left(r - \frac{\sigma^2}{2}\right)(T-t)}{\sigma\sqrt{T-t}}.$$

Ableiten von $F(t, s)$ nach s ergibt mit Hilfe der Kettenregel und da $(\mathcal{N}(x))' = \phi(x) = \frac{1}{\sqrt{2\pi}}e^{-\frac{x^2}{2}}$ gilt:

$$\Delta_F(t, s) = 100 \cdot e^{-r(T-t)} \cdot \left(\phi(L_2) \cdot \frac{dL_2}{ds} - \phi(L_1) \cdot \frac{dL_1}{ds}\right) =$$

$$= -100 \cdot \frac{e^{-r(T-t)}}{s \cdot \sigma\sqrt{T-t}}(\phi(L_2) - \phi(L_1)).$$

Wir werden im Folgenden drei Hedging-Varianten testen:

Variante 1:
Herkömmliches Hedging (Delta-Hedging) mit Hilfe des underlyings A

Variante 2:
Delta-Hedging mittels einer Call-Option B

Variante 3:
Delta-Gamma-Hedging mit underlying A und Call-Option B

Wir werden also auch noch die Größen Δ_B, Γ_B und Γ_F benötigen:

$$
\begin{aligned}
\mathbf{\Gamma_F(t, s)} &= 100 \cdot \left(\frac{e^{-r(T-t)}}{s^2 \cdot \sigma\sqrt{T-t}} \left(\phi(L_2) - \phi(L_1)\right) - \right. \\
&\qquad \left. - \frac{e^{-r(T-t)}}{s \cdot \sigma\sqrt{T-t}} \left(\phi'(L_2) \cdot \frac{dL_2}{ds} - \phi'(L_1) \cdot \frac{dL_1}{ds} \right) \right) \\
&= 100 \cdot \left(\frac{e^{-r(T-t)}}{s^2 \cdot \sigma\sqrt{T-t}} \left(\phi(L_2) - \phi(L_1)\right) - \right. \\
&\qquad \left. - \frac{e^{-r(T-t)}}{s \cdot \sigma\sqrt{T-t}} \left(L_2\phi(L_2) - L_1\phi(L_1)\right) \frac{1}{s\sigma\sqrt{T-t}} \right) \\
&= -\mathbf{100} \cdot \frac{e^{-r(T-t)}}{s^2 \cdot \sigma\sqrt{T-t}} \left(\phi(L_2) \cdot \left(\frac{L_2}{\sigma\sqrt{T-t}} - 1 \right) - \right. \\
&\qquad \left. -\phi(L_1) \cdot \left(\frac{L_1}{2\sqrt{T-t}} - 1 \right) \right)
\end{aligned}
$$

Wir veranschaulichen $F(t, s), \Delta_F(t, s)$ und $\Gamma_F(t, s)$ in den Abbildungen 4.191 und 4.192 für $t = 0, \frac{T}{4}, \frac{T}{2}, 3\frac{T}{4}$ und $0.9T$.

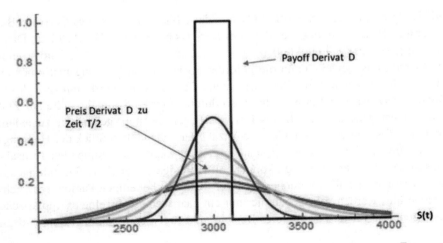

Abbildung 4.191: Preisentwicklung Derivat D zu Zeitpunkten $t = 0$ (rot), $t = \frac{T}{4}$ (magenta), $t = \frac{T}{2}$ (türkis), $t = 3\frac{T}{4}$ (grün) und $t = 0.9T$ (blau) und Payoff-Funktion (schwarz) in Abhängigkeit von $S(t)$, in Vielfachen von 100

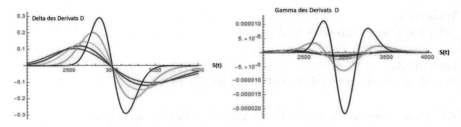

Abbildung 4.192: Entwicklung von Delta (links) und Gamma (rechts) des Derivats D zu Zeitpunkten $t = 0$ (rot), $t = \frac{T}{4}$ (magenta), $t = \frac{T}{2}$ (türkis), $t = 3\frac{T}{4}$ (grün) und $t = 0.9T$ (blau) in Abhängigkeit von $S(t)$, in Vielfachen von 100

Δ_B und Γ_B sind als Delta und Gamma einer Call-Option bereits bekannt:

$$\Delta_B(s,t) = \mathcal{N}(d_1) \text{ und } \Gamma_B(s,t) = \phi(d_1) \cdot \frac{1}{s \cdot \sigma \sqrt{T-t}} \text{ mit } d_1 = \frac{\log\left(\frac{s}{K}\right) + \left(r + \frac{\sigma^2}{2}\right)(T-t)}{\sigma\sqrt{T-t}}.$$

Nun können (unter Verwendung des entsprechenden Delta-Gamma-Hedging-Programms auf unserer Homepage) die verschiedenen Hedging-Varianten 1, 2 und 3 ausführlich getestet werden.
Siehe: https://app.lsqf.org/book/delta-gamma-hedging
Dazu werden mit Hilfe des Wiener Modells verschiedene mögliche Entwicklungs-pfade für den S&P500 im Lauf des kommenden Jahres simuliert. Dann wird die Anzahl der N äquidistant verteilten Anpassungs-Zeitpunkte $(0, dt, 2 \cdot dt, \ldots, (N - 1) \cdot dt)$ gewählt und es wird dazu die Entwicklung der jeweiligen gewählten Hedging-Strategie, die das Derivat möglichst gut approximieren soll, berechnet. Um auch die anfallenden Transaktionskosten berücksichtigen zu können, geben wir auch die Anzahl der zu handelnden Absicherungs-Instrumente an.

Jede Hedging-Strategie startet mit Cash in der Höhe des Preises des Derivats. Bei den obigen Parametern liegt der Preis des Derivats bei $F(0) = 17.02$ Dollar. Dann wird zu jedem der Zeitpunkte $0, dt, 2 \cdot dt, \ldots, (N - 1) \cdot dt$ das Portfolio so um-geschichtet, dass jeweils dann die geforderte Anzahl von Hedging-Instrumenten im Portfolio gehalten wird. Der vorhandene Cash-Bestand wird zum risikolosen Zinssatz verzinst. Der Endwert dieser so durchgeführten Strategie sollte zur Zeit T möglichst nahe am Payoff des Derivats liegen. Weiters geben wir zu jedem einzelnen Test-Durchlauf die Gesamt-Anzahl der gehandelten Stück der Hedging-Instrumente an. Diese Anzahl ist ja auch relevant wegen der anfallenden Transak-tionskosten. Wie bereits gesagt, können mit Hilfe des Simulations-Programms auf unserer Homepage alle möglichen weiteren Tests mit beliebigen Parametern leicht durchgeführt werden. Wir geben hier nur ein paar wenige einzelne exemplarische Testergebnisse für unser konkretes Beispiel und fügen einige Anmerkungen dazu an.

Eine wesentliche **Vorbemerkung**:
Das betrachtete Derivat ist natürlich äußerst unangenehm zu hedgen! Der Grund

liegt darin, dass der Payoff nicht stetig ist. Liegt der S&P500 knapp vor Fälligkeit des Derivats in der Nähe von 2900 oder von 3100, dann können bereits kleine
Änderungen des S&P500 die Höhe des Payoffs massiv ändern. Das Delta hat also
in diesen Bereichen einen enormen Absolut-Betrag. In einer solchen Situation ist
dann natürlich eine verlässliche Absicherung praktisch unmöglich.

Im Folgenden führen wir Hedging mit allen 3 Varianten einmal für zwei-monatige
Anpassung (also $N = 6$) und einmal für circa tägliche Anpassung ($N = 250$)
durch und geben jeweils 4 typische Szenarien.
Test-Beispiele für **zwei-monatige Anpassung**:

Szenario 1: Stark steigender Kurs des S&P500:

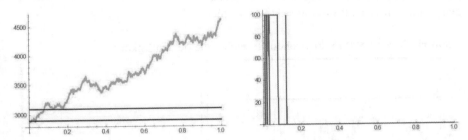

Abbildung 4.193: Eine simulierte Entwicklung des S&P500 (grün), mit Schranken für
Gewinnbereich (rot, links) und Payoff bei sofortiger Ausübung bei gegebenem Pfad (blau,
rechts)

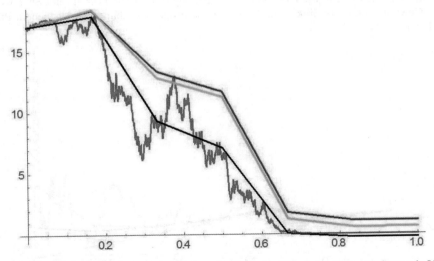

Abbildung 4.194: Entwicklung des Preises des Derivats (blau), der Hedging-Strategie Variante 1 (rot), der Hedging-Strategie Variante 2 (grün) und der Hedging-Strategie Variante
3 (schwarz) bei obigem Kursverlauf des S&P500

Payoff des Derivats = 0 Dollar

Variante 1:
Endwert der Hedging-Strategie bei reinem Delta-Hedging mit underlying = 1.12$
gehandelte Stück underlying = 0.067 Stück

Variante 2:
Endwert der Hedging-Strategie bei reinem Delta-Hedging mit Call-Option = 0.58$
gehandelte Stück Call-Option = 0.079 Stück

Variante 3:
Endwert der Hedging-Strategie bei Delta-Gamma-Hedging = - 0.28$
gehandelte Stück underlying = 2152.96 Stück
gehandelte Stück Call-Option = 2153.04 Stück

Szenario 2: S&P500 im kritischen Bereich nahe der Fälligkeit:

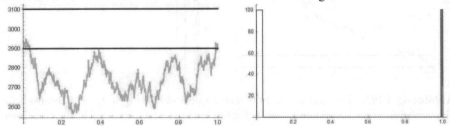

Abbildung 4.195: Ein Pfad simulierte Entwicklung des S&P500 (grün), mit Schranken für Gewinnbereich (rot, links) und Payoff bei sofortiger Ausübung bei gegebenem Pfad (blau, rechts)

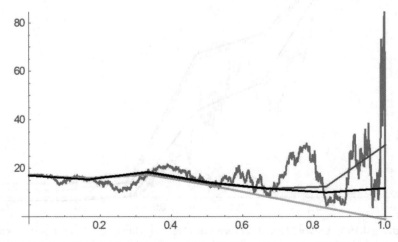

Abbildung 4.196: Entwicklung des Preises des Derivats (blau), der Hedging-Strategie Variante 1 (rot), der Hedging-Strategie Variante 2 (grün) und der Hedging-Strategie Variante 3 (schwarz) bei obigem Kursverlauf des S&P500

Payoff des Derivats = 0 Dollar

Variante 1:
Endwert der Hedging-Strategie bei reinem Delta-Hedging mit underlying = 29.48$
gehandelte Stück underlying = 0.069 Stück

Variante 2:
Endwert der Hedging-Strategie bei reinem Delta-Hedging mit Call-Option = -1.18$
gehandelte Stück Call-Option = 0.99 Stück

Variante 3:
Endwert der Hedging-Strategie bei Delta-Gamma-Hedging = 11.73$
gehandelte Stück underlying = 0.155 Stück
gehandelte Stück Call-Option = 0.962 Stück

Szenario 3: Stark fallender Kurs des S&P500:

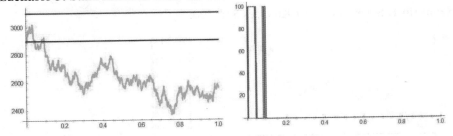

Abbildung 4.197: Ein Pfad simulierte Entwicklung des S&P500 (grün), mit Schranken für Gewinnbereich (rot, links) und Payoff bei sofortiger Ausübung bei gegebenem Pfad (blau, rechts)

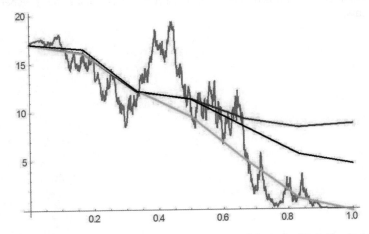

Abbildung 4.198: Entwicklung des Preises des Derivats (blau), der Hedging-Strategie Variante 1 (rot), der Hedging-Strategie Variante 2 (grün) und der Hedging-Strategie Variante 3 (schwarz) bei obigem Kursverlauf des S&P500

Payoff des Derivats = 0 Dollar

Variante 1:
Endwert der Hedging-Strategie bei reinem Delta-Hedging mit underlying = 8.75$
gehandelte Stück underlying = 0.072 Stück

Variante 2:
Endwert der Hedging-Strategie bei reinem Delta-Hedging mit Call-Option =
-0.17$
gehandelte Stück Call-Option = 1.31 Stück

Variante 3:
Endwert der Hedging-Strategie bei Delta-Gamma-Hedging = 4.65$
gehandelte Stück underlying = 0.123 Stück
gehandelte Stück Call-Option = 1.284 Stück

Test-Beispiele für **tägliche Anpassung**:

Szenario 1: Stark steigender Kurs des S&P500:

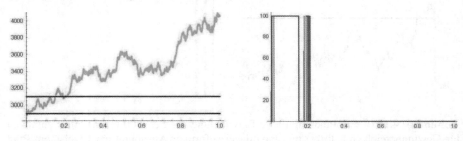

Abbildung 4.199: Ein Pfad simulierte Entwicklung des S&P500 (grün), mit Schranken
für Gewinnbereich (rot, links) und Payoff bei sofortiger Ausübung bei gegebenem Pfad
(blau, rechts)

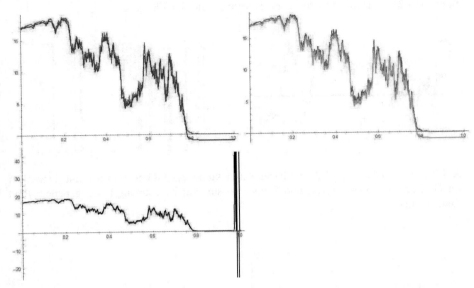

Abbildung 4.200: Entwicklung des Preises des Derivats (blau), der Hedging-Strategie Variante 1 (rot), der Hedging-Strategie Variante 2 (grün) und der Hedging-Strategie Variante 3 (schwarz) bei obigem Kursverlauf des S&P500

Payoff des Derivats = 0 Dollar

Variante 1:
Endwert der Hedging-Strategie bei reinem Delta-Hedging mit underlying = -0.94$
gehandelte Stück underlying = 0.419 Stück

Variante 2:
Endwert der Hedging-Strategie bei reinem Delta-Hedging mit Call-Option = -0.99$
gehandelte Stück Call-Option = 0.480 Stück

Variante 3:
Endwert der Hedging-Strategie bei Delta-Gamma-Hedging = $1.59 \times 10^{88}$$
gehandelte Stück underlying = 2.93×10^{100} Stück
gehandelte Stück Call-Option = 2.93×10^{100} Stück

Szenario 2: S&P500 im kritischen Bereich nahe der Fälligkeit:

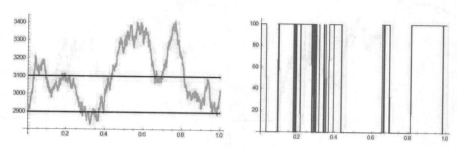

Abbildung 4.201: Ein Pfad simulierte Entwicklung des S&P500 (grün), mit Schranken für Gewinnbereich (rot, links) und Payoff bei sofortiger Ausübung bei gegebenem Pfad (blau, rechts)

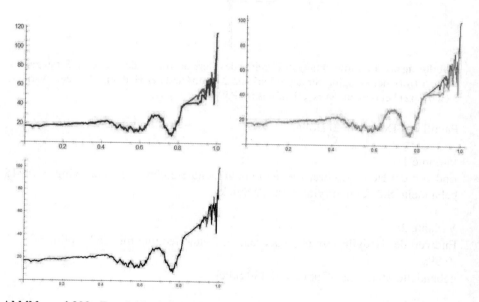

Abbildung 4.202: Entwicklung des Preises des Derivats (blau), der Hedging-Strategie Variante 1 (rot), der Hedging-Strategie Variante 2 (grün) und der Hedging-Strategie Variante 3 (schwarz) bei obigem Kursverlauf des S&P500

Payoff des Derivats = 100 Dollar

Variante 1:
Endwert der Hedging-Strategie bei reinem Delta-Hedging mit underlying = 115.35$ gehandelte Stück underlying = 3.913 Stück

Variante 2:
Endwert der Hedging-Strategie bei reinem Delta-Hedging mit Call-Option = 133.82$

gehandelte Stück Call-Option = 7.21 Stück

Variante 3:
Endwert der Hedging-Strategie bei Delta-Gamma-Hedging = 108.78$
gehandelte Stück underlying = 26.01 Stück
gehandelte Stück Call-Option = 30.19 Stück

Szenario 3: Stark fallender Kurs des S&P500:

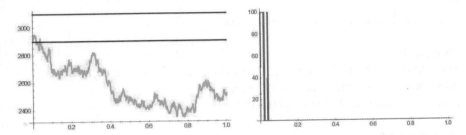

Abbildung 4.203: Ein Pfad simulierte Entwicklung des S&P500 (grün), mit Schranken für Gewinnbereich (rot, links) und Payoff bei sofortiger Ausübung bei gegebenem Pfad (blau, rechts)

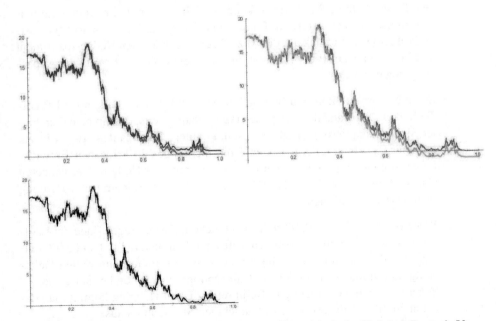

Abbildung 4.204: Entwicklung des Preises des Derivats (blau), der Hedging-Strategie Variante 1 (rot), der Hedging-Strategie Variante 2 (grün) und der Hedging-Strategie Variante 3 (schwarz) bei obigem Kursverlauf des S&P500

Payoff des Derivats = 0 Dollar

Variante 1:
Endwert der Hedging-Strategie bei reinem Delta-Hedging mit underlying = 0.64$
gehandelte Stück underlying = 0.514 Stück

Variante 2:
Endwert der Hedging-Strategie bei reinem Delta-Hedging mit Call-Option = -0.94$
gehandelte Stück Call-Option = 59.34 Stück

Variante 3:
Endwert der Hedging-Strategie bei Delta-Gamma-Hedging = 0.01$
gehandelte Stück underlying = 0.497 Stück
gehandelte Stück Call-Option = 60.085 Stück

Bemerkungen:

- Wie schon oben angemerkt wollen wir hier keine umfassende Analyse von Delta-(Gamma-) Hedging-Techniken vornehmen. Schon an den wenigen oben angeführten Beispielen lassen sich einige Möglichkeiten und Grenzen dieser Hedging-Methoden erkennen. Insbesondere beim Delta-Gamma-Hedging können (bei sturer Befolgung der Technik „nach Vorschrift") massive Probleme in Hinblick auf die Anzahl der zu handelnden Hedge-Instrumente und in Hinblick auf Preis-Fluktuationen auftreten (siehe z.B. tägliche Anpassung, Szenario 1).

- Die hier vorgestellten und beispielhaft vorgeführten Techniken sind Basis-Techniken. An Hand der Beispiele erkennt man bereits, dass in manchen Fällen sicher Adaptierungen hilfreich sein könnten. Dazu zählen etwa: Einsatz kürzerer Zeit-Intervalle zwischen Umschichtungen in kritischen Entwicklungs-Situationen, Änderungen des Strikes der zum Hedging verwendeten Call-Option, Wechsel von Delta-Gamma-Hedging zu reinem Delta-Hedging in gewissen Situationen.

- Wenn der Kurs des S&P500 sich so entwickelt, dass er gegen Ende der Laufzeit des Derivats deutlich von den kritischen Schranken 2900 und 3100 entfernt ist, dann sind die Hedging-Ergebnisse (vor allem beim reinen Delta-Hedging mit underlying oder mit Call-Option) auch schon bei nur 2-monatlichem Umschichten recht gut. Beim reinen Delta-Hedging kommt man dabei auch mit relativ geringen zu handelnden Stückzahlen aus.

- Falls sich der S&P500 gegen Ende der Laufzeit in der Nähe der Grenzen für die Auszahlung eines Payoffs befindet, dann zeigt sich (wieder vor allem beim reinen Delta-Hedging mit underlying oder Call-Option) dass häufigere Umschichtung im Allgemeinen zu deutlich besseren Ergebnissen führt.

- In manchen Fällen erfordert Delta-Gamma-Hedging exorbitant hohe zu handelnde Stückzahlen von Hedging-Instrumenten. Das ist (in unserem Beispiel) vor allem bei stark steigendem Kurs des underlyings der Fall. Der Grund dafür ist klar: Zum Beispiel ist ja die Anzahl der zu handelnden Stück underlying gegeben durch $x(t,s) = \Gamma_F \cdot \frac{\Delta_B}{\Gamma_B}$. Dabei sind Γ_F das Gamma des Derivats D, Δ_B das Delta der Call-Option und Γ_B das Gamma der Call-Option. Wenn der Kurs des underlyings stark steigt und sich der Zeitpunkt t der Fälligkeit T nähert, dann tendiert Δ_B gegen 1, das (positive) Γ_B tendiert gegen 0 und somit $\frac{\Delta_B}{\Gamma_B}$ gegen plus unendlich. Der Wert Γ_F tendiert zwar gegen 0, kann aber trotzdem nicht verhindern, dass der Wert $\Gamma_F \cdot \frac{\Delta_B}{\Gamma_B}$ und damit der Wert $x(t,s)$ sehr stark fluktuieren kann.

Literaturverzeichnis

[1] Fischer Black and Myron Scholes. The pricing of options and corporate liabilities. *Journal of Political Economy*, 81:637–654, 1973.

[2] Fisher Black. How we came up with the option formula. *Journal of Portfolio Management*, 15(2):4–8, 1989.

[3] Darrell Duffie. Black, merton and scholes – their central contributions to economics. *The Scandinavian Journal of Economics*, 100:411–423, 1998.

[4] Friedrich Schmid and Markus Trede. *Finanzmarktstatistik*. Springer, 2006.

Kapitel 5

Volatilitäten

5.1 Volatilität I: Historische Volatilität

Schon seit längerem haben wir immer wieder darauf hingewiesen, dass wir uns mit dem Begriff der Volatilität und dem Volatilitäts-Parameter in den Bewertungs-formeln für Derivate ausführlich beschäftigen werden müssen. Diese Diskussion beginnen wir nun also. Aber wir weisen – wie schon so oft – gleich hier wieder einmal auf Folgendes hin: Eine eingehende und tiefgreifende Analyse des Begriffs der Volatilität bedarf einer intensiven Beschäftigung und weiterführender mathe-matischer Techniken. In Band I unserer Abhandlung werden wir uns daher wieder auf die notwendigen Konzepte und Eigenschaften beschränken müssen. Das Ziel hier wird sein: Den Begriff der Volatilität und die damit verbundenen wesentlich-sten Techniken so weit zu begreifen, dass wir das Rüstzeug haben um grundle-gende Anwendungen in exakter Weise und mit gut argumentierbaren Methoden durchführen zu können (freilich immer im Wissen darum, dass tiefergehende „mo-re advanced" Methoden und Modelle möglicher Weise noch tiefere Einsichten in die jeweilige Anwendung geben könnten).

Die Volatilität als – sehr allgemein und im weitesten Sinne formuliert – „Maß für die Schwankungsstärke eines Finanzkurses" – spielt eine zentrale Rolle so-wohl in den Bereichen Risiko-Management und Portfolio-Management und im Bereich der Bewertung von Derivaten als auch im Bereich der Klassifizierung in Fondsbewertungs-Systemen und der Klassifizierung und Definition von Risi-koklassen im Fonds-Management.

Prinzipiell stellt man sich unter der Volatilität eines Finanzkurses einmal – wieder-um sehr vereinfacht und unexakt formuliert – ein Maß für die Schwankungsstärke der (stetigen oder diskreten) Renditen eines Kurses eines Finanzprodukts (im Fol-genden sprechen wir der Einfachheit halber meist vom „Aktienkurs") vor.

Wir werden im Folgenden sehen, inwiefern diese Schnell-„Definition" der Volati-

G. Larcher, *Quantitative Finance*, https://doi.org/10.1007/978-3-658-29158-7_5

lität extrem verkürzt ist:

Es wird sich herausstellen, dass wir uns mit ganz verschiedenen Typen von Volatilitäten beschäftigen werden müssen, die zum Teil von der ursprünglichen Vorstellung von Volatilität weit entfernt sein werden und dass wir es, auch wenn wir von der ursprünglichen Vorstellung ausgehen, wieder mit verschiedenen Typen von Volatilitäten, die auf verschiedene Zeitbereiche, verschiedene Perioden hin ausgerichtet sind, zu tun haben werden.

Starten wir mit dem ersten Grund-Konzept, der **historischen Volatilit**ät eines Kurses und wiederholen dabei ein paar wenige Basics aus Kapitel 4.1.

Wir starten wieder mit einem Zeitbereich $[0, T]$, den wir in N gleiche Teile der Länge dt teilen. (Alle Zeitangaben wieder in Jahren.) Die Werte $A_0, A_1, \ldots, A_N$ bezeichnen die Kurse einer Aktie zu den Zeitpunkten $0, dt, 2 \cdot dt, \ldots, N \cdot dt$. Wir berechnen als erstes die Renditen a_i der Kursentwicklung für die Zeitperioden $i \cdot dt$ auf $(i + 1) \cdot dt$ und für $i = 0, 1, \ldots, N - 1$.

Alles Folgende könnten wir sowohl für diskrete als auch für stetige Renditen durchführen. Wir konzentrieren uns auf die stetigen Renditen, also: $a_i = \log\left(\frac{A_{i+1}}{A_i}\right)$

Wir bilden den Mittelwert über die Renditen a_i im beobachteten Zeitbereich

$$\mu'_A = \frac{1}{N} \sum_{i=0}^{N-1} a_i.$$

μ'_A ist der (historische) Trend der Aktie im Zeitbereich $[0, T]$ pro Einheit dt.

Wir behalten die umständlichere Bezeichnung μ'_A anstelle von μ_A für den Trend pro dt bei. Die einfachere Bezeichnung μ_A bleibt der normierten Größe $\frac{\mu'_A}{dt}$, also dem annualisierten Trend von A auf $[0, T]$ vorbehalten.

Die Standardabweichung σ'_A der Renditen misst die Wurzel der durchschnittlichen quadratischen Abweichung der Renditen vom Trend, also

$$\sigma'_A = \sqrt{\frac{1}{N} \sum_{i=0}^{N-1} \left(a_i - \mu'_A\right)^2}$$

Die Standardabweichung σ'_A bezeichnen wir als „**historische Volatilität der Aktie** A **im Zeitbereich** $[0, T]$ **pro Zeiteinheit** dt". Die Volatilität ist eines der gebräuchlichsten Maße für die Stärke der Schwankung einer Aktie.

Wieder verwenden wir die umständlichere Bezeichnung σ'_A anstelle von σ_A für die Volatilität („Vola") pro dt. Die einfachere Bezeichnung σ_A bleibt der normierten

Größe $\frac{\sigma'_A}{\sqrt{dt}}$, also der annualisierten Vola von A auf $[0, T]$ vorbehalten.

Häufig wird die Volatilität nicht in absoluten Zahlen angegeben, sondern (mit 100 multipliziert) in Prozent. Häufig ist folgende (mehr oder weniger zutreffende, aber jedenfalls sehr bildhafte) Faustregel zu hören:
„Ein Finanzprodukt mit einem per anno Trend von $x\%$ und einer per anno Volatilität von $y\%$ lässt eine durchschnittliche jährliche Rendite von $x\%$ erwarten mit einer durchschnittlichen Abweichung davon von $y\%$, also zumeist ist mit einer Jahres-Rendite im Bereich von $x - y\%$ bis $x + y\%$ zu rechnen."

Geht man von der Annahme **normalverteilter** Renditen und einer Vola von σ'_A pro dt aus, dann kann man mit
68.27%-iger Wahrscheinlichkeit in einem Zeitschritt der **Länge** dt mit einer Rendite im Bereich $[\mu'_A - \sigma'_A, \mu'_A + \sigma'_A]$
mit
95.45%-iger Wahrscheinlichkeit in einem Zeitschritt der Länge dt mit einer Rendite im Bereich $[\mu'_A - 2\sigma'_A, \mu'_A + 2\sigma'_A]$
und mit
99.73%-iger Wahrscheinlichkeit in einem Zeitschritt der Länge dt mit einer Rendite im Bereich $[\mu'_A - 3\sigma'_A, \mu'_A + 3\sigma'_A]$ rechnen.

Geht man von der Annahme **unabhängiger und normalverteilter** Renditen und einer Vola von σ'_A pro dt aus, dann kann man mit
68.27%-iger Wahrscheinlichkeit in einem Zeitschritt der **Länge** $T = N \cdot dt$ mit einer Rendite im Bereich
$$\left[\mu'_A \cdot \frac{T}{dt} - \sigma'_A \cdot \sqrt{\frac{T}{dt}}, \mu'_A \cdot \frac{T}{dt} + \sigma'_A \sqrt{\frac{T}{dt}}\right] =$$
$$\left[\mu_A \cdot T - \sigma_A \cdot \sqrt{T}, \mu_A \cdot T + \sigma_A \cdot \sqrt{T}\right]$$
mit
95.45%-iger Wahrscheinlichkeit in einem Zeitschritt der Länge $T = N \cdot dt$ mit einer Rendite im Bereich
$$\left[\mu'_A \cdot \frac{T}{dt} - 2\sigma'_A \cdot \sqrt{\frac{T}{dt}}, \mu'_A \cdot \frac{T}{dt} + 2\sigma'_A \sqrt{\frac{T}{dt}}\right] =$$
$$\left[\mu_A \cdot T - 2\sigma_A \cdot \sqrt{T}, \mu_A \cdot T + 2\sigma_A \cdot \sqrt{T}\right]$$
und mit 99.73%-iger Wahrscheinlichkeit in einem Zeitschritt der Länge $T = N \cdot dt$ mit einer Rendite im Bereich
$$\left[\mu'_A \cdot \frac{T}{dt} - 3\sigma'_A \cdot \sqrt{\frac{T}{dt}}, \mu'_A \cdot \frac{T}{dt} + 3\sigma'_A \sqrt{\frac{T}{dt}}\right] =$$
$$\left[\mu_A \cdot T - 3\sigma_A \cdot \sqrt{T}, \mu_A \cdot T + 3\sigma_A \cdot \sqrt{T}\right]$$
rechnen.

Das folgt einfach daraus, dass die Rendite a auf dem Intervall $[0, T]$ gegeben ist durch $a = a_0 + a_1 + \ldots + a_{N-1}$, also als Summe von N unabhängigen normalverteilten Zufallsvariablen mit Mittelwert μ'_A und mit Volatilität σ'_A und damit normalverteilt ist mit Mittelwert $N \cdot \mu'_A = \mu'_A \cdot \frac{T}{dt}$ und mit Volatilität $\sqrt{N} \cdot \sigma'_A = \sigma'_A \cdot \sqrt{\frac{T}{dt}}$.

Nun ist es allerdings so – wie wir wissen – dass die Renditen von Aktienkursen im Allgemeinen nicht wirklich einer Normalverteilung folgen und dass sie im Allgemeinen nicht vollständig unabhängig sind. Es stimmt damit auch nicht unbedingt, dass sich die Volatilität per anno für beliebiges dt durch $\sigma_A = \sigma'_A \cdot \sqrt{\frac{1}{dt}}$ ergibt. Beziehungsweise – umgekehrt – ergibt für verschiedene Zeitbereiche dt die „Normierung" $\sigma'_A \cdot \sqrt{\frac{1}{dt}}$ gar nicht immer den gleichen Wert σ_A, also nicht immer eine eindeutige annualisierte Vola.

Als Beispiel hierzu haben wir aus den Tages-Schlusskursen, den Wochen-Schlusskursen, den Monats-Schlusskursen und den Jahres-Schlusskursen des S&P500 von (jeweils Oktober) 1957 bis 2017, des DAX von 1988 bis 2017, des EuroStoxx50 von 1992 bis 2017 und der IBM-Aktie von 1982 bis 2017 die stetigen Renditen, die Trends und die Volas auf Tages-, Wochen-, Monats- und Jahresbasis berechnet und annualisiert.

Wir erhalten dabei für die annualisierten Trends und die annualisierten Volatilitäten die folgenden Werte:

	Trend p.a.	Vola p.a. auf Tagesbasis	Vola p.a. auf Wochenbasis	Vola p.a. auf Monatsbasis	Vola p.a. auf Jahresbasis
S&P500	6.49%	15.74%	15.43%	15.23%	14.21%
DAX	8.51%	22.38%	22.88%	21.35%	23.20%
EuroStoxx50	5.04%	21.76%	20.81%	20.03%	21.31%
IBM	6.26%	26.89%	26.02%	25.70%	25.33%

Die Ergebnisse für den Trend p.a. sind unabhängig von der Wahl der Periode. Die Ergebnisse für die annualisierten Volatilitäten weisen leicht unterschiedliche Werte auf, je nachdem welche Periodenlängen gewählt wurden. Tendenziell zeigen sich eher mit der Länge der Periode fallende Volas.

Die weiter oben getätigten Aussagen der Form: „Geht man von der Annahme **unabhängiger und normalverteilter** Renditen und (unveränderten) Trend μ_A und Vola von σ_A per anno aus, dann kann man mit 68.27%-iger Wahrscheinlichkeit in einem Zeitschritt der **Länge** $T = N \cdot dt$ mit einer Rendite im Bereich $\left[\mu_A \cdot T - \sigma_A \cdot \sqrt{T}, \mu_A \cdot T + \sigma_A \cdot \sqrt{T} \right]$ rechnen" impliziert, dass man mit derselben Wahrscheinlichkeit von einem beliebigen Zeitpunkt 0 und Aktienkurs S_0 ausgehend, im Zeitpunkt T mit einem Aktienkurs im Bereich von $\left[S_0 \cdot e^{\mu_A \cdot T - \sigma_A \cdot \sqrt{T}}, S_0 \cdot e^{\mu_A \cdot T + \sigma_A \cdot \sqrt{T}} \right]$ rechnen kann. Wir wollen diese Tatsache am Beispiel des S&P500 illustrieren:

Dazu verwenden wir den oben per Oktober 2017 berechneten Trend $\mu_A = 6.49\%$ und wir verwenden einen mittleren Wert der für damals berechneten Vola von

$\sigma_A = 15.23\%$.

Der Wert des S&P500 lag zum Stichtag im Oktober 2017 bei 2597 Punkten. In Abbildung 5.1 ist der Verlauf des S&P500 bis zum Oktober 2017, also bis zum Wert von $S_0 = 2597$ Punkten, eingezeichnet. Rechts davon ist der jeweilige Bereich $\left[S_0 \cdot e^{\mu_A \cdot T - u\sigma_A \cdot \sqrt{T}}, S_0 \cdot e^{\mu_A \cdot T + u\sigma_A \cdot \sqrt{T}} \right]$ für $u = 1$ (rot), für $u = 2$ (grün) und für $u = 3$ (türkis) für die darauffolgenden 10 Jahre von Oktober 2017 bis Oktober 2027 angeschlossen.

Wählt man nun also einen beliebigen Zeitpunkt T in der Zukunft aus, so liegt der S&P500 (unter den obigen Voraussetzungen) mit einer Wahrscheinlichkeit von 68.27% zwischen den beiden roten Linien, mit einer Wahrscheinlichkeit von 95.45% zwischen den beiden grünen Linien und mit einer Wahrscheinlichkeit von 99.73% zwischen den beiden türkisen Linien.

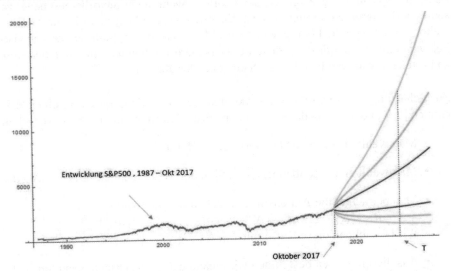

Abbildung 5.1: Wahrscheinlichkeitsbereiche für zukünftige Entwicklung des S&P500

Über einen längeren Zeitbereich gesehen gibt es im Allgemeinen Phasen stärkerer Schwankungsbereitschaft eines Aktienkurses (eines Indexkurses, eines Währungskurses, ...) und Phasen ruhigerer Kursbewegungen. In den oben angeführten Beispielen haben wir die durchschnittliche Standardabweichung der Renditen über einen sehr langen Zeitbereich berechnet. Wir erhalten dadurch praktisch keine Information über die „momentane Schwankungsstärke" des Kursverlaufs.

Was allerdings wollen wir unter der „momentanen Schwankungsstärke" genau verstehen? So etwas wie die „momentane Energie" die in der Kursentwicklung steckt? Wie sollte man diese „momentane Energie" messen und beschreiben? Für dieses Messen wird man offenbar stets immer wieder doch auf historische Daten zurückgreifen müssen. Die Frage wird nur sein: Wie weit zurück sollen wir die historischen Daten (wie stark) einbeziehen und auch wieder: In welchen Abständen sollen Daten gemessen werden? Wir weisen schon hier darauf hin, dass es neben dieser „historischen" Zugangsweise dann noch eine andere, alternative und konzeptionell völlig unterschiedliche Herangehensweise, nämlich die „implizite" Methode zur Bestimmung von Volatilitäten, gibt.

Wir bleiben einstweilen beim Konzept der „historischen Volatilität". Der übliche Anlass zur Messung bzw. Schätzung einer solchen historischen Vola ist der, dass man zu Zwecken des Risiko-Managements oder zur Bewertung eines Derivats oder zur Klassifizierung eines Finanzprodukts in eine Risikoklasse in einem Zeitpunkt 0 die Schwankungsstärke eines Finanzkurses für einen gewissen Zeitbereich $[0, T]$ schätzen oder prognostizieren möchte. Die Idee dahinter ist: Wenn ein Finanzkurs über eine bestimmte Zeit in der Vergangenheit eine gewisse (relativ stabile) Schwankungsenergie gezeigt hat, dann sollte – wenn nicht unvorhergesehene wesentliche Ereignisse eintreten – diese Energie eine Zeitlang noch in dieser Form weiter wirken. Die Stichhaltigkeit dieser „Idee", also die Hypothese, dass gewisse Schwankungsstärken dazu tendieren über längere Zeitbereiche in ähnlicher Höhe zu bestehen, werden wir später noch eingehender überprüfen.

Zur Schätzung der Volatilität eines Aktienkurses A im Zeitpunkt 0 für einen Zeitbereich $[0, T]$ könnte man dann – in einem ersten Schritt, relativ naiv – so vorgehen:

- Man wählt einen (meist kurzen) Zeitabschnitt dt.

- Man wählt einen Zeitbereich $[-U, 0]$ in der Vergangenheit mit $U = N \cdot dt$.

- Man betrachtet die Aktienkurse von A zu den Zeitpunkten
  $-N \cdot dt, -(N-1) \cdot dt, -(N-2) \cdot dt, \ldots, -2 \cdot dt, dt, 0$.
  Wir bezeichnen diese Kurse mit $B_0, B_1, B_2, \ldots, B_{N-2}, B_{N-1}, B_N$.

- Aus diesen Kursen bestimmen wir die zugehörigen stetigen Renditen b_0, b_1, $\ldots, b_{N-1}$.

- Für diese Folge von Renditen berechnen wir die Standardabweichung und bezeichnen diese mit $hv'(0, dt, N)$.

- Wir annualisieren wieder mittels $hv(0, dt, N) := \frac{hv'(0, dt, N)}{\sqrt{dt}}$.

- $hv(0, dt, N)$ bezeichnen wir dann als die (annualisierte) (N, dt)-historische Volatilität von A zur Zeit 0.

Führen wir dieses Prozedere in einem beliebigen Zeitpunkt t (anstelle von Zeitpunkt 0) durch, dann berechnen wir jedes Mal den Wert $h(t, dt, N)$, also die (N, dt)-historische Volatilität von A zur Zeit t.

Liest man etwa von der historischen 20-Tages-Volatilität eines Aktienkurses zu einem Zeitpunkt t, dann ist darunter $h\left(t, \frac{1}{252}, 20\right)$ zu verstehen (wenn wir das Jahr mit 252 Handelstagen kalkulieren) und dieser Wert wird aus den Tageskursen der 20 dem Zeitpunkt t vorangegangenen Tagen berechnet.

In der folgenden Grafik werden für den S&P500 täglich die annualisierten historischen Volatilitäten auf Basis von Tageskursen berechnet und täglich eingezeichnet. Der Berechnungszeitraum variiert zwischen 10, 50 und 200 Tagen.

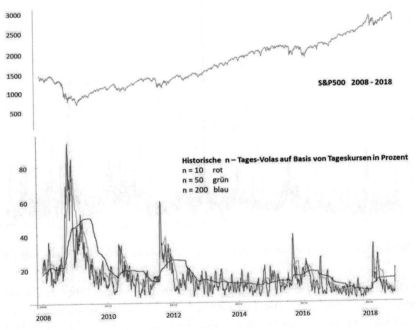

Abbildung 5.2: S&P500 und annualisierte historische Volatilitäten S&P500 auf Basis von Tageskursen

Offensichtlich und natürlich logisch ist: Je länger der Zeitraum zurückreicht, aus dessen (n) Kurswerten man die historische Volatilität berechnet, umso mehr geglättet ist der Graph $h\left(t, \frac{1}{252}, n\right)$.

Offensichtlich und ebenfalls durchaus logisch ist, dass die historischen Volatilitäten jeweils dort höhere Werte annehmen, wo der der S&P500 höhere Schwankungsbereitschaft zeigt (insbesondere im zweiten Halbjahr 2008, in den jeweils letzten Quartalen von 2012 und 2016 sowie im ersten Quartal 2018) und dass die historischen Volatilitäten erst etwas verzögert auf Schwankungsänderungen (Anstieg der Schwankungsstärke oder Abfallen der Schwankungsstärke) reagieren und zwar umso später tritt die Reaktion ein, je länger der Berechnungszeitraum ist.

Die Maxima und Minima der historischen Volatilitäten sind natürlich umso ausge-
prägter je kürzer der Berechnungszeitraum ist (je kleiner n ist). Bei einem längeren
Berechnungszeitraum wird ja über mehr Daten gemittelt, was die resultierenden
Werte stärker nivelliert.

In Abbildung 5.3 sehen wir noch die historischen Volatilitäten des S&P500 über die
gesamte Laufzeit des S&P500 seit seiner erstmaligen Berechnung im Jahr 1957.

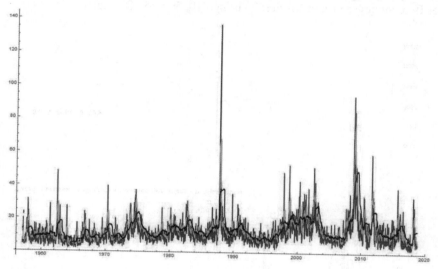

Abbildung 5.3: Annualisierte historische Vola ($n = 10, 50, 200$) auf Basis Tagesdaten,
1957 – 2018

Der Durchschnittswert über alle eingezeichneten Volatilitäten über den gesamten
Zeitbereich liegt bei 13.37. Die überwiegende Mehrzahl der Werte der historischen
Volatilitäten lag im Bereich zwischen circa 5% und circa 30% . Ausreißer von Vo-
latilitätswerten in Bereiche über 30% sind vor allem in den Hoch-Vola-Zeiträumen
nach dem 17. Oktober 1987, dem Zeitraum der Internetblase und ihres Platzens
(1999 – 2003) und während und im Abklingen der Finanzkrise 2008 – 2011 zu
finden.

Ein wesentlicher Nachteil dieser (naiv historischen) Methode zur Berechnung von
Volatilitäten liegt darin, dass extreme Einzelereignisse die Volatilität (vor allem bei
Berechnung auf Basis längerer Berechnungs-Zeiträume, also für größeres n) auf
längere Zeit hochhalten können, obwohl rein augenscheinlich die Schwankungsbereitschaft der Kursentwicklung bereits wieder stark nachgelassen hat.

Deutlich zu erkennen ist das zum Beispiel an der Entwicklung nach dem 17. Oktober 1987. In Abbildung 5.4 sind der S&P500 und die 3 verschiedenen historischen Volatilitäten nochmals für den Zeitraum von 1986 bis 1988 eingezeichnet. Der S&P500 zeigt einen extremen Einbruch in den zwei, drei Tagen um den

17.10.1987. Dann beruhigt er sich sehr schnell wieder und liegt sofort wieder auf einem – rein visuell an Hand der Grafik bewertet – ähnlichen Schwankungslevel wie vor dem 17.10.1987.

Während die historische Vola für $n = 10$ (roter Graph) sehr rasch wieder auf das „Erkalten" der Energie des S&P500 reagiert und wieder in frühere Bereiche zurückpendelt, wirkt das Extremereignis vom 17.10. in der historischen Vola für $n = 200$ (blauer Graph) noch sehr lange nach, diese bleibt noch längere Zeit auf einem sehr hohen Niveau, um dann plötzlich (nach circa 200 Tagen) reichlich verspätet abzufallen.

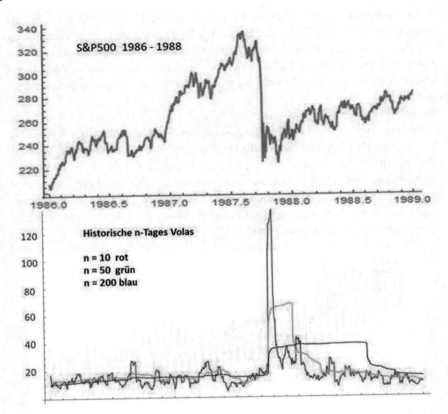

Abbildung 5.4: S&P500 und annualisierte historische Volatilitäten S&P500 auf Basis von Tageskursen 1986 – 1988

Also scheint ein kürzerer Berechnungs-Zeitraum vorteilhafter für die Aussagekraft der historischen Volatilität zu sein? Auf den ersten Blick ja. Allerdings wird bei kürzeren Berechnungs-Zeiträumen die Vergangenheit auch wieder zu schnell völlig ausgeblendet. Und ein wesentliches Manko bleibt in jedem Fall bestehen: Ein einzelnes extremes Ereignis geht plötzlich relativ massiv in die Berechnung der historischen Vola ein, um dann nach n Tagen wieder völlig daraus zu verschwinden.

5.2 Volatilität II: ARCH-Modelle

Es ist daher sehr naheliegend ein anderes Konzept der historischen Volatilität zu betrachten und zwar ein Konzept, bei dem vergangene Kursbewegungen durchaus längerfristig in die Berechnung einer Volatilität eingehen, bei dem allerdings weiter zurückliegende Kurswerte nur mehr eine wesentlich geringere Rolle spielen als aktuellere Kurswerte. Der Einfluss früherer Kursbewegungen klingt also im Lauf der Zeit mehr und mehr ab. Dieser Ansatz wird in den ARCH- bzw. den GARCH-Modellen zur Schätzung von historischer Volatilität verfolgt. Bevor wir diese Modelle kurz (!) vorstellen, ist eine Nebenbemerkung angebracht.

Nebenbemerkung: Wir haben uns bisher auf die Berechnung bzw. Schätzung von historischen Volas auf Basis von Tagesdaten und deren Darstellung auf Basis von täglicher Berechnung beschränkt und wir werden dies auch im Folgenden tun. Natürlich ließen sich alle Berechnungen ebenso auf Minuten-Daten, Wochen-Daten, Monats-Daten . . . durchführen. Dabei sollte aber Folgendes beachtet werden:

Berechnet man etwa täglich historische Volas aus zum Beispiel Wochendaten, dann zeigt sich regelmäßig das Phänomen, dass sich an aufeinanderfolgenden Tagen sehr unterschiedliche Werte für die berechnete Vola ergeben können. dies resultiert daraus, dass etwa an einem Dienstag für die Berechnung der historischen n-Wochen-Vola durchwegs andere Kurswerte (Werte der letzten n Dienstage) verwendet werden als am Tag davor (Werte der letzten n Montage) und dadurch eine Instabilität entsteht. Man erhält dann typischerweise Volatilitätsbilder der folgenden Form

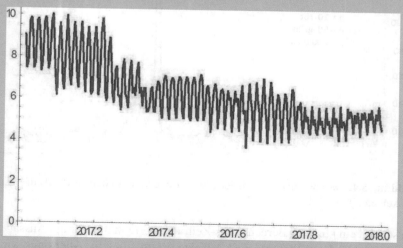

Abbildung 5.5: Historische Vola des S&P500 im Jahr 2017 bei täglicher Berechnung auf Basis von jeweils 20 Wochenkursen

Um eine konsistente Darstellung zu erreichen sollte man bei der Verwendung

von zum Beispiel Wochendaten auch nur einmal wöchentlich zu einem fixen Wochendatum die Vola berechnen und darstellen. Dann erhält man typischer Weise wieder eine glattere Kurve wie in Abbildung 5.6 (grüne Kurve im Vergleich zur obigen roten Kurve)

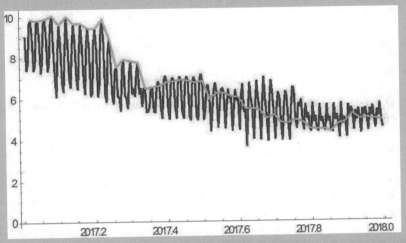

Abbildung 5.6: Historische Vola des S&P500 im Jahr 2017 bei täglicher Berechnung (rot) und bei wöchentlicher Berechnung (grün) auf Basis von jeweils 20 Wochenkursen

Wir bleiben im weiteren, wie gesagt, bei der Verwendung von Tagesdaten und bei täglicher Berechnung der jeweiligen historischen Volatilität.

Die Idee ist nun also, einen Typ von historischer Volatilität zu betrachten, bei der frühere Renditen bei der Berechnung der Volatilität nur mit geringerer Gewichtung eingehen als aktuellere Renditen. Dies wird in den sogenannten ARCH- bzw. GARCH-Modellen für Volatilitäten umgesetzt.

Bei Verwendung eines **ARCH-Modells** zur Schätzung der Volatilität eines Aktienkurses A im Zeitpunkt 0 für einen Zeitbereich $[0, T]$ wird dabei wie folgt vorgegangen:

- Man wählt einen (meist kurzen) Zeitabschnitt dt.

- Man wählt einen Zeitbereich $[-U, 0]$ in der Vergangenheit mit $U = N \cdot dt$.

- Man wählt nicht-negative Gewichte $\alpha_0 \geq \alpha_1 \geq \alpha_2 \geq \ldots \geq \alpha_{N-1}$ und β so dass $\alpha_0 + \alpha_1 + \alpha_2 + \ldots + \alpha_{N-1} + \beta = 1$ gilt.

- Der Parameter β kommt dabei nur dann ins Spiel, wenn man über eine vertrauenswürdige Schätzung sig_L^2 eines langjährigen relativ stabilen Durchschnittswerts für das Quadrat der per anno Volatilität der Aktie verfügt. Andernfalls wird $\beta = 0$ gesetzt. Wir schreiben $V := dt \cdot sig_L^2$.

- Man betrachtet die Aktienkurse von A zu den Zeitpunkten $-N \cdot dt, -(N-1) \cdot dt, -(N-2) \cdot dt, \ldots, -2 \cdot dt, dt, 0$. Wir bezeichnen diese Kurse mit $B_0, B_1, B_2, \ldots, B_{N-2}, B_{N-1}, B_N$.

- Aus diesen Kursen bestimmen wir die zugehörigen stetigen Renditen $b_0, b_1, \ldots, b_{N-1}$.

- Der Mittelwert dieser Renditen wird mit μ_0 bezeichnet.

- Wir bestimmen $u_i{}^2 := (b_i - \mu_0)^2$ für $i = 0, 1, \ldots, N-1$.

- Dann berechnen wir die Schätzung für die Volatilität zum Zeitpunkt 0 mittels $\sigma'(0, dt, N)^2 := \beta \cdot V + \sum_{i=0}^{N-1} \alpha_i \cdot u_i{}^2$.

- Wir annualisieren wieder mittels $\sigma(0, dt, N) := \frac{\sigma'(0, dt, N)}{\sqrt{dt}}$.

- $\sigma(0, dt, N)$ bezeichnen wir dann als die (annualisierte) (N, dt)-historische Volatilität von A zur Zeit 0 auf Basis des ARCH-Modells mit Parametern $\alpha_0, \alpha_1, \alpha_2, \ldots, \alpha_{N-1}, \beta$ und V.

Führen wir dieses Prozedere in einem beliebigen Zeitpunkt t (anstelle von Zeitpunkt 0) durch, dann berechnen wir jedes Mal den Wert $\sigma(t, dt, N)$.

Betrachten wir als erstes einmal rein informell den Erwartungswert $E\left(\sigma^2(0, dt, N)\right)$ von $\sigma^2(0, dt, N)$ dieses so berechneten Schätzers $\sigma(0, dt, N)$:

$$E\left(\sigma^2\left(0, dt, N\right)\right) = E\left(\frac{\sigma'^2\left(0, dt, N\right)}{dt}\right) = \beta \cdot \frac{V}{dt} + \sum_{i=0}^{N-1} \alpha_i \cdot \frac{E\left(u_i{}^2\right)}{dt}.$$

Wenn die Schätzung $sig_L{}^2$ für den langjährigen Mittelwert des Quadrats der per anno Standardabweichung wirklich zuverlässig ist, dann sollte $E\left(u_i{}^2\right) \approx dt \cdot sig_L{}^2$ gelten. Also:

$$\beta \cdot \frac{V}{dt} + \sum_{i=0}^{N-1} \alpha_i \cdot \frac{E\left(u_i{}^2\right)}{dt} \approx \left(\beta + \sum_{i=0}^{N-1} \alpha_i\right) \cdot sig_L{}^2 = sig_L{}^2.$$

Der Erwartungswert unserer quadrierten Schätzgröße ist also tatsächlich gleich dem geschätzten langjährigen Mittelwert der quadrierten Volatilität.

Eine häufig vorgenommene Wahl für die Parameter α_i lautet: $\alpha_i = \lambda \cdot \alpha_{i-1}$ für $i = 1, 2, \ldots, N-1$ mit einem Parameter λ zwischen 0 und 1. Der Wert für α_0 ergibt sich dann aus der Bedingung
$1 = \alpha_0 + \alpha_1 + \alpha_2 + \ldots + \alpha_{N-1} + \beta = \alpha_0 \cdot \left(1 + \lambda + \lambda^2 + \ldots + \lambda^{N-1}\right) + \beta = \alpha_0 \cdot \frac{1-\lambda^N}{1-\lambda} + \beta$ also $\alpha_0 = (1-\beta) \cdot \frac{1-\lambda}{1-\lambda^N}$.

Der frei zu wählende Parameter β steuert dabei, wie stark die Schätzung des langjährigen Mittelwerts sig_L^2 ins Modell eingehen soll.

Der frei zu wählende Parameter λ steuert, wie stark aktuelle bzw. weiter zurückliegende Renditen in die Schätzung der Volatilität eingehen sollen. Ein Wert von λ sehr nahe an 1 zieht frühere Renditen stärker in Betracht als ein Wert von λ nahe 0.

Führen wir dazu ein konkretes Beispiel an Hand des S&P500 durch und wählen wir dazu zuerst einmal:
$N = 100$
$dt = \frac{1}{252}$
$\lambda = 0.94$ (dieser Wert von λ wird zum Beispiel von J.P. Morgan vorgeschlagen, siehe ([1], Kapitel 23.2))

Wir haben uns nun noch über die Wahl des langjährigen Mittels sig_L^2 der quadratischen Abweichung der Renditen vom Mittelwert sowie über die Gewichtung β dieses Mittels im Modell Gedanken zu machen. Dabei gehen wir jetzt sehr oberflächlich vor. Die geeigneten Methoden zur Kalibrierung der Parameter in einem ARCH-Modell sollen hier nicht Thema sein. Das jetzt durchgeführte Beispiel soll hauptsächlich zur Illustration dienen!

Für den Parameter β werden wir in den folgenden Grafiken verteilt einige verschiedene Werte wählen und den Einfluss dieser verschiedenen Wahlen beobachten.

Schätzt man ein langjähriges Mittel für die quadrierte Standardabweichung der Renditen, so erhält man bei der Verwendung aller Daten des S&P500 von 1957 bis Ende 2018 einen annualisierten Wert von 0.0245 (das entspricht einer durchschnittlichen Vola von 15.65%). Testet man diesen Wert allerdings auf Stabilität und berechnet dieses langjährige Mittel für verschiedene 10-Jahresblöcke, dann erhält man zum Beispiel folgendes Bild:
Mittel der annualisierten quadrierten Standardabweichung im Zeitbereich

1957 – 1966	0.0110 (entspr. Standardabweichung von 10.52%
1967 – 1976	0.0175 (entspr. Standardabweichung von 13.22%
1977 – 1986	0.0184 (entspr. Standardabweichung von 13.57%
1987 – 1996	0.0251 (entspr. Standardabweichung von 15.86%
1997 – 2006	0.0331 (entspr. Standardabweichung von 18.20%
2007 – 2016	0.0436 (entspr. Standardabweichung von 20.88%
letzte 5 Jahre bis Okt. 2018	0.0150 (entspr. Standardabweichung von 12.33%

Es besteht also doch eine gewisse Schwankungsstärke bei Schätzung langfristiger quadrierter Standardabweichung über verschiedene längere Zeitblöcke. Wir können aber durchaus das Gesamtmittel als Wert für sig_L^2 wählen, also $sig_L^2 =$

0.0245 setzen. Der Wert β sollte allerdings diese Schätzung nicht allzu hoch gewichten. In den folgenden Bildern sehen wir einige Beispiele mit diesen Parametern für verschiedene Zeitbereiche des S&P500 und in Vergleich gesetzt mit den
naiven Ansätzen zur Bestimmung einer historischen Volatilität.

In Abbildung 5.7 (oben) sehen wir wieder den S&P500 im Zeitbereich um den 17.
Oktober 1987. Im unteren Teil des Bildes sehen wir in blau die 20-Tages historische
Vola, in grün die 100-Tages historische Vola und in rot die mit ARCH und den
obigen Parametern sowie mit $\beta = 0.1$ modellierte Vola-Schätzung. Man erkennt
sofort den großen Vorteil des ARCH-Ansatzes: Das sehr plausible, sofort wieder
beginnende, aber doch kontinuierliche Abklingen der „Vola-Explosion" auf Grund
des Extrem-Ereignisses am 17.10.1987.

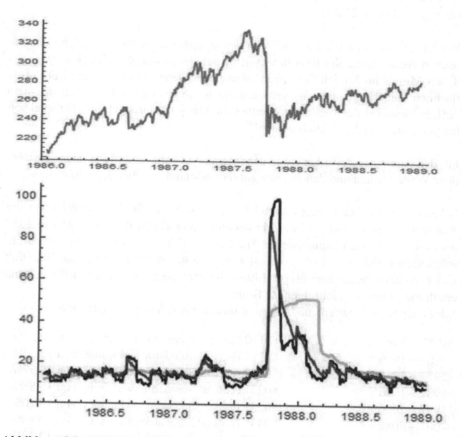

Abbildung 5.7: S&P500 von 1986 bis 1988 (oben) und Modellierung von Volatilitäten,
historisch 20-Tage (blau), historisch 100-Tage (grün), ARCH 100-Tage (rot)

In Abbildung 5.8 sind der S&P500 und dieselben Volatilitäten mit denselben Parametern wie oben für den Zeitbereich von 2008 bis Ende Oktober 2018 zu sehen.

Auch hier sind wieder die Vorzüge des ARCH-Ansatzes zu erkennen: Ruhigeres Verhalten als bei der kurzfristigen historischen Vola, aber trotzdem schnelleres Reagieren und gleichmäßigeres Abklingen als bei der langfristigen historischen Vola.

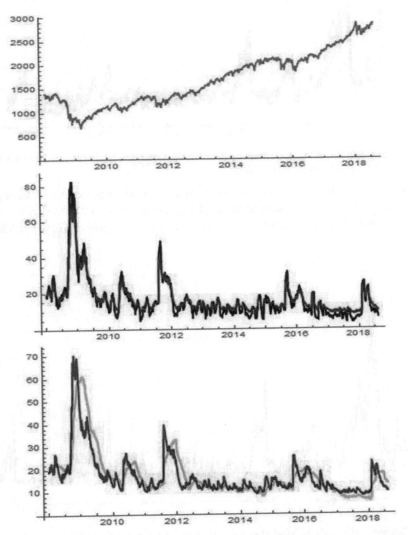

Abbildung 5.8: S&P500 von 2008 bis Oktober 2018 (oben) und Modellierung von Volatilitäten, historisch 20-Tage (blau), historisch 100-Tage (grün), ARCH 100-Tage (rot)

In Abbildung 5.9 veranschaulichen wir den Einfluss des Parameters β, der dort (bei sonst unveränderten Parametern) als 0.2 (blaue Kurve), 0.4 (rote Kurve), 0.6 (grüne Kurve) und 0.8 (türkise Kurve) gewählt wurde. Je näher β bei 1 gewählt wird, umso mehr glättet sich die ARCH-Kurve und nähert sich immer weiter dem langjährigen Mittelwert an.

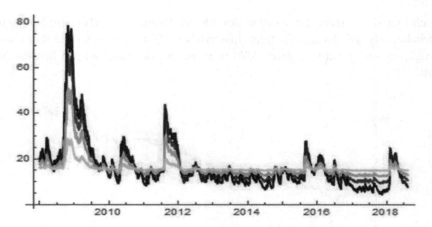

Abbildung 5.9: ARCH-Modellierung der Volatilität für den S&P500 von 2008 bis Oktober 2018 für verschiedene Werte von β

In Abbildung 5.10 schließlich erkennt man die Auswirkung der Veränderung des Parameters λ. Bei sonst unveränderten Parametern ($\beta = 0.2$) wurden für λ die Werte 0.98 (rote Kurve), 0.88 (blaue Kurve) sowie 0.78 (türkise Kurve) gewählt.

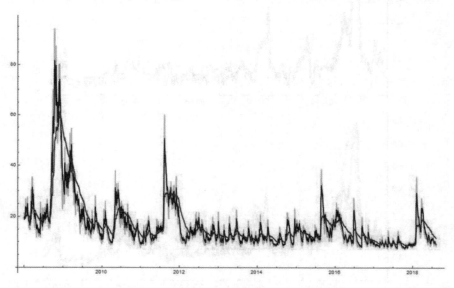

Abbildung 5.10: ARCH-Modellierung der Volatilität für den S&P500 von 2008 bis Oktober 2018 für verschiedene Werte von λ.

Je näher λ am Wert 1 liegt, umso mehr gleicht (abgesehen vom Wert β und damit vom langjährigen Durchschnitt) die ARCH-Modellierung der ursprünglichen historischen Volatilität.

(Wenn $\beta = 0$ und $\lambda = 1$ gewählt wird, so erhält man exakt wieder die ursprüngliche historische Vola.)

Eine Alternative zum ARCH-Modell für die Modellierung von Volatilitäten stellen die GARCH(p, q) – Modelle dar. Insbesondere wird das GARCH$(1, 1)$ – Modell benutzt, das eine große Ähnlichkeit zum oben behandelten ARCH-Modell mit den obigen Gewichten α_i aufweist. Wir werden uns hier mit diesen Modellen nicht näher beschäftigen.

Natürlich werden die verschiedenen Möglichkeiten zur Bestimmung von historischen bzw. von ARCH-Volatilitäten mittels unserer Software bereitgestellt.

5.3 Volatilität III : Einsatz und Prognose von Volatilität

Wir kehren noch einmal zu den Gründen zurück, die uns motivieren, uns mit der Volatilität, ihrer Messung, ihrer Modellierung und ihrer Prognose zu beschäftigen und wir stellen uns die Frage, inwieweit wir mit den obigen Überlegungen bereits wesentliche Erkenntnis gewonnen haben.

Ausgangspunkt war: Wir wollen den intuitiv einleuchtenden Begriff der „Schwankungsstärke" von Finanzkursen in ein quantitatives Korsett zwingen, also durch eine einleuchtende Maßzahl quantifizieren können.
Die ersten Schwierigkeiten, die wir bisher erkannt haben und offene Fragen die sich weiterhin stellen, sind:

- Es gibt verschiedene mögliche Konzepte für die Quantifizierung von Schwankungsstärke.

- Wir müssen uns klar werden, dass wir für die Bestimmung von Schwankungsstärke (auf Basis vorhandener Kursdaten) immer Daten über einen bestimmten Zeitraum in der Vergangenheit auswerten müssen.

- Die konkreten Messergebnisse hängen von der Wahl der Daten (Tickdaten, Tagesdaten, Schlusskurse, High's, Low's, . . .) und des Zeitraumes, in dem Daten beobachtet und ausgewertet werden, ab.

- Alle bisher vorgestellten Konzepte geben Aufschluss über die Schwankungsstärke in einem bestimmten (wenn auch vielleicht kurzen) Zeitintervall in der Vergangenheit, aber nicht über eine – von der Vergangenheit losgelöste – **momentane** inhärente **Schwankungsstärke** des Finanzkurses. Also: Welche „Energie" steckt im Moment im Aktienkurs?

- Kann man die Idee einer solchen momentanen inhärenten Schwankungsstärke exakt fassen und wenn „Ja", wozu würde man sie benötigen?

- Welchen Nutzen ziehen wir aus der Kenntnis historischer Volatilitäten (bzw. momentaner Volatilitäten)?

Besinnen wir uns noch einmal auf einen der Ausgangspunkte bei unseren Überlegungen zur Volatilität: Wozu benötigen wir für Financial Engineering-Techniken Schätzungen von Volatilitäten? Wir wiederholen die wesentlichsten Einsatzbereiche:

Risiko-Klassifizierung von (strukturierten) Finanzprodukten: Hierfür reicht häufig eine a posteriori Messung von historischen Volatilitäten (verschiedenen Typs), berechnet aus historischen Kursdaten des zu klassifizierenden Produkts. Das können wir mittels der oben beschriebenen Techniken liefern. Ein Beispiel dazu: Im österreichischen Investmentfonds-Gesetz ist eine Risiko-/Rendite-Klassifizierung unter Verwendung eines synthetischen Risiko- und Ertrags-Indikators in sieben verschiedene Risikoklassen gesetzlich vorgeschrieben. Dieser Indikator basiert auf der früheren Volatilität der Fondsreihen, wobei die Wochen-Renditen der letzten fünf Jahre unter Einrechnung allenfalls ausgeschütteter Erträgnisse und Dividenden maßgeblich sind.

Risiko-Management-Tools: Eine der wesentlichsten Maßzahlen im Bereich des Risiko-Managements ist der Value-at-Risk (VAR) eines Finanzprodukts oder eines Finanz-Portfolios. Mit dem Konzept des VAR werden wir uns in späteren Kapiteln zum Risiko-Management noch ausführlich auseinandersetzen. Hier nur so viel dazu: Das VAR-Konzept gibt Auskunft darüber, mit welcher Wahrscheinlichkeit der Kurs eines Finanzprodukts innerhalb einer gewissen Zeitspanne $[0, T]$ in der Zukunft einen gewissen Wert über- oder unterschreitet. Es ist offensichtlich, dass zur Berechnung einer solchen Wahrscheinlichkeit (zumindest) eine Schätzung, eine Prognose der Schwankungsstärke (in welchem Sinn auch immer) des Finanzprodukts (des Portfolios) für den zukünftigen Zeitbereich $[0, T]$ notwendig ist. Ein Ansatz, um zu einer solchen Prognose zu gelangen, beruht sicher auf einer Auswertung historischer Volatilitäten des Finanzkurses (des Portfolios) und aus entsprechenden (möglichst fundierten) Schlussfolgerungen daraus auf die zukünftige Schwankungsstärke. Das führt zur Frage nach der Prognose-Tauglichkeit historischer Volatilitäten.

Bewertung von Derivaten: Im Black-Scholes Ansatz zur Bewertung eines Derivats D auf ein underlying A ist der wesentliche und kritische Parameter die Volatilität des underlyings A im Laufzeitbereich $[0, T]$ des Derivats. Ausgangspunkt war dort die Annahme, dass sich im vor uns liegenden Zeitbereich $[0, T]$ das underlying nach einem Wiener Modell entwickelt, in dem die Renditen normalverteilt mit einer (konstanten) Standardabweichung σ sind. Müssen wir uns hier nicht auch fragen, welche Standardabweichung konkret gemeint ist? Die (annualisierte) Standardabweichung der Renditen von Zeitpunkt 0 bis zum Zeitpunkt T? Oder die (annualisierte) Standardabweichung von Renditen in kurzen Zeitintervallen der Länge dt im Intervall $[0, T]$? Die Antwort darauf ist einfach zu geben: Wenn wir von normalverteilten und unabhängigen Renditen (mit über $[0, T]$ konstantem σ) ausgehen, dann führen alle Ansätze (bei Normierung) zum selben annualisierten

Wert. Es reicht also aus, eine Schätzung für die Standardabweichung von Rendi-ten für Zeitintervalle beliebiger Länge dt in $[0, T]$ zu geben. Es stellt sich wieder die Frage ob (und wenn „ja" welche) historische Volatilitäten zur Prognose solcher zukünftiger Volatilitäten geeignet sind.

Also: Wir benötigen immer wieder zu Zeitpunkten 0 Schätzungen bzw. Prognosen von Standardabweichungen σ der Renditen eines Finanzkurses in einem Zeitbe-reich $[0, T]$. Für diese Renditen des Finanzkurses nehmen wir (vorerst) nach wie vor an, dass diese in Zeitverlauf voneinander unabhängig und normalverteilt sind.

Stellen wir uns zunächst folgende Frage: Wenn wir im Zeitpunkt 0 (etwa durch Analyse historischer Volas) zu einer Einschätzung für σ gelangt sind, wie können wir dann zum Zeitpunkt T überprüfen, wie gut diese Prognose tatsächlich war? Wie hoch war die **realisierte Volatilität** im Zeitbereich $[0, T]$ tatsächlich? Nun, wieder unter der üblichen Voraussetzung (von normalverteilten und unabhän-gigen Renditen) können wir wieder $[0, T]$ in viele kleine Teilintervalle der Länge dt aufteilen, die Renditen in jedem dieser Intervalle und deren Standardabweichung bestimmen und diesen Wert annualisieren. Das Resultat spiegelt im Wesentlichen die in $[0, T]$ **realisierte Volatilität** wider.

Nun können wir die Frage nach der Prognose-Eignung der oben vorgestellten Kon-zepte etwas exakter stellen:
Welcher Schätzwert zur Zeit 0 (historische Vola?, ARCH-Vola?, auf Basis welcher historischer Daten?, ganz anderer Ansatz?, ...) liefert durchschnittlich die beste Prognose für die tatsächlich realisierte Volatilität im Zeitbereich $[0, T]$?

Der oben beigefügte Zusatz „ganz anderer Ansatz" deutet bereits darauf hin, dass wir uns bald mit einem tatsächlich ganz anderen – und ganz wesentlichen – alter-nativen Ansatz (dem Konzept der „impliziten Volatilität") ausführlich beschäftigen werden.

Hier und jetzt wollen wir im Folgenden ein paar einfache Experimente (stellver-tretend und eventuell anregend) zur Prognose-Fähigkeit von historischen Volas und ARCH-Volas für zukünftige realisierte Volas durchführen. Als stellvertreten-des konkretes Zahlenbeispiel wollen wir die realisierten Volatilitäten des S&P500 von 1957 bis Oktober 2018 für jeweils Perioden von 21 Handelstagen ($\approx$ ein Handelsmonat), berechnet auf Basis der jeweils täglichen Renditen, berechnen. In einem ersten Schritt gehen wir davon aus, dass wir diese realisierten Renditen durch die realisierten Renditen (die historische Vola) des vorhergehenden Inter-valls schätzen möchten. Wenn wir also die sukzessiven realisierten Volatilitäten mit $w_1, w_2, \ldots, w_M$ bezeichnen, dann schätzen wir jeweils w_{i+1} durch w_i und fra-gen uns nach der Qualität dieser Schätzung. Besteht ein starker positiv korrelieren-der Zusammenhang zwischen w_i und w_{i+1} oder sind diese Werte im Allgemeinen ziemlich unabhängig voneinander?

Wir werden als erste Antwort auf diese Frage die Paare (w_i, w_{i+1}) in Abbildung 5.11 grafisch zwei-dimensional darstellen und wir werden die Korrelationen zwischen der Folge $(w_1, w_2, \ldots, w_{M-1})$ der Prognosewerte und der Folge $(w_2, w_3, \ldots, w_M)$ der prognostizierten Werte bestimmen. Das heißt, wir bestimmen die Autokorrelation erster Ordnung der Folge $(w_1, w_2, \ldots, w_M)$. Die Werte w_i liegen in der überwiegenden Mehrzahl im Bereich zwischen circa 3% und 35%, die bildliche Darstellung beschränkt sich daher auch auf diesen Bereich. Zum visuellen Vergleich haben wir in Abbildung 5.11 auch die gleiche Anzahl von Paaren (u_i, u_{i+1}) mit voneinander unabhängigen zufällig gewählten Koordinaten im Bereich zwischen 3 und 35 dargestellt. Diese Zufallspunkte füllen den Bereich des Quadrats $[3, 35] \times [3, 35]$ ziemlich gleichmäßig aus. Die Paare (w_i, w_{i+1}) dagegen liegen doch häufig in Nähe der Gerade $f(x) = x$, die beiden Werte w_i und w_{i+1} weisen also häufig doch sehr ähnliche Größen auf. Vom Wert w_i lässt sich also doch mit einer gewissen Wahrscheinlichkeit auf den ungefähren Wert von w_{i+1} schließen. Die Korrelation zwischen der Folge $(w_1, w_2, \ldots, w_{M-1})$ und der Folge $(w_2, w_3, \ldots, w_M)$ liegt bei 0.658, ist also deutlich positiv.

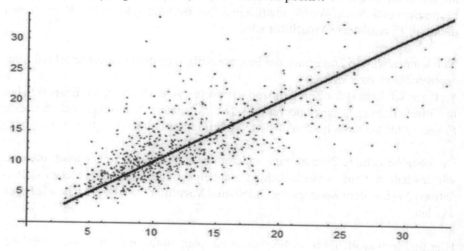

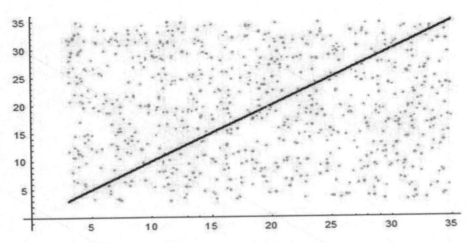

Abbildung 5.11: Paare (Prognose, realisierte Vola) durch und für historische Einmonats-Vola auf Basis von Tagesdaten, S&P500, 1957 – Oktober 2018 (oben) im Vergleich mit Zufallspaaren (unten)

Interessant ist, dass die Prognosen auch noch eine deutlich positive Korrelation zu später nachfolgenden realisierten Volatilitäten aufweisen. Genauer: Die Korrelation (Autokorrelationen der Ordnungen 2, 3, 4 und 5)

zwischen

$(w_1, w_2, \ldots, w_{M-2})$ und der Folge $(w_3, w_4, \ldots, w_M)$ beträgt 0.537,

zwischen

$(w_1, w_2, \ldots, w_{M-3})$ und der Folge $(w_4, w_5, \ldots, w_M)$ beträgt 0.449,

zwischen

$(w_1, w_2, \ldots, w_{M-4})$ und der Folge $(w_5, w_4, \ldots, w_M)$ beträgt 0.362,

zwischen

$(w_1, w_2, \ldots, w_{M-5})$ und der Folge $(w_6, w_4, \ldots, w_M)$ beträgt 0.358.

Die entsprechenden Paarwolkenbilder finden Sie in Abbildung 5.12.

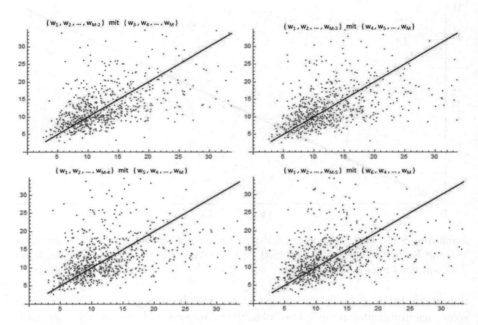

Abbildung 5.12: Autokorrelationen der Ordnungen 2, 3, 4 und 5 der 20-Tages-Volatilität auf Basis von Tagesschlusskursen

Wir haben bisher bewusst die zukünftige historische 21-Tages-Volatilität mit Hilfe der vorangegangenen 21-Tage-Vola geschätzt (und dabei eine Korrelation von 0.658 erreicht). Natürlich stellt sich die Frage, ob nicht die historische Volatilität über einen anderen Zeitbereich sogar eine bessere Schätzung für die nachfolgende 21-Tages-Volatilität liefern würde. Wir haben daher im Folgenden als Prognosewerte auch noch historische Volatilitäten über andere Zeitbereiche verwendet und die Korrelationen zu den nachfolgenden 21-Tages-Volas gemessen. Es ergibt sich dabei das folgende Bild:

Zeitbereich für Prognosewerte	5	6	7	8	9	10	11	12	13
Korrelation zur 21-Tage-Vola	0.633	0.577	0.582	0.602	0.615	0.616	0.628	0.631	0.633

Zeitbereich für Prognosewerte	14	15	16	17	18	19	20	21	22
Korrelation zur 21-Tage-Vola	0.636	0.639	0.651	0.650	0.652	0.655	0.659	0.658	0.661

Zeitbereich für Prognosewerte	23	24	25	26	27	28	29	30	31
Korrelation zur 21-Tage-Vola	0.662	0.662	0.661	0.660	0.647	0.647	0.649	0.650	0.651

Zeitbereich für Prognosewerte	40	50	60	70	80	90	100	110	120
Korrelation zur 21-Tage-Vola	0.653	0.640	0.637	0.614	0.608	0.598	0.595	0.590	0.584

Ein Prognose-Zeitraum zwischen 20 und 26 Tagen lässt also hier offenbar die besten Prognosen erwarten (also eine Länge des Prognose-Zeitraums die ungefähr der Länge des zu prognostizierenden Zeitraums entspricht).

Analoge (aber kürzere) Tabellen wollen wir nun noch für einen zu prognostizierenden Zeitraum von einem halben Jahr (also 126 Tage) und für einen zu prognostizierenden Zeitraum von einer Woche (also 5 Tage) erstellen.

Zeitbereich für Prognosewerte	$\frac{1}{2}$ Monat	1 Monat	$\frac{1}{4}$ Jahr	$\frac{1}{2}$ Jahr
Korrelation zur $\frac{1}{2}$-Jahres-Vola	0.455	0.460	0.443	0.445

Zeitbereich für Prognosewerte	3 Tage	1 Woche	2 Wochen	3 Wochen
Korrelation zur 1-Wochen-Vola	0.523	0.600	0.641	0.637

Allein auf Basis dieser sehr kleinen Stichprobe nur für den S&P500 zeigen sich hier die besten Prognosewerte für die $\frac{1}{2}$-Jahresvola auf Basis eines kürzeren Zeitraums von etwa einem Monat und für die 1-Wochenvola auf Basis eines (bezogen auf die zu schätzende Länge) längeren Zeitraums von 2 Wochen.

Kurz – und nur für die Ein-Monats-Vola – wollen wir noch der Frage nachgehen, ob man bessere Prognose-Werte für die zukünftige realisierte Volatilität etwa über ein geeignetes ARCH-Modell erzielen kann.

Dazu haben wir die Ein-Monats historischen Volatilitäten jeweils durch ein ARCH-Modell basierend auf n vorhergehenden Tages-Schlusskursen und verschiedenen Parametern β und λ geschätzt. Eine schnelle – nicht vollständige – Suche nach guten Parameterwerten zur Schätzung der Volas über die gesamte Laufzeit des S&P500 lieferte folgende Werte:

$n = 55$

$\beta = 0$

$\lambda = 0.95$

Die entsprechende Punktwolke aus Schätzwert und realisierter Volatilität hat die Form von Abbildung 5.13. Die Korrelation zwischen Prognosewerten und realisierten Volatilitäten beträgt immerhin 0.931771!

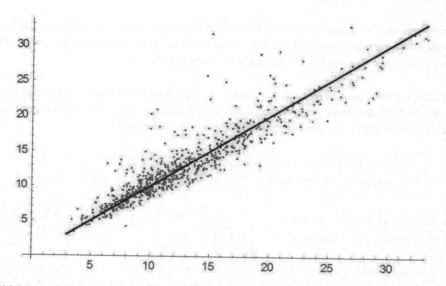

Abbildung 5.13: Paare (Prognose, realisierte Vola) durch ARCH-Werte für historische Einmonats-Vola auf Basis von Tagesdaten, S&P500, 1957 – Oktober 2018

Die hier gemachten Tests und Überlegungen zur Prognostizierung zukünftiger historischer (realisierter) Volatilitäten sind natürlich nur sehr oberflächlich durchgeführt worden. Um wirklich relevante Aussagen zu erhalten, sind wesentlich umfangreichere und tiefgehendere Tests erforderlich. So wäre etwa die Stabilität der Qualität der Schätzungen zu testen, die Suche nach optimalen Parametern wäre weit auszubauen, verschiedenste weitere Finanzprodukte wären zu untersuchen (nicht nur der S&P500) und vor allem wären neben der Korrelation weitere Qualitätsmaße für die Güte der Prognosen zu untersuchen.

Die Basis zur Durchführung solcher weiterführenden Experimente ist in unserer Homepage gegeben.

5.4 Volatilität IV: Größenordnung der historischen Volatilität des S&P500

Zum Abschluss unserer Überlegungen zur historischen Volatilität und ihrer Prognostizierbarkeit wollen wir einfach nur zur Orientierung und um ein gewisses Gefühl für Größenordnungen historischer Volatilitäten zu bekommen noch einige Betrachtungen zur Entwicklung der historischen Volatilität des S&P500 im Zeitverlauf anstellen. Dazu visualisieren wir in Abbildung 5.14 noch einmal die 20-Tages historische Vola des S&P500 von 1957 bis zum Oktober 2018.

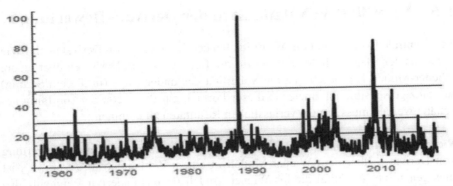

Abbildung 5.14: 20-Tages historische Volatilität des S&P500 von 1957 bis Oktober 2018

Zwei außerordentliche Ereignisse haben im Verlauf des S&P500 von fast 62 Jahren zu historischen (20-Tages-) Volatilitäten deutlich über 50% geführt. Es waren das der extreme Kurseinbruch am 17. Oktober 1987 und die Finanzkrise Ende 2008. Zu circa sieben Zeitpunkten bzw. Zeitbereichen kam es zusätzlich zu einem Überschreiten der 30% Volatilitätsmarke. Es waren dies eher Einzelereignisse in den Jahren 1963, 1970, 1975, das Flash-Crash-Ereignis 2010, Ende 2011 und Ende 2015 sowie die Hoch-Vola-Periode (Internetblase, September 2001, Enron-Skandal) von 1998 bis 2003. Ungefähr gleich oft kam es zu kurzen Durchstößen der 20%-Marke (die dann aber nicht zu Volatilitäten über 30% führten). In der weit überwiegenden Zeit lag die Volatilität aber in einem Bereich unter 20% (ca. 5% – 20%). Durchaus konnten solche Niedrig-Vola-Phasen auch über mehrere Jahre anhalten. Die zwei längsten Phasen niedriger historischer Vola in der bisherigen Geschichte des S&P500 waren die Zeitbereiche 1963 – 1970 und 1991 – 1997 (siehe Abbildung 5.15). Die zwei längsten Phasen fast durchwegs hoher Volatilität sind in den Jahren 1999 – 2003 und 2008 – 2012 zu finden.

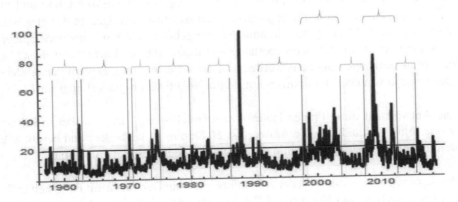

Abbildung 5.15: Niedrig-Vola- und Hoch-Vola-Phasen im S&P500

5.5   Volatilität V: Volatilität in der Derivate-Bewertung

Eine zentrale Rolle nimmt die Volatilität bei der Bewertung von Derivaten ein. Wie etwa aus der Black-Scholes-Formel für die Bewertung von Derivaten über einem Wiener-Modell hervorgeht, ist die Volatilität des underlyings (in diesem Setting) der einzige sensible Parameter in dieser Formel, ein Parameter der sorgfältig geschätzt werden muss, um zu verlässlichen Resultaten zu kommen.

Welche Volatilität genau geht nun in die Black-Scholes-Formel, in die Bewertung von Derivaten über dem Wiener Modell in einem Zeitbereich $[0, T]$ ein? Es ist dies genau die Volatilität die ins Wiener Modell für das underlying eingeht, also die (annualisierte) Standardabweichung der (stetigen) Rendite des underlyings im Zeitbereich $[0, T]$. Vom Zeitpunkt 0 aus kann ich höchstens versuchen, diese Volatilität mit Hilfe irgendwelcher Maßzahlen (historische Vola, ARCH-Prognosen) und/oder auf Basis fundamentaler Überlegungen zu prognostizieren.

Lässt sich – und wenn „Ja" wie – diese Volatilität überhaupt im Nachhinein, vom Zeitpunkt T aus, nachträglich messen? Wir haben ja (auch im Nachhinein) nur eine tatsächlich realisierte Rendite auf $[0, T]$ zur Verfügung. Wie sollen wir aus dieser *einen* realisierten Rendite auf die Standardabweichung der Zufallsvariablen schließen, die diese Rendite erzeugt hat?

Wenn wir von einer über die Laufzeit in kurzen Teil-Zeitbereichen der Länge dt konstanten Volatilität ausgehen (das haben wir übrigens auch beim Beweis der Black-Scholes-Formel über das binomische Modell so vorausgesetzt), dann können wir (wie schon oben ausgeführt) die realisierte Volatilität auf $[0, T]$ durch Schätzen der Vola auf den Teilbereichen der Länge dt und Normieren auf $[0, T]$ sehr wohl nachträglich schätzen. Gerade bei längerer (Rest-) Laufzeit T des Derivats kann aber nicht uneingeschränkt von einer sich nicht verändernden Volatilität ausgegangen werden. Wenn ich also im Nachhinein die in $[0, T]$ realisierte Vola schätzen möchte und ich sehe, dass etwa in $\left[0, \frac{T}{2}\right]$ eine Hoch-Vola-Phase und in $\left[\frac{T}{2}, T\right]$ eine Niedrig-Vola-Phase vorgeherrscht hat, kann ich dann in der gleichen Weise für die Schätzung der Gesamt-Vola vorgehen? Und ein schwerwiegender Einwand noch: Kann ich dann überhaupt die Black-Scholes-Formel beweisen? In den Voraussetzungen (und das wurde in unserem Beweis auch explizit verwendet) gehen wir ja von über die Laufzeit konstanter Volatilität des underlyings aus!

Die Antwort auf diese Fragen lautet – zum Glück – „Ja". Das ist aber in keiner Weise selbstverständlich. Die Antwort ist B. Dupire zu verdanken und beruht auf den folgenden Überlegungen und dem nachfolgenden Resultat von Dupire:

Angenommen wir wollen wieder zum Zeitpunkt 0 ein Derivat D mit Fälligkeit in T auf ein underlying mit Kursverlauf $S(t)$ und mit Payoff-Funktion Φ bewerten. Dabei sei wieder vorausgesetzt, dass sich $S(t)$ nach einem Wiener Modell entwickelt.

Nun gehen wir aber nicht davon aus, dass sich die (per anno) Volatilität σ des underlyings über die Laufzeit konstant verhält, sondern dass sie sich mit der Zeit (und eventuell auch in Abhängigkeit vom Kurs des underlyings) verändert. Nehmen wir zum Beispiel kurz wieder die a posteriori-Position zum Zeitpunkt T ein: Von dieser Warte aus könnte man eventuell (!) nachträglich – durch ausführliche Analyse – für σ eine (per anno) Entwicklung der Form $\sigma(t)$ für $t \in [0, T]$ eruieren. Es ist allerdings sicher nicht möglich, definitiv eine Entwicklung der Form $\sigma(t, S(t))$, also die Abhängigkeit von variablem t und variablem $S(t)$, festzustellen, da man ja als Erfahrungswerte aus denen man schöpfen kann, nur den tatsächlich erfolgten Kurs $S(t)$ und die für diesen tatsächlich erfolgten Kurs vorherrschenden Volatilitäten zur Verfügung hat und nicht feststellen kann, welche Werte $\sigma(t, S(t))$ für etwaige andere Werte von $S(t)$ gehabt hätte.

Wir haben weiter oben einschränkend „*eventuell (!)*" angemerkt, denn: Ganz darüber klar, wie wirklich – auch a posteriori – eine zuverlässige Schätzung der Funktion $\sigma(t)$ vor sich gehen könnte, sind wir uns einstweilen tatsächlich nicht.

Machen wir nun, wie weiter oben einmal angeregt, vom Zeitpunkt T aus Folgendes:

- Unterteilung des Intervalls $[0, T]$ in N gleiche Teile der Länge dt (mit „N groß" und „dt klein"),

- Bestimmung der (per anno) Renditen $r(i \cdot dt)$ für jedes Zeitintervall der Form $[i \cdot dt, (i + 1) \cdot dt]$, $i = 0, 1, \ldots, N - 1$ und

- Berechnen der (per anno) Varianz der Renditen, also
  $\bar{\sigma}^2 := \frac{1}{N} \sum_{i=0}^{N-1} \sigma'^2(i \cdot dt) = \frac{1}{T} \sum_{i=0}^{N-1} \sigma'^2(i \cdot dt) \cdot dt$, wobei $\sigma'^2(i \cdot dt)$ die quadratische Abweichung von $r(i \cdot dt)$ vom Mittel ist.

Dann erhalten wir dadurch eine Schätzung $\bar{\sigma}$, aber wofür genau?
Nun, wenn sich die Funktion σ nicht allzu irregulär verhält und wenn dt hinreichend klein gewählt ist, dann sollte $\bar{\sigma}^2$ eine relativ zuverlässige Schätzung für $\frac{1}{T} \sum_{i=0}^{N-1} \sigma^2(i \cdot dt) \cdot dt$ sein. Dieser letzte Wert geht – wenn wir dt gegen 0 streben lassen und für ein wiederum nicht zu irreguläres σ – gegen $\frac{1}{T} \int_0^T \sigma^2(t) dt$.

Wir bemerken: Der Schätzwert $\bar{\sigma}$ ist nichts anderes als die (a posteriori) bestimmte historische (per anno) Volatilität von $S(t)$ auf $[0, T]$ berechnet für N Zeitperioden der Länge dt.

Was bringt uns diese Schätzung? Sie liefert ja nur einen Durchschnittswert von σ^2 genommen über den ganzen Zeitbereich $[0, T]$, aber sie liefert keine Detailinformationen über σ!
Die Antwort lautet: Diese Schätzung liefert alles, was wir brauchen und zwar auf

Grund des folgenden Satzes von Dupire, der eine Verallgemeinerung unserer Basisversion der Black-Scholes Formel aus Paragraph 4.18 darstellt.

5.6 Derivat-Bewertung bei zeit- (und kurs-) abhängiger Volatilität, das Dupire-Modell

Satz 5.1 (Black-Scholes Formel für zeitabhängige Volatilität). *Sei D ein europäisches Derivat mit Fälligkeit T und Payoff-Funktion Φ auf ein underlying mit Kurs $S(t)$, der sich im Zeitbereich $[0,T]$ nach einem Wiener Modell mit Parametern μ und zeitabhängigem (stetig differenzierbarem) $\sigma(t)$ entwickelt. (Es wird vorausgesetzt, dass durch das underlying keine weiteren Zahlungen oder Kosten anfallen.) Dann gilt für den fairen Preis $F(0)$ von D im Zeitpunkt 0:*

$$F(0) = e^{-rT} \cdot E\left(\Phi\left(\widetilde{S}(T)\right)\right)$$

wobei $\widetilde{S}$ die Entwicklung

$$\widetilde{S}(T) = S(0) \cdot e^{T \cdot \left(r - \frac{1}{2} \cdot \left(\frac{1}{T} \int_0^T \sigma^2(t)dt\right)\right) + w\sqrt{T} \cdot \sqrt{\frac{1}{T} \int_0^T \sigma^2(t)dt}}$$

mit einer standard-normalverteilten Zufallsvariablen w besitzt. „E" bezeichnet dabei den Erwartungswert und r ist der risikolose Zinssatz $f_{0,T}$.

Einige **Bemerkungen** dazu:

- Dieses Resultat gilt auch dann, wenn der Trend μ von t und eventuell auch von $S(t)$ abhängig (und stetig differenzierbar) ist. Das ist in unserem Zusammenhang allerdings nicht relevant.

- Die Bedingung der stetigen Differenzierbarkeit von $\sigma(t)$ ist für konkrete praktische Anwendungen nicht relevant.

- Ganz wesentlich ist: Um festzustellen was in diesem Fall der faire Preis des Derivats ist oder um a posteriori festzustellen, was zur Zeit 0 der faire Preis gewesen wäre, ist es nicht notwendig $\sigma(t)$ explizit zu kennen, sondern es ist ausreichend, den durchschnittlichen Wert von $\sigma^2(t)$, also $\frac{1}{T} \int_0^T \sigma^2(t)dt$, zu kennen. Dieser Wert kann auch a posteriori gut geschätzt werden. Warum wir auf diese Tatsache so explizit Wert legen, wird später in zwei unserer Fallanalysen klar werden. Der oben definierte Wert $\bar{\sigma}^2 := \frac{1}{N} \sum_{i=0}^{N-1} \sigma'^2(i \cdot dt)$ liefert für kleine dt eine gute a posteriori Schätzung für die benötigte Größe $\int_0^T \sigma^2(t)dt$. $\bar{\sigma}$ ist dabei nichts anderes als die historische Volatilität von $S(t)$ auf $[0,T]$ für Periodenlänge dt.

- Speziell für Call- und für Put-Optionen ergeben sich daraus die folgenden Preis-Formeln:

$$C(t,s) = s \cdot \mathcal{N}(d_1) - e^{-r(T-t)} \cdot K \cdot \mathcal{N}(d_2)$$

$$P(t, s) = e^{-r(T-t)} \cdot K \cdot \mathcal{N}(-d_2) - S(t) \cdot \mathcal{N}(-d_1)$$

mit

$$d_1 = \frac{\log\left(\frac{s}{K}\right) + (T-t) \cdot \left(r + \frac{1}{2} \cdot \frac{1}{T-t} \int_t^T \sigma^2(u) du\right)}{\sqrt{T-t} \cdot \sqrt{\frac{1}{T-t} \cdot \int_t^T \sigma^2(u) du}}$$

und

$$d_2 = \frac{\log\left(\frac{s}{K}\right) + (T-t) \cdot \left(r - \frac{1}{2} \cdot \frac{1}{T-t} \int_t^T \sigma^2(u) du\right)}{\sqrt{T-t} \cdot \sqrt{\frac{1}{T-t} \cdot \int_t^T \sigma^2(u) du}}$$

- Wir erinnern noch einmal: Der faire Preis des Derivats spiegelt den Preis für perfektes Hedgen des Derivats wider! Gehedgt wird wie schon im Fall der konstanten Volatilität durch kontinuierliches Halten von $\Delta(t, S(t))$ Stück des underlyings. Da $\sigma(t)$ hier nur von t, nicht aber von $S(t)$ abhängig ist, geht die Berechnung des Delta, also die Ableitung nach $s = S(t)$, genauso vor sich wie im Fall der konstanten Volatilität. Man erhält also genau die gleichen Formeln für Delta, nur dass anstelle des konstanten Wertes σ nun $\sigma(t)$ zu setzen ist.

- In der Formulierung des Satzes von Dupire wurde als Voraussetzung relativ lapidar „. . . . *ein underlying mit Kurs $S(t)$, der sich im Zeitbereich $[0, T]$ nach einem Wiener Modell mit Parametern μ und zeitabhängigem (stetig differenzierbarem) $\sigma(t)$ entwickelt . . .*" gefordert. Was können oder müssen wir uns unter dieser Voraussetzung aber konkret vorstellen? Bei konstantem σ, also im Wiener Modell in unserer ursprünglichen Form, bedeutete die Voraussetzung, dass für jeden beliebigen Zeitbereich $[t, t + \tau]$ die Beziehung

$$S(t + \tau) = S(t) \cdot e^{\mu\tau + \sigma\sqrt{\tau}w}$$

mit einer standard-normalverteilten Zufallsvariablen w zu gelten habe. Für zwei disjunkte Zeitbereiche $[t_1, t_2]$ und $[t_3, t_4]$ sind die dort jeweils auftretenden Zufallsvariablen w voneinander unabhängig. Insbesonders hat zu gelten:

$$S(T) = S(0) \cdot e^{\mu T + \sigma\sqrt{T}w}$$

und für jedes sehr kleine Zeitintervall dt:

$$S(t + dt) = S(t) \cdot e^{\mu \cdot dt + \sigma\sqrt{dt}w}.$$

Ab jetzt haben wir es aber mit einer zeitabhängigen Volatilität $\sigma(t)$ zu tun. Für einen beliebigen Zeitpunkt t und ein infinitesimal kleines dt soll das intuitiv offensichtlich bedeuten:

$$S(t + dt) = S(t) \cdot e^{\mu \cdot dt + \sigma(t) \cdot \sqrt{dt}w}$$

und das ist genau die Forderung, die wir im Satz von Dupire gestellt haben. Die Formulierung über ein *„infinitesimal kleines dt"* mag aber nicht ganz geheuer und tatsächlich auch – auf Basis des mathematischen Rüstzeugs das wir bislang zur Verfügung haben – nicht ganz exakt interpretierbar sein. (Es gibt sehr wohl eine exakte Version dieser intuitiven Beziehung, zur Formulierung dieser Version benötigen wir aber die erst später zur Verfügung stehende Sprache der stochastischen Analysis.)

Wir versuchen daher eine zu $S(t+dt) = S(t).e^{\mu \cdot dt + \sigma(t) \cdot \sqrt{dt}w}$ *„für infinitesimal kleine dt"* äquivalente Formulierung zu geben, die ohne den Begriff des infinitesimal Kleinen auskommt. Zur anschaulichen (heuristischen!) Herleitung dieser äquivalenten Formulierung denken wir uns wieder das Zeitintervall $[0, T]$ in N gleiche Teile der (sehr – infinitesimal – kleinen) Länge dt unterteilt. Auf Basis von $S(t + dt) = S(t).e^{\mu \cdot dt + \sigma(t)\sqrt{dt}w}$ (mit w standardnormalverteilt) folgt dann

$$
\begin{aligned}
S(T) &= S(T - dt) \cdot e^{\mu \cdot dt + \sigma(T-dt) \cdot \sqrt{dt}w_{N-1}} = \\
&= S(T - 2 \cdot dt) \cdot e^{\mu \cdot dt + \sigma(T-2\cdot dt)\cdot\sqrt{dt}w_{N-2}} \cdot e^{\mu \cdot dt + \sigma(T-dt)\cdot\sqrt{dt}w_{N-1}} \\
&= S(T - 2 \cdot dt) \cdot e^{2\mu \cdot dt + \sigma(T-2\cdot dt)\cdot\sqrt{dt}w_{N-2} + \sigma(T-dt)\cdot\sqrt{dt}w_{N-1}} = \\
&= \ldots = \\
&= S(0) \cdot e^{N\mu \cdot dt + \sigma(0)\cdot\sqrt{dt}w_0 + \ldots + \sigma(T-2\cdot dt)\cdot\sqrt{dt}w_{N-2} + \sigma(T-dt)\cdot\sqrt{dt}w_{N-1}} = \\
&= S(0) \cdot e^{\mu T + \sigma(0)\cdot\sqrt{dt}w_0 + \ldots + \sigma((N-2)\cdot dt)\cdot\sqrt{dt}w_{N-2} + \sigma((N-1)\cdot dt)\sqrt{dt}w_{N-1}}.
\end{aligned}
$$

Die hier im Exponenten auftretende Zufallsvariable

$$
w := \sigma(0) \cdot \sqrt{dt}w_0 + \ldots + \sigma((N-2) \cdot dt) \cdot \sqrt{dt}w_{N-2} + \sigma((N-1) \cdot dt) \cdot \sqrt{dt}w_{N-1}
$$

ist eine Summe von N unabhängigen normalverteilten Zufallsvariablen

$$
\sigma(0) \cdot \sqrt{dt}w_0, \ldots, \sigma((N-2) \cdot dt) \cdot \sqrt{dt}w_{N-2}, \sigma((N-1) \cdot dt) \cdot \sqrt{dt} \cdot w_{N-1}.
$$

Diese Zufallsvariablen haben alle Erwartungswert 0 und sie haben die Standardabweichungen

$$
\sigma(0) \cdot \sqrt{dt}, \ldots, \sigma((N - 2) \cdot dt) \cdot \sqrt{dt}, \sigma((N - 1) \cdot dt) \cdot \sqrt{dt}.
$$

Die Zufallsvariable W ist daher wieder normalverteilt mit Erwartungswert 0 und ihre Standardabweichung ist

$$
\sqrt{\sigma^2(0) \cdot dt + \ldots + \sigma^2((N - 2) \cdot dt) \cdot dt + \sigma^2((N - 1) \cdot dt) \cdot dt} =
$$

$$
= \sqrt{\sum_{i=0}^{N-1} \sigma^2(i \cdot dt) \cdot dt}
$$

Hier haben wir folgende allgemeine Eigenschaft der Summe zweier normalverteilter Zufallsvariabler verwendet:
„Seien X und Y unabhängige normalverteilte Zufallsvariable mit den Erwartungswerten μ_X und μ_Y und mit den Standardabweichungen σ_X und σ_Y. Dann ist die Zufallsvariable $Z := X + Y$ ebenfalls normalverteilt, mit Erwartungswert $\mu_X + \mu_Y$ und mit Standardabweichung $\sqrt{\sigma_X{}^2 + \sigma_Y{}^2}$."

Die Zufallsvariable W lässt sich daher in der Form
$W = w \cdot \sqrt{\sum_{i=0}^{N-1} \sigma^2(i \cdot dt) \cdot dt}$ schreiben, wobei w eine standard-normalverteilte Zufallsvariable ist.
Der Wert $\sum_{i=0}^{N-1} \sigma^2(i \cdot dt) \cdot dt$ ist eine Riemann'sche Summe, die für $dt \to 0$ gegen das Integral $\int_0^T \sigma^2(t)dt$ strebt. (Dies gilt unter der Voraussetzung, dass $\sigma^2(t)$ eine integrierbare Funktion ist, wovon wir in der Praxis ausgehen können.) Somit gilt also:

$$S(T) = S(0) \cdot e^{\mu T + w \cdot \sqrt{\int_0^T \sigma^2(t)dt}}$$

mit einer standard-normalverteilten Zufallsvariablen w. Natürlich gilt diese Beziehung analog für jedes beliebige Zeitintervall $[t, t + \tau]$ anstelle von $[0, T]$, also

$$S(t + \tau) = S(t) \cdot e^{\mu \tau + w \cdot \sqrt{\int_t^{t+\tau} \sigma^2(s)ds}}.$$

Somit haben wir die mathematisch eindeutige Definition für die Voraussetzung im Satz von Dupire hergeleitet:
Der Kurs $S(t)$ eines Finanzprodukts entwickelt sich im Zeitbereich $[0, T]$ nach einem Wiener Modell mit Parametern μ und zeitabhängigem (quadratisch integrierbarem) $\sigma(t)$ genau dann, wenn für jedes Teilintervall $[t, t + \tau]$ von $[0, T]$ gilt:

$$S(t + \tau) = S(t) \cdot e^{\mu \tau + w \cdot \sqrt{\int_t^{t+\tau} \sigma^2(s)ds}} = S(t) \cdot e^{\mu \tau + w \cdot \sqrt{\tau}\sqrt{\frac{1}{\tau} \cdot \int_t^{t+\tau} \sigma^2(s)ds}}$$

mit einer standard-normalverteilten Zufallsvariablen w. Dabei sind die für disjunkte Teilintervalle $[t_1, t_1 + \tau_1]$ und $[t_2, t_2 + \tau_2]$ auftretenden Zufallsvariablen stets voneinander unabhängig.

Wie wir oben schon bemerkt haben, ist eine Feststellung oder verlässliche Schätzung einer zeit- **und** kurs-abhängigen Version der Volatilität einer Kursentwicklung nicht einmal a posteriori möglich. Das scheint einer früheren von uns gelegentlich geübten Gepflogenheit zu widersprechen: In Kapitel 4.28 hatten wir darauf hingewiesen und in den Analysen der darauf folgenden Kapitel hatten wir immer wieder darauf zurückgegriffen, dass sich zum Beispiel häufig bei fallenden Aktienkursen erhöhte Volatilitäten zeigen, während bei steigenden Aktienkursen die Volatilitäten zurückgehen. Zum Beispiel hatten wir bei der Bestimmung von

Break-Even-Punkten von verschiedenen derivativen Portfolios zu verschiedenen
Zeitpunkten t während der Laufzeit immer wieder in unsere Analysen mit einbe-
zogen, dass bei gefallenen Aktienkursen im Allgemeinen mit höheren Volatilitäten
zu rechnen ist und dass dies bei der Bestimmung zum Beispiel von Break-Even-
Punkten zu berücksichtigen ist. Dazu haben wir auch verschiedene Ansätze für die
Abhängigkeit der Volatilität vom Kurs des underlyings vorgeschlagen.

Allerdings: Wir hatten in diesen Kapiteln auch schon darauf hingewiesen, dass wir
(damals) noch nicht genau wüssten, was genau wir unter der „momentanen Volatilität" eines underlyings zu verstehen hätten, insbesondere unter der momentanen
Volatilität die wir zur Bewertung eines Derivats (zur Bestimmung des fairen Preises
eines Derivats) verwenden wollten. Und tatsächlich gilt die oben gemachte Beobachtung zur Abhängigkeit der Volatilität vom Kurs des underlyings vor allem für
die – in den nächsten Paragraphen zu behandelnde – sogenannte „implizite Volatilität" und nicht für die bisher betrachtete historische Vola bzw. für die konkret im
Wienerschen Modell auftretende Volatilität.

Aber nehmen wir dennoch einmal an, dass wir eine zuverlässige Schätzung der im
Wienerschen Modell im vor uns liegenden Zeitintervall $[0, T]$ auftretenden Volatilität σ als Funktion der Zeit t und des jeweiligen Aktienkurses $S(t)$, also eine
Schätzung für die Form der Funktion $\sigma(t, S(t))$, hätten. Das würde bedeuten, dass
(wieder in heuristisch intuitiver Schreibweise) für jeden Zeitpunkt t in $[0, T]$ und
jedes infinitesimal kleine dt gelten würde:

$$S(t + dt) = S(t) \cdot e^{\mu \cdot dt + \sigma(t,S(t)) \cdot \sqrt{dt} w}$$

Würden wir auch dann eine Formel für den fairen Preis eines Derivats auf dieses
underlying herleiten können?

Die Antwort lautet „Ja" und wird im nachfolgenden allgemeineren Resultat von
Dupire gegeben. Allerdings wird die Antwort nicht als explizite Formel für den
Preis eines solchen Derivats gegeben, sondern als Lösung einer bestimmten partiellen Differentialgleichung (PDE = partial differential equation). Diese PDE lässt
sich in den meisten Fällen nicht explizit lösen, doch ist es möglich, beliebig genaue Näherungslösungen zu finden. Wie das näherungsweise Lösen dieser PDE
(und von PDE's im Allgemeinen) vor sich geht, soll und kann hier nicht Thema
sein.

Satz 5.2. *[Black-Scholes Formel für zeit- und kurs-abhängige Volatilität]*
Sei D ein europäisches Derivat mit Fälligkeit T und Payoff-Funktion Φ auf ein
underlying mit Kurs $S(t)$, der sich im Zeitbereich $[0, T]$ nach einem Wiener Mo-
dell mit Parametern μ und zeit- und kurs-abhängigem (stetig differenzierbarem)
$\sigma(t, S(t))$ entwickelt.
(Es wird vorausgesetzt, dass durch das underlying keine weiteren Zahlungen oder
Kosten anfallen.)

Dann gilt für den fairen Preis $F(t, s)$ von D im Zeitpunkt t bei Kurs s des underlyings die folgende partielle Differentialgleichung:

$$\frac{dF(t, s)}{dt} + \frac{\sigma(t, s)^2 \cdot s^2}{2} \cdot \frac{d^2F(t, s)}{ds^2} + r \cdot s \cdot \frac{dF(t, s)}{ds} - r \cdot F(t, s) = 0$$

mit der Endbedingung $F(T, s) = \Phi(s)$.

5.7 Die implizite Volatilität

So, wir wollen jetzt, im Zeitpunkt 0, eine Option mit Laufzeit bis T mit einem underlying, das einem Wiener Modell folgt, bewerten. Welchen Wert sollen wir für den Volatilitätsparameter wählen?

Wir wissen: Die richtige Wahl wäre die Verwendung des Wertes $\sqrt{\frac{1}{T} \int_0^T \sigma^2(t)dt}$ im ersten der beiden oben erwähnten Sätze von Dupire, ein Wert also, der sich a posteriori, vom Zeitpunkt T aus, recht gut schätzen ließe. Wie sollen wir diesen Wert aber vom Zeitpunkt 0 aus zuverlässig schätzen?

Stellen wir uns zuerst eine andere Frage: Zu welchem Zweck benötigen wir in der Praxis üblicher Weise überhaupt eine Bewertung eines Derivats, was fangen wir mit dem fairen Preis eines Derivats überhaupt an? Im Wesentlichen gibt es drei verschiedene Gründe, weshalb wir Bewertungen von Derivaten (bzw. von Portfolios von Derivaten oder von derivativen Handelsstrategien) benötigen:

- Wir interessieren uns für ein am Markt gehandeltes Derivat und wollen wissen, ob der Preis zu dem das Derivat im Moment (an der Börse oder am OTC-Markt) angeboten wird, angemessen ist oder zu hoch oder zu niedrig ist. Das Ergebnis dieser Untersuchung wird für unsere Kaufentscheidung ausschlaggebend sein.

- Wir wollen ein neues Derivat über einem underlying entwickeln und auf den Markt bringen: Was wäre der faire Preis des Derivats, zu dem wir es zum Verkauf anbieten könnten? Gleichzeitig erhalten wir dadurch die Information, wieviel ein perfektes Hedgen des Derivats kosten würde und wie konkret es durchzuführen zu wäre.

- Häufig stellt sich nicht die Frage, wie der faire Preis eines Derivats explizit aussehen sollte bzw. ob der aktuelle Preis eines Derivats der angemessene Preis ist, sondern es stellt sich die Frage, ob die Relation der Preise zweier Derivate auf dasselbe underlying zueinander korrekt ist oder ob eines der Derivate im Vergleich zum anderen einen überhöhten Preis hat. (Signifikante Abweichungen von der korrekten Relation können in diesem Fall für Arbitrage-Versuche – durch geeignetes dynamisches Verkaufen des zu teuren Derivats bei gleichzeitigem geeigneten Kaufens des zu billigen Derivats – ausgenutzt werden.)

Zu den meisten relevanten, an größeren Börsen gehandelten underlyings werden heutzutage verschiedenste Typen von Derivaten an Börsen oder OTC gehandelt.

Im Folgenden gehen wir (ohne es jedes Mal wieder explizit zu erwähnen) von einem fixierten underlying mit Kurs $S(t)$, von der Entwicklung des Kurses dieses underlyings nach einem Wiener Modell und von einem während der Laufzeit der Derivate im Wesentlichen unveränderten risikolosen Zinssatz r aus. Die Preise $F(0)$ zu einem Zeitpunkt 0 all dieser Derivate (mit Payoff-Funktion Φ) sind also durch die Black-Scholes-Formel gegeben. Wir notieren diese Tatsache schematisch mittels

$$F(0) = BS(T, \sigma, \Phi).$$

Diese Darstellung soll andeuten: Der Preis jedes Derivats auf dieses underlying ist gegeben durch die Laufzeit des Derivats, durch seine Payoff-Funktion Φ und durch die Wahl der Volatilität σ des underlyings. Hier haben wir vereinfacht das Symbol σ für den tatsächlich zu verwendenden Wert $\sqrt{\frac{1}{T} \int_0^T \sigma^2(t)dt}$ gesetzt. Allerdings stellen wir hier aber natürlich sofort fest, dass dieser Wert $\sigma = \sqrt{\frac{1}{T} \int_0^T \sigma^2(t)dt}$ auch von T abhängig ist. Korrekterweise müssen wir also anstelle von σ einen von der Laufzeit T abhängigen Vola-Parameter $\boldsymbol{\sigma}(T) = \sqrt{\frac{1}{T} \int_0^T \sigma^2(t)dt}$ setzen und die obige Formel lautet korrekt

$$F(0) = BS(T, \boldsymbol{\sigma}(T), \Phi).$$

Wird ein solches Derivat D nun am Finanzmarkt zum Preis $F(0)$ gehandelt oder zum Handel angeboten, *so lässt sich aus der Formel $\boldsymbol{F(0) = BS(T, \sigma(T), \Phi)}$ der Wert $\boldsymbol{\sigma(T)}$ berechnen.*

Wir sprechen dann von dem **so berechneten Wert $\boldsymbol{\sigma(T)}$** als von der **im Derivat D enthaltenen impliziten Volatilität des underlyings für die Laufzeit T**.

Wären alle Marktteilnehmer im Wissen der „korrekten Volatilität $\boldsymbol{\sigma}(T)$ des underlyings für das kommende Zeitintervall $[0, T]$" und wären alle Derivate korrekt am Markt bewertet, würden also alle zum fairen Preis gehandelt, dann müsste für jedes Derivat D derselbe Wert $\boldsymbol{\sigma}(T)$ des underlyings resultieren! Die in einem Derivat D enthaltene implizite Volatilität des underlyings müsste also für alle Derivate den gleichen Wert $\boldsymbol{\sigma}(T)$, also **„die" implizite Volatilität des underlyings für Laufzeit T**, ergeben. Tatsache ist: Haben wir es mit einem underlying zu tun, zu dem es einen halbwegs liquiden Derivate-Markt gibt und haben wir es mit einer fixierten Laufzeit T zu tun, dann ergeben die aus den Derivaten mit gleicher Laufzeit T auf dieses underlying berechneten impliziten Volatilitäten $\sigma_D(T)$ im Allgemeinen zwar ähnliche aber nicht einen gemeinsamen konstanten Wert $\boldsymbol{\sigma}(T)$. Es lässt sich somit im Allgemeinen nicht von **der** impliziten Volatilität $\boldsymbol{\sigma}(T)$ des underlyings sprechen.

Schauen wir uns etwa Abbildung 5.16 und Abbildung 5.17 an:
Es sind dies Auszüge der Optionspreistafeln der Interactivebrokers Trader Workstation vom 26.10.18. In Abbildung 5.16 sind Optionen mit Laufzeit bis 16.11.18 zu sehen. In der vierten Spalte von links sind die impliziten Volatilitäten der einzelnen Call-Optionen und in der letzten Spalte die impliziten Volatilitäten der einzelnen Put-Optionen zu sehen. Die impliziten Volatilitäten aus den einzelnen Optionen nehmen hier offensichtlich mit wachsendem Strike K ab und reichen in dieser Tafel von 25.3% bis 18.9%. Die sich aus den einzelnen Derivaten ergebenden impliziten Volas geben also kein einheitliches Bild, ergeben keinen einheitlichen Wert einer impliziten Volatilität des S&P500 für die Laufzeit bis 16.11.18. Es ergibt sich ein ungefähres Bild einer impliziten Vola des S&P500 ungefähr im niedrigen 20%-Bereich, aber eben kein eindeutiger exakter Wert.

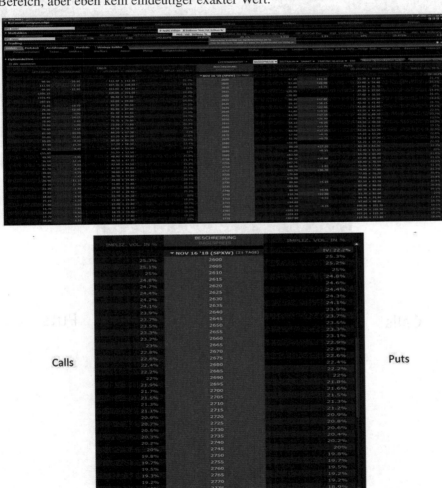

Abbildung 5.16: IB Trader Workstation, Optionen am 26.10.2018 mit Fälligkeit 16.11.2018, mit impliziten Volatilitäten

Ganz analog sieht die Situation aus für die Optionen auf den S&P500 mit Laufzeit bis 31.1.2019. Wir sehen hier wieder mit dem Strike der Optionen fallende Volas im Bereich von 22.5% bis 16.1%. Auch hier gibt es wiederum keinen eindeutigen Wert $\sigma(T)$ für die implizite Volatilität des S&P500. Der sich aus den einzelnen impliziten Volas der Derivate ergebende durchschnittliche Richtwert liegt jetzt aber deutlich niedriger als bei den kürzer laufenden Optionen.

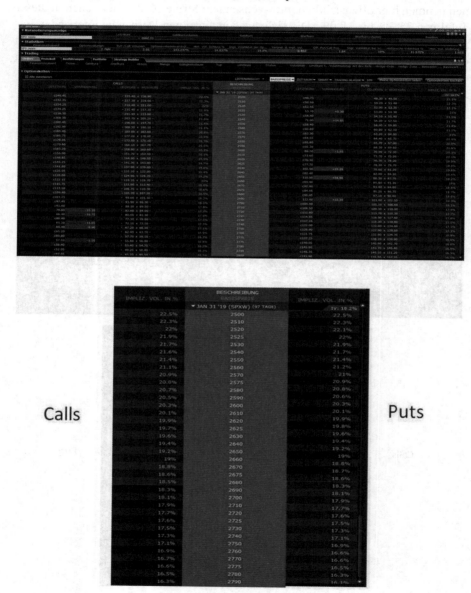

Abbildung 5.17: IB Trader Workstation, Optionen am 26.10.2018 mit Fälligkeit 31.1.2019, mit impliziten Volatilitäten

Bevor wir uns weiter Gedanken darüber machen, wie diese impliziten Volatilitäten entstehen, wie ihre Aussagekraft einzuschätzen ist und wie wir mit ihren verschiedenen Werten umgehen sollen, sehen wir uns kurz die (in diesen Tafeln resultierenden) konkreten Berechnungen der impliziten Volas etwas genauer an:

Im Fall obiger Call-Optionen auf den S&P500 lautet die Gleichung $F(0) = BS(T, \boldsymbol{\sigma}(T), \Phi)$ konkret:

$$
\begin{aligned}
F(0) \;=\; & s \cdot \mathcal{N}\left(\frac{\log\left(\frac{s}{K}\right) + T\left(r + \frac{1}{2}\cdot\boldsymbol{\sigma}^2(T)\right)}{\sqrt{T}\cdot\boldsymbol{\sigma}(T)}\right) - \\
& -e^{-rT}\cdot K \cdot \mathcal{N}\left(\frac{\log\left(\frac{s}{K}\right) + T\left(r - \frac{1}{2}\cdot\boldsymbol{\sigma}^2(T)\right)}{\sqrt{T}\cdot\boldsymbol{\sigma}(T)}\right)
\end{aligned}
$$

Die implizite Volatilität ist aus dieser Gleichung nicht explizit ausdrückbar, aber für konkrete Werte von $F(0), s, K, T$ und r numerisch beliebig genau berechenbar.

Betrachten wir zum Beispiel die Call-Option mit Laufzeit bis 16.11.2018 und mit Strike $K = 2650$. Die Bid-/Ask-Quotes lagen zum Zeitpunkt der Quotierung bei 75.70 // 76.90, der letzte gehandelte Preis bei 78.90 und die implizite Volatilität (laut Tafel) bei 23.5%.
Der Kurs s des S&P500 lag bei 2680.43. Die Restlaufzeit T der Option aus Sicht des 26.10.2018 (eher zur Hälfte des Handelstages) bis zum 16.11.2018 (Handelsbeginn) betrug in etwa 14.5 von insgesamt circa 252 Jahres-Handelstagen, somit circa $\frac{14.5}{252} = 0.0575397$ Jahre. Der Overnight US-Dollar-LIBOR lag am 26.10.2018 bei 2.17425%.

Da aus der Optionspreistafel a priori nicht klar hervorgeht, aus welchem Optionspreis (Bid-, Ask-, Mittel-, letzter-Preis?) die implizite Volatilität berechnet wurde, also welcher Options-Preis genau in der Gleichung für die implizite Vola als $F(0)$ verwendet wurde, berechnen wir zuerst einmal, welcher Preis sich umgekehrt unter Verwendung der angegebenen impliziten Vola $\boldsymbol{\sigma}(T)$ von 23.5% ergibt.

Wir setzen also alle angegebenen Werte (etwa mit Hilfe des entsprechenden Programms in unserer Homepage, siehe
`https://app.lsqf.org/book/implicit-vola`) in die Formel

$$
\begin{aligned}
& s \cdot \mathcal{N}\left(\frac{\log\left(\frac{s}{K}\right) + T\left(r + \frac{1}{2}\cdot\boldsymbol{\sigma}^2(T)\right)}{\sqrt{T}\cdot\boldsymbol{\sigma}(T)}\right) - \\
& -e^{-rT}\cdot K \cdot \mathcal{N}\left(\frac{\log\left(\frac{s}{K}\right) + T\left(r - \frac{1}{2}\cdot\boldsymbol{\sigma}^2(T)\right)}{\sqrt{T}\cdot\boldsymbol{\sigma}(T)}\right)
\end{aligned}
$$

ein und erhalten den Wert $F(0) = 78.27$. Dieser Wert stimmt weder mit den Bid-/Ask-Preisen der Call-Option in Abbildung 5.16 (75.70 // 76.90) noch mit dem letzten Preis (78.90) überein. Dafür kann es mehrere Gründe geben: Entweder wurde von IB zur Berechnung ein anderer Zinssatz r oder aber eine andere Day-Convention gewählt, oder in der Tabelle waren im Moment des Screenshots die impliziten Volatilitäten noch nicht aktualisiert.

Wir berechnen daher nun aus den Bid- und Ask-Preisen mit unseren Parameterwahlen die implizite Bid-Vola und die implizite Ask-Vola aus dem Bid- und Ask-Preis durch numerisches Lösen der Gleichung und erhalten die Volatilitätswerte
bei Strike 2650: Bid // 22.46 und Ask // 22.95
(die also leicht vom angegebenen Wert von 23.5% abweichen).

Zu Vergleichszwecken berechnen wir auch noch die Bid-/Ask- impliziten Volatilitäten für die 16.11. Calls mit Strikes 2600 und 2775 aus den jeweiligen Bid-/Ask-Preisen der Optionen und erhalten:
bei Strike 2600: Bid // 23.86 und Ask // 24.41
bei Strike 2800: Bid // 18.51 und Ask // 18.82

Es bestätigt sich also auch hier die mit wachsendem Strike fallende implizite Vola die sich aus den Optionen errechnen lässt.

Wie lassen sich diese gemachten Beobachtungen nun deuten?
Hätten die Marktteilnehmer eine einheitliche Meinung über die zukünftige Volatilität $\sigma(T)$ des S&P500 bis zur Zeit T, wären alle Call- und Put-Optionen fair gepreist und stimmt es, dass sich der S&P500 nach einem Wiener Modell entwickelt, dann müsste sich aus jeder Option dieselbe implizite Vola $\sigma(T)$ für den S&P500 errechnen lassen. Dies ist offensichtlich nicht der Fall!

Wir folgern daraus:

a) Entweder haben die Marktteilnehmer keine einheitliche Meinung über die zukünftige Volatilität $\sigma(T)$ des S&P500 bis zur Zeit T oder

b) manche der Optionen sind in Relation zu manchen anderen Optionen über- oder unterpreist oder

c) der S&P500 entwickelt sich nicht nach einem Wiener Modell.

Diese drei möglichen Folgerungen werden wir im Folgenden diskutieren. Vorab wollen wir aber feststellen, dass wir dennoch zumindest einen gewissen Richtwert für die Volatilität $\sigma(T)$ durch die aus den verschiedenen Optionen berechneten impliziten Volas erhalten. Die implizite Vola $\sigma(T)$ des S&P500 von 26.10.2018 bis 16.11.2018 dürfte circa im Bereich von 22% liegen und die implizite Vola $\sigma(T)$ des S&P500 von 26.10.2018 bis 16.11.2018 dürfte circa im Bereich von 18% liegen.

Wenn wir also davon ausgehen, dass die große Anzahl professioneller Marktteilnehmer zumindest im Durchschnitt über eine in etwa zutreffende Einschätzung in Hinblick auf die zukünftige Volatilität des S&P500 bis zum Zeitpunkt T verfügt (wir dürfen nicht vergessen: gerade diese Marktteilnehmer generieren ja durch ihr Handeln auf den Finanzmärkten diese Volatilität!), dann können wir diesen Richtwert, den wir durch die Analyse der am Markt liquide gehandelten Derivate auf das jeweilige underlying erhalten, guten Mutes als Ausgangspunkt für unsere Bewertungsaufgaben für Derivate auf dieses underlying wählen. Um zu dieser Schätzung der Volatilität zu gelangen, ist es also nicht nötig irgendwelche historischen Kurse des underlyings zu studieren, sondern diese Schätzung beruht ausschließlich auf einer Moment-Aufnahme, sie beruht ausschließlich auf den momentanen Kursen von Derivaten auf dieses underlying.

Wenden wir uns nun noch kurz den oben angeführten möglichen Varianten von Erklärungen für die voneinander abweichenden impliziten Volatilitäten zu:

ad a)
Für sehr liquide, von vielen verschiedenen Marktteilnehmern gehandelte Derivate auf wiederum sehr liquide und im Zentrum des Interesses vieler professioneller Händler und Arbitrageure stehende underlyings – wie etwa den S&P500 und die börsengehandelten Optionen auf den S&P500 – führt das dynamische System des Finanzmarktes mit seinen vielen ineinander verflochtenen Aktionen und aufeinander reagierenden Akteuren zu einer Art Gleichgewicht. Die Preise der Produkte, insbesondere der sehr liquiden börsen-gehandelten derivativen Produkte, die aufgrund von No-Arbitrage-Argumenten in bestimmten Beziehungen zueinander stehen müssen, nehmen durch die Dynamiken im Wesentlichen die ihnen zustehenden fairen Preise an und in diesen Preisen sind dann auch automatisch die zutreffenden impliziten Volatilitäten des underlyings enthalten. (Damit ist nicht gesagt in welcher Form sie darin enthalten sind, ob über das Wiener Modell und die Black-Scholes-Formel oder über andere zutreffendere Modellansätze).

ad b)
Dieser möglichen Begründung für das Voneinander-Abweichen sind wir im Wesentlichen schon in den obigen Ausführungen zu Punkt a) entgegengetreten. Für liquide börsengehandelte Derivate über liquiden underlyings kann von im Wesentlichen in richtiger Relation zueinander stehenden Preisen ausgegangen werden.

ad c)
Dass das Wiener Modell gewisse Vereinfachungen aufweist, die mit der Realität nicht völlig in Einklang stehen, wissen wir bereits. Dazu gehören unter anderem auch fat tail Phänomene und gewisse Abhängigkeiten zwischen aufeinanderfolgenden Renditen die vom Wiener Modell nicht widergespiegelt werden. Gewisse Unterschiede zwischen impliziten Volatilitäten, die aus verschiedenen Derivaten bestimmt werden (aber wahrscheinlich nicht alle), sind sicher auf diese Unzuläng-

lichkeit des Modells zurückzuführen.

Fassen wir zusammen:

Wenn wir von einem liquiden underlying mit einem liquiden Markt börsengehandelter Derivate ausgehen, dann können wir davon ausgehen, dass diese Derivate im Wesentlichen den ihnen zustehenden fairen Preis aufweisen. Das ist im Wesentlichen – ohne näher darauf eingehen zu wollen – eine der Basis-Aussagen der **„efficient market hypotheses"**, die um 1970 von Eugene Fama postuliert und seither intensiv und kontrovers diskutiert wird. Wären wir in Kenntnis eines exakten stochastischen Modells für das underlying und einer Derivat-Preis-Theorie, die auf Basis dieses Modells und auf Basis der Volatilität des underlyings eindeutige faire Derivatpreise liefert, dann könnten wir aus jedem Derivat und für jede verfügbare Laufzeit T eine implizite Volatilität des underlyings bestimmen. Mit Hilfe dieser impliziten Vola sind dann alle anderen Derivate auf das underlying mit derselben Laufzeit zu bewerten. Andernfalls ist Arbitrage möglich. Da wir über kein exaktes Modell verfügen, sondern nur über Näherungsmodelle, wie etwa das Wiensche Modell, liefern verschiedene Derivate häufig verschiedene implizite Volatilitäten für das underlying. Diese impliziten Volatilitäten liegen aber meist in einem ähnlichen Bereich und bieten daher einen Richtwert für die Bewertung von Derivaten über diesem underlying in diesem Näherungsmodell. Diesen Richtwert wollen wir informell als die implizite Volatilität des underlyings für die jeweilige Laufzeit (und über dem jeweiligen Modell) bezeichnen. Wenn wir ein Derivat mit Hilfe dieses Richtwerts für die Volatilität bewerten, dann bewerten wir marktkonform. Es ist jedem einzelnen Analysten aber unbenommen eine andere subjektive Einschätzung über die Entwicklung der zukünftigen Volatilität zu treffen und entsprechend dieser Volatilität einen alternativen (subjektiv zutreffenden) Preis für das zu analysierende Derivat zu bestimmen.

Die impliziten Volatilitäten, die uns von verschiedensten Finanz-Daten-Anbietern zur Verfügung gestellt werden, sind praktisch ausnahmslos mittels des Wienerschen Modells und der Black-Scholes-Formel berechnete implizite Volatilitäten. Mit diesen impliziten Volatilitäten aus dem Black-Scholes-Universum werden wir uns im Folgenden noch etwas eingehender beschäftigen.

5.8 Implizite Vola von Call-Optionen und Put-Optionen mit gleicher Laufzeit und gleichem Strike

Was auffällt an den Tabellen der impliziten Volatilitäten in den Abbildungen 5.16 und 5.17 ist unter anderem, dass sich die implizite Vola der Call-Optionen sowie der Put-Optionen zwar von Strike zu Strike ändert, dass die implizite Volatilität einer Call-Option aber stets den gleichen Wert aufweist wie die implizite Volatilität der Put-Option mit der gleichen Laufzeit und dem gleichen Strike.

Diese Gleichheit zwischen den impliziten Volatilitäten von Calls und Puts gleicher fixierter Laufzeit T und gleicher fixierter Strikes K muss tatsächlich (unter Voraussetzung des No-Arbitrage-Prinzips) völlig unabhängig von der Wahl eines Modells für das underlying gelten. Die einzigen Prämissen die wir benötigen um diese Gleichheit zu beweisen sind die folgenden:

- Es gilt das No-Arbitrage-Prinzip

- Es gibt irgendwelche (!) Formeln CF und PF für den fairen Preis der Call-Option und der Put-Option, die in eindeutiger Weise (injektiv) von einem Parameter σ des underlyings abhängig sind (wie auch immer dieser Parameter σ zu deuten ist, das tut nichts zur Sache).

Seien also $CF(\sigma)$ und $PF(\sigma)$ die theoretischen fairen Preise der beiden Optionen bei gegebenem Parameter σ und seien C und P die tatsächlichen momentanen Preise der beiden Optionen. Wir bleiben bei der Bezeichnung „implizite Volatilität" für den Parameter σ.

Wir wissen: Die Put-Call-Parity-Equation hat in einem arbitragefreien Markt unabhängig von irgendwelchen Modell-Annahmen zu gelten. Und zwar hat die Put-Call-Parity-Equation sowohl für die fairen Preise CF und PF zu gelten (andernfalls wäre theoretisch Arbitrage möglich, was der Definition fairer Preise widersprechen würde) als auch für die tatsächlichen Preise C und P (da ja sonst faktisch Arbitrage möglich wäre). Also gilt für jedes beliebige σ:

$$CF(\sigma) + K \cdot e^{-rT} = PF(\sigma) + S$$

und

$$C + K \cdot e^{-rT} = P + S.$$

Durch Subtraktion der beiden Gleichungen erhalten wir

$$CF(\sigma) - C = PF(\sigma) - P$$

Sei jetzt σ_C der Wert für den gilt $CF(\sigma_C) = C$, also σ_C sei die momentane implizite Volatilität der Call-Option. Dann gilt aber wegen obiger Gleichung

$$0 = CF(\sigma_C) - C = PF(\sigma_C) - P \text{ also } PF(\sigma_C) = P.$$

Da die implizite Volatilität σ_P der Put-Option so definiert ist, dass $PF(\sigma_P) = P$ gilt und da nach Voraussetzung die implizite Volatilität einer Option eindeutig durch den Optionspreis gegeben ist, muss somit $\sigma_P = \sigma_C$ gelten und zwar unabhängig von jeglicher konkreter Modellannahme.

Diese Beobachtung unterstützt unsere Argumentation des vorigen Abschnitts, dass Unterschiede zwischen gelisteten impliziten Volatilitäten verschiedener Derivate gleicher Laufzeit auf gleiche underlyings vor allem auf die Wahl des nicht perfekten Wiener Modells zurückzuführen sein dürften.

5.9   Volatility-Skews, Volatility-Smiles und Volatilitätsflächen

In den in den Abbildungen 5.16 und 5.17 dargestellten Beispielen sehen wir jeweils mit den Strikes fallende implizite Volatilitäten. Wenn wir diese impliziten Volatilitäten in Relation zu den Strikes miteinander verbunden darstellen, dann erhalten wir also von links nach rechts abfallende Linien. Diese abfallende Form der Volatilitätslinien (die ja theoretisch, bei korrektem Modell für das underlying, waagrecht verlaufen sollten) ist typisch im Fall von Aktien oder Aktien-Indices als underlyings. Man spricht beim Auftreten solcher abfallender Volatilitätslinien von „**Volatility-Skews**". In Abbildung 5.18 sind die Vola-Skews von Abbildung 5.16 und Abbildung 5.17 illustriert. Häufig (wie auch in Abbildung 5.18) wird die Kurve der impliziten Volatilitäten bei solchen Illustrationen zur besseren Vergleichbarkeit nicht als Funktion des Strikes K sondern als Funktion von $\frac{K}{S_0}$ (also vom Strike, ausgedrückt als Prozentsatz vom Kurs des underlyings) dargestellt.

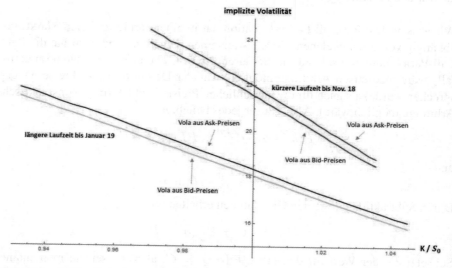

Abbildung 5.18: Volatility-Skews aus den Bid-/Ask-Preisen der S&P500 Optionen von Abbildung 5.16 und Abbildung 5.17 (aus Sicht 26.10.2018)

In Abbildung 5.19 nehmen wir uns noch einmal die Volatilitätskurven des S&P500, aber nun für noch weitere Laufzeiten und eine breitere Auswahl von Strikes, vor. Wir erkennen – und auch das ist typisch für die impliziten Volatilitäten von Optionen auf Aktien oder Aktien-Indices – dass die Schiefe (der Skew) umso weniger stark ausgeprägt scheint, je länger die Laufzeit der Option ist. Mit der Laufzeit nehmen – in unserem konkreten Beispiel – die impliziten Volatilitäten ab. Dies gilt vor allem in dem Bereich, in dem das Verhältnis zwischen Strike-Preis K und Kurs S_0 des underlyings unter circa 1.2 liegt. Das ist so nicht immer der Fall! Im konkreten Fall waren die Volatilitäten vor dem Stichtag an dem diese Daten ausgewählt wurden über einen langen Zeitbereich sehr stabil in einem sehr niedrigen Bereich um

12% gelegen. Erst in den letzten zwei Wochen vor dem Stichtag war die Volatilität stark in den momentanen Bereich um die 20% angestiegen. Offenbar herrscht im Markt nun – das schließen wir aus den impliziten Volatilitäten – die Meinung vor, dass kurzfristig die Volatilitäten in einem etwas höheren Bereich verbleiben, dann aber im Lauf der Zeit wieder in die gewohnten niedrigeren Bereiche absinken wird.

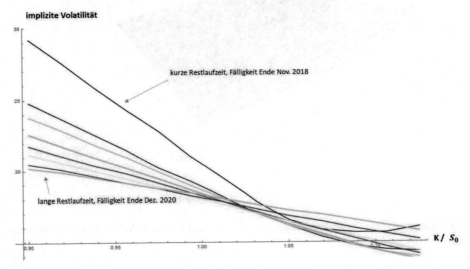

Abbildung 5.19: Volatility-Skews aus den Mittelpreisen der S&P500 Optionen verschiedener Laufzeiten aus Sicht des 29.10.2018

Die aktuellen Werte der impliziten Volatilitäten hängen also sowohl von der Restlaufzeit als auch vom Verhältnis zwischen Strike-Preis K und Kurs S_0 des underlyings ab. Zeichnen wir die implizite Volatilität als Funktion dieser beiden Variablen in einem drei-dimensionalen Koordinatensystem, so erhalten wir die momentane Volatilitätsfläche (volatility surface) des underlyings. Die Volatilitätsfläche des S&P500 vom 29.10.2018 auf Basis der Daten von Abbildung 5.19 ist in Abbildung 5.20 zu sehen.

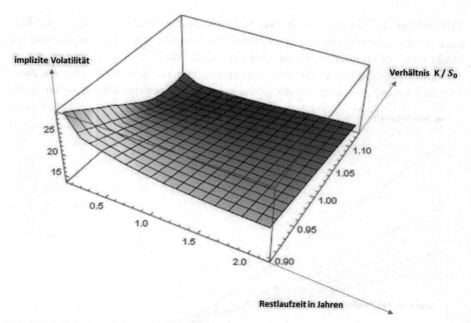

Abbildung 5.20:   Volatilitätsfläche (Volatility Surface) der S&P500 Optionen vom
29.10.2018

Im Fall von Währungen zeigen die Kurven der impliziten Volatilitäten eher eine
symmetrische Form, mit allgemein an den Rändern (hoher und niedriger Strike)
erhöhter impliziter Volatilität. Man spricht dann vom **„Volatility-Smile"**.

In Abbildung 5.21 sehen Sie Quotes für Call-Optionen auf den Euro/US-Dollar –
Wechselkurs vom 29.10.2018. (Unter „Basispreis" ist der Strike-Preis zu verstehen.) In Abbildung 5.22 erkennt man den zugehörigen Volatility-Smile.

Basiswert	Typ	Basis-preis	Implizierte Volatilität	Laufzeit	Bid	Ask
EUR/USD (Euro / US-Dollar...	Call	1,02	24,48	07.12.2018	10,85	10,89
EUR/USD (Euro / US-Dollar...	Call	1,03	22,37	07.12.2018	10	10,04
EUR/USD (Euro / US-Dollar...	Call	1,04	20,46	07.12.2018	9,11	9,15
EUR/USD (Euro / US-Dollar...	Call	1,05	18,74	07.12.2018	8,15	8,19
EUR/USD (Euro / US-Dollar...	Call	1,06	17,19	07.12.2018	7,28	7,32
EUR/USD (Euro / US-Dollar...	Call	1,07	17,19	07.12.2018	6,46	6,5
EUR/USD (Euro / US-Dollar...	Call	1,08	15,8	07.12.2018	5,62	5,66
EUR/USD (Euro / US-Dollar...	Call	1,09	13,68	07.12.2018	4,78	4,82
EUR/USD (Euro / US-Dollar...	Call	1,1	12,87	07.12.2018	3,93	3,97
EUR/USD (Euro / US-Dollar...	Call	1,11	11,59	07.12.2018	3,09	3,13
EUR/USD (Euro / US-Dollar...	Call	1,12	10,72	07.12.2018	2,32	2,36
EUR/USD (Euro / US-Dollar...	Call	1,13	9,97	07.12.2018	1,69	1,73
EUR/USD (Euro / US-Dollar...	Call	1,14	9,32	07.12.2018	1,2	1,24
EUR/USD (Euro / US-Dollar...	Call	1,15	8,59	07.12.2018	0,74	0,78
EUR/USD (Euro / US-Dollar...	Call	1,16	8,33	07.12.2018	0,41	0,45
EUR/USD (Euro / US-Dollar...	Call	1,17	8,15	07.12.2018	0,21	0,25
EUR/USD (Euro / US-Dollar...	Call	1,18	8,07	07.12.2018	0,09	0,13
EUR/USD (Euro / US-Dollar...	Call	1,19	8,22	07.12.2018	0,04	0,08
EUR/USD (Euro / US-Dollar...	Call	1,2	8,76	07.12.2018	0,01	0,05
EUR/USD (Euro / US-Dollar...	Call	1,21	9,15	07.12.2018	0,01	0,05
EUR/USD (Euro / US-Dollar...	Call	1,22	9,93	07.12.2018	0	0,04
EUR/USD (Euro / US-Dollar...	Call	1,23	11,04	07.12.2018	0	0,04
EUR/USD (Euro / US-Dollar...	Call	1,24	12,09	07.12.2018	0	0,04
EUR/USD (Euro / US-Dollar...	Call	1,25	13,14	07.12.2018	0	0,04

Abbildung 5.21: Quotes für Call-Optionen auf den Euro/US-Dollar Wechselkurs vom 29.10.2018 bei aktuellem Währungskurs von 1.138

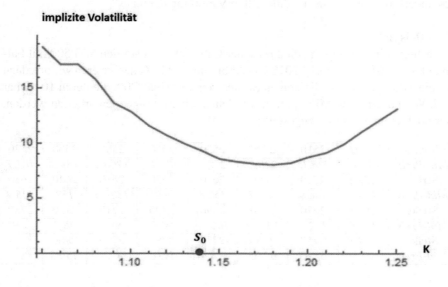

Abbildung 5.22: Veranschaulichung der impliziten Volatilitäten aus Abbildung 5.21 als Vola-Smile

5.10   Rückschlüsse aus impliziten Volatilitäten auf die durch den Markt antizipierte Verteilung des Kurses des underlyings

Wodurch entstehen Volatility-Smiles und Volatility-Skews? Warum gibt es (pro Laufzeit) nicht eine einheitliche, eindeutige implizite Volatilität des underlyings? Einer der Gründe – wie gesagt – liegt sicher darin, dass die Annahme des Wiener Modells (mit unabhängigen normalverteilten Renditen des underlyings) nicht korrekt ist.

Unter der Annahme eines Wiener Modells mit einem fixierten Wert σ für die Volatilität und bezüglich eines risiko-neutralen Maßes ergeben sich – für eine fixierte Laufzeit T – die Optionspreise als diskontierter erwarteter Payoff. Betrachten wir aber die realen Optionspreise, so finden wir, dass – wenn wir die Hypothese eines risikoneutralen Wiener Modells beibehalten – die Optionspreise nicht als diskontierter erwarteter Payoff für eine fixe Volatilität σ entstanden sein können. Es kann dies nur dann der Fall sein, wenn wir verschiedene Werte für σ annehmen. Andererseits hat das underlying nur *eine* mögliche momentane Volatilität σ! Wenn die Optionspreise also dennoch als diskontierte erwartete Payoffs deutbar sein sollen, dann müssen wir die Annahme des Wiener Modells verwerfen! Welches Modell steht dann aber hinter dem Kurs des underlyings?

Die Frage lautet also: Wenn die realen Optionspreise die diskontierten Erwartungswerte des Payoffs bezüglich einer fixen (risikoneutralen) Verteilung für den Kurs des underlyings sind, wie sieht diese fixe Verteilung dann aus?

Zum Beispiel:
Betrachten wir noch einmal die Preise der Call-Optionen auf den S&P500 mit Fälligkeit 31.1.2019 vom 26.10.2018 von Abbildung 5.17. Konzentrieren wir uns dazu auf die Mittelpreise und diejenigen Strikes von 2500 bis 2800, die durch 10 teilbar sind. Wir haben diese Mittelpreise, mit denen wir im Folgenden arbeiten werden, hier noch einmal zusammengestellt:

Strike	2500	2510	2520	2530	2540	2550	2560	2570
Mid-Preis	236.15	228.15	220.2	212.2	204.45	196.85	189.2	181.7
Strike	2580	2590	2600	2610	2620	2630	2640	2650
Mid-Preis	174.3	166.9	159.7	152.6	145.7	138.75	132	125.4
Strike	2660	2670	2680	2690	2700	2710	2720	2730
Mid-Preis	118.9	112.6	106.45	100.35	94.6	88.8	88.3	77.95
Strike	2740	2750	2760	2770	2780	2790	2800	
Mid-Preis	72.8	67.85	63.05	58.4	54.05	49.8	45.85	

Was von Vornherein klar ist: Wir können die gesuchte Wahrscheinlichkeitsverteilung sicher nicht völlig exakt darstellen, da wir ja nur über die Optionspreise für eine gewisse Auswahl von Strikes (Zehnerschritte von 2500 bis 2800) verfügen (siehe Abbildung 5.23).

Allerdings lassen sich die Optionspreise offensichtlich recht gut durch eine glatte Funktion $C(K)$ interpolieren (siehe Abbildung 5.23, rechts), die für *alle Strikes K* (im relevanten Bereich) definiert ist. Um wirklich mit dieser Interpolationsfunktion arbeiten zu können und dabei wirklich sinnvolle und aussagekräftige Ergebnisse erhalten zu können, benötigen wir für C eine Darstellung die wesentlich über den Bereich von 2500 bis 2800 hinaus definiert ist und die einige Eigenschaften erfüllt, die wir weiter unten spezifizieren werden.

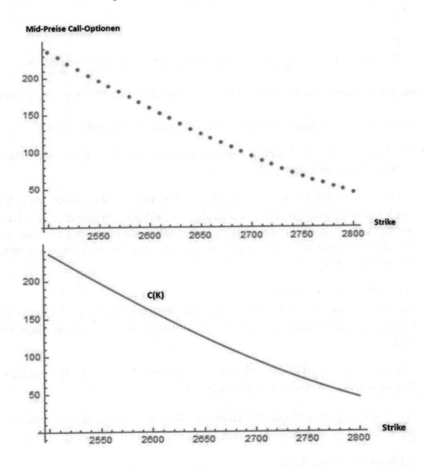

Abbildung 5.23: Midpreise Calls mit Fälligkeit 31.1.2019 vom 26.10.2018 (oben) und interpoliert (unten)

In Abbildung 5.24 haben wir auch noch einmal die impliziten Volatilitäten die aus den Mittelkursen berechnet wurden veranschaulicht. Die blaue Linie gibt den durchschnittlichen Wert der impliziten Volatilitäten an, der bei 18.8% liegt.

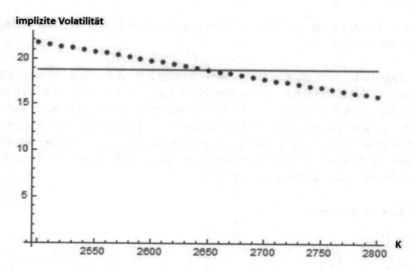

Abbildung 5.24: Implizite Volatilität der Calls mit Fälligkeit 31.1.2019 vom 26.10.2018

Rein intuitiv legt die konkrete Form des Volatility-Skews folgendes nahe:

- Die Volatilitätslinie ist schräg, daher stimmt die Annahme einer Normalverteilung für die Renditen nicht.

- (*) Die Annahme der Normalverteilung der Renditen führt „links" zu höheren Volatilitäten als „rechts". Das heißt: Die realen Optionspreise für kleine Strikes sind zu hoch für eine angenommene Normalverteilung und die realen Optionspreise für hohe Strikes sind zu niedrig für eine angenommene Normalverteilung.

- (*) heißt für kleines Strikes:
  Unter der tatsächlichen Verteilung der Kursrenditen müsste ein kleinerer erwarteter Payoff resultieren als dies bei Annahme der Normalverteilung der Fall ist.

- Der erwartete Payoff einer Call-Option ist kleiner, wenn die Wahrscheinlichkeit kleiner Kurse des underlyings höher ist.

- Das heißt: Die tatsächliche Verteilung der Kursrenditen gesteht kleinen Kursen eine höhere Wahrscheinlichkeit zu als die Normalverteilung.

- (*) heißt für große Strikes:
  Unter der tatsächlichen Verteilung der Kursrenditen müsste ein größerer erwarteter Payoff resultieren als dies bei Annahme der Normalverteilung der Fall ist.

- Der erwartete Payoff einer Call-Option ist größer, wenn die Wahrscheinlichkeit großer Kurse des underlyings höher ist.

- Das heißt: Die tatsächliche Verteilung der Kursrenditen gesteht großen Kursen eine höhere Wahrscheinlichkeit zu als die Normalverteilung.

- Also: Die reale tatsächliche Verteilung der Kursrenditen ordnet sehr kleinen und sehr großen Ereignissen höhere Wahrscheinlichkeiten zu als die Normalverteilung.

- Also: **Ein (nach rechts hin abfallender) Volatility-Skew deutet auf heavy-tails in der Verteilung der Renditen hin.**

Lässt sich nun die tatsächliche Verteilung der Renditen aus der Volatilitätslinie (bzw. aus ihrer Interpolierenden) eindeutig berechnen und wenn „Ja", wie?

Dazu nehmen wir zwei spezielle Call-Optionen: Eine (C_1) mit Strike x und eine (C_2) mit Strike $x + \varepsilon$ wobei ε eine sehr kleine positive Zahl bezeichnet. Wir betrachten dann das Portfolio D bestehend aus der ersten Call Long und der zweiten Call Short. Der Payoff Φ von D zur Zeit T hat die Form wie in Abbildung 5.25 dargestellt.

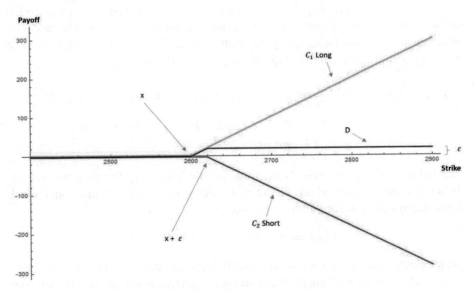

Abbildung 5.25: Payoff des Portfolios D

Der faire Preis des Portfolios D ist $C(x) - C(x + \varepsilon)$ mit der Funktion C aus 5.23. Andererseits ist (nach unserer Annahme oben) der Preis von D auch gegeben durch $e^{-rT} \cdot E(\Phi(S(T)))$, wobei E den Erwartungswert bezüglich der tatsächlichen Verteilung der Renditen des Kurses des underlyings bezeichnet. Wie wir aus Abbildung 5.25 sehen ist aber

$$E(\Phi(S(T))) < \varepsilon \cdot W(S(T) > x) \text{ und } E(\Phi(S(T))) > \varepsilon \cdot W(S(T) > x + \varepsilon).$$

Hier bezeichnet W die Wahrscheinlichkeit bezüglich der tatsächlichen Verteilung der Renditen. Somit ist weiter:

$$\varepsilon \cdot W(S(T) > x + \varepsilon) \cdot e^{-rT} < e^{-rT} \cdot E(\Phi(S(T))) =$$

$$= C(x) - C(x + \varepsilon) < \varepsilon \cdot W(S(T) > x) \cdot e^{-rT},$$

also

$$W(S(T) > x + \varepsilon) < \frac{1}{\varepsilon}(C(x) - C(x + \varepsilon)) \cdot e^{rT} < W(S(T) > x),$$

und wenn wir annehmen, dass $W(S(T) > x)$ eine stetige Funktion in x ist und wir ε gegen 0 streben lassen, dann folgt

$$W(S(T) > x) = -e^{rT} \cdot C'(x),$$

wobei C' die Ableitung von C nach dem Strike x bezeichnet.

Was aber wollen wir eigentlich berechnen? Wir wollen wissen, wie es mit der Verteilung der annualisierten stetigen Renditen z des Kurses des underlyings bezüglich der tatsächlichen Verteilung des Kurses des underlyings aussieht. Also wir wollen wissen, wie die Verteilungsfunktion der annualisierten Renditen aussieht, das heißt welchen Wert für ein beliebiges y die Wahrscheinlichkeit $W(z < y)$ hat. Nun ist (wobei wir im Folgenden mit z' die Rendite für $[0, T]$ bezeichnen):

$$
\begin{aligned}
W(z < y) &= W\left(\frac{z'}{T} < y\right) = W(z' < yT) = W\left(S_0 \cdot e^{z'} < S_0 \cdot e^{yT}\right) = \\
&= W\left(S_T < S_0 \cdot e^{yT}\right) = 1 - W\left(S_T > S_0 \cdot e^{yT}\right) = \\
&= 1 + e^{rT} \cdot C'\left(S_0 \cdot e^{yT}\right).
\end{aligned}
$$

Wir haben also eine explizite Darstellung für die Verteilungsfunktion der tatsächlichen Kursrenditenverteilung. Die Dichte f der Verteilung erhält man nun einfach noch durch Ableiten der Verteilungsfunktion nach y. Also:

$$f(y) = S_0 T e^{yT} \cdot e^{rT} C''\left(S.e^{yT}\right)$$

Nun möchte man meinen, kann man mit Hilfe der zweiten Ableitung C'' der interpolierenden Funktion C die Dichtefunktion f explizit ausrechnen und aufzeichnen lassen. Allerdings stellt sich bei einigen Tests sehr schnell heraus, dass das Ergebnis tatsächlich äußerst instabil ist und nur in den seltensten Fällen wirklich brauchbare Ergebnisse liefert.

Damit wir wirklich brauchbare Ergebnisse mit Aussagekraft erhalten, muss C einige Eigenschaften erfüllen:

- Zuerst einmal muss C auf $(0, \infty)$ natürlich mindestens zwei Mal differenzierbar sein, das haben wir in obigen Rechnungen bereits vorausgesetzt.

- Die Funktion f soll eine Dichtefunktion sein, dazu muss f stets positiv sein, und das ist erfüllt genau dann, wenn C'' stets positiv ist. C muss also durchwegs linksgekrümmt sein.

- $W(z < y)$ ist (als Funktion von y) eine Verteilungsfunktion. Also muss $\lim_{y \to -\infty} W(z < y) = 0$ und $\lim_{y \to +\infty} W(z < y) = 1$ gelten. Also:

$$\lim_{y \to -\infty} \left(1 + e^{rt} \cdot C'\left(S_0 \cdot e^{yT}\right)\right) = 0 \text{ und } \lim_{y \to +\infty} \left(1 + e^{rT} \cdot C'\left(S_0 \cdot e^{yT}\right)\right) = 1,$$

das heißt:

$$\lim_{x \to 0^+} C'(x) = -e^{-rT} \text{ und } \lim_{x \to +\infty} C'(x) = 0.$$

Um für unser konkretes Beispiel die implizite Verteilungsfunktion nun explizit bestimmen zu können, benötigen wir also eine analytisch gegebene Approximationsfunktion C, die die obigen Eigenschaften erfüllt. Wir wählen im Folgenden bewusst eine nicht wirklich ideale Approximierende, auch um darauf hinzuweisen, dass die konkrete Bestimmung der Verteilungsfunktion relativ instabil ist und das jeweilige Ergebnis der Berechnung auf kleine Abänderungen der Approximationsfunktion C sehr stark und oft in unerwünschter Weise reagieren kann.

In Abbildung 5.24 hatten wir veranschaulicht, dass die durchschnittliche implizite Volatilität der betrachteten Optionen bei circa 18.8% gelegen war. Wären alle Optionen mit dieser durchschnittlichen Volatilität bewertet gewesen, dann hätte die Preislinie der Optionen so ausgesehen wie die grüne Linie in Abbildung 5.26 (im Vergleich dazu die tatsächlichen Preise der Optionen in Blau).

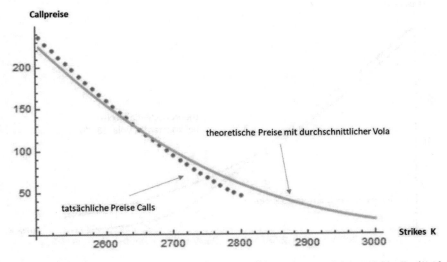

Abbildung 5.26: Tatsächliche Preise der Call-Optionen (blau) und theoretische Preise der Call-Optionen bei konstanter durchschnittlicher Vola

In Abbildung 5.27 sind die (bei Annahme einer konstanten Volatilität von 18.8%) zugehörige Dichtefunktion (links) und zugehörige Verteilungsfunktion (rechts) dargestellt.

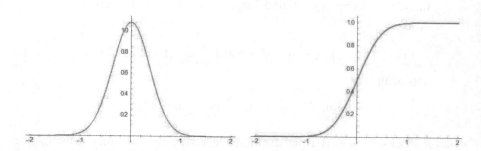

Abbildung 5.27: Dichtefunktion und Verteilungsfunktion bei Annahme einer konstanten Volatilität von 18.8%

Als zweimal differenzierbare Approximationsfunktion C haben wir jetzt die in Abbildung 5.28 dargestellte (magenta-farbene) Kurve gewählt. Diese setzt sich zusammen aus einer quadratischen Funktion im Bereich 0 bis 2800 und einer daran ab $x = 2800$ glatt anschließenden Funktion der Form $\frac{a}{x^b}$ mit geeigneten Parametern a und b. Dabei haben wir C bewusst so gewählt, dass C in $x = 2800$ zwar 1 Mal stetig differenzierbar ist, die zweite Ableitung im Punkt $x = 2800$ aber nicht existiert. Die anderen geforderten Eigenschaften werden von C erfüllt.

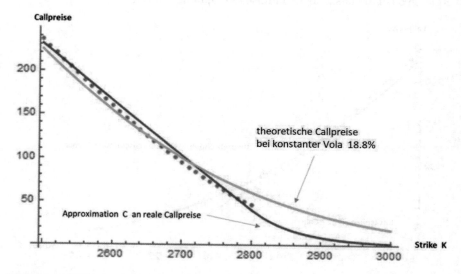

Abbildung 5.28: reale Callpreise (blau), theoretische Callpreise bei konstanter Vola (grün), Approximation C an reale Callpreise (magenta)

In Abbildung 5.29 sehen wir in Rot die durch die Approximationsfunktion C gegebene implizite Dichtefunktion (oben) und die Verteilungsfunktion (unten) im Vergleich mit der Dichte- und der Verteilungs-Funktion der Normalverteilung mit Volatilität $\sigma = 18.8\%$ und natürlich mit dem risikoneutralen Trend $\mu = r - \frac{\sigma^2}{2}$. Die Dichtefunktion und die Verteilungsfunktion für C erhalten wir einfach durch die oben hergeleiteten Formeln für $f(y)$ bzw. für die Wahrscheinlichkeit $W(z < y)$.

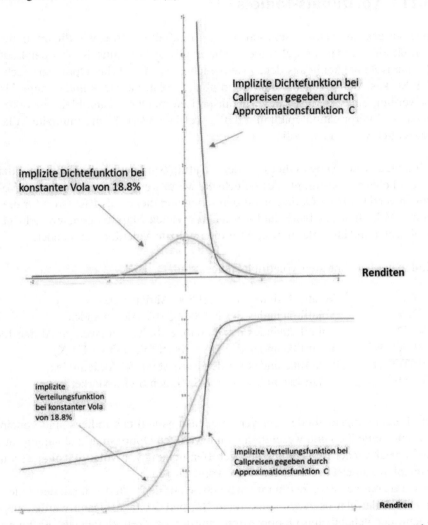

Abbildung 5.29: Implizite Dichtefunktionen (oben) und Verteilungsfunktionen unten bei theoretischen Callpreisen zu konstanter Volatilität 18.8% (grün) und bei Callpreisen gegeben durch die Approximationsfunktion C (rot)

Die implizite Dichtefunktion für C und die implizite Verteilungsfunktion für C erfüllen zwar alle Eigenschaften die für Dichte- bzw. Verteilungsfunktionen erforderlich sind, die Dichtefunktion ist aber in einem Punkt x_0 nicht stetig und die

Verteilungsfunktion ist in diesem Punkt x_0 nicht differenzierbar. x_0 ist natürlich gerade die Rendite, die einem resultierenden Kurswert von 2800 Punkten zum Zeitpunkt T entspricht. An der Dichtefunktion sind tatsächlich eine „höhere Mitte" und heavy tails am linken Rand zu erkennen.

5.11 Volatilitäts-Indices

Wie wir gesehen haben, gibt es also im Normalfall so etwas wie **die** implizite Volatilität eines Finanzprodukts nicht. Die implizite Volatilität ist von der Laufzeit der Derivate abhängig aus denen sie berechnet wird und (bei Optionen) auch von den Strikes. Benötigen wir nun die implizite Volatilität eines underlyings für die Bewertung eines Derivats, das wir fair preisen möchten, dann bleibt uns also ein gewisser Interpretationsspielraum dafür, welchen Wert für die implizite Vola wir tatsächlich verwenden wollen.

Für einige große Aktienindices werden Volatilitätsindices berechnet und publiziert. Es sind dies auf bestimmte Art berechnete Mittelwerte über die impliziten Volatilitäten verschiedener Optionen auf den Index und dienen als Richtwert für die implizite Volatilität des Index und werden von vielen Marktteilnehmern sehr genau beobachtet und als Referenzwerte für die implizite Volatilität verwendet.

Einige der bekanntesten Volatilitätsindices sind:

VIX	Volatilitätsindex des S&P500-Aktien-Index
VXN	Volatilitätsindex des NASDAQ100-Aktien-Index
VXD	Volatilitätsindex des DowJones Industrial Average-Aktien-Index
VDAX-NEW	Volatilitätsindex des DAX (Nachfolger des VDAX)
VSTOXX	Volatilitätsindex für den Euro Stoxx 50 Aktienindex
VSMI	Volatilitätsindex für den SMI, den Swiss Market Index

Die Berechnungsmethoden der verschiedenen Volatilitäts-Indices sind voneinander unterschiedlich und wesentlich vom jeweiligen Optionsmarkt abhängig. In den Anfangsjahren der Berechnung und Veröffentlichung von Volatilitätsindices wurde prinzipiell zumeist in folgender Weise vorgegangen:
Es wurde ein gewisser Zeitraum vorgegeben, auf den sich die durch den Index indizierte Volatilität beziehen sollte (zum Beispiel 30 Tage). Dann wurden aus der Palette der gehandelten Optionen mit längster Laufzeit kleiner als 30 Tage und kürzester Laufzeit größer als 30 Tage sämtliche impliziten Volatilitäten mit Hilfe der Black-Scholes-Formel bestimmt. Der aktuelle Wert des Volatilitätsindex ergab sich dann als in bestimmter Weise gewichteter Mittelwert dieser impliziten Einzel-Volatilitäten. Ab der Jahrtausendwende wurde für die meisten Volatilitätsindices eine neue Berechnungsmethode eingeführt, die weitgehend modellunabhängig ist, also insbesondere nicht auf die Berechnung impliziter Volatilitäten über die Black-

Scholes-Formel zurückgreift. (Die Methode wurde im Wesentlichen von Goldman-Sachs entwickelt.) Ein weiterer Vorteil dieser Methode ist, dass der so berechnete Volatilitätsindex zu einem Finanzprodukt wird, das durch die zugrundeliegenden Optionen gehedgt werden kann. Wir werden die Methode (zumindest ansatzweise) in Kapitel 5.18 am Beispiel des VIX erläutern.

Zuerst verschaffen wir uns einen kurzen Überblick über die Entwicklung der wichtigsten Volatilitätsindices (VIX, VXN, VDAX-NEW) im Lauf der vergangenen Jahre.

Der VIX wird von der CBOE (Chicago Board Options Exchange) berechnet und publiziert. Ab 1993 wurde er mittels der oben erwähnten alten Methode über die implizite Vola von Einzeloptionen auf den S&P100 definiert und bestimmt. Seit 2003 wird er, so wie in Kapitel 5.18 weiter unten erläutert, direkt über die Preise von S&P500-Optionen definiert und berechnet. Es existieren aber Rückrechnungen des VIX nach der neuen Methode bis ins Jahr 1990 zurück (nach der alten Methode existieren Rückrechnungen des auf den S&P100-Optionen basierenden VXO-Index bis ins Jahr 1986). Diese Werte sind für manche Backtesting-Analysen äußerst hilfreich. In den folgenden Analysen verwenden wir die (teilweise rückgerechneten) Daten des VIX in seiner neuen Version ab 1990. Die Kursentwicklung des VIX ist in Abbildung 5.30 dargestellt.

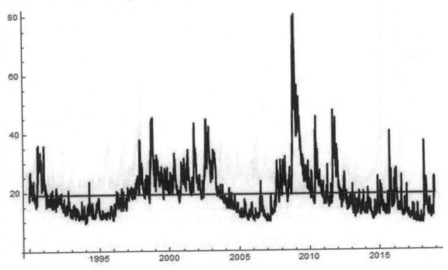

Abbildung 5.30: Entwicklung VIX, 1990 – November 2018

Wir sehen ein Bild, das prinzipiell der Entwicklung der historischen Volatilitäten des S&P500 aus Kapitel 5.4 ähnelt. Die Werte liegen im Wesentlichen im Bereich zwischen 10% und 40% mit gelegentlichen Ausreißern über 40% und einer massiven Spitze im Bereich von 80% zur Zeit der Finanzkrise Ende 2008. Der langjährige Mittelwert seit 1990 liegt bei 19.26% (rote Linie in Abbildung 5.30).

Es kann visuell von einem Oszillieren des VIX um diesen Mittelwert gesprochen werden. Lange Phasen unterdurchschnittlicher VIX-Werte sind in den Bereichen 1991 – 1997, 2004 – 2007 und 2012 – 2015 zu erkennen. Phasen konstant hoher VIX-Werte sind etwa die Zeitbereiche 1998 – 2003 sowie 2008 – 2012. Die VIX-Werte im Bereich von über 80% im Jahr 2008 erscheinen in diesem Bild als singuläre Ereignisse. In diesem Zusammenhang ist daher ein Vergleich der Werte des VIX mit den Werten des VXO von 1990 bis 2018 und die weitere Rückrechnung des VXO bis 1986 von Interesse.

In Abbildung 5.31 sind die beiden Indices, der VXO ab 1986 in Rot und der VIX ab 1990 in Blau übereinandergelegt. Man erkennt eine nahezu synchrone Entwicklung der beiden Indices ab 1990. Man kann daher davon ausgehen, dass die Werte des VXO auch im Bereich 1986 bis 1990 eine gute Indikation dafür abgeben, welche Werte der VIX in diesem Zeitraum aufgewiesen hätte. Und hier fällt natürlich der Wert von über 150% für den VXO auf, der am 19.10.1987 erreicht wurde. Dieser Handelstag mit seinem massiven Kurseinbruch wurde schon früher im Buch analysiert. Der Vola-Wert ist fast doppelt so hoch wie der höchste Wert im Verlauf der Finanzkrise 2008. Interessant ist auch, wie schnell sich der VXO nach dem 19.10.1987 wieder in eine Phase durchschnittlicher bis niedriger Werte rückbildet.

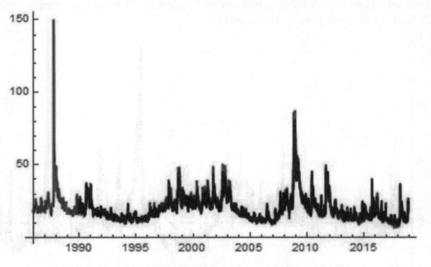

Abbildung 5.31: VXO ab 1986 (rot) und VIX ab 1990 (blau)

Eine andere Auffälligkeit zeigt der Vergleich des VIX mit dem VXN, dem Volatilitätsindex des NASDAQ100: Hier ist ab circa 2006 eine gewisse Synchronizität (oder zumindest Parallelität) der beiden Entwicklungen zu konstatieren. Im Zeitbereich von 2001 bis jedenfalls 2003 weist der VXN aber durchwegs deutlich höhere Werte auf als der VIX. Dies liegt sicher an der hohen Kursvariabilität während dieser Zeitphase der neuen Technologie-Aktien, die im NASDAQ höher gewichtet aufscheinen als im S&P500.

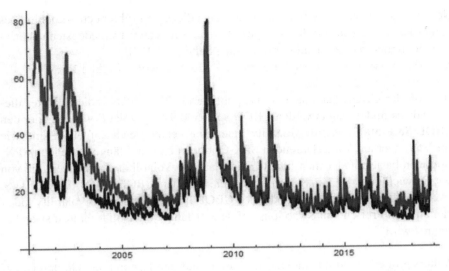

Abbildung 5.32: VXN (rot) und VIX (Blau) von 23.1.2001 bis 4.11.2018

In Abbildung 5.33 ist auch noch die Entwicklung des VDAX-New von April 2001 bis November 2018 dargestellt. Der VDAX-New wird seit 18.4.2005 minütlich berechnet und publiziert. Die Werte vor 2005 sind Rückrechnungen. Der durchschnittliche Wert des VDAX-New im unten dargestellten Zeitbereich beträgt 21.53% (rote Linie in Abbildung 5.33). Im selben Zeitbereich hat der VIX einen durchschnittlichen Wert von 19.43%, der DAX zeigt also eine etwas höhere Variabilität als der S&P500.

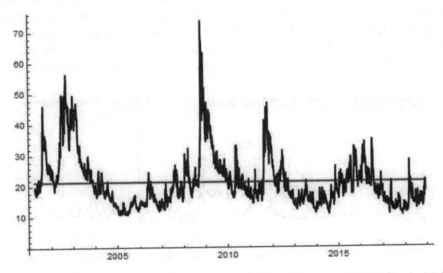

Abbildung 5.33: Entwicklung VDX-NEW, April 2001 – November 2018 (teilweise rückgerechnet)

Neben diesen bisher angeführten Volatilitätsindices von führenden Aktienindices gibt es noch eine ganze Fülle von spezielleren Indices zu verschiedensten underlyings. So findet man etwa auf der folgenden Seite der CBOE

`http://www.cboe.com/products/vix-index-volatility/`
`volatility-indexes`

alle von der CBOE berechneten und publizierten Volatilitäts-Indices. Unter diesen Indices findet man etwa den CBOE S&P 500 9-Day Volatility Index oder den CBOE S&P 500 6-Month Volatility Index, die genau gleich aufgebaut sind wie der VIX, aber auf kürzerlaufenden SPX-Optionen bzw. auf längerlaufenden SPX-Optionen basiert. Oder man findet Indices auf die Volatilität von Kursen, die von der Entwicklung von Zinssätzen abhängen, wie den CBOE/CBOT 10-year U.S. Treasury Note Volatility Index oder den CBOE Interest Rate Swap Volatility Index (der aus den Preisen von Swaptions auf den 10-Jahres US Dollar interest swap berechnet wird).

Weiters gibt es Volatilitätsindices der Futures auf den Öl- und den Goldpreis, auf einzelne Fremdwährungskurse im Vergleich zum Dollar sowie sogar von einzelnen NYSE-Aktien.Noch einen Schritt tiefer geht der VVIX, der Volatilitätsindex des VIX der aus den Optionen auf den VIX berechnet wird. Der VVIX stellt also die Volatilität der Volatilität des S&P500 dar. Für einige dieser Volatilitätsindices existiert wiederum ein Futures- und/oder Optionsmarkt. In einem späteren Kapitel werden wir uns kurz mit VIX-Futures und VIX-Optionen und deren Handel beschäftigen.

Finanzinformationssysteme geben natürlich für verschiedenste andere Kursentwicklungen Informationen über implizite Volatilitäten und auch historische Daten und Rüstzeug für technische Analysen jeder Art. Zum Beispiel sehen Sie in den Abbildungen 5.34, 5.35 und 5.36 Beispiels-Screenshots aus den Bloomberg-Seiten über die Volatilitäten des EUR CHF-Wechselkurses (1 Monats- bzw. 3 Jahres-Volas) bzw. der Amazon-Aktie (Vergleiche zwischen historischen und impliziten Volas).

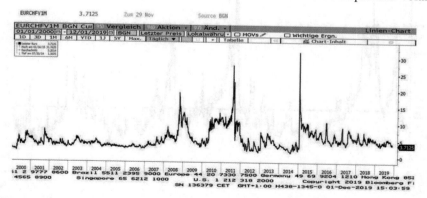

Abbildung 5.34: Historische Entwicklung der impliziten 1-Monats-Volatilität des EUR CHF Wechselkurses von 2000 – 2018, (Quelle: Bloomberg)

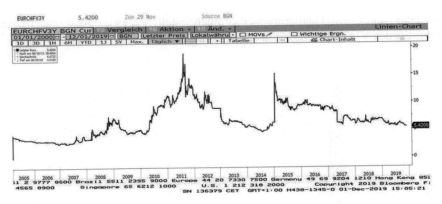

Abbildung 5.35: Historische Entwicklung der impliziten 3-Jahres-Volatilität des EUR CHF Wechselkurses von 2002 – 2018, (Quelle: Bloomberg)

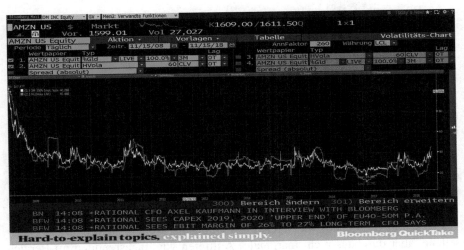

Abbildung 5.36: Historische Entwicklung im Vergleich der impliziten 3-Monats-Volatilität (weiß) und der historischen 60-Tages-Volatilität (gelb) der Amazon Aktie von 2008 – 2018, (Quelle: Bloomberg)

5.12 Grundlegende Eigenschaften des VIX

Im Folgenden werden wir uns ganz dem VIX, dem Volatilitätsindex des S&P500 widmen. In diesem Kapitel sehen wir uns noch einige grundlegende Maßzahlen der bisherigen Entwicklung des VIX an.

In den nächsten Kapiteln werden wir uns dann der Beziehung der durch den VIX dargestellten impliziten Volatilität zur historischen sowie zur realisierten Volatilität zuwenden und schließlich dem Verhältnis zwischen den Entwicklungen des VIX und des SPX.

In einem Häufigkeits-Histogramm zusammengestellt zeigen die (diskreten) Tages-Renditen des VIX folgendes Bild (Abbildung 5.37):

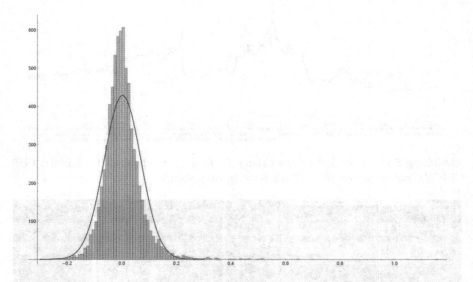

Abbildung 5.37: Häufigkeitsverteilung der Tagesrenditen des VIX von 1990 bis November 2018 im Vergleich zur adaptierten Dichte der Normalverteilung mit gleichem Mittelwert und gleicher Standardabweichung (blau)

Der Mittelwert der Tagesrenditen des VIX beträgt 0.0022 (also 0.22%), die Standardabweichung der Tagesrenditen beträgt 0.0677 (also 6.77%). Die Standardabweichung ist also wesentlich höher als dies im Allgemeinen bei Tagesrenditen von Aktienkursen der Fall ist. Änderungen der impliziten Volatilität von 6% – 7% am Tag liegen also durchaus im Bereich des Üblichen. Weiters sieht man das (zwar seltene, aber durchaus nicht marginale) Auftreten von Tagesrenditen im Bereich von plus/minus 20% (circa 3-fache Standardabweichung).

Zum Vergleich haben wir in Abbildung 5.38 noch einmal die Verteilung der Tagesrenditen des S&P500 in einem Häufigkeits-Histogramm der entsprechenden (adaptierten) Dichte der Normalverteilung gegenübergestellt. Der Mittelwert der Tagesrenditen des S&P500 beträgt 0.00034 (also 0.034%), die Standardabweichung der Tagesrenditen beträgt 0.011 (also 1.10%). Hier sind Tagesrenditen im Bereich von plus/minus 3% im Bereich der circa 3-fachen Standardabweichung zu finden.

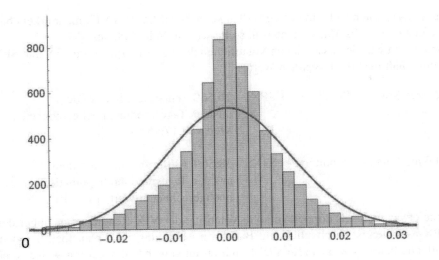

Abbildung 5.38: Häufigkeitsverteilung des Tagesrenditen des S&P500 von 1990 bis November 2018 im Vergleich zur adaptierten Dichte der Normalverteilung mit gleichem Mittelwert und gleicher Standardabweichung (blau)

Die empirische Renditen-Verteilung des SPX weicht – sichtlich – in der üblichen Weise von der Normalverteilung ab. Die Abweichung der Verteilung der empirischen Renditen des VIX von der Normalverteilung ist aber noch wesentlich augenscheinlicher. Dass die Verteilung der Renditen des VIX signifikant von der Normalverteilung von voneinander unabhängigen Werten abweicht, ist auch an folgender Tatsache ersichtlich:

Wie wir weiter oben schon festgestellt hatten, liegt die Standardabweichung der Tagesrenditen des VIX bei 0.0677, hat also einen ganz wesentlich höheren Wert als die Standardabweichung der Tagesrenditen des S&P500 mit 0.011. Wenn wir bei beiden Verteilungen hypothetisch von einer Normalverteilung mit unabhängigen Renditen ausgehen, dann erhält man die normierten Jahresrenditen für den VIX in Höhe von $0.0677 \times \sqrt{252} = 1.075 (= 107.5\%)$ und die normierten Jahresrenditen für den SPX in Höhe von $0.011 \times \sqrt{252} = 0.1746 (= 17.46\%)$.

Normiert man die beiden Entwicklungen des VIX und des SPX auf einen Startwert von 100 und legt die beiden Charts übereinander (Abbildung 5.39), dann würde man rein visuell nicht auf einen derart großen Schwankungsunterschied schließen. Allerdings darf man dabei den Blick nicht auf das Chartbild als Ganzes richten, sondern muss erkennen, dass die hohe Vola des VIX vor allem im Mikrobereich entsteht, also tatsächlich auf Basis sehr hoher Tagesschwankungen. Betrachtet man nur einen kleinen Ausschnitt aus Abbildung 5.39 so wird das ganz deutlich (siehe Abbildung 5.40 mit den Daten des Jahres 1990, dort wird die wesentlich höhere Vola des VIX ganz anschaulich deutlich).

Geht man aber von Tagesrenditen auf reale (!) Jahresrenditen über (siehe Abbildung 5.41), dann ist beim besten Willen keine Volatilität des VIX mehr erkennbar, die mehr als sechs Mal so hoch sein sollte wie die Volatilität des SPX.

Berechnen wir die tatsächlichen Volatilitäten der Jahresrenditen von VIX und SPX dann erhält man die folgenden Werte:

Jahres-Vola der Renditen des SPX: 16.56% (entspricht in etwa dem
                                                     aus den Tagesrenditen hochgerechneten
                                                     Wert von 17.46%)

Jahres-Vola der Renditen des VIX: 38.56% (differiert stark von dem
                                                     aus den Tagesrenditen hypothetisch
                                                     hochgerechneten Werten von 107.5%)

Eine etwas mehr als doppelt so hohe Volatilität der VIX-Renditen gegenüber den SPX-Renditen ist anschaulich (auf Basis von Abbildung 5.41) plausibel. In jedem Fall: Die Jahres-Vola kann für VIX-Renditen auf keinen Fall näherungsweise durch die übliche Normierung (wie bei unabhängigen normalverteilten Variablen) aus den Tagesrenditen hochgerechnet werden.

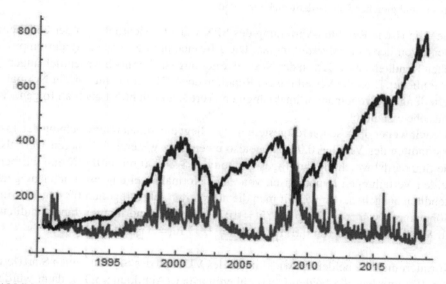

Abbildung 5.39: Entwicklung SPX (blau) und VIX (rot) prozentuell von 1990 bis November 2018 auf Basis Tagesdaten

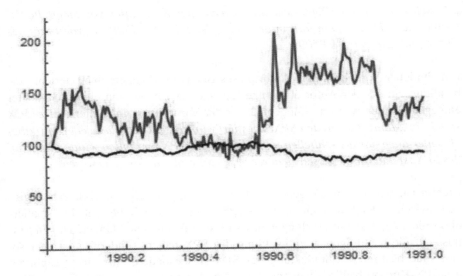

Abbildung 5.40: Entwicklung SPX (blau) und VIX (rot) prozentuell im Jahr 1990 auf Basis Tagesdaten

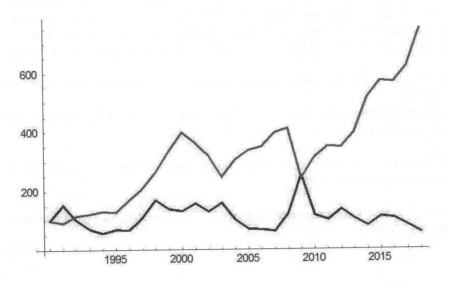

Abbildung 5.41: Entwicklung SPX (blau) und VIX (rot) prozentuell von 1990 bis November 2018 auf Basis Jahresdaten, (Quelle: CBOE)

5.13   Verhältnis und Korrelationen von VIX zum SPX

Im Wikipedia-Eintrag zum Stichwort „CBOE Volatility Index" war bis vor Kurzem Folgendes zu lesen:

„Zwischen VIX und S&P500 liegt eine gegenläufige Korrelation vor. Steigt die Volatilität des VIX an, dann fällt in der Regel der S&P500. Fällt die Volatilität des VIX, dann steigt der S&P500."

Ein ähnlicher Vorhalt ist dem Autor dieses Buchs im Rahmen einer Gerichtsverhandlung, an der der Autor als Zeuge teilzunehmen hatte, von einem Gutachter entgegengehalten worden. Sinngemäß war der Vorwurf des Gutachters: *„Der VIX stand - im Moment als in den SPX investiert wurde – so hoch, dass jeder Marktbeobachter doch daraus schließen musste, dass der SPX nun fallen würde. Ein Kauf des SPX ist daher (im Wissen sicherer Verluste) grob fahrlässig gewesen."*

Richtig ist, wie wir im Folgenden sehen werden, dass eine gewisse Abhängigkeit zwischen der Entwicklung des S&P500 und des VIX besteht. Es ist allerdings nicht so, dass Entwicklungen des VIX signifikanten und längerfristigen Einfluss auf die nachfolgende Entwicklung des SPX haben, sondern es ist eher so, dass eine bestimmte Entwicklung des SPX (insbesondere ein starker Einbruch des SPX-Kurses) häufig einen zumindest kurzfristigen Einfluss auf die unmittelbar darauf folgende Entwicklung des VIX hat. Starke Kurseinbrüche im SPX etwa lassen Derivatehändler nervös werden: Absicherungen (also insbesondere Put-Optionen) werden teurer, da Short-Positionen in Put-Optionen gefährlicher scheinen. Es steigt die implizite Volatilität der Put-Optionen und damit gleichzeitig – aus No-Arbitrage Gründen – die implizite Volatilität der Call-Optionen. Implizite Volatilität reagiert also auf Kursbewegungen des underlyings und nicht umgekehrt.

Der Wikipedia-Eintrag wurde übrigens auf unsere Veranlassung abgeändert und lautet nun:
„Fällt der S&P500, dann steigt in der Regel der VIX an. Steigt der S&P500, dann fällt meist der VIX."

Sehen wir uns in Hinblick darauf einige Korrelationen an, die in der folgenden Tabelle zusammengefasst sind.

Tabelle von **Korrelationen verschiedener VIX-Parameter mit verschiedenen SPX-Parametern**:

	1990 – Nov. 2018	2000 – Nov. 2018	2010 – Nov. 2018
Schlusskurs VIX / Schlusskurs SPX gleicher Tag	-0.18	-0.50	-0.58
Schlusskurs VIX / Rendite SPX gleicher Tag	-0.12	-0.126	-0.174
Schlusskurs VIX / Rendite SPX vorhergehender Tag	-0.106		
Schlusskurs VIX / Rendite SPX nachfolgender Tag	0.034		
Rendite VIX / Rendite SPX gleicher Tag	-0.696	-0.717	-0.79
Rendite VIX / Rendite SPX vorhergehender Tag	0.052		
Rendite VIX / Rendite SPX nachfolgender Tag	0.023		

Die stärksten negativen Korrelationen (im Bereich von circa -0.7) bestehen also zwischen den Tagesrenditen des SPX und den Tages-Renditen des VIX jeweils des gleichen Handelstages. Deutliche negative Korrelationen sind weiters (insbesondere ab der Jahrtausendwende, im Bereich von circa -0.5) zwischen den Tages-Schlusskursen des SPX und den Tages-Schlusskursen des VIX jeweils des gleichen Handelstages zu erkennen. Auch noch deutlich erkennbar, aber doch schwächer ausgeprägt negativ (-0.1 bis -0.2) sind die Korrelationen zwischen Schluss-Kurs des VIX und Tagesrendite des SPX jeweils am gleichen Handelstag.

Keinerlei Korrelationen sind zwischen Werten oder Renditen des VIX und den Werten oder Renditen des SPX am Folgetag zu erkennen.

Betrachten wir alle Handelstage seit 2.1.1990 bis 4.11.2018, an denen der **SPX um mehr als 1% gefallen** ist. Es war dies an 875 von 7270 Handelstagen der Fall. Dann ist **an 834 von diesen 875 Handelstagen der VIX** angestiegen.
Betrachten wir alle Handelstage seit 2.1.1990 bis 4.11.2018, an denen der **SPX um mehr als 2% gefallen** ist. Es war dies an 249 von 7270 Handelstagen der Fall. Dann ist **an 243 von diesen 249 Handelstagen der VIX** angestiegen.

Betrachten wir alle Handelstage seit 2.1.1990 bis 4.11.2018, an denen der **SPX um mehr als 1% gestiegen** ist. Es war dies an 936 von 7270 Handelstagen der Fall. Dann ist **an 869 von diesen 936 Handelstagen der VIX** gefallen.
Betrachten wir alle Handelstage seit 2.1.1990 bis 4.11.2018, an denen der **SPX um**

mehr als 2 % gestiegen ist. Es war dies an 219 von 7270 Handelstagen der Fall. Dann ist **an 209 von diesen 219 Handelstagen der VIX** gefallen.

Also fast durchwegs verhalten sich bei stärkeren Änderungen des SPX die Werte von SPX und von VIX gegenläufig zueinander. Überraschend ist das Auftreten einiger weniger Tage, an denen zum Beispiel der SPX um mehr als 2 % gefallen ist und der VIX an diesem Tag trotzdem nicht angestiegen ist. Greifen wir den bisher letzten Handelstag an dem dies geschehen ist heraus: Es war das der 14. April 2009, also gegen Ende der intensivsten Phase der Finanzkrise.

Datum	VIX	SPX
30.03.2009	45.54	787.53
31.03.2009	44.14	797.87
01.04.2009	42.28	811.08
02.04.2009	42.04	834.38
03.04.2009	39.70	842.50
06.04.2009	40.93	835.48
07.04.2009	40.39	815.55
08.04.2009	38.85	825.16
09.04.2009	36.53	856.56
13.04.2009	37.81	858.73
14.04.2009	37.67	841.50
15.04.2009	36.17	852.06
16.04.2009	35.79	865.30
17.04.2009	33.94	869.60

Der SPX war an diesem Tag von 858.73 auf 841.5 Punkte gefallen. In den Tagen davor war der SPX allerdings stärker gestiegen, etwa von 787.53 Punkten am 30. März 2009 bis auf 858.73 Punkten am 13. April 2009 (also um mehr als 9%). Der VIX lag auf einem nach wie vor sehr hohem Level von um die 40%. Der kurzzeitige Rückgang des SPX am 14. April (tatsächlich setzte sich die Kurserholung des SPX an den darauffolgenden Tagen wieder fort) wurde vom Markt hier offenbar als wirklich nur kurze Unterbrechung einer einsetzenden Erholung interpretiert (Kursrückgänge von 2% am Tag waren im Verlauf der Finanzkrise bereits keine besonders auffallenden Ereignisse mehr). Der VIX reagierte hier also praktisch nicht auf diesen Kursrückgang und blieb im Verlauf des 14. April abwartend und im Wesentlichen unverändert.

Nachfolgend haben wir noch eine Phase (im September 2001) ausgewählt, in der die gegenläufige Entwicklung von SPX und VIX besonders gut ausgeprägt ist.

	VIX	SPX
24.08.2001	19.71	1184.93
27.08.2001	20.56	1179.21
28.08.2001	22.00	1161.51
29.08.2001	23.03	1148.56
30.08.2001	25.41	1129.03
31.08.2001	24.92	1133.58
04.09.2001	25.85	1132.94
05.09.2001	26.35	1131.74
06.09.2001	28.61	1106.40
07.09.2001	30.99	1085.78
10.09.2001	31.84	1092.54
17.09.2001	41.76	1038.77
18.09.2001	38.87	1032.74
19.09.2001	40.56	1016.10
20.09.2001	43.74	984.54
21.09.2001	42.66	965.80
24.09.2001	37.75	1003.45
25.09.2001	35.81	1012.27
26.09.2001	35.26	1007.04
27.09.2001	34.00	1018.61
28.09.2001	31.93	1040.94
01.10.2001	32.32	1038.55
02.10.2001	31.18	1051.33

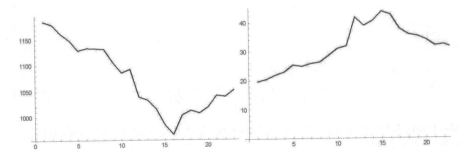

Abbildung 5.42: Entwicklungen von SPX (blau) und VIX (rot) von 24.8.2001 bis 2.10.2001

Wir erinnern uns nun an frühere Kapitel, in denen wir zum Beispiel in einem binomischen Modell Derivate bewertet hatten oder wo wir versucht hatten, break-even Punkte verschiedener Handelsstrategien zu bestimmen unter der Annahme von mit dem underlying negativ korrelierenden Volatilitäten. Dort hatten wir – ohne weitere Begründung – folgenden Ansatz für eine etwaige Modellierung dieser Abhängigkeit zwischen SPX und VIX verwendet:

$$\sigma_t = \sigma_0 \cdot \left(\frac{S_0}{S_t} \right)^a$$

Hier haben wir mit S_0 den momentanen Kurs des underlyings (bei uns: des SPX) und mit S_t den Kurs des SPX zur Zeit t bezeichnet, σ_0 war die Volatilität zur Zeit 0 und σ_t die Volatilität zur Zeit t.

a war ein freier Parameter, den wir so zu wählen versuchten, dass die Modellierung $\sigma_t = \sigma_0 \cdot \left(\frac{S_0}{S_t} \right)^a$ möglichst gut mit der tatsächlichen Entwicklung der Volatilität übereingestimmt hat. Wenn wir für unser konkretes Datenbeispiel vom September 2001 den Parameter $a = 4$ wählen, dann ergibt sich die Darstellung von Abbildung 5.43. Dort ist die tatsächliche Volatilitätsentwicklung rot eingezeichnet und die Modellierung in Grün. Die Übereinstimmung von Modellierung und realer Entwicklung ist hier überraschend gut.

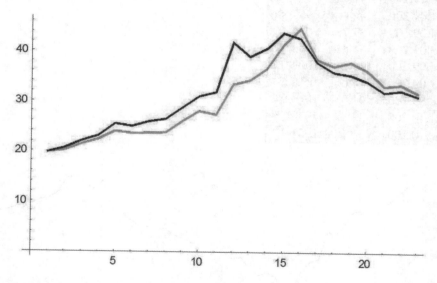

Abbildung 5.43: VIX im Zeitbereich September 2001 (rot) und Modellierung mit Parameter $a = 4$ (grün)

Diese in diesem Beispiel recht überzeugende Modellierung der Entwicklung des VIX durch eine vom SPX-Kurs abhängige Funktion zeigt auch in fast allen anderen Entwicklungsphasen des VIX eine sehr ansprechende Performance und zwar im Allgemeinen durchaus für Perioden von bis zu 100 Handelstagen. Wir haben in Abbildung 5.44 aus den verschiedensten Zeitbereichen seit 1990 jeweils Perioden von 100 Handelstagen willkürlich herausgegriffen und darin die Entwicklung des VIX (rot) und die zugehörige Modellierung mit Parameter $a = 4$ (grün) in diesen Perioden dargestellt.

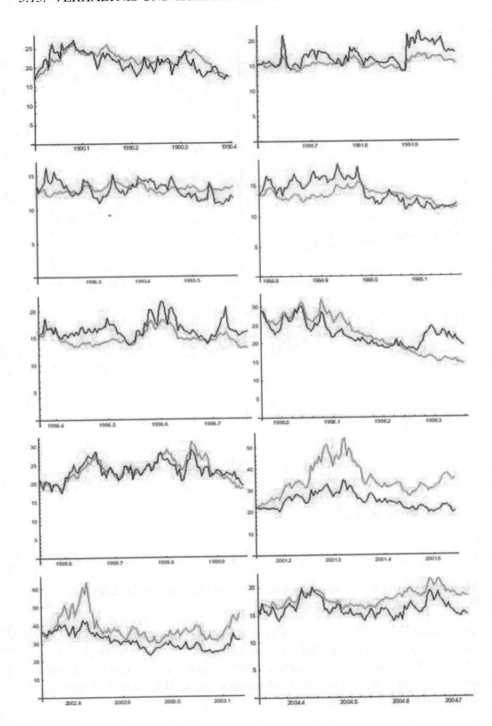

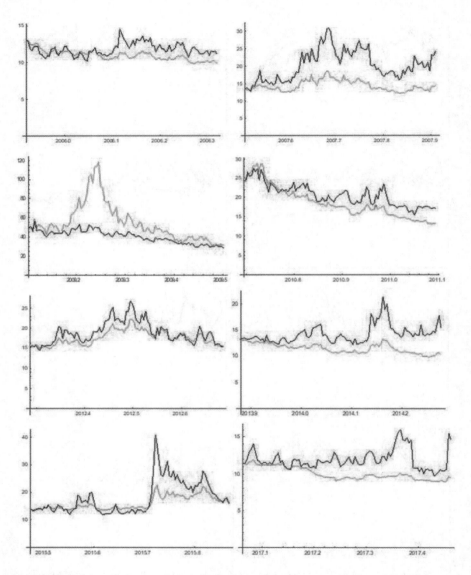

Abbildung 5.44: VIX in verschiedensten Zeitbereichen von je 100 Handelstagen (rot) und Modellierung mit Parameter $a = 4$ (grün)

Die Modellierungen liegen in vielen Fällen sehr nahe an den realen VIX-Entwicklungen. In manchen Fällen liegen auch die Modellierungen über eine Periode von 1000 Handelstagen in realistischen Bereichen, in manchen Fällen können diese aber natürlich auch kräftig danebenliegen (siehe Abbildung 5.45 für ein positives und ein negatives Beispiel).

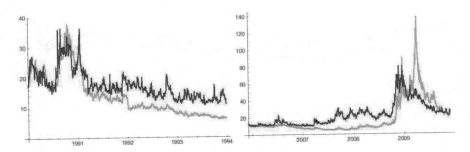

Abbildung 5.45: VIX in den Zeitbereichen 1990 bis Ende 1993 und 2006 bis Ende 2009 (rot) und Modellierung mit Parameter $a = 4$ (grün)

Greifen wir aus Abbildung 5.44 die Grafik mit der Handelsperiode von 100 Handelstagen im Jahr 2007 heraus, so ist hier keine besonders gute Übereinstimmung zwischen VIX und der Modellierung zu konstatieren. Unterteilen wir die 100 Handelstage in 5 Teilperioden von jeweils 20 Handelstagen (= jeweils circa ein Handelsmonat), so zeigen sich wieder sehr gute Annäherungen. In Abbildung 5.46 sind links oben noch einmal die gesamte Periode und nachfolgend die fünf Teilperioden dargestellt.

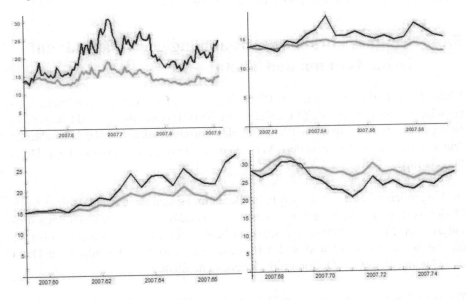

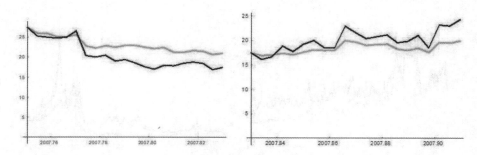

Abbildung 5.46: VIX (rot) in einem Zeitbereich von circa 5 Handelsmonaten (links oben) und diese Gesamtperiode zerlegt in fünf Einzelmonate (nachfolgend) und jeweilige Modellierung mit Parameter $a = 4$ (grün)

Die oben konstatierte negative Korrelation zwischen SPX und VIX hat natürlich ganz offensichtliche Auswirkungen und muss ganz wesentlich berücksichtigt werden, etwa bei der Analyse und Risikobewertung von derivativen Handelsstrategien. Wir haben das bereits früher so betrieben.

Auf zwei konkrete Auswirkungen bzw. eventuelle Anwendungen wollen wir in den nächsten beiden Paragraphen noch explizit hinweisen.

5.14   Einfluss kurs- bzw. zeit-abhängiger Volatilität auf Delta, Gamma und Theta

Wenn die Volatilität σ, die in der Black-Scholes-Formel auftritt, nicht mehr konstant ist, sondern von der Zeit t und/oder vom Kurs des underlyings s abhängt, dann ist dies bei der Ableitung der Black-Scholes-Formel natürlich zu berücksichtigen und wir erhalten etwas erweitere Versionen der betroffenen Greeks Theta, Delta und Gamma.

Im Folgenden wollen wir die explizite Berechnung nur für das Delta einer Call-Option vorführen. Die Berechnung des Gamma und des Theta kann zu relativ umfangreichen Formeln führen und wird am besten mit einer Mathematik-Software durchgeführt. Wir werden aber den Einfluss einer variablen Volatilität auf Delta und Gamma einer Call-Option grafisch veranschaulichen.

Wir berechnen also als Erstes das Delta einer Call-Option bei variabler Volatilität. Bei der Bestimmung des Delta für konstante Volatilität waren wir folgendermaßen vorgegangen:
Der Callpreis $C(t, s) = s \cdot \mathcal{N}(d_1) - e^{-r(T-t)} \cdot K \cdot \mathcal{N}(d_2)$ war nach s abzuleiten. Dabei waren

$$d_1 = \frac{\log\left(\frac{s}{K}\right) + \left(r + \frac{\sigma^2}{2}\right)(T-t)}{\sigma\sqrt{T-t}}$$

und

$$d_2 = \frac{\log\left(\frac{s}{K}\right) + \left(r - \frac{\sigma^2}{2}\right)(T - t)}{\sigma\sqrt{T - t}},$$

also $d_2 = d_1 - \sigma\sqrt{T - t}$ und somit $d_2' = d_1'$.

Dann ist

$$
\begin{aligned}
C'(t, s) &= \mathcal{N}(d_1) + s \cdot \frac{\partial \mathcal{N}(d_1)}{\partial d_1} \cdot d_1' - e^{-r(T-t)} \cdot K \cdot \frac{\partial \mathcal{N}(d_2)}{\partial d_2} \cdot d_2' = \\
&= \mathcal{N}(d_1) + s \cdot \frac{\partial \mathcal{N}(d_1)}{\partial d_1} \cdot d_1' - e^{-r(T-t)} \cdot K \cdot \frac{\partial \mathcal{N}(d_2)}{\partial d_2} \cdot d_1'. \quad (5.1)
\end{aligned}
$$

Einsetzen für d_2 zeigt, dass sich die beiden letzten Summanden in dieser letzten Formel wegheben und nur

$$C'(t, s) = \mathcal{N}(d_1)$$

übrig bleibt. (C' bedeutet hier natürlich wieder die Ableitung nach dem Parameter s, und $\sigma'(t, s)$ wird im Folgenden die Ableitung von σ ebenfalls nach dem Parameter s bezeichnen.)

Was ändert sich an dieser Argumentation jetzt bei einer zeit- und kurs-abhängigen Volatilität $\sigma(t, s)$ anstelle einer konstanten Volatilität σ? Natürlich ist überall $\sigma(t, s)$ anstelle von σ in die Formeln einzusetzen. Wegen $d_2 = d_1 - \sigma(t, s) \cdot \sqrt{T - t}$ ist nun $d_2' = d_1' - \sigma'(t, s) \cdot \sqrt{T - t}$ und nicht $d_2' = d_1'$.
Die Formel (5.1) ändert sich daher zu

$$
\begin{aligned}
C'(t, s) &= \mathcal{N}(d_1) + s \cdot \frac{\partial \mathcal{N}(d_1)}{\partial d_1} \cdot d_1' - e^{-r(T-t)} \cdot K \cdot \frac{\partial \mathcal{N}(d_2)}{\partial d_2} \cdot d_1' + \\
&\quad + e^{-r(T-t)} \cdot K \cdot \frac{\partial \mathcal{N}(d_2)}{\partial d_2} \cdot \sigma'(t, s) \cdot \sqrt{T - t}.
\end{aligned}
$$

Wie im ursprünglichen Fall heben sich der zweite und der dritte Summand in diesem Ausdruck auf und es bleibt

$$\Delta(t, s) = C'(t, s) = \mathcal{N}(d_1) + e^{-r(T-t)} \cdot K \cdot \phi(d_2) \cdot \sigma'(t, s) \cdot \sqrt{T - t}.$$

(Hier bezeichnet $\phi(d_2) = \frac{\partial \mathcal{N}(d_2)}{\partial d_2}$, also ϕ ist wieder die Dichtefunktion der Standard-Normalverteilung.) Im Vergleich mit der ursprünglichen Formel erhalten wir also einen zusätzlichen additiven Term. Da wir festgestellt haben, dass $\sigma(t, s)$ tendenziell mit wachsendem σ fällt, ist die Ableitung $\sigma'(t, s)$ tendenziell negativ, der zusätzliche additive Term ist also (da alle anderen Faktoren positiv sind) tendenziell negativ. Dadurch ist es durchaus möglich, dass unter bestimmten Umständen das Delta einer Call-Option auch negativ werden kann.

Im Folgenden (Abbildung 5.47) haben wir den Fall des Verhaltens des Δ einer Call-Option mit folgenden Parametern illustriert:

$T = 1$
$t = 0$
Strike $K = 100$
$r = 0$
$\sigma_0 = 0.3$
$S_0 = 100$

Für die variable Volatilität setzen wir $\sigma(t,s) = \sigma_0 \cdot \left(\frac{S_0}{s}\right)^a$ mit Werten für a von $a = 0$ (konstante Vola 0.3) und $a = 1, 2, 3, 4$.

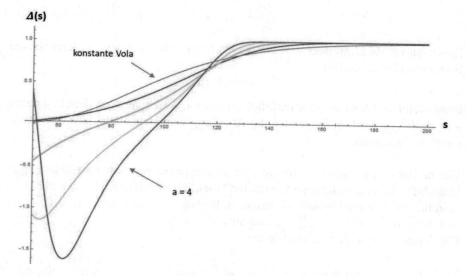

Abbildung 5.47: Verlauf des Deltas einer Call-Option in Abhängigkeit vom Kurs des underlyings bei variabler Volatilität der Form $\sigma(t,s) = \sigma_0 \cdot \left(\frac{S_0}{s}\right)^a$ mit $a = 0$ (blau), $a = 1$ (rot), $a = 2$ (grün), $a = 3$ (türkis) und $a = 4$ (magenta)

Wir erkennen etwa im Fall $a = 4$ (den wir weiter oben als durchaus realistisch eingeschätzt haben) bei kleinen (aber nicht zu kleinen) Werten von s ein mit wachsendem Kurs fallendes negatives Delta (während das Delta bei konstanter Vola stets positiv und monoton wachsend ist). Kleines s führt ja prinzipiell zu einem kleineren Call-Preis. In unserem Setting ($a = 4$) führt ein kleines s aber auch zu einer stark erhöhten Volatilität und diese wiederum erhöht den Call-Preis. Im angesprochenen Bereich überwiegt der Einfluss der erhöhten Vola auf den Call-Preis den Einfluss des verringerten Kurswerts s auf den Call-Preis.

Die Formeln für Gamma und Theta von Call-Optionen bei variabler Volatilität sind von etwas komplexerer Form und sollen hier nicht angegeben werden. In den Abbildungen 5.48 und 5.49 werden aber die Verläufe in Abhängigkeit vom Kurs des underlyings für die verschiedenen Parameter a illustriert.

Auffällig ist vielleicht: Aus dem Verlauf der Theta-Entwicklungen ist zu erkennen, dass die variable Volatilität (in unserer Modellierung) den (negativen) Einfluss der Laufzeit auf den Preis der Calloption verstärkt im Bereich wo der Kurs kleiner ist als der Strike und ihn verringert im Bereich wo der Kurs größer ist als der Strike.

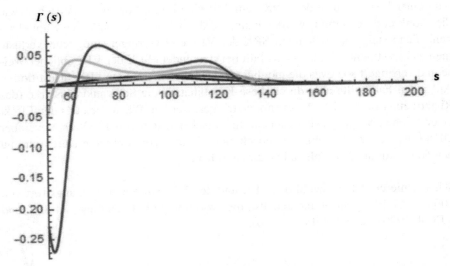

Abbildung 5.48: Verlauf des Gammas einer Call-Option in Abhängigkeit vom Kurs des underlyings bei variabler Volatilität der Form $\sigma(t,s) = \sigma_0 \cdot \left(\frac{S_0}{s}\right)^a$ mit $a = 0$ (blau), $a = 1$ (rot), $a = 2$ (grün), $a = 3$ (türkis) und $a = 4$ (magenta)

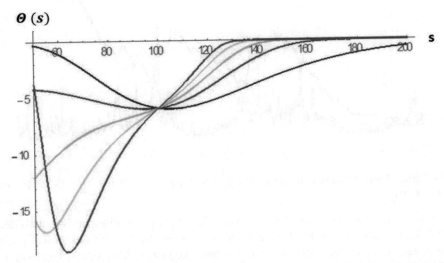

Abbildung 5.49: Verlauf des Thetas einer Call-Option in Abhängigkeit vom Kurs des underlyings bei variabler Volatilität der Form $\sigma(t,s) = \sigma_0 \cdot \left(\frac{S_0}{s}\right)^a$ mit $a = 0$ (blau), $a = 1$ (rot), $a = 2$ (grün), $a = 3$ (türkis) und $a = 4$ (magenta)

5.15 Kombinierter Handel von SPX und VIX zu Absicherungszwecken

Die konstatierte negative Korrelation zwischen SPX und VIX legt die folgende Möglichkeit zur Senkung des Risikos einer Investition in den SPX nahe: Mischt man einer Investition in den SPX zum Teil eine Investition in den VIX bei (wie dies konkret durchgeführt werden kann, werden wir in einem späteren Kapitel sehen), dann steigt bei fallendem SPX der VIX und verringert mögliche Verluste meines Investments. Andererseits fällt bei steigendem SPX der VIX üblicher Weise und verringert so etwas die möglichen Gewinne einer reinen SPX-Investition. Auf jeden Fall sollte aber durch diese Kombination die Schwankungsstärke (das Risiko) einer reinen SPX-Investition verringert werden. Wir wollen uns den Effekt einer solchen Vorgangsweise anhand historischer Daten von 1990 bis November 2018 (hier einstweilen rein theoretisch, ohne Details zur konkreten Durchführung der Transaktionen) im Folgenden kurz ansehen.

Wir normieren dafür sowohl den SPX und den VIX auf einen Ausgangswert von 100 am 2.1.1990, wir betrachten also die prozentuelle Entwicklung von SPX und VIX ab 1990 (siehe Abbildung 5.50).

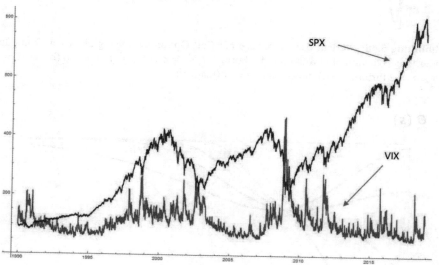

Abbildung 5.50: Prozentuelle Entwicklung SPX (blau) und VIX (rot) von 1990 bis November 2018

Wir erinnern daran, dass der VIX eine wesentlich höhere Volatilität aufweist als der SPX. Es ist daher fraglich, ob eine Beimischung des VIX damit tatsächlich auch eine Glättung einer Investition in den SPX bewirken kann. Als zusätzliches Risikomaß werden wir daher auch den „Maximal Drawdown" der jeweiligen Strategien betrachten. Es ist dies der größte prozentuelle Wertverlust der jeweiligen Strategie, der zwischen zwei beliebigen Zeitpunkten während der Laufzeit eingetreten ist.

Einschub: Komplexität von Algorithmen, Berechnung des Maximal Drawdowns

Um den Maximal Drawdown etwa des S&P500 von 1990 bis November 2018 (in Hinblick auf Tages-Schlusskurse) zu bestimmen, müsste man (das wäre die naheliegendste Vorgangsweise) prinzipiell für jedes beliebige Paar von Tagen A und B während der Laufzeit (wir nehmen im Folgenden immer $A < B$, soll heißen: A bezeichnet ein früheres Datum als B) den prozentuellen Anstieg oder Rückgang des SPX-Kurses berechnen. Wir haben es in diesem Zeitbereich mit 7270 Tageskursen zu tun. Zu jedem Datum A sind also jeweils $(7270 - A)$ mögliche Daten B die auf A noch folgen zu berücksichtigen. Insgesamt haben wir also $\sum_{A=1}^{7269} 7270 - A = 26.422.815$ Paare zu bearbeiten.

Prinzipiell ist diese Aufgabe mit einem PC natürlich leicht zu bewerkstelligen. Es könnten aber in anderem Zusammenhang ähnliche Berechnungsanforderungen auftreten, bei denen die Anzahl N der vorhandenen Einzeldaten nicht 7270, sondern etwa 1 Million oder mehr beträgt. Die Anzahl der zu betrachtenden Paare ist dann circa $\frac{N^2}{2}$. (Also für N gleich einer Million, wären circa 500 Milliarden Paare zu bearbeiten, was mit herkömmlichen Rechnern schon eine gewisse Zeit benötigen würde.)

Die **Komplexität** dieses Berechnungsproblems läge bei dieser Vorgangsweise im Bereich von circa $\frac{N^2}{2}$. Wir sagen: *Die Komplexität dieses Algorithmus zur Bestimmung des Maximal Drawdowns ist von quadratischer Ordnung.*
Das bedeutet anschaulich: Zur Bestimmung des Maximal Drawdowns mit dieser Vorgangsweise (dass für je zwei Paare A und B von Daten die Veränderung des Kurses von A nach B berechnet wird) benötigt man bei N gegebenen Daten circa $c \cdot N^2$ einfache Rechenschritte (dabei ist c eine fixe Konstante, die sich bei wachsendem N nicht (wesentlich) ändert.

Die Suche nach bzw. die Entwicklung und Implementierung von Algorithmen zur Lösung einer Berechnungsaufgabe, die eine möglichst niedrige Komplexität aufweisen, ist das – in vielen Fällen äußerst anspruchsvolle – Hauptanliegen der algorithmischen Mathematik.

In vielen Anwendungsbeispielen wären die involvierten Personen mit einer quadratischen Komplexität, wie wir sie in unserem Fall vorliegen haben, höchst zufrieden. Solange ein Algorithmus für ein Berechnungsproblem eine Komplexität der Ordnung N oder N^2, oder N^3, oder N^4, ... aufweist, sprechen wir von *polynomialer Komplexität des Algorithmus.*

Wenn für ein Berechnungsproblem ein Lösungs-Algorithmus mit polynomialer Komplexität existiert, dann sprechen wir von einem *Berechnungsproblem mit polynomialer Komplexität.*

Es gibt sehr prominente Probleme zu denen (aller Voraussicht nach) keine Lösungs-Algorithmen von polynomialer Komplexität existieren. Da können dann durchaus auch exponentielle Komplexitäten etwa der Form 2^N auftreten. Das hieße dann etwa: Beim Vorliegen von zum Beispiel $N = 1000$ Daten benötigt der Algorithmus (von der Größenordnung) in etwa $2^{1000} \approx 10^{300}$ Rechenschritte.

Ein solches Problem ist (aller Voraussicht nach) das berühmte *„travelling salesman-problem".*

Die Aufgabe lautet: Gegeben ist ein Netz von N Städten. Je zwei Städte sind durch einen direkten Verbindungsweg mit einer bestimmten Länge verbunden. Wir starten in einer Stadt X und sollen einen *möglichst kurzen Weg* finden, der genau einmal durch jede Stadt führt und schließlich wieder in den Ausgangsort zurück mündet.

Abbildung 5.51: Travelling Salesman Problem: Starte im blauen Ort, besuche jeden roten Ort genau einmal und kehre zum blauen Ort zurück. Suche dafür den kürzest möglichen Weg!

Ein „naiver" Algorithmus zur Lösung dieses Problems wäre der Folgende:
Wir nehmen uns jeden möglichen Rundweg vor, der von X ausgehend jede
Stadt genau einmal besucht und nach X zurückführt. Für jeden Weg berechnen wir seine Länge und wählen dann ganz einfach den kürzesten der Wege.
Das Problem ist gelöst!

Nur: Die Anzahl solcher Wege berechnet sich wie folgt:
Startend von X haben wir $N - 1$ mögliche erste Anlaufpunkte zur Auswahl.
Vom ersten Anlaufpunkt haben wir immer noch $N - 2$ mögliche zweite Anlaufpunkte zur Auswahl, von jedem dieser zweiten Anlaufpunkte stehen jeweils $N - 3$ dritte Anlaufpunkte zur Auswahl, usw. Befinden wir uns am
Schluss unserer Reise im vorletzten zu besuchenden Ort, dann ist der letzte
zu besuchende Ort eindeutig vorgegeben, wir haben also nur mehr einen Ort
zur Auswahl, und dann geht's zurück nach X.

Wir haben also $(N-1) \cdot (N-2) \cdot (N-3) \cdot \ldots \cdot 1 = (N-1)!$ mögliche Wege zur
Verfügung. Hier haben wir aber jeden Weg doppelt gezählt, weil wir prinzipiell gleiche Wege, die aber in der umgekehrten Richtung durchlaufen wurden,
einzeln aufgelistet haben. Also haben wir de facto „nur" $\frac{(N-1)!}{2}$ Wege auszumessen. Nun ist aber dieses $\frac{(N-1)!}{2} \approx \left(\frac{N}{e}\right)^N$, also sogar super-exponentiell
wachsend. Schon für das moderate Problem der 50 Orte aus Abbildung 2.58
haben wir es mit circa 10^{62} möglichen Wegen zu tun. Nun war das natürlich
ein (sehr) naiver Algorithmus, und man könnte meinen, dass man mit einem
wesentlich subtileren und raffinierten Vorgehen wesentlich schnellere und effizientere Algorithmen entwickeln könnte, mit denen man das Problem etwa
in N^2 Schritten lösen könnte.
Das ist aber nicht der Fall! Man kann (unter gewissen Voraussetzungen) zeigen, dass das Travelling Salesman Problem nicht schneller als in exponentieller Zeit lösbar ist. Die oben mehrmals angeführten vorsichtigen Einschränkungen „aller Voraussicht nach" oder „unter gewissen Voraussetzungen" haben
mit dem sogenannten *P-NP-Problem* zu tun. Dies ist eines der berühmtesten
offenen Probleme der Mathematik und beschäftigt sich mit dem Verhältnis
zwischen polynomialer Komplexität und nicht-polynomialer Komplexität. Eine exakte Formulierung dieses Problems (mit dem sich unter anderem auch die
einer breiteren Öffentlichkeit bekannten Mathematiker Kurt Gödel und John
Nash beschäftigt haben) bedarf der Begriffswelt der mathematischen Logik
und würde unseren Rahmen sprengen.

Also: Kehren wir zurück zu unserem wesentlich harmloseren Problem, der
Bestimmung des Maximal Drawdowns. Die ganz naive Herangehensweise an
dieses Problem konfrontiert uns mit einer quadratischen Komplexität. Diese ist
wesentlich angenehmer als etwa die super-exponentielle Komplexität des oben

beschriebenen naiven Algorithmus des Traveling Salesman Problems. Noch angenehmer wäre es allerdings, wenn wir die Aufgabe doch noch schneller bewerkstelligen könnten. Traumziel wäre natürlich eine lineare Komplexität, bei der wir mit $c \cdot N$ Rechenschritten, das Auslangen finden könnten. Mit weniger Rechenschritten werden wir die Aufgabe ganz sicher nicht bewerkstelligen können, da allein das Sichten der N Daten bereits mindestens N „Rechenschritte" erfordert.

Es ist tatsächlich möglich einen Algorithmus mit linearer Komplexität zu finden, mit dessen Hilfe man den Maximal Drawdown bestimmen kann:

- Sei jetzt t irgendein Zeitpunkt (Tag) im gesamten Zeitablauf. Der gesamte Zeitablauf habe N einzelne Zeitpunkte (bei uns: Tage).

- Der maximale prozentuelle Kursrückgang zwischen einem Zeitpunkt A der links von t liegt (früher als t) und einem Zeitpunkt B der rechts von t liegt (später als t (oder gleich t)) findet ganz offensichtlich vom maximalen Wert des Kurses links von t bis zum minimalen Wert des Kurses rechts von t statt.

- **Schritt 1:** Wir bestimmen daher jetzt für jedes t zuerst einmal den maximalen Wert $U(t)$ des Kurses links von t.

- Man könnte glauben, dass diese Aufgabe wiederum zu einer Komplexität von N^2 führen würde. Man muss ja für jedes t insgesamt $t-1$ frühere Zeitpunkte untersuchen und deren Kurse mit dem Kurs zur Zeit t vergleichen. Das führt zu $\sum_{t=2}^{N}(t-1) = \frac{N \cdot (N-1)}{2} \approx \frac{N^2}{2}$ Vergleichen, also Rechenschritten.

- Das ist aber nicht nötig. Der Wert $U(t)$ lässt sich nämlich rekursiv folgendermaßen herleiten:
  $U(2) = S(1)$
  Klar: Der größte Kurswert zum einem Zeitpunkt früher als der Zeitpunkt 2 ist der Kurswert zum Zeitpunkt 1, also $S(1)$.
  $U(3) = \max(U(2), S(2))$
  Klar: Der größte Kurswert zum einem Zeitpunkt früher als der Zeitpunkt 3 ist entweder der größte Kurswert zu einem Zeitpunkt früher als der Zeitpunkt 2 (also $U(2)$) oder aber der neu dazukommende Wert $S(2)$, falls nämlich $S(2)$ größer ist als der bisherige Leader $U(2)$.

Das lässt sich aber so fortführen:
Wenn wir auf diese Art und Weise bereits $U(t-1)$ Schritt für Schritt berechnet haben, dann erhalten wir (mit dem analogen Argument wie oben):

$$U(t) = \max(U(t-1), S(t-1))$$

Das Procedere führen wir insgesamt $N - 1$ Mal durch und haben dann $U(t)$ für jedes t berechnet. Bei jedem einzelnen Schritt ist nur ein Vergleich, also ein Rechenschritt, nötig. Die Komplexität zur Berechnung aller $U(t)$ hat daher nur die Größenordnung N!

- **Schritt 2:** Wir bestimmen jetzt für jedes t den minimalen Wert $D(t)$ des Kurses rechts von t (wobei wir hier t selbst inkludieren).

- Auch dazu gehen wir wieder rekursiv vor und zwar wie folgt (wir beginnen jetzt auf der rechten Seite der Zeitskala):
$$D(N) = S(N)$$
$$D(N-1) = \min(D(N), S(N-1))$$

  Wenn wir auf diese Weise bereits $D(t+1)$ Schritt für Schritt berechnet haben, dann ist
$$D(t) = \min(D(t+1), S(t))$$

- Auch die Bestimmung von $D(t)$ für jedes t ist nur von Komplexität der Ordnung N.

- Für jedes t können wir nun den maximalen prozentuellen Kursrückgang zwischen einem Zeitpunkt A der links von t liegt (früher als t) und einem Zeitpunkt B der rechts von t liegt (später als t (oder gleich t)) durch $Draw(t) := 100 \cdot \frac{(D(t)-U(t))}{U(t)}$ angeben (N Rechenschritte).

- Der kleinste (am meisten negative) der $Draw(t)$-Werte ist dann natürlich der Maximal Drawdown, den wir mit einer Anzahl von Rechenschritten in der Größenordnung von N gefunden haben.

Mit der oben angegebenen Methode bestimmen wir nun die Maximal Drawdowns zu den im Folgenden betrachteten Mix-Strategien aus SPX und VIX. Zur Veranschaulichung der Methode führen wir den Algorithmus zuerst für den SPX alleine durch und illustrieren die Ergebnisse in einer Grafik (Abbildung 5.52).

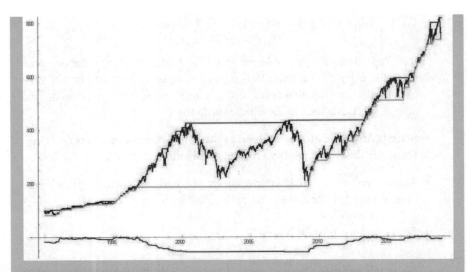

Abbildung 5.52: Die Funktionen $U(t)$ (rot), $D(t)$ (grün) und $Draw(t)$ (magenta) für den S&P500 (blau)

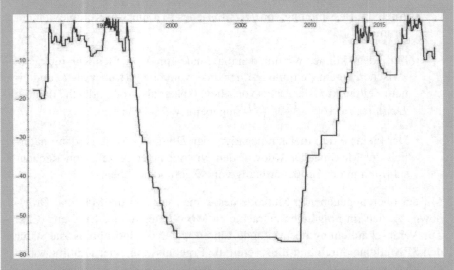

Abbildung 5.53: Die Funktion $Draw(t)$ detaillierter

Der maximale Drawdown erfolgte – wie zu vermuten war – im Bereich Herbst 2007 bis Frühjahr 2009, konkret vom 9.10.2007 bis 9.3.2009 von 1.565.15 Punkten auf 676.53 Punkte, das war ein Rückgang von 56.78%.

Im Folgenden vergleichen wir einige Maßzahlen und zwar in Bezug auf die Entwicklungen des SPX alleine, sowie der Mix-Strategien aus 80% SPX mit 20% VIX, 60% SPX mit 40% VIX, sowie 40% SPX mit 60% VIX und wir vergleichen die Entwicklungen in Abbildung 5.54 auch grafisch.

Sharpe-Ratio: Ein sehr wichtiges und häufig gebrauchtes Performance-Maß ist die Sharpe-Ratio für einen bestimmten Performance-Zeitraum. Sie ist gegeben durch den Ausdruck

$$\frac{\mu - r}{\sigma},$$

wobei μ den annualisierten Trend und σ die annualisierte Volatilität des untersuchten Finanzprodukts für den betrachteten Performance-Zeitraum bezeichnen.

r bezeichnet den risikolosen Zinssatz für den Zeitraum.

Die Sharpe-Ratio misst also das Verhältnis von Überrendite $(\mu - r)$ zum Risiko (σ). Natürlich wird von einem risikobehafteten Finanzprodukt eine positive Sharpe-Ratio erwartet (höherer Trend als r). Sharpe-Ratios größer als 0.5 werden im Allgemeinen als sehr positiv bewertet.

	Rendite p.a.	Vola pro Tag auf Basis Tagesdaten	Vola p.a. auf Basis Jahresdaten	Maximal Drawdown	Sharpe-Ratio $(r = 3\%)$
SPX	7.26%	1.10%	16.88%	-56.78%	0.25
VIX	0.43%	6.77%	40.64%	-88.70%	-0.06
20 VIX/80 SPX	6.57%	0.72%	13.63 %	-43.44%	0.26
40 VIX/60 SPX	5.73%	1.20%	12.38 %	-36.89%	0.22
60 VIX/40 SPX	4.64%	2.20%	14.63 %	-49.80%	0.11

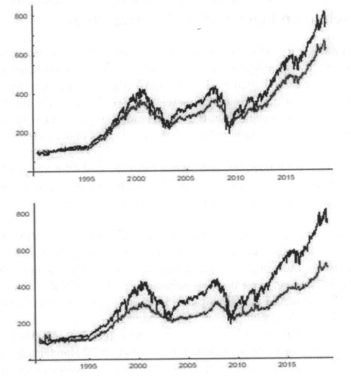

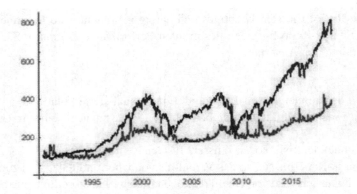

Abbildung 5.54: Entwicklung einer Mix-Strategie aus SPX und VIX (rot) im Vergleich mit der Entwicklung des SPX (blau), für einen VIX-Anteil von 20%, 40% und 60% (von oben nach unten)

Lediglich die Misch-Strategie mit einem 20% VIX-Anteil scheint hier von Interesse zu sein (höhere Sharpe-Ratio als die reine SPX-Strategie bei kleinerem Maximal Drawdown).

5.16 Verhältnis und Korrelationen von VIX zur historischen und zur realisierten Volatilität

Der VIX bzw. die implizite Volatilität einer Option stellt die Volatilitäts-Maßzahl dar, die (unter gewissen Annahmen) im Preis von Optionen (mit einer bestimmten Laufzeit T) implizit enthalten ist. In welchem Verhältnis steht nun diese implizite Volatilität (für einen bestimmten Zeitbereich in der Zukunft) zur für diese Laufzeit geschätzten historischen Volatilität des underlyings bzw. zu der im Nachhinein dann festgestellten tatsächlich realisierten Volatilität des underlyings?

Wir stellen dazu im Folgenden erst einmal ein paar grafische Vergleiche an. Die prinzipielle Frage wird uns aber im Lauf des Buchs immer wieder einmal begleiten und ist ganz essentiell für verschiedenste Handelsstrategien.

In Abbildung 5.55 sehen Sie im unteren Teil des Bildes den VIX in Rot von 1990 bis November 2018 und im Vergleich dazu in Grün die historische 20-Tages-Volatilität aus Tagesdaten jeweils gemessen am gleichen Tag wie der VIX (also im Prinzip die in den vegangenen 20 Handelsdaten realisierte Vola). (Nur zur Information ist die parallele Entwicklung des S&P500 im oberen Teil des Bildes noch einmal beigfügt.) Man könnte das Bild so verstehen:
Man kann die historische 20-Tages Volatilität der vergangenen 20 Handelstage als Prognose für die realisierte Volatilität der kommenden 20 Handelstage (die essentiell ist für das Delta-Hedging einer Option) benutzen. Andererseits wird der VIX

häufig als Prognose für die realisierte Volatilität der kommenden 20 Handelstage verwendet. Wie verhalten sich die beiden Prognosewerte zueinander?

Es zeigt sich, dass die historische Volatilität fast durchwegs zum Teil deutlich niedrigere Prognosewerte liefert als der VIX.

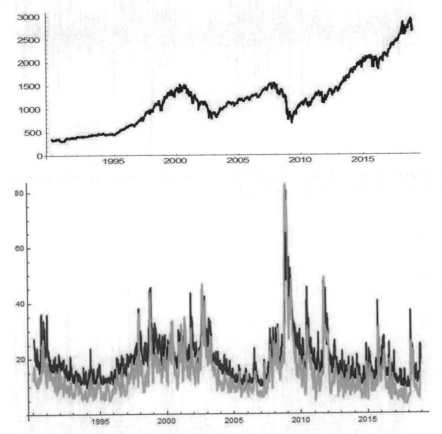

Abbildung 5.55: S&P500 (blau), VIX (rot) und 20-Tages-historische Vola (grün) von 1.1.1990 bis 4.11.2018

Dies wird auch in Abbildung 5.56 noch einmal deutlich, in der die Differenz zwischen VIX und historischer Vola der Vorperiode in absoluten Zahlen dargestellt ist. In Abbildung 5.57 ist die Differenz prozentuell in Bezug auf die historische Vola zu sehen. Die Differenz liegt meist deutlich im positiven Bereich.

Abbildung 5.56: Differenz VIX minus historische 20-Tages-Vola (jeweils am gleichen Tag gemessen) von 1.1.1990 bis 4.11.2018

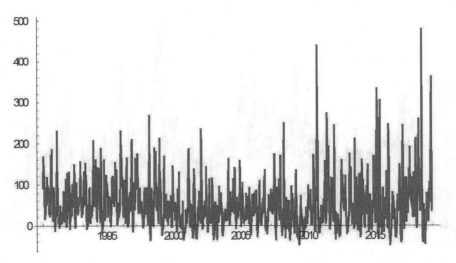

Abbildung 5.57: Prozentueller Überschuss von VIX gegenüber historischer 20-Tages-Vola am jeweils gleichen Handelstag

Noch interessanter ist aber sicherlich der Vergleich zwischen dem VIX als Prognose-Tool für die kommende realisierte Volatilität (im Lauf der kommenden 20 Handelstage) und dem tatsächlich dann realisierten (a posteriori festgestellten) Volatilitätswert. Dieser Vergleich ist in Abbildung 5.58 illustriert. Auch hier ergibt sich ein ähnliches Bild: Zumeist deutlich höhere Werte für den VIX als für die dann tatsächlich realisierte Volatilität.

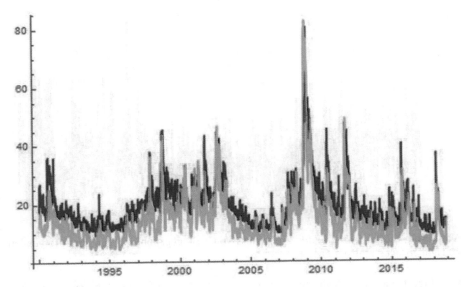

Abbildung 5.58: VIX (rot) und realisierte Vola in den darauffolgenden 20 Handelstagen(grün) von 1.1.1990 bis 10.10.2018

In den Abbildungen 5.59 und 5.60 ist wieder die Differenz zwischen VIX und tatsächlich danach realisierter 20-Tages-Vola in absoluten Zahlen sowie prozentuell dargestellt.

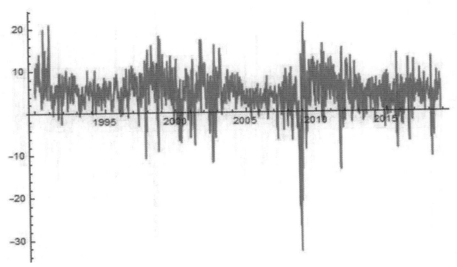

Abbildung 5.59: Differenz zwischen VIX und realisierter Vola in den darauffolgenden 20 Handelstagen von 1.1.1990 bis 10.10.2018

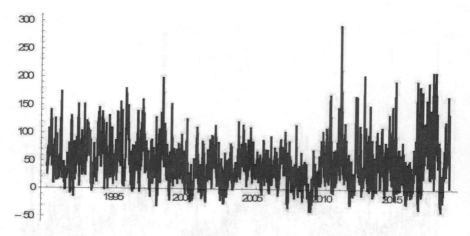

Abbildung 5.60: Prozentueller Überschuss von VIX gegenüber in den darauffolgenden 20 Handelstagen realisierter Vola

Überlagert man die Abbildungen 5.56 und 5.59 bzw. 5.57 und 5.60 (also die Differenzen zwischen VIX und momentaner historischer Vola (blau) bzw. VIX und danach realisierter Vola in absoluten Zahlen bzw. in Prozent (blau und rot)), dann erkennt man, dass die erstere Differenz durchschnittlich etwas größer ist als die zweite Differenz.

Abbildung 5.61: Überlagerung Abbildungen 5.39 und 5.41

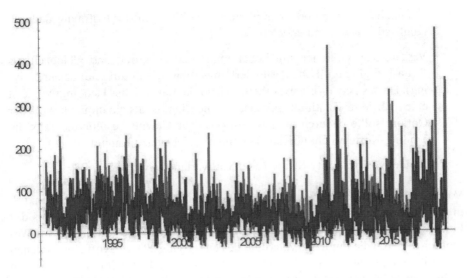

Abbildung 5.62: Vergleich der Grafiken aus den Abbildungen 5.43 und 5.44

Schließlich sind in der nachfolgenden Tabelle die Werte für die Korrelationen zwischen VIX und historischer bzw. realisierter Volatilität angeführt. Diese Berechnung wurde für verschiedene Zeitabschnitte durchgeführt um zu veranschaulichen, dass die Korrelationen recht konstant einen hohen Wert nahe an 1 haben. Noch höher ist die Korrelation tatsächlich zwischen VIX und nachfolgend realisierter Volatilität als zwischen VIX und momentaner historischer Volatilität berechnet aus den vergangenen 20 Handelstagen.

Tabelle von **Korrelationen zwischen VIX – Werten und historischen Volatilitäten bzw. realisierten Volatilitäten:**

	VIX/historische 20-Tages-Vola, gleicher Tag	VIX/realisierte Vola in folgenden 20 Handelstagen
1990 – Nov. 2018	0.776	0.895
2000 – Nov. 2018	0.792	0.911
2010 – Nov. 2018	0.613	0.851

Die obigen Grafiken scheinen eine häufig gehörte Beobachtung zu bestätigen: „Der VIX überschätzt systematisch die nachfolgende realisierte Volatilität!" Eine Vielzahl von Studien sind dieser Beobachtung und möglicher Ausnutzung dieser Differenz gewidmet und eine Reihe von Indices (Volatility Arbitrage Indices) bilden die Performance solcher Strategien nach.

Mögliche Ansätze um aus einer möglicherweise überhöhten impliziten Volatilität Profit zu schlagen sind zum Beispiel:

- Systematischer Verkauf „zu teurer" Optionen (Optionen mit vergleichsweise außergewöhnlich hoher impliziter Volatilität), in der Hoffnung dadurch langfristig Gewinn zu erzielen

- Verkauf von Optionen mit hoher impliziter Volatilität und gleichzeitiges Delta-Hedging mit Hilfe des underlyings (bzw. mit Futures auf das underlying). Da das underlying hypothetisch über die Laufzeit des Hedgings zumeist eine realisierte Volatilität aufweist, die niedriger ist als die implizite Vola der Option, sollte dadurch zumeist ein positiver Gewinn resultieren (falls die Trading-Kosten nicht überhand nehmen). (siehe dazu Kapitel 10.13.)

- Handel von Volatility-Swaps (oder von Variance-Swaps)

Volatility Swaps sind im wesentlichen Futures auf die bis zu einem Zeitpunkt T in der Zukunft realisierte Volatilität eines underlyings. Der faire Strike-Preis des Futures (zu dem der Future-Kontrakt abgeschlossen wird) bestimmt sich im Wesentlichen durch die implizite Volatilität des underlyings. Der Payoff eines solchen Volatility Swaps entspricht daher im Wesentlichen gerade der Differenz zwischen realisierter Volatilität und der prognostizierenden impliziten Volatilität.

Volatility Swaps bilden auch die Basis verschiedener Volatility Arbitrage Indices mit deren Hilfe die systematische Überschätzung der realisierten Volatilität durch die implizite Volatilität (auf Basis systematisch durchgeführter Volatility Swap Handelsstrategien) veranschaulicht werden soll. Der Vorteil der Verwendung von Volatility Swaps zur Ausnutzung der Vola-Differenzen liegt eindeutig darin, dass diese Produkte völlig unabhängig von der Richtung der Entwicklung des underlyings sind. Gehandelt wird mit diesen Produkten ausschließlich die Volatilität selbst. Der Nachteil ist die doch komplexere Natur der Produkte, insbesondere die komplexere Natur der Dynamik des fairen Strikes von Volatility Swaps. Mit Eigenschaften, Bewertungen und Hedging von solchen Volatilitätsswaps werden wir uns erst in Band II ausführlicher beschäftigen.

Wir wollen hier – im folgenden Kapitel – nur einen solcher Indices, die auf den „Handel überhöhter impliziter Volatilitäten" ausgerichtet sind, – den CBOE „S&P500 Put Write Index" – ausführlicher erwähnen und beschreiben. In einem späteren Kapitel werden wir uns der genauen Analyse zweier weiterer konkreter Strategien und ihrer Eigenschaften widmen.

5.17   Der CBOE S&P500 Put Write Index

Im CBOE S&P500 Put Write Index wird eine sehr einfache Options-Handelsstrategie, die auf dem systematischen Verkauf bestimmter Put-Optionen auf den S&P500 basiert, kontinuierlich durchgeführt und die Performance dieser Handelsstrategie wird durch den Index dargestellt.

Grundlegender Ansatz: Es werden regelmäßig Optionsprämien eingenommen und sonst keinerlei weitere Aktivitäten gesetzt. Wenn Optionen systematisch überhöht gepreist sind (eine zu hohe implizite Volatilität verglichen mit der nachfolgend realisierten Volatilität besitzen), dann sollte sich durch diese Vorgangsweise eine langfristige durchschnittliche Überrendite (z.B. im Vergleich mit dem underlying, dem S&P500) ergeben.

Der Index wird ab dem Jahr 2007 von der CBOE publiziert. Zurückgerechnete Daten existieren bis zum 30.Juni 1986. Der Index war so normiert worden, dass er am 1.Juni 1988 einen Normwert von 100 hatte.

Der Put-Write-Index verfolgt kontinuierlich die Entwicklung der folgenden Handelsstrategie (alle technischen Details des Handels (zu welcher Tageszeit genau wird zu welchem Preis gehandelt, wie genau werden freie Barmittel risikolos angelegt, etc.) werden hier nicht bis ins Letzte angeführt, können aber etwa hier nachgelesen werden `http://www.cboe.com/products/strategy-benchmark-indexes/putwrite-indexes/cboe-s-p-500-putwrite-index-put`):

- An jedem dritten Freitag eines Monats steht der Kurs des Put Write Index auf einem bestimmten Wert A. Wir interpretieren A als momentanes Vermögen in der Handelsstrategie.

- An diesem dritten Freitag laufen alle Optionen die in der Handelsstrategie gehalten wurden aus und es werden neue Optionen eingegangen.

- Konkret wird jeweils ein Typ von Put-Optionen verkauft mit einer Laufzeit bis zum dritten Freitag des nächsten Monats.

- Der Strike K der Put-Optionen ist der größte verfügbare Strike kleiner oder gleich dem momentanen Stand S_0 des S&P500. Wir verkaufen also At-The-Money-Put-Optionen.

- Die Anzahl X der Put-Optionen die gehandelt werden, hängt vom momentanen Vermögen in der Handelsstrategie, also vom momentanen Kurs A des Put-Write-Index, ab und ist gegeben durch $X = \frac{A}{K}$.

- Diese Anzahl X ist so bestimmt, dass auch im Worst Case, der Verlust durch die Strategie sicher durch das vorhandene Investment abgedeckt werden kann. Denn: Im Worst Case fällt der S&P500 während der Laufzeit der Option auf den Wert 0. In diesem Fall müssten wir für die Short-Position in der Put-Option einen Payoff von $X \cdot K = A$ bezahlen.

- Die durch den Verkauf eingenommene Prämie ist ein reiner Zeitwert der Option.

- Prämieneinnahmen und weitere vorhandene Mittel werden stets nach gewissen Vorschriften in kurzlaufende US-Bundesanleihen veranlagt.

Vereinfacht gesagt, machen wir mit dieser Strategie monatliche Gewinne, falls der S&P500 steigt, stagniert oder geringfügig fällt (nicht mehr fällt als der eingenommenen Prämie, dem Zeitwert der verkauften Option, entsprechend). Der Maximalgewinn ist aber durch die eingenommene Prämie nach oben beschränkt.

Wir machen mit der Strategie Verluste falls der S&P500 stärker fällt. Die Verluste entsprechen Eins zu Eins den Verlusten des S&P500 abzüglich der eingenommenen Prämie.

Tatsächlich zeigt die Strategie, also die Entwicklung des CBOE S&P500 Put Write Index, eine ganz ähnliche Entwicklung wie der S&P500 selbst.

In Abbildung 5.63 sehen wir die bisherige Entwicklung (jeweils in Prozent normiert auf den Ausgangspunkt der Zeitreihe) seit 1986, also seit Daten für den Put Write Index existieren. Wir erkennen eine deutliche Out-Performance des Put Write Index gegenüber dem S&P500. In Abbildung 5.64 haben wir dieselbe Gegenüberstellung für einige andere Teil-Zeitbereiche vorgenommen. Außer im Zeitbereich von circa 2010 bis 2018 bestätigt sich die bessere Performance des Put Write Index gegenüber dem S&P500. Zu bedenken ist dabei, dass ein Teil der Performance im Put-Write-Index auch durch die Veranlagung des Cash-Bestands in US-Bundesanleihen resultiert. Dadurch ist in Hochzinsphasen mit einer deutlich besseren Performance des Put-Write-Index zu rechnen als in Tiefzinsphasen.

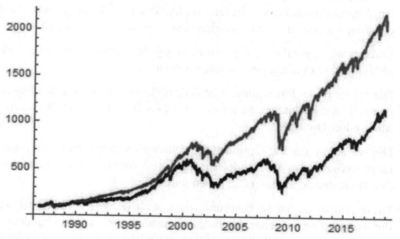

Abbildung 5.63: Vergleich Entwicklung S&P500 in Prozent (blau) mit der Entwicklung des CBOE S&P500 Put Write Index in Prozent (rot) seit Juni 1986 bis November 2018

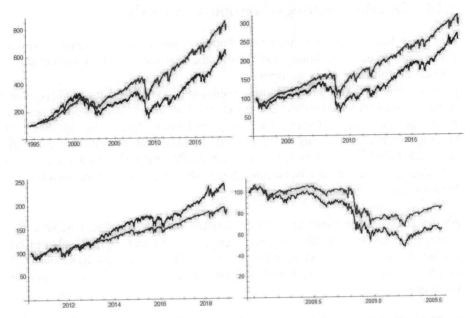

Abbildung 5.64: Vergleich Entwicklung S&P500 in Prozent (blau) mit der Entwicklung des CBOE S&P500 Put Write Index in Prozent (rot) in verschiedenen Teilperioden

Auffällig in Abbildung 5.64 ist auch der Chart rechts unten: Im Verlauf der Finanz-krise von 2008 bis circa Mitte 2009 sind die Kursverluste im Put Write Index doch wesentlich weniger dramatisch als im S&P500 selbst ausgefallen.

Im Folgenden geben wir noch die Kennzahlen der Entwicklungen von Put Write Index und von S&P500 im Vergleich.

	Rendite p.a.	Vola p.a.	Sharpe Ratio (3%)	Max. Drawdown
S&P500	7.72%	17.53%	0.27	-56.56%
S&P500 Put Write Index	9.89%	12.65%	0.54	-37.09%

Natürlich stellen sich hier sofort einige sehr interessante Fragen. Vor allem:
Kann man die im Put Write Index widergespiegelte Strategie optimieren?
Zum Beispiel durch Wahl anderer Strikes, durch Handel einer anderen (höheren) Anzahl von Kontrakten, durch Handel von Optionen mit anderen Laufzeiten oder durch Anwendung einer Exit-Vorschrift (Schließen der Kontrakte) beim Eintre-ten einer gewissen Verlusthöhe, ... ? Diese Fragen werden wir zum Thema eines unserer Fallbeispiele machen und im entsprechenden Kapitel dann ausführlich be-handeln.

5.18   Die Berechnungs-Methodik des VIX

Wie wir schon weiter oben angemerkt haben, wurden Volatilitätsindices in den Anfangsjahren der Berechnung und Veröffentlichung von solchen Volatilitätsindikatoren auf folgende Weise bestimmt:
Es wurde ein gewisser Zeitraum vorgegeben, auf den sich die durch den Index indizierte Volatilität beziehen sollte (zum Beispiel 30 Tage). Dann wurden aus der Palette der gehandelten Optionen mit längster Laufzeit kleiner als 30 Tage und kürzester Laufzeit größer als 30 Tage sämtliche impliziten Volatilitäten mit Hilfe der Black-Scholes-Formel bestimmt. Der aktuelle Wert des Volatilitätsindex ergab sich dann als in bestimmter Weise gewichteter Mittelwert dieser impliziten Einzel-Volatilitäten.

Ab der Jahrtausendwende wurde für die meisten Volatilitätsindices eine neue Berechnungsmethode eingeführt, die weitgehend modellunabhängig ist, also insbesondere nicht auf die Berechnung impliziter Volatilitäten über die Black-Scholes-Formel zurückgreift. Wir wollen diese Methode an Hand des VIX im Folgenden vorstellen.

Dazu werden wir zuerst anführen, wie der VIX konkret kontinuierlich (d.h. im Minutentakt) berechnet wird. Dabei werden wir aber nicht jedes kleinste technische Detail der Berechnung erwähnen, da dies für das Verständnis der Konstruktion des VIX nicht nötig ist, sondern einige kleine Vereinfachungen zulassen. Sollte jemand ganz exakt an der Berechnung des VIX bis ins kleinste Detail interessiert sein, so ist die Berechnung im „CBOE VIX, White paper, CBOE Volatility Index" das im Internet abrufbar ist, nachzulesen.

In einem zweiten Schritt werden wir illustrieren, warum diese – auf den ersten Blick nicht wirklich intuitiv einleuchtende aber auf den zweiten Blick äußerst beeindruckende – Berechnungsmethode tatsächlich einen Wert ergibt, der die implizite Volatilität des SPX sehr gut nachbildet.

In den nachfolgenden Ausführungen wird auch klar werden, dass auf Basis dieser konkreten Berechnungsmethode ein perfektes Hedgen (bzw. ein direkter Handel) des VIX unmittelbar mit Hilfe von SPX-Optionen durchgeführt werden kann.

Die **Berechnung des VIX**:
Der VIX wird kontinuierlich (im Minutentakt) aus den Bid- und Ask-Preisen der gehandelten SPX-Standard-Optionen mit Laufzeit jeweils bis zur Börseneröffnung am dritten Freitag eines Monats sowie aus den „weekly"-SPX-Optionen mit Laufzeiten jeweils bis zum Börsenschluss der sonstigen Freitage berechnet.

Konkret werden zur Berechnung jeweils Optionen mit zwei verschiedenen Laufzeiten T_1 und T_2 verwendet: Diejenigen mit der längsten Laufzeit T_1 die kürzer als

30 Tage ist, und diejenigen mit der kürzesten Laufzeit T_2, die länger als 30 Tage ist.

Wir betrachten jetzt einen Typ dieser beiden Optionen. Wir bezeichnen seine Laufzeit mit T (auf Minuten-Genauigkeit) und berechnen auf die unten beschriebene Weise einen Wert σ^2.

Für den zweiten Typ werden später genau dieselben Berechnungen vorgenommen wie für diesen ersten Typ.

Für beide Typen erhalten wir dann auf die unten beschriebene Weise jeweils einen Wert σ_1^2 bzw. σ_2^2.

Die endgültige gesuchte (in Prozent angegebene) implizite Vola VIX ergibt sich dann als die Wurzel eines gewissen gewichteten Mittels der beiden Einzelwerte:

$$\text{VIX} = 100 \times \sqrt{\omega_1 \cdot \sigma_1^2 + \omega_2 \cdot \sigma_2^2}$$

Dabei ist $\omega_1 + \omega_2 = 1$ und $\omega_1 = 0$ falls T_2 genau 30 Tagen entspricht bzw. $\omega_2 = 0$ falls T_1 genau 30 Tagen entspricht.

(Genau gilt:

$$\omega_1 = T_1 \cdot \frac{N_{T_2} - N_{30}}{N_{T_2} - N_{T_1}} \cdot \frac{N_{365}}{N_{30}} \quad \text{und} \quad \omega_2 = T_2 \cdot \frac{N_{30} - N_{T_1}}{N_{T_2} - N_{T_1}} \cdot \frac{N_{365}}{N_{30}} \quad \text{mit}$$

$N_{30} = 43.200$ (= Anzahl der Minuten von 30 Tagen)
$N_{365} = 525.600$ (= Anzahl der Minuten von 365 Tagen)
$N_{T_1} =$ Anzahl der Minuten bis T_1
$N_{T_2} =$ Anzahl der Minuten bis T_2)

Für eine der beiden Laufzeiten T wird nun σ^2 (hier unwesentlich vereinfacht beschrieben) wie folgt berechnet:

Wenn im Folgenden von „Optionspreisen" $C(K)$ für Calls bzw. $P(K)$ für Puts die Rede ist, dann sprechen wir immer von den Mittelpreisen zwischen Bid- und Ask-Preis für die Optionen mit Laufzeit T und Strike K.

r bezeichne den risikolosen Zinssatz für den Zeitbereich $[0, T]$.

Seien $S_0 > K_1 > K_2 > K_3 > \ldots > K_m > K_{m+1} > K_{m+2}$ die Strikes aller Put-Optionen mit Strike kleiner als der momentane Stand S_0 des S&P500 für die folgendes gilt:
m ist der kleinste Index, für den die Bidpreise der Put-Optionen mit Strikes K_{m+1} und K_{m+2} beide gleich 0 sind.

Seien $S_0 < L_1 < L_2 < L_3 < \ldots < L_n < L_{n+1} < L_{n+2}$ die Strikes aller Call-Optionen mit Strike größer als der momentane Stand S_0 des S&P500 für die folgendes gilt:

n ist der kleinste Index, für den die Bidpreise der Call-Optionen mit Strikes L_{n+1} und L_{n+2} beide gleich 0 sind.

Für ein beliebiges K_i mit $i = 2, 3, \ldots, m-1$ sei $\Delta(K_i) := \frac{K_{i-1} - K_{i+1}}{2}$ und analog für ein beliebiges L_i mit $i = 2, 3, \ldots m - 1$ sei $\Delta(L_i) := \frac{L_{i+1} - L_{i-1}}{2}$.
Weiters $\Delta(K_1) := \frac{L_1 - K_2}{2}$, $\Delta(L_1) := \frac{L_2 - K_1}{2}$ und $\Delta(K_m) := K_{m-1} - K_m$ sowie $\Delta(L_n) := L_n - L_{n-1}$.

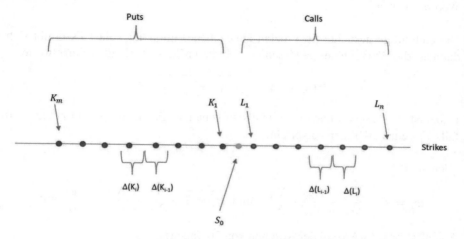

Abbildung 5.65: Zur Definition des VIX

Dann ist

$$\sigma^2 := \frac{2e^{rT}}{T} \cdot \left(\sum_{i=1}^{m} \frac{\Delta(K_i)}{K_i^2} P(K_i) + \sum_{i=1}^{n} \frac{\Delta(L_i)}{L_i^2} C(L_i) \right).$$

Der Wert σ^2 wird also definiert als der momentane Marktpreis eines gewichteten Portfolios D aus real gehandelten Optionen auf den S&P500. Dabei werden Put-Optionen mit einem Strike der kleiner ist als der momentane Kurs des S&P500 und Call-Optionen mit einem Strike der größer ist als der momentane Kurs des S&P500 gehandelt.

Die **anschauliche Bedeutung des VIX**:

Die Konstruktion des Wertes σ^2 dürfte klar sein. Weniger klar dürfte allerdings sein, was dieser Wert tatsächlich mit einer impliziten Volatilität des underlyings S&P500 zu tun haben sollte.

Um uns das klar zu machen, betrachten wir das Portfolio D genauer. Als erstes fragen wir uns, wie der Payoff dieses Portfolios zur Zeit T aussieht, falls der Stand des S&P500 zur Zeit T gleich S_T lautet. Der Payoff ist dann natürlich gegeben durch

$$\text{Payoff}\,(S_T) = \frac{2e^{rT}}{T} \cdot \left(\sum_{i=1}^{m} \frac{\max\,(0, K_i - S_T)}{K_i^2} \Delta\,(K_i) + \right.$$

$$\left. + \sum_{i=1}^{n} \frac{\max\,(0, S_T - L_i)}{L_i^2} \Delta\,(L_i) \right) =$$

$$= \begin{cases} \frac{2e^{rT}}{T} \cdot \sum_{i=1}^{m} \frac{\max(0, K_i - S_T)}{K_i^2} \Delta\,(K_i) & \text{falls } S_T \leq S_0 \\ \frac{2e^{rT}}{T} \cdot \sum_{i=1}^{n} \frac{\max(0, S_T - L_i)}{L_i^2} \Delta\,(L_i) & \text{falls } S_T > S_0 \end{cases}.$$

Die beiden letzten Summen sind jeweils sogenannte Riemann'sche Summen der Funktion $f(x) := \frac{\max(0, x - S_T)}{x^2}$ falls $S_T \leq S_0$ bzw. $g(x) := \frac{\max(0, S_T - x)}{x^2}$ falls $S_T > S_0$.

Da der S&P500 Optionsmarkt ein sehr enges Netz von Strikes bietet (also $\Delta\,(K_i)$ bzw. $\Delta\,(L_i)$ kleine Werte aufweisen, häufig Wert 5) und auch sehr niedrige Strikes K_i bzw. sehr hohe Strikes L_i verfügbar sind, kann

$\sum_{i=1}^{m} \frac{\max(0, K_i - S_T)}{K_i^2} \Delta\,(K_i)$ falls $S_T \leq S_0$ ist, als sehr gute Näherung für

$$\int_{0}^{S_0} f(x) dx := \int_{0}^{S_0} \frac{\max\,(0, x - S_T)}{x^2} dx = \int_{S_T}^{S_0} \frac{x - S_T}{x^2} dx =$$

$$= \int_{S_T}^{S_0} \frac{1}{x} dx - S_T \cdot \int_{S_T}^{S_0} \frac{1}{x^2} dx = \frac{S_T}{S_0} - 1 - \log \frac{S_T}{S_0}$$

aufgefasst werden. Und ganz analog kann

$\sum_{i=1}^{n} \frac{\max(0, S_T - L_i)}{L_i^2} \Delta\,(L_i)$ falls $S_T > S_0$ ist, als sehr gute Näherung für

$$\int_{S_0}^{\infty} g(x) dx := \int_{S_0}^{\infty} \frac{\max\,(0, S_T - x)}{x^2} dx = \int_{S_0}^{S_T} \frac{S_T - x}{x^2} dx =$$

$$= \int_{S_T}^{S_0} \frac{1}{x} dx - S_T \cdot \int_{S_T}^{S_0} \frac{1}{x^2} dx = \frac{S_T}{S_0} - 1 - \log \frac{S_T}{S_0}$$

aufgefasst werden. In beiden Fällen erhalten wir dasselbe Ergebnis. Es gilt daher für den Payoff des Portfolios D:

$$\text{Payoff}\,(S_T) \approx \frac{2e^{rT}}{T} \cdot \left(\frac{S_T}{S_0} - 1 - \log \frac{S_T}{S_0} \right).$$

Das Portfolio D lässt sich also näherungsweise aus folgenden Produkten zusammensetzen:

Komponente 1: $\frac{2e^{rT}}{T\cdot S_0}$ Stück des underlyings,

Komponente 2: $-\frac{2e^{rT}}{T}$ Stück einer Zahlung von 1 zur Zeit T

Komponente 3: $-\frac{2e^{rT}}{T}$ Stück eines Derivats II das im Zeitpunkt

$\qquad$ $\log \frac{S_T}{S_0}$ ausbezahlt.

Wenn wir davon ausgehen, dass die sehr liquiden Optionen des S&P500 Optionsmarktes fair gepreist sind, dann können wir auch davon ausgehen, dass das Portfolio D fair gepreist ist. Der momentane Preis des Portfolios D müsste also im Wesentlichen dem fairen Preis des Portfolios D entsprechen. Wir wollen daher im Folgenden den fairen Preis D_0 des Portfolios im Zeitpunkt 0 bestimmen.

Der faire Preis der Komponente 1 beträgt $\frac{2e^{rT}}{T\cdot S_0} \times$ fairer Preis des underlyings. Der faire Preis des underlyings ist natürlich S_0 und der faire Preis der Komponente 1 ist daher $\frac{2e^{rT}}{T}$.

Der faire Preis der Komponente 2 beträgt $-\frac{2e^{rT}}{T} \times e^{-rT} = -\frac{2}{T}$.

Somit bleibt die Bestimmung des fairen Preises des Derivats Π:
Für das Folgende, die Bestimmung des fairen Preises Π_0 des Derivats Π, gehen wir jetzt doch davon aus, dass wir uns in einem Black-Scholes-Markt befinden. Das nachfolgende Resultat über den fairen Preis des Derivats Π würde auch unter wesentlich milderen Bedingungen gelten. Da wir bisher aber noch nicht über andere Techniken als über das Black-Scholes-Modell verfügen, können wir das folgende Resultat bisher nur im Black-Scholes-Modell herleiten. Zur Plausibilisierung des Resultats kann die Argumentation im Black-Scholes-Modell aber durchaus dienen.

Im Folgenden bezeichnet E wieder den Erwartungswert bezüglich des risiko-neutralen Maßes im Wiener Modell.

Wir können also davon ausgehen, dass $S_T = S_0 \cdot e^{\left(r-\frac{\sigma^2}{2}\right)\cdot T+\bar{\sigma}\sqrt{T}\omega}$ mit einer standard-normal-verteilten Zufallsvariablen ω gilt. Hier bezeichnet $\bar{\sigma}$ die Volatilität des underlyings S&P500. Wir wissen, dass (im Black-Scholes-Modell) der faire Preis wie folgt berechnet wird:

$$\Pi_0 = e^{-rT} \cdot E(\text{Payoff des Derivats } \Pi) = e^{-rT} \cdot E\left(\log \frac{S_T}{S_0}\right) =$$

$$= e^{-rT} \cdot E\left(\left(r-\frac{\bar{\sigma}^2}{2}\right) \cdot T + \bar{\sigma}\sqrt{T}\omega\right) = e^{-rT} \cdot \left(r-\frac{\bar{\sigma}^2}{2}\right) \cdot T.$$

Somit hat Komponente 3 den fairen Preis $-\frac{2e^{rT}}{T} \times e^{-rT} \cdot \left(r - \frac{\bar{\sigma}^2}{2}\right) \cdot T = -2r + \bar{\sigma}^2$.

Addieren der fairen Preise der drei Komponenten und die Näherung $e^{rT} \approx 1 + rT$ ergeben:

$$D_0 \approx \frac{2e^{rT}}{T} - \frac{2}{T} - 2r + \bar{\sigma}^2 \approx \bar{\sigma}^2.$$

Wie gesagt: Dieses Resultat lässt sich auch unter wesentlich milderen Voraussetzungen als der Annahme eines Wiener Modells herleiten.

Wir fassen zusammen:

Der oben definierte Wert (auf dem die Konstruktion des VIX beruht) $\sigma^2 := \frac{2e^{rT}}{T} \cdot \left(\sum_{i=1}^{m} \frac{\Delta(K_i)}{K_i^2} P(K_i) + \sum_{i=1}^{n} \frac{\Delta(L_i)}{L_i^2} C(L_i)\right)$ hat näherungsweise den Wert $\bar{\sigma}^2$ der in der Modellierung des S&P500 als Volatilität auftritt.

$$\sigma := \sqrt{\frac{2e^{rT}}{T} \cdot \left(\sum_{i=1}^{m} \frac{\Delta(K_i)}{K_i^2} P(K_i) + \sum_{i=1}^{n} \frac{\Delta(L_i)}{L_i^2} C(L_i)\right)}$$

ist daher ein Näherungswert für die Volatilität des S&P500 für den Zeitbereich $[0, T]$.

Durch die weiter oben beschriebene Gewichtung der für die beiden Optionstypen erhaltenen Volatilitäten erhält man schließlich den VIX, der dann tatsächlich einen Näherungswert für die Volatilität des S&P500 für den Zeitbereich $\left[0, \frac{30}{365}\right]$, also für die 30-Tages-Volatilität des S&P500, darstellt.

Der VIX beruht also rein auf einer Linear-Kombination von Optionspreisen und er lässt sich daher auch durch den Kauf dieser Optionen im Umfang der jeweiligen Gewichte perfekt replizieren und hedgen.

In welchem Verhältnis steht nun der VIX zu den tatsächlichen impliziten Volatilitäten der Optionen mit einer Laufzeit von 30 Tagen?

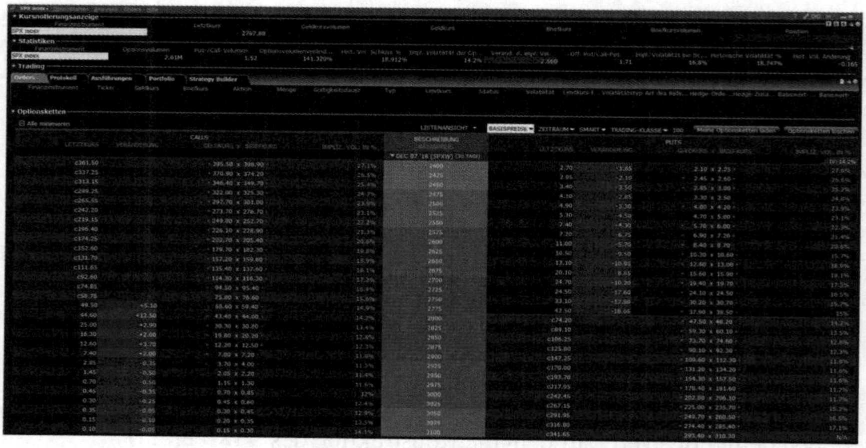

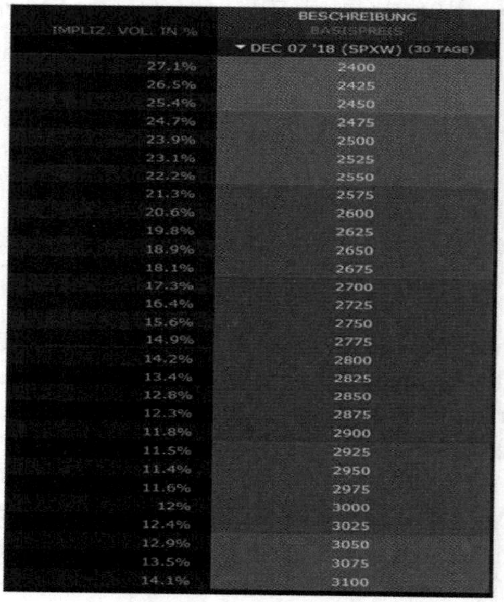

IMPLIZ. VOL. IN %	BESCHREIBUNG BASISPREIS
	▼ DEC 07 '18 (SPXW) (30 TAGE)
27.1%	2400
26.5%	2425
25.4%	2450
24.7%	2475
23.9%	2500
23.1%	2525
22.2%	2550
21.3%	2575
20.6%	2600
19.8%	2625
18.9%	2650
18.1%	2675
17.3%	2700
16.4%	2725
15.6%	2750
14.9%	2775
14.2%	2800
13.4%	2825
12.8%	2850
12.3%	2875
11.8%	2900
11.5%	2925
11.4%	2950
11.6%	2975
12%	3000
12.4%	3025
12.9%	3050
13.5%	3075
14.1%	3100

Abbildung 5.66: Auswahl Optionen auf den SPX mit Laufzeit bis 7.12.2018 vom 7.11.2018 mit impliziten Volatilitäten

In Abbildung 5.66 sehen wir eine Auswahl der Optionen mit Laufzeit genau einen Monat vom 7.11.2018. Die impliziten Volatilitäten zeigen deutlichen Skew, der mit einem leichten Smile am rechten Rand abschließt. Die Vola-Werte reichen von circa 11% bis circa 27%. Am Geld liegen die impliziten Volas um die 14%. Der tatsächliche Wert des VIX lag zum Zeitpunkt der Quotierungen von Abbildung 5.66 bei 16.97%.

5.19 Der Volatilitäts-Wochenend-Effekt

In verschiedenen Studien wird auf einen sogenannten „Wochenend-Effekt" von Kursentwicklungen hingewiesen. So sollen viele Finanzkurse – systematisch – an Montagen eine höhere Volatilität (implizit oder realisiert) aufweisen als an anderen Wochentagen (insbesondere als an Freitagen).

Eine etwas abgewandelte Version dieses Effekts lautet: Kurse von Finanzprodukten weisen häufig an Freitagen einen Kursanstieg und von Freitag Abend bis Montag Abend einen Kursrückgang auf.

Eine Vielzahl von Untersuchungen beschäftigt sich eingehend mit der Analyse von Kursdaten verschiedenster Finanzprodukte um diesen Wochenendeffekt nachzuweisen oder aber zu widerlegen.

Dieser Wochenend-Effekt ist nur eine von vielen „Kurs-Anomalien" von denen immer wieder in der Literatur berichtet wird. Wir wollen uns nicht weiter mit diesen Kurs-Anomalien beschäftigen, nur einige davon kurz benennen und – da wir uns schon bisher so eingehend mit dem S&P500 beschäftigt haben – eine kleine Statistik für den S&P500 in Hinblick auf den Wochenendeffekt anschließen.

Prinzipiell sei bemerkt:
Es scheint so, dass sich viele der sogenannten Anomalien, die vor allem ab den 1970er Jahren benannt wurden, seit etwa der Jahrtausend-Wende abgeschwächt haben. Manche der Anomalien sind zwar nach wie vor erkennbar, aber so schwach ausgeprägt, dass sie nicht in Handelsstrategien umgemünzt werden können, die zu einer verlässlichen Überrendite führen.

Einige der populärsten Kurs-Anomalien sind – neben dem Weekend-Effekt – die folgenden (einen guten Überblick bietet der Artikel „Anomalies and Market Efficiency" von G. William Schwert [2]):
Januar-Effekt, Schönwetter-Effekt, Winner/Loser-Effekt (Momentum-Effekt) oder der small firms Effekt.

Zum Abschluss dieses kurzen Ausflugs wollen wir noch die Tageskurse des S&P500 von 1990 bis November 2018 in Hinblick auf einen Weekend-Effekt auswerten und die Resultate im Folgenden (für den gesamten Zeitraum und für verschiedene Teil-Perioden) widergeben:

	Jan. 1990 – Nov. 2018	Jan. 1990 – Dez. 1999	Jan. 2000 – Nov. 2018	Jan. 2008 – Dez. 2009
durchschnittliche Rendite an Mo.	0.03%	0.12%	-0.02%	-0.15%
durchschnittliche Rendite an Di.	0.06%	0.07%	0.06%	0.18%
durchschnittliche Rendite an Mi.	0.04%	0.09%	0.01%	-0.15%
durchschnittliche Rendite an Do.	0.02%	-0.03%	0.06%	0.04%
durchschnittliche Rendite an Fr.	0.01%	0.06%	-0.02%	0.02%

	Jan. 1990 – Nov. 2018	Jan. 1990 – Dez. 1999	Jan. 2000 – Nov. 2018	Jan. 2008 – Dez. 2009
durchschnittliche Rendite Mo. Abend bis Di. Früh	0.003%	0.0003%	-0.005%	-0.025%
durchschnittliche Rendite Di. Abend bis Mi. Früh	-0.002%	-0.0007%	-0.002%	-0.05%
durchschnittliche Rendite Mi. Abend bis Do. Früh	-0.001%	0.0007%	0.001%	-0.006%
durchschnittliche Rendite Do. Abend bis Fr. Früh	0.002%	0%	0.003%	-0.055%
durchschnittliche Rendite Fr. Abend bis Mo. Früh	0.009%	0.0004%	0.014%	-0.006%

	Jan. 1990 – Nov. 2018	Jan. 1990 – Dez. 1999	Jan. 2000 – Nov. 2018	Jan. 2008 – Dez. 2009
durchsch. proz. Änderung von Min auf Max an Mo.	1.24%	1.10%	1.31%	2.47%
durchsch. proz. Änderung von Min auf Max an Di.	1.27%	1.14%	1.34%	2.34%
durchsch. proz. Änderung von Min auf Max an Mi.	1.26%	1.07%	1.36%	2.36%
durchsch. proz. Änderung von Min auf Max an Do.	1.29%	1.12%	1.38%	2.66%
durchsch. proz. Änderung von Min auf Max an Fr.	1.24%	1.15%	1.28%	2.28%

	Jan. 1990 – Nov. 2018	Jan. 1990 – Dez. 1999	Jan. 2000 – Nov. 2018	Jan. 2008 – Dez. 2009
durchschnittlicher VIX an Mo.	19.55	18.72	20.00	32.69
durchschnittlicher VIX an Di.	19.28	18.51	19.69	31.79
durchschnittlicher VIX an Mi.	19.24	18.42	19.67	32.00
durchschnittlicher VIX an Do.	19.16	18.42	19.56	31.73
durchschnittlicher VIX an Fr.	19.08	18.29	19.50	32.32

Die einzige Auffälligkeit in Hinblick auf einen Wochentageffekt, die sich über alle betrachteten Zeitperioden hartnäckig hält, ist der merklich höchste VIX-Wert an Montagen.

5.20 Derivate auf den VIX, VIX-Futures

Die CBOE bietet Futures und Optionen als Derivate auf den VIX an. VIX-Futures werden über die CFE, die CBOE-Futures-Exchange gehandelt. Auf der Homepage der CBOE steht zu lesen:

„Introduced in 2004 on Cboe Futures Exchange (CFE), VIX futures provide market participants with the ability to trade a liquid volatility product based on the VIX Index methodology. VIX futures reflect the market's estimate of the value of the VIX Index on various expiration dates in the future. Monthly and weekly expirations are available and trade nearly 24 hours a day, five days a week. VIX futures provide market participants with a variety of opportunities to implement their view using volatility trading strategies, including risk management, alpha generation and portfolio diversification. "

Die VIX-Futures (allgemeines Kürzel VX) stellen wirklich die effizienteste Methode zum Handel des VIX dar. Natürlich ist der VIX – aufgrund seiner Definition über SPX-Optionspreise auch direkt durch den Handel der entsprechenden SPX-Optionen handelbar. Dies ist jedoch (wegen der großen Anzahl zu handelnder verschiedener Optionen, die in einem ganz bestimmten Anzahlverhältnis zu handeln sind und für die der Handel exakt zum Mittelkurs zwischen Bid- und Ask-Preis vorausgesetzt wird) nur mit großem Aufwand – und auch nur näherungsweise – möglich.

Wie schon im Fall von Futures auf Einzelaktien oder auf Aktien-Indices bildet der Handel eines VIX-Futures den Handel mit dem underlying – dem VIX – ebenfalls nur näherungsweise nach. Bei Fälligkeit des Futures stimmt der Strike des Futures mit dem aktuellen Stand des VIX überein. Während der Laufzeit des Futures weicht der Strike des Futures im Allgemeinen aber etwas vom Kurs des VIX ab. Diese Abweichung determiniert die Ungenauigkeit bei der Nachbildung eines VIX-Handels durch einen VIX-Futures-Handel.

Wir sehen in den Abildungen 5.67 und 5.68 die Entwicklung des SPX, die Entwicklung des VIX und die gelisteten Quotes der VX-Futures während des Handelstags am 21.11.2018. Der VIX lag zu diesem Zeitpunkt (als dieser Chart kopiert wurde) knapp unter 20.50 Punkten. Der VIX war im Lauf dieser ersten Stunden des Handelstags – wohl aufgrund eines im gleichen Zeitraum nach oben tendierenden SPX – kontinuierlich gefallen. Die Strikes der Futures bewegten sich – auch bei den längeren Laufzeiten – in Nähe des aktuellen VIX-Standes. (Bid-Werte zwischen 19.90

und 20.45, Ask-Werte zwischen 19.95 und 20.50). Die Spreads zwischen Bid und Ask lagen zumeist bei 0.05 Dollar, also beim kleinsten möglichen Wert.

Die folgende – bereits oben zitierte – Aussage im Statement der CBOE: „*VIX futures reflect the market's estimate of the value of the VIX Index on various expiration dates in the future.*" ist allerdings – wie wir bereits wissen – zu hinterfragen. Auf Grund des No-Arbitrage-Prinzips ist ja – unabhängig von der Modellierung des underlyings und vorausgesetzt nur, dass das Halten des underlying keine Kosten erfordert und keine Zahlungen abwirft – der faire Strike-Preis des Futures eindeutig bestimmt. Für das Halten des VIX fallen offensichtlich keine Kosten an, und das Halten des VIX wirft auch keine Einnahmen ab. Somit ist der faire Strike eines Futures (zumindest theoretisch) ohne Rücksicht auf irgendwelche Erwartungen in Hinblick auf die Entwicklung des VIX eindeutig gegeben und sollte sich auch in den Quotes widerspiegeln. Wie ist dann die obige Aussage der CBOE einzuordnen? Auf einer anderen Seite der CBOE-Homepage wird auf diese Inkonsistenz etwas näher eingegangen: Der VIX ist zwar theoretisch eindeutig, praktisch aber nur mit einigem Aufwand und nur mittels kontinuierlichen Anpassens explizit zu replizieren (durch den kontinuierlichen Handel von SPX-Optionen). Dieses Replizieren ist umso aufwändiger je länger die Laufzeit des jeweiligen Futures ist, für dessen Replikation wiederum der VIX zu replizieren ist. Daher ist es durchaus möglich, dass die tatsächlich quotierten Strikes der Futures etwas von den fairen Strikes abweichen. Dieses Abweichen (das natürlich nicht zu exzessiv ausfallen kann, da sonst durchaus wieder Arbitrage möglich wäre) kann dann durchaus auf gewisse Erwartungen der Marktteilnehmer in Hinblick auf die weitere Entwicklung des VIX zurückzuführen sein. Diese Erwartungen werden häufig von der schon früher erwähnten langfristigen „mean-reversion-Eigenschaft" des VIX gesteuert. Das langjährige Mittel des VIX liegt (Stand November 2018) bei 19.43%. Der aktuelle Wert von 20.50 ist also leicht überdurchschnittlich und lässt langfristig einen leichten Rückgang in Richtung Mittel erwarten. So lassen sich möglicher Weise die leicht abfallenden Strikes der VIX-Futures in Abbildung 5.68 erklären. (Die theoretisch fairen Strikes sollten tatsächlich aufgrund der im Herbst 2018 leicht positiven US-Zinsen mit wachsender Laufzeit leicht über den Wert von 20.50 ansteigen.)

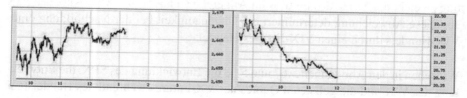

Abbildung 5.67: Entwicklung SPX (links) und VIX (rechts) am 21.11.2018

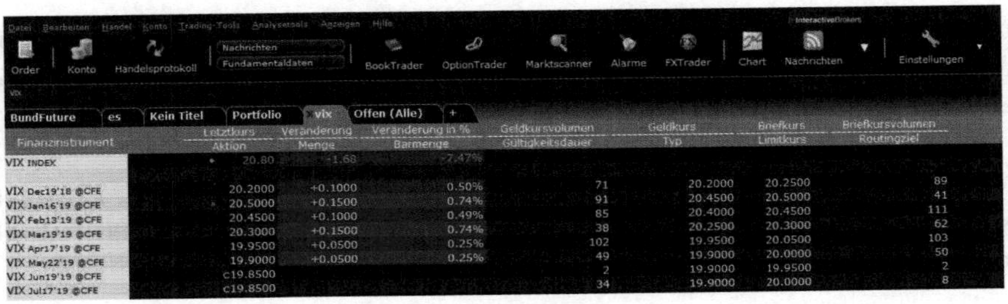

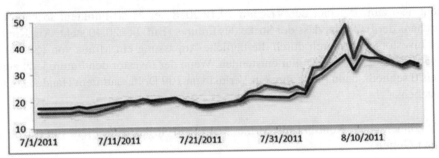

Abbildung 5.68: am 21.11.2018 gelistete VIX-Futures in der Interactivebrokers Trader Workstation (gleicher Zeitpunkt wie in Abbildung 5.67)

In Abbildung 5.69 sehen wir als ein Beispiel die parallele Entwicklung des VIX (blaue Kurve) und des Strikes eines der damals quotierten VIX-Futures im Sommer 2011. Deutlich zu erkennen ist eine starke Abweichung um den 10.8.2011. Und gut zu erkennen ist auch, dass der Strike des Futures oberhalb des VIX liegt, solange der VIX einen unterdurchschnittlichen Wert (unter circa 20) aufweist, dass er aber, sobald der VIX stärker – auf überdurchschnittlich hohe Werte – ansteigt, zum Teil deutlich unter dem VIX liegt.

Abbildung 5.69: Abweichung zwischen VIX (rot) und dem Strike eines der VIX-Futures (blau) im Sommer 2011

Die in Abbildung 5.68 gelisteten VIX-Futures sind nicht alle zu diesem Zeitpunkt auch tatsächlich gehandelten VIX-Futures. Bis circa eineinhalb Monate in die Zukunft sind im Allgemeinen fast wöchentliche Fälligkeiten vorhanden.

Die Kontraktgröße eines VIX-Futures beträgt 1000 Dollar pro Stück.

Betrachten wir also zum Beispiel den VIX-Future aus Abbildung 5.68 mit Laufzeit bis zum 16.1.2019. Wir können einen Kontrakt mit Strike 20.50 (Ask-Strike) zum Preis von 0 Dollar **Long Gehen**.

Die genauen Margin-Regelungen für VIX-Futures sind auf der CBOE-Homepage https://cfe.cboe.com/margins/cfe-margins im Detail nachzulesen. Die Höhe der tatsächlich zu hinterlegenden Margin ist von Broker zu Broker verschieden. Sehr vereinfacht gesagt, ist bei Interactivebrokers mit einer Margin von maximal circa 12.500 US-Dollar pro VIX-Future-Kontrakt zu rechnen. Die Kontraktspesen sind (wieder als Richtwert bei Interactivebrokers) gering, etwa im Bereich von 2.50 Dollar.

Steigt bis zur Fälligkeit des Future-Kontrakts am 16.1.2019 der VIX auf 22 Punkte an, so wird mit dem Future-Kontrakt ein Gewinn von $(22 - 20.50) \times 1.000 = 1.500$ Dollar erzielt.

Fällt bis zur Fälligkeit des Future-Kontrakts am 16.1.2019 der VIX auf 18 Punkte ab, so wird mit dem Future-Kontrakt ein Verlust von $(18 - 20.50) \times 1.000 = -2.500$ Dollar eingefahren.

Natürlich kann der Future-Kontrakt auch schon vorzeitig wieder (zum Preis 0) geschlossen werden. Täglich werden aber Gewinne bzw. Verluste durch Veränderungen des Strikes am Konto des Investors ausgeglichen.
Und wie gesagt: Während der Laufzeit des Futures kann der Strike des Futures vom Wert des VIX abweichen.

Steht also zum Beispiel der VIX am 30.12.2018 bei 21.00 Punkten, so kann es durchaus der Fall sein, dass der Strike des Futures (Bid) bei 20.40 steht. Am Konto des Investors ist dadurch durch die tägliche Anpassung ein Minus von $(20.40 - 20.50) \times 1000 = -100$ Dollar entstanden. Wenn der Investor den Future jetzt zum Preis 0 schließt, dann bleibt ihm ein Verlust von 100 Dollar auf dem Handelskonto bestehen.

Wir können einen Kontrakt mit Strike 20.45 (Bid-Strike) zum Preis von 0 Dollar **Short Gehen**.

Wieder ist, sehr vereinfacht gesagt, mit einer Margin von maximal 12.500 US-Dollar pro VIX-Future-Kontrakt zu rechnen.

Fällt bis zur Fälligkeit des Future-Kontrakts am 16.1.2019 der VIX auf 15 Punkte ab, so wird mit dem Future-Kontrakt ein Gewinn von $(20.45 - 15.00) \times 1.000 = 5.450$ Dollar erzielt.

Steigt bis zur Fälligkeit des Future-Kontrakts am 16.1.2019 der VIX auf 22 Punkte an, so wird mit dem Future-Kontrakt ein Verlust von $(20.45 - 22) \times 1.000 = 1.550$ Dollar realisiert.

Durch Rollen auf Futures mit längeren Laufzeiten kann die Wirkung eines Futures (im Prinzip kostenlos) auf beliebig lange Laufzeiten verlängert werden.

Ein fiktives (!) Handels-Experiment mit VIX-Futures:

Wir wollen zum Abschluss dieses Kapitels – nur zum Vergnügen, das sei uns gestattet – ein einfaches Handels-Experiment unter sehr vereinfachten Bedingungen und vereinfachenden Annahmen durchführen:
Gehen wir dazu davon aus, dass das langfristige Mittel des VIX tatsächlich bei circa 20 Punkten liegt. Angenommen wir hätten – fiktiv und vereinfachend – mit den VIX-Futures die Möglichkeit tatsächlich jeweils den VIX exakt nachzubilden.

Für einen Kontrakt des VIX-Futures rechnen wir mit einer benötigten permanenten Margin von 12.500 Dollar (diese muss auch nach der täglichen Abrechnung immer noch frei vorhanden sein).

Transaktionskosten führen wir nicht extra an, es sei aber versichert, dass diese in der nachfolgenden Handelsstrategie vernachlässigbar klein sind.

Die Strategie besitzt zwei frei wählbare Parameter:

- Eine „Distanz" d und
- eine „Ratio".

Die Distanz d definiert uns eine Obergrenze $20 + d$ und eine Untergrenze $20 - d$. Also zum Beispiel für $d = 4$ erhalten wir die Obergrenze 24 und die Untergrenze 16.

Die Idee ist nun die: Sollte der VIX die Obergrenze überschreiten, dann gehen wir davon aus, dass der VIX langfristig einmal wieder unter das langfristige Mittel von 20 fallen wird und wir gehen daher, sobald der VIX die Obergrenze überschreitet, den VIX short (mittels VIX-Futures). Diese Short-Position wird so lange gehalten (bzw. gerollt), bis der VIX wieder zum ersten Mal unter 20 fällt.
Ganz analog:
Sollte der VIX die Untergrenze unterschreiten, dann gehen wir davon aus, dass der VIX langfristig einmal wieder über das langfristige Mittel von 20 steigen wird und wir gehen daher, sobald der VIX die Untergrenze unterschreitet, den VIX long (mittels VIX-Futures). Diese Long-Position wird so lange gehalten (bzw. gerollt), bis der VIX wieder zum ersten Mal über 20 steigt.

Also in unserem konkreten Zahlenbeispiel heißt dies:
Sobald der VIX über 24 steigt, werden VIX-Futures-Kontrakte short gegangen und so lange gehalten (bzw. gerollt) bis der VIX zum ersten Mal wieder unter 20 fällt. Dann werden die Futures-Kontrakte sofort glattgestellt.

Sobald der VIX unter 16 fällt, werden VIX-Futures-Kontrakte long gegangen und so lange gehalten (bzw. gerollt) bis der VIX zum ersten Mal wieder über 20 steigt. Dann werden die Futures-Kontrakte sofort glattgestellt.

Der Parameter „ratio", der in Prozent angegeben wird (z.B.: ratio = 30%), steuert, wie viele Futures-Kontrakte jeweils gehandelt werden.

Solange die Strategie läuft und laut Strategie-Anweisung Futures zu halten sind und solange das vorhandene Investment mehr als 12.500 Dollar beträgt, wird jeweils mindestens ein Kontrakt gehalten. Prinzipiell sind aber so viele Kontrakte wie möglich zu halten, so dass aber maximal „ratio" Prozent des momentan vorhandenen Investments als Margin gebunden werden.

Also zum Beispiel:
Wenn ratio = 30% ist und wenn das momentan vorhandene Investment bei 200.000 Dollar liegt, dann sollen höchstens 60.000 Dollar als Margin gebunden werden. Da man pro Futures-Kontrakt 12.500 Dollar an Margin benötigt, können in diesem Fall 4 Futures-Kontrakte gehandelt werden. Wenn das momentan vorhandene Investment bei 30.000 Dollar liegt, dann dürften auf Grund der „ratio-Regel" nur 9.000 Dollar für Margin-Zwecke verwendet werden. Es könnte also kein Future gehandelt werden. Da das vorhandene Investment aber über 12.500 Dollar liegt, wird dennoch ein Futures-Kontrakt gehandelt. Ratio = 0 bedeutet, dass stets nur ein Futures-Kontrakt gehandelt wird.

Wir starten in allen folgenden Tests mit einem Investment von 20.000 Dollar. Natürlich könnte zusätzlich das vorhandene Investment jeweils noch zum risikolosen Zinssatz veranlagt werden und es könnten dadurch die nachfolgenden Renditen noch höher ausfallen. Doch das wollen wir nicht weiter verfolgen.

Es könnte auch der „Mittelwert" 20, an dem die Futures-Kontrakte jeweils glattgestellt werden, variabel gehalten werden. Doch hat sich in praktisch allen Tests, die wir durchgeführt haben, dieser Wert als der im Wesentlichen optimale Wert herausgestellt.

In den folgenden Bildern und den dazugehörigen Performancedaten sehen Sie die Entwicklungen dieser Strategie für verschiedene Zeitbereiche und Parameterwahlen für „Distanz" und „ratio". Die Grafiken vergleichen die Entwicklung des S&P500 (rot) in Prozent mit der Entwicklung der Strategie (blau) in Prozent während der jeweiligen Zeitperiode.

Als Performancedaten werden angegeben:

• Der minimale Margin-Überschuss während der Laufzeit

(Margin-Überschuss = vorhandenes Investment - benötigte Margin). Dieser muss positiv sein, sonst wäre die Strategie während der Laufzeit abgebrochen worden.

- Das erzielte Endkapital (ausgehend von 20.000 Dollar) in absoluten Zahlen und in Prozent
- Die Rendite p.a. der Strategie
- Die Volatilität p.a. der Strategie
- Die Sharpe Ratio ($r = 3\%$) der Strategie

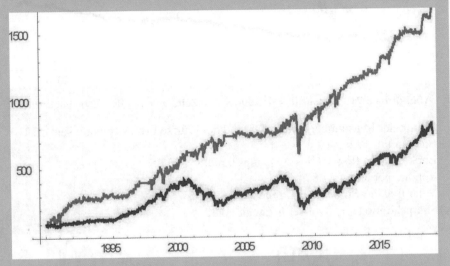

Abbildung 5.70: Distanz $d = 4$, Ratio = 0%, Zeitbereich: 1990 – November 2018

Minimaler Marginüberschuss während der Laufzeit (muss positiv sein): 12750
Endkapital: 332650
Endkapital in Prozent des Ausgangskapitals: 1663.25
Rendite per anno: 10.23%
Volatilität der Strategie p.a. in Prozent: 25.67
Sharpe-Ratio ($r = 3\%$) der Strategie: 0.28

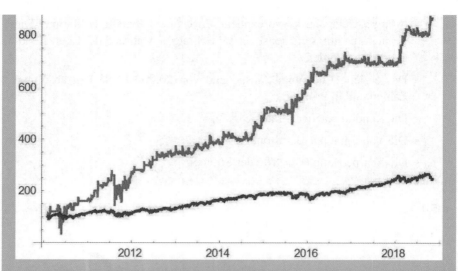

Abbildung 5.71: Distanz $d = 4$, Ratio = 0%, Zeitbereich: 2010 – November 2018

Minimaler Marginüberschuss während der Laufzeit (muss positiv sein): 2210
Endkapital: 172650
Endkapital in Prozent des Ausgangskapitals: 863.25
Rendite per anno: 27.87
Volatilität der Strategie p.a. in Prozent: 76.05
Sharpe-Ratio ($r = 3\%$) der Strategie: 0.32

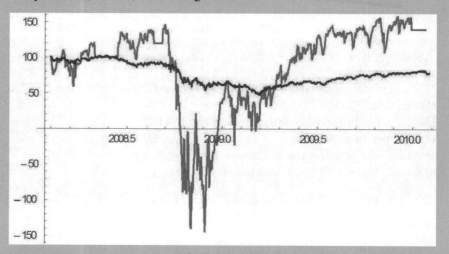

Abbildung 5.72: Distanz $d = 4$, Ratio = 0%, Zeitbereich: 2008 – Ende 2009

Minimaler Marginüberschuss während der Laufzeit (muss positiv sein): -32860

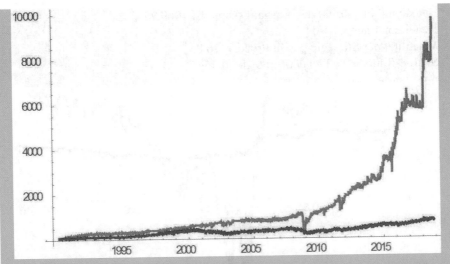

Abbildung 5.73: Distanz $d = 4$, Ratio = 30%, Zeitbereich: 1990 – November 2018

Minimaler Marginüberschuss während der Laufzeit (muss positiv sein): 12750
Endkapital: 1.902.200
Endkapital in Prozent des Ausgangskapitals: 9511
Rendite per anno: 17.10
Volatilität der Strategie p.a. in Prozent: 46.55
Sharpe-Ratio ($r = 3\%$) der Strategie: 0.30

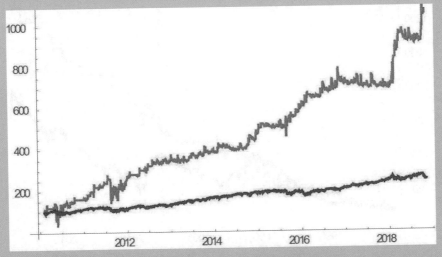

Abbildung 5.74: Distanz $d = 4$, Ratio = 30%, Zeitbereich: 2010 – November 2018

Minimaler Marginüberschuss während der Laufzeit (muss positiv sein): 2210
Endkapital: 213950

Endkapital in Prozent des Ausgangskapitals: 1069.75
Rendite per anno: 31.04
Volatilität der Strategie p.a. in Prozent: 76.84
Sharpe-Ratio ($r = 3\%$) der Strategie: 0.36

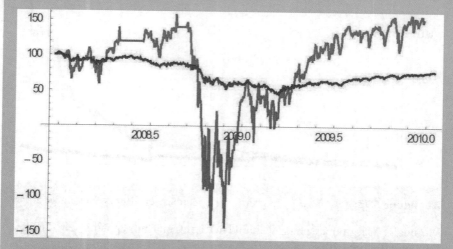

Abbildung 5.75: Distanz $d = 4$, Ratio = 30%, Zeitbereich: 2008 – Ende 2009

Minimaler Marginüberschuss während der Laufzeit (muss positiv sein): - 32860

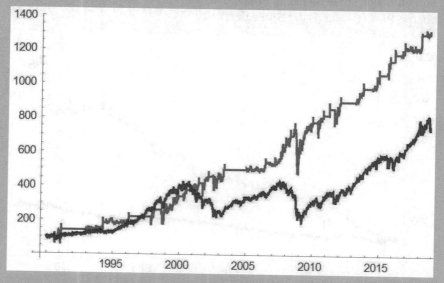

Abbildung 5.76: Distanz $d = 8$, Ratio = 0%, Zeitbereich: 1990 – November 2018

Minimaler Marginüberschuss während der Laufzeit (muss positiv sein): 3530
Endkapital: 263690

Endkapital in Prozent des Ausgangskapitals: 1318.45

Rendite per anno: 9.35

Volatilität der Strategie p.a. in Prozent: 34.92

Sharpe-Ratio ($r = 3\%$) der Strategie: 0.18

Wir sehen durchwegs sehr schöne Entwicklungen der Strategie. Die Wahl von $d = 4$ zeigt bei allen Tests die durchgeführt wurden die besten Resultate. Nur im Fall, dass die Strategie zu Beginn der Finanzkrise, also etwa Anfang 2008, gestartet worden wäre, wäre es stets zu Marginüberschreitungen und daher zum Abbruch der Strategie gekommen.

Es sei noch einmal darauf hingewiesen, dass es sich bei diesen Experimenten um theoretische Simulationen unter vereinfachten Annahmen handelt, dass eine nähere Betrachtung solcher Strategien aber sicher der Mühe wert ist.

5.21 VIX-Optionen

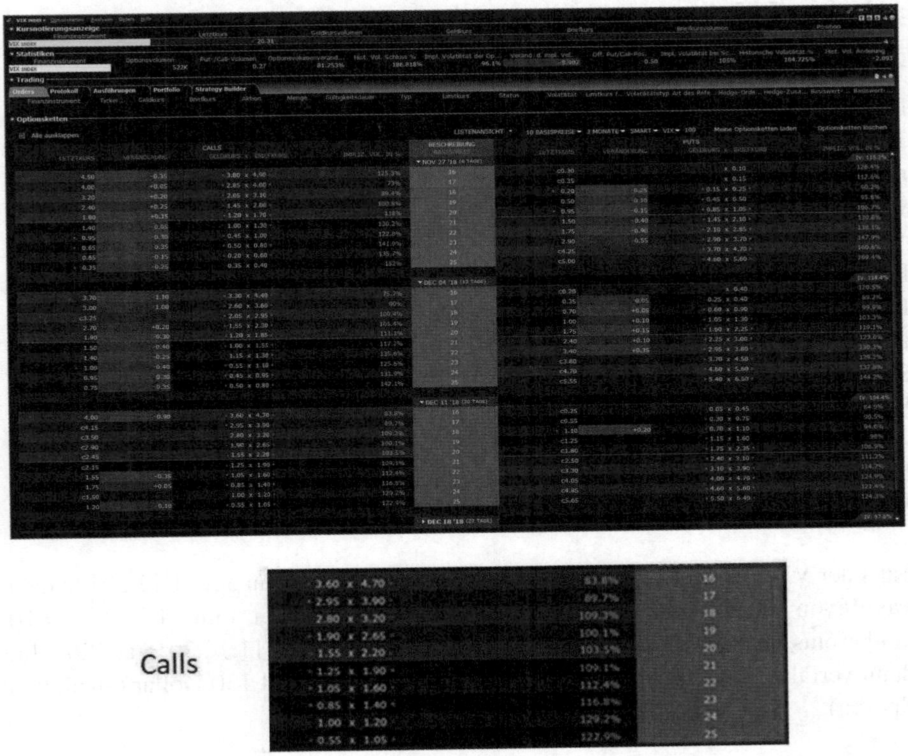

Abbildung 5.77: Quotierung VIX-Optionen vom 21.11.2018 (Auszug), bei Stand des VIX von 20.31, (Quelle: Bigcharts)

Die CBOE bietet Optionen auf den VIX zum Handel an. Die **Kontraktgröße einer**

VIX-Option beträgt 100$ und ist somit relativ klein. Die **VIX-Optionen** sind –
wie die SPX-Optionen – von **europäischem Typ**.

Margin-Erfordernisse und Transaktionskosten sind auf der CBOE-Homepage im
Detail nachzulesen. Wir wollen hier nicht genauer auf die Spezifikationen im De-
tail eingehen. Damit wir aber für die folgenden Überlegungen doch eine ungefähre
Vorstellung bekommen:
Für die Margin ist bei Handel einer Short-Position über IB mit einer Margin von
circa 2.000 Euro plus momentaner Preis der Option zu rechnen.

Für den Handel eines Kontrakts einer VIX-Option ist mit Transaktionskosten von
circa 1.50$ zu rechnen. (Da bei einer Änderung des VIX um einen Punkt mit ei-
nem Kontrakt einer VIX-Option nur maximal circa 100$ bewegt werden, kann die
Transaktionsgebühr von circa 1.50$ pro Kontrakt durchaus wesentlich mehr ins
Gewicht fallen als etwa bei einer SPX-Option.)

Wir sehen einen kleinen Auszug der am 21.11.2018 quotierten VIX-Optionen in
Abbildung 5.77.

Zum **Beispiel**:
Die **VIX-Call-Option** aus Abbildung 5.77 mit Laufzeit bis 11.12.2018 und Strike
22 ist quotiert mit 1.05 // 1.60. Der **Kauf der Call** ist voraussichtlich circa bei 1.40
möglich. Der Kauf eines Kontrakts kostet somit 140 Dollar plus Spesen in Höhe
von circa 1.50 Dollar.

Falls der VIX bis 11.12.2018 auf 24 ansteigt, dann erhält man am 11.12.2018 einen
Payoff von $100 \times (24-22) = 200$ Dollar. Der Gewinn beträgt somit $200-140 = 60$
Dollar abzüglich Spesen von circa 1.50 Dollar. Falls der VIX bis 11.12.2018 auf
20 fällt, dann verfällt die Option wertlos. Der Verlust beträgt somit 140 Dollar (+
Spesen).

Der **Verkauf der Call** ist voraussichtlich circa bei 1.30 möglich. Der Verkauf eines
Kontrakts bringt somit 130 Dollar abzüglich Spesen in Höhe von circa 1.50 Dollar.

Falls der VIX bis 11.12.2018 auf 24 ansteigt, dann zahlt man am 11.12.2018 einen
Payoff von $100 \times (24-22) = 200$ Dollar. Der Verlust beträgt somit $200-130 = 70$
Dollar plus Spesen von circa 1.50 Dollar. Falls der VIX bis 11.12.2018 auf 20 fällt,
dann verfällt die Option wertlos. Der Gewinn beträgt somit 130 Dollar (abzüglich
Spesen).

Die **VIX-Put-Option** aus Abbildung 5.77 mit Laufzeit bis 11.12.2018 und Strike
22 ist quotiert mit 3.10 // 3.90.

Der **Kauf des Puts** ist voraussichtlich circa bei 3.60 möglich. Der Kauf eines Kontrakts kostet somit 360 Dollar plus Spesen in Höhe von circa 1.50 Dollar.

Falls der VIX bis 11.12.2018 auf 18 fällt, dann erhält man am 11.12.2018 einen Payoff von $100 \times (22-18) = 400$ Dollar. Der Gewinn beträgt somit $400-360 = 40$ Dollar abzüglich Spesen von circa 1.50 Dollar. Falls der VIX bis 11.12.2018 auf 24 steigt, dann verfällt die Option wertlos. Der Verlust beträgt somit 360 Dollar (+ Spesen).

Der **Verkauf des Puts** ist voraussichtlich circa bei 3.40 möglich. Der Verkauf eines Kontrakts bringt somit 340 Dollar abzüglich Spesen in Höhe von circa 1.50 Dollar.

Falls der VIX bis 11.12.2018 auf 18 fällt, dann zahlt man am 11.12.2018 einen Payoff von $100 \times (22-18) = 400$ Dollar. Der Verlust beträgt somit $400-340 = 60$ Dollar plus Spesen von circa 1.50 Dollar.
Falls der VIX bis 11.12.2018 auf 24 steigt, dann verfällt die Option wertlos. Der Gewinn beträgt somit 340 Dollar (abzüglich Spesen).

Natürlich lassen sich mit diesen Basis-Optionen wieder verschiedenste Kombinationen (analog zu den früher diskutierten Strategien) bilden. Interessant sind in diesem Zusammenhang natürlich auch Strategie-Überlegungen in Hinblick auf **Kombinationen von VIX-Optionen mit SPX-Optionen**.
Um hier genauere Analysen vornehmen zu können, benötigen wir freilich die Möglichkeit VIX-Optionen bewerten zu können. Würden wir den VIX wiederum mit Hilfe eines Wiener Modells modellieren können und über Schätzungen für die Volatilität des VIX verfügen, so könnten wir für die Bewertung der VIX-Optionen wieder die Black-Scholes-Formeln verwenden.

In Hinblick auf die Volatilität des VIX können wir auf den VVIX zurückgreifen. Dieser von der CBOE berechnete und publizierte Index misst in gewisser Weise die implizite Volatilität des VIX, die aus den VIX-Optionen berechnet wird. Er wird (ganz analog wie der VIX) direkt mit Hilfe der Preise von VIX-Optionen (und nicht mit Hilfe derer individueller impliziter Volatilitäten) berechnet. Wir erinnern uns: Diese Berechnung ist unabhängig von der Wahl eines bestimmten Modells!

In Abbildung 5.78 sehen wir die Entwicklung des VVIX im Vergleich mit der Entwicklung des VIX. Mit den Eigenschaften des VVIX wollen wir uns hier jetzt noch nicht näher beschäftigen. Interessante Informationen über den VVIX sind zum Beispiel auf

```
http://www.cboe.com/products/vix-index-volatility/
volatility-on-stock-indexes/the-cboe-vvix-index/vvix-
whitepaper
```

zu finden.

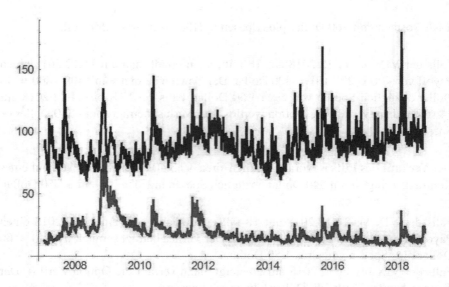

Abbildung 5.78: Entwicklung VVIX (blau) vs. VIX (rot) von 2007 bis November 2018

Die Volatilitäten des VIX bewegen sich also zumeist auf einem durchaus hohen Level zwischen 60 und 150 und gelegentlich sogar darüber hinaus.

Allerdings ist das Wiener Modell kein geeignetes Tool zur Modellierung des VIX! So wird etwa die Mean-Reversion-Eigenschaft des VIX (also die Rückkehr zu einem langfristigen Mittelwert) durch das Wiener Modell nicht abgebildet. Zur Modellierung des VIX und in Folge zur Bewertung von VIX-Optionen werden üblicherweise geeignetere Modelle verwendet, wie zum Beispiel das Heston-Modell. Um dieses Modell und die Bewertungsaufgaben in diesem Modell geeignet behandeln zu können, würden wir allerdings noch einige Hilfsmittel aus der stochastischen Analysis benötigen, die wir erst später kennenlernen werden. Würden wir dennoch – unerlaubter Weise – die uns bekannten Black-Scholes-Formeln über dem Wiener Modell zur Berechnung fairer Preise zum Beispiel für die VIX-Optionen vom 21.11.2018 mit der Laufzeit bis zum 11.12.2018 aus der Quotierungstafel von Abbildung 5.77 zu Hilfe nehmen, dann würden wir folgende Parameter verwenden und folgende Resultate erhalten:

Parameter:
Strikes K: Von 16 bis 25
S_0 momentaner Kurs des VIX: 20.31
risikoloser Zinssatz r: 2.1%
Volatilität σ des VIX: Die Werte des VVIX lagen am 21.11. zwischen 99 und 106. Wir wählen das Mittel bei 102.5.

Ergebnisse und reale Quotes (BS-Preise innerhalb der Quotes blau markiert, sonst rot):

Strike	BS-Preis Call	Quotes Call	BS-Preis Put	Quotes Put
16	4.69	3.60 × 4.70	0.37	0.05 × 0.45
17	3.92	2.95 × 3.90	0.59	0.30 × 0.75
18	3.23	2.80 × 3.20	0.90	0.70 × 1.10
19	2.63	1.90 × 2.65	1.30	1.15 × 1.60
20	2.11	1.55 × 2.20	1.77	1.75 × 2.35
21	1.67	1.25 × 1.90	2.34	2.40 × 3.10
22	1.31	1.05 × 1.60	2.97	3.10 × 3.90
23	1.01	0.85 × 1.40	3.68	4.00 × 4.70
24	0.78	1.00 × 1.20	4.44	4.60 × 5.60
25	0.59	0.50 × 1.05	5.25	5.50 × 6.40

Wir erhalten durch die Verwendung des – nicht adäquaten – Black-Scholes-Modells dennoch Richtwerte für die VIX-Optionspreise, die sich – zumindest in diesem Beispiel – offensichtlich nicht weit von den tatsächlichen Quotes unterscheiden. Für genauere Analysen von VIX-Optionsstrategien wollen wir aber, wie gesagt, die Bereitstellung passender Volatilitätsmodelle abwarten.

Es ist uns aber jetzt schon durchaus möglich, zumindest Payoff- und Gewinn-Funktionen von Kombinationen von SPX-Optionen mit VIX-Optionen in Hinblick auf den Fälligkeits-Zeitpunkt abzuschätzen, unter der Voraussetzung, dass sich bestimmte Abhängigkeiten zwischen der Entwicklung des SPX und des VIX bestätigen. Dafür wollen wir im nächsten Paragraphen ein kleineres Illustrations-Beispiel geben.

5.22 Payoff- und Gewinn-Funktionen einer Handels-Strategie aus Kombinationen von SPX- und VIX-Optionen

Wie gesagt: Wir wollen uns hier nur kurz **ein** Beispiel der Payoff- und Gewinn-Funktionen einer Handels-Strategie aus einer Kombination von SPX- und VIX-Optionen zum Fälligkeitszeitpunkt ansehen. Dazu gehen wir von realen Optionspreisdaten aus und von der Annahme, dass die kurzfristige Abhängigkeit des VIX vom SPX tatsächlich in etwa durch die Formel $\sigma_t = \sigma_0 \cdot \left(\frac{S_0}{S_t}\right)^a$ mit einem Exponenten a etwa im Bereich von $a \approx 4$ widergespiegelt wird (siehe Kapitel 5.13).

Alle realen Daten die wir im Folgenden verwenden, beziehen sich auf die Schlusskurse vom Freitag, dem 23.11.2018.

Der **Stand des SPX** lautete **2632.40**
Der **Stand des VIX** lautete **21.52**

Um auch die Genesis dieser speziellen Strategie darzustellen, gehen wir einfach einmal von einer ganz konkreten VIX-Call-Option aus und zwar von der
VIX-Call mit Laufzeit bis 11.12.2018 und Strike $L = 20$
Quotes: Bid // Ask   1.80 // 2.55 (siehe Abbildung 5.79)
(Wir bezeichnen hier und im Folgenden die Strikes der verwendeten VIX-Optionen mit L und die Strikes der verwendeten SPX-Optionen mit K.)

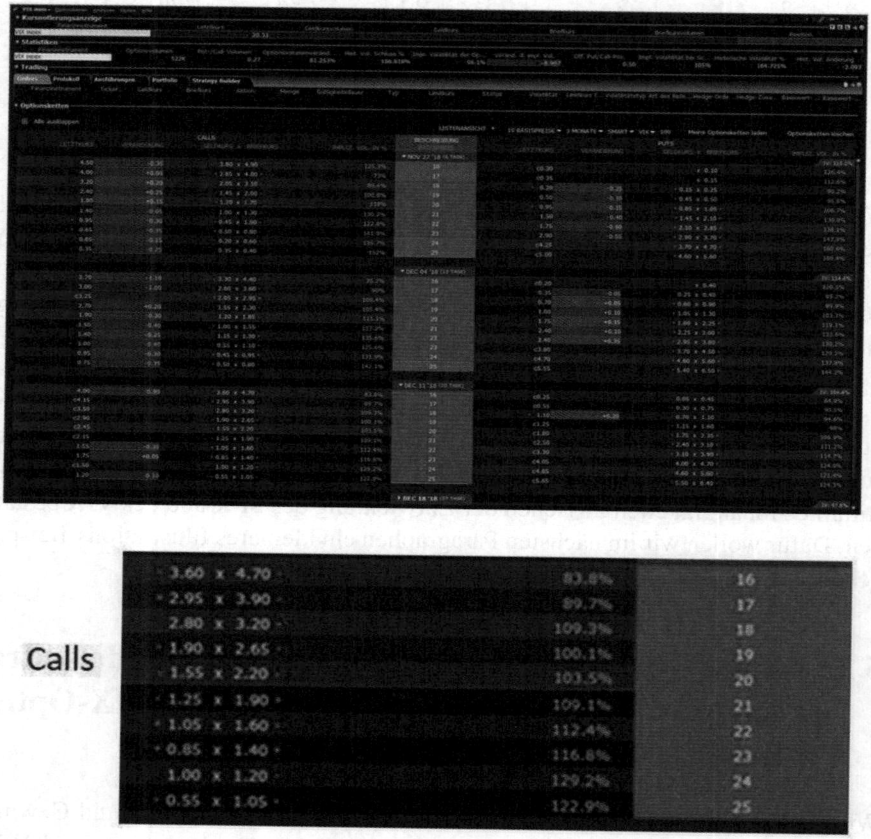

Abbildung 5.79: Quotes VIX-Calls mit Laufzeit bis 11.12.2018 vom 23.11.2018 (Auszug)

Die Payoff-/Gewinn-Funktion einer Long-Position in einem Kontrakt dieser Call in Abhängigkeit vom Stand des VIX am 11.12.2018 sieht natürlich so aus, wie in Abbildung 5.80 dargestellt. Wir gehen dabei von einem tatsächlichen Kaufpreis von 2.20 Dollar aus.

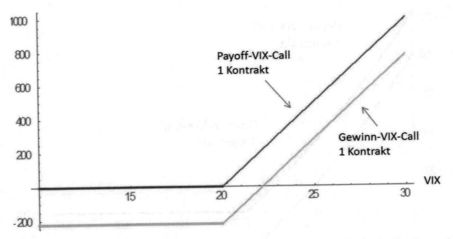

Abbildung 5.80: Payoff-Funktion (rot) und Gewinn-Funktion (grün) der in der Strategie verwendeten VIX-Call-Option long in Abhängigkeit vom VIX bei Fälligkeit

Wenn wir nun weiters davon ausgehen, dass die kurzfristige Entwicklung (die Laufzeit der Option beträgt 16 Tage) des VIX strikt durch die Entwicklung des SPX determiniert ist, dann lassen sich Payoff-Funktion und Gewinn-Funktion der VIX-Call-Option auch als Funktionen des SPX-Kurses am 11.12.2018 darstellen.

Gehen wir, wie oben angekündigt, vorerst einmal von der strikten Abhängigkeit $\sigma_t = \sigma_0 \cdot \left(\frac{S_0}{S_t} \right)^4$ aus. Diese – ziemlich restriktive – Annahme werden wir später wesentlich abschwächen!

Der Payoff der VIX-Call, nämlich $\max(\sigma_t - L, 0)$, wird damit zu einer Funktion von S_t, nämlich zu $\max\left(\sigma_0 \cdot \left(\frac{S_0}{S_t} \right)^4 - L, 0 \right)$. Hier sind die Werte σ_0, S_0 und L gegeben.

In unserem konkreten Fall hat der Payoff also die Form

$$\max\left(21.52 \cdot \left(\frac{2632.40}{S_t} \right)^4 - 200, 0 \right)$$

und Payoff- bzw. Gewinn-Funktion der VIX-Call in Abhängigkeit vom Kurs des SPX am 11.12.2018 haben die Form wie in Abbildung 5.81 dargestellt. Da ja die Volatilität indirekt proportional zum SPX angenommen wird, ist nun der Payoff natürlich mit fallendem SPX ansteigend. Der linke Ast der Payoff-Funktion ist leicht links-gekrümmt.

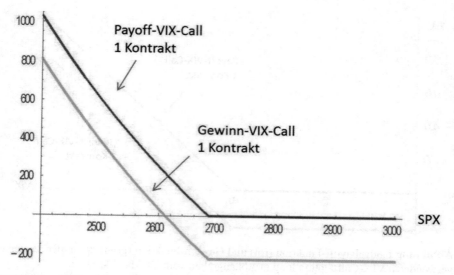

Abbildung 5.81: Payoff-Funktion (rot) und Gewinn-Funktion (grün) der verwendeten VIX-Call-Option long in Abhängigkeit vom SPX bei Fälligkeit bei angenommener Abhängigkeit $\sigma_t = \sigma_0 \cdot \left(\frac{S_0}{S_t}\right)^4$

Die Gewinnfunktion der VIX-Option zeigt nun also (bei angenommener strikter Abhängigkeit des VIX vom SPX) große Ähnlichkeit zur Gewinn-Funktion einer SPX-Put-Option mit einem Strike K nahe bei 2680 Punkten.

Daher ist es naheliegend im Vergleich dazu eine SPX-Put-Option mit Strike 2680 und mit gleicher Laufzeit wie die VIX-Option zu betrachten. Nun ist es leider so, dass wir für SPX-Optionen nicht die exakt gleichen Verfallsdaten wie für die VIX-Optionen zur Verfügung haben. Wir bedienen uns daher im Folgenden der SPX-Optionen mit Verfallsdatum 10.12.2018. Diese Abweichung im Datum sollte allerdings nicht gravierenden Einfluss auf die folgenden Ergebnisse haben.

Wir bedienen uns also folgender SPX-Option:
SPX-Put mit Laufzeit bis 10.12.2018 und Strike $K = 2680$
Quotes: Bid // Ask   67.20 // 74.50 (siehe Abbildung 5.82)

Wir werden die VIX-Option mit der SPX-Option in der Weise vergleichen, dass wir eine gewisse Anzahl von Long-Positionen in der VIX-Call mit einer Short-Position in der SPX-Put kombinieren.

Auf Basis der obigen Bid // Asks gehen wir davon aus, dass wir die SPX-Put zu einem Kurs von 70.50 Dollar short-gehen können. Die Payoff-/Gewinn-Funktion für einen Kontrakt der Put-Short sehen Sie in Abbildung 5.83.

Abbildung 5.82: Quotes SPX-Optionen mit Laufzeit bis 10.12.2018 vom 23.11.2018 (Auszug)

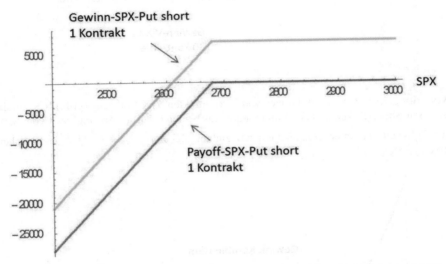

Abbildung 5.83: Payoff-Funktion (orange) und Gewinn-Funktion (türkis) der in der Strategie verwendeten SPX-Put-Option short in Abhängigkeit vom SPX bei Fälligkeit

Ein erster oberflächlicher Blick auf die Gewinnfunktionen der VIX-Call-Long und der SPX-Put-Short zeigt, dass eine Kombination von circa 30 Kontrakten der VIX-Option mit einem Kontrakt der SPX-Option rechts vom Strike $K = 2680$ ungefähr eine Auslöschung der Gewinnfunktion auf einen Wert nahe 0 bewirken könnte. Was dabei – bei dieser Kombination – links des Strikes $K = 2680$ passiert, das wollen wir uns in der entsprechenden Grafik der Gewinnfunktion einer Kombination von 30 Kontrakten VIX-Call-Long mit 1 Kontrakt SPX-Put-Short in Abbildung 5.84 ansehen. Dabei vergessen wir nicht: Wir gehen in dieser Darstellung von einer Abhängigkeit des VIX vom SPX in der Form $\sigma_t = \sigma_0 \cdot \left(\frac{S_0}{S_t}\right)^4$ aus!

Im Ausschnitt aus dieser Gewinnfunktion, die den „kritischen Bereich" zwischen 2500 Punkten und 2800 Punkten zeigt (Abbildung 5.85), sieht man, dass die Werte der Gewinnfunktion überall deutlich über 0 bleiben. Der kleinste Wert liegt circa bei 220 Dollar. Für Werte des SPX größer als 2680 beträgt der Gewinn 450 Dollar.

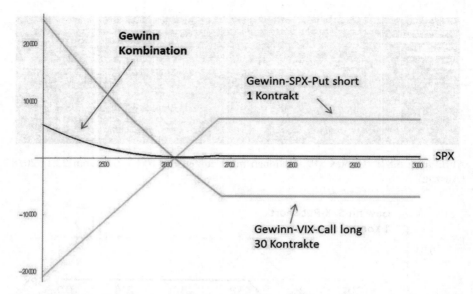

Abbildung 5.84: Gewinnfunktionen von 30 Kontrakten VIX-Call-long (grün), 1 Kontrakt SPX-Put-Short (türkis) und der Kombination aus beiden (blau) in Abhängigkeit vom SPX zur Fälligkeit und unter Annahme einer Beziehung der Form $\sigma_t = \sigma_0 \cdot \left(\frac{S_0}{S_t}\right)^4$ zwischen SPX und VIX

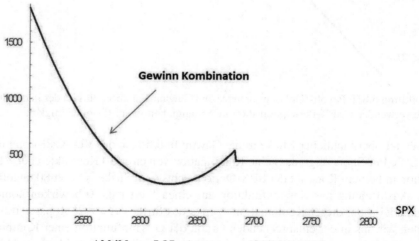

Abbildung 5.85: Auszug aus Abbildung 5.84

Das heißt: Wir haben es bei dieser Kombination mit einer Strategie zu tun, die, im Fall dass sich der VIX tatsächlich in der Form $\sigma_t = \sigma_0 \cdot \left(\frac{S_0}{S_t}\right)^4$ in Abhängigkeit vom SPX entwickelt, immer einen Gewinn verspricht.

Betrachten wir die Gewinnfunktion und prinzipiell die Auswirkung der Options-Strategie etwas eingehender:

- Wenn der SPX bei Fälligkeit über 2680 Punkten liegt: Dann verfällt die SPX-Put wertlos. Eventuell führt die VIX-Call zu einem Gewinn. Es bleiben aber auf jeden Fall die Prämien-Einnahmen von 450 Dollar.

- Wenn der SPX bei Fälligkeit unter 2680 Punkten liegt und der VIX bei Fälligkeit zumindest einen Wert von $\sigma_T = \sigma_0 \cdot \left(\frac{S_0}{S_T}\right)^4$ oder größer aufweist: Dann erzielen wir mit der VIX-Call einen Gewinn der mindestens so groß ist wie der Gewinn im Fall von Gleichheit $\sigma_T = \sigma_0 \cdot \left(\frac{S_0}{S_T}\right)^4$. Das Verhalten der SPX-Put und die Höhe der eingenommenen Prämien bleibt davon unberührt. Wir erzielen also dann einen Gewinn, der auf oder oberhalb der blauen Gewinn-Funktion von Abbildung 5.84 liegt.

- Nur wenn der SPX bei Fälligkeit unter 2680 Punkten liegt und der VIX bei Fälligkeit deutlich unter dem Wert von $\sigma_T = \sigma_0 \cdot \left(\frac{S_0}{S_T}\right)^4$ liegt, kann es zu Verlusten in der Strategie kommen.

Wir haben nun für jeden möglichen Wert S_T des SPX bei Fälligkeit berechnet, wie groß der VIX dann bei Fälligkeit sein müsste, so dass es immer noch zu keinem Verlust in der Strategie käme. In Abbildung 5.86 ist in Blau die Entwicklungskurve des VIX in Abhängigkeit vom Kurs des SPX von der Form $\sigma_T = \sigma_0 \cdot \left(\frac{S_0}{S_T}\right)^4$ eingezeichnet. In Grün ist die untere Schranke zu sehen, die der VIX beim jeweiligen Stand des SPX haben müsste, damit es zu einem positiven Gewinn in der Strategie kommt.

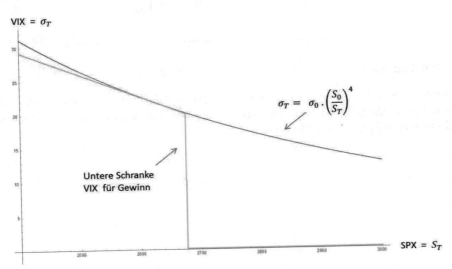

Abbildung 5.86: Die Abhängigkeit des VIX vom SPX der Form $\sigma_T = \sigma_0 \cdot \left(\frac{S_0}{S_T}\right)^4$ (blaue Kurve) und die untere Schranke für den Wert des VIX in Abhängigkeit vom SPX sodass es zu einem positiven Gewinn in der Options-Kombination kommt (grüne Kurve)

In der nachfolgenden Tabelle sind noch für einige SPX-Werte die Mindestwerte für den VIX tabelliert, so dass es zu einem positiven Gewinn in der Kombinations-Strategie kommt.

Stand SPX	2400	2425	2450	2475	2500	2525	2550	2575	2600	2625	2650	2675
Mindest-VIX	29.2	28.4	27.6	26.7	25.9	25.1	24.2	23.4	22.6	21.7	20.9	20.1

Zum Vergleich, was bei schwächerem Wachstum des VIX bei fallendem SPX passieren kann, haben wir in den Abbildungen 5.87 und 5.88 noch die Entwicklung des VIX nach der Formel $\sigma_T = \sigma_0 \cdot \left(\frac{S_0}{S_T}\right)^3$ (also Exponent $a = 3$ statt Exponent $a = 4$ und die Gewinnfunktion der Strategie bei dieser Form der Abhängigkeit eingezeichnet und die Ergebnisse immer in Relation zum Fall $a = 4$ gesetzt.

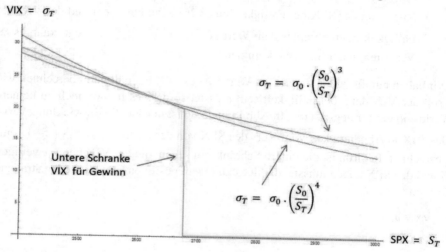

Abbildung 5.87: Die Abhängigkeit des VIX vom SPX der Form $\sigma_T = \sigma_0 \cdot \left(\frac{S_0}{S_T}\right)^4$ (blaue Kurve), der Form $\sigma_T = \sigma_0 \cdot \left(\frac{S_0}{S_T}\right)^3$ (orange Kurve) und die untere Schranke für den Wert des VIX in Abhängigkeit vom SPX sodass es zu einem positiven Gewinn in der Options-Kombination kommt (grüne Kurve)

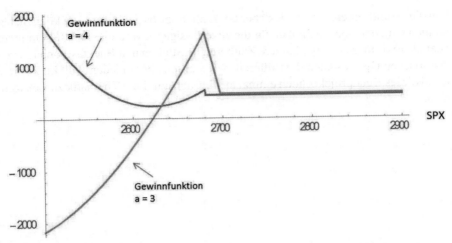

Abbildung 5.88: Gewinnfunktionen der Options-Kombination in Abhängigkeit vom SPX zur Fälligkeit und unter Annahme einer Beziehung der Form $\sigma_t = \sigma_0 \cdot \left(\frac{S_0}{S_t}\right)^4$ zwischen SPX und VIX (blaue Kurve) bzw. einer Beziehung der Form $\sigma_t = \sigma_0 \cdot \left(\frac{S_0}{S_t}\right)^3$ (orange Kurve)

In allen Fällen ist immer zu beachten, dass natürlich auch während der Laufzeit der Strategie aufgrund der jeweiligen Preisentwicklung der einzelnen Optionen eventuell Gewinn-Mitnahmen durch Schließen aller Positionen möglich sein können. Dies kann vor allem dann von großem Interesse sein, wenn ein plötzlicher jäher SPX-Rückgang einsetzt. Gerade kurz nach einem solchen Rückgang kann der VIX kurzzeitig – durch eine eventuelle Überreaktion des Marktes – stark anwachsen und es so zur Möglichkeit einer Gewinnmitnahme kommen. Hier ist aber andererseits natürlich auch der Einfluss dieses angewachsenen VIX auf den Preis der SPX-Option genau mit zu kalkulieren. Eine genauere Analyse dieser Zusammenhänge ist uns aber eben erst dann möglich, wenn wir über die geeigneten Techniken zur Bewertung von VIX-Optionen verfügen.

Zum Abschluss sei auch noch angemerkt, dass wir für die Durchführung der Strategie einen Einsatz von 6600 Dollar für den Kauf der VIX-Calls sowie eine Anfangs-Margin für die SPX-Put in Höhe von circa 15% vom Strike, also in Höhe von circa 40.000 Dollar, benötigen.

Wie bereits gesagt, gäbe es eine Vielzahl weiterer höchst interessanter Strategien im Zusammenhang mit VIX-Optionen (und deren Kombination mit anderen Produkten). Als ein Beispiel könnten wir etwa auch zur Diskussion stellen, die vermutete langfristige „Reversion" des VIX zum langfristigen Mittel von circa 20 Punkten dadurch auszunutzen, dass wir systematisch VIX-Optionen und zwar jeweils sowohl eine Put- als auch eine Call-Option mit Strike 20 short gehen.

Um diese (und andere) Strategien aber tatsächlich seriös analysieren zu können, benötigen wir geeignete Techniken für die zuverlässige Bewertung von VIX-Optionen oder aber wir müssten über längere Zeitbereiche Studien und Backtests anhand von historischen Optionsdaten durchführen. Wir werden aber in jedem Fall im zweiten Band dieses Buchprojekts noch einmal ausführlich auf diese Thematik zurückkommen.

Literaturverzeichnis

[1] John Hull. *Optionen, Futures und andere Derivate*. Pearson, 2015.

[2] G William Schwert. Anomalies and market efficiency. *Handbook of the Economics of Finance, Elsevier*, 1(Part B):939–974, 2003.

Kapitel 6

Erweiterungen der Black-Scholes-Theorie auf weitere Typen von Optionen (Futures-Optionen, Währungs-Optionen, amerikanische Optionen, pfadabhängige Optionen, multi-asset-Optionen)

6.1 Einleitung und Wiederholung

In Sachen Optionsbewertung haben wir bisher Folgendes geleistet und ausführlich diskutiert:

Wir haben für den Fall, dass sich ein underlying nach einem Wiener'schen Modell (einer geometrischen Brown'schen Bewegung) entwickelt und dass das Halten dieses underlyings entweder keine Kosten verursacht und keine Zahlungen einbringt oder aber, dass wir die Höhe solcher Kosten bzw. Zahlungen genau vorab einschätzen können, für diesen Fall also, haben wir Optionen auf dieses underlying betrachtet.

Beispiele für underlyings, für die eine Modellierung mit dem Wiener Modell vertretbar ist, sind:

© Der/die Herausgeber bzw. der/die Autor(en), exklusiv lizenziert durch Springer Fachmedien Wiesbaden GmbH, ein Teil von Springer Nature 2020
G. Larcher, *Quantitative Finance*, https://doi.org/10.1007/978-3-658-29158-7_6

- Aktien (ohne Dividenden oder mit bekannter bzw. gut zu schätzender Dividende)

- Aktien-Indices (Kurs-Indices (keine Dividenden-Berücksichtigung), oder Performance-Indices mit gut zu schätzender durchschnittlicher Dividende)

- Währungen (siehe später in diesem Kapitel)

- Futures (siehe später in diesem Kapitel)

- Rohstoffe (mit keinen anfallenden Kosten, oder gut abschätzbaren Kosten)

Für den Fall, dass diese betrachteten Optionen von europäischem Typ sind, dass sie sich nur auf dieses eine underlying beziehen und dass sie nicht-pfadabhängig sind (das heißt: dass sich die Höhe des Payoffs allein dem Wert des underlyings bei Fälligkeit ergibt und nicht frühere Aktienkurse auch mit ins Spiel kommen), für diesen Fall haben wir die allgemeine Black-Scholes-Formel zur Bewertung, zur Berechnung des fairen Preises dieser Optionen hergeleitet und diskutiert.

Wir wollen die Black-Scholes-Formel sowohl für den Fall ohne, als auch für den Fall mit Kosten/Zahlungen hier zur Wiederholung nochmals anführen:

Black-Scholes Formel (für underlyings OHNE Zahlungen/Kosten):

Sei D ein europäisches, nicht pfad-abhängiges Derivat mit Fälligkeit T und Payoff-Funktion Φ auf ein underlying mit Kurs S(t), der sich im Zeitbereich [0, T] nach einem Wiener Modell mit Parametern μ und σ entwickelt.
(Es wird vorausgesetzt, dass durch das underlying keine weiteren Zahlungen oder Kosten anfallen.) Dann gilt für den fairen Preis F(0) von D im Zeitpunkt 0:

$$F(0) = e^{-rT} \cdot E\left(\Phi\left(\widetilde{S}(T)\right)\right)$$

wobei $\widetilde{S}$ die Entwicklung

$$\widetilde{S}(T) = S(0) \cdot e^{\left(r - \frac{\sigma^2}{2}\right)T + \sigma\sqrt{T}w}$$

mit einer standard-normalverteilten Zufallsvariablen w besitzt. „E" bezeichnet dabei den Erwartungswert und r ist der risikolose Zinssatz $f_{0,T}$.

Black-Scholes Formel (für underlyings MIT Zahlungen/Kosten):

Sei D ein europäisches, nicht pfad-abhängiges Derivat mit Fälligkeit T und Payoff-Funktion Φ auf ein underlying mit Kurs S(t), der sich im Zeitbereich [0, T] nach einem Wiener Modell mit Parametern μ und σ entwickelt.
Es wird vorausgesetzt, dass durch das underlying während der Laufzeit der Option Zahlungen oder Kosten in Höhe eines stetigen Prozentsatzes von q% per anno anfallen (positives q bedeutet eine Zahlung, negatives q bedeutet Kosten).
Dann gilt für den fairen Preis F(0) von D im Zeitpunkt 0:

$$F(0) = e^{-rT} \cdot E\left(\Phi\left(\widetilde{S}(T)\right)\right)$$

wobei $\widetilde{S}$ die Entwicklung

$$\widetilde{S}(T) = S(0) \cdot e^{\left(r - q - \frac{\sigma^2}{2}\right)T + \sigma\sqrt{T}w}$$

mit einer standard-normalverteilten Zufallsvariablen w besitzt. „E" bezeichnet dabei den Erwartungswert und r ist der risikolose Zinssatz $f_{0,T}$.

Die einzigen kritischen Parameter in den Black-Scholes-Formeln sind die Volatilität σ, die im vorherigen Kapitel ausführlich diskutiert wurde, sowie – im Fall von Kosten oder Zahlungen – die Zahlungsrate q.

Das Ergebnis ist (in beiden Fällen) in Form eines Erwartungswertes angegeben. In manchen wenigen Fällen lässt sich dieser Erwartungswert explizit berechnen und führt zu expliziten Formeln für den Preis der jeweiligen Option. Das ist zum Beispiel bei den herkömmlichen Call- und Put-Optionen möglich. In vielen Fällen muss der Erwartungswert näherungsweise berechnet werden. Eine sehr praktische Technik um rasch und unkompliziert zu guten Näherungswerten für den Erwartungswert zu kommen, ist die Monte Carlo-Methode, die wir in diesem Kapitel kennen- und nutzen-lernen werden. Diese Monte Carlo-Methode wird – für uns – vor allem dann bei pfadabhängigen Optionen die Technik der Wahl sein.

Ziel dieses Kapitels ist es, uns die meisten der mit unseren bisher für uns verfügbaren Methoden noch nicht behandelbaren Optionen auch noch zugänglich und bewertbar zu machen. Das heißt, wir werden die folgenden Themen behandeln:

- Bewertung von **Währungs-Optionen**
- Bewertung und Handel von **Optionen auf Futures**
- Bewertung und Hedgen von **amerikanischen Optionen**
- Bewertung (europäischer) **pfadabhängiger Optionen**
- Die **Monte Carlo-Methode** zur Bewertung von Optionen
- Bewertung von **Multi-Asset-Optionen** (Optionen die sich auf mehrere underlyings beziehen)

Natürlich werden wir die theoretischen Ausführungen wieder mit ausführlichen Beispielen begleiten.

Was auch am Ende dieses Kapitels einstweilen noch offen bleiben wird, sind:

- die Bewertung **amerikanischer pfadabhängiger Optionen**
- das große Kapitel der Bewertung von **Optionen auf Zinsprodukte**

6.2 Währungs-Optionen

Das underlying einer Währungs-Option ist stets ein bestimmter Wechselkurs. Die Basis-Version einer europäischen Call-Option bzw. einer europäischen Put-Option auf einen Wechselkurs hat die folgende Form:

Eine Fremdwährung XXX habe im Moment einen Kurs von $X(0)$ in Euro.
Das heißt: Ein XXX kostet im Moment $X(0)$ Euro.

Eine Call-Option auf XXX mit Strike K und Fälligkeit T gibt mir das Recht, einen XXX zur Zeit T zum Preis von K Euro zu kaufen. Der Payoff beträgt also $\max(0, X(T) - K)$ Euro. Hier bezeichnet $X(T)$ den Preis von ein Stück XXX zur Zeit T in Euro.

Eine Put-Option auf XXX mit Strike K und Fälligkeit T gibt mir das Recht, einen XXX zur Zeit T zum Preis von K Euro zu verkaufen. Der Payoff beträgt also $\max(0, K - X(T))$ Euro.

Mit dem Kauf (Long-Position) einer Call-Option setze ich also auf einen wachsenden Kurs $X(t)$, also auf einen stärker werdenden XXX. Der XXX kostet mehr Euro als früher.

Mit dem Kauf (Long-Position) einer Put-Option setze ich auf einen fallenden Kurs $X(t)$, also auf einen schwächer werdenden XXX. Der XXX kostet weniger Euro als früher.

Zum Beispiel:
Am 3.12.2018 um 20:00 lag der Kurs $X(0)$ des US-Dollar, ausgedrückt in Euro bei 0.8812 Euro (1 Dollar kostete 0.8812 Euro).

Eine europäische Put-Option auf den US-Dollar mit Strike 0.91 Euro und Fälligkeit 16.1.2019 und Bezugsverhältnis 0.01:1 war quotiert mit 3.39 // 3.44 Euro.

Das Bezugsverhältnis besagt dabei, dass sich eine Option auf 100 US-Dollar bezieht. (Genauer: 0.01 Optionen sind für den Handel von 1 Dollar nötig.)
Mit dem Erwerb (Long-Position) dieser Put-Option habe ich also das Recht erlangt, am 16.1.2019 insgesamt 100 Dollar um 91 Euro zu verkaufen.

Der Payoff für eine solche Option beträgt also $100 \cdot \max(0, 0.91 - X(T))$.

Wie lässt sich eine solche europäische Fremdwährungs-Option nun bewerten?
Wir nehmen dazu wieder an, dass sich der Währungskurs $X(t)$ durch ein Wiener Modell modellieren lässt. Und wir stellen uns die Frage nicht nur speziell für Calls und Puts sondern für Optionen mit beliebigem Payoff $\Phi(X(T))$. Dann wissen wir

aber bereits, wie der faire Preis dieser Option zu bestimmen ist. Es ist lediglich zu überlegen, ob das Halten des underlyings (in diesem Fall der Fremdwährung) Kosten oder Zahlungen während der Laufzeit der Option einbringt. Davon ist abhängig, welche der beiden – im vorigen Paragraphen wiederholten – Versionen der Black-Scholes-Formel zu verwenden ist.

Das Halten der Fremdwährung impliziert (so unsere Vereinbarung) automatisch, dass wir die Fremdwährung die in unserem Besitz ist, immer zum risikolosen Fremdwährungs-Zinssatz anlegen. Wir erhalten also kontinuierliche Zahlungen in prozentueller Höhe des Fremdwährungs-Zinssatzes, den wir mit r_f bezeichnen. Für den risikolosen Euro-Zinssatz behalten wir die Bezeichnung r bei. Es ist daher die zweite Version der Black-Scholes-Formel (mit Zahlungen), mit $q = r_f$ zu verwenden und wir erhalten:

Satz 6.1. *Sei D ein europäisches, nicht pfad-abhängiges Derivat mit Fälligkeit T und Payoff-Funktion Φ auf einen Wechselkurs $X(t)$ einer Fremdwährung XXX, der sich im Zeitbereich $[0, T]$ nach einem Wiener Modell mit Parametern μ und σ entwickelt. $X(t)$ bezeichnet den Preis von 1 XXX in Euro zur Zeit t. Dann gilt für den fairen Preis $F(0)$ von D im Zeitpunkt 0:*

$$F(0) = e^{-rT} \cdot E\left(\Phi\left(\widetilde{S}(T)\right)\right)$$

wobei $\widetilde{S}$ die Entwicklung

$$\widetilde{S}(T) = S(0) \cdot e^{\left(r - r_f - \frac{\sigma^2}{2}\right)T + \sigma\sqrt{T}w}$$

mit einer standard-normalverteilten Zufallsvariablen w besitzt. „E" bezeichnet dabei den Erwartungswert. r ist der risikolose Euro Zinssatz für den Zeitbereich $[0, T]$ und r_f ist der risikolose Zinssatz für den Zeitraum $[0, T]$ in der Fremdwährung XXX.

Speziell für Fremdwährungs-Call-Optionen und Fremdwährungs-Put-Optionen gelten die folgenden expliziten Formeln:

Satz 6.2. *Für den fairen Preis $C(t)$ einer Call-Option mit Fälligkeit T und Strike K zur Zeit $t \in [0, T]$ auf eine Fremdwährung XXX mit Kurs $X(t)$, der sich nach einem Wiener Modell mit Parametern μ und σ entwickelt, gilt:*

$$C(t) = e^{-r_f \cdot (T-t)} \cdot X(t) \cdot \mathcal{N}\left(\tilde{d}_1\right) - e^{-r(T-t)} \cdot K \cdot \mathcal{N}\left(-\tilde{d}_2\right)$$

mit

$$\tilde{d}_1 = \frac{\log\left(\frac{X(t)}{K}\right) + \left(r - r_f + \frac{\sigma^2}{2}\right)(T-t)}{\sigma\sqrt{T-t}}$$

und

$$\tilde{d}_2 = \frac{\log\left(\frac{X(t)}{K}\right) + \left(r - r_f - \frac{\sigma^2}{2}\right)(T-t)}{\sigma\sqrt{T-t}}$$

und $\mathcal{N}$ der Verteilungsfunktion der Standard-Normalverteilung.

Satz 6.3. *Für den fairen Preis $P(t)$ einer Put-Option mit Fälligkeit T und Strike K zur Zeit $t \in [0, T]$ auf eine Fremdwährung XXX mit Kurs $X(t)$, der sich nach einem Wiener Modell mit Parametern μ und σ entwickelt, gilt:*

$$P(t) = e^{-r(T-t)} \cdot K \cdot \mathcal{N}\left(-\tilde{d}_2\right) - e^{r_f \cdot (T-t)} X(t) \cdot \mathcal{N}\left(-\tilde{d}_1\right),$$

mit $\tilde{d}_1$ und $\tilde{d}_2$ wie im Satz zuvor und $\mathcal{N}$ der Verteilungsfunktion der Standard-Normalverteilung.

Beispiel 6.4. *Wir verwenden die explizite Put-Preis-Formel um für die im obigen Beispiel betrachtete Put-Option vom 3.12.2018 auf den Dollar die implizite Volatilität (in Bezug auf Bid- und Ask-Preis) zu bestimmen. Wir haben dazu also die Gleichungen*

$$e^{-rT} \cdot K \cdot \mathcal{N}\left(-\frac{\log\left(\frac{X(0)}{K}\right) + \left(r - r_f - \frac{\sigma^2}{2}\right) \cdot T}{\sigma\sqrt{T}}\right) -$$

$$-e^{-r_f T} \cdot X(0) \cdot \mathcal{N}\left(-\frac{\log\left(\frac{X(0)}{K}\right) + \left(r - r_f + \frac{\sigma^2}{2}\right) \cdot T}{\sigma\sqrt{T}}\right) = 3.63$$

(= Bid-Preis)
und

$$e^{-rT} \cdot K \cdot \mathcal{N}\left(-\frac{\log\left(\frac{X(0)}{K}\right) + \left(r - r_f - \frac{\sigma^2}{2}\right) \cdot T}{\sigma\sqrt{T}}\right) -$$

$$-e^{-r_f T} X(0) \cdot \mathcal{N}\left(-\frac{\log\left(\frac{X(0)}{K}\right) + \left(r - r_f + \frac{\sigma^2}{2}\right) \cdot T}{\sigma\sqrt{T}}\right) = 3.66$$

(= Ask-Preis)
nach dem Parameter σ zu lösen.

Die anderen Parameter sind laut Angaben im Beispiel oben
$K = 0.91$
$X(0) = 0.8812$
$T = \frac{44}{365}$

bzw. können die kurzfristigsten Euro-Zinssätze bzw. Dollar-Zinssätze für den 3.12.2018 mittels Finanzdaten-Anbietern (kostenlos etwa über www.finanzen. net*) wie folgt eruiert werden:*
$r = -0.004613$
$r_f = 0.021775$

Einsetzen dieser Werte liefert die beiden obigen Gleichungen mit nur mehr dem
einzigen Parameter σ und Lösen der jeweiligen Gleichungen mit einer Mathematik-
Software liefert die impliziten Volatilitäten

$\sigma_{bid} = 0.0970 \sim 9.70\%$

$\sigma_{ask} = 0.1038 \sim 10.38\%$

Die Spezifikationen von Währungsoptionen können allerdings von verschiedener
Form sein. Dazu das folgende ganz **konkrete Beispiel** von Währungs-Options-
scheinen, die von der Commerzbank angeboten wurden.

Die Option, die am 4.12.2018 von der Commerzbank angeboten wurde, hatte zu
diesem Zeitpunkt die folgenden Parameter:
Typ: Call-Option
Strike (Basispreis): 1.10
Fälligkeit: 16.1.2019
Bezugsverhältnis: 0.01 : 1
Quotierung (Bid/Ask): 3.99 // 4.03
momentaner Kurs des underlyings: 1.1388

Als erstes fällt bei Betrachtung der Parameter sicher Folgendes auf:
Strike und momentaner Kurs des underlyings sind in Dollar angegeben.

Beim Wert 1.1388 handelt es sich um den Preis eines Euros in Dollar (und nicht,
wie im obigen „Standardbeispiel", um den Preis eines Dollars in Euro) und entsprechend ist auch der Strike 1.10 der kritische Wert für den Preis eines Euros in Dollar.

Diese Call-Option gibt uns also das Recht, 100 Euro zur Zeit T um 110 Dollar
zu kaufen (oder anders formuliert: 110 Dollar um 100 Euro zu verkaufen). Dieses
Recht werden wir dann ausüben, falls zur Zeit T der Preis eines Euros in Dollar
über 1.10 Dollar liegt (oder anders formuliert: wenn der Preis eines Dollars in Euro
unter $\frac{1}{1.10} = 0.909$ Euro liegt).

So wie wir Optionen grundsätzlich auffassen, würden die Spezifikationen also zu
einem Payoff von $100 \times \max(0, Y(T) - 1.10)$ Dollar führen! Hier bezeichnen wir
mit $Y(T)$ den Preis eines Euros in Dollar zur Zeit T. (Im Gegensatz dazu bezeichnen wir mit $X(T)$ nach wie vor den Preis eines Dollars in Euro. Natürlich gilt
$Y(T) = \frac{1}{X(T)}$.)

Und, Vorsicht, der Payoff ist konsequenter Weise in Dollar angegeben. Das ist allerdings durchaus verwirrend, dass die Auszahlung tatsächlich in Dollar stattfinden sollte. Daher sehen wir in den Produkt-Spezifikationen der Option nach, die
ebenfalls auf der Internet-Seite der Commerzbank abrufbar sind. Den relevanten
Auszug aus den Produkt-Spezifikationen sehen Sie in Abbildung 6.1 im zweiten
Absatz, in dem der Begriff „Auszahlungsbetrag" definiert wird.

§ 4 Einlösung

1. Die Optionsscheine gewähren dem Inhaber von Wertpapieren das Recht (das „Optionsrecht"), gemäß diesen
    Emissionsbedingungen von der Emittentin die Zahlung eines (gegebenenfalls auf den nächsten EUR 0.01 kaufmännisch auf- oder
    abgerundeten) Auszahlungsbetrag zu erhalten.

    Der **„Auszahlungsbetrag"** je Optionsschein ist der in USD ausgedrückte, mit dem Bezugsverhältnis multiplizierte und in EUR
    umgerechnete Betrag, um den der Referenzpreis am Bewertungstag den Basispreis überschreitet (im Falle von Call-
    Optionsscheinen) bzw. unterschreitet (im Falle von Put-Optionsscheinen).

    Der **„Basispreis"** entspricht dem in der Ausstattungstabelle genannten Wert.

    Das **„Bezugsverhältnis"** wird als Dezimalzahl ausgedrückt und entspricht dem in der Ausstattungstabelle genannten Verhältnis.

Abbildung 6.1: Auszug aus der Produkt-Spezifikation der Commerzbank EUR-/USD-
Währungs-Optionen

Tatsächlich haben wir den Payoff von „$100 \times \max(0, Y(T) - 1, 10)$ Dollar" in
dieser Form korrekt interpretiert. Allerdings wird dieser Betrag (siehe zweite Zeile in der Definition des „Auszahlungsbetrags") nicht in Dollar ausbezahlt sondern
„in Euro umgerechnet ..." und dann ausbezahlt. Diese Umrechnung geschieht bei
Auszahlung, also zum Kurs im Fälligkeits-Zeitpunkt. Der tatsächliche Payoff beträgt somit $100 \times \max(0, Y(T) - 1, 10) \times X(T)$ Euro!

Wir schreiben diesen Ausdruck etwas um (wir heben 1.10 aus der Klammer heraus,
multiplizieren $X(T)$ in die Klammer hinein und beachten, dass $X(T) \times Y(T) = 1$
gilt) und erhalten dadurch, dass
$100 \times \max(0, Y(T) - 1.10) \times X(T)$ Euro $= 100 \times 1.10 \times \max\left(0, \frac{1}{1.10} - X(T)\right)$
Euro ist.

Dieser letzte Ausdruck bezeichnet aber gerade auch das 1.10-fache des Payoffs einer Put-Option (in unserem ursprünglichen herkömmlichen Sinn) mit Strike $\frac{1}{1.10} =$
0.909 auf den Preis eines Dollars in Euro.

Wir erinnern uns, dass die Quotes dieser herkömmlichen Put in unserem Beispiel
mit 3.39 // 3.44 angegeben waren. Die Quotes der Commerzbank-Calls sollten daher im Bereich 1.10 × 3.39 // 3.44 = 3.73 // 3.78 liegen, was aber doch von den
tatsächlichen Quotes der Commerzbank-Option, nämlich 3.99 // 4.03, einigermaßen abweicht.

Der Grund dafür:
Die Commerzbank-Option ist von amerikanischem Typ, was die leicht höheren
Quotes erklären dürfte.

Beim Umgang und der Bewertung von Währungs-Optionen ist also sehr genau auf
die tatsächliche Spezifikation zu achten.

6.3 Futures-Optionen

Auch Derivate selbst können wiederum als underlyings für Derivate fungieren. Dies ist etwa bei Futures-Optionen der Fall. Futures-Optionen werden (obwohl sie auf den ersten Blick häufig als ein furchteinflößend komplexes Konstrukt wahrgenommen werden) in manchen Bereichen sehr häufig gehandelt. Als konkretes Beispiel nehmen wir uns Optionen auf die SPX-Mini-Futures vor.

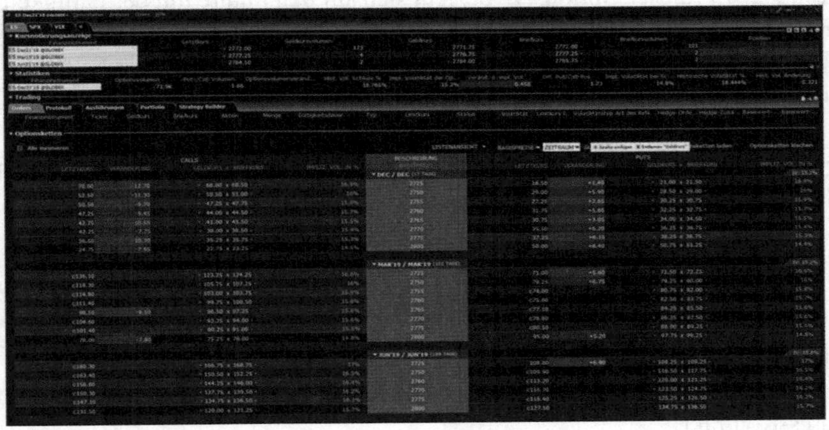

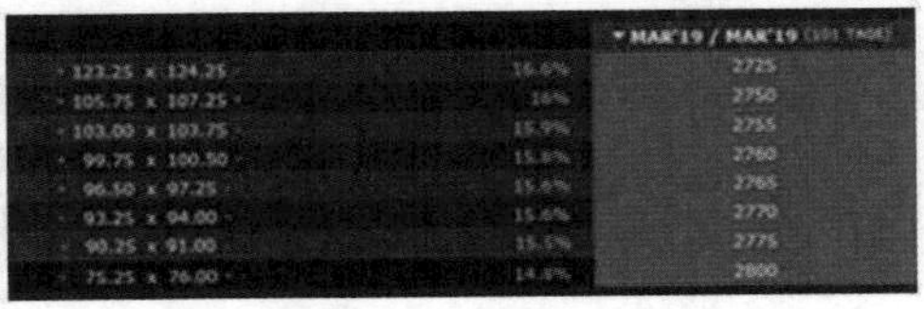

Abbildung 6.2: Quotes von SPX-Futures-Optionen (Auszug) vom 4.12.2018

Wir haben in Abbildung 6.2 wieder nur einen ganz kleinen Auszug der Quotes von vorhandenen, über die IB-Trading Workstation handelbaren, Optionen auf die SPX-Mini-Futures ausgewählt.

Vorab sei gesagt: Diese konkreten Optionen sind amerikanischen Typs.
Dessen ungeachtet werden wir uns vorerst aber nur mit der Bewertung von Futures-Optionen europäischen Typs beschäftigen.

Wir haben nun zwei verschiedene Fälligkeitstermine zu beachten:
Den Fälligkeitstermin des jeweiligen Futures, wir bezeichnen diesen mit T_F und den Fälligkeitstermin der Option, wir bezeichnen ihn mit T_O. Natürlich muss $T_O \leq T_F$ gelten. Häufig liegt T_O sehr nahe an T_F oder stimmt mit T_F überein.

Wenn mehrere Futures auf das zugrundeliegende Basisprodukt (in unserem Beispiel auf den SPX) vorhanden sind, dann bezieht sich eine Option mit Fälligkeit

T_O üblicher Weise auf denjenigen Future mit der kürzesten Laufzeit T_F die gerade noch größer oder gleich T_O ist.

Auf der Quotierungstafel von Abbildung 6.2 sind Futures-Optionen mit drei verschiedenen Laufzeiten zu sehen. Die Laufzeiten sind
21. Dezember 2018 (dieser Optionstyp bezieht sich auf den Future mit der Fälligkeit 21.12.2018 (siehe erste Datenzeile in Abbildung 6.2)),
15. März 2019 (dieser Optionstyp bezieht sich auf den Future mit der Fälligkeit 15. März 2019 (siehe zweite Datenzeile in Abbildung 6.2)), sowie
21. Juni 2019 (dieser Optionstyp bezieht sich auf den Future mit der Fälligkeit 21. Juni 2019 (siehe dritte Datenzeile in Abbildung 6.2)).

Zur Erläuterung der Funktionsweise nehmen wir uns wieder ein konkretes Beispiel vor:

Wir betrachten:

Typ: Call-Option
Underlying: SPX-Mini-Future ES March 15, 2019
Kontraktgröße: 50 Stück (also ein Options-Kontrakt bezieht sich auf einen Mini-Futures-Kontrakt)
Fälligkeit: 15. März 2019 (101 Tage)
Strike: 2770
Quotes (Bid // Ask): 93.25 // 94.00
Kurs des underlyings: 2777.25 (dies ist der momentane Strikepreis des Futures, der Preis des Futures ist ja stets gleich 0)

Ein Kauf dieser Option (Long-Position) ist um 94.00 Dollar möglich.
Wenn bei Fälligkeit der Option der Kurs (Strikepreis) des Futures bei $F(T_O)$ liegt und $F(T_O) < K$ ist, dann verfällt die Option wertlos.
Wenn bei Fälligkeit der Option der Kurs (Strikepreis) des Futures bei $F(T_O)$ liegt und $F(T_O) > K$ ist, dann erhält der Besitzer der Option $F(T_O) - K$ an Payoff ausbezahlt.

Über Payoff oder nicht, entscheidet allein die Entwicklung des Strikepreises des Futures. Da die Entwicklung des Strikepreises eines Futures eine Entwicklung ziemlich parallel zur Entwicklung des Basis-Produkts (in unserem Fall des S&P500) aufweist, ist das Wiener Modell zur Entwicklung des Strikepreises eines Futures sicherlich geeignet.

Jetzt sollten wir entscheiden, ob der Besitz des Futures eine Zahlung auf das eingesetzte Investment beim Erwerb eines Futures liefert. Davon abhängig ist dann die erste Version der Black-Scholes-Formel (ohne Zahlungen) oder die zweite Version der Black-Scholes-Formel (mit Zahlungen) zur Bewertung zu wählen.

Nun ist es aber so, dass wir für den Erwerb eines Futures ein Investment in der Höhe 0 einsetzen. (Der Preis eines Futures ist 0!) Daher ist schwer zu entscheiden, ob (und in welcher Höhe) der Besitz eines Futures zu einer fixen prozentuellen Zahlung auf das eingesetzte Investment führt. Daher kehren wir noch einmal zu einem binomischen 1-Schritt-Modell zurück und bewerten eine Futures-Option in diesem 1-Schritt-Modell:

Der Payoff einer Option auf einen Future ist von der Entwicklung des Strikepreises des Futures abhängig (und natürlich nicht von seinem Preis der ja stets gleich 0 ist). Wir werden daher das herkömmliche Binomialmodell auf die Entwicklung des Strikepreises anwenden. Den Strikepreis bezeichnen wir mit K und wir gehen von möglichen Entwicklungen entweder auf $u \cdot K$ oder auf $d \cdot K$ aus. Die jeweiligen Payoffs der Option bezeichnen wir wie üblich mit f_u bzw. f_d.

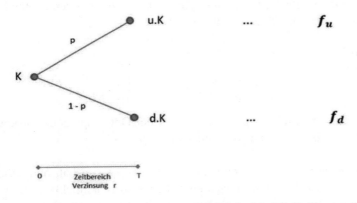

Abbildung 6.3: Binomisches Ein-Schritt-Modell für Futures-Optionen

Mit T bezeichnen wir hier T_O also die Fälligkeit der Option.

r ist wieder der risikolose Zinssatz für den Zeitbereich $[0, T]$.

Der Preis des Futures zur Zeit 0 (eigentlich zu **jeder** Zeit) ist gleich 0.

Wenn der Strikepreis des Futures bis T auf $u \cdot K$ steigt, dann erhält man zur Zeit T durch den Future einen Payoff von $u \cdot K - K = K \cdot (u-1)$,
wenn der Strikepreis des Futures bis T auf $d \cdot K$ fällt, dann erhält man zur Zeit T durch den Future einen Payoff von $d \cdot K - K = K \cdot (d-1)$.
Das gilt genauso, falls der Fälligkeits-Zeitpunkt T der Option auch gerade gleich dem Fälligkeits-Zeitpunkt T_F des Futures ist. Es gilt aber auch dann, wenn $T < T_F$ ist:
Durch die kontinuierliche Abrechnung von Gewinnen bzw. Verlusten durch einen

Future ist bis zum Zeitpunkt T tatsächlich auf dem Konto des Investors ein Betrag von $u \cdot K - K$ bzw. von $d \cdot K - K$ gutgeschrieben worden. Der Future selbst kann dann zum Zeitpunkt T einfach zum Preis 0 verkauft werden.

Wir versuchen wieder, den Options-Payoff durch Investition in ein Portfolio aus x Stück des Futures und aus y Euro Cash zu replizieren. Das gelingt durch Lösen des Gleichungssystems

$$x \cdot K \cdot (u-1) + y \cdot e^{rT} = f_u$$
$$x \cdot K \cdot (d-1) + y \cdot e^{rT} = f_d$$

Auflösen des Gleichungssystems liefert die beiden Lösungen

$$x = \frac{f_u - f_d}{K \cdot (u-d)} \quad \text{und} \quad y = e^{-rT} \cdot \left(f_u - \frac{(u-1) \cdot (f_u - f_d)}{u - d} \right).$$

Der Preis dieses replizierenden Portfolios zur Zeit 0 ist (da der Preis des Futures zur Zeit 0 gleich 0 ist) einfach: $x \cdot 0 + y = y = e^{-rT} \cdot \left(f_u - \frac{(u-1) \cdot (f_u - f_d)}{u-d} \right)$.
Der Preis f_0 der Option zur Zeit 0 ist nun gleich dem Preis des replizierenden Portfolios zur Zeit 0 also (mit kurzem Umformen):

$$
\begin{aligned}
f_0 &= e^{-rT} \cdot \left(f_u - \frac{(u-1) \cdot (f_u - f_d)}{u-d} \right) = \\
&= e^{-rT} \cdot \left(f_u \cdot \frac{1-d}{u-d} + f_d \cdot \left(1 - \frac{1-d}{u-d} \right) \right).
\end{aligned}
$$

Die künstliche Wahrscheinlichkeit p' bezüglich der der Optionspreis der diskontierte erwartete Payoff ist, ist jetzt also gegeben durch $p' = \frac{1-d}{u-d}$.

Anstelle der risikoneutralen Wahrscheinlichkeit $p' = \frac{e^{rT}-d}{u-d}$ (im Fall ohne Zahlungen) arbeiten wir also jetzt mit einer künstlichen Wahrscheinlichkeit, die als $p' = \frac{e^{(r-q) \cdot T}-d}{u-d}$ (im Fall mit Zahlungen) mit $q = r$ aufgefasst werden kann.

Also: Eine Option auf einen Future wird im binomischen Modell genauso bewertet wie eine Option auf ein underlying mit kontinuierlichen Zahlungen zu einem p.a.-Zinssatz in Höhe von $q = r$. Daher wissen wir, dass eine solche Option auch in einem Wiener Modell genauso bewertet wird. Wir erhalten also:

Satz 6.5. *Sei D ein europäisches, nicht pfad-abhängiges Derivat mit Fälligkeit T und Payoff-Funktion Φ auf einen Future F dessen Strikepreis $K(t)$ sich im Zeitbereich $[0, T]$ nach einem Wiener Modell mit Parametern μ und σ entwickelt. Dann gilt für den fairen Preis $F(0)$ von D im Zeitpunkt 0:*

$$F(0) = e^{-rT} \cdot E\left(\Phi\left(\widetilde{K}(T) \right) \right)$$

wobei $\widetilde{K}$ die Entwicklung

$$\widetilde{K}(T) = K(0) \cdot e^{-\frac{\sigma^2}{2}T + \sigma\sqrt{T}w}$$

mit einer standard-normalverteilten Zufallsvariablen w besitzt. „E" bezeichnet dabei den Erwartungswert und r ist der risikolose Euro Zinssatz für den Zeitbereich $[0, T]$.

Speziell für Futures-Call-Optionen und Futures-Put-Optionen gelten die folgenden expliziten Formeln:

Satz 6.6. *Für den fairen Preis $C(t)$ einer Call-Option mit Fälligkeit T und Strike L zur Zeit $t \in [0, T]$, auf einen Future mit Strikepreis $K(t)$ der sich nach einem Wiener Modell mit Parametern μ und σ entwickelt, gilt:*

$$C(t) = e^{-r(T-t)} \cdot \left(K(t) \cdot \mathcal{N} \left(\tilde{d}_1 \right) - L \cdot \mathcal{N} \left(-\tilde{d}_2 \right) \right)$$

mit

$$\tilde{d}_1 = \frac{\log \left(\frac{K(t)}{L} \right) + \frac{\sigma^2}{2} \cdot (T - t)}{\sigma \sqrt{T - t}}$$

und

$$\tilde{d}_2 = \frac{\log \left(\frac{K(t)}{L} \right) - \frac{\sigma^2}{2} \cdot (T - t)}{\sigma \sqrt{T - t}}$$

und $\mathcal{N}$ der Verteilungsfunktion der Standard-Normalverteilung.

Satz 6.7. *Für den fairen Preis $P(t)$ einer Put-Option mit Fälligkeit T und Strike L zur Zeit $t \in [0, T]$, auf einen Future mit Strikepreis $K(t)$ der sich nach einem Wiener Modell mit Parametern μ und σ entwickelt, gilt:*

$$P(t) = e^{-r(T-t)} \cdot \left(L \cdot \mathcal{N} \left(-\tilde{d}_2 \right) - K(t) \cdot \mathcal{N} \left(-\tilde{d}_1 \right) \right),$$

mit $\tilde{d}_1$ und $\tilde{d}_2$ wie im Satz zuvor und $\mathcal{N}$ der Verteilungsfunktion der Standard-Normalverteilung.

Bemerkung 6.8. Wie wir wissen gilt aus No-Arbitrage-Überlegungen für den fairen Strikepreis eines Futures stets $K(t) = S(t) \cdot e^{r \cdot (T_f - t)}$. Hier bezeichnet $S(t)$ die Kursentwicklung des Basisprodukts. Setzen wir diesen Ausdruck in $\tilde{K}(T) = K(0) \cdot e^{-\frac{\sigma^2}{2} T + \sigma \sqrt{T} w}$ für $K(0)$ entsprechend ein, dann erhalten wir die Dynamik $\tilde{K}(T) = S(0) \cdot e^{rT_f - \frac{\sigma^2}{2} T + \sigma \sqrt{T} w}$ für $\tilde{K}(T)$.

Ist speziell $T_f = T_O = T$, dann gilt also $\widetilde{K}(T) = S(0) \cdot e^{\left(r - \frac{\sigma^2}{2} \right) T + \sigma \sqrt{T} w}$. Wir sind dann also wieder genau im Fall der Bewertung von Optionen auf das Basisprodukt selbst. Der **Wert einer Option auf einen Future ist im Fall $T_f = T_O$** damit **genau gleich dem Wert einer Option auf das Basisprodukt** selbst (mit sonst gleichen Parametern).

Futures-Optionen werden häufig auch auf Zins-Futures angeboten. Zum Beispiel können Bund-Future-Optionen gehandelt werden. Für solche auf Zins-Futures beruhenden Optionen sind die obigen Überlegungen allerdings wieder nicht anwendbar, da das Wiener Modell nicht geeignet ist für die Modellierung von Kursentwicklungen von Zins-Futures.

6.4 Bewertung von amerikanischen Optionen und von Bermudan Options durch Backwardation (der Algorithmus)

Für die Bewertung amerikanischer Optionen für underlyings über dem Wiener Modell gibt es im Allgemeinen keine expliziten Formeln. Allerdings können wir amerikanische Optionen (vorausgesetzt sie sind nicht pfadabhängig) recht gut durch sogenannte „Backwardation" im binomischen Modell und damit näherungsweise beliebig genau über dem Wiener Modell bewerten.

Beginnen wir dieses Kapitel über die Bewertung amerikanischer Optionen mit der Feststellung, dass sich unter gewissen Umständen amerikanische Call-Optionen, oder amerikanische Put-Optionen sehr wohl explizit bewerten lassen.

Gehen wir dazu zuerst einmal von einem positiven risikolosen Zinssatz r aus und betrachten wir eine amerikanische Call-Option mit Laufzeit bis T und Strike K auf ein ganz beliebiges underlying ohne Zahlungen und Kosten. Wir bezeichnen den fairen Preis dieser **amerikanischen** Call zur Zeit t mit $C_a(t)$. Den fairen Preis ihres **europäischen** Pendants mit denselben Parametern bezeichnen wir mit $C_e(t)$.

Natürlich muss stets $C_a(t) \geq C_e(t)$ gelten, die amerikanische Option ist stets mindestens so viel wert wie ihr europäisches Pendant. „Andernfalls würden wir ...", der Leser kann diesen Satz vollenden. Damit, und aus Kapitel 3.2 wissen wir, dass aus der Put-Call-Parity-Equation die folgende Beziehung folgt:

$$C_a(t) \geq C_e(t) = P_e(t) + S(t) - K \cdot e^{-r(T-t)} > S(t) - K$$

Für die letzte Ungleichung haben wir auch verwendet, dass $r > 0$ ist. Also gilt: Der Wert $C_a(t)$ der Call-Option ist stets größer als $S(t) - K$. Dieser Wert $S(t) - K$ ist aber gerade der Payoff, den man bei sofortiger Ausübung der Option erhalten würde. Daraus folgt aber, dass man das Recht zur vorzeitigen Ausübung sicher nie in Anspruch nehmen würde, denn: Der Verkauf der Option zum Preis von $C_a(t)$ würde in jedem Fall stets mehr bringen als das Ausüben der Option. Daher hat die amerikanische Option keinerlei Mehrwert gegenüber der gleichgearteten europäischen Option. Es gilt somit: $\boldsymbol{C_a(t) = C_e(t)}$!

Im Fall dass $r < 0$ ist, kann für die Call-Option nicht auf diese Weise argumentiert werden. Allerdings können wir dann für die Put-Option ganz ähnlich vorgehen. Es

gilt:
$$P_a(t) \geq P_e(t) = C_e(t) + K \cdot e^{-r(T-t)} - S(t) > K - S(t).$$

$K - S(t)$ ist gerade der momentane Payoff der amerikanischen Put im Zeitpunkt t und mit der selben Argumentation wie oben folgt in diesem Fall $P_a(t) = P_e(t)$. Somit gilt:

Satz 6.9.

a) *Ist der risikolose Zinssatz r für einen Zeitbereich $[0, T]$ **größer oder gleich 0**, dann gilt für die Preise $C_a(t)$ und $C_e(t)$ einer amerikanischen bzw. einer europäischen Call-Option auf ein underlying ohne Zahlungen und Kosten mit Fälligkeit in T und auch sonst gleichen Parametern für jeden Zeitpunkt t in $[0, T]$*

$$\boldsymbol{C_a(t) = C_e(t)}$$

und die amerikanische Option sollte nie vorzeitig ausgeübt werden.

b) *Ist der risikolose Zinssatz r für einen Zeitbereich $[0, T]$ **kleiner oder gleich 0**, dann gilt für die Preise $P_a(t)$ und $P_e(t)$ einer amerikanischen bzw. einer europäischen Put-Option auf ein underlying ohne Zahlungen und Kosten mit Fälligkeit in T und auch sonst gleichen Parametern für jeden Zeitpunkt t in $[0, T]$*

$$\boldsymbol{P_a(t) = P_e(t)}$$

und die amerikanische Option sollte nie vorzeitig ausgeübt werden.

Zu beachten ist: Der Satz gibt nur Auskunft darüber, dass – bei optimalem Vorgehen – die amerikanische Option im jeweiligen Fall nicht ausgeübt werden soll, aber er gibt keine Auskunft darüber, ob die Option im jeweiligen Zeitpunkt weiter gehalten oder aber glattgestellt werden soll oder wie prinzipiell die Strategie weiter durchgeführt werden soll. Die Auskünfte darüber, ob eine amerikanische Option ausgeübt werden soll und die Argumente mit denen diese Angaben gestützt werden, werden auch in allen weiteren Resultaten so aussehen:

Entweder:
„Übe die Option im momentanen Zeitpunkt beim momentanen Kurs des underlyings aus, denn: Solltest Du nicht ausüben, dann gäbe es eine Strategie mit Ausüben, die definitiv bessere Resultate erzielen würde als ohne Ausüben!"

Oder:
„Übe die Option im momentanen Zeitpunkt beim momentanen Kurs des underlyings nicht aus, denn: Solltest Du ausüben, dann gäbe es eine Strategie ohne Ausüben, die definitiv bessere Resultate erzielen würde als mit Ausüben!"

Wie bereits angekündigt, werden wir jetzt die Bewertung amerikanischer Optionen durch Backwardation in einem binomischen N-Schritt-Modell herleiten und beweisen. Durch beliebig genaue Annäherung eines Wiener Modells durch ein binomisches N-Schritt-Modell (bei geeigneter Parameterwahl im binomischen Modell) können wir damit (wie schon im europäischen Fall) amerikanische Optionen für underlyings im Wiener Modell beliebig genau bewerten. Das entsprechende Programm auf unserer Homepage bietet genau diese Möglichkeit. Siehe: `https://app.lsqf.org/book/pricing-american-backward`

Wir gehen so vor, dass wir Backwardation im binomischen 2-Schritt-Modell erläutern und beweisen. Die Erweiterung vom 2-Schritt-Modell auf das N-Schritt-Modell geht dann in ganz offensichtlicher Weise vor sich und könnte mittels Induktion exakt bewiesen werden. Wir gehen dazu von einem ganz allgemeinen Setting im 2-Schritt-Modell aus.

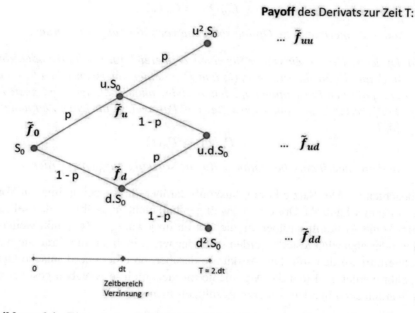

Abbildung 6.4: Binomisches 2-Schritt-Modell zur Bewertung einer amerikanischen Option

Auf den ersten Blick sieht das 2-Schritt-Modell in Abbildung 6.4, das wir zur Erläuterung der Backwardation benutzen werden, identisch aus wie das 2-Schritt-Modell, das wir zur Bewertung der europäischen Optionen benutzt hatten. Wir haben nun aber an jedem einzelnen Knoten des Baumes einen mit $\tilde{f}$ und entsprechendem Index bezeichneten Wert stehen. Dieser Wert ist der momentane Payoff, falls die amerikanische (!) Option im jeweiligen Knoten ausgeübt würde.

Also zum Beispiel $\tilde{f}_u$ bezeichnet den Payoff, falls die amerikanische Option zum Zeitpunkt dt bei einem Stand des underlyings bei $u \cdot S_0$ ausgeübt würde.

Als weitere Bezeichnungen führen wir an jedem Knoten des Baums die Werte $f^{(a)}$

und $f^{(e)}$ mit dem jeweils entsprechenden Index ein. Dabei steht $f^{(a)}$ für den fairen Preis der amerikanischen Option im jeweiligen Knoten des Baums und $f^{(e)}$ steht für den Preis derselben, aber europäischen Option.

Wir suchen also $f_0^{(a)}$, den Preis der amerikanischen Option im Zeitpunkt 0, und für jeden Knoten wollen wir eine Entscheidung darüber treffen, ob die amerikanische Option in diesem Knoten ausgeübt werden soll oder nicht.

- Trivialerweise gilt für alle Indizes im Zeitpunkt T (also für $_{uu}$, $_{du}$, $_{dd}$) stets $\tilde{f} = f^{(a)} = f^{(e)}$.

- Weiters wissen wir über die Preise der europäischen Option im Zeitpunkt dt folgendes:

$$f_u^{(e)} = e^{-rdt} \cdot \left(p' \cdot \tilde{f}_{uu} + (1 - p') \cdot \tilde{f}_{ud} \right)$$

$$f_d^{(e)} = e^{-rdt} \cdot \left(p' \cdot \tilde{f}_{ud} + (1 - p') \cdot \tilde{f}_{dd} \right)$$

Wegen $\tilde{f} = f^{(a)}$ im Zeitpunkt T ist das äquivalent mit

$$f_u^{(e)} = e^{-rdt} \cdot \left(p' \cdot f_{uu}^{(a)} + (1 - p') \cdot f_{ud}^{(a)} \right)$$

$$f_d^{(e)} = e^{-rdt} \cdot \left(p' \cdot f_{ud}^{(a)} + (1 - p') \cdot f_{dd}^{(a)} \right)$$

- Angenommen wir befinden uns zur Zeit dt im Knoten $u \cdot S_0$. Dann haben wir zwei Möglichkeiten:
  Wir können die amerikanische Option ausüben und erhalten einen Payoff von $\tilde{f}_u$, oder wir üben nicht aus. Wenn wir nicht ausüben, dann behalten wir die Option, die dann aber nur noch die Eigenschaften einer europäischen Option hat (im Zeitpunkt $T = 2 \cdot dt$ ist ja kein vorzeitiges Ausüben mehr möglich) und daher den Wert $f_u^{(e)}$ besitzt. Logisch wäre, von den zwei Möglichkeiten diejenige zu wählen, die uns den größeren Wert liefert, also:
  Wenn $\tilde{f}_u > f_u^{(e)}$ ist, dann wird ausgeübt,
  wenn $\tilde{f}_u < f_u^{(e)}$ ist, dann wird nicht ausgeübt.
  (Im Fall $\tilde{f}_u = f_u^{(e)}$ ist egal, welche Vorgangsweise gewählt wird.)
  Und in diesem Fall, bei dieser Art von Vorgehen, wäre der Wert der amerikanischen Option im Knoten $u \cdot S_0$ gleich $\max \left(\tilde{f}_u, f_u^{(e)} \right)$.

- Nachfolgend an diese Überlegungen werden wir **beweisen** (*), dass diese oben beschriebene Vorgangsweise nicht nur logisch und vernünftig, sondern in strengem finanzmathematischem Sinn tatsächlich optimal ist. Ganz analog wird im Knoten $d \cdot S_0$ genau dann ausgeübt, wenn $\tilde{f}_d > f_d^{(e)}$ ist und der Wert der amerikanischen Option im Knoten $d \cdot S_0$ ist gleich $\max \left(\tilde{f}_d, f_d^{(e)} \right)$.

- Also $f_u^{(a)} = \max \left(\tilde{f}_u, f_u^{(e)} \right)$ und $f_d^{(a)} = \max \left(\tilde{f}_d, f_d^{(e)} \right)$.

- Nun wenden wir uns unserem Ziel, der Berechnung von $f_0^{(a)}$, zu:

  Im Zeitpunkt 0 haben wir wiederum zwei Möglichkeiten:

  Wir können die amerikanische Option ausüben und erhalten einen Payoff von $\tilde{f}_0$ oder wir üben nicht aus. Wenn wir nicht ausüben, dann behalten wir die Option zumindest bis zum Zeitpunkt dt. Im Zeitpunkt dt hat die Option dann entweder den (bereits berechneten) Wert $f_u^{(a)}$ (falls sich das underlying auf $u \cdot S_0$ entwickelt) oder den (bereits berechneten) Wert $f_d^{(a)}$ (falls sich das underlying auf $d \cdot S_0$ entwickelt). Wenn wir nicht ausüben, dann behalten wir also ein Produkt, das uns im folgenden 1-Schritt-Modell nach einer Zeit von dt je nach Entwicklung des underlyings einen „Payoff" von $f_u^{(a)}$ oder von $f_d^{(a)}$ liefert. Der Wert eines solchen Produkts in einem 1-Schritt-Modell ist uns aber bekannt. Er ist: $e^{-r \cdot dt} \cdot \left(p' \cdot f_u^{(a)} + (1 - p') \cdot f_d^{(a)} \right)$.

  Logisch wäre es, von den zwei Möglichkeiten diejenige zu wählen, die uns den größeren Wert liefert, also:

  Wenn $\tilde{f}_0 > e^{-r \cdot dt} \cdot \left(p' \cdot f_u^{(a)} + (1 - p') \cdot f_d^{(a)} \right)$ ist, dann wird ausgeübt,

  wenn $\tilde{f}_0 < e^{-rdt} \cdot \left(p' \cdot f_u^{(a)} + (1 - p') \cdot f_d^{(a)} \right)$ ist, dann wird nicht ausgeübt.

  Und in diesem Fall, bei dieser Art von Vorgehen, wäre der Wert der amerikanischen Option im Knoten S_0 gleich

  $\max \left(\tilde{f}_0 \ , \ e^{-r \cdot dt} \cdot \left(p' \cdot f_u^{(a)} + (1 - p') \cdot f_d^{(a)} \right) \right)$.

- Nachfolgend an diese Überlegungen werden wir **beweisen (**)**, dass auch diese oben beschriebene Vorgangsweise (die nicht exakt mit der früheren im Zeitpunkt dt vergleichbar ist) nicht nur logisch und vernünftig, sondern ebenfalls in strengem finanzmathematischem Sinn tatsächlich optimal ist.

- Also:

$$f_0^{(a)} = \max \left(\tilde{f}_0, e^{-r \cdot dt} \cdot \left(p' \cdot f_u^{(a)} + (1 - p') \cdot f_d^{(a)} \right) \right).$$

Es ist klar, wie dieser Algorithmus auf beliebige N-Schritt-Modelle verallgemeinert wird. Wir definieren die Vorgangsweise rekursiv: Beginnend mit dem Endzeitpunkt $T = N \cdot dt$ werden die fairen Werte der amerikanischen Option Schritt für Schritt für die früheren Zeitpunkte berechnet und es werden die Ausübungsentscheidungen angeführt, solange bis man sich bis zum Zeitpunkt 0 nach vor gearbeitet hat:

Algorithmus:

- $f^{(a)}{}_{u^i d^{N-i}} := \tilde{f}_{u^i d^{N-i}} \quad$ für $i = 0, 1, \ldots, N$

- Seien $f^{(a)}{}_{u^i d^{n-i}}$ für $i = 0, 1, \ldots, n$ und für $n = N, N - 1, \ldots, M + 1$ schon definiert, dann sei

$$f^{(a)}{}_{u^i d^{M-i}} := \max\left(\tilde{f}_{u^i d^{M-i}}, e^{-rdt} \cdot \left(p' \cdot f^{(a)}{}_{u^{i+1} d^{M-i}} + (1 - p') \cdot f^{(a)}{}_{u^i d^{M+1-i}}\right)\right)$$

für $i = 0, 1, \ldots, M$ und in $u^i d^{M-i} \cdot S_0$ wird genau dann ausgeübt, wenn

$$\tilde{f}_{u^i d^{M-i}} > e^{rdt} \cdot \left(p' \cdot f^{(a)}{}_{u^{i+1} d^{M-i}} + (1 - p') \cdot f^{(a)}{}_{u^i d^{M+1+i}}\right)$$

gilt.

- Dabei ist $p' = \frac{e^{rdt} - d}{u - d}$ für underlyings ohne Zahlungen und Kosten bzw. $p' = \frac{e^{(r-q) \cdot dt} - d}{u - d}$ für underlyings mit einer kontinuierlichen Zahlung zum Zinssatz q.

Satz 6.10. *Der obige Algorithmus liefert in jedem Knoten des binomischen N-Schritt-Modells den fairen Wert einer amerikanischen Option und in jedem Knoten die optimale Ausübungsentscheidung.*

Beweis. Wir führen den Beweis explizit für das binomische 2-Schritt-Modell. Für das allgemeine N-Schritt-Modell verläuft der Beweis (mit den naheliegenden Adaptionen) völlig analog.

Nach den obigen Vorüberlegungen sind nur noch die beiden oben erwähnten Teilbeweise (*) und (**) nachzuliefern.

ad (*):
Der Beweis besteht aus zwei Teilen.
Erster Teil:
Angenommen es wäre $\tilde{f}_u > f_u^{(e)}$ und wir würden nicht ausüben.
Wir zeigen jetzt, dass es dann eine Vorgangsweise MIT Ausüben gäbe, die SICHER (!) ein besseres Ergebnis liefert als die Vorgangsweise ohne Ausüben. Das heißt dann: Ausüben ist in diesem Fall sicher besser.

Wenn wir nicht ausüben, dann haben wir eine Option, die wir entweder jetzt verkaufen können oder bis zum Zeitpunkt T behalten können. Definitiv besser wäre: Wir üben aus und erhalten $\tilde{f}_u$, gleichzeitig kaufen wir ein replizierendes Portfolio für die Auszahlungswerte $\tilde{f}_{uu}$ und $\tilde{f}_{ud}$ im Zeitpunkt T. Dieses replizierende Portfolio kostet $f_u^{(e)}$. Mir verbleiben $\tilde{f}_u - f_u^{(e)} > 0$ an Cash. Das replizierende Portfolio weist die genau selben Eigenschaften auf wie die Option (die wir „ohne Ausüben" halten würden). Durch den zusätzlichen positiven Cashbetrag sind wir jetzt aber (gleichgültig wie sich die Option (= das replizierende Portfolio) weiter entwickelt) in einer besseren Position. Diese Vorgangsweise MIT Ausüben ist also definitiv besser.

Zweiter Teil:

Angenommen es wäre $\tilde{f}_u < f_u^{(e)}$ und wir würden ausüben.

Das naheliegendste Gegenargument wäre jetzt: Definitiv besser ist, wenn wir die Option zum Preis $f_u^{(e)}$ verkaufen, wir haben damit definitiv mehr als $\tilde{f}_u$, das wir beim Ausüben erhalten würden. Wir sind aber hier vorsichtig, denn es könnte ja prinzipiell sein, dass die Option zwar den fairen Preis $f_u^{(e)}$ hat, dass man sie aber im Moment (aus welchem Grund auch immer) nicht zu diesem Preis handeln kann. Also argumentieren wir zur Sicherheit so:

Definitiv besser als Ausüben ist, die Option zu behalten und das replizierende Portfolio für die Option zu verkaufen. Das bringt uns definitiv $f_u^{(e)}$ ein (das größer als $\tilde{f}_u$ ist). Option und replizierendes Portfolio-short lassen wir einfach bis zur Zeit T laufen, die beiden neutralisieren sich im Zeitpunkt T ohnehin auf jeden Fall.

---

ad (**):

Im Prinzip läuft der Beweis in diesem Fall praktisch parallel wie oben, man muss nur im Detail noch ein klein wenig genauer argumentieren.

Der Beweis besteht wiederum aus zwei Teilen.

Erster Teil:

Angenommen es wäre $\tilde{f}_0 > e^{-rdt} \cdot \left(p' \cdot f_u^{(a)} + (1 - p') \cdot f_d^{(a)} \right)$ und wir würden nicht ausüben.

Wir zeigen jetzt, dass es dann eine Vorgangsweise MIT Ausüben gäbe, die SICHER (!) ein besseres Ergebnis liefert als die Vorgangsweise ohne Ausüben. Das heißt dann: Ausüben ist in diesem Fall sicher besser.

Wenn wir nicht ausüben, dann haben wir eine Option, die wir entweder jetzt verkaufen können oder bis zum Zeitpunkt dt oder bis zum Zeitpunkt $T = 2 \cdot dt$ behalten können. Definitiv besser wäre: Wir üben aus und erhalten $\tilde{f}_0$, gleichzeitig kaufen wir ein replizierendes Portfolio für die Auszahlungswerte $f_u^{(a)}$ und $f_d^{(a)}$ im Zeitpunkt dt.

Dieses replizierende Portfolio kostet $e^{-r \cdot dt} \cdot \left(p' \cdot f_u^{(a)} + (1 - p') \cdot f_d^{(a)} \right)$.

Mir verbleiben $\tilde{f}_0 - e^{-rdt} \cdot \left(p' \cdot f_u^{(a)} + (1 - p') \cdot f_d^{(a)} \right) > 0$ an Cash!

Das replizierende Portfolio weist bis zum Zeitpunkt dt die genau selben Eigenschaften auf wie die Option (die wir „ohne Ausüben" halten würden).

Insbesondere hat das replizierende Portfolio zur Zeit dt entweder den Wert $f_u^{(a)}$ oder $f_d^{(a)}$ (je nachdem wohin sich das underlying entwickelt) und diese beiden Werte sind mindestens so groß wie die potentiellen Payoffs $\tilde{f}_u$ bzw. $\tilde{f}_d$.

Die Option (die wir „ohne Ausüben" zur Zeit dt noch halten würden) können wir in dt ausüben oder sie bis zur Zeit T weiter halten. Wenn wir in dt ausüben, dann erhalten wir $\tilde{f}_u$ bzw. $\tilde{f}_d$. Der Verkauf des replizierenden Portfolios in dt bringt aber $f_u^{(a)}$ oder $f_d^{(a)}$ also mindestens eben so viel.

Wenn wir die Option (die wir „ohne Ausüben" zur Zeit dt noch halten würden) in dt nicht ausüben und wir befinden uns zur Zeit dt zum Beispiel in $u \cdot S_0$ (der Fall „$d \cdot S_0$" verläuft ganz analog), dann verkaufen wir das bisher gehaltene replizierende Portfolio im Zeitpunkt dt und erhalten dafür $f_u^{(a)}$. Für den Erlös erwerben wir das replizierende Portfolio für die Werte $\tilde{f}_{uu}$ und $\tilde{f}_{ud}$ im Zeitpunkt T. Nach der Definition von $f_u^{(a)}$ betragen die Kosten für dieses replizierende Portfolio höchstens $f_u^{(a)}$. Dieses replizierende Portfolio hat zur Zeit T sicher den gleichen Wert wie die bis zum Schluss gehaltene Option. Durch den zusätzlichen anfänglich erworbenen positiven Cashbetrag sind wir jetzt aber (gleichgültig wie sich die Option (= das replizierende Portfolio) weiter entwickelt) in einer besseren Position. Diese Vorgangsweise MIT Ausüben ist also definitiv besser.

Zweiter Teil:
Angenommen es wäre $\tilde{f}_0 < e^{-rdt} \cdot \left(p' \cdot f_u^{(a)} + (1 - p') \cdot f_d^{(a)} \right)$ *und wir würden ausüben.*

Definitiv besser als Ausüben ist, die Option zu behalten und das replizierende Portfolio für die Auszahlungswerte $f_u^{(a)}$ und $f_d^{(a)}$ im Zeitpunkt dt zu verkaufen. Das bringt uns definitiv $e^{-rdt} \cdot \left(p' \cdot f_u^{(a)} + (1 - p') \cdot f_d^{(a)} \right)$ ein (das größer als $\tilde{f}_0$ ist). Die Option lassen wir bis zum Zeitpunkt T laufen. Das replizierende Portfolioshort lassen wir vorerst bis zur Zeit dt laufen. Im Zeitpunkt dt schließen wir das replizierende Portfolio (Kosten $f_u^{(a)}$ oder $f_d^{(a)}$) und gehen das replizierende Portfolio für $\tilde{f}_{uu}$ und $\tilde{f}_{ud}$ im Zeitpunkt T (falls wir in dt in $u \cdot S_0$ stehen) bzw. für $\tilde{f}_{ud}$ und $\tilde{f}_{dd}$ im Zeitpunkt T (falls wir in dt in $d \cdot S_0$ stehen) short (Einnahmen $f_u^{(a)}$ oder $f_d^{(a)}$). In T neutralisieren sich Option und replizierendes Portfolio. Wir sind also in einer definitv besseren Position als dann, wenn wir ausgeübt hätten.

$\square$

Für das genaue Verständnis des Bewertungsvorgangs führen wir im nächsten Kapitel ein ganz konkretes Beispiel durch.

Eine **Bermudan Option** ist ein Mittelding zwischen einer europäischen und einer amerikanischen Option. Eine vorzeitige Ausübung einer Bermudan Option ist zu gewissen vordefinierten – aber nicht zu allen – Zeitpunkten möglich. Die Bewertung einer solchen Bermudan Option ist nun natürlich ganz analog zu obigem Algorithmus möglich. Dabei findet der Abgleich, ob ausgeübt werden soll oder nicht (und die davon abhängende etwaige Anpassung des Preises der Option im jeweiligen Knoten), nur an den Zeitpunkten statt, an denen auch tatsächlich ausgeübt werden kann.

6.5 Bewertungsbeispiele für amerikanische Optionen im binomischen und im Wiener Modell

Beispiel 6.11. *Wir betrachten eine amerikanische Option in einem binomischen 2-Schritt-Modell (Entwicklung des underlyings in Schwarz) deren Payoffs in Abbildung 6.5 in Rot eingezeichnet sind.*

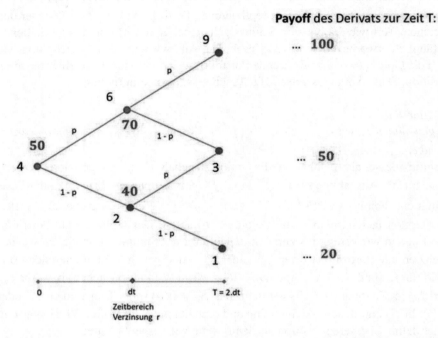

Abbildung 6.5: Beispiel einer amerikanischen Option im binomischen 2. Schritt-Modell

Die einzelnen Parameter sind also:
$S_0 = 4$,
$u = 1.5$,
$d = 0.5$,
und somit $u \cdot S_0 = 6, d \cdot S_0 = 2, u^2 \cdot S_0 = 9, u \cdot d \cdot S_0 = 3, d^2 \cdot S_0 = 1$

Weiters sei $r = 0$ *und damit* $e^{rdt} = 1$ *und* $p' = \frac{1-d}{u-d} = 0.5$.

Die Payoffs sind gegeben durch
$f_{uu}{}^{(a)} = \tilde{f}_{uu} = 100, f_{ud}{}^{(a)} = \tilde{f}_{ud} = 50, f_{dd}{}^{(a)} = \tilde{f}_{dd} = 20, \tilde{f}_u = 70, \tilde{f}_d = 40, \tilde{f}_0 = 50$

Wir berechnen nun

$$f_u^{(e)} = e^{-rdt} \cdot \left(p' \cdot \tilde{f}_{uu} + (1 - p') \cdot \tilde{f}_{ud} \right) = 0.5 \times 100 + 0.5 \times 50 = \mathbf{75}$$

$$f_d^{(e)} = e^{-rdt} \cdot \left(p' \cdot \tilde{f}_{ud} + (1 - p') \cdot \tilde{f}_{dd} \right) = 0.5 \times 50 + 0.5 \times 20 = \mathbf{35}$$

Der Vergleich $\tilde{f}_u = 70 < f_u^{(e)} = 75$ zeigt, dass in $u \cdot S_0$ nicht ausgeübt wird und daher $f_u^{(a)} = f_u^{(e)} = 75$ ist.

Der Vergleich $\tilde{f}_d = 40 > f_d^{(e)} = 35$ zeigt, dass in $d \cdot S_0$ ausgeübt wird und daher $f_d^{(a)} = 40$ ist.

Wir berechnen nun

$$e^{-rdt} \cdot \left(p' \cdot f_u^{(a)} + (1 - p') \cdot f_d^{(a)} \right) = 0.5 \times 75 + 0.5 \times 40 = 57.5.$$

Der Vergleich $\tilde{f}_0 = 50 < 57.5$ zeigt, dass in S_0 nicht ausgeübt wird und dass daher $f_0^{(a)} = 57.5$ ist.

Die Knoten in denen die amerikanische Option ausgeübt wird, sind in Abbildung 6.5 in Rot eingezeichnet.

Der Preis der entsprechenden europäischen Option ergibt sich durch

$$f_0^{(e)} = e^{-rdt} \cdot \left(p' \cdot f_u^{(e)} + (1 - p') \cdot f_d^{(e)} \right) = 0.5 \times 75 + 0.5 \times 35 = \mathbf{55}.$$

Natürlich lässt sich nun wieder das binomische Modell dazu nützen, um das Wiener'sche Modell beliebig genau anzunähern und damit amerikanische Optionen auch im Wiener Modell beliebig genau zu bewerten.

Das entsprechende Programm ist auf unserer Homepage zu finden (Siehe: `https://app.lsqf.org/book/pricing-american-backward`):
Es sind dort lediglich die relevanten Parameter S_0, r und σ für das underlying und die Laufzeit T sowie die Payoff-Funktion $\Phi(t, S_t)$ als Funktion der Zeit und des Wertes des underlyings einzutragen. Zusätzlich kann noch die Schrittanzahl N für das Binomial-Modell gewählt werden, mit dem das Wiener Modell angenähert werden soll.

Das Programm berechnet dann automatisch die geeigneten Parameter $u, d,$ und p' des binomischen Modells, führt Backwardation durch, gibt den fairen Wert der amerikanischen Option (im Vergleich mit dem Wert der entsprechenden europäischen Option) aus und illustriert grafisch, wo die amerikanische Option ausgeübt werden sollte.

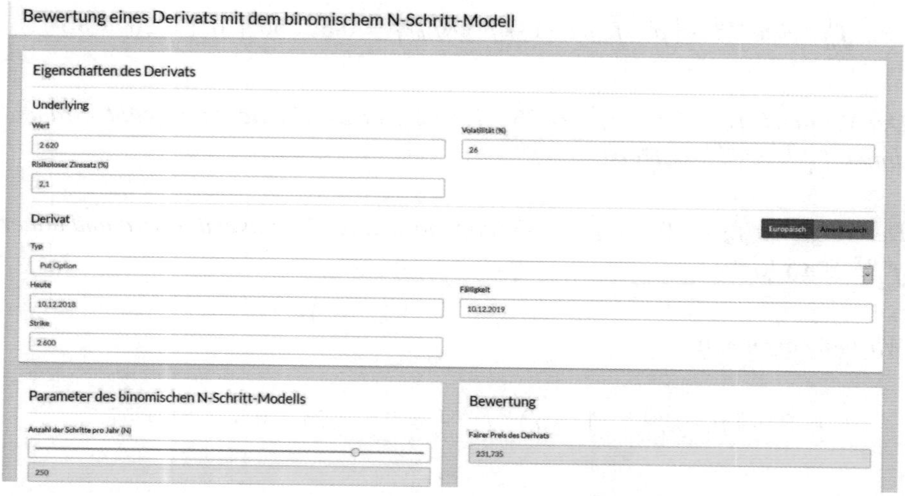

Bewertung eines Derivats mit dem binomischem N-Schritt-Modell

Eigenschaften des Derivats

Underlying

Wert

| 2.620 |

Volatilität (%)

| 26 |

Risikoloser Zinssatz (%)

| 2,1 |

Derivat

| Europäisch | Amerikanisch |

Typ

| Put Option |

Heute

| 10.12.2018 |

Fälligkeit

| 10.12.2019 |

Strike

| 2.600 |

Parameter des binomischen N-Schritt-Modells

Anzahl der Schritte pro Jahr (N)

| 250 |

Bewertung

Fairer Preis des Derivats

| 231,735 |

Abbildung 6.6: Bewertung amerikanischer Optionen in der LSQF-Software

Natürlich stellt sich die Frage wie gut diese Näherungswerte tatsächlich an die korrekten fairen Werte der Option herankommen. Für europäische Optionen haben wir ja zum Vergleich die Benchmark des exakten Black-Scholes-Preises. Im obigen Beispiel von Abbildung 6.6 liegt dieser exakte Preis bei 231.765. Für die amerikanische Option haben wir keinen exakten Vergleichswert. Gewissen Aufschluss über die Güte der Näherung liefert aber die folgende Tabelle und die nachfolgende Grafik (Abbildung 6.7).

N	25	50	75	100	125	150	175	200	225	250	275	300
europ.	232.8	232.9	231.0	232.4	231.7	232.1	231.9	231.9	232.0	231.7	231.9	231.8
amerik.	237.8	237.5	235.9	237.0	236.5	236.7	236.5	236.5	236.5	236.3	236.5	236.2

In der Tabelle sind die Werte der europäischen Option und der amerikanischen Option bei Bewertung in jeweiligen N-Schritt-Modell gegeben. Diese Werte sind auch in der Grafik von Abbildung 6.7 eingetragen. Man erkennt eine sehr gute Annäherung an den exakten Wert im europäischen Fall und eine Stabilisierung des Werts im amerikanischen Fall ungefähr im Bereich von 236.3. Aber es sind durchaus bereits auch schon die Werte für $N = 25$ gute Näherungen an die sich später dann herauskristallisierenden Werte. Wir haben es hier überdies auch mit einer Option mit relativ langer Laufzeit und relativ hoher Volatilität zu tun.

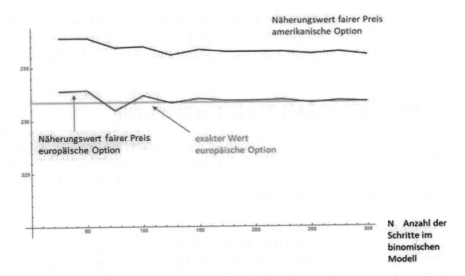

Abbildung 6.7: Konvergenz der Näherungswerte bei Bewertung im binomischen N-Schritt-Modell europäisch (rot) und amerikanisch (blau)

Es ist durchaus auch interessant, dass die Annäherung an den exakten Preis bei kleinem N eine gewisse Zeit benötigen kann und dass dies in einer auffälligen Weise geschieht. Dazu haben wir dieselbe Grafik wie in Abbildung 6.7 nun auch noch für den Bereich für $N = 1, 2, \ldots, 20$ angefertigt (siehe Abbildung 6.8).

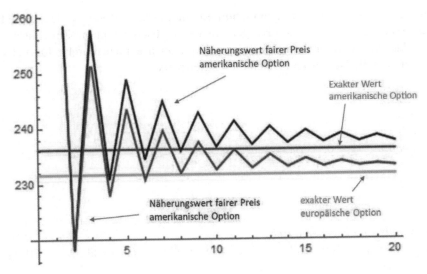

Abbildung 6.8: Konvergenz der Näherungswerte bei Bewertung im binomischen N-Schritt-Modell europäisch (rot) und amerikanisch (blau), $N = 1, 2, \ldots, 20$

Auch hier ist wieder klar, wie **Bermudan Options** im Wiener Modell näherungsweise durch Bewerten im binomischen Modell gepreist werden können. Man nähert das Wiener Modell durch ein binomisches N-Schritt-Modell an. In diesem N-Schritt-Modell lässt man vorzeitige Ausübung nur zu den Zeitpunkten zu, die am nächsten zu den Zeitpunkten liegen, bei denen im Wiener Modell Ausübung möglich ist.

6.6 Hedging von amerikanischen Optionen

Das Hedgen einer amerikanischen Option geht ganz analog vor sich wie im europäischen Fall. Der einzige Unterschied liegt darin, dass wir Schritt für Schritt dynamisch in Hinblick auf die amerikanischen (Zwischen-) Werte der Option hin eine replizierende Strategie durchführen müssen.

Das Hedging bietet im Fall amerikanischer Optionen übrigens zusätzliche Chancen, nämlich dann, wenn der Inhaber der amerikanischen Option entgegen der Theorie zu gewissen Zeitpunkten, an denen die Option vorzeitig auszuüben wäre, doch nicht ausübt. Das aber soll im Folgenden exemplarisch am konkreten 2-Schritt-Modell aus dem vorigen Abschnitt illustriert werden.

Wird von einem underlying ausgegangen, das mittels eines Wiener Modells modelliert wird, dann ist zuerst wieder ein binomisches Modell zur Annäherung an das Wiener Modell und zur Durchführung des Hedgens im binomischen Modell zu wählen.

Das Hedgen der amerikanischen Option im binomischen Modell verläuft, wie bereits gesagt, ganz analog zum Hedgen einer europäischen Option. Zur Illustration wird das Procedere anhand des Beispiels von oben explizit durchgeführt. Dazu noch einmal die Details und Daten dieses Beispiels.

$S_0 = 4$,
$u = 1.5$,
$d = 0.5$,
und somit $u \cdot S_0 = 6, d \cdot S_0 = 2, u^2 \cdot S_0 = 9, u \cdot d \cdot S_0 = 3, d^2 \cdot S_0 = 1$

$r = 0$
$p' = 0.5$.

Die Payoffs sind gegeben durch
$f_{uu}{}^{(a)} = \tilde{f}_{uu} = 100, f_{ud}{}^{(a)} = \tilde{f}_{ud} = 50, f_{dd}{}^{(a)} = \tilde{f}_{dd} = 20, \tilde{f}_u = 70, \tilde{f}_d = 40, \tilde{f}_0 = 50$

$$\boldsymbol{f_u^{(e)}} = e^{-rdt} \cdot \left(p' \cdot \tilde{f}_{uu} + (1 - p') \cdot \tilde{f}_{ud} \right) = \mathbf{75}$$

$$\boldsymbol{f_d^{(e)}} = e^{-rdt} \cdot \left(p' \cdot \tilde{f}_{ud} + (1 - p') \cdot \tilde{f}_{dd} \right) = \mathbf{35}$$

In $u \cdot S_0$ wird nicht ausgeübt und daher $f_u^{(a)} = f_u^{(e)} = 75$.
In $d \cdot S_0$ wird ausgeübt und daher $f_d^{(a)} = 40$.

$$e^{-rdt} \cdot \left(p' \cdot f_u^{(a)} + (1 - p') \cdot f_d^{(a)} \right) = 57.5.$$

In S_0 wird nicht ausgeübt und daher $f_0^{(a)} = 57.5$.

$$f_0^{(e)} = e^{-rdt} \cdot \left(p' \cdot f_u^{(e)} + (1 - p') \cdot f_d^{(e)} \right) = 55.$$

Die gesamte Ausgangs-Situation ist in Abbildung 6.5 illustriert.

- Wir gehen nun davon aus, dass wir die amerikanische Option zum fairen Preis von $f_0^{(a)} = 57.5$ verkauft haben.

- Natürlich wird der Käufer der Option diese nicht sofort ausüben, da der zu erzielende Payoff nur 55 beträgt (also niedriger als der soeben bezahlte Preis der Option ist).

- Die eingenommenen 57.5 sind gerade so kalkuliert, dass wir damit ein replizierendes Portfolio eingehen können, das zur Zeit dt gerade die Werte $f_u^{(a)} = 75$ (falls das underlying auf $u \cdot S_0$ steigt) bzw. $f_d^{(a)} = 40$ (falls das underlying auf $d \cdot S_0$ fällt) annimmt.

- Falls das underlying bis zum Zeitpunkt dt auf $u \cdot S_0$ steigt:
  Der Wert unseres replizierenden Portfolios liegt dann bei 75.

Sollte der Besitzer der Option wider Erwarten (und wider den Vorgaben der Theorie) ausüben, so lösen wir das replizierende Portfolio auf, erzielen dadurch einen Erlös von 75 und können damit den Payoff $\tilde{f}_u = 70$ leisten. Es bleibt uns ein Gewinn von 5.

Sollte der Besitzer der Option, wie erwartet (und der Theorie entsprechend), nicht ausüben, so lösen wir das replizierende Portfolio ebenfalls auf und erzielen dadurch einen Erlös von 75. Diesen Betrag verwenden wir zum Kauf eines replizierenden Portfolios für die Payoffs $\tilde{f}_{uu} = 100$ und $\tilde{f}_{ud} = 50$ zur Zeit T. Im Zeitpunkt T neutralisieren sich dann Option und replizierendes Portfolio.

- Falls das underlying bis zum Zeitpunkt dt auf $d \cdot S_0$ fällt:
  Der Wert unseres replizierenden Portfolios liegt dann bei 40.

Sollte der Besitzer der Option diese, wie erwartet (und der Theorie entsprechend), ausüben, so verkaufen wir das replizierende Portfolio um 40 und zahlen damit den Payoff an den Optionsbesitzer.

Sollte der Besitzer der Option diese wider Erwarten (und wider den Vorgaben der Theorie) nicht ausüben, so lösen wir das replizierende Portfolio auf und nehmen dadurch 40 ein. Gleichzeitig kaufen wir ein replizierendes Portfolio für die Payoffs $\tilde{f}_{ud} = 50$ und $\tilde{f}_{dd} = 20$ zur Zeit T. Die Kosten dafür betragen nur 35.

Im Zeitpunkt T neutralisieren sich dann Option und replizierendes Portfolio, und uns bleibt ein Gewinn von 5.

Ganz analog geht das Hedgen in einem beliebigen N-Schritt-Modell vor sich.

Unsere Software bietet wiederum die Möglichkeit, Hedging von amerikanischen Optionen durchzuführen und zu testen.

6.7   Pfadabhängige (exotische) Derivate, Definition und Beispiele

Bisher hatten wir ausschließlich mit Derivaten zu tun, deren Auszahlungs-Funktion Φ eine Funktion des Preises des underlyings zum Zeitpunkt T war. Beispiele waren etwa die Auszahlungsfunktion einer Call-Option $\Phi(S_T) = \max(S_T - K, 0)$ oder einer Put-Option $\Phi(S_T) = \max(K - S_T, 0)$.

Bei **pfadabhängigen (oder exotischen) Optionen** hängt die Auszahlung nun nicht nur vom Kurswert des underlyings zum Fälligkeitszeitpunkt T, sondern vom gesamten Kursverlauf oder zumindest von Teilen des Kursverlaufs ab.
Der Payoff ist somit eine Funktion $\Phi\left((S_t)_{t \in [0,T]}\right)$.

Pfadabhängige Derivate können sowohl von europäischem als auch von amerikanischem Typ sein.

Im Folgenden geben wir einige Beispiele von in der Realität auftretenden pfadabhängigen Optionen:

Asiatische Calls und Puts:

Bei asiatischen Optionen hängt der Payoff von einem Mittelwert der Kurswerte des underlyings zu gewissen Zeitpunkten $0 \le t_1 < t_2 < \dots < t_M \le T$, also von $\frac{1}{M} \sum_{i=1}^{M} S(t_i)$ (arithmetisches Mittel) oder von $\sqrt[M]{\prod_{i=1}^{M} S(t_i)}$ (geometrisches Mittel) ab. Zum Beispiel können dabei $S(t_i); i = 1, 2, \dots, M$ die Tages-Schlusskurse des underlyings während der Laufzeit der Option sein.

Eine arithmetische asiatische Call-Option hat dann den Payoff

$$\Phi\left(S\left(t_1\right), S\left(t_2\right), \ldots, S\left(t_M\right)\right) = \max\left(0, \frac{1}{M}\sum_{i=1}^{M} S\left(t_i\right) - K\right)$$

und eine arithmetische asiatische Put-Option hat den Payoff

$$\Phi\left(S\left(t_1\right), S\left(t_2\right), \ldots, S\left(t_M\right)\right) = \max\left(0, K - \frac{1}{M}\sum_{i=1}^{M} S\left(t_i\right)\right)$$

Beispiele für solche – häufig (börsen-) gehandelte – Optionen sind etwa die an der LME (London Metal Exchange) gehandelten „Tapos" (siehe https://www. lme.com/en-GB/Trading/Contract-types/TAPOs#tabIndex=0). Es sind das asiatische Optionen zum Beispiel auf den Aluminium-Preis oder auf den Kupfer-Preis.

In Abbildung 6.9 illustrieren wir die Funktionsweise einer asiatischen Call-Option. Die roten Punkte markieren die an äquidistanten Zeitpunkten gemessenen Kurswerte die zur Durchschnittsbildung herangezogen werden. Die magenta-farbene Linie zeigt den Durchschnittswert und die grüne Linie den Strike der Call-Option an. Obwohl der Kurswert S_T bei Fälligkeit niedriger ist als der Strike, kommt es – im asiatischen Fall – zu einer Auszahlung, da der Durchschnittswert höher liegt als der Strike.

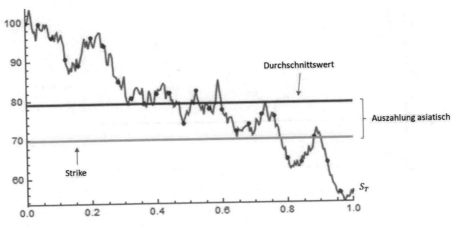

Abbildung 6.9: Funktionsweise einer asiatischen Call-Option

Würde es sich bei der in Abbildung 6.9 illustrierten Option nicht um eine Call- sondern um eine Put-Option handeln, dann würde die Durchschnittsbildung gerade zum gegenteiligen Effekt führen: Obwohl der Kurswert S_T bei Fälligkeit niedriger ist als der Strike, kommt es – im asiatischen Fall – zu keiner Auszahlung bei der Put-Option, da der Durchschnittswert höher liegt als der Strike.

Lookback Options:

Die Auszahlung bei einer Lookback Option hängt immer vom Minimum des Kurses des underlyings oder vom Maximum des Kurses des underlyings während der Laufzeit der Option (oder während eines Teils der Laufzeit der Option) ab.

Es gibt dabei verschiedene mögliche Versionen der Payoff-Funktion einer Lookback-Option. Die wesentlichsten Varianten sind die folgenden Payoff-Funktionen:

$$\Phi\left((S_t)_{t\in[0,T]}\right) = S_T - \min\left((S_t)_{t\in[0,T]}\right)$$

$$\Phi\left((S_t)_{t\in[0,T]}\right) = \max\left((S_t)_{t\in[0,T]}\right) - S_T$$

(Die Funktionsweisen dieser beiden Typen sind in Abbildung 6.10 veranschaulicht.)

Oder

$$\Phi\left((S_t)_{t\in[0,T]}\right) = \max\left((S_t)_{t\in[0,T]}\right) - K$$

$$\Phi\left((S_t)_{t\in[0,T]}\right) = K - \min\left((S_t)_{t\in[0,T]}\right)$$

wobei K ein fix vorab definierter Strike ist. (Die Funktionsweisen dieser beiden Typen sind in Abbildung 6.11 veranschaulicht.)

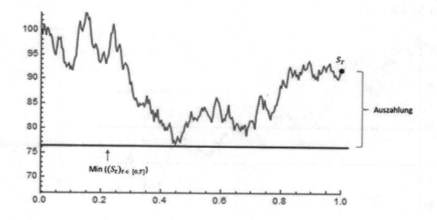

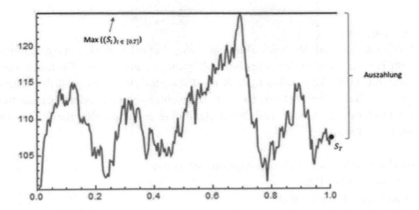

Abbildung 6.10: Funktionsweise der Lookback-Optionen mit Payoffs $S_T - \min\left((S_t)_{t\in[0,T]}\right)$ und $\max\left((S_t)_{t\in[0,T]}\right) - S_T$

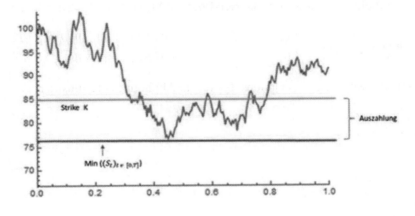

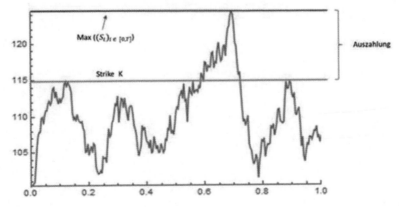

Abbildung 6.11: Funktionsweise der Lookback-Optionen mit Payoffs $K - \min\left((S_t)_{t\in[0,T]}\right)$ und $\max\left((S_t)_{t\in[0,T]}\right) - K$

Barrier Options:

Barrier-Optionen sind im Normalfall mit einer Payoff-Funktion ausgestaltet die nur vom Kurs S_T des underlyings bei Fälligkeit abhängt. Diese Optionen verlieren aber ihre Gültigkeit, sobald der Kurs des underlyings während der Laufzeit eine gewisse Schranke L (Barrier) über- oder unter-schreitet oder aber sie treten nur dann in Kraft, wenn während der Laufzeit eine gewisse Schranke L über- oder unter-schritten wird.

Standardbeispiele solcher Barrier-Options sind etwa
Up-and-Out-Barrier-Puts
Down-and-Out-Barrier-Calls
Up-and-In-Barrier-Calls
Down-and-In-Barrier-Puts

Der Payoff eines **Up-and-Out-Barrier-Puts** mit Strike K und Barrier L lautet

$$
\Phi\left((S_t)_{t\in[0,T]}\right) = \begin{cases} \max\left(0, K - S_T\right) & \text{falls } S_t < L \text{ für alle } t \in [0,T] \\ 0 & \text{falls } S_t > L \text{ für ein } t \in [0,T] \end{cases}
$$

Die Funktionsweise dieses Options-Typs ist in Abbildung 6.12 illustriert:

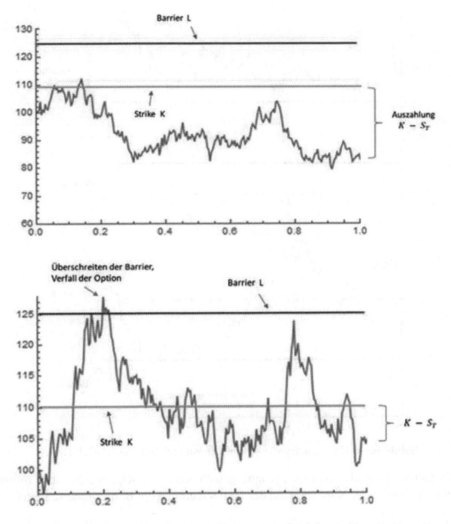

Abbildung 6.12: Funktionsweise einer Up-and-Out-Barrier-Put-Option

Es handelt sich also hierbei um eine gewöhnliche Put-Option, die aber sofort verfällt, sobald der Kurs während der Laufzeit einmal die Barrier überschreitet.

Der Payoff eines **Down-and-Out-Barrier-Calls** mit Strike K und Barrier L lautet

$$\Phi\left((S_t)_{t\in[0,T]}\right) = \begin{cases} \max\left(0, S_T - K\right) & \text{falls } S_t > L \text{ für alle } t \in [0, T] \\ 0 & \text{falls } S_t < L \text{ für ein } t \in [0, T] \end{cases}$$

Die Funktionsweise dieses Options-Typs ist in Abbildung 6.13 illustriert:

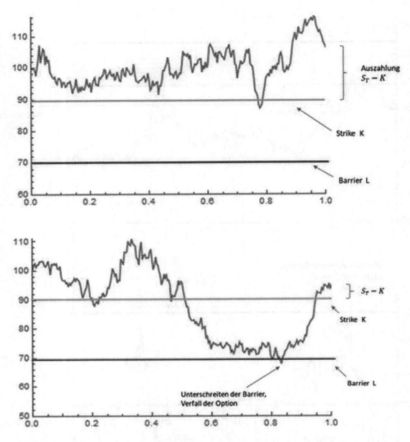

Abbildung 6.13: Funktionsweise einer Down-and-Out-Barrier-Call-Option

Es handelt sich also hierbei um eine gewöhnliche Call-Option, die aber sofort verfällt, sobald der Kurs während der Laufzeit einmal die Barrier unterschreitet.

Der Payoff eines **Up-and-In-Barrier-Calls** mit Strike K und Barrier L lautet

$$
\Phi\left((S_t)_{t\in[0,T]}\right) = \begin{cases} \max\left(0, S_T - K\right) & \text{falls } S_t > L \text{ für ein } t \in [0,T] \\ 0 & \text{falls } S_t < L \text{ für alle } t \in [0,T] \end{cases}
$$

Die Funktionsweise dieses Options-Typs ist in Abbildung 6.14 illustriert:

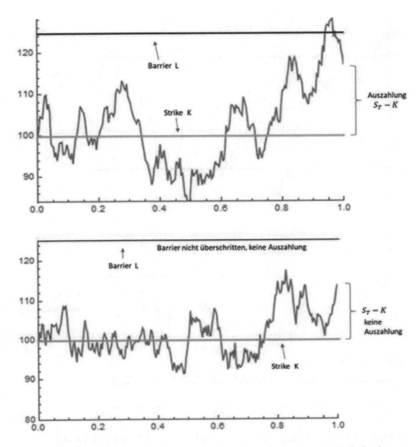

Abbildung 6.14: Funktionsweise einer Up-and-In-Barrier-Call-Option

Es handelt sich also hierbei um eine gewöhnliche Call-Option, die aber erst dann in Kraft tritt, sobald der Kurs während der Laufzeit einmal die Barrier überschreitet.

Der Payoff eines **Down-and-In-Barrier-Puts** mit Strike K und Barrier L lautet

$$\Phi\left((S_t)_{t\in[0,T]}\right) = \begin{cases} \max\left(0, K - S_T\right) & \text{falls } S_t < L \text{ für ein } t \in [0, T] \\ 0 & \text{falls } S_t > L \text{ für alle } t \in [0, T] \end{cases}$$

Die Funktionsweise dieses Options-Typs ist in Abbildung 6.15 illustriert:

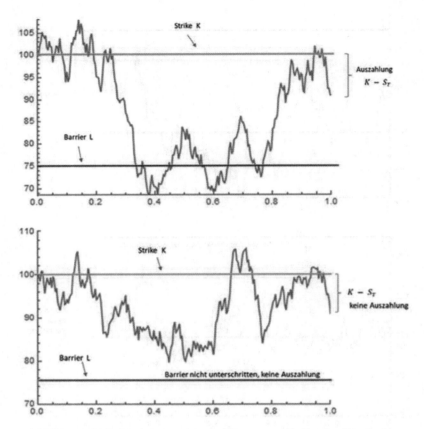

Abbildung 6.15: Funktionsweise einer Down-and-In-Barrier-Put-Option

Es handelt sich also hierbei um eine gewöhnliche Put-Option, die aber erst dann in Kraft tritt, sobald der Kurs während der Laufzeit einmal die Barrier unterschreitet.

Wie gesagt, es sind dies nur ein paar wenige Beispiele aus einer Vielzahl von an den Finanzmärkten gehandelten pfadabhängigen Optionen.

6.8   Bewertung pfadabhängiger Optionen, die Black-Scholes-Formel für pfadabhängige Optionen

Für den fairen Preis von pfadabhängigen Optionen über einem underlying, das einem Wiener Modell folgt, gilt ein Pendent zur Black-Scholes-Formel und zwar in der naheliegenden Form. Wir werden diese Black-Scholes-Formel für pfadabhängige Optionen gleich vorab formulieren und sie dann mittels Bewertung von pfadabhängigen Optionen im binomischen Modell plausibilisieren. Ein exakter Beweis der Formel übersteigt den Rahmen dieses Bandes.

Satz 6.12 (Black-Scholes-Formel für pfadabhängige Optionen). *Sei D ein europäisches, pfad-abhängiges Derivat mit Fälligkeit T und Payoff-Funktion Φ auf ein underlying mit Kurs S(t), der sich im Zeitbereich [0, T] nach einem Wiener Modell mit Parametern μ und σ entwickelt. (Es wird vorausgesetzt, dass durch das underlying keine weiteren Zahlungen oder Kosten anfallen.) Dann gilt für den fairen Preis F(0) von D im Zeitpunkt 0:*

$$F(0) = e^{-rT} \cdot E\left(\Phi\left(\left(\widetilde{S}_t\right)_{t \in [0,T]} \right) \right)$$

wobei $\widetilde{S}$ die Entwicklung

$$\widetilde{S}(t) = S(0) \cdot e^{\left(r - \frac{\sigma^2}{2}\right)t + \sigma\sqrt{t}w}$$

für jedes $t \in [0, T]$ mit einer standard-normalverteilten Zufallsvariablen w besitzt. „E" bezeichnet dabei den Erwartungswert und r ist der risikolose Zinssatz $f_{0,T}$.

Wie der in der Formel auftretende Erwartungswert $E\left(\Phi\left(\left(\widetilde{S}_t\right)_{t \in [0,T]} \right) \right)$, der jetzt also nicht nur vom Endwert des underlyings sondern vom gesamten Pfadverlauf abhängt, konkret zu berechnen ist, damit werden wir uns dann im nächsten Kapitel beschäftigen.

Hier wollen wir das Ergebnis plausibilisieren und dazu gehen wir wieder so vor, dass wir uns als erstes überlegen, wie eine pfadabhängige Option in einem binomischen 3-Schritt-Modell zu bewerten ist.

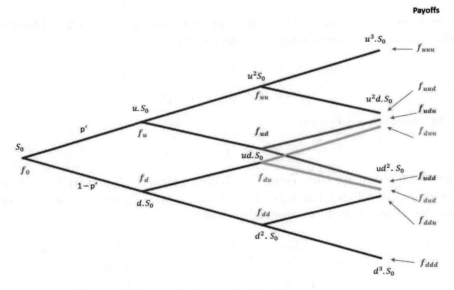

Abbildung 6.16: Pfadabhängige Option im binomischen 3-Schritt-Modell

Der wesentliche Unterschied bei der Darstellung des Modells jetzt im Fall einer pfadabhängigen Option besteht darin, dass die Payoffs f der Option zum Zeitpunkt T (bzw. die fairen Preise f der Option zu früheren Zeitpunkten) nun nicht mehr nur vom Wert des underlyings zum jeweiligen Zeitpunkt abhängen, sondern vielmehr davon, wie (auf welchem Weg) dieser Wert erreicht wird.

Im obigen Beispiel können die Werte $u^2 d \cdot S_0$ und $ud^2 \cdot S_0$ jeweils auf 3 verschiedenen Wegen (wir bezeichnen sie mit uud, udu und duu, bzw. mit udd, dud und ddu) erreicht werden. Dementsprechend kann es zu beiden Zeitpunkten zu jeweils 3 verschiedenen Payoffs f_{uud}, f_{udu} oder f_{duu} (bzw. f_{udd}, f_{dud} oder f_{ddu}) kommen.

Weiters kann im obigen Beispiel der Wert $ud \cdot S_0$ zur Zeit $2 \cdot dt$ auf zwei Wegen erreicht werden. Dementsprechend werden wir die Option mit f_{ud} bewerten, wenn $ud \cdot S_0$ über $u \cdot S_0$ (also auf dem Weg ud) erreicht wurde und wir werden sie mit f_{du} bewerten, wenn $ud \cdot S_0$ über $d \cdot S_0$ (also auf dem Weg du) erreicht wurde.

Wie die Option zum Zeitpunkt $2 \cdot dt$ (im Abhängigkeit vom Weg des underlyings bis dorthin) bewertet wird, folgt natürlich aus unseren früheren Ergebnissen über das binomische 1-Schritt-Modell:

$$f_{uu} = e^{-rdt} \cdot \left(p' \cdot f_{uuu} + (1 - p') \cdot f_{uud} \right)$$

$$f_{ud} = e^{-rdt} \cdot \left(p' \cdot f_{udu} + (1 - p') \cdot f_{udd} \right)$$

$$f_{du} = e^{-rdt} \cdot \left(p' \cdot f_{duu} + (1 - p') \cdot f_{dud} \right)$$

$$f_{dd} = e^{-rdt} \cdot \left(p' \cdot f_{ddu} + (1 - p') \cdot f_{ddd} \right)$$

Ebenso ist wiederum (aus den Überlegungen zum binomischen 1-Schritt-Modell) klar, wie die Option zum Zeitpunkt dt bewertet wird:

$$f_u = e^{-rdt} \cdot \left(p' \cdot f_{uu} + (1 - p') \cdot f_{ud} \right)$$

$$f_d = e^{-rdt} \cdot \left(p' \cdot f_{du} + (1 - p') \cdot f_{dd} \right)$$

Und schließlich erhalten wir:

$$f_0 = e^{-rdt} \cdot \left(p' \cdot f_u + (1 - p') \cdot f_d \right)$$

Setzen wir jetzt in die letzte Formel für f_0 die Formeln für f_u und für f_d aus dem vorletzten Formelblock ein und dann noch für f_{uu}, f_{ud}, f_{du} und f_{dd} die Formeln aus dem ersten Formelblock, dann erhalten wir:

$$
\begin{aligned}
f_0 = {} & e^{-rdt} \cdot \big(p' \cdot p' \cdot p' \cdot f_{uuu} + p' \cdot p' \cdot (1 - p') \cdot f_{uud} + p' \cdot (1 - p') \cdot p' \cdot f_{udu} + \\
& + (1 - p') \cdot p' \cdot p' \cdot f_{duu} + p' \cdot (1 - p') \cdot (1 - p') \cdot f_{udd} + \\
& + (1 - p') \cdot p' \cdot (1 - p') \cdot f_{dud} + (1 - p') \cdot (1 - p') \cdot p' \cdot f_{ddu} + \\
& + (1 - p') \cdot (1 - p') \cdot (1 - p') \cdot f_{ddd} \big)
\end{aligned}
$$

Werfen wir einen genaueren Blick auf die Formel für f_0, dann sehen wir, dass wir die Formel auch so schreiben können:

$$
\begin{aligned}
f_0 \;=\; & e^{-rdt} \cdot (W(uuu) \cdot \Phi(uuu) + W(uud) \cdot \Phi(uud) + W(udu) \cdot \Phi(udu) + \\
& + W(duu) \cdot \Phi(duu) + W(udd) \cdot \Phi(udd) + W(dud) \cdot \Phi(dud) + \\
& + W(ddu) \cdot \Phi(ddu) + W(ddd) \cdot \Phi(ddd))
\end{aligned}
$$

Hier haben wir mit $W(uuu), \ldots$ die künstliche (!) Wahrscheinlichkeit (also bezüglich p') dafür bezeichnet, dass der Weg $uuu, \ldots$ eintritt, und mit $\Phi(uuu), \ldots$ haben wir den Payoff im Fall des Eintretens von Weg $uuu, \ldots$ bezeichnet. Wir addieren also über jeden möglichen Pfad, den die Wertentwicklung des underlyings vom Zeitpunkt 0 bis zum Zeitpunkt T nehmen kann, bestimmen den Payoff für jeden dieser Pfade und gewichten ihn mit der (künstlichen) Wahrscheinlichkeit seines Eintretens.

f_0 ist also wieder nichts anderes als der diskontierte erwartete Payoff bezüglich des risikoneutralen Maßes! Wobei jetzt eben zu beachten ist, dass der Wert des Payoffs wirklich vom einzelnen Pfad abhängt. Im binomischen 3-Schritt-Modell gilt also tatsächlich:

$$
f_0 = e^{-rdt} \cdot E\left(\Phi\left(\left(\widetilde{S}_t \right)_{t \in [0,T]} \right) \right)
$$

wobei wir mit $\widetilde{S}_t$ die Entwicklung des underlyings bezüglich des risikoneutralen Maßes bezeichnen.

Es ist relativ offensichtlich (und auch mit Induktion leicht beweisbar), dass dies auch in einem beliebigen binomischen N-Schritt-Modell gilt.

Daher sollte es plausibel sein, dass die entsprechende Formel auch – genauso wie im Fall nicht-pfadabhängiger plain-vanilla-Optionen – beim Übergang ins Wiener'sche Modell seine Gültigkeit behält und dass daher Satz 6.12, die Black-Scholes-Formel für pfadabhängige Optionen, im Wiener Modell richtig ist.

Ebenso ist es plausibel (und wie im nicht-pfadabhängigen Fall leicht beweisbar), dass im **binomischen Modell** auch **amerikanische pfad-abhängige** Optionen wieder durch „**Backwardation**" bewertbar sind. Hier muss zusätzlich zum üblichen Bewertungsvorgang in jedem Knoten wiederum der momentane Payoff mit dem im nachfolgenden 1-Schritt-Modell im europäischen Modus vorgenommenen Zwischenwert verglichen werden.

Im folgenden Abschnitt führen wir ein konkretes Bewertungsbeispiel für eine pfadabhängige Option im binomischen 3-Schritt-Modell sowohl europäisch als auch amerikanisch durch.

6.9   Konkretes Bewertungsbeispiel einer pfadabhängigen Option in einem binomischen 3-Schritt-Modell (europäisch und amerikanisch)

Zur Veranschaulichung bewerten wir im Folgenden die arithmetisch asiatische Put-Option mit Strike $K = 15$ im binomischen 3-Schritt-Modell von Abbildung 6.17. Die Entwicklung des underlyings ist durch die schwarzen Werte gegeben, die etwaigen Payoffs für jeden Pfad bis zum jeweiligen Wert des underlyings sind in blau markiert.

Die Entwicklung des underlyings ergibt sich durch die Werte $S_0 = 8, u = \frac{3}{2}$ und $d = \frac{1}{2}$. Weiters wählen wir $r = 0$, was insgesamt $p' = \frac{1}{2}$ zur Folge hat.
Die blauen Payoff-Werte ergeben sich jeweils durch

$$\max(0, K - \textit{durchschnittlicher Wert des underlyings im bisherigen Pfad})$$

Dieser Wert ist stets gleich „*15 – durchschnittlicher Wert des underlyings im bisherigen Pfad*" außer zur Zeit T im Endwert 27. Dort ist der Payoff gleich 0.

Zum Beispiel: Der Payoff zur Zeit $2 \cdot dt$ im Wert des underlyings 6, wenn dieser auf dem Weg über den Wert 12 zur Zeit dt erreicht wurde, ist gegeben durch $\max(0, 15 - \textit{durchschnittlicher Wert des underlyings im bisherigen Pfad})$.
Der durchschnittliche Wert des underlyings im bisherigen Pfad ist $\frac{(8+12+6)}{3} = \frac{26}{3}$.
Somit ist der Payoff gleich $\max\left(0, 15 - \frac{26}{3}\right) = \max\left(0, \frac{19}{3}\right) = \frac{19}{3}$. Wir bewerten zuerst die europäische Version der Option und dann die amerikanische Version.

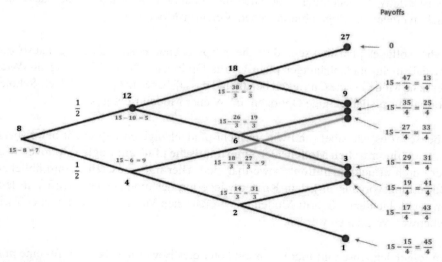

Abbildung 6.17: Konkretes Beispiel, asiatische Put-Option (Knoten an denen die amerikanische Version ausgeübt wird sind rot markiert)

Für die Werte $f^{(e)}$ der europäischen Option erhalten wir:

$$f_{uu}^{(e)} = \tfrac{1}{2}\left(0 + \tfrac{13}{4}\right) = \tfrac{13}{8} = 1.625$$
$$f_{ud}^{(e)} = \tfrac{1}{2}\left(\tfrac{25}{4} + \tfrac{31}{4}\right) = 7$$
$$f_{du}^{(e)} = \tfrac{1}{2}\left(\tfrac{33}{4} + \tfrac{41}{4}\right) = \tfrac{37}{4} = 9.25$$
$$f_{dd}^{(e)} = \tfrac{1}{2}\left(\tfrac{43}{4} + \tfrac{45}{4}\right) = 11$$

$$f_{u}^{(e)} = \tfrac{1}{2}\left(\tfrac{13}{8} + 7\right) = \tfrac{69}{16} = 4.3125$$
$$f_{d}^{(e)} = \tfrac{1}{2}\left(\tfrac{37}{4} + 11\right) = \tfrac{81}{8} = 10.125$$

$$\boldsymbol{f_{0}^{(e)}} = \tfrac{1}{2}\left(\tfrac{69}{16} + \tfrac{81}{8}\right) = \tfrac{231}{32} = \boldsymbol{7.21875}$$

Für die Werte $f^{(a)}$ der amerikanischen Option erhalten wir:

$$f_{uu}^{(a)} = \max\left(\tfrac{7}{3}, f_{uu}^{(e)}\right) = \max\left(\tfrac{7}{3}, \tfrac{13}{8}\right) = \tfrac{7}{3} = 2.333$$
in Knoten „uu" wird die Option **ausgeübt**

$$f_{ud}^{(a)} = \max\left(\tfrac{19}{3}, f_{ud}^{(e)}\right) = \max\left(\tfrac{19}{3}, 7\right) = 7$$
in Knoten „ud" wird die Option **nicht ausgeübt**

$$f_{du}^{(a)} = \max\left(\tfrac{7}{3}, f_{du}^{(e)}\right) = \max\left(9, \tfrac{37}{4}\right) = \tfrac{37}{4} = 9.25$$
in Knoten „du" wird die Option **nicht ausgeübt**

$$f_{dd}^{(a)} = \max\left(\tfrac{31}{3}, f_{dd}^{(e)}\right) = \max\left(\tfrac{31}{3}, 11\right) = 11$$
in Knoten „dd" wird die Option **nicht ausgeübt**

$$f_{u}^{(a)} = \max\left(5, \tfrac{1}{2}\left(f_{uu}^{(a)} + f_{ud}^{(a)}\right)\right) = \max\left(5, \tfrac{1}{2}\left(\tfrac{7}{3} + 7\right)\right) = \max\left(5, \tfrac{14}{3}\right) = 5$$
in Knoten „u" wird die Option **ausgeübt**

$$f_{d}^{(a)} = \max\left(9, \tfrac{1}{2}\left(f_{du}^{(a)} + f_{dd}^{(a)}\right)\right) = \max\left(9, \tfrac{1}{2}\left(\tfrac{37}{4} + 11\right)\right) = \max\left(9, \tfrac{81}{8}\right) =$$
$\tfrac{81}{8} = 10.125$
in Knoten „d" wird die Option **nicht ausgeübt**

$$\boldsymbol{f_{0}^{(a)}} = \max\left(7, \tfrac{1}{2}\left(f_{u}^{(a)} + f_{d}^{(a)}\right)\right) = \max\left(7, \tfrac{1}{2}\left(5 + \tfrac{81}{8}\right)\right) = \max\left(7, \tfrac{121}{16}\right) =$$
$\tfrac{121}{16} = \boldsymbol{7.5625}$
in Knoten „0" wird die Option **nicht ausgeübt**

Nur zum Vergleich: Wie man leicht nachrechnet, beträgt der Wert einer herkömmlichen plain vanilla Put-Option in diesem Modell sowohl für den europäischen wie für den amerikanischen Typ jeweils 8.5.

6.10   Die Komplexität der Bewertung pfadabhängiger Optionen in einem binomischen N-Schritt-Modell im Allgemeinen und z.B. für Lookback-Optionen

Wir haben das binomische Modell im Kontext der Bewertung pfadabhängiger Optionen zu zwei Zwecken verwendet:

Zum Einen um das Ergebnis von Satz 6.12 zu plausibilisieren und zum anderen um den fairen Wert pfadabhängiger Optionen für ein underlying über einem Wiener Modell näherungsweise (sowohl im europäischen als auch im amerikanischen Fall) zu berechnen.

In nur wenigen Spezial-Fällen (etwa für Barrier-Optionen) kann der in Satz 6.12 auftretende Erwartungswert explizit und exakt ausgerechnet werden.

In einem der folgenden Kapitel werden wir zeigen, wie eine einfache Monte Carlo-Methode verwendet werden kann, um den in Satz 6.12 auftretenden Erwartungswert und damit den fairen Wert einer europäischen pfadabhängigen Option näherungsweise zu berechnen. Diese Monte Carlo-Methode kann so, in dieser Basis-Version, nicht zur Bewertung amerikanischer pfadabhängiger Optionen eingesetzt werden.

Nun könnte man entgegnen, die amerikanischen pfadabhängigen Optionen können ja, wie oben exemplarisch vorgeführt, näherungsweise – beliebig exakt – mittels des binomischen N-Schritt-Modells bewertet werden. Das ist zwar theoretisch richtig, scheitert aber in der konkreten Anwendung an der numerischen Komplexität der Aufgabe.

Wie wir oben gesehen haben, muss zur vollständigen Bewertung einer amerikanischen Version einer Option im binomischen N-Schritt-Modell, in jedem Knoten jeder Pfad zu diesem Knoten extra behandelt werden. Es gibt insgesamt 2 Pfade der Länge 1, 2^2 Pfade der Länge 2, 2^3 Pfade der Länge 3, usw. ..., 2^N Pfade der Länge N. Insgesamt haben wir es also mit $2 + 2^2 + 2^3 + \ldots + 2^N = 2^{N+1} - 2$ Pfaden zu tun.

Bereits bei einem binomischen 30-Schritt-Modell (das zur Erzielung eines halbwegs vertrauenswürdigen Resultats – insbesondere bei komplexeren Produkten und bei längeren Laufzeiten – mindestens nötig ist) bedeutet das die Behandlung von über 2 Milliarden Pfaden. Das mag zwar gerade noch machbar sein, dauert aber für ein effektives Bewertungs-Tool in jedem Fall viel zu lang. Es müssen daher im Fall amerikanischer pfadabhängiger Optionen in vielen Fällen andere subtilere numerische Methoden zur Bestimmung des Erwartungswertes in Satz 6.12 verwendet werden.

In manchen Fällen ist es allerdings möglich, auch für große N pfadabhängige (europäische und amerikanische) Derivate im binomischen N-Schritt-Modell zu bewerten. Wie, warum und unter welchen Voraussetzungen das möglich ist, werden wir uns an einem konkreten Beispiel, nämlich anhand von amerikanischen Lookback-Optionen, überlegen.

Der Payoff einer amerikanischen Lookback-Option hängt in jedem Zeitpunkt t vom in der bisherigen Entwicklung erreichten Minimum oder Maximum des underlyings und eventuell vom momentanen Kurs S_t des underlyings ab.

Wir betrachten im Folgenden das konkrete Beispiel einer amerikanischen Lookback-Option mit dem Payoff $S_t - \min\left((S_u)_{u \in [0,t]}\right)$ in jedem Zeitpunkt $t \in [0, T]$.

Wir bewerten diese Option nun in einem binomischen N-Schritt-Modell. Dazu gehen wir nach folgendem Algorithmus vor (das im Folgenden beschriebene Procedere wird später in einem konkreten Zahlenbeispiel durchgeführt und nochmals illustriert):

Algorithmus:

Schritt 1 (Bestimmung möglicher Minima):
In jedem Knoten Z des binomischen N-Schritt-Modells notieren wir, welche Minima auf dem Weg bis zu diesem Knoten vorgekommen sein können.

Die Bestimmung der möglichen Minima kann für jeden Knoten Z allein durch die Werte der beiden vorhergehenden Knoten X und Y erfolgen, von denen man auf direktem Weg in einem Schritt nach Z kommt.

Wie die Berechnung der Werte im Knoten Z vor sich geht, sieht man an Hand der folgenden Illustration (siehe Abbildung 6.18).

Dabei verwenden wir folgende Bezeichnungen:

z ist der Wert des underlyings im Knoten Z

$v_1, v_2, \ldots, v_x$ sind diejenigen in X möglichen Minima, die kleiner sind als z
$v_{x+1}, v_{x+2}, \ldots, v_\kappa$ sind diejenigen in X möglichen Minima, die größer sind als z

$w_1, w_2, \ldots, w_y$ sind diejenigen in Y möglichen Minima, die kleiner sind als z
$w_{y+1}, w_{y+2}, \ldots, w_\eta$ sind diejenigen in Y möglichen Minima, die größer sind als z

Dann sind die bis zum Knoten Z möglichen Minima offensichtlich ausschließlich die Werte $v_1, v_2, \ldots, v_x, w_1, w_2, \ldots, w_y$ und eventuell der Wert z.

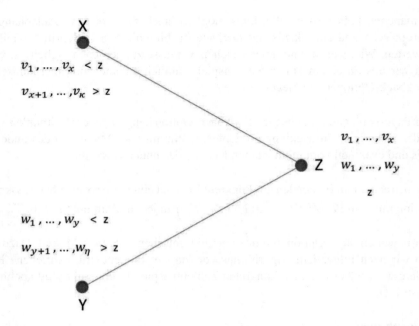

Abbildung 6.18: Schritt 1 für die effiziente Bewertung von Lookback-Optionen im binomischen Modell (Bestimmung der potentiellen Minima)

Wichtige Bemerkung:
Die Anzahl der möglichen Minima auf Pfaden zu einem Knoten Z im Zeitpunkt $n \cdot dt$ ist natürlich höchstens so groß, wie die Anzahl verschiedener Werte die das underlying überhaupt auf dem Weg von 0 bis Z annehmen kann. Diese Zahl ist höchstens so groß, wie es verschiedene Werte für das underlying bis zum Zeitpunkt $(n - 1) \cdot dt$ gibt (plus 1 für den Wert des underlyings in Z selbst).
Diese Zahl ist also höchstens $1 + 2 + 3 + \ldots + (n - 1) + 1 = \frac{n \cdot (n-1)}{2} + 1 \leq \frac{n^2}{2}$.

Man kann sich relativ leicht überlegen, dass die Zahl der möglichen Minima (für n groß genug) tatsächlich sogar im Wesentlichen kleiner als $\frac{n^2}{4}$ sein muss und man sieht in konkreten Anwendungen, dass die Anzahl zumeist sogar noch wesentlich kleiner ist.

Schritt 2 (Aufsplitten des Graphen):
Im nächsten Schritt konstruieren wir einen neuen Graphen. Dabei werden die bisherigen Knoten X, Y, Z usw. gesplittet in mehrere Knoten und zwar in genau so viele Knoten, wie es mögliche Minima bis zu dem Knoten gibt. Die neuen Knoten bezeichnen wir mit $(X, v_1), (X, v_2), \ldots, (X, v_\kappa)$ und $(Y, w_1), (Y, w_2), \ldots,$ (Y, w_η) bzw. $(Z, v_1), (Z, v_2), \ldots, (Z, v_x), (Z, w_1), (Z, w_2), \ldots, (Z, w_y)$ und (Z, z), falls z ein mögliches Minimum ist.

In jedem solchen neuen Knoten etwa mit der Bezeichnung (Q, τ) ist der Payoff der

Lookback-Option eindeutig gegeben durch $q - \tau$ (momentaner Wert q des underlying minus dem Minimum τ auf dem jeweiligen Pfad nach Q).

Die Kanten in dem neuen Graphen sind so gewählt (wir beziehen uns dabei wieder auf die Situation von Abbildung 6.18):
$$(X, v_1) \to (Z, v_1)$$
$$(X, v_2) \to (Z, v_2)$$
$$\ldots$$
$$(X, v_x) \to (Z, v_x)$$

$$(Y, w_1) \to (Z, w_1)$$
$$(Y, w_2) \to (Z, w_2)$$
$$\ldots$$
$$(Y, w_y) \to (Z, w_y)$$

Die Knoten $(X, v_{x+1}), (X, v_{x+2}), \ldots, (X, v_\kappa)$ und $(Y, w_{y+1}), (Y, w_{y+2}), \ldots,$ (Y, w_η) werden alle mit (Z, z) verbunden.

Die neue Situation für den Ausschnitt des Graphen von Abbildung 6.18 ist in Abbildung 6.19 zu sehen.

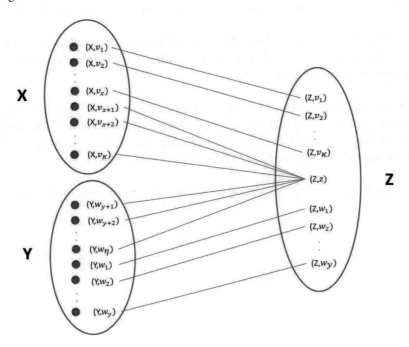

Abbildung 6.19: Schritt 2 für die effiziente Bewertung von Lookback-Optionen im binomischen Modell (Aufsplitten des Graphen)

Schritt 3 (Backwardation):

Der Wert der Option im Fälligkeits-Zeitpunkt $T = N \cdot dt$ ist natürlich wieder gleich dem Payoff im jeweiligen Endpunkt. Wir befinden uns dabei im erweiterten aufgesplitteten Graphen. Die Endpunkte sind also alle Paare (U, m) bestehend aus einem möglichen Endwert U des underlyings und einem möglichen auf dem Weg von 0 nach U erreichten Minimum m.

Der Payoff und damit der Wert der Lookback-Option im Punkt (U, m) ist gegeben durch $u - m$.

Damit ist der Wert der Option in allen möglichen Situationen zur Zeit $N \cdot dt$ bekannt. Nun berechnen wir sukzessive (im aufgesplitteten Graphen) in der uns schon bekannten Weise die Werte der Option in allen möglichen Situationen zur Zeit $(N - 1) \cdot dt$, dann zur Zeit $(N - 2) \cdot dt, \ldots$ und schließlich zur Zeit 0 durch Backwardation.

Der Vorgang der Bachwardation wird im Folgenden hier nochmal erläutert. Wir beziehen uns dabei auf die Situation und die Bezeichnungen in Abbildung 6.20.

In Abbildung 6.20 wollen wir den fairen Wert $f^{(a)}(X, v_i)$ der Lookback-Option zur Zeit $(n - 1) \cdot dt$ und im Knoten (X, v_i) des erweiterten Graphen bestimmen.

Dazu nehmen wir an, dass durch die vorhergehenden Backwardation-Schritte bereits die fairen Werte der Lookback-Option in allen Knoten für die Zeitpunkte $n \cdot dt$ und später berechnet wurden.

Die vom Knoten (X, v_i) aus im nächsten Zeitschritt zu erreichenden Knoten bezeichnen wir mit (U, l_j) und mit (Z, m_k). Die fairen Werte der Lookback-Option in diesen Knoten sind (aufgrund der obigen Annahme) bereits berechnet worden, und wir bezeichnen sie mit $f^{(a)}(U, l_j)$ und mit $f^{(a)}(Z, m_k)$.

Der Payoff bei sofortiger Ausübung im Knoten (X, v_i) ist gegeben durch $x - v_i$.

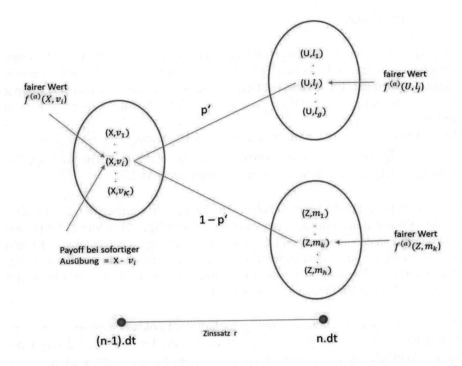

Abbildung 6.20: Schritt 3 für die effiziente Bewertung von Lookback-Optionen im binomischen Modell (Backwardation)

Der Wert der Lookback-Option zur Zeit $(n-1) \cdot dt$ im Knoten (X, v_i) berechnet sich dann – aufgrund der selben Argumente die wir bereits früher bei der Herleitung der Backwardation-Methode angewandt hatten – mittels:

$$f^{(a)}(X, v_i) = \max(x - v_i, e^{-rdt} \left(p' \cdot f^{(a)}(U, l_j) + (1 - p') \cdot f^{(a)}(Z, m_k) \right))$$

und die Option wird im Knoten (X, v_i) genau dann ausgeübt, wenn

$$x - v_i > e^{-rdt} \left(p' \cdot f^{(a)}(U, l_j) + (1 - p') \cdot f^{(a)}(Z, m_k) \right)$$

gilt.

In der Weise wird die Berechnung bis zum Zeitpunkt 0, also bis zur Bestimmung des fairen Wertes der Lookback-Option im Zeitpunkt 0, weitergeführt.

Ende des Algorithmus

Wie sieht es nun mit der Komplexität des Algorithmus aus? Wir wollen bei der Beantwortung dieser Frage nicht ins Detail gehen, sondern nur eine sehr grobe obere

Abschätzung geben:

Zu jedem Zeitpunkt $n \cdot dt$ splittet sich ein ursprünglicher Knoten X im Wesentlichen (siehe „Wichtige Bemerkung" weiter oben) in maximal $\frac{n^2}{4}$ Knoten im erweiterten Graphen auf. Im erweiterten Graphen haben wir es also in jedem Zeitpunkt $n \cdot dt$ im Wesentlichen (und für n groß genug) mit höchstens $n \cdot \frac{n^2}{4} = \frac{n^3}{4}$ Knoten zu tun.

Insgesamt müssen wir also im Wesentlichen in höchstens $\frac{1^3}{4} + \frac{2^3}{4} + \frac{3^3}{4} + \ldots + \frac{(N-1)^3}{4} < \frac{N^4}{16}$ Knoten des Graphen eine Bewertung durchführen. Die jeweilige Bewertung geschieht im Wesentlichen durch **einen** Rechenschritt.

Im Fall eines 30-Schritt-Modells haben wir also eine Bewertung in maximal etwa 50.000 Knoten durchzuführen, um zu einer vollständigen Bewertung der Option zu kommen. In den allermeisten Fällen ist die Anzahl der zu behandelnden Knoten allerdings wesentlich (!) niedriger. Zum Vergleich erinnern wir uns, dass bei der herkömmlichen Vorgangsweise zur Bewertung einer pfadabhängigen Option mit mehr als 2 Milliarden Pfaden zu arbeiten wäre.

Analysieren wir noch kurz, welche Eigenschaft der Lookback-Option verantwortlich dafür ist, dass es möglich ist, dass man anstelle der Berücksichtigung jedes einzelnen möglichen Pfades mit wesentlich weniger Knoten arbeiten kann: Wesentlich ist, dass nicht jeder einzelne Pfad, der zu einem Knoten X führt, einen anderen momentanen Payoff erzeugt, sondern dass vielmehr in jedem einzelnen Knoten X „relativ wenige" verschiedene Payoffs erfolgen können und wesentlich ist darüber hinaus auch, dass diese relativ wenigen möglichen Payoffs in einem Knoten X auch leicht (mit wenig numerischem Aufwand) berechenbar sind.

In solchen Fällen ist also eine Behandlung amerikanischer pfadabhängiger Optionen in einem binomischen Modell numerisch machbar und sinnvoll.

Für europäische pfadabhängige Optionen wird man – falls nicht ohnehin (wie etwa bei Barrier-Optionen) eine explizite Formel für den Erwartungswert in Satz 6.12 und damit für den fairen Wert hergeleitet werden kann – nicht mit einem binomischen Modell arbeiten, sondern mit anderen numerischen Methoden wie etwa der Monte Carlo-Methode, die wir in einem der nächsten Paragraphen kennen lernen werden.

Für amerikanische pfadabhängige Optionen von komplexerer Form (zum Beispiel amerikanische arithmetisch asiatische Optionen) muss man wesentlich subtilere Verfahren zur Bewertung entwickeln und heranziehen. Damit werden wir uns erst im nächsten Band dieses Buchprojekts beschäftigen können.

Zur Konkretisierung der oben beschriebenen – doch etwas komplexeren - Bewertungsmethode für amerikanische Lookback-Optionen werden wir im folgenden Kapitel die Bewertung einer konkreten solchen Option in einem binomischen 4-Schritt-Modell vorführen.

6.11 Bewertung einer amerikanischen Lookback-Option in einem binomischen 4-Schritt-Modell (konkretes Beispiel)

Wir wollen im binomischen 4-Schritt-Modell, das in Abbildung 6.21 dargestellt ist, die amerikanische Lookback-Option mit **Payoff** $S_t - \min\left((S_u)_{u \in [0,t]}\right)$ in jedem Zeitpunkt $t \in [0,T]$ bewerten.

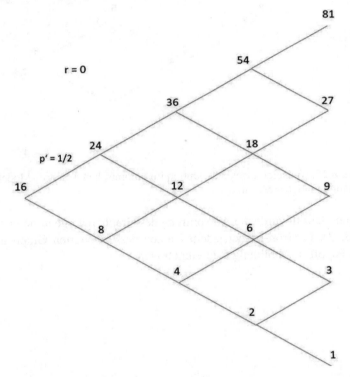

Abbildung 6.21: Beispiel: Lookback-Option im binomischen 4-Schritt-Modell

Im ersten Schritt werden nun an jedem Knoten die möglichen bis dorthin erreichbaren Minima notiert (siehe Abbildung 6.22).

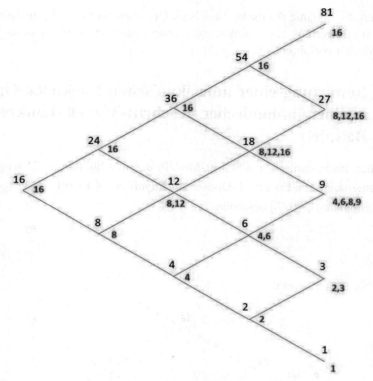

Abbildung 6.22: Beispiel: Lookback-Option im binomischen 4-Schritt-Modell, Schritt 1 (Bestimmung möglicher Minima)

Im nächsten Schritt wurde die Aufsplittung des Graphen vorgenommen (siehe Abbildung 6.23). In Grün ist bei jedem Knoten des erweiterten Graphen auch der jeweilige Payoff in Abbildung 6.23 eingetragen.

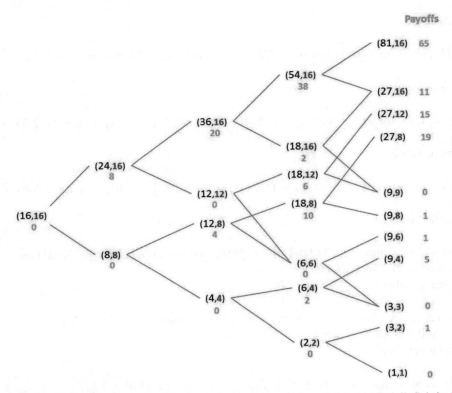

Payoffs

Abbildung 6.23: Beispiel: Lookback-Option im binomischen 4-Schritt-Modell, Schritt 2 (Aufsplittung des Graphen und Bestimmung der Payoffs (grün))

Nun kann – ausgehend von den Payoffs bei Fälligkeit $T = 4 \cdot dt$ – die Backwardation vorgenommen werden (mit f(x,y) bezeichnen wir jeweils den fairen Wert der Option im Knoten (X,y)):

$f(54, 16) = \max\left(38, \frac{1}{2}(f(81, 16) + f(27, 16))\right) = \max\left(38, \frac{1}{2}(65 + 11)\right) =$
$\max(38, 38) = 38$
ausüben!

$f(18, 16) = \max\left(2, \frac{1}{2}\left(f(27, 16) + f(9, 9)\right)\right) = \max\left(2, \frac{1}{2}(11 + 0)\right) =$
$\max(2, 5.5) = 5.5$
nicht ausüben!

$f(18, 12) = \max\left(6, \frac{1}{2}\left(f(27, 12) + f(9, 9)\right)\right) = \max\left(6, \frac{1}{2}(15 + 0)\right) =$
$\max(6, 7.5) = 7.5$
nicht ausüben!

$f(18, 8) = \max\left(10, \frac{1}{2}(f(27, 8) + f(9, 8))\right) = \max\left(10, \frac{1}{2}(19 + 1)\right) =$
$\max(10, 10) = 10$

ausüben!

$f(6,6) = \max\left(0, \frac{1}{2}(f(9,6) + f(3,3))\right) = \max\left(0, \frac{1}{2}(3+0)\right) = \max(0, 1.5) = 1.5$

nicht ausüben!

$f(6,4) = \max\left(2, \frac{1}{2}(f(9,4) + f(3,3))\right) = \max\left(2, \frac{1}{2}(5+0)\right) = \max(2, 2.5) = 2.5$

nicht ausüben!

$f(2,2) = \max\left(0, \frac{1}{2}(f(3,2) + f(1,1))\right) = \max\left(0, \frac{1}{2}(1+0)\right) = \max(0, 0.5) = 0.5$

nicht ausüben!

$f(36,16) = \max\left(20, \frac{1}{2}(f(54,16) + f(18,16))\right) = \max\left(20, \frac{1}{2}(38+5.5)\right) = \max(20, 21.75) = 21.75$

nicht ausüben!

$f(12,12) = \max\left(0, \frac{1}{2}(f(18,12) + f(6,6))\right) = \max\left(0, \frac{1}{2}(7.5+1.5)\right) = \max(0, 4.5) = 4.5$

nicht ausüben!

$f(12,8) = \max\left(4, \frac{1}{2}(f(18,8) + f(6,6))\right) = \max\left(4, \frac{1}{2}(10+1.5)\right) = \max(4, 5.75) = 5.75$

nicht ausüben!

$f(4,4) = \max\left(0, \frac{1}{2}(f(6,4) + f(2,2))\right) = \max\left(0, \frac{1}{2}(2.5+0.5)\right) = \max(0, 1.5) = 1.5$

nicht ausüben!

$f(24,16) = \max\left(8, \frac{1}{2}(f(36,16) + f(12,12))\right) = \max\left(8, \frac{1}{2}(21.75+4.5)\right) = \max(8, 13.125) = 13.125$

nicht ausüben!

$f(8,8) = \max\left(0, \frac{1}{2}(f(12,8) + f(4,4))\right) = \max\left(0, \frac{1}{2}(5.75+1.5)\right) = \max(0, 3.625) = 3.625$

nicht ausüben!

$\boldsymbol{f_0} = f(16,16) = \max\left(0, \frac{1}{2}(f(24,16) + f(8,8))\right) = \max\left(0, \frac{1}{2}(13.125+3.625)\right) = \max(0, 8.375) = \mathbf{8.375}$

nicht ausüben!

Der Wert der amerikanischen Lookback-Option liegt zur Zeit 0 also bei 8.375. An den Stellen, an denen wir eine vorzeitige Ausübung der Option vorgeschlagen hatten, wäre jeweils genauso gut ein Weiterverbleiben in der Option gleich profitabel gewesen. Der Wert der europäischen Version liegt daher ebenfalls bei 8.375.

6.12 Explizite Formeln für europäische pfadabhängige Optionen, z.B.: Barrier Optionen

Wie wir bereits erwähnt haben, ist es in manchen Fällen möglich, eine explizite Formel für den fairen Preis einer europäischen pfadabhängigen Option für underlyings über dem Wiener Modell zu geben, indem man eine explizite Formel für den in Satz 6.12, der allgemeinen Black-Scholes-Formel für pfadabhängige Optionen, auftretenden Erwartungswert findet.

Dies ist zum Beispiel für gewisse Barrier-Optionen (Puts-, Calls- und einfachere Typen von Optionen), auch für die oben behandelten Lookback-Optionen (in ihrer grundlegenden Form) und zum Beispiel auch für asiatische Optionen deren Payoff auf geometrischer Mittelung beruhen, möglich.

Die Herleitung dieser expliziten Formeln für Barrier-Optionen und Lookback-Optionen bedarf einiger tiefer gehender wahrscheinlichkeitstheoretischer Überlegungen und übersteigt den Rahmen dieses ersten Bandes. Wir werden daher die grundlegenden Resultate und wesentlichsten Bewertungs-Formeln für Barrier-Optionen hier ohne Beweis angeben und nur einige numerische Tests anschließen.

Im nächsten Kapitel werden wir allerdings die exakte Bewertungsformel für „geometrische asiatische Optionen für underlyings über dem Wiener Modell" mit Beweis herleiten und anwenden.

Grundlegend für die exakte Bewertung von Barrier-Optionen sind die folgenden vier Resultate, die den fairen Preis einer down-and-out-Barrier-Option bzw. einer up-and-out-Barrier-Option sowie einer down-and-in-Barrier-Option bzw. einer up-and-in-Barrier-Option in Beziehung setzen zum fairen Preis der Optionen mit denselben Parametern und einer ähnlichen Payoff-Funktion aber ohne Barrier-Bedingung:

Wir betrachten dazu im Folgenden beliebige europäische plain vanilla Derivate mit einer Payoff-Funktion Φ und ihre entsprechenden Barrier-Versionen.

Die Fälligkeit aller Derivate bezeichnen wir mit T. Mit t bezeichnen wir beliebige Zeitpunkte im Intervall $[0, T]$.

Mit L bezeichnen wir stets die Barrier der jeweiligen Barrier-Versionen.

Mit Φ_L bezeichnen wir die folgende Funktion: $\Phi_L(x) := \begin{cases} \Phi(x) \text{ wenn } x > L \\ 0 \quad\text{ wenn } x \leq L \end{cases}$.

Weiters sei $F\left(t, s, \Phi_L\right)$ der faire Preis der europäischen plain vanilla Option mit Laufzeit bis T und Payoff-Funktion Φ_L zur Zeit t und bei Kurs des underlyings gleich s zur Zeit t.

Wir erinnern daran, dass wir diesen fairen Wert $F\left(t, s, \Phi_L\right)$ mit Hilfe der Black Scholes Formel (zumindest näherungsweise beliebig genau) bestimmen können.

Ziel ist es nun, die fairen Preise $F_{DO}(t, s, \Phi, L)$, $F_{UO}(t, s, \Phi, L)$, $F_{DI}(t, s, \Phi, L)$, $F_{UI}(t, s, \Phi, L)$ der Down-and-Out-, der Up-and-Out-, der Down-and-In- und der Up-and-In- Barrier-Optionen zu bestimmen.

Es gelten die folgenden Formeln:

$$F_{DO}(t, s, \Phi, L) = F\left(t, s, \Phi_L\right) - \left(\frac{L}{s}\right)^{\frac{2r}{\sigma^2}-1} \cdot F\left(t, \frac{L^2}{s}, \Phi_L\right)$$

für $s > L$ (und 0 sonst)

$$F_{UO}(t, s, \Phi, L) = F\left(t, s, \Phi - \Phi_L\right) - \left(\frac{L}{s}\right)^{\frac{2r}{\sigma^2}-1} \cdot F\left(t, \frac{L^2}{s}, \Phi - \Phi_L\right)$$

für $s < L$ (und 0 sonst)

$$F_{DI}(t, s, \Phi, L) = F\left(t, s, \Phi - \Phi_L\right) + \left(\frac{L}{s}\right)^{\frac{2r}{\sigma^2}-1} \cdot F\left(t, \frac{L^2}{s}, \Phi_L\right)$$

$$F_{UI}(t, s, \Phi, L) = F\left(t, s, \Phi_L\right) + \left(\frac{L}{s}\right)^{\frac{2r}{\sigma^2}-1} \cdot F\left(t, \frac{L^2}{s}, \Phi - \Phi_L\right)$$

Als einfaches konkretes Anwendungs-Beispiel für eine dieser Formeln betrachten wir eine Down-and-out-Barrier-Call-Option mit einer Barriere L die kleiner als der Strike K ist. Die Situation ist in Abbildung 6.24 dargestellt (gleiches Bild wie schon Abbildung 6.15).

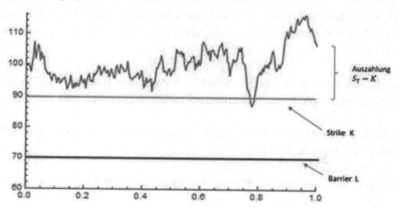

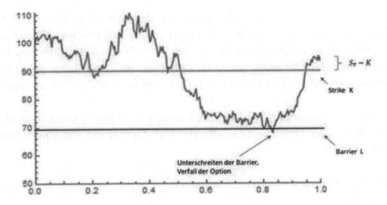

Abbildung 6.24: Funktionsweise einer Down-and-Out-Barrier-Call-Option

Im angenommenen Fall $L < K$ ist ja $\Phi_L(x) = \Phi(x) = \max(0, x - K)$ für alle x. (da $\Phi_L(x) = \Phi(x) = 0$ für alle $x < L < K$). Daher gilt auf Grund der ersten der obigen Formeln:

$$F_{DO}(t, s, \Phi, L) = F(t, s, \Phi) - \left(\frac{L}{s}\right)^{\frac{2r}{\sigma^2} - 1} \cdot F\left(t, \frac{L^2}{s}, \Phi\right) \quad \text{für } s > L \text{ (und 0 sonst)}.$$

Somit: Für den fairen Preis $C_{DO}(t, s, K, L)$ einer Down-and-Out-Barrier-Call-Option mit Strike K und Barrier $L < K$ gilt:

$$C_{DO}(t, s, K, L) = C(t, s, K) - \left(\frac{L}{s}\right)^{\frac{2r}{\sigma^2} - 1} \cdot C\left(t, \frac{L^2}{s}, K\right) \quad \textit{für } s > L \text{ (und 0 sonst)}.$$

Hier bezeichnet $C(t, x, K)$ den Black Scholes-Preis einer europäischen plain vanilla Call-Option mit Strike K zur Zeit t und bei Kurs des underlyings von x.

Einsetzen der Black Scholes-Formel für C würde eine explizite Darstellung für den Preis der Down-and-Out-Barrier-Call-Option ergeben.

Lässt man die Barrier L gegen 0 gehen, so geht der Faktor $\left(\frac{L}{s}\right)^{\frac{2r}{\sigma^2} - 1}$ gegen 0 und wir erhalten $C_{DO}(t, s, K, 0) = C(t, s, K)$. Das ist offensichtlich richtig, da die Barrier $L = 0$ nie unterschritten werden kann und die Barrier-Option daher zu einer ganz gewöhnlichen Call-Option wird.

Aus der Formel $C_{DO}(t, s, K, L) = C(t, s, K) - \left(\frac{L}{s}\right)^{\frac{2r}{\sigma^2} - 1} \cdot C(t, \frac{L^2}{s}, K)$ sieht man auch sofort die triviale Tatsache, dass der Preis einer Down-and-Out-Barrier-Call-Option stets kleiner als der Preis der entsprechenden plain vanilla Call sein muss:

$$C_{DO}(t, s, K, L) = C(t, s, K) - \left(\frac{L}{s}\right)^{\frac{2r}{\sigma^2} - 1} \cdot C\left(t, \frac{L^2}{s}, K\right) < C(t, s, K).$$

Die Differenz $\left(\frac{L}{s}\right)^{\frac{2r}{\sigma^2}-1} \cdot C(t, \frac{L^2}{s}, K)$ zwischen dem Preis der Down-and-Out-Barrier-Call-Option und der entsprechenden plain vanilla Call-Option wird umso größer, je größer L ist (denn $C(t, x, K)$ ist bekanntlich monoton wachsend in x). Auch das ist eine logische Konsequenz (je höher die Barrier L liegt, umso höher ist die Gefahr, dass die Barrier-Option verfällt und umso niedriger ist ihr Wert).

In Abbildung 6.25 illustrieren wir an Hand eines konkreten Zahlenbeispiels wie schnell der Wert einer Down-and-Out-Barrier-Call-Option mit steigender Barrier L abnimmt.

Wir wählen die folgenden konkreten Parameter:
Strike $K = 100$
Laufzeit $T = 1$
momentaner Zeitpunkt $t = 0$
risikoloser Zinssatz $r = 0.01(1\%)$
Volatilität $\sigma = 1$

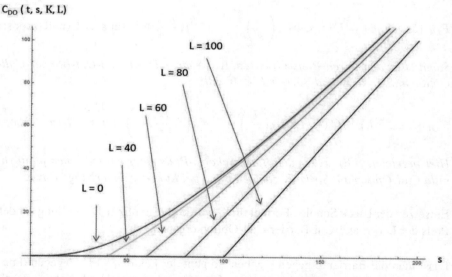

Abbildung 6.25: Entwicklung Preise von Down-and-Out-Barrier-Calls in Abhängigkeit vom Kurs s des underlyings für verschiedene Werte der Barrier $L(L <$ Strike $K = 100)$

Natürlich stellen wir wieder Software zur Bewertung von Barrier-Optionen auf unserer Homepage bereit.

6.13 Explizite Formeln für europäische pfadabhängige Optionen, z.B.: geometrische asiatische Optionen

Bei einer geometrischen asiatischen Option hängt der Payoff also vom geometrischen Mittelwert der Kurswerte des underlyings zu gewissen Zeitpunkten $0 \leq t_1 < t_2 < \ldots < t_M \leq T$, also von $\sqrt[M]{\prod_{i=1}^{M} S(t_i)}$ ab.

Zum Beispiel können dabei $S(t_i)$; $i = 1, 2, \ldots, M$ die Tages-Schlusskurse des underlyings während der Laufzeit der Option sein.

Eine **geometische** asiatische Call-Option hat dann den Payoff

$$\Phi(S(t_1), S(t_2), \ldots, S(t_M)) = \max\left(0, \sqrt[M]{\prod_{i=1}^{M} S(t_i)} - K\right)$$

und eine **arithmetische** asiatische Put-Option hat den Payoff

$$\Phi(S(t_1), S(t_2), \ldots, S(t_M)) = \max\left(K - \frac{1}{M}\sum_{i=1}^{M} S(t_i)\right)$$

In Abbildung 6.9 haben wir die Funktionsweise einer **arithmetischen** asiatischen Call-Option illustriert. Die roten Punkte haben dabei die an äquidistanten Zeitpunkten gemessenen Kurswerte, die zur Durchschnittsbildung herangezogen werden, markiert. Die magenta-farbene Linie zeigt den arithmetischen Durchschnittswert und die grüne Linie den Strike der Call-Option an. In Abbildung 6.26 zeigen wir dieselbe Situation noch einmal. Dort haben wir allerdings nun auch noch mit der braunen Linie den nun relevanten geometrischen Durchschnittswert markiert.

Dieser Wert liegt in diesem Beispiel niedriger als der arithmetische Durchschnittswert. Tatsächlich ist das nicht nur in diesem einen Beispiel der Fall, sondern das gilt immer: *Der geometrische Mittelwert einer endlichen Folge $a_1, a_2, \ldots, a_M$ von positiven Werten ist stets kleiner als oder gleich wie der arithmetische Mittelwert dieser Werte. Also es gilt stets:*

$$\sqrt[M]{\prod_{i=1}^{M} a_i} \leq \frac{1}{M}\sum_{i=1}^{M} a_i.$$

Gleichheit zwischen arithmetischem und geometrischem Mittel gilt nur dann, wenn alle Werte $a_1, a_2, \ldots, a_M$ gleich sind, also wenn $a_1 = a_2 = \ldots = a_M$ gilt. (Einen ganz kurzen Beweis dieser Tatsache findet man am Ende dieses Kapitels.)

Das heißt aber: Eine geometrisch asiatische Call-Option hat stets einen kleineren Wert als eine arithmetisch asiatische Call-Option und: Eine geometrisch asiatische Put-Option hat stets einen größeren Wert als eine arithmetisch asiatische Put-Option.

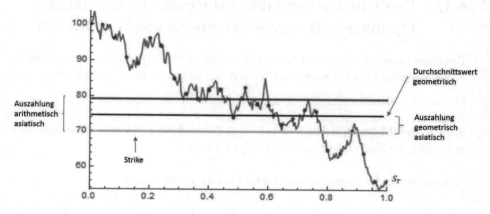

Abbildung 6.26: Funktionsweise einer geometrischen und einer arithmetischen asiatischen Call-Option

Nach Satz 6.12, der Black-Scholes-Formel für europäische pfadabhängige Derivate, gilt für den fairen Wert $f_0{}^{arith}$ einer arithmetischen asiatischen Option bzw. für den fairen Wert $f_0{}^{geom}$ einer geometrischen asiatischen Option

$$f_0{}^{arith} = e^{-rT} \cdot E\left(\max\left(0, \frac{1}{M} \sum_{i=1}^{M} \widetilde{S}(t_i) - K \right) \right)$$

und

$$f_0{}^{geom} = e^{-rT} \cdot E\left(\max\left(0, \sqrt[M]{\prod_{i=1}^{M} \widetilde{S}(t_i)} - K \right) \right),$$

wobei

$$\widetilde{S}(t) = S(0) \cdot e^{\left(r - \frac{\sigma^2}{2}\right)t + \sigma\sqrt{t}w} \text{ für alle } t \in [0, T].$$

Es ist nicht möglich, den Erwartungswert $E\left(\max\left(0, \frac{1}{M} \sum_{i=1}^{M} \widetilde{S}(t_i) - K \right) \right)$ im Fall der arithmetischen asiatischen Option explizit zu berechnen. Zur näherungsweisen Bestimmung dieses Wertes (und damit des Wertes einer arithmetischen asiatischen Option) sind wir auf numerische Methoden, wie zum Beispiel die Monte Carlo-Methode, angewiesen.

Dagegen ist es möglich, den Erwartungswert $E\left(\max\left(0, \sqrt[M]{\prod_{i=1}^{M} \widetilde{S}(t_i)} - K \right) \right)$ und damit den fairen Wert einer geometrischen asiatischen Option explizit zu berechnen, vorausgesetzt die aufeinanderfolgenden Messpunkte $0 = t_0 < t_1 < t_2 < \ldots < t_M = T$ weisen jeweils den gleichen Abstand auf, den wir mit Δt bezeichnen. Also $t_{i+1} - t_i = \Delta t$ für alle $i = 0, 1, \ldots, M - 1$.

Diese explizite Berechnung wollen wir im Folgenden durchführen.

Die Entwicklung des risikoneutralen Aktienkurses $\widetilde{S}$ lässt sich ja Schritt für Schritt so darstellen:

$$\widetilde{S}(t_i) = \widetilde{S}(t_{i-1}) \cdot e^{\left(r-\frac{\sigma^2}{2}\right)\cdot\Delta t+\sigma\sqrt{\Delta t}w_{i-1}} \text{ für alle } i = 1, 2, \ldots, M.$$

Dabei sind die w_i für $i = 0, 1, \ldots, M - 1$ voneinander unabhängige $\mathcal{N}(0, 1)$-verteilte Zufallsvariable. Wendet man diese Darstellung dann auch auf $\widetilde{S}(t_{i-1})$ und danach sukzessive auf $\widetilde{S}(t_{i-2}), \widetilde{S}(t_{i-3}), \ldots, \widetilde{S}(t_1)$ an, so erhält man für $\widetilde{S}(t_i)$ die Darstellung

$$\widetilde{S}(t_i) = S(0) \cdot e^{i\cdot\left(r-\frac{\sigma^2}{2}\right)\cdot\Delta t+\sigma\sqrt{\Delta t}\cdot(w_0+w_1+\ldots+w_{i-1})}$$

und damit:

$$
\begin{aligned}
\prod_{i=1}^{M} \widetilde{S}(t_i) &= (S(0))^M \cdot \prod_{i=1}^{M} e^{i\cdot\left(r-\frac{\sigma^2}{2}\right)\cdot\Delta t+\sigma\sqrt{\Delta t}\cdot(w_0+w_1+\ldots+w_{i-1})} = \\
&= (S(0))^M \cdot e^{\sum_{i=1}^{M} i\cdot\left(r-\frac{\sigma^2}{2}\right)\cdot\Delta t+\sum_{i=1}^{M}\sigma\sqrt{\Delta t}\cdot(w_0+w_1+\ldots+w_{i-1})} = \\
&= (S(0))^M \cdot e^{\frac{M\cdot(M+1)}{2}\left(r-\frac{\sigma^2}{2}\right)\cdot\Delta t+\sigma\sqrt{\Delta t}\cdot\sum_{i=0}^{M-1}(M-i)\cdot w_i}.
\end{aligned}
$$

Die Zufallsvariable $\sum_{i=0}^{M-1}(M - i) \cdot w_i$ bezeichnen wir mit $\tilde{w}$ und bemerken dazu Folgendes:

$\tilde{w}$ ist Summe der M voneinander unabhängigen normalverteilten Zufallsvariablen $(M - i) \cdot w_i$. $\tilde{w}$ ist daher ebenfalls normalverteilt.

Die Zufallsvariablen $(M - i) \cdot w_i$ haben Erwartungswert 0 und Varianz $(M - i)^2$. Daher hat $\tilde{w}$ den Erwartungswert 0 und die Varianz $M^2 + (M - 1)^2 + (M - 2)^2 + \ldots + 2^2 + 1^2 = \frac{M\cdot(M+1)\cdot(2M+1)}{6}$, also die Standardabweichung $\sqrt{\frac{M\cdot(M+1)\cdot(2M+1)}{6}}$. Hier haben wir eine bekannte Summenformel für die Summe der Quadrate der ersten M natürlichen Zahlen verwendet.

Damit ist (wir verwenden dabei unter anderem $M \cdot \Delta t = T$):

$$
\begin{aligned}
\sqrt[M]{\prod_{i=1}^{M} \widetilde{S}(t_i)} &= S(0) \cdot e^{\frac{M+1}{2}\left(r-\frac{\sigma^2}{2}\right)\cdot\Delta t+\sigma\sqrt{\Delta t}\cdot\frac{1}{M}\cdot\tilde{w}} = \\
&= S(0) \cdot e^{\left(\frac{1}{2}+\frac{1}{2M}\right)\cdot\left(r-\frac{\sigma^2}{2}\right)\cdot T+\sigma\sqrt{T}\cdot\frac{1}{M^{1.5}}\cdot\tilde{w}}.
\end{aligned}
$$

Die Zufallsvariable $\frac{1}{M^{1.5}}\tilde{w}$ hat weiterhin den Erwartungswert 0 und hat Standardabweichung $\frac{1}{M^{1.5}} \cdot \sqrt{\frac{M\cdot(M+1)\cdot(2M+1)}{6}} = \sqrt{\frac{\left(1+\frac{1}{M}\right)\cdot\left(2+\frac{1}{M}\right)}{6}}$. Wir schreiben daher

$\frac{1}{M^{1.5}}\tilde{w} = w \cdot \sqrt{\frac{\left(1+\frac{1}{M}\right)\cdot\left(2+\frac{1}{M}\right)}{6}}$ und w ist damit dann eine $\mathcal{N}(0,1)$-verteilte Zufallsvariable.

Weiters setzen wir $\tilde{\sigma} := \sigma \cdot \sqrt{\frac{\left(1+\frac{1}{M}\right)\cdot\left(2+\frac{1}{M}\right)}{6}}$ und erhalten dann damit:

$$\sqrt[M]{\prod_{i=1}^{M} \widetilde{S}(t_i)} = S(0) \cdot e^{\left(\frac{1}{2}+\frac{1}{2M}\right)\cdot\left(r-\frac{\sigma^2}{2}\right)\cdot T+\tilde{\sigma}\sqrt{T}w}.$$

Schließlich wählen wir noch einen Wert $\tilde{r}$, so dass gilt: $\left(\frac{1}{2}+\frac{1}{2M}\right)\cdot\left(r-\frac{\sigma^2}{2}\right) = \tilde{r}-\frac{\tilde{\sigma}^2}{2}$, also

$$
\begin{aligned}
\tilde{r} &= \left(\frac{1}{2}+\frac{1}{2M}\right)\cdot\left(r-\frac{\sigma^2}{2}\right)+\frac{\tilde{\sigma}^2}{2} = \\
&= \left(\frac{1}{2}+\frac{1}{2M}\right)\cdot\left(r-\frac{\sigma^2}{2}\right)+\sigma^2\frac{\left(1+\frac{1}{M}\right)\cdot\left(2+\frac{1}{M}\right)}{12} = \\
&= r\cdot\left(\frac{1}{2}+\frac{1}{2M}\right)-\sigma^2\cdot\left(\frac{1}{12}-\frac{1}{12M^2}\right).
\end{aligned}
$$

Dann haben wir schlussendlich also folgende Darstellung erhalten:

$\sqrt[M]{\prod_{i=1}^{M}\widetilde{S}(t_i)} = S(0)\cdot e^{\left(\tilde{r}-\frac{\tilde{\sigma}^2}{2}\right)\cdot T+\tilde{\sigma}\sqrt{T}w}$ und zur Berechnung des fairen Wertes der geometrisch asiatischen Option bestimmen wir einfach

$$
e^{-rT}\cdot E\left(\max\left(0, \sqrt[M]{\prod_{i=1}^{M}\widetilde{S}(t_i)}-K\right)\right) =
$$

$$
= e^{-rT}\cdot E\left(\max\left(0, S(0)\cdot e^{\left(\tilde{r}-\frac{\tilde{\sigma}^2}{2}\right)T+\tilde{\sigma}\sqrt{T}\cdot w}-K\right)\right) =
$$

$$
= e^{(\tilde{r}-r)T}\cdot\left(e^{-\tilde{r}T}\cdot E\left(\max\left(0, S(0)\cdot e^{\left(\tilde{r}-\frac{\tilde{\sigma}^2}{2}\right)T+\tilde{\sigma}\sqrt{T}\cdot w}-K\right)\right)\right).
$$

Dieser letzte Ausdruck $\left(e^{-\tilde{r}T}\cdot E\left(\max\left(0, S(0)\cdot e^{\left(\tilde{r}-\frac{\tilde{\sigma}^2}{2}\right)T+\tilde{\sigma}\sqrt{T}\cdot w}-K\right)\right)\right)$ ist aber gar nichts anderes als der faire Wert einer ganz gewöhnlichen europäischen plain vanilla Call-Option mit Fälligkeit T und Strike K, allerdings mit abgeänderten Parametern $\tilde{\sigma}$ und $\tilde{r}$ anstelle der Parameter σ und r.

Unter Verwendung der Formel für plain vanilla Calls erhalten wir somit

$$f_0{}^{geom} = S\cdot e^{(\tilde{r}-r)T}\mathcal{N}(d_1)-K\cdot e^{-rT}\cdot\mathcal{N}(d_2)$$

mit

$$d_1 = \frac{\log\left(\frac{s}{K}\right) + \left(\tilde{r} + \frac{\tilde{\sigma}^2}{2}\right)T}{\tilde{\sigma}\sqrt{T}} \text{ und } d_2 = \frac{\log\left(\frac{s}{K}\right) + \left(\tilde{r} - \frac{\tilde{\sigma}^2}{2}\right)T}{\tilde{\sigma}\sqrt{T}},$$

sowie $\mathcal{N}(x) := \frac{1}{\sqrt{2\pi}}\int_{-\infty}^{x} e^{-y^2}\,dy$, wobei

$$\tilde{\sigma} := \sigma \cdot \sqrt{\frac{\left(1 + \frac{1}{M}\right)\cdot\left(2 + \frac{1}{M}\right)}{6}} \text{ und } \tilde{r} := r \cdot \left(\frac{1}{2} + \frac{1}{2M}\right) - \sigma^2 \cdot \left(\frac{1}{12} - \frac{1}{12M^2}\right).$$

Wir haben also eine explizite Formel für den fairen Wert einer geometrisch asiatischen Option erhalten.

Im Spezialfall $M = 1$ erhalten wir $\tilde{\sigma} = \sigma$ und $\tilde{r} = r$ und somit wieder die ursprüngliche Black Scholes-Formel für plain vanilla Call-Optionen.

Für M gegen unendlich – wenn also de facto über alle angenommen Werte das geometrische Mittel genommen wird – erhalten wir $\tilde{\sigma} = \sigma \cdot \sqrt{\frac{1}{3}}$ und $\tilde{r} = \frac{r}{2} - \frac{\sigma^2}{12}$.

In jedem Fall gilt $\tilde{\sigma} \leq \sigma$ und $\tilde{r} \leq r$ (und damit ist auch stets $e^{(\tilde{r}-r)T} \leq 1$).

Da der Wert einer europäischen plain vanilla Call-Option stets monoton wachsend in σ und in r ist, ist damit der Wert einer europäischen geometrisch asiatischen Option stets kleiner als oder gleich wie der Wert der europäischen plain vanilla Option mit den gleichen Parametern.

Diese Tatsache veranschaulichen wir auch noch an einem ganz konkreten Zahlenbeispiel:

Wir wählen
Strike $K = 100$
Laufzeit $T = 1$
risikoloser Zinssatz $r = 0.01 (1\%)$

Anzahl der Stützstellen zur Mittelbildung $M = 10$

Für die Volatilität werden vier verschiedene Werte gewählt
$\sigma = 0.1, 0.3, 0.5, 1$

Die Ergebnisse sind in Abbildung 6.27 illustriert. In Rot sehen Sie die Preisverläufe der plain vanilla Call und in Blau die Preisverläufe der geometrisch asiatischen Option.

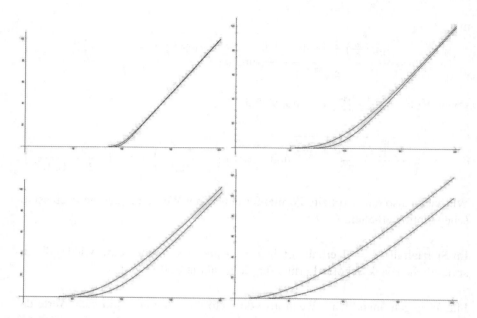

Abbildung 6.27: Vergleich Preise plain vanilla Call (rot) und geometrisch asiatische Call (blau) in Abhängigkeit vom Kurs des underlyings für verschiedene Werte der Volatilität (0.1, 0.3, 0.5, 1 von links oben nach rechts unten)

Die Tatsache, dass wir hier eine explizite Formel für den Wert einer geometrisch asiatischen Option zur Verfügung haben, wird auch später eine Rolle spielen, wenn wir Monte Carlo-Methoden zur Bewertung arithmetisch asiatischer Optionen einsetzen und diese durch die Verwendung sogenannter control variates zu beschleunigen versuchen.

Einschub:

Wie wir oben betont haben gilt:

Der geometrische Mittelwert einer endlichen Folge $a_1, a_2, \ldots, a_M$ von positiven Werten ist stets kleiner als oder gleich wie der arithmetische Mittelwert dieser Werte. Also es gilt stets:

$$\sqrt[M]{\prod_{i=1}^{M} a_i} \leq \frac{1}{M} \sum_{i=1}^{M} a_i.$$

Im Fall von zwei Werten a_1 und a_2 (also für $M = 2$) besagt diese Ungleichung

$$\sqrt{a_1 \cdot a_2} \leq \frac{a_1 + a_2}{2}$$

Das ist gleichbedeutend mit

$$a_1 \cdot a_2 \leq \frac{(a_1 + a_2)^2}{4} \quad \Leftrightarrow \quad 4 \cdot a_1 \cdot a_2 \leq a_1^2 + 2 \cdot a_1 \cdot a_2 + a_2^2$$
$$\Leftrightarrow \quad 0 \leq a_1^2 - 2 \cdot a_1 \cdot a_2 + a_2^2$$
$$\Leftrightarrow \quad 0 \leq (a_1 - a_2)^2$$

und die letzte Ungleichung ist stets richtig, da eine Quadratzahl immer größer oder gleich 0 ist.

Für beliebiges M wird diese Ungleichung meist mittels vollständiger Induktion bewiesen. Dieser Beweis ist aber nicht ganz unaufwendig.

Der wohl kürzeste Beweis für die Ungleichung stammt von dem ungarischen Mathematiker György Polya und wir wollen ihn hier kurz wiedergeben:

Der Beweis beruht darauf, dass für die Exponentialfunktion e^x stets $e^x \geq 1 + x$ gilt. Das lässt sich mit einer ganz einfachen Diskussion der Kurve $f(x) = e^x - 1 - x$ zeigen. ($f(0) = 0$ und $f'(x)$ ist kleiner 0 für x kleiner 0 und größer 0 für x größer 0.)

Wir setzen $x_i := \frac{a_i}{\frac{a_1 + a_2 + \ldots + a_N}{N}} - 1$ und bemerken gleich einmal, dass
$x_1 + x_2 + \ldots + x_N = \frac{a_1 + a_2 + \ldots + a_N}{\frac{a_1 + a_2 + \ldots + a_N}{N}} - N = N - N = 0$ ist.

Daher folgt

$$1 = e^0 = e^{x_1 + x_2 + \ldots + x_N} =$$
$$= e^{x_1} \cdot e^{x_2} \cdot \ldots \cdot e^{x_N} \geq (1 + x_1) \cdot (1 + x_2) \cdot \ldots \cdot (1 + x_N) =$$
$$= \frac{a_1}{\frac{a_1 + a_2 + \ldots + a_N}{N}} \cdot \frac{a_2}{\frac{a_1 + a_2 + \ldots + a_N}{N}} \cdot \ldots \cdot \frac{a_N}{\frac{a_1 + a_2 + \ldots + a_N}{N}} =$$
$$= \frac{a_1 \cdot a_2 \cdot \ldots \cdot a_N}{\left(\frac{a_1 + a_2 + \ldots + a_N}{N}\right)^N} \cdot$$

Also

$$1 \geq \frac{a_1 \cdot a_2 \cdot \ldots \cdot a_N}{\left(\frac{a_1 + a_2 + \ldots + a_N}{N}\right)^N},$$

daher

$$\left(\frac{a_1 + a_2 + \ldots + a_N}{N}\right)^N \geq a_1 \cdot a_2 \cdot \ldots \cdot a_N$$

und somit

$$\frac{a_1 + a_2 + \ldots + a_N}{N} \geq \sqrt[N]{a_1 \cdot a_2 \cdot \ldots \cdot a_N}$$

was zu zeigen war.

6.14 Kurze Bemerkung zum Hedging von pfadabhängigen Derivaten

Wenn die Bewertung einer pfadabhängigen Option (gleichgültig ob europäisch oder amerikanisch) effektiv mittels Approximation durch ein binomisches Modell durchführbar ist, dann ist auch das approximative Delta-Hedging wie früher beschrieben möglich. Wir approximieren das Wiener Modell für das underlying wieder mit Hilfe eines binomischen N-Schritt-Modells mit (möglichst äquidistanten) Zeitschritten $n \cdot dt$ für $n = 0, 1, 2, \ldots, N$, die den Anpassungszeitpunkten für das Hedging-Portfolio entsprechen. Das Modell wird dann, wie in Kapitel 6.10 beschrieben, aufgesplittet in den erweiterten Graphen und in jedem Knoten dieses Graphen bewertet.

Während der Laufzeit der Option wird nun in jedem Zeitpunkt $n \cdot dt$ im jeweiligen Knoten des erweiterten Graphen, in dem wir uns (aufgrund der bisherigen Entwicklung des Pfades) gerade befinden, das Hedging-Portfolio so umgeschichtet, dass wir für den nächsten Schritt im erweiterten Graphen perfekt abgehedgt sind. (Für die Option als Derivat im binomischen Modell aufgefasst bedeutet dies perfektes Hedging.)

Wenn die Bewertung der pfadabhängigen Option explizit möglich ist (mittels der pfadabhängigen Version der Black-Scholes-Gleichung, z.B. bei Barrier-Optionen oder bei der geometrisch asiatischen Option), dann lässt sich aus der expliziten Bewertungsformel durch Ableiten nach dem Kurs s des underlyings wieder das Delta gewinnen, mit dessen Hilfe ebenfalls wieder (im Idealfall perfekt) gehedgt werden kann.

Bei komplexeren pfadabhängigen Optionen, die etwa mit Hilfe von Monte Carlo-Methoden bewertet werden müssen, muss dann auch das für die Bestimmung des Hedging-Portfolio benötigte Delta durch Simulation mittels Monte Carlo-Methoden geschätzt werden. Wie hier vorgegangen wird, damit werden wir uns in einem späteren Abschnitt beschäftigen.

6.15 Bewertung von Derivaten mit Monte Carlo-Methoden, das grundlegende Prinzip

Die Bewertung eines (plain vanilla aber auch eines pfadabhängigen) Derivats über einem underlying, das sich nach einem Wiener Modell entwickelt, lässt sich mittels der Black Scholes-Formel auf die Berechnung eines Erwartungswertes zurückführen.

Die Monte Carlo-Methode bietet nun eine – in ihrer Basis-Version sehr einfache – Methode zur näherungsweisen Bestimmung von Erwartungswerten.

Die einfachste konkrete Anwendung einer Monte Carlo-Methode haben wahrscheinlich die meisten der Leser bereits selbst einmal durchgeführt:
Ein Zufallsexperiment mag im Werfen eines bestimmten Würfels bestehen. Wir
sind interessiert an der Zufallsvariable Y „Augenzahl des Wurfes" und wir fragen uns, wie groß der Erwartungswert dieser Zufallsvariable Y ist. Eine Methode um uns experimentell diesem Erwartungswert zu nähern, besteht nun darin,
dass wir eine große Anzahl (N) von Realisationen $y_1, y_2, \ldots, y_N$ der Zufallsvariablen Y erzeugen und dann den durchschnittlichen Wert dieser Realisierungen
$\overline{Y} = \frac{y_1 + y_2 + y_3 + \ldots + y_N}{N}$ als Näherung für den Erwartungswert verwenden.

Die Erzeugung der N Realisationen der Zufallsvariablen Y geschieht im vorliegenden Beispiel einfach durch N-maliges Werfen des Würfels.

Dieses Beispiel spiegelt genau das Prinzip der Monte Carlo-Methode wider:
Näherungsweise Bestimmung des Erwartungswertes einer Zufallsvariablen Y
durch Erzeugen einer großen Anzahl N von Realisationen $y_1, y_2, \ldots, y_N$ von Y
und Mittelbildung über die einzelnen Realisationen.

In der konkreten Anwendungspraxis von Monte Carlo-Methoden sieht das im Allgemeinen dann so aus:
Soll etwa der Erwartungswert (der durchschnittliche Wert) $E(Y)$ einer Zufallsvariablen Y bestimmt werden, wobei Y von verschiedenen (voneinander unabhän-
gigen) Zufallsgrößen $\theta_1, \theta_2, \theta_3, \ldots, \theta_s$ abhängig ist, deren Verteilung und deren
Abhängigkeitsstruktur bekannt ist, also wenn $Y = Y(\theta_1, \theta_2, \theta_3, \ldots, \theta_s)$ gilt, dann
erzeugt man am PC etwa mit Hilfe eines geeigneten Zufallszahlen-Generators N
Realisationen $(\theta_1^{(i)}, \theta_2^{(i)}, \ldots, \theta_s^{(i)}); i = 1, 2, \ldots, N$ solcher Vektoren von Zufallsgrößen.

Für jeden solchen Vektor berechnet man den Wert der Zufallsvariablen
$Y = Y(\theta_1^{(i)}, \theta_2^{(i)}, \ldots, \theta_s^{(i)})$, die sich bei Eintreten eines solchen Vektors (einer solchen Situation) ergibt und bestimmt den Mittelwert

$$\overline{Y} = \frac{1}{N} \sum_{i=1}^{N} Y(\theta_1^{(i)}, \theta_2^{(i)}, \ldots, \theta_s^{(i)})$$

als Näherung für $E(Y)$.

Wichtig ist dabei, dass die Erzeugung der Realisationen tatsächlich entsprechend
der bekannten Verteilung und Abhängigkeitsstruktur der Zufallsgrößen $\theta_1, \theta_2, \theta_3$,
$\ldots, \theta_s$ durchgeführt wird.

Beispiel 6.13. *Wir wollen etwa zum Zeitpunkt 0 den fairen Wert f_0 einer plain va-*
nilla Call-Option mit Laufzeit bis T und Strike K auf ein underlying, dessen Kurs

$S(t)$ *sich im Zeitintervall* $[0,T]$ *nach einem Wiener-Modell mit Trend* μ *und konstanter Volatilität* σ *entwickelt, bestimmen. Der risikolose Zinssatz im Zeitintervall* $[0,T]$ *sei* r.

Wir wissen bereits, dass dieser Wert explizit mit der Black Scholes – Formel für Call-Optionen berechnet werden kann. Nichtsdestotrotz wollen wir zur Veranschaulichung der Monte Carlo-Methode die Berechnung hier näherungsweise mit Monte Carlo (MC) durchführen.

Aus der Black Scholes-Theorie wissen wir, dass $f_0 = e^{-rT} \cdot E(\max(\widetilde{S}(T) - K, 0))$ *gilt. Dabei ist* $\widetilde{S}(T) = S(0) \cdot e^{\left(r - \frac{\sigma^2}{2}\right)T + \sigma \cdot \sqrt{T}w}$ *mit einer* $\mathcal{N}(0,1)$-*verteilten Zufallsvariablen* w.

In der obigen Terminologie haben wir es also mit dem Erwartungswert $E(Y)$ *für die Zufallsvariable* $Y = Y(w) = \max(\widetilde{S}(T) - K, 0) =$
$$= \max\left(S(0) \cdot e^{\left(r - \frac{\sigma^2}{2}\right)T + \sigma \cdot \sqrt{T}w} - K, 0\right) \text{ zu tun.}$$

Y *hängt also nur von einer Zufallsgröße* $\theta_1 = w$ *ab.*

Wir lassen uns nun mit Hilfe eines Zufallszahlen-Generators unabhängig voneinander N *Mal jeweils ein Stück einer* $\mathcal{N}(0,1)$-*verteilten Zufallszahl erzeugen. Diese Werte bezeichnen wir mit* $w^{(1)}, w^{(2)}, \ldots, w^{(N)}$.

Für jedes dieser $w^{(i)}$ *berechnen wir die zugehörige Realisation von* Y, *also*
$$Y\left(w^{(i)}\right) = \max\left(S(0) \cdot e^{\left(r - \frac{\sigma^2}{2}\right)T + \sigma \cdot \sqrt{T}w^{(i)}} - K, 0\right).$$

Der angenäherte Wert für f_0 *ist dann gegeben durch* $e^{-rT} \cdot \overline{Y}$ *wobei* $\overline{Y} = \frac{1}{N}\sum_{i=1}^{N} Y\left(w^{(i)}\right)$.

Wir führen die näherungsweise Berechnung von f_0 *im Folgenden für folgende konkrete Zahlenwerte mit unserer Software (oder mit Mathematica) durch:*
Strike $K = 90$
Laufzeit $T = 1$
$r = 0.02$
$\sigma = 0.3$
Startwert $S(0)$ *des underlyings = 100*

Die Black Scholes-Formel für die Call-Option ergibt den exakten Wert $f_0 = 18.0691$.

Wir führen nun Monte Carlo Simulation mit 10.000 Einzel-Simulationen durch. Um die Konvergenz der Simulation gut zu veranschaulichen, mitteln wir die erzeugten Simulationswerte schon kontinuierlich mit. Das heißt:

Wir berechnen $Y\left(w^{(i)}\right)$ und parallel dann die sukzessive dabei entstehenden und sich verbessernden Näherungen aus $1, 2, 3, \ldots, N$ Simulationen, also

$$Y\left(w^{(1)}\right), \frac{Y\left(w^{(1)}\right) + Y\left(w^{(2)}\right)}{2}, \frac{Y\left(w^{(1)}\right) + Y\left(w^{(2)}\right) + Y\left(w^{(3)}\right)}{3}, \ldots,$$

$$\frac{Y\left(w^{(1)}\right) + Y\left(w^{(2)}\right) + \ldots + Y\left(w^{(N)}\right)}{N}.$$

Diese tendenziell immer besser werdenden, sich dem wahren Wert tendenziell immer mehr annähernden Werte, tragen wir in einer Grafik gegen die Anzahl der jeweils verwendeten Simulationen auf (siehe Abbildung 6.28 für unser konkretes Zahlenbeispiel).

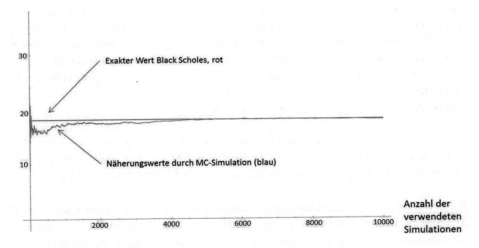

Abbildung 6.28: Konvergenz bei Monte Carlo Simulation des fairen Preises einer plain vanilla Call, 10.000 Simulationen

Die rote waagrechte Linie repräsentiert den exakten – mit Hilfe der Black Scholes-Formel bestimmten – Vergleichswert bei $f_0 = 18.0691$.

Als Näherungswert für den Optionspreis könnte man nun den letzten Mittelwert $\overline{Y} = \frac{Y\left(w^{(1)}\right) + Y\left(w^{(2)}\right) + \ldots + Y\left(w^{(N)}\right)}{N}$ (= 17.9244 in unserem Beispiel) oder aber auch den Mittelwert über einige der letzten (z.B. der letzten 1000) erhaltenen Näherungen (= 17.9864 in unserem Beispiel) verwenden.

Selbstverständlich erhalten wir bei jeder neuerlichen Durchführung der MC-Simulation (im Normalfall geringfügig) andere Ergebnisse, da ja bei jeder Durchführung mit einem neuen Satz von generierten Zufallszahlen gearbeitet wird.

Bemerkung:

Bei der Berechnung der sukzessiven Näherungen $Y\left(w^{(1)}\right)$, $\frac{Y\left(w^{(1)}\right)+Y\left(w^{(2)}\right)}{2}$, $\frac{Y\left(w^{(1)}\right)+Y\left(w^{(2)}\right)+Y\left(w^{(3)}\right)}{3}$, $\ldots$, $\frac{Y\left(w^{(1)}\right)+Y\left(w^{(2)}\right)+\ldots+Y\left(w^{(N)}\right)}{N}$ wird natürlich nicht eine Näherung nach der anderen jeweils wieder neu berechnet (das würde circa N^2 Rechenoperationen erfordern), sondern es wird hier rekursiv vorgegangen. Bezeichnet man nämlich $E(i) := \frac{Y\left(w^{(1)}\right)+Y\left(w^{(2)}\right)+\ldots+Y\left(w^{(i)}\right)}{i}$, dann gilt $E(i+1) = \frac{i\cdot E(i)+Y\left(w^{(i+1)}\right)}{i+1}$.

$E(i+1)$ lässt sich also im Wesentlichen mit einem Rechenschritt aus $E(i)$ und $Y\left(w^{(i+1)}\right)$ berechnen. Die Berechnung aller Näherungen erfordert also insofern im Wesentlichen nur N Rechenschritte.

Natürlich gibt es bei der Berechnung des Optionspreises mittels MC-Simulation Abweichungen vom exakten Preis (mit wie großen Abweichungen zu rechnen ist, darüber werden wir uns in einem der nächsten Paragraphen unterhalten). Wenn man aber bedenkt, dass ja bei der Berechnung des Optionspreises benötigte Parameter wie etwa (bzw. vor allem) die Volatilität σ (mehr oder weniger zuverlässig) geschätzte Werte sind, dann sind so geringfügige Abweichungen wie etwa in unserem obigen Beispiel sehr leicht zu akzeptieren.

Ersetzt man in unserem konkreten Zahlenbeispiel die Volatilität σ, die wir mit 0.3 angenommen hatten, etwa durch 0.29 oder durch 0.31 und berechnet dafür die fairen Werte der Call-Option, so erhält man die Werte 17.7304 bzw. 18.4094.

Wir veranschaulichen die Situation in Abbildung 6.29. Dort haben wir noch einmal MC-Simulation mit 100.000 Szenarien für $\sigma = 0.3$ durchgeführt und vergleichen die Simulationskonvergenz mit den exakten Werten für $\sigma = 0.3, 0.29$ und 0.31. Eine geringfügig andere Schätzung des Parameters σ hat also eine wesentlich größere Auswirkung als der Fehler der Monte Carlo Näherung.

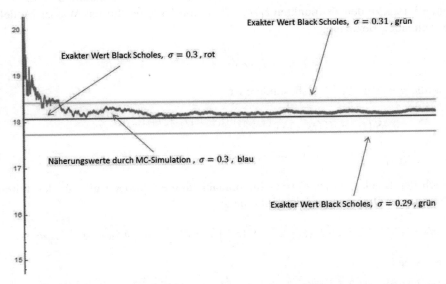

Abbildung 6.29: Konvergenz bei Monte Carlo Simulation des fairen Preises einer plain vanilla Call, 100.000 Simulationen und Vergleich mit Ergebnissen bei abgeänderter Volatilität

Bei der Bestimmung des fairen Preises eines plain vanilla (also nicht pfadabhängigen) europäischen Derivats mit MC-Simulation ist es nicht notwendig den gesamten Pfad einer Kursentwicklung für das underlying zu simulieren, sondern es reicht aus, nur den letzten Kurswert des underlyings zum Zeitpunkt T zu simulieren.
*Das heißt: Für jedes Simulations-Szenario ist auch nur **eine** Zufallszahl w zu erzeugen. Diese Situation ändert sich wesentlich, wenn wir pfadabhängige Optionen mittels*
MC-Simulation bewerten wollen.

6.16 Bewertung von europäischen pfadabhängigen Derivaten mit Monte Carlo-Methoden

Haben wir es mit der Bewertung einer europäischen pfadabhängigen Option mit Payoff-Funktion Φ (für ein underlying über einem Wiener Modell) zu tun, für die wir MC-Simulation einsetzen möchten, so unterscheiden wir vorab einmal zwei verschiedene Situationen:

a) Der Payoff hängt nur von den Werten des Pfades zu fix vorgegebenen Zeitpunkten $0 \leq t_1 < t_2 < \ldots < t_s \leq T$ ab (z.B. asiatische Option)

b) Der Payoff hängt vom gesamten Verlauf des Kurses ab (zum Beispiel Barrier-Optionen oder Lookback-Optionen)

Im ersten Fall a) simulieren wir wieder Werte für den risikoneutralen Kurs des underlyings zu den Zeitpunkten $t_1, t_2, \ldots, t_s$ mit Hilfe der für das Wiener Modell bestehenden Beziehung

$$\widetilde{S}(v) = \widetilde{S}(u) \cdot e^{\left(r - \frac{\sigma^2}{2}\right) \cdot (v-u) + \sigma \sqrt{v-u} \, w}$$

für alle $u < v$ in $[0, T]$. Insbesondere ist

$$\widetilde{S}(t_i) = \widetilde{S}(t_{i-1}) \cdot e^{\left(r - \frac{\sigma^2}{2}\right) \cdot (t_i - t_{i-1}) + \sigma \sqrt{t_i - t_{i-1}} \, w_i} = \ldots =$$

$$S(0) \cdot e^{\left(r - \frac{\sigma^2}{2}\right) t_i + \sigma \left(\sqrt{t_i - t_{i-1}} \, w_i + \sqrt{t_{i-1} - t_{i-2}} \, w_{i-1} + \ldots + \sqrt{t_2 - t_1} \, w_2 + \sqrt{t_1} \, w_1\right)}$$

Nach der Black Scholes-Formel für pfadabhängige Optionen gilt für den fairen Preis f_0 der Option zum Zeitpunkt 0 daher

$$f_0 = e^{-rT} \cdot E\left(\Phi\left(\widetilde{S}(t_1), \ldots, \widetilde{S}(t_s)\right)\right) = e^{-rT} \cdot E\left(\Psi(w_1, w_2, \ldots, w_s)\right).$$

Hier ist $\Psi(w_1, w_2, \ldots, w_s) :=$

$$:= \Phi\left(S(0) \cdot e^{\left(r - \frac{\sigma^2}{2}\right) t_1 + \sqrt{t_1} \, w_1}, S(0) \cdot e^{\left(r - \frac{\sigma^2}{2}\right) t_2 + \sqrt{t_2 - t_1} \, w_2 + \sqrt{t_1} \, w_1},\right.$$

$$\left.\ldots, S(0) \cdot e^{\left(r - \frac{\sigma^2}{2}\right) t_s + \sigma \left(\sqrt{t_s - t_{s-1}} \, w_s + \sqrt{t_{s-1} - t_{s-2}} \, w_{s-1} + \ldots + \sqrt{t_2 - t_1} \, w_2 + \sqrt{t_1} \, w_1\right)}\right).$$

Hier sind die $w_1, w_2, \ldots, w_s$ stets voneinander unabhängige $\mathcal{N}(0, 1)$-verteilte Zufallsvariable.

Für jede einzelne Simulation ist also ein Vektor $\left(w_1^{(i)}, w_2^{(i)}, \ldots, w_s^{(i)}\right)$ von s unabhängigen $\mathcal{N}(0, 1)$-verteilten Zufallszahlen zu erzeugen und zwar für $i = 1, 2, \ldots, N$, wenn wir wieder N Simulationen durchführen wollen. Der Aufwand erhöht sich also gegenüber der Bewertung von plain vanilla Optionen auf das s-fache.

Wir bestimmen $\Psi\left(w_1^{(i)}, w_2^{(i)}, \ldots, w_s^{(i)}\right)$ für alle $i = 1, 2, \ldots, N$ und verwenden

$$\overline{\Psi} := \frac{\sum_{i=1}^{N} \Psi\left(w_1^{(i)}, w_2^{(i)}, \ldots, w_s^{(i)}\right)}{N} \text{ als Näherung für } E\left(\Phi\left(\widetilde{S}(t_1), \widetilde{S}(t_2), \ldots, \widetilde{S}(t_s)\right)\right),$$

also $e^{-rT} \cdot \overline{\Psi}$ als Näherung für f_0.

Im zweiten Fall b) kann mit der MC-Simulation nicht direkt der benötigte Wert $E\left(\Phi\left(\left(\widetilde{S}_t\right)_{t \in [0, T]}\right)\right)$ approximiert werden, da mittels einer MC-Simulation natürlich nicht ein gesamter Pfad auf $[0, T]$, sondern nur endlich viele Werte dieses Pfades simuliert werden können. In einem ersten Schritt müssen daher zuerst wieder endlich viele Zeitpunkte $0 \leq t_1 < t_2 < \ldots < t_s \leq T$ ausgewählt werden, an denen der Kurs simuliert werden soll. Die dort simulierten Werte können dann linear verbunden werden um einen Pfad auf dem gesamten Zeitintervall zu erhalten. Dann wird weiter so vorgegangen wie in Fall a). Durch diese „Diskretisierung" des Pfades tritt allerdings bereits ein erster Approximationsfehler auf, wir simulieren nicht mehr die eigentlich gesuchte Größe $E\left(\Phi\left(\left(\widetilde{S}_t\right)_{t\in[0,T]}\right)\right)$, sondern eine (geringfügig) andere Größe. Dieser (erste) Approximationsfehler ist natürlich umso kleiner, je mehr Stützstellen $t_1, t_2, \ldots, t_s$ gewählt werden. Andererseits nimmt natürlich die Komplexität der MC-Simulation mit wachsendem s zu (bei jeder einzelnen Simulation müssen s Zufallszahlen erzeugt werden).

Wir werden die Vorgangsweise sowohl für Fall a) als auch für Fall b) hier an zwei konkreten Beispielen illustrieren. Im Rahmen der späteren Fallbeispiele werden wir dann noch häufig mit der konkreten Bewertung von pfadabhängigen Derivaten mittels MC-Simulation zu tun haben.

6.17 Monte Carlo-Bewertung von asiatischen Optionen

Wir bewerten die europäische geometrisch asiatische Call-Option mit den folgenden Parametern:
Strike $K = 90$
Laufzeit $T = 1$
$r = 0.02$
$\sigma = 0.3$

Die Laufzeit der Option beträgt also ein Jahr. Die Mittelbildung wird an Hand von 12 in jeweils gleichen Abständen (am Ende jedes einzelnen Handelsmonats) gemessenen Werten vorgenommen.

Der Startwert $S(0)$ des underlyings liegt bei 100 Punkten.

Die exakte Formel für die Bewertung geometrisch asiatischer Optionen, die wir in 6.13 hergeleitet hatten, ergibt einen fairen Wert von 13.061.

Eine MC-Simulation mit 10.000 Szenarien ergibt das folgende Konvergenzbild

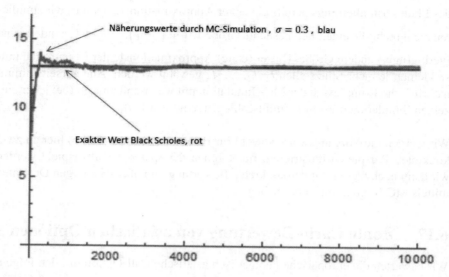

Abbildung 6.30: Konvergenz bei Monte Carlo Simulation des fairen Preises einer europäischen geometrisch asiatischen Call, 10.000 Simulationen

Der Näherungswert als Mittel aus den letzten 1000 Näherungen ergibt bei dieser Simulation einen Wert von 13.172.

Die Simulation wurde so durchgeführt, dass 10.000 Pfade in zwölf Schritten simuliert wurden. Abbildung 6.31 zeigt die ersten 30 für die MC-Simulation erzeugten Pfade.

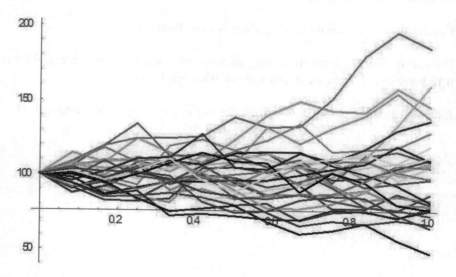

Abbildung 6.31: Die ersten 30 für die Simulation der geometrisch asiatischen Option verwendeten Pfade

Zum Vergleich bewerten wir nun auch noch die zu den gleichen Parametern gehörige arithmetisch asiatische Option mit Monte Carlo und setzen sie in Vergleich zum Wert der geometrisch asiatischen Option. Das Ergebnis ist in Abbildung 6.32 zu sehen.

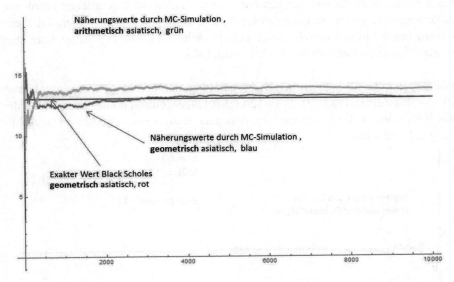

Abbildung 6.32: Konvergenz bei Monte Carlo Simulation des fairen Preises einer europäischen geometrisch asiatischen Call (blau) und einer europäischen arithmetisch asiatischen Call (grün), 10.000 Simulationen

6.18 Monte Carlo-Bewertung von Barrier-Optionen

Als weiteres Beispiel für die Anwendung der Monte Carlo-Simulation in der Derivate-Bewertung behandeln wir noch den Fall einer europäischen Down-and-Out-Barrier-Call-Option. Der Vorteil dabei ist, dass wir auch hier wieder einen Vergleichswert zur Verfügung haben, an Hand dessen wir die Performance der Monte Carlo-Methode überprüfen können.

Als Basis-Parameter wählen wir wieder wie in den obigen Beispielen:
Strike $K = 90$
Laufzeit $T = 1$
$r = 0.02$
$\sigma = 0.3$

Als Barrier L wählen wir $L = 60$.

Als erstes führen wir Simulationen für den Startwert des underlyings bei $S(0) = 100$ durch. Die Formel für den fairen Preis von Down-and-Out-Barrier-Calls aus

Kapitel 6.12 liefert den Vergleichswert 18.0602.

Wie in Kapitel 6.16 bei der Behandlung von Fall b) beschrieben, müssen wir nun zuerst eine Diskretisierung vornehmen. Eine gröbere Diskretisierung (weniger Stichproben) bedeutet eine schlechtere Approximation des eigentlichen Problems, dafür aber eine geringere Komplexität der MC-Simulation. Eine feinere Diskretisierung (mehr Stichproben) beschreibt das tatsächliche Problem genauer, führt aber zu einer längeren Laufzeit bei der MC-Simulation.

Wir starten mit einer sehr groben Diskretisierung, nämlich $s = 12$ und einer Unterteilung des Zeitintervalls $[0, T]$ in 12 gleich lange Zeitabschnitte. Es wird wieder mit Hilfe von 10.000 Szenarien simuliert. Das Konvergenzverhalten ist in Abbildung 6.33 zu sehen.

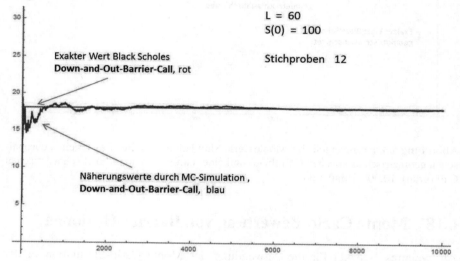

Abbildung 6.33: Konvergenz bei Monte Carlo Simulation des fairen Preises einer Down-and-Out-Barrier-Call mit Barrier $L = 60$, Startwert $S(0) = 100$ und Stichprobenanzahl 12

Die Simulation ergibt einen Näherungswert von 17.9715. Wir erhalten also eine sehr gute Näherung bei überzeugendem Konvergenzverhalten, obwohl nur eine sehr geringe Stichprobenanzahl (pro Monat eine Stichprobe) gewählt wurde.

Diese Situation verschlechtert sich deutlich, wenn der Startwert $S(0)$ näher am Wert der Barrier gewählt wird. Wählen wir etwa $S(0) = 65$, dann ergibt sich der exakte faire Wert bei 1.24955. Die Simulation mit unverändert 10.000 Szenarien und einer Stichprobenanzahl von 12 liefert nun einen Näherungswert von 1.549 und das in Abbildung 6.34 dargestellte Konvergenzverhalten. Die Simulation konvergiert zwar sichtlich, allerdings gegen einen Wert der sich offensichtlich signifikant vom tatsächlichen Wert unterscheidet.

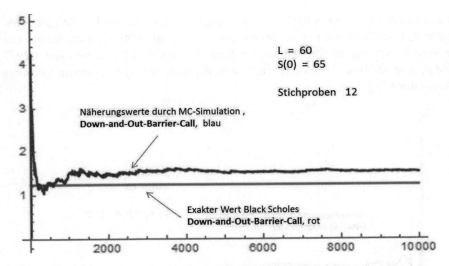

Abbildung 6.34: Konvergenz bei Monte Carlo Simulation des fairen Preises einer Down-and-Out-Barrier-Call mit Barrier $L = 60$, Startwert $S(0) = 65$ und **Stichprobenanzahl 12**

Um ein besseres Ergebnis erzielen zu können, müssen wir also jedenfalls die Anzahl der Stichproben wesentlich erhöhen. Eine Erhöhung der Stichprobenanzahl auf 100 (Kontrollwerte an 100 äquidistanten Zeitpunkten im Intervall $[0, T]$) liefert den Näherungswert 1.427 für den exakten Wert 1.24955 und das folgende Konvergenzverhalten (Abbildung 6.35):

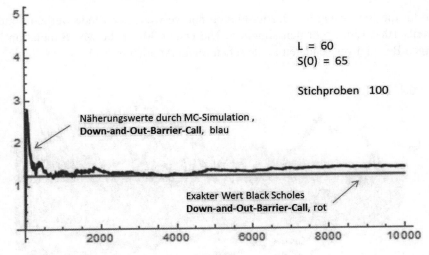

Abbildung 6.35: Konvergenz bei Monte Carlo Simulation des fairen Preises einer Down-and-Out-Barrier-Call mit Barrier $L = 60$, Startwert $S(0) = 65$ und **Stichprobenanzahl 100**

Die Erhöhung der Stichprobenanzahl von 12 auf 100 erhöht die Laufzeit der Simulation circa um das Achtfache. Das Ergebnis zeigt eine leichte Verbesserung

gegenüber der Simulation für 12 Stichproben, ist aber immer noch nicht zufriedenstellend. Erst die Erhöhung der Stichprobenanzahl auf 1000 bei nochmaliger circa Verzehnfachung der Simulations-Laufzeit führt mit dem Näherungswert 1.2977
und dem in Abbildung 6.36 dargestellten Konvergenzverhalten zu einem halbwegs
akzeptablen Ergebnis.

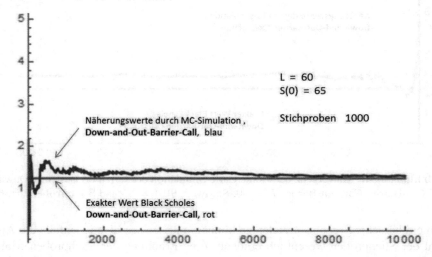

Abbildung 6.36: Konvergenz bei Monte Carlo Simulation des fairen Preises einer Down-
and-Out-Barrier-Call mit Barrier $L = 60$, Startwert $S(0) = 65$ und **Stichprobenanzahl**
1000

Die für die Bewertung der Barrier-Option nun verwendeten Pfade werden mittels
jeweils 1000 Einzelschritten simuliert. Die ersten 30 für die MC-Simulation im
obigen Beispiel verwendeten Pfade sehen Sie in Abbildung 6.37.

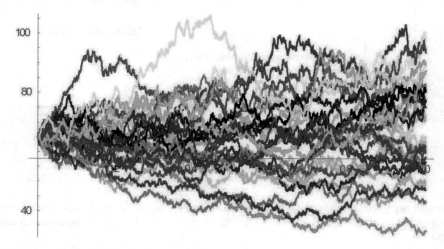

Abbildung 6.37: 30 Simulationspfade zur Bestimmung des Wertes einer Down-and-out-
Barrier-Call mit Stichprobenanzahl 1.000

Es gibt verschiedene Ansätze um die Konvergenzgeschwindigkeit und das Bewerten von Barrier-Optionen bei Startwerten in der Nähe der Barrier zu verbessern und zu beschleunigen. Wir wollen uns hier jedoch mit diesen Varianten noch nicht beschäftigen. Das Beispiel soll aber deutlich machen, dass MC-Simulationsergebnisse (vor allem natürlich dann, wenn wir keine exakten Vergleichswerte zur Verfügung haben) stets genauestens in Hinblick auf ihre Verlässlichkeit zu hinterfragen sind.

6.19 Barrier-Optionen in Turbo- und in Bonus-Zertifikaten

Barrier-Optionen treten (in zum Teil impliziter Form) in verschiedensten von Investmenthäusern oder Banken angebotenen Zertifikaten auf.

Ein Beispiel eines solchen Zertifikats ist etwa der von der Commerzbank am 18.10.2019 angebotene „Classic-TURBO-Optionsschein (Put) bezogen auf den DAX", der im nachfolgenden Auszug aus den Basis-Informationen beschrieben ist.

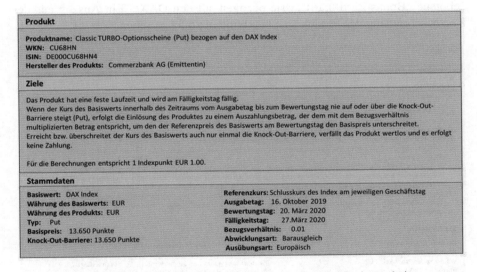

Produkt

Produktname: Classic TURBO-Optionsscheine (Put) bezogen auf den DAX Index
WKN: CU68HN
ISIN: DE000CU68HN4
Hersteller des Produkts: Commerzbank AG (Emittentin)

Ziele

Das Produkt hat eine feste Laufzeit und wird am Fälligkeitstag fällig.
Wenn der Kurs des Basiswerts innerhalb des Zeitraums vom Ausgabetag bis zum Bewertungstag nie auf oder über die Knock-Out-Barriere steigt (Put), erfolgt die Einlösung des Produktes zu einem Auszahlungsbetrag, der dem mit dem Bezugsverhältnis multiplizierten Betrag entspricht, um den der Referenzpreis des Basiswerts am Bewertungstag den Basispreis unterschreitet. Erreicht bzw. überschreitet der Kurs des Basiswerts auch nur einmal die Knock-Out-Barriere, verfällt das Produkt wertlos und es erfolgt keine Zahlung.

Für die Berechnungen entspricht 1 Indexpunkt EUR 1.00.

Stammdaten

Basiswert: DAX Index	**Referenzkurs:** Schlusskurs des Index am jeweiligen Geschäftstag
Währung des Basiswerts: EUR	**Ausgabetag:** 16. Oktober 2019
Währung des Produkts: EUR	**Bewertungstag:** 20. März 2020
Typ: Put	**Fälligkeitstag:** 27.März 2020
Basispreis: 13.650 Punkte	**Bezugsverhältnis:** 0.01
Knock-Out-Barriere: 13.650 Punkte	**Abwicklungsart:** Barausgleich
	Ausübungsart: Europäisch

Abbildung 6.38: Basis-Informationen Classic Turbo-Optionsschein

Wir sehen sofort, dass es sich hier um eine Up-and-Out-Barrier-Put-Option auf den DAX mit Strike 13.650 und mit Barrier 13.650 sowie einer Laufzeit bis 20.3.2020 handelt (Restlaufzeit somit circa 5 Monate). Der Turbo-Optionsschein hat allerdings ein Bezugsverhältnis von 0.01. Das bedeutet: Es wird nur ein Hundertstel des Payoffs einer gewöhnlichen Barrier-Put-Option ausbezahlt.

Die Quotes für dieses Produkt lagen am 18.10.2019 um 13:26:08 Uhr bei 10.14 // 10.15.

Der DAX lag zu diesem Zeitpunkt bei 12674.38 Punkten. Ein Kauf dieses Classic Turbo-Optionsscheins wäre zu diesem Zeitpunkt um 10.15 Euro möglich gewesen.

Wir wollen zu Vergleichszwecken die entsprechende Up-and-Out-Barrier-Put-Option auf den DAX mit Strike 13.650 und mit Barrier 13.650 sowie einer Laufzeit bis 20.3.2020 mit Hilfe unseres Monte Carlo-Programms bewerten. (Wie wir aus Kapitel 6.12 wissen, würde auch eine explizite Bewertungsformel zur Verfügung stehen, wir beschränken uns hier aber auf den Zugang über die Monte Carlo-Simulation.)

Die Simulation ergibt (bei einer momentanen impliziten Volatilität des DAX von 14.5% und unter Annahme eines risikolosen Zinssatzes von 0%) einen Wert von 1010.51 Euro. Bei einem Bezugsverhältnis von 0.01 würde das einen Preis von 10.11 ergeben, was in etwa dem Preis des Classic Turbo-Optionsscheins von 10.15 entspricht. Der Preis der analogen Put-Option ohne Barrier-Funktion würde dagegen bei 1125.53 (bzw. 11.26 bei Bezugsverhältnis 0.01) liegen.

Ein weiteres Beispiel ist das ebenfalls von der Commerzbank am 17.10.2019 angebotene „Bonus-Zertifikat Classic bezogen auf den DAX". Ein Auszug aus der Kurzbeschreibung des Produkts ist in Abbildung 6.39 zu sehen.

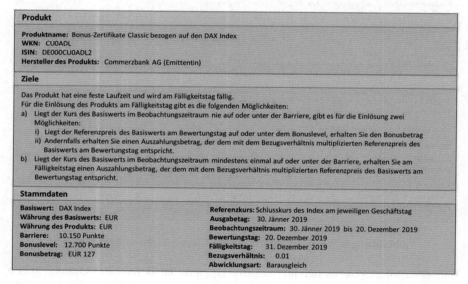

Abbildung 6.39: Basis-Informationen des Bonus-Zertifikat Classic

Die Quotes für dieses Produkt lagen am 17.10.2019 um 10:16:02 Uhr bei 129.43 // 129.45. Der DAX lag zu diesem Zeitpunkt bei 12685.56 Punkten.

Dieses Bonus-Zertifikat Classic hat also die folgenden Eigenschaften:
Liegt am 20.12.2019 der DAX über 12.700 Punkten, so erhalte ich ein Hunderstel

(Bezugsverhältnis 100:1!) des dann aktuellen Kurses des DAX in Euro ausbezahlt. Liegt der DAX am 20.12.2019 unter 12.700 Punkten, so erhalte ich 127 Euro.

Liegt allerdings während der Laufzeit des Zertifikats der DAX auch nur einmal unter 10.150 Punkten, dann erhalte ich in jedem Fall ein Hundertstel des DAX in Euro ausbezahlt (die untere Auszahlungsschranke von 12.700 hat dann keine Gültigkeit mehr).

Am 17.10.2019 um 10:16 konnte dieses Zertifikat um 129.45 Euro erworben werden.

Die Gewinnfunktion des Zertifikats lässt sich somit in der Form von Abbildung 6.40 darstellen. (Die rote und die blaue Grafik haben für $x > 12.945$ dieselbe Form und werden in Abbildung 6.40 nur der besseren Sichtbarkeit halber leicht versetzt gezeichnet.)

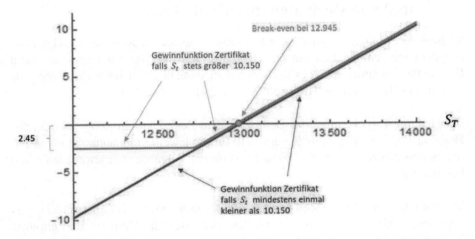

Abbildung 6.40: Gewinnfunktion Bonus-Zertifikat Classic am 17.10.2019

Die im Prinzip selbe Gewinnfunktion erhalten wir, wenn wir ein Investment in ein Hundertstel des DAX kombinieren mit einem Hundertstel einer Down-and-Out-Barrier-Put-Option mit Laufzeit bis 20.12.2019, Strike 12.700 und Barrier bei 10.150. Der Zusatz „im Prinzip" bezieht sich darauf, dass abhängig vom konkreten Preis dieser Down-and-Out-Barrier-Put-Option die Gewinnfunktion geringfügig nach
oben oder unten verschoben sein könnte im Vergleich mit der Gewinnfunktion des Zertifikats.

Berechnen wir mittels unseres Monte Carlo-Ansatzes den fairen Preis eines Hundertstels einer solchen Down-and-Out-Barrier-Put-Option mit den obigen Parametern, dann erhalten wir mit den Parametern

$S_0 = 12.685$

Barrier $= 10.150$

Strike $= 12.700$

$r = 0$

Volatilität $= 13.1\%$

Restlaufzeit $= \frac{1}{12}$

den Preis von circa 2.64 Euro.

Erstellen wir das Commerzbank Bonus-Zertifikat Classic daher mit Hilfe einer Investition in das underlying und diese Down-and-Out-Barrier-Put-Option, dann hat
diese Kombination (mit den obigen Daten vom 17.10.2019) den Preis 126.85 +
2.64 = 129.49 Euro, was in etwa dem aktuellen Preis des Zertifikats entspricht.

6.20   Schätzen der Greeks (insbesondere Delta und Gamma) von Derivaten mit Monte Carlo

Wollen wir ein Derivat (zumindest theoretisch) perfekt hedgen, so benötigen wir
in jedem Moment der Laufzeit das Delta des Derivats. Wenn wir keine explizite
Formel für den fairen Preis des Derivats haben, dann bleibt nichts anderes übrig als
auch das Delta – etwa mit Hilfe vom Monte Carlo – zu schätzen.

Für Hedging-Zwecke muss das Delta zu jedem Zeitpunkt t in $[0, T]$, an dem das
Hedging-Portfolio angepasst werden soll, für die jeweilig momentan gültigen Parameter geschätzt werden. Wir können uns für das Folgende aber jeweils auf $t = 0$
beschränken.

Wir befinden uns also im Zeitpunkt 0 und der momentane Kurs des underlyings
liegt bei S_0. Mit $F(s)$ bezeichnen wir den fairen Wert des Derivats (im Zeitpunkt
0, bei fix gegebenen weiteren Parametern r und σ) wenn der Kurs des underlyings
bei s liegt. Das gesuchte Delta ist dann $\Delta(S_0) = F'(S_0) = \left.\frac{dF(s)}{ds}\right|_{s=S_0}$. Es gibt
nun zwei verschiedene mögliche Ansätze um diese Größe näherungsweise zu be-
stimmen.

Erster Ansatz: Über den Differentialquotienten

Wir nähern dazu $F'(S_0)$ für einen fix gewählten kleinen Wert h durch
$\frac{F(S_0+h)-F(S_0)}{h}$ an und approximieren diese Größe, indem wir zuerst den fairen
Preis $F(S_0 + h)$ und dann den fairen Preis $F(S_0)$, so wie oben beschrieben, durch
Monte Carlo-Simulation näherungsweise berechnen. Häufig wird empfohlen, anstelle des üblichen Differentialquotienten $\frac{F(S_0+h)-F(S_0)}{h}$ eine Art von symmetrisierten Differentialquotienten, nämlich $\frac{F(S_0+h)-F(S_0-h)}{2h}$, zu approximieren. Tat-

sächlich liefert dies häufig bessere Ergebnisse, wir beschränken uns im Folgenden aber auf die Diskussion des üblichen Differentialquotienten (für den symmetrisierten Quotienten gilt alles unten Gesagte ganz analog).

Dieser sehr naheliegende Ansatz weist allerdings einige Tücken auf:
Wir simulieren hier erstens einmal wieder (so wie etwa beim Beispiel der Barrier-Option im vorigen Kapitel) nicht unmittelbar die gesuchte Größe sondern eine Näherung der gesuchten Größe. Wie gut diese Näherung $\frac{F(S_0+h)-F(S_0)}{h}$ die tatsächlich gesuchte Größe $F'(S_0)$ approximiert, hängt davon ab, wie klein h gewählt wird. Je kleiner das h gewählt wird umso (tendenziell) kleiner ist der Unterschied zwischen gesuchter Größe und Näherung. Was spricht nun aber dagegen, dass wir h so extrem klein wählen, dass der Unterschied zwischen $\frac{F(S_0+h)-F(S_0)}{h}$ und $F'(S_0)$ vernachlässigbar klein wird?
Nun, bei der MC-Simulation von $F(S_0 + h)$ bzw. von $F(S_0)$ müssen wir mit Simulationsfehlern von einer bestimmten Größenordnung rechnen (je größer die Anzahl der für die Simulation verwendeten Szenarien ist umso kleiner wird tendenziell der Fehler sein mit dem wir rechnen müssen). Angenommen wir müssen mit einem MC-Simulationsfehler im Bereich einer kleinen positiven Größe von ε rechnen (z.B. $\varepsilon = 0.01$). Würden wir nun h kleiner oder gleich ε wählen (z.B. $h = \varepsilon = 0.01$), dann könnte es etwa passieren, dass wir durch die MC-Simulation den Wert $F(S_0 + h)$ um ε zu hoch schätzen und dass wir durch die MC-Simulation den Wert $F(S_0)$ um ε zu niedrig schätzen.
Anstelle des Wertes $\frac{F(S_0+h)-F(S_0)}{h}$ erhalten wir also den Wert

$$\frac{F(S_0+h)+\varepsilon-(F(S_0)-\varepsilon)}{h} = \frac{F(S_0+h)-F(S_0)+2\varepsilon}{h} =$$

$$= \frac{F(S_0+h)-F(S_0)}{h} + \frac{2\varepsilon}{h} \geq \frac{F(S_0+h)-F(S_0)}{h} + 2.$$

Wir haben also mit einer eventuellen signifikanten Abweichung vom Wert $\frac{F(S_0+h)-F(S_0)}{h}$ zu rechnen. Dies können wir nur verhindern, indem wir den Parameter h wesentlich größer als ε wählen, so dass der eventuell auftretende Fehlerterm $\frac{2\varepsilon}{h}$ sicher klein genug bleibt. Das wirkt sich aber dann wiederum negativ auf die Approximation von $F'(S_0)$ durch $\frac{F(S_0+h)-F(S_0)}{h}$ aus.

Zweiter Ansatz: Über die Ableitung der Payoff-Funktion

Wir suchen $F'(S_0) = \left. \frac{dF(s)}{ds} \right|_{s=S_0}$.

Konzentrieren wir uns zuerst auf plain vanilla, also nicht pfadabhängige, Optionen (natürlich wie bisher immer über einem underlying, das sich nach einem Wiener Modell entwickelt). Nach der Black Scholes Formel gilt dann

$$F(S_0) = e^{-rT} \cdot E\left(\Phi\left(\widetilde{S}(t)\right)\right) = e^{-rT} \cdot E\left(\Phi\left(S(0) \cdot e^{\left(r-\frac{\sigma^2}{2}\right)T+\sigma\sqrt{T}w}\right)\right)$$

und damit

$$F'(S_0) = \left.\frac{dF(s)}{ds}\right|_{s=S_0} = e^{-rT} \cdot \frac{d}{ds} E\left(\left.\Phi\left(s \cdot e^{\left(r - \frac{\sigma^2}{2}\right)T + \sigma\sqrt{T}w}\right)\right)\right|_{s=S_0}.$$

Wenn wir jetzt davon ausgehen, dass wir den Ableitungs-Operator $\frac{d}{ds}$ mit dem Erwartungswert-Operator E vertauschen dürfen (in den meisten konkreten Anwendungsfällen ist dies tatsächlich möglich) und wenn wir beachten, dass die Ableitung von $\Phi\left(s \cdot e^{\left(r - \frac{\sigma^2}{2}\right)T + \sigma\sqrt{T}w}\right)$ mittels der Kettenregel zu erfolgen hat, dann erhalten wir

$$
\begin{aligned}
F'(S_0) &= e^{-rT} \cdot E\left(\left.\frac{d}{ds}\left(\Phi\left(s \cdot e^{\left(r - \frac{\sigma^2}{2}\right)T + \sigma\sqrt{T}w}\right)\right)\right|_{s=S_0}\right) = \\
&= e^{-rT} \cdot E\left(\Phi'\left(s \cdot e^{\left(r - \frac{\sigma^2}{2}\right)T + \sigma\sqrt{T}w}\right) \cdot \left. e^{\left(r - \frac{\sigma^2}{2}\right)T + \sigma\sqrt{T}w}\right|_{s=S_0}\right)
\end{aligned}
$$

und das ist für das Weitere sehr hilfreich: Wenn wir die Payoff-Funktion Φ in vernünftiger Weise ableiten können, dann lässt sich dieser letzte Erwartungswert wieder wie üblich mittels Monte Carlo unmittelbar simulieren. Wir haben keinen Approximationsfehler zwischen Ableitung und Differentialquotienten, wir müssen keinen Wert h fix vorab wählen, es tritt insbesondere dieser kleine Wert h nicht in einem Nenner auf, was – wie oben gezeigt – zu Schwierigkeiten führen könnte.

Beispiel 6.14. *Um diesen zweiten Ansatz etwas anschaulicher zu machen, betrachten wir als erstes den Fall einer europäischen plain vanilla Call-Option mit Strike K. Hier ist die Payoff-Funktion gegeben durch $\Phi(x) = \max(0, x - K)$. Die Funktion Φ ist überall außer für $x = K$ differenzierbar.*

Wir haben (siehe Abbildung 6.41) $\quad \Phi'(x) = \begin{cases} 0 \text{ für } x < K \\ 1 \text{ für } x > K \end{cases}$.

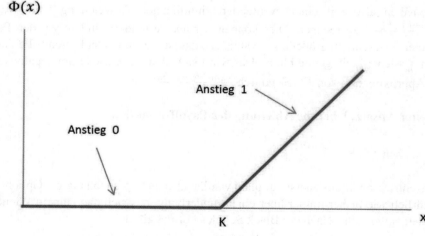

Abbildung 6.41: Payoff-Funktion einer Call-Option

Die Tatsache, dass Φ in K nicht differenzierbar ist, kann vernachlässigt werden,

wir können etwa $\Phi'(K) := 1$ definieren und damit ist $\quad \Phi'(x) = \begin{cases} 0 \text{ für } x < K \\ 1 \text{ für } x \geq K \end{cases}$.

Wir bezeichnen diese Funktion mit $1_{x \geq K}(x)$. Damit ist

$$F'(S_0) = e^{-rT} \cdot E\left(1_{x \geq K}\left(S_0 \cdot e^{\left(r - \frac{\sigma^2}{2}\right)T + \sigma\sqrt{T}w}\right) \cdot e^{\left(r - \frac{\sigma^2}{2}\right)T + \sigma\sqrt{T}w}\right) \text{ und wir}$$

können diese Größe mittels Monte Carlo simulieren.

Wir führen beide Ansätze der Simulation des Deltas einer europäischen plain vanilla Call im Folgenden durch und vergleichen die Approximationen mit dem exakten Wert des Delta, das wir ja in diesem Fall als Vergleichswert zur Verfügung haben. Wir erinnern uns: das Delta einer Call-Option im Zeitpunkt 0 bei momentanem Wert des underlyings von S_0 ist gegeben durch $\mathcal{N}(d_1)$ mit $d_1 = \frac{\log\left(\frac{S_0}{K}\right) + \left(r + \frac{\sigma^2}{2}\right)T}{\sigma\sqrt{T}}$.

Für die von uns gewählten Parameter ergibt dies als Vergleichswert für die folgenden Simulationen ein Delta von 0.7149.

Wir führen zuerst die Simulation des Delta mittels des ersten Ansatzes (Approximation des Differentialquotienten) durch. Ein erster Versuch mit $h = 0.1$ und 10.000 Szenarien liefert die in Abbildung 6.42 dargestellte absolut nicht zufriedenstellende Situation.

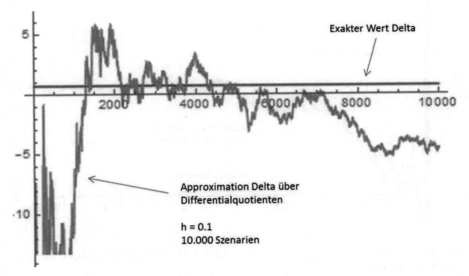

Abbildung 6.42: Approximation Delta plain vanilla Call über Differentialquotienten, $h = 0.1$, 10.000 Szenarien

Ein etwas besseres aber immer noch nicht zufriedenstellendes Bild liefert die Wahl von $h = 0.5$ mit 10.000 Szenarien (Abbildung 6.43).

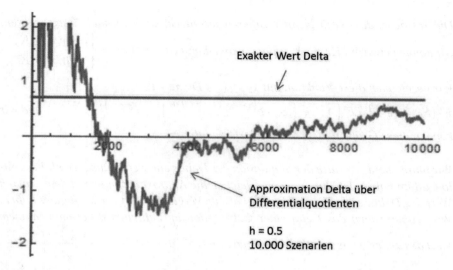

Abbildung 6.43: Approximation Delta plain vanilla Call über Differentialquotienten, $h = 0.5$, 10.000 Szenarien

Nach einigen weiteren Versuchen zeigt sich, dass erst (zum Beispiel) die Wahl von $h = 1$ bei Erzeugung von 100.000 Szenarien stabil gutes Konvergenzverhalten in Nähe des tatsächlichen Delta-Wertes zeigt. Die Simulation die das Ergebnis von Abbildung 6.44 liefert führt zu einem Näherungswert von 0.742.

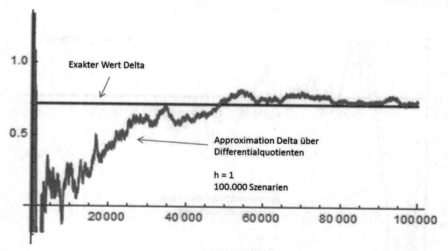

Abbildung 6.44: Approximation Delta plain vanilla Call über Differentialquotienten, $h = 1$, 100.000 Szenarien

Bei der Simulation des Deltas über den zweiten Ansatz, also über die Approximation des Erwartungswertes der Ableitung des Payoffs, erhalten wir unvergleichlich schneller sehr gute Ergebnisse, wie die Abbildung 6.45 (10.000 Simulationen, Näherungswert 0.719) nachdrücklich zeigt.

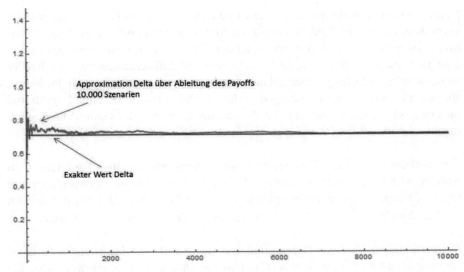

Abbildung 6.45: Approximation Delta plain vanilla Call über Ableitung des Payoffs, 10.000 Szenarien

Selbstverständlich kann auch bei der Schätzung der anderen Greeks analog vorgegangen werden (Approximation des Differentialquotienten oder Versuch über den Erwartungswert der Ableitung des Payoffs nach dem jeweiligen Parameter).

Eine Ausnahme bildet das Gamma, das ja über die zweite Ableitung des Preises nach dem Kurswert S definiert ist. Natürlich kann man in jedem Fall wieder den Versuch über die Simulation eines approximierenden Differentialquotienten starten:

Wir wählen also dazu wieder ein h und wollen $F''\left(S_0\right) = \left.\frac{d^2 F(s)}{ds^2}\right|_{s=S_0}$ durch Differentialquotienten approximieren, also durch

$$\frac{F'(s+h) - F'(s)}{h} \sim \frac{\frac{F(s+2h)-F(s+h)}{h} - \frac{F(s+h)-F(s)}{h}}{h} =$$

$$= \frac{F(s+2h) + F(s) - 2F(s+h)}{h^2}$$

oder in vielen Fällen besser wieder durch die symmetrisierten Versionen der Differentialquotienten, also durch

$$\frac{F'(s+h) - F'(s-h)}{2h} \sim \frac{\frac{F(s+2h)-F(s)}{2h} - \frac{F(s)-F(s-2h)}{2h}}{2h} =$$

$$= \frac{F(s+2h) + F(s-2h) - 2F(s)}{4h^4}.$$

Natürlich kann man für die näherungsweise Bestimmung des Gamma auch wieder versuchen, die Payoff-Funktion nun zwei Mal abzuleiten und direkte Approximation anzustreben. Dies ist aber schon bei der einfachsten Version, der plain vanilla Call, nicht möglich: In $x = K$ ist F' nicht nur nicht differenzierbar (wie wir bei der Bestimmung des Delta gesehen haben ist das a priori nicht unbedingt ein Problem), sondern die einseitigen Ableitungen in diesem Punkt sind unbeschränkt groß und dies ist tatsächlich ein Problem, das diesen Ansatz im Fall des Gamma unmöglich macht.

Eine weitere vorstellbare Variante wäre noch, zuerst wieder einen Parameter h zu wählen, mittels des zweiten Ansatzes $F'(s + h)$ und $F'(s)$ zu approximieren und mit Hilfe dieser Approximationen (die wir mit $D(s + h)$ und $D(s)$ bezeichnen wollen) die Größe $\frac{D(s+h)-D(s)}{h}$ als Näherung für das Gamma zu verwenden.

Der erste Ansatz über den Differentialquotienten wurde mit den gleichen Parametern wie oben für die plain vanilla Call durchgeführt. Der Vergleichswert, also das exakte Gamma ist 0.01132. Ein typisches Simulationsergebnis (mit dem symmetrisierten Ansatz für die Differentialquotienten) und der Wahl $h = 1$ bei Verwendung von 100.000 Szenarien ist in Abbildung 6.46 zu sehen.

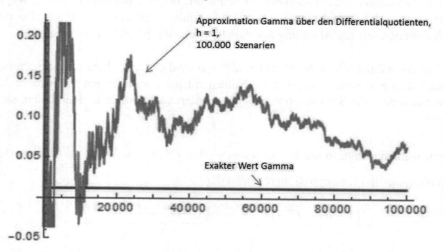

Abbildung 6.46: Approximation Gamma plain vanilla Call über Differentialquotienten, $h = 1$, 100.000 Szenarien

Das Ergebnis ist – unter anderem auch deshalb da Gamma einen sehr niedrigen Wert hat – in der Form nicht brauchbar. Der vorgeschlagene Näherungswert lag bei dieser Simulation bei 0.0567.

Wir versuchen uns noch am zweiten Ansatz, also Berechnung des Delta an der Stelle S_0 und $S_0 + h$ durch MC über die Ableitung der Payoff-Funktion und Verwendung dieser Werte für die Annäherung des Gamma durch den Differentialquo-

tienten. Die Wahl von $h = 0.5$ und 100.000 Szenarien liefert typischer Weise ein Konvergenzverhalten wie in Abbildung 6.47 dargestellt.

Abbildung 6.47: Approximation Gamma plain vanilla Call über direkte MC-Berechnung von Delta und den Differentialquotienten für Gamma, $h = 0.5$, 100.000 Szenarien

In der in Abbildung 6.47 dargestellten konkreten Simulation wird der Näherungswert 0.0188 vorgeschlagen. Näherung und Konvergenzverhalten sind schon wesentlich akzeptabler als bei der Simulation rein über den Differentialquotienten, die Ergebnisse sind aber nach wie vor mit Vorsicht zu genießen und zu hinterfragen.

6.21 Schätzen von Delta und Delta-Hedging für pfadabhängige Derivate (z.B. geometrisch asiatische Option)

Wir führen das Schätzen des Deltas einer pfadabhängigen Option und ihr Delta-Hedging im Folgenden an der geometrisch asiatischen Option vor. Wir wissen, dass wir aufgrund der in Kapitel 6.13 hergeleiteten exakten Formel für den fairen Preis einer geometrisch asiatischen Call-Option das Delta ebenfalls explizit berechnen könnten. Wir wollen aber die Monte Carlo-Methode für pfadabhängige Optionen exemplarisch darstellen und verwenden die geometrisch asiatische Option für diesen Zweck um einen exakten Vergleichswert für die Monte Carlo-Näherung zur Verfügung zu haben.

Als Parameter verwenden wir wieder die schon bewährten folgenden Werte:
Strike $K = 90$
Laufzeit $T = 1$
risikoloser Zinssatz $r = 0.02$

Volatilität $\sigma = 0.3$

Startwert S_0 des underlyings 100.

Wir wählen $M = 12$ und verwenden also die Kurswerte an den Zeitpunkten $\frac{T}{12}, 2 \cdot \frac{T}{12}, 3 \cdot \frac{T}{12}, \ldots, 12 \cdot \frac{T}{12}$ zur Bildung des geometrischen Mittels.

Zur Bestimmung des Vergleichswerts, also des Deltas der geometrisch asiatischen Call, erinnern wir uns an Kapitel 6.13. Wir hatten dort gezeigt, dass der faire Wert der geometrischen Call gegeben ist durch

$$e^{(\tilde{r}-r)T} \cdot \left(e^{-\tilde{r}T} \cdot E \left(\max \left(0, S(0) \cdot e^{\left(\tilde{r}-\frac{\tilde{\sigma}^2}{2}\right)T + \tilde{\sigma}\sqrt{T}w} - K \right) \right) \right).$$

Dieser letzte Ausdruck $\left(e^{-\tilde{r}T} \cdot E \left(\max \left(0, S(0) \cdot e^{\left(\tilde{r}-\frac{\tilde{\sigma}^2}{2}\right)T + \tilde{\sigma}\sqrt{T}w} - K \right) \right) \right)$ ist aber gar nichts anderes als der faire Wert einer ganz gewöhnlichen europäischen plain vanilla Call-Option mit Fälligkeit T und Strike K, allerdings mit abgeänderten Parametern $\tilde{\sigma}$ und $\tilde{r}$ anstelle der Parameter σ und r:

$$\tilde{\sigma} := \sigma \cdot \sqrt{\frac{\left(1 + \frac{1}{M}\right) \cdot \left(2 + \frac{1}{M}\right)}{6}} \text{ und } \tilde{r} := r \cdot \left(\frac{1}{2} + \frac{1}{2M} \right) - \sigma^2 \cdot \left(\frac{1}{12} - \frac{1}{12M^2} \right).$$

Das Delta einer Call mit Parametern $\tilde{\sigma}$ und $\tilde{r}$ ist aber – das wissen wir aus Kapitel 4.37 – gegeben durch $\mathcal{N}\left(\tilde{d}_1\right)$ mit $\tilde{d}_1 = \frac{\log\left(\frac{S}{K}\right) + \left(\tilde{r} + \frac{\tilde{\sigma}^2}{2}\right)T}{\tilde{\sigma}\sqrt{T}}$.
Daher ist das Delta der geometrisch asiatischen Call $e^{(\tilde{r}-r)T} \cdot \mathcal{N}\left(\tilde{d}_1\right)$.

Einsetzen der Parameter unseres Beispiels gibt den Vergleichswert 0.7401 für das Delta im Zeitpunkt $t = 0$.

Wir wollen nun das Delta aber mit Monte Carlo schätzen und wählen dafür den Ansatz über die Ableitung der Payoff-Funktion. Zur Ableitung der Payoff-Funktion nach S_0 können wir ziemlich ähnlich vorgehen wie im Fall der plain vanilla Call-Option im vorigen Kapitel. Der Payoff der geometrisch asiatischen Call ist ja

$$\max \left(0, \sqrt[M]{\prod_{i=1}^{M} \widetilde{S}(t_i)} - K \right).$$

Dabei ist

$$\widetilde{S}(t_i) = S(0) \cdot e^{i\left(r - \frac{\sigma^2}{2}\right)\Delta t + \sigma\sqrt{\Delta t} \cdot (w_0 + w_1 + \ldots + w_{i-1})}$$

und damit

$$\sqrt[M]{\prod_{i=1}^{M} \widetilde{S}(t_i)} = S(0) \cdot \sqrt[M]{\prod_{i=1}^{M} e^{i\left(r - \frac{\sigma^2}{2}\right)\Delta t + \sigma\sqrt{\Delta t} \cdot (w_0 + w_1 + \ldots + w_{i-1})}}.$$

Für spätere Zwecke bemerken wir, dass der letzte Wurzel-Ausdruck – der nicht von S_0 abhängig ist! – auch so geschrieben werden kann

$$\sqrt[M]{\prod_{i=1}^{M} e^{i\left(r-\frac{\sigma^2}{2}\right)\Delta t+\sigma\sqrt{\Delta t}\cdot(w_0+w_1+...+w_{i-1})}} = \frac{1}{S_0} \cdot \sqrt[M]{\prod_{i=1}^{M} \widetilde{S}(t_i)}.$$

Den Payoff nach S_0 abzuleiten, bedeutet also daher Bildung der Ableitung des folgenden Ausdrucks nach S_0:

$$\max\left(0, S(0) \cdot \sqrt[M]{\prod_{i=1}^{M} e^{i\left(r-\frac{\sigma^2}{2}\right)\Delta t+\sigma\sqrt{\Delta t}\cdot(w_0+w_1+...+w_{i-1})}} - K\right)$$

Analog zum Fall des plain vanilla Calls erhalten wir mittels Kettenregel das folgende Ergebnis für die Ableitung nach S_0:

$$1_{x\geq K}\left(S(0) \cdot \sqrt[M]{\prod_{i=1}^{M} e^{i\left(r-\frac{\sigma^2}{2}\right)\Delta t+\sigma\sqrt{\Delta t}\cdot(w_0+w_1+...+w_{i-1})}}\right) \cdot$$

$$\cdot \sqrt[M]{\prod_{i=1}^{M} e^{i\left(r-\frac{\sigma^2}{2}\right)\Delta t+\sigma\sqrt{\Delta t}\cdot(w_0+w_1+...+w_{i-1})}} =$$

$$= 1_{x\geq K}\left(\sqrt[M]{\prod_{i=1}^{M} \widetilde{S}(t_i)}\right) \cdot \frac{1}{S_0} \cdot \sqrt[M]{\prod_{i=1}^{M} \widetilde{S}(t_i)}$$

Dies ist also die Größe, die wir mit Monte Carlo simulieren müssen, um das Delta der geometrisch asiatischen Call näherungsweise zu berechnen. Für jedes einzelne Szenario i müssen wir also wieder einen M-Vektor $\left(w_1^{(i)}, w_2^{(i)}, \ldots, w_M^{(i)}\right)$ von unabhängigen $\mathcal{N}(0,1)$-verteilten Zufallszahlen erzeugen und damit eine mögliche Realisation des obigen Wertes berechnen.

Wir führen die Simulation mittels 10.000 Szenarien durch und erhalten ein wieder sehr überzeugendes Konvergenzverhalten, das in Abbildung 6.48 für eine beispielhafte Durchführung der Simulation wiedergegeben wird. Der erzielte Näherungswert ist 0.7407.

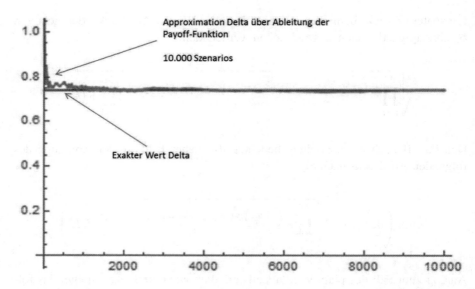

Abbildung 6.48: Approximation des Deltas einer geometrisch asiatischen Call über Ableitung der Payoff-Funktion

Wir nutzen nun diese von uns geschaffene Simulations-Infrastruktur, um sie für Delta-Hedging der geometrisch asiatischen Call einzusetzen. (Wir wiederholen noch einmal: Es wäre im Fall der geometrisch asiatischen Option keine MC-Anwendung nötig, da wir hier über exakte Formeln für fairen Wert und Delta verfügen.)

Um die vorliegende Option dynamisch über die gesamte Laufzeit zu hedgen, gehen wir so vor:

- Wir wählen vorab die Anpassungs-Zeitpunkte für das Hedging-Portfolio. Zum Beispiel könnten wir dafür gerade die Zeitpunkte $\frac{1}{12}, 2 \cdot \frac{1}{12}, 3 \cdot \frac{1}{12}, \dots, 12 \cdot \frac{1}{12}$ heranziehen, an denen die Kurse zur Mittelbildung festgestellt werden.

- Wir bestimmen den fairen Preis der Option im Zeitpunkt 0 mittels MC. Das haben wir bereits in Kapitel 6.17 durchgeführt. Dort haben wir einen Näherungswert von (gerundet auf Cent) 13.17$ ermittelt. Wir nehmen an, wir hätten die Option um diesen Preis (+ Spesen) verkauft und wir können nun die 13.17$ zur Durchführung der Hedging-Strategie verwenden. Die 13.17$ entsprechen also gerade dem Wert unseres Hedging-Portfolios zur Zeit 0 und wir bezeichnen sie daher mit HP_0.

- Wir berechnen mittels MC das Delta Δ_0 der Option im Zeitpunkt 0. Das haben wir oben gerade erledigt. Der Näherungswert für das Delta, den wir erhalten haben, lag bei 0.7407. Wir kaufen daher 0.7407 Stück des underlyings und zahlen dafür 74.07. Um das bewerkstelligen zu können, müssen wir einen Kredit zum Zinssatz r (wir gehen der Einfachheit der Darstellung halber davon aus, dass r über die Laufzeit der Option konstant bleibt) in Höhe von $74.07 - 13.17 = 60.90\$$ vorerst für einen Monat aufnehmen.

- Nach einem Monat (Zeitpunkt $\frac{1}{12}$) hat sich der Kurs des underlyings auf den Wert $S_{\frac{1}{12}}$ verändert. Die Höhe unserer Kreditschulden hat sich durch die Verzinsung in dem einen Monat erhöht. Damit hat unser Hedging-Portfolio einen neuen Wert, den wir mit $HP_{\frac{1}{12}}$ bezeichnen.

- Wir können nun eine Neuschätzung der Volatilität vornehmen und mit dieser Neuschätzung weiterarbeiten oder wir gehen (der Einfachheit der Darstellung des Prinzips halber) davon aus, dass wir über die Laufzeit gesehen mit in etwa unveränderter Volatilität $\sigma = 0.3$ rechnen können.

- Auf Basis des neuen Kurswerts, der verwendeten Volatilität und der verkürzten Laufzeit von nunmehr $11 \cdot \frac{1}{12}$ bestimmen wir das neue Delta $\Delta_{\frac{1}{12}}$ im Zeitpunkt $\frac{1}{12}$.

- Bei der Bestimmung des Delta (und wenn gewünscht zu Vergleichs- oder Informations-Zwecken auch des fairen Preises der Option) im Zeitpunkt $\frac{1}{12}$ und dann ebenso in den späteren Zeitpunkten $L \cdot \frac{1}{12}$ für $L = 1, 2, 3, \ldots, 11$ müssen wir allerdings das Verfahren adaptieren! Der zukünftige Payoff hängt ja dann nicht mehr nur von zukünftigen (risikoneutralen) Kursen ab, sondern auch von vergangenen konkret bereits realisierten Kursen zu vergangenen Stichproben-Zeitpunkten. Wie hier genau vorzugehen ist, wird nachfolgend detailliert beschrieben.

- Das Hedging-Portfolio wird so umgeschichtet, dass wir ab nun bis zum Zeitpunkt $2 \cdot \frac{1}{12}$ genau $\Delta_{\frac{1}{12}}$ Stück underlying halten. Dazu muss unsere Kredit-/Anlage-Summe entsprechend angepasst werden.

- Im Zeitpunkt $\Delta_{\frac{2}{12}}$ bestimmen wir wieder den neuen Wert $HP_{\frac{2}{12}}$ unseres Hedging-Portfolios.

Dieses Procedere führen wir bis zum Zeitpunkt $T = 1$ durch.

- Im Zeitpunkt $T = 12 \cdot \frac{1}{12} = 1$ hat unser Hedging-Portfolio den Wert HP_1. Wir lösen das Portfolio auf und nehmen dadurch die Summe von HP_1 ein. Wir haben (als Verkäufer der Option) nun die Pflicht den fälligen Payoff zu leisten. Wenn das Hedging erfolgreich war, dann sollte der Erlös HP_1 durch den Verkauf des Hedging-Portfolios groß genug sein, um die Payoff-Zahlung damit leisten zu können.

Zur korrekten Bestimmung des fairen Preises der Option bzw. des Deltas der Option mittels Monte Carlo-Simulation zu einem Bewertungs- und Stichproben-Zeitpunkt t_L:

Bis zum Zeitpunkt t_L hat der Kurs bereits die die Werte $S(t_1), S(t_2), \ldots, S(t_L)$ angenommen die zur Mittelbildung herangezogen werden. Aus Sicht des Zeitpunkts t_L ist der zukünftige Payoff der Option gegeben durch

$$\max\left(0, \sqrt[M]{\prod_{i=1}^{M} S(t_i)} - K\right) = \max\left(0, V(L) \cdot \sqrt[M]{\prod_{i=L+1}^{M} S(t_i)} - K\right)$$

wobei $V(L) := \sqrt[M]{\prod_{i=1}^{L} S(t_i)}$. $V(L)$ ist ein zum Zeitpunkt t_L fix gegebener und bekannter Wert.

Wollen wir die Option vom Zeitpunkt t_L aus bewerten, dann gehen wir also vom momentanen Kurs $S(t_L)$ aus und können einen Payoff von

$\max\left(0, V(L) \cdot \sqrt[M]{\prod_{i=L+1}^{M} S(t_i)} - K\right)$ erwarten.

Der Wert der Option aus Sicht vom Zeitpunkt t_L ist also nach Black Scholes gegeben durch

$$f_{t_L} = e^{-r(T-t_L)} \cdot E\left(\max\left(0, V(L) \cdot \sqrt[M]{\prod_{i=L+1}^{M} \widetilde{S}(t_i)} - K\right)\right). \qquad (6.1)$$

Hier ist jetzt $\widetilde{S}(t_i) = S(t_L) \cdot e^{(i-L)\cdot\left(r-\frac{\sigma^2}{2}\right)\cdot\Delta t + \sigma\sqrt{\Delta t}\cdot(w_L + w_{L+1} + \ldots + w_{i-1})}$.
(Der Einfachheit der Darstellung wegen gehen wir wieder von äquidistanten Abständen zwischen t_i und t_{i+1} der Länge jeweils Δt aus. Der allgemeine Fall wird völlig analog behandelt.)

Den hier auftretenden Ausdruck $e^{(i-L)\cdot\left(r-\frac{\sigma^2}{2}\right)\cdot\Delta t + \sigma\sqrt{\Delta t}\cdot(w_L + w_{L+1} + \ldots + w_{i-1})}$ bezeichnen wir (für fixes L) mit $\kappa(i)$.

Zur Bewertung der Option im Zeitpunkt t_L ist also die Formel (6.1) heranzuziehen und der Erwartungswert $E\left(\max\left(0, V(L) \cdot \sqrt[M]{\prod_{i=L+1}^{M} \widetilde{S}(t_i)} - K\right)\right)$ durch Monte Carlo näherungsweise zu bestimmen. Zur Bestimmung des Delta der Option in t_L werden wir nun den Payoff wieder ableiten und zwar jetzt natürlich nach dem momentanen Kurs $S(t_L)$. Dazu schreiben wir den Payoff in der folgenden Form

$$\max\left(0, V(L) \cdot \sqrt[M]{\prod_{i=L+1}^{M} \widetilde{S}(t_i)} - K\right) =$$

$$= \max\left(0, V(L) \cdot S(t_L)^{\frac{M-L}{M}} \cdot \sqrt[M]{\prod_{i=L+1}^{M} \kappa(i)} - K\right)$$

Die Ableitung des Payoffs nach $S(t_L)$ ist daher

$$1_{x \geq \kappa}\left(V(L) \cdot \sqrt[M]{\prod_{i=L+1}^{M} \widetilde{S}(t_i)}\right) \cdot V(L) \cdot \sqrt[M]{\prod_{i=L+1}^{M} \kappa(i)} \cdot \frac{M-L}{M} \cdot S(t_L)^{-\frac{L}{M}} =$$

$$1_{x \geq \kappa}\left(V(L) \cdot \sqrt[M]{\prod_{i=L+1}^{M} \widetilde{S}(t_i)}\right) \cdot V(L) \cdot \sqrt[M]{\prod_{i=L+1}^{M} \widetilde{S}(t_i)} \cdot \frac{M-L}{M} \cdot \frac{1}{S(t_L)}.$$

Zur Bestimmung des Delta der Option im Zeitpunkt t_L ist also diese Formel heranzuziehen und der Erwartungswert

$$E\left(1_{x \geq \kappa}\left(V(L) \cdot \sqrt[M]{\prod_{i=L+1}^{M} \widetilde{S}(t_i)}\right) \cdot V(L) \cdot \sqrt[M]{\prod_{i=L+1}^{M} \widetilde{S}(t_i)} \cdot \frac{M-L}{M} \cdot \frac{1}{S(t_L)}\right)$$

durch Monte Carlo näherungsweise zu bestimmen.

Wir führen das Programm jetzt konkret an einem Beispiel (siehe Abbildung 6.49) einer konkreten Kursentwicklung des underlyings durch.

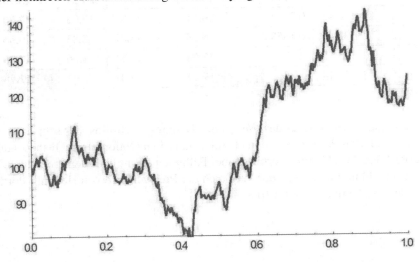

Abbildung 6.49: Mögliche Kursentwicklung eines underlyings einer geometrisch asiatischen Call

Die zu den 12 Stichtagen resultierenden Kurse bei dieser Kursentwicklung lauten 101.45, 100.78, 97.47, 94.34, 82.84, 94.83, 100.83, 119.35, 126.48, 132.45, 123.75, 125.14

Daraus ergibt sich das geometrische Mittel 107.21 und somit ein **Payoff** von $107.21 - 90 = \mathbf{17.21}$ zum Zeitpunkt $T = 1$.

Die nötigen Deltas zu den verschiedenen Zeitpunkten und den zugehörigen Kurswerten, die allesamt genauso wie Δ_0 mittels MC-Simulation nach dem oben beschriebenen Programm berechnet wurden sowie die Entwicklung der Komponenten und des Gesamt-Wertes des zugehörigen Hedging-Portfolios sind aus der folgenden Tabelle zu entnehmen. (Unter „Wert Stück" in der Tabelle verstehen wir den momentanen Wert der in der letzten Periode bis jetzt gehaltenen Stück des underlyings.)

Zeitpunkt	Kurs S	Delta	**Optionspreis**	Wert Stück	Cash	**Wert HP**
0	100	0.7407	**13.17**		13.17	**13.17**
$\frac{1}{12}$	101.45	0.7163	**13.56**	75.14	-61.00	**14.14**
$\frac{2}{12}$	100.78	0.6652	**12.18**	72.19	-58.62	**13.56**
$\frac{3}{12}$	97.47	0.5785	**9.48**	64.84	-53.56	**11.27**
$\frac{4}{12}$	94.34	0.4919	**7.07**	54.58	-45.19	**9.39**
$\frac{5}{12}$	82.84	0.241	**1.98**	40.75	-37.08	**3.67**
$\frac{6}{12}$	94.83	0.3903	**5.64**	22.85	-16.32	**6.53**
$\frac{7}{12}$	100.83	0.377	**7.82**	39.35	-30.53	**8.82**
$\frac{8}{12}$	119.35	0.2912	**14.85**	44.99	-29.24	**15.76**
$\frac{9}{12}$	126.48	0.2104	**16.91**	36.83	-19.03	**17.80**
$\frac{10}{12}$	132.45	0.1358	**18.25**	27.87	-8.83	**19.04**
$\frac{11}{12}$	123.75	0.072	**17.08**	16.81	1.06	**17.86**
$\frac{12}{12}$	125.14		**17.21**	9.01	8.97	**17.98**

Wir erkennen einen Verlauf des Wertes des Hedging Portfolios, der sehr nahe am Verlauf des fairen Preises der geometrisch asiatischen Option bleibt. Insbesondere liegt der Wert des Hedging Portfolios bei Fälligkeit leicht über dem zu zahlenden Payoff. In Abbildung 6.50 ist der Vergleich der Preisverläufe von Hedging Portfolio (blau) und Option (rot) illustriert.

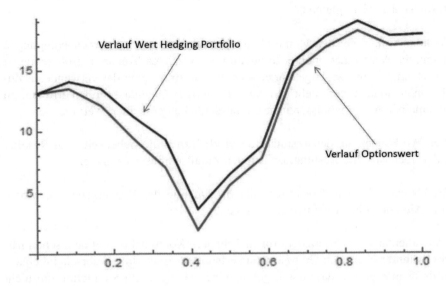

Abbildung 6.50: Vergleich der Preisverläufe von Hedging Portfolio (blau) und Option (rot)

6.22   Einige grundsätzliche Bemerkungen zu Monte Carlo-Methoden und zur Konvergenz von Monte Carlo-Methoden

Das Ergebnis einer Monte Carlo-Methode ist immer ein „stochastisches Ergebnis".
Das konkrete Resultat hängt immer von den bei der jeweiligen Simulation verwendeten (und für jede Simulation immer wieder verschiedenen) Zufallszahlen ab.

In Kapitel 6.15 hatten wir die Bestimmung der durchschnittlich zu erwartenden Würfelzahl beim Werfen eines Würfels durch ein konkretes Experiment, also durch zum Beispiel 10.000-maliges Werfen eines Würfels und Auswertung des Mittelwerts der 10.000 Ergebnisse, als die einfachste Version einer Monte Carlo-Methode bezeichnet. Wir erwarten natürlich, dass jede neuerliche Durchführung dieses Experiments von 10.000 Würfen zwar jedesmal ein geringfügig anderes Ergebnis, aber immer ein Ergebnis sehr nahe am tatsächlichen Erwartungswert des Würfelns mit einem fairen Würfel, also sehr nahe an 3.5, liefert. Und tatsächlich wird dies auch in der Realität praktisch immer der Fall sein. Aber prinzipiell ist es natürlich nicht ausgeschlossen, dass irgendwann einmal in allen 10.000 Würfen eine 6 fällt und dass daher der geschätzte Erwartungswert bei diesem Simulations-Experiment den Wert 6 ergibt.

Die Wahrscheinlichkeit dafür beträgt zwar nur $\frac{1}{6^{10000}}$, was eine wirklich kleine Zahl ist, sie ist aber nicht gleich 0!

Wir können also bei der Monte Carlo-Methode, wenn die Rahmenbedingungen passen, die Anzahl der in einer Simulation verwendeten Szenarien groß genug ist und (ebenfalls eine wichtige Voraussetzung) die Erzeugung der verwendeten Zufallszahlen adäquat geschieht und diese die nötigen Qualitätskriterien erfüllen, im Allgemeinen mit Ergebnissen nahe am tatsächlichen gesuchten Wert rechnen.

Aber: Wir können uns des Resultats nie wirklich zu 100% sicher sein! Das Resultat ist ein stochastisches Resultat, ist also von Zufallseinflüssen abhängig.

Was können wir dann Konkretes über die Qualität der Konvergenz von Monte Carlo-Methoden im Allgemeinen aussagen?

Das mathematische Gesetz der großen Zahlen in Kombination mit dem schon früher erwähnten Zentralen Grenzwertsatz erlaubt uns immerhin, Wahrscheinlichkeiten dafür anzugeben, dass das Ergebnis einer Monte Carlo-Simulation um nicht mehr als eine bestimmte Toleranzgröße ε vom tatsächlichen richtigen Wert abweicht. (Das alles natürlich wieder unter der Voraussetzung, dass die Monte Carlo-Methode in jedem Sinn korrekt durchgeführt wird. Davon wollen wir im Folgenden immer stillschweigend ausgehen.)

Um dies wieder am Würfel-Experiment zu veranschaulichen:

Wir können die Wahrscheinlichkeit dafür angeben, dass bei der Durchführung von 10.000 Würfel-Würfen (mit einem fairen Würfel = korrekte Durchführung des MC-Experiments!) der durchschnittlich gewürfelte Wert (zum Beispiel) um weniger als $\frac{1}{20}$ vom tatsächlichen Wert 3.5 abweicht. Also wie groß ist die Wahrscheinlichkeit dafür, dass der durchschnittliche Wert bei 10.000 Würfen zwischen 3.45 und 3.55 liegt?

Die Antwort finden wir ganz einfach so:

- Für ein Experiment von 10.000 Würfen gibt es insgesamt $6^{10.000}$ mögliche Ergebnisse. Unter einem Ergebnis verstehen wir dabei eine mögliche Folge von 10.000 ganzen Zahlen zwischen 1 und 6.
  Also zum Beispiel:
  $5, 2, 3, 2, 1, 6, 6, 5, 2, 4, \ldots, 2, 6, 1, 3, 3, 4, 3, 3, 1, 5$ (10.000 Zahlen)
  oder
  $1, 2, 3, 6, 4, 5, 1, 5, 5, 1, \ldots, 2, 4, 3, 6, 6, 6, 1, 6, 4, 5$ (10.000 Zahlen)
  oder
  $\ldots$
  oder

$6, 6, 6, 6, 6, 6, 6, 6, 6, 6, \ldots, 6, 6, 6, 6, 6, 6, 6, 6, 6, 6$ (10.000 Zahlen)

Jedes dieser Ergebnisse von 10.000 Würfen ist gleich wahrscheinlich wie jedes andere! Dies ist eine Tatsache, die immer wieder auf Unverständnis stößt. Müsste man auf ein mögliches Ergebnis wetten, dann könnte man eventuell bereit sein, darauf zu wetten, dass eines der ersten beiden oben angeführten Ergebnisse eintritt. Niemand jedoch wäre bereit, darauf zu wetten, dass 10.000 Mal hintereinander eine 6 fällt. Und dennoch, so schwer es uns fällt das zu akzeptieren: Das Würfeln von 10.000 Sechsen hintereinander ist genau so wahrscheinlich wie das Würfeln der ersten oder der zweiten oben angeführten (oder vielmehr angedeuteten) Folge von Zahlen! Die Wahrscheinlichkeit des Eintretens eines konkreten solchen Ergebnisses liegt daher bei $\frac{1}{6^{10.000}}$.

- Wir „zählen" nun die Anzahl A der möglichen Ergebnisse von 10.000 Würfen, für die die Summe der Ergebnisse zwischen $10.000 \times 3.45 = 34.500$ und $10.000 \times 3.55 = 35.500$ liegt. (Für alle diese Ergebnisse liegt der durchschnittliche Wert dann zwischen 3.45 und 3.55.)

- Nun ist die gesuchte Wahrscheinlichkeit nichts anderes als $\frac{A}{6^{10.000}}$, also die Anzahl der Ergebnisse, die das gewünschte Resultat liefern, dividiert durch die Anzahl aller möglichen Ergebnisse.

- Es geht jetzt also nur darum, die Größe A zu bestimmen. In unserem Beispiel könnten wir die Größe A exakt berechnen. Mit viel weniger Aufwand können wir aber A auch – zwar nicht exakt aber doch ziemlich genau – approximieren. Das wollen wir im Folgenden machen und zwar machen wir das nicht nur aus Bequemlichkeit so, sondern deswegen, weil man diese Methode dann im Wesentlichen auch auf die allgemeine Fragestellung *„Mit welcher Wahrscheinlichkeit sind Monte Carlo-Methoden wie gut?"* anwenden kann.

- Bezeichnen wir dazu mit X_i das Ergebnis des i-ten von 10.000 Würfen, dann ist $Y := \frac{X_1 + X_2 + \ldots + X_{10.000}}{10.000}$ die durchschnittliche Würfelsumme des Experiments. Jedes der X_i repräsentiert eine Zufallsvariable (mit zufällig auftretenden Werten zwischen 1 und 6). Alle X_i haben die gleiche Wahrscheinlichkeitsverteilung und sie sind voneinander unabhängig. (Das Ergebnis des i-ten Wurfes beeinflusst in keiner Weise das Ergebnis des j-ten Wurfes, falls $i \neq j$ ist.)

Der Erwartungswert μ der Zufallsvariable X_i ist 3.5 und die Varianz σ^2 der Zufallsvariablen X_i beträgt
$$\frac{(1-3.5)^2 + (2-3.5)^2 + (3-3.5)^2 + (4-3.5)^2 + (5-3.5)^2 + (6-3.5)^2}{6} = \frac{35}{12} = 2.91666\ldots,$$
das heißt $\sigma = 1.70783\ldots$.

Der Erwartungswert von Y ist daher $\frac{\mu+\mu+\ldots+\mu}{10.000} = \mu = 3.5$ und die Varianz von Y ist $\frac{\sigma^2+\sigma^2+\ldots+\sigma^2}{10.000^2} = \frac{\sigma^2}{10.000} = 0.00029166\ldots$ und die Standardabweichung von Y ist somit $\frac{\sigma}{\sqrt{10.000}} = \frac{\sigma}{100} = 0.0170783$.

Der zentrale Grenzwertsatz besagt nun, dass in einem solchen Fall die Verteilung der Zufallsvariablen Y, als Summe unabhängiger identisch verteilter Zufallsvariablen, ziemlich genau einer Normalverteilung entspricht und zwar einer Normalverteilung eben mit Erwartungswert $\mu = 3.5$ und mit Standardabweichung $\frac{\sigma}{100} = 0.0170783$ (bzw. Varianz 0.000291666).

Und: Damit lässt sich die **Wahrscheinlichkeit** $W_{[3.45,3.55]}$, **dass Y zwischen 3.45 und 3.55 liegt**, ziemlich exakt berechnen mittels

$$W_{[3.45,3.55]} \approx \frac{1}{\sqrt{2\pi} \cdot \frac{\sigma}{100}} \cdot \int_{3.45}^{3.55} e^{-\frac{(x-\mu)^2}{2\left(\frac{\sigma}{100}\right)^2}} dx = \mathbf{0.996581}.$$

Wir formulieren dieselbe Fragestellung von oben jetzt allgemeiner:

Sei ε eine kleine positive Zahl. Wie groß ist die Wahrscheinlichkeit, dass bei N Würfel-Würfen der durchschnittlich gewürfelte Wert um weniger als ε vom tatsächlichen Erwartungswert 3.5 abweicht?

Um die Frage zu beantworten, führen wir genau die selben Schritte noch einmal durch so wie oben, nur dass wir 10.000 durch N ersetzen und 3.45 durch $3.5 - \varepsilon$ und 3.55 durch $3.5 + \varepsilon$. Die Antwort lautet dann:

$$W_{[3.5-\varepsilon,3.5+\varepsilon]} \approx \frac{1}{\sqrt{2\pi} \cdot \frac{\sigma}{\sqrt{N}}} \cdot \int_{3.5-\varepsilon}^{3.5+\varepsilon} e^{-\frac{(x-3.5)^2}{2\left(\frac{\sigma}{\sqrt{N}}\right)^2}} dx.$$

An diesem letzten Wert werden wir jetzt noch etwas herumfeilen:

Zuerst ersetzen wir die Integrationsvariable x durch eine neue Integrationsvariable $y := \frac{x-3.5}{\frac{\sigma}{\sqrt{N}}}$, dann ist $\frac{dy}{dx} = \frac{\sqrt{N}}{\sigma}$ also $dx = dy \cdot \frac{\sigma}{\sqrt{N}}$ und Substituieren dieser Variablen in das Integral liefert

$$W_{[3.5-\varepsilon,3.5+\varepsilon]} \approx \frac{1}{\sqrt{2\pi}} \cdot \int_{-\varepsilon \cdot \frac{\sqrt{N}}{\sigma}}^{\varepsilon \cdot \frac{\sqrt{N}}{\sigma}} e^{-\frac{y^2}{2}} dy.$$

Nun schreiben wir die Fehler-Toleranz ε in einer etwas anderen Form an, nämlich $\varepsilon = a \cdot \frac{\sigma}{\sqrt{N}}$ mit irgendeiner Konstanten a (z.B. $a = 1, 2, 3, \ldots$), dann erhalten wir schlussendlich

$$W_{\left[3.5-a\cdot\frac{\sigma}{\sqrt{N}},3.5+a\cdot\frac{\sigma}{\sqrt{N}}\right]} \approx \frac{1}{\sqrt{2\pi}} \cdot \int_{-a}^{a} e^{-\frac{y^2}{2}} dy.$$

Zum Beispiel für $a = 1, 2, 3, 4$:

$$W_{\left[3.5 - \frac{1.707}{\sqrt{N}}, 3.5 + \frac{1.707}{\sqrt{N}}\right]} \approx \frac{1}{\sqrt{2\pi}} \cdot \int_{-1}^{1} e^{-\frac{y^2}{2}} dy = 0.68\ldots$$

$$W_{\left[3.5 - \frac{3.414}{\sqrt{N}}, 3.5 + \frac{3.414}{\sqrt{N}}\right]} \approx \frac{1}{\sqrt{2\pi}} \cdot \int_{-2}^{2} e^{-\frac{y^2}{2}} dy = 0.95\ldots$$

$$W_{\left[3.5 - \frac{5.121}{\sqrt{N}}, 3.5 + \frac{5.121}{\sqrt{N}}\right]} \approx \frac{1}{\sqrt{2\pi}} \cdot \int_{-3}^{3} e^{-\frac{y^2}{2}} dy = 0.9973\ldots$$

$$W_{\left[3.5 - \frac{6.828}{\sqrt{N}}, 3.5 + \frac{6.828}{\sqrt{N}}\right]} \approx \frac{1}{\sqrt{2\pi}} \cdot \int_{-4}^{4} e^{-\frac{y^2}{2}} dy = 0.999937\ldots$$

Also nehmen wir etwa die letzte Abschätzung als Maßstab für äußerst hohe Wahrscheinlichkeit, dann gilt: Beim N-maligen Würfeln eines Würfels ergibt sich eine durchschnittliche Augenzahl die nur mit äußerst geringer Wahrscheinlichkeit (ca. $0.000063\ldots$) um mehr als $\frac{6.828}{\sqrt{N}}$ vom erwarteten Wert 3.5 abweicht.

Wir erinnern: Der Wert 6.828 ist gerade $4 \cdot \sigma$, wobei σ die Standardabweichung eines einzelnen Wurfes ist, also ein fixer, von der Anzahl N der Versuche unabhängiger Wert. Eine Erhöhung der Anzahl der Versuche ändert in der letzten Formel lediglich die Größenordnung $\frac{1}{\sqrt{N}}$ des Abstands vom Erwartungswert.

Wollen wir die (stochastische) Güte unseres Simulationsergebnisses um einen Faktor von $\frac{1}{10}$ verbessern, dann müssen wir die Stichprobenanzahl N um einen Faktor 100 vergrößern.

So, das war die Situation für unser einfaches Würfel-Experiment. Wie sieht das aber nun für allgemeine, und im Allgemeinen wesentlich komplexere Monte Carlo-Simulations-Aufgaben aus? Also: *„Mit welcher Wahrscheinlichkeit sind Monte Carlo-Methoden wie gut?"*

Die Antwort lautet: Auch in allgemeinen komplexen Simulationsaufgaben haben wir es mit genau derselben Situation zu tun: Wir führen unabhängig voneinander N-Mal dasselbe Experiment durch. Die einzelnen Ergebnisse für die einzelnen Szenarien bezeichnen wir mit $X_i; i = 1, 2, 3, \ldots, N$. Wir bestimmen dann schlussendlich als Näherungswert für die von uns mittels der Simulation gesuchten Größe den Mittelwert $Y := \frac{X_1 + X_2 + \ldots + X_N}{N}$. Nach dem zentralen Grenzwertsatz folgt Y für großes N annähernd wieder einer Normalverteilung. Wenn wir mit μ den Erwartungswert der X_i bezeichnen und mit σ die Standardabweichung der X_i, dann gilt mit genau derselben Argumentation wie im Würfelbeispiel oben ebenfalls wieder (nur jetzt allgemein mit μ anstelle des speziellen Wertes 3.5 im Beispiel gesetzt):

$$W_{\left[\mu - a \cdot \frac{\sigma}{\sqrt{N}}, \mu + a \cdot \frac{\sigma}{\sqrt{N}}\right]} \approx \frac{1}{\sqrt{2\pi}} \cdot \int_{-a}^{a} e^{-\frac{y^2}{2}} dy$$

und insbesondere

$$W_{\left[\mu - \frac{\sigma}{\sqrt{N}}, \mu + \frac{\sigma}{\sqrt{N}}\right]} \approx \frac{1}{\sqrt{2\pi}} \cdot \int_{-1}^{1} e^{-\frac{y^2}{2}} dy = 0.68\ldots$$

$$W_{\left[\mu - \frac{2\sigma}{\sqrt{N}}, \mu + \frac{2\sigma}{\sqrt{N}}\right]} \approx \frac{1}{\sqrt{2\pi}} \cdot \int_{-2}^{2} e^{-\frac{y^2}{2}} dy = 0.95\ldots$$

$$W_{\left[\mu - \frac{3\sigma}{\sqrt{N}}, \mu + \frac{3\sigma}{\sqrt{N}}\right]} \approx \frac{1}{\sqrt{2\pi}} \cdot \int_{-3}^{3} e^{-\frac{y^2}{2}} dy = 0.9973\ldots$$

$$W_{\left[\mu - \frac{4\sigma}{\sqrt{N}}, \mu + \frac{4\sigma}{\sqrt{N}}\right]} \approx \frac{1}{\sqrt{2\pi}} \cdot \int_{-4}^{4} e^{-\frac{y^2}{2}} dy = 0.999937\ldots$$

Ist nun μ die tatsächlich durch unsere Simulation gesuchte Größe, so haben wir bei Anwendung der Monte Carlo-Methode die Gewissheit, dass wir mit sehr hoher Wahrscheinlichkeit durch die Simulation einen Näherungswert erhalten, der einen Abstand vom tatsächlichen gesuchten Wert hat, der von der Größenordnung her nicht größer ist als $\frac{1}{\sqrt{N}}$.

Die Komplexität des Simulations-Problems geht in Hinblick auf die Approximationsgenauigkeit nur mittels der Standardabweichung σ des Problems ein. Dieses σ ist aber von der Anzahl N der Simulationen unabhängig.

(Wir werden später noch Methoden kennenlernen, mit deren Hilfe versucht wird, das Konvergenzverhalten von Monte Carlo-Methoden zu beschleunigen. Diese Methoden laufen im Wesentlichen darauf hinaus, dass das ursprüngliche Simulationsproblem so abgeändert wird, dass das gesuchte Resultat der Simulation unverändert bleibt, dass aber die Standardabweichung σ des Problems kleiner und damit die (stochastischen) Fehlerabschätzungen verbessert werden.)

Salopp wird diese Tatsache häufig so formuliert:
„Bei Anwendung einer Monte Carlo Methode ist mit einem Fehler der Größenordnung $\frac{1}{\sqrt{N}}$ zu rechnen."

Wie wir bereits in einigen unserer in früheren Paragraphen durchgeführten Beispiele gesehen haben, ist die oben gemachte Voraussetzung *„Ist nun μ die tatsächlich durch unsere Simulation gesuchte Größe ... "* nicht immer erfüllt. So wird zum Beispiel bei der Bewertung einer Barrier-Option oder einer Lookback-Option durch MC durch die Diskretisierung nicht mehr der Wert der eigentlichen Option, sondern der Wert der etwas abgeänderten diskretisierten Version simuliert.
Genauso wird bei der Bestimmung des Deltas einer Option durch Simulation des Differentialquotienten (für ein gewisses fix gewähltes Inkrement h) nicht mehr tatsächlich das Delta angenähert sondern eben der Differentialquotient. Zum eigentlichen Simulationsfehler kommt also dann noch der Fehler der durch die Differenz zwischen eigentlich gesuchtem Wert (z.B.: Wert der ursprünglichen Barrier-

Option, Delta) und dem tatsächlich simulierten Wert (z.B.: Wert der diskretisierten Barrier-Option, Differentialquotient) gegeben ist, hinzu.

6.23 Einige Bemerkungen zu Zufallszahlen

Monte Carlo-Methoden beruhen auf dem Einsatz von Zufallszahlen. Die in Simulationen verwendeten Zufallszahlen werden heute ausschließlich mit Hilfe von implementierten Zufallszahlen-Generatoren erzeugt.

Die Aufgabe mit deterministischen (!) Algorithmen Zahlenfolgen zu erzeugen, die alle Attribute von „durch Zufall entstandenen" Zahlenfolgen aufweisen sollen (was immer auch das bedeutet!), ist äußerst anspruchsvoll. Während es noch bis Ende der 1990er Jahre durchaus gelegentlich der Fall war, dass man – auch in professionellen Software-Paketen – auf Generatoren gestoßen ist, die mit substantiellen Mängeln behaftete Zufallsfolgen erzeugt und für Simulationen bereitgestellt haben, beruhen die in Verwendung stehenden modernen Zufallszahlen-Generatoren auf äußerst zuverlässigen und professionellen Algorithmen und können weitgehend ohne Bedenken verwendet werden.

Die Entwicklung solcher Algorithmen beruht zumeist auf zahlentheoretischen Prinzipien und wurde durch intensive Forschungsarbeit auf diesem Gebiet vor allem im Zeitbereich von 1970 bis 2000 perfektioniert. Grundlegende und bahnbrechende Werke in diesem Forschungsbereich waren etwa das dreibändige Werk „The Art of Computer Programming" von Donald Knuth [1] oder „Random Number Generation and Quasi-Monte Carlo-Methods" von Harald Niederreiter [3].

Wie gesagt: Ein Anwender von Monte Carlo-Methoden kann sich auf die heute vorhandenen Zufallszahlen-Generatoren durchaus verlassen und muss grundsätzlich keinen Gedanken daran verschwenden, wie die Erzeugung solcher Zufallszahlen (eigentlich sollte man von „Pseudo-Zufallszahlen" sprechen, es handelt sich ja um Zahlenfolgen die den Zufall lediglich imitieren) vor sich geht, auf welchen Grundlagen die Erzeugung vor sich geht, welchen Kriterien ein „guter Generator" entsprechen sollte und wie die Güte eines solchen Generators getestet und überprüft wird.

Dennoch wollen wir für diejenigen, die doch einen gewissen Einblick in die Thematik bekommen wollen und doch im Ansatz wissen wollen, auf welche Grundlagen man sich bei den in Simulationen verwendeten Zufallszahlen stützt, im Folgenden einige Informationen über dieses faszinierende Gebiet im Grenzbereich zwischen reiner Zahlentheorie, der Wahrscheinlichkeitstheorie, mathematischer Algorithmik, mathematischer Philosophie und „harter" angewandter Mathematik geben.

Vorab dazu einmal Folgendes:

In verschiedenen Simulationen benötigt man Zufallszahlen, die bezüglich verschiedener Verteilungen verteilt sind. In unseren bisherigen Anwendungen benötigten wir etwa stets Zufallszahlen, die bezüglich einer Normalverteilung verteilt sind. In späteren Anwendungen werden wir beta-verteilte und gamma-verteilte Zufallsvariable simulieren und entsprechende Zufallszahlen benötigen.

Die einfachste Situation liegt dann vor, wenn wir es mit **gleichverteilten** Zufallszahlen im Intervall $[0, 1]$ zu tun haben. Eine Folge $x_1, x_2, x_3, \ldots$ von Zahlen in $[0, 1]$ ist gleichverteilt, wenn für alle a und b mit $0 \leq a < b \leq 1$ die Wahrscheinlichkeit, dass ein Element der Folge im Intervall $[a, b]$ liegt, gleich der Länge $b - a$ des Intervalls ist. Mit anderen Worten heißt das

$$\lim_{N \to \infty} \frac{1}{N} \# \left\{ 1 \leq n \leq N \,|\, x_n \in [a, b] \right\} = b - a.$$

(Hier bezeichnen wir mit # die Anzahl der Elemente der nachfolgenden Menge.)

Benötigt man eine Folge, die bezüglich irgendeiner anderen Verteilung verteilt ist, dann kann man diese relativ einfach aus einer gegebenen gleichverteilten Folge erzeugen. (In den meisten Fällen ist es nicht nötig diesen Umweg zu gehen, da praktisch alle etablierten Zufallszahlen-Generatoren die Möglichkeit zur Erzeugung von Zufallszahlen bezüglich der meisten im Allgemeinen zur Verwendung gelangenden Verteilungen bieten. Nur wenn man es in einer Anwendung mit einer äußerst speziellen und unüblichen Verteilung zu tun hat, wird man in die Verlegenheit kommen, selbst aus einer gleichverteilten Folge eine Folge zu konstruieren, die der gewünschten Verteilung gehorcht.

Die allgemeine Vorgangsweise zur Erzeugung vorgegeben verteilter Zufallszahlen aus gleichverteilten Zufallszahlen ist die Folgende: Die vorgegebene Verteilung sei auf einem Teil-Intervall $[A, B]$ der reellen Zahlen definiert oder aber auch auf der Gesamtheit der reellen Zahlen, also auf dem Intervall $(-\infty, \infty)$. Sie habe eine Dichte-Funktion f die auf $[A, B]$ definiert ist. Wir nehmen der Einfachheit halber an, dass f überall auf $[A, B]$ positiv ist. (Andernfalls können wir mit einigen offensichtlichen Anpassungen ganz analog vorgehen wie im Folgenden.)

Die Verteilungsfunktion F der Verteilung ist dann für $x \in [A, B]$ gegeben durch $F(x) = \int_A^x f(u) du$ und ist eine in x streng monoton wachsende Funktion mit $F(A) = 0$ und $F(B) = 1$. Daher existiert die Umkehrfunktion $G(x) := F^{-1}(x)$ als Funktion von $[0, 1]$ nach $[A, B]$ und ist ebenfalls streng monoton wachsend. Im Folgenden benötigt man diese Funktion G so, dass man mit ihr tatsächlich auch weiter rechnen kann. In vielen Fällen ist es nicht möglich, G explizit aus F zu berechnen. In diesem Fall muss man auf Näherungen für G ausweichen. Es gibt verschiedenste numerische Methoden um gute solche Näherungen für Umkehrfunktionen zu bestimmen.

Hat man nun bereits eine „gute" **gleichverteilte** Zufallsfolge $x_1, x_2, x_3, \ldots$ von Zahlen in $[0, 1]$ gegeben, dann definiert man eine neue Folge von Zahlen $y_1, y_2, y_3,$ $\ldots$ in $[A, B]$ auf folgende Weise: $y_i := G(x_i)$.

Wir behaupten jetzt, dass diese neue Folge die gewünschte Verteilung in $[A, B]$ hat. Dazu wählen wir einen beliebigen Wert x in $[A, B]$ und fragen, wie groß die Wahrscheinlichkeit ist, dass eine Zahl aus der Folge $y_1, y_2, y_3, \ldots$ im Teilintervall $[A, x]$ von $[A, B]$ liegt. Diese Wahrscheinlichkeit bezeichnen wir mit $W(y_i \in [A, x])$ und es gilt dann:

$$W(y_i \in [A, x]) = W(G(x_i) \in [A, x]) = W\left(F^{-1}(x_i) \in [A, x]\right) =$$
$$= W(x_i \in [F(A), F(x)]) = W(x_i \in [0, F(x)])$$

Da die x_i gleichverteilt sind, ist die Wahrscheinlichkeit, dass x_i in $[0, F(x)]$ liegt, gerade $F(x)$. Insgesamt haben wir also: Die Wahrscheinlichkeit dass y_i in $[A, x]$ liegt, ist $F(x)$. Das bedeutet aber gerade, dass F die Verteilungsfunktion der Folge $y_1, y_2, y_3, \ldots$ ist, also dass die Folge $y_1, y_2, y_3, \ldots$ gerade die von uns gewünschte Verteilung besitzt.

Fazit: Wenn wir uns im Folgenden kurz (!) mit der Frage beschäftigen wollen, wann eine Folge eine „gute Pseudo-Zufallsfolge" sei und wie man eine solche konstruieren könne, dann können wir uns dabei ausschließlich auf Folgen beschränken, die gleichverteilt sind im Intervall $[0, 1]$.

Wie schon im Würfelbeispiel betont, ist prinzipiell, in rein vom Zufall gesteuerten Experimenten, jedes Outcome einer endlichen Folge $x_1, x_2, x_3, \ldots, x_N$ von Zahlen in $[0, 1]$ möglich. Wir gehen hier und in allem Folgenden von einer großen Anzahl N von Werten aus. (Sie erinnern sich: 10.000 aufeinanderfolgende Würfe einer Sechs sind prinzipiell möglich und gleich wahrscheinlich wie jede andere vorgegebene Konfiguration von 10.000 Zahlen zwischen 1 und 6 !)

Es ist also prinzipiell möglich, dass in einem Zufallsexperiment N Mal hintereinander ein x_i in $[0, 1]$ auftritt, das im Intervall $\left[0, \frac{1}{2}\right]$ liegt. Das ist möglich aber äußerst unwahrscheinlich. Ein guter Zufallszahlen-Generator muss aber ebenfalls die prinzipielle (wenn auch sehr unwahrscheinliche) Möglichkeit bieten, dass N Mal hintereinander ein Wert im Intervall $\left[0, \frac{1}{2}\right]$ auftritt.

Also: Ein guter Zufallszahlen-Generator muss auch die Möglichkeit „extremer Ereignisse" bieten.

Wesentlich wahrscheinlicher sind aber auch in einem Zufalls-Experiment Outcomes $x_1, x_2, x_3, \ldots, x_N$, durch die alle Teilintervalle $[a, b]$ ziemlich gerecht bedient werden, also für die die Differenz zwischen $\frac{1}{N} \cdot \# \{1 \leq n \leq N \mid x_n \in [a, b]\}$ und $b - a$ sehr klein ist.

Betrachten wir etwa den größten hier auftretenden Fehler, also das Maximum aller Differenzen

$$D_N = \left| \frac{1}{N} \cdot \# \left\{ 1 \leq n \leq N \, | \, x_n \in [a,b] \right\} - (b-a) \right|,$$

wobei wir das Maximum über alle Intervalle $[a,b]$ mit $0 \leq a \leq b \leq 1$ nehmen. (Genauer wäre hier das Supremum über alle solchen Intervalle zu nehmen, da das tatsächliche Maximum nicht unbedingt angenommen werden muss.) Diese Größe bezeichnen wir mit D_N und wir nennen sie „Diskrepanz" der Punktmenge $x_1, x_2, x_3, \ldots, x_N$. In Zufalls-Experimenten treten mit sehr hoher Wahrscheinlichkeit Punktmengen $x_1, x_2, x_3, \ldots, x_N$ mit kleiner Diskrepanz auf.

Das heißt: Auch ein guter Zufallszahlen-Generator sollte mit hoher Wahrscheinlichkeit Punktmengen mit kleiner Diskrepanz erzeugen.

Die Diskrepanz einer Punktmenge kann nie kleiner als $\frac{1}{N}$ sein. Denn: Betrachten wir zum Beispiel das Intervall, das nur aus dem Punkt x_1 besteht. Also $a = x_1$ und $b = x_1$. Dann ist die Anzahl der Punkte in dem Intervall mindestens gleich 1 und die Länge des Intervalls $[a,b]$ ist $b - a = 0$. Und somit ist die Diskrepanz mindestens gleich $\frac{1}{N}$.

Schauen wir uns jetzt eine sehr gut gleichverteilte Folge an, etwa die Menge aus N Punkten die (in irgendeiner Reihenfolge) gerade den Werten $\frac{0}{N}, \frac{1}{N}, \frac{2}{N}, \frac{3}{N}, \ldots,$ $\frac{N-2}{N}, \frac{N-1}{N}$ entspricht (siehe Abbildung 6.51).
Diese Menge von N äquidistanten Punkten hat, wie man sich leicht überlegen kann, eine Diskrepanz von genau $\frac{1}{N}$ und hat damit die kleinst mögliche Diskrepanz die auftreten kann.

0   1

Abbildung 6.51: Äquidistante Punktmenge in $[0,1]$

Kurze Anmerkung: Die Diskrepanz einer Menge von N Punkten $x_1, x_2, x_3, \ldots, x_N$ in $[0,1]$, die ganz auf das Teil-Intervall $\left[0, \frac{1}{2}\right]$ konzentriert ist, hat Diskrepanz mindestens $\frac{1}{2}$ und eine Punktmenge die ganz auf einen einzigen Punkt konzentriert ist (etwa alle x_i haben den Wert 0) hat die Diskrepanz 1, das ist die größtmögliche Diskrepanz die auftreten kann. Die Diskrepanz einer Menge $x_1, x_2, x_3, \ldots, x_N$ ist also immer ein Wert zwischen $\frac{1}{N}$ und 1.

Ist die in Abbildung 6.51 dargestellte Punktmenge aber wirklich das was wir uns unter einer „zufälligen Punktmenge" vorstellen? Ganz offensichtlich nicht! Diese Punkte sind zu gleichmäßig verteilt, als dass man sie als typisch für eine durch

„Zufall" produzierte Punktmenge bezeichnen würde. Mit Hilfe tiefliegender mathematischer Methoden aus der Diskrepanztheorie lässt sich zeigen, dass Zufallsfolgen $x_1, x_2, x_3, \ldots, x_N$ mit sehr hoher Wahrscheinlichkeit Punktmengen mit einer Diskrepanz circa im Bereich von $\frac{1}{\sqrt{N}}$ sind. Dieser Wert fällt mit wachsendem N natürlich immer mehr gegen 0, aber mit wesentlich geringerer Geschwindigkeit als die optimale Konvergenzordnung $\frac{1}{N}$.

Ein guter Zufallszahlengenerator sollte also mit hoher Wahrscheinlichkeit Punktmengen $x_1, x_2, x_3, \ldots, x_N$ erzeugen, mit einer Diskrepanz ungefähr im Bereich von circa $\frac{1}{\sqrt{N}}$.

Wir sehen in Abbildung 6.52 eine Punktmenge von 100 Punkten die ziemlich genau eine Diskrepanz von $\frac{1}{\sqrt{N}} = \frac{1}{10}$ haben.

Abbildung 6.52: 100 Zufallspunkte in $[0, 1]$ mit Diskrepanz circa $\frac{1}{\sqrt{N}}$

Ist das also die Antwort auf unsere Frage: *„Ein Zufallszahlengenerator ist dann ein guter Generator, wenn er mit hoher Wahrscheinlichkeit Punktmengen $x_1, x_2, x_3, \ldots, x_N$ erzeugt mit einer Diskrepanz ungefähr im Bereich von $\frac{1}{\sqrt{N}}$"*?

Nein, das ist nicht die Antwort! Das ist lediglich eine notwendige, aber bei Weitem keine hinreichende Bedingung dafür, dass ein Zufallszahlen-Generator ein guter Generator ist. Das Messen und Einordnen der Diskrepanz der von einem Generator erzeugten Punktmengen ist nur **ein** Test, den ein Zufallszahlen-Generator bestehen muss, um akzeptiert werden zu können. Es gibt aber noch eine Reihe weiterer Tests die notwendigerweise zu bestehen sind.

Wir wollen nur noch auf **einen** weiteren dieser Tests eingehen, der unbedingt bestanden werden sollte:

Eine Möglichkeit, Punktmengen $x_1, x_2, x_3, \ldots, x_N$ zu erzeugen mit einer Diskrepanz ungefähr im Bereich von circa $\frac{1}{\sqrt{N}}$, ist die folgende: Für gegebene Anzahl N von Punkten, die wir erzeugen möchten, wählen wir eine geeignete irrationale Zahl α (geeignet heißt: Die Kettenbruchentwicklung von α erfüllt bestimmte Eigenschaften. Was das genau heißt, darauf können und wollen wir hier nicht weiter eingehen.) Und dann machen wir Folgendes: Wir multiplizieren α der Reihe nach mit den Zahlen $1, 2, 3, \ldots, N - 1, N$ und reduzieren das jeweilige Ergebnis der Multiplikation modulo Eins (also wir nehmen nur den Wert nach dem Komma). Dadurch erhalten wir N Zahlen zwischen 0 und 1, nämlich $\{1.\alpha\}, \{2.\alpha\}, \{3.\alpha\}, \ldots, \{N.\alpha\}$. Die geschwungenen Klammern $\{.\}$ bezeichnen die Reduktion modulo Eins.

Bildlich kann man sich, was hier passiert, auch so vorstellen. Wir wandern auf einem Kreis mit Umfang 1 mit einer Schrittlänge von α. Und überall dort am Kreis, wo wir einen Schritt hinsetzen, wird ein Punkt unserer Punktmenge gesetzt.

Nach Absolvieren der N Schritte wird der Kreis zu einem Intervall $[0, 1]$ geöffnet und wir erhalten so die N Punkte $x_1, x_2, x_3, \ldots, x_N$ in $[0, 1]$. (Siehe Abbildung 6.53)

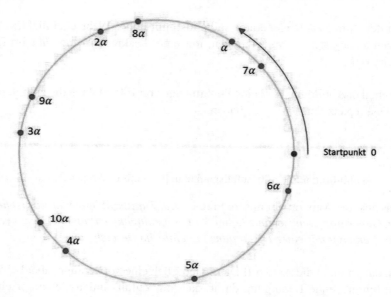

Abbildung 6.53: Erzeugung von Punktmengen durch „Schrittlängen" auf einem Kreis

In Abbildung 6.54 sehen wir 50 Punkte, die auf diese Weise mittels eines geeigneten α so erzeugt wurden, dass die Diskrepanz circa bei $\frac{1}{\sqrt{N}}$ liegt.

Abbildung 6.54: Punktmenge mit Diskrepanz der Größenordnung $\frac{1}{\sqrt{N}}$

Die Diskrepanz passt, und trotzdem sehen wir sofort: Das Ergebnis ist nicht das, „was wir uns unter einer zufälligen Punktmenge vorstellen".
Was ist der Grund für diese Einschätzung auf den ersten Blick?

Einer der augenfälligsten Gründe ist der folgende:
Betrachten wir die Abstände zwischen aufeinanderfolgenden Punkten dieser Menge und messen wir die Länge dieser Abstände, dann werden wir (wie übrigens bei jeder auf diese Art erzeugten Punktmenge) sehen, dass bei diesen Abständen nur 3 verschiedene Längen auftreten! (Siehe Abbildung 6.55)

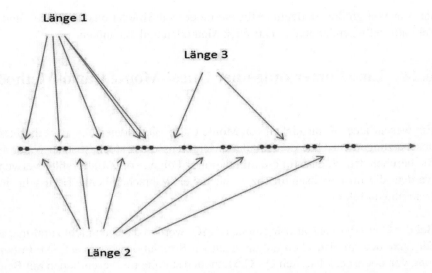

Abbildung 6.55: Abstände zwischen aufeinanderfolgenden Punkten

Auch diese Eigenschaft widerspricht absolut unserer Vorstellung von einer zufällig erzeugten Punktmenge. Wir sehen: Ein Generator (wie der obige), der Punktmengen mit geeigneter Diskrepanz erzeugt, kann trotzdem ein völlig ungeeigneter Zufallszahlen-Generator sein. Ein guter Generator muss neben dem Diskrepanztest noch eine ganze Reihe weiterer Tests bestehen, um akzeptiert werden zu können, unter anderem eben auch einen Test dahingehend, ob Abstände zwischen benachbarten Punkten der Punktmenge mit hoher Wahrscheinlichkeit eine adäquate Verteilung aufweisen.

Wir wiederholen unsere Einschätzung: Die in professioneller Mathematik-Software heute zum Einsatz kommenden Zufallszahlen-Generatoren beruhen (im Gegensatz zur Situation noch von 20 Jahren) heute auf höchst qualitativen und ausgefeilten Algorithmen und auf die dadurch bereit gestellten Zufallszahlenfolgen kann man sich in seinen Simulationen vollständig verlassen.

Wir haben uns in diesen Bemerkungen hier auf gleichverteilte Zufallszahlen im Einheits-Intervall beschränkt. Für viele Anwendungen werden aber auch d-dimensionale Zufallsvektoren im d-dimensionalen Einheitswürfel benötigt. Für diese gilt dasselbe Konzept: Nur dann wenn eine Reihe von Tests bestanden werden, kann der jeweilige Generator akzeptiert werden. Allerdings: In höheren Dimensionen wird die Durchführung von Tests zum Teil extrem aufwändiger. Allein etwa die Komplexität der Berechnung der Diskrepanz einer Punktmenge wächst mit der Dimension enorm an.

Der Prozess des Entwurfs und der Testung von Zufallszahlen-Generatoren von höchster Qualität, der vor allem im Bereich der Jahre 1980 – 2010 umgesetzt wurde, war von größter Bedeutung für die modernen Simulations-Techniken und beruht auf tiefliegenden mathematischen Methoden und Techniken.

6.24   Eine Bemerkung über Quasi-Monte Carlo-Methoden

Ein wesentliches Kennzeichen von Monte Carlo-Methoden ist es, dass die Fehlerabschätzungen zur Güte der Simulationsergebnisse nur stochastischer Natur sind. Sie beruhen darauf, dass für die Simulationen Folgen von Zufallszahlen verwendet werden, die im Durchschnitt (bzw. mit hoher Wahrscheinlichkeit) zu sehr guten Näherungen führen.

Bei der Quasi-Monte Carlo-Methode (QMC) werden dagegen nicht zufällige, sondern fixe deterministische Punktmengen zur Simulation verwendet. Die Entwicklung von hochspezialisierten QMC-Methoden startete im Wesentlichen mit Beginn der 1990er Jahre und dauert bis heute an.

Die Konstruktion für komplexe Simulationen geeigneter (in vielen Anwendungen hochdimensionaler) Punktmengen ist wiederum eine äußerst anspruchsvolle Aufgabe. Die Punktmengen die hier zum Zug kommen, müssen in jedem Fall **Punktmengen mit möglichst kleiner Diskrepanz** sein.

QMC-Methoden sind nicht überall dort anwendbar wo MC-Methoden anwendbar sind. Wenn sie aber anwendbar sind, dann bieten sie den großen Vorteil von fixen deterministischen Fehlerschranken. Weiters liefern sie in vielen Anwendungsfällen eine wesentlich schnellere Konvergenz der Näherungen gegen den tatsächlichen Wert als die reine Monte Carlo-Methode.

Wir können uns in diesem Band nicht ausführlicher mit QMC-Methoden beschäftigen und wollen im Folgenden daher nur eine Idee davon geben, von welcher Form diese deterministischen Fehlerschranken sein können. Mehr Informationen und Literaturhinweise zur Thematik „QMC in der Finanzmathematik" findet man zum Beispiel in [2].

Wir beginnen dazu mit einem konstruierten einfachen zwei-dimensionalen „Anwendungsbeispiel": Es soll etwa die durchschnittliche Tiefe eines Sees (wir nehmen der Einfachheit halber an, dass er quadratische Oberfläche hat) geschätzt werden. (Aus der durchschnittlichen Tiefe lässt sich dann exakt das Wasservolumen des Sees bestimmen.) Dazu könnte man an verschiedenen Punkten der Oberfläche Tiefenmessungen durchführen und dann die durchschnittliche Tiefe an diesen Messpunkten berechnen. Dies wird dann eine Näherung für die tatsächliche durchschnittliche Tiefe sein. Wie soll man nun die Messpunkte geeignet wählen? Zufällig, wie in Abbildung 6.56 (das würde einer Monte Carlo Methode entsprechen),

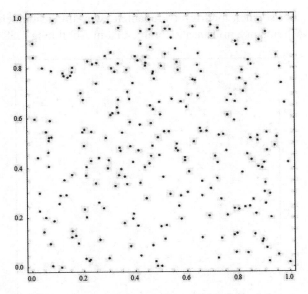

Abbildung 6.56: Zweidimensionale Zufallspunkte

oder sehr regelmäßig wie in Abbildung 6.57? Tatsächlich würde die Wahl eines solchen „gleichmäßigen Gitters" wie in Abbildung 6.57 überraschenderweise im Allgemeinen eher schlechte Resultate liefern (auf jeden Fall im Durchschnitt keine besseren Resultate als die reine MC-Methode).

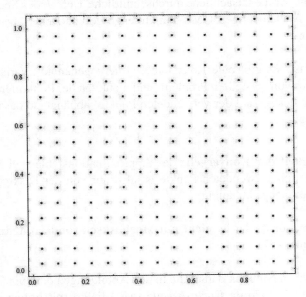

Abbildung 6.57: ein gleichmäßiges Gitter

Die Antwort lautet: Am besten wählt man (subtil konstruierte) quasi-zufällige, niedrig-diskrepante Punkte die Zufälligkeit mit Regelmäßigkeit geeignet paaren.

Ein Beispiel einer solchen niedrig-diskrepanten zwei-dimensionalen Punktmenge
die bei QMC-Methoden zum Einsatz kommen ist in Abbildung 6.58 zu sehen.

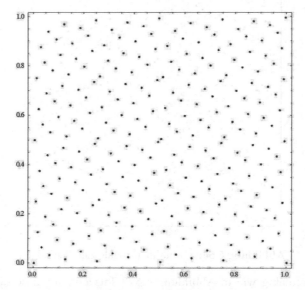

Abbildung 6.58: zwei-dimensionale, niedrig-diskrepante QMC Punktmenge

Welche deterministische Aussage können wir nun über den Fehler treffen, den wir
begehen, wenn wir die tatsächliche durchschnittliche Tiefe T des Sees durch einen
mittels einer N-elementigen QMC-Punktmenge geschätzten Näherungswert T_N
approximieren?

Die Antwort ist: Es gibt eine Konstante V (die sogenannte „Variation des Problems") die nur vom gestellten Problem (und nicht von der Punktmenge, insbesondere nicht von der Anzahl der verwendeten Punkte) abhängt, so dass die folgende
Ungleichung gilt:
$$|T - T_N| < V \cdot D_N.$$

Die **Schnelligkeit der Konvergenz** des Approximationsfehler bei Erhöhung der
für die Simulation verwendeten Punkte ist also nur von der Diskrepanz der verwendeten Punktmenge abhängig.

Der Approximationsfehler ist **nicht nur stochastisch sondern definitiv** stets beschränkt durch $V \cdot D_N$.

Vergleichen wir in Hinblick darauf die in den Abbildungen 6.56 bis 6.58 angedeuteten Zugänge: Der **Monte Carlo-Ansatz** (MC) liefert **mit hoher Wahrschein-
lichkeit** einen Fehler im Bereich von höchstens circa $\sigma \cdot \frac{1}{\sqrt{N}}$ (σ ist die Standardabweichung des Problems).

Die Diskrepanz eines **zwei-dimensionalen gleichmäßigen Gitters** hat eine Größenordnung von $\frac{1}{\sqrt{N}}$. Die Verwendung eines gleichmäßigen Gitters liefert daher
sicher einen Fehler im Bereich von höchstens circa $V \cdot \frac{1}{\sqrt{N}}$ (V ist die Variation
des Problems).

Die Diskrepanz einer **niedrig-diskrepanten zwei-dimensionalen QMC-Punktmenge** wie in Abbildung 6.58 hat eine Größenordnung von $\frac{\log N}{N}$. Die Verwendung
einer **niedrig-diskrepanten zwei-dimensionalen QMC-Punktmenge** liefert daher **sicher** einen Fehler im Bereich von höchstens circa $V \cdot \frac{\log N}{N}$.

Vergleichen wir die Konvergenzgeschwindigkeiten $\frac{1}{\sqrt{N}}$ und $\frac{\log N}{N}$ grafisch (siehe
Abbildung 6.59):

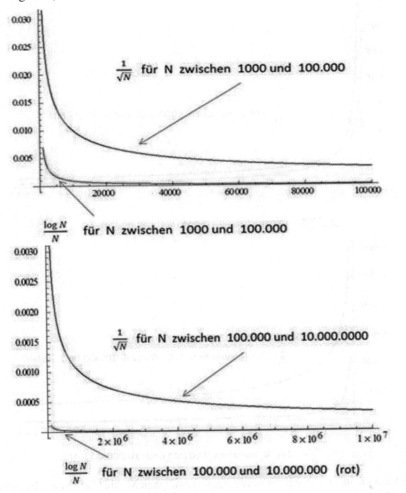

Abbildung 6.59: Vergleich Konvergenzgeschwindigkeit Monte Carlo bzw. gleichmäßiges
Gitter (blau) und Quasi-Monte Carlo mit niedrig-diskrepanter Punktmenge (rot)

Wir sehen eine unvergleichlich schnellere (deterministische !) Konvergenz bei QMC mit niedrig-diskrepanter Punktmenge als bei MC (stochastisch) oder als bei der Verwendung eines gleichmäßigen Gitters.

Es ist zwar in den meisten Anwendungsfällen nicht einfach, eine gute Abschätzung für die Variation V des Problems zu geben (genauso übrigens wie auch für die Standardabweichung σ des Problems), aber selbst wenn V wesentlich größer als σ sein sollte, wird der Wert $V \cdot \frac{\log N}{N}$ relativ rasch wesentlich kleiner als $\sigma \cdot \frac{1}{\sqrt{N}}$ werden. So sehen Sie in Abbildung 6.60 noch einmal den selben Vergleich wie in Abbildung 6.59, nur wird jetzt der Wert $10 \cdot \frac{\log N}{N}$ mit $\frac{1}{\sqrt{N}}$ verglichen (also von einem V ausgegangen das in etwa den 10-fachen Wert des σ hat).

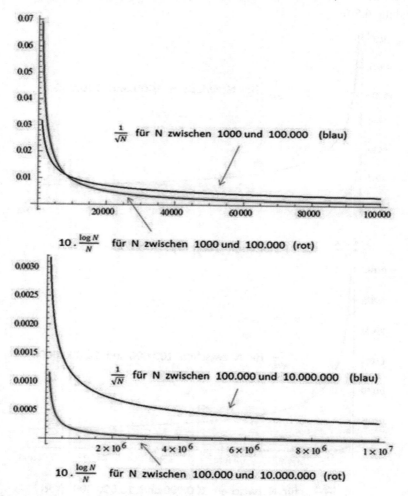

Abbildung 6.60: Vergleich Konvergenzgeschwindigkeit Monte Carlo bzw. gleichmäßiges Gitter (blau) und Quasi-Monte Carlo mit niedrig-diskrepanter Punktmenge (rot) bei $V \sim 10 \cdot \sigma$

Hier erkennt man etwa ab $N = 8000$ einen kleineren Fehler beim QMC-Ansatz als beim MC-Ansatz.

Wie sieht die Situation in höheren Dimensionen aus?
Bei der MC-Methode bleibt (wie wir gesehen haben) der stochastische Fehler – unabhängig von der Dimension des Problems – unverändert bei $\sigma \cdot \frac{1}{\sqrt{N}}$. Zwar wird in höher-dimensionalen Problemen im Allgemeinen mit einer höheren Standardabweichung σ des Problems zu rechnen sein, die Geschwindigkeit der (stochastischen) Konvergenz, die durch den Term $\frac{1}{\sqrt{N}}$ ausgedrückt wird, ist aber unabhängig von der Dimension.

Dramatisch anders stellt sich die Situation dar, wenn man daran denken sollte, ein höher-dimensionales gleichmäßiges Gitter für die Simulation zu verwenden.

Die Diskrepanz eines gleichmäßigen Gitters in Dimension s mit N Punkten hat eine Größenordnung von $\frac{1}{\sqrt[s]{N}}$.

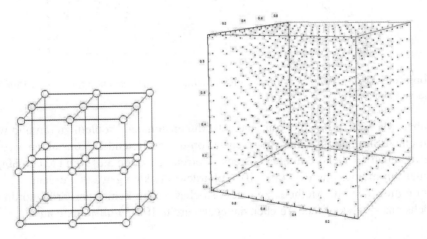

Abbildung 6.61: dreidimensionales gleichmäßiges Gitter bestehend aus 27 Punkten (links) bzw. aus 1000 Punkten (rechts)

Diese Größenordnung $\frac{1}{\sqrt[s]{N}}$ ist für Dimension $s \geq 3$ größer (also schlechter) als die MC-Konvergenzrate $\frac{1}{\sqrt{N}}$ und konvergiert für größere Dimensionen von s nur äußerst langsam gegen Null. Der Grund dafür, warum diese Wahl von Punkten schlecht geeignet ist, wird in Abbildung 6.62 illustriert. Hier sehen wir das rechte Objekt von Abbildung 6.61, ein drei-dimensionales Gitter aus 1000 Punkten aus einer etwas anderen Perspektive und erkennen, dass die Punkte alle auf einigen relativ wenigen Linien aufgefädelt sind. Dadurch entstehen zwischen den Punkten große Leerräume, in denen kein Simulationspunkt zu liegen kommt. Diese Gebiete bleiben bei Simulationen sträflich unterrepräsentiert.

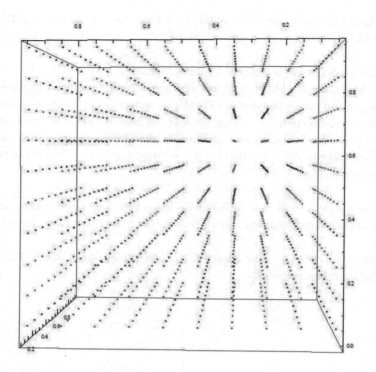

Abbildung 6.62: dreidimensionales gleichmäßiges Gitter bestehend aus 1000 Punkten, andere Perspektive

Haben wir es zum Beispiel mit einem 10-dimensionalen Problem zu tun und wollen einen Simulationsfehler (abgesehen von der auftretenden Konstanten V oder σ) von einer Größenordnung höchstens $\frac{1}{10}$ erreichen, dann muss ein gleichmäßiges Gitter mit mindestens 10^{10} (also 10 Milliarden) Punkten gewählt werden.
Um mittels der MC-Methode zu einem stochastischen Fehler der Größenordnung höchstens $\frac{1}{10}$ zu kommen, reichen dagegen bereits 100 Zufallspunkte aus.

Wie sieht es mit niedrig-diskrepanten Punktmengen in höheren Dimensionen aus? Dazu gibt es zwei wesentliche Resultate.

Das erste lautet (vereinfacht formuliert):

In jeder Dimension s können wir für jedes N eine Menge bestehend aus N Punkten angeben, mit einer Diskrepanz von der Größenordnung höchstens $\frac{(\log N)^{s-1}}{N}$.

Das zweite Resultat lautet:

In jeder Dimension s gibt es für jedes N eine Menge bestehend aus N Punkten mit einer Diskrepanz von höchstens $3 \cdot \frac{\sqrt{s}}{\sqrt{N}}$.

Sehen wir uns einmal das erste der beiden Resultate bzw. die dort auftretende Größenordnung $\frac{(\log N)^{s-1}}{N}$ der Diskrepanz an:

Für jede Dimension s konvergiert der Ausdruck $\frac{(\log N)^{s-1}}{N}$ schneller gegen 0 als
der MC-Fehler $\frac{1}{\sqrt{N}}$.

Das ist zum Beispiel in Abbildung 6.63 für die Dimension $s = 5$ grafisch angedeutet.

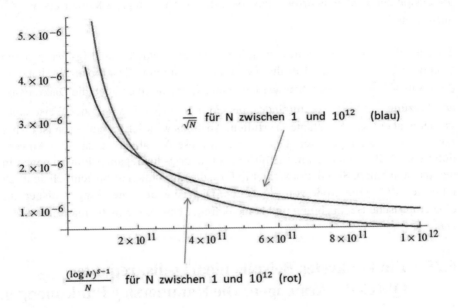

Abbildung 6.63: Vergleich Konvergenzgeschwindigkeit Monte Carlo (blau) und Quasi-
Monte Carlo mit niedrig-diskrepanter Punktmenge (rot) in Dimension $s = 5$

Man sieht dabei: Ab einer gewissen Punktanzahl N verläuft die rote Linie
$\left(\frac{(\log N)^{s-1}}{N}\right)$ tatsächlich deutlich unter der blauen Linie $\frac{1}{\sqrt{N}}$. Die Punktanzahl N,
ab der das der Fall ist, ist aber so groß, dass sie für reale konkrete Anwendungen
nicht mehr relevant sein kann. Das heißt: Für eine realistische Größe von Simulati-
onspunkten ist die Abschätzung $\frac{(\log N)^{s-1}}{N}$ deutlich größer als $\frac{1}{\sqrt{N}}$ und somit nicht
sonderlich hilfreich.

Gehen wir daher zum zweiten Resultat über:
Die Fehlerschranke, die wir aus diesem Resultat erhalten, entspricht (abgesehen
von der moderaten zusätzlichen Konstanten $3 \cdot \sqrt{s}$) der stochastischen Fehlerschranke $\frac{1}{\sqrt{N}}$. Bei der Verwendung solcher Punktmengen können wir also mit einem Simulationsfehler rechnen, der **definitiv bei jeder Simulation** (und nicht nur
stochastisch mit großer Wahrscheinlichkeit wie bei der MC-Methode) kleiner ist

als eine Konstante mal $\frac{1}{\sqrt{N}}$!

Das klingt perfekt, hat aber einen entscheidenden Haken: Das zweite Resultat ist bis jetzt ein reines Existenz-Resultat. Das heißt: Man weiß, dass solche Punktmengen für jedes s und jedes N existieren, man kann sie bisher aber noch nicht explizit angeben. Und hier befinden wir uns an vorderster Front der Forschung im Bereich der QMC-Methoden. Eines der vordringlichsten offenen Forschungs-Probleme in diesem Gebiet ist es, konkrete Konstruktionsmethoden zu entwickeln, die für jedes vorgegebene s und N in der Lage sind, Punktmengen mit N Punkten in einem s-dimensionalen Einheitswürfel anzugeben, die eine Diskrepanz kleiner als $3 \cdot \frac{\sqrt{s}}{\sqrt{N}}$ aufweisen.

Tatsächlich ist es so, dass voraussichtlich viele der konkreten niedrig-diskrepanten Punktmengen vom ersten Resultat (also die, für die eine Diskrepanzabschätzung der Form $\frac{(\log N)^{s-1}}{N}$ angegeben werden kann) wahrscheinlich auch die Diskrepanz-abschätzung $3 \cdot \frac{\sqrt{s}}{\sqrt{N}}$ (bzw. zumindest der Form $c \cdot \frac{\sqrt{s}}{\sqrt{N}}$ mit möglicher Weise einer größeren aber fixen Konstante c) erfüllen. Aber das wirklich zu beweisen ist bisher noch nicht möglich gewesen. Der Grund für diese Annahme ist, dass die Anwendung von QMC-Methoden mit Hilfe solcher niedrig-diskrepanter Punktmengen in den meisten Fällen Simulationsfehler liefern, die tatsächlich offensichtlich deutlich unter der MC-Fehlergröße von $\frac{1}{\sqrt{N}}$ liegen. Dies ist aber – wie gesagt – bisher nur eine empirische Beobachtung und keine definitiv bewiesene mathematische Tatsache.

6.25   Ein konkretes Beispiel niedrig-diskrepanter QMC-Punktmengen: Die Hammersley Punktmengen

Wir wollen nun noch eine ungefähre (!) Idee von möglichen Konstruktionsverfahren für niedrig-diskrepante Punktmengen geben. Die meisten dieser Methoden und ihre Analyse beruhen auf zum Teil tiefliegenden Techniken aus dem Bereich der Zahlentheorie.

Die Zahlentheorie ist eines der faszinierendsten Gebiete der reinen Mathematik. Sie beschäftigt sich mit ganz grundlegenden Fragestellungen über Eigenschaften bestimmter Zahlen oder Zahlenbereiche.

Besonders anziehend wird die Disziplin Zahlentheorie durch folgenden Umstand: Viele der (zum Teil heute noch offenen und ungelösten) Probleme der Zahlentheorie lassen sich relativ einfach – ohne großen Begriffsapparat – formulieren, so dass sie auch von mathematischen Laien verstanden werden können und doch sind sie dann oft äußerst schwierig zu lösen und erfordern tiefste mathematische Techniken aus verschiedensten anderen Bereichen der Mathematik und höchste Kreativität für ihre Lösung. Die größten Mathematiker der Menschheitsgeschichte wie zum Beispiel Diophantus, Fermat, Euler, Gauß, Riemann, Hardy, Ramanujan, Erdös, Wiles, Bourgain, Tao, ... haben sich immer wieder Problemen der Zahlentheorie zugewandt.

Eines der wohl bekanntesten offenen Probleme der Zahlentheorie ist etwa die **Goldbach'sche Vermutung**. Diese besagt:

„Jede gerade Zahl größer oder gleich 4 lässt sich als Summe zweier
Primzahlen darstellen!"

Tatsächlich gilt etwa: $4 = 2 + 2$, $6 = 3 + 3$, $8 = 3 + 5$, $10 = 5 + 5$, $12 = 5 + 7, \ldots, 100 = 3 + 97, \ldots, 10000 = 59 + 9941, \ldots$. Aber ist dies tatsächlich für **alle** geraden Zahlen größer als 4 möglich?

Ein weiteres ungelöstes und prominentes zahlentheoretisches Problem ist das **Problem der Primzahl-Zwillinge**. Zwei aufeinanderfolgende ungerade Zahlen die beide Primzahlen sind, nennt man einen Primzahl-Zwilling. Beispiele sind etwa

$(3, 5), (5, 7), (11, 13), (17, 19), \ldots, (1.000.037, 1.000.039), \ldots$

Das Folgende ist eine bis heute ungelöste offene Frage:

„Gibt es unendlich viele Primzahl-Zwillinge?"

Ein lange offenes, von Generationen von Mathematikern umkämpftes und schließlich im Jahr 1994 vom britischen Mathematiker Andrew Wiles gelöstes Problem war die große Fermat'sche Vermutung, die nun nach ihrem Beweis als **großer Fermat'scher Satz** bezeichnet werden kann. Das (lange eben nur vermutete) Resultat des Fermat'schen Satzes lautet:

„Es gibt keine ganze Zahl $n \geq 3$ so dass die Gleichung
$x^n + y^n = z^n$ positive ganzzahlige Lösungen x, y, z besitzt."

(Wenn der Exponent $n = 2$ ist, dann existieren solche Lösungen x, y, z sehr wohl. Es sind dies die sogenannten Phytagoräischen Tripel. Zum Beispiel gilt: $3^2 + 4^2 = 5^2$, oder $5^2 + 12^2 = 13^2, \ldots$ und es gibt unendlich viele weitere Beispiele.)

Ein weiteres auch heute noch weit offenes und vermutlich extrem schwierig zu lösendes zahlentheoretisches Problem ist das folgende:
Wir wissen, dass etwa die Zahl $\sqrt{2}$ eine unendliche und nicht periodische Dezimalzifferentwicklung besitzt. Die Entwicklung beginnt so $\sqrt{2} = $
1.41421356237309504880168872420969807856967187537694807317667973779 ...

und wird bis heute in keiner Weise „verstanden". So ist bis heute zum Beispiel nicht bekannt, ob etwa die Ziffer 0 in dieser Dezimaldarstellung unendlich oft auftritt oder nicht. Genauso wenig ist das für irgendeine der anderen neun Ziffern bekannt. Mindestens zwei dieser Ziffern müssen unendlich oft auftreten, welche das sind, entzieht sich bisher aber unser aller Kenntnis.

Wir wollen im Folgenden die wohl einfachste Konstruktion einer niedrig-diskrepanten Punktmenge vorstellen. Dabei beschränken wir uns auf den Fall der Dimension 3, da wir in diesem Fall das Ergebnis auch noch bildlich veranschaulichen können. Das Konzept der Konstruktion funktioniert aber in beliebiger Dimension.

- Um N Punkte $x_1, x_2, \ldots, x_N$ in Dimension 3 mit niedriger Diskrepanz zu konstruieren, schreiben wir jedes x_n in der Form $x_n = (a_n, b_n, c_n)$.

- Für a_n wählen wir einfach jeweils den Wert $a_n = \frac{n}{N}$.

- Um b_n darzustellen machen wir Folgendes:
  Wir stellen die Zahl n in Basis 2 dar, also im Binärsystem.
  Dadurch erhalten wir eine Darstellung der Form $n = \beta_0 + \beta_1 \cdot 2 + \beta_2 \cdot 2^2 + \ldots + \beta_k \cdot 2^k$ und wir setzen dann

$$b_n := \frac{\beta_0}{2} + \frac{\beta_1}{2^2} + \frac{\beta_2}{2^3} + \ldots + \frac{\beta_k}{2^{k+1}}$$

- Um c_n darzustellen machen wir Folgendes:
  Wir stellen die Zahl n in Basis 3 dar.
  Dadurch erhalten wir eine Darstellung der Form $n = \gamma_0 + \gamma_1 \cdot 3 + \gamma_2 \cdot 3^2 + \ldots + \gamma_l \cdot 3^l$ und wir setzen dann

$$c_n := \frac{\gamma_0}{3} + \frac{\gamma_1}{3^2} + \frac{\gamma_2}{3^3} + \ldots + \frac{\gamma_l}{3^{l+1}}$$

Die ersten 1000 Punkte dieser Punktfolge sehen Sie in Abbildung 6.64 aus verschiedenen Perspektiven.

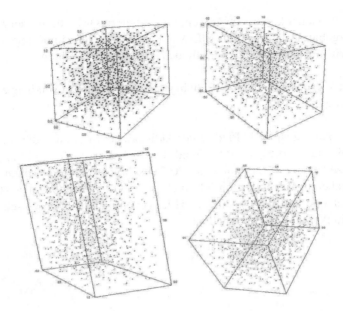

Abbildung 6.64: Die ersten 1000 Punkte einer drei-dimensionalen Hammersley-Punktmenge aus verschiedenen Perspektiven

Die Hammersley-Punktmengen sind die wohl am einfachsten zu erzeugenden niedrig-diskrepanten Punktmengen. Sie weisen aber einige Nachteile auf.

Für viele – vor allem hochdimensionale – Anwendungen gibt es wesentlich besser geeignete Punktmengen, so genannte digitale Netze (im Speziellen etwa Niederreiter-Punktmengen). Solche Punktmengen werden zum Beispiel auch in Mathematica zur Verfügung gestellt (siehe dort etwa die Befehle „*Niederreiter*" oder „*Sobol*").

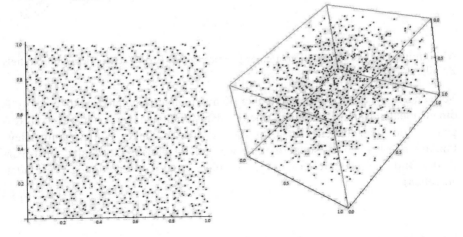

Abbildung 6.65: 1000 Punkte einer zwei- und einer drei-dimensionalen Niederreiter Punktmenge

Also in sehr vielen konkreten Anwendungen liefern QMC-Punktmengen definitv bessere Ergebnisse als eine reine MC-Methode. Wir werden im Kapitel über Multi-Asset-Derivate einen konkreten Methodenvergleich durchführen.

Aber es ist Vorsicht angebracht. Nicht in jedem Fall ist die Anwendung einer QMC-Methode möglich.

Wollen wir zum Beispiel 30 Pfade einer Aktienkursentwicklung, die einem Wiener Modell mit Startwert $S_0 = 100$, Trend $\mu = 0.1$, Volatilität $\sigma = 0.3$ folgt, über eine Laufzeit von $T = 1$ Jahr und 100 Zeitschritte simulieren, dann haben wir dazu in früheren Anwendungen 30 Stück von 100-dimensionalen Vektoren standardnormalverteilter Zufallszahlen zu Hilfe genommen und ein typisches Resultat wie etwa in Abbildung 6.66 erhalten.

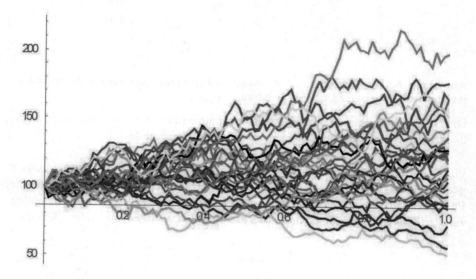

Abbildung 6.66: 30 Simulationen einer geometrischen Brown'schen Bewegung mittels Zufallszahlen, 100 Schritte

Verwenden wir für die Simulation aber 30 aufeinanderfolgende Punkte einer 100-dimensionalen Hammersley-Punktmenge, dann erhält man typischer Weise das folgende Bild (hier haben wir nicht die ersten 30 Punkte einer Hammersley-Punktmenge verwendet, sondern einen wesentlich späteren Abschnitt, sonst würde das Bild noch viel weiter entfernt von einer zufälligen Erzeugung von Pfaden aussehen).

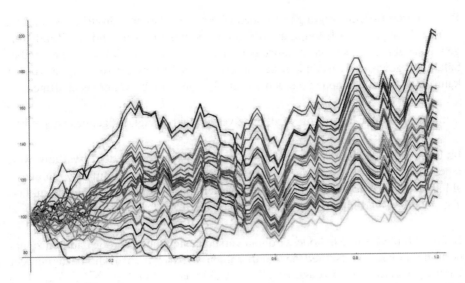

Abbildung 6.67: 30 Simulationen einer geometrischen Brown'schen Bewegung mittels eines Abschnitts der Hammersley Punktmenge, 100 Schritte

Hier bestehen einfach zu große Abhängigkeiten zwischen aufeinanderfolgenden Punkten. Eine Simulation von Zufallspfaden ist auf diese Weise daher nicht zufriedenstellend möglich.

6.26 Varianz-Reduktions-Methoden für die Monte Carlo-Methode

Kehren wir wieder zur reinen Monte Carlo-Methode zurück. Wir wissen, dass der Simulationsfehler bei einer Monte Carlo-Methode mit hoher Wahrscheinlichkeit im Bereich von $\sigma \cdot \frac{1}{\sqrt{N}}$ liegt. Es wurden nun verschiedene Ansätze entwickelt, mit deren Hilfe es möglich ist, in manchen Fällen die Konvergenzgeschwindigkeit in einem Monte Carlo-Verfahren zu beschleunigen.

Wir werden uns im ersten Band nicht näher mit diesen Verfahren beschäftigen, wollen in diesem Paragraphen aber doch zumindest einen vagen ersten Einblick in die Funktionsweise solcher Methoden geben. Nur zu einer dieser Methoden werden wir auch ein konkretes Beispiel vorführen.

Die zwei wohl bekanntesten „Beschleunigungsmethoden" für die Monte Carlo Methode sind die Methode der „Control Variates" und das „Importance Sampling". Bei diesen beiden Ansätzen wird das Simulationsproblem so abgeändert, dass zwar das gesuchte Ergebnis des Problems unverändert bleibt, dass aber die Standardabweichung σ und damit der stochastische Simulationsfehler kleiner wird.

Bei weiteren Beschleunigungsmethoden (Antithetic Variates, Stratified Sampling, ...) wird ein gewisser Einfluss auf die bei der Simulation verwendeten Zufallsfolgen ausgeübt, der zwar die Zufallseigenschaft der Folgen im Wesentlichen beibehält, unter gewissen Umständen aber zu einer Verbesserung der Konvergenz führen kann. Mit diesen Methoden werden wir uns hier jetzt nicht weiter beschäftigen.

Beim **Importance Sampling** wird, ganz vereinfacht gesagt, Folgendes versucht:

Im Rahmen einer Monte Carlo-Methode wird im Wesentlichen der Erwartungswert einer Zufallsvariablen X gesucht, wobei X von einer weiteren Zufallsvariablen w abhängt, die bezüglich einer bestimmten Verteilung, die durch eine Dichtefunktion f gegeben ist, verteilt ist. Zu bestimmen ist daher also $\int X(w) \cdot f(w) dw$.

Bei der Monte Carlo-Methode wird nun versucht, sich dieser Größe dadurch zu nähern, dass man N verschiedene Zufallszahlen $w_1, w_2, \ldots, w_N$, die bezüglich der Dichte f verteilt sind, erzeugt, jeweils $X(w_i)$ berechnet und $\frac{1}{N} \cdot \sum_{i=1}^{N} X(w_i)$ als Näherung für $\int X(w) \cdot f(w) dw$ verwendet. Der stochastische Fehler ist durch die Größenordnung $\sigma(X) \cdot \frac{1}{\sqrt{N}}$ gegeben.

Die Idee besteht nun darin, durch Analyse des Problems (d.h. durch Analyse der Zufallsvariablen X) eine andere geeignete Dichtefunktion g zu finden und das Erwartungswert-Problem folgendermaßen umzuschreiben:

$$\int X(w) \cdot f(w) dw = \int \left(X(w) \cdot \frac{f(w)}{g(w)} \right) \cdot g(w) dw$$

Der Ausdruck $X(w) \cdot \frac{f(w)}{g(w)}$, den wir mit $Z(w)$ bezeichnen, ist wieder eine Zufallsvariable. Die Bestimmung von $\int X(w) \cdot f(w) dw$ ist also gleichbedeutend mit der Bestimmung von $\int Z(w) \cdot g(w) dw$. Diese Größe können wir mit $\frac{1}{N} \cdot \sum_{i=1}^{N} Z(u_i)$ approximieren, wobei die $u_1, u_2, \ldots, u_N$ jetzt N verschiedene Zufallszahlen $u_1, u_2, \ldots, u_N$ sind, die bezüglich der Dichte g verteilt sind. Der stochastische Fehler ist jetzt durch die Größenordnung $\sigma(Z) \cdot \frac{1}{\sqrt{N}}$ gegeben.

Wenn es also gelingt, die Dichtefunktion g so zu wählen, dass die Standardabweichung $\sigma(Z)$ von Z deutlich kleiner ist als die Standardabweichung $\sigma(X)$ von X, dann kann durch diesen Vorgang die (stochastische) Konvergenz der Monte Carlo-Methode ebenfalls deutlich verbessert werden.

Zum Beispiel: Angenommen, die Zufallsvariable X nimmt nur positive Werte an.

Dann wäre für g die ideale Wahl $g(w) = \frac{X(w) \cdot f(w)}{\int X(w) \cdot f(w) dw}$.

Bei dieser Wahl wäre g immer positiv und

$$\int g(w)dw = \int \frac{X(w) \cdot f(w)}{\int X(w) \cdot f(w)dw} = \frac{1}{\int X(w) \cdot f(w)dw} \cdot \int X(w) \cdot f(w)dw = 1$$

und damit wäre g tatsächlich eine Dichte-Funktion. Die Zufallsvariable Z hätte dann folgende Form $Z(w) = X(w) \cdot \frac{f(w)}{g(w)} = \int X(w) \cdot f(w)dw$ und wäre damit eine Konstante und hätte somit Standardabweichung 0.

Nur: Um g so wählen zu können, müssten wir $\int X(w) \cdot f(w)dw$ kennen und diese Größe suchen wir ja aber gerade erst. Also wir können nicht davon ausgehen, dieses g finden zu können. Aber obige Überlegung gibt uns doch gewissen Aufschluss darüber, wie so ein g prinzipiell zu wählen sein sollte. Unsere Analysen sollten dahin führen, dass wir eine Dichtefunktion g finden, die möglichst proportional zu $X(w) \cdot f(w)$ verläuft.

Die Methode der **Control Variates** funktioniert folgendermaßen:

Wieder soll der Erwartungswert $\int X(w) \cdot f(w)dw$ einer Zufallsvariablen X geschätzt werden und wir erzeugen uns dazu mit Hilfe von N Zufallszahlen w_1, $w_2, \ldots, w_N$, die bezüglich der Dichte f verteilt sind, N Realisationen $X_i = X(w_i)$ für $i = 1, 2, 3, \ldots, N$.

Jetzt nehmen wir uns eine zweite Zufallsvariable Y für alles Weitere zu Hilfe. Dieses Y sei ebenfalls von einer bezüglich der Dichte f verteilten Zufallsvariable w abhängig. Wir nehmen an, dass wir den Erwartungswert $E(Y) = \int Y(w) \cdot f(w)dw$ explizit kennen.

Mit Hilfe derselben N Zufallszahlen $w_1, w_2, \ldots, w_N$, mit deren Hilfe wir die X_i bestimmt haben, berechnen wir nun auch Realisationen $Y_i = Y(w_i)$ für $i = 1, 2, 3, \ldots, N$ von Y.

Weiters wählen wir noch eine Konstante b, über deren genaue Form wir uns später noch Gedanken machen werden.

Schließlich bestimmen wir noch $Z_i := X_i - b \cdot (Y_i - E(Y))$ und verwenden $\overline{Z} = \frac{Z_1 + Z_2 + \ldots + Z_N}{N}$ als Näherung für $E(X)$.

Tatsächlich ist $E(Z_i) = E(X_i - b \cdot (Y_i - E(Y))) = E(X_i) - b \cdot E(Y_i - E(Y)) = E(X)$, man kann also durchaus $\overline{Z}$ als Schätzung für $E(X)$ verwenden.

Welchen Zweck verfolgen wir aber mit diesem Vorgehen?

Wir betrachten dazu wieder die Standardabweichung (bzw. die Varianz) der neuen zu schätzenden Größe $Z = X - b \cdot (Y - E(Y))$ im Vergleich mit der ursprünglichen

Standardabweichung von X (dabei verwenden wir im Folgenden die Tatsache, dass $\sigma(Y - E(Y)) = \sigma(Y)$ ist).

$$\sigma^2(Z) = \sigma^2(X - b \cdot (Y - E(Y))) = \sigma^2(X) - 2 \cdot b \cdot \sigma(X) \cdot \sigma(Y) \cdot \rho_{XY} + b^2 \sigma^2(Y),$$

wobei ρ_{XY} die Korrelation der Zufallsvariablen X und Y zueinander bezeichnet.

Wir nehmen jetzt an, dass b so bestimmt ist (oder zumindest annähernd so bestimmt ist), dass der letzte Ausdruck $\sigma^2(X) - 2 \cdot b \cdot \sigma(X) \cdot \sigma(Y) \cdot \rho_{XY} + b^2 \cdot \sigma^2(Y)$ seinen minimalen Wert annimmt. Diesen optimalen Wert für b erhalten wir durch Ableiten des Ausdrucks nach b und gleich 0 setzen der Ableitung, also durch $2 \cdot b \cdot \sigma^2(Y) - 2 \cdot \sigma(X) \cdot \sigma(Y) \cdot \rho_{XY} = 0 \Leftrightarrow b = \frac{\sigma(X) \cdot \rho_{XY}}{\sigma(Y)}$.

Diesen optimalen Wert für b bezeichnen wir mit $\tilde{b}$. Setzen wir diesen optimalen Wert $\tilde{b} = \frac{\sigma(X) \cdot \rho_{XY}}{\sigma(Y)}$ in die Formel $\sigma^2(X) - 2 \cdot b \cdot \sigma(X) \cdot \sigma(Y) \cdot \rho_{XY} + b^2 \cdot \sigma^2(Y)$ für $\sigma^2(X - b \cdot (Y - E(Y)))$ ein, dann erhalten wir $\sigma^2(X - b \cdot (Y - E(Y))) = \sigma^2(X) \cdot (1 - \rho_{XY}{}^2)$, also

$$\sigma(Z) = \sigma(X) \cdot \sqrt{1 - \rho_{XY}{}^2}.$$

Was heißt das für uns? Verstehen wir es, eine Zufallsvariable Y zu finden, deren Erwartungswert wir kennen und die entweder mit X stark positiv oder aber stark negativ korreliert ist, so haben wir mit Z eine Zufallsvariable, die denselben Erwartungswert wie X, aber eine wesentlich kleinere Standardabweichung als X hat. Ein MC-Schätzen des Erwartungswertes $E(X)$ über die Zufallsvariable Z sollte also wesentlich schneller zum Ziel führen als die direkte MC-Schätzung über die Zufallsvariable X.

Offen bleibt aber dabei noch die Frage, woher wir die konkrete Form des optimalen Wertes $\tilde{b} = \frac{\sigma(X) \cdot \rho_{XY}}{\sigma(Y)} = \frac{cov(X,Y)}{\sigma(Y)^2}$ wissen sollten ($cov(X, Y)$ bezeichnet die Kovarianz zwischen X und Y). Tatsächlich werden wir den exakten Wert von $\tilde{b}$ nicht kennen, wir können aber nach der Berechnung der X_i und der Y_i in einem Zwischenschritt aus diesen Werten eine Näherung $\bar{b}$ für $\tilde{b}$ bestimmen und zwar mittels:

$$\bar{b} := \frac{\sum_{i=1}^{N}(x_i - \overline{X}) \cdot (Y_i - E(Y))}{\sum_{i=1}^{N}(Y_i - E(Y))^2} \quad \text{wobei} \quad \overline{X} = \frac{X_1 + X_2 + \ldots + X_N}{N}.$$

Übrigens lässt sich nach der Wahl einer (mehr oder weniger) geeigneten Zufallsvariablen Y als „control variate" auch ρ_{XY} und damit der Beschleunigungsfaktor $\sqrt{1 - \rho_{XY}{}^2}$ mittels

$$\overline{\rho_{XY}} := \frac{\sum_{i=1}^{N}(X_i - \overline{X}) \cdot (Y_i - E(Y))}{\sqrt{\sum_{i=1}^{N}(X_i - \overline{X})^2} \cdot \sqrt{\sum_{i=1}^{N}(Y_i - E(Y))^2}}$$

schätzen.

Wir werden im folgenden Kapitel die Methode der control variate an einem konkreten Beispiel vorführen.

6.27 Monte Carlo mit Control Variates für die Bewertung einer arithmetisch asiatischen Option

Wir kehren wieder zu dem in 6.17 behandelten konkreten Beispiel zurück, in dem wir eine geometrisch asiatische Option und eine arithmetisch asiatische Option bewertet hatten. Die Parameter waren

Strike $K = 90$

Laufzeit $T = 1$

$r = 0.02$

$\sigma = 0.3$

Die Laufzeit der Option beträgt also ein Jahr. Die Mittelbildung wird an Hand von 12 in jeweils gleichen Abständen (am Ende jedes einzelnen Handelsmonats) gemessenen Werten vorgenommen.

Der Startwert $S(0)$ des underlyings liegt bei 100 Punkten.

Beide Optionen hatten wir mit Monte Carlo bewertet, für die geometrisch asiatische Version hatten wir aber zusätzlich einen exakten Vergleichswert zur Verfügung, nämlich einen Wert von 13.061.

Jetzt wollen wir die arithmetisch asiatische Version noch einmal bewerten und wir wollen dazu den Preis der geometrisch asiatischen Option als control variate benutzen.

Wir gehen dazu wie im vorigen Kapitel beschrieben, vor: Wenn wir die Stichprobenanzahl mit N bezeichnen:

- N Stichprobenwerte X_i für den Preis der arithmetischen Version berechnen
- aus den X_i die Näherung $\overline{X}$ schätzen
- N Stichprobenwerte Y_i für den Preis der geometrischen Version berechnen
- den Vergleichswert $E(Y)$ exakt berechnen
- aus den X_i und den Y_i die Werte $\overline{b}$ und $\overline{\rho_{XY}}$ schätzen
- die N Werte $Z_i = X_i - b \cdot (Y_i - E(Y))$ berechnen
- aus den Z_i den Näherungswert $\overline{Z}$ bestimmen (bzw. sukzessive Näherungswerte bestimmen)
- grafische Darstellung

Wir zeigen in den folgenden Bildern die Ergebnisse von 4 Simulationen, die wir durchgeführt haben, zuerst mit 100 Szenarien, dann mit 1000, mit 10.000 und schließlich mit 100.000 Szenarien.

Simulation mit $N = 100$ Szenarien:
Näherungswert ohne control variate: 10.38
Näherungswert mit control variate: 13.43
Näherungswert für b: 0.990736
Näherungswert für ρ_{XY}: 0.98177

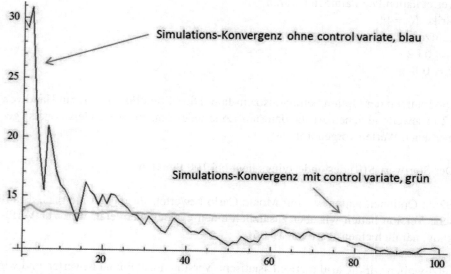

Abbildung 6.68: Konvergenz-Ergebnis bei Simulation mit 100 Szenarien

Simulation mit $N = 1000$ Szenarien:
Näherungswert ohne control variate: 13.6048
Näherungswert mit control variate: 13.5887
Näherungswert für b: 1.03286
Näherungswert für ρ_{XY} : 0.999485

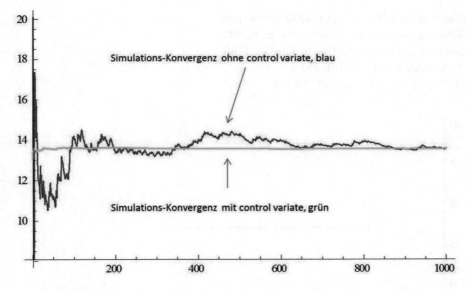

Abbildung 6.69: Konvergenz-Ergebnis bei Simulation mit 1000 Szenarien

Simulation mit $N = 10.000$ Szenarien:

Näherungswert ohne control variate: 13.3813
Näherungswert mit control variate: 13.5823
Näherungswert für b: 1.03411
Näherungswert für ρ_{XY}: 0.999304

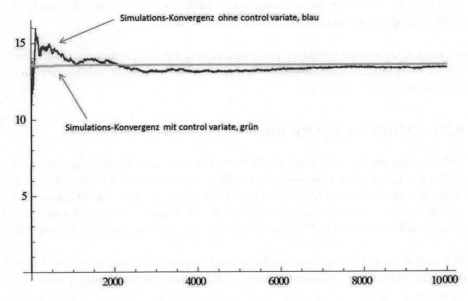

Abbildung 6.70: Konvergenz-Ergebnis bei Simulation mit 10.000 Szenarien

Simulation mit $N = 100.000$ Szenarien:
Näherungswert ohne control variate: 13.5887
Näherungswert mit control variate: 13.5746
Näherungswert für b: 1.03331
Näherungswert für ρ_{XY}: 0.999373

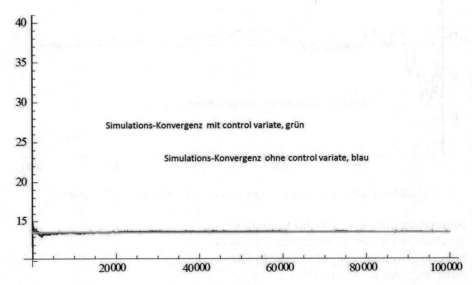

Abbildung 6.71: Konvergenz-Ergebnis bei Simulation mit 100.000 Szenarien

Vor allem an den ersten beiden Bildern erkennen wir eine wesentlich schnellere und extrem gute Konvergenz der control variate Methode.

Zu Vergleichszwecken wurde mit noch wesentlich größerem Simulations- und Zeit-Aufwand ein tatsächlicher Vergleichswert für den Wert der arithmetisch asiatischen Option von 13.577... ermittelt.

6.28   Multi-Asset Optionen

Bisher hatten wir ausschließlich mit Derivaten zu tun, deren Payoff von **einem** underlying abhängig war. Eine Vielzahl von Derivaten am Markt beziehen sich aber durchaus auf mehrere underlyings. Diese underlyings können von gleichem Typ sein (etwa ein Korb verschiedener Aktien oder Währungen) oder sie können von verschiedenem Typ sein (z.B. Abhängigkeit von einer Aktie und einer Währung).

Wir wollen im Folgenden von „multi-asset-Optionen" sprechen (manchmal werden auch Namen wie „Basket-Optionen", „Rainbow-Optionen" oder andere verwendet).

Wenn ein europäisches Derivat also von verschiedenen underlyings abhängt, die (bzw. deren Kurse) wir mit $S_1, S_2, \ldots, S_d$ bezeichnen wollen, dann ist der Payoff zu einer Zeit T eine Funktion Φ von den Kursen $S_1(T), S_2(T), \ldots, S_d(T)$, der Payoff ist also von der Form $\Phi(S_1(T), S_2(T), \ldots, S_d(T))$.

Natürlich gibt es entsprechend auch wieder pfadabhängige Versionen.

Die Payoffs sind bei gehandelten Multi-asset-Optionen manchmal von sehr einfacher Form, z.B.:

$$\Phi(S_1(T), S_2(T), \ldots, S_d(T)) =$$

$$= \max \left(0, \frac{\frac{S_1(T)}{S_1(0)} + \frac{S_2(T)}{S_2(0)} + \frac{S_3(T)}{S_3(0)} + \ldots + \frac{S_d(T)}{S_d(0)}}{d} - K \right)$$

(Call-Option auf den normierten mittleren Kurswert)

oder

$$\Phi(S_1(T), S_2(T)) = \max(0, b \cdot S_1(T) - S_2(T))$$

(Exchange-Option). Hier hat man durch den Besitz der Option das Recht, zur Zeit T ein Stück der Aktie S_2 gegen b Stück der Aktie S_1 einzutauschen. (Diesen Tausch wird man ja nur dann durchführen, wenn zur Zeit T die b Stück der Aktie S_1 einen größeren Wert haben als ein Stück der Aktie S_2, und man erzielt durch den Tausch in diesem Fall eben einen Gewinn von $b \cdot S_1(T) - S_2(T)$.)

Oder

$$\Phi(S_1(T), X(T)) = \max(0, S_1(T) - K) \text{ ausbezahlt in der Währung } X.$$

Es kann sich hier etwa um eine im Euroraum gehandelte Call-Option auf eine US-amerikanische Aktie S_1 handeln und $X(T)$ bezeichnet den Preis eines Dollars in Euro zur Zeit T.

Manchmal sind multi-asset-Optionen aber auch von sehr komplexer und kreativer Form. Eine öfter auftretende Version ist etwa die Folgende:

$$\Phi(S_1(T), S_2(T), \ldots, S_d(T)) = \quad \text{durchschnittlicher Wert zur Zeit } T$$
$$\text{der } k \text{ zur Zeit } T \text{ kleinsten Werte aus}$$
$$\frac{S_i(T)}{S_i(0)}, i = 1, 2, \ldots, d.$$

(wobei k ein fix gegebener Wert kleiner als d ist).

Wir gehen im Folgenden vorerst wieder davon aus, dass sämtliche underlyings durch eine geometrische Brown'sche Bewegung modelliert werden können.

Ein erster Ansatz dafür wäre also etwa

$$S_i(T) = S_i(0) \cdot e^{\mu_i T + \sigma_i \sqrt{T} w^{(i)}}$$

für jedes $i = 1, 2, \ldots, d$ zu setzen, wobei μ_i die Trends und σ_i die Volatilitäten der einzelnen underlyings und $w^{(1)}, w^{(2)}, w^{(3)}, \ldots, w^{(d)}$ voneinander unabhängige standard-normalverteilte Zufallsvariable sind.

Das Problem liegt nun allerdings darin, dass die Produkte $S_1, S_2, \ldots, S_d$ im Allgemeinen tatsächlich nicht voneinander unabhängig sein werden und dass entsprechend auch die $w^{(1)}, w^{(2)}, w^{(3)}, \ldots, w^{(d)}$ nicht voneinander unabhängig gewählt sein sollten.

Als Maß für die Abhängigkeit werden wir wieder die Korrelationen ρ_{ij} zwischen den stetigen Renditen des underlyings S_i und des underlyings S_j verwenden, also – auf Ebene des Modells – die Korrelation zwischen den Exponenten $\mu_i T + \sigma_i \sqrt{T} w^{(i)}$ bzw. $\mu_j T + \sigma_j \sqrt{T} w^{(j)}$ und diese ist wieder gleich der Korrelation zwischen den standard-normal-verteilten Zufallsvariablen $w^{(i)}$ und $w^{(j)}$.

Wie lässt sich aber die Korrelation zwischen verschiedenen Finanzprodukten jetzt geeignet in das Wiener Modell integrieren?

6.29 Modellierung korrelierter Finanzprodukte im Wiener Modell, Cholesky-Zerlegung

Wir präzisieren die am Ende des letzten Kapitels gestellte Frage:

Wir haben es mit d Finanzprodukten $S_1, S_2, \ldots, S_d$ zu tun. Für je zwei dieser Produkte S_i und S_j sei ρ_{ij} die (geschätzte) Korrelation zwischen den Renditen dieser zwei Produkte

Jedes dieser Finanzprodukte **für sich allein** lässt sich durch ein Wiener Modell der Form $S_i(T) = S_i(0) \cdot e^{\mu_i T + \sigma_i \sqrt{T} W^{(i)}}$ mit einer standard-normalverteilten Zufallsvariable $W^{(i)}$ modellieren. Wollen wir aber die **parallele Entwicklung** aller d Produkte auf ein und **demselben Zeitintervall** simulieren, dann muss man – um ein korrektes Ergebnis zu erhalten – die $W^{(1)}, W^{(2)}, W^{(3)}, \ldots, W^{(d)}$ so erzeugen, dass sie gerade diese Korrelation widerspiegeln. (Wir haben hier jetzt übrigens bewusst die Notierung mit Großbuchstaben $W^{(i)}$ für die abhängigen Zufallsvariablen verwendet!)

Wie soll man dies bewerkstelligen? Wir werden dieselbe Frage in etwas anderer Form so stellen:

Gibt es eine andere Darstellung für die $S_i(T)$, die zwar für jedes S_i dasselbe Modell liefert wie das herkömmliche Wiener Modell, in dem aber die Korrelation automatisch bereits integriert ist, ohne dass man sie zusätzlich noch als Bedingung an die auftretenden Zufallsvariablen stellen muss?

Die Antwort ist natürlich „Ja", und die Lösung, wie diese Modellierung aussehen kann, wird im Folgenden dargestellt:

Man geht doch wieder von d voneinander unabhängigen standard-normalverteilten Zufallsvariablen $w^{(1)}, w^{(2)}, w^{(3)}, \ldots, w^{(d)}$ aus.

Jedes $W^{(i)}$ konstruiert man als eine Linear-Kombination der $w^{(1)}, w^{(2)}, w^{(3)}, \ldots, w^{(d)}$ also etwa

$$W^{(i)} = a_{i,1} \cdot w^{(1)} + a_{i,2} \cdot w^{(2)} + a_{i,3} \cdot w^{(3)} + \ldots + a_{i,d} \cdot w^{(d)} \text{ für } i = 1, 2, 3, \ldots, d.$$

Als Summe (bzw. Linear-Kombination) unabhängiger normalverteilter Zufallsvariabler ist $W^{(i)}$ auf jeden Fall wieder normalverteilt und hat Erwartungswert 0. Die Varianz von $W^{(i)}$ ist $a_{i,1}^2 + a_{i,2}^2 + \ldots + a_{i,d}^2$. Damit lautet die erste Bedingung die wir an diese $a_{i,j}$ stellen werden:

Für jedes i muss $a_{i,1}^2 + a_{i,2}^2 + \ldots + a_{i,d}^2 = 1$ sein.

Dann ist jedes der $W^{(i)}$ standard-normalverteilt.

Natürlich besteht jetzt automatisch durch diese Darstellung eine gewisse Abhängigkeit zwischen den $W^{(i)}$. (Außer natürlich in dem Fall in dem z.B. $a_{i,j}$ immer dann 0 ist, wenn $i \neq j$ ist und gleich 1 ist, wenn $i = j$ gilt. Dann haben wir es gerade wieder mit dem Fall unabhängiger Produkte zu tun.)

Wie sieht die Abhängigkeit zwischen einem $W^{(i)}$ und einem $W^{(j)}$ nun konkret aus? Genauer: Wie groß ist die Korrelation $cor\left(W^{(i)}, W^{(j)}\right)$ zwischen i und j?

Nun, das wollen wir uns ausrechnen:

Es gilt ja

$$
\begin{aligned}
cor\left(W^{(i)}, W^{(j)}\right) &= \frac{E\left(\left(W^{(i)} - E\left(W^{(i)}\right)\right) \cdot \left(W^{(j)} - E\left(W^{(j)}\right)\right)\right)}{\sigma\left(W^{(i)}\right) \cdot \sigma\left(W^{(j)}\right)} = \\
&= E\left(W^{(i)} \cdot W^{(j)}\right) = \\
&= E\left(\left(a_{i,1} \cdot w^{(1)} + a_{i,2} \cdot w^{(2)} + \ldots + a_{i,d} \cdot w^{(d)}\right) \cdot \right. \\
&\qquad \left. \cdot \left(a_{j,1} \cdot w^{(1)} + a_{j,2} \cdot w^{(2)} + \ldots + a_{j,d} \cdot w^{(d)}\right)\right) = \\
&= E\left(\sum_{k=1}^{d} \sum_{l=1}^{d} a_{i,k} \cdot a_{j,l} \cdot w^{(k)} \cdot w^{(l)}\right) = \\
&= \sum_{k=1}^{d} \sum_{l=1}^{d} a_{i,k} \cdot a_{j,l} \cdot E\left(w^{(k)} \cdot w^{(l)}\right) = \sum_{k=1}^{d} a_{i,k} \cdot a_{j,k}.
\end{aligned}
$$

Unser Wunsch war es aber, dass $cor\left(W^{(i)}, W^{(j)}\right) = \rho_{ij}$ ist, also gleich der (geschätzten) Korrelation zwischen den Renditen der verschiedenen Finanzprodukte.

Für den Fall dass $i = j$ ist, erhalten wir wegen $\rho_{ii} = 1$ daraus wieder die schon oben gestellte Bedingung

$$
a_{i,1}{}^2 + a_{i,2}{}^2 + \ldots + a_{i,d}{}^2 = 1.
$$

Für alle anderen i und j haben wir eben die Bedingung

$$
\sum_{k=1}^{d} a_{i,k} \cdot a_{j,k} = \rho_{ij}.
$$

Wenn es uns also gelingt, die Koeffizienten $a_{i,j}$ so zu wählen, dass alle diese Bedingungen erfüllt sind, dann haben wir eine adäquate Darstellung für die $W^{(i)}$ und damit eine geeignete Modellierung der korrelierten Finanzprodukte gefunden.

Unter der Voraussetzung, dass die Korrelationen ρ_{ij} geeignet vorgegeben sind, kann man tatsächlich Koeffizienten $a_{i,j}$ so angeben, dass alle Bedingungen erfüllt sind. Die Technik mit deren Hilfe die Koeffizienten gefunden werden können heißt „Cholesky-Zerlegung".

Die Voraussetzung, die die Korrelationen erfüllen müssen, damit eine Lösung möglich ist, lautet: Die Korrelations-Matrix $M = (\rho_{ij})_{i,j,=1,2,\ldots,d}$ ist positiv definit!

Die Cholesky-Zerlegung liefert eine $d \times d$-Matrix C, für die gilt $C \cdot C^T = M$. C^T bezeichnet dabei die transponierte Matrix von C, also die Matrix C gespiegelt an der Hauptdiagonalen.
Die Einträge einer solchen transponierten Matrix C^T sind gerade Koeffizienten

$a_{i,j}$, die die obigen Gleichungen erfüllen. Die Bestimmung einer solchen Cholesky-Matrix C wird sinnvoller Weise mit Hilfe einer Mathematik-Software (wie zum Beispiel Mathematica) oder mit der Software auf unserer Homepage durchgeführt.

Zur Veranschaulichung des Ablaufs dieser Technik machen wir Folgendes:
Wir bestimmen in einem ersten Beispiel – sozusagen per Hand – die allgemeine Darstellung von 2 korrelierten Finanzprodukten explizit und in einem zweiten Beispiel führen wir die Cholesky-Zerlegung und die Darstellung dreier korrelierter Finanzprodukte an einem konkreten Zahlenbeispiel vor.

Beispiel 6.15 (Zweidimensionale Cholesky-Zerlegung). *Die zweidimensionale Korrelationsmatrix M von zwei Produkten S_1 und S_2 hat die Form $\begin{pmatrix} 1 & \rho \\ \rho & 1 \end{pmatrix}$, wobei ρ zwischen -1 und 1 liegt und die Korrelation zwischen den Renditen von S_1 und S_2 bezeichnet.*

Bezeichnen wir die gesuchte Cholesky-Matrix C mit $C = \begin{pmatrix} a & c \\ b & d \end{pmatrix}$, dann ist $C^T = \begin{pmatrix} a & b \\ c & d \end{pmatrix}$ und wir haben a, b, c und d so zu bestimmen, dass $\begin{pmatrix} a & c \\ b & d \end{pmatrix} \cdot \begin{pmatrix} a & b \\ c & d \end{pmatrix} = \begin{pmatrix} 1 & \rho \\ \rho & 1 \end{pmatrix}$ gilt.
Das führt zu den Gleichungen

$$a^2 + c^2 = 1$$
$$b^2 + d^2 = 1$$
$$a \cdot b + c \cdot d = \rho$$

Ein erster schneller Blick auf dieses Gleichungssystem sagt uns, dass wir es mit 3 Gleichungen in 4 Unbekannten zu tun haben. Diese Tatsache kann zu dem Versuch motivieren, eine der Unbekannten frei (und möglichst einfach) zu wählen und zu hoffen, das dann übrig bleibende Gleichungssystem von 3 Gleichungen in 3 Unbekannten trotzdem noch lösen zu können.

Wir starten den Versuch, indem wir $a = 1$ wählen, was sofort zu $c = 0$ führt. Aus der letzten Gleichung folgt dann unmittelbar $b = \rho$, was mittels der zweiten Gleichung zu $d = \pm\sqrt{1 - \rho^2}$ führt.

Da für unsere Zwecke eine Lösung ausreicht, wählen wir $d = +\sqrt{1 - \rho^2}$ und unsere (eine mögliche) Matrix C hat damit die Form $C = \begin{pmatrix} 1 & 0 \\ \rho & \sqrt{1 - \rho^2} \end{pmatrix}$, also

$C^T = \begin{pmatrix} 1 & \rho \\ 0 & \sqrt{1 - \rho^2} \end{pmatrix}$.

Somit wählen wir $a_{1,1} = 1, a_{1,2} = 0, a_{2,1} = \rho, a_{2,2} = \sqrt{1 - \rho^2}$ und daher schließlich

$W^{(1)} = w^{(1)}$ *und* $W^{(2)} = \rho \cdot w^{(1)} + \sqrt{1 - \rho^2} \cdot w^{(2)}$.

Die Darstellung der beiden Finanzprodukte S_1 und S_2 lautet daher

$$S_1(T) = S_1(0) \cdot e^{\mu_1 T + \sigma_1 \sqrt{T} w^{(1)}}$$

$$S_2(T) = S_2(0) \cdot e^{\mu_2 T + \sigma_2 \sqrt{T}\left(\rho \cdot w^{(1)} + \sqrt{1-\rho^2} w^{(2)}\right)}$$

Beispiel 6.16. *Es soll eine Darstellung für drei Finanzprodukte S_1, S_2, S_3 der Form $S_i(T) = S_i(0) \cdot e^{\mu_i T + \sigma_i \sqrt{T} W^{(i)}}$ gegeben werden, wobei die Renditen der drei Produkte Abhängigkeiten entsprechend der folgenden Korrelationsmatrix M aufweisen sollen:*

$$M = \begin{pmatrix} 1 & 0.3 & 0.5 \\ 0.3 & 1 & 0.4 \\ 0.5 & 0.4 & 1 \end{pmatrix}$$

Cholesky-Zerlegung zum Beispiel mit Mathematica liefert

$$C^T = \begin{pmatrix} 1 & 0.3 & 0.5 \\ 0 & 0.95393\ldots & 0.26207\ldots \\ 0 & 0 & 0.82542\ldots \end{pmatrix} \text{ und damit}$$

$$C = \begin{pmatrix} 1 & 0 & 0 \\ 0.3 & 0.95393\ldots & 0 \\ 0.5 & 0.26207\ldots & 0.82542\ldots \end{pmatrix}.$$

Die Darstellung der Produkte S_1, S_2, S_3 lautet daher:

$$S_1(T) = S_1(0) \cdot e^{\mu_1 T + \sigma_1 \sqrt{T} w^{(1)}}$$

$$S_2(T) = S_2(0) \cdot e^{\mu_2 T + \sigma_2 \sqrt{T} \cdot \left(0.3 \cdot w^{(1)} + 0.95393 \cdot w^{(2)}\right)}$$

$$S_3(T) = S_3(0) \cdot e^{\mu_3 T + \sigma_3 \sqrt{T} \cdot \left(0.5 \cdot w^{(1)} + 0.26207 \cdot w^{(2)} + 0.82542 \cdot w^{(3)}\right)}$$

Es ist übrigens immer möglich, eine Matrix C zu finden, die eine untere Dreiecksmatrix ist. Das heißt, im Produkt S_i treten nur die Zufallsvariablen $w^{(1)}, w^{(2)}, w^{(3)}, \ldots,$ $w^{(i)}$ auf.

6.30 Bewertung von Multi-Asset-Optionen

Die Bewertung einer Multi-Asset-Option kann mittels einer Erweiterung der Black-Scholes-Formel in naheliegender Weise durchgeführt werden. Es gilt folgendes:

Satz 6.17. *Seien $S_1, S_2, \ldots, S_d$ Finanzprodukte mit folgender Kurs-Darstellung*

$$S_i(T) = S_i(0) \cdot e^{\mu_i T + \sigma_i \sqrt{T} \cdot \left(a_{i,1} \cdot w^{(1)} + a_{i,2} \cdot w^{(2)} + \ldots + a_{i,d} \cdot w^{(d)}\right)}$$

für $i = 1, 2, \ldots, d$. Dabei sei $a_{i,1}{}^2 + a_{i,2}{}^2 + \ldots + a_{i,d}{}^2 = 1$ für alle $i = 1, 2, \ldots, d$.
(Durch die S_i fallen keine Zahlungen oder Kosten an.)

Sei D ein europäisches Multi-Asset-Derivat auf die underlyings $S_1, S_2, \ldots, S_d$ mit Laufzeit bis T und Payoff-Funktion Φ, also einem Payoff zur Zeit T der Form $\Phi(S_1(T), S_2(T), \ldots, S_d(T))$.
Dann gilt für den fairen Preis $F(t)$ des Derivats D zur Zeit t in $[0, T]$:

$$F(t) = e^{-r(T-t)} \cdot E\left(\Phi\left(\widetilde{S}_1(T), \widetilde{S}_2(T), \ldots, \widetilde{S}_d(T)\right)\right)$$

wobei die $\widetilde{S}_i$ die Entwicklungen

$$\widetilde{S}_i(T) = S_i(t) \cdot e^{\left(r - \frac{\sigma_i^2}{2}\right)(T-t) + \sigma_i \sqrt{T-t}\left(a_{i,1} \cdot w^{(1)} + a_{1,2} \cdot w^{(2)} + \ldots + a_{i,d} \cdot w^{(d)}\right)}$$

mit standard-normalverteilten unabhängigen Zufallsvariablen $w^{(1)}, w^{(2)}, \ldots, w^{(d)}$ besitzen. „E" bezeichnet dabei den Erwartungswert und r ist der risikolose Zinssatz $f_{0,T}$.

Das analoge Resultat gilt auch wieder für pfadabhängige Multi-Asset-Derivate mit den entsprechenden Anpassungen (im Wesentlichen: Ersetzen von $S_i(T)$ durch $\left(S_i(t)_{t \in [0,T]}\right)$.

Ebenso gilt das analoge Resultat falls für einige der S_i Zahlungen bzw. Kosten in Form einer stetigen Rendite q_i anfallen (im Wesentlichen Ersetzen von r durch $r - q_i$ in der Darstellung von $\widetilde{S}_i$).

Die Bestimmung des Erwartungswertes $E\left(\Phi\left(\widetilde{S}_1(T), \widetilde{S}_2(T), \ldots, \widetilde{S}_d(T)\right)\right)$ bezieht sich nun auf d Zufallsvariable und wird nur noch in sehr speziellen Einzelfällen explizit möglich sein.

In **Integralform** lässt sich der **Erwartungswert** als d-faches Integral so darstellen:

$$E\left(\Phi\left(\widetilde{S}_1(T), \widetilde{S}_2(T), \ldots, \widetilde{S}_d(T)\right)\right) =$$
$$= \frac{1}{\sqrt{2\pi}^d} \int_{-\infty}^{\infty} \int_{-\infty}^{\infty} \cdots \int_{-\infty}^{\infty} \Phi\left(\widetilde{S}_1(T), \widetilde{S}_2(T), \ldots, \widetilde{S}_d(T)\right) \cdot$$
$$\cdot e^{-\frac{\left(w^{(1)}\right)^2 + \left(w^{(2)}\right)^2 + \ldots + \left(w^{(d)}\right)^2}{2}} \, dw^{(1)} dw^{(2)} \ldots dw^{(d)}.$$

Hier ist dann noch für die Ausdrücke $\widetilde{S}_i(T)$ jeweils
$$S_i(t) \cdot e^{\left(r - \frac{\sigma_i^2}{2}\right)(T-t) + \sigma_i \sqrt{T-t}\left(a_{i,1} \cdot w^{(1)} + a_{i,2} \cdot w^{(2)} + \ldots + a_{i,d} \cdot w^{(d)}\right)} \quad \text{einzusetzen.}$$

Zur Monte-Carlo-Simulation des Erwartungswerts

$$E\left(\Phi\left(\widetilde{S}_1(T), \widetilde{S}_2(T), \ldots, \widetilde{S}_d(T)\right)\right)$$

mit Hilfe von N Szenarien sind (im Standardfall, also **nicht pfadabhängig**) N unabhängige Vektoren $\left(w_j^{(1)}, w_j^{(2)}, w_j^{(3)}, \ldots, w_j^{(d)} \right)$ für $j = 1, 2, \ldots, N$ von unabhängigen standard-normalverteilten Zufallszahlen zu erzeugen. (Es reicht dazu, einfach $N \cdot d$ unabhängige standard-normalverteilte Zufallszahlen zu erzeugen und in N Vektoren zu je d Einträgen zu gruppieren.)

Für jedes solche Szenario $\left(w_j^{(1)}, w_j^{(2)}, w_j^{(3)}, \ldots, w_j^{(d)} \right)$ wird für jedes $i = 1, 2,$ $\ldots, d$ ein Wert für die Kurse der (risikoneutralen) underlyings zum Zeitpunkt T mittels

$$\widetilde{S}_i(T) = S_i(t) \cdot e^{\left(r - \frac{\sigma_i^2}{2} \right)(T-t) + \sigma_i \sqrt{T-t} \left(a_{i,1} \cdot w_j^{(1)} + a_{i,2} \cdot w_j^{(2)} + \ldots + a_{i,d} \cdot w_j^{(d)} \right)}$$

berechnet und mit diesen Kurswerten ein Szenario-Wert für einen Payoff

$$X_j = \Phi\left(\widetilde{S}_1(T), \widetilde{S}_2(T), \ldots, \widetilde{S}_d(T) \right)$$

bestimmt. Als Näherungswert für den gesuchten Erwartungswert dient dann wieder

$$\overline{X} = \frac{X_1 + X_2 + \ldots + X_N}{N}.$$

Zur Monte-Carlo-Simulation des Erwartungswerts

$$E\left(\Phi\left(\widetilde{S}_1(T), \widetilde{S}_2(T), \ldots, \widetilde{S}_d(T) \right) \right)$$

mit Hilfe von N Szenarien ist im Fall eines **pfadabhängigen** Derivats N zuerst einmal wieder eine Diskretisierung des Zeitintervalls $[t, T]$ in M (im Idealfall im Wesentlichen gleich lange) Zeitintervalle vorzunehmen. Für jedes einzelne Szenario j $(j = 1, 2, \ldots, N)$ sind dann jeweils unabhängige d-dimensionale Vektoren

$$\begin{aligned} \Big(&\left(w_j^{(1)}(1), w_j^{(1)}(2), \ldots, w_j^{(1)}(M) \right), \\ &\left(w_j^{(2)}(1), w_j^{(2)}(2), \ldots, w_j^{(2)}(M) \right), \\ &\left(w_j^{(d)}(1), w_j^{(d)}(2), \ldots, w_j^{(d)}(M) \right) \Big) \end{aligned}$$

bestehend aus Einträgen, die jeweils wieder M-dimensionale Vektoren sind, zu erzeugen. Jeder solche M-dimensionale Vektor $\left(w_j^{(k)}(1), w_j^{(k)}(2), \ldots, w_j^{(k)}(M) \right)$ besteht aus den Zufallszahlen mit deren Hilfe man einen Pfad im j-ten Szenario für das k-te Produkt erzeugt.

(Es reicht dazu aus, einfach $N \cdot d \cdot M$ unabhängige standard-normalverteilten Zufallszahlen zu erzeugen und in N Vektoren zu je d Einträgen zu je M Elementen zu gruppieren.)
Für jedes solche Szenario

$$\left(\left(w_j^{(1)}(1), w_j^{(1)}(2), \ldots, w_j^{(1)}(M) \right), \right.$$
$$\left(w_j^{(2)}(1), w_j^{(2)}(2), \ldots, w_j^{(2)}(M) \right),$$
$$\left. \left(w_j^{(d)}(1), w_j^{(d)}(2), \ldots, w_j^{(d)}(M) \right) \right)$$

wird für jedes $i = 1, 2, \ldots, d$ ein Pfad für die Kurse der (risikoneutralen) underlyings berechnet und mit diesen Pfaden ein Szenario-Wert für einen Payoff

$$X_j = \Phi \left(\left(\widetilde{S}_1(t) \right)_{t \in [0,T]}, \left(\widetilde{S}_2(t) \right)_{t \in [0,T]}, \ldots, \left(\widetilde{S}_d(t) \right)_{t \in [0,T]} \right)$$

bestimmt.

Als Näherungswert für den gesuchten Erwartungswert dient dann wieder

$$\overline{X} = \frac{X_1 + X_2 + \ldots + X_N}{N}.$$

Die Komplexität des Simulationsproblems kann hier schon massiv zunehmen. Die MC-Bewertung eines pfadabhängigen Multi-Asset-Derivats auf $d = 30$ underlyings und mit einer Diskretisierung in $M = 100$ Zeitschritte benötigt pro Szenario bereits 3.000 Zufallszahlen. Für die Durchführung von 10.000 Szenarien sind also bereits 30 Millionen Zufallszahlen zu erzeugen.

Bei **Multi-Asset-Derivaten** ist durchaus der Einsatz von **Quasi-Monte Carlo-Methoden** (QMC) zu überlegen. Insbesondere im Fall eines nicht pfadabhängigen Multi Asset-Derivats kann sehr gut mit N-elementigen d-dimensionalen QMC-Punktmengen gearbeitet werden.

Im nächsten Kapitel werden wir die Bewertung einer Multi-Asset-Option sowohl in MC als auch im Vergleich dazu in QMC durchführen.

Bevor eine Bewertung einer Multi-Asset-Option nach dem oben beschriebenen Schema durchgeführt wird, sollte jeweils kurz die folgende Überlegung angestellt werden, die – falls anwendbar – die Komplexität des Problems wesentlich verringern könnte:

Die Frage die man stellen sollte ist die Folgende:

„*Ist der Payoff der Multi-Asset-Option* $\Phi(S_1(T), S_2(T), \ldots, S_d(T))$ *darstellbar als eine Funktion* Ψ *einer anderen Funktion* Y *von* $S_1(T), S_2(T), \ldots, S_d(T)$, *wobei* Y *durch ein ein-dimensionales Wiener-Modell modellierbar ist?*"

Um klar zu machen, was wir damit meinen, gleich einmal ein Beispiel:

Eine beliebte Version einer Multi-Asset-Option ist eine Call-Option auf den durchschnittlichen normierten Wert eines Korbs von d Aktien zu einem Zeitpunkt T in der Zukunft, also eine Option mit dem Payoff

$$\Phi(S_1(T), S_2(T), \ldots, S_d(T)) \quad = \quad \max\left(0, \frac{\frac{S_1(T)}{S_1(0)} + \frac{S_2(T)}{S_2(0)} + \frac{S_3(T)}{S_3(0)} + \frac{S_d(T)}{S_d(0)}}{d} - K\right)$$

$$:= \quad \Psi(Y(S_1(T), S_2(T), \ldots, S_d(T))$$

mit $\Psi(x) := \max(0, x - K)$ und $Y(S_1(T), S_2(T), \ldots, S_d(T)) =$
$\frac{\frac{S_1(T)}{S_1(0)} + \frac{S_2(T)}{S_2(0)} + \frac{S_3(T)}{S_3(0)} + \frac{S_d(T)}{S_d(0)}}{d}$.

Der Wert $\frac{\frac{S_1(T)}{S_1(0)} + \frac{S_2(T)}{S_2(0)} + \frac{S_3(T)}{S_3(0)} + \frac{S_d(T)}{S_d(0)}}{d}$ kann nun aber als ein Index, der aus den Aktien $S_1, S_2, \ldots, S_d$ berechnet wird, aufgefasst werden. Eine Darstellung der Entwicklung von $Y(S_1(T), S_2(T), \ldots, S_d(T)) = \frac{\frac{S_1(T)}{S_1(0)} + \frac{S_2(T)}{S_2(0)} + \frac{S_3(T)}{S_3(0)} + \frac{S_d(T)}{S_d(0)}}{d}$ durch ein eindimensionales Wiener Modell ist also durchaus möglich. Dadurch haben wir es aber dann nur mehr mit einem eindimensionalen Problem zu tun.

Die analoge Vorgangsweise ist auch etwa auf eine asiatische Option auf den Mittelwert eines Korbs von Aktien anwendbar.

6.31 Konkretes Beispiel für die Bewertung einer Multi-Asset-Option mit MC und mit QMC

Wir betrachten das folgende Beispiel einer Multi-Asset-Option:

Die Option läuft vom Zeitpunkt 0 bis zum Zeitpunkt $T = 1$ Jahr und bezieht sich auf einen Korb von 10 Aktien $S_1, S_2, \ldots, S_{10}$. Der Kurs der Aktien ist so normiert, dass alle Aktien zum Zeitpunkt 0 den normierten Kurs 100 haben. Unter den Kursen der Aktien verstehen wir im Folgenden immer ausschließlich diese normierten Kurse.

Der risikolose Zinssatz für den Zeitbereich $[0, T]$ sei konstant mit $r = 0.02$ angenommen.

Für jeden der 10 Aktienkurse nehmen wir ein Wiener-Modell an. Da der Trend dieser Modelle für die Bewertung irrelevant ist, verzichten wir auf eine Schätzung und Angabe des Trends.

Die Volatilität von S_i bezeichnen wir mit σ_i, deren konkrete Werte wir weiter unten angeben. Für die Bewertung der Option benötigen wir nur die risikoneutrale Version der Wiener Modelle für die S_i. Wir bezeichnen mit $S_i(t)$ daher von Vornherein die risikoneutralen Kursverläufe und verzichten auf die Extra-Notation $\widetilde{S}_i(t)$.

Die Modelle für die Kursentwicklungen $S_i(t)$ haben daher jeweils Trend $r - \frac{\sigma_i^2}{2}$.

Wir nehmen an, dass die Aktien mit steigender Volatilität durchnummeriert sind und wählen:

	S_1	S_2	S_3	S_4	S_5
σ	0.1	0.15	0.2	0.25	0.3
$r - \frac{\sigma^2}{2}$	0.015	0.00875	0	-0.01125	-0.025

	S_6	S_7	S_8	S_9	S_{10}
σ	0.35	0.4	0.45	0.5	0.55
$r - \frac{\sigma^2}{2}$	- 0.04125	-0.06	-0.08125	-1.105	-0.13125

Weiters nehmen wir die folgende Korrelationsmatrix M für die Renditen der einzelnen Aktien an:

$$
M = \begin{pmatrix}
1. & 0.9 & 0.8 & 0.7 & 0.6 & 0.5 & 0.4 & 0.3 & 0.2 & 0.1 \\
0.9 & 1. & 0.9 & 0.8 & 0.7 & 0.6 & 0.5 & 0.4 & 0.3 & 0.2 \\
0.8 & 0.9 & 1. & 0.9 & 0.8 & 0.7 & 0.6 & 0.5 & 0.4 & 0.3 \\
0.7 & 0.8 & 0.9 & 1. & 0.9 & 0.8 & 0.7 & 0.6 & 0.5 & 0.4 \\
0.6 & 0.7 & 0.8 & 0.9 & 1. & 0.9 & 0.8 & 0.7 & 0.6 & 0.5 \\
0.5 & 0.6 & 0.7 & 0.8 & 0.9 & 1. & 0.9 & 0.8 & 0.7 & 0.6 \\
0.4 & 0.5 & 0.6 & 0.7 & 0.8 & 0.9 & 1. & 0.9 & 0.8 & 0.7 \\
0.3 & 0.4 & 0.5 & 0.6 & 0.7 & 0.8 & 0.9 & 1. & 0.9 & 0.8 \\
0.2 & 0.3 & 0.4 & 0.5 & 0.6 & 0.7 & 0.8 & 0.9 & 1. & 0.9 \\
0.1 & 0.2 & 0.3 & 0.4 & 0.5 & 0.6 & 0.7 & 0.8 & 0.9 & 1.
\end{pmatrix}
$$

Cholesky-Zerlegung mit Hilfe von Mathematica ergibt

$$
C = \begin{pmatrix}
1. & 0. & 0. & 0. & 0. & 0. & 0. & 0. & 0. & 0. \\
0.9 & 0.43589 & 0. & 0. & 0. & 0. & 0. & 0. & 0. & 0. \\
0.8 & 0.412948 & 0.435286 & 0. & 0. & 0. & 0. & 0. & 0. & 0. \\
0.7 & 0.390007 & 0.411103 & 0.434613 & 0. & 0. & 0. & 0. & 0. & 0. \\
0.6 & 0.367065 & 0.386921 & 0.409048 & 0.433861 & 0. & 0. & 0. & 0. & 0. \\
0.5 & 0.344124 & 0.362738 & 0.383482 & 0.406745 & 0.433013 & 0. & 0. & 0. & 0. \\
0.4 & 0.321182 & 0.338556 & 0.357917 & 0.379628 & 0.404145 & 0.432049 & 0. & 0. & 0. \\
0.3 & 0.29824 & 0.314373 & 0.332351 & 0.352512 & 0.375278 & 0.401189 & 0.430946 & 0. & 0. \\
0.2 & 0.275299 & 0.290191 & 0.306786 & 0.325396 & 0.34641 & 0.370328 & 0.397796 & 0.429669 & 0. \\
0.1 & 0.252357 & 0.266008 & 0.28122 & 0.298279 & 0.317543 & 0.339467 & 0.364646 & 0.393863 & 0.428174
\end{pmatrix}
$$

und dadurch sind die Koeffizienten $a_{i,j}$ in den Darstellungen

$$
S_i(T) = S_i(0) \cdot e^{\left(r - \frac{\sigma_i^2}{2}\right)T + \sigma_i \sqrt{T}\left(a_{i,1} \cdot w^{(1)} + a_{i,2} \cdot w^{(2)} + \ldots + a_{i,10} \cdot w^{(10)}\right)}
$$

der einzelnen Aktienkurse für $i = 1, 2, \ldots, 10$ gegeben: $(a_{i,1}, a_{i,2}, \ldots, a_{i,10})$ ist gerade die i-te Zeile in dieser Matrix C^T.

Der Payoff der Option, die wir nun bewerten sollen, sei gegeben durch

$$
\Phi(S_1(T), S_2(T), \ldots, S_{10}(T)) := \max(0, \max(S_1(T), S_2(T), \ldots, S_{10}(T)) - 100)
$$

Also relevant für die Auszahlungshöhe zur Zeit T ist der maximale Wert der 10 Aktien zur Zeit T (also in einem Jahr).

In Abbildung 6.72 sehen wir ein mögliches Szenario der Entwicklung der 10 Aktien im Lauf eines Jahres, die Entwicklung des Maximums und den sich dabei ergebenden Payoff.

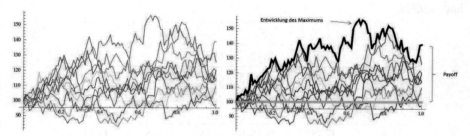

Abbildung 6.72: Ein mögliches Szenario und der resultierende Payoff, Beispiel Multi Asset Option

Zu bestimmen ist also nun der Erwartungswert $E(\max(0, \max(S_1(T), S_2(T), \ldots, S_{10}(T)) - 100))$. Wir haben die Bestimmung des Erwartungswerts jeweils mit 10.000 Szenarien zuerst mit reiner Monte Carlo-Methode (in den folgenden Grafiken jeweils blaue Entwicklung), dann mit QMC mit Hammersley-Punktmengen (in den folgenden Grafiken jeweils rote Entwicklung) und schließlich noch mittels QMC mit Niederreiter-Punktmengen (in den folgenden Grafiken jeweils grüne Entwicklung) durchgeführt.

Bei der MC-Methode haben wir dazu 10.000 Mal 10 standard-normalverteilte Zufallszahlen $\left(w_j^{(1)}, w_j^{(2)}, w_j^{(3)}, \ldots, w_j^{(10)}\right)$ für $j = 1, 2, \ldots, 10.000$ erzeugt und damit jeweils ein Szenario für mögliche Werte von $S_1(T), S_2(T), \ldots, S_{10}(T)$ erzeugt.

Bei der QMC-Methode mit einer Hammersley-Punktmenge haben wir dazu eine aus 10.000 Punkten $\left(w_j^{(1)}, w_j^{(2)}, w_j^{(3)}, \ldots, w_j^{(10)}\right)$; $j = 1, 2, \ldots, 10.000$ bestehende 10-dimensionale Hammersley-Punktmenge erzeugt. Diese gleichverteilte (!) Punktmenge wurde durch die Inversions-Methode in eine standard-normalverteilte Punktmenge transferiert und damit wurde dann jeweils ein Szenario für mögliche Werte von $S_1(T), S_2(T), \ldots, S_{10}(T)$ erzeugt.

Bei der QMC-Methode mit einer Niederreiter-Punktmenge haben wir dazu eine aus 10.000 Punkten $\left(w_j^{(1)}, w_j^{(2)}, w_j^{(3)}, \ldots, w_j^{(10)}\right)$; $j = 1, 2, \ldots, 10.000$ bestehende 10-dimensionale Niederreiter-Punktmenge erzeugt. Diese gleichverteilte (!) Punktmenge wurde durch die Inversions-Methode in eine standard-normalverteilte Punktmenge transferiert und damit wurde dann jeweils ein Szenario für mögliche Werte von $S_1(T), S_2(T), \ldots, S_{10}(T)$ erzeugt.

Sowohl Hammersley- als auch Niederreiter-Punktmengen sind direkt in Mathematica (und natürlich auch in der Software auf unserer Homepage) implementiert.

Bei mehrmaliger Verwendung der Mathematica-Implementierung der Niederreiter-Punktmengen ergeben sich leicht unterschiedliche Resultate, da Mathematica immer wieder andere Folgenstücke einer Niederreiter-Folge generiert.

Wir haben in den Abbildungen 6.73 und 6.74 die Ergebnisse für zwei verschiedene Simulations-Durchführungen illustriert.

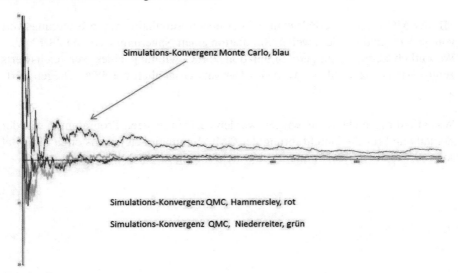

Abbildung 6.73: Konvergenzverhalten, Bewertung einer Multi-Asset-Option mit MC und mit QMC, Simulation 1

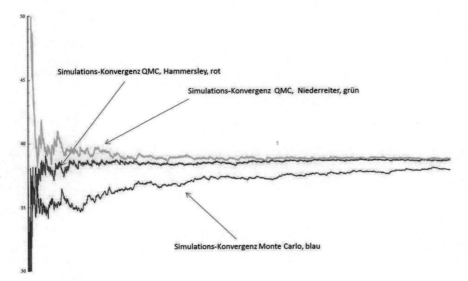

Abbildung 6.74: Konvergenzverhalten, Bewertung einer Multi-Asset-Option mit MC und mit QMC, Simulation 2

In beiden Simulationsbeispielen, deren Ergebnisse in den Abbildungen 6.73 und 6.74 veranschaulicht sind, erkennt man eine wesentlich schnellere Stabilität in den Resultaten bei den beiden QMC-Techniken gegenüber der MC-Methode. Als Näherungswert erhält man in beiden Simulationsbeispielen sowohl bei Verwendung der Hammersley- als auch bei Verwendung der Niederreiter-Punktmengen einen Näherungswert beginnend mit 38.6. . . .

Mit der MC-Methode erhält man bei der ersten Simulation einen Näherungswert von 38.89. . . und bei der zweiten Simulation einen Näherungswert von 38.13. . . . Wesentlich zeitaufwändigere Simulation zur Gewinnung eines Vergleichswerts zeigt, dass der tatsächliche Wert des Derivats tatsächlich bei 38.6. . . liegen dürfte.

Was allerdings nicht verschwiegen werden darf: In unseren Programmen war der Zeitaufwand für die Durchführung der QMC-Simulationen jeweils circa fünf Mal so groß wie der Zeitaufwand für die Durchführung der MC-Simulationen.

Literaturverzeichnis

[1] Donald Knuth. *The Art of Computer Programming*. Addison-Wesley Professional, 2011.

[2] Gerhard Larcher and Gunther Leobacher. Quasi-Monte Carlo and Monte Carlo methods and their applications in finance. *Surveys on Mathematics for Industry*, 11:95–130, 2005.

[3] Harald Niederreiter. *Random number generation and quasi-Monte Carlo methods*, volume 63 of *CBMS-NSF Regional Conference Series in Applied Mathematics*. Society for Industrial and Applied Mathematics (SIAM), Philadelphia, PA, 1992.

Kapitel 7

Basiswissen: Stochastische Analysis und Anwendungen, Zinsentwicklungen und Grundzüge der Bewertung von Zins-Derivaten

Bevor wir in Kapitel 10 dieses ersten Bandes dazu übergehen können, einige konkrete Fallbeispiele auf Basis unserer bisher bereitgestellten Basis-Techniken zu behandeln, benötigen wir dazu noch einige grundlegende Methoden aus weiteren Bereichen der Quantitative Finance. Diese Bereiche werden wir in den folgenden Kapiteln wirklich nur sehr oberflächlich streifen und wir werden uns hier wirklich nur die Kenntnisse aneignen, die für ein Grundwissen aus Quantitative Finance und Financial Engineering unumgänglich sind. Modernere Techniken und modernere Entwicklungen in diesen Bereichen werden erst im zweiten Band im Detail vorgestellt und studiert. In diesem Sinn werden wir in den nächsten drei Kapiteln drei zentrale Themen der Quantitative Finance nur streifen, und zwar:

Modellierung von Zinsentwicklungen und Bewertung von Zins-Derivaten. Zur Erst-Behandlung dieses Themas werden wir auch Grundlegendes über die Differential-Schreibweise von stochastischen Prozessen vermitteln müssen. (Es wird hier wirklich nur um ein intuitives Verständnis dieser mathematischen Ausdrucksform gehen.)

Value at Risk und Risiko-Management. Zum Thema Risiko-Management werden wir ebenfalls vorerst nur einige grundlegende Techniken aus dem Bereich der Value at Risk-Berechnung und des Kreditrisiko-Managements bereitstellen.

Portfolio-Selektion. Auch hier wird es vorerst nur um eine Einführung in die

© Der/die Herausgeber bzw. der/die Autor(en), exklusiv lizenziert durch Springer Fachmedien Wiesbaden GmbH, ein Teil von Springer Nature 2020
G. Larcher, *Quantitative Finance*, https://doi.org/10.1007/978-3-658-29158-7_7

Grundbegriffe der klassischen Portfolio-Selektionstheorie von Markowitz sowie der stochastischen Kontrolltheorie (die uns zur sogenannten Merton Ratio führen wird) gehen. Erweiterungen wie etwa die Black-Litterman-Theorie oder kontinu-ierliche
Portfolio-Selektionstheorie (inklusive Transaktionskosten) werden erst im zweiten Band thematisiert werden.

7.1 Modellierung von Zins-Entwicklungen

Zur Modellierung von Aktienkursen, von Aktien-Index-Kursen, von Fremd-währungs-Kursen und von Rohstoffkursen haben wir uns bisher des Wiener Mo-dells, also einer geometrischen Brown'schen Bewegung, bedient. Nun wollen wir uns darüber Gedanken machen, wie wir Zins-Entwicklungen wie zum Beispiel die Entwicklung des 6-Monats-Libors, eines 3-Monats-Euribors, einer 1-Jahres-Euro-Swaprate, einer 10-Jahres-CHF-Swaprate, einer Euro Overnight-Rate, ... (siehe Kapitel 1.7) zutreffend modellieren könnten. Der Hauptgrund dafür, dass wir uns für solche Modellierungen interessieren, wird wieder darin liegen, dass wir sol-che geeigneten Modellierungen benötigen, um Zins-Derivate (wie zum Beispiel Zins-Caps und Zins-Floors, Swaptions, oder Zins-Swaps verschiedenster Ausprä-gungen) bewerten zu können.

Das Standardwerk zur Modellierung von Zinsentwicklungen und Bewertung von Zinsderivaten ist [2].

Warum nicht das Wiener Modell für die Modellierung von Zinsen verwenden? Nun, in einem halbwegs gesunden Finanzmarkt sollten sich Zinsen im Bereich von -1% bis vielleicht 10% bewegen (nur in wirklichen Ausnahmefällen ist wohl mit Zinsen außerhalb dieses Bereichs zu rechnen).

Auf längere Sicht scheint es eine Art Pendelbewegung von Zinsen um einen lang-fristigen Mittelwert, der vielleicht im Bereich von 3% liegen mag, zu geben.

Was sofort klar ist: Das Wiener Modell $S(T) = S(0) \cdot e^{\mu T + \sigma \sqrt{T} w}$ lässt definitiv keine negativen Werte zu (bzw., genauer: Da die Exponentialfunktion stets positiv ist, ist $S(T)$ immer positiv wenn $S(0)$ positiv ist und $S(T)$ ist immer negativ wenn $S(0)$ negativ ist.) Es lässt sich von Vornherein damit einmal kein Wechsel von po-sitiven auf negative Zinsen oder umgekehrt mittels dieses Modells darstellen.

Erinnern wir uns an den Erwartungswert und die Standardabweichung eines Kurses $S(T)$, der durch ein Wiener Modell der Form $S(T) = S(0) \cdot e^{\mu T + \sigma \sqrt{T} w}$ gegeben ist: Es gilt (siehe Kapitel 4.8):

$$E(S(T)) = S(0) \cdot e^{T\left(\mu + \frac{\sigma^2}{2}\right)}$$

und

$$\sigma(S(T)) = S(0) \cdot \sqrt{e^{T(2\mu+2\sigma^2)} - e^{T(2\mu+\sigma^2)}}.$$

Aufgrund der obigen Bemerkungen über die wesentliche Beschränktheit des Wertes von Zinskursen müsste bei einer Modellierung von Zinskursen mit Hilfe des Wiener Modells auf jeden Fall der Erwartungswert des Modells ebenfalls beschränkt bleiben, also $\mu \leq -\frac{\sigma^2}{2}$ stets erfüllt sein. Da $\mu < -\frac{\sigma^2}{2}$ im Lauf der Zeit zu einem gegen 0 tendierenden Erwartungswert für den Zinssatz führen würde, ist prinzipiell nur die Wahl $\mu = -\frac{\sigma^2}{2}$ sinnvoll! Aber auch dann, wenn diese Bedingung erfüllt ist, strebt die Standardabweichung des Modells mit T gegen unendlich.

Wählen wir zur Veranschaulichung etwa $\mu = -\frac{\sigma^2}{2}, \sigma = 0.2$ und $S(0) = 0.04$, so dass das Wiener Modell einen Erwartungswert von $S(0) = 0.04$ besitzt. (Wir rechnen hier nicht mit Prozentwerten für Zinssätze, sondern mit absoluten Werten!) Die Standardabweichung ist in diesem Fall $\sigma(S(T)) = 0.04 \cdot \sqrt{e^{T \cdot \sigma^2} - 1}$. Um diesen Ausdruck noch ein wenig anschaulicher zu gestalten, bemerken wir, dass stets $e^x - 1 \geq x$ gilt und dass daher $\sigma(S(T)) = 0.04 \cdot \sqrt{e^{T \cdot \sigma^2} - 1} \geq 0.04\sqrt{T} \cdot \sigma = 0.008\sqrt{T}$ ist.

Es sind also für genügend große Zeiträume von T beliebig große Werte für Zinssätze in diesem Modell mit einer immer größeren Wahrscheinlichkeit möglich. Allerdings: Für moderate Zeiträume, vielleicht bis zu $T = 20$ Jahren, ist die Standardabweichung noch nicht dramatisch groß (~ 0.03 in unserem Beispiel). In Abbildung 7.1 sehen wir einige typische Simulationspfade eines Wiener Modells mit den obigen Parametern auf einem Zeitraum von 20 Jahren.

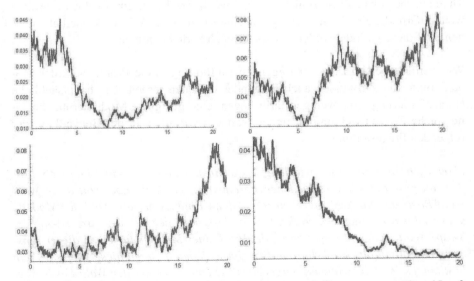

Abbildung 7.1: Geometrische Brown'sche Bewegungen mit Erwartungswert 0 und Laufzeit von 20 Jahren

In Bezug auf den angenommen Wertebereich liefern diese Simulationen durchaus realistische Werte für Zinsentwicklungen. Natürlich sind aber keine negativen Werte möglich.

Die Situation ändert sich deutlich, wenn Simulationen etwa über einen Bereich von 100 Jahren (oder aber mit größerer Volatilität) durchgeführt werden. In Abbildung 7.2 sehen wir zwei typische Entwicklungen über 100 Jahre bei sonst unveränderten Parametern.

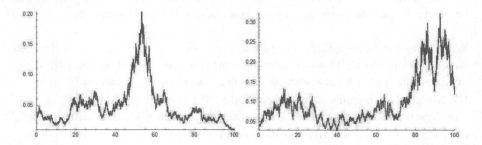

Abbildung 7.2: Geometrische Brown'sche Bewegungen mit Erwartungswert 0 und Laufzeit von 100 Jahren

Hier treten dann bereits deutlich Werte auf, die sich (zumindest bei derzeitigen Verhältnissen) außerhalb der realistischen Wertebereiche für Zinskurse bewegen.

Auch wenn also jetzt auf den ersten Blick eine Verwendung eines Wiener Modells mit Erwartungswert $S(0)$ für die Modellierung von Zinsen (abgesehen von der Thematik negativer Zinsen) nicht ganz abwegig erscheint, gibt es doch relevante weitere Gründe, eine Modellierung von Zinsen durch ein Wiener Modell abzulehnen. Auf diese Gründe werden wir später noch zurückkommen.

Wir werden aber im Lauf der folgenden Einführung in die Problematik der Modellierung von Zinskursen auch Folgendes einsehen lernen: Die hauptsächliche Herausforderung wird weniger darin liegen, eine geeignete Modellierung für **eine** solche Zinsentwicklung zu finden, sondern vor allem in der Behandlung der folgenden Fragestellung:

„Wenn ich für eine Zinsentwicklung, etwa für den Euro-6-Monats-Libor ein Modell, ausgestattet mit verschiedenen Parametern, gewählt habe: Hat diese Wahl – auf Basis des No-Arbitrage-Prinzips – dann Einfluss auf die Wahl der Modelle anderer Euro-Zinssätze, etwa den Overnight-Libor oder auf den Euro-10-Jahres-Swap? Wird vielleicht sogar durch die Wahl eines Modells für einen dieser Zinssätze und durch das No-Arbitrage-Prinzip für jeden anderen dieser Zinssätze ein bestimmtes Modell zwingend vorgegeben? Oder: Ist es bei der Wahl bestimmter Modelle für einen dieser Zinssätze gar nicht mehr möglich, arbitragefrei Modelle für die anderen Zinssätze zu finden? Müssen also bestimmte Modelle daher von

Vornherein für die Modellierung von Zinssätzen ausgeschlossen werden?"

Bisher haben wir ausschließlich das Wiener Modell (die geometrische Brown'sche Bewegung) zum Zweck der Modellierung verwendet. Im Folgenden werden wir andere Typen von Modellen benötigen (die aber nach wie vor auf der Brown'schen Bewegung basieren werden). Zur Einführung dieser Modelle und zu ihrem besseren intuitiven Verständnis werden wir uns eines mathematischen Formalismus bedienen, den wir im folgenden Paragraphen (in seinen Grundzügen und vorerst nur heuristisch) erläutern werden.

7.2 Differential-Darstellung stochastischer Prozesse: Heuristische Einführung

Der mathematisch nicht weitergehend ausgebildete Leser sollte sich durch den sperrigen Titel dieses Kapitels nicht abschrecken lassen. Der angesprochene Formalismus wird im Folgenden wirklich nur auf sehr sanfte Weise vermittelt und wird sich dann bald als äußerst hilfreiches Werkzeug erweisen. Also, bitte, selbstbewusstes Einlassen auf dieses Kapitel:

Wollte man die mathematischen Disziplinen „Theorie der stochastischen Prozesse", „Stochastische Analysis" und „Stochastische Differentialgleichungen" wirklich exakt und technisch sauber vermitteln, würde man tief in die mathematischen Grundlagen eintauchen müssen und würde eine Vielzahl von mathematischen Techniken und Disziplinen dafür beherrschen müssen. Tatsächlich handelt es sich bei diesen beiden Teilgebieten der Mathematik um äußerst anspruchsvolle und technisch schwierige Bereiche der Mathematik.

Hier in diesem Abschnitt werden wir lediglich einen intuitiven und heuristischen Zugang zu einem Formalismus zur Darstellung stochastischer Prozesse bereitstellen und einige Eigenschaften dieses Formalismus intuitiv erläutern. Wer sich schon jetzt tiefer mit den Grundzügen stochastischer Analysis beschäftigen möchte, sei auf die Bücher von Björk [1] oder Steele [4] verwiesen.

Also: All das Folgende sollte nicht mit dem Maßstab mathematischer Exaktheit gemessen werden, sondern sollte als intuitiv heuristischer (und damit notgedrungen oberflächlicher) erster Zugang zu dieser Thematik verstanden werden.

- Wir geben uns dazu wieder einen Zeitbereich $[0, T]$ vor.

- Der Zeitbereich $[0, T]$ ist ein kontinuierlicher Zeitbereich. Zu Zwecken der Veranschaulichung werden wir diesen Zeitbereich gelegentlich diskretisieren, indem wir ihn in N gleich große Teile der Länge Δt unterteilen und nicht jedes t aus $[0, T]$ als Zeitpunkt zulassen, sondern nur die Unterteilungspunkte $t_0 := 0, t_1 := 1 \cdot \Delta_t, t_2 := 2 \cdot \Delta_t, \ldots, t_{N-1} := (N-1) \cdot \Delta_t, t_N :=$

$N \cdot \Delta_t = T$. Dabei gehen wir zumeist anschaulich von sehr großem N und damit sehr kleinem Δt aus. Im Folgenden werden wir (zu Veranschaulichkeitszwecken) gelegentlich vom kontinuierlichen Zeitbereich zu seiner Diskretisierung switchen, aber dabei so tun, als ob es sich um ein-und-dieselbe Situation handeln würde

- Unter einem stochastischen Prozess S auf $[0, T]$ stellen wir uns eine mögliche, teilweise oder völlig zufallsgesteuerte Entwicklung einer bestimmten Größe (eines Aktienkurses, eines Zinssatzes, der Lufttemperatur an einem bestimmten Ort, ...) vor. Mit $S(t)$ bezeichnen wir den Wert dieser Entwicklung (dieses stochastischen Prozesses) zum Zeitpunkt t. Dabei gehen wir von einem fix vorgegebenen Wert $S(0)$ zur Zeit 0 aus.

- Der Wert $S(t)$ ist (außer für $t = 0$) kein konkreter, fix vorgegebener Wert, sondern kann bei jeder möglichen Realisation der zufälligen Entwicklung einen jeweils wieder anderen Wert annehmen. Der Wert $S(t)$ ist also eine Zufallsvariable.

- Für zwei verschiedene Zeitpunkte s und t, mit $0 \leq s < t \leq T$ besteht nicht notwendigerweise, aber doch zumeist eine Abhängigkeit zwischen den Werten $S(s)$ und $S(t)$ des Prozesses bei einer konkreten Realisation. Liegt zum Beispiel zur Zeit s der Wert $S(s)$ eines Aktienkurses sehr hoch, dann ist zumeist die Wahrscheinlichkeit dass der Aktienkurs $S(t)$ auch zur Zeit t hoch liegt, größer, als wenn $S(s)$ sehr klein ist.

Wir wollen drei mögliche Abhängigkeitsstrukturen zwischen solchen Werten $S(s)$ und $S(t)$ im Folgenden an einem Beispiel im diskretisierten Zeitbereich $\{t_0 = 0, t_1 = \Delta t, t_2 := 2 \cdot \Delta t, t_3 := 3 \cdot \Delta t = T\}$ veranschaulichen.

Beispiel:

a) Wir betrachten den stochastischen Prozess bestehend aus den Werten $S(t_0), S(t_1), S(t_2), S(t_3)$, der wie folgt definiert ist:

$$S(t_0) = 0, \quad S(t_1) = \begin{cases} +1 & \text{mit Wahrscheinlichkeit } \frac{1}{2} \\ -1 & \text{mit Wahrscheinlichkeit } \frac{1}{2} \end{cases},$$

$$S(t_2) = \begin{cases} +1 & \text{mit Wahrscheinlichkeit } \frac{1}{2} \\ -1 & \text{mit Wahrscheinlichkeit } \frac{1}{2} \end{cases},$$

$$S(t_3) = \begin{cases} +1 & \text{mit Wahrscheinlichkeit } \frac{1}{2} \\ -1 & \text{mit Wahrscheinlichkeit } \frac{1}{2} \end{cases}$$

Eine mögliche Realisierung des Prozesses könnte etwa 0, 1, 1, -1 lauten. Die einzelnen Zufallsvariablen sind völlig unabhängig voneinander. Für jede der vier Zufallsvariablen ist die Wahrscheinlichkeitsverteilung fix vorgegeben. Die Verteilung etwa von $S(t_3)$ ist auch aus Sicht des Zeitpunktes $t_2 = 2 \cdot \Delta t$, unabhängig davon welche Werte $S(t_1)$ und $S(t_2)$ annehmen, die gleiche wie aus Sicht des Zeitpunktes 0.

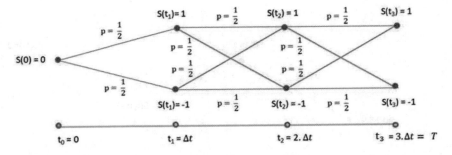

Abbildung 7.3: Veranschaulichung möglicher Pfade des stochastischen Prozesses von Beispiel a)

b) Wir betrachten den stochastischen Prozess bestehend aus den Werten $S(t_0), S(t_1), S(t_2), S(t_3)$, der wie folgt definiert ist:

$$S(t_0) = 0, \quad S(t_1) = \begin{cases} S(t_0) + 1 & \text{mit Wahrscheinlichkeit } \frac{1}{2} \\ S(t_0) - 1 & \text{mit Wahrscheinlichkeit } \frac{1}{2} \end{cases},$$

$$S(t_2) = \begin{cases} S(t_1) + 1 & \text{mit Wahrscheinlichkeit } \frac{1}{2} \\ S(t_1) - 1 & \text{mit Wahrscheinlichkeit } \frac{1}{2} \end{cases},$$

$$S(t_3) = \begin{cases} S(t_2) + 1 & \text{mit Wahrscheinlichkeit } \frac{1}{2} \\ S(t_2) - 1 & \text{mit Wahrscheinlichkeit } \frac{1}{2} \end{cases}$$

Die möglichen Entwicklungen dieses Prozesses können so wie in Abbildung 7.4 veranschaulicht werden.

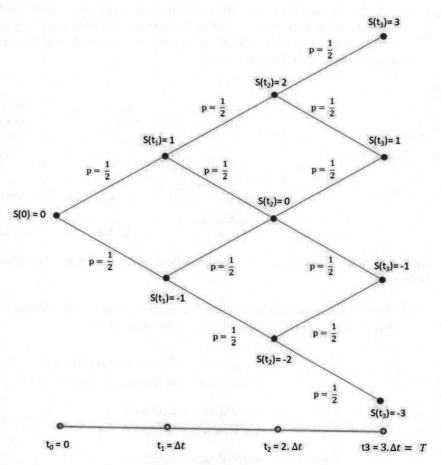

Abbildung 7.4: Veranschaulichung möglicher Pfade des stochastischen Prozesses von Beispiel b)

Im Beispiel b) bleibt die Wahrscheinlichkeitsverteilung der Werte des Prozesses zu Zeitpunkten in der Zukunft nicht unverändert, sondern sie ändert sich vielmehr mit zunehmender Information. Zum Beispiel:

Aus Sicht des Zeitpunktes 0 haben die Werte $S(t_2)$ die folgende Wahrscheinlichkeitsverteilung („W" steht wieder kurz für „Wahrscheinlichkeit"):
$W(S(t_2) = 2) = W(S(t_2) = -2) = \frac{1}{4}$ und $W(S(t_2) = 0) = \frac{1}{2}$

Aus Sicht des Zeitpunktes 0 haben die Werte $S(t_3)$ die folgende Wahrscheinlichkeitsverteilung:
$W(S(t_3) = 3) = W(S(t_3) = -3) = \frac{1}{8}$ und $W(S(t_3) = 1) = W(S(t_3) = -1) = \frac{3}{8}$

Aber:

Aus Sicht des Zeitpunktes t_1, wenn $S(t_1) = 1$, dann haben die Werte $S(t_2)$ die folgende Wahrscheinlichkeitsverteilung:
$$W(S(t_2) = 2) = W(S(t_2) = 0) = \tfrac{1}{2}$$

Aus Sicht des Zeitpunktes t_1, wenn $S(t_1) = -1$, dann haben die Werte $S(t_2)$ die folgende Wahrscheinlichkeitsverteilung:
$$W(S(t_2) = 0) = W(S(t_2) = -2) = \tfrac{1}{2}$$

Aus Sicht des Zeitpunktes t_1, wenn $S(t_1) = 1$, dann haben die Werte $S(t_3)$ die folgende Wahrscheinlichkeitsverteilung:
$$W(S(t_3) = 3) = W(S(t_2) = -1) = \tfrac{1}{4} \text{ und } W(S(t_2) = 1) = \tfrac{1}{2}$$

Und:

Aus Sicht des Zeitpunktes t_2, wenn $S(t_2) = 2$, dann haben die Werte $S(t_3)$ die folgende Wahrscheinlichkeitsverteilung:
$$W(S(t_3) = 3) = W(S(t_2) = 1) = \tfrac{1}{2}$$

Aus Sicht des Zeitpunktes t_2, wenn $S(t_2) = 0$, dann haben die Werte $S(t_3)$ die folgende Wahrscheinlichkeitsverteilung:
$$W(S(t_3) = 1) = W(S(t_2) = -1) = \tfrac{1}{2}$$

Aus Sicht des Zeitpunktes t_2, wenn $S(t_2) = -2$, dann haben die Werte $S(t_3)$ die folgende Wahrscheinlichkeitsverteilung:
$$W(S(t_3) = -1) = W(S(t_2) = -3) = \tfrac{1}{2}$$

Also wir sehen tatsächlich: Mit fortschreitender Information ändern sich die Wahrscheinlichkeitsverteilungen zukünftiger Kurswerte.

Eine wichtige Beobachtung ist die folgende: Befinde ich mich im Zeitpunkt t_1, dann sind die Wahrscheinlichkeitsverteilungen für die Kurswerte der späteren Zeitpunkte t_2 und t_3 allein durch den momentanen Kurswert im Zeitpunkt t_1 fixiert. Befinde ich mich im Zeitpunkt t_2, dann ist die Wahrscheinlichkeitsverteilung für die Kurswerte zum Zeitpunkt t_3 allein durch den momentanen Kurswert im Zeitpunkt t_2 fixiert. Dies wird im nächsten Beispiel nicht mehr der Fall sein!

c) Wir betrachten den stochastischen Prozess bestehend aus den Werten $S(t_0), S(t_1), S(t_2), S(t_3)$, der wie folgt definiert ist:

$$S(t_0) = 0, \quad S(t_1) = \begin{cases} +1 & \text{mit Wahrscheinlichkeit } \frac{1}{2} \\ -1 & \text{mit Wahrscheinlichkeit } \frac{1}{2} \end{cases},$$

$$S(t_2) = \begin{cases} S(t_1) + 1 & \text{mit Wahrscheinlichkeit } \frac{1}{2} \\ S(t_1) - 1 & \text{mit Wahrscheinlichkeit } \frac{1}{2} \end{cases} \quad \text{und}$$

$$S(t_3) = \begin{cases} S(t_2) + S(t_1) + 1 & \text{mit Wahrscheinlichkeit } \frac{1}{2} \\ S(t_2) + S(t_1) - 1 & \text{mit Wahrscheinlichkeit } \frac{1}{2} \end{cases}$$

Die möglichen Entwicklungen dieses Prozesses können so wie in Abbildung 7.5 veranschaulicht werden.

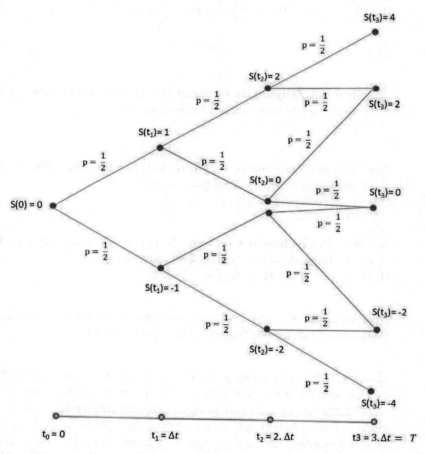

Abbildung 7.5: Veranschaulichung möglicher Pfade des stochastischen Prozesses von Beispiel c)

Befinden wir uns bei diesem Prozess zum Zeitpunkt t_2 beim Kurswert $S(t_2) = 0$, dann ist von hier aus die Wahrscheinlichkeitsverteilung von $S(t_3)$ nicht mehr nur durch die Kenntnis des Wertes von $S(t_2)$ fixiert. Um die Wahrscheinlichkeitsverteilung von $S(t_3)$ dann berechnen zu können, ist auch nötig zu wissen, welchen Wert $S(t_1)$ hatte.

Die Abhängigkeitsstruktur von Beispiel b) hat eine eigene Bezeichnung:
*Sei S ein stochastischer Prozess auf einem Zeitbereich $[0, T]$. Der Prozess wird dann ein „**Markov'scher Prozess**" genannt, wenn für alle Zeitpunkte s und t mit $0 \leq s < t \leq T$ gilt, dass vom Zeitpunkt s aus die Wahrscheinlichkeitsverteilung für $S(t)$ allein aus der Kenntnis des Wertes $S(s)$ bestimmt ist.*

Der Prozess aus Beispiel b) ist (allerdings auf dem diskretisierten Zeitbereich) ein Markov'scher Prozess.

Trivialer Weise ist natürlich auch der Prozess aus Beispiel a) ein Markov'scher Prozess (hier ist nicht einmal die Kenntnis von $S(s)$ vonnöten).

Der Prozess von Beispiel c) hingegen ist nicht Markov'sch.

Wir können diese Eigenschaft formal auch so ausdrücken: Für alle gegebenen s und t mit $0 \leq s < t \leq T$ gilt:

$$S(t) = f\left(S(s), s, t, X_1, X_2, \dots\right),$$

wobei f eine gegebene reellwertige Funktion ist und $X_1, X_2, \dots$ sind von allen früheren Werten $S(u)$ mit $u < t$ unabhängige Zufallsvariable mit gegebener Wahrscheinlichkeitsverteilung.

Dass für die Modellierung von Finanzkursen im Wesentlichen solche Markov Prozesse verwendet werden, ist aus Sicht der Efficient Market Hypothesis (EMH) einleuchtend: Die EMH geht ja davon aus, dass jedes Finanzprodukt in jedem Moment den ihm zustehenden Preis hat. Alle Informationen über dieses Produkt sind daher im momentanen Preis enthalten. Um Aussagen über die Wahrscheinlichkeit zukünftiger Preise zu treffen, ist daher nur die Information über den momentanen Preis nötig. Informationen über frühere Preise sind überflüssig. Die Verteilung zukünftiger Preise $S(t)$ kann (wenn überhaupt, dann) rein auf Basis des momentanen Preises $S(s)$ bestimmt werden.

Eine häufig auftretende Abhängigkeitsstruktur hat die allgemeine Form

$$S(t) = f\left(S(s), s, t, w\right),$$

wobei w eine (einzige) von allen früheren Werten $S(u)$ mit $u < t$ unabhängige standard-normalverteilte Zufallsvariable ist.

Im Folgenden denken wir wieder an die durch sehr kleine Zeitabschnitte Δt diskretisierte Version des Zeitbereichs $[0, T]$ und betrachten zwei aufeinanderfolgende Zeitpunkte dieses (diskretisierten) Zeitbereichs, nämlich t und $t + \Delta t$. Die Beziehung zwischen $S(t)$ und $S(t + \Delta t)$ hat dann auf Basis der obigen Darstellung die Form

$$S\left(t + \Delta t\right) = f\left(S(t), t, t + \Delta t, w\right).$$

In sehr vielen konkreten Anwendungen ist diese Beziehung von folgender Form

$$S\left(t + \Delta t\right) = S(t) + \alpha \cdot \Delta t + \beta \cdot w \tag{7.1}$$

Also der Wert $S(t + \Delta t)$ von S zur Zeit $t + \Delta t$ berechnet sich aus dem „unmittelbar davor" angenommenen Wert $S(t)$ plus einem Wert α mal der Länge Δt des Zeitintervalls von t bis $t + \Delta t$ plus einem Wert β mal dem standardnormalverteilten w. (Hier denken wir vorerst einmal an fixe Konstante α und β in dieser Gleichung. Später werden wir für α und β auch veränderliche Parameter zulassen.)

Prinzipiell ist das ein ganz vernünftiger realitätsnaher Ansatz (mit einem Schönheitsfehler, den wir aber gleich anschließend korrigieren werden):
Für reale zufallsgesteuerte Entwicklungen in verschiedensten Anwendungsbereichen ergibt sich der neue Wert $S(t + \Delta t)$ der Entwicklung aus dem unmittelbar vorher angenommenen Wert $S(t)$ plus einem „Richtungsparameter" α mal der seit der letzten Beobachtung vergangenen Zeit Δt plus einem (normalverteilten) Zufallsterm $\beta \cdot w$.

Was ist hier nun der oben angesprochene „Schönheitsfehler" in diesem Ansatz?

- Der Ansatz sollte für „kleine" Zeitabstände Δt gelten.

- Wenn Δt sehr klein ist und n eine nicht zu große natürliche Zahl, dann ist auch $n \cdot \Delta t$ noch ein „kleiner" Zeitbereich und es sollte also die Beziehung (7.1) auch für $n \cdot \Delta t$ gelten. Also

$$S\left(t + n \cdot \Delta t\right) = S(t) + \alpha \cdot n \cdot \Delta t + \beta \cdot \widetilde{w} \tag{7.2}$$

  mit einem standard-normalverteilten $\widetilde{w}$.

- Andererseits gilt die Beziehung (7.1) auch für jeden einzelnen der n Zeitschritte der Länge Δt von t bis $n \cdot \Delta t$, also:

$$
\begin{aligned}
S\left(t + n \cdot \Delta t\right) &= S\left(t + (n-1) \cdot \Delta t\right) + \alpha \cdot \Delta t + \beta \cdot w_1 = \\
&= \left(S\left(t + (n-2) \cdot \Delta t\right) + \alpha \cdot \Delta t + \beta \cdot w_2\right) + \alpha \cdot \Delta t + \beta \cdot w_1 = \\
&= S\left(t + (n-2) \cdot \Delta t\right) + \alpha \cdot 2 \cdot \Delta t\right) + \beta \cdot \left(w_1 + w_2\right) = \\
&= \left(S\left(t + (n-3) \cdot \Delta t\right) + \alpha \cdot \Delta t + \beta \cdot w_3\right) + \alpha \cdot 2 \cdot \Delta t + \\
&\quad + \beta \cdot \left(w_1 + w_2\right) = \\
&= S\left(t + (n-3) \cdot \Delta t\right) + \alpha \cdot 3 \cdot \Delta t + \beta \cdot \left(w_1 + w_2 + w_3\right) = \\
\cdots &= S(t) + \alpha \cdot n \cdot \Delta t + \beta \cdot \left(w_1 + w_2 + w_3 + \ldots + w_n\right) \tag{7.3}
\end{aligned}
$$

mit voneinander unabhängigen standard-normalverteilten $w_1, w_2, w_3, \ldots,$ w_n.

Vergleichen wir jetzt die Formeln (7.2) und (7.3) so erkennen wir eine Inkonsistenz:

Anstelle der standard-normalverteilten Zufallsvariablen $\widetilde{w}$ in Formel (7.2) tritt jetzt eine Summe $Y := w_1 + w_2 + w_3 + \ldots + w_n$ von n standard-normalverteilten Zufallsvariablen auf. Dieses auftretende Y ist somit zwar nach wie vor normalverteilt mit Erwartungswert 0, ist aber nicht mehr standard-normalverteilt, sondern weist eine Varianz von n auf. Also $Y = \sqrt{n} \cdot w$ mit einem standard-normalverteilten w.

Formel (7.3) wird also zu $S\left(t + n \cdot \Delta t\right) = S(t) + \alpha \cdot n \cdot \Delta t + \beta \cdot \sqrt{n} \cdot w$ und stimmt somit mit Formel (7.2) nicht überein.

Das heißt: Der ursprüngliche Ansatz in Formel (7.1) muss dahingehend adaptiert werden, dass dem Faktor β ein weiterer zeitabhängiger Faktor beigegeben werden muss (analog zum Zeitfaktor Δt im ersten Teil $\alpha \cdot \Delta t$ auf der rechten Seite von Formel (7.1)). Die richtige Version von Formel (7.1) lautet tatsächlich:

$$S\left(t + \Delta t\right) = S(t) + \alpha \cdot \Delta t + \beta \cdot \sqrt{\Delta t} \cdot w \qquad (7.4)$$

mit einer standard-normalverteilten Zufallsvariablen w.

- Führen wir die obige Rechnung für den Zeitabschnitt von t bis $t+n. \Delta t$ noch einmal mit dem neuen Ansatz durch, dann erhalten wir jetzt tatsächlich:

$$
\begin{aligned}
S\left(t + n \cdot \Delta t\right) &= S\left(t + (n-1) \cdot \Delta t\right) + \alpha \cdot \Delta t + \beta \cdot \sqrt{\Delta t} \cdot w_1 = \\
&= \left(S\left(t + (n-2) \cdot \Delta t\right) + \alpha \cdot \Delta t + \beta \cdot \sqrt{\Delta t} \cdot w_2\right) + \alpha \cdot \Delta t + \\
&\quad + \beta \cdot \sqrt{\Delta t} \cdot w_1 = \\
&= S\left(t + (n-2) \cdot \Delta t\right) + \alpha \cdot 2 \cdot \Delta t + \beta \cdot \sqrt{\Delta t} \cdot (w_1 + w_2) = \\
&= \left(S\left(t + (n-3) \cdot \Delta t\right) + \alpha \cdot \Delta t + \beta \cdot \sqrt{\Delta t} \cdot w_3\right) + \alpha \cdot 2 \cdot \Delta t + \\
&\quad + \beta \cdot \sqrt{\Delta t} \cdot (w_1 + w_2) = \\
&= S\left(t + (n-3) \cdot \Delta t\right) + \alpha \cdot 3 \cdot \Delta t + \beta \cdot \sqrt{\Delta t} \cdot (w_1 + w_2 + w_3) = \\
\ldots &= S(t) + \alpha \cdot n \cdot \Delta t + \beta \cdot \sqrt{\Delta t} \cdot (w_1 + w_2 + w_3 + \ldots + w_n) = \\
&= S(t) + \alpha \cdot n \cdot \Delta t + \beta \cdot \sqrt{\Delta t} \cdot Y = S(t) + \alpha \cdot (n \cdot \Delta t) + \\
&\quad + \beta \cdot \sqrt{\Delta t} \cdot \sqrt{n} \cdot w = \\
&= S(t) + \alpha \cdot (n \cdot \Delta t) + \beta \cdot \sqrt{n \cdot \Delta t} \cdot w,
\end{aligned}
$$

was nun genau der Formel (7.4) (mit Zeitbereich $n \cdot \Delta t$ anstelle von Δt) entspricht!

Wir fassen zusammen:

In sehr vielen konkreten Anwendungen besteht für kleine Zeitbereiche Δt eine Beziehung von folgender Form

$$S\left(t + \Delta t\right) = S(t) + \alpha \cdot \Delta t + \beta \cdot \sqrt{\Delta t} \cdot w$$

Wir sehen uns eine solche Entwicklung Schritt für Schritt noch einmal auf dem mittels Δt diskretisierten Zeitintervall $[0, T]$ an (siehe auch Abbildung 7.6):

$$S(0)$$
$$S(\Delta t) = S(0) + \alpha \cdot \Delta t + \beta \cdot \sqrt{\Delta t} \cdot w_1$$
$$S(2 \cdot \Delta t) = S(0) + \alpha \cdot 2\Delta t + \beta \cdot \left(\sqrt{\Delta t} \cdot w_1 + \sqrt{\Delta t} \cdot w_2\right)$$
$$\ldots$$
$$S(n \cdot \Delta t) = S(0) + \alpha \cdot n\Delta t + \beta \cdot \left(\sqrt{\Delta t} \cdot w_1 + \sqrt{\Delta t} \cdot w_2 + \ldots + \sqrt{\Delta t} \cdot w_n\right)$$
$$\ldots$$
$$S(T) = S(N \cdot \Delta t) = S(0) + \alpha \cdot N\Delta t + \beta \cdot \left(\sqrt{\Delta t} \cdot w_1 + \sqrt{\Delta t} \cdot w_2 + \ldots + \sqrt{\Delta t} \cdot w_N\right)$$

Was geschieht hier in dieser Entwicklung im Lauf der Zeit? Ein erster Teil steigt linear mit der Zeit mit Anstieg α an (siehe rote Linie in Abbildung 7.6). Um diesen deterministischen Teil der Entwicklung herum entwickelt sich in zufälliger Fluktuation der gesamte Prozess.

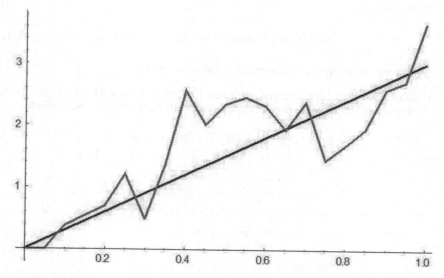

Abbildung 7.6: Schrittweise Entwicklung des Prozesses $S(t+\Delta t) = S(t) + \alpha \cdot \Delta t + \beta \cdot \sqrt{\Delta t} \cdot w$, 20 Schritte in $[0, 1]$

Die „zufällige Fluktuation" ist (multipliziert mit dem Faktor β) Schritt für Schritt gegeben durch die schrittweise Entwicklung

0

$\sqrt{\Delta t} \cdot w_1$

$\sqrt{\Delta t} \cdot w_1 + \sqrt{\Delta t} \cdot w_2$

$\ldots$

$\sqrt{\Delta t} \cdot w_1 + \sqrt{\Delta t} \cdot w_2 + \ldots + \sqrt{\Delta t} \cdot w_n$

$\ldots$

$\sqrt{\Delta t} \cdot w_1 + \sqrt{\Delta t} \cdot w_2 + \ldots + \sqrt{\Delta t} \cdot w_n + \ldots + \sqrt{\Delta t} \cdot w_N$

Erinnern Sie sich nun aber bitte an Kapitel 4.15: Das ist nichts anderes als die Entwicklung einer Standard-Brown'schen Bewegung B auf dem Intervall $[0, T]$. Der Wert $\sqrt{\Delta t} \cdot w_1 + \sqrt{\Delta t} \cdot w_2 + \ldots + \sqrt{\Delta t} \cdot w_n$ zum Zeitpunkt $n \cdot \Delta t$ entspricht gerade dem Wert $B(n \cdot \Delta t)$ dieser Brown'schen Bewegung zum Zeitpunkt $n \cdot \Delta t$.

Wir können also $S(n \cdot \Delta t)$ in der Form

$$S(n \cdot \Delta t) = S(0) + \alpha \cdot n \cdot \Delta t + \beta . B(n \cdot \Delta t)$$

mit einer Standard-Brown'schen Bewegung B darstellen, bzw. wenn wir anstelle der diskretisierten Zeitpunkte $n \cdot \Delta t$ einen beliebigen Zeitpunkt t hier einsetzen:

$$S(t) = S(0) + \alpha \cdot t + \beta \cdot B(t).$$

Sehen wir uns in diesem Licht noch einmal die Beziehung $S(t + \Delta t) = S(t) + \alpha \cdot \Delta t + \beta \cdot \sqrt{\Delta t} \cdot w$ von Formel (7.4) an:
Wir haben

$$S(t + \Delta t) = S(0) + \alpha \cdot (t + \Delta t) + \beta \cdot B(t + \Delta t)$$

und

$$S(t) = S(0) + \alpha \cdot t + \beta \cdot B(t)$$

und daher ist

$$S(t + \Delta t) = S(t) + \alpha \cdot \Delta t + \beta \cdot (B(t + \Delta t) - B(t))$$

(dies ist also eine alternative Schreibweise von Formel (7.4)) bzw. was gleichbedeutend damit ist:

$$S(t + \Delta t) - S(t) = \alpha \cdot \Delta t + \beta \cdot (B(t + \Delta t) - B(t)). \tag{7.5}$$

Es reicht aus, diese Darstellung für beliebig (infinitesimal) kleine Zeitbereiche Δt anzugeben. Wie wir gesehen haben, lässt sich die Darstellung für längere Zeitbereiche dann daraus einfach herleiten.

Als Schreibweise für die obige Beziehung (7.5) für beliebig kleine Zeitbereiche Δt hat sich eingebürgert:

$$dS(t) = \alpha \cdot dt + \beta \cdot dB(t) \tag{7.6}$$

(„Die Veränderung $dS(t)$ des Prozesses S in einem winzigen Zeitschritt von t bis $t + \Delta t$ ist gegeben durch den Wert α multipliziert mit der Länge des Zeitschritts plus dem Wert β multipliziert mit der Änderung der Standard-Brown'schen Bewegung B in der Zeit von t bis $t + \Delta t$.")

Zur heuristischen Herleitung bzw. Rechtfertigung dieser Darstellung haben wir uns vorerst der Einfachheit halber auf konstante Werte α und β beschränkt. Diese Werte α und β können in den konkreten Anwendungen aber durchaus selbst variabel sein und zumindest von der Zeit t oder aber auch vom momentanen Wert $S(t)$ abhängig sein.

Die allgemeine Version von Formel (7.6) lautet daher:

$$dS(t) = \alpha(t, S(t)) \cdot dt + \beta(t, S(t)) \cdot dB(t) \qquad (7.7)$$

Hier sind α und β deterministische Funktionen vom momentanen Zeitpunkt t und vom momentanen Wert $S(t)$ des Prozesses. Und: Damit der Prozess auch eindeutig auf einem Zeitbereich $[0, T]$ definiert ist, muss stets auch ein Anfangswert $S(0)$ des Prozesses gegeben sein.

Sehr viele zufallsgesteuerte Prozesse in verschiedensten Anwendungsgebieten entwickeln sich im Wesentlichen mit einer solchen Dynamik!

Ein Prozess der sich nach dieser Dynamik entwickelt wird als **Ito-Prozess** bezeichnet.

$\boldsymbol{\alpha(t, S(t))} \cdot \boldsymbol{dt}$ heißt **Drift-Term** des Ito-Prozesses und $\boldsymbol{\beta(t, S(t))} \cdot \boldsymbol{dB(t)}$ heißt **Diffusions-Term** des Ito-Prozesses.

Die Bezeichnung „Ito-Prozess" geht auf den japanischen Mathematiker Itō Kiyoshi (1915 – 2008) zurück, der mit bahnbrechenden Arbeiten in den 1940er Jahren die stochastische Analysis entwickelt hat. Die stochastische Analysis stellt – vereinfacht gesagt – die Grund-Bausteine sowie Techniken zur Verfügung, mit denen die machtvollen Werkzeuge der klassischen Analysis (Differential- und Integralrechnung, Theorie der Differentialgleichungen, Variationsrechnung, ...) geeignet adaptiert werden konnten, um auch auf die Behandlung und Analyse stochastischer Prozesse angewendet werden zu können.

Das Gebiet der stochastischen Analysis in all seinen Erscheinungen (stochastische Integration, stochastische Differentialgleichungen, stochastische Kontrolltheorie, ...) ist eines der anspruchsvollsten Gebiete der modernen Mathematik. Eine mathematisch exakte Behandlung dieser Gebiete würde den Rahmen dieses Buches sprengen bzw. nicht den Intentionen dieses Buchs entsprechen. Wir werden aber versuchen, Schritt für Schritt ein doch geläufiges heuristisches Verständnis dieser Objekte und Techniken zu erlangen, um damit wirklich für konkrete Anwendungen (und teils auf Basis von „Rezepten") arbeiten zu können.

7.3 Simulation von Ito-Prozessen, grundlegende Modelle

Die ersten konkreten Erfahrungen die wir im Folgenden mit Ito-Prozessen machen werden, werden in der Notwendigkeit bestehen, solche konkreten Ito-Prozesse „intuitiv" in ihrer Wirkungsweise zu verstehen und diese auch zu simulieren.

Die Simulation eines Ito-Prozesses $dS(t) = \alpha(t, S(t)) \cdot dt + \beta(t, S(t)) \cdot dB(t)$ auf einem Zeitbereich $[0, T]$ mit Startwert $S(0)$ kann prinzipiell ziemlich „straightforward" durchgeführt werden:

- Wahl einer Diskretisierung des Zeitbereiches $[0, T]$ in N Teile der Länge jeweils $\Delta t := \frac{T}{N}$

- Start des Prozesses im Zeitpunkt 0 mit dem Wert $S(0)$

- Unter der Annahme, dass die Werte des Prozesses für die Zeitpunkte $0, \Delta t, 2 \cdot \Delta t, \ldots, n \cdot \Delta t$ schon simuliert wurden, wird der Wert $S((n+1) \cdot \Delta t)$ des Prozesses zur Zeit $(n + 1) \cdot \Delta t$ wie folgt simuliert:

  berechne $\alpha(n \cdot \Delta t, S(n \cdot \Delta t))$
  berechne $\beta(n \cdot \Delta t, S(n \cdot \Delta t))$
  bestimme eine (von den bisher verwendeten Zufallszahlen unabhängige) standard-normalverteilte Zufallszahl w_n
  und setze

$$S((n + 1) \cdot \Delta t) \quad := \quad S(n \cdot \Delta t) + \alpha(n \cdot \Delta t, S(n \cdot \Delta t)) \cdot \Delta t +$$
$$+\beta(n \cdot \Delta t, S(n \cdot \Delta t)) \cdot \sqrt{\Delta t} \cdot w_n$$

- Wir tragen die so erzeugten Punkte $\{n \cdot \Delta t, S(n \cdot \Delta t)\}$ für $n = 0, 1, 2, \ldots, N$ in ein Diagramm ein und verbinden die aufeinanderfolgenden Punkte linear.

Jede neuerliche Durchführung dieses Simulationsvorgangs liefert einen neuen möglichen Pfad des stochastischen Prozesses.

Natürlich führt die Diskretisierung des Zeitbereichs zu einer Verfälschung des Resultats. Je gröber die Diskretisierung ist, umso stärker ist diese Verfälschung (dieser „Bias"). Das heißt: Die Wahrscheinlichkeitsverteilung des tatsächlich simulierten Prozesses an den jeweiligen Zeitpunkten stimmt nicht mehr völlig mit der theoretischen Verteilung des gegebenen Prozesses überein.

Wir führen im Folgenden die Simulation an einigen grundlegenden Beispielen durch. (Simulationen von Ito-Prozessen können selbstverständlich auch mit Hilfe unserer Software durchgeführt und veranschaulicht werden.)

Beispiel 1: Brown'sche Bewegung mit Drift:

$dS(t) = \alpha \cdot dt + \beta \cdot dB(t)$ mit konstanten α und β und fixem Startwert $S(0)$

In einem winzigen Zeitbereich von t bis $t + \Delta t$ steigt $S(t)$ linear mit Steigung α an. Die tatsächliche Zunahme variiert aber um eine $N(0, \Delta t)$-verteilte Zufallsvariable, die mit einem fixen Faktor β multipliziert wird.

Wir haben oben schon gesehen, dass sich dieser stochastische Prozess auch explizit aus dieser „Differentialdarstellung" berechnen lässt. Es ist

$$S(t) = S(0) + \alpha \cdot t + \beta \cdot B(t)$$

(Wir werden später sehen, dass sich diese explizite Darstellung auch durch „stochastische Integration" der Differentialdarstellung erhalten lässt.)

Der Prozess S ist also eine Brown'sche Bewegung mit Drift. Der Drift ist der deterministische lineare Anteil $\alpha \cdot t$ und der Brown'sche Bewegungs-Anteil ist die mit der Konstanten β multiplizierte Standard-Brown'sche Bewegung.

Simulation dieses Prozesses (mit Parametern $S(0) = 0, \alpha = 3, \beta = 2$) nach dem obigen Schema mit Unterteilung des Intervalls $[0, 1]$ in 100 Teilbereiche gibt einen Beispielspfad wie im linken Teil von Abbildung 7.7 und ein Sample von 30 Beispielspfaden wie im rechten Teil von Abbildung 7.7. In beiden Bildern ist der deterministische Drift-Teil in Rot eingezeichnet.

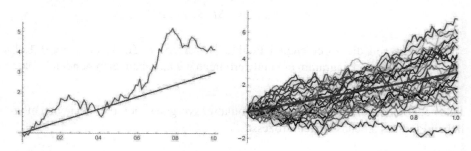

Abbildung 7.7: ein Beispielspfad und 30 Beispielspfade einer Simulation der Brown'schen Bewegung mit Drift, mit Parametern $S(0) = 0, \alpha = 3, \beta = 2$

Dieser Prozess würde sich für $\beta = 0$ natürlich auf die deterministische Funktion $S(t) = S(0) + \alpha \cdot t$ (also auf die rote Linie in Abbildung 7.7) reduzieren.

Es ist relativ offensichtlich, dass der Prozess stets sowohl positive als auch negative Werte annehmen kann.

Beispiel 2: Geometrische Brown'sche Bewegung:

$dS(t) = a \cdot S(t) \cdot dt + b \cdot S(t) \cdot dB(t)$ mit konstanten a und b und fixem Startwert $S(0)$

Dieser Prozess unterscheidet sich vom Prozess aus Beispiel 1 dadurch, dass die Größe des Anstiegs des Drift-Terms (von t bis $t + \Delta t$) nicht konstant a ist, sondern umso größer ist, je größer der momentane Wert $S(t)$ des Prozesses ist.

Und ganz analog ist die Größe des variablen Zufallsanteils (des Diffusions-Terms) nicht konstant gleich b, sondern umso größer, je größer der momentane Wert $S(t)$ des Prozesses ist.

Simulation dieses Prozesses (mit Parametern $S(0) = 1, a = 1, b = 0.4$) nach dem obigen Schema mit Unterteilung des Intervalls $[0, 1]$ in 100 Teilbereiche gibt einen Beispielspfad wie im linken Teil von Abbildung 7.8 und ein Sample von 30 Beispielspfaden wie im rechten Teil von Abbildung 7.8. In beiden Bildern ist die Entwicklung des deterministischen Drift-Teils alleine in Rot eingezeichnet.

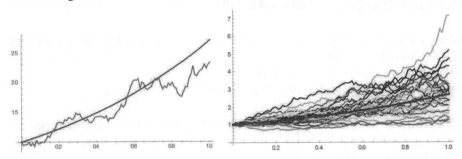

Abbildung 7.8: Ein Beispielspfad und 30 Beispielspfade einer Simulation des stochastischen Prozesses von Beispiel 2, mit Parametern $S(0) = 1, a = 1, b = 0.4$

Wenn wir hier $b = 0$ setzen, also den nun deterministischen Prozess $dS(t) = a \cdot S(t) \cdot dt$ betrachten, dann sehen wir, dass wir es dann mit einer gewöhnlichen Differentialgleichung zu tun haben.

„Division durch dt" ergibt $S'(t) = a \cdot S(t)$ und die Lösung dieser Differentialgleichung mit gegebenem Anfangswert $S(0)$ ergibt $S(t) = S(0) \cdot e^{a \cdot t}$ und das ist damit auch die Funktionsdarstellung der roten Linie in Abbildung 7.8.

Der Driftteil dieses Prozesses ist also eine exponentielle Funktion.

Lässt sich der durch die Differentialdarstellung $dS(t) = a \cdot S(t) \cdot dt + b \cdot S(t) \cdot dB(t)$ mit konstanten a und b und fixem Startwert $S(0)$ gegebene Prozess ebenfalls explizit darstellen (tatsächlich ist diese Darstellung eine **„stochastische Differentialgleichung"**. In der Gleichung tritt sowohl ein Differentialausdruck $dS(t)$ als auch

$S(t)$ selbst auf)?

Die Antwort lautet „Ja". Im nächsten Kapitel (einem Einschub) werden wir mit Hilfe der Ito-Formel nachweisen, dass die explizite Darstellung des Prozesses die folgende Form hat:

$$S(t) = S(0) \cdot e^{\left(a - \frac{b^2}{2}\right) \cdot t + b \cdot B(t)}$$

Also eine **sehr wichtige Information**, die wir uns für alles Folgende merken sollten, ist: Der durch die stochastische Differentialgleichung
$$dS(t) = a \cdot S(t) \cdot dt + b \cdot S(t) \cdot dB(t)$$
mit konstanten a und b und fixem Startwert $S(0)$ gegebenen Prozess $S(t)$ ist gerade eine **geometrische Brown'sche Bewegung** der Form
$$S(t) = S(0) \cdot e^{\left(a - \frac{b^2}{2}\right) \cdot t + b \cdot B(t)}.$$

Die geometrische Brown'sche Bewegung kann (bei positivem $S(0)$) stets nur positive Werte annehmen.

Beispiel 3: Orenstein-Uhlenbeck-Modell:

Bei diesem Modell wählen wir einen Zwischenweg zwischen Beispiel 1 und Beispiel 2. Es hat die Form
$$dS(t) = a \cdot S(t) \cdot dt + b \cdot dB(t)$$
mit konstanten a und b und fixem Startwert $S(0)$.

Der Driftterm entspricht hier dem Driftterm der geometrischen Brown'schen Bewegung von Beispiel 2 und der Diffusionsterm entspricht dem Diffusionsterm der Brown'schen Bewegung mit Drift.

Die Stärke der zufälligen Abweichung bleibt also unabhängig vom jeweiligen Wert des Prozesses konstant groß, während der Term der die prinzipielle Bewegungsrichtung vorgibt, der Driftterm, wieder direkt in Abhängigkeit von $S(t)$ ansteigt (bzw. abfällt).

Für die deterministische Version (mit $b = 0$) erhalten wir also die gleiche Entwicklung wie bei der Geometrischen Brown'schen Bewegung, also $S(t) = S(0) \cdot e^{a \cdot t}$. Das Orenstein-Uhlenbeck-Modell kann sowohl positive als auch negative Werte annehmen.

Kann man das Orenstein-Uhlenbeck-Modell explizit angeben? Ja, das ist möglich, allerdings würden wir für die Darstellung das Werkzeug der stochastischen Integration benötigen, die uns hier noch nicht zur Verfügung steht und wir müssen den Leser hierfür auf später vertrösten.

Simulation dieses Prozesses (mit Parametern $S(0) = 1, a = 1, b = 0.4$) nach dem obigen Schema mit Unterteilung des Intervalls $[0, 1]$ in 100 Teilbereiche gibt einen Beispielspfad wie im linken Teil von Abbildung 7.9 und ein Sample von 30 Beispielspfaden wie im rechten Teil von Abbildung 7.9. In beiden Bildern ist wieder die Entwicklung des deterministischen Drift-Teils alleine in Rot eingezeichnet.

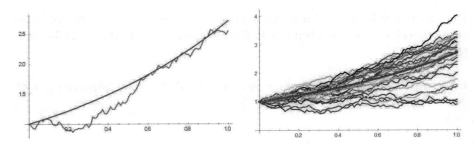

Abbildung 7.9: Ein Beispielspfad und 30 Beispielspfade einer Simulation des stochastischen Prozesses von Beispiel 3 (Orenstein-Uhlenbeck-Modell), mit Parametern $S(0) = 1, a = 1, b = 0.4$

In Abbildung 7.10 sind zum Vergleich 10 Beispielpfade (blau) einer geometrischen Brown'schen Bewegung 10 Beispielpfaden (rot) eines Orenstein-Uhlenbeck-Modells gegenübergestellt. Deutlich zu erkennen ist die im Lauf der Zeit durchschnittlich wesentlich breitere Auffächerung der geometrischen Brown'schen Bewegung gegenüber den Pfaden des Orenstein-Uhlenbeck-Modells.

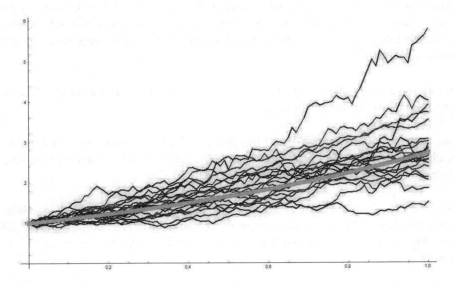

Abbildung 7.10: 10 Beispielspfade geometrische Brown'sche Bewegung (blau) und 10 Beispielspfade Orenstein-Uhlenbeck-Modell (rot), mit Parametern $S(0) = 1, a = 1, b = 0.4$

Beispiel 4: Mean-reverting Orenstein-Uhlenbeck-Modell:

Dieses Modell hat die Form
$$dS(t) = a \cdot (m - S(t)) \cdot dt + b \cdot dB(t)$$
mit konstanten $a > 0$, b und m und mit fixem Startwert $S(0)$.

Die prinzipielle Form des Modells ähnelt also dem Orenstein-Uhlenbeck-Modell (Auftreten eines $S(t)$ Anteils im Drift-Term und konstanter Faktor im Diffusions-term).

Der Drift-Term kann nun allerdings im Lauf der Zeit sowohl negative als auch positive Werte annehmen.
Denn:

- Wenn $S(t)$ kleiner als m ist, dann ist der Drift-Term positiv. Eine positive Änderung im Wert von $S(t)$ auf $S(t+\Delta t)$ ist wahrscheinlicher. Und zwar ist sie umso wahrscheinlicher und wahrscheinlich umso deutlicher, je deutlicher $S(t)$ kleiner als m ist.

- Wenn $S(t)$ größer als m ist, dann ist der Drift-Term negativ. Eine negative Änderung im Wert von $S(t)$ auf $S(t+\Delta t)$ ist wahrscheinlicher. Und zwar ist sie umso wahrscheinlicher und wahrscheinlich umso deutlicher, je deutlicher $S(t)$ größer als m ist.

Also: Ist $S(t)$ größer als m, dann tendiert $S(t)$ zu fallen, ist es kleiner als m, dann tendiert $S(t)$ zu wachsen. Der Wert von $S(t)$ sollte also mit sehr großer Wahrscheinlichkeit um den Wert m herum fluktuieren. $S(t)$ **zeigt eine „mean-reversion um m"**.

Rein anschaulich sollte natürlich ein größerer Wert von b wieder für stärkere Schwan-kung der Kursentwicklungen sorgen.

Was bewirkt ein größerer a-Wert? Ein großer a-Wert verstärkt natürlich den Zug nach oben bzw. den Zug nach unten und sollte daher schneller für eine Rückkehr zum Mittel m sorgen als ein kleiner a-Wert.

Andererseits – so erscheint es auf den ersten Blick – könnte ein großer a-Wert auch für starke Überreaktionen sorgen (also: starkes Rückziehen des Wertes auf den Wert m, aber durch den großen a-Wert tatsächlich sogar weit über das m hin-aus)!?

Wir wollen uns in Abbildung 7.11 den Einfluss der Parameter a und b an Hand einer Reihe von Simulationen veranschaulichen.

Vorher überlegen wir uns aber wieder das Aussehen der deterministischen Version des mean-reverting Orenstein-Uhlenbeck-Modells, also den Fall $b = 0$. In diesem Fall lautet die Darstellung des Prozesses $S(t)$:

$$dS(t) = a \cdot (m - S(t)) \cdot dt$$

was zur gewöhnlichen Differentialgleichung $S'(t) = a \cdot (m - S(t))$ mit Anfangswert $S(0)$ führt.

Die Lösung dieser Differentialgleichung lautet $S(t) = m - (m - S(0)) \cdot e^{-t \cdot a}$. Für jemanden, der nicht geübt ist im Lösen von Differentialgleichungen, lässt sich dies leicht nachprüfen durch Ableiten der angegebenen Lösung $S(t) = m - (m - S(0)) \cdot e^{-t \cdot a}$ und durch Einsetzen von $t = 0$ in die angegebene Lösung.

Für t gegen unendlich konvergiert dieser deterministische Anteil gegen m.

Das mean-reverting Orenstein-Uhlenbeck-Modell lässt sich ebenfalls wieder explizit ausdrücken, man wird dafür aber wieder den Begriff des stochastischen Integrals benötigen.

Nun zu den Simulationen:

Wir wählen für die folgenden Simulationen jeweils den Startwert $S(0) = 1$, das langfristige Mittel $m = 2$, die Laufzeit $t = 100$ und wir unterteilen den Zeitbereich in 10000 gleich lange Teile.

Dann variieren wir die Parameter $a = 0.1, 1, 10$ und $b = 0.2, 1$.

Für jede der 6 Kombinationen wählen wir einen typischen simulierten Pfad und illustrieren die Ergebnisse in Abbildung 7.11.

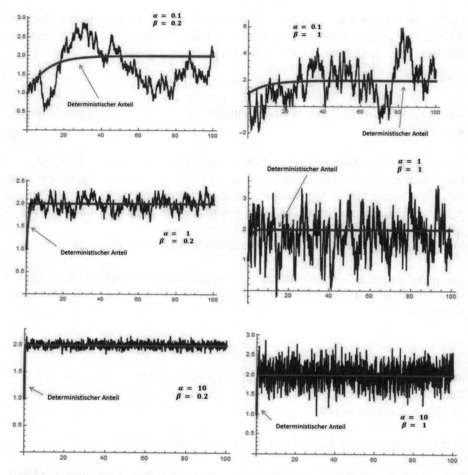

Abbildung 7.11: Simulation mean-reverting Orenstein-Uhlenbeck-Modell mit $m = 2, t = 100, n = 10.000$ und verschiedenen Parameter-Sets für a und b

Die Auswirkungen sich ändernder a und b Parameter sind ziemlich offensichtlich: Wachsendes b erhöht die Amplitude und belässt die Frequenz im Wesentlichen unverändert. Wachsendes a erhöht offensichtlich die Frequenz und verringert gleichzeitig etwas die Amplitude. Negative Werte des Prozesses sind durchaus möglich.

Tatsächlich ist es so, dass für den Erwartungswert $E(S(t))$ und die Varianz $V(S(t))$ des mean-reverting Orenstein-Uhlenbeck Modells aus Sicht des Zeitpunkts 0 und bei gegebenem $S(0)$ gilt:

$$E(S(t)) = S(0) \cdot e^{-at} + m \cdot \left(1 - e^{-at}\right)$$

$$V(S(t)) = \frac{b^2}{2a} \left(1 - e^{-2at}\right).$$

Für wachsendes t konvergiert e^{-at} gegen 0 (und zwar umso schneller je größer a ist) und der Erwartungswert konvergiert daher gegen m.

Die Varianz konvergiert gegen $\frac{b^2}{2a}$, ist also umso größer je größer das b ist (das war a priori zu erwarten) und je kleiner das a ist (das war aufgrund von Abbildung 7.11 zu erwarten).

Beispiel 5: Cox-Ingersoll-Ross-Modell:

Wir beschränken uns bei diesem Modell auf die mean-reversion-Version. Diese Version hat genau die gleiche Form wie das mean-reversion Orenstein-Uhlenbeck-Modell mit dem einzigen Unterschied, dass der Diffusionsterm nun wieder von der Größe von $S(t)$ abhängig ist, allerdings in schwächerer Form als dies bei der geometrischen Brown'schen Bewegung der Fall ist. Die Stärke der Abhängigkeit ist nicht linear in $S(t)$, sondern wächst mit $\sqrt{S(t)}$.

Das Modell hat die Form
$$dS(t) = a \cdot (m - S(t)) \cdot dt + b \cdot \sqrt{S(t)} \cdot dB(t)$$
mit konstanten $a > 0$, b und m und mit fixem Startwert $S(0)$

Eine relativ komplexe explizite Darstellung des Prozesses ist möglich.

Wesentliche Eigenschaft dieses Prozesses ist, dass er, falls auch m positiv ist, stets nicht-negative Werte liefert. Dies ist auf Grund folgender Überlegung einsichtig: Nähert sich $S(t)$ dem Wert 0, dann nähert sich auch der Diffusionsanteil 0 an und der Drift-Term, der dann nahe an dem dann positiven Wert $\alpha \cdot m \cdot dt$ liegt, dominiert die Entwicklung stark in die positive Richtung.

In Abbildung 7.12 sehen wir die Simulationen für das Cox-Ingersoll-Ross-Modell mit denselben Parametern wie in Abbildung 7.11 für das mean-reverting Orenstein-Uhlenbeck-Modell.

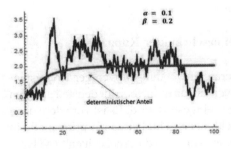 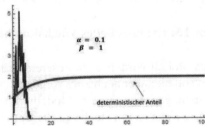

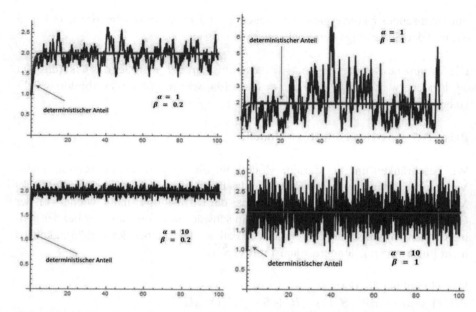

Abbildung 7.12: Simulation mean-reverting Cox-Ingersoll-Ross-Modell mit $m = 2, t =$ 100, $n = 10.000$ und verschiedenen Parameter-Sets für a und b

Auffällig ist hier die Simulation mit den Parametern $a = 0.1$ und $b = 1$.
Hier nimmt $S(t)$ offenbar einmal den Wert 0 an und verharrt dann natürlich (auf Grund der Form des Modells) bei 0. Das kann nicht passieren, wenn $2am \geq b^2$ ist. In diesem Fall bleiben die Werte $S(t)$ stets positiv.

Wir werden im Rahmen der Modellierung von Zinskurven vor allem mit den mean-reversion-Versionen des Orenstein-Uhlenbeck (OU)- und des Cox-Ingersoll-Ross-Modells (CIR) (bzw. mit Varianten davon) zu tun haben. Lange Zeit – bis zum erstmaligen Auftreten tatsächlich negativer Zinssätze an den Finanzmärkten – galt die Tatsache, dass das CIR-Modell nur positive-Werte liefert, als ein überzeugendes Argument für die Überlegenheit des CIR-Modells gegenüber dem OU-Modell für die Modellierung von Zinsentwicklungen.

Beispiel 5: Exponentielles Wachstum bei beschränkter Kapazität:

Dieses Modell wird zwar in unseren weiteren Anwendungen weniger Rolle spielen, es soll hier aber noch kurz vorgestellt werden, da es in verschiedensten anderen Anwendungen sehr gerne zu Modellierungen eingesetzt wird. Es ist vor allem dann adäquat, wenn es um stochastische Entwicklungen geht, bei denen prinzipiell ein (stochastisch) exponentielles Wachstum einer Anzahl von „Individuen" (welcher Form auch immer) auftritt, wobei allerdings die Kapazität für die Aufnahme (den Lebensraum) der Individuen durch eine Schranke M begrenzt ist (zum Beispiel ein See als Lebensraum für Fische) oder eine zu große Menge an Individuen ein

Hindernis für die Entstehung weiterer Individuen darstellt.

Das Modell hat die folgende Form
$$dS(t) = a \cdot S(t) \cdot (M - S(t)) \cdot dt + b \cdot S(t) \cdot dB(t)$$
mit konstanten a, b und positivem M und mit fixem positivem Startwert $S(0)$.

Wir haben es also mit einer geometrischen Brown'schen Bewegung (GBB) zu tun, allerdings mit einem zusätzlichen Faktor $(M - S(t))$ im Drift-Term.

Ein kleines $S(t)$ verleiht dem Modell die Eigenschaften einer GBB mit einer Drift-Konstanten der Größe circa $a \cdot M$. Wächst $S(t)$, dann bleibt das GBB-Verhalten vorerst im Wesentlichen noch bestehen, die Drift-Konstante wird aber kleiner. Nähert sich $S(t)$ der Kapazitäts-Schranke M, dann bremst sich das Wachstum völlig ein und wird bei kurzzeitigem Überschreiten der Schranke M negativ, was rasch zu einem Fallen unter die Schranke M führt.

Ein typischer Entwicklung-Pfad dieses Modells mit Startwert $S(0) = 1$, Kapazitätsschranke $M = 20$, $a = 0.1$ und $b = 0.3$ ist in Abbildung 7.13 zu sehen.

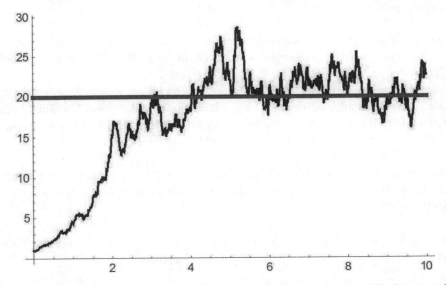

Abbildung 7.13: Ein Entwicklungs-Pfad eines Modells exponentiellen Wachstums mit beschränkter Kapazität

7.4 Einschub: Die Ito-Formel und die Differential-Schreiweise der GBB

Das wohl wichtigste Hilfsmittel der stochastischen Analysis ist die Ito-Formel.

Wie gesagt: Wir können hier nur intuitiv und heuristisch in die Grundzüge der stochastischen Analysis einführen und können daher auch diese Ito-Formel hier nur intuitiv formulieren und motivieren und eine Anwendung der Formel geben, indem wir mit ihrer Hilfe zeigen, dass die Differentialschreibweise der GBB $S(t) = S(0) \cdot e^{\left(a - \frac{b^2}{2}\right) \cdot t + b \cdot B(t)}$ tatsächlich durch $dS(t) = a \cdot S(t) \cdot dt + b \cdot S(t) \cdot dB(t)$ mit Startwert $S(0)$ gegeben ist oder umgekehrt, dass die GBB in der obigen Form tatsächlich Lösung dieser stochastischen Differentialgleichung ist.

Wir erinnern uns: Ein Ito-Prozess ist ein stochastischer Prozess $S(t)$, dessen Entwicklung nach der Dynamik $dS(t) = \alpha(t, S(t)) \cdot dt + \beta(t, S(t)) \cdot dB(t)$ mit fixem gegebenem Startwert $S(0)$ vor sich geht.

Wendet man auf einen solchen Prozess S eine Funktion f an, dann ist $Y(t) := f(S(t))$ wiederum ein stochastischer Prozess (zum Beispiel: $Y(t) = (S(t))^2$ oder $Y(t) = \log(1 + \sin^2(S(t))), \ldots$).

Oder noch etwas allgemeiner: Sei g irgendeine Funktion von zwei Variablen t und x, dann ist $Y(t) := g(t, S(t))$ wiederum ein stochastischer Prozess (zum Beispiel: $Y(t) = (t - S(t))^2$, oder $Y(t) = S(t) \cdot \log(t + \sin^2(t \cdot S(t))), \ldots$).

Die Frage, die wir uns nun stellen, lautet: Ist der neue Prozess $Y(t)$ wieder ein Ito-Prozess? (Bzw.: Unter welchen Voraussetzungen ist $Y(t)$ wieder ein Ito-Prozess?)

Das heißt: Ist die Dynamik des neuen Prozesses $Y(t)$ wieder von der Form $dY(t) = \gamma \cdot dt + \delta \cdot dB(t)$ mit irgendwelchen Funktionen γ und δ?

Und wenn „Ja": Wie sehen die Funktionen γ und δ aus, also wie sieht die „Ito-Darstellung" von Y aus?

Um die Frage zu beantworten, müssen wir also versuchen festzustellen, wie $dY(t)$ aussieht ...

Gehen wir dazu einmal unverschämt heuristisch vor: Wie würden wir in der klassischen Analysis in diesem Fall vorgehen? Wir würden versuchen, $Y(t) = g(t, S(t))$

nach t abzuleiten. Dazu müssen wir die Kettenregel aus der klassischen Analysis anwenden (Wir erinnern uns dazu, dass $g(t, x)$ eine Funktion der Variablen t und x ist. Und wir bezeichnen im Folgenden mit g_t die partielle Ableitung von g nach der ersten Variablen t und mit g_x die partielle Ableitung von g nach der zweiten Variablen x):

$$\frac{dY(t)}{dt} = \frac{dg(t, S(t))}{dt} = g_t(t, S(t)) \cdot \frac{dt}{dt} + g_x(t, S(t)) \cdot \frac{dS(t)}{dt} =$$

$$= g_t(t, S(t)) + g_x(t, S(t)) \cdot \frac{dS(t)}{dt}$$

Wir bleiben unverschämt und „multiplizieren mit dt", also erhalten wir:

$$dY(t) = g_t(t, S(t)) \cdot dt + g_x(t, S(t)) \cdot dS(t).$$

In diese letzte Gleichung setzen wir die Ito-Darstellung $dS(t) = \alpha(t, S(t)) \cdot dt + \beta(t, S(t)) \cdot dB(t)$ von $S(t)$ ein. Das ergibt:

$$\begin{aligned} dY(t) &= g_t(t, S(t)) \cdot dt + g_x(t, S(t)) \cdot (\alpha(t, S(t)) \cdot dt + \beta(t, S(t)) \cdot dB(t)) = \\ &= (g_t(t, S(t)) + g_x(t, S(t)) \cdot \alpha(t, S(t))) \cdot dt + \\ &\quad + g_x(t, S(t)) \cdot \beta(t, S(t)) \cdot dB(t) \end{aligned}$$

Und damit hätten wir ja scheinbar eine Ito-Darstellung für $Y(t)$ gefunden (mit $\gamma = (g_t(t, S(t)) + g_x(t, S(t)) \cdot \alpha(t, S(t)))$ und mit $\delta = g_x(t, S(t)) \cdot \beta(t, S(t))$ oder in Kurzfassung: $\gamma = g_t + g_x \cdot \alpha$ und $\delta = g_x \cdot \beta$).

Wir haben tatsächlich nur scheinbar eine Ito-Darstellung gefunden, denn: Es ist nicht möglich in der stochastischen Analysis genauso vorzugehen wie in der klassischen Analysis und tatsächlich wäre, wie wir gleich sehen werden, diese Darstellung falsch!

Aber: Wir haben durch diese motivatorische Überlegung eine Idee dafür bekommen, dass es tatsächlich möglich sein sollte, mit ähnlichen – aber dann wirklich zulässigen – Manipulationen auf eine Ito-Darstellung von $Y(t)$ zu kommen.

Tatsächlich gilt:

Satz 7.1 (Ito-Formel). *Sei S ein Ito-Prozess mit der Darstellung*
$dS(t) = \alpha(t, S(t)) \cdot dt + \beta(t, S(t)) \cdot dB(t)$ mit fixem gegebenem Startwert $S(0)$.

Sei
$g : \mathbb{R} \times \mathbb{R} \rightarrow \mathbb{R}$
$\quad (t, x) \rightarrow g(t, x)$
eine Funktion, die einmal stetig differenzierbar ist bezüglich t und zweimal stetig

differenzierbar bezüglich x.

Dann ist der Prozess $Y(t) := g(t, S(t))$ *wieder ein Ito-Prozess und es gilt*

$$dY(t) =$$

$$= \left(g_t(t, S(t)) + g_x(t, S(t)) \cdot \alpha(t, S(t)) + g_{xx}(t, S(t)) \cdot \frac{(\beta(t, S(t)))^2}{2} \right) \cdot dt +$$

$$+ g_x(t, S(t)) \cdot \beta(t, S(t)) \cdot dB(t).$$

Kurz: $\quad dY = \left(g_t + g_x \cdot \alpha + g_{xx} \cdot \frac{\beta^2}{2} \right) \cdot dt + g_x \cdot \beta dB$

Vergleicht man den oben angerissenen naiv-klassischen Ansatz mit der tatsächlichen Ito-Formel, dann erkennt man, dass in der stochastischen (Ito-) Version ein zusätzlicher Term $g_{xx} \cdot \frac{\beta^2}{2} \cdot dt$ auftritt. Dies ist typisch für Resultate der stochastischen Analysis: Diese sind häufig sehr ähnlich den analogen Resultaten aus der klassischen Analysis mit allerdings zumeist zusätzlich zu berücksichtigenden Zusatz-Termen.

Wir wenden jetzt, wie versprochen, die Ito-Formel auf die geometrische Brown'sche Bewegung an. Das tun wir sogar auf zweierlei Weise.

Beispiel:
a)

Wir starten mit der expliziten Darstellung der GBB $Y(t) = Y(0) \cdot e^{\left(a - \frac{b^2}{2} \right) \cdot t + b \cdot B(t)}$.
Dieser Prozess Y ist eine Funktion $g(t, X(t))$, wobei $g(t, x) = Y(0).e^{\left(a - \frac{b^2}{2} \right) \cdot t + b \cdot x}$
ist und $X(t) = B(t)$.

Dieses $X(t)$ ist ein Ito-Prozess, denn: $dX(t) = 0 \cdot dt + 1 \cdot dB(t)$.

In der Terminologie der oben angeführten Ito-Formel ist daher $\alpha = 0$ und $\beta = 1$. Die Funktion g ist beliebig oft sowohl nach der ersten als auch nach der zweiten Variablen differenzierbar. Die Ito-Formel besagt nun, dass somit der Prozess Y ein Ito-Prozess ist und wir können mit Hilfe der Ito-Formel auch die Differentialdarstellung von Y berechnen: Dazu benötigen wir zuerst die Ableitungen von g:

$$g_t = \left(a - \frac{b^2}{2} \right) \cdot Y(0) \cdot e^{\left(a - \frac{b^2}{2} \right) \cdot t + b \cdot x} = \left(a - \frac{b^2}{2} \right) \cdot g$$

$$g_x = b \cdot Y(0) \cdot e^{\left(a - \frac{b^2}{2} \right) \cdot t + b \cdot x} = b \cdot g$$

$$g_{xx} = b^2 \cdot Y(0) \cdot e^{\left(a - \frac{b^2}{2} \right) \cdot t + b \cdot x} = b^2 \cdot g$$

Daher sind
$$g_t + g_x \cdot \alpha + g_{xx} \cdot \frac{\beta^2}{2} = g_t + g_{xx} \cdot \frac{1}{2} = a \cdot g = a \cdot Y$$
und
$$g_x \cdot \beta = g_x = b \cdot g = b \cdot Y.$$

Die Ito-Darstellung für die GBB Y lautet daher in Kurzschreibweise
$$dY = a \cdot Y \cdot dt + b \cdot Y \cdot dB$$
und in ausführlicher Schreibweise
$$dY(t) = a \cdot Y(t) \cdot dt + b \cdot Y(t) \cdot dB(t),$$
was wir gerade zeigen wollten.

b)

Wir behandeln jetzt im Grunde noch einmal das gleiche Beispiel, starten jetzt aber nicht mit dem expliziten Prozess (der Lösung der stochastischen Differentialgleichung), sondern wir starten mit der stochastischen Differentialgleichung selbst
$$dX(t) = a \cdot X(t) \cdot dt + b \cdot X(t) \cdot dB(t).$$
Es ist hier also $\alpha = a \cdot X(t)$ und $\beta = b \cdot X(t)$.

In Antizipation der Lösung dieser Gleichung betrachten wir nun einen neuen Prozess $Y(t) := \log X(t)$.

Es ist also $Y(t) = g(t, X(t))$, wobei g die Funktion $g(t, x) = \log x$ ist.

g ist – in seinem Definitionsbereich – beliebig oft differenzierbar und es gilt $g_t = 0, g_x = \frac{1}{x}$ und $g_{xx} = -\frac{1}{x^2}$.

Die Ito-Formel besagt, dass Y wieder ein Ito-Prozess ist und wir können die Darstellung von Y berechnen: Es ist

$$g_t + g_x \cdot \alpha + g_{xx} \cdot \frac{\beta^2}{2} = \frac{1}{x} \cdot a \cdot x - \frac{1}{x^2} \cdot \frac{(bx)^2}{2} = a - \frac{b^2}{2}$$

und

$$g_x \cdot \beta = \frac{1}{x} \cdot b \cdot x = b,$$

und somit

$$dY(t) = \left(a - \frac{b^2}{2} \right) \cdot dt + b \cdot dB(t).$$

Y ist also eine Brown'sche Bewegung mit Drift (siehe voriges Kapitel, Beispiel 1), für die wir die explizite Darstellung kennen:

$$Y(t) = Y(0) + \left(a - \frac{b^2}{2} \right) \cdot t + b \cdot B(t).$$

Damit können wir dann aber auch den Prozess $X(t)$ explizit darstellen. Es ist ja $Y(t) = \log X(t)$, also

$$
\begin{aligned}
X(t) &= e^{Y(t)} = e^{Y(0) + \left(a - \frac{b^2}{2}\right) \cdot t + b \cdot B(t)} = e^{Y(0)} \cdot e^{\left(a - \frac{b^2}{2}\right) \cdot t + b \cdot B(t)} = \\
&= X(0) \cdot e^{\left(a - \frac{b^2}{2}\right) \cdot t + b \cdot B(t)},
\end{aligned}
$$

was wir gerade zeigen wollten.

7.5 Modellierung von Zinsentwicklungen mit mean-reverting Orenstein-Uhlenbeck

Wir schließen jetzt direkt wieder an Kapitel 7.1 an. Dort hatten wir angemerkt, dass es noch weitere Gründe gibt (neben der Tatsache, dass die GBB niemals negative Werte annehmen kann und dass sie keine mean-reversion abbilden kann), die eine Modellierung von Zinskurven mittels der GBB als nicht angemessen erscheinen lässt.

Schauen wir uns dazu jetzt die Differentialdarstellung der GBB an:
$dS(t) = a \cdot S(t) \cdot dt + b \cdot S(t) \cdot dB(t)$. Die Größe der Zufalls-Komponente, der Diffusionsterm, ist bei der GBB also proportional zum Wert $S(t)$ des Prozesses. Bei großen Werten von $S(t)$ ist also auch absolut gemessen mit großen lokalen Schwankungen zu rechnen. Bei kleinen Werten von $S(t)$ ist absolut gemessen mit kleinen lokalen Schwankungen zu rechnen. Hat $S(t)$ einen Wert von 10 dann ist mit circa 10 Mal so großen lokalen Schwankungen zu rechnen als dann, wenn $S(t)$ einen Wert von 1 hat. Ist so eine Eigenschaft für die Kursentwicklung von Zinssätzen realistisch? Ist bei Zinssätzen im Bereich von 10% mit lokalen Schwankungen zu rechnen die 10 Mal so groß sind wie dann, wenn sich die Zinssätze im Bereich von 1% bewegen? Doch eher nicht.

Führen wir dazu einen ganz einfachen Test durch: Wir betrachten zum Beispiel die historischen Tages-Schlusskurse des EUR Overnight Eonia Index von 1999 bis 2014. Diese fast 4000 Werte sind in Abbildung 7.14 in Rot eingetragen.

Nehmen wir einmal an, die Entwicklung dieses Zinssatzes würde einer GBB der Form $dS(t) = a \cdot S(t) \cdot dt + b \cdot S(t) \cdot dB(t)$ folgen.

Dann würde also für die Tagesrenditen $ren(t) := \frac{S\left(t + \frac{1}{250}\right) - S(t)}{S(t)}$ (wir rechnen mit 250 Tagen pro Handelsjahr, also $dt = \frac{1}{250}$) ungefähr gelten $ren(t) \sim a \cdot dt + b \cdot dB(t)$. Diese Tagesrenditen müssten also im Wesentlichen unabhängig von der Größe des jeweiligen Wertes $S(t)$ sein. Zur besseren grafischen Darstellbarkeit normieren wir noch die Größenordnung: Wir betrachten die normierte Größe $\frac{rent(t)}{\sqrt{dt}} \sim a \cdot \sqrt{dt} + b \cdot w$ mit standard-normalverteilten w. Diese Größe müsste also ebenfalls unabhängig von der Größe des Kurses $S(t)$ relativ gleichmäßig um den fixen Wert $a \cdot \sqrt{dt}$ schwanken. In Abbildung 7.14 sind die Werte $\frac{rent(t)}{d\sqrt{t}}$ in Blau eingetragen, und man sieht eindeutig, dass kleinere Werte von $\frac{rent(t)}{\sqrt{dt}}$ tendenziell eher mit größeren Werten von $S(t)$ einhergehen und umgekehrt.

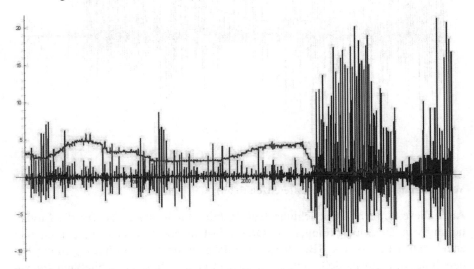

Abbildung 7.14: Entwicklung EUR Overnight Eonia Index von 1999 bis 2014 (rot) im Vergleich mit normierten relativen Tagesrenditen (blau)

Würde man dagegen von einer Entwicklung nach einem Orenstein-Uhlenbeck-Modell ausgehen, also von einer Entwicklung der Form $dS(t) = a \cdot S(t) \cdot dt + b \cdot dB(t)$, dann müsste $\frac{rent(t)}{\sqrt{dt}}$ im Wesentlichen von der Form $\frac{rent(t)}{\sqrt{dt}} \sim a \cdot \sqrt{dt} + b \cdot w \cdot \frac{1}{S(t)}$ sein, also wiederum um den fixen Wert $a \cdot \sqrt{dt}$ schwanken. Die Amplitude der Schwankung muss aber für kleines $S(t)$ dann größer und für großes $S(t)$ kleiner sein, was ja, wie wir in Abbildung 7.14 gesehen haben, tatsächlich der Fall ist.

Tatsächlich müsste bei Annahme einer Entwicklung nach einem Orenstein-Uhlenbeck-Modell die Größe $\left(\frac{rent(t)}{\sqrt{dt}} - a \cdot \sqrt{dt} \right) \cdot S(t) \sim b \cdot w$ jetzt relativ gleichmäßig und unabhängig von der Größe von $S(t)$ um 0 herum schwanken. Für den Wert $a \cdot \sqrt{dt}$ nehmen wir aus den historischen Daten eine ungefähre Schätzung vor und erhalten dafür einen Schätzwert von 0.0125.

In Abbildung 7.15 sehen wir die Werte $\left(\frac{rent(t)}{\sqrt{dt}} - a \cdot \sqrt{dt} \right) \cdot S(t)$ wieder in Blau im Vergleich mit der Kursentwicklung $S(t)$ in Rot eingetragen. Hier ist nun tatsächlich wesentlich weniger Abhängigkeit zwischen den beiden Werten zu erkennen als in Abbildung 7.14.

Abbildung 7.15: Entwicklung EUR Overnight Eonia Index von 1999 bis 2014 (rot) im Vergleich mit normierten Tagesdifferenzen (blau)

Auch diese einfache Beobachtung legt nachdrücklich nahe, dass für die Modellierung von Zinsentwicklungen ein Orenstein-Uhlenbeck-Modell wesentlich eher angebracht ist als eine GBB. Wir werden daher in unserer Einführung in die Behandlung von Zinsmodellierungen in diesem ersten Band ausschließlich (mean-reverting-) Orenstein-Uhlenbeck-Modelle und Varianten davon benutzen.

Wir treiben nun unsere heuristischen Überlegungen in Hinblick auf eine Modellierung des EUR Overnight Eonia Index mit Hilfe eines mean-reverting Orenstein-Uhlenbeck-Modells (MR-OU) $dS(t) = a \cdot (m - S(t)) \cdot dt + b \cdot dB(t)$ noch etwas weiter: Wir wollen durch einige – wieder **heuristische** ! – Überlegungen eine konkrete Wahl der Parameter a, m und b im mean-reverting Orenstein-Uhlenbeck-Modell zur Modellierung des EUR Overnight Eonia Index argumentieren:

- Für m könnten wir einfach das langjährige Mittel von 1999 bis 2014 des Eonia Index wählen. Aus den historischen Daten erhalten wir daher $m \sim 2.25$.

- Würde der Eonia Index wirklich einem MR-OU folgen, also wäre $dS(t) \sim a \cdot (2.25 - S(t)) \cdot dt + b \cdot dB(t)$ und nehmen wir auf beiden Seiten den Erwartungswert, dann wäre:
$E(dS(t)) \sim E(a \cdot (2.25 - S(t)) \cdot dt) + E(b \cdot dB(t))$.

Aus den historischen Daten erhalten wir $E(dS(t)) \sim -0.0008$.
Und es ist $E(b \cdot dB(t)) = b \cdot E(\sqrt{dt} \cdot w) = 0$, da w eine standardnormalverteilte Zufallsvariable ist. Also folgern wir: $E(a \cdot (2.25 - S(t)) \cdot$

$dt) \sim -0.0008$

- Gehen wir nun wieder von $dS(t) = a \cdot (2.25 - S(t)) \cdot dt + b \cdot dB(t)$ aus. Wir folgern:
  $E((dS(t) - a \cdot (2.25 - S(t)) \cdot dt)^2) = E((b \cdot dB(t))^2) = b^2 \cdot E((\sqrt{dt} \cdot w))^2) = b^2 \cdot dt \cdot E(w^2) = b^2 \cdot dt$
  und daher
  $b = \frac{1}{\sqrt{dt}} \cdot \sqrt{E((dS(t) - a \cdot (2.25 - S(t)) \cdot dt)^2)}$.

- Wir wenden uns nun dem Erwartungswert unter der Wurzel zu:
  $E((dS(t) - a \cdot (2.25 - S(t)) \cdot dt)^2) =$
  $= E((dS(t))^2) - 2 \cdot a \cdot dt \cdot E(dS(t) \cdot (2.25 - S(t))) + a^2 \cdot dt^2 \cdot E((2.25 - S(t))^2)$

Aus den historischen Daten erhalten wir für die einzelnen Erwartungswerte in der letzten Zeile:
$E((dS(t))^2) \sim 0.01315$
$E(S(t) \cdot (2.25 - S(t))) \sim 0.006125$
$E((2.25 - S(t))^2) \sim 2.206$

Damit ist (mittels Einsetzen dieser Werte und $dt = \frac{1}{250}$)
$E((dS(t) - a \cdot (2.25 - S(t)) \cdot dt)^2) \sim 0.01315 - a \cdot 0.00005 + a^2 \cdot 0.000035$

Wir werden in späteren Modellierungen stets mit Werten von a arbeiten, die kleiner als 5 sind. Daher sind die letzten beiden Summanden in der letzten Formel praktisch vernachlässigbar und wir erhalten $E((dS(t) - a \cdot (2.25 - S(t)).dt)^2) \sim 0.01315$ und somit
$b \sim \frac{1}{\sqrt{dt}} \cdot \sqrt{E((dS(t) - a \cdot (2.25 - S(t)) \cdot dt)^2)} \sim \mathbf{1.813}$.
(Dabei ist uns durchaus bewusst, dass $E\left(\sqrt{X}\right)$ nicht dasselbe Resultat liefert wie $\sqrt{E(X)}$!)

- Wir modellieren also $S(t)$ mittels $dS(t) \sim a \cdot (2.25 - S(t)) \cdot dt + 1.813 \cdot dB(t)$ und müssen nun nur noch einen geeigneten Parameter a schätzen.

Eine erste Idee wäre, a mittels $a \sim E\left(\frac{dS(t) - 1.813 \cdot dB(t)}{(2.25 - S(t)) \cdot dt}\right)$ zu schätzen.
Das erweist sich (auf Grund des Nenners, der oft Werte sehr nahe 0 annimmt) als äußerst instabil.

Eine andere Vorgehensweise wäre die Folgende: Wir versuchen, einen Wert für a so zu bestimmen, dass in vielen Simulationen des MR-OU-Modells mit diesem a als Parameter, der Erwartungswert „E_{sim}" und die Standardabweichung „St_{sim}" des simulierten Kurses möglichst gut mit Erwartungswert

„E_r" und Standardabweichung „St_r" des realen historischen Kurses übereinstimmt.

Wir haben die Suche nach einem geeigneten a auf folgende Weise durchgeführt: Wir haben a in Schritten von 0.1 alle Werte von 0.1 bis 5 durchlaufen lassen. Für jeden Wert von a haben wir 100 Simulationen durchgeführt und für jedes a als Abweichung den durchschnittlichen Wert von $f(a) = (E_{sim} - E_r)^2 + (St_{sim} - St_r)^2$ betrachtet.

Dabei hat sich folgendes Bild für die Entwicklung von $f(a)$ ergeben (siehe Abbildung 7.16):

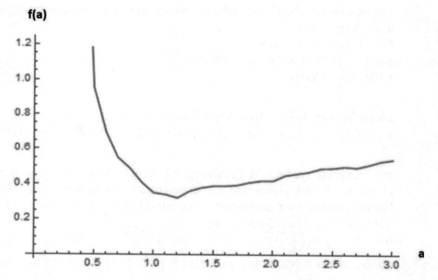

Abbildung 7.16: „Simulationsfehler" $f(a)$ in Abhängigkeit von der Wahl des Parameters a

Das Bild legt somit eine Wahl des Parameters $a = 1.2$ nahe.

- Auf Basis dieses Kalibrierungsansatzes würde sich das Modell
  $dS(t) = 1.2 \cdot (2.25 - S(t)) \cdot dt + 1.1813 \cdot dB(t)$
  zur Modellierung des EUR Overnight Eonia Index anbieten.

Wir zeigen im Folgenden (in Abbildung 7.17) einige Beispielspfade (jeweils in Blau) die bei Simulation mit genau diesem Modell über einen Simulations-Zeitraum von circa 15 Jahren entstanden sind und vergleichen diese mit der tatsächlichen Entwicklung in den Jahren 1999 bis 2014 (rot).

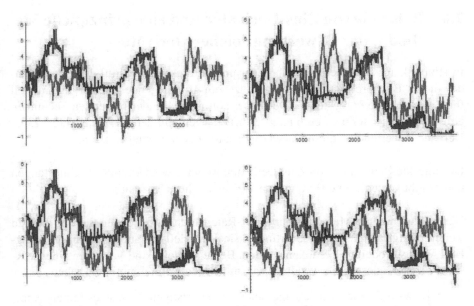

Abbildung 7.17: Typische Simulationspfade (blau) im Modell $dS(t) = 1.2 \cdot (2.25 - S(t)) \cdot dt + 1.1813 \cdot dB(t)$ im Vergleich mit der tatsächlichen EUR Overnight Eonia Entwicklung (rot)

Man erkennt hier ein prinzipiell ähnliches Verhalten bei simulierten wie bei historischen Kursen. Allerdings scheint die (rote) historische Kurve doch deutliche Phasen konstanterer Werte aufzuweisen als die simulierten Pfade.

Diese Eigenschaft lässt sich aber definitiv nicht mit dem MR-OU-Modell „nachspielen" (auch bei noch so subtiler Kalibrierung der Parameter).

Tatsächlich hat die Autokorrelation erster Ordnung der Tagesrenditen des EUR Overnight Eonia im obigen Zeitraum einen deutlich positiven Wert von 0.226, während die simulierten Pfade stets eine Autokorrelation erster Ordnung sehr nahe an 0 aufweisen.

Wir werden im Folgenden trotzdem im Wesentlichen Varianten eines OU-Modells zur Modellierung von Zinskurven verwenden. Wir werden aber auch wieder sehen, dass es im Folgenden, wenn es um die Bewertung von Zins-Derivaten geht, nicht darauf ankommt, eine reale Zins-Kurs-Entwicklung möglichst durch ein Modell zu replizieren, sondern dass es darauf ankommt, die Parameter einer „risikoneutralen" Entwicklung möglichst genau zu bestimmen.

7.6 Beispiele von Zins-Derivaten und eine prinzipielle Methodik der Bewertung solcher Derivate

In Hinblick auf Zins-Derivate haben wir uns für diesen Abschnitt des ersten Bandes dieses Buchprojekts zum Ziel gesetzt, ein grundlegendes Bewertungsmodell für Zins-Derivate vorzustellen. Der Leser soll mit Hilfe der folgenden Techniken **eine** Methode (unter mehreren möglichen) erlernen, mit deren Hilfe er selbst Zins-Derivate bewerten und diesen Bewertungsansatz auch verstehen kann.

Die korrekte Bewertung von Zins-Derivaten ist ein äußerst komplexes Unterfangen und es gibt verschiedene Herangehensweisen an diese Thematik.

Wir wählen hier die Methode über Short-Rate-Modelle, bei denen wir uns dann in weiterer Folge auf das mean-reverting-Vasicek-Modell und auf das mean-reverting-Hull-White-Modell beschränken werden. Beide Modelle sind Varianten eines MR-OU-Prozesses, dessen Verwendung wir im vorigen Kapitel motiviert haben.

- Es wird für die Entwicklung eines kürzestfristigen Zinssatzes (einer „Spot-Rate") $r(t)$ (z.B. für den EUR Overnight Eonia Index) ein Modell gewählt.

- Dieses Modell hängt von der konkreten Wahl von verschiedenen in ihm auftretenden Parametern ab.

- Andere Typen von Zinssätzen können im Wesentlichen als Funktionen dieser Spot-Rate ausgedrückt werden.

- Es wird sich zeigen, dass diese Parameter aber nicht einfach „frei geschätzt" werden dürfen (etwa so, dass das Modell möglichst genau auf die historische Entwicklung der Spot-Rate kalibriert wird), sondern dass die Parameter so zu wählen sind, dass die Parameterwahl mit den momentanen Werten anderer Typen von Zinssätzen möglichst konsistent ist.

- Ist das Modell dann in diesem Sinn „richtig" kalibriert, dann hat man dadurch auch für alle anderen Typen von Zinssätzen eine in diesem Sinn „richtige" Modellierung.

- Ein Derivat auf einen dieser Zinssätze ist dann einfach wieder der (richtig (!)) diskontierte erwartete Payoff dieses Derivats in Bezug auf diese „richtigen" Modellierungen.

Dieses Programm ist in den folgenden Kapiteln im Detail auszuarbeiten.

Welche Arten von Zins-Derivaten sind nun die relevantesten und die am häufigsten am Markt vorkommenden Typen?

- **Kündigungsrechte** für Kredite:
  Ein Kredit über die Kreditsumme von 500.000 Euro mit einer Laufzeit von

20 Jahren bei einem Fixzinssatz von 4% p.a. kann so beschaffen sein, dass entweder

a) definitiv am Ende jedes Jahres der Laufzeit 20.000 Euro zu bezahlen sind und dass am Ende der Laufzeit die 500.000 Euro zurückzuzahlen sind

oder

b) der Kreditnehmer am Ende jeden Jahres der Laufzeit die Möglichkeit hat, sich für eine letztmalige Zinszahlung von 20.000 Euro und sofortige Rückzahlung der 500.000 Euro zu entscheiden (jederzeitiges Kündigungsrecht).

Natürlich ist die Variante b) für den Kreditnehmer vorteilhafter als Variante a). Der Kreditnehmer verfügt zusätzlich zum Kredit über eine (Kündigungs-) Option. Es handelt sich dabei um eine Bermudean Option (mehrere Ausübungsmöglichkeiten, aber nicht „jederzeit" mögliche Ausübung). Im Normalfall wird ein Kredit der Variante b) daher teurer sein als ein Kredit der Variante a) (und zwar um den „Preis der Option" teurer). Das heißt: Im Normalfall wird der Kredit-Zinssatz bei Variante b) etwas höher liegen als bei Variante a). Wo liegt die „faire Differenz" zwischen den beiden Zinssätzen?

- **Zins-Caps** für Kredite:
  Ein Kredit über die Kreditsumme von 500.000 Euro mit einer Laufzeit von 20 Jahren kann so beschaffen sein, dass am Beginn jeden halben Jahres während der Laufzeit der 6- Monats-Euro-Libor festgestellt wird und am Ende jeden halben Jahres während der Laufzeit Kreditzinsen in Höhe dieses anfangs festgestellten 6-Monats-Libor + 0.5% p.a. zu zahlen sind. Ein Zins-Cap begrenzt die Höhe der zu zahlenden Zinsen. Zum Beispiel könnte im obigen Beispiel ein Zins-Cap so beschaffen sein, dass stets – bei jedem halbjährlichen Zahlungstermin – höchstens 4% p.a. Kreditzinsen zu zahlen sind. Wie hoch ist der faire Preis eines solchen Caps?

- **Zins-Floors** für Sparbücher:
  Ein auf 5 Jahre gebundenes Sparbuch mit einer Einlage von 100.000 Euro könnte mit einer Verzinsung der folgenden Form ausgestattet sein: Am Anfang jeden Jahres während der Laufzeit wird die 1-Jahres-Euro-Swaprate festgestellt. Am Ende des Jahres werden am Sparbuch Zinsen in Höhe dieser anfangs festgestellten Swaprate abzüglich 0.5% gutgeschrieben. Aber es werden in jedem Fall stets mindestens 0.25% Zinsen ausbezahlt. Dieser letzte Zusatz stellt einen Zins-Floor dar, der die Anlagezinsen nach unten beschränkt (über einem Mindest-Niveau hält).

- Ein **einfacher Zins-Swap**:
  Gibt dem Besitzer das Recht, zu einem Zeitpunkt T in der Zukunft einen va-

riabel verzinsten Kredit (etwa mit halbjährlicher Verzinsung zum 6-Monats-Libor) gegen einen Kredit mit gleicher Laufzeit und gleicher Nominale mit fixer halbjährlicher Verzinsung (von z.B. 4% p.a.) zu tauschen.

- **Komplexe Zins-Swaps**:
  Wir werden in den Fallbeispielen ganz konkrete, in realen Fällen gehandelte, wesentlich komplexere Versionen von Zins-Swaps kennen lernen, in denen etwa die Höhe des „fixen Zinssatzes" von verschiedenen Bedingungen abhängig ist.

Der Ausarbeitung des Programms zur Bewertung solcher Produkte im oben beschriebenen Sinn, für die einiges an Vorarbeit nötig sein wird, werden wir uns in den folgenden Kapiteln widmen.

7.7   Grundbegriffe friktionsloser Zinsmärkte: Zero-Coupon-Bonds und Zinssätze

Wir werden im Folgenden einige Begriffe aus dem Bereich der Zinsmärkte, die wir teilweise schon aus früheren Zusammenhängen kennen, formaler, in mathematischer Sprache, definieren:

Ein **Null-Coupon-Bond** (Null-Coupon-Anleihe) **mit Fälligkeit T** ist ein Finanzprodukt, das mir die Zahlung von 1 Euro zur Zeit T garantiert. Der **Preis** eines Null-Coupon-Bonds mit Fälligkeit T zur Zeit t wird mit $p(t, T)$ bezeichnet.

Wir gehen von einem friktionslosen Null-Coupon-Bond-Markt aus. Das heißt, wir nehmen folgendes an:

- Für jedes T in der Zukunft gibt es am Markt einen Null-Coupon-Bond mit Fälligkeit T.

- Jeder dieser Null-Coupon-Bonds ist so handelbar, wie wir das bereits früher für friktionslose Märkte definiert haben (unbegrenzt und beliebig teilbar, ohne Transaktionskosten, sowohl long als auch short, ...).

- Wir gehen davon aus, dass keinerlei Kreditrisiko besteht, das heißt: Die zukünftige Zahlung durch einen Null-Coupon-Bond ist immer tatsächlich garantiert und sicher. Insbesondere folgt daraus: $p(T, T) = 1$ für alle T.

- Es ist anschaulich evident, dass sich der Preis $p(t, T)$ bei fix bleibendem t und bei geringfügig steigendem oder fallendem T nur geringfügig oder sogar „glatt" (ohne „Ecke" oder „Sprung") ändert.

Wir nehmen an: In einem friktionslosen Bond-Markt ist die Preisfunktion $p(t, T)$ eine differenzierbare Funktion in T. Für fixes t und variables $T > t$

nennen wir die Funktion $p(t, T)$ die **Bond-Preiskurve zur Zeit t („term structure at t")**.

(Achtung: Eine Änderung von t (bei fest bleibendem T) kann allerdings sehr wohl zu erratischen Änderungen in der Entwicklung von $p(t, T)$ führen (sogar zu Sprüngen bei sich plötzlich ändernden Marktzinsen). Über die analytischen Eigenschaften von $p(t, T)$ als Funktion in t kann man daher a priori nichts aussagen und auch keine sinnvollen Voraussetzungen treffen. $p(t, T)$ ist bei fixem T ein stochastischer Prozess. Natürlich kann man aber versuchen, ein geeignetes stochastisches Modell für die Entwicklung von $p(t, T)$ bei sich änderndem t zu finden. Das Einzige das sich definitiv sagen lässt ist $\lim_{t \to T} p(t, T) = 1$.)

Die ersten Fragen in Hinblick auf die Preisfunktion $p(t, T)$ haben wir oben schon explizit gestellt:

- Wie sieht ein geeignetes stochastisches Modell für die Entwicklung von $p(t, T)$ bei fixem T und variierendem t aus?

- Muss aus Sicht des No-Arbitrage-Prinzips eine bestimmte Abhängigkeit zwischen den Werten $p(t, T_1)$ und $p(t, T_2)$ für fixes t und verschiedene T_1 und T_2 bestehen? Wenn „Ja" welche? Was lässt sich daraus für die Form der Funktion $p(t, T)$ als Funktion von T schließen?

Null-Coupon-Bonds geben uns die Möglichkeit Cash risikolos zu einem bestimmten risikolosen Zinssatz für eine bestimmte Zeit von jetzt bis zu einem Zeitpunkt T (also für das Intervall $[0, T]$) anzulegen. Um einen Betrag von K Euro bis zum Zeitpunkt T in der Zukunft anzulegen, kaufen wir mit dem Betrag von K Euro $\frac{K}{p(0,T)}$ Stück des Bonds mit Laufzeit bis T. Zum Zeitpunkt T erhalten wir dann $\frac{K}{p(0,T)}$ Euro ausbezahlt. Das Kapital K Euro hat sich im Lauf von T Jahren daher auf $\frac{K}{p(0,T)}$ Euro entwickelt.

Vergleichen wir diese Kapitalentwicklung mit der Entwicklung des Kapitals bei einer **einmaligen (einfachen) Verzinsung** bzw. bei einer **stetigen Verzinsung** im Lauf von T Jahren zu einem per anno Zinssatz x, so erhalten wir aus dem Vergleich:

$K \cdot (1 + x \cdot T) = \frac{K}{p(0,T)}$
den einfachen per anno Zinssatz
$x = \frac{1}{T} \cdot \left(\frac{1}{p(0,T)} - 1 \right)$
und aus dem Vergleich
$K \cdot e^{xT} = \frac{K}{p(0,T)}$
den stetigen per anno Zinssatz
$x = \frac{1}{T} \cdot \log \frac{1}{p(0,T)}$.

Null-Coupon-Bonds geben uns aber auch die Möglichkeit **bereits jetzt (zum Zeit-punkt 0)** einen risikolosen Zinssatz für Anlagen von Cash für jedes beliebige Zei-tintervall $[S, T]$ in der Zukunft zu generieren.

Wollen wir etwa jetzt schon fixe Zinsen für eine Anlage von K Euro zum Zeit-punkt S in der Zukunft bis zum Zeitpunkt T in noch weiterer Zukunft (also für das Zeitintervall $[S, T]$) fixieren, dann können wir so vorgehen:

Wir verkaufen jetzt im Zeitpunkt 0 genau K Stück Zero-Coupon-Bond mit Lauf-zeit bis S (S-Bond) und nehmen dadurch $K \cdot p(0, S)$ Euro ein. Für dieses Geld kaufen wir genau $\frac{K \cdot p(0,S)}{p(0,T)}$ Stück Zero-Coupon-Bond mit Laufzeit bis T (T-Bond).

Im Zeitpunkt S müssen wir K Euro ausbezahlen (Fälligkeit der K Stück S-Bond), dazu verwenden wir die K Euro die wir in S anlegen möchten.

Wir erhalten in T dann $\frac{K \cdot p(0,S)}{p(0,T)}$ Euro ausbezahlt (Fälligkeit der $\frac{K \cdot p(0,S)}{p(0,T)}$ Stück T-Bond).

Conclusio: Wir haben im Zeitpunkt 0 bereits definitiv in die Wege geleitet, dass sich ein bestimmtes Kapital K Euro vom Zeitpunkt S in der Zukunft bis zum Zeit-punkt T in noch weiterer Zukunft von K Euro auf $\frac{K \cdot p(0,S)}{p(0,T)}$ Euro entwickelt.

Vergleichen wir diese Entwicklung wieder wie oben mit einer einfachen Verzin-sung $K \cdot (1 + x \cdot (T - S))$ und mit einer stetigen Verzinsung $K.e^{x \cdot (T-S)}$ im Zeitbereich, dann erhalten wir den einfachen Zinssatz $x = \frac{1}{T-S} \cdot \left(\frac{p(0,S)}{p(0,T)} - 1 \right)$ und den stetigen Zinssatz $x = \frac{1}{T-S} \cdot \log \frac{p(0,S)}{p(0,T)}$.

Natürlich erhält man aus den letzten Formeln wieder die früheren wenn wir speziell $S = 0$ setzen. Und natürlich können wir aus der Sicht eines beliebigen momenta-nen Zeitpunkts t anstelle des Zeitpunkts 0 argumentieren.

Wir fassen diese Überlegungen in Form einer Definition zusammen:

Definition 7.2.

- Der **einfache Forward Zinssatz** (im Folgenden: **Libor Forward Zinsatz**) für $[S, T]$ aus der Sicht von t ist gegeben durch:

$$L(t; S, T) := \frac{1}{T - S} \cdot \left(\frac{p(t, S)}{p(t, T)} - 1 \right)$$

- Der **stetige Forward Zinssatz** für $[S, T]$ aus Sicht von t ist gegeben durch:

$$R(t; S, T) := \frac{1}{T - S} \cdot \log \frac{p(t, S)}{p(t, T)}$$

- Der **einfache Spot-Zinssatz** für $[t, T]$ (im Folgenden: **Libor Spot-Zinssatz**) für $[t, T]$ ist gegeben durch

$$L(t, T) := \frac{1}{T - t} \cdot \left(\frac{1}{p(t, T)} - 1 \right)$$

- Der **stetige Spot-Zinssatz** für $[t, T]$ für $[t, T]$ ist gegeben durch

$$R(t, T) := \frac{1}{T - t} \cdot \log \frac{1}{p(t, T)}$$

In den stetigen Versionen der obigen Formeln betrachten wir jetzt noch beliebig kurze Zeiträume, das heißt, wir lassen S gegen T gehen und erhalten dadurch den kürzestfristigen Zinssatz (Short-Rate) im Zeitpunkt T, den ich vom Zeitpunkt t aus generieren kann. Wir erhalten:

$$
\begin{aligned}
f(t, T) & := \lim_{S \to T} R(t; S, T) = \lim_{S \to T} \left(\frac{1}{T - S} \cdot \log \frac{p(t, S)}{p(t, T)} \right) = \\
& = -\lim_{S \to T} \left(\frac{\log p(t, T) - \log p(t, S)}{T - S} \right) = -\frac{\partial \log p(t, T)}{\partial T} = \\
& = -\frac{p'(t, T)}{p(t, T)}
\end{aligned}
$$

wobei $p'(t, T)$ die Ableitung von $p(t, T)$ nach T bezeichnet.

Speziell ist $r(t) := f(t, t)$ der kürzestfristige momentane Zinssatz, den ich mir zur Zeit t mit Hilfe von Zero-Coupon-Bonds generieren kann. Wir fassen auch diese beiden Begriffe in einer Definition zusammen.

Definition 7.3.

- Die **Forward Spotrate** für den Zeitpunkt T aus Sicht von t ist gegeben durch

$$f(t, T) := -\frac{\partial \log p(t, T)}{\partial T} = -\frac{p'(t, T)}{p(t, T)}$$

- Die **Shortrate** zur Zeit t ist gegeben durch $r(t) := f(t, t) = -\left. \frac{p'(t,T)}{p(t,T)} \right|_{T=t}$

Will ein Investor ab jetzt (Zeitpunkt 0) Geld (z.B. 1 Euro) risikolos für eine unbestimmte Zeit veranlagen, also so, dass er prinzipiell jederzeit wieder ohne Verlust auf das Geld zugreifen kann (so wie das bei einem ungebundenen Sparbuch etwa der Fall ist), dann kann er (theoretisch) so vorgehen:

Er investiert im Zeitpunkt 0 den Betrag von 1 Euro für den „infinitesimal kurzen" Zeitbereich $[0, dt]$ in einen dt-Bond. Bis zum Zeitpunkt dt entwickelt sich der Betrag von 1 Euro in $e^{r(0) \cdot dt}$ Euro.

Im Zeitpunkt dt investiert er den Betrag von $e^{r(0) \cdot dt}$ Euro für den „infinitesimal kurzen" Zeitbereich $[dt, 2 \cdot dt]$ in $e^{r(0) \cdot dt}$ Stück eines $2 \cdot dt$-Bonds. Bis zum Zeitpunkt dt entwickelt sich der Betrag von $e^{r(0) \cdot dt}$ Euro in $e^{r(0) \cdot dt + r(dt) \cdot dt}$ Euro.

So fahren wir „rollierend" weiter fort bis zu einem beliebigen Zeitpunkt t.

Wenn wir t in der Form $t = M \cdot dt$ darstellen, dann ist das Investment bis zur Zeit t auf $e^{r(0) \cdot dt + r(dt) \cdot dt + r(2 \cdot dt) \cdot dt + \ldots + r(M \cdot dt) \cdot dt}$ Euro angewachsen. Für $dt \to 0$ geht die „Riemann'sche Summe" im Exponenten gegen das Integral $\int_0^t r(s)ds$ und somit ist das Kapital bis zum Zeitpunkt t auf $B_t := e^{\int_0^t r(s)ds}$ angewachsen.

Definition 7.4.

- Der Prozess $B_t := e^{\int_0^t r(s)ds}$ heißt *money account process*.

Es gilt natürlich $B_0 = 1$ und für die Ableitung von B nach t gilt $B_t' = r(t) \cdot B_t$. Im Fall, dass für $r(s)$ ein konstanter Wert $r(s) = r$ angenommen wird, gilt $B_t = e^{r \cdot t}$.

Wir müssen hier ab dieser Stelle eine Bezeichnungsänderung vornehmen. Es hat sich in der finanzmathematischen Literatur eingebürgert, diesen money account process mit B zu bezeichnen. Wir werden in Zukunft immer wieder mit diesem money account process zu tun haben. Andererseits haben wir bisher auch die Brown'sche Bewegung mit dem Buchstaben B bezeichnet. In der finanzmathematischen Literatur hat sich allerdings weitgehend die Bezeichnung W etabliert. Wir werden ab nun ebenfalls die Bezeichnung W für die Brown'sche Bewegung nutzen.

Nachdem wir diese Bezeichnungsübereinkunft nun geklärt haben:

Es gilt also $B_t' = r(t) \cdot B_t$. In der oben eingeführten Differentialschreibweise können wir dafür auch $dB_t = r(t) \cdot B_t \cdot dt$ schreiben.

(Auch wenn die Bezeichnung W für die Brown'sche Bewegung hier noch nicht auftritt, war die Vorab-Klärung doch notwendig um keine Doppeldeutigkeit für B mitzuschleppen.)

Wichtig ist schließlich noch der folgende Zusammenhang zwischen Bondpreisen $p(t, T)$ und Forward Spotrates $f(t, T)$:

Aufgrund der Definition von $f(t, u)$ (wir wählen hier vorerst bewusst den Parameter u anstelle des hier gewohnten T) gilt ja (wir haben das bereits bei der Erläuterung von $f(t,T)$ erwähnt):

$$f(t,u) = -\frac{\partial \log p(t,u)}{\partial u}$$

Wir wenden auf beide Seiten dieser Gleichung das Integral $\int_s^T du$ an, wobei $t \leq s \leq T$ sei. Dann erhalten wir also:

$$\int_s^T f(t,u)du = \int_s^T -\frac{\partial \log p(t,u)}{\partial u} du = \log p(t,s) - \log p(t,T),$$

also

$$\log p(t,T) = \log p(t,s) - \int_s^T f(t,u)du$$

und somit

$$\boldsymbol{p(t,T) = p(t,s) \cdot e^{-\int_s^T f(t,u)du}}.$$

Auf diesen Zusammenhang werden wir öfter noch zurückgreifen. Speziell gilt, wenn wir $s = t$ setzen:

$$\boldsymbol{p(t,T) = e^{-\int_t^T f(t,u)du}}.$$

Entsinnen wir uns nach dieser ersten Klärung von Begriffen nochmals der grundlegenden Aufgabe, der wir uns in diesen Paragraphen stellen möchten und ihrer möglichen prinzipiellen Lösung:

Wir wollen alle wesentlichen grundlegenden und in diesem Kapitel definierten Zinssatz- und Bondpreis-Typen (wir benötigen keine weiteren Typen!) geeignet modellieren (also $p(t,T), f(t,T), r(t), L(t,S,T), R(t,S,T), \ldots$).

Ganz klar folgt direkt aus den Definitionen: Wenn wir für alle T den Bondpreis $p(t,T)$ modelliert haben, dann können wir damit alle anderen Zinssätze ausdrücken. Es reicht also völlig aus, für alle T den Bondpreis $p(t,T)$ zu modellieren.

Da wir aber jedes $p(t,T)$ in der Form $p(t,T) = e^{-\int_t^T f(t,u)du}$ darstellen können, würde es auch ausreichen, für alle T die Forward Spotrate $f(t,T)$ zu modellieren.

Wenn wir jetzt darangehen wollten, sämtliche $p(t,T)$ zu modellieren (oder sämtliche $f(t,T)$) dann müssen wir uns aber folgende Frage stellen:
„Können wir tatsächlich für jedes T den Prozess $p(t,T)$ (bzw. $f(t,T)$) frei modellieren oder müssen hier nicht bestimmte Beziehungen zwischen den verschiedenen $p(t,T_1)$ und $p(t,T_2)$ gelten, da andernfalls Arbitrage möglich wäre (oder Widersprüche anderer Art auftreten könnten)? Wie sehen diese Beziehungen aus? Was müssen wir dabei beachten?"

Beziehungsweise könnten und sollten wir uns auch die folgende Frage stellen:

„Reicht es eventuell aus, nur ein paar wenige (oder gar nur EINEN) Bondpreise $p(t,T)$ (oder Forward Spotrates $f(t,T)$) zu modellieren und alle anderen lassen sich mittels No-Arbitrage-Bedingungen daraus berechnen?"

Im Extremfall könnte diese Frage lauten:

„Reicht es eventuell aus, nur die Shortrate $r(t)$ zu modellieren und alle anderen Bondpreise (etc.) lassen sich mittels No-Arbitrage-Bedingungen daraus berechnen?"

Diese Fragen werden wir im übernächsten Paragraphen beantworten.

Vorher werden wir noch einige weitere Grundbegriffe und Beziehungen herleiten.

7.8 Fix- und Floating-Rate-Coupon Bonds

Als erstes widmen wir uns **Fix-Coupon-Bonds**.

- Hier werden zu fixierten Zeitpunkten $T_1 < T_2 < T_3 < \ldots < T_n$ Coupons in fix vorgegebener Höhe von $c_1, c_2, c_3, \ldots, c_n$ an den Besitzer des Bonds ausbezahlt.

- In T_n wird weiters eine Nominale in Höhe von K an den Besitzer des Bonds bezahlt.

- Zeitpunkt T_0 (mit $T_0 < T_1$) ist das Erstausgabedatum des Bonds.

Ganz offensichtlich lässt sich ein solcher Fix-Coupon-Bond mittels einer Kombination aus Null-Coupon-Bonds mit den n verschiedenen Laufzeiten $T_1, T_2, T_3, \ldots, T_n$ darstellen. Er liefert genau dieselben Zahlungsflüsse wie die Kombination aus
c_1 Stück T_1-Null-Coupon-Bonds
c_2 Stück T_2-Null-Coupon-Bonds
$\ldots$
c_{n-1} Stück T_{n-1}-Null-Coupon-Bonds
und
$K + c_n$ Stück T_n-Null-Coupon-Bonds

Aus No-Arbitrage-Gründen ist daher der **faire Preis $p(t)$ des Fix-Coupon-Bonds** für einen Zeitpunkt t mit $T_0 \le t < T_1$ gegeben durch:

$$
\begin{aligned}
\boldsymbol{p(t)} &= c_1 \cdot p(t, T_1) + c_2 \cdot p(t, T_2) + c_3 \cdot p(t, T_3) + \ldots + c_{n-1} \cdot p(t, T_{n-1}) + \\
&\quad + c_n \cdot p(t, T_n) + K \cdot p(t, T_n) = \\
&= \sum_{i=1}^{n} \boldsymbol{c_i \cdot p(t, T_i) + K \cdot p(t, T_n)}.
\end{aligned}
$$

Zumeist wird die Couponhöhe c_i im Zeitpunkt T_i als einfacher Zinssatz per anno für das Zeitintervall $[T_{i-1}, T_i]$ angegeben, etwa als Zinssatz r. Dieser Zinssatz bezieht sich dann auf die Nominale K. Die konkrete Couponzahlung beträgt in diesem Fall dann also $c_i = r \cdot (T_i - T_{i-1}) \cdot K$ und obige Formel wird zu $p(t) = \sum_{i=1}^{n} r \cdot (T_i - T_{i-1}) \cdot K \cdot p(t, T_i) + K \cdot p(t, T_n)$.

Zumeist sind auch die Zeitabstände zwischen aufeinanderfolgenden Couponzahlungen (im Wesentlichen) gleich lang, etwa von Länge δ (z.B. $\delta = 1$, also ein Jahr oder $\delta = \frac{1}{2}$, also ein halbes Jahr). Die konkrete Couponzahlung beträgt in diesem Fall dann also $c_i = r \cdot \delta \cdot K$ und die Formel für $p(t)$ lautet dann

$$
\boldsymbol{p(t) = K \cdot \left(r \cdot \delta \cdot \sum_{i=1}^{n} p(t, T_i) + p(t, T_n) \right)}.
$$

Coupon-Bonds mit variablen Coupons („Floating Rate Bonds") gibt es in verschiedenen Ausprägungen. Wir beschränken uns hier auf die üblichste in der Realität vorkommende Version.

- Hier werden zu fixierten Zeitpunkten $T_1 < T_2 < T_3 < \ldots < T_n$ Coupons in variabler (aber natürlich vorab klar definierter) Höhe von $c_1, c_2, c_3, \ldots, c_n$ an den Besitzer des Bonds ausbezahlt.

- In T_n wird weiters eine Nominale in Höhe von K an den Besitzer des Bonds bezahlt.

- Der Zeitpunkt T_0 (mit $T_0 < T_1$) ist das Erstausgabedatum des Bonds.

In der üblichsten Version eines Floating Rate Bonds wird der Coupon c_i wie folgt bestimmt:

Der Coupon c_i entspricht (!) dem einfachen LIBOR Forward Zinssatz $L(T_{i-1}, T_i)$ für den Zeitbereich zwischen dem letzten vorhergehenden Zahlungszeitpunkt T_{i-1} und dem aktuellen Zahlungszeitpunkt T_i. Wir erinnern uns an die finanzmathematisch faire Version des LIBOR:

$$
L(T_{i-1}, T_i) = \frac{1}{T_i - T_{i-1}} \cdot \left(\frac{1}{p(T_{i-1}, T_i)} - 1 \right).
$$

Der Coupon c_i ist also gleich $K \cdot (T_i - T_{i-1}) \cdot L(T_{i-1}, T_i) = K \cdot \left(\frac{1}{p(T_{i-1}, T_i)} - 1 \right)$.

Also die Höhe der Zahlung im Zeitpunkt T_i steht schon im Zeitpunkt T_{i-1} fest (aber nicht früher).

Typische Floating Rate Bonds sind etwa Anleihen die halbjährlich den (tatsächlichen (!)) 6-Monats-LIBOR der Vorperiode zahlen.

Wie sieht der faire Wert eines solchen Floating Rate Bonds aus? Existiert dieser faire Wert überhaupt? Da die Höhe der zukünftigen Zahlungen a priori nicht bekannt ist, ist es nicht selbstverständlich, dass ein fairer Preis für dieses Produkt unbedingt existieren muss.

Falls dieser faire Wert aber existiert, dann wollen wir ihn für einen Zeitpunkt t mit $T_0 \leq t < T_1$ wieder mit $p(t)$ bezeichnen.

Für die folgenden Überlegungen können wir ohne weiteres $K = 1$ setzen (andernfalls ist der im Folgenden hergeleitete faire Preis $p(t)$ einfach mit K zu multilizieren).

Der in T_i bezahlte Coupon beträgt also $\frac{1}{p(T_{i-1},T_i)} - 1$.

Der zweite Teil „-1" dieser Zahlung entspricht zum Zeitpunkt t einer Short-Position in einem T_i-Bond und hat zum Zeitpunkt t daher den Wert $-p(t, T_i)$.

Der erste Teil „$\frac{1}{p(T_{i-1},T_i)}$" dieser Zahlung entspricht zum Zeitpunkt t einer Long-Position in $\frac{1}{p(T_{i-1},T_i)}$ Stück eines T_i-Bonds und hat zum Zeitpunkt t daher den Wert $p(t, T_i) \cdot \frac{1}{p(T_{i-1},T_i)}$.

Diese Tatsache hilft uns aber leider nichts für die Bestimmung von $p(t)$, da wir ja im Zeitpunkt t den Wert von $p(T_{i-1}, T_i)$ noch nicht kennen.

Wir werden daher den Wert der Zahlung in Höhe von $\frac{1}{p(T_{i-1},T_i)}$ im Zeitpunkt T_i aus Sicht des Zeitpunkts t auf andere Weise und zwar durch Replizierung der Zahlung durch eine alternative Vorgangsweise bestimmen:

- Dazu kaufen wir im Zeitpunkt t ein Stück eines T_{i-1}-Bonds zum Preis von $p(t, T_{i-1})$.

- Zur Zeit T_{i-1} erhalte ich dann 1 Euro ausbezahlt.

- Mit diesem 1 Euro Auszahlung kaufe ich im Zeitpunkt T_{i-1} genau $\frac{1}{p(T_{i-1},T_i)}$ Stück eines T_i-Bonds (der Preis eines Stücks beträgt ja dann gerade $p(T_{i-1}, T_i)$).

- Im Zeitpunkt T_i erhalte ich dann gerade $\frac{1}{p(T_{i-1},T_i)}$ ausbezahlt!

Auf diese Weise haben wir uns schon zum Zeitpunkt t eine Zahlung von genau $\frac{1}{p(T_{i-1},T_i)}$ Euro im Zeitpunkt T_i gesichert und zwar zum Preis von $p(t,T_{i-1})$ Euro (im Zeitpunkt t).

Der Wert einer Zahlung in Höhe von $\frac{1}{p(T_{i-1},T_i)}$ Euro im Zeitpunkt T_i hat aus Sicht von Zeitpunkt t also genau den Wert $p(t,T_{i-1})$.

Somit hat der **Coupon**, c_i der im Zeitpunkt T_i gezahlt wird, **aus Sicht des Zeitpunkts t den fairen Wert** $p(t,T_{i-1}) - p(t,T_i)$. Dies gilt für $i \geq 2$.

Da $T_0 \leq t < T_1$ vorausgesetzt ist, ist die erste Couponzahlung in T_1 zur Zeit t bereits bekannt. Es ist $c_1 = L(T_0,T_1) = \frac{1}{p(T_0,T_1)} - 1$. Zur Zeit t hat c_1 somit den Wert $p(t,T_1) \cdot \left(\frac{1}{p(T_0,T_1)} - 1 \right)$.

Der faire Wert des Floating Rate Bonds im Zeitpunkt t ergibt sich dann als Summe der fairen Werte aller einzelnen Zahlungen (Coupons c_i zur Zeit T_i und Nominale 1 zur Zeit T_n):

$$
\begin{aligned}
p(t) &= p(t,T_1) \cdot \left(\frac{1}{p(T_0,T_1)} - 1 \right) + \\
&\quad + \sum_{i=2}^{n} (p(t,T_{i-1}) - p(t,T_i)) + 1 \cdot p(t,T_n) = \\
&= \frac{p(t,T_1)}{p(T_0,T_1)}.
\end{aligned}
$$

Wir fassen zusammen:

Der faire Preis $p(t)$ des obigen Floating Rate Bonds ist für einen beliebigen Zeitpunkt t mit $T_0 \leq t < T_1$ gegeben durch $p(t) = \frac{p(t,T_1)}{p(T_0,T_1)}$.
Speziell gilt: $p(T_0) = 1$.

7.9 Zinsswaps

Unter einem Zinsswap verstehen wir ein Finanzprodukt, das einen Tausch eines Fix-Coupon-Bonds (mit fixem Zinssatz R) gegen einen Floating-Rate-Bond (wir beschränken uns auf Floating Rate Bonds im oben definierten Sinn) vorsieht.

Häufig ist dabei der Fix-Zinssatz R des Fix-Coupon-Bonds so definiert, dass der faire Preis des Swaps zum Zeitpunkt T_0 gleich 0 ist. Wir sprechen in diesem Fall vom fairen Zinssatz R eines Swaps.

Der faire Zinssatz R eines Swaps lässt sich auf Basis der obigen Vorarbeiten leicht bestimmen.

Wir definieren den Swap dabei so, dass wir in der Position sind, variable Zinszahlungen zu erhalten und fixe Zinszahlungen zu zahlen.

Und wir gehen wieder von einer Nominale $K = 1$ aus, sowie der Einfachheit halber (und der Realität der überwiegenden Mehrzahl von Swap-Vereinbarungen entsprechend) von fixen Zeiträumen der Länge δ zwischen zwei Zahlungszeitpunkten.

Aus unserer Sicht besteht der Cashflow eines Swaps dann aus Zahlungen zu den Zeitpunkten T_i für $i = 1, 2, \ldots, n$ der Form $\delta \cdot (L(T_{i-1}, T_i) - R)$.

Die Rückzahlung der Nominale zur Zeit T_n geschieht auf beiden Seiten in gleicher Form und gleicht sich daher aus, ist also nicht weiter zu berücksichtigen.

Der faire Wert jedes solchen Zahlungsflusses $\delta \cdot (L(T_{i-1}, T_i) - R)$ aus Sicht des Zeitpunktes t ist daher auf Grund der Überlegungen im vorigen Kapitel gegeben durch $p(t, T_{i-1}) - p(t, T_i) - \delta \cdot R \cdot p(t, T_i)$.

Für den **fairen Wert $\Pi(t)$ des Swaps zu einem Zeitpunkt t mit $T_0 \leq t < T_1$** gilt daher

$$
\begin{aligned}
\Pi(t) &= \sum_{i=2}^{n} (p(t, T_{i-1}) - p(t, T_i) - \delta \cdot R \cdot p(t, T_i)) + \\
&\quad + \left(\frac{1}{p(T_0, T_1)} - 1 \right) \cdot p(t, T_1) - \delta \cdot R \cdot p(p, T_1) = \\
&= \frac{p(t, T_1)}{p(T_0, T_1)} - p(t, T_n) - \delta \cdot R \cdot \sum_{i=1}^{n} p(t, T_i)
\end{aligned}
$$

Speziell gilt im Zeitpunkt $t = T_0$:
$\Pi(T_0) = 1 - p(T_0, T_n) - \delta \cdot R \cdot \sum_{i=1}^{n} p(T_0, T_i)$.

Der faire Zinssatz R eines Swaps im Zeitpunkt T_0, die „Swaprate" für diesen Swap ergibt sich daher aus der Gleichung

$0 = \Pi(T_0) = 1 - p(T_0, T_n) - \delta \cdot R \cdot \sum_{i=1}^{n} p(T_0, T_i)$ als

$$
R = \frac{1 - p(T_0, T_n)}{\delta \cdot \sum_{i=1}^{n} p(T_0, T_i)}.
$$

7.10 Bewertung von Bondpreisen und Zins-Derivaten in einem Short-Rate-Ansatz

Wie wir bereits angekündigt haben, werden wir aus mehreren möglichen grundsätzlichen Herangehensweisen an die Modellierung verschiedenster Zinsbegriffe und an die Bewertung von Zins-Derivaten hier lediglich die Herangehensweise über die Modellierung einer Short-Rate vorstellen.

Wir gehen also im Folgenden davon aus, dass wir eine Modellierung für eine Short-Rate $r(t)$ gewählt haben. Wie wir die Modellierung von $r(t)$ konkret wählen, werden wir erst im nächsten Kapitel diskutieren und soll hier jetzt noch keine Rolle spielen. In jedem Fall werden wir voraussetzen, dass $r(t)$ ein Ito-Prozess ist und wir bezeichnen die Parameter dieses Ito-Prozesses mit

$$dr(t) = \mu(t, r(t))dt + \sigma(t, r(t))dW(t).$$

Wir erinnern noch einmal an die grundlegende Frage die wir bereits früher formuliert haben: Sind durch diese konkrete Modellierung allein und auf Basis des No-Arbitrage-Prinzips bereits die fairen Preise $p(t, T)$ aller T-Bonds zur Zeit t und damit auch die fairen Preise aller Zins-Derivate mit Fälligkeit in T im Zeitpunkt t determiniert?

Wir hatten auch schon die Antwort vorausgenommen: die Antwort lautet „Nein". Es wird nötig sein, zumindest noch für ein weiteres Produkt eine Modellierung anzunehmen.

Wie die Bestimmung der Bondpreise und der Zins-Derivat-Preise unter diesen Voraussetzungen konkret aussieht, wollen wir im Folgenden nur andeutungsweise herleiten. Wir werden dazu rein formal und uns keinerlei Gedanken über die Rechtmäßigkeit der folgenden Umformungen, die Existenz der folgenden Ableitungen und der Rechnungen mit infinitesimalen Größen sowie der Anwendungen der Ito-Formeln machend, vorgehen. Der mathematisch exakte Nachweis für diese Vorgangsweise bedürfte einer umfangreichen und diffizilen Argumentation und einer technisch einwandfreien Basis in der Theorie der stochastischen Prozesse und stochastischen Differentialgleichungen und übersteigt die Möglichkeiten und Absichten dieses Buchprojekts.

Wir gehen für diese heuristische Herleitung von zwei Bonds mit verschiedenen Laufzeiten S und T aus. Deren faire Preise zum Zeitpunkt t bezeichnen wir mit $p(t, T)$ und mit $p(t, S)$.

Weiters erinnern wir uns, dass wir auch stets in den money account Prozess $B_t = e^{\int_0^t r(s)ds}$, also in $dB_t = r(t) \cdot B(t) \cdot dt$ investieren könnten!

Unser Grundansatz ist ja nun, dass die jeweiligen Bondpreise Funktionen des momentanen Zeitpunkts t, der Fälligkeit T und des momentanen Wertes der Spotrate $r(t)$ sind.

Wir schreiben daher $p(t, T) := F(t, r(t), T)$ bzw. $p(t, S) := F(t, r(t), S)$.
Da T und S fixe, sich im Folgenden nicht mehr ändernde Werte sind, verwenden wir im Weiteren die folgenden Bezeichnungen:

$$F^T(t, r) := F(t, r, T) \text{ und } F^S(t, r) := F(t, r, S)$$

Mit F_t^T bzw. F_t^S und mit F_r^T bzw. F_r^S bezeichnen wir die Ableitungen von F^T bzw. von F^S nach der ersten Variablen t und nach der zweiten Variablen r.

F^T und F^S sind Funktionen von t und des Ito-Prozesses $r(t)$ und sind auf Grund der Ito-Formel daher selbst wieder Ito-Prozesse. Die Darstellung von F^T und F^S als Ito-Prozesse erhält man ebenfalls durch Anwendung der Ito-Formel. Das führen wir jetzt durch. Dazu erinnern wir uns zuerst noch einmal an die Ito-Darstellung von $r(t)$, die wir im Folgenden in ihrer Kurzdarstellung $dr(t) = \mu \cdot dt + \sigma \cdot dW(t)$ verwenden werden. (Im Hinterkopf sind wir uns aber immer bewusst, dass μ und σ im Allgemeinen nicht konstant sind, sondern von t und $r(t)$ abhängen können. Mittels der Ito-Formel erhalten wir dann:

$$dF^T = \left(F_t^T + \mu \cdot F_r^T + \frac{\sigma^2}{2} F_{rr}^T \right) dt + \sigma \cdot F_r^T \cdot dW(t)$$

und

$$dF^S = \left(F_t^S + \mu \cdot F_r^S + \frac{\sigma^2}{2} F_{rr}^S \right) dt + \sigma \cdot F_r^S \cdot dW(t)$$

Diese beiden Darstellungen formen bzw. benennen wir etwas um in:

$$dF^T = F^T \cdot \alpha_T \cdot dt + F^T \cdot \sigma_T \cdot dW(t) \text{ und } dF^S = F^S \cdot \alpha_S \cdot dt + F^S \cdot \sigma_S \cdot dW(t),$$
$$(7.8)$$

dabei sind dann

$$\alpha_T = \frac{F_t^T + \mu \cdot F_r^T + \frac{\sigma^2}{2} \cdot F_{rr}^T}{F^T} \text{ bzw. } \alpha_S = \frac{F_t^S + \mu \cdot F_r^S + \frac{\sigma^2}{2} \cdot F_{rr}^S}{F^S} \text{ und } (7.9)$$

$$\sigma_T = \frac{\sigma \cdot F_r^T}{F^T} \text{ bzw. } \sigma_S = \frac{\sigma \cdot F_r^S}{F^S}. \quad (7.10)$$

Jetzt bilden wir ein dynamisches Portfolio V aus dem T-Bond und aus dem S-Bond. Dieses Portfolio sei so definiert, dass wir in jedem Zeitpunkt t unser momentanes Gesamtvermögen im Portfolio mit $V(t)$ bezeichnen und davon $u(t) \cdot V(t)$, in den T-Bond investieren und den Rest, also $(1 - u(t)) \cdot V(t)$ in den S-Bond investieren.

Das heißt:
Wir halten in jedem Zeitpunkt t (in Kurzschreibweise) genau $\frac{u \cdot V}{F^T}$ Stück des T-Bonds und $\frac{(1-u) \cdot V}{F^S}$ Stück des S-Bonds.

Die Handelsstrategie zur Bildung dieses Portfolios geht also prinzipiell so vor, dass stets nur so viel Geld in die Strategie, also in den T-Bond und in den S-Bond, investiert werden, wie Wert V im Portfolio enthalten ist. Die **Strategie** ist also **selbstfinanzierend**. Es wird zu keinem Zeitpunkt während der Laufzeit zusätzlich Geld ins Portfolio eingebracht oder aus dem Portfolio abgezogen.

Den konkreten Wert für $u(t)$, also die genaue Definition des dynamischen Portfolios, werden wir erst später festlegen.

Zuerst fragen wir uns: Wie ändert sich der Wert $V(t)$ des Portfolios in einem infinitesimal kleinen Zeitabschnitt von t bis $t + dt$? Also: Wie sieht $dV(t)$ aus? Die Antwort ist einfach:

Der Anteil, der im T-Bond investiert ist, ändert sich um $\frac{u \cdot V}{F^T}$ Mal dF^T und der Anteil, der im S-Bond investiert ist, ändert sich um $\frac{(1-u) \cdot V}{F^S}$ Mal dF^S.
Somit ist

$$dV = \frac{u \cdot V}{F^T} \cdot dF^T + \frac{(1-u) \cdot V}{F^S} \cdot F^S = V \cdot \left(u \cdot \frac{dF^T}{F^T} + (1-u) \cdot \frac{dF^S}{F^S} \right) \quad (7.11)$$

Von Formel (7.8) wissen wir

$\frac{dF^T}{F^T} = \alpha_T \cdot dt + \sigma_T \cdot dW(t)$ und $\frac{dF^S}{F^S} = \alpha_S \cdot dt + \sigma_S \cdot dW(t)$.

Das setzen wir in Formel (7.11) ein und erhalten dadurch

$$\begin{aligned} dV &= V \cdot (u \cdot (\alpha_T \cdot dt + \sigma_T \cdot dW(t)) + (1-u) \cdot (\alpha_S \cdot dt + \sigma_S \cdot dW(t))) = \\ &= V \cdot ((u \cdot \alpha_T + (1-u) \cdot \alpha_S) \cdot dt + \\ &\quad + (u \cdot \sigma_T + (1-u) \cdot \sigma_S) \cdot dW(t)). \end{aligned} \quad (7.12)$$

Und jetzt nehmen wir eine konkrete Wahl für die spezielle Form unseres dynamischen Portfolios vor. Das heißt, wir wählen jetzt u explizit. Und zwar wählen wir u so, dass der Zufallsanteil in der Entwicklung des Portfolios (also der Anteil der durch die Brown'sche Bewegung gesteuert wird) wegfällt. Also:
$u \cdot \sigma_T + (1-u) \cdot \sigma_S = 0$ und somit $u = \frac{\sigma_S}{\sigma_S - \sigma_T}$ und $1 - u = \frac{-\sigma_T}{\sigma_S - \sigma_T}$.

Diese Wahl für u setzen wir in die Formel (7.12) für dV ein und erhalten dann
$$dV = V \cdot \left(\frac{\sigma_S}{\sigma_S - \sigma_T} \cdot \alpha_T - \frac{\sigma_T}{\sigma_S - \sigma_T} \cdot \alpha_S \right) \cdot dt.$$

Die Entwicklung $V(t)$ dieses so konstruierten Portfolios V ist also deterministisch.

In dieser Umgebung haben wir nun also ZWEI Möglichkeiten unser Geld deterministisch anzulegen, nämlich: Den money account Prozess B und das Portfolio V!

Nun ist es so (und das ist jetzt eine sehr wichtiges und auch in allem folgenden noch häufig gebrauchtes Prinzip):

Verfügt man über zwei Möglichkeiten P und Q zur deterministischen Anlage mit der Dynamik der Entwicklungen der Form $dP(t) := p(t) \cdot P(t) \cdot dt$ bzw. $dQ(t) := q(t) \cdot Q(t) \cdot dt$, dann muss stets $p(t) = q(t)$ gelten!

Die (heuristische) Argumentation dafür lautet so:
Wäre in einem Zeitpunkt t etwa $p(t) > q(t)$, dann könnte man für einen winzigen Zeitbereich von t bis $t + dt$ die Anlage Q short gehen und das eingenommene Geld in die Anlage P investieren und dadurch ohne Geldeinsatz einen sicheren Gewinn erzielen, was dem No-Arbitrage-Prinzip widerspricht.

Wenden wir dieses Prinzip auf unsere beiden deterministischen Anlagen B und V an, dann folgt also:

$$\frac{\sigma_S}{\sigma_S - \sigma_T} \cdot \alpha_T - \frac{\sigma_T}{\sigma_S - \sigma_T} \cdot \alpha_S = r$$

Diese Gleichung formen wir jetzt etwas um:

$$\frac{\sigma_S}{\sigma_S - \sigma_T} \cdot \alpha_T - \frac{\sigma_T}{\sigma_S - \sigma_T} \cdot \alpha_S = r$$

$$\Leftrightarrow \sigma_S \cdot \alpha_T - \sigma_T \cdot \alpha_S = r \cdot \sigma_S - r \cdot \sigma_T$$

$$\Leftrightarrow \sigma_S \cdot (\alpha_T - r) = \sigma_T \cdot (\alpha_S - r)$$

$$\Leftrightarrow \frac{\alpha_T(t) - r(t)}{\sigma_T(t)} = \frac{\alpha_S(t) - r(t)}{\sigma_S(t)}$$

Das ist nun eine sehr bemerkenswerte Gleichung: Auf beiden Seiten der Gleichung sind Größen zu sehen, die sehr an eine Sharpe-ratio erinnern (Trend-Term minus Zinssatz dividiert durch die Volatilität). Die linke Seite zeigt genau diesen Ausdruck für den T-Bond und die rechte Seite zeigt genau diesen Ausdruck für den S-Bond. Wir nennen diesen Ausdruck (Trend-Term minus Zinssatz dividiert durch die Volatilität) den **„market-price of risk"** des jeweiligen Bonds und wir bezeichnen ihn mit $\lambda_T(t)$ bzw. mit $\lambda_S(t)$.

Die wesentliche Erkenntnis, die die letzte Formel nun liefert, ist die Folgende: Ganz gleich wie S oder T gewählt wurde, hat in jedem Zeitpunkt t der Market-Price of Risk unabhängig von S und von T denselben Wert!

Dieser market-price of risk ist also eine Funktion des gesamten Bond-Marktes und hat unabhängig davon welchen Bond wir betrachten denselben Wert. Wir können diese market-price of risk-Funktion also einfach als Funktion $\lambda(t)$ der Zeit (und unabhängig von S oder T) schreiben.

Wir fassen also zusammen: Wenn wir einen friktionslosen Bondmarkt analysieren und wenn wir eine Short-Rate $r(t)$ in irgendeiner Weise als einen Ito-Prozess modelliert haben, dann gibt es eine Funktion $\lambda(t)$ (die wir als „market-price of risk" dieses Bondmarkts bezeichnen), so dass folgendes gilt:
Wenn wir für einen beliebigen U-Bond in unserem Bond-Markt die Dynamik seiner Preisentwicklung mit $dF^U = F^U \cdot \alpha_U \cdot dt + F^U \cdot \sigma_U \cdot dW(t)$ bezeichnen, dann gilt stets $\lambda(t) = \frac{\alpha_U(t) - r(t)}{\sigma_U(t)}$ unabhängig vom Wert U.

Für alles Weitere, für die Bestimmung von fairen Bond-Preisen genauso wie für die Bestimmung der fairen Preise von Zinsderivaten in diesem Bondmarkt, werden wir die Kenntnis von $\lambda(t)$ (zumindest implizit) benötigen.

Wenn wir davon ausgehen, dass wir die Modellierung des U-Bonds für EIN konkretes U kennen, dann kennen wir aber auch schon den Wert für $\lambda(t)$.

Gehen wir im Folgenden davon aus, dass wir den market-price of risk $\lambda(t)$ kennen: Dann ist für ein beliebiges T also

$$\frac{\alpha_T(t) - r(t)}{\sigma_T(t)} = \lambda(t)$$

Hier setzen wir jetzt für $\alpha_T(t)$ und für $\sigma_T(t)$ deren Darstellung aus Formel (7.9) und Formel (7.10), also $\alpha_T = \frac{F_t^T + \mu \cdot F_r^T + \frac{\sigma^2}{2} \cdot F_{rr}^T}{F^T}$ und $\sigma_T = \frac{\sigma \cdot F_r^T}{F^T}$, ein.

Wenn wir den Ausdruck dann umformen, erhalten wir daraus die folgende Gleichung für den fairen Wert F^T eines T-Bonds

$$F_t^T + (\mu - \lambda \cdot \sigma) \cdot F_r^T + \frac{\sigma^2}{2} \cdot F_{rr}^T - r \cdot F^T = 0.$$

Wir bemerken zusätzlich, dass für $F^T(T, r)$, also für den Preis des T-Bonds zur Zeit T, unabhängig vom Wert r stets gilt $F^T(T, r) = 1$ (und wir erinnern daran, dass die hier auftretenden Werte μ und σ, die in der Modellierung von $r(t)$ auftretenden Parameter sind).

Wir haben also für den fairen Preis eines beliebigen T-Bonds eine partielle Differentialgleichung mit einer Endwertbedingung hergeleitet. Diese partielle Differentialgleichung lässt sich (zum Beispiel mit Hilfe der **Feymann-Kac-Formel**, die wir später noch kennenlernen werden) lösen, und man erhält als Lösung wieder eine Darstellung in einer Form, wie wir sie schon kennen: Nämlich die Lösung ist wieder der Erwartungswert des diskontierten Payoffs des Bonds bezüglich einer künstlichen Wahrscheinlichkeit. Wir geben die Lösung hier und diskutieren sie dann noch einmal aus diesem Blickwinkel. Es gilt:

$$F(t, r, T) = E\left(e^{-\int_t^T \tilde{r}(s)ds}\,\Big|\,\tilde{r}(t) = r\right),$$

wobei $\tilde{r}(s)$ der Dynamik $d\tilde{r}(s) = (\mu - \lambda \cdot \sigma) \cdot ds + \sigma \cdot dW(s)$ folgt.

Der Erwartungswert wird nun also von $e^{-\int_t^T \tilde{r}(s)ds} = e^{-\int_t^T \tilde{r}(s)ds} \times 1$ genommen, also vom diskontierten Payoff 1 des T-Bonds. Der Zufallsanteil in diesem Ausdruck dessen Erwartungswert hier zu bestimmen ist, besteht hier aber jetzt im Wesentlichen im Diskontierungsfaktor und nicht in einem eventuell variierenden Payoff!

Und: Der Erwartungswert wird aber wieder nicht bezüglich der tatsächlichen Short-Rate $r(s)$ genommen, wie man (naiver Weise) annehmen könnte, sondern wieder bezüglich eines leicht abgeänderten „künstlichen Zinssatzes" $\tilde{r}(s)$, dessen Dynamik sich von der Dynamik von $r(s)$ nur darin unterscheidet, dass anstelle des Trendterms μ nun der Trendterm $(\mu - \lambda \cdot \sigma)$ zu setzen ist.

Mit ganz analoger (heuristischer) Vorgangsweise hätten wir auch ein **allgemeineres Resultat für beliebige Derivate auf die Shortrate $r(t)$** herleiten können. Wir wollen dieses Resultat hier in aller Ausführlichkeit formulieren. Unser obiges Resultat über Bondpreise ist dann ein einfacher Spezialfall dieses allgemeinen Resultats. Wir haben den folgenden

Satz 7.5. *Sei $r(t)$ eine Short-Rate mit Modellierung $dr(t) = \mu(t, r(t)) \cdot dt + \sigma(t, r(t)) \cdot dW(t)$. Sei $\lambda(t)$ der market-price-of-risk des zugehörigen Bondmarktes. Sei D ein Derivat auf $r(t)$ mit Fälligkeit in T und Payoff-Funktion $\Phi(r(T))$.*

Dann erfüllt der faire Preisprozess $F(t, r)$ (der faire Preis des Derivats zum Zeitpunkt t wenn $r(t) = r$ gilt) die partielle Differentialgleichung

$$F_t + (\mu - \lambda \cdot \sigma) \cdot F_r + \frac{\sigma^2}{2} \cdot F_{rr} - r \cdot F = 0.$$

mit der Nebenbedingung $F(T, r) = \Phi(r)$.

Weiters hat F die explizite Darstellung

$$F(t, r) = E\left(e^{-\int_t^T \tilde{r}(s)ds} \cdot \Phi(\tilde{r}(T))\,\Big|\,\tilde{r}(t) = r\right),$$

wobei $\tilde{r}(s)$ der Dynamik $d\tilde{r}(s) = (\mu - \lambda \cdot \sigma) \cdot ds + \sigma \cdot dW(s)$ folgt.

Mit Hilfe dieses Resultats lassen sich nun also beliebige Derivate auf $r(t)$ bewerten. Voraussetzung dafür ist, dass wir eine bestimmte Modellierung für $r(t)$ gewählt haben und dass wir den market-price-of-risk, also $\lambda(t)$, aus den Marktpreisen eines Bonds berechnet (bzw. geeignet geschätzt) haben. Wir werden in den folgenden Paragraphen zwei konkrete Modelle für $r(t)$ behandeln, und uns dort insbesondere auch damit beschäftigen, wie in diesen Fällen $\lambda(t)$ (näherungsweise) bestimmt werden kann. (Tatsächlich werden wir dort dann nicht $\lambda(t)$ bestimmen, sondern gleich den tatsächlich benötigten gesamten risiko-neutralen Driftterm $(\mu - \lambda \cdot \sigma)$.)

Der Erwartungswert des Integrals, der den fairen Wert ergibt, lässt sich dann in manchen Fällen explizit bestimmen, lässt sich aber in jedem Fall wieder näherungsweise durch Monte Carlo-Simulation berechnen.

Achtung: Wir sprechen hier von Derivaten auf die Spotrate r und nicht von Derivaten auf Bondpreise!

Derivate mit Fälligkeit T auf $\widetilde{T}$-Bonds, wobei die Laufzeit $\widetilde{T}$ der Bonds natürlich größer als T ist, können nicht direkt mit Hilfe dieses Satzes bewertet werden: Sei etwa Ψ die Payoff-Funktion eines solchen Derivats. Dann ist der Payoff des Derivats gegeben durch $\Psi(p(T, \widetilde{T}))$.

Beispiele solcher Derivate auf einen Bondpreis wären etwa (für ein fixes h, z.B.: $h = \frac{1}{2}$) ein Libor-Zinssatz $L(T, T + h) = \frac{1}{h} \cdot \left(\frac{1}{p(T,T+h)} - 1 \right)$ oder eine Call-Option auf einen solchen Libor-Zinssatz, also ein Derivat mit einem Payoff der Form $\max \left(L(T, T + h) - K, 0 \right) = \max \left(\frac{1}{h} \cdot \left(\frac{1}{p(T,T+h)} - 1 \right) - K, 0 \right)$ oder eine Put-Option auf einen solchen Libor-Zinssatz, also ein Derivat mit einem Payoff der Form $\max \left(K - L(T, T + h), 0 \right) = \max \left(K - \frac{1}{h} \cdot \left(\frac{1}{p(T,T+h)} - 1 \right), 0 \right)$.

Eine solche Call-Option heiß Caplet und eine solche Put-Option heißt Floorlet.

Es wäre jetzt verführerisch, folgendermaßen für die Bewertung dieses Derivats vorzugehen: Mittels der oben hergeleiteten Formel für faire Bond-Preise gilt ja

$$\Psi \left(p \left(T, \widetilde{T} \right) \right) = \Psi \left(E \left(\left. e^{-\int_T^{\widetilde{T}} \check{r}(s)ds} \right) \right| \check{r}(T) = r(T) \right). \tag{7.13}$$

Der Payoff wäre somit also eine Funktion von $r(T)$ und wir könnten dann das Derivat mit Hilfe der obigen Bewertungsformel bewerten. Also:

$$F(t, r) = E \left(\left. e^{-\int_t^T \check{r}(s)ds} \cdot \Psi \left(E \left(e^{-\int_T^{\widetilde{T}} \check{r}(s)ds} \right) \right) \right| \check{r}(t) = r \right). \tag{7.14}$$

Man könnte nun also durch Simulieren von Pfaden für $\check{r}(s)$ von t bis $\widetilde{T}$ mittels Monte Carlo-Simulation diese Größe näherungsweise berechnen.

Der Fehler bei dieser Argumentation liegt allerdings darin: In Formel (7.13) wird $\check{r}$ aus Sicht des Zeitpunkts T mit den zu diesem Zeitpunkt geltenden Parametern

$(\mu - \lambda \cdot \sigma)(T)$ und $\sigma(T)$ berechnet, während es in Formel (7.14) aus Sicht des Zeitpunkts t mit den zu diesem Zeitpunkt geltenden Parametern $(\mu - \lambda \cdot \sigma)(t)$ und $\sigma(t)$ berechnet wird. Eventuell könnte man noch annehmen, dass die Volatilität σ für den gesamten Zeitbereich konstant und damit unverändert bleibt. Diese Annahme ist aber für $\mu - \lambda \cdot \sigma$ sicher nicht mehr zulässig.

Die korrekte Bewertung von Bond-Derivaten ist eine diffizilere Angelegenheit und wir können in Band I dieses Buchprojekts nicht tiefer in die Details eindringen.

Wir werden nur Folgendes tun: Wir stellen im Folgenden zwei grundlegende Modelle für Shortrates $r(t)$, nämlich das Vasicek-Modell und das Hull-White-Modell, vor, zeigen wie die risiko-neutralen Parameter in diesen Modellen geschätzt werden können und wie in Folge in diesen Modellen explizit die zugehörigen Bondpreise berechnet werden können.

In einem darauffolgenden Kapitel geben wir ohne Beweis nur die Formeln für die Bewertung von Caplets und Floorlets in diesen beiden Short-Rate-Modellen (und damit auch die Formeln für die Bewertung von Zins-Caps und von Zins-Floors).

7.11 Das mean-reverting Vasicek-Modell und das Hull-White-Modell für die Short-Rate

Die beiden Modelle zur Modellierung der Short-Rate, die wir im Folgenden eingehender behandeln werden, sind das **mean-reverting Vasiscek-Modell**:

$$dr(t) = (b - a \cdot r(t))dt + \sigma \cdot dW(t)$$

mit konstanten Parametern a, b und σ

sowie das **Hull-White Modell** (extended Vasicek):

$$dr(t) = (\theta(t) - a \cdot r(t))dt + \sigma \cdot dW(t)$$

mit dem zeitabhängigen Parameter $\theta(t)$.

Im Hull-White-Modell werden gelegentlich auch die Parameter a und σ als Funktionen der Zeit betrachtet, wir werden uns aber im Folgenden auf konstante a und σ beschränken.

Für eine Modellierung der Short-Rate $r(t)$ müssen die Parameter a, b und σ (bzw. $a, \theta(t)$ und σ) so kalibriert werden, dass $r(t)$ „möglichst gut mit einer realen Zinsentwicklung übereinstimmt".

Für eine Berechnung fairer Bond-Preise in dem Zinsumfeld dieser Short-Rate muss dagegen die risikoneutrale Version der Parameter so kalibriert werden, dass die Short-Rate „möglichst genau mit den momentanen Bond- und Derivatpreisen am Markt kompatibel ist". Was das genau bedeutet werden wir im nächsten Paragraphen sehen.

Wir erinnern uns an den vorigen Paragraphen: Wenn $r(t)$ die „reale" Modellierung $dr(t) = (b - a \cdot r(t))dt + \sigma \cdot dW(t)$ oder $dr(t) = (\theta(t) - a \cdot r(t))dt + \sigma \cdot dW(t)$ besitzt, dann hat die risikoneutrale Version $\breve{r}(s)$ eine Modellierung der Form $d\breve{r}(s) = (\mu - \lambda \cdot \sigma) \cdot ds + \sigma \cdot dW(s)$.

Der Diffusionsteil σ bleibt dabei also unverändert.

Der Driftteil kann sich aber völlig ändern: $(\mu - \lambda \cdot \sigma)$ muss jedenfalls auch nicht mehr von der grundsätzlichen Struktur $B - A \cdot r(t)$ oder $\psi(t) - A \cdot r(t)$ mit irgendwelchen Parametern A, B und ψ sein, sondern kann von völlig anderer Form sein.

In jedem Fall aber kann man den Parameter σ für ein „reales Modell" genau so schätzen wie für ein „risiko-neutrales" Modell.

Dabei kann so vorgegangen werden, wie wir das in Paragraph 7.6 vorgeschlagen und vorgeführt haben. (Das Vasiscek-Modell (bzw. das Hull-White-Modell) ist ja nichts anderes als ein mean-reverting Orenstein-Uhlenbeck-Prozess (bzw. ein etwas verallgemeinerter OU-Prozess).)

Ebenso kann für die Kalibrierung des Drift-Parameters beim „realen Modell" analog vorgegangen werden wie in Paragraph 7.6.

Es bleibt die Kalibrierung des Drift-Parameters $\mu - \lambda \cdot \sigma$ im „risiko-neutralen" Modell. Die Aufgabe die wir uns dabei stellen lautet aber jetzt **NICHT**:

*„Angenommen das **reale Modell** hat eine Modellierung der Form*
$dr(t) = (b - a \cdot r(t))dt + \sigma \cdot dW(t)$ *oder* $dr(t) = (\theta(t) - a.r(t))dt + \sigma \cdot dW(t)$
wie sieht dann der Drift-Term $\mu - \lambda \cdot \sigma$ des zugehörigen risikoneutralen Modells aus?"

SONDERN die Frage die wir uns stellen werden, lautet:

*„Angenommen das **risikoneutrale Modell** hat eine Modellierung der Form*
$dr(t) = (b - a \cdot r(t))dt + \sigma \cdot dW(t)$ *oder* $dr(t) = (\theta(t) - a.r(t))dt + \sigma \cdot dW(t)$
wie sehen dann die Parameter $a, b, \theta(t)$ des risikoneutralen Modells aus?"

Bevor wir diese Frage beantworten können, benötigen wir ein etwas technisches mathematisches Hilfsresultat, das wir im nächsten Paragraphen herleiten werden und so formulieren werden, dass es auch die Leser, die die Herleitung nicht lesen möchten, verstehen und später verwenden können.

7.12 Affine Modell-Strukturen von Bond-Preisen

Wir erinnern uns an die Bezeichnung $p(t, T)$ für den Preis eines T-Bond zur Zeit t und an unsere Annahme, dass dieser Bond-Preis eine Funktion $F(t, r(t), T)$, also eine Funktion in Abhängigkeit vom momentanen Zeitpunkt t, dem momentanen Wert der Short-Rate $r(t)$ und natürlich der Fälligkeit T des Bonds ist.

Wäre die Short-Rate $r(t)$ konstant, also für alle t gleich einer fixen Konstanten r (und wäre das im Zeitpunkt t auch schon bekannt), dann wäre ja $p(t, T) = F(t, r(t), T) = e^{-r \cdot (T-t)}$. Es ist daher für beliebige stochastische Short-Rates $r(t)$ eine durchaus naheliegende Hypothese, dass auch dann $p(t, T)$ möglicher Weise von einer ähnlichen Form sein könnte, dass also etwa

$$p(t, T) = F(t, r(t), T) = e^{A(t,T) - B(t,T) \cdot r(t)}$$

mit irgendwelchen Funktionen A und B, die von t und T abhängen, gelten könnte. Ist dies tatsächlich der Fall, dann sagen wir: Die Bondpreise haben eine **affine Modell-Struktur**.

Wie sich herausstellen wird, ist es bei vielen Modellen für die Short-Rate (insbesondere auch für das Vasicek- und für das Hull-White-Modell) so, dass die Bondpreise tatsächlich eine affine Modell-Struktur besitzen: Und zwar werden wir jetzt im Folgenden diesen Satz zeigen:

Satz 7.6. *Wenn die risikoneutrale Short-Rate $r(t)$ die Modellierung*

$$dr(t) = \mu(t, r(t)) \cdot dt + \sigma(t, r(t)) \cdot dW(t)$$

aufweist, wobei $\mu(t, r(t))$ und $\sigma(t, r(t))^2$ lineare Funktionen in $r(t)$ sind, also:

$$\mu(t, r(t)) = \alpha(t) \cdot r(t) + \beta(t) \quad und \quad \sigma(t, r(t))^2 = \gamma(t) \cdot r(t) + \delta(t),$$

dann haben die zugehörigen fairen Bondpreise $p(t, T)$ eine affine Modellstruktur $e^{A(t,T) - B(t,T) \cdot r(t)}$ und die darin auftretenden Funktionen $A(t, T)$ und $B(t, T)$ können aus dem folgenden Differentialgleichungssystem berechnet werden (A_t bzw. B_t bezeichnen dabei die Ableitung von A bzw. von B nach der Variablen t):

$$B_t(t, T) + \alpha(t)B(t, T) - \tfrac{1}{2} \cdot \gamma(t) \cdot (B(t, T))^2 = -1 \quad mit \ B(T, T) = 0$$

$$A_t(t, T) = \beta(t)B(t, T) - \tfrac{1}{2} \cdot \delta(t) \cdot (B(t, T))^2 \quad mit \ A(T, T) = 0.$$

Beweis. Wir wissen aus dem vorigen Paragraphen, dass der Bondpreis $p(t, T) = F^T(t, r)$ die Lösung der Differentialgleichung $F_t^T + \mu \cdot F_r^T + \frac{\sigma^2}{2} \cdot F_{rr}^T - r \cdot F^T = 0$ mit $F^T(T, r) = 1$ ist.

Wir müssen also nur zeigen, dass $F^T(t, r) := e^{A(t,T)-B(t,T)\cdot r}$ mit den durch das Differentialgleichungssystem gegebenen Funktionen $A(t, T)$ und $B(t, T)$ tatsächlich die Lösung der Differentialgleichung ist.

Dazu setzen wir für $F^T(t, r)$ die Funktion $e^{A(t,T)-B(t,T)\cdot r}$ in die Differentialgleichung ein und erhalten dann wegen

$$F_t^T = e^{A(t,T)-B(t,T)\cdot r} \cdot (A_t(t, T) - B_t(t, T) \cdot r)$$

und

$$F_r^T = -e^{A(t,T)-B(t,T)\cdot r} \cdot B(t, T)$$

und

$$F_{rr}^T = e^{A(t,T)-B(t,T)\cdot r} \cdot (B(t, T))^2$$

die folgende Gleichung:

$$A_t(t, T) - (1 + B_t(t, T)) \cdot r - \mu \cdot B(t, T) + \frac{\sigma^2}{2} \cdot (B(t, T))^2 = 0$$

sowie

$$A(T, T) = B(T, T) = 0.$$

Wir setzen jetzt für μ und für σ^2 ein, ordnen die Glieder der dabei entstehenden Gleichung nach r und erhalten:

$A_t(t, T) - \beta(t) \cdot B(t, T) + \frac{1}{2} \cdot \delta(t) \cdot (B(t, T))^2 - (1 + B_t(t, T) + \alpha(t) \cdot B(t, T) - \frac{1}{2} \cdot \gamma(t) \cdot (B(t, T))^2) \cdot r = 0$

Wenn A und B nun das in der Formulierung des Satzes angegebene Differentialgleichungssystem erfüllen, dann ist diese letzte Gleichung tatsächlich erfüllt und der Beweis damit erbracht. $\square$

7.13 Bondpreise im Vasicek-Modell und die Kalibrierung im Vasicek-Modell

Im Vasicek-Modell $dr(t) = (b - a \cdot r(t))dt + \sigma \cdot dW(t)$ sind sowohl der Drift-Term als auch der Diffusions-Term linear in r.

Mit den Bezeichnungen des vorigen Pragraphen ist $\alpha = -a, \beta = b, \gamma = 0$ und $\delta = \sigma$. Die Bondpreise haben also eine affine Modellstruktur $e^{A(t,T)-B(t,T)\cdot r}$ wobei $A(t,T)$ und $B(t,T)$ das folgende Differentialgleichungssystem erfüllen müssen:

$$B_t(t,T) - a \cdot B(t,T) + 1 = 0 \ \text{ mit } B(T,T) = 0$$

$$A_t(t,T) - b \cdot B(t,T) + \frac{\sigma^2}{2} \cdot (B(t,T))^2 = 0 \ \text{ mit } A(T,T) = 0.$$

Dieses Differentialgleichungssystem lässt sich sehr einfach lösen. Zuerst löst man die erste Gleichung, die eine gewöhnliche Differentialgleichung nur in der Variablen B ist, und erhält

$$B(t,T) = \frac{1}{a} \cdot \left(1 - e^{-a\cdot(T-t)} \right).$$

Dieses B setzen wir in die zweite Gleichung ein und müssen diese nur noch nach t integrieren, um die Lösung für A zu erhalten, nämlich:

$$A(t,T) \ = \ \frac{1}{a^2} \left(\frac{1}{a} \cdot \left(1 - e^{-a\cdot(T-t)} \right) - T + t \right) \cdot \left(ab - \frac{\sigma^2}{2} \right) -$$
$$- \frac{\sigma^2}{4a} \cdot \left(\frac{1}{a} \cdot \left(1 - e^{-a\cdot(T-t)} \right) \right)^2.$$

Kalibrierung

Es stellt sich nun nur noch die Frage, wie in diesem risiko-neutralen Modell für $r(t)$ der Drift-Term $(b - a \cdot r(t))$ „richtig" zu modellieren ist, wie also die konstanten Parameter a und b zu wählen sind. (Der Diffusionsteil σ wurde ja bereits, wie angenommen modelliert.)

Prinzipiell kann die Frage eindeutig so beantwortet werden:

Wir haben ja nun eine Formel für die Bondpreise $p(t,T)$ in diesem Modell, nämlich

$p(t,T) = e^{A(t,T)-B(t,T)\cdot r}$, mit den oben angegebenen Funktionen A und B.

Mit der Formel für die $p(t,T)$ haben wir dann natürlich auch Formeln für alle anderen Typen von Zinssätzen, etwa für Forward Spotrates oder für Swaprates.

In den Funktionen A und sind aber jetzt eben noch die zu schätzenden Parameter a und b enthalten.

Andererseits sind die tatsächlichen momentanen (Zeitpunkt 0) T-Bondpreise und Forward Spotrates und Swaprates am Markt direkt ersichtlich.

Die Formel $p(t,T) = e^{A(t,T)-B(t,T)\cdot r}$ sollte daher für jedes T zumindest jetzt, im Zeitpunkt 0, mit den **tatsächlichen momentanen T-Bondpreisen**, die wir jetzt mit $p^*(T)$ bezeichnen wollen, übereinstimmen. Es sollten also die Bedingungen $p^*(T) = e^{A(0,T)-B(0,T)\cdot r(0)}$ für (möglichst) jedes T erfüllt sein. Dadurch erhält man für jedes T, für das im Moment ein Bondpreis verfügbar ist, eine Gleichung mit den Unbekannten a und b.

Hat man nur wenige Bondpreise zur Verfügung, so kann man ganz analog etwa statt der Bonds (oder auch zusätzlich zu den Bonds) mit dem Vergleich der momentanen tatsächlichen Forward-Rates oder der momentanen tatsächlichen Swap-Rates mit den durch die Formeln gegebenen theoretischen Preisen arbeiten.

Wir bleiben hier im Folgenden aber einfach einmal bei der Forderung, dass die realen momentanen Bondpreise möglichst gut durch die Formeln abgebildet werden, also dass a und b so bestimmt sind, dass die Gleichung $p^*(T) = e^{A(0,T)-B(0,T)\cdot r(0)}$ für möglichst viele T zumindest näherungsweise gut erfüllt ist.

Dadurch haben wir allerdings viele Bestimmungsgleichungen (für jedes T eine) bei nur zwei Variablen a und b zu erfüllen. Wir haben es also mit einem überbestimmten Gleichungssystem zu tun. Im allgemeinen wird es keine Wahl der zwei Variablen a und b geben, so dass alle diese Gleichungen erfüllt werden.

Man kann hier dann also nur versuchen, die Gleichungen zumindest näherungsweise möglichst gut zu erfüllen. Wie man hierzu vorgehen könnte, wird in dem konkreten Fallbeispiel in Kapitel 10.4 ausführlich analysiert und wir verweisen den Leser direkt auf dieses Fallbeispiel.

Hat man dann nun auf irgendeine Weise eine Wahl für a und b getroffen, dann ist das gesuchte risikoneutrale Modell fertig parametrisiert und kann etwa zur Bewertung von Derivaten auf die Short-Rate oder (wie wir später sehen werden) etwa zur Bewertung von Caplets und Floolets (und damit von sogenannten Caps und Floors) eingesetzt werden.

7.14 Bondpreise im Hull-White-Modell und die Kalibrierung im Hull-White-Modell

Auch im Hull-White-Modell $dr(t) = (\theta(t) - a \cdot r(t))dt + \sigma \cdot dW(t)$ sind sowohl der Drift-Term als auch der Diffusions-Term linear in r.

Mit den Bezeichnungen des vorigen Paragraphen ist $\alpha = -a, \beta = \theta(t), \gamma = 0$ und $\delta = \sigma$. Die Bondpreise haben also ebenfalls eine affine Modellstruktur $e^{A(t,T)-B(t,T)\cdot r(t)}$, wobei $A(t,T)$ und $B(t,T)$ das folgende Differentialgleichungssystem erfüllen müssen:

$B_t(t,T) - a \cdot B(t,T) + 1 = 0$ mit $B(T,T) = 0$

$A_t(t,T) - \theta(t) \cdot B(t,T) + \frac{\sigma^2}{2} \cdot (B(t,T))^2 = 0$ mit $A(T,T) = 0$.

Dieses Differentialgleichungssystem lässt sich wiederum ganz einfach lösen. Zuerst löst man die erste Gleichung die eine gewöhnliche Differentialgleichung nur in der Variablen B ist und erhält natürlich die gleiche Lösung wie im Vasicek-Modell

$$B(t,T) = \frac{1}{a} \cdot \left(1 - e^{-a \cdot (T-t)}\right). \tag{7.15}$$

Dieses B setzen wir in die zweite Gleichung ein und müssen diese nur noch nach t integrieren um die Lösung für A zu erhalten, nämlich:

$$A(t,T) = \int_t^T \left(\frac{\sigma^2}{2} \cdot (B(s,T))^2 - \theta(s) \cdot B(s,T)\right) ds \tag{7.16}$$

(wobei im Integranden die obige Lösung für $B(s,T)$ einzusetzen ist).

Kalibrierung:
Nun geht es wieder darum, die Parameter des Modells zu kalibrieren. Beim Hull-White-Modell geht man nun üblicher Weise so vor: Man schätzt zuerst σ und a so wie in Paragraph 7.6, so dass sich eine realistische Zinsstruktur ergibt.

Der Parameter $\theta(s)$ dagegen wird wieder so kalibriert, dass sich eine möglichst gute Übereinstimmung mit den Bondpreisen am Markt im Zeitpunkt 0 ergibt. Das wird auf folgende Weise durchgeführt:

Man logarithmiert den Bondpreis, differenziert dann nach T und erhält damit – wie wir oben gesehen haben – die **Forward Spotrate** für den Zeitpunkt T aus Sicht von t:

$$\begin{aligned}
f(t,T) &= -\frac{\partial \log p(t,T)}{\partial T} = -\frac{\partial}{\partial T}\left(\log\left(e^{A(t,T)-B(t,T)\cdot r(t)}\right)\right) = \\
&= B_T(t,T) \cdot r(t) - A_T(t,T).
\end{aligned}$$

Die Ableitung von B nach T ergibt sich durch einfaches Differenzieren von (Formel (7.15)): $B_T(t,T) = e^{-a \cdot (T-t)}$.

Um A nach T abzuleiten, greifen wir auf Formel (7.16) zurück und auf die folgende Ableitungsregel für die Ableitung von Integralen:
$\frac{\partial}{\partial T}\left(\int_t^T f(s,T)ds\right) = \int_t^T f_T(s,T)ds + f(T,T)$

Die Richtigkeit dieser Ableitungsregel sieht man schematisch (mit „infinitesimal kleinen Werten" h) auf folgende Weise:

$$\frac{\partial}{\partial T}\left(\int_t^T f(s,T)ds\right) \approx \frac{\int_t^{T+h} f(s,T+h)ds - \int_t^T f(s,T)ds}{h} =$$

$$= \frac{\int_t^{T+h} f(s,T+h)ds - \int_t^{T+h} f(s,T)ds}{h} +$$

$$+ \frac{\int_t^{T+h} f(s,T)ds - \int_t^T f(s,T)ds}{h} =$$

$$= \int_t^{T+h} \frac{(f(s,T+h) - f(s,T))}{h}ds +$$

$$+ \frac{\int_T^{T+h} f(s,T)ds}{h} \approx$$

$$\approx \int_t^T f_T(s,T)ds + f(T,T)$$

In unserem Fall ist (siehe Formel (7.16)) der Integrand $f(s,T)$ gerade $\left(\frac{\sigma^2}{2} \cdot (B(s,T))^2 - \theta(s) \cdot B(s,T)\right)$.

Daher und wegen $B(T,T) = 0$ gilt $f(T,T) = 0$ und somit

$$A_T(t,T) = \frac{\partial}{\partial T}\left(\int_t^T f(s,T)ds\right) = \int_t^T f_T(s,T)ds =$$

$$= \int_t^T \frac{\partial}{\partial T}\left(\frac{\sigma^2}{2} \cdot (B(s,T))^2\right)ds - \int_t^T \theta(s) \cdot B_T(s,T)ds.$$

Für $B(s,T) = \frac{1}{a} \cdot \left(1 - e^{-a \cdot (T-s)}\right)$ und für $B_T(s,T) = e^{-a \cdot (T-s)}$ einzusetzen und das erste Integral auszurechnen ist nun eine leichte Übung und wir erhalten:

$$A_T(t,T) = \frac{\sigma^2}{2a^2}\left(1 - e^{-aT}\right)^2 - \int_t^T \theta(s) \cdot e^{-a(T-s)}ds$$

Wir verwenden diese Ergebnisse speziell für den momentanen Zeitpunkt $t = 0$ und erhalten alles in allem für die Forward Spotrate:

$$f(0,T) = \frac{\partial \log p(0,T)}{\partial T} = B_T(0,T) \cdot r(0) - A_T(0,T) =$$

$$= e^{-a \cdot (T-t)} \cdot r(0) + \int_t^T \theta(s) \cdot e^{-a(T-s)}ds - \frac{\sigma^2}{2a^2}\left(1 - e^{-aT}\right)^2.$$

Wir gehen jetzt von am Markt zum Zeitpunkt 0 beobachteten Forward Spotrates $f^*(0,T)$ für beliebige Zeitpunkte T in der Zukunft aus.

Damit die theoretischen Forward Spotrates mit den beobachteten Forward Spotrates übereinstimmen, müsste also möglichst lückenlos (für alle vorhandenen T) der
Parameter $\theta(s)$ so bestimmt werden, dass

$$f^*(0,T) = e^{-a\cdot(T-t)}\cdot r(0) + \int_t^T \theta(s)\cdot e^{-a(T-s)}ds - \frac{\sigma^2}{2a^2}\left(1 - e^{-aT}\right)^2 \quad (7.17)$$

für alle T erfüllt ist. Wenn wir davon ausgehen, dass die Werte $f^*(0,T)$ tatsächlich
für alle T zur Verfügung stehen und eine solche Struktur aufweisen, dass die Ableitung von f^* nach T, also $f_T^*(0,T)$, existiert, dann lässt sich die Gleichung (7.17)
tatsächlich lösen. Die Lösung lautet, wie man leicht nachprüft:

$$\theta(s) = f_T^*(0,s) + a\cdot f^*(0,s) + \frac{\sigma^2}{a}\left(1 - e^{-a\cdot s}\right)$$

Mit dieser Wahl von $\theta(s)$ im Hull-White Modell wird dann also die momentane
Bond-Struktur und die momentane Forward Spotrate-Struktur exakt nachgebildet.

Einsetzen von $\theta(s)$ in $A(t,T)$ und von $A(t,T)$ und $B(t,T)$ in
$p(t,T) = e^{A(t,T)-B(t,T)\cdot r(t)}$ ergibt dann nach einigen Umformungen das folgende
Resultat:

Satz 7.7. *Bei Verwendung des Hull-White-Modells mit den wie oben gewählten
Parametern a, σ und $\theta(s)$ gilt für die T-Bond-Preise $p(t,T)$ zur Zeit t*

$$p(t,T) = \frac{p^*(0,T)}{p^*(0,t)}\cdot e^{\left(B(t,T)\cdot f^*(0,t) - \frac{\sigma^2}{4a}\cdot B^2(t,T)\cdot\left(1-e^{-2at}\right) - B(t,T)\cdot r(t)\right)},$$

mit $B(t,T) = \frac{1}{a}\cdot\left(1 - e^{-a\cdot(T-t)}\right)$.

(Insbesondere gilt $p(0,T) = p^*(0,T)$ für alle T.)

Mittels der konkreten oben durchgeführten risikoneutralen Parametrisierung des
Hull-White-Modells lassen sich natürlich auch – auf Basis der in Kapitel 7.10
hergeleiteten Bewertungsformel – Derivate auf die Shortrate $r(t)$ im Hull-White-
Modell bewerten!

Wie schon oben erwähnt: Wir haben nun die Werkzeuge zur Bewertung von Derivaten auf die Short-Rate zur Verfügung, aber noch nicht die Werkzeuge zur Bewertung von Derivaten auf Bond-Preise oder andere (unmittelbar mit den Bondpreisen
zusammenhängende) Zinssätze (wie etwa Libor-Zinssätze).

In diesem Teil unseres Buchprojekts können wir nur im folgenden Kapitel – ohne
Beweis – die Vorgangsweise bei der Bewertung von Call- bzw. Put-Optionen auf
Bondpreise (und damit zusammenhängende Zinssätze) vorstellen und mit deren
Hilfe in weiterer Folge Zins-Caps, Zins-Floors und Zins-Collars bewerten.

7.15 Bewertung und Put-Call-Parity von Call- und Put-Optionen auf Bondpreise

Wie angekündigt geben wir hier ohne Beweis die Formeln für den Preis einer Call-Option bzw. den Preis einer Put-Option mit Fälligkeit in T auf S-Bond-Preise $p(t, S)$, wobei natürlich die Laufzeit S des Bonds größer ist als die Fälligkeit T der Option, an. Dabei setzen wir voraus, dass sich die Short-Rate $r(t)$ nach einem Vasicek- oder nach einem Hull-White-Modell entwickelt.

Satz 7.8. *Die Short-Rate $r(t)$ folge einem Vasicek-Modell oder einem Hull-White-Modell. Für den Preis $C(t)$ einer Call-Option mit Strike K und mit Fälligkeit in T auf den Preis $p(t, S)$ eines S-Bonds, der mit der Dynamik der Short-Rate konsistent ist, gilt*

$$C(t) = p(t, S) \cdot \mathcal{N}(d) - p(t, T) \cdot K \cdot \mathcal{N}\left(d - \sum\right)$$

wobei
$$d = \tfrac{1}{\sum} \cdot \log\left\{\tfrac{p(t,S)}{p(t,T) \cdot K}\right\} + \tfrac{1}{2} \cdot \sum$$

und
$$\sum = \tfrac{1}{a} \cdot \left\{1 - e^{-a \cdot (S-T)}\right\} \cdot \sqrt{\tfrac{\sigma^2}{2a} \cdot \left\{1 - e^{-2a \cdot (T-t)}\right\}}.$$

Die Formel für den Preis $P(t)$ einer analogen Put-Option folgt unmittelbar wieder aus der folgenden Version der **Put-Call-Parity-Equation**:

Hält man eine der obigen Put-Optionen Long und eine der obigen Call-Optionen Short sowie ein Stück eines S-Bonds, so erhält man im Zeitpunkt T (dem Fälligkeitszeitpunkt der Optionen) den folgenden Payoff: $\max(0, K - p(T, S)) - \max(0, p(T, S) - K) + p(T, S) = K$.

Der Wert dieser Kombination zum Zeitpunkt t vor der Fälligkeit T ist daher $K \cdot p(t, T)$. Und daher gilt für jedes $t < T$:

$$\boldsymbol{P(t) - C(t) + p(t, S) = K \cdot p(t, T)}$$

Somit gilt

$$
\begin{aligned}
\boldsymbol{P(t)} &= K \cdot p(t, T) - p(t, S) + C(t) = \\
&= K \cdot p(t, T) - p(t, S) + p(t, S) \cdot \mathcal{N}(d) - p(t, T) \cdot K \cdot \mathcal{N}\left(d - \sum\right) = \\
&= K \cdot p(t, T) \cdot \left(1 - \mathcal{N}\left(d - \sum\right)\right) + p(t, S) \cdot (\mathcal{N}(d) - 1) = \\
&= \boldsymbol{K \cdot p(t, T) \cdot \mathcal{N}\left(\sum - d\right) - p(t, S) \cdot \mathcal{N}(-d)}
\end{aligned}
$$

7.16   Bewertung von Caplets und Floorlets (sowie von Zins-Caps und Zins-Floors)

Die wohl am häufigsten gehandelten Zins-Derivate sind Zins-Caps und Zins-Floors (sowie Zins-Collars).

Es sind dies (Kollektionen von) Call- bzw. Put-Optionen allerdings nicht auf Bond-preise als underlyings, sondern üblicherweise auf eine LIBOR-Spotrate.

Die **übliche Form** eines **Zins-Caps** ist die folgende:

Ein Zins-Cap wird typischer Weise einem Kredit mit variablen Kredit-Zinsen bei-gemischt und dient dazu, dass die Kreditzinsen, trotzdem diese variabel vereinbart sind, eine gewisse Schranke K (den Strike des Zins-Caps) nicht überschreiten kön-nen.

Wenn wir (der Einfachheit halber) von einer Kreditsumme der Höhe 1 ausgehen und die Laufzeit des Kredits von 0 bis T vorgesehen ist sowie die Zinszahlungen zu den Zeitpunkten $T_1 < T_2 < T_3 < \ldots < T_n = T$ in der üblichen Weise in Höhe der zeitgewichteten LIBOR-Rate $(T_i - T_{i-1}) \cdot L(T_{i-1}, T_i)$ im Zeitpunkt T_i stattfinden sollen, dann wird ein entsprechender Zins-Cap wie folgt aussehen:

Der Zins-Cap hat dieselbe Laufzeit von 0 bis T.
Den Strike des Zins-Caps bezeichnen wir mit K.
Der Besitzer des Zins-Caps erhält zu jedem Zeitpunkt T_i den Betrag
$(T_i - T_{i-1}) \cdot \max(0, L(T_{i-1}, T_i) - K)$ ausbezahlt.

Der Zins-Cap garantiert damit in jedem Zahlungszeitpunkt einen zu zahlenden Zinssatz maximal in Höhe K.

Der gesamte Zins-Cap besteht also aus n Stück von Einzel-Bestandteilen $Capl_1$, $Capl_2, \ldots, Capl_n$. Diese Einzelbestandteile nennen wir **Caplets**.

Der faire Preis des Caps Cap entspricht der Summe der Preise aller dieser Caplets.

Das underlying eines solchen Caplets ist nun allerdings kein Bondpreis sondern eine LIBOR-Spotrate, und überdies ist das Caplet aus folgendem Grund keine Call-Option im herkömmlichen Sinn: Die Zahlung des Derivats zum Fälligkeits-Zeitpunkt T_i beruht nicht auf dem Wert des underlyings zum Fälligkeits-Zeitpunkt T_i, sondern zu einem früheren Zeitpunkt T_{i-1}.

Wir werden daher die Auszahlungsfunktion $(T_i - T_{i-1}) \cdot \max(0, L(T_{i-1}, T_i) - K)$ im Zeitpunkt T_i noch etwas umformulieren und uminterpretieren müssen, bevor wir die Call-Preis-Formel oder die Put-Preis-Formel für Bond-Optionen aus dem vorigen Paragraphen für die Bewertung eines einzelnen solchen Caplets anwenden werden können.

Wir bezeichnen dazu den Zeitabschnitt $T_i - T_{i-1}$ mit δ und erinnern uns daran, dass $L(T_{i-1}, T_i) = \frac{1}{T_i - T_{i-1}} \cdot \left(\frac{1}{p(T_{i-1}, T_i)} - 1 \right) = \frac{1}{\delta} \cdot \left(\frac{1}{p} - 1 \right)$ gilt, wenn wir der Kürze halber $p(T_{i-1}, T_i)$ mit p bezeichnen.

Die Zahlungshöhe im Zeitpunkt T_i beträgt dann
$$\delta \cdot \max\left(0, L(T_{i-1}, T_i) - K\right) = \delta \cdot \max\left(0, \frac{1}{\delta} \cdot \left(\frac{1}{p} - 1\right) - K\right) =$$
$$= \max\left(0, \frac{1}{p} - 1 - \delta \cdot K\right) = \frac{1+\delta \cdot K}{p} \cdot \max\left(0, \frac{1}{1+\delta \cdot K} - p\right) = \frac{R}{p} \cdot \max\left(0, \frac{1}{R} - p\right),$$
wenn wir $1 + \delta \cdot K$ mit R bezeichnen.

Aus Sicht des Zeitpunkts T_{i-1} hat aber eine Zahlung im Zeitpunkt T_i der Höhe $\frac{R}{p} \cdot \max\left(0, \frac{1}{R} - p\right) = \frac{R}{p(T_{i-1}, T_i)} \cdot \max\left(0, \frac{1}{R} - p(T_{i-1}, T_i)\right)$, deren genaue Größe ja schon in T_{i-1} bekannt ist, den Wert $R \cdot \max\left(0, \frac{1}{R} - p(T_{i-1}, T_i)\right)$.

Somit handelt es sich bei dem oben definierten Caplet um ein Äquivalent zu $R = 1 + \delta \cdot K$ Stück einer Put-Option mit Strike $\frac{1}{R}$ und Fälligkeit T_{i-1} auf den T_i-Bond-Preis.

Damit lässt sich die Put-Preis-Formel des letzten Paragraphen unmittelbar für die Bewertung dieses Caplets und somit des gesamten Caps anwenden.

Wir fassen dies in einem Resultat zusammen:

Satz 7.9. *Die Short-Rate $r(t)$ folge einem Vasicek-Modell oder einem Hull-White-Modell. Wir betrachten LIBOR-Spotrates die mit dieser Short-Rate konsistent sind. Für den Preis $Capl(t)$ des oben definierten Caplets mit Strike K und mit Fälligkeit in T_i gilt*

$$Capl(t) = p(t, T_{i-1}) \cdot \mathcal{N}\left(\sum - d\right) - (1 + \delta \cdot K) \cdot p(t, T_i) \cdot \mathcal{N}(-d)$$

wobei
$$d = \frac{1}{\sum} \cdot \log\left\{ \frac{p(t,T_i) \cdot (1+\delta \cdot K)}{p(t, T_{i-1})} \right\} + \frac{1}{2} \cdot \sum$$

und
$$\sum = \frac{1}{a} \cdot \left\{1 - e^{-a \cdot \delta}\right\} \cdot \sqrt{\frac{\sigma^2}{2a} \cdot \left\{1 - e^{-2a \cdot (T_{i-1} - t)}\right\}}.$$

Die **übliche Form** eines **Zins-Floors** ist die folgende:

Ein Zins-Floor wird typischer Weise einem Sparbuch oder einer analogen Anlage-form mit variablen Anlage-Zinsen beigemischt und dient dazu, dass die Anlage-Zinsen, trotzdem diese variabel vereinbart sind, eine gewisse Schranke K (den Strike des Zins-Floors) nicht unterschreiten können.

Wenn wir wieder von einer Anlagesumme der Höhe 1 ausgehen und die Laufzeit der Anlageform von 0 bis T vorgesehen ist sowie die Zinszahlungen zu den Zeit-punkten $T_1 < T_2 < T_3 < \ldots < T_n = T$ in der üblichen Weise in Höhe der zeitgewichteten LIBOR-Rate $(T_i - T_{i-1}) \cdot L(T_{i-1}, T_i)$ im Zeitpunkt T_i stattfinden sollen, dann wird ein entsprechender Zins-Floor wie folgt aussehen:

Der Zins-Floor hat dieselbe Laufzeit von 0 bis T.
Den Strike des Zins-Floors bezeichnen wir mit K.
Der Besitzer des Zins-Floors erhält zu jedem Zeitpunkt T_i den Betrag
$(T_i - T_{i-1}) \cdot \max(0, K - L(T_{i-1}, T_i))$ ausbezahlt.

Der Zins-Floor garantiert damit in jedem Zahlungszeitpunkt einen Zinssatz minde-stens in Höhe von K.

Der Zins-Floor besteht somit aus n Stück von Einzel-Bestandteilen $Floorl_1$, $Floorl_2, \ldots, Floorl_n$. Diese Einzelbestandteile nennen wir **Floorlets**.

Der faire Preis des Floors entspricht der Summe der Preise aller dieser Floorlets. Zur Bewertung eines dieser Floorlets mit Fälligkeit in T_i können wir ganz ana-log wie bei der Behandlung der Caplets vorgehen und bemerken dabei, dass dieser Floorlet ein Äquivalent zu $1 + \delta \cdot K$ Stück Call-Optionen mit Fälligkeit T_{i-1} und Strike $\frac{1}{1+\delta \cdot K}$ auf den T_i-Bond ist.

Damit lässt sich die Call-Preis-Formel des letzten Paragraphen unmittelbar für die Bewertung dieses Floorlets und somit des gesamten Floors anwenden.

Wir fassen dies in einem Resultat zusammen:

Satz 7.10. *Die Short-Rate* $r(t)$ *folge einem Vasicek-Modell oder einem Hull-White-Modell. Wir betrachten LIBOR-Spotrates die mit dieser Short-Rate konsistent sind. Für den Preis* $Floorl(t)$ *des oben definierten Floorlets mit Strike* K *und mit Fäl-ligkeit in* T_i *gilt*

$$Floorl(t) = (1 + \delta \cdot K) \cdot p(t, T_i) \cdot \mathcal{N}(d) - p(t, T_{i-1}) \cdot \mathcal{N}\left(d - \sum\right)$$

wobei
$d = \frac{1}{\sum} \cdot \log\left\{\frac{p(t,T_i) \cdot (1+\delta \cdot K)}{p(t,T_{i-1})}\right\} + \frac{1}{2} \cdot \sum$

und
$$\Sigma = \tfrac{1}{a} \cdot \left\{ 1 - e^{-a \cdot \delta} \right\} \cdot \sqrt{\tfrac{\sigma^2}{2a} \cdot \left\{ 1 - e^{-2a \cdot (T_{i-1} - t)} \right\}}.$$

Ein **Zins-Collar** ist ein Produkt, das garantiert, dass der Kredit-Zinssatz bei einem Kredit bzw. der Anlage-Zinssatz bei einer Anlageform zu den Zahlungszeitpunkten immer zwischen zwei Werten K_1 und $K_2 (K_1 < K_2)$ verbleibt.

Ein Kreditnehmer wird dazu einen Cap mit Strike K_2 kaufen und einen Floor mit Strike K_1 verkaufen: „Käufer des Collars"

Jemand der in Besitz einer Anlageform ist, wird zur Zinsbegrenzung gerade die Gegen-Position einnehmen: „Verkäufer des Collars"

Häufig werden die Strikes K_1 und K_2 bei einem Zins-Collar gerade so gesetzt, dass der Preis des Zins-Collars gleich 0 ist (so dass also der Preis des Caps gleich dem Preis des Floors ist).

Der Preis eines Zins-Collars lässt sich unmittelbar mit den obigen Formeln berechnen.

Wir haben von Anfang dieses Kapitels an darauf hingewiesen, dass die korrekte Modellierung und Bewertung von Zins-Derivaten eine diffizile Aufgabe ist und dass wir hier jetzt vorerst nur ein Mindestmaß an Basiswissen zu dieser Thematik haben vermitteln können.

Bevor wir dieses Kapitel jetzt aber beenden, wollen wir mit Hilfe des in diesem Kapitel bisher erworbenen Basiswissens über stochastische Analysis einen **wichtigen Nachtrag** liefern:

7.17 Die Black-Scholes Differentialgleichung

Mit derselben Nonchalance, mit der wir in Paragraph 7.10, ohne uns über technische Details und Schwierigkeiten weitere Gedanken zu machen, die Bestimmung fairer Bondpreise hergeleitet haben, werden wir unsere rudimentären und heuristischen Kenntnisse der stochastischen Analysis jetzt noch nutzen, um einen „schnellen" alternativen (wiederum natürlich im technischen Detail nicht sauberen) Beweis der allgemeinen (und auch allgemeiner als früher formulierten) Black-Scholes Formel (auf Basis stochastischer Analysis) zu geben.

Zusätzlich werden wir bei dieser Gelegenheit auch unseren stochastischen Werkzeugkasten noch etwas erweitern und zwar um den Begriff des stochastischen (Ito-) Integrals. Wieder gilt: Wir werden eine heuristische Einführung in diesen Begriff und seine grundlegenden Eigenschaften geben und keine strenge Herleitung.

Wir erinnern uns: Wir hatten in Kapitel 4 einen elementaren Beweis der Black-Scholes-Formel über die Approximation des Wiener Modells durch ein binomisches Modell gegeben. Jetzt werden wir im Folgenden so vorgehen: Zuerst werden wir (in diesem Paragraphen), ziemlich analog zu den in 7.10 durchgeführten Rechnungen, die Black-Scholes Differentialgleichung herleiten.

Die Lösung dieser Differentialgleichung wäre dann die allgemeine Black-Scholes-Formel, so wie wir diese bereits von früher kennen.

Um diese Black-Scholes Differentialgleichung zu lösen, werden wir aber ein weiteres Werkzeug der stochastischen Analysis benötigen und zwar die Feynman-Kac Formel. Um diese wiederum herzuleiten (und auch für spätere Zwecke), werden wir uns eines weiteren Grundkonzepts der stochastischen Analysis bedienen müssen, und zwar eben des oben schon erwähnten stochastischen (Ito-)Integrals. Im nächsten Paragraphen 7.18 werden wir daher das stochastische Integral und seine grundlegenden Eigenschaften heuristisch herleiten, uns in Paragraph 7.19 mit den Begriffen „bedingter Erwartungswert" und „Martingal" beschäftigen und in Paragraph 7.20 werden wir die Feynman-Kac-Formel herleiten.

In Paragraph 7.21 schließlich werden wir die Früchte ernten, die Black-Scholes-Gleichung lösen und damit die Black-Scholes-Formel erhalten.

Nun zur Herleitung der Black-Scholes Differentialgleichung.

Die **Ausgangssituation** sieht so aus:

- Wir haben ein underlying S, dessen Kurs $S(t)$ im Zeitbereich $[0, T]$ einer stochastischen Differentialgleichung der Form $dS(t) = \mu(t, S(t)) \cdot S(t)dt + \sigma(t, S(t)) \cdot S(t)dW(t)$ mit gegebenem Startwert $S(0)$ und mit deterministischen Funktionen μ und σ folgt.

  (Wir hatten uns bei der früheren Herleitung über das binomische Modell auf den Spezialfall $dS(t) = \mu \cdot S(t) \cdot dt + \sigma \cdot S(t) \cdot dW(t)$ mit konstanten Parametern μ und σ beschränkt!)

- Wir gehen nun wieder von einem fixen Zinssatz r für das gesamte Zeitintervall $[0, T]$ aus.

- Wir haben wieder eine risikolose Anlage-Möglichkeit, also einen Bond B mit Kursentwicklung $B(t)$ die dann der Differentialgleichung $dB(t) = r \cdot B(t) \cdot dt$ folgt.

- Weiters haben wir es mit einem europäischen plain vanilla Derivat D auf das underlying S mit Fälligkeit in T zu tun, das durch die Payoff-Funktion

Φ definiert ist. Der Payoff durch das Derivat zur Zeit T ist also gegeben durch $\Phi(S(T))$.

- Wir stellen die Frage nach dem fairen Preis $F(t, S(t))$ des Derivats zur Zeit t unter der Annahme dass der Kurs des underlyings zur Zeit t bei $S(t)$ steht.

Was vorab einmal klar ist: Es muss $F(T, S) = \Phi(S)$ gelten.

Wir gehen nun ganz ähnlich vor wie in Paragraph 7.10: Wir werden eine Handelsstrategie V verfolgen, in der wir die beiden Produkte S und D dynamisch handeln. Die Handelsstrategie wird „selbstfinanzierend" sein. Diese Handelsstrategie werden wir so konstruieren, dass die Wertentwicklung der Strategie deterministisch ist (also von keinen Zufallsanteilen mehr abhängig ist). Dann können wir wieder folgern, dass diese deterministische Handelsstrategie V dieselbe Entwicklung aufweisen muss wie der (deterministische) Bond B, da sonst Arbitrage-Möglichkeiten gegeben wären. Aus diesem Schluss folgt dann die Black-Scholes Gleichung.

Im Folgenden werden wir häufig anstelle der Funktionen $\mu(t, S(t))$ bzw. $\sigma(t, S(t))$ nur kurz μ bzw. σ schreiben.

Auf die Preisfunktion $F(t, S(t))$ als Funktion des Ito-Prozesses $S(t)$ kann (unter der Annahme dass F genügend differenzierbar ist) die Ito-Formel angewendet werden und wir erhalten dadurch die Dynamik dieser Preisfunktion (F_t bzw. F_s bezeichnen dabei die Ableitung von F nach der ersten bzw. der zweiten Variablen):

$$dF = \left(F_t + \mu \cdot sF_s + \frac{(\sigma s)^2}{2} F_{ss} \right) dt + \sigma \cdot s \cdot F_s \cdot dW(t)$$

Diese Darstellung formen bzw. benennen wir etwas um in:

$$dF = F \cdot \alpha \cdot dt + F \cdot \beta \cdot dW(t) \tag{7.18}$$

dabei sind dann

$$\alpha = \frac{F_t + \mu \cdot s \cdot F_s + \frac{(\sigma \cdot s)^2}{2} \cdot F_{ss}}{F} \quad \text{und} \quad \beta = \frac{\sigma \cdot s \cdot F_s}{F}. \tag{7.19}$$

Die Dynamik von S kennen wir ja bereits, sie lautet (in Kurzschreibweise):

$$dS = \mu \cdot s \cdot dt + \sigma \cdot s \cdot dW(t) \tag{7.20}$$

Die folgende Argumentation wird Ihnen nun (fast wortwörtlich) aus Kapitel 7.10 sehr bekannt vorkommen:

Wir bilden ein dynamisches Portfolio V aus dem underlying S und aus dem Derivat D.

Dieses Portfolio sei so definiert, dass wir in jedem Zeitpunkt t unser momentanes Gesamtvermögen im Portfolio mit $V(t)$ bezeichnen und davon $u(t) \cdot V(t)$ in das underlying investieren und den Rest, also $(1 - u(t)) \cdot V(t)$ in das Derivat D investieren.

Das heißt: Wir halten in jedem Zeitpunkt t (in Kurzschreibweise) genau $\frac{u \cdot V}{S}$ Stück des underlyings S und $\frac{(1-u) \cdot V}{F}$ Stück des Derivats D.

Die Handelsstrategie geht also prinzipiell so vor, dass stets nur so viel Geld in die Strategie, also in das underlying und das Derivat, investiert werden, wie Wert V im Portfolio enthalten ist. Die Strategie ist also selbstfinanzierend. Es wird zu keinem Zeitpunkt während der Laufzeit zusätzlich Geld ins Portfolio eingebracht oder aus dem Portfolio abgezogen.

Den konkreten Wert für $u(t)$, also die genaue Definition des dynamischen Portfolios, werden wir erst später festlegen.

Zuerst fragen wir uns: Wie ändert sich der Wert $V(t)$ des Portfolios in einem infinitesimal kleinen Zeitabschnitt von t bis $t + dt$? Also: Wie sieht $dV(t)$ aus? Die Antwort ist einfach:

Der Anteil, der ins underlying S investiert ist, ändert sich um $\frac{u \cdot V}{S}$ Mal dS und der Anteil, der im Derivat D investiert ist, ändert sich um $\frac{(1-u) \cdot V}{F}$ Mal dF. Somit ist

$$dV = \frac{u \cdot V}{S} \cdot dS + \frac{(1 - u) \cdot V}{F} \cdot dF = V \cdot \left(u \cdot \frac{dS}{S} + (1 - u) \cdot \frac{dF}{F} \right) \quad (7.21)$$

Von Formel (7.18) und (7.20) wissen wir

$$dF = F \cdot \alpha \cdot dt + F \cdot \beta \cdot dW(t) \quad \text{und} \quad dS = \mu \cdot S \cdot dt + \sigma \cdot S \cdot dW(t)$$

Das setzen wir in Formel (7.21) ein und erhalten dadurch

$$\begin{aligned} dV &= V \cdot (u(\mu \cdot dt + \sigma \cdot dW(t)) + (1 - u) \cdot (\alpha \cdot dt + \beta \cdot dW(t))) \\ &= V \cdot ((u\mu + (1 - u) \cdot \alpha) \cdot dt + (u\sigma + (1 - u) \cdot \beta) \cdot dW(t)) . (7.22) \end{aligned}$$

Und jetzt nehmen wir eine konkrete Wahl für die spezielle Form unseres dynamischen Portfolios vor. Das heißt, wir wählen jetzt u explizit. Und zwar wählen wir u so, dass der Zufallsanteil in der Entwicklung des Portfolios (also der Anteil der durch die Brown'sche Bewegung gesteuert wird) wegfällt. Also:
$u \cdot \sigma + (1 - u) \cdot \beta = 0$ und somit $u = \frac{\beta}{\beta - \sigma}$ und $1 - u = \frac{-\sigma}{\beta - \sigma}$.

Diese Wahl für u setzen wir in die Formel (7.22) für dV ein und erhalten dann
$dV = V \cdot \left(\frac{\beta\mu - \sigma\alpha}{\beta - \sigma} \right) \cdot dt$.

Nun verwenden wir wieder die bereits früher erläuterte, auf dem No-Arbitrage-Prinzip basierende, Tatsache: Verfügt man über zwei Möglichkeiten P und Q zur deterministischen Anlage mit der Dynamik der Entwicklungen der Form $dP(t) := p(t) \cdot P(t) \cdot dt$ bzw. $dQ(t) := q(t) \cdot Q(t) \cdot dt$, dann muss stets $p(t) = q(t)$ gelten!

Da wir nun über den Bond B mit der Dynamik $dB(t) = r \cdot B(t) \cdot dt$ und über die Handelsstrategie V mit der Dynamik $dV = V \cdot \left(\frac{\beta\mu - \sigma\alpha}{\beta - \sigma} \right) \cdot dt$ verfügen, muss somit

$$ r = \frac{\beta\mu - \sigma\alpha}{\beta - \sigma} $$

gelten.

Hier setzen wir $\alpha = \frac{F_t + \mu \cdot S \cdot F_s + \frac{(\sigma \cdot S)^2}{2} \cdot F_{ss}}{F}$ und $\beta = \frac{\sigma \cdot S \cdot F_s}{F}$ (siehe Formel (7.19)) ein, lösen die Brüche auf und erhalten:

$$ F_t + r \cdot S \cdot F_s + \frac{(\sigma \cdot S)^2}{2} \cdot F_{ss} = r \cdot F $$

Zusammen mit der Randbedingung $F(T, S) = \Phi(S)$ ist dies gerade die Black-Scholes Gleichung. Wir fassen zusammen:

Satz 7.11 (Black-Scholes-Gleichung). *Sei S ein underlying dessen Kurs $S(t)$ im Zeitbereich $[0, T]$ einer stochastischen Differentialgleichung der Form $dS(t) = \mu(t, S(t)) \cdot S(t)dt + \sigma(t, S(t)) \cdot S(t)dW(t)$ mit gegebenem Startwert $S(0)$ und deterministischen Funktionen μ und σ folgt. (Mit S seien keine weiteren Zahlungen oder Kosten verbunden.)*

Sei D ein europäisches plain vanilla Derivat D auf das underlying S mit Fälligkeit in T, das durch die Payoff-Funktion Φ definiert ist.

Sei $F(t, s)$ die Funktion, die für $t \in [0, T]$ und $s > 0$ den fairen Preisprozess des Derivats D beschreibt. Dann erfüllt F die partielle Differentialgleichung

$$ F_t(t, s) + r \cdot s \cdot F_s(t, s) + \frac{(\sigma(t, s) \cdot s)^2}{2} \cdot F_{ss}(t, s) = r \cdot F(t, s) $$

mit Randbedingung $F(T, s) = \Phi(s)$. Hierbei bezeichnet r den risikolosen Zinssatz auf $[0, T]$.

Um diese partielle Differentialgleichung nun lösen zu können, benötigen wir die Feynman-Kac Formel. Und für deren Herleitung benötigen wir den Begriff des stochastischen Integrals.

7.18 Das stochastische Ito-Integral: Heuristische Erläuterung und grundlegende Eigenschaften

Stellen Sie sich vor, Sie möchten, einer bestimmten Handelsstrategie folgend, für eine bestimmte Zeit lang, etwa von jetzt (Zeitpunkt 0) an bis zum Zeitpunkt T, in eine Aktie S investieren.

Für die Aktie S wissen wir, dass sie sich nach einem Wiener Modell entwickelt, dass sie also einer SDE der Form $dS(t) = \mu \cdot S(t) \cdot dt + \sigma \cdot S(t) \cdot dW(t)$ gehorcht.

Unsere Handelsstrategie, wir nennen sie H, soll ziemlich dynamisch sein. Das heißt: Wir passen unser Portfolio innerhalb ganz kurzer Zeitabstände immer wieder an. Genauer: Wir teilen das Zeitintervall $[0, T]$ in N ganz kurze Zeitintervalle der Länge Δt und am Beginn und am Ende jedes dieser Zeitintervalle passen wir unser Portfolio an.

Wir bezeichnen für $i = 0, 1, 2, \ldots, N$ mit t_i den Zeitpunkt $i \cdot \Delta_t$.

Gehandelt wird immer zu den Zeitpunkten t_i mit $i = 0, 1, 2, \ldots, N - 1$ und zwar wird in jedem t_i immer so gehandelt, dass man im Zeitbereich $[t_i, t_{i+1}]$ immer genau $h(t_i)$ Stück der Aktie hält. Die Handelsstrategie H wird also durch diese Funktion h definiert.

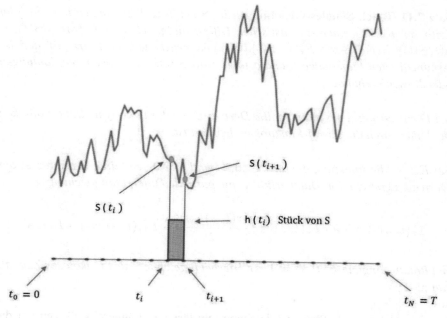

Abbildung 7.18: Illustration Handelsstrategie

Die Situation ist in Abbildung 7.18 noch illustriert.

Wie hoch ist nun der Gewinn (bzw. der Verlust), den Sie im Verlauf dieser Strategie erzielen?

Nun, der Gewinn im Zeitbereich von t_i bis t_{i+1} beträgt offensichtlich pro Stück Aktie $S(t_{i+1}) - S(t_i)$ und da wir $h(t_i)$ Stück der Aktie halten, beträgt er $h(t_i) \cdot (S(t_{i+1}) - S(t_i))$. Der Gesamtgewinn G der Strategie ergibt sich somit durch

$$G = \sum_{i=0}^{N-1} h(t_i) \cdot (S(t_{i+1}) - S(t_i)).$$

Nun erinnern wir uns an die Dynamik der $S(t)$ folgt, nämlich $dS(t) = \mu \cdot S(t) \cdot dt + \sigma \cdot S(t) \cdot dW(t)$. Daher gilt, da der Abstand Δt zwischen t_i und t_{i+1} sehr klein ist:

$$S(t_{i+1}) - S(t_i) \approx \mu \cdot S(t_i) \cdot (t_{i+1} - t_i) + \sigma \cdot S(t_i) \cdot (W(t_{i+1}) - W(t_i))$$

Das setzen wir in die Formel für die Gewinnfunktion ein und erhalten

$$G = \sum_{i=0}^{N-1} h(t_i) \cdot \mu \cdot S(t_i) \cdot (t_{i+1} - t_i) + \sum_{i=0}^{N-1} h(t_i) \cdot \sigma \cdot S(t_i) \cdot (W(t_{i+1}) - W(t_i)).$$

Nun lassen wir die Abstände Δt zwischen den Handelszeitpunkten immer mehr gegen 0 gehen, das heißt, wir gehen tatsächlich zu kontinuierlichem Handeln über und wir setzen jetzt ein wenig Kenntnis grundlegender Analysis voraus:

Die erste der beiden Summen in der letzten Formel ist eine gewöhnliche Riemann'sche Summe. Diese konvergiert, wenn Δt gegen 0 geht gegen das gewöhnliche Riemann Integral

$$\int_0^T h(t) \cdot \mu \cdot S(t) dt.$$

Die zweite Summe $\sum_{i=0}^{N-1} h(t_i) \cdot \sigma \cdot S(t_i) \cdot (W(t_{i+1}) - W(t_i))$ sehen wir uns etwas genauer an. Dazu fassen wir zuerst einmal – für den besseren Überblick – den Ausdruck $h(t_i) \cdot \sigma \cdot S(t_i)$ zum Wert einer Funktion f an der Stelle t_i zusammen, also $f(t_i) := h(t_i) \cdot \sigma \cdot S(t_i)$. Dann hat die zweite Summe die Form

$$\sum_{i=0}^{N-1} f(t_i) \cdot (W(t_{i+1}) - W(t_i)).$$

Auch diese Summe hat Ähnlichkeit mit einer Riemann'schen Summe, nur dass jetzt an Stelle von $(t_{i+1} - t_i)$ die Differenz $(W(t_{i+1}) - W(t_i))$ einer Brown'schen Bewegung W an zwei sehr nahe beieinander liegenden Zeitpunkten steht.

Nun ist es tatsächlich so, dass unter gewissen Voraussetzungen an die Funktion f (über die wir später noch etwas sprechen werden) auch diese Summe gegen einen konkreten Wert konvergiert. Diesen Wert bezeichnen wir mit $\int_0^T f(t)dW(t)$ und er heißt „**Ito-Integral**" von f.

Für die Gewinnfunktion der kontinuierlichen Handelsstrategie haben wir somit:

$$G = \int_0^T h(t) \cdot \mu \cdot S(t)dt + \int_0^T h(t) \cdot \sigma \cdot S(t)dW(t)$$

Einige Bemerkungen zu dieser Herleitung und zum Begriff des Ito-Integrals sind angebracht:

- Wir wiederholen noch einmal, dass diese Motivation und plötzliche Installation des Begriffs des Ito-Integrals fahrlässig oberflächlich passiert ist und nicht mehr sein soll als eine Hilfestellung, um eine ungefähre Vorstellung von der Bedeutung und eine Hilfestellung für eine erste grobe Handhabung dieses Begriffs zu geben. Daran ändern auch die nun folgenden zusätzlichen – zum Teil auch wieder zu sehr vereinfachenden – Erläuterungen wenig.

- Welches mathematische Objekt ist eigentlich diese Funktion h, die die Handelsstrategie H definiert? Üblicher Weise wird zu einem Zeitpunkt 0 die konkrete Strategie, die wir zum Zeitpunkt t in der Zukunft durchführen werden, noch nicht bekannt sein. Vielmehr wird im Allgemeinen der konkrete durch $h(t)$ definierte Handelsvorgang davon abhängen, wie sich der Kurs des underlyings bis zu diesem Zeitpunkt und auch wie sich der Erfolg der Handelsstrategie bis zum Zeitpunkt t entwickelt haben.

  $h(t)$ ist also eine Zufallsvariable und die gesamte Handelsstrategie H, die durch $(h(t))_{t \in [0,T]}$ gegeben ist, ist ein stochastischer Prozess!

- Für einen beliebigen Zeitpunkt $t \in [0, T]$ ist $h(t)$ wahrscheinlich von der Entwicklung von $S(u)$ für $u \in [0, t]$ abhängig. $h(t)$ kann nicht von den Werten von $S(u)$ für ein $u > t$ abhängig sein, da wir ja zum Zeitpunkt t die Werte $S(u)$ für $u > t$ noch nicht kennen.

  Wenn $S(t)$ einem Ito-Prozess der Form $dS(u) = \alpha(u, S(u)) \cdot du + \beta(u, S(u)) \cdot dW(u)$ auf $[0, T]$ folgt, dann ist $h(t)$ also von der Entwicklung der Brown'schen Bewegung auf $[0, t]$ abhängig.

  Ist $h(t)$ tatsächlich für jedes t nur von der Entwicklung der Brown'schen Bewegung auf $[0, t]$ abhängig, also eine deterministische Funktion der Zeit t und der $W(u)$ für $u \in [0, t]$, dann sagen wir: **h ist auf $[0, T]$ adaptiert bezüglich der Brown'schen Bewegung.**

In dieser Terminologie kann $h(t)$ übrigens durchaus auch von $h(u)$ für $u < t$ (und damit von der bisherigen Entwicklung der Strategie) abhängig sein.

- Das **Ito-Integral** $\int_0^T f(t) \cdot dW(t)$ ist natürlich stets **eine Zufallsvariable**, auch dann wenn f eine deterministische Funktion ist. Der konkrete Wert dieses Integrals hängt davon ab, wie sich die Brown'sche Bewegung $W(t)$ auf $[0, T]$ entwickelt hat.

- Wenn f eine deterministische Funktion ist, dann existiert das Ito-Integral $\int_0^T f(t)dW(t)$ unter der Voraussetzung, dass für jedes $t > 0$ das gewöhnliche Riemann-Integral $\int_0^T f^2(t)dt$ existiert und endlichen Wert hat.

- Wenn f ein stochastischer Prozess ist, dann garantieren die folgenden beiden Voraussetzungen die Existenz des Ito-Integrals $\int_0^T f(t)dW(t)$:

  i) f ist adaptiert bezüglich der Brown'schen Bewegung.

  ii) Für jedes $t > 0$ existiert das gewöhnliche Riemann-Integral $\int_0^T E\left[f^2(t)\right] dt$ und hat einen endlichen Wert. „E" bezeichnet dabei den Erwartungswert.

- Das Ito-Integral teilt übrigens mit dem herkömmlichen Riemann Integral die üblichen Additions- und Linearitätseigenschaften. Es gilt nämlich:

  i) Für $a < b < c$ ist $\int_a^c f(s)dW(s) = \int_a^b f(s)dW(s) + \int_b^c f(s)dW(s)$.

  ii) Für reelle α und β und für stochastische Prozesse f und g gilt $\int_0^t (\alpha \cdot f(s) + \beta \cdot g(s)) \, dW(s) = \alpha \cdot \int_0^t f(s)dW(s) + \beta \cdot \int_0^t g(s)dW(s)$.

- Das Ito-Integral $\int_0^T f(t)dW(t)$ ist also eine Zufallsvariable. Die ersten beiden Fragen, die man sich angesichts einer Zufallsvariablen stellt, sind: Welchen Erwartungswert und welche Varianz hat diese Zufallsvariable?

Diese beiden Fragen werden wir in den nächsten beiden Punkten beantworten, indem wir wieder einen Schritt zurückgehen und uns erinnern, dass das Ito-Integral (in Umkehrung seiner Herleitung) ja beliebig gut durch Summen der Form $\sum_{i=0}^{N-1} f(t_i) \cdot (W(t_{i+1}) - W(t_i))$ angenähert werden kann.

Bevor wir Erwartungswert und Varianz des Ito-Integrals berechnen, erinnern wir an zwei grundlegende Eigenschaften der Brown'schen Bewegung W, die wir im Folgenden benötigen werden:

  i) Für zwei beliebige Zeitpunkte $0 < t < s$ gilt, dass $W(s) - W(t)$ unabhängig von allen $W(u)$ mit $u \leq t$ ist.

  ii) $W(s) - W(t)$ ist stets eine $N(0, s - t)$-verteilte Zufallsvariable. Daher ist $E(W(s) - W(t)) = 0$ und $V(W(s) - W(t)) = E((W(s) - W(t))^2) = s - t$.

- Zum Erwartungswert des Ito-Integrals:

$$E\left(\int_0^T f(t)dW(t)\right) \approx E\left(\sum_{i=0}^{N-1} f(t_i) \cdot (W(t_{i+1}) - W(t_i))\right)$$

$$= \sum_{i=0}^{N-1} E\left(f(t_i) \cdot (W(t_{i+1}) - W(t_i))\right).$$

Nun ist f adaptiert bezüglich der Brown'schen Bewegung (das ist Voraussetzung für die Existenz des Ito-Integrals). Der Wert $f(t_i)$ hängt also nur von
den Werten $W(u)$ der Brown'schen Bewegung mit $u \le t_i$ ab. Von diesen ist
aber – wie wir uns oben unter Punkt i) erinnert haben – $(W(t_{i+1}) - W(t_i))$
unabhängig.
Daher ist $(W(t_{i+1}) - W(t_i))$ unabhängig von $f(t_i)$ und daher ist
$E(f(t_i) \cdot (W(t_{i+1}) - W(t_i)) = E(f(t_i)) \cdot E(W(t_{i+1}) - W(t_i))$.
Wie wir uns in Punkt ii) oben erinnert haben, ist $E(W(t_{i+1}) - W(t_i)) = 0$
und daher gilt

$$E\left(\int_0^T f(t)dW(t)\right) = 0.$$

Also – sehr wichtig und im Folgenden oft verwendet–: **Der Erwartungswert eines Ito-Integrals ist stets gleich 0!**

- Zur Varianz des Ito-Integrals:
Da der Erwartungswert des Ito-Integrals gleich 0 ist, gilt

$$V\left(\int_0^T f(t)dW(t)\right) = E\left(\left(\int_0^T f(t)dW(t)\right)^2\right) \approx$$

$$\approx E\left(\left(\sum_{i=0}^{N-1} f(t_i) \cdot (W(t_{i+1}) - W(t_i))\right)^2\right) =$$

$$= E\left(\sum_{i=0}^{N-1}\sum_{j=0}^{N-1} f(t_i) \cdot f(t_j) \cdot (W(t_{i+1}) - W(t_i)) \cdot \right.$$

$$\left. \cdot (W(t_{j+1}) - W(t_j))\right) =$$

$$= \sum_{i=0}^{N-1}\sum_{j=0}^{N-1} E\left(f(t_i) \cdot f(t_j) \cdot (W(t_{i+1}) - W(t_i)) \cdot \right.$$

$$\left. \cdot (W(t_{j+1}) - W(t_j))\right).$$

Ist $i < j$, dann sind $f(t_i), f(t_j)$ und $W(t_{i+1}) - W(t_i)$ alle unabhängig von $W(t_{j+1}) - W(t_j)$ und daher

$$E\left(f(t_i) \cdot f(t_j) \cdot (W(t_{i+1}) - W(t_i)) \cdot (W(t_{j+1}) - W(t_j))\right) =$$

$$E\left(f(t_i) \cdot f(t_j) \cdot (W(t_{i+1}) - W(t_i))\right) \cdot E\left(W(t_{j+1}) - W(t_j)\right) = 0$$

Dasselbe gilt natürlich auch wenn $j < i$. Daher bleibt

$$V\left(\int_0^T f(t)dW(t)\right) = \sum_{i=0}^{N-1} E\left((f(t_i))^2\right) \cdot E\left((W(t_{i+1}) - W(t_i))^2\right)$$

$$= \sum_{i=0}^{N-1} E\left((f(t_i))^2\right) \cdot (t_{i+1} - t_i)$$

$$\approx \int_0^T E\left[f^2(t)\right] dt.$$

Wir haben damit die sogenannte **Ito-Isometrie** hergeleitet: Für die **Varianz eines Ito-Integrals** gilt stets

$$V\left(\int_0^T f(t)dW(t)\right) = \int_0^T E\left[f^2(t)\right] dt$$

(Diese Varianz ist nach Voraussetzung übrigens stets endlich.)

- Die nächste Frage, die man sich angesichts einer Zufallsvariablen stellt, deren Erwartungswert und Varianz man bereits bestimmt hat, ist die Frage nach ihrer Verteilung. Wir werden es hier nicht beweisen, es uns aber im Folgenden veranschaulichen, **dass ein Ito-Integral über eine deterministische Funktion f stets einer Normalverteilung gehorcht**.

- Um tatsächlich zu veranschaulichen, dass ein Ito-Integral über eine deterministische Funktion f stets eine normalverteilte Zufallsvariable ist, aber auch für andere Zwecke (vor allem in Zusammenhang mit Monte Carlo-Simulation) überlegen wir uns im Folgenden, wie man die möglichen Entwicklungen eines Ito-Integrals simulieren könnte. Die Antwort darauf ist einigermaßen einfach: Wir approximieren das Integral wieder durch eine Summe:

$$\int_0^t f(t)dW(t) \approx \sum_{i=0}^{N-1} f(t_i) \cdot (W(t_{i+1}) - W(t_i)).$$

Dann simulieren wir schrittweise Pfade der Brown'schen Bewegung an den Stützpunkten $t_0, t_1, \ldots, t_N$ mittels der Beziehung $W(t_{i+1}) = W(t_i) + \sqrt{\Delta t}$.

w_i mit unabhängigen $\mathcal{N}(0,1)$-verteilten Zufallsvariablen w_i.

Für jeden so erzeugten Pfad berechnen wir einen möglichen Wert von $\sum_{i=0}^{N-1} f(t_i) \cdot (W(t_{i+1}) - W(t_i))$ und erhalten so Näherungen für Realisationen von $\int_0^T f(t)dW(t)$. Zu beachten ist dabei, dass wir, wenn f eine ($W(t)$-adaptierte) Zufallsvariable ist, für die Berechnung der Werte $f(t_i)$ eventuell auf Werte $W(u)$ mit $u \leq t_i$ zurückgreifen müssen, die dann ihrerseits eventuell durch die simulierten Werte $W(t_1), W(t_2), \ldots, W(t_i)$ angenähert werden müssen.

- Wir wollen in diesem Sinn als Beispiel das Ito-Integral $\int_0^1 W(t)dW(t)$ simulieren. Der Erwartungswert des Integrals ist natürlich gleich 0. Wir berechnen vorab auch seine Varianz mittels der Ito-Isometrie:

$$
\begin{aligned}
V\left(\int_0^1 W(t)\,dW(t)\right) &= \int_0^1 E\left((W(t))^2\right)dt = \\
&= \int_0^1 V\left(W(t)\right)dt = \int_0^1 t\,dt = \frac{1}{2}.
\end{aligned}
$$

Und schließlich simulieren wir mit Mathematica 1000 Pfade der Standard-Brown'schen Bewegung für die Stützpunkte $\frac{i}{100}$ mit $i = 0, 1, 2, \ldots, 100$ und berechnen für jeden Pfad $\sum_{i=0}^{99} W\left(\frac{i}{100}\right) \cdot \left(W\left(\frac{i+1}{100}\right) - W\left(\frac{i}{100}\right)\right)$.

Dadurch erhalten wir 1000 Näherungen für mögliche Realisationen der Zufallsvariablen $\int_0^1 W(t)dW(t)$. Diese Werte veranschaulichen wir mittels eines Histogramms und erkennen dabei, dass offensichtliche **keine** Ähnlichkeit der Form des Histogramms mit der Form der Dichte einer $N\left(0, \frac{1}{2}\right)$-Verteilung besteht (siehe Abbildung 7.19, links).

Führen wir denselben Simulationsvorgang für das Integral $\int_0^1 t\,dW(t)$, also für die deterministische Funktion $f(t) = t$, durch (die Varianz dieses Integrals ist auf Grund der Ito-Isometrie $\int_0^1 t^2dt = \frac{1}{3}$) und vergleichen das resultierende Histogramm mit der (auf das Histogramm normierten) Dichte der $N\left(0, \frac{1}{3}\right)$-Verteilung, dann erkennen wir tatsächlich eine Übereinstimmung von Dichte und Histogramm (siehe Abbildung 7.19, rechts).

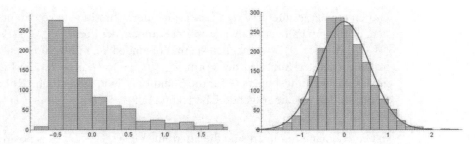

Abbildung 7.19: Histogramme von Realisierungen von $\int_0^T f(t)dW(t)$ für $f(t) = W(t)$ (Bild links) und für $f(t) = t$ (Bild rechts)

- Wir greifen noch einmal auf die Definition des Ito-Integrals $\int_0^T f(t)dW(t)$ durch Approximation von Summern der Form $\sum_{i=0}^{N-1} f(t_i) \cdot (W(t_{i+1}) - W(t_i))$ zurück.

Im Vergleich dazu approximieren sogenannte Riemann'sche Summen der Form $\sum_{i=0}^{N-1} f(t_i) \cdot (t_{i+1} - t_i)$ das gewöhnliche Riemann'sche Integral $\int_0^T f(t)dt$.

Im Fall der Approximation des Riemann Integrals durch Riemann'sche Summen kann der Wert t_i, an dem die Funktion f jeweils ausgewertet wird, durch einen beliebigen Wert ξ_i zwischen t_i und t_{i+1} ersetzt werden. Trotzdem konvergieren in diesem Fall die Riemann'schen Summen $\sum_{i=0}^{N-1} f(\xi_i) \cdot (t_{i+1} - t_i)$ gegen immer denselben Wert $\int_0^T f(t)dt$.

Bei der Approximation des Ito-Integrals durch Summen der Form $\sum_{i=0}^{N-1} f(t_i) \cdot (W(t_{i+1}) - W(t_i))$ ist es dagegen wesentlich, an welchen Werten die Funktion f ausgewertet wird. Wird in diesen Summen etwa $f(t_i)$ zum Beispiel durch $f(t_{i+1})$ oder durch $f\left(\frac{t_i+t_{i+1}}{2}\right)$ ersetzt, so erhält man im Grenzübergang von Summe zu Integral im Allgemeinen einen anderen Wert als das Ito-Integral. Wird etwa konsequent $f\left(\frac{t_i+t_{i+1}}{2}\right)$ anstelle von $f(t_i)$ gesetzt, so ist unter gewissen Voraussetzungen an f jeweils wieder Konvergenz von Summe gegen einen fixen (im allgemeinen vom Ito-Integral verschiedenen) Wert gegeben. Dieser Wert wird dann als das Stratonovich-Integral bezeichnet. In manchen Anwendungen ist dieser Integralbegriff der adäquate. Im Fall der Anwendungen in der Finanzmathematik ist aber – wie wir in der Motivation über die Gewinnfunktion einer Handelsstrategie gesehen haben – das Ito-Integral genau das passende Konzept.

Um einem daran interessierten Leser eine ungefähre Idee davon zu geben, warum im Fall der Konvergenz von Summen der Form $\sum_{i=0}^{N-1} f(\xi_i) \cdot (W(t_{i+1}) - W(t_i))$ (wir nennen sie im Folgenden kurz „Ito-Summen") im Gegensatz zu Summen der Form $\sum_{i=0}^{N-1} f(\xi_i) \cdot (t_{i+1} - t_i)$ die Lage des Auswertungspunkts ξ_i für die Funktion f eine wesentliche Rolle spielt, stellen wir die folgende Überlegung an:

In den Riemann Summen sind die „Inkremente" $(t_{i+1} - t_i)$ stets positiv und die Summe aller ihrer Längen ist genau T.

Zum Beispiel folgt daraus sofort, dass – wenn nur die Funktion f beschränkt ist, etwa durch einen Wert L – sogar die Summe der Absolutwerte der Riemann'schen Summen stets durch $L \cdot T$ fix nach oben beschränkt ist.

Bei Ito-Summen können die Inkremente $(W(t_{i+1}) - W(t_i))$ sowohl positiv als auch negativ sein. Die Inkremente sind Zufallsvariable mit Varianz $(t_{i+1} - t_i)$, also mit Standardabweichung $\sqrt{t_{i+1} - t_i}$.

Wir können also sagen, dass die Inkremente $(W(t_{i+1}) - W(t_i))$ durchschnittlich eine Länge von $\sqrt{t_{i+1} - t_i}$ haben. $\sqrt{t_{i+1} - t_i}$ ist, wenn der Abstand zwischen t_i und t_{i+1} gegen 0 geht, aber wesentlich größer als $(t_{i+1} - t_i)$.

Wie sieht es mit der ungefähren Gesamtlänge der Inkremente $(W(t_{i+1}) - W(t_i))$ aus? Wenn wir wieder davon ausgehen, dass ein Inkrement durchschnittlich eine Länge von $\sqrt{t_{i+1} - t_i}$ hat und dass die t_i das Intervall $[0, T]$ in N gleich große Teile der Länge $\Delta t = \frac{T}{N}$ teilen, dann ist die durchschnittliche Gesamtlänge der Inkremente von der Größenordnung $N \cdot \sqrt{\Delta t} = N \cdot \sqrt{\frac{T}{N}} = \sqrt{N} \cdot \sqrt{T}$. Wenn wir die Unterteilung des Intervalls $[0, T]$ immer mehr verfeinern, also N immer größer werden lassen, dann geht dieser Ausdruck aber gegen unendlich. Die Summe der Absolutwerte der Summanden einer Ito-Summe bleibt im Allgemeinen daher sicher nicht nach oben beschränkt. Dass es im Fall der Ito-Summen zu einer einheitlichen Konvergenz kommt, müssen sich also die einzelnen positiven und negativen Summanden in einer Ito-Summe „in raffinierter Weise" gegenseitig mehr oder weniger neutralisieren und dafür ist es aber von ganz wesentlicher Relevanz, wie genau die Inkremente $(W(t_{i+1}) - W(t_i))$ durch die $f(\xi_i)$ gewichtet sind.

- Lassen wir in einem stochastischen Integral $\int_0^t f(u)dW(u)$ die obere Grenze etwa von 0 bis T variieren, dann erhalten wir so wieder einen stochastischen Prozess $\left(\int_0^t f(u)dW(u)\right)_{t\in[0,T]}$.

Ein Beispiel für einen Prozess von ähnlicher Form ist etwa der obige Gewinnprozess G, bei dem aber nicht nur der Wert zum Endzeitpunkt T beobachtet wird, sondern bei dem die gesamte Entwicklung $(G(t))_{t\in[0,T]}$ des Gewinns während der Laufzeit $[0,T]$ verfolgt wird. Dieser Prozess hat die Form

$$\left(\int_0^t h(u) \cdot \mu \cdot S(u)du + \int_0^t h(u) \cdot \sigma \cdot S(t)dW(u)\right)_{t\in[0,T]}.$$

- In Kapitel 7.2 hatten wir die Differentialschreibweise für stochastische Prozesse, insbesondere für Ito-Prozesse $dS(t) = \alpha(t,S(t)) \cdot dt + \beta(t,S(t)) \cdot dW(t)$, motiviert und eingeführt. Wir haben dabei argumentiert, dass diese Darstellung eine Kurzdarstellung bzw. eine alternative Darstellung für die Beziehung $S(t+\Delta t) - S(t) = \alpha(t,S(t)) \cdot \Delta t + \beta(t,S(t)) \cdot (W(t+\Delta t) - -W(t))$ für „infinitesimal kleine" Größen Δt sein soll. Nun ist eine Argumentation mit „infinitesimal kleinen Größen" keine in der modernen Mathematik zulässige exakte Formulierung. In solchen Fällen wird nicht mit unendlich kleinen Größen gearbeitet, sondern es werden mögliche Grenzübergänge $\Delta t \to 0$ in Erwägung gezogen, wenn möglich durchgeführt und analysiert. Im vorliegenden Fall müsste dazu durch Δt dividiert werden (andernfalls – würden wir sofort $\Delta t \to 0$ gehen lassen – käme es nur zu einem trivialen Ergebnis 0 = 0), also $\frac{S(t+\Delta t)-S(t)}{\Delta t} = \alpha(t,S(t)) + \beta(t,S(t)) \cdot \frac{W(t+\Delta t)-W(t)}{\Delta t}$.
Liese man jetzt Δt gegen 0 gehen und würde man Differenzierbarkeit von S und W voraussetzen, dann erhielte man $\frac{dS(t)}{dt} = \alpha(t,S(t)) + \beta(t,S(t)) \cdot \frac{dW(t)}{dt}$ und diese Darstellung würde genau der „durch dt dividierten" Ito-Darstellung $dS(t) = \alpha(t,S(t)) \cdot dt + \beta(t,S(t)) \cdot dW(t)$ entsprechen. Nur, wir wissen es, die Brown'sche Bewegung $W(t)$ ist nirgends differenzierbar! Und genauso ist im Allgemeinen ein Ito-Prozess S nicht differenzierbar. Die Ito-Darstellung $dS(t) = \alpha(t,S(t)) \cdot dt + \beta(t,S(t)) \cdot dW(t)$ kann daher auch keine alternative Schreibweise für den Zusammenhang $\frac{dS(t)}{dt} = \alpha(t,S(t)) + \beta(t,S(t)) \cdot \frac{dW(t)}{dt}$ sein.

Hat dann $dS(t) = \alpha(t,S(t)) \cdot dt + \beta(t,S(t)) \cdot dW(t)$ tatsächlich nur eine heuristisch intuitive Bedeutung und keinerlei mathematisch exakten Sinn?

Die Antwort: Wir sehen uns die Ito-Darstellung „eine Stufe höher" an, das heißt wir ersetzen zuerst einmal den Parameter t durch den neuen Parameter

u und integrieren beide Seiten formal von 0 bis t und erhalten

$$S(t) - S(0) = \int_0^t \alpha(u, S(u)) du + \int_0^t \beta(u, S(u)) \cdot dW(u).$$

Dieser Ausdruck enthält jetzt ausschließlich mathematisch exakt formulierte Größen (vorausgesetzt natürlich, dass β ein Prozess ist, für den das Ito-Integral existiert) und das ist jetzt die tatsächlich korrekte exakte Interpretation der Kurzdarstellung $dS(t) = \alpha(t, S(t)) \cdot dt + \beta(t, S(t)) \cdot dW(t)$.

Wir fassen also zusammen:
Die Ito-Schreibweise $dS(t) = \alpha(t, S(t)) \cdot dt + \beta(t, S(t)) \cdot dW(t)$ für einen Ito-Prozess $S(t)$ ist eine Kurzschreibweise für die korrekte und exakte Integral-Darstellung

$$S(t) = S(0) + \int_0^t \alpha(u, S(u)) du + \int_0^t \beta(u, S(u)) \cdot dW(u).$$

Die Darstellung $dS(t) = \alpha(t, S(t)) \cdot dt + \beta(t, S(t)) \cdot dW(t)$ ist eine kurze und kompakte sowie sehr intuitive Darstellung, es sollte bei ihrer Verwendung aber immer im Bewusstsein bleiben, dass die exakte Version die Integralversion ist!

- Wie berechnet man den „Wert" eines Ito-Integrals?

Als erstes: Wir erinnern uns daran, der „Wert" eines Ito-Integrals ist nicht eine reelle Zahl, sondern ist eine Zufallsvariable! In vielen Fällen benötigt man gar nicht eine andere explizite Darstellung für diese resultierende Zufallsvariable und wir werden im Folgenden tatsächlich nur sehr selten eine „Berechnung" eines Ito-Integrals benötigen.

In manchen Fällen ist es möglich mit Hilfe der Ito-Formel (siehe Kapitel 7.4) und mit Hilfe eines geeigneten Ansatzes ein Ito-Integral zu berechnen. Wir wollen hierzu nur ein Beispiel vorführen:

Wir berechnen $\int_0^t (W(u))^2 \, dW(u)$:
Ganz „naiv integrierend", so wie man die Funktion x^2 integrieren würde, könnte man vielleicht ein Ergebnis der Form $\frac{(W(u))^3}{3}$ erwarten. Das sollte uns dazu veranlassen, die Ito-Formel auf den Prozess $S(t) = W(t)$, also $dS(t) = 0 \cdot dt + 1 \cdot dW(t)$, und auf die Funktion $g(t, x) := \frac{x^3}{3}$ anzuwenden.

(Wir erinnern noch einmal an die Ito-Formel:
Sei S ein Ito-Prozess mit der Darstellung $dS(t) = \alpha(t, S(t)) \cdot dt + \beta(t, S(t)) \cdot dW(t)$ mit fixem gegebenem Startwert $S(0)$. Sei

$$g : \mathbb{R} \times \mathbb{R} \quad \to \quad \mathbb{R}$$
$$(t, x) \quad \to \quad g(t, x)$$

eine Funktion, die einmal stetig differenzierbar ist bezüglich t und zweimal stetig differenzierbar bezüglich x. Dann ist der Prozess $Y(t) := g(t, S(t))$ *wieder ein Ito-Prozess und es gilt*

$$dY = \left(g_t(t, S(t)) + g_x(t, S(t)) \cdot \alpha + g_{xx}(t, S(t)) \cdot \tfrac{\beta^2}{2} \right) \cdot dt + g_x(t, S(t)) \cdot$$
$\beta \cdot dW.)$

In unserem Fall sind $\alpha = 0, \beta = 1, g_t = 0, g_x = x^2, g_{xx} = 2x$ und $Y = \frac{(W(t))^3}{3}$ und daher mittels der Ito-Formel $dY = W(t)dt + (W(t))^2 dW$. Schreiben wir das in der korrekten Integral-Schreibweise, dann erhalten wir

$$\frac{(W(t))^3}{3} = \int_0^t W(t)dt + \int_0^t (W(t))^2 dW(t)$$

und somit

$$\int_0^t (W(t))^2 dW(t) = \frac{(W(t))^3}{3} - \int_0^t W(t)dt.$$

Das Resultat hat also eine gewisse Ähnlichkeit mit dem von uns naiver Weise vermuteten Resultat $\frac{(W(t))^3}{3}$, weist aber einen weiteren Term (in diesem Fall $\int_0^t W(t)dt$) auf.

7.19 Bedingte Erwartungswerte und Martingale

Wir werden noch zwei weitere Begriff im Zusammenhang mit stochastischen Prozessen als sehr hilfreich und erhellend schätzen lernen und diese beiden Begriffe wollen wir hier ebenfalls noch intuitiv und heuristisch einführen. Es sind dies der Begriff des bedingten Erwartungswerts und des Martingals.

Wir starten wieder mit einem stochastischen Prozess $(S(t))_{t \in [0,T]}$ und wir nehmen an, wir befinden uns im Zeitpunkt 0 und konzentrieren uns auf zwei Zeitpunkte v und w in der Zukunft. Es sei $0 < v < w \leq T$.

Natürlich interessiert uns, wie der Erwartungswert $E(S(w))$ des Prozesses S zur Zeit w aussieht. Also, Frage:

„Wie groß ist der Erwartungswert $E(S(w))$ von $S(w)$?"

Ein ähnliches, aber doch differenzierteres Interesse am Erwartungswert von S zur Zeit w könnte so aussehen:

„Wie groß wäre der Erwartungswert von $S(w)$ in Abhängigkeit von $S(v)$, dem Wert von S zur Zeit v?"

Diesen Erwartungswert bezeichnen wir mit $E(S(w)|S(v))$.

Wenn wir uns im Zeitpunkt v befinden, dann sehen wir den konkreten Wert $S(v)$ und können den Erwartungswert $E(S(w)|S(v))$ aus Sicht des Zeitpunkts v berechnen. Befinden wir uns aber im Zeitpunkt 0, so wissen wir noch nicht, wo sich $S(v)$ tatsächlich befinden wird. Der Wert $E(S(w)|S(v))$ hängt aus Sicht des Zeitpunkts 0 also vom noch unbekannten zufälligen Wert $S(v)$ ab. Aus Sicht des Zeitpunkts 0 ist also $E(S(w)|S(v))$ eine Zufallsvariable, deren Wert vom Wert $S(v)$ abhängig ist. Wir nennen $E(S(w)|S(v))$ **den bedingten Erwartungswert von** $S(w)$ **unter** $S(v)$.

Ein Beispiel:
Wir betrachten die Brown'sche Bewegung $W(t)$ auf $[0, T]$. Für jedes beliebige w ist aus Sicht des Zeitpunkts 0 der Erwartungswert $E(W(w)) = 0$. Wüssten wir allerdings zum Zeitpunkt 0, dass W zu einem Zeitpunkt v (mit $v < w$) den Wert $W(v) = x$ haben werde, dann gilt aus Sicht von Zeitpunkt 0 Folgendes: $W(w) = x + (W(w) - W(v))$ und $W(w) - W(v)$ ist eine $N(0, w - v)$-verteilte Zufallsvariable. Somit wäre dann
$E(W(w)|W(v)) = E(x + (W(w) - W(v))) = x + E(W(w) - W(v)) = x = W(v)$.
Also: Für die Brown'sche Bewegung gilt: Für jeden Zeitpunkt w in der Zukunft ist zwar $E(W(w)) = 0 = W(0)$ aber für jedes $v < w$ gilt $E(W(w)|W(v)) = W(v)$.

Von jedem Zeitpunkt v und Wert $W(v)$ aus, hat $W(w)$ in der Zukunft den Erwartungswert $W(v)$. Wir haben diese Situation in Abbildung 7.20 zu illustrieren versucht.

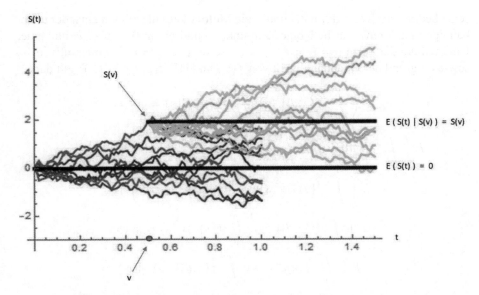

Abbildung 7.20: Illustration bedingter Erwartungswert und Martingal

Ein stochastischer Prozess $(S(t))_{t\in[0,T]}$, für den für alle beliebigen Zeitpunkte v und w mit $0 < v < w \leq T$ für den bedingten Erwartungswert gilt $E(S(w)|\,S(v)) = S(v)$, heißt **Martingal**.

Immer dann, wenn man vom Gewinnprozess $(G(t))$ eines fairen Zufalls-Spiels (z.B. Münzwurf) spricht, geht man übrigens davon aus, dass dieser Gewinnprozess ein Martingal ist: Bei Start des fairen Spiels liegt für alle zukünftigen Zeitpunkte meine realistische Gewinnerwartung bei $\pm\,0$.

Habe ich allerdings bis zur Zeit v bereits einige Spiele gespielt und habe bis jetzt einen Gewinn von $G(v) = X$ Euro angehäuft, dann habe ich natürlich ab jetzt (ab v) für die zukünftigen Spiele wieder eine durchschnittliche zukünftige (!) Gewinnerwartung von $\pm\,0$. Da ich aber bereits X Euro erspielt habe, liegt damit die durchschnittliche Gesamtgewinnerwartung bei $X = G(u)$.

Wir haben oben festgestellt, dass die Brown'sche Bewegung ein Martingal ist.

Ein weiteres Beispiel:
Wir „beweisen" jetzt, dass **jeder stochastische Prozess $(S(t))_{t\in[0,T]}$ der durch ein Ito-Integral definiert ist, also für den $S(t) = \int_0^t f(s)dW(s)$ gilt für alle** t, dass jeder solche Prozess **ein Martingal** ist.

Wir gehen dazu wieder zu einer das Integral beliebig gut approximierenden Ito-Summe über und wir verwenden einige offensichtliche Eigenschaften des bedingten Erwartungswertes, die wir oben nicht explizit angemerkt haben (unter anderem seine bedingungslose Additivität und seine Multiplikativität bei voneinander unabhängigen Faktoren). Für beliebige Zeitpunkte v und w mit $0 \leq v < w$ und einer Unterteilung der Form $v = t_p < t_{p+1} < \ldots < t_{q-1} < t_q = w$ des Intervalls $[v, w]$ sowie aufgrund der Unabhängigkeit von $f(t_i)$ und $(W(t_{i+1}) - W(t_i))$ gilt dann

$$E\left(\int_0^w f(s)dW(s) \,\middle|\, \int_0^v f(s)dW(s) = x \right) =$$

$$E\left(\int_0^v f(s)dW(s) + \int_v^w f(s)dW(s) \,\middle|\, \int_0^v f(s)dW(s) = x \right) =$$

$$E\left(\int_0^v f(s)dW(s) \,\middle|\, \int_0^v f(s)dW(s) = x \right) +$$

$$+ E\left(\int_v^w f(s)dW(s) \,\middle|\, \int_0^v f(s)dW(s) = x \right) =$$

$$x + E\left(\int_v^w f(s)dW(s) \,\middle|\, \int_0^v f(s)dW(s) = x \right) \approx$$

$$x + E\left(\sum_{i=p}^{q-1} f(t_i) \cdot (W(t_{i+1}) - W(t_i)) \,\middle|\, \int_0^v f(s)dW(s) = x \right) =$$

$$x + \sum_{i=p}^{q-1} E\left(f(t_i) \,\middle|\, \int_0^v f(s)dW(s) = x \right) \cdot$$

$$\cdot E\left(W(t_{i+1}) - W(t_i) \,\middle|\, \int_0^v f(s)dW(s) = x \right)$$

Wir schauen uns jetzt $E\left(W(t_{i+1}) - W(t_i) \,\middle|\, \int_0^v f(s)dW(s) = x \right)$ etwas genauer an.

Der Zufallsanteil des Integrals $\int_0^v f(s)dW(s)$ hängt ausschließlich von der Entwicklung der Brown'schen Bewegung $W(s)$ im Intervall $[0, v]$ ab. Das Inkrement $W(t_{i+1}) - W(t_i)$ ist daher unabhängig vom Integral $\int_0^v f(s)dW(s)$ (es gilt ja $v \leq t_i < t_{i+1}$). Daher ist der Erwartungswert des Inkrements $W(t_{i+1}) - W(t_i)$ völlig unabhängig vom Wert x des Integrals $\int_0^v f(s)dW(s)$. Also

$$E\left(W(t_{i+1}) - W(t_i) \,\middle|\, \int_0^v f(s)dW(s) = x \right) = E(W(t_{i+1}) - W(t_i)) = 0.$$

Und somit bleibt $E\left(\int_0^w f(s)dW(s) \,\middle|\, \int_0^v f(s)dW(s) = x \right) = x$. Also:

$$E\left(\int_0^w f(s)dW(s) \,\middle|\, \int_0^v f(s)dW(s) \right) = \int_0^v f(s)dW(s),$$

und $\left(\int_0^t f(s)dW(s) \right)_{t \in [0,T]}$ ist somit ein Martingal.

Wichtige Umformulierung:

Für einen Ito-Prozess $(S(t))_{t \in [0,T]}$ wissen wir jetzt also mit dem Begriff des bedingten Erwartungswertes $E(S(w)|S(v))$ umzugehen. Wir wollen also den Erwartungswert von $S(w)$ bestimmen unter der Voraussetzung, dass $S(v)$ bekannt ist. $S(v)$ ist aber eindeutig durch die Brown'sche Bewegung W von 0 bis v bestimmt. Anstelle der Bezeichnung $E(S(w)|S(v))$ könnte man daher auch in äquivalenter Weise die Bezeichnung $E(S(w)|(W(t))_{t \in [0,v]})$ verwenden. Diese Bezeichnungsweise bietet einige Vorteile (z.B. dann wenn $S(w)$ ein sehr komplexer – eventuell aus mehreren anderen Prozessen kombinierter – Prozess ist). Als Kurzschreibweise (mit theoretischem Hintergrund, auf den wir hier nicht weiter eingehen können) hat sich anstelle von $E(S(w)|(W(t))_{t \in [0,v]})$ die Bezeichnung $E(S(w)|F_v)$ etabliert. F_v steht hier für die σ-Algebra zur Zeit v der Filtration der Brown'schen Bewegung. Wir werden im Folgenden, wann immer wir mit bedingten Erwartungswerten zu tun haben werden, sowohl diese Notation $E(S(w)|F_v)$ als auch die ursprüngliche Notation verwenden, je nachdem welche Formulierung gerade praktischer bzw. intuitiver ist.

7.20 Die Feynman-Kac-Formel

Zu dieser überraschenden Formel – die zwei scheinbar völlig voneinander verschiedene Gebiete der Mathematik plötzlich verbindet – werden wir dadurch gelangen, indem wir anfangs einfach ein bisschen mit der Ito-Formel herumzuspielen beginnen.

Dazu starten wir mit einem Ito-Prozess $(X(t))_{t \in [0,T]}$ der Form $dX(t) = \mu(t, X(t))dt + \sigma(t, X(t))dW(t)$, einer beliebigen Funktion
$$F : [0,T] \times \mathbb{R} \quad \to \quad \mathbb{R}$$
$$(t, x) \quad \to \quad F(t, x)$$
von der wir nur voraussetzen, dass sie in t mindestens einmal und in x mindestens zwei Mal stetig differenzierbar sein soll und wenden dann auf die Funktion $g(t, x) := e^{rt} \cdot F(t, x)$, also auf den stochastischen Prozess $Y(t) := g(t, X_t)$, die Ito-Formel an. r ist dabei irgendeine reelle Zahl. Wir haben

$$g_t = r \cdot e^{rt} \cdot F(t, x) + e^{rt} \cdot F_t(t, x)$$
$$g_x = e^{rt} \cdot F_x(t, x) \text{ und } g_{xx} = e^{rt} \cdot F_{xx}(t, x)$$
und daher mittels der Ito-Formel

$$dY(t) = \left(r \cdot e^{rt} \cdot F(t, X(t)) + e^{rt} \cdot F_t(t, X(t)) + \right.$$
$$+ \mu(t, X(t)) \cdot e^{rt} \cdot F_x(t, X(t)) + \frac{\sigma(t, X(t))^2}{2} \cdot$$
$$\left. \cdot e^{rt} \cdot F_{xx}(t, X(t)) \right) dt + \sigma(t, X(t)) \cdot e^{rt} \cdot F_x(t, X(t)) dW(t).$$

Diese Kurzform in Differentialschreibweise formulieren wir nun in der korrekten Integralversion, integrieren hier aber ausnahmsweise einmal nicht von 0 bis T, sondern von einem beliebigen anderen Zeitpunkt t bis T. Die Integralform sieht dann so aus:

$$Y(T) \;=\; Y(t) + \int_t^T \Big(r \cdot e^{ru} \cdot F(u, X(u)) + e^{ru} \cdot F_t(u, X(u)) + \mu(u, X(u))$$

$$\cdot\, e^{ru} \cdot F_x(u, X(u)) + \frac{\sigma(u, X(u))^2}{2} \cdot e^{ru} \cdot F_{xx}(u, X(u)) \Big) du +$$

$$+ \int_t^T \sigma(u, X(u)) \cdot e^{ru} \cdot F_x(u, X(u)) dW(u).$$

Angenommen F wäre nun eine Funktion die „zufällig" folgendes erfüllt: Für alle $u \in [0, T]$ und alle $x \in R$ gilt

$$r \cdot F(u, x) + F_t(u, x) + \mu(u, x) \cdot F_x(u, x) + \frac{\sigma(u, x)^2}{2} \cdot F_{xx}(u, x) = 0$$

und $F(T, x) = \Phi(x)$, wobei Φ eine fix vorgegebene Funktion ist. Dann wäre $Y(T) = Y(t) + \int_t^T \sigma(u, X(u)) \cdot e^{ru} \cdot F_x(u, X(u)) dW(u)$, also

$$e^{rT} \cdot F(T, X(T)) = e^{rt} \cdot F(t, X(t)) + \int_t^T \sigma(u, X(u)) \cdot e^{ru} \cdot F_x(u, X(u)) dW(u).$$

In dieser letzten Gleichung nehmen wir jetzt von beiden Seiten den bedingten Erwartungswert bezüglich $\mathcal{F}_t$ und bemerken vorab:

$$E\left(F(t, X(t)) \middle| \mathcal{F}_t\right) = F(t, X(t)),$$

weiters

$$E\left(F(T, X(T)) \middle| \mathcal{F}_t\right) = E\left(\Phi(X(T)) \middle| \mathcal{F}_t\right)$$

und (da stochastische Integrale Martingale sind)

$$E\left(\int_t^T \sigma(u, X(u)) \cdot e^{ru} \cdot F_x(u, X(u)) dW(u) \middle| \mathcal{F}_t\right) =$$
$$= \int_t^t \sigma(u, X(u)) \cdot e^{ru} \cdot F_x(u, X(u)) dW(u) = 0.$$

Also folgt
$$F(t, X(t)) = e^{r(T-t)} \cdot E\left(\Phi(X(T)) \middle| \mathcal{F}_t\right)$$

bzw. in äquivalenter Formulierung:

$$F(t, x) = e^{r(T-t)} \cdot E\left(\Phi(X(T)) \middle| X(t) = x\right).$$

Wir fassen – in geeigneter Weise – zusammen:

Satz 7.12 (Formel von Feynman-Kac). *Sei*

$$F : [0, T] \times \mathbb{R} \rightarrow \mathbb{R}$$
$$(t, x) \rightarrow F(t, x)$$

eine in t mindestens einmal und in x mindestens zwei Mal stetig differenzierbare Funktion, die die folgende partielle Differentialgleichung

$$r \cdot F(t, x) + F_t(t, x) + \mu(t, x) \cdot F_x(t, x) + \frac{\sigma(t, x)^2}{2} \cdot F_{xx}(t, x) = 0$$

mit der Randbedingung $F(T, x) = \Phi(x)$ *erfüllt. Dann ist*

$$F(t, x) = e^{r(T-t)} \cdot E\left(\Phi(X(T)) \,|\, X(t) = x\right),$$

wobei $X(t)$ *ein Ito-Prozess mit der Dynamik*

$$dX(t) = \mu(t, X(t))dt + \sigma(t, X(t))dW(t)$$

ist.

Diese Feynman-Kac-Formel verknüpft also das Lösen einer partiellen Differential-gleichung mit der Berechnung des bedingten Erwartungswerts eines stochastischen Prozesses. Also ein erstaunlicher Zusammenhang!

Ein **einfaches Beispiel** dazu zur Veranschaulichung:

Wir wollen die partielle Differentialgleichung (PDE)
$$F(t, x) + F_t(t, x) + F_{xx}(t, x) = 0$$
mit der Randbedingung $F(T, x) = x^2$
auf dem Bereich $[0, T] \times \mathbb{R}$ lösen.

Die Gleichung passt genau in das Schema der Feynman-Kac-Formel mit den Para-metern
$r = 1$
$\mu(t, X(t)) = 0$
$\sigma(t, X(t)) = \sqrt{2}$
$\Phi(x) = x^2$
Der zur Lösung benötigte stochastische Prozess X hat daher die Form

$$dX(t) = 0 \cdot dt + \sqrt{2} \cdot dW(t) \text{ also } X(t) = \sqrt{2} \cdot W(t).$$

Mittels Feynman-Kac folgt dann

$$F(t, x) = e^{r(T-t)} \cdot E\left((X(T))^2 \,\Big|\, X(t) = x\right) = 2 \cdot e^{r(T-t)} \cdot E\left((W(T))^2 \,\Big|\, W(t) = \frac{x}{\sqrt{2}}\right).$$

Zur Bestimmung von $E\left((W(T))^2 \,\Big|\, W(t) = \frac{x}{\sqrt{2}}\right)$ bedienen wir uns eines häufig angewandten „Tricks":

$$E\left((W(T))^2 \,\Big|\, W(t) = \frac{x}{\sqrt{2}}\right) =$$

$$= E\left((W(T) - W(t))^2 + 2W(t) \cdot W(T) - (W(t))^2 \,\bigg|\, W(t) = \frac{x}{\sqrt{2}}\right) =$$

$$= E\left((W(T) - W(t))^2 \,\bigg|\, W(t) = \frac{x}{\sqrt{2}}\right) +$$

$$+ E\left(2W(t) \cdot W(T) \,\bigg|\, W(t) = \frac{x}{\sqrt{2}}\right) - E\left((W(t))^2 \,\bigg|\, W(t) = \frac{x}{\sqrt{2}}\right) =$$

$$= E\left((W(T) - W(t))^2\right) + \frac{2x}{\sqrt{2}} \cdot E\left(W(T) \,\bigg|\, W(t) = \frac{x}{\sqrt{2}}\right) - \frac{x^2}{2} =$$

$$= (T - t) + \frac{2x}{\sqrt{2}} \cdot \frac{x}{\sqrt{2}} - \frac{x^2}{2} = (T - t) + \frac{x^2}{2}.$$

Also die Lösung der partiellen Differentialgleichung ist gegeben durch
$$\boldsymbol{F(t, x) = 2 \cdot e^{T-t} \cdot (T - t) + x^2 \cdot e^{T-t}.}$$

(Der Leser sollte sich die Rechtmäßigkeit jedes einzelnen Rechenschrittes in den letzten Zeilen gewissenhaft durchdenken!)

Wir führen noch die Probe durch: Für dieses resultierende $F(t, x)$ ist
$F_t(t, x) = -2e^{T-t} \cdot (T - t) - 2e^{T-t} - x^2 \cdot e^{T-t}$
$F_x(t, x) = 2x \cdot e^{T-t}$ und $F_{xx}(t, x) = 2e^{T-t}$

Einsetzen in die PDE ergibt
$2e^{T-t} \cdot (T - t) + x^2 \cdot e^{T-t} - 2e^{T-t} \cdot (T - t) - 2e^{T-t} - x^2 \cdot e^{T-t} + 2e^{T-t} = 0$
und die Randbedingung $F(T, x) = 2e^{T-T} \cdot (T - T) + x^2 \cdot e^{T-T} = x^2$ ist ebenfalls erfüllt.

7.21   Die Black-Scholes-Formel

Jetzt sind wir auch in der Lage, die in Kapitel 7.17 hergeleitete Black-Scholes-Gleichung mit Hilfe von Feynman-Kac zu lösen.

Wir erinnern uns an die Black-Scholes Gleichung:
Sei S ein underlying dessen Kurs $S(t)$ im Zeitbereich $[0, T]$ einer stochastischen Differentialgleichung der Form $dS(t) = \mu(t, S(t)) \cdot S(t)dt + \sigma(t, S(t)) \cdot S(t)dW(t)$ mit gegebenem Startwert $S(0)$ und deterministischen Funktionen μ und σ folgt.

Sei D ein europäisches plain vanilla Derivat D auf das underlying S mit Fälligkeit in T, das durch die Payoff-Funktion Φ definiert ist. Sei $F(t, s)$ die Funktion, die für $t \in [0, T]$ und $s > 0$ den fairen Preisprozess des Derivats D beschreibt. Dann erfüllt F die partielle Differentialgleichung

$$F_t(t, s) + r \cdot s \cdot F_s(t, s) + \frac{(\sigma(t, s) \cdot s)^2}{2} \cdot F_{ss}(t, s) = r \cdot F(t, s)$$

mit Randbedingung $F(T,s) = \Phi(s)$. Hierbei bezeichnet r den risikolosen Zinssatz auf $[0,T]$.

Etwas umgeordnet heißt das

$$-rF(t,s) + F_t(t,s) + r \cdot s \cdot F_s(T,s) + \frac{(\sigma \cdot s)^2}{2} \cdot F_{ss}(t,s) = 0$$

mit $F(T,s) = \Phi(s)$.

Wir befinden uns hier also (fast) in der Situation in der Feynman-Kac eine Lösung liefern kann. Es ist jedenfalls in der Feynman-Kac Formel
$$\mu(t,s) = r \cdot s$$
$$\sigma(t,s) = \sigma \cdot s$$
zu setzen. Aufpassen müssen wir nur, dass das „r" in Feynman-Kac jetzt durch den negativen Zinssatz „$-r$" in der Black-Scholes-Terminologie zu ersetzen ist.

Damit erhalten wir als **Lösung der Black-Scholes-Gleichung**:

$$F(t,s) = e^{-r(T-t)} \cdot E\left(\Phi(\widetilde{S}(T)) \,\middle|\, \widetilde{S}(t) = s\right)$$

wobei $\widetilde{S}$ ein stochastischer Prozess mit Dynamik

$$d\widetilde{S}(t) = r \cdot \widetilde{S}(t)dt + \sigma(t,s) \cdot \widetilde{S}(t) \cdot dW(t)$$

ist.

Wir haben somit einen zweiten, sozusagen direkten Beweis der Black-Scholes-Formel ohne den „Umweg" über das binomische Modell gefunden. Wir werden darüber hinaus aber gleich im nächsten Paragraphen sogar noch einen weiteren alternativen, wieder auf stochastischer Analysis basierenden Beweis der Black-Scholes Formel geben.

7.22 Das Black-Scholes Modell als vollständiger Markt und Hedging von Derivaten

Es gibt zwei Gründe, warum wir die Black Scholes-Formel nun noch ein weiteres Mal beweisen werden:

1. Im obigen Beweis der Black-Scholes-Gleichung (und daraus folgend der Black-Scholes-Formel) waren wir so vorgegangen: Wir hatten aus underlying S und Derivat D ein selbstfinanzierendes dynamisches Portfolio gebildet, das so geartet war, dass es eine risikolose Entwicklung genommen hatte. Der Vergleich mit der Entwicklung des risikolosen Bonds B führte dann zur Black-Scholes-Gleichung. Nun ist es aber so, dass manche Derivate D

nicht unbedingt zu jedem Zeitpunkt während der Laufzeit auch wirklich handelbar sind. Gerade Derivate die nicht börsengehandelt sind, sondern OTC zwischen zwei Vertragspartnern vereinbart werden, sind häufig während der Laufzeit dann nicht mehr handelbar. Dann ist aber auch der obige Beweisansatz nicht mehr durchführbar (es lässt sich mittels eines nicht handelbaren Derivats kein dynamisches Portfolio generieren)! Es stellt sich dann sogar die Frage, ob die Nicht-Handelbarkeit eines Derivats während der Laufzeit für den Käufer des Derivats nicht den Wert mindert, ob also der faire Preis eines nicht ständig handelbaren Derivats eventuell niedriger ist, als der desselben aber ständig handelbaren Derivats. In jedem Fall benötigen wir zur Beantwortung dieser Frage einen alternativen Beweis. Der obige Beweis ist hier nicht anwendbar.

2. Der obige Beweis gibt keinen Aufschluss darüber, wie das zu analysierende Derivat D optimal gehedgt werden kann.

Der nun folgende Beweis wird nun auch bei nicht während der Laufzeit handelbaren Derivaten anwendbar sein und er wird uns zusätzlich die perfekte Hedgingstrategie für ein Derivat D liefern.

Unser Finanzmarkt, in dem wir uns schon seit einiger Zeit und auch im Folgenden bewegen, besteht aus den beiden Basisprodukten B (Bond) und S (underlying), wobei B der Dynamik $dB(t) = r \cdot B(t)dt$ und S der Dynamik $dS(t) = \mu(t, S(t)) \cdot S(t)dt + \sigma(t, X(t)) \cdot S(t)dW(t)$ mit deterministischen Funktionen μ und σ folgt. Weiters gibt es in diesem Finanzmarkt (europäische) Derivate D, die durch ihre Payoff-Funktion Φ in ihrem Fälligkeitszeitpunkt T gegeben sind.
Dieser Finanzmarkt heißt: **Eindimensionales Black-Scholes Modell**.

Wir sagen: **Ein Derivat D ist in diesem Finanzmarkt replizierbar**, wenn es eine selbstfinanzierende Handelsstrategie (bzw. ein selbstfinanzierendes dynamisches Portfolio) aus Bond B und underlying S gibt, so dass für die Wertentwicklung V dieser Strategie stets gilt: $V(S(T)) = \Phi(S(T))$. Also: Wie auch immer sich das underlying S vom Zeitpunkt 0 bis zum Zeitpunkt T entwickelt, der Wert unseres Portfolios zum Zeitpunkt T ist exakt gleich wie der Payoff, den das Derivat D zur Zeit T an Payoff abwirft. Das Portfolio, mit dem wir das Derivat D replizieren, heißt **replizierendes Portfolio** von D.

Natürlich benötigt man zum Start der selbstfinanzierenden Handelsstrategie, zum Kauf des Start-Portfolios, eine Anfangs-Investition. Die Höhe dieser Investition ist gleich dem Wert der Strategie zu Beginn des Handelsvorgangs, also gleich $V(0)$.

Aus dem No-Arbitrage-Prinzip folgt nun aber unmittelbar, dass der **faire Preis $F(0, S(0))$ des Derivats D zum Zeitpunkt 0 gleich $V(0)$ sein muss**.

Wäre nämlich $V(0) < F(0, S(0))$, dann würde man das Derivat D short gehen und die Handelsstrategie durchführen können. Zur Zeit T neutralisieren sich der Payoff des Derivats und der Wert des dynamischen Portfolios und man hätte einen risikolosen Gewinn in Höhe von $F(0, S(0)) - V(0)$ ohne jeden Kapitaleinsatz realisiert. Wäre $V(0) > F(0, S(0))$, dann würde man die genau entgegengesetzte Vorgangsweise wählen und ebenfalls zu einem risikolosen Gewinn ohne Kapitaleinsatz kommen.

Allgemeiner gilt natürlich: Zu jedem Zeitpunkt t, zu dem das Derivat handelbar ist, muss sein Preis $F(t, S(t))$ mit dem Wert $V(t)$ des replizierenden Portfolios übereinstimmen.

Wann immer daher ein Derivat D in einem Finanzmarkt replizierbar ist und wir seine replizierende Strategie kennen, kennen wir auch den fairen Preis des Derivats. Dabei – bei dieser Vorgangsweise zur Bestimmung des fairen Preises – ist es nicht nötig, dass das Derivat während der Laufzeit handelbar ist! Weiters ist die replizierende Strategie eine perfekte Hedging-Strategie für das Derivat D.
Das Auffinden der replizierenden Strategie liefert also sowohl den fairen Preis des Derivats als auch die Vorgangsweise für perfektes Hedging!

Ein Finanzmarkt, in dem jedes Derivat replizierbar ist, heißt vollständiger Markt.

Wir zeigen im Folgenden:

Satz 7.13. *Das eindimensionale Black-Scholes-Modell ist ein vollständiger Markt*

Beweis. Der Beweis geht naheliegender Weise so vor sich, dass wir versuchen, für ein beliebiges Derivat D mit Payoff-Funktion Φ das replizierende Portfolio explizit zu konstruieren.

Wir suchen also eine selbstfinanzierende Strategie mit Werteprozess V, so dass stets
$V(T, S(T)) = \Phi(S(T))$ gilt. Dazu investieren wir wieder in jedem Zeitpunkt t von unserem momentanen Gesamtvermögen $V(t, S(t))$ im Portfolio einen Anteil der Höhe $u(t) \cdot V(t, S(t))$ in das underlying und den Rest, also $(1 - u(t)) \cdot V(t, S(t))$, nun in den Bond B.

Das heißt: Wir halten in jedem Zeitpunkt t (in Kurzschreibweise) genau $\frac{u \cdot V}{S}$ Stück des underlyings S und $\frac{(1-u) \cdot V}{B}$ Stück des Bonds B.

Die Handelsstrategie geht also prinzipiell wieder so vor, dass stets nur so viel Geld in die Strategie, also in das underlying und das Derivat, investiert werden, wie Wert V im Portfolio enthalten ist. Die Strategie ist also selbstfinanzierend. Es wird zu keinem Zeitpunkt während der Laufzeit zusätzlich Geld ins Portfolio eingebracht oder aus dem Portfolio abgezogen. Den konkreten Wert für $u(t)$, also die genaue Definition des dynamischen Portfolios, werden wir erst später festlegen.

Für die Dynamik des Werteprozesses V haben wir einerseits wieder die Beziehung

$$
\begin{aligned}
dV &= \frac{u \cdot V}{S} \cdot dS + \frac{(1-u) \cdot V}{B} \cdot dB = V \cdot \left(u \cdot \frac{dS}{S} + (1-u) \cdot \frac{dB}{B} \right) = \\
&= V \cdot (u \cdot (\mu \cdot dt + \sigma \cdot dW(t)) + (1-u) \cdot r \cdot dt) = \\
&= V \cdot ((u \cdot \mu + (1-u) \cdot r) dt + u \cdot \sigma \cdot dW(t)),
\end{aligned}
$$

also

$$
dV = V \cdot ((u \cdot \mu + (1-u) \cdot r) \, dt + V \cdot u \cdot \sigma \cdot dW(t).
$$

Andererseits gilt für den Werteprozess $V(t, S(t))$ mittels der Ito-Formel wiederum:

$$
dV = \left(V_t + \mu \cdot s V_s + \frac{(\sigma s)^2}{2} V_{ss} \right) dt + \sigma \cdot s \cdot V_s \cdot dW(t).
$$

Damit erhalten wir die Gleichungen

$$
V \cdot ((u \cdot \mu + (1-u) \cdot r) = \left(V_t + \mu \cdot s V_s + \frac{(\sigma s)^2}{2} V_{ss} \right)
$$

und

$$
V \cdot u \cdot \sigma = \sigma \cdot s \cdot V_s.
$$

Aus der zweiten Gleichung erhalten wir $u = \frac{s \cdot V_s}{V}$. Diesen Wert für u setzen wir in die erste Gleichung ein, formen um und erhalten die folgende Gleichung:

$$
V_t(t, s) + r \cdot s \cdot V_s(t, s) + \frac{(\sigma(t, s) \cdot s)^2}{2} \cdot V_{ss}(t, s) = r \cdot V(t, s).
$$

Diese Beziehung muss für den Werteprozess einer solchen dynamischen Handelsstrategie V auf jeden Fall gelten. Die Frage ist nun, ob wir V so gestalten können, dass tatsächlich damit das Derivat D repliziert werden kann, dass also $V(T, s) = \Phi(s)$ gilt.

Feynman-Kac garantiert uns aber die Lösbarkeit der obigen PDE mit der Nebenbedingung $V(T, s) = \Phi(s)$. Es gibt also tatsächlich eine replizierende Handelsstrategie V für das Derivat D! Der Beweis des Satzes ist damit erbracht.

Der Preisprozess F des Derivats muss in jedem Zeitpunkt, in dem das Derivat handelbar ist, denselben Wert wir V haben. Daher muss auch F die PDE

$$
F_t(t, s) + r \cdot s \cdot F_s(t, s) + \frac{(\sigma(t, s) \cdot s)^2}{2} \cdot F_{ss}(t, s) = r \cdot F(t, s)
$$

mit der Nebenbedingung $F(T, s) = \Phi(s)$ erfüllen.

Wir haben also auf diesem Weg neuerlich die Black-Scholes-Gleichung hergeleitet. Diese gilt also auch dann, wenn das Derivat D nicht immer handelbar ist. **Der faire Preis eines Derivats D bleibt also unberührt davon, ob D ständig handelbar ist oder nicht!**

Wie sieht die replizierende Strategie, also die perfekte Hedging-Strategie für das Derivat D nun konkret aus?

Wir starten mit einem Investment der Höhe $F(0, S(0))$. In jedem Zeitpunkt t halten wir $\frac{u(t) \cdot V(t, S(t))}{S(t)} = \frac{S(t) \cdot V_s(t, S(t))}{V(t, S(t))} \cdot \frac{V(t, S(t))}{S(t)} = V_s(t, S(t)) = F_s(t, S(t))$ Stück des underlyings S im Portfolio. Der Rest des vorhandenen Geldes wird im Bond B gehalten. Wir haben also auf diese Weise noch einmal die **Optimalität des Delta-Hedgings** nachgewiesen. $\qquad\square$

7.23 Das mehrdimensionale Black-Scholes-Modell und seine Vollständigkeit

Bereits im Kapitel 6.30 hatten wir es mit einem mehrdimensionalen Black-Scholes-Modell zu tun. Wir hatten dort als Basisprodukte einen Bond B mit Dynamik $dB(t) = r \cdot B(t)dt$ (mit konstantem Zinssatz r) und d voneinander durchaus möglicher Weise abhängige risikobehaftete Produkte $S_1, S_2, \ldots, S_d$.

Die Abhängigkeit zwischen diesen Produkten wurde dadurch modelliert, dass die Entwicklung jedes der Produkte mehr oder weniger stark von denselben d voneinander unabhängigen Brown'schen Bewegungen $W_1, W_2, \ldots, W_d$ gesteuert wurde. In Kapitel 6.30 hatten wir die Produkte S_i explizit in der Form geometrischer Brown'scher Bewegungen dargestellt. Jetzt wählen wir die entsprechende stochastische Differentialdarstellung:

Jedes S_i hat demnach eine Dynamik der Form
$$dS_i(t) = \mu_i \cdot S_i(t)dt + \sum_{k=1}^{d} \sigma_{i,k} \cdot S_i(t)dW_i(T) \quad \text{für } i = 1, 2, \ldots, d$$

Dabei wird vorausgesetzt, dass die Kovarianzmatrix $\sum := (\sigma_{i,k})_{i,k=1,2,\ldots,d}$ eine reguläre, also invertierbare Matrix ist.

In diesem Finanzmarktmodell (dem d-dimensionalen Black-Scholes-Modell) können wir wieder Derivate betrachten, deren Payoff zum Fälligkeitszeitpunkt T von den Werten der d underlyings $S_1, S_2, \ldots, S_d$ zum Zeitpunkt T abhängt. Also der Payoff ist gegeben durch $\Phi(S_1(T), S_2(T), \ldots, S_d(T))$.

Dann kann Folgendes gezeigt werden:

Satz 7.14. *Unter den obigen Voraussetzungen ist das d-dimensionale Black-Scholes-*

Modell vollständig und der Preisprozess $F(t, S_1(t), S_2(t), \ldots, S_d(t))$ erfüllt die folgende Black-Scholes-Gleichung (hier schreiben wir im Folgenden kurz s für den Vektor $(s_1, s_2, \ldots, s_d)$):

$$F_t(t, s) = \sum_{i=1}^{d} r \cdot s_i \cdot F_{s_i}(t, s) + \frac{1}{2} \cdot \sum_{i,j=1}^{d} s_i \cdot s_j \cdot F_{s_i,s_j}(t, s) \cdot c_{i,j} - r \cdot F(t, s) = 0$$

mit der Randbedingung $F(T, s) = \Phi(s)$.

Hier sind die Werte $c_{i,j}$ gegeben durch $C := (c_{i,j})_{i,j=1,2,\ldots,d} := \sum \cdot \sum^T$.
Die Lösung dieser Differentialgleichung ist gegeben durch

$$
\begin{aligned}
F(t, s) &= e^{-r(T-t)} \cdot E\Big(\Phi\big(\widetilde{S}_1(T), \widetilde{S}_2(T), \ldots, \widetilde{S}_d(T)\big)\Big| S_1(t) = s_1, \\
&\qquad S_2(t) = s_2, \ldots, S_d(t) = s_d\big)\Big)
\end{aligned}
$$

wobei $\widetilde{S}_i(t)$ für jedes i der Dynamik $d\widetilde{S}_i(t) = r \cdot \widetilde{S}_i(t)dt + \sum_{k=1}^{d} \sigma_{i,k} \cdot \widetilde{S}_i(t)dW_i(T)$ folgt.

Der Beweis dieses Satzes verläuft prinzipiell ganz analog zum Beweis im eindimensionalen Fall. Allerdings benötigt man eine mehrdimensionale Version der Ito-Formel und der Formel von Feynman-Kac sowie etwas mehr technischen Aufwand. Wir werden den Beweis des Satzes hier nicht anführen. Wir bemerken nur, dass das vorgegebene Setting in dieser Form notwendig ist, damit der Satz seine Gültigkeit behält. Vereinfacht gesagt gilt Folgendes:

Wäre die Anzahl der Brown'schen Bewegungen W_i kleiner als die Anzahl der Produkte S_i, dann ist durch eine Linear-Kombination der Produkte S_i ein risikoloses Produkt generierbar. Stimmt dieses Produkt mit dem Bond B nicht überein so ist Arbitrage möglich. Stimmt dieses Produkt aber mit dem Bond überein, dann lässt sich eines der S_i als Linear-Kombination des Bonds B und der anderen Produkte S_j darstellen, ist also in dem System überflüssig und die Anzahl der Produkte lässt sich reduzieren (bis die Anzahl der Produkte S_i gleich der Anzahl der Brown'schen Bewegungen ist). Dasselbe ist der Fall falls die Kovarianzmatrix $\sum$ nicht invertierbar wäre.

Wäre die Anzahl der Brown'schen Bewegungen größer als die Anzahl der Produkte S_i, dann ist im Allgemeinen die Vollständigkeit des Black-Scholes-Marktes nicht mehr gegeben. Intuitiv ist das deshalb der Fall: Es sind zu wenige Produkte B und $S_1, \ldots, S_d$ vorhanden, als dass durch eine(dynamische) Kombination dieser Produkte alle Zufallsquellen W_i ausgeschaltet werden können und zum Zeitpunkt T definitiv der Wert $\Phi(S_1(T), S_2(T), \ldots, S_d(T))$ erreicht werden kann. (In gewisser Weise ist die Situation dann vergleichbar mit der Situation in einem trinomischen Modell, das im nächsten Paragraphen behandelt wird.)

7.24 Unvollständige Märkte (z.B. das trinomische Modell)

Wir hatten die Black-Scholes Gleichung im ersten Beweis unter Annahme der kontinuierlichen Handelbarkeit von underlying und Derivat hergeleitet. Im zweiten Beweis hatten wir die Annahme der kontinuierlichen Handelbarkeit des Derivats nicht mehr benötigt, um die Black-Scholes-Formel dennoch herzuleiten.

Nun drängt sich sicher die Frage auf: Wie sieht die Situation aus, wenn auch das underlying nicht immer während der Laufzeit des Derivats handelbar ist?

Ziemlich offensichtlich ist, dass dann sicher nicht mehr jedes Derivat durch eine Handelsstrategie mit underlying und Bond replizierbar ist, dass ein solcher Markt also sicher nicht mehr vollständig sein kann.

Ein Markt kann aber auch auf Grund anderer Umstände ein nicht vollständiger Markt sein.

Wir stellen uns die Frage: Was kann in einem nicht vollständigen Markt überhaupt noch über faire Preise von (in diesem Markt nicht replizierbaren) Derivaten ausgesagt werden?

Die Antworten werden lauten:

1. In vielen Fällen ist es nicht mehr möglich einen eindeutigen **exakten** fairen Preis eines Derivats anzugeben, aber: Es ist möglich eine **Bandbreite** $[a, b]$ anzugeben, in der der Preis liegen muss, andernfalls (wenn der Preis kleiner als a oder größer als b wäre) wäre Arbitrage möglich.

2. In manchen Fällen ist es möglich, weitere Marktdaten heranzuziehen, um doch auch für nicht durch die Basis-Instrumente replizierbare Derivate eindeutige faire Preise feststellen zu können.

Wir werden im Folgenden sowohl für den ersten Fall als auch für den zweiten Fall (im nächsten Paragraphen) jeweils ein Beispiel geben.

Das erste Beispiel eines konkreten unvollständigen Marktes ist ein **trinomisches Ein-Schritt-Modell**. Dieses Modell führen wir hier nicht deshalb an, weil es von großer praktischer Relevanz wäre, sondern weil es eine sehr gute Illustration dafür bietet, wie (und warum) man in unvollständigen Märkten (nur) zu einer Bandbreite für den fairen Preis kommt und nicht zu einem eindeutigen fairen Preis für ein Derivat.

Wir behandeln trinomische Modelle und die Bewertung von Derivaten in solchen Modellen hier daher nicht ganz allgemein, sondern rechnen ein ganz konkretes

Zahlenbeispiel durch.

Das trinomische Ein-Schritt-Modell ist ganz analog zu einem binomischen Ein-Schritt-Modell aufgebaut:

- Wir haben einen einzigen Zeitschritt. In unserem konkreten Zahlenbeispiel erstrecke sich dieser Zeitschritt vom Zeitpunkt 0 bis zum Zeitpunkt 1.

- Der Zinssatz r für Verzinsungen risikoloser Anlagen während dieses Zeitschritts sei für unser Beispiel (ebenfalls der Einfachheit halber) $r = 0$. Wir brauchen also Verzinsungen in diesem Modell nicht zu berücksichtigen.

- Wir betrachten in diesem Modell die Entwicklung des Kurses einer Aktie vom Wert $S(0)$ zum Wert $S(1)$.

- Es sei $S(0) = 90$ und $S(1)$ habe die möglichen Werte 150, 100, oder 50.

- Der Wert 150 werde mit Wahrscheinlichkeit p, der Wert 100 mit Wahrscheinlichkeit q und der Wert 50 mit Wahrscheinlichkeit $1 - p - q$ angenommen (dabei ist $p + q < 1$ vorausgesetzt). Es wird sich zeigen, dass die konkreten Werte für p und q wieder irrelevant für unsere Bewertungsfragen sein werden.

In diesem trinomischen Modell möchten wir nun den fairen Wert einer Call-Option C auf das underlying S mit Fälligkeit im Zeitpunkt 1 und mit Strike $K = 80$ finden oder zumindest eingrenzen.

Die Situation ist in Abbildung 7.21 dargestellt. Die Payoffs der Call mit Strike $K = 80$ sind dort mit f_u, f_m, und f_d bezeichnet.

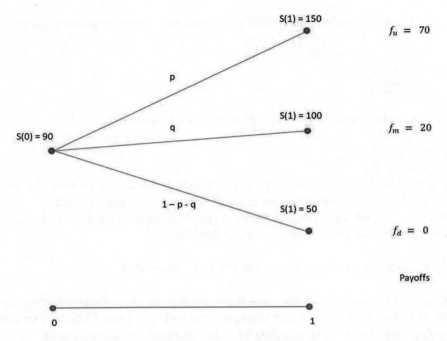

Abbildung 7.21: Beispiel eines trinomischen Ein-Schritt-Modells mit Payoffs einer Call-Option mit Strike 80

Bei der Bewertung von Derivaten in einem binomischen Ein-Schritt-Modell waren wir genauso vorgegangen wie im Beweis der Vollständigkeit des Black-Scholes-Modells im vorigen Paragraphen. Wir hatten den Payoff des Derivats durch eine Handelsstrategie auf Basis des underlyings und des risikolosen Zinssatzes repliziert. Das Replizieren war möglich und insofern keine besondere Aufgabe, da das replizierende Portfolio ohnehin nur ein statisches Portfolio sein konnte: Es war im Zeitpunkt 0 gebildet worden und bereits im nächsten Zeitpunkt 1 hatte es den Payoff replizieren müssen, es war also keine weitere Anpassung möglich und nötig.

Wenn wir jetzt versuchen, den Payoff des Derivats im trinomischen Modell zu replizieren:

- Dann bilden wir im Zeitpunkt 0 ein Portfolio aus x Stück underlying und y Euro Cash.

- Den Wert des Portfolios zur Zeit 0 bezeichnen wir mit $V(0)$ und es ist $V(0) = 90x + y$.

- Der Wert $V(1)$ des Portfolios zur Zeit 1 kann
  $50x + y$ betragen wenn $S(1)$ bei 50 liegt,
  $100x + y$ betragen wenn $S(1)$ bei 100 liegt,
  $150x + y$ betragen wenn $S(1)$ bei 150 liegt.

- Wenn das Portfolio den Payoff der Option replizieren sollte, dann müsste
  $50x + y = 0$,
  $100x + y = 20$ und
  $150x + y = 70$
  erfüllt sein.

Es ist nun aber einfach zu sehen, dass dieses Gleichungssystem
$50x + y = 0$
$100x + y = 20$
$150x + y = 70$
von drei Gleichungen in zwei Unbekannten nicht lösbar ist. Es ist zwar eine eindeutige Lösung x, y für die ersten beiden Gleichungen zu finden, nämlich $x = \frac{2}{5}$
und $y = -20$, mit diesen beiden Werten ergibt die linke Seite der dritten Gleichung
aber den Wert 40 und nicht wie gefordert den Wert 70.

Die Call-Option ist also in diesem Modell nicht replizierbar.

Kann man trotzdem etwas über den fairen Preis (oder einen fairen Preisbereich)
dieser Option in diesem Modell aussagen? Bei welchem Preis $F(0)$ des Derivats
im Zeitpunkt 0 wäre Arbitrage möglich? Offensichtlich nur dann, wenn es
entweder:

    i) gelingt, zum selben Preis $F(0)$ im Zeitpunkt 0 ein Portfolio aus underlying
       und aus Cash zu konstruieren, dessen Wert im Zeitpunkt 1 sicher immer
       größer oder gleich wie der Payoff des Derivats ist und in mindestens einem
       Fall echt größer als der Wert des Derivats ist,

oder:

    ii) umgekehrt gelingt, zum selben Preis $F(0)$ im Zeitpunkt 0 ein Portfolio aus
       underlying und aus Cash zu konstruieren, dessen Wert im Zeitpunkt 1 sicher
       immer kleiner oder gleich wie der Payoff des Derivats ist und in mindestens
       einem Fall echt kleiner als der Wert des Derivats ist.

Wir suchen daher jetzt den kleinsten Wert b, so dass es für $F(0) = b$ gerade noch
möglich ist, so ein Portfolio wie in i) zu konstruieren und wir suchen den größten
Wert a, so dass es für $F(0) = a$ gerade noch möglich ist, so ein Portfolio wie in ii)
zu konstruieren.

Dann ist für alle Werte von $F(0)$ mit $F(0) \leq a$ oder $F(0) \geq b$ Arbitrage möglich,
für die Werte $F(0)$ mit $a < F(0) < b$ ist dagegen keine Arbitrage möglich. Wir
haben dann also einen arbitragefreien Bereich (a, b) für $F(0)$ gefunden.

Wie finden wir nun a und b?

Das ist eine einfache Problemstellung aus dem Bereich der linearen Programmierung. Die Lösung können wir für unser einfaches Zahlenbeispiel geometrisch veranschaulichen. Als erstes berechnen wir a:

Dazu zeichnen wir den Bereich in der (x, y)-Ebene

in dem

$50x + y \leq 0$ gilt (siehe Abbildung 7.22, links oben, blau schraffierter Bereich),

in dem

$100x + y \leq 20$ gilt (siehe Abbildung 7.22, rechts oben, rot schraffierter Bereich)

und in dem

$150x + y \leq 70$ gilt (siehe Abbildung 7.22, zweite Reihe links, grün schraffierter Bereich).

Schließlich bilden wir den Durchschnitt dieser drei Bereiche. Dies ist dann der Bereich B, in dem sowohl $50x + y \leq 0$ als auch $100x + y \leq 20$ als auch $150x + y \leq 70$ gilt (siehe Abbildung 7.22, zweite Reihe rechts). Darunter haben wir den relevanten Teil des letzten Bildes noch einmal abgebildet.

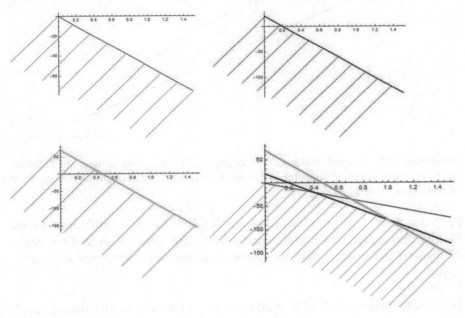

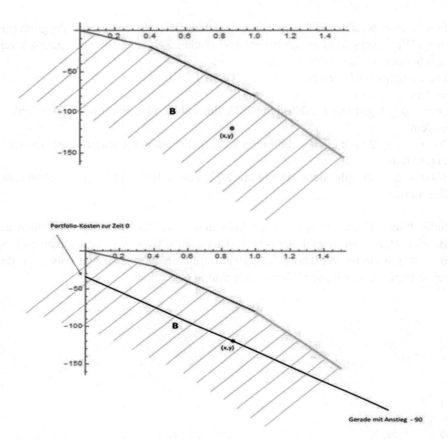

Abbildung 7.22: Veranschaulichung der Lösung des Linearen Programmierung-Problems zur Bestimmung eines arbitragefreien Bereichs für den Preis einer Call-Option in einem trinomischen Modell

Für jeden Punkt (x, y) in diesem Bereich B gilt: Bildet man im Zeitpunkt 0 ein Portfolio aus x Stück underlying S und y Euro Cash, dann hat dieses Portfolio im Zeitpunkt 1 sicher einen Wert der kleiner ist als der durch die Option ausbezahlte Payoff.

Die Anschaffungskosten des Portfolios $x \cdot S + y$ im Zeitpunkt 0 betragen gerade $90x + y$ und können in der Grafik folgendermaßen direkt abgelesen werden: Man legt eine Gerade mit Anstieg -90 durch den Punkt (x, y). Der Schnittpunkt dieser Gerade mit der y-Achse gibt gerade den Wert $90x + y$, also die Anschaffungskosten des entsprechenden Portfolios (siehe Abbildung 7.22, unten).

Jetzt suchen wir im Bereich B denjenigen Punkt (x, y) für den das Portfolio $x \cdot S + y$ im Zeitpunkt 0 die größten Anschaffungskosten $90x + y$ erfordern würde und ermitteln seine Anschaffungskosten. Dies ist dann der Wert a!
Hätte das Derivat einen Preis kleiner als a, dann könnten wir im Bereich B einen

Punkt (x, y) finden, so dass die Anschaffungskosten des Portfolios $x \cdot S + y$ im Zeitpunkt 0 größer wären als die Kosten des Derivats, bei dem der Wert im Zeitpunkt 1 aber sicher kleiner wäre als der Payoff des Derivats. Short-Gehen dieses Portfolios und Kaufen des Derivats würde dann zu Arbitrage führen.

Wie finden wir aber denjenigen Punkt (x, y) im Bereich B für den das Portfolio $x \cdot S + y$ im Zeitpunkt 0 die größten Anschaffungskosten $90x + y$ erfordern würde?

Nun, geometrisch ist das ganz einfach beantwortet: Wir verschieben die schwarze Gerade in Abbildung 7.22 unten, so weit wie möglich parallel nach oben, so dass gerade noch ein Punkt des Bereichs B auf der Gerade liegt. Siehe Abbildung 7.23. Der gesuchte Portfoliopunkt (x, y) liegt gerade dort, wo das blaue Geradenstück das rote Geradenstück schneidet.

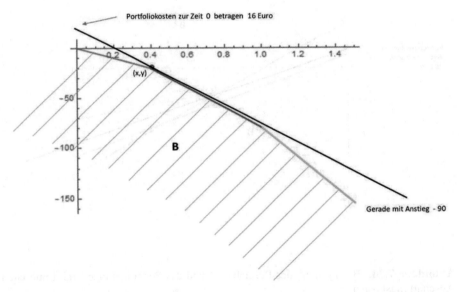

Abbildung 7.23: Bestimmung des Portfolios in B mit maximalen Anschaffungskosten

Die blaue Gerade hat die Gleichung $50x + y = 0$, die rote Gerade hat die Gleichung $100x + y = 20$ und der Schnittpunkt (x, y) der beiden Geraden hat daher die Koordinaten $(0.4, -20)$. Die Anschaffungskosten für dieses Portfolio und damit der gesuchte Wert a sind $90 \cdot 0.4 - 20 = 16$ Euro.

Wir erhalten somit als untere Schranke für den Preis der Call-Option den Wert 16.

Für die Bestimmung der oberen Schranke b gehen wir völlig analog nur sozusagen spiegelverkehrt vor (siehe Abbildung 7.24 für die Illustration des Vorgehens): Wir bestimmen den Bereich B^* in, dem sowohl $50x + y \geq 0$ als auch $100x + y \geq 20$ als auch $150x + y \geq 70$ gilt. Dann verschieben wir die schwarze

Gerade mit Anstieg - 90 so weit wie möglich nach unten, so dass gerade noch ein Punkt von B^* auf der Gerade liegt. Dieser „letzte auf der Geraden verbleibende Punkt" (x, y) ist gerade der Schnittpunkt zwischen der blauen und der grünen Gerade. Wir berechnen leicht, dass dieser Punkt die Koordinaten $(x, y) = (0.7, -35)$ besitzt. Dieses Portfolio hat die kleinst möglichen Anschaffungskosten in B^* nämlich $0.7 \cdot 90 - 35 = 28$ Euro.

Mit der analogen Argumentation wie oben folgt, dass die obere Schranke b des No-Arbitrage-Bereichs für die Call-Option gleich 28 sein muss.

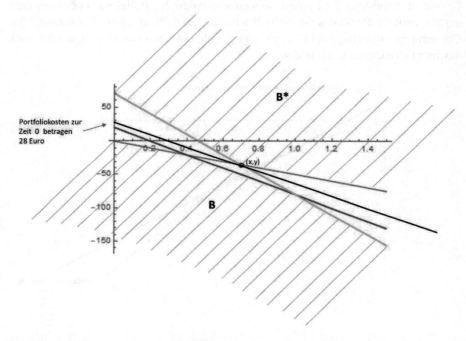

Abbildung 7.24: Bestimmung des Bereichs B^* und des Portfolios in B^* mit minimalen Anschaffungskosten

Für den Preis der Call-Option im trinomischen Modell haben wir somit den maximalen Bereich [16,28] gefunden, in dem keine Arbitrage-Möglichkeiten gegeben sind. Bei jedem Preis der Option außerhalb dieses Intervalls wäre Arbitrage möglich.

Das trinomische Ein-Schritt-Modell ist nur ein Finanzmarkt unter vielen der nicht vollständig ist.

Wir hatten schon mehrmals thematisiert, dass das Wiener Modell so nützlich es ist, gewisse Nachteile besitzt. Insbesondere wird die Wahrscheinlichkeit des Auftretens extremer Ereignisse bei der Entwicklung von Finanzkursen mit dem Wiener Modell häufig unterschätzt.

Natürlich gibt es mathematische Modelle, mittels derer die Fat Tails von Aktienkursentwicklungen wesentliche besser als durch das Wiener Modell modelliert werden. Es sind das spezielle Levy-Prozesse, insbesondere sogenannte hyperbolische Verteilungen. Der große Nachteil dieser Modelle: Sie sind weitestgehend nicht vollständig! Siehe dazu etwa [3].

7.25 Unvollständige Märkte (z.B. nicht handelbares underlying)

Beispiele für Derivate mit nicht handelbaren underlyings sind etwa Wetterderivate oder in gewisser Weise auch Sportwetten. Aber auch sogenannte CAT-Bonds (bei denen die Rückzahlung bzw. die Verzinsung vom Eintreten exakt definierter Ereignisse (häufig Katastrophen-Ereignissen) abhängt) können in gewisser Weise als Derivate auf nicht handelbare underlyings gesehen werden.

Die underlyings von Wetterderivaten sind klar definierte Entwicklungen von Temperaturen oder Regenmengen an konkreten Orten.

Zumeist werden Wetterderivate (oder auch CAT-Bonds) zwischen Investoren (Unternehmen) und einer Bank oder einer Versicherung OTC abgeschlossen und dienen ganz offensichtlich den Investoren in erster Linie als Versicherungsprodukt. Die häufigsten Einsatzgebiete solcher Derivate als Versicherungsprodukte sind im Bereich des Risiko-Managements der (Groß-) Landwirtschaft, im Energiebereich aber auch im Tourismus zu finden.

Vermehrt werden Wetterderivate auch börsengehandelt. Eine Übersicht über die gehandelten Wetterderivate an der CME und deren Ausgestaltung und auch die Ausgestaltung der underlyings findet man unter

`https://www.cmegroup.com/trading/weather/`

Von der CME werden dazu zum Beispiel auch bestimmte Temperatur-Indices definiert, auf die sich einige der an der CME gehandelte Wetterderivate beziehen (z.B. die HDD- und die CDD-Indices).

Die Situation, mit der wir uns jetzt bei der Bewertung von Derivaten auf nicht handelbare underlyings konfrontiert sehen, ist die folgende:

Unser Finanzmarkt, in dem wir uns jetzt bewegen, besteht wieder aus den beiden Basisprodukten B (Bond, mit konstantem Zinssatz r) und S (underlying), wobei B der Dynamik $dB(t) = r \cdot B(t)dt$ und S der Dynamik $dS(t) = \mu(t, S(t)) \cdot S(t)dt + \sigma(t, X(t)) \cdot S(t)dW(t)$ mit deterministischen Funktionen μ und σ folgt. Weiters gibt es in diesem Finanzmarkt (europäische) Derivate D, die durch ihre Payoff-Funktion Φ in ihrem Fälligkeitszeitpunkt T gegeben sind.

Wir setzen jetzt allerdings voraus, dass **das underlying S nicht handelbar** ist. Dagegen gehen wir von einer kontinuierlichen Handelbarkeit der Derivate während ihrer jeweiligen Laufzeit aus.

Zum Beispiel würden wir uns bei der Analyse von an der CME gehandelten Wetterderivaten in dieser Situation befinden (wenn wir davon ausgehen, dass sich die underlyings, etwa der CDD-Temperatur-Index, tatsächlich nach einem Ito-Prozess S der Form $dS(t) = \mu(t, S(t)) \cdot S(t)dt + \sigma(t, X(t)) \cdot S(t)dW(t)$ mit deterministischen Funktionen μ und σ entwickeln).

Zur Bewertung eines Derivats D mit Fälligkeit in T, Payoff-Funktion Φ und Preisprozess $F(t, S(t))$ ist es nötig, noch ein weiteres Derivat E mit der gleichen Fälligkeit T und einem Preisprozess G zur Verfügung zu haben.

Wenn dies der Fall ist, dann werden Sie die folgenden Ausführungen jetzt sehr an die Vorgangsweise bei der Herleitung der Formel von Bond-Preisen in Kapitel 7.10 erinnern:

F und G sind Funktionen von t und vom Wert $S(t)$ des Ito-Prozeses $S(t)$ und sind auf Grund der Ito-Formel daher selbst wieder Ito-Prozesse. Die Darstellung von F und G als Ito-Prozesse erhält man ebenfalls durch Anwendung der Ito-Formel. Das führen wir jetzt durch. Dazu erinnern wir uns zuerst noch einmal an die Ito-Darstellung von $S(t)$, die wir im Folgenden in ihrer Kurzdarstellung $dS(t) = \mu \cdot S \cdot dt + \sigma \cdot S \cdot dW(t)$ verwenden werden.

Mittels der Ito-Formel erhalten wir dann:

$$dF = \left(F_t + \mu \cdot S \cdot F_r + \frac{(\sigma \cdot S)^2}{2} F_{rr} \right) dt + \sigma \cdot S \cdot F_r \cdot dW(t)$$

und

$$dG = \left(G_t + \mu \cdot S \cdot G_r + \frac{(\sigma \cdot S)^2}{2} G_{rr} \right) dt + \sigma \cdot S \cdot G_r \cdot dW(t).$$

Diese beiden Darstellungen formen bzw. benennen wir etwas um in:

$$dF = F \cdot \alpha_F \cdot dt + F \cdot \beta_F \cdot dW(t) \text{ und } dG = G \cdot \alpha_G \cdot dt + G \cdot \beta_G \cdot dW(t), \quad (7.23)$$

dabei sind dann

$$\alpha_F = \frac{F_t + \mu \cdot S \cdot F_r + \frac{(\sigma \cdot S)^2}{2} \cdot F_{rr}}{F} \text{ bzw.}$$

$$\alpha_G = \frac{G_t + \mu \cdot S \cdot G_r + \frac{(\sigma \cdot S)^2}{2} \cdot G_{rr}}{G} \text{ und} \quad (7.24)$$

$$\beta_F = \frac{\sigma \cdot S \cdot F_r}{F} \text{ bzw. } \beta_G = \frac{\sigma \cdot S \cdot G_r}{G}. \tag{7.25}$$

Jetzt bilden wir ein dynamisches Portfolio V aus den Derivaten D und E. Dieses Portfolio sei so definiert, dass wir in jedem Zeitpunkt t unser momentanes Gesamtvermögen im Portfolio mit $V(t)$ bezeichnen und davon $u(t) \cdot V(t)$ in das Derivat D investieren und den Rest, also $(1 - u(t)) \cdot V(t)$, in das Derivat E investieren.

Das heißt:
Wir halten in jedem Zeitpunkt t (in Kurzschreibweise) genau $\frac{u \cdot V}{F}$ Stück des Derivats D und $\frac{(1-u) \cdot V}{G}$ Stück des Derivats E.

Die Handelsstrategie zur Bildung dieses Portfolios geht also prinzipiell so vor, dass stets nur so viel Geld in die Strategie, also in die beiden Derivate, investiert wird, wie Wert V im Portfolio enthalten ist. Die Strategie ist also **selbstfinanzierend**. Es wird zu keinem Zeitpunkt während der Laufzeit zusätzlich Geld ins Portfolio eingebracht oder aus dem Portfolio abgezogen.

Für den Wertprozess V des dynamischen Portfolios gilt wieder:

$$dV = \frac{u \cdot V}{F} \cdot dF + \frac{(1 - u) \cdot V}{G} \cdot dG = V \cdot \left(u \cdot \frac{dF}{F} + (1 - u) \cdot \frac{dG}{G} \right) \tag{7.26}$$

Von Formel (7.23) wissen wir

$$\frac{dF}{F} = \alpha_F \cdot dt + \sigma_F \cdot dW(t) \text{ und } \frac{dG}{G} = \alpha_G \cdot dt + \sigma_G \cdot dW(t).$$

Wir setzen das in Formel (7.26) ein und erhalten

$$\begin{aligned} dV &= V \cdot (u \cdot (\alpha_F \cdot dt + \beta_F \cdot dW(t)) + (1 - u) \cdot (\alpha_G \cdot dt + \beta_G \cdot dW(t))) = \\ &= V \cdot ((u \cdot \alpha_F + (1 - u) \cdot \alpha_G) \cdot dt + \\ &\quad + (u \cdot \beta_F + (1 - u) \cdot \beta_G) \cdot dW(t)) \end{aligned} \tag{7.27}$$

Und jetzt nehmen wir eine konkrete Wahl für die spezielle Form unseres dynamischen Portfolios vor. Das heißt, wir wählen jetzt u explizit. Und zwar wählen wir u so, dass der Zufallsanteil in der Entwicklung des Portfolios (also der Anteil der durch die Brown'sche Bewegung gesteuert wird) wegfällt. Also:

$u \cdot \beta_F + (1 - u) \cdot \beta_G = 0$ und somit $u = \frac{\beta_G}{\beta_G - \beta_F}$ und $1 - u = \frac{-\beta_F}{\beta_G - \beta_F}$.

Diese Wahl u setzen wir in die Formel (7.27) für dV ein und erhalten dann

$$dV = V \cdot \left(\frac{\beta_G}{\beta_G - \beta_F} \cdot \alpha_F - \frac{\beta_F}{\beta_G - \beta_F} \cdot \alpha_G \right) dt.$$

Die Entwicklung $V(t)$ dieses so konstruierten Portfolios V ist also deterministisch und wir folgern daraus wieder:

$$\frac{\beta_G}{\beta_G - \beta_F} \cdot \alpha_F - \frac{\beta_F}{\beta_G - \beta_F} \cdot \alpha_G = r$$

Diese Gleichung formen wir jetzt etwas um und erhalten:

$$\Leftrightarrow \frac{\alpha_F(t) - r}{\beta_F(t)} = \frac{\alpha_G(t) - r}{\beta_G(t)}$$

Das ist nun wiederum eine sehr bemerkenswerte Gleichung: Auf beiden Seiten der Gleichung sind Größen zu sehen, die sehr an eine Sharpe-ratio erinnern (Trend-Term minus Zinssatz dividiert durch die Volatilität). Die linke Seite zeigt genau diesen Ausdruck für das Derivat D und die rechte Seite zeigt genau diesen Ausdruck für das Derivat E. Wir nennen diesen Ausdruck (Trend-Term minus Zinssatz dividiert durch die Volatilität) wieder den **„market-price of risk"** des jeweiligen Derivats und wir bezeichnen ihn mit $\lambda_F(t)$ bzw. mit $\lambda_G(t)$.

Die wesentliche Erkenntnis, die die letzte Formel nun liefert, ist wieder die Folgende: Ganz gleich wie D oder E gewählt wurde, hat in jedem Zeitpunkt t der Market-Price of Risk unabhängig von D und von E denselben Wert! Dieser market-price of risk ist also eine Funktion des gesamten Marktes und hat, unabhängig davon welches Derivat wir betrachten, denselben Wert. Wir können diese market-price of risk-Funktion also einfach als Funktion $\lambda(t)$ der Zeit (und unabhängig von D oder E) schreiben.

Wir gehen im Folgenden davon aus, dass wir den market-price of risk $\lambda(t)$ dieses Marktes kennen (wir könnten ihn zum Beispiel für unsere Zwecke, nämlich die Bewertung des Derivats D, aus einem liquiden Derivat E auf dasselbe underlying zu extrahieren versuchen). Dann ist also

$$\frac{\alpha_F(t) - r}{\beta_F(t)} = \lambda(t)$$

Hier setzen wir jetzt für $\alpha_F(t)$ und für $\beta_F(t)$ deren Darstellung aus Formel (7.24) und Formel (7.25), also

$$\alpha_F = \frac{F_t + \mu \cdot S \cdot F_r + \frac{(\sigma \cdot S)^2}{2} \cdot F_{rr}}{F} \quad \text{und} \quad \beta_F = \frac{\sigma \cdot S \cdot F_r}{F} \quad \text{ein}$$

und erhalten nach Umformen die folgende Gleichung für den fairen Wert F des Derivats D

$$\boldsymbol{F_t + (\mu - \lambda\sigma) \cdot S \cdot F_r + \frac{(\sigma \cdot S)^2}{2} \cdot F_{rr} - r \cdot F = 0}$$

mit der offensichtlichen Nebenbedingung $\boldsymbol{F(T, S) = \Phi(S)}$.

Wir haben für den fairen Preis des Derivats D also wiederum die Black-Scholes-Formel, allerdings mit einem vom market-price-of-risk abhängigen Term $(\mu - \lambda \cdot \sigma)$ hergeleitet. Diese partielle Differentialgleichung lässt sich wieder mit Hilfe der Feynman-Kac-Formel lösen und man erhält als Lösung wieder eine Darstellung in einer Form, wie wir sie schon kennen. Es gilt:

$$F(t, s) = e^{-r(T-t)} \cdot E\left(\Phi\left(\widetilde{S}(T)\middle|\, \widetilde{S}(t) = s\right)\right),$$

wobei $\widetilde{S}(t)$ der Dynamik $d\widetilde{S}(t) = (\mu - \lambda(t) \cdot \sigma) \cdot \widetilde{S}(t)dt + \sigma \cdot \widetilde{S}(t)dW(t)$ folgt.

Wir bemerken abschließend noch, dass diese Version der Black-Scholes-Formel auch wieder die ursprüngliche Black-Scholes-Formel umfasst. Ist nämlich S doch handelbar, dann können wir in der obigen Argumentation anstelle des Derivats E einfach S selbst verwenden. Der aus S berechnete market-price-of-risk ist aber (aufgrund von $dS(t) = \mu \cdot S \cdot dt + \sigma \cdot S \cdot dW(t)$) gerade $\lambda(t) = \frac{\mu - r}{\sigma}$.

Der Term $\mu - \lambda \cdot \sigma$ wird dann aber gerade zu r und damit die Dynamik von $\widetilde{S}(t)$ zu $d\widetilde{S}(t) = r \cdot \widetilde{S}(t)dt + \sigma \cdot \widetilde{S}(t)dW(s)$. Wir sind damit wieder bei der ursprünglichen Black-Scholes-Formel angelangt.

Literaturverzeichnis

[1] Tomas Björk. *Arbitrage Theory in Continuous Time*. Oxford Finance Series, 2009.

[2] Damiano Brigo and Mercurio Fabio. *Interest Rate Models – Theory and Practice*. Springer Finance, 2007.

[3] Gerhard Larcher, Martin Predota, and Robert Tichy. Arithmetic average options in the hypberbolic model. *Monte Carlo Methods and Appl.*, 9(3):227–239, 2003.

[4] Michael J Steele. *Stochastic Calculus and Financial Applications*. Springer, 2000.

Kapitel 8

Risiko-Messung und Kreditrisiko-Management

8.1 Einfache Risikomaße und Grundzüge des Kreditrisiko-Managements

In diesem Kapitel 8 werden wir – ebenfalls wieder nur in den Grundzügen – die wesentlichsten Risiko-Maße für Finanzprodukte und Finanz-Portfolios, den „Value at Risk (VAR)" und den „Conditional-Value at Risk (C-VAR)", der auch als „Expected Shortfall" bezeichnet wird, kennenlernen.

Im Verlaufe der Überlegungen zur Berechnung dieser Risikomaße mittels historischer Simulation werden wir uns auch kurz einige Gedanken zum Thema „Backtesting" (und „Stresstesting") von Handelsstrategien machen. Diese beiden Themen werden dann im Kapitel mit konkreten Fallbeispielen noch eine ausführliche und wesentliche Rolle spielen.

In diesem Kapitel 8 wollen wir die VAR-Berechnung aber bereits an Hand einer herausfordernden Problemstellung umsetzen: Es ist dies die Risiko-Berechnung eines großen komplexen Kredit-Portfolios. Dazu werden wir das System „Credit Metrics" von J.P.Morgan (das auf VAR-Rechnung) beruht kennenlernen. Als alternativen Ansatz einer Kreditrisiko-Berechnungsmethode beschäftigen wir uns auch mit einem zweiten System, dem „Credit Risk+" Ansatz von Credit Suisse First Boston.

Die Bestimmung von Kredit-Risiken scheint ein etwas spezielles Problem zu sein, doch sind die in den beiden vorgestellten Systemen verwendeten prinzipiellen Ansätze auch – in leicht adaptierter Form – in vielen anderen Zusammenhängen nutzbar und anwendbar. Die konkrete Anwendung hier auf die Kreditrisiko-Berechnung ist daher eher als „Aufhänger" für die Darstellung der prinzipiellen Ansätze zu verstehen.

961

© Der/die Herausgeber bzw. der/die Autor(en), exklusiv lizenziert durch Springer Fachmedien Wiesbaden GmbH, ein Teil von Springer Nature 2020
G. Larcher, *Quantitative Finance*, https://doi.org/10.1007/978-3-658-29158-7_8

Wie schon so oft im Verlauf dieses Buches auch hier wieder der Hinweis: Es geht uns hier darum Grundzüge zu vermitteln und nicht darum, einzelne Methoden und Prinzipien im Detail auszufeilen.

8.2 Der Value at Risk

Wir betrachten ein Portfolio PF aus Finanzprodukten, dessen Wert $PF(t)$ zur Zeit t wir in einheitlicher Währung (z.B. Euro) angeben.

Sei ein bestimmter Zeitbereich T angegeben (z.B. $T = 1$ Jahr, oder $T = 10$ Tage, oder $T = N$ Tage.

Weiters sei ein bestimmter Prozentsatz X% angegeben (z.B. X = 99%).

Der **Value at Risk (VAR) des Portfolios PF für den Zeithorizont T und den Konfidenzlevel X** ist dann der Wert V für den gilt: *„Mit Wahrscheinlichkeit X wird zum Zeitpunkt T (ab jetzt) der Verlust des Portfolios höchstens V betragen."* Diese Definition ist aus mathematischer Sicht noch etwas informell und kann manchmal zu Unklarheiten im Detail führen. Eine mathematisch korrekte Definition für den VAR V wäre:

$$V = \inf \{ v \mid \textit{Wahrscheinlichkeit} \; (PF(0) - PF(T) < v) > X\% \}$$

Das heißt:

- $PF(0) - PF(T)$ ist ja die Höhe des Verlusts von heute (Zeitpunkt 0) bis zur Zeit T.

- Wir schauen uns alle möglichen (großen) Verlusthöhen v an, die so groß sind, dass sie nur mit einer Wahrscheinlichkeit kleiner als X auftreten.

- Von allen diesen v wählen wir das kleinste (bzw. das Infimum)

Grafisch lässt sich das Konzept wie in Abbildung 8.1 veranschaulichen:

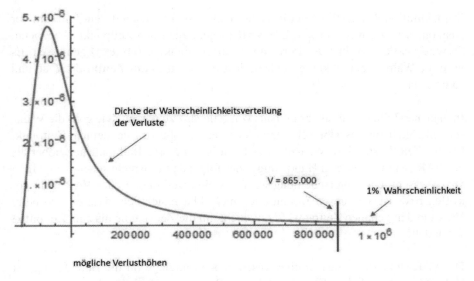

Abbildung 8.1: Veranschaulichung Konzept Value at Risk

- Wir gehen in Abbildung 8.1 von einem momentanen Portfoliowert von 1.000.000 Euro aus.

- Verluste können bis zu 1.000.000 Euro betragen

- Gewinne sind in diesem Beispiel nach oben mit circa 160.000 Euro begrenzt

- Die Fläche unter dem Graphen der Verteilungsdichte der möglichen Verlusthöhen für die kommenden Zeitbereich der Länge T (negative Werte bedeuten Gewinne) rechts vom Wert 865.000 beträgt 0.01, also 1% der Gesamtfläche unter der Dichtefunktion.

- Also nur mit 1%iger Wahrscheinlichkeit ist der Verlust zum Zeitpunkt T höher als 865.000 Euro

- Mit $X = 99\%$ Wahrscheinlichkeit ist der Verlust zum Zeitpunkt T kleiner als 865.000 Euro

- Der VAR für den Zeitbereich T zum Konfidenzlevel 99% beträgt somit 865.000 Euro

Der VAR wird häufig nicht in absoluten Zahlen angegeben, sondern in Prozent des momentanen Portfoliowertes.

Die VAR-Schätzung kann übrigens nicht nur auf ein statisch gegebenes Portfolio, sondern auch auf eine klar vorab für das Zeitintervall $[0, T]$ definierte Handelsstrategie angewendet werden. Hier sind aber dann die üblichen Vorsichtsmaßregeln, die allgemein auch beim Backtesting von Handelsstrategien zu beachten sind (und die wir weiter unten diskutieren werden), in Betracht zu ziehen.

Die Definition des VAR erfolgt in vielen Fällen in Hinblick auf den Zeitraum der
Risikomessung etwas unexakt: Der VAR ist genau auf den Zeitpunkt T bezogen.
Es wird also der Verlust des Portfolios **zum** Zeitpunkt T (ab jetzt) gemessen. Es
wird die Wahrscheinlichkeit geschätzt, dass der Verlust **zum Zeitpunkt T** so und
so groß ist.

In manchen Fällen ist es aber durchaus von Relevanz zu wissen, wie groß die Wahrscheinlichkeit für das Überschreiten einer Verlusthöhe zu irgendeinem Zeitpunkt
bis zur Zeit T ist. Diese Wahrscheinlichkeit ist im Normalfall natürlich höher als
der VAR (wie wir auch an Hand einiger der folgenden Beispiele sehen werden).
Diese wesentliche Unterscheidung wird in vielen Definitionen des VAR nicht getroffen bzw. ist aus diesen Definitionen nicht klar ersichtlich, dass es sich beim
VAR um den genauen Zeitpunkt T und nicht um die Zeitspanne bis zum Zeitpunkt
T handelt!

Der VAR stellt zum Beispiel eine wesentliche Grundlage für die Berechnung der
Höhe des erforderlichen Eigenkapitals von Banken dar. Insbesondere wird vor allem der 10-Tages VAR zum Konfidenzlevel 99% dafür herbeigezogen.

8.3   Die Berechnung des VAR an Hand einfacher Portfolio-Beispiele: Beispiel 1 (ein Index)

Die Berechnung (oder besser: „Schätzung") des VAR wird zumeist entweder über
historische Simulation oder über Modellbildung und zumeist nachfolgender Monte
Carlo-Simulation durchgeführt.

Die **historische Simulation** entspricht im Wesentlichen einem Backtesting der
Portfoliostrategie. Dabei wird das zu bewertende Portfolio (oder die Handelsstrategie) über einen längeren Testzeitraum in der Vergangenheit analysiert. Dabei werden jeweils systematisch Zeiträume der Länge T in der Vergangenheit herausgegriffen und festgestellt, wie groß die Verluste des Portfolios (der Handelsstrategie)
in diesen Zeiträumen waren. Dadurch erhält man eine empirische Verteilungsfunktion der Verlusthöhen. Diese Verteilungsfunktion zieht man dann zur Schätzung
des VAR aus Sicht der momentanen Situation heran. (Wir werden das dann weiter
unten anhand einfacher Beispiele durchführen.) Wesentlich bei dieser Vorgangsweise ist dabei natürlich die Wahl des vergangenen Zeitraums, aus dem man die
empirische Verteilungsfunktion erstellt.

Die Berechnung (Schätzung) des **VAR auf Basis von Modellbildung**. Hier wird
versucht, die einzelnen Bestandteile des Portfolios geeignet zu modellieren. Unter
der Berücksichtigung der Korrelationen der Bestandteile zueinander erhält man damit eine Modellierung für die Entwicklung des Portfolios. Ist das dabei entstehende
Modell nicht zu komplex, dann lässt sich der VAR für dieses Modell eventuell so-

gar exakt berechnen (und stellt dann eine Näherung für den „tatsächlichen" VAR des Portfolios dar). Im Normalfall ist aber zur Bestimmung des VAR des Modells Monte Carlo-Simulation nötig. Wesentlich bei dieser Vorgangsweise ist dabei natürlich die geeignete Wahl des Modells und seiner Parameter.

Wir werden im Folgenden einige einfache Beispiele zur Veranschaulichung der VAR-Berechnung für einzelne Produkte, für eine Kombination von Produkten und für eine einfache Handelsstrategie durchführen. Dabei werden wir übrigens stets sowohl den korrekten VAR-Ansatz (mit Hinblick auf den konkreten Zeitpunkt T) als auch den adaptierten Ansatz (mit Hinblick auf den gesamten Zeitraum bis zum Zeitpunkt T) analysieren.

Beispiel 1:
Wir betrachten zum Aufwärmen einfach eine Investition von 100.000 Euro in den DAX und interessieren uns aus Sicht des 11.3.2019 für den 10-(Handels-)Tages VAR zum Konfidenz-Niveau von 99%. (Wir werden zusätzlich den VAR auch für andere Parameter rechnen, was ohne weiteren Aufwand möglich ist, wenn einmal die Voraussetzungen für **eine** Berechnung geschaffen sind.)

Zuerst nehmen wir eine **Schätzung mittels historischer Simulation** vor.

Zur Veranschaulichung der Abhängigkeit der Ergebnisse von der Auswahl der Zeitperiode, aus der die empirische Verteilungsfunktion geschätzt wird, wählen wir dafür drei Zeitperioden unterschiedlicher Länge aus der Vergangenheit. Sie sehen in Abbildung 8.2 Histogramme der Verteilungen der 10-Tagesrenditen des DAX in den letzten 13 Jahren, in den letzten 9 Jahren und in den letzten 3 Jahren.

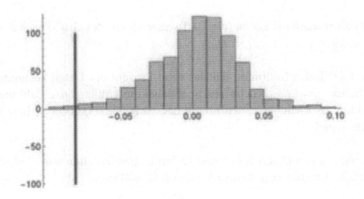

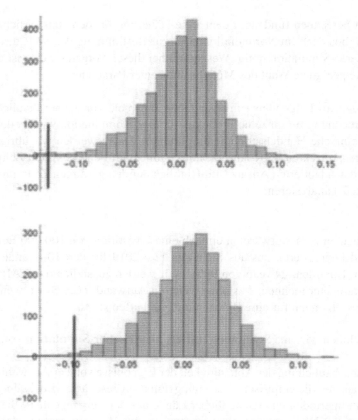

Abbildung 8.2: Histogramme der historischen 10-Tagesrenditen in den Zeitbereichen März 2006 – März 2019 (oben), März 2010 – März 2019 (Mitte) und März 2016 – März 2019 (unten) inklusive Eintrag des linken 1%-Perzentils

In jedem Fall werden die Daten (die 10-Tagesrenditen) der Größe nach sortiert:
$x_1 < x_2 < x_3 < \ldots < x_{m-1} < x_m$.

Dann wird der Index bestimmt, der das erste Prozent der Daten bestimmt. Es ist dies der Index $i := \left[\frac{m}{100}\right]$. ($[x]$ bezeichnet dabei die größte ganze Zahl die kleiner oder gleich x ist.) Mittels x_i wird dann der VAR als $100.000 \cdot x_i$ berechnet. In unserem Beispiel:

Arbeiten wir mit den Daten der letzten 13 Jahre, dann erhalten wir $x_i = -0.1282$ ($= -12.82\%$) und das ergibt einen VAR von 12.820 Euro.

Arbeiten wir mit den Daten der letzten 9 Jahre, dann erhalten wir $x_i = -0.0952$ ($= -9.52\%$) und das ergibt einen VAR von 9.520 Euro.

Arbeiten wir mit den Daten der letzten 3 Jahre, dann erhalten wir $x_i = -0.0817$ ($= -8.17\%$) und das ergibt einen VAR von 8.170 Euro.

Zum Vergleich berechnen wir nun noch den 1-Tages VAR zum Konfidenz-Niveau von 99%. In Abbildung 8.3 sehen wir wieder Histogramme der Verteilungen der 1-Tagesrenditen des DAX in den letzten 13 Jahren, in den letzten 9 Jahren und in den letzten 3 Jahren.

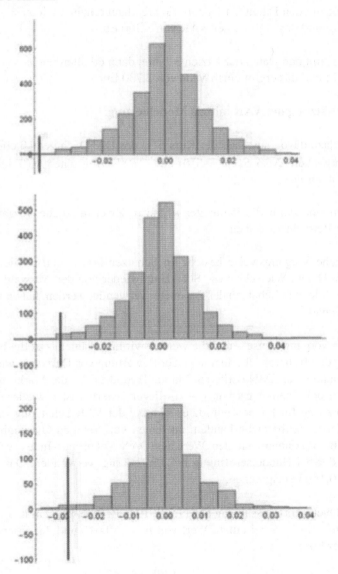

Abbildung 8.3: Histogramme der historischen 1-Tagesrenditen in den Zeitbereichen März 2006 – März 2019 (oben), März 2010 – März 2019 (Mitte) und März 2016 – März 2019 (unten) inklusive Eintrag des linken 1%-Perzentils

Mit der analogen Vorgangsweise zu der oben beschriebenen im Fall der 10-

Tagesrenditen erhalten wir jetzt:

Arbeiten wir mit den Daten der letzten 13 Jahre, dann erhalten wir $x_i = -0.0400$ ($= -4.00\%$) und das ergibt einen VAR von 4.000 Euro.

Arbeiten wir mit den Daten der letzten 9 Jahre, dann erhalten wir $x_i = -0.0336$ ($= -3.36\%$) und das ergibt einen VAR von 3.360 Euro.

Arbeiten wir mit den Daten der letzten 3 Jahre, dann erhalten wir $x_i = -0.0273$ ($= -2.73\%$) und das ergibt einen VAR von 2.730 Euro.

Nun zur **Schätzung des VAR mittels Modellierung**:

Wir gehen dazu davon aus, dass der Kurs $S(t)$ des DAX sich gemäß eines Wiener Modells entwickelt. Also $S(t) = S(0) \cdot e^{\mu \cdot t + \sigma \cdot \sqrt{t} \cdot w}$ mit einer $\mathcal{N}(0,1)$-verteilten Zufallsvariablen w.

Zu schätzen sind dafür die Parameter μ und σ. Zwei mögliche Vorgangsweisen sind hier in Betracht zu ziehen:

Eine mögliche Vorgangsweise besteht im Schätzen von μ und σ wiederum aus historischen Daten. Wie sehr diese Schätzung wieder von der Auswahl der Daten abhängig ist, die zum Schätzen der Parameter verwendet werden, haben wir bereits oben angedeutet.

Eine andere Vorgangsweise – und die werden wir hier wählen – ist die Folgende: Wie wir aus den früheren Überlegungen zur Bewertung von Derivaten wissen, sieht – unter Annahme der EMH (Efficient Market Hypothesis) – der Markt im Moment den Trend μ bei einem Wert von $r - \frac{\sigma^2}{2}$ liegen. Hierbei ist r wieder der risikolose Zinssatz (hierfür können wir, da es sich bei der VAR Schätzung zumeist um kurze Prognose-Zeitbereiche handelt, auf einen kurzfristigen Overnight-Zinssatz einigen). Für σ könnten wir den Wert des DAX-Volatilitäts-Index VDAX vom 11.3.2019, der bei Handelseröffnung bei 15.03% lag, verwenden. Das würde einem σ von 0.1503 entsprechen.

Der Eonia Overnight Zinssatz lag am 11.3.2019 bei - 0.364%. Damit läge unser so gewähltes $\mu = r - \frac{\sigma^2}{2}$ bei einem Wert von $\mu = -0.015$ und das Wiener Modell wäre von der Form

$$S(t) = S(0) \cdot e^{-0.015 \cdot t + 0.1503 \cdot \sqrt{t} \cdot w}.$$

Interessieren wir uns nun vorerst wieder für das 10-Tage-Perzentil. Da wir hier von Handelstagen sprechen, bedeutet das für den in Jahren angegebenen Zeit-Parameter t, dass er circa von der Form $t = \frac{10}{250}$ ist. Damit hat das Wiener Modell für eine

Entwicklung im Lauf der nächsten 10 Handelstage die Form

$$S(t) = 100.000 \cdot e^{-0.0006 + 0.03 \cdot w}$$

mit der $\mathcal{N}(0, 1)$-verteilten Zufallsvariablen w.

Nun benötigen wir nur noch das 1%-Perzentil y der Standard-Normalverteilung, also den Wert, der von w genau mit 1%-iger Wahrscheinlichkeit unterschritten wird. y erhält man als Wert der Umkehrfunktion der Verteilungsfunktion der Standard-Normalverteilung angewendet auf den Wert 0.01. Dieser Wert y liegt circa bei -2.33.

So erhalten wir bei dieser Vorgangsweise: Die Wahrscheinlichkeit, dass der Kurs des DAX am Tag 10 ab jetzt unter dem Wert von $S(t) = 100000 \cdot e^{-0.0006 + 0.03 \cdot (-2.33)} = 93.193$ liegt, beträgt ziemlich genau 1%. Der 10-Tages VAR liegt also bei dieser Vorgangsweise bei 6.807 Euro.

Zur Bestimmung des 1-Tages VAR haben wir den obigen Ablauf nur dahin gehend zu ändern, dass wir in der Gleichung $S(t) = S(0) \cdot e^{-0.015 \cdot t + 0.1503 \cdot \sqrt{t} \cdot w}$ für t anstelle von $t = \frac{10}{250}$ jetzt $t = \frac{1}{250}$ setzen. Für w wird unverändert wieder $w = -2.33$ eingesetzt.

Wir erhalten: Die Wahrscheinlichkeit, dass der Kurs des DAX am Tag 1 ab jetzt unter dem Wert von $S(t) = 100000 \cdot e^{-0.00006 + 0.0095 \cdot (-2.33)} = 97.805$ liegt, beträgt ziemlich genau 1%. Der 1-Tages VAR liegt also bei dieser Vorgangsweise bei 2.195 Euro.

Wie wir oben bereits erwähnt haben, ist es in manchen Anwendungen erforderlich, nicht den 1%-Verlust-Level **am Zeitpunkt T**, sondern den 1%-Verlust-Level **bis zum Zeitpunkt T** zu kennen. Wir sprechen in diesem Zusammenhang im Folgenden vom **adaptierten VAR**.

Ein Beispiel dafür wäre etwa: Wenn wir es mit einer marginpflichtigen derivativen Handelsstrategie mit Fälligkeit in T zu tun haben und die Marginanforderungen auch vom Kursniveau der Strategie abhängig sind: Dann benötigen wir zur Schätzung der Wahrscheinlichkeit, dass es während der Laufzeit zu einem Margin-Call kommt, gerade die adaptierte VAR-Maßzahl bis zum Zeitpunkt T.

Wir wollen diesen adaptierten VAR für unser DAX-Beispiel von oben und $T = 10$ Tage zum Vergleich bestimmen. Die Herangehensweise an diese **Berechnung des adaptierten VAR über historische Simulation** liegt auf der Hand: Anstatt über die historischen Daten die 10-Tagesrenditen zu berechnen, berechnen wir für jede Periode von 10 Tagen die Rendite vom Startzeitpunkt der Periode bis zum Tiefstpunkt der Periode (beginnend mit dem Folgetag). Mit diesen Werten

$x_1, x_2, \ldots, x_m$ verfahren wir jetzt genauso wie oben im Fall des herkömmlichen VAR.

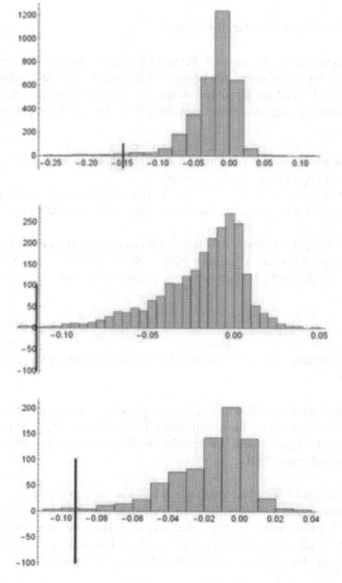

Abbildung 8.4: Histogramme der historischen 10-Tages-Maximal-Kursverluste in den Zeitbereichen März 2006 – März 2019 (oben), März 2010 – März 2019 (Mitte) und März 2016 – März 2019 (unten) inklusive Eintrag des linken 1%-Perzentils

Arbeiten wir mit den Daten der letzten 13 Jahre, dann erhalten wir $x_i = -0.1490$ ($= -14.90\%$) und das ergibt einen adaptierten VAR von 14.900 Euro.

Arbeiten wir mit den Daten der letzten 9 Jahre, dann erhalten wir $x_i = -0.1149$ ($= -11.49\%$) und das ergibt einen adaptierten VAR von 11.490 Euro.

Arbeiten wir mit den Daten der letzten 3 Jahre, dann erhalten wir $x_i = -0.0920$ ($= -9.20\%$) und das ergibt einen adaptierten VAR von 9.200 Euro.

Achtung: Je nach Anwendung dieses adaptierten VAR ist es eventuell nicht ausreichend, das Minimum der Tagesschlusskurse der nächsten 10 Handelstage zu betrachten, sondern das „Low", also den Intraday-Tiefstkurs jedes dieser folgenden 10 Handelstage. Die entsprechenden Berechnungen erfolgen dann aber ganz analog. Hier und im Folgenden bleiben wir bei der Verwendung rein von Tages-Schlusskursen.

Die Berechnung des **adaptierten VAR direkt aus der Modellierung** des DAX (wir verwenden dieselbe Modellierung mit denselben Parametern wie oben) ist zwar prinzipiell möglich (siehe folgendes Einschub-Kapitel) aber (auf jeden Fall bei etwas komplexeren Portfolios) doch wesentlich aufwändiger durchzuführen. Es ist daher angenehmer hier **mit Monte Carlo-Simulation** zu arbeiten.

Wir simulieren dabei eine große Anzahl N (in unserem konkret durchgeführten Beispiel $N = 10.000$) von möglichen Entwicklungspfaden unseres Portfolios (100.000 Euro investiert in den DAX) in 10 Einzelschritten vom Zeitpunkt 0 bis zum Zeitpunkt T ($= 10$ Tage) auf Basis des gewählten Entwicklungsmodells (vom jeweiligen Zeitpunkt t bis zum jeweils darauffolgenden Tag)

$$S\left(t + \frac{1}{250}\right) = S(t) \cdot e^{-0.015 \cdot \frac{1}{250} + 0.1503 \cdot \sqrt{\frac{1}{250}} \cdot w}$$

In Abbildung 8.5 sehen Sie eine Auswahl von 30 dieser so simulierten Pfade. Für jeden Pfad wird der Portfolioverlust vom Ausgangspunkt bis zum Tiefstpunkt der darauffolgenden 10 Tage bestimmt. Diese N Werte werden wieder der Größe nach geordnet, das 1 %-Perzentil genommen und als Schätzung für den adaptierten VAR verwendet.

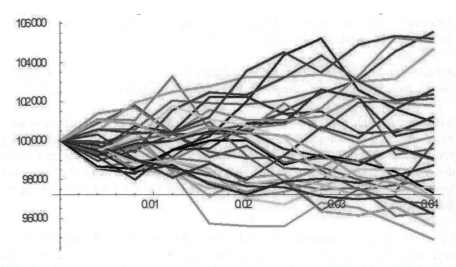

Abbildung 8.5: 30 Simulationen Portfolio-Entwicklung tageweise für die kommenden 10 Handelstage

Der Wert für den adaptierten VAR, den wir bei dieser Vorgangsweise erhalten, liegt circa bei 9.300 Euro.

8.4   Einschub: Verteilung des Minimums einer Brown'schen Bewegung und Berechnung des adaptierten VAR

In Kapitel 8.3 haben wir bei der Berechnung des adaptierten VAR über die Modellierung des Portfolios angemerkt, dass die direkte Berechnung des adaptierten VAR im einfachsten Fall, dass sich das Portfolio nach einer geometrischen Brown'schen Bewegung (einem Wiener Modell) entwickelt, prinzipiell möglich, aber bereits hier schon nicht mehr ganz einfach ist.

In diesem – mathematisch ein wenig anspruchsvolleren – Kapitel wollen wir diese Aufgabe lösen.

Dazu werden wir die Verteilung des Maximums der Brown'schen Bewegung bestimmen müssen und werden dazu noch einmal etwas tiefer in diese Welt der Brown'schen Bewegung und ihrer Geheimnisse eintauchen:

Wir beginnen mit einer weiteren Motivation der Fragestellung, mit der wir uns im Folgenden beschäftigen werden. Dazu erinnern wir uns an die Motivation und Herleitung der Brown'schen Bewegung in Kapitel 4.15. Dort waren wir von einem fairen Spiel – zum Beispiel einem fairen Münzwurf – zwischen zwei Spielern A und B ausgegangen. Wir haben uns dann in die Situation des Spielers A versetzt und haben uns die Entwicklung seines Gewinnverlaufs im Verlauf von N Spielen durch Grafiken wie in Abbildung 8.6 veranschaulicht.

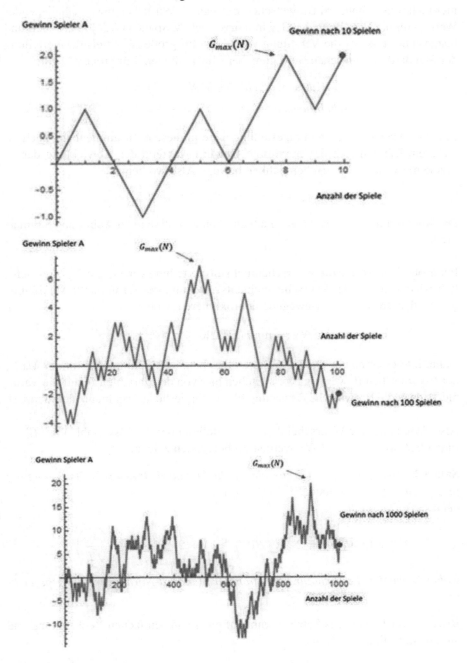

Abbildung 8.6: Mögliche Gewinnentwicklungen in einem fairen Spiel ($N = 10, 100$ und 1000 Spiele)

Wie wir wissen, nähert sich die Struktur einer solchen Gewinnentwicklung bei gleichbleibender Länge der Zeitachse (T) und steigender Zahl N von Spielen immer mehr einer Standard Brown'schen Bewegung. Wir haben uns – naheliegender Weise – für die Verteilung der Gewinnkurve nach N Spielen $G(N)$ interessiert und festgestellt, dass wir die Verteilung von $G(N)$ für große N mittels der Verteilung der Standard-Brown'schen Bewegung berechnen können. Für großes N gilt:

$$\text{Wahrscheinlichkeit } (G(N) < Y) \approx$$
$$\approx \text{Wahrscheinlichkeit } (B(N) < Y) = \frac{1}{\sqrt{2\pi N}} \int_{-\infty}^{Y} e^{-\frac{x^2}{2N}} dx$$

Eine weitere naheliegende Fragestellung wäre in diesem Zusammenhang auch, in welchem Bereich sich der **maximale Gewinn** während der Abwicklung der N Spiele mit welcher Wahrscheinlichkeit bewegt. Also wo liegt:

$$G_{max}(N) := \max\left(G(n) \,|\, 0 \le n \le N\right)?$$

Das Maximum $G_{max}(N)$ ist auch in den obigen Grafiken von Abbildung 8.6 markiert.

Für große N lässt sich die Wahrscheinlichkeitsverteilung von $G_{max}(N)$ offensichtlich wieder durch die Wahrscheinlichkeitsverteilung des („running") Maximums $M(N)$ der Brown'schen Bewegung approximieren, wobei

$$M(N) := \max\left(B(t) \,|\, 0 \le t \le N\right).$$

Daher interessieren wir uns im Weiteren für ebendieses running Maximum $M(T)$ der Brown'schen Bewegung (wir switchen hier von der Variablen N auf die Variable T, da ja die Brown'sche Bewegung für kontinuierliche Argumente definiert ist).

Also: Wie lautet die Wahrscheinlichkeitsverteilung der Zufallsvariablen $M(T) := \max\left(B(t) \,|\, 0 \le t \le T\right)$? Wir werden im Folgenden zeigen:

Satz 8.1. $B(t)$ für $0 \le t \le T$ bezeichne die Standard-Brown'sche Bewegung auf $[0, T]$ und $M(T) := \max\left(B(t) \,|\, 0 \le t \le T\right)$.
Sei $a > 0$. Dann gilt

$$W(M(T) \ge a) = 2 \cdot W(B(T) \ge a) = 2 \cdot \left(1 - \mathcal{N}\left(\frac{a}{\sqrt{T}}\right)\right),$$

wobei $\mathcal{N}$ wieder die Verteilungsfunktion der Standard-Normalverteilung bezeichnet.

Beweis. Der Beweis des Satzes beruht auf einer ganz einfachen Beobachtung und auf einem raffinierten Ansatz.

Die Beobachtung ist die folgende: Wir betrachten eine Brown'sche Bewegung $B(t)$ auf einem gewissen Intervall $[0, T]$. Dann wählen wir irgendeinen reellen Wert a.

Dann werden auf die herkömmliche Weise Pfade dieser Brown'schen Bewegung entwickelt, nur wird jetzt wie folgt vorgegangen: Sobald der Pfad der Brown'schen Bewegung zu ersten Mal den Wert a erreicht, wird ab da der Pfad der Brown'schen Bewegung an der Geraden $y = a$ gespiegelt. Das heißt, es wird im folgenden für die $t > a$ nun anstelle des Wertes $B(t)$ der Wert $2a - B(t)$ genommen. Die Bewegung die man auf diese Weise definiert, wird jetzt mit $B_a(t)$ bezeichnet und heißt, „die an a gespiegelte Brown'sche Bewegung". Dieser Vorgang ist in Abbildung 8.7 veranschaulicht.

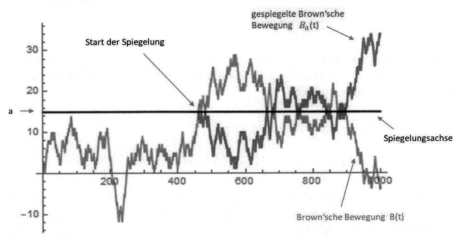

Abbildung 8.7: Veranschaulichung der gespiegelten Brown'schen Bewegung $B_a(t)$

Es ist relativ offensichtlich, dass der stochastische Prozess $B_a(t)$ genau dieselben Verteilungseigenschaften hat wie die ursprüngliche Brown'sche Bewegung $B(t)$. („Spiegelungsprinzip").

Und jetzt folgt der raffinierte Ansatz:

Dazu definieren wir T_a als den ersten Zeitpunkt t zu dem $B(t) = a$ gilt.

Es ist dann $B_a(t) = \begin{cases} B(t) & \text{falls } t \leq T_a \\ 2a - B(t) & \text{falls } t > T_a \end{cases}$

Es gilt dann für ein beliebiges positives a offensichtlich:
$W(M_T \geq a) =$
$W(B(T) \geq a) + W(B(T) < a \text{ und } T_a < T)$
$= \text{(wegen des Spiegelungsprinzips)}$
$W(B(T) \geq a) + W(B_a(T) < a \text{ und } T_a < T)$
$= \text{(denn: wenn } T_a < T \text{ dann ist } B_a(T) = 2a - B(T))$
$W(B(T) \geq a) + W(2a - B(T) < a \text{ und } T_a < T) =$
$W(B(T) \geq a) + W(B(T) > a \text{ und } T_a < T)$
$= \text{(denn: wenn } B(T) > a, \text{ dann ist automatisch } T_a < T)$

$W(B(T) \geq a) + W(B(T) > a)$

$= (\text{denn: } W(B(T) \geq a) = W(B(T) > a))$

$2 \cdot W(B(T) > a) = 2 - 2 \cdot W(B(T) \leq a) = 2 \cdot \left(1 - \frac{1}{\sqrt{2\pi T}} \int_{-\infty}^{a} e^{-\frac{x^2}{2T}} dx \right) =$

$2 \cdot \left(1 - \mathcal{N}\left(\frac{a}{\sqrt{T}}\right)\right),$

was zu zeigen war.

□

Natürlich gilt – wegen der Symmetrie der Brown'schen Bewegung eine analoge Beziehung für das Minimum $(m(T) = \min(B(t) \,|\, 0 \leq t \leq T)$ der Brown'schen Bewegung bis zum Zeitpunkt T:

Sei $a < 0$. Dann gilt

$$W(m(T) \leq a) = 2 \cdot W(B(T) \leq a) = 2 \cdot \mathcal{N}\left(\frac{a}{\sqrt{T}}\right).$$

Wir werden ein analoges Resultat allerdings für die Brown'sche Bewegung mit Drift benötigen. Dieses kann mit etwas zusätzlichem Aufwand aus dem Resultat für die Standard Brown'sche Bewegung hergeleitet werden. Dieses Resultat werden wir hier aber jetzt nur ohne Beweis anführen:

Satz 8.2. $B_{\mu,\sigma}(t) := \mu \cdot t + \sigma \cdot B_t$ *für* $0 \leq t \leq T$ *bezeichne eine Brown'sche Bewegung mit Drift auf* $[0, T]$ *und* $M_{\mu,\sigma}(T) := \max\left(B_{\mu,\sigma}(t) \,|\, 0 \leq t \leq T\right)$ *bzw.* $m_{\mu,\sigma}(T) := \min\left(B_{\mu,\sigma}(t) \,|\, 0 \leq t \leq T\right)$

 a) Sei $a > 0$. Dann gilt

$$W(M_{\mu,\sigma}(T) \leq a) = \mathcal{N}\left(\frac{a - \mu \cdot T}{\sigma\sqrt{T}}\right) - e^{2 \cdot \frac{\mu \cdot a}{\sigma^2}} \cdot \mathcal{N}\left(-\frac{a - \mu \cdot T}{\sigma\sqrt{T}}\right)$$

 b) Sei $a < 0$. Dann gilt

$$W(m_{\mu,\sigma}(T) \leq a) = \mathcal{N}\left(\frac{a - \mu \cdot T}{\sigma\sqrt{T}}\right) + e^{2 \cdot \frac{\mu \cdot a}{\sigma^2}} \cdot \mathcal{N}\left(\frac{a + \mu \cdot T}{\sigma\sqrt{T}}\right)$$

Nachtrag zu Beispiel 1: Berechnung des adaptierten VAR über die Modellie-rung des Kurses und Verteilung des Minimums der Brown'schen Bewegung mit Drift

Wir kommen noch einmal zurück zum Beispiel 1 aus Kapitel 8.3 und widmen uns noch einmal der Berechnung des adaptierten VAR für die Laufzeit bis zur Zeit T.

Wir hatten dort den Kursverlauf des DAX mittels einer geometrischen Brown'schen Bewegung $S(t) = S(0) \cdot e^{\mu \cdot t + \sigma \cdot B_t}$ modelliert.

Wir fragen uns, wie x zu wählen ist, so dass $W(\min\{S(t)\,|\,0 \le t \le T\} \le x) = 0.01$ ist.

Für ein beliebiges $x > 0$ gilt (mit Hilfe von Teil b) des obigen Satzes)

$$W\left(\min\{S(t)\,|\,0 \le t \le T\} \le x\right) =$$

$$= W\left(\min\left\{S(0) \cdot e^{\mu \cdot t + \sigma \cdot B_t}\,\middle|\,0 \le t \le T\right\} \le x\right) =$$

$$= W\left(\min\{\mu \cdot t + \sigma \cdot B_t\,|\,0 \le t \le T\} \le \log\frac{x}{S(0)}\right) =$$

$$= \mathcal{N}\left(\frac{\log\frac{x}{S(0)} - \mu \cdot T}{\sigma\sqrt{T}}\right) + e^{2 \cdot \frac{\mu \cdot \log\frac{x}{S(0)}}{\sigma^2}} \cdot \mathcal{N}\left(\frac{\log\frac{x}{S(0)} + \mu \cdot T}{\sigma\sqrt{T}}\right).$$

Nun bleibt nur noch, x so zu bestimmen, dass der letzte Ausdruck gleich 0.01 ist. Dann ist x der adaptierte VAR zum Konfidenzlevel 99% für den Zeitraum bis T.

In unserem konkreten Beispiel waren die Parameter
$S(0) = 100.000$
$T = \frac{10}{250}$
$\mu = -0.015$
$\sigma = 0.1503$
sodass wir die Gleichung

$$\mathcal{N}\left(\frac{\log\frac{x}{100.000} + 0.0006}{0.03}\right) + e^{2 \cdot \frac{-0.015 \cdot \log \cdot \frac{x}{100.000}}{0.0226}} \cdot \mathcal{N}\left(\frac{\log\frac{x}{100.000} - 0.0006}{0.03}\right) = 0.01$$

nach x zu lösen haben. Dies kann mit einer Mathematik-Software (z.B. mit Mathematica) erledigt werden und wir erhalten als Lösung $x = 92.457$. Der adaptierte VAR beträgt daher 7.543.

8.5 Die Berechnung des VAR an Hand einfacher Portfolio-Beispiele: Beispiel 2 (Ein Aktienindex in Fremdwährung) und Stress-Testing

Wir betrachten im zweiten Beispiel den VAR einer Investition in den SPX aus Sicht eines Euro-Investors.

Es sind hier bei diesem Investment nun zwei risikobehaftete Finanzprodukte zu betrachten, nämlich sowohl der SPX als auch der Euro-Dollar-Wechselkurs.

Bei fallendem Dollar-Kurs kann es trotz eines eventuell steigenden S&P500-Index durchaus zu Verlusten für einen „in Euro denkenden" Investor kommen.

Wir wollen uns dem Problem, für diese Investitionsform einen VAR zu schätzen, wieder sowohl über den Ansatz der historischen Simulation als auch über die Modellbildung für beide Teil-Produkte nähern.

In allen weiteren Beispielen beschränken wir uns auf einen 10-Tages VAR zum Konfidenzlevel 99%.

Zur Schätzung der benötigten Daten verwenden wir die Tages-Schlusskurse des SPX und des Euro-USD-Wechselkurses vom 1.1.2000 bis zum 1.3.2019. Den Kurs des SPX (in Dollar) bezeichnen wir mit $S(t)$, den Euro-USD-Wechselkurs mit $X(t)$ und den Kurs des SPX in Euro mit $Z(t)$. $X(t)$ bezeichnet den Preis von 1 Euro in Dollar. Es ist dann natürlich $Z(t) = \frac{S(t)}{X(t)}$.

Die Entwicklung dieser drei Kurse sehen Sie in Abbildung 8.8.

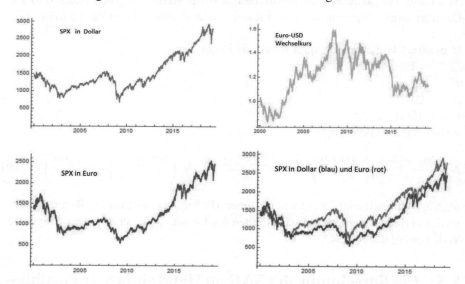

Abbildung 8.8: Entwicklungen SPX in Dollar, Wechselkurs Euro-Dollar und SPX in Euro von 2000 bis 2019

Wir sehen schon an diesen Bildern, dass aufgrund des relativ stabilen Euro-Dollar-Wechselkurses kein allzu großer Unterschied im VAR zwischen dem SPX in Dollar und dem SPX in Euro bestehen wird.

Tatsächlich ergibt die historische Simulation auf Basis dieser Daten die folgenden Werte:

10-Tages-VAR zum 99% Konfidenz-Niveau **SPX in Dollar**:   -9.84%

10-Tages-VAR zum 99% Konfidenz-Niveau **SPX in Euro**: -10.25%

adaptierter 10-Tages-VAR zum 99% Konfidenz-Niveau **SPX in Dollar**: -12.42%
adaptierter 10-Tages-VAR zum 99% Konfidenz-Niveau **SPX in Euro**: -12.04%

Gehen wir nun zur Berechnung des VAR über die Modellierung der Kurse über. Wir könnten (und werden) uns dieser Aufgabe auf zwei Weisen annähern:

Methode 1:
Wir gehen gleich von den Kursdaten von $Z(t) = \frac{S(t)}{X(t)}$ aus und schätzen daraus die benötigten Daten für die Modellierung von $Z(t)$ als geometrische Brown'sche Bewegung.

Methode 2:
Wir modellieren $S(t)$ und $X(t)$ mit Hilfe der benötigten Daten von $S(t)$ bzw. von $X(t)$ einzeln als geometrische Brown'sche Bewegungen und bestimmen daraus ein Modell für $Z(t) = \frac{S(t)}{X(t)}$.

Natürlich ist im vorliegenden Fall die **erste Methode** wesentlich einfacher und schneller zum Ziel führend. Wir wollen aber sozusagen aus pädagogischen Gründen hier vor allem die zweite Methode in den Vordergrund stellen, um noch einmal vorzuführen, wie hierbei vorgegangen werden kann.

Als Schätzung für Trend μ_Z und Volatilität σ_Z des Kurses $Z(t)$ ergibt sich aus den historischen Tages (!)-Kursen von $\frac{S(t)}{X(t)}$ von 2000 bis März 2019 folgendes:

$\mu_Z = 0.000197$ d.h. 0.04925 p.a.
$\sigma_Z = 0.01294$ d.h. 0.2046 p.a.

was zur Modellierung für $Z(t)$ der Form $\boldsymbol{Z(t) = Z(0) \cdot e^{0.04925 \cdot t + 0.2046 \cdot \sqrt{t} \cdot w}}$ führt.

Zur Anwendung der **zweiten Methode**:
Als Schätzung für Trend μ_S und Volatilität σ_S des Kurses $S(t)$ bzw. für Trend μ_X und Volatilität σ_X des Kurses $X(t)$ ergibt sich aus den historischen Tages-Kursen von $S(t)$ und von $X(t)$ von 2000 bis März 2019 folgendes:

$\mu_S = 0.000207$ d.h. 0.05175 p.a.
$\sigma_S = 0.01204$ d.h. 0.1904 p.a.
$\mu_X = 0.000041$ d.h. 0.01025 p.a.
$\sigma_X = 0.00632$ d.h. 0.0999 p.a.

Weiters benötigen wir die Korrelation zwischen der Entwicklung des SPX und der Entwicklung der Euro-Dollar-Wechselkurses (genauer: zwischen den Renditen dieser beiden Kurse). Diese Korrelation ist leicht positiv, also ein steigender SPX geht leicht tendenziell mit einem eher stärker werdenden Euro einher. Es gilt für die Korrelation im Zeitbereich 2000 bis März 2019: $\rho = 0.114$

Zur parallelen Modellierung von $S(t)$ und von $X(t)$ in der diese Abhängigkeit zwischen S und X berücksichtigt wird, gehen wir vor wie schon in Kapitel 6.29 beschrieben, nämlich durch:

$$S(t) = S(0) \cdot e^{\mu_S t + \sigma_S \sqrt{t} \cdot w^{(1)}}$$
$$X(t) = X(0) \cdot e^{\mu_X t + \sigma_X \sqrt{t} \cdot \left(\rho \cdot w^{(1)} + \sqrt{1 - \rho^2} \cdot w^{(2)} \right)}$$

mit zwei voneinander unabhängigen Brown'schen Bewegungen $w^{(1)}$ und $w^{(2)}$. Für den schlussendlich gesuchten Kurs $Z(t) = \frac{S(t)}{X(t)}$ erhalten wir daraus:

$$
\begin{aligned}
Z(t) &= Z(0) \cdot e^{\mu_S t + \sigma_S \sqrt{t} \cdot w^{(1)} - \mu_X t - \sigma_X \sqrt{t} \cdot \left(\rho \cdot w^{(1)} + \sqrt{1 - \rho^2} \cdot w^{(2)} \right)} = \\
&= Z(0) \cdot e^{(\mu_S - \mu_X) t + \sqrt{t} \cdot \left((\sigma_S - \sigma_X \rho) \cdot w^{(1)} - \sigma_X \cdot \sqrt{1 - \rho^2} \cdot w^{(2)} \right)}.
\end{aligned}
$$

Der in diesem Exponenten auftretende Ausdruck
$\left((\sigma_S - \sigma_X \rho) \cdot w^{(1)} - \sigma_X \cdot \sqrt{1 - \rho^2} \cdot w^{(2)} \right)$ ist als Linearkombination von zwei unabhängigen standard-normalverteilten Zufallsvariablen wieder normalverteilt mit Mittelwert 0 und mit Varianz $\sum^2 := \left((\sigma_S - \sigma_X \rho) \cdot w^{(1)} \right)^2 + \left(\sigma_x \cdot \sqrt{1 - \rho^2} \right)^2$.

Also ist $Z(t) = Z(0) \cdot e^{(\mu_S - \mu_X) t + \sqrt{t} \cdot \sum \cdot w}$ mit einer standardnormalverteilten Zufallsvariablen w. Setzen wir hier die oben angeführten Werte für $\mu_S, \mu_X, \sigma_S, \sigma_X$ und ρ ein, dann erhalten wir konkret die Modellierung

$$\boldsymbol{Z(t) = Z(0) \cdot e^{0.0415 \cdot t + \sqrt{t} \cdot 0.20476 \cdot w}}.$$

Zur Berechnung des 10-Tages-VAR zum Konfidenz-Niveau 99% sind nun wieder die Werte $t = \frac{10}{250}$ und $w = -2.33$ zu verwenden. Dann folgt:

Bei Berechnung des **10-Tages-VAR zum Konfidenz-Niveau 99% des SPX in Euro** mittels der Modellierung direkt über $Z(t)$ (**1. Methode**) erhalten wir einen Wert von **-8.91%**

Bei Berechnung des **10-Tages-VAR zum Konfidenz-Niveau 99%** des SPX in Euro mittels der Modellierung von $S(t)$ und $X(t)$ und der sich daraus ergebenden Modellierung von $Z(t)$ (**2. Methode**) erhalten wir einen Wert von **-8.95%**

Es ist klar und wir haben das auch bereits thematisiert: Die Ergebnisse der Risiko-Schätzungen hängen wesentlich von der Zeitperiode ab, aus der historische Daten genommen werden, um historisch zu simulieren oder um die Modell-Parameter zu schätzen. Insofern ist es bei jedem Ergebnis einer VAR-Rechnung notwendig anzugeben, auf Basis welcher historischen Daten geschätzt wurde.

Häufig wird bei Risiko-Schätzungen auch ein **Stresstest** eingefordert (informell „welche Ergebnisse zur konkreten Fragestellung wären unter extremen Marktbedingungen zu erwarten" bzw. „welches Ergebnis auf die konkrete Fragestellung wäre im schlimmsten bisher (in der Beobachtungsphase) aufgetretenen Fall zu erwarten gewesen"), um worst-case-Szenarien abschätzen zu können und um ein allfälliges VAR-Ergebnis in Hinblick auf seine Relevanz einordnen zu können.

Welche Informationen im Rahmen eines Stresstests erwartet werden, ist nicht eindeutig definiert. In Hinblick auf unser konkretes Beispiel könnten wir als Zusatz zur oben durchgeführten VAR-Rechnung noch die folgenden Infos als **Stresstest** beisteuern:

Stresstest-Informationen:

Worst-Case im Beobachtungszeitraum:
Die historischen Tagesdaten aus dem Zeitbereich 1.1.2000 bis 1.3.2019 für den SPX-Kurs in Dollar und den Euro-Dollar-Wechselkurs ergeben für den SPX in Euro den folgenden stärksten Rückgang innerhalb von 10 Handelstagen:

Der stärkste Rückgang des SPX in Euro erfolgte von 26.9.2008 bis 10.10.2008 in Höhe von -19.25%.

Der Rückgang des SPX in Dollar in diesem Zeitbereich war mit -25.88% noch wesentlich heftiger ausgefallen, doch war in der gleichen Zeit der Euro-Dollar-Kurs von 1.4615 auf 1.3414 gefallen und der Rückgang aus Sicht eines Euro-Investors dadurch etwas gemildert.

Ergebnis bei historischer Simulation von Beobachtungsdaten rund um den Zeitbereich der Finanzkrise von 1.1.2008 bis 31.12.2009:
Unter Verwendung dieser Daten für die historische Simulation ergibt sich ein 10-Tages-VAR zum Konfidenz-Niveau 99% des SPX in Euro in Höhe von -15.22%.

Worst-Case während der gesamten bisherigen Berechnungszeit des SPX:
Dieser Worst-Case-Wert würde wahrscheinlich im Bereich des 19.10.1987 (der bereits im ersten Teil des Buchs genauer beleuchtet wurde) auftreten. Da es aber zu diesem Zeitpunkt noch keinen Euro und damit keinen Euro-Dollar-Wechselkurs gab, kann dieser Wert hier nicht angegeben werden.

8.6 Beispiel 3: Der VAR eines Portfolios aus zwei Aktien in Abhängigkeit von deren Korrelation

Wir werden uns in späteren Abschnitten noch ausführlich mit VAR-Fragen von großen Portfolios bestehend aus miteinander korrelierten Finanzprodukten beschäftigen. In diesem Kapitel wollen wir zu Illustrationszwecken ein Portfolio aus zwei Aktien, die mehr oder weniger miteinander korreliert sind, analysieren und dessen VAR untersuchen. Dazu verwenden wir hier nicht reale Kursdaten von Aktien, sondern wir wollen mit Hilfe künstlich erzeugter Kurse und Monte Carlo-Simulation veranschaulichen, wie sich der VAR verändert, wenn die Korrelation zwischen den Kursentwicklungen der beiden Aktien (in positive oder negative Richtung) zunimmt.

Dazu modellieren wir die beiden Aktien A und B mittels geometrischer Brown'scher Bewegung und sehr einfacher Parameterwahl ($\mu = 0$ und $\sigma = 1$) durch

$$A(t) = 100 \cdot e^{\sqrt{t} \cdot w^{(1)}}$$

$$B(t) = 100 \cdot e^{\sqrt{t} \cdot \left(\rho \cdot w^{(1)} + \sqrt{1-\rho^2} \cdot w^{(2)} \right)}$$

mit zwei voneinander unabhängigen Brown'schen Bewegungen $w^{(1)}$ und $w^{(2)}$.

Das Portfolio S hat die Form $\frac{1}{2}(A + B)$ und für den Kurs $S(t)$ dieses Portfolios gilt $S(t) = \frac{1}{2} \cdot (A(t) + B(t))$.

Wir kümmern uns wieder um den 10-Tages-VAR dieses Portfolios, interessieren uns also für das Verhalten von

$$S\left(\frac{10}{250} \right) = S\left(\frac{1}{25} \right) = 50 \cdot \left(e^{\sqrt{\frac{1}{25}} \cdot w^{(1)}} + e^{\sqrt{\frac{1}{25}} \cdot \left(\rho \cdot w^{(1)} + \sqrt{1-\rho^2} \cdot w^{(2)} \right)} \right).$$

Um das 1%-Perzentil dieses Prozesses mittels Monte Carlo zu bestimmen, erzeugen wir für verschiedene Werte von ρ jeweils 10.000 Szenarien von 10-Tages-Entwicklungen, ordnen diese nach aufsteigender Größe und wählen das in dieser Reihung Einhundertste Szenario als Schätzung für den VAR. In Abbildung 8.9 sehen Sie beispielhaft jeweils 100 mögliche Entwicklungspfade für $S(t)$ im Verlauf von 10 Tagen bei verschiedenen zu Grunde liegenden Korrelationen zwischen den Renditen. Sofort ersichtlich wird, dass geringere Korrelation zu deutlich geringerer Schwankungsbreite der Pfade führt.

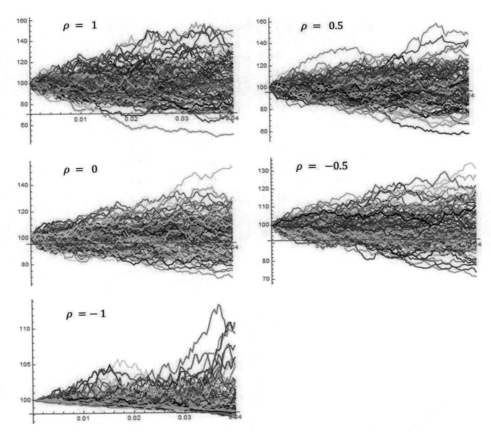

Abbildung 8.9: Jeweils 100 Simulationen der Entwicklung der Summe zweier korrelierter Aktien mit Korrelation ρ

Ersichtlich wird diese Tatsache dann auch durch die mittels Simulation geschätzten VAR-Werte (1%-Perzentil der Kursendwerte) und durch das mittels der Simulation ebenfalls geschätzte 99%-Perzentil. Diese entsprechenden Werte sind für verschiedene Korrelationen von ρ in nachfolgender Tabelle aufgelistet und in Abbildung 8.10 ist deren Entwicklung in Abhängigkeit von ρ zu sehen.

ρ	99% - Perzentil	1%- Perzentil	VAR
-1	110.9	97.6	2.4
-0.8	117.7	85.7	14.3
-0.6	123.9	80.5	19.5
-0.4	128.5	77	23
-0.2	133	73.8	26.2
0	137.5	71.1	28.9
0.2	140.8	68.4	31.6
0.4	146.2	66.3	33.7
0.6	149.4	64.8	35.2
0.8	153.1	63.2	36.8
1	155.8	61.3	38.7

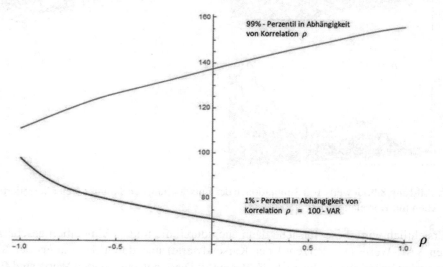

Abbildung 8.10: 99%-Perzentil und 1%-Perzentil von $S(t)$ in Abhängigkeit von der Korrelation der Renditen der Aktien

Dieses Beispiel sollte nur einen ersten Eindruck von der Auswirkung der Diversifizierung eines Portfolios mittels wenig korrelierter Aktien anhand eines sehr einfachen Falles geben. Der VAR fällt deutlich bei stark negativer Korrelation der beiden Aktien.

8.7 Beispiel 4: VAR-Schätzung für eine einfache Options-Strategie

Wir betrachten die folgende einfache Options-Strategie (die wir übrigens später noch ausführlich analysieren werden):

- Wir gehen von einem Investment von 10.000 Dollar aus.

- Die Options-Strategie bezieht sich auf den SPX (den S&P500-Aktienindex).

- Zu Beginn der Strategie steht der SPX bei einem Wert von $S(0)$.

- Wir gehen einen Kontrakt Put-Option auf den SPX mit Laufzeit $T = 1$ Monat und einem Strike K, der deutlich unter $S(0)$ liegt, short. Gleichzeitig gehen wir einen Kontrakt Put-Option auf den SPX mit Fälligkeit $T = 1$ Monat und dem Strike $K - 100$ long.

- Die für diese Strategie nötige Margin wird niemals den Betrag von 10.000 Dollar übersteigen, da der worst-case Verlust 10.000 Dollar beträgt. Es kommt also während der Laufzeit der Strategie definitiv zu keinem Margin-Call.

Wir wollen eine Abschätzung des 5-Tages-VAR zum Konfidenz-Level 95% der Strategie in Abhängigkeit von der abnehmenden Restlaufzeit und des veränderlichen Stands des SPX.

Dabei gehen wir **zuerst** einmal von einer **während der Laufzeit gleichbleibenden Volatilität** σ, einem gleichbleibenden risikolosen Zinssatz r und einem risikoneutralen Trend $r - \frac{\sigma^2}{2}$ und natürlich von einem Wiener Modell für den SPX aus.

Um illustrativere Aussagen zu erhalten, werden wir auch für $S(0)$ und K sowie für σ und r konkrete Zahlenwerte verwenden (die Vorgangsweise kann dann natürlich ganz analog für beliebige Wahlen von Parametern umgesetzt werden).

Es sei daher $S(0) = 2.900$ Punkte (ungefährer Stand des SPX am 19.3.2019), $\sigma = 20\%$ (also 0.2), $r = 0$ (also risikoneutraler Trend $r - \frac{\sigma^2}{2} = -0.02$) und der Strike K werde bei 2.700 gesetzt. Wir verwenden zur Eröffnung der Strategie auch die Optionspreise für die benötigten Put-Optionen vom 19.3.2019 mit Laufzeit bis 18.4.2019.

Die Quotes für den Put mit Strike $K = 2700$ lagen bei 8.70×9.00
Die Quotes für den Put mit Strike $K = 2600$ lagen bei 3.40×3.60

Wir können daher von einem Verkauf des 2700er Puts um 880 Dollar und einem Kauf des 2600er Puts um 360 Dollar ausgehen. Das ergibt Prämien-Einnahmen von 520 Dollar.

Falls der SPX am 18.4.2019 über 2700 Punkten liegt, verfallen die Optionskontrakte wertlos und die eingenommene Prämie ist gerade der Gewinn durch die Strategie und beträgt 5.2% des eingesetzten Investments.

Liegt der SPX am 18.4.2019 allerdings unter 2600 Punkten, dann beträgt der zu zahlende Payoff 10.000 Dollar, es ist also (abgesehen von der eingenommenen

Prämie) beinahe Totalverlust eingetreten. Wir sehen die Gewinnfunktion in Abbildung 8.11.

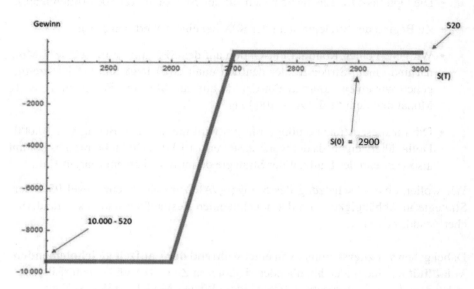

Abbildung 8.11: Gewinn-Funktion der Put-Strategie

Wie berechnen bzw. schätzen wir jetzt am besten für einen beliebigen Zeitpunkt t während der Laufzeit und ein beliebiges $S(t)$ den VAR in diesem Zeitpunkt t?

Der VAR im Zeitpunkt t bezieht sich – so er in Prozent angegeben werden soll – nicht auf ein Ausgangskapital von 10.000 Euro, sondern auf den Gesamtwert des Portfolios im Zeitpunkt t.

Nehmen wir also an, wir befinden uns im Zeitpunkt t und der SPX stehe bei $S(t)$.

Der Wert $V(t)$ des Portfolios liegt dann bei $V(t) = 10.000 + 520 - PS(t) + PL(t)$ wobei $PS(t)$ den Preis der Put-Short-Position und $PL(t)$ den Preis der Put-Long-Position bezeichne.

Für jedes u ist der Wert $V(u)$ monoton wachsend in $S(u)$! Dieses Faktum prüft man leicht nach, indem man das Delta der Kombination Put-Short mit Strike K und Put-Long mit Strike $K - 100$ berechnet.

Für das Delta Δ_L einer Put-Option mit Strike L hatten wir in Kapitel 4.37 festgestellt, dass gilt $\Delta_L = -\mathcal{N}\left(-d_L\right)$ mit $d_L = \frac{\log\left(\frac{S}{L}\right)+\left(r+\frac{\sigma^2}{2}\right)\cdot(T-t)}{\sigma\cdot\sqrt{T-t}}$.

Das Delta $\widetilde{\Delta}$ von Put-Short mit Strike K plus Put-Long mit Strike $(K - 100)$ ist daher gegeben durch $\widetilde{\Delta} = \mathcal{N}\left(-d_K\right) - \mathcal{N}\left(-d_{K-100}\right) = \frac{1}{\sqrt{2\pi}}\int_{-d_{K-100}}^{-d_K} e^{-\frac{x^2}{2}}\,dx$.

Man sieht leicht, dass $-d_{K-100} < -d_K$ ist, daher ist das letzte Integral positiv und daher ist $\widetilde{\Delta}$ positiv. Der Preis der Kombination aus Put Short und Put Long ist somit monoton wachsend in $S(t)$.

Wir berechnen daher im Folgenden den Wert $X(t)$ der am Tag 5 nach t, ausgehend von $S(t)$, gerade mit Wahrscheinlichkeit 5% unterschritten wird. Für diesen Wert $X(t)$ eingesetzt für $S(t + 5$ Tage$)$ berechnen wir dann den Wert $V(t + 5$ Tage$)$. Der Wert des Portfolios wird dann also genau mit einer Wahrscheinlichkeit von 5% diesen Wert am Tag 5 nach dem Zeitpunkt t unterschreiten. Dieser Wert $V(t + 5$ Tage$)$ ist dann auch die Basis für die Berechnung des VAR.

Also gehen wir an die Berechnung von $X(t)$:

Es ist $S\left(t + \frac{5}{250}\right) = S(t) \cdot e^{-0.02 \cdot \frac{5}{250} + 0.2 \cdot \sqrt{\frac{5}{250}} \cdot w}$. Die standard-normalverteilte Zufallsvariable w hat ihr 5%-Perzentil bei $w = -1.64$. Somit fällt $S\left(t + \frac{5}{250}\right)$ mit Wahrscheinlichkeit von circa 5% unter den Wert von $X(t) = S(t) \cdot 0.954$.

Mit diesem Wert gehen wir nun in die Berechnung von $V(t+5$ Tage$)$, also in 10.000 plus Anfangs-Prämie minus die Black-Scholes-Formel für die Put-Short plus die Black-Scholes-Formel für die Put-Long. Als Zeitparameter ist dort $t + \frac{5}{250}$ zu setzen. Für T wählen wir $\frac{22}{250}$ (tatsächlich sind es 22 Handelstage vom Abschluss der Strategie bis zur Fälligkeit)

Damit ist der vorerst gesuchte Wert $V(t + 5$ Tage$)$ gegeben durch

$$
\begin{aligned}
V(t + 5\text{Tage}) \;=\; & 10.000 + 520 - 100\left(2700 \cdot \mathcal{N}(-d_2(2700)) + \right. \\
& + S(t) \cdot 0.954 \cdot \mathcal{N}(-d_1(2700))) + \\
& + 100\left(2600 \cdot \mathcal{N}(-d_2(2600)) - \right. \\
& \left. - S(t) \cdot 0.954 \cdot \mathcal{N}(-d_1(2600))\right)
\end{aligned}
$$

mit $d_1(L) := \dfrac{\log\left(\frac{S(t) \cdot 0.954}{L}\right) + 0.02 \cdot \left(\frac{17}{250} - t\right)}{0.2 \cdot \sqrt{\frac{17}{250} - t}}$ und $d_2(L) := \dfrac{\log\left(\frac{S(t) \cdot 0.954}{L}\right) - 0.02 \cdot \left(\frac{17}{250} - t\right)}{0.2 \cdot \sqrt{\frac{17}{250} - t}}$.

Wir werden nun den Verlauf von $V(t+5$ Tage$)$ für drei verschiedene Wert von t ($t = 0, 8, 16$ Tage) in Abhängigkeit von $S(t)$ zeichnen lassen (siehe Abbildung 8.12, links, rote Linie). Im selben Bild sehen Sie auch den momentanen Kurs des Gesamt-Investments zum jeweiligen Zeitpunkt und Kurs des underlyings (Abbildung 8.12, links, blaue Linie). Rechts daneben sehen Sie jeweils den sich daraus ergebenden 5-Tages-VAR zum Konfidenz-Niveau von 5% in Bezug auf den momentanen Wert des Gesamt-Investments. Im Anschluss werden wir zur nochmaligen Erläuterung ein konkretes Beispiel herausgreifen und detailliert besprechen.

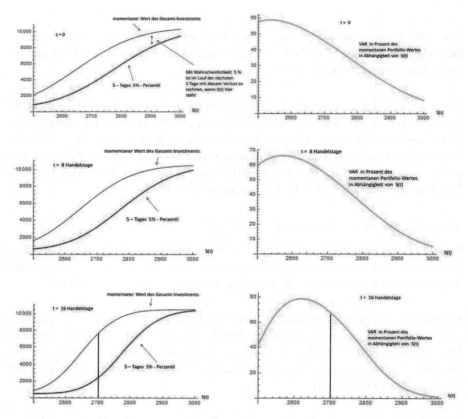

Abbildung 8.12: Gesamtwert der Put-Options-Strategie (blau), des zugehörigen 5-Tages-5%-Perzentil (rot) und der 5-Tages VAR zum Konfidenz-Niveau 95% in Prozent des momentanen Portfolio-Wertes (grün) für verschiedene Zeitpunkt t während der Laufzeit bei Annahme konstanter Volatilität

Wir greifen einen konkreten Zeitpunkt t und einen konkreten Wert $S(t)$ heraus und betrachten die Situation detaillierter:

Wir wählen $t = 16$ Handelstage, also eine Restlaufzeit von 6 Handelstagen. Weiters betrachten wir einen Wert des SPX von 2700 Punkten zu diesem Zeitpunkt. Die entsprechenden Werte sind in der untersten Zeile von Abbildung 8.12 mit einer schwarzen Linie markiert. Der VAR beträgt hier beinahe 70%.

Der Wert des Kontrakts Put Short mit Strike 2700 beträgt in dieser Situation -3.337 Dollar.

Der Wert des Kontrakts Put Long mit Strike 2600 beträgt in dieser Situation +444 Dollar.

Das ergibt einen Gesamt-Portfoliowert von $10.000 + 520 - 3.337 + 444 = 7.627$ Dollar (markiert mit dem oberen Ende der schwarzen Linie, Berührungspunkt mit blauer Linie in Abbildung 8.12).

Mit 5%-iger Wahrscheinlichkeit fällt der S&P500 bis zum Tag 21 auf unter $2700 \times$ $0.954 = 2576$ Punkte.

An Tag 21 und bei einem Stand des SPX von tatsächlich 2576 Punkten würde gelten:
Der Wert des Kontrakts Put Short mit Strike 2700 beträgt in dieser Situation -12.649 Dollar.
Der Wert des Kontrakts Put Long mit Strike 2600 beträgt in dieser Situation +4553 Dollar.

Das ergibt einen Gesamt-Portfoliowert von $10.000 + 520 - 12.649 + 4553 = 2.424$ Dollar (markiert mit dem Schnittpunkt der schwarzen Linie mit der roten Kurve in Abbildung 8.12).

Der mit 5%-iger Wahrscheinlichkeit mindestens eintretende Verlust beträgt also $7.627 - 2.424 = 5.203$ Dollar, das sind 68.22% vom momentanen Wert der 7.627 Dollar beträgt. Der VAR in Prozent beträgt also 68.33 und ist mit dem Berührungspunkt der schwarzen Linie mit der grünen Kurve in Abbildung 8.12 markiert.

Wollte man auch für $t = 18, 19, 20$ und 21 Handelstage den VAR berechnen, dann ist in den obigen Berechnungen natürlich zu berücksichtigen, dass die Restlaufzeit der Strategie dann nicht mehr 5 Handelstage beträgt, sondern dass die Strategie bereits früher mit der Auszahlung der Payoffs endet. Dies ist aber eine sehr einfache Übung und wird hier nicht extra ausgeführt.

Natürlich muss in diesem Beispiel aber, sollte es wirklich zu einer zuverlässigen Risiko-Schätzung beitragen, mit einer während der Laufzeit der Strategie veränderlichen Volatilität kalkuliert werden. Gerade dann, wenn der SPX in den kritischen Bereich doch massiv fällt, ist mit einer stark ansteigenden Volatilität zu rechnen. Diese ansteigende Volatilität verteuert die beiden relevanten Optionen und sie erhöht das Ausmaß des Fallens des SPX bei gegebener Wahrscheinlichkeit auf Basis des verwendeten Modells.

Wenn wir also eine deterministische Abhängigkeit der Volatilität vom Kurs des SPX in der Form $\sigma_t = \sigma_0 \cdot \left(\frac{S(0)}{S(t)} \right)^a$ annehmen, wie wir das etwa in Kapitel V mehrfach getan haben und zwar mit einem doch, wie wir gesehen haben, durchaus realistischen Wert $a = 4$, dann ist klar, wie wir die obige Vorgangsweise zu adaptieren haben, um zum analogen Ergebnis für abhängige Volatilität zu kommen:

Mit unserer Parameter-Wahl gilt ja dann $\sigma_t = 0.2 \cdot \left(\frac{2900}{S(t)} \right)^4$. Wann immer in unseren obigen Berechnungen bei einem Stand des SPX bei $S(t)$ die Volatilität verwen-

det wird, ist anstelle von $\sigma = 0.2$ nun der Wert $\sigma_t = 0.2 \cdot \left(\frac{2900}{S(t)}\right)^4$ zu verwenden.
Wenn von einem Stand von $X(t)$ ausgegangen wird, ist anstelle von $\sigma = 0.2$ nun
der Wert $\sigma_t = 0.2 \cdot \left(\frac{2900}{X(t)}\right)^4$ zu verwenden.

Insbesondere gilt jetzt:
Der Wert $S\left(t + \frac{5}{250}\right)$ fällt mit Wahrscheinlichkeit circa 5% unter den Wert von
$$X(t) = S(t) \cdot e^{-\left(\frac{\sigma_t^2}{2}\right) \cdot \frac{5}{250} - \sigma_t \cdot \sqrt{\frac{5}{250}} \cdot 1.64}, \text{ wobei } \sigma_t = 0.2 \cdot \left(\frac{2900}{S(t)}\right)^4 \text{ zu setzen ist!}$$

Abbildung 8.13 stellt das Pendant zu Abbildung 8.12 nun mit vom underlying abhängiger Volatilität in obiger Form dar.

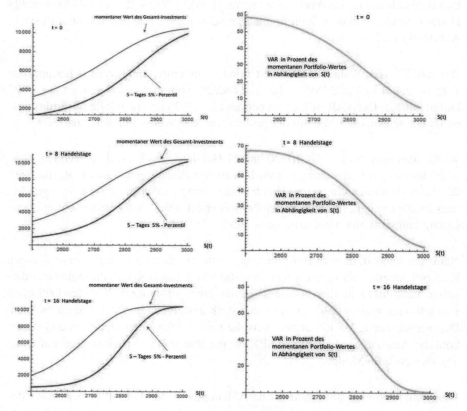

Abbildung 8.13: Gesamtwert der Put-Options-Strategie (blau), des zugehörigen 5-Tages-
5%-Perzentil (rot) und der 5-Tages VAR zum Konfidenz-Niveau 95% in Prozent des momentanen Portfolio-Wertes (grün) für verschiedene Zeitpunkt t während der Laufzeit bei
Annahme einer von $S(t)$ abhängigen Volatilität

Um den Unterschied der Ergebnisse für konstante und für von $S(t)$ abhängige
Volatilität besser erkennen zu können, haben wir in Abbildung 8.14 die beiden
Grafiken aus Abbildung 8.12 rechts unten und aus Abbildung 8.13 rechts unten

übereinander gelegt. Die schwarze Kurve zeigt den prozentuellen VAR bei Annahme konstanter Volatilität und die grüne Kurve zeigt den prozentuellen VAR bei von $S(t)$ abhängiger Volatilität.

Man erkennt den fast durchwegs deutlich höheren Wert des VAR bei von $S(t)$ abhängiger Volatilität!

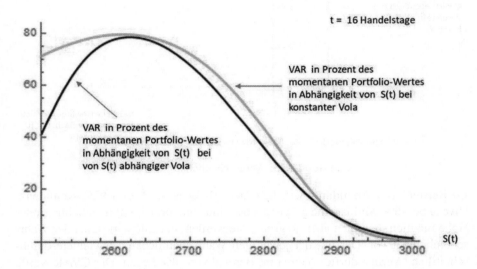

Abbildung 8.14: Vergleich VAR der Put-Strategie bei Annahme konstanter Vola (schwarz) und bei Annahme von $S(t)$ abhängiger Vola (grün)

8.8 Conditional VAR

Der Conditional Value At Risk (CVAR) ist mit den gleichen Parametern ausgestattet wir der gewöhnliche VAR, bezieht sich also auf eine bestimmte zukünftige Periode (z.B. 10 Tage) und auf ein bestimmtes Konfidenz-Niveau (z.B. 99%).
Der CVAR gibt den durchschnittlich zu erwartenden Verlust an, für den Fall dass das VAR-Ereignis eintritt.

Zur Berechnung des CVAR ist es also nötig, den VAR zu kennen und die Verteilung der Verluste im VAR-Fall. Der CVAR enthält also wesentlich mehr Information als der VAR alleine.

Wir wollen das Konzept des CVAR noch anhand der Gewinn/Verlust-Verteilung einer Strategie illustrieren:

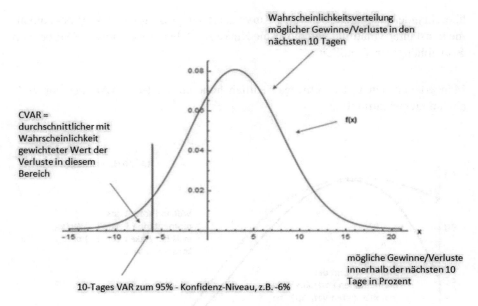

Abbildung 8.15: Veranschaulichung CVAR

Im Beispiel von Abbildung 8.15 liegt der 10-Tages-VAR zum 95%-Konfidenz-Niveau bei -6%. Verluste die größer als 6% sind, sind prinzipiell in beliebig großer Höhe möglich, kommen aber, je größer sie werden, nur mit stark fallender Wahrscheinlichkeit vor. Der mit der jeweiligen Wahrscheinlichkeit gewichtete durchschnittliche Verlust dürfte so circa im Bereich von -9% liegen. Der CVAR würde daher also circa bei -9% liegen.

Wenn die Wahrscheinlichkeits-Dichte $f(x)$ bekannt ist, dann berechnet sich der CVAR zum a%-Konfidenz-Niveau auf folgende Weise:

$$\text{CVAR} = \frac{100}{100 - a} \cdot \int_{-\infty}^{\text{VAR}} x \cdot f(x) dx.$$

Der Integral-Anteil in obiger Formel dürfte klar verständlich sein: Es wird die durchschnittliche mit der Wahrscheinlichkeit des Auftretens (der Wahrscheinlichkeits-Dichte $f(x)$) gewichtete Verlusthöhe x berechnet.

Der Faktor $\frac{100}{100-a}$ bedarf möglicher Weise einer Erläuterung: In unserem Illustrationsbeispiel wäre dieser Faktor $\frac{100}{100-95} = 20$. Der Faktor stellt gerade den Kehrwert der Fläche unter der Dichtefunktion f von $-\infty$ bis zum VAR dar. Durch Multiplikation mit diesem Faktor wird die Funktion f von $-\infty$ bis zum VAR zu einer Dichtefunktion normiert und man erhält dann durch das Integral tatsächlich den Erwartungswert über die Verlusthöhen größer als VAR, unter der Voraussetzung dass ein Verlust größer als VAR eintritt.

Die Aussage-Relevanz des CVAR im Vergleich mit dem VAR wird anhand des folgenden Illustrationsbeispiels klar (siehe Abbildung 8.16):

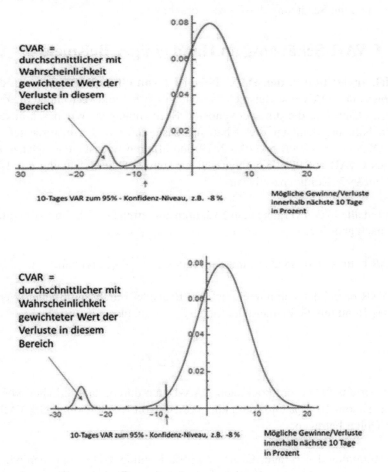

Abbildung 8.16: Beispiel: Gleicher VAR, verschiedener CVAR

In den beiden Verlustverteilungen von Abbildung 8.16 hat man denselben VAR. Die Fläche unter der Dichte-Kurve von $-\infty$ bis zum mit der roten Linie markierten VAR bei -8% ist in beiden Fällen gleich 5% der Gesamtfläche.

Der durchschnittliche Verlust im Bereich zwischen $-\infty$ und dem VAR liegt aber im oberen Bild (rein anschaulich) im Bereich von circa -14% während er im unteren Bild circa bei -22% liegen dürfte. Also: In beiden Bildern tritt mit circa 5%-iger Wahrscheinlichkeit ein Verlust von 8% oder mehr ein. Falls ein Verlust von 8% oder mehr eintritt, dann beträgt dieser Verlust im oberen Bild durchschnittlich circa -14% und im unteren Bild durchschnittlich circa -22%.

Der CVAR kann ebenfalls wieder mit Hilfe historischer Simulation oder aber mit Hilfe von Modellierung des Portfolios und Auswertung des obigen Integrals, wenn möglich explizit oder aber mit Hilfe von Monte-Carlo-Simulation, geschätzt werden. Im Folgenden werden wir für einige der früher durchgeführten VAR Berechnungen auch die Schätzung des CVAR vornehmen.

8.9   CVAR-Schätzung an Hand einiger Beispiele

Beispiel: Investition in den DAX (Beispiel 1 von oben) Wir starten mit der Investition in den DAX von Beispiel 1 in Paragraph 8.3 und verwenden die dort erläuterten Daten und die dort verwendeten Bezeichnungen. Wir beschränken uns auf den Fall, bei dem wir die Schätzung basierend auf den historischen Daten des DAX von 13.3.2006 bis 13.3.2019 durchführen und auf die Schätzung des 10-Tages CVAR auf 99%-Konfidenz-Niveau und auf die Schätzung des 1-Tages CVAR auf 99%-Konfidenz-Niveau.

Wir hatten alle in den vergangenen 13 Jahren aufgetretenen 10-Tages-Renditen der Größe nach geordnet $x_1 < x_2 < x_3 < \ldots < x_{m-1} < x_m$.

Der VAR hatte sich dann als x_i mit dem Index $i := \left[\frac{m}{100}\right]$ ergeben.

Der CVAR berechnet sich nun einfach auf Basis des durchschnittlichen Werts der 10-Tages-Renditen die kleiner oder gleich x_i waren, also auf Basis von

$$Y := \frac{1}{\left[\frac{m}{100}\right]} \cdot \sum_{k=1}^{\left[\frac{m}{100}\right]} x_k.$$

Führen wir das für unsere konkreten DAX-Daten durch, dann erhalten wir einen Wert für Y von -16.13% und somit einen CVAR von 16.130 Dollar. Der VAR hatte 12.823 Dollar betragen.

Zur Bestimmung des 1-Tages CVAR auf 99%-Konfidenz-Niveau gehen wir völlig analog vor, verwenden aber die historischen 1-Tages-Renditen. Die resultierenden Werte sind nun Y = -5.25% und damit ein CVAR in Höhe von 5.250 Dollar. Der VAR hatte in diesem Fall 4.004 Dollar betragen.

Beispiel: Summe zweier korrelierter Aktien (Beispiel 3 von oben)
Zur Berechnung des 10-Tages-CVAR zum Konfidenz-Niveau von 99% gehen wir hier wieder mit Hilfe von Monte Carlo-Simulation anfangs genau gleich vor wie bei der Bestimmung des VAR. Die Modellierung der 10-Tagesrenditen erfolgt wieder in der Form

$$S\left(\frac{10}{250}\right) = S\left(\frac{1}{25}\right) = 50 \cdot \left(e^{\sqrt{\frac{1}{25}} \cdot w^{(1)}} + e^{\sqrt{\frac{1}{25}} \cdot \left(\rho \cdot w^{(1)} + \sqrt{1-\rho^2} \cdot w^{(2)}\right)}\right)$$

mit unabhängigen standardnormalverteilten $w^{(1)}$ und $w^{(2)}$. Um das 1%-Perzentil dieses Prozesses mittels Monte Carlo zu bestimmen, erzeugen wir für verschiedene

Werte von ρ jeweils 10.000 Szenarien von 10-Tages-Entwicklungen, ordnen diese nach aufsteigender Größe und wählen das Ein-Hundertste als Schätzung für den VAR.

Die Schätzung des CVAR basiert hingegen auf dem Mittelwert der 100 kleinsten 10-Tages-Entwicklungen dieser 10.000 Szenarien.

Wir führen diese Berechnung wieder für verschiedene Werte für die Korrelation ρ durch und erweitern damit die Tabelle aus Paragraph 8.6:

ρ	99%-Perzentil	1%-Perzentil	VAR	Durchschnitt 100 kleinste	CVAR
-1	110.9	97.6	2.4	97.5	2.5
-0.8	117.7	85.7	14.3	83.7	16.3
-0.6	123.9	80.5	19.5	78.7	21.3
-0.4	128.5	77	23	73.5	26.5
-0.2	133	73.8	26.2	70.8	29.2
0	137.5	71.1	28.9	67.3	32.7
0.2	140.8	68.4	31.6	65.1	34.9
0.4	146.2	66.3	33.7	63.7	36.3
0.6	149.4	64.8	35.2	61.5	38.5
0.8	153.1	63.2	36.8	59.4	40.6
1	155.8	61.3	38.7	57.7	42.3

Man sieht hier, dass sich der CVAR durchwegs nur wenig vom VAR unterscheidet. Diese Tatsache wird auch angesichts der Beispielspfade von Abbildung 8.9 einleuchtend. Es gibt kaum Ausreißer mit extrem hohen Verlusten. Je höher die negative Korrelation zwischen den beiden Aktienrenditen ist, desto mehr nähern sich VAR und CVAR an.

Beispiel: Einfache Put-Strategie (Beispiel 4 von oben)
Wir greifen zur exemplarischen Berechnung des 5-Tages-CVAR zum 95%-Konfidenz-Niveau im Beispiel der Put-Options-Strategie von Paragraph 8.7 eine spezielle Wahl für t heraus und zwar wählen wir $t = 16$. Weiters beschränken wir uns auf den Fall mit angenommener konstanter Volatilität. (Alle anderen Fälle sind wieder ganz einfach und analog durchführbar.) Zur Bestimmung des CVAR greifen wir jetzt am besten auf Monte Carlo-Simulation zurück.

Als erstes erzeugen wir (z.B.) 10.000 standard-normalverteilte Zufallszahlen, ordnen diese der Größe nach und wählen die 500 ($= 5\%$) kleinsten Werte $w_1, w_2, \ldots,$ w_{500}. Mit jedem dieser w_i berechnen wir einen möglichen Wert Y_i für $S\left(t + \frac{5}{250}\right)$ mittels $Y_i = S(t) \cdot e^{-0.02 \cdot \frac{5}{250} + 0.2 \cdot \sqrt{\frac{5}{250}} \cdot w_i}$. Mit diesem Wert gehen wir nun wieder in die Berechnung eines möglichen Wertes Z_i von $V(t+5$ Tage), also

$$Z_i = 10.000 + 520 - 100\left(2700\mathcal{N}(-d_2(2700)) + Y_i \cdot \mathcal{N}(-d_1(2700))\right) +$$
$$+100\left(2600\mathcal{N}(-d_2(2600)) - Y_i \cdot \mathcal{N}(-d_1(2600))\right)$$

mit $d_1(L) := \dfrac{\log\left(\frac{Y_i}{L}\right)+0.02\cdot\left(\frac{17}{250}-t\right)}{0.2\cdot\sqrt{\frac{17}{250}-t}}$ und $d_2(L) := \dfrac{\log\left(\frac{Y_i}{L}\right)-0.02\cdot\left(\frac{17}{250}-t\right)}{0.2\cdot\sqrt{\frac{17}{250}-t}}$.

Über diese Z_i für $i = 1, 2, \ldots, 500$ bilden wir den Mittelwert und erhalten damit eine Schätzung für den Mittelwert der 5% stärksten Kursrückgänge, der die Basis für die Bestimmung des CVAR liefert.

Die entsprechende Kurve in Abhängigkeit von $S(t)$ ist als grüne Kurve in Abbildung 8.17 zu sehen, in der sie die Grafik ganz links unten aus Abbildung 8.12 ergänzt (in diesem Bild waren der momentane Wert der Strategie (blau) und das 5-Tages 5% Perzentil (rot) in Abhängigkeit von $S(t)$ eingezeichnet.)

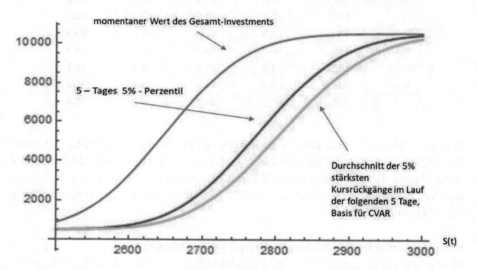

Abbildung 8.17: Gesamtwert der Put-Options-Strategie (blau), das zugehörige 5-Tages-5%-Perzentil (rot) und der Durchschnitt der 5% stärksten Kursrückgänge (grün) bei Annahme konstanter Volatilität

Man erkennt im mittleren Bereich für Werte des $S(t)$ zwischen 2700 und 2900 Punkten doch einen deutlichen Unterschied zwischen VAR und CVAR bei dieser Strategie. Stärkere Kursrückgänge des underlyings können zu wesentlich massiveren Kursverlusten führen, als der VAR allein indizieren würde.

In den folgenden Paragraphen werden wir uns etwas eingehender mit einem speziellen Thema des Risiko-Managements beschäftigen, mit dem Kredit-Risiko-

Management. Insbesondere werden wir zwei der am häufigsten verwendeten Kredit-Risiko-Management-Systeme, das System Credit Metrics von J.P.Morgan und das System Credit Risk+ von Credit Suisse First Boston etwas genauer vorstellen. Diese Systeme, die ursprünglich eben für Kredit-Risiko-Management entwickelt wurden, sind in adaptierter Form auch für verschiedenste andere Anwendungen im Bereich des Risiko-Managements einsetzbar und gehören zweifellos zu Basiswerkzeugen im Bereich Quantitative Finance und Financial Engineering.

8.10 Grundsätzliches zum Thema Kreditrisiko-Management

Spätestens seit der Basler Ausschuss für Bankenaufsicht in seinem Konsultationspapier „Basel II" aus dem Jahr 1998 darauf hingewiesen hat, dass das Kreditrisiko-Management von Banken wesentlich zu verbessern sei, hat sich das Interesse an dieser Thematik – auch aus dem Blickwinkel der „Quantitative Finance" immens gesteigert und im Lauf der letzten beiden Jahrzehnte wurden verschiedene Ansätze effizienten Kreditrisiko-Managements entwickelt.

Hauptthema dieser Ansätze (speziell der beiden von uns im Folgenden vorgestellten Ansätze *Credit Metrics* und *Credit Risk+*) ist die Frage, wieviel an Eigenmitteln eine Bank als Sicherheiten mindestens zurückbehalten soll, so dass auch unter heftigen Turbulenzen an den Kreditmärkten, das aus Krediten für die Bank entstehende Risiko mit sehr hoher Wahrscheinlichkeit nicht existenzgefährdend wird.

Eine Bank vergibt Kredite in verschiedensten Formen für verschiedenste Zwecke an verschiedenste Arten von Kreditnehmern:

- Die Kreditnehmer können Einzelpersonen sein, Klein-, Mittel- oder Groß-Unternehmen, Gemeinden, Länder, Staaten oder auch andere Banken.

- Die Kredite können besichert oder unbesichert sein, die Rückzahlung (und eventuell auch die Zinszahlung) kann am Ende der Laufzeit oder aber kontinuierlich während der Laufzeit erfolgen.

- Die Kredite können von der herkömmlichen Form von Individual-Krediten sein oder aber die Kreditvergabe kann durch den Kauf von durch den Kreditnehmer emittierten Anleihen durch die Bank erfolgen.

Diese Gelder, die von einer Bank in Form von Krediten an Kreditnehmer weitergegeben werden, sind im Wesentlichen die Gelder von Anlegern, die in Form von Spar-Guthaben oder mittels des Kaufes von Anleihen dieser Bank (die von dieser Bank emittiert wurden) an dieser Bank angelegt werden.

Der durch diesen Vorgang des Anlegens (und wieder Abhebens) von Geldern durch Anleger und des gleichzeitigen Kreditvergebens (und wieder Kredit-Rückzahlens) an und durch Kreditnehmer entstehende Geldfluss führt zu einer starken Dynamik und Fluktuation in Bezug auf die **Eigenmittel der Bank**, also der Cash-Positionen die momentan in der Bank vorhanden sind.

Weiters führt diese Dynamik auch zu Risiken verschiedener Art:

- Plötzliche Häufung von Abhebungen durch Anleger kann bei zu geringen Eigenmitteln zu Engpässen führen.

- Durch gehäuften Ausfall von Kreditnehmern (also Rückzahlungs-Unfähigkeit von Kreditnehmern) kann es bei zu geringen Eigenmitteln zu Schwierigkeiten für die Bank kommen, den regelmäßigen Zahlungs-Verpflichtungen gegenüber Anlegern nachzukommen.

Eine ausreichende Eigenmittel-Rate ist also essentiell für eine Bank, um kurzfristig durch das Kreditgeschäft auftretende Risiken in der Mehrzahl aller Fälle abfangen zu können. Anderseits liegt zurückbehaltenes Eigenkapital dann in vielen Fällen brach und kann nicht gewinnbringend genutzt werden. Es liegt daher auch wiederum im Interesse der Bank möglichst wenige Eigenmittel zurückbehalten zu müssen.

Diesen Spagat zwischen Ertragswünschen und Sicherheitsdenken gilt es bestmöglich zu meistern. Die entsprechende Frage lautet:
Wie hoch müssen die zurückbehaltenen Eigenmittel einer Bank mindestens sein, sodass es der Bank mit hoher Wahrscheinlichkeit möglich ist, die große Mehrzahl kritischer Situationen in ihrem Kreditgeschäft unbeschadet zu überstehen?

Bis Ende des vergangenen Jahrhunderts waren die entsprechenden Eigenmittel-Vorschriften, die von den meisten nationalen Bank-Aufsichtsbehörden erlassen worden waren, von einer sehr simplen Form. Sehr vereinfacht formuliert lauteten sie im Wesentlichen:

Prinzipiell sind Eigenmittel in Höhe von 8% der vergebenen Kreditsummen zurückzubehalten. Im Fall dass

- *der Kredit an einen OECD-Staat geht, sind dafür keine zusätzlichen Eigenmittel erforderlich*

- *der Kredit an eine OECD-Bank geht, sind davon nur 1.6% Eigenmittel erforderlich*

- *der Kredit hypothekarisch gesichert ist, sind davon nur 4% Eigenmittel erforderlich*

An dieser sehr einfach gestrickten Regelung nahm nun der Basler Ausschuss für Bankenaufsicht (der allerdings keine gesetzgebende Befugnis, sondern nur eine Beratungsfunktion hat) in seinem Konsultationspapier „Basel II" Anfang der

2000er-Jahre massiv Anstoß.

Unter anderem wurden darin die Banken weltweit aufgefordert, wesentlich sensiblere Kreditrisiko-Management-Systeme umzusetzen, die unter anderem wesentlich stärker die **„Qualität" der einzelnen Kredite** (bzw. der Kreditnehmer) im Kredit-Portfolio berücksichtigen und die vor allem auch auf **Korrelations-Effekte** zwischen den Krediten eines Kredit-Portfolios maßgeblich Rücksicht nehmen.

Die in Abbildung 8.18 dargestellte Situation gibt schematisch die „ideal-typische" Anleger- / Kreditnehmer-Situation einer Bank wieder.

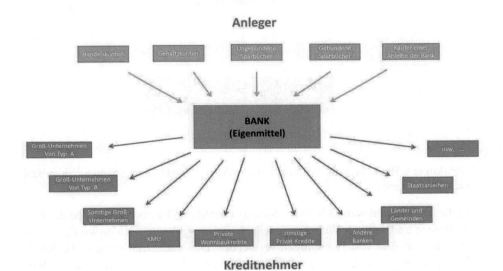

Abbildung 8.18: Schematische Darstellung Anleger- / Kreditnehmer-Struktur einer Bank, diversifiziert

In dieser schematisch dargestellten Situation vergibt die Bank Kredite an viele verschiedene Typen von Kreditnehmern. Dies stellt eine Diversifikation dar und verhindert weitgehend negative Entwicklungen für das Kredit-Portfolio einer Bank, die in der in Abbildung 8.19 dargestellten Situation durchaus eintreten können.

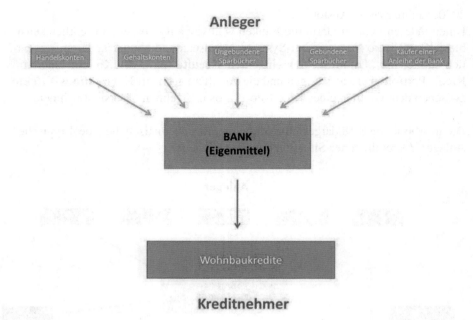

Abbildung 8.19: Schematische Darstellung Anleger- / Kreditnehmer-Struktur einer Bank, nicht diversifizert

In dieser Situation wäre folgendes Szenario denkbar: Die als Kredite von der Bank an Private und auch an Wohnbaugesellschaften vergebenen Gelder wurden vor allem für den Bau von Wohnungen verwendet. Die Bauherren planen, die Kreditkosten im Wesentlichen durch die Einnahmen durch die Vermietung dieser Wohnungen abdecken zu können. Die Miet-Preise wurden entsprechend gestaltet. Nun könnten aber durch bestimmte makro-ökonomische Umstände die Preise an den Immobilienmärkten plötzlich deutlich zu sinken beginnen. Die Mieter der Wohnungen sind daher nicht mehr bereit Mieten, in der bisherigen Höhe zu bezahlen oder aber nutzen die Chance um andere Wohnungen nun günstiger zu kaufen. Die Mieteinnahmen unserer Kreditnehmer gehen also möglicher Weise drastisch zurück und die Kreditzinsen können nicht mehr wie vereinbart bezahlt werden. Eine mögliche Lösung für die Kreditnehmer würde nun darin bestehen, die gebauten Wohnungen zu verkaufen und mit dem Verkaufserlös den Kredit zu tilgen. Allerdings erzielen die Kreditnehmer beim Verkauf aufgrund der gefallenen Immobilienpreise nur noch einen Teil der Errichtungskosten und können daher nur noch einen Teil des ursprünglichen Kredits tatsächlich zurückzahlen. Die Bank wird in dieser Situation daher massive Einbußen durch nicht zurückzahlbare Kredite gewärtigen müssen. Eine solche Entwicklung spricht sich nun natürlich rasch herum und wird eine beträchtliche Anzahl an Anlegern veranlassen, ihre Anlagen bei der Bank möglichst rechtzeitig aufzulösen. Zu wenige Eigenmittel sind dann sehr schnell aufgebraucht und die Bank kommt tatsächlich in Schwierigkeiten, die Ansprüche der Anleger auf Auszahlung zu befriedigen. Dies ruft nun weitere Anleger auf den Plan, die nun schon von einer gewissen Panik getrieben auf Auszahlung ihrer Sparguthaben drängen. Ein möglicher Ausweg aus dem Dilemma könnte nun der Verkauf (die Weitergabe) der Kredite durch die Bank an andere Banken sein.

Dieser Kredit-Verkauf könnte im Prinzip so aussehen:

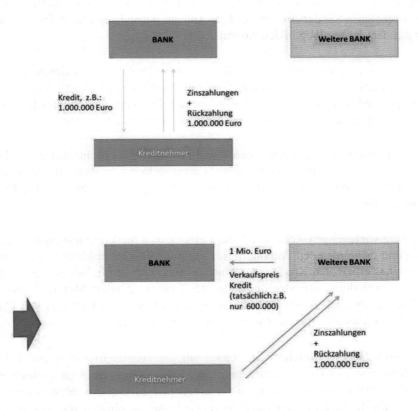

Abbildung 8.20: Verkauf eines Kredits, schematische Darstellung

Die neue Bank (wir nennen sie Z) überweist der ursprünglichen Bank (B) eine Summe in Kredithöhe und erhält dafür die Zusage des Kreditnehmers über Rückzahlung der Summe zu einem bestimmten Zeitpunkt in der Zukunft und die Zahlung von entsprechenden Kreditzinsen. Das Problem ist nur:

Die Bank Z weiß genauso wie Bank B, dass die Inhaber von laufenden Wohnbaukrediten zum Teil massive Schwierigkeiten haben und haben werden, die Kredite auch rückzahlen zu können. Die Bank Z wird daher sicher nicht gewillt sein, tatsächlich den Preis von 1.000.000 Euro an die Bank B für die Übernahme des Kredits zu zahlen. Der tatsächliche Erhalt von 1.000.000 Euro vom Kreditnehmer in der Zukunft scheint ja eine sehr unsichere Angelegenheit zu sein. Möglicherweise schätzt die Bank Z den Wert des Kredits (des Rückzahlungsversprechens) nur mit 600.000 Euro ein und bietet daher der Bank B nur diese Summe als Kaufpreis an.

Bank B, in dringendem Bedarf dieses Geldes zur Befriedigung drängender Anleger, muss wahrscheinlich auf dieses Angebot eingehen.

Eine einfache „Milchmädchenrechnung" zeigt nun: Die Bank verkauft schließlich auf diese Weise ihr gesamtes Kreditportfolio zum Preis von 60% der gesamt vergebenen Kreditsumme. Inklusive einer Eigenkapitalquote von 8% kann die Bank also höchstens 68% der Ansprüche ihrer Anleger befriedigen und befindet sich somit auf dem besten Weg in den Abgrund.

Ausgelöst wurde in diesem Beispiel diese massive Problematik dadurch, dass sehr viele – gleichartige – Kreditnehmer durch **ein** Marktereignis gleichzeitig mit Zahlungsschwierigkeiten konfrontiert wurden und die Bank ausschließlich von der Zahlungsfähigkeit dieser Gruppe von Kreditnehmern abhängig war.

Solche Korrelationen zwischen den Kreditnehmern einer Bank (sei es in dieser massiven Form oder in abgeschwächter Form) sollten – so Basel II – wesentlich bei der Bestimmung der Eigenmittel einer Bank in geeigneter Weise in die Kalkulation einfließen.

Wie dazu vorgegangen werden soll, dazu gibt es verschiedene Meinungen und Ansätze und es wurden seit Anfang dieses Jahrhunderts einige Modelle zur Umsetzung eines effizienten Kreditrisiko-Managements entwickelt. Wir wollen im Folgenden zwei dieser Ansätze und zwar das System **„Credit Metrics"**, das von J.P.Morgan entwickelt wurde, und das System **„Credit Risk+"**, das von Credit Suisse First Boston entwickelt wurde, detaillierter vorstellen.

Bei diesen beiden **Modellen (!)** werden wir uns wieder frühere grundsätzliche Überlegungen zum Thema „mathematische Modellierung" vor Augen führen müssen. Es werden hier im Folgenden verschiedenste Modell-**Annahmen** getroffen werden, die die Realität mehr oder weniger geeignet nachbilden, die aber in keiner Weise mathematisch „beweisbar" sind. Exakte Mathematik (inklusive gelegentlicher Näherungsverfahren anstelle exakter Berechnungen) wird dann erst innerhalb eines einmal definierten und fixierten Modells betrieben. Die Modellannahmen sind diskutierbar, die im Modell durchgeführten Berechnungen nicht.

8.11   Credit Metrics, Teil I: Prinzipieller Ansatz

In unserer Darstellung folgen wir den wesentlichen Inhalten des Technical Documents [1], die nötig sind um das Prinzip von Credit Metrics zu verstehen.

Der **prinzipielle Ansatz von Credit Metrics** ist – etwas vereinfacht dargestellt – der Folgende:

- Wir bestimmen den Wert A_0 des Kredit-Portfolios einer Bank im momentanen Zeitpunkt 0.

- Mit A_1 bezeichnen wir die Zufallsvariable, die den Wert des Kredit-Portfolios in einem Jahr beschreibt.

- Zu Informations- und Kontroll-Zwecken bestimmen wir den Erwartungswert und die Standardabweichung von A_1.

- Der eigentliche Vorschlag zur Bestimmung der Eigenmittel beruht dann auf einer VAR-Rechnung für A_1: Wir bestimmen den 1-Jahres-VAR zum Konfidenzniveau von 99% für A_1. Das heißt: Wir bestimmen einen Wert X so, dass mit einer Wahrscheinlichkeit von 99% der Wert von A_1 (der Wert des Kreditportfolios in einem Jahr) nicht unter den Wert X fallen wird.

- In 99% der Fälle würde also der Verlust des Kredit-Portfolios kleiner sein als $A_0 - X$ (als der momentane Wert des Portfolios minus 1%-Perzentil). Dieser mögliche Verlust sollte durch Eigenmittel abgedeckt sein.

Dieses Programm wollen wir im Folgenden – Schritt für Schritt – abarbeiten. Dazu werden wir im Folgenden zur klareren Darstellung einige Vereinfachungen unserer Problemstellung vornehmen:

Die Kredite in unserem Kredit-Portfolio werden – so unsere Annahme – ausschließlich Anleihen sein, und zwar Anleihen mit jeweils jährlicher Coupon-Zahlung. Im Zeitpunkt 0 ist bei jeder dieser Anleihen eine Couponzahlung soeben erfolgt. Die nächste Couponzahlung findet bei jeder dieser Anleihen genau in einem Jahr statt (im Moment bevor A_1 festgestellt wird).

Weiters werden wir annehmen, dass jeder Emittent jeder der Anleihen im Kredit-Portfolio nach dem System von Standard&Poors geratet ist.

8.12 Credit Metrics, Teil II: Ratings und fairer Wert ausfallsgefährdeter Anleihen

Das (vereinfachte) System der Rating-Gesellschaft Standard&Poors zur Qualitäts-Klassifizierung von Unternehmen, Staaten, Banken, ... lautet

AAA
AA
A
BBB
BB
B
CCC
D

Ein Unternehmen (wir subsummieren im Folgenden alle Typen von Kreditneh-mern unter dem Begriff „Unternehmen") mit dem sprichwörtlichen Triple-A Ra-ting AAA stellt auf Basis der Recherchen und des Bewertungsansatzes von S&P ein Unternehmen höchster Qualität dar. Die Qualität der Unternehmen verringert sich dann über AA, A, BBB, BB, B und CCC schrittweise. Das Rating „D" steht für „Default" und bezeichnet ein Unternehmen, das bereits völlig oder auch nur teilweise (möglicher Weise vorübergehend) zahlungsunfähig ist.

Es ist nicht unsere Absicht, hier den konkreten Bewertungsansatz von S&P genau-er zu analysieren und die genaue Bedeutung einer Ratingstufe zu erforschen, wir werden nur die wesentlichen Maßzahlen, die von den jeweiligen Ratingstufen ab-hängen heranziehen und dort wo wir diese Maßzahlen benötigen anführen.

Wir werden im Folgenden mit Anleihen von (unserer Annahme folgend) gerate-ten Unternehmen zu tun haben. Alle diese Anleihen besitzen also im Folgenden ein Rating. Das Rating einer Anleihe muss nicht immer exakt mit dem Rating des emittierenden Unternehmens übereinstimmen. Trotzdem werden wir im Folgenden durchwegs in gleicher Bedeutung vom Rating des Unternehmens oder vom Rating einer Anleihe (dieses Unternehmens) sprechen.

Eine Anleihe mit Rating D muss nicht unbedingt eine Anleihe sein, aus der kei-nerlei weitere Zahlung mehr zu erwarten ist. Es kann sich um eine vorübergehen-de Zahlungsunfähigkeit handeln, es kann sein, dass eine teilweise Rückzahlung zwischen Anleihenhalter und Emittenten vereinbart wird, es kann eine verspätete Rückzahlung vereinbart worden sein, es kann aber auch sein, dass der Emittent in Konkurs gehen musste und die Anleiheninhaber teilweise Rückzahlungen aus der Konkursmasse erwarten können.

Für unsere weiteren Überlegungen und zur Durchführung des im vorigen Paragra-phen erstellten Programms müssen wir bestimmte Annahmen darüber treffen, mit welchen Rückzahlungen man bei Ausfall einer Anleihe (unter „Ausfall" verstehen wir ein Abdriften in die Rating-Klasse „D") in etwa rechnen kann.

Diese Rückzahlungshöhe, wir verwenden im Folgenden den Ausdruck „Recove-ry Rate", ist natürlich eine Zufallsvariable. Die Höhe der Recovery Rate hängt sicher auch von der „Sicherheitsstufe" der Anleihe ab (also: (in welcher Form) ist sie mit Sicherheiten hinterlegt, wird sie bei Auszahlungen aus einer etwaigen Konkursmasse vorrangig oder nachrangig berücksichtigt, usw.). Im System von Credit Metrics wird dazu von einer Einteilung der Anleihen in bestimmte Sicher-heitsklassen ausgegangen. Es sind dies die Klassen (wir bleiben bei der englischen Bezeichnung): Senior Secured, Senior Unsecured, Senior Subordinated, Subordi-nated und Junior Subordinated. Mit Senior Secured wird dabei die höchste Sicher-heitsklasse bezeichnet, mit Junior Subordinated die niedrigste Sicherheitsklasse. Credit Metrics verwendet nun Statistiken, die von einem anderen der großen internationalen Rating-Unternehmen, von Moody's, geführt werden und in denen die durchschnittliche Höhe der Recovery Rates der Anleihen in solchen Sicherheitsklassen dargestellt werden. Zusätzlich werden zu diesen durchschnittlichen Höhen die Standardabweichungen angegeben. Eine solche Tabelle von Moody's (aus dem Technical Document von Credit Metrics) ist in Abbildung 8.21 zu sehen.

Seniority Class	Mean (%)	Standard Deviation (%)
Senior Secured	53.80	26.86
Senior Unsecured	51.13	25.45
Senior Subordinated	38.52	23.81
Subordinated	32.74	20.18
Junior Subordinated	17.09	10.90

Abbildung 8.21: Recovery Rates in Abhängigkeit von Sicherheitsklassen (nach Moody's)

Wir sehen eine deutliche Abnahme der durchschnittlichen Höhe der Recovery-Rates (Mean) mit geringerer Sicherheitsstufe bei gleichzeitiger leichter Abnahme der Standardabweichung. Wir werden im Folgenden ebenfalls mit dieser Tabelle arbeiten.

Wir befinden uns also im Zeitpunkt 0 und wir werden im Folgenden mit einem Portfolio **KP** aus Anleihen $K_1, K_2, \ldots, K_n$ zu tun haben. Daher rufen wir noch einmal die für uns für das Folgende relevanten Bestimmungsstücke (und unsere dazu gemachten Annahmen) dieser Anleihen in Erinnerung:

Jeder dieser Kredite K_i ist also eine Anleihe und hat

- eine bestimmte Nominale N_i,

- einen bestimmten (konstanten) jährlich zu zahlenden Coupon C_i (in % der Nominale)

- eine bestimmte Rest-Laufzeit T_i. Dabei ist T_i eine ganze Zahl größer oder gleich 1, da ja angenommen wurde, dass gerade unmittelbar vor dem Zeitpunkt 0 eine Couponzahlung stattgefunden hatte.

- Jeder der Kredite gehört zu einer bestimmten fixen Sicherheitsklasse, wir bezeichnen dazu den Mittelwert seiner Recovery Rate mit R_i und die Standardabweichung seiner Recovery Rate mit σR_i

- Jeder dieser Kredite besitzt im Zeitpunkt 0 ein Rating X_i (dieses Rating ist allerdings im Lauf der Zeit veränderlich)

Mit A_0 bezeichnen wir den Wert des Kredit-Portfolios KP zur Zeit 0. Wenn wir mit $A_0(K_i)$ den Wert des Kredits K_i zur Zeit 0 bezeichnen, dann gilt

$$A_0 = A_0(K_1) + A_0(K_2) + \ldots + A_0(K_i) + \ldots + A_0(K_{n-1}) + A_0(K_n)$$

Der Wert $A_0(K_i)$ berechnet sich durch $N_i \cdot a_0(K_i) \backslash 100$ wobei wir mit $a_0(K_i)$ den fairen Kurs des Kredits /der Anleihe bezeichnen. (Aufgrund der gemachten Voraussetzungen über gerade erfolgte Couponzahlungen ist der faire Kurs gleich dem fairen Preis.)

Den Vorgang zur Berechnung des fairen Kurses einer Anleihe (von obiger Form) kennen wir – unter einer bestimmten wesentlichen Voraussetzung – aus Kapitel 1.12 (dies ist die Darstellung in Prozent):

$$a_0(K_i) = \frac{C_i}{(1 + f_{0,1})^1} + \frac{C_i}{(1 + f_{0,2})^2} + \frac{C_i}{(1 + f_{0,3})^3} + \ldots +$$

$$+ \frac{C_i}{(1 + f_{0,T_i-1})^{T_i-1}} + \frac{C_i + 100}{(1 + f_{0,T_i})^{T_i}}$$

$f_{0,k}$ bezeichnet wieder den idealen risikolosen Zinssatz für Anlagen vom Zeitpunkt 0 bis zum Zeitpunkt k.

Diese Formel für den fairen Kurs gilt aber eben nur unter einer bestimmten wesentlichen Voraussetzung, nämlich, dass der Kredit um den es hier geht, in keiner Weise ausfallsgefährdet ist, also unter der Annahme, dass alle Couponzahlungen und die Rückzahlung der Nominale auf jeden Fall geleistet werden können. Für AAA-geratete Anleihen kann im Wesentlichen von dieser Annahme ausgegangen werden (wie wir später noch plausibel machen werden). Für schlechter geratete Anleihen ist dies aber sicher nicht mehr der Fall.

Die Herleitung des fairen Preises einer Anleihe war auf der Bewertung zukünftiger Zahlungen bzw. auf der Bewertung des **Versprechens** einer zukünftigen Zahlung basiert. Im Fall einer ausfallsicheren Anleihe ist dieses Versprechen gleichbedeutend mit der tatsächlichen Zahlung. Im Fall einer Anleihe bei der ein Ausfall möglich ist, ist dieses Versprechen etwas weniger Wert als eine mit Sicherheit erfolgende Zahlung. Die Einhaltung des Versprechens der Zahlung ist umso unsicherer (der Eintritt eines Ausfalls ist umso wahrscheinlicher) je niedriger das Rating der Anleihe ist, das Versprechen ist also umso weniger Wert je niedriger das Rating der Anleihe ist.

Im Fall des höchsten Ratings, einer sicheren Zahlung also, hat eine Zahlung in Höhe 1 Euro zur Zeit T den Wert von $\frac{1}{(1 + f_{0,T})^T}$ Euro.

Hier ist $f_{0,T}$ der risikolose Zinssatz für Kredite / für Kreditnehmer höchster Bonität (= höchsten Ratings).

Im Fall eines niedrigeren Ratings X hat das Versprechen einer solchen Zahlung einen niedrigeren Wert. Diesen Wert könnten wir mit $\frac{1}{\left(1+f_{0,T}{}^X\right)^T}$ bezeichnen, wobei dann $f_{0,T}{}^X$ ein Wert ist, der umso größer ist, je schlechter das Rating X ausfällt.

Wie hatten wir den Wert $f_{0,T}$ bestimmt? Aus Statistiken über im Moment am Markt gehandelten Zero-Coupon-Anleihen von erstklassigen Emittenten!

Nun, auf die selbe Weise werden wir die Werte $f_{0,T}{}^X$ für die verschiedenen Rating-Klassen $X = AAA, AA, A, BBB, BB, B, CCC$ bestimmen, nämlich aus Statistiken über im Moment am Markt gehandelte Zero-Coupon-Anleihen von Emittenten mit einem Rating X!

Solche Statistiken werden wieder von verschiedensten Anbietern geführt und wir werden im folgenden davon ausgehen, dass wir (auf Basis solcher Statistiken) über alle diese Werte $f_{0,T}{}^X$ verfügen.

Einen gewissen Hinweis auf die Form dieser Werte $f_{0,T}{}^X$ kann etwa die folgende Grafik geben.

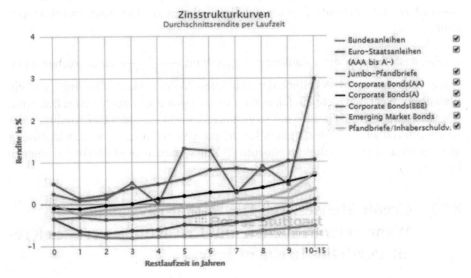

Abbildung 8.22: Zinsstrukturkurven vom September 2019 (Quelle: Börse Stuttgart)

Die grüne (und die rote) Kurve liefert im Wesentlichen die Werte $f_{0,T}$ bzw. $f_{0,T}{}^{AAA}$, die gelbe Kurve die Werte $f_{0,T}{}^{AA}$, die schwarze Kurve die Werte $f_{0,T}{}^A$ und die magenta-farbige Kurve die Werte $f_{0,T}{}^{BBB}$.

Wenn wir also davon ausgehen, dass wir über die $f_{0,T}{}^{X}$ verfügen, dann können wir der Anleihe K_i mit dem Rating X_i den angemessenen Kurs

$$a_0(K_i) \;=\; \frac{C_i}{\left(1+f_{0,1}{}^{X_i}\right)^1} + \frac{C_i}{\left(1+f_{0,2}{}^{X_i}\right)^2} + \frac{C_i}{\left(1+f_{0,3}{}^{X_i}\right)^3} + \ldots +$$

$$+ \frac{C_i}{\left(1+f_{0,T_i-1}{}^{X_i}\right)^{T_i-1}} + \frac{C_i+100}{\left(1+f_{0,T_i}{}^{X_i}\right)^{T_i}}$$

zuordnen und damit gilt

$$A_0(K_i) \;=\; \frac{N_i}{100} \cdot \left(\frac{C_i}{\left(1+f_{0,1}{}^{X_i}\right)^1} + \frac{C_i}{\left(1+f_{0,2}{}^{X_i}\right)^2} + \frac{C_i}{\left(1+f_{0,3}{}^{X_i}\right)^3} + \ldots + \right.$$

$$\left. + \frac{C_i}{\left(1+f_{0,T_i-1}{}^{X_i}\right)^{T_i-1}} + \frac{C_i+100}{\left(1+f_{0,T_i}{}^{X_i}\right)^{T_i}} \right).$$

Bemerkung 8.3. Wichtig ist klarzustellen, dass im Fall nicht ausfallsgefährdeter Zahlungen der Wert einer Zahlung von einem Euro zur Zeit T im Zeitpunkt 0 tatsächlich den fairen Wert $\frac{1}{\left(1+f_{0,T}\right)^T}$ im finanzmathematisch strengen Sinn darstellt. Jeder andere Wert würde – in einem friktionslosen Markt – Arbitrage ermöglichen. Voraussetzung für diese Tatsache (für die Konstruktion von Arbitrage-Möglichkeiten) war dabei, dass ein perfekter Marktteilnehmer in einem friktionslosen Markt zum Zinssatz $f_{0,T}$ sowohl Geld anlegen als auch Kredite aufnehmen kann.

Im Fall ausfallsgefährdeter Zahlungen ist der Wert $\frac{1}{\left(1+f_{0,T}{}^{X}\right)^T}$ einer solchen durch einen X-gerateten Marktteilnehmer getätigten Versprechung allerdings nur ein **plausibler Wert** und nicht ein fairer Wert im strengen finanzmathematischen Sinn! (Der Zinssatz $f_{0,T}{}^{X}$ ist ja auch nur so gestaltet dass ein X – gerateter Kreditnehmer zu diesem (höheren) Zinssatz einen Kredit aufnehmen kann. Es wäre widersinnig anzunehmen, dass er zu diesem höheren (!) Zinssatz auch Geld (risikolos) anlegen könnte ...)

8.13   Credit Metrics, Teil III: Rating-Übergangs-Wahrscheinlichkeiten und Erwartungswert des Kredit-Portfolios in einem Jahr

Nun beginnen wir, uns dem Wert A_1 des Kredit-Portfolios **KP** in einem Jahr (aus Sicht des Zeitpunkts 0 wohlgemerkt) zu widmen. Natürlich ist wiederum

$$A_1 = A_1(K_1) + A_1(K_2) + \ldots + A_1(K_i) + \ldots + A_1(K_{n-1}) + A_1(K_n),$$

wobei $A_1(K_i)$ den Wert des Kredits K_i in einem Jahr bezeichnet. Der Wert des Kredits K_i hängt nun von zwei zum momentanen Zeitpunkt noch nicht bekannten Parametern ab: Das ist einerseits das Rating, das K_i in einem Jahr besitzen wird (wir bezeichnen es mit Y_i) und zum anderen sind das die Zinssätze, die im Zeitpunkt 1 bis zum Zeitpunkt t für verschiedene Zeitpunkte $t > 1$ bestehen werden.

Die Frage der geeigneten Zinssätze lässt sich relativ leicht (plausibel (!)) lösen, indem man analog vorgeht wie im Fall nicht ausfallgefährdeter Zahlungen: Wir können die tatsächlichen Zinssätze für den Zeitpunkt 1 zum Zeitpunkt 0 noch nicht kennen. Im Zeitpunkt 0 kann man sich aber (wie wir in Kapitel 1.10 gesehen haben) für den Zeitpunkt 1 einen Zinssatz bis zum Zeitpunkt t der Form $f_{1,t}$ generieren und zwar mit einem Wert von $f_{1,t} = \left(\frac{(1+f_{0,t})^t}{(1+f_{0,1})} \right)^{\frac{1}{t-1}} - 1$. Dies ist sogar der bestmögliche Zinssatz, den man sich im Zeitpunkt 0 für die Periode $[1,t]$ sichern kann. Ich kann also im Zeitpunkt 0 (ohne eigenen Geldeinsatz) Vorkehrungen treffen, so dass ich mir im Zeitpunkt 1 durch Einsatz von $\frac{1}{(1+f_{1,t})^{t-1}}$ Euro eine Auszahlung von 1 Euro im Zeitpunkt t sichern kann. Der Wert einer Auszahlung von 1 Euro im Zeitpunkt t hat aus heutiger Sicht im Zeitpunkt 1 daher einen Wert von $\frac{1}{(1+f_{1,t})^{t-1}}$ Euro.

Plausibel (!) ist es daher, im Fall ausfallgefährdeter, also schlechter gerateter Zahlungen analog vorzugehen.

Wir definieren $f_{1,t}^{(Y)} := \left(\frac{(1+f_{0,t}^{(Y)})^t}{(1+f_{0,1}^{(Y)})} \right)^{\frac{1}{t-1}} - 1$ und setzen als $\frac{1}{(1+f_{1,t}^{(Y)})^{t-1}}$ den Wert im Zeitpunkt 0 des Versprechens zum Zeitpunkt 1 einer Zahlung der Höhe 1 im Zeitpunkt t durch einen Marktteilnehmer mit Rating Y an.

Daraus ergibt sich für den Wert $A_1(K_i, Y_i)$ des Kredits K_i zum Zeitpunkt 1 aus Sicht des Zeitpunkts 0 (in unserem Modell !) unter der Voraussetzung, dass K_i zur Zeit 1 das Rating Y_i besitzt, die folgende Größe (dies gilt für $Y_i \neq D$):

$$A_1(K_i, Y_i) = \frac{N_i}{100} \cdot \left(\frac{C_i}{\left(1 + f_{1,2}^{Y_i}\right)^1} + \frac{C_i}{\left(1 + f_{1,3}^{Y_i}\right)^2} + \ldots + \right.$$
$$\left. + \frac{C_i}{\left(1 + f_{1,T_i-1}^{Y_i}\right)^{T_i-2}} + \frac{C_i + 100}{\left(1 + f_{1,T_i}^{Y_i}\right)^{T_i-1}} \right).$$

Der tatsächliche Wert dieses Werts hängt nun also vom tatsächlichen Rating Y_i des Kredits in einem Jahr ab. Dadurch wird der Wert $A_1(K_i)$ zu einer Zufallsvariablen.

Das erste von uns formulierte Ziel ist es, den Erwartungswert von A_1 zu bestimmen. Dies ist uns gelungen, sobald wir den Erwartungswert $E(A_1(K_i))$ von $A_1(K_i)$ berechnen können.

Würden wir die Wahrscheinlichkeiten p_{X_i,Y_i} des Übergangs des Ratings innerhalb eines Jahres von X_i auf Y_i für alle Rating-Klassen kennen, dann wäre der Erwartungswert leicht berechnet mittels

$$E(A_1(K_i)) = \sum_{Y \in Rat \setminus D} p_{X_i,Y} \cdot A_1(K_i, Y) + p_{X_i,D} \cdot R_i =$$

$$= \sum_{Y \in Rat \setminus D} p_{X_i,Y} \cdot \frac{N_i}{100} \cdot \left(\frac{C_i}{\left(1 + f_{1,2}{}^Y\right)^1} + \frac{C_i}{\left(1 + f_{1,3}{}^Y\right)^2} + \ldots + \right.$$

$$\left. + \frac{C_i}{\left(1 + f_{1,T_i-1}{}^Y\right)^{T_i-2}} + \frac{C_i + 100}{\left(1 + f_{1,T_i}{}^Y\right)^{T_i-1}} \right) + p_{X_i,D} \cdot R_i.$$

Hier bezeichnen wir mit „Rat" die Menge aller Rating-Klassen, also $Rat = \{AAA, AA, A, BBB, BB, B, CCC, D\}$ und $Rat \setminus D$ bezeichnet die Menge aller Rating-Klassen mit Ausnahme von D.

„Credit Metrics" schlägt nun vor, für die Wahl der Wahrscheinlichkeiten p_{X_i,Y_i} wieder auf Statistiken über solche Rating-Übergangs-Wahrscheinlichkeiten zurückzugreifen.

Solche Statistiken werden wiederum von verschiedenen Daten-Anbietern geführt. Im Technical Document von Credit Metrics wird etwa die folgende Tafel von Standard&Poors mit Ein-Jahres-Rating-Übergangs-Wahrscheinlichkeiten angegeben.

Initial rating	Rating at year-end (%)							
	AAA	AA	A	BBB	BB	B	CCC	Default
AAA	90.81	8.33	0.68	0.06	0.12	0	0	0
AA	0.70	90.65	7.79	0.64	0.06	0.14	0.02	0
A	0.09	2.27	91.05	5.52	0.74	0.26	0.01	0.06
BBB	0.02	0.33	5.95	86.93	5.30	1.17	0.12	0.18
BB	0.03	0.14	0.67	7.73	80.53	8.84	1.00	1.06
B	0	0.11	0.24	0.43	6.48	83.46	4.07	5.20
CCC	0.22	0	0.22	1.30	2.38	11.24	64.86	19.79

Abbildung 8.23: Ein-Jahres-Rating-Übergangs-Wahrscheinlichkeiten nach Standard& Poors

Folgt man dieser Statistik, so beträgt etwa die Wahrscheinlichkeit, dass ein BBB gerateter Kredit innerhalb eines Jahres auf B downgeratet wird, 1.17%, also 0.0117.

Die Wahrscheinlichkeit, dass ein BB gerateter Kredit innerhalb eines Jahres ausfällt, liegt bei 1.06%, also bei 0.0106.

Damit ist es uns erst einmal möglich den Erwartungswert $E(A_1)$ des Kredit-Portfolios-Wertes in einem Jahr zu bestimmen:

$$E(A_1) = \sum_{i=1}^{n} \left(\sum_{Y \in Rat \backslash D} p_{X_i,Y} \cdot A_i(K_i,Y) + p_{X_i,D} \cdot N_i \cdot R_i \right)$$

(Hier ist R_i in absoluten Werten und nicht in Prozent angegeben und N_i bezeichnet wieder die Nominale des Kredits K_i.)

8.14 Credit Metrics, Teil IV: Varianz des Werts eines Kredits in einem Jahr

Im nächsten geplanten Schritt wollen wir die Varianz der Zufallsvariable A_1 ($=$ Wert des Kredit-Portfolios in einem Jahr) bestimmen. Wir nähern uns dieser Aufgabe schrittweise. Im ersten Schritt wollen wir dazu die Varianz $V(A_1(K_i))$ des Wertes $A_1(K_i)$ **eines** Kredits K_i in einem Jahr bestimmen. Auf den ersten Blick erscheint diese Aufgabe im Nu mittels des Standardansatzes bzw. direkt mittels der Definition der Varianz erledigt zu sein:

$$V(A_1(K_i)) = \sum_{Y \in Rat \backslash D} p_{X_i,Y} \cdot (A_1(K_i,Y) - E(A_1(K_i)))^2 + p_{X_i,D} \cdot (N_i \cdot \sigma R_i)^2$$

(Hier ist σR_i in absoluten Werten und nicht in Prozent angegeben und N_i bezeichnet wieder die Nominale des Kredits K_i.) Nur leider ist diese Formel für die Varianz so nicht richtig. Der Fehler liegt im letzten Summanden. Es ist nicht möglich hier als Faktor einfach die Varianz der Recovery Rate zu setzen. Wie hier stattdessen richtig vorzugehen ist, wollen wir uns im folgenden Einschub überlegen.

Die **Frage** mit der wir uns zu beschäftigen haben lautet in allgemeiner Formulierung so:

Wir betrachten eine Zufallsvariable Z, die mögliche Werte $Z_1, Z_2, \ldots, Z_{s-1}$ mit Wahrscheinlichkeiten $p_1, p_2, \ldots, p_{s-1}$ annehmen kann oder aber, mit Wahrscheinlichkeit p_s, den Wert einer weiteren Zufallsvariablen U. Es ist also $p_1 + p_2 + \ldots + p_{s-1} + p_s = 1$. Weiters kennen wir den Erwartungswert $E(U)$ und die Varianz $V(U)$ von U. Der Erwartungswert von Z ist freilich gegeben durch $E(Z) = p_1 \cdot Z_1 + p_2 \cdot Z_2 + \ldots + p_{s-1} \cdot Z_{s-1} + p_s \cdot E(U)$. Wir fragen nun nach der Varianz $V(Z)$ der Zufallsvariablen Z.

Zur Bestimmung von $V(Z)$ nehmen wir an, die Zufallsvariable U besitze eine Dichte φ. Dann ist

$$V(Z) = \sum_{i=1}^{s-1} p_i \cdot (Z_i - E(Z))^2 + p_n \cdot \int_{-\infty}^{\infty} \varphi(u) \cdot (u - E(Z))^2 du.$$

Wir werten das hier auftretende Integral aus:

$\int_{-\infty}^{\infty} \varphi(u) \cdot (u - E(Z))^2 du =$

$\int_{-\infty}^{\infty} \varphi(u) \cdot u^2 \, du - 2 \cdot E(Z) \cdot \int_{-\infty}^{\infty} \varphi(u) \cdot u \, du + (E(Z))^2 \cdot \int_{-\infty}^{\infty} \varphi(u) \, du =$

$E(U^2) - 2 \cdot E(Z) \cdot E(U) + (E(Z))^2 = V(U) + (E(U))^2 - 2 \cdot E(Z) \cdot E(U) +$

$(E(Z))^2 =$

$V(U) + (E(U) - E(Z))^2$. Somit folgt

$$V(Z) = \sum_{i=1}^{s-1} p_i \cdot (Z_i - E(Z))^2 + p_n \cdot V(U) + p_n \cdot (E(U) - E(Z))^2.$$

Wir sehen dass hier also ein zusätzlicher Summand $p_n \cdot (E(U) - E(Z))^2$ auftritt. Wenn wir den Wert $E(U)$ als Z_n bezeichnen, dann können wir die Varianz $V(Z)$ zusammenfassend so beschreiben:

$$V(Z) = \sum_{i=1}^{s} p_i \cdot (Z_i - E(Z))^2 + p_n \cdot V(U).$$

Wie gesagt: Die Summation läuft nun bis s und Z_n steht für $E(U)$.

Diese Erkenntnis wenden wir nun auf die Berechnung der Varianz $V(A_1(K_i))$ an. Es gilt also richtiggestellt nun:

$$V(A_1(K_i)) =$$

$$= \sum_{Y \in Rat} p_{X_i, Y} \cdot (A_1(K_i, Y) - E(A_1(K_i)))^2 + p_{X_i, D} \cdot (N_i \cdot \sigma R_i)^2,$$

wobei $A_1(K_i, D) := N_i \cdot R_i$ gesetzt wird.

8.15   Credit Metrics, Teil V: Varianz des Werts des Kredit-Portfolios in einem Jahr

Wären die Werte $A_1(K_1), A_1(K_2), \ldots, A_1(K_n)$ der Kredite in einem Jahr, wären diese Zufallsvariablen voneinander unabhängig, dann wäre die Bestimmung der Varianz des Kreditportfolios natürlich sehr einfach möglich. Es würde dann gelten:

$$V(A_1) = V(A_1(K_1)) + V(A_1(K_2)) + \ldots + V(A_1(K_n))$$

Aber, selbstverständlich, und das ist ja der Grund und der Sinn der gesamten Anstrengungen hier, sind diese Werte tatsächlich nicht unabhängig voneinander. Vielmehr gilt:

$$V(A_1) = \sum_{i=1}^{n} V(A_1(K_i)) + \sum_{\substack{i,j=1 \\ i \neq j}}^{n} cov(A_1(K_i), A_1(K_j))$$

Bedenken wir, dass auch gilt

$$V(A_1(K_i) + A_1(K_j)) = V(A_1(K_i)) + V(A_1(K_j)) + 2 \cdot cov(A_1(K_i), A_1(K_j)),$$

also

$$cov(A_1(K_i), A_1(K_j)) = \tfrac{1}{2} \cdot (V(A_1(K_i) + A_1(K_j)) - (V(A_1(K_i)) + V(A_1(K_j)))).$$

Und so folgt durch Einsetzen

$$V(A_1) = \sum_{\substack{i,j=1 \\ i<j}}^{n} V(A_1(K_i) + A_1(K_j)) - (n-2) \cdot \sum_{i=1}^{n} V(A_1(K_i)).$$

Um $V(A_1)$ zu berechnen, reicht es also aus, für je zwei Kredite K_i und K_j die Varianz $V(A_1(K_i) + A_1(K_j))$ zu bestimmen.

Der Erwartungswert von $A_1(K_i) + A_1(K_j)$ ergibt sich natürlich einfach als Summe der beiden Erwartungswerte von $A_1(K_i)$ und von $A_1(K_j)$.

Für das Folgende nehmen wir nun einmal an, wir würden die gemeinsamen Rating-Übergangs-Wahrscheinlichkeiten der beiden Kredite K_i und K_j kennen, also Werte $p_{X_i \to Y_i, X_j \to Y_j}$, die die Wahrscheinlichkeit dafür angeben, dass der Kredit K_i in einem Jahr das Rating Y_i und der Kredit K_j in einem Jahr das Rating Y_j aufweisen.

Was wir sofort einmal festhalten wollen: Diese Werte $p_{X_i \to Y_i, X_j \to Y_j}$ **können** nicht Werte sein, die nur von den Rating-Klassen X_i, X_j, Y_i, Y_j abhängig sind, denn sie sind sicher auch von der Korrelation der beiden **konkreten** Kredite K_i und K_j zueinander abhängig!

Insbesondere sind diese Werte daher auch nicht aus allgemeinen Statistiken über Rating-Übergangswahrscheinlichkeiten ablesbar und insbesondere kann auch nicht eine allgemeine Beziehung der Form $p_{X_i \to Y_i, X_j \to Y_j} = p_{X_i \to Y_i} \cdot p_{X_j \to Y_j}$ Gültigkeit besitzen. Die Bestimmung, oder besser: Schätzung dieser Wahrscheinlichkeiten, wird also noch ein ganz eigenes Thema darstellen. Aber nehmen wir einmal an, wir hätten diese Werte $p_{X_i \to Y_i, X_j \to Y_j}$ für die beiden konkreten Kredite K_i und K_j zur Verfügung. Dann könnten wir die Varianz $V(A_1(K_i) + A_1(K_j))$ solcherart bestimmen:

$$V(A_1(K_i) + A_1(K_j)) =$$

$$= \sum_{Y_i, Y_j \in Rat} p_{X_i \to Y_i, X_j \to Y_j} \cdot (A_1(K_i, Y_i) + A_1(K_j, Y_j) - E(A_1(K_i) + A_1(K_j)))^2 +$$

$$+ p_{X_i, D} \cdot (N_i \cdot \sigma R_i)^2 + p_{X_j, D} \cdot (N_j \cdot \sigma R_j)^2$$

wobei wieder $A_1(K_i, D) := N_i \cdot R_i$ bzw. $A_1(K_j, D) := N_j \cdot R_j$ gesetzt wird.

Der prinzipielle Ansatz dafür ist klar, die notwendige Adaption für die Fälle in denen Y_i bzw. Y_j gleich D ist, kann man ganz analog wie oben im Fall **eines** Kredits herleiten.

Alles weitere, die Bestimmung der Varianz des Wertes des Kredit-Portfolios in einem Jahr betreffend, liegt also nun nur mehr daran, die Werte $p_{X_i \to Y_i, X_j \to Y_j}$ für die beiden konkreten Kredite K_i und K_j halbwegs überzeugend zu schätzen. Dies wird im nächsten Kapitel auf Basis des sogenannten Asset-Value-Ansatzes von J.P.Morgan durchgeführt und die Bestimmung der Varianz des Wertes des Kreditportfolios in einem Jahr wird damit dann abgeschlossen sein.

8.16 Credit Metrics, Teil VI: Das Asset Value Modell zur Bestimmung gemeinsamer Rating-Übergangs-Wahrscheinlichkeiten von Krediten

Zur Bestimmung der gemeinsamen Rating-Übergangs-Wahrscheinlichkeiten zweier Kredite schlägt J.P. Morgan in seinem System Credit Metrics vor, die Asset Values (die Unternehmenswerte) der Kreditnehmer (der Anleihen-Emittenten) heranzuziehen. Wir wollen wieder nicht in genauere Diskussionen darüber eintreten, was genau wir unter dem (variierenden (!)) Unternehmenswert eines Emittenten verstehen wollen und sollen. Damit wir aber im Folgenden doch von einem konkreten Wert sprechen, wollen wir folgende Annahme treffen:

Wir gehen davon aus, dass die Emittenten der Anleihen K_i und K_j (die Kreditnehmer) börsennotierte Aktiengesellschaften sind und wir wollen im Folgenden den Aktienkurs der Unternehmen als deren Unternehmenswert (bzw. als geeignetes Äquivalent zu seinem Asset Value) heranziehen.

J.P. Morgan geht dann im Weiteren von den folgenden **3 Annahmen für das Asset Value Modell** aus:

Asset-Value-Modell, Annahme 1:
Die Renditen der Asset Values (der Aktienkurse) der Emittenten sind normalverteilt.

Asset-Value-Modell, Annahme 2:
Rating-Änderungen gehen Eins-zu-Eins mit Rendite-Ergebnissen der Asset Values einher.

Asset-Value-Modell, Annahme 3:
Rendite-Paare der Asset Values (der Aktienkurse) zweier Emittenten sind bi-

normalverteilt.

Die **erste dieser Annahmen** wurde bereits in Kapitel 4.1 ausführlich diskutiert und wir hatten damals festgestellt, dass zwar systematische Abweichungen der Rendite-Verteilungen von der Normalverteilung auftreten („fat tails"), dass wir aber in manchen Anwendungsbereichen (und so auch hier) diese Annahme als Arbeitshypothese akzeptieren können.

Die zweite und die dritte dieser Annahmen sind näher zu erläutern:

Zur **zweiten Annahme** des Asset Value Modells. Die Aussage dieser Annahme soll so verstanden werden:

Die Renditen der Aktienkurse des Unternehmens (des Kreditnehmers) K folgen nach Annahme 1 einer Normalverteilung, also etwa der Verteilung $N(\mu, \sigma^2)$. Wenn wir davon ausgehen, dann können wir für jedes $z \in \mathbb{R}$ die Wahrscheinlichkeit bestimmen, dass die Rendite des Aktienkurses von jetzt bis in einem Jahr kleiner als z ist. Diese Wahrscheinlichkeit beträgt $\frac{1}{\sqrt{2\pi} \cdot \sigma} \cdot \int_{-\infty}^{z} e^{-\frac{(x-\mu)^2}{2 \cdot \sigma^2}} dx$.

Das momentane Rating von K sei X.
Aus der Tabelle von Standard&Poors der 1-Jahres-Rating-Übergangs-Wahrscheinlichkeiten in Abbildung 8.23 können wir die Wahrscheinlichkeit ablesen, dass K in einem Jahr D geratet sein wird, also die Wahrscheinlichkeit $p_{X,D}$.

Die Annahme 2 des Asset Value Modells besagt nun, dass dieses Ereignis des Downratings von K von Stufe X auf Stufe D genau dann eintritt, wenn die Rendite des Aktienkurses von K im kommenden Jahr kleiner ist als ein bestimmter Wert z (den wir mit Z_D^X bezeichnen wollen). Unter Akzeptierung dieser Annahme können wir diesen Wert Z_D^X auch berechnen. Es gilt ja dann natürlich

$$p_{X,D} = W(\text{Rendite} < Z_D^X) = \frac{1}{\sqrt{2\pi} \cdot \sigma} \cdot \int_{-\infty}^{Z_D^X} e^{-\frac{(x-\mu)^2}{2 \cdot \sigma^2}} dx.$$

In dieser Gleichung sind (so unsere Annahme) alle Werte außer Z_D^X bekannt und wir können (etwa mit Hilfe der Mathematik-Software Mathematica) Z_D aus dieser Gleichung berechnen.

Annahme 2 des Asset Value Modells besagt nun aber auch, dass K in einem Jahr ein Rating von CCC besitzen wird, falls die Rendite des Aktienkurses von heute bis in einem Jahr unter einer gewissen Schranke Z_{CCC}^X liegen wird, allerdings aber nicht dann, wenn sie unter Z_D^X liegt, da ja dann sogar Rating D eintritt. Die Wahrscheinlichkeit für ein Rating CCC in einem Jahr kann wieder aus der Tabelle in Abbildung 8.23 abgelesen werden, es ist dies der dort tabellierte Wert $p_{X,CCC}$.

Dies führt uns zur Gleichung

$$p_{X,CCC} = W(Z_D^X < \text{Rendite} < Z_{CCC}^X) = \frac{1}{\sqrt{2\pi} \cdot \sigma} \cdot \int_{Z_D^X}^{Z_{CCC}^X} e^{-\frac{(x-\mu)^2}{2 \cdot \sigma^2}} dx$$

In dieser Gleichung sind (so unsere Annahme) alle Werte außer Z_{CCC}^X bekannt (Z_D^X wurde ja bereits im vorhergehenden Schritt bestimmt) und wir können Z_{CCC}^X aus dieser Gleichung berechnen.

So weiter fortschreitend bestimmen wir die Werte Z_B^X, Z_{BB}^X, Z_{BBB}^X, Z_A^X und Z_{AA}^X.

Z_{AA}^X etwa ist so bestimmt, dass der Kreditnehmer K in einem Jahr genau dann AA geratet ist, falls die kommende Ein-Jahres-Rendite des Aktienkurses des Emittenten genau zwischen Z_A^X und Z_{AA}^X liegt.

Schließlich folgt daraus dann natürlich, dass der Kreditnehmer K in einem Jahr genau dann AAA geratet ist, falls die kommende Ein-Jahres-Rendite des Aktienkurses des Emittenten über Z_{AA}^X liegt.

In der Realität werden wir für die Bestimmung der Werte Z_D^X, Z_{CCC}^X, Z_B^X, Z_{BB}^X, Z_{BBB}^X, Z_A^X und Z_{AA}^X etwas anders vorgehen, und zwar so:

Wir starten wieder wie oben, führen dann aber eine Substitution $y := \frac{x-\mu}{\sigma}$, also $dx = \sigma \cdot dy$, durch und erhalten dann

$$p_{X,D} = \frac{1}{\sqrt{2\pi} \cdot \sigma} \cdot \int_{-\infty}^{Z_D^X} e^{-\frac{(x-\mu)^2}{2 \cdot \sigma^2}} dx = \frac{1}{\sqrt{2\pi}} \cdot \int_{-\infty}^{\overline{Z}_D^X} e^{-\frac{y^2}{2}} dy,$$

wobei

$$\overline{Z}_D^X = \frac{Z_D^X - \mu}{\sigma}$$

ist.

Wir berechnen aus der Gleichung $p_{X,D} = \frac{1}{\sqrt{2\pi}} \cdot \int_{-\infty}^{\overline{Z}_D^X} e^{-\frac{y^2}{2}} dy$ den Wert $\overline{Z}_D^X$ der völlig unabhängig von μ und σ ist, er hängt lediglich vom Wert $p_{X,D}$ ab.

Der Wert Z_D^X kann dann einfach durch $Z_D^X = \sigma \cdot \overline{Z}_D^X + \mu$ bestimmt werden. Allerdings – und das schon vorab als gute Nachricht – werden wir sehen, dass die Kenntnis von $\overline{Z}_D^X$ allein völlig ausreichend ist und dass sogar die Werte μ und σ im Folgenden überhaupt nie benötigt und tatsächlich nur der Wert $\overline{Z}_D^X$ bzw. die im Weiteren ganz analog berechneten Werte $\overline{Z}_{CCC}^X, \ldots, \overline{Z}_{AA}^X$ relevant sein werden!

Also, nachdem auf diese Weise $\overline{Z}_D^X$ berechnet wurde, wird nun aus der Gleichung $p_{X,CCC} = \frac{1}{\sqrt{2\pi} \cdot \sigma} \cdot \int_{Z_D^X}^{Z_{CCC}^X} e^{-\frac{(x-\mu)^2}{2 \cdot \sigma^2}} dx$ wieder durch Substitution $y := \frac{x-\mu}{\sigma}$ die

Gleichung

$p_{X,CCC} = \frac{1}{\sqrt{2\pi}} \cdot \int_{\overline{Z}_D^X}^{\overline{Z}_{CCC}^X} e^{-\frac{y^2}{2}} dy$, aus der dann der nur wieder von $p_{X,CCC}$ (und implizit von $p_{X,D}$) abhängige Wert $\overline{Z}_{CCC}^X$ bestimmt werden kann.

Auf diese Weise erhalten wir die Werte $\overline{Z}_Y^X$, die rein aus der Tabelle von Abbildung 8.23 berechnet werden können.

Die Neu-Berechnung dieser Werte ist also immer nur dann nötig, wenn eine adaptierte Version der Rating-Übergangs-Wahrscheinlichkeiten-Tabelle erscheint.

Wir haben die Berechnung der $\overline{Z}_Y^X$ für $X = AAA, AA, A, BBB, BB, B, CCC$ und $Y = D, CCC, B, BB, BBB, A, AA$ durchgeführt (wir werden die konkreten Werte für die Durchführung eines konkreten Beispiels später ohnehin benötigen) und in der folgenden Tabelle gelistet.

Rating X	Rating Y						
	AA	A	BBB	BB	B	CCC	Default
AAA	-1.329	-2.382	-2.911	-3.036	$-\infty$	$-\infty$	$-\infty$
AA	2.454	-1.963	-2.382	-2.848	-2.948	-3.540	$-\infty$
A	3.130	1.985	-1.507	-2.300	-2.716	-3.195	-3.239
BBB	3.542	2.697	1.530	-1.493	-2.178	-2.748	-2.911
BB	3.473	2.937	2.393	1.368	-1.232	-2.041	-2.304
B	∞	3.037	2.688	2.414	1.456	-1.324	-1.626
CCC	2.875	2.875	2.634	2.115	1.739	1.022	-0.849

Abbildung 8.24: Tafel der Werte $\overline{Z}_Y^X$ basierend auf den Rating-Übergangs-Wahrscheinlichkeiten von Tabelle in Abbildung 8.23

Damit ist die Aussage von Annahme 2 des Asset Value Modells ausreichend geklärt.

Nun kommen wir zu **Annahme 3 des Asset Value Modells**:

Die Bi-Normalverteilung haben wir bereits in Kapitel 4.2 kennen gelernt. Unter der Voraussetzung, dass wir Annahme 1, also die Normalverteilung der Renditen der Aktienkurse, akzeptiert haben, ist auch die Annahme der Bi-Normalverteilung von Rendite-Paaren der Aktienkurse der beiden Unternehmen K_i und K_j annehmbar.

Wir setzen also voraus: Wenn die Renditen x_l des Aktienkurses von K_i und die Renditen y_l des Aktienkurses von K_j jeweils $N(\mu_1, \sigma_1^2)$- bzw. $N(\mu_2, \sigma_2^2)$- verteilt sind und wenn zwischen den Renditenfolgen eine Korrelation ρ besteht, dann folgen die Renditen-Paare (x_l, y_l) einer Bi-Normal-Verteilung mit Dichte

$$f(x, y) =$$

$$= \frac{1}{2\pi\sigma_1\sigma_2\sqrt{1-\rho^2}} \cdot \exp\left(-\frac{1}{2\cdot(1-\rho^2)} \cdot \left(\frac{(x-\mu_1)^2}{\sigma_1^2} - 2\rho\frac{x-\mu_1}{\sigma_1}\cdot\frac{y-\mu_2}{\sigma_2} + \frac{(y-\mu_2)^2}{\sigma_2^2}\right)\right)$$

(Hier schreiben wir $\exp(z)$ für e^z.)

Das ist der Inhalt von Annahme 3.

Nun können wir aber bereits die gesuchten Wahrscheinlichkeiten $p_{X_i\to Y_i, X_j\to Y_j}$ für die beiden Kredite K_i und K_j berechnen. Es ist

$$p_{X_i\to Y_i, X_j\to Y_j} = W\left(x_l \in \left[Z_{\widetilde{Y}_i}^{X_i}, Z_{Y_i}^{X_i}\right] \text{ und } y_l \in \left[Z_{\widetilde{Y}_j}^{X_j}, Z_{Y_j}^{X_j}\right]\right) =$$

$$= \int_{Z_{\widetilde{Y}_i}^{X_i}}^{Z_{Y_i}^{X_i}} \int_{Z_{\widetilde{Y}_j}^{X_j}}^{Z_{Y_j}^{X_j}} \frac{1}{2\pi\sigma_1\sigma_2\sqrt{1-\rho^2}} \cdot$$

$$\cdot \exp\left(-\frac{1}{2\cdot(1-\rho^2)} \cdot \left(\frac{(x-\mu_1)^2}{\sigma_1^2} - 2\rho\frac{x-\mu_1}{\sigma_1}\cdot\frac{y-\mu_2}{\sigma_2} + \frac{(y-\mu_2)^2}{\sigma_2^2}\right)\right) dx \, dy.$$

Hier bezeichnen:

- x_l und y_l die Einjahres-Renditen der Aktienkurse von K_i bzw. von K_j

- $\widetilde{Y}_i$ und $\widetilde{Y}_j$ diejenigen Rating-Klassen die gerade um eine Stufe schlechter sind als Y_i und Y_j

- die Z-Werte sind die oben bestimmten Integralgrenzen an denen Rating-Änderungen stattfinden. Zusätzlich setzen wir hier $Z_{AAA}^X := \infty$ und $Z_{\widetilde{D}}^X := -\infty$.

Substituieren wir im letzten Integral $s := \frac{x-\mu_1}{\sigma_1}$ und $t := \frac{y-\mu_2}{\sigma_2}$, dann erhalten wir die folgende vereinfachte Version

$$p_{X_i\to Y_i, X_j\to Y_j} = \int_{\overline{Z}_{\widetilde{Y}_i}^{X_i}}^{\overline{Z}_{Y_i}^{X_i}} \int_{\overline{Z}_{\widetilde{Y}_j}^{X_j}}^{\overline{Z}_{Y_j}^{X_j}} \frac{1}{2\pi\sqrt{1-\rho^2}} \cdot$$

$$\cdot \exp\left(-\frac{1}{2\cdot(1-\rho^2)} \cdot (s^2 - 2\rho\cdot s\cdot t + t^2)\right) ds \, dt$$

Hier ist also in keiner Weise (eben auch nicht für die Berechnung der Integralgrenzen $\overline{Z}$, die sind ja bereits vorab berechnete Größen (siehe etwa die Tabelle in Abbildung 8.24!)) die Kenntnis der Trends oder der Volatilitäten μ_1, μ_2, σ_1 und σ_2 mehr nötig! Lediglich die Korrelation ρ zwischen dem Verlauf der beiden Aktienkurs-Renditen ist für die Berechnung nötig!

Zur Bestimmung der Korrelation ρ kann man tatsächlich auf empirische Schätzungen über die Aktienkurse zurückgreifen. Die Annahme, dass dem jeweiligen Emittenten tatsächlich ein Aktienkurs zugrunde liegt, ist aber nicht unbedingt in jedem Fall tatsächlich erfüllt. J.P. Morgan empfiehlt daher auch, für die Wahl von ρ auf empirische Daten und Statistiken zurückzugreifen. Jeder Kreditnehmer K_i

und jeder Kreditnehmer K_j sollte regional und branchenweise unterteilten Sektoren zugeordnet werden. Solche Sektoren könnten etwa von der Form „Automobil-Industrie/Europa" oder „Fluglinien/Asien" etc. sein. Dann sollte auf Statistiken über typische durchschnittliche Korrelationswerte zwischen Aktienkursen aus verschiedenen Sektoren zurückgegriffen werden.

Die Berechnung von gemeinsamen Rating-Übergangs-Wahrscheinlichkeiten ist dann auf Basis des Asset Value-Modells von J.P. Morgan bewerkstelligt und die Varianz $V(A_1(\mathbf{KP}))$ des Wertes $A_1(\mathbf{KP})$ des Kreditportfolios in einem Jahr kann damit durchgeführt werden.

8.17 Credit Metrics, Teil VII: Bestimmung des Perzentils von A_1 mittels Monte Carlo-Simulation

Nun schließlich kommen wir zum eigentlichen Ziel unserer Analyse. Die eigentliche Aufgabe war es ja, den 1-Jahres-VAR auf einem Konfidenz-Niveau von 99% für A_1 zu bestimmen. Dazu werden wir Monte Carlo-Simulation einsetzen. Wie wir gleich sehen werden, haben wir alle nötigen Voraussetzungen dafür bereits zur Hand.

Wir beginnen allerdings mit einer kleinen Vorarbeit, wie normieren die Größen mit denen wir im Folgenden zu tun haben werden:
Unsere Ausgangs-Position ist der Wert A_0, der momentane Wert des Kredit-Portfolios. Eine ganz grobe Schätzung lässt uns natürlich davon ausgehen, dass dieser Wert in etwa in Nähe der Gesamt-Nominale des gesamten Kredit-Portfolios liegt (Ein Kredit ist unter normalen Verhältnissen in etwa so viel Wert, wie die durch ihn vergebene Kreditsumme, seine Nominale.) Wir normieren den Wert jetzt auf Prozent der Gesamt-Nominale. Das heißt: Anstelle von A_0 arbeiten wir im Folgenden mit einem Wert der Form $\frac{100}{N_1+N_2+...+N_n} \cdot A_0$.
Genauso arbeiten wir anstelle von A_1 mit dem auf Prozent der Gesamt-Nominale normierten Wert $\frac{100}{N_1+N_2+...+N_n} \cdot A_1$. Wir werden dies im Folgenden allerdings nicht mehr explizit betonen!

Auf Basis unserer Modellierung (!) ist nun der Wert A_1 nur noch davon abhängig wie sich die Renditen der Aktienkurse der Emittenten (der Kreditnehmer) von heute bis in einem Jahr entwickeln! Die Entwicklung der Aktienkursrenditen legt eindeutig fest, welche Ratings die Kreditnehmer in einem Jahr haben werden und durch die Ratings der Kreditnehmer in einem Jahr ist der Wert A_1 eindeutig bestimmt.

Der normierte Wert A_1 wird niemals weit über 100 liegen können (analog dazu, dass der Kurs einer Anleihe niemals weit über 100 liegen wird). Der normierte Wert A_1 kann aber durchaus beträchtlich unter 100 liegen.

Wenn sich die Renditen der Aktienkurse der Kreditnehmer im kommenden Jahr durchwegs sehr positiv entwickeln, dann wird es also vor allem zu Rating-Upgrades der Emittenten kommen und dann wird mit Werten von A_1 zwar deutlich, aber nicht weit über 100 zu rechnen sein (etwa im Bereich 110).

Wenn sich die Renditen der Aktienkurse der Kreditnehmer im kommenden Jahr durchwegs sehr negativ entwickeln, dann wird es also vor allem zu Rating-Downgrades und auch zu Ausfällen der Emittenten kommen und dann wird mit Werten von A_1 deutlich unter 100 zu rechnen sein (etwa im Bereich 50 bis 80).
Wenn sich die Renditen der Aktienkurse der Kreditnehmer im kommenden Jahr durchwegs den durchschnittlichen Erwartungen entsprechend entwickeln, dann wird sich A_1 in Nähe des Bereichs um den Wert 100 bewegen. Dies wird der mit der größten Wahrscheinlichkeit eintretende Fall sein.

Wir simulieren nun mittels Monte-Carlo-Simulation in repräsentativer Weise verschiedenste mögliche Szenarien der Entwicklung von A_1. Aus der sich daraus ergebenden empirischen Verteilung, die voraussichtlich (auf Basis obiger Überlegungen) ungefähr die folgende (in Abbildung 8.25 illustrierte) Form aufweisen wird, aus dieser empirischen Verteilung schätzen wir dann das 1%-Perzentil, also den gesuchten VAR.

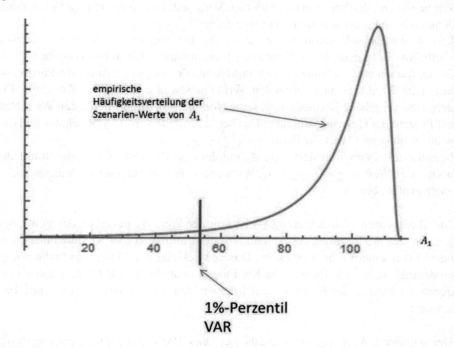

Abbildung 8.25: ungefähre empirische Häufigkeitsverteilung der (normierten) Werte A_1 des Werts des Kreditportfolios in einem Jahr

Konkret haben wir so vorzugehen (wir erläutern vorerst den Algorithmus in groben Zügen und gehen dann für jeden einzelnen Schritt ins Detail):

1. Zufällige Konstruktion von M (= Anzahl der Szenarien in der Simulation, z.B. $M = 10.000$) Vektoren $(x_1, x_2, \ldots, x_n)$ von möglichen Renditen der Aktienkurse der Kreditnehmer $K_1, K_2, \ldots, K_n$ im Lauf des kommenden Jahres. Dabei sind die x_i normalverteilt zu wählen. Da wir in der Herleitung der Vorgangsweise bemerkt haben, dass Trend und Volatilität der einzelnen Aktienkurse irrelevant sind, **können wir uns auf standardnormalverteilte x_i beschränken**. Die Konstruktion der Vektoren muss der Korrelationsstruktur entsprechen, die zwischen den Aktienkursen der Kreditnehmer entspricht.

2. Für jeden der M Zufalls-Vektoren $(x_1, x_2, \ldots, x_n)$ werden nun die neuen Ratings der Kreditnehmer berechnet, die durch die Renditen $x_1, x_2, \ldots, x_n$ bestimmt sind.

3. Auf Basis der durch das Szenario $(x_1, x_2, \ldots, x_n)$ bedingten neuen Rating-Struktur der Kreditnehmer wird der Wert A_1 des Kreditportfolios in einem Jahr auf Basis dieses Renditen-Szenarios berechnet. Man erhält dadurch M mögliche Kredit-Portfolio-Werte $A_1^{(1)}, A_1^{(2)}, \ldots, A_1^{(M)}$.

4. Aus diesen Werten wird dann eine Schätzung des 1%-Perzentils eruiert, indem die Werte der Größe nach geordnet werden $A_1^{(u_1)} < A_1^{(u_2)} < \ldots < A_1^{(u_M)}$ und der Wert $A_1^{(u_\theta)}$ mit dem Index $\theta = \left\lceil \frac{M}{100} \right\rceil$ als Schätzwert verwendet wird.

Zu den einzelnen Schritten sind nun noch einige detailliertere Anmerkungen angebracht:

ad 1)
Wir wissen bereits aus Kapitel 4.7, wie wir vorzugehen haben, um die geeignete Korrelation zwischen den Werten $x_1, x_2, \ldots, x_n$ zu erzielen: Wir haben als erstes für die Korrelationsmatrix COR eine Cholesky-Zerlegung $COR = C \cdot C^T$ mit einer unteren Dreiecksmatrix C durchzuführen. Dann erzeugen wir einen Vektor $(y_1, y_2, \ldots, y_n)$ von voneinander unabhängigen standard-normalverteilten Zufallszahlen. Den Vektor $(x_1, x_2, \ldots, x_n)$ erhalten wir, indem wir die Cholesky-Matrix C mit dem Vektor $(y_1, y_2, \ldots, y_n)$ multiplizieren.

ad 3)
Prinzipiell ist es klar, wie unter Voraussetzung der neuen Ratings für die einzelnen Kreditnehmer der sich für dieses Szenario ergebende Wert A_1 zu berechnen ist. Es gibt lediglich eine Unwägbarkeit dabei: Im Fall dass einer der Rendite-Werte x_i so klein ist, dass er zum Rating D für den Kreditnehmer K_i führt, dann ist nicht klar mit welchem Wert $A_1(K_i)$ wir in diesem Szenario zu rechnen haben. Von der konkreten Recovery Rate kennen wir auf Basis der Sicherheitsklasse, der K_i angehört,

nur deren Mittelwert und deren Standardabweichung aber nicht deren konkreten Wert. Hier bleibt uns nichts anderes übrig, als diesen Wert noch einmal mittels einer Zufallsvariablen bestimmen. Der dabei erzeugte (normierte (!)) Zufallswert für $A_1(K_i)$ sollte sinnvoller Weise irgendwo zwischen 0 und 100 liegen und einen Mittelwert und eine Standardabweichung besitzen, die dem Mittelwert und der Standardabweichung der jeweiligen Recovery Rate entsprechen. J.P. Morgan schlägt hierfür eine Generierung eines Zufallswertes mittels einer **Beta-Verteilung** vor. Wie die Erzeugung von Zufallszahlen bezüglich beliebiger vorgegebener Verteilungen zu bewerkstelligen ist, wurde bereits in Kapitel 6.23 erläutert. Wir brauchen daher hier nur beizusteuern, welche Form, welche Parameter und welche Dichte die Beta-Verteilung besitzt.

Die Beta-Verteilung:
Die Beta-Verteilung erweist sich immer dann als sehr praktisch, wenn Zufallszahlen benötigt werden, die in einem bestimmten Bereich $[a, b]$ liegen und einen vorgegebenen Mittelwert M und eine vorgegebene Standardabweichung S besitzen sollen.

Wir werden im Folgenden zeigen, wie mittels der Beta-Verteilung Zufallszahlen z auf dem Intervall $[0, 1]$ erzeugt werden können mit Mittelwert μ und Standardabweichung σ. Wenn wir das beherrschen, dann ist die allgemeine Aufgabe auf folgende Weise zu leicht zu meistern:

Wir erzeugen beta-verteilte Zufallszahlen x in $[0, 1]$ mit Erwartungswert $\mu = \frac{M-a}{b-a}$ und mit Standardabweichung $\sigma = \frac{S}{b-a}$. Dann setzt man $y := a + (b - a) \cdot x$ und y liegt in $[a, b]$, hat Erwartungswert M und Standardabweichung S, wovon man sich leicht überzeugt.

Die Dichte einer Beta-Verteilung hängt von zwei Parametern $p > 0$ und $q > 0$ ab, wird mit $B_{p,q}(x)$ bezeichnet und ist von der Form $B_{p,q}(x) = \frac{x^{p-1} \cdot (1-x)^{q-1}}{\int_0^1 u^{p-1} \cdot (1-u)^{q-1} du}$ für $x \in [0, 1]$ und $B_{p,q}(x) = 0$ für x außerhalb des Einheitsintervalls.

Der Erwartungswert μ der Beta-Verteilung ist $\mu = \frac{p}{p+q}$ und die Standardabweichung σ ist gegeben durch $\sigma^2 = \frac{pq}{(p+q+1) \cdot (p+q)^2}$.

Für gegebene (gewünschte) Parameter μ und σ^2 als Erwartungswert und Varianz der Beta-Verteilung sind p und q geeignet zu wählen. Und zwar erhält man aus den Gleichungen $\mu = \frac{p}{p+q}$ und $\sigma^2 = \frac{pq}{(p+q+1) \cdot (p+q)^2}$ die Gleichungen $p = \frac{\mu^2 - \mu^3 - \mu \cdot \sigma^2}{\sigma^2}$ und $q = (1 - \mu) \cdot \frac{\mu - \mu^2 - \sigma^2}{\sigma^2}$.

In Abbildung 8.26 sehen wir die Dichtefunktion $B_{p,q}(x)$ für einige verschiedene Werte von p und q. Es ist:

blaue Kurve:	$p = 2/q = 2,$	$\mu = 0.5/\sigma = 0.2236$
rote Kurve:	$p = 3/q = 3,$	$\mu = 0.5/\sigma = 0.18898$
grüne Kurve:	$p = 2/q = 3,$	$\mu = 0.4/\sigma = 0.2$
türkise Kurve:	$p = 3/q = 2,$	$\mu = 0.6/\sigma = 0.2$
magenta Kurve:	$p = 0.5/q = 2,$	$\mu = 0.2/\sigma = 0.2138$
gelbe Kurve:	$p = 2/q = 0.5,$	$\mu = 0.8/\sigma = 0.2138$
schwarze Kurve:	$p = 0.5/q = 0.5,$	$\mu = 0.5/\sigma = 0.3536$
olivgrüne Kurve:	$p = 0.5/q = 0.1,$	$\mu = 0.8333/\sigma = 0.2946$

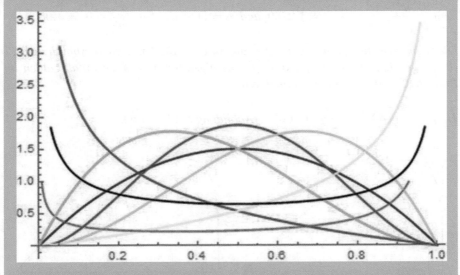

Abbildung 8.26: Dichtefunktion $B_{p,q}(x)$ der Beta-Funktion für verschiedene Werte p und q

Aufgrund von $\mu = \frac{p}{p+q}$ und $p > 0$ und $q > 0$ sieht man sofort, dass μ beliebige Werte (echt) zwischen 0 und 1 annehmen kann. Sehr kleines q gibt einen Mittelwert nahe 1 und sehr großes q gibt einen Mittelwert nahe 0.

Für vorgegebenes μ echt zwischen 0 und 1 erkennt man aus den Formeln $p = \frac{\mu^2 - \mu^3 - \mu\sigma^2}{\sigma^2}$ und $q = (1 - \mu) \cdot \frac{\mu - \mu^2 - \sigma^2}{\sigma^2}$, dass man genau dann geeignete Parameter $p > 0$ und $q > 0$ finden kann, wenn σ^2 so gewählt ist, dass σ^2 natürlich größer 0 ist und so, dass $\mu - \mu^2 - \sigma^2 > 0$ gilt, also dass $\sigma^2 < \mu - \mu^2$ erfüllt ist.

Also fassen wir zusammen:
Für jedes μ mit $0 < \mu < 1$ und jedes σ^2 mit $\sigma^2 < \mu - \mu^2$ gibt es positive Parameter p und q, so dass die zugehörige Beta-Verteilung Mittelwert μ und Varianz σ^2 hat.

Beispiel 8.4. *Wollen wir etwa eine Recovery Rate für einen Kredit der Sicherheitsklasse „Senior Subordinated" simulieren, dann entnehmen wir der Tabelle aus Abbildung 8.21 den Mittelwert der Recovery Rate 38.52% und die Standardabweichung der Recovery Rate 23.81%.*

Die simulierten Werte sollen im Bereich $[0, 100]$ *liegen. Wir werden daher betaverteilte Zufallszahlen im Bereich* $[0, 1]$ *mit* $\mu = 0.3852$ *und mit* $\sigma = 0.2381$ *erzeugen. Dies ist möglich, da* $0.2381^2 < 0.3852 - 0.3852^2$ *ist. Für die Parameter* p *und* q *haben wir die folgenden Werte zu wählen:*

$$p = \frac{\mu^2 - \mu^3 - \mu\sigma^2}{\sigma^2} = 1.2239 \ \ und \ \ q = (1 - \mu) \cdot \frac{\mu - \mu^2 - \sigma^2}{\sigma^2} = 1.9534$$

Die zughörige Dichtefunktion $B_{p,q}(x)$ *auf* $[0, 1]$ *hat die Form wie in Abbildung 8.27 (links) gezeigt. Die Dichtefunktion für die eigentlich gesuchten Zufallszahlen im Bereich* $[0, 100]$ *erhält man dann durch*

$$\widetilde{B}_{p,q}(x) := \frac{B_{p,q}\left(\frac{x}{100}\right)}{100} \ \ auf \ [0, 100] \ \ \ \ (Abbildung \ 8.27, \ rechts).$$

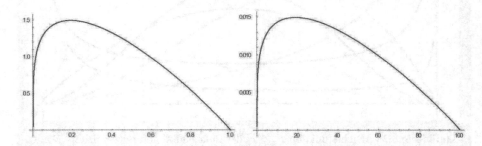

Abbildung 8.27: Zugrundeliegende Dichtefunktion der Betaverteilung für die Simulation der Recovery-Rates eines „Senior Subordinated" Kredits links und eigentliche Dichtefunktion rechts

In [3] wird übrigens eine Kombination aus Monte Carlo und Quasi-Monte Carlo-Methode zur näherungsweisen Bestimmung des Perzentils eingesetzt, die sich in manchen Situationen als eindeutig vorteilhaft erweist und in keinem Fall schlechter als reines MC oder reines QMC abschneidet.

8.18 Credit Metrics, Teil VIII: Detailliertes Beispiel mit Varianten

In diesem Kapitel wollen wir ein ganz konkretes Beispiel eines Kredit-Portfolios analysieren und (auf Basis der gewählten Daten) mittels der Methode von J.P. Morgan das Risiko des Portfolios analysieren. Dies werden wir in drei Varianten, für drei verschiedene Abhängigkeitsstrukturen zwischen den Krediten, also für drei verschiedene Korrelationsmatrizen, bei sonst gleichbleibenden Parametern durchführen.

Wir starten damit, dass wir die doch relativ umfangreichen benötigten Parameter für das zu bearbeitende Beispiel bereitstellen. Wir beginnen dazu mit den benötigten Zinssätzen $f_{0,k}{}^Y$. Wir verwenden dafür die nachfolgende Tabelle:

Zinssätze $f_{0,k}{}^Y$:

Y/k	1	2	3	4	5	6	7	8	9	10
AAA	- 0.4	- 0.2	0	0.1	0.2	0.4	0.7	1.0	1.2	1.4
AA	- 0.2	- 0.1	0.2	0.4	0.5	0.7	0.9	1.2	1.4	1.6
A	0	0	0.3	0.6	0.7	0.9	1.2	1.5	1.7	1.8
BBB	0.2	0.4	0.8	1.0	1.3	1.5	1.7	1.8	2.0	2.3
BB	0.5	0.9	1.2	1.4	1.8	2.1	2.4	2.7	2.9	3.1
B	0.8	1.1	1.4	1.7	2.0	2.3	2.7	2.9	3.2	3.5
CCC	1.5	1.7	1.8	2.2	2.5	2.8	3.0	3.5	3.8	4.2

Wir berechnen hier gleich einmal die Forward Rates $f_{1,t}{}^{(Y)} := \left(\frac{\left(1+f_{0,t}{}^{(Y)}\right)^t}{\left(1+f_{0,1}{}^{(Y)}\right)} \right)^{\frac{1}{t-1}} - 1$ für $Y = AAA, AA, A, BBB, BB, B, CCC$ und $t = 2, 3, \ldots, 10$ und erhalten die (auf drei Kommastellen gerundeten) Werte

Forward Zinssätze $f_{1,k}{}^{(Y)}$:

Y/k	2	3	4	5	6	7	8	9	10
AAA	0.	0.2	0.267	0.35	0.56	0.884	1.201	1.401	1.601
AA	0.	0.4	0.6	0.675	0.88	1.084	1.401	1.601	1.801
A	0.	0.45	0.8	0.875	1.08	1.401	1.716	1.914	2.001
BBB	0.6	1.101	1.268	1.576	1.762	1.952	2.03	2.227	2.536
BB	1.301	1.551	1.701	2.127	2.423	2.72	3.018	3.204	3.393
B	1.4	1.701	2.001	2.302	2.602	3.02	3.203	3.503	3.804
CCC	1.9	1.95	2.434	2.751	3.061	3.252	3.788	4.091	4.504

Recovery Rates und Rating-Übergangswahrscheinlichkeiten und damit auch die Schranken $\overline{Z}_Y^X$ verwenden wir so, wie in den Tabellen in den Abbildungen 8.21, 8.23 und 8.24 angegeben. Wir führen die Tabellen hier der Vollständigkeit halber noch einmal an:

Recovery Rates:

Seniority Class	Mean (%)	Standard Deviation (%)
Senior Secured	53.80	26.86
Senior Unsecured	51.13	25.45
Senior Subordinated	38.52	23.81
Subordinated	32.74	20.18
Junior Subordinated	17.09	10.90

Wir bezeichnen im Folgenden die Sicherheitsklassen der obigen Reihenfolge nach mit den Zahlen 1, 2, 3, 4 und 5.

Rating-Übergangs-Wahrscheinlichkeiten $p_{X,Y}$:

Initial rating	Rating at year-end (%)							
	AAA	AA	A	BBB	BB	B	CCC	Default
AAA	90.81	8.33	0.68	0.06	0.12	0	0	0
AA	0.70	90.65	7.79	0.64	0.06	0.14	0.02	0
A	0.09	2.27	91.05	5.52	0.74	0.26	0.01	0.06
BBB	0.02	0.33	5.95	86.93	5.30	1.17	0.12	0.18
BB	0.03	0.14	0.67	7.73	80.53	8.84	1.00	1.06
B	0	0.11	0.24	0.43	6.48	83.46	4.07	5.20
CCC	0.22	0	0.22	1.30	2.38	11.24	64.86	19.79

Schranken $\overline{Z}_Y^X$:

Rating X	Rating Y						
	AA	A	BBB	BB	B	CCC	Default
AAA	-1.329	-2.382	-2.911	-3.036	-1000	$-\infty$	$-\infty$
AA	2.454	-1.963	-2.382	-2.848	-2.948	-3.540	$-\infty$
A	3.130	1.985	-1.507	-2.300	-2.716	-3.195	-3.239
BBB	3.542	2.697	1.530	-1.493	-2.178	-2.748	-2.911
BB	3.473	2.937	2.393	1.368	-1.232	-2.041	-2.304
B	∞	3.037	2.688	2.414	1.456	-1.324	-1.626
CCC	2.875	2.875	2.634	2.115	1.739	1.022	-0.849

Zur Veranschaulichung der Methode und der prinzipiellen Vorgangsweise beschränken wir uns auf ein Portfolio aus lediglich 20 Krediten $K_1, K_2, \ldots, K_{20}$. Alle Kredite seien in Euro notiert. Als Parameter für die einzelnen Kredite wählen wir die folgenden Daten (die jetzt schon in den Spalten $A_0(K_i)$ und $E(A_1(K_i))$ eingetragenen und rot markierten Werte werden wir tatsächlich erst später berechnen):

Kredit-Parameter:

	Nominale N_j	Rating X_i	Laufzeit T_i	Coupon $C_i\%$	Sicherheits-Klasse	$A_0(K_i)$	$E(A_1(K_i))$
K_1	300.000	BB	4	1	1	295.435	292.582
K_2	500.000	A	6	3	1	562.042	545.721
K_3	300.000	CCC	2	0.5	1	292.982	269.573
K_4	300.000	AA	7	0.5	1	292.046	289.416
K_5	700.000	BB	3	0	2	675.392	675.735
K_6	500.000	AA	3	4	2	556.972	535.757
K_7	500.000	AAA	8	0.2	2	469.587	465.987
K_8	700.000	B	6	1	2	650.220	633.337
K_9	900.000	A	5	1	3	913.549	902.601
K_{10}	500.000	AAA	5	0.5	3	507.515	502.326
K_{11}	700.000	B	5	3	3	734.183	695.670
K_{12}	900.000	CCC	2	5	3	958.006	813.426
K_{13}	300.000	BB	6	5	4	350.111	334.945
K_{14}	900.000	AA	3	3	4	975.568	946.437
K_{15}	300.000	A	10	2	4	307.287	300.243
K_{16}	900.000	BBB	8	4	4	1.051.561	1.013.874
K_{17}	300.000	AAA	4	0.5	5	304.809	301.789
K_{18}	900.000	A	5	2	5	957.947	937.827
K_{19}	700.000	B	3	5	5	773.939	712.621
K_{20}	300.000	AAA	3	0.25	5	302.256	300.173

Schließlich benötigen wir noch eine Korrelationsmatrix für die Renditen der Asset Values der Kreditnehmer. Das heißt, wir benötigen eine positiv definite 20×20-Matrix. Die a priori Generierung einer solchen positiv-definiten 20×20-Matrix ist eine gar nicht so einfache Aufgabe. Wir wollen daher für Interessierte in einem Einschub im folgenden Kapitel eine mögliche Vorgangsweise und ein entsprechendes Generierungsprogramm in unserer Software detaillierter beschreiben.

Für unser Beispiel werden wir drei verschiedene Abhängigkeitsstrukturen betrachten. In **Fall 1** werden wir voneinander unabhängige Kredite betrachten, die verwendete Korrelationsmatrix COR_1 wird also die 20×20-Einheitsmatrix sein. Ebenso wird dann die zugehörige Cholesky-Zerlegungsmatrix C_1 die 20×20-Einheitsmatrix sein.

In **Fall 2** werden wir eine Korrelationsmatrix COR_2 mit hauptsächlich deutlich positiven Abhängigkeiten verwenden. Konkret wird das die folgende Matrix (zur besseren Darstellung hier mit gerundeten Werten) sein:

```
1.   0.77 0.23 0.53 0.96 0.64 0.42 0.12 0.07 0.43 0.91 0.12 0.49 0.49 0.79 0.67 0.85 0.46 0.26 0.72
0.77 1.   0.38 0.67 0.79 0.7  0.64 0.36 0.62 0.39 0.84 0.57 0.53 0.89 0.67 0.93 0.91 0.78 0.46 0.67
0.23 0.38 1.   0.62 0.25 0.4  0.4  0.45 0.32 0.82 0.43 0.79 0.28 0.39 0.6  0.58 0.5  0.74 0.54 0.79
0.53 0.67 0.62 1.   0.55 0.63 0.87 0.69 0.62 0.68 0.75 0.75 0.64 0.75 0.64 0.76 0.77 0.77 0.54 0.83
0.96 0.79 0.25 0.55 1.   0.66 0.49 0.22 0.14 0.51 0.93 0.19 0.52 0.54 0.81 0.71 0.88 0.55 0.48 0.74
0.64 0.7  0.4  0.63 0.66 1.   0.75 0.68 0.44 0.49 0.72 0.5  0.86 0.64 0.8  0.7  0.82 0.7  0.46 0.67
0.42 0.64 0.4  0.87 0.49 0.75 1.   0.88 0.74 0.56 0.66 0.72 0.81 0.81 0.58 0.71 0.75 0.75 0.62 0.66
0.12 0.36 0.45 0.69 0.22 0.68 0.88 1.   0.64 0.59 0.41 0.73 0.83 0.6  0.52 0.5  0.53 0.7  0.67 0.53
0.07 0.62 0.32 0.62 0.14 0.44 0.74 0.64 1.   0.23 0.35 0.8  0.45 0.87 0.19 0.7  0.5  0.74 0.5  0.3
0.43 0.39 0.82 0.68 0.51 0.49 0.56 0.59 0.23 1.   0.65 0.65 0.5  0.39 0.79 0.59 0.65 0.75 0.74 0.9
0.91 0.84 0.43 0.75 0.93 0.72 0.66 0.41 0.35 0.65 1.   0.43 0.64 0.68 0.87 0.83 0.95 0.73 0.54 0.85
0.12 0.57 0.79 0.75 0.19 0.5  0.72 0.73 0.8  0.65 0.43 1.   0.48 0.76 0.47 0.74 0.58 0.88 0.66 0.64
0.49 0.53 0.28 0.64 0.52 0.86 0.81 0.83 0.45 0.5  0.64 0.48 1.   0.61 0.74 0.57 0.7  0.63 0.44 0.6
0.49 0.89 0.39 0.75 0.54 0.64 0.81 0.6  0.87 0.39 0.68 0.76 0.61 1.   0.52 0.89 0.81 0.83 0.53 0.58
0.79 0.67 0.6  0.64 0.81 0.8  0.58 0.52 0.19 0.79 0.87 0.47 0.74 0.52 1    0.73 0.88 0.74 0.56 0.9
0.67 0.93 0.58 0.76 0.71 0.7  0.71 0.5  0.7  0.59 0.83 0.74 0.57 0.89 0.73 1.   0.91 0.91 0.61 0.77
0.85 0.91 0.5  0.77 0.88 0.82 0.75 0.53 0.5  0.65 0.95 0.58 0.7  0.81 0.88 0.91 1.   0.83 0.61 0.85
0.46 0.78 0.74 0.77 0.55 0.7  0.75 0.7  0.74 0.75 0.73 0.88 0.63 0.83 0.74 0.91 0.83 1.   0.78 0.8
0.26 0.46 0.54 0.54 0.48 0.46 0.62 0.67 0.5  0.74 0.54 0.66 0.44 0.53 0.56 0.61 0.61 0.78 1.   0.62
0.72 0.67 0.79 0.83 0.74 0.67 0.66 0.53 0.3  0.9  0.85 0.64 0.6  0.58 0.9  0.77 0.85 0.8  0.62 1.
```

Die zugehörige Cholesky-Matrix C_2 ist die folgende Matrix (wieder zur besseren Darstellung mit gerundeten Werten):

```
1.   0.   0.   0.   0.   0.   0.   0.   0.   0.   0.   0.   0.   0.   0.   0.   0.   0.   0.  0.
0.77 0.62 0.   0.   0.   0.   0.   0.   0.   0.   0.   0.   0.   0.   0.   0.   0.   0.   0.  0.
0.23 0.32 0.91 0.   0.   0.   0.   0.   0.   0.   0.   0.   0.   0.   0.   0.   0.   0.   0.  0.
0.53 0.41 0.39 0.61 0.   0.   0.   0.   0.   0.   0.   0.   0.   0.   0.   0.   0.   0.   0.  0.
0.96 0.07 0.   0.   0.25 0.   0.   0.   0.   0.   0.   0.   0.   0.   0.   0.   0.   0.   0.  0.
0.64 0.32 0.16 0.14 0.05 0.65 0.   0.   0.   0.   0.   0.   0.   0.   0.   0.   0.   0.   0.  0.
0.42 0.49 0.15 0.6  0.18 0.29 0.24 0.   0.   0.   0.   0.   0.   0.   0.   0.   0.   0.   0.  0.
0.12 0.42 0.31 0.52 0.29 0.49 0.19 0.22 0.   0.   0.   0.   0.   0.   0.   0.   0.   0.   0.  0.
0.07 0.9  0.   0.33 0.04 0.07 0.09 0.   0.19 0.   0.   0.   0.   0.   0.   0.   0.   0.   0.  0.
0.43 0.08 0.76 0.17 0.33 0.01 0.19 0.11 0.14 0.06 0.   0.   0.   0.   0.   0.   0.   0.   0.  0.
0.91 0.21 0.15 0.17 0.14 0.01 0.01 0.06 0.09 0.07 0.14 0.   0.   0.   0.   0.   0.   0.   0.  0.
0.12 0.75 0.56 0.23 0.07 0.07 0.12 0.05 0.   0.02 0.06 0.06 0.   0.   0.   0.   0.   0.   0.  0.
0.49 0.23 0.09 0.38 0.09 0.59 0.17 0.36 0.01 0.03 0.02 0.01 0.03 0.   0.   0.   0.   0.   0.  0.
0.49 0.08 0.01 0.22 0.01 0.03 0.19 0.05 0.   0.02 0.   0.   0.01 0.04 0.   0.   0.   0.   0.  0.
0.79 0.09 0.42 0.01 0.16 0.27 0.07 0.21 0.07 0.   0.04 0.05 0.1  0.   0.04 0.   0.   0.   0.  0.
0.67 0.65 0.23 0.06 0.07 0.01 0.02 0.01 0.14 0.05 0.01 0.07 0.02 0.02 0.09 0.11 0.   0.   0.  0.
0.85 0.4  0.18 0.12 0.15 0.13 0.1  0.01 0.04 0.04 0.03 0.02 0.06 0.   0.02 0.   0.   0.   0.  0.
0.46 0.66 0.45 0.1  0.22 0.12 0.07 0.11 0.18 0.04 0.03 0.   0.   0.   0.   0.   0.01 0.   0.  0.
0.26 0.41 0.37 0.13 0.76 0.05 0.05 0.03 0.08 0.   0.   0.   0.   0.   0.   0.   0.   0.   0.  0.
0.72 0.18 0.61 0.2  0.11 0.01 0.08 0.06 0.   0.   0.   0.   0.01 0.   0.   0.01 0.   0.   0.  0.
```

In **Fall 3** schließlich werden wir eine Korrelationsmatrix COR_3 mit relativ vielen negativen Abhängigkeiten verwenden. Konkret wird das die folgende Matrix (zur besseren Darstellung hier mit gerundeten Werten) sein:

```
1.    0.72  -0.93 0.78  0.76  -0.65 -0.32 0.17  0.07  0.36  -0.43 -0.73 0.89  -0.68 -0.01 0.33  -0.39 -0.82 0.5   -0.65
0.72  1.    -0.45 0.15  0.89  -0.32 -0.46 -0.19 0.68  0.42  -0.46 -0.3  0.89  0.02  -0.5  0.07  -0.07 -0.57 0.88  -0.84
-0.93 -0.45 1.    -0.9  -0.49 0.56  0.36  -0.17 0.29  -0.26 0.17  0.88  -0.73 0.84  -0.18 -0.39 0.27  0.67  -0.3  0.48
0.78  0.15  -0.9  1.    0.36  -0.61 0.01  0.44  -0.47 0.18  -0.33 -0.75 0.48  -0.97 0.4   0.49  0.15  -0.67 -0.07 -0.1
0.76  0.89  -0.49 0.36  1.    -0.57 -0.12 0.09  0.62  0.34  -0.74 -0.22 0.81  -0.18 -0.37 0.16  -0.36 -0.72 0.59  -0.66
-0.65 -0.32 0.56  -0.61 -0.57 1.    -0.3  -0.58 -0.08 -0.06 0.45  0.2   -0.44 0.63  -0.24 0.08  0.    0.85  0.05  0.35
-0.32 -0.46 0.36  0.01  -0.12 -0.3  1.    0.64  -0.02 -0.12 -0.42 0.54  -0.48 -0.07 0.41  -0.01 0.76  -0.19 -0.65 0.65
0.17  -0.19 -0.17 0.44  0.09  -0.58 0.64  1.    -0.23 0.22  -0.41 0.15  0.01  -0.47 0.48  0.03  0.45  -0.55 -0.39 0.37
0.07  0.68  0.29  -0.47 0.62  -0.08 -0.02 -0.23 1.    0.27  -0.5  0.42  0.35  0.6   -0.55 -0.2  -0.41 -0.19 0.6   -0.47
0.36  0.42  -0.26 0.18  0.34  -0.06 -0.12 0.22  0.27  1.    -0.45 -0.21 0.49  -0.05 -0.09 0.59  -0.33 -0.39 0.54  -0.11
-0.43 -0.46 0.17  -0.33 -0.74 0.45  -0.42 -0.41 -0.5  -0.45 1.    -0.07 -0.44 0.15  -0.08 -0.42 -0.22 0.57  -0.16 0.01
-0.73 -0.3  0.88  -0.75 -0.22 0.2   0.54  0.15  0.42  -0.21 -0.07 1.    -0.59 0.7   -0.1  -0.51 0.33  0.37  -0.31 0.4
0.89  0.89  -0.73 0.48  0.81  -0.44 -0.48 0.01  0.35  0.49  -0.44 -0.59 1.    -0.33 -0.21 0.22  -0.61 -0.69 0.77  -0.76
-0.68 0.02  0.84  -0.97 -0.18 0.63  -0.07 -0.47 0.6   -0.05 0.15  0.7   -0.33 1.    -0.53 -0.37 -0.22 0.59  0.23  0.03
-0.01 -0.5  -0.18 0.4   -0.37 -0.24 0.41  0.48  -0.55 -0.09 0.08  -0.1  -0.21 -0.53 1.    0.01  0.54  -0.15 -0.52 0.47
0.33  0.07  -0.39 0.49  0.16  0.08  -0.01 0.03  -0.02 0.59  -0.42 -0.51 0.22  -0.37 0.01  1.    0.11  -0.18 0.13  0.19
-0.39 -0.7  0.27  0.15  -0.36 0.    0.76  0.45  -0.41 -0.33 -0.22 0.33  -0.61 -0.22 0.54  0.11  1.    0.18  -0.85 0.85
-0.82 -0.57 0.67  -0.67 -0.72 0.85  -0.19 -0.55 -0.19 -0.39 0.57  0.37  -0.69 0.59  -0.15 -0.18 0.18  1.    -0.29 0.42
0.5   0.88  -0.3  -0.07 0.59  0.05  -0.65 -0.39 0.6   0.54  -0.16 -0.31 0.77  0.23  -0.52 0.13  -0.85 -0.29 1.    -0.76
-0.65 -0.84 0.48  -0.1  -0.66 0.35  0.65  0.37  -0.47 -0.11 0.01  0.4   -0.76 0.03  0.47  0.19  0.85  0.42  -0.76 1.
```

Und die zugehörige Cholesky-Matrix C_3 ist die folgende Matrix (wieder zur besseren Darstellung mit gerundeten Werten):

1.	0.	0.	0.	0.	0.	0.	0.	0.	0.	0.	0.	0.	0.	0.	0.	0.	0.	0.	0.
0.72	0.69	0.	0.	0.	0.	0.	0.	0.	0.	0.	0.	0.	0.	0.	0.	0.	0.	0.	0.
-0.93	0.31	0.2	0.	0.	0.	0.	0.	0.	0.	0.	0.	0.	0.	0.	0.	0.	0.	0.	0.
0.78	-0.6	0.08	0.15	0.	0.	0.	0.	0.	0.	0.	0.	0.	0.	0.	0.	0.	0.	0.	0.
0.76	-0.48	0.34	0.08	0.19	0.	0.	0.	0.	0.	0.	0.	0.	0.	0.	0.	0.	0.	0.	0.
-0.65	0.21	-0.48	0.48	-0.27	0.08	0.	0.	0.	0.	0.	0.	0.	0.	0.	0.	0.	0.	0.	0.
-0.32	-0.33	0.86	-0.07	-0.05	0.07	0.16	0.	0.	0.	0.	0.	0.	0.	0.	0.	0.	0.	0.	0.
0.17	-0.45	0.66	-0.13	-0.19	-0.4	-0.09	0.33	0.	0.	0.	0.	0.	0.	0.	0.	0.	0.	0.	0.
0.07	0.91	0.33	-0.1	0.05	-0.03	0.05	-0.19	0.01	0.	0.	0.	0.	0.	0.	0.	0.	0.	0.	0.
0.36	0.23	0.06	0.19	-0.47	-0.61	0.33	-0.16	0.08	0.19	0.	0.	0.	0.	0.	0.	0.	0.	0.	0.
-0.43	-0.22	-0.74	-0.36	-0.12	0.19	-0.13	0.17	0.07	0.01	0.08	0.	0.	0.	0.	0.	0.	0.	0.	0.
-0.73	0.33	0.51	-0.14	0.06	-0.11	-0.12	0.1	0.14	-0.09	0.02	0.	0.	0.	0.	0.	0.	0.	0.	0.
0.89	0.35	-0.08	0.02	-0.11	-0.12	-0.08	0.01	0.07	-0.02	-0.16	-0.09	0.03	0.	0.	0.	0.	0.	0.	0.
-0.68	0.73	-0.05	0.01	-0.05	-0.02	0.01	0.01	-0.01	0.02	-0.02	-0.02	-0.01	0.01	0.	0.	0.	0.	0.	0.
-0.01	-0.71	0.2	-0.18	-0.37	0.	-0.18	-0.21	0.08	-0.25	-0.06	-0.07	0.35	-0.11	0.11	0.	0.	0.	0.	0.
0.33	-0.24	-0.03	0.64	-0.14	-0.14	0.56	-0.2	0.08	0.12	-0.02	-0.01	0.01	-0.11	0.11	0.	0.	0.	0.	0.
-0.39	-0.61	0.56	0.32	0.04	0.13	-0.17	-0.12	0.07	-0.05	-0.02	-0.01	-0.01	0.	0.	-0.01	0.	0.	0.	0.
-0.82	0.03	-0.45	0.28	0.09	0.06	-0.16	-0.09	0.12	-0.01	0.01	-0.01	0.	0.	0.	-0.01	0.	0.	0.	0.
0.5	0.74	-0.31	0.01	-0.26	-0.07	0.11	-0.01	0.05	0.01	-0.06	0.06	0.	-0.03	0.	-0.01	0.	-0.01	0.	0.
-0.65	-0.55	0.33	0.35	-0.22	-0.08	0.03	-0.01	0.01	0.	-0.01	-0.01	0.	0.	0.	-0.01	0.	0.	0.	0.

Die Gesamt-Nominale des Kredit-Portfolios beträgt übrigens 11.400.000 Euro.

Wir starten unsere Berechnungen mit der einfachen Übung der Bestimmung des momentanen Werts A_0 des Portfolios: Für jeden Kredit K_i ist $A_0(K_i)$ gegeben durch

$$A_0(K_i) = \frac{N_i}{100} \cdot \left(\frac{C_i}{\left(1 + f_{0,1}{}^{X_i}\right)^1} + \frac{C_i}{\left(1 + f_{0,2}{}^{X_i}\right)^2} + \frac{C_i}{\left(1 + f_{0,3}{}^{X_i}\right)^3} + \ldots + \right.$$
$$\left. + \frac{C_i}{\left(1 + f_{0,T_i-1}{}^{X_i}\right)^{T_i-1}} + \frac{C_i + 100}{\left(1 + f_{0,T_i}{}^{X_i}\right)^{T_i}} \right).$$

Wir erhalten damit für $A_0(K_i)$ die Werte, die wir bereits weiter oben in die Tabelle mit den Parametern der einzelnen Kredite eingetragen hatten. Die Summe dieser momentanen Kreditwerte ist der **momentane Portfoliowert** A_0 und ergibt den Gesamt-Portfolio-Wert **11.931.407 Euro**. Normiert auf Prozent der Nominale bedeutet dies **104.661 %**.

Im nächsten Schritt bestimmen wir die Werte $A_1(K_i, Y)$ für $i = 1, 2, \ldots, 20$ und $Y = AAA, AA, A, BBB, BB, B$ und CCC mittels

$$A_1(K_i, Y) = \frac{N_i}{100} \cdot \left(\frac{C_i}{\left(1 + f_{1,2}{}^Y\right)^1} + \frac{C_i}{\left(1 + f_{1,3}{}^Y\right)^2} + \ldots + \right.$$
$$\left. + \frac{C_i}{\left(1 + f_{1,T_i-1}{}^Y\right)^{T_i-2}} + \frac{C_i + 100}{\left(1 + f_{1,T_i}{}^Y\right)^{T_i-1}} \right)$$

$A_1(K_i, Y)$ **für** $i = 1, 2, \ldots, 20$ **und** $Y = AAA, AA, A, BBB, BB, B$ **und** CCC:

	AAA	AA	A	BBB	BB	B	CCC
K_1	306.571	303.579	301.808	297.676	293.913	291.367	287.736
K_2	560.411	552.117	547.042	530.050	514.297	510.035	499.473
K_3	301.498	301.499	301.500	299.700	297.626	297.6334	295.877
K_4	293.402	289.962	284.668	275.664	263.728	259.237	255.770
K_5	697.200	694.425	693.737	684.832	678.769	676.775	673.473
K_6	537.919	535.858	535.347	528.613	523.972	522.471	519.921
K_7	466.709	460.331	450.543	440.915	412.420	407.292	391.628
K_8	715.324	704.297	697.528	674.996	654.022	648.422	634.429
K_9	923.256	911.606	904.549	880.272	861.752	855.953	841.339
K_{10}	502.985	496.579	492.694	479.353	469.184	466.008	457.983
K_{11}	773.726	764.294	758.601	738.901	723.826	719.057	707.168
K_{12}	944.996	944.999	945.000	939.360	932.857	931.944	927.376
K_{13}	365.926	360.698	357.510	346.775	336.862	334.147	327.469
K_{14}	950.291	946.617	945.706	933.752	925.538	922.871	918.368
K_{15}	311.473	306.343	301.287	288.580	269.546	261.176	247.546
K_{16}	1.073.145	1.059.421	1.039.722	1.017.664	960.458	949.479	917.896
K_{17}	302.089	299.118	297.357	293.273	289.551	287.024	283.426
K_{18}	959 023	947.135	939.947	915.144	896.193	890.227	875 278
K_{19}	767.059	764.146	763.424	753.864	747.258	745.130	741.494
K_{20}	300.296	299.104	298.809	294.978	292.368	291.511	290.089

Mit Hilfe dieser Werte und mittels

$$
E\left(A_1(K_i)\right) = \sum_{Y \in Rat \backslash D} p_{X_i,Y} \cdot \frac{N_i}{100} \cdot \left(\frac{C_i}{\left(1 + f_{1,2}{}^Y\right)^1} + \frac{C_i}{\left(1 + f_{1,3}{}^Y\right)^2} + \dots + \right.
$$

$$
\left. + \frac{C_i}{\left(1 + f_{1,T_i-1}{}^Y\right)^{T_i-2}} + \frac{C_i + 100}{\left(1 + f_{1,T_i}{}^Y\right)^{T_i-1}} \right) + p_{X_i,D} \cdot R_i
$$

erhalten wir die Erwartungswerte der Werte der einzelnen Kredite K_i in einem Jahr. Diese Werte wurden bereits in der Liste der Parameter der Kredite oben in der letzten Spalte eingetragen.

Die Summe dieser Werte ergibt den **Erwartungswert $E(A_1)$** des Kredit-Portfolios in einem Jahr. Dieser beträgt **11.470.040 Euro**. Normiert auf Prozent der Nominale bedeutet dies **100.614 %**.

Wir werden die Volatilität $V(A_1)$ des Wertes des Kredit-Portfolios in einem Jahr nun nicht explizit berechnen, sondern wir werden diese Volatilität im Zuge der Monte-Carlo-Simulation für die Bestimmung des 1%-Perzentils mitbestimmen. Ebenso werden wir bei dieser Monte Carlo-Simulation auch noch einmal den Erwartungswert $E(A_1)$ näherungsweise mitbestimmen. Der hier jetzt exakt berechnete Erwartungswert wird uns dann als Benchmark für die Güte der Konvergenz der Monte Carlo-Simulation dienen.

Damit kommen wir nun also zur Monte Carlo-Simulation der Varianz von A_1 und des 1%-Perzentils von A_1 und folgen dazu dem im vorigen Kapitel beschriebenen

Algorithmus: Wir erzeugen dazu $M = 10.000$ Vektoren $(y_1, y_2, \ldots, y_{20})$ voneinander unabhängiger standard-normalverteilter Zufallszahlen. Jeden dieser Vektoren multiplizieren wir mit der jeweiligen Cholesky-Matrix C_1 (in Fall 1 ist keine Multiplikation nötig, da C_1 die 20×20-Einheitsmatrix ist), C_2 (in Fall 2) bzw. C_3 (in Fall 3) und erhalten dadurch $M = 10.000$ Vektoren $(x_1, x_2, \ldots, x_{20})$ standard-normalverteilter Zufallszahlen mit korrekter Korrelation.

Auf Basis jedes solchen Vektors, der ein mögliches Szenario von Renditen des asset values jedes Kreditnehmers repräsentiert, wird das neue Rating des Kreditnehmers nach einem Jahr unter Annahme dieses Szenarios berechnet. Dafür geht man zum Beispiel für den ersten Kredit K_1 und die zugehörige Asset Value Rendite x_1 so vor:

Man findet das momentane Rating von K_1, das BB ist. Daher hat man für das Weitere die Schrankenwerte $\overline{Z}_Y^{BB}$, also

$$\overline{Z}_{AAA}^{BB} = \infty, \overline{Z}_{AA}^{BB} = 3.473, \overline{Z}_A^{BB} = 2.937, \overline{Z}_{BBB}^{BB} = 2.393, \overline{Z}_{BB}^{BB} = 1.368,$$

$$\overline{Z}_B^{BB} = -1.232, \overline{Z}_{CCC}^{BB} = -2.041, \overline{Z}_D^{BB} = -2.304, Z_D^X := -\infty$$

heranzuziehen. Es wird dann festgestellt zwischen welchen zwei aufeinanderfolgenden der obigen Werte die Rendite x_1 liegt und erhält damit das neue Rating. Hat etwa x_1 den Wert 1.5, so liegt x_1 zwischen $\overline{Z}_{BB}^{BB}$ und $\overline{Z}_{BBB}^{BB}$. Das neue Rating lautet somit BBB.

Dadurch erhalten wir einen Vektor $(Y_1, Y_2, \ldots, Y_{20})$ neuer Ratings. Auf Basis dieser Ratings berechnen wir die in diesem Szenario auftretenden Werte $A_1(K_i, Y_i)$ mittels der gerade ein Stück weiter oben angeführten Formel

$$A_1(K_i, Y_i) = \frac{N_i}{100} \cdot \left(\frac{C_i}{\left(1 + f_{1,2}{}^{Y_i}\right)^1} + \frac{C_i}{\left(1 + f_{1,3}{}^{Y_i}\right)^2} + \ldots + \right.$$
$$\left. + \frac{C_i}{\left(1 + f_{1,T_i-1}{}^{Y_i}\right)^{T_i-2}} + \frac{C_i + 100}{\left(1 + f_{1,T_i}{}^{Y_i}\right)^{T_i-1}} \right).$$

Falls aber $Y_i = D$ ist, ist eine weitere Simulation des Wertes $A_1(K_i, D)$ mittels einer geeigneten beta-verteilten Zufallszahl nötig. Die benötigten beta-verteilten Zufallszahlen lassen wir mit Mathematica erzeugen. Allerdings benötigen wir dafür noch die geeigneten Parameter p und q. Je nachdem, welcher Sicherheitsklasse der Kredit K_i angehört, müssen wir ein anderes Set von Parametern p und q verwenden. In der folgenden Tabelle sehen wir die Parameter p und q, die für die jeweilige Sicherheitsklasse zu verwenden sind. (Wie diese p und q berechnet wurden, wurde am Ende des vorigen Kapitels erläutert.)

Parameter für die Beta-Verteilung in Abhängigkeit von der Sicherheitsklasse:

Seniority Class	p	q
Senior Secured	1.3155	1.1297
Senior Unsecured	1.4612	1.3966
Senior Subordinated	1.2239	1.9534
Subordinated	1.4430	2.9645
Junior Subordinated	1.8673	9.0588

Wir führen die Prozedur an Hand eines konkreten Szenarios für den Fall 2 (also mit der nicht-trivialen Cholesky-Matrix C_2) vor:

unkorrelierte standard-normalverteilte Zufallszahlen $(y_1, y_2, \ldots, y_{20}) =$

$\{-1.584, -1.183, -1.423, -1.092, 2.382, 1.611, 2.315, 0.629, -0.810, 1.091,$
$0.846, 0.135, -0.091, -0.525, 0.3405, 0.392, 1.628, -0.406, -0.124, -1.68\}$

korrelierte Asset Values $(x_1, x_2, \ldots, x_{20}) =$

$\{-1.584, -1.976, -2.062, -2.582, -1.002, -0.605, -0.672, 0.391, -1.284,$
$-0.754, -1.542, -1.433, 0.243, -1.428, -0.879, -2.014, -1.331, -1.393,$
$0.418, -1.912\}$

neue Ratings $(Y_1, Y_2, \ldots, Y_{20})(1 = AAA, \ldots, 8 = D)$:
$\{6, 4, 8, 4, 5, 2, 1, 6, 3, 1, 7, 8, 5, 2, 3, 5, 2, 3, 6, 2\}$

Werte $A_1(K_i, Y_i)$:
$\{291.368, 530.050, 198.459, 275.664, 678.770, 535.859, 466.710, 648.423,$
$904.549, 502.985, 707.168, 241.326, 336.862, 946.617, 301.288, 960.458,$
$299.118, 939.947, 745.131, 299.105\}$

Dabei sind der 3. und der 12. Wert durch Erzeugung jeweils einer beta-verteilten Zufallszahl im Bereich 0 bis 1 und Multiplikation dieser Zufallszahl mit der Nominale des Kredits entstanden. Die für die Erzeugung der betaverteilten Zufallszahl verwendeten Parameter hingen von den Sicherheitsklassen (1 bzw. 3) der beiden betroffenen Kredite ab.

Die Summe dieser 20 Werte ergibt den Gesamtwert des Kreditportfolios A_1 unter diesem Szenario in einem Jahr. In unserem Fall wäre das ein Wert von 10.809.877 Euro. Wir normieren diese Werte dann jeweils auf Prozent der Nominale 11.400.000. In unserem Fall ergibt das einen Prozentwert von 94.824%.

Auf diese Weise werden mittels Mathematica 10.000 solcher normierter Werte, wir nennen sie $A_1^{(1)}, A_1^{(2)}, \ldots, A_1^{(10000)}$, erzeugt. Über diese Werte wird das Mittel genommen und wir erhalten damit eine Näherung für den Erwartungswert $E(A_1)$. Die Qualität der Schätzung kann mittels des früher berechneten exakten Wertes für $E(A_1)$ überprüft werden. Von diesen Werten wird die Standardabweichung berechnet und wir erhalten damit eine Näherung für die Standardabweichung $\sigma(A_1)$.

Und schließlich wird von diesen Werten das 1%-Perzentil berechnet: Wir sortieren die Werte $A_1^{(1)}, A_1^{(2)}, \ldots, A_1^{(10000)}$ aufsteigend der Größe nach und wählen den 100sten Wert in dieser geordneten Wertefolge als Schätzung für das 1%-Perzentil.

Dies führen wir jetzt der Reihe nach für die drei zu bearbeitenden Fälle durch. Als erstes geben wir einfach einmal die jeweils sich ergebenden Simulationswerte für Erwartungswert (der sollte im Wesentlichen unabhängig von der Wahl der jeweiligen Korrelationsmatrix in etwa mit dem exakten Wert 100.614 übereinstimmen), Varianz und 1%-Perzentil (sowie den sich daraus ergebenden Eigenmittelvorschlag) an.

Dann anschließend werden wir aber auch die Konvergenz der Simulationsergebnisse illustrieren: In den jeweiligen Grafiken ist zu sehen, wie bei der konkreten Simulation mit insgesamt jeweils 10.000 Szenarien mit ansteigender Anzahl der Szenarien eine sichtliche Konvergenz der Ergebnisse eintritt. Insbesondere ist auch zu sehen, wie die Simulationsergebnisse für den Erwartungswert doch sehr rasch gegen den exakten Erwartungswert konvergieren.

Ergebnisse:

Fall 1:
Erwartungswert: 100.635
Standardabweichung: 2.905
1%-Perzentil: 91.021
Eigenmittel in Prozent der Nominale: A_0 minus $1\%-$Perzentil $= 104.661 - 91.021$
$= 13.64\%$

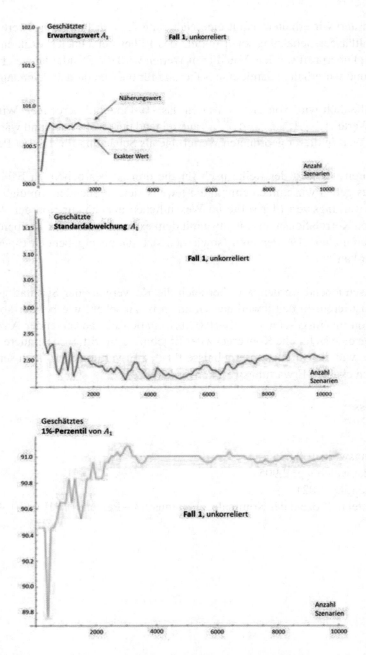

Abbildung 8.28: Konvergenzverhalten Erwartungswert, Standardabweichung und 1%-Perzentil von A_1 in Fall 1 des Beispiels

Fall 2:
Erwartungswert: 100.598
Standardabweichung: 4.327

1%-Perzentil: 84.080

Eigenmittel in Prozent der Nominale: A_0 minus $1\%-$Perzentil $= 104.661-84.080 = 20.58\%$

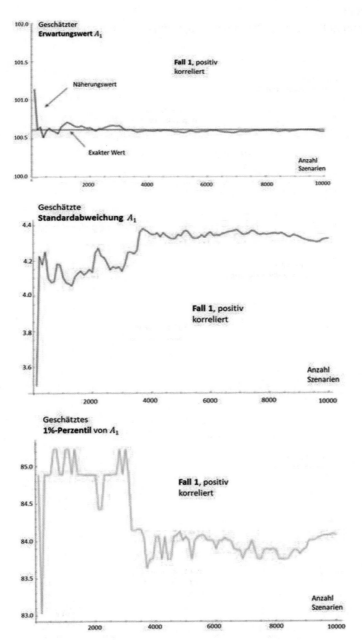

Abbildung 8.29: Konvergenzverhalten Erwartungswert, Standardabweichung und 1%-Perzentil von A_1 in Fall 2 des Beispiels

Fall 3:

Erwartungswert: 100.612

Standardabweichung: 3.079

1%-Perzentil: 91.205

Eigenmittel in Prozent der Nominale: A_0 minus $1\%-$Perzentil $= 104.661 - 91.205 = 13.46\%$

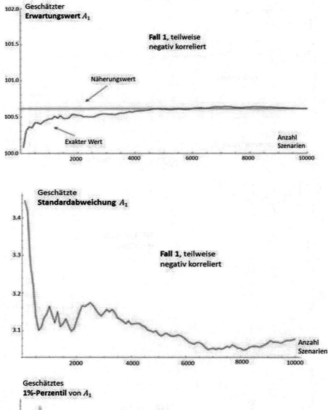

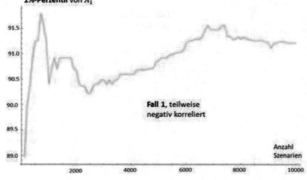

Abbildung 8.30: Konvergenzverhalten Erwartungswert, Standardabweichung und 1%-Perzentil von A_1 in Fall 3 des Beispiels

Während also Fall 1 und Fall 3 ziemlich ähnliche Resultate für Varianz und Perzentil liefern, ist die Varianz im Fall 2, also bei stärkerer positiver Korrelation der Asset Values der Kredite doch signifikant höher als in den beiden anderen Fällen und das 1%-Perzentil liegt deutlich niedriger. Es sind als höhere Verluste mit größerer Wahrscheinlichkeit möglich. Entsprechend höher ist hier in Fall 2 dann auch der Eigenmittelunterlegungs-Vorschlag.

8.19 Einschub: Erzeugung positiv definiter Zufalls-Korrelations-Matrizen

Dieser Paragraph und die zugehörige Software wurde von Lukas Wögerer erstellt.

Im Buch haben wir schon mehrmals mit Korrelationsmatrizen gearbeitet, unter anderem in Kapitel 4 sowie im vorangegangenen Abschnitt. Eine Matrix M kann dann als Korrelationsmatrix verwendet werden, wenn sie symmetrisch und positiv semidefinit ist, alle Einträge zwischen -1 und 1 liegen und die Einträge in der Hauptdiagonale alle gleich 1 sind. Im Folgenden beschäftigen wir uns mit der Erzeugung solcher Matrizen.

Methode 1:
Positiv semidefinite Matrizen lassen sich ziemlich schnell konstruieren, denn für jede beliebige reelle, quadratische Matrix A, in der in jeder Zeile mindestens ein Eintrag ungleich Null ist, ist das Produkt $B = A.A^{\mathsf{T}}$ symmetrisch und positiv-semidefinit. Im Allgemeinen ist das Ergebnis aber natürlich noch keine Korrelationsmatrix. Eine Normierung schafft dabei Abhilfe.

Wähle $D = diag\,(B)$, also eine Matrix die in der Diagonalen die Einträge von B und ansonsten nur Nullen enthält. Dann ist die Matrix $M = D^{-1/2}BD^{-1/2}$ symmetrisch, positiv semidefinit, ihre Diagonalelemente sind alle gleich 1 und die restlichen Einträge sind betragsmäßig nicht größer als 1. Damit ist die konstruierte Matrix M eine (positiv semidefinite) Korrelationsmatrix.

Beispiel:
Angenommen wir wollen eine 4×4 Korrelationsmatrix erzeugen. Zuerst wählen wir eine beliebige reelle 4×4 Matrix. In diesem Beispiel wählen wir dazu die Einträge unserer Matrix zufällig aus dem Intervall $[-1, 1]$.

$$A = \begin{pmatrix} 0.84 & -0.47 & -0.2 & 0.38 \\ 0.31 & 0.39 & 0.57 & 0.84 \\ 0.42 & -0.29 & 0.18 & 0.91 \\ -0.82 & 0.2 & 0.56 & 1 \end{pmatrix}$$

Wir berechnen weiters die Matrizen B sowie D und erhalten:

$$B = A.A^\mathsf{T} = \begin{pmatrix} 1.1109 & 0.2823 & 0.7989 & -0.5148 \\ 0.2823 & 1.2787 & 0.8841 & 0.983 \\ 0.7989 & 0.8841 & 1.121 & 0.6084 \\ -0.5148 & 0.983 & 0.6084 & 2.026 \end{pmatrix}$$

$$D^{-1/2} = diag(B)^{-1/2} = \begin{pmatrix} \frac{1}{\sqrt{1.1109}} & 0 & 0 & 0 \\ 0 & \frac{1}{\sqrt{1.2787}} & 0 & 0 \\ 0 & 0 & \frac{1}{\sqrt{1.121}} & 0 \\ 0 & 0 & 0 & \frac{1}{\sqrt{2.026}} \end{pmatrix}$$

Die mittels unserer Vorgehensweise erhaltene 4×4 Korrelationsmatrix hat damit die Form

$$M = D^{-1/2}BD^{-1/2} = \begin{pmatrix} 1 & 0.237 & 0.716 & -0.343 \\ 0.237 & 1 & 0.738 & 0.611 \\ 0.716 & 0.738 & 1 & 0.404 \\ -0.343 & 0.611 & 0.404 & 1 \end{pmatrix}$$

Leider hat diese Vorgehensweise einen großen Nachteil: Für sehr große Matrizen ist diese Methode nicht wirklich gut geeignet. Die Werte außerhalb der Diagonalen tendieren nämlich dazu, sehr klein zu werden. Wir konstruieren mit der gleichen Vorgehensweise eine 15×15 Korrelationsmatrix:

$$M = \begin{pmatrix} 1. & -0.01 & 0.37 & 0.15 & 0.53 & 0.19 & -0.16 & -0.14 & -0.12 & 0.44 & 0.07 & 0.02 & -0.49 & -0.13 & -0.14 \\ -0.01 & 1. & -0.14 & 0.17 & -0.09 & -0.13 & 0.32 & 0.29 & -0.64 & -0.05 & -0.49 & 0.25 & 0.09 & 0.12 & -0.55 \\ 0.37 & -0.14 & 1. & -0.05 & 0.04 & 0.09 & 0.18 & 0.06 & 0.61 & 0.21 & 0.02 & -0.04 & 0.15 & -0.27 & 0.16 \\ 0.15 & 0.17 & -0.05 & 1. & -0.31 & 0.29 & 0.32 & -0.23 & -0.4 & 0.21 & 0.29 & -0.13 & 0.31 & -0.09 & 0.06 \\ 0.53 & -0.09 & 0.04 & -0.31 & 1. & 0.43 & -0.03 & -0.53 & 0. & 0. & -0.13 & 0.1 & -0.42 & -0.1 & -0.2 \\ 0.19 & -0.13 & 0.09 & 0.29 & 0.43 & 1. & 0.25 & -0.72 & -0.09 & 0.01 & -0.1 & 0.04 & 0.04 & -0.13 & 0.02 \\ -0.16 & 0.32 & 0.18 & 0.32 & -0.03 & 0.25 & 1. & -0.32 & -0.27 & 0.06 & -0.22 & 0.43 & 0.33 & -0.23 & -0.18 \\ -0.14 & 0.29 & 0.06 & -0.23 & -0.53 & -0.72 & -0.32 & 1. & -0.01 & 0.06 & -0.15 & -0.15 & 0.21 & 0.07 & -0.27 \\ -0.12 & -0.64 & 0.61 & -0.4 & 0. & -0.09 & -0.27 & -0.01 & 1. & -0.19 & 0.2 & -0.23 & 0.13 & -0.03 & 0.57 \\ 0.44 & -0.05 & 0.21 & 0.21 & 0. & 0.01 & 0.06 & 0.06 & -0.19 & 1. & 0.44 & 0.11 & 0.05 & -0.28 & -0.13 \\ 0.07 & -0.49 & 0.02 & 0.29 & -0.13 & -0.1 & -0.22 & -0.15 & 0.2 & 0.44 & 1. & -0.33 & -0.1 & -0.49 & 0.19 \\ 0.02 & 0.25 & -0.04 & -0.13 & 0.1 & 0.04 & 0.43 & -0.15 & -0.23 & 0.11 & -0.33 & 1. & -0.12 & 0.27 & 0.03 \\ -0.49 & 0.09 & 0.15 & 0.31 & -0.42 & 0.04 & 0.33 & 0.21 & 0.13 & 0.05 & -0.1 & -0.12 & 1. & 0.12 & 0.15 \\ -0.13 & 0.12 & -0.27 & -0.09 & -0.1 & -0.13 & -0.23 & 0.07 & -0.03 & -0.28 & -0.49 & 0.27 & 0.12 & 1. & 0.43 \\ -0.14 & -0.55 & 0.16 & 0.06 & -0.2 & 0.02 & -0.18 & -0.27 & 0.57 & -0.13 & 0.19 & 0.03 & 0.15 & 0.43 & 1. \end{pmatrix}$$

Wir sehen, dass viele der Einträge nahe Null sind. Die betragsmäßig größte Korrelation liegt bei lediglich 0.72 und insgesamt liegen nur 14 Werte vor, die betragsmäßig oberhalb von 0.5 liegen.

Noch besser sieht man dieses Verhalten anhand der Verteilung der Matrixeinträge. Wir haben dazu je eine 20×20, 100×100 und 500×500 Korrelationsmatrix erzeugt und die Verteilungen der Einträge mit Hilfe von Histogrammen visualisiert.

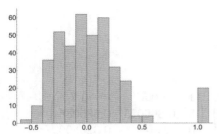
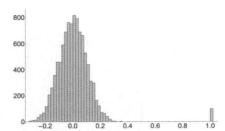

Emp. Verteilung der Einträge einer
20x20 Matrix

Emp. Verteilung der Einträge einer
100x100 Matrix

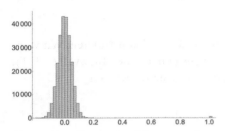

Emp. Verteilung der Einträge einer
500x500 Matrix

Abbildung 8.31: Empirische Verteilungen zufällig erzeugter 20x20, 100x100, 500x500
Korrelationsmatrizen

Die Einträge der Korrelationsmatrizen liegen alle um Null und je größer die gewünschte Matrix sein soll, desto stärker konzentrieren sie sich dort. Davon aus-
genommen sind natürlich die Diagonalelemente, die im Histogramm durch den
Balken am rechten Rand repräsentiert werden.

Diese Methode ist also weniger geeignet für große Matrizen. Zum Erzeugen kleiner Korrelationsmatrizen eignet sich eine solche Konstruktion hingegen gut, da sie
in nahezu allen Programmiersprachen schnell und einfach zu implementieren ist.

Methode 2:
Eine weitere Möglichkeit um Korrelationsmatrizen zu erzeugen ist das schrittweise
Vergrößern einer vorhandenen Korrelationsmatrix. Wir motivieren die Idee anhand
eines Beispiels:

Gegeben sei eine Korrelationsmatrix M der Dimension 3×3 sowie ihre Cholesky-
Zerlegung:

$$M = \begin{pmatrix} 1 & 0.5 & -0.7 \\ 0.5 & 1 & 0.2 \\ -0.7 & 0.2 & 1 \end{pmatrix}$$

$$= \begin{pmatrix} 1 & 0 & 0 \\ 0.5 & 0.866025 & 0 \\ -0.7 & 0.635085 & 0.326599 \end{pmatrix} \begin{pmatrix} 1 & 0.5 & -0.7 \\ 0 & 0.866025 & 0.635085 \\ 0 & 0 & 0.326599 \end{pmatrix}$$

Wir merken hier an, dass die Cholesky-Matrix C (für die $C^T \cdot C = M$ gilt) in der ersten Zeile stets mit M übereinstimmt (d.h. C^T stimmt in der ersten Spalte mit M überein).

Wir wollen daraus eine Korrelationsmatrix der Größe 4×4 konstruieren. Wir wählen dazu die erste Korrelation $\rho_{1,4}$ ganz beliebig aus dem offenen Intervall $(-1, 1)$, beispielsweise 0.8, und erweitern unsere Matrix um eine Dimension.

$$M = \begin{pmatrix} 1 & 0.5 & -0.7 & 0.8 \\ 0.5 & 1 & 0.2 & \rho_{2,4} \\ -0.7 & 0.2 & 1 & \rho_{3,4} \\ 0.8 & \rho_{2,4} & \rho_{3,4} & 1 \end{pmatrix}$$

$$= \begin{pmatrix} 1 & 0 & 0 & 0 \\ 0.5 & 0.866025 & 0 & 0 \\ -0.7 & 0.635085 & 0.326599 & 0 \\ 0.8 & x & y & z \end{pmatrix} \begin{pmatrix} 1 & 0.5 & -0.7 & 0.8 \\ 0 & 0.866025 & 0.635085 & x \\ 0 & 0 & 0.326599 & y \\ 0 & 0 & 0 & z \end{pmatrix}$$

Es gilt nun, die fehlenden zwei Korrelationen zu wählen. Dabei ist zu beachten, dass natürlich nicht jede beliebige Wahl eine Korrelationsmatrix liefert! Wir multiplizieren die rechte Seite aus und erhalten:

$$M = \begin{pmatrix} 1 & 0.5 & -0.7 & 0.8 \\ 0.5 & 1. & 0.2 & 0.866025x + 0.4 \\ -0.7 & 0.2 & 1. & 0.635085x + 0.326599y - 0.56 \\ 0.8 & 0.866025x + 0.4 & 0.635085x + 0.326599y - 0.56 & x^2 + y^2 + z^2 + 0.64 \end{pmatrix}$$

Vergleicht man die Einträge, lässt sich sofort die Restriktion $x^2 + y^2 + z^2 = 0.36$ ablesen. Insbesondere muss x im Intervall $[-0.6, 0.6]$ liegen. Damit $y, z \neq 0$ gilt, muss x sogar im offenen Intervall $(-0.6, 0.6)$ liegen.

Gemeinsam mit der Gleichung

$$\rho_{2,4} = 0.4 + 0.8665025 \cdot x$$

erhalten wir für die Wahl der nächsten Korrelation:

$$\rho_{2,4} \in (0.4 - 0.8665025 \cdot 0.6 \ , \ 0.4 + 0.8665025 \cdot 0.6) = (-0.119615, 0.919615)$$

Wir wählen beispielhaft $\rho_{2,4} = -0.1$

Auf genau die gleiche Art und Weise folgert man dann:

$$\rho_{3,4} \in (-0.98, -0.873)$$

Die Wahl $\rho_{3,4} = -0.95$ liefert in unserem Fall dann die Korrelationsmatrix

$$M = \begin{pmatrix} 1 & 0.5 & -0.7 & 0.8 \\ 0.5 & 1 & 0.2 & -0.1 \\ -0.7 & 0.2 & 1 & -0.95 \\ 0.8 & -0.1 & -0.95 & 1 \end{pmatrix}$$

$$= \begin{pmatrix} 1 & 0 & 0 & 0 \\ 0.5 & 0.866025 & 0 & 0 \\ -0.7 & 0.635085 & 0.326599 & 0 \\ 0.8 & -0.57735 & -0.07144 & 0.146842 \end{pmatrix} \cdot$$

$$\cdot \begin{pmatrix} 1 & 0.5 & -0.7 & 0.8 \\ 0 & 0.866025 & 0.635085 & -0.57735 \\ 0 & 0 & 0.326599 & -0.07144 \\ 0 & 0 & 0 & 0.146842 \end{pmatrix}$$

Bei dieser Vorgehensweise hat man im Gegensatz zur ersten Methode direkteren Einfluss auf die Korrelationen.

Im Allgemeinen lässt sich nun eine $n \times n$ Korrelationsmatrix folgendermaßen erweitern:

Gegeben: $M = (\rho_{ij}) \in \mathbb{R}^{n \times n}$ positiv definite Korrelationsmatrix

Schritt 1: Berechne Cholesky-Zerlegung $C = (c_{ij})$ von M und setze $\widetilde{C} = (\widetilde{c}_{ij}) = \mathbf{0} \in \mathbb{R}^{(n+1) \times (n+1)}$

Schritt 2: Setze $\widetilde{c}_{ij} := c_{ij}$ für alle $i, j = 1, ..., n$

Schritt 3: Wähle Korrelation $\rho_{1,n+1} \in (-1, 1)$ und setze $\widetilde{c}_{1,n+1} = \rho_{1,n+1}$

Schritt 4: Berechne schrittweise für $k = 2, ..., n$:

$$\alpha_k = \sum_{i=1}^{k-1} \widetilde{c}_{ik} \widetilde{c}_{i,n+1}$$

$$\beta_k = 1 - \sum_{i=1}^{k-1} \widetilde{c}_{i,n+1}^2$$

$$I_k = \left(\alpha_k - \widetilde{c}_{kk} \sqrt{\beta_k}, \, \alpha_k + \widetilde{c}_{kk} \sqrt{\beta_k} \right)$$

Wähle Korrelation $\rho_{k,n+1} \in I_k$ und setze $\tilde{c}_{k,n+1} = \frac{\rho_{k,n+1} - \alpha_k}{\tilde{c}_{kk}}$

Schritt 5: Berechne β_{n+1} analog zu β_k in Schritt 4, setze $\tilde{c}_{n+1,n+1} = \sqrt{\beta_{n+1}}$ und gib $\widetilde{M} = \tilde{C}^\mathsf{T} \tilde{C}$ zurück.

Die Erzeugung von (Zufalls-) Korrelations-Matrizen kann mit Hilfe unserer Software durchgeführt werden.

8.20   Credit Risk+, Teil I: Das Grundkonzept und die erwartete Anzahl von Kreditausfällen bei Annahme unabhängiger Kredite

Der Vorteil des von Credit Suisse First Boston entwickelten Systems Credit Risk+ liegt darin, dass es mit wesentlich weniger Grunddaten in Hinblick auf die Kredite im Kreditportfolio und die Zinsstrukturen ausfallgefährdeter Anleihen das Auslangen findet. Die Ergebnisse werden mittels expliziter Mathematik und nicht mittels Simulation gewonnen und können daher auch in vielen Fällen wesentlich schneller erzielt werden.

Allerdings geht die Analyse von *Credit Metrics* wesentlich tiefer und mehr ins Detail als die Analyse von *Credit Risk+*. Während *Credit Metrics* versucht, den Wert des gesamten Kredit-Portfolios in einem Jahr zu schätzen und aus dem VAR dieses Kreditportfolio-Wertes eine nachvollziehbare Eigenmittelvorschrift abzuleiten, bezieht sich *Credit Risk+* nur auf die erwartete Ausfallshöhe des Kreditportfolios im kommenden Jahr. Also die von *Credit Risk+* vorgeschlagene Eigenmittelvorschrift beruht nur auf Aussagen über die erwartete Ausfallshöhe, die durch ausfallende Kredite zustande kommt. Wie genau die Eigenmittelvorschrift in *Credit Risk+* aussieht, werden wir am Ende unserer Ausführungen zu *Credit Risk+* erläutern. Bis dorthin wird es unser Ziel sein, die Zufallsvariable: *„Erwartete Ausfallshöhe eines Kreditportfolios im Lauf des kommenden Jahres"* genau zu analysieren.

Die Daten und Informationen über das Kredit-Portfolio die wir benötigen werden, sind die folgenden:

Wir haben es wiederum mit einem **Portfolio aus n Krediten** $K_1, K_2, K_3, \dots, K_n$ zu tun.

Die **Nominalen** bezeichnen wir wieder mit $N_1, N_2, N_3, \dots, N_n$.

Jedem der Kredite wird eine bestimmte **Recovery Rate** R_i zugeordnet. Dafür wählen wir (aus der Tabelle von Abbildung 8.21) für jeden Kredit den Mittelwert der Recovery Rate der Sicherheitsklasse der er angehört (die Standardabweichung die in der Tabelle von Abbildung 8.21 angeführt ist, spielt im Weiteren keine Rolle).

Jedem Kredit K_i wird eine **Ausfallswahrscheinlichkeit** p_i im kommenden Jahr zugeordnet. Wenn wir wieder davon ausgehen, dass die Kreditnehmer nach Standard&Poors geratet sind, dann können dafür die Rating-Übergangs-Wahrscheinlichkeiten $p_{X,D}$ (wobei X das Rating des jeweiligen Kreditnehmers bezeichnet) herangezogen werden.

Weiters wird eine Wahl von regionalen, branchendefinierten (und auch „künstlichen") Sektoren S_k, $k = 1, 2, 3, \ldots, m$ vorgenommen. Jeder Kreditnehmer wird einem oder prozentuell aufgeteilt mehreren Sektoren zugeteilt. Weiters wird davon ausgegangen, dass die einem Sektor S_k zugehörigen durchschnittlichen jährlichen Ausfallswahrscheinlichkeiten einen gewissen Mittelwert μ^{S_k} und eine gewisse Standardabweichung σ^{S_k} haben. Genaueres dazu hören wir später.

Wir nähern uns jetzt dem gewünschten Ziel in mehreren Schritten, in denen wir die Annahmen von Schritt zu Schritt realistischer gestalten.
Im ersten Schritt **wollen wir annehmen, die Kredite des Kredit-Portfolios seien unabhängig** voneinander. Unter dieser (unrealistischen) Annahme wollen wir die **Verteilung der Zufallsvariable Y „Anzahl der ausfallenden Kredite des Portfolios im nächsten Jahr"** berechnen.

Die Zufallsvariable Y lässt sich in der Form $Y = Y_1 + Y_2 + Y_3 + \ldots + Y_i + \ldots + Y_n$ darstellen, wobei Y_i eine Zufallsvariable ist, die den Wert 1 annimmt, falls der Kredit K_i im kommenden Jahr ausfällt und die den Wert 0 annimmt, falls der Kredit K_i im kommenden Jahr nicht ausfällt.

Erwartungswert und Varianz von Y sind (unter der Annahme unabhängiger Kredite, also unter der Annahme voneinander unabhängiger Y_i) sehr leicht berechnet.

Der Erwartungswert eines einzelnen Y_i ergibt sich durch $E(Y_i) = p_i \cdot 1 + (1 - p_i) \cdot 0 = p_i$ und die Varianz eines einzelnen Y_i ergibt sich durch $V(Y_i) = p_i \cdot (1 - p_i)^2 + (1 - p_i) \cdot (0 - p_i)^2 = p_i \cdot (1 - p_i)$. Somit gilt für den Erwartungswert $E(y)$ und die Varianz $V(Y)$ von Y Folgendes:

$$E(Y) = \mu := \sum_{i=1}^{n} p_i \text{ und } V(Y) = \sum_{i=1}^{n} p_i \cdot (1 - p_i) = \sum_{i=1}^{n} p_i - \sum_{i=1}^{n} p_i^2$$

In einem halbwegs „vernünftigen" Kredit-Portfolio wird die überwiegende Mehrzahl der p_i sehr klein sein und nur sehr wenige der p_i werden etwas größere Werte annehmen. Wir erinnern dazu noch einmal an die Ausfallswahrscheinlichkeiten (in absoluten Zahlen, nicht in Prozent angegeben) aus der Tabelle von Abbildung 8.23:

$$p_{AAA,D} = p_{AA,D} = 0 \quad \Rightarrow \quad p_{AAA,D}{}^2 = p_{AA,D}{}^2 = 0$$
$$p_{A,D} = 0.0006 \quad \Rightarrow \quad p_{A,D}{}^2 = 0.00000036$$
$$p_{BBB,D} = 0.0018 \quad \Rightarrow \quad p_{BBB,D}{}^2 = 0.00000324$$
$$p_{BB,D} = 0.0106 \quad \Rightarrow \quad p_{BB,D}{}^2 = 0.00011236$$
$$p_{B,D} = 0.052 \quad \Rightarrow \quad p_{B,D}{}^2 = 0.002704$$
$$p_{CCC,D} = 0.1979 \quad \Rightarrow \quad p_{CCC,D}{}^2 = 0.0391644$$

In den meisten Fällen ist daher p_i^2 wesentlich kleiner als p_i. Daher ist in einem halbwegs „vernünftigen" Kredit-Portfolio $\sum_{i=1}^{n} p_i^2$ wesentlich kleiner als $\mu = \sum_{i=1}^{n} p_i$.

Es gilt also im Normalfall $V(Y) = \sum_{i=1}^{n} p_i - \sum_{i=1}^{n} p_i^2 \approx \sum_{i=1}^{n} p_i = \mu$.

Die Varianz ist also in etwa so groß wie der Erwartungswert der Zufallsvariablen Y.

Zur Veranschaulichung ein Beispiel: In einem Kreditportfolio das etwa aus
1000 AAA-gerateten
2000 AA-gerateten
5000 A-gerateten
3000 BBB-gerateten
2000 BB-gerateten
1000 B-gerateten
300 CCC-gerateten

Krediten besteht, ist $\mu = \sum_{i=1}^{n} p_i = 140.97$ und $V(Y) = \sum_{i=1}^{n} p_i - \sum_{i=1}^{n} p_i^2 = 126.28$.

Wir benötigen nun noch die Verteilung der Zufallsvariablen Y. Zur Bestimmung der Verteilung bedienen wir uns der Technik der erzeugenden Funktionen. Wir bezeichnen dazu mit a_k die Wahrscheinlichkeit, dass Y den Wert k annimmt, dass also im kommenden Jahr genau k Kredite ausfallen werden. Die erzeugende Funktion $G_Y(x)$ der Zufallsvariablen Y ist dann definiert als eine Potenzreihe

$$G_Y(x) := \sum_{k=0}^{\infty} a_k \cdot x^k.$$

Wir verwenden nun folgenden **Satz** aus der Wahrscheinlichkeitstheorie über erzeugende Funktionen:

Ist eine Zufallsvariable Z die Summe endlich vieler voneinander unabhängiger Zufallsvariabler Z_i, also $Z = Z_1 + Z_2 + \ldots + Z_n$, dann ist die erzeugende Funktion $G_Z(x)$ das Produkt der erzeugenden Funktionen G_{Z_i}, also $G_Z(x) = \prod_{i=1}^{n} G_{Z_i}(x)$.

Ein möglicher **Beweis** dieses Satzes geht so:

Die Funktion $G_Z(x) = \sum_{k=0}^{\infty} W(Z = k) \cdot x^k$ ist ja, bei näheren Hinsehen, nichts anderes als der Erwartungswert der Zufallsvariablen x^Z. Also gilt

$$G_Z(x) = E(x^Z) = E\left(x^{Z_1 + Z_2 + \ldots + Z_n}\right) = E\left(x^{Z_1} \cdot x^{Z_2} \cdot \ldots \cdot x^{Z_n}\right) =$$
$$= E(x^{Z_1}) \cdot E(x^{Z_2}) \cdot \ldots \cdot E(x^{Z_n}) = G_{Z_1}(x) \cdot G_{Z_2}(x) \cdot \ldots \cdot G_{Z_n}(x)$$

und der Satz ist bewiesen.

Dabei haben wir lediglich benutzt, dass der Erwartungswert des Produkts unabhängiger Zufallsvariabler gleich dem Produkt der Erwartungswerte ist.

Für unsere Zufallsvariable Y gilt somit $G_Y(x) = \prod_{i=1}^{n} G_{Y_i}(x)$.

Die erzeugende Funktion $G_{Y_i}(x)$ der Zufallsvariablen Y_i lässt sich einfach direkt berechnen:

$G_{Y_i}(x) = (1 - p_i) \cdot x^0 + p_i \cdot x^1 = 1 + p_i(x - 1)$ und daher $G_Y(x) = \prod_{i=1}^{n}(1 + p_i \cdot (x - 1))$.

Logarithmieren liefert

$$\log(G_X(x)) = \sum_{i=1}^{n} \log(1 + p_i \cdot (x - 1)).$$

Nun wird wieder eine Näherung durchgeführt: Wir verwenden die Approximation $\log(1 + z) \approx z$ für kleine Werte von x. Also wir ersetzen im obigen Produkt den Wert $\log(1 + p_i \cdot (x - 1))$ durch den Wert $p_i \cdot (x - 1)$. (Dabei können wir wieder davon ausgehen, dass im Normalfall in der überwiegenden Mehrzahl der Fälle die Wahrscheinlichkeit p_i tatsächlich ein kleiner Wert ist und für die Variable x können wir davon ausgehen, dass – für unseren Bedarf – diese als Wert zwischen 0 und 1 angenommen werden kann. Somit ist $p_i \cdot (x - 1)$ üblicher Weise betragsmäßig zumeist so klein, dass die durch die Approximation entstehende Ungenauigkeit geringfügig ist. Die Potenzreihenentwicklung $z - \frac{z^2}{2} + \frac{z^3}{3} - \frac{z^4}{4} + \ldots$ für die Funktion $\log(1 + z)$ zeigt, dass hier für betragsmäßig kleines z wieder ein Fehler der Größenordnung etwa z^2 begangen wird, wenn wir $\log(1 + z)$ durch z ersetzen. Siehe dazu auch Abbildung 8.32, in der wir jeweils die Funktionen $\log(1 + z)$ in Blau und z in Rot im linken Bild für $z \in [0, 0.1]$ und im rechten Bild für $z \in [0, 0.5]$ dargestellt haben.

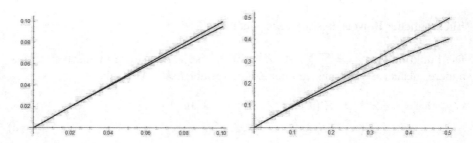

Abbildung 8.32: Die Funktionen $\log(1 + z)$ in Blau und z in Rot für $z \in [0, 0.1]$ (links) bzw. für $z \in [0, 0.5]$ (rechts)

Mittels dieser Näherung erhalten wir

$\log(G_Y(x)) \approx \sum_{i=1}^{n} p_i \cdot (x - 1) = \mu \cdot (x - 1)$ und daher $G_Y(x) \approx e^{\mu \cdot (x-1)}$.

Nun verwenden wir die Potenzreihendarstellung der Funktion $e^z = \sum_{k=0}^{\infty} \frac{z^k}{k!}$. Das ergibt dann:

$G_Y(x) \approx e^{\mu \cdot (x-1)} = e^{-\mu} \cdot e^{\mu \cdot x} = e^{-\mu} \cdot \sum_{k=0}^{\infty} \frac{(\mu \cdot x)^k}{k!} = \sum_{k=0}^{\infty} e^{-\mu} \cdot \frac{\mu^k}{k!} \cdot x^k$.

Vergleichen wir dieses Ergebnis mit der ursprünglichen Definition von $G_Y(x)$, dann erhalten wir daher:

$$G_Y(x) := \sum_{k=0}^{\infty} a_k \cdot x^k \approx \sum_{k=0}^{\infty} e^{-\mu} \cdot \frac{\mu^k}{k!} \cdot x^k$$

und durch Koeffizientenvergleich $a_k = W(Y = k) \approx e^{-\mu} \cdot \frac{\mu^k}{k!}$ für alle $k = 0, 1, 2, \ldots$.

Eine Zufallsvariable Z mit nicht-negativen ganzzahligen Werten k, für die gilt $W(Y = k) = e^{-\mu} \cdot \frac{\mu^k}{k!}$ für alle k (mit einer beliebigen positiven Konstanten μ), heißt **Poisson-verteilt**.

Die Zufallsvariable Y folgt also annähernd einer Poissonverteilung. Dass Y nicht exakt eine Poissonverteilung haben kann, folgt schon aus der Tatsache, dass der Wert $e^{-\mu} \cdot \frac{\mu^k}{k!}$ für alle k positiv ist, dass aber die Zufallsvariable Y höchstens den Wert n annehmen kann (mehr als n Kredite können nicht ausfallen, da das Kreditportfolio eben nur n Kredite enthält). Für große k ist aber der Wert „sehr bald" verschwindend klein.

Zur Veranschaulichung sehen wir uns etwa das obige Beispielsportfolio an, das aus
1000 AAA-gerateten
2000 AA-gerateten

5000 A-gerateten

3000 BBB-gerateten

2000 BB-gerateten

1000 B-gerateten

300 CCC-gerateten

Krediten besteht und dessen Erwartungswert μ für die Anzahl der Ausfälle im kommenden Jahr den Wert 126.28 hat. Das Kreditportfolio besteht aus 14.300 Krediten. In Abbildung 8.33 (obere Grafik) sehen wir auf der x-Achse die möglichen Werte k die Y annehmen kann (also die Kredit-Ausfallsanzahlen die prinzipiell auftreten können) und auf der der y-Achse sind die Werte $e^{-\mu} \cdot \frac{\mu^k}{k!}$ aufgetragen, also die annähernden Wahrscheinlichkeiten mit denen diese Anzahlen auftreten. Wir sehen, dass sich die Ausfallszahlen mit höchster Wahrscheinlichkeit in einem schmalen Bereich um den Erwartungswert $\mu = 126.28$ herum bewegen werden. Wir haben daher diesen Bereich in Abbildung 8.33 (untere Grafik) detaillierter herausgezoomt.

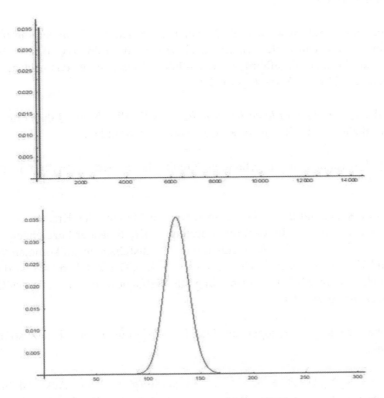

Abbildung 8.33: Angenäherte Wahrscheinlichkeitsverteilung der Anzahl der Ausfälle im Illustrations-Kreditportfolio (unten Zoom aus Bild oben)

Für Werte von k größer als 14.300 sind die auftretenden Wahrscheinlichkeiten so verschwindend klein, dass sie praktisch als 0 verbucht werden können.

Der Erwartungswert einer Poisson-Verteilung ist übrigens tatsächlich gleich μ. Die Varianz einer Poisson-Verteilung ist ebenfalls gleich μ. Wir erinnern uns, dass wir weiter oben festgestellt hatten, dass die tatsächliche Varianz der Zufallsvariablen Y gleich dem Wert $\sum_{i=1}^{n} p_i - \sum_{i=1}^{n} p_1^2$ ist, der im Normalfall sehr nahe an μ liegt.

8.21 Credit Risk+, Teil II: Die erwartete Ausfallshöhe bei Annahme unabhängiger Kredite

Tatsächlich wesentlich mehr als die **Anzahl** der im kommenden Jahr zu erwartenden Kreditausfälle interessiert uns die gesamte **Höhe der Ausfälle** mit der wir im kommenden Jahr zu rechnen haben! Wir widmen uns also im Folgenden der Zufallsvariablen $Z =$ **Höhe der Ausfälle im Kreditportfolio im Lauf des kommenden Jahres**. Wir bleiben aber vorerst immer noch beim Fall voneinander unabhängiger Kredite.

In einem ersten Schritt werden die Nominalen der Kredite gerundet und in „Bänder" eingeteilt. Dazu wählen wir eine geeignete Norm-Größe L (z.B. $L = 100.000$ Euro) und alle „ausfallgefährdeten Kredithöhen" werden auf das nächstgelegene Vielfache des Norm-Wertes L gerundet.

Unter der *„ausfallgefährdeten Kredithöhe"* des Kredits K_i wird dabei die Nominale N_i abzüglich der Recovery Rate R_i von K_i verstanden.

Die auf L gerundete ausfallgefährdete Kredithöhe der Kredits K_i bezeichnen wir mit $v_i \cdot L$.

Mit dem **„Kreditband"** V_u bezeichnen wir die Menge aller Kredite K_i, für die $v_i = u$ ist. Die im Kreditportfolio auftretenden Kreditbänder bezeichnen wir mit $V_{u_1}, V_{u_2}, \ldots, V_{u_m}$. Mit Z_i bezeichnen wir die Ausfallshöhe im kommenden Jahr im Band V_{u_i}. Dann gilt $Z \approx Z_1 + Z_2 + \ldots + Z_m$. Das Zeichen „$\approx$" wird wegen der Rundungsfehler bei der Normierung auf Vielfache von L anstelle des Gleichheitszeichens verwendet.

Wir gehen wieder zur erzeugenden Funktion $G_Z(x)$ über, die wir jetzt so definieren können:

$G_Z(x) := \sum_{k=0}^{\infty} W(Z = k \cdot L) \cdot x^k$, da ja die (gerundeten) Ausfallshöhen nur Vielfache von L sein können. Wegen der immer noch geltenden Annahme unabhängiger Kredite gilt $G_Z(x) = \prod_{i=1}^{m} G_{Z_i}(x)$. Betrachten wir also $G_{Z_i}(x)$ und bedenken wir, dass Z_i nur ein Vielfaches von $u_i \cdot L$ sein kann und dass weiters $Z_i = k \cdot u_i \cdot L$ genau dann eintritt, wenn die Anzahl Y der Ausfälle im Band V_{u_i}

gerade gleich k ist! Daher ist:

$$
\begin{aligned}
G_{Z_i}(x) &= \sum_{k=0}^{\infty} W(Z_i = k \cdot L) \cdot x^k = \sum_{k=0}^{\infty} W(Z_i = k \cdot u_i \cdot L) \cdot x^{k \cdot u_i} = \\
&= \sum_{k=0}^{\infty} W(Y = k) \cdot x^{k \cdot u_i} = \sum_{k=0}^{\infty} W(Y = k) \cdot (x^{u_i})^k \approx e^{\mu_i \cdot (x^{u_i} - 1)}.
\end{aligned}
$$

Dabei haben wir in der letzten Gleichung verwendet, dass der vorletzte Ausdruck gerade die erzeugende Funktion von Y im Band V_{u_i} angewendet auf die Variable x^{u_i} (anstatt x) darstellt und dass wir eine Näherung an die erzeugende Funktion von Y bereits kennen. Zu beachten ist dabei nur noch, dass wir anstelle von μ jetzt die Summe μ_i der Ausfallswahrscheinlichkeiten p_l nur der Kredite im Band V_{u_i} zu verwenden haben. Damit erhalten wir schließlich

$$
\begin{aligned}
G_Z(x) &= \prod_{i=1}^{m} G_{Z_i}(x) = \prod_{i=1}^{m} e^{\mu_i \cdot (x^{u_i} - 1)} = e^{\sum_{i=1}^{m} \mu_i \cdot (x^{u_i} - 1)} = e^{\sum_{i=1}^{m} \mu_i \cdot x^{u_i} - \mu} \\
&=: e^{Q(x) - \mu}
\end{aligned}
$$

Dabei haben wir $Q(x) := \sum_{i=1}^{m} \mu_i \cdot x^{u_i}$ gesetzt.

Für spätere Zwecke bemerken wir dabei Folgendes: Erinnern wir uns, dass die erzeugende Funktion $G_Y(x)$ der Anzahl Y der Ausfälle von der Form $e^{\mu \cdot (x-1)}$ war. Die erzeugende Funktion $G_Z(x)$ der Ausfallshöhen ist

$$
G_Z(x) = e^{Q(x) - \mu} = e^{\mu \cdot (\widetilde{Q}(x) - 1)} = G_Y\left(\widetilde{Q}(x)\right) \tag{8.1}
$$

wobei $\widetilde{Q}(x) := \sum_{i=1}^{m} \frac{\mu_i}{\mu} \cdot x^{u_i}$ ist.

Um wieder einen Koeffizientenvergleich durchführen und damit $W(Z = k \cdot L)$ (zumindest näherungsweise) bestimmen zu können, müssten wir die Potenzreihendarstellung $\sum_{k=0}^{\infty} A_k \cdot x^k$ der Funktion $e^{\sum_{i=1}^{m} \mu_i \cdot (x^{u_i} - 1)}$ kennen. Dann wäre $W(Z = k \cdot L) \approx A_k$.

Für die Koeffizienten der Potenzreihendarstellung $\sum_{k=0}^{\infty} b_k \cdot x^k$ einer Funktion $f(x)$ gilt:

$$
b_k = \frac{1}{k!} \cdot \frac{d^k f}{dx^k}\bigg|_{x=0}
$$

Wir werden versuchen, mittels dieser Vorgangsweise die Koeffizienten A_k der Potenzreihe von $G_z(x)$ über die Ableitungen der Funktion $e^{Q(x) - \mu}$ zu bestimmen.

Anstelle von $\frac{d^k f}{dx^k}\bigg|_{x=0}$ schreiben wir dazu im Folgenden kurz $f(x)^{(k)}(0)$.

Und wir werden die Leibnitz'sche Differenzierungsregel für Produkte benutzen die da lautet:
$(f(x) \cdot g(x))^{(s)} = \sum_{i=0}^{s} \binom{s}{i} \cdot (f(x))^{(i)} \cdot (g(x))^{(s-1)}$, und zwar werden wir sie gleich in der nachfolgenden Rechnung für $s = k - 1, f(x) = Q'(x)$ und $g(x) = e^{Q(x)-\mu}$ verwenden.

Es ist dann also

$$
\begin{aligned}
A_k &= \frac{1}{k!} \cdot \frac{d^k \left(e^{Q(x)-\mu}\right)}{dx^k}\Bigg|_{x=0} = \frac{1}{k!} \cdot \left(e^{Q(x)-\mu}\right)^{(k)}(0) = \\
&= \frac{1}{k!} \left(Q'(x) \cdot e^{Q(x)-\mu}\right)^{(k-1)}(0) = \\
&= \frac{1}{k!} \cdot \sum_{i=0}^{k-1} \binom{k-1}{i} \cdot (Q'(x))^{(i)} \cdot \left(e^{Q(x)-\mu}\right)^{(k-1-i)}(0) = \\
&= \frac{1}{k!} \cdot \sum_{i=0}^{k-1} \binom{k-1}{i} \cdot (Q(x))^{(i+1)}(0) \cdot (k-1-i)! \cdot A_{k-1-i} = \\
&= \frac{1}{k!} \cdot \sum_{j=1}^{k} \binom{k-1}{j-1} \cdot (Q(x))^{(j)}(0) \cdot (k-j)! \cdot A_{k-j} = \\
&= \frac{1}{k} \cdot \sum_{j=1}^{k} \frac{1}{(j-1)!} \cdot (Q(x))^{(j)}(0) \cdot A_{k-j}
\end{aligned}
$$

Wir sehen also, dass wir auf diese Weise eine Rekursion für die Werte A_k erhalten. A_k wird hier ausgedrückt durch die Werte $A_0, A_1, \ldots, A_{k-1}$. Um eine wirklich brauchbare Rekursion für die sukzessive Berechnung der A_k zu erhalten, benötigen wir nur noch den korrekten Anfangswert A_0 und eine explizite Darstellung für $(Q(x))^{(j)}(0)$.

A_0 ist sehr einfach bestimmt, es gilt ja $A_0 = G(0) = e^{Q(0)-\mu} = e^{-\mu}$.

Nun zu $(Q(x))^{(j)}(0) = (\sum_{i=1}^{m} \mu_i \cdot x^{u_i})^{(j)}(0)$. Es ist das der konstante Term des Polynoms F, das sich durch j-maliges Differenzieren des Polynoms $\sum_{i=1}^{m} \mu_i \cdot x^{u_i}$ ergibt. Dieser konstante Term von F ist aber nur dann verschieden von 0 wenn j gleich einem der auftretenden Exponenten u_i ist. Wenn $j = u_i$ ist, dann ist der konstante Term gegeben durch $\mu_i \cdot (u_i)!$.

Damit erhalten wir

$$
\boldsymbol{W(Z = k \cdot L)} \quad \approx \quad \boldsymbol{A_k} = \frac{1}{k} \cdot \sum_{j=1}^{k} \frac{1}{(j-1)!} \cdot (Q(x))^{(j)}(0) \cdot A_{k-j} =
$$

$$
= \sum_{\substack{i \\ u_i \le k}} \frac{u_i}{k} \cdot \mu_i \cdot A_{k-u_i}
$$

Auf diesem Weg haben wir also zwar keine explizite Darstellung für die gesuchten Koeffizienten A_k, aber eine Rekursion gefunden, mit deren Hilfe die A_k sukzessive schnell und effizient berechnet werden können.

Wir haben nun die (näherungsweise) Wahrscheinlichkeitsverteilung der Zufallsvariablen Z gefunden, die die Höhe der Ausfälle in einem Jahr (als Vielfaches der Normgröße L) angibt. Allerdings, alles dies unter der Annahme voneinander unabhängiger Kredite!

In einem nächsten Schritt wollen wir nun eine erste Stufe von Abhängigkeiten zwischen Krediten einführen.

8.22 Credit Risk+, Teil III: Zuteilung der Kredite zu voneinander unabhängigen Sektoren

Abhängigkeiten zwischen Krediten werden im System Credit Risk+ so modelliert, dass eine Anzahl von Sektoren $S_1, S_2, \dots, S_w$ eingeführt wird. Dies sollten nicht zu viele Sektoren (z.B. 10 - 20 Stück) sein. Sie können bestimmte Großregionen bzw. breite Branchen repräsentieren. Üblicherweise wird auch ein künstlicher Sektor angenommen, der in gewisser Weise die globale Finanzmarktentwicklung repräsentieren wird. Die Entwicklungen in verschiedenen Sektoren sind als voneinander unabhängig gedacht. Im ersten Schritt werden wir davon ausgehen, dass jeder Kredit K_i vollständig genau einem der Sektoren zugeordnet wird.

Im letzten Schritt dann wird jeder Kredit prozentuell mehreren Sektoren zugeordnet, dadurch wird eine Variabilität und eine feinere Abhängigkeitsstruktur zwischen den Krediten erreicht. Doch dazu später mehr.

In diesem ersten Schritt, in dem jeder Kredit vollständig genau einem Sektor zugeordnet ist, sind also Kredite aus verschiedenen Sektoren voneinander unabhängig. Kredite innerhalb des gleichen Sektors erhalten auf die folgende Weise eine implizite Abhängigkeit zueinander:

Wir betrachten dazu einen der Sektoren S_i und analysieren historische Daten diesen Sektor betreffend. Insbesondere wird die Zufallsvariable $H_i = $ geschätzter durchschnittlicher prozentueller Anteil von Ausfällen der Kredite in Sektor S_i innerhalb eines Jahres betrachtet. Mit μ^{S_i} bezeichnen wir den geschätzten Erwartungswert von H_i und mit σ^{S_i} die geschätzte Standardabweichung von H_i. (Für spätere Zwecke: H_i bezeichnet NICHT die tatsächliche Anzahl der Ausfälle im jeweiligen Sektor, sondern den (von Jahr zu Jahr auf Basis verschiedenster technischer und fundamentaler Parameter) geschätzten (!) durchschnittlichen Anteil. Wir erinnern uns im Vergleich dazu an den Beginn unserer Beschäftigung mit Credit Risk+, an den im Wesentlichen konstant angenommenen Wert μ als durchschnittliche Anzahl von Ausfällen ...!)

Ein implizite Abhängigkeit zwischen den Krediten ist dadurch intuitiv auf folgende Weise gegeben: Speziell für einen Sektor S_i schwierige Marktphasen werden, wenn die Kredite innerhalb des Sektors stark miteinander korrelieren, in diesen Phasen zu überdurchschnittlich vielen Ausfällen führen. Umgekehrt wird es in sehr guten Marktphasen kaum zu Ausfällen kommen. Für einen solchen Sektor wird also die Standardabweichung σ^{S_i} einen eher großen Wert annehmen. Ist eine Sektordefinition allerdings eher breit und lose gehalten, wenn also Korrelationen zwischen Krediten in diesem Sektor nur in geringfügigem Maße gegeben sind, dann wird die Zahl der Ausfälle von Jahr zu Jahr eher wenig schwanken, und sich eher in Nähe des langjährigen durchschnittlichen Wertes μ^{S_i} bewegen. Schwierige Marktphasen werden sich auf die Gesamtheit eines solchen Sektors eher weniger auswirken. Die Standardabweichung σ^{S_i} eines solchen Sektors wird somit eher klein sein. Umgekehrt weisen implizit (!) kleine Werte von σ^{S_i} auf schwache Abhängigkeiten zwischen den Krediten im Sektor S_i und große Werte von σ^{S_i} auf stärkere Abhängigkeiten hin.

Für die Zufallsvariable H_i die bereits mit Mittelwert μ^{S_i} und Standardabweichung σ^{S_i} ausgestattet wurde, wird nun auch noch eine Verteilung angenommen: Die Verteilung die angenommen wird ist die Gammaverteilung. Die Verteilung ist für positive reelle Werte definiert. Die Dichte f der Gammaverteilung hängt von zwei Parametern α und β ab und ist gegeben durch

$$f(x) := \frac{1}{\beta^\alpha \cdot \Gamma(\alpha)} \cdot e^{-\frac{x}{\beta}} \cdot x^{\alpha-1} \ \text{ für } \ x \geq 0.$$

Dabei steht Γ für die Gamma-Funktion, also $\Gamma(z) := \int_0^\infty e^{-x} \cdot x^{z-1} dx$.

Der Erwartungswert μ dieser Verteilung ist gegeben durch $\alpha \cdot \beta$ und die Standardabweichung σ durch $\alpha \cdot \beta^2$.

Die Dichte der Zufallsvariablen H_i im Sektor S_i ist also eine Funktion f_i der obigen Form, in der die Parameter α_i und β_i so zu wählen sind, dass $\alpha_i \cdot \beta_i = \mu^{S_i}$ und $\alpha_i \cdot \beta_i^2 = \sigma^{S_i}$ erfüllt ist, also $\beta_i = \frac{\sigma^{s_i}}{\mu^{s_i}}$ und $\alpha_i = \frac{(\mu^{s_i})^2}{\sigma^{s_i}}$.

Wir veranschaulichen in Abbildung 8.34 die Dichte der Gammafunktion für realistische Werte von μ^{S_i} und σ^{S_i}. Wir erinnern uns: Es sind das Erwartungswert und Standardabweichung des prozentuellen Anteils von Ausfällen von Krediten im Sektor S_i innerhalb eines Jahres. Eine pessimistische Annahme wäre etwa $\mu^{S_i} = 3\%$ und $\sigma^{S_i} = 5\%$. Das ergibt für $\alpha_i = 1.8$ und für $\beta_i = 1.66\ldots$

Wir sehen in Abbildung 8.34 (im linken Teil in dem die Dichte für x von 0 bis 120 dargestellt wurde) wieder, dass sich die Dichte eng um den Erwartungswert $\mu^{S_i} = 3\%$ konzentriert. Wir haben daher im rechten Teil des Bilds den relevanten Bereich für x von 0 bis 10 zusätzlich dargestellt. Die Werte für $x > 100$ (die eigentlich nicht auftreten dürften) sind tatsächlich vernachlässigbar klein.

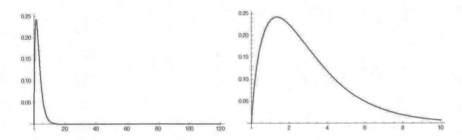

Abbildung 8.34: Dichte der Gammaverteilung mit Erwartungswert 3 und Standardabweichung 5

Wir interessieren uns in diesem Setting nun wieder für die Wahrscheinlichkeitsverteilung der Anzahl der Ausfälle im gesamten Kreditportfolio. Die zugehörige erzeugende Funktion bezeichnen wir mit $F(z)$ und die ist gegeben durch $F(z) = \prod_{i=1}^{w} F_i(z)$, mit $F_i(z)$ der erzeugenden Funktion der Anzahl der Ausfälle in Sektor S_i.

Zur Bestimmung von $F_i(z)$ gehen wir nun wieder mit Unterstützung heuristischer Überlegungen vor:

Wäre der Erwartungswert der Anzahl der Ausfälle im Wesentlichen konstant als x angenommen (so wie zu Beginn unserer Beschäftigung mit Credit Risk+ wo $x = \mu$ war), dann würden wir die erzeugende Funktion aus unseren früheren Überlegungen bereits kennen: Sie hätte die Form $F_i(z) = e^{x \cdot (z-1)}$. Nun ist aber x eine gammaverteilte Zufallsvariable mit Dichte $f_i(x)$. Wir können daher davon ausgehen (Heuristik !) dass die tatsächliche erzeugende Funktion ein mit der Dichte gewichteter Durchschnitt der Funktionen $e^{x \cdot (z-1)}$ ist, also (der Übersichtlichkeit halber schreiben wir hier im Folgenden α und β anstelle von α_i und β_i):

$$F_i(z) = \int_0^\infty e^{x \cdot (z-1)} \cdot f_i(x) dx =$$

$$= \frac{1}{\beta^\alpha \Gamma(\alpha)} \cdot \int_0^\infty e^{x(z-1)} \cdot e^{-\frac{x}{\beta}} \cdot x^{\alpha-1} dx =$$

$$= \frac{1}{\beta^\alpha \Gamma(\alpha)} \int_0^\infty e^{x\left(z-1-\frac{1}{\beta}\right)} \cdot x^{\alpha-1} dx =$$

$\left(\text{wir substituieren } y = -x\left(z - 1 - \frac{1}{\beta}\right) \text{ und erhalten damit } dy = -dx \cdot \left(z - 1 - \frac{1}{\beta}\right)\right)$

$$= \frac{1}{\beta^\alpha \Gamma(\alpha)} \int_0^\infty e^{-y} \cdot y^{\alpha-1} \cdot \frac{1}{\left(1 + \frac{1}{\beta} - z\right)^{\alpha-1}} \cdot \frac{1}{1 + \frac{1}{\beta} - z} dy =$$

$$= \frac{1}{\beta^\alpha \Gamma(\alpha)} \cdot \frac{1}{\left(1 + \frac{1}{\beta} - z\right)^{\alpha}} \cdot \int_0^\infty e^{-y} \cdot y^{\alpha-1} dy =$$

$$= \frac{1}{\left(1 + \frac{1}{\beta} - z\right)^{\alpha} \cdot \beta^\alpha}$$

Für die erzeugende Funktion $F(z)$ der Gesamtzahl von Ausfällen gilt dann daher:

$$F(z) = \prod_{i=1}^{w} \frac{1}{\left(1 + \frac{1}{\beta_i} - z\right)^{\alpha_i} \cdot \beta_i^{\alpha_i}}$$

Mit diesen Überlegungen sind die wesentlichen mathematischen Ideen, die die Basis dieses Konzepts bilden dargelegt. Die weiteren Ausarbeitungen bis zum endgültigen Resultat verlaufen nun auf ganz analogen Wegen wie früher und wir stellen die Herleitung des endgültigen Resultats daher hier nicht mehr im Detail dar (den daran interessierten Leser verweisen wir auf das Technische Dokument von Credit Risk+, [2]).

Der nächste Schritt wäre die Bestimmung der erzeugenden Funktion $G(x)$ der Gesamthöhe der Ausfälle im Kreditportfolio in einem Jahr. Diese Funktion $G(x)$ ist wieder mittels $G(x) := \sum_{k=0}^{\infty} W(Z = k \cdot L) \cdot x^k$ definiert und ergibt sich (wie gesagt mittels ganz analoger Herleitung wie früher, nach Einteilung der Kredite in den Sektoren in Bänder, usw.) durch:

$$G(x) = \prod_{i=1}^{w} \left(\frac{1}{\beta_i^{\alpha_i}} \cdot \left(1 + \frac{1}{\beta_i} - \widetilde{Q}_i(x)\right)^{-\alpha_i}\right)$$

wobei $\widetilde{Q}_i(x) := \sum_{i=1}^{m(i)} \frac{\mu_j^{(i)}}{\mu^{(i)}} \cdot x^{u_j^{(i)}}$ ist.

Dabei müssen noch einige der auftretenden Parameter definiert werden:

In jedem der Sektoren $S_1, S_2, \ldots, S_w$ werden die ausfallgefährdeten Kredithöhen der einzelnen Kredite wieder auf Vielfache einer Normgröße L gerundet und in Bänder eingeteilt. Der Sektor S_i enthält dabei Kredit-Bänder mit ausfallgefährdeten Kredithöhen der Form $u_1^{(i)} \cdot L, u_2^{(i)} \cdot L, u_3^{(i)} \cdot L, \ldots, u_{m(i)}^{(i)} \cdot L$.

$\mu_j^{(i)}$ ist die Summe der Ausfallswahrscheinlichkeiten der Kredite in Sektor S_i im Band mit ausfallgefährdeter Kredithöhe $u_j^{(i)} \cdot L$.

Und schließlich ist $\mu^{(i)} = \sum_{j=1}^{m(i)} \mu_j^{(i)}$.

Die Darstellung für $G(x)$ ist nun alles andere als überraschend: Wie schon im Fall unabhängiger Kredite gilt hier gerade wieder, dass die erzeugende Funktion $G(x)$ der Ausfallshöhe gleich der erzeugenden Funktion $F(x)$ der Ausfallsanzahl angewendet auf die Funktion $\widetilde{Q}(x)$ ist (die ein Pendant zur früheren Funktion $\widetilde{Q}(x)$ darstellt). Wir haben es hier also mit einem Analogon zur Formel (8.1) zu tun.

8.23 Credit Risk+, Teil IV: Prozentuelle Zuteilung der Kredite zu voneinander unabhängigen Sektoren und Bestimmung des Eigenmittelanteils

Nun folgt, wie angekündigt, der letzte Schritt: Es ist nicht mehr jeder Kredit genau einem Sektor zugeordnet, sondern wird prozentuell auf mehrere Sektoren aufgeteilt. Der jeweilige Prozentanteil berechnet sich danach, wie stark die Zugehörigkeit zum jeweiligen Sektor die Entwicklung des Kredits beeinflussen dürfte.

So könnte etwa der Kreditnehmer Toyota zu 30% dem Sektor Asien, zu 50% dem Sektor Fahrzeugproduktion und zu 20% einem „künstlichen Sektor" Weltwirtschaftliche Entwicklung zugeordnet sein.

Jedem Kredit K_l wird also eine Folge von w nicht-negativen Gewichten $\theta_{l,i}$ für $i = 1, 2, \ldots, w$ zugeordnet. $\theta_{l,i}$ gibt den Prozentsatz (aber in absoluten Zahlen, nicht als Prozentangabe) an, zu dem der Kredit K_l dem Sektor S_i zugeordnet wird. Für jedes l ist dabei $\sum_{i=1}^{w} \theta_{l,i} = 1$.

Am Ergebnis, der erzeugenden Funktion für die Ausfallhöhe des Kreditportfolios, ändert sich nur Naheliegendes. Die erzeugende Funktion $G(x)$ ist wiederum gegeben durch

$$G(x) = \prod_{i=1}^{w} \left(\frac{1}{\beta_i^{\alpha_i}} \cdot \left(1 + \frac{1}{\beta_i} - \widetilde{Q}_i(x) \right)^{-\alpha_i} \right),$$

wobei $\widetilde{Q}_i(x) := \sum_{j=1}^{m(i)} \frac{\mu_j^{(i)}}{\mu^{(i)}} \cdot x^{u_j^{(i)}}$ ist.

Allerdings sind die auftretenden Parameter – in wie gesagt, naheliegender Weise – adaptiert zu definieren: In jedem der Sektoren $S_1, S_2, \ldots, S_w$ werden die ausfallgefährdeten Kredithöhen der einzelnen Kredite wieder auf Vielfache einer Normgröße L gerundet und in Bänder eingeteilt. Der Sektor S_i enthält dabei Kredit-Bänder mit ausfallgefährdeten Kredithöhen der Form $u_1^{(i)} \cdot L, u_2^{(i)} \cdot L, u_3^{(i)} \cdot L, \ldots, u_{m(i)}^{(i)} \cdot L$.

$\mu_j^{(i)}$ ist die Summe der Ausfallswahrscheinlichkeiten p_l der Kredite K_l, die in dem Band mit ausfallgefährdeter Kredithöhe $u_j^{(i)} \cdot L$ liegen, allerdings sind diese Ausfallswahrscheinlichkeiten p_l mit dem Faktor $\theta_{l,i}$ zu gewichten.

Und schließlich ist wieder $\mu^{(i)} = \sum_{j=1}^{m(i)} \mu_j^{(i)}$.

Entwickeln wir nun die Funktion $G(x)$ in eine Potenzreihe $G(x) = \sum_{k=0}^{\infty} A_k \cdot x^k$, dann sind wir belohnt mit Näherungswerten A_k für die gesuchte Wahrscheinlichkeit W(*Ausfallshöhe im kommenden Jahr* $= k \cdot L$). Die Entwicklung von $G(x)$ in eine Potenzreihe kann mit einer ähnlichen Herangehensweise wie im Fall unabhängiger Kredite mittels Herleitung einer Rekursion für die Koeffizienten A_k geschehen (es ist dieser Ansatz im technischen Dokument von Credit Risk+, in Teil A_{10} beschrieben). Wir würden aber hier vorschlagen, diese Aufgabe einem der äußerst leistungsfähigen mathematischen Software Pakete wie etwa Mathematica bzw. unserer Software anzuvertrauen.

Durch die geringfügigen Approximationen, die im Lauf der Herleitung der relevanten Formeln vorgenommen wurden, ist es für das Weitere vorteilhaft, eine leichte Adaption der Resultate $A_1, A_2, A_3, \ldots$ vorzunehmen.

Sei $K \cdot L$ die maximal mögliche Ausfallshöhe (die bei Ausfall aller Kredite entstehen würde). Dann betrachten wir nur die Ergebnisse für $A_1, A_2, A_3, \ldots, A_K$. Die Summe A dieser näherungsweisen Wahrscheinlichkeiten wird voraussichtlich geringfügig aber doch von 1 abweichen. Anstelle mit den Werten $A_1, A_2, A_3, \ldots, A_K$ ist es daher günstiger mit normierten Werten $\overline{A_k} := \frac{A_k}{A}$ weiterzuarbeiten und diese Werte als Näherungen für W(*Ausfallshöhe im kommenden Jahr* $= k \cdot L$) zu verwenden.

Nun schlägt Credit Risk+ die folgende Eigenmittelunterlegung vor: Berechne das 1%-Perzentil der Ausfallshöhe im kommenden Jahr des Kreditportfolios. Dies lässt

sich näherungsweise so bewerkstelligen:
Wir addieren $\overline{A_1} + \overline{A_2} + \overline{A_3} + \ldots + \overline{A_T}$ so weit auf, bis dieser Wert zum ersten Mal 0.99 übersteigt. Dann bedeutet dies, dass circa mit 99%-iger Wahrscheinlichkeit die Ausfallshöhe des Kreditportfolios im kommenden Jahr den Wert von $T \cdot L$ nicht übersteigen wird. Hält man somit die Summe von $T \cdot L$ an Eigenmittel zurück, so können mit diesen Eigenmitteln in 99% der Fälle die Ausfälle im Portfolio kompensiert werden. Der Vorschlag lautet somit, $T \cdot L$ Euro an Eigenmitteln vorzusehen.

Wir werden im folgenden Kapitel den hier vorgestellten Algorithmus noch einmal ausführlich an einem Beispiel nachvollziehen.

8.24 Credit Risk+, Teil V: Ein konkretes Beispiel

Wir wollen hier wieder an einem konkreten – aber natürlich, um die Anschaulichkeit zu wahren, wieder nicht realistischen Zahlenbeispiel – die vorher beschriebene Vorgangsweise noch einmal erläutern. Wir betrachten 3 Sektoren S_1, S_2 und S_3 mit folgenden Parametern

	μ^{S_i}	σ^{S_i}
S_1	0.03	0.01
S_2	0.02	0.02
S_3	0.06	0.05

und 20 Kredite mit den folgenden Parametern

	ausfallgefährdete Summe	gerundet Vielfaches von 100.000	Ausfalls-Wahrscheinlichkeit	Anteil an S_1	Anteil an S_2	Anteil an S_3
K_1	340.000	3	0.05	1	0	0
K_2	480.000	5	0.03	1	0	0
K_3	300.000	3	0.1	0.5	0.5	0
K_4	280.000	3	0.02	0.5	0.5	0
K_5	690.000	7	0.05	0.5	0	0.5
K_6	500.000	5	0.02	0.5	0	0.5
K_7	530.000	5	0.01	0	0.5	0.5
K_8	720.000	7	0.08	0	1	0
K_9	940.000	9	0.03	0	1	0
K_{10}	480.000	5	0.01	0	0	1
K_{11}	740.000	7	0.06	0	0	1
K_{12}	890.000	9	0.15	0.25	0.25	0.5
K_{13}	280.000	3	0.05	0.25	0.25	0.5
K_{14}	930.000	9	0.02	0.25	0.25	0.5
K_{15}	270.000	3	0.03	0.25	0.5	0.25
K_{16}	855.000	9	0.04	0.25	0.5	0.25
K_{17}	310.000	3	0.01	0.25	0.5	0.25
K_{18}	900.000	9	0.03	0.5	0.25	0.25
K_{19}	710.000	7	0.07	0.5	0.25	0.25
K_{20}	260.000	3	0.01	0.5	0.25	0.25

Die auftretenden Bänder haben die „Multiplier" $u_1^{(i)} = 3, u_2^{(i)} = 5, u_3^{(i)} = 7$ und $u_4^{(i)} = 9$ für alle $i = 1, 2, 3$.

Wir sortieren jetzt nach Sektoren und Bändern

Sektor 1	Band	Ausfallswahrscheinlichkeit	Anteil
K_1	3	0.05	1
K_3	3	0.1	0.5
K_4	3	0.02	0.5
K_{13}	3	0.05	0.25
K_{15}	3	0.03	0.25
K_{17}	3	0.01	0.25
K_{20}	3	0.01	0.5

Sektor 1	Band	Ausfallswahrscheinlichkeit	Anteil
K_2	5	0.03	1
K_6	5	0.02	0.5

Sektor 1	Band	Ausfallswahrscheinlichkeit	Anteil
K_5	7	0.05	0.5
K_{19}	7	0.07	0.5

Sektor 1	Band	Ausfallswahrscheinlichkeit	Anteil
K_{12}	9	0.15	0.25
K_{14}	9	0.02	0.25
K_{16}	9	0.04	0.25
K_{18}	9	0.03	0.5

Sektor 2	Band	Ausfallswahrscheinlichkeit	Anteil
K_3	3	0.1	0.5
K_4	3	0.02	0.5
K_{13}	3	0.05	0.25
K_{15}	3	0.03	0.5
K_{17}	3	0.01	0.5
K_{20}	3	0.01	0.25

Sektor 2	Band	Ausfallswahrscheinlichkeit	Anteil
K_7	5	0.01	0.5

Sektor 2	Band	Ausfallswahrscheinlichkeit	Anteil
K_8	7	0.08	1
K_{19}	7	0.07	0.25

Sektor 2	Band	Ausfallswahrscheinlichkeit	Anteil
K_9	9	0.03	1
K_{12}	9	0.15	0.25
K_{14}	9	0.02	0.25
K_{16}	9	0.04	0.5
K_{18}	9	0.03	0.25

Sektor 3	Band	Ausfallswahrscheinlichkeit	Anteil
K_{13}	3	0.05	0.5
K_{15}	3	0.03	0.25
K_{17}	3	0.01	0.25
K_{20}	3	0.01	0.25

Sektor 3	Band	Ausfallswahrscheinlichkeit	Anteil
K_6	5	0.02	0.5
K_7	5	0.01	0.5
K_{10}	5	0.01	1

Sektor 3	Band	Ausfallswahrscheinlichkeit	Anteil
K_5	7	0.05	0.5
K_{11}	7	0.06	1
K_{19}	7	0.07	0.25

Sektor 3	Band	Ausfallswahrscheinlichkeit	Anteil
K_{12}	9	0.15	0.5
K_{14}	9	0.02	0.5
K_{16}	9	0.04	0.25
K_{18}	9	0.03	0.25

Als nächstes berechnen wir die Werte $\mu_j^{(i)}$ für Sektoren $i = 1, 2, 3$ und Multiplier-Indices $j = 1, 2, 3, 4$. Wir erinnern uns: $u_1^{(i)} = 3, u_2^{(i)} = 5, u_3^{(i)} = 7$ und $u_4^{(i)} = 9$ für alle $i = 1, 2, 3$. Es ist daher (siehe erste geordnete Teil-Tabelle oben die sich auf den Sektor 1 und den Multiplier $u_1^{(i)} = 3$ bezieht):

$$\mu_1^{(1)} = 1 \times 0.05 + 0.5 \times 0.1 + 0.5 \times 0.02 + 0.25 \times 0.05 + 0.25 \times 0.03 + 0.25 \times 0.01 + 0.5 \times 0.01 = 0.1375$$

Ganz analog berechnen sich die weiteren Werte:
$\mu_2^{(1)} = 0.04$
$\mu_3^{(1)} = 0.06$
$\mu_4^{(1)} = 0.0675$
$\mu_1^{(2)} = 0.095$
$\mu_2^{(2)} = 0.005$
$\mu_3^{(2)} = 0.0975$

$\mu_4^{(2)} = 0.1$

$\mu_1^{(3)} = 0.0375$

$\mu_2^{(3)} = 0.025$

$\mu_3^{(3)} = 0.1025$

$\mu_4^{(3)} = 0.1025$

Weiters ist $\mu^{(i)} = \sum_{j=1}^4 \mu_j^{(i)}$ für $i = 1, 2, 3$, also

$\mu^{(1)} = 0.305$

$\mu^{(2)} = 0.2975$

$\mu^{(3)} = 0.2675$

Zur Bestimmung der erzeugenden Funktion

$$G(x) = \prod_{i=1}^3 \left(\frac{1}{\beta_i^{\alpha_i}} \cdot \left(1 + \frac{1}{\beta_i} - \widetilde{Q}_i(x)\right)^{-\alpha_i} \right) \text{ mit } \widetilde{Q}_i(x) := \sum_{j=1}^4 \frac{\mu_j^{(i)}}{\mu^{(i)}} \cdot x^{u_j^{(i)}} \text{ be-}$$

nötigen wir nun noch die Parameter α_i und β_i für $i = 1, 2, 3$. Wir erinnern uns: $\alpha_i = \frac{\left(\mu^{S_i}\right)^2}{\sigma^{S_i}}$ und $\beta_i = \frac{\sigma^{S_i}}{\mu^{S_i}}$. Also erhalten wir:

	μ^{S_i}	σ^{S_i}	α_i	β_i
S_1	0.06	0.03	0.12	0.5
S_2	0.07	0.02	0.245	0.286...
S_3	0.08	0.05	0.128	0.625

Somit ist

$\widetilde{Q}_1(x) = 0.45082x^3 + 0.131148x^5 + 0.196721x^7 + 0.221311x^9$
$\widetilde{Q}_2(x) = 0.319328x^3 + 0.0168067x^5 + 0.327731x^7 + 0.336134x^9$
$\widetilde{Q}_3(x) = 0.140187x^3 + 0.0934579x^5 + 0.383178x^7 + 0.383178x^9$

und

$$G(x) = 0.9525 \cdot \left(1 - 0.3333\, \widetilde{Q}_1(x)\right)^{-0.12} \cdot 0.9403 \cdot \left(1 - 0.2222\, \widetilde{Q}_2(x)\right)^{-0.245} \cdot$$
$$0.9397 \cdot \left(1 - 0.3846\, \widetilde{Q}_2(x)\right)^{-0.128}$$

Mittels Mathematica entwickeln wir diese Funktion in eine Potenzreihe und erhalten als erste 20 Glieder dieser Reihe

A_0	A_1	A_2	A_3	A_4	A_5	A_6	A_7	A_8	A_9
0.8417	0	0	0.0356	0	0.0091	0.0026	0.0375	0.0013	0.039
A_{10}	A_{11}	A_{12}	A_{13}	A_{14}	A_{15}	A_{16}	A_{17}	A_{18}	A_{19}
0.0047	0.0002	0.0061	0.0006	0.0042	0.0008	0.0057	0.0009	0.003	0.0013

Wie man leicht nachrechnet, beträgt der höchste mögliche Verlust, bei Ausfall aller Kredite, gerundet 114×100.000 Euro. Von Relevanz sind daher alle Werte A_0 bis A_{114}.

Addiert man diese mittels Mathematica berechneten Werte, so erhält man bis auf die achte Kommastelle genau den Wert 1. Man kann also unmittelbar mit diesen

Werten weiterrechnen ohne vorherige Normierung.

Man erhält $A_0 + A_1 + \ldots + A_{17} = 0.9898\ldots$ und $A_0 + A_1 + \ldots + A_{17} + A_{18} = 0.9929\ldots$

Der Vorschlag zur Eigenmittelhöhe würde somit 18×100.000 lauten. Das sind 15.79% der gerundeten Gesamt-Nominale von 114×100.000 Euro.

Zum Vergleich wollen wir nun mit den gleichen Krediten und denselben Kredit-Parametern nun noch die Verteilung der Ausfallshöhen unter der Annahme der Unabhängigkeit der Kredite, also ohne Sektoreneinteilung bestimmen. Wir erinnern an die Formel für die zugehörige erzeugende Funktion $G_Z(x)$:

Es ist $G_Z(x) = e^{Q(x)-\mu}$ wobei $Q(x) = \sum_{i=1}^{4} \mu_i \cdot x^{u_i}$.

Für die u_i haben wir wieder die Werte 3, 5, 7 und 9 zu berücksichtigen, μ ist die Summe aller Ausfallswahrscheinlichkeiten und μ_i ist die Summe der Ausfalls-wahrscheinlichkeiten der Kredite in Band i. Wir erhalten
$\mu_1 = 0.27$
$\mu_2 = 0.07$
$\mu_1 = 0.26$
$\mu_1 = 0.27$

und somit
$\mu = 0.87$

Also ist $Q(x) = 0.27x^3 + 0.07x^5 + 0.26x^7 + 0.27x^9$ und

$$G_Z(x) = e^{0.27x^3 + 0.07x^5 + 0.26x^7 + 0.27x^9 - 0.87}.$$

Die Entwicklung der Funktion $G_Z(x)$ ergibt die folgenden ersten 20 Koeffizienten A_k:

A_0	A_1	A_2	A_3	A_4	A_5	A_6	A_7	A_8	A_9
0.419	0	0	0.0293	0	0.0153	0.1089	0.0079	0.1145	0.0304
A_{10}	A_{11}	A_{12}	A_{13}	A_{14}	A_{15}	A_{16}	A_{17}	A_{18}	A_{19}
0.001	0.0382	0.0042	0.0221	0.0062	0.0298	0.0062	0.0159	0.0092	0.0009

Hier gilt nun $A_0 + A_1 + \ldots + A_{24} = 0.9878\ldots$ und $A_0 + A_1 + \ldots + A_{24} + A_{25} = 0.9919\ldots$

Der Vorschlag zur Eigenmittelhöhe würde somit 24×100.000 lauten. Das sind 21.05% der gerundeten Gesamt-Nominale von 114×100.000 Euro.

Wir sehen hier also eine wesentlich höhere Eigenmittelrate. In Abbildung 8.35 sehen wir die Koeffizienten A_k für den Fall mit Sektoreinteilung (blau) und den Fall unabhängiger Kredite (rot) veranschaulicht.

Die beiden Ergebnisse sind allerdings nicht unmittelbar vergleichbar! Insbesondere
der Koeffizient A_0 hängt im Fall der Einteilung in Sektoren ausschließlich von den
Parametern α_i und β_i und das heißt, ausschließlich von den Parametern μ^{S_i} und
σ^{S_i} der Sektoren und nicht von den Parametern der einzelnen Kredite, ab! Eine
andere Wahl der Sektorenparameter μ^{S_i} und σ^{S_i} würde also bei unveränderten
Kreditparametern zu ganz anderen Ergebnissen führen.

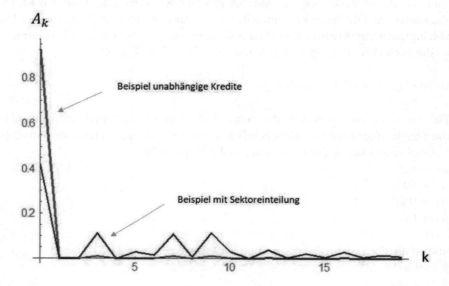

Abbildung 8.35: Verteilung von Ausfallshöhen im Beispiel zu Credit Risk+ (mit Sektoreinteilung (blau), unabhängige Kredite (rot))

Literaturverzeichnis

[1] Credit Metrics. *Technical Documents*. Risk Metrics Group, J.P. Morgan & Co., 2007.

[2] Credit Risk+. *A Credit Risk Management Framework*. Credit Suisse First Boston, 1997.

[3] Lucia Del Chicca and Gerhard Larcher. Hybrid Monte Carlo-Methods in Credit Risk Managment. *Monte Carlo Methods and Applications*, 20(4):245–260, 2014.

Kapitel 9

Optimal-Investment-Probleme

Die umfassende Frage, die sich jedem Investor, jedem Vermögensverwalter in der einen oder anderen Form stellt, und der wir uns im Folgenden – allerdings nur in ihren Grundzügen – widmen werden, lautet:

Wir haben für einen bestimmten Zeitraum in der Zukunft eine bestimmte Investitions-Summe und ein konkretes Universum von Finanzprodukten in die prinzipiell investiert werden kann zur Verfügung. Wieviel der Investitionssumme soll idealer Weise in diesem Zeitraum in welche dieser Produkte investiert werden?

Es gibt verschiedenste Herangehensweisen zu einer möglichen Lösung auf diese Frage und diese verschiedenen Ansätze haben zu äußerst schönen und bezwingenden finanzmathematischen Theorien geführt, wie zum Beispiel zur Markowitz'schen Portfolio-Selektionstheorie, zum Capital-Asset-Pricing-Modell von Sharpe und seinen Erweiterungen von Fama, French, Black, Litterman und anderen oder zur Lösung des „Optimal-Investment-Consumption-Problems" von Merton mit Hilfe der stochastischen Kontrolltheorie.

So schön und theoretisch überzeugend diese Theorien auch sind, so leiden sie aber bei der praktischen Anwendung häufig darunter, dass eine Voraussetzung für die Anwendung die Beschaffung präziser Prognosen für zum Beispiel Trends und Volatilitäten der betrachteten Finanzprodukte und auch für Korrelationen zwischen diesen Finanzprodukten ist, was bekannter Maßen eine sehr schwierige Aufgabe darstellt. Eine weitere Schwierigkeit besteht beim Versuch einer praktisch relevanten Beantwortung dieser Frage darin, dass die Beantwortung nur in Abhängigkeit vom jeweiligen Investor möglich ist. Verschiedene Investorentypen werden Optimalität eines Portfolios nach verschiedenen Kriterien beurteilen.

Die oben aufgelisteten Methoden und Techniken gehören aber unbedingt – zumindest in ihren Grundzügen – zum notwendigen Basiswissen des Financial Engineerings und wir werden sie daher im Folgenden der Vollständigkeit halber selbstver-

G. Larcher, *Quantitative Finance*, https://doi.org/10.1007/978-3-658-29158-7_9

ständlich vorstellen, dabei aber nicht allzu sehr ins Detail gehen, sondern uns eben vor allem mit den grundlegenden Prinzipien vertraut machen.

9.1 Klassische Portfolio-Optimierung nach Markowitz, Teil 1: Grundlegendes

Wir beginnen mit der ganz klassischen Portfolio-Selektionstheorie von Harry M. Markowitz, die von ihm um das Jahr 1952 entwickelt wurde und für die er im Jahr 1990 den Wirtschafts-Nobelpreis erhielt. Wie wir bereits oben begründet haben, werden wir in dieser Darstellung auch nicht wesentlich über die Vermittlung der grundlegenden Prinzipien und Ideen hinausgehen. Wer sich weiterführend eingehend mit diesen Techniken vertraut machen möchte, sei etwa auf die Bücher [2] oder [3] hingewiesen.

Die Ausgangssituation ist die folgende: Wir haben eine bestimmte Investitionssumme zur Verfügung. Der Einfachheit halber bezeichnen wir die Höhe dieser Investitionssumme mit 1. Diese Investitionssumme soll jetzt, zum Zeitpunkt 0, vollständig investiert werden und bis zum Zeitpunkt T unverändert gehalten werden.

Für die Investition stehen n verschiedene Finanzprodukte $A_1, A_2, \ldots, A_n$ zur Verfügung.

Wir gehen davon aus, dass wir es mit einem „vernünftigen, rationalen" Investor zu tun haben. Das soll heißen, dass der Investor eine höhere erwartete Rendite einer niedrigeren erwarteten Rendite und eine geringe Volatilität einer höheren Volatilität vorzieht.

Vorausgesetzt wird, dass wir über Schätzungen $\mu_1, \mu_2, \mu_3, \ldots, \mu_n$ und $\sigma_1, \sigma_2, \sigma_3, \ldots, \sigma_n$ für die Trends (also die durchschnittlichen Renditen) und die Volatilitäten der Kursentwicklungen der einzelnen Produkte $A_1, A_2, \ldots, A_n$ verfügen und dass wir darüber hinaus über Schätzungen $\rho_{i,j}$ der Korrelationen zwischen den Renditen der Produkte A_i und A_j für alle $i, j, = 1, 2, 3, \ldots, n$ mit $i \neq j$ verfügen. Wie wir zu diesen Schätzungen kommen, sei im Folgenden vorerst nicht das Thema (wir könnten einfach einmal davon ausgehen, dass sie uns von Analysten zur Verfügung gestellt wurden).

So wie im Folgenden sehr oft, werden wir diese Daten in einem Rendite-/Volatilitäts-Diagramm so wie in Abbildung 9.1 darstellen.

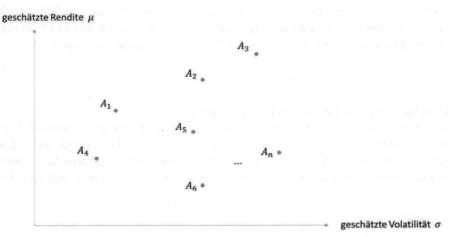

Abbildung 9.1: Darstellung der Basisprodukte in einem Volatilitäts-/Rendite-Diagramm

Wir beginnen mit einem einfachen Experiment, in dem wir lediglich einmal sehr schnell zu zeigen versuchen, dass es prinzipiell möglich ist, in diesem Setting durchschnittlich bessere und durchschnittlich schlechtere Strategien durchzuführen und zwar im Wesentlichen unabhängig davon, welche Werte für die Parameter der Basisprodukte $A_1, A_2, \ldots, A_n$ geschätzt wurden.

Dazu betrachten wir zwei große Gruppen von Probanden, die die Rolle von Investoren übernehmen und zwei verschiedene Strategien testen.

Strategie 1:
Jeder einzelne Proband der ersten Gruppe wählt zufällig (mit jeweils gleicher Wahrscheinlichkeit) eines der Finanzprodukte $A_1, A_2, \ldots, A_n$ aus und investiert sein gesamtes Investment in dieses eine Produkt.

Strategie 2:
Jeder Proband der zweiten Gruppe investiert den jeweils gleichen Betrag in Höhe von $\frac{1}{n}$ in jedes der einzelnen Produkte.

Welche Eigenschaften besitzen die Portfolios der Probanden jeder der beiden Testgruppen durchschnittlich?

Durchschnittliche Eigenschaften Strategie 1:
Da jeder Proband eines der Produkte zufällig wählt, beträgt die durchschnittliche erwartete Rendite $\tilde{\mu}$ (genommen über alle Probanden dieser Gruppe bzw. über alle von diesen Probanden gehandelten Portfolios)

$$\tilde{\mu} = \frac{\mu_1 + \mu_2 + \ldots + \mu_n}{n}.$$

Und da jeder Proband unabhängig voneinander eines der Produkte zufällig wählt, beträgt die durchschnittliche erwartete Varianz $\tilde{\sigma}^2$ (genommen über alle Probanden dieser Gruppe bzw. über alle von diesen Probanden gehandelten Portfolios)

$$\tilde{\sigma}^2 = \frac{\sigma_1^2 + \sigma_2^2 + \ldots + \sigma_n^2}{n}$$

Durchschnittliche Eigenschaften Strategie 2:
Die Portfolios dieser Probanden sind alle gleich geartet. Wir bezeichnen die Portfolios schematisch mit $\frac{1}{n}A_1 + \frac{1}{n}A_2 + \frac{1}{n}A_3 + \ldots + \frac{1}{n}A_n$. (Das bedeutet nicht, dass jeweils $\frac{1}{n}$ Stück von jedem einzelnen Produkt gekauft wurde, sondern dass $\frac{1}{n}$ Euro in jedes einzelne Produkt investiert wurde!) Die erwartete Rendite $\hat{\mu}$ beträgt daher

$$\hat{\mu} = \frac{\mu_1 + \mu_2 + \ldots + \mu_n}{n}.$$

Um die erwartete Varianz $\hat{\sigma}^2$ der Renditen dieses Portfolios zu bestimmen verwenden wir die bereits wohlbekannte Formel für die Varianz der Summe abhängiger Zufallsvariabler:

$$\hat{\sigma}^2 = \left(\frac{1}{n}\right)^2 \cdot \left(\sum_{i=1}^{n} \sigma_i^2 + \sum_{\substack{i,j=1 \\ i \neq j}}^{n} \sigma_i \cdot \sigma_j \cdot \rho_{i,j} \right)$$

Wir formulieren den letzten Ausdruck etwas um und erhalten:

$$\hat{\sigma}^2 = \frac{1}{n} \cdot \left(\frac{1}{n} \cdot \sum_{i=1}^{n} \sigma_i^2 \right) + \frac{n-1}{n} \cdot \left(\frac{1}{n \cdot (n-1)} \cdot \sum_{\substack{i,j=1 \\ i \neq j}}^{n} \sigma_i \cdot \sigma_j \cdot \rho_{i,j} \right).$$

Der Ausdruck $\frac{1}{n} \cdot \sum_{i=1}^{n} \sigma_i^2$ ist gerade die **durchschnittliche Varianz** der Einzelprodukte und $\frac{1}{n \cdot (n-1)} \cdot \sum_{\substack{i,j=1 \\ i \neq j}}^{n} \sigma_i \cdot \sigma_j \cdot \rho_{i,j}$ ist die **durchschnittliche Kovarianz** der Einzelprodukte ($\sigma_i \cdot \sigma_j \cdot \rho_{i,j} = cov_{i,j}$!).

Gehen wir davon aus, dass die Anzahl n der zur Verfügung stehenden Einzelprodukte groß ist, dann gilt $\frac{1}{n} \approx 0$ und $\frac{n-1}{n} \approx 1$ und somit

$$\hat{\sigma}^2 \approx \frac{1}{n \cdot (n-1)} \cdot \sum_{\substack{i,j=1 \\ i \neq j}}^{n} \sigma_i \cdot \sigma_j \cdot \rho_{i,j}.$$

Also **Conclusio:**
Bei beiden Strategien kann man durchschnittlich in etwa dieselbe Rendite erwarten. Die durchschnittlich zu erwartende Varianz der Renditen ist bei der ersten Strategie gleich dem **Durchschnitt der Varianzen** der einzelnen Produkte, während sie bei der zweiten Strategie (vorausgesetzt die Anzahl der zur Verfügung

stehenden Produkte ist relativ groß) ungefähr gleich dem **Durchschnitt der Kovarianzen** von je zwei verschiedenen Produkten ist.

Nun haben wir bereits in Kapitel 4.2 zum Beispiel folgendes festgestellt:
„Die durchschnittliche Kovarianz zwischen den verschiedenen Aktien des DAX im Testzeitraum Mai 2015 bis Mai 2018 lag bei einem Wert von 0.000128. Die durchschnittliche Varianz der einzelnen Aktien des DAX lag bei 0.000288 (also circa beim 2.3-fachen Wert)."

Tatsächlich ist es so, dass praktisch immer, wenn wir mit einer größeren Anzahl von Finanzprodukten zu tun haben, die durchschnittliche Varianz der Renditen dieser Produkte signifikant größer ist als die durchschnittliche Kovarianz der Renditen dieser Produkte.

Und, vielleicht überzeugender noch:
Schon aus rein mathematischen Gründen muss $\tilde{\sigma}^2 = \frac{\sigma_1^2 + \sigma_2^2 + \ldots + \sigma_n^2}{n}$ stets größer oder gleich $\hat{\sigma}^2 = \left(\frac{1}{n}\right)^2 \cdot \left(\sum_{i=1}^{n} \sigma_i^2 + \sum_{\substack{i,j=1 \\ i \neq j}}^{n} \sigma_i \cdot \sigma_j \cdot \rho_{i,j} \right)$ sein und Gleichheit zwischen den beiden Größen $\tilde{\sigma}^2$ und $\hat{\sigma}^2$ kann (abgesehen vom Trivialfall $\sigma_i = 0$ für alle i) nur dann bestehen, wenn die Korrelationen $\rho_{i,j}$ alle gleich 1 sind und wenn zusätzlich die Volatilitäten σ_i alle gleich sind, also wenn $\sigma_i = \sigma_j$ für alle i und j gilt.

Diese Tatsache ergibt sich aus folgender Überlegung:
Die Größe $\left(\frac{1}{n}\right)^2 \cdot \left(\sum_{i=1}^{n} \sigma_i^2 + \sum_{\substack{i,j=1 \\ i \neq j}}^{n} \sigma_i \cdot \sigma_j \cdot \rho_{i,j} \right)$ lässt sich einfacher auch in der Form $\left(\frac{1}{n}\right)^2 \cdot \sum_{i,j=1}^{n} \sigma_i \cdot \sigma_j \cdot \rho_{i,j}$ schreiben.

Zu zeigen ist daher, dass stets $\left(\frac{1}{n}\right)^2 \cdot \sum_{i,j=1}^{n} \sigma_i \cdot \sigma_j \cdot \rho_{i,j} \leq \frac{1}{n} \cdot \sum_{i=1}^{n} \sigma_i^2$, also dass stets $\sum_{i,j=1}^{n} \sigma_i \cdot \sigma_j \cdot \rho_{i,j} \leq n \cdot \sum_{i=1}^{n} \sigma_i^2$ gilt.

Da die Volatilitäten σ_i, σ_j stets nicht-negative Zahlen sind, ist sicher $\sum_{i,j=1}^{n} \sigma_i \cdot \sigma_j \cdot \rho_{i,j} \leq \sum_{i,j=1}^{n} \sigma_i \cdot \sigma_j$ und daher ist die Ungleichung $\sum_{i,j=1}^{n} \sigma_i \cdot \sigma_j \cdot \rho_{i,j} \leq n \cdot \sum_{i=1}^{n} \sigma_i^2$ sicher dann immer erfüllt, wenn $\sum_{i,j=1}^{n} \sigma_i \cdot \sigma_j \leq n \cdot \sum_{i=1}^{n} \sigma_i^2$ erfüllt ist.

In der Ungleichung $\sum_{i,j=1}^{n} \sigma_i \cdot \sigma_j \cdot \rho_{i,j} \leq \sum_{i,j=1}^{n} \sigma_i \cdot \sigma_j$ gilt nur dann Gleichheit, wenn alle $\rho_{i,j} = 1$ sind, außer dann, wenn eins der $\sigma_i = 0$ ist, denn dann ist die Korrelation $\rho_{i,j}$ nicht definiert.

Wir beachten, dass für die linke Seite der letzten zu zeigenden Ungleichung gilt

$\sum_{i,j=1}^{n} \sigma_i \cdot \sigma_j = \left(\sum_{i=1}^{n} \sigma_i\right)^2.$

Zu zeigen bleibt also

$$\left(\sum_{i=1}^{n} \sigma_i\right)^2 \leq n \cdot \sum_{i=1}^{n} \sigma_i^2 \text{ bzw. } \sum_{i=1}^{n} \sigma_i \leq \sqrt{n} \cdot \sqrt{\sum_{i=1}^{n} \sigma_i^2}$$

oder, etwas komplizierter formuliert:

$$\sum_{i=1}^{n} 1 \cdot \sigma_i \leq \sqrt{\sum_{i=1}^{n} 1^2} \cdot \sqrt{\sum_{i=1}^{n} \sigma_i^2}.$$

Nun ist aber $\frac{\sum_{i=1}^{n} 1 \cdot \sigma_i}{\sqrt{\sum_{i=1}^{n} 1^2} \cdot \sqrt{\sum_{i=1}^{n} \sigma_i^2}}$ gerade der Cosinus des Winkels zwischen den n-dimensionalen Vektoren $(1, 1, \ldots, 1, 1)$ und $(\sigma_1, \sigma_2, \ldots, \sigma_{n-1}, \sigma_n)$ und der ist immer kleiner oder gleich 1. Gleichheit gilt hier nur dann, wenn die Vektoren $(1, 1, \ldots, 1, 1)$ und $(\sigma_1, \sigma_2, \ldots, \sigma_{n-1}, \sigma_n)$ zueinander parallel sind. Somit gilt also stets $\sum_{i=1}^{n} 1 \cdot \sigma_i \leq \sqrt{\sum_{i=1}^{n} 1^2} \cdot \sqrt{\sum_{i=1}^{n} \sigma_i^2}$, mit Gleichheit nur dann, wenn alle σ_i den gleichen Wert haben. Wenn alle σ_i den gleichen Wert (sinnvoller Weise ungleich 0) haben, dann müssen aber, damit in der ursprünglichen Ungleichung Gleichheit gelten kann, alle $\rho_{i,j} = 1$ sein.

Mit diesem einführenden einfachen Experiment wollten wir lediglich folgendes andeuten: Es ist auf jeden Fall möglich, „besser" oder „schlechter" zu investieren, in dem Sinn, dass man durch geeignete Zusammenstellung von Portfolios, ohne die zu erwartende Rendite zu verringern, durchaus das Risiko des Portfolios (im Sinn seiner Volatilität) reduzieren kann.

In den folgenden Kapiteln wollen wir uns damit beschäftigen, wie dies in optimaler Weise möglich sein könnte.

9.2   Klassische Portfolio-Optimierung nach Markowitz, Teil 2: Zwei Basisprodukte

Wir beginnen damit, dass wir uns als erstes einmal den Fall ansehen, bei dem wir zwei Basisprodukte A_1 und A_2 für unsere Investition zur Verfügung haben.

Abbildung 9.2: Investition in zwei Basisprodukte

Wir investieren einen Betrag von x Euro in das Produkt A_1 und den Restbetrag von $1 - x$ Euro in das Produkt A_2. Dabei ist (vorerst) $0 \leq x \leq 1$. Unser Portfolio $P = P(x)$ hat also schematisch die Form $x \cdot A_1 + (1 - x) \cdot A_2$.

Die erwartete Rendite $\mu(P)$ des Portfolios P ist gegeben durch

$$\mu(P) = x \cdot \mu_1 + (1 - x) \cdot \mu_2,$$

und die Volatilität $\sigma(P)$ ist gegeben durch

$$\sigma(P) = \sqrt{x^2 \cdot \sigma_1^2 + 2 \cdot x(1 - x) \cdot \sigma_1 \cdot \sigma_2 \cdot \rho + (1 - x)^2 \cdot \sigma_2^2}.$$

Hier schreiben wir ρ kurz für $\rho_{i,j}$.

Wir wollen nun die Position des Punktes $P := (\sigma(P), \mu(P))$ im Volatilitäts-/Rendite-Diagramm feststellen. Dafür unterscheiden wir drei Fälle.

Fall 1: $\rho = 1$

Dann ist

$$
\begin{aligned}
\sigma(P) &= \sqrt{x^2 \cdot \sigma_1^2 + 2x(1 - x) \cdot \sigma_1 \cdot \sigma_2 + (1 - x)^2 \cdot \sigma_2^2} \\
&= \sqrt{\left(x \cdot \sigma_1 + (1 - x) \cdot \sigma_2\right)^2} = x \cdot \sigma_1 + (1 - x) \cdot \sigma_2.
\end{aligned}
$$

Dabei haben wir beim Ziehen der Wurzel die Tatsache verwendet, dass $x \cdot \sigma_1 + (1 - x) \cdot \sigma_2$ stets positiv ist.

Der Punkt P ist also gegeben durch die Koordinatendarstellung

$$P = P(x) = (x \cdot \sigma_1 + (1 - x) \cdot \sigma_2, x \cdot \mu_1 + (1 - x) \cdot \mu_2) \,.$$

Für variables x zwischen 0 und 1 ist dies die Parameterdarstellung einer Linie in der Ebene, die den zum Basisprodukt A_1 gehörigen Punkt (σ_1, μ_1) mit dem zum Basisprodukt A_2 gehörigen Punkt (σ_2, μ_2) verbindet ($x = 1$ liefert gerade A_1 und $x = 0$ liefert A_2).

In Abbildung 9.3 haben wir diese Linie rot eingezeichnet.

Fall 2: $\rho = -1$

Dann ist

$$\begin{aligned}
\sigma(P) &= \sqrt{x^2 \cdot \sigma_1^2 - 2x(1 - x) \cdot \sigma_1 \cdot \sigma_2 + (1 - x)^2 \cdot \sigma_2^2} \\
&= \sqrt{(x \cdot \sigma_1 - (1 - x) \cdot \sigma_2)^2} = |x \cdot \sigma_1 - (1 - x) \cdot \sigma_2| \,.
\end{aligned}$$

Der Punkt P ist also gegeben durch die Koordinatendarstellung

$$P = P(x) = (|x \cdot \sigma_1 - (1 - x) \cdot \sigma_2|, x \cdot \mu_1 + (1 - x) \cdot \mu_2) \,.$$

Wenn $x \cdot \sigma_1 - (1 - x) \cdot \sigma_2 \geq 0$ ist, also für $x \geq \frac{\sigma_2}{\sigma_1 + \sigma_2}$, heißt das $P = P(x) = (x \cdot \sigma_1 - (1 - x) \cdot \sigma_2, x \cdot \mu_1 + (1 - x) \cdot \mu_2)$.
Der Wert $x = \frac{\sigma_2}{\sigma_1 + \sigma_2}$ liefert den Punkt $P_0 := \left(0, \frac{\sigma_2}{\sigma_1 + \sigma_2} \cdot \mu_1 + \frac{\sigma_1}{\sigma_1 + \sigma_2} \cdot \mu_2\right)$. Für variables x zwischen $\frac{\sigma_2}{\sigma_1 + \sigma_2}$ und 1 erhalten wir also ein Geradenstück, das den auf der y-Achse liegenden Punkt $P_0 = \left(0, \frac{\sigma_2}{\sigma_1 + \sigma_2} \cdot \mu_1 + \frac{\sigma_1}{\sigma_1 + \sigma_2} \cdot \mu_2\right)$ mit dem Punkt A verbindet.

Wenn $x \cdot \sigma_1 - (1 - x) \cdot \sigma_2 \leq 0$ ist, also für $x \leq \frac{\sigma_2}{\sigma_1 + \sigma_2}$, heißt das $P = P(x) = (-x \cdot \sigma_1 + (1 - x) \cdot \sigma_2, x \cdot \mu_1 + (1 - x) \cdot \mu_2)$.
Der Wert $x = \frac{\sigma_2}{\sigma_1 + \sigma_2}$ liefert wieder den Punkt $P_0 = \left(0, \frac{\sigma_2}{\sigma_1, \sigma_2} \cdot \mu_1 + \frac{\sigma_1}{\sigma_1 + \sigma_2} \cdot \mu_2\right)$. Für variables x zwischen 0 und $\frac{\sigma_2}{\sigma_1 + \sigma_2}$ erhalten wir also ein Geradenstück, das den auf der y-Achse liegenden Punkt $P_0 = \left(0, \frac{\sigma_2}{\sigma_1 + \sigma_2} \cdot \mu_1 + \frac{\sigma_1}{\sigma_1 + \sigma_2} \cdot \mu_2\right)$ mit dem Punkt A_2 verbindet.

Für beliebiges x zwischen 0 und 1 befinden wir uns also irgendwo auf einem dieser beiden Geradenstücke. Wir beachten dabei, dass tatsächlich der x-Wert $\frac{\sigma_2}{\sigma_1 + \sigma_2}$ der den Punkt auf der y-Achse liefert, ein Wert zwischen 0 und 1 ist und dass der y-Wert $\frac{\sigma_2}{\sigma_1 + \sigma_2} \cdot \mu_1 + \frac{\sigma_1}{\sigma_1 + \sigma_2} \cdot \mu_2$ dieses risikolosen Punktes zwischen den Werten μ_1 und μ_2 liegt.

In Abbildung 9.3 haben wir diese beiden Linien grün eingezeichnet.

Wir sprechen von diesen möglichen Portfolio-Punkten als von den jeweiligen „Opportunity-Sets". (Die rote Linie stellt das Opportunity-Set für $\rho = 1$ und die beiden grünen Linien stellen das Opportunity-Set für $\rho = -1$ dar.)

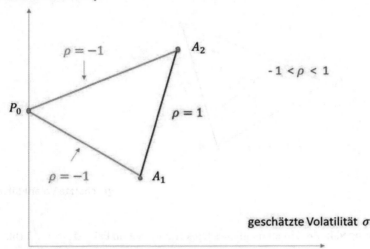

Abbildung 9.3: Opportunity Sets für $\rho = 1$ (rot) und für $\rho = -1$ (grün)

Sei nun
Fall 3: $-1 < \rho < 1$

Für ein x zwischen 0 und 1 ist genauso wie im Fall der Korrelation -1 oder 1 der Trendwert gegeben durch $x \cdot \mu_1 + (1 - x) \cdot \mu_2$. Für die Volatilität $\sigma(P)$ gilt

$$\sigma(P) = \sqrt{x^2 \cdot \sigma_1^2 + 2x(1 - x) \cdot \sigma_1 \cdot \sigma_2 \cdot \rho + (1 - x)^2 \cdot \sigma_2^2} \text{ und wegen}$$

$$\begin{aligned} 0 &\leq x^2 \cdot \sigma_1^2 - 2x(1 - x) \cdot \sigma_1 \cdot \sigma_2 + (1 - x)^2 \cdot \sigma_2^2 \\ &\leq x^2 \cdot \sigma_1^2 + 2x(1 - x) \cdot \sigma_1 \cdot \sigma_2 \cdot \rho + (1 - x)^2 \cdot \sigma_2^2 \\ &\leq x^2 \cdot \sigma_1^2 + 2x(1 - x) \cdot \sigma_1 \cdot \sigma_2 + (1 - x)^2 \cdot \sigma_2^2, \end{aligned}$$

gilt $|x \cdot \sigma_1 - (1 - x) \cdot \sigma_2| \leq \sigma(P) \leq x \cdot \sigma_1 + (1 - x) \cdot \sigma_2$.
Also $\sigma(P)$ liegt zwischen der Vola bei gleichen Parametern im Fall $\rho = -1$ und der Vola bei gleichen Parametern im Fall $\rho = 1$.

Der Punkt $P(x)$ liegt für beliebiges x ($0 \leq x \leq 1$) also innerhalb des in Abbildung 9.3 von den roten und grünen Linien gebildeten Dreiecks. Die Kurve, die für variierendes x zwischen 0 und 1 von den Punkten $P(x)$ gebildet wird, verbindet wieder die Punkte A_1 und A_2, liegt im Innern des eben beschriebenen Dreiecks,

weist keine Sprünge auf (beide Koordinaten-Funktionen sind stetig) und schneidet
sich (im Fall $\mu_1 \neq \mu_2$) nicht selbst, da die Koordinatenfunktion $x \cdot \mu_1 + (1-x) \cdot \mu_2$,
die die Rendite beschreibt, dann streng monoton ist. Prinzipiell könnte diese Kurve
daher zum Beispiel so wie in Abbildung 9.4 (blaue Kurve) aussehen.

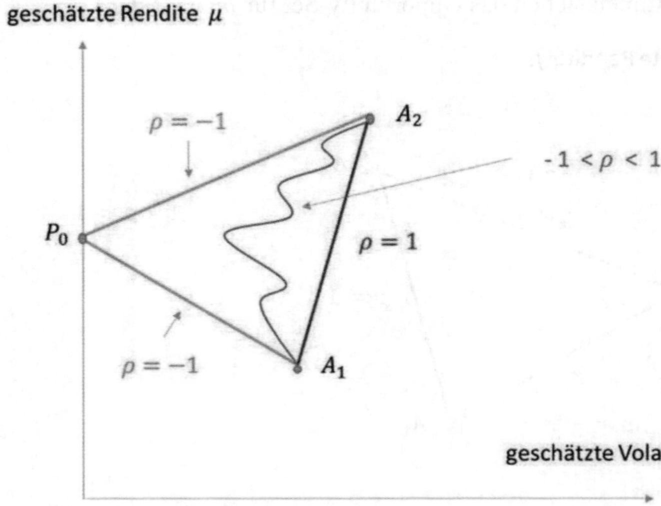

Abbildung 9.4: Prinzipiell mögliches Opportunity-Set im Fall $-1 < \rho < 1$ (blaue Linie)?

Eine einfache Kurvendiskussion würde allerdings zeigen, dass die blaue Kurve
die Punkte A_1 und A_2 in Form einer konvexen Kurve verbindet, so wie das in
Abbildung 9.5 dargestellt ist.

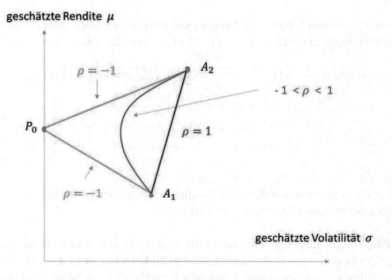

Abbildung 9.5: Opportunity-Set im Fall $-1 < \rho < 1$ (blaue Linie)

Was genau verstehen wir dabei unter einer konvexen Kurve, die vom Punkt A_1 zum Punkt A_2, links von der roten Verbindungslinie von A_1 und A_2 verläuft?

Eine solche Kurve heißt dann konvex, wenn die Verbindungslinie von je zwei beliebigen Punkten, die auf der Kurve liegen, stets wieder vollständig rechts von der Kurve verläuft. Siehe zur Veranschaulichung dazu Abbildung 9.6.

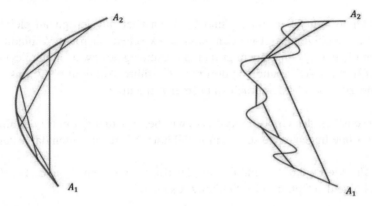

Abbildung 9.6: Beispiel einer konvexen Kurve (blau) links und einer nicht-konvexen Kurve (blau) rechts

Während im linken Bild jede rote Verbindungslinie von zwei beliebigen Punkten auf der blauen Kurve rechts der Kurve verläuft, ist dies im rechten Bild ganz offensichtlich nicht der Fall.

Dass das Opportunity-Set im Fall $-1 < \rho < 1$ (also die blaue Kurve in Abbildung 9.4 oder in Abbildung 9.5 tatsächlich konvex sein muss, kann man wie gesagt leicht durch eine Kurvendiskussion nachprüfen oder aber auch mittels folgender Überlegungen einsehen:

Nehmen wir an, das Opportunity-Set wäre einmal nicht konvex. Dann gäbe es sicher Punkte Q_1 und Q_2 auf diesem Opportunity-Set, für die die Verbindungslinie der Punkte vollständig links vom Opportunity-Set liegen würde.

Nehmen wir zwei beliebige solche Punkte dieses Opportunity-Sets heraus, etwa die Punkte Q_1 und Q_2 in Abbildung 9.7, links oben.

Diese beiden Punkte Q_1 und Q_2 repräsentieren zwei bestimmte Portfolios aus den Basisprodukten $A_1, A_2, \ldots, A_n$.

Wir könnten unser Geld auch in Kombinationen von Q_1 und Q_2 investieren. Jede solche Kombination ist insbesondere wieder eine Kombination der $A_1, A_2, \ldots, A_n$ und liegt somit auf der blauen Linie (dem Opportunity-Set von $A_1, A_2, \ldots, A_n$).

Das Opportunity-Set der beiden Portfolios Q_1 und Q_2 bildet eine durchgehende Kurve, die Q_1 und Q_2 lückenlos verbindet. Das Opportunity-Set von Q_1 und Q_2 ist daher gerade der Teil des Opportunity-Sets von $A_1, A_2, \ldots, A_n$, der Q_1 und Q_2 verbindet. Auf unserer Abbildung 9.7, rechts oben, wäre das gerade das blaue Kurvenstück von Q_1 nach Q_2, das im Bild rechts von der roten Verbindungslinie zwischen Q_1 und Q_2 verläuft.

Für das Opportunity-Set von Q_1 und Q_2 kann aber mit den genau gleichen Argumenten wie oben gezeigt werden, dass es zwischen der roten Verbindungslinie zwischen Q_1 und Q_2 und einem grünen Streckenzug aus zwei Linien liegen muss, der von Q_1 zur y-Achse und von dort nach Q_2 führt (Abbildung 9.7, links unten). Dies führt zu einem Widerspruch zu unserer Annahme!

Das Kurvenstück des Opportunity-Sets zwischen Q_1 und Q_2 muss definitiv links der roten Linie liegen, etwa so wie in Abbildung 9.7, rechts unten dargestellt.

Da dies für alle Punkte Q_1 und Q_2 auf der Kurve zwischen A_1 und A_2 erfüllt ist, muss in Folge das Opportunity-Set konvex sein.

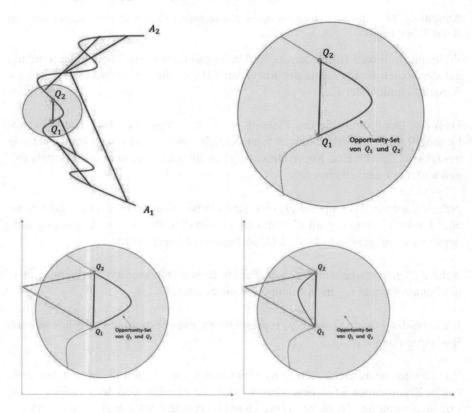

Abbildung 9.7: Die Kurve des Opportunity-Sets ist konvex

9.3 Klassische Portfolio-Optimierung nach Markowitz, Teil 3: Zwei Basisprodukte, Efficient Border

Von besonderem Interesse scheint ein spezieller Punkt auf dem Opportunity-Set zu sein, nämlich derjenige Punkt P_0, der dem Portfolio, also der Kombination aus A_1 und A_2, mit minimaler Volatilität σ entspricht (siehe Abbildung 9.8).

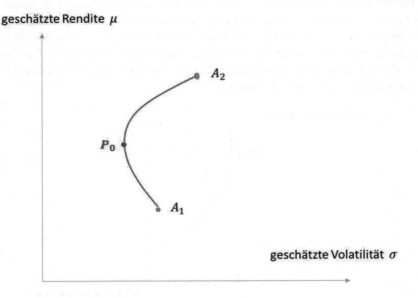

Abbildung 9.8: Portfolio P_0 mit geringster Volatilität

Die Koordinaten des Portfolios P_0 sind sehr einfach zu berechnen, indem man die Volatilitätsfunktion $\sigma = \sigma(x) = \sqrt{x^2 \cdot \sigma_1^2 + 2x(1-x) \cdot \sigma_1 \cdot \sigma_2 \cdot \rho + (1-x)^2 \cdot \sigma_2^2}$ nach x minimiert.

Minimieren von $\sigma(x)$ ist (da $\sigma(x)$ immer größer oder gleich 0 ist) gleichbedeutend mit einer Minimierung der Varianz $\sigma(x)^2$. Da wir uns bei der Behandlung von $\sigma(x)^2$ das Hantieren mit dem Wurzelzeichen ersparen, werden wir also im Folgenden tatsächlich die Funktion $\sigma(x)^2 = x^2 \cdot \sigma_1^2 + 2x(1-x) \cdot \sigma_1 \cdot \sigma_2 \cdot \rho + (1-x)^2 \cdot \sigma_2^2$ durch Ableiten nach x und gleich 0 setzen minimieren. Ausquadriert ist $\sigma(x)^2 = x^2 \cdot (\sigma_1^2 - 2 \cdot \sigma_1 \cdot \sigma_2 \cdot \rho + \sigma_2^2) + 2x \cdot (\sigma_1 \cdot \sigma_2 \cdot \rho - \sigma_2^2) + \sigma_2^2$.

Der Koeffizient $\sigma_1^2 - 2 \cdot \sigma_1 \cdot \sigma_2 \cdot \rho + \sigma_2^2$ ist stets positiv (außer wieder in Trivialfällen, wenn $\rho = 1$ und $\sigma_1 = \sigma_2$ ist oder wenn $\sigma_1 = \sigma_2 = 0$ gilt), somit hat diese quadratische Funktion genau ein Extremum und zwar ein Minimum.

Es ist $\left(\sigma(x)^2\right)' = 2x \left(\sigma_1^2 - 2 \cdot \sigma_1 \cdot \sigma_2 \cdot \rho + \sigma_2^2\right) + 2 \cdot \left(\sigma_1 \cdot \sigma_2 \cdot \rho - \sigma_2^2\right)$ und wir erhalten somit ein Minimum für $x = \frac{\sigma_2^2 - \sigma_1 \cdot \sigma_2 \cdot \rho}{\sigma_1^2 - 2 \cdot \sigma_1 \cdot \sigma_2 \cdot \rho + \sigma_2^2}$. Durch Einsetzen dieses Wertes

x in $\sigma(x) = \sqrt{x^2 \cdot \sigma_1^2 + 2x(1-x) \cdot \sigma_1 \cdot \sigma_2 \cdot \rho + (1-x)^2 \cdot \sigma_2^2}$ erhalten wir den

minimalen Volatilitätswert als $\sigma_{min} = \frac{\sigma_1 \sigma_2 \sqrt{1-\rho^2}}{\sqrt{\sigma_1^2 - 2\sigma_1 \cdot \sigma_2 \cdot \rho + \sigma_2^2}}$.

Zu überprüfen ist allerdings nun noch, unter welchen Umständen dieser Wert x tatsächlich zwischen 0 und 1 liegt. Dies ist nicht selbstverständlich erfüllt. Prinzipiell können auch die in Abbildung 9.9 illustrierten Situationen auftreten. In der oben dargestellten Situation würde die minimale Volatilität für einen Wert von $x < 0$ und in der unten dargestellten Situation für einen Wert von $x > 1$ angenommen werden. Da diese Werte in unserem momentanen Setting nicht zulässig sind, würde das tatsächliche Portfolio mit minimaler Volatilität im Bild oben das Portfolio sein, das nur aus dem Basisprodukt A_2 besteht und im Bild unten das Portfolio das nur aus dem Basisprodukt A_1 besteht.

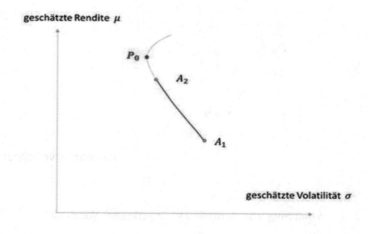

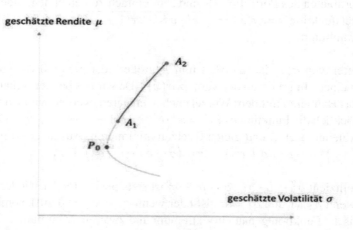

Abbildung 9.9: Portfolio P_0 mit geringster Volatilität außerhalb des Opportunity-Sets

Wir fragen uns also, wann $0 \leq \frac{\sigma_2^2 - \sigma_1 \cdot \sigma_2 \cdot \rho}{\sigma_1^2 - 2 \cdot \sigma_1 \cdot \sigma_2 \cdot \rho + \sigma_2^2} \leq 1$ erfüllt ist.

Da der Nenner (außer in den „pathologischen" Fällen) positiv ist, können wir mit diesem Nenner multiplizieren und erhalten die äquivalente Bedingung

$$0 \leq \sigma_2^2 - \sigma_1 \cdot \sigma_2 \cdot \rho \leq \sigma_1^2 - 2 \cdot \sigma_1 \cdot \sigma_2 \cdot \rho + \sigma_2^2.$$

Die linke Seite dieser Ungleichung liefert die Bedingung $\rho \leq \frac{\sigma_2}{\sigma_1}$ (andernfalls ist $x < 0$) und die rechte Seite der Ungleichung liefert die Bedingung $\rho \leq \frac{\sigma_1}{\sigma_2}$ (andernfalls ist $x > 1$).

Falls $\sigma_1 \leq \sigma_2$ (z.B. Abbildung 9.9, unten) dann ist $\rho \leq \frac{\sigma_2}{\sigma_1}$ auf jeden Fall erfüllt. Wenn dann $\rho \leq \frac{\sigma_1}{\sigma_2}$ gilt, dann entspricht der Punkt P_0 einem möglichen Portfolio. Wenn aber $\rho > \frac{\sigma_1}{\sigma_2}$ gilt, dann befinden wir uns in der Situation von Abbildung 9.9, unten. Das mögliche Portfolio mit kleinster Volatilität ist das Portfolio bestehend nur aus A_1.

Falls $\sigma_2 \leq \sigma_1$ (z.B. Abbildung 9.9, oben) dann ist $\rho \leq \frac{\sigma_1}{\sigma_2}$ auf jeden Fall erfüllt. Wenn dann $\rho \leq \frac{\sigma_2}{\sigma_1}$ gilt, dann entspricht der Punkt P_0 einem möglichen Portfolio. Wenn aber $\rho > \frac{\sigma_2}{\sigma_1}$ gilt, dann befinden wir uns in der Situation von Abbildung 9.9, oben. Das mögliche Portfolio mit kleinster Volatilität ist das Portfolio bestehend nur aus A_2.

Wir sehen also: Damit die Verringerung der Volatilität durch Diversifikation möglich ist, darf die Korrelation zwischen den beiden Basisprodukten A_1 und A_2 nicht zu groß sein. Sie muss kleiner sein als das Minimum von $\frac{\sigma_1}{\sigma_2}$ und von $\frac{\sigma_2}{\sigma_1}$. Liegt unser Ziel im Investment-Prozess in einer Verringerung des Risikos durch Diversifikation, dann müssen die Basisprodukte A_1 und A_2 von vornherein so gewählt werden, dass ihre Korrelation diese Bedingung erfüllt.

Zu beachten ist übrigens auch: Die Lage des Punktes P_0 und der Wert der minimalen Volatilität ist unabhängig von den Schätzwerten μ_1 und μ_2 für die zu erwartenden Renditen der beiden Basisprodukte!

Als „Normalfall" der Lage des Punktes P_0 wollen wir im Weiteren die in Abbildung 9.8 und auch unten in Abbildung 9.10 illustrierte Situation bezeichnen.

Betrachten wir jetzt im Folgenden (in diesem Normalfall) die Portfolios, deren Repräsentanten auf dem Opportunity-Set aber unterhalb des Punktes P_0 liegen, zum Beispiel das Portfolio bzw. den Punkt Q in Abbildung 9.10. Würden Sie in das Portfolio Q investieren? Und wenn „Nein", warum nicht?

Die Antwort auf beide Fragen gibt die Abbildung 9.10, oben:

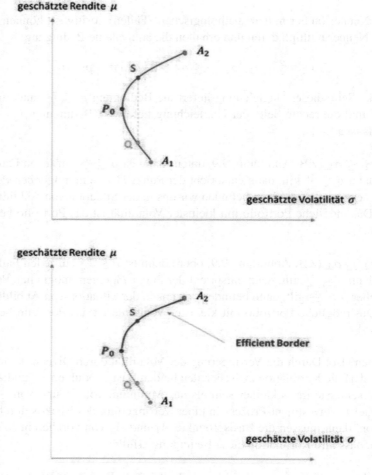

Abbildung 9.10: Opportunity-Set und Efficient Border

Zu jedem Punkt auf dem Opportunity-Set, der unterhalb des Punktes P_0 liegt, gibt es einen Punkt, der bei gleicher (oder geringerer) erwarteter Volatilität eine höhere erwartete Rendite verspricht. So zum Beispiel gibt es zum Punkt Q den vertikal darüber auf dem Opportunity-Set liegenden Punkt S mit gleicher geschätzter Volatilität bei höherer geschätzter Rendite. Jeder (im oben definierten Sinn) vernünftige Investor wird daher das Portfolio S dem Portfolio Q vorziehen! Das heißt: Für einen rationalen Investor kommen nur diejenigen Portfolios für eine Investition in Frage, die auf dem Opportunity-Set vom Portfolio P_0 (dem Portfolio mit minimaler Volatilität) beginnend in Richtung A_2 führen. Nur diese Portfolios sollten in Betracht gezogen werden und wir bezeichnen das Kurvenstück das diese Portfolios enthält, als die **Efficient Border**. Diese Efficient Border ist für unser Beispiel in Abbildung 9.10, unten in violett eingezeichnet.

Zwischen den Portfolios auf der Efficient Border lassen sich (rein durch Betrachtung und Vergleich von erwarteter Rendite und erwarteter Volatilität für sich allein) aus Sicht eines rationalen Investors keine Bevorzugungen begründen. Für je zwei dieser Portfolios auf der Efficient Border hat eines der beiden eine höhere Rendite und dafür das andere eine niedrigere Volatilität aufzuweisen. Diese Überlegung bedeutet aber auch, dass in den Sonderfällen, die in Abbildung 9.9 und nun nochmal in Abbildung 9.11 dargestellt sind, die Efficient Borders ebenfalls klar definiert sind.

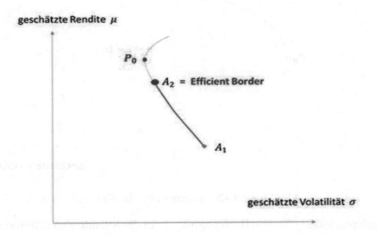

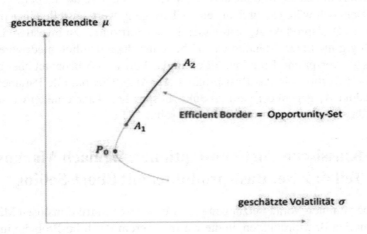

Abbildung 9.11: Efficient Border in Spezialfällen

Im oberen Bild dominiert das Portfolio nur bestehend aus dem Basisprodukt A_2 alle anderen Portfolios sowohl in erwarteter Rendite als auch in Hinblick auf niedrige Volatilität. Die Efficient Border besteht also nur aus dem Portfolio $P = A_2$.
Im unteren Bild dominiert keines der möglichen Portfolios irgendein anderes Portfolio sowohl in Rendite als auch in niedriger Volatilität. Das gesamte Opportunity-

Set ist deshalb auch Efficient Border.

Zum Abschluss wollen wir noch explizit an Hand einer weiteren Grafik (Abbildung 9.12) auf ein Faktum hinweisen:

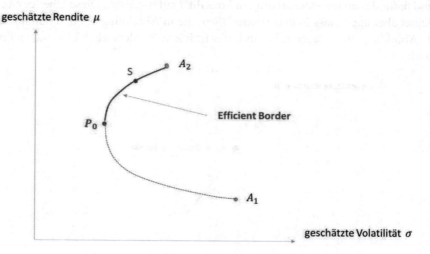

Abbildung 9.12: weitere mögliche Situation

Das Basisprodukt A_2 ist dem Basisprodukt A_1 in der Situation von Abbildung 9.12 sowohl in Hinblick auf Rendite als auch in Hinblick auf Volatilität bei weitem überlegen. Dennoch wäre es durchaus eine Überlegung wert, anstelle einer Investition rein in das Basisprodukt A_2 stattdessen in das Portfolio S zu investieren, das eine geringfügig niedrigere Rendite als A_2 bei einer doch deutlich niedrigeren Volatilität als A_2 verspricht. Eine Investition in das Portfolio S bedeutet aber auch eine teilweise Investition in das Basisprodukt A_1. Also: Obwohl alle Parameter gegen das Produkt A_1 gegenüber dem Produkt A_2 sprechen, kann eine teilweise Investition in das Produkt A_1 durchaus sinnvoll sein.

9.4   Klassische Portfolio-Optimierung nach Markowitz, Teil 4: Zwei Basisprodukte, mit Short-Selling

Unter bestimmten Voraussetzungen – im Besonderen in friktionslosen Märkten ! – kann mit den Basisprodukten, in die wir in unserem Portfolio-Problem investieren können, auch (unbegrenztes) Short-Selling betrieben werden. Das heißt, wir können Portfolios der Form $x_1 A_1 + x_2 A_2$ mit $x_1 + x_2 = 1$ und mit x_1 und x_2 beliebig aus den reellen Zahlen bilden.

Ein x_1 mit $x_1 < 0$ bedeutet ein Short-Selling des Produkts A_1, ein x_2 mit $x_2 < 0$ bedeutet ein Short-Selling des Produkts A_2.

An der Form des Opportunity-Sets ändert sich auf dem Kurvenstück zwischen A_1 und A_2 nichts, es setzt sich aber dann über A_1 und A_2 hinaus weiter fort. Wir sehen die typische Form des Opportunity-Sets im Fall unbegrenzten Short-Sellings in Abbildung 9.13.

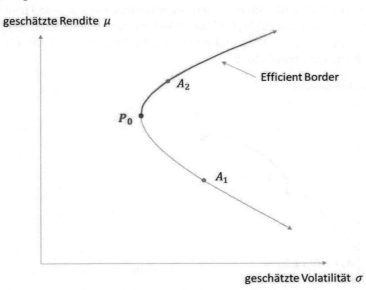

Abbildung 9.13: Opportunity-Set und Efficient Border bei unbegrenztem Short-Selling

Die Efficient Border ist nun stets der Kurventeil beginnend in P_0 aufwärts. In diesem Fall (so wie in Abbildung 9.13) kann man durch Short-Selling des Produkts A_1 und Kaufen des Produkts A_2 beliebig hohe erwartete Rendite erreichen.

9.5 Klassische Portfolio-Optimierung nach Markowitz, Teil 5: Zwei risikobehaftete Basisprodukte und ein risikoloses Produkt. Portfolios mit maximaler Sharpe-Ratio

Zusätzlich zu den zwei risikobehafteten Produkten A_1 und A_2 haben wir nun zusätzlich ein risikoloses Produkt A_0 zur Verfügung. Die risikobehafteten Produkte sind dadurch gekennzeichnet, dass die Volatilitäten σ_1 und σ_2 beide positiv sind. Das risikolose Produkt A_0 hat Volatilität $\sigma_0 = 0$ und eine Rendite $\mu_0 = r$, also in Höhe des risikolosen Zinssatzes. A_0 hat die Koordinaten $(0, r)$ und liegt auf der y-Achse des Vola-/Rendite-Diagramms. Unsere erste Frage lautet nun: Wie sieht das Opportunity-Set aller möglichen Kombinationen $x_0 A_0 + x_1 A_1 + x_2 A_2$ mit $x_0 + x_1 + x_2 = 1$ aus diesen drei Objekten aus? Nun, diese Kombinationen erhalten wir dadurch, dass wir eine beliebige Kombination Q aus A_1 und aus A_2 aus dem Opportunity-Set von A_1 und A_2 wählen und einen Betrag in Höhe von y_1 in

Q und einen Betrag in Höhe von $y_0 = 1 - y_1$ in A_0 investieren.

Wo liegen nun aber die möglichen Kombinationen $y_0 A_0 + y_1 Q$?

Wir veranschaulichen die Situation und beantworten diese Frage an Hand der Illustrationen von Abbildung 9.14, 9.15 und 9.16 für den Fall ohne Short-Selling (also $0 \le x_0, x_1, x_2, y_0, y_1 \le 1$) und an Hand von Abbildung 9.18 und 9.19 für den Fall mit unbegrenztem Short-Selling.

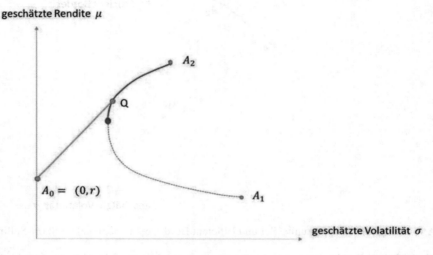

Abbildung 9.14: Kombinationen eines Portfolios Q mit einem risikolosen Produkt A_0 (ohne Short-Selling)

Im **Fall ohne Short-Selling** liegt das Portfolio Q auf der Opportunity-Kurve zwischen A_1 und A_2.

Bezeichnen wir die Parameter des Portfolios Q mit (σ_Q, μ_Q).

Die Kovarianz $cov(A_0, Q)$ zwischen A_0 und Q beträgt 0, denn $cov(A_0, Q) = E(\mu(A_0)) - E(\mu(A_0)) \cdot (\mu(Q) - E(\mu(Q))) = E((r-r) \cdot (\mu(Q))) - E(\mu(Q)) = 0$. Eine Kombination $(1-y) \cdot A_0 + y \cdot Q$ hat daher erwartete Rendite $(1-y) \cdot r + y \cdot \mu_Q$ und erwartete Standardabweichung $\sqrt{y^2 \cdot \sigma_Q^2} = |y| \cdot \sigma_Q$. Für y zwischen 0 und 1 haben wir daher die lineare Parameterdarstellung $(y \cdot \sigma_Q, (1-y) \cdot r + y \cdot \mu_Q)$ mit $0 \le y \le 1$, also wir erhalten gerade die Verbindungslinie zwischen A_0 und Q als den Ort aller möglichen (shortselling-freien) Kombinationen aus A_0 und Q. Es ist dies die grüne Linie in Abbildung 9.14.

Verbinden wir nun den Punkt A_0 mit allen möglichen Portfolios Q auf dem Opportunity-Set von A_1 und A_2, so erhalten wir alle möglichen Portfolios aus A_0, A_1 und A_2, also das Opportunity-Set von A_0, A_1 und A_2 (ohne Short-Selling).

Dieses ist in Abbildung 9.15 durch das grün schraffierte bzw. violett umrandete Gebiet markiert. Die violette Linie ist (auf Basis derselben Überlegungen wie oben) die Efficient Border der Kombinationen aus A_0, A_1 und A_2.

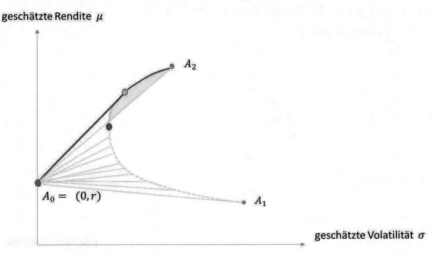

Abbildung 9.15: Opportunity-Set und Efficient Border der Kombinationen aus zwei risikobehafteten und einem risikolosen Produkt, Fall 1

Eine besondere Rolle spielt der orangefarbige Punkt. Er bezeichnet den Berührungspunkt der oberen Tangente von A_0 an das Opportunity-Set von A_1 und A_2 falls dieser existiert (Fall 1). Wenn dieser aber nicht existiert (Fall 2), dann wird das Opportunity-Set von A_0, A_1 und A_2 nach oben hin einfach von der Verbindungslinie zwischen A_0 und A_2 gebildet und diese Verbindungslinie ist auch die Effcient Border der Kombinationen aus A_0, A_1 und A_2 (siehe Abbildung 9.16).

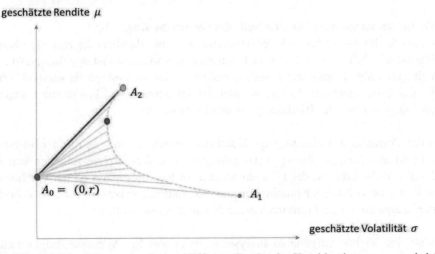

Abbildung 9.16: Opportunity-Set und Efficient Border der Kombinationen aus zwei risikobehafteten und einem risikolosen Produkt, Fall 2

Die besondere Bedeutung des orangefarbenen Punktes ergibt sich aus Folgendem: Kehren wir nochmals zu Abbildung 9.14 zurück. Der Anstieg der Geraden durch A_0 und das Portfolio Q ist gegeben durch $\frac{\mu_Q - r}{\sigma_Q}$ (siehe Abbildung 9.17). Dieser Wert ist aber gerade die Sharpe-Ratio des Portfolios Q.

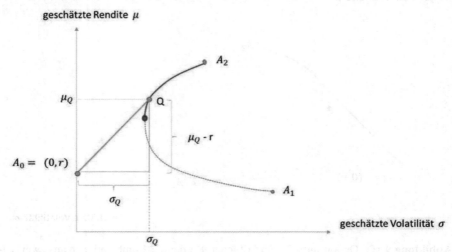

Abbildung 9.17: Anstieg der Geraden zwischen A_0 und Q (= Sharpe Ratio von Q)

Der orange Punkt liegt nun ganz offensichtlich auf der Geraden die den größten Anstieg von allen Geraden zwischen A_0 und einem Portfolio Q auf dem Opportunity-Set von A_1 und A_2 hat (das gilt sowohl in der Situation von Abbildung 9.15 (Fall 1) als auch in der Situation von Abbildung 9.16 (Fall 2)). Der orange Punkt bezeichnet also das Portfolio Q gebildet aus A_1 und A_2 das die höchste Sharpe-Ratio erwarten lässt.

Wir fassen zusammen für den Fall ohne Short-Selling:
Ist A_2 (das Basis-Produkt mit der höheren erwarteten Rendite) die zulässige Kombination aus A_1 und A_2 mit der höchsten Sharpe-Ratio, dann ist nur ein Investment in eine zulässige Kombination aus A_2 und die risikolose Anlage A_0 sinnvoll. Wieviel des Investments in A_2 und wieviel des Investments in A_0 investiert werden soll, hängt nur von der Risikoneigung des Investors ab.

Ist das Portfolio SR die zulässige Kombination aus A_1 und A_2 mit der höchsten Sharpe-Ratio (oranger Punkt in Abbildung 9.15) und ist SR verschieden von A_2 (das Basis-Produkt mit der höheren erwarteten Rendite), dann ist nur ein Investment in eine zulässige Kombination aus SR und die risikolose Anlage A_0 oder aber in eine zulässige Kombination aus SR und A_2 sinnvoll.

Es ist eine leichte Aufgabe zu analysieren unter welchen Voraussetzungen Fall 1 und unter welchen Voraussetzungen Fall 2 eintritt.

Im **Fall mit Short-Selling** liegt das Portfolio Q auf der Opportunity-Kurve zwischen A_1 und A_2 und über A_1 und A_2 hinaus.

Wir überlegen zuerst wieder, wo die zulässigen Portfolios zwischen Q und A_0 jetzt im Fall unbeschränkten Short-Sellings liegen.

Wie wir bereits oben festgestellt haben, lautet die Parameterdarstellung der Kombinationen $(|y| \cdot \sigma_Q, (1-y) \cdot r + y \cdot \mu_Q)$, wobei jetzt y beliebig die reellen Zahlen durchläuft. Für $y \geq 0$ erhalten wir daher die Parameterdarstellung $(y \cdot \sigma_Q, (1-y) \cdot r + y \cdot \mu_Q)$, und das ergibt die Halbgerade, die im Punkt A_0 startet und durch Q (für $y = 1$) und darüber hinaus verläuft. Für $y \leq 0$ erhalten wir $(-y \cdot \sigma_Q, (1-y) \cdot r + y \cdot \mu_Q)$ und das ergibt die Halbgerade, die ebenfalls im Punkt A_0 startet (für $y = 0$) und durch den Punkt $\widetilde{Q} := (\sigma_Q, 2r - \mu_Q)$ und darüber hinaus verläuft. Diese zweite Halbgerade ist exakt die Spiegelung der ersten Halbgeraden an der Gerade $y = r$. Dies wird in Abbildung 9.18 illustriert. Die beiden grünen Halbgeraden bezeichnen alle Kombinationen aus A_0 und Q.

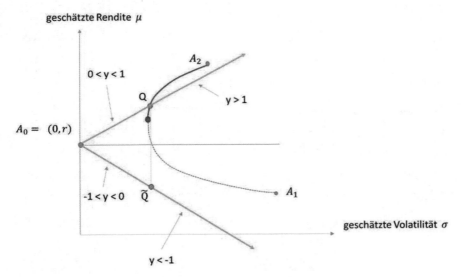

Abbildung 9.18: Kombinationen eines Portfolios Q mit einem risikolosen Produkt A_0 (mit Short-Selling)

Bilden wir jetzt die Menge aller möglichen Kombinationen aus A_0, A_1 und A_2 indem wir für jedes Q auf dem Opportunity-Set von A_1 und A_2 diese beiden Halbgeraden erzeugen, dann können prinzipiell die folgenden 4 verschiedenen Fälle eintreten, die in Abbildung 9.19 illustriert sind.

Fall 1 (links oben):
Es gibt eine eindeutige obere Tangente von A_0 an die Opportunity-Kurve von A_1 und A_2 und die Spiegelung dieser Tangente liegt durchwegs unterhalb der

Opportunity-Kurve von A_1 und A_2.

Dann gibt es einen eindeutigen Punkt $Q(= SR)$ mit maximaler Sharpe-Ratio auf dem oberen Ast der Opportunity-Kurve von A_1 und A_2. Sinnvoll sind nur Investitionen in Kombinationen aus SR und A_0. Dabei wird ein positiver Anteil in SR investiert. Möglich ist auch ein Short-Selling des risikolosen Produkts (= Kreditaufnahme) und volle Investition von Basis-Investment und Kreditsumme in SR.

Das **hellgrün eingefärbte rechts offene, oben und unten abgeschlossene Dreieck ist das Opportunity-Set** und die **obere grüne Randlinie ist die Efficient Border**.

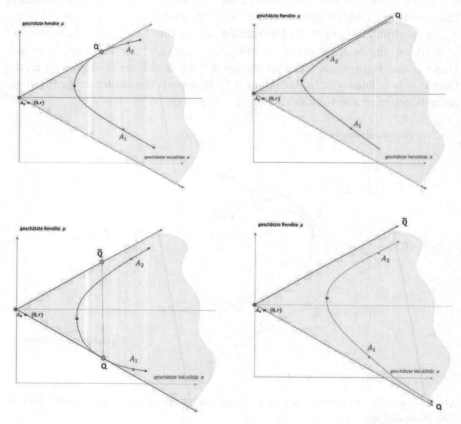

Abbildung 9.19: Mögliche Formen des Opportunity-Sets im Fall unbegrenzten Short-Sellings, 4 Fälle

Fall 2 (rechts oben):

Es gibt eine obere Asymptote von A_0 an die Opportunity-Kurve von A_1 und A_2 und die Spiegelung dieser Asymptote liegt durchwegs unterhalb der Opportunity-Kurve von A_1 und A_2.

Die Sharpe-Ratio der Portfolios auf dem oberen Ast der Opportunity-Kurve von A_1 und A_2 steigt mit wachsendem μ immer weiter an. Das **hellgrün eingefärbte**

rechts, oben und unten offene Dreieck ist das Opportunity-Set. Es gibt keine definitive Efficient Border. Sinnvoll sind Investments möglichst nahe der oberen Asymptote. Das heißt: Kombinationen aus A_0 und aus Portfolios Q aus A_1 und A_2, die möglichst weit oben rechts auf der Opportunity-Kurve von A_1 und A_2 liegen. Bei diesen Kombinationen wird ein positiver Anteil des Investmens in Q investiert (eventuell auch ein Anteil größer als 1 nach vorheriger Kreditaufnahme). **Wir bezeichnen diese obere Asymptote daher trotzdem als Efficient Border** (auch wenn die Punkte auf dieser Asymptote keinen Portfolios entsprechen).

Fall 3 (links unten):
Es gibt eine eindeutige untere Tangente von A_0 an die Opportunity-Kurve von A_1 und A_2 und die Spiegelung dieser Tangente liegt durchwegs oberhalb der Opportunity-Kurve von A_1 und A_2.
Dann gibt es einen eindeutigen Punkt Q mit minimaler Sharpe-Ratio auf dem unteren Ast der Opportunity-Kurve von A_1 und A_2. Sinnvoll sind nur Investitionen in Kombinationen aus A_0 und der Spiegelung $\widetilde{Q}$ von Q. $\widetilde{Q}$ ist dabei nichts anderes als ein Short-Selling eines Stücks des Portfolios Q. $\widetilde{Q}$ ist das Portfolio aus A_1 und A_2 mit maximaler Sharpe-Ratio. Ein optimales Portfolio besteht also aus einer Kombination von A_0 und einer negativen Investition (Short-Selling) von Q. Das **hellgrün eingefärbte rechts offene, oben und unten abgeschlossene Dreieck ist das Opportunity-Set** und die **obere grüne Randlinie ist die Efficient Border**.

Fall 4 (rechts unten):
Es gibt eine untere Asymptote von A_0 an die Opportunity-Kurve von A_1 und A_2 und die Spiegelung dieser Asymptote liegt durchwegs oberhalb der Opportunity-Kurve von A_1 und A_2.
Die Sharpe-Ratio der Portfolios auf dem unteren Ast der Opportunity-Kurve von A_1 und A_2 fällt mit fallendem μ immer weiter ab. Das **hellgrün eingefärbte rechts, oben und unten offene Dreieck ist das Opportunity-Set**. Es gibt keine definitive Efficient Border. Sinnvoll sind Investments möglichst nahe der oberen Asymptote. Das heißt: Kombinationen aus A_0 und aus Short-Positionen in Portfolios Q aus A_1 und A_2, die möglichst weit unten rechts auf der Opportunity-Kurve von A_1 und A_2 liegen. Bei diesen Kombinationen wird ein negativer Anteil des Investmens in Q investiert. **Wir bezeichnen die obere Asymptote daher trotzdem als Efficient Border** (auch wenn die Punkte auf dieser Asymptote keinen Portfolios entsprechen).

Auch hier könnte wieder leicht analysiert werden, unter welchen Umständen welcher der vier Fälle eintritt und wie der orange Punkt, also das **Portfolio mit maximaler Sharpe-Ratio (falls dieses existiert), berechnet** werden kann. Dies **wird im Detail auch in nachfolgenden Kapiteln für den allgemeinen Fall beliebig vieler Basis-Produkte $A_1, A_2, \ldots, A_n$ durchgeführt**.

9.6 Klassische Portfolio-Optimierung nach Markowitz, Teil 6: Zwei risikobehaftete Basisprodukte und ein risikoloses Produkt: Ein konkretes Beispiel

Alle bisherigen Illustrationen zum Markowitz-Modell waren Skizzen und entsprachen keinem konkreten Zahlenbeispiel. In diesem Kapitel wollen wir nun ein ganz konkretes Beispiel für das Opportunity-Set und die Efficient Border von Kombinationen zweier Aktien und einer risikolosen Anlage geben. Wie schon angedeutet liegt das Hauptproblem im Ansatz des Modells, in der Schätzung der notwendigen Parameter. Wir legen im Folgenden kein wirkliches Augenmerk auf diese Schätzung, sondern greifen ganz einfach auf eine Schätzung aus historischen Tages-Schlusskursen zurück (im Bewusstsein, dass dies ein sehr diskussionswürdiger Zugang ist).

Wir betrachten eine Investition von 1 (= 1 Mio.) Dollar für den Zeitraum eines Jahres ab heute (7.5.2019 bis 7.5.2020) in die Produkte
A_1 = Ford Aktie
A_2 = Apple Aktie

sowie in
A_0 = eine Ein-Jahres-Fixzins-Anlage zum Zinssatz von 2%.

Wir schätzen die erwarteten per anno Renditen μ_1 und μ_2 sowie die erwarteten per anno Standardabweichungen σ_1 und σ_2 und die Korrelation ρ zwischen den Renditen der beiden Aktien aus den Tagesschlusskursen des unmittelbar vorangegangenen Handelsjahres und erhalten:
$\mu_1 = 0.1627$ (entspricht 16.27%)
$\sigma_1 = 0.2948$ (entspricht 29.48%)
$\mu_2 = -0.0465$ (entspricht -4.65%)
$\sigma_2 = 0.2962$ (entspricht 29.62%)
$\rho = 0.1728$

Wir behandeln zuerst den Fall **ohne Short-Selling**:
Das Portfolio P_0 aus A_1 und A_2 mit minimaler Standardabweichung ergibt sich mittels der weiter oben hergeleiteten Formel als $P_0 = x \cdot A_1 + (1 - x) \cdot A_2$ mit $x = 0.5029$ und hat Standardabweichung 0.2263 und erwartete Rendite 0.0587.

Das Opportunity-Set ergibt sich mittels der oben hergeleiteten Parameterdarstellung und ist die blaue Kurve in Abbildung 9.20. Wie man mit freiem Auge bereits erkennen kann, gibt es keine Tangente von A_0 aus an das Opportunity-Set. Die Efficient Border für Kombinationen aus A_0, A_1 und A_2 besteht daher aus der grünen Verbindungsgeraden zwischen A_0 und A_1. Die effizienten Portfolios bestehen also aus Kombinationen von A_0 und A_1.

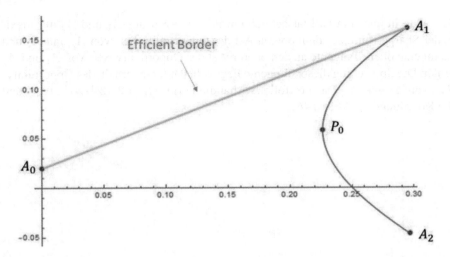

Abbildung 9.20: Beispiel: Opportunity Set für A_1 und A_2 und Efficient Border für A_0, A_1 und A_2 ohne Short-Selling

Mit Short-Selling:
Das Opportunity-Set hat nun die Form wie in Abbildung 9.21. Der Punkt P_0 mit minimaler Standardabweichung bleibt unverändert.

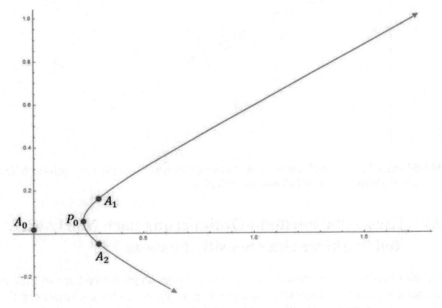

Abbildung 9.21: Beispiel: Opportunity Set mit Short-Selling

Mittels der in den kommenden Kapiteln hergeleiteten allgemeinen Formel für das Portfolio mit maximaler Sharpe-Ratio im Fall unbegrenzten Short-Sellings (wir werden das dort tatsächlich auch nachholen, siehe Kapitel 9.13.) lässt sich zeigen, dass man in unserem Fall tatsächlich ein Portfolio SR aus A_1 und A_2 mit maximaler Sharpe-Ratio auf dem oberen Ast des Opportunity-Sets von A_1 und A_2 und damit eine obere Tangente an den oberen Ast des Opportunity-Sets von A_1 und A_2 erhält. Die Spiegelung dieser Tangente liegt vollständig unterhalb des Opportunity-Sets von A_1 und A_2. Das Portfolio SR hat die Form $SR = 2.42A_1 - 1.42A_2$ und die Koordinaten $(0.763, 0.46)$.

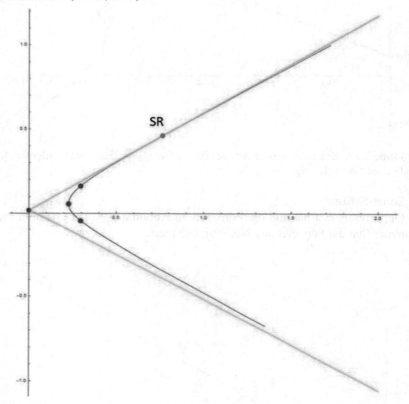

Abbildung 9.22: Beispiel: Opportunity Set und Efficient Border sowie Portfolio SR mit maximaler Sharpe-Ratio im Fall mit Short-Selling

9.7 Klassische Portfolio-Optimierung nach Markowitz, Teil 7: Skizze eines Sensitivitätstests

Nur als oberflächlicher Hinweis darauf, wie sensibel Opportunity-Set und Efficient Border auf geänderte Parameter-Schätzungen reagieren, sollen die folgenden Grafiken dienen. In diesen Grafiken sind wir wieder von der Bildung des Opportunity-Sets für die Parameter des obigen konkreten Beispiels ausgegangen.

In Abbildung 9.23 haben wir die Veränderung der Form des Opportunity-Sets dargestellt, wenn wir den Parameter μ_1 vier Mal sukzessive um 1% erhöhen. Die dunkelste Kurve stellt das Opportunity-Set für die ursprünglichen Parameter dar. Die hellste Kurve stellt das Opportunity-Set für den Rendite-Parameter $\mu_1 + 4\%$ für das erste Produkt A_1 dar.

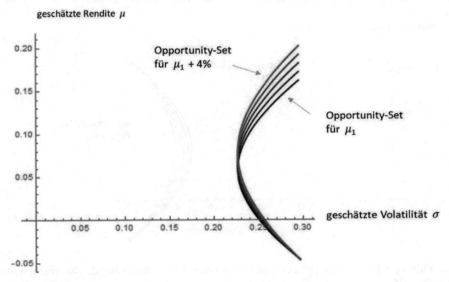

Abbildung 9.23: Beispiel: Sensitivität des Opportunity-Sets bei Veränderung des Rendite-Parameters um jeweils 1%

In Abbildung 9.24 haben wir die Veränderung der Form des Opportunity-Sets dargestellt, wenn wir den Parameter σ_1 vier Mal sukzessive um 2% erhöhen. Die dunkelste Kurve stellt das Opportunity-Set für die ursprünglichen Parameter dar. Die hellste Kurve stellt das Opportunity-Set für den Volatilitäts-Parameter $\sigma_1 + 8\%$ für das erste Produkt A_1 dar.

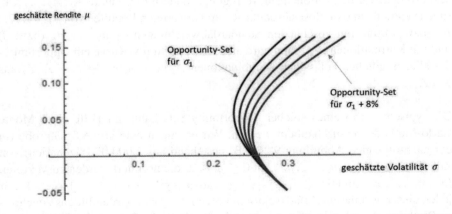

Abbildung 9.24: Sensitivität des Opportunity-Sets bei Veränderung des Volatilitäts-Parameters um jeweils 2%

In Abbildung 9.25 haben wir die Veränderung der Form des Opportunity-Sets dargestellt, wenn wir den Parameter ρ vier Mal sukzessive um 0.05 erhöhen. Die dunkelste Kurve stellt das Opportunity-Set für die ursprünglichen Parameter dar. Die hellste Kurve stellt das Opportunity-Set für den Korrelations-Parameter $\rho+0.2$ dar.

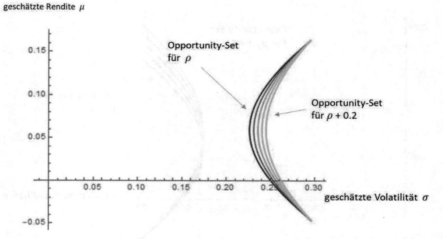

Abbildung 9.25: Sensitivität des Opportunity-Sets bei Veränderung der Korrelation um jeweils 0.05

9.8 Klassische Portfolio-Optimierung nach Markowitz, Teil 8: Beliebig viele Basisprodukte, prinzipielle Form der Opportunity-Sets

Haben wir nun nicht nur 2 risikobehaftete (und eventuell ein weiteres risikoloses) Produkte für Investitionen zur Verfügung, sondern n Produkte $A_1, A_2, \ldots, A_n$ (und eventuell ein risikoloses Produkt A_0) mit erwarteten Renditen von $\mu_1, \mu_2, \ldots,$ μ_n (bzw. r) und mit geschätzten Standardabweichungen $\sigma_1, \sigma_2, \ldots, \sigma_n$ (bzw. 0) und mit Korrelationen $\rho_{i,j}$, dann wird aus der Opportunity-Kurve ein Opportunity-Set aller möglichen zulässigen Kombinationen $A_1 x_1 + A_2 x_2 + \ldots + A_n x_n$ aus $A_1, A_2, \ldots, A_n$.

Die typische Form eines solchen Opportunity-Sets kann mit Hilfe einer Monte Carlo-Methode veranschaulicht werden. Wir erzeugen eine große Stichprobe (in der nachfolgenden Abbildung 9.26 z.B. bestehend aus 2.000.000 Szenarien) von Zufallsvektoren $(y_1, y_2, \ldots, y_n)$ mit $0 \leq y_i \leq 1$, die normiert werden zu Vektoren $(x_1, x_2, \ldots, x_n)$ mittels $x_i = \frac{y_i}{y_1 + y_2 + \ldots + y_n}$, so dass gilt $x_1 + x_2 + \ldots + x_n = 1$. Für jeden dieser normierten Zufallsvektoren $(x_1, x_2, \ldots, x_n)$ werden für das zugehörige Portfolio $P = A_1 x_1 + A_2 x_2 + \ldots + A_n x_n$ mittels der Formeln $\mu(P) = \mu_1 x_1 + \mu_2 x_2 + \ldots + \mu_n x_n$ und $\sigma(P) = \sqrt{\sum_{i,j=1}^{n} x_i x_j \sigma_i \sigma_j \rho_{i,j}}$ erwartete Rendite und

Volatilität berechnet und der Punkt $P = (\sigma(P), \mu(P))$ ins Volatilitäts-/Rendite-Diagramm eingezeichnet. Die dadurch entstehende Punktwolke (gelber Bereich in Abbildung 9.26) gibt eine Näherung für das Opportunity-Set von $A_1, A_2, \ldots, A_n$. Für jeden dieser Punkte kann parallel dazu die Sharpe-Ratio $\frac{\mu(P)-r}{\sigma(P)}$ berechnet werden und der Punkt SR, der unter allen Szenarien die höchste Sharpe-Ratio aufzuweisen, hat als Portfolio mit einer näherungsweise maximalen Sharpe-Ratio ausgewählt werden (oranger Punkt in Abbildung 9.26). Die (in Abbildung 9.26) grüne Verbindungsgerade zwischen A_0 und SR enthält alle Kombinationen aus A_0 und SR.

Die Bestimmungsstücke für das in den Abbildungen 9.26, 9.27 und 9.28 konkret durchgeführte Beispiel sind:
4 Basisprodukte mit (Vola , Rendite)-Koordinaten:
(50%, 20%)
(50%, 30%)
(70%, -5%)
(30%, 15%)

und mit Korrelationsmatrix
$$\begin{pmatrix} 1 & 0 & 0.2 & -0.1 \\ 0 & 1 & 0.3 & 0.1 \\ 0.2 & 0.3 & 1 & -0.2 \\ -0.1 & 0.1 & -0.2 & 1 \end{pmatrix}$$
risikoloser Zinssatz $r = 2\%$

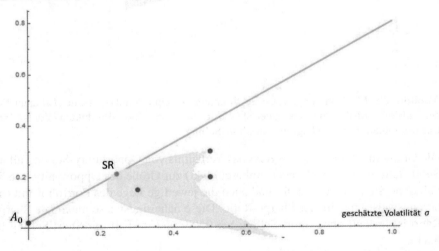

Abbildung 9.26: Näherungsweise Bestimmung des Opportunity-Sets und des Portfolios mit maximaler Sharpe-Ratio aus vier Basis-Produkten mittels Monte Carlo-Simulation, ohne Short-Selling

Ganz analog können wir vorgehen im Fall von unbegrenztem Short-Selling. Der einzige Unterschied ist, dass wir nicht mit Zufallsvektoren $(y_1, y_2, \ldots, y_n)$ mit $0 \leq y_i \leq 1$, sondern mit beliebigen y_i starten. In der praktischen Anwendung für die näherungsweise Bestimmung von Opportunity-Set und Efficient Border ist es ausreichend, y_i zum Beispiel im Bereich $-3 \leq y_i \leq 5$ zu wählen, um die prinzipielle, nach rechts nun allerdings unbegrenzte Form des Opportunity-Sets zu erkennen.

In Abbildung 9.27 sehen wir die Form eines Teils des Opportunity-Sets, das in Wirklichkeit nach rechts unbeschränkt ist (blauer Bereich), das sich in dieser Simulation ergebende (orange markierte) Portfolio SR mit der annähernd maximalen Sharpe-Ratio und wieder die Verbindungsgerade zwischen A_0 und SR die annähernd die Efficient Border wiedergibt.

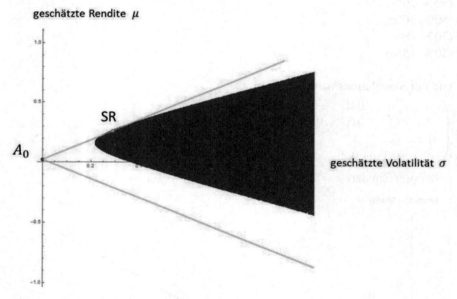

Abbildung 9.27: Näherungsweise Bestimmung des Opportunity-Sets, der Efficient Border und des Portfolios mit maximaler Sharpe-Ratio aus vier Basis-Produkten mittels Monte Carlo-Simulation, mit unbegrenztem Short-Selling

Die Grafik in Abbildung 9.28 zeigt das Verhältnis von Opportunity-Set im Fall mit Short-Selling (blau, nach rechts unbeschränkt) zur Größe des Opportunity-Sets im Fall ohne Short-Selling (gelb) und auch die jeweilige Lage des Portfolios mit (näherungsweise) maximaler Sharpe-Ratio. Diese näherungsweise maximale Sharpe-Ratio ist im Fall ohne Short-Selling bei 0.789 und im Fall mit Short-Selling bei 0.843.

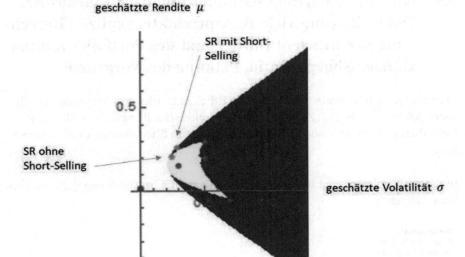

Abbildung 9.28: Größenvergleich Opportunity-Sets mit Short-Selling (blau) und ohne Short-Selling (gelb) und Lagevergleich der Portfolios mit näherungsweise maximaler
Sharpe-Ratio (orange)

Die **Bestimmung der Efficient Border und des Portfolios mit maximaler
Sharpe-Ratio** (falls dieses existiert) kann im **Fall mit unbegrenztem Short-Selling**
durch einfache Extremwertrechnung **explizit** durchgeführt werden und wir werden
dies in den nächsten Kapiteln auch tun.

Im Fall ohne Short-Selling oder bei begrenztem Short-Selling kann die herkömmliche Extremwertrechnung nicht mehr eingesetzt werden. Mit Hilfe von Methoden
in konvexer Optimierung könnten Efficient Border und das Portfolio mit maximaler Sharpe-Ratio präziser bestimmt werden als mit Hilfe der oben durchgeführten Monte Carlo-Simulation. Die Monte Carlo Simulation ist aber sehr viel einfacher zugänglich als die Optimierungsmethode und liefert Ergebnisse die durchaus ausreichend genau sind (wenn man bedenkt dass die eigentliche Achillessehne
des vorgestellten Modells die Zuverlässigkeit der benötigten Parameterschätzungen ist). Wir werden uns daher nicht mit diesen Optimierungsmethoden im Fall
der Portfolio-Selektion ohne Short-Selling beschäftigen.

9.9 Klassische Portfolio-Optimierung nach Markowitz, Teil 9: Beliebig viele Basisprodukte, explizite Berechnung der Efficient Border und des Portfolios mit maximaler Sharpe-Ratio, Planung des Vorgehens

In den folgenden Kapiteln werden wir die Efficient Border der Portfolios aus n Basisprodukten $A_1, A_2, \ldots, A_n$ sowie das Portfolio SR mit maximaler Sharpe-Ratio (falls dieses existiert) für den Fall mit unbegrenztem Short-Selling explizit berechnen.

In diesem Kapitel planen wir an Hand der Illustration in Abbildung 9.29 das konkrete Vorgehen.

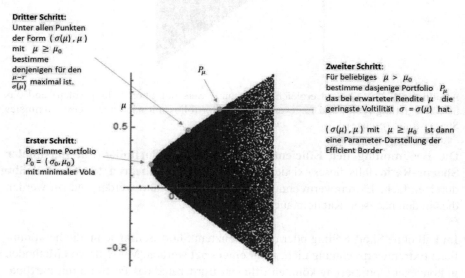

Abbildung 9.29: Konkretes Programm zur expliziten Bestimmung von Efficient Border und Portfolio mit maximaler Sharpe-Ratio im Fall unbeschränkten Short-Sellings

9.10 Klassische Portfolio-Optimierung nach Markowitz, Teil 10: Beliebig viele Basisprodukte, explizite Berechnung der Efficient Border und des Portfolios mit maximaler Sharpe-Ratio

Wir führen nun das skizzierte Programm zur Berechnung von Efficient Border und Portfolio mit maximaler Sharpe-Ratio im Detail durch. Vorab wiederholen wir noch einmal alle benötigten Bezeichnungen.

Wir haben Basisprodukte $A_1, A_2, \ldots, A_n$ zur Verfügung.

Die geschätzten Renditen bezeichnen wir mit $\mu_1, \mu_2, \ldots, \mu_n$ und die geschätzten Volatilitäten mit $\sigma_1, \sigma_2, \ldots, \sigma_n$.

Die Kovarianzen zwischen den Renditenentwicklungen von A_i und A_j bezeichnen wir mit c_{ij}. Wir setzen weiters $c_{ii} := \sigma_i^2$. Die Kovarianzmatrix M ist dann gegeben durch $M := (c_{ij})_{i,j=1,2,\ldots,n}$.

Es ist $c_{ij} = \sigma_i \cdot \sigma_j \cdot \rho_{i,j}$, wobei $\rho_{i,j}$ die Korrelation zwischen A_i und A_j bezeichnet.

Wir betrachten Portfolios P der Form $P = x_1 A_1 + x_2 A_2 + \ldots + x_n A_n$, wobei $x_1 + x_2 + \ldots + x_n = 1$ erfüllt ist. Diese schematische Darstellung bedeutet: *„x_i Euro werden in das Produkt A_i investiert."*

Die erwartete Rendite $\mu(P)$ ist gegeben durch

$$\mu(P) = \mu_1 x_1 + \mu_2 x_2 + \ldots + \mu_n x_n$$

und die erwartete Volatilität $\sigma(P)$ des Portfolios P erfüllt

$$\sigma(P) = \sqrt{\sum_{i,j=1}^{n} x_i \cdot x_j \cdot c_{ij}}.$$

(Wir beachten dabei, dass wir für Indices $i = j$ Summanden der Form $x_i^2 \cdot \sigma_i^2$ erhalten. Weiters beachten wir, dass $c_{ij} = c_{ji}$ gilt und für $i \neq j$ jeder Summand der Form $x_i \cdot x_j \cdot c_{ij}$ also praktisch zwei Mal auftritt.)

Bei Bedarf schreiben wir anstelle von $\mu(P)$ bzw. $\sigma(P)$ immer wieder auch einmal $\mu(x_1, \ldots, x_n)$ bzw. $\sigma(x_1, \ldots, x_n)$.

Wir setzen im Folgenden voraus, dass $\sigma_i > 0$ für alle i gilt (dass wir also kein risikoloses Produkt unter unseren Basisprodukten haben). Weiters setzen wir voraus, dass wir kein risikoloses Produkt durch Kombinationen von $A_1, A_2, \ldots, A_n$ erhalten, dass also $\sigma(P) > 0$ stets gilt.

Erster Schritt:
Unsere erste Aufgabe ist es, das Portfolio P_0, also das Portfolio mit der kleinsten Volatilität zu bestimmen. Da stets $\sigma(x_1, \ldots, x_n) > 0$ gilt, ist diese Aufgabe gleichbedeutend mit der Minimierung des Quadrats der Volatilität, also von $(\sigma(x_1, \ldots, x_n))^2$, wir ersparen uns damit Manipulationen mit der Wurzel in der Definition von $\sigma(x_1, \ldots, x_n)$. Dabei haben wir auch die Nebenbedingung $x_1 + x_2 + \ldots + x_n = 1$ zu beachten. Solche Extremwertbestimmungen für Funktionen in mehreren Variablen mit einer oder mehreren Nebenbedingungen für die Variablen

in der Form von Gleichungen können häufig mit der Methode des Lagrange'schen Multiplikators gelöst werden.

Einschub (Lagrange'scher Multiplikator):
Die Methode des Lagrange'schen Multiplikators kann also dabei helfen, lokale Extrema von Funktionen $F(x_1, \ldots, x_n)$ in mehreren Variablen unter einer oder mehreren Nebenbedingungen der Form $G_1(x_1, \ldots, x_n) = 0, G_2(x_1, \ldots, x_n) = 0, \ldots,$ $G_s(x_1, \ldots, x_n) = 0$ zu finden. Wir wollen diese Methode hier nur kurz darstellen und nicht weiter diskutieren. In den Anwendungen, die wir im Folgenden im Auge haben, werden immer von Vornherein eindeutige und ausschließliche Extrema existieren und die Lagrange Methode wird auf einfachem Weg zum Ziel führen. Die Methode besteht darin, dass man die sogenannte Lagrange Funktion

$$H_{\lambda_1, \lambda_2, \ldots, \lambda_s}(x_1, x_2, \ldots, x_n) := F(x_1, \ldots, x_n) - \sum_{j=1}^{s} G_j(x_1, x_2, \ldots, x_n) \cdot \lambda_j$$

bildet.
Für diese Funktion werden die n partiellen Ableitungen $\frac{dH_{\lambda_1, \lambda_2, \ldots, \lambda_s}(x_1, x_2, \ldots, x_n)}{dx_k}$ für $k = 1, 2, \ldots, n$ gebildet und gleich 0 gesetzt.

Diese n Gleichungen $\frac{dH_{\lambda_1, \lambda_2, \ldots, \lambda_s}(x_1, x_2, \ldots, x_n)}{dx_k} = 0$ für $k = 1, 2, \ldots, n$ zusammen mit den s Gleichungen $G_j(x_1, \ldots, x_n) = 0$ für $j = 1, 2, \ldots, s$ ergeben ein Gleichungssystem (*) aus $n + s$ Gleichungen in den $n + s$ Variablen $x_1, x_2, \ldots, x_n$ und $\lambda_1, \lambda_2, \ldots, \lambda_s$.

Unter gewissen Glattheitsbedingungen muss jedes lokale Extremum $x_1, x_2, \ldots, x_n$ der Funktion F, das alle Nebenbedingungen erfüllt, Anfangs-Teil einer Lösung $(x_1, x_2, \ldots, x_n, \lambda_1, \lambda_2, \ldots, \lambda_s)$ des Gleichungssystems (*) sein.

In unseren folgenden Anwendungsbeispielen wird die Situation stets so sein, dass das jeweilige Gleichungssystem (*) jeweils genau eine Lösung besitzt.

Die zugehörige Lagrange-Funktion für unser Problem ist also

$$H_\lambda(x_1, x_2, \ldots, x_n) = \sum_{i,j=1}^{n} x_i \cdot x_j \cdot c_{ij} - \lambda \cdot (x_1 + x_2 + \ldots + x_n - 1).$$

Wir leiten $H_\lambda(x_1, x_2, \ldots, x_n)$ nach x_k ab:

$$\frac{dH_\lambda(x_1, x_2, \ldots, x_n)}{dx_k} = 2x_k c_{kk} + 2\sum_{i \neq k} x_i c_{ik} - \lambda.$$

Wir setzen diese Ableitungen alle gleich 0 und erhalten damit das Gleichungssystem

$$x_1 c_{11} + x_2 c_{21} + \ldots + x_n c_{n1} = \tfrac{\lambda}{2}$$
$$x_1 c_{12} + x_2 c_{22} + \ldots + x_n c_{n2} = \tfrac{\lambda}{2}$$
$$\ldots$$
$$x_1 c_{1n} + x_2 c_{2n} + \ldots + x_n c_{nn} = \tfrac{\lambda}{2}.$$

In Matrizen-Schreibweise ist das nichts anderes als

$$M \cdot \begin{pmatrix} x_1 \\ x_2 \\ \vdots \\ x_n \end{pmatrix} = \lambda \cdot \begin{pmatrix} \tfrac{1}{2} \\ \tfrac{1}{2} \\ \vdots \\ \tfrac{1}{2} \end{pmatrix} \quad \text{und daher} \quad \begin{pmatrix} x_1 \\ x_2 \\ \vdots \\ x_n \end{pmatrix} = \lambda \cdot M^{-1} \begin{pmatrix} \tfrac{1}{2} \\ \tfrac{1}{2} \\ \vdots \\ \tfrac{1}{2} \end{pmatrix}.$$

Hier bezeichnet M^{-1} die inverse Matrix zur Kovarianzmatrix M.

Wir bezeichnen den Vektor $M^{-1} \begin{pmatrix} \tfrac{1}{2} \\ \tfrac{1}{2} \\ \vdots \\ \tfrac{1}{2} \end{pmatrix}$ mit $\begin{pmatrix} a_1 \\ a_2 \\ \vdots \\ a_n \end{pmatrix}$.

Wegen $x_1 + x_2 + \ldots + x_n = 1$ muss daher $\lambda a_1 + \lambda a_2 + \ldots + \lambda a_n = 1$, also $\lambda = \frac{1}{a_1 + a_2 + \ldots + a_n}$ sein. Somit gilt

$$x_i = \frac{a_i}{a_1 + a_2 + \ldots + a_n} \quad \text{für alle } i = 1, 2, \ldots, n$$

und wir haben damit das Portfolio P_0 gefunden.

Einsetzen dieser Werte für $x_1, x_2, \ldots, x_n$ in $\sigma(x_1, \ldots, x_n)$ bzw. $\mu(x_1, \ldots, x_n)$ liefert die Koordinaten σ_0 bzw. μ_0 von P_0.

Zweiter Schritt:
Nun folgt der zweite Schritt unseres Arbeitsprogramms. Wir wählen einen beliebigen Wert $\mu > \mu_0$ und minimieren die Funktion $(\sigma(x_1, \ldots, x_n))^2$ nun unter den beiden Nebenbedingungen $x_1 + x_2 + \ldots + x_n = 1$ und $\mu_1 x_1 + \mu_2 x_2 + \ldots + \mu_n x_n = \mu$.

Wir verwenden dazu abermals die Methode des Lagrange'schen Multiplikators. Die Lagrange Funktion $H_{\kappa,\tau}$ lautet nun

$$H_{\kappa,\tau}(x_1, x_2, \ldots, x_n) = \sum_{i,j=1}^{n} x_i \cdot x_j \cdot c_{i,j} - \kappa \cdot (x_1 + x_2 + \ldots + x_n - 1) -$$
$$- \tau \cdot (\mu_1 x_1 + \mu_2 x_2 + \ldots + \mu_n x_n - \mu)$$

Wir leiten $H_{\kappa,\tau}(x_1, x_2, \ldots, x_n)$ nach x_k ab:

$$\frac{dH_{\kappa,\tau}(x_1, x_2, \ldots, x_n)}{dx_k} = 2x_k c_{kk} + 2\sum_{i \neq k} x_i \cdot c_{ik} - \kappa - \tau \cdot \mu_k.$$

Wir setzen diese Gleichungen wieder gleich 0 und erhalten damit das Gleichungssystem (nun gleich in Matrix-Schreibweise):

$$
M \cdot \begin{pmatrix} x_1 \\ x_2 \\ \vdots \\ x_n \end{pmatrix} = \kappa \cdot \begin{pmatrix} \frac{1}{2} \\ \frac{1}{2} \\ \vdots \\ \frac{1}{2} \end{pmatrix} + \tau \cdot \begin{pmatrix} \frac{\mu_1}{2} \\ \frac{\mu_2}{2} \\ \vdots \\ \frac{\mu_n}{2} \end{pmatrix}, \quad \text{also}
$$

$$
\begin{pmatrix} x_1 \\ x_2 \\ \vdots \\ x_n \end{pmatrix} = \kappa \cdot \begin{pmatrix} a_1 \\ a_2 \\ \vdots \\ a_n \end{pmatrix} + \tau \cdot \begin{pmatrix} b_1 \\ b_2 \\ \vdots \\ b_n \end{pmatrix},
$$

wobei wir mit $\begin{pmatrix} b_1 \\ b_2 \\ \vdots \\ b_n \end{pmatrix}$ den Vektor $\begin{pmatrix} b_1 \\ b_2 \\ \vdots \\ b_n \end{pmatrix} := M^{-1} \cdot \begin{pmatrix} \frac{\mu_1}{2} \\ \frac{\mu_2}{2} \\ \vdots \\ \frac{\mu_n}{2} \end{pmatrix}$ bezeichnen.

Wir führen nun weitere Bezeichnungen ein (keine Angst: am Schluss des Kapitels werden wir alle Bezeichnungen, die wir dann tatsächlich für die Bestimmung der Efficient Border und des Portfolios mit maximaler Sharpe-Ratio benötigen, noch einmal übersichtlich zusammenstellen):

$\alpha := a_1 + a_2 + \ldots + a_n$
$\beta := b_1 + b_2 + \ldots + b_n$
$\gamma := \mu_1 a_1 + \mu_2 a_2 + \ldots + \mu_n a_n$
$\delta := \mu_1 b_1 + \mu_2 b_2 + \ldots + \mu_n b_n$

Die beiden Nebenbedingungen $x_1 + x_2 + \ldots + x_n = 1$ und $\mu_1 x_1 + \mu_2 x_2 + \ldots + \mu_n x_n = \mu$ führen dann zum Gleichungssystem

$\alpha \cdot \kappa + \beta \cdot \tau = 1$
$\gamma \cdot \kappa + \delta \cdot \tau = \mu$

mit der Lösung
$\kappa = \frac{\beta \cdot \mu - \delta}{\beta \cdot \gamma - \alpha \cdot \delta}$ und $\tau = \frac{\alpha \cdot \mu - \gamma}{\alpha \cdot \delta - \beta \cdot \gamma}$.

Setzen wir nun (wieder weitere neue Bezeichnungen):

$$
A := \frac{\beta}{\beta \cdot \gamma - \alpha \cdot \delta}, B := \frac{-\delta}{\beta \cdot \gamma - \alpha \cdot \delta}, C := \frac{\alpha}{\alpha \cdot \delta - \beta \cdot \gamma} \text{ und } D := \frac{-\gamma}{\alpha \cdot \delta - \beta \cdot \gamma},
$$

dann ist $\kappa = A \cdot \mu + B$ und $\tau = C \cdot \mu + D$ und damit

$$\begin{pmatrix} x_1 \\ x_2 \\ \vdots \\ x_n \end{pmatrix} = \mu \cdot \left(A \cdot \begin{pmatrix} a_1 \\ a_2 \\ \vdots \\ a_n \end{pmatrix} + C \cdot \begin{pmatrix} b_1 \\ b_2 \\ \vdots \\ b_n \end{pmatrix} \right) + \left(B \cdot \begin{pmatrix} a_1 \\ a_2 \\ \vdots \\ a_n \end{pmatrix} + D \cdot \begin{pmatrix} b_1 \\ b_2 \\ \vdots \\ b_n \end{pmatrix} \right), \text{ also}$$

$$\begin{pmatrix} x_1 \\ x_2 \\ \vdots \\ x_n \end{pmatrix} = \begin{pmatrix} \mu \cdot \xi_1 + \eta_1 \\ \mu \cdot \xi_2 + \eta_2 \\ \vdots \\ \mu \cdot \xi_n + \eta_n \end{pmatrix} \quad \text{mit} \quad \xi_i := A \cdot a_i + C \cdot b_i \quad \text{und} \quad \eta_i := B \cdot a_i + D \cdot b_i.$$

Damit haben wir zu gegebenem μ das Portfolio P_μ mit erwarteter Rendite μ und mit (unter dieser Voraussetzung) minimaler Volatilität $\sigma(\mu)$ bestimmt.

Einsetzen von $\quad \begin{pmatrix} x_1 \\ x_2 \\ \vdots \\ x_n \end{pmatrix} = \begin{pmatrix} \mu \cdot \xi_1 + \eta_1 \\ \mu \cdot \xi_2 + \eta_2 \\ \vdots \\ \mu \cdot \xi_n + \eta_n \end{pmatrix} \quad$ in $\sigma(x_1, \ldots, x_n)$ liefert

$$\sigma(\mu) = \sigma(x_1, \ldots, x_n) = \sqrt{\sum_{i,j=1}^{n} (\mu \cdot \xi_i + \eta_i) \cdot (\mu \cdot \xi_j + \eta_j) \cdot c_{i,j}}$$

$$= \sqrt{\mu^2 \cdot \sum_{i,j=1}^{n} c_{i,j} \cdot \xi_i \cdot \xi_j + \mu \cdot \sum_{i,j=1}^{n} c_{i,j} \cdot (\xi_i \cdot \eta_j + \xi_j \cdot \eta_i) + \sum_{i,j=1}^{n} c_{i,j} \cdot \eta_i \cdot \eta_j}$$

$$=: \sqrt{\mu^2 \cdot E + \mu \cdot F + E}, \text{ wobei wir}$$

$E := \sum_{i,j=1}^{n} c_{i,j} \cdot \xi_i \cdot \xi_j,$
$F := \sum_{i,j=1}^{n} c_{i,j} \cdot (\xi_i \cdot \eta_j + \xi_j \cdot \eta_i)$ und
$G := \sum_{i,j=1}^{n} c_{i,j} \cdot \eta_i \cdot \eta_j$ setzen.

Die **Efficient Border** haben wir nun durch die **Parameter-Darstellung**
$$(\sigma(\mu), \mu) = \left(\sqrt{\mu^2 \cdot E + \mu \cdot F + E}, \mu \right) \text{ für } \mu \geq \mu_0 \text{ gegeben.}$$

Dritter Schritt:

Der letzte Punkt unseres Programms besteht darin, das Portfolio mit maximaler Sharpe-Ratio $\frac{\mu - r}{\sigma}$ zu bestimmen. Da wir uns bei der Suche auf Portfolios beschränken können, die auf der Efficient Border liegen, reicht es also, dasjenige μ zu finden, für das $\frac{\mu - r}{\sigma(\mu)}$ maximal ist.

Da nur Portfolios mit positiver Sharpe-Ratio als optimal in Frage kommen, können wir uns auf $\mu > r$ beschränken und somit als äquivalente Aufgabe die Maximierung von $\frac{(\mu - r)^2}{(\sigma(\mu))^2} = \frac{(\mu - r)^2}{\mu^2 \cdot E + \mu \cdot F + G}$ für $\mu > r$ ins Auge fassen.

Wir erinnern uns, dass nach Voraussetzung für alle μ der Nenner $(\sigma(\mu))^2 = \mu^2 \cdot E + \mu \cdot F + G$ echt größer als 0 ist.

Für spätere Zwecke wollen wir nun nicht nur das Maximum der Funktion $f(\mu) :=$ $\frac{(\mu-r)^2}{\mu^2 \cdot E + \mu \cdot F + G}$ bestimmen, sondern die Funktion f etwas detaillierter diskutieren.

Die Funktion f ist also für $\mu > r$ stets positiv. Für $\mu = r$ hat sie den Wert 0.

Strebt μ gegen $+\infty$ so strebt $f(\mu)$ gegen $\frac{1}{E}$.

Da $\mu^2 \cdot E + \mu \cdot F + G$ stets positiv ist, muss E und somit $\frac{1}{E}$ positiv sein.

Wir leiten nun die Funktion $f(\mu)$ nach μ ab und erhalten als Ableitung

$$f'(\mu) = \frac{\mu - r}{(\mu^2 \cdot E + \mu \cdot F + G)^2} \cdot (\mu \cdot (F + 2r \cdot E) + (2G + r \cdot F)).$$

Der erste Faktor ist für $\mu > r$ stets positiv. Der zweite Faktor ist monoton wachsend, falls $F + 2r \cdot E \geq 0$ ist und monoton fallend, falls $F + 2r \cdot E \leq 0$ ist.

Wir bemerken dazu: Die Ableitung von $(\sigma(\mu))^2$ ist $(\mu^2 \cdot E + \mu \cdot F + G)' = 2\mu \cdot E + F$. Also ist $F + 2r \cdot E$ gerade die Ableitung von $(\sigma(\mu))^2$ an der Stelle $\mu = r$.

Der zweite Faktor $(\mu \cdot (F + 2r \cdot E) + (2G + r \cdot F))$ in der Ableitung von $f(\mu)$ ist gleich 0 für $\mu = \tilde{\mu} := -\frac{2G + r \cdot F}{F + 2r \cdot E}$.

Wenn es also ein lokales Extremum der Funktion $f(\mu)$ gibt, dann für dieses $\tilde{\mu}$.

Relevant ist nun, wann dieses $\tilde{\mu}$ größer als r ist, also wann (*) $-\frac{2G + r \cdot F}{F + 2r \cdot E} > r$ gilt. Dazu unterscheiden wir drei Fälle:

Fall 1: $F + 2r \cdot E = ((\sigma(r))^2)' > 0$

Dann ist $(*) \Leftrightarrow -2G - r \cdot F > r \cdot F + 2r^2 \cdot E \Leftrightarrow r^2 \cdot E + r \cdot F + G < 0$. Das kann aber, wie wir wissen, nicht der Fall sein.

Also: Wenn $((\sigma(r))^2)' > 0$ ist, dann ist das $\tilde{\mu}$, das für ein lokales Extremum einzig in Frage kommt, kleiner oder gleich r. Darüber hinaus ist der Faktor $(\mu \cdot (F + 2r \cdot E) + (2G + r \cdot F))$ in $f'(\mu)$ monoton wachsend, also positiv für $\mu > r$ und somit die Funktion f monoton wachsend für $\mu \geq r$. Die maximale Sharpe-Ratio wird also nur annähernd für $\mu \to \infty$ erreicht und tendiert gegen $\sqrt{\frac{1}{E}}$. Wir haben es also mit einer Situation, wie in Abbildung 9.30 illustriert, zu tun.

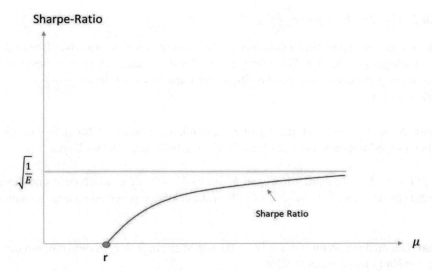

Abbildung 9.30: Entwicklung der Sharpe-Ratio für $\mu \geq r$ im Fall $((\sigma(r))^2)' > 0$

Fall 2: $F + 2r \cdot E = ((\sigma(r))^2)' < 0$

Dann ist $(*) \Leftrightarrow -2G - r \cdot F < r \cdot F + 2r^2 \cdot E \Leftrightarrow r^2 \cdot E + r \cdot F + G > 0$ und das ist nach Voraussetzung stets erfüllt.

Also: Im Fall $((\sigma(r))^2)' < 0$ haben wir ein lokales Extremum in $\tilde{\mu} > r$ und die Abhängigkeit der Entwicklung der Sharpe-Ratio von μ muss die Form wie in Abbildung 9.31 dargestellt haben. Die maximale Sharpe-Ratio wird also in $\mu = \tilde{\mu}$ angenommen und ist größer als $\sqrt{\frac{1}{E}}$.

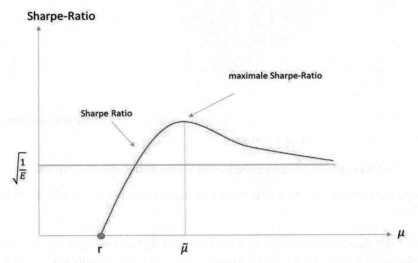

Abbildung 9.31: Entwicklung der Sharpe-Ratio für $\mu \geq r$ im Fall $((\sigma(r))^2)' < 0$

Fall 3: $F + 2r \cdot E = ((\sigma(r))^2)' = 0$

Wie wir gleich anschließend dann bei der Diskussion der anschaulichen Bedeutung der Bedingungen der drei Fälle für $((\sigma(r))^2)'$ sehen werden, bedeutet dieser Fall, dass $\mu_0 = r$ gelten muss. Die Ableitung der Funktion f ist dann $\frac{\mu - r}{(\mu^2 \cdot E + \mu \cdot F + G)^2} \cdot$ $(2G + r \cdot F)$.

Wenn $2G + r \cdot F \neq 0$ ist, dann gibt es kein lokales Maximum für $\mu > r$ und wir haben notgedrungen wieder die Situation von Abbildung 9.30 vorliegen.

Ist $2G + r \cdot F = 0$, dann gilt wegen $F + 2r \cdot E = 0$ automatisch (wie man leicht nachrechnet) auch $r^2 \cdot E + r \cdot F + G = 0$, was ein Widerspruch zu unserer Annahme ist.

Also: Genau dann wenn $((\sigma(r))^2)' < 0$ ist, gibt es ein $\tilde{\mu} > r$, in dem die maximale Sharpe-Ratio angenommen wird.

Was genau bedeutet die Bedingung $((\sigma(r))^2)' < 0$ nun aber anschaulich? Wir erläutern diese anschauliche Bedeutung und die sich daraus ergebende Folgerung an Hand von Abbildung 9.32.

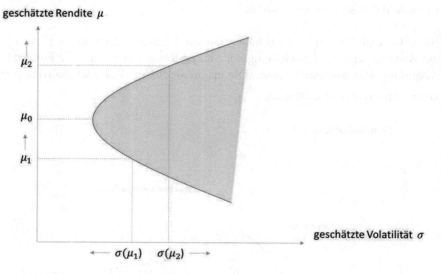

Abbildung 9.32: Anschauliche Bedeutung der Bedingung $((\sigma(r))^2)' < 0$

Mit μ_0 bezeichnen wir wieder die erwartete Rendite des Portfolios P_0 mit minimaler Vola.

Ist μ_1 eine Rendite kleiner als μ_0 und steigt μ_1 lokal weiter an, dann wird $\sigma(\mu_1)$ lokal offensichtlich kleiner. Es ist daher für $\mu_1 < \mu_0$ die Volatilität $\sigma(\mu_1)$ und damit auch ihr Quadrat $(\sigma(\mu_1))^2$ streng monoton fallend und daher $((\sigma(\mu_1))^2)' < 0$.

Insbesondere wenn $r < \mu_0$ ist, dann ist $((\sigma(r))^2)' < 0$.

Ist μ_2 eine Rendite größer als μ_0 und steigt μ_2 lokal weiter an, dann wird $\sigma(\mu_2)$ lokal offensichtlich größer. Es ist daher für $\mu_2 > \mu_0$ die Volatilität $\sigma(\mu_2)$ und damit auch ihr Quadrat $(\sigma(\mu_2))^2$ streng monoton wachsend und daher $((\sigma(\mu_2))^2)' > 0$. Insbesondere wenn $r > \mu_0$ ist, dann ist $((\sigma(r))^2)' > 0$.

Falls $r = \mu_0$ ist, dann ist $((\sigma(r))^2)' = 0$.

Somit gilt:

- Genau dann wenn $r < \mu_0$ ist, ist $((\sigma(r))^2)' < 0$, und es existiert ein eindeutig bestimmter Wert $\tilde{\mu}$, so dass das Portfolio auf der Efficient Border mit erwarteter Rendite $\tilde{\mu}$ das Portfolio mit maximaler Sharpe-Ratio ist.

- Wenn $r \geq \mu_0$ ist, dann ist $((\sigma(r))^2)' \geq 0$ und die Sharpe-Ratio wird bei wachsendem μ für Portfolios auf der Efficient Border immer größer und nähert sich immer mehr dem Wert $\sqrt{\frac{1}{E}}$ an.

Zu beachten ist: Kann auch in das risikolose Produkt investiert werden, dann ist im Fall $r > \mu_0$ sehr wohl das $\mu < \mu_0$ von Relevanz in dem $(\sigma(\mu))^2$ dann sein Maximum annimmt. Wir haben dort dann ein Portfolio mit minimaler Sharpe-Ratio. Die optimale Strategie besteht dann in Short-Selling dieses Portfolios und Anlegen des Erlöses plus Grund-Investment ins risikolose Produkt. Wir befinden uns dann im Pendant zur Situation von Abbildung 9.19, links unten.

Zum Abschluss fassen wir noch einmal alle nötigen Bezeichnungen übersichtlich zusammen, so dass die Efficient Border und das Portfolio mit maximaler Sharpe-Ratio unmittelbar mit Hilfe dieser Daten dargestellt werden können.

Zusammenfassung:

- Das **Portfolio $P_0 = (\sigma_0, \mu_0)$ mit minimaler Volatilität** erhält man durch $P_0 = x_1 A_1 + x_2 A_2 + \ldots + x_n A_n$ wobei $x_i = \frac{a_i}{a_1 + a_2 + \ldots + a_n}$ für alle

$i = 1, 2, \ldots, n$ und wobei $\begin{pmatrix} a_1 \\ a_2 \\ \vdots \\ a_n \end{pmatrix} = M^{-1} \begin{pmatrix} \frac{1}{2} \\ \frac{1}{2} \\ \vdots \\ \frac{1}{2} \end{pmatrix}$ und M ist die Kovarianzmatrix der Basisprodukte.

  Weiters ist $\mu_0 = x_1 \mu_1 + x_2 \mu_2 + \ldots + x_n \mu_n$ und $\sigma_0 = \sqrt{\sum_{i,j=1}^{n} x_i \cdot x_j \cdot c_{i,j}}$.

- Die Efficient Border ist durch die Parameter-Darstellung $(\sigma(\mu), \mu) = \left(\sqrt{\mu^2 \cdot E + \mu \cdot F + G}, \mu \right)$ für $\mu \geq \mu_0$ gegeben, wobei

$E := \sum_{i,j=1}^{n} c_{i,j} \cdot \xi_i \cdot \xi_j,$

$F := \sum_{i,j=1}^{n} c_{i,j} \cdot (\xi_i \cdot \eta_j + \xi_j \cdot \eta_i),$

$G := \sum_{i,j=1}^{n} c_{i,j} \cdot \eta_i \cdot \eta_j,$

wobei $\xi_i := A \cdot a_i + C \cdot b_i$ und $\eta_i := B \cdot a_i + D \cdot b_i,$

wobei $A := \frac{\beta}{\beta \cdot \gamma - \alpha \cdot \delta}, B := \frac{-\delta}{\beta \cdot \gamma - \alpha \cdot \delta}, C := \frac{\alpha}{\alpha \cdot \delta - \beta \cdot \gamma}$ und $D := \frac{-\gamma}{\alpha \cdot \delta - \beta \cdot \gamma},$

wobei

$\alpha := a_1 + a_2 + \ldots + a_n$

$\beta := b_1 + b_2 + \ldots + b_n$

$\gamma := \mu_1 a_1 + \mu_2 a_2 + \ldots + \mu_n a_n$

$\delta := \mu_1 b_1 + \mu_2 b_2 + \ldots + \mu_n b_n,$ und wobei

$$\begin{pmatrix} b_1 \\ b_2 \\ \vdots \\ b_n \end{pmatrix} = M^{-1} \cdot \begin{pmatrix} \frac{\mu_1}{2} \\ \frac{\mu_2}{2} \\ \vdots \\ \frac{\mu_n}{2} \end{pmatrix}.$$

- Falls $r \geq \mu_0$ ist, dann wird die Sharpe-Ratio bei wachsendem μ für Portfolios auf der Efficient Border immer größer und nähert sich immer mehr dem Wert $\sqrt{\frac{1}{E}}$ an.

Falls $r < \mu_0$ ist, dann hat das Portfolio SR mit maximaler Sharpe-Ratio die Koordinaten $SR = \left(\sqrt{\tilde{\mu}^2 \cdot E + \tilde{\mu} \cdot F + G}, \tilde{\mu} \right)$, wobei $\tilde{\mu} = -\frac{2G + r \cdot F}{(F + 2r \cdot E)}$. In diesem Fall hat das Portfolio SR die Form $x_1 A_1 + x_2 A_2 + \ldots + x_n A_n$ mit $x_i = \tilde{\mu} \cdot \xi_i + \eta_i$ für $i = 1, 2, \ldots, n$.

9.11   Klassische Portfolio-Optimierung nach Markowitz, Teil 11: Beliebig viele Basisprodukte, explizite Efficient Border und das Portfolio mit maximaler Sharpe-Ratio, konkretes Beispiel

Wir haben in Kapitel 9.8 für die folgenden 4 Basisprodukte mit (Vola, Rendite)-Koordinaten:

$(\sigma_1, \mu_1) = (50\%, 20\%)$

$(\sigma_2, \mu_2) = (50\%, 30\%)$

$(\sigma_3, \mu_3) = (70\%, -5\%)$

$(\sigma_4, \mu_4) = (30\%, 15\%)$

und mit Korrelationsmatrix

$$\begin{pmatrix} 1 & 0 & 0.2 & -0.1 \\ 0 & 1 & 0.3 & 0.1 \\ 0.2 & 0.3 & 1 & -0.2 \\ -0.1 & 0.1 & -0.2 & 1 \end{pmatrix}$$

sowie mit dem risikolosen Zinssatz $r = 2\%$ das Opportunity-Set und damit die Efficient Border sowie das Portfolio mit maximaler Sharpe-Ratio bei unbegrenztem Short-Selling näherungsweise mit Hilfe von Monte Carlo-Simulation veranschaulicht.

Für dieses Beispiel berechnen wir jetzt, auf Basis der Formeln in der Zusammenfassung am Ende des vorigen Kapitels, das Portfolio mit minimaler Volatilität, die Efficient Border sowie das Portfolio mit maximaler Sharpe-Ratio bei unbegrenztem Short-Selling auf exakte Weise und wir vergleichen das exakte Ergebnis am Schluss grafisch mit dem Näherungsergebnis.

Wir erhalten die folgenden Werte:

Die Kovarianzmatrix M errechnet sich aus der Korrelationsmatrix und den Volatilitäten als

$$M = \begin{pmatrix} 0.25 & 0 & 0.07 & -0.015 \\ 0 & 0.25 & 0.105 & 0.015 \\ 0.07 & 0.105 & 0.49 & -0.042 \\ -0.015 & 0.015 & -0.042 & 0.09 \end{pmatrix}$$

Die Inverse M^{-1} der Kovarianzmatrix ist gegeben durch

$$M^{-1} = \begin{pmatrix} 4.195\ldots & 0.237\ldots & -0.618\ldots & 0.371\ldots \\ 0.237\ldots & 4.541\ldots & -1.113\ldots & -1.236\ldots \\ -0.618\ldots & -1.113\ldots & 2.473\ldots & 1.236\ldots \\ 0.371\ldots & -1.236\ldots & 1.236\ldots & 11.956\ldots \end{pmatrix}.$$

Weiters erhalten wir:

$$a = \begin{pmatrix} 2.092\ldots \\ 1.214\ldots \\ 0.989\ldots \\ 6.163\ldots \end{pmatrix},$$

und damit das **Portfolio P_0 mit minimaler Volatilität**, das durch die Gewichte

$$\begin{pmatrix} x_1 \\ x_2 \\ x_3 \\ x_4 \end{pmatrix} = \begin{pmatrix} 0.200\ldots \\ 0.116\ldots \\ 0.094\ldots \\ 0.590\ldots \end{pmatrix}$$

gegeben ist, und erwartete Rendite $\mu_0 = 0.158\ldots$ und Volatilität $\sigma_0 = 0.218\ldots$ aufweist.

Der Vektor b ist gegeben durch

$$b = \begin{pmatrix} 0.498\ldots \\ 0.640\ldots \\ -0.197\ldots \\ 0.717\ldots \end{pmatrix}$$

und damit erhalten wir die Werte

$\alpha = 10.460\ldots$

$\beta = 1.658\ldots$

$\gamma = 1.658\ldots$

$\delta = 0.409\ldots$

und in Folge

$A = -1.082\ldots$

$B = 0.267\ldots$

$C = 6.829\ldots$

$D = -1.082\ldots$

Damit berechnen wir die Vektoren $\xi = \begin{pmatrix} \xi_1 \\ \xi_2 \\ \xi_3 \\ \xi_4 \end{pmatrix}$ und $\eta = \begin{pmatrix} \eta_1 \\ \eta_2 \\ \eta_3 \\ \eta_4 \end{pmatrix}$ und erhalten

$$\xi = \begin{pmatrix} 1.138\ldots \\ 3.056\ldots \\ -2.422\ldots \\ -1.772\ldots \end{pmatrix} \text{ und } \eta = \begin{pmatrix} 0.019\ldots \\ -0.368\ldots \\ 0.478\ldots \\ 0.870\ldots \end{pmatrix}.$$

Die Werte für E, F und G ergeben sich dann als

$E = 3.414\ldots, F = -1.082\ldots$ und $G = 0.133\ldots$.

Damit hat die **Efficient Border** die Parameter-Darstellung

$$\left(\sqrt{3.414\ldots \cdot \mu^2 - 1.082\ldots \cdot \mu + 0.133\ldots}, \mu \right) \text{ mit } \mu \geq 0.158\ldots$$

Das Portfolio SR mit maximaler Sharpe-Ratio ist gegeben durch die Allokation

$$\begin{pmatrix} x_1 \\ x_2 \\ x_3 \\ x_4 \end{pmatrix} = \begin{pmatrix} 0.315\ldots \\ 0.425\ldots \\ -0.150\ldots \\ 0.410\ldots \end{pmatrix},$$

hat erwartete Rendite $0.287\ldots$, Volatilität $0.259\ldots$ und somit Sharpe-Ratio 1.03.

In Abbildung 9.33 sehen wir noch einmal das mittels Monte Carlo-Simulation angenäherte Opportunity-Set mit unbegrenztem Short-Selling (im Unterschied zu den obigen Bildern jetzt in Gelb). An dieses Opportunity-Set schmiegt sich die exakt berechnete, links das Opportunity-Set berandende Kurve. Wir haben hier die gesamte Randkurve und nicht nur die von P_0 nach oben führende Efficient Border eingezeichnet. Weiters haben wir die beiden Portfolios in Orange eingezeichnet, die bei der Monte Carlo-Simulation und bei der exakten Berechnung jeweils die Portfolios mit maximaler Sharpe-Ratio markieren. Die beiden Portfolios liegen fast exakt übereinander, sodass kein Unterschied zwischen beiden erkannt werden kann.

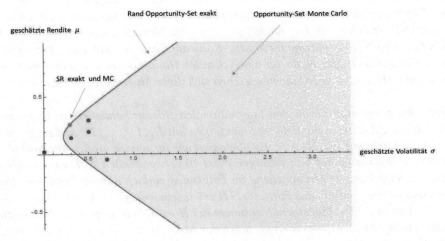

Abbildung 9.33: Opportunity-Set mit unbegrenztem Short-Selling mit Monte Carlo und Berandung sowie Portfolio SR mit maximaler Sharpe-Ratio (exakte Berechnung)

Die Software auf unserer Homepage stellt alle Möglichkeiten zur Bestimmung von Efficient Borders und Portfolios mit maximaler Sharpe Ratio für beliebige Basisprodukte zur Verfügung. Siehe:

`https://app.lsqf.org/portfolioselektion`

9.12 Das „Market-Portfolio" = das Portfolio mit maximaler Sharpe-Ratio

Folgt man dem Ansatz der klassischen Markowitz-Portfolio-Selektionstheorie, dann sollte man (ein rationaler Investor) in jedem Fall nur in eine Kombination aus risikoloser Anlage und aus dem Portfolio SR mit maximaler Sharpe-Ratio investieren (falls dieses existiert. Andernfalls ist ein Portfolio mit annähernd maximaler Sharpe-Ratio als Näherung zu wählen. Im Folgenden gehen wir von der Existenz von SR aus.) Dieses Portfolio wird häufig als das „**Market-Portfolio**" bezeichnet.

Geht man nun sehr intuitiv und heuristisch basiert von einer Efficient Market Hypothesis aus sowie von der Annahme, dass am Markt in der überwiegenden Mehrzahl rationale Investoren mit sehr guten Analyse-Tools am Werk sind und beschränken wir uns der Einfachheit halber hier jetzt auf die weltweit gehandelten Aktien als risikobehaftete Basis-Produkte in einer Markowitz'schen Portfolio-Selektion, dann könnte man **großzügig** in Hinblick auf dieses Market-Portfolio in etwa wie folgt argumentieren:

„Die Gesamtheit der im Wesentlichen rationalen Marktteilnehmer, die ja durch ihr Agieren an den Märkten die Preise der (börsengehandelten) Finanzprodukte bestimmen, stützt sich durchschnittlich in diesem ihrem Agieren auf die korrekten Parameter (durch ihr Agieren kommen diese Parameter ja eigentlich auch erst zustande!). Durchschnittlich handelt der rationale Marktteilnehmer also weltweit das Portfolio SR mit maximaler Sharpe-Ratio auf Basis der ‚richtigen'Parameter. Selbstverständlich gibt es davon abweichendes Handelsverhalten durch weniger rationale Akteure, aber in Summe gleichen sich diese Abweichungen aus.

Bezeichnen wir nun die an den internationalen Börsen handelbaren Aktien mit $A_1, A_2, \ldots, A_n$, deren handelbare Stückzahlen mit $L_1, L_2, \ldots, L_n$ und deren momentane Kurse mit $K_1, K_2, \ldots, K_n$ (belassen wir für unsere großzügige Spekulation eine Diskussion der hier richtiger Weise zu verwendenden Währungen außen vor und sprechen wir vereinfachend im Folgenden einfach durchgehend von ‚Euro') und nehmen wir an, das Portfolio SR sei gegeben durch $z_1 A_1 + z_2 A_2 + \ldots + z_n A_n$. Das bedeutet: Von einem Investment der Höhe 1 Euro werden z_i Euro in die Aktie A_i investiert. Also werden $\frac{z_i}{K_i}$ Stück der Aktie A_i im Portfolio SR gehalten. Die Gesamtheit der weltweit von den (in der Mehrheit und im Durchschnitt rationalen) Investoren gehaltenen Aktien erweist sich dann – nach obiger Argumentation – im Wesentlichen als ein Vielfaches des Portfolios SR.

Die Gesamtheit der weltweit von den (in der Mehrheit und im Durchschnitt rationalen) Investoren gehaltenen Aktien sei etwa gegeben durch M Stück des Portfolios SR. Das weltweit in Aktien investierte Kapital beträgt daher einerseits $L_1 K_1 + L_2 K_2 + \ldots + L_n K_n$ und andererseits $M \cdot z_1 + M \cdot z_2 + \ldots + M \cdot z_n = M \cdot (z_1 + z_2 + \ldots + z_n) = M$. Also gilt $M = L_1 K_1 + L_2 K_2 + \ldots + L_n K_n$.

Die Gesamtanzahl L_i der am Markt vorhandenen Stück der Aktie A_i ist auch gegeben durch $M \cdot \frac{z_i}{K_i}$ (= Anzahl der gehandelten SR mal der Stückzahl von A_i in SR).

Es folgt daraus $L_i = M \cdot \frac{z_i}{K_i}$ und somit $z_i = \frac{K_i L_i}{M} = \frac{K_i L_i}{K_1 L_1 + K_2 L_2 + \ldots + K_n L_n}$.

Damit wäre, wenn wir dieser Argumentation folgen möchten, die Form des Portfolios SR mit maximaler Sharpe-Ratio bestimmt: Es ist dafür in jede Aktie A_i gerade so viel zu investieren, wie es dem Anteil der Marktkapitalisierung der Aktie A_i an der Gesamt-Markt-Kapitalisierung entspricht.

*Das Portfolio SR mit maximaler Sharpe-Ratio wird daher auch als das ‚**Market-Portfolio**' bezeichnet."*

Gewisse Aktienindices versuchen in etwa – und aus verschiedenen Blickwinkeln – ein solches universelles Market-Portfolio nachzubilden. Das bekannteste und wahrscheinlich wichtigste Beispiel eines solchen Index ist der MSCI-World In- dex, der die Entwicklung möglichst repräsentativ (über Regionen (Industrieländer) und Branchen verteilt) ausgewählter 1.644 Aktien, gewichtet nach deren Markt- Kapitalisierung, widerspiegelt.

Folgen wir unserer obigen Argumentation, dann könnte dieser MSCI-World-Index somit als eine ungefähre Näherung für ein universelles Market-Portfolio gesehen werden.

Abbildung 9.34: MSCI World Index 1990 bis 2019

9.13   Portfolio-Selektion auf Basis eines Single-Index-Mo- dells

Die bezwingend schöne Theorie des Markowitz'schen Portfolio-Selektions- Modells hat einen wesentlichen Makel, auf dessen Vorhandensein wir schon mehr- mals hingewiesen haben: Die Aussagekraft des Modells hängt ganz entscheidend von den zugrundeliegenden Parameter-Schätzungen für die in Frage kommenden Basis-Produkte ab. Für jedes Basisprodukt muss auf zuverlässige Weise ein Trend und eine Volatilität geschätzt werden und für je zwei verschiedene Produkte benö- tigt man eine Korrelations-Schätzung.

Abgesehen von der Frage nach der Stabilität und „Korrektheit" dieser Schätzungen kann die Aufgabe etwa der Schätzung von Korrelationen schon vom Aufwand her schnell an Grenzen führen. Arbeiten wir etwa zum Beispiel mit einem Universum von 1000 Basis-Produkten, so sind $\frac{1000 \cdot 999}{2} = 499.500$ Korrelationen zu schätzen.

Viele Erweiterungen bzw. Simplifizierungen des Modells versuchen nun, diese Parameter-Abhängigkeit des Modells in den Griff zu bekommen bzw. das Modell praktikabel zu gestalten. Solche Ansätze sind etwa Single-Index- und Multi-Index-Modelle oder der Ansatz des Black-Litterman-Modells. Wir wollen im Folgenden nur andeuten, in welche Richtung solche Bestrebungen gehen und tun dies, indem wir hier kurz die Idee eines Single-Index-Modells skizzieren:

Wir starten wieder mit Basis-Produkten $A_1, A_2, \ldots, A_n$ aus einem bestimmten Aktien-Universum (z.B. Aktien, die im DAX enthalten sind oder Aktien des S&P500, ...). Die erste Annahme, die wir treffen, ist: Die Entwicklung jedes einzelnen Basis-Produkts ist von zwei voneinander im Wesentlichen unabhängigen Faktoren abhängig, nämlich einerseits von der **allgemeinen Marktlage** (in diesem Universum) und andererseits von **rein unternehmensspezifischen Kriterien**. Die zweite Annahme ist: Der erste Faktor wird unmittelbar durch die Entwicklung eines das entsprechende Universum repräsentierenden Aktien-Index dargestellt.

Explizit soll diese Dynamik von folgender Form sein:

Wir bezeichnen mit
r_i die Rendite der Aktie A_i (Zufallsvariable)
r_m die Rendite des entsprechenden Index (Markt-Rendite) (Zufallsvariable)
r den risikolosen Zinssatz (Konstante)

Ausgegangen wird dann von einem Zusammenhang dieser beiden Renditen r_i und r_m von der Form $r_i = \beta_{i,1} \cdot r_m + \beta_{i,0} + \varepsilon_i$.

Hier sind $\beta_{i,1}$ und $\beta_{i,0}$ Konstante (die zu schätzen sind) und ε_i ist eine von r_m unabhängige Zufallsvariable, für die wir einen Erwartungswert von 0 ansetzen ($\beta_{i,0}$ ist entsprechend gewählt). Die Standardabweichung von ε_i wird mit σ_{ε_i} bezeichnet. Die $\varepsilon_i, \varepsilon_j$ sind für $i \neq j$ voneinander unabhängig.

Der Teil $\beta_{i,0} + \varepsilon_i$ in der Dynamik der Rendite der Aktie A_i spiegelt den Einfluss der unternehmensspezifischen Kriterien wider.

Der Teil $\beta_i \cdot r_m$ spiegelt die Abhängigkeit der Rendite der Aktie A_i von der allgemeinen Marktlage, repräsentiert durch die Rendite des Marktindex, wider. Es wird von einer homogenen linearen Abhängigkeit ausgegangen.

Unter Annahme des Modells $r_i = \beta_{i,1} \cdot r_m + \beta_{i,0} + \varepsilon_i$ können die auftretenden Parameter $\beta_{i,1}$ und $\beta_{i,0}$ und die Standardabweichung σ_{ε_i} mittels einer linearen Regression geschätzt werden. (Wir werden die Vorgangsweise dafür weiter unten an einem konkreten Beispiel erläutern.)

Nehmen wir nun weiter an, wir hätten Schätzungen für μ_m und σ_m, den Erwartungswert und die Standardabweichung von r_m, also für den Trend und die Volatilität des Marktindex zur Verfügung, dann lassen sich die Erwartungswerte μ_i und die Standardabweichungen σ_i der Einzelrenditen r_i sowie die Kovarianzen $\sigma_{i,j}$ zwischen den Renditen der Aktien A_i und A_j wie folgt schätzen:

Es ist
$$r_i = \beta_{i,1} \cdot r_m + \beta_{i,0} + \varepsilon_i$$

und somit (wegen $E(\varepsilon_i) = 0$)
$$\mu_i = \beta_{i,1} \cdot \mu_m + \beta_{i,0}.$$

Weiters ist (wegen der Unabhängigkeit von r_m und ε_i)
$$\sigma_i{}^2 = \beta_{i,1}{}^2 \cdot \sigma_m{}^2 + \sigma_{\varepsilon_i}{}^2.$$

Für die Kovarianzen erhalten wir für $i \neq j$ (wegen der Unabhängigkeit von ε_i und ε_j zueinander und zu r_m)

$$\begin{aligned}
\sigma_{i,j} &= E((r_i - \mu_i) \cdot (r_j - \mu_j)) = \\
&= E((\beta_{i,1} \cdot (r_m - \mu_m) + \varepsilon_i) \cdot (\beta_{j,1} \cdot (r_m - \mu_m) + \varepsilon_j)) = \\
&= \beta_{i,1} \cdot \beta_{j,1} \cdot \sigma_m{}^2.
\end{aligned}$$

Wir haben somit alle nötigen Parameter zur Verfügung um Portfolio-Selektion nach Markowitz durchzuführen.

Arbeiten wir nun zum Beispiel wieder mit 1000 Basisprodukten, so ist es nicht mehr notwendig 499.500 Korrelationen zu schätzen, sondern es ist ausreichend, die Parameter μ_m und σ_m eines repräsentativen Markt-Index und für jedes i die Werte $\beta_{j,0}, \beta_{j,1}$ und σ_{ε_i} zu schätzen (also insgesamt 3002 Parameter).

Als Illustrationsbeispiel betrachten wir wieder, so wie in Kapitel 9.6, eine Investition von 1 (= 1 Mio.) Dollar für den Zeitraum eines Jahres ab heute (7.5.2019 bis 7.5.2020) in die Produkte
$A_1 = $ Ford Aktie
$A_2 = $ Apple Aktie

sowie in
$A_0 = $ eine Ein-Jahres-Fixzins-Anlage zum Zinssatz von 2%

Wir hatten in Kapitel 9.6 die erwarteten per anno Renditen μ_1 und μ_2 sowie die erwarteten per anno Standardabweichungen σ_1 und σ_2 und die Korrelation ρ zwischen den Renditen der beiden Aktien aus den Tagesschlusskursen des unmittelbar vorangegangenen Handelsjahres geschätzt und hatten erhalten:

$\mu_1 = 0.1627$ (entspricht 16.27%)
$\sigma_1 = 0.2948$ (entspricht 29.48%)
$\mu_2 = -0.0465$ (entspricht -4.65%)

$\sigma_2 = 0.2962$ (entspricht 29.62%)
$\rho = 0.1728$

Wir wollen nun eine alternative Schätzung dieser Parameter mittels des oben beschriebenen Single-Faktor-Modells vornehmen, wobei wir als Markt-Index den S&P500 verwenden. Wir basieren die Analyse wieder auf Tagesdaten des Vorjahres 7.5.2018 bis 7.5.2019.

In den Abbildungen 9.35 bzw. 9.36 sehen wir die Punktpaare (x_i, y_i) bzw. (x_i, z_i) eingezeichnet, wobei x_i für $i = 1, 2, \ldots, n$ die Tagesrenditen des SPX, y_i für $i = 1, 2, \ldots, n$ die Tagesrenditen der Apple-Aktie und z_i für $i = 1, 2, \ldots, n$ die Tagesrenditen der Ford-Aktie im Handelsjahr 7.5.2018 bis 7.5.2019 bezeichnen.

Außerdem sind in den beiden Bildern jeweils in Rot die beiden Regressionsgeraden $y = b_{a,0} + b_{a,1} \cdot x$ bzw. $y = b_{f,0} + b_{f,1} \cdot x$ für die beiden Punktwolken eingezeichnet.

Die Regressionsgerade $y = b_{a,0} + b_{a,1} \cdot x$ ist diejenige Gerade, für die die Summe der quadrierten lotrechten Abstände der Punkte (x_i, y_i) von der Geraden minimal ist. (Analog ist natürlich $y = b_{f,0} + b_{f,1} \cdot x$ diejenige Gerade, für die die Summe der quadrierten lotrechten Abstände der Punkte (x_i, z_i) von der Geraden minimal ist.)

Die Werte $b_{a,0}$ bzw. $b_{a,1}$ erhält man mittels

$$b_{a,1} = \frac{\sum_{i=1}^{n} (x_i - \bar{x}) \cdot (y_i - \bar{y})}{\sum_{i=1}^{n} (x_i - \bar{x})^2} \quad \text{und} \quad b_{a,0} = \bar{y} - b_{a,1} \cdot \bar{x},$$

wobei $\bar{x}$ den Durchschnittswert der x_i und $\bar{y}$ den Durchschnittswert der y_i bezeichnet.

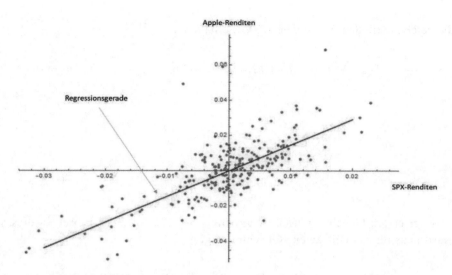

Abbildung 9.35: Regressionsgerade SPX-Renditen zu Apple-Renditen

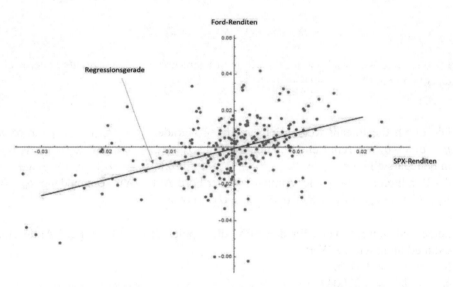

Abbildung 9.36: Regressionsgerade SPX-Renditen zu Ford-Renditen

Die Form der Parameter b_0 bzw. b_1 (wir lassen jetzt den Index a bzw. f weg) folgt übrigens auf Grund der folgenden einfachen Extremwertaufgabe:

Wir wollen die Summe der quadrierten Abstände der Punkte längs der y-Achse minimieren, also es sollen b_0 und b_1 so gefunden werden, dass $\sum_{i=1}^{n}(y_i - (b_0 + b_1 \cdot x_i))^2$ minimal wird. Wir leiten den Ausdruck nach b_0 und nach b_1 ab und setzen die beiden partiellen Ableitungen 0. Wir erhalten

$$\frac{d}{db_0} = -2 \cdot \sum_{i=1}^{n} (y_i - (b_0 + b_1 \cdot x_i)) = -2 \cdot n \cdot (\bar{y} - b_0 - b_1 \cdot \bar{x}) = 0$$

$$\frac{d}{db_1} = -2 \cdot \sum_{i=1}^{n} x_i \cdot (y_i - (b_0 + b_1 \cdot x_i)) =$$

$$= -2 \cdot \sum_{i=1}^{n} x_i \cdot y_i + 2 \cdot b_0 \cdot n \cdot \bar{x} + 2 \cdot b_1 \cdot \sum_{i=1}^{n} x_i^2 = 0$$

Aus der ersten Gleichung erhält man bereits $b_0 = \bar{y} - b_1 \cdot \bar{x}$. Einsetzen dieses Ausdrucks für b_0 in die zweite Gleichung ergibt

$$-\sum_{i=1}^{n} x_i \cdot y_i + n \cdot \bar{x} \cdot \bar{y} - b_1 \cdot n \cdot \bar{x}^2 + b_1 \cdot \sum_{i=1}^{n} x_i^2 = 0 \quad \text{und somit}$$

$$b_1 = \frac{\sum_{i=1}^{n} x_i \cdot y_i - n \cdot \bar{x} \cdot \bar{y}}{\sum_{i=1}^{n} x_i^2 - n \cdot \bar{x}^2}.$$

Dieser letzte Ausdruck ist aber – wie man leicht nachrechnet – nichts anderes als das oben angeführte $\frac{\sum_{i=1}^{n}(x_i-\bar{x}) \cdot (y_i-\bar{y})}{\sum_{i=1}^{n}(x_i-\bar{x})^2}$.

Die durch die lineare Regression erzeugten Geraden $y = b_{a,0} + b_{a,1} \cdot x$ bzw. $y = b_{f,0} + b_{f,1} \cdot x$ repräsentieren nun die Teile $\beta_{a,1} \cdot r_m + \beta_{a,0}$ bzw. $\beta_{f,1} \cdot r_m + \beta_{f,0}$ in den Darstellungen $r_a = \beta_{a,1} \cdot r_m + \beta_{a,0} + \varepsilon_a$ bzw. $r_f = \beta_{f,1} \cdot r_m + \beta_{f,0} + \varepsilon_f$ der Renditen r_a bzw. r_f der Apple- bzw. der Ford-Aktie. Wir können daher $b_{a,1} = \beta_{a,1}, b_{a,0} = \beta_{a,0}, b_{f,1} = \beta_{f,1}$ und $b_{f,0} = \beta_{f,0}$ setzen.

Setzen wir unsere Daten für den SPX, die Apple-Aktie und die Ford-Aktie ein, dann erhalten wir die Werte

$b_{a,1} = \beta_{a,1} = 1.4576$
$b_{a,0} = \beta_{a,0} = 0.000044$
$b_{f,1} = \beta_{f,1} = 0.8574$
$b_{f,0} = \beta_{f,0} = -0.00054$

Nun bestimmen wir die Standardabweichungen σ_{ε_a} und σ_{ε_f} der Störglieder ε_a bzw. ε_f im Fall der Apple- bzw. der Ford-Aktie. Diese können geschätzt werden durch die empirischen Standardabweichungen der Differenzen $y_i - (b_{a,0}+b_{a,1} \cdot x_i)$ bzw. $z_i - (b_{f,0} + b_{f,1} \cdot x_i)$ für $i = 1, 2, \ldots, n$. Mit unseren Werten erhalten wir:
$\sigma_{\varepsilon_a} = 0.01258$ und somit $\sigma_{\varepsilon_a}{}^2 = 0.000158$
$\sigma_{\varepsilon_f} = 0.01687$ und somit $\sigma_{\varepsilon_f}{}^2 = 0.000285$.

Wir benötigen nun nur noch Schätzungen für μ_m und σ_m, den Erwartungswert und die Standardabweichung der SPX-Renditen. Diese Werte schätzen wir auch wieder einfach aus den Werten des SPX im Zeitbereich 7.5.2018 bis 7.5.2019 und wir erhalten

$\mu_m = 0.000415$
$\sigma_m = 0.0094$

Wir erinnern daran, dass wir hier überall nur mit den Parametern auf Tagesbasis gearbeitet haben!

Nun können wir mit Hilfe der oben hergeleiteten Formeln
$\mu_i = \beta_{i,1} \cdot \mu_m + \beta_{i,0}$
$\sigma_i^2 = \beta_{i,1}^2 \cdot \sigma_m^2 + \sigma_{\varepsilon_i}^2$
und
$\sigma_{i,j} = \beta_{i,1} \cdot \beta_{j,1} \cdot \sigma_m^2$

die Schätzungen für $\mu_a, \mu_f, \sigma_a, \sigma_f$ und für die Kovarianz $\sigma_{a,f}$ erhalten. Wir bleiben dabei vorerst noch bei den Werten auf Tagesbasis und annualisieren die Werte erst am Schluss.

Wir erhalten
$\mu_a = \beta_{a,1} \cdot \mu_m + \beta_{a,0} = 0.0006489$ ergibt annualisiert 0.16547
$\mu_f = \beta_{f,1} \cdot \mu_m + \beta_{f,0} = -0.000184$ ergibt annualisiert -0.0469

$\sigma_a^2 = \beta_{a,1}^2 \cdot \sigma_m^2 + \sigma_{\varepsilon_a}^2 = 0.0003457$,
damit $\sigma_a = 0.01859$ ergibt annualisiert 0.2969

$\sigma_f^2 = \beta_{f,1}^2 \cdot \sigma_m^2 + \sigma_{\varepsilon_f}^2 = 0.0003499$,
damit $\sigma_f = 0.01871$ ergibt annualisiert 0.2987

und schließlich
$\sigma_{a,f} = \beta_{a,1} \cdot \beta_{f,1} \cdot \sigma_m^2 = 0.0001104$, was einer Korrelation von $\rho = \frac{\sigma_{a,f}}{\sigma_a \cdot \sigma_f} = 0.317$ entspricht.

Wir sehen, dass die so geschätzten Parameter sehr ähnlich den ursprünglich rein aus den historischen Daten geschätzten sind. Lediglich die Korrelation ist mit 0.317 jetzt deutlich höher als die früher geschätzten 0.1728.

In Abildung 9.37 sieht man einen Vergleich der Opportunity-Sets und der Efficient Borders für das Beispiel der Apple- und der Ford-Aktie bei Parameterschätzung direkt aus den historischen Daten (wie in Kapitel 9.6) und bei Parameterschätzung im Single-Factor-Modell über den SPX. Die Efficient Border bleibt praktisch unverändert, das Opportunity-Set ist im Single-Factor-Modell etwas weniger stark gekrümmt.

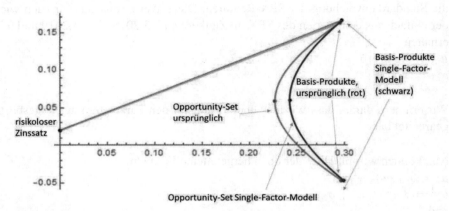

Abbildung 9.37: Vergleich Opportunity-Sets und Efficient Borders bei direkter Parameterschätzung und bei Parameterschätzung im Single-Factor-Modell

Im Rahmen unserer Software zur Portfolioselektionstheorie kann Parameterschätzung auch auf Basis eines Single-Factor-Modells durchgeführt werden. Siehe: https://app.lsqf.org/portfolioselektion

9.14   Das Optimal-Investment and Consumption-Problem: Einführung und Formulierung des Problems

Die letzte Fragestellung mit der wir uns im Rahmen dieser Einführung in die grundlegenden Prinzipien der Quantitative Finance und des Financial Engineerings beschäftigen werden – bevor wir dann einzelne konkrete Fallbeispiele behandeln werden – bezieht sich auf das „klassische" Optimal-Investment and Consumption-Problem. Zur Lösung dieses Problems (die zum erstenmal von Robert Merton gegeben wurde) werden wir zudem eine (wiederum ausgesprochen intuitive und heuristische) Einführung in eine Basis-Technik der stochastischen Kontrolltheorie geben und dabei die Hamilton-Jacobi-Bellman-Gleichung kennenlernen.

Informell lautet die Fragestellung so (wir werden sie gleich im Anschluss im Detail präzisieren):

Wir wollen einen bestimmten Betrag 1 über einen kommenden Zeitraum [0, T] *investieren.*

Für das Investment stehen eine fix (zu einem Zinssatz r) verzinste risikolose Anlageform B (Bond) und ein fixes risikobehaftetes Portfolio S zur Verfügung. (S kann etwa eine Einzelaktie sein, im Licht der Ausführungen der vorhergehenden Paragraphen könnten wir unter S aber auch das Market-Portfolio verstehen.) Weiters besteht aber auch die Möglichkeit, Teile des Investments (oder etwaiger Investitions-Gewinne) während der Laufzeit zur Konsumation zu verwenden.

Die (wie gesagt, hier erst sehr informell gestaltete) Frage lautet: Wie soll das vorhandene Investment im Lauf des Zeitbereichs „in optimaler Weise" dynamisch (!) auf B, S und Konsumation aufgeteilt werden?

Zur Klärung und Präzisierung der Fragestellung werden wir schrittweise vorgehen. Prinzipiell werden wir uns der stochastischen Schreibweise bedienen.

Wir verfügen also über einen Bond B mit Kursentwicklung $B(t)$ mit der Dynamik

$$dB = r \cdot B \cdot dt$$

und ein Portfolio S mit Kursentwicklung $S(t)$, für das wir die Dynamik

$$dS(t) = \alpha \cdot S(t) \cdot dt + \beta \cdot S(t) \cdot dW$$

mit einer Brown'schen Bewegung W und (der Einfachheit halber) Konstanten α und β annehmen. S folgt also einer geometrischen Brown'schen Bewegung.

Die mögliche Konsumation während der Laufzeit $[0, T]$ modellieren wir durch eine zeitabhängige nicht-negative Konsumationsrate $c(t)$.

$c(t)$ ist für jedes t eine Zufallsvariable. Wie viel wir zu einem bestimmten Zeitpunkt t in der Zukunft konsumieren werden, ist von der Entwicklung unseres Vermögens, also von unserer Handelsstrategie und der Entwicklung des Portfolios S bis zum Zeitpunkt t abhängig. Wir nehmen also an, dass der stochastische Prozess $(c(t))_{t \in [0,T]}$ adaptiert bezüglich der Filtration der Brown'schen Bewegung ist. $c(t)$ bezeichnet eine Konsumationsrate per anno. Das bedeutet: In einem winzigen Zeitbereich $[t, t + \Delta t]$ werden ungefähr $c(t) \cdot \Delta t$ Euro konsumiert. (Δt wird, wie jede Zeitangabe, in Jahren ausgedrückt.)

Mit $X(t)$ bezeichnen wir den Gesamtwert des Investments zur Zeit t.

Zu einem Zeitpunkt t halten wir einen Anteil $1 - u(t)$ am Gesamtwert $X(t)$ im Bond und einen Anteil $u(t)$ am Gesamtwert $X(t)$ im Portfolio S. In Euro ausgedrückt besitzen wir zum Zeitpunkt t Bondanteile im Wert von $(1 - u(t)) \cdot X(t)$ Euro und Anteile am Portfolio S im Wert von $u(t) \cdot X(t)$ Euro. Und somit besitzen wir zum Zeitpunkt t in Stückzahlen ausgedrückt insgesamt $\frac{(1-u(t)) \cdot X(t)}{B(t)}$ Stück des Bonds B und $\frac{u(t) \cdot X(t)}{S(t)}$ Stück des Portfolios S.

Die Dynamik des Gesamtwerts $X(t)$ (wir nennen $X(t)$ im Folgenden den Werteprozess) lautet damit dann

$$dX(t) \;=\; \frac{u(t) \cdot X(t)}{S(t)} \cdot dS(t) + \frac{(1 - u(t)) \cdot X(t)}{B(t)} \cdot dB(t) - c(t) \cdot dt =$$
$$=\; X(t) \cdot (u(t) \cdot \alpha + (1 - u(t)) \cdot r)dt - c(t)dt + X(t) \cdot u(t) \cdot \beta \cdot dW(t).$$

Frei wählen können wir in unserem Investment-Prozess zu jedem Zeitpunkt t also die Konsumationsrate $c(t)$ und den Anteil $u(t)$ des Werteprozesses $X(t)$ der in das Portfolio S investiert ist.

Der tatsächliche Verlauf des Werteprozesses $X(t)$ ist also wesentlich von c und von u abhängig. Wir werden daher im Folgenden diese Tatsache (wo das wesentlich ist) dadurch hervorheben, dass wir diese Abhängigkeit durch die ausführlichere Bezeichnung $X_{c,u}(t)$ anstelle von $X(t)$ darstellen.

Wir sollen nun eine Strategie angeben, mit deren Hilfe c und u so gewählt werden, dass der Investment- und Konsumationsprozess im Zeitbereich $[0, T]$ ein „optimales Ergebnis" liefert. Dazu ist aber vorerst zu klären, wie wir die „Qualität des Investment- und Konsumationsprozess im Zeitbereich $[0, T]$" messen wollen.

Prinzipiell wird – im Ansatz von Merton – diese „Qualität" auf Basis zweier Komponenten bewertet.

Erstens auf Basis der Konsumation $c(t)$, die während des Zeitbereichs $[0, T]$ erfolgt. Dies geschieht mittels eines Ausdrucks der Form $\int_0^T F(c(t))dt$, der möglichst groß werden soll, mit einer prinzipiell beliebig wählbaren Funktion F, über deren typischer Weise konkret gewählte Form wir uns im Folgenden noch eingehender Gedanken machen werden. Definitiv wird F eine positive, monoton wachsende Funktion sein, denn im Allgemeinen wird das Ergebnis eines Konsums (einer erworbenen Ware) als positiv empfunden und damit auch das Ergebnis höheren Konsums als positiver als das Ergebnis geringeren Konsums.

Die zweite Komponente der „Qualität des Investment- und Konsumationsprozesses im Zeitbereich $[0, T]$" wird im Allgemeinen davon abhängig gemacht, wie viel vom Investment zum Zeitpunkt T, also nach der Investition und der Konsumation im Zeitbereich $[0, T]$, noch vorhanden ist. Dies geschieht mittels eines Ausdrucks der Form $\Phi(X_{c,u}(T))$, der ebenfalls möglichst groß werden soll. Dabei ist auch die (prinzipiell beliebig wählbare) Funktion Φ monoton wachsend. Höherer Endwert $X(T)$ des Vermögens ist positiver zu bewerten als niedrigerer Endwert.

Die Maßzahl der „Qualität eines konkreten Ergebnisses (Pfades) des Investment- und Konsumationsprozesses im Zeitbereich $[0, T]$" wird also gemessen durch einen Ausdruck der Form

$$\int_0^T F(c(t))dt + \Phi(X_{c,u}(T)).$$

Diese Größe ist a priori aber (auch bei deterministisch gewählten c und u) aufgrund der Stochastizität von $S(t)$ eine Zufallsvariable. Wir können also sinnvoller Weise nur wünschen, dass der Erwartungswert dieser Maßzahl möglichst groß wird.

Ziel ist es also dann, die Konsumationsstrategie c und die Handelsstrategie u so zu bestimmen, dass der Erwartungswert der obigen Maßzahl maximal wird. Die gestellte Aufgabe lautet daher: Bestimme

$$\max_{c,u} \; E\left(\int_0^T F(c(t))dt + \Phi(X_{c,u}(T)) \right),$$

wobei das Maximum über alle zulässigen Konsumationsstrategien c und Handelsstrategien u zu nehmen ist. Welche Strategien hierbei „zulässig" sind, werden wir später noch genauer erörtern. Bisher haben wir eine Zulässigkeitsbedingung, nämlich die, dass $c(t) \geq 0$ stets erfüllt sein soll.

Die beiden Teile der Maßzahl, $\int_0^T F(c(t))dt$ und $\Phi(X_{c,u}(T))$, arbeiten offensichtlich „gegeneinander". Eine durchwegs hohe Konsumationsrate (und damit ein hoher Wert von $\int_0^T F(c(t))dt$) bedingt ein eher geringes Endvermögen (und damit einen niedrigeren Wert von $\Phi(X_{c,u}(T))$) und umgekehrt.

Eine „große" oder „stark wachsende" Funktion F in Relation zur Funktion Φ bewertet große Konsumation positiver und wichtiger als ein hohes Endvermögen und umgekehrt. Die Relation der beiden konkret gewählten Funktionen F und Φ zueinander hängt daher von den Präferenzen des jeweiligen Investors ab (legt dieser mehr Wert auf gelungene Konsumation oder aber auf „Sicherheit" in Form eines hohen Endvermögens).

In der Literatur und in konkreten Anwendungen wird die Funktion F häufig als konkave Funktion gewählt und zwar konkret als Funktion der Form $F(c(t)) = c(t)^\gamma$ mit einem Wert γ mit $0 < \gamma < 1$ oder aber als logarithmische Funktion $F(c(t)) = \log(1 + c(t))$. Wir nennen eine solche Wahl für die Funktion F eine „Utility-Funktion". Wir messen damit die „Nützlichkeit" einer bestimmten Konsumationsrate $c(t)$ zu einem bestimmten Zeitpunkt t.

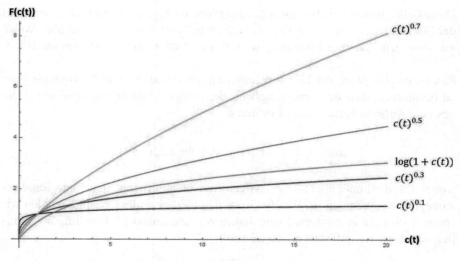

Abbildung 9.38: Konkave Funktionen (Utility-Functions)

In Abbildung 9.38 sind einige dieser Funktionen dargestellt. Das Bild soll übrigens nicht täuschen: Jede der Funktionen $c(t)^\gamma$ mit $0 < \gamma < 1$ wächst schlussendlich schneller gegen unendlich als die Funktion $\log(1 + c(t))$, auch wenn für kleines γ die Funktion $c(t)^\gamma$ die Funktion $\log(1 + c(t))$ erst sehr spät „überholt" (wie man etwa an Abbildung 9.39 beispielhaft sehen kann).

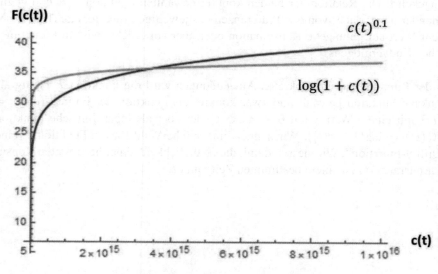

Abbildung 9.39: Konkave Funktionen (Utility-Functions)

Welche Überlegung steckt hinter der Wahl konkaver Funktionen als Utility-Funktionen? Im Allgemeinen erhöht ein bestimmter Zuwachs konsumierter Ware den Nutzen dann mehr, wenn der Konsument erst wenige Waren erworben hat, als wenn er bereits viele Waren erworben hat. So bringt einem (privaten) Konsumenten der Kauf des ersten Autos für den Haushalt mehr Nutzen als der Kauf des fünften Autos und selbst der Kauf des fünften Autos bringt noch mehr Nutzen als der Kauf des zehnten Autos (es sind ja ohnehin bereits neun Autos vorhanden, es ist also sehr fraglich ob ein zehntes Auto noch wesentlich größeren Nutzen bringt). Diesem Umstand wird aber gerade durch konkave Nutzenfunktionen Rechnung getragen wie in Abbildung 9.40 veranschaulicht wird.

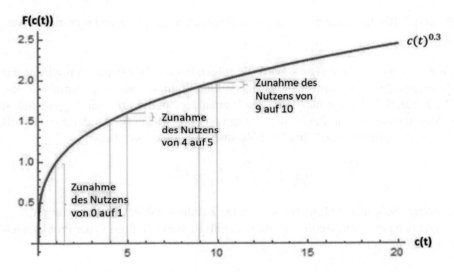

Abbildung 9.40: Abnahme der Nutzenzunahme bei steigendem $c(t)$

In konkreten Anwendungen wird die Utility-Funktion F häufig etwas komplexer definiert und zwar als auch direkt von der Zeit t abhängig, also in der Form $F(t, c(t))$ anstelle von $F(t)$.

Eine häufig gewählte Form ist (und auch wir werden im Folgenden mit dieser Version arbeiten):

$$F(t, c(t)) = e^{-\delta \cdot t} \cdot c(t)^{\gamma}$$

Hier ist δ eine gegebene positive Konstante. Eine mögliche Rechtfertigung für diese Wahl könnte sein: Eine früher erfolgte Konsumation liefert mehr Nutzen, da sie über einen längeren Zeitraum genutzt werden kann. Der Nutzen einer später erfolgten Konsumation (t groß) wird durch einen Faktor $e^{-\delta \cdot t}$ im Wert vermindert.

Die konkrete Aufgabe, deren Lösung wir uns in einem späteren Paragraphen widmen werden, lautet also:

Bestimme

$$\max_{c,u} E\left(\int_0^T e^{-\delta \cdot t} \cdot c(t)^{\gamma} dt + \Phi(X_{c,u}(T))\right),$$

wobei das Maximum über alle zulässigen Konsumationsstrategien c und Handelsstrategien u zu nehmen ist.

Eine weitere Zulässigkeitsbedingung, die wir (neben $c \geq 0$) fordern werden, ist,
dass der Wertprozess $X_{c,u}$ stets größer oder gleich 0 sein soll. Sobald $X_{c,u}$ einmal
gleich 0 wird, ist kein Investieren und kein Konsumieren mehr möglich und der
Prozess endet.

Weiters sollen natürlich die optimalen zulässigen Strategien c und u bestimmt werden.

Eine Variante dieser Aufgabe wird die folgende sein: Wir betrachten wieder das
Zeitintervall $[0, T)$ als Investitions-Intervall und führen eine Zufallsvariable τ ein.
Diese Zufallsvariable τ hängt von den Werten der Zufallsvariablen $X_{c,u}$ ab und ist
definiert als „der erste Zeitpunkt t zu dem $X_{c,u}(t)$ gleich 0 ist (oder $\tau = T$ falls
$X_{c,u}$ stets positiv bleibt)". In dieser Variante bestimmen wir dann

$$\max_{c,u} E\left(\int_0^\tau e^{-\delta \cdot t} \cdot c(t)^\gamma dt \right).$$

Die obere Schranke im Integral ist also eine Zufallsvariable. Die Bedingung $X_{c,u} \geq$
0 kann dann ignoriert werden, da diese bereits in dieser Definition der Problemstellung inkludiert ist.

Und natürlich sollen wieder die optimalen zulässigen Strategien c und u bestimmt
werden.

In den nächsten Paragraphen werden wir heuristisch und intuitiv zeigen, wie solche
Typen von Problemen prinzipiell mit Hilfe von Techniken aus der stochastischen
Kontrolltheorie gelöst werden können und wir werden dabei (ebenfalls mittels heu-
ristischer Überlegungen) die Hamilton-Jacobi-Bellman-Gleichungen herleiten.

9.15 Grundzüge der stochastischen Kontrolltheorie, die HJB-Gleichungen

Wir formulieren das oben – im Rahmen des optimal-consumption-investment-
Problems – definierte stochastische Kontrollproblem noch einmal in allgemeine-
rer Form:

Bei einem allgemeinen stochastischen Kontrollproblem stellt sich die Aufgabe, die
folgende Größe

$$\max_u E\left(\int_0^T F(t, X^{(u)}(t), u(t, X^{(u)}(t)))dt + \Phi(X^{(u)}(T)) \right)$$

oder

$$\max_{\boldsymbol{u}} E\left(\int_0^\tau F(t, X^{(\boldsymbol{u})}(t), \boldsymbol{u}(t, X^{(\boldsymbol{u})}(t)))dt\right)$$

zu bestimmen.

Dabei bezeichnen

- $\boldsymbol{u} = \boldsymbol{u}(t, x)$ einen k-dimensionalen stochastischen Prozess,
  $\boldsymbol{u}$ heißt Kontrollprozess

- $X^{(\boldsymbol{u})}(t)$ einen n-dimensionalen stochastischen Prozess mit einer Dynamik
  der Form

  $$dX^{(\boldsymbol{u})}(t) = \mu(t, X^{(\boldsymbol{u})}(t), \boldsymbol{u})dt + \sigma(t, X^{(\boldsymbol{u})}(t), \boldsymbol{u})d\boldsymbol{W}(t),$$

  wobei $\boldsymbol{W}$ eine d-dimensionale Brown'sche Bewegung ist und mit Funktionen
  $\mu : [0, T] \times \mathbb{R}^n \times \mathbb{R}^k \to \mathbb{R}^n$
  $\sigma : [0, T] \times \mathbb{R}^n \times \mathbb{R}^k \to \mathbb{R}^{n \times d}$

  $X(0) = x_0$ ist gegeben

- F eine beliebige Funktion $F : [0, T] \times \mathbb{R}^n \times \mathbb{R}^k \to \mathbb{R}$

- Φ eine beliebige Funktion $\Phi : \mathbb{R}^n \to \mathbb{R}$

- τ eine beliebige Stoppzeit

Für den Kontrollprozess $\boldsymbol{u}$ wird häufig eine Zulässigkeitsbedingung $\boldsymbol{u}(t, x) \in U_t$ für alle $t \in [0, T]$ und $x \in R^n$ gefordert, wobei U_t für jedes t eine bestimmte Teilmenge von R^k ist.

(Zum Beispiel war im optimal-consumption-investment-problem $c(t) \geq 0$ für alle t gefordert worden, das U_t für diesen Kontrollprozess war also $U_t = R_0^+$ für alle t.)

Für alle auftretenden Prozesse nehmen wir im Folgenden unbeschränkte Ito-Integrierbarkeit an und für alle auftretenden Funktionen die Existenz und Stetigkeit aller benötigten Ableitungen. Natürlich sind in einer mathematisch exakten Herleitung der folgenden Schritte alle Argumente genauestens zu überprüfen.

In klassischen Extremwertaufgaben geht es darum, bestimmte in einer Funktion F auftretende reelle Parameter $x, y, z, \dots$ so zu wählen, dass die Funktion maximale oder minimale Werte annimmt. Das Mittel der Wahl zur Lösung dieser Probleme besteht im geeigneten Ableiten der Funktion F und Null-Setzen dieser Ableitungen.

In Problemen der klassischen Variationsrechnung soll man eine Funktion F (oder besser: ein Funktional F) die von anderen Funktionen $f, g, h, \ldots$ abhängt, maximieren oder minimieren. Es sind also diejenigen Funktionen $f, g, h, \ldots$ gesucht, für die F maximale Werte annimmt. Das zentrale Hilfsmittel zur Lösung solcher Probleme ist die Euler-Lagrange-Gleichung. In einem Problem der stochastischen Kontrolltheorie ist das grundlegende Hilfsmittel zur Lösung die Hamilton-Jacobi-Bellman-Gleichung (HJB), die wir jetzt auf heuristischem Weg herleiten wollen.

Dazu definieren wir die Funktionen

$$J_0(\boldsymbol{u}) := E\left(\int_0^T F(t, X^{(\boldsymbol{u})}(t), \boldsymbol{u}(t, X^{(\boldsymbol{u})}(t)))dt + \Phi(X^{(\boldsymbol{u})}(T))\right)$$

und

$$J(t, x, \boldsymbol{u}) := E_{t,x}\left(\int_t^T F(s, X^{(\boldsymbol{u})}(s), \boldsymbol{u}(s, X^{(\boldsymbol{u})}(s)))ds + \Phi(X^{(\boldsymbol{u})}(T))\right).$$

Dabei bezeichnen wir mit $E_{t,x}$ den Erwartungswert aus Sicht des Zeitpunktes t und unter der Voraussetzung, dass $X^{(\boldsymbol{u})}(t) = x$ ist. Es ist $J_0(\boldsymbol{u}) = J(0, x_0, \boldsymbol{u})$.

Weiters definieren wir $V(t, x) := \max_{\boldsymbol{u}} J(t, x, \boldsymbol{u})$.

Das Problem, die Größe $V(t, x)$ und den/die zugehörigen optimalen Kontrollprozess(e) $\boldsymbol{u}$ zu bestimmen, nennen wir $Pro(t, x)$.

Ziel ist es, die Größe $V(0, x_0)$ und das $\boldsymbol{u}$ für das das Maximum in $J(0, x_0, \boldsymbol{u})$ angenommen wird zu bestimmen, also $Pro(0, x_0)$ zu lösen.

V ist eine Funktion $V : [0, T] \times \mathbb{R}^n \to \mathbb{R}$. Auch für V setzen wir im Folgenden stetige Differenzierbarkeit so weit benötigt voraus.

Weiters setzen wir voraus, dass tatsächlich für jede Wahl von t und x ein optimales $\boldsymbol{u}$ für das Problem $Pro(t, x)$ existiert.

Wir fixieren nun einen beliebigen Zeit-/Orts-Punkt (t, x) und betrachten für einen kleinen positiven Wert h und eine im Zeitbereich $[t, t + h]$ **beliebig gewählte** Kontrollfunktion $\boldsymbol{u}$ den Zeit-/Orts-punkt $(t + h, X^{(\boldsymbol{u})}(t + h))$. Dabei ist vorausgesetzt, dass für den Prozess $X^{(u)}$ die Bedingung $X^{(\boldsymbol{u})}(t) = x$ gilt. Der genaue Wert $X^{(\boldsymbol{u})}(t + h)$ ist aus Sicht der Zeit t noch nicht bekannt, also eine Zufallsvariable und kann dabei jeden möglichen Wert z annehmen. Wir schreiben daher für $(t+h, X^{(\boldsymbol{u})}(t+h))$ kurz $(t+h, z)$ mit einer Zufallsvariablen z.

Aus Sicht eines möglichen Zeit-/Orts-Punktes $(t + h, z)$ betrachten wir das Problem $Pro(t + h, z)$ und nehmen an, dieses Problem habe den Kontrollprozess

$\hat{u}^{(z)}$ als Lösung.

Wir verwenden nun im Bereich $[t,x]$ bis $[T, X^{(u^*)}(T)]$ den folgenden Kontrollprozess u^*:

$$u^*(s,y) = \begin{cases} \boldsymbol{u}(s,y) & \text{für } t \leq s \leq t+h \\ \hat{u}^{(z)} & \text{für } t+h \leq s \leq T \end{cases}$$

wobei $z := X^{(\boldsymbol{u})}(t+h)$.

Die Situation ist in Abbildung 9.41 skizziert.

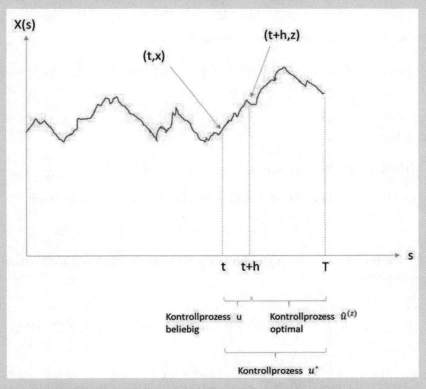

Abbildung 9.41: Skizze für Herleitung der HJB-Gleichungen

Schließlich bezeichne $\hat{u}$ den optimalen Kontrollprozess für das $Pro(t,x)$. Es ist dann also $V(t,x) = J(t,x,\hat{u}) \geq J(t,x,u^*)$ und falls $\hat{u} = u^*$ dann gilt Gleichheit. Daher ist:

$$V(t,x) \geq J(t,x,u^*) = E_{t,x}\left(\int_t^{t+h} F(s, X^{(\boldsymbol{u})}(s), \boldsymbol{u}(t, X^{(\boldsymbol{u})}(t)))ds + \right.$$
$$\left. + V(t+h, X^{(\boldsymbol{u})}(t+h))\right) \qquad (9.1)$$

Auf den Ausdruck $V := V(t + h, X^{(u)}(t + h))$ wenden wir die Ito-Formel an. Dabei gehen wir jetzt im Folgenden der Einfachheit halber von einer ein-dimensionalen Brown'schen Bewegung W aus und verwenden daher lediglich die ein-dimensionale Ito-Formel. Die Vorgangsweise im mehr-dimensionalen Fall verläuft ganz analog, ist aber (schreib-)technisch aufwändiger.

Wir erinnern uns: $dX^{(u)}(t) = \mu(t, X^{(u)}(t), \boldsymbol{u})dt + \sigma(t, X^{(u)}(t), \boldsymbol{u})d\boldsymbol{W}(t)$

In Kurzschreibweise haben wir daher:

$$dV = \left(V_s + \mu \cdot V_x + \frac{\sigma^2}{2} \cdot V_{xx}\right) \cdot dt + \sigma \cdot V_x \cdot dW$$

und daher in Integralschreibweise, startend in (t, x):

$$V(t + h, X^{(u)}(t + h)) = V(t,x) + \int_t^{t+h} \left(V_s + \mu \cdot V_x + \frac{\sigma^2}{2} \cdot V_{xx}\right) ds +$$
$$+ \int_t^{t+h} \sigma \cdot V_x dW.$$

Damit folgt

$$E_{t,x}(V(t+h), X^{(u)}(t+h)) = V(t,x) + E_{t,x}\left(\int_t^{t+h} \left(V_s + \mu \cdot V_x + \frac{\sigma^2}{2} \cdot V_{xx}\right) ds\right)$$

und durch direktes Einsetzen dieser Gleichheit in Formel (9.1) folgt daher

$$0 \geq E_{t,x}\left(\int_t^{t+h} \left(F + V_s + \mu \cdot V_x + \frac{\sigma^2}{2} \cdot V_{xx}\right) ds\right).$$

Wir schreiben diese letzte Ungleichheit zur weiteren Bearbeitung noch einmal in Lang-Form an:

$$0 \geq E_{t,x}\left(\int_t^{t+h} \left(F(s, X^{(u)}(s), \boldsymbol{u}(s, X^{(u)}(s))) + V_s(s, X^{(u)}(s)) + \right.\right.$$
$$+ \mu(s, X^{(u)}(s), \boldsymbol{u}) \cdot V_x(s, X^{(u)}(s)) +$$
$$\left.\left. + \frac{\sigma(s, X^{(u)}(s), \boldsymbol{u})^2}{2} \cdot V_x(s, X^{(u)}(s))\right) ds\right)$$

Hier dividieren wir nun durch (das positive) h und lassen h gegen Null konvergieren. Dann erhalten wir:

$$0 \geq E_{t,x}\left(F(t, x, \boldsymbol{u}(t,x)) + V_t(t,x) + \mu(t, x, \boldsymbol{u}(t,x)) \cdot V_x(t,x) + \right.$$
$$\left. + \frac{\sigma(t, x, \boldsymbol{u}(t,x))^2}{2} \cdot V_{xx}(t,x)\right).$$

In dieser Ungleichung erübrigt sich nun der Erwartungswert $E_{t,x}$ und wir erhalten

$$0 \geq F(t,x,\boldsymbol{u}(t,x)) + V_t(t,x) + \mu(t,x,\boldsymbol{u}(t,x)) \cdot V_x(t,x) + \frac{\sigma(t,x,\boldsymbol{u}(t,x))^2}{2} \cdot V_{xx}(t,x),$$

wobei Gleichheit gilt, falls $\boldsymbol{u}(t,x) = \hat{\boldsymbol{u}}(t,x)$. (Wir erinnern uns: $\hat{\boldsymbol{u}}$ ist der optimale Kontrollprozess für das Problem $Pro(t,x)$!)

Also gilt für alle t und x:

$$0 = V_t(t,x) + \sup_u \left[F(t,x,u) + \mu(t,x,u) \cdot V_x(t,x) + \frac{\sigma(t,x,u)^2}{2} \cdot V_{xx}(t,x) \right]$$

und für $u = \hat{\boldsymbol{u}}(t,x)$ wird das Supremum angenommen.

Wir haben damit den folgenden Satz, wenn schon nicht exakt bewiesen, so doch plausibilisiert:

Satz 9.1 (Hamilton-Jacobi-Bellman-Gleichung). *Wenn für alle $t \in [0,T]$ das stochastische Kontrollproblem*

$$J(t,x,\boldsymbol{u}) := E_{t,x} \left(\int_t^T F(s, X^{(\boldsymbol{u})}(s), \boldsymbol{u}(s, X^{(\boldsymbol{u})}(s))) ds + \Phi(X^{(\boldsymbol{u})}(T)) \right) \to \max$$

mit

$$dX^{(\boldsymbol{u})}(s) = \mu(s, X^{(\boldsymbol{u})}(s), \boldsymbol{u}) ds + \sigma(s, X^{(\boldsymbol{u})}(s), \boldsymbol{u}) dW(s) \text{ und } X^{(\boldsymbol{u})}(s) = x$$

und mit $\boldsymbol{u}(t,x) \in U_t$ für alle $t \in [0,T]$ und $x \in \mathbb{R}^n$ eine Lösung $\hat{\boldsymbol{u}}$ besitzt und wenn $V(t,x) := J(t,x,\hat{\boldsymbol{u}}) \in C^{1,2}$ ist, dann folgt:

$$0 = V_t(t,x) + \sup_{\boldsymbol{u}} \left[F(t,x,\boldsymbol{u}) + \mu(t,x,\boldsymbol{u}) \cdot V_x(t,x) + \frac{\sigma(t,x,\boldsymbol{u})^2}{2} \cdot V_{xx}(t,x) \right],$$

wobei folgende Nebenbedingung für V erfüllt sein muss: $V(T,x) = 0$ für alle $x \in \mathbb{R}^n$.

Für alle $(t,x) \in [0,T] \times R^n$ wird dieses Supremum angenommen durch $\boldsymbol{u} = \hat{\boldsymbol{u}}(t,x)$.

Ist anstelle des Maximums von $J(t,x,\boldsymbol{u})$ sein Minimum zu bestimmen, so gilt dieselbe Gleichung, aber mit einem Infimum anstelle des Supremums.

Wie auch im Fall eines einfachen klassischen Extremwertproblems ist naheliegender Weise stets noch nachzuprüfen, ob die Lösungen $\boldsymbol{u}$ und V der obigen HJB-Gleichung tatsächlich auch Lösungen des Kontrollproblems sind. Es gibt auch ein entsprechendes „Verification Theorem", das konkrete technische Bedingungen anführt, unter denen dies dann stets der Fall ist. Wir wollen auf die konkrete Form dieses Verification Theorems hier nicht weiter eingehen. Genaueres kann in [4] oder in [1] nachgelesen werden.

Im folgenden Paragraphen wollen wir an einem einfachen Beispiel demonstrieren, wie die HJB-Gleichung nun konkret angewendet werden kann.

9.16 Ein Anwendungsbeispiel für die HJB-Gleichung: Der lineare Regulator

Bevor wir mit Hilfe der HJB-Gleichungen das optimal-consumption-investment-Problem lösen, wollen wir die HJB-Gleichungen auf ein einfaches Demonstrationsbeispiel anwenden.

Den Ausgangspunkt dieses Problems bildet ein eindimensionaler stochastischer Prozess X der einem Orenstein-Uhlenbeck-Modell folgen soll. Also:

$$dX(t) = a \cdot X(t)dt + \sigma \cdot dW(t) \ \ \text{und} \ \ X(0) = 0$$

Die Zeit t läuft von 0 bis T.

Es soll nun wünschenswert sein, dass sich der Prozess $X(t)$ während der Laufzeit durchschnittlich möglichst nahe an der t-Achse aufhält.

Genauer: Wir betrachten durchschnittliche **quadratische** Abstände und wir wollen diesen durchschnittlichen quadratischen Abstand mittels $\int_0^T X(t)^2 dt$ messen. Die tatsächliche Entwicklung von $X(t)$ folgt aber dem Zufall und wir können dementsprechend eigentlich nur abwarten was geschieht und welcher durchschnittliche Abstand sich bei einzelnen Realisationen ergibt. Wir haben in Abbildung 9.42 ein paar Realisationen des konkreten Prozesses

$$dX(t) = X(t)dt + dW(t) \ \ \text{und} \ \ X(0) = 0$$

im Intervall $[0, 1]$ dargestellt und den jeweiligen durchschnittlichen Abstand von der t-Achse dazu notiert.

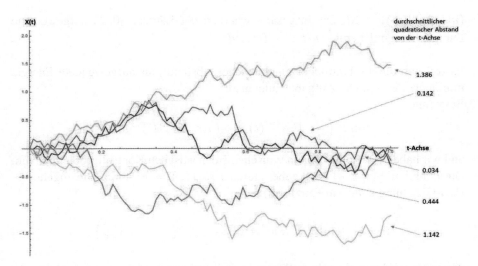

Abbildung 9.42: Linearer Regulator: Fünf unregulierte Pfade mit durchschnittlichen quadratischen Abständen von der t-Achse

In Abbildung 9.42 wäre also der rote Pfad derjenige, der am ehesten unseren Wünschen entsprechen würde. Allerdings, wie gesagt, das ist eine rein zufällige Entwicklung und wir können jeweils nur hoffen, dass eine konkrete Realisierung eher eine Form wie der rote Pfad als eine Form wie der grüne Pfad aufweist.

Wir nehmen nun aber an, dass wir in die Form des stochastischen Prozesses mittels eines Kontrollprozesses $u(t, x)$ (etwa mittels „Bremsens" oder „Einlenkens") in die Entwicklung des Prozesses X eingreifen können.

Wir erhalten dadurch einen neuen, kontrollierten Prozess, den wir mit $X^{(u)}$ bezeichnen.

Genauer gilt: Wir nehmen an, dass wir in den Trend des Prozesses X eingreifen und diesen in jedem Zeitpunkt auf solche Weise anpassen können, dass der kontrollierte Prozess $X^{(u)}$ die Dynamik

$$dX^{(u)}(t) = (a \cdot X^{(u)}(t) + u(t, X^{(u)}(t))dt + \sigma \cdot dW(t) \text{ und } X^{(u)}(0) = 0$$

aufweist.

Der durchschnittliche quadratische Abstand, den wir für einen solchen Prozess erhalten, ist dann gegeben durch $\int_0^T (X^{(u)}(t))^2 dt$.

Allerdings kostet das Eingreifen in den Prozess X Energie. Die im Zeitpunkt t benötigte Energie sei gerade proportional zu $(u(t, X^{(u)}(t)))^2$, das heißt, die in einem winzigen Zeitbereich von t bis $t + \Delta t$ benötigte Energie beträgt circa

$(u(t, X^{(u)}(t)))^2 \cdot \Delta t$. Die insgesamt während der Laufzeit $[0, T]$ aufgewendete Energie beträgt daher $\int_0^T (u(t, X^{(u)}(t)))^2 dt$.

Es soll nun durchschnittlicher quadratischer Abstand plus aufgewendete Energie minimiert werden. Die Aufgabe lautet also:
Bestimme

$$\min_u E \left(\int_0^T ((X^{(u)}(t))^2 + (u(t, X^{(u)}(t)))^2) dt \right)$$

und wir haben es also mit einem typischen stochastischen Kontrollproblem zu tun. Die Funktion $F(t, x, u)$ ist gegeben durch $F(t, x, u) = x^2 + u^2$. Die zugehörige HJB-Gleichung lautet (in Kurzform) daher

$$0 = V_t + \inf_u \left(x^2 + u^2 + (ax + u) \cdot V_x + \frac{\sigma^2}{2} \cdot V_{xx} \right).$$

Als erstes wird nun einfach das Minimierungsproblem

$$\inf_u \left(x^2 + u^2 + (ax + u) \cdot V_x + \frac{\sigma^2}{2} \cdot V_{xx} \right)$$

in dieser Gleichung durch ganz gewöhnliches Ableiten nach u und Null setzen gelöst. Dies ergibt die Gleichung $2 \cdot u + V_x = 0$ mit der Lösung $u = -\frac{V_x}{2}$, die tatsächlich das einzige Minimum liefert.

Wir setzen $u = -\frac{V_x}{2}$ in die HJB-Gleichung ein und erhalten damit die partielle Differentialgleichung (PDE)

$$0 = V_t - \frac{V_x{}^2}{4} + a \cdot x \cdot V_x + \frac{\sigma^2}{2} \cdot V_{xx} + x^2$$

mit der Nebenbedingung $V(T, x) = 0$ (denn $\int_T^T ((X^{(u)}(t))^2 + (u(t, X^{(u)}(t)))^2) dt$ ist für jedes u gleich Null).

Diese PDE lässt sich mittels eines Ansatzes der Form $V(t, x) := p(t) \cdot x^2 + q(t)$ lösen. Leitet man diesen Ausdruck nach t, x und zweimal nach x ab und setzt in die PDE ein, dann erhält man

$$x^2 \cdot (p'(t) - p^2(t) + 2ap(t) + 1) + q'(t) + p(t) \cdot \sigma^2 = 0.$$

Diese Gleichung muss für **alle** x gelten. Das ist nur dann möglich, wenn sowohl $p'(t) - p^2(t) + 2ap(t) + 1 = 0$ als auch $q'(t) + p(t) \cdot \sigma^2 = 0$ gilt.

Aus der Nebenbedingung $0 = V(T, x) = p(T) \cdot x^2 + q(T)$, die ebenfalls für alle x gelten muss, folgt weiter $p(T) = 0$ und $q(T) = 0$.

Sobald wir aus der ersten Gleichung (die eine gewöhnliche quadratische Differentialgleichung + Nebenbedingung für p ist) die Funktion p ausgerechnet haben, können wir aus der zweiten Gleichung sofort q bestimmen. Es gilt dann (unter anderem wegen $q(T) = 0$) $q(t) = -\sigma^2 \cdot \int_t^T p(s)ds$.

Es bleibt also, die Differentialgleichung $p'(t) - p^2(t) + 2ap(t) + 1 = 0$ auf $[0, T]$ mit der Nebenbedingung $p(T) = 0$ zu lösen. Eine Differentialgleichung dieser Form heißt Riccati-Gleichung. Wir können die Gleichung mit Hilfe von Mathematica lösen und erhalten

$$p(t) = \frac{(A+a) \cdot \left(1 - e^{2A(t-T)}\right)}{1 + e^{2A(t-T)} \cdot \frac{A+a}{A-a}}, \text{ wobei wir } A \text{ für } A = \sqrt{a^2 - 1} \text{ gesetzt haben.}$$

Der optimale Kontrollprozess u ist gegeben durch $-\frac{V_x}{2}$ und wegen $V(t,x) :=$ $p(t) \cdot x^2 + q(t)$ ist somit $\boldsymbol{u} = -\frac{V_x}{2} = -p(t) \cdot x = -\boldsymbol{x} \cdot \frac{(A+a) \cdot \left(1 - e^{2A(t-T)}\right)}{1 + e^{2A(t-T)} \cdot \frac{A+a}{A-a}}$.

Der optimal kontrollierte Prozess $X^{(u)}$ hat daher die Dynamik

$$dX^{(u)}(t) = X^{(u)}(t) \left(a - \frac{(A+a) \cdot \left(1 - e^{2A(t-T)}\right)}{1 + e^{2A(t-T)} \cdot \frac{A+a}{A-a}} \right) dt + \sigma \cdot dW(t)$$

und

$$X^{(u)}(0) = 0.$$

In den Prozess wird also insofern eingegriffen als der Trendfaktor a kontinuierlich um den Wert $p(t) = \frac{(A+a) \cdot \left(1 - e^{2A(t-T)}\right)}{1 + e^{2A(t-T)} \cdot \frac{A+a}{A-a}}$ reduziert wird.

In Abbildung 9.43 sehen wir für $T = 1$ und für einige verschiedene Werte von a die Form von $p(t)$ im Zeitbereich $[0, T]$.

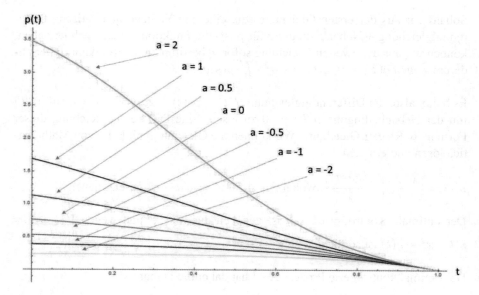

Abbildung 9.43: Trend-Reduzierungs-Funktion $p(t)$ im linearen Regulator für verschiedene Werte von a

In Abbildung 9.44 sehen wir für den Parameter $a = 1$ und für $T = 1$ jeweils 5 unregulierte Pfade (blau) und 5 optimal regulierte Pfade (rot).

Wir erkennen in allen Fällen eine tatsächliche Reduzierung des Trendparameters a (auch dann wenn a bereits negativ ist). Die Stärke der Reduzierung nimmt im Lauf der Zeit ab und geht gegen Null. Je größer a ist, umso mehr wird reduziert.

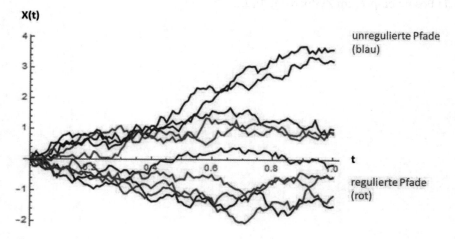

Abbildung 9.44: unregulierte und optimal regulierte Pfade im linearen Regulator ($a = T = 1$)

9.17 Lösung des optimal-consumption-investment-Problems

Wir kehren nun zurück zum in Paragraph 9.14 formulierten optimal-consumption-investment-Problem. Die Aufgabenstellung lautete:

Bestimme

$$\max_{c,u} E\left(\int_0^T e^{-\delta \cdot t} \cdot c(t)^\gamma dt + \Phi(X_{c,u}(T))\right),$$

wobei das Maximum über alle zulässigen Konsumationsstrategien $c \geq 0$ und alle Handelsstrategien u zu nehmen ist. Weiters wird gefordert, dass stets $X_{c,u} \geq 0$ erfüllt sein muss.

Eine Variante dieser Aufgabe war: Bestimme

$$\max_{c,u} E\left(\int_0^\tau e^{-\delta \cdot t} \cdot c(t)^\gamma dt\right).$$

Dabei ist die Zufallsvariable τ definiert als „der erste Zeitpunkt t zu dem $X_{c,u}(t)$ gleich 0 ist (oder $\tau = T$ falls $X_{c,u}$ stets positiv bleibt)". Bei dieser Version des Problems wird somit $\Phi \equiv 0$ gesetzt, es wird also kein Wert darauf gelegt, dass zum Zeitpunkt T noch Kapital vorhanden ist.

In beiden Fällen hat der Werteprozess X die Dynamik

$$dX(t) = X(t) \cdot (u(t) \cdot \alpha + (1 - u(t)) \cdot r) \cdot dt - c(t) \cdot dt + X(t) \cdot u(t) \cdot \beta \cdot dW(t).$$

Wir beschränken uns hier auf die Lösung der zweiten Version des Problems. Dazu benötigen wir allerdings auch eine Variante des Satzes aus dem vorigen Kapitel zur HJB-Gleichung und zwar eine Version, die auf diesen Typ von Problem mit Stoppzeit als Schranke im Integral anwendbar ist. Eine solche Variante ist ziemlich analog herleitbar und wir wollen diese Variante hier einfach ohne Beweis anführen:

Satz 9.2 (HJB-Gleichung, Variante). *Wenn für alle $t \in [0, T]$ das stochastische Kontrollproblem*

$$J(t, x, \boldsymbol{u}) := E_{t,x}\left(\int_t^\tau F(s, X^{(\boldsymbol{u})}(s), \boldsymbol{u}(s, X^{(\boldsymbol{u})}(s)))ds + \Phi(\tau, X^{(\boldsymbol{u})}(\tau))\right) \to \max$$

mit (hier zur Einfachheit einem ein-dimensionalen Prozess $X^{(\boldsymbol{u})}$)

$$dX^{(\boldsymbol{u})}(s) = \mu(s, X^{(\boldsymbol{u})}(s), \boldsymbol{u})ds + \sigma(s, X^{(\boldsymbol{u})}(s), \boldsymbol{u})d\boldsymbol{W}(s) \text{ und } X^{(\boldsymbol{u})}(s) = x,$$

mit $\tau := \min\left\{T, \inf\{t \mid t \geq 0, (t, X^{(\boldsymbol{u})}(t)) \notin D\}\right\}$, wobei $D = \bigcup_{t \in [0,T)}(t \times A_t)$ mit Intervallen $A_t := [a_t, b_t] \subset \mathbb{R}$ für alle t (die Intervalle A_t können auch unbeschränkt sein), und mit $\boldsymbol{u}(t, x) \in U_t$ für alle $t \in [0, T)$ und $x \in \mathbb{R}$ eine Lösung $\hat{\hat{\boldsymbol{u}}}$ besitzt und wenn $V(t, x) := J(t, x, \hat{\hat{\boldsymbol{u}}}) \in C^{1,2}$ ist, dann folgt:

$$0 = V_t(t, x) + \sup_{\boldsymbol{u}}\left[F(t, x, \boldsymbol{u}) + \mu(t, x, \boldsymbol{u}) \cdot V_x(t, x) + \frac{\sigma(t, x, \boldsymbol{u})^2}{2} \cdot V_{xx}(t, x)\right],$$

wobei folgende Nebenbedingung für V erfüllt sein muss:
$V(t, x) = \Phi(t, x)$ *für alle* (t, x) *mit* $x = a_t$ *oder* $x = b_t$.

Für alle $(t, x) \in [0, T] \times \mathbb{R}$ *wird dieses Supremum angenommen durch* $\boldsymbol{u} = \hat{\boldsymbol{u}}(t, x)$.

Ist anstelle des Maximums von $J(t, x, \boldsymbol{u})$ *sein Minimum zu bestimmen, so gilt die-selbe Gleichung, aber mit einem Infimum anstelle des Supremums.*

Diesen Satz verwenden wir nun zur Lösung der Variante des optimal-consumption-investment-Problems:

In diesem Setting ist
$\Phi = 0$,
$F(s, x, u) =: F(s) := e^{-\delta \cdot s} \cdot c(s)^{\gamma}$,
$A_t = [0, \infty)$ für alle t.

Weites sind (in Kurzschreibweise)
$\mu = x \cdot (u \cdot \alpha + (1 - u) \cdot r) - c$
$\sigma = x \cdot u \cdot \beta$

Damit lässt sich die zugehörige HJB-Gleichung (in Kurzschreibweise) darstellen als

$$0 = V_t + \sup_{u, c} \left(e^{-\delta \cdot t} \cdot c^{\gamma} + V_x \cdot (x \cdot (u \cdot \alpha + (1 - u) \cdot r) - c) + \frac{(x \cdot u \cdot \beta)^2}{2} \cdot V_{xx} \right).$$

Wir bestimmen diejenigen Werte für c und u, für die das Supremum in obiger Gleichung angenommen wird, indem wir die zu maximierende Funktion nach c und nach u ableiten und beide Ableitungen Null setzen. Wir erhalten die Gleichungen:

$$\frac{d}{du} = V_x \cdot (x \cdot (\alpha - r) + V_{xx} \cdot u \cdot (x \cdot \beta)^2 = 0$$
$$\frac{d}{dc} = \gamma \cdot e^{-\delta \cdot t} \cdot c^{\gamma - 1} - V_x = 0$$

Als Lösungen erhalten wir hieraus sofort
$u = \frac{-(\alpha - r) \cdot V_x}{\beta^2 \cdot x \cdot V_{xx}}$ und $c = \left(\frac{V_x}{\gamma \cdot e^{-\delta \cdot t}} \right)^{\frac{1}{\gamma - 1}}$.

(Natürlich müssten wir hier eine Diskussion darüber anschließen, ob wir für diese Werte u und c tatsächlich ein Maximum des betrachteten Ausdrucks erhalten. Wir wollen aber im Folgenden davon einfach einmal ausgehen.)

Nun folgt eine längere unangenehme Rechnung, die wir hier nicht im Detail durch-führen wollen, wir geben nur die einzelnen abzuarbeitenden Schritte an:

- Einsetzen der Ausdrücke für u und c in die HJB-Gleichung liefert eine par-tielle Differentialgleichung PDE für V.

- Für V wird ein Ansatz der Form $V(t,x) := e^{-\delta \cdot t} \cdot x^\gamma \cdot h(t)$ mit einer zu bestimmenden Funktion $h(t)$ gewählt. Damit ist die Nebenbedingung $V(t,0) = 0$ für alle t erfüllt. Aufgrund der Bedingung $V(T,x) = 0$ muss h die Nebenbedingung $h(T) = 0$ erfüllen.

- Einsetzen dieses Ansatzes für V in die PDE führt schließlich zu folgender gewöhnlicher Differentialgleichung für h:

$$h'(t) + A \cdot h(t) + B \cdot h(t)^{\frac{\gamma}{\gamma-1}} = 0 \ \text{ mit } h(T) = 0,$$

wobei

$$A = \frac{\gamma \cdot (\alpha - r)^2}{2\beta^2 \cdot (1-\gamma)} + r \cdot \gamma - \delta \text{ und } B = 1 - \gamma.$$

Die Gleichung für h ist eine sogenannte Bernoulli-Gleichung und kann explizit gelöst werden. Wir kommen später darauf zurück.

Setzen wir den Ansatz $V(t,x) := e^{-\delta \cdot t} \cdot x^\gamma \cdot h(t)$ in die Ausdrücke für u und für c, also in $u = \frac{-(\alpha-r) \cdot V_x}{\beta^2 x \cdot V_{xx}}$ und $c = \left(\frac{V_x}{\gamma \cdot e^{\delta \cdot t}}\right)^{\frac{1}{\gamma-1}}$ ein, dann erhalten wir wegen $V_x = \gamma \cdot e^{-\delta \cdot t} \cdot x^{\gamma-1} \cdot h(t)$ und $V_{xx} = \gamma^2 \cdot e^{-\delta \cdot t} \cdot x^{\gamma-2} \cdot h(t)$ folgende Resultate für u und für c:

$$\boldsymbol{u = \frac{\alpha - r}{\beta^2 \cdot (1-\gamma)} \text{ und } c = c(t,x) = x \cdot h(t)^{\frac{1}{\gamma-1}}.}$$

Bevor wir uns der konkreten Form von h zuwenden und damit dann dieses Beispiel abschließen, können wir schon einmal eine prinzipiell äußerst interessante Beobachtung machen:

Die optimale Kontrollvariable u hat einen konstanten, sowohl von t als auch von x unabhängigen Wert!

u bezeichnet ja den Anteil am momentan vorhandenen Vermögen $X(t)$, der in das Portfolio S investiert werden soll. Dieser Anteil hat einen konstanten Wert (der häufig mit „Merton-Ratio" bezeichnet wird)!

Die Konsumationsrate c ist dagegen sowohl von der Zeit als auch von der Höhe des momentanen Vermögens abhängig. Es besteht insbesondere eine lineare Abhängigkeit von der Höhe des Vermögens!

Wir widmen uns nun noch der Funktion h. Der Einfachheit halber beschränken wir uns dafür auf einen Gamma-Wert von $\gamma = \frac{1}{2}$.

Damit werden die Konstanten A und B in der Bernoulli-Gleichung für h zu
$A = \frac{(\alpha-r)^2}{2\beta^2} + \frac{r}{2} - \delta$ und $B = \frac{1}{2}$.

Die Gleichung für h hat die Form
$$h'(t) + A \cdot h(t) + \tfrac{1}{2} \cdot h(t)^{-1} = 0 \quad \text{mit} \quad h(T) = 0.$$

Wie man leicht nachprüft, hat diese Gleichung für $A \neq 0$ die Lösung

$$h(t) = \sqrt{\frac{e^{2A(T-t)} - 1}{2A}}.$$

Für $A = 0$ erhält man $h(t) = \sqrt{T - t}$.

Es ist $h(0) = \sqrt{\frac{e^{2AT} - 1}{2A}}$, was stets einen positiven Wert ergibt und $h(T) = 0$.

Die Ableitung $h'(t) = -\sqrt{\frac{A}{2}} \cdot \frac{e^{2A(T-t)}}{\sqrt{e^{2A(T-t)} - 1}}$ ist stets negativ.

Der Anteil am Vermögen $X(t)$, der im Zeitpunkt t konsumiert wird (bzw. die Konsumationsrate zum Zeitpunkt t), also $c(t, x) = x \cdot h(t)^{-\frac{1}{2}}$, ist somit monoton wachsend und tendiert zum Zeitpunkt T gegen ∞.

Dies ist insofern logisch, als wir ja $\Phi \equiv 0$ gesetzt hatten, ein zum Zeitpunkt T noch vorhandenes Vermögen keinen Nutzen mehr hat und daher durch Konsumation völlig aufgebraucht werden sollte.

In welchem Bereich können wir den Wert $A = \frac{(\alpha - r)^2}{2\beta^2} + \frac{r}{2} - \delta$ ungefähr erwarten? Interessant ist, dass der erste Summand gerade die halbe quadrierte Sharpe-Ratio des Portfolios S ist. Typische Portfolios weisen in etwa eine Sharpe-Ratio zwischen 0 und 1 auf.

Der Wert δ wird häufig in der Größenordnung einer Inflationsrate gewählt, die im Allgemeinen im Bereich von 0 bis $2r$ liegen könnte. Für die Konstante A können wir somit mit Werten im Bereich von circa -0.2 bis 0.6 rechnen.

In Abbildung 9.45 sehen wir den Verlauf der Funktion h für einige realistische Werte von A.

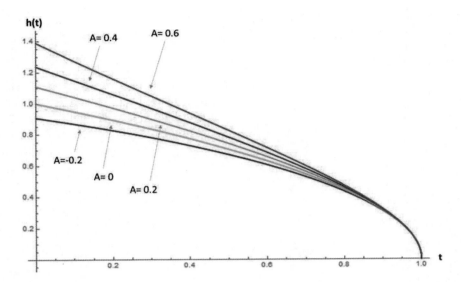

Abbildung 9.45: Die Funktion $h(t)$ im optimal-investment-consumption-Problem für verschiedene Werte von A

Abschließend bemerken wir noch, dass die gesuchte Wertefunktion $V(0,x)$ gerade den Wert $V(0,x) = x^\gamma \cdot h(0) = x^\gamma \cdot \sqrt{\frac{2^{2AT}-1}{2A}}$ hat.

Eine letzte Bemerkung gilt schließlich noch der Merton-Ratio $u = \frac{\alpha-r}{\beta^2\cdot(1-\gamma)}$. Es stellt sich da die Frage, unter welchen Umständen dieser Anteil des Vermögens, der in das risikobehaftete Asset S investiert werden soll, – so wie das in der Realität zumeist der Fall sein sollte – zwischen 0 und 1 liegt.

Klar ist: Je größer der Trend-Faktor α von S, umso mehr wird in S investiert, je größer der Volatilitätsfaktor β ist, umso weniger wird in S investiert und: Je näher γ an 1 liegt (also je positiver Konsumation bewertet wird), umso mehr wird in S investiert.

Die Bedingung $u \geq 0$ ist genau dann erfüllt wenn $\alpha \geq r$ ist. Das ist eine sehr einleuchtende Bedingung. Wäre die aus S zu erwartende Rendite geringer als der risikolose Zinssatz, dann würde sicher nicht in S zu investieren sein.

Die Bedingung $u \leq 1$ schließlich ist gleichbedeutend mit $\alpha \leq r + \beta^2 \cdot (1-\gamma)$. Konkret im Fall $\gamma = \frac{1}{2}$ haben wir hier die Bedingung $\alpha \leq r + \frac{\beta^2}{2}$.

Literaturverzeichnis

[1] Tomas Björk. *Arbitrage Theory in Continuous Time*. Oxford Finance Series, 2009.

[2] Wolfgang Breuer, Marc Gürtler, and Frank Schuhmacher. *Portfoliomanagement I*. Springer-Gabler Verlag, 2010.

[3] Christoph Bruns and Frieder Meyer-Bullerdiek. *Professionelles Portfoliomanagement*. Schäffer-Pöschl Stuttgart, 2015.

[4] Bernt Oksendal. *Stochastic Differential Equations*. Springer, 2010.

Kapitel 10

Fallbeispiele

Die folgenden Fallbeispiele stellen eine Auswahl konkreter Projekt-Beispiele des Autors (und zum Teil von Mitgliedern seiner Forschungsgruppe) aus seiner Tätigkeit als Gutachter in Gerichtssachen oder als Privat-Gutachter und aus seiner Tätigkeit als Analyst und Konsulent für verschiedene Vermögensverwaltungs-, Finanz-Software- oder Fonds-Management-Unternehmen sowie (in einigen wenigen Fällen) aus seiner eigenen Forschungsarbeit dar.

Es wurden dabei Fallbeispiele ausgewählt, die bereits mit dem in diesem Band erworbenen Wissen in weitgehend zufriedenstellender Weise behandelt werden können. In manchen Fällen wird eine grundlegende Behandlung der Fallbeispiele durch- und vor-geführt aber gleichzeitig darauf hingewiesen, dass mittels tiefer gehender Techniken eine weitergehende Analyse angebracht wäre.

Die Fallbeispiele stammen – wie gesagt – aus der konkreten Projektarbeit des Autors. In vielen Fällen wurden jedoch, wenn nötig (vor allem dann wenn es um Fälle in Gerichtssachen gegangen ist) die Beispiele anonymisiert und die konkreten Zahlenwerte abgeändert.

In praktisch allen Fällen sind die vorgestellten Problemstellungen nur kurze Auszüge oder Teilaspekte von wesentlich umfassenderen Untersuchungen. In vielen Fällen waren die Ausarbeitungen dann der Kritik von Gegengutachten ausgesetzt, auf die wiederum reagiert werden musste. All diese Aspekte konnten nicht oder nur in ganz geringem Maße in die folgenden Ausführungen integriert werden.

Für fast alle der folgenden Fallbeispiele gilt: Es gibt nicht DIE richtige Herangehensweise an eine Problemstellung. Bereits die Wahl eines Modells, die Art der Parameterschätzung und die Methode der Kalibrierung ist individuell gefärbt und könnte von Vornherein auch anders geschehen. Die Art der Argumentation in einer bestimmten kontroversiellen Fragestellung ist immer auch von der Position des Gutachters, der analysierenden Person abhängig.

© Der/die Herausgeber bzw. der/die Autor(en), exklusiv lizenziert durch Springer Fachmedien Wiesbaden GmbH, ein Teil von Springer Nature 2020
G. Larcher, *Quantitative Finance*, https://doi.org/10.1007/978-3-658-29158-7_10

Es sollten daher die vorgestellten Herangehensweisen in den folgenden Fallbeispielen nicht als unumstößlich richtige Vorgangsweisen gesehen werden, sondern
als eine mögliche Annäherung an ein Problem.

Und noch einmal: In manchen Fällen wurden bewusst vereinfachte Methoden angewendet um die Darstellung dem Leser, der ausschließlich über die in diesem
Buch vorgestellten Techniken verfügt, zugänglich zu machen.

Andererseits wurden die Beispiele textlich aber weitgehend so gehalten, dass in
ihnen – nach einer kurzen Einführung in die Thematik und die Umstände des jeweiligen Projekts – dann in der Ausarbeitung weniger der Leser dieses Buches
angesprochen wird, sondern dass die Ausarbeitung die Form eines Gutachtens, eines Projektberichts etc. beibehält.

Wichtig anzumerken ist auch die folgende Vereinfachung bei den folgenden Darstellungen: Wir wollen uns im Sinn einer gut lesbaren Darstellung nicht auf zu
viele Details konzentrieren müssen, die für die prinzipielle Methodik und auch für
die Tendenz des Endergebnisses wenig relevant sind.

Ein Beispiel: In einer gutachterlichen Analyse sind sehr wohl bestimmte relevante
Zeitspannen sehr genau abzumessen. Läuft ein Produkt etwa von 1.Juni eines Jahres bis 31. August des selben Jahres, so ist in einer Gutachtensarbeit tatsächlich die
exakte Anzahl der in diesem Zeitintervall liegenden Handelstage zu zählen und in
den Berechnungen zu verwenden. In unseren Darstellungen wollen wir uns damit
allerdings nicht aufhalten und würden diesen Zeitbereich einfach als ein Vierteljahr
und damit als 13 Wochen oder als $\frac{256}{4} = 64$ Handelstage behandeln. Eine solche
Ungenauigkeit (auch wenn sie für die Stichhaltigkeit der Ergebnisse völlig irrelevant ist, insbesonders angesichts anderer Unwägbarkeiten vor allem etwa in der
Parameterschätzung) würde im „realen Leben" sofort wieder als Angriffspunkt von
gegnerischen Gutachtern oder Anwälten genutzt. Oder ein anderes Beispiel: Ebenso diskutieren und argumentieren wir nicht bis ins letzte Detail, welche Zinssätze
konkret für die Diskontierung zukünftiger Zahlungsflüsse herangezogen werden
und ob diese Sätze die tatsächlich unbedingt „richtigen" Diskontierungsfaktoren
liefern.

Der besseren Lesbarkeit wegen werden im Folgenden manchmal Werte (etwa Zinssätze) zum Beispiel auf zwei (oder weniger) Kommastellen gerundet, anstatt mit
zum Beispiel vier Kommastellen zu rechnen. In realen Gutachten wird aber auch
hier immer mit der vollen Anzahl von vorhandenen Kommastellen gearbeitet, auch
wenn dies fürs Ergebnis völlig irrelevant ist und zwar einfach deshalb, um keine
trivialen Angriffsflächen zu bieten.

Der Leser kann aber davon ausgehen, dass alle diese Facetten in den originalen
Gutachten und Projektarbeiten sehr wohl exakt ausgearbeitet worden sind.

Vom technischen Anspruch her sind hier im Folgenden Fallbeispiele auf ganz unterschiedlichem Niveau zu finden. Bei der Bearbeitung mancher dieser Beispiele kommen diffizile finanzmathematische Überlegungen zum Einsatz, bei manchen anderen Beispielen sind nur grundlegende technische Grundkenntnisse vonnöten (gerade bei solchen Beispielen – bei denen man theoretisch zuweilen auf nicht sehr stabilen Fundamenten steht – ist aber dann gelegentlich wieder eine überraschende Idee oder zumindest eine geschickte Argumentation nötig, um einen potentiellen Anwender von der gewählten Vorgangsweise zu überzeugen).

Die folgenden Fallbeispiele sind bewusst nicht thematisch oder nach Schwierigkeitsgraden geordnet und spiegeln so ein bisschen die Vielfalt der Arbeit im Bereich der Quantitative Finance wider.

In einer Fortsetzung unseres Buchprojekts werden wir es dann mit technisch wesentlich anspruchsvolleren Fallbeispielen zu tun bekommen.

10.1 Fall-Beispiel I: Die fynup-ratio

In diesem ersten Beispiel geht es um eine Auftragsarbeit durch ein Unternehmen das eine Beratungs-Software für Vermögensberater entwickelt hatte. Diese Beratungs-Software basierte auf umfangreichem historischem und fundamentalem Datenmaterial eines Universums von über 33.000 Fonds.

Der Wunsch der Entwickler dieses Programms war es nun, ein Tool zu entwickeln, das auf Basis der vorhandenen rein technischen historischen Performance-Daten eine Indikation für die Qualität der weiteren Entwicklung der einzelnen Fonds liefern könnte. Allen Beteiligten – sowohl Auftraggebern als auch Auftragsnehmern – war klar, dass es nicht möglich ist aus historischen Daten wirklich stichhaltige Prognosen über die weitere Entwicklung der Fonds zu geben.

Der Anspruch war daher vielmehr von der folgenden Form: Erstelle ein Tool das – wissenschaftlich begründet! – aus den historischen Daten mehr Information über zukünftige Entwicklungen extrahieren kann, als dies durch eine rein intuitive, naive Herangehensweise möglich wäre. Dieser Aufgabe haben wir uns dann in der im Folgenden erläuterten Form gestellt.

10.1.1 Aufgabenstellung

Zur Verfügung gestellt waren Jahresrenditen jeweils seit Auflage bis inklusive 2018 eines Universums aus 33.030 Fonds. Für dieses Fonds-Universum war vorab eine Aufteilung nach Sektoren (Branchen und Regionen) in insgesamt 25 Sektoren vorgenommen worden.

Die konkrete Bezeichnung und Art dieser Sektoren war den Entwicklern des Prognose-Modells bewusst nicht bekannt. Die Prognosen sollten ausschließlich auf Basis technischer historischer Daten erfolgen. Eine Kenntnis der Sektorenbeschreibung hätte möglicher Weise zu nicht gewollten Deutungen und damit Beeinflussung bei der weiteren Vorgangsweise führen können. Ebenso wurden weitere Spezifikationen der Fonds nicht in die Analyse mit einbezogen.

Die zur Verfügung stehenden Fonds hatten die folgenden bisherigen Laufzeiten aufzuweisen:

Laufzeit	Anzahl		Laufzeit	Anzahl
1	4672		31	22
2	3583		32	15
3	1768		33	12
4	2061		34	16
5	2668		35	13
6	2124		36	7
7	2032		37	2
8	1530		38	3
9	1321		39	3
10	1678		40	2
11	1653		41	4
12	1495		42	0
13	924		43	1
14	729		44	0
15	662		45	0
16	653		46	0
17	776		47	3
18	711		48	0
19	568		49	7
20	435		50	0
21	237		51	5
22	203		52	1
23	153		53	0
24	153		54	0
25	87		55	0
26	93		56	0
27	98		57	1
28	84		58	1
29	73		59	1
30	34			

Vage, und in einem ersten Schritt rein informell formuliert, wurde nun folgende

Aufgabenstellung erteilt:

„Erstelle rein auf Basis dieser Daten ein Prognose-Modell, das auf eine zukünftige mehr oder weniger positive Entwicklung der jeweiligen Fonds-Performance (individuell oder aber in Vergleich mit den anderen Fonds des vorliegenden Fonds-Universums) hindeutet. "

Die Fragestellung lautete also NICHT (wie bei erster oberflächlicher Lektüre hier womöglich verstanden werden konnte):
„Welcher der Fonds aus dem Fonds-Universum hat sich in der Vergangenheit am Besten entwickelt? "

Ziel ist also vielmehr eine Indikation für die zukünftige Entwicklung!

10.1.2 Begriffsklärung und prinzipielle Anmerkungen

In einem ersten Schritt ist die oben vage formulierte Aufgabenstellung zu präzisieren. Insbesondere sind folgende Fragen zu klären:

a) Was genau wollen wir als Zielgröße einer „positiven Entwicklung" eines Fonds definieren?

b) Auf welchen zukünftigen Zeithorizont soll sich (bzw. „kann sich" realistischer Weise) die gesuchte Indikation beziehen?

c) Was kann realistischer Weise überhaupt von einem Indikations-Ansatz rein auf Basis technischer Daten erwartet werden?

Ad a)
Die fynup-ratio versucht, zwei verschiedene Zielgrößen zu optimieren. Dazu werden zwei verschiedene Typen von Anlegern ins Visier genommen. Ein eher risikoscheuer Anleger wird mit seinen Investments eine mit hoher Konstanz deutlich positive Performance anstreben. Ein risiko-bereiter Anleger nimmt größere Schwankungen in der Performance-Entwicklung in Kauf, in der Hoffnung auf mögliche signifikant höhere Kursentwicklungen (verbunden aber auch mit der Möglichkeit etwaiger höherer Kursverluste.

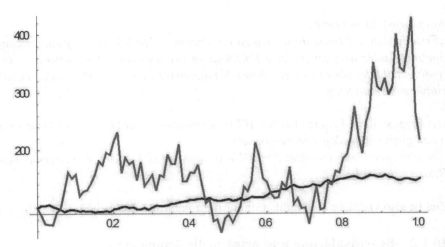

Abbildung 10.1: hochvolatile Entwicklung (blau) vs. gleichmäßige niedrig-volatile Entwicklung (rot)

Ein risiko-scheuer Anleger wird somit wahrscheinlich eher an einem Produkt, das eine Entwicklung verspricht wie sie in Abbildung 10.1 als roter Graph dargestellt ist, interessiert sein, als an einem Produkt mit einer typischen Entwicklung wie sie der blaue Graph in Abbildung 10.1 darstellt.

Ein risikobereiterer Anleger (der eventuell auch aktiver in den Handel mit dem jeweiligen Produkt involviert sein möchte und zum Beispiel „gute Einstiegs-Zeitpunkte" bzw. „gute Verkaufs-Zeitpunkte" nutzen möchte) sieht wahrscheinlich mehr und intensivere Chancen bei einer Investition in das „blaue Produkt" aus Abbildung 10.1.

Wir definieren im Folgenden dementsprechend daher zwei Zielgrößen, nämlich die für den (noch zu definierenden) Indikationszeitraum „erwartete Rendite" des jeweiligen Fondsprodukts (für den risiko-bereiten Investor) bzw. die für den Indikationszeitraum „erwartete (modifizierte) Sharpe-Ratio" (für den risiko-scheuen Investor).

Die Sharpe-Ratio ist (in ihrer ursprünglichen Form) das Verhältnis von Überrendite des betrachteten Finanzprodukts gegenüber dem momentanen risikolosen Zinssatz zur Volatilität (Standardabweichung der Renditen) des Produkts. Über die Art der Modifikation dieser Sharpe-Ratio in der vorliegenden Anwendung sowie über die einzelnen Parameter und deren Bestimmung geben wir weiter unten explizit Auskunft.

Ad b)
Natürlich wäre eine verlässliche Indikation einer zukünftigen Performance-Entwicklung bis zu einem möglichst weit in der Zukunft liegenden Zeitpunkt wün-

schenswert. Diesem Wunsch stehen allerdings einige unumstößliche Fakten entgegen. Wir wollen hier nur zwei Argumente gegen die Möglichkeit einer langfristigen
„überdurchschnittlich guten" Indikation geben:

- Für langfristige Indikationen müssten Erfahrungswerte herangezogen werden, die entsprechend weit zurück in die Vergangenheit reichen („Inwieweit
  waren langfristige Indikationen in der Vergangenheit auf Basis welcher Herangehensweisen möglich und erfolgreich?")

  Dafür ist aber das vorhandene historische Datenmaterial nicht ausreichend
  vorhanden. Wir weisen dazu auf die oben angeführte Tabelle der Laufzeiten
  in unserem Fonds-Universum hin: Von den insgesamt 33.030 zur Verfügung
  stehenden Fonds haben nur 1.334 eine Laufzeit von mehr als 20 Jahren. Für
  wirklich längerfristige Analysen steht damit kein ausreichendes Datenmaterial zur Verfügung.

- Wir beziehen uns in unseren Analysen nur auf vorhandene technische histo-
  rische Performance-Daten. Insbesondere können in unsere Analysen keiner-
  lei Änderungen in der Struktur des Fonds-Managements oder massive Ände-
  rungen in der Investment-Philosophie eines Fonds mit einbezogen werden.
  Über kürzere Zeitperioden kann in größerem Maße von einer doch gewissen
  Beständigkeit in Hinblick auf das Fonds-Management und die Investment-
  Philosophie – und damit von einer größeren Aussagekraft rein technischer
  Daten – ausgegangen werden als über längere Zeitbereiche hinweg.

Ad c)
Wir werden diese Frage – auch nach Durchführung unserer Analysen – nicht explizit in absoluten Maßzahlen beantworten können, wir werden sie nur in Relation
zu sonstigen „intuitiven", „durchschnittlichen" Indikations-Ansätzen bewerten und
zeigen, dass die sich in unserer Analyse ergebenden „optimierten" Indikationsan-
sätze in der Vergangenheit stabil und signifikant um einen bestimmten Prozentsatz
besser als durchschnittliche Indikations-Ansätze waren.

Jedem am Finanzmarkt Tätigen ist klar, dass es keine definitive Möglichkeit gibt,
exakte Voraussagen über die zukünftigen Entwicklungen von risikobehafteten Finanzprodukten zu treffen. Es wird aber möglich sein, systematische Indikationsme-
thoden zu definieren, die zumindest in der Vergangenheit stabil bessere Prognose-
Resultate geliefert hätten als durchschnittliche intuitive Herangehensweisen auf
Basis der selben Modellannahmen. Ziel dieser Analyse und der parallel entwickelten Software ist es, die in diesem Sinn „besten" (rein auf den technischen Daten
beruhenden) Prognosemethoden zu identifizieren und zur Verfügung zu stellen.

10.1.3   Technische Vorbereitungen

Der eigentlichen Analyse-Arbeit voraus geht eine Vorbereitung der vorhandenen
technischen Daten. Aus den vorhandenen Jahresrenditen können verschiedenste
weitere technische Daten (auf Jahresbasis) errechnet werden, wie zum Beispiel
1-Jahres-, 2-Jahres-, 3-Jahres-, ... all-time-Performances der einzelnen Fonds, 2-
Jahres-, 3-Jahres-, ... all-time-Volatilitäten der einzelnen Fonds, 2-Jahres-, 3-Jahres-
, all-time Sharpe-Ratios der einzelnen Fonds, maximal Drawdowns der einzelnen
Fonds, Sortino-Ratios der einzelnen Fonds, Kursentwicklungen in speziellen kritischen Zeitbereichen und vieles mehr. Die Jahresrenditen der Fonds enthalten somit
alle Informationen, die wir für die Arbeit mit historischen technischen Daten benötigen.

Wie wir oben beschrieben haben, werden wir versuchen, diejenigen Fonds zu identifizieren, für die – auf Basis der zur Verfügung stehenden technischen Daten – für
die kommenden fünf Jahre eine hohe erwartete Rendite (im Fall risiko-bereiter Anleger) bzw. eine hohe erwartete (modifizierte) Sharpe-Ratio prognostiziert werden
kann.

Wir werden uns im Folgenden auf die Beschreibung der expliziten Vorgangsweise
für die Zielfunktion „erwartete (modifizierte) Sharpe Ratio" beschränken. Im Fall
der Zielfunktion „erwartete Rendite" wird völlig analog vorgegangen.

Wir verwenden in den folgenden Untersuchungen eine in folgender Weise modifizierte Sharpe-Ratio: Die herkömmliche Sharpe-Ratio eines Finanzprodukts für
einen Zeitraum von n Jahren ist ja durch die Größe $\frac{r-r_d}{\sigma}$ gegeben, wobei r die
Rendite per anno des Produkts im Lauf der n Jahre bezeichnet, r_d bezeichnet den
momentanen risikolosen Zinssatz (per anno) und σ bezeichnet die aus den Jahresrenditen berechnete Volatilität (Standardabweichung der Renditen) per anno. In
den konkret mit den Performance-Daten bis 2018 durchgeführten Auswertungen
wurde für den risikolosen Zinssatz r_d der Wert 0 gesetzt.

Eine Problematik die bei der Verwendung der Sharpe-Ratio besteht liegt darin:
Sobald ein Finanzprodukt im wesentlichen konstante Renditen aufzuweisen hat
(wie das etwa bei Anleihen annähernd der Fall ist), die Volatilität des Produktes
also nahe bei 0 liegt, hat die Sharpe-Ratio praktisch unabhängig von der (vorausgesetzt positiven) Überrendite $r - r_d$ einen sehr hohen Wert (im Nenner steht ein
Wert sehr nahe an Null!). Die Aussagekraft der Sharpe-Ratio nimmt in diesem Fall
also stark ab (Zum Beispiel hat ein Produkt A mit einer Rendite von 1% bei einer
Volatilität von 0.1% genauso eine Sharpe-Ratio von 10 wie ein Produkt B mit einer Rendite von 100% bei einer Volatilität von 10%. In Abbildung 10.2 sehen wir
zwei typische Entwicklungspfade von zwei Produkten mit solchen Parameterwahlen (Produkt A rot, Produkt B blau).)

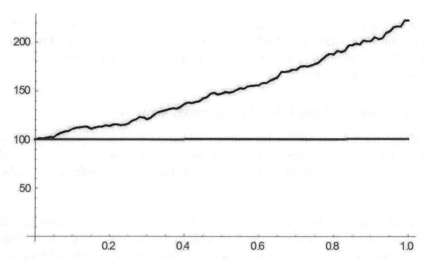

Abbildung 10.2: Zwei Produktentwicklungen mit annähernd gleicher Sharpe-Ratio

In der von uns verwendeten modifizierten Sharpe-Ratio wird der Nenner (die Volatilität) nach unten hin durch den Wert von 3% beschränkt und die modifizierte Sharpe-Ratio lautet: $\frac{r-r_d}{\max(\sigma,3)}$.

Nach dieser Definition hat das Produkt A eine modifizierte Sharpe-Ratio von $\frac{1-0}{\max(0.1,3)} = \frac{1}{3}$ während das Produkt B nach wie vor eine modifizierte Sharpe-Ratio von 10 aufzuweisen hätte. Das Produkt A wäre nun in Hinblick auf die modifizierte Sharpe-Ratio mit einem Produkt C mit Volatilität 10% und Rendite 3.3% vergleichbar (siehe Abbildung 10.3, Produkt C in Grün).

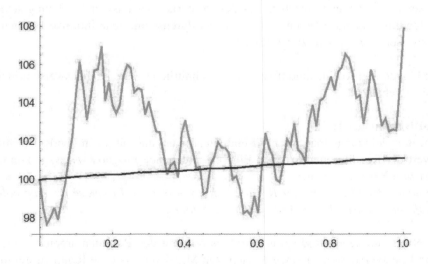

Abbildung 10.3: Zwei Produktentwicklungen mit annähernd gleicher modifizierter Sharpe-Ratio

In einem ersten Schritt werden nun für alle Produkte alle oben genannten Größen
(Mehr-Jahres-Performances, Mehr-Jahres-Volatilitäten, modifizierte Mehr-Jahres-
Sharpe-Ratios, Maximal Drawdowns, ...) berechnet und stehen für alle weiteren
Analysen zur Verfügung.

10.1.4   Eine mögliche intuitive Herangehensweise

Die Frage, die wir uns nun stellen müssen, lautet:
*„Welcher dieser Performance-Parameter aus der vergangenen Entwicklung des
Fonds trägt wie stark zu einer positiven Entwicklung des Fonds in der Zukunft
bei?"*

Natürlich – wir wiederholen uns – auch die Gesamtheit aller technischen Daten kann niemals die weitere Entwicklung eines Fonds vollständig determinieren.
Aber es ist andererseits doch intuitiv relativ offensichtlich, dass gewisse historische
technische Daten relevanter für eine Einschätzung der weiteren Entwicklung eines
Fonds sein werden als andere.

Aller Voraussicht nach sagt – zum Beispiel – im Durchschnitt über alle Fonds gesehen die erzielte per anno Rendite des Fonds im Lauf der vergangenen drei Jahre
mehr über zukünftige Entwicklungen und Chancen aus, als etwa die Volatilität der
Fondsentwicklung im Zeitraum von 1997 bis 2000.

Also: Möglicher Weise steckt nur sehr wenig Prognose-Potential für zukünftige
Entwicklungen in den vorhandenen technischen Daten (wir werden im Folgenden
gar nicht entscheiden können, wieviel Prognose-Potential tatsächlich vorhanden
ist), aber wir können versuchen, aus dem Material, das uns zur Verfügung steht,
das Optimum herauszuholen und zumindest durchschnittliche intuitive Herangehensweisen nachweisbar zu verbessern.

Wie könnte nun so eine „intuitive", „durchschnittliche" Herangehensweise prinzipiell aussehen?

intuitiver Ansatz 1:
Zum Beispiel könnte man nur mit Renditen arbeiten und für jeden Fonds den Mittelwert der Renditen heranziehen. Eine entsprechende Prognose-Aussage könnte
dann zum Beispiel lauten:
*„Je höher der Mittelwert der Renditen, desto besser die Prognose für eine hohe
modifizierte Sharpe-Ratio für die nächsten 5 Jahre."*

Ein etwas subtilerer Ansatz, der ebenfalls rein mit den Renditen arbeitet, würde
darin bestehen, dass man einen gewichteten Mittelwert über die Renditen nimmt,
bei dem Renditen näher liegender Jahre stärker gewichtet werden als Renditen weiter zurückliegender Jahre. Ein Beispiel für so eine Gewichtung wäre zum Beispiel:

intuitiver Ansatz 2:
Wenn wir mit r_{-1} die Rendite des letzten Jahres, mit r_{-2} die Rendite des vorletzten Jahres usw. und mit r_{-n} die Rendite des ersten Jahres in dem der Fonds aufgelegt wurde, bezeichnen, dann könnte etwa in folgender Form gemittelt werden:

$$\frac{1}{2} \cdot r_{-1} + \frac{1}{2^2} \cdot r_{-2} + \frac{1}{2^3} \cdot r_{-3} + \ldots + \frac{1}{2^i} \cdot r_{-i} + \ldots + \frac{1}{2^{n-1}} \cdot r_{-(n-1)} + \frac{1}{2^{n-1}} \cdot r_{-n}$$

Bei dieser Gewichtung (das Gewicht $\frac{1}{2^{n-1}}$ für die Rendite r_{-n} ist bewusst so gewählt) ist die Summe der Gewichte wieder gleich 1 (was bessere Vergleichbarkeit gewährleistet). Und die entsprechende Prognose-Aussage könnte wiederum lauten: *„Je höher dieser gewichtete Mittelwert der Renditen, desto besser die Prognose für eine hohe modifizierte Sharpe-Ratio für die nächsten 5 Jahre."*

In einer anderen Herangehensweise könnte man mit einigen der oben bereitgestellten Performance-Zahlen (Mehr-Jahres-Performances, Mehr-Jahres-Volatilitäten, modifizierte Mehr-Jahres-Sharpe-Ratios, Maximal Drawdowns, . . .) arbeiten. Zum Beispiel könnte man wie folgt vorgehen:

intuitiver Ansatz 3:
Man könnte etwa die Performance der letzten 3, 5 und 10 Jahre, die all-time Sharpe-Ratio und den maximal Drawdown heranziehen. Wir bezeichnen diese fünf technischen Größen mit $K_1, K_2, \ldots, K_5$ und wollen wieder einen gewichteten Mittelwert dieser Größen als „Prognose-Kennzahl" heranziehen. Allerdings müssen wir hierbei aufpassen: Der maximal Drawdown ist eine negative Größe (je größer dieser maximal Drawdown ist, umso schlechter ist dies für eine Fondsentwicklung im Gegensatz etwa zur Rendite, einer Mehr-Jahres-Performance oder einer Mehr-Jahres-Sharpe-Ratio). Wir sollten daher sinnvoller Weise nicht eine Gewichtung der Form $a_1 \cdot K_1 + a_2 \cdot K_2 + a_3 \cdot K_3 + a_4 \cdot K_4 + a_5 \cdot K_5$ mit positiven Gewichten $a_1, a_2, \ldots, a_5$ heranziehen, sondern zum Beispiel eine Gewichtung der Form $a_1 \cdot K_1 + a_2 \cdot K_2 + a_3 \cdot K_3 + a_4 \cdot K_4 - a_5 \cdot K_5$ mit positiven Gewichten $a_1, a_2, \ldots, a_5$, deren Summe wieder gleich 1 sein sollte. Hier wird dann ein großer maximal Drawdown negativ bewertet. Die entsprechende Prognose-Aussage könnte wiederum lauten:
„Je höher dieser gewichtete Mittelwert der fünf technischen Parameter, desto besser die Prognose für eine hohe modifizierte Sharpe-Ratio für die nächsten 5 Jahre."

Bei dem letzten Ansatz stellen sich gleich zwei Fragen: Wie ist die Auswahl der technischen Größen am besten zu treffen und welche Gewichte $a_1, a_2, \ldots, a_5$ stellen die beste Wahl dar?

Wäre es – um zumindest die erste dieser Fragen zu umgehen – nicht einfach naheliegend alle der zur Verfügung stehenden technischen Parameter heranzuziehen?

Die Antwort lautet „Nein"!

Zwischen vielen der Kennzahlen, der technischen Parameter, bestehen Abhängigkeiten bzw. Redundanzen. Die Verwendung zu vieler voneinander abhängiger Kennzahlen ist überflüssig und schwächt die Aussagekraft der Methode.

Ganz offensichtliche Beispiele für Abhängigkeiten oder Redundanzen sind etwa die gleichzeitige Berücksichtigung von *3-Jahres-Rendite und 3-Jahres-Vola und 3-Jahres-Sharpe-Ratio* (die letzte dieser Kennzahlen ist im Wesentlichen gerade der Quotient der ersten und der zweiten Kennzahl), oder die gleichzeitige Berücksichtigung von *7-Jahres-Performance und 8-Jahres-Performance* und *9-Jahres-Performance* (die Kennzahl *8-Jahres-Performance* liefert kaum wesentliche Zusatz-Information, wenn bereits *7-Jahres- und 9-Jahres-Performance* in die Analyse einbezogen sind).

Es ist also eine Vielzahl mehr oder weniger plausibler möglicher intuitiver Ansätze zur Bestimmung einer „Prognose-Maßzahl" denkbar. Aber „wie gut" sind diese Ansätze und wie lässt sich die Güte der Ansätze „messen" und vor allem, welcher ist „der Beste" dieser Ansätze?

10.1.5 Das Prinzip des fynup-ratio Ansatzes: Bestimmung der Gewichte, schematisch

Wir stellen im Folgenden die erste Version der fynup-ratio vor. Verbesserte Varianten sind in Entwicklung.

Das grundlegende Prinzip des fynup-ratio Ansatzes besteht im Versuch, das System die optimalen Gewichte zur Erstellung einer Prognose-Maßzahl aus historischen Entwicklungen selbständig „erlernen" zu lassen. Im Lauf der Zeit zusätzlich sich anhäufende Information soll laufend verarbeitet werden und zu einer stetigen Verbesserung der Methode führen.

Schematisch skizziert soll dabei in etwa so vorgegangen werden (die detaillierte Beschreibung folgt in den anschließenden Abschnitten): Auf Basis umfangreicher Tests wird eine Kombination von 7 Kennzahlen als effizienteste Auswahl (in Hinblick auf Prognose-Relevanz einerseits und in Hinblick auf Unabhängigkeit und geringe Redundanz andererseits) identifiziert.

Diese Kombination von sieben Kennzahlen auf die die folgenden Optimierungen aufbauen sind:
$K_1 = 5$-Jahres-Rendite, $K_2 = 10$-Jahres-Rendite, $K_3 =$ All-time-Rendite
$K_4 = 5$-Jahres-Sharpe-Ratio, $K_5 = 10$-Jahres-Sharpe-Ratio, $K_6 =$ All-time-Sharpe-Ratio, $K_7 =$ (tatsächliche) bisherige Laufzeit des Fonds.

Es sind dies alles positive Kennzahlen, wir können uns also im Folgenden jeweils auf positive Gewichte $a_1, a_2, \ldots, a_7$ beschränken. (In neueren Entwicklungs-Varianten wird auch der Maximal Drawdown in die Analysen mit einbezogen.)

Ein erster Einwand könnte hier lauten: Manche dieser Werte sind für viele (kürzer bestehende) Fonds eventuell nicht vorhanden. Dieser berechtigte Einwand wird später behandelt.

Diese Kennzahlen werden allerdings vor der weiteren Verwendung einer geeigneten Normierung unterzogen, so dass sie Werte zwischen 0 (schlechtester Wert) und 100 (bester Wert) annehmen können (Details dazu später).

Nun startet **Phase 1** die **Bestimmung optimaler Gewichte**:

Wir starten mit einer schematischen Beschreibung der Vorgangsweise zur Bestimmung der Gewichte (die technisch exakte Erläuterung folgt im Anschluss)!

Im (in natürlich in keiner Weise realistischen) Idealfall wäre die Zielgröße „modifizierte Sharpe-Ratio in den nächsten 5 Jahren (mSR)" eine (lineare) Funktion der Größen $K_1, K_2, \ldots, K_7$ aus den vorhergehenden Jahren, also für **jeden** Fonds F würde dann gelten

$$mSR(F) = a_1 \cdot K_1(F) + a_2 \cdot K_2(F) + a_3 \cdot K_3(F) + \ldots + a_6 \cdot K_6(F) + a_7 \cdot K_7(F)$$

mit geeigneten (sinnvoller Weise positiven) fixen Gewichten $a_1, a_2, \ldots, a_7$. (Hier bezeichnen wir für einen gegebenen Fonds F aus unserem Universum mit $mSR(F)$ die gesuchte Zielgröße „modifizierte Sharpe-Ratio" für diesen Fonds und mit $K_i(F)$ den Wert des Parameters K_i für diesen Fonds.)

Dies ist, wie gesagt, natürlich nicht der Fall! Aber man könnte versuchen, die Gewichte $a_1, a_2, \ldots, a_7$ so zu bestimmen, dass diese Gleichheit für möglichst viele Fonds annähernd möglichst gut erfüllt ist.

Wenn wir mit $F_1, F_2, \ldots, F_N$ alle Fonds unseres Fonds-Universums bezeichnen, dann sollte der Vektor

$$\begin{pmatrix} mSR(F_1) \\ \vdots \\ mSR(F_n) \end{pmatrix}$$

im n-dimensionalen Raum also möglichst nahe am Vektor

$$\begin{pmatrix} a_1 \cdot K_1(F_1) + a_2 \cdot K_2(F_1) + a_3 \cdot K_3(F_1) + \ldots + a_6 \cdot K_6(F_1) + a_7 \cdot K_7(F_1) \\ \vdots \\ a_1 \cdot K_1(F_N) + a_2 \cdot K_2(F_N) + a_3 \cdot K_3(F_N) + \ldots + a_6 \cdot K_6(F_N) + a_7 \cdot K_7(F_N) \end{pmatrix}$$

liegen. Den Abstand (AB) dieser Vektoren messen wir mit dem Quadrat des üblichen euklidischen Abstands zweier Vektoren, also mit

$$AB = \sum_{i=1}^{N} \left(mSR(F_i) - (a_1 \cdot K_1(F_i) + a_2 \cdot K_2(F_i) + \ldots + \right.$$

$$\left. + a_6 \cdot K_6(F_i) + a_7 \cdot K_7(F_i)) \right)^2 .$$

Und nun versuchen wir, die Gewichte $a_1, a_2, \ldots, a_7$ so zu bestimmen, dass dieser Abstand AB minimal wird. Dabei beschränken wir uns auf positive Gewichte
$a_1, a_2, \ldots, a_7$.

Das ist die prinzipielle, schematisch erläuterte Vorgangsweise. Nun erst gehen wir
ins technische Detail, da hier erstens noch einige offene Fragen zu klären sind bzw.
technisch in etwas anderer Weise vorgegangen werden muss.

10.1.6   Das Prinzip des fynup-ratio Ansatzes: Bestimmung der Ge- wichte, technische Details

Technisches Detail 1:
Die erste wesentliche Frage, wenn es um die Details der Bestimmung der Gewichte
geht, ist die Folgende:
Aus Sicht welchen Zeitpunktes werden die Daten $mSR(F)$ und $K_1(F), K_2(F)$,
$K_3(F), \ldots, K_6(F), K_7(F)$ genommen um daraus die Gewichte $a_1, a_2, \ldots, a_7$ zu
gewinnen?

Nun, der späteste (am nächsten liegende) Zeitpunkt, den wir (aus Sicht des Früh-
jahrs 2019) wählen konnten, war der Jahresbeginn 2014. Denn mit Hilfe der Fonds-
Jahresrenditen von 2014, 2015, 2016, 2017 und 2018 kann im Frühjahr 2019 der
Wert „modifizierte Sharpe-Ratio für die kommenden 5 Jahre 2014 – 2018" aus
Sicht von 2014 berechnet werden.

Die Werte $K_1(F), K_2(F), K_3(F), \ldots, K_6(F), K_7(F)$ beziehen sich dabei auf die
historischen Daten aus Sicht des Jahresbeginns 2014, also basierend auf den Jahresrenditen der Jahre 2013, 2012, ... bis zum Auflagejahr jedes einzelnen Fonds.

Zur Bestimmung der Gewichte $a_1, a_2, \ldots, a_7$ mittels dieser Vorgangsweise ist daher aber unbedingt notwendig, dass für die Fonds, die zur Gewichtsbestimmung
herangezogen werden, die Größen $mSR(F)$ und $K_1(F), K_2(F), K_3(F), \ldots$,
$K_6(F), K_7(F)$ aus Sicht des Jahres 2014 auch tatsächlich existieren! Es können
also nur Fonds zur Gewichtsbestimmung herangezogen werden, die bereits im Jahr
2014 eine Laufzeit von mindestens 10 Jahren aufzuweisen hatten, die also spätestens Anfang 2004 schon gehandelt wurden.

Wie wir der früheren Tabelle mit den Laufzeiten entnehmen können, waren dies $M_{2004} = 5139$ Fonds. Wenn wir diese Fonds mit $F_1, F_2, \ldots, F_{M_{2004}}$ bezeichnen und nur diese Fonds zur Bestimmung der Gewichte heranziehen, so ist also tatsächlich der Abstand

$$
AB_{2004} \ := \ \sum_{i=1}^{M_{2004}} \left(mSR(F_i) - (a_1 \cdot K_1(F_i) + a_2 \cdot K_2(F_i) + \right.
$$
$$
\left. + \ldots + a_6 \cdot K_6(F_i) + a_7 \cdot K_7(F_i)) \right)^2
$$

zu minimieren.

Wir bestimmen also positive Werte $a_1, a_2, \ldots, a_7$ so, dass der Wert AB_{2004} minimal (oder zumindest annähernd minimal) wird und erhalten damit ein Set von „guten" Gewichten $a_1, a_2, \ldots, a_7$.

Technisches Detail 2:
Bei der Bestimmung von guten Gewichten $a_1, a_2, \ldots, a_7$ wollen wir uns nun allerdings nicht auf den einzigen Zeitbereich 2104 – 2018 als Testperiode beschränken. Es könnte ja sein, dass dieser Zeitbereich gerade ein untypisches Gewichtsset liefert. Daher führen wir diese Vorgangsweise ganz analog aus Sicht des Jahresbeginns 2013, sowie des Jahresbeginns 2012, sowie von 2011, 2010, 2009 und 2008 durch.

Je weiter zurück die Periode liegt, umso weniger Fonds stehen allerdings zur Bestimmung der optimalen Gewichte zur Verfügung. Für die Periode aus Sicht von Jahresbeginn 2013 standen noch 4477 Fonds, aus Sicht von 2012 noch 3824, aus Sicht von 2011 noch 3048, aus Sicht von 2010 noch 2337, aus Sicht von 2009 noch 1769 und aus Sicht von 2008 noch 1334 Fonds zur Verfügung.

Ein weiteres Zurückgehen in die Vergangenheit hätte somit kaum mehr repräsentative Ergebnisse liefern können.

Wir erhalten für jede dieser Perioden ein Set von optimalen Gewichten $a_1, a_2, \ldots, a_7$, mit denen wir im Weiteren arbeiten werden.

Tatsächlich verwenden wir für die ersten zwei (am weitesten zurückliegenden) Perioden die 10 besten Gewichts-Sets, (also die 10 Gewichts-Sets die bei der Monte Carlo-Simulation zur näherungsweisen Bestimmung der optimalen Gewichte, die wir später noch genauer erläutern werden, die besten Werte liefern) für die nächsten vier Perioden jeweils die besten 15 Gewichts-Sets und für die aktuellste Periode die besten 20 Gewichts-Sets, also wir bestimmen insgesamt 100 Gewichts-Sets für die spätere Bewertung.

Es hat sich bei dieser Vorgangsweise allerdings herausgestellt, dass die Gewichts-Sets, die für eine Periode gute Werte geliefert hatten, fast durchwegs auch für die anderen Zeitperioden sehr gute Werte (also sehr kleine Werte für AB) geliefert haben.

Technisches Detail 3:
Tatsächlich wird in der obigen Beschreibung der Minimierung von

$$AB_{2004} \quad := \quad \sum_{i=1}^{M} \left(mSR(F_i) - (a_1 \cdot K_1(F_i) + a_2 \cdot K_2(F_i) + \right.$$
$$\left. + \ldots + a_6 \cdot K_6(F_i) + a_7 \cdot K_7(F_i)) \right)^2$$

(und genauso für die Minimierung aller anderen Werte AB für die anderen Zeitperioden) nicht mit den absoluten Werten $mSR(F_i)$ bzw. $K_l(F_i)$ gearbeitet, sondern die Werte werden in einem vorhergehenden Schritt auf die folgende Weise normiert, um vergleichbar zu sein:

Zuerst wird für jeden der jeweils relevanten (Laufzeit mindestens ab 2004) Fonds F der Wert $mSR(F)$ bestimmt (also die modifizierte Sharpe-Ratio für 2014 – 2018). Bezeichnen wir mit min den kleinsten und mit max den größten dieser Werte. Dann wird jedem Fonds F der Wert $\widetilde{mSR(F)} := 100 \cdot \frac{mSR(F) - \min}{\max - \min}$ zugeordnet. Der Fonds mit der kleinsten modifizieren Sharpe-Ratio erhält damit den Wert 0, der Fonds mit der größten Sharpe-Ratio erhält den Wert 100.

Ganz analog werden für jeden Fonds F die Werte $K_l(F)$ auf Werte $\widetilde{K_l(F)}$ zwischen 0 und 100 normiert.

Ziel ist es dann schließlich, die Größe

$$\widetilde{AB} \quad := \quad \sum_{k=1}^{M} \left(\widetilde{mSR(F_k)} - (a_1 \cdot \widetilde{K_1(F_k)} + a_2 \cdot \widetilde{K_2(F_k)} + \right.$$
$$\left. + \ldots + a_6 \cdot \widetilde{K_6(F_k)} + a_7 \cdot \widetilde{K_7(F_k)}) \right)^2$$

für jede der betrachteten Perioden zu minimieren. Dabei können wir uns auf Gewichte $a_1 a_2, \ldots, a_7$ beschränken, die positiv sind und deren Summe den Wert 1 ergibt.

10.1.7 Die Durchführung der Optimierung mit Hilfe einer Monte Carlo-Methode

Die Aufgabe zur Bestimmung der „besten Gewichte" $a_1, a_2, \ldots, a_7$ lautet also: Für jede der relevanten Zeit-Perioden finde positive Werte $a_1, a_2, \ldots, a_7$ mit $a_1 +$

$a_2 + \ldots + a_7 = 1$ so, dass

$$\widetilde{AB} \; := \; \sum_{k=1}^{M} \Big(m\widetilde{SR(F_k)} - (a_1 \cdot \widetilde{K_1(F_k)} + a_2 \cdot \widetilde{K_2(F_k)} +$$
$$+ \ldots + a_6 \cdot \widetilde{K_6(F_k)} + a_7 \cdot \widetilde{K_7(F_k)}) \Big)^2$$

minimal wird.

Dieses Problem könnte mittels quadratischer Optimierung behandelt werden, wir wählen aber einen (flexibleren) numerischen Zugang über eine Monte Carlo-Simulation.

Dazu wird bei jedem Optimierungsvorgang eine unabhängige Stichprobe von 1.000.000 gleichverteilten 7-Tupeln $x_1, x_2, \ldots, x_7$ von Zufallszahlen im Bereich zwischen 0 und 1 erzeugt.

Mittels $y_i := \frac{x_i}{x_1 + x_2 + \ldots + x_7}$ erhält man dann 1.000.000 Zufalls-Szenarien $y_1, y_2,$ $\ldots, y_7$ von positiven Zufallswerten y_i mit $y_1 + y_2 + \ldots + y_7 = 1$.

Für jedes dieser 1.000.000 Szenarien $y_1, y_2, \ldots, y_7$ wird der Wert

$$\widetilde{AB} \; := \; \sum_{k=1}^{M} \Big(m\widetilde{SR(F_k)} - (y_1 \cdot \widetilde{K_1(F_k)} + y_2 \cdot \widetilde{K_2(F_k)} +$$
$$+ \ldots + y_6 \cdot \widetilde{K_6(F_k)} + y_7 \cdot \widetilde{K_7(F_k)}) \Big)^2$$

berechnet. Im (völlig unrealistischen) Idealfall wäre dieser „Prognosefehler" für eine Wahl der Gewichte $y_1, y_2, \ldots, y_7$ gleich 0.

Zur besseren Vergleichbarkeit bestimmen wir den Durchschnittswert D über alle diese Prognosefehler und betrachten die einzelnen Prognosefehler $\widetilde{AB}$ in Relation zum durchschnittlichen Fehler D, also wir betrachten $100 \cdot \frac{\widetilde{AB}}{D}$ (den jeweiligen Prognosefehler in Prozent des durchschnittlichen Fehlers). Dem durchschnittlichen Fehler D wird dadurch der Vergleichswert 100 zugeordnet. Tragen wir die dabei auftretenden Werte in geeigneter Form in ein Häufigkeitsdiagramm ein, dann erhalten wir typischer Weise eine Grafik der folgenden Form:

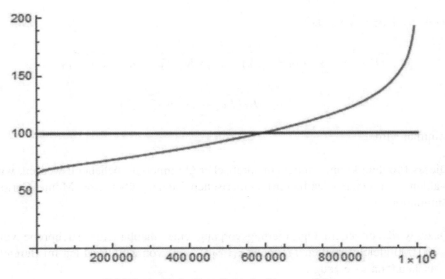

Abbildung 10.4: Verteilung der Prognosefehler

In der Grafik ist ersichtlich, dass der kleinste Prognosefehler circa einen Wert von 65% des durchschnittlichen Prognosefehlers beträgt. (Der durchschnittliche Fehler ist durch die rote Linie in Abbildung 10.4 markiert.) Der größte Prognosefehler liegt circa bei 200% des durchschnittlichen Prognosefehlers. Etwas mehr als die Hälfte der Gewichtsauswahlen führen zu einem unterdurchschnittlichen Prognosefehler.

Für die nachfolgende Fondsbewertung wählen wir diejenigen (10, 15 oder 20 je nach Zeitperiode) Sets von Gewichtsauswahlen, für die wir die kleinsten Prognosefehler erhalten.

10.1.8   Adaptierung der Gewichtsauswahl

Bei der oben beschriebenen Durchführung der Optimierung der Gewichte zeigt sich Folgendes: Die optimalen Gewichts-Sets zeigen praktisch durchwegs eine starke Gewichtung der kurzfristigsten Parameter, also der historischen 5-Jahres-rendite und der historischen 5-Jahres-Sharpe-Ratio.
Die längerfristigen Parameter und auch der Parameter „bisherige Laufzeit" werden nur sehr schwach gewichtet.

Rein technisch ergibt sich dadurch also, dass für eine Indikation der zukünftigen Entwicklung eines Fonds vor allem die Performance in den letzten paar Jahren vor dem Indikations-Zeitpunkt relevant ist und dass länger zurückliegende Entwicklungen im Fonds nur wenig Einfluss auf die Indikation haben sollten. (Dies ist ein auch rational und fundamental durchaus nachvollziehbares Ergebnis: Weiter zurückliegende Fonds-Entwicklungen haben schon auch deshalb häufig nur noch wenig Einfluss auf zukünftige Entwicklungen, da sich mit höherer Wahrscheinlichkeit Änderungen im Fonds-Management und/oder in der Investment-Philosophie des Fonds ergeben haben.)

Diese Tatsache führt in der nachfolgenden Bewertung von Fonds (bzw. der nachfolgenden Indikations-Erstellung) gelegentlich zu – auf den ersten Blick – irritierenden Ergebnissen. So kann etwa ein Fonds mit einer sehr guten Entwicklung im Lauf der vergangenen 5 Jahre, aber mit einer sehr unterdurchschnittlichen Performance in den Jahren zuvor eine wesentlich bessere Indikation erhalten als ein Fonds der über viele Jahre eine gleichmäßig positive Entwicklung zeigt, die in den letzten fünf Jahren aber geringfügig weniger positiv ist als beim erstgenannten Fonds.

So würde zum Beispiel mit dieser ursprünglichen Gewichtskonstruktion der rote Fonds in Abbildung 10.5 eine eindeutig positivere Indikation erhalten als der grüne Fonds, da die Entwicklung des roten Fonds im Lauf der letzten 5 Jahre (10 – 15) wesentlich besser verlaufen ist als die des grünen Fonds. Die wesentlich positivere Entwicklung des grünen Fonds in den Jahren 0 bis 10 spielt hier weniger Rolle.

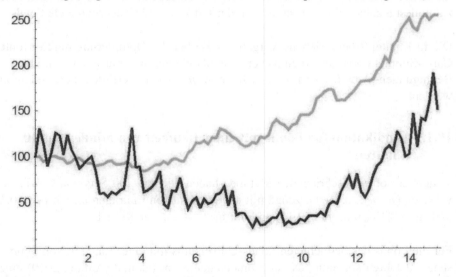

Abbildung 10.5: Zwei Beispielsentwicklungen (bessere ursprüngliche Indikation für den roten Fonds)

Im Bestreben längerfristige stabile Entwicklungen in der bisherigen Fonds-Performance (insbesondere auch in der Zeit der Finanzkrise der Jahre 2007 – 2009) stärker positiv zu berücksichtigen (dies auch in Hinblick auf eine konkrete Beratungstätigkeit bei einem Endkunden) wurde die Vorgangsweise bei der Bestimmung optimaler Gewichte in folgender Weise adaptiert:

Es wurden in der Monte Carlo Simulation nur solche Szenarien $y_1, y_2, \ldots, y_7$ getestet, bei denen y_7 (also das Gewicht der Gesamt-Laufzeit) einen Wert von mindestens 0.1 aufgewiesen hat und bei denen y_6 (das Gewicht der All-Time Sharpe-

Ratio) einen Wert von mindestens 0.15 aufgewiesen hat. (Im Fall des risiko-bereiten Investors wurde anstelle von y_6 für y_3, also für das Gewicht der All-Time-Rendite, die untere Schranke 0.15 gefordert.)

Natürlich könnte sich nun zeigen, dass bei dieser Einschränkung der Gewichte die Prognosefehler signifikant größer ausfallen als bei freier Wahl der Gewichte. Dies ist jedoch nicht der Fall. Es ist zwar durch die Einschränkung ein geringfügiger Qualitätsverlust der Prognosen (also geringfügig erhöhte Prognosefehler) gegeben, die Indikationsergebnisse sind aber praktisch annähernd gleich gut wie bei uneingeschränkter Optimierung. Der wesentliche Vorteil bei dieser Vorgangsweise ist aber, dass langfristige historische Stabilität von Fonds nun deutlich mehr positiven Einfluss auf die Indikation hat (bei nur geringfügig schlechterer Indikationsqualität). Dies führt in vielen Fällen auch zu intuitiv anschaulicheren Resultaten.

Darüber hinaus ist – wie wir weiter unten noch erläutern werden – diese Adaptierung der Gewichtsbestimmung auch notwendig, um auch für (wesentlich) kürzer laufende Fonds zumindest informell eine Art von Indikation geben zu können, die zumindest annähernd konsistent ist mit der Indikation für länger laufende Fonds.

Die in Kapitel 7 beschriebene Vorgangsweise bei der Optimierung durch Monte Carlo-Simulation ist also dahingehend zu adaptieren, dass nur Szenarien, die die Bedingungen $y_7 > 0.1$ und $y_6 > 0.15$ (bzw. $y_3 > 0.15$) erfüllen, berücksichtigt werden.

10.1.9 Indikation für Fonds mit einer Laufzeit von mindestens 10 Jahren

Mittels der oben beschriebenen Methode haben wir nun 100 Sets von Gewichtsvektoren $(y_1, y_2, \ldots, y_7)$ erzeugt, mit jeweils positiven Einträgen y_i, mit $y_7 > 0.1$ und $y_6 > 0.15$ (bzw. $y_3 > 0.15$) und mit $y_1 + y_2 + \ldots + y_7 = 1$.

Für die Fonds des betrachteten Fonds-Universums mit einer Laufzeit von mindestens 10 Jahren soll nun aus der momentanen Sicht (aktuell: Anfang 2019) eine Indikation für die Entwicklung in Hinblick auf die Zielgröße (modifizierte Sharpe-Ratio in den nächsten 5 Jahren) erstellt werden.

Dies geschieht, indem für alle zu bewertenden Fonds F die Größen $K_1(F)$, $K_2(F)$, $\ldots$, $K_7(F)$ (aus Sicht Anfang 2019) bestimmt werden. Dann werden im nächsten Schritt (so wie oben beschrieben) daraus die normierten Werte $\widetilde{K_l(F)}$ berechnet.

Für jeden der 100 Gewichtsvektoren $(y_1, y_2, \ldots, y_7)$ wird dann der Prognosewert $y_1 \cdot \widetilde{K_1(F_k)} + y_2 \cdot \widetilde{K_2(F_k)} + \ldots + y_6 \cdot \widetilde{K_6(F_k)} + y_7 \cdot \widetilde{K_7(F_k)}$ ermittelt. Es ist das jeweils ein Wert zwischen 0 und 100. Wir erhalten für jeden der 100 Gewichtsvektoren einen solchen Wert, und nehmen abschließend den Mittelwert über alle diese Werte.

Tatsächlich arbeiten wir hier aber nicht nur mit denjenigen Fonds die eine Laufzeit von mindestens 10 Jahren aufzuweisen haben. Es ist für die konkreten Anwendungen wünschenswert, für alle Fonds des Fonds-Universums, auch **für die kürzer laufenden Fonds**, zumindest eine **informelle Indikation** zur Hand zu haben. Dabei stellt sich aber die Frage, wie obiges Procedere durchgeführt werden soll, wenn keine 10-Jahres-Renditen und 10-Jahres-Sharpe-Ratios oder nicht einmal die entsprechenden 5-Jahres-Werte mangels ausreichender Daten berechnet werden können.

10.1.10 Informelle Indikation für Fonds mit einer Laufzeit von weniger als 10 Jahren

Um auch Fonds mit einer Laufzeit von weniger als 10 Jahren eine (dann aber nur informelle) Indikation zuweisen zu können, wird allen Fonds eine (künstliche) Historie von mindestens 15 Jahren zugeordnet. Dies betrifft auch Fonds die eine Laufzeit zwischen 10 und 14 Jahren haben.

Dabei wird so vorgegangen: Wie am Anfang dieses Kapitels festgestellt wurde, sind die 33.030 Fonds in 25 Sektoren eingeteilt. Für jeden Sektor und jedes der letzten 15 Jahre (2004 – 2018) wird die durchschnittliche Rendite der Fonds aus diesem Sektor im jeweiligen Jahr bestimmt. Für jeden Fonds der erst später als im Jahr 2004 aufgelegt wurde, wird für die Jahre 2004 bis zu seinem ersten vollständigen Handelsjahr die Renditen-Historie durch die durchschnittliche Rendite seines Sektors in diesem Jahr ergänzt.

Mittels dieser künstlich erweiterten Historie können dann für **alle** Fonds F alle Werte $K_1(F), K_2(F), \ldots, K_6(F)$ bestimmt werden. Der Wert $K_7(F)$ bleibt aber die **tatsächliche** bisherige Laufzeit des Fonds F.

Dadurch dass die Gewichte y_7 stets einen Wert von mindestens 0.1 haben, wird der bisherigen Laufzeit der Fonds damit doch eine maßgebliche Bedeutung im Bewertungsprozess zugestanden.

Die Vorgangsweise der Erweiterung der Renditen-Historie birgt noch einen weiteren Vorteil: Die all-time-Parameter (K_3 und K_6) interferieren dadurch nicht mit den 10-Jahres-Parametern, wie das sonst bei Fonds mit einer Laufzeit um die 10 Jahre der Fall wäre.

Die konkrete Vorgangsweise bei der Bewertung der Fonds des Fonds-Universums sieht nun so aus, wie in Paragraph 10.1.9 beschrieben, allerdings wird (so wie in Paragraph 10.1.10 beschrieben) mit allen Fonds und nicht nur mit den Fonds mit

Laufzeit von mindestens 10 Jahren gearbeitet.

10.1.11 Das konkrete Ergebnis und die Perzentil-Darstellung

Die oben im Detail beschriebene Vorgangsweise wird auf jeden Fall zu Beginn jedes neuen Jahres, sobald die Renditen des vergangenen Jahres vorhanden sind, upgedatet. Man erhält somit eine jeweils für ein Jahr gültige Indikations-Bewertung. Zusätzlich wird bei Bedarf (vor allem bei Aufnahme neuer Fonds ins Fonds-Universum) auch während des Jahres ein Update vorgenommen. Zu beachten ist: Durch die spezielle Form der Indikationsgewinnung betrifft ein Update, das etwa durch die Aufnahme weiterer Fonds ins Fonds-Universum durchgeführt werden soll, nicht nur die betroffenen neuen Fonds, sondern alle zu bewertenden Fonds des Universums.

Mittels der beschriebenen Vorgangsweise erhalten wir also eine Bewertung die allen Fonds des betrachteten Fonds-Universums eine Indikationszahl zwischen 0 und 100 zuordnet. Nur ein Fonds, der bei jeder der 7 betrachteten Kennzahlen $K_1 K_2, \ldots, K_7$ am besten von allen Fonds des betrachteten Universums abschneiden würde, würde die Indikationszahl 100 erhalten und nur ein Fonds, der bei jeder der 7 betrachteten Kennzahlen $K_1, K_2, \ldots, K_7$ am schlechtesten von allen Fonds des betrachteten Universums abschneiden würde, würde die Indikationszahl 0 erhalten.

Die Verteilung der Bewertungszahlen hatte auf Basis der Bewertung zu Jahresbeginn 2019 die folgende Form (Abbildung 10.6):

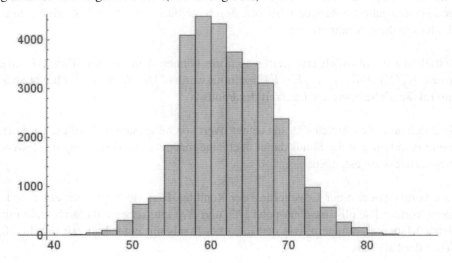

Abbildung 10.6: Verteilung der Indikationszahlen (Bewertung 2019)

Die Indikationszahlen reichen von 28.54 bis 81.85. Das Gros der Bewertungen liegt im Bereich von circa 55 bis circa 70.

Die beste Indikation erhielt bei diesem Bewertungsvorgang ein Fonds mit der ersten vorliegenden Jahresrendite im Jahr 2003, den einzelnen Jahresrenditen in Prozent in Höhe von 41.21, 9.57, 17.76, 12.48, -3.23, -33.26, 45.36, 26.96, 0.75, 16.14, 43.34, 31.68, 18.41, 16.34, 15.50, -0.73 von 2003 bis 2018, einer per anno Rendite seit Auflage von 14.33%, einer per anno Rendite in den letzten 10 Jahren von 20.47% und einer per anno Rendite in den letzten 5 Jahren von 25.36%. Die Entwicklung dieses Fonds in Prozent ist in Abbildung 10.7 zu sehen.

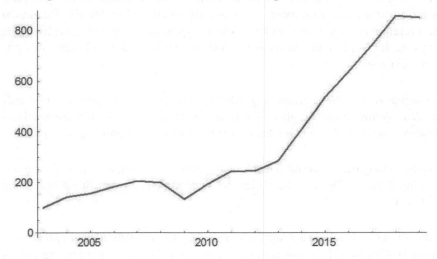

Abbildung 10.7: Kursentwicklung in Prozent des Fonds mit der besten Indikation der Bewertung im Jahr 2019

Die Indikation die mit dem fynup-ratio-Ansatz für Fonds bestimmt wird, bezieht sich stets auf die Stellung des Fonds im gesamten Fonds-Universum und ist keine Kennzahl mit einer absoluten, vom umgebenden Fonds-Universum unabhängigen, Aussagekraft!

Von der Aussagekraft her relevanter als die Indikationszahl ist daher das Ranglisten-Perzentil des Fonds im umgebenden Fonds-Universum. Zusätzlich zur absoluten Indikationszahl wird daher in unseren Auswertungen auch immer dieses Perzentil angegeben. Ein Perzentil von 20% eines Fonds F bedeutet dabei zum Beispiel: 20% der Fonds des bewerteten Fonds-Universums haben eine höhere Indikationszahl als der Fonds F und 80% der Fonds des bewerteten Fonds-Universums haben eine niedrigere Indikationszahl als der Fonds F.

10.1.12 Aussagekraft der Indikations-Ergebnisse, abschließende Diskussion

Völlig klar ist: Es ist **keine exakte Prognose zukünftiger Kursentwicklungen** (bzw. zukünftiger Erfolge von Fonds-Managern) rein aus der Analyse quantitativer historischer Daten **möglich**!

Was mittels des **fynup-ratio-Ansatzes versucht** wird, ist: Diejenige **Information**, die tatsächlich **in den vorhandenen technischen Daten** enthalten ist (auf Basis bestimmter Prämissen), **optimal zu nutzen**!

Die Prämissen (Zielgrößen, linearer Ansatz auf Basis einiger ausgewählter Kennzahlen, Vorgabe unterer Schranken für einzelne Gewichte, künstliche Erweiterung zu kurzer historischer Kursdaten, ...) sind diskutierbar. Werden die Prämissen nach sorgfältiger Diskussion jedoch als Arbeitshypothese akzeptiert, dann bestimmt das System selbst (durch Lernen aus der Analyse der historischen Daten) die optimalen Parameter.

Diskutierbar ist also die zugrundeliegende Modellierung, nicht aber die darauf aufbauenden Optimierungstechniken. Auf Basis der gewählten Modellierung wird tatsächlich die beste Wahl von Gewichten zur Indikations-Bewertung gefunden.

Die Entwicklung der fynup-ratio ist nicht abgeschlossen, sondern vielmehr ein dynamischer Prozess. Die hier beschriebene Version spiegelt den Stand von Ende 2019 wider.

Die resultierende Qualitätsaussage: *„Mittels der von uns gefundenen optimierten fynup-ratio-Gewichte kann auf Basis der gewählten Modellierung eine Verbesserung der Indikation von circa 35% gegenüber einer durchschnittlichen Indikations-Methode (auf Basis der gewählten Modellierung) erzielt werden“* ist eine relative Aussage im Vergleich mit anderen Indikationsansätzen, gibt aber keine Auskunft darüber, inwieweit dadurch tatsächlich eine zuverlässige Indikation zu erwarten ist.

Die fynup-ratio ist somit keine universelle Maßzahl für die Bewertung eines Fonds und kann keine zuverlässige Prognose für die weitere Entwicklung eines Fonds geben.

Aber: **Die fynup-ratio ist ein wissenschaftlich sorgfältig begründeter Ansatz zur optimalen Nutzung vorhandener technischer Daten auf Basis einer bestimmten Modellierung und somit ein weiterer wichtiger Mosaikstein in einem Investment-Entscheidungs-Prozess.**

10.2 Fall-Beispiel II: Churning-Gutachten

Im Folgenden geht es um ein Gerichtsverfahren in dem einem Finanzdienstleister sogenanntes „Churning" vorgeworfen wurde.

10.2.1 Erläuterung des Falles

Die US-Aufsichtsbehörde Commodity Futures Trading Commission (CFTC) etwa
definiert Churning wie folgt:

*„Allgemein wird Churning definiert als übermäßiges Handeln eines Kontos durch
den Broker, der Kontrolle über das Konto ausübt, zu dem Zweck Kommissionen zu
erzielen, ohne Rücksicht auf die Investition oder die Handelsziele des Kunden."*
*(Churning is generally defined as the excessive trading of an account by a broker
with control of the account, for the purpose of generating commissions, without
regard for the investment or trading objectives of the customer.)*

Es ist in diesem Kapitel nicht das Ziel, diesen Fall zur Gänze aufzurollen und
im Detail zu behandeln. Wir wollen uns nur mit einer ganz konkreten Teil-Frage-
stellung beschäftigen, die dem Autor als Gutachter in der Gerichtsverhandlung in
diesem Zusammenhang vom Gericht gestellt wurde.

Das Finanzdienstleistungsunternehmen, das wir im Folgenden XY nennen wollen,
hatte über mehrere Jahre hinweg (etwa von 2003 bis 2008) für Kunden eine Vielzahl (in circa 10.000 Handelsvorgängen insgesamt circa 200.000 Kontrakte) von
Optionen – und zwar vor allem Call-Optionen – auf US-Aktien gekauft.

Es waren dies zumeist Optionen mit einer Restlaufzeit von circa 3 Monaten bis 1
Jahr und mit einem Strike weit über dem momentanen Kurs des underlyings. Somit
waren diese Optionen meist weit aus dem Geld und damit verhältnismäßig billig.
Aus der Vielzahl von Handelsvorgängen greifen wir für die weitere Bearbeitung in
diesem Kapitel die folgenden 10 Handelsvorgänge heraus (alle Optionen sind Call-
Optionen, die Währungsangaben sind ausschließlich in Dollar, die Kontraktgrößen
betragen jeweils 100 Stück):

Underlying	Anzahl Kontrakte	Restlaufzeit in Tagen	Strike	Kurs des underlyings bei Handel	Preis der Option pro Stück	Spesen pro Kontrakt
AA	30	183	80	48.97	0.16	100
BB	4	115	40	29.72	0.44	100
CC	2	152	36	27.92	0.47	100
DD	19	141	50	33.04	0.53	100
EE	67	264	30	21.84	0.55	100
FF	21	135	50	33.00	0.60	100
GG	19	293	60	42.25	0.75	100
HH	80	259	27	25.21	0.85	100
II	17	146	45	43.82	1.20	100
JJ	40	217	14	12.94	1.25	100

Diese Optionen wurden teilweise bis zum Verfall gehalten, teilweise wurden sie
vorzeitig aufgelöst. Bereits nach kurzer Analyse dieser Daten fällt eines sofort auf:
In den meisten Fällen ist tatsächlich die Spesenbelastung (zum Teil sogar deutlich)
höher als das für den tatsächlichen Kauf der Optionen eingesetzte Kapital!

Der Verdacht auf „Churning" liegt nahe. Wurden hier von XY eventuell bewusst und ohne sichtbare und begründete Handels-Strategie vor allem billige Optionen für die Kunden gekauft, um dadurch sehr viele Kontrakte mit dem vorhandenen Investitions-Kapital der Kunden kaufen zu können und dadurch in Summe sehr hohe Speseneinnahmen für XY lukrieren zu können?

Die Situation bei den oben tabellierten Optionsbeispielen sieht etwa so aus: Es wurden hier Optionen zum Gesamtpreis von 21.967 Dollar gekauft. Dafür mussten die Kunden insgesamt 29.900 Dollar an Spesen zahlen.

In einem Urteil des deutschen BGH in einem anderen Fall wurde festgestellt, dass unter anderem die folgenden Indizien auf ein mögliches Churning hinweisen:

- Commission-to-Equity-Ratio (CER) „als wesentliches bzw. gewichtiges Indiz" bei „mehr als 17% monatlich"
- Wirtschaftlich sinnlose Kurzfristgeschäfte
- Keine erkennbare Handelsstrategie

Unter der „Commission-to-Equity-Ratio (CER)" versteht man dabei (Definition der CFTC):

„Commission to Equity Ratios werden dadurch ermittelt, dass man die Summe der im Monat verursachten Kommissionen durch den durchschnittlichen täglichen Gesamtvermögenswert des Kontos teilt. Der durchschnittliche tägliche Gesamtvermögenswert des Kontos wird dadurch ermittelt, dass man die Summe des Gesamtvermögenswertes des Kontos für jeden Tag, in welchem eine Transaktion während des Monats stattfindet, bildet, und dann diese Summe durch die Anzahl derjenigen Tage teilt, an welchem eine Transaktion im Monat stattfindet."

Betrachten wir eine vereinfachte Form der CER in Hinblick auf die in der obigen Tabelle dargestellten Optionen, nämlich in der Weise, dass wir als den Gesamtvermögenswert einfach nur den Wert der Optionen bei deren Erwerb nehmen, dann läge die CER in diesem Fall bei $CER \approx 100 \cdot \frac{29.900}{21.967}\% = 136.11\%$.

Das erste oben genannte Indiz für Churning ist also in beeindruckender (bzw. erschreckender) Weise erfüllt.

Um etwas Licht in die weiteren beiden genannten möglichen Indizien zu bringen, wurde dem Autor als Gutachter in diesem Fall unter anderem (!) die folgende Frage gestellt:

„Wie hoch waren die Gewinnwahrscheinlichkeiten für die Kunden in den gegenständlichen Optionsgeschäften?"

Wir wollen im Folgenden nicht darüber diskutieren wie „sinnvoll" diese Frage bzw. wie nützlich die Beantwortung dieser Frage dafür ist, um Wesentliches über die beiden zusätzlichen Churning-Indizien aussagen zu können!

Wir nehmen im Folgenden diese Frage, so wie sie hier steht, als gegeben an und wollen uns nur noch der Beantwortung der Frage widmen, ohne weiter auf den Gerichtsfall zu referenzieren.

Im konkreten Fall hatten wir in Summe circa 4.000 konkrete Geschäftsfälle zu bearbeiten. Hier wollen wir uns im Folgenden konkret den beispielhaft daraus entnommenen 10 tabellierten Geschäften widmen.

Und: Wir nehmen im Folgenden einfach einmal an, diese **10 Geschäfte** würden sich auf **einen Kunden** beziehen und diese Geschäfte wären **in etwa zur gleichen Zeit abgeschlossen worden („im Zeitpunkt 0")**.

Bevor wir unsere Analyse starten, ist es unbedingt notwendig, die Frage – die tatsächlich genau in der oben angegebenen Form gestellt wurde – zu klären und zu konkretisieren.

Die so gestellte Frage ist sowohl „bewusst" als auch höchstwahrscheinlich „unbewusst" definitiv unexakt und wahrscheinlich auch (aus Sicht der eigentlichen Intention des Fragestellers, also des befassten Gerichts) inkorrekt gestellt:

Vermutlich war es die Intention des Gerichts, tatsächlich eine Antwort auf die folgende Frage zu bekommen:
„*Wie hoch war der **erwartete Gewinn/Verlust des Kunden** aus diesen Geschäften?*"

Für weitere Schlussfolgerungen des Gerichts wäre es vermutlich hilfreicher gewesen, eine Auskunft auf diese Frage über Gewinn**erwartungen** zu erhalten als auf die Frage in Hinblick auf die jeweiligen Gewinn**wahrscheinlichkeit**en (was immer auch darunter zu verstehen ist, das wird nämlich erst noch zu klären sein!)

Nun könnte man einwenden, als Gutachter sollte man in seinem Gutachten – in Erkennung dieser Tatsache, dass die Beantwortung einer anderen Frage wahrscheinlich hilfreicher wäre – eben beide Fragen beantworten.

Dabei ist allerdings Vorsicht angebracht: Fördert etwa die Beantwortung einer Frage, die dem Gutachter gar nicht in der Form vom Gericht gestellt wurde, Belastendes gegen eine der Parteien zu Tage, dann kann dies bereits von den Anwälten der dadurch belasteten Partei zum Anlass genommen werden, dem Gutachter Befangenheit vorzuwerfen!

Im vorliegenden Fall war der Gutachter in der Verhandlung, in der die Frage formuliert und beschlossen wurde, noch nicht vor Gericht anwesend, andernfalls hätte er natürlich **in der Verhandlung** auf die konkrete Formulierung der Frage entsprechend eingewirkt.

Hier wollen wir natürlich die Frage aber auch in dieser sinnvolleren Form, die zusätzlich auch wesentlich einfacher zu beantworten ist, behandeln. Und zwar führen wir das auch gleich als erstes durch. Also:

*„Wie hoch war der **erwartete Gewinn/Verlust des Kunden** aus diesen Geschäften?"*

Wir präzisieren noch geringfügig:
*„Wie hoch war der erwartete Gewinn/Verlust des Kunden **aus Sicht des Zeitpunktes 0** aus diesen Geschäften?"*

Die **Antwort** auf **diese** Frage würde kurz und bündig so lauten:

Es handelt sich bei all diesen Optionen um börsengehandelte Produkte. Dabei haben wir es mit einer Vielzahl von Optionen auf verschiedenste Aktien zu tun. Wir können (und müssen) daher im Wesentlichen von der Annahme eines effizienten Marktes ausgehen. Das heißt: Wir können im Wesentlichen davon ausgehen, dass im Durchschnitt die gehandelten Optionen die ihnen zustehenden Preise haben. Der aus einer Option zu erwartende diskontierte Payoff entspricht also im Wesentlichen dem Preis der Option!

Aus Sicht des Zeitpunktes 0 entspricht der zukünftige zu erwartende Payoff genau dem momentanen Preis der Option. Würde man also nur den Preis der Option (ohne Spesen) bezahlen, wäre der erwartete Gewinn also – im Durchschnitt – gleich 0.

Da aber das Geschäft aus Sicht des Kunden mit Spesen zu bewerten ist, **ist im Durchschnitt der erwartete Gewinn des Kunden gerade gleich der Höhe der negativen Spesenbelastung!**

Der erwartete Gewinn des Kunden aus Sicht des Zeitpunktes 0 und bezogen auf den Zeitpunkt 0 ist also (unter Annahme der EMH) im Wesentlichen gleich der negativen Spesenbelastung, also gleich -29.900 Dollar.

Der gesamte Investitionseinsatz des Kunden beträgt $21.967 + 29.900 = 51.867$ Dollar. Ein zu erwartender Verlust von 29.900 Dollar bedeutet daher einen **zu erwartenden Verlust von 57.65%**.

Hier könnte noch der folgende Versuch eines Einwands gemacht werden:

„Durch hohen (kosten-intensiven) Analyse-Aufwand von hochspezialisierten Derivate-Händlern und einer auf diesen Analysen basierenden Auswahl der zu handelnden Optionen könnten die Gewinnwahrscheinlichkeiten und damit der erwartete Gewinn so zu Gunsten des Kunden verändert worden sein, dass im vorliegenden Fall nicht mehr von der EMH ausgegangen werden könne. "

Ohne hier auf die Frage einzugehen, ob eine solche Möglichkeit überhaupt besteht, den „Markt durch Analysen zu schlagen", konnte im vorliegenden Fall dieser Einwand sofort widerlegt werden: Es waren keinerlei Aktivitäten innerhalb des Unternehmens XY zu erkennen, die auf eine intensive Marktanalyse hingedeutet hätten. Die Aktivitäten der XY gingen fast ausschließlich in Richtung Kundenakquirierung.

Das wäre die einfache – und kostengünstige – Beantwortung der vermutlich tatsächlich vom Gericht intendierten Frage gewesen.

10.2.2 Präzisierung der Fragestellung

Kehren wir nun zu der uns damals tatsächlich gestellten Frage zurück. Also:

„Wie hoch waren die Gewinnwahrscheinlichkeiten für die Kunden in den gegenständlichen Optionsgeschäften? "

Wir wollen die Frage als erstes präzisieren: Wir gehen davon aus, dass gefragt ist, wie hoch die Wahrscheinlichkeit ist, dass der Kunde mit dem jeweiligen Einzelgeschäft, trotz der Bezahlung von Spesen, einen Gewinn erzielt. Also:
*„Wie groß ist **für jedes Einzelgeschäft** die **Wahrscheinlichkeit**, dass der erzielte Payoff größer als Spesen plus Optionspreis ist? "*

Mögliche alternative Interpretationen der Frage – die wir daher auch im Gutachten beantworten werden – wären:

*„Als Vergleichswert: Wie groß ist **für jedes Einzelgeschäft** die **Wahrscheinlichkeit**, dass der erzielte Payoff größer als der Optionspreis (ohne Spesen) ist?"*

und:

*„Wie groß ist **für den Kunden die Wahrscheinlichkeit**, dass der **aus der Summe der Geschäfte** erzielte Payoff größer als die Summe der Optionspreise (mit bzw. ohne Spesen) ist? "*

Für alle diese drei Versionen der Fragestellung ist noch ein weiterer wesentlicher Punkt zu klären. nämlich: *„Welche Wahrscheinlichkeit genau wird damit gemeint? "*

Mehrere Interpretationsmöglichkeiten jeweils inklusive bzw. exklusive Spesen bzw. für die Einzelpositionen oder die Gesamtposition:

a) Wahrscheinlichkeit bei Halten bis zur Fälligkeit?

b) Wahrscheinlichkeit, ob es irgendwann während der Laufzeit zu einer Gewinnmöglichkeit käme (ob irgendwann während der Laufzeit durch Glattstellen ein Gewinn realisiert werden kann)?

c) Der vorige Punkt genauer: Wann wird dabei glattgestellt? Ein Glattstellen **sofort bei Erreichen** eines positiven Resultats (ganz geringfügigst über 0) würde ja zu keinem Gewinn führen, sondern im Gegenteil jeden tatsächlich positiven Gewinn sogar ausschließen! Also sinnvoll ist hier nur eine Regel zum Beispiel der Form: *„Glattgestellt wird dabei, sobald ein Gewinn von x% mit dem Handelsvorgang erzielt würde."*

d) Die Wahrscheinlichkeit bezüglich einer anderen konkret definierten Handelsstrategie, die die XY Gesellschaft für den Kunden durchführt?

Variante d) konnte dabei im vorliegenden Fall ausgeschlossen werden: Die Gesellschaft XY konnte kein Konzept einer konkret mit den Kunden vereinbarten Handelsstrategie (bzw. Exit-Strategie) vorweisen.

Wir haben uns daher mit den **Varianten a) und c)** beschäftigt (Variante b ist ja dann in Variante c enthalten). Sinnvoll war hierbei nur der Ansatz **mit Spesen**, also aus der Situation heraus, in der sich der Kunde jeweils tatsächlich befand (aber natürlich kann ganz analog für den Fall ohne Spesen vorgegangen werden).
Und wir werden **sowohl Einzelpositionen, als auch das Portfolio als Ganzes**, so wie es oben in der Tabelle dargestellt ist, behandeln.

10.2.3 Modellierung der underlyings

Wir behandeln zuerst Einzelpositionen.
Klar ist: Wir benötigen ein geeignetes und anerkanntes Modell für die Entwicklung des underlyings.

Dazu wird angeführt, dass das Wiener Modell, also die geometrische Brown'sche Bewegung, das auch heute noch trotz gewisser bekannter Mängel („Zu wenig Berücksichtigung des fat tail-Phänomens", „Annahme der Unabhängigkeit von Renditen") in der Praxis am weitesten verbreitete und bewährteste Modell für die Entwicklung von Aktienkursen ist.

Für die Entwicklung $AA(t)$ etwa der Aktie AA nehmen wir also eine Entwicklung der Form

$$AA(t) = AA(0) \cdot e^{\mu t + \sigma \cdot W(t)}$$

mit einer Standard-Brown'schen Bewegung $W(t)$ an.

Welche Parameter μ und σ verwenden wir dabei?

So wie bereits weiter oben ausgeführt, ist die sinnvollste Annahme die, dass wir von einer EMH und damit von einer „risiko-neutralen Welt" ausgehen.

Das heißt insbesondere: Die diskontierte Kursentwicklung $e^{-rt} \cdot AA(t)$ bildet ein Martingal. Wie wir aber bereits aus Kapitel 4.18 wissen, ist dies genau dann der Fall, wenn $\mu = r - \frac{\sigma^2}{2}$ gilt. Der risikolose Zinssatz r für den jeweiligen Zeitpunkt kann aus Finanz-Informations-Systemen entnommen werden. Wir haben für unsere Berechnungen die 13 weeks Treasury Bill Yields auf Monatsbasis verwendet. Die tabellierten Optionen wurden sämtlich innerhalb eines Monats gehandelt. Für diesen Handelsmonat wurde der Zinssatz $r = 1.74\%$ verwendet.

Weiters impliziert die Annahme der EMH, dass jede Option den ihr im Wesentlichen zustehenden Preis hat. Im angenommenen Wiener'schen Modell für das underlying, ist der einer Option zustehende Preis aber gerade durch die Black-Scholes-Formel gegeben. Die im Weiteren zu verwendende Volatilität σ ist somit gerade die implizite Volatilität, die sich aus dem gegebenen Optionspreis berechnen lässt. Wie wir dazu vorgehen, haben wir bereits in Paragraph 5.7 ausführlich dargestellt.

Damit haben wir dann das zu verwendende Modell explizit gegeben. In der folgenden Tabelle findet man für jedes underlying die benötigten Modell-Parameter.

Underlying	Kurs des underlyings bei Handel	implizite Volatilität σ	$r - \frac{\sigma^2}{2}$
AA	48.97	0.3468	-0.0427
BB	29.72	0.4186	-0.0702
CC	27.92	0.3359	-0.0390
DD	33.04	0.4868	-0.1011
EE	21.84	0.3289	-0.0367
FF	33.00	0.5160	-0.1158
GG	42.25	0.2983	-0.0271
HH	25.21	0.1508	0.0060
II	43.82	0.1279	0.0092
JJ	12.94	0.3898	-0.0586

Wenn wir dann später Gewinnwahrscheinlichkeiten für das Gesamt-Portfolio bestimmen werden, werden wir auch Korrelationen zwischen den Renditen der einzelnen underlyings benötigen. Natürlich könnten solche aus historischen Daten der Einzelaktien geschätzt werden oder aber, wie im Single-Factor-Modell in Kapitel 9 dargestellt wurde, aus den jeweiligen Korrelationen der Einzelaktien zum SPX (die underlyings waren fast ausnahmslos im SPX enthalten). Im vorliegenden Fall wäre dafür ein viel zu großer – und durch die Relevanz der Ergebnisse nicht zu rechtfertigender – Aufwand (und damit Kosten) verbunden gewesen. Es wurde daher im Weiteren vereinfachend mit einem Korrelationswert von 0.3 zwischen je zwei der Aktien gerechnet. Dieser Wert entspricht in etwa dem Durchschnittswert der Korrelationen zwischen je zwei Aktien im SPX.

10.2.4　Gewinnwahrscheinlichkeiten für die Einzel-Positionen bei Halten bis zur Fälligkeit

Wir berechnen als erstes jetzt also für jede einzelne Position die Wahrscheinlichkeit, dass es bei Halten der Optionen bis zur Fälligkeit zu einem Gewinn kommt.

Im Fall ohne Spesen sind daher aus Sicht des Zeitpunktes 0 die Wahrscheinlichkeiten Pr_1 dafür zu berechnen, dass zum Zeitpunkt T der Kurs des underlyings über dem Wert $K + C$ liegt, wobei K den Strike der Option und C den Preis der Call-Option bezeichnet. Und im Fall mit Spesen sind aus Sicht des Zeitpunktes 0 die Wahrscheinlichkeiten Pr_2 dafür zu berechnen, dass zum Zeitpunkt T der Kurs des underlyings über dem Wert $K + C + Sp$ liegt, wobei Sp die Höhe der Spesen (pro Stück der Option) bezeichnet. Wie wir das bereits in Paragraph 4.12 vorgeführt haben, lassen sich diese beiden Wahrscheinlichkeiten leicht aus der Formel $S(t) = S(0) \cdot e^{\left(r - \frac{\sigma^2}{2}\right) \cdot t + \sigma \cdot W(t)}$ bestimmen.

Es gilt

$$Pr_1 = 1 - \mathcal{N}\left(\frac{\log\left(\frac{K+C}{S(0)}\right) - \left(r - \frac{\sigma^2}{2}\right)T}{\sigma\sqrt{T}}\right),$$

$$Pr_2 = 1 - \mathcal{N}\left(\frac{\log\left(\frac{K+C+S_p}{S(0)}\right) - \left(r - \frac{\sigma^2}{2}\right)T}{\sigma\sqrt{T}}\right)$$

Einsetzen der jeweiligen Parameter für die einzelnen Positionen in diese Formeln und Auswertung zum Beispiel mit Mathematica ergibt die unten tabellierten Resultate:

Underlying	Kurs des underlyings bei Handel	implizite Volatilität σ	$r - \frac{\sigma^2}{2}$	Pr_1	Pr_2
AA	48.97	0.3468	-0.0427	1.81	1.60
BB	29.72	0.4186	-0.0702	8.00	6.57
CC	27.92	0.3359	-0.0390	9.55	7.60
DD	33.04	0.4868	-0.1011	6.26	5.50
EE	21.84	0.3289	-0.0367	9.77	7.93
FF	33.00	0.5160	-0.1158	6.70	5.93
GG	42.25	0.2983	-0.0271	7.49	6.66
HH	25.21	0.1508	0.0060	22.65	15.20
II	43.82	0.1279	0.0092	27.15	19.13
JJ	12.94	0.3898	-0.0586	25.39	19.11

Die durchschnittliche Gewinnwahrscheinlichkeit, wenn Spesen nicht berücksichtigt werden, liegt daher circa bei 12.48%. Wenn Spesen berücksichtigt werden, dann liegt die durchschnittliche Gewinnwahrscheinlichkeit bei 9.52%. Der Unterschied liegt also bei circa 2.96%.

Dieses Ergebnis darf übrigens NICHT so aufgefasst werden, dass der Kunde durch die Spesen deshalb lediglich ein um circa 2.96% schlechteres Ergebnis zu erwarten habe! (Es ist notwendig, diese Tatsache, die für jemand ständig mit solchen Themen befassten selbstverständlich erscheint, für den Zweck einer Gerichtsverhandlung in deren Rahmen auch mit der Materie zumeist nur sehr peripher Befasste so ein Gutachten zu lesen und in ihre Entscheidungen einzubeziehen haben, explizit festzustellen!)

Die **Auswirkung ist tatsächlich wesentlich dramatischer**. Wir versuchen dies an einem konkreten Handelsbeispiel zu veranschaulichen:

Im Beispiel etwa des underlyings EE wurden Kontrakte einer Call-Option mit Strike 30 und Restlaufzeit von 264 Tagen gekauft. Der Kaufpreis pro Kontrakt betrug 0.55 USD. Die Spesen pro Kontrakt betrugen 100 USD. Der Kurs des underlyings (EE) lag beim Handel bei 21.84.

In Abbildung 10.8 sind die Gewinnfunktionen dieses Handelsvorgangs einmal ohne Spesen (blau) und einmal mit Spesen (rot) zu sehen. Auf der y-Achse ist hier der erzielte Gewinn bei diesem Handelsvorgang (pro Stück der Option) in Abhängigkeit vom Kurs $EE(T)$ des underlyings bei Fälligkeit (x-Achse) zu sehen.

Der „Break-Even-Punkt" 30.55 markiert die Schwelle, die vom underlying erreicht werden muss, damit man im Fall ohne Spesen in die Gewinnzone kommt.

Der „Break-Even-Punkt" 31.55 markiert die Schwelle, die vom underlying erreicht werden muss, damit man im Fall mit Spesen in die Gewinnzone kommt.

Natürlich ist der Gewinn im Fall ohne Spesen jeweils absolut höher und tritt früher ein als im Fall mit Spesen.

Aber: Relevant ist NICHT die Höhe des Gewinns (die Differenz der Gewinne) in **absoluten** Zahlen, sondern **relativ** in Beziehung zum eingesetzten Kapital! Und hier ist ein eklatanter Unterschied zu sehen. Das wird in der nachfolgenden Tabelle klar. In dieser Tabelle wird dargestellt, wie hoch der Gewinn in Prozent des eingesetzten Kapitals ist, falls das underlying verschiedene Werte bei Fälligkeit erreicht. Dies wird für den Fall ohne Spesen und für den Fall mit Spesen berechnet.
Wie gesagt: Hier wird der wesentliche Unterschied deutlich! Es ist in diesem Fall **weniger relevant mit welcher Wahrscheinlichkeit** ein Gewinn im Fall mit oder ohne Spesen erreicht wird, sondern **wie hoch der Gewinn in Prozent des Investments** dann jeweils ist.

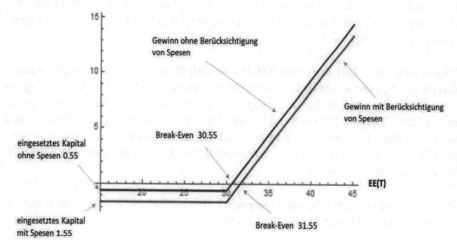

Abbildung 10.8: Vergleich der Gewinnfunktionen in **absoluten** Zahlen

Kurs des underlyings bei Fälligkeit	Gewinn in absoluten Zahlen OHNE Spesen	Gewinn in % des eingesetzten Kapitals OHNE Spesen	Gewinn in absoluten Zahlen MIT Spesen	Gewinn in % des eingesetzten Kapitals MIT Spesen
25	0	-100%	0	-100
28	0	-100%	0	-100
30	0	-100%	0	-100
31	0.45	**+81.82%**	0	**-100**
32	1.45	**+263.64%**	0.45	**+29.03%**
35	4.45	**+809.01%**	3.45	**+222.58%**
40	9.45	**+1.718.18%**	8.45	**+545.16%**

Ein Beispiel: Wäre das underlying bis zur Fälligkeit bis auf 35 gestiegen, dann hätte der Kunde einen Gewinn von 809.01% erzielt (im Fall OHNE Spesen) und er hätte einen Gewinn von 222.58% erzielt (im Fall MIT Spesen).

Wichtig ist hier auch der Hinweis auf folgende Tatsache: Die Schwelle ab der es zu Gewinnen kommt (nämlich die Schwelle: Strike + Optionspreis (+Spesen)) liegt nur ganz geringfügig über der Schwelle unter der es zu einem Totalverlust des eingesetzten Geldes kommt (nämlich die Schwelle: Strike)!
Also in obigem Beispiel ist im Fall ohne Spesen bei einem Kurs bei Fälligkeit über dem Wert von 31.55 mit einem Gewinn zu rechnen, bei einem Kurs bei Fälligkeit unter dem Wert von 30 dagegen mit Totalverlust. Im Fall mit Spesen ist bei einem Kurs bei Fälligkeit über dem Wert von 30.55 mit einem Gewinn zu rechnen, bei einem Kurs bei Fälligkeit unter dem Wert von 30 dagegen mit Totalverlust!

10.2.5 Gewinnwahrscheinlichkeiten für die Einzel-Positionen bei eventueller vorzeitiger Gewinnmitnahme

Zur Bestimmung der Gewinnwahrscheinlichkeiten unter der Annahme der vorzeitigen Gewinnmitnahme falls ein bestimmter Zielgewinn von $x\%$ erreicht wird bedienen wir uns der Monte Carlo-Simulation.

Dabei gehen wir so vor: Wir simulieren auf Basis der im Kapitel 10.2.3 bestimmten Parameter im Wiener'schen Modell für jedes einzelne underlying eine große Anzahl (in unserer Simulation jeweils 10.000 Szenarien) von möglichen Kursrealisationen auf Tagesbasis (jeder einzelne Tag stelle einen neuen Simulationsschritt dar). Parallel berechnen wir für jeden einzelnen Handelstag und jeden sich ergebenden Pfad mit Hilfe der Black-Scholes-Formel den aktuellen Wert der Call-Option.

Im Fall **ohne** Spesen:
Sobald dieser aktuelle Wert der Call-Option den Anfangspreis der Option um $x\%$ übersteigt, nehmen wir an, wir hätten die Option mit einem Gewinn von $x\%$ aufgelöst. Ist dies während der Laufzeit der Option nie der Fall, dann lassen wir die Option bis zur Fälligkeit laufen und registrieren dann entweder einen Gewinn (in Höhe kleiner als $x\%$) oder aber einen Verlust.

Wir berechnen dann den Prozentsatz der Simulations-Szenarien, bei denen es zu einem Gewinn kommt und nehmen diesen Prozentsatz als Näherung für die Gewinnwahrscheinlichkeit.

Im Fall **mit** Spesen (dies ist der tatsächlich in der vorliegenden Sachlage nur relevante Fall):
Sobald dieser aktuelle Wert der Call-Option den Anfangspreis der Option plus der angefallenen Spesen (also den Gesamt-Einsatz) um $x\%$ (des Gesamt-Einsatzes) übersteigt, nehmen wir an, wir hätten die Option mit einem Gewinn von $x\%$ aufgelöst. Ist dies während der Laufzeit der Option nie der Fall, dann lassen wir die Option bis zur Fälligkeit laufen und registrieren dann entweder einen Gewinn (in

Höhe kleiner als $x\%$ des Gesamt-Einsatzes) oder aber einen Verlust. Wir berechnen
dann den Prozentsatz der Simulations-Szenarien, bei denen es zu einem Gewinn
kommt und nehmen diesen Prozentsatz als Näherung für die Gewinnwahrscheinlichkeit.

Wenn wir bei obigem Prozedere den Zielgewinn x immer größer werden lassen,
dann werden sich die nun erhaltenen Wahrscheinlichkeiten an die im vorigen Kapitel berechneten Wahrscheinlichkeiten annähern. Wir führen den Simulationsvorgang exemplarisch wieder am Fall der Option auf das underlying EE durch und
geben dann aber tabellarisch die Resultate für alle 10 betrachteten Optionstypen.

In Abbildung 10.9 sehen wir im oberen Teil zwei Pfad-Realisationen für den Kurs
des underlyings EE im Wiener Modell mit den für EE gegebenen bzw. berechneten
Parametern. Die rote horizontale Linie im oberen Teil zeigt an, wo der Kurs von
EE **zur Fälligkeit** stehen müsste (nämlich mindestens bei Strike + Optionspreis +
Spesen = 30 + 0.55 + 1 = 31.55), damit es zu einem Gewinn durch den Payoff bei
Fälligkeit käme. Bei beiden Beispielpfaden wäre es bei Fälligkeit zu keinen Ge-
winnen gekommen, beide Pfade enden deutlich unter dem Strike von 30, in beiden
Fällen wäre es also zu Totalverlust gekommen.

Im unteren Teil der Grafik sehen wir den parallel zu den obigen Kursverläufen sich
entwickelnden Optionspreis. Dieser startet in beiden Fällen natürlich bei 0.55. Der
hellblaue Verlauf des Optionspreises gehört zum dunkelblauen Kursverlauf des underlyings im oberen Bildteil, der hellgrüne Verlauf des Optionspreises gehört zum
dunkelgrünen Kursverlauf des underlyings im oberen Bildteil. Die rote horizontale
Linie im unteren Bildteil liegt bei $1.5 \times (0.55 + 1) = 2.33$. Wenn der Optionspreis
während der Laufzeit diesen Wert übersteigt und wenn dann die Option sofort geschlossen wird, dann wird ein Gewinn von 50% auf den Einsatz von 1.55 erzielt.
Beim blauen Kursverlauf wäre es ungefähr nach einem Vierteljahr zu einem solchen Schließen und einer Gewinnmitnahme von 50% gekommen.

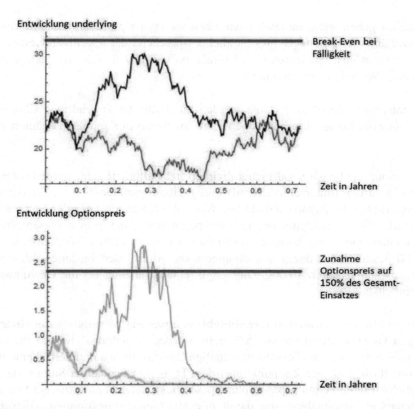

Abbildung 10.9: Entwicklung der zu den simulierten Pfaden des Kurses des underlyings gehörigen Optionspreise und eventuelle Gewinnmitnahme bei 50% Gewinn

In der nachfolgenden Tabelle wurden die mittels der Monte Carlo-Simulation errechneten Gewinnwahrscheinlichkeiten für Gewinnmitnahmen bei 10, 50 oder 100 Prozent im Fall der Berücksichtigung von Spesen aufgelistet.

Underlying	Gewinn-Wahrscheinlich-keit bei Fälligkeit	Gewinn-Wahrscheinlich-keit bei Schließen bei 10%	Gewinn-Wahrscheinlich-keit bei Schließen bei 50%	Gewinn-Wahrscheinlich-keit bei Schließen bei 100%
AA	1.60	8.90	8.20	5.90
BB	6.57	23.70	16.70	12.90
CC	7.60	25.40	20.30	14.70
DD	5.50	26.20	20.90	12.40
EE	7.93	29.10	22.10	17.80
FF	5.93	29.00	19.40	14.30
GG	6.66	32.90	26.00	18.00
HH	15.20	30.70	21.10	18.60
II	19.13	37.10	25.10	22.70
JJ	19.11	42.00	31.00	23.60

10.2.6 Gewinnwahrscheinlichkeiten für das Options-Portfolio

Zur Berechnung der Gewinnwahrscheinlichkeiten bei Fälligkeit bzw. der Gewinnwahrscheinlichkeiten bei eventueller vorzeitiger Gewinnmitnahme des Gesamt-

Portfolios gehen wir ganz analog wie oben vor: Wir simulieren nun aber die 10 Kursverläufe der 10 underlyings parallel entsprechend der jeweiligen Korrelation (wir erinnern uns: wir hatten eine Korrelation von jeweils 0.3 zwischen je zwei Renditen-Verläufen angenommen).

Die entsprechenden Kursverläufe werden mit Hilfe der zugehörigen Cholesky-Zerlegung der Korrelationsmatrix generiert, so wie das in Kapitel 4.8 erläutert wurde.

Wenn es um die **Gewinnwahrscheinlichkeit bei Fälligkeit** geht, werden für jedes Szenario zu den (unterschiedlichen!) Fälligkeitszeitpunkten $T_1, \ldots, T_{10}$ die sich so ergebenden 10 Payoffs aufaddiert. Wenn diese Summe über der Summe der anfänglich bezahlten Optionspreise plus Spesen liegt, dann ist es in diesem Szenario zu einem Gewinn gekommen, andernfalls zu einem Verlust. Wir führen wieder 10.000 Simulationen durch und dividieren die Anzahl der Szenarien mit einem Gewinnergebnis durch 10.000. Dies ergibt eine Schätzung für die Gewinnwahrscheinlichkeit.

Wenn es um die **Gewinnwahrscheinlichkeit unter der Voraussetzung einer etwaigen Gewinnmitnahme von x%** geht, werden zu **jedem** Zeitpunkt für jedes Szenario die sich so ergebenden 10 aktuellen Optionspreise aufaddiert. Wenn diese Summe für irgendeinen Zeitpunkt über dem $\left(1 + \frac{x}{100}\right)$-fachen der Summe der anfänglich bezahlten Optionspreise plus Spesen liegt, dann ist es in diesem Szenario zu einer Gewinnmitnahme (und damit zu einem Gewinn) gekommen, andernfalls muss der Fälligkeitszeitpunkt abgewartet werden, ob es da dann noch zu einem Gewinn kommt oder nicht. Wir führen wieder 10.000 Simulationen durch und dividieren die Anzahl der Szenarien mit einem Gewinnergebnis durch 10.000. Dies ergibt eine Schätzung für die Gewinnwahrscheinlichkeit.

Natürlich könnte hier auch noch die Vorgangsweise analysiert werden, dass jede einzelne Option aufgelöst wird, sobald mit ihr ein Gewinn von $x\%$ erzielt werden kann.

Wir beschränken uns bei der konkreten Durchführung hier im Folgenden auf den Fall der Gewinnwahrscheinlichkeit bei den Fälligkeiten (also auf den ersten der beiden oben beschriebenen Fälle).

In Abbildung 10.10 sehen wir ein mögliches Szenario der entsprechend korrelierten Entwicklungen der 10 underlyings bis zur Fälligkeit der jeweiligen Optionen.

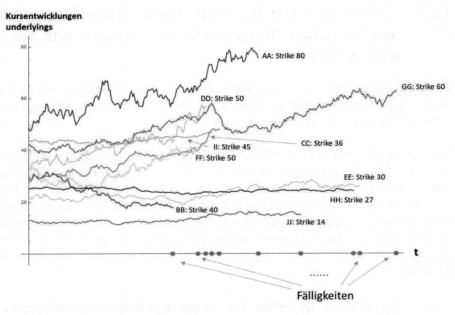

Abbildung 10.10: Ein mögliches Szenario der korrelierten Entwicklungen der 10 underlyings

In diesem Szenario haben die 10 underlyings bei Fälligkeit die folgenden Werte und die sich daraus ergebenden Payoffs:

underlying	Kurs bei Fälligkeit	Strike	Payoff pro Stück	Anzahl Kontrakte	Payoffs gesamt	Options-Preis	Options-Preise gesamt	Spesen
AA	75.83	80	0	30	0	0.16	480	3.000
BB	17.95	40	0	4	0	0.44	176	400
CC	48.12	36	12.12	2	2.423	0.47	94	200
DD	56.92	50	6.92	19	13.150	0.53	1.007	1.900
EE	26.20	30	0	67	0	0.55	3.685	6.700
FF	41.52	50	0	21	0	0.60	1.260	2.100
GG	63.23	60	3.23	19	6143	0.75	1.425	1.900
HH	24.47	27	0	80	0	0.85	6.800	8.000
II	47.21	45	2.21	17	3752	1.20	2.040	1.700
JJ	15.27	14	1.27	40	5069	1.25	5.000	4.000
Gesamt:					**30.537**		**21.967**	**29.900**

In diesem Szenario hätte sich also ein Gesamt-Payoff von 30.537 Dollar ergeben bei einer tatsächlichen Investition in Optionen von 21.967 Dollar, allerdings bei einer Gesamt-Anfangs-Zahlung (inklusive Spesen) von $21.967 + 29.900 = 51.867$ Dollar.

Bei Berücksichtigung von Spesen hätte sich bei diesem Szenario also ein Verlust ergeben.

Führen wir diese Berechnung nun wieder 10.000 Mal durch, so erhalten wir bei einer (repräsentativen) von uns durchgeführten Simulation eine Näherung für die Gewinnwahrscheinlichkeit des Portfolios von 8.35%.

10.3   Fall-Beispiel III: Bewertung eines Zins-Swaps und Analyse seiner Tauglichkeit zur Optimierung eines Kredit-Portfolios

In diesem Fallbeispiel geht es um einen Teilaspekt einer wesentlich umfangreicheren Fragestellung im Rahmen eines Gerichtsfalls der einiges an Aufsehen und öffentlichem Interesse erregt hatte.

Mehr als in allen anderen hier behandelten Fallbeispielen gilt in diesem Fall, dass die hier konkret dargestellte Problemstellung nur ein kleiner Teilaspekt einer wesentlich größeren Untersuchung darstellt, dass wir hier nur eine einzige von verschiedenen Annäherungen vorstellen und dass alle in diesem Zusammenhang getätigten Aussagen, erzielten Ergebnisse und Argumentationen scharfen Gegendarstellungen, Einwänden und kontroversiellen Diskussionen durch Anwälte und Gegengutachtern ausgesetzt waren. In diesem Licht sind die folgenden Ausführungen zu sehen.

10.3.1   Darstellung des Falles, der Produkte und die Fragestellungen

Eine große Kommune im Euroraum, wir nennen sie im Folgenden „Investor A", hatte im Jahr 2005 bei einer Bank C einen großen CHF-Kredit mit variabler Verzinsung und mit Laufzeit bis 2017 aufgenommen.

Im Jahr 2007 schloss der Investor A mit einer anderen Bank B einen Swap (im Folgenden „der Swap") ab, in dem die Bank B im Wesentlichen (siehe unten) die Zahlung der variablen Zinsen des Kredits vom Investor A übernahm, allerdings unter Voraussetzung einer Nebenvereinbarung, die an die Entwicklung des Wechselkurses von Euro zum Schweizer Franken geknüpft war.

Die Absicht die mit diesem Geschäft verfolgt wurde – und dies ist für das Folgende wesentlich – war, so wortwörtlich im gegenständlichen Vertrag niedergeschrieben, *„die Optimierung des Kredit-Portfolios des Investors A".*

Der Verlauf des EUR CHF-Wechselkurses entwickelte sich aus Sicht des Investors A in den folgenden Jahren dann allerdings so fatal, dass die Vereinbarung für A zu einem Fiasko führte. A weigerte sich in Folge, der Nebenbedingung weiter nachzukommen und wurde prompt und verständlicher Weise von der Bank B geklagt.

In der sich anschließenden Gerichtsverhandlung kam es dann (unter vielen anderen) zu zwei speziellen Fragestellungen, denen wir uns in diesem Kapitel widmen wollen. Bevor wir die Fragestellungen formulieren, wollen wir die konkrete Ausformung der involvierten Produkte darstellen:

Der Kredit:

Kreditnehmer: Investor A

Laufzeit: 1. Oktober 2005 bis 30. September 2017

Kreditsumme: 200.000.000 CHF

Kreditzinsen: CHF-6-Monats-LIBOR + 0.05%

Zahlungen: halbjährlich jeweils am 31. März und am 30. September jeden Jahres

Die Entwicklung des CHF-6-Monats-LIBOR während der Laufzeit des Kredits ist zur Information in der nachfolgenden Grafik von Abbildung 10.11 zu sehen. Der rote Teil der Kurve stellt die Entwicklung vom Abschluss des Kredits am 1.10.2005 bis zum Abschluss des Swaps am 1.2.2007 dar, der blaue Teil der Kurve stellt die Entwicklung vom Abschluss des Swaps am 1.2.2007 bis zur Fälligkeit des Kredits am 30.9.2017 dar. Bei Abschluss des Kredits lag der CHF-6-Monats-LIBOR bei 0.88%.

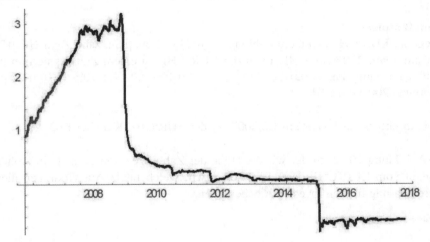

Abbildung 10.11: Entwicklung des CHF-6-Monats-LIBOR während der Laufzeit des Kredits (Anfang bis Abschluss des Swap in Rot, von Abschluss des Swaps bis Fälligkeit in Blau)

Am 1.2.2007 lag der CHF-6-Monats-LIBOR bei 2.32%. Es ist dem Investor A also nicht zu verdenken, dass er über mögliche Maßnahmen zur Absicherung gegen stärker wachsende CHF-Zinsen und damit gegen wachsende Kreditkosten nachzudenken begonnen hatte. Und so kam es am 1.2.2007 zum Abschluss des folgenden Swaps mit der Bank B.

Der Swap:

Laufzeit: 1.2.2007 bis 31.1.2017

Bezugsbetrag/Nominale: 200.000.000 CHF

Bank B zahlt an Investor A:

6-Monats-CHF-LIBOR der am vorangegangenen Zahlungsstichtag festgestellt wur-

de. Festlegung für den ersten Zahlungsstichtag 2.18% p.a. (Die Bank übernimmt
also nicht die jeweils tatsächlich anfallenden Kreditzinsen, die auf dem jeweiligen **momentanen** LIBOR-Wert beruhen, sondern verwendet den Zinssatz der zum
letzten Stichtag gegolten hat.)

Zahlungen: halbjährlich jeweils am 31. März und am 30. September jeden Jahres

Investor A zahlt an Bank B:
0.07%
Zusätzlich zahlt der Investor A an die Bank B:
Sobald der EUR CHF-Wechselkurs am jeweiligen Zahlungstermin unter 1.54 liegen sollte, den Zinssatz $\frac{1.54 - EUR\ CHF}{EUR\ CHF} \cdot 100\%$ von der Nominale.

Zahlungen: halbjährlich jeweils am 31. März und am 30. September jeden Jahres

Zum Beispiel:
Liegt der EUR CHF zu einem Zahlungstermin bei 1.60, dann zahlt A an B 0.07%
per anno von 200 Mio. CHF. Liegt der EUR CHF zu einem Zahlungstermin bei
1.40, dann zahlt A an B $0.07\% + \frac{1.54 - 1.40}{1.40} \cdot 100\% = 0.07\% + 10\% = 10.07\%$ per
anno von 200 Mio. CHF.

Bei Abschluss des Swaps am 1.2.2007 lag der EUR CHF-Kurs bei 1.62.

In Abbildung 10.12, in der wir die Höhe der Zahlungen von A an B in Abhängigkeit vom EUR CHF darstellen, sehen wir, welch fatale Auswirkungen diese
Vereinbarung für den Investor A haben kann.

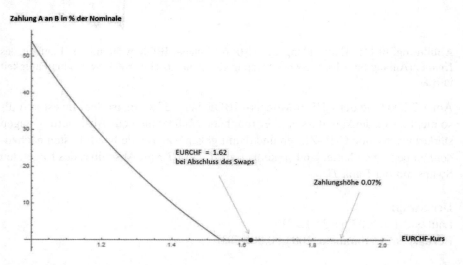

Abbildung 10.12: Abhängigkeit der Zahlungshöhe in Prozent per anno von A an B in
Abhängigkeit vom EUR CHF-Kurs

In Abbildung 10.13 sehen wir die Entwicklung die der EUR CHF-Kurs während der Laufzeit des Swaps tatsächlich genommen hat und in Abbildung 10.14 welche Zahlungen daher im Rahmen dieses Swaps tatsächlich auf den Investor A zugekommen sind.

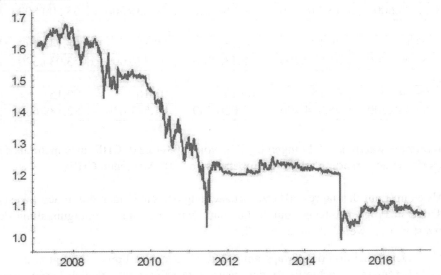

Abbildung 10.13: Entwicklung EUR CHF während der Laufzeit des Swaps von 1.2.2007 bis 31.1.2017

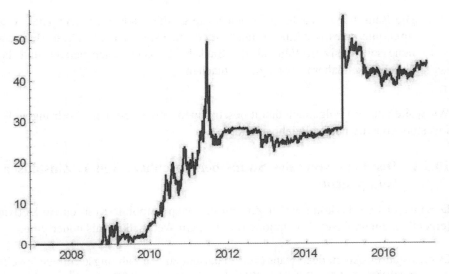

Abbildung 10.14: Zahlungshöhen A an B in Prozent per anno der Nominale

Die Auswirkungen des massiv stärker werdenden Schweizer Frankens waren fatal für A. Wir listen in der folgenden Tabelle die konkret zu einzelnen Zahlungsterminen des Swaps angefallenen Zahlungen auf.

Stichtag	03.07	09.07	03.08	09.08	03.09
Zahlung	140.000	140.000	140.000	140.000	4.128.400

09.09	03.10	09.10	03.11	09.11
3.173.600	16.448.400	30.062.000	36.838.000	53.500.800

03.12	09.12	03.13	09.13	03.14
55.964.800	54.979.200	53.133.200	51.776.000	53.034.320

09.14	03.15	09.15	03.16	09.16
55.466.200	95.074.400	83.020.230	81.547.030	82.139.630

In Summe waren das Zahlungen in Höhe von 810.846.210 CHF (also mehr als das Vierfache des ursprünglichen Kreditbetrags von 200 Millionen CHF).

Als es im Lauf des Jahres 2011 zur Einstellung der Zahlungen durch den Investor A und in Folge zur Klage durch die Bank kam, war die Verteidigungslinie des Investors auf zwei Vorbringen gestützt:

1. Der Abschluss des Swaps am 1.2.2007 (der zum Preis 0 erfolgt war) war bereits stark nachteilig für den Investor. Der Swap hätte damals bereits einen stark negativen Wert gehabt. Die Bank habe den Investor daher damals massiv übervorteilt und das Geschäft sei daher rückgängig zu machen.

2. Die Bank habe im Jahr 2007 den Swap an die Bank unter dem Titel „Optimierung eines Kreditportfolios" an den Investor verkauft. Diese Bezeichnung sei massiv irreführend, die Bank habe daher falsch beraten und das Geschäft sei daher rückgängig zu machen.

Wir wollen uns im Folgenden damit beschäftigen, inwieweit diese Vorbringen des Investors objektiv nachvollziehbar sind.

10.3.2 Der faire Wert des Swaps bei Abschluss: Teil 1, Zinstausch-Komponente

Der Swap ist ein herkömmlicher Zinstausch-Swap kombiniert mit einem Derivat (eigentlich einem Paket von Optionen) mit einem Wechselkurs als underlying.

Der Zinstausch-Anteil des Swaps (Teil 1) tauscht zu den Zahlungsterminen jeweils 31.3. und 30.9. der Jahre 2007 bis 2016 den Fixzins-Satz 0.07% per anno (A an B) gegen den variablen Zinssatz CHF-6-Monats-LIBOR per anno (B an A).
(Zu den halbjährlichen (!) Zahlungsterminen werden also stets die halben Beträge gezahlt.)

Der Optionsanteil des Swaps (Teil 2) ist ein Paket aus 20 europäischen Optionen zu den Fälligkeiten jeweils 31.3. und 30.9. der Jahre 2007 bis 2016. An jedem dieser Fälligkeitstage wird eine Zahlung geleistet, die vom Stand des EUR CHF an diesem Tag abhängt. Die Optionen sind also nicht pfadabhängig.

Wir bewerten zuerst Teil 1 des Swaps:

Die **fixen Zahlungen** von jeweils 0.07%, die der Investor A zu 20 Zeitpunkten T_i in der Zukunft in CHF zu leisten hat, sind mit dem jeweiligen Diskontierungsfaktor $d_i^{\text{(CHF)}}$ zu diskontieren, der sich aus $f_{0,T_i}^{\text{(CHF)}}$ berechnet, also $d_i^{\text{(CHF)}} = \frac{1}{\left(1+f_{0,T_i}^{\text{(CHF)}}\right)^{T_i}}$. Hier bezeichnet $f_{0,T_i}^{\text{(CHF)}}$ den risikolosen Zinssatz in CHF für den Zeitbereich $[0, T_i]$.

Wir wiederholen hier noch einmal das dazugehörige Argument: Um mir jetzt im Zeitpunkt 0 eine Zahlung in Höhe von X CHF im Zeitpunkt T zu sichern, muss ich jetzt einen Kredit in Höhe von $\frac{x}{\left(1+f_{0,T}^{\text{(CHF)}}\right)^T}$ CHF bis T aufnehmen. Die Kosten für eine garantierte Zahlung von X CHF in T betragen also gerade $X \cdot d^{\text{(CHF)}}$.

Eine **variable Zahlung** die in T_i ausbezahlt wird, in Höhe des CHF-6-Monats-LIBOR (wir wollen ihn hier mit z_i bezeichnen), der in T_{i-1} festgestellt wird (z_i ist der Zinssatz der zur Zeit T_{i-1} für halbjährliche Verzinsungen für das folgende Halbjahr gilt. Eine Summe der Höhe 1 CHF für dieses Halbjahr verzinst, bringt also eine Zinseinnahme von $\frac{z_i}{2}$ CHF), hat aus Sicht des Zeitpunkts 0 den Wert von $\frac{1}{2} \cdot d_i^{\text{(CHF)}} \cdot f_{T_{i-1},T_i}^{\text{(CHF)}}$. Dabei bezeichnet $f_{T_{i-1},T,i}^{\text{(CHF)}}$ den forward-Zinssatz (zweiter Art) aus Sicht des Zeitpunkts 0.

Dies sollte bereits aus der Definition dieser Forward-Zinssätze und auch aus den Ausführungen in Kapitel 7.8 klar sein, aber wir wollen der Vollständigkeit halber oder zur Auffrischung das entsprechende Argument noch einmal vorbringen:

Um uns zur Zeit 0 eine Zahlung in Höhe von $\frac{z_i}{2}$ CHF im Zeitpunkt T_i zu sichern, können wir uns als erstes einmal jetzt schon den Zinssatz $f_{T_{i-1},T_i}^{\text{(CHF)}}$ für eine Kreditaufnahme für die Periode $[T_{i-1}, T_i]$ vereinbaren.

Weiters legen wir den Betrag von $\frac{1}{2} \cdot d_i^{\text{(CHF)}} \cdot f_{T_{i-1},T_i}^{\text{(CHF)}}$ CHF bis zum Zeitpunkt T_i zum Zinssatz $f_{0,T_i}^{\text{(CHF)}}$ an. Bis zur Zeit T_i entwickelt sich dieser Betrag auf $\frac{1}{2} \cdot f_{T_{i-1},T_i}^{\text{(CHF)}}$ CHF.

In T_{i-1} nehmen wir einen Kredit in Höhe 1 CHF zum vereinbarten Halb-Jahres-zinssatz $f_{T_{i-1},T_i}^{\text{(CHF)}}$ auf und wir legen diesen Betrag zum dann geltenden Zinssatz z_i für ein halbes Jahr bis T_i an. Dieser Betrag entwickelt sich bis T_i auf $1 + \frac{z_i}{2}$ CHF.

In T_i muss ich aber den Kredit, also $1 + \frac{1}{2} \cdot f_{T_{i-1},T_i}{}^{(\text{CHF})}$, rückzahlen. In Summe bleibt mir der Betrag von $\frac{z_i}{2}$. Die im Zeitpunkt 0 dafür aufgewendeten Kosten betrugen $\frac{1}{2} \cdot d_i^{(\text{CHF})} \cdot f_{T_{i-1},T_i}{}^{(\text{CHF})}$.

Achtung: Hier ist wesentlich, dass der in T_i gezahlte LIBOR der in T_{i-1} festgestellte Wert ist, sonst wäre die Bewertung auf diese „einfache" modellunabhängige Art nicht möglich, sondern es wären dann Modellannahmen über die Entwicklung des LIBOR nötig!

Zur Bestimmung des fairen Wertes des ersten Teils des Swaps benötigen wir also lediglich die Zinssätze $f_{0,T_i}{}^{(\text{CHF})}$ aus Sicht des 1.2.2007. Aus diesen berechnen wir sowohl die $d_i^{(\text{CHF})}$ als auch die $f_{T_{i-1},T_i}{}^{(\text{CHF})}$ und der Wert des ersten Teils des Swaps hat dann aus Sicht des Investors A den Wert

$$100.000.000 \cdot \sum_{i=1}^{20} d_i^{(\text{CHF})} \cdot \left(f_{T_{i-1},T_i}{}^{(\text{CHF})} - 0.0007 \right).$$

Mittels der für den 1.2.2007 ermittelten bzw. interpolierten Werte für die Zinssätze erhält man:

i	1	2	3	4	5	6	7	8	9	10
$f_{T_{i-1},T_i}{}^{(\text{CHF})}$	2.18	2.44	2.67	2.70	2.74	2.73	2.77	2.79	2.80	2.80
$d_i^{(\text{CHF})}$	0.98	0.97	0.96	0.94	0.93	0.92	0.90	0.89	0.88	0.87

i	11	12	13	14	15	16	17	18	19	20
$f_{T_{i-1},T_i}{}^{(\text{CHF})}$	2.82	2.89	2.92	2.99	3.02	3.04	3.07	3.11	3.13	3.15
$d_i^{(\text{CHF})}$	0.85	0.84	0.83	0.82	0.80	0.79	0.78	0.77	0.75	0.74

Die Auswertung der obigen Summe mit diesen Werten ergibt den **fairen Wert von Teil 1 des Swaps** von 47.321.000 CHF aus Sicht des 1.2.2007. Mit dem EUR CHF-Wechselkurs von 1.62 am 1.2.2007 ergibt dies einen Wert von **29.210.494 Euro**.

10.3.3 Der faire Wert des Swaps bei Abschluss: Teil 2, Optionskomponente

Für die Bewertung des zweiten Teils des Swaps – der Optionskomponente – per 1.2.2007 gehen wir unter Einsatz von Monte Carlo-Simulation so vor, wie wir uns das in Paragraph 6.2 bzw. in Paragraph 6.16 überlegt hatten.

Wir müssen dabei auf Folgendes achtgeben: Die Payoffs der Swap-Komponente erfolgen in CHF und das underlying ist der Preis eines Euro in CHF. Wir müssen

daher sowohl mit CHF-Diskontierungsfaktoren diskontieren als auch in der risikolosen Darstellung des Wechselkurses die CHF-Zinssätze als die „Heimwährungs-
Zinssätze" und die Euro-Zinssätze als die „Fremdwährungs-Zinssätze" definieren!

Für jeden einzelnen Fälligkeitszeitpunkt T_i modellieren wir daher die Entwicklung
des EUR CHF-Kurses $S(t)$ mit einem risikoneutralen Wiener Modell der folgenden Form:

$$S(t) = S(0) \cdot e^{\left(r(c)_i - r(e)_i - \frac{\sigma_i^2}{2}\right) \cdot t + \sigma_i \cdot w_t}.$$

Dabei ist $S(0) = 1.62$ und W_t ist die Standard-Brown'sche Bewegung.

Wir schreiben $r(c)_i$ kurz für das schon oben verwendete $f_{0,T_i}^{(CHF)}$ und $r(e)_i$ steht
für den entsprechenden Euro-Zinssatz $f_{0,T_i}^{(EUR)}$.

Wir geben hier die einzelnen Zinssätze wieder nicht im Detail an und möchten an
dieser Stelle die korrekte Wahl der jeweiligen Zinssätze nicht weiter diskutieren.
Wir geben lediglich die benötigte Differenz $r(c)_i - r(e)_i$ (hier in Prozent, in den
Rechnungen sind sie selbstverständlich als absolute Zahlen zu verwenden) für die
verschiedenen Zeitbereiche an.

i	1	2	3	4	5	6	7	8	9	10
$r(c)_i - r(e)_i$	-1.64	-1.64	-1.59	-1.55	-1.53	-1.51	-1.51	-1.50	-1.50	-1.49

i	11	12	13	14	15	16	17	18	19	20
$r(c)_i - r(e)_i$	-1.47	-1.47	-1.47	-1.47	-1.45	-1.44	-1.44	-1.44	-1.44	-1.43

Mit σ_i bezeichnen wir die implizite Volatilität des EUR CHF-Kurses berechnet per
1.2.2007 aus EUR CHF-Optionen mit Fälligkeit (näherungsweise) bis T_i. Wir sehen in der folgenden Grafik (Abbildung 10.15) aus Bloomberg eine entsprechende
Aufstellung solcher impliziter EUR CHF-Volatilitäten (berechnet sowohl aus Bid-
als auch aus Ask-Preisen verschiedenster OTM-, ATM- und ITM- Optionen verschiedener Laufzeiten) in etwa vom relevanten Datum 1.2.2007. Auch diese Werte
sind hier in Prozent angegeben, müssen in den Rechnungen aber als absolute Zahlen verwendet werden.

Currency Markets Menu ▾ EUR-CHF X-RATE Curncy ▾ WVOL ▾   Message ☆ 📠 🖥 ⚙ ?

\<HELP> for explanation.   N184
Print Failed: rc1=-2 rc2=-1 err1=1223 err2=6

EURCHF Curncy   90) Asset ▾   91) Actions ▾   92) Settings ▾   Volatility Surface
Bloomberg BGN ▾   New York 10:00 ▾ Weekdays   As of   12-Feb-2007 ▾ ↻
1) Vol Table   2) 3D Surface   3) Term Analysis   4) Smile Analysis   5) Dep and Fwd Rates
● RR/BF   ○ Put/Call   ○ Bid/Ask   ● Mid/Spread

Exp	ATM Bid	ATM Ask	25D Call EUR Bid	25D Call EUR Ask	25D Put EUR Bid	25D Put EUR Ask	10D Call EUR Bid	10D Call EUR Ask	10D Put EUR Bid	10D Put EUR Ask
1D	3.000	5.000	2.820	5.380	2.818	5.382	1.623	6.611	1.991	6.947
1W	3.250	4.000	3.229	4.171	3.277	4.223	2.930	4.663	3.286	5.021
2W	3.200	3.800	3.116	3.869	3.329	4.085	3.062	4.438	3.259	4.641
3W	3.200	3.500	3.137	3.513	3.386	3.764	3.259	3.941	3.457	4.143
1M	3.250	3.350	3.300	3.425	3.375	3.500	3.437	3.663	3.636	3.864
2M	3.250	3.450	3.338	3.587	3.312	3.563	3.362	3.813	3.585	4.040
3M	3.100	3.300	3.163	3.412	3.187	3.438	3.213	3.662	3.435	3.890
6M	2.950	3.150	2.952	3.198	3.250	3.500	3.027	3.473	3.324	3.776
1Y	2.950	3.000	2.919	2.981	3.268	3.332	3.169	3.281	3.417	3.533
18M	2.816	3.035	2.788	3.060	3.111	3.390	2.856	3.349	3.414	3.921
2Y	2.650	2.900	2.595	2.905	2.941	3.259	2.744	3.306	2.986	3.564
3Y	2.650	2.900	2.656	2.964	3.000	3.320	2.653	3.212	3.236	3.817
5Y	2.650	2.900	2.581	2.889	3.075	3.395	2.654	3.211	3.234	3.819
7Y	2.650	2.950	2.603	2.970	2.801	3.187	2.579	3.245	2.968	3.672
10Y	2.650	2.950	2.603	2.969	2.800	3.187	2.583	3.245	2.965	3.673

97) Option Pricing (OVML)   98) Legend   Zoom — ■ +   85% ▾
99) Quick Pricer   Bid   Ask   Mid   Deposit ▾
Mty   1M Delta 49.853 C ▾ Vol   3.250   3.350 Fwd 1.62235 EUR 3.606%
Exp 12-Mar-2007 ▾ Strike   1.62221 EUR Price 0.360% 0.371% Spot 1.62425 CHF 2.095%

Exp	ATM Bid	ATM Ask	25D Call EUR Bid	25D Call EUR Ask	25D Put EUR Bid	25D Put EUR Ask	10D Call EUR Bid	10D Call EUR Ask	10D Put EUR Bid	10D Put EUR Ask
1D	3.000	5.000	2.820	5.380	2.818	5.382	1.623	6.611	1.991	6.947
1W	3.250	4.000	3.229	4.171	3.277	4.223	2.930	4.663	3.286	5.021
2W	3.200	3.800	3.116	3.869	3.329	4.085	3.062	4.438	3.259	4.641
3W	3.200	3.500	3.137	3.513	3.386	3.764	3.259	3.941	3.457	4.143
1M	3.250	3.350	3.300	3.425	3.375	3.500	3.437	3.663	3.636	3.864
2M	3.250	3.450	3.338	3.587	3.312	3.563	3.362	3.813	3.585	4.040
3M	3.100	3.300	3.163	3.412	3.187	3.438	3.213	3.662	3.435	3.890
6M	2.950	3.150	2.952	3.198	3.250	3.500	3.027	3.473	3.324	3.776
1Y	2.950	3.000	2.919	2.981	3.268	3.332	3.169	3.281	3.417	3.533
18M	2.816	3.035	2.788	3.060	3.111	3.390	2.856	3.349	3.414	3.921
2Y	2.650	2.900	2.595	2.905	2.941	3.259	2.744	3.306	2.986	3.564
3Y	2.650	2.900	2.656	2.964	3.000	3.320	2.653	3.212	3.236	3.817
5Y	2.650	2.900	2.581	2.889	3.075	3.395	2.654	3.211	3.234	3.819
7Y	2.650	2.950	2.603	2.970	2.801	3.187	2.579	3.245	2.968	3.672
10Y	2.650	2.950	2.603	2.969	2.800	3.187	2.583	3.245	2.965	3.673

Abbildung 10.15: implizite EUR CHF-Volatilitäten vom 12.2.2007, (Quelle: Bloomberg)

Es ist wieder selbstverständlich, dass für ein konkretes (und wie im vorliegenden Fall sehr heikles) Gutachten genauestens zu diskutieren ist, welche Volatilitäten hier konkret aus welchem Grund verwendet werden. Wieder wollen wir hier in diese Diskussion nicht eintreten. Wir sehen, dass sich die für uns relevanten Volatilitäten fast ausschließlich im Bereich zwischen 2.5% und 3.5% bewegen. Wir werden daher für alle Rechnungen Auswertungen einmal mit dem Wert 2.5% für alle σ_i und einmal mit 3.5% für alle σ_i durchführen.

Nun gehen wir zur Bewertung genauso vor, wie wir dies in Paragraph 6.16 für die Bewertung von Optionen mit Hilfe von Monte Carlo durchgeführt haben. (Wir bemerken hier, dass diese Optionen auch mit Hilfe einer exakten Bewertungsformel für sogenannte Quanto-Optionen bewertet werden könnten. Da wir diese Formel aber bisher nicht hergeleitet haben, greifen wir wieder auf die Monte Carlo-Methode zurück.)

Wir bewerten die 20 Optionen einzeln (natürlich nach genau demselben Schema) und addieren die einzelnen Werte zum Gesamtwert der Swap-Komponente auf.

Dafür simulieren wir wieder eine große Anzahl von möglichen Szenarien, also Pfadentwicklungen (als Schrittweite für die Simulationen nehmen wir jeweils eine Woche). Für jeden Pfad bestimmen wir die sich für diesen Pfad ergebende Auszahlung (= vom Investor A zum Zeitpunkt T_i zu zahlender Zinssatz in der Optionskomponente), diskontieren diese mit Hilfe der Diskontierungsfaktoren $d_i^{(CHF)}$ auf den Zeitpunkt 0 und bilden den Mittelwert über diese diskontierten Payoffs. Das Resultat ist der faire Wert der Optionen aus Sicht des 1.2.2007 ausgedrückt in CHF. Die Division durch 1.62 ergibt den Wert ausgedrückt in Euro.

Wir zeigen im Folgenden nur für die Option mit der längsten Laufzeit bis 30.September 2016 und für die Vola-Wahl 3.5% (obere Schranke) eine Auswahl (Abbildung 10.16) von 30 Szenarien (Pfadentwicklungen) und das Konvergenzverhalten (Abbildung 10.17) gegen den Wert der Option. In der nachfolgenden Tabelle führen wir die Werte der Einzel-Optionen in Prozent der Nominale an.

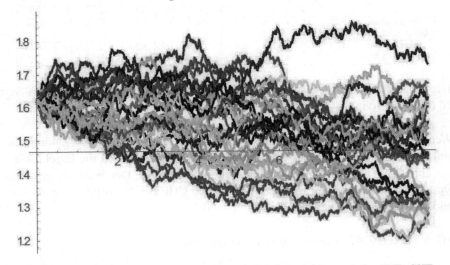

Abbildung 10.16: 30 Szenarien (= risikoneutrale Pfadentwicklungen) des EUR CHF von 2007 bis 2017

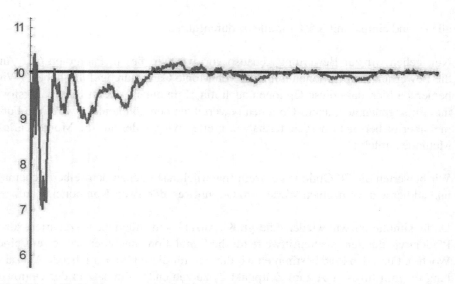

Abbildung 10.17: Konvergenzverhalten bei Monte Carlo-Simulation der am längsten laufenden Option mit Vola 3.5 (Näherungswert 10.04)

Bewertungen der einzelnen Optionen mit Laufzeit bis zum i-ten Zahlungstermin für zwei Vola-Werte:

i	1	2	3	4	5	6	7	8	9	10
Wert Option bei $\sigma = 2.5\%$	0.07	0.08	0.26	0.43	0.79	1.30	1.89	2.08	2.58	3.13
Wert Option bei $\sigma = 3.5\%$	0.69	0.16	0.53	0.98	1.49	1.94	2.59	2.76	3.62	4.33

i	11	12	13	14	15	16	7	18	19	20
Wert Option bei $\sigma = 2.5\%$	3.73	4.51	4.86	5.43	6.10	6.62	7.26	7.73	8.38	9.34
Wert Option bei $\sigma = 3.5\%$	4.77	5.35	6.16	6.47	7.04	7.69	8.59	8.88	9.57	10.04

Wir erhalten nun die Gesamtbewertung durch Aufaddieren für $\sigma = 2.5\%$ von 76.57% und von 93.65% für $\sigma = 3.5\%$.

Wenden wir die Zinssätze auf die Nominale zur Bestimmung der Zahlungshöhen an, so müssen wir diese Werte aber durch 2 dividieren, da die Ergebnisse ja per anno-Zinssätze sind, aber halbjährlich verzinst wird. Der Wert der gesamten Options-Komponente beträgt daher 76.570.000 CHF bei der Wahl von $\sigma = 2.5\%$ und 93.650.000 CHF bei der Wahl von $\sigma = 3.5\%$.

Mit dem Kurs 1.62 in Euro umgerechnet ergibt dies:

Der Wert der gesamten Options-Komponente beträgt circa 47.265.000 Euro bei der Wahl von $\sigma = 2.5\%$ und 57.809.000 Euro bei der Wahl von $\sigma = 3.5\%$.

Aus Sicht des Investors A sind das natürlich negative Werte

Für den gesamten Swap erhalten wir somit, unter Einbeziehung des Wertes von Teil 1 des Swaps von circa 29.210.000 Euro, aus Sicht des Investors A eine obere und eine untere Schranke für den gesamten Swap:

29.210.000 - 57.809.000 < Swapwert aus Sicht des Investors A < 29.210.000 - 47.265.000,

also -28.599.000 Euro < Swapwert bei Abschluss < -18.055.000 Euro

Tatsächlich hatte dieser Swap also bei Abschluss am 1.2.2007 einen deutlich negativen Wert aus Sicht des Investors A.

Natürlich sind in einem realen Gutachtensfall noch verschiedenste Begleitumstände zu diskutieren (Liquidität des Produkts, konkrete Diskussion der Verwendung der jeweiligen Art der Parameter, ...). Dennoch liegt in diesem Fall eine so deutliche Aussage vor, dass auch solche Diskussionen nicht an der grundsätzlichen Aussage rütteln können.

10.3.4 Zur Frage nach der „Portfolio-Optimierung" durch den Einsatz des Swaps

Natürlich wäre hier ein Schnellschuss der Form *„Selbstverständlich stellt dieser Swap, der zu diesem Fiasko geführt hat, alles andere als eine Portfolio-Optimierung dar!"* voreilig, da wir ja damit eine a posteriori-Aussage treffen. Wir müssen vielmehr fragen: *„Bestand a priori eine fundierte nachvollziehbare, stringente Begründung für den Einsatz dieses Produkts zur Portfolio-Optimierung?"*

Wir wollen – vor allem aus einem Grund, den wir an geeigneter Stelle anführen werden – hier nur die prinzipielle Herangehensweise an diese Fragestellung erläutern und eine Auswahl an resultierenden Ergebnissen geben. Wir werden nicht auf die Details der Berechnungen bzw. Simulationen eingehen.

Vorbemerkung:
Wird ein (insbesondere ein potentiell hoch riskantes) Finanzprodukt als Maßnahme zur Portfolio-Optimierung von der Bank dem Kunden vorgeschlagen, so muss die Zugabe des Produkts zum Portfolio in den zugehörigen ex ante Analysen und Simulationen unter Einbeziehung der am Markt zum Zeitpunkt der Analysen vorherrschenden Prognosen in der überwiegenden Mehrzahl der realistischen Szenarien tatsächlich zu einer Optimierung führen.

Bei den im Folgenden verwendeten Parametern und Modellen verwenden wir folgende Terminologie:

- Parameter- oder Modell-Wahlen, die nach Möglichkeit die realen Verhältnisse und Prognosen am Markt widerzuspiegeln versuchen, nennen wir **„realistische Wahlen"**.

- Parameter- oder Modell-Wahlen, die so beschaffen sind, dass sie eher als bei der realistischen Wahl zum Ergebnis führen, dass eine Portfoliooptimierung vorliegen wird, nennen wir im Folgenden **„optimistische Wahlen"** (aus Sicht der Bank die ein solches Produkt forcieren möchte).

- Parameter- oder Modell-Wahlen, die so beschaffen sind, dass sie seltener als bei der realistischen Wahl zum Ergebnis führen, dass eine Portfoliooptimierung vorliegen wird, nennen wir im Folgenden **„pessimistische Wahlen"** (aus Sicht der Bank die ein solches Produkt forcieren möchte).

Wie wollen wir nun aber bei einer vorausgesetzten Parameterwahl eine „Portfolio-Optimierung" definieren? Wir erinnern uns dazu an das Konzept des Vola-/Rendite-Diagramms bei der Portfolio-Selektions-Theorie in Kapitel 9. Eine „Portfolio-Verbesserung" liegt dann vor, wenn bei im Wesentlichen gleich bleibender oder ansteigender oder schlimmstenfalls schwach fallender Rendite die Volatilität deutlich abnimmt oder wenn bei im Wesentlichen gleich bleibender oder fallender oder schlimmstenfalls schwach steigender Volatilität die Rendite deutlich zunimmt.

Die in unserem Fall relevanten Kursentwicklungen sind die Entwicklung des EUR CHF-Wechselkurses und die Entwicklung des CHF-6-Monats-LIBOR.

Wir werden daher im Folgenden passende Modelle für die Simulation dieser beiden Entwicklungen wählen, für verschiedene Parameter-Sets jeweils eine große Anzahl (konkret in unseren Untersuchungen jeweils 100.000) Szenarien erzeugen und die entsprechenden Payoffs (bzw. die zu leistenden Zahlungen durch den Investor A) einmal nur für den Kredit ohne Swap und einmal für den Kredit mit Swap bestimmen. In beiden Fällen bestimmen wir die durchschnittlichen Renditen und Standardabweichungen der Zahlungen (sowie weitere technische Kennzahlen) und wir vergleichen die Ergebnisse für die beiden Fälle in Hinblick darauf, ob – unter der oben beschriebenen Sicht der Dinge – von einer Portfolio-Optimierung gesprochen werden kann.

Die Modelle die wir verwenden werden: Für den EUR CHF-Kurs $S(t)$ verwenden wir das Wiener Modell

$$S(t) = 1.62 \cdot e^{\left(\mu - \frac{\sigma^2}{2}\right) \cdot t + \sigma \cdot w_t},$$

wobei wir für die Parameter μ und σ dann verschiedene (im obigen Sinn) optimistische/realistische/pessimistische Wahlen vornehmen werden.

Für die Modellierung des CHF-6-Monats-LIBORS $L(t)$ verwenden wir ein mean-reverting Cox-Ross-Ingersoll-Modell, das wir in Paragraph 7.3 kurz vorgestellt haben.

$$dL(t) = a \cdot (m - L(t)) \cdot dt + b \cdot \sqrt{L(t)} \cdot d\widetilde{W}_t$$

mit konstanten $a > 0$, b und m und mit fixem Startwert $L(0)$.

Der Grund für die Wahl des mean-reverting Cox-Ross-Ingersoll-Modells (CIR) war der Folgende: Wir nehmen es vorweg (es ist das auch keine große Überraschung), dass sich als Resultat der folgenden Analysen ergeben wird, dass im vorliegenden Fall nicht von einer Portfolio-Optimierung gesprochen werden kann. Will man dieses – gegen die Bank B sprechende – Resultat gegen unausbleibliche Kritik wappnen, so darf man durch die Wahl des Modells keinen Angriffspunkt bieten.

Für die Modellierung von Zinssätzen kommen im Wesentlichen das mean-reverting Orenstein-Uhlenbeck-Modell (Vasicek-Modell) und das mean-reverting CIR in Frage. Das CIR führt zu höheren Schwankungen des Zinssatzes als das Vasicek-Modell. Höhere Schwankungen des Zinssatzes führen tendenziell zu höherem Risiko im Kredit und machen den Einsatz eines Swaps damit sinnvoller. In Hinblick auf die Frage nach einer Portfolio-Optimierung durch den Swap kommt man daher eher bei Verwendung des CIR-Modells zu positiven Ergebnissen als bei Verwendung des Vasicek-Modells. Kommt man also sogar bei Verwendung des CIR-Modells zum Schluss, dass im Allgemeinen keine Portfolio-Optimierung vorliegt, dann ist dieser Schluss erst recht für das Vasicek-Modell zulässig. Die Wahl des CIR-Modells ist dann in dieser Hinsicht nicht angreifbar.

Wir haben uns im bisherigen Verlauf des Buchs nicht näher mit der Kalibrierung von Parametern im CIR-Modell beschäftigt. Daher werden wir die konkreten Parameterschätzungen hier nicht explizit begründen können und werden daher nur die prinzipielle Vorgangsweise und ausgewählte Resultate präsentieren können.

Nun zu den in beiden Modellen verwendeten Parametern:

Die **Parameter der Währungsentwicklung:**
Wie im vorigen Kapitel angemerkt, können wir für die **Volatilität** σ Werte zwischen 2.5 und 3.5 voraussetzen. Eine **realistische Wahl** wäre der Mittelwert $\sigma = 3$. Eine hohe Vola spricht für starke Schwankungen des Wechselkurses und ein damit einhergehendes höheres Risiko für den Swap. Aus Sicht der Bank und in Hinblick auf eine etwaige Portfolio-Optimierung durch den Swap ist die Wahl $\sigma = 3.5$ daher eine **pessimistische Wahl** und $\sigma = 2.5$ eine **optimistische Wahl**.

Nun zum Trend-Parameter μ : In der risikolosen Bewertung (siehe voriges Kapitel) ist dieser Parameter als Differenz $r(c) - r(e)$ aus risikolosen CHF-Zinssätzen

$r(c)$ und risikolosen Euro-Zinssätzen $r(e)$ zu setzen. Diese Differenz lag – wie wir gesehen haben – im Wesentlichen im Bereich von -1.50.

Dieses implizite Verhältnis zwischen CHF-Zinsen und Euro-Zinsen ist von finanzmathematischer Relevanz, da dadurch das risikoneutrale Maß gegeben ist, auf dem die Bewertung von Währungs-Derivaten beruht. Es zeigt keine Prognosen an, ist aber in Analysen auf jeden Fall miteinzubeziehen.

Aus folgender Abbildung sind die Währungsprognosen der wichtigsten Banken für den CHF aus dem Februar 2007 mit den entsprechenden Statistiken zu ersehen.

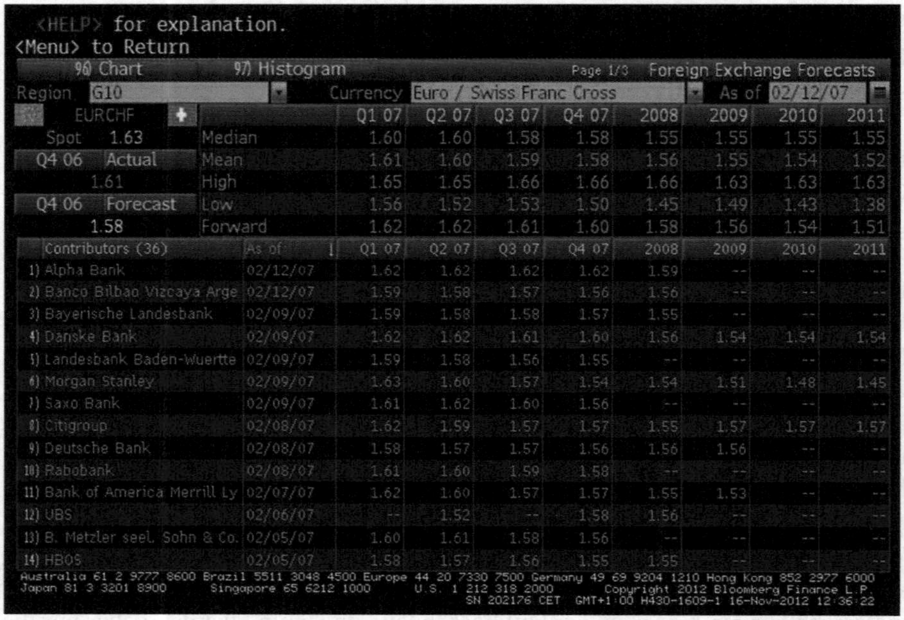
<HELP> for explanation.
<Menu> to Return
96) Chart 97) Histogram Page 1/3 Foreign Exchange Forecasts
Region G10 Currency Euro / Swiss Franc Cross As of 02/12/07

EURCHF		Q1 07	Q2 07	Q3 07	Q4 07	2008	2009	2010	2011
Spot 1.63	Median	1.60	1.60	1.58	1.58	1.55	1.55	1.55	1.55
Q4 06 Actual	Mean	1.61	1.60	1.59	1.58	1.56	1.55	1.54	1.52
1.61	High	1.65	1.65	1.66	1.66	1.66	1.63	1.63	1.63
Q4 06 Forecast	Low	1.56	1.52	1.53	1.50	1.45	1.49	1.43	1.38
1.58	Forward	1.62	1.62	1.61	1.60	1.58	1.56	1.54	1.51

Contributors (36)	As of	Q1 07	Q2 07	Q3 07	Q4 07	2008	2009	2010	2011
1) Alpha Bank	02/12/07	1.62	1.62	1.62	1.62	1.59	--	--	--
2) Banco Bilbao Vizcaya Arge	02/12/07	1.59	1.58	1.57	1.56	1.56	--	--	--
3) Bayerische Landesbank	02/09/07	1.59	1.58	1.58	1.57	1.55	--	--	--
4) Danske Bank	02/09/07	1.62	1.62	1.61	1.60	1.56	1.54	1.54	1.54
5) Landesbank Baden-Wuertte	02/09/07	1.59	1.58	1.56	1.55	--	--	--	--
6) Morgan Stanley	02/09/07	1.63	1.60	1.57	1.54	1.54	1.51	1.48	1.45
7) Saxo Bank	02/09/07	1.61	1.62	1.60	1.56	--	--	--	--
8) Citigroup	02/08/07	1.62	1.59	1.57	1.57	1.55	1.57	1.57	1.57
9) Deutsche Bank	02/08/07	1.58	1.57	1.57	1.56	1.56	1.56	--	--
10) Rabobank	02/08/07	1.61	1.60	1.59	1.58	--	--	--	--
11) Bank of America Merrill Ly	02/07/07	1.62	1.60	1.57	1.57	1.55	1.53	--	--
12) UBS	02/06/07	--	1.52	--	1.58	1.56	--	--	--
13) B. Metzler seel. Sohn & Co.	02/05/07	1.60	1.61	1.58	1.56	--	--	--	--
14) HBOS	02/05/07	1.58	1.57	1.56	1.55	1.55	--	--	--

Australia 61 2 9777 8600 Brazil 5511 3048 4500 Europe 44 20 7330 7500 Germany 49 69 9204 1210 Hong Kong 852 2977 6000
Japan 81 3 3201 8900 Singapore 65 6212 1000 U.S. 1 212 318 2000 Copyright 2012 Bloomberg Finance L.P.
SN 202176 CET GMT+1:00 H430-1609-1 16-Nov-2012 12:36:22

Abbildung 10.18: Währungsprognosen Februar 2007 (Quelle: Bloomberg)

Der Mittelwert dieser Prognosen zeigt eindeutig fallende Tendenz:
Spot: 1.63, 4. Quartal 2007: 1.58, 2008: 1.56, 2009: 1.55, 2010: 1.54, 2011: 1.52

Wird das Portfolio des Investors A in Hinblick auf eine „Portfolio-Optimierung" mit Hilfe einer hochriskanten Konstruktion analysiert, dann sind diese im Februar 2007 bestehenden Währungsprognosen ganz wesentlich in die Analyse einzubeziehen. Der sich hier in den Prognosen zeigende negative Trend liegt über dem implizit durch das Verhältnis zwischen CHF-Zinsen und Euro-Zinsen gegebenen Trend von -1.5%. Eine Fortsetzung der Prognosen (schwarze Punkte) bis ins relevante Jahr 2017 ergibt etwa das folgende Bild:

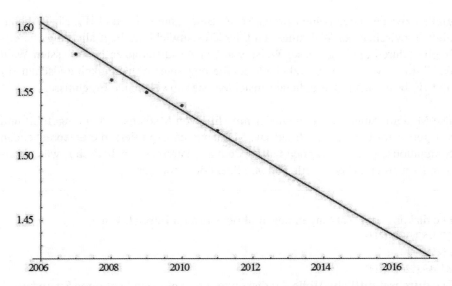

Abbildung 10.19: Tendenz des prognostizierten Trends des EUR CHF-Kurs aus Sicht Februar 2007

Die rote Linie zeigt eine exponentiell fallende Approximation an diese Prognosen mit einem Trend von -1.1% p.a. Wir werden in unseren weiteren Analysen daher als **realistische Schätzung** für den Trend in der Währungsentwicklung den Drift von $\mu = -1.1$, der sich aus den Währungsprognosen der Banken im Februar 2007 ergibt, verwenden.

Ein stärker negativer Trend führt zu wesentlich höheren Risiken für die Swap-Konstruktion. Die Annahme der Wahl $\mu = -1.5$ (die sich implizit aus dem Zins-verhältnis ergibt) ist daher als **pessimistische Wahl** anzusehen.

Als definitiv **optimistische Wahl** wäre somit der Ansatz $\mu = 0$ zu bezeichnen.

Die **Parameter der Zinsentwicklung:**
Wie wir schon bei der Wahl des CIR-Modells argumentiert haben, sprechen stark variierende Zinsen eher für den Einsatz eines Swaps zur Risikominderung des Kredits. Das selbe gilt natürlich bei stärker steigenden Zinsen. Somit sind ein höherer mean-reversion-Parameter m und ein höherer Diffusions-Parameter b im CIR-Modell optimistische Parameterwahlen. Zugehörige Kalibrierungsanalysen, auf die wir hier nicht weiter eingehen können, haben in diesem Sinn zu
optimistischen Wahlen $m = 5\%$ **und** $b = 0.39$
realistischen Wahlen $m = 3.44\%$ **und** $b = 0.318$
und pessimistischen Wahlen $m = 2\%$ **und** $b = 0.25$
geführt, mit denen wir im Weiteren arbeiten werden.

Ein Thema für die folgenden Simulationen wäre auch noch eine etwaige Abhängigkeit zwischen den beiden Brown'schen Bewegungen W_t und $\widetilde{W}_t$. Eine Abhängigkeit zwischen der Währungs- und der Zinsentwicklung liegt allerdings bereits implizit durch die in gewisser Weise von den Zinsdifferenzen beeinflussten Wahl des Drifts μ vor. Eine zusätzliche Modellierung einer Abhängigkeit zwischen W_t und $\widetilde{W}_t$ bringt kaum zusätzliche Einsichten oder abweichende Ergebnisse.

Die Modellierungen wurden wieder mit Hilfe von Mathematica durchgeführt und wir geben im Folgenden, direkt aus Mathematica exportiert, die entsprechenden Simulationsergebnisse für den Fall, in dem alle Parameter realistisch gewählt wurden. Es wurden dabei jeweils 100.000 Szenarien simuliert.

Die diskontierten Zahlungen liegen **ohne Swap** im **Bereich** von
17.952.300 CHF
bis
81.491.200 CHF
Die **durchschnittliche Höhe** der diskontierten Zahlungen liegt **ohne Swap** bei
36.011.800 CHF
mit einer **Standardabweichung** von
6.644.670

Die diskontierten Zahlungen liegen **mit Swap** im **Bereich** von
1.0760620
bis
423.662.000
Die **durchschnittliche Höhe** der diskontierten Zahlungen liegt **mit Swap** bei
47.585.200
mit einer **Standardabweichung** von
50.682.200

Ertragssteigerung durch Swap: Faktor 0.756784
Risikosteigerung durch Swap: Faktor 7.62751

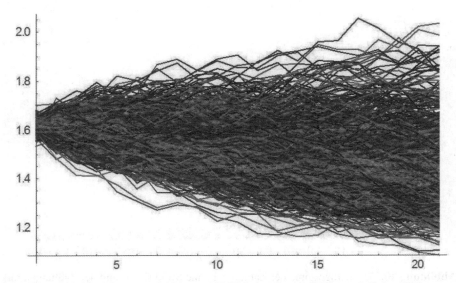

Abbildung 10.20: Die ersten 1.000 von 100.000 simulierten Pfaden möglicher Währungs-entwicklungen

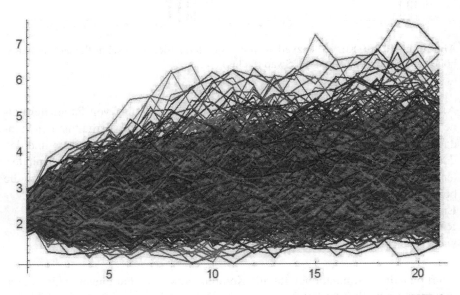

Abbildung 10.21: Die ersten 1.000 von 100.000 simulierten Pfaden möglicher CHF-6m-LIBOR-Entwicklungen

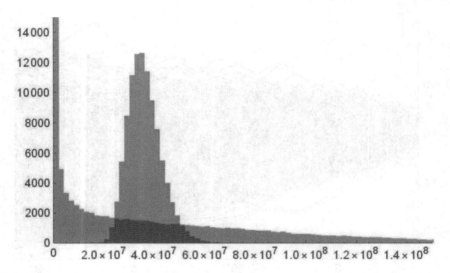

Abbildung 10.22: Histogramme der Zahlungen ohne Swap (blau) und der Zahlungen mit Swap (rosa) im Vergleich

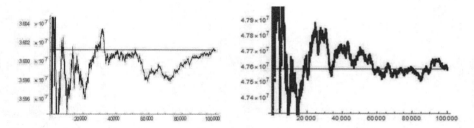

Abbildung 10.23: Konvergenzverhalten bei Simulation der durchschnittlichen Zahlungs-höhe ohne Swap (links) und mit Swap (rechts)

Also man erkennt bei dieser durchwegs „realistischen Wahl" von Parametern eine sehr starke Erhöhung des Risikos (ausgedrückt durch das Verhältnis der Standardabweichungen und durch die viel größere Bandbreite der Zahlungen und den damit verbundenen viel höheren VAR der Zahlungen) bei sogar leicht verminderter erwarteter Rendite. Risikosteigerung und Renditeverminderung wird durch die beiden angegebenen Faktoren

Ertragssteigerung durch Swap: Faktor 0.756784
Risikosteigerung durch Swap: Faktor 7.62751
widergespiegelt.

Führt man diese Simulationen für alle Kombinationen von Parameterwahlen durch und fasst man die Ertragssteigerungs- und Risikosteigerungsfaktoren zusammen, so erhält man folgendes Bild:

Währungs-Volatilität	Währungs-Trend	Zins-Volatilität	Zins- Mean-Reversion	Rendite-Steigerung	Risiko-Steigerung
realistisch	realistisch	realistisch	realistisch	0.76	7.6
realistisch	realistisch	realistisch	optimistisch	0.98	6.7
realistisch	realistisch	optimistisch	realistisch	0.75	6.3
realistisch	optimistisch	realistisch	realistisch	2.63	3.8
optimistisch	realistisch	realistisch	realistisch	0.87	6.4
realistisch	realistisch	optimistisch	optimistisch	0.98	5.6
realistisch	optimistisch	realistisch	optimistisch	3.35	3.5
optimistisch	realistisch	realistisch	optimistisch	1.15	5.5
realistisch	optimistisch	optimistisch	realistisch	2.56	3.3
optimistisch	realistisch	optimistisch	realistisch	0.86	5.3
optimistisch	optimistisch	realistisch	realistisch	3.82	2.8
realistisch	optimistisch	optimistisch	optimistisch	2.55	3.2
optimistisch	realistisch	optimistisch	optimistisch	1.13	4.6
optimistisch	optimistisch	realistisch	optimistisch	5.03	2.5
optimistisch	optimistisch	optimistisch	realistisch	3.96	2.2
optimistisch	optimistisch	optimistisch	optimistisch	5.14	2.0
realistisch	pessimistisch	realistisch	realistisch	0.58	8.7
pessimistisch	realistisch	realistisch	realistisch	0.65	9.0
pessimistisch	pessimistisch	realistisch	realistisch	0.51	10.2

Nur in einigen wenigen Fällen unter sehr optimistischen Parameter-Schätzungen könnte hier auf eine etwaige Portfolio-Optimierung geschlossen werden (blau unterlegt). Bei allen anderen optimistisch/realistischen (und natürlich erst recht bei allen pessimistisch/realistischen) Parameterwahlen ergibt sich keinerlei Hinweis auf eine mögliche Portfolio-Optimierung, ganz im Gegenteil führen die meisten Parameterwahlen zu äußerst nachteiligen Entwicklungen (rot hinterlegt).

10.4 Fall-Beispiel IV: Bewertung von kündbaren Range Accrual Swaps im Rahmen eines Gutachtens

Im Rahmen eines Gerichtsgutachtens war die Bewertung des im Folgenden beschriebenen Produkts zu einem bestimmten Zeitpunkt während der Laufzeit des Produkts erforderlich:

10.4.1 Ausgestaltung des Produkts

Das Produkt war ein sogenannter **Range Accrual Swap** *(RAS). Dieser Swap war am* **2. Mai 2012** *zwischen einer* **Bank B** *und einem* Investor **A** *abgeschlossen worden.*

Die **Laufzeit** *betrug 20 Jahre* **bis 30. April 2032**.
Die **Nominale** *des Swap-Geschäfts betrug* **50.000.000 Euro**.

Das dem Swap zugrundeliegende **Underlying** *(Basisprodukt) war der* **6-Monats-Euribor**.

Zahlungsaustäusche sollten, beginnend mit dem 31. Oktober 2012 und endend mit dem 30. April 2032, **jeweils am 30. April und am 31. Oktober jeden Jahres** stattfinden.

Der **Investor A zahlt** an die Bank B:
Zu jedem Zahlungstermin den Betrag:
Die **Hälfte des Wertes des 6-Monats-Euribors vom vorhergegangenen Zahlungstermins** von der Nominale.

(Insbesondere am 31. Oktober 2012 (erster Zahlungstermin) die Hälfte des Wertes des 6-Monats-Euribors am 30. April 2012.) Bei negativem 6-Monats-Euribor kommt es zu keiner Zahlung, gleich in welche Richtung.

Zum Beispiel Zahlungstermin 30. April 2013:
Der 6-Monats-Euribor lag zum vorhergegangenen Zahlungstermin am 31. Oktober 2012 bei 0.389%. Am 30. April 2013 zahlt der Investor A an die Bank B daher einen Betrag von $0.5 \times 0.00389 \times 50$ Mio. $= 97.250$ Euro.

Die **Bank B zahlt** an den Investor A:
Zu jedem Zahlungstermin den Betrag:
Die Hälfte von 4% $\times$ „Faktor" $\times$ Nominale.

Dabei ist der „Faktor" bestimmt durch den relativen Anteil der Handelstage in der Vorperiode, an denen der 6-Monats-Euribor unter einer gewissen Schranke gelegen ist. Diese Schranken sind gegeben durch:
1% von 2. Mai 2012 bis 30. April 2013
1.50% von 2. Mai 2013 bis 30. April 2014
2% von 2. Mai 2014 bis 30. April 2018
3% von 2. Mai 2018 bis 30. April 2028
3.50% von 2. Mai 2028 bis 30. April 2032

Zum Beispiel Zahlungstermin 30. April 2013:
Der 6-Monats-Euribor lag (siehe Abbildung 10.24) in der Vorperiode von 31. Oktober 2012 bis 30. April 2013 stets unter 1%. Somit ist der Faktor gleich 1. Am 30. April 2013 zahlt die Bank B an den Investor A daher einen Betrag von $0.5 \times 0.04 \times 1 \times 50$ Mio. $= 1.000.000$ Euro.

Der tatsächliche Zahlungsfluss am 30. April 2013 erfolgte daher in Höhe von $1.000.000 - 97.250 = 902.750$ Euro von der Bank B an den Investor A.

Wäre dagegen der 6-Monats-Euribor in der Vorperiode von 31. Oktober 2012 bis 30. April 2013 nur an zum Beispiel 41 der insgesamt 123 Handelstage unter der relevanten Schranke von 2.25% gelegen, dann hätte der Faktor $\frac{41}{123} = \frac{1}{3}$ betragen und die Höhe der Zahlung der Bank B an den Investor A hätte nur

$0.5 \times 0.04 \times \frac{1}{3} \times 50 \, Mio. = 333.333 \, Euro \, betragen$ *(der tatsächliche Zahlungsfluss hätte in der Höhe von 236.083 stattgefunden).*

*Ein wesentliches weiteres Ausstattungsmerkmal beeinflusst den Wert dieses Produkts aber noch ganz wesentlich. Es besteht ein **einseitiges Kündigungsrecht für die Bank B**:*
Die Bank B kann den Range Accrual Swap zu jedem Zahlungstermin (beginnend mit 31. Oktober 2012) kündigen. Die Zahlung, die zu dem Zahlungstermin zu dem die Kündigung stattfindet anfällt, ist allerdings noch zu leisten.

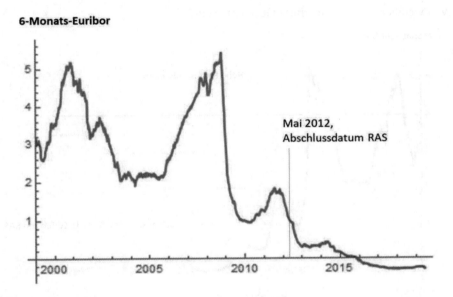

Abbildung 10.24: Entwicklung des 6-Monats-Euribor von Januar 1999 bis Juni 2019

10.4.2 Motivation für den Abschluss des Swaps und weitere Hintergründe

Schauen wir uns als erstes die Situation im Swap einmal informell an und sammeln wir ein paar erste Eindrücke. Dazu lassen wir vorerst das Kündigungsrecht der Bank unbeachtet.

Der Investor A muss darauf hoffen, dass der 6-Monats-Euribor im Lauf der kommenden 20 Jahre (immer aus der Sicht des Mai 2012) niedrig bleibt bzw. vor allem nicht zu stark ansteigt. Sollte der 6-Monats-Euribor im Idealfall während der gesamten Laufzeit des Swaps an jedem Handelstag unter den definierten Schranken bleiben (siehe Illustration in Abbildung 10.25), dann würden immer Zahlungen in Höhe von 4% per anno von der Bank an den Investor fließen, während dieser nur den 6-Monats-Euribor zu bezahlen hätte, der (unter den Schranken liegend!) dann stets unter der Marke von 4% liegen würde.

Man könnte leichthin formulieren: Der Investor A spekuliert auf niedrig bleibende oder nur schwach wachsende Zinsen, die Bank B spekuliert auf stark wachsende Zinsen. Oder aber: Der Investor A sichert sich gegen niedrig bleibende Zinsen ab und die Bank B sichert sich gegen stark steigende Zinsen ab. Diese zweite Formulierung setzt aber voraus, dass zumindest einer der beiden Partner in dem Geschäft andere Investitionen laufen hat, deren Risiko durch den RAS vermindert werden soll.

Von welcher Art könnten diese Geschäfte sein?

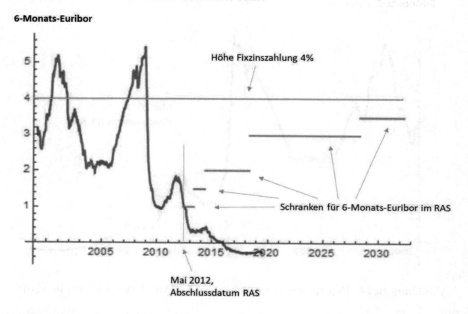

Abbildung 10.25: Illustration der Schranken für den 6-Monats-Euribor zur Bestimmung der Zahlungshöhen

Tatsächlich hatte der Investor A zu Beginn des Jahres 2007 einen Fixzinskredit in Höhe von 50 Millionen Euro aufgenommen gehabt mit einer Laufzeit bis ins Jahr 2032. Der Zinssatz dieses Darlehens lag gerade bei 5%.

Im Lauf der Finanzkrise waren die Marktzinsen massiv gefallen, zu Beginn des Jahres 2012 lag der 6-Monats-Euribor bei circa 1%, die Kreditfixzinsen von 5% waren für den Investor daher sehr unvorteilhaft. Absicht des Investors aus Sicht des Jahres 2012 war es nun, diese unvorteilhafte Situation möglichst zu verbessern. Dazu sollte dieser Range Accrual Swap dienen.

Sollten die Zinsen tatsächlich unter den definierten Schranken verharren, dann würde die Bank B für den Investor A die fixen Kreditzinsen bis auf 1% übernehmen.

Investor A hätte somit nur den 6-Monats-Euribor plus 1% per anno an Kreditzinsen zu bezahlen.

Dieses auf den ersten Blick verführerische Kommitment hat freilich zwei nicht unbeträchtliche Haken:

Erster Haken.
Sollten die Marktzinsen doch wieder ansteigen, zum Beispiel im Bereich von Mai 2018 bis April 2028 durchgehend über 3%. Dann zahlt die Bank B in diesem Zeitraum nichts an den Investor A. Der Investor A muss also zusätzlich zu den Fixkreditzinsen von 5% per anno auch noch die dann hohen 6-Monats-Euribor-Zinsen auf die 50 Millionen Euro bezahlen. Das würde allerdings eine äußerst ungünstige Situation für Investor A darstellen.

Zweiter Haken:
Der Investor A hat sich auch bei konstant niedrig bleibenden Zinsen mittels dieses RAS keine dauerhafte Verbesserung der Situation gesichert, da eben das Kündigungsrecht des RAS durch die Bank besteht. Es ist anzunehmen, dass die Bank bei dauerhaft niedrigen oder noch stärker fallenden Zinsen diesen Swap relativ bald kündigen wird. Tatsächlich kann sich der Investor daher stets nur von Zahlungstermin zu Zahlungstermin einen eventuell günstigen Zinssatz sichern und nicht längerfristig darüber hinaus.

Aus heutiger Sicht, in Kenntnis der Entwicklung des 6-Monats-Euribor von 2012 bis heute, hat die Bank B den RAS sicher bereits im Jahr 2013 bei Sinken des 6-Monats-Euribors auf unter 0.4%, aber spätestens im Jahr 2015 als der 6-Monats-Euribor erstmals in den negativen Bereich abrutschte, den RAS gekündigt.

Im Rahmen einer kontroversiellen Prüfung der Beratungstätigkeit der Bank B für den Investor A wurde der Autor im Jahr 2015 gerichtlich beauftragt, diesen RAS (der zum Preis 0, also ohne weitere Vorab-Zahlung zwischen den beiden Parteien vereinbart worden war) dahingehend zu prüfen, ob der Abschluss dieses Swaps als ein annähernd faires Geschäft klassifiziert werden kann. Insbesondere war festzustellen ob die Bank B den Investor A durch den Abschluss des Geschäfts eventuell übervorteilt hat.

Das heißt: Notwendig war **eventuell (!) nicht unbedingt, einen exakten fairen Preis** des Produkts zu bestimmen, sondern es hätte sein können, dass eine **untere Schranke** für den fairen Preis des Produkts aus Sicht der Bank B **ausreichend** für entsprechende Schlussfolgerungen sein könnte: Sollte sich etwa herausstellen, dass – zum Beispiel! – bei Abschluss des Produkts der faire Preis des Produkts aus Sicht der Bank B **mindestens** bei 1.000.000 Euro gelegen wäre, dann hätte man daraus bereits auf eine Übervorteilung schließen können.

10.4.3   Modellierung und Kalibrierung der notwendigen Zinssätze im Vasicek-Modell

Wie wir in Kapitel 7 festgestellt hatten, in dem wir – wie wir betont haben: ober-flächlich – die Grundzüge der Modellierung von Zinskurven und der Bewertung von Zins-Derivaten vermittelt haben, ist die Bewertung von Zins-Derivaten der vorliegenden Form eine durchaus komplexe Aufgabe.

In Kapitel 7 haben wir uns auf die Bewertung über Spot-Rate-Modelle und dabei wiederum auf das Vasicek-Modell sowie das Hull-White-Modell (extended Vasi-cek) für Spot-Rates beschränkt und wir haben auf die Notwendigkeit des Einsatzes komplexerer Modelle (etwa des Cox-Ingersoll-Ross-Modells) verwiesen, wenn wir wirklich verlässliche Ergebnisse anstreben wollen.

Bei der ursprünglichen Behandlung dieser Aufgabenstellung wurde vom Autor das Hull-White-Modell verwendet. Dieses Modell hat – wie wir wissen – denselben prinzipiellen Aufbau wie das Vasicek-Modell, die im Modell auftretenden Parame-ter können (zum Teil) aber als von der Zeit abhängige Funktionen gewählt werden.

Wir wollen hier jedoch den etwas einfacheren und anschaulicheren Zugang über Spot-Rates auf Basis des Vasicek-Modells mit anschließender Monte Carlo-Simulation wählen (und wir werden dabei ganz ähnliche Resultate wie beim ur-sprünglichen Zugang über das Hull-White-Modell erhalten). Eine besondere Her-ausforderung bei der Bewertung wird dann das Kündigungsrecht der Bank darstel-len.

Wir starten damit, das Produkt vorerst einmal ohne Kündigungsrecht zu bewerten. In diesem Abschnitt werden wir die dafür notwendige Modellierung aller benötig-ten Zinsstrukturen vornehmen. Dabei wiederholen wir in Kürze auch noch einmal die Basisfakten.

Im vorliegenden RAS ist das dem Swap zugrundeliegende underlying der 6-Monats-Euribor. Zur Simulation des 6-Monats-Euribor simulieren wir eine Euro-Zins-Spot-Rate $R(t)$ (also einen kürzestfristigen Zinssatz). Konkret soll dies der „EONIA In-dex" der Euro Overnight Zinsen sein. Dazu wählen wir ein Vasicek-Modell.

$dR(t) = a \cdot (b - R(t))dt + \sigma \cdot dW(t)$ mit gegebenem Anfangswert $R(0)$.

Aus gewissen technischen Gründen verwenden wir hier nicht die in Kapitel 7.13 eingeführte Version $(b - a \cdot R(t))dt + \sigma \cdot dW(t)$. Die jetzt verwendete Version kann auch in der Form $(ab - a \cdot R(t))dt + \sigma \cdot dW(t)$ geschrieben werden. Es ist bei der Verwendung von Formeln aus Kapitel 7.13 daher stets der Parameter b durch $a \cdot b$ zu ersetzen.

Der Zeitpunkt $t = 0$ bezeichnet dabei den 30. April 2012 und somit gilt laut historischer Zinsdatenbank (siehe unten) $R(0) = 0.00344$.

Achtung: Wir simulieren im Folgenden nicht die Prozentwerte der Zinssätze sondern die Zinssätze in absoluten Zahlen!

Der Parameter σ in diesem Modell wird genau so geschätzt, wie dies in Kapitel I.7.5 vorgeführt wurde, auf Basis der am 20. April 2012 vorhandenen historischen Daten des EONIA Index (die zum Beispiel aus Bloomberg oder aber auch zum Beispiel auf der Seite

`https://www.ariva.de/eonia/historische_kurse?boerse_id=34`

heruntergeladen werden können). Natürlich hängt die tatsächlich erzielte Schätzung für den Parameter σ davon ab, wie weit zurück die historischen Kurse zur Kalibrierung herangezogen werden. Im konkreten Fall des erstellten Gutachtens war ein Wert $\sigma = 0.032558$ geschätzt worden.

Zur Bestimmung der Parameter a und b darf – wie in Kapitel 7.5 erläutert – nicht auf historische Daten der Spot-Rates zurückgegriffen werden, da für die Bewertung von Derivaten der diskontierte erwartete Cashflow auf Basis des „risikoneutralen Modells" für das underlying bestimmt werden muss. Die Parameter a und b müssen daher (auf Umwegen) aus den Preisen liquider Derivate auf das underlying bestimmt werden, so wie das in Paragraph 7.13 vorgeführt wird.

Dazu sind wir im konkreten Fall folgendermaßen vorgegangen:
Für die Euro-Zins-Spot-Rate R (EONIA) mit Parametern a, b und (bereits oben bestimmtem Parameter) σ wird der Preis eines Bonds über R zur Zeit t und mit Laufzeit bis zur Zeit T mit $p(t, T)$ bezeichnet. Wenn sich die Spot-Rate R nach einem Vasicek-Modell entwickelt, dann gilt für $p(t, T)$ die Formel

$$p(t, T) = e^{A(t,T) - B(t,T) \cdot R(t)},$$

wobei

$$B(t, T) = \frac{1}{a} \cdot \left(1 - e^{(-a \cdot (T-t))}\right)$$

und

$$A(t, T) = \frac{(B(t, T) - T + t) \cdot \left(a^2 \cdot b - \frac{\sigma^2}{2}\right)}{a^2} - \frac{\sigma^2 \cdot (B(t, T))^2}{4 \cdot a}.$$

Als „liquide Derivate" über dem underlying R wählen wir im Falle der Euro-Spotrate den 1-Monats-Euribor $E01(t)$, den 6-Monats-Euribor $E06(t)$, die 1-Jahres Swaprate $S1(t)$, die 2-Jahres Swaprate $S2(t)$, die 5-Jahres Swaprate $S5(t)$, die 10-Jahres Swaprate $S10(t)$, die 20-Jahres Swaprate $S20(t)$ und die 30-Jahres Swaprate $S30(t)$.

Die fairen Preise dieser Derivate lassen sich wie folgt durch die Bondpreise ausdrücken:

$$E01(t) = -\frac{p\left(t, t + \frac{1}{12}\right) - 1}{\frac{1}{12} \cdot p\left(t, t + \frac{1}{12}\right)}$$

$$E06(t) = -\frac{p\left(t, t + \frac{1}{2}\right) - 1}{\frac{1}{2} \cdot p\left(t, t + \frac{1}{2}\right)}$$

$$S1(t) = \frac{1 - p(t, t + 1)}{\frac{1}{2} \cdot \left(p\left(t, t + \frac{1}{2}\right) + p(t, t + 1)\right)}$$

$$Sn(t) = \frac{1 - p(t, t + n)}{\sum_{i=1}^{2n} \frac{1}{2} \cdot p\left(t, t + \frac{i}{2}\right)} \quad \text{für } n = 2, 5, 10, 20, 30.$$

(Diese Formeln folgen direkt aus den Überlegungen in Kapitel 7.9 und im Fall der Swaprates aus der Tatsache, dass die Swaprates auf Basis von Coupon-Bonds mit halbjährlichen Zahlungen definiert sind.)

In Summe sind also im Moment 0 der Kalibrierung die oben angeführten Derivate Funktionen der Parameter a und b. Weiters sind die momentanen (aus Sicht des 30. April 2012!) Werte der Libor-Sätze und der Swap-Sätze am Markt ersichtlich. Konkret hatten wir am 30. April 2012 die folgenden Werte (in absoluten Zahlen!):

$E01 = 0.004$
$E06 = 0.00998$
$S1 = 0.00618$
$S2 = 0.00941$
$s5 = 0.01455$
$S10 = 0.02202$
$S20 = 0.02601$
$S30 = 0.02499$

Man hat somit acht Bestimmungsgleichungen für die Unbekannten a und b. Dieses System ist so natürlich nicht exakt lösbar.

Exemplarisch führen wir hier etwa die konkrete Form der Gleichung für den 6-Monats-Euribor $E06$ an: Es gilt

$$0.00998 = \frac{1 - p\left(0, \frac{1}{2}\right)}{\frac{1}{2} \cdot p\left(0, \frac{1}{2}\right)} = \frac{2}{p\left(0, \frac{1}{2}\right)} - 2 = 2 \cdot \left(e^{-A\left(0, \frac{1}{2}\right) + B\left(0, \frac{1}{2}\right) \cdot R(0)} - 1\right) =$$

$$= 2 \cdot \left(e^{-\frac{\left(B\left(0, \frac{1}{2}\right) - \frac{1}{2}\right) \cdot \left(a^2 \cdot b - \frac{\sigma^2}{2}\right)}{a^2} + \frac{\sigma^2 \cdot \left(B\left(0, \frac{1}{2}\right)\right)^2}{4a} + B\left(0, \frac{1}{2}\right) \cdot R(0)} - 1\right)$$

und daher

$$0.00998 = 2 \cdot \left(e^{-\frac{\left(B\left(0, \frac{1}{2}\right) - \frac{1}{2}\right) \cdot \left(a^2 \cdot b - 0.00053\right)}{a^2} + \frac{0.00106 \cdot \left(B\left(0, \frac{1}{2}\right)\right)^2}{4a} + B\left(0, \frac{1}{2}\right) \cdot 0.01} - 1\right).$$

Wird hier noch für $B\left(0, \frac{1}{2}\right) = \frac{1}{a} \cdot \left(1 - e^{-\frac{a}{2}}\right)$ eingesetzt, dann erhalten wir die Gleichung

$$0.00998 = 2 \cdot \left(e^{-\frac{\left(\frac{1}{a} \cdot \left(1 - e^{-\frac{a}{2}}\right) - \frac{1}{2}\right) \cdot \left(a^2 \cdot b - 0.00053\right)}{a^2} + \frac{0.00106 \cdot \frac{1}{a^2} \cdot \left(1 - e^{-\frac{a}{2}}\right)^2}{4a} + \frac{1}{a} \cdot \left(1 - e^{-\frac{a}{2}}\right) \cdot 0.01} - 1 \right).$$

Die Parameter a und b müssen nun etwa durch eine least-square-Optimierungs-methode näherungsweise aus den acht Gleichungen geschätzt werden. Es hat sich jedoch als vorteilhaft erwiesen, vorab eine Einschränkung für den Definitionsbereich des Parameters a zu machen, die Simulations-Ergebnisse verhindern soll, in denen die Volatilitätsstruktur der verschiedensten in den Swaps auftretenden Zinstypen weit von realistischen risikoneutralen Kursverläufen abweichen.

Wir wollen diese Beobachtung an Hand der folgenden Grafiken (Abbildung 10.26) illustrieren. Darin zeigen wir ein paar **typische** Simulationspfade über 20 Jahre für $R(t)$ im obigen Vasicek-Modell mit den Parametern $R(0) = 0.00344$ und $\sigma = 0.032558$, sowie $b = 0.03$ und für verschiedene Werte von a.

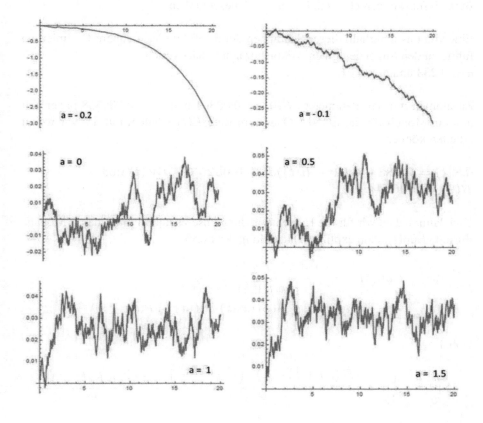

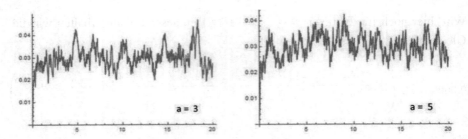

Abbildung 10.26: Typische Simulationspfade für $R(t)$ über 20 Jahre im mean-reverting-Orenstein-Uhlenbeck-Modell $dR(t) = a \cdot (b - R(t))dt + \sigma \cdot dW(t)$ für fix gegebene Parameter b, σ und $R(0)$ und für verschiedene Werte von a

Für Werte a kleiner als 0 und für Werte größer als 1.5 ergeben sich sehr unrealistische Pfad-Entwicklungen. Negative Werte von a führen zu einer mean-aversion (also Trend weg vom langjährigen Mittel), Werte von a größer als 1.5. ergeben einen viel zu starken Zug zum langjährigen Trend und führen zu einem Verharren der Kurse in der Nähe des langjährigen Mittels. Diese Beobachtungen sind dabei ziemlich unabhängig vom Wert des Parameters b.

Bei der Suche nach optimalen Parametern a und b können wir uns daher auf einen Bereich für a in den Grenzen $0 < a < 1.5$ beschränken.

Eine von uns innerhalb dieser Schranken durchgeführte least-square-Optimierung führte zu den folgenden guten risikoneutralen Schätzwerten:
$a = 0.283$ und $b = 0.01$.

Zusammen mit den Parametern $R(0) = 0.00344$ und $\sigma = 0.032558$ haben wir nun ein Modell für die EONIA-Overnight-Rate $R(t)$ erhalten mit der wir weiter arbeiten können:

$$dR(t) = 0.283 \cdot (0.01 - R(t))dt + 0.032558 \cdot dW(t) \text{ und}$$
$$R(0) = 0.00344.$$

Und damit haben wir für die Kursentwicklung unseres underlyings, den 6-Monats-Euribor $E06(t)$, eine explizite Darstellung der Form

$$E06(t) = \frac{1 - p\left(t, t + \frac{1}{2}\right)}{\frac{1}{2} \cdot p\left(t, t + \frac{1}{2}\right)} = \frac{2}{p\left(t, t + \frac{1}{2}\right)} - 2 =$$
$$= 2 \cdot \left(e^{-\left(A\left(t, t+\frac{1}{2}\right) + B\left(t, t+\frac{1}{2}\right) \cdot R(t)\right)} - 1\right)$$

wobei

$$A\left(t, t + \frac{1}{2}\right) = \frac{\left(B\left(t, t + \frac{1}{2}\right) - \frac{1}{2}\right) \cdot \left(a^2 \cdot b - \frac{\sigma^2}{2}\right)}{a^2} - \frac{\sigma^2 \cdot \left(B\left(t, t + \frac{1}{2}\right)\right)^2}{4a}$$

und

$$B\left(t, t + \frac{1}{2}\right) = \frac{1}{a} \cdot \left(1 - e^{-a \cdot \frac{1}{2}}\right).$$

Auf Basis dieser Darstellungen für $R(t)$ und $E06(t)$ führen wir nun Pfad-Simulationen für $R(t)$ und $E06(t)$ und zwar für den Zeitraum von 20 Jahren von 2. Mai 2012 bis 30. April 2032 durch. Wir beschränken uns dabei auf Simulationsschrittweiten von jeweils einer Woche, also wir wählen $dt = \frac{1}{52}$. Insgesamt sind daher für den gesamten Zeitraum $20 \times 52 = 1.040$ Simulationsschritte nötig. An sich wäre für die Bewertung des Swaps die Simulation von Tageskursen notwendig, um die Anzahl der Handelstage konkret feststellen zu können, an denen (bei der jeweiligen Simulation) der 6-Monats-Euribor unter den jeweiligen Schranken liegt. Eine tagesweise Simulation der Kurse würde aber auf Kosten der Anzahl möglicher Szenarios gehen (und die Anzahl benötigter Szenarios ist, wie wir später – beim In-Betracht-Ziehen der Kündigungsmöglichkeit – sehen werden, durchaus hoch). Anstatt daher die Anzahl der Tage (in einem Szenario) in den jeweiligen Halbjahren zwischen zwei Zahlungsterminen zu zählen, an denen die jeweils gerade relevante Schranke überschritten wird und durch die Anzahl der Handelstage zu dividieren, zählen wir die Anzahl der einzelnen Wochenwerte, an denen die jeweils gerade relevante Schranke überschritten wird und dividieren durch 26 um so den Faktor für das jeweilige Halbjahr zu bestimmen.

In Abbildung 10.27 sehen wir zur Illustration eine Simulation der Short-Rate (in hellgrün) und des dazu gehörigen 6-Monats-Euribor (in dunkelgrün). In Abbildung 10.28 sehen wir jeweils 20 Simulationen der Short-Rate und die 20 dazugehörigen 6-Monats-Euribors. Die Farben der EONIA-Short-Rates und der zugehörigen 6-Monats-Euribors entsprechen einander in diesem Bild nicht, es geht hier nur um die prinzipielle typische Entwicklungsstruktur der beiden Größen mittels unseres Simulationsansatzes und unserer Parameterwahl.

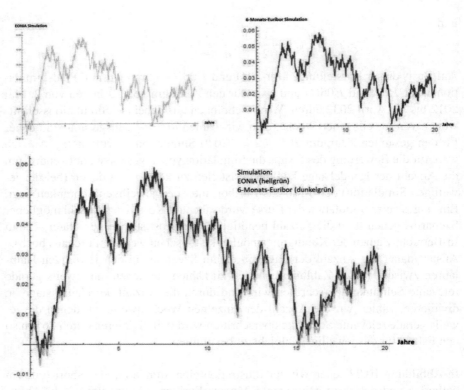

Abbildung 10.27: Ein typischer Simulationspfad der Short-Rate mit den risiko-neutralen Parametern (hellgrün) und die zugehörige Entwicklung des 6-Monats-Euribor (dunkel-grün)

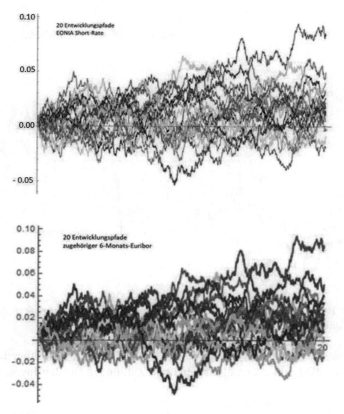

Abbildung 10.28: Zwanzig typische Simulationspfade der Short-Rate mit den risiko-neutralen Parametern und die zugehörige Entwicklung des 6-Monats-Euribor

10.4.4 Bewertung des RAS auf Basis des Vasicek-Modells ohne Berücksichtigung des Kündigungsrechts

Zur Bewertung des RAS ohne Berücksichtigung des Kündigungsrechts durch die Bank B müssen nun nur noch für jeden Pfad die daraus resultierenden Zahlungs-flüsse bestimmt werden. Die sich für jedes Simulations-Szenario ergebenden Zah-lungen werden aufaddiert und durch die Anzahl der Szenarios dividiert. Dadurch erhalten wir eine Monte Carlo-Näherung für den fairen Wert des RAS (ohne Kün-digungsrecht).

Wir spielen diese Gesamt-Zahlungs-Bestimmung an Hand eines konkreten Pfades des 6-Monats-Euribors nach. In Abbildung 10.29 sind dieser Pfad und zusätzlich zum Simulationspfad die Schranken für die Bestimmung der Zahlungen und die Zahlungstermine eingezeichnet.

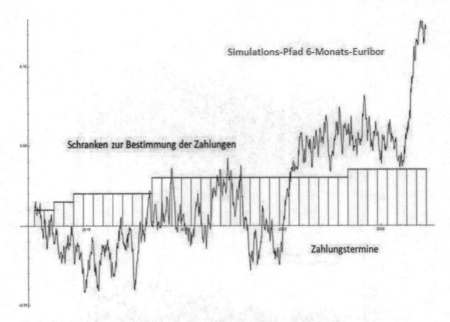

Abbildung 10.29: Simulationspfad mit Zahlungsterminen und Schranken zur Bestimmung der Zahlungshöhen

Es ist zu erkennen, dass es bei dieser Kursentwicklung in den Zeitbereichen circa um 2026 bis 2032 und eventuell um 2022 zu Zahlungen für den Investor A kommen würde.

Konkret sehen aus Sicht des Investors A die fälligen Zahlungen wie folgt aus:
-387636, -1125000, -1125000, -1125000, -1125000, -1125000, -1125000, -1125000,
-1125000, -1125000, -1125000, -951924, -1120898, -580868, 38603, -1006841, -1081731,
-931510, -299608, 798619, 135112, -200274, -1125000, -1125000, -1125000, -1125000,
491885, 1089243, 1203200, 1145903, 1317908, 1407489, 1434097, 1265866, 1313791,
1399135, 1238278, 1067592, 1392495, 2882928

Die Summe der Zahlungen bei diesem Szenario aus Sicht des Investors beträgt
-2.689.146 Euro.

Wollen wir aber den fairen Wert dieser Zahlung aus Sicht des Zeitpunkts der Bewertung des Produkts bestimmen, so müssen wir die ja zu späteren Zeitpunkten stattfindenden Zahlungen auf den 2. Mai 2012 diskontieren. Dazu benötigen wir die geeigneten Diskontierungsfaktoren (wir bezeichnen sie mit $d_{0.5}, d_1, d_{1.5}, \ldots, d_{20}$ aus Sicht des 2. Mai 2012. Dazu wiederum benötigen wir die Zinssätze $f_{0,0.5}, f_{0,1}$, $f_{0,1.5}, \ldots, f_{0,20}$ aus Sicht des 2. Mai 2012. Diese interpolieren wir linear aus den oben angeführten Euribor-Sätzen und den Swap-Sätzen vom 2. Mai 2012, also aus
$E06 = 0.00998$
$S1 = 0.00618$

$S2 = 0.00941$
$S5 = 0.01455$
$S10 = 0.02202$
$S20 = 0.02601$

Die Diskontierungssätze erhalten wir daraus dann mittels $d_t = \frac{1}{(1+f_{0,t})^t}$. Die dann schließlich konkret verwendeten Diskontierungssätze sehen Sie in der folgenden Tabelle angeführt:

0.995047, 0.993858, 0.98842, 0.981442, 0.974787, 0.967359, 0.959176, 0.95026, 0.940633, 0.930321, 0.919894, 0.908918, 0.897416, 0.885412, 0.872931, 0.859998, 0.846639, 0.832882, 0.818752, 0.804278, 0.793937, 0.783578, 0.773202, 0.762816, 0.752422, 0.742026, 0.731632, 0.721242, 0.710862, 0.700495, 0.690146, 0.679817, 0.669513, 0.659237, 0.648992, 0.638784, 0.628613, 0.618485, 0.608402, 0.598368

Damit haben die bei obigem Pfad sich ergebenden Zahlungen aus Sicht des 2. Mai 2012 einen diskontierten Wert von -6.942.004 Euro aus Sicht des Investors A (in diesem Fall sind dies also Einnahmen für A in diskontierter Höhe von fast sieben Millionen Euro).

Der diskontierte Wert hat einen wesentlich höheren negativen Wert, da die positiven Zahlungen, die A zu leisten hat, erst gegen Ende der Laufzeit des Swaps eintreten und dadurch wesentlich stärker diskontiert werden.

Führen wir diese Simulation nun mit 10.000 Szenarien durch, so erhalten wir einen schon relativ stabilen Durchschnittswert von -3.442.000 Euro der diskontierten Zahlungshöhen die der Investor A an die Bank B zu leisten hat. Das zugehörige Konvergenzverhalten sehen wir in Abbildung 10.30.

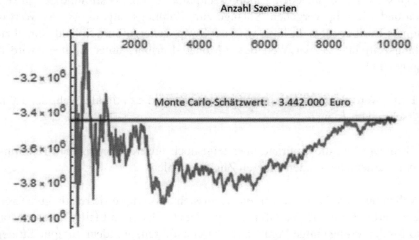

Abbildung 10.30: Konvergenzverhalten bei Bestimmung des fairen Wertes des RAS ohne Kündigungsrecht mit Monte Carlo-Methode

Aus Sicht des Investors A hätte das Produkt ohne Kündigungsrecht aus Sicht des 2. Mai 2012 somit einen fairen Wert von circa 3.442.000 Euro.

10.4.5   Bewertung des RAS auf Basis des Vasicek-Modells MIT Kündigungsrecht

Die Bank B hat zu jedem Zahlungstermin ab 30. April 2012 das Recht, den RAS zu kündigen. Dabei ist die im Augenblick der Kündigung fällige Zahlung noch zu leisten.

Betrachten wir dazu als erstes einmal den ersten Zahlungstermin.

Die Bank muss in jedem Fall am ersten Zahlungstermin, am 31.10.2012, zahlen (bzw. im für die Bank guten Fall, eine Zahlung erhalten). Am 31.10.2012 kann die Bank dann entscheiden, ob sie den Swap weiterführen oder aber beenden möchte. Wenn am 31.10.2012 die Zinsen eher hoch stehen, etwa über der relevanten Schranke von 1% für die Bestimmung der Zahlungshöhen, dann wird die Bank eher den Swap weiterlaufen lassen. Wenn die Zinsen aber eher niedrig stehen, dann wird wahrscheinlich eine Kündigung überlegt werden. Wenn die Bank am 31.10.2012 entscheidet, den Swap weiterlaufen zu lassen, dann ist der 30.4.2013 der nächste Entscheidungstermin über eine etwaige Kündigung. Wieder gilt: Wenn am 30.4.2013 die Zinsen eher hoch stehen, etwa in der Nähe oder über der jetzt für die kommende Periode relevanten Schranke von 1.5% für die Bestimmung der Zahlungshöhen, dann wird die Bank eher den Swap weiterlaufen lassen. Wenn die Zinsen aber eher niedrig stehen, dann wird wahrscheinlich eine Kündigung überlegt werden. Eine Strategie der Bank wird daher vermutlich so aussehen:

Die Bank wird sich für jeden Zahlungszeitpunkt Z_i eine bestimmte Schranke L_i setzen und wie folgt vorgehen: Solange zum Zahlungszeitpunkt Z_i der Wert des 6-Monats-Euribors über L_i liegt, wird der Swap weitergeführt. Sobald einmal zum Zahlungszeitpunkt Z_i der Wert des 6-Monats-Euribors unter L_i liegt, wird der Swap gekündigt.

Die Frage wäre dann, welches aus Sicht der Bank die optimale Wahl der Kündigungsschranken L_i wäre.

Die Beantwortung dieser Frage übersteigt noch unsere momentanen Kenntnisse und wir werden daher einen anderen Zugang wählen.

Wir geben uns eine Strategie vor, die so aussieht, als würde sie relativ gute Ergebnisse erwarten lassen. Es ist dafür durchaus auch erlaubt, mit Hilfe unserer Monte Carlo-Modellierung einige Vorab-Tests durchzuführen, um Ideen für gute Strategien zu gewinnen.

Konkret wollen wir die folgende Strategie weiter betrachten:
Wir betrachten nur die Zahlungszeitpunkte $Z_1, Z_2, Z_3, Z_4, Z_5, Z_6$. Für diese Zeitpunkte wählen wir die Kündigungsschranken $L_1 = 0.005(0.5\%), L_2 = L_3 = L_4 = L_5 = L_6 = 0.01(1\%)$. Wenn bis zum Zeitpunkt Z_6 nicht gekündigt wurde, dann wird auch später nicht mehr gekündigt.

Wir können nun mit Hilfe unseres Simulationsprogramms – lediglich durch entsprechende Abänderung der Bestimmung der pro Pfad anfallenden Zahlungen – mittels Durchführung von wiederum 10.000 Szenarios leicht die näherungsweise durchschnittlich diskontierte Zahlungshöhe aus Sicht des Investors A bei Durchführung der obigen Kündigungsstrategie durch die Bank berechnen.

Wir erhalten das in Abbildung 10.31 illustrierte Ergebnis, das eine durch den Investor zu leistende durchschnittliche Zahlungshöhe von circa 1.320.000 Euro nahelegt.

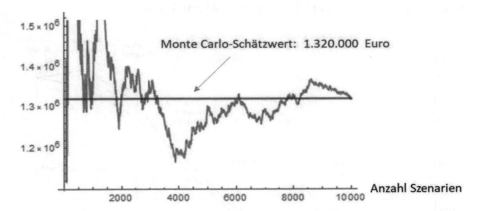

Abbildung 10.31: Konvergenzverhalten bei Bestimmung des fairen Wertes des RAS mit Kündigungsrecht bei Verfolgung der oben beschriebenen konkreten Kündigungs-Strategie mit Monte Carlo-Methode

Also bei Durchführung dieser speziellen Strategie durch die Bank B hat der RAS für die Bank einen fairen Wert von circa 1.320.000 Euro (und für den Investor A von circa -1.320.000 Euro).

Aller Wahrscheinlichkeit nach ist diese Strategie bei Weitem nicht die beste Strategie. Bei Durchführung einer noch besseren (oder sogar optimalen) Strategie durch die Bank hat dieses Swap-Produkt einen noch höheren Wert für die Bank und somit einen noch negativeren Wert für den Investor A.

Der Abschluss dieses RAS war somit (auf Basis dieser Modellierung) ein für den Investor A durchaus nachteiliges Geschäft.

10.4.6 Test der Güte der Kalibrierung des risikolosen Modells und Sensitivitäts-Analyse der Resultate

Wir kommen nun noch einmal zurück zur Bestimmung der Parameter a und b im risikolosen Vasicek-Modell. Die Bestrebung bei der Bestimmung von a und b war, dass die aus der Spotrate und aus den Bondpreisen berechneten momentanen (2.Mai 2012) Werte für den 1-Monats-Euribor, den 6-Monats-Euribor, die 1-Jahres-, 2-Jahres-, 5-Jahres-, 10-Jahres-, 20-Jahres- und die 30-Jahres-Swaprate möglichst genau mit den tatsächlich am 2. Mai 2012 bestehenden Werten übereinstimmen sollte.

In Abbildung 10.32 sieht man die mit den von uns als optimal gewählten Parametern $a = 0.283$ und $b = 0.01$ berechneten Werte (rot) im Vergleich mit den tatsächlichen Werten (grün). Es ergibt sich dabei eine prinzipiell akzeptable Übereinstimmung, mit einer etwas größeren Abweichung beim 6-Monats-Euribor. Wie bereits angemerkt, ist es natürlich nicht möglich die zwei Parameter a und b stets so zu wählen, dass alle acht Gleichungen exakt erfüllt sind..

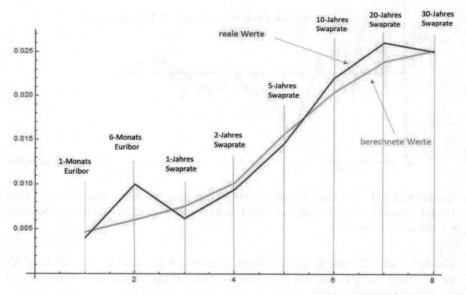

Abbildung 10.32: Vergleich berechnete und tatsächliche Euribor-Zinssätze und Swaprates mit „optimalen" Parametern $a = 0.283$ und $b = 0.01$

Wie sensibel dieser Vergleich zwischen berechneten und tatsächlichen Werten auf geringfügige Änderungen der Parameter a und b reagiert, sieht man an Hand von Abbildung 10.33. Hier werden die entsprechenden Vergleiche für leicht abgeänderte Werte von a und b durchgeführt.

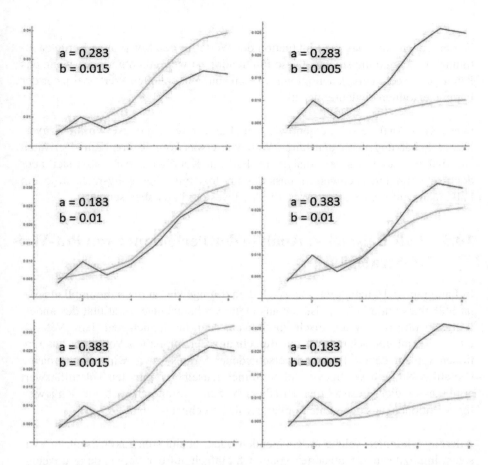

Abbildung 10.33: Vergleich berechnete (grün) und tatsächliche (rot) Euribor-Zinssätze und Swaprates mit verschiedenen Parametern a und b

Für diese in Abbildung 10.33 getesteten (und offensichtlich weniger perfekt passenden) Parameter haben wir ebenfalls die Monte Carlo-Simulationen zur Bestimmung der fairen Werte des RAS ohne Berücksichtigung des Kündigungsrechts und bei Berücksichtigung des Kündigungsrechts und Durchführung der oben beschriebenen Strategie durchgeführt und wir erhalten die folgenden Vergleichswerte:

a	b	Wert für A ohne Kündigungsrecht	Wert für A mit Kündigungsrecht bei obiger Strategie
0.283	0.01	3.442.000	-1.320.000
0.283	0.015	-1.033.000	-2.405.000
0.283	0.005	7.205.000	-633.000
0.183	0.01	-169.000	-2.592.000
0.383	0.01	4.431.000	-479.000
0.383	0.015	-765.000	-1.565.000
0.183	0.005	3.748.000	-1.851.000

Wir erkennen eine massive Fluktuation der Werte für den Swap ohne Berücksichtigung des Kündigungsrechts. Diese Fluktuation ist wesentlich geringer, wenn das Kündigungsrecht berücksichtigt wird. Dann sind alle erzielten Werte bei jeder der Parameterwahlen eindeutig negativ.

Diese Kurz-Analyse soll zeigen, wie heikel und schwierig es ist, wirklich zuverlässige Schätzungen für den fairen Wert von etwas komplexeren Zins-Derivaten zu erhalten. Auf Basis der Analyse im Fall mit Kündigungsrecht lässt sich aber doch sehr fundiert nachweisen, dass das Produkt mit Kündigungsrecht in jedem Fall einen deutlich negativen Wert für den Investor A zu haben scheint.

10.5   Fall-Beispiel V: Analyse der Perfomance von Put-Write-Strategien

In Paragraph 5.16 hatten wir mehrfach darauf hingewiesen, dass die implizite Volatilität eines underlyings, also die aus Optionen berechnete Volatilität des underlyings, häufig (bis systematisch) die danach dann tatsächlich realisierte Volatilität signifikant überschätzt. Da die Berechnung der impliziten Volatilität aus Optionen verschiedenen Typs und verschiedener Strikes – wie wir gesehen haben (Volatility-Smile bzw. -Skew) – nicht immer denselben impliziten Volatilitätswert ergibt, hängt diese Feststellung der Überschätzung wesentlich auch von den jeweiligen Optionen, aus denen die implizite Vola berechnet wird, ab.

Allerdings könnten solche anscheinenden oder scheinbaren Inkonsistenzen zwischen impliziter und realisierter Vola auch einfach auf der Verwendung ungeeigneter Modellierung bei der Berechnung der impliziten Volatilität (z.B. des Black-Scholes-Modell mit seiner Unterschätzung von heavy tails) beruhen und sind daher keine „realen" sondern eben nur scheinbare Inkonsistenzen.

Die Frage, ob diese Inkonsistenzen real bestehen, lässt sich daher eher nicht durch direkten Vergleich von realisierten und von impliziten Volatilitäten beantworten, sondern eher dadurch, dass geprüft wird, ob durch geeignete Handelsstrategien (die vor allem auf dem Verkauf von Optionen mit scheinbar oder anscheinend „zu hoher" impliziter Vola und damit mit „zu hohem" Preis beruhen) dauerhaft und systematisch Überrenditen erzielt werden können.

Im Folgenden beschränken wir uns in unseren Untersuchungen auf die Volatilitäten und Optionen auf den S&P500-Index (SPX).

Die Fragen die wir uns im Folgenden stellen lauten:
Ist es systematisch möglich aus einer (realen (?) oder doch nur vermeintlichen (?))
Überschätzung der realen Volatilitäten des SPX durch seine impliziten Volatilitäten

mittels konsequenter Durchführung einer geeigneten Handelsstrategie dauerhaft Profit zu schlagen ? Wie ist eine solche Handelsstrategie optimal zu konzipieren und welche Rendite-/Risiko-Kennzahlen hat eine solche Strategie?

Besonders deutlich zeigt sich die Überschätzung der realisierten Volatilität bei Put-Optionen mit einem Strike in einem bestimmten Bereich aus dem Geld.

Der Put-Write-Index, dem wir uns in Kapitel 5.17 kurz gewidmet hatten, hatte schon einen leichten Hinweis auf die Korrektheit der Beobachtung einer Überschätzung gegeben. Aber schon dort hatten wir uns die Frage gestellt, inwieweit wir eine solche Überschätzung optimal ausnutzen könnten. Der Put-Write-Index bezieht sich auf Put-Optionen, die im Wesentlichen am Geld liegen. Verstärkt dürfte sich die Überschätzung aber bei Put-Optionen in einem bestimmten Bereich aus dem Geld auswirken.

Hinweise auf solche Beobachtungen sind in der finanzwissenschaftlichen Literatur immer wieder zu finden. Hier nur ein paar Beispiele: Ungar und Moran (Zitat) schreiben etwa in ihrem Artikel „The-Cash-Secured Put Write Strategy and Performance of Related Benchmark Indices" im „Journal of Alternative Investments" aus 2009, [9]:
„Some of the more popular and successful strategies for increasing the risk-adjusted returns of portfolios have involved systematically selling index options. This is because historically, index options often have been richly priced, and option sellers rather than buyers have been rewarded. Since 1990 the average future volatility implied by the prices of the S&P500 Index options has generally been greater than the average subsequent actual volatility of the index. "

Day und Lewis schreiben 1992 in „Stock Market Volatility and the Information Content of Stock Index Options" im „Journal of Econometrics" [2]:
„Put options (Anm.: gemeint sind Long-Positionen in Put-Optionen) have returns that are both economically and statistically negative [...]. The mean returns increase monotonically in the strike price, ranging from -14.56 percent for the most out-of-the-money options to -6.16 percent for those deeply in the money. ",
und Santa-Clara und Saretto analysieren in ihrem Artikel „Option Strategies: Good Deals and Margin Calls" im Journal of Financial Markets aus dem Jahr 2009, [8] bestimmte Put-Short-Strategien und kommen zu dem Schluss:
„Selling 10% OTM put contracts earns 51% per month on average, with a Sharpe ratio of 0.306, and a Leland alpha of 30%. "

Im Artikel „Modeling and Performance of Certain Put-Write Strategies" im Journal of Alternative Investments, der vom Autor gemeinsam mit L. Del Chicca und M. Szölgyenyi im Jahr 2012, [4] publiziert worden ist, ist eine konkrete Klasse von Put-Write-Strategien auf den SPX für verschiedenste Wahlen von Strategie-Parametern umfassend und unter realen Handelsbedingungen analysiert worden.

Die gesamten Test-Ergebnisse waren auf über 20.000 Seiten abrufbar. Tatsächlich zeigte sich für die meisten Wahlen von Parameter-Sets eine deutliche Outperformance solcher Strategien. (Es wurde in dem Artikel aber auch darauf hingewiesen und an einigen Fallbeispielen (u.a. im Rahmen der Finanzkrise 2008) vor-exerziert, dass durchaus eventuelle operationelle Risiken bei der regelkonformen Durchführung dieser Strategien auftreten können und zu beachten sind.)

Für dieses Buch und dieses Fallbeispiel haben wir die Untersuchungen und Ergebnisse des 2012-papers bis ins Jahr 2019 weitergeführt, die früheren Ergebnisse auf den aktuellen Stand gebracht und ausgeweitet. Zusätzlich haben wir eine **Software** erstellt, die auf der Homepage – im geschützten Bereich für Leser des Buchs zugänglich – genutzt werden kann, um die detaillierte Performance dieser Strategien und ihrer Rendite-/Risiko-Parameter und ihrer konkreten Abläufe für beliebige Zeitbereiche und für beliebige Wahlen von Parametern zu testen und nachzuvollziehen. Siehe: `https://app.lsqf.org/book/put-write-strategy`

Die Motivation und der Ausgangspunkt für diese Analysen und die Entwicklung zugehöriger Software waren – abseits von der Aufnahme als Fallbeispiel in dieses Buch – einerseits die Aktualisierung unseres Forschungspapers im Journal of Alternative Investments aus dem Jahr 2012 und andererseits eine entsprechende Auftragsarbeit eines Vermögensverwaltungsunternehmens, das solche Handelsstrategien für Privatkunden auf deren Handelskontos durchführt.

Der Autor selbst hat in seiner Tätigkeit als Vermögensverwalter ebenfalls in den Jahren 2002 bis 2016 solche Put-Write-Strategien für Investoren durchgeführt. Die investierten Summen erreichten in der Boom-Phase dabei Höhen von bis zu 200 Millionen Euro Investmentsumme. Abgesehen vom Katastrophenjahr 2008 (auf das wir in Abschnitt 10.5.6 noch zu sprechen kommen werden) haben diese Investments (trotz zum Teil für eine notwendige Handelsflexibilität sehr widriger Reglementierungsbestimmungen im Handel für Kunden) sehr erfolgversprechende Resultate gezeigt.

Wir werden im Folgenden (das ist schon aus Platzgründen nicht möglich) keine umfassenden Statistiken über die Performance dieser SPX-Put-Write-Strategien für verschiedenste Parameter-Sets geben. Wir werden vielmehr im Folgenden die Strategien und deren Parameter sowie die realistischen Annahmen beschreiben, einige ausgewählte Performance-Resultate für ausgewählte Parameter-Sets geben und den Leser ermutigen, den Originalartikel des Autors et al. im „Journal of Alternative Investments" (JAI-Artikel) zu lesen bzw. vor allem selbstständig Tests mit Hilfe der auf der Homepage bereitgestellten Software durchzuführen und sich so selbst von den Eigenschaften und dem Potential dieser Handels-Strategien zu überzeugen. Schließlich werden wir ebenfalls wieder auf einige operationelle Risiken bei der Durchführung der Strategien eingehen.

10.5.1 Das Setup der getesteten Put-Write-Strategien

Wir analysieren also im Folgenden Options-Strategien auf den SPX die systematisch über einen längeren Zeitraum durchgeführt werden sollen. Diese Strategien werden völlig eindeutig definiert und enthalten keinerlei diskretionären Entscheidungsanteile. Die Performance dieser Strategien in vergangenen Zeitbereichen kann somit an Hand historischer Optionspreisdaten (mit gewissen Einschränkungen auf die wir im Folgenden stets eingehen werden) ziemlich zuverlässig nachvollzogen werden. Natürlich sind die Ergebnisse solcher „Backtests" stets mit Vorsicht zu genießen. Wir versuchen aber, die zugrunde liegenden Annahmen so zu gestalten, dass diese einer realen Handelsdurchführung weitgehend entsprechen und unsere Analysen damit nicht nur als theoretischer „Papiertest" zu klassifizieren sind.

Die gemeinsame Grundstruktur aller betrachteten Strategien, die sich daher (mit Ausnahme einer Variante, der sogenannten 2M-Strategie) nur in der Wahl der konkreten Parameter unterscheiden, ist die folgende:

Zur Verfügung steht ein gewisses Anfangs-Investment I_0. Wir gehen der Einfachheit halber davon aus, dass das Investment in US-Dollar bereitsteht. Alle Währungsangaben erfolgen (auch wenn nicht extra erwähnt) in Dollar.

Es werden an jedem 3. Freitag eines Monats bei Handelsschluss (relevant sind also hier für die Analysen stets Schlusskurse) Put-Optionen auf den SPX mit Laufzeit 1 Monat (also bis zum nächsten dritten Freitag eines Monats) gehandelt.

Das an jedem solchen Handelstermin aktuell zur Verfügung stehende Investment I_{akt} ergibt sich durch die Entwicklung des bei Handelsbeginn zur Verfügung stehenden Investments I_0 und der ab Handelsbeginn bis jetzt aufgelaufenen Handels-Gewinne oder Handels-Verluste. (Es wird während der Laufzeit kein Geld zusätzlich zugeschossen oder abgezogen und es werden keine weiteren Handelsaktivitäten getätigt. Es wird immer das gesamte vorhandene Investment so weit möglich in der unten geschilderten Form in die Strategie investiert.

Wie wir sehen werden, wird das vorhandene Investment stets nur als Margin eingesetzt und verlässt nicht das Handelskonto des Investors. Das Investment kann also während der Durchführung der Strategie zusätzlich verzinst werden (falls das Marktzinsenumfeld eine relevante Verzinsung von Guthaben überhaupt zulässt. Diese zusätzliche Möglichkeit, das Investment zu erhöhen, werden wir hier aber nicht weiter im Detail verfolgen und nur die Performance der puren Options-Strategie analysieren. Im JAI-Artikel wird auch auf diese Verzinsungs-Thematik genauer eingegangen.)

Konkret werden in jedem Monat jeweils eine bestimmte Anzahl A von Kombinationen aus Put-Short-Kontrakten mit einem gemeinsamen Strike K_1 und aus der gleichen Anzahl Put-Long-Kontrakten mit einem gemeinsamen Strike K_2, wobei $K_2 < K_1$ gilt, gehandelt. Der Strike K_1 (und somit auch K_2) liegt stets unter dem momentanen aktuellen Stand S_0 des SPX.

Die Short-Positionen mit höherem Strike K_1 haben einen höheren Kontrakt-Preis P_1 als die Long-Positionen mit niedrigerem Strike K_2, deren Preis pro Kontrakt wir mit P_2 bezeichnen. Pro Kontrakt Short-/Long-Kombination nehmen wir also eine Prämie in Höhe von $P_1 - P_2$ ein. Insgesamt werden also pro Handelsvorgang Einnahmen in Höhe von $A \cdot (P_1 - P_2)$ lukriert. Da die jeder Short-Position beigesellte Long-Position den maximal möglichen Verlust pro Kombinations-Kontrakt auf $100 \times (K_1 - K_2)$ Dollar beschränkt, ist für jeden Kombinations-Kontrakt eine Margin in Höhe von maximal $100 \times (K_1 - K_2)$ Dollar erforderlich. Da wir die jeweils vorhandene Investitionssumme I_{akt} maximal ausnutzen wollen, ist die Anzahl A der jeden Monat gehandelten Kontrakte gegeben durch $A = \left[\frac{I_{akt}}{100 \cdot (K_1 - K_2)}\right]$ (hier bezeichnet $[x]$ die größte ganze Zahl kleiner oder gleich x).
(Tatsächlich könnten auf Grund der upfront-Prämieneinnahmen in Höhe von $A \cdot (P_1 - P_2)$ Dollar sogar $\left[\frac{I_{akt} + A \cdot (P_1 - P_2)}{100 \cdot (K_1 - K_2)}\right]$ Kontrakte gehandelt werden, was aber im Allgemeinen keine wirklich relevante Verbesserung liefert.)

Ließe man die gehandelten Kontrakte stets bis zur Fälligkeit laufen und würde der SPX bei Fälligkeit über dem Short-Strike K_1 liegen, so würden die Optionen wertlos verfallen und dem Investor verbliebe die eingenommene Prämie in Höhe von $A \cdot (P_1 - P_2)$. Würde der SPX bei Fälligkeit unter dem Long-Strike K_2 liegen, dann wäre ein Verlust in Höhe von $100 \times (K_1 - K_2) \times \left[\frac{I_{akt}}{100 \cdot (K_1 - K_2)}\right]$ Dollar, also beinahe in Höhe von I_{akt}, zu gewärtigen, also würde praktisch ein Totalverlust eintreten. Zur Illustration dieser Tatsache siehe Abbildungen 10.34 und 10.35.

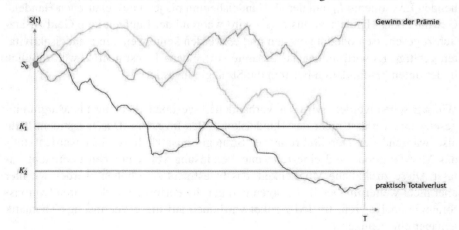

Abbildung 10.34: Schematische Darstellung Verlauf Put-Write-Strategie bei Halten bis zur Fälligkeit

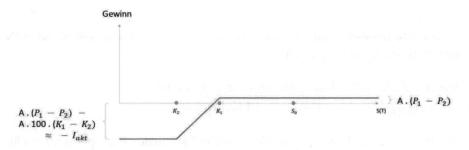

Abbildung 10.35: Gewinnfunktion Put-Write-Strategie bei Halten bis zur Fälligkeit

Damit es aber nicht zu hohen „existenzbedrohenden" Verlusten bis hin zu Total-
verlusten und damit zum Ende der Strategie kommen kann, sind die Strategien
mit (wieder variabel wählbaren) „Exit-Strategien" ausgestattet, die ein vorzeitiges
Schließen aller Positionen erfordern, sobald ein bestimmter vorgegebener Kursrückgang des SPX oder ein vorgegebener maximaler Verlust durch die Options-
Positionen eingetreten ist. In einem solchen Fall werden also alle Positionen geschlossen und am darauffolgenden dritten Freitag eines Monats wird die Strategie
mit dem dann noch vorhandenen Investment unverändert weitergeführt. (Eine mögliche, aber hier nicht weiter verfolgte Variante wäre auch ein sofortiger Wiedereinstieg in neue Positionen und damit ein Nützen von durch den vorangegangenen
SPX-Kursrückgang erhöhten impliziten Volatilitäten und damit erhöhten Optionsprämien.) Die variablen Parameter der Strategie sind somit:
Wahl von K_1
Wahl von K_2
Wahl der Exit-Strategie

10.5.2 Diskussion und Beispiele für die Wahl einiger Parameter

Wir wählen zur Illustration ein ganz konkretes reales Zahlenbeispiel:

Handelstermin 21. Juni 2019 (= dritter Freitag im Juni)
Fälligkeitstermin der zu handelnden Optionen daher **19. Juli 2019** (Settlement-
Kurs bei Börsen-Eröffnung)
vorhandenes **Investment I_{akt} = 100.000 Dollar**

Der Schlusskurs des SPX am 21.Juni 2019 lag bei $S_0 = 2.950.46$.

Eine konkrete Wahl der Strikes K_1 und K_2 könnte etwa lauten (gemeint ist hier
und im Folgenden immer der größte verfügbare Strike mit einem Wert kleiner oder
gleich der angegebenen Schranke):

$K_1 = \textbf{95\% von } S_0$ (somit $K_1 \approx 0.95 \times 2.950.46 = 2.802.94$, also $\boldsymbol{K_1 = 2.800}$)
$K_2 = K_1 - \textbf{75}$ (somit $K_2 = 2.800 - 75 = \textbf{2.725}$)

Eine **Exit-Strategie** könnte lauten: Glattstellen aller Positionen sobald der SPX den Wert von K_1 unterschreitet.

Die Anzahl der gehandelten Options-Kontrakte beträgt
$\boldsymbol{A} = \left[\frac{I_{akt}}{100 \cdot (K_1 - K_2)}\right] = \left[\frac{100.000}{7.500}\right] =$ **13 Kontrakte**.

Die Preise (Schlusskurse der Bid//Asks) der zu handelnden Put-Optionen mit Fälligkeit 19. Juli 2019 entnehmen wir der Optionspreistafel von Interactivebrokers vom 21. Juni 2019 in Abbildung 10.36.

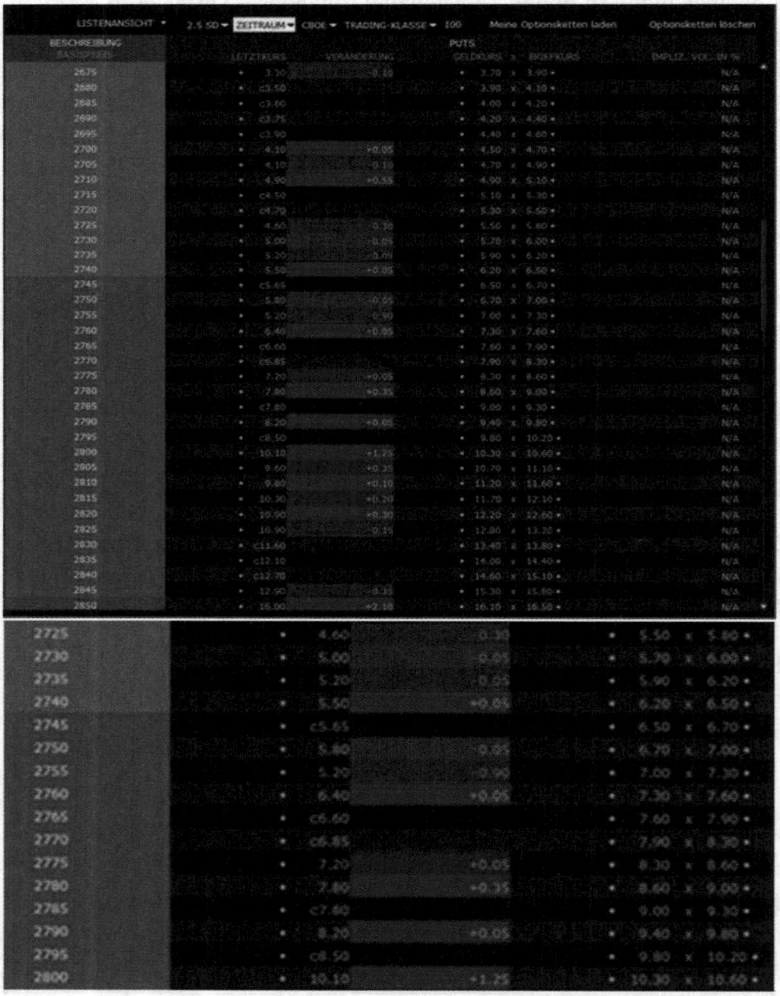
LISTENANSICHT ▾ 2.5 SD ▾ ZEITRAUM ▾ CBOE ▾ TRADING-KLASSE ▾ 100 Meine Optionsketten laden Optionsketten löschen

BESCHREIBUNG	PUTS					
BASISPREIS	LETZTKURS	VERÄNDERUNG	GELDKURS	x	BRIEFKURS	IMPLIZ. VOL. IN %
2675	3.30	-0.10	3.70	x	3.90	N/A
2680	c3.50		3.90	x	4.10	N/A
2685	c3.60		4.00	x	4.20	N/A
2690	c3.75		4.20	x	4.40	N/A
2695	c3.90		4.40	x	4.60	N/A
2700	4.10	+0.05	4.50	x	4.70	N/A
2705	4.10	-0.10	4.70	x	4.90	N/A
2710	4.90	+0.55	4.90	x	5.10	N/A
2715	c4.50		5.10	x	5.30	N/A
2720	c4.70		5.30	x	5.50	N/A
2725	4.60	-0.30	5.50	x	5.80	N/A
2730	5.00	-0.05	5.70	x	6.00	N/A
2735	5.20	-0.05	5.90	x	6.20	N/A
2740	5.50	+0.05	6.20	x	6.50	N/A
2745	c5.65		6.50	x	6.70	N/A
2750	5.80	-0.05	6.70	x	7.00	N/A
2755	5.20	-0.90	7.00	x	7.30	N/A
2760	6.40	+0.05	7.30	x	7.60	N/A
2765	c6.60		7.60	x	7.90	N/A
2770	c6.85		7.90	x	8.30	N/A
2775	7.20	+0.05	8.30	x	8.60	N/A
2780	7.80	+0.35	8.60	x	9.00	N/A
2785	c7.80		9.00	x	9.30	N/A
2790	8.20	+0.05	9.40	x	9.80	N/A
2795	c8.50		9.80	x	10.20	N/A
2800	10.10	+1.25	10.30	x	10.60	N/A
2805	9.60	+0.35	10.70	x	11.10	N/A
2810	9.80	+0.10	11.20	x	11.60	N/A
2815	10.30	+0.20	11.70	x	12.10	N/A
2820	10.90	+0.30	12.20	x	12.60	N/A
2825	10.90	-0.15	12.80	x	13.20	N/A
2830	c11.60		13.40	x	13.80	N/A
2835	c12.10		14.00	x	14.40	N/A
2840	c12.70		14.60	x	15.10	N/A
2845	12.90	-0.35	15.30	x	15.80	N/A
2850	16.00	+2.10	16.10	x	16.50	N/A

2725	4.60	-0.30	5.50	x	5.80
2730	5.00	-0.05	5.70	x	6.00
2735	5.20	-0.05	5.90	x	6.20
2740	5.50	+0.05	6.20	x	6.50
2745	c5.65		6.50	x	6.70
2750	5.80	-0.05	6.70	x	7.00
2755	5.20	-0.90	7.00	x	7.30
2760	6.40	+0.05	7.30	x	7.60
2765	c6.60		7.60	x	7.90
2770	c6.85		7.90	x	8.30
2775	7.20	+0.05	8.30	x	8.60
2780	7.80	+0.35	8.60	x	9.00
2785	c7.80		9.00	x	9.30
2790	8.20	+0.05	9.40	x	9.80
2795	c8.50		9.80	x	10.20
2800	10.10	+1.25	10.30	x	10.60

Abbildung 10.36: Auszug Optionstafel SPX-Put-Optionen vom 21. Juni 2019, Fälligkeit am 19. Juli 2019

Die Put-Option mit Strike 2.800 hat die Quotes 10.30 // 10.60, die Put-Option mit Strike 2.725 hat Quotes 5.50 // 5.80. Der Verkauf kann somit aller Voraussicht nach zu $P_1 = 10.40$ und der Kauf zu $P_2 = 5.70$ erfolgen. Die Transaktionskosten betragen 4 Dollar pro Kombinations-Kontrakt, insgesamt daher 52 Dollar. Die **insgesamt eingenommene Prämie** beträgt daher $13 \times 100 \times (10.40 - 5.70) - 52 = $ **6.058 Dollar**.

Verbleibt der SPX zwischen 21. Juni 2019 und 19. Juli 2019 über dem Wert von 2.800 (tritt also kein Rückgang des SPX während des Handelsmonats von mehr als 5% ein) dann kommt es zu einem **Monatsgewinn von 6.06%**.

Kommt es dagegen während des Handelsmonats zu einem Rückgang des SPX unter die Grenze von 2.800 Punkten, dann müssen im Moment des Unterschreitens dieser Schranke alle Positionen geschlossen werden. Wie hoch in diesem Fall der zu erwartende Verlust ist, ist nicht von Vornherein abschätzbar und hängt von verschiedensten Faktoren ab, insbesondere von der im Moment des Glattstellens der Positionen dann bestehenden impliziten Volatilität und vom Zeitpunkt wann dieses Unterschreiten der Schranke passiert (bald einmal zu Beginn des Handelsmonats oder eher gegen Ende des Handelsmonats). Ein weiterer Unsicherheitsfaktor ist auch, ob es dem Händler gelingt, die Glattstellung der Positionen direkt bei Erreichen der Schranke zu vollziehen, oder ob bis zur tatsächlichen Glattstellung mit einer gewissen „Reaktionszeit" zu rechnen ist und die tatsächliche Glattstellung eventuell erst dann gelingt, wenn der Kurs des SPX (bei eventuellem schnellem Verfall) bereits im Bereich von zum Beispiel 2.790 Punkten liegt (Thema: operationelles Risiko!)

Um eine ungefähre Vorstellung von der Größenordnung der in so einem Fall zu erwartenden Verluste zu erhalten, kann die Grafik in Abbildung 10.37 dienen, in der die Differenz $P_1(t) - P_2(t)$ der Black-Scholes-Preise, unter der Annahme dass der Kurs $S(t)$ des SPX auf 2.800 Punkte gefallen ist, für die 28 Tage der Laufzeit der Optionen und bei Annahme verschiedener Werte der impliziten Volatilität dargestellt ist. In Abbildung 10.38 ist die prinzipiell gleiche Grafik zu sehen, nur sind hier die entsprechenden Strategie-Verluste (unter der Berücksichtigung der anfangs eingenommenen Prämien) zu sehen.

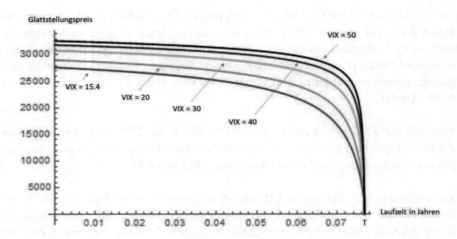

Abbildung 10.37: Entwicklung der Preisdifferenz $P_1(t) - P_2(t)$ im Lauf des Handelsmonats bei verschiedenen Werten der impliziten Volatilität und bei Stand des SPX bei K_1

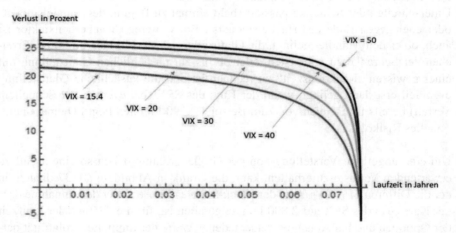

Abbildung 10.38: Entwicklung der Verlusthöhe der Strategie in Prozent im Lauf des Handelsmonats bei verschiedenen Werten der impliziten Volatilität und bei Stand des SPX bei K_1

Eine **alternative konkrete Wahl** der Strikes K_1 und K_2 könnte dagegen lauten:
$$K_1 = S_0 \times (100\% - 0.3 \times VIX\%)$$
$$K_2 = K_1 - 75$$

Hier wird also der Abstand („Sicherheitsabstand") von K_1 zum momentanen Stand des SPX umso größer gewählt, je größer die Schwankungsstärke des Marktes (ausgedrückt durch den VIX) ist.

Am 21. Juni 2019 lag der VIX (Schlusskurs) bei 15.40 Punkten. Somit wäre bei dieser Parameterwahl $K_1 \approx (1 - 0.3 \times 0.154) \times 2.950.46 = 0.9538 \times 2950.46 =$

2.814.15, also $K_1 = 2.810$ und somit $K_2 = 2.735$.

Und eine **alternative Exit-Strategie** könnte lauten: Glattstellen aller Positionen sobald der Gesamtwert des Portfolios den Wert von 90% der Investitionssumme I_{akt} unterschreitet (also der Verlust 10% der Investitionssumme überschreitet). Bei dieser Art von Exit-Strategie ist der zu erwartende Verlust, im Fall dass eine Glattstellung vorgenommen werden muss, relativ klar abschätzbar. Er sollte im Wesentlichen bei (in unserem Zahlenbeispiel) circa 10% liegen.

Aber auch hier gilt der Vorbehalt: Dies stimmt unter der Voraussetzung, dass es dem Händler möglich ist, schnell genug auf das Signal zur Glattstellung zu reagieren und wirklich einen Glattstellungserlös zu erzielen, der im Bereich der angepeilten 10% liegt. Um diese Unsicherheit in den Backtest-Ergebnissen zu berücksichtigen, wurde im Test-Programm auf unserer Homepage ein frei wählbarer „Puffer" integriert. Wird dieser Puffer etwa auf 2% voreingestellt, dann bedeutet dies: Sobald ein theoretischer Verlust (auf Basis der Marktwerte) von 10% erreicht wird, wird glattgestellt. Wir gehen aber davon aus, dass der tatsächliche Verlust nach dem Glattstellen (auf Grund der Reaktionszeiten) bei $10\% + 2\% = 12\%$ liegt.

Wie wird aber in unseren Backtests erkannt, dass ein Verlust von 10% theoretisch auf Grund der Marktpreise erreicht worden wäre? (Im realen real-time-Handel ist es leicht möglich, den Wert des offenen Portfolios in real-time zu verfolgen und auf ein Überschreiten der 10% Verlustgrenze zu reagieren.) Um Backtests durchführen zu können, müssten nun aber zur Ermittlung solcher Überschreitungen historische Tick-Daten der Optionspreise zur Verfügung stehen. Eine Arbeit mit Tick-Daten ist aber bei der unglaublichen Fülle von Optionen nicht möglich. Wir arbeiten in unseren Tests und in unserem Analyse-Programm mit Tages-Daten von Optionspreisen, in denen die Open-, High-, Low- und Last-Kurse sowie die Last-Bid-//Ask-Preise verfügbar sind. Auf Basis dieser Last-Bid-//Ask-Preise wird die Eröffnung von Positionen vorgenommen. Mit der Erfahrung des realen Handels von SPX-Optionen über Interactivebrokers gehen wir dabei (in unseren Analysen) davon aus, dass ein tatsächlicher Kauf jeweils 10 Cent über dem Mittelwert aus Bid und Ask und ein tatsächlicher Verkauf jeweils 10 Cent unter dem Mittelwert aus Bis und Ask möglich ist.

Aber kehren wir zurück zu unserer ursprünglichen Frage, wie wir in unseren Backtests an Hand der historischen Options-Tageskurse erkennen, dass ein Verlust von 10% theoretisch auf Grund der Marktpreise erreicht worden wäre?

Innerhalb eines Tages (also bei im Wesentlichen konstanter Restlaufzeit) kann man davon ausgehen, dass die Differenz $P_1(t) - P_2(t)$ monoton fallend in $S(t)$, also im Kurs des underlyings, ist. Je kleiner $S(t)$ umso größer $P_1(t) - P_2(t)$ und daher umso höher der Glattstellungspreis der Optionen.

Ebenso sind $P_1(t)$ und $P_2(t)$ für sich alleine monoton fallend in $S(t)$, also umso größer je kleiner $S(t)$ ist. Daraus können wir folgern, dass $P_1(t) - P_2(t)$ (und damit der Verlust in der Strategie) dann maximal ist, wenn $P_1(t)$ bzw. $P_2(t)$ maximal sind.

Es wird also aus den **Tages-High-Preisen der Optionen** die Differenz $P_1(t) - P_2(t)$ gebildet und genau dann, wenn diese Differenz einen Verlust von 10% oder mehr induziert, dann wäre es an diesem Handelstag zu einer Glattstellung und zu einem Verlust von 10% (+ Puffer) gekommen.

Eine kleine Unsicherheit ist allerdings mit dieser Argumentation verbunden: Die angegebenen Kurse sind tatsächliche **Handelspreise** und es ist nicht unbedingt der Fall, dass die Optionen gerade zu den Augenblicken gehandelt worden waren, als der $S(t)$ den tiefsten Wert des Tages angenommen hatte. Zuverlässiger wäre es, mit Höchst-Bid-//Ask-Kursen arbeiten zu können, die in jedem Augenblick quotiert werden, aber diese sind in den historischen Daten leider nicht verfügbar. Um einen möglichen Bias (der zu zu seltenen oder zu zu häufigen Glattstellungsannahmen führen könnte) hier zu vermeiden, wird in unserem Programm auch eine zweite „sicherere" Alternative angeboten:
Immer dann wenn die (größere) Differenz aus dem Maximum von $P_1(t)$ an diesem Handelstag und dem Minimum von $P_2(t)$ an diesem Handelstag einen Verlust von 10% oder mehr induziert, nehmen wir eine Glattstellung an. Auch diese Variante ist noch nicht 100%-ig sicher um wirklich jede Glattstellungs-Situation zu „erkennen", wird aber tendenziell die Anzahl der Glattstellungen eher überschätzen und führt daher tendenziell eher zu defensiven Schätzungen in Bezug auf die Performance der analysierten Strategien.

Bei welchem Stand des SPX ungefähr ein bestimmter Zielverlust eintritt, hängt natürlich wieder von mehreren Faktoren ab, nämlich wieder von der Restlaufzeit und von der Entwicklung der impliziten Volatilität. Wie die entsprechende Analyse vorgenommen werden kann, wurde bereits in Paragraph 4.40 detailliert behandelt und wir gehen hier darauf nicht mehr näher ein.

10.5.3   Die verschiedenen Parameter-Wahlen und Auswahl einiger Analyse-Ergebnisse

Wir geben im Folgenden für einige ausgewählte Parameter-Sets ein kleine (!) Auswahl von Backtest-Performance-Resultaten einerseits für Zeitbereiche im Zeitraum Anfang 1990 bis Ende 2010 aus dem JAI-Artikel sowie für Zeitbereiche im Zeitraum Anfang 2010 bis Ende 2018, die mit Hilfe unserer neuen Software erstellt wurden. Für wesentlich ausführlichere Resultat-Sammlungen verweisen wir auf den JAI-Artikel sowie ermutigen wir die LeserInnen, selbst Versuche mit der zur Verfügung stehenden Software durchzuführen. (In Abschnitt 10.5.5 wird in die – sehr einfache – Handhabung der Software eingeführt.) Weiters werden von der Forschungsgruppe rund um den Autor dieses Buches Intensiv-Seminare für die selbständige Durchführung solcher Handelsstrategien angeboten.

Für die **Wahl des Parameters K_1** werden sowohl in den Analysen im JAI-Artikel als auch in unserer Software unter anderem die folgenden Alternativen angeboten:

Alternative 1:
K_1 um einem bestimmten absoluten Prozentsatz x unter S_0.
Alternative 2:
K_1 um einen bestimmten Prozentsatz, der gegeben ist durch einen Faktor x mal der impliziten Volatilität (VIX) zum Handelszeitpunkt, unter S_0
Alternative 3:
K_1 um einen bestimmten Prozentsatz, der gegeben ist durch einen Faktor x mal der historischen Volatilität (hv) zum Handelszeitpunkt (berechnet aus den Tagesdaten des SPX aus dem Handelsmonat vor dem Handelszeitpunkt), unter S_0
(In der Software ist die Länge der Zeitperiode, aus der die hv berechnet wird, frei wählbar.)
Alternative 4 (einstweilen nur im JAI-Artikel):
K_1 (schon unter der Voraussetzung dass auch K_2 bereits in Abhängigkeit von K_1 gewählt wurde) so, dass eine gewisse Mindestprämie (angegeben in Prozent des vorhandenen Investments I_{akt}) eingenommen wird.
(Diese Methode 4 der Wahl des Strikes K_1 scheint auf einem ähnlichen Prinzip zu beruhen wie die Wahl von K_1 in Abhängigkeit vom VIX. Allerdings arbeiten wir hier dann konkret mit der impliziten Volatilität der gehandelten Option und nicht mit dem VIX, der ja in gewisser Weise eine Durchschnittsbildung über die Volas aller Optionen vornimmt.)

Für die **Wahl des Parameters K_2** werden die folgenden Alternativen angeboten:

Alternative 1: (im JAI-Artikel)
K_2 wird als ein bestimmter Prozentsatz von K_1 bestimmt (z.B.: $K_2 = 0.95 \cdot K_1$)
Alternative 2: (in der Software)
K_2 wird in einem fix vorgegebenen absoluten Abstand von K_1 gewählt (z.B.: $K_2 = K_1 - 75$)

Für die **Wahl der Exit-Strategie** schließlich werden die folgenden Alternativen angeboten:

Alternative 1:
Alle Positionen werden geschlossen, sobald K_1 oder ein bestimmter Prozentsatz von K_1 (z.B.: $1.01K_1$) unterschritten wird.
Alternative 2:
Alle Positionen werden geschlossen, sobald ein gewisser maximaler Verlust (ausgedrückt als Prozentsatz von I_{akt}) erreicht wird.

Alternative 3:
Eine Kombination aus Alternative 1 und 2 (z.B.: Alle Positionen werden geschlossen, sobald ein bestimmter Prozentsatz von K_1 unterschritten oder ein gewisser maximaler Verlust überschritten wird).

Als kleine Auswahl von Backtest-Resultaten übernehmen wir nun eine Tabelle aus dem JAI-Artikel, in dem die besten Ergebnisse im gesamten dort getesteten Zeitbereich von 1990 bis 2010 in Hinblick auf Rendite per anno aufgelistet sind.

Daran anschließend geben wir einen kleinen Überblick über einige Backtest-Resultate für den Zeitbereich Anfang 2010 bis Ende 2018, die mit Hilfe unserer Software erstellt wurden.

Alle Ergebnisse sind unter Berücksichtigung von Transaktionskosten entstanden (allerdings wurden keine eventuell anfallenden Management-Fees oder Gewinnbeteiligungen oder Steuern berücksichtigt).

Beste Strategien in Hinblick auf Rendite per anno von Anfang 1990 bis Ende 2010:

Rank	Choice of short strike	Choice of long strike	Exit strategy	Return p.a.	Sharpe ratio
1	$K_1 = S_0$	$K_2 = 0.97 \cdot K_1$	at 5% loss or at $0.98 \cdot K_1$	84.62%	1.59
2	$K_1 = (1 - 0.1 \cdot VIX) \cdot S_0$	$K_2 = 0.97 \cdot K_1$	at 15% loss or at $0.98 \cdot K_1$	79.6%	1.54
3	$K_1 = (1 - 0.1 \cdot VIX) \cdot S_0$	$K_2 = 0.97 \cdot K_1$	at 20% loss or at $0.98 \cdot K_1$	76.65%	1.34
4	$K_1 = (1 - 0.1 \cdot hv) \cdot S_0$	$K_2 = 0.97 \cdot K_1$	at 15% loss or at $0.98 \cdot K_1$	76.01%	1.35
5	$K_1 = (1 - 0.1 \cdot VIX) \cdot S_0$	$K_2 = 0.95 \cdot K_1$	at 10% loss or at $0.98 \cdot K_1$	73.2%	1.84
6	$K_1 = (1 - 0.1 \cdot VIX) \cdot S_0$	$K_2 = 0.97 \cdot K_1$	at 10% loss or at $0.98 \cdot K_1$	72.36%	1.58
7	$K_1 = (1 - 0.1 \cdot hv) \cdot S_0$	$K_2 = 0.95 \cdot K_1$	at 10% loss or at $0.98 \cdot K_1$	72.33%	1.67
8	$K_1 = (1 - 0.1 \cdot VIX) \cdot S_0$	$K_2 = 0.95 \cdot K_1$	at 15% loss or at $0.98 \cdot K_1$	71.98%	1.6
9	$K_1 = (1 - 0.1 \cdot hv) \cdot S_0$	$K_2 = 0.97 \cdot K_1$	at 20% loss or at $0.98 \cdot K_1$	71.74%	1.14
10	$K_1 = (1 - 0.1 \cdot hv) \cdot S_0$	$K_2 = 0.97 \cdot K_1$	at 10% loss or at $0.98 \cdot K_1$	70.77%	1.41

Auswahl einiger Strategien für den Zeitbereich Anfang 2010 bis Ende 2018:
(Hier steht „s" für „S_0", „h" steht für „hv", „v" steht für „VIX" und ein Exit von zum Beispiel $10\% + 2\%$ bedeutet, dass bei 10% Verlust glattgestellt wird, aber ein tatsächlich eingetretener Verlust von 12% angenommen wird (Puffer $= 2\%$). Der Long Strike K_2 wird stets als $K_2 = K_1 - 75$ gewählt.:

Short-Strike	$0.9 \cdot s$	$0.93 \cdot s$	$0.95 \cdot s$	$0.98 \cdot s$
Exit	10% + 2%	10% + 2%	10% + 2%	10% + 2%
2010	-9,98%	10.23%	39.14%	136.22%
2011	15.67%	-1.38%	-3.36%	41.91%
2012	23.57%	55.62%	66.11%	22.43%
2013	9.82%	25.72%	27.76%	56.75%
2014	-2.71%	-5.34%	6.36%	-24.09%
2015	6.55%	-11.36%	-8.67%	-39.14%
2016	23.86%	58.51%	3.92%	61.03%
2017	5.86%	17.78%	37.34%	96.18%
2018	-38.94%	-46.85%	-49.68%	-37.81%
Gesamt (per anno)	**1.98%**	**6.94%**	**8.76%**	**24.16%**
Gesamtrendite	**19.29%**	**83.08%**	**113.11%**	**602.26%**

Short-Strike	$(1 - 0.4 \cdot h) \cdot s$	$(1 - 0.3 \cdot h) \cdot s$	$(1 - 0.2 \cdot h) \cdot s$	$(1 - 0.1 \cdot h) \cdot s$
Exit	10% + 2%	10% + 2%	10% + 2%	10% + 2%
2010	15.42%	35.68%	82.33%	92.45%
2011	-9.09%	7.77%	9.84%	46.12%
2012	35.44%	65.58%	10.37%	11.17%
2013	17.79%	14.81%	43.90%	98.46%
2014	-16.75%	-4.14%	-26.25%	-11.38%
2015	-15.17%	-16.16%	-43.51%	-49.49%
2016	11.82%	4.37%	36.46%	43.59%
2017	69.31%	67.24%	145.41%	59.17%
2018	-38.96%	-46.79%	-38.62%	-53.32%
Gesamt (per anno)	**3.90%**	**9.61%**	**10.75%**	**15.37%**
Gesamtrendite	**41.14%**	**128.47%**	**150.94%**	**262.63%**

Short-Strike	$(1 - 0.4 \cdot v) \cdot s$	$(1 - 0.3 \cdot v) \cdot s$	$(1 - 0.2 \cdot v) \cdot s$	$(1 - 0.1 \cdot v) \cdot s$
Exit	10% + 2%	10% + 2%	10% + 2%	10% + 2%
2010	-4.77%	-9.24%	22.85%	72.73%
2011	-4.37%	15.18%	24.09%	35.82%
2012	52.36%	57.65%	13.07%	29.01%
2013	21.33%	22.82%	29.47%	89.29%
2014	2.10%	-1.08%	-15.51%	-17.22%
2015	45.51%	-33.04%	-45.49%	-50.26%
2016	37.32%	46.87%	28.89%	40.64%
2017	41.38%	71.07%	52.72%	113.65%
2018	-31.69%	-44.37%	-48.74%	-56.59%
Gesamt (per anno)	**16.99%**	**5.69%**	**1.46%**	**12.39%**
Gesamtrendite	**310.97%**	**64.56%**	**13.97%**	**186.28%**

Die Ergebnisse bei den meisten Strategien sind deutlich positiv. Bezüglich der Daten für den Zeitbereich 1990 bis 2010 werden wir uns weiter unten das kritische Jahr 2008 noch etwas genauer ansehen.

Bezüglich der Ergebnisse für den Zeitbereich von 2010 bis 2018 sei auf das durchwegs sehr negativ verlaufene Jahr 2018 hingewiesen. Hier sind durchwegs Verluste in Bereichen von 30% bis 60% angefallen.

Dies sollen – wie betont – nur einige wenige beispielhafte Ergebnisse sein, eine Deutung der Resultate bzw. die Durchführung weiterer Tests seien den LeserInnen überlassen.

10.5.4   Variante: 2-M-Strategie

Wir erläutern hier noch eine weitere Variante der Put-Write-Strategien, die soge-nannte 2-M-Strategie (deren Analyse vom beteiligten Vermögensverwaltungsun-ternehmen beauftragt wurde). „2-M" steht hier für „Zwei Monate". Hier werden nach dem sonst gleichen System Optionen mit einer Restlaufzeit von 2 Monaten (anstatt einem Monat gehandelt). Dabei wird aber nicht jeweils das gesamte vor-handene Investment für 2 Monate investiert (bzw. als Margin eingesetzt), sondern es wird überlappend, jeden Monat für 50% des Investments über einen Zeitraum von 2 Monaten gehandelt.

Während in den Beispielen zur 1-Monats-Strategie in unseren hier wiedergegebe-nen Tabellen jeweils nur die Ergebnisse für die Exit-Strategie „$10\% + 2\%$" angege-ben wurden, haben wir für die 2-Monats-Strategie nur die Ergebnisse für die Exit-Strategie „$20\% + 2\%$" angegeben. Der Grund dafür ist, dass diese Exit-Strategie (im Gegensatz zu oben) für die 2-Monats-Strategie zumeist die besseren Resultate geliefert hat.

Short-Strike	$0.85 \cdot s$	$0.88 \cdot s$	$0.9 \cdot s$	$0.93 \cdot s$	$0.95 \cdot s$	$0.98 \cdot s$
Exit	$20\% + 2\%$	$20\% + 2\%$	$20\% + 2\%$	$20\% + 2\%$	$20\% + 2\%$	$20\% + 2\%$
2010	9.34%	19.23%	-3.03%	10.01%	2.18%	4.74%
2011	12.73%	-8.36%	-3.56%	-5.29%	28.91%	4.17%
2012	13.45%	23.99%	33.01%	59.35%	-5.49%	22.06%
2013	6.02%	11.34%	16.62%	32.35%	55.32%	57.76%
2014	5.94%	10.67%	3.40%	15.82%	-4.76%	-16.08%
2015	3.21%	-6.80%	-14.32%	-15.10%	-7.07%	-0.48%
2016	12.73%	21.52%	31.96%	54.47%	56.85%	125.16%
2017	4.05%	7.88%	12.44%	24.54%	23.68%	67.47%
2018	-0.46%	-3.20%	-22.54%	-34.72%	-46.21%	-46.61%
Gesamt (per anno)	8.41%	10.58%	4.54%	10.09%	7.59%	15.06%
Gesamtrendite	108.30%	149.28%	49.69%	139.47%	94.30%	257.59%

Short-Strike	$(1 - 0.6 \cdot h) \cdot s$	$(1 - 0.5 \cdot h) \cdot s$	$(1 - 0.4 \cdot h) \cdot s$	$(1 - 0.3 \cdot h) \cdot s$	$(1 - 0.2 \cdot h) \cdot s$	$(1 - 0.1 \cdot h) \cdot s$
Exit	$20\% + 2\%$	$20\% + 2\%$	$20\% + 2\%$	$20\% + 2\%$	$20\% + 2\%$	$20\% + 2\%$
2010	-6.03%	-0.50%	-7.49%	0.83%	12.11%	24.75%
2011	6.41%	15.38%	-23.41%	3.63%	-26.87%	-17.17%
2012	31.73%	23.24%	-5.69%	3.65%	18.00%	29.38%
2013	37.49%	49.27%	41.96%	62.18%	54.12%	49.57%
2014	5.65%	11.50%	-12.46%	-10.79%	2.26%	-2.26%
2015	-21.50%	-17.36%	-9.74%	-2.46%	-9.78%	-18.00%
2016	52.31%	70.42%	89.11%	77.98%	108.62%	151.60%
2017	34.09%	43.42%	53.94%	68.08%	89.03%	112.13%
2018	-21.42%	-38.24%	-34.72%	-28.51%	-35.31%	-54.46%
Gesamt (per anno)	11.91%	15.83%	7.27%	8.15%	19.37%	14.22%
Gesamtrendite	177.97%	280.05%	89.15%	103.72%	399.58%	234.51%

Short-Strike	(1 - 0.6 · v)· s	(1 - 0.5 · v)· s	(1 - 0.4 · v)· s	(1 - 0.3 · v)· s	(1 - 0.2 · v)· s	(1 - 0.1 · v)· s
Exit	20% + 2%	20% + 2%	20% + 2%	20% + 2%	20% + 2%	20% + 2%
2010	-1.05%	24.96%	0.36%	11.99%	6.06%	0.21%
2011	12.58%	3.78%	13.13%	9.31%	9.85%	0.70%
2012	30.79%	42.72%	39.21%	-6.97%	2.95%	24.41%
2013	25.61%	35.39%	50.69%	50.05%	72.45%	44.92%
2014	8.38%	14.60%	-8.28%	-0.62%	-3.03%	-23.25%
2015	18.48%	-18.78%	-12.46%	-4.15%	7.88%	-17.30%
2016	33.05%	46.92%	66.70%	91.95%	128.09%	145.92%
2017	10.79%	33.39%	27.74%	41.65%	62.20%	98.14%
2018	-14.70%	-26.70%	-21.00%	-43.01%	-22.14%	-54.50%
Gesamt (per anno)	16.12%	15.95%	17.54%	12.60%	22.17%	10.63%
Gesamtrendite	288.54%	283.45%	334.14%	193.75%	516.55%	150.41%

Auch hier sind wieder klar positive Ergebnisse zu konstatieren, mit wiederum starken Einbußen im Lauf des Jahres 2018.

10.5.5 Gebrauchsanweisung des Analyse-Programms auf der Homepage

Dieser Paragraph wurde vom hauptverantwortlichen Entwickler des Analyse-Programms, Alexander Brunhuemer, erstellt.

Wir werden nun noch einen Blick darauf werfen, wie sich die oben beschriebenen Analysen mithilfe der entwickelten Software durchführen lassen. Das Programm lässt sich dabei unter folgendem Link ausführen, sofern man einen Zugang zum geschützten Bereich freigeschalten hat:

`https://app.lsqf.org/book/put-write-strategy`.

Beim Öffnen des Programms landet man zunächst auf der Eingabemaske, wie in Abbildung 10.39 zu sehen. Die Funktionsweise der verschiedenen Eingabeparameter findet man in der folgenden Tabelle.

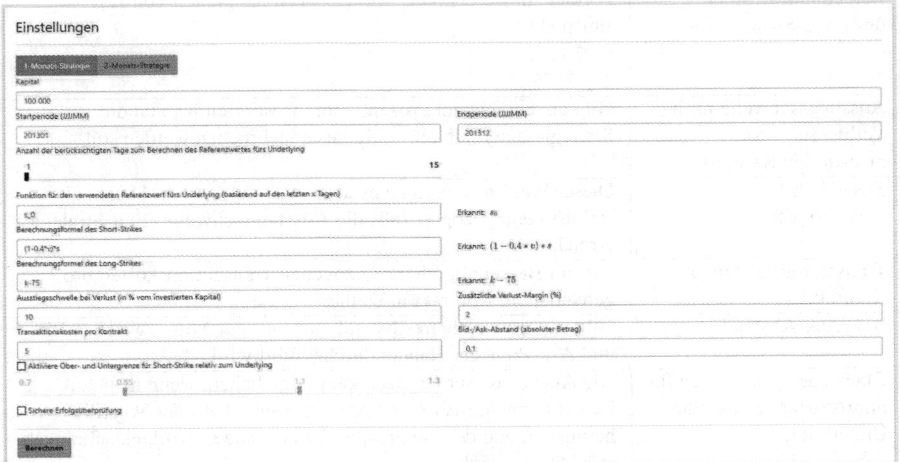

Abbildung 10.39: Eingabemaske zum Programm zur Analyse der Put-Write-Strategie

Schaltflächen „1-Monats-Strategie" und „2-Monats-Strategie"	Mit diesen Schaltflächen lässt sich zwischen den oben beschriebenen 1- und 2-M-Strategien wechseln.
Kapital	Das zur Investition zur Verfügung stehende Kapital (oben mit I_0 bezeichnet) in Dollar
Startperiode	Der erste Monat, in dem die Strategie ausgeführt werden soll (am dritten Freitag). Eingabe erfolgt in der Form *JJJJMM*
Endperiode	Der letzte Monat, in dem die Strategie ausgeführt werden soll (am dritten Freitag). Eingabe erfolgt in der Form *JJJJMM*
Berücksichtigte Tage für Referenzwert des Underlyings	Anzahl der Tage, die zur Berechnung des Referenzwertes des Underlyings herangezogen werden (siehe nächster Parameter). Bezeichnen wir im weiteren Verlauf mit „n".
Referenzwert fürs Underlying	Funktion abhängig von S_0, S_{max}, sowie S_{min}, die für die Berechnung vom Wert s in der Formel für K_1 herangezogen werden soll. Dabei stehen die Werte für folgendes: S_0 ... Wert des Underlyings zum Handelstag (Schlusskurs) S_{max} ... Höchster Schlusskurs der letzten n Tage S_{min} ... Niedrigster Schlusskurs der letzten n Tage Die Eingabe von S_0, S_{max} und S_{min} erfolgt dabei jeweils als s_0, s_{max} bzw. s_{min}.
Berechnungsformel des Short-Strikes (K_1)	Formel zur Berechnung von K_1 mit möglichen Parametern s, v, h, die für folgende Werte stehen: s ... Referenzwert für das Underlying (berechnet nach der Formel für das Underlying) v ... $\frac{\text{Schlusskurs des VIX zum Handelstag}}{100}$ h ... historische Volatilität basierend auf den letzten 20 Handelstagen Formeln für den Short-Strike könnten beispielhaft so aussehen: $0.95 \cdot s$ $(1 - 0.4 \cdot v) \cdot s$ $(1 - 0.3 \cdot h) \cdot s$
Berechnungsformel des Long-Strikes (K_2)	Formel zur Berechnung von K_2 in Abhängigkeit von K_1. Beispiele: $0.95 \cdot K_1$ $K_1 - 75$
Ausstiegsschwelle nach Verlust (in % vom investierten Kapital)	Gibt an, bei wieviel Prozent vom investierten Kapital die Strategie innerhalb eines Monats abgebrochen werden soll.
Zusätzliche Verlust-Puffer (%)	Dieser Wert in % vom investierten Kapital wird zusätzlich als Verlust herangezogen, falls die Ausstiegsschwelle (Exit-Strategie) erreicht wird.
Transaktionskosten pro Kontrakt	Die zur Berechnung herangezogenen Transaktionskosten pro gehandeltem Kontrakt in Dollar.
Bid-/Ask-Abstand	Gibt an, mit welchem Abstand (absolut) zur Mitte zwischen Bid- und Ask-Preis der Handel durchgeführt wird.
Ober- und Untergrenze für Short-Strike relativ zum Underlying	Die Angabe dieser Grenzen kann Sinn haben, wenn man zur Berechnung von K_1 eine Formel basierend auf der Volatilität heranzieht und den Bereich, in dem gehandelt wird, einschränken möchte. Beispiel: $(1 - 0.4 \cdot v) \cdot s$, aber auf jeden Fall im Bereich $[0.9 \cdot s, 0.97 \cdot s]$

Sichere Erfolgsüberprüfung	Bei Aktivierung werden bei der Überprüfung auf Erfolg der monatlichen Strategie nicht die Tages-High-Preise der Optionen verglichen, sondern das Maximum von P_1 und Minimum von P_2 miteinander verglichen (siehe Paragraph 10.5.2)

Nach Eingabe der gewünschten Parameter kann man den Erfolg der Strategie berechnen lassen. Der Benutzer erhält die ermittelte Gesamtrendite (per anno und gesamt) sowie eine Übersicht über die einzelnen Handelsperioden inklusive grafischer Veranschaulichung der Kapitalentwicklungen. Ein Resultat könnte zum Beispiel so aussehen:

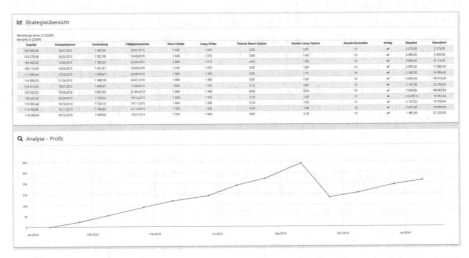

Abbildung 10.40: Beispielhaftes Ergebnis zur Analyse der Put-Write-Strategie im Jahr 2013

10.5.6 Abschließende Bemerkungen zu operationellen Risiken und Strategievarianten

Einige abschließende Anmerkungen zu den Ergebnissen, den (operationellen) Risiken der Strategien und zu weiteren möglichen Varianten dieser Put-Write-Strategien sind angebracht.

Wir haben hier Backtests anhand von historischen Preisdaten durchgeführt und, wie immer wieder auch in entsprechenden Werbeprospekten und Factsheets diverser Fondsanbieter zu lesen ist, ist anzufügen: Backtests sind mit Vorsicht in Hinblick auf ihre Zuverlässigkeit zu genießen und: Sie lassen keinerlei Schlüsse auf zukünftige Entwicklungen von Strategien zu.

Dennoch: Die Resultate unserer Analysen deuten doch auf ein Overpricing von Put-Optionen hin. Die durch den Verkauf von Put-Optionen erzielten Prämien führen zu einer deutlichen Outperformance gegenüber der Entwicklung des SPX.

Es ließe sich hier einwenden, dass bei den von uns hier vorgestellten Strategien Put-Optionen ja sowohl ver- als auch gekauft werden und sich daher das Overpricing ausgleichen müsste. Es ist ja sogar so, dass – so legt die systematische Beobachtung von Volatility-Smiles nahe – ein etwaiges Overpricing umso stärker ausfällt, je weiter out-of-the-money die Option gelegen ist. Das heißt, die weiter out-of-the-money liegenden gekauften Puts mit Strike K_2 sollten durchschnittlich stärker overpriced sein als die verkauften Puts mit Strike K_1. Diese Tatsache gilt aber relativ, also prozentuell zum Preis der Option. Wir wollen das am ersten der konkreten Beispiele von Abschnitt 10.5.2 illustrieren:

Der Preis der Short-Position lag bei 10.40, der Preis der Long-Position bei 5.70. Die eingenommene Prämie betrug daher 4.70 Dollar. Angenommen, die Short-Position wäre um 10% overpriced und die Long-Position sogar stärker, und zwar um 15%. Also, der tatsächlich faire Preis der Short-Position würde somit bei $\frac{10.40}{1+0.10} = 9.45$ Dollar liegen und der tatsächlich faire Preis der Long-Position würde bei $\frac{5.70}{1+0.15} = 4.95$ Dollar liegen. Die faire Differenz würde somit 4.50 Dollar betragen. Die tatsächlich eingenommene Prämie von 4.70 liegt also höher als die faire Prämie trotz der stärkeren (relativen) Überpreisung der Long-Position.

Warum aber arbeiten wir überhaupt mit Kombinationen aus Short- und Long-Positionen in dieser Strategie? Wäre nicht der Handel mit Short-Positionen allein (sogenannten naked-positions) effizienter? Wir würden uns dabei den doch in Summe teuren Kauf der Long-Positionen ersparen!

Für die Arbeit mit Kombinationen anstelle von naked positions sprechen zumindest zwei Gründe:

Erstens:

Beim Einsatz von naked positions kann ein etwaiger Verlust die vorhandene Margin im worst case überschreiten. Der Investor ist in diesem Fall zum Nachschuss von Mitteln und zum Tragen des gesamten Verlusts auch über die Investitionssumme hinaus verpflichtet.

Dagegen könnte man einwenden, dass ohnehin Exit-Strategien vorgesehen sind, die einen höheren Verlust verhindern sollen. Das ist einerseits richtig, doch andererseits bietet eine Exit-Strategie keine absolute Sicherheit. Große overnight-gaps oder ein eventuelles Schließen einer Börse (und Wieder-Eröffnung bei eventuell weit niedrigeren Kursen) sind durchaus schon mehrfach vorgekommen und können die besten Absichten für das rechtzeitige Schließen von Positionen vereiteln und damit zu immensen Verlusten führen. Ein Verlust über das eingesetzte Investment hinaus ist beim oben beschriebenen Einsatz von Short-/Long-Positionen nicht möglich.

Im Handel für Kunden ist in manchen rechtlichen Konstellationen prinzipiell die auch nur theoretische Möglichkeit einer Nachschussverpflichtung auszuschließen und damit der Einsatz von naked positions in intensiver Form nicht erlaubt.

Zweitens:

Im Fall der Arbeit mit Kombinationen kann im Normalfall mit einer bei Weitem höheren Anzahl von Kontrakten gehandelt werden als wenn mit naked positions gearbeitet wird. Als Beispiel dazu soll uns wieder der erste Handel aus 10.5.2 dienen: Bei einem Abstand von 75 Punkten zwischen den Strikes K_1 und K_2 konnte dort mit 13 Kombinations-Kontrakten auf ein Investment von 100.000 Dollar gehandelt werden. Dies bedeutet – wie wir gesehen haben – eine Prämieneinnahme von über 6.000 Dollar. Im Fall des Einsatzes von naked positions kommen die Margin-Regelungen ins Spiel, die in Kapitel 2.15 beschrieben wurden. Im Wesentlichen ist dabei (ohne genau ins Detail zu gehen) pro Optionskontrakt eine Margin in Höhe von $100 \times 15\%$ von S_0 erforderlich. Bei einem Wert von S_0 von 2.950 Punkten bedeutet dies eine erforderliche Margin in Höhe von 44.250 Dollar. Es können somit auf die 100.000 Dollar Investment nur 2 Optionskontrakte gehandelt werden. Das bedeutet (wenn wir die Preise der Optionen in Betracht ziehen) Prämieneinnahmen von nur knapp über 2.000 Dollar. Andererseits freilich wird dadurch ein vorgesehener Exit bei Eintreten einer gewissen Verlusthöhe im Allgemeinen erst wesentlich später (bei wesentlich stärkerem Kursrückgang des SPX) ausgelöst als im Fall von einer größeren Anzahl von Kontrakten bzw. ist die Höhe des Verlusts bei Glattstellen von Positionen wenn der SPX eine gewisse Schranke unterschreitet im Allgemeinen deutlich geringer als im Fall der Arbeit mit Kombinationen. Im Artikel „A Comparison of Different Families of Put-Write Option Strategies" im ACRN Journal of Finance and Risk Perspectives von L. Del Chicca und dem Autor, [3] wird nachgewiesen, dass die Performance der Put-Write-Strategien fast durchwegs im Fall der Verwendung von Kombinationen signifikant besser ist als im Fall der Verwendung von naked positions.

Kehren wir noch einmal zu Risiko-Überlegungen und zu möglichen operationellen Risiken an Hand eines konkreten, tatsächlich im konkreten Handel so eingetretenen Beispiels zurück:

Die wohl extremsten Bedingungen für den Handel mit Optionen speziell auf den SPX herrschten am 10. Oktober 2008.

Tatsächlich war in den Handelsstrategien, die der Autor im Rahmen seiner Vermögensverwaltungstätigkeit um den 10.10.2008 durchführte, ein Glattstellen aller Positionen vorgesehen, sobald der SPX die Schranke von 900 Punkten unterschreiten würde. Die Short-Position, die dabei zu schließen war, war eine Put-Option mit Strike 900 und Fälligkeit am 17.10.2008.

Am 9. Oktober bei Handelsschluss hatte der SPX bei 909 Punkten geschlossen. Bis dahin war es zu keiner Glattstellung gekommen. In Abbildung 10.41 sehen wir die

weitere Entwicklung des SPX am 10. Oktober 2008. Sofort bei Handelseröffnung
war der Kurs des SPX auf Werte bis 840 verfallen. Die Order zur Glattstellung der
Optionen, insbesondere zum Rückkauf der Short-Position mit Strike 900, war sofort bei Handelseröffnung erteilt worden.

In Abbildung 10.42 sehen wir allerdings die Preisentwicklung dieser 900er-Put-
Option vom 9.10.2008 auf 10.10.2008 und am 10.10.2008.

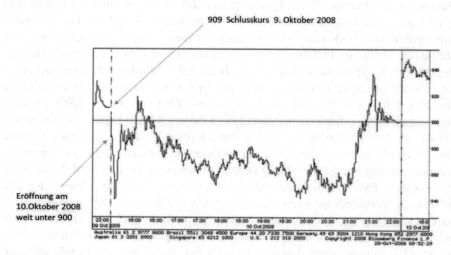

Abbildung 10.41:   Entwicklung des SPX von 9.10.2008 auf 10.10.2008 und am
10.10.2008, (Quelle: Bloomberg)

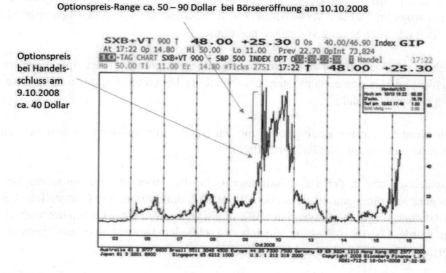

Abbildung 10.42:   Preis-Entwicklung der Strike 900 Put-Option von 9.10.2008 auf
10.10.2008 und am 10.10.2008, (Quelle: Bloomberg)

Anstatt die Option wie antizipiert direkt bei Unterschreiten der 900er Marke durch den SPX in etwa zu einem Preis von 40 Dollar schließen zu können, lagen die tatsächlich erzielten Preise unkontrollierbar fluktuierend in einem Bereich von durchschnittlich circa 70 Dollar.

Dadurch, durch dieses unglückliche Zusammentreffen der Glattstellungserfordernis direkt bei Handelseröffnung am 10.10.2008 mit den extremsten Handelsverhältnissen am Höhepunkt der Finanzkrise, entstanden in den durchgeführten Put-Write-Strategien immense Verluste, die unter normalen Umständen niemals eingetreten wären.

In den Tests im JAI-Artikel wurden übrigens solche etwaigen extremen Handelsverhältnisse und auch starke overnight-gaps in die Analysen mit einbezogen!

Die oben beschriebenen Parameterwahlen sind relativ statischer Natur. In den konkreten Durchführungen wurden flexiblere Verfahren entwickelt um speziell die Wahl des Short-Strikes K_1 nach Möglichkeit zu optimieren. Hier wurden insbesondere gewisse systematische Wellenbewegungen in der Entwicklung des SPX als auch die Entwicklung des SPX in den Tagen unmittelbar vor der Positionseröffnung in die Wahl von K_1 mit einbezogen.

Durch die Integration der Parameter S_{min} und S_{max} in unser Analyse-Programm können solche Überlegungen bei Verwendung dieses Programms teilweise mit einbezogen werden.

10.6   Fall-Beispiel VI: Bewertung einer asiatischen Option auf Basis eines Fremdwährungskredits im Rahmen eines Gutachtensauftrag

Im nun folgenden Fall geht es um ein Gutachten im Zusammenhang mit einem Gerichtsfall, in dem ein Investor A eine Bank B geklagt hatte, nachdem ein Geschäft, das der Investor im Jahr 2006 mit der Bank abgeschlossen hatte und das eine Laufzeit bis ins Jahr 2011 hatte, beträchtlich schief gegangen war. Der Investor A klagte die Bank dahingehend, dass diese ihn nicht genügend über die Ausgestaltung und die Risiken des Produkt aufgeklärt hätte, insbesondere nicht darüber, dass dem Produkt eine **asiatische** Option und nicht eine Option üblichen Typs zugrunde lag (und auch nicht darüber, was dies für die Entwicklungschancen des Produkts bedeutet hätte).

Wir wollen uns im Folgenden das gegenständliche Produkt und zwei der Gutachtensaufträge näher ansehen.

10.6.1 Die Ausgestaltung des Gesamt-Produkts

Das **Produkt** bestand aus zwei wesentlichen Teilen:
Teil 1: Ein CHF-Fremdwährungskredit mit Zins-Cap
Teil 2: Eine Rohstoffindex-Garantie-Anleihe der Bank B

Der Fremdwährungskredit diente dabei ausschließlich zur Finanzierung der Rohstoff-index-Garantie-Anleihe.

Die **Ausgestaltung des Fremdwährungskredits** (Teil 1) lautete wie folgt:

Kreditbetrag: 1.000.000 Euro
Laufzeit: 3. April 2006 bis 2. April 2011
Zinssatz: CHF-1-Monats-LIBOR zum Zahlungstermin aufgerundet auf $\frac{1}{8}$ + 0.75%
(Das ergibt einen Zinssatz zu Beginn von 2.25%.)
Zahlung in 20 Tranchen vierteljährlich

Der Zinssatz ist durch einen Cap mit 3% per anno nach oben beschränkt.
Die Kosten dieses Caps betragen 0.42% per anno

Der Kreditbetrag wurde am 3. April 2006 in CHF ausbezahlt. Am 3.4.2006 betrug der EUR CHF-Wechselkurs 1.571092. Ausbezahlt wurden daher 1.571.092 CHF.
Die Rückzahlung am 2. April 2011 musste daher ebenfalls in Form einer Rücküberweisung von 1.571.092 CHF erfolgen.

Die **Ausgestaltung der Rohstoffindex-Garantie-Anleihe** (Teil 2) lautete wie folgt:

Nominale: 1.000.000 Euro
Laufzeit: 3. April 2006 bis 2. April 2011
Jährlicher Coupon: 0.80% (Auszahlung jährlich am 2.April)
Tilgung bei Endfälligkeit: 100% + Maximum aus 0% und „Gewinnanteil" (wie unten definiert)

Gewinnanteil:
Der Gewinnanteil basiert auf der Entwicklung des „S&P GSCI Index" (im Folgenden kurz GSCI). Dieser Goldman Sachs Commodity Index, der 1991 von Goldman Sachs entwickelt (rückgerechnet bis 1970) und 2007 von Standard&Poors übernommen wurde, ist eine der bekanntesten Benchmarks für Rohstoffe. Seine Performance im Zeitbereich von Anfang 1970 bis zum Abschluss des Geschäfts am 3.4.2006 ist in Abbildung 10.43 zu sehen.

Der Wert $S(0)$ des GSCI am 3. April 2006 lag bei 399.17 Punkten

Der Gewinnanteil berechnet sich wie folgt:

*Es wird der relative Zuwachs des GSCI ab dem 3.4.2006 an folgenden Stichtagen
(Schlusskurse) gemessen:*
2.7.2006, 2.10.2006, 2.1.2007, 2.4.2007,
2.7.2007, 2.10.2007, 2.1.2008, 2.4.2008,
2.7.2008, 2.10.2008, 2.1.2009, 2.4.2009,
2.7.2009, 2.10.2009, 2.1.2010, 2.4.2010,
2.7.2010, 2.10.2010, 2.1.2011, 2.4.2011
*Von diesen Zuwächsen wird das arithmetische Mittel genommen. Dieses Mittel ist
der Gewinnanteil.*

Abbildung 10.43: Entwicklung des GSCI von Start der Rückrechnung Anfang 1970 bis
zum Abschluss des Geschäfts am 3.4.2006

Der Investor hat also einen Fremdwährungskredit aufgenommen um ein Produkt
kaufen zu können, das zum einen Teil die Ausgestaltung einer Anleihe (mit für
damalige Verhältnisse geringem Fix-Coupon) und zum anderen Teil die Ausgestaltung einer asiatischen Option auf einen Rohstoffindex hat.

Die Risiken, denen sich der Investor aussetzt, sind einerseits die Zahlung von Kreditzinsen in Höhe von maximal 3.42% per anno (inklusive Cap-Kosten) bei einer
Einnahme von nur 0.8% Fix-Coupon aus der Anleihe und andererseits die Wech-
selkursrisiken eines Fremdwährungskredits. Beide Risiken können prinzipiell allerdings auch in Gewinnchancen für den Investor ausschlagen. Aus der asiatischen
Option entsteht dem Investor kein Verlustrisiko.

In der Klage des Investors gegen die Bank war vom Investor vorgebracht worden,
dass er um das Fremdwährungsrisiko gewusst habe, dass ihn die Bank aber nicht
über die geringen Gewinnchancen aus der asiatischen Option aufgeklärt habe, insbesondere nicht über die asiatische Ausgestaltung der Option.

Zwei Fragen bzw. Aufträge, die – unter anderen – vom Gericht an den gerichtlich bestellten Sachverständigen gestellt wurden, lauteten:

1. *„Erstellung einer Ex-ante Risikobeurteilung aus der Warte des Jahres 2006 für die gegenständliche Anleihe unter dem Aspekt realistischer Ertragsaussichten bei Fremdfinanzierung."*

2. *„War es denkbar, dass der angebotene Optionsanteil bei vorliegender Preisgestaltung von Teil 2 des Produkts von europäischem Typ ist?"*

10.6.2 Der faire Preis der Garantieanleihe in asiatischer und in europäischer Ausgestaltung

Wir starten unsere Analysen mit dem Versuch einer Beantwortung der zweiten Frage, also der Frage nach dem fairen Preis der Anleihe aus Sicht des 3.4.2006, einmal in Hinblick auf seine tatsächliche asiatische Ausgestaltung und einmal in Hinblick auf eine eventuelle europäische Ausgestaltung.

Der Ansatz ist relativ klar: Den GSCI modellieren wir risikoneutral im Wiener Modell. Eventuell wäre auch ein mean-reverting Orenstein-Uhlenbeck-Modell denkbar, doch scheint beim vorliegenden Rohstoff-Index nicht unbedingt eine mean-reversion vorzuliegen. Wir benötigen daher lediglich eine Schätzung der Volatilität für den Index. Da kein wirklich liquider Optionsmarkt auf den GSCI vorliegt, werden wir historische Volatilitäten des GSCI schätzen und daraus eine bestimmte Bandbreite für die zu verwendende Vola bestimmen.

Die aus dem Optionsanteil zu erwartende Zahlung und die aus dem Anleihenanteil anfallenden Zahlungen (Coupon und endfällige Nominale) diskontieren wir mit geeigneten Diskontierungsfaktoren.

Wir beginnen mit der Bestimmung der Diskontierungsfaktoren. Dazu gehen wir wie in Kapitel 10.4 vor. Wir bezeichnen die für die jährlichen Couponzahlungen benötigten Diskontierungsfaktoren mit d_1, d_2, d_3, d_4, d_5 aus Sicht des 2. April 2006. Dazu wiederum benötigen wir die Zinssätze $f_{0,1}, f_{0,2}, f_{0,3}, f_{0,4}, f_{0,5}$ aus Sicht des 2. April 2006. Diese verwenden wir direkt bzw. interpolieren wir linear aus den Swap-Sätzen vom 3. April 2006, also aus
$$S_1 = 0.03294$$
$$S_2 = 0.03536$$
$$S_5 = 0.03782$$

Daraus ergeben sich die interpolierten Werte
$$S_3 = 0.03617$$
$$S_4 = 0.03701$$

Die Diskontierungssätze erhalten wir daraus dann mittels $dt = \frac{1}{(1+f_{0,t})^t}$. Die dann schließlich konkret verwendeten Diskontierungssätze sehen Sie hier angeführt:

$d_1 = 0.9681$

$d_2 = 0.9329$

$d_3 = 0.8946$

$d_4 = 0.8675$

$d_5 = 0.8338$

Die aus dem tatsächlichen Anleihenteil zu erwartenden Zahlungen hatten daher aus Sicht des 3. April 2006 den folgenden Wert:

$8.000 \times (0.9681 + 0.9329 + 0.8946 + 0.8675 + 0.8338) + 1.000.000 \times 0.8338 = 869.820$ Euro.

Zur Schätzung einer zuverlässigen Bandbreite für die Volatilität aus Sicht des 2. April 2006 berechnen wir aus den Tagesdaten des GSCI die annualisierten historischen Volas für verschiedenste Zeitbereiche bis zum Stichtag 3. April 2006.
Wir erhalten dabei etwa die folgenden Werte für (der Reihe nach) die annualisierten historischen Volas in Prozent von

2.4.2005 bis 2.4.2006

2.4.2004 bis 2.4.2006

2.4.2003 bis 2.4.2006

...

2.4.1970 bis 2.4.2006:

16.94, 16.58, 15.59, 15.03, 14.63, 14.37, 13.96, 13.65, 13.25, 13.06, 12.70, 12.42, 12.10, 11.78, 11.53, 11.87, 11.66, 11.67, 11.60, 11.54, 11.56, 11.43, 11.35, 11.38, 11.38, 11.62, 11.91, 11.97, 12.00, 12.11, 12.42, 12.87, 13.42, 13.44, 13.33, 13.25

Weiters erhalten wir für alle historischen Fünfjahresperioden und zwar in der folgenden Reihenfolge

2.4.2001 bis 2.4.2006

2.4.2000 bis 2.4.2005

2.4.1999 bis 2.4.2004

...

2.4.1970 bis 2.4.1975

die folgenden annualisierten historischen Volas in Prozent:

14.63, 13.81, 12.76, 12.33, 11.59, 11.26, 10.34, 9.86, 9.08, 8.53, 7.6, 9.82, 9.61, 10.47, 11.08, 11.58, 10.51, 10.58, 10.14, 10.51, 10.7, 11.85, 13.83, 14.46, 14.6, 15.25, 15.94, 17.18, 19.67, 19.85, 19.03, 17.49

Greifen wir nur auf die Vola als Schätzer zurück, die in den fünf Jahren vor dem Stichtag eingetreten war, so würden wir mit einem Wert von 14.63% arbeiten. In beiden Zahlenreihen liegt der überwiegende Teil der Werte in einem Bereich zwischen 10% und 15%. Wir werden daher den Wert des asiatischen Optionsanteils mit Volas σ in der Bandbreite zwischen 10% und 15% berechnen. Das heißt: Wir werden den Wert des Optionsanteils für $\sigma = 10\%$, 12.5% und 15% berechnen.

Als risikolosen Zinssatz r für die fünf Jahre laufende Option wählen wir den 5-Jahres-Swapsatz aus Sicht des 3.4.2006, also $r = 3.782\%$.

Das risikoneutrale Modell für den GSCI hat daher die Form
$$S(t) = 399.17 \cdot e^{\left(r-\frac{\sigma^2}{2}\right)\cdot t+\sigma\cdot W_t} = 399.17 \cdot e^{0.03282\cdot t+0.1\cdot W_t} \text{ bzw.}$$
$$S(t) = 399.17 \cdot e^{0.02657\cdot t+0.15\cdot W_t} \text{ bzw. } S(t) = 399.17 \cdot e^{0.03\cdot t+0.125\cdot W_t}$$
je nachdem ob $\sigma = 10\%$, 12.5% oder 15% gewählt wird. Hier bezeichnet W_t wieder eine Standard-Brown'sche Bewegung.

Wir simulieren nun für jeden der drei Fälle wieder jeweils 10.000 Pfade auf Basis wöchentlicher Schrittweiten (also $dt = \frac{1}{52}$ und somit jeweils 260 Schritte) und werten vierteljährlich (also nach jeweils 13 Schritten) die bis dahin angefallenen Renditen aus, die dann zur Bestimmung des Payoffs für jeden einzelnen Pfad gemittelt werden.

Die Payoffs werden dann mittels des 5-Jahres-Diskontierungsfaktors $d_5 = 0.8338$ diskontiert. Über alle diskontierten Payoffs wird gemittelt und wir erhalten somit drei Schätzer (ausgedrückt in Prozent der Nominale) für den fairen Preis des Optionsanteils (für drei verschiedene Schätzungen der Vola).

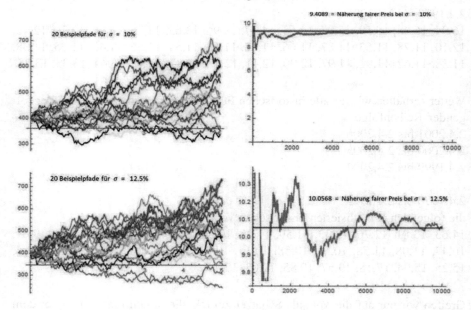

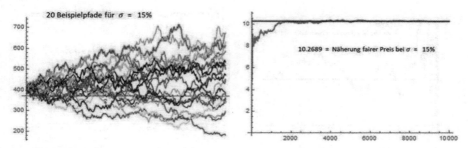

Abbildung 10.44: Jeweils 20 Szenarien (links) für Kursentwicklungen und Konvergenz-verhalten (rechts) bei 10.000 Szenarien für die Monte Carlo-Berechnung einer Näherung für den asiatischen Optionsanteil bei verschiedenen Volatilitäten

In Summe hat die Garantieanleihe daher je nach angenommener Volatilität circa den folgenden fairen Preis:

Wenn $\sigma = 10\%$ dann $869.820 + 94.089 = 963.909$ Euro
Wenn $\sigma = 12.5\%$ dann $869.820 + 100.568 = 970.388$ Euro
Wenn $\sigma = 15\%$ dann $869.820 + 102.689 = 972.509$ Euro

Man erhält somit einen geschätzten Bereich für den fairen Preis der Garantiean-leihe von circa 964.000 bis 972.500 Euro. Der tatsächlich geforderte Kaufpreis von 1.000.000 kann also (unter Anrechnung von Spesen und Margen für die Bank) durchaus als angemessen bezeichnet werden.

Widmen wir uns nun der Schätzung des fairen Preises des Optionsanteils und in Folge der Garantieanleihe unter der Annahme der Optionsanteil wäre europäisch ausgestaltet. Wir gehen genau gleich vor mit dem einzigen Unterschied, dass der Payoff lediglich aus der Entwicklung bis zum Fälligkeitszeitpunkt am 2. April 2011 bestimmt wird und dass die Werte des Index zu früheren Zeitpunkten keine Rolle spielen. Das entsprechende Konvergenzverhalten und die Werte des europäisch ge-stalteten Optionsanteils sind in Abbildung 10.45 zu sehen.

In Summe **hätte** die Garantieanleihe, wenn der Optionsanteil europäisch ausgestal-tet wäre, daher je nach angenommener Volatilität circa den folgenden fairen Preis:
Wenn $\sigma = 10\%$ dann $869.820 + 178.238 = 1.048.058$ Euro
Wenn $\sigma = 12.5\%$ dann $869.820 + 178.560 = 1.048.380$ Euro
Wenn $\sigma = 15\%$ dann $869.820 + 185.673 = 1.055.493$ Euro

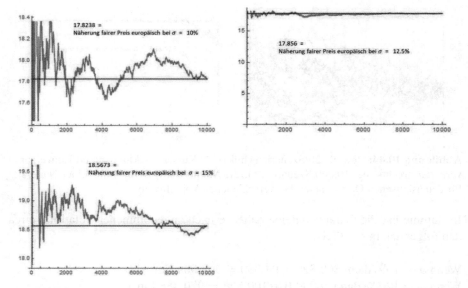

Abbildung 10.45: Konvergenzverhalten bei 10.000 Szenarien für die Monte Carlo-Berechnung einer Näherung für den Optionsanteil in europäischer Ausgestaltung bei verschiedenen Volatilitäten

Man erhält somit einen geschätzten Bereich für den fairen Preis der Garantieanleihe, wenn der Optionsanteil europäisch ausgestaltet gewesen wäre, von circa 1.048.000 bis 1.055.500 Euro. Der tatsächlich geforderte Kaufpreis von 1.000.000 kann also nicht der Preis für eine Garantieanleihe mit europäischem Optionsanteil gewesen sein. Allerdings ist die Differenz zwischen fairem Preis und tatsächlichem Preis nicht so groß, als dass man davon sprechen könnte, dass einem nicht finanzmathematisch versierten Investor sofort auffallen müsste, dass die vorliegende Garantieanleihe bei dem gegebenen Preis von 1.000.000 Euro keinen europäisch ausgeformten Optionsanteil haben kann.

10.6.3 Erstellung einer Ex-ante Risikobeurteilung unter dem Aspekt realistischer Ertragsaussichten bei Fremdfinanzierung

Wir widmen uns nun noch dem ersten Auftrag an den Sachverständigen, nämlich der „Erstellung einer Ex-ante Risikobeurteilung aus der Warte des Jahres 2006 für die gegenständliche Anleihe unter dem Aspekt realistischer Ertragsaussichten bei Fremdfinanzierung."

Dazu müssen wir uns vorerst einmal klar werden, was genau wir hier berechnen bzw. schätzen wollen, was genau gefragt ist und welche Auskunft das Gericht vom Sachverständigen tatsächlich erwarten kann und wird. Hintergrund der Fragestellung durch das Gericht war: Ist das Angebot der Investition in dieses Produkt-Paket aus Garantieanleihe und aus Fremdwährungskredit prinzipiell als absurd einzustufen oder bestanden halbwegs realistische Chancen für den Investor, mit dieser

Produkt-Kombination Gewinn erzielen zu können. Es geht hier jetzt also weder um die Bestimmung eines fairen Preises für die Produkt-Kombination noch darum einen „erwarteten Gewinn" zu berechnen.

Ersteres wäre im vorliegenden Fall irrelevant: Der Investor hatte nicht vor, das Produkt aktiv zu managen und zu hedgen, sondern dieses zu kaufen und bis zur Fälligkeit zu halten. Der Investor hat sich zu Beginn des Investment nicht für einen etwaigen fairen Preis interessiert, sondern vielmehr darum, ob realistische (!) (nicht nur theoretische) Gewinnchancen bestehen.

Zweitens, die Bestimmung eines Erwartungswerts für den Gewinn der mit dieser Produkt-Kombination verbunden ist, ist seriöser Weise schlicht nicht möglich. Man würde dafür (aus Sicht des April 2006) eine zuverlässige Schätzung für die zukünftige Entwicklung des GSCI-Index benötigen. Eine solche zuverlässige Schätzung können wir uns allerdings realistischer Weise nicht anmaßen.

Wir können die gestellte Aufgabe daher folgendermaßen angehen:
Wir definieren verschiedene realistische mögliche Entwicklungsszenarien für die der Produkt-Kombination zugrundeliegenden Finanzgrößen (GSCI-Index, EUR CHF-Entwicklung, CHF-1-Monats-LIBOR). Dann bestimmen wir mit Hilfe von Monte Carlo-Simulation den erwarteten Gewinn unter der Annahme, dass diese Entwicklungen tatsächlich eintreten. Beziehungsweise werden wir nicht (nur) den erwarteten Gewinn, sondern näherungsweise eine Wahrscheinlichkeitsverteilung für verschiedene Gewinnhöhen bestimmen. Anschließend werden wir dann die erhaltenen Gewinn-Wahrscheinlichkeiten diskutieren.

Wir beginnen damit, ein paar solcher Parameterwahlen zu argumentieren (noch einmal: Es geht dabei nicht um die Wahl und um die Argumentation **wahrscheinlicher** Parameter, sondern von realistischer Weise **möglicher** Parameter):

Ein **erster realistischer Ausgangspunkt** wäre, anzunehmen, dass sowohl Kreditzinsen als auch der EURCHF-Wechselkurs im Wesentlichen über die Laufzeit der Produkt-Kombination unverändert bleiben. Dies würde einen Kredit-Zinssatz von im Wesentlichen 2.25% plus der Kosten für den Cap in Höhe von 0.42%, also von 2.67% per anno, bedeuten und einen über die Laufzeit im Wesentlichen unveränderten EUR CHF-Wechselkurs von 1.577.

Bezüglich einer Annahme für die Volatilität des GSCI stützen wir uns auf die weiter oben durchgeführten Analysen, die eine Volatilität im Bereich von 10% bis 15% per anno nahelegen. Eine realistisch mögliche Annahme wäre also eine Volatilität der Größenordnung von 12.5%.

Für diese realistisch möglichen Grundannahmen führen wir jetzt Monte Carlo-Simulation für verschiedene Trendannahmen für den GSCI durch und erstellen damit eine Gewinnwahrscheinlichkeitsverteilung. Dazu gehen wir so vor: Wir erzeugen jeweils wieder 10.000 Szenarien von möglichen Entwicklungen des GSCI im Zeitbereich April 2006 bis April 2011. Für jedes Szenario bestimmen wir den auf April 2006 diskontierten Gewinn (oder Verlust) des Kombinations-Pakets. Wir erhalten dadurch eine Menge von 10.000 möglichen diskontierten Gewinnen, aus denen wir eine historische Wahrscheinlichkeitsverteilung anfertigen können.

Vorab wollen wir uns dazu noch einige Gedanken zu der Frage machen, welche möglichen Trends wir in Hinblick auf realistische Trendannahmen für die Simulationen heranziehen wollen. Dazu gehen wir analog vor wie weiter oben, als wir realistische Volatilitäten des GSCI geschätzt hatten. Konkret werden wir für alle 5-Jahres-Perioden seit der (Rück-) Berechnung des GSCI den per anno Trend in diesen Perioden bestimmen und daraus einen gewissen Hinweis auf mögliche (weil in der Vergangenheit eingetretene) Trends erhalten. Wir erhalten für alle historischen Fünfjahresperioden und zwar in der folgenden Reihenfolge
2.4.2001 bis 2.4.2006
2.4.2000 bis 2.4.2005
2.4.1999 bis 2.4.2004
...
2.4.1970 bis 2.4.1975
die folgenden annualisierten historischen Trends in Prozent:
6.68, 6.47, 6.45, -4.05, -10.44, -6.51, -3.33, -5.82, -1.29, 3.42, 2.66, -0.17, 1.96, 5.63, 7.69, 12.13, 11.17, 6.1, 3.67, 0.8, -5.38, -8.05, -4.3, -2.98, 2.47, 1.58, 5.81, 6.89, 8.55, 13.34, 19.68, 20.87

Diese bewegten sich im Bereich von -10.44% bis 20.87%. Der Mittelwert dieser 5-Jahres-per-anno-Trends betrug 3.18%. Ein zugehöriges Histogramm ist in Abbildung 10.46 zu sehen.

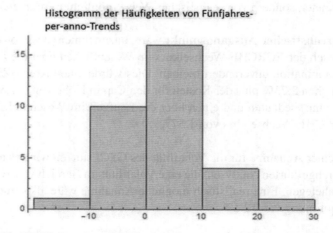

Abbildung 10.46: Histogramm der Häufigkeiten der 32 Fünfjahres-per-anno-Trends des GSCI

5-Jahres-Trends des GSCI im Bereich zwischen 0% und 10% sind somit auf Grund dieses Histogramms als prinzipiell auf jeden Fall realistisch anzusehen.

Führen wir nun die Erstellung von Gewinnwahrscheinlichkeits-Verteilungen für Trends des GSCI in diesem Wertebereich durch.

Die Gewinne bzw. Verluste aus der Produkt-Kombination setzen sich zusammen aus den diskontierten fixen Zahlungen im Fremdwährungskredit (diese sind auf Grund der Annahmen über die Parameter tatsächlich fixe Zahlungen) und im Anleihenteil einerseits (die wir exakt bestimmen können) sowie aus den diskontierten Payoffs der asiatischen Option andererseits.

Die jährlichen Zahlungen des 0.8%-Coupons aus der Anleihe hatten aus Sicht des 3. April 2006 den oben bereits (implizit) berechneten diskontierten Wert von $8.000 \times (0.9681 + 0.9329 + 0.8946 + 0.8675 + 0.8338) = 35.975$ Euro.

Die vierteljährlich anfallenden Zahlungen der Kreditzinsen in Höhe von jeweils $\frac{2.67}{4} = 0.6675\%$ hatten dagegen einen diskontierten Wert von 121.759 Euro. (Die Diskontierungsfaktoren berechneten wir dabei aus den Euro-Zinssätzen vom 3. April 2006, die wir aus dem 3-Monats-LIBOR, dem 6-Monats-LIBOR und den bereits oben verwendeten Euro-Swap-Sätzen interpoliert haben. Die verwendeten vierteljährlichen Diskontierungsfaktoren waren daher
0.993142, 0.985368, 0.977058, 0.96811, 0.959596, 0.950878, 0.941964, 0.932862, 0.923558, 0.914076, 0.904425, 0.89461, 0.887492, 0.880606, 0.873948, 0.867513, 0.859101, 0.850684, 0.842265, 0.833845.)

Hier ist eine Bemerkung angebracht in Hinblick auf die Verwendung von Diskontierungsfaktoren auf Basis von Euro-Zinssätzen anstelle von CHF-Zinssätzen. Die Kreditrückzahlungen werden ja in CHF und nicht in Euro vorgenommen! Dabei ist aber zu bedenken, dass wir nicht den finanzmathematisch fairen Preis des Produkts zu berechnen haben, sondern den Wert des Produkts für den Investor auf Basis seiner Annahmen und seiner Vorgangsweise: Wir gehen dabei davon aus, dass die Höhe der zukünftigen Zahlungen **in Euro** bereits zum Zeitpunkt 0 bekannt ist (auf Basis der getroffenen Annahme) und dass der Investor zu den jeweiligen zukünftigen Zahlungsterminen diese **Eurobeträge** aufbringen wird, diese dann in CHF wechseln und damit die anfallenden Zahlungen leisten wird. Aus dieser Sicht sind also diese aufzubringenden Eurobeträge mit Diskontierungsfaktoren auf Basis von Euro-Zinssätzen zu diskontieren.

Die fixen gegenseitigen Zahlungen hatten aus Sicht des Investors am 3. April 2006 somit einen diskontierten Wert von $35.975 - 121.759 = -85.784$ Euro. Kombinieren wir diesen Wert der fixen Zahlungen mit den diskontierten Payoffs bei 10.000 Monte Carlo-Szenarien, dann erhalten wir für verschiedene gewählte Trends die in den folgenden Grafiken veranschaulichten Simulationswerte.

Bei Annahme des langjährigen durchschnittlichen per anno **Trends von 3.18%**:
durchschnittlicher diskontierter Gewinn von **17.200 Euro**
Wahrscheinlichkeit für Eintreten eines **Gewinns: 43.02%**
Histogramm der **Gewinnhöhen**:

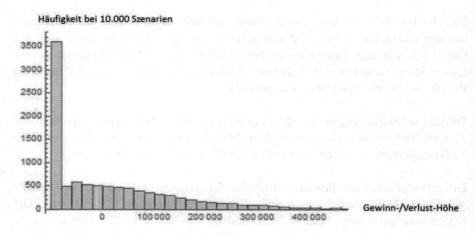

Abbildung 10.47: Realistische Annahmen, Teil 1: Häufigkeiten diskontierter Gewinne/Verluste bei Annahme GSCI-Trend = 3.18%

Bei Annahme eines per anno **Trends von 0%**:
durchschnittlicher diskontierter Verlust von **-28.173 Euro**
Wahrscheinlichkeit für Eintreten eines **Gewinns: 25.3%**
Histogramm der **Gewinnhöhen**:

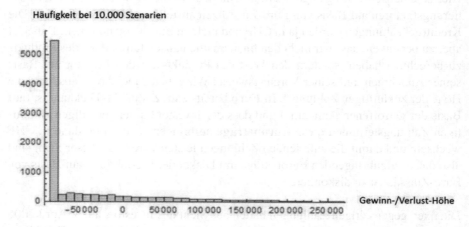

Abbildung 10.48: Realistische Annahmen, Teil 1: Häufigkeiten diskontierter Gewinne/Verluste bei Annahme GSCI-Trend = 0%

Bei Annahme eines per anno **Trends von 5%**:
durchschnittlicher diskontierter Gewinn von **54.270 Euro**
Wahrscheinlichkeit für Eintreten eines **Gewinns: 54.67%**
Histogramm der **Gewinnhöhen**:

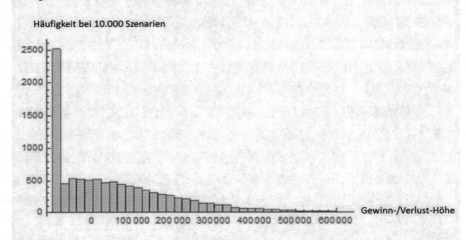

Abbildung 10.49: Realistische Annahmen, Teil 1: Häufigkeiten diskontierter Gewinne/Verluste bei Annahme GSCI-Trend = 5%

Ein zweiter realistischer Ausgangspunkt wäre, wieder anzunehmen, dass die Kreditzinsen im Wesentlichen über die Laufzeit der Produkt-Kombination unverändert bleiben. Dies würde wieder einen Kredit-Zinssatz von im Wesentlichen 2.25% plus der Kosten für den Cap in Höhe von 0.42%, also von 2.67% per anno, bedeuten. Wir erinnern uns, dass auf Grund des Caps die Gesamtzins-Belastung höchstens auf 3.42% steigen kann, dass daher die Annahme eines fixen Zinssatzes von 2.67% eine eher vorsichtige (bis pessimistische) Schätzung aus Sicht des Investors darstellt.

Bezüglich der Entwicklung des EUR CHF-Kurses greifen wir aber auf eine Bloomberg-Grafik vom 1. Juni 2006 zurück (siehe Abbildung 10.50).

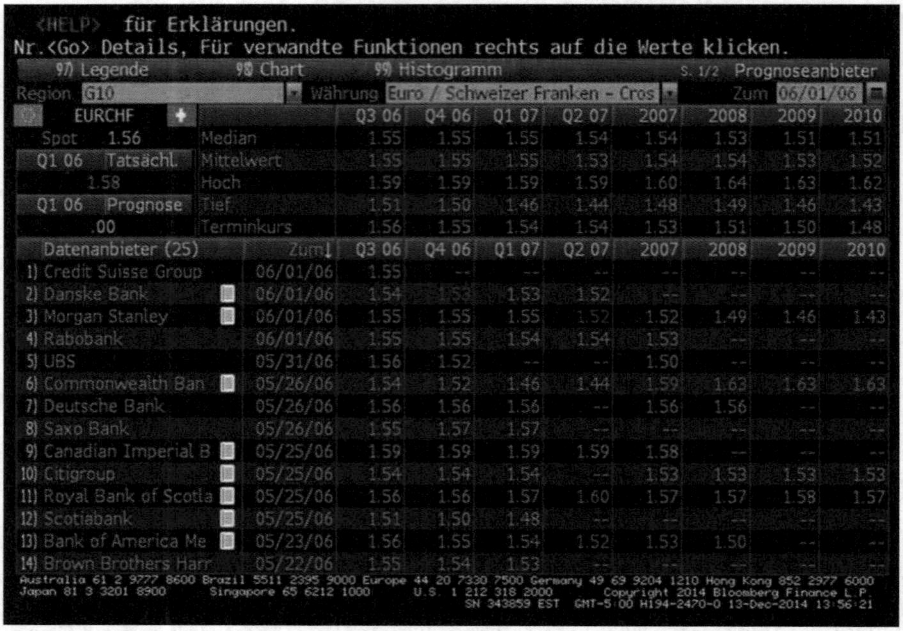

<HELP> für Erklärungen.
Nr.<Go> Details, Für verwandte Funktionen rechts auf die Werte klicken.

97) Legende | 98) Chart | 99) Histogramm | S. 1/2 Prognoseanbieter

Region G10 | Währung Euro / Schweizer Franken - Cros | Zum 06/01/06

EURCHF		Q3 06	Q4 06	Q1 07	Q2 07	2007	2008	2009	2010
Spot 1.56	Median	1.55	1.55	1.55	1.54	1.54	1.53	1.51	1.51
Q1 06 Tatsächl.	Mittelwert	1.55	1.55	1.55	1.53	1.54	1.54	1.53	1.52
1.58	Hoch	1.59	1.59	1.59	1.59	1.60	1.64	1.63	1.62
Q1 06 Prognose	Tief	1.51	1.50	1.46	1.44	1.48	1.49	1.46	1.43
.00	Terminkurs	1.56	1.55	1.54	1.54	1.53	1.51	1.50	1.48

Datenanbieter (25)	Zum↓	Q3 06	Q4 06	Q1 07	Q2 07	2007	2008	2009	2010
1) Credit Suisse Group	06/01/06	1.55	--	--	--	--	--	--	--
2) Danske Bank	06/01/06	1.54	1.53	1.53	1.52	--	--	--	--
3) Morgan Stanley	06/01/06	1.55	1.55	1.55	1.52	1.52	1.49	1.46	1.43
4) Rabobank	06/01/06	1.55	1.55	1.54	1.54	1.53	--	--	--
5) UBS	05/31/06	1.56	1.52	--	--	1.50	--	--	--
6) Commonwealth Ban	05/26/06	1.54	1.52	1.46	1.44	1.59	1.63	1.63	1.63
7) Deutsche Bank	05/26/06	1.56	1.56	1.56	--	1.56	1.56	--	--
8) Saxo Bank	05/26/06	1.55	1.57	1.57	--	--	--	--	--
9) Canadian Imperial B	05/25/06	1.59	1.59	1.59	1.59	1.58	--	--	--
10) Citigroup	05/25/06	1.54	1.54	1.54	--	1.53	1.53	1.53	1.53
11) Royal Bank of Scotla	05/25/06	1.56	1.56	1.57	1.60	1.57	1.57	1.58	1.57
12) Scotiabank	05/25/06	1.51	1.50	1.48	--	--	--	--	--
13) Bank of America Me	05/23/06	1.56	1.55	1.54	1.52	1.53	1.50	--	--
14) Brown Brothers Harr	05/22/06	1.55	1.54	1.53	--	--	--	--	--

Australia 61 2 9777 8600 Brazil 5511 2395 9000 Europe 44 20 7330 7500 Germany 49 69 9204 1210 Hong Kong 852 2977 6000
Japan 81 3 3201 8900 Singapore 65 6212 1000 U.S. 1 212 318 2000 Copyright 2014 Bloomberg Finance L.P.
SN 343859 EST GMT-5:00 H194-2470-0 13-Dec-2014 13:56:21

Abbildung 10.50: Prognosen internationaler Banken zur Entwicklung des EUR CHF-Wechselkurses aus Sicht des 1. Juni 2006, (Quelle: Bloomberg)

Wir wollen davon ausgehen, dass diese Prognosen in etwa mit den Prognosen aus Sicht von Anfang April 2006 übereinstimmen. Wir beschäftigen uns hier mit realistischen Entwicklungen aus Sicht des April 2006 (nicht mit wahrscheinlichen Entwicklungen oder mit worst-case-Entwicklungen). Als eine realistische Entwicklung (vielleicht realistischer als die Annahme eines konstant bleibenden Wechselkurses) könnte man die aus der Tabelle in Abbildung 10.50 zu entnehmende durchschnittliche („Mittelwert“) Prognose der Banken für die Entwicklung des EUR CHF-Kurses in den auf 2006 folgenden Jahren heranziehen.

Man könnte diesen Prognosenmittelwert vereinfacht so zusammenfassen:

Prognose für Rest 2006:	1.55
Prognose für 2007 und 2008:	1.54
Prognose für 2009:	1.53
Prognose für 2010:	1.52

und möglicherweise eine weiter fortgesetzte Prognose für 2011 von: 1.51

Wie würde sich eine solche Einschätzung der weiteren EUR CHF-Kursentwicklung auf mögliche Gewinnchancen und Gewinnwahrscheinlichkeiten auswirken? Eine Auswirkung hätte diese angenommene Wechselkursänderung auf die Kreditzinsenzahlungen und die Rückzahlung der Kreditsumme die ja alle in Schweizer Franken zu bezahlen sind und die sich durch den stärker werden Franken erhöhen.
Sehen wir uns in Hinblick darauf die aus dem Kredit fälligen Zahlungen nun noch

einmal im Detail, und so wie sie wirklich anfallen, an:

Die Kredithöhe betrug 1.571.092 CHF. Davon waren vierteljährlich (also 20 Mal) jeweils 0.6675%, also 10.487 CHF, an Zinsen zu bezahlen. Nach fünf Jahren war die Tilgung zu 1.571.092 CHF fällig. Rechnen wir die anfallenden Zahlungen jetzt mit den oben prognostizierten EUR CHF-Wechselkursen um, dann erhalten wir

2 Zahlungen in Höhe von jeweils 6.766 Euro in 2006
4 Zahlungen in Höhe von jeweils 6.810 Euro in 2007
4 Zahlungen in Höhe von jeweils 6.810 Euro in 2008
4 Zahlungen in Höhe von jeweils 6.854 Euro in 2009
4 Zahlungen in Höhe von jeweils 6.899 Euro in 2010
2 Zahlungen in Höhe von jeweils 6.945 Euro in 2011
sowie eine Rückzahlung in Höhe von 1.040.458 Euro im April 2011

Diskontieren wir diese Zahlungen mit den passenden (weiter oben angegebenen) Diskontierungsfaktoren, so sehen wir dass wir für den Kredit (abzüglich der 1.000.000 Euro die wir aus der Anleihe bei Fälligkeit erhalten) diskontierte Zahlungen in Höhe von umgerechnet 124.825 Euro an Zinszahlungen und in Höhe von 33.736 Euro durch den aus dem veränderten Wechselkurs entstandenen Verlust bei der Rückzahlung der Nominale zu leisten haben. Die diskontierte Gesamtzahlung für den Kredit beträgt daher umgerechnet 158.561 Euro (anstelle der 121.759 Euro beim ersten angenommenen „realistischen Szenario").

Die bilanzierten diskontierten Fixzahlungen aus Anleihe und Kredit betragen nun somit $35.975 - 158.561 = -122.586$ Euro.
Analog zur Vorgangsweise im ersten realistischen Fall führen wir nun wieder (nun auf Basis dieser Fixzahlungen) Simulationen für den asiatischen Optionsanteil zu verschiedenen Trendannahmen durch und erhalten die folgenden Ergebnisse:

Bei Annahme des langjährigen durchschnittlichen per anno **Trends von 3.18%**:
durchschnittlicher diskontierter Gewinn von **-20.370 Euro**
Wahrscheinlichkeit für Eintreten eines **Gewinns: 33.77%**
Histogramm der **Gewinnhöhen**:

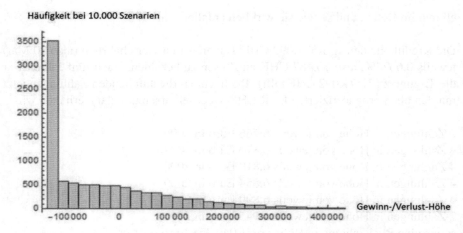

Abbildung 10.51: Realistische Annahmen, Teil 2: Häufigkeiten diskontierter Gewinne/Verluste bei Annahme GSCI-Trend = 3.18%

Bei Annahme eines per anno **Trends von 0%**:
durchschnittlicher diskontierter Verlust von **-66.137 Euro**
Wahrscheinlichkeit für Eintreten eines **Gewinns: 18.2%**
Histogramm der **Gewinnhöhen**:

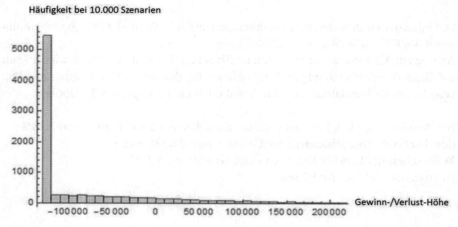

Abbildung 10.52: Realistische Annahmen, Teil 2: Häufigkeiten diskontierter Gewinne/Verluste bei Annahme GSCI-Trend = 0%

Bei Annahme eines per anno **Trends von 5%**:
durchschnittlicher diskontierter Gewinn von **15.857 Euro**
Wahrscheinlichkeit für Eintreten eines **Gewinns: 45.2%**
Histogramm der **Gewinnhöhen**:

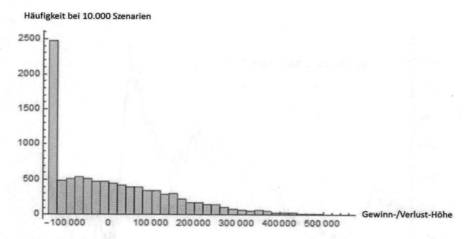

Abbildung 10.53: Realistische Annahmen, Teil 2: Häufigkeiten diskontierter Gewinne/Verluste bei Annahme GSCI-Trend = 5%

Wir sehen also:

Unter durchaus realistischen (und gar nicht überaus optimistischen) Annahmen war aus Sicht des Jahres 2006 die Erzielung von Gewinnen mit dem Produkt-Paket mit einer deutlich positiven Wahrscheinlichkeit möglich.

Es kann also nicht die Rede davon sein, dass die Erzielung von Gewinnen von Vornherein mehr oder weniger ausgeschlossen gewesen wäre. Wir betonen aber noch einmal: Diese Feststellung gibt keine Auskunft oder Einschätzung darüber, ob es „sinnvoll" war, in solch ein Produkt zu investieren, die Berechnungen geben auch keine Schätzung über die Höhe eines durchschnittlich zu erwartenden Gewinns und sie geben auch keine Risikoschätzung für das Produkt-Paket!

Damit wären die Fragen des Gerichts an den Gutachter beantwortet.

Sehen wir uns jetzt – nur aus Interesse – die tatsächliche Entwicklung des Produkt-Pakets von April 2006 bis April 2011 an, die, wir ahnen es bereits, nicht so erfreulich gewesen sein dürfte, da es sonst wohl kaum zu dieser Klage des Investors gegen die Bank gekommen wäre.

10.6.4 Die tatsächliche Entwicklung des Produkt-Pakets

Wir sehen uns dazu als erstes einmal die tatsächlichen Entwicklungen der drei wesentlichen dem Produkt zugrundeliegenden Finanzkurse (GSCI-Index, EUR CHF-Wechselkurs, CHF-1-Monats-LIBOR) vor dem April 2006 und daran anschließend bis April 2011 an.

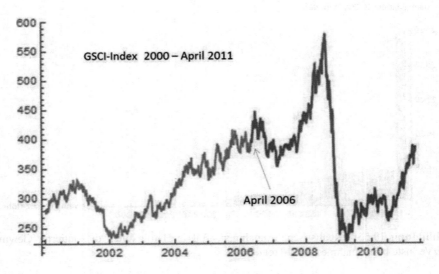

Abbildung 10.54: GSCI-Index 2000 bis April 2011

Abbildung 10.55: EUR CHF-Wechselkurs 2000 bis April 2011

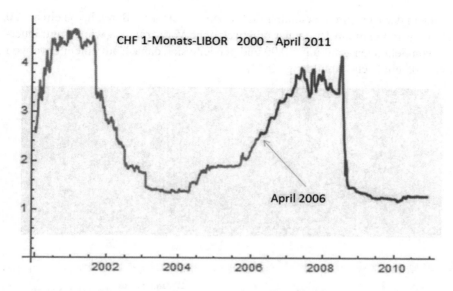

Abbildung 10.56: Entwicklung CHF 1-Monats-LIBOR 2000 bis April 2011

Sofort fällt die für den Investor fatale Entwicklung des EUR CHF-Wechselkurses auf. Dieser stand bei Fälligkeit am 2. April 2011 bei 1.3147. Die erforderliche Rückzahlung betrug daher $\frac{1.571.092}{1.3147} = 1.195.019$ Euro, also um 195.019 Euro mehr als die Ausschüttung aus dem Anleihenteil der Garantieanleihe war.

Ein einziger Blick auf die Entwicklung des GSCI-Index im Zeitbereich 2006 bis 2011 lässt auch erahnen, dass die durchschnittliche Entwicklung des Index an den 20-Stichprobenterminen knapp nicht positiv war, aus dem Optionsanteil resultierte daher kein Payoff.

Schließlich zeigt ein Blick auf die Entwicklung der Kreditzinsen in Abbildung 10.56, dass diese zwar ab 2008 massiv gefallen sind, aber (inklusive Cap-Kosten) dennoch stets über den Anleihecoupons von 0.8% gelegen waren. Das heißt, dass die regelmäßigen fixen Zahlungen aus der Anleihe einerseits und dem Kredit andererseits in Summe leicht negativ für den Investor waren. Dadurch ist es in Summe für den Anleger zu Verlusten durch die Produkt-Kombination von knapp über 200.000 Euro gekommen.

10.7 Fall-Beispiel VII: Gutachten zum EUR CHF-Stop Loss Order-Fiasko im Januar 2015

Auch bei diesem Fallbeispiel handelt es sich wieder um eine Streitfrage in einem Gerichtsfall. Am 15. Januar 2015 war es innerhalb von Sekunden zu einem massiven Verfall des Kurses des Euro in Relation zum Schweizer Franken gekommen.

Nachdem der Kurs circa dreieinhalb Jahre sehr konstant im Bereich von circa 1.20 gelegen war, fiel er am 15. Januar praktisch ohne Vorwarnung – wie gesagt: innerhalb von Sekunden – auf unter 0.90 und pendelte sich danach auf einem Level von circa 1.05 ein (siehe Abbildung 10.57).

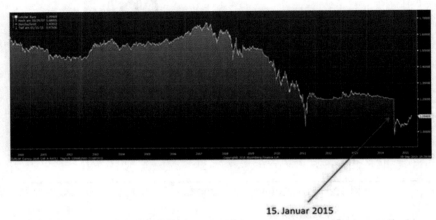

15. Januar 2015

Abbildung 10.57: Entwicklung des EUR CHF-Kurses vor und um den 15.Januar 2015, (Quelle: Bloomberg)

Eine Vielzahl von Investoren im Euroraum waren zu diesem Zeitpunkt noch in Franken-Krediten investiert und für viele dieser Investoren waren von deren Banken zur Absicherung der Risiken dieser Währungskredite Stop-Loss-Orders eingerichtet worden. Diese Stop-Loss-Orders hatten etwa die folgende Form:
„Sobald der CHF-Kurs unter (zum Beispiel) 1.15 fällt, werden für den Kunden sofort Schweizer Franken in einem bestimmten Volumen gekauft, um den Kunden und seinen Kredit (der ja in Schweizer Franken zu tilgen ist) dadurch gegen einen weiter stärker werdenden Franken abzusichern.“

Diese Stop-Loss-Orders wurden am 15. Januar 2015 sämtlich ausgelöst. Das Problem das dabei jedoch massiv auftrat war das Folgende: Durch den extremen Verfall konnten die automatisierten (!) Orders zu einem großen Teil nicht an der vorgegebenen (z.B.) 1.15-Schranke durchgeführt werden, sondern erst dann als der Kurs bereits bei 1.05, oder 1.00 oder gar (kurzfristig) bei 0.90 gelegen war. Dies führte für die betroffenen Kunden dadurch zu wesentlich höheren als den antizipierten Verlusten. Und in weiterer Folge führte dies zu einer Vielzahl von Klagen der Kunden gegen ihre Banken. Grundtenor der Klagen war dabei: *„Die Banken haben mit der Setzung dieser Stop-Loss-Orders ungeeignete Maßnahmen für das Risiko-Management gesetzt.“*

Zwei Fragen, die sich im Rahmen nachfolgender Gerichtsverhandlungen auftaten, waren:

1. *Hätte den Banken durch sorgfältiges Studium vergleichbarer Situationen nicht*

bewusst sein müssen, dass solche Stop-Loss-Orders ungeeignete Maßnahmen für das Risiko-Management sind?

2. *Hätte es im konkreten Fall andere effizientere, stärker die Risiken reduzierende Maßnahmen im Umgang mit dieser Form von Währungsrisiko gegeben?*

Wir wollen uns im Folgenden aus der Sicht eines von einer der beklagten Banken beauftragten Privatgutachters mit diesen beiden Fragen beschäftigen. Die Fragen werden daher im Folgenden sehr wohl sachlich objektiv, aber doch in gewisser Weise tendenziell den Standpunkt der Bank unterstützend behandelt.

10.7.1 Analyse vergleichbarer Ereignisse: GBP DEM September 1992

Das – bis zum 15. Januar 2015 – wohl einschneidenste Ereignis zwischen hochentwickelten stabilen Währungen trat am „Black Wednesday", dem 16. September 1992, zwischen dem Britischen Pfund und der Deutschen Mark ein. Es soll hier nicht weiter auf die Details eingegangen werden, die zu der damaligen massiven Krise des Britischen Pfunds geführt haben, wir werden nur die Fakten anführen, die für die nachfolgende Analyse von Bedeutung sind.

Im Oktober 1990 war von der Britischen Regierung ein Abkommen unterzeichnet worden, das garantierte, dass sich der Wechselkurs zwischen Britischem Pfund (GBP) und anderen Währungen der ERM-Mitglieder (unter anderem der Deutschen Mark (DEM)) um nicht mehr als 6% abändern dürfe. Bei Unterzeichnung des Abkommens lag der Wechselkurs zwischen GBP und DEM bei einem Wert von 2.95 (d.h., ein britischer Pfund konnte um 2.95 Deutsche Mark gehandelt werden). Durch das Abkommen war gewährleistet, dass dieser Kurs nicht unter einen Wert von 2.773 fallen dürfe. Durch massive Spekulationen gegen den GBP unter anderem durch den Investor George Soros sah sich die Britische Regierung trotz massiver Interventionsversuche auf dem Zinsmarkt gezwungen, am Abend des 16. September 1992 den Austritt aus der Vereinbarung bekanntzugeben.

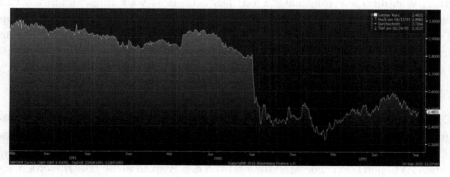

Abbildung 10.58: Wechselkurs GBP DEM von März 1991 bis September 1993, (Quelle: Bloomberg)

Die Auswirkung auf den Wechselkurs zwischen GBP und DEM wird in obiger Grafik veranschaulicht: Ein relativ stabiler Kurs zwischen 2.80 und 3.00 im Zeitbereich vor dem September 1992 und ein rasanter Kursverfall bis auf ein neues Niveau im Bereich von circa 2.40 bis 2.50 ab dem 16.9.1992.

Für die Analyse möglicher Absicherungs-Strategien für zukünftige vergleichbare Ereignisse ist natürlich die Geschwindigkeit des Kursverfalls in dieser dramatischen Situation wesentlich. Dafür ist die folgende Grafik sehr aufschlussreich:

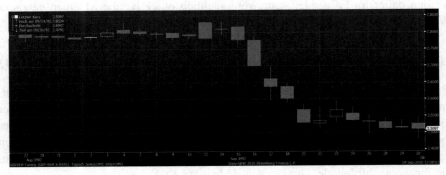

Abbildung 10.59: Wechselkurs GBP DEM von 27. August 1992 bis 30. September 1992, (Quelle: Bloomberg)

Der Bar-Chart des Wechselkurses im Bereich 27. August 1992 bis 30. September 1992 zeigt deutlich, dass es sofort am 16. September zu einem deutlichen Einbruch des Wechselkurses bis zu einem Wert von circa 2.70 gekommen ist, der Verfall sich am 17. September dann bis zu einem Tiefstkurs von circa 2.60 fortgesetzt hat und dass der weitere Verfall bis in einen Bereich um 2.50 erst im Lauf der folgenden Tage stattgefunden hat.

Eine Stop-Loss-Order auf den GBP DEM Wechselkurs etwa bei einem Wert von 2.77 hätte sich in der damaligen, äußerst kritischen Situation aller Voraussicht nach im schlimmsten Fall (aus Sicht eines britischen Staatsbürgers mit dem GBP als Basis-Währung) wie folgt ausgewirkt: Der Stop-Loss wäre im schlimmsten Fall (aus Sicht eines britischen Staatsbürgers mit dem GBP als Basis-Währung) beim Tiefstkurs des GBP DEM Wechselkurses am 16. September 1992, das heißt, im schlimmsten Fall bei einem Wert von circa 2.70 ausgeübt worden. Durch die Stop-Loss-Maßnahme wäre es somit im schlimmsten Fall zu einem Verlust von circa 2.5% gekommen.

Das Setzen des Stop-Loss war hierbei wesentlich: Die Ankündigung der Aufkündigung der Vereinbarung geschah am Abend des 16. September 1992 um 19:00 Uhr (GMT, also 20:00 MEZ). In den allermeisten Fällen wären um diese Zeit keine neuen Aktionen (also neue Marktorders) von den Banken mehr gesetzt worden. Es wäre somit erst am nächsten Tag, dem 17. September 1992, zu aktiven Handlungen gekommen. Die Kurse lagen an diesem Folgetag durchwegs unter den Kursen des

16. September, wie aus der Grafik ersichtlich ist. Es wäre also auf jeden Fall zu schlechteren Wechselkursen gekommen als durch das Stop-Loss am 16. September.

Welche alternativen Absicherungsstrategien (wieder aus Sicht eines britischen Staatsbürgers mit dem GBP als Basis-Währung) wären in der damaligen Situation verfügbar gewesen?

Es wäre möglich gewesen, durch den Kauf von (amerikanischen) Put-Optionen mit Strike 2.77 und Laufzeit etwa ein Jahr (ich habe mit einem Stück einer solchen Option das Recht jederzeit im Laufe des kommenden Jahres einen GBP zum Preis von 2.77 DEM zu verkaufen, das heißt: einen DEM zum Preis von $\frac{1}{2.77} = 0.361$ GBP zu kaufen) den Kurs von 2.77 für jeweils ein Jahr definitiv zu sichern. Der Preis einer solchen Put-Option spiegelt die Absicherungskosten bei dieser Methode wider. Da uns keine historischen Kurse von GBP DEM Put-Optionen aus dem fraglichen Zeitraum zur Verfügung stehen und da uns auch keine historischen Kurse für implizite Volatilitäten für den GBP DEM Wechselkurs aus diesem Zeitraum zur Verfügung stehen, werden wir im Folgenden theoretische Schätzwerte für solche Put-Optionen auf Basis des Black-Scholes-Modells und auf Basis historischer Volatilitäten berechnen.

Konkret ist hierbei das für FX-Wechselkurse adaptierte Black-Scholes-Modell zu verwenden, das wir in Paragraph 6.2 zur Verfügung gestellt hatten und das wir hier noch einmal anführen:

Satz 10.1. *Für den fairen Preis $C(t)$ einer Call-Option mit Fälligkeit T und Strike K zur Zeit $t \in [0, T]$ auf eine Fremdwährung XXX mit Kurs $X(t)$, der sich nach einem Wiener Modell mit Parametern μ und σ entwickelt, gilt:*

$$C(t) = e^{-r_f \cdot (T-t)} \cdot X(t) \cdot \mathcal{N}\left(\tilde{d}_1\right) - e^{-r \cdot (T-t)} \cdot K \cdot \mathcal{N}\left(-\tilde{d}_2\right)$$

mit

$$\tilde{d}_1 = \frac{\log\left(\frac{X(t)}{K}\right) + \left(r - r_f + \frac{\sigma^2}{2}\right)(T - t)}{\sigma\sqrt{T - t}}$$

und

$$\tilde{d}_2 = \frac{\log\left(\frac{X(t)}{K}\right) + \left(r - r_f - \frac{\sigma^2}{2}\right)(T - t)}{\sigma\sqrt{T - t}}$$

und $\mathcal{N}$ der Verteilungsfunktion der Standard-Normalverteilung sowie r_f dem risikolosen Zinssatz der Fremdwährung.

Satz 10.2. *Für den fairen Preis $P(t)$ einer Put-Option mit Fälligkeit T und Strike K zur Zeit $t \in [0, T]$ auf eine Fremdwährung XXX mit Kurs $X(t)$, der sich nach einem Wiener Modell mit Parametern μ und σ entwickelt, gilt:*

$$P(t) = e^{-r \cdot (T-t)} \cdot K \cdot \mathcal{N}\left(-\tilde{d}_2\right) - e^{-r_f \cdot (T-t)} X(t) \cdot \mathcal{N}\left(-\tilde{d}_1\right),$$

mit $\tilde{d}_1$ und $\tilde{d}_1$ wie im Satz zuvor und N der Verteilungsfunktion der Standard-Normalverteilung.

Wie kommen wir nun zu den für die Anwendung dieser Formeln benötigten Kursdaten?

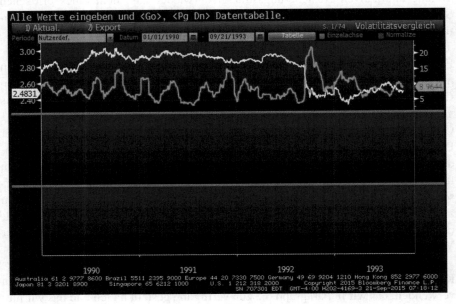

Abbildung 10.60: Wechselkurs GBP vs. DEM (weiß) und historische Volatilitäten auf Monatsbasis des Wechselkurses im Zeitraum 1990 bis 1993, (Quelle: Bloomberg)

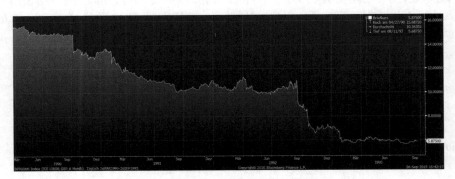

Abbildung 10.61: Entwicklung 6-Monats-Libor GBP im Zeitbereich März 1990 bis September 1993, (Quelle: Bloomberg)

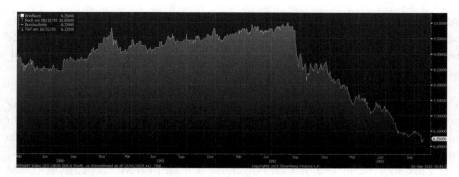

Abbildung 10.62: Entwicklung 6-Monats-Libor DEM im Zeitbereich März 1990 bis September 1993, (Quelle: Bloomberg)

Aus den obigen Grafiken sind die Entwicklungen der historischen Volatilität des GBP DEM-Wechselkurses (aus Tagesdaten auf Ein-Monats-Basis) sowie die Entwicklungen der 6-Monats-Libors des GBP sowie der DEM zu entnehmen.

Wir werden beispielhaft und größenordnungsmäßig die Kosten einer Absicherung mit Put-Optionen für den Zeitbereich von Oktober 1990 (Unterzeichnung des Abkommens) bis Oktober 1992 bei einem Level von 2.77 näherungsweise berechnen. Wir gehen dabei vom Kauf zweier Typen von Put-Optionen mit Laufzeit jeweils ein Jahr für die Zeitbereiche Oktober 1990 bis Oktober 1991 und Oktober 1991 bis Oktober 1992 aus.

Es ist dabei aber zu beachten, dass bei einem späteren Eintritt des Ereignisses einer starken GBP-Abwertung die Kosten weiterer Put-Optionen für nachfolgende Zeitbereiche die Gesamt-Kosten einer solchen Absicherung weiter stark erhöht hätten. Zu beachten ist nämlich, dass, um eine definitive Absicherung zu erreichen, entweder Put-Optionen zu kaufen sind, die von Vornherein eine Laufzeit in Länge der Kredit-Laufzeit (häufig 10 Jahre, 20 Jahre oder mehr) besitzen oder aber, dass jährlich Put-Optionen mit Laufzeit ein Jahr zu kaufen sind (diese Vorgangsweise hat den Vorteil, dass bei früherem Eintritt eines Wechselkursereignisses nicht über die gesamte Laufzeit des Kredits abgesichert werden muss, hat aber den Nachteil, dass sie unter Umständen beträchtlich teurer werden kann als die erste Methode).

Wir werden daher zusätzlich zur Berechnung über die zwei Jahre vor dem GBP-Kursverfall im Jahr 1992 nachfolgend die analogen näherungsweisen Berechnungen für länger laufende Absicherungen (10 Jahre) durchführen.

10.7.2 Fall GBP DEM: Vergleich Stop-Loss versus Absicherung mit Put-Optionen im Zeitbereich Oktober 1990 bis Oktober 1992

Wir haben oben die Formeln für die Berechnung der fairen Preise von Fremdwährungs-Optionen angeführt. Für amerikanische Put-Optionen, die hier für die

Absicherungszwecke eher relevant wären, liegt der Preis der Absicherung in diesem und in allen folgenden Beispielen noch einmal geringfügig höher. Da die Höhe des Unterschieds aber nicht signifikant ist, beschränken wir uns hier und im Folgenden auf die einfachere Analyse europäischer Optionen.

Über den betrachteten Zeitbereich gesehen lag die Volatilität (wie auch der Grafik zu entnehmen ist) zumeist in einem Bereich zwischen 5% und 13%. Wir gehen für unsere Berechnungen daher von einer Volatilität bei Abschluss der Absicherungen ungefähr im Bereich von 9% aus.

Der Zinssatz r bezeichne hier im Folgenden den DEM-6-Monats-LIBOR (DEM bezeichne hier die Grundwährung unserer Analysen) und r_f den GBP-6-Monats-LIBOR.

r lag im Oktober 1990 etwa im Bereich von 8.5% und im Oktober 1991 etwa im Bereich von 9.5%.

r_f lag im Oktober 1990 etwa im Bereich von 13.5% und im Oktober 1991 etwa im Bereich von 10.5%.

Der Wechselkurs zwischen GBP und DEM lag sowohl im Oktober 1990 als auch im Oktober 1991 circa im Bereich von 2.90.

Mit diesen Parametern erhalten wir mittels obiger Formel für die beiden zur Absicherung verwendeten Put-Optionen Preise von
0,096 DEM für die Option mit Laufzeit von Oktober 1990 bis Oktober 1991
und
0,053 DEM für die Option mit Laufzeit von Oktober 1991 bis Oktober 1992.

Zu den Konsequenzen der beiden Absicherungsmöglichkeiten analysieren wir das folgende Beispiel (um den späteren Vergleich mit der für uns relevanten EUR CHF-Situation ziehen zu können, setzen wir das Beispiel wieder aus Sicht eines britischen Staatsbürgers mit dem GBP als Basis-Währung an):

Im Oktober 1990 wird ein DEM-Kredit in Höhe von 100.000 GBP aufgenommen bei einem Wechselkurs von 2.90. Die Laufzeit betrage 2 Jahre bis Oktober 1992. Im Oktober 1992 soll der Kredit zurückgezahlt werden.

Wir betrachten drei mögliche Vorgangsweisen:

a) Keine Absicherung

b) Absicherung mit Hilfe einer Stop-Loss-Order bei 2.77 (und angenommener verspäteter tatsächlicher Ausübung bei 2.70)

c) Absicherung mit Hilfe obiger Put-Optionen

Da die Zinszahlungen in allen drei Fällen dieselben sind, können diese in der Analyse ignoriert werden. Wir können uns ausschließlich auf die Auswirkungen der Wechselkursschwankungen beschränken.

Im Fall a)

Im Oktober 1990 wird ein Kredit in Höhe von 290.000DEM (= 100.000 GBP) aufgenommen. Im Oktober 1992 steht der Wechselkurs auf circa 2.52. Die Kosten für den Kauf der 290.000 DEM zur Tilgung des Kredits betragen daher circa 115.079 GBP. **Der Verlust beträgt im Fall a) (keine Absicherung) daher 15.08%.**

Im Fall b)

Im Oktober 1990 wird ein Kredit in Höhe von 290.000DEM (= 100.000 GBP) aufgenommen. Am 16. September 1992 kommt es zur Ausübung der Stop-Loss-Order im schlimmsten Fall bei einem Kurs von 2.70 (wie oben ausgeführt wurde). Die Kosten für den Kauf der 290.000 DEM zur Tilgung des Kredits betragen daher circa 107.407 GBP. **Der Verlust beträgt im Fall b) (Absicherung mit Hilfe einer Stop-Loss-Order) daher 7.41%.** (Die Restlaufzeit des Kredits von einem Monat kann in dieser Analyse vernachlässigt werden.)

Im Fall c)

Im Oktober 1990 wird ein Kredit in Höhe von 290.000DEM (= 100.000 GBP) aufgenommen. Zur Absicherung werden im Oktober 1990 insgesamt 104.693 (= 290.000 / 2.77) Put-Optionen zum Preis von jeweils 0.096 DEM, also zu einem Gesamtpreis von 10.050 DEM = 3.465 GBP, gekauft. Weiters werden zur Absicherung im Oktober 1991 insgesamt 104.693 (= 290.000 / 2.77) Put-Optionen zum Preis von jeweils 0.053 DEM, also zu einem Gesamtpreis von 5.549 DEM = 1.913 GBP, gekauft.

Am 16. September 1992 kommt es zur Ausübung der Optionen bei einem Kurs von 2.77. Die Kosten für den Kauf der 290.000 DEM zur Tilgung des Kredits betragen daher circa 104.693 GBP. Die Gesamtkosten (Tilgung + Absicherungskosten) betrugen daher 104.693 + 3.465 + 1.913 = 110.071 GBP. **Der Verlust beträgt im Fall c) (Absicherung mit Hilfe von Put-Optionen) daher 10.07%.** (Die Restlaufzeit des Kredits von einem Monat kann in dieser Analyse vernachlässigt werden.)

Es ist im diesem Beispiel daher eindeutig eine Absicherung mittels einer Stop-Loss-Order vorzuziehen gewesen. Dabei ist zusätzlich darauf hinzuweisen, dass bei einem späteren Eintritt des Ereignisses (massive Abwertung des GBP) zusätzliche Optionen zu kaufen gewesen wären und dadurch die Kosten im Fall c) noch deutlich und nicht von vornherein kalkulierbar gestiegen wären. Dagegen ist die Absicherung mittels einer Stop-Loss-Order – von den Kosten her – absolut laufzeitunabhängig.

Auf Basis dieser Analyse eines der massivsten Wechselkurs-Ereignisse zwischen stabilen Währungen auf den modernen Finanzmärkten erscheinen Absicherungen durch Stop-Loss-Orders prinzipiell zweifelsfrei sinnvoll und nachvollziehbar.

10.7.3   Fall GBP DEM: Absicherung mit Put-Optionen für 10-jährige Kredite ab Oktober 1990

Da wir keine historischen Daten für GBP-10-Jahres-Zinssätze und für GBP-20-Jahres-Zinssätze und auch keine historischen Daten für DEM-10-Jahres-Zinssätze und für DEM-20-Jahres-Zinssätze für die relevanten Zeiträume zur Verfügung haben, geben wir unter Annahme realistischer Bandbreiten für die Parameter im Folgenden mögliche Bandbreiten für die Absicherungskosten in diesen Fällen (10 Jahre Laufzeit bzw. 20 Jahre Laufzeit) an.

Als Richtwerte für den Oktober 1990 verfügen wir über die jeweiligen 6-Monats-Libor-Werte von 8.5% für die DEM und von 13.5% für den GBP. Bei Annahme eines Bereichs von 4% bis 10% für DEM-10-Jahres-Zinssätze und von 8% bis 15% für die GBP-10-Jahres-Zinssätze und Annahme einer negativen Differenz von kleiner gleich -2% und größer gleich -6% zwischen DEM-10-Jahres-Zinssatz und GBP-10-Jahres-Zinssatz sowie bei Beibehaltung der anderen Parameter ergibt die oben angeführte Putpreis-Formel Put-Optionspreise im Bereich von

0.195 DEM
bei Annahme eines DEM-10-Jahres-Zinssatzes von 10%
und bei Annahme eines GBP-10-Jahres-Zinssatzes von 12%
bis
0.79 DEM
bei Annahme eines DEM-10-Jahres-Zinssatzes von 9%
und bei Annahme eines GBP-10-Jahres-Zinssatzes von 15%

Das bedeutet für unser obiges konkretes Beipiel: Im Oktober 1990 wird ein Kredit mit Laufzeit 10 Jahre in Höhe von 290.000DEM (= 100.000 GBP) aufgenommen. Zur Absicherung über die gesamte Laufzeit werden im Oktober 1990 insgesamt 104.693 (= 290.000 / 2.77) Put-Optionen zum Preis von jeweils mindestens 0.195 DEM, also zu einem Gesamtpreis von 20.415 DEM = 7.040 GBP, und von höchstens 0.79 DEM, also zu einem Gesamtpreis von 82.707 DEM = 28.520 GBP, gekauft.

Am 16. September 1992 kommt es zur Ausübung der Optionen bei einem Kurs von 2.77. Die Kosten für den Kauf der 290.000 DEM zur Tilgung des Kredits betragen daher circa 104.693 GBP. Die Gesamtkosten (Tilgung + Absicherungskosten) betrugen daher zwischen $104.693 + 7.040 = 111.733$ GBP und $104.693 + 28.520 = 133.213$ GBP.
Der Verlust beträgt im Fall der Absicherung mit Hilfe von Put-Optionen mit einer Laufzeit von 10 Jahren daher zwischen 11.73% und 33.21%.

10.7.4 Alternative Absicherungsmethode für den EUR CHF Wechselkurs mit Hilfe von Put-Optionen

Wie oben ausgeführt wurde, sind auf Basis der Analyse eines der massivsten Wechselkurs-Ereignisse zwischen stabilen Währungen auf den modernen Finanzmärkten Absicherungen durch Stop-Loss-Orders – insbesondere auch im gegebenen Fall – nachvollziehbar.

Nichtsdestotrotz wollen wir im Folgenden untersuchen, welche alternativen Absicherungsmöglichkeiten mit Hilfe von Put-Optionen zu welchen Kosten im vorliegenden Fall des EUR CHF Wechselkurses möglich gewesen wären. Wir gehen für diese Analyse analog vor wie in der Analyse der Options-Absicherungs-Strategien im vorigen Kapitel nun aber aus Sicht eines Investors mit dem Euro als Basis-Währung. Wie schon im Fall der GBP DEM-Analyse werden wir – für die Berechnungen der benötigten Optionspreise – dafür wiederum die Volatilitäten des EUR CHF Wechselkurses sowie die risikofreien Zinssätze im Euro sowie im Schweizer Franken im relevanten Zeitraum benötigen. Die relevanten Entwicklungen im betreffenden Zeitbereich sind in den folgenden Grafiken ersichtlich:

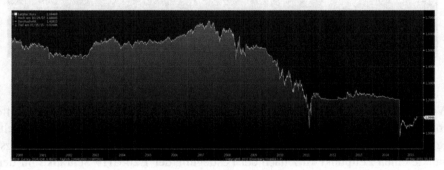

Abbildung 10.63: Wechselkurs EUR CHF von 2000 bis 2015, (Quelle: Bloomberg)

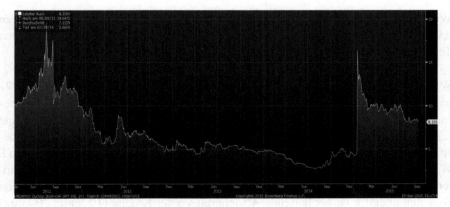

Abbildung 10.64: Implizite (1Y) Volatilität (at the money) des EUR CHF Wechselkurses 2011 – 2015, (Quelle: Bloomberg)

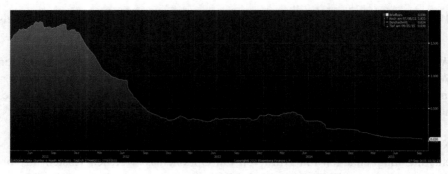

Abbildung 10.65: 6-Monats-Libor EUR 2011 – 2015, (Quelle: Bloomberg)

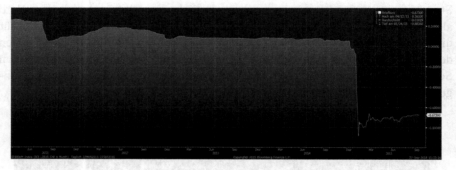

Abbildung 10.66: 6-Monats-Libor CHF 2011 – 2015, (Quelle: Bloomberg)

Wir werden im Folgenden wieder die Kosten einer Absicherungsstrategie mit Hilfe von Put-Optionen näherungsweise berechnen und in Beziehung setzen zur durchgeführten Variante mittels einer Stop-Loss-Order. Dazu nehmen wir als Ausgangspunkte einen Zeitpunkt kurz nach der Festlegung der 1.20 CHF Schranke für den EUR CHF Wechselkurs und zwar Ende Jänner 2012.

Wir gehen weiters wieder (Fall 1) von der Absicherung mit Hilfe von Put-Optionen jeweils mit einem Strike von 1.20 und mit einer Laufzeit von einem Jahr zu den Terminen (Ende) Jänner 2012, Jänner 2013 und Jänner 2014 aus.

Wie schon bei der Analyse des GBP DEM Kursereignisses vom September 1992 weisen wir aber auch hier wieder darauf hin, dass, um eine definitive Absicherung zu erreichen, entweder Put-Optionen zu kaufen sind, die von Vornherein eine Laufzeit in Länge der Kredit-Laufzeit (häufig 10 Jahre, 20 Jahre oder mehr) besitzen oder aber, dass jährlich Put-Optionen mit Laufzeit ein Jahr zu kaufen sind. Wir werden daher zusätzlich zur Berechnung über die drei Jahre vor dem abrupten CHF-Kursanstieg im Jänner 2015 nachfolgend die analogen näherungsweisen Berechnungen für länger laufende Absicherungen der Kredite (10 Jahre, 20 Jahre) durchführen.

Wieder verwenden wir die Bewertungsmethodik nach den oben angeführten Optionspreis-Formeln und beschränken uns auf die Analyse europäischer Optionen (Rechnungen mit amerikanischen Optionen würden nur geringfügig andere, aber jedenfalls höhere Absicherungspreise ergeben).

Die implizite Volatilität (1Y-Volatilität, at the money) des EUR CHF-Wechselkurses betrug am
31. Jänner 2012 ... 9.375
31. Jänner 2013 ... 5.583
31. Jänner 2014 ... 4.780

Der EUR CHF Wechselkurs betrug am
31. Jänner 2012 ... 1.204
31. Jänner 2013 ... 1.236
31. Jänner 2014 ... 1.222

Der EUR 6 Monats Libor betrug am
31. Jänner 2012 ... 1.418
31. Jänner 2013 ... 0.378
31. Jänner 2014 ... 0.396

Der CHF 6 Monats Libor betrug am
31. Jänner 2012 ... 0.121
31. Jänner 2013 ... 0.094
31. Jänner 2014 ... 0.080

Mit Hilfe der Optionspreisformel ergeben sich für die Put-Optionen daher die folgenden Preise:

Die Put-Optionspreise betrugen am
31. Jänner 2012 ... 0.051 CHF
31. Jänner 2013 ... 0.014 CHF
31. Jänner 2014 ... 0.015 CHF

Zu den Konsequenzen der Absicherungsmöglichkeit mit Hilfe von Put-Optionen analysieren wir das folgende konkrete Beispiel:

Am 31. Jänner 2012 wird ein CHF-Kredit in Höhe von 100.000 EUR aufgenommen zum Kurs von 1.204. Die Laufzeit betrage 3 Jahre bis Jänner 2015. Konkret wird also am 31. Jänner 2012 ein Kredit in Höhe von 120.400 CHF (= 100.000 EUR) aufgenommen.

Zur Absicherung werden am 31. Jänner 2012 insgesamt 100.333 (= 120.400 / 1.20) Put-Optionen zum Preis von jeweils 0.051 CHF, also zu einem Gesamtpreis von 5.117 CHF = 4.250 EUR, gekauft.

Weiters werden zur Absicherung am 31. Jänner 2013 insgesamt 100.333 (= 120.400

/ 1.20) Put-Optionen zum Preis von jeweils 0.014 CHF, also zu einem Gesamtpreis von 1.405 CHF = 1.136 EUR, gekauft.
Weiters werden zur Absicherung am 31. Jänner 2012 insgesamt 100.333 (= 120.400 / 1.20) Put-Optionen zum Preis von jeweils 0.051 CHF, also zu einem Gesamtpreis von 1.505 CHF = 1.232 EUR, gekauft.

Am 15. Jänner 2015 kommt es zur Ausübung der Optionen bei einem Kurs von 1.20. Die Kosten für den Kauf der 120.400 CHF zur Tilgung des Kredits betragen daher circa 100.333 EUR. Die Gesamtkosten (Tilgung + Absicherungskosten) betrugen somit $100.333 + 4.250 + 1.136 + 1.232$ EUR $= 106.951$ EUR.

Der Verlust beträgt im Fall der Absicherung mit Hilfe von einjährigen Put-Optionen daher 6.95%. (Die Restlaufzeit des Kredits von einem halben Monat kann in dieser Analyse vernachlässigt werden.)

Die Absicherungskosten waren aber nur deshalb so gering, da das Kursereignis bereits nach drei Jahren Laufzeit des Kredits eingetreten ist. Wäre ein solches Kursereignis später während der Laufzeit des Kredits eingetreten, dann wäre es zu wesentlich höheren Absicherungskosten gekommen (siehe dazu auch den nächsten Abschnitt).

10.7.5   Absicherung mit Put-Optionen für 10-jährige bzw. 20-jährige Kredite ab Jänner 2012

Wir betrachten nun auch wieder die Absicherung von Krediten, die Ende Jänner 2012 eingegangen wurden und eine Laufzeit von 10 Jahren bzw. von 20 Jahren haben, über die Gesamt-Laufzeit mit Hilfe von Put-Optionen mit gleicher Laufzeit wie der Kredit.

Dazu verwenden wir die folgenden Parameter per 31. Jänner 2012:
Die implizite Volatilität (10Y-Volatilität, at the money) des EUR CHF Wechselkurses betrug am
  31. Jänner 2012   . . .   13.31   (siehe auch nachfolgende Grafik)

(Die implizite Volatilität für 20-Jahres-Laufzeit ist nicht in Form historischer Daten verfügbar, wir verwenden daher auch für die Bewertung von 20-Jahres-Optionen die 10-Jahres-Volatilität.)

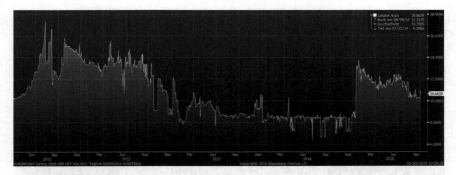

Abbildung 10.67: Implizite (10Y) Volatilität (at the money) des EUR CHF Wechselkurses 2011 – 2015, (Quelle: Bloomberg)

Der EUR CHF Wechselkurs betrug am
  31. Jänner 2012   ...   1.204

Die 10-Jahres EUR Swaprate betrug am
  31. Jänner 2012   ...   2.2395%   (siehe auch nachfolgende Grafik)

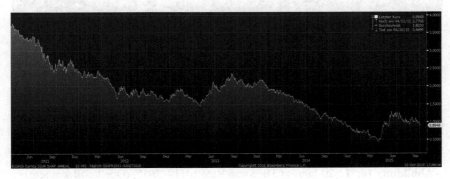

Abbildung 10.68: 10 Jahres Euro Swap Rate 2011 – 2015, (Quelle: Bloomberg)

Die 20-Jahres EUR Swaprate betrug am
  31. Jänner 2012   ...   2.5835%   (siehe auch nachfolgende Grafik)

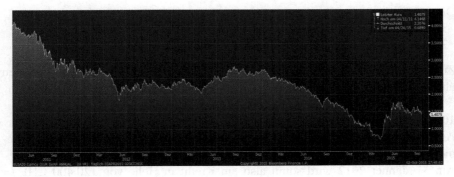

Abbildung 10.69: 20 Jahres Euro Swap Rate 2011 – 2015, (Quelle: Bloomberg)

Die 10-Jahres CHF Swaprate betrug am
31. Jänner 2012   ...   1.0735 %   (siehe auch nachfolgende Grafik)

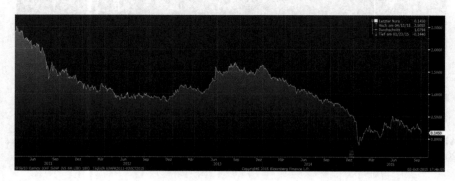

Abbildung 10.70: 10 Jahres CHF Swap Rate 2011 – 2015, (Quelle: Bloomberg)

Die 20-Jahres CHF Swaprate betrug am
31. Jänner 2012   ...   1.3710%   (siehe auch nachfolgende Grafik)

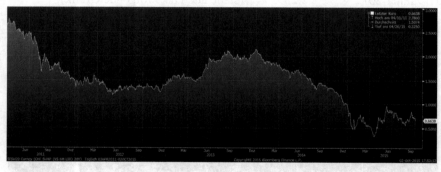

Abbildung 10.71: 20 Jahres CHF Swap Rate 2011 – 2015, (Quelle: Bloomberg)

Mit Hilfe der obigen Optionspreisformel ergeben sich für die Put-Optionen die folgenden Preise:

Die Put-Optionspreise betrugen am
31. Jänner 2012 für die Put-Option mit 10-Jahre Laufzeit   ...   0.2365 CHF
31. Jänner 2012 für die Put-Option mit 20-Jahre Laufzeit   ...   0.3025 CHF

Zu den Konsequenzen der Absicherungsmöglichkeit mit Hilfe von Put-Optionen über die Laufzeit des Kredits analysieren wir wiederum das folgende Beispiel:

10-Jahres-Kredit:
Am 31. Jänner 2012 wird ein CHF-Kredit in Höhe von 100.000 EUR aufgenommen zum Kurs von 1.204.
Am 31. Jänner 2012 wird somit also ein Kredit in Höhe von 120.400 CHF (= 100.000 EUR) aufgenommen.

Laufzeit 10 Jahre bis Jänner 2022.

Zur Absicherung über die gesamte Laufzeit des Kredits werden am 31 Jänner 2012 insgesamt 100.333 (= 120.400 / 1.20) Put-Optionen mit Laufzeit 10 Jahre zum Preis von jeweils 0.2365 CHF, also zu einem Gesamtpreis von 23.729 CHF = 19.708 EUR, gekauft.

Am 15. Jänner 2015 kommt es zur Ausübung der Optionen bei einem Kurs von 1.20. Die Kosten für den Kauf der 120.400 CHF zur Tilgung des Kredits betragen daher circa 100.333 EUR. Die Gesamtkosten (Tilgung + Absicherungskosten) betrugen daher 100.333 + 19.708 EUR = 120.041 EUR.
Der Verlust bei einem 10-jährigen Kredit beträgt im Fall der Absicherung mit Hilfe von zehnjährigen Put-Optionen daher 20.04%.

20-Jahres-Kredit:
Am 31. Jänner 2012 wird ein CHF-Kredit in Höhe von 100.000 EUR aufgenommen zum Kurs von 1.204. Am 31. Jänner 2012 wird also tatsächlich ein Kredit in Höhe von 120.400 CHF (= 100.000 EUR) aufgenommen.
Laufzeit 20 Jahre bis Jänner 2032.

Zur Absicherung über die gesamte Laufzeit des Kredits werden am 31. Jänner 2012 insgesamt 100.333 (= 120.400 / 1,20) Put-Optionen mit Laufzeit 20 Jahre zum Preis von jeweils 0.3025 CHF, also zu einem Gesamtpreis von 30.351 CHF = 25.208 EUR, gekauft.

Am 15. Jänner 2015 kommt es zur Ausübung der Optionen bei einem Kurs von 1.20. Die Kosten für den Kauf der 120.400 CHF zur Tilgung des Kredits betragen daher circa 100.333 EUR. Die Gesamtkosten (Tilgung + Absicherungskosten) betrugen daher $100.333 + 25.208$ EUR $= 125.541$ EUR.
Der Verlust bei einem 20-jährigen Kredit beträgt im Fall der Absicherung mit Hilfe von zwanzigjährigen Put-Optionen daher 25.54%.

10.7.6 Vergleich mit dem Stop-Loss-Ansatz

Kehren wir jetzt noch einmal zum Ausgangspunkt unserer Analysen also zu den angesprochenen Klagen zurück und überlegen wir, zu welchen Verlusten es bei Anwendung der einfachen Stop-Loss-Strategie bei einem Kurslevel von 1.15 bei dem oben betrachteten Fallbeispiel eines am 31. Jänner 2012 aufgenommenen CHF-Kredit in Höhe von 100.000 EUR zum Kurs von 1.204 gekommen wäre.

Am 31. Jänner 2012 wäre in dem Fallbeispiel also tatsächlich ein Kredit in Höhe von 120.400 CHF (= 100.000 EUR) aufgenommen worden.

Am 15. Januar 2015 wäre die Stop-Loss-Order schlagend geworden.

Ein Kauf der benötigten 120.400 CHF wäre dabei bei Kursen zwischen (im Optimalfall) 1.15 und (im Worst Case) 0.90 erfolgt.

Im Optimalfall hätten die Kosten für den CHF-Kauf nur 120.400 / 1.15 = 104.696 Euro betragen. Die aufgetretenen Mehrkosten („Absicherungskosten") hätten somit 4.696 Euro betragen.

Im „Worst Case" hätten die Kosten für den CHF-Kauf dagegen 120.400 / 0.90 = 133.778 Euro betragen. Die aufgetretenen Mehrkosten („Absicherungskosten") hätten somit 33.778 Euro betragen.

Stellen wir die aufgetretenen Kosten in allen Absicherungsvarianten noch einmal in einer Übersicht zusammen:

Absicherungsvariante	Kosten
1-Jahres-Put-Optionen ab 2012	6.951 Euro
10-Jahres-Put-Optionen	20.041 Euro
20-Jahres-Put-Optionen	25.541 Euro
Stop-Loss (Optimalfall)	4.696 Euro
Stop-Loss (worst case)	33.778 Euro

Wir erinnern dabei aber noch einmal daran, dass die Variante der Absicherung mit 1-Jahres-Put-Optionen hier nur deshalb relativ billig ist, da bereits nach drei Jahren die Absicherung schlagend geworden ist. Wäre es später zu einem entsprechenden Kursverfall und damit zur Ausübung der Optionen gekommen, dann hätten öfter 1-Jahres-Optionen gekauft werden müssen und die Kosten wären eventuell sogar wesentlich höher ausgefallen.

Somit lässt sich folgendes **Fazit** ziehen:
Der Kursverfall des Euro gegenüber dem Schweizer Franken hätte prinzipiell noch wesentlich massiver ausfallen und zu noch höheren Verlusten für CHF-Kreditnehmer führen können. Es ist daher notwendig Maßnahmen zur Risikobegrenzung einzuplanen. Die mögliche Alternative zu Setzen von Stop-Loss-Orders wäre der Einsatz von Put-Optionen. Aber selbst dann, wenn Stop-Loss-Orders erst verspätet greifen, kann nicht davon ausgegangen werden, dass der Einsatz von Put-Optionen bessere Resultate liefert. Das zeigt sowohl die Analyse des vor dem Januar 2015 wohl massivsten Ereignisses (GBP DEM-Fall im September 1992) als auch die Analyse des EUR CHF-Ereignisses im Januar 2015.

10.8 Fall-Beispiel VIII: Analysen des Risikos von Einzelanleihen höherer Qualität versus Portfolios von Anleihen niedrigerer Qualität

Wieder geht es im Folgenden um einen Gerichtsfall und einen damit in Zusammenhang stehenden Privatgutachtensauftrag. Der Hintergrund war der folgende: Ein Vermögensverwalter hatte mit einem Kunden vereinbart, ihm ein Portfolio aus Anleihen zusammenzustellen, die jeweils von Investment Grade seien, also Anleihen die in der Rating-Skala von Standard&Poors ein Rating von „BBB" oder besser bzw. im Rating-System von Moody's ein „Baa" oder besser aufweisen.

Das Anleihen-Portfolio in das in Folge für den Kunden investiert worden war, musste in Folge herbe Verluste hinnehmen. Der Kunde klagte daraufhin den Vermögensverwalter und zwar mit folgender Begründung: Das Anleihen-Portfolio hatte entgegen der Vereinbarung (in geringem Umfang) auch Anleihen enthalten, die ein schlechteres Rating aufwiesen, als es einem Investment Grade entsprechen würde.

Der Vermögensverwalter beauftragte nun den Privatgutachter damit, für die Verhandlung eine Verteidigungslinie aufzubauen, in der die Einbeziehung dieser schlechter gerateten Anleihen als bewusste Entscheidung im Sinn einer Risikominimierung durch geeignete Streuung definiert und gerechtfertigt werden sollte.

Die folgenden Ausführungen geben nicht das gesamte Gutachten wieder, sondern zeigen nur kurz die Grundstruktur der Argumentation. In der Methode greifen wir auf das in Kapitel 8 vorgestellte Kreditrisiko-Management-System Credit Metrics zurück. Daher werden wir die im Folgenden vorgenommenen Rechnungen auch nicht explizit vorführen, sondern wir verweisen auf die in Kapitel 8 nachzulesenden Techniken.

Auch hier haben wir im Folgenden den etwas tendenziellen Ton eines Privat-Gutachtens beibehalten.

10.8.1 Zwei einfache konstruierte Illustrationsbeispiele

Wir untersuchen im Folgenden Verlustwahrscheinlichkeiten von Einzelanleihen höheren Ratings mit den Verlustwahrscheinlichkeiten von Portfolios gering korrelierter Anleihen geringeren Ratings. Wir können uns hierbei auf **Verluste beschränken, die bonitätsbedingt** sind (also auf Defaults oder Rating-Änderungen beruhen), da alle anderen Einflussfaktoren alle Anleihen im Wesentlichen in gleichem Maße betreffen.

Natürlich können die folgenden Ausführungen nur exemplarisch dieses weite Thema behandeln. Es wird aber doch möglich sein, an Hand exemplarischer Analysen

auch auf beschränktem Platz klar zu machen, dass gestreute Portfolios gering korrelierter Anleihen, auch wenn diese von Non-Investment-Grade sind, wesentlich
geringere Wahrscheinlichkeiten für größere Kursrückgänge aufweisen **können** als
Einzelaktien, auch wenn diese Investment-Grade haben.

Um das Prinzip der folgenden Untersuchungen klar zu machen, wollen wir als
Erstes an Hand eines **trivialen, konstruierten Beispiels** die Tatsache, dass eine
**gut diversifizierte Kombination von Anleihen mit schlechterem Rating ein ge-
ringeres Ausfallsrisiko als eine Einzel-Anleihe mit besserem Rating** aufweisen
kann, veranschaulichen. Danach werden wir die Tatsache, dass eine **gut diversifizierte Kombination von Anleihen mit schlechterem Rating sogar eine höhere
erwartete Rendite bei geringerem Risiko als eine Einzel-Anleihe mit besserem
Rating** aufweisen kann, ebenfalls an einem **einfachen konstruierten Zahlenbeispiel veranschaulichen**, bevor – im zweiten Teil dieser Untersuchung – die analogen umfangreicheren Rechnungen hierzu mit komplexeren realen Daten durchgeführt werden.

a) Stellen wir uns für das **erste konstruierte (!) Illustrationsbeispiel** das folgende künstliche, sehr einfache „Anleihen-Modell" vor:

- In diesem Modell gibt es Anleihen mit drei verschiedenen Ratings A, B
  und D

- Eine Anleihe mit Rating A habe den Wert 2

- Eine Anleihe mit Rating B habe den Wert 1

- Eine Anleihe mit Rating D habe den Wert 0 (D = Default = Ausfall)

- Die Anleihe A fällt mit Wahrscheinlichkeit $\frac{1}{3}$ im Lauf eines bestimmten
  Zeitbereichs $[0, T]$ aus (also neues Rating D)
  (mit Wahrscheinlichkeit $\frac{2}{3}$ bleibt das Rating bei A).

- Die Anleihe B fällt mit Wahrscheinlichkeit $\frac{1}{2}$ im Lauf eines bestimmten Zeitbereichs $[0, T]$ aus (also neues Rating D)
  (mit Wahrscheinlichkeit $\frac{1}{2}$ bleibt das Rating bei B).
  Diese zweite Anleihe weist somit ein höheres Risiko auf.

Vergleichen wir nun ein **Anleihenportfolio** $P1$, das lediglich aus **einer Anleihe
X mit Rating A** besteht, mit einem **Anleihenportfolio** $P2$, das aus **zwei voneinander unabhängigen Anleihen $Y1$ und $Y2$ mit Rating jeweils B** besteht.

Die totale **Ausfallswahrscheinlichkeit** für das erste Portfolio mit der **besser gerateten Einzelanleihe** X beträgt $\frac{1}{3}$, **also 33.3%**.

Die totale **Ausfallswahrscheinlichkeit** für das zweite Portfolio mit den **beiden
schlechter gerateten Anleihen $Y1$ und $Y2$** beträgt $\frac{1}{2} \times \frac{1}{2} = \frac{1}{4}$, **also 25%**.

Das zweite Anleihen-Portfolio, das aus zwei B-gerateten Anleihen besteht, weist somit eine geringere (totale) Ausfallswahrscheinlichkeit auf, als die A-geratete Einzelanleihe.

b) Stellen wir uns für das **zweite Illustrationsbeispiel** das folgende künstliche, schon etwas komplexere „Anleihen-Modell" vor:

- In diesem Modell gibt es Anleihen mit drei verschiedenen Ratings A, B, D
- Eine Anleihe mit Rating A habe den Wert 2
- Eine Anleihe mit Rating B habe den Wert 1
- Eine Anleihe mit Rating D habe den Wert 0 (D = Default = Ausfall)
- Die **Matrix der Übergangswahrscheinlichkeiten** im zu analysierenden Zeitbereich $[0, T]$ sieht so aus:

	Rating A	Rating B	Rating D
Rating A	50%	25%	25%
Rating B	33.3%	33.3%	33.3%

(Das bedeutet, dass zum Beispiel eine zum Zeitpunkt 0 mit A geratete Anleihe zum Zeitpunkt T mit Wahrscheinlichkeit 50% wieder A geratet ist, mit Wahrscheinlichkeit 25% B geratet ist, usw.)

Vergleichen wir nun wieder ein **Anleihenportfolio $P1$**, das lediglich aus **einer Anleihe X mit Rating A** besteht, mit einem **Anleihenportfolio $P2$**, das aus **zwei voneinander unabhängigen Anleihen $Y1$ und $Y2$ mit Rating jeweils B** besteht.

Zum momentanen Zeitpunkt 0 haben beide Anleihenportfolios denselben Wert 2.

Zum Zeitpunkt T (unser Handelshorizont) hat das Portfolio $P1$
mit Wahrscheinlichkeit $0.5 (= 50\%)$ den Wert 2
mit Wahrscheinlichkeit $0.25 (= 25\%)$ den Wert 1
mit Wahrscheinlichkeit $0.25 (= 25\%)$ den Wert 0

Der **Erwartungswert E des Kurses des Anleihenportfolios $P1$ zur Zeit T** beträgt daher $E = 0.5 \times 2 + 0.25 \times 1 + 0.25 \times 0 = \mathbf{1.25}$.

Zum Zeitpunkt T (unser Handelshorizont) hat das Portfolio $P2$

- mit Wahrscheinlichkeit $\frac{1}{9}$ den Wert 4
(nämlich dann, wenn beide – jetzt B gerateten – Anleihen zum Zeitpunkt T dann A geratet sind und das passiert (wegen der Unabhängigkeit) mit Wahrscheinlichkeit $\frac{1}{3} \times \frac{1}{3}$)

- mit Wahrscheinlichkeit $\frac{2}{9}$ den Wert 3

(nämlich dann, wenn zum Zeitpunkt T entweder die erste der beiden Anleihen im Portfolio $P2$ A geratet ist und die zweite B geratet ist, oder umgekehrt, und das passiert (wieder wegen der Unabhängigkeit) mit Wahrscheinlichkeit $\frac{1}{3} \times \frac{1}{3} + \frac{1}{3} \times \frac{1}{3}$)

- mit Wahrscheinlichkeit $\frac{3}{9} = \frac{1}{3}$ den Wert 2

(nämlich dann, wenn zum Zeitpunkt T entweder die erste der beiden Anleihen im Portfolio $P2$ A geratet ist und die zweite D geratet ist, oder umgekehrt, oder wenn beide Anleihen auch zum Zeitpunkt T wieder B geratet sind, und das passiert (wieder wegen der Unabhängigkeit) mit Wahrscheinlichkeit $\frac{1}{3} \times \frac{1}{3} + \frac{1}{3} \times \frac{1}{3} + \frac{1}{3} \times \frac{1}{3}$)

- mit Wahrscheinlichkeit $\frac{2}{9}$ den Wert 1

(nämlich dann, wenn zum Zeitpunkt T entweder die erste der beiden Anleihen im Portfolio $P2$ B geratet ist und die zweite D geratet ist, oder umgekehrt, und das passiert (wieder wegen der Unabhängigkeit) mit Wahrscheinlichkeit $\frac{1}{3} \times \frac{1}{3} + \frac{1}{3} \times \frac{1}{3}$)

- mit Wahrscheinlichkeit $\frac{1}{9}$ den Wert 0

(nämlich dann, wenn beide – jetzt B geratenen – Anleihen zum Zeitpunkt T dann D geratet sind, und das passiert (wegen der Unabhängigkeit) mit Wahrscheinlichkeit $\frac{1}{3} \times \frac{1}{3}$).

Der **Erwartungswert E des Kurses des Anleihenportfolios $P2$ zur Zeit T** beträgt daher $\boldsymbol{E} = \frac{1}{9} \times 4 + \frac{2}{9} \times 3 + \frac{3}{9} \times 2 + \frac{2}{9} \times 1 + \frac{1}{9} \times 0 = \boldsymbol{2}$.

Das zweite – aus schlechter gerateten Anleihen bestehende – **Portfolio $P2$ hat also eine größere erwartete Rendite als das aus einer einzigen besser gerateten Anleihe bestehende Portfolio $P1$.**

Die **Wahrscheinlichkeit für einen Totalausfall** liegt beim zweiten – aus schlechter gerateten Anleihen bestehenden – **Portfolio $P2$** bei $\frac{1}{9} = \boldsymbol{11.1\%}$, bei dem aus einer einzigen besser gerateten Anleihe bestehenden **Portfolio $P1$** dagegen bei $\frac{1}{4} = \boldsymbol{25\%}$.

Die **Wahrscheinlichkeit**, dass man mit dem zweiten – aus schlechter gerateten Anleihen bestehenden – **Portfolio $P2$** bis zum Zeitpunkt T einen **Verlust** macht, liegt bei $\frac{2}{9} + \frac{1}{9} = \frac{1}{3} = \boldsymbol{33.3\%}$, bei dem aus einer einzigen besser gerateten Anleihe bestehenden **Portfolio $P1$** dagegen liegt die Wahrscheinlichkeit für einen Verlust bei $\frac{1}{4} + \frac{1}{4} = \boldsymbol{50\%}$.

Das Portfolio aus unabhängigen schlechter gerateten Anleihen weist in diesem Modell also einen höheren Erwartungswert, eine geringe Verlustwahrscheinlichkeit und eine geringere Total-Ausfallswahrscheinlichkeit auf als eine besser geratete Einzelanleihe.

10.8.2 Analysen an Hand realistischer Daten

Die obigen Beispiele sollten nur zur Illustrierung der im Folgenden durchgeführten Rechnungen für realistische Anleihenkurse und Anleihenparameter dienen. Die Berechnungen werden auf der gleichen Basis wie oben durchgeführt.

Anstelle der im Illustrationsbeispiel verwendeten 3 Ratingklassen haben wir nun die 9 Moodys Klassen Aaa, Aa, A, Baa, Ba, B, Caa, Ca-C und Default (die Klasse WR, die „rating withdrawn" bezeichnet, wird später nicht mehr berücksichtigt, ebenso ziehen wir für die folgenden Berechnungen die Klassen Caa und Ca-C zu einer Klasse C zusammen, die Wahrscheinlichkeiten werden nach Eliminierung der Klasse WR neu normiert, das Ergebnis der Berechnungen wird dadurch nur unwesentlich beeinflusst).

Die durchschnittlichen Rating-Übergangswahrscheinlichkeiten (Durchschnitte von 1920 bis 2012) für diese Klassen sind gegeben durch

From/To:	Aaa	Aa	A	Baa	Ba	B	Caa	Ca-C	WR	Default
Aaa	86.407%	7.927%	0.851%	0.159%	0.033%	0.001%	0.001%	0.000%	4.620%	0.000%
Aa	1.164%	83.428%	7.502%	0.835%	0.183%	0.040%	0.006%	0.005%	6.767%	0.070%
A	0.076%	2.782%	84.069%	5.692%	0.739%	0.122%	0.029%	0.009%	6.384%	0.098%
Baa	0.039%	0.276%	4.219%	81.533%	4.936%	0.776%	0.126%	0.014%	7.802%	0.277%
Ba	0.007%	0.081%	0.461%	5.855%	73.411%	6.835%	0.596%	0.065%	11.421%	1.268%
B	0.006%	0.045%	0.144%	0.565%	5.589%	71.436%	5.597%	0.497%	12.553%	3.569%
Caa	0.000%	0.018%	0.025%	0.166%	0.713%	8.367%	63.516%	3.624%	11.854%	11.715%
Ca-C	0.000%	0.025%	0.108%	0.058%	0.500%	3.053%	7.990%	50.776%	12.344%	25.146%

Die – wie oben beschrieben – vereinfachten und normierten Werte sind dann gegeben durch:

From/To:	Aaa	Aa	A	Baa	Ba	B	C	Default
Aaa	90.59	8.31	0.89	0.16	0.03	0.001	0.001	0
Aa	1.24	89.48	8.04	0.89	0.19	0.04	0.01	0.07
A	0.08	2.90	89.80	6.08	0.79	0.13	0.04	0.10
Baa	0.04	0.30	4.57	88.43	5.35	0.84	0.15	0.30
Ba	0.01	0.09	0.52	6.61	82.88	7.72	0.75	1.43
B	0.01	0.05	0.16	0.65	6.39	81.69	6.97	4.08
Caa	0	0.02	0.08	0.13	0.69	6.49	71.60	20.99

Zur Bestimmung des momentanen (fairen) Wertes einer Anleihe (wir beschränken uns im Folgenden – um die technischen Details geringer zu halten – auf Euro-Anleihen), die in einer bestimmten Ratingklasse liegt und eine bestimmte Restlaufzeit und einen bestimmten Coupon aufweist, folgen wir – wie angekündigt – dem Ansatz des Kredit-Risiko-Management-Systems „Credit Metrics" von J.P.Morgan.

Wir werden uns – um die technischen Details geringer zu halten – in den folgenden Analysen auf Anleihen beschränken mit jährlichen Coupons und gerade erfolgter Couponzahlung (das heißt insbesondere auch mit ganzzahliger Restlaufzeit).

Weiters werden wir uns im Folgenden – ebenfalls um die technischen Details geringer zu halten – auf Beobachtungszeiträume von einem Jahr beschränken. Dafür werden wir im Folgenden auch den (fairen) Wert einer Anleihe in einem Jahr ab jetzt benötigen. Dieser Wert hängt natürlich davon ab, welches Rating die Anleihe in einem Jahr haben wird. Da dieses Rating jetzt noch nicht bekannt ist, haben wir es daher mit 9 verschiedenen möglichen Werten der Anleihe in einem Jahr zu tun.

Ein Sonderfall bei der Bestimmung des Wertes einer Anleihe in einem Jahr ergibt sich dann, wenn das Rating in einem Jahr gleich D ist, also wenn die Anleihe im Lauf des Beobachtungszeitraumes ausfällt. Der durchschnittliche Wert einer Anleihe, bei Ausfall (Recovery Rate) hängt von der Sicherheitsklasse der Anleihe ab und ist im Allgemeinen nicht gleich 0.

Moodys führt dazu folgende Statistik über durchschnittliche Recovery Rates von Anleihen in verschiedenen Sicherheitsklassen.

Sicherheitsklasse	Recovery Rate (Statistik über den Zeitraum 1987 – 2012)
Loans	80.6%
Senior Secured Bonds	63.7%
Senior Unsecured Bonds	48.6%
Subordinated Bonds (includes senior subordinated, subordinated, and junior subordinated bonds)	28.5%

Quelle: Moodys: Average Corporate Debt Recovery Rates Measured by Ultimate Recoveries, 1987 – 2012

Wir werden in unseren Beispielen von Anleihen in mittleren Sicherheitsklassen (Senior unsecured bonds) ausgehen und den Wert bei Ausfall mit der durchschnittlichen Recovery Rate von 48.6% gleichsetzen.

Wir werden nun im Folgenden an Hand eines konkreten Beispiels und auf Basis obiger Daten und des obigen Ansatzes ein typisches Rendite-/Risiko-Verhalten von Anleihen-Portfolios versus Einzelanleihen darstellen.

Beispiel 10.3. *Wir betrachten ein Euro-Anleihen-Portfolio* $P1$*, das nur aus einer Baa gerateten Einzelanleihe* X *besteht (also eine Investment-Grade-Anleihe, entspricht BBB bei Standard&Poors) und vergleichen es mit einem Portfolio* $P2$*, das aus mehreren Ba gerateten Euro-Anleihen* $Y1, Y2, Y3, \ldots$ *besteht (also Non-Investment-Grade, entspricht BB bei Standard&Poors).*

Wir gehen in diesem Beispiel (zur Geringhaltung technischer Details) von Null-Kupon-Anleihen gleicher Laufzeit, nämlich 2 Jahre, aus.

Rating-Übergänge von je zwei Anleihen im Portfolio $P2$ *seien voneinander unabhängig.*

Zur Bestimmung der Werte dieser Anleihen in den Portfolios $P1$ *und* $P2$ *zum Zeitpunkt 0 und der potentiellen Werte der Anleihen nach einem Jahr (nach Credit*

Metrics) benötigen wir die Zinssätze $f_{0,1}^{(Z)}$ *und* $f_{0,2}^{(Z)}$ *für alle Rating-Klassen Z.*
Daraus können die weiters benötigten impliziten Zinssätze $f_{1,2}^{(Z)}$ *dann berechnet werden.*

Die relevanten Werte waren, im Moment als das Privat-Gutachten erarbeitet worden war, gegeben durch:

$f_{0,1}^{(Aaa)} = 0.12$

$f_{0,1}^{(Aa)} = 0.50$

$f_{0,1}^{(A)} = 0.73$

$f_{0,1}^{(Baa)} = 1.73$

$f_{0,1}^{(Ba)} = 2.43$

$f_{0,1}^{(B)} = 2.81$

$f_{0,1}^{(C)} = 3.34$

$f_{0,2}^{(Aaa)} = 0.18$

$f_{0,2}^{(Aa)} = 0.89$

$f_{0,2}^{(A)} = 0.89$

$f_{0,2}^{(Baa)} = 1.78$

$f_{0,2}^{(Ba)} = 2.68$

$f_{0,2}^{(B)} = 3.03$

$f_{0,2}^{(C)} = 4.87$

Daraus lassen sich die benötigten impliziten Zinssätze berechnen

$f_{1,2}^{(Aaa)} = 0.23$

$f_{1,2}^{(Aa)} = 1.38$

$f_{1,2}^{(A)} = 1.06$

$f_{1,2}^{(Baa)} = 1.83$

$f_{1,2}^{(Ba)} = 2.95$

$f_{1,2}^{(B)} = 3.26$

$f_{1,2}^{(C)} = 6.94$

(Die folgenden Analysen behalten übrigens auch mit Zinssätzen anderer Vergleichsperioden ihre prinzipielle Gültigkeit.)

Mit obigen Zahlen und basierend auf der Methode von „Credit Metrics" erhält man für den momentanen Wert $A_0(X)$ der Anleihe X und den Wert $A_1(X, Y)$ der Anleihe in einem Jahr, falls ihr Rating dann bei Y liegt:

$A_0(X) = 96,6\%$

und:

$A_1(X, Aaa) = 99.77\%$

falls X in einem Jahr Aaa geratet ist (das passiert mit Wahrscheinlichkeit 0.04%)

$A_1(X, Aa) = 98.64\%$

falls X in einem Jahr Aa geratet ist (das passiert mit Wahrscheinlichkeit 0.30%)
$A_1(X, A) = 98.45\%$

falls X in einem Jahr A geratet ist (das passiert mit Wahrscheinlichkeit 4.58%)
$A_1(X, Baa) = 98.20\%$

falls X in einem Jahr Baa geratet ist (das passiert mit Wahrscheinlichkeit 88.43%)
$A_1(X, Ba) = 97.13\%$

falls X in einem Jahr Ba geratet ist (das passiert mit Wahrscheinlichkeit 5.35%)
$A_1(X, B) = 96.84\%$

falls X in einem Jahr B geratet ist (das passiert mit Wahrscheinlichkeit 0.84%)
$A_1(X, C) = 93.51\%$

falls X in einem Jahr C geratet ist (das passiert mit Wahrscheinlichkeit 0.15%)
$A_1(X, D) = 48.6\%$

falls X in einem Jahr D geratet ist (das passiert mit Wahrscheinlichkeit 0.30%)

Für die zueinander identischen Anleihen $Y1, Y2, Y3, \ldots$ (wir bezeichnen eine davon mit Y) gilt mit analogen Rechnungen:
$A_0(Y) = 95,31\%$

und die potentiellen Werte der Anleihe Y in einem Jahr sind gegeben durch:

$A_1(Y, Aaa) = 99.7\%$

falls Y in einem Jahr Aaa geratet ist (das passiert mit Wahrscheinlichkeit 0.008%)
$A_1(Y, Aa) = 98.64\%$

falls Y in einem Jahr Aa geratet ist (das passiert mit Wahrscheinlichkeit 0.09%)
$A_1(Y, A) = 98.45\%$

falls Y in einem Jahr A geratet ist (das passiert mit Wahrscheinlichkeit 0.52%)
$A_1(Y, Baa) = 98.20\%$

falls Y in einem Jahr Baa geratet ist (das passiert mit Wahrscheinlichkeit 6.61%)
$A_1(Y, Ba) = 97.13\%$

falls Y in einem Jahr Ba geratet ist (das passiert mit Wahrscheinlichkeit 82.88%)
$A_1(Y, B) = 96.84\%$

falls Y in einem Jahr B geratet ist (das passiert mit Wahrscheinlichkeit 7.72%)
$A_1(Y, C) = 93.51\%$

falls Y in einem Jahr C geratet ist (das passiert mit Wahrscheinlichkeit 0.75%)
$A_1(Y, D) = 48.6\%$

falls Y in einem Jahr D geratet ist (das passiert mit Wahrscheinlichkeit 1.43%)

Aus obigen Zahlen folgt nun zum Beispiel:

Folgerung 1:

Die Wahrscheinlichkeit, dass der Wert der Anleihe X, also des Portfolios $P1$ von 96.63% auf durchschnittlich 48.6% fällt, also einen Verlust von circa 50% erleidet, liegt bei 0.3%.

Die Wahrscheinlichkeit, dass der Wert des Portfolios $P2$ einen entsprechenden Verlust auf einen Kurswert von circa 50% erleiden muss, lässt sich nun (wegen der angenommenen Unabhängigkeit der Anleihen $Y_1, Y_2, Y_3, \ldots$) aus den obigen Werten leicht berechnen und wird mit wachsendem n, also mit wachsender Anzahl von Anleihen im Portfolio, sehr schnell extrem klein. Die Werte sind:

wenn $n = 1$ Wahrscheinlichkeit $= 1.43\%$
wenn $n = 2$ Wahrscheinlichkeit $= 0.000204\%$
wenn $n = 3$ Wahrscheinlichkeit $= 0.0000003\%$
wenn $n = 4$ Wahrscheinlichkeit $= 0.000000000418\%$

Also schon ab einer Portfoliogröße von zwei unabhängigen Anleihen ist in diesem Beispiel die Wahrscheinlichkeit eines Verlusts von circa der Hälfte des Investments unvergleichbar geringer als für eine (besser geratete) Einzelaktie.

Übersicht: Wahrscheinlichkeit für einen Verlust von circa 50%

Portfolio	Wahrscheinlichkeit für Verlust von circa 50%
Portfolio aus einer **Baa** gerateten Anleihe	0.3%
Portfolio aus **einer** Ba gerateten Anleihe	1.43%
Portfolio aus **zwei** Ba gerateten Anleihen	0.000204%
Portfolio aus **drei** Ba gerateten Anleihen	0.0000003%
Portfolio aus **vier** Ba gerateten Anleihen	0.000000000418%

Folgerung 2:
Die Wahrscheinlichkeit, dass der Wert der Anleihe X, also des Portfolios $P1$ von 96.63% auf durchschnittlich 48.6% fällt, also einen Verlust von 49.70% erleidet, liegt – wie wir oben gesehen haben – bei 0.3%.
Wir berechnen nun die Höhe desjenigen Verlusts, der im Portfolio Y mit einer Wahrscheinlichkeit von 0.3% maximal zu erwarten ist.

Die Ergebnisse sind auf Basis der obigen Zahlen leicht zu bestimmen und in folgender Übersichtstabelle gelistet:

Portfolio	Höhe von Verlusten mit Wahrscheinlichkeit 0.3%
Portfolio aus einer **Baa** gerateten Anleihe	49.7%
Portfolio aus **zwei** Ba gerateten Anleihen	23.6%
Portfolio aus **drei** Ba gerateten Anleihen	15.4%
Portfolio aus **vier** Ba gerateten Anleihen	10.8%
Portfolio aus **fünf** Ba gerateten Anleihen	9.1%
Portfolio aus **zehn** Ba gerateten Anleihen	3.6%
Portfolio aus **zwanzig** Ba gerateten Anleihen	3.4%

Diese Zahlen bestätigen sich tendenziell auch dann, wenn die Anleihen im Portfolio $P2$ nicht zu stark positiv korreliert sind, etwa wenn die Korrelation zwischen je zwei Anleihen im Portfolio $P2$ den Wert von zum Beispiel 0.2 nicht übersteigt.

10.9 Fall-Beispiel IX: Portfolio-Selektion unter Berücksichtigung von Nachhaltigkeitsparametern

Die folgenden Überlegungen und Analysen wurden im Auftrag eines Fondsdaten-Anbieters durchgeführt, der sich auch auf die Bereitstellung von Nachhaltigkeit-sparametern für Fonds spezialisiert hatte. Es sollten dabei – im Sinne der in Kapitel 9 vorgestellten Portfolioselektionstheorie von Markowitz – möglichst effiziente Portfolios aus Fonds zusammengestellt werden, wobei die Portfolios aber bestimmte Minimalanforderungen in Hinblick auf Nachhaltigkeit erfüllen sollten. Die entsprechende und im Folgenden verkürzt dargestellte Ausarbeitung wurde vom Autor in Kooperation mit L. Del Chicca durchgeführt.

10.9.1 Problemstellung

Ziel dieses Artikels ist eine Verallgemeinerung der Portfolio-Selektionstheorie von Markowitz auf den Fall, dass Nebenbedingungen an die Nachhaltigkeit des ausgewählten Portfolios gestellt werden. Wir werden die Inhalte von Kapitel 9 im Wesentlichen voraussetzen, aber manches auch noch einmal in Kürze wiederholen. Wir gehen im Folgenden davon aus, dass wir in n Finanzprodukte $A_1, \ldots, A_n$ investieren können, für die wir über eine Schätzung für die voraussichtlichen Trends $\mu_1, \ldots, \mu_n$ und für die voraussichtlichen Volatilitäten $\sigma_1, \ldots, \sigma_n$ für den zu betrachtenden Zeitbereich $[0, T]$ verfügen.

Weiters gehen wir davon aus, dass wir Schätzungen für die Korrelationen $\rho_{i,j}$ der gemeinsamen Renditeentwicklungen des $i-$ten und des $j-$ten Produkts A_i bzw. A_j gegeben haben.

Zusätzlich zu diesen Annahmen, die auch im klassischen Modell von Markowitz getroffen werden, nehmen wir nun an, dass wir für jedes der Produkte $A_1, \ldots, A_n$ eine Nachhaltigkeitskennzahl zur Verfügung haben. Das heißt, für jedes der Produkte A_i wird die Nachhaltigkeit durch einen Parameter $\tau_i \in [0, 1]$ bewertet: $\tau_i = 0$ weist auf geringste Nachhaltigkeit hin, während $\tau_i = 1$ höchste Nachhaltigkeit bedeutet.

Wir investieren ein (normiertes) Investment in Höhe von 1 in die n Produkte. Dabei werde jeweils ein Betrag in Höhe von x_i in das Produkt A_i investiert. Wir haben also die Beziehung

$$x_1 + \cdots + x_n = 1.$$

Für die zu erwartende Rendite μ_P des Portfolios ergibt sich

$$\mu_P = x_1\mu_1 + \cdots + x_n\mu_n$$

und für die Volatitlität σ_P nach der bekannten Formel für die Volatilität einer Summe von abhängigen Zufallsvariablen

$$\sigma_P = \sigma_P(x_1, \ldots, x_n) = \sqrt{\sum_{i=1}^{n} x_i^2 \sigma_i^2 + \sum_{i=1}^{n} \sum_{j=1, j\neq i}^{n} \rho_{i,j} \sigma_i \sigma_j x_i x_j}.$$

Für den Nachhaltigkeitsparameter τ_P des Gesamtportfolios nehmen wir ebenfalls Linearität an, das heisst:

$$\tau_P = x_1 \tau_1 + \cdots + x_n \tau_n.$$

Im Folgenden wird wieder zu unterscheiden sein, ob Short Selling der betrachteten Produkte: nicht, begrenzt, oder unbegrenzt möglich ist. Wir betrachten im Folgenden den Fall unbegrenzten Short Sellings, das heißt $x_i \in \mathbb{R}$ beliebig und den Fall in dem Short Selling nicht erlaubt ist, das heißt $x_i \in [0, 1]$ für alle i. Die Einzelprodukte A_i lassen sich wieder im Risiko-Rendite-Diagramm darstellen (auf der $x-$Achse des Diagramms wird die erwartete Volatilität des Produkts und auf der $y-$Achse die erwartete Rendite des Produkts eingetragen).

Als Illustrationsbeispiel für die in diesem Artikel entwickelten Techniken werden wir die folgenden Parameter verwenden: Wir wählen 5 Produkte mit den erwarteten Renditen 3%, 6%, 2%, 5% und 7% und mit den Volatilitäten 2%, 4%, 5%, 5% und 7%, die in diesem Beispiel unkorreliert sein sollen. Für die Nachhaltigkeitsparameter der 5 Produkte in diesem Illustrationsbeispiel setzen wir $0.5, 0.2, 0.7, 0.6, 0.7$. Die fünf Einzelprodukte stellen sich grafisch im Risiko-Rendite-Diagramm wie in Abbildung 10.72 dar (dabei wurden Portfolios mit größerem Nachhaltigkeitsparameter stärker grün und Portfolios mit niedrigerem Nachhaltigkeitsparameter stärker rot schattiert):

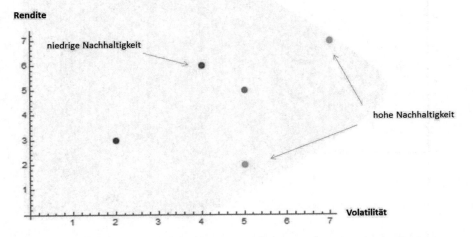

Abbildung 10.72: Basis-Produkte mit verschiedenen Nachhaltigkeitsparametern

Unter dem „Opportunity Set" der Produkte verstehen wir wieder die Menge aller möglichen Portfolios, die sich aus diesen Produkten (mit einem normierten Investment von 1) bilden lassen bzw. deren Darstellung im Risiko-Rendite-Diagramm. In Abbildung 10.73 ist (für unser Illustrationsbeispiel) das Opportunity Set im Fall ohne Short Selling zu sehen (die Unregelmäßigkeiten in der Form sind auf die Näherung durch Monte Carlo-Simulation zurückzuführen), in Abbildung 10.74 im Fall mit unbegrenztem Short Selling und in Abbildung 10.75 sind beide Opportunity Sets zum Vergleich übereinandergelegt. Die Opportunity Sets sind mit Hilfe von Monte Carlo-Simulation näherungsweise dargestellt.

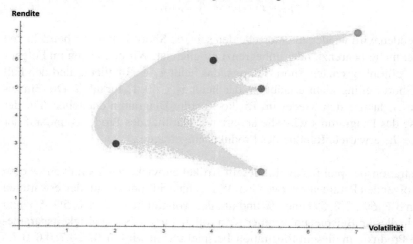

Abbildung 10.73: Opportunity Set im Fall ohne Short Selling

Abbildung 10.74: Opportunity Set im Fall von unbegrenztem Short Selling

Abbildung 10.75: Kombination beider Opportunity Sets

Es werden natürlich solche Portfolios zu bevorzugen sein, die bei möglichst kleinem Risiko (d.h. möglichst kleiner Volatilität) eine möglichst große Rendite erwarten lassen. Diese Portfolios liegen in beiden Fällen auf der linken oberen Begrenzungslinie des Opportunity Sets, der „Efficient Border".

In den Abbildungen 10.76 und 10.77 sind die Efficient Borders in den beiden betrachteten Fällen zu sehen. Dabei ist die Efficient Border im Fall ohne Short Selling wieder mit Monte Carlo-Simulation näherungsweise ermittelt worden (eine exakte Berechnung ist hier nicht explizit analytisch möglich), während im Fall mit unbegrenztem Short Selling die explizite analytische Darstellung verwendet wird. Vernünftiger Weise sollen also nur Portfolios gewählt werden, deren Risiko-Rendite-Wert auf dieser Efficient Border liegt. Von den Portfolios der Efficient Border ist das „Market Portfolio" noch besonders ausgezeichnet, also dasjenige mit maximaler Sharpe Ratio.

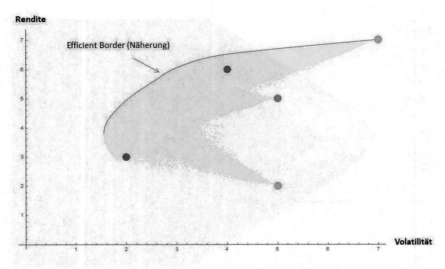

Abbildung 10.76: Efficient Border im Fall ohne Short Selling

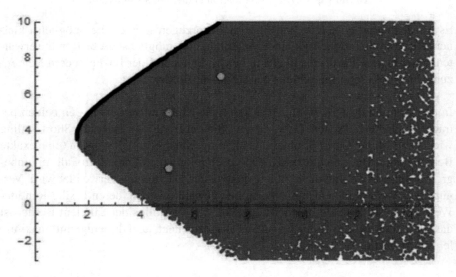

Abbildung 10.77: Efficient Border bei unbegrenztem Short Selling

Das Portfolio mit maximaler Sharpe Ratio ist für beide Fälle in den Abbildungen 10.78 bzw. 10.79 durch einen blauen Punkt auf der Efficient Border gekennzeichnet. (Auch hier ist wiederum das Market Portfolio im Fall ohne Short Selling mit Monte Carlo Simulation und das Market Portfolio im Fall mit Short Selling auf analytischem Weg ermittelt worden.) Geometrisch erhält man das Market Portfolio, indem eine Tangente aus dem Punkt $(0, r)$ des Risiko-Rendite-Diagramms an das jeweilige Opportunity Set gelegt wird. Der Berührungspunkt zwischen Tangente und Opportunity Set repräsentiert das Market Portfolio.

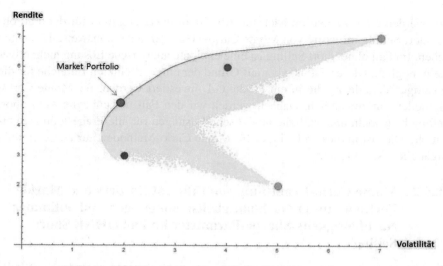

Abbildung 10.78: Market Portfolio im Fall ohne Short Selling

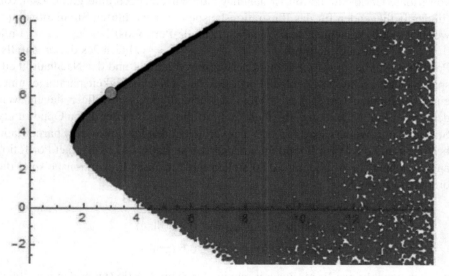

Abbildung 10.79: Market Portfolio bei unbegrenztem Short Selling

In diesem Artikel sind wir nun an folgenden Fragestellungen interessiert:

a) Wie sehen Opportunity Sets, Efficient Borders und Market Portfolios aus, wenn die in Frage kommenden Portfolios einen bestimmten vorgegebenen Nachhaltigkeitswert nicht unterschreiten dürfen?

b) Wie lassen sich die Efficient Borders und Market Portfolios unter dieser Nebenbedingung bestimmen?

c) Gibt es einen geeigneten „Nachhaltigkeits-Sharpe-Parameter", der ein optimales „Nachhaltigkeits-Market Portfolio" definiert?

Wir werden diese Fragen im nächsten Abschnitt diskutieren und für den Fall ohne Short Selling mit Hilfe von Monte Carlo-Methoden näherungsweise Lösungen
geben. Im Fall ohne Short Selling ist eine explizite analytische Lösung nicht allgemein möglich. Dieser Fall ist aber auf Grund der eingeschränkten Bereiche für die
jeweiligen Anteile x_i, die in ein Produkt A_i investiert werden, für Monte Carlo-
Methoden gut zugänglich. Danach werden wir den Fall mit unbegrenztem Short
Selling behandeln und explizite analytische Lösungen für alle Fragestellungen ermitteln. Dies ist in diesem Fall (der für Monte Carlo-Methoden nur eingeschränkt
zugänglich ist) möglich.

10.9.2   Monte Carlo-Ermittlung von Efficient Borders und Market Portfolios unter Nachhaltigkeitsbedingungen und optimaler Nachhaltigkeits-Sharpe-Parameter im Fall OHNE Short Selling

Die Vorgangsweise zur näherungsweisen Lösung der Fragen a) und b) mit Hilfe
von Monte Carlo-Simulation ist naheliegend: Wir erzeugen eine große Zahl von
(in den beiliegenden für das Illustrationsbeispiel durchgeführten Simulationen jeweils 500.000) verschiedenen Szenarien (Zufalls-Portfolios) $(x_1, x_2, \ldots, x_n)$ mit
$0 \leq x_i \leq 1$ für alle i und mit $x_1 + x_2 + \cdots + x_n = 1$. Für jedes dieser Zufalls-
Portfolios werden erwartete Rendite, erwartete Volatilität und der Nachhaltigkeitsparameter berechnet. Diejenigen Portfolios, deren Nachhaltigkeitsparameter unter
einer bestimmten vorgegebenen Mindest-Nachhaltigkeitsschwelle τ liegen, werden verworfen. Unter den verbleibenden Portfolios wird wieder deren Opportunity
Set bestimmt. Weiters wird für jedes der verbleibenden Portfolios die Sharpe Ratio
bestimmt und das Portfolio mit maximaler Sharpe Ratio als „τ−Market Portfolio"
ausgezeichnet. In Abbildung 10.80 stellen wir für unser Illustrationsbeispiel die
drei Opportunity Sets

a) Ohne Nachhaltigkeitsbedingung (gelb)

b) Mit der Nachhaltigkeitsbedingung $\tau \geq 0.55$ (blau)

c) Mit der Nachhaltigkeitsbedingung $\tau \geq 0.6$ (grün)

mit den zugehörigen Portfolios mit maximaler Sharpe Ratio (unter den jeweiligen
Nebenbedingungen) dar.

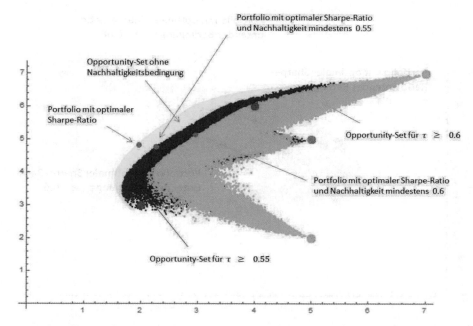

Abbildung 10.80: Opportunity Sets und Efficient Borders mit und ohne Nachhaltigkeits-bedingung

Die jeweiligen maximalen Sharpe Ratios in den einzelnen Fällen haben die Werte

a) 1.455 = maximale Sharpe Ratio unter allen Portfolios

a) 1.215 = maximale Sharpe Ratio unter allen Portfolios mit Nachhaltigkeit-sparameter größer oder gleich 0.55

a) 1.055 = maximale Sharpe Ratio unter allen Portfolios mit Nachhaltigkeit-sparameter größer oder gleich 0.6

In Abbildung 10.81 haben wir noch für eine Reihe weiterer Nachhaltigkeitsbedin-gungen die zugehörigen Portfolios mit maximaler Sharpe Ratio dargestellt, diese verbunden und die resultierende Linie in das ursprüngliche Opportunity Set ein-getragen. Der linke Endpunkt der Linie entspricht dem Portfolio mit global maxi-maler Sharpe Ratio (= 1.455), der rechte Endpunkt der Linie dem Portfolio mit maximaler Sharpe Ratio (= 0.795) unter der Nachhaltigkeitsbedingung, dass der Nachhaltigkeitsparameter größer oder gleich 0.68 zu sein hat. Man beachte, dass in dem Illustrationsbeispiel der Nachhaltigkeitsparameter eines Portfolios höchstens 0.7 betragen kann, da der größte Nachhaltigkeitsparameter der fünf Basisprodukte bei 0.7 liegt.

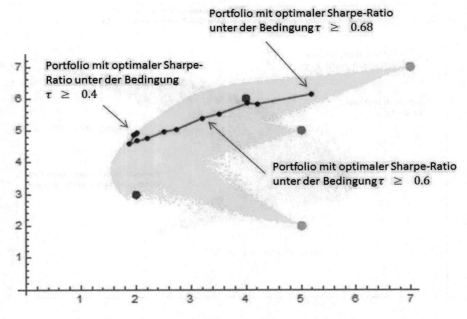

Abbildung 10.81: Nachhaltigkeits-Sharpe-Linie (ohne Short Selling)

Natürlich stellt sich nun für einen nachhaltig denkenden Investor die Frage, in welches der Portfolios auf dieser „Nachhaltigkeits-Sharpe-Linie" (nur solche Portfolios kommen für einen nachhaltig und rational denkenden Investor in Frage) er investieren soll. Der „radikal" nachhaltig denkende Investor wird in das Portfolio am rechten Ende der „Nachhaltigkeits-Sharpe-Linie" (mit einer Sharpe Ratio von 0.795) investieren, während der nicht nachhaltig denkende Investor in das Portfolio am linken Ende der Linie (mit einer Sharpe Ratio von 1.455) investieren wird.

Zur Beantwortung der Frage in welches Portfolio auf der „Nachhaltigkeits-Sharpe-Linie" ein Investor nun tatsächlich investieren soll, wäre die Festsetzung eines Nachhaltigkeitsparameters γ für jeden Investor, sowie einer „Nachhaltigkeits-Sharpe Ratio", die für jeden Investor mit bestimmtem Nachhaltigkeitsparameter γ das optimale Portfolio definiert, sinnvoll. Der Nachhaltigkeitsparameter γ könnte hier eine Zahl im Bereich $[0, \infty)$ sein. Der Wert $\gamma = 0$ beschreibt den radikal nicht nachhaltig denkenden Investor, ein sehr großer Wert für γ, etwa $\gamma > 10$, definiert extrem bis radikal nachhaltig denkende Investoren. In einem „vernünftigen rationalen Maß" nachhaltig denkende Investoren werden mit einem Nachhaltigkeitsparameter γ im Bereich etwa $0.5 < \gamma < 2$ bewertet. Die Bewertung eines Investors mit einem Nachhaltigkeitsparameter erfolgt durch Selbsteinschätzung des Investors bzw. könnte man sich einen geeigneten Test zur Klassifizierung der Investoren nach Nachhaltigkeitsparametern vorstellen. Die von uns vorgeschlagene

Nachhaltigkeits-Sharpe Ratio eines Portfolios P ist nun die Größe

$$NSR(\gamma) = \tau^\gamma \cdot \frac{\mu_P - r}{\sigma_P},$$

also das Produkt aus einem gewichteten Nachhaltigkeitsfaktor und aus herkömmlicher Sharpe Ratio. Für einen nachhaltigen Investor mit Nachhaltigkeitsparameter γ sollte nun diese Größe maximal sein. Selbstverständlich liegt das Portfolio mit maximalem $NSR(\gamma)$ für jedes γ auf der „Nachhaltigkeits-Sharpe-Linie". Im Fall $\gamma = 0$ liegt es am linken Ende der Linie, für γ groß liegt es am rechten Ende der Linie. In Abbildung 10.82 ist – wiederum mit Monte Carlo-Simulation bestimmt – das optimale Portfolio in Hinblick auf die NSR für einen Investor mit „durchschnittlichem" Nachhaltigkeitsparameter $\gamma = 1$ sowie für $\gamma = 2$ für unser Illustrationsbeispiel dargestellt.

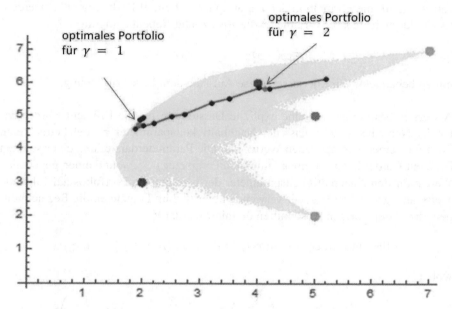

Abbildung 10.82: Portfolio mit optimalem $NSR(\gamma)$ (ohne Short Selling)

Das für den Parameter $\gamma = 1$ optimale Portfolio hat einen τ-Wert von 0.51 und eine Sharpe-Ratio von 1.35 (also nahe der maximalen Sharpe-Ratio). Das für den Parameter $\gamma = 2$ optimale Portfolio hat eine τ-Wert von 0.66 und eine deutlich geringere Sharpe-Ratio von 0.91.

10.9.3 Ermittlung von Efficient Borders und Market Portfolios unter Nachhaltigkeitsbedingungen und optimaler Nachhaltigkeits-Sharpe-Parameter im Fall MIT Short Selling

Prinzipiell könnten alle im vorigen Abschnitt gezeigten Grafiken auch im Fall mit unbegrenztem Short Selling mit Hilfe von Monte Carlo-Simulation erstellt werden.

Allerdings wird die Methode – vor allem bei einer größeren Anzahl von Basis-Produkten und wenn sie verlässliche Resultate liefern soll – schnell äußerst aufwändig, da für jeden Parameter x_i nun Werte aus ganz $\mathbb{R}$ wählbar sind, während sie im Fall ohne Short Selling auf den Bereich $x_i \in [0, 1]$ beschränkt sind.

Im Fall mit unbegrenztem Short Selling ist es aber nun möglich, für alle im vorigen Abschnitt beschriebenen relevanten Objekte und Kennzahlen (Efficient Borders mit und ohne Nachhaltigkeitsbedingungen, optimale Sharpe Ratios mit und ohne Nachhaltigkeitsbedingungen, Nachhaltigkeits-Sharpe-Linie, maximales $NSR\,(\gamma)$) explizite, analytische Darstellungen zu geben, mit deren Hilfe diese Objekte auch grafisch dargestellt werden können.

Wir werden im Folgenden lediglich die resultierenden Formeln für diese Objekte anführen. Die Herleitung kann ganz analog mit Hilfe des Lagrange'schen Multiplikators wie für die Formeln in den Paragraphen 9.9 und 9.10 durchgeführt werden. Es ist lediglich stets für variables τ die zusätzliche Nebenbedingung

$$x_1\tau_1 + x_2\tau_2 + \ldots + x_n\tau_n = \tau$$

mit zu behandeln. Wir überlassen diese Aufgabe dem Leser zur Übung.

Als erstes bestimmen wir eine explizite Darstellung für die Efficient Border unter der Nebenbedingung, dass der Nachhaltigkeitsparameter τ_P der betrachteten Portfolios einen vorgegebenen Wert τ hat. Die Parameterdarstellung einer solchen Efficient Border kann für einen laufenden Parameter $\mu \geq \mu_0$ und einen gegebenen Wert τ für den Nachhaltigkeitsparameter der betrachteten Portfolios auf folgende Weise angegeben werden (wir verwenden hier und im Folgenden die Bezeichnungen, die in den vorigen Abschnitten definiert wurden):

$$\text{Efficient Border} = (\sigma_P(x_1(\mu, \tau), \ldots, x_n(\mu, \tau)), \mu), \quad \mu \geq \mu_0$$

wobei

$$\begin{pmatrix} x_1(\mu, \tau) \\ \vdots \\ x_n(\mu, \tau) \end{pmatrix} = \frac{\lambda}{2} \begin{pmatrix} Y_1 \\ \vdots \\ Y_n \end{pmatrix} + \frac{\beta}{2} \begin{pmatrix} Z_1 \\ \vdots \\ Z_n \end{pmatrix} + \frac{\kappa}{2} \begin{pmatrix} W_1 \\ \vdots \\ W_n \end{pmatrix}$$

wobei

$$\begin{pmatrix} Y_1 \\ \vdots \\ Y_n \end{pmatrix} = A^{-1} \begin{pmatrix} 1 \\ \vdots \\ 1 \end{pmatrix}$$

$$\begin{pmatrix} Z_1 \\ \vdots \\ Z_n \end{pmatrix} = A^{-1} \begin{pmatrix} \mu_1 \\ \vdots \\ \mu_n \end{pmatrix}$$

$$\begin{pmatrix} W_1 \\ \vdots \\ W_n \end{pmatrix} = A^{-1} \begin{pmatrix} \tau_1 \\ \vdots \\ \tau_n \end{pmatrix}$$

Hier ist A die Kovarianzmatrix der Basis-Produkte $A_1, \ldots, A_n$. Die Werte λ, β und κ werden in Abhängigkeit von μ und τ wie folgt definiert: Es seien

$$Y := \sum_{i=1}^n Y_i, \quad \tilde{Y} := \sum_{i=1}^n \mu_i Y_i, \quad \bar{Y} := \sum_{i=1}^n \tau_i Y_i$$

$$Z := \sum_{i=1}^n Z_i, \quad \tilde{Z} := \sum_{i=1}^n \mu_i Z_i, \quad \bar{Z} := \sum_{i=1}^n \tau_i Z_i$$

$$W := \sum_{i=1}^n W_i, \quad \tilde{W} := \sum_{i=1}^n \mu_i W_i, \quad \bar{W} := \sum_{i=1}^n \tau_i W_i$$

Weiters sei

D die Determinante der Matrix
$$\begin{pmatrix} Y & Z & W \\ \tilde{Y} & \tilde{Z} & \tilde{W} \\ \bar{Y} & \bar{Z} & \bar{W} \end{pmatrix}$$

D_1 die Determinante der Matrix
$$\begin{pmatrix} 2 & Z & W \\ 2\mu & \tilde{Z} & \tilde{W} \\ 2\tau & \bar{Z} & \bar{W} \end{pmatrix}$$

D_2 die Determinante der Matrix
$$\begin{pmatrix} Y & 2 & W \\ \tilde{Y} & 2\mu & \tilde{W} \\ \bar{Y} & 2\tau & \bar{W} \end{pmatrix}$$

und D_3 die Determinante der Matrix
$$\begin{pmatrix} Y & Z & 2 \\ \tilde{Y} & \tilde{Z} & 2\mu \\ \bar{Y} & \bar{Z} & 2\tau \end{pmatrix}$$

Dann ist $\lambda = \frac{D_1}{D}, \beta = \frac{D_2}{D}$ und $\kappa = \frac{D_3}{D}$. Die untere Schranke μ_0 für den Laufparameter μ in der Parameterdarstellung der Efficient Border ist gegeben durch:

$$\mu_0 = x_1^0(\tau) \cdot \mu_1 + \ldots + x_n^0(\tau) \cdot \mu_n,$$

mit

$$\begin{pmatrix} x_1^0(\tau) \\ \vdots \\ x_n^0(\tau) \end{pmatrix} = \frac{\Delta}{2} \begin{pmatrix} Y_1 \\ \vdots \\ Y_n \end{pmatrix} + \frac{\Gamma}{2} \begin{pmatrix} W_1 \\ \vdots \\ W_n \end{pmatrix}$$

wobei

$$\Delta = \frac{2\tau(\sum_{i=1}^n W_i - \sum_{i=1}^n \tau_i W_i)}{\sum_{i=1}^n W_i \sum_{i=1}^n \tau_i Y_i - \sum_{i=1}^n \tau_i W_i \sum_{i=1}^n Y_i}$$

und

$$\Gamma = \frac{2\sum_{i=1}^{n}\tau_i Y_i - 2\tau\sum_{i=1}^{n} Y_i}{\sum_{i=1}^{n} W_i \sum_{i=1}^{n}\tau_i Y_i - \sum_{i=1}^{n}\tau_i W_i \sum_{i=1}^{n} Y_i}$$

Damit ist die Parameterdarstellung der Efficient Border mit Nachhaltigkeits-Nebenbedingungen vollständig gegeben.

In Abbildung 10.83 sehen Sie das Pendant zu 10.80 im Fall mit unbegrenztem Short Selling. Die Efficient Borders wurden mit obiger expliziter Formel bestimmt.

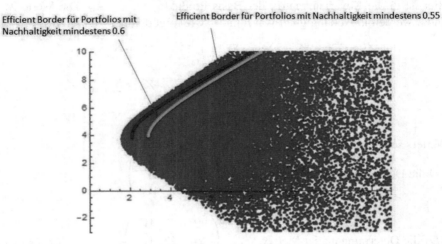

Abbildung 10.83: Efficient Borders bezüglich verschiedener Nachhaltigkeitsparameter

In Abbildung 10.84 wird die „Nachhaltigkeits-Sharpe-Linie" im Fall mit unbeschränktem Short Selling wiedergegeben. Die Parameterdarstellung dieser Linie kann wie folgt für den Laufparameter τ bestimmt werden: Für gegebenes τ liegt der entsprechende Punkt der Nachhaltigkeits-Sharpe-Linie auf der Efficient Border für dieses τ. Wir können somit die Bezeichnungen und die Resultate der oben durchgeführten Berechnungen zur Bestimmung dieser Efficient Borders verwenden. Die Portfolio-Werte $x_1, \ldots, x_n$ haben wiederum die Darstellung

$$\begin{pmatrix} x_1(\mu,\tau) \\ \vdots \\ x_n(\mu,\tau) \end{pmatrix} = \frac{\lambda}{2}\begin{pmatrix} Y_1 \\ \vdots \\ Y_n \end{pmatrix} + \frac{\beta}{2}\begin{pmatrix} Z_1 \\ \vdots \\ Z_n \end{pmatrix} + \frac{\kappa}{2}\begin{pmatrix} W_1 \\ \vdots \\ W_n \end{pmatrix}.$$

Durch Ordnen der einzelnen Glieder erhält man für die einzelnen Koordinaten Darstellungen der Form

$$x_i = a_i + \mu b_i + \tau c_i,$$

wobei sich die konkrete Definition der Werte a_i, b_i, c_i durch das Ordnen aus der früheren Darstellung ergibt.

Jetzt ist nur noch für gegebenes τ der Wert μ so zu bestimmen, dass die Sharpe Ratio maximal wird. Durch Anwendung von Extremwertberechnungen wiederum mit dem Langrangeschem Multiplikator erhält man für dieses optimale μ folgenden Wert:

$$\mu = -\frac{Fr + 2G}{F + 2ER}$$

mit

$$E = \sum_{i=1}^{n} \sigma_i^2 b_i^2 + \sum_{i,j=1,i\neq j}^{n} \sigma_{i,j} b_i b_j,$$

$$F = \sum_{i=1}^{n} \sigma_i^2 \left[2a_i b_i + 2\tau b_i c_i\right] + \sum_{i,j=1,i\neq j}^{n} \sigma_{i,j} \left[a_i b_j + a_j b_i + \tau(b_i c_j + c_i b_j)\right],$$

und

$$G = \sum_{i=1}^{n} \sigma_i^2 \left[2\tau a_i c_i + a_i^2 + \tau^2 c_i^2\right] + \sum_{i,j=1,i\neq j}^{n} \sigma_{i,j} \left[a_i a_j + \tau(a_i c_j + c_i a_j) + \tau^2 c_i c_j\right].$$

Das zugehörige σ_P ist dann im Weiteren gegeben durch

$$\sigma_P(\mu) = \sqrt{E\mu^2 + F\mu + G}.$$

In Abbildung 10.84 sehen Sie für unser Illustrationsbeispiel das Pendant zu Abbildung 10.81 im Fall mit unbegrenztem Short Selling. Die Nachhaltigkeits-Sharpe-Linie wurde mit obiger expliziter Formel bestimmt und ist als dicke Linie über das Opportunity Set und die nun dünn eingezeichneten Efficient Borders von Abbildung 10.83 gelegt. Man sieht hier, dass bei wachsendem τ das Portfolio mit optimaler Sharpe Ratio (im Gegensatz zum Fall ohne Short Selling) weit im oberen rechten, also riskanten Bereich des Opportunity Sets gelegen ist.

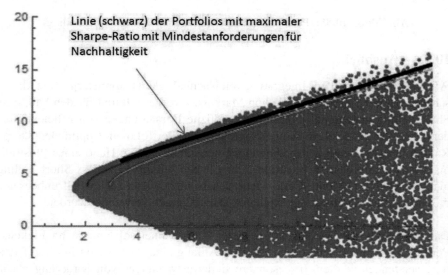

Abbildung 10.84: Nachhaltigkeits-Sharpe-Linie (mit Short Selling)

Schließlich haben wir die Formel zur Bestimmung des Portfolios mit maximaler Nachhaltigkeits-Sharpe Ratio $NSR(\gamma)$ zu vorgegebenem γ hergeleitet. Die Bestimmung dieses Portfolios führt allerdings auf die Lösung einer Polynomgleichung achten Grades mit Koeffizienten, die sich in relativ komplexer Weise aus den Ausgangsdaten zusammensetzen. Wir geben die explizite Form dieser Koeffizienten und der Polynomgleichung hier daher nicht an, sondern illustrieren lediglich an unserem Beispiel den Fall $\gamma = 1$, das heißt, das optimale Portfolio für einen Investor mit Nachhaltigkeitsparameter $\gamma = 1$. Für den Fall $\gamma = 1$ ist (in Analogie zu Grafik 11) dieses optimale Portfolio auf der „Nachhaltigkeits-Sharpe-Linie" für den Fall mit unbeschränktem Short Selling in Abbildung 10.85 dargestellt.

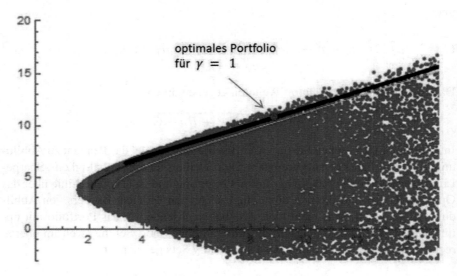

Abbildung 10.85: Portfolios mit optimalem NSR(1) (mit Short Selling)

10.9.4   Ausblick

Wir haben ein Modell zur Integration von Nachhaltigkeitsparametern in die klassische Portfolio-Selektionstheorie von Markowitz vorgestellt und für den Fall, dass Short Selling unbegrenzt möglich ist, explizite Darstellungen von Efficient Borders unter Nachhaltigkeitsbedingungen und von Portfolios mit optimaler Sharpe Ratio unter Nachhaltigkeitsbedingungen hergeleitet und an Hand eines Illustrationsbeispiels anschaulich illustriert. Dazu haben wir im Fall, dass Short Selling nicht möglich ist, Monte Carlo-Methoden benutzt, während im Fall unbegrenzt möglichen Short Sellings die expliziten Darstellungen verwendet wurden.

Das vorgeschlagene Modell ist ein erster Ansatz einer solchen Nachhaltigkeits-Portfolio-Selektions-Theorie und soll als Anfang einer Diskussion in diese Richtung verstanden werden. Insbesondere sind Auswirkungen von Forderungen von Mindestwerten von Nachhaltigkeitsparametern auf den Einsatz von Short Selling zu diskutieren (es wird hier im Modell offensichtlich der Kauf nachhaltiger Produkte und das Short Selling stark nicht-nachhaltiger Produkte forciert). Weiters ist die geeignete Wahl des Nachhaltigkeitsparameters γ für Investoren zu hinterfragen.

Als nächster Schritt wäre eine umfangreiche Testung dieses Modells an Hand realer Marktdaten und verschiedenster möglicher Szenarien wichtig. Erste – unvollständige – Untersuchungen in diese Richtung deuten darauf hin, dass unter halbwegs normalen Voraussetzungen die Forderung nach einem Mindestwert für Nachhaltigkeitsparameter von Portfolios die Sharpe Ratio nur geringfügig beeinflusst und dass nachhaltige Portfolios im Rahmen dieses Modells einen kaum signifikanten Qualitätsverlust in Hinblick auf das Rendite-Risiko-Verhältnis hinnehmen müssen.

10.10 Fall-Beispiel X: Vergleich zweier Basket-Derivate

In diesem Beitrag geht es um einen Produkttausch, dessen Angemessenheit (oder eher Unangemessenheit) in einem Privat-Gutachten zu überprüfen war. Wieder werden wir nur die Essenz und den innersten Kern dieser umfangreicheren Problemstellung vorstellen und analysieren.

Wir beginnen mit der grundlegenden Darstellung der Sachlage:

Eine Bank B hatte mit 1. September 2007 einer Gruppe A von Anlegern (kurz „Investor A") ein Finanz-Produkt $P1$ (das weiter unten genau vorgestellt wird) mit einer Laufzeit von 1. September 2007 bis 31. August 2013 zu einem Kurs von 100 verkauft. Dieses Produkt $P1$ zeigte bereits bis Ende Mai 2008 eine sehr negative Entwicklung, die in einem Kurs per Ende Mai von 74.30 resultierte (also einem Verlust von 26.70% innerhalb von 9 Monaten).

Als ein „kulantes Entgegenkommen" bot die Bank B dem Investor A folgenden kostenlosen Tausch an:

Das alte Produkt $P1$ könne kostenlos gegen ein neues Produkt $P2$ ausgetauscht werden, das ganz ähnlich ausgestaltet war wie das Produkt $P1$, aber das wieder völlig neu (ohne die Historie der letzten 9 Monate) aufgesetzt sei. Das Produkt starte also wieder „bei Null", aber anstatt es um einen Startkurs von 100 zu kaufen, könne man es durch Tausch mit dem Produkt $P1$ erwerben, also um einen Preis von 74.30 (= momentaner Kurs von $P1$)! Die Laufzeit von $P2$ sei entsprechend ein Jahr länger als die Restlaufzeit von $P1$ (von 1. Juni 2008 bis 31. August 2014).

Das auf den ersten Blick verlockende Angebot (alle Details der Produktausgestaltungen werden im nächsten Abschnitt mitgeteilt) wurde vom Investor A angenommen.

Ende August 2013 schloss das alte Produkt $P1$ (entgegen der tristen Aussichten im Mai 2008) mit stattlichen Gewinnen bei einem Kurs von 160, während das neue Produkt $P2$ Ende August 2014 mit sehr deutlichen Verlusten bei einem Kurs von circa 40 schloss.

Erst jetzt begann der Investor A den Tausch im Juni 2008 zu hinterfragen und beauftragte einen Gutachter mit einer Analyse dieses Tauschs in Hinblick darauf, ob bei diesem scheinbar vorteilhaften Tausch im Juni 2008 tatsächlich ein weniger wertvolles (oder zumindest gleichwertiges) Papier in ein wertvolleres Papier getauscht worden war, oder ob man da einer Täuschung erlegen war.

10.10.1 Genaue Darstellung der beiden Produkte

Wie gesagt: Beide Produkte waren von sehr ähnlicher Struktur, die wir im Folgenden darstellen wollen.

Ausgestaltung des (alten) Produkts P1:

Laufzeit: 1. September 2007 bis 31. August 2013
Kurs bei Emission: 100

Die Kursentwicklung und der Endwert des Produkts hängen von der Entwicklung eines Referenzkorbes (Basket 1) von 30 Aktien ab. Diese Aktien wollen wir im Folgenden mit $X_1, X_2, \ldots, X_{30}$ bezeichnen. (Die Aktien waren zu circa einem Viertel Aktien der Tokyo Stock Exchange, zu circa einem Viertel Aktien die an der New York Stock Exchange gehandelt wurden und zu circa der Hälfte an Börsen des Euroraumes gehandelte Aktien.)

Die Kurse der Aktien $X_1, X_2, \ldots, X_{30}$ werden mit 1. September 2007 auf 100 normiert und die nachfolgende Kursentwicklung der Aktien wird stets auf diesen Ausgangswert 100 bezogen. Im Folgenden verstehen wir stets unter dem „Kurs" jeder dieser Aktien jeweils den auf diesen Normierungswert 100 (per 1. September 2007) bezogenen Wert der Aktien.

*In jedem Augenblick während der Laufzeit des Produkts $P1$ wird nun ein „Referenzwert" festgestellt. Dazu werden diejenigen 10 Aktien herangezogen, die im jeweiligen Moment die niedrigsten Kurse haben und davon wird der Mittelwert genommen. Dies ergibt den **Referenzwert $R1(t)$ von Basket 1 zur Zeit t**.*

Jeweils am 31. August jeden Jahres (beginnend mit 2008), also
am 31.August 2008
am 31.August 2009
am 31.August 2010
am 31.August 2011

am 31.August 2012
am 31.August 2013
wird der Referenzwert $R1(t)$ mit bestimmten Schranken verglichen, mit folgenden Konsequenzen:

*- Wenn $R1(t)$ am **31. August 2008** einen Wert größer oder gleich **88** hat,*
*dann wird der Betrag **Maximum von 110 und** $R1(t)$ ausbezahlt und das Produkt erlischt.*

- Wenn nicht, dann:
*Wenn $R1(t)$ am **31. August 2009** einen Wert größer oder gleich **80** hat,*
*dann wird der Betrag **Maximum von 120 und** $R1(t)$ ausbezahlt und das Produkt erlischt.*

- Wenn nicht, dann:
*Wenn $R1(t)$ am **31. August 2010** einen Wert größer oder gleich **70** hat,*
*dann wird der Betrag **Maximum von 130 und** $R1(t)$ ausbezahlt und das Produkt erlischt.*

- Wenn nicht, dann:
*Wenn $R1(t)$ am **31. August 2011** einen Wert größer oder gleich **60** hat,*
*dann wird der Betrag **Maximum von 140 und** $R1(t)$ ausbezahlt und das Produkt erlischt.*

- Wenn nicht, dann:
*Wenn $R1(t)$ am **31. August 2012** einen Wert größer oder gleich **46** hat,*
*dann wird der Betrag **Maximum von 150 und** $R1(t)$ ausbezahlt und das Produkt erlischt.*

- Wenn nicht, dann:
*Wenn $R1(t)$ am **31. August 2013** einen Wert größer oder gleich **40** hat,*
*dann wird der Betrag von **160** ausbezahlt und das Produkt erlischt.*
*Wenn $R1(t)$ am **31. August 2013** einen Wert kleiner als **40** hat,*
dann wird $R1(t)$ ausbezahlt und das Produkt erlischt.

Das neue Produkt $P2$ war – wie gesagt – sehr ähnlich ausgestaltet, nur eben mit einem knapp ein Jahr späteren Startzeitpunkt:

Ausgestaltung des (neuen) Produkts P2:

Laufzeit: *1. Juni 2008 bis 31. August 2014*
Kurs bei Emission: *74.30!! (bei Tausch gegen $P1$)*

Die Kursentwicklung und der Endwert des Produkts hängen von der Entwicklung

*eines anderen Referenzkorbes (Basket 2) von 30 Aktien ab. Diese Aktien wollen
wir im Folgenden mit $Y_1, Y_2, \ldots, Y_{30}$ bezeichnen. (Die Aktien waren nun zu circa
einem Viertel Aktien aus dem asiatischen Bereich (Japan, China, Korea), zu circa
der Hälfte Aktien die an der New York Stock Exchange gehandelt wurden und zu
circa einem Viertel an Börsen des Euroraumes gehandelte Aktien.)*

*Die Kurse der Aktien $Y_1, Y_2, \ldots, Y_{30}$ werden mit 1. Juni 2008 auf 100 normiert
und die nachfolgende Kursentwicklung der Aktien wird stets auf diesen Ausgangswert 100 bezogen. Im Folgenden verstehen wir stets unter dem „Kurs" jeder dieser
Aktien jeweils den auf diesen Normierungswert 100 (per 1. Juni 2008) bezogenen
Wert der Aktien.*

*In jedem Augenblick während der Laufzeit des Produkts P2 wird wieder ein „Re-
ferenzwert" festgestellt. Dazu werden diejenigen 10 Aktien herangezogen, die im
jeweiligen Moment die niedrigsten Kurse haben und davon wird der Mittelwert genommen. Dies ergibt den* **Referenzwert $R2(t)$ von Basket 2 zur Zeit t***.*

*Jeweils am 31. August jeden Jahres (beginnend mit 2009), also
am 31.August 2009
am 31.August 2010
am 31.August 2011
am 31.August 2012
am 31.August 2013
am 31.August 2014
wird der Referenzwert $R2(t)$ mit bestimmten Schranken verglichen, mit folgenden
Konsequenzen:*

- Wenn $R2(t)$ am **31. August 2009** *einen Wert größer oder gleich* **100** *hat,
dann wird der Betrag* **Maximum von 118 und $R2(t)$** *ausbezahlt und das Produkt
erlischt.*

*- Wenn nicht, dann:
Wenn $R2(t)$ am* **31. August 2010** *einen Wert größer oder gleich* **95** *hat,
dann wird der Betrag* **Maximum von 130 und $R2(t)$** *ausbezahlt und das Produkt
erlischt.*

*- Wenn nicht, dann:
Wenn $R2(t)$ am* **31. August 2011** *einen Wert größer oder gleich* **90** *hat,
dann wird der Betrag* **Maximum von 140 und $R2(t)$** *ausbezahlt und das Produkt
erlischt.*

*- Wenn nicht, dann:
Wenn $R2(t)$ am* **31. August 2012** *einen Wert größer oder gleich* **80** *hat,
dann wird der Betrag* **Maximum von 150 und $R2(t)$** *ausbezahlt und das Produkt*

erlischt.

- Wenn nicht, dann:
Wenn $R2(t)$ *am 31. August 2013 einen Wert größer oder gleich 60 hat,*
dann wird der Betrag Maximum von 160 und $R2(t)$ *ausbezahlt und das Produkt erlischt.*

- Wenn nicht, dann:
Wenn $R2(t)$ *am 31. August 2014 einen Wert größer oder gleich 50 hat,*
dann wird der Betrag von 170 ausbezahlt und das Produkt erlischt.
Wenn $R2(t)$ *am 31. August 2014 einen Wert kleiner als 50 hat,*
dann wird $R2(t)$ *ausbezahlt und das Produkt erlischt.*

10.10.2 Erster Kurz-Vergleich der beiden Produkte

Ein erster schneller und oberflächlicher Vergleich der beiden Produkte zeigt die folgenden augenscheinlichen Unterschiede:

- Etwas längere Laufzeit des Produkts $P2$ (geringfügiger Nachteil für $P2$)

- deutlich höhere Schranken bei $P2$ (deutlicher Nachteil für $P2$)

- deutlich höhere Auszahlungen bei $P2$ (deutlicher Vorteil für $P2$)

- Anfangskurs (= Kaufpreis) 74.30 für $P2$ anstelle von 100 für $P1$ (sehr deutlicher Vorteil für $P2$)

Aus diesem Blickwinkel sieht der vorgeschlagene Tausch von $P1$ in $P2$ mit 1. Juni 2008 zumindest nicht nachteilig für den Investor A aus. Ein wesentlicher zu beachtender Punkt ist aber sicher – und das mag einem nicht wirklich versierten Investor eventuell nicht ausreichend bewusst sein – die Qualität der beiden Aktienkörbe.

Insbesondere ist die Analyse der Volatilität der Aktien der beiden Aktienkörbe (auch für die spätere Bewertung der beiden Produkte) notwendig. Da implizite Volatilitäten nur für einige wenige der Aktien in den beiden Baskets zur Verfügung standen, wurden historische Volatilitäten aus den Tageskursen der Aktien der jeweils vorangegangenen drei Handelsjahre (also 1.9.2004 bis 31.8.2007 bzw. 1.6.2005 bis 31.5.2008) berechnet. (Für drei Jahre standen für alle der involvierten Aktien die erforderlichen Zeitreihen zur Verfügung.)

Einem möglichen Einwand gegen die Verwendung historischer Volatilitäten für die Bewertung der beiden Produkte anstelle von (hier nicht ausreichend vorhandenen) impliziten Volatilitäten kann dabei so begegnet werden: Es geht im Folgenden ja weniger um eine exakte absolute Bewertung der beiden Produkte, sondern um das Verhältnis der Werte zueinander. Eine etwaige Ungenauigkeit durch Verwendung der historischen anstelle der impliziten Volatilitäten gleicht sich in Hinblick auf die

Relation der Preise zueinander dadurch aus, dass für **beide** Produkte gleichermaßen die historische Volatilität verwendet wird!

Die Bestimmung der historischen Volatilitäten ergab die folgenden Werte:

Basket 1, historische Volatilitäten:

Aktie	X_1	X_2	X_3	X_4	X_5	X_6	X_7	X_8	X_9	X_{10}
Vola	43.9	27.4	49.7	51.6	58.3	72.9	30.6	26.6	32.5	28.0

Aktie	X_{11}	X_{12}	X_{13}	X_{14}	X_{15}	X_{16}	X_{17}	X_{18}	X_{19}	X_{20}
Vola	48.2	25.6	28.8	21.4	32.9	37.0	20.8	24.6	34.1	23.2

Aktie	X_{21}	X_{22}	X_{23}	X_{24}	X_{25}	X_{26}	X_{27}	X_{28}	X_{29}	X_{30}
Vola	34.0	34.4	30.6	31.4	25.8	38.8	31.1	28.8	44.1	20.6

Der Durchschnitt der Volatilitäten der Aktien in Basket 1 beträgt 34.59.

Basket 2, historische Volatilitäten:

Aktie	Y_1	Y_2	Y_3	Y_4	Y_5	Y_6	Y_7	Y_8	Y_9	Y_{10}
Vola	68.2	51.6	57.4	45.6	41.7	32.5	31.9	42.8	88.9	34.5

Aktie	Y_{11}	Y_{12}	Y_{13}	Y_{14}	Y_{15}	Y_{16}	Y_{17}	Y_{18}	Y_{19}	Y_{20}
Vola	39.7	39.0	33.3	32.0	53.1	40.7	69.8	42.5	45.1	37.9

Aktie	Y_{21}	Y_{22}	Y_{23}	Y_{24}	Y_{25}	Y_{26}	Y_{27}	Y_{28}	Y_{29}	Y_{30}
Vola	51.5	42.5	35.8	45.8	38.5	59.1	49.6	34.9	37.7	44.3

Der Durchschnitt der Volatilitäten der Aktien in Basket 2 beträgt 45.60.

Die Aktien von Basket 2 sind jedenfalls deutlich volatiler als die Aktien von Basket 1. Wie sich dies auf den Wertevergleich zwischen den Produkten $P1$ und $P2$ auswirkt, ist aber nicht von vornherein klar.

Eine weitere Feststellung in Hinblick auf die beiden Aktienkurse ist ebenfalls von Interesse und aufschlussreich, auch wenn diese in keiner Weise in die weiteren Berechnungen eingehen wird: Wir wollen dazu einen Vergleich der Analysten-Bewertungen der beiden Aktienkörbe zum Stichtag 1. Juni 2008 nach GICS vornehmen, die die durchschnittlichen Analystenmeinungen zu den jeweiligen Aktien zum jeweiligen Zeitpunkt wiedergeben. Diese Bewertungen sind in Bloomberg abrufbar. Die Bewertungen bestehen aus Noten zwischen 1 und 5. Die schlechteste Note ist 1 und bedeutet praktisch „starke Verkaufsempfehlung", die beste Note ist 5 und bedeutet „starke Kaufempfehlung". Hier geben wir nicht die Einzelnoten der einzelnen Aktien an, sondern nur die Durchschnittswerte: Der durchschnittliche Wert der GICS-Ratings der Aktien aus Basket 1 betrug 3.93, der durchschnittliche Wert der GICS-Ratings der Aktien aus Basket 2 betrug dagegen nur 3.32. Also auch das deutet auf einen wesentlichen Qualitätsnachteil der Aktien in Basket 2 hin.

10.10.3 Bewertungsvergleich der beiden Produkte am 1. Juni 2008

Ziel ist es nun, die beiden Produkte $P1$ und $P2$ zum Stichtag 1. Juni 2008 zu bewerten und die Werte zu vergleichen.

Wir erinnern uns:
Die Bank B hatte dem Produkt $P1$ per 1. Juni 2008 einen Wert von 74.30 zugeschrieben. Das Produkt $P2$ hat die Bank dem Investor A im Tausch für das Produkt $P1$ angeboten und diesen Tausch als Kulanz und als zuvorkommendes Angebot bezeichnet. Implizit hat die Bank den Wert des Produkts $P2$ somit dem Kunden gegenüber als von einem Wert größer als 74.30 angegeben. Diese Bewertungen wollen wir nun nachprüfen.

Wir gehen für die einzelnen Aktien von einem risikoneutralen Wiener Modell aus. Die Volatilitäten der einzelnen Aktien, die wir verwenden wollen, sind bereits oben angeführt worden. Wir benötigen noch den risikolosen Zinssatz r für die Laufzeit der beiden Produkte. Dafür verwenden wir in beiden Fällen die 5-Jahres-Euro-Swaprate, die bei 4.686% lag. Wir können davon ausgehen, dass eine entsprechende 6-Jahres-Swaprate in unmittelbarer Nähe dieses Wertes gelegen ist.

Die Aktien des Produkts $P2$ starteten am 1. Juni 2008 beim normierten Wert von 100. Dagegen hatten die Aktien des Produkts $P1$ seit Start des Produkts am 1. September 2007 und der dortigen Normierung auf 100 eine neun-monatige Entwicklung vollzogen. Für die Bewertung von Produkt $P1$ benötigen wir daher die (normierten) Werte der Aktien von Korb 1. Diese lagen für die Aktien $X_1, X_2, \ldots, X_{30}$ der Reihe nach bei 80.17, 76.12, 86.36, 142.67, 118.58, 44.96, 84.35, 109.59, 44.53, 111.78, 95.75, 90.96, 77.74, 104.84, 66.96, 94.11, 100.29, 98.39, 47.72, 84.04, 56.33, 59.58, 98.53, 103.06, 104.14, 103.69, 82.14, 90.01, 72.76, 114.37

Ordnen wir diese Werte der Größe nach und bilden wir den Durchschnitt der 10 kleinsten Werte, so erhalten wir den Referenzwert $R1(0)$ (wobei wir mit „0" den Stichtag 1. Juni 2008 bezeichnen). Die 10 kleinsten Werte sind 44.53, 44.9, 47.72, 56.33, 59.58, 66.97, 72.77, 76.12, 77.75, 80.17 mit dem Mittelwert 62.69.

Vergleichen wir diesen Wert mit den Schranken für die Auszahlungen zu den jeweiligen Stichtagen des Produkts $P1$, dann sehen wir, dass wir bereits nach 9 Monaten Laufzeit weit unter den ersten beiden relevanten Schranken von 88% und von 80% und sogar auch unter der dritten Schranke von 70% gelegen waren. Dies erklärt den stark gesunkenen Kurs des Produkts $P1$ zum 1. Juni 2008. Weiters würden zur Bestimmung des fairen Preises der beiden Produkte noch die Korrelationen zwischen je zwei der Aktien von Korb 1 und zwischen je zwei der Aktien von Korb 2 benötigt. Diese Korrelationen könnten leicht mit Hilfe der Tagesdaten von jeweils drei vergangenen Jahren, die schon zur Schätzung der historischen Volatilitäten verwendet worden waren, näherungsweise bestimmt werden. Dies hatte jedoch zu gewissen numerischen Problemen (in Hinblick auf die positive Definitheit der Korrelationsmatrix) geführt. Es war daher vereinfacht wie folgt vorgegangen worden: Es wurde aus den vorliegenden historischen Daten die durchschnittliche Korrelation von jeweils zwei Aktien von Korb 1 als auch von Korb 2 geschätzt. In beiden Fällen lag dieser Durchschnitt sehr nahe an 0.3. Vereinfacht wurde nun in beiden Fällen mit einer Korrelationsmatrix M gearbeitet, bei der alle Werte außerhalb der Hauptdiagonale gleich 0.3 gesetzt wurden. Diese Matrix M ist positiv definit und leicht Cholesky-zerlegbar.

Die weitere Vorgangsweise verläuft nun genau so, wie in Paragraph 6.31 über die Bewertung von Multi-Asset-Optionen mit Hilfe von Monte Carlo erläutert: Es werden (im konkreten Fall 5000) Szenarien simuliert. In jedem Szenario sind die Entwicklungen von 30 Aktien über einen Zeitraum von (im Fall von $P1$) 5 Jahren und 3 Monaten bzw. (im Fall von $P2$) 6 Jahren und 3 Monaten zu simulieren und für jedes Szenario ist der Payoff zu bestimmen. Konkret wird die Simulation der Kurse in Wochenschritten vorgenommen. Konkret bedeutet dies 273 bzw. 325 Erzeugungsschritte für jeden einzelnen Pfad.

In Abbildung 10.86 sehen wir ein typisches Szenario der Entwicklung der 30 Aktienpfade und des zugehörigen Referenzwertes R1(t) für den Aktienkorb 1. Wir sehen, dass die Aktien auf Grund der bereits längeren Laufzeit verschiedene Startwerte haben.

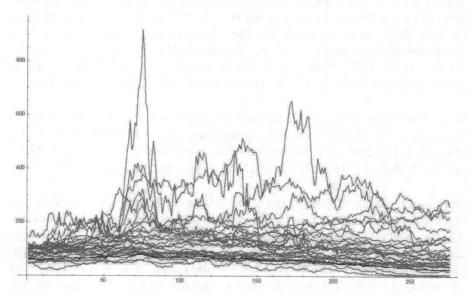

Abbildung 10.86: Ein mögliches Szenario der Entwicklung der 30 Aktien (blau) von Aktienkorb 1 von 1. Juni 2008 bis 31. August 2013 (273 Wochen) mit der zugehörigen Entwicklung des Referenzwertes $R1(t)$ (rot) der jeweils 10 schlechtesten Aktienentwicklungen

Wir wollen in diesem Szenario den Referenzwert $R1(t)$ detaillierter betrachten auch in Hinblick darauf, zu welchem Payoff dieses Szenario geführt hätte.

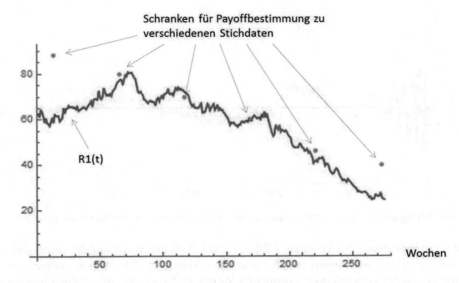

Abbildung 10.87: Entwicklung von $R1(t)$ in obigem Szenario und Payoff-Schranken

Wir sehen, dass in diesem Szenario der Referenzwert $R1(t)$ erstmals Ende August 2010 die relevante Schranke (in diesem Fall 70) überschritten hätte. Es wäre daher in diesem Fall zu einer Auszahlung in Höhe von 130 gekommen (da $R1(t)$ zwar größer als 70 aber offensichtlich kleiner als 130 war).

Die Payoffs bei den einzelnen Szenarien werden geeignet diskontiert. Die sich aus den damaligen Zinssätzen ergebenden Diskontierungsfaktoren für die einzelnen etwaigen 6 Auszahlungstermine jeweils am 31. August der Jahre 2008 bis 2013 hatten die Werte 0.9839, 0.9433, 0.9044, 0.8671, 0.8307, 0.7965.

Der Mittelwert über die einzelnen Payoffs der 5000 Szenarien ergibt dann den Näherungswert für den Wert des Produkts $P1$ am 1. Juni 2008. In Abbildung 10.88 sehen wir das Konvergenzverhalten dieser Monte Carlo-Simulation und wir erhalten einen relativ stabilen **Wert für das Produkt $P1$ per 1. Juni 2008 von 76.89**. Wir erhalten also einen geringfügig höheren Wert als es der Wert war, den die Bank am 1. Juni 2008 dem Produkt $P1$ zugeschrieben hatte (74.30).

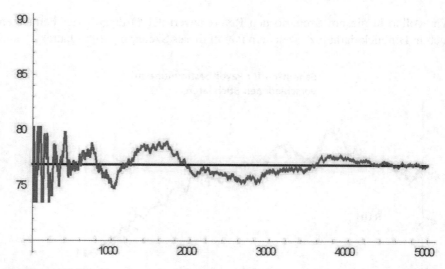

Abbildung 10.88: Konvergenzverhalten der MC-Simulation bei der Bewertung von $P1$

Für die Bewertung des Produkts $P2$ per 1. Juni 2008 gehen wir auf die völlig gleiche Weise vor, wir passen nur die relevanten Daten an. Die Aktien starten nun
alle bei einem gemeinsamen normierten Wert 100. Es werden die entsprechenden
(durchschnittlich höheren) Volatilitäten und eine um ein Jahr längere Laufzeit,
sowie die geänderten Schranken und Auszahlungshöhen verwendet. Ein weiterer
Diskontierungsfaktor wird für den Auszahlungstermin 31. August 2014 verwendet
und zwar ist dies der Wert 0.7649.

In Abbildung 10.89 sehen wir jetzt ein typisches Szenario der Entwicklung der 30
Aktienpfade und des zugehörigen Referenzwertes $R2(t)$ für den Aktienkorb 2. Wir
sehen, dass die Aktien nun alle denselben Startwert 100 haben.

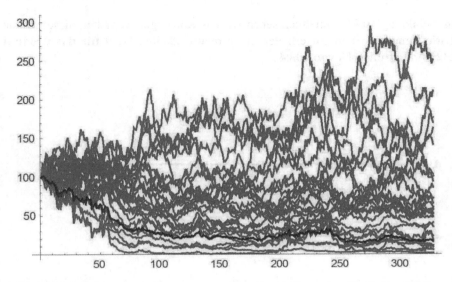

Abbildung 10.89: Ein mögliches Szenario der Entwicklung der 30 Aktien (blau) von Aktienkorb 2 von 1. Juni 2008 bis 31. August 2014 (325 Wochen) mit der zugehörigen Entwicklung des Referenzwertes $R2(t)$ (rot) der jeweils 10 schlechtesten Aktienentwicklungen

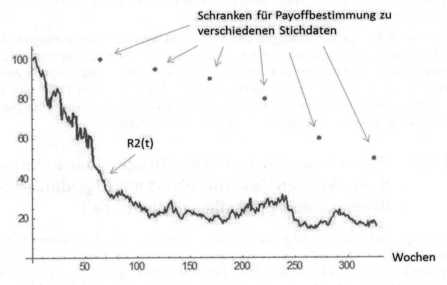

Abbildung 10.90: Entwicklung von $R2(t)$ in obigem Szenario und Payoff-Schranken

Wir sehen in Abbildung 10.90 dass in diesem Szenario der Referenzwert $R2(t)$ stets unter den relevanten Auszahlungsschranken gelegen ist. Es wird daher am 31. August, also bei Fälligkeit des Produkts, der Referenzwert ausbezahlt, der in diesem Szenario lediglich bei 15.89 gelegen wäre.

In Abbildung 10.91 schließlich sehen wir das Konvergenzverhalten dieser Monte
Carlo-Simulation und wir erhalten einen relativ stabilen **Wert für das Produkt
$P2$ per 1. Juni 2008 von 40.04**.

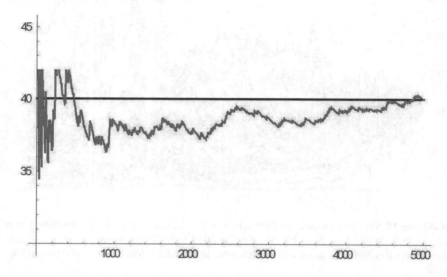

Abbildung 10.91: Konvergenzverhalten der Monte Carlo-Simulation des fairen Preises
von Produkt $P2$

Auch wenn bei den Berechnungen, den Modellbildungen und den Parameterwahlen gewisse Ungenauigkeiten in Kauf genommen worden waren, deutet dieses Ergebnis – auch bei großzügigen Toleranzgrenzen – auf einen wesentlich geringeren
Wert des Produkts $P2$ gegenüber dem Produkt $P1$ hin. Die Angaben oder zumindest Suggestionen der Bank, es handle sich bei diesem Tausch um ein Entgegenkommen dem Investor gegenüber, sind jedenfalls nicht zutreffend!

10.11   Fall-Beispiel XI: Optimales Hedging mit Futures-Kontrakten im Zusammenhang mit Liquiditäts-Risiken und dem „Metallgesellschaft"-Fall

Die folgende Problemstellung wurde motiviert durch heftige Diskussionen Mitte
und Ende der 1990er-Jahre nach dem Beinahe-Konkurs der deutschen Metallgesellschaft im Jahr 1993. Die Metallgesellschaft war (bzw. ist in Form einer Nach-
folgegesellschaft) ein Unternehmen für Rohstoffhandel. Die Turbulenzen waren
durch hohe Verluste im Bereich von Öl-Termingeschäften ausgelöst worden. Eine
wesentliche Teil-Komponente, die zu den Schwierigkeiten führte – und mit der wir
uns im Folgenden beschäftigen werden – war die folgende:

Die entsprechenden Öl-Termingeschäfte waren zwar prinzipiell perfekt gehedgt,
die verwendeten Hedging-Produkte erforderten aber zwischenzeitlich eine extrem

hohe Liquidität um weitergeführt werden zu können. Diese Liquidität war im Unternehmen nicht gegeben und die involvierten Banken waren nicht bereit die Liquidität zur Verfügung zu stellen. Daher mussten die Absicherungen – angeblich auf Drängen der Deutschen Bank – zum ungünstigsten Zeitpunkt aufgelöst werden, was zu immensen Verlusten (und gegenseitigen Bezichtigungen der Inkompetenz) führte.

Wir werden im Folgenden diese Teil-Komponente – hier in vereinfachter und abstrahierter Form – darstellen, die damit verbundene Problemstellung formulieren und diese Problemstellung lösen. Die Problemstellung und ihre Lösung wurden nachfolgend nicht unmittelbar einer konkreten Anwendung zugeführt. Es ist dies aber ein Fallbeispiel einer aus einem konkreten Anwendungsbeispiel entstandenen Forschungsarbeit. Dieses Fallbeispiel soll unter anderem aber auch Folgendes zeigen:

Oft kann mit Hilfe „reiner" Mathematik auch im Anwendungsbereich mehr als durch Simulation, Numerik und intensiven Computereinsatz erreicht werden. Dieses Kapitel ist (nach der Darstellung der Problemstellung) das mathematisch anspruchsvollste. Die Beweisskizze der mathematischen Lösung des Problems in Abschnitt 10.11.3 ist für mathematisch eher „open-minded" Leserinnen gedacht. Wenn man sich aber auf die Darstellung der Beweisideen einlässt, dann wird man überrascht sein, dass diese doch sehr zugänglich sind und man kann sich an der Schönheit der Argumente und der Lösung erfreuen

10.11.1 Darstellung der Hedgingstrategie und Formulierung der Problemstellung

Ein Unternehmen, wir nennen es im Folgenden MG, verpflichtet sich für einen bestimmten Zeitraum $[0, T]$, zu bestimmten regelmäßigen Zeitpunkten in der Zukunft (z.B. monatlich) q Einheiten eines bestimmten Rohstoffs (z.B.: q Mal 1.000 Barrel Brent Crude Oil) zum **Fixpreis von a Euro** pro Einheit an einen Abnehmer A zu liefern.

Der Einfachheit der Darstellung wegen bezeichnen wir das Zeitintervall mit $[0, N]$ wobei N eine ganze Zahl ist und die Zeitpunkte zu denen die Lieferungen stattfinden sollen bezeichnen wir mit $1, 2, \ldots, N$. (Siehe Abbildung 10.92.)

Als weitere Voraussetzung zur Einfachheit der Darstellung gehen wir von einem risikolosen Zinssatz $r = 0$ aus, wir brauchen uns also im Folgenden um keine Diskontierungen zu kümmern.

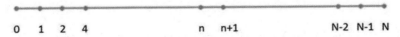

$$0 \quad 1 \quad 2 \quad 4 \qquad\qquad n \quad n+1 \qquad\qquad N\text{-}2 \quad N\text{-}1 \quad N$$

Abbildung 10.92: Lieferzeitpunkte

Der **tatsächliche Preis einer Einheit des Rohstoffes zur Zeit** n **wird mit** S_n bezeichnet. Wir nehmen für die folgende Behandlung der Fragestellung das folgende einfache Modell für die Entwicklung von S_n an:

$S_n = c + \sum_{i=1}^{n} X_i$ mit voneinander unabhängigen $N(0, \sigma^2)$-verteilten Zufallsvariablen X_i. Es handelt sich dabei also um eine diskrete Irrfahrt mit normalverteilten Inkrementen. Der Erwartungswert $E(S_n)$ ist gleich c.

Damit diese Modellierung zumindest in Ansätzen sinnvoll sein kann, insbesondere damit die Preise S_n in dieser Modellierung mit hoher Wahrscheinlichkeit positiv bleiben, sollte die Standardabweichung σ der Inkremente klein sein im Vergleich mit c.

Damit das Geschäftsmodell sinnvoll ist, muss weiters a (zumindest geringfügig) größer sein als c. Der Abnehmer A zahlt für die Sicherheit eines auf längere Frist stabilen Preises die Differenz $a - c$, also die Differenz vom Fixpreis a auf den durchschnittlich erwarteten Preis c, als Preisaufschlag.

Ein möglicher Pfad der Preisentwicklung von S_n und des Geschäftsmodells ist in Abbildung 10.93 dargestellt.

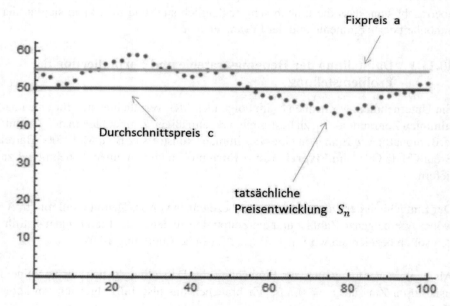

Abbildung 10.93: eine mögliche Preisentwicklung einer Einheit des Rohstoffes ($c = 50, \sigma = 1$)

Der Gewinn (bzw. Verlust), den MG zum Zeitpunkt n erzielt, beträgt $q \cdot (a - S_n)$. Der Gewinnprozess C_k der kumulierten Gewinne bis zum Zeitpunkt k ergibt sich daher mittels

$$C_k = q \cdot \sum_{n=1}^{k} (a - S_n) = q \cdot k \cdot (a - c) - q \cdot \sum_{n=1}^{k} (k - n + 1) \cdot X_n.$$

Für den erwarteten Gewinn $E(C_k)$ gilt daher natürlich $E(C_k) = q \cdot k \cdot (a - c)$. Der Restterm, die Zufallsvariable $q \cdot \sum_{n=1}^{k} (k - n + 1) \cdot X_n$, hat Erwartungswert 0, kann aber eventuell durchaus große Werte annehmen: Wenn k groß ist, also in die Nähe von N strebt, dann hat der Großteil der Zufallsvariablen X_n (diejenigen mit kleinerem Index n) Faktoren der Größenordnung N. Das ist natürlich eine für die Stabilität des Unternehmens MG nicht wirklich wünschenswerte Situation.

In Abbildung 10.94 sind einige mögliche Simulationspfade für den Gewinnprozess C_k zu sehen. Dabei haben wir der Einfachheit halber, so wie in allem Weiteren auch, $q = 1$ gesetzt. In Schwarz ist die erwartete Gewinnentwicklung $q \cdot k \cdot (a - c)$ eingezeichnet.

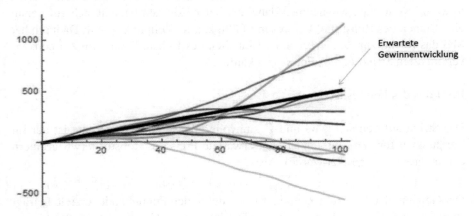

Abbildung 10.94: 10 simulierte Gewinnentwicklungen vs. erwartete Gewinnentwicklung (schwarz)

Wir sehen bei einigen Pfaden deutliche Abweichungen von der erwarteten Gewinnentwicklung.

Wir haben in Abbildung 10.95 auch für spätere Vergleichszwecke nun nur noch den zufälligen Rest-Anteil $R_k := \sum_{n=1}^{k} (k - n + 1) \cdot X_n$ der Gewinnentwicklung in 1.000 möglichen Entwicklungen (bewusst alle in einer Farbe) dargestellt. Diese Pfade schwanken in ihren Entwicklungen nun nicht mehr um den erwarteten Gewinnprozess $k \cdot (a - c)$, sondern um 0.

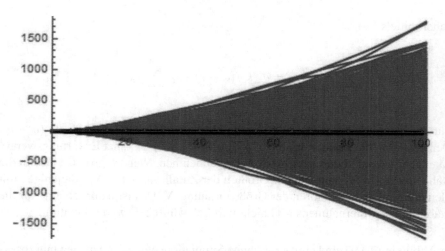

Abbildung 10.95: Zufallsanteil der Gewinnentwicklung, 1.000 mögliche Pfade

Naheliegend und sicher sinnvoll ist es daher für das Unternehmen MG, über gewisse Absicherungen und Hedging-Strategien für dieses Geschäft nachzudenken. Ein Möglichkeit wäre Hedging mit kurzlaufenden Futures: Zu jedem Zeitpunkt n kauft MG von einem weiteren Marktteilnehmer Z eine bestimmte Anzahl (etwa g_n Kontrakte, wir nehmen dabei an, jeder Kontrakt bezieht sich auf genau eine Einheit des Rohstoffs) Futures mit Fälligkeit im Zeitpunkt $n + 1$. Dadurch hat MG das Recht, zur Zeit n genau g_n Einheiten des Rohstoffs zum im Zeitpunkt n vereinbarten Strike F_n des Futures zu kaufen.

Der Preis des Futures ist 0.

Der Strike auf den sich MG und Z sinnvoller Weise einigen werden, ist der im Zeitpunkt n für den Zeitpunkt $n + 1$ erwartete Preis des Rohstoffs (wir erinnern daran, dass $r = 0$ gesetzt wurde). Also

$$F_n = E\left(S_{n+1} \,|\, S_n\right) = E\left(c + \textstyle\sum_{i=1}^{n+1} X_i \,|\, S_n\right) = E\left(S_n + X_{n+1} \,|\, S_n\right) = S_n.$$

Der Gewinn, den MG zum Zeitpunkt $n + 1$ durch den Futurehandel erzielt, beträgt somit $g_n \cdot (S_{n+1} - Sn) = g_n \cdot X_{n+1}$. Der kumulierte Gewinnprozess H_k bis zur Zeit k für MG rein aus den Futuresgeschäften beträgt damit $H_k = \sum_{n=1}^{k} g_{n-1} X_n$. Der Gesamtgewinn-Prozess $\widetilde{C}_k$ aus Vereinbarung und Hedging (Futurehandel) bis zum Zeitpunkt k beträgt daher

$$\widetilde{C}_k = k \cdot (a - c) - \sum_{n=1}^{k} (k - n + 1 - g_{n-1}) \cdot X_n.$$

Nach wie vor ist – unabhängig von der konkreten Hedgingstrategie, also von der konkreten Wahl der g_n – der Erwartungswert des Gesamtgewinn-Prozesses bis zur Zeit k unverändert gleich $E(\widetilde{C}_k) = k \cdot (a - c)$. Dabei setzen wir natürlich voraus, dass q_n unabhängig von x_{n+1} jeweils gewählt ist.

Der Zufallsanteil $\widetilde{R}_k := \sum_{n=1}^{k}(k-n+1-g_{n-1}) \cdot X_n$ hat wieder Erwartungswert 0. Wünschenswert wäre sicherlich, wenn sich die Ausschläge von $\widetilde{R}_k$ möglichst über die Laufzeit in engen Grenzen halten würden.

Die Frage, die sich im Folgenden stellen wird, ist: Wie ist die Hedging-Strategie zu konzipieren, so dass dieser Wunsch möglichst gut erfüllt wird? Die Antwort auf diese Frage scheint sehr einfach zu geben zu sein: Wir führen einen sogenannten **„Rolling Stack-Hedge"** durch! Die Motivation für einen solchen Hedge lautet: „Im Prinzip ist es gleichgültig wie sich der Gewinnprozess während der Laufzeit der Vereinbarung verhält. Wichtig und ideal ist nur, dass ich vorab schon genau weiß, wie hoch der Gewinn bei Ende der Vereinbarung, zum Zeitpunkt N, sein wird".

Wie können wir das erreichen? Nun, einfach in dem wir den Zufallsanteil $\widetilde{R}_N = \sum_{n=1}^{N}(N-n+1-g_{n-1}) \cdot X_n$ zum Verschwinden bringen und das erreichen wir, indem wir $g_{n-1} = N - n + 1$ setzen, also $g_n = N - n$ für alle n. Dadurch wird, wie auch immer sich die Preise des Rohstoffs entwickeln, $\widetilde{C}_N = N \cdot (a - c)$, also es tritt bis zum Ende der Vereinbarung das ein, was sich MG erhofft hat.

Für andere Zeitpunkte k hat $\widetilde{R}_k$ dann die Form $\sum_{n=1}^{k}(k - N) \cdot X_n$, ist also im Allgemeinen nicht 0, aber das sollte irrelevant sein. Wir stellen (wie schon für C_k und R_k im Fall ohne Hedging) jetzt in den Abbildungen 10.96 und 10.97 auch für $\widetilde{C}_k$ eine Auswahl von 10 möglichen Entwicklungen und für $\widetilde{R}_k$ eine Auswahl von 1.000 möglichen Entwicklungen gleich im Vergleich mit den Entwicklungen im Fall ohne Hedging dar.

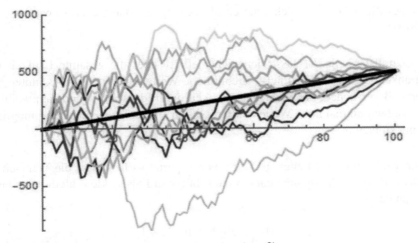

Abbildung 10.96: 10 simulierte Gewinnentwicklungen $\widetilde{C}_k$ vs. erwartete Gewinnentwicklung (schwarz) bei „Rolling Stack-Hedge"

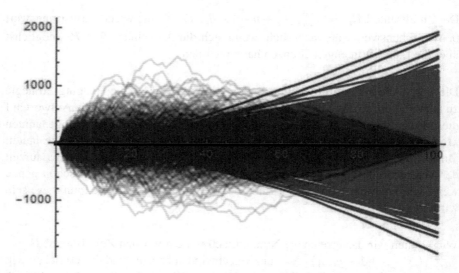

Abbildung 10.97: Zufallsanteil $\widetilde{R}_k$ der Gewinnentwicklung, 1.000 mögliche Pfade bei „Rolling Stack-Hedge" (blau) und ohne Hedging (rot)

Wir sehen, dass bei der Rolling Stack-Strategie bereits in einem frühen Stadium der Vereinbarung durchaus wesentlich höhere Schwankungen als im Fall ohne Hedging auftreten können. Auch wenn verlässlich bis zum Ende der Vereinbarung alle Unsicherheiten ausgeräumt sind, kann diese Tatsache aber sehr wohl während der Laufzeit der Strategie zu Liquiditätsproblemen führen. Es kann sein, dass nicht genügend Cash vorhanden ist, um diese Strategie auch über Phasen weiterführen zu können, in denen vorübergehend (!) starke temporäre Verluste auftreten.

Welches Ziel wäre – im Lichte dieser Überlegungen – daher eher, sinnvoller anzustreben?

Die Zufallsvariable $\widetilde{R}_k$ lässt sich nicht definitv über die gesamte Laufzeit einschränken, sie kann prinzipiell beliebig hohe Werte annehmen. Wir könnten aber eventuell versuchen, die Wahrscheinlichkeit dafür, dass $\widetilde{R}_k$ irgendwann während der Laufzeit einmal hohe Werte annimmt durch ein geeignetes Hedging möglichst gering zu halten.

Also, wir würden für beliebige Werte von x gerne wollen, dass die Wahrscheinlichkeit W dass $\widetilde{R}_k$ irgendwann einmal größer wird als x, klein bleibt. Das heißt, wir hätten gerne

$$W \left(\max_{k=1,2,\dots,N} \widetilde{R}_k > x \right)$$

möglichst klein. Diese Wahrscheinlichkeit lässt sich nun allerdings näherungsweise relativ gut bestimmen. Es gilt in etwa

$$W\left(\max_{k=1,2,\ldots,N} \widetilde{R}_k > x\right) \approx e^{-\frac{x^2}{\max_k \sigma_k^2}}.$$

Hier bezeichnet σ_k^2 die Varianz der Zufallsvariablen $\widetilde{R}_k$. Also die Wahrscheinlichkeit, dass der Fehlerterm während der gesamten Laufzeit unter einem Wert x bleibt, ist umso größer je kleiner $\max_k \sigma_k^2$ ist!

Unsere Aufgabe lautet daher: Die Hedgingstrategie so wählen, dass das Maximum der Varianzen der $\widetilde{R}_k$ möglichst klein wird.

Als diese Problemstellung im Jahr 2001 von Paul Glasserman (übrigens der Autor des sehr empfehlenswerten Buchs „Monte Carlo Methods in Financial Engineering", [6]) an mich herangetragen wurde, hatte Glasserman bereits zwei – im obigen Sinn – bessere Strategien als die Rolling Stack vorgeschlagen (wir werden diese beiden Strategien im nächsten Abschnitt auch kurz kennenlernen) [5]. Es war ihm aber nicht gelungen auch nur annähernd eine optimale Strategie zu bestimmen. Am Rande der internationalen Monte Carlo-Konferenz MCM diskutierten wir damals Möglichkeiten, sich durch Monte Carlo- oder Quasi-Monte Carlo-Simulationen einer optimalen Strategie anzunähern. Es stellte sich aber bald heraus dass die Problemstellung zu komplex für eine Annäherung über Simulationsmethoden war. Es gelang mir aber in Folge, gemeinsam mit meinem damaligen Dissertanten Gunther Leobacher, das Problem exakt mit Hilfe von Methoden aus „reiner" Mathematik zu lösen und die sehr interessante und schöne optimale Lösung explizit anzugeben (siehe [7]). Diese optimale Lösung wollen wir im Folgenden vorstellen und eine **vage** Beweisskizze für die Optimalität dieser Lösung geben bzw. eine Idee davon geben, wie es gelingen konnte, die doch relativ komplexe Lösung zu entdecken.

10.11.2 Übersetzung der Fragestellung in den kontinuierlichen Fall und die Strategien von Glasserman

Als ersten Schritt in Richtung einer Lösung der Problemstellung nehmen wir eine Übersetzung des vorliegenden diskreten Problems in ein Problem der kontinuierlichen Analysis vor (dazu werden wir kurz noch einmal auf ein paar grundlegende Konzepte der stochastischen Analysis zurückgreifen). Dies ist ein häufig vorgenommener Kunstgriff, da im Bereich der kontinuierlichen Analysis zum Teil wesentlich mächtigere Werkzeuge zur Verfügung stehen, als dies für diskrete Probleme der Fall ist. Dabei geht man andeutungsweise so vor:

Den Zeitbereich $[0, N]$ stauchen wir auf den Zeitbereich $[0, 1]$ zusammen. Aus den Zeitpunkten $n = 0, 1, 2, \ldots, N$ werden dadurch die Zeitpunkte $0, \Delta t, 2 \cdot \Delta t, \ldots, N \cdot \Delta t = 1$. Entsprechend müssen wir die Zufallsvariablen X_n anpassen: Aus der $N(0, \sigma^2)$-Verteilung für X_n wird eine $N(0, \Delta t \cdot \sigma^2)$-Verteilung. Wir werden uns im Folgenden auf $\sigma = 1$ beschränken. Also X_n ist $N(0, \Delta t)$ verteilt.

Wenn wir N groß wählen (also Δt sehr klein), können wir die dann dicht liegenden Zeitpunkte $k \cdot \Delta t$ mit dem kontinuierlichen Zeitparameter t bezeichnen. Aus $\widetilde{R}_k$ wird dann $\widetilde{R}_t$ und die Zufallsvariable X_k zu $X(t)$. Dieses $N(0, \Delta t)$-verteilte $X(t)$ können wir auch als $dW(t)$ für eine Standard-Brown'sche Bewegung $W(t)$ auffassen. Dadurch wird insgesamt $\widetilde{R}_k = \sum_{n=1}^{k} (k - n + 1 - g_{n-1}) \cdot X_n$ zu
$\widetilde{R}(k \cdot \Delta t) = \sum_{n=1}^{k} (k \cdot \Delta t - (n-1) \cdot \Delta t - (g((n-1) \cdot \Delta t)) \cdot dW((n-1) \cdot \Delta t)$,
was bei Grenzübergang $\Delta t \to 0$ zum Ito-Integral $\widetilde{R}(t) = \int_0^t (t - s - g(s)) dW(s)$ wird. $g(s)$ bedeutet dabei die Anzahl der Stück Futures, die zum Zeitpunkt s für unsere Hedging-Zwecke gehalten werden.

Anstelle der Varianz σ_k^2 der Zufallsvariablen $\widetilde{R}_k$ können wir uns jetzt daher mit der Varianz σ_t^2 der Zufallsvariablen (des Ito-Integrals) $\widetilde{R}_t = \int_0^t (t-s-g(s)) dW(s)$ beschäftigen. Diese Varianz σ_t^2 lässt sich aber mit Hilfe der Ito-Isometrie berechnen. Wir erinnern uns, es gilt

$$\sigma_t^2 = \int_0^t (t - s - g(s))^2 ds.$$

Unsere Aufgabe lautet daher: Bestimme eine Funktion $h : [0, 1] \to \mathbb{R}$, sodass für $g \equiv h$ der Ausdruck

$$F_g := \max_{0 \leq t \leq 1} F_g(t) := \max_{0 \leq t \leq 1} \int_0^t (t - s - g(s))^2 ds$$

minimal wird.

Bevor wir uns im nächsten Abschnitt der Lösung dieser Aufgabe widmen, schauen wir uns in diesem neuen kontinuierlichen Setting noch einmal die beiden bereits betrachteten Strategien „No-Hedge" und „Rolling Stack-Hedge" sowie die beiden von Glasserman vorgeschlagenen Strategien an.

„No Hedge" bedeutet $g(s) = 0$ für alle s. Es ist dann daher

$$\sigma_t^2 = F_g(t) = \int_0^t (t - s - g(s))^2 ds = \int_0^t (t - s)^2 ds = \frac{t^3}{3}.$$

Den Verlauf von σ_t^2 sehen wir in Abbildung 10.98 und der uns schlussendlich am meisten interessierende Wert $\max_t \sigma_t^2 = \max_t \frac{t^3}{3}$ wird für $t = 1$ angenommen und hat den Wert $\frac{1}{3} = 0.333$.

„Rolling Stack Hedge" bedeutet $g(s) = 1 - s$ für alle s. (Wie erinnern uns, im diskreten Fall hatten wir $g_n = N - n$, N wurde zu 1 und n ist der Laufparameter der jetzt zu s wurde.) Es ist dann daher

$$\sigma_t^2 = F_g(t) = \int_0^t (t - 1)^2 ds = t \cdot (t - 1)^2.$$

Den Verlauf von σ_t^2 sehen wir ebenfalls in Abbildung 10.98 und der uns schlussendlich am meisten interessierende Wert $\max_t \sigma_t^2 = \max_t(t \cdot (t-1)^2)$ wird für $t = \frac{1}{3}$ angenommen und hat den Wert $\frac{4}{27} = 0.148$. Auffällig ist wieder – wir wissen es bereits – die Standardabweichung 0 zu Ende der Vereinbarung im Zeitpunkt 1.

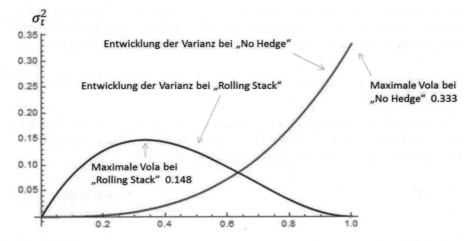

Abbildung 10.98: Entwicklung der Varianz des Gesamtgewinn-Prozesses bei „No-Hedge" (rot) und bei „Rolling Stack-Hedge" (blau) und Zeitpunkte und Werte höchster Varianz.

Glasserman (siehe [5]) schlägt eine „Optimal Horizon-" und eine „Optimal Fraction-" Hedging-Strategie vor.

Bei **„Optimal Horizon"** wird Rolling Stack-Hedging durchgeführt, aber nicht für den Endzeitpunkt 1 der Vereinbarung, sondern für einen Zeitpunkt τ früher. Für diese Strategie wird das Maximum der Varianz berechnet und dann wird τ so bestimmt, dass dieses Maximum der Varianz minimal wird.

Das bedeutet als erstes einmal $g(s) = \tau - s$ für alle $s \le \tau$ und $g(s) = 0$ für $s > \tau$. Es ist dann daher, wenn $t \le \tau$ gilt

$$\sigma_t^2 = F_g(t) = \int_0^t (t - s - g(s))^2 ds = \int_0^t (t - \tau)^2 ds = t \cdot (t - \tau)^2$$

und wenn $t > \tau$ gilt

$$\sigma_t^2 = F_g(t) = \int_0^t (t - s - g(s))^2 ds = \int_0^\tau (t - \tau)^2 ds + \int_\tau^t (t - s)^2 ds =$$

$$= \tau \cdot (t - \tau)^2 + \frac{(t - \tau)^3}{3}.$$

Nun muss also τ so bestimmt werden, dass das Maximum dieser Funktion so klein wie möglich ist. Eine elementare Kurvendiskussion zeigt, dass das für $\tau \approx 0.733$

der Fall ist und für diese Wahl von τ erhalten wir für F_g den Wert 0.0583. Den Verlauf von σ_t^2 sehen wir in Abbildung 10.99.

Bei „**Optimal Fraction**" wird Rolling Stack-Hedging für den Endzeitpunkt durchgeführt, aber nicht für die gesamte vereinbarte Warenlieferung sondern nur für einen Anteil γ davon. Für diese Strategie wird das Maximum der Varianz berechnet und dann wird γ so bestimmt, dass dieses Maximum der Varianz minimal wird. Das bedeutet als erstes einmal $g(s) = \gamma \cdot (1 - s)$ für alle s. Es ist dann daher

$$\sigma_t^2 = F_g(t) = \int_0^t (t - s - \gamma \cdot (1 - s))^2 ds = \frac{(\gamma - t + t(1 - \gamma))^3 - (\gamma - t)^3}{3 \cdot (1 - \gamma)}.$$

Eine elementare Analyse des letzten Ausdrucks liefert den optimalen Wert für γ bei $\gamma \approx 0.62996$ und für diese Wahl von γ erhalten wir für F_g den Wert 0.0456. Den Verlauf von σ_t^2 sehen wir ebenfalls in Abbildung 10.99.

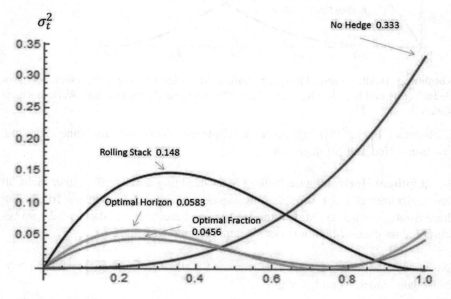

Abbildung 10.99: Entwicklung der Varianz des Gesamtgewinn-Prozesses bei „No-Hedge" (rot), bei „Rolling Stack-Hedge" (blau), „Optimal Horizon" (grün) und „Optimal Fraction" (orange) und Zeitpunkte und Werte höchster Varianz

„Optimal Horizon" und „Optimal Fraction" zeigen also bereits wesentlich bessere Resultate als „Rolling Stack". Welches aber ist die optimale Strategie h?

10.11.3 Die Lösung des Optimal-Hedging-Problems

Die optimale Lösung h sieht folgendermaßen aus:

$$h(s) = \begin{cases} 3t_0 - s & \text{für } s \in [0, t_0) \\ e^{-\frac{y}{2}} \cdot \cos \frac{\sqrt{3}y}{2} - s & \text{für } s \in [t_0, \frac{1}{2}) \\ 1 - s & \text{für } s \in [\frac{1}{2}, 1) \end{cases}$$

dabei ist y für gegebenes s durch die Gleichung $s = -\frac{1}{6} e^{-\frac{y}{2}} \left(\sqrt{3} \sin \frac{\sqrt{3}y}{2} - \right.$

$\left. -3 \cos \frac{\sqrt{3}y}{2} \right)$ definiert und es ist $t_0 = \frac{e^{-\frac{\pi}{6\sqrt{3}}}}{2\sqrt{3}}$. Der optimale Wert F_h, also das

kleinstmögliche erreichbare Varianz-Maximum, liegt bei $F_h = \frac{e^{-\frac{\pi}{6\sqrt{3}}}}{6\sqrt{3}} = 0.0388532\ldots$.

Wir sehen in Abbildung 10.100 jetzt auch noch die Entwicklung der Varianz des Gesamt-Gewinn-Prozesses bei dieser optimalen Strategie im Vergleich mit den Entwicklungen der Varianz bei den anderen Hedging-Strategien. In Abb. 10.101 ist sie zur besseren Sichtbarkeit noch einmal alleine dargestellt. Das Maximum der Varianz wird bei dieser Strategie im Endzeitpunkt 1 und in einer Periode zwischen den Zeitpunkten t_0 und $\frac{1}{2}$ angenommen.

Zu erkennen ist, dass das Ergebnis der Optimal Fraction Strategie von Glasserman schon relativ nahe am Ergebnis der optimalen Strategie liegt.

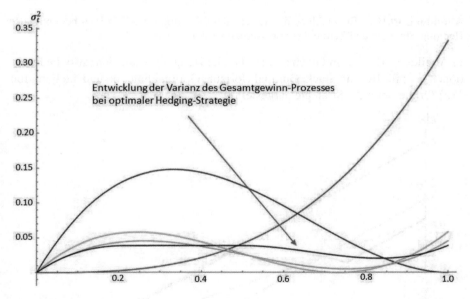

Abbildung 10.100: Entwicklung der Varianz des Gesamtgewinn-Prozesses bei optimaler Hedging-Strategie (schwarz) im Vergleich zur Entwicklung der Varianz bei „No-Hedge" (rot), bei „Rolling Stack-Hedge" (blau), „Optimal Horizon" (grün) und „Optimal Fraction" (orange)

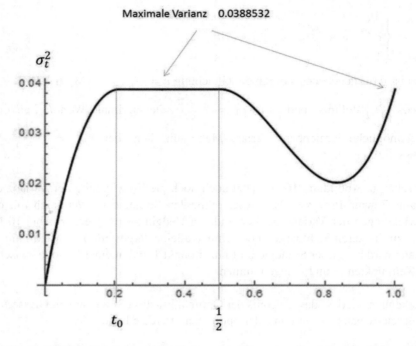

Abbildung 10.101: Entwicklung der Varianz des Gesamtgewinn-Prozesses bei optimaler Hedging-Strategie und Zeitpunkte und Werte höchster Varianz

In Abbildung 10.102 sind noch einmal die vier Hedging-Strategien, also die Funktionen $g(s)$ für Rolling Stack, Optimal Horizon, Optimal Fraction und die Funktion $h(s)$ für die optimale Strategie dargestellt.

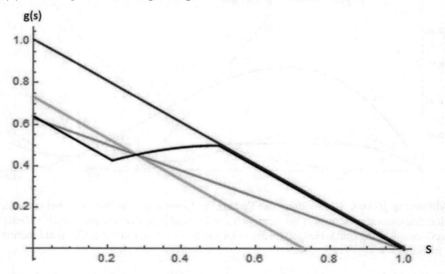

Abbildung 10.102: Die Hedging-Strategien $g(s)$ für Rolling Stack (blau), Optimal Horizon (grün), Optimal Fraction (orange) und die optimale Strategie $h(s)$

10.11.4 Die Beweis-Skizze

Wir wollen und können hier nur eine grobe Skizze des Beweises geben. Man kann dadurch einen Einblick in die Beweis-Ideen erhalten, der mathematisch exakte Beweis ist aber durchaus delikat und anspruchsvoll und benötigt Hilfsmittel aus verschiedenen Gebieten der Mathematik, so etwa aus der Funktionalanalysis, wenn es in einem allerersten Schritt einmal darum gehen muss, zu beweisen, dass so eine optimale Strategie überhaupt existiert.

Also zu bestimmen ist die Funktion g, so dass $\max_{0 \leq t \leq 1} \int_0^t (t - s - g(s))^2 ds$ minimal wird. Wir formulieren das Problem geringfügig um, indem wir im obigen Ausdruck s und $g(s)$ zusammenfassen zu einer Funktion $h(s) := s + g(s)$ und versuchen eine Funktion h zu finden so dass $\max_{0 \leq t \leq 1} F_h(t) := \max_{0 \leq t \leq 1} \int_0^t (t - h(s))^2 ds$ minimal wird.

Dazu gehen wir in mehreren Schritten vor, die wir im Folgenden nur skizzieren werden, die im Artikel [7] aber im Detail bewiesen werden und dort bei Interesse nachgelesen werden können.

Nachdem in einem allerersten Schritt mit Hilfe funktionalanalytischer Techniken gezeigt wurde, dass eine eindeutige optimale Strategie h existieren muss und dass diese optimale Strategie h stetig sein muss, geht es los mit:

Schritt 1:
Hier wird gezeigt: Das optimale h kann nur Werte zwischen 0 und 1 annehmen.

Das ist relativ offensichtlich. Würde h nämlich an manchen Stellen Werte kleiner als 0 oder größer als 1 annehmen, dann könnte man h, so wie im Beispiel in Abbildung 10.103 angedeutet, durch eine Funktion h_1 ersetzen, die nur Werte zwischen 0 und 1 annimmt, für die dann gilt $(t - h_1(s))^2 \leq (t - h(s))^2$ für alle s und $(t - h_1(s))^2 < (t - h(s))^2$ für zumindest ein s und daher $F_{h_1}(t) \leq F_h(t)$ für alle t, was ein Widerspruch zur Optimalität von h oder zumindest zur Eindeutigkeit der optimalen Lösung h wäre.

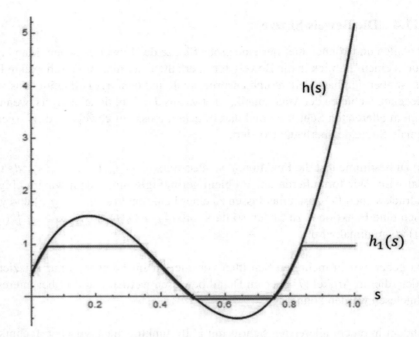

Abbildung 10.103: Beispiele für Funktionen h und h_1 in Schritt 1 des Beweises

Schritt 2:
Hier wird gezeigt: Das optimale h erfüllt überall $h(s) \geq s$.

Der Beweis dieses Schrittes läuft wieder nach demselben Prinzip ab wie der des
ersten Schritts (und so wie übrigens auch die der meisten folgenden Schritte). Würde $h(s)$ nämlich an manchen Stellen Werte kleiner als s annehmen, dann könnte
man h, so wie im Beispiel in Abbildung 10.104 angedeutet, durch eine Funktion
h_1 ersetzen, für die $h_1(s)$ immer nur Werte größer oder gleich s annimmt. Da in
$\int_0^t (t - h(s))^2 ds$ der Integrationsparameter s stets kleiner oder gleich t ist, ist dann
wiederum $(t - h_1(s))^2 \leq (t - h(s))^2$ für alle s und $(t - h_1(s))^2 < (t - h(s))^2$
für zumindest ein s und daher $F_{h_1}(t) \leq F_h(t)$ für alle t, was ein Widerspruch zur
Optimalität von h oder zumindest zur Eindeutigkeit der optimalen Lösung h wäre.

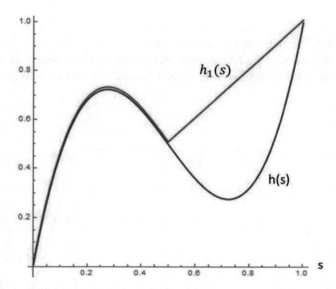

Abbildung 10.104: Beispiele für Funktionen h und h_1 in Schritt 2 des Beweises

Schritt 3:
Hier wird gezeigt: Das optimale h ist monoton wachsend.

Wieder derselbe Beginn: Wäre das optimale h nicht monoton wachsend, dann könnten wir auf Abschnitten, auf denen h nicht monoton wachsend ist, h so wie in Abbildung 10.105 skizziert zu einer Funktion h_1 abändern. Auf dem Bereich auf dem h zu h_1 abgeändert wurde, hat h_1 einen konstanten Wert und zwar gerade den Durchschnittswert von h auf dem abgeänderten Bereich. Mit etwas mehr Aufwand als im ersten und im zweiten Schritt lässt sich dann auch hier wieder zeigen, dass dann $F_{h_1}(t) \leq F_h(t)$ für alle t gilt, was ein Widerspruch zur Optimalität von h oder zumindest zur Eindeutigkeit der optimalen Lösung h wäre.

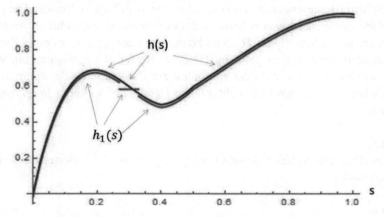

Abbildung 10.105: Beispiele für Funktionen h (blau) und h_1 (rot) in Schritt 3 des Beweises

Schritt 4:

Sei h wieder die gesuchte optimale Funktion.

Mit H bezeichnen wir die Menge der Werte t in $[0, 1]$, in denen F_h das Maximum annimmt. Die Menge H könnte zum Beispiel so wie in Abbildung 10.106 aussehen.

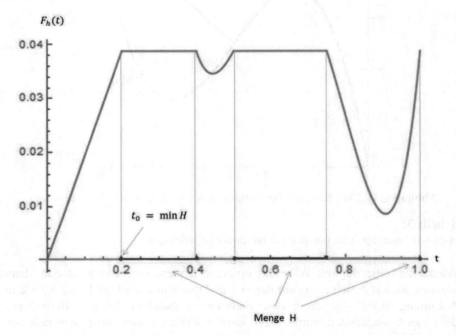

Abbildung 10.106: Beispiel einer Menge H wie in Schritt 4 definiert

In Schritt 4 wird gezeigt: Der Wert $t = 1$ ist ein Element der Menge H.

Dieser Schritt ist interessanterweise der schwierigste Schritt im Beweis. Die prinzipielle Vorgangsweise ist wieder ident zu der der obigen Beweisschritte: Angenommen 1 wäre kein Element von H, dann könnte h so geringfügig zu einer Funktion h_1 abgeändert werden, dass dann $F_{h_1}(t) \leq F_h(t)$ für alle t gilt, was ein Widerspruch zur Optimalität von h oder zumindest zur Eindeutigkeit der optimalen Lösung h wäre. Wir können hier nicht auf die Details der weiteren Vorgangsweise eingehen.

Schritt 5:

Mit demselben prinzipiellen Ansatz wird gezeigt, dass H mindestens 2 Elemente enthalten muss.

Schritt 6:

Hier wird noch eine weitere – ganz wesentliche – Eigenschaft über die Menge H bewiesen: Wenn das Komplement der Menge H zusammenhängende Intervalle enthält (siehe zum Beispiel Abbildung 10.106, die grün eingefärbten (offenen) Intervalle auf der Zeitachse bilden das Komplement von H), dann ist das optimale h auf diesen Intervallen konstant.

Wieder wird so gearbeitet: Wäre h auf einem dieser Intervalle nicht konstant, dann könnte man h durch eine Funktion h_1 ersetzen ...usw.

Schritt 7:
In diesem Schritt wird die nötige (links- / rechts- seitige) Differenzierbarkeit der optimalen Funktion h und der zugehörigen Funktion F_h, die man für die folgenden abschließenden Schritte benötigt, bewiesen.

Schritt 8:
Sei t_0 das Minimum der Menge H, also der Zeitpunkt an dem zum ersten Mal die maximale Varianz angenommen wird (siehe Beispiel in Abbildung 10.106).
In diesem Schritt wird gezeigt: $h(s) = 3t_0$ für alle $s \in [0, t_0]$.

Wir wissen bereits von Schritt 6, dass h auf $[0, t_0)$ konstant sein muss. Wegen der Stetigkeit von h muss h dann auch auf dem abgeschlossenen Intervall $[0, t_0]$ konstant sein. Es reicht also zu zeigen, dass $h(t_0) = 3t_0$ ist.

F_h hat in t_0 ein Maximum. Daher ist $(F_h(t_0))' = 0$. Wir leiten also $F_h(t) = \int_0^t (t - h(s))^2 ds$ nach t ab und setzen $t = t_0$.

Für die Ableitung benötigen wir die folgende Ableitungsregel für durch ein Integral dargestellte Funktionen

$$\frac{d}{dt} \int_0^t G(s, t) ds = G(t, t) + \int_0^t \frac{dG(s, t)}{dt} ds$$

und wir erhalten damit $(F_h(t))' = (h(t) - t)^2 + 2 \cdot \int_0^t (t - h(s)) ds$, also (da $h(s)$ auf $[0, t_0]$ immer gleich $h(t_0)$ ist):

$$0 = (F_h(t_0))' =$$

$$= (h(t_0) - t_0)^2 + 2 \cdot \int_0^{t_0} (t_0 - h(t_0)) ds = (h(t_0) - t_0)^2 + 2t_0 \cdot (t_0 - h(t_0)).$$

Man überlegt sich dann leicht, dass $(t_0 - h(t_0))$ nicht 0 sein kann und somit folgt aus der obigen Gleichung $h(t_0) = 3t_0$.

Schritt 9:
Auf ganz analoge Weise zeigt man, dass für das optimale h gilt: $h(t) = 1$ für alle $t \in [\frac{1}{2}, 1]$.

Abschließender Schritt 10:

Wir wissen nun also bisher, dass das optimale h von der Form sein muss: konstant gleich $3t_0$ auf $[0, t_0]$ und konstant gleich 1 auf $[\frac{1}{2}, 1]$. Die Form von h zwischen t_0 und $\frac{1}{2}$ ist uns noch nicht bekannt. Diese Form werden wir jetzt noch bestimmen: In einem ersten Teilschritt zeigen wir, dass F_h auf diesem Intervall $[t_0, \frac{1}{2}]$ konstant sein muss. Daher ist dort $(F_h(t))'' = 0$. Wir bestimmen mit Hilfe der oben angeführten Regel für die Ableitung von durch Integrale gegebene Funktionen die zweite Ableitung $(F_h(t))''$ und erhalten $0 = (F_h(t))'' = 2 \cdot (t - h(t)) \cdot (1 - h'(t)) + 4t - 2 \cdot h(t)$, was zu der Differentialgleichung $h'(t) = \frac{3t - 2h(t)}{t - h(t)}$ führt.

Diese Differentialgleichung lässt sich explizit lösen und wir erhalten für h eine Lösung die allerdings noch den bisher noch unbekannten Wert t_0 enthält. Dieser Wert lässt sich schließlich dadurch bestimmen, dass h stetig sein muss und in $t = t_0$ bzw. in $t = \frac{1}{2}$ mit den bereits bekannten Strängen zusammenfließen muss. Damit ist der Beweis dann beendet.

Auch wenn die Darstellung der Beweis-Idee weit weg vom tatsächlichen vollständigen Beweis ist, ist es uns vielleicht doch gelungen einen Hauch von Ahnung davon zu vermitteln, von welcher Komplexität, Kreativität, Schönheit und Tiefe manche mathematischen Überlegungen und Beweise geprägt sein können.

10.12   Quotenberechnung für ein Finanzmarktspiel

10.12.1   Beschreibung des Spiels

Im Rahmen einer geplanten Kooperation mit einem Entwickler eines Finanzmarktspiels stellte sich (unter anderem) die folgende Frage:

Im Rahmen des projektierten Spiels sollten Spieler die Möglichkeit haben, auf die weitere Entwicklung von Aktienkursen zu wetten.

Wir wollen im Folgenden die genauere Funktionsweise der Grundversion (!) des Spiels an Hand von Wetten auf die Entwicklung des SPX (leicht vereinfacht) erläutern. Ein Spieler verfügt nach Anmeldung über ein Konto, das anfangs mit (virtuellen) 10.000 Dollar gefüllt wird.

Nachdem er einen Button mit der Aufschrift „Neues Spiel" betätigt hat, erscheint auf dem Bildschirm die laufende Entwicklung des SPX in Echtzeit auf Basis von Tickdaten im Verlauf der letzten halben Minute.

Der momentane Zeitpunkt wird mit 0 bezeichnet und wird auf der (waagrechten x-Achse) fixiert gehalten. Der letzte – jeweils aktuelle – Kurswert bleibt dabei auf dem Zeitpunkt Null fixiert, der Kurs „wandert" also auf der Grafik langsam nach links (siehe Abbildung 10.107). Auf Wunsch des Spielers ist auch ein weiterer Blick in die Historie der Entwicklung möglich.

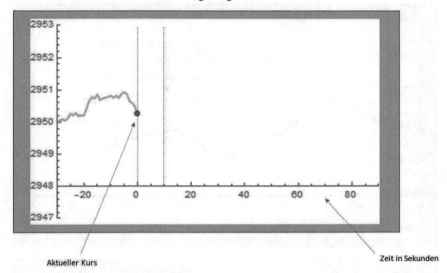

Abbildung 10.107: Beginn des Spiels

Der Spieler hat nun die Möglichkeit im Bereich von 10 Sekunden in der Zukunft bis 90 Sekunden in der Zukunft (also rechts von der rechten vertikalen Linie in Abbildung 10.107) mit der Maus oder am Touchscreen ein achsenparalleles Rechteck B zu öffnen.

Hat er ein solches Rechteck geöffnet, dann erscheint in einem Feld eine „Quote", zum Beispiel „**Quote = 1 : 1.8**".

Diese Quote bedeutet Folgendes: Würde man in diesem Moment darauf wetten, dass die weitere Entwicklung des Indexkurses im Lauf der kommenden 90 Sekunden dieses Rechteck berührt, dann erhält man für den Einsatz von einem Dollar nun 1.80 Dollar ausbezahlt (man hat also einen Gewinn von 0.80 Dollar realisiert). Berührt der Indexkurs das Rechteck nicht, dann ist der eingesetzte Dollar verloren.

Natürlich ändert sich die Quote kontinuierlich bei sich veränderndem momentanen Kurs des SPX und sie verändert sich auch, sobald das Rechteck verändert wird.

Der Spieler kann nun die Höhe seines Einsatzes definieren (z.B. 500 Dollar).

Sobald er dann den Button „Wetten" betätigt, ist die Wette aktiviert und die weitere Entwicklung des SPX erfolgt nun von Sekunde 0 an bis Sekunde 90 in real-time.

Sobald die Entwicklung das Rechteck erstmals berührt bzw. sobald die Entwicklung den Zeitbereich, der vom Rechteck überdeckt wird, passiert hat ohne das

Rechteck zu berühren, wird das Wettergebnis angezeigt (siehe Abbildung 10.108).

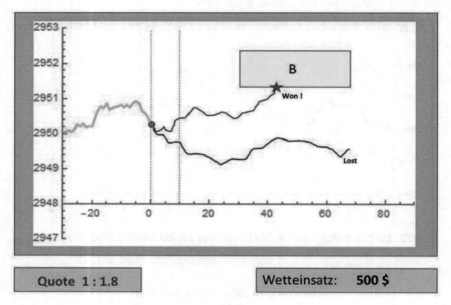

Abbildung 10.108: Ende des Spiels

Im Fall der violetten Entwicklung kann sich der Spieler über einen Gewinn von 400$ freuen (er bekommt anstelle seines Einsatzes von 500$ nun $1.8 \times 500 = 900$ Dollar ausbezahlt). Im Fall der roten Entwicklung verliert der Spieler seinen Einsatz von 500$. Am Konto des Spielers wird abgerechnet und ein neues Spiel kann gestartet werden.

Die Fragestellung, die an uns damals gerichtet worden war, war die Frage nach der korrekten (und schnellen) Berechnung der Quote.

10.12.2   Die Berechnung der Quote

Der Ausgangspunkt unserer Analyse war die Annahme, dass sich der SPX nach einer (kontinuierlichen) geometrischen Brown'schen Bewegung entwickelt. (Die Annahme der Kontinuierlichkeit wird später übrigens noch einmal zu hinterfragen sein!) Bezeichnen wir die Entwicklung des SPX also mit $S(t)$, dann gilt $S(t) = S(0) \cdot e^{\mu \cdot t + \sigma \cdot W_t}$ mit einer Brown'schen Bewegung W_t.

Die nächste Annahme war die, dass wir für den Wert σ einfach den momentanen Wert des VIX verwenden würden. Jegliche seriöse Schätzung eines Trends μ für eine Entwicklung des SPX in den kommenden 90 Sekunden ist aller Voraussicht nach zum Scheitern verurteilt, daher wurde eine risiko-neutrale Entwicklung angenommen, also ein Trend μ der Form $\mu = r - \frac{\sigma^2}{2}$ mit einem täglichen kurzfristigen risikolosen Dollar-Zinssatz r.

Um die Quote zu bestimmen, war also die Wahrscheinlichkeit P dafür zu berechnen, dass der Kurs $S(t)$ das Rechteck berühren würde.

Ist diese Wahrscheinlichkeit bekannt, dann ist die Quote 1 : x so zu bestimmen, dass das Spiel für beide Seiten ein faires Spiel ist, dass also der Erwartungswert des Gewinnes gleich Null ist. Es ergibt sich für die Quote damit die Gleichung $P \cdot (x - 1) + (1 - P) \cdot (-1) = 0$ und Umformen liefert $x = \frac{1}{P}$.

Wir gehen nun also an die Berechnung der Wahrscheinlichkeit P.

Eine Berührung des Rechtecks B durch den SPX-Kurs kann auf drei verschiedene Weisen geschehen:

Fall 1: Der Kurs berührt das Rechteck an seiner linken Seite (rote Entwicklung in Abbildung 10.109)

Fall 2: Der Kurs berührt das Rechteck erstmals an seiner oberen Seite (blaue Entwicklung in Abbildung 10.109)

Fall 3: Der Kurs berührt das Rechteck erstmals an seiner unteren Seite (violette Entwicklung in Abbildung 10.109)

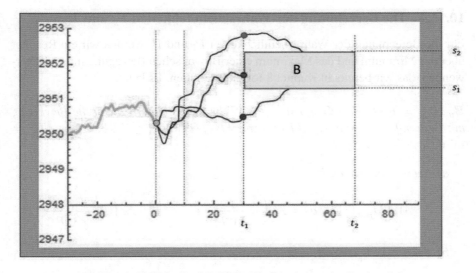

Abbildung 10.109: Drei Fälle für die Berührung des Rechtecks

Wir bezeichnen die Wahrscheinlichkeit dafür, dass der Fall i eintritt mit P_i. Dann gilt offensichtlich (da sich die drei Fälle gegenseitig ausschließen) $P = P_1 + P_2 + P_3$.

10.12.3   Die Berechnung der Wahrscheinlichkeit P_1

Die Berechnung der Wahrscheinlichkeit P_1 ist sehr leicht bewerkstelligt. Mit den in Abbildung 10.109 illustrierten Bezeichnungen t_1, t_2, s_1 und s_2 gilt einfach (mit einer standard-normalverteilten Zufallsvariablen w und mit W bezeichnen wir die Wahrscheinlichkeit für das in der nachfolgenden Klammer definierte Ereignis):

$$
\begin{aligned}
P_1 &= W\left(s_1 \leq S(t_1) \leq s_2\right) = \\
&= W\left(s_1 \leq S(0) \cdot e^{\mu \cdot t_1 + \sigma \cdot W_{t_1}} \leq s_2\right) = \\
&= W\left(s_1 \leq S(0) \cdot e^{\mu \cdot t_1 + \sigma \cdot \sqrt{t_1} \cdot w} \leq s_2\right) = \\
&= W\left(\log\left(\frac{s_1}{S(0)}\right) \leq \mu \cdot t_1 + \sigma \cdot \sqrt{t_1} \cdot w \leq \log\left(\frac{s_2}{S(0)}\right)\right) = \\
&= W\left(\frac{\log\left(\frac{s_1}{S(0)}\right) - \mu \cdot t_1}{\sigma \cdot \sqrt{t_1}} \leq w \leq \frac{\log\left(\frac{s_2}{S(0)}\right) - \mu \cdot t_1}{\sigma \cdot \sqrt{t_1}}\right) = \\
&= \mathcal{N}\left(\frac{\log\left(\frac{s_2}{S(0)}\right) - \mu \cdot t_1}{\sigma \cdot \sqrt{t_1}}\right) - \mathcal{N}\left(\frac{\log\left(\frac{s_1}{S(0)}\right) - \mu \cdot t_1}{\sigma \cdot \sqrt{t_1}}\right),
\end{aligned}
$$

wobei $\mathcal{N}$ wieder die Verteilungsfunktion der Standard-Normalverteilung bezeichnet (und $\mu = r - \frac{\sigma^2}{2}$ gesetzt wird).

10.12.4   Die Berechnung der Wahrscheinlichkeiten P_2 und P_3

Für die Berechnung der Wahrscheinlichkeiten P_1 und P_2 werden wir ein Resultat über das Minimum und das Maximum einer Brown'schen Bewegung mit Drift verwenden, das wir bereits in Kapitel 8 formuliert hatten. Es lautet:

$B_{\mu,\sigma}(t) := \mu \cdot t + \sigma \cdot B_t$ *für* $0 \leq t \leq T$ *bezeichne eine Brown'sche Bewegung mit Drift auf* $[0, T]$ *und* $M_{\mu,\sigma}(T) := \max(B_{\mu,\sigma}(t) \,|\, 0 \leq t \leq T)$ *bzw.* $m_{\mu,\sigma}(T) := \min(B_{\mu,\sigma}(t) \,|\, 0 \leq t \leq T)$

a) Sei $a > 0$*. Dann gilt*

$$
W\left(M_{\mu,\sigma}(T) \leq a\right) = \mathcal{N}\left(\frac{a - \mu \cdot T}{\sigma\sqrt{T}}\right) - e^{2 \cdot \frac{\mu \cdot a}{\sigma^2}} \cdot \mathcal{N}\left(-\frac{a + \mu \cdot T}{\sigma\sqrt{T}}\right)
$$

b) Sei $a < 0$*. Dann gilt*

$$
W\left(m_{\mu,\sigma}(T) \leq a\right) = \mathcal{N}\left(\frac{a - \mu \cdot T}{\sigma\sqrt{T}}\right) + e^{2 \cdot \frac{\mu \cdot a}{\sigma^2}} \cdot \mathcal{N}\left(\frac{a + \mu \cdot T}{\sigma\sqrt{T}}\right)
$$

Wir starten mit der Bestimmung von P_2 (die Bestimmung von P_3 verläuft dann ganz analog). Damit Fall 2 eintreten kann, muss

1. $S(t_1)$ einen Wert z größer als s_2 haben und

2. muss $\min_{t_1 < t < t_2}$ kleiner gleich s_2 sein

Da $S(t_1) = S(0) \cdot e^{\mu \cdot t_1 + \sigma \cdot \sqrt{t_1} \cdot w}$ gilt, ist $S(t_1) = z$ gleichbedeutend mit

$w = \frac{\log\left(\frac{z}{S(0)}\right) - \mu \cdot t_1}{\sigma \cdot \sqrt{t_1}}$ und $S(t_1) > s_2$ ist gleichbedeutend mit $w > \frac{\log\left(\frac{s_2}{S(0)}\right) - \mu \cdot t_1}{\sigma \cdot \sqrt{t_1}}$.

Es ist daher

$$P_2 = \int_L^\infty \frac{1}{\sqrt{2\pi}} \cdot e^{-\frac{w^2}{2}} \cdot$$

$$\cdot W \left(\min_{t_1 < t < t_2} S(t) < s_2 \,\Big|\, S(t_1) = S(0) \cdot e^{\mu \cdot t_1 + \sigma \cdot \sqrt{t_1} \cdot w} \right) dw,$$

wobei $L = \frac{\log\left(\frac{s_2}{S(0)}\right) - \mu \cdot t_1}{\sigma \cdot \sqrt{t_1}}$.

Hier haben wir anschaulich formuliert folgendes gemacht: Es wurde über alle möglichen Werte von w „aufsummiert" und zwar wurde der jeweilige Wert w mit seiner „Wahrscheinlichkeit" (seiner Dichte!) gewichtet und diese „Wahrscheinlichkeit des Auftretens von w" mit der Wahrscheinlichkeit multipliziert, dass unter der Voraussetzung des Eintretens von w dann tatsächlich $\min_{t_1 < t < t_2} S(t) < s_2$ gilt.

Wir müssen uns nun nur noch mit der Bestimmung der Wahrscheinlichkeit $W \left(\min_{t_1 < t < t_2} S(t) < s_2 \,\Big|\, S(t_1) = S(0) \cdot e^{\mu \cdot t_1 + \sigma \cdot \sqrt{t_1} \cdot w} \right)$ befassen.

Da für ein t zwischen t_1 und t_2 (mit einer Brown'schen Bewegung B) gilt $S(t) = S(t_1) \cdot e^{\mu(t - t_1) + \sigma \cdot B_{t - t_1}}$, ist $\min_{t_1 < t < t_2} S(t) < s_2$ gleichbedeutend mit

$\mu \cdot (t - t_1) + \sigma \cdot B_{t - t_1} < \log\left(\frac{s_2}{S(t_1)}\right)$ für ein t zwischen t_1 und t_2 also

$\mu \cdot \tau + \sigma \cdot B_\tau < \log\left(\frac{s_2}{S(t_1)}\right)$ für ein τ zwischen 0 und $t_2 - t_1$.

Die letzte Beziehung wiederum ist äquivalent mit $m_{\mu,\sigma}(t_2 - t_1) < \log\left(\frac{s_2}{S(t_1)}\right)$.
Also gilt

$$W \left(\min_{t_1 < t < t_2} S(t) < s_2 \,\Big|\, S(t_1) = S(0) \cdot e^{\mu \cdot t_1 + \sigma \cdot \sqrt{t_1} \cdot w} \right) =$$

$$= W \left(m_{\mu,\sigma}(t_2 - t_1) < \log\left(\frac{s_2}{S(t_1)}\right) \right).$$

Die letzte Wahrscheinlichkeit berechnen wir mit Hilfe des oben angeführten Resultats über die Verteilung der Minima einer Brown'schen Bewegung mit Drift. Wir erhalten

$$W \left(m_{\mu, \sigma \cdot \sqrt{\tau}}(t_2 - t_1) < \log\left(\frac{s_2}{S(t_1)}\right) \right) =$$

$$= \mathcal{N} \left(\frac{\log \left(\frac{s_2}{S(t_1)} \right) - \mu \cdot (t_2 - t_1)}{\sigma \sqrt{t_2 - t_1}} \right) +$$

$$+ e^{2 \cdot \frac{\mu \cdot \log \left(\frac{s_2}{S(t_1)} \right)}{\sigma^2}} \cdot \mathcal{N} \left(\frac{\log \left(\frac{s_2}{S(t_1)} \right) + \mu \cdot (t_2 - t_1)}{\sigma \sqrt{t_2 - t_1}} \right).$$

Hier ist jetzt dann noch für $S(t_1)$ die Beziehung
$S(t_1) = S(0) \cdot e^{\mu \cdot t_1 + \sigma \cdot \sqrt{t_1} \cdot w} := z(w)$ zu setzen und wir erhalten

$$W \left(m_{\mu, \sigma \cdot \sqrt{\tau}}(t_2 - t_1) < \log \left(\frac{s_2}{S(t_1)} \right) \right) =$$

$$= \mathcal{N} \left(\frac{\log \left(\frac{s_2}{z(w)} \right) - \mu \cdot (t_2 - t_1)}{\sigma \sqrt{t_2 - t_1}} \right) +$$

$$+ e^{2 \cdot \frac{\mu \cdot \log \left(\frac{s_2}{z(w)} \right)}{\sigma^2}} \cdot \mathcal{N} \left(\frac{\log \left(\frac{s_2}{z(w)} \right) + \mu \cdot (t_2 - t_1)}{\sigma \cdot \sqrt{t_2 - t_1}} \right).$$

Einsetzen in die obige Integraldarstellung für P_2 liefert

$$P_2 = \int_L^{\infty} \frac{1}{\sqrt{2\pi}} \cdot e^{-\frac{w^2}{2}} \cdot$$

$$\cdot \left(\mathcal{N} \left(\frac{\log \left(\frac{s_2}{z(w)} \right) - \mu \cdot (t_2 - t_1)}{\sigma \sqrt{t_2 - t_1}} \right) + \right.$$

$$\left. + e^{2 \cdot \frac{\mu \cdot \log \left(\frac{s_2}{z(w)} \right)}{\sigma^2}} \cdot \mathcal{N} \left(\frac{\log \left(\frac{s_2}{z(w)} \right) + \mu \cdot (t_2 - t_1)}{\sigma \sqrt{t_2 - t_1}} \right) \right) \, dw,$$

mit $z(w) = S(0) \cdot e^{\mu \cdot t_1 + \sigma \cdot \sqrt{t_1} \cdot w}$ und $\mu = r - \frac{\sigma^2}{2}$.

Für die konkrete Anwendung versuchen wir gar nicht, dieses Integral in eine angenehmere Form zu bringen, sondern lassen das Integral mit Hilfe von mathematischer Software mittels numerischer Methoden näherungsweise lösen. Das ist in „real-time" leicht mit ausreichender Präzision möglich.

Mit der ganz analogen Vorgangsweise und unter Verwendung der Formel für die Verteilung des Maximums einer Brown'schen Bewegung mit Drift folgt für die dritte Wahrscheinlichkeit

$$P_3 = \int_{-\infty}^{\frac{\log \left(\frac{s_2}{S(0)} \right) - \mu \cdot t_1}{\sigma \cdot \sqrt{t_1}}} \frac{1}{\sqrt{2\pi}} \cdot e^{-\frac{w^2}{2}} \cdot$$

$$\cdot \left(1 - \mathcal{N} \left(\frac{\log\left(\frac{s_1}{z(w)}\right) - \mu \cdot (t_2 - t_1)}{\sigma \sqrt{t_2 - t_1}} \right) + \right.$$

$$\left. + e^{2 \cdot \frac{\mu \cdot \log\left(\frac{s_1}{z(w)}\right)}{\sigma^2}} \cdot \mathcal{N} \left(-\frac{\log\left(\frac{s_1}{z(w)}\right) + \mu \cdot (t_2 - t_1)}{\sigma \sqrt{t_2 - t_1}} \right) \right) \right) dw.$$

10.12.5 Test der Ergebnisse mittels Monte Carlo-Simulation und abschließende Bemerkungen

Zur Bestätigung der Ergebnisse haben wir eine Testung mit Hilfe von Monte Carlo-Simulation vorgenommen. Für das in Abbildung 10.110 illustrierte Beispiel betrug die berechnete Trefferwahrscheinlichkeit $P = 0.4865$ und die Quote somit 1 : 2.055.

Die Wahrscheinlichkeit P ergab sich dabei als Summe der Werte $P_1 = 0.1077$, $P_2 = 0.0967$ und $P_3 = 0.2821$.

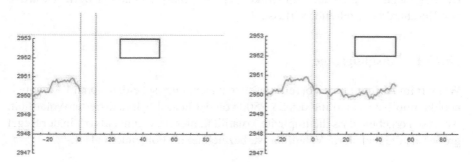

Abbildung 10.110: Berechnungs- und Test-Beispiel

Zu Testzwecken wurden nun 10.000 Fortsetzungen des Anfangspfades auf Basis der geometrischen Brown'schen Bewegung mit den oben gewählten Parametern simuliert und die Anzahl der Treffer bzw. genauer die Anzahl der Pfade für die Fall 1, Fall 2 oder Fall 3 eingetreten war gezählt. Dadurch erhielt man empirische Näherungen $\widetilde{P_1}, \widetilde{P_2}$ und $\widetilde{P_3}$ für P_1, P_2 und P_3.

Dabei erwies sich folgende Tatsache: Wurden die Simulationsschritte mit der Länge 1 Sekunde gewählt, so ergaben sich zwar sehr gute Näherungen durch $\widetilde{P_1}$ für P_1, die Werte $\widetilde{P_2}$ bzw. $\widetilde{P_3}$ lagen dagegen merklich unter den Werten P_2 bzw. P_3.

Erst wenn die Simulationsschritte noch im Bereich von Zehntel-Sekunden (oder kürzer) gewählt wurden, ergaben auch $\widetilde{P_2}$ und $\widetilde{P_3}$ sehr gute Näherungen für P_2 bzw. P_3.

Der Grund für die Diskrepanz bei größeren Simulationsschritten liegt darin, dass in diesem Fall die tatsächlich diskreten simulierten Pfade zu weit von kontinuierlichen Pfaden abweichen, für die die theoretischen Berechnungen durchgeführt wurden.

Für Tickdaten im SPX sollten die entstehenden Pfade aber kontinuierlichen Pfaden nahe genug sein, um die theoretischen Resultate zur verlässlichen Quotenbildung heranziehen zu können. (Andernfalls müssten die theoretischen Resultate noch geeignet adaptiert werden).

10.13   Handelsstrategien auf Basis von Hedging

Hedging bietet eine Möglichkeit, sich beim Verkauf von Derivaten gegen Verluste abzusichern. Wie wir in diesem Abschnitt sehen werden, kann es aber auch genutzt werden, um Strategien zu entwickeln, mit welchen bei Abweichungen des Finanzmarktes vom friktionslosen Markt Gewinne erzielt werden können. Diese Überlegungen basieren auf dem Artikel [1]. Die Analysen und der Bericht wurden von Bernhard Heinzelreiter verfasst.

10.13.1   Ausgangslage

Wie wir im Abschnitt 5.17 bereits gesehen haben, unterscheiden sich im Allgemeinen die implizite Volatilität des S&P500 von der tatsächlich realisierten Volatilität. Analysen ergeben, dass die implizite Volatilität, hier bezeichnet als σ^i, in der Regel größer als die realisierte Volatilität ist, bezeichnet im Folgendem als σ.

Des Weiteren wurde im Abschnitt 4.22 die Abhängigkeit von Call-Optionspreisen von der Volatilität diskutiert. Es wurde festgestellt, dass der faire Preis einer Call-Option monoton mit der zur Berechnung verwendeten Volatilität steigt. Daraus folgt umgekehrt auch, dass eine höhere Volatilität einen höheren Preis der Option impliziert.

Mit diesen beiden Gegebenheiten, einerseits der häufig zu hohen impliziten Volatilität und andererseits dem Zusammenhang zwischen Optionspreisen und der Volatilität, können wir folgern, dass die Preise von Call-Optionen auf den S&P500 in der Regel zu hoch sind, d.h. dass diese überteuert sind. Wir haben also festgestellt, dass Call-Optionen im Sinne der Arbitrage-Theorie häufig zu teuer gehandelte Finanzprodukte darstellen, also nicht zu ihrem fairen Preis gehandelt werden. Hat ein Produkt nicht seinen fairen Preis, so ist uns bekannt, dass sich dadurch Möglichkeiten der Arbitrage ergeben. An diesem Punkt stellt sich daher die Frage, ob eine Möglichkeit besteht, aus der Überteuerung der Call-Optionen einen langfristig systematischen Gewinn zu ziehen?

10.13.2 Eine erste Idee einer Handelsstrategie

Betrachten wir nun eine konkrete Call-Option, welche im obigen Sinn überteuert ist. Nehmen wir gleichzeitig an, wir würden die tatsächlich während der Laufzeit der Option realisierte Volatilität σ kennen. Wir bezeichnen im Folgenden den fairen Preis der Option mit C, wenn für die Volatilität die realisierte Volatilität verwendet wird und den mit der impliziten Volatilität berechneten fairen Preis mit C^i. Der Preis C^i ist auch gleichzeitig jener Preis der Option, mit welchem diese am Markt angeboten wird.

10.13.2.1 Die Strategie

Eine intuitive Herangehensweise an eine Handelsstrategie ist, das überteuerte Produkt zu verkaufen, d.h. die Call-Option short zu gehen. Damit bekommen wir C^i und somit im Sinne der Arbitrage-Theorie zu viel für unser Produkt. Einen sicheren Gewinn stellt dieser Kauf jedoch noch nicht dar, da die Call-Option Short-Position große Verluste mit sich bringen kann. Offen ist also noch, wie wir weiter vorgehen/handeln, um einen Gewinn zu sichern. Dazu bietet sich Hedging an.

Wir sind nun im Besitz einer Call-Option Short-Position. Nach Abschnitt 4.18 wissen wir, dass sich eine Call-Option durch Hedging absichern lässt. Da die realisierte Volatilität σ und nicht σ^i ist, reicht für das Hedging ein Anfangskapital von C aus und wir erstellen und handeln ein replizierendes Portfolio der Option. Es sei hier bemerkt, dass für das Hedging und insbesondere zur Berechnung des Deltas die realisierte Volatilität herangezogen wird. Es ergibt sich dann für unser gesamtes Portfolio folgende Entwicklung:

Der Wert des Portfolios am Anfang ist 0 und setzt sich zusammen aus

- Call-Option Short-Position $\qquad\qquad -C^i$
- Replizierendes Portfolio $\qquad\qquad\qquad C$
- Cash $\qquad\qquad\qquad C^i - C > 0,$

wobei der rechte Ausdruck den Wert zum aktuellen Zeitpunkt darstellt. Zur Zeit der Fälligkeit der Option haben die Komponenten des Portfolios dann bei einem Kurs des Underlyings von S_T den Wert

- Call-Option Short-Position $\quad -\max\left(S_T - K, 0\right)$
- Replizierendes Portfolio $\qquad \max\left(S_T - K, 0\right)$
- Cash $\qquad\qquad\qquad e^{rT}(C^i - C).$

In Summe ergibt sich also ein Endwert von $e^{rT}(C^i - C) \geq 0$. Die Strategie wirft also in der Theorie zum Zeitpunkt der Fälligkeit sicheren Gewinn ab. Die Vorgehensweise in dieser Strategie lässt sich auch, wie folgt, kurz zusammenfassen:

1. Gehe überteuerte Call-Option short

2. Hedge die Call-Option Short-Position bis zur Fälligkeit auf Basis der tatsächlichen Volatilität

10.13.2.2 Umsetzung in der Realität

In der Realität lässt sich diese Strategie nur mit gewissen Einschränkungen durchführen. Mit Hedging sind durch den ständigen Handel Transaktionskosten verbunden und es können beim Handel des replizierenden Portfolios nicht alle Produkte in einfacher Stückelung sondern nur in Kontrakten gehandelt werden. Diese Einschränkungen in der Strategie stellen Abweichungen von der Theorie dar, verlieren aber mit steigender Investition an Relevanz.

Andererseits ist die Höhe des investierten Kapitals in der Realität nach oben beschränkt und es ist auch im Interesse des Investors, diese gering zu halten. Die Strategie bringt zu jedem Zeitpunkt eine gewisse Kapitalbindung mit sich. Dieses Kapital ist einerseits durch die Call-Option Short-Position und durch das Hedging gegeben. Durch den Besitz von Call-Short-Positionen muss man eine gewisse Margin hinterlegen. Diese Margin setzt sich einerseits aus einem gewissen prozentuellen Anteil des Strikes, wir gehen hier von 15% aus, und dem aktuellen Preis der Option zusammen. Führt man das Hedging nun mit einem replizierenden Portfolio basierend auf einer direkten Investition in den S&P500 durch, so fordert das Hedging einen hohen Kapitaleinsatz. In Summe ergibt das ein relativ zum Gewinn gemessen sehr hohes Grundkapital. Um die Kapitalbindung gering zu halten, wird hier Hedging mithilfe von Futures auf den S&P500 durchgeführt. Damit ergeben sich zwei Vorteile. Einerseits haben Futures den Preis 0 und man benötigt nur eine Margin von circa 5% des Strikes und andererseits werden Futures täglich abgerechnet, wodurch wir jeden Tag den Wert des replizierenden Portfolios in Cash besitzen. Der Preis der Call-Option Short-Position und der Wert des replizierenden Portfolios heben sich damit zu einem großen Anteil auf. Damit kann das Mindestinvestment der Strategie auf etwa ein Viertel reduziert werden. Das benötigte Investment I_t der Strategie zum Zeitpunkt t setzt sich also im Wesentlichen zusammen aus

$$I_t = \underbrace{0.15 \cdot K + C_t^i}_{\text{Margin der Option}} + \underbrace{0.05 \cdot S_t - C_t}_{\text{replizierendes Portfolio}} ,$$

wobei der Subindex t den jeweiligen Wert zum Zeitpunkt t andeutet. Im Speziellen stellt S_t den Wert des S&P500 zum Zeitpunkt t dar. Die Strategie erfordert also zur Ausführung ein Kapital von

$$I = \max_{t \in [0,T]} I_t.$$

Alle in diesem Abschnitt angeführten Einschränkungen und Gegebenheiten im realen Handel werden in den folgenden Experimenten berücksichtigt und somit bei den Analysen reale Bedingungen geschaffen.

10.13.2.3 Schätzung der realisierten Volatilität

Zum Zeitpunkt 0 der Ausführung der Strategie ist natürlich noch nicht gewiss, welchen Wert die tatsächliche realisierte Volatilität im betrachteten zukünftigen Zeitraum, in dem die Strategie durchgeführt wird, annehmen wird. Es darf für das Testen der Strategie nur Wissen, das zu diesem Zeitpunkt zur Verfügung steht, im Speziellen historische Kurswerte, herangezogen werden. Hier wird für die Schätzung der realisierten Volatilität in der Zukunft die historische Volatilität zum Zeitpunkt 0 herangezogen. Für den Zeitraum zur Berechnung der historischen Volatilität hat es sich bei dieser Strategie bewährt, die 3-monatige historische Volatilität berechnet auf Tagesbasis zu verwenden. Kleinere Zeiträume bringen zu hohe Schwankungen der Volatilität mit sich und liefern keine brauchbaren Werte für die Zukunft.

10.13.2.4 Ausführung der Strategie an einem Beispiel

Um zu erläutern, wie die Strategie nun in der Realität ausgeführt werden kann, wird ein konkretes Beispiel herangezogen und anhand dessen die Vorgangsweise erläutert.

Wir wählen eine Call-Option am 1. September 2017 mit Fälligkeit 3. November 2017, d.h. die Option hat eine Laufzeit von etwa 2 Monaten. Für den Strike der Option orientieren wir uns am Wert des S&P500, welcher am 1. September 2017 einen Schlusskurs von 2476.95 aufweist. Der nähest mögliche Strike an diesem Schlusskurs liegt bei 2475. Die Option wird zu einem Preis von 42.38 USD angeboten.

Wir schätzen die zukünftige realisierte Volatilität mit den historischen Daten der vergangenen drei Monate. Diese Schätzung ergibt 7.51%. Der VIX liegt zu diesem Zeitpunkt bei 10.59. Es liegt also eine beträchtliche Differenz vor. Wichtig ist jedoch die Differenz des angebotenen Optionspreises zu dem von uns geschätzten und berechneten fairen Preis. Verwendet man die geschätzte Volatilität, ergibt sich ein Preis von 26.48 USD, was eine Differenz von 15.90 USD bedeutet. Diese Option ist also überteuert, falls sich tatsächlich eine realisierte Volatilität in der Größenordnung von 7.51% ergibt.

Nachdem alle Voraussetzungen zur Ausführung der Strategie gegeben sind, gehen wir zuerst die Option short. Um nun jedoch ausreichend gut Hedging betreiben zu können, müssen wir, wie wir oben bemerkt haben, dieses Hedging auf Basis mehrerer Optionskontrakte durchführen. Da wir mit Futures hedgen und diese in ihrer kleinsten Form in Kontrakten der Größe 50 gehandelt werden, führen wir die Strategie mit $50 \cdot 100 = 5000$ Stück unserer Option, also mit 50 Kontrakten durch. Damit erhalten wir gesamt $42.38 \cdot 5000 = 211.900$ USD. Diese Optionen erfordern eine Margin in Prozent des Strikes und des aktuellen Preises und zwar circa

$(0.15 \cdot 2475 + 42, 38) \cdot 5000 = 2.068.150$ USD.

Um nun unser Hedging-Portfolio aufzusetzen, geben wir 211.900 USD in dieses Portfolio und kaufen Delta Stück Futures auf den S&P500 pro Option. Da wir mit der geschätzten Volatilität hedgen, müssen wir zur Berechnung des Deltas auch diese Volatilität verwenden. Damit ist das Delta zu diesem Zeitpunkt 0.51. Das ergibt gesamt $0.51 \cdot 5000 = 2550$ Stück des Futures. Da wir Futures nur in Kontrakten handeln können, müssen wir diese Anzahl auf ein Vielfaches von 50 runden. Das ist jedoch in diesem konkreten Fall nicht notwendig. Der Strike der Futures befindet sich in etwa beim aktuellen Preis des S&P500, damit müssen wir für die Futures eine Margin von circa $0.05 \cdot 2476.55 \cdot 2550 \approx 315.760$ USD aufbringen. Das ergibt gesamt eine Margin von $2.068.150 + 315.760 = 2.383.910$ USD. Auf der anderen Seite besitzen wir 211.900 USD in Cash. Das heißt, wir benötigen ein zusätzliches Kapital von mindestens 2.172.010 USD.

Am zweiten Handelstag erfolgt dann die Abrechnung der gekauften Futures. Für exaktes Hedging muss die Anzahl der gehaltenen Futures adjustiert werden. Dazu berechnet man das neue Delta an diesem Tag. Je nachdem ob dieses Delta größer oder kleiner als jenes vom vorigen Handelstag ist, muss man neue Futures kaufen oder wieder verkaufen, um auf die gewünschte Anzahl zu kommen. Die Berechnung der neuen Margin erfolgt genau wie vorhin, nur müssen die aktuellen Werte der Optionen und der Futures verwendet werden. Die maximal nötige Margin die sich solcherart während des konkreten Handelsmonats ergeben hätte, wäre bei 2.557.630 USD gelegen.

Diese Vorgehensweise wird bis zum Zeitpunkt der Fälligkeit der Option wiederholt. Am Ende hat das replizierende Portfolio einen Wert von $109.85 \cdot 5000 = 549.250$ USD. Der SPX hatte am 3. November 2017 einen Schlusskurs von 2587.84. Die Call-Option hatte daher einen Payoff von $112.84 \cdot 5000 = 564200$ Dollar. Da wir die Option short gegangen waren, müssen wir diesen Payoff zahlen. Des Weiteren haben wir zu Beginn noch die Differenz von 15.90 pro Option erhalten, das sind $15.90 \cdot 5000 = 79.500$ Dollar. Die Verzinsung ist auf so kurzem Zeitraum vernachlässigbar. Damit hat die Strategie den Endwert $549.250 + 79.500 - 564200 = 64.550$ USD. Damit wir einen Eindruck der Höhe dieses Gewinnes bekommen, müssen wir diesen in Relation zur maximalen Margin stellen, d.h. wir haben eine Rendite von $64.550/2557630 \approx 2.52\%$ erzielt. Umgerechnet entspricht das einer jährlichen Rendite, von 16.13%.

10.13.2.5   Analyse der Strategie durch Backtesting

Es werden nun Backtests der oben geschilderten Strategie durchgeführt. Dafür wird der Zeitraum Jänner 2017 bis Februar 2019 betrachtet. Die Strategie wird jeweils an einem Handelstag pro Monat ausgewertet. Konkret wird dazu der erste Handelstag im jeweiligen Monat herangezogen.

Die tatsächliche Volatilität wird dann mit den historischen Daten von drei Monaten vor diesem Handelstag bis zum Handelstag geschätzt und die implizite Volatilität aus dem VIX ermittelt. Ist der Handelstag fixiert, sind noch der Strike und die Laufzeit zu wählen. Zur Wahl der Strikes der betrachteten Call-Optionen werden gewisse Werte im Bereich des aktuellen Wertes des Underlyings herangezogen. Dazu wird der aktuelle Preis des S&P500 auf 25 gerundet. Das ist dann der Basis-Strike K_0. Wir ermitteln auf Basis von K_0 alle betrachteten Strikes mit $K = K_0 + dK$ mit $dK \in \Delta_K = \{-100, -50, -25, 0, 25, 50, 100\}$. Die Fälligkeiten der Optionen werden so gewählt, dass diese möglichst nahe bei ein, zwei oder drei Monaten liegen. Das ergibt pro Monat 21 Experimente.

Die Resultate werden in Abbildung 10.111 dargestellt. In der Graphik sind dabei der VIX und die 3-monatige historische Volatilität, wie sie oben beschrieben wird, zum jeweiligen Zeitpunkt dargestellt. Jeder Punkt repräsentiert eine Ausführung der Strategie mit einem Optionstyp. Der damit verbundene y-Wert ist dann der Gewinn der Strategie relativ zum Mindestkapitaleinsatz I umgerechnet in annualisierte Rendite. Pro Monat stehen die diversen vertikal übereinanderstehenden Werte für je eine Konfiguration, d.h. verschiedene Laufzeiten und Strikes. Die unterschiedlichen Farben wiederum dienen dazu, zwischen den Laufzeiten von 1, 2 oder 3 Monaten zu unterscheiden.

Der Graphik ist abzulesen, dass die Strategie im Wesentlichen Gewinne liefert – unter anderem auch erhebliche Gewinne –, jedoch in vereinzelten Fällen Verluste verzeichnet. Im Jänner 2018 betragen die stärksten Verluste sogar etwa 70% des Investments. Der Großteil der Ergebnisse der Strategie bis zum Jahr 2018 liegt in etwa im Bereich von minus 5 bis plus 10 Prozent annualisierter Rendite. Danach treten zu großen Teilen starke Verluste auf. Das benötigte Mindestinvestment befindet sich in der Größenordnung von 2 Mio. USD.

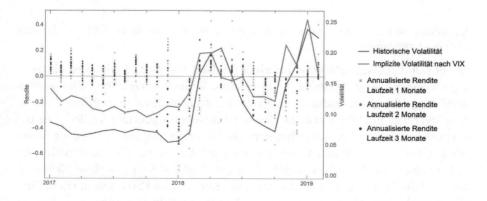

Abbildung 10.111: Analyse der ersten Strategie im Zeitraum Jänner 2017 bis Februar 2019 ohne Erweiterung

10.13.2.6 Erweiterung der Strategie

Im vorigen Abschnitt haben wir gesehen, dass die Strategie nicht immer Gewinne abwirft. In der Realität sind also *besonders* gute Voraussetzungen zur Ausführung der Strategie nötig. In Zahlen ausgedrückt bedeutet das, dass C^i stark von C abweichen sollte, also die Differenz $C^i - C$ eine gewisse Schranke überschreiten sollte. Als Erweiterung der Strategie kann man also noch eine Mindestschranke δ für diese Differenz einführen, um zu entscheiden, ob die Strategie durchgeführt wird. Das heißt, die Strategie wird genau dann ausgeführt, wenn $C^i - C \geq \delta$. Die Wahl des δ wird in diesem Artikel konkret als 10% des Optionspreises C^i gewählt. Des weiteren wird der maximale momentane Verlust in jedem Handelszeitpunkt betrachtet. Unterschreitet dieser den Wert von 90% des Gesamtinvestments, wird die Strategie abgebrochen, um den maximalen Verlust einzuschränken. Mit dieser Erweiterung schneidet die Strategie historisch gesehen besser ab. Wie in Abbildung 10.112 zu sehen ist, werden einige Fälle, in denen starke Verluste gemacht worden wären, von Vorhinein ausgeschlossen. Es bleiben jedoch noch immer welche mit starken Verlusten übrig.

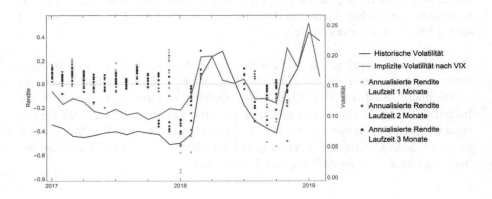

Abbildung 10.112: Analyse der ersten Strategie im Zeitraum Jänner 2017 bis Februar 2019 mit Erweiterung

Es hat sich herausgestellt, dass bei einer Laufzeit von circa 3 Monaten die Strategie weniger, und vor allem weniger extreme Verluste verzeichnet. Dies wird in Abbildung 10.113 veranschaulicht. Nichtsdestotrotz finden sich auch hier Fälle, in denen Verluste in Höhe von etwa 10% des Investments gemacht werden. Wir betrachten nun auch verschiedene Bereiche der Strikes, um zu sehen, ob eine gewisse Abhängigkeit zwischen dem Gewinn/Verlust und der Wahl des Strikes besteht. Dazu betrachten wir die Strikes, welche nahe am Geld und Strikes welche 50 Punkte über und 50 Punkte unter dem momentanen Kurs des S&P500 liegen. Diese Graphiken sind in den Abbildungen 10.114 – 10.116 zu sehen. Es ist zu sehen, dass die Verluste in diesen drei Fällen im Wesentlichen dann auftreten, wenn man den Strike in etwa 50 Punkte größer als der aktuelle Preis des S&P500 wählt. Betrachtet

Monat	Strike nahe SPX-Preis	Strike nahe SPX-Preis + 50	Strike nahe SPX-Preis - 50
		2017	
Jänner	9.13%	6.49%	13.77%
Februar	6.25%	2.68%	7.69%
März	9.82%	7.93%	8.43%
April	7.05%	-3.35%	11.38%
Main	1.85%	-15.52%	5.64%
Juni	-2.86%	-6.19%	5.55%
Juli	4.14%	0.72%	9.32%
August	1.30%	-1.80%	3.47%
September	10.91%	4.65%	14.76%
Oktober	5.07%	0.13%	8.77%
November	-36.02%	-33.74%	7.21%
Dezember	-38.13%	-32.28%	-35.79%
		2018	
Jänner	-30.72%	-30.11%	-35.36%
Februar	-10.79%	-4.01%	-17.98%
März	-	-	28.36%
Juli	-4.47%	-	7.77%
August	-20.40%	-15.38%	-31.34%
September	-5.95%	-2.22%	-13.44%
Oktober	-1.72%	0.87%	-8.55%
November	-5.07%	-7.29%	-1.18%

Tabelle 10.1: Jährliche Renditen der ersten Strategie im Zeitraum Jänner 2017 bis Februar 2019 mit Erweiterung bei verschiedenen Wahlen des Strikes und Laufzeit von etwa 3 Monaten

man nur die anderen beiden Fälle, bewegen sich die jährlichen Rendite großteils im Bereich von 3 bis 10%. Die genauen jährlichen Renditen sind in Tabelle 10.1 zu finden.

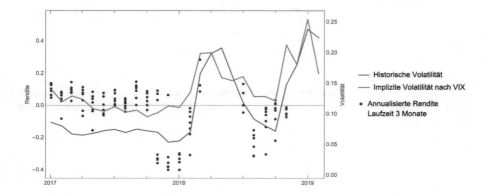

Abbildung 10.113: Analyse der ersten Strategie im Zeitraum Jänner 2017 bis Februar 2019 mit Laufzeit circa drei Monate mit Erweiterung

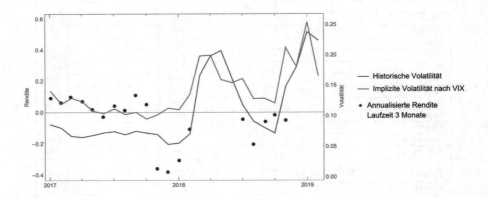

Abbildung 10.114: Analyse der ersten Strategie im Zeitraum Jänner 2017 bis Februar 2019 mit Laufzeit circa drei Monate und Strike nahe am S&P500-Stand plus 50 mit Erweiterung

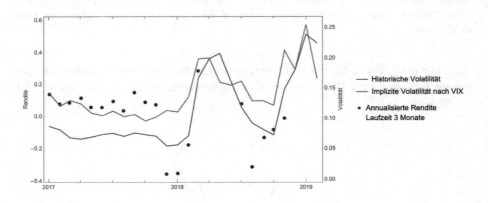

Abbildung 10.115: Analyse der ersten Strategie im Zeitraum Jänner 2017 bis Februar 2019 mit Laufzeit circa drei Monate und Strike nahe am S&P500-Stand minus 50 mit Erweiterung

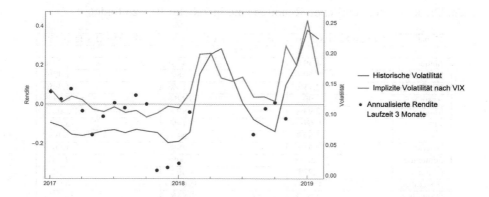

Abbildung 10.116: Analyse der ersten Strategie im Zeitraum Jänner 2017 bis Februar 2019 mit Laufzeit circa drei Monate und Strike nahe am S&P500-Stand mit Erweiterung

10.13.3 Eine zweite Variante der Strategie

Ein wesentlicher Nachteil der oben vorgestellten Strategie ist, dass es in jedem Fall notwendig ist zu schätzen, wie hoch die realisierte Volatilität tatsächlich ist. Es wurde eine mögliche Schätzung dieser Volatilität vorgestellt und verwendet, jedoch kann diese Herangehensweise in gewissen Fällen nicht zufriedenstellend sein. Dieses Problem wird in einer zweiten Strategie, einer leichten Abwandlung der ersten Strategie, beseitigt. Bei der zweiten Strategie wird genau gleich wie bei der ersten vorgegangen, nur wird bei dieser das Hedging nicht mit der realisierten Volatilität durchgeführt sondern mit der impliziten Volatilität. Es lässt sich zeigen, dass dann in der Theorie der Gewinn zur Fälligkeit noch immer stets nicht-negativ ist, falls die implizite Volatilität größer als die tatsächlich realisierte Volatilität ist. Für eine detaillierte Gewinnanalyse sei hier auf [1] verwiesen.

10.13.3.1 Analyse der Strategie durch Backtesting

Es wurden mit dieser Strategie dieselben Tests wie mit der ersten Strategie durchgeführt, wobei diese bereits die Erweiterung beinhalten. Die Resultate werden in Abbildung 10.117 dargestellt. Es ist zu sehen, dass die Resultate der zweiten Strategie eine ähnliche Struktur wie die der ersten aufweisen. Vor 2018 sind die höheren Renditen bei dieser zweiten Strategie noch höher, die Verluste bewegen sich in einem ähnlichen Bereich wie bei der ersten Strategie. Im Jahr 2018 ist bemerkenswert, dass bei der ersten Strategie fast ausschließlich Gewinne zu verzeichnen sind, bei der zweiten Strategie jedoch fast ausschließlich Verluste.

Ebenso wie bei der ersten Strategie wurde auch hier wieder in den Laufzeiten und den Strikes differenziert. Auch bei dieser Strategie bewährt es sich, längere Laufzeiten zu wählen, wie man in Abbildung 10.118 sehen kann. In den Abbildungen 10.118 – 10.120 wird wieder zwischen den verschiedenen Strikes unterschieden. Die konkreten jährlichen Renditen sind in Tabelle 10.2 zu finden.

Monat	Strike nahe SPX-Preis	Strike nahe SPX-Preis + 50	Strike nahe SPX-Preis - 50
	2017		
Jänner	4.49%	9.44%	5.06%
Februar	2.60%	4.28%	1.42%
März	17.71%	14.18%	11.39%
April	3.90%	3.22%	4.53%
Main	2.93%	-4.99%	2.08%
Juni	-0.07%	0.17%	3.90%
Juli	3.89%	3.54%	5.40%
August	-0.51%	-0.29%	1.06%
September	6.09%	3.60%	9.28%
Oktober	1.22%	-1.49%	4.34%
November	-40.44%	-35.07%	0.07%
Dezember	-33.62%	-30.91%	-36.63%
	2018		
Jänner	-30.92%	-32.11%	-35.80%
Februar	-23.37%	-22.09%	-20.03%
März	-	-	31.36%
Juli	-6.62%	-	0.77%
August	-20.00%	-18.10%	-24.79%
September	-18.49%	-16.40%	-20.41%
Oktober	-19.10%	-18.23%	-20.48%
November	2.17%	-6.72%	4.60%

Tabelle 10.2: Järhliche Renditen der zweiten Strategie im Zeitraum Jänner 2017 bis Februar 2019 mit Erweiterung bei verschiedenen Wahlen des Strikes und Laufzeit von etwa 3 Monaten

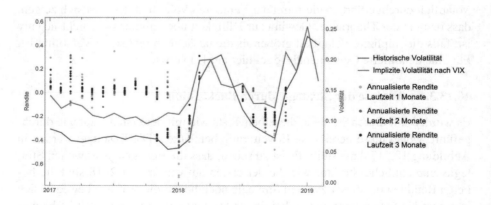

Abbildung 10.117: Analyse der zweiten Strategie im Zeitraum Jänner 2017 bis Februar 2019 mit Erweiterung

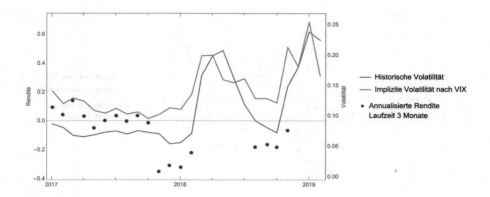

Abbildung 10.118: Analyse der zweiten Strategie im Zeitraum Jänner 2017 bis Februar 2019 mit Laufzeit circa drei Monate und Strike nahe am S&P500-Stand plus 50 mit Erweiterung

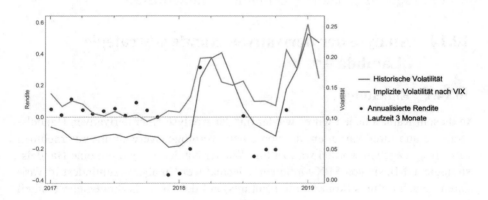

Abbildung 10.119: Analyse der zweiten Strategie im Zeitraum Jänner 2017 bis Februar 2019 mit Laufzeit circa drei Monate und Strike nahe am S&P500-Stand minus 50 mit Erweiterung

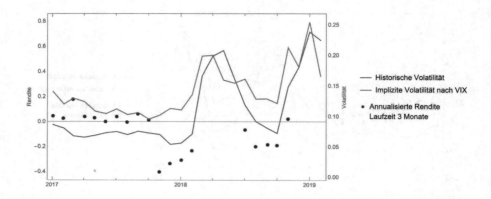

Abbildung 10.120: Analyse der zweiten Strategie im Zeitraum Jänner 2017 bis Februar 2019 mit Laufzeit circa drei Monate und Strike nahe am S&P500-Stand mit Erweiterung

Für weitere Experimente und Analysen der Strategie wird auf die Seite `https: //app.lsqf.org/book/option-hedging` verwiesen.

10.14 Analyse der derivativen Handels-Strategie „Lambda +"

10.14.1 Einleitung

In diesem Kapitel haben wir es wieder mit der Analyse einer derivativen Handels-strategie und ihrer Varianten, die von einem Vermögensverwaltungsunternehmen in Auftrag gegeben worden war, zu tun. Wieder handelt es sich um eine Handels-strategie auf Basis von SPX-Optionen. Diesmal werden aber – zumindest in Vari-anten – auch Futures (konkret mini-Futures) auf den SPX als Strategiebestandteil herangezogen.

Zu diesem Kapitel, also zur Analyse der Strategie und ihrer Varianten, ist wieder ei-ne umfangreiche Analyse-Software auf Basis historischer Optionspreise entwickelt worden, die den Lesern dieses Buchs zur Verfügung gestellt wird.
Siehe: `https://app.lsqf.org/Lambdastrategie`
In diesem Kapitel werden daher keine ausführlichen Test-Auswertungen durchge-führt, sondern es wird die Grundstrategie inklusive ihrer Varianten vorgestellt und motiviert, es wird die Verwendung des Analyse-Programms erläutert und es wer-den ein paar wenige Strategie-Auswertungen bereitgestellt. Ansonsten wird der Leser ermuntert, selbständig mit Hilfe des Analyse-Programms die Performan-ce verschiedenster Strategie-Varianten in der Vergangenheit nachzuspielen und zu überprüfen. Das Analyse-Programm wurde von Lukas Larcher entwickelt und pro-grammiert.

10.14.2 Definition der Strategie und ihrer Varianten

Den Namen erhält die Strategie durch die Grundstruktur, die in jeder Variante fixer Strategiebestandteil ist: Stets ist nämlich während der Laufzeit der Strategie eine Kombination aus einer Short-Position Call und einer Short-Position Put auf den SPX mit gleicher Laufzeit und mit gleichem Strike K offen.

In den meisten Varianten, insbesondere in der Grund-Variante liegt dabei bei Eröffnung der Strike K der Options-Kombination ziemlich genau am Geld, also möglichst in der Nähe des momentanen Stands des SPX.

Grundbestandteil ist daher stets eine Formation in der Gewinnfunktion, die die Form eines großen griechischen Lambda hat. Daher rührt die Bezeichnung „Lambda +" für diese Strategie-Gruppe (Lambda-Formation plus Varianten).

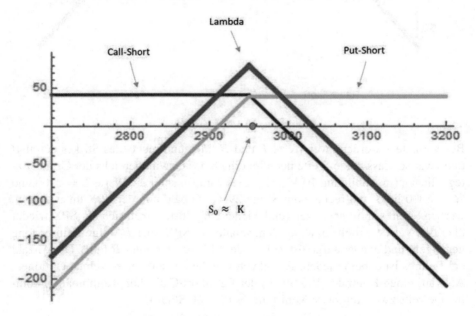

Abbildung 10.121: Grundstruktur Lambda +

Die Laufzeit der Optionen bei Eröffnung liegt im Regelfall bei circa 1 Woche bis 1 Monat.

Gegen mögliche Verluste in der Strategie wird mittels verschiedener Varianten versucht vorzubeugen:

Variante 1:

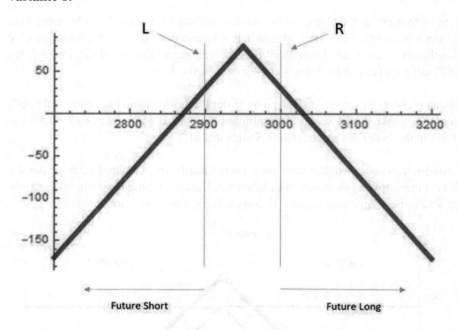

Abbildung 10.122: Variante 1

Bei Variante 1 werden zwei Werte L und R links und rechts des Strikes definiert
und zwar so, dass beide Werte noch innerhalb des Gewinnbereichs der Grundstrategie liegen (in Abbildung 10.122 sind dies zum Beispiel die Werte $L = 2900$ und
$R = 3000$ links und rechts vom Strike 2950). Sobald nun der SPX unter L fällt,
werden Futures short gegangen (und wieder aufgelöst, sobald sich der SPX wieder
über den Wert L erholt) bzw. werden, sobald der SPX über R steigt, Futures long
gegangen (und wieder aufgelöst, sobald der SPX wieder unter R fällt). Die Anzahl
der Futures ist dabei in jedem Fall gleich wie die Anzahl der einzelnen Optionen.
Also auf einen Kontrakt (100 Stück) der Put-Short/Call-Short-Kombination kommen jeweils zwei Kontrakte Mini-Futures (2×50 Stück).

Bei über R hinaus steigendem SPX neutralisieren die dabei entstehenden Gewinne
durch die Future-Long-Position die Verluste durch die Call-Short-Position. Bei unter L weiter fallendem SPX neutralisieren die dabei entstehenden Gewinne durch
die Future-Short-Position die Verluste durch die Put-Short-Position.

Bei einem Verlauf des SPX-Kurses während der Laufzeit der Strategie zwischen
L und R bzw. bei einem kontinuierlichen Anstieg über R hinaus oder einem kontinuierlichen Fallen unter L sollten somit auf jeden Fall Gewinne aus der Strategie (nämlich ein Teil der anfangs eingenommenen Prämie aus den Options-Short-
Positionen) resultieren.

Nur bei einem mehrmaligen Überschreiten der Schwellen bei L bzw. bei R, das heißt, bei mehrmaligem Einsteigen in bzw. Aussteigen aus Futures-Kontrakten und damit jeweils verbundenen Reaktionsverlusten (es ist im Allgemeinen kein Handel genau an der geplanten Schwelle möglich und dadurch entstehen sogenannte Slippage Verluste) kann es zu Verlusten kommen.

Die Grenzen L und R können dabei (wie auch in den nachfolgenden Varianten) prinzipiell variabel in der Zeit (und auch variabel in Abhängigkeit von der momentanen Volatilität des underlying, also in Abhängigkeit von den momentanen Optionspreisen) sein.

Variante 2:
Bei Variante 2 wird eine Seite der Strategie durch eine Options-Long-Position abgesichert und nur für die zweite Seite wird das oben beschriebene Hedging mit Hilfe von Futures durchgeführt. Es wird also (Fall 1) eine Put-Long-Position mit einem Strike M tiefer als K gekauft. Der Strike M ist dabei so gewählt, dass auch bei Unterschreiten von M durch den SPX bei Fälligkeit ein Gewinn aus der Strategie (oder höchstens ein kleiner Verlust) resultiert (Abbildung 10.123). Nach oben wird mittels oben beschriebener Futures-Strategie abgesichert. (Dieser Ansatz wird vor allem dann gewählt, wenn deutliche Indizien auf ein Fallen des SPX hindeuten.)

Oder (Fall 2): Es wird eine Call-Long-Position mit einem Strike N höher als K gekauft. Der Strike N ist dabei so gewählt, dass auch bei Überschreiten von N durch den SPX bei Fälligkeit ein Gewinn aus der Strategie resultiert (siehe Abbildung 10.124). Nach unten wird mittels oben beschriebener Futures-Strategie abgesichert. (Dieser Ansatz wird vor allem dann gewählt, wenn deutliche Indizien auf ein Steigen des SPX hindeuten.)

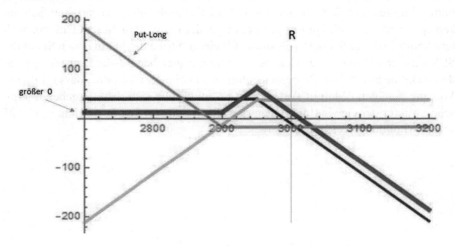

Abbildung 10.123: Variante 2, Absicherung mit Put-Long nach unten

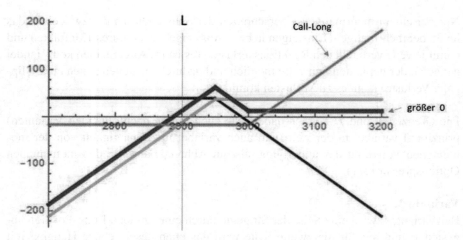

Abbildung 10.124: Variante 2, Absicherung mit Call-Long nach oben

Variante 3:

Die Variante 3 entspricht der Variante 1, es wird aber bei Erreichen der (zeit- und volatilitätsabhängigen) variablen Schranken L oder R nicht mit Futures gearbeitet, sondern es werden in diesem Fall alle Optionspositionen aufgelöst.

Variante 4:

Die Variante 4 entspricht der Variante 2, es wird aber bei Erreichen der jeweiligen mittels Futures abzusichernden (zeit- und volatilitätsabhängigen) variablen Schranken R bzw. L nicht mit Futures gearbeitet, sondern es werden in diesem Fall alle Optionspositionen aufgelöst.

Variante 5:

Die Variante 5 entspricht der Variante 2, es wird aber bei Erreichen der jeweiligen mittels Futures abzusichernden (zeit- und volatilitätsabhängigen) variablen Schranken R bzw. L nicht mit Futures gearbeitet, sondern es wird in diesem Fall eine weitere Short-Call und Short-Put-Position mit einem Strike direkt am neuen Stand des SPX (also mit Strike bei R bzw. bei L) und mit gleicher Restlaufzeit wie die anderen Optionen eröffnet. Zu berücksichtigen ist bei dieser Variante, dass für diesen Vorgang genügend Margin vorhanden sein muss. Die sich dabei ergebende typische Struktur der Gewinnfunktionen (jeweils in Schwarz) ist in Abbildung 10.125 und in Abbildung 10.126 illustriert.

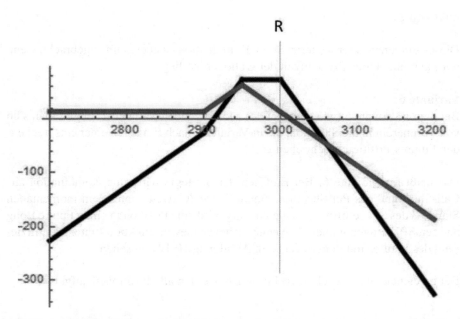

Abbildung 10.125: Variante 5 mit Absicherung durch Put nach unten, ursprüngliche Version (rot), mit zweiter Short-Kombination mit Strike bei R (schwarz)

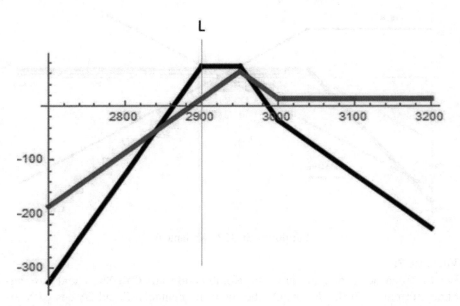

Abbildung 10.126: Variante 5 mit Absicherung durch Call nach oben, ursprüngliche Version (rot), mit zweiter Short-Kombination mit Strike bei L (schwarz)

Wie man an den Grafiken der (schwarzen) Gewinnfunktionen sieht, vergrößert sich der Gewinnbereich durch die zusätzliche Short-Kombination rechts von R bzw.

links von L.

Dieses Eingehen einer weiteren Short-Kombination ist eher dann angebracht, wenn nur mehr eine kurze Restlaufzeit der Optionen vorliegt.

Variante 6:
Bei dieser Variante 6 (wie auch bei der nachfolgenden Variante 7) begibt man sich von Vornherein in die Situation, die in Variante 1 nach Eingehen einer entsprechenden Futures-Position beschrieben ist.

Das heißt für Variante 6: Bei Eröffnen der Strategie wird eine Kombination aus Call-Short und aus Put-Short mit einem Strike K „weit" unter dem momentanen Stand S_0 des SPX eröffnet und gleichzeitig wird eine Position in einen Future Long auf den SPX eingenommen. Die entsprechende Gewinnfunktion (unter Identifizierung des Futures mit dem SPX) ist in Abbildung 10.127 zu sehen.

Bei Erreichen eines Levels R rechts von K werden alle Positionen aufgelöst.

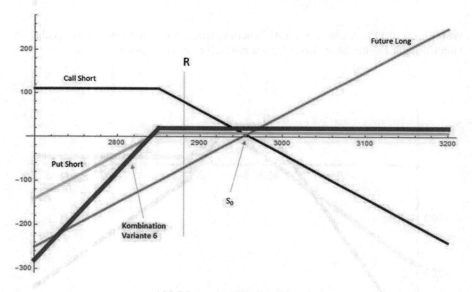

Abbildung 10.127: Variante 6

Variante 7:
Bei Eröffnen der Strategie wird eine Kombination aus Call-Short und aus Put-Short mit einem Strike K „weit" über dem momentanen Stand S_0 des SPX eröffnet und gleichzeitig wird eine Position in einen Future Short auf den SPX eingenommen. Die entsprechende Gewinnfunktion (unter Identifizierung des Futures mit dem SPX) ist in Abbildung 10.128 zu sehen.

Bei Erreichen eines Levels L links von K werden alle Positionen aufgelöst.

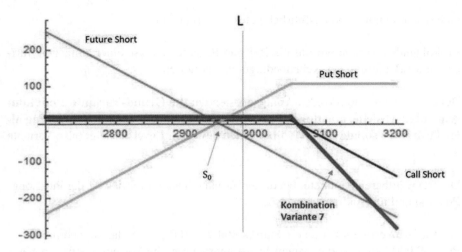

Abbildung 10.128: Variante 7

Bei diesen beiden Varianten sind natürlich zusätzlich Direktiven dahingehend zu geben, wie weit oberhalb bzw. unterhalb von S_0 der Strike K zu wählen ist.

10.14.3   Die Aufgabenstellung und die Analysen

Die Aufgabenstellung durch den Auftraggeber bestand darin,

- die Performance der einzelnen Varianten an Hand historischer Daten zuverlässig und unter realen Handelsvoraussetzungen zu testen

- bestimmte Indikationen, die die Auswahl der jeweiligen Variante für den konkreten Einsatz bestimmen in Hinblick auf ihre Performance zu testen

In weiterer Folge wurde von uns dann der Hedging-Anteil der Strategie, der je nach Variante im Auflösen aller Positionen oder aber im Ein- bzw. Ausstieg in bzw. aus Futures-Positionen bestand, ins Interactivebrokers Handelssystem implementiert, so dass nach Eröffnung der Strategie der Hedging-Anteil automatisiert durch das Handelssystem durchgeführt wurde. Bei dieser Implementierung des automatisierten Futures-Handels mussten natürlich verschiedenste Maßnahmen dahingehend gesetzt werden, dass es nicht zu einem oszillierenden Handel mit Futures (zu häufiger Ein- und Ausstieg in und aus Futures-Kontrakten bei Oszillieren des SPX-Kurses über die Schranken L oder R) und andererseits auch nicht zu zu großen Reaktionszeit-Verlusten kommen kann.

Es ist hier natürlich nicht der Platz, um auf die umfassenden Analysen und Implementierungen im Detail einzugehen.

Wir wollen dem Leser im Rahmen unserer Software aber ein Programm zur Verfügung stellen, mit dessen Hilfe einige der Varianten (und zumindest die Grundvarianten) sehr einfach und ausführlich getestet werden können.

Im Folgenden werden wir nur **ein** Beispiel für eine Analyse einer einfachen Variante mit Erläuterung der Nebenbedingungen anführen.

Bei der folgenden **konkreten Analyse** testen wir **die Grund-Variante 2 mit konsequenter Absicherung durch Put-Optionen** nach unten und mit **Schließung aller Positionen sobald der SPX über einen gewissen Level R steigt** (also Variante 4).

Die frei wählbaren Parameter bei dieser Variante liegen im Strike M der Put-Long-Position und im Ausstiegs-Level R.

Als Basis-Investment wurde ein Startkapital von 100.000 Dollar angenommen. Pro 100.000 Dollar vorhandenem Investment wurde „im Wesentlichen" **ein Kontrakt** der Options-Kombination gehandelt.

Die für die Durchführung der Strategie maximal jeweils benötigte Margin lag in diesen Zeitbereichen (der SPX lag stets unter 3000 Punkten) im Wesentlichen bei maximal $\max(100 \cdot (K - M), 100 \cdot (R - K)) + 15\%$ von $100 \cdot K$ Dollar.

Da in allen Situationen sowohl $K - M$ als auch $R - K$ kleiner als 100 war, lag die maximal erforderliche Margin in jedem Fall unter 55.000 Dollar.

Ein Beispiel für einen solchen Handelsvorgang wäre etwa:

- Wahl des Put-Long-Strikes, so dass bei Fallen des SPX in jedem Fall ein Gewinn von mindestens 1% der Investitionssumme verbleibt
- Ausstieg aus der Strategie beim Level R der genau beim Break-Even am rechten Rand der Strategie liegt
- Wiedereinstieg in die Strategie zum nächsten dritten Freitag

Mit den Optionspreisen vom 18.10.2019 (3. Freitag des Oktober, siehe Abbildung 10.129) bei Stand des SPX von 2986.39 Punkten und bei Annahme eines gerade vorhandenen Basis-Investments von 100.000 Dollar hätte das folgende Grundkonstellation gegeben:

| CALLS | | IMPLIZ. VOL. IN % | BESCHREIBUNG |
GELDKURS x BRIEFKURS			BASISPREIS
116.00 x 120.70		15.8%	2885
111.90 x 116.30		15.7%	2890
107.60 x 112.00		15.5%	2895
103.50 x 107.70		15.3%	2900
99.40 x 103.50		15.2%	2905
95.40 x 99.30		15%	2910
92.30 x 94.20		14.9%	2915
88.20 x 90.20		14.7%	2920
84.20 x 86.20		14.5%	2925
80.30 x 82.20		14.3%	2930
76.40 x 78.30		14.2%	2935
72.60 x 74.50		14%	2940
68.80 x 70.70		13.8%	2945
65.00 x 66.90		13.6%	2950
61.40 x 63.30		13.4%	2955
57.80 x 59.60		13.2%	2960
54.80 x 55.70		13.1%	2965
51.40 x 52.20		12.9%	2970
48.00 x 48.90		12.7%	2975
44.80 x 45.60		12.5%	2980
41.60 x 42.40		12.3%	2985
38.50 x 39.20		12.1%	2990
35.50 x 36.20		11.9%	2995

LISTENANSICHT ▾ Alle BASISPREISE ▾ ZEITRAUM ▾ SMART ▾ TRADING-KLASSE ▾ 100   Meine Optionsketten

BESCHREIBUNG BASISPREIS	LETZTKURS	VERÄNDERUNG	PUTS GELDKURS x BRIEFKURS
2885	c13.40		14.60 x 15.10
2890	c14.05		15.30 x 15.80
2895	14.60	-0.15	16.10 x 16.60
2900	17.60	+2.15	16.90 x 17.40
2905	18.40	+2.20	17.70 x 18.30
2910	18.90	+1.90	18.60 x 19.10
2915	23.00	+5.20	19.50 x 20.10
2920	18.30	-0.35	20.40 x 21.00
2925	25.00	+5.45	21.40 x 22.00
2930	22.30	+1.80	22.50 x 23.10
2935	c21.50		23.60 x 24.20
2940	24.40	+1.80	24.70 x 25.40
2945	c23.70		26.00 x 26.60
2950	28.20	+3.40	27.20 x 27.90
2955	28.50	+2.50	28.50 x 29.20
2960	31.30	+4.05	29.90 x 30.70
2965	c28.55		31.40 x 32.10
2970	c29.95		32.90 x 33.70
2975	35.30	+3.95	34.50 x 35.30
2980	37.50	+4.55	36.30 x 37.00
2985	38.50	+3.90	38.10 x 38.90
2990	40.50	+4.20	39.90 x 40.70
2995	40.80	+2.70	41.90 x 42.80

Abbildung 10.129: Optionspreise vom 18.10.2019

Verkauf eines Kontraktes Put auf den SPX mit Fälligkeit 14.11.2019, Strike 2985 zum Preis von 3840 Dollar.

Verkauf eines Kontraktes Call auf den SPX mit Fälligkeit 14.11.2019, Strike 2985 zum Preis von 4190 Dollar.

Kauf eines Kontrakts Put auf den SPX mit Fälligkeit 14.11.2019, Strike 2940 zum Preis von 2510 Dollar.

Dies ergibt in Summe Prämieneinnahmen von 5520 Dollar. (Wir ignorieren hier die vernachlässigbaren Transaktionskosten von circa 6 Dollar.)

Sollte der SPX unter 2940 fallen, so müsste bei Fälligkeit für die Put-Short/Put-Long-Kombination ein Payoff von $100 \cdot (2985 - 2940) = 4500$ Dollar geleistet werden, sodass in jedem Fall ein Gewinn von 1020 Dollar (also etwas mehr als 1% der Investitionssumme) verbleibt.

In einen Verlustbereich in Hinblick auf die Fälligkeit würde man bei Anstieg des SPX auf über $2985 + 55.20 = 3040.20$ geraten. Bei Erreichen der Schwelle von 3040 Punkte durch den SPX werden alle Positionen geschlossen.

Die konkrete Gewinn-Situation **bei Fälligkeit** sieht so wie in Abbildung 10.130 aus.

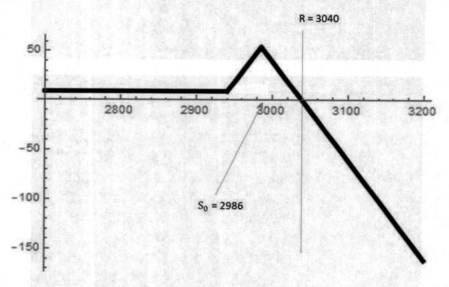

Abbildung 10.130: Konkrete Gewinn-Situation bei Fälligkeit in obigem Beispiel

Wie hoch der Verlust bei einem etwaigen Schließen aller Positionen bei Anstieg des SPX auf 2040 Punkte ausfällt, kann vorab nicht definitiv abgeschätzt werden. Dieser hängt sowohl von der dann noch relevanten Restlaufzeit der Strategie als auch von der dann herrschenden impliziten Volatilität des SPX ab. Prinzipiell kann aber damit gerechnet werden, dass durch den erfolgten starken Anstieg des SPX die implizite Volatilität eher gefallen sein wird und ein Schließen der Positionen eher vergleichsweise günstig kommen wird.

Als grobe Schätzung kann eine Verlusterwartung im Bereich von 0% bis 5%, je nachdem wann das Erreichen der Schranke R eintritt, angenommen werden.

Der maximale Gewinn mit Hilfe dieses Ansatzes liegt bei 5.520 Dollar, also bei circa 5.52% bezogen auf das Investment.

Im Folgenden führen wir die Strategie mit einer **anderen Parameterwahl** über einen Zeitbereich von knapp einem Jahr durch und analysieren die Performance mit Hilfe unserer auf der Homepage abrufbaren Software:

- Das Basis-Investment liegt bei 100.000 Dollar.
- Der Beobachtungszeitraum läuft von 1. Januar 2018 bis 20. November 2018.
- Gehandelt werden Optionen mit Laufzeit im Wesentlichen 2 Wochen (jeweils mit Fälligkeit möglichst nahe am 1. eines Monats und am 15. eines Monats).
- Der Strike der Put-Long-Position wird möglichst klein gewählt, so dass bei Fallen des SPX bei Fälligkeit unter diesen Strike ein maximaler Verlust von 500 Dollar eintreten kann.
- Bei starkem Anstieg des SPX werden alle Positionen geschlossen, falls der SPX um mehr als 100 Punkte über den Short-Strike ansteigt.

Wir geben hier ganz bewusst nur ein ganz singuläres Testbeispiel über einen ganz kurzen Zeitraum, da wir den Leser, die Leserin damit dazu „nötigen" wollen, unsere Homepage aufzusuchen, unsere Software zu nutzen und selbständig nach Belieben Test verschiedenster Varianten dieser Strategie durchzuführen. Siehe: `https://app.lsqf.org/Lambdastrategie`

In der folgenden Tabelle sehen Sie die Gewinn-Entwicklung in dieser Strategie mit allen Details, so wie sie in unserer Software wiedergegeben wird.

📈 Strategieübersicht

Rendite per anno: 3,2458%
Rendite: 2,8830%

Kapital	Handelsdatum	Underlying	Fälligkeitsdatum	Short-Strike	Long-Strike	Prämie Short-Option	Kosten Long-Option	Anzahl Kontrakte	Erfolg	Resultat	Kumuliert
100 000,00	02.01.2018	2 695,81	16.01.2018	2 695	2 675	2 500,00	760,00	3	✘	-6 417,00	-6 417,00
93 583,00	16.01.2018	2 776,42	31.01.2018	2 775	2 740	4 210,00	800,00	3	✘	-1 486,00	-7 903,00
92 097,00	31.01.2018	2 823,81	14.02.2018	2 825	2 785	5 150,00	1 335,00	3	✘	-200,00	-8 103,00
91 897,00	14.02.2018	2 698,63	28.02.2018	2 700	2 650	6 425,00	1 765,00	3	✔	3 262,00	-4 841,00
95 159,00	28.02.2018	2 713,83	14.03.2018	2 715	2 670	6 220,00	1 855,00	3	✔	902,00	-3 939,00
96 061,00	14.03.2018	2 749,48	28.03.2018	2 750	2 710	5 340,00	1 465,00	3	✘	-140,00	-4 079,00
95 921,00	28.03.2018	2 605,00	11.04.2018	2 605	2 540	8 435,00	2 115,00	3	✔	2 586,00	-1 493,00
98 507,00	11.04.2018	2 642,19	25.04.2018	2 640	2 580	7 305,00	1 730,00	3	✔	5 500,00	4 007,00
104 007,00	25.04.2018	2 639,40	09.05.2018	2 640	2 585	6 710,00	1 490,00	3	✘	-574,00	3 433,00
103 433,00	09.05.2018	2 697,79	23.05.2018	2 700	2 665	4 420,00	1 215,00	3	✘	-139,00	3 294,00
103 294,00	23.05.2018	2 733,29	06.06.2018	2 735	2 705	3 555,00	1 000,00	3	✘	-1 195,00	2 099,00
102 099,00	06.06.2018	2 772,35	20.06.2018	2 770	2 740	3 710,00	905,00	3	✔	2 522,00	4 621,00
104 621,00	20.06.2018	2 767,32	06.07.2018	2 765	2 730	4 255,00	1 050,00	3	✔	2 672,00	7 293,00
107 293,00	06.07.2018	2 759,82	20.07.2018	2 760	2 725	4 125,00	1 030,00	3	✘	-1 103,00	6 190,00
106 190,00	20.07.2018	2 801,83	03.08.2018	2 800	2 770	3 880,00	1 060,00	3	✘	-1 230,00	4 960,00
104 960,00	03.08.2018	2 840,35	17.08.2018	2 840	2 815	3 170,00	935,00	3	✔	1 207,00	6 167,00
106 167,00	17.08.2018	2 850,13	31.08.2018	2 850	2 820	3 890,00	1 075,00	3	✘	-2 352,00	3 815,00
103 815,00	31.08.2018	2 901,52	14.09.2018	2 900	2 870	3 760,00	1 005,00	3	✔	2 242,00	6 057,00
106 057,00	14.09.2018	2 904,98	28.09.2018	2 905	2 875	3 490,00	880,00	3	✔	1 697,00	7 754,00
107 754,00	28.09.2018	2 913,98	12.10.2018	2 915	2 885	3 730,00	1 085,00	3	✘	-370,00	7 384,00
107 384,00	12.10.2018	2 767,13	26.10.2018	2 765	2 700	8 445,00	2 290,00	3	✘	-360,00	7 024,00
107 024,00	26.10.2018	2 658,69	09.11.2018	2 660	2 575	10 770,00	2 490,00	3	✘	-3 836,00	3 188,00
103 188,00	09.11.2018	2 781,01	23.11.2018	2 780	2 735	5 825,00	1 615,00	3	✘	-305,00	2 883,00

Die Gewinn-Entwicklung wird dann mit unserer Software so wie in Abbildung 10.131 dargestellt:

🔍 Analyse - Profit

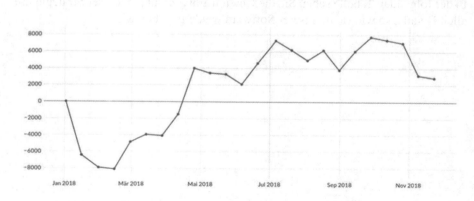

Abbildung 10.131: Gewinn-Entwicklung unseres Testbeispiels

In Abbildung 10.132 schließlich ist die Gewinn-Entwicklung dieser Strategie (blau) noch einmal zu sehen, im Vergleich mit der Entwicklung bei einer Investition von jeweils 100.000 Dollar direkt in den SPX (rot).

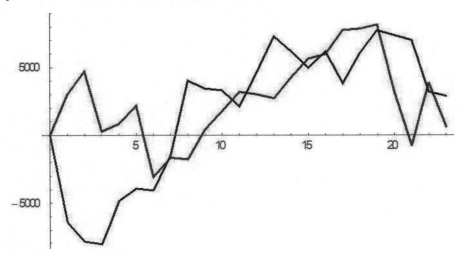

Abbildung 10.132: Gewinn-Entwicklung unseres Testbeispiels (blau) in Vergleich mit der Gewinnentwicklung bei direkter Investition in den SPX (rot)

Die vorgenommenen Analysen können natürlich nicht individuelle Abänderungen der Strategie und an jeweilige Situationen erfolgende Anpassungen ins Kalkül ziehen, sondern können sich nur an strikt vorgegebenen Strategieanweisungen orientieren. Ob der Rückzug auf strikt vorgegebene Strategien die optimale Wahl für eine erfolgreiche Performance darstellt, bleibt hier dahingestellt. Tatsache ist: Wird für fremde Investoren (also nicht für eigenes Geld) gehandelt, so müssen, auch zum Selbstschutz, die durchzuführenden Strategien eindeutig definiert und vorab kommuniziert sein. Nur so kann etwaigen Vorwürfen und Behauptungen der Investoren bei ausbleibendem Erfolg der Strategie begegnet werden und entgegengetreten werden, dass durch etwaige „Entscheidungsfehler" Verluste verschuldet worden seien.

Literaturverzeichnis

[1] Riaz Ahmad and Paul Wilmott. Which free lunch would you like today, sir?: Delta hedging, volatility arbitrage and optimal portfolios. *Wilmott Magazine*, 01 2005.

[2] Theodore Day and Craig Lewis. Stock market volatility and the information content of stock index options. *Journal of Econometrics*, 52(1–2):267–287, 1992.

[3] Lucia Del Chicca and Gerhard Larcher. A comparison of different families of put-write option strategies. *ACRN Journal of Finance and Risk Perspectives*, 1(1):1–14, 2012.

[4] Lucia Del Chicca, Gerhard Larcher, and Michaela Szölgyenyi. Modeling and performance of certain put-write-strategies. *The Journal of Alternative Investments*, 15(4):74–86, 2013.

[5] Paul Glasserman. Shortfall risk in long-term hedging with short-term futures contracts. *Option pricing, interest rates and risk management, eds. J. Cvitanic, E. Jouini und M. Musiela, Cambridge University Press*, pages 477–508, 2001.

[6] Paul Glasserman. *Monte Carlo Methods in Financial Engineering*. Springer, 2004.

[7] Gerhard Larcher and Gunther Leobacher. An optimal strategy for hedging with short-term futures contracts. *Mathematical Finance*, 13(2):331–344, 2003.

[8] Pedro Santa-Clara and Alessio Saretto. Option strategies: Good deals and margin calls. *SSRN Electronic Journal*, 12(3):391–417, 2009.

[9] Jason Ungar and Matthew Moran. The cash-secured put write strategy and performance of related benchmark indexes. *The Journal of Alternative Investments*, 11(4):43–56, 2009.